böhlau

Die Soziologie und ihre Nachbardisziplinen im Habsburgerreich

Ein Kompendium internationaler Forschungen zu den Kulturwissenschaften in Zentraleuropa

Herausgegeben von Karl Acham
unter Mitarbeit von Georg Witrisal

BÖHLAU VERLAG WIEN KÖLN WEIMAR

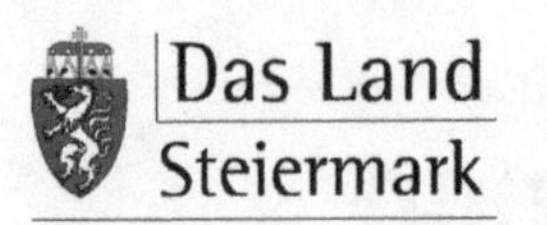

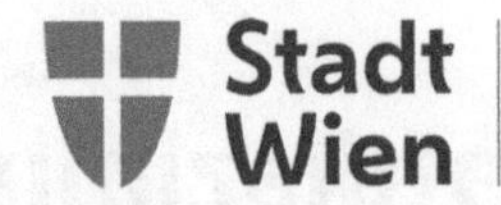

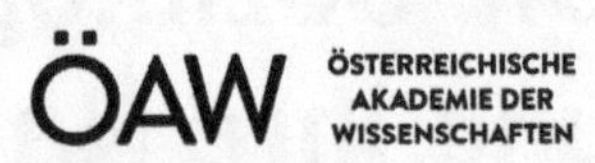

KARL-FRANZENS-UNIVERSITÄT GRAZ
UNIVERSITY OF GRAZ

Steiermärkische
SPARKASSE

Veröffentlicht mit Unterstützung der an der Österreichischen Akademie der Wissenschaften eingerichteten Dr. Franz-Josef Mayer-Gunthof Wissenschafts- und Forschungsstiftung, der Poech-Erbschaft und der Stiftung der Familie Philipp Politzer
sowie
des Amtes der Steiermärkischen Landesregierung
der Karl-Franzens-Universität Graz
der Steiermärkischen Sparkasse
der Kulturabteilung der Stadt Wien, Wissenschafts- und Forschungsförderung

Bibliografische Information der Deutschen Nationalbibliothek:
Die Deutsche Nationalbibliothek verzeichnet diese Publikation in der Deutschen Nationalbibliografie; detaillierte bibliografische Daten sind im Internet über http://dnb.d-nb.de abrufbar.

Umschlagabbildungen:
Vordere Umschlagseite: Österreichisch-ungarische Monarchie und die Schweiz, Staatenkarte. / Österreichisches Wappen 1815–1866 und Kleines gemeinsames Österreichisch-Ungarisches Wappen 1867–1915
Hintere Umschlagseite: Kleines gemeinsames Österreichisch-Ungarisches Wappen 1915–1918.
Nachweise s. S. 1083

Einbandgestaltung: Michael Haderer, Wien
Satz: Michael Rauscher, Wien
Druck und Bindung: Hubert & Co., Göttingen
Gedruckt auf chlor- und säurefrei gebleichtem Papier
Printed in the EU

Vandenhoeck & Ruprecht Verlage | www.vandenhoeck-ruprecht-verlage.com

ISBN 978-3-205-20670-5

Inhalt

Vorwort

Die Forschungsarbeiten zur Geschichte der Soziologie und ihrer Nachbardisziplinen im Habsburgerreich, aus denen das vorliegende Sammelwerk hervorgegangen ist, wurden von der Kommission Geschichte und Philosophie der Wissenschaften der Österreichischen Akademie der Wissenschaften initiiert und umfassen über 70 Mitarbeiterinnen und Mitarbeiter aus zehn Nationen, darunter vor allem auch solche aus ehemaligen nicht-deutschsprachigen Kronländern der Habsburgermonarchie. Das Sammelwerk bezieht sich auf die Zeit vom 18. Jahrhundert bis zum Ende des Ersten Weltkriegs und umfasst auch jene geistes- sowie rechts-, sozial- und wirtschaftswissenschaftlichen Disziplinen, aus denen sich die Soziologie in der Zeit bis kurz vor 1900 in dem Vielvölkerstaat herausgebildet hat und auf die sie in der Folge zurückwirkte. Das Ergebnis ist eine Art Topographie der Kulturwissenschaften jener Zeit und jenes Raumes in ihrer Beziehung zur Soziologie als einer ihrer Komponenten. Beeindruckend ist dabei der zutage getretene inhaltliche Reichtum an Argumenten und sachhaltigen Befunden.

Wie in anderen europäischen Staaten ist die Soziologie auch in der Habsburgermonarchie – obschon mit einiger Verzögerung – aus der historisch entstandenen und sich erstmals in den Regierungslehren der englischen und französischen Aufklärungsphilosophie widerspiegelnden Differenz von Staat und Gesellschaft hervorgegangen. Der Staat als Herrschaftsform und die Gesellschaft als Lebensform standen einander gegenüber. In der Folge entsprach dem im universitär-akademischen Bereich die Unterscheidung von Staatsrechts- und Verwaltungslehre bzw. Soziologie (obwohl die bedeutendsten Vertreter der Soziologie in der Habsburgermonarchie neben Philosophen gerade Staatsrechts- und Verwaltungslehrer gewesen sind). An dem Nationalitätenkonflikt, der die Geschichte des Habsburgerreiches bestimmte, zeigt sich, dass sich insbesondere in den nicht-deutschsprachigen Kronländern nationale Interessen in gewissem Umfange mit denen der soziologisch argumentierenden Politiker und Gelehrten verbunden haben. Diese verlangten, die nationalen als grundrechtlich legitimierte Interessen der jeweiligen (Zivil-)Gesellschaft anzusehen, die durch die Verfassung zu schützen und durch das Parlament gegenüber dem Staat – also der großen Politik, der Autorität und der Exekutive – zu vertreten seien.

Es gibt Perioden in der Entwicklung einer Wissenschaft, in der nicht die in einer Disziplin aktuell geleistete Arbeit im Vordergrund steht, sondern die Geschichte der Disziplin und ihrer Vertreter. Nicht selten handelt es sich bei deren Resultaten – zumal in Bezug auf die Sozialwissenschaften – um unter politischen Gesichtspunkten verfasste panegyrische oder aber Krankheits-Geschichten. Dann wiederum ist die wissenschaftsgeschichtliche Forschung ungeheuer eifrig, ausgedehnt und ertragreich, dies aber ohne Steuer und Ziel; dadurch gerät sie zu einer Inventarisierung des Vielfältigen und nicht selten zur Quelle eines ästhetisierenden Relativismus. Eine dritte Variante von Wissenschaftsgeschichte besteht in dem Versuch, aus ihr wissenschaftliche, mitunter auch politische oder ökonomische Richtlinien der Zukunft abzuleiten, und dies auf der Grundlage eines für selbstverständlich gehaltenen deterministischen Fortschrittsschematismus. Ihr kommt in der Regel die Eigenschaft alles Selbstverständlichen zu: dass sie zwar Elemente des Richtigen enthält, dafür aber anderes verdeckt.

Mit derlei Ansprüchen hat der vorliegende Sammelband nichts zu tun. Mit ihm soll zunächst versucht werden, dem deutschsprachigen Leser den Verlust vor Augen zu führen, den der mit 1918/19 weitgehend erfolgte Abbruch der wissenschaftlichen Beziehungen sowohl für die Soziologie als auch für ihre Nachbarfächer bedeutete und vereinzelt bis auf den heutigen Tag bedeutet. Der Verlust war wohl ein wechselseitiger, obschon ihm in den Jahren der nationalen Neu- oder Wiedergeburt ab 1918 in den Nachfolgestaaten des ehemaligen Reiches selten Ausdruck gegeben wurde. Dass nun ein Beitrag dazu geleistet werden kann, den reichen Bestand eines im deutschen Sprachraum bislang weitgehend unbekannten soziologischen Schrifttums zu erschließen und damit dem Vergessenwerden zu entreißen, ist vor allem den Forscherinnen und Forschern aus Ungarn, Serbien, Kroatien, Slowenien, Italien, der Tschechischen Republik und Polen zu danken, die sich an diesem Sammelwerk mitzuwirken bereit erklärt haben. Ihnen im besonderen Maße, aber auch allen anderen Mitarbeiterinnen und Mitarbeitern gilt mein herzlicher Dank.

Sodann ist mit dem vorliegenden Kompendium die Absicht verbunden, die Genese und die Wirkungsgeschichte der Soziologie in ihrer Beziehung zu den Rechts-, Sozial- und Wirtschaftswissenschaften sowie zu einer Mehrzahl von geisteswissenschaftlichen Disziplinen im zentraleuropäischen Raum bis zum Ende des Ersten Weltkriegs darzustellen; dies geschieht durch die ausführliche Bezugnahme auf jene Autoren und deren Schlüsselwerke, die für die in Entwicklung begriffene Disziplin der Soziologie von besonderer Bedeutung waren. Eine alphabetisch geordnete Zusammenstellung der kurzgefassten Lebensläufe all jener Wissenschaftlerinnen und Wissenschaftler, denen in dem vorliegenden Sammelband die besondere Aufmerksamkeit gilt, befindet sich in dessen Schlussteil.

Es mag überraschen, dass die Befassung mit Fragen der Soziologie und deren Institutionalisierung insbesondere in Ungarn, aber auch in verschiedenen slawischen Teilen der Monarchie früher erfolgte als in deren deutschem Teil. Man dürfte hier die Soziologie, die man – durchaus mit Recht – seit ihren Anfängen als eine vordergründig mit Krisen befasste Wissenschaft angesehen hat, oft vorschnell und fälschlich in die Rolle des Unglücksboten abgedrängt haben, den man besser dazu anhält zu schweigen als zu beunruhigen; mitunter waren die Botschaften ja tatsächlich parteiische Agitation, oft aber doch sachhaltige Analyse. Erst nach dem Ersten Weltkrieg setzte sich verschiedentlich die Auffassung durch, dass der Soziologie eine besondere Kompetenz in der Analyse von Problembereichen zukommt, die bislang ausschließlich als Gegenstandsbereiche bestimmter geistes-, rechts- und wirtschaftswissenschaftlicher Fachressorts galten. Ab dann tritt die Soziologie in ihren vier Grundfunktionen in Erscheinung: als Bildungs-, Dienstleistungs-, Aufklärungs- und Weltanschauungswissen.

Dem Werk ihrer besten Vertreter liegt dabei die Überzeugung zugrunde, dass die Geschichte uns den hinsichtlich bestimmter Daseinsbedingungen immer gleichen Menschen in immer ähnlichen Konflikten in immer neuen sozialen Konfiguration vor Augen führt. Angesichts dieser Regel-, wenn auch nicht strengen Gesetzmäßigkeiten geben gewisse Inhalte des vorliegenden Sammelbandes Anlass dazu, Möglichkeiten der Bildung von historischen Analogien zu erwägen und in Bezug auf die mit dem Nationalitätenproblem befassten soziologischen Forschungen der Habsburgerzeit den Blick auf die Befindlichkeit der zeitgenössischen Europäischen Union zu richten. So mag man sich fragen, wie es in dieser um die Balance von Zentralisierung und Föderalismus, »Vertiefung« der Beziehungen zwischen den Nationen und deren relativer Eigenständigkeit bestellt ist – ein Problem, welches zu meistern der Habsburgermonarchie nicht (oder nicht mehr) möglich war.

Dass dieser Sammelband in der vorliegenden umfangreichen Form erscheinen kann, ist einer Vielfalt von unterstützenden Institutionen geschuldet, die allesamt auf der Rückseite des Titelblattes angeführt sind. Als Herausgeber bedanke ich mich bei deren Repräsentanten herzlich für die Ermöglichung der Drucklegung des Bandes. Mein Dank gilt auch Frau Dr. Ursula Huber und Frau Julia Roßberg sowie Herrn Michael Rauscher vom Böhlau Verlag für ihre umsichtige Betreuung der Arbeiten an der Drucklegung des Sammelbandes, ferner danke ich für die sorgfältige, zum Zwecke der Erstellung des Personenregisters erfolgte Zuordnung der Namen im Text dieses Bandes zu den vorgelegten Registereinträgen durch Frau Jessica Paesch. Mein herzlicher Dank gilt den drei in der Arbeitsgruppe (AG) Soziologiegeschichte der bereits einleitend erwähnten Akademie-Kommission für Geschichte und Philosophie der Wissenschaften tätigen Personen, die neben dem Herausgeber die Kerngruppe der AG bildeten: Prof. Gertraude Mikl-Horke, Prof. Reinhard Müller und Dozent Peter Stachel; sie haben durch ihre Ratschläge und ihre Aktivitäten im Rahmen von Symposien und Workshops maßgeblich zum Gelingen dieses wissenschaftsgeschichtlichen Unternehmens beigetragen. Hervorheben möchte ich auch, dass es durch eine entsprechende Unterstützung von Seiten jener Kommission möglich war, mir in der Person von Herrn Mag. Georg Witrisal einen ungemein hilfreichen und kompetenten Mitarbeiter an die Seite zu stellen. Ihm gilt für seine wertvolle Hilfe bei Korrektur-, Übersetzungs- und Kollationierungsarbeiten und für seine Akkuratesse bei der Textverarbeitung und der redaktionellen Begleitung mein ganz besonderer Dank. – Doch nun mögen die einschlägig Kundigen und Interessierten prüfen, ob all die Unterstützung gerechtfertigt ist.

Graz, im Mai 2019 — Karl Acham

Einleitung: Frühformen der Soziologie in der Habsburgermonarchie – Leitthemen, Erkenntnisinteressen, Wissenschaftsstatus

Die österreichisch-ungarische Monarchie erscheint in der Zeit um 1900 durch zwei krisenhafte Tendenzen in besonderem Maße mitbestimmt: durch nationalistische Bestrebungen in verschiedenen Kronländern und durch die sozialen Verwerfungen einer verspätet, aber mit umso größerer Heftigkeit seit den Fünfzigerjahren des 19. Jahrhunderts erfolgten Industrialisierung und ökonomischen Liberalisierung. Dazu kam – als eine Folge der immer rascher erfolgenden technisch-wirtschaftlichen Veränderungen – in maßgeblichen Kreisen des Adels und des höheren Bürgertums ein Gefühl des Verlustes von Orientierung und Verhaltenssicherheit. Dies galt vor allem auch für die vom Wandel ihrer Lebensverhältnisse besonders betroffenen Bauern und Arbeiter, ehe insbesondere die Industriearbeiter in den in der zweiten Hälfte des 19. Jahrhunderts gegründeten Parteien nicht nur ihre Interessenorganisationen, sondern auch so etwas wie eine neue Art von sozialer Beheimatung fanden.

Was vor allem in den letzten Jahrzehnten der Habsburgermonarchie zutage trat, waren die Antagonismen eines im wissenschaftlichen und sozialen Wandel befindlichen Vielvölkerstaates: Auf der einen Seite trug der alte Kaiser Franz Joseph noch das Prädikat »von Gottes Gnaden«, auf der anderen Seite forderten die Vertreter der Wissenschaften seit der Mitte des 19. Jahrhunderts vehement ein Ende der kirchlichen und staatlichen Bevormundung. Zur gleichen Zeit verlangten die bereits seit längerem erwachten Nationalitäten – wenn auch vielfach noch im Rahmen des Gesamtstaates – Autonomie, und die Arbeiterbewegung meldete sich immer unüberhörbarer zu Wort. Die zentrifugalen Kräfte im Inneren des Reiches wurden oft auch von außen unterstützt, und vor allem der russische Panslawismus erwies sich als recht anschlussfähig. Unmittelbar vor Ausbruch des Ersten Weltkriegs umfasste das Habsburgische Reich Deutsche, Ungarn, Tschechen, Polen, Slowaken, Ruthenen, Serben, Kroaten, Slowenen und Italiener, und jeder Abgeordnete im Reichsrat hatte das Recht, sich in seiner Muttersprache an das Parlament zu wenden, wobei nicht weniger als 10 Sprachen zugelassen waren: Deutsch, Tschechisch, Polnisch, Ruthenisch, Serbisch, Kroatisch, Slowenisch, Italienisch, Rumänisch und Russisch.

Seit den 1970er Jahren sind Kultur und Geistesleben der Habsburgermonarchie – vor allem die ihres letzten Jahrhunderts – zu einem geradezu modischen Gegenstand der Essayistik, Belletristik und Geschichtsschreibung geworden. Dies geschah einerseits aus dem Empfinden heraus, dass sich in den mannigfaltigen Ausdrucksformen der Zeit um 1900 in verschiedenen Teilen der Habsburgermonarchie, aber vor allem in Wien, bereits vieles von dem Lebensgefühl jener ethnisch-kulturellen Pluralität kundgibt, für deren ähnlich geartete Erscheinungen in der zweiten Hälfte des 20. Jahrhunderts man den Ausdruck »Postmoderne« geprägt hat; andererseits verband sich mit dem »Habsburg-Boom« nicht selten auch eine polemische Absicht, weil in einer Reihe von Nachfolgestaaten der 1918 untergegangenen Monarchie kritisch auf bestimmte Mängel der jeweiligen Gegenwart unter Hinweis auf Beispiele für Rechtsstaatlichkeit und administrative Effektivität (wenn auch nicht immer Effizienz) des Habsburgischen Staates Bezug genommen wurde. In essayistischer Form wurde dieser Staat insbesondere im Schrifttum des Brünners Milan Kundera und des Triestiners Claudio Magris zum Gegenstand der Betrachtung; hingewiesen sei hier nur auf Kunderas *Un Occident kidnappé ou la tragédie de l'Europe centrale* (1983; deutsch: *Die Tragödie Mitteleuropas*, 1984) bzw. Magris' *Danubio* (1986; deutsch: *Donau. Biographie eines Flusses*, 1986). Als Nachdrucke, aber auch als Verfilmungen berührten zur selben Zeit einige der späten literarischen Abgesänge auf den von Robert Musil als »Kakanien« bezeichneten Vielvölkerstaat eine zahlreiche Leser- und Zuseherschaft; besonders zu nennen sind hier Stefan Zweigs *Die Welt von Gestern. Erinnerungen eines Europäers* (1942) und Joseph Roths *Radetzkymarsch* (1932).

Man kann auch nicht sagen, dass die Beschäftigung mit der Geschichte der Habsburgermonarchie im Allgemeinen, ihrer Kultur- und Geistesgeschichte im Besonderen unterentwickelt sei. Um eine solche Meinung zu entkräften genügt es, in Bezug auf die allgemeine Geschichte der Monarchie zunächst auf das hervorragende, seit 1973 in Ausarbeitung befindliche Reihenwerk *Die Habsburgermonarchie 1848–1918* hinzuweisen, von dem bis 2018 zwölf Bände (mit gelegentlich mehreren Teilbänden) erschienen sind, ferner auf die vom Grazer Spezialforschungsbereich »Moderne. Wien und Zentraleuropa um 1900« zwischen 1996 und 2008 herausgegebenen 24 Bände der Reihe »Studien zur Moderne«, aber vor allem auch auf die vorzüglichen Monographien von Robert A. Kann (Kann 1974), Jean Bérenger (Bérenger 1996), Helmut Rumpler (Rumpler 1997) und Pieter M. Judson (Judson 2017). An Arbeiten zur österreichischen Kultur- und Geistesgeschichte herrscht ebenfalls kein Mangel (vgl. Fuchs 1978 [1949], Johnston 2006 [1972], Schorske 1982 [1979], Wunberg 1981), und einschlägige Forschungen finden auch weiterhin statt (siehe z.B. Stachel 2002, Feichtinger 2010, Fillafer 2013).

Um die allgemeine Wissenschaftsgeschichte ist es an den österreichischen Universitäten, im Unterschied zu führenden Wissenschaftsnationen, schlecht bestellt: es gibt hier derzeit lediglich eine einzige dem Nominalfach gewidmete Professur (am Zentrum für Wissenschaftsgeschichte der Universität Graz), allerdings existieren vereinzelt an Instituten entsprechende Abteilungen. Hier entstehen immer wieder durchaus wertvolle, nicht selten auf den Wirkungsort der Verfasser bezogene einschlägige Studien und Monographien. Die in wissenschaftshistorischer Hinsicht wohl bedeutsamste Institution ist außerhalb der Universitäten angesiedelt: die im Jahr 1980 unter dem Namen »Österreichische Gesellschaft für Geschichte der Naturwissenschaften« gegründete »Österreichische Gesellschaft für Wissenschaftsgeschichte«. Diese zeichnet sich nicht nur durch ein reges Vortragsleben, die Veranstaltung von Symposien und die Durchführung von

Bibliotheks-, Museums- und Archivbesuchen aus, sondern sie gibt seit 1994 in Bandform auch die Zeitschrift *Mensch · Wissenschaft · Magie – Mitteilungen der Österreichischen Gesellschaft für Wissenschaftsgeschichte* heraus.

Was nun im Besonderen die Geschichte der Soziologie anlangt, also die Geschichte einer Disziplin, die erst spät – in Deutschland nach dem Ersten, in Österreich nach dem Zweiten Weltkrieg – unter diesem Namen an den Universitäten als eigenständige Disziplin institutionalisiert wurde, so richtet sich das Interesse eher auf die jüngere Vergangenheit. Doch immer wieder wurde auch auf bestimmte Vertreter der frühen Soziologie Bezug genommen, die auf dem Gebiet der Habsburgermonarchie wirkten: in soziologiegeschichtlichen Übersichtwerken, und zwar einmal knapper (z.B. Szacki 1979), ein andermal ausführlicher (z.B. Mikl-Horke 2001); in Sammelbänden zur Fachgeschichte (z.B. Knoll/Majce/Weiss/Wieser 1981; Langer 1988; Balog/Mozetič 2004), in Zeitschriftenaufsätzen (z.B. Rosenmayr 1966; Fleck 1999) und in soziologiegeschichtlichen Handbuch-Artikeln (z.B. Torrance 1981; Mozetič 2018) sowie in Sammelbänden zur Geschichte der Geistes- und Sozialwissenschaften (z.B. Acham 2000, 2001a, 2001b, 2002, 2006). Es gibt auch Monographien zur Geschichte der österreichischen Soziologie (z.B. Knoll/Kohlenberger 1994; Surman 2006), aber auch zu einzelnen ihrer Fachvertreter, so beispielsweise zu dem von Polen und Österreichern gleichermaßen als soziologischer »Klassiker« angesehenen Ludwig Gumplowicz (vgl. z.B. Brix 1986; Surman/Mozetič 2010). Doch bislang fehlt eine Übersicht über die Vielzahl von Autorinnen und Autoren, deren oft bedeutsame Beiträge zur Soziologie unbeachtet blieben, da es in der Soziologiegeschichte, wie oft in anderen Fachgeschichten auch, zur Gewohnheit wurde, über einen gleichsam kanonisierten Bestand an Autoren und Themen nicht hinauszugehen. Da Wissenschaftsgeschichte innerhalb der akademischen Gemeinschaft – jedenfalls in Österreich – nicht hoch rangiert, scheint es hier offenkundig nur wenige Anreize zu geben, Neues im Alten zu erkunden.

Neben dem im Vordergrund stehenden wissenschaftsgeschichtlichen Interesse ist auch ein praktisch-politisches Erkenntnisinteresse mit dem vorliegenden Sammelband verbunden, obwohl in diesem die dafür maßgebende Geschichtsanalogie nicht explizit zum Thema gemacht wird. Eine der möglichen Antworten auf die Frage, welchen Wert die Rekonstruktion der vor allem auch mit dem Nationalitätenproblem befassten soziologischen Forschung der Habsburgerzeit für uns heute noch haben kann, hat nämlich mit der Befindlichkeit der zeitgenössischen Europäischen Union zu tun. Diese provoziert Fragen danach, welche Formen von Vergemeinschaftung und Vergesellschaftung, Konsens und Konflikt, Konformität und Devianz es in einem multinationalen Gebilde, wie auch jene Union eines ist, geben kann und geben soll. Wie ist es in ihr um die Balance von Zentralisierung und Föderalismus, »Vertiefung« der Beziehungen zwischen den Nationen und deren relativer Eigenständigkeit bestellt? Auch der Europäischen Union ist jenes Problem als Aufgabe gestellt, welche zu meistern der Habsburgermonarchie nicht (oder nicht mehr) möglich war: wie die Eigenart der Nationen und deren

Selbstverständnis mit der Loyalität gegenüber der Union als Ganzem und ihrer überstaatlichen Rechtsordnung zu vereinbaren ist.

***

Was eine Soziologiegeschichte des Habsburgerreiches zu leisten hat, ist zunächst einmal die Erfassung der wichtigsten in den verschiedenen Kronländern der Monarchie erbrachten Leistungen in den das Fach konstituierenden Subdisziplinen, sodann aber die – im vorliegenden Kompendium nur in Ansätzen und skizzenhaft mögliche – Darstellung zweier Arten von Wechselbeziehungen: einerseits zwischen der Soziologie und den anderen Geistes- und Sozialwissenschaften, andererseits zwischen der Soziologie und den realen gesellschaftlichen Lagen, also den ethnisch-kulturellen, politischen und ökonomischen Bedingungen, unter welchen sich jene entwickelte. In diesem Zusammenhang soll im vorliegenden Kompendium zunächst auf die Vor- und Frühformen des soziologischen Denkens seit der zweiten Hälfte des 18. Jahrhunderts Bezug genommen, dann aber vor allem gezeigt werden, in welchem Umfeld von Nachbardisziplinen sich die als Disziplin an den Universitäten noch gar nicht institutionalisierte Soziologie entwickelte. (Insofern ist die Rede von »Nachbardisziplinen« der Soziologie, welche selbst noch gar nicht den Status einer Disziplin hat, ziemlich paradox oder zumindest historisch-semantisch nicht korrekt.) Die Soziologie hat von jenen Fächern bestimmte Fragestellungen, insbesondere aber einige der dort erfolgreich verwendeten Methoden übernommen, im Laufe der Zeit aber auch eigene entwickelt. Die Vertreter der seit Lorenz von Stein und Robert von Mohl häufig als »Gesellschaftswissenschaft« bezeichneten Soziologie waren in der Phase der Konstituierung dieser Disziplin, die in der zweiten Hälfte des 19. Jahrhunderts erfolgte, bezüglich der verschiedenen Geistes- und Sozialwissenschaften zumeist rezeptiv, diese Haltung änderte sich jedoch seit dem Fin de siècle deutlich. Selbst Vertreter von Disziplinen, die zuvor gegenüber der Soziologie kritisch eingestellt waren, bezogen sich nun mitunter auf Inhalte des soziologischen Schrifttums und entnahmen daraus Anregungen für die eigene wissenschaftliche Tätigkeit; dies galt vor allem für Forscher aus den Bereichen der »Kulturwissenschaften«, wie die Geistes- und Sozialwissenschaften von Heinrich Rickert, Max Weber und mehreren ihrer Zeitgenossen genannt wurden. Von den Nachbarwissenschaften, zu denen die Soziologie in mehr oder weniger engen Beziehungen stand, sind – neben der Sozialstatistik – vor allem folgende zu nennen: Geschichtswissenschaft, Ethnologie (Sozial- und Kulturanthropologie), Geographie, Psychologie (vor allem die Sozial- und Völkerpsychologie), Pädagogik, Nationalökonomie (Volkswirtschaftslehre), Philosophie, Kunstgeschichte, aber auch Sozialbiologie und Geographie. Dieses komplexe Gefüge fachlicher Beziehungen macht verständlich, wie die vorliegende Darstellung der frühen Soziologie im Habsburgerreich sich zu einer Topographie jener Kulturwissenschaften entwickeln konnte, mit deren Forschungsinteressen sich diejenigen der Soziologie in gewissem Umfang deckten.

Im deutschsprachigen Teil des Habsburgischen Reiches fiel das Ende der Formierungsperiode der Soziologie mit dem Erscheinen der ersten Lehrbücher zusammen (vgl. Eisler 1903, Ratzenhofer 1907, Jerusalem 1919 [1899]) sowie mit der wachsenden öffentlichen Anerkennung der auf die Bewältigung aktueller gesellschaftlicher Probleme bezogenen Sozialforschung. Deren namhaften Vertretern, so fand man nun etwa im Hinblick auf Lorenz von Stein, Albert Schäffle und Anton Menger, würde es gelingen, ihre gesellschaftsanalytischen Erkenntnisse auch in sozialtechnisches Wissen zu transformieren und so die akademische Gelehrsamkeit insbesondere für die Bewältigung der mit der sogenannten Sozialen Frage verbundenen Probleme fruchtbar zu machen (vgl. Neef 2012). Die Arbeiten zur Wohnungsfrage von Emil Sax, Stephan Sedlaczek und Felix von Oppenheimer (vgl. Sax 1869; Sedlaczek 1893; Oppenheimer 1905) und die zu Beginn des 20. Jahrhunderts entstandenen Sozialreportagen der Journalisten Emil Kläger und Max Winter (vgl. Girtler 2004) brachten die besonders drastischen sozialen Probleme einer oft tief betroffenen Leserschaft nahe. Diese Autoren fühlten sich, wie andere Autoren auch, der von der Aufklärung herrührenden Idee verbunden, dass Menschen ihre Geschichte gemäß den von ihnen formulierten Zielen und nach Maßgabe bestimmter Randbedingungen selber machen können und nicht bloß Objekte der Geschichte sind. Wie diese Aufklärungsidee, so war auch die auf langfristige Zukunftsziele bezogene Soziologie von Anbeginn an umstritten und mit grundsätzlichen Bedenken konfrontiert, die nicht nur religiöser, sondern insbesondere auch erkenntnistheoretischer Natur waren, da eine auf fernere Geschichtsziele gerichtete Machbarkeitsidee eng mit dem Problem der Vorhersagbarkeit verknüpft ist. Gerade für Sozialwissenschaftler, die sich der Tatsache bewusst waren, dass das Prinzip der Gestaltbarkeit der Geschichte nur unter gleichzeitiger Berücksichtigung von nicht beabsichtigten Folgen absichtsgeleiteter Handlungen vertretbar ist, musste jenes Problem über kurz oder lang virulent werden.

Doch vor aller historisch-systematischen Erörterung von Fragen der Erklärung und der Vorhersage sollte es den österreichischen Soziologiehistorikern von heute wohl zunächst einmal um die Beseitigung eines deutlich fühlbaren Wissensdefizits gehen: sie sollten sich mit den vielfältigen soziologischen Leistungen vertraut machen, die in den nicht-deutschsprachigen ehemaligen Kronländern der Monarchie erbracht wurden. (Umgekehrt mag sich unter Umständen ein analoges Erfordernis geltend machen, obschon bis weit nach 1918 mehr Slawen und Magyaren Deutsch sprachen als Deutsche und Österreicher eine slawische Sprache oder Ungarisch.) Jenes Defizit hat zunächst einmal mit mangelnder Sprachkompetenz zu tun, dann aber vor allem mit der Tatsache, dass nach 1918 eine dramatische Änderung in den Beziehungen zwischen den Nachfolgestaaten der österreichisch-ungarischen Monarchie eingetreten ist; diese Beziehungen wurden gekappt, der Abbruch sogar mitunter politisch-administrativ verfügt. Dem daraus resultierenden Desiderat wurde in dem vorliegenden Sammelband dadurch Rechnung getragen, dass Soziologinnen und Soziologen aus Nachfolgestaaten verschiedener nicht-deutschsprachiger Kronländer der Monarchie zur Mitarbeit an diesem Band eingeladen wurden: aus Polen, Ungarn, Slowenien, Kroatien, Italien und aus der Tschechischen Republik. Durch deren in deutscher Sprache vorliegende Beiträge erschließt sich der deutschsprachigen Leserschaft das Werk von ihr oft nicht einmal namentlich bekannten Soziologinnen und Soziologen und deren Sicht auf die gesellschaftlich-geschichtliche Welt ihrer Zeit. Ausführliche, ebenfalls in deutscher Übersetzung vorliegende bibliographische Hinweise sollen dazu verhelfen, fürs Erste zumindest mit den Themen des einschlägigen Schrifttums vertraut zu werden.

Im Sinne des soeben Ausgeführten ist mit dem vorliegenden Sammelwerk die Absicht verbunden, eine Übersicht über die soziologischen Hauptströmungen und Hauptthemen zu vermitteln, die sich in ihren Vor- und Frühformen auf dem Gebiet der Habsburgermonarchie nachweisen lassen, dann aber auch die Thesen ausgewählter, für die Soziologie des 19. und des frühen 20. Jahrhunderts repräsentativer Monographien und Abhandlungen dem Leser zu vermitteln. Beabsichtigt ist ferner, wenn auch nur in Grenzen durchführbar, eine Bezugnahme auf die die jeweiligen Werke veranlassenden oder mitbedingenden sozialen, politischen, wirtschaftlichen und kulturellen Lagen. Denn auch die Soziologie stellt in gewissem Umfang eine sich in den Forschungsmotiven ihrer Vertreter ausdrückende Antwort auf die Fragen und Probleme dar, die sich in Bezug auf jene »Umstände« ergeben.

Im Folgenden soll zunächst kurz der Status der Soziologie als einer eigenständigen Forschungsrichtung im Verband der Kulturwissenschaften in Betracht gezogen und dabei die Soziologie im Habsburgerreich überblicksartig zum internationalen Forschungszusammenhang in Beziehung gesetzt werden. In einem weiteren Schritt wird es darum gehen, sich die grundlegende Vorbedingung für das Entstehen dieser mit gesellschaftlichen und nicht, wie zuvor meist üblich, mit rein staatsrechtlichen Fragen befassten Disziplin zu vergegenwärtigen: die Trennung von Staat und Gesellschaft auf der begrifflichen Ebene wie in der Realität; für Lorenz von Stein bestand bekanntlich in diesem Auseinanderfallen das Grundproblem des nachrevolutionären Europa. Schließlich soll gezeigt werden, welche realgeschichtlichen Ereignisse, Strukturen und Prozesse in dem pluriethnischen, plurilingualen und plurireligiösen Raum der Habsburgermonarchie einerseits das Objekt der frühen soziologischen Forschung bildeten, andererseits aber diese Forschung überhaupt erst ausgelöst haben; dabei kommt, was zum Beispiel durch das Schrifttum von Ludwig Gumplowicz und Eugen Ehrlich belegt wird, den Nationalitätenkonflikten eine ganz besondere Bedeutung zu (vgl. Kiss 1997), welchen Konflikten vor allem auch austromarxistische Autoren grundlegende Betrachtungen widmeten (vgl. Renner 1899, 1902 und 1918; Bauer 1975 [1907]).

***

Manchen Geschichtsdeutungen liegt die Auffassung zugrunde, dass die neuzeitliche Geschichte ein von der Wissenschaft geleitetes Fortschrittsgeschehen sei, während für andere ein Konzept der Realgeschichte charakteristisch ist, das diese durch eine

Vielzahl ihrer Möglichkeiten, nicht aber durch einen in ihr erkennbaren gerichteten Prozess bestimmt. Auch wissenschaftsgeschichtliche Darstellungen sind nicht frei von derartigen, einander widersprechenden geschichtsmetaphysischen Grundannahmen. Schließt dabei eine Gruppe von Autoren vom Erkenntnisfortschritt der Wissenschaften und deren Rekonstruktion auf den moralisch-politischen Fortschritt im Sozialgeschehen, so vertritt die andere das Prinzip der kulturellen Indeterminiertheit der Wissenschaft. Exemplarisch dafür stehen – ohne dass dies damals Gegenstand einer auffälligen Auseinandersetzung gewesen wäre – zwei österreichische Darstellungen der Soziologiegeschichte aus den beiden ersten Dekaden des 20. Jahrhunderts: eine geschichtsteleologische, aus dem Geiste der fortschrittsmetaphysischen Aufklärungsphilosophie, von Wilhelm Jerusalem (Jerusalem 1919, S. 252–380), und eine analytische, aus dem Geiste der skeptisch-erfahrungsbezogenen Aufklärungsphilosophie, von Rudolf Eisler, dem es um das Verstehen und Erklären von Entwicklungen geht, über deren Verlauf nicht spekulativ im Voraus zu befinden ist (Eisler 1903). Die von Eisler befürwortete Ablösung der geschichtswissenschaftlichen von der spekulativen Geschichtsbetrachtung erfährt auch durch seine *Geschichte der Wissenschaften* einige Unterstützung (Eisler 1906).

Eisler hat mit seiner 1903 erschienenen *Soziologie* das erste Lehrbuch dieser Disziplin in deutscher Sprache verfasst (Eisler 1903). Auf diese Monographie, aber auch auf seinen erstmals 1913 erschienenen Artikel »Soziologie« in seinem *Handwörterbuch der Philosophie*, in welchem er die in seinem Buch vorgelegten Darstellungen unter Einbeziehung zwischenzeitig erschienener Fachliteratur vorzüglich zusammengefasst hat (vgl. Eisler 1922), wird im Folgenden noch Bezug genommen werden. Hier soll zunächst geklärt werden, was die Eigenart der Soziologie zur Zeit ihrer Konsolidierung um ca. 1900 ausmacht, und in diesem Zusammenhang werden idealtypisch vier Positionen dargestellt, für die sich auch in Eislers einschlägigen Darstellungen hinreichend Belege beibringen lassen (vgl. Eisler 1903, S. 6–36; Eisler 1906, S. 255–263; Eisler 1922). Die Soziologie im engeren Sinne – im Unterschied zu der noch um 1900 mit diesem Namen des Öfteren bezeichneten Gesamtheit der Sozialwissenschaften – ist »die allgemeine Gesellschaftswissenschaft, die *Wissenschaft vom sozialen Leben als solchen*, vom Wesen des Sozialen, von den Formen, Gebilden, Faktoren, Gesetzlichkeiten, Entstehungs- und Entwicklungsbedingungen, Prinzipien und Zielen des sozialen Seins und Geschehens« (Eisler 1922, S. 614). Doch wie ist die Beziehung geartet, in der die angeführten Komponenten der Soziologie zueinander stehen? Wie lässt sich das Vorgehen der Soziologie so bestimmen, dass es von den herkömmlichen ihr nahestehenden Geistes- und Sozialwissenschaften in methodologischer Hinsicht unterschieden werden kann? Denn die Soziologie in der Habsburgermonarchie teilt einige der von ihr bevorzugten Forschungsobjekte – so etwa das Problem der nationalen Emanzipation und die sogenannte Soziale Frage – mit anderen Disziplinen: der Geschichtswissenschaft, der Staatsrechtslehre, der Sozialpolitik etc. Antworten sind unter Rückgriff auf für die Soziologie charakteristische Traditionen sowohl bezüglich der Bestimmung ihres Gegenstandes (ontologisch) als auch bezüglich ihres methodischen Vorgehens (methodologisch) möglich.

Die wichtigsten Proponenten der im Folgenden in Betracht gezogenen soziologischen Theorien waren allesamt in dem für das vorliegende Kompendium maßgeblichen Zeitraum tätig. Ihnen ist bei aller Unterschiedlichkeit gemeinsam, dass sie der Soziologie einen Status zuzuweisen bemüht waren, der diese nicht als eine nur abgeleitete und gewissermaßen parasitäre Tätigkeit im Verhältnis zu bereits etablierten geistes- und sozialwissenschaftlichen Disziplinen – insbesondere zu den Rechts- und Staatswissenschaften, zur Psychologie und zur Ökonomik – erscheinen lässt. Anhand der im Folgenden genannten vier Typen von Soziologie lassen sich die Grundmerkmale dieser Disziplin näherungsweise bestimmen.

(1) Als Erstes sei hier die in der Geschichtsphilosophie der Aufklärung gründende Betrachtung des geistigen und zugleich sozialen Verlaufs der Menschheitsentwicklung erwähnt, welchen Auguste Comte in drei Phasen gegliedert hat. Diese Entwicklung führe vom mythisch-religiösen über das metaphysische in ein wissenschaftliches Zeitalter, für welche Zeitalter in konsekutiver Folge die Leitfiguren der Priester, der Juristen und der Wissenschaftler charakteristisch seien. (Dass in Österreich die erste Phase dieser menschheitsgeschichtlichen Entwicklung im Vormärz noch deutliche Spuren hinterlassen hatte, belegt die letzte, im Jahr 1837 unter Ferdinand I., dem Gütigen, erfolgte Landesverweisung der Zillertaler Protestanten, nachdem diese bereits von Kaiser Franz I./II. vor die Wahl gestellt worden waren: »als Katholiken bleiben oder als irreligiöse Sektlinge gehen«.) Auf Comte geht bekanntlich die Bezeichnung »Soziologie« für die von ihm angestrebte Wissenschaft zurück; diese Bezeichnung findet sich bei ihm schon 1824 in einem Brief (Comte 1870, S. 158), 1838 gelangt sie im vierten Band seines *Cours de philosophie positive* (Comte 1839, S. 252) an die Öffentlichkeit. Bis dahin hatte er den Namen »physique sociale« verwendet, der allerdings ab 1835 auch von Adolphe Quetelet, dem Ahnherrn der modernen sozialwissenschaftlichen Statistik, benutzt wurde (Quetelet 1835). Von Beginn an erschien die Soziologie als eine besondere Wissenschaft, die sich nicht, wie etwa die Philosophie der Politik in der Nachfolge von Thomas Hobbes, beschreibend, erklärend oder auch normierend vor allem mit dem Wesen und der Organisation des Staates befasst, was seit Jahrhunderten als ein Teilgebiet der Rechtsgelehrsamkeit galt, sondern mit der Erforschung der Gesellschaft und der sie bildenden Gruppen. Die Soziologie, die nach Comte unmittelbar auf der Biologie und der Psychologie fußt, gliedert sich in soziale Statik und Dynamik, je nachdem ob sie die Ordnung und die Wechselbeziehungen im Bereich des Sozialen (mit dem Ziel der Formulierung von Koexistenzgesetzen) oder aber die Entwicklung dieses Bereichs als Ganzes (mit dem Ziel der Formulierung von Sukzessionsgesetzen) untersucht. In Hinsicht auf die soziale Dynamik ist mit der Comte'schen Auffassung diejenige von Herbert Spencer verwandt, der zufolge sich Gesellschaften im Laufe der Geschichte – ebenfalls in drei Stadien – von einem militärischen und auf Zwang beruhenden Typus über ein

militärisch-industrielles Übergangsstadium (Spencers eigene Epoche) hin zu einer industriellen und auf Freiwilligkeit der zwischenmenschlichen Beziehungen beruhenden Organisationsform entwickeln. Doch während Comte Gesellschaften in Anlehnung an biologische Ganzheiten betrachtet und Individuen in ihren Eigenschaften holistisch aus diesen ableitet, ist für Spencer die Gesellschaft in Bezug auf Wachstum, Differenzierung und Arbeitsteilung zwar etwas dem Organismus Analoges, aber, wie Eisler sagt, »ohne absolute Präponderanz des Ganzen vor dem Einzelnen« (Eisler 1906, S. 259); daher sei die Gesellschaft auch für die Individuen da, nicht diese für die Gesellschaft.

Für den diachronen Geschichtsverlauf, wie er von Comte und Spencer dargestellt wird, sind die Tendenz der zunehmenden Verwissenschaftlichung und der Säkularisierung charakteristisch, zugleich damit aber auch unterschiedliche Formen zwischenmenschlicher Beziehungen, die anfänglich kollektivistisch-emotionalen, schließlich aber individualistisch-zweckrationalen und zugleich – in ethischer Hinsicht – reziprok-altruistischen Charakter haben. Die Historische Soziologie setzte in den meisten Fällen bei derartigen auf einen längeren Zeitraum bezogenen Studien an (vgl. z.B. Hartmann, 1905).

(2) Eine andere, vor allem bereits mit Jean-Jacques Rousseau verbundene Position bringt die Thematik der sozialen Ungleichheit sowie der unverdienten Privilegien ins Spiel. Ihre Vertreter sehen in dessen im Jahr 1755 erschienenen *Discours sur l'origine et les fondements de l'inégalité parmi les hommes* den von verschiedenen Gesellschaftsstudien vernachlässigten sozialen Antagonismus zwischen Arm und Reich als den für die Soziologie zentralen Forschungsgegenstand an. Dieses Werk Rousseaus ist zum Ursprungswerk der um das Gleichheits- bzw. Ungleichheitsproblem der Gesellschaft zentrierten Soziologie des folgenden Jahrhunderts geworden. Besonders gilt dies für den soziologischen Gehalt der Lehre von Karl Marx, in der Habsburgermonarchie vor allem für Anton Menger, Eugen Ehrlich und Ludwig Gumplowicz, die Gesellschaften allgemein als durch ungleiche Lebenslagen und Machtverhältnisse bestimmt ansehen. Gumplowicz geht aber insofern über Marx und dessen Analyse von Klassenkonflikten hinaus, als er seine Aufmerksamkeit auch auf Konflikte innerhalb von Klassen richtet. Marx sieht die Grundlage der gesellschaftlich-geschichtlichen Entwicklung, die eine naturgesetzliche und gerichtete sei, in der mit der Technik verbundenen ökonomischen Produktion, von deren Formen die soziale Struktur und der »ideologische« Überbau – Recht, Sittlichkeit, Moral, Geschichtsauffassungen etc. – abhängig sind. »Soziale Umwälzungen entstehen dadurch«, so bemerkt dazu Rudolf Eisler, »daß die ökonomische Grundlage zeitweise mit dem unpassend gewordenen ideologischen Oberbau in Widerspruch gerät. Schließlich führt der Widerspruch zwischen der kollektiven Produktionsform des Betriebes und der individualistischen Rechts- und Eigentumsordnung, die Expropriierung des Proletariats und später auch der kleineren Kapitalisten durch den zentralisierten Kapitalismus zur kollektiven Gesellschaftsordnung, in welcher der ›Mehrwert‹, den die Arbeiter produzieren, nicht mehr in die Hände von privaten ›Ausbeutern‹ gelangt, da es kein Privateigentum an den Produktionsmitteln mehr gibt.« (Eisler 1922, S. 620f.)

Für die Lehren dieser durch Marx und Gumplowicz repräsentierten zweiten Position ist eine Tendenz in Richtung der Beseitigung oder – wie bei Gumplowicz – der Minimierung von nicht gerechtfertigter sozialer Ungleichheit eigentümlich. Die damit einhergehenden sozialen Beziehungen zwischen den Klassen oder Gruppen sind solche des Konflikts. Für nahezu alle sogenannten Speziellen Soziologien – von der Arbeits- und Wirtschafts- über die Politik- bis zur Kunstsoziologie – ist der Ausgang von Schichtungstheorien unter Bezugnahme auf verschiedenartige wirtschaftlich-soziale Lebenslagen und Lebenschancen von Klassen oder Ethnien sowie auf die daraus resultierenden Konflikte charakteristisch.

(3) Für eine dritte Gruppe von Soziologen, die sich in besonderem Maße um die Etablierung der Eigenständigkeit der Soziologie durch Bestimmung ihres Forschungsgegenstandes bemühte, sind vor allem Ferdinand Tönnies und Georg Simmel als repräsentativ anzusehen. Beiden geht es darum, nicht die Menschen oder Gruppen von Menschen als den Gegenstand der Soziologie zu deklarieren – denn diesen Gegenstand hat diese mit zahlreichen Disziplinen gemeinsam –, sondern die zwischen den Menschen oder Gruppen von Menschen bestehenden Beziehungen. Tönnies formulierte seine Beziehungslehre in dem Buch *Gemeinschaft und Gesellschaft* (Tönnies 1887), Simmel, der für seine Beziehungslehre den Namen »Formale Soziologie« wählt, in seinen Büchern *Soziologie* und *Grundfragen der Soziologie* (Simmel 1908 bzw. Simmel 1917); ihm zufolge sind Formen der Gegenstand der Soziologie. Für diese Art von Soziologie sind vor allem Beziehungen wie Hierarchie und Gleichheit, Wettbewerb und Kooperation, Konflikt und Konsens typisch, aber auch solche wie Dissoziierung und Assoziierung, Repulsion und Attraktion, Aversion und Zuneigung; allesamt sind sie durch konträre Begriffe charakterisiert. Beziehungen der erwähnten Art lassen sich in den von Rudolf Eisler so benannten »sozialen Verbänden« (vgl. Eisler 1903, S. 207–292) nachweisen: z.B. in Stammesgemeinschaften, ethnischen Gruppierungen, religiösen Gemeinden, Ständen, Klassen und Parteien, und zwar stets unter bestimmten institutionellen Bedingungen: rechtlichen, wirtschaftlichen, religiösen, kulturellen etc.; Eisler nennt diese Institutionen »soziale Gebilde« (vgl. ebd., S. 99–207). Ihm zufolge ermöglicht die Beziehungslehre eine präzisere Bestimmung des Gegenstands der Soziologie: »Die *Gesellschaft* ist (abstrakt) der Inbegriff sozialer Wechselbeziehungen oder (konkret) die Vereinigung der vergesellschafteten Individuen selbst, genauer eine durch gemeinsame Bedürfnisse, Tendenzen, Interessen, Ziele zu einer Einheit des Seins und Wirkens verbundene Gesamtheit von Individuen und Gruppen. Die Einheit des Wirkens umfaßt, je nachdem, ein Zusammenleben, Zusammenwirken (Kooperation), ein gegeneinander Wirken, ein sich Unterstützen, Bekämpfen, eine Unter- und Überordnung usw.« (Eisler 1922, S. 614) Die soziale Verbindung kann, wie Eisler weiter ausführt, vorübergehend oder dauernd, sie kann erzwungen oder freiwillig, durch rein naturhafte Faktoren oder aber durch bewusste Interessen, Willensziele und Konventionen bedingt, schließlich aber auch – wie von Tönnies beschrieben – aufgrund gemeinsamer Bedürfnisse und Anschauungen »ge-

meinschaftlich«, oder auf der Grundlage unterschiedlicher Interesselagen, Konventionen und zweckrationaler Orientierungen »gesellschaftlich« organisiert sein (vgl. ebd., S. 614f.).

Eine längerfristige Tendenz, durch welche die beiden vorhin erörterten Positionen gekennzeichnet sind, ist der Formalen Soziologie nicht inhärent. Ihrer institutionalistischen Betrachtungsweise entspricht es jedoch, die zueinander in bestimmten Beziehungen stehenden Individuen oder Gruppen auf ihr Anpassungsvermögen hin zu untersuchen: ob sie sich den Institutionen, beispielsweise den Bürokratien des Rechts, der Wirtschaft und der Religion, anpassen oder ob sie diese Institutionen sich anpassen. Die konkrete Art der Anpassung ist eine Sache kontingenter Bedingungen, geschichtsphilosophische Langzeitverheißungen gibt es in dieser Sache nicht.

(4) Die vierte und letzte der hier darzustellenden Positionen bezieht sich auf die Soziographie und die Sozialstatistik (vgl. Klein 2001), die ja eigentlich beide eine Grundvoraussetzung der empirischen Sozialforschung sind. Zu denken ist hier exemplarisch an die schon im 17. Jahrhundert durch englische Versicherungsgesellschaften durchgeführten demo- und soziographischen Erhebungen, andererseits an Adolphe Quetelets Pionierleistungen im Bereich der Statistik im 19. Jahrhundert. In Österreich erfolgten relativ früh sporadisch betriebene soziographische Erhebungen von zum Teil romantisierend-volkskundlicher Art, so etwa die von Erzherzog Johann in der Steiermark und in Kärnten veranlassten, als »ethnographisch« bezeichneten Erhebungen. Später wurden diese von den systematischen Untersuchungen der staatlichen statistischen Behörden abgelöst, die sich angesichts der Zusammensetzung des Vielvölkerreiches geradezu als unverzichtbares Verwaltungserfordernis aufdrängten. Emblematisch für diese Bestrebungen sind die Namen von Karl von Czoernig-Czernhausen, dem Ethnographen der Habsburgermonarchie (Czoernig-Czernhausen 1855/1857 und 1856), bzw. von Theodor von Inama-Sternegg, dem Gründer der amtlichen Veröffentlichungen der Statistischen Zentralkommission (vgl. v.a. Inama-Sternegg 1903 und 1908).

Gelegentlich war man im Zuge der Bestimmung der Eigenart des soziologischen Denkens auch der Ansicht, den erwähnten vier Grundarten der soziologischen Forschung eindeutige Funktionen zuordnen zu können: so etwa der Quetelet'schen Statistik eine Dienstleistungsfunktion, Comtes historischer Soziologie eine Bildungsfunktion, der Marx'schen Klassentheorie eine Weltanschauungsfunktion etc. Auch von einer Aufklärungs- oder Emanzipationsfunktion war die Rede. Doch all das führt nicht weit, weil sich je nach Problemexposition mit den einzelnen Arten der soziologischen Forschung unterschiedliche Funktionen verbinden lassen. Zwei Disziplinen waren es vor allem, die seit ihren Anfängen im Frankreich des frühen 19. Jahrhunderts als Grundlagen der Soziologie angesehen wurden, auf die die Soziologie jedoch, wie schon Comte meinte, nicht zurückzuführen oder zu reduzieren sei: Biologie und Psychologie. Soziologen, die die Gesellschaft als realen Organismus auffassten, dessen Zellen die Individuen seien, traf früh der Vorwurf der Hypostasierung des Biologischen; diese habe in der Hypostasierung des Psychischen ihr Gegenstück, das den gesellschaftlichen Gegebenheiten gleich unangemessen sei. Das Soziale sei weder etwas Biologisches noch etwas Psychisches, sosehr das Soziale auch durch biologische und psychische Faktoren mitbedingt sein kann. Was z.B. die Psychologie anlangt, so sei zwar die psychologische Erklärung für das Verständnis der sozialen Phänomene von besonderer Wichtigkeit; es seien jedoch, wie Eisler ausführt, »die sozialen Gebilde (Recht, Wirtschaft, Sitte usw.) und Institutionen nicht subjektiv-psychologische Tatsachen, sondern sie haben, aus der Wechselwirkung seelischer Wesen erwachsend, eine ›intersubjektive‹, überindividuelle, eigene, relativ selbständige Realität und Wirksamkeit mit besonderen Entwicklungstendenzen und Gesetzlichkeiten, und sie bedingen selbst das psychische Einzelleben […].« (Eisler 1922, S. 614)

***

Konstitutiv für die Bestimmung der spezifischen Eigenart der Soziologie als jener Disziplin, welche die Analyse der »Gesellschaft« zum Gegenstand hat, ist der kategoriale Unterschied von Staat und Gesellschaft. Hatte der Westfälische Frieden die Souveränität absolutistischer Territorialstaaten gesichert, so verloren die damit verbundenen Privilegien der Herrschenden, aber ganz allgemein das Feudalsystem mehr und mehr ihre Selbstverständlichkeit und wurden zum Gegenstand zumal rechtsphilosophischer Rechtfertigungsbestrebungen. Mit dem Aufkommen der gegen die Theoretiker des Absolutismus wie Jean Bodin oder Thomas Hobbes gerichteten neuen Theorie der Souveränität setzte sich entlang der von Johannes Althusius über Samuel Pufendorf und John Locke bis zu Jean-Jacques Rousseau reichenden Traditionslinie die Auffassung von der Souveränität des Volkes durch. Mit dieser gegen die Souveränitätsrechte des an der Spitze des Staates und auch über der Verfassung stehenden Herrschers erlangte die Unterscheidung von Staat und Volk, Staat und Gesellschaft eine Bedeutung, die für die politische Theorie seit dem ausgehenden 17. und für das politische Handeln vor allem in der zweiten Hälfte des 18. Jahrhunderts wirksam werden sollte (vgl. Grimm 2009). Die Rolle des Staates veränderte sich, seine allerhöchsten Repräsentanten waren nicht mehr inappellabel, sondern wurden mehr und mehr als Administratoren des Staates als des sozialtechnisch fungierenden Koordinationsorgans gesellschaftlicher Interessen und Bewegungen aufgefasst, dessen Zweckmäßigkeit nach Maßgabe von zunächst eher naturrechtlich verstandenen Gemeinwohlorientierungen zur Diskussion gestellt werden konnte. Besonders deutlich wird der Unterschied (und zugleich die als Möglichkeit in Betracht gezogene Harmonie) zwischen gesellschaftlicher Aktivität und staatlicher Ordnungsstruktur beispielsweise in Bernard de Mandevilles *Fable of the Bees* zum Ausdruck gebracht. Hier wird in Form einer allegorischen Darstellung gezeigt, dass selbst das raffgierigste Handeln der einzelnen Bienen (»private vices«) aufgrund eines entsprechend organisierten Bienenstocks öffentlichen Wohlstand (»public benefit«) zur Folge haben kann (vgl. Mandeville 1714); der Bienenstock ist das Äquivalent der klug eingerichteten, insbesondere das Recht und den Markt betreffenden Institutionen des guten Staates, den es zum Wohlergehen der Gesellschaft entsprechend zu organisieren gelte.

Die Gesellschaft, so fanden die Philosophen des 18. Jahrhunderts, sei etwas Natürliches, in dem Geselligkeitstriebe des Menschen Gegründetes. Beflügelt wurde diese Auffassung namentlich von den schottischen Moralphilosophen David Hume, Adam Smith, Adam Ferguson und John Millar. Bei ihren Analysen der gesellschaftlich-geschichtlichen Welt handelte es sich um die Erforschung der Zusammensetzung sozialer Gruppen und ihrer Strukturen, ihrer Organisationen, der Ursachen und Wirkungen ihrer Vergemeinschaftung und ihres Wandels, damit aber insbesondere um die Untersuchung ihres Einflusses auf die politischen, wirtschaftlichen und kulturellen Institutionen des Staates sowie, umgekehrt, um die Untersuchung der Wirkung von Institutionen auf jene Gruppen und deren Strukturen und Organisationen. Die Beziehung von Staat und Gesellschaft hatte sich also vom 17. bis zum Ende des 18. Jahrhunderts maßgeblich gewandelt. Und so stellten sich auf Seiten der Gesellschaft Fragen nach der Legitimität der höchsten Repräsentanten des Staates. Diese betrafen beispielsweise die monastische Erbfolge und deren Rechtfertigung, den Ursprung der Regierung und die Art ihrer Bestellung, die Allianz von Staat und Kirche, die Ungleichheit vor dem Gesetz bzw. die Freiheit von nicht zu rechtfertigenden Privilegien etc. Von nun an sollte der an der Spitze des Staates stehende Herrscher nicht mehr alleine die Geschicke der Gesellschaft lenken und auch nicht bestimmen, worin das »Glück des Staates« bestehe, vielmehr stand ihm nun die »société civile« in Gestalt gewisser Repräsentanten des »Willens aller« oder sogar des »Allgemeinwillens« (vgl. Rousseau 2010) – immer wieder Rechtfertigung heischend – gegenüber.

Zunächst noch weit entfernt davon, der staatlich administrierten »Politik« und »Ökonomie« entraten zu können, entwickelte sich in der Epoche der Aufklärung – zunächst in Großbritannien, dann in Frankreich – das Bestreben, nicht mehr nur Objekt von staatlichen Verfügungen, sondern als Angehöriger der »Gesellschaft« oder der »civil society« in wachsendem Maße Mitgestalter des individuellen Schicksals und des Schicksals der Gemeinschaft zu sein. In diesem Sinne sprach Jean-Jacques Rousseau in seinem im Jahr 1755 erschienen *Discours sur l'origine et les fondements de l'inégalité parmi les hommes* von der »société civile«. Dieses Werk ist, wie bereits erwähnt, geradezu zum Gründungsmanifest der um das Gleichheits- oder Ungleichheitsproblem der Gesellschaft zentrierten Soziologie geworden. Wie in anderen europäischen Staaten ist die Soziologie auch in der Habsburgermonarchie – obschon mit einiger Verzögerung – aus der historisch entstandenen und sich erstmals in den Regierungslehren der britischen und französischen Aufklärungsphilosophie widerspiegelnden Differenz von Staat und Gesellschaft hervorgegangen. Der Staat als Herrschaftsform und die Gesellschaft als Lebensform standen einander gegenüber. In der Folge entsprach dem im universitär-akademischen Bereich die Unterscheidung von Staatsrechts- und Verwaltungslehre bzw. Soziologie (obwohl die bedeutendsten Vertreter der Soziologie in der Habsburgermonarchie neben Philosophen gerade Staatsrechts- und Verwaltungslehrer gewesen sind). An dem Nationalitätenkonflikt, der die Geschichte des Habsburgerreiches bestimmte, zeigt sich, dass sich insbesondere in den nicht-deutschsprachigen Kronländern nationale Interessen in gewissem Umfange mit denen der soziologisch argumentierenden Politiker und Gelehrten verbunden haben. Diese verlangten, die nationalen als die grundrechtlich legitimierten Interessen der jeweiligen (Zivil-)Gesellschaft anzusehen, die durch die Verfassung zu schützen und durch das Parlament gegenüber dem Staat – also der großen Politik, der Autorität und der Exekutive – zu vertreten seien.

Im Habsburgerreich bildete die Soziologie ab der Mitte des 19. Jahrhunderts – wenn auch nicht universitär als eigene Disziplin institutionalisiert – neben den Rechts- und den Wirtschaftsfächern den dritten Hauptteil der auf Staat und Verfassung, Wirtschaft und Gesellschaft bezogenen Wissensinhalte. So schlugen sich die europaweit erfolgenden, obschon unterschiedlich gestalteten Veränderungen in den strukturellen Beziehungen von Staat und Gesellschaft auch in den Wissenschaften jenes Reiches nieder.

* * *

Die Gesellschaft bildete seit der Mitte des 18. Jahrhunderts den Gegenstand der Soziologie avant la lettre, einer Disziplin, deren Pioniere, wie schon gesagt, insbesondere in Großbritannien und Frankreich am Werke waren. Zwar waren die Proponenten dieser Form von Geistes- und Sozialwissenschaft oder »moral science« (John Stuart Mill) für die Erklärung gesellschaftlicher Zustände, Ereignisse und Prozesse genötigt, auf Politik und Ökonomie Bezug zu nehmen, wollten aber ihr Interesse auf längere Sicht nicht allein auf die herkömmlichen Formen der Staatsrechtslehre und der Ökonomik beschränkt wissen. Was bildete aber nun des Näheren im Habsburgerreich den Gegenstand jener in Österreich erst sehr spät, nach Ende des Ersten Weltkriegs als Habilitationsfach – und da nicht unter dem Namen »Soziologie«, sondern als »Gesellschaftslehre« – zugelassenen Disziplin? Welche sozialen Gruppen nahm sie als eine Wissenschaft, die die »Gesellschaft« als geschichtetes Gemeinwesen begriff, vorrangig in den Blick? Es waren dies – als jeweils hochgradig differenzierte soziale Schichten und Berufsklassen – die Angehörigen des Adels, des geistlichen Standes, des Heeres, des Industrie- und Handelsunternehmertums, des Besitz- und Bildungsbürgertums, der freien Berufe, aber zahlenmäßig betrachtet insbesondere die Bauern, die in Industrie und Gewerbe tätigen Arbeiter sowie die in Handelsbetrieben und im Dienstleistungsbereich Beschäftigten.

Diese gesellschaftlichen Gruppierungen waren dem technischen, ökonomischen und politischen Wandel im Habsburgerreich auf unterschiedliche Art unterworfen, wie etwa Helmut Rumpler und Peter Urbanitsch eindrücklich gezeigt haben (Rumpler/Urbanitsch 2010). Diese Wandlungsprozesse mit ihren »in die Tiefe der Unbildung und Noth versenkten Volksclassen« (Wieser 1901, S. 58) stehen in enger Beziehung zu einigen grundlegenden Themenfeldern der Soziologie. Denn bei ihnen geht es um das Anwachsen der Bevölkerung, die Alphabetisierung, die Entwicklung des Bildungs- und

Ausbildungswesens auf allen Ebenen, die Urbanisierung, den Übergang großer Gruppen von der Agrargesellschaft in die gewerblich-industrielle Arbeitswelt, um das vor allem in der Spätphase der Monarchie vehemente Wachstum des Dienstleistungssektors, sowie vor allem auch um die auf verschiedenen Gebieten – von der Elektrotechnik, der Chemie und Pharmazie bis zum Verbrennungsmotor und der Radiologie – gemachten wissenschaftlichen Entdeckungen und um die sich daran anschließenden, die gesamte Arbeitswelt und den Alltag verändernden Erfindungen (vgl. dazu Ried 1910). Zu nennen sind aber auch die bedeutsamen Entwicklungen des Pressewesens und der technischen Kommunikation, und insbesondere jene der immer rationeller produzierenden maschinenbetriebenen Fabriken. Eine der offenkundigsten Folgen dieser Entwicklungen war eine starke Binnenmigration im Habsburgerreich.

Flankiert wurden alle diese Entwicklungen seit der Mitte des 19. Jahrhunderts einerseits von neuen sozialen Bewegungen und politischen Parteien, andererseits von nationalistischen Tendenzen, die in verschiedenen Regionen der Habsburgermonarchie schon seit langem latent vorhanden waren. Das Entstehen neuer politischer Bewegungen wurde in der zweiten Hälfte des 19. Jahrhunderts vor allem gefördert durch die stetig, wenn auch regional unterschiedlich rasch vorangetriebene Alphabetisierung und das Presse- und Verlagswesen (vgl. Rumpler/Urbanitsch 2006, Bd. 8.2), doch vor allem bereits durch die neuen rechtlichen Vorbedingungen für ihre Entfaltung (vgl. Mazohl 2010). Von besonderer Bedeutung waren in diesem Zusammenhang auch die aus Artikel 20 des Staatsgrundgesetzes über die allgemeinen Rechte der Staatsbürger vom 21. Dezember 1867 resultierenden verfassungsrechtlichen Bestimmungen. Dieser Artikel normierte unter anderem die Gleichheit aller Staatsbürger vor dem Gesetz, die gleiche Zugänglichkeit aller Ämter für Staatsbürger, die Freiheit des Aufenthalts und Wohnsitzes, den freien Liegenschaftserwerb und die freie Erwerbsausübung, die volle Glaubens- und Gewissensfreiheit, die Freiheit der Wissenschaft und ihrer Lehre, die Gleichberechtigung aller Volksstämme des Staates sowie die Gleichberechtigung aller landesüblichen Sprachen. Doch es wären wohl, wie Gerald Stourzh dazu bemerkt, »all diese Artikel [...] bloße Staatszielbestimmungen geblieben, hätte es nicht die eine überragend wichtige Bestimmung im Nachbargesetz über das Reichsgericht gegeben, wonach das Reichsgericht in letzter Instanz über ›Beschwerden der Staatsbürger wegen Verletzung der ihnen durch die Verfassung gewährleisteten politischen Rechte‹ zu entscheiden hatte. [...] Es ist diese direkte Verbindung zwischen Staatsbürger und Verfassung, die eine der bedeutendsten Erbschaften der Verfassungsgesetzgebung von 1867 bis zum heutigen Tag ist.« (Stourzh 2018, S. 98)

Dem Staatsgrundgesetz gingen bereits im November 1867 die Gesetze über das Vereinsrecht und das Versammlungsrecht voraus. Während noch in der Zeit des Vormärz die Teilnahme an politischen Diskussionen den Angehörigen des Hofs, der Kirche, der Bürokratie sowie des Besitz- und Bildungsbürgertums vorbehalten blieb, konnten nach der ersten Formierung politischer Parteien im Jahr 1848 (vgl. Kořalka 2006) vor allem aufgrund jener beiden Gesetze politische Interessenvereinigungen gegründet werden, womit der Grundstein für die Massenparteien gelegt wurde. Minderjährigen, aber auch Ausländern und Frauen war allerdings eine Mitgliedschaft in politischen Vereinen ausdrücklich nicht gestattet. Aus den elementaren politischen Strömungen der Zeit: Liberalismus, Konservativismus, politischer Katholizismus, Sozialismus und Nationalismus, bildeten sich drei gewichtige »Lager« heraus, welche als politische Parteien die Geschicke der Habsburgermonarchie von nun an mitbestimmen sollten: die Sozialdemokraten, die Konservativ-Christlichsozialen und die Deutschnational-Liberalen, deren Anhänger sich zunächst von der in dieser Bewegung einflussreichen Gruppe der Wirtschaftsliberalen – minarchistischen Libertären im heutigen Verständnis – abwandten und sich schließlich mehr und mehr auch von den toleranten Bestrebungen des politischen Liberalismus entfernten.

* * *

Dass sich der durch die wirtschaftliche Entwicklung (vgl. Kann 1993, S. 311–314 und S. 414–419) bedingte soziale Wandel in den urbanen Regionen rascher und intensiver vollzog als auf dem Land, ist ein für alle Industriegesellschaften charakteristischer Trend; dieser lässt sich unter anderem in Böhmen und Ungarn deutlich nachweisen. Als repräsentativ für die Spätphase der Habsburgermonarchie können einige Daten aus der Volkszählung des Jahres 1910 angesehen werden, die dem von Helmut Rumpler und Martin Seger herausgegebenen Band über die Verwaltungs-, Sozial- und Infrastrukturen dieses Reiches in der Zeit von 1848 bis 1918 entnommen sind (Rumpler/Seger 2010): Die ansässige Bevölkerung Cisleithaniens wuchs zwischen 1900 und 1910 von 26,2 Millionen auf 28,6 Millionen Einwohner, in Transleithanien von 19,3 Millionen auf 20,9 Millionen; im Gesamtstaat (einschließlich Bosnien-Herzegowina) wuchs die Bevölkerung von 47 Millionen auf 51,4 Millionen Einwohner. In Österreich entfielen dabei im Jahr 1910 in den heutigen Grenzen (ohne Burgenland) 42 % auf in der Land- und Forstwirtschaft Beschäftigte, 32,8 % auf die Berufsklasse »Industrie und Gewerbe«, 17,2 % auf die Berufsklasse »Handel und Verkehr« und 8 % auf die Berufsklasse »Öffentlicher Dienst und Freie Berufe«. Was ihre Stellung im Beruf anlangt, so waren 1910 auf dem erwähnten Gebiet von insgesamt 4,2 Millionen Berufstätigen 41,8 % Arbeiter (inklusive Lehrlinge und Dienstboten), 36,1 % Selbstständige, 16,1 % mithelfende Familienangehörige und 6 % Beamte und Angestellte. Dieser statistische Querschnittsbefund weist jedoch naturgemäß nicht nur nicht das in anderen Zusammenhängen häufig dokumentierte Ausmaß an unorganisierter Massenbewegung von verarmten Bauern und ungelernten Arbeitern aus, die in die Industrieregionen Böhmens, Deutsch-Österreichs und Ungarns zogen, sondern vor allem auch nicht die Existenznöte in verschiedenen Bereichen des Mittelstandes: unter Facharbeitern, Gewerbetreibenden, Angestellten, Lehrern, Beamten, aber auch unter den Angehörigen verschiedener freier Berufe.

Es gab nicht nur Zensusdaten, die sich auf ein bestimmtes Jahr bezogen, sondern auch diachrone, über einen längeren Zeitraum sich erstreckende statistische Erhebungen. Damit suchte man unter anderem den Wandel innerhalb der verschiedenen sozialen Schichten, die sich ändernden Berufsklassen sowie die jeweils in ihnen wirkenden Gruppen von Beschäftigten zu ermitteln. Darin bestand eine der Aufgaben der staatlichen statistischen Behörden; auf Karl von Czoernig-Czernhausen, den Ethnographen der österreichischen Monarchie, und auf Theodor von Inama-Sternegg wurde in ähnlichem Zusammenhang bereits hingewiesen. Die Statistik bildete – nicht nur in der Habsburgermonarchie – das Skelett jeglicher empirischen Sozialforschung (vgl. Přibram 1913; Žižek 1914), und damit auch jener Formen von Gesellschaftstheorie, deren Vertreter, über sozialphilosophische Erörterungen hinausgehend, auf die Prüfung der von ihnen vertretenen Annahmen, Mutmaßungen und Hypothesen Wert legten. Inama-Sternegg legte so dar, was viele nicht sahen, manche auch nicht wahrhaben wollten: er verfasste – neben einer Reihe anderer Publikationen – das zweibändige Werk *Die persönlichen Verhältnisse der Wiener Armen* (Inama-Sternegg 1892/1899), in dem mit der Sozialen Frage verbundenen Problemen Rechnung getragen wurde. Es reflektierte in gewisser Hinsicht den Umgang der Politik mit diesen Problemen, förderte aber auch die Befassung der politischen Öffentlichkeit mit ihnen.

Der Einfluss, den die wirtschaftsliberalen Eliten in Österreich auf die staatliche Sozialgesetzgebung in den drei Jahrzehnten nach den Ereignissen des Jahres 1848 nahmen, ließ nicht den Schluss zu, der Staat sei ein neutraler Problemlöser, insbesondere wenn es um Konflikte zwischen Arbeitern und Unternehmern ging. Er erwies sich zumeist, wie es Marx und seine Anhänger formulierten, als ein Verteidiger der Interessen der Bourgeoisie, ja er erschien vorübergehend geradezu als deren Exekutivorgan. Selbst geringfügige legistische Arbeitsschutzregelungen galten als Einschränkung der unternehmerischen Freiheit, wie ja die Liberalen jener Zeit häufig in der Sozialen Frage keineswegs auch eine moralisch-politische, sondern eine rein ökonomische Angelegenheit erblickten. Im Unterschied zu verschiedenen literarischen Dokumenten sozialkritischer Art, wie man sie etwa von Marie von Ebner-Eschenbach oder Ferdinand von Saar kennt, galten den neuen Vertretern des Industrie- und Bankkapitals Armutsverhältnisse mehrheitlich als selbstverschuldet, und sozial motivierte Eingriffe des Staates in bestimmte Arbeits- und Geschäftsbeziehungen als eine Betriebsstörung. Vor allem in der Depression nach dem Börsenkrach von 1873 waren weite Teile der Gesellschaft von Armut bedroht: Selbstständige und Unselbstständige im Kleingewerbe, Teile der ländlichen Bevölkerung und Angehörige der Industriearbeiterschaft. Erst unter dem ab 1879 amtierenden Ministerpräsidenten Eduard von Taaffe setzte ein sozialpolitisch motivierter Staatsinterventionismus ein, der – parallel zum großen Reformwerk des deutschen Reichskanzlers Otto von Bismarck – in den Sozialgesetzgebungen der 1880er Jahre Ausdruck fand. Teilweise beruhten die sozialpolitischen Reformen der Ära Taaffe auf Ideen der katholisch-konservativen Sozialtheorie; später, nach der im Jahr 1890 erfolgten Konstituierung der

Sozialdemokraten als Partei, haben sich vor allem auch deren Vertreter an der Konzipierung von weiter gefassten Reformen beteiligt. Von allen drei politischen Lagern gemeinsam wurden seit den 1890er Jahren parlamentarische Enqueten veranstaltet: von den 1893 in der »Christlichsozialen Partei« unter der Führung von Karl Lueger vereinigten katholischen Verbänden, von den Sozialdemokraten, und von den Liberalen, bei welchen es sich nicht um eine Partei im engeren Sinn, sondern um eine politisch-ökonomische Interessengemeinschaft handelte, die sich überwiegend auf das Großbürgertum stützte und sich erst relativ spät für staatliche Sozialmaßnahmen aufgeschlossen zeigte. Die Enqueten sind geradezu als eine Vorform der nach dem Zweiten Weltkrieg für die österreichische Politik bestimmend gewordenen Sozialpartnerschaft anzusehen. Die Soziale Frage stellte, da sie in verschiedenen Kronländern auf das Engste mit der nationalen Emanzipationspolitik verbunden war, eine permanente Gefahr dar, da Verschlechterungen in der Lebenslage der Bevölkerung dazu hätten führen können, die latent vorhandenen nationalen Spannungen eskalieren zu lassen.

***

In Österreich konnte sich die Zivilgesellschaft bis herauf in die Mitte des 19. Jahrhunderts nicht aus der Umarmung und Gängelung des Staates befreien. Eine Befreiung von staatlicher Bevormundung gelang vor allem deshalb nicht, weil – nach den ambitionierten, wenn auch nach seinem Tode weitgehend verpufften Reformen Kaiser Josephs II. und nach der kurzen Regierungszeit seines Bruders Leopold II. – unter dem Eindruck der Französischen Revolution und insbesondere der Enthauptung Königin Marie Antoinettes und ihres Gemahls Ludwig XVI. im Jahr 1793 das Gedankengut der Aufklärung diskreditiert war; deren Ideen über politische und soziale Gleichheit und Freiheit und alle in diese Richtung gehenden Ansätze wurden in der Regierungszeit von Kaiser Franz I./II. im Keim erstickt. Von mitunter geradezu obsessiver Art war dieses Bestreben auf Seiten des Staatskanzlers Clemens von Metternich am Werk, der von 1812 an bis zu seiner Demission im Jahr 1848 neben der österreichischen Außenpolitik auch maßgeblich die österreichische Innenpolitik zu steuern in der Lage war.

Der Attraktivität des von Napoleon Bonaparte im März 1804 eingeführten Code civil – er wurde zwischen 1807 und 1815 offiziell auch Code Napoléon genannt – wurde gewissermaßen präventiv dadurch Rechnung getragen, dass, im Anschluss an einschlägige im Codex Theresianus und im Josephinischen Gesetzbuch geleistete Vorarbeiten, am 1. Jänner 1812 in den deutschen Erbländern des Kaisertums Österreich das Allgemeine Bürgerliche Gesetzbuch (ABGB) in Kraft trat (vgl. Schilcher 2011). Doch ein Problem für den Gesamtstaat blieb auch nach dem Wiener Kongress unverändert aktuell: die durch die Französische Revolution und Napoleon forcierte, wenn nicht gar initiierte Emanzipation der nationalen Völkerschaften des Habsburgerreiches. Bei Metternich, der noch 1811 für einen föderalen Aufbau der Habsburgermonarchie eingetreten war, verstärkten sich bereits kurz danach die Vorbehalte gegen alle Volksbewegungen, die er – gewiss oft nicht ohne Grund – als Bedrohung für den Bestand des österreichischen Vielvölkerstaates ansah. Die Verheißungen Napoleons, für die durch Russland, Österreich und Preußen fremdbestimmten Völker das Selbstbestimmungsrecht zu erstreiten, zeitigten auch nach Waterloo Wirkung, und die Gesamtstaatlichkeit der Monarchie geriet, wie sich zeigen sollte, im Laufe des 19. Jahrhunderts gegenüber insurgenten Bestrebungen – zumal in Italien, Ungarn und Böhmen – immer mehr in existenzielle Bedrängnis. Denn dort leistete man den Aufrufen gegen nationalistische Egoismen im Namen des Habsburgischen Universalismus immer weniger Folge, und dies vor allem aus zwei Gründen: weil man, wie etwa in Böhmen und Ungarn schon seit langem, den christlichen Universalismus des Herrscherhauses in seiner katholischen Engführung ablehnte; und weil man gleich in mehreren Kronländern im selbst praktizierten Nationalismus nichts anderes zu sehen gewillt war als die Bewahrung der eigenen ethnisch-kulturellen Identität unter den Bedingungen einer entweder aufgenötigten oder bloß imaginierten, jedenfalls aber als schmerzlich empfundenen Zweitrangigkeit.

Faktisch entstand das Selbstbestimmungsrecht der Völker und Nationen, wenn auch nicht unter diesem Namen, ab dem Ende des 18. Jahrhunderts in Nord- und Hispanoamerika, als die dortigen Völkerschaften erfolgreich für ihre Unabhängigkeit und gegen ihren Kolonialstatus kämpften (vgl. Fisch 2010). Im nördlichen Teil der beiden Amerikas sprach man von »popular sovereignty« oder »sovereignty of the peoples' rule«. Das Selbstbestimmungsrecht der Völker wurde also hier als »Volkssouveränität« bezeichnet, wobei sich die revolutionären Nordamerikaner auf das traditionelle Widerstandsrecht beriefen (vgl. Kielmansegg 1994). »Volk« wurde dabei, wie später auch »Nation« als politischer Gegenbegriff zur »Herrschaft« der klassischen Eliten – namentlich der Fürsten und des Adels – verstanden, noch nicht als ein ethnischer Begriff, demzufolge das eigene Volk im Gegensatz zu anderen Völkern steht. Als es dann in der Französischen Revolution um die Emanzipation der Völker durch Bildung von Nationalstaaten in Europa ging, setzte sich jedoch die ethnisch-kulturelle Deutung des Volksbegriffes in Verbindung mit der Forderung nach national-politischer Emanzipation durch. Napoleon war es dann, der sich, wie später der russische Revolutionsführer Lenin, als ein Meister darin erwies, das Recht auf Selbstbestimmung der Völker und Nationen als Kampfinstrument einzusetzen. Der Ausdruck »Selbstbestimmungsrecht der Völker« kam erst im Gefolge der bürgerlich-nationalen Revolutionen der Jahre 1848 und 1849 auf; der erste deutschsprachige Beleg findet sich bei Theodor Mommsen, der 1864 vom »Selbstbestimmungsrecht des deutschen Volkes« sprach. Allgemein entwickelte sich im Anschluss an jene Revolutionen und nach der durch sie bewirkten Transformation des ethnisch-kulturellen in einen politischen Volksbegriff die Idee des Nationalitätenprinzips, dem zufolge jede sich durch eine gemeinsame Sprache, Sitte und Lebensform als Nation definierende Gemeinschaft das Recht auf einen eigenen Staat habe. Und so verwandelten sich in den Vielvölkerstaaten die zunächst auf innerstaatliche Autonomie bezogenen Forderungen immer deutlicher in solche nach territorialer Eigenstaatlichkeit, womit Lebensnerv und Leitidee der Imperien im damaligen Europa ganz unmittelbar betroffen waren (vgl. Münkler 2015). Vor dem Hintergrund dieser von ihm früh antizipierten Tendenzen entwickelten sich Metternichs antiliberale und gegen die Einführung der konstitutionellen Monarchie gerichtete Bestrebungen, aber insbesondere auch seine antinationale Repression. Die Karlsbader Beschlüsse von 1819 und die Frankfurter Artikel von 1832 waren der deutlichste Ausdruck dieser Orientierung, die bei diesem Politiker, der die Sprengkraft des nationalen Gedankens für das multinationale und multiethnische Habsburgerreich klar erkannte, mit einer Beschwörung »Europas« als Gegenbegriff und Gegenprinzip zum Konzept der »Nation« einherging.

Heftig kritisierten Dissidenten in der Zeit des Vormärz – als einer von vielen sei hier Charles Sealsfield (eigtl. Carl Anton Postl) genannt, der ehemalige Priester und Schüler Bernard Bolzanos – die Strategien der Kontrolle des geistigen Lebens und die Unterdrückung der in die Richtung des Konstitutionalismus weisenden Denkansätze durch das Metternich'sche System (vgl. Sealsfield – Postl 1997). Dennoch war das Problem Österreichs, wie Thomas Nipperdey ausführt, »nicht das liberale Problem von Individuum und Staat, sondern das Problem von Nationalität und Staat; und Volkssouveränität war keine Antwort, wenn der Träger solcher Souveränität gar nicht vorhanden, nicht ein Volk war und es nicht sein, nicht werden wollte; ein Parlament, eine gesamtstaatliche Repräsentation bekam einen ganz anderen Charakter, wenn es nicht ein Volk, sondern unterschiedliche, viele Völker vertrat: das liberale Rezept des Parlaments passte kaum auf dieses österreichische Problem und musste fast sicher desintegrierend und staatssprengend wirken.« (Nipperdey 1983, S. 337f.) Ob es dies wirklich musste oder ob dieser Effekt erst als Folge einer Serie von oft nur halbherzig unternommenen, letztlich zumeist misslungenen Reformversuchen eingetreten ist, oder ob nicht überhaupt erst die Ereignisse des Weltkrieges die für die Habsburgermonarchie destruktiven Zentrifugalkräfte des Nationalismus freigesetzt haben, ist eine unter Historikern kontrovers behandelte Frage (vgl. Judson 2017, v.a. Kap. 6 und 8).

Mehrere Umstände waren dafür bestimmend, dass das Problem der Nationalitäten das »Jahrhundertproblem der Monarchie, bis an ihren Untergang« (Nipperdey 1983, S. 337) blieb. Erwähnt seien hier lediglich drei: zunächst das kaum in jeder Hinsicht und immer berechtigte, von Angehörigen der verschiedenen Völker des Reiches zum Ausdruck gebrachte Empfinden, einer politischen Entmachtung, einer ökonomischen Ausbeutung und einer ethnisch-kulturellen Herabsetzung unterworfen zu sein; sodann der politisch zweifellos fatale Entschluss des jungen Kaisers Franz Joseph, entgegen ursprünglichen Zusicherungen den Kremsierer Entwurf, der den Versuch darstellte, die monarchische Legitimität mit der Volkssouveränität zu verbinden und so die Habsburgermonarchie zu einer Art »Völkerbund« umzugestalten, im März 1849 durch Auflösung des Reichstags außer Kraft zu setzen; schließlich die bis zum Ende der Monarchie nicht erfolgte Ausarbeitung des Ausführungsgesetzes von Art. 19 des Staatsgrundgesetzes aus dem Jahre 1867 für ganz Österreich, die es möglich gemacht hätte, die Nationalitäten rechtlich fassbar zu machen und dadurch eine Reihe von Problemen zu beseitigen, die jener ein Gruppenrecht normierende Artikel des Staatsgrundgesetzes aufwarf (vgl. Stourzh 2018, S. 99).

Einer der Hauptgründe für das zuletzt genannte Versäumnis ist in der magyarischen Auslegung der Verfassung von 1867 zu finden. Da ihr zufolge Österreich ebenso wie Ungarn ein einheitlicher Staat und kein Bundesstaat sein sollte, der allen nationalen Gruppen als politischen Einheiten und nicht nur als Einzelpersonen gleiche Rechte verlieh, wurde der Ausgleich zu einem Haupthindernis für eine umfassende Lösung der nationalen Probleme in der Habsburgermonarchie nach 1867 (vgl. Kann 1993, S. 305f.). Seit dieser Zeit entwickelten und intensivierten sich – mitunter kräftig durch panslawistische Tendenzen gefördert – die Konflikte zwischen den politischen Kräften im böhmischen, südslawischen und deutschen Teil Cisleithaniens (vgl. ebd., S. 307 und 474). Der Reichsrat wurde zunehmend nur noch zur Bühne für die Austragung von Nationalitätenkonflikten, und die Trennlinien zwischen den in ihm vertretenen politischen Parteien verliefen nahezu ausschließlich entlang ethnischer Ex- bzw. Inklusion. Sogar die auf internationale Solidarität bedachten Sozialdemokraten unterlagen verschiedentlich dem Druck des nationalen Separatismus (vgl. ebd., S. 314–322).

* * *

Dass sich die Wissenschaft im Habsburgerreich nach der in die Regierungszeit von Franz I./II. fallenden Phase wissenschaftspolitischer Indolenz überhaupt entwickeln und im weiteren Verlauf die zwischenzeitig weit fortgeschrittenen Nationen in manchen Bereichen sogar überholen konnte, ist das Verdienst des Grafen Leo Thun-Hohenstein und seiner fähigen Mitarbeiter Hermann Bonitz und Franz Exner (vgl. Stachel 1999; Mazohl 2008; Aichner/Mazohl 2017). Im Unterschied zur wissenschaftspolitischen Praxis in der Josephinischen Ära bezog sich dieser Prozess nicht nur auf eine streng anwendungsorientierte Wissenschaft im utilitaristischen Verständnis, sondern auch auf die theoretische oder Grundlagenforschung in den verschiedenen Fachgebieten, einschließlich der Rechts-, der Sozial- sowie der nicht unmittelbar »praktischen« Geisteswissenschaften. Leo von Thun-Hohenstein, dessen Amtszeit als Minister für Cultus und Unterricht von 1849 bis 1860 dauerte, führte die Hochschulautonomie in Österreich ein, berief, obschon selbst den Katholisch-Konservativen angehörig, auch namhafte evangelische und jüdische Professoren, und darunter nicht wenige aus dem Ausland. Exemplarisch seien hier genannt die Historiker Václav Vladivoj Tomek und Theodor von Sickel, welcher mit der Leitung des Instituts für Österreichische Geschichtsforschung betraut wurde, ferner der Kunsthistoriker Rudolf Eitelberger und der Zivilrechtler Josef Unger. Den Einfluss der Philosophie als vormaliger Grundlagenwissenschaft schränkte Thun allerdings an den Universitäten ein, kompensierte dies jedoch in gewissem Maße wieder durch Einführung eines jeweils zweistündigen philosophischen Einführungsunterrichts in den beiden letzten Gymnasialklassen (vgl. Feichtinger 2010, S. 139–144).

Ab 1860 setzte sich Thun-Hohenstein erfolglos für die Schaffung eines föderalistischen österreichischen Staates mit weitgehender Autonomie der Teilstaaten ein und gehörte von 1883 bis 1888 der tschechischen Autonomiefraktion des böhmischen Landtags an. Diesem außergewöhnlichen Mann ist es auch zuzuschreiben, dass der bedeutende Sozialwissenschaftler Lorenz von Stein auf Veranlassung von Finanzminister Karl Ludwig von Bruck 1855 auf eine ordentliche Professur für Politische Ökonomie an die Universität Wien berufen wurde, wo er 30 Jahre lang tätig war. Im Geiste der von Thun-Hohenstein betriebenen Neuausrichtung der Wissenschaftspolitik sollten später zwei weitere, heute als soziologische Klassiker angesehene Gelehrte im deutsch-österreichischen Teil der Monarchie tätig werden können: Albert Schäffle, der im Jahr 1868 für Politische Ökonomie und Staatswirtschaft an die Universität Wien berufen wurde (die er allerdings bereits nach drei Jahren wieder verließ), sowie der 1875 von Krakau nach Graz übersiedelte Ludwig Gumplowicz, der sich in der steirischen Landeshauptstadt habilitierte, dann ab 1882 als außerordentlicher Professor des Allgemeinen Staatsrechts und der Verwaltungslehre, und ab 1893 als ordentlicher Professor der Verwaltungslehre und des Österreichischen Verwaltungsrechtes in Graz wirkte.

Falsch wäre allerdings die Annahme, dass die Soziologie im deutsch-österreichischen Teil des Habsburgerreiches per se besondere Wertschätzung und Pflege erfahren hätte. Auch die Thun'schen Reformen sowie die Universitätsgesetze in der Zeit danach sahen im Fächerkanon der Fakultäten explizit keine »Gesellschaftslehre« oder »Soziologie« vor. Als daher im Jahr 1873 die Einrichtung eines rechts- und eines staatswissenschaftlichen Seminars verpflichtend wurde, waren beispielsweise für die Gliederung des staatswissenschaftlichen Seminars an der Universität Wien drei Abteilungen vorgesehen: für Politische Ökonomie (Nationalökonomie und Finanzwissenschaft), für Statistik, und für Staatsrecht und Völkerrecht (wobei das Staatsrecht sowohl das Verfassungs- als auch das Verwaltungsrecht umfasste). Die Soziologie betreffende Lehrinhalte fanden nur implizit in den beiden erstgenannten Abteilungen Berücksichtigung, dafür fanden sie allerdings mitunter hervorragenden Ausdruck in einschlägigen Publikationen. Dies gilt beispielsweise für die der Statistik gewidmeten *Staatswissenschaftlichen Abhandlungen* von Theodor von Inama-Sternegg (Inama-Sternegg 1903 und 1908) und für Franz Žižeks Buch *Soziologie und Statistik* (Žižek 1912), andererseits, auf die Nationalökonomie bezogen, für den einst weitverbreiteten zweibändigen (in drei Teilen publizierten) *Grundriß der Politischen Oekonomie* von Eugen von Philippovich (Philippovich 1893/1899/1907). Viel Gebrauch machten die Soziologen von der Statistik nicht gerade, was Žižek, auch im Sinne des 1908 verstorbenen Theodor von Inama-Sternegg, dazu veranlasste, in seinem Buch *Soziologie und Statistik* ein Programm für die Kooperation zwischen Soziologen und Statistikern zu formulieren. Was wiederum die Einlassungen auf die Soziologie im Lehrbuch von Philippovich betrifft, so bringen diese durchwegs die Bereitschaft dieses (und anderer) Ökonomen zum Ausdruck, soziologische Argumente für ihre Disziplin fruchtbar zu machen. Carl Menger hatte schon in seinen 1883 erschienenen *Untersu-*

chungen über die Methode der Socialwissenschaften und der Politischen Oekonomie insbesondere die Entstehung sozialer Gebilde analysiert und dazu aufgefordert, »die gegenseitige Bedingtheit der sozialen Erscheinungen« zu untersuchen (vgl. Menger 1883, S. 165). Auch umgekehrt gilt, dass ökonomischen Argumenten von Soziologen eine herausragende Hilfsfunktion für die Lösung ihrer eigenen Sachprobleme zugeschrieben wurde; so sprach z.B. Rudolf Eisler, der sich übrigens in seiner *Soziologie* gründlich mit Eugen von Philippovich befasste, von der »Notwendigkeit einer *nationalökonomischen* Basis für die Soziologie« (Eisler 1903, S. 11).

Insgesamt war die Soziologie im deutschsprachigen Teil des Habsburgerreiches von den Anfängen bis weit ins 20. Jahrhundert hinein keine im universitären Unterricht regelmäßig »gelehrte« Wissenschaft, sondern, wie sich Gerald Mozetič ausdrückt, eine »Publikationswissenschaft«, dies aber – sieht man von Karl von Vogelsangs ab 1878 erscheinender und bald in *Monatsschrift für christliche Sozialreform* umbenannter *Österreichischen Monatsschrift für Gesellschaftswissenschaft und Volkswirtschaft* ab – ohne eigene österreichische Fachzeitschriften (vgl. Mozetič 2018, S. 40 und S. 42f.). Es waren vor allem deutsche Zeitschriften, in denen österreichische Autoren publizierten, so vor allem das *Archiv für Soziale Gesetzgebung und Statistik*, das ab 1904 unter dem Namen *Archiv für Sozialwissenschaft und Sozialpolitik* erschien, während in Österreich Autoren wie Ludwig Gumplowicz, Adolf Menzel und Eugen Ehrlich vor allem in Carl Samuel Grünhuts *Zeitschrift für das Privat- und Öffentliche Recht der Gegenwart* soziologische Beiträge veröffentlichten. In Ungarn hatten hingegen zwei Zeitschriften eine über den engeren Kreis der Fachleute hinausreichende Wertschätzung erlangt: die für die ungarische Moderne bedeutende Zeitschrift *Huszadik Század* sowie die *Magyar Társadalomtudományi Szemle*. Allerdings verdient festgehalten zu werden, dass, wie Tomáš Garrigue Masaryk in den Jahren 1880 bis 1882 als Privatdozent der Philosophie an der Universität Wien, so seit 1883 Ludwig Gumplowicz als Staats- und Verwaltungsrechtler in Graz und später Emil Reich und Wilhelm Jerusalem als Philosophen in Wien immer wieder auch Vorlesungen über soziologische Themen gehalten haben. An der Universität Czernowitz wiederum suchte schon ein Jahr nach deren 1875 erfolgter Gründung der hier als Professor für Staatswissenschaften tätige Friedrich Kleinwächter die Soziologie in den universitären Studienfächern zu verankern, da er sie als mögliche »Grundlage der sämmtlichen Staatswissenschaften, eventuell auch der Rechtswissenschaft«, ansah (vgl. ebd., S. 40f.). Überhaupt erfuhr die Soziologie in den slawischen Teilen der Monarchie und in Ungarn, was wohl auch mit der permanenten Aktualität des Nationalitätenproblems zu tun haben dürfte, eine höhere Wertschätzung als im deutschsprachigen Teil. Deutlichen Ausdruck findet dieser Umstand in dem in Teil F des vorliegenden Sammelbandes abgedruckten Beitrag Reinhard Müllers über die sozialwissenschaftlichen Vereine in den verschiedenen nicht-deutschen Kronländern der Habsburgermonarchie, die oft schon früher aktiv waren als die entsprechenden deutsch-österreichischen (vgl. dazu auch Müller 1989 und 2004; Exner 2013). Vor allem entspricht dem erwähnten Umstand auch die Tatsache, dass der erste Lehrstuhl für Soziologie in der Habsburgermonarchie nicht etwa in Wien, sondern in Zagreb (Agram) eingerichtet wurde: Ernest Miler wurde hier im Jahr 1906 mit dem an der Rechtswissenschaftlichen Fakultät eingerichteten Lehrstuhl für »Strafrecht und Soziologie« betraut. Es fällt auf, dass die akademische Welt im deutschsprachigen Teil des Habsburgerreiches von diesen Entwicklungen kaum Kenntnis nahm.

Was andererseits die Rezeption der Lehren von Soziologen aus den verschiedenen Teilen des Habsburgerreiches durch die internationale Fachwelt betrifft, so war jene recht unterschiedlich; sehr positiv war sie beispielsweise im Fall von Albert Schäffle, Ludwig Gumplowicz, Gustav Ratzenhofer und Wilhelm Jerusalem vor allem in Frankreich, den USA und Italien. In den Beiträgen des vorliegenden Sammelbandes sollen allerdings nicht nur Erfolgsgeschichten präsentiert werden, sondern es wird vor allem auch versucht, eher vernachlässigte oder unzureichend bekannte Vertreter der Soziologie im Habsburgerreich und deren Erkenntnisse vor Augen zu führen. Weiters sollen die für die Entwicklung der Soziologie maßgeblichen Institutionen beleuchtet werden. Dies sind einerseits akademische und außerakademische Vereine, dann aber vor allem die Nachbardisziplinen der bis 1906 in Österreich-Ungarn universitär noch gar nicht etablierten Soziologie, die durch mannigfache Anregungen zu deren Konsolidierung beigetragen haben, bis schließlich auch die Soziologie für einige von ihnen erkenntnismäßig von Bedeutung wurde. Ganz allgemein bestehen die folgenden Beiträge einerseits aus Übersichtsartikeln, die entweder neu erschlossenes Material betreffen oder aber bereits bekanntes in einen neuen Zusammenhang bringen, andererseits aus Referaten und Interpretationen repräsentativer Texte. Dass hierbei auch andere Texte gewählt werden hätten können, ja sogar sollen, ist durchaus zuzugeben. Man kann aber leider nicht alles leisten und muss sich damit begnügen, immerhin so viel zu bringen, dass man hoffen darf, jeder und jedem wenigstens etwas gebracht zu haben.

Die folgenden Ausführungen gliedern sich in insgesamt acht Teile. Nach einer Darlegung der politik- und sozialgeschichtlichen Hintergründe und Voraussetzungen der sich neu herausbildenden Soziologie wird zunächst auf die Ursprünge dieser Disziplin in den unterschiedlichen Geistes- und Sozialwissenschaften Bezug genommen und deren Entwicklung von der Mitte des 18. Jahrhunderts bis ca. 1900 rekonstruiert. Besonderes Interesse gilt dabei den nicht-deutschsprachigen Ländern der Habsburgermonarchie, ehe die Zentralgestalten des soziologischen Denkens sowie die wichtigsten universitären und außeruniversitären Vereine und Organisationen in den verschiedenen Kronländern des Gesamtstaates einer gesonderten Erörterung zugeführt werden. Anschließend werden Weltanschauung, Politik, Methoden und Ziele der Gesellschaftsanalyse vom Ende des 19. Jahrhunderts bis zum Ende des Ersten Weltkriegs beschrieben, ehe in den beiden abschließenden Teilen auf die seit ca. 1900 nachweisbaren Wechselwirkungen zwischen der mittlerweile fachlich konsolidierten Soziologie und jenen Disziplinen Bezug genommen wird, aus denen sie sich herausentwickelt hat. Den Schluss bilden Ausführungen zur Epochenschwelle von 1918 und ein Ausblick auf die Soziologie der Zwischenkriegszeit.

Acham, Karl (Hg.) (2000): *Geschichte der österreichischen Humanwissenschaften*, Bd. 3.2: *Menschliches Verhalten und gesellschaftliche Institutionen: Wirtschaft, Politik und Recht*, Wien: Passagen Verlag.
– (Hg.) (2001a): *Geschichte der österreichischen Humanwissenschaften*, Bd. 3.1: *Menschliches Verhalten und gesellschaftliche Institutionen: Einstellung, Sozialverhalten, Verhaltensorientierung*, Wien: Passagen Verlag.
– (Hg.) (2001b): *Geschichte der österreichischen Humanwissenschaften*, Bd. 2: *Lebensraum und Organismus des Menschen*, Wien: Passagen Verlag.
– (Hg.) (2002): *Geschichte der österreichischen Humanwissenschaften*, Bd. 4: *Geschichte und fremde Kulturen*, Wien: Passagen Verlag.
– (Hg.) (2006): *Geschichte der österreichischen Humanwissenschaften*, Bd. 6.2: *Philosophie und Religion: Gott, Sein und Sollen*, Wien: Passagen Verlag.
Aichner, Christof/Brigitte Mazohl (Hgg.) (2017): *Die Thun-Hohenstein'schen Universitätsreformen: Konzeption – Umsetzung – Nachwirkungen*, Wien: Böhlau.
Balog, Andreas/Gerald Mozetič (Hgg.) (2004): *Soziologie in und aus Wien*, Frankfurt a. M.: Peter Lang.
Bauer, Otto (1975): *Die Nationalitätenfrage und die Sozialdemokratie* [nach der 2. Aufl. v. 1924, erstmals 1907]. In: Ders., *Werkausgabe*, Bd. 1, Wien: Europaverlag, S. 49–622.
Bérenger, Jean (1996): *Die Geschichte des Habsburgerreiches 1273–1918*. Aus dem Französischen übersetzt von Marie Therese Pitner, 2. Aufl., Wien/Köln/Weimar: Böhlau. (Die französische Originalausgabe erschien 1990 bei Fayard in Paris unter dem Titel *Histoire de l'Empire des Habsbourg 1273–1918*.)
Brix, Emil (Hg.) (1986): *Ludwig Gumplowicz oder die Gesellschaft als Natur*, Wien/Köln/Graz: Böhlau.
Comte, Auguste (1839): *Cours de philosophie positive*, 6 Bde., Paris: Bachelier 1830–42; Bd. 4: *La partie dogmatique de la philosophie sociale*.
– (1870): Brief an Valat vom 25.12.1824. In: *Lettres d'Auguste Comte à Monsieur Valat*, Paris: Dunod, S. 158.
Czoernig-Czernhausen, Karl von (1855/57): *Ethnographie der Oesterreichischen Monarchie. Mit einer ethnographischen Karte in vier Blättern*, 3 Bde. (Bd. I/Abt. 1: *Die österreichische Monarchie in historisch-ethnographischer Hinsicht als Ganzes*, 1857; Bde. II und III: *Historische Skizze der Völkerstämme und Colonien in Ungern und dessen ehemaligen Nebenländern*, 1855), Wien: k.k. Hof- und Staatsdruckerei.
– (1856): *Ethnographische Karte der Oesterreichisehen Monarchie*, Wien: k.k. Direction der administrativen Statistik (2. Aufl., Wien: Braumüller 1857).
Diekmann, Andreas (2000): Soziologie und Nachbardisziplinen. Standortbestimmung und Perspektiven. In: Christiane Funken (Hg.), *Soziologischer Eigensinn: Zur »Disziplinierung« der Sozialwissenschaften*, Opladen: Leske + Budrich, S. 77–88.
Eisler, Rudolf (1903): *Soziologie. Die Lehre von der Entstehung und Entwickelung der menschlichen Gesellschaft*, Leipzig: J.J. Weber.
– (1906): *Geschichte der Wissenschaften*, Leipzig: J.J. Weber.
– (1922): Art. »Soziologie« . In: Ders., *Eislers Handwörterbuch der Philosophie*, 2. Aufl., neu hrsg. von Richard Müller-Freienfels, Berlin: E.S. Mittler & Sohn, S. 614–621. (Bei dieser 2. Aufl. handelt es sich um die durch einige – nicht den Artikel »Soziologie« betreffende – Ergänzun-

gen erweiterte Ausgabe des 1913 erstmals veröffentlichten Wörterbuchs, die Eisler, behindert durch ein Augenleiden, nicht mehr selbst besorgen konnte.)
Exner, Gudrun (2013): *Die »Soziologische Gesellschaft in Wien« (1907–1934) und die Bedeutung Rudolf Goldscheids für ihre Vereinstätigkeit*, Wien: new academic press.
Feichtinger, Johannes (2010): *Wissenschaft als reflexives Projekt. Von Bolzano über Freud zu Kelsen: Österreichische Wissenschaftsgeschichte 1848–1938*, Bielefeld: transcript.
Fillafer, Franz Leander (2013): Die Aufklärung in der Habsburgermonarchie und ihr Erbe. Ein Forschungsüberblick. In: *Zeitschrift für historische Forschung* 40, S. 35–97.
Fisch, Jörg (2010): *Das Selbstbestimmungsrecht der Völker. Die Domestizierung einer Illusion*, München: C.H. Beck.
Fleck, Christian (1999): Für eine soziologische Geschichte der Soziologie. In: *Österreichische Zeitschrift für Soziologie* 24/2, S. 52–65.
Fuchs, Albert (1978): *Geistige Strömungen in Österreich 1867–1918*, Wien: Löcker. (Nachdruck der 1949 im Globus Verlag in Wien erschienenen Erstausgabe.)
Girtler, Roland (2004): Sympathie und Neugier. Frühe Feldforscher in Wien – Emil Kläger und Max Winter. In: Balog/Mozetič 2004, S. 251–268.
Grimm, Dieter (2009): *Souveränität. Herkunft und Zukunft eines Schlüsselbegriffs*, Berlin: Berlin University Press.
Hanisch, Ernst/Peter Urbanitsch (2006): Die Prägung der politischen Öffentlichkeit durch die politischen Strömungen. In: Helmut Rumpler/Peter Urbanitsch (Hgg.), *Die Habsburgermonarchie 1848–1918*, Bd. 8.1: *Politische Öffentlichkeit und Zivilgesellschaft*, Wien: Verlag der Österreichischen Akademie der Wissenschaften, S. 15–111.
Hartmann, Ludo Moritz (1905): *Über historische Entwickelung. Sechs Vorträge zur Einleitung in eine historische Soziologie*, Gotha: Perthes.
Inama-Sternegg, Karl Theodor von (1892/1899): *Die persönlichen Verhältnisse der Wiener Armen. Statistisch dargestellt nach den Materialien des Vereines gegen Verarmung und Bettelei*, 2 Bde., Wien: Im Selbstverlage des Vereines gegen Verarmung und Bettelei.
– (1903): *Staatswissenschaftliche Abhandlungen* [Bd. 1], Leipzig: Duncker & Humblot.
– (1908): *Staatswissenschaftliche Abhandlungen*, 2. Bd.: *Neue Probleme des modernen Kulturlebens*, Leipzig: Duncker & Humblot.
Jerusalem, Wilhelm (1919): *Einleitung in die Philosophie* [1899], 7. und 8. Aufl., Wien/Leipzig: Wilhelm Braumüller. (Dieses Werk erschien bis 1923 in 10 Auflagen.)
Johnston, William M. (2006): *Österreichische Kultur- und Geistesgeschichte. Gesellschaft und Ideen im Donauraum 1848 bis 1938*, 4., ergänzte Aufl., Wien/Köln/Graz: Böhlau. (Die deutsche Erstausgabe erschien 1974 im Verlag Donauland – Kremayr & Scheriau in Wien, die amerikanische Originalausgabe 1972 bei University of California Press in Berkeley/Los Angeles unter dem Titel *The Austrian Mind: An Intellectual and Social History.*)
Judson, Pieter M. (2017): *Habsburg. Geschichte eines Imperiums. 1740–1918.* Aus dem Englischen von Michael Müller, München: C.H. Beck 2017. (Die Originalausgabe erschien 2016 bei Belknap Press, Cambridge, MA, unter dem Titel *The Habsburg Empire. A New History.*)
Kann, Robert A. (1993): *Geschichte des Habsburgerreiches 1526–1918*, 3. Aufl., Wien/Köln/Weimar: Böhlau 1993. (Aus dem Amerikanischen übertragen von Dorothea Winkler. Die Originalausgabe erschien 1980 bei University of California Press, Berkeley/Los Angeles, unter dem Titel *A History of der Habsburg Empire.*)

Kielmansegg, Peter Graf (1994): *Volkssouveränität. Eine Untersuchung der Bedingungen demokratischer Legitimität*, 2. Aufl., Stuttgart: Klett-Cotta.
Kiss, Endre (Hg.) (1997): *Nation und Nationalismus in wissenschaftlichen Standardwerken Österreich-Ungarns, ca. 1876–1918*, Wien/Köln/Weimar: Böhlau.
Klein, Kurt (2001): Sozialstatistik. In: Acham 2001a, S. 261–340.
Knoll, Reinhold/Helmut Kohlenberger (1994): *Gesellschaftstheorien. Ihre Entwicklungsgeschichte als Krisenmanagement in Österreich 1850–1930*, Wien: Turia & Kant.
Knoll, Reinhold/Gerhard Majce/Hilde Weiss/Georg Wieser (1981): Der österreichische Beitrag zur Soziologie von der Jahrhundertwende bis 1938. In: Rainer M. Lepsius (Hg.), *Soziologie in Deutschland und Österreich 1918–1945. Materialien zur Entwicklung, Emigration und Wirkungsgeschichte* (= Kölner Zeitschrift für Soziologie und Sozialpsychologie, Sonderheft 23), Opladen: Westdeutscher Verlag, S. 59–101.
Kořalka, Jiří (2006): Die Anfänge der politischen Bewegungen und Parteien in der Revolution 1848/1849. In: Rumpler/Urbanitsch 2006, Bd. 8.1, S. 113–143.
Langer, Josef (Hg.) (1988): *Geschichte der österreichischen Soziologie. Konstituierung, Entwicklung und europäische Bezüge*, Wien: Verlag für Gesellschaftskritik.
Mandeville, Bernard de (1714): *The Fable of The Bees: or, Private Vices, Publick Benefits*, London: J. Roberts. (Ein zweiter Teil erschien 1729.) (Deutsch u.a.: *Die Bienenfabel oder Private Laster, öffentliche Vorteile.* Mit einer Einl. von Walter Euchner, 2. Aufl., Frankfurt a.M.: Suhrkamp 1980. Diese Ausgabe folgt dem Text der dritten englischen Auflage von 1724.)
Mazohl, Brigitte (2008): Universitätsreform und Bildungspolitik. Die Ära des Ministers Thun-Hohenstein (1849–1860). In: Klaus Müller-Salget/Sigurd Paul Scheichl (Hgg.), *Nachklänge der Aufklärung im 19. und 20. Jahrhundert*, Innsbruck, S. 129–149.
– (2010): Die politischen und rechtlichen Voraussetzungen der sozialen Entwicklung. In: Rumpler/Urbanitsch 2010, Teilbd. 1/1, S. 233–250.
Menger, Carl (1883): *Untersuchungen über die Methode der Socialwissenschaften, und der Politischen Oekonomie insbesondere*, Leipzig: Duncker & Humblot.
Mikl-Horke, Gertraude (2011): *Soziologie. Historischer Kontext und soziologische Theorie-Entwürfe*, 6., überarb. und erw. Aufl., München: Oldenbourg.
Mikoletzky, Hanns Leo (1967): *Österreich. Das große 18. Jahrhundert. Von Leopold I. bis Leopold II.*, Wien: Austria-Edition (Österreichischer Bundesverlag für Unterricht, Wissenschaft und Kunst Wien und München).
Moebius, Stephan/Andrea Ploder (Hgg.) (2018): *Handbuch Geschichte der deutschsprachigen Soziologie*, Bd. 1: *Geschichte der Soziologie im deutschsprachigen Raum*, Wiesbaden: Springer.
Mozetič, Gerald (2018): Anfänge der Soziologie in Österreich. In: Moebius/Ploder (2018), S. 37–64.
Müller, Reinhard (1989): Vergessene Geburtshelfer. Zur Geschichte der Soziologischen Gesellschaft in Graz (1908–1935). In: *Archiv zur Geschichte der Soziologie in Österreich.* Newsletter 3, S. 3–25.
– (2004): Die Stunde der Pioniere. Der Wiener »Socialwissenschaftliche Bildungsverein« 1895 bis 1908. In: Balog/Mozetič 2004, S. 17–48.
Münkler, Herfried (2005): *Imperien. Die Logik der Weltherrschaft – vom Alten Rom bis zu den Vereinigten Staaten*, Berlin: Rowohlt.

Neef, Katharina (2012): *Die Entstehung der Soziologie aus der Sozialreform. Eine Fachgeschichte*, Frankfurt/New York: Campus.

Nipperdey, Thomas (1983): *Deutsche Geschichte 1800–1866. Bürgerwelt und starker Staat*, München: C.H. Beck.

Nörr, Knut Wolfgang/Bertram Schefold/Friedrich H. Tenbruck (Hgg.) (1994): *Geisteswissenschaften zwischen Kaiserreich und Republik. Zur Entwicklung von Nationalökonomie, Rechtswissenschaft und Sozialwissenschaft im 20. Jahrhundert*, Stuttgart: Franz Steiner.

Oppenheimer, Felix Freiherr von (1905): *Die Wiener Gemeindeverwaltung und der Fall des liberalen Regimes in Staat und Kommune*, Wien: Manz'sche k. u. k. Hof-Verlags- und Universitäts-Buchhandlung. Erstmals in: *Österreichische Rundschau* 4 (1905), S. 281–293, 373–385, 421–435, 513–521.

Osterhammel, Jürgen (2009): *Die Verwandlung der Welt. Eine Geschichte des 19. Jahrhunderts*, München: C.H. Beck.

Philippovich, Eugen von (1893/1899/1907): *Grundriß der Politischen Ökonomie*, 2 Bde. in 3 Teilbdn., Freiburg i.Br./Leipzig/Tübingen: J.C.B. Mohr (Paul Siebeck); Bd. 1: *Allgemeine Volkswirtschaftslehre* [1893] (erschien bis 1926 in 19 Auflagen); Bd. 2: *Volkswirtschaftspolitik*, Teil 1 [1899] und Teil 2 [1907] (erschienen bis 1923 in 16 bzw. 11 Auflagen).

Přibram, Karl (1913): Die Statistik als Wissenschaft in Österreich im 19. Jahrhundert nebst einem Abrisse einer allgemeinen Geschichte der Statistik. In: *Statistische Monatsschrift* 39 [NF 18], S. 661–739.

Quételet, Adolphe (1835): *Sur l'homme et le développement de ses facultés ou Essai de physique sociale*, Paris: Bachelier. (Dt.: *Ueber den Menschen und die Entwicklung seiner Fähigkeiten oder Versuch einer Physik der Gesellschaft.* Mit 7 Tafeln […], Stuttgart: Schweizerbart 1838.)

Ratzenhofer, Gustav (1907): *Soziologie. Positive Lehre von den menschlichen Wechselbeziehungen.* Aus seinem Nachlasse hrsg. von seinem Sohne, Leipzig: F.A. Brockhaus.

Rauchensteiner, Manfried (1993): *Der Tod des Doppeladlers. Österreich-Ungarn und der Erste Weltkrieg*, Graz/Wien/Köln: Styria.

Renner, Karl [Pseud. Synopticus] (1899): *Staat und Nation. Staatsrechtliche Untersuchung über die möglichen Principien einer Lösung und die juristischen Voraussetzungen eines Nationalitätengesetzes*, Wien: Dietl.

– [Pseud. Rudolf Springer] (1902): *Der Kampf der österreichischen Nationen um den Staat*, 1. Teil: *Das nationale Problem als Verfassungs- und Verwaltungsfrage*, Leipzig/Wien: Deuticke.

– (1918): *Das Selbstbestimmungsrecht der Nationen in besonderer Anwendung auf Österreich*, 1. Teil: *Staat und Nation*, Wien: Deuticke.

Ried, Max (1910): Technik und soziale Entwicklung. In: *Zeitschrift für die gesamte Staatswissenschaft* 66, S. 240–250.

Rosenmayr, Leopold (1966): Vorgeschichte und Entwicklung der Soziologie in Österreich bis 1933. In: *Zeitschrift für Nationalökonomie* 26, S. 268–282.

Rousseau, Jean-Jacques (2008): *Discours sur l'origine et les fondements de l'inégalité parmi les hommes* [1755] / *Diskurs über den Ursprung und die Grundlagen der Ungleichheit unter den Menschen.* Kritische Ausgabe des integralen Textes mit sämtlichen Fragmenten und ergänzenden Materialien nach den Originalausgaben und den Handschriften neu ediert, übersetzt und kommentiert von Heinrich Meier, 6. Aufl., Paderborn: Schöningh.

– (2010): *Du contrat social ou Principes du droit politique* [1762] / *Vom Gesellschaftsvertrag oder Grundsätze des Staatsrechts.* Französisch/Deutsch, Stuttgart: Philipp Reclam jun.

Rumpler, Helmut (1997): *Eine Chance für Mitteleuropa. Bürgerliche Emanzipation und Staatsverfall in der Habsburgermonarchie* (= *Österreichische Geschichte: 1804–1914*, hrsg. von Herwig Wolfram), Wien: Ueberreuter. (Mehrere Neuausgaben.)

– /Peter Urbanitsch (Hgg.) (2006): *Die Habsburgermonarchie 1848–1918*, Bd. 8.1: *Politische Öffentlichkeit und Zivilgesellschaft. Vereine, Parteien und Interessenverbände als Träger der politischen Partizipation*; Bd. 8.2: *Politische Öffentlichkeit und Zivilgesellschaft. Die Presse als Faktor der politischen Mobilisierung*, Wien: Verlag der Österreichischen Akademie der Wissenschaften.

– (2010): *Die Habsburgermonarchie 1848–1918*, Bd. 9.1: *Soziale Strukturen. Von der feudal-agrarischen zur bürgerlich-industriellen Gesellschaft*; Teilbd. 1/1: *Lebens- und Arbeitswelten in der industriellen Revolution*; Teilbd. 1/2: *Von der Stände- zur Klassengesellschaft*, Wien: Verlag der Österreichischen Akademie der Wissenschaften.

Rumpler, Helmut/Martin Seger (Hgg.) (2010): *Die Habsburgermonarchie 1848–1918*, Bd. 9.2: *Soziale Strukturen. Die Gesellschaft der Habsburgermonarchie im Kartenbild. Verwaltungs-, Sozial- und Infrastrukturen. Nach dem Zensus von 1910*, Wien: Verlag der Österreichischen Akademie der Wissenschaften.

Sax, Emil (1869): *Die Wohnungszustände der arbeitenden Classen und ihre Reform*, Wien: A. Pichler's Witwe & Sohn.

Schilcher, Bernd (2011): Franz Anton von Zeiller als Gesetzgeber und Begründer einer bürgerlichen Rechtskultur. In: Karl Acham (Hg.), *Rechts-, Sozial- und Wirtschaftswissenschaften aus Graz. Zwischen empirischer Analyse und normativer Handlungsanweisung: wissenschaftsgeschichtliche Befunde aus drei Jahrhunderten*, S. 289–312.

Schorske, Carl E. (1982): *Wien. Geist und Gesellschaft im Fin de Siècle*, Frankfurt a.M.: S. Fischer. (Die Originalausgabe erschien 1979 bei Vintage Books in New York unter dem Titel *Fin-de-siècle Vienna: Politics and Culture.*)

Sealsfield, Charles – Karl Postl [Pseud., eigtl. Carl Anton Postl] (1997): *Österreich, wie es ist oder: Skizzen von Fürstenhöfen des Kontinents. Von einem Augenzeugen London 1828. Leseausgabe.* Hrsg., bearb., übers. u. mit einem Nachwort versehen von Primus-Heinz Kucher, Wien/Köln/Weimar: Böhlau. (Das Buch ist erstmals 1828 in der Verlagsbuchhandlung Hurst in London unter dem Titel *Austria as it is: or Sketches of Continental Courts. By an Eye-Witness* erschienen.)

Sedlaczek, Stephan (1893): *Die Wohnverhältnisse in Wien. Ergebnisse der Volkszählung vom 31. Dezember 1890*, Wien: Wiener Magistrat.

Simmel, Georg (1908): *Soziologie. Untersuchungen über die Formen der Vergesellschaftung*, Berlin: Duncker & Humblot.

– (1917): *Grundfragen der Soziologie. Individuum und Gesellschaft*, Berlin/Leipzig: Göschen'sche Verlagshandlung.

Stachel, Peter (1999): Das österreichische Bildungssystem zwischen 1749 und 1918. In: Karl Acham (Hg.), *Geschichte der österreichischen Humanwissenschaften*, Bd. 1: *Historischer Kontext, wissenschaftssoziologische Befunde und methodologische Voraussetzungen*, Wien: Passagen Verlag, S. 115–146.

– (2002): Die Harmonisierung national-politischer Gegensätze und die Anfänge der Ethnographie in Österreich. In: Acham 2002, S. 323–367.

Stourzh, Gerald (2018): Die Entstehung des Staatsgrundgesetzes über die allgemeinen Rechte der Staatsbürger vom 21. Dezember 1867 und seine unmittelbare Bedeutung. In: *Journal für Rechtspolitik* 26, S. 95–101.

Surman, Jan Jakub (2006): *Zwischen Sozialismus und Gesellschaftslehre. Die »Disziplinierung« der Soziologie in Österreich vor 1918*, Diplomarbeit, Universität Wien; im Internet abrufbar unter: https://www.academia.edu/16712820/_Diplomabeit.

Surman, Jan/Gerald Mozetič (2010): *Ludwik Gumplowicz i jego socjologia* [Ludwig Gumplowicz und seine Soziologie]. In: Dies. (Hgg.), *Dwa życia Ludwika Gumplowicza: wybór* [Die zwei Leben des Ludwig Gumplowicz: Ausgewählte Schriften], Warszawa: Oficyna Naukowa, S. 9–84.

Szacki, Jerzy (1979): *History of Sociological Thought*, London: Aldwych Press.

Tönnies, Ferdinand (1887): *Gemeinschaft und Gesellschaft. Abhandlung des Communismus und des Socialismus als empirischer Culturformen*, Leipzig: Fues.

Torrance, John (1981): Die Entstehung der Soziologie in Österreich 1885–1935. In: Wolf Lepenies (Hg.), *Geschichte der Soziologie. Studien zur kognitiven, sozialen und historischen Identität einer Disziplin*, Bd. 3, Frankfurt a.M.: Suhrkamp, S. 443–495.

Wieser, Friedrich von (1901): Über die gesellschaftlichen Gewalten. Rectoratsrede […]. In: *Die Feierliche Installation des Rectors der K. K. Deutschen Carl-Ferdinands-Universität in Prag für das Studienjahr 1901/1902 am 6. November 1901*, Prag: Selbstverlag der K. K. Deutschen Carl-Ferdinands-Universität.

Wolfram, Herwig (Hg.) (1994–2003): *Österreichische Geschichte*, 11 Bde. [in 12 gebunden], Wien: Ueberreuter.

Wunberg, Gotthart (Hg., unter Mitarbeit von Johannes J. Braakenburg) (1981): *Die Wiener Moderne. Literatur, Kunst und Musik zwischen 1890 und 1910*, Stuttgart: Philipp Reclam jun.

Žižek, Franz (1912): *Soziologie und Statistik*, München/Leipzig: Duncker & Humblot.

– (1914): Individualistische und kollektivistische Statistik. Zu Karl Přibram, »Die Statistik als Wissenschaft in Österreich im 19. Jahrhundert nebst einem Abrisse einer allgemeinen Geschichte der Statistik«. In: *Statistische Monatsschrift* 40 [NF 19], S. 45–64.

Karl Acham

TEIL A: ZUM GESCHICHTLICHEN HINTERGRUND DER SICH NEU HERAUSBILDENDEN SOZIOLOGIE

Detaillierte Inhaltsübersicht von Teil A

Vorbemerkungen

Das Ende der Realunion der Österreichisch-Ungarischen Monarchie am 31. Oktober 1918 und das durch die Verzichtserklärung von Kaiser Karl vom 11. November 1918 besiegelte Ende des Habsburgerreiches hatten – wie bei vielen seiner Bewohner, vor allem seiner deutschsprachigen – tiefe Spuren im Gefühlsleben und im Denken Friedrich von Wiesers hinterlassen. Dieser namhafte Ökonom, eines der herausragenden Mitglieder der sogenannten Österreichischen Schule der Nationalökonomie, ist über diesem Ereignis und den Versuchen seiner Deutung und Erklärung zum Soziologen geworden, wie insbesondere sein 1926 erschienenes Buch *Das Gesetz der Macht* bezeugt. Vorausgegangen ist diesem Buch ein anderes, für unseren Zusammenhang bedeutsames, das den Titel *Österreichs Ende* (Wieser 1919) trägt. Das Schicksal der Monarchie sei, wie Wieser gleich zu Beginn bemerkt, durch die »Weltereignisse« entschieden worden – sie gelte es »bis auf ihren Grund« zu erkennen. Um aber über die Weltkräfte Aufschluss geben zu können, so erklärt er im Voraus, werde er »über den Anteil, welchen die führenden Personen genommen haben«, nichts berichten: »Meine Darstellung wird daher des Interesses entbehren, das eine Geschichtserzählung durch die glänzenden Taten und Worte oder auch durch die schuldvollen Irrtümer der großen Männer erhält, welche die Völker in Krieg und Frieden leiten. Es ist eine namenlose Geschichte, die ich zu schreiben vorhabe, indem ich die Folge der Massenerscheinungen darstelle, wie sie in dieser ereignisreichen Zeit sich vor unseren Augen abgespielt haben.« (Ebd., S. 11) Wieser folgt hierin Auguste Comte, der seinerseits bestrebt war, eine »Geschichte ohne Namen« (»histoire sans noms«), also ohne die Namen von Individuen, ja sogar ohne die Namen der Völker zu schreiben. Eine solche sah Comte für das Studium dessen als unverzichtbar an, was er selbst als erster mit dem Namen »Soziologie« bezeichnete.

Man kann sich kaum einen schärferen Gegensatz zu dieser Art von Darstellung der gesellschaftlich-geschichtlichen Welt vorstellen als die dem Denken, Fühlen und Wollen individueller historischer Akteure zugewandten Biographien in der klassischen historiographischen Tradition. Allerdings wäre es falsch, wie dies lange Zeit hindurch geschehen ist, nun der Soziologie das Allgemeine und Ganzheitliche zuzuordnen, der Historie hingegen das Besondere und Partikulare (vgl. Schulze 1974; Burke 1989). Überhaupt ist die Zuordnung von Makroskopie sowie Holismus zur Soziologie und von Mikroskopie sowie Individualismus zur Geschichte längst so obsolet geworden wie die Ansicht, wonach es die Naturwissenschaften mit dem Allgemeinen, die Geisteswissenschaften dagegen mit dem Besonderen zu tun hätten (vgl. Acham 2016). Für den Historiographen wie für den Geschichtswissenschaftler, für den Soziographen wie für den Soziologen ist die Wahl der Mikro-, Meso- oder Makroperspektive abhängig von der jeweiligen Fragestellung, und die Forschungsgegenstände werden dann gewissermaßen aus großer

Höhe oder aus der Nähe und in Längs- oder Querschnitten dargestellt: als Ereignisse, Strukturen oder Prozesse.

Ereignisse sind durch ihre Wechselhaftigkeit, durch Beschleunigung und Verzögerung sowie durch Dramatik und Entspannung des Geschehens gekennzeichnet. Bestimmend sind in Ereignisgeschichten das Überraschungsmoment und der Umstand, dass Ereignisse innerhalb eines größeren Geschehenszusammenhanges den Charakter von Wendepunkten annehmen. Denkt man an die österreichische Geschichte des 19. Jahrhunderts, so kommt vor allem den Jahren 1809 (Belagerung von Wien durch die Napoleonische Armee), 1815 (Wiener Kongress), 1848/49 (Revolution in Wien und in verschiedenen Kronländern), 1859 (Niederlagen der Österreicher in Magenta und Solferino), 1866 (Niederlage der Österreicher in Königgrätz), 1867 (Ausgleich mit Ungarn; Staatsgrundgesetz) und 1897 (Böhmischer Sprachenkonflikt) ein solcher Charakter zu. In bevorzugter Weise sind Personen und ihre Absichten und Handlungsziele, ihre Motive und Handlungsgründe, ihre erfolgreichen und erfolglosen Handlungen Gegenstand ereignisgeschichtlicher Darstellungen.

Anders verhält es sich mit der Analyse von *Strukturen*, welche sich auf die das individuelle und kollektive Handeln limitierenden Institutionen beziehen, beispielsweise politisch-rechtliche, ökonomische, sozialstrukturelle und religiöse. Nicht mehr sind es kurzfristig sich vollziehenden Ereignisse – etwa der Wechsel von Schlachten, Verträgen und Regierungen –, sondern die Stabilität mittel- oder langfristiger Konstellationen, die im Zentrum der strukturanalytischen Betrachtungen stehen. Als Beispiel sei hier auf die in der Regierungszeit Kaiserin Maria Theresias erfolgten grundlegenden Änderungen in der institutionellen Ordnung der österreichischen Erblande und der Länder der Böhmischen Krone hingewiesen, die die Leitung der Monarchie – auch im Verhältnis zu anderen Staaten – verbessern sollten und bis 1848 weitgehend unverändert ihre Wirksamkeit behielten: die 1742 errichtete Staatskanzlei, die die auswärtige Politik der Habsburgermonarchie sowie die des Heiligen Römischen Reiches festlegen sollte und der auch das Consiglio d'Italia untergeordnet war; das 1746 errichtete Generalkriegskommissariat; das Directorium in Publicis et Cameralibus, das 1749 seine Tätigkeit aufnahm und das als ein übergreifendes Organ der Erblande die oberste Zentralstelle der politischen Verwaltung bildete (und als solche unter anderem mit den Angelegenheiten des Steuer- und Abgabenwesens, der Gesetzgebung und der Justizbehörden, des Handels und Gewerbes, der Landwirtschaft und des Sanitätswesens befasst war); ferner der 1760 errichtete Staatsrat als das oberste Beratungsorgan des Monarchen sowie die im gleichen Jahr eingerichtete Studienkommission, welcher es oblag, innerhalb der Erblande den verpflichtenden Schulunterricht umfassend durchzusetzen. Strukturen dieser Art sind für die Historie wie für die Sozialwissenschaften von großer Bedeutung, und zwar sowohl bezüglich des durch sie ermöglichten bzw. limitierten und gesteuerten Verlaufs von Ereignissen im Allgemeinen, als auch bezüglich der Genese und Wirkungsweise von Handlungen und Unterlassungen im Besonderen.

Prozesse schließlich erstrecken sich über einen langen Zeitraum. Im Unterschied zur »sozialen Statik« und der Aufweisungsanalyse von Koexistenzgesetzen in historischen Strukturen sah Auguste Comte die historischen Prozesse oder die »soziale Dynamik« als jenen Bereich an, durch dessen Analyse man zur Formulierung von Sukzessionsgesetzen der universalgeschichtlichen Entwicklung gelangen könne. Im Anschluss an Comtes sogenanntes Dreistadiengesetz formulierte der in gewissem Maße Charles Darwin inspirierende Herbert Spencer eine ebenfalls drei Stufen umfassende evolutionistische Gesellschaftstheorie, während im 20. Jahrhundert als damit verwandte soziologische Auffassungen die Zivilisationstheorie von Norbert Elias, die Modernisierungstheorie sowie bestimmte Theorien der Globalisierung zu nennen sind. Der historische Prozess, so erkannten allerdings bereits Giambattista Vico und die schottischen Moralphilosophen vor Comte, und eine ganze Reihe von Philosophen und Sozialwissenschaftlern nach ihm, ist das Ergebnis einer Vielzahl von individuellen oder kollektiven Handlungen, wobei deren Resultat sich im Allgemeinen nicht mit der ursprünglichen Intention der Akteure deckt – Georg Wilhelm Friedrich Hegel nannte dies die »List der Vernunft«, Wilhelm Wundt, der führende Experimentalpsychologe seiner Zeit und Mitbegründer der Völkerpsychologie, sprach von der »Heterogonie der Zwecke«.

In den 1970er Jahren veranlasste die Übernahme des soziologischen Blicks durch gewisse zeitgenössische Historiker und der in ihrem Schrifttum einer »Geschichte ohne Namen« eingeräumte Primat Golo Mann zur Feststellung, dass diese Spielart der »neuesten Historie [...] sich viel zu wenig um wirkliche Menschen aus Fleisch und Blut kümmert, daß sie zu wenig Sympathien für Menschen hat oder gar keine, daß sie also *Hamlet* ohne den Prinzen von Dänemark spielt« (Mann 1979, S. 52). In der Tat kann man ja davon ausgehen, dass die weitgehende Einheitlichkeit der Soziologie bei aller Vielfalt ihrer Autoren und Themen auf der Annahme beruht, dass die Handelnden in Interaktionssysteme integriert sind, deren Struktur ihre Handlungen über die Mittel des Besitzes, der Macht, des Wissens und des Ansehens kanalisiert. Das soziale Leben sei nicht aufgrund der individuellen Komplexität der menschlichen Akteure so schwierig zu erklären, sondern aufgrund der komplexen Ordnung der Organisationen, die sich zwischen den auf verschiedenen Märkten agierenden Individuen – also beispielsweise auf dem ökonomischen, politischen oder Informations-Markt – herausbilden. Es seien also die Interaktionsmuster und die »Figurationen« (Norbert Elias), die in der Soziologie letztlich zählen, und nicht die Eigenart der Individuen. Und so ist auch die Mehrzahl der Vertreter der empirischen Soziologie, wie man im Blick auf die Geschichte und die Gegenwart ihrer Disziplin sagen kann,

- vor allem interessiert an Gruppen, Kollektiven und Gesamtgesellschaften sowie an den in ihnen sich bildenden Schichten, Ständen, Klassen und Parteien;

- davon überzeugt, dass sich als ihre Methode vor allem die Statistik, als ihre Darstellungsform vor allem die protokollierende Beschreibung (im Unterschied zur Erzählung) besonders eignet;
- bemüht, ausgehend von der Korrelierung von Merkmalen des individuellen Verhaltens mit dem von Gruppen und Kollektiven, zur Formulierung von probabilistischen Hypothesen zu gelangen, die sich bei entsprechender Validität und Reliabilität auch in sozialtechnische Handlungsanweisungen transformieren lassen;
- davon überzeugt, der Analyse des Zusammenhangs von Teil und Ganzem im Rahmen von funktionalen Erklärungen besondere Bedeutung beimessen und dabei das jeweilige Systemganze hinsichtlich seiner kausalen Relevanz gegenüber seinen Elementen in den Vordergrund der Betrachtung rücken zu sollen.

Was andererseits die Historie anlangt, so ist deren Wissenschaftsstatus seit der griechischen Antike umstritten. Noch Kant erklärte in der Nachfolge des Rationalismus, dass »*eigentliche* Wissenschaft [...] nur diejenige genannt werden [kann], deren Gewißheit apodiktisch ist« (Kant 1968 [1786]), S. 468). Für die Historie ist eine derartige Forderung illusorisch. Denn sie ist weder eine aprioristische Disziplin, noch ist Metrisierung im Sinne einer strengen »Kliometrie« in Anbetracht besonders bedeutsamer Elemente ihres Gegenstandes realisierbar. Als eine Form menschlicher Selbstbesinnung findet sie in einer Rekonstruktion vergangenen Lebens Ausdruck, deren Sache nicht die sogenannte Gramm-Zentimeter-Sekunden-Sprache des radikalen Empirismus sein kann. Historiker setzen im Allgemeinen andere Schwerpunkte in der Darstellung und Analyse der gesellschaftlich-geschichtlichen Welt als Soziologen dies tun. Zwar sind auch sie, wie man weiß, an Gesamtgesellschaften und Nationen, ja sogar an Globalgeschichte interessiert, und selbstverständlich an Massen- und Gruppenphänomenen, aber in der Regel ist

- ihre Domäne die Biographie einer Person, einer Stadt, einer Region oder Nation;
- ihr methodischer Ansatz die historische Quellenkunde und ihre Darstellungsform die Erzählung, in der nicht das Erwartbare dominiert, sondern das Unwahrscheinliche, dessen mögliches Eintreten, wie schon Aristoteles bemerkte, essentiell mit der Idee des Wahrscheinlichen verbunden ist;
- ihr anthropologischer Ansatz ein solcher, der beim Denken, Fühlen und Wollen der historischen Akteure seinen Ausgang nimmt, und ihre bevorzugte Art der Rekonstruktion von Handlungen eine intentionale und motivationale Erklärung, die auf Handlungsziele bzw. Handlungsgründe Bezug nimmt;
- ihr besonderes Interesse auf die funktionale Beziehung der Teile eines als »Ganzes« bestimmten Systems bezogen, wobei sie der Bedeutung der Systemelemente für das Systemganze besondere Aufmerksamkeit widmen.

Entgegen der immer wieder unter Soziologen nachweisbaren Ansicht, wonach eine theoretisch angeleitete Soziologie die historische Betrachtungsweise (wenn auch nicht eine Bezugnahme auf historisches Material als den Gegenstand ihrer Analysen und Erklärungen) entbehren könne, wird im vorliegenden Sammelband in Bezug auf das Verhältnis von Geschichte und Theorie ein Prinzip der Komplementarität vertreten. Denn das Material, das der soziologischen Betrachtung zugeführt wird, bedarf vor aller theoretischen Erklärung der angemessenen Deutung auf der Grundlage historischer Kenntnisse und eines (auch) daraus resultierenden Wissens um die Vielzahl der bei der Quellenexegese zur Anwendung kommenden Perspektivierungen.

Und so ist zwar die ein bekanntes Diktum von Immanuel Kant paraphrasierende Einsicht von Ernst Topitsch zur Beziehung von Geschichtswissenschaft und Soziologie unverändert in Geltung: »Geschichte ohne Soziologie ist blind, Soziologie ohne Geschichte ist leer« (Topitsch 1971, S. 129). Allerdings darf diese Einsicht nicht nur auf das Inhaltliche bezogen werden. Denn das dem Soziologen angesonnene Geschichtsbewusstsein und die einem solchen korrespondierende Methode in der Betrachtung der gesellschaftlich-geschichtlichen Welt ist nicht schon dadurch gegeben, dass jener auf historisches Material Bezug nimmt. Umgekehrt gilt, dass auch Historiker nicht allein soziologische Befunde übernehmen, sondern sich auch einiges von den Methoden der Soziologie aneignen sollen; dann werden sie beispielsweise verstehen, wie soziologische Schichtungsanalysen sowie auf Massenphänomene bezogene statistische Generalisierungen zustande kommen, um dann von ihnen Gebrauch zu machen, wo dies am Platz ist. Ein solcher Geist der Offenheit, der nicht einer methodologischen Unsicherheit entsprungen, sondern Folge der festen Verankerung in den bewährten Konventionen der eigenen Disziplin ist, bestimmt auch das umfangreiche Schrifttum jener beiden angesehenen österreichischen Historiker, von denen die nun folgenden Beiträge in Teil A stammen: das des Wirtschafts- und Sozialhistorikers Ernst Bruckmüller und das des im Februar 2018 verstorbenen Professors für Österreichische Geschichte Helmut Rumpler.

Acham, Karl (2016): Die analytische Geschichtsphilosophie und ihr Nutzen. In: Ders., *Vom Wahrheitsanspruch der Kulturwissenschaften. Studien zur Wissenschaftsphilosophie und Weltanschauungsanalyse*, Wien/Köln/Weimar: Böhlau, S. 243–279.

Burke, Peter (1989): *Soziologie und Geschichte*. Aus dem Engl. von Johanna Friedman, Hamburg: Junius.

Kant, Immanuel (1968): *Metaphysische Anfangsgründe der Naturwissenschaft* [1786]. In: *Kants Werke. Akademie-Textausgabe* (Unveränderter photomechanischer Abdruck des Textes der von der Preußischen Akademie der Wissenschaften 1902 begonnenen Ausgabe [...]), Bd. 4, Berlin: Walter de Gruyter & Co., S. 465–565.

Mann, Golo (1979): Plädoyer für die historische Erzählung. In: Jürgen Kocka/Thomas Nipperdey (Hgg.), *Theorie und Erzählung in der Geschichte*, München: Deutscher Taschenbuch Verlag, S. 40–56.

Schulze, Winfried (1974): *Soziologie und Geschichtswissenschaft. Einführung in die Probleme der Kooperation beider Wissenschaften*, München: Wilhelm Fink Verlag.
Topitsch, Ernst (1971): Geschichtswissenschaft und Soziologie. In: Ders., *Sozialphilosophie zwischen Ideologie und Wissenschaft*, 3. Aufl., Neuwied am Rhein/Berlin. Luchterhand, S. 119–131. (Erstmals in: *Wissenschaft und Weltbild. Zeitschrift für Grundfragen der Forschung* 9 [*1956*], S. 117–123.)
Wieser, Friedrich (1919): *Österreichs Ende*, Berlin: Ullstein & Co.

Karl Acham

I. Zur Politischen Geschichte

Die Habsburgermonarchie vom Reformzeitalter bis zum Untergang im Ersten Weltkrieg: 1749–1918

Vom Staatenbündnis zur dynastischen Union

Jenes Österreich, dessen Wurzeln in das Maria-Theresianisch-Josephinische Reformzeitalter zurückreichen und das im 19. Jahrhundert ums Überleben kämpfte, war am Beginn der Neuzeit als Verteidigungsgemeinschaft entstanden. Im Westen tobte der Kampf zwischen Spanien und Frankreich um die Hegemonie über Europa, im Osten rüstete Sultan Mehmed zum Kreuzzug gegen Europa. Angesichts dieser Bedrohung entschloss sich Kaiser Karl V., sein spanisch-österreichisches Erbe zu teilen. 1522 überließ er die österreichischen Besitzungen seinem Bruder Ferdinand. Was niemand beabsichtigt hatte und was nach politischem Ermessen auch nicht zu erwarten war, ereignete sich, und zwar überraschend schnell. Ferdinand erbte nach dem Tod seines Schwagers Ludwigs II. in der Schlacht bei Mohács 1526 Ungarn und Böhmen. Damit übernahm er aber auch das politische Vermächtnis seines Großvaters Maximilian I.

Die Politik der österreichischen Linie der »Casa de Austria« wurde damit von ihrer Gründung her auf den Osten verwiesen. Die Habsburger als Herrscher waren dabei zunächst weniger involviert als die Stände der Länderunion, die sich allerdings bald gegen die Übertragung des spanischen Absolutismus auf das ständisch-freiheitliche Ostmitteleuropa zur Wehr setzten. Ferdinand I. wurde, als er 1522 die Herrschaft über die habsburgisch-deutschen Erbländer übernahm, auch zum Begründer eines neuen Österreichs, indem er eine moderne Staatsverwaltung nach westeuropäisch-burgundischem Vorbild aufbaute. Es ging dabei nicht nur um Familienpolitik oder einen Kreuzzug zur Verteidigung des Abendlandes gegen den islamischen Erbfeind der Christenheit oder um eine deutsche Ostmission. Die Habsburger wollten und mussten einfach und nüchtern ihre Ostgrenze sichern. Diese Grenze war gefährdet, solange zwei Drittel Ungarns und die militärischen Brückenköpfe Belgrad und Sissak türkisch waren, solange die nationalmagyarische Partei in Ungarn mit den Osmanen kooperierte und das Fürstentum Siebenbürgen ein türkischer Vasallenstaat war, solange Frankreich sowohl die Ungarn wie auch die Türken diplomatisch unterstützte, und die Böhmen begannen, ihr nationales Königtum zurückzufordern.

Wenn sich die Habsburger dieser Dauerbelastung nicht entledigten, konnte man mit ihnen in Österreich, im Heiligen Römischen Reich und in Europa machen, was man wollte. Es ging aber auch darum, ob Ungarn und der Balkan politisch und kulturell zum Westen oder zum Osten gehörten. Darüber entschied der Erfolg oder Misserfolg der habsburgisch-österreichischen Politik gegenüber den Türken und gegenüber der nationalen Opposition in Ungarn, Siebenbürgen und Böhmen. Das moderne Österreich als mitteleuropäische Länderunion war von seiner Geburt her eine ostmitteleuropäische Macht, mit allen Belastungen aus den damit verbundenen Konflikten, aber auch mit den Chancen der Integration dieses heterogenen, aber doch in seinen Teilen aufeinander angewiesenen Raumes. Mehr als 200 Jahre dauerte es allerdings, bis im Kampf gegen die Türken und gegen die Ständische Opposition dieses politische Produkt aus Zufall und Familienpolitik zu einer Einheit zusammenwuchs oder zusammengezwungen wurde. Erst als Karl VI. 1713 das Staatsgrundgesetz der »Pragmatischen Sanktion« verkündete, bedurfte es keines militärischen oder politischen Zwanges mehr, um die nun weitverzweigten österreichischen, ungarischen, böhmischen, niederländischen und italienischen Provinzen zusammenzuhalten. Alle Landtage, als erster der kroatische in Agram, erklärten feierlich ihre »unteilbare und untrennbare« Zusammengehörigkeit unter dem Zepter der habsburgischen Dynastie.

Der Prozess der Vereinheitlichung erfolgte allerdings nicht nur auf militärischer und politischer Ebene. Der Erfolg beruhte ebenso sehr auf wirtschaftlichen und kulturellen Anstrengungen. Die Wirtschaftstheoretiker des Merkantilismus Philipp Wilhelm von Hörnigk [auch: von Hornick], Johann Joachim Becher und Wilhelm von Schröder entwarfen im letzten Drittel des 17. Jahrhunderts mit Erfolg Programme für die Entwicklung und den wirtschaftlichen Aufbau und Zusammenschluss der habsburgischen Länder. Im Zusammenhang mit den Türkenkriegen übernahm Österreich, und dies gerade im Interesse und zum Vorteil Ungarns, Kroatiens und Böhmens, zum Teil das Erbe Venedigs im Osthandel. Triest wurde als Freihafen das Zentrum des Warenaustausches mit der Levante. Von der Lombardei und Belgien fanden Manufakturprodukte und industrielles Know-how den Weg nach Österreich und über Österreich in den Osten.

Staats- und Gesellschaftsreform im Zeichen des »aufgeklärten Absolutismus«

So erfolgreich Österreichs Aufstieg zur europäischen Großmacht war, so gelungen die innere Festigung in Form einer dynastischen Staatenunion schien, so prägend und gemeinschaftsstiftend die Kultur des Barock auch wirkte – die gesellschaftlichen und wirtschaftlichen Grundlagen, auf denen das politische Gebäude ruhte, waren schwach. Während überall in Europa seit Beginn des 18. Jahrhunderts das Bürgertum im Zeichen der Aufklärung zum neuen Träger der Wissenschaft und der Wirtschaft und damit zum Motor des Fortschrittes wurde, blieb die Habsburgermonarchie ein absolutistischer Feudalstaat. Zwar wusste man um die Notwendigkeit der Förderung der produzierenden Stände, der Bauern, Handwerker, Kaufleute und der industriellen Unternehmer, aber die Ansätze für eine bürgerliche Entwicklung blieben fruchtlos. Adel, Kirche und der Hof mit seinen Dienst- und Regierungsstellen blieben die beherrschenden Faktoren des Staates und der Gesellschaft.

Als beim Tod Kaiser Karls VI. 1740 Bayern und Preußen diesen Staat angriffen, um ihn aufzuteilen, haben ihn nicht nur die Hartnäckigkeit der »Kaiserin« Maria Theresia bei der Verteidigung ihres Erbes, sondern auch der gemeinsame Abwehrwille der Länder noch einmal gerettet. Seine innere Schwäche war allerdings evident. Daher leitete Maria Theresia sofort nach dem ersten verlorenen Krieg um Schlesien 1749 tiefgreifende Reformen ein. Auf der theoretischen Grundlage der »Cameralwissenschaften«, der modernen »Nationalökonomie« (Johann Heinrich Gottlob [von] Justi) und des Prinzips der »Gewaltenteilung« (das epochemachende Werk von Charles de Montesquieu, *De l'esprit des lois*, war eben 1748 erschienen) wurde von Friedrich Wilhelm von Haugwitz die Staatsverwaltung modernisiert. Eine neue Finanzordnung schaffte die Steuerfreiheit des Adels ab. Nach den Ideen von Joseph von Sonnenfels wurde das Rechtswesen reformiert (*Constitutio Criminalis Theresiana*, 1768). Der kaiserliche Leibarzt Gerard van Swieten erneuerte die Universität, Johann Ignaz von Felbiger begründete das neue Grundschulwesen der Normal-, Haupt- und Trivialschulen.

Die Maria-Theresianischen Reformen waren Verbesserungen im Sinne einer Humanisierung des Habsburgerstaates. Sie haben aber an seinen geistigen und gesellschaftlichen Grundlagen nicht allzu viel geändert, auch wenn 1773 mit der Aufhebung des Jesuitenordens eine wesentliche Stütze der alten Ordnung fiel. Eine wirkliche Revolution durch einen radikalen Umbruch vollzog erst Joseph II., als er 1780 die Alleinherrschaft antreten und seine aufklärerischen Ideale durchsetzen konnte. Er war der »Mann ohne Vorurtheil«, als den ihn Joseph von Sonnenfels propagierte. Er war der Mann der Toleranz, dem Wolfgang Amadeus Mozart in der Gestalt des Bassa Selim in der *Entführung aus dem Serail* (1782) ein Denkmal setzte. Eine neue politische Moral im Sinne der antiken »virtus« insbesondere für die Staatsbeamten und den Herrscher als »Diener des Staates« sollte eine Erneuerung bewirken. Deren Ziel war die »Glückseligkeit« der Untertanen.

Von solch hohen Zielen geleitet, nahm sich der Staat das Recht, alles an sich zu ziehen, was er nicht schon in der Hand hatte. Deshalb wurde zuerst die Kirche als »Staat im Staat« liquidiert. Die Repräsentationskirche der Barockzeit wandelte sich zur Seelsorgekirche. Der Adel wurde durch die Bauernbefreiung geschwächt. Das Zeitalter der Grundherrschaft war damit zu Ende. Die Verkündigung der bürgerlichen Gleichberechtigung und konfessionellen Anerkennung für Protestanten, Orthodoxe und Juden (Toleranzpatent, 1781) war nicht nur ein Akt der religiösen Duldung, sondern führte zur Integration dieser wirtschaftlich und wissenschaftlich wichtigen Randgruppen. Es war der Beginn der Entwicklung eines Besitz- und Bildungsbürgertums. Die Josephinischen Reformen haben Österreich nicht nur modernisiert, sondern seine Gesellschaft und seine Kultur der westeuropäischen Aufklärung geöffnet. Der »Josephinismus« wurde so zur Grundlage des bürgerlichen Österreichs des 19. Jahrhunderts. Allerdings blieb vieles von den Reformplänen vorerst auf dem Papier. Der rigorose Staatszentralismus mit der Einführung der deutschen Amtssprache für alle Provinzen führte zu steigendem

Widerstand, der in Ungarn, den Niederlanden und der Lombardei bis an den Rand der Revolution führte. Joseph II. beachtete zu wenig, dass ein Wesensmerkmal und eine Bedingung für den Erfolg der österreichischen Staatsbildung von alters her der Föderalismus war.

Auch an einer zweiten Front hinterließ das Maria-Theresianisch-Josephinische Reformzeitalter ein die Zukunft schwer belastendes Erbe. Das neue Österreich verlor den machtpolitischen und kulturellen Rückhalt im Heiligen Römischen Reich. Die Zugehörigkeit zum Reich war nicht nur eine wesentliche Bedingung für die politische Macht Österreichs in Europa, sondern auch eine sehr wesentliche geistige Grundlage für das, was Österreich die längste Zeit seiner Geschichte war und sein wollte: ein föderaler, multikultureller Staatenverbund mit einer deutschen Leitkultur. Das war nicht etwa deshalb so bedeutsam, weil das seit dem Dynastiegründer Rudolf I. getragene römisch-deutsche Kaisertum eine besondere politische Macht darstellte – es hatte von jeher mehr ideelle Bedeutung. Aber das Kaisertum, seit 1474 mit der Formel »Heiliges Römisches Reich Deutscher Nation« näher definiert, war jene Institution, die die habsburgischen Länder mit Deutschland verband. Das Kaisertum war dadurch, wie Österreich selbst, die institutionelle Brücke zwischen Deutschland und Ostmitteleuropa. Die Habsburger haben diese funktionale Bedeutung zunehmend erkannt und dementsprechend um das Kaisertum, seine Erneuerung und Stärkung gekämpft. Mit dem Krieg Friedrichs II. von Preußen um Schlesien begann nicht nur der österreichisch-preußische Gegensatz, der schließlich zum Kampf um die Vorherrschaft in Deutschland führen sollte. Er war auch der Anfang vom Ende des gesamtdeutschen übernationalen Kaisertums. Unter Führung der preußischen Politik bildete sich ein Bund deutscher Fürsten, der den Habsburgern vorwarf, das Reich für die österreichische Politik zu missbrauchen. Als das revolutionäre Frankreich 1792 Österreich und das Reich angriff, zog sich Preußen im Frieden von Basel 1795 für sich und für ganz Norddeutschland vom Krieg zurück. Das Reich war praktisch zerbrochen und Österreich hatte seine Führungs- und Schutzstellung im Reich verloren.

Napoleon Bonaparte versetzte dem schon morschen Reichsgebäude schließlich den Todesstoß und brachte auch Österreich an den Rand des Abgrundes. Er erzwang vom Kaiser die Abtretung des linken Rheinufers und verlangte zugleich die Entschädigung jener deutschen Fürsten, die dabei Verluste erlitten. Die neuen, groß gewordenen Länder gingen auch gleich einen Schritt weiter und schlossen sich im »Rheinbund« 1803 ihrem französischen Schutzherrn unter Führung des Erzkanzlers des Reiches, des Kurfürsten und Erzbischofs von Mainz, Karl Theodor von Dalberg, an. Sie waren auch bereit, Napoleon die Kaiserwürde zu übertragen. Um dem vorzubeugen, gründete Franz II. 1804 das »Kaiserthum Oesterreich« und erklärte 1806 die Institution des Römisch-Deutschen Reiches für erloschen.

Im Kampf der Mächte für und gegen das französische Universalkaisertum und in Folge seiner Abwicklung am Wiener Kongress 1815 wurde ausgehend von Frankreich überall in Europa der Nationalismus zur beherrschenden Idee des 19. Jahrhunderts. In Westeuropa entwickelte sich die Idee der »Staatsnation«, in Mittel- und Osteuropa jene der »Volksnation«. Nach den Lehren von Johann Gottfried von Herder war die Nation eine Gruppe von Menschen, die dieselbe Sprache verwendeten, worin zum Ausdruck kam, dass sie derselben Kultur angehörten. Forderten diese Nationen auch ihren eigenen Nationalstaat, dann bedeutete dies zunächst eine Veränderung der bestehenden historischen Landesgrenzen nach ethnischen Prinzipien. Weil dies aber im Kaisertum Österreich nach den gegebenen Siedlungsverhältnissen schwierig war, bedeutete es auch den Kampf der Nationalitäten gegeneinander um die Festsetzung dieser neuen Grenzen. Dieses Szenario brachte für Österreich eine wachsende Gefährdung seines Bestandes als politische Einheit mit sich. Denn die Völker Österreichs – Deutsche (nach der Umgangssprachenzählung von 1910 23,9 %), Magyaren (20,2 %),Tschechen (12,6 %), Polen (10,0 %), Ruthenen/Ukrainer (7,9 %), Rumänen (6,4 %), Kroaten (5,3 %), Slowaken (3,8 %), Serben (3,8 %), Slowenen (2,6 %), Italiener (2,0 %) und mohammedanische Bosniaken (1,2 %) – wohnten nicht in geschlossenen Siedlungsgebieten, sondern waren aufgeteilt auf verschiedene Länder bzw. lebten als Minderheiten mit anderen Völkern zusammen.

Österreich konnte und wollte der gewaltigen Zeittendenz zunächst nicht folgen und wehrte sich bis zum Ende seines Bestehens im Jahre 1918 gegen die Durchsetzung des Nationalstaatsprinzips. Zu Beginn stand dabei das deutsche Problem im Vordergrund. Österreich verteidigte den 1815 gegründeten »Deutschen Bund«, der kein Staat, sondern nur eine lose Föderation souveräner Länder und Städte war. Die deutsche Nationalbewegung verlangte aber unter der geistigen Anleitung eines Johann Gottlieb Fichte und eines Georg Friedrich Hegel den deutschen Nationalstaat. Das hätte ein Deutschland bedeutet, das nach den Worten des Nationalpublizisten Ernst Moritz Arndt so weit reichen sollte, so weit die deutsche Sprache verbreitet war, nach anderer Version »von der Maas bis an die Memel, von der Etsch bis an den Belt«. Das war aber für das historische Österreich kein gangbarer Weg. Schon der Versuch Josephs II., Deutsch als Amtssprache für alle habsburgischen Länder zu dekretieren, hatte nationale Gegenbewegungen der Ungarn, Tschechen, Italiener und Polen gegen die damit drohende Germanisierung provoziert. Die Anerkennung der deutschen Nationalbewegung, eventuell sogar ein Bündnis mit ihr, wie sich das viele deutsche Patrioten wünschten, hätte Österreich schon bald nach der Entstehung der ostmitteleuropäischen Nationalbewegungen einer politischen Zerreißprobe ausgesetzt.

Der österreichische Staatskanzler, Fürst Clemens Wenzel Lothar Metternich, und sein Sekretär und publizistischer Mitarbeiter, Friedrich von Gentz, der Edmund Burkes Schrift gegen die Ideen der Französischen Revolution ins Deutsche übersetzt hatte, vertraten daher eine antinationalistische österreichische Politik. Sie waren fanatisch davon überzeugt, dass der Nationalismus und der mit ihm verbundene Liberalismus die größte Gefährdung nicht nur für den Bestand der österreichischen Monarchie, sondern auch für den Frieden Europas darstellten. Franz Grillparzer brachte diese Überzeugung in einem radikalen Verdikt gegen den deutschen und europäischen Nationalismus dramatisch zum Ausdruck, als er 1849, am ersten Höhepunkt der nationalen Bewegung, schrieb: »Der Weg der neueren Bildung geht von Humanität/durch Nationalität/Zur Bestialität«.

Das Experiment des Vielvölkerstaates

Als in der Revolution von 1848 die Nationalisten innerhalb und außerhalb der Monarchie die Neuordnung Mitteleuropas forderten, mit der Gründung eines deutschen, ungarischen, tschechoslowakischen, südslawischen, polnischen, rumänischen und italienischen Nationalstaates, da erwartete niemand in Europa und in Österreich, dass sich der habsburgische Vielvölkerstaat behaupten würde. Aber das Unwahrscheinliche geschah. Die Mehrzahl der Nationalitäten in Österreich besann sich noch einmal der Vorteile des gemeinsamen Staates. Die Tschechen brachen ihr Experiment, das mit der Berufung auf den Panslawismus begonnen hatte, erstaunlich rasch ab. Sie bekehrten sich nach den Ideen ihres Vordenkers Franz/František Palacký, dem Begründer des »Böhmischen Staatsrechts«, zur Idee des »Austroslawismus«, d.h. zur Bejahung des österreichischen Nationalitätenstaates. Die Kroaten stellten sich unter ihrem Banus Joseph Jelačić auf die Seite Wiens gegen die ungarische Revolution, die unter Lajos Kossuth die nationale Selbständigkeit für die Magyaren forderte, den anderen Nationalitäten des Königreiches Ungarn aber die nationale Selbstbestimmung verweigerte. Russland fürchtete das Beispiel der nationalen Revolution für Polen und unterwarf Ungarn der Herrschaft Wiens. Für die Abwehr Piemont-Sardiniens, das den nationalen Aufstand in Mailand und Venedig geschürt und unterstützt hatte, reichte die österreichische Armee unter Johann Josef Wenzel Graf Radetzky.

Die größte Herausforderung erwuchs aus dem deutschen Nationalismus. Das erste deutsche Nationalparlament in Frankfurt am Main hatte ein »Großdeutschland« proklamiert, für das es auch die zum »Deutschen Bund« bzw. zum ehemaligen Römisch-Deutschen Reich gehörenden Länder der Habsburgermonarchie beanspruchte. Von dieser Forderung waren aber nicht nur die Deutschen Österreichs betroffen, sondern in Böhmen auch die Tschechen, in Kärnten, der Steiermark und der Krain die Slowenen, im Küstenland und in Tirol die Italiener. Sie sollten nun einem germanisch-deutschen Reich angehören. Doch nicht die Wiener Regierung, die unter ihrem Ministerpräsidenten Fürst Felix Schwarzenberg selbstverständlich um den Bestand Österreichs kämpfte, fand in dieser Situation die deutlichsten Worte, sondern es war der Tscheche Palacký, der damals gegen die Gefahr einer deutschen oder russischen Universalmonarchie sein berühmtes Bekenntnis zu Österreich schrieb: »Wahrlich, existierte der österreichische Kaiserstaat nicht schon längst, man müsste im Interesse Europas, im Interesse der Humanität selbst, sich beeilen, ihn zu schaffen« (Palacký 1866, S. 83). Nicht nur ihm, sondern damals noch sehr vielen in Österreich, auch vielen Verfechtern der Nationalidee, wie dem Ungarn József von Eötvös, galt damals die Habsburgermonarchie als die bestmögliche Form des staatlichen Zusammenlebens der Völker und Nationalitäten in dem weiten Raum zwischen Deutschland, Russland und dem Osmanischen Reich. Österreich war und blieb zwar im Zeitalter des Nationalismus ein Fremdkörper in Europa, aber es entsprach den Lebensinteressen seiner Völker, die es auch 1848 durch ein großes Reformwerk mit der bäuerlichen Grundentlastung, der Unterrichtsreform, der Einführung der Gewerbe- und Vereinsfreiheit im Sinne der vollen Entfaltung der bürgerlichen Gesellschaft in allen Provinzen des Reiches tatkräftig förderte.

Schritt für Schritt musste Österreich allerdings den nationalen Forderungen nachkommen. Aber jede Konzession führte zu neuen Forderungen gegenüber dem Gesamtstaat und zu Rivalitäten der Völker und Länder untereinander. Als 1859 im Krieg gegen Frankreich und Piemont-Sardinien mit der Abtretung der Lombardei die italienische Nationalidee einen ersten großen Erfolg errang und der deutsche Nationalismus 1866 durch den Sieg Preußens über Österreich bei Königgrätz triumphierte, bedeutete das im Grunde schon das Ende des österreichischen Vielvölkerstaates. Durch den Ausschluss aus Deutschland wurden nun auch die Deutschen Österreichs, die bisher übernational-österreichisch orientiert waren, zu Nationalisten. Den Ungarn musste im »Ausgleich« von 1867 eine weitgehende staatliche Selbständigkeit gewährt werden (Transleithanien). Das bedeutete nicht nur einen Verrat an den Kroaten, die 1848 wesentlich dazu beigetragen hatten, Österreich vor dem Zerfall zu retten, sondern führte in der Folge auch zur Verschärfung der nationalen Konflikte. Denn die Magyaren befanden sich im ungarischen Staat ohne Kroatien-Slawonien mit einem Bevölkerungsanteil von 54,5 % gegenüber den Deutschen, Slowaken, Rumänen, Ruthenen, Kroaten und Serben in einer sehr kritischen Lage. Sie waren daher sehr empfindlich gegen andere Nationalismen und forderten die Anerkennung der ungarischen Staatsnation. Die Serben und Kroaten suchten hingegen zunehmend Anschluss an Russland bzw. Serbien, die außenpolitischen Feinde der Monarchie. Daher verschärfte sich der Konflikt zwischen den nationalen Minderheiten und der immer stärker betonten magyarisch-ungarischen Staatsidee in besonderer Weise.

In der österreichischen Reichshälfte (Cisleithanien) bestätigte die Verfassung von 1867, was schon in der Gründungsurkunde des Kaisertums 1804 stand, nämlich die »Gleichberechtigung aller Volksstämme«. Ein Reichsgericht, das einzige dieser Art in Europa, wurde zur Wahrung der Rechte der Nationalitäten eingesetzt. Die Regierungen Hohenwart/Schäffle (1871) und Badeni (1897) versuchten, das Nationalitätenproblem Böhmens dadurch zu lösen, dass sie Tschechisch als innere Amtssprache zuließen. Dagegen protestierten aber die Deutschen durch öffentliche Krawalle und parlamentarische Obstruktion im böhmischen Landtag und im Reichsrat zu Wien. Und doch wurden die Verhandlungen zwischen Deutschen und Tschechen zwar zäh, aber teilweise erfolgreich weitergeführt. Für Mähren und die Bukowina konnte 1905 ein Art »Ausgleich« abgeschlossen werden, der auf der Basis u.a. der Ideen von Karl Renner die nationale

Autonomie der Tschechen und der Deutschen in den Bereichen des Schulwesens, der politischen Vertretung, der Wirtschaft und der Gerichtsbarkeit maximal sicherte. Auf der Basis einer Fülle theoretischer Überlegungen und praktischer politischer Experimente seit den Verhandlungen auf dem Reichstag von Kremsier 1848 schien man aber eine Zeit lang doch auf dem Weg zur Lösung des so vielfältig komplizierten »österreichischen Staats- und Reichsproblems« (Josef Redlich) zu sein.

Wie kompliziert dieses Problem war, spiegelte sich in der kulturpolitischen Diskussion wider. Der habsburgische Vielvölkerstaat lieferte im 19. Jahrhundert das Extrembeispiel einer Kompromissgesellschaft. Hugo von Hofmannsthal fand dafür die Formulierung, dass Österreich »nicht Land, nicht Reich, nicht Staat« war, sondern nur ein zur »Improvisation einladendes« politisches Experiment. Auf dieses Experiment hatten sich die Völker des Donauraumes eingelassen. Um es zu einem glücklichen Ende zu bringen, fehlte ihnen dann aber doch die Geduld, und zuletzt wohl auch die Toleranz. Daher lebte man im Bewusstsein einer dauernden Krise. Es handelte sich allerdings um eine vor allem in kultureller Hinsicht fruchtbare Krise, aus der heraus hauptsächlich in Wien, aber auch in Budapest, Prag, Lemberg und Triest entscheidende Schritte zum »Aufbruch in die Moderne« gesetzt wurden. Dabei ist nicht entscheidend, ob es wirklich in Richtung Moderne ging, sondern dass vor allem in Wien ein Klima geschaffen wurde, das es ermöglichte, dass Kaiser Franz Joseph, Josef Stalin, Sigmund Freud und Adolf Hitler zur gleichen Zeit am selben Ort leben konnten. Als Antwort auf die Krise der liberalen Kultur der Ringstraßenära war Wien nicht ein seliger Ort des Fortschrittes, aber einer der Offenheit, der Pluralität, der Mobilität und der Ambivalenz. Eingebettet war diese geistige Regsamkeit freilich noch in den endzeitlichen Schmelz der verfeinerten bürgerlich-aristokratischen Lebenskultur des Fin de siècle.

Die Kennzeichnung der geistigen Leistung von »Wien um 1900« als »Aufbruch« ist zutreffend, weil ihr Grundzug die Kritik fast an allem und auch an sich selbst war. Sigmund Freud durchbrach die positivistische Wissenschaftstheorie durch die Entdeckung des »Unbewussten« (*Die Traumdeutung*, 1900). Die Literaten, von Hermann Bahr über Arthur Schnitzler, Rainer Maria Rilke und Hugo von Hofmannsthal bis Franz Kafka, Joseph Roth und Robert Musil, schrieben im Stil dieser Auflösung der Wirklichkeit. In Musils Roman *Der Mann ohne Eigenschaften* (1930, 1933, 1943) wurde die Auflösung Österreich-Ungarns gleichnishaft für die Kulturkrise der modernen Welt dargestellt, so wie Hofmannsthal schon 1902 den Verlust der Ganzheit des Daseins beklagt hatte. Die neue Musik der Schule von Arnold Schönberg (*Verklärte Nacht*, 1907) vollzog die Auflösung der Tonalität und ersetzte diese durch das Zwölftonsystem. Die Architekten Otto Wagner und Adolf Loos (*Ornament und Verbrechen*, 1908) revoltierten gegen den in ihren Augen verlogenen Prunkstil der Ringstraßenzeit. Noch revolutionärer waren die Maler Gustav Klimt, Richard Gerstl, Egon Schiele und Oskar Kokoschka, die sich in der Malervereinigung der »Secession« mit ihrer Zeitschrift *Ver Sacrum* der Erneuerung der Malerei im Sinne des »Jugendstils« widmeten. Nicht weniger spektakulär waren die Sprachkritiker und Philosophen Fritz Mauthner, Karl Kraus und Ludwig Wittgenstein.

Diese Revolutionäre des Geistes haben in einer für das damalige Europa einmaligen Weise den Durchbruch zur künstlerischen und philosophischen Moderne vollzogen. Ebenso kennzeichnend ist aber auch ihr Verhaftetsein in der Vergangenheit. Es ist bezeichnend für den versteckten Traditionalismus dieser Neuerer, dass der Radikalste von ihnen, der therapeutische Nihilist Oskar Kokoschka, den wilden Pinselstrich des Ringstraßenmalers Anton Romako und die blühenden Farben von Anton Maulpertsch aus der Barockzeit verwendete. Der Leitspruch des philosophischen Revolutionärs Ludwig Wittgenstein war der Nestroyscherz: »Überhaupt hat der Fortschritt das an sich, dass er viel größer ausschaut, als er wirklich ist.« Was den Zukunftsoptimismus dämpfte und umgekehrt die insgeheime Liebe zu »Kakanien« nährte, war die Ahnung dessen, was nach dem Zusammenbruch des Vergangenen kommen würde.

Während sowohl die Christlichsozialen der Richtung Carl von Vogelsangs als auch die Sozialdemokraten Viktor Adlers, des »Hofrates der Revolution«, wie ihn die Radikalen seiner Partei nannten, auf Reform und Ausgleich der sozialen und nationalen Gegensätze abzielten und hofften, und während in Böhmen, im Spannungsfeld von Panslawisten und Pangermanisten, der Gründer der Paneuropa-Bewegung (1923), Richard von Coudenhove-Kalergi, heranwuchs, gab es schon die ersten Propheten der Gewalt. Zunächst waren es nur Demagogen wie Karl Lueger und Georg von Schönerer. Bald erhoben revolutionäre Theoretiker ihr Haupt, wie Houston Stewart Chamberlain, der unter dem Eindruck des österreichischen »Völkerbabels« 1899 sein Werk *Die Grundlagen des neunzehnten Jahrhunderts* schrieb, das mit seinem rassistischen Antisemitismus zum Vorbild für die Bibel des Nationalsozialismus, Alfred Rosenbergs *Mythus des 20. Jahrhunderts*, wurde. Österreich war um die Jahrhundertwende ein Ort zwischen Weltuntergangsstimmung und Überlebenshoffnung. Letztere nährte sich mehr aus den Wurzeln der Vergangenheit als aus einem aufklärerischen Zukunftsoptimismus. Aus den alten Traditionen des »lieben Augustin« der Barockzeit und des »Knieriems« in Johann Nestroys Untergangsparodie *Lumpazivagabundus* erlebte man den Untergang als »fröhliche Apokalypse« (Hermann Broch).

Es ist mehr als verständlich, dass die Politik, als sie gefordert war, Lösungen zu riskieren und Entscheidungen zu treffen, bei denen es um Sein oder Nichtsein ging, entweder resignativ oder aggressiv reagierte. Vor dem Hintergrund dieser Geistesverfassung der Gesellschaft und der politischen Eliten fiel 1914 die Entscheidung für den Krieg. Das Attentat auf das Thronfolgerehepaar Erzherzog Franz Ferdinand und Sophie Hohenberg in Sarajevo am 28. Juni 1914 war bestenfalls der Anlass für diesen schicksalhaften Entschluss. Er war die irrationale Antwort auf den die territoriale Integrität der Monarchie bedrohenden großserbischen Terrorismus. Die Vorgeschichte dieser Entscheidung, die zur »Urkatastrophe« Europas führte, ist bis in die Gegenwart eines der großen kontroversen Themen der Geschichtswissenschaft. Nach wie vor ist die damit zusammenhängende Frage mehr oder weniger heftig umstritten, ob die Österreichisch-Ungarische Monarchie aus innerer Schwäche zugrunde gegangen ist, ob ihr Untergang im Interesse und zum Wohle der von ihr beherrschten Völker notwendig und folgerichtig war, oder ob sie von außen zerstört wurde und ein Opfer der europäischen Großmachtpolitik im Zeitalter des Nationalismus und des Imperialismus war. Diese Frage ist zwar letztlich nicht zu beantworten, aber dass der Anteil des Angriffs von außen auf die Monarchie ein bedeutender war, scheint kaum zu bestreiten zu sein. Einerseits war Österreich-Ungarn Objekt der Expansionsbestrebungen des Deutschen Reiches, das sich in Konkurrenz zu England, Frankreich und Russland am Balkan und im Osmanischen Reich bis hin an den Persischen Golf zu etablieren suchte. Österreich-Ungarn war dabei für Deutschland die nützliche Brücke zum Nahen Osten, obwohl es seit 1879 sein Bündnispartner im Zweibund war – ein Partner freilich, den Berlin möglichst eng an sich zu binden suchte. Andererseits stand Österreich-Ungarn den anderen Mächten im Weg, die auf dem Balkan ein indirektes wirtschaftliches oder direktes politisches Interesse hatten und sich in den von ihnen protegierten, aus dem zerfallenden Osmanischen Reich entstehenden neuen Balkanstaaten in irgendeiner Weise festzusetzen suchten. Dies hatte zunächst die Verdrängung der österreichischen Wirtschaft aus der Türkei, dann auch aus den Donau- und Balkanländern zur Folge.

Auf weitere Sicht führte diese Entwicklung zu einer Einmischung der Großmächte in die inneren Verhältnisse Österreich-Ungarns. Denn Russland und Großbritannien förderten den Nationalismus nicht nur in den neuen Balkanstaaten, sondern auch unter den Südslawen der Habsburgermonarchie. Die Schwächung Österreich-Ungarns durch den Irredentismus der Serben und Rumänen, die den staatlichen Zusammenschluss mit ihren nationalen Mutterländern forderten und daher die Monarchie verlassen wollten, kam den Interessen der Großmächte zumindest gelegen. Diese Interessen zielten darauf ab, das Deutsche Reich vom Balkan fernzuhalten und Österreich-Ungarn als Bündnispartner Deutschlands möglichst zu schwächen. Einen Irredentismus gab es aus älteren Wurzeln auch bei den Italienern in Triest und im Trentino und bei der kleinen, aber lautstarken Gruppe der Alldeutschen in Österreich und in Böhmen. Aber das Königreich Italien und das Deutsche Reich akzeptierten trotz Risorgimento und Pangermanismus die Staatsidee der Habsburgermonarchie. Sowohl Rom als auch Berlin waren weiter an der Erhaltung Österreich-Ungarns als Element des europäischen Gleichgewichtes interessiert.

Auch mit Russland, das seit dem Krimkrieg von 1854 und dem Anspruch auf die Schutzherrschaft über die christlichen Balkanprovinzen des Osmanischen Reiches den Balkan für sich reklamierte, konnte immer wieder ein Ausgleich gefunden werden, solange auch die europäischen Mächte daran interessiert waren, Russlands vom Balkan fernzuhalten. So schob der Berliner Kongress 1878 den russischen Expansionsbestrebungen noch einmal einen Riegel vor; und weil schon damals die russische Politik neben der direkten Beherrschung Bulgariens Serbien als Werkzeug benutzte, wurde das meistumstrittene und dem serbisch-russischen Zugriff am unmittelbarsten ausgesetzte Land, Bosnien-Herzegowina, mit einem Mandat der europäischen Mächte der Verwaltung Österreich-Ungarns unterstellt. Doch als sich Russland nach seiner Niederlage im Fernen Osten gegen Japan und England und nach der ersten russischen Revolution 1905 wieder der Balkanpolitik zuwandte, waren die Weltmächte nicht mehr auf Ausgleich und nicht mehr auf Eindämmung Russlands eingestellt. Frankreich wünschte einen Erfolg Russlands, um es als Bundesgenossen gegen Deutschland zu gewinnen. England war zu Konzessionen an Russland in Europa bereit, um das Zarenreich für den Verzicht auf Kolonien im fernen und Mittleren Osten zu entschädigen. Russland suchte aber nicht nur einen Ersatz für die Kolonialpolitik, sondern vor allem einen nationalen Prestigeerfolg. Deshalb war es teils gewillt, teils gezwungen, die Politik der Balkanstaaten zu unterstützen.

Dies war die Stunde für Serbien. Serbien wollte das »Piemont des Balkans« werden. So wie Piemont-Sardinien die Italiener geeinigt hatte, so wollte Serbien nun alle Serben in einem Nationalstaat sammeln. Die Ansprüche Belgrads gingen aber weiter: Nicht nur die Serben, sondern alle Südslawen sollten »erlöst« werden. Es forderte für sein großserbisches Reich dementsprechend auch die serbischen, kroatischen und slowenischen Gebiete der Österreichisch-Ungarischen Monarchie, von »Varna od Beljak« (von »Warna bis Villach«), wie es schon im serbischen Aktionsprogramm von 1843 formuliert worden war, auf das sich die Politik der Dynastie Karađorđević in Belgrad verpflichtet hatte. Um dieser Politik entgegenzuwirken, entschloss sich Wien 1908 zur Annexion der Provinzen Bosnien und Herzegowina. Wohl hat es in Wien und Budapest auch expansive Wirtschaftsinteressen gegeben, besonders im Zusammenhang mit dem Bahnbau nach dem Hafen Saloniki; aber das politische Hauptziel der folgenschweren Aktion war es, der Entstehung eines großserbischen Reiches mit seinen Ansprüchen auf bedeutende Gebietsteile der Monarchie vorzubeugen. Gleichzeitig, und das war noch wichtiger, wollte man mit den erworbenen Provinzen einen südslawischen Staat unter kroatischer Führung im Rahmen der Monarchie bilden. Damit wäre man alten Forderungen des kroatischen Nationalismus entgegengekommen. Diese Argumentation findet sich jedenfalls in den Plänen des Außenministers Graf Alois Lexa von Aehrenthal und des Thronfolgers Erzherzog Franz Ferdinand.

Die Antwort der serbischen Politik war das Attentat vom 28. Juni 1914 in Sarajevo. Alle sechs Attentäter, die an diesem Tag in der Stadt postiert waren, waren bosnische Revolutionäre, also Staatsbürger der Monarchie. Sie waren aber geschult und ausgerüstet von der serbischen Geheimgesellschaft »Ujedinjenje ili Smrt« (»Vereinigung oder Tod«, i.e. die sogenannte »Schwarze Hand«), und sie waren ausgesendet und betreut von höchstrangigen Offizieren der serbischen Armee. Es handelte sich ohne Zweifel um eine Aktion der großserbischen Politik. Das von Wien absichtlich unannehmbar formulierte Ultimatum an die serbische Regierung – es verlangte die Preisgabe der serbischen Souveränität bei der gerichtlichen Untersuchung gegen die Attentäter – und die folgende

Kriegserklärung Österreich-Ungarns an Serbien waren angesichts der Ansprüche, die hinter dieser Politik standen, nicht unangemessen. Man wusste aber auch in Wien, dass diese harte Linie den Weltkrieg bedeuten konnte, wenn Russland mit französischer Deckung Serbien unterstützte. Es war, wie es der große Kritiker Karl Kraus formulierte, der »Entschluss zum Selbstmord aus Angst vor dem Tod«.

Der von Österreich-Ungarn weder verursachte noch angestrebte, aber ausgelöste Weltkrieg kam, und mit ihm die voraussehbare Auflösung Österreich-Ungarns. Das Ende dieses Staates bedeutete aber auch das Ende Mitteleuropas. Jetzt entstand jenes machtpolitische Vakuum, das die Großmächte geradezu einlud, durch Bündnisse untereinander und gegeneinander um die Kontrolle über diese Region zu rivalisieren. Mit Österreich-Ungarn verschwand aber nicht nur ein Staat: Für eine lange, schreckliche Zeit war auch die Idee diskreditiert, für die dieser Staat bis zuletzt zu stehen versucht hatte. Nicht nur in Österreich-Ungarn und in Ostmitteleuropa, sondern in ganz Europa hatte der Nationalismus als geistige Grundhaltung und als Prinzip der Staatenbildung den Sieg errungen.

Hanisch, Ernst (1994): *Der lange Schatten des Staates. Österreichische Gesellschaftsgeschichte im 20. Jahrhundert* (= Österreichische Geschichte, hrsg. von Herwig Wolfram), Wien: Ueberreuter.

Hantsch, Hugo (1947, 1968): *Die Geschichte Österreichs*, 2 Bde., Graz/Wien: Styria.

Heer, Friedrich (1981): *Der Kampf um die österreichische Identität*, Wien/Graz/Köln: Böhlau.

Johnston, William M. (1974): *Österreichische Kultur- und Geistesgeschichte. Gesellschaft und Ideen im Donauraum 1848 bis 1938*, Wien/Köln/Weimar: Böhlau.

Judson, Pieter M. (2016): *The Habsburg Empire. A New History*, Cambridge, MA, USA/London: The Belknap Press of Harvard University Press.

Kann, Robert A. (1964): *Das Nationalitätenproblem der Habsburgermonarchie. Geschichte und Ideengehalt der nationalen Bestrebungen vom Vormärz bis zur Auflösung des Reiches im Jahre 1918*, 2. Bde., Graz/Köln: Böhlau.

Okey, Robert (2001): *The Habsburg Monarchy. From Enlightenment to Eclipse*, New York: St. Martin's Press.

Palacký, Franz (1866): Eine Stimme über Österreichs Anschluß an Deutschland. An den Fünfziger-Ausschuß zu Handen des Herrn Präsidenten Soiron in Frankfurt a. M. In: Ders., *Österreichs Staatsidee*, Prag: J. L. Kober.

Rumpler, Helmut (1997): *Eine Chance für Mitteleuropa. Bürgerliche Emanzipation und Staatsverfall in der Habsburgermonarchie* (= Österreichische Geschichte, hrsg. von Herwig Wolfram), Wien: Ueberreuter.

Sandgruber, Roman (1995): *Ökonomie und Politik. Österreichische Wirtschaftsgeschichte vom Mittelalter bis zur Gegenwart* (= Österreichische Geschichte, hrsg. von Herwig Wolfram), Wien: Ueberreuter.

Wandruszka, Adam/Peter Urbanitsch/Helmut Rumpler (Hgg.) (1973–2017): *Die Habsburgermonarchie 1848–1918*, 12 Bde., Wien: Verlag der Österreichischen Akademie der Wissenschaften.

Helmut Rumpler †

II. Zur Sozialgeschichte

Grundzüge der Sozialgeschichte Österreichs von den 1840er Jahren bis zum Ende des Ersten Weltkrieges

Eine verbindliche theoretische Konzeption von »Sozialgeschichte« existiert nicht. Das »Soziale« als übergreifende Begrifflichkeit für alle überindividuellen Beziehungen von Menschen ist so vielfältig wie das Leben selbst. Es umfasst die kleinsten sozialen Einheiten wie Ehe, Familie, Haushalt ebenso wie das Zusammenleben in verschiedenen Siedlungen, Arbeitswelten, ferner gesellschaftliche Positionen, Prestige- und Herrschaftsverhältnisse sowie Gruppenbildungen aller Art. Im Folgenden werden für die Zeit von den Vierzigerjahren des 19. Jahrhunderts bis zum Ende des Ersten Weltkrieges nur jene Entwicklungsstränge skizziert, die auf die Gestaltung praktisch aller sozialen Beziehungen eingewirkt haben: die demographische Entwicklung, die Urbanisierung, die Staatsbildung und Bürokratisierung, die industrielle Revolution und die Agrarisierung des ländlichen Raumes, die Herausbildung übergreifender sozialer Großgruppen und die Nationenbildung (vgl. Bruckmüller 2001, S. 196–371; ausführlich Rumpler/Urbanitsch 2010; Rumpler/Seger 2010).

Die demographische Entwicklung

Die ersten Volkszählungen in der Habsburgermonarchie (ab 1770) erfassten ca. 22 Millionen Einwohner, um 1850 waren es (ohne Lombardei und Venetien) 31 Millionen. 1880 zählte man 39 Millionen, 1890 43 Millionen, 1900 45,5 Millionen, 1910 49,6 Millionen Menschen. Die Bevölkerung Ungarns wuchs um durchschnittlich 1,4 %, jene der nicht-ungarischen Länder um 0,96 % pro Jahr (Bruckmüller 2001, S. 201f., S. 287). Bis in die zweite Hälfte des 19. Jahrhunderts sorgten wiederholt Pest- und Pockenepidemien für demographische Einschnitte. An deren Stelle trat im 19. Jahrhundert mehrfach (1831/32, 1836, 1854, 1866 und 1873) die Cholera auf (Bolognese-Leuchtenmüller 1978, S. 166–169; Weigl 2018, S. 8f.). Nach dem Ausbau der Kanalsysteme und moderner Wasserleitungen verschwand die Cholera.

Die Bevölkerungsentwicklung zeigt erhebliche regionale Unterschiede. Durch die habsburgische Monarchie verlief eine europäische Trennlinie, die nach einem bekannten ungarisch-britischen Wissenschaftler als »Hajnal-Linie« bezeichnet wird (Hajnal 1965). Östlich davon heiratete man früh, man hatte früher und mehr Kinder. Westlich davon heiratete man später, daher kamen auch die Kinder später und weniger zahlreich. Im Königreich Ungarn waren zwischen 1852 und 1859 fast 49 % aller Bräute unter 20 Jahre alt, im westlichen Teil der Monarchie waren es nur 18 % (Bruckmüller 2001, S. 288).

Sehr ausgeprägt war dieses letztere Muster in den österreichischen Alpenländern, wo man in einigen Regionen (Mittelkärnten, Lungau u.a.) besonders spät heiratete. Gebiete mit reduzierten Heiratsmöglichkeiten – ländliches Gesinde war oft lebenslänglich unverheiratet – waren häufig Gegenden mit hohen Illegitimitätsraten (Mitterauer 1983, S. 23). Hohe Geburtenraten verzeichnete man in Galizien (besonders im Osten), im östlichen Ungarn, in Slawonien, Istrien und Dalmatien, niedere in den meisten Gebieten des heutigen Österreich sowie in Böhmen und Mähren. In den Gebieten mit hohen Geburtenraten war auch die (Kinder-)Sterblichkeit hoch. Dagegen war die Lebenserwartung im Westen (heutiges Österreich, aber auch Böhmen und Mähren) deutlich höher als im Osten (Rumpler/Seger 2010, S. 118f.). Im »demographischen Übergang« geht zunächst die Sterblichkeit zurück, die Geburtenrate bleibt aber vorerst weiter hoch, was die starke Bevölkerungszunahme ab etwa 1870 erklärt. Später sinken auch die Geburtenzahlen und gleichen sich langsam der sinkenden Sterblichkeitsziffer an (Fassmann 2010, S. 166–169).

Das Bevölkerungswachstum löste Wanderungsbewegungen aus. 1910 waren mehr als 9 Millionen Menschen in der Monarchie Binnenwanderer, 3,5 Millionen waren – meist nach Übersee – ausgewandert. Nach Wien wanderten in erster Linie Menschen aus Zentral- und Südböhmen (256.000), Mähren (211.000) und dem niederösterreichischen Umland (mehr als 200.000) zu. Als Herkunftsgebiete folgten mit großem Abstand Galizien, Schlesien, Oberösterreich und Steiermark. Auch aus Westungarn dürften nicht wenige Zuwanderer gekommen sein. Nach Budapest wanderten primär sprachliche Magyaren zu, vor allem aus der Tiefebene. Nach Prag wanderten fast ausschließlich Tschechen aus den tschechisch-sprachigen Gebieten Böhmens zu (Banik-Schweitzer 2010, S. 195).

Die Urbanisierung

Der Anteil der städtischen Bevölkerungen wuchs stetig. Am schnellsten wuchsen die Großstädte (mehr als 100.000 Einwohner). Ihr Anteil an der Bevölkerung (Zisleithanien) an stieg von 5,2 % (1880) auf fast 11 % der insgesamt gewachsenen Bevölkerung. Der Anteil der Bewohner der Landgemeinden (bis 2.000) Einwohner sank von 61,6 auf knapp unter 50 % (Bolognese-Leuchtenmüller 1978, S. 42, Tab. 15). Wien wuchs bis 1910 auf 2,03 Millionen Einwohner. Wien war eine multifunktionale Metropole von europäischem Format, die dritt- oder viertgrößte Stadt des Kontinents. Hier waren bürokratische, finanzielle und kulturelle Dienste konzentriert, doch war Wien gleichzeitig die größte Industriestadt der Monarchie. Zur zweitgrößten Stadt war nach der rechtlichen Vereinigung der beiden westlich der Donau gelegenen Städte Buda (Ofen) und Óbuda (Alt-Ofen) mit dem östlich der Donau gelegenen Pest 1873 Budapest geworden. Buda blieb eher traditionelle Residenzstadt, während Pest zur ungarischen Metropole wurde. Ihre Einwohnerzahl erreichte 1910 etwas mehr als 880.000. Pest war auch das industrielle Zentrum Ungarns. Ausgangspunkte der Industrialisierung waren die zahlreichen Schiffmühlen auf der Donau: Durch die wachsende Nachfrage wurden die Schiffmühlen durch Dampfmühlen ersetzt – bald der wichtigste Industriezweig der Stadt; die Mühlenindustrie regte wiederum den Maschinenbau an, und so nahm die industrielle Entwicklung ihren Lauf. Die zweitgrößte Stadt Ungarns war Szegedin (115.000 Einwohner). Diese Stadt repräsentiert einen ungarischen Sondertypus – die große Agrarstadt. In diesen Agrarstädten war die Hälfte bis zu drei Viertel der Einwohner in der Landwirtschaft tätig (Banik-Schweitzer 2010, S. 196–200). Zwischen den Städten gab es meist gar keine Landgemeinden, sondern nur die zunächst bloß saisonal besiedelten »Puszten«, die ursprünglich – ohne Siedlungen – nur der Viehzucht gedient hatten. Dieser Siedlungstypus begegnet nur in der großen ungarischen Tiefebene.

Mit seinen Vororten war Prag die drittgrößte Stadt der Monarchie, ohne diese zählte es nur knapp 224.000 Einwohner. Prag wurde zum symbolischen Mittelpunkt der tschechischen Nation, gleichzeitig war es ebenfalls eine wichtige Industriestadt. Zwei Großstädte lagen in Galizien – Lemberg (206.000 Einwohner) und Krakau (152.000 Einwohner). Beide waren Universitätsstädte mit polnischer Unterrichtssprache und daher Zentren des Polentums. Brünn als Zentrum der Textilindustrie galt als »österreichisches Manchester« (126.000 Einwohner), dessen deutschsprachige Oberschicht gerne den Wiener Ringstraßenstil imitierte. Mit Graz war auf dem Gebiet des heutigen Österreich eine zweite Großstadt entstanden, hier lebten 1840 etwa 45.000 Menschen, 1910 waren es dann bereits 152.000. Auch Graz war – trotz des Rufs als »Pensionopolis« – eine Industriestadt. Die einzige Großstadt am Meer war Triest (230.000 Einwohner). Die Stadt war als Importhafen wichtiger als für den Export. Handel und Verkehr dominierten. In der letzten Phase der Habsburgermonarchie wurden auch hier bedeutende Industrieanlagen errichtet, etwa ein großes Stahlwerk. Das überdurchschnittliche Wachstum der Großstädte wird durch ihre Multifunktionalität begründet (ebd., S. 221).

Ein frühzeitiger Eisenbahnanschluss war für das Wachstum einer Stadt ebenso wichtig wie die durch die Eisenbahn beschleunigte Industrialisierung. Dabei entstanden im Industrialisierungsprozess vollkommen neue städtische Agglomerationen wie Witkowitz – Mährisch-Ostrau, wo aus ganz bescheidenen Anfängen in den 1820er Jahren durch die überaus praktische Lage der Erz- und Steinkohlelager eines der bedeutendsten Zentren der Eisen- und Stahlerzeugung entstand. Ältere wirtschaftliche Traditionen lebten in Reichenberg als Zentrum der Tuchproduktion oder in Brünn als Zentrum der hauptsächlich auf Baumwolle konzentrierten Textilproduktion fort. Ein ganz neuer Produktionszweig beschleunigte das Wachstum der mährischen Stadt Prossnitz – die Konfektion (ebd., S. 298f.). Linz, St. Pölten und Wiener Neustadt wuchsen als Verkehrszentren und als Industriestandorte, wobei Wiener Neustadt mit der Produktion von Lokomotiven, Automobilen und Flugzeugen früh die moderne Mobilität symbolisierte.

Gesellschaftlich bedeutete Urbanisierung die Zunahme von nichtagrarischer Beschäftigung, von Unternehmertum und Dienstleistungen sowie die Konzentration einer wachsenden Industriearbeiterschaft.

»Staatsbildung« und »Bürokratisierung«

Die Großregionen der Habsburgermonarchie wurden bis ins 19. Jahrhundert als »Staaten« bezeichnet. Bis 1918 erinnerte die Bezeichnung der kaiserlichen Bürokratie in den Ländern als »landesfürstliche« an diese Eigenständigkeit. Seit Maria Theresia und Joseph II. wurde getrachtet, wenigstens große Teile dieser Monarchie zentralstaatlich zu erfassen. Tatsächlich wurde diese staatliche »Penetration« nicht überall gleichartig wirksam. In Ungarn konnte sie sich – mit Ausnahme der Jahre 1849 bis 1866 – nie wirklich durchsetzen. Faktisch war die Staatsbildung auf den theresianisch-josephinischen Kernstaat der böhmischen und österreichischen Länder beschränkt (Mazohl 2010, S. 233–235).

Die Menschen waren nun nicht mehr (nur) den Anforderungen ihrer Grundherrschaft unterworfen, sondern immer häufiger (auch) den Anordnungen der Zentrale des Staates. Die bisherigen Grund- und Gerichtsherrschaften wurden dadurch zunehmend delegitimiert, bis sie von der Revolution des Jahres 1848 hinweggefegt wurden. Nun stand der Staatsuntertan nur mehr dem Staat und dessen Organen gegenüber. Jener mutierte in dem Maße, in dem die intermediäre Herrschaft schwand, auch zum freien, eigenberechtigten Staatsbürger – das Allgemeine Bürgerliche Gesetzbuch (ABGB) von 1812 versicherte bereits, dass Sklaverei und Leibeigenschaft »in diesen Staaten« nicht existierten. Die staatsbürgerliche Freiheit war zunächst auf das eigentliche (städtische) »bürgerliche« Leben beschränkt und das bäuerliche Untertänigkeitsverhältnis von der Vertragsfreiheit des ABGB (als Teil der »Landesverfassungen«) ausgenommen. Mit der per kaiserlichem Patent vom September 1848 bzw. März 1849 verordneten Grundentlastung – der Abgeltungs- bzw. Entschuldungsprozess zog sich freilich bis 1867 hin – wurde auch der Bauer endgültig zum Staatsbürger. Die freien Staatsbürger strebten zusehends nach gemeinschaftlichen Betätigungen. Dafür bot die Vereinsform schon im Vormärz einen möglichen Rahmen. Landwirtschaftsgesellschaften entstanden – nach maria-theresianischen Anfängen – ab 1812, Gewerbevereine ab den 1830er Jahren, ein juridisch-politischer Leseverein 1841. In der Revolution von 1848 wurden erstmals politische Rechte von größeren Teilen der Bevölkerung gefordert – und erreicht: Man konnte Gemeindevertretungen, Landtage und je ein deutsches und ein gesamtösterreichisches verfassunggebendes Parlament (»Reichstag«) wählen. Auch nach der Niederlage der Revolution und dem Sieg des Neoabsolutismus blieben die Forderungen nach parlamentarischer Kontrolle lebendig und erlangten ab 1860 wieder stärkere Wirksamkeit.

Der Staat trat den Untertanen bzw. Staatsbürgern in Gestalt seiner Organe entgegen – als Soldaten, Polizisten, Gendarmen (seit 1849) und Beamte. Die stets wachsende Bürokratie, die alles zu erfassen und zu wissen trachtete und nur über die Zahl der Beamten niemals verlässlich Auskunft geben konnte, wurde zu einer gerne karikierten und literarisch häufig dargestellten besonderen menschlichen Spezies (Heindl 2013).

Die industrielle Revolution und die Agrarisierung des ländlichen Raumes

Die industrielle Revolution setzte in der Habsburgermonarchie ziemlich genau 1825/30 ein (Komlos 1983; Good 1986; Slokar 1914). Nach einer langen Krisenphase entstanden in diesen Jahren nach wichtigen Anfängen im späten 18. Jahrhundert und um 1800 (z.B. Spinnfabrik Pottendorf) neue mechanische Spinnereien und Webereien, die hauptsächlich auf die Verarbeitung von Baumwolle ausgerichtet waren. Ab 1837 übertraf die Zahl der im Inland erzeugten Dampfmaschinen die der importierten. Ebenfalls 1837 wurde die erste Eisenbahnlinie in Betrieb genommen (Floridsdorf – Deutsch-Wagram), dies war der Beginn der Nordbahn. 1842 begann der Bau der Südbahn. Die Reparaturwerkstätten der Eisenbahnen wurden zu Zentren eines neuen Maschinenbaus. Der Eisenbahnbau regte aber nicht nur die Eisenverarbeitung an. Man brauchte auch Holz für Schwellen und Waggons, Kohle als Betriebsmittel, Leder bzw. Stoffe für die Bezüge der Sitze, man brauchte Signalanlagen und eine rasche Kommunikation von Station zu Station – die Telegraphie: 1846 wurde die erste Telegraphenleitung zwischen Wien und Lundenburg (heute: Břeclav) entlang der Nordbahnlinie eingerichtet, 1867 gab es schon 676 Telegraphen-Stationen, 1897 knapp 5.000 allein in Zisleithanien (Hye 2010, 29). Die florierende Textilindustrie benötigte Farben, was die chemische Industrie beförderte. Die wachsenden bürgerlichen Bevölkerungsgruppen fragten die praktischen Biedermeiermöbel nach, die bereits fabrikmäßig hergestellt und nach Katalog bestellt werden konnten – etwa bei der Möbelfabrik Joseph Ulrich Danhauser (der Sohn Josef wurde ein bekannter Maler, leitete aber nach dem Tod des Vaters zeitweilig auch die Fabrik).

Die Unternehmer kamen teilweise aus dem Ausland, wie die Gebrüder Schoeller, die sich nach 1818 als Textilfabrikanten in Brünn niederließen und später in der Metallindustrie tätig wurden. Aber auch einheimische Unternehmer schafften aus kleinen Anfängen einen raschen Aufstieg, etwa die mährische Familie Klein, später nobilitiert als »Klein von Wisenberg«. Sie leitete eine große Bauunternehmung. Als Arbeitskräfte wirkten teils qualifizierte Handwerker, die als Schmiede, Schlosser, Maschinenbauer gesuchte Spezialisten waren, teils un- und angelernte Menschen, die aus der Landwirtschaft kamen.

Die Industrialisierung sprengte die bisher häufige ländliche Erwerbskombination von Landwirtschaft und gewerblicher Tätigkeit (Spinnen und Weben, Transportleistungen, Holzverkohlung usw.). Die Spinnmaschinen ebenso wie die mechanischen Webereien bedeuteten eine übermächtige Konkurrenz. In Niederösterreich verloren innerhalb von nur zehn Jahren (1801–1810) fast 90 % (oder in absoluten Zahlen ca. 90.000) aller Spinnerinnen und Spinner ihre Arbeitsmöglichkeit (Bruckmüller 2001, S. 212). Diese Mitglieder der ländlichen Unterschichten hatten nur zwei Möglichkeiten: entweder zogen sie ihrer bisherigen gewerblichen Tätigkeit zu den neuen Fabriken nach und wurden zu Industriearbeitern (Slokar 1914, S. 281) oder sie blieben auf dem Land und arbeiteten nur mehr in der Landwirtschaft als Taglöhner oder Dienstboten bei Bauern oder Gutsherren. In diesem Prozess, der sich noch das ganze 19. Jahrhundert hinzog, wurde das flache Land immer agrarischer, während die Städte und Industriezonen ihre eigenen agrarischen Bereiche reduzierten.

Die Herausbildung übergreifender sozialer Großgruppen

Die Bauern – »Standesbildung«. Die Landwirtschaft beschäftigte bis zum Ende der Habsburgermonarchie den größten Teil der Bevölkerung. Der Anteil der im Agrarsektor arbeitenden Personen sank jedoch von mehr als 80 % im 18. Jahrhundert bis 1850 (späteres Zisleithanien) auf knapp 72 %, bis 1890 auf 56 %, bis 1910 auf 48 %. Auf dem Gebiet des heutigen Österreich betrug dieser Prozentsatz 1910 allerdings nur mehr 35 % (Bruckmüller 2001, S. 202f., 290).

Für das gesellschaftliche Bewusstsein der Bauern waren Land, Staat oder Nation vorerst kaum von Bedeutung, während die Legitimität der kaiserlichen Herrschaft bei den allermeisten Bauern bis zum Ende der Monarchie nicht erschüttert wurde. Das Verhältnis zur adeligen oder geistlichen »Herrschaft« blieb hingegen bis 1848 von Protesten und Verweigerungen geprägt, denn die durch die Josephinischen Reformen geweckten Erwartungen wurden bis dahin nicht erfüllt.

Die zentrale Frage bei den Wahlen zum konstituierenden österreichischen Reichstag von 1848 war daher für die Bauern die Grundentlastung (Bruckmüller 1999). Diese wurde Ende August 1848 tatsächlich vom Reichstag beschlossen, freilich mit der Verpflichtung von Ablösungs- bzw. Entschädigungszahlungen. An der Oktoberrevolution beteiligten sich die Bauern nicht. 1849 begann das Werk der Grundentlastung. Die gute Agrarkonjunktur der 1850er Jahre ermöglichte den meisten Bauern im heutigen Österreich eine rasche Erledigung ihrer Zahlungsverpflichtungen. 1849 trat das provisorische Gemeindegesetz in Geltung. Für kleine Gemeinden, die fast ausschließlich von der Landwirtschaft lebten, bedeutete es eher eine Belastung als einen Gewinn. Auch die auf 1848 folgenden, vom Liberalismus beeinflussten Gesetze erlebten die Bauern nicht als hilfreich: Die Forst- und Servitutengesetzgebung der frühen 1850er Jahre schränkte die Nutzungsmöglichkeiten des Herrschaftswaldes durch die Bauern ein. Die Gesetze von 1868 (Aufhebung des Bestiftungszwanges und der Verschuldungsgrenze, Gleichberechtigung der Erben und freie Teilbarkeit) mobilisierten Grund und Boden, entsprachen damit aber gerade nicht dem Erfahrungshorizont der Bauernschaft.

Die »guten« Jahre der europäischen Landwirtschaft gingen in den 1870er Jahren zu Ende. Der Weinbau erlitt durch Schädlinge (Oidium, Peronospora, ab 1872 die Reblaus) ebenso große Einbußen wie durch die neue Konkurrenz des untergärigen Bieres, das als Massengetränk der städtischen Bevölkerung dem Wein den Rang ablief. Die Erfahrung der großen Agrarkrise ab etwa 1880, als mit der Verschuldung der Höfe die Zahl der Zwangsversteigerungen rasch anstieg, verbreitete Unruhe und Verbitterung in der Bauernschaft. Die Landwirtschaftsgesellschaften, meist vom Adel oder von bürgerlichen Gutsbesitzern beherrscht, rieten den Landwirten zu individuellen Verbesserungen. Diese beeinflussten aber den Preisverfall nicht. Man forderte neue, von Bauern beherrschte Vertretungskörper. Schon seit den 1880er Jahren arbeiteten einige »Landeskulturräte« (Tirol 1884, Oberösterreich 1886) mit neu eingerichteten, freiwilligen »Bezirksgenossenschaften der Landwirte« zusammen (der böhmische Landeskulturrat hingegen war eine – nicht gerade effektive – Dachorganisation für ein reiches Vereins- und Genossenschaftswesen). Zur Stärkung der fehlenden Marktmacht wurden Kredit-, Ein- und Verkaufsgenossenschaften gefördert (Genossenschaftsrecht, 1873). Abgerundet wurde dieses Organisationswesen einerseits durch bäuerliche Ortsvereine (Kasinos), andererseits durch politische Vereine. Erste, zunächst eher liberal oder deutschnational orientierte Vereine dieser Art entstanden seit den 1880er Jahren. Um die Jahrhundertwende setzte auch eine politische Organisierung unter katholischen Vorzeichen (Steiermark 1899, Tirol 1904, Niederösterreich 1906) ein. Insgesamt erscheint die Bauernschaft gegen Ende der Monarchie hochgradig organisiert, wodurch sich schließlich auch ein starkes, regional übergreifendes Standesbewusstsein herausbildete – als das der wichtigsten gesellschaftsstabilisierenden sozialen Klasse (Bruckmüller 1977, Bruckmüller 2010b).

Die Arbeiterschaft – »Klassenbildung«. Die rasche Entwicklung der Industrie in und um die großstädtischen Agglomerationen, aber auch in Vorarlberg, um Wiener Neustadt, in der Obersteiermark und in den böhmischen, mährischen und schlesischen Industriezentren, führte zur Zusammenballungen großer Arbeitermassen. Es wäre jedoch verfehlt, diese Konzentrationen allein schon als Prozess der Klassenbildung zu interpretieren. Zu verschieden waren die Herkunft, die Ausbildung, die Qualifikation und das Arbeitsumfeld der Arbeiterinnen und Arbeiter (Meißl 2010). Allen diesen Menschen war nur gemeinsam, dass sie allein durch den Verkauf ihrer Arbeitskraft überleben konnten (Kořalka 2010, S. 838). Immer mehr lösten sich die Arbeiterinnen und Arbeiter aus dem Haushalt des Unternehmers, während im Kleingewerbe das Wohnen im Meisterhaushalt noch lange üblich blieb. So entstand – idealtypisch – ein Arbeitermilieu, das von Arbeiterfamilien dominiert wurde. Dieses Milieu war hilfreich für die Herausbildung einer sich ihrer selbst bewussten Klasse. Zentral war die Frage der Institutionalisierung beruflicher Interessenvertretungen. Parallel zu den Organisationen der Meister (Zünfte, Innungen) gab es traditionelle Gesellenorganisationen, aus denen sich auch Vereine von Arbeitern entwickeln konnten. Als erster »echter« Arbeiterverein gilt der Unterstützungsverein der Wiener Buchdrucker (1842). Die Revolution von 1848 beschleunigte die Organisationsbereitschaft der Arbeiter. Man forderte die Beschränkung der Lehrlings- und die Abschaffung der Frauenarbeit, den zehnstündigen Arbeitstag und die Sonntagsruhe. Im Juni 1848 konstituierte sich der Erste allgemeine Arbeiterverein, der noch hauptsächlich aus Gesellen bestand. Die Konfrontation zwischen protestierenden Arbeitern und bürgerlichen Garden in der »Praterschlacht« (23.8.1848) trug zur mentalen Trennung zwischen Arbeitern und Bürgern bei (Häusler 1979, S. 301–311).

Nach 1848 waren alle Arbeitervereine verboten, Ausnahmen bildeten nur die katholischen Kolping-Vereine (für Gesellen). Erst die Dezemberverfassung von 1867 ermöglichte freie Vereinsgründungen. Noch im Dezember 1867 wurde der Wiener Arbeiterbildungsverein gegründet, der bald mehr als 5.000 Mitglieder hatte. 1869 bestanden solche Vereine schon in allen wichtigen Industriestädten. 1870 erkämpften sie das Koalitionsrecht. Offensichtlich floss in die neuen Arbeitervereine auch etwas von den Erfahrungen der Arbeitsorganisation in den Großbetrieben ein – die Gewöhnung an Zeitdisziplin und Ordnung. Bei Massendemonstrationen und Freizeitausflügen in die Wiener Vororte stellten die Arbeiter der Eisenbahnwerkstätten und Maschinenfabriken sowohl den Kern der Teilnehmer als auch die Ordnungskräfte (Ehmer 1979). Ideologisch empfand die organisierte Arbeiterschaft noch Gemeinsamkeiten mit dem bürgerlichen Liberalismus. Politisch verstand man sich als Teil der deutschen Arbeiterbewegung und orientierte sich an den Forderungen von Ferdinand Lassalle. Der Arbeiterdichtung und der Arbeiterliederkultur kam in der Ausbildung eines proletarischen Klassenbewusstseins ein hoher Stellenwert zu (Kořalka 2010, S. 845).

Die Hochkonjunktur von 1867 bis 1872 begünstigte die Selbstorganisation der Arbeiterschaft. 1874 sollte ein Parteitag in Neudörfl (heute Burgenland, damals Komitat Sopron, Ungarn) ein gemeinsames politisches Programm der Sozialdemokratie erstellen. Doch diese Versuche fielen bereits in die große Krise ab 1873. Zahlreiche Arbeiter wurden entlassen. Die Organisationen der Arbeiterschaft lösten sich auf oder wurden aufgelöst. Erst die neuerliche Belebung des Wirtschaftswachstums ab der Mitte der 1880er Jahre führte zu einer neuen, nunmehr dauerhafteren Welle der Organisationsbildung. Als Interessenvertretung gegenüber den Unternehmern entstanden Gewerkschaften, aus den Bildungsvereinen entstand die politische Organisation der Sozialdemokratischen Arbeiterpartei. Konsumgenossenschaften sollten ihren Mitgliedern billigere Einkaufsmöglichkeiten sichern. Zur Jahreswende 1888/89 konnte der Wiener Arzt Victor Adler auf dem Parteitag zu Hainfeld eine politische Einigung zwischen gemäßigten und radikalen Gruppen erreichen, die als gemeinsame Basis den Marxismus sahen. Erstmals entsandte die Sozialdemokratie 1897 14 Abgeordnete in den Reichsrat. Vielfach wurden ihre Vertreter in Krankenkassen und Gehilfenausschüsse gewählt. In diesen Organisationen ging es um praktische Verbesserungen für die Arbeiterschaft, während die nicht selten hochgebildeten intellektuellen Sympathisanten die Möglichkeiten für die große Revolution und die sozialistische Gesellschaft der Zukunft diskutierten. Dieser Zwiespalt blieb für die österreichische Sozialdemokratie noch jahrzehntelang typisch.

Neben der sozialdemokratischen Arbeiterbewegung entstanden auch katholische und deutschnationale Arbeitervereine. Letztere waren vor allem im Angestelltenmilieu erfolgreich, während Leopold Kunschaks katholische Arbeitervereine bei den dominant kleingewerblich-bäuerlichen Christlichsozialen keinen leichten Stand hatten.

Das Bürgertum – eine Klasse? Der »Bürger« war als Inhaber eines Bürgerrechtes zunächst nur Bürger einer bestimmten Stadt. Neben diesem altertümlichen Stadtbürgertum entwickelte sich seit dem späten 18. Jahrhundert ein neuer »Mittelstand« aus Professoren, Gelehrten, Künstlern, Fabrikanten, Handelsleuten, Ökonomen, Beamten und

Geistlichen sowie erfolgreichen Handwerkern (Bruckmüller 1992, S. 48f). Besitz und Bildung gingen dabei miteinander oft einher. Sobald man sich daran gewöhnte, »Besitz« und »Bildung« als »bürgerliche« Attribute anzusehen, wurde der Mittelstandsbegriff aktualisiert. Er bezeichnete später die Masse der Handwerker und kleinen Gewerbsleute, die unter der Krise ab 1873 litten und die Schuld für das Problem im Fabriksystem und im (jüdischen) Liberalismus suchten. Ihre soziale und politische Sehnsucht richtete sich aber durchaus darauf, als »bürgerlich« anerkannt zu werden. Nicht zufällig nannte sich die siegreiche Anhängerschaft Karl Luegers in der Wiener Gemeindevertretung um 1900, die sich zumeist aus kleineren Gewerbetreibenden zusammensetzte, »Bürgerklub«.

Die durch die Formel »Besitz und Bildung« charakterisierte Personengruppe wurde keineswegs von Anfang an als eine gemeinsame Schicht oder Klasse angesehen. Erst die Nachkommen der Gründerunternehmer des Vormärz interessierten sich für höhere Bildung, gepflegte Wohnkultur, Literatur und Theater. Andererseits inklinierten die »Bildungsbürger«, also all jene, deren Berufe ein Bildungszertifikat (Matura, Diplom einer Hochschule, Doktorat) voraussetzten, wie Ärzte, Advokaten, Notare, Professoren, Lehrer an höheren Schulen, Ingenieure und höhere Beamte, aus verständlichen Gründen zu familiären Verbindungen mit dem Besitzbürgertum. In der kurzen liberalen Ära ab 1861 beherrschten die deutschen »Bürger« mit Hilfe eines raffiniert auf ihre Bedürfnisse zugeschnittenen Wahlrechts die meisten Landtage und den Reichsrat. Diese Macht blieb prekär und ging 1879 zu Ende. Dagegen blieb die informelle geistige Dominanz des Liberalismus durch die große Wiener Presse (vor allem die *Neue Freie Presse*), durch die Universitäten und durch einflussreiche Unternehmerverbände (Industrieller Club, Centralverband der Industriellen Österreichs) noch lange bestehen. Allerdings hatte dieser Liberalismus seit der großen Krise nach 1873 einem Teil seines Credos, dem Freihandel, schon abgeschworen und für die eigene Produktion Schutzzölle gefordert (Sturmayr 1996).

In Westeuropa fungierten solche großbürgerlichen Kreise als Kern einer neuen, stärker auf Chancengleichheit hin orientierten Nationalgesellschaft. Auch im damaligen Österreich existierte ein – auf Wien konzentrierter – Kern von etwa 1.000 sehr wohlhabenden, meist bürgerlichen Menschen (Sandgruber 2013). Es mangelte auch nicht an hochgebildeten Mitgliedern der bürgerlichen Oberschicht, die als Wissenschaftler Bedeutendes leisteten (wie etwa Rudolf Auspitz, Robert Lieben oder Theodor Gomperz). Herausragende Literaten wie Stefan Zweig, Arthur Schnitzler, Hugo von Hofmannsthal oder Heimito von Doderer entstammten ebenfalls dieser Schicht. Aber zur nationalen Führungsschicht der Habsburgermonarchie wurden diese Gruppierungen nicht. Denn das wachsende Nationalbewusstsein der nichtdeutschen Völker akzeptierte die politische und ökonomische Führungsrolle der »deutschen« Bourgeoisie immer weniger. Und der kräftige Antisemitismus des erstarkenden deutschen Nationalismus versagte den dieser Gesellschaftsschicht angehörenden Juden – auch den konvertierten und den religionslos gewordenen – nicht nur die Gefolgschaft, sondern schließlich auch die gesellschaftliche Anerkennung.

Stellt man daher abschließend die Frage, ob für die bürgerlichen Gruppierungen politische Ausdrucksformen gefunden haben, die der gesellschaftlichen Klassenbildung wie Bauernbünden oder Arbeiterparteien analog sind, dann muss auf die zwischen 1861 und 1879 sicherlich gesellschaftlich dominierende Schicht des Bürgertums und die liberale Orientierung eines großen Teils seiner Gruppierungen verwiesen werden. Diese Vorherrschaft des Liberalismus wurde aber von einer starken politischen Zersplitterung des deutschsprachigen Bürgertums abgelöst, das um 1905 zwischen den Resten des Liberalismus, mehreren deutschnationalen Parteien und den von Karl Lueger 1893 gegründeten Christlichsozialen wählen konnte. Nach ihrer (vor allem in Wien erlittenen) schweren Niederlage bei der Reichsratswahl 1911 wandelten sich die Christlichsozialen immer mehr zu einer katholischen Partei – was zur Trennung von der deutschnationalen Gefolgschaft Luegers führte. Durch den Zusammenschluss der meisten deutschnationalen Parteien und der Reste der Liberalen im »Deutschen Nationalverband« (1911) entstand die größte damalige Parlamentsfraktion, die sich jedoch durch ihre mangelnde Disziplin auszeichnete. Dass sie die relative Mehrheit (100 von 516 Sitzen) der Abgeordneten versammeln konnte, zeigt jedoch, dass nicht so sehr der Wunsch nach der Vertretung »bürgerlicher« Klasseninteressen, sondern mehr und mehr das Prinzip »Nation« für die politischen Entscheidungen immer größerer Teile der Bevölkerung den Ausschlag gab.

Die Nationenbildung

Für die von mehreren Sprachgruppen bewohnte Monarchie der Habsburger wurde die »nationale Frage« zur entscheidenden Frage hinsichtlich der (Über-)Lebensmöglichkeit dieses Staatswesens. Der Loyalität zum Kaiser erwuchs in der zur jeweiligen »Nation« eine bedeutende Konkurrenz. Die »Gleichberechtigung der Volksstämme« als Verfassungsprinzip wenigstens im Westteil der Monarchie (»Zisleithanien«) sollte der bereits im Gange befindlichen Ausbildung der Nationen zu selbstbewussten sozialen Einheiten eine gewisse legale Entfaltungsmöglichkeit bieten. Tatsächlich ging es aber im »Erwachen der Nationen« meist nicht um Gleichberechtigung, sondern um Über- und Unterordnung, kurz um Herrschaft. Von der extrem komplexen Lage in Ungarn, das seit 1867 seinen eigenen Weg der theoretischen Gleichberechtigung und der praktischen Magyarisierung ging (Lendvai 2001, S. 336–347), soll hier gar nicht die Rede sein, doch die Situation war auch in Zisleithanien nicht unkompliziert: So forderten die Tschechen eine weitgehende Autonomie, was faktisch die Herrschaft der Mehrheit in Böhmen und Mähren bedeutet hätte. Das lehnten die Deutschböhmen strikt ab, die sich nur in einem zentralistischen Zisleithanien als Teil der (gesamtstaatlichen) Mehrheit gegenüber den Tschechen fühlen konnten. Die Deutschösterreicher stellten – mit einem Anteil von etwa einem Drittel – aber nicht nur die relative Mehrheit der Bewohner Zisleithaniens (Bruckmüller 1996, S. 286–298), sie waren auch so etwas wie die geheime Staatsnation des alten Österreich. Diese von einem entsprechenden Selbstverständnis begleitete Sonderstellung brachte es mit sich, dass die Erfüllung jeder »nationalen« Forderung einer nichtdeutschen Nation besonders in den nationalen Grenzgebieten den Deutschsprachigen gefühlsmäßig auf ihre Kosten zu gehen schien.

Der Prozess der Nationsbildung, der im 18. Jahrhundert als gelehrtes Interesse Weniger einsetzte, im Vormärz langsam breitere Schichten erfasste, 1848 bereits kraftvolle Zeichen setzte und ab 1861 Gesetzgebung und Verwaltung ständig in Atem hielt, gewann durch den fortwährend schwelenden Nationalitätenkonflikt immer neue Nahrung und neue Dynamik. Als um 1890 die deutschen Liberalen und die Alttschechen einen Kompromiss für die böhmische Frage ausgehandelt hatten, bekämpften die Jungtschechen ihn wütend – und die Alttschechen verloren die nächsten Wahlen. Auch die Deutschliberalen wurden zunehmend von Deutschnationalen ersetzt. Die Aufladung dieser Konflikte mit sozialdarwinistischen Vorstellungen verstärkte ihre Radikalisierung. Der nationale Kampf wurde so zum erbitterten »Kampf ums Dasein«, in dem es nur Sieg oder Niederlage gab. Insgesamt veränderten sich die Relationen zwischen den Sprachgruppen freilich nur wenig (Rauchberg 2013).

Der Versuch des Ministerpräsidenten Kasimir Graf Badeni, das »böhmische Problem« durch eine völlige Gleichstellung des Deutschen und des Tschechischen in der staatlichen Verwaltung Böhmens zu lösen, führte zu überaus heftigen Reaktionen der Deutschen Böhmens, die bald auch Wien und Graz erreichten (Sutter 1960/65). Im Reichsrat obstruierten die deutschen Liberalen und Nationalen – und legten damit genau jenes Parlament lahm, dessen Rechte der deutsche Liberalismus erkämpft hatte. Im Ergebnis waren die Deutschen nicht länger die geheime Staatsnation, sondern eine von mehreren Nationen, die ihre Forderungen nun ebenfalls an den Staat richtete, mit dem man sich bisher fraglos identifiziert hatte. Die deutschnationalen Parteien siegten bei den Reichsratswahlen von 1901.

Dennoch gab es Lösungsansätze. Der mährische Ausgleich von 1905 versuchte eine Stabilisierung der deutsch-tschechischen Konfliktsituation durch eine weitgehende Trennung der beiden Sprachgruppen. Freilich machte dieser Ausgleich eine in Mähren seit langem übliche praktische Form der nationalen Verständigung, den sogenannten »Wechsel«, schwierig. Man hatte bisher Kinder aus tschechischen Gebieten für ein Jahr zu einer Familie in einer deutschen Gemeinde geschickt (und umgekehrt), damit sie die zweite Landessprache erlernen konnten. Vielleicht war die geringere Radikalität der nationalen Auseinandersetzungen in Mähren auch dadurch zu erklären. Der Ausgleich von 1905 verbot aber den Schulbesuch tschechischer Kinder in deutschen Schulen (und umgekehrt), wodurch das eingeübte Spiel des »Wechsels« de facto verunmöglicht wurde.

Zusammenfassung: Integration und Desintegration

Die Periode von der Mitte des 18. Jahrhunderts bis 1918, und da vor allem die Zeit seit den 1840er Jahren, ist von starken Veränderungen des gesellschaftlichen Gefüges gekennzeichnet. Auf das Bevölkerungswachstum, die langsame Erhöhung der Lebenserwartung, den »demographischen Übergang« und die großen Wanderungsbewegungen wurde hingewiesen. Industrialisierung und Eisenbahnen schufen neue Zentren. Das Wirtschaftswachstum beschleunigte sich zwar nur langsam, aber 1914 konnten innerhalb des österreichischen Teils der Habsburgermonarchie Böhmen, Mähren-Schlesien, Niederösterreich (mit Wien), die Obersteiermark und Graz, Oberösterreich und Vorarlberg als Gebiete mit starker Industrie gelten, während in Ungarn Budapest das industrielle Zentrum war. Die Urbanisierung veränderte die Lebenswelt von Millionen Menschen – und zwar, wie man betonen muss, im Allgemeinen eher zum Besseren. Mit der Industrialisierung ging die Agrarisierung des flachen Landes einher. Die Umbildung der habsburgischen Länder mit ihren adeligen Selbstverwaltungen in einen Staat erforderte eine wachsende Bürokratie. Damit ging auch eine (hier nicht diskutierte) Veränderung im Bildungswesen einher, für die die Thun'sche Hochschul- und Gymnasialreform (ab 1849) und das Reichsvolksschulgesetz von 1869 stehen. Viele dieser Wandlungen bedeuteten zunächst Desintegration – Auflösung gewohnter lokaler, herrschaftlicher und familiärer Bindungen, Trennung von Wohnort und Arbeitsplatz, Migration im Inneren wie ins Ausland.

Durch das Aufbrechen traditioneller Bindungen und die Loslösung von ihnen fand ein Prozess der Individualisierung statt. Sehr schnell fanden sich die Menschen aber in neuen Vergesellschaftungen. Ein neues Arbeitsumfeld bot der industrielle Großbetrieb, der Pünktlichkeit, Genauigkeit und Koordination erforderte. Die zunächst »bürgerliche« Form des Vereins diente schon 1848 und dann wieder nach 1867 auch der Arbeiterschaft, und ab etwa 1870 schließlich auch der Bauernschaft als Vehikel der gesellschaftlichen Selbstorganisation. Vielfältige Interessen wurden in der Vereinsform institutionell sozialisiert: Sicherung gegen Krankheiten und Unfälle, Sicherung zur Bestreitung von Begräbniskosten, die Pflege der Kirchenmusik, überhaupt alle kulturellen Interessen wie Gesang, Musik, Theater oder Sport. Daneben gab es Bildungsvereine und Interessenvertretungen im engeren Sinn – in der Landwirtschaft, in der Industrie, in Handwerk und Kleingewerbe, in der Arbeiterschaft. Erfassten Organisationen dieser Art viele Menschen über einzelne Betriebe, Branchen oder Regionen hinaus, können wir sie als integrative Sozialformen der Klassenbildung interpretieren.

Neben der Herausbildung sozialer Klassen auf der Basis ähnlicher ökonomischer Interessen wurde hier der Prozess der Nationenbildung als zentrale gesellschaftliche Entwicklung beschrieben. In diesem Prozess bildeten sich im Bereich der Habsburgermonarchie selbstbewusste Nationalgesellschaften heraus, die sich kulturell als Sprachgemeinschaften, ideologisch als Abstammungsgemeinschaften in der Nachfolge altehrwürdiger Vorfahren, und in der täglichen Praxis als Kampfgemeinschaften verstanden und inszenierten. Das zunächst individualistische bürgerliche Selbstbewusstsein verwirklichte sich zumeist in einem »nationalen« Rahmen. Auch die Entstehung einer selbstbewussten Bauernschaft erfolgte im Rahmen der sich herausbildenden nationalen Gemeinschaften, doch die Loyalität zu Kaiser und Staat blieb davon unberührt. Bewusst über die nationalen Grenzen hinweg wollte die politische Organisation der Arbeiterklasse, die Sozialdemokratie, die Arbeiterschaft mobilisieren. Das gelang zunächst durch das Zugeständnis einer breiten Autonomie, vor allem an die tschechische Arbeiterbewegung, aber letztlich zerbrach die übernationale Partei an der dominierenden Integrationskraft der sprachlich definierten Nation. Diese erweist sich somit als die entscheidende gesellschaftliche Kraft der späten Habsburgermonarchie.

Banik-Schweitzer, Renate (2010): Der Prozess der Urbanisierung. In: Rumpler/Urbanitsch 2010, Bd. 9.1/Teilbd. 1/1, S. 185–232.

Bolognese-Leuchtenmüller, Birgit (1978): *Bevölkerungsentwicklung und Berufsstruktur, Gesundheits- und Fürsorgewesen in Österreich 1750–1918*, Wien: Verlag für Geschichte und Politik.

Bruckmüller, Ernst (1977): *Landwirtschaftliche Organisationen und gesellschaftliche Modernisierung. Vereine, Genossenschaften und politische Mobilisierung der Landwirtschaft Österreichs vom Vormärz bis 1914*, Salzburg: Neugebauer.

– (1992): Wiener Bürger: Selbstverständnis und Kultur des Wiener Bürgertums vom Vormärz bis zum Fin de siècle. In: Hannes Stekl/Peter Urbanitsch/Ders./Hans Heiss (Hgg.), *Bürgertum in der Habsburgermonarchie*, Bd. 2: *»Durch Arbeit, Besitz, Wissen und Gerechtigkeit«*, Wien/Köln/Weimar: Böhlau, S. 43–68.

– (1996): *Nation Österreich. Kulturelles Bewußtsein und gesellschaftlich-politische Prozesse*, 2. Aufl., Wien/Köln/Graz: Böhlau.

– (1999): »Kein Zehent, kein Robot mehr!« Die Bauern, der Reichstag und die Grundentlastung. In: Ders./Wolfgang Häusler (Hgg.), *1848. Revolution in Österreich* (= Schriften des Instituts für Österreichkunde, Bd. 62), Wien: ÖBV & HTP.

– (2001): *Sozialgeschichte Österreichs*, 2. Aufl., Wien/München: Verlag für Geschichte und Politik/Oldenbourg.

– (2010a): Landwirtschaftliche Arbeitswelten und ländliche Sozialstrukturen. In: Rumpler/Urbanitsch 2010, Bd. 9.1/Teilbd. 1/1, S. 251–322

– (2010b): Der Bauernstand. Organisationsbildung und Standeskonsolidierung. In: Rumpler/Urbanitsch 2010, Bd. 9.1/Teilbd. 1/2, S. 787–811.

Ehmer, Josef (1979): Rote Fahnen – Blauer Montag. Soziale Bedingungen von Aktions- und Organisationsformen in der frühen Wiener Arbeiterbewegung. In: Detlev Puls/Edward P. Thompson (Hgg.), *Wahrnehmungsformen und Protestverhalten. Studien zur Lage der Unterschichten im 18. und 19. Jahrhundert*, Frankfurt a.M.: Suhrkamp, S. 143–174.

Fassmann, Heinz (2010): Die Bevölkerungsentwicklung von 1850–1910. In: Rumpler/Urbanitsch 2010, Bd. 9.1/Teilbd. 1/1, S. 159–184.

Good, David F. (1986): *Der wirtschaftliche Aufstieg des Habsburgerreiches 1750–1914*, Wien/Köln/Graz: Böhlau.

Hajnal, John (1965): European Marriage Patterns in Perspective. In: David Victor Glass/ David Edward Charles Eversley (Hgg.), *Population in History. Essays in Historical Demography*, London: Hodder & Stoughton Educational, S. 101–143.

Häusler, Wolfgang (1979): *Von der Massenarmut zur Arbeiterbewegung. Demokratie und soziale Frage in der Wiener Revolution von 1848*, Wien/München: Jugend und Volk.

Heindl, Waltraud (2013): *Gehorsame Rebellen. Bürokratie und Beamte in Österreich*, Bd. 1: *1780–*

1848; *Josephinische Mandarine. Bürokratie und Beamte in Österreich*, Bd. 2: *1848–1914*, Wien/Köln/Graz: Böhlau.

Hye, Hans Peter (2010): Technologie und sozialer Wandel. In: Rumpler/Urbanitsch 2010, Bd. 9.1/Teilbd. 1/1, S. 15–65.

Komlos, John (1986): *Die Habsburgermonarchie als Zollunion. Die Wirtschaftsentwicklung Österreich-Ungarns im 19. Jahrhundert*, Wien: Österreichischer Bundesverlag.

Kořalka, Jiří (2010): Die Entstehung der Arbeiterklasse. In: Rumpler/Urbanitsch 2010, Bd. 9.1/Teilbd. 1/2, S. 813–847.

Kühschelm, Oliver (2010): Das Bürgertum in Cisleithanien. In: Rumpler/Urbanitsch 2010, Bd. 9.1/Teilbd. 1/2, S. 849–907.

Lendvai, Paul (2001): *Die Ungarn. Eine tausendjährige Geschichte*, 3. Aufl., München: Goldmann.

Mazohl, Brigitte (2010): Die politischen und rechtlichen Voraussetzungen der sozialen Entwicklung. In: Rumpler/Urbanitsch 2010, Bd. 9.1/Teilbd. 1/1, S. 233–250.

Meißl, Gerhard (2010): Die gewerblich-industrielle Arbeitswelt in Cisleithanien mit besonderer Berücksichtigung der Berufszählungen 1890 und 1910. In: Rumpler/Urbanitsch 2010, Bd. 9.1/Teilbd. 1/1, S. 323–377.

Mitterauer, Michael (1983): *Ledige Mütter. Zur Geschichte unehelicher Geburten in Europa*, München: C.H. Beck.

Rauchberg, Heinrich (2013): *Der nationale Besitzstand in Böhmen* [1905], 3 Bde., Berlin: Duncker & Humblot.

Rumpler, Helmut/Peter Urbanitsch (Hgg.) (2010): *Die Habsburgermonarchie 1848–1918*, Bd. 9.1: *Soziale Strukturen. Von der feudal-agrarischen zur bürgerlich-industriellen Gesellschaft*, Teilbd. 1/1: *Lebens- und Arbeitswelten in der industriellen Revolution*; Teilbd. 1/2: *Von der Stände- zur Klassengesellschaft*, Wien: Verlag der Österreichischen Akademie der Wissenschaften.

Rumpler, Helmut/Martin Seger (Bearbb.) (2010): *Die Habsburgermonarchie 1848–1918*, Bd. 9.2: *Soziale Strukturen. Die Gesellschaft der Habsburgermonarchie im Kartenbild. Verwaltungs-, Sozial- und Infrastrukturen. Nach dem Zensus von 1910*, hrsg. von Helmut Rumpler und Peter Urbanitsch, Wien: Verlag der Österreichischen Akademie der Wissenschaften.

Sandgruber, Roman (2013): *Traumzeit für Millionäre. Die 929 reichsten Wienerinnen und Wiener im Jahr 1910*, Wien/Graz/Klagenfurt: styria premium.

Slokar, Johann (1914): *Geschichte der österreichischen Industrie und ihrer Förderung unter Kaiser Franz I.*, Wien: F. Tempsky.

Sturmayr, Gerald (1996): *Industrielle Interessenpolitik in der Donaumonarchie* (= Sozial- und wirtschaftshistorische Studien, Bd. 22), Wien/München: Verlag für Geschichte und Politik/Oldenbourg.

Sutter, Berthold (1960/65): *Die Badenischen Sprachenverordnungen von 1897, ihre Genesis und ihre Auswirkungen vornehmlich auf die innerösterreichischen Alpenländer*, 2. Bde. (= Veröffentlichungen der Kommission für Neuere Geschichte Österreichs, Bde. 46 u. 47), Graz/Köln: Böhlau.

Weigl, Andreas (2018): *Cholera. Eine Seuche verändert die Stadt* (= Veröffentlichungen des Wiener Stadt- und Landesarchivs, Reihe B: Ausstellungskataloge, Heft 98 / = Wiener Geschichtsblätter, Beiheft 1/2018), Wien: Wiener Stadt- und Landesarchiv.

Ernst Bruckmüller

III. Zum Unterrichtswesen

Zur Soziologie des Unterrichtswesens und zu einigen proto-soziologischen Inhalten der Pädagogik

In dem halben Jahrhundert der Herrschaft Maria Theresias (1740–1780) und ihres Sohnes Joseph II. (1780–1790) wurden die wesentlichen Schritte zur Schaffung eines modernen Staatswesens in den habsburgischen Ländern gesetzt. Kernstück dieser Reform war der Aufbau einer professionellen hierarchischen Verwaltung, für die es einer entsprechend großen Zahl von Beamten bedurfte, aber auch weiterer Spezialisten wie Ärzte und der in die Verwaltung mittelbar, unter Joseph dann auch ganz direkt eingebunden Geistlichen. Diese Fachleute benötigten aber eine entsprechende Ausbildung: Das gesamte, bislang kirchlich geleitete Bildungssystem musste daher reformiert und an die Bedürfnisse des Staates angepasst werden. Und eben diese »Bedürfnisse des Staates« waren der Dreh- und Angelpunkt aller Bemühungen. *Vom Einfluß der Erziehung auf die Glückseligkeit des Staates* lautete denn auch der vielsagende Titel einer Denkschrift von Karl Heinrich Seibt (1735–1806), dem Schulhaupt des in Bildungsfragen besonders engagierten böhmischen Reformkatholizismus, aus dem Jahr 1771.

»Es muß«, so Joseph II. in einer Resolution vom 25.11.1782, »nichts den jungen Leuten gelehrt werden, was sie nachher als seltsam, oder gar nicht zum Besten des Staates gebrauchen, oder anwenden können, da die wesentlichen Studien in Universitäten für die Bildung der Staats Beamten nur dienen, nicht aber der Erziehung Gelehrter gewidmet seyn müssen, welche, wenn sie die ersten Grundsätze wohl eingenommen haben, nachher sich selbst ausbilden müssen, und glaube nicht, daß ein Beispiel seye, daß von der blossen Catheder herab einer so geworden seye«; die Professoren hätten daher den Unterricht »nach Maaß des blossen Bedarfs zur Bildung guter Staatsdiener [einzurichten]« (zitiert nach Wangermann 1978, S. 25f.).

Zweck des höheren Bildungssystems war also die Optimierung des Nutzens der Individuen durch und für den Staat, und keineswegs ein Bildungsideal, das seinen Zweck in der Persönlichkeitsentfaltung oder gar der Ermöglichung des sozialen Aufstiegs durch höhere Ausbildung sah. Um einen modernen Begriff zu verwenden: Allein die Anwendungsorientiertheit (des Wissens und seiner Träger) lag im Interesse der Bildungsbehörden. Allerdings war es auch der Obrigkeit nicht entgangen, dass mit den Beamten meist bürgerlicher oder kleinbürgerlicher Herkunft eine neue soziale Schicht mit durchaus eigenem Standesbewusstsein entstand. Das zahlenmäßig damals bei weitem größte soziale Milieu, das bäuerliche, hatte hingegen nur sehr peripher Anteil an dieser Entwicklung, nämlich dann, wenn begabte Bauernsöhne (die Töchter waren ohnedies von höherer Bildung generell ausgeschlossen) von der Kirche als Nachwuchs für den geistlichen Stand rekrutiert und entsprechend gefördert wurden. Der »Beamtenstand« hat in der Folge in der Kulturgeschichte Österreichs, insbesondere in der Literatur, überragende Bedeutung erlangt. Viele prominente und noch weitaus mehr heute kaum mehr bekannte österreichische Schriftsteller, insbesondere des 19. Jahrhunderts, waren im »Brotberuf« Beamte, sodass sie, bösen Zungen zufolge, die »Makulaturerzeugung« nicht nur im beruflichen, sondern auch im privaten Bereich praktizierten. Zu fragen ist immerhin, inwieweit das literarische Interesse vielleicht auch ein Ausgleich für die eher geisttötenden Verwaltungstätigkeiten und die weitgehende Unmöglichkeit realer politischer Gestaltung insbesondere im Zeitalter des Absolutismus und des Neoabsolutismus war.

Die Möglichkeit des individuellen sozialen Aufstiegs durch formale Bildung war eine unausweichliche Nebenwirkung der Modernisierung, sie wurde jedoch von konservativer staatlicher Seite eher als eine Art Kollateralschaden betrachtet, den es tunlichst einzudämmen galt. Der große Aufklärer Joseph von Sonnenfels (1732–1817) etwa beklagte, dass »die Leichtigkeit, Bequemlichkeit und Achtung der sogenannten Federberufe [...] dem Pfluge, dem Gewerbe, die nothwendigen Talente« entziehe und bemerkte dementsprechend: »Da also die allgemeine Studienbegierde, erstlich andern Gewerben die besseren Köpfe raubt, zweytens den Staat mit Müßiggängern überschwemmt, drittens zur Beförderung oft untauglicher Leute Anlaß gibt [...], so ist es billig, daß der Gesetzgeber so vielen Nachtheilen vorzubeugen suche. Nicht jeder also werde zugelassen, nachdem er den in jedem Stande nothwendigen Unterricht empfangen, weiter zu studieren« (Sonnenfels 1777, S. 146f.).

Die Befürchtung, durch die verbesserten Bildungschancen für Angehörige der unteren Schichten könnte die als natur- oder gottgewollt imaginierte Standesordnung der Gesellschaft in Frage gestellt werden, zieht sich vom Ende des 18. bis in die Mitte des 19. Jahrhunderts als ein roter Faden durch alle Diskussionen um die Reform des Bildungssystems. Ähnlich wie Sonnenfels behauptete auch Ferdinand Kindermann (1740–1801), das Wohl der Gesellschaft erfordere, »daß die Kenntnisse des Volkes nicht über seine Beschäftigungen gehen, sonst wollen sie dasjenige, was ihnen obliegt, nicht mehr tun« (zitiert nach Wangermann 1978, S. 15), und Johann Melchior von Birkenstock (1738–1809), ab 1792 Leiter der Studienhofkommission, warnte nachdrücklich davor, dass allzu viele Bildungsmöglichkeiten für das gemeine Volk dem Staat nicht bloß Kosten verursachten, sondern überdies unter den »geringsten, zu den beschwerlichsten Arbeiten bestimmten Klassen« zu »übermäßigem Raisonieren« führten; das Ausmaß an allgemeiner Bildung dürfe daher »den gewöhnlichen Wirkungskreis dieser Menschen und ihre Verhältnisse« keinesfalls übersteigen (zitiert nach ebd., S. 16). Wie ausgeprägt die Befürchtung war, dass breitere Volksbildung das Gefüge der Gesellschaft erschüttern könnte, beweist der Umstand, dass Birkenstocks Vorgänger Gottfried van Swieten, einer der liberalsten Köpfe unter den österreichischen Aufklärern, diesen Ängsten im Februar 1774 in einem Brief an Staatskanzler Wenzel Anton von Kaunitz mit dem Argument entgegentreten zu müssen glaubte, dass vermehrte Kenntnisse im Gegenteil zu einer

Stärkung des Bewusstseins der jeweiligen Standespflichten führen und somit systemstabilisierend wirken würden: »Die allgemeine Unterweisung lehret einen jeden die wahren Pflichten seines Standes kennen, und als einzige Quelle seiner Glückseligkeit lieben« (zitiert nach ebd., S. 15).

Diese Formulierung darf man durchaus zum Nennwert nehmen: In der Tat zielten die »allgemeinen Unterweisungen« ganz konkret darauf ab, jeden an die »Pflichten seines Standes« und damit letztlich auch an die alleinige Berechtigung der bestehenden ständischen Ordnung des absolutistischen Staates zu erinnern. Dem Anfang des 19. Jahrhunderts neu geschaffenen Amt des Studienkatecheten sollte primär die Aufgabe zukommen, die religiöse Rechtgläubigkeit und den politischen Gehorsam der Studenten zu überwachen und sie im Sinne des absolutistischen Staates zu indoktrinieren. Es ist nicht ohne Ironie, dass der erste Ansatz einer in gewisser Hinsicht proto-soziologischen Erkenntnis innerhalb des österreichischen Bildungssystem darin bestand, dass dieses selbst mit einer gewissen Zwangsläufigkeit zu Veränderungen im sozialen Gefüge führte, wobei die meisten der einschlägigen denkerischen Bemühungen darauf abzielten, das Ausmaß diese Veränderungen so gering wie möglich zu halten.

Mit der sogenannten Thun'schen Schulreform (vgl. Aichner/Mazohl 2017) änderten sich ab Mitte des 19. Jahrhunderts die Verhältnisse: Die Studienordnungen und Unterrichtsformen wurden modernisiert, die Zahl der Universitätslehrer stieg an. Gab es bis dahin im Regelfall nur einen ordentlichen Professor für ein Fach pro Universität, so wurden nun mehr Professoren und erstmals auch Universitätsassistenten ernannt. Die Angst vor der für den Staat nutzlosen »Ausbildung akademischer Müßiggänger« hatte wohl an Bedeutung verloren. Dennoch blieb der Besuch eines Gymnasiums die große soziale Ausnahme, insbesondere für Buben aus ländlichen Gegenden, die weitab von den höheren Bildungseinrichtungen lebten und für die auch die Aufbringung des Schulgeldes ein Problem darstellte. Vielfach wurde die nominell geltende Schulpflicht in Landgemeinden überhaupt gleich durch die lokalen achtklassigen Volksschulen abgedeckt; schon der Besuch einer Hauptschule – der Name deutet an, dass sie als die hauptsächliche zweite Schulform nach der Volksschule konzipiert war, wohingegen das Gymnasium als eher elitäre Schulform galt – stellte für Landkinder teilweise noch bis in die 1930er Jahre eher die Ausnahme als die Regel dar. Von einer »Überflutung« der Gymnasien und Universitäten durch Angehörige der unteren sozialen Schichten konnte also auch in der zweiten Hälfte des 19. Jahrhunderts – unter nunmehr immerhin verbesserten Bedingungen – keine Rede sein (und Mädchen blieben notabene im Allgemeinen vom Besuch höherer Schulen weiterhin ausgeschlossen).

Im universitären Bereich konnte sich die Soziologie im engeren Sinn in Österreich vor 1918 nicht etablieren: Juristen wie Ludwig Gumplowicz (1838–1909) in Graz und Eugen Ehrlich (1862–1922) in Czernowitz beschäftigten sich zwar als Vertreter der Staatsrechts- und Verwaltungslehre bzw. des Römischen Rechts intensiv mit soziologischen Fragestellungen, in die akademische Lehre fanden diese jedoch kaum Eingang.

Besser war es um die Politische Ökonomie und die Nationalökonomie bestellt: Bereits kurz nach der Mitte des 19. Jahrhunderts wurden mit Lorenz von Stein (1815–1890) und Albert Schäffle (1831–1903) zwei deutsche Ökonomen an die Wiener Universität berufen (Stein war dort ab 1855 tätig, Schäffle von 1868 bis 1871), ab den späten 1870er Jahren konnten sich dann die Vertreter der sogenannten »Österreichischen Schule der Nationalökonomie« – zu nennen wären hier v.a. Carl Menger (1840–1921), Eugen von Böhm-Bawerk (1851–1914) und Friedrich Wieser (1851–1926) – im akademischen Milieu der Habsburgermonarchie durchsetzen. Die Lehrinhalte des höheren Schulsystems blieben von diesen Ideen jedoch weitestgehend unberührt.

Desgleichen spielten spezifisch soziologische Ansätze in der zeitgenössischen Literatur zu Fragen der Schulpolitik und der Pädagogik in der Habsburgermonarchie nur eine sehr geringe Rolle. Eine bedeutende Ausnahme stellte allerdings der stark vom Herbartianismus geprägte, 1882 zum Professor für Philosophie und Pädagogik an der neu eingerichteten tschechischen Prager Universität ernannte Gustav Adolf Lindner (1828–1887) dar, der noch vor seinen zahlreichen Schriften zu Themen der Pädagogik im Jahr 1871 seine umfangreiche Studie *Ideen zur Psychologie der Gesellschaft als Grundlage der Socialwissenschaft* veröffentlichte. In dem von ihm im Alleingang verfassten, mehr als 1.000 Druckseiten umfassenden *Encyklopädischen Handbuch der Erziehungskunde* von 1884 findet sich gleichfalls ein kurzer Artikel unter dem Lemma »Socialpsychologie« (Lindner 1884, S. 851–854), und in seinem letzten, postum veröffentlichten Werk *Grundriß der Pädagogik als Wissenschaft* kommt Lindner noch einmal auf die Bedeutung der Sozialpsychologie für die Pädagogik zurück (Lindner 1889, insb. S. 24–31). Auch in seinem für den Schulgebrauch bestimmten *Lehrbuch für empirische Psychologie* findet sich, allerdings in etwas vereinfachter Form, unter dem Zwischentitel »Das Wir als gesellschaftliches Ich« ein Paragraph zu dieser Thematik (Lindner 1868, S. 110–112); hier argumentiert er allerdings deutlich zurückhaltender und bezeichnet eine Psychologie der Gesellschaft lediglich als »denkbar« (ebd., S. 112). Da ein Lehrbuch erst nach behördlicher Prüfung und Approbation für den Schulgebrauch zugelassen wurde, galt es hier entsprechend vorsichtig zu formulieren. Die Grundlinien der Argumentation sind bei Lindner jedoch im Verlauf von mehr als zwei Jahrzehnten weitgehend unverändert geblieben.

Der Mensch wird von Lindner als »Mängelwesen« definiert; auch wenn er nicht diesen Arnold Gehlen zugeschriebenen Begriff verwendet, entspricht seine Auffassung exakt dieser Begrifflichkeit. Als Neugeborenes sei der Mensch hilfloser als jedes Tier und könne nur durch die soziale Kleingruppe existieren, er sei daher notwendig vom Lebensbeginn an ein soziales Wesen. Was nach Lindner die Stärke des Menschen ausmacht, ist aber die Erziehung der Individuen durch die Gesellschaft zur Kultur, die folgendermaßen definiert wird: »Die Cultur ist die jeweilige Gestaltung der gesellschaftlichen Bildung nach den gemeinsamen Anschauungen und Sitten, den Formen des politischen, religiösen und wirtschaftlichen Lebens, der Art der Arbeit und Unterhaltung. Dieser Zustand ist nicht das Werk einzelner Persönlichkeiten, noch auch einer einzigen Generation, derselbe ist vielmehr das gemeinschaftliche und stetig anwachsende Werk aller einzelnen aufeinanderfolgenden Generationen. […] Durch die culturellen Elemente wird jedes Mitglied der Gesellschaft erzogen, indem es sich ihnen unbewußt und unwillkürlich anzupassen sucht. In diesen Formen, die es bei seinem Eintritt in die Gesellschaft vorfindet, und die es sein ganzes Leben hindurch begleiten, bewegt sich dessen ganze persönliche Entwickelung wie auf ausgefahrenen Gleisen« (Lindner 1889, S. 26).

Zur Erziehung durch die Gesellschaft zur Kultur gesellen sich die Erziehung durch die Formen der Organisation der Gesellschaft innerhalb des Staates, die einerseits Anpassung belohnen und andererseits Abweichung potenziell bestrafen, sowie die Erziehung durch den innergesellschaftlichen Verkehr, für den das einzigartige Instrument der Sprache entwickelt wurde. Mittels der Sprache aber kann das menschliche Individuum für sich das von Generationen zusammengetragene Wissen erwerben: »Bei dem Thiere«, so Lindner, »wiederholt jedes Individuum in ewig monotoner Weise denselben Entwickelungsprozeß; nur der Mensch hat eine Geschichte, die in gerader Linie fortläuft, ohne von dem Geborenwerden und Sterben des Einzelnen abhängig zu sein. Die Gesellschaft ist es, die dem Menschen im Verlaufe von wenigen Jahren einen Schatz von Kenntnissen und Ideen durch Sprache und Unterricht beibringt, an dessen Zustandebringen viele Generationen gearbeitet haben, kurz, die sein individuelles Bewußtsein durch den unerschöpflichen Reichthum des in ihr lebenden gesellschaftlichen Bewußtseins immer mehr zu erweitern bestrebt ist« (Lindner 1884, S. 851).

Daraus resultiert für Lindner, dass der Mensch nicht nur erziehungsfähig, sondern auch erziehungsbedürftig ist, da er als primär sozio-kulturell konditioniertes Wesen der puren Natur entfremdet ist – dies allerdings mit erheblichem individuellem und gesellschaftlichem Gewinn. Während die Praktiken der Erziehung aber die längste Zeit auf Tradition und Herkommen beruhten, haben diese, so Lindner, mit ihrer wissenschaftlichen Fundierung als Pädagogik eine neue Entwicklungsstufe erreicht, die zugleich auch die moralische Aufgabe von Erziehung neu definiere: »[…] es währte lange, bis man zur Erkenntnis gelangte, daß der Zweck der Erziehung ein selbständiger und allgemein menschlicher sein muß. Dadurch wurde die pädagogische Thätigkeit zu einer bewußten und zweckmäßigen. Die Erziehung im engeren Sinn ist daher eine planmäßige Einwirkung des mündigen Menschen auf den unmündigen, um demselben innerhalb eines bestimmten socialen Kreises jene Ausbildung zu geben, welche dessen allgemeine menschliche Bestimmung erfordert« (Lindner 1889, S. 31f.).

Die Sozialpsychologie steht nicht nur biographisch in Lindners Leben vor der Beschäftigung mit Fragen der Pädagogik. Mit der behaupteten »Erziehungsbedürftigkeit« des Individuums zur Teilhabe an der Kultur und Gesellschaft versucht er neben der Sozialpsychologie auch die wissenschaftliche Pädagogik zu begründen und deren Notwendigkeit zu rechtfertigen. Allerdings erschöpft sich ihr Sinn für Lindner im Prinzip auch schon in diesem Zweck der geistig-moralischen Ermächtigung des Individuums zur gesellschaftlichen Partizipation, eine durch soziologische Kenntnisse angeleitete Unterrichtspraxis hatte er offenkundig nicht im Sinn. Möglicherweise deuten seine eher allgemeinen und sogar ein wenig defensiv wirkenden Aussagen zu dieser Thematik in seinem Psychologielehrbuch aber auch darauf hin, dass Lindner – der wegen seiner progressiven Ideen sein Leben lang Probleme mit der katholischen Kirche hatte – wusste, dass in diesem Bereich kein Handlungsspielraum existierte. Bis ein Fach Geschichte und *Sozialkunde* an Österreichs Schulen eingerichtet wurde, sollten dann auch noch viele Jahrzehnte vergehen.

Adam, Erik (2002) *Die Bedeutung des Herbartianismus für die Lehrer- und Lehrerinnenbildung in der österreichischen Reichshälfte der Habsburgermonarchie mit besonderer Berücksichtigung des Wirkens von Gustav Adolf Lindner*, Klagenfurt: Universität Klagenfurt/Abteilung für Historische und Vergleichende Pädagogik.

Aichner, Christof/Brigitte Mazohl (Hgg.) (2017): *Die Thun-Hohenstein'schen Universitätsreformen 1849–1860. Konzeption – Umsetzung – Nachwirkungen*, Wien/Köln/Weimar: Böhlau.

Engelbrecht, Helmut (1982–1995): *Geschichte des österreichischen Bildungswesens. Erziehung und Unterricht auf dem Boden Österreichs*, 6 Bde., Wien: Österreichischer Bundesverlag.

– (2015): *Schule in Österreich. Die Entwicklung ihrer Organisation von den Anfängen bis zur Gegenwart*, Wien: new academic press.

Grimm, Gerald (1995): *Elitäre Bildungsinstitution oder »Bürgerschule«? Das österreichische Gymnasium zwischen Tradition und Innovation 1773–1819*, Frankfurt a.M. u.a.: Lang.

– (2009): Gustav Adolf Lindner als Wegbereiter der Pädagogik des Herbartianismus in der Habsburgermonarchie. In: Adam/Grimm 2009, S. 21–25.

Lindner, Gustav Adolf (1868): *Lehrbuch der empirischen Psychologie als inductiver Wissenschaft. Für den Gebrauch an höheren Lehranstalten und zum Selbstunterrichte. Zweite, vollständig umgearbeitete und erweiterte Auflage*, Wien: Carl Gerold's Sohn. (Zahlreiche weitere Auflagen dieser Ausgabe bis 1889, danach überarbeitet von Franz Lukas weitergeführt.)

– (1871): *Ideen zur Psychologie der Gesellschaft als Grundlage der Socialwissenschaft*, Wien: Carl Gerold's Sohn.

– (1884): *Encyklopädisches Handbuch der Erziehungskunde mit besonderer Berücksichtigung des Volksschulwesens*, Wien/Leipzig: Pichler. (Mehrere unveränderte Nachdrucke.)

– (1889): *Grundriß der Pädagogik als Wissenschaft. Im Anschluss an die Entwicklungslehre und die Sociologie*, hrsg. von Professor Karel Domin, Leipzig: Pichler.

Seibt, Karl Heinrich (1771): *Von dem Einflusse der Erziehung auf die Glückseligkeit des Staates*, Prag: Mangoldische Buchhandlung.

Sonnenfels, Joseph von (1777): *Politische Abhandlungen*, Wien: Kurzböck.

Wangermann, Ernst (1978): *Aufklärung und staatsbürgerliche Erziehung. Gottfried van Swieten als Reformator des österreichischen Unterrichtswesens 1781–1791*, Wien: Verlag für Geschichte und Politik.

Weiterführende Literatur

Adam, Erik/Gerald Grimm (Hgg.) (2009): *Die Pädagogik des Herbartianismus in der Österreichisch-Ungarischen Monarchie*, Wien: LIT.

Brezinka, Wolfgang (2000–2014): *Pädagogik in Österreich. Die Geschichte des Faches an den Universitäten vom 18. bis zum 21. Jahrhundert*, 4 Bde., Wien: Verlag der Österreichischen Akademie der Wissenschaften.

– (2001): Pädagogik, Erziehungswissenschaft. In: Karl Acham (Hg.), *Geschichte der österreichischen Humanwissenschaften*, Bd. 3.1: *Menschliches Verhalten und gesellschaftliche Institutionen: Einstellung, Sozialverhalten, Verhaltensorientierung*, Wien: Passagen, S. 469–508.

Heindl, Waltraud (2013): *Gehorsame Rebellen. Bürokratie und Beamte in Österreich*, Bd. 1: *1780–1848*; *Josephinische Mandarine. Bürokratie und Beamte in Österreich*, Bd. 2: *1848–1914*, Wien/Köln/Graz: Böhlau.

Kaiser, Franz (1972): *Gustav Adolf Lindner als Pädagoge. Ein Beitrag zur Bildungsgeschichte des böhmisch-österreichischen Raumes*, Dissertation, Universität Salzburg.

Peter Stachel

TEIL B: VOR- UND FRÜHFORMEN DES SOZIOLOGISCHEN DENKENS – VON DER ZWEITEN HÄLFTE DES 18. BIS ZUR MITTE DES 19. JAHRHUNDERTS

Detaillierte Inhaltsübersicht von Teil B

Vorbemerkungen

Die in Teil B zur Darstellung kommenden Auffassungen erstrecken sich von den in Teilen erstmals 1765 veröffentlichten *Grundsätzen der Polizey, Handlung und Finanzwissenschaft* (3 Bde., 1765–1776) des Joseph von Sonnenfels bis zu Ethbin Heinrich Costas *Encyclopädischer Einleitung in ein Sistem der Gesellschaftswissenschaft* aus dem Jahr 1855. Zeitlich markiert Costas Buch den Beginn einer intensiven Befassung mit Fragen der Gesellschaft in der Habsburgermonarchie, insbesondere mit solchen, die die Analyse der Beziehungen von Staat und Gesellschaft zum Gegenstand hatten. In diese knapp ein Jahrhundert währende Zeit fallen eine Reihe von herausragenden Geschichtsdaten. Zunächst war dies die Regierungszeit von Kaiser Joseph II., dem ein österreichischer Einheitsstaat vorschwebte, in welchem sämtliche bisher nur lose verbundenen Länder und Völker der Monarchie – also auch Ungarn – mithilfe eines zentralistischen Verwaltungsapparates zusammengeschweißt werden sollten. Dies sollte dadurch geschehen, dass Privilegien im Sinne modern aufgeklärter Gesellschaften überall verschwinden, zugleich damit aber auch die geschichtlich gewachsenen Besonderheiten der einzelnen Völkerschaften tunlichst zurückgedrängt werden. Auf neue Art wurden unter diesem Herrscher zudem das Verhältnis zwischen Grundherren und Bauern und die Beziehungen zu Kirche und Papst sowie zu den Andersgläubigen geregelt (vgl. Mikoletzky 1967, S. 323–365). Wenige Jahre nach dem Ableben von Joseph II. wurde das Habsburgerreich durch die Napoleonischen Kriege und vor allem durch den Frieden von Schönbrunn im Jahre 1809 bis ins Innerste erschüttert.

In dieser Zeit, aber auch noch nach Napoleons Niederlage in Waterloo, machen sich zwei Entwicklungen bemerkbar, die auch im vorliegenden Sammelband ihren Niederschlag finden: das Streben nach einem christlich-katholischen und das Streben nach einem sozialen Universalismus. Der christlich-katholische Universalismus und die mit ihm einhergehende Abwehr der ganz Europa erfassenden zentrifugalen Tendenzen des politischen Nationalismus fand beispielsweise Ausdruck in der romantischen Staatstheorie Adam Heinrich von Müllers und in der Geschichtsphilosophie Friedrich von Schlegels. Das Bemühen um einen sozialen Universalismus egalitärer Prägung war wiederum für den böhmischen Reformkatholizismus und dessen Hauptvertreter Bernard Bolzano kennzeichnend. Die auch und gerade nach dem Wiener Kongress bis ins Revolutionsjahr 1848 dauernde reformfeindliche und von Umsturzängsten gekennzeichnete Orientierung von Staatskanzler Metternich entlud sich in den Revolutionsjahren 1848 und 1849 in einer Serie von nationalen Aufständen, die ihren traurigen Höhepunkt in der mit russischer Hilfe erfolgten Bezwingung der ungarischen Aufständischen und in der Hinrichtung von 13 ihrer Generäle sowie in der Einkerkerung von 2.000 Offizieren und bürgerlichen ungarischen Patrioten hatte. In Ungarn selbst war die auf diese Ereignisse folgende Zeit gekennzeichnet durch den Konflikt zwischen den aufgeklärt-konservativen Reformern, repräsentiert durch Graf István (Stephan) Széchenyi sowie den späteren Unterrichtsminister József (Josef) von Eötvös, und den radikalen, in sozialer Beziehung fortschrittlicheren Nationalisten, die von Lajos (Ludwig) Kossuth vertreten wurden; diese strebten die Umwandlung der Beziehung zu Österreich in eine Art von Staatenbund an. Mit dem österreichisch-ungarischen Ausgleich von 1867 wurden diese Ziele in gewissem Maße verwirklicht.

Parallel zu den politischen Entwicklungen und fern jeder romantischen Geschichtsphilosophie und Staatstheorie entwickelten sich als funktionelles Erfordernis eines Vielvölkerreichs erste Ansätze einer empirischen Sozialwissenschaft. Hier sind die ersten Volkszählungen zu nennen, aber insbesondere auch das kartographische Werk und die sozialstatistischen Arbeiten von Joseph Marx von Liechtenstern. Eine Frühform jener Studien, deren sich, wie der Historiker August Ludwig Schlözer in den 1770er Jahren in Göttingen gefordert hatte, die einer »ethnographischen Methode« verpflichtete Geschichtsforschung befleißigen sollte, bilden die soziographischen Erhebungen Erzherzog Johanns im Herzogtum Steiermark; diese im Sinne einer regionalen Ethnographie zu verstehenden Erhebungen stehen mit bestimmten romantischen Volkstumstraditionen in Zusammenhang, gehen aber über deren oft rein gefühlsmäßig-ästhetische Orientierungen hinaus. Standen bei Erzherzog Johann die Lebensgewohnheiten der Bauern im Vordergrund des Interesses, so sollten dies im Rahmen der auf die Bewegung der »Sozialreform« bezogenen Aktivitäten späterer Soziographen vor allem die Arbeiter und deren Familien sein; die Studien des namhaften französischen Soziologen Frédéric Le Play lieferten dafür ein vorzügliches Beispiel (vgl. Le Play 1862).

All den hier geschilderten Ereignissen vorgängig, und damit am Anfang einer Vorgeschichte der Soziologie stehend, ist das Werk eines im Verband der Mächte seiner Zeit »nationalistisch« argumentierenden Kameralisten, und vor allem eine seiner Schriften: Philipp Wilhelm von Hörnigks *Oesterreich über alles, wann es nur will* (Hörnigk 1708 [1684]). Diese durch zwei Jahrhunderte hindurch wiederholt aufgelegte Schrift ist unter dem frischen Eindruck der bedrohlichen Ereignisse verfasst, welche Österreich von Westen und von Osten her seit 1680 betrafen; sie ist erstmals 1684 erschienen. Unter dem Einfluss der Eroberungszüge Ludwigs XIV. sowie der Belagerung Wiens durch die Türken stehend, richtete Hörnigk (1640–1714) seine politische Vision auf die, wie Bertram Schefold schreibt, »erst in der Zukunft liegende Rolle des österreichisch-ungarischen Staates als territorialer Einheit und Großmacht, gestützt auf eine Eigenentwicklung der wirtschaftlichen Produktivkräfte, wie sie sonst keiner vorherzusehen und darzulegen wusste. Die Tragfähigkeit des Entwurfs beruht auf der ins Einzelne gehenden Kenntnis der Mittel, der Ressourcen und der technischen und politischen Möglichkeiten, um dieses staatsbildende Ziel zu erreichen.« (Schefold 2004, S. 225) An dieser Stelle sei, da auf diesen Autor in dem vorliegenden, mit Inhalten aus der zweiten Hälfte des 18. Jahrhunderts beginnenden Kompendium nur am Rande die Sprache kommt, ausdrücklich auf den »Proto-Soziologen« Hörnigk hingewiesen, der mit dem erwähnten Buch nach dem durch den Dreißigjährigen Krieg verursachten Niedergang der politischen Macht, der Kultur und der gesellschaftlichen Verhältnisse auf die wirtschaftlich gesicherte Selbstbehauptung Österreichs hinarbeiten wollte.

Hörnigk, Philipp Wilhelm von (1708): *Oesterreich über alles, wann es nur will. Das ist: Wohlmeynender Fuerschlag, Wie mittelst einer wohlbestellten Lands-Oeconomie die Kayserlichen Erb-Lande in kurtzem ueber alle anderen Staate von Europa zu erheben und mehr als einiger derselben von denen andern* independent *zu machen* [1684], Regensburg: Zacharias Seidel.

Frédéric Le Play (1862): *Instruction sur la méthode d'observation dite des monographies de familles*, Paris: Société d'économie sociale.

Mikoletzky, Hanns L. (1967): *Österreich – Das grosse 18. Jahrhundert. Von Leopold I. bis Leopold II.*, Wien/München: Österreichischer Bundesverlag für Unterricht, Wissenschaft und Kunst.

Schefold, Bertram (2004): Philipp Wilhelm von Hörnigk: »Oesterreich über alles, wann es nur will«. In: Ders., *Beiträge zur ökonomischen Dogmengeschichte*, ausgewählt und hrsg. von Volker Caspari, Düsseldorf: Verlag Wirtschaft und Finanzen, S. 225–236.

Karl Acham

I. Geschichtsphilosophie, Staats- und Gesellschaftslehre

Joseph von Sonnenfels

Keine Soziologie ohne Revolution: Die Französische Revolution warf die Frage auf, ob allein der französische Bürger als Mensch gelten durfte oder ob alle Menschen ohne Ansehen der Hautfarbe, Religion und Sprache Bürger einer von Frankreich aus proklamierten Weltrepublik sein sollten. Die Revolution rückte die Masse als politisches Subjekt in den Vordergrund, zugleich brachte sie die Gesellschaft als geschichtsmächtigen Akteur und legitimen Gegenstand wissenschaftlicher Erkenntnis hervor. Die Gesellschaft wurde so zur Schaltstelle der großen Welttheoreme des 19. Jahrhunderts, und die sie thematisierende Soziologie empfing ihre wichtigsten Impulse aus der französischen Empire- und Restaurationsära: von den Idéologues um Antoine Louis Claude Destutt de Tracy, den restaurativen Vordenkern Joseph de Maistre, Robert Félicité Lamennais und Louis-Gabriel-Ambroise de Bonald, insbesondere aber von Auguste Comte (Welch 2011). Dieser beschrieb Gesellschaften als Lebensformen, die sich kreativ an die Gegebenheiten ihrer Milieus anpassten und sich im Einklang damit ihre eigenen Gesetze gaben (Feichtinger/Fillafer/Surman 2018).

Die Soziologie entstand im Frankreich der ersten Hälfte des 19. Jahrhunderts aus dem Blutbad der Revolution und aus der postrevolutionären Demontage des Naturrechts sowie einer weitverbreiteten Skepsis gegenüber dem Utilitarismus und der politischen Ökonomie. Es ist durchaus naheliegend, dass die explizit als außermoralisch konzipierte Analyse von Produktionsverhältnissen durch die politische Ökonomie deshalb in England gedieh, weil dort die in Frankreich zerstörten Institutionen – Monarchie, Kirche und grundbesitzender Adel – weiterhin Bestand hatten; umgekehrt erklärt sich aus eben dieser Konstellation auch die deutlich geringere Attraktivität der politischen Ökonomie in Frankreich, wo die Wissenschaft des Sozialen im Zeichen der Revolutionsbewältigung utopisch-moralisch aufgeladen blieb. Die Grundfragen, welche die frühe Soziologie zu beantworten versuchte, lauteten: Welche Form gesellschaftlicher und verfassungsmäßiger Organisation könnte den sich vollziehenden sozioökonomischen Umbruch, der die althergebrachte politische Ordnung zerstört hatte, in geordnete Bahnen lenken? Wie sollte eine Wissenschaft von der Gesellschaft beschaffen sein, der es zuzutrauen wäre, diesen Umbruchsprozess analysierend abzufedern und zu steuern?

In der Habsburgermonarchie knüpften die Versuche zur Beantwortung solcher Fragen zwischen 1763 und 1848 noch an einer älteren Tradition der Gesellschaftsanalyse an, die ganz im Bann der Lehre von Joseph von Sonnenfels (ca. 1733–1817) stand. Sonnenfels' Standardwerk, die *Grundsätze der Polizey, Handlungs- und Finanzwissenschaft*, stammte aus den 1760er und 1770er Jahren (Sonnenfels 1787) und blieb bis in die 1840er Jahre als Lehrbuch aller habsburgischen Universitäten vorgeschrieben. Die von Sonnenfels etablierten Staatswissenschaften bildeten ein Grundlagenfach der Juristenausbildung (Heindl 2013, S. 112–126; Eckhart 1936, S. 167–247; Fillafer 2017, S. 116).

Der Krieg galt Heraklit als Vater aller Dinge, gerade für Sonnenfels' Staatswissenschaften besitzt dieser Aphorismus volle Gültigkeit: Als man für den schöngeistigen Schriftsteller Sonnenfels 1763 an der Wiener Universität den ersten Lehrstuhl der Polizey- und Kameralwissenschaft einrichtete, geschah dies im Zuge der Krisen- und Folgekostenbewältigung nach dem Siebenjährigen Krieg. Sonnenfels bewarb die neue »Polizey« als Sozialpragmatik und Staatsziellehre, die zweierlei versprach: den wirtschaftlichen, bildungsmäßigen und demographischen Aufschwung der habsburgischen Länder und die Ausbildung einer dem Wohl der gesamten Monarchie verpflichteten Funktionselite, also einer sachkundigen und loyalen Beamtenschaft. Sonnenfels schöpfte eklektisch aus verschiedenen Quellen: Neben den Schriften der älteren Reichskameralisten (Johann Joachim Becher, Philip Wilhelm von Hörnigk [auch: Hornick], Wilhelm von Schröder) verwertete er das Lehrbuch seines Vorgängers am Wiener Theresianum (das damals eine Ritterakademie für junge Adlige war) Johann Heinrich Gottlob Justi, desgleichen die Schriften des Merkantilisten François de Forbonnais – hier mag Ludwig von Zinzendorf, der Finanzexperte und Attaché des Fürsten Kaunitz während dessen Pariser Botschafterzeit, vermittelnd gewirkt haben (Klingenstein 2004, S. 835) – sowie die politische Arithmetik des preußischen Physikotheologen Johann Peter Süßmilch (Kremers 1983). Sonnenfels' Elaborate speisten sich aus den Vorgaben der älteren colbertistischen Kameralistik: Auch er plädierte für die Verarbeitung heimischer Rohstoffe vor Ort; statt ausländischer Luxusartikel sollten Rohprodukte importiert und der Verarbeitung und Endfertigung im Inland zugeführt werden. Zudem galt es, die Inlandsnachfrage durch patriotischen Konsum und Einfuhrzölle anzukurbeln und die Enthortung von Edelmetallreserven zu betreiben; und schließlich sollte durch Exportförderung eine positive Handelsbilanz zustande kommen (Sommer 1920).

Sonnenfels war aber kein farbloser Epigone, er prägte den Kameralismus auf kreative Weise um. Die älteren Kameralisten waren Sachverständige zur Mehrung des fürstlichen Schatzes gewesen, sie hatten als Alchemisten, Bergbauexperten und Ingenieure bei Hofe agiert und die Ausbeutung der vaterländischen Ressourcen vorbereitet. Sonnenfels verkörperte einen neuen Gelehrtentypus. Anders als die Projektanten des frühen 18. Jahrhunderts war er kein Praktiker – noch sein Vorgänger Justi war als Minenexperte aufgetreten und selbst in den Silberbergbau involviert gewesen (Chaloupek 2009, S. 198). Sonnenfels hingegen hatte sich als Sprachreformer, Theaterzensor und Zeitschriftenherausgeber einen Namen gemacht, den Hofbehörden galt er als dienstfremder Dilettant (Klingenstein 2004). Damit ist schon der erste wichtige Aspekt benannt: Seine Staatswissenschaften waren, wie es in einem zeitgenössischen Gutachten heißt, »nur idealisch« (Osterloh 1970, S. 249), sie besaßen ein hohes Abstraktionsniveau – ein Umstand, der

Sonnenfels von den Hofstellen immer wieder als Makel vorgehalten wurde, sich aber gerade für die gesamtmonarchische Ausbildung des Beamtenstandes als ein der überregionalen Nutzbarmachung dienlicher Vorteil erwies. Als Salonlöwe, public intellectual und Universitätslehrer verfügte er über einen stets wachsenden Schülerkreis aus allen Ländern der Monarchie, der als effektives Zitierkartell die Thesen des Lehrers in die Welt hinaustrug (Karstens 2011).

Sonnenfels richtete sich also an ein neuartiges, aufgeklärtes Publikum, das er in seinen Schriften als »bürgerliche Gesellschaft« erfasste und zugleich als analytischen Angelpunkt der Staatswissenschaft legitimierte. Die Kameralisten hatten noch die Gewinnung und Verwertung vaterländischer Rohstoffe betont, den Privaterwerb der Untertanen beschrieben sie im Lichte seines Beitrags zur fürstlichen Kammer. Folgerichtig fügten sich die Untertanen selbst als ein Rohstoff unter anderen in das Ressourcentableau des Landes ein, als müßige Bevölkerung, die es nutzbar zu machen galt – das belegen auch zeitgenössische Modelle für integrierte Lehr-, Arbeits- und Zuchthäuser. Sonnenfels' Werk markierte den Übergang von der Kameralkunst fürstlicher Vermögensbewirtschaftung zur Realisierung der Wohlfahrtszwecke der Einzelbürger. An die Stelle der fürstlichen Verfügungsgewalt über die Schatzmasse des Staates trat die Mehrung des individuellen Wohlstands. Der Staat erschien nicht mehr als Krondomäne, sondern als zweckgeleitete Einrichtung: Dieser »Endzweck« ist das »allgemeine Beste«, das in der wohlverstandenen Interdependenz von Einzel- und Gesamtwohlfahrt besteht.

So trug Sonnenfels dem Umbruch von der geburtsständischen zur funktionsständischen Ordnung Rechnung. Doch wie erfasste er in seinen Werken die Gesellschaft? Die Beschreibung der Gesellschaft müsse allein schon aus kognitiven Gründen beim Fürsten anfangen: Die lex parsimoniae der Wahrnehmung, »das unwillkührliche, allgemein anerschaffene Gefühl« der »Liebe zur Ordnung«, lenke die Aufmerksamkeit auf das »Einfache«, das ein Kennzeichen der »Wahrheit« sei. Dieser Blick auf den Fürsten als »Ersten« errege dann eine »angenehme schmeichelhafte Rückkehr« des Blicks der Gesellschaft auf sich selbst: »Wir sehen die Gesellschaft«, schreibt Sonnenfels, »wir sehen uns selbst als einen Theil derselben, in diesem Fürsten, in diesem beständigen Orakel des allgemeinen Verstandes, wovon er das Bild, der Spiegel, die ehrfurchtgebietende Vorstellung ist.« (Sonnenfels 1785, S. 107f.)

Der Fürst fungiert also bei Sonnenfels nicht mehr als geblütscharismatisch legitimierter Hausvater, der über seine Untertanen und deren Wohlstand verfügt, sondern als eine Art Zurechnungsendpunkt der Wahrnehmung, der es ermöglicht, den Zusammenhang der Gesellschaft *kognitiv* herzustellen. Nachdem ihm diese gedankliche Operation geglückt scheint, greift Sonnenfels zur Erfassung des sozialen Geschehens auf andere, schon soziologisch anmutende Erklärungsmuster zurück. Die faktische Interdependenz des Gemeinwesens erklärt er aus allgemeinen Beobachtungen über das menschliche Triebregime der Geselligkeit, die sich in das Muster der Naturgeschichte der bürgerlichen Gesellschaft einfügen (Medick 1973): Der menschliche Selbsterhaltungstrieb führt den Übergang von der »Menge« zur »Gesellschaft« herbei (Sonnenfels 1787, S. 15), das Sicherheitsbedürfnis der Menschen verflicht sich mit ihrem Streben nach zunehmender Bequemlichkeit, welche durch die sich vervielfältigenden Prozesse des Handels, Erwerbs und Verzehrs gewährleistet wird (Sonnenfels 1798; zit. nach 1994b, S. 193). Zu diesem Zwecke entstehen im Schoß der Gesellschaft kleinere Gesellschaften (Handelsgesellschaften, Freimaurerlogen etc.), die als Miniaturausgaben des Gemeinwesens fungieren, auch sie versuchen, »mit vereinbarten Kräften ein gewisses Beste« zu erreichen (Sonnenfels 1787, S. 13).

Zur Beschreibung der Funktionsweise der Gesellschaft bediente sich Sonnenfels dreier Modelle. Erstens verdient hier das Gleichgewichtsparadigma Beachtung, das aus der mechanistischen Naturphilosophie Descartes' und Newtons entstand (Přibram 1908). Aus der Wertgleichung zwischen der Waren- und der Geldmenge eines Landes wird dessen reguläres Preisniveau, werden Schwankungen und Störungen abgeleitet. Der Welthandel wird über die Kräfteäquivalenz disponibler Arbeitsvorräte erklärt, die Exportzuwächse und -verluste der Länder im globalen Handel verhalten sich zueinander exakt proportional, sind aufrechenbar. Die Stände im Staate müssen zueinander ebenfalls »im Gleichgewichte« stehen (Sonnenfels 1764; zit. nach 1994a, S. 40). Neben das Leitbild des Gleichgewichts tritt, zweitens, das Zirkulationsparadigma: Der »Zusammenfluss« (die fruchtbare Konkurrenz) und das »Ebenmaß des Verzehrs« sind nur möglich, wenn keine Vermögensballungen, Stockungen und Stauungen im Zahlungsverkehr auftreten. Niedrige Zinsen würden den Umlauf beschleunigen, was zu Lohnanstiegen, dem Ausbau der Konkurrenz und einer besseren Verteilung des Reichtums führe. Drittens wird schließlich das Modell der Wechselabhängigkeit eingeführt: Indem er die Intensivierung der Erwerbs- und Handelstätigkeit sowie des Konsums anstrebte, zielte Sonnenfels auf die vermehrte Verflechtung der bürgerlichen Haushalte untereinander ab, sie sollte an die Stelle des staatlichen Fürsorgeprimats treten (Sommer 1920, S. 79–80, 388).

Sonnenfels' Staatswissenschaft lieferte den Schlüssel, mittels dessen sich die Individualzwecke der Bürger harmonisch auf den Gesamtzweck der Gesellschaft, das »allgemeine Beste« lenken ließen. Die »Staatswohlfahrt« ist gleichbedeutend mit der »bürgerlichen Glückseligkeit« (Sonnenfels 1764; zit. nach 1994a, S. 40). Die Arbeit an dieser »bürgerlichen Glückseligkeit« führte Sonnenfels zum unermüdlichen Engagement für sein Projekt eines »Politischen Kodex«, eines Verwaltungsgesetzbuches für die Monarchie: Der Kodex, so Sonnenfels im Jahre 1792, müsse »wenigstens den Grund zu einer Staatsverfassung« legen, ohne die eine »rechtmäßige Regierung nicht einmal gedacht werden« könne, weil ansonsten »Willkür« herrsche: Überall suchten die Völker sich ihrer Glückseligkeit mit Gewalt zu bemächtigen, denn das »Recht der Nation, sich selbst glücklich zu machen«, sei »in der Tat unverjährbar und unveräußerlich, ebenso wie das Recht der Selbsterhaltung. Nur die Ausübung dieses Rechts läßt sich verhindern, wenn eine weise bürgerliebende Regierung sich selbst mit Gesetzen befaßt, die diesen Zweck erreichen. Diese Hoffnung setzen alle Völkerschaften auf Leopold II. Regierung.« (Zitiert bei Adler 1911, S. 100, Fn. 30). Das Projekt des »Politischen Kodex« scheiterte, aber die gemäß Sonnenfels' Prinzipien ausgebildete öffentliche Verwaltung blieb das ausführende Organ der Staatswissenschaft, sie sollte als Aufsichtsbehörde und Agentur die »bürgerliche Glückseligkeit« realisieren.

Der rechtschaffene Einzelbürger, heißt es 1798 bei Sonnenfels, sei nicht befähigt, »von selbst« zu »erkennen, wie er in allen Gelegenheiten seine Handlungen nach dem gesellschaftlichen Zwecke einzurichten habe. Der Mann von Rechtschaffenheit will immer für sich selbst das Gute: aber er erkennt dasselbe nicht immer für sich selbst.« Die »öffentliche Verwaltung wird daher dem Mangel dieses Kenntnisses abhelfen, und, um die in der gesellschaftlichen Ordnung unentbehrliche Gleichförmigkeit der Handlungen zu erhalten, durch Gesetze bestimmt erklären, was zu thun, was zu unterlassen ist.« Die Verwaltung, führt Sonnenfels sodann in Anlehnung an David Hume aus, verordne, »was jedermann sich selbst vorschreiben würde, wenn er die wahren Verhältnisse des Ganzen und der Theile zu überschauen Gelegenheit, und sie gehörig zu verbinden, hinreichende Einsicht hätte.« (Sonnenfels 1798; zit. nach 1994b, S. 215f.; im Orig. teils hervorgehoben).

Indem Sonnenfels auf diese Weise den Primat der Verwaltung begründete und diesen an einen substanzentleerten, funktionalen Staatsbegriff koppelte (dazu Heindl 2013, S. 126; Feichtinger 2010), prägte er langfristig die politische Kultur Zentraleuropas. Sonnenfels' Schüler aus allen Teilen der Monarchie – Stipendien führten junge Adelige und Notabeln nach Wien (Khavanova 2015, 103f.) – legten das »allgemeine Beste«, von dem er sprach, jedoch meist lokalpatriotisch aus und bezogen es auf ihre jeweiligen Länder (Horbec 2014, S. 69).

Die Gesellschaft, von der Sonnenfels sprach, besaß kein sprachliches, religiöses oder kulturelles Realsubstrat, als »Ganzes« wurde sie von der Verwaltung hergestellt, welche die freie Entfaltung der bürgerlichen Einzelinteressen koordinierte, die wiederum durch das Allgemeine bürgerliche Gesetzbuch von 1811 gesichert sein sollte. Auf eine Ideologie der »Staatsidolatrie« (so etwa Bauer 1993, S. 267) sollte man Sonnenfels' Lehre nicht verengen. Sie erleichterte es der Wiener Schule der Nationalökonomie, die Vorstellung von einem hypostasierten, staatsbegründenden Gemeinwillen zu überwinden, der vermeintlich Erscheinungen wie Sprache, Religion, Recht, Markt und Gesellschaft hervorbrachte (Fritz/Mikl-Horke 2007, S. 109). Zudem schuf Sonnenfels' Staatslehre die epistemischen Voraussetzungen für die aus der Verwaltungspraxis entwickelten Kernsätze der Wiener Schule der Rechtstheorie, die Erich Voegelin polemisch als das Produkt eines »administrativen Stils« bezeichnet hat (Feichtinger 2010, S. 345): Der Staat ist identisch mit der Rechtsordnung, die Souveränität ist vom Territorium abgelöst und gleichbedeutend mit der Jurisdiktionskompetenz, die Sphäre des rechtlich Regelbaren ist eigentlich unbegrenzt. Über die Legalität des geschöpften Rechtes geben Verfahren zur Prüfung der Normerzeugung Auskunft, deren auf Formalkriterien beruhendes Fehlerkalkül wesentlich an dem Vorbild des korrekt ergangenen Verwaltungsaktes orientiert ist.

Adler, Sigmund (1911): Die politische Gesetzgebung in ihrer geschichtlichen Beziehung zum allgemeinen bürgerlichen Gesetzbuche. In: Juristische Gesellschaft Wien (Hg.), *Festschrift zur Jahrhundertfeier des Allgemeinen Bürgerlichen Gesetzbuches, 1. Juni 1911*, Bd. 1, Wien: Manz, S. 83–145.

Bauer, Roger (1993): Katholisches in der josephinischen Literatur. In: Harm Klueting (Hg.), *Katholische Aufklärung – Aufklärung im katholischen Deutschland*, Hamburg: Meiner, S. 260–270.

Chaloupek, Günther (2009): J.H.G. Justi in Austria: His Writings in the Context of Economic and Industrial Policies of the Habsburg Empire in the 18th Century. In: Jürgen G. Backhaus (Hg.), *The Beginnings of Political Economy. Johann Gottlieb Heinrich von Justi*, New York: Springer, S. 147–156.

Eckhart, Ferenc (1936): *A jog- és államtudományi kar története 1667–1935-ig* [Geschichte der rechts- und staatswissenschaftlichen Fakultät, 1667–1935] (= A királyi Magyar Pázmány Péter-tudományegyetem története [Geschichte der Königlich-Ungarischen Peter-Pázmány-Universität], Bd. 2), Budapest: Királyi Magyar Egyetemi Nyomda.

Feichtinger, Johannes (2010): *Wissenschaft als reflexives Projekt. Von Bolzano über Freud zu Kelsen. Österreichische Wissenschaftsgeschichte, 1848–1938*, Bielefeld: Transcript.

– /Franz L. Fillafer/Jan Surman (2018): Introduction: Particularizing Positivism, in: Dies. (Hgg.), *The Worlds of Positivism. A Global Intellectual History*, New York: Palgrave, S. 1–27.

Fillafer, Franz L. (2017): Whose Enlightenment? In: *Austrian History Yearbook* 48, S. 111–125.

Fritz, Wolfgang/Gertraude Mikl-Horke (2007): *Rudolf Goldscheid. Finanzsoziologie und ethische Sozialwissenschaft*, Wien: Lit Verlag.

Heindl, Waltraud (2013): *Gehorsame Rebellen. Bürokratie und Beamte in Österreich, 1780–1848*, 2. Aufl., Wien/Köln/Graz: Böhlau.

Horbec, Ivana (2014): Prosvjetiteljstvo i rad za opće dobro. Promjene u koncepciji javne službe u Banskoj Hrvatskoj XVIII. stoljeća [Aufklärung und Dienst am Gemeinwohl. Der Wandel in der Konzeption des öffentlichen Dienstes im Kroatien des 18. Jahrhunderts]. In: Drago Roksandić (Hg.), *Hrvati i Srbi u Habsburškoj Monarhiji u 18. stoljeću. Interkulturni aspekti »prosvijećene« modernizacije* [Kroaten und Serben in der Habsburgermonarchie im 18. Jahrhundert. Interkulturelle Aspekte der »aufgeklärten« Modernisierung], Zagreb: FF Press, S. 57–72.

Karstens, Simon (2011): *Lehrer – Schriftsteller – Staatsreformer. Die Karriere des Joseph von Sonnenfels (1733–1817)*, Wien/Köln/Weimar: Böhlau.

Khavanova, Olga (2015): Eine universitäre Lehrveranstaltung als universales Instrument. Joseph von Sonnenfels und die administrative Elite der Habsburgermonarchie. In: Stephan Wendehorst (Hg.), *Die Anatomie frühneuzeitlicher Imperien. Herrschaftsmanagement jenseits von Staat und Nation. Institutionen, Personal und Techniken*, Berlin: De Gruyter-Oldenbourg, S. 103–119.

Klingenstein, Grete (2004): Professor Sonnenfels darf nicht reisen. Beobachtungen zu den Anfängen der Wirtschafts-, Sozial- und Politikwissenschaften in Österreich. In: Hedwig Kopetz et al. (Hgg.), *Soziokultureller Wandel im Verfassungsstaat. Phänomene politischer Transformation. Festschrift für Wolfgang Mantl zum 65. Geburtstag* (= Studien zu Politik und Verwaltung, Bd. 90), Wien/Köln/Graz: Böhlau, S. 829–841.

Kremers, Hildegard (1983): *Quellenkritische Analyse des ökonomischen Denkens von Joseph von Sonnenfels. Vermittlung und Anpassung*, Dissertation, Universität Graz.

Medick, Hans (1973): *Naturzustand und Naturgeschichte der bürgerlichen Gesellschaft. Die Ursprünge der bürgerlichen Sozialtheorie als Geschichtsphilosophie und Sozialwissenschaft bei Samuel Pufendorf, John Locke und Adam Smith*, Göttingen: Vandenhoeck & Ruprecht.

Ofner, Julius (1889): *Der Ur-Entwurf und die Berathungs-Protokolle des Oesterreichischen Allgemeinen bürgerlichen Gesetzbuches*, 2 Bde., Wien: Hölder.

Osterloh, Karlheinz (1970): *Joseph von Sonnenfels und die österreichische Reformbewegung im Zeitalter des aufgeklärten Absolutismus*, Lübeck/Hamburg: Matthiesen.

Příbram, Karl (1908): Die Idee des Gleichgewichts in der älteren nationalökonomischen Theorie. In: *Zeitschrift für Volkswirtschaft* 17, S. 1–28.

Sommer, Louise (1920): *Die österreichischen Kameralisten in dogmengeschichtlicher Darstellung*, Wien: Konegen.

Sonnenfels, Joseph von [Pseud. Cajetanus Graf von Roggendorf] (1764): *Versuch über das Verhältniß der Stände. Von Cajetanus Grafen von Roggendorf. Hörer der kanonischen Rechte und der Kameralwissenschaft: nebst angehängten Lehrsätzen aus der Polizeywissenschaft* [...], Wien: Georg Ludwig Schulz. Hier verwendet nach der Neuauflage in: Sonnenfels 1994, S. 37–63.

– (1781): *Die Erste Vorlesung, welche Herr Hofrath von Sonnenfels nach dem Tode Maria Theresiens hielt*, Hermannstadt: Petrus Barth.

– (1785): *Ueber die Liebe des Vaterlandes* [1771] (= Gesammelte Schriften, Bd. 7), Wien: Baumeister.

– (1787): *Joseph von Sonnenfels, k.k. wirklichen Hofrathes, und Professors zu Wien Grundsätze der Policey, Handlung und Finanzwissenschaft* [3 Bde., 1765–1776]. *Abgekürzt, in Tabellen gebracht und zum Gebrauch seiner akademischen Vorlesungen eingerichtet vom Hofrathe Mooshammer zu Ingolstadt*, München: Johann Baptist Strobel.

– (1798): *Handbuch der inneren Staatsverwaltung mit Rücksicht auf die Umstände und Begriffe der Zeit* [...], Wien: Camesina. Hier verwendet nach der auszugsweisen Neuauflage in: Sonnenfels 1994, S. 187–221.

– (1994): *Aufklärung als Sozialpolitik. Ausgewählte Schriften aus den Jahren 1764–1798* (= Klassische Studien zur sozialwissenschaftlichen Theorie, Weltanschauungslehre und Wissenschaftsforschung, Bd. 10), hrsg. von Hildegard Kremers, mit einem Nachwort von Karl Acham, Wien/Köln/Weimar: Böhlau.

Welch, Cheryl B. (2011): Social Science from the French Revolution to positivism. In: Gareth Stedman Jones/Gregory Claeys (Hgg.), *The Cambridge History of Nineteenth-Century Political Thought*, Cambridge: Cambridge University Press, S. 171–199.

Franz L. Fillafer

Friedrich Schlegels Geschichtsphilosophie

Geschichtsphilosophie und Zeitdiagnostik Friedrich Schlegels (1772–1829) beginnen auf dem Gebiet der Literaturgeschichte. Parallel zur Entstehung von Friedrich Schillers Briefsammlung *Über naive und sentimentalische Dichtung* arbeitet er an einer Bestimmung der Gegenwart durch den Vergleich mit der griechischen Antike. Der Durchbruch zu einer positiven Bestimmung der Moderne gelingt Schlegel im ersten und zweiten Kapitel seiner Schrift *Über das Studium der Griechischen Poesie* (1797). Dort bestimmt er die mit antiker Zyklizität kontrastierende Zeitlichkeit der modernen Literatur als unendlich progredient und ordnet ihr als ästhetische Kategorie das Interessante zu im Unterschied zum klassischen Konzept des Schönen (*Kritische Friedrich-Schlegel-Ausgabe*, Bd. 1, S. 250–255). In nachgelassenen Notizen reflektiert er unter Verwendung des Begriffs »Historismus« auf die Differenz zwischen epochenspezifischen Zeitformen (vgl. ebd., Bd. 16, S. 35ff.).

Auch die kleineren Schriften des jungen Schlegel dokumentieren ein historisch ausgerichtetes Denken. In seiner Rezension von Condorcets *Entwurf einer historischen Darstellung der Fortschritte des menschlichen Geistes* (frz. 1793) sucht er nach einem »Newton« der Geschichte (ebd., Bd. 7, S. 6). Im *Versuch über den Begriff des Republikanismus* (1796) entwickelt er das Konzept der »ins unendliche fortschreitende[n] Annäherung« bzw. »unendlichen Progression« weiter (ebd., Bd. 7, S. 12). Schlegels Essay setzt sich mit Kants Schrift *Zum ewigen Frieden* auseinander und stellt sowohl dessen Republikanismus- als auch dessen Geschichtskonzept in Frage. Kant reagiert auf Schlegels Einwand gegen sein Geschichtsverständnis, indem er in seiner Schrift *Der Streit der Fakultäten* (1798) seine Theorie des »Geschichtszeichens« entwirft. In verschiedenen von Schlegels »Fragmenten«, die 1798 im *Athenaeum*, dem gemeinsam mit seinem Bruder August Wilhelm herausgegebenen Zeitschriftenprojekt der Jenaer Frühromantik, erscheinen, finden sich weitere Skizzen zur Geschichtsphilosophie und Zeitdiagnostik. Im Fragment Nr. 80 heißt es z.B.: »Der Historiker ist ein rückwärts gekehrter Prophet« (ebd., Bd. 2, S. 176). Nr. 216 beginnt mit dem Satz: »Die Französische Revolution, Fichtes Wissenschaftslehre, und Goethes [Wilhelm] Meister sind die größten Tendenzen des Zeitalters. Wer an dieser Zusammenstellung Anstoß nimmt [...], der hat sich noch nicht auf den hohen weiten Standpunkt der Geschichte der Menschheit erhoben« (ebd., Bd. 2, S. 198). Menschheitsgeschichte hat demnach eine Integration von politischer Ereignisgeschichte, Geistes- und Kulturgeschichte zu sein. Leider hat Schlegel diese Idee jedoch nicht konsequent ausgeführt, sondern seine literaturgeschichtlichen und die auf Politik und Religion konzentrierten Vorlesungen später durchaus getrennt voneinander gehalten.

Das Ende der Jenaer Frühromantik markiert Schlegels 1802 unternommene *Reise nach Frankreich* bzw. sein gleichnamiger Essay von 1803. Begriffsarchitektur und Epochenmodell werden radikal umgebaut. Erstmals wird die »katholische Religion« als eine historische Kraft angeführt (ebd., Bd. 7, S. 74). Schlegels Epochenmodell charakterisiert die moderne Gegenwart nun nicht mehr allein dadurch, im Gegensatz zur Antike zerrissen zu sein, sondern als Moderne wird nun eine bis weit in die vorchristlichen Jahrhunderte zurückreichende Geschichte kontinuierlich anwachsender Differenzierung der Kultur begriffen. Die *Reise nach Frankreich* ist ein typischer Beleg für das Changieren zwischen nationalen und religiösen Motiven in der Politischen Romantik. Schlegel wird vor allem der katholischen Religion Gewicht verleihen. Nationalismus eignet sich in seinen Augen nicht für eine fundamentale Erweckung Europas, die die politische Revolution in eine »wahre Revolution [...] aus dem Mittelpunkte der vereinigenden Kraft« überführen soll (ebd., Bd. 7, S. 76).

Damit gelangt die Reihe von Schlegels universalgeschichtlichen und philosophischen Vorlesungen vorläufig zum Ende. Es schließen zunächst die nur als Mitschrift vorliegenden, privat gehaltenen *Vorlesungen über Universalgeschichte* an, die Schlegel im Winter 1805/06 in Köln hält. Obwohl Schlegel sich erstmals wirklich auf die Realgeschichte einlässt, bleibt der »Hauptzweck« die Erkenntnis der »historischen Gesetze« (ebd., Bd. 14, S. 49). In politischer Hinsicht ist Schlegels Idealbild der monarchisch überwölbte Stände-Organismus. Die Kriterien seiner Bewertung von Epochen und Akteuren lauten »wahrer Friede« und die Abwesenheit »von aller Partei- und Sektensucht« (ebd., Bd. 14, S. 211f.). Schlegel postuliert die Versöhnung alles Gegensätzlichen und verabscheut nichts mehr als Parteilichkeit und Sektenbildung. Insbesondere die Reformation kann unter diesen Bedingungen nur negativ beurteilt werden. Schlegel behauptet nicht, dass die katholische Kirche frei von Missständen gewesen sei. Aber gegenüber den schrecklichen Folgen der Reformation wie religiösem »Haß«, »Anarchie oder Despotismus« als Formen des Ordnungszerfalls und Auslöser einer »Kette von unaufhörlichen Bürgerkriegen«, erscheinen ihm die Fehler der katholischen Kirche als von minderem Gewicht (ebd., Bd. 14, S. 212f., 215).

Vor einem größeren Publikum breitet Schlegel seine Ordnungsvorstellungen fünf Jahre später in den 21 Vorlesungen *Über die neuere Geschichte* aus, die er 1810 in Wien gehalten und 1811 ebendort veröffentlicht hat. Bemerkenswert sind die der politischen Lage geschuldeten Analogien: Weil das Rom der Antike mit dem Frankreich der Gegenwart assoziativ verbunden ist, kann die Darstellung der »Völkerwanderung«, die es »den deutschen Völkern« ermöglicht habe, das »römische Joch« abzuwerfen (ebd., Bd. 7, S. 131), einen Blick auf das Ende der napoleonischen Herrschaft über Europa ermöglichen. Die zwölfte Vorlesung widmet sich abermals der Reformation. Im Kontrast zu den durch sie ausgelösten Verwerfungen zeichnet Schlegel ein ausführliches Porträt des Kaisers Karl V. (1500–1558) und seiner Regierungszeit, das hinsichtlich Länge und Detailreichtum hervorsticht. Hervorgehoben wird an Karl V. der »hohe Begriff von der Kaiserwürde« (ebd., Bd. 7, S. 288), die sich vor allem im Bestreben zeigt, das weit über Europa ausgedehnte Herrschaftsgebiet mittels einer Art Subsidiaritätsprinzip zu regieren. Für bedeutend hält Schlegel auch dessen Bemühen um die Moderation des Prozesses der

Glaubensspaltung. Bezeichnend findet er nicht zuletzt, dass Karl V. seine militärischen Siege nie zur Unterwerfung der Unterlegenen nutzt, sondern den Moment des militärischen Triumphs als Moment der Versöhnung gestaltet. Es ist allerdings anzumerken, dass Schlegels unveröffentlichte Notizen kritischer gehalten sind als seine öffentlichen Wiener Vorlesungen.

Einen weiteren Höhepunkt von Schlegels spätem Geschichtsdenken stellt der Aufsatz dar, mit dem er die *Concordia*, seine letzte Zeitschrift, eröffnet. Der Titel (einer Reihe von gleichnamigen Zeitschriftenaufsätzen) signalisiert den Anspruch, die »Signatur des Zeitalters« allgemein verbindlich zu entziffern. Schlegels Philosophie der Restauration wird hier erst eigentlich entwickelt. Ausgangspunkt und Crux des Textes ist die alarmierte Diagnose parteilicher Zersplitterung in überparteilicher Perspektive. Der ganze erste Teil des dreiteiligen Textes kreist thematisch um den »merkwürdigen Charakterzug unserer Zeit, daß jetzt alles sogleich zur Partei wird« (ebd., Bd. 7, S. 492). Schlegel spart nicht mit Kassandra-Rufen und mahnt an, dass man sich von der äußeren Ruhe der Gegenwart nicht über den Zustand des »allgemeinen inneren Unfriedens« hinwegtäuschen lassen solle (ebd., Bd. 7, S. 486). Seiner Ansicht nach ist das Zeitalter davon beherrscht, dass zahlreiche Teilgruppen miteinander konkurrieren, die allesamt Anspruch auf das Ganze erheben und den zersplitterten Zeitgeist mit dem »Mordschwert aller Parteigewalt« vor sich her treiben (ebd., Bd. 7, S. 517). Das Spektrum der Symptome reicht bis hin zu politischen Morden (unter anderem an August von Kotzebue oder dem Herzog von Berry). Schlegel macht dabei keinen Unterschied zwischen den ideologischen Positionen der Konfliktparteien. Das Hauptübel besteht nicht in der Falschheit der Überzeugungen, sondern in der gemeinsam geteilten Prätention auf absolute Gültigkeit.

Die Form der Zeitgegnerschaft wirkt zunächst konventionell konservativ. Zu einer originellen Philosophie der Restauration wird Schlegels »Signatur des Zeitalters« in dem Moment, in dem er die Relation von Partei und Absolutem aufzubrechen versucht, um zu einer vorrevolutionären Form des Politischen zurückzukehren. Dabei gilt es vor allem, eine nach-revolutionäre Einbildungskraft unter Kontrolle zu bringen, die in strategischer Absicht die Differenz zwischen Absolutheitsanspruch und tatsächlichem Partikularismus verschleiert. Das Prinzip des unendlichen Konflikts kann nur außer Kraft gesetzt werden, wenn wirkliche, d.h. für Schlegel katholische Ganzheitlichkeit an die Stelle bloß eingebildeter Universalität tritt. Schon die Zeitgenossen erkennen in Schlegels Anspruch auf Unparteilichkeit allerdings eine besonders perfide Strategie, eine Parteimeinung als allgemeinen Willen erscheinen zu lassen.

Das Hauptproblem aller Restaurationsphilosophen ist es, die Idee der Restauration unter den Kommunikationsbedingungen einer nach-revolutionären Epoche artikulieren zu müssen. Im dritten Teil seines Textes, der erst 1823 im letzten Heft der *Concordia* erscheint, setzt Schlegel sich mit Joseph Görres' *Europa und die Revolution* (1821) auseinander, um dann die gegenrevolutionäre und restaurative Theoriekonkurrenz kurz Revue passieren zu lassen: Edmund Burke, Friedrich von Gentz, Louis-Gabriel-Ambroise de

Bonald, Adam Müller, Joseph de Maistre. Abschließend folgt der Versuch, die eigene Restaurationsphilosophie mit der »Idee eines christlichen Gemeinwesens« im Mittelpunkt zu skizzieren (ebd., Bd. 7, S. 566).

Die letzte Etappe in Schlegels Geschichtsdenken ist sein Vorlesungszyklus über die *Philosophie der Geschichte*, den er im April und Mai 1828 in Wien gehalten hat. Er kann als Versuch angesehen werden, die im Essay zur »Signatur des Zeitalters« reflektierte, aber nicht aufgelöste Paradoxie einer unter nach-revolutionären Bedingungen formulierten Philosophie der Restauration noch einmal von Grund auf anzugehen. Ein Anknüpfungspunkt zur »Signatur des Zeitalters« besteht darin, dass Schlegels Darstellung bezweckt, was auch seine Zeitdiagnose prägte: dass nämlich »vor unserem Auge enthüllt wird, wie die scheinbare Ruhe an der Oberfläche« in den verschiedensten Epochen »überall nur ein inneres Verderben, die zahllosen Keime der Zerstörung, und einen Abgrund von Zerrüttung und Verbrechen verdeckt« (ebd., Bd. 9, S. 9). Außerdem versucht sich Schlegel an einer Art Synthese. Er blickt explizit auf seine früheren Arbeiten zurück und bezieht sie zum Teil mit ein (ebd., Bd. 9, S. 13).

Der Ausgangspunkt der eigentlichen Geschichte, den Schlegels Geschichtsphilosophie der liberalen Begründung des Staates aus Naturzustandsszenarien entgegensetzt, ist eine eigentümliche Setzung, die ihren hypothetischen Charakter strikt verleugnet: Schlegel lässt die Geschichte damit beginnen, dass der von Gott geschaffene Mensch, der zur Herrschaft über die Natur ausersehen ist, durch eigene Verfehlung »zur Natur herab[sinkt]« und ihr untertan wird: »dieses ist der Anfang der Menschengeschichte« (ebd., Bd. 9, S. 30). Semantik und Narrativik von Schlegels Geschichtserzählung werden damit entscheidend vorgeprägt. Alle dargestellten Ereignisse stehen in einem vorstrukturierten Horizont, der von der Alternative getragen wird, ob ein historisches Phänomen auf den Sündenfall zurück- oder auf die »Rückkehr zu […] Gott« vorausweist (ebd., Bd. 9, S. 34). Die semantischen und motivischen Folgen dieses Ansatzes sind einigermaßen effektvoll. Der Ausgangspunkt ist eine »Verwilderung« (ebd., Bd. 9, S. 37). Das begabteste Geschöpf Gottes wird als Untertan tierischer Antriebe dargestellt: »der Mensch [ist] eigentlich ein liberaler Affe« (ebd., Bd. 9, S. 28). Geschichte ist unter dieser Voraussetzung nichts anderes als ein unendlicher Prozess der Retardation, dessen Ende man abwarten muss. Da der Abfall von Gott Geschichte erst ermöglicht, kann die Rückkehr zu Gott nicht umgekehrt geschichtlich erfolgen. Es bleibt somit nur das große Warten darauf, dass die Binnenerzählung vom geschichtlichen Menschen an ihr Ende kommt.

Schlegel, Friedrich von (1958–1995): *Kritische Friedrich-Schlegel-Ausgabe*, begr. und hrsg. von Ernst Behler unter Mitwirkung von Jean-Jacques Anstett, Hans Eichner und Ulrich Breuer, derzeit 35 Bde., Paderborn: Schöningh. (Edition noch nicht abgeschlossen.)

Weiterführende Literatur

Behler, Ernst (1983): *Die Zeitschriften der Brüder Schlegel. Ein Beitrag zur Geschichte der deutschen Romantik*, Darmstadt: Wissenschaftliche Buchgesellschaft.
Behrens, Klaus (1984): *Friedrich Schlegels Geschichtsphilosophie (1794–1808). Ein Beitrag zur politischen Romantik*, Tübingen: Niemeyer.
Schlaffer, Hannelore (1975): Friedrich Schlegels Geschichtsphilosophie der Restauration. In: Dies./Heinz Schlaffer: *Studien zum ästhetischen Historismus*, Frankfurt a.M.: edition suhrkamp, S. 48–54.
Schöning, Matthias (2017): »Geschichte und Politik«. In: Johannes Endres (Hg.), *Friedrich Schlegel-Handbuch. Leben – Werk – Wirkung*, Stuttgart/Weimar: J.B. Metzler, S. 238–263.
Zimmermann, Harro (2009): *Friedrich Schlegel oder die Sehnsucht nach Deutschland*, Paderborn u.a.: Schöningh.

Matthias Schöning

Adam Heinrich Müllers *Elemente der Staatskunst* und die politische Romantik

Im Winter 1808/09 hielt Adam Heinrich Müller (1779–1829) im Dresdner Palais Carlowitz eine Vorlesungsreihe über Staat, Wirtschaft und Religion, die er dann auch sogleich publizierte. Die *Elemente der Staatskunst* (1809, hier Müller 1922) sind sein Hauptwerk und zugleich das der politischen Romantik; andere politische oder ökonomische Schriften Müllers sind entweder dessen Vorstufen oder vertiefende Ausführungen (vgl. Baxa 1926, S. 48–62; 1931, S. 164–194, 209–226). Seine Angriffsziele sind der »Atomismus« des zeitgenössischen Naturrechts der rechnenden, messenden Staatswissenschaft und der liberalen Wirtschaftstheorie sowie die aufgeklärte Privatisierung der Religion. Dies alles stehe für die Bevorzugung des Einzelnen mit seinen besonderen Wünschen und Bedürfnissen in seinem jeweiligen Hier und Jetzt zu Lasten der dauerhafteren, wenngleich nicht jedem unmittelbar einsichtigen Ordnung der Gemeinschaft.

In seinem naturphilosophischen Werk *Die Lehre vom Gegensatze* (1804) hatte Müller das Sein der Welt als von Gegensätzen durchwirkt beschrieben. In den *Elementen* erklärt er es zur Aufgabe der Staatskunst, hier jeweils das höhere, vereinigende Dritte zu erfassen, um die Staatskräfte zur organischen Wechselwirkung zusammenzuschließen: »[...] der Staat ist nicht eine bloße Manufactur, Meierei, Assecuranz-Anstalt, oder mercantilische Societät; *er ist die innige Verbindung der gesammten physischen und geistigen Bedürfnisse, des gesammten physischen und geistigen Reichthums, des gesammten inneren und äußeren Lebens einer Nation, zu einem großen energischen, unendlich bewegten und lebendigen Ganzen*« (Müller 1922, Bd. 1, S. 37). Die staatlich verfassten Nationen (der Ausdruck Völker wird vermieden) stehen wie Organismen wiederum in Wechselwirkungen, wobei die Möglichkeit des Krieges ständig gegeben bleibt und auf ihr Inneres vereinheitlichend zurückwirkt. Dabei folgen sie aber über die Naturgesetze hinaus auch der höheren Ordnung der Christenheit, ist doch »Christus nicht bloß für die Menschen, sondern auch für die Staaten gestorben« (ebd., Bd. 2, S. 178).

Müllers Dresdner Vorlesungsreihe umfasst 36 zweistündige Vorlesungen. Davon behandeln 17 Staat, Krieg und Recht, 15 die Wirtschaft, vier das Verhältnis beider zur Religion. Die Staats- und Rechtslehre stützt sich und reibt sich an Charles de Montesquieu, die Wirtschaftslehre an Adam Smith, als das beide vermittelnde höhere Dritte fungiert Edmund Burke. Ansonsten zeigt sich der Einfluss der Organismusbegriffe von Johann Gottlieb Fichte und Friedrich Wilhelm Schelling (vgl. dazu Baxa 1931, S. 102–116, 119–122, 146–157). Die *Elemente* sind ein Werk über das Ganze der Geschichte und tragen ein »kosmisches Gepräge« (Baxa in Müller 1922, Bd. 2, S. 421). Kleineres mit Größerem vergleichend lassen sie an Georg Wilhelm Friedrich Hegels Geschichtsphilosophie denken, wobei ihnen freilich die Vorstellung einer dialektischen Selbstbewegung des Begriffes fehlt, weshalb sie bei den Gegensätzen stehen bleiben, die das »höhere Dritte« nicht »aufhebt«, sondern nur überbrückt. Sie sind auch eine der zeittypischen Dreistadienlehren. Das Heidentum mit dem Materialismus des römischen Rechts sei etwas Überwundenes oder zu Überwindendes, der Korporatismus des christlichen Mittelalters sei überlebt, aber trotzdem für alle Seiten vorbildlich, der aufgeklärte Säkularismus mit der Drohung einer Weltherrschaft sei ein Rückfall, doch mit dem Potential zu noch Höherem.

Der Reichtum der *Elemente* lässt sich weder resümieren noch zur Quintessenz verdichten. Erwähnt seien noch: das vorvertragliche Element im Vertrag (ebd., Bd. 1, S. 147), das Eigentum als der Nießbrauch eines »Lehens«, der Leistungen und Opfer für die Gemeinschaft miterfordert (ebd., Bd. 1, S. 161, 269, 278; Bd. 2, S. 223), das unsichtbare »geistige Capital« (ebd., Bd. 2, S. 54), die soziale Pathologie einer Aufspaltung in produktive Arbeiter und »Rentenirer« (ebd., Bd. 2, S. 110), »künstliche Bedürfnisse« (ebd., Bd. 2, S. 130) oder der Entwicklungsschritt von den »gleichförmig gebauten« zu verschiedenförmigen, jedoch wechselwirkenden Gruppen im Staat (ebd., Bd. 2, S. 204). Mit der Wirtschaftslehre Müllers beginnt der Historismus in der Nationalökonomie (Salin 1951, S. 127–129; Eisermann 1956, S. 98–106). Er behandelt ja das Wirtschaftliche durchgängig soziologisch. Wenig zutreffend erscheint dagegen Müllers feingeistige Abneigung gegen das Fabrikswesen bei Überbetonung des Handels: Er stellt die Kaufleute als gleichwertigen »vierten Stand« neben Geistlichkeit, Adel und handwerkliches Bürgertum (Müller 1922, Bd. 2, S. 121). Seine Liberalismuskritik hat den Sozialisten Munition geliefert, aber das Urteil Karl Marx' fiel dennoch vernichtend aus: »Es waren zwei Umstände, die A. Müller speziell zu seiner sogenannten höheren Auffassung der politischen Ökonomie befähigten. Einerseits seine ausgebreitete Unbekanntschaft mit ökonomischen Tatsachen, anderseits sein bloß dilettantisches Schwärmereiverhältnis zur Philosophie« (Marx 1947, S. 71). Die im Druck beibehaltene Vortragsform, ihr »im großen, freien Styl, so ideenweise« hingemaltes Panorama (Müller 1922, Bd. 1, S. 21) und die geradezu narkotische Beredsamkeit Müllers erlauben es den *Elementen*, summarisch zu urteilen und Untiefen zu umschiffen. Wenn er seine Staatskunst zweimal mit der ganzheitlichen Medizin vergleicht (ebd., Bd. 1, S. 324; Bd. 2, S. 87), muss er sich die Frage gefallen lassen, ob er dieses Ganze überhaupt in allen seinen Wirkungen zu überschauen vermag und inwiefern ein solcher Vertrauensvorschuss an ihn gerechtfertigt ist.

Müllers Laufbahn gliedert sich in zwei Abschnitte: Bis 1811 war er in Deutschland »freischwebender« Literat, dann österreichischer Beamter. Blendender Causeur, universal interessiert, romantisch gelockerten Lebensstils, sah man ihn in den maßgeblichen Berliner Salons und an den Tischen der Mächtigen und Reichen. Als Sohn eines mittleren preußischen Beamten strebte er nach einer führenden Stelle im Staat. Das wäre ihm auch fast geglückt, wenn er sich nicht mit der ständischen Opposition gegen die Stein-Hardenberg'schen Reformen gewandt hätte. Sein Ruf war durchwachsen: brillant, doch windig, snobistisch, moralisch anrüchig (vgl. Baxa in Müller 1922, Bd. 2, S. 442–446; Schmitt 1968, S. 70; Koehler 1980, S. 30). Er ist das argumentum ad hominem auch nicht mehr losgeworden. Der »freche Wunderknabe« (Golo Mann) hatte sich dem Metternich-Berater Friedrich von Gentz angeschlossen, der ihn von der Theologie zur Staatswissenschaft führte, für die Revolutionskritik Burkes begeisterte, für den Kampf gegen Napoleon gewann, und der sein lebenslanger Freund und Mentor blieb. Ihm verdankte der in Berlin Gescheiterte den Eintritt in den k.k. Staatsdienst, und zwar in den Stab Metternichs (vgl. Mann 1972, S. 68–70; Baxa 1930, S. 3–20). Beim ersten Besuch in Wien 1805 tat Müller etwas Überraschendes und dann lange Geheimgehaltenes: er wurde katholisch. In vielem ähnelt seine Laufbahn der von Friedrich Schlegel, dem anderen bedeutenden politischen Romantiker (Schmitt 1968, S. 51–57; Seifert 2015).

Carl Schmitts Buch *Politische Romantik* (erstmals 1919) diente der Demontage dieser Strömung ebenso wie jener Adam Müllers. Beide – die Geisteshaltung der Romantik im Allgemeinen wie ihr Vertreter, der Staatstheoretiker Müller im Besonderen – erschienen der neuen Sachlichkeit Schmitts als moralisch anrüchig. Eine entscheidungslos in ironischer Distanz verharrende ästhetische Grundhaltung habe sich aus der »Unfähigkeit zur normativen Bewertung« in die »organische« Staatsauffassung und ein »bel canto der Rede« gerettet (Schmitt 1968, S. 162, 182). Doch sei die »romantische Erhabenheit« letztlich nur »dienstfertige[s] Begleiten fremder Kraft« (ebd., S. 228). Die positiven Lehren Müllers wiederholten einfach die der konservativen Staatsdenker Burke, Louis de Bonald, Joseph de Maistre und Albrecht von Haller (ebd., S. 172). Analog hat auch Karl Mannheim in der Abhandlung »Das konservative Denken« (1927, hier in Mannheim 1964, S. 408–565) gezeigt, wie Müller oder Schlegel ihr Talent willentlich in den Dienst eines Standes stellten, dem sie nicht von Geburt angehörten, jedoch zustrebten.

1811 kam Müller auf Stellungssuche nach Wien. Er gehörte dort zum dezidiert katholischen Romantikerkreis um Klemens Maria Hofbauer. 1812 hielt er seine letzte – und nach dem Urteil von Ernst Robert Curtius bedeutendste – Vorlesungsreihe, *Zwölf Reden über die Beredsamkeit und ihren Verfall in Deutschland* (Müller 1967): »Einsam und stolz ragt aus diesem Wust [frühmoderner Rhetoriken] das heute noch ungelesene Buch von Adam Müller hervor, [...] das eine deutsche Geistesgeschichte in nuce enthält« (Curtius 1973, S. 88). Endlich fand sich für ihn auch eine Stellung: er wurde zum »Landeskommissär« bei der Rückeroberung Tirols (1813). Dort hat er – bei Niederdorf – ein wenig Pulver gerochen und sich, sehr zum Hohne Schmitts, an der Einschränkung eben jener ständischen Freiheiten beteiligt, für die er sich zuvor in Berlin vergeblich eingesetzt hatte (Schmitt 1968, S. 71–73). Von 1815 bis 1827 diente er erfolgreich als österreichischer Generalkonsul in Leipzig, wo er auch (wie diverse kleinere »Denkschriften« zeigen) Gelegenheit fand, sich mit ökonomischen Tatsachen vertraut zu machen. Doch sein Büchlein *Von der Notwendigkeit einer theologischen Grundlage der gesamten Staatswissenschaften* (erstmals 1819) ist ein ebenso frommer wie schwacher Abglanz der *Elemente*: der Staat als Schöpfung Gottes, als Organismus aus Organismen, und auch der Einzelmensch wird vom Gemeinwesen organisiert, wie er selbst dessen Organisator ist. Wie weiland sein Vater, der Hofrentmeister, war Müller ein verlässlicher Beamter und guter Familienvater geworden, hatte Carl Schmitt zufolge (der es ja wissen musste) »menschliche und politische Reife« gewonnen und war auch ein »guter, frommer Katholik« geworden (Schmitt 1968, S. 58). 1826 erfolgte die ersehnte Nobilitierung (als »Edler von Nitterdorf«, verballhornt aus Niederdorf) und 1827, kurz vor dem Tode, widerfuhr ihm die österreichische Apotheose, die Ernennung zum Hofrat. Doch den Ruhm hatte der andere, der anrüchige Müller gewonnen: Beamten flicht die Nachwelt keine Kränze.

Baxa, Jakob (1926): *Geschichte der Produktivitätstheorie*, Jena: Gustav Fischer.

– (1950): *Adam Müller. Ein Lebensbild aus den Befreiungskriegen und aus der deutschen Restauration*, Jena: Gustav Fischer.

– (1931): *Einführung in die romantische Staatswissenschaft* [1924], 2., erw. Aufl., Jena: Gustav Fischer.

Curtius, Ernst Robert (1973): *Europäische Literatur und lateinisches Mittelalter* [1948], 8. Aufl., Bern/München: Francke.

Eisermann, Gottfried (1956): *Die Grundlagen des Historismus in der deutschen Nationalökonomie*, Stuttgart: Ferdinand Enke.

Koehler, Benedikt (1980): *Ästhetische Politik. Adam Müller und die politische Romantik*, Stuttgart: Klett-Cotta.

Mann, Golo (1972): *Friedrich von Gentz. Geschichte eines europäischen Staatsmannes* [1947], Frankfurt a.M./Berlin/Wien: Ullstein.

Mannheim, Karl (1964): *Wissenssoziologie. Auswahl aus dem Werk*, eingeleitet und hrsg. von Kurt H. Wolff, Berlin/Neuwied: Luchterhand.

Marx, Karl (1947): *Zur Kritik der politischen Ökonomie* [1859], Berlin: Duncker & Humblot.

Müller, Adam Heinrich (1804): *Die Lehre vom Gegensatze*, Berlin: Reimer.

– (1897): *Von der Notwendigkeit einer theologischen Grundlage der gesamten Staatswissenschaften und der Staatswirtschaft insbesondere* [1819], Wien: Österreichische Leo-Gesellschaft.

– (1922): *Die Elemente der Staatskunst* [1809], 2 Bde., mit einer Einführung, erklärenden An-

merkungen und bisher ungedruckten Originaldokumenten versehen von Jakob Baxa, Wien/Leipzig: Wiener Literarische Anstalt.
– (1967): *Zwölf Reden über die Beredsamkeit und ihren Verfall in Deutschland* [1816], Frankfurt a.M.: Insel-Verlag.
Pauly, Walter/Klaus Ries (Hgg.) (2015): *Staat, Nation und Europa in der politischen Romantik*, Baden-Baden: Nomos.
Salin, Edgar (1951): *Geschichte der Volkswirtschaftslehre*, Bern/Tübingen: A. Francke, J.C.B. Mohr.
Schmitt, Carl (1968): *Politische Romantik* [1919], 3. Aufl., Berlin: Duncker & Humblot.
Seifert, Achim (2015): Die Entdeckung Europas durch die deutsche Romantik. Zur Europaidee bei Novalis und Friedrich Schlegel. In: Pauly/Ries 2015, S. 267–289.

Weiterführende Literatur

Baxa, Jakob (1966): *Adam Müllers Lebenszeugnisse*, 2 Bde., München/Paderborn/Wien: Schöningh.
Sauzin Louis (1937): *Adam-Heinrich Müller (1779–1829), sa vie et son œuvre*, Paris: les Presses Modernes.

Justin Stagl

Bernard Bolzanos Staatslehre

Der katholische Geistliche, Theologe, Philosoph und Mathematiker Bernard Bolzano (1781–1848), Professor für Religionsphilosophie an der Prager Karls-Universität, gehörte zu den einflussreichsten Intellektuellen der Habsburgermonarchie im 19. Jahrhundert (vgl. Ganthaler/Neumaier 1997; Stachel 1999). Dies ist umso bemerkenswerter, als Bolzano ab Weihnachten 1819 mit einem Lehr- und Publikationsverbot belegt war und damit zumindest auf den ersten Blick von den geistigen Auseinandersetzungen der Zeit ausgeschlossen schien. Allerdings konnte das Publikationsverbot durch Veröffentlichungen im Ausland umgangen werden, die mit dem fiktiven Vermerk versehen waren, wonach ungenannt bleibende »Freunde« des Verfassers das Werk gleichsam ohne sein Zutun herausgegeben hätten. Über diese Veröffentlichungen, vor allem aber über ehemalige Schüler entfalteten einige Inhalte von Bolzanos Denken in der Habsburgermonarchie breite Wirkung; insbesondere die Architekten der großen Reform des höheren Bildungswesens (Thun'sche Schulreform, ab 1849; vgl. Aichner/Mazohl 2017) standen zum Teil unter dem Einfluss des »böhmischen Leibniz«, wie Bolzano gelegentlich genannt wurde.

Bolzanos Schriften, die teilweise erst Jahrzehnte nach seinem Tod herausgegeben wurden, decken ein breites thematisches Spektrum ab: Neben Arbeiten zur Religionsphilosophie und Erkenntnistheorie finden sich auch Texte zur Ästhetik und ein umfangreicher Nachlass mit mathematischen Untersuchungen. Auch zu sozialphilosophischen Fragen hat sich Bolzano wiederholt – jedoch nicht immer in systematischer Form – geäußert. Bemerkenswert ist in diesem Zusammenhang, dass der Herausgeber von Bolzanos Büchlein *Von dem besten Staate*, der Königsberger Professor Arnold Kowalewski, in seinem Vorwort von 1932 Bolzano gleich mehrfach eine »soziologische Gesinnung« bescheinigt: So etwa in Fragen der Religionsphilosophie, wo er auch die gesellschaftlichen Gruppen in seine Untersuchung einbeziehe oder auch in seinen Ausführungen zur Unsterblichkeit der Seele (vgl. Kowalewski 1932, S. VI, XI, XXI); selbst die in der vierbändigen *Wissenschaftslehre* ausgebreitete rationalistische Erkenntnistheorie deutet Kowalewski als die erste »spezifisch soziologische Logik« in der Philosophiegeschichte (ebd., S. XXII). Begründet wird diese fragwürdige Einschätzung allerdings nur mit Bolzanos Wunsch, die Wissenschaftslehre »in zweckmässigen Lehrbüchern« dargestellt zu sehen, und mit dessen Zugeständnis, dass unterschiedliche Benutzerschichten sich der gegebenen normativen Bestimmungen auf verschiedenartige Weise bedienen würden. Die gleichsam »psychologistische« oder wissenssoziologische Wende, die Kowalewski Bolzanos Ausführungen zur Logik unterstellt, ist aber eindeutig eine Fehlinterpretation.

In neuerer Zeit hat der Germanist Peter Demetz Bolzano als den »vielleicht […] ersten Sozialphilosophen einer zukünftigen multiethnischen europäischen Gemeinschaft« bezeichnet (Demetz 1998, S. 412), sich dabei aber im Gegensatz zu Kowalewski auf einen ganz bestimmten Aspekt der Schriften Bolzanos, insbesondere seine drei »Erbauungsreden« *Über das Verhältniß der beiden Volksstämme in Böhmen* aus dem Jahr 1816 bezogen (hier: Bolzano 1849b). Unter diesem Gesichtspunkt ist das Urteil nachvollziehbar und zutreffend. Ausgehend von der prinzipiellen Arbitrarität von Lautfolgen und dem, was sie bezeichnen, argumentiert Bolzano, dass beide Sprachen im Königreich Böhmen, das Deutsche und das Tschechische, vollkommen gleichwertig seien, und dass eine abgegrenzte Identität auf Basis der Sprachverwendung nicht schlüssig herstellbar sei. Im Sinn eines böhmischen Landespatriotismus (Bohemismus) seien sowohl deutschsprachige als auch tschechische Böhmen in erster Linie als Böhmen zu definieren; die Verbreitung der grundlegenden Kenntnis beider Sprachen wird von Bolzano als Mittel zum Ausgleich »nationalpolitischer« Konflikte propagiert.

Insbesondere die sogenannten »Exhortationen« oder »Erbauungsreden« – in Wahrheit Predigten, die Bolzano in seiner Funktion als Studienkatechet vor Studenten der Prager Universität hielt –, sind teilweise sozialphilosophischen Fragen gewidmet. Die vorgegebene Form der Predigt mit einleitender Lesung aus der Heiligen Schrift, die notwendige Kürze der Ausführungen und der ursprünglich mündliche Charakter steckten jedoch einen derart engen Rahmen ab, dass von grundlegenden und methodischen Untersuchungen nur eingeschränkt die Rede sein kann. Bolzanos einziger umfangreicherer und methodisch durchgeführter Text zu sozialphilosophischen Fragestellungen ist dementsprechend jene bereits erwähnte, erst 1932 – und damit beinahe ein Jahrhundert nach ihrem Entstehen – erstmals veröffentlichte Schrift, die 1975 unter dem Titel

»Das Büchlein vom besten Staate, oder Gedanken eines Menschenfreundes über die zweckmäßigste Einrichtung der bürgerlichen Gesellschaft« in kritischer Edition in die Bolzano-Werkausgabe aufgenommen wurde. Das in der ersten Fassung vermutlich Anfang der 1830er Jahre fertiggestellte, aber erst um 1846 endgültig finalisierte Manuskript (zur Entstehungs- und Editionsgeschichte vgl. Loužil 1975) wurde von Bolzano selbst im Vorwort als »das beste, wichtigste Vermächtniss, das er [der Verfasser] der Menschheit zu hinterlassen vermag« charakterisiert (Bolzano 1975, S. 22); ungeachtet der großen Bedeutung, die Bolzano selbst dieser Schrift beimaß, nahm er doch davon Abstand, den Text zu seinen Lebzeiten im Druck zu veröffentlichen. Offenkundig erachtete er die darin geäußerten Ideen als politisch derart brisant, dass er in diesem Fall auch bei einer Veröffentlichung im Ausland mit einer Reaktion der Behörden rechnete.

Dass Bolzano die grundlegendste Zusammenfassung seiner sozialphilosophischen Ideen in die Form einer Staatsutopie kleidete, ist alles andere als ein Zufall; vielmehr liegt der Grund dafür in einigen der basalen Voraussetzungen seines philosophischen Denkens. Er vertrat einen erkenntnistheoretischen Rationalismus, demzufolge die Letztgrundlage jeglicher Erkenntnis nicht in empirischen Wahrnehmungen, sondern in Vernunftwahrheiten bestehe. »Was durch Gründe der Vernunft gewiß ist, kann eine entgegenstehende Erfahrung nicht widerlegen« (Bolzano 1837, Bd. 3, § 283, S. 52), heißt es dazu programmatisch in der *Wissenschaftslehre*. Dementsprechend beziehen sich auch all seine Ausführungen zur Sozialphilosophie auf eine postulierte Vernunftwahrheit, das von Bolzano in den Jahren 1813 bis 1816 während einer längeren Krankheit ausformulierte oberste Sittengesetz: »Wähle von allen dir möglichen Handlungen immer diejenige, die alle Folgen erwogen die Tugend und Glückseligkeit, das Wohl des Ganzen, gleichviel in welchen Teilen, am meisten fördert« (zitiert nach Winter 1968, S. 41). Es handelt sich dabei also um eine utilitaristische Maxime, in der der Wert jeder Handlung an ihrem Nutzen für die größtmögliche Anzahl von Personen gemessen wird; die Wünsche, Bedürfnisse und Ansprüche von Individuen spielen demgegenüber keine Rolle. Das oberste Sittengesetz ließe sich aber auch empirisch auf induktive Weise aus den ethischen Normen »aller Jahrhunderte und Völker« ableiten (zitiert ebd., S. 29). Im Prinzip steht dieses Argument im Widerspruch zu Bolzanos eigener Behauptung, dass Vernunftwahrheiten über jeglicher empirischen Erkenntnis stünden.

Gemäß seiner strikt rationalistischen Grundeinstellung vertrat Bolzano die Ansicht, dass sich aus dem obersten Sittengesetz auf deduktive, also formallogische Weise bindende Handlungsgebote für jede konkrete Situation ableiten ließen: »Alle Pflichten werden eigentlich durch einen einzigen Syllogismus erkannt, dessen Major das oberste Sittengesetz, der Minor ein theoretisches Urteil (diese Handlung scheint das allgemeine Wohl zu befördern), dessen Konklusion die Pflicht ist« (zitiert ebd.). Ein Mensch, der das ethisch Richtige erkannt hat, muss entsprechend handeln, es steht ihm, sofern er vernunftgeleitet ans Werk geht, keine Handlungsalternative offen. Sittlich richtige Handlungen sind mithin das zwingende Resultat logischer Ableitungen aus einem als

Vernunftwahrheit gegebenen obersten Prinzip und den jeweils konkret gegebenen Rahmenbedingungen.

Das oberste Sittengesetz kann in gewisser Hinsicht als die Grundlage aller philosophischen Bemühungen Bolzanos verstanden werden. Die Abfassung der vierbändigen *Wissenschaftslehre* war wesentlich von dem Wunsch motiviert, die Instrumente der Logik zu verbessern, um die richtige Anwendung des Sittengesetzes mit größtmöglicher Sicherheit zu gewährleisten. Auch seine religionsphilosophischen Ausführungen, in denen die Lehren des (katholischen) Christentums mit Vernunftgründen gerechtfertigt werden, stehen – ebenso wie seine Ideen zur Ästhetik, die den Begriff des Schönen nicht losgelöst von dem des Guten interpretieren – mit dem obersten Sittengesetz in Zusammenhang. Dementsprechend definiert Bolzano in seinem programmatischen Aufsatz *Was ist Philosophie?* die Philosophie als »die Wissenschaft von dem objectiven Zusammenhange aller derjenigen Wahrheiten, in deren letzte Gründe nach Möglichkeit einzudringen, wir uns zu einer Aufgabe machen, um dadurch weiser und besser zu werden« (Bolzano 1849a, S. 30; vgl. auch S. 19). Philosophieren ist mithin ein sittlich-moralisches Tun (vgl. Stachel 2006).

Dementsprechend ist es nicht verwunderlich, dass Bolzanos sozialphilosophische Ausführungen einen appellativen Charakter haben und der Autor vor allem normativ argumentiert. Die Schilderung realer sozialer und politischer Verhältnisse ist für ihn nur insoweit von Interesse, als er sie am Maßstab seiner vorausgesetzten ethischen Bewertungsgrundlagen misst; wenig überraschend führt dies in der Regel zu einer negativen Beurteilung der bestehenden Verhältnisse, woraus auch Bolzanos Probleme mit den Behörden der Habsburgermonarchie resultierten. Das eigentliche Interesse des Autors liegt darin, die Idee einer solchen sozialen Ordnung detailreich auszumalen, die als ideale Verkörperung seines obersten Sittengesetzes aufgefasst werden kann. Der in diesem Sinne utopische Entwurf *Von dem besten Staate* ist demnach als die gedankenexperimentelle Anwendung von aus dem obersten Sittengesetz deduzierten Handlungsgeboten auf die politische Praxis anzusehen. Resultat ist eine aufklärerische, ansatzweise von Josephinischen Idealen getragene Volkserziehung, eine straff rational durchorganisierte Diktatur der Vernunft, die die Anpassung der Individuen an abstrakte Ordnungsschemata bis ins kleinste Detail hinein als höchstes Ideal präsentiert. Bolzanos »bester Staat« mutet den heutigen Leser durchaus totalitär an und fügt sich damit in eine lange Reihe abendländischer Staatsutopien ein, die, von der Freiheit oder der Selbstbestimmung der Individuen vollkommen absehend, ihren Zweck ausschließlich in der möglichst exakten Angleichung der Institutionen des Staates an abstrakte Prinzipien und der sich daraus von selbst ergebenden Gemeinwohlorientierung erblickten. Wie Bertrand Russell sehr zurecht bemerkte, ist es ein gemeinsamer Zug aller philosophischen Idealstaaten, dass »das Leben in einem derart gut organisierten Staat […] herzlich reizlos« wäre (Russell 1991, S. 244).

Es sei, so Bolzano, »eine unwidersprechliche Wahrheit, daß einer jeden freiwilligen Übertretung des Sittengesetzes eine Strafe angedroht werden müsse« (Bolzano 1849a, S. 11). Die Einsichtigen und Vernünftigen würden sich aus eigenem Antrieb entsprechend den Normen des »besten Staates« verhalten, die Unvernünftigen dagegen müssten durch Zwangsmaßnahmen zu »vernünftigem« Verhalten angehalten werden. Dementsprechend stellt es für Bolzano auch kein Problem dar, seine Konzeption des autoritären Staats mit scheinbar direktdemokratischen Institutionen auszustatten. So sollen die Gesetze des Staates durch allgemeine Abstimmungen festgelegt werden, bei denen allerdings nur jene stimmberechtigt sind, »von denen es sich nach ihrer Einsicht und Sittlichkeit erwarten lässt, dass es von Nutzen sein werde, ihre Stimme zu beachten« (Bolzano 1975, S. 36); »Einsicht« heißt aber konkret Unterwerfung unter die Vernunft des obersten Sittengesetzes. Abstimmungen in Bolzanos Idealstaat sind also nicht ergebnissoffen, sondern bloß formale Prozesse der Verwirklichung der totalitären Vernunft. Von demokratischer Entscheidungsfindung im Sinne alternativer Gestaltungsmöglichkeiten kann hier nicht einmal im Ansatz gesprochen werden. Als zusätzliche Sicherung ist überdies ein nach dem Prinzip der Seniorität besetzter »Rat der Geprüften« als oberstes Kontrollorgan vorgesehen.

Bolzano geht in seinem utopischen Staatsentwurf tief in die planerischen Details. Viele private Bereiche und Initiativen (und selbstverständlich alle öffentlichen) sind vom Staat zu überwachen, dem – als Verkörperung des obersten Sittengesetztes – umfassende Aufgaben zugedacht und uneingeschränkter Zugriff auf die Individuen eingeräumt werden. Die Einrichtung und Finanzierung sowohl der Bildungseinrichtungen als auch der medizinischen Versorgung ist Aufgabe des Staates, mithin für den einzelnen Bürger kostenlos; dasselbe gilt für die Wohnungen, die vom Staat zur Verfügung gestellt werden. Private Wohnungsvermietung und das daraus resultierende »Hausherrenrecht« sei »eine Grausamkeit« (ebd., S. 115) und daher im besten Staate nicht zu erlauben. Auch der Erhalt der Infrastruktur obliegt dem Staat, bis hin zur ausschließlich staatlichen Organisation von Beherbergungsbetrieben für Reisende; die Reisen selbst bedürfen sowohl im Inland als auch (und vor allem) wenn sie ins Ausland gehen der Genehmigung und Überwachung.

Ausdrücklich ausgenommen von der staatlichen Alimentierung sind die religiösen Einrichtungen, die von den Angehörigen der Religionsgemeinschaften selbst finanziert werden müssen. Nur so kann gewährleistet werden, dass der Staat keine Religionsgemeinschaft bevorzugt. Die Religionsfreiheit gehört zu den wenigen Freiheiten, die der katholische Priester Bolzano den Bürgern seines besten Staates zugesteht. Allerdings zieht er auch hier enge Grenzen: Nicht allein, dass Versuche der religiösen Bekehrung anderer untersagt sind, sind auch solche Religionen zu verbieten, die »offenbar Vernunftwidriges enthalten«. Insbesondere dürfe niemand geduldet werden, der »die Unsterblichkeit der Seele oder wohl gar das Dasein Gottes selbst läugne« (ebd., S. 61f.).

Besonderes Augenmerk richtet Bolzano auf die Wirtschaft, die er im Prinzip als ständisch und handwerklich verfasst versteht; die Anfänge der Industrialisierung und des Welthandels haben in seiner Staatsutopie keinerlei Spuren hinterlassen. Handel und Preisgestaltung müssen entweder vom Staat direkt betrieben oder zumindest kontrollierend begleitet werden (vgl. ebd., S. 72), die Vergabe von Krediten ist ausschließlich Privileg des Staates. Privateigentum existiert im besten Staat – abgesehen von Artikeln für den rein persönlichen Bedarf – nicht. Auch selbst erwirtschafteter Reichtum oder Erfindungen und Entdeckungen sind nicht Eigentum des jeweiligen Schöpfers: Es ist der Staat, der – ohne dass Bolzano dabei genau ausführt, wie dies geschehen soll – alleine das Recht hat, über die für das Ganze zweckmäßigste Zuteilung der Nutzungsrechte zu entscheiden.

Ein gewisses Ausmaß an Ungleichheit zwischen den Bürgern ist, so Bolzano, in der menschlichen Gemeinschaft niemals gänzlich zu vermeiden, allerdings »soll [der Staat] keine Ungleichheit unter den Bürgern einführen oder dulden, die nicht zum Besten des Ganzen nothwendig ist« (ebd., S. 54f.). Dies betrifft speziell die »besonders verderbliche [...] Ungleichheit in dem Vermögensstande und die Ungleichheit in gewissen Rechten, welche einigen Personen bloss ihrer Abstammung wegen eingeräumt werden« (ebd., S. 55). Der Erwerb von privatem Vermögen ist nur innerhalb eines sehr engen Rahmens als »Antrieb« zu dulden, großer Reichtum ist jedoch zu enteignen, da »er bei Einzelnen unmöglich zu Stande kommen [kann], ohne dass viele andere verarmen« (ebd.) und er gesellschaftlich unzweckmäßig verwendet wird. Bolzano geht so weit zu behaupten, dass die Enteignung großer Vermögen nicht nur für die Allgemeinheit, sondern auch für die Enteigneten selbst eine Wohltat sei, da sie auf diese Weise von sittlichem Fehlverhalten abgehalten würden.

Die totale Sozialisierung jeglichen Besitzes hat weitreichende Folgen: So sind sämtliche Produktionsmittel, unter denen Bolzano Werkzeuge und Geräte ebenso versteht wie die Fachbibliotheken oder wissenschaftlichen Gerätschaften von Gelehrten, dem Einzelnen nur zur Nutzung überlassen, wobei die Entscheidung über die Zweckmäßigkeit der Zuteilung ausschließlich beim allvernünftigen Staat liegt (auch der Druck und Vertrieb von Büchern dürfe nicht der Willkür einzelner Verleger überlassen werden, sondern sei ausschließlich Aufgabe und Privileg des Staates; vgl. ebd., S. 106–109). Dementsprechend dürfen diese Dinge weder verkauft noch auch nur verliehen oder – und darauf legt Bolzano besonderen Nachdruck – gar an die Nachkommen vererbt werden (ebd. S. 81). Mit dem Tod fällt sowohl das Nutzungsrecht an den Produktionsmitteln als auch jegliches erworbene Vermögen an den Staat (zurück), der nach Maßgabe der Vernunft und des obersten Sittengesetztes über die Neuverteilung entscheidet; einzig rein persönliche Erinnerungsstücke an die Verstorbenen, denen kein finanzieller Wert oder allgemeiner Nutzen zukommt, sind von dieser Regelung ausgenommen. Dass unter den Bedingungen der Enteignung erwirtschafteter Vermögen und der Unmöglichkeit für die Nachkommen, ökonomisch zu planen, jegliche Form nachhaltigen Wirtschaftens de facto verunmöglicht wird, bereitet Bolzano offensichtlich keine Sorgen. Es ist der Staat als Verkörperung der höchsten Vernunft, der alles automatisch zum Besten regelt.

Recht ausführlich widmet sich Bolzano weiteren Details des sozialen Lebens: Die Erziehung der Kinder obliegt den Eltern, sie steht allerdings unter der Kontrolle des Staates. Söhne sollen den Familiennamen des Vaters, Töchter jenen der Mutter tragen. »Kinder, die ausserhalb der Ehe erzeugt worden sind, büssen nicht für die Sünde ihrer Eltern, sondern werden den ehelichen in allen Stücken gleichgehalten« (ebd., S. 117). Die Kleidung soll praktischen Zwecken entsprechen und die Sittlichkeit befördern: »Eine Kleidung, die dem Leibe allzueng anliegt, ist [...] der Sittlichkeit nachteilig« (ebd., S. 113f.). »Verschiedene Geschlechter müssen sich auch durch die Kleidung unterscheiden [...]«; Gleiches gilt auch für Verheiratete und Unverheiratete sowie für Junge und Alte. Teure und luxuriöse Stoffe »werden von Seite des Staates verboten« (ebd., S. 113f.). Ebenso verboten sind »erhitzende« Getränke, das Rauchen und Schnupfen von Tabak, Glücksspiel, Lotterien, die Jagd und der private Besitz von Waffen. Allerdings müssten alle männlichen Bürger im Umgang mit Waffen geschult sein, um dem Staat im Kriegsfall als Soldaten dienen zu können. Luxusartikel sind prinzipiell unerwünscht und daher entweder zu verbieten oder zumindest hoch zu besteuern (ebd., S. 126).

Dass insbesondere die Künste der Überwachung bedürfen, gehört seit Platon zu den Grundvoraussetzungen der Ideen vom idealen Staat. Bolzanos bester Staat stellt in dieser Hinsicht keine Ausnahme dar. Wie die Produktionsmittel sind auch Kunstwerke und Musikinstrumente niemals Privatbesitz, sondern werden vom Staat befristet vergeben. Dichten oder Komponieren darf im besten Staat nur im Ausnahmefall das »Hauptgeschäft« einer Person sein, nämlich nur dann, wenn die Hoffnung besteht, das »Ausserordentliches« geleistet wird (ebd., S. 111). Prinzipiell sind Künstler, ebenso wie Gelehrte, verpflichtet und nötigenfalls durch Zwang dazu veranlasst, auch körperliche Arbeiten zu verrichten. Künstlerisch wertvoll – und daher einer finanziellen Abgeltung durch den Staat würdig – sind nur Werke, die der sittlichen Veredelung und Verbesserung dienen (theoretisch untermauert in Bolzanos späteren Schriften zur Ästhetik; vgl. Stachel 2003). Vollständig verworfen wird das Theater: »Dramatische Stücke werden im besten Staate, wie ich meine, von Niemand, selbst nicht von Dilettanten aufgeführt, umso weniger duldet man ganze Gesellschaften von Menschen, deren Beschäftigung keine andere ist, als sich in der Nachahmung der verschiedenartigsten Gesinnungen und Gefühle zu üben, und die eine Ehre darin suchen, dass sie die Kunst besitzen, etwas anderes zu scheinen, als sie in Wirklichkeit sind.« (Bolzano 1975, S. 111)

Bereits die bisher dargelegten Prinzipien von Bolzanos Staatsutopie belegen unzweifelhaft deren autoritären und diktatorischen Charakter. Am deutlichsten kommt dieser gegen Ende des Buchs in dem mit »Von Belohnungen und Strafen« betitelten Abschnitt zum Ausdruck. Dabei irritiert nicht sosehr, dass auch der »beste Staat« nach Bolzano »Zwangsanstalten«, also Gefängnisse, benötigt, und dass Bolzano sich ausdrücklich zur Notwendigkeit der Todesstrafe bekennt, die er allerdings nicht öffentlich vollzogen wissen will, »weil dies ein grausenerregender Akt ist, der das sittliche Gefühl nur abstumpft« (Bolzano 1975, S. 128); verstörend wirkt auf uns Heutige vielmehr, wie Bolzano das politisch erwünschte Verhalten der einzelnen Bürger nur durch Überwachung und Strafandrohung zu erreichen gedenkt. Ausdrücklich fordert er daher eine bereits in den Schulen zu vermittelnde gesetzliche Verpflichtung, jeglichen beobachteten Verstoß gegen die Vernunftprinzipien des Staates zur Anzeige zu bringen. Denunziation wird somit zur gesetzlichen Pflicht erhoben, es besteht eine Anzeigepflicht, deren Nichtbefolgung bestraft wird. Darüber hinaus gibt es eigene gewählte (nicht hauptamtliche) »Sittenrichter«, denen die Überwachung ihrer sozialen Umgebung obliegt und die in periodischen Abständen – »wohl aber alle Jahre« (ebd., S. 139) – sogenannte »Sittengerichte« auf Ebene der Gemeinde abzuhalten haben. Vor diesen werde alle Gemeindemitglieder dazu aufgefordert, »über jeden ihrer Mitbürger ihr aufrichtiges Urteil abzugeben, ob er Lob oder Tadel und in welchen Stücken er das eine oder andere verdiene. Hierauf verlesen sie die Namen aller Bürger – nach Hausnummern –, die einzelnen Glieder jeder Familie bis zum 15. Jahre abwärts, und fordern über jeden das Urtheil der Anwesenden« (ebd., S. 139). Auch über einen frisch Verstorbenen wird »in seiner eigenen Gemeinde eine Art von Gericht gehalten und ihm ein ehrenvolles Begräbnis versagt, wenn wichtige Klagen gegen ihn zum Vorschein kommen« (ebd., S. 144). Dass derartige öffentliche Unterwerfungs- und Erniedrigungsrituale, die fatal an die Praktiken mancher totalitärer Regime des 20. Jahrhunderts gemahnen, zur sittlichen Verbesserung des Einzelnen und der Gesellschaft als Ganzes führen würden, wie Bolzano glaubt, darf wohl in Zweifel gezogen werden.

Zweifellos muss in Rechnung gestellt werden, dass Bernard Bolzano mit den Ideen, die er in seiner Staatsutopie ausbreitet, in Vielem ein Kind seiner Zeit ist; dies gilt wohl insbesondere für das praktisch grenzenlose Vertrauen, das der Autor in die Fähigkeit des Staates zur planerisch-rationalen Gestaltung von Politik setzt. Bolzanos bester Staat erweist sich als die Kopfgeburt eines philosophischen Denkers, der größten Wert auf eine bis in das kleinste Detail gehende (An-)Ordnung des sozialen Lebens legt und diese einem unhinterfragbaren Vernunftprinzip (dem obersten Sittengesetz) unterstellt. Indem Bolzano dabei vom Einzelnen völlig absieht und »das Ganze« der Gesellschaft zum einzig relevanten Maßstab der Beurteilung macht (und überdies die Gesellschaft kurzerhand mit dem Staat gleichsetzt), verirrt sich der sich selbst im Untertitel des Werks als »Menschenfreund« titulierende Verfasser in seinem Büchlein *Von dem besten Staate* in einen diktatorischen Vernunfttotalitarismus: Wer würde freiwillig in einem solchen Staat leben wollen?

Aichner, Christof/Brigitte Mazohl (Hgg.) (2017): *Die Thun-Hohenstein'schen Universitätsreformen 1849–1860. Konzeption – Umsetzung – Nachwirkungen*, Wien/Köln/Weimar: Böhlau.

Bolzano, Bernard (1837): *Dr. B. Bolzanos Wissenschaftslehre. Versuche einer ausführlichen und größ-*

tentheils neuen Darstellung der Logik mit steter Rücksicht auf deren bisherige Bearbeiter, hrsg. von mehren seiner Freunde, 4 Bde., Sulzbach: Seidel.
– (1849a): *Was ist Philosophie? Von Bernard Bolzano. Aus dessen handschriftlichem Nachlaß*, Wien: Wilhelm Braumüller (Nachdruck: Amsterdam: Rodopi 1969); hier zitiert nach: Ders., *Gesamtausgabe*, Reihe II: *Nachlaß*, Teil A: *Nachgelassene Schriften*, Bd. 12.3: *Vermischte philosophische und physikalische Schriften 1832–1848* [Dritter Teilbd.], hrsg. von Jan Berg und Jaromír Loužil, Stuttgart/Bad Cannstatt: Frommann-Holzboog 1978, S. 7–34.
– (1849b): *Über das Verhältniß der beiden Volksstämme in Böhmen. Drei Vorträge im Jahre 1816 an der Hochschule zu Prag gehalten*, Wien: Wilhelm Braumüller (Nachdruck: Amsterdam: Rodopi 1969).
– (1932): *Von dem besten Staate* (= Bernard Bolzano's Schriften/Spisy Bernarda Bolzana, Bd. 3), hrsg. von Arnold Kowaleski, Prag: Königliche böhmische Gesellschaft der Wissenschaften/ Královská česká společnost nau.
– (1975): Das Büchlein vom besten Staate [oder Gedanken eines Menschenfreundes über die zweckmäßigste Einrichtung der bürgerlichen Gesellschaft]. In: Ders., *Gesamtausgabe*, Reihe II: *Nachlaß*, Teil A: *Nachgelassene Schriften*, Bd. 14: *Sozialphilosophische Schriften*, hrsg. von Jan Berg und Jaromír Loužil, Stuttgart/Bad Cannstatt: Frommann-Holzboog, S. 19–144.
Demetz, Peter (1998): *Prag in Schwarz und Gold. Sieben Momente im Leben einer Stadt*, München: Piper.
Ganthaler, Heinrich/Otto Neumaier (Hgg.) (1997): *Bolzano und die österreichische Geistesgeschichte*, St. Augustin: Academia.
Kowalewski, Arnold (1932): Einführende Betrachtungen. In: Bolzano 1932, S. V–XXVIII.
Loužil, Jaromír (1975): Einleitung des Herausgebers. In: Bolzano 1975, S. 9–17.
Russell, Bertrand (1991): *Denker des Abendlandes. Eine Geschichte der Philosophie*, München: dtv.
Stachel, Peter (1999): Leibniz, Bolzano und die Folgen. Zum Denkstil der österreichischen Philosophie, Geistes- und Sozialwissenschaften. In: Karl Acham (Hg.), *Geschichte der österreichischen Humanwissenschaften*, Bd. 1: *Historischer Kontext, wissenschaftssoziologische Befunde und methodologische Voraussetzungen*, Wien: Passagen, S. 253–296.
– (2003): Die Schönheitslehre Bernard Bolzanos. In: Karl Acham (Hg.), op. cit., Bd. 5: *Sprache, Literatur und Kunst*, Wien: Passagen, S. 499–518.
– (2006): Der ethische Zweck der Philosophie bei Bernard Bolzano. In: Karl Acham (Hg.), op. cit., Bd. 6.2: *Philosophie und Religion. Gott, Sein und Sollen*, Wien: Passagen, S. 421–439.
Winter, Eduard (1968): *Die Deduktion des obersten Sittengesetzes B. Bolzanos in historischer Sicht. Ein Beitrag zur Geschichte der Ethik* (= Sitzungsberichte der Deutschen Akademie der Wissenschaften zu Berlin. Klasse für Philosophie, Geschichte, Staats-, Rechts- und Wirtschaftswissenschaft, Bd. 5/1968), Berlin [Ost]: Verlag der Deutschen Akademie der Wissenschaften.

Weiterführende Literatur

Demetz, Peter (2013): *Auf den Spuren Bernard Bolzanos. Essays*, Wuppertal: Arco.
Havranek, Jan (1981): Bolzanos »Vom besten Staate« und Cabets »Voyage en Ikarie«. In: Miroslav Jauris (Hg.), *Bernard Bolzano 1781–1848*, Praha: Univerzita Karlova, S. 61–92.

Morscher, Edgar (Hg.) (1999): *Bernard Bolzanos geistiges Erbe für das 21. Jahrhundert*, St. Augustin: Academia.
Rumpler, Helmut (Hg.) (2000): *Bernard Bolzano und die Politik. Staat, Nation und Religion als Herausforderung für die Philosophie im Kontext von Spätaufklärung, Frühnationalismus und Restauration*, Wien/Köln/Weimar: Böhlau.
Strasser, Kurt F. (Hg.) (2003): *Bernard Bolzanos Bedeutung für die Gegenwart. Akten des Internationalen Symposiums 30. Oktober – 1. November 2001 in Prag*, Praha: Filosofia.
– (2004): *Bernard Bolzanos Erbauungsreden Prag 1805–1820*, St. Augustin: Academia.
– (Hg.) (2011): *Bernard Bolzanos bessere Welt*, Brno: Marek.

Peter Stachel

István Széchenyi

Aus dem thematisch und gattungsmäßig weitverzweigten Schrifttum von István Graf Széchenyi ist vor allem sein Buch über das *Kreditwesen* von 1830 zum Meilenstein des sozialtheoretischen Denkens in Ungarn geworden. Die Bedeutung dieses Werkes lässt sich grundsätzlich nicht nach heutigen sozialwissenschaftlichen Maßstäben beurteilen: Es war Széchenyi viel wichtiger, dem romantischen Ideal der Entfaltung einer freien Persönlichkeit zu genügen, als seine Gedanken nach den Normen des wissenschaftlichen Denkens zu richten. Nach der Auffassung von Gábor Halász, dem Verfassers eines klassischen Essays über die »ungarischen Viktorianer«, speiste sich Széchenyis literarischer Tatendrang aus einem vor allem ästhetischen Unbehagen an den verwahrlosten Verhältnissen, die zu jener Zeit in Ungarn nur allzu oft anzutreffen waren (vgl. Gergely 1972, S. 38f.). Nicht zuletzt aufgrund dieser ästhetischen Vorbehalte hielt er die Zustände in Ungarn für rückständiger, als sie es tatsächlich waren (vgl. ebd., S. 161). Der von Széchenyi entworfene gesellschaftstheoretische Rahmen erwies sich daher für die Nachwelt als viel bedeutungsvoller als sein konkretes politisches Programm (Rákai 2014, S. 73).

Mit seiner Schrift über das *Kreditwesen* eröffnete Széchenyi der politischen Publizistik in Ungarn viele bis dahin kaum absehbare Perspektiven. Einer der Faktoren, die seine neue Anschauungsweise begünstigten, hatte damit zu tun, dass er keine juristische Ausbildung genossen hatte; seine Reserviertheit gegenüber radikalen politischen Utopien war ein weiterer. Motiviert war sein Bestreben, die ungarische Gesellschaft durch von Experten ausgearbeitete Reformen umzugestalten, von der Furcht vor möglichen Revolutionen.

Széchenyi bemühte sich, im *Kreditwesen* ganz bewusst für niemanden Partei zu ergreifen und insbesondere nicht die Interessen und den Standpunkt bestimmter adeliger Kreise als deren Repräsentant zum Ausdruck zu bringen. Er sprach als ein typischer Vertreter jener freiheitsliebenden bürgerlichen Gesellschaft, der nach seinem Wunsch in

Ungarn die Zukunft gehören sollte: aus dieser Perspektive formulierte er die Grundsätze eines auf dem Prinzip des Individualismus aufgebauten Gesellschaftsmodells (Rákai 2014, S. 67). Die traditionelle Beschwerderhetorik gegen die Wiener Zentralregierung erschien Széchenyi hingegen als völlig ungeeignet zur Artikulierung von Reformvorschlägen (Horkay Hörcher 2014, S. 11). Er vermied die anklagende Sprache und die üblichen Argumente einer primär auf ihre öffentliche Wirkung bedachten Politik also nicht etwa wegen der Zensur: Die Anforderungen des Zensors boten ihm vielmehr den willkommenen Anlass, die bekannt heiklen Fragen des öffentlichen Rechts zu vermeiden und die Sphäre einer vom Staat abgesonderten bürgerlichen Gesellschaft in den Vordergrund zu rücken, die er mit speziellem Augenmerk auf neu entstandene Bedürfnisse und arbeitsteilige Strukturen beschrieb.

Gemeinsam mit der Oppositionsrhetorik verwarf Széchenyi auch das traditionelle Feindbild des Wiener Hofes und forderte die Magyaren zur Selbstkritik auf. Er hielt (wie der österreichische Staatskanzler, Clemens Fürst Metternich) den in Ungarn praktizierten öffentlichen »Widerstand« letzten Endes für keine Bedrohung für die Existenz und die Macht des Habsburgerreiches (vgl. Gergely 1972, S. 62). Das *Kreditwesen* konzentrierte sich daher auf die gesellschaftlichen Verhältnisse Ungarns, verband diesen neuen Fokus jedoch nicht mit einer systematischen Gesellschaftstheorie. Das Werk erschien zwei Jahre vor der (Wieder-) Einberufung des ungarischen Landtages, in dessen zwischen 1832 und 1836 wieder regelmäßig stattfindenden Zusammenkünften eine moderne, den liberalen westeuropäischen Gepflogenheiten verpflichtete politische Sprache die Oberhand gewinnen konnte. Die von Széchenyi ausgehende Modernisierung der politischen Publizistik Ungarns trug mit ihrer Kritik am überkommenen Oppositionsdiskurs zur Erschütterung der Vorherrschaft der alten Juristenrhetorik bei.

Ganz dieser Linie entsprechend formulierte Széchenyi in seinem Buch über das *Kreditwesen* eine in der politischen Literatur bisher noch nicht vorgetragene These: für die ökonomisch-zivilisatorische Rückständigkeit Ungarns sei nicht der Wiener Hof verantwortlich. Es sei nicht »unser Herr«, schrieb Széchenyi, der »unser Wachstum, unser Vorschreiten« behindere (Széchenyi 1830a, S. 92). Demgemäß erwartete er eine Verbesserung der Lage Ungarns nicht von der Regierung, sondern von politikunabhängigen gesellschaftlichen Mechanismen und sich endogen vollziehenden Änderungen. Sein Ziel war es, das Funktionieren einer von der Regierung als unabhängig aufgefassten Zivilgesellschaft zu fördern. Als Gegenstand seiner Analyse ergab sich demgemäß die »Mechanik der Gesellschaft« (»társasági machina«, vgl. Széchenyi 1991, Bd. 1, S. 170) – die Neuartigkeit dieses Ansatzes illustriert allein schon die falsche Übersetzung dieses Ausdrucks in der deutschen Ausgabe des *Kreditwesens* als »Staatsmaschine« (vgl. Széchenyi 1830a, S. 20). In praktischer Hinsicht zeitigte Széchenyis Ziel der Förderung des gesellschaftlichen Lebens in Ungarn schon früh einige so unterschiedliche Erfolge wie die Einrichtung der Akademie der Wissenschaften, die Gründung eines ersten Casinos oder die Einführung von Pferderennen (Gergely 1972, S. 66).

Die soziale Vision eines bürgerlichen Ungarn war grundverschieden vom Selbstbild einer durch den Adel dominierten Nation. Széchenyi beschränkte sein Reformpläne nicht allein auf die Rolle des Adels, sondern befürwortete die Harmonie »aller Klassen insgesamt« (Széchenyi 1830a, S. 4). Die Lösung der Probleme des Landes erwartete er umso weniger vom Adel, als sie weit über die unmittelbar von diesem verantwortete Sphäre hinausreichten. Seine Schlagworte waren demgemäß Begriffe wie soziale Kohäsion und »Zusammenwirken und Ausdauer« (ebd., S. 13). Nach Széchenyis Auffassung müssten »[s]owohl die körperlichen als die Seelenkräfte [...] in vollendeter Form ausgebildet seyn, damit der Mensch zur höchstmöglichen Vollkommenheit sich aufschwingen könne« (ebd., S. 34) und die Voraussetzung für die Modernisierung der Gesellschaft gegeben sei. Die Entwicklung des Landes hätte mit einem Prozess der kritischen Selbsterkenntnis einherzugehen, denn die Ungarn müssten von den »gebildeteren Nationen« lernen und mit ihrer Abschottungs- und Selbsterhöhungsmentalität brechen: »Fordern wir nicht daß die ganze Welt uns zum Muster nehme, das Alter nämlich die Jugend, und daß der Stärkere dem Schwächeren, der Kenntnißreichere, dem minder Unterrichteten weiche, schmiegen wir uns vielmehr den Uebrigen an, besonders den gebildeteren Nationen, wie gewöhnlich der Sohn den Fußstapfen des Vaters folgt, der weniger Kunstfertige, dem Geschickteren, und nicht umgekehrt. [...] Kurz das extra Hungariam non est vita, daß es sich nämlich außer Ungarn nirgend leben lasse, ist ein thörichter, Lachen oder Mitleid erregender Satz" (ebd., S. 53). Für einen »edleren, vernunftgemäßeren Beginn« (ebd., S. 57) in Ungarn sei Selbstkritik und das daraus resultierende selbständige Denken unentbehrlich.

Dies ist der Kern von Széchenyis Diagnose der ständischen Gesellschaft Ungarns, die dem *Kreditwesen* seinen soziologischen Wert verleiht. Das eigentliche Thema des Werkes, nämlich die Kritik an der die kapitalistische Entwicklung hemmenden feudalen Organisation des Hypothekarkreditwesens (den »Kredit«, das sei nur nebenbei erwähnt, fasste der Autor als Ausdruck des gesellschaftlichen Vertrauens auf), bot einen nur allzu guten Anlass für eine solche Situationsanalyse. Neben der Modernisierung des Kreditgeschäftes unterbreitete Széchenyi in seinem Buch noch weitere ökonomische Vorschläge wie z.B. die Steigerung des Exports und der Binnennachfrage. In diesen Passagen wiederholte er größtenteils nationalökonomische Grundweisheiten und die von Adam Smith und Jeremy Bentham aufgestellten, zum Gemeinplatz gewordenen Regeln (vgl. Horkay Hörcher 2014, S. 15; Takáts 2014, S. 49). Das eigentliche Reformelement dieser Vorschläge tritt in der Aufforderung zur Schaffung jener sozialen Vorbedingungen zu Tage, ohne die derlei allgemein formulierte Maßnahmen zur Belebung der Wirtschaft in Ungarn nicht hätten funktionieren können. Es ist daher nicht überraschend, dass Széchenyi ganz im Sinne der klassischen Nationalökonomie die Förderung des Gemeinwohls als das Ziel der wirtschaftlichen Entwicklung verstand: »Das Wohl des Landes«, schrieb er, »kann sich nicht auf den Nutzen einzelner Privatleute, sondern muß sich auf das Blühen des Ganzen gründen« (Széchenyi 1830a, S. 101).

Trotz seines sozialökonomischen Schwerpunkts war Széchenyis *Kreditwesen* nicht völlig apolitisch. Ohne explizit die Aufhebung der Leibeigenschaft in Ungarn zu fordern (erst 1832 sollte er – in seinem Buch *Stadium* – diesbezüglich eine radikalere Haltung einnehmen), schlug Széchenyi die Einführung rationeller und weniger belastender Arbeitsmethoden und die Schaffung eines berechenbaren Rechtsverhältnisses zwischen Gutsherren und Leibeigenen vor. Er vertrat somit ein Programm, das ohne Eingriffe in die öffentliche Rechtsstruktur, d.h. innerhalb des Wirkungsbereichs der ungarischen ständischen Selbstverwaltung, verwirklicht werden hätte können.

Mit dem Erscheinen des *Kreditwesen* stieg Széchenyi auf einen Schlag zum bedeutendsten politischen Publizisten der Reformära auf. Die lebensnahe Beschreibung der in Ungarn herrschenden Zustände half dabei, die politische Botschaft des Buches landesweit einer breiten Leserschaft näherzubringen. Im Unterschied zum doktrinären Flügel der Reformbewegung kannte Széchenyi Ungarn sehr gut: die verschiedenen Figuren der ungarischen Gesellschaft, die er den Lesern als nachahmenswerte oder abschreckende Beispiele präsentierte, sind plastischere und typischere Gestalten als die Protagonisten der Gesellschaftsromane seiner Zeit. Überdies war Széchenyi auch mit der Tier- und Pflanzenwelt Ungarns so vertraut, dass sein Werk auch geographische Breite und Tiefe besitzt – mit Recht kann das *Kreditwesen* daher als Vorläufer jener soziographischen Literatur gelten, durch die das Land in der in der Zeit zwischen den beiden Weltkriegen neu entdeckt und systematisch beschrieben wurde.

Széchenyis souverän vorgetragene, aus dem stilistischen Reichtum der ungarischen Alltagssprache schöpfende Erörterungen, mit denen er mitunter sehr subjektive, aber doch stets praxisnahe Reformvorschläge unterbreitete, zielten nicht darauf ab, die akademische Wissenschaft voranzubringen. Zwar handelt es sich bei Széchenyi um einen der frühesten Verfasser gehaltvoller Beschreibungen des Königreichs Ungarn im 19. Jahrhundert, aber seine Werke inspirierten weniger die sozialwissenschaftliche Forschung als vielmehr eine antiszientistische literarisch-intellektuelle Denktradition. In Ungarn blieben auch in der Entstehungsphase der Sozialwissenschaften der Intellektuellendiskurs, der Essay und verschiedene andere literarische Genres die bedeutendsten Formen der Verhandlung der großen Schicksalsfragen der Nation. Dementsprechend ging die Tendenz auch eher zur Literarisierung denn zur Verwissenschaftlichung von Széchenyis Werk, das nichtsdestoweniger enormen Einfluss auf die politische Kultur Ungarns im 19. und 20. Jahrhundert hatte. Die Abhandlung über das *Kreditwesen* stimulierte das sozialwissenschaftliche Denken dabei wie erwähnt nicht unmittelbar, aber wie seine anderen protosoziologischen Schriften und seine sonstigen praktischen und theoretischen Leistungen wurde auch sie Teil der komplexen Rezeptionsgeschichte des Lebenswerks und der Persönlichkeit des Grafen István Széchenyi. Es ist dem 1920 erschienenen Buch *Drei Generationen* des Historikers und Ideengeschichtlers Gyula Szekfű, einem Panoptikum der ungarischen politischen Tradition, zu verdanken, dass Széchenyi den Ungarn bis heute als ein parteiunabhängiges Orakel und als »Erzieher der Nation« gilt.

Gergely, András (1972): *Széchenyi eszmerendszerének kialakulása* [Die Gestaltung von Széchenyis Ideensystem], Budapest: Akadémiai.
Hites, Sándor (Hg.) (2014): *Jólét és erény. Tanulmányok Széchenyi István* Hitel *című művéről* [Wohlstand und Tugend. Studien zu István Széchenyis *Kreditwesen*], Budapest: reciti.
Horkay Hörcher, Ferenc (2014): Ahol a politikai és gazdasági eszmetörténet metszi az irodalomtörténetet. A *Hitel* tudományközi kontextusai [Wo die politische und wirtschaftliche Ideengeschichte in die Literaturgeschichte schneidet. Die interdisziplinären Kontexte des *Kreditwesens*]. In: Hites 2014, S. 9–27.
Rákai, Orsolya (2014): A *Hitel* modernsége [Die Modernität des *Kreditwesens*]. In: Hites 2014, S. 61–76.
Silagi, Denis (1967): *Der größte Ungar. Graf Stephan Széchenyi*, Wien/München: Herold.
Spira, György (1974): *A Hungarian Count in the Revolution of 1848. Translated by Thomas Land*, Budapest: Akadémiai.
Széchenyi, Stephan (1830a): *Kreditwesen. Nach der dritten Original-Auflage aus dem Ungrischen übersetzt von Michael v. Paziazi, ungrischen Landes-Advocaten*, Pesth: Verlag der v. Trattner-Károlyschen Buchdruckerey. (Desgleichen erschienen als: *Ueber den Kredit*, Leipzig: Georg Maret 1830.)
– (1830b): *Ueber Pferde, Pferdezucht und Pferderennen. Aus dem Ungarischen übersetzt von Joseph Vojdisek*, Leipzig/Pest: Wigand.
– (1836): *Ueber die Donauschiffahrt. Aus dem Ungarischen von Michael von Paziazi*, Ofen: Gyurián-Bagó.
– (1843): *Ueber die ungarische Akademie. Übersetzt und mit Anmerkungen begleitet von Sincerus*, Leipzig: Köhler.
– [Széchenyi, István] (1991): *Válogatott művei* [Ausgewählte Werke], 3 Bde., hrsg. von György Spira, Budapest: Szépirodalmi.
Szekfű, Gyula (1920): *Három nemzedék* [Drei Generationen], Budapest: Élet.
Takáts, József (2014): Metaforák, elbeszélésformák és politikai nyelvek a *Hitel*ben [Metaphern, Erzählungsformen und politische Sprachen im *Kreditwesen*]. In: Hites 2014, S. 39–59.

Weiterführende Literatur

Barany, George (1968): *Stephen Széchenyi and the Awakening of Hungarian Nationalism, 1790–1841*, Princeton, N.J., USA: Princeton University Press.
Gángó, Gábor (2011): Széchenyi, Stephan Graf. In: Helmut Reinalter (Hg.), *Biographisches Lexikon zur Geschichte der demokratischen und liberalen Bewegungen in Mitteleuropa*, Bd. 2/Teil 2: *Österreich/Schweiz*, Frankfurt a.M. u.a.: Peter Lang Verlag, S. 158–160.
Gergely, András (1999): István Széchenyi. In: András Gerő (Hg.), *Hungarian Liberals*, Budapest: Új Mandátum, S. 172–186.
Oplatka, András (2004): *Graf Stephan Széchenyi. Der Mann, der Ungarn schuf*, Wien: Paul Zsolnay Verlag.

Gábor Gángó

József Eötvös

Die auf zwei Bände angelegte, stark vom allgemeinen Krisenbewusstsein der Liberalen nach dem Scheitern der Revolutionen von 1848/49 geprägte Studie über den *Einfluss der herrschenden Ideen des 19. Jahrhunderts auf den Staat* (1851/54) gilt als József Eötvös' Hauptwerk auf dem Gebiet der Sozial- und Staatswissenschaften. Der erste Band, den Eötvös in seinem freiwilligen Exil in Bayern zusammengestellt hatte, diagnostizierte die dem Verfasser zufolge falschen Interpretationen der leitenden liberalen politischen Schlüsselbegriffe von Freiheit, Gleichheit und Nationalität – jene Missdeutungen also, die dem friedlichen Ausgang der bürgerlichen Revolutionen von und nach 1789 im Wege standen. Im während der ersten Jahre des ungarischen Neoabsolutismus konzipierten, etwas systematischer angelegten zweiten Band erkannte Eötvös in der Bestärkung der sozialen Sphäre auf Kosten der Staatsmacht die beste Gewähr der individuellen Freiheit. Sowohl die Situationsanalyse als auch der Lösungsvorschlag, den Eötvös der ganzen »europäischen« Menschheit anempfahl, standen ganz unter dem Eindruck der ethnischen und politischen Zustände des Habsburgerreiches.

In methodologischer Hinsicht bemühte sich Eötvös darum, die in seinem Buch lancierten theoretischen und praktischen Thesen nach dem Vorbild von Francis Bacons induktiver Methode auf historisch-empirischer Forschung aufzubauen. Mit dieser Zielsetzung teilte er die Hoffnungen zahlreicher Staats- und Gesellschaftstheoretiker seiner Zeit, wie z.B. die von John Stuart Mill: Es war auch Eötvös' Absicht, den evidenzbasierten Zugang der Naturwissenschaften auf den Bereich der Staats- und Gesellschaftsanalyse zu übertragen und dadurch eine Synthese von Natur- und Geisteswissenschaften zu erreichen. Zeugnis von seiner gründlichen Kenntnis der westeuropäischen Geistes- und Staatswissenschaften gibt seine reiche Arbeitsbibliothek. Auf Grund seiner methodischen Herangehensweise sah sich Eötvös dazu berechtigt, Voraussagen über die europäische Politik zu formulieren. Eine seiner Prophezeiungen wurde von den Ereignissen tatsächlich bestätigt: Dass er das Ende des Konstitutionalismus in Frankreich nach 1848 und die Machtübernahme Napoleons III. richtig vorhersagte, brachte ihm die Anerkennung vieler Leser ein.

Auf seinen aus historischen Fakten gewonnen Folgerungen baute der ungarische Denker eine ganze Staats- und Geschichtstheorie auf. Diese Theorie stellte er, entsprechend dem Vorbild François Guizots, in den Dienst der restaurativen Sozialforschung des 19. Jahrhunderts. Dabei verfolgte er das als drängend empfundene Anliegen, den Reigen der Revolutionen zu beenden bzw. weiteren Umstürzen vorzubeugen. Mit dieser Absicht erstellte Eötvös eine systematische Übersicht der sozialen Voraussetzungen von Revolutionen. Er arbeitete mit zentralen Kategorien der Sozialwissenschaften und stellte beispielsweise die (in der Dorf- oder Stadtgemeinde versammelte) Gemeinschaft der Gesellschaft gegenüber oder er untersuchte das konfliktreiche Verhältnis von Staat und Zivilgesellschaft. Eötvös betrachtete soziale und nationale Konflikte als die Hauptursachen von Revolutionen und strebte danach, diesen Konflikten durch ihre kausale Erklärung, d.h. durch die Rekonstruktion ihrer geschichtlichen Rahmenbedingungen, vorzubeugen. Verstehen und Handeln waren daher in seiner politischen Theorie und Praxis eng miteinander verknüpft.

Die sozialen Gruppen, denen er seine größte Aufmerksamkeit widmete, waren die Nation und die Gemeinde. In seinem originellsten und bedeutendsten Beitrag zur Theorie des Nationalismus arbeitete Eötvös das Suprematiestreben und das Bewusstsein der eigenen Höherwertigkeit sowie die daraus resultierende politische Machtaspiration als die typischen Merkmale nationaler Gruppen heraus. Er erkannte, dass die einzelnen Volksgruppen nicht nur nach ihrer ungehinderten ethnisch-kulturellen Entwicklung, sondern auch nach nationalstaatlicher Existenz streben. In diesem Prozess sah er zu Recht die größte Gefahr für das Bestehen des multiethnischen Habsburgerreichs. Seine These fand ihre erste Fassung in einer Broschüre *Über die Gleichberechtigung der Nationalitäten in Österreich* (1850); in den *Herrschenden Ideen* formulierte Eötvös sie folgendermaßen: »Die Grundlage jedes Nationalgefühles ist die Überzeugung, daß es ein Vorzug ist, einem gewissen Volke anzugehören, weil dasselbe an geistigen oder moralischen Eigenschaften andere übertrifft, und diese höhere Begabung sich entweder in der Vergangenheit bewährt hat, oder dazu berufen ist, sie in der Zukunft geltend zu machen. Der Zweck ist, dieser höheren Begabung eines Volkes ihre volle Geltung zu verschaffen, indem man vor Allem auf die Entwicklung der in dem Volke schlummernden Kräfte bedacht ist, um demselben dann die ihm gebührende Herrschaft über andere zu sichern. Die Grundlage aller nationellen Bestrebungen ist das Gefühl höherer Begabung, ihr Zweck ist Herrschaft« (Eötvös 1854a, S. 50f.).

Das Aufkeimen dieser Einsicht im unmittelbaren Kontext der Revolutionen von 1848/49 zeigt, wie tiefgreifend Eötvös' Erfahrungen als Minister für Unterricht und Kultur in der ersten parlamentarischen Regierung Ungarns 1848 seine Ansichten über den allumfassenden Anspruch nationalistischer Ambitionen prägten und eine differenzierte Haltung diesen gegenüber bewirkten: In seiner Funktion war er tagtäglich mit den religiös verbrämten Forderungen der nichtmagyarischen, vor allem der serbischen und rumänischen Nationen konfrontiert. Auch die Wiederholung dieser These u.a. in den Schriften *Die Garantien der Macht und Einheit Österreichs* (1859), *Die Sonderstellung Ungarns vom Standpunkt der Einheit Deutschlands* (1860) und *Die Nationalitäten-Frage* (1865) stand im Dienste der – kontextabhängig wechselnden – politischen Zielsetzungen der ungarischen politischen Elite gegenüber der Wiener Zentralregierung bzw. der unter der Stephanskrone lebenden nichtmagyarischen Nationen. Diese Interessens- und Situationsbezogenheit war Eötvös jederzeit wichtiger als die wissenschaftliche Objektivität.

Das zweite Element, das im Mittelpunkt seiner Theorie und Praxis stand, war die Stärkung der Selbstregierung in den Gemeinden. Auf dieser Ebene sah Eötvös die Möglichkeit gegeben, dem Erhalt und der Entwicklung der nationalen, religiösen, regionalen usw. Identität genügend Raum zu bieten, ohne dadurch die Einheit der zentralen Macht und damit die territoriale Integrität des Staates (sowohl des österreichischen Gesamtstaates als auch der Länder der Stephanskrone) zu gefährden.

Am Ausgangspunkt von Eötvös' Staatstheorie stand das Individuum. Das Ideal des freien und selbstbestimmten Individuums, wie es sich in einer vom antiken Rom über die kirchliche Reformation und die Französische Revolution verlaufenden Entwicklungslinie herausbildete, hielt er für den höchsten Wert der christlich-westeuropäischen Zivilisation, an die mit dem großen Moment der Revolutionen von 1848 seiner Überzeugung nach nun auch das östliche Mitteleuropa angeknüpft habe. Letztlich war es also die gemeinsame christliche europäische Zivilisation, die er von den sozialen Unruhen und nationalen Erregungen der Revolutionen von 1848/49 erschüttert sah. Zu Recht behandelte ihn Ernst Gollwitzer als einen der wichtigsten Vorläufer des Europagedankens.

Eine der unmittelbaren Folgen des Erscheinens der *Herrschenden Ideen* war es, dass Ungarn Anschluss an die europäische Gelehrtengemeinschaft fand. Zum Teil ist das auch dem Umstand geschuldet, dass Eötvös nicht nur den Druck seines Buches selbst finanzieren musste, sondern auch dessen Distribution übernahm. Mehrere Exemplare gingen nach Österreich, Deutschland und Frankreich, und so wurden u.a. Friedrich von Raumer, Carl J.A. Mittermaier, Carl Theodor Welcker, Johann Caspar Bluntschli, Alexis de Tocqueville und Jakob Philipp Fallmerayer zu Eötvös' Korrespondenzpartnern. Mit manchen ausländischen Gelehrten beschränkte sich der Briefwechsel auf die bloße Kontaktaufnahme oder das Ersuchen, das Buch zu rezensieren oder Studienaufenthalte junger ungarischer Aristokraten oder Gelehrter an deutschen Universitäten zu unterstützen; mit anderen, vor allem mit Charles de Montalembert, entspann sich hingegen ein sehr produktiver, auch theoretisch relevanter Briefwechsel. Diskussionspartner und Kritiker hatte Eötvös natürlich auch innerhalb der Österreichisch-Ungarischen Monarchie. Während der letzten Jahrzehnte des Bestehens des habsburgischen Vielvölkerstaates beschäftigten sich u.a. Ludwig Gumplowicz, František Palacký oder Aurel Popovici eingehend mit Eötvös' Staats- und Nationalitätentheorie. Auch Eric[h] Voegelin, ein namhafter Vertreter der Philosophie der Politik, der an der Universität Wien studiert und von 1928 bis 1938 als Dozent gelehrt hatte, widmete Eötvös ein Kapitel in seinem Buch *Der autoritäre Staat* (1936).

In Ungarn übten Eötvös' Ansichten über Nation und Nationalismus großen Einfluss u.a. auf Oszkár Jászi, den Gründervater der ungarischen Soziologie, aus. Jászi widmete dem Eötvös'schen Œuvre nicht nur einen kritischen Essay, sondern griff vor und während des Ersten Weltkriegs die in jenem Essay behandelten Fragen auch in seinen eigenen soziologischen Studien über den Nationalismus auf. In der hasserfüllten Atmosphäre nationaler Antagonismen und bewaffneter Feindseligkeiten jener Tage wurden Eötvös' Überlegungen zum Nationalitätenproblem vom Präsidenten der Ungarischen Akademie der Wissenschaften scharf kritisiert. Seine Vorhersagen, so Albert Berzeviczy von Berzevicze, bestätigten sich mittelfristig nicht, weil sich die nationalen Gegensätze nicht gemildert, sondern verstärkt hätten. Tatsächlich erwies sich in den Kriegsjahren 1914 bis 1918 die auf Eötvös' Theorie rekurrierende politische Praxis als ein Faktor, der noch zur Zuspitzung der Krisensituation sowohl in Ungarn als auch in der ganzen österreichischen Monarchie beitrug.

Nach 1918 verlor Eötvös' staatswissenschaftliches Werk seinen unmittelbaren Bezug zur sozialen und politischen Wirklichkeit der Nachfolgestaaten Österreich-Ungarns; gleichwohl rezipierte ihn Josef Redlich zustimmend in seiner zweibändigen Studie über *Das österreichischen Staats- und Reichsproblem* (1920/26). In Ungarn erfuhren seine Gedanken eine Renaissance während der politischen Wende um 1989: Anlässlich seines 175. Geburtstages wurde Eötvös von demokratisch engagierten Intellektuellen und sogar von einigen prominenten, auf einen Systemwechsel hinarbeitenden Vertretern der Elite als ein Vordenker des Pluralismus, der Zivilgesellschaft und der Gemeindeautonomie gefeiert und als ein Kritiker der Staatsmacht gewürdigt. Zahlreiche Mitglieder des 1990 frei gewählten ungarischen »Historikerparlamentes« waren Kenner seines Werkes, vor allem der neue Ministerpräsident József Antall, der sich während seiner Amtszeit mehrmals zum Erbe der gemäßigt-liberalen Eötvös'schen Politik bekannte.

Alle bedeutenden Schriften József Eötvös' erschienen sowohl auf Ungarisch als auch auf Deutsch. Damit nahm er die Rolle eines Mediators zwischen dem östlichen und dem westlichen Teil der Monarchie ein und trug viel zur Aufrechterhaltung eines – zwar uneinheitlichen, aber doch durch viele gemeinsame Elemente verbundenen – politik- und sozialwissenschaftlichen Diskurses in Österreich-Ungarn bei.

Antall, József (2007): *Modell és valóság* [Modell und Wirklichkeit], 2 Bde., Budapest: Antall József Alapítvány.

Eötvös, József (1854a): *Der Einfluß der herrschenden Ideen des 19. Jahrhunderts auf den Staat* [1851], Bd. 1, Leipzig: F. A. Brockhaus.

– (1854b): *Der Einfluß der herrschenden Ideen des 19. Jahrhunderts auf den Staat*, Bd. 2, Leipzig: F. A. Brockhaus.

Gángó, Gábor (Hg.) (1995): *Die Bibliothek von Joseph Eötvös / Eötvös József könyvtára*, Budapest: Argumentum.

– (1998/99): Joseph Freiherr Eötvös in Bayern, September 1848 – Dezember 1850. In: Gabriel Adriányi/Horst Glassl/Ekkehard Völkl (Hgg.), *Ungarn-Jahrbuch* 24, München: Verlag Ungarisches Institut, S. 205–222.

– (2009): Emigration und Modernisierung. Deutschlandaufenthalte der ungarischen Elite im 19. Jh.: Der Fall József Eötvös. In: *Contingentia* 4, S. 110–124.

– (2010): Joseph Eötvös. In: Marcel Cornis-Pope/John Neubauer (Hgg.), *History of the Literary Cultures of East-Central Europe*, Bd. 4, Amsterdam: John Benjamins, S. 521–526.

– (in Vorb.): Die Ungarische Akademie der Wissenschaften im Ersten Weltkrieg. In: Matthias Berg/Jens Thiel/Danny Weber (Hgg.), *Europäische Wissenschaftsakademien im »Krieg der Geister«. Reden und Dokumente 1914 bis 1920* (= Acta Historica Leopoldina), Halle a.d.S.: Deutsche Akademie der Naturforscher Leopoldina.

Gollwitzer, Helmut (1964): *Europabild und Europagedanke. Beiträge zur deutschen Geistesgeschichte des 18. und 19. Jahrhunderts*, München: Beck.
Gumplowicz, Ludwig (1879): *Das Recht der Nationalitäten und Sprachen in Österreich-Ungarn*, Innsbruck: Wagner.
Jászi, Oszkár (1982): Báró Eötvös József állambölcselete és politikája [1913]. In: Attila Pók (Hg.), *A Huszadik Század körének történetfelfogása* [Die erste Ideenschmiede der ungarischen Soziologie. Der Kreis um die Zeitschrift *Das zwanzigste Jahrhundert*], Budapest: Gondolat, S. 239–286.
Palacký, František (1866): *Österreichs Staatsidee*, Prag: J. L. Kober.
Popovici, Aurel C. (1892): *Die rumänische Frage in Siebenbürgen und in Ungarn*, Wien u.a.: Verlag der Herausgeber.
Redlich, Josef (1920/26): *Das österreichische Staats- und Reichsproblem*, 2 Bde., Wien: Neuer Geist.
Voegelin, Erich (1936): *Der autoritäre Staat. Ein Versuch über das österreichische Staatsproblem*, Wien: Julius Springer.

Weiterführende Literatur

Bödy, Paul (1985): *Joseph Eötvös and the Modernization of Hungary, 1840–1870*, New York: Columbia University Press.
Gángó, Gábor (2011): Art. »Eötvös, Joseph, Baron«. In: Helmut Reinalter (Hg.), *Biographisches Lexikon zur Geschichte der demokratischen und liberalen Bewegungen in Mitteleuropa*, Bd. 2/Teil 2: *Österreich/Schweiz*, Frankfurt a.M. u.a.: Peter Lang Verlag, S. 139f.
Stourzh, Gerald (1989): Die politischen Ideen Josef von Eötvös' und das österreichische Staats- und Reichsproblem. In: Ders., *Wege zur Grundrechtsdemokratie. Studien zur Begriffs- und Institutionengeschichte des liberalen Verfassungsrechtes*, Wien/Köln: Böhlau, S. 217–237.
Weber, Johann (1966): *Eötvös und die ungarische Nationalitätenfrage*, München: R. Oldenbourg.

Gábor Gángó

II. Sozialstatistik, Gesellschaftsanalyse, Gesellschaftstheorie

Zur Rolle der Volkszählungen in der frühen empirischen Sozialanalyse in Österreich

Ein Urteil über Entwicklungen vor einhundert bis zweihundert Jahren und noch früher, die sich als vorausweisende Elemente einer Sozialanalyse einordnen lassen, muss sinnvollerweise im Lichte dessen vorgenommen werden, was heute als solche gilt. Sozialanalyse oder Soziologie im hier gemeinten Sinn kann nur als empirische Wissenschaft betrieben werden. Damit ist sie auf methodisch geleiteten Erwerb empirischer Erfahrung angewiesen, was ihr, mit anderen Worten, die Notwendigkeit einer methodischen Richtung vorgibt. Für die Soziologie als Erfahrungswissenschaft gilt, dass sie einerseits eine bestimmbare Wissenschaftsmethode und andererseits dieser zugehörige Techniken der Forschung braucht (wie andere Erfahrungswissenschaften auch). Beiderlei ist in dem vereint, was heute empirische Sozialforschung heißt. Sie steuert als ein grundlegendes Instrumentarium einen Teil dessen bei, was die Soziologie als Erkenntnisvoraussetzung benötigt: kontrolliert zustande gekommene empirische Erfahrung. Es ließe sich, anders ausgedrückt, auch sagen, dass es der Methode der empirischen Wissenschaft eigen ist, dass sie sich am deutlichsten an ihrer tatsächlichen Praxis studieren lässt und durch bloßes Postulieren nicht ersetzt werden kann. Die tatsächliche Praxis der hier beobachteten Entwicklung der Vorläufer der Sozialanalyse aber bildet sich, buchstäblich über Jahrhunderte, als eine zunehmende Rationalisierung der Datenerhebung, Datendokumentation und Datenverwertung unter vorausgesetzten Zwecken heraus. Dieser Logik zufolge kommt ab Mitte des 18. Jahrhunderts den für die Erzeugung von Verwaltungsstatistiken durchgeführten Censen erstmals vorrangige Bedeutung zu. Die Rationalisierung des Vorgangs führt zu immer besser durchdachten Bestimmungen im Rahmen der Erhebungsprogramme, und in der Folge verbessern sich die Analysemöglichkeiten, die auf eine zunehmend genauere Beschreibung der Lebensverhältnisse zusteuern.

Die Massen zählen

Ein Blick auf die frühesten Anfänge belehrt: Es gab schon um 1500, zur Zeit Maximilians I., periodische Übersichten zum Finanz- und Kriegswesen; Manufakturinventarien, Mautregister und Angaben über Steuererträgnisse mancher Landesteile wurden ab dem 16. Jahrhundert, beispielsweise unter Karl V. und Ferdinand II., angelegt. 1695, deutlich in vormerkantilistischer Zeit, ordnete Kaiser Leopold I. eine Volkszählung zu Besteuerungszwecken an, mit dem Ziel, die ganze Bevölkerung nach Alter, Geschlecht und teilweise auch nach der sozialen Stellung zu erfassen. Auch Karl VI. ließ 1724 in Österreich ob und unter der Enns, später dann in Wien (und möglicherweise auch in anderen Teilen der Monarchie) »Professionistenzählungen« durchführen, die der Reorganisation von Handwerk und Gewerbe dienen sollten. Die Absicht, statistische Erhebungen auf breiterer Basis durchzuführen, um einen Überblick »über die Kräfte des Staates« zu gewinnen, taucht Ende des 17. Jahrhunderts auf (Durdik 1973, S. 225f.). Nicht von ungefähr hat August Ludwig von Schlözer, einer der maßgeblichen deutschen Historiker, Staatsrechtler, Philologen, Pädagogen und Statistiker der Aufklärungszeit, die Ergebnisse der böhmischen Seelenkonskription eine »fürchterliche Macht« genannt (nach Tantner 2004a, S. 5). In Österreich, so bemerkt Johann Vincenz Goehlert (Beamter im k.k. statistischen Bureau), mögen schon vor 1700 in einzelnen Provinzen Zählungen stattgefunden haben, z.B. nach dem Dreißigjährigen Krieg durch die Geistlichkeit (um die Zahl der Katholiken und Protestanten in Erfahrung zu bringen), authentische Nachrichten gebe es jedoch erst ab der zweiten Hälfte des 18. Jahrhunderts (Goehlert 1854, S. 4). Die zuvor genannten historischen Verzeichnisse dürften Goehlert nicht bekannt gewesen oder von ihm nicht berücksichtigt worden sein. Eine gesetzliche Bestimmung zur Durchführung einer allgemeinen Volkszählung (»Seelenbeschreibung«) findet sich Goehlert zufolge erst im Jahr 1753, »nachdem in demselben Jahre von der niederösterreichischen Repräsentation und Kammer der Vorschlag zu einer durch obrigkeitliche Behörden mit Einverständnis der Ordinariate bewirkten Zählung aller in jedem Orte wirklich vorfindigen Inwohner und Unterthanen mit Angabe der Profession, des Standes und Alters gemacht worden war« (ebd., S. 4f.). Wozu sollte sie durchgeführt werden? Ein auf den Staats- und Conferenz-Minister Friedrich Wilhelm Reichsgraf von Haugwitz, einen Berater Maria Theresias, zurückgehendes Rescript (am ehesten als Verwaltungsbescheid anzusehen) vom 7. Jänner 1754 gibt eine vorläufige Antwort: »Dass zur größern Leichtigkeit und aus mehreren für den allerhöchsten Dienst und selbst zu des Publici Diensten die Anzahl der treugehorsamsten Unterthanen [...] eine verlässliche Seelen-Consignation oder Conscriptions-Tabelle [...] verfasst werde« (ebd.). Welche für den »allerhöchsten Dienst« bedeutsamen Interessen hier einflossen, lässt sich aus dem umfangreichen Werk von Ignaz Beidtel (Historiker und Jurist, Appelationsrat in Zara [Zadar], Fiume [Rijeka], Klagenfurt und Brünn [Brno]) erschließen.

Die Mitte des 18. Jahrhunderts markiert dann den Beginn der modernen Verwaltungsstatistik in Österreich, die in Zusammenhang mit der Theresianischen Staatsreform, dem Erstarken des Militärwesens nach dem österreichischen Erbfolgekrieg und der Ausbildung einer merkantilistischen Wirtschaftspolitik (die durch ihr Streben nach Exportmonopolismus, Devisenbewirtschaftung und Handelsbilanzüberschüssen charakterisiert ist; vgl. Schumpeter 1965, Bd. 1, Kap. 7) zu sehen ist. Es ist eine verbreitete Auffassung, dass die merkantilistische Wirtschaftspolitik, die zwischen der Einwohnerzahl und der Menge der erzeugten Güter einen Kausalzusammenhang annahm, Statistiken über Gewerbe, Export, Bevölkerungszahl etc. geradezu erzwungen habe. Der wesentliche Beweggrund wird in der geplanten Konsolidierung des Staatssystems nach dem Erbfolgekrieg gesehen, wobei diese sogenannte Konsolidierung mehr und mehr auf einen zentralistischen Staat mit Militär- und Polizeidominanz zusteuerte. Ein wichtiger Bereich war eine verstärkte Reformtätigkeit in der Wirtschaft, die auf eine zentrale Leitung des Wirtschaftsgeschehens im Interesse der Staatsfinanzen hinauslief. Um solche Ziele zu verwirklichen, bedurfte es eines Überblicks über die wirtschaftlichen Zustände, und ein solcher konnte nur mit Hilfe der Statistik erreicht werden. Dazu gesellten sich Bestrebungen, die heute mit dem Begriff der »Bevölkerungspolitik« umschrieben würden; diese war wiederum dadurch motiviert, dass in der wirtschaftlichen Lehre der Zeit der erwähnte enge Zusammenhang zwischen der Bevölkerungszahl und der Menge der erzeugten Güter angenommen wurde. Mehr Güter bedeute aber, so wurde argumentiert, mehr Export, und mehr Export führe zu mehr Gold und Silber, das ins Land komme. Die »Masse« der Bevölkerung musste daher schon aus Übersichtsgründen erhoben werden (Durdik 1973, S. 226). Doch auch für das Erstarken des Militärwesens war eine genauere Sicht auf die Entwicklung der Staatsverwaltung erforderlich; dies legt die Vermutung nahe, dass für diese militärische Interessen eine ebenso bedeutende Rolle spielten (vgl. Beidtel 1896, bes. Bd. 1). Das »Conscriptionspatent« – »Patent« im Sinn von Dekret – vom 25. Oktober 1804, nach welchem jene, die für den Wehrdienst verpflichtet werden sollten, den hauptsächlichen Gesichtspunkt der Zählung darstellten, schrieb diese militärische Orientierung bis in die Zählungen von 1846 und 1850/51 fort. Ein Werk wie jenes von Joseph Hain (Ministerial-Secretär in der Dienstleitung bei der k.k. Direction der administrativen Statistik) lässt gut erkennen, mit welchen Schwierigkeiten in der Darstellung gekämpft werden musste, und welche Unzulänglichkeiten das Zahlenmaterial kennzeichneten (Hain 1852/53). Erst am 23. März 1857 wurde zum ersten Mal eine Volkszählung auf gesetzlicher Grundlage durchgeführt, die die bisherige Praxis hinter sich ließ, indem sie Geltung für die gesamte Monarchie hatte. Sie war als eine Zählung für die gesamte Staatsverwaltung konzipiert, wobei alle Daten zu einem festgesetzten Stichtag erhoben wurden, und diente nicht nur einem bestimmten Zweck (Ladstätter 1973, S. 268).

Kampf um wissenschaftlichen Fortschritt?

Der Blick zurück auf die Vorläufer der Sozialanalyse lässt es sinnvoll erscheinen, zwei unterschiedliche Perspektiven zu berücksichtigen: eine interne und eine externe (die im wissenschaftshistorischen Kontext auch als ein internalistischer bzw. externalistischer Ansatz aufgefasst werden können; vgl. Hagner 2001). Die erste richtet sich auf die einer Wissenschaft eigenen immanenten Kriterien, die zweite auf die gesellschaftlichen Bedingungen, welche auf die Entwicklung der Wissenschaft Einfluss nehmen. Hier wird auf die erste Perspektive eingegangen.

Johann Vincenz Goehlert beklagt in einer Schrift aus dem Jahr 1854, dass die Volkszählungen von 1754 und 1761 zu unterschiedlichen Zahlen im Hinblick auf den Bevölkerungsstand führten. 1770 erschien dann, wie er ausführt, ein Patent, »welches eine allgemeine Seelenbeschreibung zur Fortsetzung einer verlässlichen Rekrutirung durch kreisamtliche Commissäre und Militäroffiziere nebst Beschreibung des Zugviehs« (Goehlert 1854, S. 6) anordnete, doch auch bei dieser Zählung ergaben sich nach Goehlerts Urteil »so viele Anstände und Schwierigkeiten«, dass eine eigene Kommission eingesetzt werden musste, die entsprechende Grundsätze zur Erhebung sowie Instruktionen zu deren Durchführung erarbeitete (kritisch gegenüber Goehlerts Vorbehalten äußert sich Henryk Grossmann; vgl. Grossmann 1916, S. 353, 361 u.ö.). 1777 wurde das Conscriptions-System vollständig in allen erbländischen Provinzen eingeführt und die Anlegung von fortlaufend zu aktualisierenden Populationsbüchern angeordnet. Wenig vertrauenswürdig erscheinen Goehlert die Zählungen 1761 bis 1781, »da es noch an einem bestimmten systematischen Verfahren fehlte, die in dieser Beziehung erlassenen Bestimmungen nicht immer praktisch anwendbar waren und bei Durchführung derselben militärische Rücksichten vorwaltend blieben« (Goehlert 1854, S. 8; vgl. dazu ergänzend Tantner 2004b, S. 196f.). Am 29. März 1869 wurde ein neues Volkszählungsgesetz beschlossen, mit dem die Reihe der modernen Volkszählungen begann; es wurde erst 1930 abgeändert und schließlich durch das Volkszählungsgesetz von 1950 abgelöst. Hinter den Verbesserungen von 1869 standen u.a. die von dem belgischen Statistiker und Astronomen Adolphe Quetelet geschaffenen Grundlagen des modernen Zählungswesens und die Empfehlungen internationaler Statistikkongresse (Brüssel 1853 und London 1860). Es wäre eine interessante Aufgabe, diese Entwicklung der Statistik zur Wissenschaft bzw. der Methoden im Censuswesen in den Rahmen einer Geschichte der Quantifizierung einzuarbeiten, wie sie Paul Felix Lazarsfeld – unter besonderer Berücksichtigung der Rolle Quetelets – entworfen hat (Lazarsfeld 1982).

Mit der fortschreitenden Entwicklung des Zählungswesens kristallisierte sich eine Erkenntnis heraus, die höchst bedeutsame Konsequenzen hatte: Nur sorgfältig und vollständig durchgeführte Auszählungen können eine richtige Grundlage für zuverlässige Statistiken liefern (Winkler 1973, S. 13). Bereits vor dem Jahr 1869 hatte Karl Freiherr von Czoernig-Czernhausen, der Direktor der damaligen Administrativen Statistik, maßgeblichen Anteil an dieser Entwicklung. Von ihm stammt die *Ethnographie der Oesterreichischen Monarchie* (Czoernig 1855) – ein Werk, das seinesgleichen sucht. Czoernig war es auch zu danken, dass der Dritte Internationale Statistikkongress 1857 in Wien stattfand (siehe dazu Winkler 1973, S. 14), den er als Vorsitzender leitete. Die wichtigsten methodischen Festlegungen von 1869 bestanden darin, dass als Stichtag der 31. Dezember aller mit Null endenden Jahre festgelegt wurde und dass es erstmals eine zwingende Unterscheidung zwischen dauernd oder zeitweilig abwesender und dauernd oder zeitweilig anwesender Bevölkerung gab, sodass der Aufarbeitung der Strukturdaten die »anwesende Bevölkerung« zugrunde gelegt werden konnte (was in den ersten Zählungen des vorangegangenen Jahrhunderts wegen mangelnder Definition noch zu Konfusionen geführt hatte). Außerdem enthielt das Gesetz einen Merkmalskatalog, in dem neben soziodemographischen Erhebungsmerkmalen z.B. auch »Gebrechen« aufschienen. Weiters wurde u.a. bestimmt, dass die Erhebung von den Gemeindebehörden durchgeführt und die Bearbeitung zentral erfolgen sollte (Ladstätter 1973, S. 268f.).

Die Geschichte der ständigen Veränderung und Verbesserung der Massenzählungen lässt sich an drei zentralen Elementen festmachen:

- auf der Grundlage von – im Sinne einer Längsschnittanalyse – immer weiter zurückreichenden und immer vollständigeren Datenreihen wird eine möglichst umfassende Beschreibung der Lebensverhältnisse angestrebt, was bewirkt, dass sich die Erhebungsprogramme auch zunehmend von ständisch, konfessionell oder elitär eingefärbten Partialinteressen (von Zünften, Schulen, Universitäten, Stiftungen oder Gemeinden) emanzipieren;
- auf der methodischen Ebene kommt es zu einer ständigen Verfeinerung der Erhebungsprogramme, einer zunehmenden Praktikabilität der Prozeduren und einer Automatisierung der Auswertungen (in Österreich wurde 1890/91 mithilfe der von Theodor Schäffler adaptierten Hollerith-Maschinen erstmals eine elektrische Auszählung der Censusergebnisse praktiziert);
- das Kerninstrumentarium, die Statistik, beginnt selbst als Wissenschaft gelten zu wollen und zu können, und die administrative Statistik trennt sich von der allgemeinen Administration.

In der Wirtschaftsgeschichte wird die Phase der Theresianischen und Josephinischen Reformen stets als eine des wirtschaftlichen Fortschritts in der Monarchie und der (auch für andere Staaten geradezu vorbildlichen) Modernisierung der Bürokratie apostrophiert (z.B. Butschek 2011, Kap. 6), doch in der Wissenschaftsgeschichte bzw. Wissenschaftssoziologie stehen entsprechende und umfassendere Studien nach Art der von Paul F. Lazarsfeld vorgelegten noch aus.

Beidtel, Ignaz (1896): *Geschichte der Österreichischen Staatsverwaltung 1740–1848*, 2 Bde., Innsbruck: Wagner (sowie als unveränderter Nachdruck: Frankfurt a.M.: Sauer & Auvermann 1968).

Butschek, Felix (2011): *Österreichische Wirtschaftsgeschichte. Von der Antike bis zur Gegenwart*, Wien/Köln/Weimar: Böhlau.

Czoernig-Czernhausen, Karl Freiherr von (1855/57): *Ethnographie der Oesterreichischen Monarchie. Mit einer ethnographischen Karte in vier Blättern*, 3 Bde., Wien: k.k. Hof- und Staatsdruckerei.

Durdik, Christl (1973): Bevölkerungs- und Sozialstatistik in Österreich im 18. und 19. Jahrhundert. In: Helczmanovszki 1973, S. 225–266.

Goehlert, Johann Vincenz (1855): *Die Ergebnisse der in Österreich im vorigen Jahrhundert ausgeführten Volkszählungen im Vergleiche mit jenen der neuen Zeit* [1854], Wien: k.k. Hof- und Staatsdruckerei.

Grossmann, Henryk (1916): Die Anfänge und die geschichtliche Entwicklung der amtlichen Statistik in Österreich. In: *Statistische Monatschrift* 42 (NF 21), S. 331–423.
Hagner, Michael (2001): Ansichten der Wissenschaftsgeschichte. In: Ders. (Hg.), *Ansichten der Wissenschaftsgeschichte*, Frankfurt a.M.: Fischer Taschenbuch Verlag, S. 7–39.
Hain, Joseph (1852/53): *Handbuch der Statistik des Österreichischen Kaiserstaates*, 2 Bde., Wien: Tendler & Compagnie.
Helczmanovszki, Heimold (Hg.) (1973): *Beiträge zur Bevölkerungs- und Sozialgeschichte Österreichs*, Wien: Verlag für Geschichte und Politik.
Ladstätter, Johannes (1973): Wandel der Erhebungs- und Aufarbeitungsziele der Volkszählungen seit 1869. In: Helczmanovszki 1973, S. 267–294.
Lazarsfeld, Paul Felix (1982): Notes on the History of Quantification in Sociology – Trends, Sources and Problems. In: Patricia L. Kendall (Hg.), *The Varied Sociology of Paul F. Lazarsfeld*, New York: Columbia University Press, S. 97–167 (erstmals in *ISIS* 52 [1961], S. 277–333).
Schumpeter, Joseph A. (1965): *Geschichte der ökonomischen Analyse*, 2 Bde., Göttingen: Vandenhoeck & Ruprecht.
Tantner, Anton (2004a): *Ordnung der Häuser, Beschreibung der Seelen - Hausnummerierung und Seelenkonskription in der Habsburgermonarchie*, Dissertation, Universität Wien.
– (2004b): Die Quellen der Konskription. In: Josef Pauser/Martin Scheutz/Thomas Winkelbauer (Hgg.), *Quellenkunde der Habsburgermonarchie (16. – 18. Jahrhundert). Ein exemplarisches Handbuch*, Wien/München: R. Oldenbourg, S. 196–204.
Winkler, Wilhelm (1973): Statistik in der Welt – Statistik in Österreich. In: Helczmanovszki 1973, S. 13–18.

Weiterführende Literatur

Beer, Adolf (1895): *Die Staatsschulden und die Ordnung des Staatshaushaltes unter Maria Theresia*, Wien: Tempsky.
Ficker, Adolf (1870): *Vorträge über die Vornahme der Volkszählungen in Österreich* (= Mitteilungen aus dem Gebiete der Statistik, 17. Jg., Heft 2), Wien: k.k. Hof- und Staatsdruckerei/August Prandel in Kommission.
Inama-Sternegg, Karl Theodor (1886): *Die Quellen der historischen Bevölkerungsstatistik*, Wien: A. Hölder.
Klein, Kurt (1973): Die Bevölkerung Österreichs vom Beginn des 16. bis zur Mitte des 18. Jahrhunderts (mit einem Abriß der Bevölkerungsentwicklung von 1754 bis 1869). In: Helczmanovszki 1973, S. 47–112.
Lustkandl, Wenzel (1891): *Sonnenfels und Kudler*, Wien: k.k. Universität.

Anton Amann

Joseph Marx von Liechtenstern

Joseph Marx Freiherr von Liechtenstern (1765–1828) gilt vor allem als Pionier der Kartographie und der Geographie. Seine Rolle als Wegbereiter der amtlichen Statistik in Österreich wird in der wissenschaftlichen Literatur und selbst in den Festschriften der heutigen Bundesanstalt Statistik Österreich (»Statistik Austria«) und ihrer Vorgängerinnen meist mit der bloßen Nennung seines Namens abgehandelt. Völlig vergessen ist der sozialtheoretische Statistiker Liechtenstern, der einerseits versuchte, eine den Interessen des Staates dienende und von diesem initiierte Statistik mit den Erkenntnissen von Geographie, Staats- und Volkswirtschaftslehre zu verknüpfen, der sich andererseits aber auch mit den sozialen Implikationen seines Verständnisses von Mensch und Gesellschaft für die Statistik beschäftigte.

Bereits 1786 entwickelte Liechtenstern den Plan einer Vereinigung unabhängiger Wissenschaftler aus unterschiedlichen Disziplinen, aus deren Bemühungen eine möglichst akkurate und vollständige Beschreibung der Erde und des Weltalls hervorgehen sollte. 1790 konnte er schließlich seine »Cosmographische Gesellschaft« in Wien gründen, welche heute als Vorläuferin der 1856 konstituierten »k.k. Geographischen Gesellschaft« gilt. Kernstück dieses privaten Instituts war die umfangreiche Bücher-, Manuskripte- und Landkartensammlung seines Gründers. Zunächst ging Liechtenstern daran, gemeinsam mit ausschließlich von ihm selbst bezahlten Gehilfen Landkarten aufzunehmen und ab 1795 auch zu verlegen, wobei er für seine kartographischen Unternehmungen im selben Jahr auch ein kaiserliches Privilegium erhielt. Schließlich erschien im März 1797 die erste und einzige Nummer des von ihm herausgegebenen und verfassten Vereinsorgans *Geographisch-statistische Monatschrift, hauptsächlich über die Oesterreichische Monarchie* (Wien), welche als die erste geographische Zeitschrift Österreichs gilt.

Nach der Auflösung der Cosmographischen Gesellschaft im Frühjahr 1797 gründete Liechtenstern noch im selben Jahr das »Cosmographische Institut« in Wien. Nunmehr wirkten neben den von ihm bezahlten Fachleuten und seinen Söhnen Maximilian Joseph Leopold und Theodor Philipp Joseph zahlreiche Ingenieure und Wissenschaftler des In- und Auslandes mit: Geografen, Topografen, Statistiker, Volkskundler, Orientalisten, Militärwissenschaftler, Montanisten, Geologen, Astronomen, unter ihnen Wenzel Carl Wolfgang Blumenbach, Johannes Andreas Demian, Johann Gottfried Ebel, Gabriel Gruber, Joseph Hager, Benedikt Franz Hermann, Alexander von Humboldt, Joseph Rohrer, Franz Sartori, Johann Konrad Schaubach und Johann Ferdinand von Schönfeld. Neben einer Vielzahl von geographischen, kartographischen und statistischen Arbeiten initiierte von Liechtenstern auch das von ihm geleitete *Archiv für Geographie und Statistik, ihre Hilfswissenschaften und Litteratur* (Prag, seit 1801 Wien) und gab 1811 bis 1812 das *Archiv für Welt-, Erde- und Staatenkunde, ihre Hilfswissenschaften und Litteratur* (Wien) und 1814 bis 1816 den *Allgemeinen Anzeiger historisch-, statistisch- und politischen Inhalts, oder Sammlung der neuesten Nachrichten von den merkwürdigsten politischen Begebenheiten und den geographischen Veränderungen in Europa bis zum Jahre 1817* (Wien) heraus. Ab 1806 verfügte das Cosmographische Institut über einen eigenen Verlag und Vertrieb, das »Verlags- und Commissions-Comptoir des cosmographischen Bureau«. Liechtensterns *Allgemeine Karte der Oestreichischen Monarchie* (1795) gilt als eine Pionierleistung der Kartographie, die schulbildend für eine ganze Generation von Kartografen war. Seine trigonometrisch-geometrische Methode wurde Grundlage der 1869 bis 1887 durchgeführten Franzisco-Josephinischen Landesaufnahme.

Neben diesen von den Wissenschaften durchaus gewürdigten Leistungen Liechtensterns gibt es auch eine zu Unrecht vergessene Seite seines Wirkens. Liechtenstern, der 1809 das Angebot der französischen Besatzung in Wien zur Übernahme der Direktion des statistischen Büros im französischen Dienst aus patriotischen Gründen ablehnte, wurde auf seinen Antrag hin von dem 1809 zum Finanzminister bestellten Franz Joseph O'Donnell von Tyrconell mit der Planung eines statistischen Büros beauftragt, doch endete dieses Vorhaben vorzeitig mit dem Tod des Ministers im Mai 1810. Enttäuscht wandte sich Liechtenstern an die Öffentlichkeit und legte 1814 in der Schrift *Ueber statistische Büreau's, ihre nöthigen Formen und Einrichtungen* die überarbeitete Fassung seines alten Plans für eine staatliche Statistik vor, »welche allein zur Auflösung des überaus schwierigen Problems der besten Staatsverwaltung, die, jeden individuellen Verhältnissen entsprechendsten Mittel anzugeben im Stande ist« (Liechtenstern 1814, S. 3). Sein »Statistisches Büreau« sollte aus einer historischen, einer topographischen und einer geheimen Sektion für besonders wichtige Zwecke der Ministerien bestehen. Im Mittelpunkt standen die Forderungen, dass dieses Büro »keinen Theil eines andern Staatsdepartements« bilde (ebd., S. 13), sondern als autonome Institution allen Ministerien zur Verfügung stehe, und dass seine Arbeit auf eine »vereinte theoretisch-praktische Wissenschaft« abzuzielen habe (ebd., S. 11). Aufgrund seiner Schrift durfte Liechtenstern im Dezember 1815 und Jänner 1816 zwei Vorlesungen »Über Statistik unter dem leitenden Prinzip des Staatszweckes betrachtet« an der Universität Wien halten, und am 4. September 1816 konnte er seinen Plan für ein »Statistisches Büreau« dem Kaiser persönlich vortragen. Dieser erteilte ihm mit Dekret vom 30. April 1819 die Genehmigung zur Einrichtung einer »Topographisch-statistischen Anstalt«, doch der mit der Durchführung beauftragte Staats- und Konferenzrat Sigmund von Schwitzen zeigte wenig Interesse daran, und schließlich lehnte der Staatsrat das Projekt aus finanziellen Gründen ab. Entmutigt zog sich Liechtenstern nach Sachsen bzw. Preußen zurück. Ein Jahr nach seinem Tod wurde durch das Kabinettschreiben vom 6. April 1829 – weitgehend auf der Grundlage von Liechtensterns Richtlinien – mit dem neu errichteten »Statistischen Bureau« im General-Rechnungs-Directorium die amtliche Statistik in Österreich eingeführt.

Die Statistik war für Liechtenstern ein wissenschaftliches Instrumentarium zur Erfassung alles Physischen, um dem Staat und dessen Verwaltern objektives Datenmaterial zur Verfügung zu stellen. Doch Liechtenstern befasste sich auch mit der Kulturgeschichte der Menschheit, wobei sein Bild vom Menschen durchaus bemerkenswert ist. Er ging davon aus, dass »man die Seelenthätigkeiten von dem Begriffe des menschlichen Organismus« nicht trennen könne (Liechtenstern 1822, S. 2), und kam zu dem Schluss: »auch gewisse materielle Einflüsse bringen merkwürdige Veränderungen in der Seelenstimmung und in ihren Thätigkeiten hervor« (ebd., S. 3). Aus diesem Grund betrachtete er die physikalisch fassbare Welt als den entscheidenden Faktor für den Menschen wie auch für seine gesellschaftliche Organisation. »Die Beschaffenheit des Wohnortes, seines Klima und Bodens haben einen nicht mindern Einfluß auf die Maximen, Neigungen und Gewohnheiten der Menschen, als andere moralische Veranlassungen, und vorzüglich haben ihn die, welche in der Religion und Regierungsform ihren Grund haben, aber selbst oft nur Folgen der erstern sind.« (Ebd., S. 119) Dieser von der physikalischen Welt in seiner organischen Beschaffenheit geprägte Mensch, folgert Liechtenstern, mache »in der Stufenleiter der Erdkörper ein einziges Geschlecht aus, so wie er einzig in seiner Gattung ist, welche zwar verschiedene Varietäten unter sich begreift, die aber nur in zufälligen Eigenschaften von einander abgehen« (ebd., S. 2). Diese Überlegungen Liechtensterns wurden – im Gegensatz zu seinen statistischen Präsentationen – in der wissenschaftlichen Welt nicht rezipiert.

Lichtenstern, Joseph Freiherr von [in wechselnder Schreibweise] (1786): *Kleine Kosmographie oder Entwurf zu einer allgemeinen Weltbeschreibung*, Wien: gedruckt in dem k. k. Taubstummeninstitut.

– (1791): *Ueber das Studium der Geographie, nebst einem Plane zur Beschreibung einzelner Länder und zu Beobachtungen auf Reisen*, Leipzig/Wien: bei Ignaz Edlen von Kleinmayer.

– (1795): *Allgemeine Karte der Oestreichischen Monarchie, mit Benützung der sichersten und neuesten Beobachtungen und Nachrichten, der richtigsten geographischen Special-Karten und einer Menge verlässlicher Handzeichnungen, entworfen und gezeichnet von Joseph Marx Freiherrn von Lichtenstern, verschiedener Akademien der Wissenschaften Mitgliede. Gestochen von Anton Amon*, Wien: herausgegeben von der Cosmographischen Gesellschaft [1 Karte, ca. 1:2 700 000, 46 x 68 cm].

– (1799): *Entwurf zu einer vollständigen Darstellung der Allgemeinen Rechtslehre der Oestreichisch Deutschen und Galizischen Erblande. Mit Beruffung sowohl auf die eigenen Landesgesetze, als auch auf die angenommenen Hilfsrechte*, 2 Bde. (Bd. 1: *Darstellung der Wissenschaft des östreichischen Rechts selbst*, Bd. 2: *Zivilrecht, Erster Theil, Von dem Rechte der Personen in Ansehung ihres natürlichen Zustandes, und nach ihren Verhältnissen im Staate*), Wien: auf Kosten des Verfassers.

– [ungez.] (1810): *Kurze Nachricht von der Verfassung und den Beschäftigungen des Cosmographischen Instituts in Wien seit seinem Anfange bis zum Jahre 1811*, Wien: [im Verlage des Cosmographischen Institutes].

– (1814): *Ueber statistische Büreau's, ihre nöthigen Formen und Einrichtungen*, Wien: [im Verlage des Cosmographischen Institutes].

– (1816): *Grundlinien einer Statistik des österreichischen Kaiserthums, nach dessen gegenwärtigen Verhältnissen betrachtet*, Wien: gedruckt bey den P. P. Mechitaristen.

– (1820): *Ueber statistische Büreaus, ihre Geschichte, Einrichtungen und nöthigen Formen, um sowohl als Mittel zur pragmatisch-practischen Ausbildung dieser Wissenschaft, als auch als Staats-Anstalt*

für besondere Regierungszwecke zu dienen, 4., neu bearb. Ausg., Dresden: im Verlag der Waltherschen Hofbuchhandlung.
– (1821): *Vorschriften zu dem practischen Verfahren bey der trigonometrisch-geometrischen Aufnahme eines großen Landes; mit einer zur Einleitung dienenden kurzen Geschichte der Oesterreichischen Mappirungen*, Dresden: in der Arnoldischen Buchhandlung.
– (1822): *Der Mensch als organisches, lebendes und denkendes Wesen für sich überhaupt und unter verschiedenen cosmischen Einflüssen betrachtet*, Meissen: bei Friedrich Wilhelm Goedsche.
– (1824): *Umriß der allgemeinen und Culturgeschichte der Menschheit, zum schnellen Ueberblicke des menschlichen Wirkens und Vollbringens und des Zustandes der intellectuellen und politischen Welt*, Quedlinburg/Leipzig: bei Gottfried Basse.

Weiterführende Literatur

Dörflinger, Johannes (1988): *Die österreichische Kartographie im 18. und zu Beginn des 19. Jahrhunderts unter besonderer Berücksichtigung der Privatkartographie zwischen 1780 und 1820*, Bd. 2: *Österreichische Karten des frühen 19. Jahrhunderts* (= Sitzungsberichte der philosophisch-historischen Klasse, Bd. 515 / Veröffentlichungen der Kommission für Geschichte der Naturwissenschaften, Bd. 47), Wien: Verlag der Österreichischen Akademie der Wissenschaften.
Kolbielski, Carl Georg Gottfried von [d.i. C.G.G. Glave; seit 1790 Freiherr von Kolbielski)] (1810): Das Cosmographische Institut zu Wien. In: *Vaterländische Blätter für den österreichischen Kaiserstaat*, Nr. 56/58 (23. und 27.2.1810), S. 355–358, Nr. 62/64 (9. und 13.3.1810), S. 371–375, Nr. 68/70 (23. und 27.3.1810), S. 390–393.
Liechtenstern, Joseph Marx von [ungez.] (1809): Gelehrte Anstalten in Österreich. Kurze Nachricht von der Verfassung und den Beschäftigungen des Cosmographischen Instituts in Wien seit seinem Anfange bis zum Jahre 1810. In: *Intelligenzblatt der Annalen der Literatur und Kunst in dem österreichischen Kaiserthume*, Jg. 1809 (September 1809), S. 97–124.
(1823): *Materialien zu einer Biographie des Freyherrn Joseph Marx von Liechtenstern. Als Manuscript für Freunde*, Schneeberg: o. V.

Reinhard Müller

Erzherzog Johann von Österreich und die frühe Soziographie

Dem zutiefst Josephinisch geprägten Sohn des der Aufklärung verpflichteten Großherzogs der Toskana und späteren Kaisers Leopold II. (1747–1792), Johann Baptist (1782–1859), wurden von Kindesbeinen an historische, geographische, naturwissenschaftliche und technische Fragestellungen nahe gebracht. Nach einer vor der Zeit beendeten militärischen Karriere und dem Scheitern seiner politischen Ambition in der Alpenbundaffäre, die ein Verbleiben in der gefürsteten Grafschaft Tirol verhinderte, wandte sich Johann dem Herzogtum Steiermark zu, wo er ohne öffentlichen Auftrag als Privatmann eine Modernisierung der Gesellschaft im Sinne des Josephinismus zu betreiben begann.

Basis für diese Bestrebungen bildete das durch die Überlassung seiner Bibliothek sowie seiner naturkundlichen und technischen Sammlungen an die steirischen Stände 1811 gestiftete »National-Museum« (heute Universalmuseum Joanneum), das seinen Namen tragen sollte. Der damit verknüpfte Ausbau des Bildungswesens korrespondierte mit merkantilistischen und physiokratischen Ansätzen zur Belebung der Wirtschaft, während die Hinwendung zu historischen Sammlungsgebieten anstelle der verkümmernden ständischen Repräsentation ein modernes Landesbewusstsein als emanzipatorische Folie zu setzen hatte. Ausgehend von den Grundstoffen der Steiermark zielten die Maßnahmen auf eine Steigerung der land- und forstwirtschaftlichen Produktivität sowie des Berg- und Hüttenwesens. Klar erkannte Johann, dass diese Maßnahmen nur in Verbindung mit der Wissenschaft als Innovationsbringerin und Trägerin der Lehre zum Erfolg führen könnten. Die Basis einer modernen Verwaltung aber hatten exakte Bestandsaufnahmen des Ist-Zustandes des Herzogtums zu liefern, deren Erkenntnisse wiederum in das Landesbewusstsein einzufließen hätten.

Eigene wirtschaftliche und historische Interessen verknüpfte Johann durch die Stiftung des Joanneums und Gründungsinitiativen, die 1819 die Steiermärkische Landwirtschaftsgesellschaft, 1825 die Steiermärkische Sparkasse und 1828 die innerösterreichische Brandschaden-Versicherungs-Anstalt hervorbrachten. Im Dezember 1810 wandte sich Johann im Wege der Kreisämter an die Bezirks-, Herrschafts- und Güterverwaltungen, um Antworten auf 132 Fragen in sieben Abschnitten zu erhalten. Der Fragebogen umfasste einen »topographisch-politisch-demographischen Teil, Fragen zu religiös-sittlichen Zuständen, u.a. Schulwesen und Geistlichkeit, Fragen zur medizinischen Versorgung der Bevölkerung, zu physikalisch-naturhistorischen Begebenheiten, zu Forst- und Landwirtschaft, Bergbau und Handel«; gleichzeitig sollte die Stimmung im Volk erhoben werden, wodurch eine Zuordnung zur Tradition der »Kameral- und Polizeywissenschaften« gegeben ist (Klingenstein 1982, S. 170). Die Ergebnisse der Erhebung flossen partiell in Georg Göths (1803–1873) mehrbändige Untersuchung *Das Herzogthum Steiermark* ein, die sich als »geographisch–statistisch–topographisch« gestaltetes Handbuch mit historischen Exkursen verstand. Die ersten drei Bände, zwischen 1840 und 1843 erschienen, umfassen eine einleitende Übersicht, der die Darstellungen des Brucker und des Judenburger Kreises folgen. Der vierte Band – sein Manuskript liegt im Steiermärkischen Landesarchiv – war dem Grazer Kreis gewidmet und blieb unveröffentlicht, da einerseits 1843 Gustav (von) Schreiners (1793–1872) *Grätz*-Studie erschien, andererseits die strukturellen Änderungen ab 1848 eine völlige Überarbeitung des Manuskriptes erzwungen hätten. Johann Felix Knaffl (1769–um 1845) legte 1813 seinen »Versuch einer Statistik von dem kameralistischen Bezirke Fohnsdorf im Judenburger Kreise« vor, dem Gouachen von Johann Lederwasch (1755–1827), Texte von Weihnachts-, Dreikönigs- und Paradeisspielen sowie Noten beigegeben waren. Im Handexemplar des Verfassers findet sich überdies ein Idiotikon. Allerdings wurde dieses Manuskript erst von Viktor von Geramb (1884–1958) 1928 in der Reihe »Quellen zur Volkskunde« ediert. Geramb nutzte die Handschrift, in der auch der Begriff Volkskunde erstmals verwendet worden ist, bereits vor dem Ersten Weltkrieg zur theoretischen und organisatorischen Verankerung der »Deutschen Volkskunde« am Joanneum und an der Grazer Universität. Für die Hauptstadt des Herzogtums Steiermark liegt die bereits erwähnte Erhebung vor, die vom Grazer Ordinarius für Staatenkunde, Gustav von Schreiner, in Zusammenarbeit mit seinen Kollegen, dem Philologen und Historiker Albert von Muchar (1786–1849) und dem am Joanneum und an der Universität als Professor tätigen Botaniker Franz Unger (1800–1870) sowie dem Mediziner Christian Weiglein, erarbeitet worden ist. In dieser kann man auch die Spuren des zweiten von Johann betriebenen Sammlungsaufrufes (»An sämmtliche Werbbezirke des Herzogthums Steyermark und Kärnthen« vom 10. September 1811) erkennen, der auf eine moderne Landesgeschichte und die Sicherung wertvoller Archivalien, die in das Landesarchiv eingebracht worden sind, zielte. Das 1843 erschienene Buch wird durch einen historischen Überblick eingeleitet, dem ein erster Teil mit den geographischen, klimatologischen, geologischen Darstellungen des Grazer Raumes folgt, der mit einer Übersicht über die Flora und Fauna schließt. Der zweite Teil umfasst unter der topographischen Beschreibung eine allgemeine Erhebung der Stadt, der detaillierte Beschreibungen der Inneren Stadt und der Vorstädte folgen. In einem »ethnographische[n] Gemählde« werden in der Biostatistik die Gliederung der Grazer Gesellschaft, deren nationale und religiöse Zugehörigkeit sowie deren Migrationsverhalten analysiert. Die Passagen über das Gesundheitswesen erörtern nicht nur den medizinischen Zustand der Bevölkerung, sondern auch deren medizinische Versorgung. Dem Fürsorgewesen ist ein weiterer Abschnitt gewidmet, der von der Armenfürsorge über die Korrektionsanstalten (Arbeitshaus und Gefängnis) bis hin zum Geld-, Versicherungs- und Pensionswesen reicht. Darauf bauen die wirtschaftlichen Koordinaten der Stadt und ihrer Umgebung auf. Unter den »moralischen Zustände[n] und Verhältnisse[n] der Bewohner« werden zunächst Charakter, Familien- und Gesellschaftsleben gezeichnet, auf die »Volksbelustigungen« folgen die »Geistesbildung«, die »literarische Täthigkeit« und Einrichtungen der »Kunstbildung«. Dem Bildungswesen ist wie den wissenschaftlichen und wirtschaftsorientierten Vereinen breiter Raum gewidmet. Abschließend werden die staatlichen Behörden, die politische Vertretung der Landstände und schließlich die Stadtverwaltung und das uniformierte Bürgercorps behandelt. Die Topographie der Umgebung reicht von heutigen Stadtrandbezirken über die Schlösser und Burgen der unmittelbaren Umgebung bis hin zum Rand des Grazer Beckens und über den Weizer Raum bis zur Riegersburg und nach Bad Gleichenberg. Man kann hier von einer romantisch geprägten Melange von »Altertümern« und »Landschaften« sprechen. In Summe muss dieser reich bebilderte Band, dem auch Karten von Graz und Umgebung beigegeben sind und der Erzherzog Johann gewidmet ist, als die Antwort auf dessen 1810 ausgesandte 132 Fragen gelesen werden. Schließlich kann auch Franz Xaver (von) Hlubeks

(1802–1880) Johann posthum gewidmete Darstellung *Ein treues Bild des Herzogthums Steiermark* von 1860 in diese Tradition gestellt werden. Hundert Jahre nach Johanns Tod wurde vom Steiermärkischen Landesarchiv die Schaffung einer »neuen steirischen Landestopographie« proklamiert, die letztlich allerdings nur einen Gerichtsbezirk erfassen sollte.

Eine andere Form der Landestopographie stellt die ca. 1.500 Blätter umfassende Sammlung von Ansichten dar, die die Kammermaler im Auftrage Johanns schufen. Die ältesten Darstellungen der Steiermark in dieser Sammlung gehen auf Johann Kniep (1779–1809) zurück, der »wohl ebenso militärisch wie wirtschaftlich interessante Punkte – Straßenengen in der Frein, beim Toten Weib oder den Eingang von Neuberg« (Koschatzky 1982, S. 402) dokumentierte. Daneben galt bereits 1803, naheliegend bei einer militärischen Inspektionsreise, den Eisenwerken das darstellerische Interesse. Ab 1810 gehörte Karl Russ (1779–1843) zu Johanns Personal, der in dessen Auftrag Kleidungsstudien im bäuerlichen Raum zu betreiben hatte und mit seinen 35 Aquarellen entschieden das Trachtenverständnis von Viktor von Geramb und Konrad Mauthner (1880–1924) prägen sollte. Jakob Gauermann (1773–1843), der nach dem Austritt von Russ 1818 als Kammermaler angestellt wurde, lieferte bereits ab 1811 »Prospecte steyrischer Landschaften« (Koschatzky 1982, S. 406). Insgesamt schuf er bis 1818 62 Landschaftsbilder. Matthäus Loder (1781–1828) fokussierte ebenso die »spektakuläre« Landschaft, visualisierte aber auch die frühe Industrie, das Gewerbe und die arbeitenden Menschen. Die Vorgaben Johanns waren detailliert und mussten systematisch abgearbeitet werden. Loder hatte auf einer Reise im Auftrag seines Arbeitsgebers etwa in der Obersteiermark die bäuerliche Kleidung, die Anzüge der Bürger in Kindberg, die Arbeitskleidung der Hammerleute in Kapfenberg, die Trachten in Aflenz, Seewiesen und Mariazell, die Arbeitskleidung der Holzknechte am Weichselboden, der Rechenarbeiter in Hieflau, der Bergleute in Eisenerz und in Radmer zu dokumentieren« (Koschatzky 1982, S. 408f.). Die Maler erfassen aber nicht nur Aspekte des Lebens in der Steiermark und deren Ansichten, sondern widmen sich auch den Besitzungen Johanns und seinem Privatleben; mitunter waren sie auch Reisebegleiter, wie vor allem Thomas Ender (1783–1875), der allerdings nicht mehr angestellter Kammermaler war. Ihm oblag die Dokumentation der Weststeiermark, nachdem Johann den Gutsbetrieb in Stainz erworben hatte.

Johanns dokumentarisches Interesse, das die Basis für Innovationen schaffen sollte, veranlasste ihn nicht nur zu Aufträgen für konkrete Dokumentationsreisen seiner Kammermaler und für Forschungsexkursionen, wie sie etwa Friedrich Mohs (1773–1839) im Hinblick auf Lagerstätten und Mineralien in der Steiermark oder Peter (von) Tunner (1809–1897) im Raum des Deutschen Bundes, in Schweden, England, Belgien, der Schweiz und Italien im Hinblick auf das Berg- und Hüttenwesen durchführen mussten, sondern betraf auch ihn selbst. Seine akribische Tagebuchführung, die die Basis für seine »Denkwürdigkeiten« darstellt, reiht ihn unter die großen Verfasser von Ego-

Dokumenten vom Format eines Karl Graf von Zinzendorf (1739–1813). Anhand seines Tagebuches über seine Reise nach Frankreich, England und Schottland 1815/16 unmittelbar nach dem Ende des Wiener Kongresses kann festgehalten werden, dass Johann seinem Fragenkatalog treu geblieben ist und die auf dessen Grundlage gewonnenen Erkenntnisse intensiv dokumentiert hat. Es wäre unsinnig, die Reise auf den Aspekt der Industriespionage zu reduzieren, denn das Tagebuch reicht von wirtschaftlichen und technischen Bereichen über Beobachtungen zu sozialen Materien bis hin zu infrastrukturellen Beobachtungen. Nur noch in Spurenelementen sind Aspekte der klassischen Kavalierstour nachweisbar, gelegentlich werden derartige Begegnungen überhaupt aus dem Reisetagebuch ausgeschlossen. Das eigentliche Reiseziel korrespondiert mit Johanns Interesse an den »Kameral- und Polizeywissenschaften« und steht in der Tradition der Englandreisen. Eine solche absolvierte Karl Haidinger (1756–1797), dessen Sohn Wilhelm (1795–1871) unter anderem bei Mohs am Joanneum studiert hatte, 1795/96. In derselben Tradition wie Johann stand später auch noch Alexis de Tocqueville (1805–1859), der die britischen Inseln 1835 erkundete. Johann selbst ließ Teile jenes Tagebuches durch Hugo Altgraf von Salm-Reifferscheidt (1776–1836), der selbst 1801 eine Studienreise nach England unternommen hatte, im *Archiv für Geographie, Historie, Staats- und Kriegskunst* bereits 1816/17 publizieren.

Johanns Bereitschaft zur Dokumentation spiegelt sich im privaten Bereich, wo er der Hinwendung zu seiner späteren Gattin Anna Plochl (1804–1885, ab 1834 Freifrau von Brandhofen, ab 1850 Gräfin von Meran) ein literarisches Denkmal aus eigener Hand setzte, dessen Bildsequenzen von Loder zeitnah angefertigt worden waren. Hier zielten die Aufzeichnungen auf eine Deutungshoheit über das Geschehen ab, nachdem seine Gattin zur Gräfin von Meran erhoben worden war.

Der vom österreichischen Hauptquartier lancierten Behauptung, die Schlacht bei Wagram am 5. und 6. Juli 1809, in der Johanns Bruder Erzherzog Karl (1771–1847) gegen Napoleon I. antrat, wäre wegen Johanns verspätetem Eintreffen verloren gegangen, trat dessen Umfeld publizistisch entgegen. Noch 1809 erschien die »Relation über die Schlacht bei Deutsch-Wagram auf dem Marchfelde. Nebst Materialien dazu von einem Offizier des k.k. österreichischen General-Staabs« und 1811 die Broschüre »Vertheidigung des Brückenkopfes von Preßburg im Jahre 1809. Herausgegeben von einem k.k. Offizier«. Im Jahr 1817 folgte die anonyme Verteidigungsschrift *Das Heer von Innerösterreich unter den Befehlen des Erzherzogs Johann im Kriege von 1809* (Leipzig), die sich auf Johanns 1810 verfasstes Memorandum »Feldzugserzählung 1809« stützte. Der Autor dieser Darstellung war jener Joseph von Hormayr Freiherr zu Hortenburg (1781–1848), der als einer der Teilnehmer der Alpenbundverschwörung seines Amtes als Direktor des Haus-, Hof- und Staatsarchives enthoben und mit Festungshaft bestraft worden war.

Eine Aktivität Johanns, die mit dieser frühen Form persönlicher Rechtfertigungspublizistik vergleichbar wäre, ist für die Zeit nach 1818 nicht nachweisbar. An deren Stelle traten die Rechenschaftsberichte jener Institutionen, die auf Initiativen des Erzherzogs zurückgingen. So erschienen ab 1812 der Jahresbericht des Joanneums, die Verhandlungen und Aufsätze der Landwirthschafts-Gesellschaft ab 1819.

Erzherzog Johann (2010): *»Ein Land, wo ich viel gesehen.« Aus dem Tagebuch der England-Reise 1815/16* (= Veröffentlichungen der Historischen Landeskommission für Steiermark, Bd. 41, hrsg. von Alfred Ableitinger und Meinhard Brunner), Graz: Historische Landeskommission.

Göth, Georg (1840–1843): *Das Herzogthum Steiermark geographisch – statistisch – topographisch*, 3 Bde., Wien: Hübner.

Hlubek, Franz Xaver (1860): *Ein treues Bild des Herzogthumes Steiermark*, Gratz: Kienreich.

Klingenstein, Grete (1982): *Erzherzog Johann von Österreich* (= Katalog zur Steirischen Landesausstellung von 1982), Graz: Styria.

Knaffl, Johann Felix (1813): *Die Knaffl-Handschrift. Eine obersteirische Volkskunde aus dem Jahre 1803*, hrsg. von Viktor von Geramb, Berlin: de Gruyter 1928.

Koschatzky, Walter (1982): Die Kammermaler. In: Klingenstein 1982.

Schreiner, Gustav (1843): *Grätz. Ein naturhistorisch – statistisch – topographisches Gemählde dieser Stadt und ihrer Umgebung*, Grätz: F. Ferstl.

Veltze, Alois (1909): *Erzherzog Johanns »Feldzugerzählung« 1809*, Wien: Mitteilungen des Kriegs-Archivs.

Weiterführende Literatur

Binder, Dieter A. (1999): Die politisch-historische Instrumentalisierung des Erzherzog-Johann-Mythos. In: *Österreich in Geschichte und Literatur* 43, S. 281–295.

Dieter A. Binder

Ethbin Heinrich Costa und seine Idee der Gesellschaftswissenschaft

Die Idee einer Gesellschaftswissenschaft entstand im deutschsprachigen Raum um die Mitte des 19. Jahrhunderts im Gefolge der Aufarbeitung der Französischen Revolution und unter dem Eindruck der Märzrevolution von 1848. Anders als in Frankreich verband sich der Begriff der Gesellschaft hier nicht mit positivistischer Philosophie und Politik, sondern mit der idealistischen Philosophie Hegels und der Ordnungsperspektive der Staatswissenschaften. Gesellschaft wurde weitgehend auf das Volksganze in seinen wirtschaftlichen Aspekten von Arbeit und Eigentum bezogen, als »bürgerliche Gesellschaft« dem Staat als einer seiner Teilbereiche neben Individuum und Familie untergeordnet. Dies galt insbesondere für den Begriff der Gesellschaft und die Idee der Gesellschaftswissenschaft, wie sie Lorenz von Stein (1815–1890) auf der Basis der Hegel'schen Philosophie verstand (Stein 1856). Stein sah Gesellschaft zwar als die Gemeinschaft freier und selbständiger Menschen, betrachtete aber den Staat im Anschluss an Hegel als notwendigen Garanten der Ordnung, da Gesellschaft auf Ungleichheit beruhe. Daher verstand er die Gesellschaftswissenschaft als Teilbereich der Staatswissenschaft im Sinne des enzyklopädischen Verständnisses vom Aufbau der Wissenschaften, wobei jedoch nicht wie in Frankreich die Mathematik und die Naturwissenschaften, sondern die Staatswissenschaften die Grundlage bzw. das Vorbild darstellten. In gewisser Weise stellte die Gesellschaftswissenschaft den Versuch dar, eine Alternative sowohl zu liberalen und sozialistischen Konzeptionen als auch zur westeuropäischen positivistischen Soziologie zu entwickeln. Der Gedanke einer Trennung von Staat und Gesellschaft bzw. einer eigenständigen Gesellschaftswissenschaft, wie sie etwa Robert von Mohl (1837–1875) vorgeschlagen hatte, traf auf wenig Verständnis und hatte auch auf Grund der weiteren historischen Entwicklungen wenig Erfolg (Treitschke 1859). Mohls Konzeption der Gesellschaftswissenschaft stellte diese der Staatswissenschaft als gleichrangig und selbständig zur Seite, denn beide würden sich mit unterschiedlichen Objektbereichen befassen (Mohl 1851). Er kritisierte auch Steins Betonung der materiellen Grundlagen der Gesellschaft und definierte sie als Inbegriff der gesellschaftlichen Lebenskreise auf Grund von Rassen, Privilegien, Berufen, Besitz, Gemeinde und Religion.

In der Habsburgermonarchie kam es nach der Revolution von 1848 zur Thun-Hohenstein'schen Reform, die das Bildungswesen auf die Grundlage der Philosophie Bernard Bolzanos und der naturalistischen Psychologie Johann Friedrich Herbarts stellte. Auch hier tauchte der Begriff der Gesellschaft auf, so etwa 1851 in einer Vorlesung von Moriz Heyßler »Über spekulative Rechtsphilosophie und zwar über die Idee des Rechts und die substanzielle Form der Idee: Die Gesellschaft«. Anfang der 1850er Jahre wurde der deutsche Rechtsphilosoph Heinrich Ahrens (1808–1874) auf einen Lehrstuhl für philosophische Rechts- und Staatswissenschaft an die Karl-Franzens-Universität in Graz berufen. Dieser bezog sich auf eine naturrechtliche Begründung des Rechts, das er als eine Schöpfung der Gesellschaft betrachtete. Gesellschaft sah er durch das selbstständige Handeln der Menschen in ihrer freien Selbstbestimmung und durch die Gleichheit der Bürger bestimmt. Der Staat war für Ahrens als das Rechtsorgan der Gesellschaft nur ein Bereich neben anderen; er trat für einen »Gesellschaftsrechtsstaat« ein (Ahrens 1852). Ahrens hatte auch in Paris und Brüssel gelehrt und Einflüsse westeuropäischen sozialen Denkens aufgenommen; seine Schriften erfreuen sich in Frankreich und Spanien bis heute einer gewissen Bekanntheit.

Ahrens hatte sicherlich einigen Einfluss auf einen jungen Studenten der Rechts- und Staatswissenschaften und der Philosophie in Graz namens Ethbin Heinrich Costa (1832–1875), der zunächst eine akademische Karriere anstrebte und eine schmale Abhandlung mit dem Titel *Encyclopädische Einleitung in ein Sistem der Gesellschaftswissenschaft* (Costa 1855) verfasste. In dieser Schrift wird Ahrens zwar nicht explizit erwähnt, dessen Einfluss lässt sich dennoch deutlich erkennen. Costa erwähnte zwar Mohl, der selbst von Ahrens beeinflusst gewesen sein dürfte, aber nicht Lorenz von Stein, von dem sich seine Vorstellungen auch deutlich unterschieden, denn Costa sah Hegels Auffassung des Staates kritisch. Wie Ahrens und auch Mohl kritisierte er die materialistische Sicht des Gesellschaftsbegriffs und ersetzte sie durch eine Orientierung an »organischen« Lebenskreisen und Kulturgemeinschaften. Diese Anklänge an Ahrens' philosophisch-anthropologische Grundlagen wurden bei Costa aber stärker objektiv und empirisch gewendet, was auf Einflüsse durch die Rezeption französischer und englischer Werke sowie durch die Bolzano-Herbart-Philosophie verweist.

Der Zweck der menschlichen Gesellschaft ist in Costas Sicht die Verwirklichung des Rechts, daher stellte er die Gesellschaft über den Staat, den er nur als die Anstalt, die den ihr zugewiesenen Zweck mit Zwang zu verwirklichen befugt ist, charakterisierte (Costa 1855, S. 7). Er kritisierte die Sozialvertragstheorien des 18. Jahrhunderts, weil sie Gesellschaft und Staat identifiziert hätten. Der Staat ist – ähnlich wie bei Ahrens und Mohl – für Costa ein »organisches Glied« der Gesellschaft neben Familie, Gemeinde und Genossenschaft. Für das Recht ist der Staat nur soweit zuständig, als die anderen organischen Gebilde es nicht selbst zu gewährleisten in der Lage sind. Costas Primat der Gesellschaft verband sich mit seiner Sicht der Monarchie, die er als überstaatliche Klammer des Vielvölkerreichs betrachtete. Im historischen Rückblick auf die Entwicklungsphasen der menschlichen Gesellschaft in ihrer Relation zum Recht stellte die Monarchie für Costa die höchste Entwicklungsstufe dar; die Entwicklung zu einer konstitutionellen Monarchie, wie sie sich nach 1848 abzuzeichnen schien, sah er kritisch.

In Bezug auf das Verhältnis von Individuum und Gesellschaft und auf den Begriff der Freiheit stützte sich Costa auf John Stuart Mill, ging aber über diesen hinaus, indem er forderte, dass das Recht auch die Bedingungen für die Förderung der Entwicklung der individuellen Persönlichkeit schaffen müsse. Costa verwies zudem auf die menschlichen Grundrechte, die er – ganz im Sinne der Naturrechtskonzeption seines Lehrers Ahrens – als natürlich begründet begriff. Das Recht leitete er aus der sozialen Natur des Menschen und der wechselseitigen Abhängigkeit der Menschen voneinander ab und betonte das Kant'sche Prinzip, dass der Mensch Selbstzweck sei und nicht als Mittel für die Zwecke anderer missbraucht werden dürfe. Er sah dies aber nicht nur als ethisches Postulat, sondern als reale und rationale Grundlage sozialen Verhaltens, denn die Einsicht in die Abhängigkeit von anderen bewirke, dass die Menschen die Perspektiven der anderen aus ihrem eigenen Selbstinteresse heraus berücksichtigen. Costa übernahm damit die Vorstellung der schottischen Moralphilosophen, insbesondere die des Adam Smith, dem er attestierte, von einem richtigen Begriff des Eigeninteresses ausgegangen zu sein. Den so verstandenen Egoismus betrachtete er als Motor und Motiv des Rechts und als Grund dafür, dass die Menschen rechtlich handeln. Aus diesem Verständnis heraus kritisierte er auch die politische Ökonomie seiner Zeit, welche die wechselseitige Abhängigkeit der Menschen voneinander nicht beachten würde. Kritisch kommentierte er auch den Materialismus in der Lehre von Malthus und in den sozialistischen Konzepten.

Die Methode der Gesellschaftswissenschaft sollte Costa zufolge historisch-induktive mit philosophisch-deduktiven Zugangsweisen verbinden; geschichtsphilosophische

Konstruktionen lehnte er ab. Er forderte Objektivität als Grundbedingung der Erkenntnis, was aber nicht den Verzicht auf die Verfolgung praktischer Ziele bedeute. Die Wissenschaft ist für Costa, ganz im Sinne von Bernard Bolzano, letztlich auf die Vervollkommnung von Gesellschaft und Individuum gerichtet. Nach der objektiven Erfassung der gesellschaftlichen Verhältnisse muss demnach das als bester realisierbarer Zustand anzustrebende Ziel ermittelt und zur Grundlage von Politik und Sozialreform werden.

Die Grundlagen der Gesellschaftswissenschaft verortete Costa im Sinne des enzyklopädischen Aufbaus in Geschichte und Statistik. Während sich die Historie mit vergangenen Verhältnissen beschäftige, untersuche die synchrone Statistik die gegenwärtigen Gegebenheiten. Sie soll strukturelle Gesetzmäßigkeiten (also Koexistenzgesetze) aufzeigen, die über ihre logische Konsistenz hinaus stets aufs Neue ihren empirischen Bezug zur Wirklichkeit unter Beweis stellen müssen. Nun versteht aber Costa Gesetzmäßigkeiten mehr im Sinne von Entwicklungsprinzipien, die Raum für historisch-empirische Unterschiede und Veränderungen lassen. Daher kommt der Geschichte und einer auch diachron verfahrenden Verlaufsstatistik (im Sinne von Sukzessionsgesetzen) in seinem Werk die tragende Rolle zu. Darauf bauen nämlich in seinem System die allgemeine Soziallehre auf, die er in Populationistik, Nationalökonomie und Kulturwissenschaft unterteilt, aber auch die speziellen Soziallehren der Familie, der Gemeinde, der Genossenschaft, des Staates und des Völkervereins (Costa 1855, S. 39). In Bezug auf den Staat meinte Costa, dass bisher in den formellen Teilen der Staatswissenschaft die Mittel des staatlichen Handelns im Vordergrund gestanden seien, dass es nun aber darum gehe, die materiellen Teile der Staatslehre, d.h. jene, die den Dienstleistungscharakter der staatlichen Einrichtungen und Maßnahmen für die Staatsbürger betonen (Polizei, Justiz, Volkswirtschaftspflege, Kultur), zu stärken.

In der Einteilung der besonderen Soziallehren kommen die Ethnien nicht vor, was angesichts der Gegebenheiten des Vielvölkerreichs überrascht. Aber auch die Stände stellen keine eigene Kategorie dar, was Costa damit begründete, dass deren Bedeutung und damit auch das Ausmaß ihrer politischen Bevorrechtigung im Schwinden begriffen sei; überdies, so meinte er, stünde diese Privilegierung in Gegensatz zur gesellschaftswissenschaftlichen Auffassung. Diese verlange nämlich die Berücksichtigung der sozialen Lage der Menschen, die in seiner Zeit immer mehr an Gewicht gewinne, sowie die Erkenntnis der gesellschaftlichen Geltung der freiwilligen berufsständischen Vereinigungen und der »Capitalgesellschaften«. Auch erlange die Betrachtung des geistig-kulturellen Lebens des Volkes, wie es sich in Religion, Recht und Politik, Wissenschaft und Kunst ausdrücke, wachsende Bedeutung, sodass die »Kulturwissenschaft« als Kern der allgemeinen Soziallehre, ja als die eigentliche Sozialwissenschaft angesehen werden müsse. Diese sei eine neue Wissenschaft, die auf den Erkenntnissen der Kulturgeschichte und der Kulturstatistik aufbauen müsse. Auch die Rechtsgeschichte ordnete Costa der Kulturgeschichte unter und charakterisierte sie als die Geschichte der Rechtsinstitute und der Art und Weise, wie diese die Rechtsverhältnisse in den verschiedenen Phasen der gesellschaftlichen Entwicklung auf der Grundlage der Sitten und Gewohnheiten zu regeln suchten.

Costas Schrift wäre wohl unbeachtet geblieben, hätte nicht Heinrich von Treitschke sie zusammen mit den Werken von Steins und von Mohls auf der ersten Seite seiner Polemik gegen die Gesellschaftswissenschaft angeführt (Treitschke 1859, S. 1). Wohl weil Costa seine akademische Laufbahn nicht weiter verfolgte und dies daher sein einziger Beitrag zur Gesellschaftswissenschaft blieb, konnte er ideengeschichtlich keinen weitergehenden Einfluss ausüben. Dennoch ist der Text interessant, weil darin einige der später deutlich zu Tage tretenden Besonderheiten des sozialwissenschaftlichen Denkens in Österreich, insbesondere der Rechtssoziologie, vorgezeichnet sind. Die Idee einer Gesellschaftswissenschaft verschwand nach der konservativen Wende bzw. der Restaurationsphase des Neoabsolutismus wieder, sodass auch Lorenz von Stein, der von 1855 an dreißig Jahre lang in Wien lehrte, sich vor allem mit Verwaltungslehre und Finanzwissenschaft, aber nicht mehr mit Gesellschaftswissenschaft beschäftigte.

Ahrens, Heinrich (1852): *Die Rechtsphilosophie oder das Naturrecht auf philosophisch-anthropologischer Grundlage*, Wien: Gerold.

Costa, Ethbin Heinrich (1855): *Encyclopädische Einleitung in ein Sistem der Gesellschaftswissenschaft. Das ist, Darlegung der Grundprincipien, Entwicklung der Grundbegriffe, Skizze des Sistems*, Wien: M. Auer.

Mohl, Robert von (1851): Gesellschaftswissenschaften und Staatswissenschaften. In: *Zeitschrift für die gesamte Staatswissenschaft* 7/1, S. 1–71.

Stein, Lorenz von (1856): *System der Staatswissenschaften*, Bd. 2: *Die Gesellschaftslehre*, Stuttgart/Augsburg: Cotta.

Treitschke, Heinrich von (1859): *Die Gesellschaftswissenschaft. Ein kritischer Versuch*, Darmstadt: S. Hirzel.

Weiterführende Literatur

Acham, Karl (Hg.) (1999): *Geschichte der österreichischen Humanwissenschaften*, Bd. 1: *Historischer Kontext, wissenschaftssoziologische Befunde und methodologische Voraussetzungen*, Wien: Passagen Verlag.

Quesel, Carsten (1989): *Soziologie und Soziale Frage. Lorenz von Stein und die Entstehung der Gesellschaftswissenschaft in Deutschland*, Wiesbaden: DUV-Springer.

Rumpler, Helmut (Hg.) (2000): *Bernard Bolzano und die Politik. Staat, Nation und Religion als Herausforderung für die Philosophie im Kontext von Spätaufklärung, Frühnationalismus und Restauration*, Wien/Köln/Graz: Böhlau.

Stein, Lorenz von (1992): *Das gesellschaftliche Labyrinth. Texte zur Gesellschafts- und Staatstheorie*, hrsg. und eingeleitet von Klaus H. Fischer, Schutterwald/Baden: Wissenschaftlicher Verlag.

Gertraude Mikl-Horke

TEIL C: ZUR FRÜHEN SOZIOLOGIE IN DEN NICHT-DEUTSCHSPRACHIGEN TEILEN DER HABSBURGERMONARCHIE – AB DER MITTE DES 19. JAHRHUNDERTS

Detaillierte Inhaltsübersicht von Teil C

Vorbemerkungen

Es lässt sich kaum ein besserer erster Überblick über die Vielgestaltigkeit soziologischer Aktivitäten im Habsburgerreich erlangen als durch die Lektüre von Reinhard Müllers in diesem Kompendium enthaltenen Beitrag »Sozialwissenschaftliche Vereine zu Ende des 19. und zu Beginn des 20. Jahrhunderts«. Dadurch wird vor allem belegt, wie unterschiedlich stark das einschlägige Interesse in den verschiedenen Teilen der Monarchie war, wie unterschiedlich in dieser aber auch die Beziehungen zwischen den deutsch-österreichischen intellektuellen Kreisen und denjenigen der nicht-deutschsprachigen Kronländer entwickelt waren. Sie spiegeln sich deutlich in den jeweils von Seiten der Vereine erfolgten Einladungen an Referenten aus den jeweils anderen Teilen der Habsburgermonarchie.

Zieht man die Italiener innerhalb des Habsburgerreiches in Betracht, so waren es vor allem Juristen, die für andere Teile des Reiches von großem Einfluss waren. Neben und chronologisch betrachtet schon vor Cesare Beccaria, dessen Auffassungen für die Josephinischen Strafrechtsreformen bestimmend waren, ist Karl Anton von Martini, das aus Revò, Hochstift Trient, stammende Mitglied der Kommission für die Kodifizierung des Rechts unter Maria Theresia zu nennen. Wie er, so standen auch andere hervorragende Italiener im Zentrum der kaiserlichen Verwaltung. Sein Zeitgenosse Girolamo Tartarotti blieb im Trentino, wo er für gesetzliche Reformen im Sinne Beccarias wirkte. Im Raum Trient verbinden sich die späteren sozialwissenschaftlichen Aktivitäten vor allem mit zwei Namen: mit dem von Scipio Sighele, der als journalistischer und politischer Vorkämpfer der Loslösung seiner Trentiner Heimat aus dem Herrschaftsgebiet der Habsburger aktiv war und in dem vorliegenden Sammelband als Soziologe und Sozialpsychologe vorgestellt wird, und mit dem von Cesare Battisti, einem Märtyrer des Irredentismus, dem wichtige Beiträge zur Geographie des Trentino zu danken sind. – Im Laufe der Zeit vollzog sich in den wissenschaftlich-kulturellen Tätigkeiten der Austro-Italiener eine Schwerpunktverlagerung vom Trentino nach Triest, von wo auch der nachmals berühmte Sozialstatistiker und Demograph Franco Savorgnan, ein Schüler von Ludwig Gumplowicz, stammte.

Was die südslawischen Völker im Habsburgerreich anlangt, so ist deren kultureller Aufstieg eng mit dem doppelten Bestreben verbunden, sowohl ihre sprachliche und literarische Verschmelzung als auch ihre politische Einheit zu verwirklichen. Ähnliche Vorstellungen bestanden auch unter den Tschechen und Slowaken, jedoch hatten sie dort zunächst noch nicht so konkrete Formen angenommen wie unter den Serben, Kroaten und Slowenen. Unter den soziologisch aktiven südslawischen Autoren ragt besonders der vor allem mit Fragen der Ethnologie und Rechtssoziologie befasste Valtazar (Baltazar/Baldo) Bogišić hervor, während die vornehmlich der katholischen Soziallehre verpflichteten slowenischen Soziologen in ihrer öffentlichen Wirksamkeit gegenüber den herausragenden Slawisten aus dieser Region: Bartholomäus (Jernej) Kopitar, Franz von Miklosich (Miklošić) und France Prešeren, in den Hintergrund traten. Als besonders bedeutsam ist der Umstand anzusehen, dass der erste Lehrstuhl für das Fach Soziologie innerhalb des Habsburgerreiches in Kroatien eingerichtet wurde: 1906 wurde Ernest Miler auf den Lehrstuhl für Strafrecht und Soziologie an der Rechtswissenschaftlichen Fakultät der Universität Zagreb (Agram) berufen.

Anders war die Situation aufgrund der dort bestehenden ethnischen Rivalitäten im polnisch-ruthenischen Raum geartet. Dabei bildete die Universität von Lemberg (Lwów, L'viv), die 1784 gegründet worden war und an der bis zum Jahr 1868 der Unterricht vorwiegend in deutscher Sprache erteilt wurde, den Mittelpunkt der politischen Tätigkeit der Polen in Österreich, während Krakau (Kraków) mit seiner alten, 1364 gegründeten Jagiellonischen Universität den Mittelpunkt ihrer kulturellen Tätigkeit bildete. Die in Lemberg anfangs noch bestehende Möglichkeit, in einem begrenzten Umfang Kurse in ruthenischer Sprache abzuhalten, wurde zu Beginn des 19. Jahrhunderts widerrufen und der Unterricht in ruthenische Sprache erst nach 1848 – abermals in einem begrenzten Umfang – wieder aufgenommen. Gleiches galt für die 1875 gegründete Universität von Czernowitz (Cernivtsi, Cernăuți), an der in den beiden letzten Jahrzehnten der Habsburgermonarchie so bedeutende Sozialwissenschaftler wie Eugen Ehrlich und Joseph A. Schumpeter tätig waren.

Der in Ungarn zum großen Teil in Opposition zur germanisierenden Sprachenpolitik von Joseph II. erwachte Geist der nationalen Erneuerung fand einerseits Ausdruck in der Jakobinerverschwörung im Umkreis von Ignác József Martinovics, andererseits – und in einer ungleich wirksameren Art – in der mit dem Namen des vielgerühmten Grafen István Széchenyi verknüpften ungarischen Reformperiode. In dieser wurden kulturelle, wirtschaftliche und, was im vorliegenden Zusammenhang von besonderer Bedeutung ist, geistes- und sozialwissenschaftliche Bestrebungen weithin gefördert. In diese Zeit fällt auch das Wirken eines der größten politischen Denker Zentraleuropas, des von 1867 bis 1871 als Unterrichtsminister tätigen József Eötvös. Auf Werk und Wirken beider sowie auf das reichhaltige soziologische Schrifttum Ungarns wird in dem vorliegenden Sammelwerk wiederholt Bezug genommen. Zur Sprache kommen dabei nicht nur für die Soziologie in der Zeit vor 1900 als bahnbrechend anzusehende Autoren, sondern auch solche der beiden letzten Jahrzehnte der Habsburgermonarchie, wie der Theoretiker des Nationalitätenproblems Oszkár Jászi und der Literaturtheoretiker und Literatursoziologe György (Georg) Lukács.

Deutlich verschieden von den Ungarn ist die geistige Lage bei den Tschechen und den Slowaken geartet. Ragen bei den Slowaken vor allem die sich im Umkreis der Sprachforschung formierenden, nationalistisch und gleichzeitig zumeist panslawistisch argumentierenden Autoren wie Ján Kollár, L'udovít Štúr, Ján Hollý und Jiři Palkovič hervor, deren Beitrag zur Gründung eines unabhängigen Staates der Tschechen und

Slowaken, wie er 1918 Wirklichkeit wurde, nicht zu übersehen ist, so sind dies bei den Tschechen Vertreter einer bunten Palette von geistes- und sozialwissenschaftlichen Disziplinen, und darunter auch solche der Soziologie. Auch hier nahm die Sprachenpolitik einen bedeutenden Platz ein, zumal der Gebrauch der tschechischen Sprache innerhalb der gebildeten Schichten seit der Schlacht am Weißen Berg auf Einschränkungen traf und sich dieser Zustand erst im Lauf des 18. und frühen 19. Jahrhunderts allmählich änderte. Der Prozess der Reinigung und des Neuaufbaus einer nationalen Sprache der Tschechen vollendete sich erst in der zweiten Hälfte des 19. Jahrhunderts. Zugleich damit erfolgte eine mächtige Intensivierung des gesamten wissenschaftlichen Lebens, das in gewisser Weise in dem geistesgeschichtlichen, medizinsoziologischen und politiktheoretischen Schrifttum Tomáš Garrigue Masaryks gebündelt erscheint. Als mit dem Österreichisch-Ungarischen Ausgleich von 1867 (vgl. Bérenger 1996, Kap. 39) die Hoffnungen der Tschechen auf eine mit den Ungarn vergleichbare relative Autonomie enttäuscht wurden, machte sich in deren geistes- und sozialwissenschaftlichem Schaffen verstärkt der nationalistische Standpunkt geltend, und zwar in Verbindung mit sich zunehmend verstärkenden panslawistischen Tendenzen.

Dies geschah vor dem Hintergrund des bereits Jahrhunderte dauernden Zusammenlebens von Tschechen und Deutschen in den Ländern der böhmischen Krone und der dadurch entstandenen »Osmose zwischen der literarischen, musikalischen, künstlerischen und wissenschaftlichen Tätigkeit der beiden Völker« (Kann 1993, S. 476). Jedem Deutschen aus Böhmen oder Mähren, aber auch jedem Tschechen brachten diese miteinander verwobenen Traditionen einen Gewinn, vor allem auch in der Reichshaupt- und Residenzstadt und in deren Umkreis. Über 40 aus Böhmen oder Mähren gebürtige Gelehrte weist so auch das im Schlussteil dieses Kompendiums abgedruckte Verzeichnis der soziologisch bedeutsamen Autorinnen und Autoren aus. Obschon ein verhältnismäßig großer Teil der in künstlerisch-intellektueller Hinsicht bedeutenden Deutschen aus Böhmen und Mähren in den deutsch-österreichischen Teil der Monarchie übersiedelte, blieb jener Raum nach wie vor außerordentlich kreativ. In diesem Zusammenhang kam auch der Teilung der alten Universität von Prag im Jahre 1882 in eine tschechische und eine deutsche große Bedeutung zu, ebenso der Gründung der Tschechischen Akademie der Künste und Wissenschaften im Jahre 1894. Doch ungeachtet der dadurch ausgelösten positiven Entwicklungen für das nationale Geistesleben bedeutete das Jahr 1918, wie Robert A. Kann bemerkt, für die tschechische Kultur das Ende eines Zeitalters: »Die einzigartige gegenseitige Beziehung zwischen tschechischer, deutscher und deutsch-jüdischer Kultur nahm in dem andersgearteten Aufbau des neuen Staates ab, wo der Vorrang der tschechischen Kultur fest begründet wurde. [...] Nach 1918 fand eine neue Erweiterung und Vertiefung der alten Zivilisation in den böhmischen Ländern statt. Doch eine einzigartige Form einer multinationalen Kultur, die hohe und große Leistungen hervorgebracht hatte, näherte sich ihrem Ende.« (Ebd., S. 480f.).

Bérenger, Jean (1996): *Die Geschichte des Habsburgerreiches 1273–1918*. Aus dem Französischen übersetzt von Marie Therese Pitner, 2. Aufl., Wien/Köln/Weimar: Böhlau. (Die französische Originalausgabe erschien 1990 bei Fayard in Paris unter dem Titel *Histoire de l'Empire des Habsbourg 1273–1918*.)
Kann, Robert A. (1993): *Geschichte des Habsburgerreiches 1526–1918*. Aus dem Amerikanischen übertragen von Dorothea Winkler, 3. Aufl., Wien/Köln/Weimar: Böhlau. (Die Originalausgabe erschien 1980 bei University of California Press, Berkeley/Los Angeles, unter dem Titel *A History of the Habsburg Empire*.)

Karl Acham

I. Der tschechische Teil

Die tschechische Soziologie im gesellschaftlichen Wandel: 1850–1918

Die Entstehung und Entwicklung der tschechischen Soziologie wurde stärker durch die historisch-individuelle Gestalt und die Veränderungen ihres Gegenstandes selbst beeinflusst, d.h. durch den Wandel und die Neuformierung der inneren Konstellationen der tschechischen nationalen Gesellschaft sowie durch die von außen auf diese einwirkenden geschichtlich-politischen Ereignisse, als durch die während des 19. Jahrhunderts ablaufenden Verschiebungen im Selbstverständnis des Faches und neue theoretische Impulse; diese verbreiteten sich in der tschechischen Soziologie deutlich langsamer und selektiver als in der westlichen. Sowohl das Umfeld als auch die innerdisziplinäre Orientierung der Soziologie war in Böhmen lange Zeit von der Herbart'schen Wissenschaftsauffassung geprägt, die die Psychologie als Grundlagenwissenschaft der Geisteswissenschaften betrachtete. Bestimmend waren hier vor allem der Philosophiehistoriker František Čupr (1821–1882), der Ästhetiker Josef Dastich (1835–1870) und ganz besonders der Wissenschaftstheoretiker Josef Durdík (1837–1902), ein akademischer Kontrahent Tomáš Garrigue Masaryks an der Philosophischen Fakultät, dessen *Architektonika věd* (*Architektonik der Wissenschaften*, 1874) ein Pendant zu Auguste Comtes Hierarchie der Wissenschaften darstellte; die drei übten in der zweiten Hälfte des 19. Jahrhunderts an der Prager Karl-Ferdinands-Universität einen solchen Einfluss aus, dass ihre Positionen in manchen Fächern bis in die Zeit des Ersten Weltkriegs Bestand hatten (Král 1921).

Die tschechische Bildungskultur war lange, wenn schon nicht zu einem überwiegenden, so doch zumindest zu einem bedeutenden Teil, durch ihrer Bilingualität gekennzeichnet. Zwar begegnet man recht häufig Autoren, deren Texte nur in einer der beiden Landessprachen, d.h. entweder auf Tschechisch oder auf Deutsch, erschienen (zu nennen wären hier bspw. František Palacký, Augustin Smetana, Antonín Springer, Gustav Adolf Lindner oder Masaryk), aber vieles von dem, was man heute als einen Beitrag zu jener ersten Blüteperiode ansieht, die die Soziologie um das Fin de siècle erlebte, ist deswegen in Hinsicht auf seine ethnische Herkunft schwer einzuordnen.

Aus einer kulturell und zivilisatorisch fremdbestimmten, ursprünglich nur agrarischen Gemeinschaft entwickelten sich die Tschechen im Verlauf des 19. Jahrhunderts zu einer modernen und selbstbewussten nationalen Gesellschaft, die allerdings wegen der verspäteten Herausbildung nationaler Oberschichten und Eliten lange Zeit stratifikatorisch »unvollständig« blieb. Deswegen pflegte man über die Tschechen etwas geringschätzig als »Mittelstandsnation« zu sprechen – ein Begriff, mit dem ein gewisses Plebejertum und zugleich auch ein Egalitarismus konnotiert war, der damals tendenziell als entwürdigend wahrgenommen wurde.

Von der Entstehung einer modernen tschechischen bürgerlichen Gesellschaft kann man also erst ab dem letzten Drittel des 19. Jahrhunderts im Zusammenhang mit dem ökonomischen und sozialen Aufstieg des tschechischen Mittelstandes sprechen, wofür auf politischer Ebene die zunehmende Macht breiterer, von »ländlichen Advokaten« (Masaryk/Čapek 1990a, S. 122, 139) repräsentierten Schichten steht, deren provinzielle Geisteshaltung und deren konfrontativer Nationalismus in der damals politisch tonangebenden »Jungtschechischen Partei« die Richtung vorgaben.

Vieles von diesen Entwicklungen lässt sich durch die Tatsache der »verspäteten Industrialisierung« und deren Begleiterscheinungen erklären, die freilich für die ganze mitteleuropäische Region charakteristisch waren: Soziale Probleme und politische wie geistige Verwerfungen ergaben sich nicht allein aus dem erst verspäteten Einsetzen der wirtschaftlichen Modernisierung, sondern vor allem auch aus der Wechselwirkung verschiedener neuer und althergebrachter, strukturell bedingter sozialer und politischer Phänomene wie der internationalen Konkurrenz in Produktion und Handel, der Großindustrie und des Proletariats oder dem vergleichsweise geringen Anteil der in Großstädten lebenden Bevölkerung – damals spielten ja die Kleinproduktion und mittlere Firmen, wie überhaupt die Kleinstädte und die Dörfer mit ihren Metall- und Holzarbeitern noch eine viel größere Rolle (vgl. Křen 1992, 39f.).

Erste Texte, die um die Mitte des 19. Jahrhunderts auf eine protosoziologische Interpretation der Gesellschaft als einer nationalen Realität hinsteuerten, waren eher publizistischer Natur und – naturgemäß – auch in politischer Hinsicht meistens national orientiert. Exemplarisch zu erwähnen wäre etwa der Aufsatz »Co jest obec« (»Was ist Gemeinde«, 1846) des Satirikers, Verlegers und liberalen Publizisten Karel Havlíček Borovský (1821–1856). Havlíček gehörte zu den Mitbegründern der modernen tschechischen Politik und hatte ein pragmatisches Programm der gesellschaftlichen Modernisierung ausgearbeitet, das er – nicht ohne eine gewisse Ironie – als »eine kleine Arbeit für die Nation« zu bezeichnen pflegte. Gemeinsam mit dem Historiker František Palacký (1798–1876) vertrat er den sogenannten »Austroslawismus«, d.h. die politische Überzeugung, dass die Westslawen nur im Rahmen eines starken, aber trialistisch-föderal organisierten österreichischen Staates geopolitisch überleben könnten. In Hinblick auf die zu jener Zeit noch bestehenden, im Prinzip aus der Barockzeit stammenden »kleinen Strukturen des sozialen Lebens« (vgl. Urban 2003, S. 36) verwies Havlíček auf die neu entstandene Bedeutung generalisierter Formen des gesellschaftlichen Zusammenlebens und hob den Wert bürgerlicher Tugenden hervor.

Eine ähnliche Wertschätzung des Bürgerlichen lässt auch die »Studie sociálního života v Anglicku« (»Studie über soziales Leben in England«, 1850) des 1848 an der Prager Universität über die »Geschichte des Revolutionszeitalters« lesenden Kunsthistorikers Anton Springer (1825–1891) erkennen. Gewisse soziologische Motive finden sich auch in den Texten anderer Intellektueller und Publizisten, z.B. bei dem bereits erwähnten Philosophiedozenten František Čupr oder dem Begründer des tschechischen Turnvereins »Sokol«, Miroslav Tyrš (1832–1884).

Eine der ersten wirklich systematischen soziologischen Arbeiten mit einem unmittelbaren Bezug zum tschechischen Milieu ist Tomáš Garrigue Masaryks (1850–1937) in Wien entstandene Habilitationsschrift *Der Selbstmord als soziale Massenerscheinung der modernen Zivilisation* (1881, tschechisch 1904). Masaryk war Philosophiedozent in Wien, ab 1882 Philosophieprofessor in Prag und ab 1918 erster Staatspräsidenten der Tschechoslowakei. Vor dem Ersten Weltkrieg galt er als ein bei den Studenten beliebter Hochschullehrer und konfliktfreudiger Intellektueller, der sich beharrlich gegen den kulturellen und wissenschaftlichen Provinzialismus wandte.

Masaryks Buch über den Selbstmord wurde in tschechischen Kreisen allerdings lange Zeit weitgehend übersehen, wie das auch bei anderen in deutscher Sprache verfassten soziologischen Arbeiten von aus Böhmen stammenden und im Lande wirkenden Autoren wie Gustav Adolf Lindner (1828–1887), Julius Lippert (1839–1909) oder Wilhelm Jerusalem (1854–1924) der Fall war; dies ist aber nicht so sehr auf sprachliche Schwierigkeiten oder nationale Vorbehalte zurückzuführen, als vielmehr auf die damalige Vorherrschaft der praktischen Philosophie bzw. der Geschichtsphilosophie. Soziale Problemlagen wurden daher in der Regel sozialpsychologisch oder kulturkritisch unter dem Rubrum der »Krise des modernen Menschen« diskutiert. Häufig bestand auch die Tendenz, das Gesellschaftliche und das Zivilisatorische überwiegend aus einer ethnisch-nationalen Perspektive zu betrachten und somit primär historisch auszulegen.

Masaryks These von der »Irreligiosität unserer Zeit« (auf die er die Massenerscheinung des Selbstmords in der Moderne hauptursächlich zurückführte, vgl. Masaryk 1881, S. 84 u.ö.) wurde in katholischen Kreisen häufig missverstanden und kritisch diskutiert, trug so paradoxerweise aber zur Entwicklung einer für längere Zeit betriebenen eigenständigen christlichen Soziologie bei (vgl. Nešpor 2014, S. 85–90), wie sie etwa in den Aufsätzen von Matěj Procházka (1811–1889) zur Arbeiterfrage, in den Polemiken gegen den Liberalismus und die kapitalistische Lebensweise von Alois Soldat (1865–1935) und, in besonderem Maße, in dem zweibändigen, um eine Synthese bemühten Werk *Křesťanská sociologie* (*Christliche Soziologie*, 1898/1900) von Robert Neuschl (1856–1914) und dem Buch *Jádro křesťanské sociologie* (*Der Kern christlicher Soziologie*, 1914) von František Reyl (1865–1935) in Erscheinung trat. Es waren dies die Autoren, die etwas später auch eine weltanschaulich ähnlich gelagerte Position zu Masaryks einflussreicher Analyse und Kritik des Marxismus vertraten, die dieser in seinem Buch *Die soziale Frage* (*Otázka sociální*, 1898) darlegte. Die hier angesprochene spezifisch christliche Soziologie konnte sich in den 1890er Jahren an den tschechischen Theologischen Fakultäten etablieren und stützte sich auf traditionelle christliche Werte (wie Ehe, Familie, Individuum, Sittsamkeit, Transzendenz, Ordnung usw.). Zugleich stand sie den Modernisierungsphänomenen und den Lebensverhältnissen der neuen kapitalistischen Gesellschaftsordnung kritisch gegenüber.

Im letzten Fünftel des 19. Jahrhunderts, nach der Rückkehr der tschechischen Politiker ins Wiener Parlament, dem sie aus Protest zehn Jahre lang ferngeblieben waren, kam es zu einem durch politische und administrative Initiativen der Wiener Regierung stimulierten Aufschwung des kulturellen Lebens in Böhmen – so wurde bspw. die Karl-Ferdinands-Universität in eine gleichwertige tschechische und eine deutsche Universität aufgeteilt, das Tschechische Nationaltheater eröffnet, die tschechische Sprache im administrativen Verkehr als äußere Dienstsprache legitimiert, mit der Zeitschrift *Athenaeum* ein erstes wissenschaftlich-kritisches Periodikum in tschechischer Sprache etabliert, eine Tschechische Akademie der Wissenschaften und Künste eingerichtet, u.v.a.m. Die Wiener Zentralregierung erhoffte sich von dieser kulturellen Förderung eine Schwächung des politischen Emanzipationsstrebens der slawischen Völker. Der tschechisch-britische Anthropologe Ernest Gellner bezeichnete diese Strategie später als eine Form von »indirekter Herrschaft« (»indirect rule«) und glaubte darin ein mögliches Modell für die Lösung gegenwärtiger Nationalitätenkonflikte zu erkennen (Gellner 1994, S. 74–81).

Die Auswirkungen dieser »indirekten Herrschaft« auf die tschechische Gesellschaft waren nachhaltig. Sie schlugen sich in den Konzepten einer »apolitischen« Politik (als einer spezifischen Fortsetzung von Havlíčeks »kleiner Arbeit für die Nation«) nieder, in der kulturelle und soziale Belange des nationalen Lebens den rein politischen Interessen übergeordnet wurden. Dies führte letztlich zwar zur Entstehung eines politisch defizienten »Kulturzentrismus« (Loewenstein 1967, S. 91), stimulierte jedoch andererseits verschiedene Reformbestrebungen und Modernisierungserscheinungen wie bspw. den Anstieg des allgemeinen Bildungsniveaus der Bevölkerung, frühe Formen der Frauenemanzipation, die wachsende Sensibilität für die Soziale Frage, den Ruf nach dem allgemeinen und gleichen Wahlrecht, die Verbreitung atheistischer Positionen sowie die zunehmende Bedeutung der Intellektuellen – insbesondere der Schriftsteller – im öffentlichen Raum, u.a.m.

Einer der ersten überhaupt, der die sich verändernde Situation reflektierte und politisch nützen wollte, war der liberal gesinnte Nationalökonom Josef Kaizl (1854–1901). Kaizl hatte in Straßburg bei Gustav Schmoller studiert und war einer der profiliertesten politischen und weltanschaulichen Gegenspieler Masaryks. Mit seiner Parole »Extra Austriam non est vita« gehörte er zu den späten Repräsentanten des Austroslawismus. 1898/99 wirkte er als Finanzminister in Wien. Ausgehend von der Historischen Schule der Nationalökonomie, deren Betonung der kulturellen Kontinuitäten und historischen Individualitäten er mit der Geschichtsphilosophie Auguste Comtes und dessen Konzept der Entwicklung der Wissenschaft und ihrer Träger kombinierte, versuchte Kaizl ein soziales und politisches Modernisierungsprogramm durchzusetzen. Staatspolitisch schien ihm eine Föderalisierung des Reiches unumgänglich, die die Gleichberechtigung aller Nationalitäten sicherstellen sollte, und in Hinblick auf das öffentliche Leben erhoffte er sich einen von breiten Schichten getragenen aktiven und staatsstabilisierenden Prozess, in dessen Verlauf politische Emanzipation und politische Organisation einander harmonisch ergänzen sollten. Von essentieller Bedeutung schien ihm die rasche politische Integration neu entstandener und sich immer deutlicher artikulierender gesellschaftlicher Schichten und Gruppen zu sein, die als neue Machtgruppen im Staatsgefüge anerkannt und institutionell eingebunden werden sollten (vgl. Kaizl 1895, Pacák/Kaizl 1896).

Charakteristisch war auch Kaizls Ablehnung des Gesellschaftsbegriffes als eine rein rationalistisch-geschichtsphilosophische Abstraktion (Kaizl 1895, S. 265; 1896, S. 87). Er betonte dagegen die historische Individualität und »sociale Konkretheit« aller bestehenden sozialen Gebilde und Gruppenkonflikte. Der Staat war für ihn der Hauptträger jener (neu zu schaffenden oder zu reformierenden) rechtlichen und wirtschaftlichen Institutionen, die eine neue, tragfähige Perspektive für das Zusammenleben der Völker im multinationalen Reich eröffnen sollten. Kulturelle Prozesse waren für ihn in diesem Zusammenhang viel wichtiger als die angeblichen »sozialen Naturprozesse« des nationalen Zusammenwachsens, von welchen damals z.B. Ludwig Gumplowicz sprach, in denen Kaizl aber nur eine indirekte Legitimierung der erstarrten Machtverhältnisse in der k.u.k. Monarchie erkennen konnte.

Immer deutlicher trat gegen Ende des 19. Jahrhunderts der Einfluss zu Tage, den Tomáš Garrigue Masaryk auf die Entwicklung einer neuen Generation von Geisteswissenschaftlern und Politikern besaß. Insbesondere galt das für die Hörer von Masaryks Vorlesungen über Ethik (vgl. Masaryk 1898a) und »Praktische Philosophie auf soziologischer Grundlage« (die ab 1885 in einer vom Autor korrigierten hektographierten Fassung zugänglich war, vgl. Masaryk 1884/85), die auf ähnlichen theoretischen und moralischen Thesen wie seine Monographie über den Selbstmord beruhten (welche ihrerseits erst 1904 endlich auch in tschechischer Sprache erschien). Dieser Einfluss vertiefte sich noch mit dem Erscheinen weiterer Schriften Masaryks zur tschechischen Geschichte und zu politischen Grundsatzfragen des Landes (Masaryk 1895a, 1895b, 1896a, 1896b), die als ein moralisch anspruchsvolles, auf den Werten der Humanität und der Demokratie aufbauendes, historisch begründetes Programm für ein neues, nicht länger provinziell beschränktes Selbstverständnis der tschechischen Nation gelesen wurden.

Im Zusammenhang mit den erwähnten Publikationen Masaryks entflammte um die Jahrhundertwende eine heftige und lange andauernde Kontroverse über den »Sinn einer tschechischen Geschichte«, die in mancher Hinsicht an den deutschen »Lamprecht-Streit« über das Verhältnis von Geschichtswissenschaft und Soziologie erinnerte (vgl. Pekař 1897). Tschechische Historiker wie Jaroslav Goll, Max Dvořák oder Josef Pekař sprachen sich in der damaligen Diskussion nicht nur gegen eine soziologische Forschungsperspektive in der Geschichtsschreibung aus, sondern lehnten die Soziologie überhaupt als den Versuch ab, den Reichtum der Geschichte und des nationalen Lebens in abstrakte Formeln zwängen zu wollen (vgl. Goll 1900).

Wenn auch nicht alle von Masaryks Studenten alle Motive seines Denken übernahmen (viele hatten mit der religiösen Dimension der Weltanschauung ihres Lehrers ein Problem), so war der politische und wissenschaftliche Einfluss seiner Schüler doch so erheblich, dass man für die Zeit vor dem Ersten Weltkrieg beinahe schon von einer eigenständigen sozialpolitischen Bewegung sprechen könnte. Dies hatte schon seit Beginn von Masaryks Tätigkeit an der Prager Universität wiederholt zum Vorwurf konservativer katholischer Kreise geführt, dass er die tschechische Jungend »verdirbt« und dass seine Schüler eine regelrechte »Sekte« bildeten, die »revolutionär-universalistische« Ansprüche habe. Masaryks Anhänger begannen sich in Wissenschaft und Politik freilich erst in der Zeit vor dem Ersten Weltkrieg allmählich durchzusetzen und konnten erst nach dem Krieg ihren vollen Einfluss entfalten.

Anfangs scharten sich vor allem soziologisch interessierte Journalisten um Masaryk, wie z.B. der Publizist und Parlamentsreporter Otakar Jozífek (mit eigentlichem Namen Josef Dyrhon, 1872–1919), dessen protestantische Orientierung in Masaryks Auffassung von Persönlichkeit und individueller ethischer Verantwortung ihre Bestätigung fand (vgl. Jozífek 1903, 1904), oder der studierte Theologe und Publizist Ladislav Kunte (1874–1945; vgl. Kunte 1903). Eigenständige Wege gingen der Chemiker Jindřich Fleischer (1879–1922), der unter Masaryks Einfluss eine humanistisch-sozialistische Techniksoziologie entwarf (Fleischer 1916, 1919), und der Wirtschaftsprofessor und spätere Abgeordnete Antonín Uhlíř (1882–1957), dessen Texte vornehmlich sozialphilosophischen Fragen gewidmet waren (Uhlíř 1912a, b). Wichtiger (und als kommunistischer Politiker nach 1945 seinerseits sehr einflussreich) war Masaryks Biograph, der Historiker und Musikologe Zdeněk Nejedlý (1878–1962; vgl. Nejedlý 1930–37), der versuchte, die religiöse Komponente aus Masaryks Geschichtsauffassung zu tilgen und dessen Werk einseitig als eine vor allem national- und sozialemanzipatorische politische Konzeption umzudeuten.

Ein direkter Schüler Masaryks war sein Nachfolger an der Philosophischen Fakultät, Břetislav Foustka (1862–1947), der ab 1919 die erste nominelle Professur für Soziologie an der Karls-Universität innehatte (Masaryk war noch Professor für Philosophie gewesen) und dort 1921 auch das erste Soziologische Seminar einrichtete. Außer in Prag studierte Foustka auch noch in Paris und Berlin, wodurch er einen guten Überblick über den Stand seines Faches gewinnen konnte. Er habilitierte sich mit einer auf Tschechisch verfassten Arbeit über »Die Schwachen in der menschlichen Gesellschaft, die humanistischen Ideale und die Degeneration der Völker« (Foustka 1904), und auch später beschäftigte sich Foustka in seinen empirischen (aber nichtsdestoweniger sehr akademisch-trockenen) Studien mit anomischen und »degenerativen« Phänomen moderner Gesellschaften wie Alkoholismus, Selbstmord, Prostitution, Geburtenrückgang, usw.; umfangreiche einschlägige Betrachtungen widmet er etwa seiner auf Tschechisch erschienenen Studie *Soziale Frage, Sozialismus und soziale Bewegungen* (Foustka 1911). Er übersetzte mehrere sozialwissenschaftliche Bücher ins Tschechische, u.a. Georg Jellineks *Allgemeine Staatslehre* und die *Principles of Sociology* des vor allem an quantitativen Forschungsmethoden interessierten amerikanischen Soziologen Franklin Henry Giddings, das lange Zeit als Standardlehrbuch des Faches diente. Foustka verfasste auch zahlreiche

Rezensionen zeitgenössischer soziologischer Werke und kenntnisreiche eigene Aufsätze zu den Grundproblemen und zur Entwicklung der Soziologie. Die meisten seiner Arbeiten publizierte er freilich erst nach 1918.

Neben der Gruppe der Masaryk-Adepten gab es in der frühen tschechischen Soziologie auch eine Reihe von Wissenschaftlern, die eher der Herbart'schen Wissenschaftsauffassung nahe standen. Zu nennen wäre hier bspw. der Intendant des Tschechischen Nationaltheaters und spätere Professor an der Juridischen Fakultät Josef Trakal (1860–1913), der in seinen meist staatstheoretischen Arbeiten eine eigene positivistische, auf Herbart, Comte und Spencer basierende Auffassung der Soziologie vertrat (vgl. Trakal 1885, 1904). Johann Friedrich Herbarts empiristisch-realistischer Ausgangspunkt lässt sich auch bei Emanuel Makovička (1851–1890) nachweisen, dessen 1889 erschienenes Buch *Sociologické črty, poznámky a aforismy* (*Soziologische Skizzen, Notizen und Aphorismen*) der Auslegung ausgewählter Werke von Comte, John Stuart Mill, Herbert Spencer, Charles Darwin, Henry Thomas Buckle, Lindner und Gumplowicz gewidmet war.

Herbart'sche Wissenschaftsprinzipien griff auch der Prager Philosophieprofessor František Krejčí (1858–1934) auf. Er kombinierte sie mit der Völkerpsychologie Wilhelm Wundts, Moritz Lazarus' und Heymann Steinthals (Krejčí 1904a). In der Zwischenkriegszeit gehörte Krejčí zu den führenden Vertretern des akademischen Positivismus in der tschechischen Philosophie und Soziologie. Mit psychologistischen Argumenten wies er jedoch Émile Durkheims Auffassung zurück, dass es sich bei der Soziologie um eine eigenständige Wissenschaft handle. Seinem eigenen Empirismus legte er ein weitgefasstes Konzept der Psychologie zugrunde, das diese Wissenschaft de facto auch mit Logik und Erkenntnistheorie identifizierte (Krejčí 1902–26, 6 Bde.).

Ein Schüler Krejčís wie auch Masaryks und zeitweiliger Mitarbeiter Břetislav Foustkas war der spätere Präsident der Tschechoslowakischen Republik, Eduard Beneš (1884–1948). Beneš studierte zunächst Romanistik, Germanistik und Philosophie in Prag, danach von 1905 bis 1908 Soziologie und Philosophie in Paris und Dijon, wo er eine Dissertation über *Das österreichische Problem und die tschechische Frage* (Beneš 1908) vorlegte. Er galt als Kenner von Durkheims Werk, dessen kollektivistische Auffassung er jedoch mithilfe von Henri Bergsons Intuitionsbegriff abzumildern versuchte. Bis zu seiner Emigration während des Ersten Weltkrieges wirkte Beneš als Soziologiedozent an der Karls-Universität. Vor dem Ersten Weltkrieg publizierte er in tschechischer und französischer Sprache über das Nationalitätenproblem (Beneš 1909), das moderne Parteiwesen (Beneš 1912a), die tschechische und die österreichische sozialistische Bewegung (Beneš 1910/11, 1911, 1915) und soziologische Noetik (verstanden als Erkenntnislehre) mit besonderer Berücksichtigung der Bedeutung von Durkheims Begriff des »fait social« (Beneš 1912b).

In die Zeit vor dem Ersten Weltkrieg fällt auch der Anfang der soziologischen Tätigkeit zweier intellektuell sehr eigenständiger Persönlichkeiten, die für die weitere Entwicklung des Faches besonders wichtig waren: Inocenc Arnošt Bláha (1878–1960) und

Emanuel Chalupný (1879–1958). Bláha studierte zuerst in Prag und Wien und dann bei Durkheim (1902/03) und Lucien Lévy-Bruhl (1908 bis 1910) in Paris. Schon als Student referierte er sehr kompetent über soziologische Literatur zu verschiedenen theoretisch-methodologischen Problemen in den Zeitschriften *Česká mysl* (Bláha 1908, 1909) und *Naše doba* (Bláha 1912/13). Politisch stand er Masaryk durchaus nahe, versuchte ihn jedoch ansonsten als einen »kritischen Realisten« umzudeuten. Bláha habilitierte sich mit einer Arbeit über Stadtsoziologie (Bláha 1914). Mit Chalupný und Josef Ludvík Fischer (1894–1973) begründete er die in der Zwischenkriegszeit wichtige und besonders in Theoriefragen profilierte »Brünner Soziologische Schule«, deren 1930 bis 1949 erschienenes Periodikum *Sociologická revue* große Bedeutung erlangte.

Als einen regelrechten soziologischen »Einzelkämpfer« könnte man Emanuel Chalupný ansehen. Er war ein erfolgreicher Advokat, der Soziologie widmete er sich lange Zeit nur als Privatgelehrter, der die meisten seiner Schriften als Privatdrucke publizierte. Ab 1923 wirkte Chalupný als Privatdozent an der Masaryk-Universität in Brünn, später lehrte er an der Tschechischen Technischen Universität Prag. Maßgeblich beeinflusst war er von Comtes Hierarchisierung der Wissenschaften und der auf dem Konzept von »Residuen« und »Derivationen« aufgebauten Handlungstheorie Vilfredo Paretos; schon früh beschäftigte er sich auch mit dem Marxismus – bereits 1901 übersetzte Chalupný Friedrich Engels' *Die Lage der arbeitenden Klasse in England*. Er glaubte an die Existenz sozialer Gesetzmäßigkeiten und begriff die Soziologie primär als eine Wissenschaft von der Zivilisation und der Kultur (vgl. Chalupný 1905, 1907). Große Energie verwendete Chalupný darauf, Erzeugnisse der tschechischen Kultur und Literatur soziologisch zu interpretieren; bei dieser – des Öfteren polemisch-pointierten – Arbeit stützte er sich auch auf Erkenntnisse der Völkerpsychologie. Seine große, einige Male überbearbeitete und erweiterte fünfbändige *Soziologie* diente mit ihrer Synthese von historischer Empirie und systematischer Theorie lange Zeit als verlässliches Lehrbuch.

Beneš, Edvard (1908): *Le problème autrichien et la question tchèque* [Das österreichische Problem und die tschechische Frage], Paris: V. Giard & E. Brière.

– (1909): *Otázka národnostní* [Die Nationalitätenfrage], Praha: Nakladem tiskové komise české strany pokrokvé.

– (1910/11): *Stručný nástin vývoje moderního socialismu* [Ein kurzer Abriss der Entwicklung des modernen Sozialismus], 2 Bde., Brandýs nad Labem: nakladatelství J. Forejtka v V. Beneše.

– (1911): O vzájemnosti a solidaritě [Über Gegenseitigkeit und Solidarität]. In: *Česká mysl* 12, S. 48–61.

– (1912a): *Stranictví. Sociologická studie* [Das Parteiwesen. Eine soziologische Studie], Praha: J. Forejtka a V. Beneš

– (1912b): Sociologická teorie poznání. Pojem času [Soziologische Erkenntnistheorie. Ein Zeitbegriff]. In: *Česká mysl* 13, S. 101–115.

– (1914): Ke sporům o definici jevů sociálních [Zum Streit über die Definition von sozialen Phänomenen]. In: *Česká mysl* 15, S. 387–400.

– (1915): *Le socialisme autrichien et la guerre* [Der österreichische Sozialismus und der Krieg], Paris: Impr. des Beaux-Arts.
Bláha, Inocenc Arnošt (1908): Individuum a společnost [Individuum und Gesellschaft]. In: *Česká mysl* 9, S. 437–445.
– (1909): Národnost ze stanoviska sociologického [Eine soziologische Stellungnahme zur Frage der Nationalität]. In: *Česká mysl* 10, S. 289–299, 367–375.
– (1912): O některých směrech současné sociologie [Über einige Strömungen der gegenwärtigen Soziologie]. In: *Česká mysl* 13, S. 289–305, 393–405.
– (1912/13): *Soudobá sociologie* [Die Soziologie der Gegenwart]. In: *Naše doba* 19/4, S. 84–95.
– (1913): Kritický realism v sociologii [Der Kritische Realismus in der Soziologie]. In: *Česká mysl* 14, S. 52–58, 172–176.
– (1914): *Město. Sociologická studie* [Die Stadt. Eine soziologische Studie], Praha: Melantrich.
Chalupný, Emmanuel (1905): *Úvod do sociologie s ohledem na české poměry* [Einführung in die Soziologie im Hinblick auf tschechische Verhältnisse], 2 Bde., Praha: Osvěta.
– (1907): *Národní povaha česká* [Der tschechische Nationalcharakter], Tábor: Nákladem vlastním.
– (1916–21): *Sociologie*, 5 Bde., Tábor: Nákladem vlastním (2., erw. Aufl. 1927–35, Tábor/Praha).
Čupr, František (1848): O národovědě [Über eine Wissenschaft von der Nation]. In: *Časopis českého musea* 21, S. 2–24.
Durdík, Josef (1874): *Architektonika věd* [Architektonik der Wissenschaften], Praha: Rohlíček & Sievers.
Fleischer, Jindřich (1916): *Technická kultura. Sociálně-filosofické a kulturně-politické úvahy o dějnách lidské práce* [Technische Kultur. Sozialphilosophische und kulturpolitische Reflexionen über die Geschichte der menschlichen Arbeit], Praha: Borový.
– (1919): *Chrám práce. Socialistická čítanka* [Dom der Arbeit. Ein sozialistisches Lesebuch], Praha: Ústřední dělnické nakladatelství, Svěcený.
Foustka, Břetislav (1904): *Slabí v lidské společnosti, ideály humanitní a degenerace národů* [Die Schwachen in der menschlichen Gesellschaft, die humanistischen Ideale und die Degeneration der Völker], Praha: Leichter.
– (1911): Otázka sociální, socialismus a sociální hnutí [Soziale Frage, Sozialismus und soziale Bewegungen]. In: Zdeněk Tobolka (Hg.), *Česká politika*, Bd. 4: *Moderní stát a jeho úkoly. Politika agrární, průmyslová, sociální* [Tschechische Politik, Bd. 4: Der moderne Staat und seine Aufgaben. Agrar-, Industrie- und Sozialpolitik], Praha: Leichter, S. 433–830.
Gellner, Ernest (1994): *Encounters with Nationalism*, Oxford, UK/Cambridge, MA, USA: Blackwell.
Giddings, Franklin Henry (1900): *Základy sociologie* [Principles of Sociology, 1896, ins Tschechische übersetzt von Břetislav Foustka], Praha: Leichter.
Goll, Jaroslav (1900): Otázka sociální. Základy marxismu sociologické a filosofické [Die Soziale Frage. Soziologische und philosophische Grundlagen des Marxismus]. In: *Český časopis historický* 6/2 (15.4.1900), S. 142–157.
Havlíček Borovský, Karel (1846): Co jest obec? [Was ist Gemeinde?]. In: *Pražské noviny* Nr. 86–88, 90, 91, 97–102 (November/Dezember 1846), sowie erneut in: Ders., *Karla Havlíčka Borovského politické spisy* [Karel Havlíčeks Politische Schriften], Bd. 1., Praha: J. Leichter 1900.
Jozífek, Otakar [Pseud., eigtl. Josef Dyrhon] (1903): *Vývoj charakteru – vývoj společnosti* [Charakterentwicklung – Gesellschaftsentwicklung], Praha: Besedy času.

– (1904): Podmínky pokroku. Co jest předmětem sociologie? [Die Bedingungen des Fortschrittes. Was ist der Gegenstand der Soziologie?]. In: *Rozhledy. Týdeník pro politiku, vědu, literaturu a umění* 16, S. 941–944, 1028–1031.

Kaizl, Josef (1895): Řeč v Říšské radě pronesená 13. prosince 1895 [Eine im Reichsrat am 13. Dezember 1895 vorgetragene Rede]. In: Milan Znoj (Hg.), *Český liberalismus. Texty a osobnosti* [Der tschechische Liberalismus. Texte und Persönlichkeiten], Praha: Torst 1995, S. 259–265.

– (1896): *České myšlénky* [Tschechische Gedanken], Praha: E. Beaufort. Wieder abgedruckt in: Havelka 1995 [s. »Weiterführende Literatur«], S. 47–98.

Král, Josef (1921): *Herbartovská sociologie* [Die Herbart'sche Soziologie], Praha: Nakl. Čs. Akademie věd.

Krejčí, František (1904): *O filosofii přítomnosti* [Über die Philosophie der Gegenwart], Praha: J. Leichter.

– (1904a): *Základy vědeckého systému psychologie* [Grundzüge eines wissenschaftlichen Systems der Psychologie], Praha: J. Leichter.

– (1902–26): *Psychologie*, 6 Bde., Praha: J. Leichter.

Křen, Jan (1992): *Historické proměny Češství* [Historische Wandlungen des Tschechentums], Praha: Karolinum.

Kunte, Ladislav (als Ladislav Nezmar, 1903): Sociologie a její praktické využití [Die Soziologie und ihre praktische Anwendung]. In: *Rozhledy. Týdenník pro politiku, vědu, literaturu a umění* 13, S. 382–385, 413–416, 437–441, 462–464, 482–487, 509–512, 530–535, 586–588, 607–611, 629–634, 662–665, 682–686, 732–735, 755–758, 777–782, 804–808, 822–825, 851–856, 874–879, 919–925, 950–955, 992–997, 1044–1050, 1074–1082.

Loewenstein, Bedřich (1967): Literaturocentrismus, profesionální idiotismus a Orientace [Literaturzentrismus, Fachidiotie und die »Orientace«]. In: *Orientace* 2/3, S. 91–93.

Makovička, Emanuel (1884): Sociologie. In: *Paedagogikum* 6 (1884), S. 304–307, 337–344.

– (1889): *Sociologické črty, poznámky a aforismy* [Soziologische Skizzen, Notizen und Aphorismen], Praha: F. A. Urbánek.

Masaryk, Thomas G. (1881): *Der Selbstmord als soziale Massenerscheinung der modernen Zivilisation*, Wien: Carl Konegen (sowie erstmals 1904 in tschechischer Sprach als: Tomáš G. Masaryk, *Sebevražda hromadným jevem moderní osvěty* [Der Selbstmord als Massenerscheinung moderner Aufklärung], Praha: Leichter 1904).

– [Masaryk, Tomáš, G.] (1884/85): Praktická filosofie na základě sociologie [Praktische Philosophie auf soziologischer Grundlage]. In: Masaryk 2012, S. 11–250.

– (1885): *Základové konkrétné logiky. Třídění a soustava věd*, Praha: Bursík & Kohout. (Dt. als: *Versuch einer concreten Logik. Classification und Organisation der Wissenschaften*, Wien: Carl Konegen 1887.)

– (1895a): *Česká otázka* [Die tschechische Frage], Praha: Čas (neu u.a. als Masaryk 1990).

– (1895b): *Naše nynější krize* [Unsere heutige Krise], Praha: Čas.

– (1896a): *Jan Hus*, Praha: Čas.

– (1896b): *Karel Havlíček*, Praha: Leichter.

– (1898a): Ethik. In: Masaryk 2012, S. 247–431.

– (1898b): *Otázka sociální. Základy marxismu sociologické a filosofické* [dt. 1899: Die philosophischen und sociologischen Grundlagen des Marxismus. Studien zur socialen Frage], Praha: J. Leichter.

– (1901a): *Ideály humanitní* [Ideale der Humanität], Praha: Čas.

– (1901b): Rukověť soziologie. Podstata a metoda sociologie [Leitfaden der Soziologie. Das Wesen und die Methode der Soziologie]. In: *Naše doba* 8, Praha: Leichter, S. 1–12, 98–105, 173–181, 662–667, 735–741, 822–828, 904–910.
– (1990): *Česká otázka. Naše nynější krize* [Die tschechische Frage. Unsere heutige Krise] (= Edice Politické myšlení 8), hrsg. von Jana Čamrová, Praha: Svoboda.
– /Karel Čapek (Hg.) (1990a): *Spisy*, Bd. 20: *Hovory s T. G. Masarykem* [Schriften, Bd. 20: Gespräche mit T. G. Masaryk], Praha: Československý spisovate. In deutscher Übersetzung erschienen als: *Gespräche mit Masaryk*, Stuttgart: Deutsche Verlags-Anstalt 2001.
– (2012): *Spisy T.G. Masaryka*, Bd. 4: *Univerzitní přednášky I. Praktická filozofie* [Schriften T.G. Masaryk, Bd. 4: Universitätsvorlesungen I. Praktische Philosophie], hrsg. von Jiří Gabriel et al., Praha: Ústav T. G. Masaryka.
Nejedlý, Zdeněk (1930–37): *T. G. Masaryk*, 4 Bde., Praha: Melantrich AS.
Nešpor, Zdeněk (2014): *Dějiny české sociologie* [Eine Geschichte der tschechischen Soziologie], Praha: Academia.
Neuschl, Robert (1898/1900): *Křesťanská sociologie* [Christliche Soziologie], 2 Bde., Brno: Papežská tiskárna benediktinů rajhradských.
Pacák, Bedřich/Josef Kaizl (1896): *O státoprávním programu českém* [Über ein tschechisches staatsrechtliches Programm], Praha: Beaufort.
Pekař, Josef (1897): Spor o individualismus a kollektivismus v dějepisectvi [Der Streit um Individualismus und Kollektivismus in der Geschichtsschreibung]. In: *Český časopis historický* 3, Praha: Historický klub, S. 146–159.
Procházka, Matěj (1872): Otázka dělnická [Die Arbeiterfrage]. In: *Časopis katolického duchovenstva* 13, S. 37–56, 130–151, 179–209, 253–264, 359–370, 445–464, 497–520, 561–578.
Reyl, František (1914): *Jádro křesťanské sociologie* [Der Kern christlicher Sozilogie], Hradec Králové: Politické družstvo tiskové.
Smetana, Augustin (1848): *Die Bedeutung des gegenwärtigen Zeitalters*, Prag: Friedrich Ehrlich (tschechisch als: *Úvahy o budoucnosti lidstva*, Praha: Leichter 1903).
Springer, Antonín (1850/51): Studie sociálního života v Anglicku [Eine Studie über das soziale Leben in England]. In: *Časopis českého musea*, Bd. 24 (Praha 1850), S. 576–595, Bd. 25 (Praha 1851), S. 123–154.
Trakal, Josef (1885): O sociologii [Über Soziologie]. In: *Osvěta* 15, S. 59–69, 119–129.
– (1904): *Obnova problému přirozeného práva v soudobé literatuře právovědné a sociologické* [Die Frage der Wiederherstellung des Naturrechts in der zeitgenössischen soziologischen Literatur], Praha: E. Beaufort.
Uhlíř, Antonín (1912a): Sociologická teorie poznání [Soziologische Erkenntnistheorie]. In: *Česká mysl* 13, S. 349–357.
– (1912b): *Sociální filosofie* [Sozialphilosophie], Praha: O. Janáček.
Urban, Otto (2003): *Kapitalismus a česká společnost. K otázkám formování české národní společnosti* [Kapitalismus und tschechische Gesellschaft. Zu Formierungsfragen der tschechischen Gesellschaft im 19. Jahrhundert], Praha: Lidové noviny.

Weiterführende Literatur

Bláha, Inocenc Arnošt (1934): Der gegenwärtige Stand der tschechischen Soziologie. In: *Slavische Rundschau. Berichtende und kritische Zeitschrift für das geistige Leben der slavischen Völker* 6, Berlin/Leipzig: de Gruyter.

– (1997): *Československá sociologie. Od svého vzniku do roku 1948* [Die tschechoslowakische Soziologie seit ihrer Gründung bis 1948], Brno: Doplněk.

Havelka, Miloš (1995): *Spor o smysl českých dějin 1895–1938* [Der Streit um den Sinn einer tschechischen Geschichte 1895–1938], Praha: Torst.

– (1999): Tschechische Soziologie im gesellschaftlichen Wandel. Zur Sozial- und Geistesgeschichte der tschechischen Soziologie bis 1989. In: Carsten Klingemann et al. (Hg.), *Jahrbuch für Soziologiegeschichte 1995*, Opladen: Leske u. Budrich, S. 223–253.

Hroch, Miloslav (1996): *Národní zájmy. Požadavky a cíle evropských národních hnutí devatenáctého století v komparativní perspektivě* [Nationale Interessen. Anforderungen und Ziele europäischer nationaler Bewegungen des 19. Jahrhunderts in vergleichender Perspektive], Praha: Filozofická fakulta Univerzity Karlovy.

Janák, Dušan (2014): *Počátky sociologie ve Střední Evropě. Studie k formování sociologie jako vědy v Polsku, českých zemích, na Slovensku a v Masďarsku* [Die Anfänge der Soziologie in Zentraleuropa. Eine Studie zur Formierung der Soziologie als Wissenschaft in Polen, den tschechischen Ländern, der Slowakei und Ungarn], Praha: Sociologické nakladatelství (SLON).

Král, Josef (1922): *Vztahy sociologie k psychologii a pedagogice* [Die Beziehungen der Soziologie zu Psychologie und Pädagogik], Praha: Nakl. Čs. Aademie věd.

– (1936): *Československá filosofie* [Die tschechoslowakische Philosophie], Praha: Melantrich (darin bes. die Kapitel »Soziologie«, »Geschichtsphilosophie« und »Sozialphiiosophie«).

Obrdlíková, Juliána/Dušan Slávik (Hg.) (1968): *O koncepci dějin československé sociologie* [Das Konzept einer Geschichte der tschechoslowakischen Soziologie], Praha/Brno: Socialistická akademie.

Patočka, Jan (1992): *Co jsou Češi. Malý přehled fakt a pokus o vysvětlení* [Wer sind die Tschechen. Eine kleine Faktenübersicht und ein Interpretationsversuch], Praha: Panorama.

Urban, Otto (1982): *Česká společnost 1848–1918* [Die tschechische Gesellschaft 1848–1918], Praha: Svoboda.

Miloš Havelka

II. Der italienische Teil

Scipio Sigheles Beitrag zur frühen italienischen Soziologie

Am 13. Juni 1913 wurde der italienische Jurist, Kriminologe, Anthropologe und Sozialpsychologe Scipio Sighele (1868–1913) aus den österreichischen Ländern verbannt. Cesare Battisti, ein Trentiner Irredentist und Abgeordneter zum österreichischen Reichsrat, hielt am 26. Juni desselben Jahres im Wiener Parlament eine Rede, in der er gegen diese Verbannung protestierte und Sighele als einen »ehrenvollen Patrioten und Wissenschaftler von Rang nicht nur für sein Heimatland, sondern für ganz Europa« bezeichnete (Garbari 2013, S. 8f.). Als Schüler des Kriminologen Enrico Ferri unterrichtete Sighele Strafrecht, Kriminologie und Kriminalsoziologie und veröffentlichte bedeutende und in verschiedene Sprachen übersetzte Bücher über das Entstehen und die Morphologie delinquenten Verhaltens. Sein umgehend ins Französische übersetztes Hauptwerk *La folla delinquente* (*Die delinquente Masse*, 1891, dt. 1897 als *Psychologie des Auflaufs und der Massenverbrechen*) machte ihn schlagartig bekannt. Besondere Bedeutung erlangten auch seine Schriften *La coppia criminale. Psicologia degli amori morbosi* (*Das kriminelle Paar. Eine Psychologie krankhafter Liebesbeziehungen*, 1892), in der er, die folie à deux (frz. »Geistesstörung zu zweit«, i.e. eine induzierte bzw. symbiontische wahnhafte Störung oder psychotische Infektion) analysierend, das Thema der kollektiven Suggestion wieder aufnahm, sowie *La delinquenza settaria* (*Die sektiererische Delinquenz*, 1897) und *L'intelligenza della folla* (*Die Intelligenz der Masse*, 1903).

Sighele hielt Vorlesungen über Sozialpsychologie und Kriminalsoziologie am Institut des Hautes Etudes der Universität Brüssel. Obschon er sich die meiste Zeit in Rom und in Florenz aufhielt, verbrachte er auch immer wieder lange Perioden im Trentino, am Gardasee, von wo seine Eltern stammten. Als Befürworter der italienischen Nationalstaatlichkeit wurde er, wie eingangs erwähnt, aus den österreichischen Kronländern verbannt, nachdem er 1912 in der *Revue de Paris* einen irredentistisch gesinnten Aufsatz veröffentlicht hatte. Anders als Cesare Battisti und Alcide De Gasperi stand er praktisch ausschließlich mit italienischen Universitäten und kulturellen Institutionen in Verbindung und unterhielt kaum Kontakte zu deutschsprachigen Kollegen. Seine wissenschaftlichen Beziehungen ins Ausland konzentrierten sich eher auf französische Gelehrtenkreise. Sigheles tiefe Verbundenheit mit allem Italienischem wurde ihm bereits von seinen Eltern in die Wiege gelegt, die ihren Sohn nach dem heldenhaften, in der italienischen Nationalhymne besungenen römischen Feldherren »Scipio« nannten. Das zu jener Zeit weit verbreitete Heimat- und Nationalgefühl erstreckte sich also gerade an der Peripherie des Habsburgerreiches nicht auf die allein durch die Herrschaft des Kaiserhauses begründete Staatseinheit. Nur ein föderatives Modell hätte das polymorphe Kaisertum allenfalls überleben lassen. Doch die Wiener Zentralregierung hätte sehr wohl über einige politische Instrumente verfügt, um ein Zusammenleben der vielen Kulturen und Sprachen zu ermöglichen. Manche der von ihr erlassenen Gesetze dürfen als Versuch der Anerkennung der Vielfalt der Volkskultur gewertet werden, doch erwiesen sie sich letztlich als ungenügend, um das Kaisertum in einen Bund ethnisch und kulturell diverser Heimatländer umzuwandeln.

Was die wissenschaftliche Arbeit anbelangt, darf Scipio Sighele als Begründer der Massenpsychologie angesehen werden, ein Gebiet, auf dem er neue wissenschaftliche Forschungsperspektiven eröffnete – beispielweise, indem er einige Elemente der Psychologie des abweichenden Verhaltens einbrachte. Seiner Auffassung nach war es für die umfassende Untersuchung eines Delikts unerlässlich, zunächst vor allem anthropologische und Umweltfaktoren in Betracht zu ziehen und sodann nicht nur dessen rechtliche, sondern auch dessen soziale Implikationen abzuwägen. Sigheles Forschung mündete schließlich in der Ausgestaltung der Massenpsychologie, in der die Menschenmasse als eine eigene soziale Persönlichkeit betrachtet wird. Demnach müsse zwischen Masse und sozialer Öffentlichkeit unterschieden werden: »Die erstere ist ein weitgehend unzivilisiertes Kollektiv […], während die Öffentlichkeit ein äußerst zivilisiertes und modernes Kollektiv darstellt« (Miletti 2006, S. 492). Hier zeigt sich ein deutlicher Unterschied zwischen Sighele und seinem französischen Kollegen Gabriel Tarde, der die Masse für das bestimmende Merkmal der zeitgenössischen Gesellschaft hält. Doch auch nach Sigheles Meinung gibt es keine Garantie dafür, dass Menschenmasse und soziale Öffentlichkeit in modernen Gesellschaften immer nebeneinander bestehen bleiben, denn die zivilisierte soziale Öffentlichkeit kann sich durchaus in eine barbarische Menschenmasse verwandeln (ebd.). Sighele bezeichnet dieses Phänomen als Pathologie der Öffentlichkeit und verweist auf die Bedeutung der Presse, da er den verantwortungsbewussten Journalisten als »meneur« (frz. »Anführer«) der Öffentlichkeit versteht, der diese prägt, aber seinerseits von ihr geprägt werden kann.

Sighele untersuchte viele Arten von menschlichen Aggregationen, von den einfachen bis hin zu den komplexen, in deren sozialem Kontext Individuen oft innerhalb von nur kurzer Zeit deviantes oder sogar kriminelles Verhalten entwickeln. Paare, Familien, Cliquen, Sippen, Kasten, Klassen und Staaten gleichermaßen betrachtete er als Beziehungsgeflechte, in denen Höhergestellte mit Untergeordneten in Austausch treten und in denen die Suggestivkraft, die von einem relevanten Teil der aggregierten Personen ausgeübt wird, im Sinne einer emotionalen Ansteckung auch kriminelles Verhalten erzeugen kann. Ziel dieses Forschungsansatzes war es, pathologische Situationen zu erkennen und diese durch effektive Sozialreformen bekämpfen zu können. Sighele entwickelte aber noch an einer ganzen Reihe von weiteren wichtigen Themen größtes Interesse und arbeitete zu Fragen der öffentlichen Meinung, der Bildung, der Jugend, der Frauen und der industriellen Gesellschaft – und das stets in der Absicht, einerseits die Ursachen und begünstigenden Faktoren des kriminellen Verhaltens zu erforschen und andererseits an der Erziehung mündiger Staatsbürger mitzuwirken, die dazu befähigt sind, sich als Akteure der Demokratie zu betätigen.

Das Ansehen, das Sighele auch international genoss, öffnete ihm den Weg in die Kreise hochrangiger Wissenschaftler, Intellektueller und Politiker seiner Zeit. Es wäre falsch, ihn nicht auch selber den qualifiziertesten Wissenschaftlern und Intellektuellen seiner Zeit zuzurechnen und den Blick auf seinen bedeutenden wissenschaftlichen Beitrag zur gesellschaftlichen Modernisierung dadurch zu verstellen, dass man ihn – wie das gegenwärtig häufig der Fall ist – wegen seines unzweifelhaft stark ausgeprägten Heimatgefühls gegenüber dem Trentino und der italienischen Nation ausschließlich als Irredentisten betrachtet. Hätte Sighele keine Repressalien der Wiener Zentralregierung – bis hin zum Landesverweis – hinnehmen müssen, hätte er sich mit seinen innovativen und fortschrittlichen Beiträgen zur Sozialpsychologie wohl noch viel stärker in die internationale wissenschaftliche Gemeinschaft einbringen können. Dass im Habsburgerreich die Idee eines föderativen Völkerbündnisses unvollendet blieb, erweist sich somit im Rückblick nicht nur als eine Erschwernis des politischen Lebens, sondern auch als ein Hemmnis für den freien Austausch in den Wissenschaften.

Die These, dass Sigheles Beitrag zur Wissenschaft angesichts seiner nationalen Bestrebungen nicht gebührend beachtet wurde und wird, wird von der Historikerin Maria Garbari unterstützt, die darauf hinweist, dass es ihm – gleich nach der italienischen Sache – vor allem darum ging, »den Zentralstaat von den sekundären Lasten zu entbinden« (Sighele 1911, S. 114f.). Diese Grundidee führte Sighele zum Konzept einer lokalen Autonomie innerhalb des Staates gemäß dem modernen Subsidiaritätsprinzip (ebd., S. 120f.). Obwohl politischer Zentralismus und Autoritarismus das Staatsmodell der Habsburgermonarchie kennzeichnen, wurden sowohl in den Landtagen als auch im Wiener Parlament immer wieder Debatten über die Vielfalt der Völker und Kulturen des Reiches geführt – wie man weiß, ohne nachhaltigen Erfolg. Sie haben sich aber in einigen Fällen für die Gestaltung föderativer Lösungen innerhalb Europas in der Folgezeit als lehrreich erwiesen und können verschiedentlich auch heute noch Anregungen nicht allein für die historische Forschung, sondern auch für die gesamteuropäische Politik bieten.

Garbari, Maria (2013): La visione europea del Trentino di Scipio Sighele [Die europäische Vision des Trentino von Scipio Sighele]. In: *L'Adige*, 21.10.2013, S. 8f.

Miletti, Marco Nicola (2006): *Riti, tecniche, interessi. Il processo penale tra Otto e Novecento* [Riten, Techniken, Interessen. Der Strafprozess zwischen dem 19. und dem 20. Jahrhundert] [Bericht der Konferenz vom 5./6. Mai 2006 in Foggia], Milano: Giuffrè.

Sighele, Scipio (1897): *Psychologie des Auflaufs und der Massenverbrechen* [ital. 1891], übersetzt von Hans Kurella, Dresden/Leipzig: Verlag von Carl Reissner. (Dt. Neuaufl.: Saarbrücken: VDM Verlag Dr. Müller 2007.)

– (1903): *L'intelligenza della folla* [Die Intelligenz der Masse], Torino: Bocca.

– (1910): *Pagine nazionaliste* [Nationalistische Schriften], Milano: Treves.

– (1911): *Il nazionalismo e i partiti politici* [Der Nationalismus und die politischen Parteien], Milano: Treves.

Weiterführende Literatur

Beccari, Arturo (1927): *Nazionalismo e irredentismo. Scipio Sighele* [Nationalismus und Irredentismus. Scipio Sighele], Milano: Unitas.

Borghesi, Paolo (1996): I gruppi sociali nell'opera di Scipio Sighele [Die sozialen Gruppen im Werk von Scipio Sighele]. In: *Archivio trentino di storia contemporanea* 1, S. 39–74.

Calì, Vincenzo (Hg.) (1986): Pagine inedite di Cesare Battisti: martiri e precursori della redenzione di Trento [Unveröffentlichte Schriften von Cesare Battisti: über Märtyrer und Vorläufer der Befreiung von Trient]. In: *Bollettino del Museo trentino del Risorgimento* 2, S. 3–34.

Federici, Maria Caterina (1993): Una rilettura sociologica del nazionalismo di Scipio Sighele tra massa e istituzioni per capire l'oggi [Eine soziologische Relektüre, um das Heute zu verstehen: Der Nationalismus von Scipio Sighele zwischen Masse und Institutionen]. In: *Sociologia. Rivista di scienze sociali* 1/3, S. 177–183.

Garbari, Maria (Hg.) (1977): *L'età giolittiana nelle lettere di Scipio Sighele* [Die Ära Giolitti in den Briefen von Scipio Sighele], Trento: Società di studi trentini di scienze storiche.

– (1988): *Società ed istituzioni in Italia nelle opere sociologiche di Scipio Sighele* [Gesellschaft und Institutionen Italiens in den soziologischen Werken von Scipio Sighele], Trento: Società di studi trentini di scienze storiche.

Giachetti, Cipriano (1914): *Scipio Sighele. Il pensiero, il carattere. Conferenza detta alla Pro Cultura di Firenze nel trigesimo della morte* [Scipio Sighele. Der Denker und der Charakter. Konferenz veranstaltet von Pro Cultura di Firenze zu seinem 30. Todestag], Milano: Treves.

Gridelli Velicogna, Nella (1985): Scipio Sighele e la scuola positiva [Scipio Sighele und die positivistische Schule]. In: Emilio R. Papa (Hg.), *Il positivismo e la cultura italiana*, Milano: Franco Angeli, S. 415–425.

– (1986): *Scipio Sighele. Dalla criminologia alla sociologia del diritto e della politica* [Scipio Sighele. Von der Kriminologie zur Soziologie des Rechts und der Politik], Milano: Giuffrè.

Landolfi, Enrico (1981): *Scipio Sighele. Un giobertiano fra democrazia nazionale e socialismo tricolore* [Ein Giobertiner zwischen nationaler Demokratie und trikolorem Sozialismus], Roma: Volpe.

Palano, Damiano (2002): *Il potere della moltitudine. L'invenzione dell'inconscio collettivo nella teoria politica e nelle scienze sociali italiane tra Otto e Novecento* [Die Macht der Menge. Die Erfindung des kollektiven Unbewussten in der politischen Theorie und in den italienischen Sozialwissenschaften zwischen dem 19. und 20. Jahrhundert], Milano: Vita e Pensiero.

Vale, Giangiacomo (2016): *Il senso di una guerra. Ragione, passione, irrazionalità alle origini di una grande guerra* [Der Sinn eines Krieges. Vernunft, Leidenschaft, Irrationalität in den Anfängen eines großen Krieges], Roma: Nuova Cultura.

Antonio Scaglia

Ludwig Gumplowicz und die Anfänge der Soziologie in Italien

Gumplowicz' italienischer Schüler: Franco Savorgnan

Als Ludwig Gumplowicz 1907 von seinem Lehrstuhl an der Universität Graz emeritierte, widmete ihm die *Rivista Italiana di Sociologia* (*RIS*, 1897–1923), die wichtigste Zeitschrift der soziologischen Forschergemeinde Italiens, eine kurze, aber herzliche Glückwunschadresse. Zwei Jahre später erschien aus Anlass seines Todes ein zweiseitiger Nachruf, der seine Beiträge zur Soziologie würdigte und an seine zahlreichen Werke und seine wichtigsten italienischen Freunde erinnerte. Auch sein Interesse an der Geschichte und der Kultur Italiens wurde hervorgehoben, »denn er liebte die Freiheit: er fühlte große Achtung vor Italien, und die Italienische Frage lag ihm sehr am Herzen« (*RIS* 13/9-12 [1909], S. 789).

Der Hinweis auf die »Italienische Frage« trägt den Beigeschmack des aufkommenden Nationalismus jener Tage, der schon wenige Jahre später im Ersten Weltkrieg münden sollte. Gumplowicz wurde denn auch als ein Unterstützer des »Irredentismus« vereinnahmt, also jener »panitalienischen« Bewegung, die die Eingliederung der italienisch dominierten, aber noch zu Österreich gehörenden Randgebiete (Trient, Görz und Triest) anstrebte. Verfasst wurde der Nachruf vermutlich von dem aus Triest stammenden Franco Savorgnan, der – wie viele Italiener aus dem österreichischen Küstenland – von 1897 bis 1903 an der Universität Graz Rechtwissenschaften studiert und sich als Gumplowicz' »begabtester Schüler« erwiesen hatte (vgl. Weiler 2001, S. 26). Noch während seiner Studienzeit übersetzte Savorgnan ein Werk seines verehrten – und in Italien schon zuvor sehr geschätzten – Lehrers, *Die soziologische Staatsidee* (1892), unter dem Titel *Il concetto sociologico dello stato* (Turin 1904) ins Italienische. Dies brachte Savorgnan unter den Autoren der *RIS* den Ruf eines Spezialisten für alle Arten von Arbeiten über die deutschsprachige Soziologie ein.

Wie alle jungen Intellektuellen seiner Zeit und seiner Herkunft war auch Savorgnan ein glühender »Irredentist«; diese leidenschaftlich vertretene politische Überzeugung geht zwar nicht unmittelbar auf Gumplowicz' Lehren zurück, mag sich aber in diesen bestätigt gefunden haben. Dennoch hielt Savorgnan auf Anraten Gumplowicz', dem er auch nach seiner Rückkehr nach Triest brieflich und emotional eng verbunden blieb, mit seinem antiösterreichischen Impetus hinter dem Berg und konnte so 1908 in seiner Heimatstadt eine Professur für Wirtschaftswissenschaften erlangen.

Gumplowicz und die »Rivista Italiana di Sociologia«

Als Pionier seiner Disziplin genoss Gumplowicz schon seit den 1880er Jahren hohes Ansehen in Italien. Vor allem seine größeren Werke wurden rasch nach ihrer deutschsprachigen Erstveröffentlichung ausführlich rezensiert, und Gumplowicz meldete sich auch selbst regelmäßig in der *RIS* zu Wort. In der erwähnten Glückwunschadresse von

1907 würdigten die Herausgeber der *RIS* Gumplowicz als »einen unserer ersten Mitarbeiter«. Dies ist sowohl in zeitlicher als auch in konzeptueller Hinsicht zu verstehen, war ihm doch die Ehre zuteil geworden, im Jänner 1897 die erste Ausgabe der Zeitschrift mit einem Aufsatz über den Ursprung der menschlichen Gesellschaft zu eröffnen, dem in den nächsten Jahren noch zahlreiche weitere Artikel folgten.

Um die Jahrhundertwende war Italiens soziologische Gemeinde so zahlreich und produktiv wie die vergleichbarer entwickelter Länder, und ihre offizielle Zeitschrift, die *RIS*, genügte den höchsten internationalen Ansprüchen. Gegründet 1897, erschien sie regelmäßig alle zwei Monate; jede ihrer aufwendig produzierten Ausgaben umfasste im Schnitt mehr als 200 Seiten und enthielt zwei oder drei große, häufig von ausländischen Autoren verfasste Essays, eine Reihe kleinerer Artikel und eine Vielzahl von Rezensionen, zusammenfassenden Darstellungen, thematischen Bibliographien, Debattenbeiträgen, Briefen und Berichten über die verschiedensten internationalen soziologischen Veranstaltungen. Der (vor 1914) kosmopolitische Geist der Zeitschrift, ihr gehobener Stil, die Liebe zum Detail und die verlegerische Sorgfalt beeindrucken auch heute noch. Die *RIS* deckte allerdings nicht das gesamte Spektrum der italienischen Soziologie ab. Die beiden wichtigsten der ihr eher fernstehenden Autoren waren Vilfredo Pareto und Gaetano Mosca, die als die führenden Vertreter der Elitetheorie die Bedeutung von Konflikten rivalisierender Machtgruppen für das soziale Zusammenleben betonten. Beide standen der »positivistischen« Tendenz der *RIS* und der Mehrheit der italienischen Soziologen eher reserviert gegenüber – und bezogen sich notabene fast nie substantiell auf Gumplowicz, den österreichischen Konflikttheoretiker.

Gumplowicz' Stellenwert in der italienischen Soziologie

Gumplowicz' Bedeutung für die frühe italienische Soziologie wird nur von der Auguste Comtes und Herbert Spencers überragt und ist zumindest auf der gleichen Stufe wie die Émile Durkheims anzusiedeln. Unter den deutschsprachigen Soziologen übertrifft sein Einfluss den anderer zeitgenössischer Autoren wie Georg Simmel, Ferdinand Tönnies, Albert Schäffle, Gustav Ratzenhofer oder Max Weber, der in Italien damals freilich beinahe gänzlich unbekannt war. Ein Grund, weshalb Gumplowicz' Schriften auf so große Resonanz stießen, könnte in der weit verbreiteten Begeisterung für alle Errungenschaften der »deutschen« Geisteskultur (unter die auch Beiträge österreichischer Provenienz subsumiert wurden) zu suchen sein. Die von ihm verfasste erste kompakte, in sich schlüssige Darstellung einer wissenschaftlichen Soziologie, die sowohl von den einschlägigen philosophischen Vorgängerdisziplinen als auch von den benachbarten Naturwissenschaften klar abgegrenzt wird und die Dynamik sozialer Interaktionsprozesse in den Fokus rückt, erscheint somit aus italienischer Perspektive gleich in mehrerlei Hinsicht als besonders wertvoll.

Gumplowicz' Theorien wurden aber keineswegs unkritisch aufgenommen. Missfallen erregte etwa die pessimistische, beinahe schon »Hobbes'sche« Weltsicht, mit der er Machtfragen analysierte und Konflikte zur Grundlage des sozialen Lebens erklärte. Für die positivistische Schule der italienischen Soziologie war eine derartige Auffassung besonders schwer zu akzeptieren, da der Glaube an die Steuerbarkeit des gesellschaftlichen Fortschritts vermittels der wissenschaftlichen Analyse der sozialen Realität ihre eigentliche Triebfeder darstellte. Andererseits kam der konflikttheoretische Ansatz Gumplowicz', der »Rassenkonflikte«, d.h. Auseinandersetzungen zwischen politisch organisierten Völkern (die wir heute als »Nationen« und nicht als »Rassen« bezeichnen würden) als die bedeutendste Konstante der Geschichte begreift, dem kriegstreiberischen Nationalismus, der um die Jahrhundertwende in ganz Europa und weltweit um sich griff, durchaus entgegen.

Das abrupte Ende der Ersten Schule der italienischen Soziologie

Die italienische Soziologie blühte während der ersten Dekade des 20. Jahrhunderts. Sowohl im akademischen Milieu als auch in der gebildeten Öffentlichkeit erfuhr sie zunehmende Aufmerksamkeit, die *RIS* konnte sich einer interessierten Leserschaft erfreuen, und 1910 wurde die Italienische Gesellschaft für Soziologie gegründet. Keine anderthalb Jahrzehnte später war alles anders. Mit der Machtergreifung Mussolinis im Herbst 1922 erlosch das allgemeine Interesse an der Soziologie, die *RIS* wurde eingestellt und die Soziologie weitgehend aus dem Universitätssystem eliminiert. Ihre Vertreter wurden entlassen oder mussten auf benachbarte Disziplinen wie die Statistik oder die Demographie ausweichen.

Der Niedergang der größtenteils positivistisch orientierten italienischen Soziologie hat aber weniger mit einer systematischen Unterdrückung durch den Faschismus aus ideologischen Motiven zu tun als vielmehr mit der tiefgreifenden Erschütterung des Vertrauens in die Fähigkeit der Soziologie, den sozialen Fortschritt zu garantieren, die sich schon vor 1914 angesichts der zunehmenden Klassen- und Nationalitätenkonflikte anbahnte. Mit dem Ausbruch des Ersten Weltkriegs verkam – wie alle anderen Publikationen – auch die *RIS* zum Sprachrohr nationaler Gefühle und der Kriegspropaganda. Diese Entwicklung mag zwar auf eine tiefempfundene innere Konversion vieler Akteure zurückgehen, sie bedeutet aber nichts weniger als den Abfall vom Glauben an die früher so bestimmenden Comte'schen Werte. Die »positivistische Schule« der italienischen Soziologie wurde also nicht unbedingt von außen unterdrückt, sie verkümmerte vielmehr von innen heraus, weil sie den moralischen Anspruch verlor, aus dem sie einst entstanden war.

Gumplowicz, Ludwig (1904): *Il concetto sociologico dello stato* [*Die soziologische Staatsidee*, 1892]. *A cura di F. Savorgnan*, Turino: Fratelli Bocca.

– (1928): *Ausgewählte Werke*, Bd. 4: *Soziologische Essays* [1899]. *Gemeinsam mit Soziologie und Politik* [1892]. *Mit einem Vorwort von Franco Savorgnan*, hrsg. von Gottfried Salomon, Innsbruck: Wagner.
Rivista Italiana di Sociologia [Zeitschrift], Turino/Milano/Roma: Fratelli Bocca 1897–1923.

Weiterführende Literatur

Strassoldo, Raimondo (1988): The Austrian influence on Italian sociology. In: Josef Langer (Hg.), *Geschichte der österreichischen Soziologie. Konstituierung, Entwicklung und europäische Bezüge*, Wien: Verlag für Gesellschaftskritik, S. 101–116.
– (2000): La sociologica austriaca a la sua ricezione in Italia. La mediazione di Franco Savorgnan. In: Carlo Marletti/Emanuele Bruzzone (Hgg.), *Teoria società e storia. Scritti in onore di Filippo Barbano*, Milano: Franco Angeli, S. 403–421.

Raimondo Strassoldo

III. Der slowenische Teil

Slowenische Soziologie in der Zeit vor 1918

Dem Einzug des soziologischen Denkens – egal ob es als solches explizit ausgedrückt oder implizit in anderen gesellschaftswissenschaftlichen Disziplinen enthalten war – standen auf dem Gebiet des heutigen Sloweniens die in politischer Hinsicht extrem stürmischen Ereignisse gegen Ende des 19. und zu Beginn des 20. Jahrhunderts Pate. Wie in der gesamten Habsburgermonarchie, so verschärften sich in jener Zeit auch innerhalb der slowenischen Volksgruppe die Klassengegensätze und die nationalen Rivalitäten; zugleich wurden die Arbeiter-, National- und Frauenrechtsbewegungen immer stärker, was wiederum die bestehende Gesellschaftsordnung gefährdete. Die grundlegende gesellschaftliche Spaltung zwischen den Verteidigern der bestehenden Ordnung und den um Veränderungen bemühten Kräften spiegelte sich auch in der Entstehung zweier unterschiedlicher soziologischer Richtungen wider: es bildete sich eine katholische und eine nicht-religiöse, zumeist sozialistisch ausgerichtete Soziologie heraus. Trotz der innerhalb dieser Lager bestehenden gemeinsamen Überzeugungen gab es sowohl in der materialistischen bzw. sozialistischen Denkschule (Etbin Kristan, Vladimir Knaflič) als auch in der katholischen Tradition (Janez Ev. Krek, Aleš Ušeničnik) merkliche Unterschiede in den methodischen Ansätzen und den inhaltlichen Überlegungen zu den anstehenden gesellschaftlichen Fragen.

Janez Ev. Krek (1865–1917)

Der Priester, Politiker, Schriftsteller und Theologieprofessor Janez Evangelist Krek stützte sich als Vater der katholischen Richtung der slowenischen Soziologie zur Erklärung der gesellschaftlichen Erscheinungen auf die (neo-)thomistische Philosophie und integrierte deren Prinzipien in die erneuerte Sozialdoktrin Papst Leos XIII., der vor allem mit seiner richtungsweisenden Enzyklika *Rerum novarum* (1891) zum entschlossenen Kampf gegen den »Modernismus« aufrief. Kreks Wirken beschränkte sich aber nie allein auf die Laibacher Theologische Lehranstalt (an der er auch Soziologie unterrichtete), sondern war auf die sorgfältige Beobachtung und die bereits erwähnte Erklärung gesellschaftlicher Entwicklungen ausgerichtet, stets aber auch auf praktisch-organisatorisches Handeln mit entsprechend klar definierten politischen Zielen. So sprach er sich beispielsweise dafür aus, dass sich insbesondere gesellschaftlich benachteiligte Menschen zusammenschließen und organisieren, um ihren Bemühungen um die gerechte Verteilung und Mehrung des allgemeinen Wohlstands Nachdruck zu verleihen; erreicht werden sollte dieses Ziel aber nicht etwa durch einen Klassenkampf, sondern durch die planvolle, schrittweise Umgestaltung der bestehenden Klassengesellschaft in eine harmonische Gesellschaft neuen Typs.

Krek war radikal reformistisch eingestellt, weshalb die kirchliche und weltliche Obrigkeit in ihm eine Gefahr, ja, einen Revolutionär sah. Derlei Anfeindungen waren sicher mit ein Grund dafür, warum Krek vehement die Trennung von Kirche und Staat (vgl. Čarni 1989, S. 391) und die aktive Mitwirkung der Kirche an der Lösung der Sozialen Frage einforderte. Er verstand die Soziologie als soziale Philosophie, die auf die konkreten Probleme der Menschen ausgerichtet sein sollte. Davon zeugen bereits einige seiner frühen Werke, wie z.B. das unter dem Pseudonym »J. Sovran« verfasste Buch *Črne bukve kmečkega stanu* (*Schwarzbuch des Bauernstandes*, 1895), das im Anhang einen »Sozialplan der slowenischen Arbeiterstände« enthält, oder die in der 1897 begründeten Zeitschrift *Katoliški obzornik* (*Katholische Rundschau*) erschienenen Aufsätze »Zgodovina delavskega varstva in zavarovanja v Avstriji« (»Die Geschichte des Arbeiterschutzes und der Sozialversicherung in Österreich«, 1898), »Načelo gospodarskega liberalizma v razpadu« (»Der Verfall des wirtschaftsliberalen Prinzips«, 1898) und »Marksizem razpada« (»Der Verfall des Marxismus«, 1899); zahlreiche weitere Beiträge von damals teils höchster Aktualität – wie beispielsweise eine medizinsoziologische Studie über die Tuberkulose – veröffentlichte Krek auch in der Spezialrubrik »Soziologie«, die in der vom slowenischen Ableger der Leo-Gesellschaft herausgegebenen Zeitschrift *Katoliški obzornik* im Jahr 1900 eingeführt wurde.

Das umfassendste, systematischste und erste allgemein gehaltene Werk Kreks erschien 1901 unter dem Titel *Socializem* (*Der Sozialismus*). Schon der Aufbau des Buchs unterstreicht den epistemologischen Ansatz des Autors, wonach jede wissenschaftliche Erörterung auch die historische Entwicklung des behandelten Themas berücksichtigen müsse, in der Soziologie also die des »sozialen Lebens«. Sein Interesse für das »soziale Gefüge« wurde ausgerechnet durch den »materialistischen Sozialismus« geweckt (den er freilich – neben der großen Ungleichheit und Armut – für die Hauptquelle der Verwirrungen der Gegenwart hielt), weshalb er auch zwei Drittel des Buches der Geschichte des Sozialismus und nur das restliche Drittel der kirchlichen Sozialdoktrin widmete. Wie der Autor selbst betonte, schrieb er das Buch, um die soziale Entwicklung und das soziale Handeln verständlicher zu machen, die sich beide schon »immer um zwei Achsen drehten: die Freiheit und die Autorität« (Krek 1925, S. 601).

Bei der Definition des Gegenstands der Soziologie verknüpfte Krek Wissenschaft und Religion aufs engste miteinander, wobei er die Wissenschaft der Religion unterwarf und so auch die Beziehung zwischen Wissenschaft und Ethik dogmatisch klärte. Die »erste und wichtigste Sache« und Aufgabe eines Soziologen sei es, das wirkliche »Leben des Volkes« kennenzulernen; »Ihn interessiert nicht irgendein einzelner Stand, keine einzelne Gesellschaft, sondern es ist der Mensch an sich, der ihn in erster Linie interessiert. […] Da es jedoch dem Menschen unmöglich ist, die menschliche Natur ohne [Kenntnis der christlichen] Offenbarung zu erfassen, ist in dieser Hinsicht nur der christliche Soziologe überzeugungsfest. Nur er weiß, was der Mensch ist, woher er kommt und woher das Böse oder die Sünde in ihm und um ihn herum stammt, und wohin er geht« (ebd., S. 201).

Krek verstand die Gesellschaft als ein organisches Ganzes, das aus einzelnen Organismen zusammengesetzt ist, die durch ihr Zusammenwirken das Wohlergehen aller befördern und so letztlich einen gemeinsamen Zweck anstreben. In seiner Betrachtung der durch die Arbeitsteilung verursachten Unterschiede, die zu sozialer Ungleichheit führen, brachte Krek das transzendente Moment der religiösen Entlastung, das im Postulat der Gleichheit vor Gottes Antlitz mitschwingt, in die innerweltlichen Verhältnisse ein, indem er behauptete, dass die Leute das Recht hätten, von der Gesellschaft das einzufordern, was ihnen aufgrund ihres Wirkens für das gemeinsame Ziel zustehe (ebd., S. 15). Darauf bezieht sich auch das Konzept der distributiven Gerechtigkeit. Die Pflichten der Mitglieder einer Gesellschaft sind Krek zufolge in positiven Gesetzen festgelegt, die von der Obrigkeit in Hinblick auf den gemeinsamen Zweck ausgestaltet werden; wo es dem universellen Naturrecht entspricht, versteht er dieses positive Recht als Ausfluss des göttlichen (höchsten und ewigen) Gesetzes, das für alles menschliche Wirken den Maßstab für Gut und Böse liefert.

Die Verwirklichung des Naturrechts in Gestalt von positiven (religiösen oder staatlichen) Gesetzen obliegt der Obrigkeit. Wenn diese jedoch selbst wider das Naturrecht agiert, dann ist sie im Unrecht (ebd., S. 25). Krek erachtet die Gerechtigkeit als wichtigsten Grundsatz für die regulatorische Ordnung einer Gesellschaft, will dieses Prinzip aber noch um das der Liebe ergänzt wissen. Wenn er die Rolle dieses Gefühls erläutert, kommt wieder seine dem Diesseits zugewandte kritische Einstellung zum Vorschein, denn er ist nicht dazu bereit, Liebe und Barmherzigkeit als Ersatz für fehlende Gerechtigkeit bzw. als Ausgleich für das Unrecht zu akzeptieren, das den Benachteiligten widerfährt (ebd., S.33).

Kreks grundlegende humane Orientierung zeigt sich auch in seiner Erläuterung des Begriffs des »existenziellen Rechts«, durch das die Gesellschaft gewährleisten muss, dass der Mensch in Würde als Person leben kann, was im Kapitalismus nach Kreks Empfinden jedoch nicht der Fall sei, da der Arbeiter unter den herrschenden Umständen lediglich als Werkzeug, und nicht als Person angesehen werde – wie überhaupt zu bemerken sei, »dass in unseren Tagen die Sklaverei wiederhergestellt wird« (ebd., S.43). Unter den einzelnen existenziellen Rechten steht jenes auf persönliche Freiheit an erster Stelle; diese bildet den Ausgangspunkt für das Prinzip der Gleichheit vor dem Gesetz (ebd., S 43) und das Recht auf die Verteidigung von »Gesundheit und Leben« (falls diese angegriffen werden sollten). Voraussetzung für ein würdiges Leben in Gesundheit sei es wiederum, dass das Recht auf Arbeit und das damit verbundene »Recht auf die durch Arbeit erwirtschafteten Erträge« verwirklicht werden (ebd., S. 45). Das existenzielle Recht als solches, das auch die Arbeitsschutzgesetze umfasst, stellte Krek im gesellschaftlichen »Gefüge« über das (sowohl positiv gesetzte wie natürlich gegebene) Recht auf privates Eigentum. Den liberalen Grundsatz der vollkommenen Freiheit in Bezug auf das

Privateigentum lehnt Krek ab. Er betont, dass das Eigentum »notwendige, natürliche Grenzen durch Gott und die Gesellschaft hat. Keine Sache kann so sehr Eigentum eines Menschen sein, dass dieser ohne Rücksicht auf die Gesellschaft, an deren Gemeinwohl er mitzuwirken hat, darüber verfügen könnte« (ebd., S. 48).

Für die Verwirklichung des »Gemeinwohls« sind nach Krek verschiedene Formen von Zusammenschlüssen (Vereine, Wirtschaftsverbände und Standesorganisationen) erforderlich, die jedoch im Einklang mit dem göttlichen Gesetz und dem Naturrecht stehen müssen. Gerade das Ignorieren der göttlichen Gesetze und der gottgewollten Ordnung hielt Krek für die Hauptursache der »sozialen Krankheit« (d.i. das Auftauchen von sozialistischen Ideen, die »Verwirrung« stiften), weshalb er die Bemühungen um einen »gerechten Fortschritt« mit der Mahnung verband: »Wir müssen die kirchliche Obrigkeit respektieren!« (Ebd., S. 19.) Krek maß den Standesorganisationen, die insbesondere für die Vertretung der Interessen der »Bauern, Handwerker und Arbeiter« wichtig sind, große Bedeutung bei der Aufgabe zu, die Soziale Frage zu lösen und einen gerechten Fortschritt zu erzielen. Dies bedeutet, dass zukünftig »das Zentrum der Staatsmacht dort liegen sollte, wo es aus rechtlicher Sicht auch hingehört, und zwar beim Volk.« (Ebd., S. 96.) Als eine Vorform der ständischen Gesellschaft propagierte er das Genossenschaftswesen; mit dieser Idee zu einer alle slowenischen Provinzen umfassenden Einrichtung zur Abmilderung der negativen Folgen des Kapitalismus erfuhr Kreks von der Soziologie angeregtes Reformstreben seine weitaus wirksamste praktische Anwendung (vgl. Jogan 1988, S. 123).

In einer Zeit, in der im Rahmen der Sozialen Frage auch die »Frauenfrage« immer dringlicher wurde, konnte Krek nicht umhin, sein Familienbild und seine Auffassung von der »wahren« Geschlechterordnung darzulegen, die ganz im Einklang mit der traditionellen androzentrischen Festlegung der weiblichen Identität und Geschlechterrolle stand. Zu dem – für das Allgemeinwohl so bedeutenden – richtigen Funktionieren einer Familie trägt in ganz entscheidender Weise eine streng festgelegte Aufteilung der Macht bei: »Der Vater ist das Oberhaupt der Familie. Die Mutter ist seine Assistentin.« (Krek 1925, S. 112.) Der Ehe als Fundament der Familie schreibt Krek einen übernatürlichen Wesenszug zu. Aufgrund ihres sakramentalen Charakters ist sie unauflöslich, und über das Wesen des »Ehevertrags«, den »Gott ganz besonders bezeugt und segnet«, darf allein die Kirche urteilen (ebd., S. 111). In deren Ermessen liegt es auch, »widernatürlich« – d.h. unehelich – geborene Kinder zu bestrafen (vgl. Jogan 1990, S. 161–163).

Die Familie ist nach Krek der Grundbaustein des Volkes, jener »natürlichen Gesellschaft« also, deren Hauptmerkmal die gemeinsame »Bildung« bzw. die gemeinsame Sprache ist. Eine Missachtung des nationalen Rechts auf die eigene Sprache und die auf sie gegründete Bildung ist folglich zugleich eine Beleidigung der Familienrechte. Das »Volk«, dessen Kern die Familie bildet, ist jedoch nicht mit dem »Staat« gleichzusetzen (Krek 1925, S. 131). Krek verstand den Staat als den vollkommensten Ausdruck der Gesellschaft, und die Monarchie als die am besten geeignete Organisationsform, wobei ihr Existenzrecht an die Erfüllung des Staatszwecks gebunden sei: die Sicherung und

Mehrung des allgemeinen, öffentlichen Wohlstands der Staatsbürger (ebd., S. 197). Die damals (und auch später noch) höchst aktuelle Frage: »Hat jedes Volk das Recht auf einen selbständigen Staat?« (ebd., S. 135) beantwortete Krek mit der Erklärung, dass die bloße Existenz einer nationalen Gemeinschaft an sich noch keinen staatsbildenden Faktor darstelle, diese aber trotzdem »ungemein wichtig« sei, und dass der Staat die Pflicht habe, den sozialen Charakter des Volkes anzuerkennen und zu verteidigen (ebd., S. 137). Er widersetzte sich sehr entschieden der in der Habsburgermonarchie herrschenden einseitigen nationalitätenpolitischen Tendenz, nach der in der Praxis eine Eindeutschung der nichtdeutschen Völker erfolgte, und befürwortete die nationale Autonomie und Selbständigkeit, welche die Volksvertreter im gemeinsamen Staat in den Bereichen Bildung und Kultur zu verteidigen hätten. Und dies gegebenenfalls auch durch ein »Verweigerungsrecht«, falls eine Maßnahme die nationale Autonomie bedrohen sollte (ebd., S. 140).

Aleš Ušeničnik (1868–1952)

Der katholische Priester, Theologe und Philosoph Aleš Ušeničnik gilt als Begründer des Neothomismus in Slowenien. Er unterrichtete ab 1907 als Kreks Nachfolger Soziologie an der Theologischen Lehranstalt in Laibach (Ljubljana) und sah, ähnlich wie sein Vorgänger, in der Soziologie jenes geistige Mittel, das gegen die verfehlten und wahnhaften Ideen des Liberalismus und des materialistischen Sozialismus in Stellung gebracht werden könne. Dieses praktische Bedürfnis war der Auslöser für das Entstehen von Ušeničniks Buch *Sociologija* (*Soziologie*, 1910), in dem er die Aufgabe dieser »philosophischen Wissenschaft« dahingehend festlegte, dass sie neben der »Erfassung« der vergangenen und der Prognose der möglichen zukünftigen gesellschaftlichen Erscheinungen auch aufzeigen müsse, »wie es sein sollte«; zu diesem Zweck müsse die Soziologie »die richtige Richtung weisen und die passenden Impulse geben, damit die soziale Entwicklung, soweit es in der Macht der Menschen liegt, auch tatsächlich in die gewünschte Richtung geht.« (Ušeničnik 1910, S. XIIf.). Gerade die sozialistischen Ideen waren nach Ušeničniks Überzeugung »der größte Gegner einer christlichen Zukunft, weshalb die richtigen sozialen Ideen vorgestellt und die Leute dafür gewonnen werden müssen, sich für sie einzusetzen und zu versuchen, sie im sozialen Leben durchzusetzen«. Ohne die »richtigen Ideen« würde das »soziale Übel« die moderne Gesellschaft immer stärker bedrohen und die »soziale Revolution […] würde die gesamte soziale Ordnung zerstören und die Menschheit in ein wildes Durcheinander stürzen« (ebd., S. 2).

Der Schwerpunkt des systematisch in vier Teile gegliederten Werks *Sociologija* (das als Handbuch für das Theologiestudium und die katholische Soziale Aktion konzipiert war) liegt auf dem Solidaritätsprinzip, das Ušeničnik (in Anlehnung an das Ausgangskonzept des deutschen jesuitischen Sozialphilosophen Heinrich Pesch) als ein System definiert, das eine »Synthese der positiven Elemente des Individualismus und des Sozialismus«

anstrebt und »in den ewigen ethischen Grundsätzen eine ewig währende Grundlage hat.« (Ebd., S 458.) Gerade die Verleugnung dieser »ewigen Grundsätze« der christlichen Sozialethik sei sowohl für den Individualismus als auch für den Sozialismus charakteristisch, und das sei auch »die Quelle all ihrer Irrungen und Wirrungen«. Aus diesem Grund seien der Individualismus und der Sozialismus auch die größten Hindernisse für den »wahren menschlichen Wohlstand« (ebd., S. 457), der nur durch die Achtung der »individuellen und sozialen Interessen, der Solidarität der Klassen und Stände, der Solidarität der Länder und Völker, der Solidarität der Länder und Geschlechter« als obersten Grundsatz erreicht werden könne (ebd., S. 459). Dieser erste Grundsatz des christlich-sozialen Systems geht aus jenem der sozialen Verantwortung hervor, während die christlichen Prinzipien der Gerechtigkeit und Liebe die obersten moralischen Direktiven für das soziale Zusammenleben bilden. Die Anweisungen für die Anwendung all dieser Grundsätze wurden von Ušeničnik detailliert nach den einzelnen Bereichen bzw. Fragen des Zusammenlebens (z.B. in Bezug auf die Arbeiter-, Gewerbe-, Handels-, Bauern- oder Frauenfrage oder das Verhältnis zwischen Arbeit und Kapital) im Rahmen einer »praktischen Soziologie« im letzten Kapitel seines Buches erarbeitet (vgl. ebd., S. 573–807).

Die gesamte soziologische Erklärung gründet bei Ušeničnik auf dem Verstehen des Menschen, für den Individualität und Sozialität bzw. »Persönlichkeit und Gesellschaftlichkeit« gleichermaßen charakteristisch sind. Der »wahre Wohlstand der Menschheit« sei nur durch die »harmonische Synthese dieser beiden Elemente« zu erlangen. Den Menschen an sich definiert Ušeničnik einseitig theologisch als ein von Gott geschaffenes Wesen mit einer unsterblichen Seele als Ursprung seiner Persönlichkeit, des Verstandes und des freien Willens. Mit dem Verstand erkennt der Mensch die Wahrheit, mit dem Willen strebt er zum Glück (ebd., S. 34f.).

Es gibt keine Gesellschaft, die ohne (staatliche) Herrschaft auskommt. Um ein erfolgreiches gesellschaftliches Zusammenwirken zu gewährleisten, erteilen die Organe des Staates Befehle, die im Einklang mit den gemeinsamen Zwecken des Volkes stehen und denen alle Gehorsam leisten müssen; über allen menschlichen Befehlen und Gesetzen steht jedoch das göttliche Gesetz, das auch ein Volk anerkennen muss, welches sich selbst regiert. Deshalb ist es auch die Pflicht eines Staates, sich neben dem Gemeinwohl (also neben der Aufrechterhaltung der Ordnung und der Garantie der persönlichen Freiheit) auch um die Moral und die Religiosität des Volkes zu kümmern. Im Hinblick auf die Religionsausübung geht es dabei nicht nur um die Beseitigung möglicher Hindernisse für diese, sondern ausdrücklich um deren Förderung durch Gesetze und andere Maßnahmen der öffentlichen Hand (ebd., S.141–149). Antworten auf die Frage, wie die Gesellschaft beschaffen ist und wie sie beschaffen sein sollte, versucht der Autor im dritten Teil seines Buches zu geben, der die Struktur sozialer Systeme behandelt.

Große Aufmerksamkeit widmete Ušeničnik auch den sozialen Problemen, die sich seiner – streng katholischen – Erwartung nach aus der geänderten gesellschaftlichen

Stellung der Frau ergeben würden. Insbesondere sah er die Rolle der Frau als bedeutende Vermittlerin moralischer Grundsätze und religiöser Frömmigkeit als bedroht an – und zwar sowohl durch das verstärkte Auftreten der Frauen in der Öffentlichkeit als auch durch die allgemeine Verbreitung areligiöser Ideen. Ušeničniks Versuch einer »soziologischen« Deutung der gesellschaftlichen Aufgaben der Frau stützte – und beschränkte – sich im Wesentlichen auf ihre reproduktive Funktion und die Mutterschaft: »Die Mutterschaft ist eines der Naturgesetze [...]«. Sollte einer Frau die leibliche Mutterschaft (die wohlgemerkt nur im Rahmen einer ehelichen Verbindung gutgeheißen werden kann) nicht möglich sein, dann kann sie auch durch die »geistige Mutterschaft« der Jungfrau zum »menschlichen Wohlstand« beitragen, »da auch die Jungfrau eine Frau ist« (ebd., S. 737). Auf alle Fälle sei aber der »erste Beruf einer Mutter und der natürlichste Beruf einer Frau überhaupt [...] in der Familie: das Großziehen und die Erziehung der Kinder sowie der Haushalt oder die Hilfe im Haushalt« (ebd., S.744). Was die Erwerbstätigkeit von Frauen betraf, so empfahl er diejenigen Berufe, die lediglich die traditionellen familiären Aufgaben (wie Erziehung und Pflege) in den außerhäuslichen Bereich erweitern (ebd., S. 745; vgl. dazu Jogan 1990, S. 154–183).

Zu den zu Beginn des 20. Jahrhunderts unausweichlichen und daher auch von Ušeničnik aufgegriffenen Themen gehörte die Nationalitätenfrage in all ihren Facetten. Er war überzeugt davon, dass jedes Volk das natürliche Recht habe, seine nationale Eigenart zu entwickeln und auszuleben, und dass ein Staat dies nicht verhindern dürfe, sofern die Verwirklichung der nationalen Identität eines Volkes nicht die Rechte anderer Völker beschneidet oder die Prinzipien der sozialen Gerechtigkeit im Gesamtstaat verletzt. Allen Völkern bzw. der gesamten Menschheit schrieb Ušeničnik das »natürliche und übernatürliche Ziel: den zeitlichen und ewigen Wohlstand« erlangen zu wollen, zu (Ušeničnik 1910, S. 201f.). In den Debatten vor und während des Ersten Weltkrieges beschäftigte ihn die Frage der Selbstbestimmung der Völker und er warnte konkret Österreich vor den möglichen negativen Folgen, namentlich dem »Verlust des inneren Grundes für sein Wesen«, also des Wesenskerns seiner Existenz falls der Staat seinen Bürgern keine Freiheit bzw. seinen Völkern keine Autonomie garantieren könne (vgl. Ušeničnik 1918, S.187f.). Bis zum Ende der Monarchie sprach er sich für eine Zukunft der Slowenen und der anderen südslawischen Völker im österreichischen Teil der Habsburgermonarchie aus.

Etbin Kristan (1867–1953)

Der Publizist und Politiker Etbin Kristan gehört zu den führenden Vertretern des materialistischen soziologischen Denkens in Slowenien und ist für den Zeitraum vor dem Ersten Weltkrieg insbesondere als Autor dreier Werke interessant, die allesamt 1908 erschienen: *Nevarni socializem* (*Der gefährliche Sozialismus*, hier Kristan 1908a), *Narodno vprašanje in Slovenci* (*Die nationale Frage und die Slowenen*, hier Kristan 1908b) sowie

Strahovi. Svarilo vsem rodoljubnim Slovencem, opomin vsem dobrim katoličanom (*Ängste. Eine Mahnung an alle patriotischen Slowenen, eine Warnung an alle guten Katholiken*, hier Kristan 1908c). In all diesen Werken kommt Kristans materialistisch-soziologische Auffassung zum Ausdruck, die den Menschen und die Gesellschaft als sich historisch ständig wandelnde Erscheinungen begreift. Vorstellungen über »ewig« gültige Strukturgesetze lehnt er ab, denn wenn sie gälten, müsste die Welt stillstehen und es gäbe auch die »gegenwärtige Gesellschaft« nicht. Kristan ist ein Befürworter tiefgreifender Veränderungen und betrachtet in diesem Sinn »Revolutionen« sowohl im technischen als auch im gesellschaftlichen Bereich als besonders bedeutsame historische Triebkräfte, für die er sich dementsprechend auch persönlich stark macht (»Wir wollen die Revolution, da die Revolution ewig ist.«) und deren positive Auswirkungen er ins rechte Licht zu setzen versucht: »Wenn die Revolution die einstige soziale Ordnung nicht angegriffen hätte, dann wären unsere Bauern immer noch erniedrigte Leibeigene […]« (Kristan 1908c, S. 11).

Kristans Revolutionsbegriff gewinnt erst vor der Folie des damals vorherrschenden antirevolutionären Diskurses an Klarheit: Revolution bedeutet für ihn nicht eine plötzliche (oder gar zwangsläufig blutig erkämpfte) Veränderung der Gesellschaftsordnung, sondern einen allmählichen, evolutiven Prozess. Diese positive Einstellung gegenüber gezielt herbeigeführten gesellschaftlichen Veränderungen ist der Ausgangspunkt sowohl einer Darlegung der Anforderungen, denen der Sozialismus bei der Verwaltung der Gesellschaft gerecht werden müsse, als auch einer Kritik der antisozialistischen Stereotype, wie sie Kristans Ansicht nach nicht nur von den Massenmedien, sondern auch von der »richtigen« Wissenschaft verbreitet wurden. Simplifizierende und polemische Darstellungen (und die darauf gestützten Vorstellungen von Chaos und moralischer Verrottung), wie sie z.B. über die sozialistische Idee der sozialen Gleichheit als vollkommener Gleichschaltung und Uniformierung zur Abschaffung der (natürlichen) differenzierten Individualität kursierten, wies er strikt zurück. Seine eigene Kapitalismuskritik knüpfte an der Unterscheidung zwischen der aufgrund körperlicher und geistiger Merkmale gegebenen »natürlichen Ungleichheit« und der historisch gewachsenen »sozialen Ungleichheit« an: »Der größte Feind der natürlichen Ungleichheit ist die Wirtschaftsordnung, die die Menschen bereits bei der Geburt in ungleiche Eigentumsverhältnisse setzt […] damit sich [nun aber] jene Ungleichheit durchsetzt, welche von der Natur selbst erschaffen wurde, müssen die a priori bestehende materielle Ungleichheit und die soziale Ordnung, die deren Grundlage bildet, abgeschafft werden. Nicht Gleichheit, sondern Gleichberechtigung ist erforderlich, damit sich sämtliche [gesellschaftlichen] Kräfte unter den gleichen Bedingungen von Freiheit entwickeln können. […] Die gleichen Rechte beginnen beim Eigentum: Daher kann in einer Gesellschaft, in der das gesamte Eigentum auf einer, und zwar auf der kleineren Seite liegt, und in der die andere, größere Seite ohne jegliches Eigentum bleibt, von einer Gleichberechtigung keine Rede sein. Die Gesellschaft, in der die Gleichberechtigung verwirklicht ist und in der sich alle Kräfte frei entwickeln können, muss erst noch erschaffen werden, und das ist die Aufgabe des Sozialismus.« (Kristan 1908a, S. 10–13.)

Dem Einwand, dass im Sozialismus niemand mehr arbeiten wollen würde, hält Kristan entgegen, dass Arbeit ein »natürliches organisches Bedürfnis« des Menschen sei (und zwar als Begleiterscheinung seines »Bewegungsdrangs«). Überdies komme es im Kapitalismus zu einem regelrechten Missbrauch der Arbeit, da deren Erträge nicht bloß zur Deckung der für die Lebensführung erforderlichen Bedürfnisse, sondern auch zur Anhäufung von Reichtum verwendet werden. »Der Kapitalismus ist in dieser Hinsicht wahrhaftig gefährlich. [...] In der sozialistischen Gesellschaft kann die christliche Lehre verwirklicht werden, die [...] derzeit nicht in Geltung ist: Wer nicht arbeitet, soll auch nicht essen.« (ebd., S. 15–20).

Auch als Kristan auf die gesellschaftliche Stellung des Individuums zu sprechen kommt, versucht er die »Ängste«, die im öffentlichen – und auch im soziologischen – Diskurs bezüglich des Schicksals des Einzelmenschen und der drohenden Auslöschung seiner individuellen Persönlichkeit in einer kollektivistischen sozialistischen Gesellschaftsordnung geschürt werden, mit einer scharfen Kapitalismuskritik zu entkräften. Denn schlecht bestellt sei es um die Individualität vor allem im Kapitalismus, der »die Persönlichkeit versklavte«: »Die Persönlichkeit wurde ihrer Rechte beraubt, sie ist zwischen Mauern, Maschinen, Paragraphen und ›guten Sitten‹ eingeklemmt. Lediglich vernichtet ist sie nicht.« (Ebd., S. 33.) Den Vertretern eines überbordenden Individualismus, die mit ihrer Betonung des egoistischen »Ich« »schrecklich« übertrieben hätten, wollte er vor Augen führen, dass eine »Persönlichkeit, die [bestimmte] Rechte für sich einfordert, diese auch den anderen, auch der Gesamtheit zuerkennen muss«. Kristans Fazit zu diesem Thema vermag kaum noch zu überraschen: »Der Individualismus und der Sozialismus schließen sich nicht aus, sondern sie ergänzen sich« (ebd., S. 38).

Die Debatte über die nationale Frage gründete Kristan (vgl. Kristan 1908b) auf ein umfassendes Verständnis der soziokulturellen Eigenarten der Völker und insbesondere auf die innerhalb derselben bestehenden wirtschaftlichen Machtverhältnisse sowie auf die Kenntnis der relevanten statistischen Daten. Anhand der Analyse von Vergleichsdaten für die zweite Hälfte des 19. Jahrhunderts (die noch ergänzt wurde um Einblicke in die weiter zurückliegende geschichtliche Entwicklung, die auf einen Germanisierungsdruck hindeuten) wies er auf den geringen Anteil hin, den die Slowenen und die anderen »österreichischen Slawen« (mit Ausnahme der Tschechen und Polen) an der Gesamtbevölkerung der Monarchie hatten und beklagte, dass gerade die Südslawen »wahrlich in der Minderheit sind oder durch die Politik unterdrückt und künstlich zur Minderheit gemacht werden«; ebd., S. 33). Mit statistischen Daten über das – meist nicht vorhandene – Wohnungseigentum begründete Kristan auch seine Feststellung, dass »wir die Slowenen nicht zum ›feudalen Volk‹ zählen können«, und dass bei ihnen der »proletarische Charakter« vorherrsche bzw. dass sie ein »proletarisches Volk« seien (ebd., S. 17f., 42). Auch die im Vergleich zu den Deutschsprachigen offensichtlich schlechteren politischen Mitbestimmungsmöglichkeiten der Slowenen konnte er mit Daten zuverlässig belegen; seine Bemühungen um eine »Lösung der nationalen Frage, die jedem Volk die gleichen Rechte und die gleiche Freiheit zusichert und jedem das gleiche Fundament für die Entwicklung gibt«, erscheinen gerade in diesem Licht durchaus verständlich. Da die zentralstaatliche Gewalt in einem »polyglotten Land anti-national« zu sein habe, setzte er sich für die nationale Autonomie ein: »Vom grundsätzlichen Standpunkt der Gerechtigkeit und vom Standpunkt der slowenischen Interessen aus betrachtet, ist einzig die nationale Autonomie empfehlenswert und angebracht« (ebd., S. 34–36).

Kristan schenkte auch der Kultur, die er als nationsbildenden Faktor ansah, der in seiner Existenz und Entwicklung bedroht ist, große Aufmerksamkeit, denn: »[...] der Kapitalismus liebt nicht die Gebildeten, und auch nicht die außerhalb ihres Fachgebiets gelehrten und zum freiheitlichen Denken fähigen Arbeiter, da er die stumpfen Sklaven als bestes Material zum Ausbeuten ansieht« (ebd., S.43). In der Überzeugung, dass die Kultur mit der Bildung beginnt, beurteilte Kristan die bestehenden, je nach Schichtzugehörigkeit sehr ungleichen Bildungsmöglichkeiten kritisch: »Da sozusagen das gesamte Volk proletarisiert ist, haben wir Kinder, die niemals die Schulen von innen sehen [...]«; daher geht »ein Teil der Talente im Elend zugrunde, und den zweiten Teil holt sich der Klerikalismus« (ebd., S. 44f.). Den Ausgang aus der »Misere in diesem Bereich« sieht Kristan in der Stärkung der Volkswirtschaft und deren Umgestaltung nach sozialistischen Prinzipien: »Der Sozialismus ist bei anderen Völkern das Mittel zur Rettung einzelner Teile von ihnen; bei uns steckt im Sozialismus die Rettung des ganzen Volkes« (ebd., S. 47).

Vladimir Knaflič (1888–1946)

Die Erkenntnis, dass es in Slowenien nicht genügend »modern erzogene Intelligenz, [...] die in der sozialistischen Theorie ausgebildet wurde«, gab, bewog Vladimir Knaflič, einen ausgewiesenen Kenner der fortschrittlichen und sozialistischen Ideen, insbesondere jener Tomáš G. Masaryks, dazu, ein Buch mit dem programmatischen Titel *Socializem. Oris teorije* (*Sozialismus. Ein Überblick über die Theorie*, 1911) zu veröffentlichen. Dieses Werk sollte ein tiefgreifendes Verständnis der sich historisch ständig wandelnden Realität ermöglichen: »Denn [...] die Theorie kann nichts anderes sein als ein glaubwürdiger gedanklicher Ausdruck der realen Produktivkräfte, und die Sozialtheorie muss den Kern des alltäglichen Lebens herausschälen und uns auf diese Weise einen Plan in die Hand geben, nach dem wir in Zukunft die gesellschaftliche Organisation verbessern und für die Allgemeinheit öffnen müssen.« (Knaflič 1911, S. 58).

Charakteristisch für alle gesellschaftlichen Sachverhalte ist der ständige Wandel, dem auch die Sozialtheorie gerecht werden muss. Das war der Ausgangspunkt für Knaflič' kritische Geschichte der Soziallehren von der Antike bis zum historischen Materialismus und zu den modernen Kritikern des Sozialismus. Er verstand die Soziologie als synthetische Wissenschaft, die durch die Einbeziehung der Ergebnisse von anderen Wissenschaften die Entwicklung und die Struktur der menschlichen Gesellschaft erforscht und deren Hauptaufgabe es sei, zunächst möglichst exakte Daten über sämtliche Produktivkräfte zu erfassen, um anschließend Anweisungen für die Gestaltung der Zukunft formulieren zu können. Aus diesem Blickwinkel beschäftigte sich Knaflič mit der Frage nach der Spezifik des modernen Sozialismus, der sich als »gegen die kapitalistische Klasse gerichtete Bewegung der proletarischen Klasse« schrittweise in der kapitalistischen Gesellschaft festsetzen und breitmachen sollte; so sollte im Sinne einer »revolutionären Evolution« ein schleichender Umsturz herbeigeführt werden (ebd., S. 2).

Knaflič war überzeugt, dass die sozialistische Theorie nicht nur die Hintergründe der materiellen Interessenkämpfe der Klassen, sondern auch die der nationalen Interessenkämpfe erhellen könne. Er setzte sich für die nationale Autonomie ein und unterstrich in der Debatte über die südslawische Frage, dass »es den österreichischen Slawen nicht darum [gehe], Österreich zu vernichten oder loszuwerden, da wir den wirtschaftlichen und naturräumlichen Bedarf Großösterreichs anerkennen und deshalb Anhänger eines solchen österreichischen Zentralismus sind, der auf der nationalen Selbstverwaltung basiert.« (Knaflič 1912, S. 89; vgl. Čarni 1991, S. 31.) Im Hinblick auf das spannungsreiche Verhältnis von Sozialismus und Religion forderte Knaflič wiederum eine Unterscheidung zwischen Religion, Konfession und Kirche (Knaflič 1911, S. 311). Er befürwortete die Trennung der Kirche vom »sozialen Leben«: »Mit jenem Tag, an dem die kirchliche Hierarchie die legitime Vertreterin einer Klasse geworden ist, als sie im Namen des Glaubens und im Namen Christi die wirtschaftliche Klassenpolitik antrieb, mit jenem Tag entstand das Bedürfnis, die ›Kirche vom sozialen Leben‹ zu trennen, d.h.: das soziale Leben so zu regeln, dass es dem allgemeinen ethischen Prinzip der relativen Gerechtigkeit [d.h. der Gleichberechtigung] entspricht, […] und gleichzeitig die Kirche in eine private, kulturelle Gemeinschaft umzuwandeln […]. Der Kampf um die Abspaltung der Kirche vom Staat liegt also auf jenem Weg, den der Sozialismus früher oder später in jedem Staat beschreiten muss« (ebd., S. 312f.).

Zu Janez E. Krek

Čarni, Ludvik (1989): Dr. Janez Evangelist Krek (1865–1917). In *Anthropos* 20/5-6, S. 389–406.

Jogan, Maca (1988): Katholische Soziologie in Slowenien als Produzentin sozialer Harmonie in Österreich (bis 1918). In: Josef Langer (Hg), *Geschichte der österreichischen Soziologie. Konstituierung, Entwicklung und europäische Bezüge*, Wien: Verlag für Gesellschaftskritik, S. 117–132.

– (1990): *Družbena konstrukcija hierarhije med spoloma* [Die soziale Konstruktion der Geschlechterhierarchie], Ljubljana: Fakulteta za sociologijo, politične vede in novinarstvo.

Krek, Janez Evangelist (1925): *Socializem* [Der Sozialismus] [1901], 2., unver. Aufl. (= Ausgewählte Schriften, Bd. 3), Ljubljana: Jugoslovanska tiskarna.

Zu Aleš Ušeničnik

Čarni, Ludvik (1987): Prispevek k zgodovini sociološke misli na Slovenskem: Dr. Aleš Ušeničnik (1868–1952) [Ein Beitrag zur Geschichte des soziologischen Denkens in Slowenien: A. U.]. In: *Anthropos* 17/1-2, S. 150–158 und Nr. 18/1-3, S. 73–83.

Jogan, Maca (1990): *Družbena konstrukcija* [...], op. cit. [s. »Zu Janez E. Krek«].

Pirc, Jožko (1986): *Aleš Ušeničnik in znamenja časov. Katoliško gibanje na Slovenskem od konca 19. do srede 20. stoletja* [A.U. und die Zeichen der Zeit. Die katholische Bewegung in Slowenien vom Ende des 19. bis zur Mitte des 20. Jahrhunderts], Ljubljana: Družina.

Ušeničnik, Aleš (1910): *Sociologija*, Ljubljana: Katoliška bukvarna.

– (1918): Razprava o samoodločbi narodov [Die Debatte über die Selbstbestimmung der Nationen]. In: *Čas* 1918/12.

Zu Etbin Kristan

Čarni, Ludvik (1993): Prispevek k zgodovini sociološke misli na Slovenskem: Etbin Kristan (1867–1953) [Ein Beitrag zur Geschichte des soziologischen Denkens in Slowenien: E. K.]. In: *Anthropos* 25/3-4, S. 208–217.

Kristan, Etbin (1908a): *Nevarni socializem* [Der gefährliche Sozialismus] (= Knjižnica čas. *Naprej!* [Bibliothek der Zeitung *Vorwärts!*], Bd. 10), Ljubljana: Delavska tiskovna družba.

– (1908b): *Narodno vprašanje in Slovenci* [Die nationale Frage und die Slowenen] (= Knjižnica čas. *Naprej!* [Bibliothek der Zeitung *Vorwärts!*], Bd. 11), Ljubljana: Delavska tiskovna družba.

– (1908c): *Strahovi. Svarilo vsem rodoljubnim Slovencem, opomin vsem dobrim katolic⊠anom* [Ängste. Eine Mahnung an alle patriotischen Slowenen, eine Warnung an alle guten Katholiken] (= Knjižnica čas. *Naprej!* [Bibliothek der Zeitung *Vorwärts!*], Bd. 12), Ljubljana: Delavska tiskovna družba.

Zu Vladimir Knaflič

Čarni, Ludvik (1991): Prispevek k zgodovini sociološke misli na Slovenskem: Vladimir Knaflič (1888–1944) [Ein Beitrag zur Geschichte des soziologischen Denkens in Slowenien: V. K.]. In: *Anthropos* 23/4-5, S. 23–33.

Knaflič, Vladimir (1911): *Socializem. Oris teorije* [Sozialismus. Ein Überblick über die Theorie] (= Politično-sociološka knjižnica [Politisch-soziologische Bibliothek], Bd. 1), Gorica: Založila goriška tiskarna A. Gabršček.

– (1912): *Jugoslovansko vprašanje. Politična razmišljanja o priliki balkanske vojne* [Die jugoslawische Frage. Politische Überlegungen anlässlich des Balkankrieges], Ljubljana: L. Schwentner.

Maca Jogan

IV. Der kroatische Teil

Die kroatische Soziologie in der Zeit vor 1918

Diese Arbeit zu den Anfängen der Soziologie in Kroatien in der Zeit der Österreichisch-Ungarischen Monarchie nimmt zunächst die sozial-, politik- und kulturgeschichtlichen Verhältnisse in den Blick, um anschließend eine (zwar unvollständige, aber nichtsdestoweniger repräsentative) Auswahl der wichtigsten Protagonisten und Strömungen der frühen Soziologie in ihrer Entwicklung vorzustellen. In den gegenständlichen Zeitraum fallen erste erfolgreiche Bemühungen zur Institutionalisierung der Soziologie, aber auch die von den verschiedensten weltanschaulichen Richtungen unternommenen Versuche, sie für ihre jeweils eigenen praktisch-politischen Anliegen zu instrumentalisieren.

Das gesellschaftliche und politische Umfeld

Wie überall in Europa war auch in Kroatien das aufkeimende Interesse an soziologischen Fragestellungen, das schließlich zur Etablierung der Soziologie als neuer akademischer Disziplin führte, die Reaktion auf die großen gesellschaftlichen Umwälzungen des 19. und frühen 20. Jahrhunderts, die vor allem mit der Industrialisierung sowie der durch sie entstandenen Arbeiterbewegung und der Gründung sozialistischer Parteien einhergingen. Denn darauf reagierten wiederum sowohl die Vertreter der liberalen als auch jene der christlich-sozialen Parteien. Auch andere soziale Bewegungen traten in Erscheinung, so etwa die Bauern- und die Frauenbewegung, doch von ganz besonderem Gewicht war zweifellos der aufstrebende Nationalismus (vgl. Županov/Šporer 1985, Lallemant 2004). Die Auswirkungen dieser Veränderungen, welche die Entwicklung der verschiedenen Teile der Habsburgermonarchie bestimmten, wurden mit einiger Verspätung auch in Kroatien spürbar; diese Verzögerung lässt sich (wie auch andere lokale Besonderheiten) durch die politische Abhängigkeit des Landes, seine wirtschaftliche Rückständigkeit und die gesellschaftlichen Verhältnisse einer vorindustriellen Sozialstruktur erklären. Als Kroatien jedoch von einer ersten Modernisierungswelle mit all ihren Industrialisierungs-, Urbanisierungs- und Bürokratisierungsprozessen erfasst wurde, entwickelte sich um die Jahrhundertwende ein günstiges Klima für die Entstehung moderner gesellschaftlicher Bewegungen. Den sich damals formierenden politischen Parteien und den Proponenten ihrer Ideologien gelang es, ungeachtet aller zwischenzeitig eingetretenen geopolitischen Veränderungen, das gesellschaftliche Denken von der zweiten Hälfte des 19. Jahrhunderts bis zum Ende des Zweiten Weltkriegs entscheidend zu beeinflussen.

Innenpolitisch kam es angesichts des wachsenden Germanisierungsdrucks und der nicht konfliktfreien Beziehungen zum ungarischen Teil der Monarchie sowie in Anbetracht einer allgemeinen Krise dieses Vielvölkerstaates zu einer Annäherung zwischen den – einander bis dahin oft entgegenstehenden – nationalen Bestrebungen der Kroaten und der Serben nach staatlicher Unabhängigkeit. Parallel zur Herausbildung dieser kroatisch-serbischen Koalition in den Jahren von 1897 bis 1906 (vgl. dazu Lovrenčić 1972, S. 15) gewann der Absolutismus des Wiener Hofes ebenso an Stärke wie der ungarische Nationalismus, der unter dem langjährigen Banus von Kroatien, Károly Khuen-Hédervary, besonders ausgeprägt war (Gelo 1987, S. 65).

In diesem von nationalen und sozialen Spannungen erfüllten Umfeld entwickelte sich jenes (bildungs-)bürgerliche Milieu, von dem die kroatische Soziologie wesentlich ihren Ausgang nahm. Es keimten aber auch sozialreformerische und revolutionäre Ideen auf, die teils spezifisch nationalen Ursprungs waren, teils auf sozialistischen »Ideologieimport«

zurückzuführen waren, welcher aufgrund der schlechten Lebenslage großer Bevölkerungsteile bei diesen auf Zuspruch stieß. Die intellektuellen Eliten beider besonders einflussreicher Lager – des bürgerlichen wie des sozialistischen – teilten das Verlangen, die Interessen ihrer jeweiligen Klientel durch eine wissenschaftlich fundierte Gesellschaftsanalyse zu legitimieren. Rasch wurde klar, dass es zunächst einmal einer intensivierten Alphabetisierung, der Weckung eines nationalkulturellen und wissenschaftlichen Bewusstseins, schließlich aber auch der Schaffung wissenschaftlicher Institutionen, Verlage und Publikationsorgane bedurfte, um die jeweiligen gesellschaftspolitischen Ziele zu realisieren.

Durch den Modernisierungsprozess kam es in Kroatien zu weitreichenden kulturellen und demographischen Veränderungen, die überhaupt erst die Voraussetzung für die Ausweitung der Volksbildung schufen. Im Jahr 1880 hatte Kroatien ungefähr 2,5 Millionen Einwohner, 1890 waren es dann rund 2,85 Millionen, von denen 32,3 % alphabetisiert waren (1869 hatte der Alphabetisierungsgrad gerade einmal 17,2 % betragen). Bis zum Jahr 1900 stieg die Einwohnerzahl auf ungefähr 3,16 Millionen und der Alphabetisierungsgrad auf 52,3 % (Horvat 1943, S. 559; Gelo 1987, S. 62). Das war zwar noch immer kein zufriedenstellendes Ergebnis, aber immerhin konnte durch den Fortschritt des Schulwesens die absolute Zahl der des Lesens und Schreibens mächtigen Personen innerhalb von 30 Jahren ungefähr vervierfacht werden.

Das Erwachen des kroatischen Nationalbewusstseins im 19. Jahrhundert stand unter dem Eindruck des in ganz Europa verbreiteten nationalen Romantizismus oder romantischen Nationalismus. Fragen der nationalen Identität wurden in Kroatien vor allem im Geiste des Widerstands gegen die Habsburgische Doppelmonarchie, also gegen Wien und Budapest, abgehandelt. In diesem Sinne setzte im Rahmen der nationalpolitischen Romantik Kroatiens oder der sogenannten »Volkswiedergeburt« (narodni preporod) ab 1830 eine intensive Beschäftigung mit dem nationalen kulturellen und historischen Erbe ein, die weite Teile der allgemeinen Kultur, aber besonders der Kunst und der Geisteswissenschaften (Sprachwissenschaft, Geschichte, Geographie, Volkswirtschaft, Ethnographie, Ethnologie) erfasste. Rechtshistorische Fragen des traditionellen kroatischen Volksrechts wurden ebenso erörtert, wie auch die Volksbräuche und deren Ausdrucksformen in Volkspoesie, Volksliteratur, Tracht und Lebensweise eingehend beschrieben und klassifiziert wurden; Gleiches galt auch für die typischen familialen und gesellschaftlichen Organisationsformen, wie z.B. die Verbände von Mehrhaushaltfamilien oder »Zadrugen«. Dies alles geschah zur Schaffung und Festigung einer nationalen Identität.

Seit dem zweiten Drittel des 19. Jahrhunderts wurden auch die zentralen kulturellen und wissenschaftlichen Institutionen gegründet, wie z.B. 1842 die »Matica hrvatska« (»Kroatische Mutterzelle«), der bis heute wohl wichtigste kroatische Kulturverband, der gerade in den ersten Jahrzehnten seines Bestehens einige bedeutende Zeitschriften herausgab und dessen Ziel die Förderung der nationalen und kulturellen Identität in allen Bereichen des öffentlichen Lebens war. Einige Jahre darauf, 1866, wurde in Zagreb (Agram) auch die Südslavische Akademie der Wissenschaften und Künste (Jugoslavenska akademija znanosti i umjetnosti/JAZU, heute Kroatische Akademie/Hrvatska akademija [HAZU]) ins Leben gerufen, die als zentrale Wissenschafts- und Kulturinstitution für den gesamten südslawischen Raum konzipiert war, und 1874 wurde schließlich die Zagreber Universität modernisiert und um zwei Fakultäten ergänzt, sodass neben der Juridischen und der Theologischen Fakultät nun auch eine Philosophische und eine Medizinische Fakultät vorhanden waren.

Vier exemplarische Wegbereiter der kroatischen Soziologie

In der zweiten Hälfte des 19. und zu Beginn des 20. Jahrhunderts trieben vor allem Baldo (Baltazar, Valtazar) Bogišić (1834–1908) und Antun Radić (1868–1919) mit ihrem methodischen, streng wissenschaftlichen Vorgehen die rechts- und sozialhistorische sowie die ethnologische Forschung stark voran. Diese oft vor Ort »im Feld« durchgeführten und von der JAZU geförderten Untersuchungen erbrachten dank der Fülle des empirisch erhobenen Materials eine ganze Reihe von soziologischen Einsichten und können als frühe Beispiele der Rechts-, der Dorf- und Agrarsoziologie sowie der Kultursoziologie und der historischen Soziologie angesehen werden.

Bogišić und Radić waren die beiden ersten Wissenschaftler, die die Entwicklung der Soziologie in Kroatien in der Zeit der Österreichisch-Ungarischen Monarchie maßgeblich geprägt haben. Sie wurden ihrerseits von den tief in der Tradition des Bauerntums und des Panslawismus verankerten Ideen von Juraj Križanić (1618–1683) angeregt, eines slawophilen kroatischen Priesters und Polyhistors, der die Besonderheiten der slawischen Zivilisation im Kontrast zur griechisch-römischen Welt und zur westeuropäischen Zivilisation betonte. Auf der Grundlage seiner Erhebungen über die Volksbräuche und Rechtstraditionen der Südslawen verfasste Bogišić im Jahr 1888 das bedeutende Werk *Opšti imovinski zakonik za knjaževinu Crnu Goru* (*Allgemeines Gesetzbuch über Vermögen für das Fürstenthum Montenegro*, dt. 1893), während Radić durch die Erforschung des

Volkslebens und der Volkskultur eine Ideologie des Bauerntums entwickelte, deren Endziel die Schaffung einer neuen weltumspannenden, gerechten und friedlichen Zivilisation war, die auf dem Prinzip der allgemeinen und gleichen politischen Repräsentation der Staaten im internationalen Rahmen – aber insbesondere der des Bauernstandes im nationalen Rahmen – aufgebaut sein sollte; diese Vorstellungen kulminierten schließlich in Rudolf Hercegs Konzept einer »Pangea« genannten Weltregierung (vgl. Herceg 1932a,b sowie Tomašić 1941, S. 62, und 1948, S. 370). Es war Bogišić, der als erster den Reichtum der südslawischen Volkskultur auch wissenschaftlich zu würdigen wusste. Er war es auch, der Radić in die Techniken und Methoden zur Erforschung der Volkskultur einführte und diesem die Arbeit mit Umfragebögen beibrachte, mit deren Hilfe Radić seine Studie *Osnova za sabiranje i proučavanje građe o narodnom životu* (*Grundlagen des Sammelns und Erforschens volkskundlichen Materials*, 1897) erstellen konnte (vgl. Tomašić 1941). Aber nun zu diesen beiden Bahnbrechern der kroatischen Soziologie im Einzelnen.

Zweifellos war es der Jurist, Ethnograph und Soziologe Baltazar Bogišić, der den wichtigsten Beitrag zur Entwicklung der Soziologie im südslawischen Raum im 19. Jahrhundert geleistet hat und der für seine Forschungen weltweit Anerkennung fand. (In seiner Rolle als Wegbereiter der Rechtssoziologie ist Bogišić Gegenstand einer eigenen Abhandlung in Teil E dieses Bandes.) Eine Zeit lang unterrichtete er an der Universität Odessa im russischen Kaiserreich vergleichende Rechtsgeschichte, von 1893 bis 1899 war er Justizminister von Montenegro, und gegen Ende seines Lebens lehrte er als Privatdozent Soziologie in Paris, wo er 1902 auch zum Präsidenten des Institut International de Sociologie ernannt wurde. Bogišić gilt als der erste systematische Erforscher des volkstümlichen Gewohnheitsrechts der Südslawen und stellte fest, dass die rechtlichen Hauptregeln allen slawischen Völkern gemeinsam sind. Insbesondere widmete er sich Fragen des traditionellen Familien- und Dorfgemeinderechts und erwarb sich, wie erwähnt, große Verdienste um die Kodifikation des montenegrinischen Zivil- und Vermögensrechts. Dabei versuchte er, nicht zuletzt auch unter dem Einfluss der slawophilen Stimmung der Zeit, den Einfluss »fremder« Rechtstraditionen (wie den des Römischen Rechts) so gering wie möglich zu halten und stattdessen die überlieferten Rechtsinstitute der südslawischen Völker zum Ausgangspunkt zu nehmen (vgl. Kostrenčić/Foretić Miljenko 1989). Soziologische Pionierarbeit im engeren Sinne leistete Bogišić mit einer 1866 durchgeführten Fragebogenerhebung. Unter dem Titel »Naputak za opisivanje pravnijeh običaja, koji živu u narodu« (Anleitung zur Beschreibung von Rechtsbräuchen, die im Volk lebendig sind, vgl. Bogišić 1866) erstellte er eine Sammlung von 352 Fragen zu verschiedenen Aspekten des Dorf- und Familienlebens, die er in 4.000 Exemplaren in Kroatien, Serbien und Montenegro unter mit dem Lesen und Schreiben, aber auch mit Land und Leuten hinreichend vertrauten Bewohnern verteilen ließ. Eine Umfrageerhebung liegt zum Teil auch seiner *Sammlung der gegenwärtigen Rechtsgewohnheiten bei den Südslawen* (*Zbornik sadašnjih pravnih običaja u južnih Slovena*, 1874) zugrunde. Viel bemerkenswerter ist es aber noch, dass er für diese Arbeit auch, wie bereits erwähnt, auf

Feldstudien und direkte Beobachtungen zurückgriff. Komplettiert wurde der Methodenmix durch Archivstudien sowie statistische und vergleichende Verfahren. Zu Recht darf Bogišić daher als ein Vorläufer der modernen Rechtssoziologie und einer rechtswissenschaftlichen Ethnologie angesehen werden.

In der Nachfolge von Bogišić erstellte der Ethnologe, Dorfsoziologe, Politiker und Publizist Antun Radić (1868–1919) wie erwähnt eine detaillierte Anleitung zur Sammlung und Auswertung von Materialien über das Volksleben (vgl. Radić 1897). Von 1897 bis 1901 fungierte er im Auftrag der JAZU auch als Herausgeber und wichtigster Autor der *Zbornik za narodni život i običaje Južnih Slavena* (*Berichte über das Volksleben und die Bräuche der Südslawen*, einer – in loser Folge – bis in die Gegenwart fortgesetzten volkskundlichen Reihe. Mit seinen 36 Bänden mit Beiträgen über das Dorf- und Volksleben etablierte Radić eine spezifische Richtung in der Erforschung des Gemeinschaftslebens im ländlichen Bereich. Antun Radić trat aber auch als ideologischer Vordenker und, gemeinsam mit seinem Bruder Stjepan, als Gründer der Bauernbewegung in Kroatien hervor. Er war dabei maßgeblich von zwei Franzosen beeinflusst, dem Historiker Jules Michelet und dem Philosophen und Sozialwissenschaftler Alfred Fouillée, die die westliche Zivilisation kritisierten, an die kreativen Fähigkeiten der einfachen Menschen glaubten und die französischen Bauern idealisierten (vgl. Tomašić 1941). Radić' *Gesammelten Werke* (*Sabrana djela*) wurden zwischen 1936 und 1939 in 19 Bänden veröffentlicht. Die soziale Schichtung im damaligen Kroatien – rund 90 % der Bevölkerung waren Bauern – trug wesentlich zum Erfolg von Radić' Ideologie des Bauerntums bei, aber in jener Zeit wuchs auch ganz allgemein das Interesse an der Erforschung der bäuerlichen Kultur und der Gebräuche sowie der gesellschaftlichen Beziehungen in dörflichen Gemeinschaften.

Die beiden anderen zentralen Gründergestalten der kroatischen Soziologie sind Ivo Pilar (1874–1933) und Milan von Šufflay (1879–1931). Pilar wie Šufflay konnten in ihren vielfältigen kulturgeschichtlichen, staatsrechtlichen, politologischen und soziologischen Forschungen wesentliche kulturelle, politische und zivilisatorische Unterschiede zwischen West- und Osteuropa herausarbeiten. Pilar lehnte sich daher in seinem Denken unter anderem an bestimmte Traditionen der österreichischen Staatsrechtslehre an, was ihn auch in einen gewissen Gegensatz zu Baltazar Bogišić brachte. Das von Bogišić erarbeitete und 1888 erlassene *Allgemeine Gesetzbuch über Vermögen für das Fürstenthum Montenegro* stellt gewissermaßen den Versuch einer modernen Zivilrechtskodifikation »von unten« dar und enthielt – obschon es durchaus das Niveau des damaligen rechtswissenschaftlichen Standards erreichte – auch Elemente des traditionellen Gewohnheitsrechts, was zur Festigung der dominierenden patriarchalen Verhältnisse beitrug. Die Intention Ivo Pilars ging dagegen in eine grundlegend andere Richtung: Er wollte mit der Adaptierung des österreichischen *Allgemeinen Bürgerlichen Gesetzbuches* (ABGB) für Bosnien-Herzegowina die Modernisierung des Landes gleichsam »von oben« befördern.

In Anlehnung an die »pankroatische« Idee des Historikers, Politikers und Lexikographen Pavao [Paul] Ritter Vitezović (1652–1713) strebten Pilar wie Šufflay mit dem

Verweis auf die Verwurzelung Kroatiens in der europäischen Kultur die Unabhängigkeit von Serbien und die Westanbindung Kroatiens an und lehnten ein jugoslawisches Staatsgebilde aus geopolitischen und rechtshistorischen (Pilar) bzw. aus kulturhistorischen (Šufflay) Gründen ab. Hier nun zu diesen beiden frühen Vertretern der kroatischen Soziologie noch einige diese Problematik ergänzende Bemerkungen.

Der Rechtsanwalt, Historiker, Publizist, Geograph und Politiker Ivo Pilar sprach sich gegen eine enge politische Annäherung an oder gar einen staatlichen Zusammenschluss mit Serbien aus. Stattdessen suchte er eine befriedigende »geopolitische« Lösung für Kroatien im Rahmen der Habsburgermonarchie zu finden. Unter dem Pseudonym Leo von Südland veröffentlichte er 1918 in Wien die Studie *Die südslawische Frage und der Weltkrieg. Übersichtliche Darstellung des Gesamt-Problems*, in der er die Quellen und die Entstehung des großserbischen Nationalismus und Hegemonialstrebens untersuchte. Pilar erklärte die Lösung der südslawischen Frage zur Voraussetzung einer Neubelebung des Habsburgerreiches nach dem Ersten Weltkrieg. Dies sei, so meinte er im letzten Kriegsjahr, die einzige Garantie für eine feste Anbindung Kroatiens an den Westen. Allerdings müsste die Monarchie ihre Politik gegenüber den südslawischen Völkern ändern und ihnen – wie auch den anderen Völkerschaften der Monarchie – größere wirtschaftliche, kulturelle und politische Autonomie gewähren. Pilars Buch soll massenhaft von den großserbisch gesinnten Kreisen Wiens gekauft worden sein, um seine Verbreitung zu verhindern. Sein dubioser Tod im Jahr 1933 wird häufig als Reflexhandlung serbischer oder serbophiler Kreise auf die spezifische Form seines kroatischen Nationalismus gedeutet.

Der Mediävist, Albanologe und Politiker Milan von Šufflay wiederum bediente sich ethnologischer, anthropogeographischer und geschichtssoziologischer Methoden, um so den vermeintlichen Nachweis zu erbringen, dass die Unterschiede zwischen den Kroaten und den Serben hinsichtlich ihrer »Rasse«, ihrer Kultur und ihrer Mentalität eine dauerhafte Union zwischen diesen beiden Nationen unmöglich machen. Nach der Ansicht von Dinko Tomašić war dieser antiserbische Impetus auch der Hauptgedanke seiner Soziologie (Tomašić 1941). Šufflay ging davon aus, dass die historiographisch erfasste Menschheitsgeschichte zu kurz sei, um aus ihr valide Schlüsse über die Gesetzmäßigkeiten der Entwicklung ziehen zu können. Die historische Entwicklung fasste er als einen organischen Wachstumsprozess auf, der maßgeblich durch ethnische Verwandtschaftsbeziehungen (das Blut), den Boden, die Kultur und deren Vitalität, das Klima sowie schließlich durch ein kollektives Gedächtnis bestimmt ist.

Dies waren die Gesichtspunkte, unter denen Šufflay die kroatische und die serbische Nation einander gegenüberstellte und seine Schlussfolgerungen hinsichtlich ihrer zukünftigen Beziehungen zog. Er begriff das katholische, am Westen orientierte Kroatien als die letzte Bastion gegenüber dem – für die Ideale von Antun Radić' Utopie einer friedlichen, bäuerlich geprägten Weltrepublik tauben – orthodoxen Osten und hielt den kroatischen Nationalismus daher für unentbehrlich zur Erhaltung der westlichen Zivilisation, und somit für wichtiger als jeden anderen Nationalismus (Tomašić 1941, S. 64f.). Sein antiserbischer Nationalismus hat ihn das Leben gekostet.

Zur akademischen Institutionalisierung der kroatischen Soziologie zu Beginn des 20. Jahrhunderts

Ein Teil der kroatischen akademischen und politischen Elite vertrat die Meinung, dass nur eine positivistische Geisteswissenschaft Lösungen für die großen gesellschaftlichen Probleme der Zeit finden könne. Obschon diese Elite durchaus unter dem Einfluss fremder, vornehmlich österreichischer und ungarischer politischer Ideen und mehrheitlich loyal zur Monarchie stand, reifte in ihr der Wunsch, eigene nationale institutionelle Strukturen für die Erforschung der gesellschaftlichen Probleme zu schaffen, um so eine umfassende und friedliche Umgestaltung der kroatischen Gesellschaft in die Wege leiten zu können.

Den Anstoß zur Einrichtung des ersten Lehrstuhls für Soziologie an der Rechtswissenschaftlichen Fakultät der Universität Zagreb gab der Jurist und fraktionslose Abgeordnete Franko Potočnjak (1862–1932) im Jahr 1900 im kroatischen Parlament. Potočnjaks Initiative, die durch dessen tschechisches Vorbild Tomáš Garrigue Masaryk inspiriert worden war, wurde erst 1906 realisiert. Ironischerweise war letztlich der Einfluss von Nikola von Tomašić (1864–1919) ausschlaggebend, einem Mitglied der regierenden proungarischen Volkspartei und politischem Gegenspieler des unabhängigen Oppositionellen Potočnjak. Tomašić hatte als Aristokrat und Politiker großen Einfluss sowohl in Kroatien selbst als auch auf der Ebene des österreichisch-ungarischen Gesamtstaats, denn er war ein enger Mitarbeiter des von Ungarn eingesetzten Bans Károly Khuen-Hédervány und amtierte später selbst als kroatischer Ban. Tomašić war aber auch Ordinarius und Dekan (1897/98) an der Rechtswissenschaftlichen Fakultät in Zagreb, wo per königlichem Erlass vom 9. März 1906 schließlich ein Lehrstuhl »für die Hilfswissenschaften Strafrecht und Soziologie« (artes adiutrices jus criminalis et sociologia) eingerichtet wurde. Zum ersten Inhaber des Lehrstuhls – und damit zum ersten nominellen Professor für Soziologie in der Habsburgermonarchie überhaupt (Ravlić 2008) – wurde Ernest Miler (1866–1928) berufen. Der Unterricht begann im Wintersemester 1906/07 mit Strafrecht als Pflichtfach im 7. und 8. Semester und der Soziologie als Wahlfach im 3. und 4. Semester; zum Pflichtfach wurde die Soziologie erst im Studienjahr 1919/20 (vgl. Tintić 1996).

Ernest Miler studierte Rechtswissenschaften in Wien und Zagreb und promovierte 1890 in Zagreb. Nach dem Studium arbeitete er bei Gericht und bei der Staatsanwaltschaft in Zagreb. In Berlin und Paris befasste er sich mit der Erforschung von Verbrechensursachen und kam so mit der Soziologie in Kontakt (Lukić/Pečujlić 1982, S. 366f.). Zwischen 1893 und 1927 veröffentlichte Miler über hundert strafrechtliche und kriminalsoziologische Arbeiten. Seine intensive Beschäftigung mit dem öffentlichkeitswirksamen Thema der Kriminalität trug auch wesentlich zur Popularisierung der Soziologie bei. In seinen zahlreichen Zeitschriften- und Zeitungsbeiträgen konzentrierte sich Miler auf Fragen des Strafprozessrechtes, der Kriminologie und Soziologie, griff dabei aber auch auf Erkenntnisse anderer Geistes- und Sozialwissenschaften wie z.B. der Psychologie oder der Anthropologie zurück. Angeregt durch die Theorien von Herbert Spencer, Ludwig Gumplowicz, Franklin H. Giddings, Lester Frank Ward, Cesare Lombroso und anderen, forschte er zu einer breitgefächerten Themenpalette (zur Evolution, zu Eugenik, Rassen und Rassismus, zur Frauenfrage, zur Stadtentwicklung, zum Sozialdarwinismus, zur Autorität etc.). Dabei vertrat er für jene Zeit durchaus fortschrittliche und zum Teil bis heute aktuelle Anschauungen zu Problemen des Strafrechts, der Kriminalität und der sozialen Devianz.

Mit der Einrichtung des Lehrstuhls für Strafrecht und Soziologie an der Rechtswissenschaftlichen Fakultät in Zagreb im Jahr 1906 wurde auch ein Kriminologisches Seminar geschaffen, in dem die Erforschung der »gesellschaftlichen Pathologie« oder Sozialpathologie einen institutionellen Rahmen fand. Auf Vorschlag des Ordinarius Ernest Miler bewilligte die Regierung 1911 die Gründung eines Museums der Kriminalistik, das dem Kriminologischen Seminar zugeordnet war (Tintić 1996, S. 419). Vorbild war wohl das bereits 1895 am Landesgericht für Strafsachen in Graz vom Juristen Hans Gross (1847–1915) eingerichtete »Criminal-Museum«, das, als er 1912 als Ordinarius zum Leiter des Kriminalistischen Instituts an die Universität Graz berufen worden war, dorthin übertragen und dem neuen Institut angegliedert wurde.

Ungefähr in diese Zeit der Museumsgründung fallen die ersten soziologisch relevanten Lehr- und Handbücher in kroatischer Sprache, so das auch soziologische Begriffe enthaltende rechtshistorische Wörterbuch von Vladimir Mažuranić (1845–1928), dessen erster Band 1908 im Verlag der JAZU publiziert wurde. Der zweite Band der *Prinosi za hrvatski pravno-povjestni rječnik* (*Beiträge zu einem kroatischen rechtsgeschichtlichen Wörterbuch*) erschien 1922. Die frühesten Aufsätze zu kriminalsoziologischen Themen finden sich zu Anfang des 20. Jahrhunderts in der *Monatsschrift* (*Mjesečnik*) der Juristischen Gesellschaft in Zagreb. 1910 veröffentlichte Mihajlo Embrić in der »Wissenschaftlich-literarischen Anthologie« des 6. Bandes der Zeitschrift *Hrvatsko kolo* (*Das kroatische Rad*) einen Beitrag über gesellschaftliche Phänomene und die Soziologie, und Ivan Krmpotić schrieb über Anwendungen des biologischen Denkens in der Soziologie. Im gleichen Jahr legte Juraj von önnies (1843–1916) die erste chronologische Übersicht über die Anfänge der Soziologie (»Počela socijologije«, Nachdruck in Batina 2006) vor, in der er jedoch auch eigene Vorstellungen einbrachte und anregte, die Soziologie zum Zwecke der gesellschaftlichen Meliorisierung mit der Sozialpolitik zu verknüpfen. Als Beitrag eines bedeutenden nicht-kroatischen Autors zur Soziologie wurde Ludwig Gumplowicz' postum 1910 erschienene *Sozialphilosophie im Umriss* in der Übersetzung von Franjo Magjarević im Jahr 1912 unter dem Titel *Nacrt socijalne filozofije* in Osijek in kroatischer Sprache aufgelegt und noch im gleichen Jahr von Ernest Miler in der juristischen Zeitschrift *Mjesečnik* rezensiert.

Die Frage, weshalb die Soziologie als akademisches Fach an der Zagreber Universität gerade an der Rechtswissenschaftlichen Fakultät und nicht etwa an der Philosophischen Fakultät institutionalisiert wurde, lässt sich unter Hinweis auf drei Gründe beantworten: Erstens hat sich die Soziologie in Kroatien aus der Rechtswissenschaft heraus entwickelt, die zur fraglichen Zeit ohnehin die »geisteswissenschaftliche« Disziplin schlechthin war; zweitens war es möglich, die soziologische Forschung als Antwort auf die zunehmenden gesellschaftlichen Probleme anzusehen und unter den entsprechenden politischen Gegebenheiten auch als einen stabilisierenden Faktor zu begreifen – sie war daher innerhalb der traditionell auf die Bewahrung der Ordnung hin ausgerichteten Rechtswissenschaft gut aufgehoben (vgl, Mitrović 1982, S. 120f.); und drittens hat sich in der Rechtswissenschaft das Bedürfnis verstärkt, die sozialen Voraussetzungen ihres eigenen Funktionierens zu ergründen (vgl. Ravlić 2008). Željka Šporer und Josip Županov orten hingegen die Gründe für die Einrichtung des ersten soziologischen Lehrstuhls an der Rechtswissenschaftlichen Fakultät in der innerwissenschaftlichen Situation (vgl. Šporer/Županov 1986). Die an den Philosophischen Fakultäten gelehrten, der Soziologie in Teilbereichen durchaus verwandten Geisteswissenschaften – wie z.B. Philosophie, Geschichte oder Ethnologie – waren selbst so starke und vielseitige akademische Disziplinen, dass es deren Vertreter oftmals nicht für notwendig befanden, sich für die Soziologie zu interessieren. Dazu kam, dass diese aufgrund einer spezifischen Ausformung, die sie nach kroatischer Wahrnehmung speziell bei deutschen Autoren bekommen hatte, eher als naturwissenschaftliche denn als geisteswissenschaftliche Disziplin angesehen wurde – ein Urteil, das so pauschal sicher nicht richtig ist. Bezogen auf das gesellschaftlich-politische Umfeld der Wissenschaften verweisen – wie Ravlić – auch Šporer und Županov darauf, dass in Kroatien zunächst gerade jene Kreise ein Interesse an der Soziologie entwickelten, die die etablierten Machtverhältnisse absichern wollten. Ähnlich beurteilt Michel Lallement die Situation im europäischen Kontext: Mit der Industrialisierung und Urbanisierung habe eine ungemein dynamische Entwicklung eingesetzt, die zur Auflösung der traditionellen Gesellschaftsstrukturen und zu großen sozialen Problemen führte, für die es Lösungen zu finden galt. Um den Allgemeinnutzen und den Wohlstand zu mehren, aber auch um über eine neue Gesellschaftsschicht – das Proletariat – die Kontrolle zu behalten, die ihnen zu entgleiten schien, bemühten sich die herrschenden Klassen und die Behörden darum, diese veränderte Welt besser zu verstehen (Lallement 2004, S. 57).

Zur soziologischen Erforschung gesellschaftlicher Probleme

Zweifellos waren es neben der Erörterung der intra- und internationalen politischen Beziehungen die mit den Folgen der Industrialisierung verknüpften Probleme, welche auch die frühen Vertreter der Soziologie beschäftigten, insbesondere die schwierige Lebenslage der Industriearbeiter (Arbeitsbedingungen, Wohnungssituation, Alkoholismus etc.), damit in Zusammenhang stehende Fragen der Sozialpolitik, die wachsende sozialökonomische Polarisierung der Gesellschaft, sowie deren kulturelle Desintegration. Auch weil sie als eine zunehmende Bedrohung der bestehenden Gesellschaftsordnung wahrgenommen wurde, rückte die Arbeiterschaft, wie in anderen industrialisierten Ländern auch, vermehrt in den Fokus der sozialwissenschaftlichen Forschung. Der erste Versuch der Gründung einer Arbeitervereinigung in Kroatien fand 1869 in Zagreb statt. Primär weil im Laufe der Zeit die (weltanschaulich durchaus heterogene, nicht ausschließlich marxistisch orientierte) Arbeiterbewegung immer aktiver wurde und Streiks und Demonstrationen organisierte, um auf gesellschaftliche Ungerechtigkeiten hinzuweisen, dann aber auch aus der Einsicht in die manifeste soziale Not der Arbeiterklasse und anderer benachteiligter Gesellschaftsschichten, trat die christlichsoziale Bewegung auf den Plan – und mit ihr die katholische Soziologie. Diese fußte auch in Kroatien auf den Prinzipien der katholischen Soziallehre und war darauf ausgerichtet, die Soziale Frage im Sinne des Heiligen Stuhls einer Lösung zuzuführen. Der katholische Geistliche Joso Felicinović (1889–1984) erarbeitete eine populäre Darstellung der Enzyklika *Rerum novarum* (1891) von Papst Leo XIII. Der aus Dubrovnik stammende Franziskaner Urban Talija (1859–1953) veröffentlichte 1905 das ebenfalls an ein breites Publikum gerichtete Buch *Socijalizam i socijalno pitanje* (*Der Sozialismus und die Soziale Frage*). An der Theologischen Hochschule in Đakovo unterrichtete Vilko Anderlić (1882–1957) ab 1911 das Fach Soziologie. 1912 verfasste er im Auftrag des bischöflichen Ordinariats von Đakovo das erste, für das Theologiestudium konzipierte Handbuch der katholischen Soziologie in kroatischer Sprache, das schlicht *Sociologija* betitelt war (vgl. Esih 1938, S. 230–238).

Aber nicht nur mit diesen großen, also eher makrosoziologischen Problemen waren die frühen kroatischen Soziologen befasst, sondern sie wandten sich auch mikrosoziologischen Problemen zu, vor allem den »kleinen Problemen des Familienlebens« (Mitrović 1982, S. 229) sowie sozialpsychologischen und sozialpathologischen Fragen (soziale Devianz, Kriminalität). Gerade die Beschäftigung mit derlei eher alltäglichen Problemen trug wesentlich zur Anerkennung der Soziologie bei. Eine erste Arbeit, die in diese Richtung wies, legte der Geograph Petar Matković (1830–1898) mit seinem Aufsatz über die »Moralstatistiken Kroatiens und Slawoniens« bereits 1866 vor (vgl. Matković 1866). Im Jahr 1909 publizierte der in die USA ausgewanderte kroatische Arzt Ante Biankini (1860–1934) in Zadar ein Buch, das unter dem Titel *Kriminalna sociologija* (*Kriminalsoziologie*) einen Schwerpunkt auf die Situation kroatischer Emigranten in Amerika und anderen Ländern legte. In dieser Zeit wurde aber auch eine Reihe von Beiträgen veröffentlicht, die die gesellschaftlichen Ursachen und Folgen von verschiedenen ansteckenden Krankheiten (z.B. von Tuberkulose und Syphilis), Alkoholismus, plötzlichem Kindstod usw. bearbeiteten.

Zur außerakademischen Institutionalisierung der Soziologie

Vor Ausbruch des Ersten Weltkriegs fassten interessierte bürgerliche Kreise einige weitere Aktivitäten zur Institutionalisierung der Soziologie ins Auge und begannen die Gründung einer Soziologischen Gesellschaft und eines einschlägigen Museums voranzutreiben. Tatsächlich kam es Anfang Mai 1914 im Zagreber Künstler-Pavillon unter der Mitwirkung des Ministeriums für öffentliche Hygiene zur Eröffnung einer Ausstellung, die dem Thema des Kampfes gegen den Alkoholismus gewidmet war (Mihalić 1919, S. 1). Zur selben Zeit erarbeitete der Vorbereitungsausschuss zur Gründung einer Soziologischen Gesellschaft die Statuten für ein Soziologisches Museum und unterbreitete diese der Königlichen Landesverwaltung zur Bewilligung. Aufgrund des Ausbruchs des Ersten Weltkrieges wurde der Antrag zurückgewiesen. Wirkungsvoller war die Initiative des Publizisten und späteren Politikers Juraj Demetrović (1885–1945), der 1917 in der Zeitschrift *Hrvatska njiva* (*Kroatisches Feld*) den Vorbereitungsausschuss der Soziologischen Gesellschaft erfolgreich dazu anregte, wieder zusammenzutreten. Als einer der ersten griff der nicht unmittelbar als Soziologe aktive Ljudevit Prohaska diese Idee auf und begründete die Notwendigkeit der Gründung einer Soziologischen Gesellschaft damit, dass die sozialen Missstände jener Zeit, der Zerfall der Monarchie und all die anderen kriegsbedingten Miseren eine solche Einrichtung dringend erforderlich machten. Ihre Hauptaufgabe sollte darin bestehen, eine Plattform für die wissenschaftliche Arbeit zu bieten und zur Verbreitung des soziologischen Denkens in der Öffentlichkeit beizutragen. Diese Ziele sollten insbesondere durch die Abhaltung von Vortrags- und Diskussionsveranstaltungen erreicht werden, aber auch durch die Ausarbeitung von Petitionen an die Regierung und die lokalen Behörden, die Durchführung von Erhebungen zu akuten sozialen Problemen, die Zusammenarbeit mit vergleichbaren internationalen und lokalen Organisationen, die Publikation von Sachbüchern und Zeitschriften, Preisvergaben für soziologische Arbeiten, sowie durch Studienreisen und Enqueten. Kurzum, eine kroatische Soziologische Gesellschaft sollte die Vernetzung breiter Volksschichten mit der intellektuellen Elite des Landes herbeiführen und, ähnlich wie eine Handelskammer Führungsaufgaben in der Volkswirtschaft wahrnimmt, eine tragende Rolle bei der Entwicklung von Strategien zur sozialen Fürsorge übernehmen (vgl. Prohaska 1917, S. 760–762).

Auf Grundlage von Demetrović' Initiative und unterstützt durch das sozialaktivistische Programm Prohaskas und der Mitarbeiter der Zeitschrift *Hrvatska njiva* wurde schließlich am 30. November 1918 die Soziologische Gesellschaft in Zagreb formell gegründet (zu den Statuten und näheren Begleitumständen vgl. Bazala 1919 bzw. Batina 2006, S. 31–38). Zum ersten Vorsitzenden der Soziologischen Gesellschaft wurde der ehemalige Minister für Handel und Industrie Adolfo Mihalić (1864–1934) bestellt, dem in dieser Funktion 1927 Ivo Pilar folgen sollte, als sein Stellvertreter fungierte Albert Bazala (1877–1947), Universitätsprofessor der Philosophie, und als Schriftführer Miljenko Marković.

Schlussbetrachtung

Durch die 1906 erfolgte Einrichtung des Lehrstuhls für Strafrecht und Soziologie an der Zagreber Rechtswissenschaftlichen Fakultät erwarben diese Wissenschaften den Status offiziell anerkannter akademischer Disziplinen. Da ein entsprechendes gesellschaftliches Bedürfnis nach Befassung mit aktuellen sozialen Problemen bestand, konnte die Soziologie nach dem Ersten Weltkrieg an verschiedenen Hochschulen als eigenes Lehrfach Fuß fassen und fand zudem als Hilfswissenschaft Eingang in eine Reihe von anwendungsorientierten Disziplinen. Rechnung getragen wurde jenem Bedürfnis auch durch die gleich nach Kriegsende, im November 1918, in Zagreb gegründete Soziologische Gesellschaft.

Obwohl Kroatien bis weit ins 20. Jahrhundert hinein ein vorwiegend agrarisch geprägtes Land blieb, führten Industrialisierung und Urbanisierung noch in der Zeit der Habsburgermonarchie zur Entstehung neuer gesellschaftlicher Strukturen – und damit auch zu neuen sozialen Problemen und Konflikten, deren Ursachen und Folgen die Soziologie (die ihrerseits als eine Begleiterscheinung des Modernisierungsprozesses angesehen werden kann) auf vielfältige Weise zu erhellen versuchte. Ausgehend von erprobten sozialphilosophischen, rechtsgeschichtlichen und volkskundlichen Ansätzen entwickelte die kroatische Soziologie schon in ihren Anfängen – also noch vor der Einrichtung der ersten Professur für Strafrecht und Soziologie im Jahr 1906 – einige originelle Forschungsfragen, Erhebungsstrategien und theoretische Konzepte. Zu nennen sind in diesem Zusammenhang vor allem: 1. Ideen zur nationalen bzw. übernationalen politischen Integration (Šufflay und Radić), 2. rechtssoziologische Untersuchungen der Beziehungen von Gewohnheitsrecht und kodifiziertem Zivilrecht (Bogišić), 3. Erhebungen zu den familiären, wirtschaftlichen und sozialen Strukturen des dörflichen Lebens (Radić, Bogišić), 4. Ansätze zu einer kulturhistorischen Ethnosoziologie (Šufflay, Radić, Bogišić), sowie 5. Beiträge zur Methodologie der Feldforschung (Bogišić, Radić).

Die Soziologie entwickelte sich also keineswegs nur, wie man sagen könnte, »top-down« aus den theoretischen Fragen der Sozialphilosophie und anderer, ihr naher Wissenschaften (Psychologie, Geschichte, Ethnologie usw.), sondern auch »bottom-up«, nämlich als Antwort auf das Bedürfnis verschiedener gesellschaftlicher Gruppen nach wissenschaftlich fundierten Lösungen für konkrete soziale Probleme. Die literarische Produktion auf dem Gebiet der Soziologie blieb vorerst gleichwohl eher bescheiden. Nach übersetzter Fachliteratur bestand so gut wie kein Bedarf (das einschlägig interessierte Publikum beherrschte in der Regel die relevanten Fremdsprachen), und es gab auch keine spezialisierte kroatische soziologische Zeitschrift. Die meisten relevanten Buchbesprechungen und die wenigen soziologischen Studien einheimischer Autoren wurden in einer Handvoll Zeitungen und Zeitschriften veröffentlicht, am häufigsten in den Blättern *Mjesečnik* (*Monatsschrift* [der Juristischen Gesellschaft]), *Savremenik* (*Der*

Zeitgenosse), *Hrvatska njiva* (*Das kroatische Feld*), *Liječnički vjesnik* (*Ärzteblatt*), *Dnevni list* (*Tagblatt*) und *Narodne novine* (*Volkszeitung*).

Ungeachtet der in Bezug auf einzelne Vertreter der frühen Soziologie verschiedentlich monierten Fälle von Wichtigtuerei (Šuvar 1982), Durcheinander und Eklektizismus (Mitrović 1982) wurden in der hier dargestellten Periode wichtige Vorarbeiten für die akademische Institutionalisierung und die zunehmende öffentliche Anerkennung dieser in Kroatien vornehmlich als Geisteswissenschaft verstandenen Disziplin geleistet. Nach dem Zusammenbruch der Österreichisch-Ungarischen Monarchie und der Gründung des Königsreiches der Serben, Kroaten und Slowenen (SHS) konnte sich die Soziologie an verschiedenen Hochschulen etablieren, wurde aber 1945 aufgrund des erkenntnistheoretischen Monopols des Historischen und Dialektischen Materialismus der marxistischen Ideologie an den Rand gedrängt. Doch es sollte sich zeigen, dass die Dominanz dieser Art von Monismus als der einzigen Quelle der »Wahrheit« in gesellschaftswissenschaftlichen Belangen, wie die anderer auch, auf Dauer keinen Bestand haben konnte.

Seit dem Ende der Habsburgermonarchie durchlief die kroatische Gesellschaft tiefgreifende strukturelle Veränderungen, sodass sich viele Einsichten und Erkenntnisse der Soziologen aus der Zeit vor dem Ende des Ersten Weltkriegs nicht umstandslos auf die späteren gesellschaftlichen Verhältnisse übertragen lassen. Nichtsdestoweniger sind deren empirische Arbeiten von Wert, weil der damals gesammelte Stoff über die gesellschaftlichen Verhältnisse für aktualisierte Deutungsversuche herangezogen werden kann. Das historische Material stellt ein unentbehrliches kulturwissenschaftliches Erbe und eine wertvolle Quelle für die historische Soziologie Kroatiens dar, ebenso wie für seine Rechtssoziologie, seine Agrar- und Siedlungssoziologie und seine Kultursoziologie. Angelehnt an dieses Erbe bemüht sich die kroatische Soziologie insbesondere seit den 1990er Jahren, auch im Verbund mit Forschern aus anderen Ländern, um die kontinuierliche Weiterentwicklung ihrer traditionellen Forschungsschwerpunkte.

Anderlić, Vilko (1912): *Sociologija* [Soziologie], Đakovo: Biskupijska tiskara.

Batina, Goran (2006): *Počeci sociologije u Hrvatskoj. Društveni uvjeti, institucionaliziranje i kronologija do 1945* [Die Anfänge der Soziologie in Kroatien. Gesellschaftliche Bedingungen, Institutionalisierung und Chronologie bis 1945], Zagreb: Kultura i društvo.

Bazala, Albert (1919): Zadaci i ciljevi sociološkog društva [Die Aufgaben und Ziele der Soziologischen Gesellschaft]. In: *Glasnik sociološkog društva u Zagrebu* [Zeitschrift der Soziologischen Gesellschaft in Zagreb], erschienen als Beiheft zu: *Jugoslavenska njiva* [Das Jugoslawische Feld] 3/25, S. 5–12.

Biankini, Ante (1909): *Kriminalna sociologija* [Kriminalsoziologie], Zadar: Brzotiskom »Narodnoga Lista«.

Bogišić, Valtazar [Baltazar] (1866): Naputak za opisivanje pravnijeh običaja, koji živu u narodu [Anleitung zur Beschreibung von Rechtsbräuchen, die im Volk lebendig sind]. In: *Književnik* [Der Literat] 3/3, S. 600–613.

– (1874): *Zbornik sadašnjih pravnih običaja u južnih Slovena/Collectio consuetudinum juris apud Sla-*

vos meridionales etiamnum vigentium [Sammlung der gegenwärtigen Rechtsgewohnheiten bei den Südslawen], Bd. 1: *Gragja u odgovorima iz različnih krajeva slovenskoga juga* [Material in Antworten aus verschiedenen Gegenden des slawischen Südens], Zagreb: Fr. Župan.

– (1884): *De la forme dite* inokosna *de la famille rurale chez les Serbes et les Croates* [Über die *inokosna* genannte Familienform bei den ländlichen Familien der Serben und Kroaten], Paris: E. Thorin.

– (1888): *Opšti imovinski zakonik za knjaževinu Crnu Goru* [Allgemeines Gesetzbuch über Vermögen für das Fürstenthum Montenegro], Cetinje: u Državnoj Stampariji.

Demetrović, Juraj (1917): Za organizaciju narodnog rada [Für die Organisation der Volksarbeit]. In: *Hrvatska njiva* [Das kroatische Feld] 40, S. 713–715.

Esih, Ivan (1938): Razvitak sociologije kod Hrvata. [Die Entwicklung der Soziologie bei den Kroaten.] In: *Sociološki pregled. Časopis Sociološkog Društva Srbije* [Soziologische Rundschau. Zeitschrift der Soziologischen Gesellschaft Serbiens] 1, S. 230–238.

Foretić, Miljenko/Branko Tomečak (1989): Art. »Bogišić, Baltazar (Baldo, Valtazar)«. In: *Hrvatski biografski leksikon* [Kroatisches biographisches Lexikon], Zagreb: Leksikografski zavod Miroslav Krleža. Online unter: http://hbl.lzmk.hr/clanak.aspx?id=2251.

Gelo, Jakov (1987): *Demografske promjene u Hrvatskoj od 1780. do 1981. godine* [Der demographische Wandel in Kroatien 1780 bis 1981], Zagreb: Globus.

Herceg, Rudolf (1932a): *Izlaz iz svjetske krize. Jedan priedlog* [Ausweg aus der Weltkrise. Ein Vorschlag], Zagreb: S. Kovačić.

– (1932b): *Pangea – la sole ebla eliro el la mondkrizo. Allwelt – der einzig mögliche Ausweg aus der Weltkrise*, Köln: Heroldo de Esperanto. (Dem Übersetzer scheint Alfred Wegeners Wortschöpfung »Pangäa« aus dem Jahr 1920 nicht hinreichend bekannt gewesen zu sein.)

Horvat, Viktor (1943): Sociologija (družtvovna znanost). Socijalna misao i družtvene promjene u Hrvatskoj. Nacrt družvovnoj razvitka 18. i 19. stoljeća [Soziologie (Sozialwissenschaft). Soziales Denken und gesellschaftlicher Wandel in Kroatien. Abriss der sozialen Entwicklung im 18. und 19. Jahrhundert]. In: *Naša domovina. Zbornik* [Unsere Heimat. Eine Sammlung], Bd. 1: *Nezavisna država Hrvatska* [Unabhängiger Staat Kroatien], Zagreb: Izdanje Glavnog Ustas⊠kog Stana, S. 532–575.

Lallement, Michel (2004): *Istorija socioloških ideja* [Die Geschichte der soziologischen Ideen], Beograd: Zavod za udžbenike i nastavna sredstva.

Lovrenčić, Rene (1972): *Geneza politike »novog kursa«* [Die Entstehung der Politik des »neuen Kurses«], Zagreb: Institut za hrvatsku povijest/Izdavački servis »Liber«.

Lukić, Radomir D./Miroslav Pečujlić (Hgg.) (1982): *Sociološki leksikon* [Soziologisches Lexikon], Beograd: Savremena administracija.

Matković, Petar (1866): Statistici moralnosti u Hrvatskoj i Slavoniji [Moralstatistiken Kroatiens und Slawoniens]. In: *Književnik* [Der Literat] 3/2, S. 264–280.

Mažuranić, Vladimir (1908/1922): *Prinosi za hrvatski pravno-povjestni rječnik* [Beiträge zu einem kroatischen rechtsgeschichtlichen Wörterbuch], 2 Bde., Zagreb: Jugoslavenska akademija znanosti i umjetnosti. (Neuauflage Zagreb: Informator 1975.)

Mihalić, Adolfo (1919): Osnivanje sociološkog društva [Die Gründung der Soziologischen Gesellschaft]. In: *Glasnik sociološkog društva u Zagrebu* [Zeitschrift der Soziologischen Gesellschaft in Zagreb], erschienen als Beiheft zu: *Jugoslavenska njiva* [Das Jugoslawische Feld] 16, S. 1f.

Miler, Ernest (1897): Die Hauskommunion der Südslaven [Darstellung der gleichnamigen Dis-

sertation von Milorad W. Radulowits, Heidelberg 1891]. In: *Jahrbuch der Internationalen Vereinigung für Vergleichende Rechtswissenschaft und Volkswirtschaftslehre zu Berlin* 3, S. 199–222.
– (1908): Raison d'être socijologije [Zur Existenzberechtigung der Soziologie]. In: *Slovenski pravnik* [Der slowenische Jurist] 24/9-10, S. 257–267.
Mitrović, Milovan (1982): *Jugoslovenska predratna sociologija* [Jugoslawische Vorkriegssoziologie], Beograd: Istraživačko-izdavački centar SSO Srbije.
Pilar, Ivo [Pseud. Leo von Südland] (1918): *Die südslawische Frage und der Weltkrieg. Übersichtliche Darstellung des Gesamt-Problems*, Wien: Manz.
Prohaska, Ljudevit (1917): Sociološko društvo [Die Soziologische Gesellschaft]. In: *Hrvatska njiva* [Das kroatische Feld] 43, 760–762.
Radić, Antun (Hgg.) (1896–1901): *Zbornik za narodni život i običaje Južnih Slavena* [Berichte über das Volksleben und die Bräuche der Südslawen], Zagreb: Jugoslavenska akademija znanosti i umjetnosti [JAZU].
– (1897): *Osnova za sabiranje i proučavanje građe o narodnom životu* [Grundlagen des Sammelns und Erforschens volkskundlichen Materials] (= Nachdruck aus dem 2. Bd. der *Zbornik za narodni život i običaje Južnih Slavena*), Zagreb: Tisak dioničke tiskare.
– (1936–1939): *Sabrana djela* [Gesammelte Werke], 19 Bde., Zagreb: Seljaćka sloga.
Ravlić, Slaven (2008): Sociologija i pravni studij – Uz povijest Katedre za sociologiju (1906–2006) [Soziologie und Rechtswissenschaften – Zur Geschichte des Lehrstuhls für Soziologie (1906–2006)]. Online unter: https://www.pravo.unizg.hr/SOC/tradicija_kolegija_sociologija/tradicija_kolegija_sociologija_na_pravn.
Šufflay, Milan von (1928): *Hrvatska u svijetlu svjetske historije i politike. Dvanaest eseja* [Kroatien im Lichte der Weltgeschichte und Weltpolitik. Zwölf Aufsätze], Zagreb: Tiskara Merkantile (Gj. Jutriša i drugovi).
Šuvar, Stipe (1988): *Sociologija sela* [Die Soziologie des Dorfes], 2 Bde., hrsg. von Blagota Drašković, Zagreb: Školska knjiga.
Talija, Urban (1905): *Socijalizam i socijalno pitanje* [Der Sozialismus und die Soziale Frage], Dubrovnik: Dubrovačka hrvatska tiskar.
Tintić, Nikola (1996): Pravni fakultet u Zagrebu [1969] [Die Rechtswissenschaftliche Fakultät in Zagreb]. Hier zitiert nach dem Wiederabdruck in: Željko Pavić/Stjenko Vranjican (Hgg.), *Pravni fakultet u Zagrebu 1776–1996*, Bd. 1/Teilbd. 1, Zagreb: Pravni fakultet.
Tomašić, Dinko A. (1941): Sociology in Yugoslavia. In: *American Journal of Sociology* 47/1, S. 53–69.
– (1948): Ideologies and the Structure of Eastern European Society. In: *American Journal of Sociology* 53/5, S. 367–375.
Tomičić, Juraj von (1910): Počela socijologije [Die Anfänge der Soziologie]. In: Batina 2006.
Županov, Josip/Željka Šporer (1986): Profesija sociolog [Soziologie als Beruf]. In: Ognjen Čaldarović/Jasna Gardun/Duško Sekulić (Hgg.), *Suvremeno društvo i sociologija. Zbornik radova sa skupa »Proturječja i razvojni problemi suvremenog jugoslavenskog društva«* [Zeitgenössische Gesellschaft und Soziologie. Eine Sammlung von Beiträgen der Konferenz »Widersprüche und Entwicklungsprobleme der modernen jugoslawischen Gesellschaft«], Zagreb: Globus, S. 28–61.

Weiterführende Literatur

Heller, Wolfgang (1992): Art. »Križanić, Juraj«. In: *Biographisch-Bibliographisches Kirchenlexikon* (BBKL), bearb. und hrsg. von Friedrich Wilhelm Bautz; fortgef. von Traugott Bautz, Bd. 4, Herzberg: Bautz, Sp. 670–674.

Kosić, Mirko M. (1934): Stanje socioloških studija u Jugoslovena [Der Stand der soziologischen Studien in Jugoslawien]. In: Ders., *Problemi savremene sociologije* [Probleme der gegenwärtigen Soziologie], Bd. 1, Beograd: Trud, S. 99–117.

Kregar, Josip et al. (2011): *Bogišić i kultura sjećanja. Zbornik radova znanstvenog skupa s međunarodnim sudjelovanjem održanog u prigodi stote godišnjice smrti Balda Bogišića* [Bogišić und die Erinnerungskultur. Verhandlungen der wissenschaftlichen Konferenz mit internationaler Beteiligung anlässlich des 100. Todestages von Baldo Bogišić], Zagreb: Leksikografski zavod Miroslav Krleža.

Oštrić, Vlado (1983): Socijalistički radnički pokret u Hrvatskoj do 1918 [Die sozialistische Arbeiterbewegung in Kroatien bis 1918]. In: *Povijesni prilozi* [Historische Beiträge] 2/2, S. 9–62.

Roucek, Joseph S. (1936): The development of sociology in Yugoslavia. In: *American Sociological Review* 1/6, S. 981–988.

Goran Batina

V. Der ungarische Teil

Die Anfänge der ungarischen Soziologie vom Ausgleich 1867 bis 1918

Sozial- und politikgeschichtlicher Hintergrund

Auch in Ungarn entwickelte sich die Soziologie vor dem Hintergrund gesellschaftlicher Umwälzungen. Die Herausbildung kapitalistischer Strukturen vollzog sich nicht als ein selbstgesteuerter Entwicklungsprozess, sondern vielmehr als Reaktion auf äußere Herausforderungen. Das Bürgertum war sowohl ökonomisch als auch politisch schwach und zog zudem das Misstrauen der traditionell bevorrechteten Schichten auf sich. Während sich in Westeuropa die kapitalistische Entwicklung auf mehreren Ebenen der Wirtschaft und unter Einbeziehung weiter sozialer Kreise vollzog, ging sie im östlichen Teil von der herrschenden Elite aus. Das führte zu einer *Zentralisation* des Kapitals in wenigen Händen in Form von Aktiengesellschaften, die den Alltag der gewöhnlichen Bürger in der Regel kaum berührten. Demgegenüber kann im Westen die *Konzentration* des Kapitals als typisch angesehen werden, bei der sich der gesellschaftliche Reichtum, ausgehend von einer ursprünglich größeren Zahl von Kapitaleignern, allmählich in immer weniger (aber immer mächtiger) werdenden Unternehmen ballte. Für den Osten lässt sich zudem ein dauerhaft gestörtes Verhältnis zwischen dem ökonomischen Umfeld und den Kapitaleignern konstatieren, das sich negativ auf die Entwicklungschancen der Industrie, aber auch – wie etwa das Beispiel Ungarns im 19. Jahrhundert zeigt – auf die der Landwirtschaft auswirkte.

In der osteuropäischen »Halbperipherie« bildete sich eine soziale Schicht von Intellektuellen heraus, die die Folgen dieser Widersprüche mildern und ihre Ursachen aus dem Weg räumen wollte, um den ökonomisch-technologischen Rückstand gegenüber dem Westen aufzuholen. In Ungarn entstand diese moderne Intelligenz nicht aus bürgerlichen Schichten, sondern aus der nationalistisch gesinnten Aristokratie und dem zwar zahlreichen, aber oft nicht vermögenden mittleren Adel. Die ihm entstammenden Intellektuellen waren durch ihre Herkunft also häufig noch vom feudalistisch-ständischen Sozialsystem geprägt, standen der Modernisierung und der Befreiung der Fronbauern aber nichtsdestoweniger offen gegenüber.

Das ab 1825 heraufziehende, mit den emblematischen Namen István Széchenyi, Ferenc Deák, Lajos Kossuth und Lajos Batthyány verbundene Reformzeitalter in Ungarn wurde zum Schlachtfeld intellektueller Kämpfe. Es ging dabei um die Fragen, in welchem Tempo zum Westen aufgeschlossen werden könnte, welches Modell dabei erfolgversprechend wäre und wie – d.h. aufgrund welcher rechtlich-institutionellen Regelungen – das kulturelle und politische Leben umgestaltet werden müsste (vgl. Nagy 1993a,

S. 5, 8). Die ungarischen Intellektuellen verband die Intention, die für die Stärkung der »Gemeinschaft der Nation« (ebd., S. 9) als notwendig erachteten Werte und Traditionen, aber auch die erforderlichen Modernisierungsmaßnahmen wie z.B. die Einrichtung demokratischer – insbesondere das allgemeine Wahlrecht betreffender – und rechtsstaatlicher Institutionen in ihren künstlerischen und wissenschaftlichen Werken zu bewerben und so »Politik zu machen«.

Von besonderer Bedeutung für Ungarn war das Nationalitätenproblem, da der Anteil der nicht-magyarischen Bevölkerung den der Ungarn übertraf (ähnliches galt bekanntlich für die österreichische Reichshälfte, in der zahlenmäßig neben Teilen der oberitalienischen Bevölkerung vor allem slawische Ethnien überwogen). Auch der Österreichisch-Ungarische Ausgleich von 1867 brachte hier keine Erleichterung, da sich das dualistische System nie zu einem Gesamtstaat formte, sondern sowohl nach außen als auch nach innen als schwach erwies: es verstand weder, im Konzert der europäischen Mächte länger eine Vermittlerrolle einzunehmen, noch im Inneren den Interessen aller zehn großen (geschweige denn der vielen kleinen) Nationalitäten gerecht zu werden (vgl. Kann 1993, S. 304).

Es ist ein Spezifikum der Geschichte des Nationalitätenstreits in beiden Teilen der Doppelmonarchie, dass sich unter den gegebenen Bedingungen nie ein starker politischer Liberalismus entwickeln konnte. Sobald die Liberalen im Interesse der Erhaltung des komplexen Vielvölkerstaates ihre jeweiligen Nationalismen etwas zurücknahmen, wurden sie vom Kleinbürgertum als Verräter an der jeweiligen nationalen Sache verunglimpft (vgl. Schorske 1979). Vor allem das österreichische Bürgertum entwickelte aus ökonomischen Interessen einen auf das Herrscherhaus gerichteten »dynastischen Staatspatriotismus« und konzentrierte seine liberalen Reformbemühungen infolgedessen lieber auf die Freiheiten des autonomen Individuums als auf die Sicherung und Ausweitung der politischen Mitbestimmungsrechte (vgl. Hanák 1988, S. 132).

(Von den Autoren des ausgehenden 19. Jahrhunderts kommen im Folgenden zwei wichtige nicht zur Sprache, wohl jedoch in Teil E: Ágost Pulszky und Gyula Pikler. Darstellungen der Werke folgender jüngerer ungarischer Autoren finden sich in anderen Teilen des Bandes: Oszkár [Oskar] Jászi, Lajos [Ludwig] Leopold, György [Georg] Lukács, Károly [Karl] Mannheim und Lajos [Ludwig] Stein.)

Leó Beöthy (1839–1886)

Leó Beöthy beschäftigte sich vor allem mit Ökonomie, Statistik und Volkskunde und forschte zu Urgesellschaften. Er wuchs in der postrevolutionären Ära auf und teilte die Zielsetzungen der Konservativen Partei. In seinen wirtschaftswissenschaftlichen Schriften versuchte er Antworten auf die erste Krise des kapitalistischen Wirtschaftssystems in Ungarn zu umreißen, die auf die infolge billiger Agrarimporte aus Argentinien entstandenen Absatzschwierigkeiten heimischen Getreides zurückzuführen war. Mithilfe von

Statistiken belegte er sowohl das Außenhandelsdefizit der Österreichisch-Ungarische Monarchie als auch dasjenige Ungarns gegenüber Österreich. Er empfahl daher die Errichtung eines selbständigen Schutzzollgebiets für Ungarn, das ausländischen Kapitalgebern offenstehen und sich zur Bewältigung der anstehenden sozioökonomischen Herausforderungen auch zeitgemäßes Fachwissen hereinholen sollte.

Ausgehend von solchen Überlegungen wirft Beöthy in seinem soziologischen Hauptwerk *Nemzetlét* (*Das Leben der Nation*, 1876) die Frage auf, was denn den Aufschwung oder den Verfall bestimmter Nationen in der Geschichte verursacht hat. Dabei rekurriert er auf das Konzept sich verändernder »Seinsverhältnisse«. Eine verfehlte oder vernachlässigte Anpassung an die sozioökonomischen, klimatischen, technischen etc. Rahmenbedingungen führe – so Beöthy – zu sozialen Verfallserscheinungen. Als Beispiele für spezielle, historisch wichtige »Seinsverhältnisse« nennt er u. a.: Reichtum durch schnelle Eroberung (der im Falle einer inadäquaten Anpassung zur Dekadenz führe, wie das alte Rom zeige); Unterwerfung nach einer Zeit der Selbstbehauptung; Erschöpfung des Bodens (wie etwa in Spanien); verspätete Übernahme neuer Produktionsweisen und Technologien; unvorteilhafte physisch-klimatische Einwirkungen; Veränderungen der eigenen Kultur durch die Entwicklung oder Übernahme anderer Wert- und Glaubensvorstellungen.

Ob ein Ausweg aus derlei Anpassungs- und Integrationskrisen gefunden werden kann, hängt Beöthy zufolge davon ab, wie weitreichend die zugrundeliegenden Veränderungen sind und wie viel Zeit einer Nation bleibt, um Antworten auf diese Herausforderungen zu finden. Je mächtiger und stärker eine Nation in kultureller und demographischer Hinsicht sei, desto besser seien in der Regel auch ihre Chancen, sich anzupassen – und zwar nicht nur passiv, indem man sich an die Verhältnisse anpasst, sondern auch aktiv in dem Sinne, dass man die Verhältnisse an sich bzw. an seine Bedürfnisse anpasst. Wenn Beöthy von der »Anpassung« oder der »Selektion« von Nationen spricht, dann tut er das nicht im Sinne eines plumpen, chauvinistischen Sozialdarwinismus. Die Fähigkeit einer Gesellschaft, sich an variierende Seinsverhältnisse anzupassen, hängt in seinen Augen nicht von irgendwelchen »ererbten« Dispositionen ab, sondern vom Grad ihrer soziokulturellen Aktivitäten – bezogen insbesondere auf Sprache, Schrift, Wissenschaft und Technik. Selbst die Unterwerfung einer Nation durch eine andere könne verschiedene Wirkungen (im Sinne der das eine Mal mehr passiven, das andere Mal mehr aktiven Anpassung) mit sich führen, je nach dem Charakter der unterworfenen Nation, ihrer wirtschaftlich-sozialen und ihrer Bildungsverhältnisse, je nach Art und Dauer der Eroberung, sowie je nach den ökonomisch-kulturell-politischen Institutionen des erobernden Volkes. Beöthy vertrat die Ansicht, dass ein Prozess der Homogenisierung der Nationen bevorstünde, bei dem die romanischen, slawischen und germanischen Völker tonangebend sein würden. Den Erhalt der nationalen Vielfalt hielt er nichtsdestoweniger für erstrebenswert.

Beöthy ging ganz selbstverständlich davon aus, dass sowohl zwischen den Nationen als auch zwischen den einzelnen Menschen ein ständiger Wettbewerb herrsche. Der Handel, meinte er, sei zugleich eine friedliche Form des Kampfes der Nationen um knappe

Güter und Einflussgebiete und ein wichtiges Moment der sozialen Vervollkommnung. Wenn sich der Lebenskampf nunmehr auf die intellektuelle Ebene verlagere, kämen die staatlichen Akteure nach Beöthys Ansicht immer stärker unter Druck, sowohl das bestehende Institutionengefüge als auch die an ihm vorgenommenen Reformen in der öffentlichen Auseinandersetzung zu rechtfertigen. So ergebe sich ein gewisses Gleichgewicht, das bewährte Elemente vor einem übertriebenen Reformeifer schütze und gleichzeitig jenes Maß an Veränderungen gewährleiste, das unerlässlich sei, um Fortschrittschancen nicht zu verpassen. Der öffentlich geführte Diskurs fördere so eine Art von natürlicher Zuchtwahl unter den Gesinnungen und Argumenten: irrige Ideen und Scheinbeweisführungen würden eliminiert, funktionierende Alternativen aufgezeigt. Diese rationale Argumentation steht im Widerspruch zu Beöthys – später von Gyula Pikler kritisierter – These, dass sich die Entstehung der Gesellschaft und des Rechts den menschlichen Instinkten und Veranlagungen, und nicht etwa der rationalen Abwägung potentieller Vor- und Nachteile, verdanke (vgl. Beöthy 1882, S. 277). Ganz in diesem Sinne begriff Beöthy die »gesellige Veranlagung« des Menschen als ein Produkt der natürlichen Auslese und nicht als eines der menschlichen Einsicht.

Mit einem der bedeutendsten Befürworter der freien Konkurrenz, Adam Smith, ist Beöthy nur teilweise einverstanden. Zwar trage die Konkurrenz auf dem Gebiet der Industrie zur »Vervollkommnung« bei, doch schweige sich der schottische Ökonom zur Schattenseite des Laissez-faire, nämlich zu den Verlierern des Konkurrenzkampfes, aus. Da es keine allseitig anerkannte Interessensgemeinschaft der Nationen gebe, die für faire und gleiche Wettbewerbsbedingungen sorgen könnte, bestehe einerseits die Gefahr, dass die ungeregelte freie Konkurrenz bestehende Einseitigkeiten und Ungleichgewichte in der internationalen Arbeitsteilung konserviert; andererseits würde aber die Unterdrückung der freien Konkurrenz auch in sozioökonomischer Rückständigkeit resultieren. Obwohl nicht unempfindlich für das Leid der Benachteiligten, war Beöthy der Ansicht, dass die – letztlich unvermeidliche – Vereinheitlichung der Menschheit zwangsläufig auf Kosten bestimmter schwächerer Nationen werde erfolgen müssen.

Bódog (Félix) Somló (1873–1920)

Das Œuvre des Rechtsphilosophen, Soziologen, Politologen und als Erforscher von Urgesellschaften tätigen Gesellschaftstheoretikers Bódog Somló lässt sich in zwei Abschnitte unterteilen (vgl. Nagy 1993d): in eine soziologische und in eine der reinen Philosophie zugewandte Phase. Im Folgenden werden einige Einsichten und Argumente der ersten Schaffensperiode auf der Grundlage seiner Werke *Szociológia* (*Soziologie*, 1901) und *Állami beavatkozás és individualismus* (*Staatsinterventionismus und Individualismus*, 1907) dargestellt.

Bereits seine *Soziologie* stellt Somlós reges Interesse an den Urgesellschaften unter Beweis. Obwohl die Behandlung der angeschnittenen Themen – zumal im Vergleich zu

Georg Simmels identisch betiteltem Versuch von 1908 – schon in der Zeit des Entstehens des Buches allzu kursorisch gewirkt haben dürfte und man in ihm nichts von den statistischen Bemühungen eines Émile Durkheim oder eines Gustav Schmoller findet (um von den amerikanischen Innovationen auf dem Gebiet der statistischen Erhebungsmethoden ganz zu schweigen), sind immerhin Somlós Themen auf der Höhe der Zeit: er erörtert u.a. primitive Wahrnehmungs- und Denkweisen, Familien- und Heiratsformen sowie staatliche und gesellschaftliche Institutionen und ergänzt deren Beschreibungen mit der von Herbert Spencer übernommenen Unterscheidung zwischen militärisch und industriell organisierten Gesellschaftstypen. Darüber hinaus formuliert Somló in knappen Worten zwei Thesen seiner in statu nascendi befindlichen »Modernisierungstheorie«, und zwar einerseits die Vermutung, dass mit der fortschreitenden Industrialisierung eine zunehmende Unabhängigkeit der Bürger von den traditionellen Bindungen und ein Schwund des unverbrüchlichen Glaubens an die Regierungen einhergehen, und andererseits die Annahme, dass mit diesen Entwicklungen ein ausgeprägter Drang nach Selbstbehauptung und eine wachsende Bereitschaft zur Anerkennung der Individualität aller Menschen verbunden seien. Diese Einsichten führen Somló zur überraschenden Prognose, dass die staatlichen Institutionen in Zukunft ihre determinierende Rolle einbüßen werden, weil ihre Funktionen immer mehr von staatsunabhängigen Organisationen übernommen werden würden. Im Sinne Spencers wird zudem sowohl auf die Relevanz der Arbeitsteilung als auch auf die Tatsache der funktionalen Differenzierung von Tätigkeitsbereichen hingewiesen (Somló 1901, S. 44ff.).

Sozialistische Vorstellungen werden von Somló im Gefolge Spencers dahingehend kritisiert, dass deren Verfechter verkennen würden, wie sehr die ständige Einschränkung, ja Niederhaltung der sich im Lebenskampf besser Bewährenden und Fleißigeren zur Verbreitung schlecht angepasster Menschen führe und so die gesellschaftliche Entwicklung hemme. Die sozialistischen Erwartungen hält Somló für absurd, weil sie an eine anthropologische Unmöglichkeit geknüpft seien. Einerseits gingen die Sozialisten davon aus, dass jeder Mensch zu jeder Zeit zu Altruismus und Selbstverleugnung fähig sei, aber andererseits unterstellen sie charakterliche Defizite, die eine Haltung zur Folge haben, die die Schlechterstellung einer bestimmten Gruppe von Menschen nicht nur toleriert, sondern sogar freudig begrüßt (ebd., S. 56).

Dieser etwas holzschnittartigen und – wie gleich gezeigt werden wird: paradoxerweise – sozialdarwinistisch angehauchten Sozialismuskritik zum Trotz bekennt sich Somló in seinem im Jahre 1907 erschienenen Buch über den Widerstreit von Staatsinterventionismus und Individualismus zu staatlichen Interventionen. Dabei dient ihm die moralphilosophisch aufgeladene Evolutionstheorie Spencers als Reibebaum. Die alles entscheidende Frage lautet für Somló, wie das Verhältnis zwischen natürlicher Auslese und staatlicher Intervention beschaffen ist. Erstere fängt dort an, wo die Herrschaft des Menschen über die Natur aufhört. Aber die Hegel'sche »List der Vernunft« waltet überall, sodass jeder Eingriff in Kausalreihen unvorhergesehene Folgen nach sich zieht.

Auch kann die natürliche Auslese selbst neue, zuvor ungeahnte Formen annehmen oder Umwege einschlagen; sie wirkt daher selbst in Hochkulturen weiter. Aus diesem Grund sei die Sorge, dass sozialistische Maßnahmen die natürliche Auslese blockieren könnten, letztlich unbegründet. Die bewusste Einmischung in soziale Prozesse habe nichts Unnatürliches an sich, und es gebe hinsichtlich der potentiellen Auswirkungen auch keinen großen Unterschied zwischen der rationalen Einflussnahme und der natürlichen Entwicklung (Somló 1907, S. 62, 66, 73f.). Sogar die Tatsache, dass die nächsten Generationen Nachfahren der weniger Gebildeten und Herausragenden sein werden, sei kein Beweis für das Versagen der natürlichen Zuchtwahl: wir müssten lediglich akzeptieren, dass heutzutage diejenigen zu den am besten Angepassten zählen, die wir für Niederwertige gehalten haben (ebd., S. 75).

Die Spencer'sche Evolutionstheorie besagt nach der gängigen, von Somló jedoch verworfenen Interpretation, dass Eingriffe in das soziale Leben nicht erlaubt seien, weil durch sie die natürliche Auslese gestört werde und es in Folge zu Fehlanpassungen kommen würde (wie bspw. der Vermehrung der Armen, Kranken und Arbeitslosen, und infolgedessen schließlich zum Ruin der Gesellschaft). Nach dieser Logik sollte jeder selbst die Konsequenzen seiner Handlungen tragen.

Somló versucht die Spencer'sche These mit folgenden Gegenbehauptungen zu entkräften:

1. Schon allein das bloße Zusammenleben der Menschen verhindert es, dass die Individuen mit ihren Eigenarten und Bedürfnissen völlig auf sich gestellt bleiben.
2. Die Evolution der Gesellschaft knüpft immer stärkere und zahlreichere Bande zwischen den Menschen, sodass jeder die Daseinsbedingungen aller anderen zu spüren bekommt.
3. Die »Sorgenkinder« müssen gerade im Interesse der »Gesunden« und »Guten« gehegt und gepflegt werden. Die Hebung des Bildungsniveaus in den vom Abstieg gefährdeten Gesellschaftsgruppen ist unumgänglich.
4. Selbst die von den Liberalen propagierten individualistischen Organisationsformen schließen eine vollständige Eigenverantwortung aus. (Ebd., S. 182–186)

Mit der heraufziehenden Moderne wächst nach Somló die Bereitschaft und der Spielraum zur Veränderung vorgefundener Strukturen. Der Grad der Befähigung zur gesellschaftlichen Erneuerung könne sogar als Maß des sozialen Fortschritts dienen (ebd., S. 191). Als weitere Merkmale der Moderne nennt Somló die Beschleunigung der Veränderungen (ein Charakteristikum, das auch sein Zeitgenosse Werner Sombart in seiner umfangreichen Studie *Der moderne Kapitalismus* [1902–1927] des Öfteren erwähnte) und die zunehmenden Möglichkeiten zur Herbeiführung von tiefgreifenden Veränderungen in den unterschiedlichsten Bereichen der gesellschaftlich-geschichtlichen Welt.

Ervin Szabó (1877–1918)

Der unter dem Namen Samuel Armin Schlesinger geborene Sozialwissenschaftler, Bibliothekar und Anarcho-Syndikalist Ervin Szabó – ein Cousin des Wirtschaftshistorikers Károly (Karl) und des Physikochemikers und Wissenschaftsphilosophen Mihály (Michael) Polányi – studierte Rechtswissenschaften an der Universität Wien und promovierte ebenda im Jahre 1899. Neben zahlreichen Zeitungsartikeln (u.a. erschienen in der *Neuen Zeit* und in *Mouvement socialiste*) verfasste er wichtige sozialwissenschaftliche Studien und Sachbücher zu politischen und historischen Themen.

Im Folgenden wird das politisch-soziologische Element in Szabós Schaffen herausgegriffen und anhand dreier Aufsätze aus den Jahren 1904 und 1908 beleuchtet. Die erste Studie gibt Auskunft über Szabós Verständnis des Sozialismus (Szabó 1919a, erstmals 1904), die zweite behandelt das Verhältnis zwischen Syndikalismus und Sozialdemokratie (Szabó 1919b, erstmals 1908) und die dritte erörtert die Rolle, die starke, eigenständige Persönlichkeiten in den straff geführten und kollektivistisch aufgebauten sozialistischen Parteien spielen können (Szabó 1934, erstmals 1904).

Szabós Definition des Sozialismus beruht auf der Verknüpfung zweier klassischer marxistischer Topoi. Ganz orthodox erklärt der Autor zunächst die Überführung der Produktionsmittel in das Eigentum Aller sowie das Erfordernis, dass die Menschen »entsprechend ihrer Arbeitsleistung und ihren Bedürfnissen an ihnen teilhaben« werden, zur Grundlage der neuen Gesellschaftsordnung (Szabó 1919a, S. 50). Dadurch würde zugleich auch dem Klassenkampf die Grundlage entzogen werden. Szabó weist den Einwand, dass der Sozialismus Gefahr laufe, einen Zwangsstaat zu errichten, mit dem Hinweis zurück, dass sich der neue Staat zunächst in einen Verwaltungsstaat, sodann aber in eine Art statistische Zentralinstitution verwandeln wird, die sich darauf beschränkt, die Bedürfnisse der Menschen festzustellen und die Arbeit unter ihnen zu verteilen (vgl. ebd., S. 51). Diese die Ansichten des späten Engels etwas naiv wiederholende Beschreibung bleibt weit hinter den von Georg Lukács 1918 in seinem Aufsatz »Der Bolschewismus als moralisches Problem« (hier Lukács 1971) geäußerten – später jedoch nie mehr wiederholten – Bedenken zurück, die darauf verweisen, dass es keine Garantien dafür gebe, dass nach der proletarischen Machtergreifung nicht neue Formen der Ausbeutung, des sozialen Leids und der Unterdrückung entstehen; insbesondere hob Lukács in diesem Zusammenhang hervor, dass jede Form der revolutionären Gewaltanwendung für letztendlich unbestimmte Ziele moralisch verwerflich sei (vgl. ebd., S. 10f.). Das zweite wichtige Element von Szabós Konzept des Sozialismus bildet die Orientierung der Revolutionäre hin auf die ständige Verbesserung der gesellschaftlichen Verhältnisse, wobei der Freiheitsidee eine wichtige Rolle zukommt. »Die Freiheit bedeutet nichts anderes, als die Möglichkeit des Handelns in Richtung derjenigen Bedürfnisse, deren Befriedigung die Gesellschaft nicht gewährt« (Szabó 1919a, S. 54).

Das Leitmotiv der Kapitalismuskritik Ervin Szabós bildet eine von ihm aufgegriffene und zugespitzte Bemerkung von Karl Marx, der zufolge der Beweis für die ungerechte Verteilung des Reichtums, der Sachgüter und der Lebenschancen im Widerspruch zwischen der vergesellschafteten Produktion und der privaten Aneignung der hergestellten Güter und Leistungen zu finden sei. Auf diesem Gegensatz beruht nach Szabós Ansicht der Klassenkampf (dessen internationale Ausrichtung, wie der Autor nebenbei bemerkt, den Vorwurf einer antinationalen Gesinnung provoziere). Die heftigsten gesellschaftlichen Erschütterungen haben jedoch ihre Ursache in der Kollision der verschiedenen Freiheitsauffassungen der sozialen Klassen (ebd., S. 37ff.). Die liberale Phase des Kapitalismus bedeutet Knechtschaft für die Arbeiterschaft. Je mehr Verbindungen sie in dieser Epoche zur herrschenden Klasse und zu deren Kultur knüpft, desto schwieriger wird der Übergang zum Sozialismus. Deshalb sei es notwendig, dass das Proletariat durch den Erwerb neuer Kenntnisse und das praktische Einüben in neue Produktionstechniken und Lebenssituationen intellektuell und psychisch auf die zukünftigen sozialen und ökonomischen Verhältnisse vorbereitet werde.

Für einen Sozialisten ist nach Szabós Dafürhalten das Gefühl der Solidarität zwar von entscheidender Bedeutung, aber die kapitalistischen Verhältnisse machen die Herausbildung eines gemeinsamen sozialen Interesses illusorisch. Besondere Bedeutung kommt im sozialen Kampf den Interessensverbänden und Genossenschaften der Arbeiter zu, weil sie zu Eigeninitiative und selbständiger Tätigkeit erziehen und den ökonomischen Forderungen nach mehr Lohn, kürzeren Arbeitszeiten und besseren Arbeitsbedingungen Nachdruck verleihen können.

In der Studie »Syndikalismus und Sozialdemokratie« (erstmals 1908, hier Szabó 1919b) lenkt Szabó die Aufmerksamkeit auf den Umstand, dass – wie das etwa in England oder Frankreich zu beobachten ist – ein fortgeschrittener Entwicklungsstand der kapitalistischen Verhältnisse, also der entsprechenden Produktionsweisen und Produktionsbeziehungen, nicht unbedingt eine starke Sozialdemokratie hervorruft, während die politische Vertretung der Arbeiterschaft in wirtschaftlich vergleichsweise weniger entwickelten Ländern wie Österreich oder Italien sehr wohl über erhebliche Macht verfügt. Die sozialdemokratische Bewegung ist, wie Szabó ausführt, in jenen Ländern am stärksten, wo der feudale Großgrundbesitz und die Bürokratie mit vereinten Kräften Einfluss auf die Regierungen ausüben. Wo die Bourgeoisie kein demokratisches System errichten konnte, weil sie bis dato dieser aus ständischem Absolutismus und Bürokratie gebildeten Allianz unterlag, nimmt sich die Arbeiterschaft vernünftigerweise zunächst der Forderungen des Bürgertums nach politischer Mitbestimmung an, bevor sie ihre eigenen verwirklicht (Szabó 1919b, S. 89, 93, 95). Es führe nämlich kein anderer Weg in den Sozialismus als der über den entwickelten Kapitalismus, welcher sowohl die Freiheits- und Mitbestimmungsrechte als auch die wichtigsten demokratischen Institutionen, vor allem das Parlament, garantiert. Dieses ist in Szabós Augen allerdings nicht nur die Stätte der Gesetzes- und Willensbildung, sondern auch ein Organ in den

Händen der Bourgeoisie zur Kontrolle der staatlichen Ausgaben. Die Einnahmenseite des Budgets setzt sich aus Anleihen und Steuern zusammen. Die ersteren werden fast ausschließlich von der Bourgeoisie finanziert, aber diese Klasse muss auch umso mehr von den letzteren schultern, je größer der Einfluss des feudalen Großgrundbesitzes in einem Land ist. In halbfeudalistisch organisierten Ländern, so lautet Szabós Fazit, sind jedenfalls beide Standbeine der Arbeiterbewegung: die sozialdemokratischen Parteien und die Gewerkschaften, unentbehrlich für das politische Leben.

In dem aus einer Vorlesung hervorgegangenen Aufsatz »Parteidisziplin und Individualismus« von 1904 (hier Szabó 1934) vertritt Szabó den Standpunkt, dass im Laufe der gesellschaftlichen Entwicklung einem Zusammenspiel objektiver wie auch subjektiver Faktoren die entscheidende Rolle zukommt. Ohne neue Initiativen, die von Einzelnen ausgehen, kann es keinen sozialen Fortschritt geben, aber das Neue kann sich nur verbreiten und zur Realität werden, wenn es mit den objektiven Tendenzen und Kräfteverhältnissen der Zeit im Einklang steht. Jeder Fortschritt sei das Verdienst kritisch denkender Individuen, obwohl die intendierten Veränderungen selten ihren ursprünglich gesteckten Zielen entsprechen. Je mehr Menschen jedoch zu kritischem Denken erzogen werden, und je weiter sich somit die Einsicht in die realen Gesetze der Gesellschaft verbreitet, desto leichter können die Ideale erreicht und der Wandel gemeistert werden (vgl. Szabó 1934, S. 26f.). Auch der sozialdemokratischen Bewegung sei es daher geboten, für die Freiheitsrechte der Menschen einzutreten. Es gebe jedoch keine Mittel – die Demokratie mit einbegriffen –, die diese absolut garantieren könnten (ebd., S. 28).

Sándor Giesswein (1856–1923)

Zu Zeiten der Österreichisch-Ungarischen Monarchie gab es in der ungarischen Sozialwissenschaft neben den radikalen Autoren (wie z.B. Bódog Somló oder Oszkár Jászi) und den marxistisch-syndikalistisch orientierten Theoretikern (wie z.B. Ervin Szabó) auch eine von Sándor Giesswein vertretene christlichsoziale bzw. christsozialistische Richtung. Zur Analyse der Hauptanliegen dieser auch mit theologischem Anspruch auftretenden sozialwissenschaftlichen Auffassung werden zwei Werke Giessweins herangezogen, und zwar das 1907 publizierte Buch *Társadalmi problémák és keresztény világnézet* (*Soziale Probleme und christliche Weltanschauung*), das sich systematisch verschiedener sozialmoralischer und sozialpolitischer Themen annimmt, sowie das 1913 erschienene Werk *Keresztény szociális törekvések a társadalmi és gazdasági életben* (*Christlichsoziale Bestrebungen im gesellschaftlichen und ökonomischen Leben*), das die geistesgeschichtlichen Grundlagen der christlichen Soziallehre untersucht.

Unter Sozialismus versteht Giesswein eine politische Richtung, »welche der Vorherrschaft und der Wucherung des Individualismus gegenübertritt und die Prinzipien der sozialen Gerechtigkeit gegen die Willkür Einzelner geltend machen will«. Der christliche Sozialismus, der getrost auch »christlicher Solidarismus« genannt werden könnte, stelle in diesem Zusammenhang »ein System sozialer Reformen christlicher Provenienz« dar, das »eine praktische Anwendung der christlichen Gerechtigkeit auf das soziale und ökonomische Leben« bezwecke (Giesswein 1907, S. 45, 47f.).

Die Kernsätze der Lehren Giessweins lassen sich folgendermaßen zusammenfassen:

- Weder der absolute Individualismus (wie von Max Stirner, Friedrich Nietzsche, François Quesnay, Herbert Spencer und Gustav Ratzenhofer vertreten) noch der von Marx und seinen Nachfolgern propagierte Sozialismus liefern realistische Ansätze zur Schlichtung sozialer Probleme. Diesen »Extremen« gegenüber vertritt das Christentum einen »Individualismus ohne Egoismus« (ebd., S. 32) und erstrebt einen Sozialismus ohne Freiheits- und Verantwortungsverlust der Einzelnen und der verschiedenen gesellschaftlichen Gruppen; dabei stellt das Gebot der Nächstenliebe die soziale Seite, und die allen Menschen eigene seelische Freiheit die individuelle Seite der Lehre Christi dar (Giesswein 1913, S. 1f.).
- Ethische Begriffe, Werte und Maßstäbe dürfen nicht aus der Ökonomie verschwinden. Die Lehren der Kirchenväter wird zur Forderung verdichtet, dass immer mehr Menschen immer mehr Wohlstand zuteil werden soll (Giesswein 1907, S. 105).
- Die katholische Kirche trägt keine Schuld an den aktuellen sozialen und politischen Verhältnissen (auch nicht an der ständischen Organisation der Gesellschaft), weil diese die Folgen weltlicher Herrschaft sind, während die Herrschaft der Kirche – nach den Worten Jesu – »nicht von dieser Welt« sei (ebd., S. 8, 19, 21). Die Kirche liefert aber das Rüstzeug zur Bewertung der Herrschaftsformen.

Giessweins Schaffen fällt in eine Periode, in der sich nach Ansicht des Autors zwei Modernisierungswege kreuzen. Der eine führt in eine Welt des vollständigen Eigennutzes und der fehlgeleiteten ökonomischen Freiheit, der andere hingegen in eine gerechte Welt, in der alle Hungrigen zu essen haben, und zwar nicht nur aus Erbarmen, sondern aufgrund prinzipiengeleiteter Gerechtigkeitsvorstellungen. Die Lehre Christi, wonach weder Armut noch Krankheit als Strafe für die eigenen Sünden oder die der Ahnen angesehen werden dürfen, würdigt Giesswein als den wichtigsten Meilenstein auf diesem Weg (ebd., 87).

Die Kritik am Historischen Materialismus zieht sich wie ein roter Faden durch Giessweins Argumente. Wie viele andere Kritiker des Marxismus, bemängelt auch er an der materialistischen Geschichtsauffassung, dass sie die Rolle und die Bedeutung der Kultur und der Wissenschaft, die eben keine bloßen Reflexe der Arbeitswelt, der Industrie und des Landbaus sind, unterbelichtet und nur die ökonomischen Produktionsverhältnisse als gesellschaftsformende Kräfte anerkennt. Doch auch Giesswein erkennt einen Zusammenhang zwischen geistiger Tätigkeit und materiellem Wohlergehen: Je mehr Aufwand der Lebensunterhalt und die Fortpflanzung erfordert, auf desto niedrigerer Stufe richtet sich das kulturelle Leben ein. Freilich gelte auch umgekehrt: Je mehr Zeit und

Energie den individuellen kulturellen Tätigkeiten gewidmet werden kann, desto höher kann auch das Niveau der Gesamtkultur einer Gemeinschaft steigen (ebd., S. 28).

Eine andere Zielscheibe der Giesswein'schen Kritik war der Individualismus Adam Smiths und Herbert Spencers (ebd., S. 37–40, Giesswein 1913, S. 3) bzw. der Manchesterliberalismus. Der Widerstand gegen die extremen Formen des Liberalismus und des Sozialismus erfasste nach Giessweins Darstellung von England aus (er nennt hier u.a. Charles Kingsley und Kardinal Henry Edward Manning) französische und deutsche Verteter der katholischen Soziallehre wie den Mainzer Bischof Wilhelm Emmanuel Freiherr von Ketteler oder den Statistiker und Soziologen Frédéric Le Play. Als eigentlichen Begründer der christlichsozialen Bewegung rühmt Giesswein Ketteler, der seines Erachtens die Grundproblematik der modernen Arbeitswelt am prägnantesten zum Ausdruck gebracht hatte, indem er darauf verwies, dass die Arbeit zur Ware und zum Mittel des Konkurrenzkampfes geworden sei. Dadurch seien die Arbeiter dazu gezwungen, einander am Arbeitsmarkt gegenseitig mit ihren Lohnforderungen zu unterbieten, sodass sie nicht einmal das für ihren Lebensunterhalt Nötige verdienen. Diese Tendenz geißelt Ketteler als eine Neuerrichtung der Sklaverei im aufgeklärten Europa unter dem Banner des Liberalismus (Ketteler 1864, S. 18ff., Giesswein 1907, S. 46).

Zum Problem der Gleichheit bzw. Ungleichheit bemerkt Giesswein, dass diejenigen, die von Gott oder der Gesellschaft mit Fähigkeiten, Macht oder Reichtümern versehen wurden, diese Gaben durch vermehrte Dienste an den Menschen abzuleisten haben. Er verdichtet diese Ansicht zu folgender, nicht ganz unproblematischer Maxime: »Je größer das Leistungsvermögen, desto größer soll die für die Gesellschaft geleistete Arbeit sein, und je größer das Ausmaß der für die Gesellschaft geleisteten Arbeit ist, desto mehr Leistungsvermögen soll ihm [dem Befähigten] zur Verfügung stehen.« (Giesswein 1907, S. 121.) Nicht die relative, auf Fähigkeiten und Fertigkeiten beruhende Ungleichheit ist also das wahre Problem, sondern die wegen mangelnden Engagements für die Gemeinschaft nicht wirkungsvoll zurückgedrängte.

Die Frage des Feminismus behandelt Giesswein als einen Sonderfall der Sozialen Frage. Gegenüber individualistischen und sozialistischen Positionen führt er die – seines Erachtens z.B. von August Bebel falsch interpretierte – christliche Lehre ins Treffen, die Frau und Mann als ebenbürtig und gleichwertig, jedoch aufgrund gewisser physiologischer und psychologischer Unterschiede eben nicht in jeder Hinsicht als gleich erachtet. Ausgehend von diesem Menschenbild fordert Giesswein, dass Frauen nicht als billige Arbeitskräfte dazu missbraucht werden, den Männern Konkurrenz zu machen, und dass ihnen (wie auch den Männern) bestimmte, adäquate Arbeitsfelder zugewiesen werden. Rundheraus konservativ war hingegen seine Einstellung gegenüber der Ehe und der Familie, deren Stabilität seiner Meinung nach zum Schutz der Frau beitrage, während freie Lebenspartnerschaften und lose Sexualbeziehungen eine Gefahr für sie darstellten und zu »asiatischen Zuständen« führen würden (ebd., S. 138ff., Zitat S. 140).

Giesswein verwirft die in der Nationalökonomie weit verbreitete und auch in der marxistischen Theorie virulente begriffliche Unterscheidung zwischen »produktiver« und »unproduktiver« Arbeit. Stattdessen betrachtet er »alle Tätigkeiten als Arbeit, die mit der Regierung, der Ordnung, der geistigen Entwicklung, der Verstandesbildung und der Kräftemehrung der Gesellschaft sowie mit der Veredelung ihres Denkens zusammenhängen« (ebd., S. 144). Obwohl der Begriff »Arbeit« häufig mit Mühsal und Zwang, ja mitunter sogar mit Schmerz assoziiert wird, ist sie nach Giessweins christlicher Auffassung gleichermaßen eine moralische Pflicht gegenüber den Mitmenschen wie auch ein ethischer (Selbst-)Wert.

Zum sozial- und politikgeschichtlichen Hintergrund

Hanák, Péter (1988): *A Kert és a Műhely* [Der Garten und die Werkstatt], Budapest: Gondolat Kiadó.

Kann, Robert A. (1993): *Geschichte des Habsburgerreiches 1526 bis 1918*, Wien/Köln/Weimar: Böhlau Verlag.

Nagy, Endre J. (1993): *Eszme és valóság. Magyar szociológiatörténeti tanulmányok* [Idee und Realität. Studien zur Geschichte der ungarischen Soziologie], Budapest/Szombathely: Pesti Szalon/Savaria University Press.

– (1993a): A modernizáció válaszútjai [Scheidewege der Modernisierung]. In: Nagy 1993, S. 1–17.

Schorske, Carl E. (1979): *Fin-de-siècle Vienna. Politics and Culture*, New York: Vintage Books.

Zu Leó Beöthy

Beöthy, Leó (1876): *Nemzetlét. Tanulmány a társadalmi tudományok köréből Magyarország jelen helyzetének megvilágosítására és orvoslására* [Das Leben der Nation. Sozialwissenschaftliche Studie zur Erhellung und Behandlung der gegenwärtigen Lage Ungarns], Budapest: Athenaeum.

– (1878): *A társadalom keletkezéséről* [Über die Entstehung der Gesellschaft], Budapest: Magyar Tudományos Akadémia.

– (1882): *A társadalmi fejlődés kezdetei* [Anfänge der gesellschaftlichen Entwicklung], 2 Bde., Budapest: Magyar Tudományos Akadémia.

Zu Bódog Somló

Nagy, Endre J. (1993d): Erény és tudomány. Vázlat Somló Bódog gondolkodói pályájáról [Moral und Wissenschaft. Entwurf zur intellektuellen Laufbahn von Bódog Somló]. In: Nagy 1993, *Eszme és valóság* […], op. cit. [s. »Einleitung«], S. 61–88.

Somló, Bódog (1898a): *Törvényszerűség a szociológiában* [Gesetzmäßigkeit in der Soziologie], Budapest: Pesti Könyvnyomda.

– (1898b): *A nemzetközi jog bölcseletének alapelvei* [Grundprinzipien des internationalen Rechts], Budapest: Franklin Társulat.
– (1901a): *Jogbölcselet* [Rechtsphilosophie], Pozsony: Stampfel Károly Kiadása.
– (1901b): *Szociológia* [Soziologie], Pozsony/Budapest: Stampfel Károly Kiadása.
– (1906): *Politika és szociológia. Méray rendszere és prognózisai* [Politik und Soziologie. Mérays System und Prognosen], Budapest: Deutsch Zsigmond és Társa.
– (1907): *Állami beavatkozás és individualismus* [Staatsinterventionismus und Individualismus], Budapest: Grill Károly Könyvkiadó.
– (1909a): *Zur Gründung einer beschreibenden Soziologie* [dt. Originalfassung], Berlin/Leipzig: Walter Rotschild.
– (1909b): *Der Güterverkehr in der Urgesellschaft* [dt. Originalfassung], Bruxelles/Leipzig: Misch und Thron.
– (1911): *Az érték problémája* [Das Problem des Wertes], Budapest: Kilián Frigyes Utóda M. K. Egyetemi Könyvkereskedése.
– (1917): *Juristische Grundlehre* [dt. Originalfassung], Leipzig: Verlag von Felix Meiner.
– (1926): *Gedanken zu einer ersten Philosophie* [dt. Originalfassung], Berlin/Leipzig: Walter de Gruyter & Co.

Zu Ervin Szabó

Lukács, György (1971): A bolsevizmus mint erkölcsi probléma [Der Bolschewismus als moralisches Problem] [1918]. In: Ders., *Történelem és osztálytudat* [Geschichte und Klassenbewusstsein], Budapest: Magvető, S. 11–17. (Die deutschsprachigen Textausgaben dieses Werkes enthalten diesen Aufsatz nicht.)
Szabó, Ervin (1902): *Magyar jakobinusok* [Die ungarischen Jakobiner], Budapest: Népszava Könyvkereskedés.
– (1911): *A tőke és a munka harca* [Der Kampf zwischen Kapital und Arbeit], Budapest: Politzer Zsigmond és Fia Kiadása.
– (1919): *A szocializmus / Szindikalizmus és szociáldemokrácia* [Der Sozialismus / Syndikalismus und Sozialdemokratie] (= Természet és Társadalom [Natur und Gesellschaft], Bd. 5, hrsg. von Oszkár Jászi und Zsigmond Kunfi), Budapest: Új Magyarország Rt.
– (1919a): A szocializmus [Der Sozialismus] [1904]. In: Szabó 1919, S. 21–83.
– (1919b): Szindikalizmus és szociáldemokrácia [Syndikalismus und Sozialdemokratie] [1908]. In: Szabó 1919, S. 87–112;
– (1921): *Társadalmi és pártharcok a 48–49-es magyar forradalomban* [Soziale und Parteikämpfe in der ungarischen Revolution von 1848–1849], Budapest: Népszava Könyvkiadó (Neuauflage ebd. 1945).
– (1934): *Pártfegyelem és individualismus* [Parteidisziplin und Individualismus] [1904], Budapest: Stolte Kiadás.
– (1958): *Szabó Ervin válogatott írásai* [Ausgewählte Schriften Ervin Szabós], Budapest: Kossuth Könyvkiadó.
– (1977/78): *Szabó Ervin levelezése* [Ervin Szabós Briefwechsel], 2 Bde., Budapest: Kossuth Kiadó.
– (1977): *Hol az igazság? Tanulmányok* [Wo ist die Wahrheit? Aufsätze], Budapest: Magvető.

– (1979): *Szabó Ervin történeti írásai* [Die historischen Schriften Ervin Szabós], Budapest: Gondolat.

Zu Sándor Giesswein

Giesswein, Sándor (1896): *A katholikus egyház társadalmi missziója* [Die soziale Mission der katholischen Kirche], Győr: Győregyházmegye Könyvnyomdája.
– (1904): *Történelembölcselet és szociológia* [Geschichtsphilosophie und Soziologie], Budapest: Szent István Társulat.
– (1907): *Társadalmi problémák és keresztény világnézet* [Soziale Probleme und christliche Weltanschauung], Budapest: Szent István Társulat.
– (1913): *Keresztény szociális törekvések a társadalmi és gazdasági életben* [Christlichsoziale Bestrebungen im gesellschaftlichen und wirtschaftlichen Leben], Budapest: Stephaneum Nyomda Rt.
– (1914): *A szociális kérdés és a keresztény szociálizmus* [Die Soziale Frage und der christliche Sozialismus], Budapest: Stephanaeum Nyomda Rt.
– (1915a): *A háború és a társadalomtudomány* [Der Krieg und die Sozialwissenschaft], Budapest: Szent István Társulat.
– (1915b): *Egyén és társadalom* [Individuum und Gesellschaft] [Antrittsrede], Budapest: Magyar Tudományos Akadémia.
– (1917): *Igazságosság és béke* [Gerechtigkeit und Frieden], Budapest: Szent István Társulat.
Mihályfi, Ákos (1925): *Giesswein Sándor emlékezete* [Zum Gedenken an Sándor Giesswein], Budapest: Stephaneum Nyomda és Könyvkiadó Rt.
Ketteler, Wilhelm Emmanuel Freiherr von (1864): *Die Arbeiterfrage und das Christentum*, 3. Aufl., Mainz: Kirchheim.

Gábor Felkai

VI. Der polnische Teil

Soziologie in Galizien

Das 1772 durch Maria Theresia annektierte Teilgebiet Polen-Litauens, das als Königreich Galizien und Lodomerien in die Habsburgermonarchie eingegliedert wurde, bildete, bis auf die Bukowina, den östlichsten Teil des Vielvölkerreiches. Die plurikulturelle Bevölkerung, unter der Polnisch, Ukrainisch/Ruthenisch und Jiddisch neben der Verwaltungssprache Deutsch die verbreitetsten Sprachen waren, wurde im Laufe des 19. Jahrhunderts zunehmend durch nationale Bewegungen vereinnahmt, die sich unter anderem durch eigene Wissenschaftsinstitutionen und -netzwerke voneinander abzugrenzen suchten. Als die Soziologie in den 1860er Jahren die intellektuelle Bühne Zentraleuropas betrat, wurden die wichtigsten Bildungs- und Forschungseinrichtungen Galiziens von polnischen Wissenschaftlern dominiert. An der Krakauer Jagiellonen-Universität wurde seit Ende des Neoabsolutismus in polnischer Sprache gelehrt, die Universität der Landeshauptstadt Lemberg wurde in den 1870er Jahren polonisiert. Die ruthenische Wissenschaftlergemeinde war wesentlich kleiner als die polnische und verfügte zudem über weniger Ressourcen. Zwar existierten an der Lemberger Universität einzelne ukrainischsprachige Lehrstühle, aber erst in den 1890er Jahren gelang es, mit der Wissenschaftlichen Ševčenko-Gesellschaft eine eigene ukrainische Forschungseinrichtung bzw. Akademie zu etablieren. Trotz dieser zunehmenden Desintegrationsbewegungen standen polnische und ukrainische Forscher weiterhin miteinander im Kontakt und nahmen sich gegenseitig wahr, wobei jedoch eher Ruthenen polnische Texte rezipierten als umgekehrt.

Charakteristisch für die galizische Wissenschaftslandschaft ist der Umstand, dass sowohl die polnisch- als auch die ukrainischsprachige Wissenschaftsgemeinschaft über den Raum des Imperiums hinaus agierten und mit Warschau bzw. Kiew ihre Zentren im Russischen Reich hatten. Somit waren galizische Soziologen in zwei, wenn nicht sogar drei kommunikative Kontexte eingebunden: den imperialen, den lokalen und den jeweiligen nationalen.

Für die Soziologie, die damals häufig nationale Gemeinschaften in den Blick nahm bzw. diese (mit-)konstruierte, hatte das weitreichende Konsequenzen. Die polnischsprachige Soziologie etwa entwickelte sich vornehmlich außerhalb Galiziens, und zwar im Umfeld der Warschauer Positivismusbewegung, die vor allem von einer Spencer-Begeisterung geprägt war. Galizische Forscher verwiesen häufig auf Józef K. Potocki, der sich in Warschau als Übersetzer von Herbert Spencer, Théodule Ribot, Alfred Fouillée und Alfred Espinas sowie als Herausgeber und Publizist für die Verbreitung der Soziologie in Polen einsetzte (Wincławski 2008, S. 191). Auch die einflussreichsten polnischsprachigen Soziologen des ausgehenden 19. Jahrhunderts, Ludwik Krzywicki und Kazimierz Kelles-Krauz, wirkten außerhalb Galiziens –jener in Paris, dieser von 1901 bis zu seinem Tod im Jahr 1905 in Wien, wo er seine damals wenig beachtete, aber kürzlich wiederentdeckte Nationalismustheorie vervollständigte (Snyder 1997).

In der polnischsprachigen Wissenschaft und vor allem in Warschau war die Soziologie eine der führenden, wenn nicht sogar die führende Disziplin. Zwischen 1860 und 1919 erschienen auf Polnisch 178 soziologische Publikationen von sich als polnisch identifizierenden Forschern sowie 195 Übersetzungen deutscher, englischer und französischer Werke. (Bezeichnenderweise fehlten Übersetzungen von Auguste Comte, während die grundlegenden Publikationen von John Stuart Mill und Spencer auf Polnisch vorlagen; vgl. Wincławski 2009, S. 36). Medien, vor allem wissenschaftliche Zeitschriften, hatten translokale Bedeutung: Während in den 1860er Jahren die für die frühe Rezeption der Soziologie wichtigsten Publikationen, wie die Lemberger *Literarische Tageszeitung* (*Dziennik Literacki*) und die Krakauer Zeitschrift *Kraj* (*Das Land*) in Galizien erschienen, verlagerte sich das Zentrum später nach Warschau. Erst 1898 erschien in Krakau kurzzeitig die Zeitschrift *Ruch Społeczny. Dwutygodnik Polityczny i Naukowy* (*Die Sozialbewegung. Politisch-wissenschaftliche Zweiwochenschrift*), zu deren Hauptthemen auch die Soziologie gehörte und in der zahlreiche Rezensionen soziologischer Texte veröffentlicht wurden. Jedoch fehlte es an Organisationen, die sich mit soziologischen Themen befassten. Erst 1899 wurde mit der Ökonomischen Sektion der Lemberger Juridischen Gesellschaft (Sekcja Ekonomiczna Lwowskiego Towarzystwa Prawniczego) die erste polnischsprachige Organisation gegründet, in der regelmäßig soziologische Theorien diskutiert wurden (Fryszkowa/Kosiński 2010, S. 47).

Im Gegensatz zur lebhaften polnischen Community blieb die Soziologie unter ruthenischen bzw. ukrainischen Forschern in Galizien bis zum Ende des Ersten Weltkrieges eine eher marginale Disziplin. Deren wissenschaftliche Aktivität konzentrierte sich vor allem auf die Historiographie und Ethnographie. Wie die polnische agierte auch die ukrainische Forschung vor allem transimperial. Die meisten sich mit soziologischen Theorien auseinandersetzenden Forscher wirkten dabei in der zum Russischen Imperium gehörenden Ostukraine. Entscheidenden Einfluss auf das ukrainische politische und gesellschaftliche Denken hatte etwa der in Kiew und später im Genfer und Sofioter Exil wirkende Mychajlo Drahomanov (1841–1895), der in der heutigen Ukraine als Begründer der ukrainischen Soziologie gefeiert wird (Lapan/Sudyn 2011, S. 94). L'viv/Lemberg besuchte er in den 1870er Jahren zwar nur kurz, stand aber mit dort ansässigen Wissenschaftlern in Briefkontakt und wurde stark rezipiert, etwa von Mychajlo Hruševskyj oder Ivan Franko, auf die unten noch näher eingegangen wird. In seiner Antrittsvorlesung als Geschichtsprofessor in Kiew 1873 beschrieb Drahomanov die »Wissenschaft von der Gesellschaft oder Soziologie« als Möglichkeit, mittels Vergleichs verschiedener Gesellschaftsformen historische Quellen kritisch auf ihre Glaubwürdigkeit hin zu überprüfen (Drahomanov 1874, S. 177).

Obwohl die galizische Soziologie sich somit allein im Rahmen der Habsburgermonarchie nur begrenzt analysieren lässt, wird im Folgenden doch der Versuch unternommen, einige spezifische Charakteristika der galizischen Soziologie zumindest skizzenhaft zu beschreiben.

Lokale Kontexte

Um den Blick auf die galizische Soziologie in ihrer lokalen Dimension zu schärfen, sind hier zunächst einige kontextuelle Eckdaten zu nennen. Die Soziologie gelangte – damals noch im Gewand der politischen Ökonomie – über die Vermittlung von Józef Supiński (1804–1893) auf direktem Weg von Paris nach Galizien. Der in Lemberg geborene Supiński hatte an der Universität Warschau studiert, bevor er aus politischen Gründen 1831 nach Frankreich emigrierte, von wo aus er schließlich 1844 in seine Geburtsstadt Lemberg zurückkehrte. Seine Arbeiten *Myśl ogólna fizjologii powszechnej* (*Grundlegende Gedanken zu einer allgemeinen Physiologie*, 1860) und *Szkoła polska gospodarstwa społecznego* (*Die polnische Schule der Sozialökonomie*, 2 Bde., 1862/65) thematisierten die zunehmende Notwendigkeit sozialer und ökonomischer Analysen der Gesellschaft und beriefen sich auf Comte, ohne allerdings inhaltlich viel von dessen Ansätzen zu übernehmen. Obwohl seine Gedanken erst später einen größeren Bekanntheitsgrad erreichten, gelten Supińskis Publikationen als Geburtsstunde der polnischsprachigen Soziologie. Einen zweiten, ebenfalls noch wenig erfolgreichen Anlauf erlebte die Soziologie 1871, als Ludwik Masłowski (1847–1928) eine Monographie über die Gesetze des Fortschritts veröffentlichte, die von den Theorien Comtes und Darwins geprägt war. Diese Studie wurde allerdings kaum rezipiert, und ihr Autor setzte seine Karriere zunächst als Übersetzer u.a. der Werke Darwins und schließlich als antipositivistischer Publizist in Lemberg fort.

Zwei für die weitere Entwicklung der polnischsprachigen Soziologie wichtige Publikationen erschienen 1875; bezeichnenderweise wurden beide von Forschern verfasst, die aus politischen Gründen emigriert waren. In Graz veröffentlichte der kurz zuvor aus Galizien gekommene Journalist – und später so berühmte Soziologe – Ludwik Gumplowicz (1838–1909) ein schmales Büchlein mit dem Titel *Raçe und Staat. Eine Untersuchung über das Gesetz der Staatenbildung*. (Gumplowicz ist eigene Abhandlung in Teil E gewidmet.) Im galizischen Lemberg wiederum setzte sich der wegen nationalistischer Aktivitäten aus Warschau verbannte Lehrer und Publizist Bolesław Limanowski (1835–1935) in seiner Dissertation mit der Soziologie Comtes auseinander und veröffentlichte 1875 eine Zusammenfassung von dessen Theorien.

Drei Jahre später, 1878, tauchte der Begriff der Gesellschaftsökonomie (»suspil'na ekonomika«) in den Schriften des jungen ruthenischen Studenten Ivan Franko (1856–1916) auf, der diese als die wichtigste Wissenschaft überhaupt bezeichnete (Franko 1986 [1878], S. 39). Somit fand die Soziologie auch in ruthenischen intellektuellen Kreisen ihren Eingang über den Ökonomiebegriff – ein Umstand, der auf die bereits abnehmende Bedeutung Comtes in diesem Prozess hindeutet.

Obwohl bereits diese ersten Schriften ein frühes Interesse an der Soziologie in Galizien andeuten, konnte sie sich noch längere Zeit nicht akademisch etablieren. Von den drei letztgenannten Autoren verblieb nur Franko in Galizien, der sich jedoch mehr auf seine schriftstellerische Karriere und die Ethnographie konzentrierte als auf die Soziologie. Studiert hatte Franko bei dem stark vom Positivismus beeinflussten Warschauer Psychologen Julian Ochorowicz (1850–1917), der ab 1875 in Lemberg lehrte, aber aufgrund von Konflikten mit konservativen und katholischen Professoren 1882 wieder entlassen wurde. Damit war die Soziologie für die folgende Dekade in Lemberg nicht mehr präsent.

Es kann zwar davon ausgegangen werden, dass auch in dieser Zeit in einzelnen Lehrveranstaltungen soziologische Autoren behandelt wurden, aber dezidiert soziologische Vorlesungen, die diesen Begriff auch im Titel führten, wurden in Galizien erst ab den späten 1880er Jahren angeboten. Diese Lehrveranstaltungen fanden jedoch in einem eher untypischen Kontext statt, nämlich an der theologischen Fakultät der Universität Krakau (Wincławski 2008, S. 190). Dort las der Philosoph Stefan Pawlicki (1839–1916) im Studienjahr 1888/89 über die Soziologie und Psychologie der Nationen (»Socjologia i psychologia narodów«). Pawlicki – selbst ein konservativer Neoscholastiker – war in vielerlei Hinsicht von besonderer Bedeutung für die Verbreitung der Soziologie, da er sich auch in anderen Vorlesungen häufig mit soziologischen und positivistischen Denkern beschäftigte und so seinen Studierenden deren Namen geläufig machte. Damit setzte er auch die paradoxe Geschichte der polnischsprachigen Humanwissenschaften fort, denn bereits die ersten ausgewiesenen Positivisten und Soziologen hatten die neue fachliche Perspektive, die sie sich zu eigen machen sollten, über die Schriften des Priesters Franciszek Salezy Krupiński (1836–1898) kennengelernt. Dieser war zwar selbst sozialwissenschaftlich tätig, den meisten Klassikern der Soziologie gegenüber aber dennoch negativ eingestellt.

Pawlicki sollte aber nicht der einzige bleiben, der an galizischen Universitäten soziologische Theorien behandelte – Interesse an der Soziologie kam in verschiedenen Fachrichtungen auf. Die ganze Bandbreite des Spektrums wird deutlich, wenn man dem Theologen Pawlicki den Privatdozenten für Zoologie und späteren Professor für Naturphilosophie, Tadeusz Garbowski (1869–1940), gegenüberstellt, der 1907/08 in Krakau eine Vorlesung mit dem Titel »Der Organismus und die Gesellschaft: Ein philosophisch-naturwissenschaftlicher Vortrag zu den biologischen Grundsätzen der Soziologie« hielt (Garbowski 1909).

Die stärkste Wirkung entfaltete die universitäre Soziologie jedoch an den Juridischen Fakultäten. In Lemberg unterrichtete ab 1907 der in Krakau ausgebildete Strafrechtler Juliusz Makarewicz (1872–1955), der u.a. bei Franz von Liszt studiert hatte und mancherorts als Gründer der soziologischen Schule des polnischen Strafrechts gilt. Als Mitglied des Pariser Institut International de Sociologie verfasste Makarewicz vielbeachtete Bücher zur Kriminalsoziologie und zur Philosophie des Strafrechts, wobei sein soziologischer Standpunkt vor allem in der Frage nach dem Verhältnis von sozialem Umfeld und kriminellen Neigungen hervortrat.

Der prominenteste in der Reihe der ersten arrivierten Soziologen lehrte jedoch nicht an einer Universität, sondern am Lemberger Polytechnikum (das heute im Rang einer Nationalen Universität steht). Es war dies der Sozialökonom und Zivilrechtler Władysław Pilat (1857–1908; 1895 außerordentlicher, 1900 ordentlicher Professor), der sich ab 1900 der Soziologie verschrieb. Besondere Anerkennung fanden seine kunstsoziologischen Ausführungen, die jedoch aufgrund seines frühen Todes im Alter von nur 51 Jahren unvollendet blieben. Pilat beschrieb seinen Ansatz als ethische oder humanistische Soziologie, die er von den damals tonangebenden biologischen und materialistischen Zugängen unterschied.

Auch Stanislav Dnistrjans'kyj (1870–1935), Professor für Zivilrecht in ukrainischer Sprache an der Lemberger Universität, beschäftigte sich eingehend mit soziologischen Ansätzen. In seinem Werk *Das Gewohnheitsrecht und die sozialen Verbände* (1905) leitet er die Entwicklung des Rechts soziologisch her und behandelt die Frage, wie sozialethische Normen eines sozialen Verbandes zu Recht werden. Im Gegensatz zu dem über ähnliche Fragen arbeitenden Eugen Ehrlich (beide erkannten an, unabhängig voneinander einen ähnlichen theoretischen Ansatz entwickelt zu haben) bleibt Dnistrjans'kyj jedoch auf der gesellschaftstheoretischen Ebene und beruft sich nur anekdotisch auf empirische Beobachtungen.

Obwohl in Galizien noch in der Habsburgerzeit Versuche zur Institutionalisierung der Soziologie unternommen wurden (so fanden z.B. informelle Gespräche zwischen Gumplowicz und der Jagiellonen-Universität statt, die zu einem Ruf des Grazer Forschers nach Krakau hätten führen sollen), wurden fast alle Lehrstühle für Soziologie erst nach dem Ersten Weltkrieg geschaffen. Die einzige Ausnahme war der 1910 eingerichtete Lehrstuhl für Christliche Soziallehre an der Theologischen Fakultät der Universität Krakau, dessen Besetzung jedoch zu ernsten Auseinandersetzungen führte: Die Berufung des Priesters Kazimierz Zimmermann (1874–1925) löste in Krakau heftige Tumulte aus, die als »Zimmermaniada« (»Zimmermann-Krieg«) in die Geschichte der Stadt eingingen. Liberale und sozialistische Intellektuelle und Studenten betrachteten den neu geschaffenen Lehrstuhl als einen der Soziologie im Allgemeinen verpflichteten und forderten daher, ihn an die Philosophische Fakultät zu verlegen und mit einem weltlichen Professor zu besetzen. Als Zimmermann im November 1910 ein colloquium publicum anbieten wollte, unterbrachen jene laizistisch gesinnten Studenten die erste Veranstaltung. Nach weiteren Protesten, Straßenkämpfen, Vorlesungsunterbrechungen und Drohungen der Universitätsleitung, die protestierenden Studenten der Universität zu verweisen, wurde am 28. Januar 1911 ein Generalstreik ausgerufen. Am 8. Februar musste die Universität sogar für zwei Monate geschlossen werden. Da jedoch das Bildungsministerium unter dem konservativen Minister Karl Graf Stürgkh die Universitätsleitung und Zimmermann unterstützte, endete der Kampf um die »Säkularisierung« der Krakauer Soziologie mit der Beibehaltung des status quo (Konarski 1962).

Wichtige soziologische Beiträge stammen auch von Forschern, die außerhalb der universitären Welt wirkten: Mieczysław Szerer (1884–1981), dessen 1910 auf Polnisch und 1914 auf Französisch erschienene Studie zur soziologischen Konzeption der Strafe ein breites Echo fand, war in Lemberg als Rechtsanwalt tätig. Ebenso Leopold Caro (1864–1939), der die Auswanderung aus dem Habsburgerreich erforschte und eine viel gelesene Einführung in die Soziologie (*Wstęp do socjologii,* 1912) verfasste. Erst in der Zwischenkriegszeit übernahm Caro einen Lehrstuhl für Sozialökonomie am Lemberger Polytechnikum.

Die Nachbardisziplinen der Soziologie

Den oben genannten arrivierten Soziologen wie Pilat oder Makarewicz stand eine Reihe von Autoren zur Seite, deren Schriften nur teilweise soziologische Fragestellungen berührten. Dies waren vor allem Arbeiten aus dem Bereich der Statistik oder der Geschichte, die erst im Nachhinein in den soziologischen Kanon inkorporiert wurden.

Dieser kurze Überblick über die der Soziologie nahestehenden Galizier soll mit einem Autor begonnen werden, der vor allem als sozialistischer Denker bekannt wurde, dem bereits genannten Publizisten Bolesław Limanowski. Seine 1875 erschienene Zusammenfassung der Lehren Comtes war für die Entwicklung der polnischsprachigen Soziologie wegweisend. Limanowski selbst hatte an dieser aber zunächst keinen Anteil. Seine Nähe zum Sozialismus, dem er sich zunehmend verschrieb und in publizistisch-soziologischen Arbeiten propagierte, veranlasste ihn dazu, 1899 aus Galizien zu fliehen, wohin er erst 1907 zurückkehren konnte. Obwohl er zu dieser Zeit in Paris lebte, erschienen einige seiner Arbeiten in Galizien, so etwa das in Krakau herausgegebene Büchlein *Naród i państwo: studyum socyologiczne* (*Nation und Staat. Eine soziologische Studie*), in dem er die Idee des Nationalstaates als optimale gesellschaftliche Organisationsform soziologisch zu untermauern versuchte. Gleichzeitig konstatierte er eine in modernen Gesellschaften abnehmende Rolle des von Darwin beschriebenen Daseinskampfes und sagte sogar ein »vergemeinschaftetes republikanisch-demokratisches Europa« voraus (Limanowski 1906, S. 99). Seine umfangreiche, kurz vor der Jahrhundertwende verfasste und noch stark von Comtes Auffassungen geprägte *Socjologia* (2 Bde., 1919) erschien dagegen erst nach dem Ersten Weltkrieg, womit sie die Soziologie im habsburgischen Galizien nicht mehr beeinflussen konnte.

Im angrenzenden Bereich der Statistik waren für Galizien vor allem die *Statistischen Mitteilungen über den Zustand des Landes* (*Wiadomości Statystyczne o Stosunkach Krajowych*) von Belang, die ab 1873 erschienen. Mit Fragen der Statistik – einschließlich solchen der Erhebungsmethoden und der Durchführungspraxis – setzte sich auch der oben erwähnte Jurist Stanislav Dnistrjans'kyj auseinander, der in Aufsätzen und politischen Reden die offizielle galizische Nationalitätenstatistik dahingehend kritisierte, dass sie den Anteil der Ruthenen/Ukrainer an der galizischen Bevölkerung absichtlich allzu gering veranschlage (Dnistrjans'kyj 1909).

Mit der sozialen Situation der Arbeiter beschäftigte sich Stanisław Szczepanowski (1846–1900), der in seinem einflussreichen Werk *Nędza Galicji w cyfrach* [...] (*Das Elend Galiziens in Zahlen* [...], 1888) die ökonomischen Probleme des Landes als eine Folge der Ausbeutung durch die adeligen Eliten und der Arbeitsteilung innerhalb der Monarchie beschrieb. Einen ähnlichen Zugang verfolgten auch lokale Studien, die sich der Lage der Arbeiter sowie der Bauernschaft widmeten und zuerst im Umfeld der Provinzverwaltung und dann zunehmend auch in sozialen und feministischen Netzwerken entstanden. Im sozialistischen Milieu überwogen empirische Berichte aus der Feldforschng, die eher Einzelfallanalysen als systematische Auswertungen darstellten (Balicka-Kozłowska 1963/64, u. zw. 1963/Heft 4, S. 34–37).

Repräsentativ für die mit statistischen Methoden arbeitende Soziologie und ein Beispiel für deren transimperiale Verflechtung ist Zofia Daszyńska-Golińska (1866–1934). Die in Warschau geborene Wirtschaftshistorikerin, Sozialaktivistin, Politikerin und Feministin studierte in Zürich und Berlin (u.a. bei Georg Simmel und Adolph Wagner) und verfasste 1892 das erste polnischsprachige Werk zur Methode der sozialwissenschaftlichen Beobachtung. Ab 1896 forschte sie in Krakau unter anderem zum Alkoholismus in Galizien. Auf der Grundlage ihrer mit unterschiedlichen Methoden gesammelten Daten – der Methodenmix reichte dabei von Einzelbeobachtungen Betroffener bis hin zu Bezirksstatistiken – identifizierte sie acht soziale, ökonomische und kulturelle Faktoren, die Alkoholismus und Trunksucht ihrer Meinung nach begünstigten, und vier, die sie minderten (siehe dazu Kaminski 2012). In einer anderen Untersuchung erforschte sie die Arbeitsbedingungen verschiedener Berufsklassen in Krakau (Daszyńska-Golińska 1902).

Die Lebens- und Arbeitsbedingungen galizischer Fabrikarbeiter standen auch im Mittelpunkt der sozioökonomischen Studien des bereits erwähnten Ivan Franko. Franko war einer der wichtigsten ruthenischen Intellektuellen, er verfasste vor allem Gedichte und literarische Prosawerke wie auch zahlreiche journalistische, literaturwissenschaftliche, historische und ethnologische Texte. Soziologische Ansätze finden sich vor allem in seinen Auseinandersetzungen mit aktuellen gesellschaftlichen Entwicklungen, so zum Beispiel in einer Geschichte der Arbeitsbeziehungen (Franko 1986a [1903]). Neben Comte bezog er sich stark auf Karl Marx; er befürwortete eher sozialdemokratische Ideen und lehnte radikale kommunistische Forderungen wie die nach der Abschaffung des Privatbesitzes ab. In seinen sozialökonomischen Schriften setzte Franko politische Bestrebungen in Beziehung zu empirischen Beobachtungen der Lebens- und Arbeitsbedingungen der galizischen Arbeiter und insbesondere ihrer Abhängigkeit von den Fabrikeigentümern (Franko 1984 [1881]).

Von großer Bedeutung für die weitere Entwicklung der polnischsprachigen Soziologie waren Studien im Bereich der Sozialgeschichte. Als einer der Pioniere der Dorfsoziologie gilt Franciszek Bujak (1875–1953). Seine 1903 erschienene monographische Studie zu dem 60 Kilometer südöstlich von Krakau gelegenen Dorf Żmiąca gilt weltweit als eine der ersten Arbeiten dieser Art überhaupt und wurde zunächst 60, und dann noch ein weiteres Mal 100 Jahre später wiederholt (Luczewski/Bukraba-Rylska 2008). Obwohl Bujak seine soziologische Vorgehensweise selbst nicht reflektierte, erwies sich sein Ansatz, Interviews anhand von Fragebögen durchzuführen, methodisch als wegweisend für die Entwicklung der Dorf- und Gemeindesoziologie in polnischer Sprache.

Schließlich sei noch auf den in Lemberg lehrenden Professor für osteuropäische Geschichte, Mychajlo Hruševskyj (1866–1934) verwiesen, der für die ruthenische bzw. später die ukrainische Soziologie von einiger Bedeutung war. Hruševskyj wurde im damals (durch Personalunion) zum Russischen Reich gehörenden Chełm geboren und studierte an der Kiewer Universität. 1894 wurde er nach Lemberg berufen, unterhielt aber weiterhin sehr intensive Beziehungen zu ukrainischen Kollegen in Russland. Sein opus magnum war eine monumentale zehnbändige Geschichte der Kiewer Rus (Ukraine-Rus'), in der er ein nationales ukrainisches Geschichtsnarrativ entwarf, das auf dem ukrainischen Volk als Hauptakteur basierte, da aufgrund der jahrhundertelangen Fremdherrschaft eine kontinuierliche ukrainische Geschichte vom Mittelalter bis in die Neuzeit nicht anhand von Königsdynastien oder Adelsfamilien erzählt werden konnte (vgl. Plokhy 2005, S. 171).

Schluss

Wenn nach gemeinsamen Charakteristika einer galizischen Soziologie gefragt wird, kristallisieren sich vor allem drei zentrale Merkmale heraus: Zunächst einmal ist eine Konzentration auf die Nation als gesellschaftliche Gruppe zu konstatieren; diese bestimmte die Betrachtungsweise sowohl polnischer wie auch ruthenischer/ukrainischer Forscher. Somit war die Soziologie stark in die Nationsbildungsprozesse dieser beiden damals staatenlosen Nationalbewegungen involviert – und zwar indem sie sowohl gesellschaftliche Diagnosen des Ist-Zustands erstellte als auch Prognosen und Konzepte für den politischen Kampf um die nationale Unabhängigkeit. Sodann ist als zweites charakteristisches Merkmal der Soziologie in Galizien der hohe Anteil der Juristen unter den ersten »soziologischen« Autoren auffällig, der den der Geistes- wie der Kulturwissenschaftler allgemein überflügelte; erklären lässt sich das vor allem aus der damaligen Fakultätseinteilung, denn im Habsburgerreich waren die Sozialwissenschaften den Rechtsfakultäten angegliedert. In dieser Hinsicht stand die fehlende Institutionalisierung der Soziologie im Einklang mit entsprechenden Entwicklungen in anderen Teilen der Monarchie; das gilt freilich auch ganz allgemein für die beachtliche Popularität der soziologischen Betrachtungsweise, die nicht nur in Galizien noch zusätzlichen Auftrieb hatte durch die sich vollziehenden Nationsbildungsprozesse wie auch durch die transimperialen Verflechtungen. Als drittes Charakteristikum lässt sich schließlich die periphere Rolle identifizieren, die marxistische und sozialistische Zugänge zumindest unter den polnischen Soziologen Galiziens spielten. Diese wurden zwar rezipiert, jedoch in weitaus schwächerem Ausmaß als im Russischen Reich. Die ruthenischen Gelehrten Franko und Hruševskyj bauten hingegen ihre Untersuchungen in hohem Maße auf marxistischen Ansätzen auf.

Einrichtungen, die sich dezidiert der soziologischen Forschung verschrieben, wurden erst nach dem Ende der Habsburgermonarchie geschaffen. In der Zwischenkriegszeit erhielten die meisten Universitäten auf dem Gebiet der Zweiten Polnischen Republik Lehrstühle für Soziologie, wobei die Mehrheit der auf sie berufenen Professoren keine Galizier waren. Zwar promovierte mit Florian Znaniecki (1882–1958) der bekannteste Soziologe der Zwischenkriegszeit 1910 im Fach Philosophie in Krakau, aber er war außerhalb Galiziens wissenschaftlich sozialisiert worden; ähnliches gilt für den in Warschau, Leipzig, Zürich und Paris ausgebildeten Ludwik Krzywicki (1859–1941). Ausnahmen waren der oben genannte Leopold Caro, der am Lemberger Polytechnikum lehrte, und Jan Stanisław Bystroń (1892–1964), der von 1919 bis 1925 Ethnologie in Posen lehrte und von dort an den Lehrstuhl für Ethnologie und Soziologie in Krakau wechselte, ehe er 1934 eine Professur für Soziologie und polnische Volkskultur an der Universität Warschau übernahm.

Noch weniger Kontinuität zeigt sich in der ukrainischen Soziologie. In Genf gründete der nach dem Krieg aus Galizien emigrierte Mychajlo Hruševskyj ein (später nach Prag bzw. in weiterer Folge nach Wien verlegtes) Ukrainisches Soziologisches Institut, das vor allem die Herausgabe seiner Schriften besorgte und 1924 mit seinem Umzug nach Kiew geschlossen wurde (Sudyn 2012). An diesem Institut erschienen beispielsweise Hruševskyjs Studien zu der von ihm als »genetische Soziologie« bezeichneten Forschungsrichtung, die die Entwicklung früher Gesellschaftsformen untersuchte. Auch an der neu gegründeten Ukrainischen Akademie der Wissenschaften in Kiew wurde ein Lehrstuhl für Soziologie eingerichtet. In der Sowjetunion stand die positivistische Soziologie als »bürgerliche« Wissenschaft freilich im Schatten der marxistischen Philosophie und konnte sich erst nach der Entstalinisierung allmählich entwickeln – sie stand dabei jedoch weiter unter scharfer ideologischer Kontrolle.

Balicka-Kozłowska, Helena (1963/64): Badania nad warunkami bytu ludności w latach 1875–1914 w Królestwie Polskim i Galicji [Untersuchungen zu den Lebensbedingungen der Bevölkerung in den Jahren 1875–1914 im Königreich Polen und in Galizien]. In: *Biuletyn IGS* 1963/4, S. 19–46 und 1964/1, S. 51–62.

Daszyńska-Golińska, Zofia (1902): Wywiady nad położeniem robotników wykwalifikowanych w Krakowie [Umfragen zur Lage der qualifizierten Arbeiter in Krakau]. In: *Czasopismo Prawno-Ekonomiczne* 3, S. 174–219.

Dnistrjans'kyj, Stanyslav (1905): *Das Gewohnheitsrecht und die sozialen Verbände*, Czernowitz: Gutenberg.

– (1909): *Nacional'na statystyka* [Nationalitätenstatistik], L'viv: Nauk. Tovar. Im. Ševčenka.

Drahomanov, Mychajlo (1874): Položenie i zadači nauki drevnej istorii [Die Lage und die Aufgaben der Alten Geschichte]. In: *Žurnal Ministerstva narodnago prosvyščenia* 175/2, S. 152–181.

Franko, Ivan (1984): Promyslovi robitnyky v schidnij halyčyni i jich plata r. 1870 [1881] [Die

Industriearbeiter in Ostgalizien und ihre Entlohnung im J. 1870]. In: Jevdokymenko 1984, S. 44–51.
– (1986a): Ščo take postup? [1903] [Was ist Fortschritt?]. In: Jevdokymenko 1986, S. 300–348.
– (1986b): Nauka i jiji vsajemyny z pracjujučymy klasamy [1878] [Die Wissenschaft und ihre Beziehung zu den arbeitenden Klassen]. In: Jevdokymenko 1986, S. 24–40.
Fryszkowska, Wiktorija/Stanisław Kosiński (2010): *Lwowskie początki socjologii polskiej* [Die Lemberger Anfänge der polnischen Soziologie], Warszawa: Wydawnictwo Naukowe Scholar.
Garbowski, Tadeusz (1909): *Organizm a społeczeństwo: wykład filozoficzno-przyrodniczy biologicznych podstaw socyologii* [Organismus und Gesellschaft: Eine philosophisch-naturwissenschaftliche Vorlesung zu den biologischen Grundlagen der Soziologie] [Vorlesungstranskript], Kraków: Wydawnictwo Koła Filozoficznego U. U. J.
Hruševskyj, Mychajlo (1921): *Počatky hromadjanstva: henetyčna sociol'ogija* [Die Anfänge der Gemeinschaft: Genetische Soziologie], Prag: Ukrajins'kyj sociolohičnyj instytut.
Jevdokymenko, Volodymyr Ju. (Hg.) (1984 bzw. 1986): *Povne Zibrannja Tvoriv u P'jatdecjaty tomach*, Bd. 44/1 (1984); Bd. 45 (1986), Kyjiv: Naukova Dumka.
Kamiński, Tomasz (2012): Zofii Daszyńskiej-Golińskiej socjologiczne badania alkoholizmu [Zofia Daszyńska-Golińskas soziologische Alkoholismus-Studie]. In: *Roczniki Historii Socjologii* 2, S. 133–146.
Konarski, Stanisław (1962): »Zimmermanniada« w Uniwersytecie Jagiellońskim (1910–1911) [Die »Zimmermaniade« an der Jagiellonen-Universität (1910–1911)]. In: Henryk Dobrowolski/Mirosław Frančić/Ders. (Hgg.), *Postępowe tradycje młodzieży akademickiej w Krakowie* [Progressive Traditionen der akademischen Jugend in Krakau], Kraków: Wydawnictwo Literackie, S. 135–204.
Lapan, Tetjana/Danylo Sudyn (2011): Intelektual'ni ta instytucijni vytoky ukrajinskoji sociolohiji [Intellektuelle und institutionelle Quellen der ukrainischen Soziologie]. In: *Visnyk Charkivs'koho nacional'noho universytetu imeni V.N. Karasina* 941, S. 93–99.
Limanowski, Bolesław (1906): *Naród i państwo: studyum socyologiczne* [Nation und Staat. Eine soziologische Studie], Kraków: Nakł. Tow. Wydawnictw Ludowych.
Luczewski, Michał/Izabella Bukraba-Rylska (2008): The Żmiąca effect. One hundred years of community studies in Poland. In: *Österreichische Zeitschrift für Soziologie* 33/1, S. 89–104.
Plokhy, Serhii (2005): *Unmaking Imperial Russia. Mykhailo Hrushevsky and the Writing of Ukrainian History*, Toronto: University of Toronto Press.
Sudyn, Danylo (2012): Ženevs'kyj period dijal'nosti Ukrajins'koho Sociolohičnoho Instytutu (serpen' 1919 – berezen' 1920 rr.) [Die Genfer Periode des Ukrainischen Soziologischen Instituts (August 1919 – März 1920)]. In: *Visnyk L'vivs'koho Universytetu* 6, S. 37–50.
Snyder, Timothy D. (1997): Kazimierz Kelles-Krauz (1872–1905): A Pioneering Scholar of Modern Nationalism. In: *Nations and Nationalism* 3/2, S. 231–250.
Wincławski, Włodzimierz (2008): Wyimki z kalendarza socjologii polskiej [Auszüge aus dem Kalender der polnischen Soziologie]. In: *Przegląd Socjologiczny* 57/2, S. 187–244.
– (2009): Dzieje socjologii polskiej (1860–1939) w zwierciadle bibliometrii (Próba weryfikacji metody) [Geschichte der polnischen Soziologie (1860–1939) auf Grundlage der Bibliometrie (Ein Versuch der Bestätigung ihrer Methode)]. In: *Przegląd Socjologiczny* 58/2, S. 33–52.

Jan Surman, Jakob Mischke

TEIL D: DIE HERAUSBILDUNG DER SOZIOLOGIE AUS DER SOZIALPOLITIK UND DEN BENACHBARTEN GEISTES-, RECHTS- UND SOZIALWISSENSCHAFTEN – VON DER MITTE DES 19. BIS ZU BEGINN DES 20. JAHRHUNDERTS

Detaillierte Inhaltsübersicht von Teil D

Vorbemerkungen

Rudolf Eisler stellt in dem ersten Lehrbuch der Soziologie in deutscher Sprache (Eisler 1903) eine Liste ihrer Hilfs- und Nachbardisziplinen zusammen und nennt neben den als grundlegend angesehenen Fächern der Geschichte, der Ethnologie und der Statistik die Geschichtsphilosophie, die Sprachwissenschaft, die Anthropologie, die Geographie, die Nationalökonomie sowie die Religionswissenschaft (ebd., S. 10f.). Gustav Ratzenhofer fügt in seiner letzten, postum erschienenen Monographie zu den von Eisler genannten Disziplinen noch die Biologie sowie, in Spezifizierung der allgemeinen Geschichte, die Kulturgeschichte hinzu (Ratzenhofer 1907, S. 5). Diese Auflistungen spiegeln Ansichten und Einschätzungen wider, wie sie für die Soziologen in Ländern charakteristisch waren, in denen – wie in den USA und in Frankreich, und zwar 1892 in Chicago bzw. 1895 in Bordeaux – bereits früh vollwertige und eigenständige Institute für Soziologie an Universitäten eingerichtet worden waren. Und doch wäre es irrig anzunehmen, dass die deutschsprachige Soziologie im Allgemeinen, die österreichische im Besonderen, in ihrer Beziehung zu jenen hinsichtlich der Entwicklung der Soziologie avancierten Ländern bloß rezeptiv gewesen wäre – im Gegenteil. So ist von Albion Woodbury Small, dem Leiter des ersten US-amerikanischen Instituts für Soziologie an der Universität Chicago, bekannt, dass er europäische Autoren, und darunter vor allem auch Ludwig Gumplowicz und Gustav Ratzenhofer, ganz außerordentlich schätzte und als Vorbilder eigener soziologischer Bemühungen ansah.

Irrig wäre in diesem Zusammenhang aber auch die Annahme, dass Soziologen nur von Soziologen beeinflusst worden wären bzw. nur auf andere Soziologen eingewirkt hätten. Allein der Blick auf die als soziologische »Klassiker« aus dem deutschsprachigen Teil der Monarchie angesehenen Autoren: Lorenz von Stein, Albert Schäffle, Ludwig Gumplowicz und Gustav Adolf Lindner, zeigt, dass diese allesamt auch auf andere geistes- und sozialwissenschaftliche Disziplinen einwirkten, wie sie auch umgekehrt von diesen für ihre Forschungen wertvolle Anregungen empfingen. Auf Ähnliches trifft man auch bei Vertretern der als Nachbardisziplinen der Soziologie angesehenen Fächer. Ein vorzügliches Beispiel für die Befassung mit der Nachbardisziplin Soziologie aus Sicht einer anderen Sozialwissenschaft, nämlich der Volkswirtschaftslehre, bildet der berühmte *Grundriß der Politischen Ökonomie* von Eugen von Philippovich (Philippovich 1923), ein Werk, von dem bezüglich seines soziologischen Gehalts Joseph Schumpeter große Stücke hielt.

In den folgenden Ausführungen von Teil D geht es darum zu zeigen, welche Anregungen die Soziologie im Habsburgerreich in ihrer Formationsphase, also bis ca. 1900, von anderen Disziplinen erfuhr. Dabei erweist sich, dass die frühe Soziologie vor allem zu den Disziplinen der Sozialstatistik, der Rechtswissenschaft, der Ethnologie und der

Ökonomik in enger Beziehung stand. Dies hat nicht zuletzt auch damit zu tun, dass die Mehrzahl der im Universitätsbereich an Soziologie Interessierten im Bereich der zu diesen Fächern affinen Staats- und Verwaltungslehre tätig war. Anregungen erfuhren die frühen Soziologen in der Habsburgermonarchie aber durchaus auch von Seiten der Vertreter von so disparat erscheinenden Disziplinen wie Philosophie, Psychologie, Geographie, Kunstgeschichte und Religionswissenschaft. Der Religionswissenschaft wird im vorliegenden Kompendium nur unzureichend Rechnung getragen, obschon es sich etwa anbieten würde, auf den vorzüglichen und in mehrfacher Hinsicht unkonventionellen Rudolf von Scherer (1845–1918) ausführlicher Bezug zu nehmen (vgl. dazu Liebmann 2011).

Wohl überflüssig ist die Feststellung, dass es nicht die Probleme der Nachbarfächer waren, die sich für die frühen Vertreter der Soziologie als von vorrangiger Bedeutung erwiesen haben, sondern die von ihnen als zugleich moralische und wissenschaftliche Herausforderung empfundenen Probleme der gesellschaftlichen Wirklichkeit (vgl. Neef 2012). Einige der interessantesten, im Grenzbereich zwischen Ökonomie, Sozialphilosophie und Sozialpolitik tätigen Gelehrten wie Emil Sax, Lujo Brentano und Anton Menger leisteten in dieser Hinsicht für die frühe Soziologie sehr Bedeutsames. Eine nicht unbeträchtliche Zahl von sozial engagierten Schriftstellern und Journalisten, aber auch anderen Wissenschaftlern war in ähnlicher Absicht – sei es durch die Beschreibung, Interpretation oder Verhaltenserklärung von Menschen in sozialen Problemlagen – am Werk.

Gewiss wäre es möglich gewesen, auch noch eine Reihe von »heterodoxen« Vertretern der Soziologie oder damit verwandter Disziplinen in Betracht zu ziehen, in deren Werken auf soziale Probleme im weiteren Sinn Bezug genommen wird: so zum Beispiel den als Verfasser populärwissenschaftlicher Arbeiten seinerzeit bekannten Sozialdarwinisten Friedrich Anton Heller von Hellwald (1842–1892), demzufolge es Völker gebe, die, wie z.B. die amerikanischen Ureinwohner oder die australischen Aborigines, wegen ihrer rassischen Minderwertigkeit zum Untergang verurteilt seien und deshalb auch nicht der Schonung bedürften; ferner Max Nordau (1849–1923), den Mitbegründer der Zionistischen Weltorganisation, der mit seinen kulturkritischen Auffassungen in dem Buch *Die conventionellen Lügen der Kulturmenschheit* (1883) sowie mit dem zweibändigen Werk *Entartung* (1892/93) zahlreiche Reaktionen, auch auf Seiten gewisser Soziologen, auslöste; oder schließlich etwa den gleich Nordau mit Theodor Herzl befreundeten Theodor Hertzka (auch: Hertzka Tivadar, 1845–1924), der – angeregt durch Ansichten Edward Bellamys und Eugen Dührings, welcher in Kapitalzins und Bodenrente die Übel des bestehenden Wirtschaftssystems erblickte – mit seinem Buch *Freiland. Ein sociales Zukunftsbild* (1890) die Utopie einer freiwirtschaftlichen Siedlungsgenossenschaft formulierte. Diese Utopie nahm in gewisser Hinsicht das System der Kibbuzim und das Siedlungsmodell der Freiwirtschaft von Silvio Gesell vorweg und stieß bei den Zeitgenossen offenkundig auf größeres Interesse als sowohl das früher erschienene Buch *Die Gesetze der sozialen Entwicklung* (1886) als auch jenes über *Das soziale Problem* (1912). Dass die letztgenannten Werke im vorliegenden Sammelband der Auswahl zum Opfer fielen, die vorzunehmen nötig war, mag man bedauern; dass aber eine ganze Reihe jener »heterodoxen« Publikationen, von denen soeben exemplarisch die Rede war, nicht Eingang in das vorliegende Kompendium fanden, hat einfach damit zu tun, dass es der Herausgeber anderen überlassen möchte, der gewiss lohnenden Erkundung nachzugehen, wo die Grenze zwischen mehr oder weniger achtbarer Verschrobenheit und Erkenntnisgehalt im Einzelnen liegt, und was der Leser von heute aus den Irrtümern und Einseitigkeiten von Gestern lernen kann.

In den verschiedenen Abschnitten des nun folgenden Teiles D werden Disziplinen vorgestellt, von denen die Soziologie im Habsburgerreich vorrangig ihren Ausgang genommen oder doch wertvolle Anregungen erfahren hat: Sozialstatistik, Geographie und Ethnographie, Physik und Biologie, Sozialreform und Sozialpolitik, Rechts- und Staatswissenschaften, Geschichte, Kunstgeschichte und historische Anthropologie sowie Psychologie und Philosophie. Auch den Anfängen der Historischen Soziologie sowie einer in zeitdiagnostischer Absicht die herkömmliche Geschichtsschreibung und Geschichtswissenschaft aktualisierenden Situationsdeutung kommt in diesem Zusammenhang Bedeutung zu. Mit alledem sind bestimmte Erkenntnisinteressen und gesellschaftliche Funktionen verbunden: eine Ausbildung- oder Dienstleistungsfunktion (etwa im Blick auf den Bereich der sozialen Verwaltung), eine Aufklärungsfunktion (die häufig mit ideologie- und gegenwartskritischen Bestrebungen verbunden ist), eine Erweckungs- oder Evokationsfunktion (wie sie für das moralisierende oder utopische Denken charakteristisch ist) und eine Bildungsfunktion (die sich exemplarisch in dem 1824 von Leopold von Ranke in der Einleitung zu den *Geschichten der romanischen und germanischen Völker 1494–1514* formulierten Bestreben bekundet, zu wissen, »wie es eigentlich gewesen«). Der Nachweis, welche der genannten Funktionen jeweils in welchen Disziplinen vorherrschte, soll hier allerdings nicht erbracht werden.

Abschließend sei noch auf Rudolf Eislers *Geschichte der Wissenschaften* hingewiesen, in deren Zweitem Teil der Autor alle zur Zeit um 1900 gängigen Geistes- und Sozialwissenschaften der Betrachtung zuführt (Eisler 1906, S. 181–373). Im Ersten Teil dieses kenntnisreichen Werkes figurieren die im folgenden Teil D in Betracht gezogenen Disziplinen der Geographie und der Ethnographie pauschal unter den Naturwissenschaften, da Eisler offensichtlich den Schwerpunkt dieser Disziplinen in die Bereiche der physischen Geographie bzw. der biologischen Ethnographie verlegt. Ungeachtet dieser Tatsache werden in seiner wissenschaftsgeschichtlichen Darstellung alle auch im vorliegenden Sammelband genannten Disziplinen erörtert, die potentiell hinsichtlich der Genese der Soziologie bedeutsam sind und auch als durch die Soziologie beeinflusste Nachbardisziplinen in Betracht kommen.

Eisler, Rudolf (1903): *Soziologie. Die Lehre von der Entstehung und Entwickelung der menschlichen Gesellschaft*, Leipzig: J.J. Weber.

– (1906): *Geschichte der Wissenschaften*, Leipzig: J.J. Weber.

Liebmann, Maximilian (2011): Rudolf Ritter von Scherer – Rechtshistoriker und Theologe. In: Karl Acham (Hg.), *Kunst und Wissenschaft aus Graz*, Bd. 3: *Rechts-, Sozial- und Wirtschaftswissenschaften aus Graz. Zwischen empirischer Analyse und normativer Handlungsanweisung: wissenschaftsgeschichtliche Befunde aus drei Jahrhunderten*, Wien/Köln/Weimar: Böhlau, S. 235–253.

Neef, Katharina (2012): *Die Entstehung der Soziologie aus der Sozialreform. Eine Fachgeschichte*, Frankfurt a.M./New York: Campus.

Philippovich, Eugen von (1923): *Grundriß der Politischen Ökonomie*, 2 Bde. in 3 Teilbdn., Bd. 1: *Allgemeine Volkswirtschaftslehre* [1893], 18., unveränd. Aufl., Freiburg i.Br./Leipzig/Tübingen: J.C.B. Mohr (Paul Siebeck). (Unveränderter Nachdruck der 11. Aufl. aus dem Jahr 1916.)

Ratzenhofer, Gustav (1907): *Soziologie. Positive Lehre von den menschlichen Wechselbeziehungen*. Aus seinem Nachlasse herausgegeben von seinem Sohne, Leipzig: F.A. Brockhaus.

Karl Acham

I. Wurzeln der Soziologie in Sozialreform und Sozialpolitik

1. PHILANTHROPEN UND WISSENSCHAFTLER

Josef Popper-Lynkeus

Der österreichische Schriftsteller und Sozialphilosoph Josef Popper-Lynkeus (1838–1921) formulierte die Grundzüge einer wissenschaftlich fundierten Sozialpolitik in seinem sozialreformerischen Werk *Die allgemeine Nährpflicht als Lösung der sozialen Frage* (1912), in dem er auch die Forderung nach einer bedingungslosen materiellen Grundsicherung für alle Staatsbürger, allerdings auf Naturalien bezogen, vorwegnahm.

Der aus mittellosem, kleinbürgerlich-jüdischem Milieu stammende Popper wurde schon früh mit den ökonomischen und sozialen Unterschieden zwischen den Menschen konfrontiert. Die Bestrebung, sich selbst und andere aus dieser fatalen Lage zu befreien, war eine wichtige Triebfeder seines sozialen Engagements. Poppers Erziehung hatte ihn gelehrt, Bildung als höchstes Gut anzusehen. Doch diesem Bestreben standen die Zeitumstände entgegen. Als sich ab den 1880er Jahren der Antisemitismus unter der Studentenschaft verbreitete, wurde eine akademische Laufbahn für Juden erheblich erschwert: ihnen war die Karriere eines Lehrers, Universitätsprofessors oder höheren Beamten nur gestattet, wenn sie konvertierten (Beller 1989). In seiner Autobiographie schreibt Popper: »Von ›Förderungen‹ kann ich nicht viel erzählen, von ›Schwierigkeiten‹, d.h. Widerständen, dagegen sehr viel« (Popper-Lynkeus 1924, S. 93). Seine Schriften, so unterstellte er, wurden nicht entsprechend gewürdigt, da er »gänzlich titellos und sozial stellungslos, auch nicht durch politische Tätigkeiten oder durch großen Reichtum, auch kein durch irgendwelche Extravaganzen renommiertes Individuum und überdies nur ein deutscher und kein englischer Schriftsteller« sei (ebd., S. 91).

Das Bildungsbürgertum und damit die Gesellschaft, die Popper eigentlich verehrte und in die er zu gelangen versuchte, verweigerte ihm die Unterstützung. Auch um die aus seiner Sicht verdiente Würdigung zu erfahren und wissenschaftliche und soziale Anerkennung zu erlangen, widmete er sich der Sozialreform. Die Zeit war reif und die Gruppe, auf die er seine sozialreformerischen Pläne anwenden konnte, schnell gefunden: die Arbeiter, die Schicht »ganz unten«, brauchte auch die theoretisch fundierte Basis der Anwälte der Sozialen Frage, um sich ihrer Rechte bzw. der Ungerechtigkeit ihrer Lage bewusst zu werden. Ohne eine solche Anwaltschaft und die damit verbundenen entsprechenden Bildungsmaßnahmen wäre es der Mehrzahl der Arbeiter und Dienstboten schwergefallen, ihren Unmut zu artikulieren. Außerdem fühlten viele von ihnen eine solche Distanz zwischen sich und der Oberschicht, dass sie ihre Position als gottgegeben hinnahmen und an Aufstände gar nicht zu denken wagten. Zum politischen Sprachrohr der Masse oder gar zum Anführer von Aufständen fühlte sich Popper jedoch nicht berufen. Geprägt durch die liberale Sozialreform teilte er bestimmte bürgerliche Grundvorstellungen wie die Ideale der Revolution von 1848, die Anerkennung der Vereinbarkeit von Kapitalismus und bürgerlicher Freiheit sowie gewisser Beschränkungen des Kapitalismus durch staatliche Maßnahmen und soziale Fürsorge. Ergänzt werden sollten derlei Maßnahmen nach angloamerikanischem Vorbild durch zivilgesellschaftliche Selbsthilfe (Weidenholzer 1985, S. 204).

In der *Allgemeinen Nährpflicht* führt Popper-Lynkeus näher aus, was er unter sozialer Fürsorge versteht: »Die soziale Frage als Magenfrage ist zu lösen durch die Institution einer Minimum- oder Nährarmee, die alles das produziert oder herbeischaffen hilft, was nach den Grundsätzen der Physiologie und Hygiene den Menschen *notwendig* ist [...] Die Versorgung dieses Lebens- oder Existenzminimums geschieht in natura, [...] ausnahms- und bedingungslos für alle dem Staate angehörigen Individuen; nur werden die tauglichen unter ihnen verhalten, eine bestimmte Anzahl von Jahren in der Nährarmee zu dienen« (Popper-Lynkeus 1912, S. 5).

Diese entscheidende Aufgabe des Staates, all seine Bürger in existentieller Hinsicht zu versorgen, müsse nach Popper einer sehr mächtigen koordinierenden Zentralgewalt übertragen werden, die er »Minimum-Institution« oder »Behörde für Lebenshaltung« nennt. Die freie Marktwirtschaft könne parallel dazu existieren, dürfe jedoch aus den Produkten, welche die Grundbedürfnisse abdecken (wie Wohnraum, Nahrung, Kleidung, medizinische Hilfe, Bildung) keinen Profit ziehen. Popper schreibt dazu: »Unsere nicht abzuweisenden Bedürfnisse nach Sättigung, nach Wohnstätten und nach Bekleidung stehen in gleicher Kategorie wie unsere Krankheiten, denn auch jene müssen *geheilt* werden« (ebd., S. 93). Dafür müsse aber eine *aktive* Politik sorgen, die im Gegensatz zum rein theoretischen Abhandeln und Begründen, das Bildungsbürger wie Soziologen, Philosophen und Volkswirte betrieben, zu wirklichem Nutzen für die Menschen führen solle, wie Popper maliziös vermerkt: »Was hatte diese bedeutende wirtschaftliche Maßregel [die Bismarck'sche Arbeiterversicherung], die überall Nachahmung findet und *jetzt* daher eine ›Tendenz‹ der Gesellschaft genannt werden kann, veranlaßt? Irgendeine frühere, etwa von Marx gefundene Tendenz? Hat Bismarck erst untersucht, ob sie in der Richtung der ›gesellschaftlichen Evolution‹ liegt?« (Ebd., S. 320)

Eine starke staatliche Zentralgewalt müsse die sozialreformerischen Ideen in politische Taten umsetzen, wenn nötig auch mit einem gewissen Ausmaß an Zwang. So schien Popper etwa sein visionärer Gedanke einer Grundsicherung für alle Bürger nicht ohne den verordneten Zwang zur Arbeit umsetzbar. Die Diskussion, wie viel Freiheit der Staat seinen Bürgern gewährt und wie viel Zwang auf der anderen Seite nötig ist, um bestimmte soziale Absicherungen auf ein festes und breites Fundament stellen zu können, ist nach wie vor aktuell. Der »Zwang zur Arbeit« wird auch im heutigen Österreich, z.B. im Zuge der Integration von Flüchtlingen und anderen Immigranten in Hinblick auf deren Inanspruchnahme sozialer Leistungen, oder in Bezug auf die Frage nach den für alle österreichischen Bürger gültigen Bedingungen für die Inanspruchnahme einer Mindestsicherung thematisiert.

Beller, Steven (1989): *Vienna and the Jews. 1867–1938. A cultural history*, Cambridge: Cambridge University Press.

Popper-Lynkeus, Josef (1912): *Die allgemeine Nährpflicht als Lösung der sozialen Frage*, Dresden: Verlag von Carl Reissner.

– (1924): *Mein Leben und Wirken. Eine Selbstdarstellung*, Dresden: Verlag von Carl Reissner.

Weidenholzer, Josef (1985): *Der sorgende Staat. Zur Entwicklung der Sozialpolitik von Joseph II. bis Ferdinand Hanusch*, Wien/München/Zürich: Europaverlag.

Weiterführende Literatur

Belke, Ingrid (2001): Art. »Popper-Lynkeus, Josef«. In: *Neue Deutsche Biographie*, Bd. 20, Berlin: Duncker & Humblot.

– (1978): *Die sozialreformerischen Ideen von Josef Popper-Lynkeus (1838–1921) im Zusammenhang mit allgemeinen Reformbestrebungen des Wiener Bürgertums um die Jahrhundertwende*, Tübingen: Mohr Siebeck.

Swoboda, W. W. (1981): Art. »Popper, Josef; Ps. Popper-Lynkeus (1838–1921), Philosoph und Techniker«. In: *Österreichisches Biographisches Lexikon 1815–1950* [ÖBL], Bd. 8/Lfg. 38, Wien: Verlag der Österreichischen Akademie der Wissenschaften, S. 205.

Inge Zelinka-Roitner

Anton Menger

Die aus sozialwissenschaftlicher Sicht bemerkenswerten Schriften Anton Mengers (1841–1906), die er neben und nach seiner Tätigkeit als Professor für Zivilprozessrecht verfasste – zu nennen wären hier vor allem seine Bücher *Das Recht auf den vollen Arbeitsertrag* (1886), *Das Bürgerliche Recht und die besitzlosen Volksklassen* (1890) und *Neue Staatslehre* (1903) –, bieten ein sonderbares, auf den ersten Blick recht inhomogen anmutendes Konglomerat von gewagten sozialtheoretischen Thesen, instruktiven soziologischen Beobachtungen, mutigen gesellschaftskritischen Analysen und engagierten Plädoyers für eine radikal-sozialistische Sozialreform. So vertritt Menger eine extreme Version der Machttheorie des Rechts und der Moral, der zufolge das geltende Recht ebenso wie die vorherrschende Moral ausschließlich durch die jeweiligen Machtverhältnisse determiniert wird, also in einer Klassengesellschaft einzig und allein den Interessen der herrschenden Klassen dient, weshalb er auch die Existenz allgemein gültiger Grundsätze von Moral und Gerechtigkeit komplett negiert; dennoch unterzieht er die zu seiner Zeit bestehende kapitalistische Gesellschaft und ihr Recht einer vehementen Kritik, die er in Ermangelung allgemein gültiger normativer Grundsätze durch die Annahme fundiert, die sich vollziehende Verschiebung der herrschenden, der kapitalistischen Gesellschaftsordnung zugrundeliegenden Machtverhältnisse zugunsten der besitzlosen Klassen mache eine radikale Reform dieser Ordnung unvermeidlich. Überhaupt kennzeichnet Mengers Schriften ein starker Kontrast zwischen seinem Anspruch auf eine rein empirisch-realistische, überdies radikal wertrelativistische Betrachtungsweise einerseits und dem überbordenden kritisch-normativen Gehalt seiner Analysen andererseits.

Um Mengers Beitrag zu den Sozialwissenschaften fair zu bewerten, ist es zweckmäßig, drei Seiten seines Werks auseinanderzuhalten: 1. seine allgemeine Sozial- und Rechtstheorie in Gestalt einer simplen Machttheorie, 2. seine Konzeption einer sozialistischen Gesellschaft in der Form eines »volkstümlichen Arbeitsstaates«, und 3. seine vielen, sämtliche Schriften durchziehenden speziellen soziologischen Beobachtungen und Detailanalysen. Seine Machttheorie, die alle grundlegenden Rahmenbedingungen jeder Gesellschaftsordnung, so insbesondere deren Rechtsnormen, Sitten und Ideen, einzig und allein auf die jeweils herrschenden *politischen* Machtverhältnisse zurückführt (womit sie sich wegen der Negation des Primats der ökonomischen Entwicklung von der Marx'schen Theorie abhebt), ist von Anfang an auf vernichtende Kritik sowohl seitens der akademischen Sozialwissenschaften als auch in der sozialistischen Literatur gestoßen und zu Recht in Vergessenheit geraten (vgl. dazu Ehrlich 1906, S. 292 ff.; Grünberg 1909, S. 50 ff.). Dasselbe gilt auch für seine Konzeption einer sozialistischen Gesellschaftsordnung, die angesichts der von Menger vorgeschlagenen überbordenden bürokratischen Regulierung des sozialen Lebens ein abschreckendes Zerrbild des Sozialismus bietet (vgl. Ehrlich 1906, S. 305 ff.; Kästner 1974, S. 170 ff.). Wenn einige seiner Schriften dennoch nicht nur seinerzeit enorme Resonanz gefunden haben, sondern auch heute noch Aufmerksamkeit verdienen, dann vor allem wegen der Vielzahl der in ihnen enthaltenen originellen und instruktiven Einzelstudien und Teilergebnisse. Das gilt insbesondere für seine Bücher über den Arbeitsertrag und über das Bürgerliche Recht, von denen im Folgenden die Rede sein soll.

In dem Buch *Das Recht auf den vollen Arbeitsertrag in geschichtlicher Darstellung* (erstmals 1886) offeriert Menger eine Geschichte der »Grundideen des Sozialismus vom juristischen Standpunkt«, mit der er – gegen die »endlosen volkswirtschaftlichen und philanthropischen Erörterungen« (Menger 1904, S. III) – den Nachweis zu erbringen versucht, dass die sich seit dem 18. Jahrhundert entwickelnde Tradition sozialistischen Denkens im Wesentlichen einen Zweck verfolgt, nämlich die grundlegende Umgestaltung des überkommenen, die wachsende Zahl der besitzlosen Lohnarbeiter krass benachteiligenden Vermögensrechts zugunsten einer Rechtsordnung, die den Arbeitenden grundlegende »ökonomische Rechte« verbürgt; im Idealfall bedeutete dies das »Recht auf den vollen Arbeitsertrag«, der sich am jeweiligen Beitrag der Arbeitenden zur Güterproduktion bemessen soll, wenigstens aber das »Recht auf Existenz«, d.h. auf die unentbehrlichen Mittel ihres Lebensunterhalts, oder allenfalls ein »Recht auf Arbeit«, das sie in die Lage versetzt, sich diese Mittel zu verschaffen. Denn das bestehende Vermögensrecht, vor allem das Institut des Privateigentums, privilegiere die besitzenden Klassen, die über die Produktionsmittel verfügen, weil es ihnen ermögliche, sich ein »arbeitsloses Einkommen« in Gestalt der Grundrente oder des Kapitalgewinns zu verschaffen und damit den arbeitenden Massen den vollen Ertrag ihrer Arbeit vorzuenthalten (ebd., S. 1–6). Menger will diese These von der ähnlich anmutenden Marx'schen Mehrwert-Konzeption dadurch unterschieden wissen, dass sie nicht auf einer ökonomischen Werttheorie, sondern auf einer juristischen Analyse der durch die jeweils herrschende politische Macht determinierten Rechtsverhältnisse beruhe.

Er verwirft auch Marx' Prognose der zunehmenden Verelendung des Proletariats und der damit unvermeidlich werdenden sozialistischen Revolution, weil erstens eine derartige Verelendung nicht wirklich stattfinde und zweitens eine völlig verelendete Arbeiterschaft erst recht nicht in der Lage wäre, eine Veränderung der gesellschaftlichen Verhältnisse zu ihren Gunsten herbeizuführen (ebd., S. 100–116). Ja, eine solche Veränderung sei vielmehr gerade deshalb zu erwarten, weil sich die realen gesellschaftlichen Machtverhältnisse zugunsten der mittleren und ärmeren Volksklassen so weit verschoben hätten, dass diese nun kraft ihres Einflusses auf die Gesetzgebung imstande seien, das überkommene Privatrecht abzuschaffen und durch eine sozialistische Rechtsordnung zu ersetzen, die jeder Person das Recht auf den vollen Arbeitsertrag garantiert: »In dieser fortwährend steigenden Verschiebung von Recht und Macht [...] erblicke ich das wichtigste Moment, welches unsere Privatrechtsordnung dem Sozialismus entgegentreibt. Diese juristische Tatsache ist viel wichtiger als die ökonomische Konzentration der Produktionsmittel in einzelnen Händen, auf welche Marx und andere Sozialisten das Hauptgewicht legen« (ebd., 128). Und anders als Marx räumt Menger – trotz seiner sonstigen Skepsis gegenüber Ideen von Moral und Gerechtigkeit – ein, dass das Recht auf den vollen Arbeitsertrag überdies auch eine Forderung der verteilenden Gerechtigkeit sei, weil »jedes arbeitslose Einkommen, mag es in der Form von Grundrente oder Kapitalgewinn bezogen werden, als eine zu beseitigende Ungerechtigkeit« erscheine (ebd., 158f.).

All das wirft die Frage auf, wie denn der Ertrag der Arbeitsleistungen der einzelnen Menschen, also der relative Wert ihres Beitrags zur gesellschaftlichen Produktion, bestimmt werden soll, um die durch arbeitslose Einkommen ungeschmälerten Erträge der sozialen Zusammenarbeit entsprechend verteilen zu können. Menger lässt diese Frage jedoch offen. Dass die Arbeitszeit dafür allein nicht taugt, räumt er selber ein, und jeder Maßstab, der den Wert der Arbeit an deren Beitrag zur Güterproduktion im Rahmen wohlfunktionierender Märkte misst, scheidet für ihn wegen der Nichtexistenz solcher Märkte im volkstümlichem Arbeitsstaat von vornherein aus. Doch unabhängig davon, woran sich der Wert der Arbeit bemessen mag, scheint es entgegen seiner Auffassung wenig aussichtsreich, ein Maß für die Bewertung individueller Arbeitsleistungen ohne eine entsprechende Grundlage normativen Charakters zu entwickeln.

Mengers Werk *Das Bürgerliche Recht und die besitzlosen Volksklassen* (1. Aufl. 1890), das er zuerst als Streitschrift gegen den 1888 veröffentlichten Entwurf eines deutschen Bürgerlichen Gesetzbuchs konzipierte und später, nach Kundmachung des daraus hervorgegangenen BGB, weiter ausarbeitete, will zeigen, dass und wie die besitzlosen Volksklassen durch diesen Entwurf wie überhaupt durch das geltende Privatrecht vom Typ des BGB benachteiligt werden. Das sei zwar, so Menger, von vornherein zu erwarten gewesen, weil dieses Gesetz, wie ja das meiste bestehende Recht, auf Gewohnheitsrecht beruhe, das sich »im wesentlichen als das Resultat eines erfolgreichen Interessenkampfes der Mächtigen gegen die Schwachen darstellt« (Menger 1908, S. 6). Da sich aber seit einiger Zeit eine Verschiebung der sozialen Kräfteverhältnisse zugunsten der besitzlosen Klassen vollziehe, sei es an der Zeit, nach einer Rechtsordnung zu streben, »die *alle* Volksklassen als ihr geistiges Produkt anerkennen und der sie bei vernünftiger Überlegung ihre freudige Zustimmung erteilen würden« (ebd., S. 10). In dieser Absicht durchforstet Menger alle Teilgebiete des deutschen Privatrechts auf Regelungen, die den besitzlosen Schichten zum Nachteil gereichen, wobei er eine Vielzahl von scharfsichtigen und erhellenden rechtssoziologischen Erörterungen anstellt.

In seiner kritischen Diskussion des allgemeinen Teils des Entwurfs bzw. des BGB betont Menger unter anderem die zahlreichen Nachteile, die sich für Angehörige der unteren Klassen gegenüber gut gestellten Bürgern schon in der Rechtsverfolgung und Rechtsdurchsetzung aus den Ungleichheiten der Rechtskenntnis, des Bildungsgrades, der ökonomischen Lage und der sozialen Stellung ergeben. Überdies weist er darauf hin, dass Menschen aus den Unterschichten von Behörden und Gerichten bei der Konstruktion mentaler Zustände, auf die viele juristische Tatbestände Bezug nehmen, regelmäßig benachteiligt werden, weil ihnen eher als wohlsituierten Personen unlautere Motive zugeschrieben werden. Diese Thesen nehmen bereits manche Befunde der späteren rechtssoziologischen Forschung über die schichtenspezifische Selektivität der Justiz und den ungleichen Zugang zum Recht vorweg. Eingehend setzt sich Menger mit dem Familienrecht auseinander, an dem er vor allem folgende Materien einer vernichtenden Kritik unterzieht: das Ehegüterrecht, weil es ganz auf die Interessen der männlichen Seite der besitzenden Klasse zugeschnitten sei (ebd., S. 46 ff.); die Regelungen der Unterhaltspflicht, weil sie dem Ammenwesen Vorschub leisten, also Frauen der unteren Klassen veranlassen, »für Geld ihre eigenen Kinder der Verkümmerung« auszuliefern, meist »durch den Drang der bittersten Not« (ebd., S. 53 ff.); und insbesondere die unzureichende Rechtsstellung unehelicher Kinder, weil sie Männern der gehobenen Klassen wegen der unerheblichen Sorgepflichten für solche Kinder Anreiz biete, geschlechtliche Beziehungen mit Frauen aus unteren Schichten zu suchen, ja diese zu verführen oder sogar zu nötigen, und sie im Fall der Mutterschaft samt den Kindern dem Elend zu überlassen (ebd., S. 58 ff.).

Was das Sachenrecht angeht, so bekrittelt Menger insbesondere die dem BGB zugrunde liegende Konzeption des Eigentums, weil sie dieses nur an die Form seines Erwerbs knüpfe, ohne sich um seine Anspruchsgrundlage zu kümmern, wodurch sie »jeden Zusammenhang zwischen der Eigentumsordnung und dem wirtschaftlichen Leben« löse (ebd., S. 118). Indem er in Übereinstimmung mit einer weit verbreiteten Ansicht annimmt, die Arbeit stelle die einzig legitime Anspruchsgrundlage von Eigentum dar, qualifiziert er die bestehende Eigentumsordnung als ungerecht, da sie den arbeitenden Klassen, die den gesellschaftlichen Reichtum schaffen, den Anspruch auf das Produkt ihrer Arbeit verwehre und den Besitzenden ein arbeitsloses Einkommen ermögliche. Daher gelte es, diese Ordnung durch eine neue, sozialistische zu ersetzen, die im Übrigen ohnehin schon im Entstehen begriffen sei, da der Staat die Eigentumsrechte in zunehmendem Maße durch Vorschriften des öffentlichen Rechts einschränke, um sie mit gesellschaftlichen Interessen in Einklang zu bringen. »Das Ende dieses geschichtlichen Prozesses«, so Menger, »wird allerdings darin bestehen, dass das Eigentum und damit das ganze Privatrecht vollständig von dem öffentlichen Recht überflutet wird« (ebd., S. 132).

Auch im Obligationenrecht konstatiert Menger eine erhebliche Schlagseite zugunsten der Vermögenden und Unternehmer zum Nachteil der besitzlosen und arbeitenden Menschen. So schütze das Haftungsrecht in erster Linie die Besitzenden vor Vermögensschäden, während die für die besitzlosen Klassen besonders wichtigen persönlichen Güter, nämlich Leben, körperliche Unverletztheit, Gesundheit, Ehre, im Besonderen Arbeitskraft und Frauenehre, »weder gegen Schädigung in Vertragsverhältnissen, noch auch gegen unerlaubte Handlungen hinreichend geschützt« seien (ebd., S. 147 f.). Und da das Vertragsrecht – für Menger zugleich »die privatrechtliche Organisation der Arbeit«, weil es ja zu seiner Zeit noch kein kollektives Arbeitsrecht gab – allein vom Prinzip der Vertragsfreiheit regiert werde, unterwerfe es die Verkehrsbeziehungen der Einzelnen dem Einfluss sozialer Macht, so insbesondere auch alle jene Vertragsverhältnisse, »welche, wie der Lohnvertrag, regelmässig zwischen wirtschaftlich sehr starken und sehr schwachen Personen abgeschlossen werden« (ebd., S. 153 f.). Diese Beobachtung gewinnt heute wieder wachsende Aktualität, da das kollektive Arbeitsrecht durch die Verbreitung atypischer Individualarbeitsverträge zunehmend ausgehebelt wird, wodurch in der Arbeitswelt wieder immer mehr das Recht des Stärkeren regiert. Was Menger schließlich vom Erbrecht hält, bringt er durch den folgenden Satz auf den Punkt: »Die besitzlosen Volksklassen, also die große Mehrheit der Nation, haben an dem Erbrecht nur insofern ein mittelbares Interesse, dass jede Erbfolgeordnung, welche die Anhäufung von Reichtümern in den Händen Weniger begünstigt, die Zahl der Besitzlosen vermehrt und dadurch ihre Lebenshaltung notwendig herabdrückt« (ebd., S. 214).

Ehrlich, Eugen (1906): Anton Menger. In: *Süddeutsche Monatshefte* 3/2, S. 285–318.

Grünberg, Carl (1909): Anton Menger. Sein Leben und sein Lebenswerk. In: *Zeitschrift für Volkswirtschaft, Sozialpolitik und Verwaltung* 18, S. 29–78.

Kästner, Karl-Hermann (1974): *Anton Menger (1841–1906). Leben und Werk*, Tübingen: Mohr.

Menger, Anton (1904): *Das Recht auf den vollen Arbeitsertrag in geschichtlicher Darstellung* [1886], 3., verb. Aufl., Stuttgart/Berlin: Cotta.
– (1905): *Neue Sittenlehre*, Jena: Fischer.
– (1906a): *Neue Staatslehre* [1903], 3. Aufl., Jena: Fischer.
– (1906b): *Volkspolitik*, Jena: Fischer.
– (1908): *Das Bürgerliche Recht und die besitzlosen Volksklassen. Eine Kritik des Entwurfs eines Bürgerlichen Gesetzbuches für das Deutsche Reich* [1890], 4., mit der erw. 3. Aufl. von 1903 gleichlautende Aufl., Tübingen: Laupp.

Weiterführende Literatur

Hörner, Hans (1977): *Anton Menger. Recht und Sozialismus*, Frankfurt a.M.: Lang.
Müller, Eckhart (1975): *Anton Mengers Rechts- und Gesellschaftssystem. Ein Beitrag zur Geschichte des sozialen Gedankens im Recht*, Berlin: Schweitzer.
Schöpfer, Gerald (1973): *Anton Mengers Staatslehre*, Wien: VWGÖ.

PETER KOLLER

Lujo Brentano

Lujo Brentanos inhaltliches Hauptanliegen war die Entwicklung einer auf der Höhe der Zeit und ihrer Herausforderungen operierenden, wissenschaftlich fundierten Sozialpolitik im weitesten Sinn. Gegner war dabei ein in Deutschland zur Zeit der Gründung des Vereins für Socialpolitik einflussreicher Wirtschaftsliberalismus, dessen Ideengeber in Brentanos Wahrnehmung Frédéric Bastiat mit seiner ideologisch und theologisch überhöhten Laissez-faire-Doktrin war. Für Brentanos Vision von Sozialpolitik sind intermediäre Institutionen zwischen Markt und Staat von zentraler Bedeutung, wohingegen die Idee einer staatlich-zentralistisch organisierten Umverteilung in geringerem Maße befürwortet wird. Der Horizont von Sozialpolitik ist letztlich die Reproduktion von Gesellschaften in einem weiten, auch kulturellen Sinn, was vor allem in den Schriften Brentanos zur Bevölkerungsentwicklung zum Ausdruck kommt (vgl. Brentano 1924). Mit großer problemorientierter Treffsicherheit identifiziert dieser schon früh in seiner Karriere die Arbeitsbeziehungen als den Dreh- und Angelpunkt jener institutionellen Reformen, die notwendig wären, damit der liberale Kapitalismus seine Versprechen von Freiheit und Wohlstand für alle einlösen könnte. Damit lag er gewiss richtig, denn in der Tat ist neben dem Kapitalmarkt der Arbeitsmarkt jener zweite Schlüsselmarkt des Kapitalismus, in dessen Bereich marktkonforme Institutionalisierungen und spezifische rechtsförmige Regulierungen funktional unentbehrlich sind. Hier hat auch der Staat für Brentano eine wesentliche Funktion, und zwar im Hinblick auf eine problemorientierte

Modernisierung rahmensetzender Regulierungen. Deswegen wird er auch als Vordenker des Ordoliberalismus angesehen, der die Bedeutung staatlicher Rahmenordnungen als Voraussetzung einer funktionierenden Konkurrenzwirtschaft betont. Auch und gerade die staatliche Sozialpolitik soll im Wesentlichen über rahmensetzende Institutionen erfolgen. Brentanos theoretische Erwägungen zu Arbeitsmarkt-Institutionen basieren auf zwei Einsichten (bzw. der Identifikation von zwei Problemen), die von Adam Smith über John Stuart Mill bis hin zu heutigen Theorien der unvollständigen Verträge und der Effizienzlöhne eine Rolle spielen:

1. Für Arbeitsmärkte ist im Hinblick auf markttheoretische Grundfragen der Preis- bzw. Lohnbildung ein knappheitstheoretisches Angebots-Nachfrage-Schema nicht zureichend, auch wenn die Marktlogik ein solches bei beliebigen anderen Gütern als erste Annäherung erfassen mag.
2. Die marktliberale Idee, dass in freiwillig abgeschlossene Verträge nicht eingegriffen werden darf, weil ein solcher Eingriff die beiderseitige Besserstellung der Vertragspartner verhindern würde, ist nur bei Vorliegen spezifischer, institutionell anspruchsvoller Hintergrundbedingungen tragfähig.

Aus solchen Überlegungen heraus argumentiert Brentano (wie schon Adam Smith), dass höhere Löhne gesamtwirtschaftlich vorteilhaft sein können. Überdies beschäftigt er sich mit den spezifischen funktionalen Erfordernissen in der rechtlichen Gestaltung von Arbeitsverträgen und entwickelt sich zu einem vehementen Befürworter kollektiver Lohnbildung. Dies schließt insbesondere die Befürwortung einer organisierten Interessenvertretung der Arbeiterschaft ein. Diese sieht er als Teil jener anspruchsvollen Hintergrundbedingungen an, die für einen langfristig funktionierenden und die gesamtwirtschaftliche Entwicklung fördernden Arbeitsmarkt notwendig sind. Denn nur auf diese Weise kann Brentano zufolge das Arbeitsangebot hinreichend elastisch werden, sodass die disziplinierende Funktion der Marktkräfte für *beide* Seiten des Arbeitsmarkts – also auch zugunsten der Arbeiter – wirksam wird. In aufschlussreicher Ausführlichkeit diskutiert er die Strategien mancher Fabrikherren, die auch im Deutschland vor dem Ersten Weltkrieg gezielt darauf gerichtet waren, das Arbeitsangebot spezifisch unelastisch zu halten. Solche von Brentano kritisierten, strategisch zugeschnittenen Arrangements sollten verhindern, dass die in einem funktionierenden Konkurrenzmarkt natürliche Abwanderungsoption für die Arbeiter relevant wird – weil sie faktisch auf Gedeih und Verderb auf einen bestimmten Arbeitgeber angewiesen sind. Brentano ist also mit Adam Smith, John Stuart Mill und der Mehrzahl der deutschen Ordoliberalen ein Liberaler jener Art, für die der faire *Wettbewerb* der Dreh- und Angelpunkt eines funktionierenden Marktes ist – und erst in zweiter Linie das Privateigentum.

Gewerkschaften sind für Brentano aber nicht nur als Akteure im Rahmen der kollektiven Lohnbildung von Bedeutung, sondern auch als intermediäre Institutionen im Rahmen der Ausgestaltung einer Sozialpolitik, die nicht primär eine staatliche Veranstaltung zentral organisierter Umverteilung ist. Zum einen würde ein entsprechend eingebettetes »collective bargaining« zu einer akzeptablen Primär-Einkommensverteilung (d.h. zu hinreichend hohen Löhnen) führen, sodass das Verteilungsproblem weitgehend gelöst wäre. Zum anderen könnte bei entsprechenden ordnungspolitischen Vorgaben die soziale Sicherung auf Basis des Versicherungsprinzips von den Gewerkschaften auf den Weg gebracht werden, denen somit umfassende Funktionen als intermediäre Institutionen zugedacht werden. Zentrale Teile von Brentanos gelehrtem Œuvre beschäftigen sich im Sinne dieser Gesamtkonzeption (1.) mit Gewerkvereinen, Gilden und Gewerkschaften (Brentano 1871/72), (2.) mit dem rechtsökonomischen Thema der Ausgestaltung des Arbeitsvertrags sowie der Institutionalisierung von collective bargaining (Brentano 1890a), und (3.) mit der Bevölkerungslehre, welche die biologischen und kulturellen Reproduktionsbedingungen moderner Gesellschaften zum Gegenstand hat (Brentano 1924).

Weniger ausgeprägt war Lujo Brentanos Sensorium für werttheoretische Grundlagenfragen. Hierin besteht ein auffälliger Kontrast zu seinem Bruder Franz. Dessen vielfältiger Einfluss fand auch in spezifischen werttheoretischen Entwicklungen im näheren und weiteren Umfeld der Wiener Schule der Nationalökonomie ihren Niederschlag, etwa bei Oscar Kraus, Christian von Ehrenfels und Ludwig von Mises. Obwohl Lujo der subjektiven Wertlehre und einer damit verbundenen Preistheorie an sich durchaus zugetan war, finden sich im Hinblick auf werttheoretische Grundlegungen keine besonderen Affinitäten zu seinem Bruder oder zur Wiener Schule; vielmehr äußert er sich gelegentlich eher abschätzig über Carl Menger, den Fakultätskollegen während seiner kurzen Wiener Zeit, dessen Rang als Gelehrter sich ihm offenbar nicht erschlossen hat. Einen ähnlichen Eindruck gewinnt man im Übrigen von seinen Äußerungen zu Karl Marx (Brentano 1890b) und Adolph Wagner. Lujo Brentano kann in heute geläufiger Terminologie als Institutionenökonom bzw. Wirtschaftssoziologe gelten und bildete zusammen mit Wagner und Gustav von Schmoller das führende Dreigestirn des Kathedersozialismus. Seine sozialliberale Orientierung hebt ihn von Wagner und Schmoller ab. Methodisch betonte Brentano die Bedeutung der »konkreten Bedingungen der Volkswirtschaft« (so auch der Titel seiner Schrift von 1924) in einer historisch-empirischen Perspektive, er wusste aber auch preistheoretische, evolutionstheoretische oder soziologische Konzepte in einer Art von methodischem Eklektizismus zu nutzen. Von Wagner, den er unter anderem wegen dessen Staatsorientierung und divergenter (wirtschafts-)politischer Positionen nicht über die Maßen schätzt, unterscheidet er sich nach eigenem Verständnis durch eine stärkere Kontextualisierung der »abstrakten Theorie«. Deutlich mehr von wechselseitiger Sympathie getragen ist seine Beziehung zu Schmoller, obschon Brentanos Wertschätzung liberaler Traditionen auch hier eine gewisse Distanz bewirkt. Wie sein Bruder Franz ist Lujo Brentano ein exzellenter Vortragender, dessen Vorlesungen und Vorträge an allen Wirkungsstätten viel Zuspruch finden. Sucht man nach von ihm ausgehenden wirkmächtigen Einflüssen, so ist zunächst Oswald von Nell-Breuning zu nennen, der – im Anschluss an Brentano – das in der katholischen Soziallehre seit Luigi Taparelli angelegte Subsidiaritätsprinzip mit der besonderen Betonung der Bedeutung von Gewerkschaften verbunden und in dieser Hinsicht weiterentwickelt hat. Viele der von Brentano entwickelten Prinzipien finden sich auch bei Walter Eucken und im Ordoliberalismus. Zu seinen Studenten gehörte der spätere deutsche Bundespräsident Theodor Heuss ebenso wie der einflussreiche japanische Ökonom Fukuda Takuzo.

Brentano, Lujo (1871/72): *Die Arbeitergilden der Gegenwart*, 2 Bde., Leipzig: Duncker & Humblot. (Neuauflage Boston: Adamant 2002.)
– (1879): *Die Arbeiterversicherung gemäss der heutigen Wirtschaftsordnung*, Leipzig: Duncker & Humblot.
– (1890a): *Arbeitseinstellungen und Fortbildung des Arbeitsvertrags*, Leipzig: Duncker & Humblot.
– (1890b): *Meine Polemik mit Karl Marx. Zugleich ein Beitrag zur Frage des Fortschritts der Arbeiterklasse und seiner Ursachen*, Berlin: Walther & Apolant. (Neuauflage London: Slienger 1976.)
– (1901): *Ethik und Volkswirtschaft in der Geschichte*, München: C. Wolf & Sohn. (Neuauflage u.a. Paderborn: Salzwasser 2011.)
– (1908): *Versuch einer Theorie der Bedürfnisse* (= Sitzungsberichte der philosophisch-philologischen und der historischen Klasse der Königlich Bayerischen Akademie der Wissenschaften zu München, Jg. 1908, Abh. 10), München: Verlag der Königlich Bayerischen Akademie der Wissenschaften (Neuauflage Saarbrücken: Müller 2006.)
– (1919): *Wie studiert man Nationalökonomie*, München: Reinhardt.
– (1923): *Der wirtschaftende Mensch in der Geschichte. Gesammelte Reden und Aufsätze*, Leipzig: F. Meiner. (Neuauflage hrsg. und eingeleitet von Richard Bräu und Hans G. Nutzinger, Marburg: Metropolis 2008.)
– (1924): *Konkrete Bedingungen der Volkswirtschaft. Gesammelte Aufsätze*, Leipzig: F. Meiner. (Neuauflage hrsg. von Hans G. Nutzinger, Marburg: Metropolis 2003.)
– (1931): *Mein Leben im Kampf um die soziale Entwicklung Deutschlands*, Jena: Eugen Diederichs. (Neuauflage hrsg. von Richard Bräu und Hans G. Nutzinger, Marburg: Metropolis 2004.)
– (2006): *Der tätige Mensch und die Wissenschaft von der Wirtschaft. Schriften zur Volkswirtschaftslehre und Sozialpolitik (1877–1924)*, hrsg. und eingel. von Richard Bräu und Hans G. Nutzinger, Marburg: Metropolis.

Weiterführende Literatur

Lehnert, Detlef (2012): Lujo Brentano als politisch-ökonomischer Klassiker des modernen Sozialliberalismus. In: Ders. (Hg.), *Sozialliberalismus in Europa. Herkunft und Entwicklung im 19. und frühen 20. Jahrhundert*, Wien u.a.: Böhlau, S. 111–134.
Nutzinger, Hans G. (2008): Ideen einer nicht-paternalistischen Sozialpolitik. Lujo Brentano und Alfred Weber. In: Institut für Wirtschaftsforschung Halle (IWH)/Akademie für Politische Bildung Tutzing (Hgg.), *60 Jahre Soziale Marktwirtschaft in einer globalisierten Welt. Drittes Fo-*

rum Menschenwürdige Wirtschaftsordnung (= Sonderheft 1), Halle a.d. Saale u.a: Universitäts- und Landesbibliothek Sachsen-Anhalt, S. 115–140.
Seewald, Michael (2012): *Lujo Brentano und die Ökonomien der Moderne. Wissenschaft als Erzählung, Empirie und Theorie in der deutschen ökonomischen Tradition (1871–1931)*, Marburg: Metropolis.
Tiefelstorf, Otto (1973): *Die sozialpolitischen Vorstellungen Lujo Brentanos*, Dissertation, Universität Köln.

Rudolf Dujmovits, Richard Sturn

Emil Sax

Emil Sax zählt aufgrund seines akademischen Werdegangs zur zweiten Generation der Österreichischen Schule der Nationalökonomie und baut auf deren werttheoretischem Ansatz auf. Seine wissenschaftliche Arbeit bezog sich zunächst auf Anwendungsfragen der Ökonomik in Bereichen wie Wohnungs- und Verkehrswesen (vgl. Sax 1869a, 1869b, 1871, 1878/79). Mit den Sax'schen Untersuchungen zur Wohnungsfrage beschäftigte sich auch Friedrich Engels, und seine »Verkehrslehre« entfaltete ebenso eine gewisse Langzeitwirkung (Peters 1985). Größte Bedeutung mit internationaler Spätwirkung erlangten aber seine theoretischen Weiterentwicklungen auf dem Gebiet dessen, was heute unter dem Rubrum »öffentliche Güter« behandelt wird (Sax 1887, 1924). Beginnend mit Friedrich Benedikt Wilhelm von Hermann hatte die deutsche Staatswirtschaftslehre neben der Einnahmen- auch die Ausgabenseite des öffentlichen Sektors entschieden in die Sphäre des Ökonomischen gerückt und diesen als notwendiges Komplement zum Privatsektor betrachtet (Sturn 2006). Das Programm von Sax bestand darin, diese Grundlagen mit individualistisch-subjektivistischen Bewertungsmaßstäben zu kombinieren, die letztlich eine ökonomische Abwägung zwischen privaten und öffentlichen Gütern erlauben würden. Dabei hatte Sax zwei große Schwierigkeiten zu überwinden, von denen heute nur die erste befriedigend gelöst ist:

1. Konzeptuell sind öffentlich bereitgestellte Güter und Leistungen durchwegs in einem stark ausdifferenzierten Spektrum angesiedelt, das sich zwischen zwei Polen erstreckt: Manche dieser Güter und Leistungen können *nur* öffentlich bereitgestellt werden bzw. sind sogar ihrem Charakter nach an ein existierendes Kollektiv gebunden, wohingegen bei anderen die öffentliche (vs. private) Bereitstellung eine reine Zweckmäßigkeitsfrage darstellt.
2. Praktisch wird ein Mechanismus benötigt, welcher zu einem normativ wünschenswerten, möglichst allgemein akzeptablen Gleichgewicht zwischen öffentlichen und privaten Gütern und deren Finanzierung führen würde.

Wie in seinem späteren Aufsatz zur Wertungstheorie der Steuer von 1924 noch deutlicher wird als in seinem Pionierwerk von 1887, beschäftigten Sax einige jener vielschichtigen Probleme, welche bis heute die Entwicklung eines solchen Mechanismus erschweren. Jedenfalls ist für Sax klar, dass öffentliche Güter ebenso wie die Steuern durch einen kollektiv-politischen Bewertungsprozess festgelegt werden, welcher auf einer institutionalisierten Zusammenschau von staatlicher Einnahmen- und Ausgabenseite beruht. Die ersten allgemein verständlichen (weil von manchen der von Sax aufgeworfenen Probleme abstrahierenden) Versionen politischer Mechanismen, die ein solches Gleichgewicht herbeiführen können, gehen auf zwei schwedische Ökonomen zurück: Knut Wicksell (1896) wie auch Erik Lindahl (1919) knüpfen indes ebenso wie eine bedeutende Gruppe italienischer Finanzwissenschaftler an Sax' (1887) Versuch an, die Komplexität öffentlicher Güter und Institutionen in einem marginalistisch-nutzentheoretischen Theorierahmen zu klären. Trotz ihrer terminologischen Sperrigkeit entfalteten diese Versuche eine kaum zu überschätzende Spätwirkung. Durch Sax angestoßene und innerhalb einer österreichisch-schwedisch-italienischen Tradition in der öffentlichen Finanzwirtschaft nachweisbare Entwicklungen wurden durch Richard A. Musgrave einerseits (der Sax in die Reihe der *Classics in Public Finance* stellte) und James M. Buchanan andererseits in den angelsächsischen Raum importiert und prägten die Entwicklung zweier Richtungen: des Hauptstroms der modernen Public Economics und der von Buchanan begründeten Virginia School of Public Choice (Sturn 2010).

Lindahl, Erik (1919): *Die Gerechtigkeit der Besteuerung. Eine Analyse der Steuerprincipien auf Grundlage der Grenznutzentheorie*, Lund: Gleerupska Universitetsbokhandeln.

Peters, Hans-Rudolf (1985): Verkehrswissenschaft als eigenständige volkswirtschaftliche Disziplin oder Teil der Mesoökonomie? In: Sigurd Klatt (Hg.), *Perspektiven verkehrswissenschaftlicher Forschung. Festschrift für Fritz Voigt zum 75. Geburtstag*, Berlin: Duncker & Humblot, S. 81–94.

Sax, Emil (1869a): *Die Wohnungszustände der arbeitenden Classen und ihre Reform*, Wien: A. Pichler's Witwe & Sohn.

– (1869b): *Der Neubau Wien's im Zusammenhange mit der Donau-Regulirung. Ein Vorschlag zur gründlichen Behebung der Wohnungsnoth*, Wien: A. Pichler's Witwe & Sohn.

– (1871): *Die Oekonomik der Eisenbahnen. Begründung einer systematischen Lehre vom Eisenbahnwesen in wirthschaftlicher Hinsicht*, Wien: Lehmann & Wentzel.

– (1878/79): *Die Verkehrsmittel in Volks- und Staatswirtschaft*, Bd. 1: *Allgemeiner Theil. Land und Wasserwege, Post und Telegraph* (1878), Bd. 2: *Die Eisenbahnen* (1879), Wien: Alfred Hölder (2., neu bearb. Aufl.: 3 Bde., 1918, 1920 und 1922).

– (1884): *Das Wesen und die Aufgaben der Nationalökonomie. Ein Beitrag zu den Grundproblemen dieser Wissenschaft*, Wien: Hölder.

– (1887): *Grundlegung der theoretischen Staatswirthschaft*, Wien: Hölder.

– (1889): *Die neuesten Fortschritte in der nationalökonomischen Theorie*, Leipzig: Duncker & Humblot.

– (1892): Die Progressivsteuer. In: *Zeitschrift für Volkswirtschaft, Socialpolitik und Verwaltung* 1, S. 43–101.

– (1924): Die Wertungstheorie der Steuer. In: *Zeitschrift für Volkswirtschaft und Sozialpolitik* 4 (NF), S. 191–240. Wieder abgedruckt in: *Zeitschrift für Nationalökonomie* 15 (1956), S. 317–356, sowie in gekürzter Übersetzung als: The valuation theory of taxation. In: Richard A. Musgrave/Alan T. Peacock (Hgg.), *Classics in the Theory of Public Finance*, London u.a.: Macmillan 1958, S. 177–189.

Sturn, Richard (2006): Subjectivism, joint consumption and the State: Public goods in *Staatswirtschaftslehre*. In: *The European Journal of the History of Economic Thought* 13, S. 39–67.

– (2010): «Public goods" before Samuelson: interwar *Finanzwissenschaft* and Musgrave's synthesis. In: *The European Journal of the History of Economic Thought* 17, S. 279–312.

Wicksell, Knut (1896): *Finanztheoretische Untersuchungen nebst Darstellung und Kritik des Steuerwesens Schwedens*, Jena: Gustav Fischer.

Weiterführende Literatur

Blumenthal, Karsten von (2007): *Die Steuertheorien der Austrian Economics. Von Menger zu Mises* (= Geschichte der deutschsprachigen Ökonomie, Bd. 31), Marburg: Metropolis.

Neck, Reinhard (1989): Emil Sax 's Contribution to Public Economics. In: *Journal of Economic Studies* 16, S. 23–46.

RUDOLF DUJMOVITS, RICHARD STURN

Adolf Schauenstein – Sozialhygiene und Soziale Medizin

Adolf Schauenstein (1827–1891), der erste Inhaber einer Lehrkanzel für Gerichtsmedizin an der Universität Graz, ist im Rahmen einer Soziologiegeschichte des Habsburgerreiches allein schon deshalb zu erwähnen, weil sein Lehrstuhl der vollen Widmung nach die »gerichtliche Medizin, medizinische Polizei und medizinisch-polizeiliche Gesetzeskunde« umfasste (dabei handelte es sich um eine Innovation im Rahmen der Gründung der Grazer medizinischen Fakultät im Jahr 1863); vor allem aber berief man mit Schauenstein einen hervorragenden Fachmann nicht nur der forensischen Medizin im engeren Sinn, sondern auch desjenigen Teiles der medizinischen Wissenschaften, der seit Johann Peter Franks Wirken im frühen 19. Jahrhundert primär als »medizinische Policey« oder auch »Staatsarzneikunde«, nach der Jahrhundertmitte zunehmend als »öffentliche Gesundheitspflege« bezeichnet wurde – so auch im Titel des einschlägigen Handbuchs von Schauenstein. Dieser Bereich firmierte später u.a. als »Sozialhygiene« und wird heute vor allem unter den Begriffen Sozialmedizin (einschließlich der Arbeitsmedizin) und Public Health verhandelt.

Mit dem erwähnten *Handbuch der öffentlichen Gesundheitspflege* von 1863 schuf Schauenstein primär eine systematische Übersicht über die damals in Österreich in Geltung befindlichen Gesetze und Verordnungen mit Bezug auf Gesundheit und Medizinalwesen, wobei die eingehende Kommentierung zu deren praktischer Anwendung im ärztlichen und behördlichen Handeln für das Zielpublikum der Publikation – v.a. Ärzte und Angehörige anderer medizinischer Berufe sowie mit dem Sanitätswesen befasste Beamte - von besonderem Wert gewesen sein muss. Zugleich liefert der Autor an zentralen Stellen immer wieder eine historische Kontextualisierung der Genese und der (oft fehlenden) Möglichkeit der Durchsetzbarkeit der besprochenen Normen. Besagten Ausführungen kann man einen proto-medizin- (respektive auch proto-rechts-) soziologischen Charakter zusprechen. Bemerkenswert erscheint etwa, was der erfahrene Gesundheitsbeamte zur Rezeption staatlicher Gesundheitspolitik in der Bevölkerung zu sagen hatte: »Die unendliche Mannigfaltigkeit der Einflüsse, welche der Staat in seiner hygienischen Fürsorge zu beachten hat, erfordert auch die mannigfaltigsten Mittel[,] und die Wahl derselben sowol als ihre zweckmässige Anwendung wird um so schwieriger, weil ein wirksamer Schutz des Individuums gegen [...] Schädlichkeiten gar leicht zu lästiger Bevormundung und Ueberwachung wird oder wenigstens als solche aufgefasst wird. [...] [Er ist] nicht denkbar ohne eine gewisse Unterordnung des Einzelwillens [...] Der Einzelne [...] wird [aber] nie verfehlen[,] über den Eingriff in das, was er sein persönliches Recht nennt, zu klagen und die Allgemeinheit ist häufig geneigt, diese Klagen begründet zu finden [...] [,] weil der Erfolg hygienischer Massregeln oft nicht sogleich und [...] [dem] grossen Haufen fassbar [...] eintritt. [...] nur zu oft scheitert [daher] eine gute [...] Massregel an dem zähen Widerstand Jener, zu deren Wohl sie ins Leben gerufen werden sollte.« (Schauenstein 1863, S. 25f.)

Der fundamentale Zielkonflikt zwischen der öffentlichen Gesundheitsvorsorge einerseits und den Freiheitsrechten des Individuums andererseits wird hier prägnant zum Ausdruck gebracht, ebenso wie die daraus so häufig folgenden gesundheitspolitischen Auseinandersetzungen; erwähnt seien diesbezüglich bloß die Themen Gesundheits- und Sexualerziehung, Prävention von Geschlechtskrankheiten und Epidemien (u.a. durch Quarantänen und Impfungen), Industrie- und Arbeitshygiene sowie Zwangsbehandlung psychisch Kranker und Suizidprävention. Zu all diesen Themen äußert sich Schauenstein – neben der »positiven« Darstellung der wichtigsten einschlägigen gesetzlichen Bestimmungen seiner Zeit – auf Basis seines fundierten Wissens auch *gesundheitspolitisch*, indem er im Hinblick auf eine effiziente und zugleich an »Humanität« orientierte Gesundheitsfürsorge entweder bestehende (und oft noch nicht allzu lang eingeführte) Normen verteidigt oder aber eine Änderung von Gesetzen respektive ihrer Anwendungspraxis fordert (vgl. Schauenstein 1863, S. 38–42, 153–159, 227–231, 470f., 496f., 520–527). Dies steigerte zweifellos die Relevanz seines Werkes aus der Sicht seiner Leser, steht aber in einem bemerkenswerten Widerspruch zu den Darlegungen des Autors im Vorwort desselben. Dort stellte er nämlich ausdrücklich in Abrede, »Verbesserungs- und Reform-Pläne in die Welt zu setzen« (Schauenstein 1863, S. V). Diese Bemerkung wurde von dem prononciert progressiv orientierten »1848er« Schauenstein aber wohl nur zur oberflächlichen Beruhigung der oberen und obersten Gesundheitsbehörden gemacht. Als konkretes Beispiel der sozialreformerischen Gehalte seines Handbuches seien hier die Ausführungen zur Prostitution resümiert: Auf die antike Anekdote eines Dialogs von Cato dem Älteren mit einem jugendlichen Freier zurückgreifend, postuliert der Autor, der Staat solle sich nicht auf die vermeintlich konsequente, gesinnungsethische Position einer Totalablehnung der Prostitution zurückziehen, sondern die Lehre empirischer Forschungen akzeptieren, dass in staatlich regulierten Prostitutionsbetrieben immerhin die Verbreitung von Geschlechtskrankheiten deutlich geringere Dimensionen annehme als bei der sonst alleine vorherrschenden und nie ausreichend unterdrückbaren »Geheimprostitution« (Schauenstein 1863, S. 42).

Eminente soziale Relevanz weisen naturgemäß auch Schauensteins hygienische Forschungsarbeiten im engeren Sinn auf, so seine Untersuchungen zur Wasserversorgung Wiens (Schauenstein 1862a) oder zur Abfallbeseitigung in Graz (Schauenstein 1876).

Schauenstein, Adolf (1862a): *Die Wasser-Versorgung Wien's*, Wien: Carl Ueberreuter.

– (1862b): *Lehrbuch der gerichtlichen Medizin. Mit besonderer Berücksichtigung der Gesetzgebung Oesterreichs und deren Vergleichung mit den Gesetzgebungen Deutschlands, Frankreichs und Englands*, Wien: Braumüller (2. Aufl. 1875).

– (1863): *Handbuch der öffentlichen Gesundheitspflege in Oesterreich. Systematische Darstellung des gesammten Sanitätswesens des Oesterreichischen Staates*, Wien: Braumüller.

– (1876): Die Abfuhr der Auswurfstoffe und die Gesundheitsverhältnisse in Graz. In: *Deutsche Vierteljahresschrift für öffentliche Gesundheitspflege* 8, S. 248–274.

Weiterführende Literatur

Flamm, Heinz (2012): *Die Geschichte der Staatsarzneikunde, Hygiene, Medizinischen Mikrobiologie, Sozialmedizin und Tierseuchenlehre in Österreich und ihre Vertreter*, Wien: Verlag der Österreichischen Akademie der Wissenschaften.

Fossel, Viktor (1913): *Geschichte der medizinischen Fakultät in Graz von 1863 bis 1913*, Graz: Eigenverlag.

Reuter, Fritz (1954): *Geschichte der Wiener Lehrkanzel für gerichtliche Medizin 1804–1954* (= Beiträge zur Gerichtlichen Medizin 19, Suppl.), Wien: Deuticke.

Carlos Watzka

2. POLITIKER

Politiker als Anwälte einer sozialstaatlichen Fürsorge im deutsch-österreichischen Teil des Habsburgerreiches

In vielen Ländern Europas hing der Aufbau eines Sozialstaates im 19. Jahrhundert wesentlich mit der Behandlung der »Sozialen Frage« zusammen, die sich, bedingt durch Industrialisierung, Urbanisierung und die Auflösung feudaler Strukturen, unter anderem in Erscheinungen wie Wohnungsnot, Massenarmut und Epidemien äußerte. Im Zuge der Industrialisierung erhielten zudem die körperliche Arbeit sowie der Arbeiter selbst einen besonderen Stellenwert, und der Bedarf nach Schutzmaßnahmen für die neu entstandene Klasse der industriellen Arbeiterschaft wurde geweckt (vgl. Zelinka 2005, S. 11).

Im Gegensatz zu Haus- und Grundbesitzern konnte die Arbeiterschaft bei etwaiger Arbeitsunfähigkeit (im Falle von Krankheiten, Unfällen oder aus Altersgründen) auf keinerlei Ressourcen zurückgreifen (vgl. de Swaan 1988, S. 221). Einer der Hauptlegitimationsgründe für staatlich organisierte Sozialpolitik lag darin, die für die besitzende Klasse bedrohlichen Begleiterscheinungen des gesellschaftlichen Wandels wie Überfalle, Revolutionen oder ansteckende Krankheiten einzudämmen. Die in Wien herrschende Wohnungsnot etwa beschäftigte alle politischen Lager, die in dieser Frage ideologisch nicht weit auseinander lagen. So führten etwa der christliche Sozialreformer Karl von Vogelsang, der liberale Sozialpolitiker Eugen von Philippovich und der Sozialdemokrat Victor Adler Studien zu den Arbeits- bzw. Wohnverhältnissen der arbeitenden Klassen durch. Sie alle fungierten als Fürsprecher der Schwächeren – einerseits als Orientierung vermittelnde Wirtschaftstheoretiker wie der sozialpolitisch aktive Liberale Philippovich, oder als Programmatiker einer christlichen Sozialreform wie Vogelsang, andererseits als politisch aktive Praktiker wie Adler, der Prototyp der fürsorglich-autoritären sozialdemokratischen Vaterfigur, oder wie der maßgeblich an der Entwicklung des Arbeits- und der Reform des Strafrechts beteiligte Julius Ofner, der als Repräsentant der liberalen Deutschen Demokraten im Niederösterreichischen Landtag wirkte.

Karl Freiherr von Vogelsang (1818–1890) nahm als »Einiger der österreichischen Christen« und als einer der Begründer der christlichen Sozialreform in Österreich eine ideengeschichtlich bedeutsame Rolle ein: Der aus Preußen stammende, jedoch preußenfeindlich und österreich-patriotisch gesinnte Vogelsang bestimmte durch seine christlich-konservative Soziallehre das weltanschaulich-ideologische Geschehen um die Jahrhundertwende nachhaltig mit. Als geistiger Leiter der katholischen Zeitschrift *Vaterland* nahm Vogelsang unter den kaiser- und kirchentreuen konservativen Aristokraten, die das Blatt finanzierten, eine herausragende Stellung ein (vgl. Klopp 1930). Auch die Taaffe'schen Reformen (Gewerbeinspektionsgesetz von 1883, Unfallversicherungsgesetz von 1887/89, Krankenversicherungsgesetz von 1888) wurden maßgeblich von den Ideen des Aristokraten Vogelsang beeinflusst (vgl. Weidenholzer 1985, S. 180). Die Sozialtheorie Vogelsangs beruht auf dem Prinzip väterlich-autoritärer Verantwortung der oberen Gesellschaftsschicht für die untere. Dem Adel wird dabei eine seiner gesellschaftlichen Stellung und den selbst verliehenen Attributen entsprechende herausragende Bedeutung zuteil: als Führungsschicht soll er – genossenschaftlich gegliedert – seine sozialen Pflichten gegenüber den Untertanen wahrnehmen und diese im Sinne der christlichen Caritas beschützen.

Im Jahr 1879 machte sich Vogelsang zusammen mit anderen Aristokraten an die Gründung der *Österreichischen Monatsschrift für Gesellschaftswissenschaft und Volkswirtschaft* (später umbenannt in *Monatsschrift für christliche Sozialreform*), die er ab dem Jahre 1881 auf eigene Rechnung und unter seiner Leitung herausgab. Die *Monatsschrift* wurde auch von offizieller Regierungsseite gebilligt und von Eduard Graf Taaffe mit 2.400 Gulden jährlich subventioniert (Klopp 1930, S. 154). Den unterschiedlichen Facetten der Sozialen Frage, der auch Vogelsang selbst höchste Bedeutung beimaß, sollten die Beiträge dieser Zeitschrift gewidmet sein; ihre Lösung erklärte er zur Hauptaufgabe der Zukunft: »Der Gang der Geschichte, wie er sich großartig vor unseren Augen vollzieht, gibt in immer hellerer Klarheit die Erkenntnis, daß alles, was auf dem Gebiete des öffentlichen und privaten Lebens sich entwickelt, daß selbst die Frage, ob die nächste Zukunft noch überhaupt der christlichen Kultur angehören soll, von der Lösung der sozialen Frage abhängt.« (Zitiert nach ebd., S. 153)

In die *Monatsschrift* sollten nicht nur theoretische Abhandlungen zur Sozialen Frage, sondern auch empirische Berichte über die Lage des Arbeiterstandes Eingang finden. Bereits im Gründungsjahr brachte Vogelsang einen Beitrag des katholischen Geistlichen Anton Tschörner, der eine »Übersicht über die materielle Lage des Arbeiterstandes« verfasst hatte. Vogelsang kommentierte die Arbeit Tschörners folgendermaßen: Es handle sich dabei nicht nur für Österreich, sondern auch für Deutschland um den »erste[n] bescheidene[n] Versuch, über die Einkommensverhältnisse des Arbeiterstandes eine möglichst allgemeine, und zwar statistische Übersicht zu gewinnen. […] Der Zweck dieser Veröffentlichung sei, zur Klarstellung der wirtschaftlichen Lage des Arbeiterstandes beizutragen, mit der immer und überall die soziale Frage zusammenhänge.« (Zitiert nach ebd., S. 155)

Im Jahr 1883 begann Vogelsang selbst (ähnlich wie Eugen von Philippovich in seiner Untersuchung über die Wohnverhältnisse in Wien), die materielle Lage des Arbeiterstandes in Österreich umfassend zu erheben. Die Untersuchung erstreckte sich auf alle Länder der Monarchie außer Ungarn, Galizien und die Bukowina. Finanziert wurde die Studie durch Prinz Aloys von und zu Liechtenstein, die Daten lieferte der spätere Reichsratsabgeordnete Ernst Schneider (dessen notorischen Rassenantisemitismus Vogelsang nicht goutierte, vgl. ebd., S. 158). Das überaus große Interesse, welches etwa der Sonderabdruck über die Textilindustrie hervorgerufen hatte, zeigt, dass sich allmählich in einer breiteren Bevölkerungsschicht ein Bewusstsein für die soziale Frage bildete. Auf der Unternehmerseite herrschte jedoch Empörung über die »Enthüllungen« und die »in Österreich ganz unerhörte Erscheinung, daß eine ernste und wissenschaftliche Publizistik die Arbeiterverhältnisse vom Gesichtspunkte des öffentlichen Interesses unter die Lupe analytischer Forschung nehme. Wären diese Kreise doch bisher gewohnt gewesen, die lohnarbeitenden Klassen wie eine zu ihrer freiesten Verfügung gestellte Domäne zu betrachten, und es für Indiskretion zu halten, wenn ein Dritter nach dem Ergehen eines so zahlreichen und wichtigen Volksbestandteils frage« (zitiert nach ebd., S. 156), wie Vogelsang ironisch bemerkte.

Die »Arbeiterordnung« des Jahres 1885 (Novelle zur Gewerbeordnung von 1859) brachte eine erste relative Besserung der Lage der Arbeiter, insbesondere durch eine Regulierung der Kinderarbeit und eine Beschränkung der täglichen Normalarbeitszeit auf elf Stunden. Die neue Verordnung war nicht zuletzt auf Vogelsangs Bestrebungen bzw. auf seine Erhebungen über die materielle Lage des Arbeiterstandes zurückzuführen. Um dem seit 1883 ständig wachsenden Problem der Arbeitslosigkeit zu begegnen, schlug er vor, die Industriebesitzer sollten nicht nur ihre Arbeitskräfte, sondern auch ihre Arbeiterreserve selbst ernähren. Der Unternehmer müsse dafür bürgen, dass seine Arbeiter dauernd mit dem Werk verbunden bleiben könnten und so nicht ins Elend stürzen und der Allgemeinheit zur Last fallen würden (vgl. ebd., S. 160f.). Auch der Adel, der einen Großteil der Regierungsmitglieder stellte, zeigte in den Augen Vogelsangs zu wenig Verständnis für eine soziale Reform: »Wie wenig Verständnis die Regierung dafür hat, beweisen die Durchführungsverdrehungen zum Gewerbegesetze, die Verschleppung des Unfallversicherungs- und jetzt des Krankenkassengesetzes!« (Zitiert nach ebd., S. 292) Um gegen diese Ignoranz anzugehen, vor allem aber, um für eine Reform des Gewerbestandes zu kämpfen, stand Vogelsang seit Jahren mit Vertretern des Wiener (Klein-)Bürgertums in Verbindung. Der bereits zuvor erwähnte Mechaniker Ernst Schneider war eine Schlüsselfigur in Bezug auf Vogelsangs Kontakt mit den unteren Bevölkerungsschichten. Auch zu Arbeiterkreisen hatte Vogelsang persönliche Beziehungen geknüpft, etwa zum Obmann der Weißgerbergehilfen, Josef Roth, sowie zu Leopold Kunschak, dem Gründer (1892) und langjährigen Vorsitzenden des Christlichsozialen Arbeitervereins (bis 1934) und nachmaligen Mitbegründer der ÖVP und der wiedererrichteten demokratischen Zweiten Republik. Vogelsangs Schriften und die von ihm ins Leben gerufenen Diskussionsrunden bereiteten den Weg für die Gründung der Christlichsozialen Partei Karl Luegers (vgl. Johnston 1974, S. 73), obwohl deren Programm nicht unbedingt mit dem Sozialkatholizismus Vogelsang'scher Prägung gleichgesetzt werden kann.

Die soziologische Bedeutung der Theorien Vogelsangs liegt unbestreitbar in dem für sie charakteristischen Konzept einer Neuorganisation bzw. Wiederherstellung der »sozialen« Gesellschaft. Vogelsang forderte (vgl. Klopp 1930, S. 441) die Rückkehr zu einer »natürlichen, gerechten, christlich-germanischen Sozialordnung«, die folgende Prinzipien verwirklichen solle: 1. den gerechten Preis; 2. die berufsgenossenschaftliche Organisation der Gesellschaft mit der Differenzierung der nationalen Arbeit; 3. die Notwendigkeit eines staatsrechtlichen und sozialen Rechtstitels für das werbende Vermögen, i.e. für das Grundeigentum; sodann 4. die Ausgleichung der jetzt absoluten Geldwirtschaft durch die Naturalwirtschaft. — Das genossenschaftliche Prinzip solle dabei alle gesellschaftlichen, hierarchisch gegliederten Schichten durchziehen, mit dem Hauptaugenmerk auf den Rechten und Pflichten der jeweiligen Stände. Von der Idee des Staatssozialismus weit entfernt, trat Vogelsang dennoch entschieden gegen jegliche Form des Manchestertums auf und sah den Staat dazu berechtigt bzw. dafür verantwortlich, in die Lösung der Sozialen Frage einzugreifen. In einer gerechten Sozialordnung müsse der im Dienst stehende Mensch einen zur Selbsterhaltung und zur Versorgung der abhängigen Familienmitglieder ausreichenden Lohn für seine Arbeit erhalten. Der je nach Angebot und Nachfrage schwankende Lohn, der oft nicht einmal zur Deckung der Grundbedürfnisse reiche, sei von einem gerechten Lohn weit entfernt. Der Arbeiter stehe dem Unternehmer nicht mehr als schutzbefohlener Mensch, sondern gleichsam als Maschine gegenüber, deren Arbeitsleistung maximal ausgebeutet werde (vgl. ebd., S. 443ff.).

Die Basis für die Erneuerung der gesellschaftlichen Verhältnisse, der sozialen Stellung jedes Einzelnen, lag nach Vogelsang in der Arbeit. Dabei galt für ihn – der hier als ehemaliger Protestant Luthers Konzept der »Berufung« übernimmt – jede mit einem gesellschaftlichen Nutzen verbundene Tätigkeit als Arbeit, die Arbeit der Mutter ebenso wie die des Forschers oder des Abgeordneten. Ziel der Wirtschaft müsse der Mensch sein; Ziel der wirtschaftlichen Arbeit solle daher nicht die Anhäufung von Geld oder Luxus, sondern ein mäßiger allgemeiner Wohlstand sein (vgl. den in Klopp 1930, S. 366f., abgedruckten Nachruf Franz Martin Schindlers). Wie die Vertreter des negativen Utilitarismus plädierte auch Vogelsang für eine Sozialordnung, die »das Versinken einer großen Anzahl von Menschen in Elend und Hilflosigkeit verhindert und dadurch die Möglichkeit gewährt, den Bedürftigen stets hilfreich zu sein. […] In dem Augenblicke […] wo die Zahl derer, die zu sozialen Verirrungen geneigt sind, beunruhigend anwächst, […] darf man überzeugt sein, daß der Bau der Gerechtigkeit Schaden gelitten hat […].« (Zitiert nach ebd., S. 433)

Die sogenannte, im Liberalismus vorherrschende »Freiheit der Arbeit« war für Vogelsang nichts anderes als der wirtschaftliche Zwang des Arbeitssuchenden, für ungenügenden Lohn zu arbeiten. Wahre wirtschaftliche Freiheit bestünde jedoch darin, einen gerechten Vertrag abzuschließen. Der Mangel an Schutz durch die Obrigkeit führe zwangsläufig zum Verbrechen, weil dadurch die soziale Gerechtigkeit verloren gehe und sich zwei Klassen von Menschen in Todfeindschaft gegenüber stünden: die Klasse der ausbeuterischen Unternehmer und die der ausgebeuteten, gefährdeten und daher auch »gefährlichen« Arbeiter (vgl. ebd., S. 418). Vogelsang macht den Niedergang der berufsständischen Organisation für diese vertrackte Situation verantwortlich: »In der Umwälzung des vorigen Jahrhunderts wurden die alten Genossenschaften der arbeitenden

Klassen zerstört, keine neuen Einrichtungen traten zum Ersatz ein, das staatliche und öffentliche Leben entkleidete sich zudem mehr und mehr der christlichen Sitte und Anschauung, und so geschah es, daß die Arbeiter allmählich der Herzlosigkeit reicher Besitzer und der ungezügelten Habgier der Konkurrenz isoliert und schutzlos überantwortet wurden.« (Zitiert nach ebd., S. 433)

Die gesamte Gesellschaft stellt nach Vogelsang – ähnlich wie bei Émile Durkheim – einen großen Organismus dar, der sich nach Landesgrenzen und geschichtlicher Entwicklung gliedern soll. An der Spitze jedes Teiles des Organismus steht das »soziale Königtum« – wie er mit einem auf Lorenz von Stein zurückverweisenden Konzept bemerkt. Aufgabe der Gesellschaft ist es – ähnlich wie das der Utilitarismus definiert –, das Gemeinwohl mit dem Ziel der »ewigen Glückseligkeit« der Menschen herzustellen (zitiert nach Schindlers Nachruf in ebd., S. 366f.). Die christliche Sozialordnung, deren Restauration Vogelsang im Sinne hat, gleicht dem Gemeinschaftsbegriff von Ferdinand Tönnies, indem für sie Religion, Familie und soziale Verantwortung bestimmend sind.

Ähnlich wie Vogelsang betrachtete auch der Jurist, Sozialpolitiker und Rechtsphilosoph Julius Ofner (1845–1924) ein neues Konzept von »Arbeit« als unumgänglich. In seinem 1885 erschienenen Werk *Das Recht auf Arbeit* forderte er, dass im Zuge einer durch die Gesellschaft vorzunehmenden Neubestimmung der Arbeit diese – und hier vor allem die körperliche Arbeit – höher bewertet werden müsse als bisher. Ofners Forderung findet im gegenwärtigen Gesellschaftsleben insoweit ihre Verwirklichung, als Arbeit nicht nur als Mittel zum Gelderwerb, sondern auch als hoher sozialer Wert an sich gilt.

Im Namen der im Niederösterreichischen Landtag vertretenen Abgeordneten der Sozialpolitischen Partei trat Ofner dafür ein, das Armenwesen nicht länger als eine Frage der Wohltätigkeit Einzelner zu betrachten, sondern als ein gesellschaftliches Problem (vgl. Holleis 1978, S. 68f.). Die Armenfürsorge sollte mittels Zwang den Wohlhabenden als sozialmoralische Pflicht auferlegt werden, und nicht wie bisher von freiwilligen Spenden abhängen. Als Jurist im Reichsgericht, an das er im Jahre 1913 berufen wurde, war Ofner schließlich entscheidend an der Novellierung des Allgemeinen Bürgerlichen Gesetzbuches, an der Entwicklung des Arbeitsrechts und an der Reform des Strafgesetzes beteiligt (im inoffiziellen Sprachgebrauch wird dieses Reformwerk häufig als »Lex Ofner« bezeichnet), und er prägte auch den Begriff des »Rechts auf Arbeit«. Das von Ofner mit entwickelte neue Arbeitsrecht enthielt unter anderem das Verbot der Kinderarbeit sowie die Sonntagsruhebestimmungen.

Auch Eugen von Philippovich (1858–1917) hatte sich – obwohl grundsätzlich ein Liberaler – Zeit seines Lebens mit sozialpolitischen Problemen beschäftigt und war der Ansicht, dass soziale Maßnahmen zum Schutze der Arbeiterschaft nicht nur aus humanitären und politischen, sondern auch aus wirtschaftlich-pragmatischen Gründen geboten seien: »Wenn die verschiedenen Nationen in wirtschaftlicher Konkurrenz stehen, wird letztendlich diejenige am wettbewerbsfähigsten sein, deren Arbeiterschaft am produktivsten ist. Produktiv ist die Arbeiterschaft jedoch nur dann, wenn sie ausreichend sozial gesichert, in guter physischer Verfassung und umfassend gebildet ist. Diesen Anforderungen wird sie vor allem in jenen Ländern genügen, in denen weitreichende sozialpolitische Maßnahmen gesetzt wurden.« (Philippovich 1894a, S. 87)

Philippovichs empirische Untersuchungen über die »Wiener Wohnungsverhältnisse« (Philippovich 1894b) – Wien war damals mit ca. zwei Millionen Einwohnern die fünftgrößte Stadt der Welt – sowie die über die Wohnverhältnisse in weiteren 18 Großstädten der österreichisch-ungarischen Monarchie zeigen sein aktives sozialpolitisches Engagement. Durch Boden- und Bauspekulationen wurden die ohnehin schon hohen Wohnungspreise noch weiter in die Höhe getrieben, alte Mietshäuser abgerissen und neue, teurere gebaut; die Bodenpreise stiegen vor allem in den äußeren Bezirken enorm. Die Armen ohne festen Wohnsitz mieteten sich oft für ein paar Nächte eine illegale private Unterkunft in den Vororten Wiens, wo jeder Quadratmeter zu völlig überhöhten Preisen vergeben wurde. Dabei schliefen mehrere – einander oft fremde – Personen in einem Bett, die hygienischen Zustände waren katastrophal und die Gefahr der Ansteckung mit gefährlichen Krankheiten hoch. Durch unzureichende Ernährung noch begünstigt, verbreiteten sich Tuberkulose und Cholera unter den zahlreichen Armen. Die Kindersterblichkeit war in den Arbeiterbezirken etwa um das Drei- bis Vierfache höher als in eher »bürgerlichen« Gegenden (vgl. ebd., S. 25ff.).

Der Staat, das Land und die Gemeindeverwaltung seien gefordert, fand Philippovich, als Wohnungspolizei einzugreifen und sollten dafür auch »einen festen Rechtsboden und ein klares Verwaltungsprinzip« erhalten (ebd., S. 246). Als konkrete Maßnahmen gegen die sozialen Missstände im Wohnungswesen schlug er unter anderem vor, Parkanlagen und Spielplätze zu errichten, reichliche Versorgung mit frischem Wasser zu gewährleisten, adäquate Badeeinrichtungen in den Häusern und öffentliche Badeanstalten zu schaffen, ein Verbot der Überfüllung von Wohnungen auszusprechen und dessen Einhaltung zu kontrollieren (ebd., S. 258).

Eine anschauliche Schilderung spiegelt die von Philippovich bezeugten Zustände wider: »Wir treten in eine […] Kammer. Ihre Grundmaße sind 3.4 : 2.5 m, ihre Höhe 3.2 m. Licht und Luft empfängt sie […] nur vom Gang. Sie war bewohnt von einem Drechslergehilfen und seiner Familie: einer Frau und vier Kindern. Die ganze Einrichtung bestand aus einem großen Bett, einem Kinderbett und einem kleinen Tischchen. Als wir kamen, lehnte in einer Ecke noch ein Kindersarg und auf dem großen Bette lag die Leiche eines sechsjährigen Knaben, der den Tag vorher an Wassersucht gestorben war. Während der ganzen langen Krankheit hatten entweder die Eltern oder die Geschwister das Lager mit ihm teilen müssen.« (Ebd., S. 231)

Ab 1896 war Philippovich als eines der führenden Mitglieder in der Sozialpolitischen Partei tätig (vgl. Heschl 1987, S. 61). Sein Grundsatz lautete, dass Sozialpolitik nicht nur wegen ihrer humanitären Aspekte, sondern auch aus staatspolitischer Sicht bedeutsam sei. Menschenunwürdige Lebensumstände würden auf Dauer zu einer Revolution führen und »die Brutstätten des Anarchismus darstellen« (Philippovich 1894b, S. 237). Im Rahmen seiner Untersuchung der Wohnverhältnisse in Wien beruft sich Philippovich auf Gustav Schmoller, der richtig erkannt habe, dass »die unteren Schichten des großstädtischen Fabrikproletariats durch die Wohnungsverhältnisse mit absoluter Notwendigkeit [...] durch die heutige Gesellschaft [...] zum Zurücksinken auf ein Niveau der Barbarei und Bestialität, der Rohheit und des Rowdytums, das unsere Vorfahren schon Jahrhunderte hinter sich hatten, [...] genötigt würden [...]« (ebd.). Das Eingreifen des Staates stellte für Philippovich eine Notwendigkeit dar, auch wenn Privateigentum und die individuelle Verantwortlichkeit nicht angetastet werden dürften (Philippovich 1910, S. 74). Der Arbeiterschaft müssten jedoch vom Staat »die Grundbedingungen einer menschlichen Existenz« gesichert werden (ebd., S. 81).

Philippovich setzte bei seinen empirischen Forschungen auf die Hilfe Victor Adlers, um das Vertrauen der von Adler medizinisch betreuten Arbeiterschaft zu gewinnen (ebd., S. 110). Victor Adler (1852–1918), der »Vater der österreichischen Sozialdemokratie«, hatte selbst empirische Studien über die Lage der arbeitenden Klasse betrieben. Als Arzt besuchte er unter anderem die Ziegelarbeiter am Laaerberg und schlich sich als »teilnehmender Beobachter« verkleidet in die Ringöfen der Wienerberger Ziegelöfen ein. Marie Toth schreibt darüber in ihrer Autobiographie *Schwere Zeiten*: »Zu dieser Zeit kam ein Arzt. Er hatte viel zu tun, und er hatte ein Herz und Hirn. Er sah nicht nur die Krankheiten, die durch Not und Unterdrückung entstanden sind. Die Menschen konnten sich nicht einmal ordentlich reinigen, weil alle Räume überfüllt waren. Dieser Arzt nahm sich der Menschen an. Er schrieb Artikel in den Zeitungen und rollte den Skandal auf. [...] Das hat meine Mutter persönlich erlebt und mir geschildert.« (Toth 1992, S. 25f.)

Adlers Besuch bei den Ziegelarbeitern geriet zum Schlüsselerlebnis, das ihn veranlasste, von nun an nicht nur auf medizinischem, sondern auch auf politischem Gebiet gegen soziale Missstände anzukämpfen (vgl. Weidenholzer 1985, S. 216). In seinen politischen Kämpfen zeigte sich Adler als erfolgreicher reformistischer Pragmatiker: Er war nicht der Anführer, der an vorderster Front zu Revolution und Gewalt aufrief, sondern er forderte stattdessen gemäßigtes Vorgehen, um die Sache nicht zu gefährden. Sein größtes politisches Anliegen, das allgemeine Wahlrecht, erreichte Adler durch politische Taktik, wohl wissend, dass diese im Land des »Despotismus, gemildert durch Schlamperei«, eher zielführend sein würde als Streiks und Gewalt: »Das allgemeine, gleiche und direkte Wahlrecht ist von lauter Wahlrechtsgegnern gemacht worden: von *Franz Joseph, Gautsch, Bienerth, Lueger, Wolf.* 11 Sozialdemokraten haben ein Parlament von 450 Abgeordneten, darunter 200 unsichere Freunde und etwa 230 entschlossene Feinde des Wahlrechts, zur Schöpfung dieses komplizierten Gesetzgebungswerkes gebracht. Und wie meisterhaft operierte Adler! Mit großmütiger Geste überließ er den bürgerlichen Abgeordneten das Gezänk über die Wahlkreiseinteilung. Ruhig ließ er sich jeden der Herren seinen ›sicheren‹ Wahlkreis herausschneidern [...]. So wurde die Hauptsache, die prinzipielle Frage, gerettet.« (Ellenbogen 1968, S. 78)

Adler hatte im Jahr 1886 mit eigenen finanziellen Mitteln das Parteiorgan *Gleichheit* gegründet, das der noch zerstrittenen Arbeiterbewegung zumindest ein Publikationsmedium zur Verfügung stellen sollte. Noch schwieriger aber als die Herausgabe eines von Regierung und Polizei streng überwachten und zensurierten Parteiorgans gestaltete sich die Entwicklung eines einheitlichen Parteiprogramms (vgl. Meysels 1997, S. 58f.). Eine der wichtigsten politischen Errungenschaften Victor Adlers war die Einigung der zerstrittenen Gruppierungen innerhalb der Sozialdemokratie auf dem Hainfelder Parteitag (1888/89). Das »Hainfelder Programm« war von ihm selbst verfasst worden und stellte eine meisterhafte Kombination marxistischer und lassalleanischer Elemente dar (vgl. Csendes 1989, S. 199). Die »Magna Charta« der österreichischen Arbeiterschaft (Max Ermers) war somit zwei Jahre vor dem »Erfurter Programm« der deutschen Sozialdemokratie entstanden (vgl. Meysels 1997, S. 71). 110 Delegierte aus allen Kronländern nahmen die von Victor Adler verfasste Prinzipienerklärung an. »Gemäßigte« und »Radikale« wurden somit versöhnt und die österreichische Sozialdemokratische Arbeiterpartei geboren. Ab 1889 war Adler Vorsitzender der SDAP; das Hainfelder Programm blieb bis 1920 maßgebend.

Die österreichische Sozialdemokratie unter Adler zeichnete sich eher durch Reformorientierung als durch Revolutionsbereitschaft aus. Die antirevolutionäre, führerorientierte Tradition der österreichischen Sozialdemokratie blieb bis zur heutigen Zeit erhalten: man vertraut auf den Schutz der mächtigen Verbände (Kammersystem, Gewerkschaften, etc.) und sieht in Streiks im Allgemeinen kein probates Mittel, um das eigene Recht einzufordern bzw. den eigenen Status abzusichern. In der gegenwärtigen politischen Diskussion in Europa wird das große Ausmaß gesellschaftlichen Fortschritts, das mit der Entstehung des Sozialstaates verbunden war und ist, kaum mehr thematisiert. Hingegen wächst das Bedürfnis nach nationalstaatlicher Eigenständigkeit zusehends. Die Frage nach den Kosten des Sozialstaates ist nach wie vor präsent, vor allem angesichts der großen Herausforderung der Finanzierung des Pensionssystems vor dem Hintergrund einer stetig steigenden Lebenserwartung. Die sogenannte Umwegrentabilität einer sozialstaatlichen Absicherung ist freilich auch heute noch, wie schon zur Jahrhundertwende, ein nicht zu unterschätzender Faktor in Bezug auf die Wettbewerbsfähigkeit eines Staates: Ein mangelhaftes öffentliches Sozial- und Gesundheitswesen führt bei der Masse der weniger begüterten und nicht privat versicherten Bürger zu einem schlechteren Gesundheitszustand; mehr Kranke bedeuten höhere Folgekosten im Bereich Pflege; soziale Verelendung birgt ein hohes Gefahrenpotential in sich, da sie zu einem Anstieg an Kriminalität führen kann, was für den einzelnen Bürger verminderte Sicherheit bedeuten könnte; ein Schwinden des subjektiven Sicherheitsgefühls wiederum bewirkt unter Umständen gewisse Änderungen der Investitionsbereitschaft und des Kaufverhaltens. Die »Soziale Frage« ist demzufolge in Ländern wie Österreich – in denen eine lange Tradition von oben gelenkter Fürsorge besteht – nach wie vor eines der brennendsten Themen der nationalen wie der internationalen Politik. Nötig sind nach wie vor Theoretiker und Praktiker der Sozialpolitik, um Antworten auf einschlägige drängende Fragen zu finden und Lösungsvorschläge zu entwickeln, die auch dazu verhelfen, das Bestehen staatlicher bzw. überstaatlicher Gebilde zur Sicherung von Frieden und Wohlstand zu sichern.

Csendes, Peter (Hg.) (1989): *Das Zeitalter Kaiser Franz Josephs I. Österreich 1848–1918*, Wien: Brandstätter.

Ellenbogen, Wilhelm (1968): Ein Wort der Erinnerung. In: Wanda Lanzer/Ernst K. Herlitzka (Hgg.), *Victor Adler im Spiegel seiner Zeitgenossen*, Wien: Verlag der Wiener Volksbuchhandlung, S. 75–80.

Heschl, Franz (1987): *Zur Rolle der staatlichen Sozialpolitik und über Staatsinterventionen in der österreichischen Schule der Nationalökonomie*, Diplomarbeit, Universität Graz.

Holleis, Eva (1978): *Die Sozialpolitische Partei. Sozialliberale Bestrebungen in Wien um 1900*, Wien: Verlag für Geschichte und Politik.

Johnston, William M. (1974): *Österreichische Kultur- und Geistesgeschichte. Gesellschaft und Ideen im Donauraum 1848 bis 1938*, Wien/Köln/Graz: Böhlau.

Klopp, Wiard (1930): *Leben und Wirken des Sozialpolitikers Karl Freiherr von Vogelsang*, Wien: Typographische Anstalt.

Meysels, Lucian O. (1997): *Victor Adler. Die Biographie*, Wien/München: Amalthea.

Ofner, Julius (1894): *Studien sozialer Jurisprudenz*, Wien: Hölder.

Philippovich, Eugen von (1894a): Unsere industrielle Zukunft und die Arbeiter. In: *Die Zeit. Wiener Wochenschrift für Politik, Volkswirtschaft, Wissenschaft und Kunst* 6, S. 87.

– (1894b): Wiener Wohnungsverhältnisse. In: *Archiv für soziale Gesetzgebung und Statistik* 7, S. 215–277.

– (1910): *Die Entwicklung der wirtschaftspolitischen Ideen im 19. Jahrhundert*, Tübingen: J.C.B. Mohr.

Swaan, Abram de (1988): *In Care of the State. Health Care, Education and Welfare in Europe and the USA in the Modern Era*, Oxford: Oxford University Press.

Toth, Marie (1992): *Schwere Zeiten. Aus dem Leben einer Ziegelarbeiterin*, bearb. von Michael Hans Salvesberger, Wien/Köln/Weimar: Böhlau.

Weidenholzer, Josef (1985): *Der sorgende Staat. Zur Entwicklung der Sozialpolitik von Joseph II. bis Ferdinand Hanusch*, Wien/München/Zürich: Europaverlag.

Zelinka, Inge (2005): *Der autoritäre Sozialstaat. Machtgewinn durch Mitgefühl in der Genese staatlicher Fürsorge*, Wien/Münster: LIT Verlag.

INGE ZELINKA-ROITNER

II. Wurzeln der Soziologie in Statistik, Sozialgeographie und Ethnographie

1. EMPIRISCHE SOZIALFORSCHUNG UND STATISTIK

Über einige Entwicklungen der empirischen Sozialforschung

Zu den wesentlichen Einsichten der Soziologiegeschichte gehört die Erkenntnis, dass es in der Entwicklung der Soziologie und der mit ihr verbundenen Ausformung der empirischen Sozialforschung erhebliche Diskontinuitäten und Einseitigkeiten gegeben hat und immer noch gibt. Eine systematische wissenschaftshistorische Herangehensweise legt es nahe, darauf zu sehen, wo die methodisch geleitete Gewinnung von empirischen Grundlagen gezielt auf die Klärung bestimmter Fragen wie z.B. solcher nach sozialen Problemen, gesellschaftlichen Strukturen oder Prozessen der institutionellen Veränderung – also solcher der Praxis –, gerichtet ist. Aus einer pragmatischen Perspektive ist unter diesen Voraussetzungen danach zu fragen, welche Methoden, Techniken und Instrumente eingesetzt wurden, um systematisch empirische Erfahrungen zur Beantwortung der vorgelegten Fragen zu gewinnen.

Erste Anfänge

Je weiter in die Geschichte zurückgeblickt wird, desto geringer ist der Konsens in der Wissenschaftsgemeinde darüber, was der empirischen Soziologie zuzurechnen ist. Anfänge der Sozialgeschichte, eine nicht institutionalisierte Soziologie, Frühformen der amtlichen Statistik, Topographie und Reiseberichte fließen ineinander. Für die erste Hälfte des 19. Jahrhunderts ist in Österreich z.B. auf eine Schule von Sozialstatistikern zu verweisen (die sich selbst als »Topographen« oder auch »Cosmographen« bezeichneten), die umfangreiches Datenmaterial über die demographische, die ökonomische und die Struktur der österreichischen Pfarrgemeinden sammelten. Ab den 1830er Jahren erreichte diese Schule in den Arbeiten von Wenzel Karl Wolfgang Blumenbach-Wabruschek (Geograph und Statistiker, Assistent am Wiener Cosmographischen Institut unter Joseph Marx von Liechtenstern) und Franz Xaver Schweickhardt (auch Franz Xavier Ritter von Sickingen; Topograph, Historiker und Schriftsteller) ihren Höhepunkt (vgl. z.B. Blumenbach 1834/35). Früher schon hatte aber Joseph Marx Freiherr von Liechtenstern die *Grundlinien einer Statistik des österreichischen Kaiserthums, nach dessen gegenwärtigen Verhältnissen* herausgebracht (Liechtenstern 1817), in denen er u.a. geologische, geographische, demographische und wirtschaftliche Daten zusammenstellte. Die Arbeit Liechtensterns lässt sich als eine Beschreibung der gesellschaftlichen Verhältnisse jener

Zeit auffassen. Statistische Daten wurden damals mit einiger Freizügigkeit verwendet, ein explizierter Gesellschaftsbegriff existierte noch nicht. Stattdessen begegnet man der Vorstellung eines »Herrschaftsgebiets« und einer darin lebenden Bevölkerung, welche mithilfe statistischer Zahlen in ihrer Situation, manchmal subjektiv getönt, dargestellt wird. Diese Beschreibungen sind eine Mischung aus Faktenpräsentation und allgemeiner Reflexion über die Bedeutung dieser Daten, einschließlich deren Bewertung aus einer staatstheoretischen Sicht. Liechtensterns Arbeit war aber bei weitem nicht die einzige, die den Stellenwert der Sozialstatistik erkennen lässt. Um die Mitte des 19. Jahrhunderts entsteht eine wahre Flut von Publikationen, in denen Volkszählungsdaten einen breiten Raum einnehmen (Durdik 1973, S. 231). Den größten Teil bildete, neben den beliebten *Tafeln zur Statistik der österreichischen Monarchie* der k.k. Direction der administrativen Statistik, eine sogenannte privatstatistische Literatur – Landesbeschreibungen, Staatskunden etc. –, die allerdings generell ein gewisses Quellenproblem hatte. Alle diese Publikationen standen in der Tradition der kameralistischen Staatskunde des 17. und 18. Jahrhunderts: es ging um die Sammlung und Beschreibung sogenannter »Staatsmerkwürdigkeiten«. Die amtliche Statistik war Verwaltungszwecken vorbehalten und deshalb teilweise auch geheim. In der Folge gab es dann eine scharfe Trennung zwischen Staatskunde und Statistik.

Uneinheitlich stellt sich die Situation dar, wenn Arbeiten von Staatsbeamten analysiert werden, die ein deutliches Reformstreben erkennen ließen. Zu ihnen zählt beispielsweise Ignaz Beidtel mit seiner *Geschichte der österreichischen Staatsverwaltung 1740–1848*, in der er allerdings kein gezielt gesammeltes empirisches Datenmaterial verwendet, sondern sich auf seine offenbar weite und zugleich detailreiche Kenntnis der österreichischen Monarchie und ihres Staatswesens stützt (Beidtel 1896/98). Beidtel ist hier also nicht als Vorläufer einer empirischen Soziologie zu werten. Einen anderen Zugang wählt Carl Anton Postl, der unter dem Pseudonym Charles Sealsfield 1828 mit seinem Buch *Austria as it is, or Sketches of continental courts by an eye witness* eine Analyse der österreichischen Situation zur Zeit Metternichs am Anfang des 19. Jahrhunderts vorlegt, die auf Reisebeobachtungen beruht und das Bild Österreichs in Deutschland und Frankreich entscheidend geprägt hat (Sealsfield 1994).

Die Beschäftigung mit der Statistik erfolgt im 19. Jahrhundert vornehmlich unter zwei Gesichtspunkten: Einerseits tauchen auf der theoretischen Ebene methodologische Diskurse zum Verhältnis zwischen Statistik und Soziologie auf, andererseits werden in praktischer Anwendung erste Studien zu sozialen Fragen unter Verwendung statistischen Materials durchgeführt. Zur ersten Art zählen z.B. die Arbeiten von Franz Xaver von Neumann-Spallart (k.k. Regierungsrat und Professor in Wien) und Naum Reichesberg (1893), zur zweiten z.B. jene von Eugen von Philippovich (1894, 1897) und Stephan Sedlaczek (1893). Philippovich war Ordinarius an der Rechts- und Staatswissenschaftlichen Fakultät der Universität Wien und als sozialliberaler Ökonom sozialwissenschaftlich und sozialpolitisch aufgeschlossen. Sedlaczek wiederum war Leiter des Statistischen Amtes der Stadt Wien und veröffentlichte Daten über die Wiener Wohnverhältnisse, die Armenpflege u.a.m.

Kontexte der einzelnen Werke

Die hier besprochenen Arbeiten sind in einer Zeit entstanden, in der – zumindest dem Namen nach – noch lange keine Rede von einer methodisch ausgefeilten Sozialforschung oder einer empirischen Soziologie war, die Sache selbst aber allmählich auf den Weg kam. Es sei an dieser Stelle daran erinnert, dass das, was heute unter dem Begriff der empirischen Sozialforschung zusammengefasst wird, in Deutschland früher – nach einem Vorschlag von Ferdinand Tönnies, der dabei ausdrücklich auf die ältere deutsche Statistik verwies, deren Ziel die Beschreibung von Land und Leuten war – »Soziographie« genannt wurde. Der Ausdruck Soziographie wurde von dem holländischen Ethnographen Sebald Rudolf Steinmetz geprägt: Die Methoden der Geographie und der Völkerkunde sollten in der Soziographie auf die Hochkulturen des modernen Europa angewandt werden. Auffällig ist dabei das teilweise fehlende oder noch unterentwickelte Bewusstsein für einige Prinzipien, die später in den Kanon der Sozialforschung aufgenommen werden sollten:

- es gab noch keinen ausdrücklichen Begriff von Quantifizierung außer jenem, der statistischen Erhebungen vom Typus der Volkszählungen inhärent ist;
- es gab noch keinen »qualitativen« Zugang (außer evtl. bei Philippovich);
- es gab desgleichen noch keine Methodologie, auf deren Grundlage die Sozialforschung unterschiedliche Methoden entwickeln und diese als die ihr inhärente Verfahrensweise der empirischen Soziologie explizieren hätte können.

Sehr wohl hatte sich aber bereits ein Verständnis für die Tatsache entwickelt, dass gesellschaftliche Beschreibungen einer bestimmten Empirie (im Sinne einer Ursachenerforschung) bedürfen. Wann lassen sich nun die ersten deutlichen Anzeichen für den Beginn einer Sozialforschung im eigentlichen Sinn ausmachen? Solche Forschungsansätze entwickelten sich, als sich das Ende der Monarchie abzuzeichnen begann und die sozialen Probleme immer brennender und die politische Lage immer instabiler wurde. Es war dies auch die Zeit, als die Soziologie begann, sich im Kontext der politischen Kämpfe zwischen den verschiedenen weltanschaulichen Lagern herauszuschälen. Schon in den frühesten Forschungsunternehmungen (bis ca. 1900) war der Wunsch nach einer praktisch wirksamen angewandten Forschung evident. Diese Auffassung lässt sich an einem herausragenden Beispiel darstellen: der Forschung über die Wohnverhältnisse der Arbeiterklasse. Andere, hier nicht behandelte Themen von unmittelbar verwandter Art betrafen etwa Armut oder Gesundheitsversorgung (vgl. dazu z.B. Rausch 1891; Mischler 1899).

Industrialisierung, Zuwanderung aus den östlichen Teilen der Monarchie und extrem hohe Bodenpreise hatten in Wien zu ernsten sozialen Problemen geführt. Die schlechten Wohnbedingungen, unter denen speziell die niedrigen sozialen Schichten zu leiden hatten, waren ein dramatisches Thema. Um 1870 finden sich erste Publikationen zur Wohnungsnot, doch diese atmen noch deutlich eine ökonomische Weltsicht und eine staatspolitische Orientierung (vgl. Sax 1869; Ratkowsky 1871). Bis 1890 verschlechterte sich die Situation noch weiter; in diese Zeit fallen auch die ersten systematischen Versuche einer empirischen Bestandsaufnahme. Hier soll nur ein einzelnes, aber umso einprägsameres Beispiel geschildert werden: 1894 veröffentlichte Eugen von Philippovich die erste Studie, die den Kriterien guter Sozialforschung gerecht wird. Gleich in der Einleitung übt er harsche Kritik an der österreichischen Wohnungspolitik. In seinen Augen waren Politik und Wirtschaft nicht fähig gewesen, die Erfahrungen aus England oder Frankreich zu nützen. Vorarbeiten, auf die sich Philippovich stützen konnte, lieferten beispielsweise Maximilian Steiner (nicht zu verwechseln mit dem bekannten Theaterdirektor gleichen Namens), der die spärlichen Daten, die die Volkszählung von 1880 zum Wohnungswesen erhoben hatte, analysierte (Steiner 1884), und Stephan Sedlaczek, der im Auftrag der von ihm geleiteten Statistischen Zentral-Kommission die Daten der Zählung von 1890 publizierte (Sedlaczek 1893). Deren Arbeiten mit ihren umfangreichen und sorgfältig geplanten Beobachtungen brachten gegenüber dem vorangegangenen Zensus bereits eine wesentliche Verbesserung der Forschungsvoraussetzungen mit sich.

Philippovichs eigene Studie verknüpfte Daten zur Wohnsituation aus der Zählung von 1890 mit dokumentierten Beobachtungen aus den Begehungen von kleinen, ärmlichen, ja oftmals sogar desolaten Wohnungen, ferner mit Statistiken, welche die Wohnungsbedingungen in Relation zur Sterblichkeit setzten, und schließlich verknüpfte er jene Wohnerhebungsdaten mit den Resultaten von standardisierten Fragebogenerhebungen. Diese waren eingesetzt worden, um die physischen Wohnbedingungen einschließlich der sanitären Verhältnisse und des Gesundheitsstatus der Bewohnerinnen und Bewohner zu erheben. Der Fokus des Projekts lag auf den Ein- und Zweizimmerwohnungen, weil diese die höchste Belegungsdichte und die schlechtesten sanitären Verhältnisse aufwiesen. Als Erhebungsgrundlage für die Fragebogeninterviews und die Begehungen diente ein ausgewähltes Sample von 101 Wohnungen, der Zugang zu den Befragten wurde durch eine Vertrauensperson (einen in der gleichen Wohnsituation befindlichen, den Erhebungen gegenüber aufgeschlossenen Arbeiter) hergestellt. Die Besuche können – zumindest im weiteren Sinn – als teilnehmende Beobachtung eingestuft werden. Nur drei der Wohnungen entsprachen den Mindeststandards der Sanitätskommission, 100 bis 200 Personen mussten sich drei Toiletten teilen. Zu jener Zeit machten diese Kleinwohnungen in Wien 44 % des gesamten Wohnungsbestandes aus und beherbergten 35 % der Bevölkerung. Das setzte Wien in eine schlechtere Position als das damalige London. Die von Philippovich gemachten Beobachtungen wurden einerseits in einer formalisierten

Beschreibung dokumentiert (z.B. waren alle Fälle nummeriert) und andererseits durch umfassende Erzähldokumente ergänzt. Manche Passagen, z.B. die über einen Knaben, der zwei Tage zuvor gestorben war und immer noch in einem Bett des von vier Personen bewohnten Zimmers lag, gleichen den Sozialreportagen Max Winters, eines Redakteurs der *Arbeiter-Zeitung* und Abgeordneten zum Reichsrat, die dieser um die Wende zum 20. Jahrhundert in Wien verfasst hat (Winter 1904; 1982). Philippovich berichtet jedoch nicht nur über die Situation der Armen, er gibt auch Auskünfte über die Willkür der Hausbesitzer, die Kündigungsfristen nicht einhalten und Mietparteien hinauswerfen, obwohl diese die Miete im Voraus zu bezahlen hatten. Kritisch merkt er an, dass der Zusammenhang zwischen schlechten Wohn- und Sanitärverhältnissen auf der einen Seite und geschädigter Gesundheit und Armut auf der anderen Seite von den offiziell Zuständigen nicht klar genug erkannt werde. Überdies sei die Logik ihrer bürokratischen Maßnahmen vor allem von den Grundsätzen der Kontrolle und der Strafe geleitet. Ein Ergebnis steht für Philippovich unumstößlich fest: Das Wohnungsproblem in Wien ist nicht ein Problem des Einkommens, sondern der verfehlten Bau- und Wohnungspolitik. Der ganze Bericht ist ein Dokument horrender Lebensbedingungen, das den zutreffenden Eindruck hinterlässt, die Haustiere nobler Haushalte seien in einer viel besseren Lage gewesen als die Arbeiterfamilien. Im Jahr 1900 folgte Philippovichs große Studie über die Wohnverhältnisse in den Städten der Monarchie (Philippovich/Schwarz 1900).

Waren die ersten auf dem Boden der Habsburgermonarchie durchgeführten empirischen Studien noch der Frage des wirtschaftlichen und militärischen Potentials des Reiches gewidmet, so begann schon ab der Mitte des 19. Jahrhunderts eine ernsthafte Befassung mit dem, was als Studium sozialer Probleme gelten kann. Seit den frühen 1870er Jahren war die Wohnungsnot eine der brennendsten sozialpolitischen Aufgaben, besonders in Wien. In diesem Kontext werden erste methodische und methodologische Konzeptionen verwirklicht, die es erlauben, von empirischer Sozialforschung zu sprechen. Es handelt sich nicht einfach um eine wahllose Anhäufung von Techniken, es wird vielmehr ein neuer Forschungsstil erfunden. Inwieweit ein im 19. Jahrhundert wirksamer Realismus aus der philosophischen Tradition Johann Friedrich Herbarts oder Gottfried Wilhelm Leibniz' hier einflussreich war – nachdrücklich vermittelt über Bernard Bolzano, Franz Seraph von Sommaruga und Franz Exner, bis hinein in die Oberstufe der Gymnasien und in die Beamtenschaft –, wäre eine eingehende Untersuchung wert, ist aber nahezu unerforscht (vgl. Winter 1969).

Blumenbach, Wenzel (1834/35): *Neueste Landeskunde des Erzherzogthums Oesterreich unter der Enns*, 2. Ausg., Wien: Güns.

Liechtenstern, Joseph Marx Freiherr von (1817): *Grundlinien einer Statistik des österreichischen Kaiserthums, nach dessen gegenwärtigen Verhältnissen betrachtet*, Wien: Carl Gerold.

Mischler, Ernst (1899): *Oesterreichs Wohlfahrts-Einrichtungen 1848–1898*, Bd. 1: *Armenpflege und Wohlthätigkeit in Oesterreich*, Wien: Verlag Moritz Perles.

Philippovich, Eugen von (1894): *Wiener Wohnungsverhältnisse*, Berlin: Carl Heymanns Verlag (= Sonderabdruck aus dem *Archiv für Soziale Gesetzgebung und Statistik*).
– /Paul Schwarz (1900): *Wohnungsverhältnisse in oesterreichischen Städten, insbesondre in Wien*, Wien/Leipzig: Franz Deuticke.
Ratkowsky, Mathias G. (1871): *Die zur Reform der Wohnungs-Zustände in grossen Städten nothwendigen Massregeln der Gesetzgebung und Verwaltung. Mit besonderer Rücksicht auf die Verhältnisse Wiens*, Wien: Beck'sche Universitätsbuchhandlung.
Rausch, Karl (1891): *Das Problem der Armuth. Vorlesungen über die sociale Frage*, Berlin: Elwin Staude.
Sax, Emil (1869): *Der Neubau Wien's im Zusammenhange mit der Donau-Regulirung. Ein Vorschlag zur gründlichen Behebung der Wohnungsnoth*, Wien: A. Pichler's Witwe & Sohn.
Sedlaczek, Stephan (1893): *Die Wohn-Verhältnisse in Wien. Ergebnisse der Volkszählung vom 31. December 1890*, Wien: Wiener Magistrat/Statistisches Amt.
Sealsfield, Charles [Pseud., eigtl. Carl Anton Postl] (1994): *Austria as it is, or Sketches of continental courts, by an eye-witness* [1828], eine kommentierte Textedition, hrsg. und mit einem Nachwort versehen von Primus-Heinz Kucher, Wien/Köln/Weimar: Böhlau Verlag.
Steiner, Maximilian (1884): *Ueber die Errichtung von Arbeiterwohnungen in Wien*, Wien: Statistisches Central-Bureau.
Winter, Eduard (1969): *Revolution, Neoabsolutismus und Liberalismus in der Donaumonarchie*, Wien: Europa Verlag.
Winter, Max (1904): *Im dunkelsten Wien*, Wien/Leipzig: Wiener Verlag.
– (1982): *Das schwarze Wienerherz. Sozialreportagen aus dem frühen 20. Jahrhundert*, hrsg. von Helmut Strutzmann, Wien: Verlag Jungbrunnen.

Weiterführende Literatur

Amann, Anton (2017): Social Research in Austria from Its Early Days to the 1980s. In: Brina Malnar/Karl H. Müller (Hgg.), *The Public Opinion and Mass Communication Centre (CJMMK) in Ljubljana 1966–2016. A Festschrift for Niko Toš*, Wien: edition echoraum.
Haas, Hannes (1999): *Empirischer Journalismus. Verfahren zur Erkundung gesellschaftlicher Wirklichkeit*, Wien/Köln/Weimar: Böhlau Verlag.

ANTON AMANN

Allgemeine Statistik, Wirtschaftsstatistik

Die Statistik reflektierte als »Lehre von den Staatsmerkwürdigkeiten« (Winkler 1947, S. 1) die Entwicklung des Staates im 19. Jahrhundert. Zugleich fungierte sie als ein Instrument der Staatsbildung, das quantifizierte Objektivität herstellen und die Staatsbevölkerung administrativ »lesbar« machen sollte. Als Statistiker gelten in den nachstehenden Ausführungen einerseits die akademisch gebildeten Beamten der zentralen amtlichen Statistik in Wien. Diese »Konzeptsbeamten« eigneten sich im Zuge der Disziplinbildung, Verwissenschaftlichung und Internationalisierung der Verwaltungsstatistik in der zweiten Hälfte des 19. Jahrhunderts zunehmend eine fachliche Identität als Wissenschaftler an und fungierten häufig auch als nebenamtlich im Fach Statistik tätige Honorarprofessoren an den Universitäten. Von dieser Gruppe von Beamten sind Carl Czoernig (1804–1889) und Karl Theodor von Inama-Sternegg (1843–1908) besonders hervorzuheben (vgl. Göderle 2016, S. 177–189). Andererseits werden im Folgenden auch Professoren der Rechts- und Staatswissenschaften exemplarisch genannt, sofern von diesen die Beziehungen zwischen der Statistik und den als soziologisch begriffenen Fragestellungen, Theorien und Methoden analysiert wurden. Beide hier idealtypisch angeführten Gruppen von Akteuren im Bereich der Statistik besetzten oftmals Positionen sowohl im amtlichen wie auch im universitären Bereich, wie es bereits ein Blick in den prosopographischen Anhang der *Denkschrift der k. k. Statistischen Zentralkommission zur Feier ihres fünfzigjährigen Bestandes* anzudeuten vermag (vgl. k.k. Statistische Zentral-Kommission 1913, S. 206–225).

Das amtlich generierte statistische Datenmaterial erfuhr im Untersuchungszeitraum eine zunehmend stärkere analytische Durchdringung. Damit wurde insgesamt die »wachsende Bindung der Verwaltungsstatistik an die Wissenschaft« deutlich erkennbar (Durdik 1973, S. 240). Dieser Befund lässt sich auch dadurch untermauern, dass die Beamten der 1863 ins Leben gerufenen k.k. Statistischen Central-Commission regelmäßig Fachartikel und Rezensionen zu wirtschaftlichen, demographischen und sozialpolitischen Themen und Veröffentlichungen verfassten, die sie häufig in der *Statistischen Monatschrift* publizierten. Diese Zeitschrift bildete seit ihrem erstmaligen Erscheinen im Jahr 1875 ein weithin anerkanntes Publikationsorgan der cisleithanischen amtlichen Statistik.

Der vielseitig gebildete Beamte und Gelehrte Czoernig wurde im Jahr 1841 zum Direktor der administrativen Statistik ernannt. Im Herbst 1848 avancierte er zudem zu einem der hervorragendsten Mitarbeiter von Minister Karl Ludwig von Bruck im damals neu eingerichteten Handelsministerium, dem auch die administrative Statistik zugeteilt wurde. Czoernigs maßgeblicher Initiative war es zu verdanken, dass die mit der Durchführung und statistischen Auswertung der staatlichen Volkszählungen beauftragte Statistische Central-Commission gegründet werden konnte, die er selbst bis zu seinem vorzeitigen, offiziell gesundheitsbedingten Ausscheiden aus dem Staatsdienst im Jahr 1865 als Präsident leitete (vgl. Österreichisches Statistisches Zentralamt 1979, S. 35). Als eine »Wissenschaft des Staates« (vgl. Pinwinkler 2004) nahm die Statistik in der Ära Czoernig zweifellos einen institutionellen Aufschwung. Auch in personeller Hinsicht erwies sich der Bedeutungszuwachs der Statistik als nachhaltig wirksam. Czoernig hatte nämlich mit den von ihm nach preußischem Vorbild inaugurierten statistischen Kursen für Verwaltungsbeamte einen Pool von meist jüngeren Beamten herangebildet, die sich für statistische Fragestellungen und Themenfelder interessierten (Österreichisches Statistisches Zentralamt 1979, S. 35).

Dem institutionellen Aufschwung der amtlichen Statistik in der Ära Czoernig stand eine eher traditionalistische Auffassung der Statistik gegenüber, wie sie speziell innerhalb der akademischen Wissenschaft lange Zeit vertreten wurde. Leopold Neumann (1811–1888), der seit 1849 die Lehrkanzel für diplomatische Staatengeschichte und Völkerrecht innehatte und von 1864 bis 1883 als ordentlicher Professor für Statistik an der Universität Wien tätig war, ist hierfür ein markantes Beispiel. Neumann stand paradigmatisch für die zählebigen kameralistischen und staatskundlichen Traditionslinien einer noch vorwiegend »qualitativ-deskriptiven« Statistik. Er folgte damit der Auffassung von Eberhard Jonák (1820–1879), dem Professor für Statistik und politische Wissenschaften an der Universität in Prag, der eine *Theorie der Statistik* veröffentlicht hatte (Jonák 1856). Als Neumann im November 1866 im Rahmen der von Czoernig veranstalteten statistisch-administrativen Vorträge ein programmatisches Referat zur »Theorie der Statistik« hielt, trat speziell die konzeptionelle Fixierung der Statistik auf den angenommenen Staatszweck deutlich hervor: Als »Staats-Wissenschaft« sei diese nämlich »gewissermaßen die Physiologie des Staates«, dessen Zustände die Statistik »in dem als Gegenwart fixirten Zeitpuncte« zu schildern habe. Neumann bezeichnete diese fachliche Richtung als »deutsche Schule«, die er dezidiert von der neueren Schule der Statistik als einer »Gesellschafts-Wissenschaft« abgrenzte. Da letztere Schule sich nur mit Ziffern befasse, vernachlässige sie »das Quale der Ziffern«. Dieses sei aber für den Statistiker von entscheidender Relevanz (Neumann 1867, S. 1–3).

Der aus Prag gebürtige Wirtschaftswissenschaftler Karl Pribram (1877–1973) veröffentlichte kurz vor dem Ersten Weltkrieg eine Ideengeschichte der Statistik in Österreich im 19. Jahrhundert. Folgt man Pribram, war es vor allem der – oben erwähnte – Prager Statistikprofessor Jonák, der zusammen mit Lorenz von Stein zu den »Vertretern jener universalistischen Auffassung« zählte, »welche der Statistik die Aufgabe absprachen, die Gesetze in den sozialen Erscheinungen zu erforschen« (Pribram 1913, S. 719). Der einzige österreichische Statistiker, der um die Mitte des 19. Jahrhunderts neben der staatlichen auch die gesellschaftliche Sphäre in den Blick genommen habe, sei demnach Joseph Hain (1809–1852) gewesen. Tatsächlich blieb der früh verstorbene Hain mit seinem in zwei Bänden erschienenen *Handbuch der Statistik des österreichischen Kaiserstaates* (1852/53) der einzige Vertreter der amtlichen Statistik des 19. Jahrhunderts, der sich entschieden zur »mathematischen« Richtung der Statistik bekannte und sich damit von deren staatenkundlicher oder »historischer« Richtung abgrenzte. In Anlehnung an den deutschen Ökonomen Karl Knies (1821–1898) ging es Hain nämlich um die Erkenntnis der »Gesetze«, nach denen »die in Zahlen ausdrückbaren gesellschaftlichen und staatlichen (also auch moralischen) Erscheinungen« abliefen (Hain 1852, S. 6). Er deklarierte sich damit als Anhänger des belgischen Astronomen und Statistikers Adolphe Quetelet (1796–1874). Dieser hatte hinter den verschiedensten sozialen Handlungsmustern, so etwa der Neigung zu Verbrechen oder zu Heiraten, statistische Gesetzmäßigkeiten angenommen. Das Vorkommen und die Häufigkeit von Verbrechen konnten so als spezifische gesellschaftliche Phänomene wahrgenommen werden, und weniger als Ausdruck des individuellen menschlichen Willens (Porter 2003, S. 241).

Als Direktor der zentralen amtlichen Statistik folgte Czoernig zwar Quetelets Initiative zur stärkeren Internationalisierung der amtlichen Statistik, indem er den dritten Internationalen Statistischen Kongress 1857 nach Wien berief. Damit war auch die Zielsetzung verknüpft, auf der Grundlage einer stärkeren Standardisierung der statistischen Fragestellungen von Volkszählungen die Vergleichbarkeit der amtlichen Statistiken der einzelnen Länder (und in diesen) zu erreichen. In seinen statistischen Arbeiten, die Czoernig zum Teil neben seiner dienstlichen Tätigkeit verfasste, bekannte er sich allerdings nicht wie sein zeitweiliger enger Mitarbeiter Hain zu einer »Sozialphysik« der Gesellschaft, wie sie Quetelet entwickeln hatte wollen, sondern er blieb der tradierten Staatenkunde als einer historischen Disziplin verhaftet. Czoernigs statistisches Hauptwerk bildete die dreibändige *Ethnographie der Oesterreichischen Monarchie* (1857), in der die ältere staatswissenschaftliche Volkskunde als statistische Disziplin in Erscheinung trat (vgl. Köstlin 2002, S. 380). Indem Czoernig die »große Mannigfaltigkeit der Verhältnisse« hervorhob, die die Habsburgermonarchie in sozio-kultureller Beziehung kennzeichne, suchte er die europäische Sendung des Vielvölkerstaats nachdrücklich zu unterstreichen: Denn »alle Hauptstämme der Bevölkerung Europa's begegnen sich in dem Umfange des Reiches, bilden hier compacte Massen, durchdringen dort in verschiedenster nationaler Färbung einander, und gestalten sich zu ethnographischen Gruppen und Inseln, welche in buntester Mischung die nirgend anderswo wieder zu findende Eigenthümlichkeit des Völkerbestandes von Oesterreich ausdrücken« (Czoernig 1857, S. 5).

In methodischer Hinsicht stellte Czoernigs *Ethnographie* vor allem aufgrund der beigelegten *Ethnographischen Karte der Oesterreichischen Monarchie in vier Blättern* (1856, im Maßstab 1:1,584.000) eine bemerkenswert innovative Leistung dar. Czoernig und seine Mitarbeiter entwickelten in jahrelanger Vorarbeit spezielle Flächen- und Liniensignaturen, die sprachliche Assimilations- und Schichtungsprozesse als Folge der Wanderungs- und Kolonisationsbewegungen des 18. und 19. Jahrhunderts kartographisch klar sichtbar machen sollten. Abgesehen von der methodischen Herangehensweise, die der Karte zugrunde lag, ist ihre identitätsstiftende Funktion besonders hervorzuheben: Sie »fixierte, ästhetisierte und legitimierte« nämlich den österreichischen Gesamtstaat in der neoabsolutistischen Periode (Göderle 2016, S. 201), wodurch sie ein einflussreiches Narrativ des Habsburgerreiches als multiethnisches und vielsprachiges Imperium konstruierte. Das Argument der europäischen Notwendigkeit der Habsburgermonarchie konturiert auch spätere Werke, die allerdings stärker »pittoreske« als ethnographisch »exakte« Momente der den »Völkerstämmen« der Monarchie zugeschriebenen Eigenschaften betonten. Die bekannteste dieser Veröffentlichungen war das von Kronprinz Rudolf initiierte »Kronprinzenwerk« *Die österreichisch-ungarische Monarchie in Wort und Bild*, das ab 1885 in 24 Bänden sowohl in deutscher als auch in ungarischer Sprache erschien (Stagl 2001, S. 441).

Anstelle der noch von Czoernig betonten ethnographisch-beschreibenden Richtung der Statistik traten unter seinen Nachfolgern zunehmend die Soziale Frage, aber auch der Nationalitätenstreit in der Habsburgermonarchie sowohl als Gegenstände der statistischen Erhebungen wie auch ihrer Analyse in den Vordergrund (Fassmann 2001, S. 196). Dies hatte mit der zunehmenden Industrialisierung, Urbanisierung und Binnenmigration in Österreich-Ungarn zu tun, die die Nachfrage der staatlichen Zentralstellen nach statistischen Erhebungen und Auswertungen ressortübergreifend deutlich ansteigen ließen. Die meisten amtlichen Statistiker bestanden angesichts dieser gesellschaftlichen Umwälzungen weiterhin auf der Notwendigkeit von Gesamtzählungen. Sie setzten auf eine Optimierung der »statistischen Fabrik« (vgl. Klein 2001, S. 269) als eines technisch durchorganisierten Betriebs, die sie sich von einer zentralisierten Aufarbeitung der Zensusdaten erwarteten.

Die Volkszählung von 1890 setzte zu diesem Zweck erstmals Lochkarten und elektrische Zählmaschinen nach dem von Herman Hollerith (1860–1929) entwickelten und von Theodor H. O. Schäffler (1838–1928) adaptierten System ein. Jene Mathematiker, Versicherungstechniker oder an mathematischen Methoden interessierten Statistiker, die dafür eintraten, die Wahrscheinlichkeitstheorie als Möglichkeit zur Abschätzung von statistischen Fehlern der Volkszählungen zu nützen, blieben gegenüber dieser auf Gesamtzählungen setzenden »technischen« Konzeption der Statistik hingegen deutlich in der Minderheit (vgl. Porter 2003, S. 247). Statistische Zählungen sollten nach Auffassung von Karl Theodor von Inama-Sternegg, der die amtliche Statistik in seiner von 1881 bis 1905 währenden Amtszeit zu neuerlicher internationaler Anerkennung führte, der »Erkenntnis der gesellschaftlichen Zustände und Vorgänge in ihrer vollen Realität« dienen. Dies legte es nahe, dass Inama-Sternegg die »sogenannten repräsentativen Zählungen« ablehnte und stattdessen vielmehr »ausnahmslose Individualzählungen« verlangte (Inama-Sternegg 1908, S. 268f.).

Eine Belebung der Debatte über die Beziehungen zwischen der »allgemeinen Statistik« und der »mathematischen Statistik« erfolgte erst wieder nach der Jahrhundertwende. Maßgeblich waren hierfür die Arbeiten von Franz Žižek (1875–1938), der 1908 sein Buch über *Die Statistischen Mittelwerte* veröffentlichte (Žižek 1908), und von Hugo Forcher (1869–1930), der 1913 seine Studie über *Die statistische Methode als selbständige Wissenschaft* vorlegte (Forcher 1913). Der Finanzstatistiker Robert Meyer (1855–1914), einer der Nachfolger Inama-Sterneggs als Präsident der Statistischen Central-Commission, sah in diesen Studien, die die Anwendung der Wahrscheinlichkeitsrechnung auf soziale Massenerscheinungen empfahlen, einen wesentlichen Beitrag zur »Fortbildung und Vervollkommnung« der bisher vorherrschenden staatswissenschaftlichen »allgemeinen Statistik«. Meyer dürfte damit die amtliche Statistik gegenüber mathematischen Methoden zu öffnen versucht haben (Meyer 1914, S. 357), was erst wieder Wilhelm Winkler (1884–1984) ab den 1920er Jahren neuerlich in Angriff nahm (vgl. Pinwinkler 2003).

Zum methodischen Kernbestand des statistischen Diskurses und der damit verbundenen wissenschaftlich-administrativen Praktiken zählten stets die demographischen Indikatoren von Geschlecht, Alter, Religion und Zivilstand. In der zweiten Hälfte des 19. Jahrhunderts begannen die Statistiker verstärkt damit, diese »klassischen« bevölkerungswissenschaftlichen Indikatoren mit sozialpolitisch relevanten Fragestellungen zu verknüpfen. So gerieten nicht nur die berufliche und die soziale Schichtung der Bevölkerung, sondern etwa auch deren Wohnverhältnisse in den Blick der Statistik. Im Jahr 1869 wurde im Rahmen der Volkszählung erstmals eine statistische Erfassung der Wohnungsverhältnisse in den Städten Wien, Prag, Graz, Triest und Brünn vorgenommen, die bei den folgenden Volkszählungen der Jahre 1880 und 1890 wiederholt und auf weitere Städte ausgedehnt wurde. Indem die Beziehung der einzelnen in den Haushalten lebenden Personen zu den Wohnungsinhabern präzisiert wurde, verbesserten sich die Kenntnisse der sozialen Struktur der Bevölkerung (vgl. Durdik 1973, S. 242–245).

Für den Bereich der cisleithanischen Nationalitätenstatistik ist hervorzuheben, dass die Volkszählungen seit 1880 die »Umgangssprache« erhoben, die als ein Surrogat zur Erfassung der »Nationalität« galt. Diese Fragestellung begünstigte jene Nationalitäten, die in ihren jeweiligen hauptsächlichen Siedlungsgebieten über die größte Assimilationskraft verfügten: Deutsche, Polen und Italiener. Die meisten österreichischen Statistiker betrachteten die Erhebung der »Umgangssprache« indes als eher fragwürdig. Die Erhebung der »Muttersprache«, die zugleich eine Frage nach der ethnischen Herkunft gewesen wäre, hätte im Vergleich dazu den geringsten individuellen Entscheidungsspielraum beinhaltet. Aus methodischer Sicht wäre sie daher wohl der am ehesten erfolgversprechende Weg zur Erhebung einer vermeintlich klar abgrenzbaren Nationalitätszugehörigkeit gewesen. Die »Sprache« an sich war bereits seit Richard Boeckh (1824–1907), dem Begründer der preußischen Nationalitätenstatistik, als das einzige »objektive« Merkmal der Nationalitätszugehörigkeit anerkannt (Brix 1982, S. 73). Vorschläge von Statistikern und Staatsrechtlern, über die Erhebung der »Muttersprache« oder die Erstellung von nationalen Katastern ethnische Zuordnungen in sprachlichen Mischgebieten »eindeutiger« zu gestalten (Bernatzik 1910, S. 17), ließen sich in der Monarchie jedoch nicht mehr verwirklichen.

Die oben angedeutete Ausweitung der statistischen Aktivitäten schien es erforderlich zu machen, eine Standortbestimmung der Statistik innerhalb der sich dynamisch entfaltenden Sozialwissenschaften vorzunehmen. Fragen nach den erkenntnistheoretischen Zielsetzungen der Statistik, ihren Fragestellungen sowie den geeigneten methodischen Instrumentarien standen dabei im Vordergrund. Seit den 1870er Jahren erschienen zahlreiche Studien, die sich diesen Problemen zuwandten (Klein 2001, S. 269). Der Statistiker und Professor der Volkswirtschaft Franz Xaver von Neumann-Spallart (1837–1888) war einer der ersten, der die Beziehungen zwischen *Sociologie und Statistik* (1878) thematisierte. Auch Neumann-Spallart ging von den grundlegenden Arbeiten zur »Sozialphysik« aus, wie sie bereits Auguste Comte und Adolphe Quetelet durchgeführt hatten. In der »Gesellschafts-Wissenschaft« gelte es allerdings nicht etwa Naturgesetze zu suchen, wie es Comte und Quetelet einst gefordert hätten, sondern es sollten »›empirische‹ Gesetze« mittels statistischer Methoden aufgespürt werden. Wie Neumann-Spallart unter Berufung auf John Stuart Mill ausführte, gehe es dabei lediglich um »ein Wissen der Causalität des wirklich Beobachteten, des Vorgefallenen, des Bestehenden«. Aus seiner Sicht kamen als »Beobachtungs-Wissenschaften für das sociale Gebiet«, die dieses Wissen bereitstellen könnten, »nur die Geschichte und die analytische Statistik« in Frage. Neumann-Spallart ging es um die gegenseitige Ergänzung der Statistik und der Sozialwissenschaften. Den »modernen Soziologen«, von denen er Albert Schäffle ausdrücklich nannte, warf er allerdings vor, dass sie die Statistik darauf reduzieren würden, bloßes Faktenmaterial zu liefern. Es gehe aber nicht um die Gewinnung dauerhaft gültiger »sozialer Gesetze«, wie von einigen Soziologen erhofft, sondern nur um die Aufstellung solcher Gesetze, die »unter bestimmten Verhältnissen von Ort und Zeit ihre Geltung« beanspruchen könnten. Solange die Soziologen die spezifischen sozialen Regularitäten nicht anerkennen würden, die nur über das »Gesetz der grossen Zahl« und somit mittels statistischer Methoden gefunden werden könnten, gebe es keine oder nur eine lockere Verbindung zwischen »Sociologie« und »Statistik« (Neumann-Spallart 1878, S. 5f., 11, 17f.).

Neumann-Spallarts konzeptioneller Ansatz deckte sich in hohem Maße mit der Lehrmeinung, die Karl Theodor von Inama-Sternegg hinsichtlich der Aufgaben der Statistik und ihrer Beziehungen zur »Sociologie« vertrat (Müller 1976, S. 21–38). Inama-Sternegg definierte die Statistik als eine »Wissenschaft von den sozialen Massen«. Als Wirtschaftshistoriker war er der Historischen Schule der Nationalökonomie zuzurechnen. Er grenzte sich damit von der theoretisch argumentierenden Nationalökonomie, wie sie Carl Menger als Schulhaupt der Österreichischen Schule der Nationalökonomie vertrat, deutlich ab. Für Inama-Sternegg war auch die Statistik eine historische Disziplin, die dazu herangezogen werden sollte, »ein Bild von den faktischen Lebensverhältnissen« zu gewinnen. Jener »Entwickelungsgang«, der zu den gegenwärtigen »Zuständen des Gesellschaftslebens« geführt habe, sei mittels der Methoden der »Massenbeobachtung« historisch-statistisch herzuleiten (Inama-Sternegg 1903, 255). Diese Ansätze suchte Inama-Sternegg in empirischen Arbeiten umzusetzen, die er selbst vorwiegend zur Agrar- und Sozialstatistik durchführte. In dem von ihm seit 1882 regelmäßig im Rahmen des akademischen Unterrichts durchgeführten statistischen Seminar verfügte Inama-Sternegg über ein Forum, das es ihm ermöglichte, statistisch geschulte Nachwuchskräfte heranzubilden (Müller 1976, S. 50–55). Als Inama-Sternegg 1905 in den Ruhestand trat, hatte die k.k. amtliche Statistik ihren wohl letzten auch international einflussreichen Repräsentanten verloren, der sozialpolitischen Fragestellungen gegenüber zwar aufgeschlossen war, dabei aber stets den Staatszweck und damit die Erhaltung des Habsburgerreiches im Auge hatte.

Acham, Karl (Hg.) (1999–2006): *Geschichte der österreichischen Humanwissenschaften*, 6 Bde. [in 8 Lieferungen], Wien: Passagen Verlag; hier von Belang: Bd. 2 (2001a), Bd. 3.1 (2001b) und Bd. 4 (2002).

Bernatzik, Edmund (1910): *Über nationale Matriken*, Wien: Manz.

Brix, Emil (1982): *Die Umgangssprachen in Altösterreich zwischen Agitation und Assimilation. Die Sprachenstatistik in den zisleithanischen Volkszählungen 1880 bis 1910*, Wien/Köln/Graz: Böhlau.

Czoernig, Karl Freiherr von (1855/57): *Ethnographie der Oesterreichischen Monarchie. Mit einer ethnographischen Karte in vier Blättern*, 3 Bde. [Bd. I/Abt. 1: *Die österreichische Monarchie in historisch-ethnographischer Hinsicht als Ganzes*, 1857; Bde. II und III: *Historische Skizze der Volkerstämme und Colonien in Ungern und dessen ehemaligen Nebenländern*, 1855], Wien: k.k. Hof- und Staatsdruckerei.

Fassmann, Heinz (2001): Demographie und Sozialökologie. In: Acham 2001a [Bd. 2: *Lebensraum und Organismus der Menschen*], S. 189–215.

Forcher, Hugo (1913): *Die statistische Methode als selbständige Wissenschaft. Eine Einführung in deren Fundamente und Grundzüge*, Leipzig: Veit.

Göderle, Wolfgang (2016): *Zensus und Ethnizität. Zur Herstellung von Wissen über soziale Wirklichkeiten im Habsburgerreich zwischen 1848 und 1910*, Göttingen: Wallstein Verlag.

Hain, Joseph (1852/53): *Handbuch der Statistik des österreichischen Kaiserstaates*, 2 Bde., Wien: Tendler.

Helczmanovszki, Heimold (Hg.) (1973): *Beiträge zur Bevölkerungs- und Sozialgeschichte Österreichs. Nebst einem Überblick über die Entwicklung der Bevölkerungs- und Sozialstatistik*, München: Oldenbourg.

Inama-Sternegg, Karl Theodor von (1903): Geschichte und Statistik. In: Ders., *Staatswissenschaftliche Abhandlungen* [Bd. 1], Leipzig: Duncker & Humblot, S. 250–278.

– (1908): Der Zweck statistischer Zählungen. In: Ders., *Staatswissenschaftliche Abhandlungen*, 2. Bd.: *Neue Probleme des modernen Kulturlebens*, Leipzig: Duncker & Humblot, S. 260–272.

Jonák, Eberhard (1856): *Theorie der Statistik in Grundzügen*, Wien: Braumüller.

k.k. Statistische Zentral-Kommission (Hg.) (1913): *Denkschrift der k.k. Statistischen Zentralkommission zur Feier ihres fünfzigjährigen Bestandes*, Wien: Im Verlage der k.k. Statistischen Zentralkommission.

Klein, Kurt (2001): Sozialstatistik. In: Acham 2001b [Bd. 3.1: *Menschliches Verhalten und gesellschaftliche Institutionen: Einstellung, Sozialverhalten, Verhaltensorientierung*], S. 257–295.

Köstlin, Konrad (2002): Volkskunde: Pathologie der Randlage. In: Acham 2002 [Bd. 4: *Geschichte und fremde Kulturen*], S. 369–414.

Meyer, Robert (1914): Ein Wort über mathematische und allgemeine Statistik. In: [o. Hg.] *Festschrift für Franz Klein zu seinem 60. Geburtstage*, Wien: Manzsche k.u.k. Hof-Verlags- und Universitäts-Buchhandlung, S. 335–358.

Müller, Valerie (1976): *Karl Theodor von Inama-Sternegg. Ein Leben für Staat und Wissenschaft*, Innsbruck: Universitätsverlag Wagner.

Neumann, Leopold (1867): Theorie der Statistik. Vortrag, gehalten am 19. und 22. November 1866. In: *Statistisch-administrative Vorträge auf Veranstaltung der k.k. Statistischen Central-Commission*, Wien: k.k. Hof- und Staatsdruckerei, S. 1–18.

Neumann-Spallart, Franz Xaver von (1878): Sociologie und Statistik. In: *Statistische Monatsschrift* 4, S. 1–18.

Österreichisches Statistisches Zentralamt (Hg.) (1979): *Geschichte und Ergebnisse der zentralen amtlichen Statistik in Österreich 1829–1979. Festschrift aus Anlaß des 150jährigen Bestehens der zentralen amtlichen Statistik in Österreich*, Wien: Österreichische Staatsdruckerei.
Pinwinkler, Alexander (2003): *Wilhelm Winkler (1884–1984). Eine Biographie. Zur Geschichte der Statistik und Demographie in Österreich und Deutschland*, Berlin: Duncker & Humblot.
– (2004): Amtliche Statistik, Bevölkerung und staatliche Politik in Westeuropa, ca. 1850–1950. In: Peter Collin/Thomas Horstmann (Hgg.), *Das Wissen des Staates. Geschichte, Theorie und Praxis*, Baden-Baden: Nomos Verlag, S. 195–215.
Porter, Theodore M. (2003): Statistics and Statistical Methods. In: Ders./Dorothy Ross (Hgg.), *The Cambridge History of Science*, Bd. 7: *The Modern Social Sciences*, Cambridge: Cambridge University Press, S. 238–250.
Pribram, Karl (1913): Die Statistik als Wissenschaft in Österreich im 19. Jahrhundert nebst einem Abrisse einer allgemeinen Geschichte der Statistik. In: *Statistische Monatschrift* NF 18, S. 661–739.
Stagl, Justin (2001): Ethnosoziologie und Kultursoziologie. In: Acham 2001b [Bd. 3.1: *Menschliches Verhalten und gesellschaftliche Institutionen: Einstellung, Sozialverhalten, Verhaltensorientierung*], S. 437–467.
Winkler, Wilhelm (1947): *Grundriss der Statistik*, Bd. 1: *Theoretische Statistik*, 2., umgearb. Aufl., Wien: Manz'sche Verlagsbuchhandlung.
Žižek, Franz (1908): *Die Statistischen Mittelwerte. Eine methodologische Untersuchung*, Leipzig: Duncker & Humblot.

Alexander Pinwinkler

Isidor Singer – Zum sozialpolitischen Bezugsrahmen einer analytischen Sozialstatistik

Im 19. Jahrhundert hatten positives Recht, Ökonomie und ein durch die Soziale Frage ausgelöstes Krisenbewusstsein eine »soziologische Konfiguration« geschaffen (Knoll/Kohlenberger 1994). Soziale Missstände infolge der Industrialisierung verlangten nach politischen und rechtlichen Antworten. Für diese Antworten war adäquates und relevantes (statistisches) Wissen bereitzustellen (Oberschall 1965). In der Sozialpolitik gehörte Österreich seit dem späten 19. Jahrhundert zu den Vorreitern in Europa, was beispielsweise die Novellen der Gewerbeordnung in den Jahren 1883 und 1885 eindrucksvoll dokumentieren (Ebert 1975).

In diese Phase intensiver sozialpolitischer Bemühungen fällt die Studienreise, die Isidor Singer (1857–1927, nicht zu verwechseln mit dem gleichnamigen österreichisch-amerikanischen Schriftsteller und Lexikographen) 1882 bis 1884 in das nordöstliche Böhmen unternommen hatte und deren Ergebnisse er 1885 in seinen *Untersuchungen über die socialen Zustände in den Fabrikbezirken des nordöstlichen Böhmen* veröffentlichte. Gestützt auf die älteren statistischen Arbeiten Carl Josef von Czoernigs (1829) und die

Nationalökonomischen Briefe Theophil Pislings (1856), konnte Singer die Lebens- und Arbeitsverhältnisse in den böhmischen Fabriken beschreiben und beziffern. Sein Erkenntnisinteresse galt den Missständen in den Fabriken. Er weist aber auch auf die Mängel der zeitgenössischen Soziologie hin, die zwar einen empirischen, induktiven Zugang anerkennt, dabei aber die statistische Methode der Erkenntnisgewinnung zurückweist. Singer führt diese Zurückweisung auf drei Probleme zurück: 1. würden die Aufgaben der »analytischen Statistik« unzureichend erfasst, 2. sei amtliche Statistik für die Erörterung soziologischer Fragestellungen wenig dienlich und 3. sei die Systematik sozialstatistischer Arbeiten mangelhaft. Man kann Singers methodisches Vorgehen auf der einen Seite als fallstudienbasiert bezeichnen, da er einerseits aus dem Vergleich unterschiedlicher Fabriken typische Strukturen heraushebt, und andererseits allgemeine (makro-)statistische Erscheinungen (wie sie die »Statistik der großen Zahlen« dokumentiert) durch Zusammenhänge auf der Mikroebene (also durch eine »analytische Statistik«) zu erklären versucht.

Die Darstellung ist in vier Bereiche gegliedert – ein Schema, das später auch in der Sozialstatistik (etwa bei Eugen von Philippovich) oder in der Sozialreportage (Max Winter) angewandt wird (Zelinka 2005, S. 290). Zunächst werden die Verhältnisse in der »Arbeitsstätte« thematisiert, und zwar insbesondere im Hinblick auf die räumlichen Gegebenheiten, die Arbeitszeit sowie die Alters- und Organisationsstruktur der Arbeiter, aber auch hinsichtlich der für sie getroffenen Fürsorgemaßnahmen und ihrer Verköstigung. Anschließend geht es um die »wirtschaftliche Beziehung«, worunter Singer das Verhältnis der Löhne zu den Bedürfnissen und den lokalen Marktpreisen versteht. Das nächste Kapitel behandelt die körperlichen Aspekte: Nahrung, Kleidung und Wohnung, sowie die damit zusammenhängende Morbidität und Mortalität. Zuletzt wird die Arbeiterschaft »in geistiger, sittlicher und socialer Beziehung« betrachtet, was die Untersuchung ihrer Bildung, ihrer Sexualität und ihres Familienlebens genauso umfasst wie ihr staatsbürgerliches Verhalten und ihre Geselligkeit. Arbeiter werden mittels Fragebögen befragt, aber auch die Fabrikinhaber, (staatliche) Verwaltungsbeamte und Seelsorger werden einbezogen. Insgesamt besucht Singer 58 Fabriken unterschiedlicher Art (Spinnereien, Webereien, Glashütten, Papier-, Tuch- und Druckfabriken), in denen er 14.336 Arbeiter befragt, ferner sucht er 134 Hütten der Hausindustrie auf, wo er mit 416 Arbeitern spricht (Singer 1885, S. 36).

Singers Methodik lässt sich anhand der Analyse des Unfallgeschehens veranschaulichen. Er stellt fest, dass in den Spinnereien und Webereien mehr Unfälle geschehen als in den anderen Fabriken, weil von den engen Gängen (die Hauptgänge sind im Durchschnitt 0,98 m breit, die Nebengänge 0,55 m; vgl. ebd., S. 53) und den gefährlichen Maschinenteilen eine erhöhte Unfallgefahr ausgeht. Schutzbestimmungen fehlen in der Gewerbeordnung von 1859 ebenso wie in ihren Novellen der 1880er Jahre. Singer erfährt, dass das Unfallgeschehen in den Fabriken nicht dokumentiert wird. Eine Annäherung über zentral erstellte »Sanitätsstatistiken« ist aufgrund von Erhebungs- und Darstellungsmängeln nicht möglich. Dennoch gelingt es Singer, mithilfe der Statistiken lokaler Krankenhäuser nicht nur die Gefährlichkeit der Spinnereien zu zeigen, sondern auch die These vom (nach vermeintlich durchzechten Wochenenden) besonders unfallträchtigen Montag zu widerlegen, da sich schwere Verletzungen und Todesfälle für gewöhnlich erst gegen Ende der Woche ereigneten, und nicht am Wochenbeginn. Bei der Rekonstruktion der Unfallhergänge (mittels der analytischen Statistik) verlässt sich Singer nicht auf die Angaben der Unternehmer oder der Vorarbeiter, sondern besichtigt selbst die Unfallorte und lässt sich die Ereignisse von den Arbeitern schildern. Unfälle werden auf fehlende Schutzvorrichtungen oder auf Unaufmerksamkeit infolge der anstrengenden Arbeit zurückgeführt. Als Erklärung zieht er die Arbeitszeitregelungen heran und stellt die Hypothese auf, dass durch überlange Arbeitszeiten und mangelnde Erholung »die gesetzlich vom Arbeiter geforderte umsichtige Handhabung der Maschinen wegen physischer und intellektueller Erschöpfung einem unzuverlässigen, mechanischen und fast gedankenlosen Hantieren Platz macht« (ebd., S. 61).

Für Singer soll Sozialstatistik beschreibend, aber auch induktiv-erklärend sein. Methodologisch sucht er einen Weg, der anstelle von »Thatsachen-Heisshunger« und »Gier nach abstrakter Spekulation« (ebd., S. 12) analytisch begründete, empirische Schlussfolgerungen erlaubt. Verallgemeinerungen werden nicht mathematisch, sondern allein durch Vergleiche begründet. Auf diese Weise will er »nicht bloss Diagnose und Therapie, sondern auch Prognose und socialpolitische Prophylaxis ermöglichen« (ebd.).

Czoernig, Carl Joseph (1829): *Topographisch-historisch-statistische Beschreibung von Reichenberg*, Wien: Friedrich Volke.

Ebert, Kurt (1975): *Die Anfänge der modernen Sozialpolitik in Österreich. Die Taaffesche Sozialgesetzgebung für die Arbeiter im Rahmen der Gewerbeordnungsreform (1879–1885)*, Wien: Österreichische Akademie der Wissenschaften.

Knoll, Reinhold/Helmut Kohlenberger (1994): *Gesellschaftstheorien. Ihre Entwicklungsgeschichte als Krisenmanagement in Österreich 1850–1938*, Wien: Turia & Kant.

Oberschall, Anthony (1965): *Empirical Social Research in Germany 1848–1914*, New York: Basic Books.

Pisling, Theophil (1856): *Nationalökonomische Briefe aus dem nördlichen Böhmen*, Prag: Carl Bellman.

Singer, Isidor (1885): *Untersuchungen über die socialen Zustände in den Fabrikbezirken des nordöstlichen Böhmen. Ein Beitrag zur Methodik socialstatistischer Beobachtung*, Leipzig: Duncker & Humblot.

Zelinka, Inge (2005): *Der autoritäre Sozialstaat. Machtgewinn durch Mitgefühl in der Genese staatlicher Fürsorge*, Wien: LIT Verlag.

Christopher Schlembach

2. SOZIALGEOGRAPHIE UND ETHNOGRAPHIE

Geographie vor 1900

Was ist Geographie, was ihr Gegenstand und ihre Aufgabe? Das waren im 19. Jahrhundert für den deutschsprachigen Raum die Kernfragen der Fachvertreter, von deren Lösung die Stellung des Faches unter den anderen Wissenschaften abhing. Drei Antwortpositionen lassen sich unterscheiden: eine historisch-politische, eine naturwissenschaftliche und eine beide Richtungen vertretende, die entweder arbeitsteilig-dualistisch oder ganzheitlich-monistisch geartet war. Als Gegenstand der Geographie konkurrierten die *Erde als Ganzes* inklusive ihrer Beziehungen zum Weltraum und die *Erdoberfläche* mit ihrer organischen und anorganischen Umhüllung einschließlich des Menschen, sei dieser nun physisch als Teil der Natur begriffen oder kulturell als Akteur der Geschichte. Unabhängig davon sah sich die Geographie seitens anderer Erdwissenschaften, vor allem der Geologie und der Klimatologie, mit dem Vorwurf konfrontiert, ihre Grenzen massiv zu überschreiten. Um 1900 schien dieses Problem vom Tisch zu sein, nachdem das Sowohl-als-auch sich als holistische »Länderkunde« mehrheitlich durchgesetzt hatte. Die »Länder« in diesem Sinn waren jedoch keine Staaten, sondern Natur wie Kultur gleichermaßen umfassende Gebilde, in denen sich das Mensch-Natur-Verhältnis spiegelte, wobei der Geograph dieses Verhältnis primär von der Erde und nicht von der Gesellschaft her dachte.

In Österreich begann die engere Fachgeschichte mit Friedrich Simony, der 1851 an der Universität Wien den ersten Geographie-Lehrstuhl erhielt und ein physi(kali)sches Profil des Faches vertrat, jedoch keinen expliziten Beitrag zur Profilfrage lieferte. Anders Dionys Grün, der 1875 in seiner Prager Antrittsrede als Ziel der Geographie die Darstellung der Erde als kosmisches Individuum propagierte. Er verteidigte die »induktive« (»exakte«, rein »mechanische«) Methode der Naturwissenschaften, begrüßte ihre praktischen Erfolge und forderte diese Methode auch für die »idealen Wissenschaften«, kritisierte aber vehement die in den Naturwissenschaften voranschreitende Arbeitsteilung als »Zersplitterung« und »Entfremdung« ihrer Teilbereiche, die durch die Geographie überwunden werden könne. Prädestiniert zu dieser »*philosophischen Sendung*« sah Grün die Geographie durch ihre »Stellung zwischen den Natur- und Geisteswissenschaften«, deren »Vereinigungspunkt« sie sei. In dieser Doppelbindung war sie ihm gleichwohl »vorzugsweise (…) eine *Culturwissenschaft*«, da sie »das Band der Völker unter sich, das einzige Mittel zum Verständnis ihrer gegenseitigen materiellen und geistigen Interessen« sei (Grün 1875, S. 13ff.).

Etwa gleichzeitig mit Grün versuchte Alexander Supan, der ab 1877 an der Universität Czernowitz lehrte, Begriff und Inhalt des Faches zu klären. Auch er suchte nach einem »Brennpuncte«, um die Arbeitsteilung zu stoppen, die nicht »ins Endlose fortschreiten« dürfe (Supan 1876, S. 56). Entschieden wandte er sich gegen die ausschließliche Fokussierung der Geographie auf das Verhältnis des Menschen zur Erde durch die jüngere (Carl-) Ritter-Schule, die unter der Herrschaft des Zweckbegriffes apriorische Geschichtskonstruktionen annehme und die Geographie zu einem »religiösen Bildungsmittel« gemacht habe (ebd., S. 58), wodurch ihr »das eigentliche wissenschaftliche Bewußtsein abhanden gekommen« sei (ebd., S. 57). Für Supan war die Geographie »zunächst eine naturwissenschaftliche Disciplin«, die Kausalzusammenhänge erforsche, wie sie sich »aus der Natur der Sache selbst« ergäben (ebd., S. 59), doch wollte er die historische Geographie, befreit von ihren bisherigen Irrtümern, nicht aufgeben. Ein solcher Irrtum sei es, den geographischen Verhältnisse eine »zwingende Macht« zuzuschreiben (ebd., S. 72).

Nicht beschäftigen sollte sich die Geographie aus Supans Sicht mit Abstammungsfragen des Menschen und Fragen nach der Entwicklung und gegenseitigen Verwandtschaft der Sprachen, sehr wohl aber mit der »Verbreitung der Racen«, deren Ursachen und den Bedingungen, »unter welchen einzelne Racen oder Völker im Kampfe um's Dasein sich behaupten, andere zu Grunde gehen, inwieweit locale Umstände die Migrationsfähigkeit begünstigen oder erschweren oder gänzlich verhindern« (ebd., S. 70). Neben geographischen Faktoren wie Klima und Nahrung müssten auch die »ursprüngliche Racenbegabung« und die »historische Entwicklung selbst« als eigenständig wirkende Faktoren herangezogen werden. Geschichte und Erfahrung würden verbürgen, dass bestimmte »Racen«, wie die »Neger und Hottentotten, Australier und Papuas«, »niemals« zur »Höhe indogermanischer Geistesbildung« emporerzogen werden könnten. Nur eine »Mischung des Blutes« könne die »ursprünglichen Raceneigenschaften« verändern (ebd., S. 70f.). Ausgeschlossen von der Geographie wurden von Supan auch die Staaten; sie unterlägen einem ständigen Wandel, während die Geographie es »mit dem Dauernden im Wechsel der Erscheinungen« zu tun habe (ebd., S. 73). Gleichwohl konstatierte er einen »inneren Zusammenhang zwischen der Natur des Bodens und den darauf sich entwickelnden staatlichen Gebilden«, den der Geograph aufdecken sollte, doch müssten neben den geographischen Faktoren auch »die natürlichen Anlagen eines Volkes und dessen Geschichte« als »nicht minder mächtige Factoren« im »politischen Leben« eines Staates berücksichtigt werden (ebd., S. 74).

Bei aller Beschränkung umfasste die »wissenschaftliche Geographie« für Supan aber immer noch ein »weites Gebiet«, das auch noch die »astronomische« und die »geologische Geographie« einschloss. Sie war für ihn die Wissenschaft, welche »die naturwissenschaftlichen Disciplinen wie Stralen in einem Brennpuncte« vereinigte und zugleich »von der Naturwissenschaft zur Geschichte überleitete (ebd., S. 75). Eine nicht-naturwissenschaftliche Geographie war damit ausgeschlossen.

Später, auf dem Achten Deutschen Geographentag von 1889 in Berlin wollte Supan, inzwischen in Gotha im Verlagswesen tätig, »zu dem Grundgedanken Karl Ritter's zurückkehren und den *Menschen wieder in den Mittelpunkt des Gemäldes rücken*« (Supan 1889, S. 82), natürlich abzüglich dessen Teleologie. Nur so sei der Dualismus in der Geographie, der durch die allgemeine Geographie nicht behebbar sei, zu überwinden und »die *innere* Einheit« (ebd.) des Faches herzustellen, die allein dem der Geographie »eigentümlichen Gesichtspunkt der kausalen Wechselbeziehungen« aller Faktoren gerecht werden könne (ebd., S. 76). Kern der Geographie sollte daher nach Supan nicht die allgemeine, sondern die »Specialgeographie« (Länderkunde) sein, welche »eine geographische Lokalität« zum Gegenstand habe. Durch Vergleich solcher Lokalitäten lasse sich zeigen, wie »*Natur und Volksleben sich zur Einheit verflechten*« (ebd., S. 84f.).

Diese Hinwendung auch der wissenschaftlichen Geographie zur schulischen Länderkunde ist letztlich einem doppelten Druck von außen geschuldet, der einerseits von den konkurrierenden Erdwissenschaften, andererseits von der Bildungspolitik ausging. Die schulpolitischen Interessen standen einem weiteren Ausbau der Geographie zu einem Komplex von Naturwissenschaften mit der Geomorphologie als Leitdisziplin im Wege. Für Preußen hatte dies Kultusminister Gustav von Goßler auf eben dem Berliner Geographentag, auf dem auch Supan vortrug, klar ausgesprochen. Als Bildungsfach dürfe die Geographie ihre traditionelle politisch-historische Richtung nicht aufgeben. Für Österreich, das eine enge Verknüpfung von Geographie und Geschichte in der Schule pflegte, galt dies ebenso.

Ein bedeutender Fürsprecher dieser Verknüpfung war der seit 1886 an der Grazer Universität lehrende Eduard Richter, der allerdings schon als Gymnasiallehrer die Geographie darauf beschränken wollte, sich »nur mit jenen Seiten der Naturbeschaffenheit unserer Erde« zu befassen, »*welche auf die Geschichte der Menschen als einwirkend sich erwiesen haben*. Was sich für uns als indifferent, als unwirksam gezeigt hat, interessiert uns in diesem Zusammenhange nicht« (Richter 1877, S. 13). Wie Supan warnte auch Richter vor einer Überschätzung der Wirkung der Natur auf »den Wohnplatz eines Volkes«, da diese »nur einer der vielen Faktoren« sei, »welche die Geschichte desselben hervorbringen«; andere, »rein historische«, seien bestimmender (ebd., S. 10).

War die »historische Geographie« für Richter zunächst nur als ein Zweig des Faches gedacht, so identifizierte er sie später mit der »Länderkunde«, in der zweifellos »das wahre Wesen der Geographie« liege, der es um »die Kenntnis der Erdoberfläche als Wohnplatz des Menschen« gehe: »Die Kenntnis von diesen geographischen Individualitäten, den Ländern und ihrer Naturausstattung, das war und ist wirkliche und ursprüngliche Geographie, daran denkt auch der Hörer zunächst, wenn das Wort erklingt. […] Dieser Grundbegriff ist verdunkelt worden durch das Überwiegen der Theilbegriffe, aus denen er sich zusammensetzt« (Richter 1899, S. 83). »Am schwierigsten« sei »die Abgrenzung gegenüber der Geologie«, doch wirke »die Erdgeschichte überall gewaltig auf die Menschengeschichte ein; die Wissenschaft aber, die diesen Zusammenhang zu verstehen und aufzuzeigen unternimmt, ist die Geographie« (ebd., S. 84).

Zum Leuchtturm der österreichischen Geographie der letzten anderthalb Jahrzehnte vor der Jahrhundertwende entwickelte sich Albrecht Penck, der 1885 Simonys Nachfolger in Wien wurde. Penck, der seine Laufbahn als Geologe begonnen hatte, gelang es, das jüngste Erdzeitalter, das Quartär, weitgehend von der Geologie abzulösen und zur

Domäne der Geographie auszubauen. Das Gesamtfach verstand er als Wissenschaft von der Erdoberfläche und ihren räumlichen Gliederungen samt den sich auf ihr abspielenden Bewegungen von Luft, Wasser, Erdkruste und Lebewelt, wobei der Mensch für ihn als durch Siedlung und Bodenkultur physiognomisch wirksamer Faktor vor allem in der Länderkunde bedeutsam wurde, doch galt selbst für diesen Fall: »Keine länderkundliche Schilderung kann ohne Berücksichtigung des Menschen geschehen, aber nur solange, als das Land im Vordergrunde bleibt, ist sie echt geographisch, sonst wird sie statistisch, historisch oder politisch« (Penck 1892, S. 4). Entsprechend dominierten in Pencks länderkundlicher Darstellung des Deutschen Reiches Geologie und Geomorphologie.

Im Gegensatz zu Richter favorisierte Penck allerdings nicht die »Länderkunde«, sondern die »allgemeine Geographie«, weil sich erstere, indem ihre Räume durch den Menschen mitbestimmt seien, »namentlich in der Art der Darstellung den Geisteswissenschaften« anschließe (ebd., S. 13). Folgerichtig war Penck auch kein Anhänger der engen Verbindung von Geographie und Geschichte auf den »mittleren Schulen« Österreichs, die ihm »keineswegs günstig« für das Hochschulstudium schien, denn beide Disziplinen stünden »auf ganz verschiedener wissenschaftlicher Grundlage«: Der Historiker denke in Einzeltatsachen, der Geograph sehe hingegen »den rothen Faden von nothwendig mit einander verknüpfter Ursache und Wirkung« (ebd., S. 14). Indem der Historiker den Schauplatz der Geschichte kennenlerne, müsse er »inne werden, welch grossen Einfluss die Umgebung – das Milieu in darwinistischer Sprechweise – auf die Entwicklung der Staaten und Völker« ausübe und erkennen, dass die Entwicklung der Menschheit einem »Strom« gleiche, »dem feste Ufer gezogen« seien, »welche seinen Lauf bestimmen«. So lerne der Geographie studierende Historiker »naturwissenschaftliche Gesetze kennen und dieselben in der Weltgeschichte auffinden« (ebd., S. 15).

Die hier vorgestellten Geographen lassen für die Zeit bis 1900 keinen expliziten Austausch mit der in ihrer Professionalisierungsphase mitunter ziemlich biologistisch-sozialdarwinistisch orientierten österreichischen Soziologie erkennen. Auch eine Auseinandersetzung mit der Flut geographienaher Versuche, die Kulturgeschichte als Naturgeschichte zu schreiben, fehlt, obwohl mit Friedrich von Hellwald ein schreibfreudiger Vertreter dieser am Ende gescheiterten Bewegung in der Wiener k.k. Geographischen Gesellschaft aktiv war (vgl. Mehr 2009).

Goßler, Gustav von (1889): Ansprache. In: *Verhandlungen des achten Deutschen Geographentages zu Berlin*, Berlin: Reimer, S. S. 3–6.

Grün, Dionys (1875): *Die Geographie als selbständige Wissenschaft*, Prag: Calve.

Gumplowicz, Ludwig (1892): *Sociologie und Politik*, Leipzig: Duncker & Humblot.

Mehr, Christian (2009): *Kultur als Nuturgeschichte. Opposition oder Komplementarität zur politischen Geschichtsschreibung 1850–1890?*, Berlin: Akademie Verlag.

Penck, Albrecht (1887): Das Deutsche Reich. In: Alfred Kirchhoff (Hg.), *Länderkunde des Erdteils Europa*, Teil 1/1. Hälfte, Wien/Prag: Tempsky/Leipzig: Freytag, S. 115–596.

– (1892): *Das Studium der Geographie. Für Lehramtskandidaten*, Wien: Verein der Geographen.
Richter, Eduard (1877): *Die historische Geographie als Unterrichtsgegenstand* (= 27. Progr. des k.k. Staats-Gymnasiums in Salzburg), Salzburg: Verlag des k.k. Staatsgymnasiums.
– (1899): Neue Richtungen in der Geographie. In: *Zeitschrift für Schul-Geographie* 20, S. 82–84.
Supan, Alexander (1876): Ueber den Begriff und Inhalt der geographischen Wissenschaft und die Grenzen ihres Gebietes. In: *Mittheilungen der k. u. k. geographischen Gesellschaft in Wien* 19, S. 54–75.
– (1889): Über die Aufgaben der Spezialgeographie und ihre gegenwärtige Stellung in der geographischen Litteratur. In: *Verhandlungen des achten Deutschen Geographentages zu Berlin*, Berlin: Reimer, S. 76–85.

Weiterführende Literatur

Brogiato, Heinz Peter (2015): Von der Expedition zur Schulwissenschaft. Die Entwicklung der Geographie im 19. Jahrhundert. In: Jürgen Runge (Hg.), *Arktis bis Afrika. 150 Jahre wissenschaftliche Geographie in Deutschland* (= Frankfurter Geographische Hefte, Bd. 70), Frankfurt a.M.: Selbstverlag Frankfurter Geographische Gesellschaft, S. 161–207.
Fassmann, Heinz (2011): Universitäre Geographie in Graz. In: Karl Acham (Hg.), *Kunst und Wissenschaft aus Graz*, Bd. 3: *Rechts-, Sozial- und Wirtschaftswissenschaften aus Graz*, Wien/Köln/Weimar: Böhlau, S. 117–132.
Henniges, Norman (2014): »Sehen lernen«: Die Exkursionen des Wiener Geographischen Instituts und die Formierung der Praxiskultur der geographischen (Feld-)Beobachtung in der Ära Albrecht Penck (1885–1906). In: *Mitteilungen der Österreichischen Geographischen Gesellschaft* 156, S. 141–170.
Lichtenberger, Elisabeth (2001). Geographie. In: Karl Acham (Hg.): *Geschichte der österreichischen Humanwissenschaften*, Bd. 2: *Lebensraum und Organismus des Menschen*, Wien: Passagen Verlag, S. 71–148.
Schultz, Hans-Dietrich (2016): Ordnung muss sein! Wohin mit der Geographie im »System der Wissenschaften«. In: Karl-Heinz Otto (Hg.), *Geographie und naturwissenschaftliche Bildung. Der Beitrag des Faches für Schule, Lernlabor und Hochschule* (= Geographiedidaktische Forschungen, Bd. 63), Münster: Monsenstein & Vannerdat, S. 41–83.

Hans-Dietrich Schultz

Karl Czoernigs *Ethnographie der Oesterreichischen Monarchie* und das Verschwinden der Ungarn

Wann hat man zuerst Völker und Sprachen durch farbige Flecken auf der Landkarte dargestellt? Wie es scheint, im österreichischen Vormärz (Hassinger 1941). Solche Karten haben etwas Pittoreskes, veranschaulichen aber auch Machtpositionen und schreiben neue soziale Grenzen fest. Um Menschen solchen Farbkategorien zuzuordnen, musste man ihre ethnolinguistische Identität festlegen. Unentschlossenheit, Übergänge, Mehrfachmitgliedschaften mussten da stören. Im romantischen »Völkerfrühling« sah man Völker als überhistorische Entitäten, als »Gedanken Gottes« (Ranke) an. So fragte man etwa »Was ist der Ungar?«, worauf sogleich die Frage folgte »Wer ist ein Ungar?« (Miskolczy 2006). Was bestimmte die ethnische Identität? Vor allem wohl die Sprache. Hier hat die vormärzliche Bürokratie des Reiches hilfreiche Begriffe geschaffen wie »landesübliche Sprache«, »Umgangssprache« oder »Serbisch-Croatisch« (Stourzh 1980; Goebl 2016). Hatte man ethnolinguistische Einheiten konzipiert, konnte man sie auch erforschen, darstellen und politisch instrumentalisieren (Labbé 2007, 2009; Hansen 2015, S. 51–71).

Der Prototyp der Völker- und Sprachenkarten war die Verbreitungskarte der Slawen in Europa von Pavel Jozef Šafárik (»Slovanský zeměvid«, 1842). Sie fasste Šafáriks slawische Ethnographie (*Slovanský narodopis*, 1842) zusammen, der das Hauptwerk des großen Slawisten, *Slovenské starožitnosti* (*Slavische Altertümer*, 1837), vorangegangen war. Diese Trias von Ethnohistorie, ethnographischer Beschreibung und ethnolinguistischer Kartierung wurde das erklärte Vorbild des hier zu erörternden Werkes.

Der Jurist, Verwaltungsbeamte und Statistiker Karl Czoernig (1804–1889) war 1841 »Director der administrativen Statistik« in Wien geworden. Solche staatlichen Stellen sammelten seit dem ausgehenden 18. Jahrhundert Daten zur Bevölkerungs- und Wirtschaftsentwicklung, die sie zumeist in Tabellenform darstellten. Mit der Romantik kam die Kritik an den »Tabellenknechten« auf, man spürte dem inneren Zusammenhang dieser Daten und deren Dynamik nach (Twellmann 2015). Czoernig organisierte in seiner neuen Stellung eine ethnographische Erhebung des Vielvölkerreiches, natürlich nicht um ihrer selbst willen, sondern um der Verwaltung ihre Arbeit zu erleichtern. Anders als etwa Šafárik bevorzugte er nicht eine ethnolinguistische Gruppe – er war ein Patriot des Kaisertums Österreich (Rupp-Eisenreich 1995, S. 83–95). In dessen Daseinsinteresse lag es aber, mit allen seinen »Volksstämmen« und »Nationalitäten« auszukommen (Stourzh 1980, S. 979–982), dabei aber auch die kleineren zu ermuntern und vielleicht sogar gegen die größeren auszuspielen.

Czoernigs *Ethnographische Karte der Oesterreichischen Monarchie* erschien 1855, in etwas verkleinerter Form 1856. Sie stand im Zusammenhang eines statistischen Werkes, das ihrer Erläuterung diente, nämlich der *Ethnographie der Oesterreichischen Monarchie*. Hiervon kamen zunächst 1855 zwei Ungarn gewidmete Bände (Bd. II und III) heraus, erst 1857 folgte der Einleitungsband I/Abteilung 1, *Die österreichische Monarchie in historisch-ethnographischer Hinsicht als Ganzes* (xxii + 675 S.). Damit bricht die Serie ab. Der Grund lässt sich vermuten: Es ist schwer genug, ein großes Reich zu erkunden, doch noch schwerer, dies publik zu machen. Machthaber wollen informiert sein, aber doch die Kontrolle über diese Information behalten und sie allein für ihre eigenen Zwecke politisch instrumentalisieren (Stagl 2002, S. 15–21). So wird Czoernigs Forschungsleistung wie die Schwierigkeit ihrer Publikation (zu der wohl auch der 1849 verletzte Stolz der Ungarn das Seine beitrug) für immer denkwürdig bleiben.

Band I/1 beginnt mit einer Ethnohistorie des Reiches (»Allgemeine Ethnologie«), der eine gedrängte ethnolinguistische Beschreibung folgt (»Allgemeine Ethnographie«). Diese Unterscheidung zwischen »Ethnologie« und »Ethnographie« geht, ebenso wie beide Begriffe selbst sowie die Bestimmung der Ethnien anhand ihrer Sprachen, auf die Erforschung der Slawen und Finno-Ugrier durch die deutsche Aufklärung zurück (vgl. Vermeulen 2015, bes. S. 445–447). Czoernig steht wie sein Vorbild Šafárik in dieser Tradition. Seine Allgemeine Ethnologie rekapituliert die Völkerverschiebungen im Alpen- und Donauraum von der Urzeit an. Demnach ergibt sich für das Jahr A.D. 1000, also für die Zeit nach der Sesshaftwerdung der Magyaren, ein »ähnliches ethnographisches Bild« wie das auf Czoernigs Karte von 1855 (Czoernig 1855/57, Bd. I/1, S. 17). Die Allgemeine Ethnographie erläutert dieses Bild mit besonderem Augenmerk auf den Sprachgrenzen und Sprachinseln. Dann wird das kartographisch und verbal Erörterte noch tabellarisch zusammengefasst. Die Zahlen dieser »Völkertafel« (ebd., S. 74–80) sind bedeutungsschwer: Das Reich umfasste 1851 gerundet 7,8 Millionen Deutsche, 14,8 Millionen Slawen, 8 Millionen Romanen und 5,7 Millionen »Asiatische Sprachstämme«. Im Habsburgerreich sind diese vier großen »Völkerstämme« über 38 Sprachgrenzen und unzählige Sprachinseln (»Colonien«) ineinander verschränkt. Die Völkertafel wird dann in Subgruppen und Subsubgruppen untergliedert, die sämtlich benannt und beziffert sind. Völker und Sprachen sind dabei »der Kürze halber« (ebd., S. 23) miteinander gleichgesetzt.

Die unterste Befragungseinheit war die Gemeinde. Dafür waren an die örtlichen Funktionäre Instruktionen und Formulare verteilt worden. Eine solche Expertenbefragung war sicher »sozialpsychologisch gesehen weniger ›irritierend‹« (Goebl 2016, S. 214). Trotzdem gab es unendliche Schwierigkeiten. Vor allem die Länder der Stephanskrone zeigten sich unkooperativ. Dann waren in der Revolution 1848/49 die Nationalleidenschaften aufgewühlt worden. Nach der Niederschlagung der Revolution aber halfen die neuen Militärbehörden bei der Befragung mit. Die Ergebnisse der Befragung wurden in Farben auf Detailkarten eingetragen, was sich als probates Mittel erwies, unklaren oder falschen Angaben, wie sie sich gerade an Sprachgrenzen häuften, auf die Spur zu kommen. Nötigenfalls folgten Nachforschungen vor Ort, in den Kolonisationsgebieten Vojvodina und Banat auch durch eine reisende Kommission. Die berichtigten Detailkarten wurden dann stufenweise zur großen Völker- und Sprachenkarte verdichtet. Auf dieser ist die räumliche durch die zeitliche Dimension ergänzt, indem zwischen (aktueller) Umgangs- und (ursprünglicher) Muttersprache unterschieden wird. Dies gestattete es, sprachpolitische Zwangsmaßnahmen wie etwa Magyarisierungen zu durchschauen – und dann die Zahl der Magyaren entsprechend zu vermindern. Die Czoernig'sche Ethnohistorie verlangte aber auch weitere kräftezehrende Vorstudien (vgl. Czoernig 1855/57, Bd. I/1, S. vi-xviii).

Ein Musterbeispiel wissenschaftlicher Objektivität? Nicht ganz. Die Einteilungskriterien sind nicht gleichwertig. Slawen und Romanen bilden jeweils zwei Blöcke von

Völkern, die durch das Siedlungsgebiet der Deutschen und der Magyaren voneinander getrennt sind. Die Deutschen dagegen, die nur im Alpenraum kompakt, ansonsten über das Reich verstreut wohnen, werden auch in zwei Blöcke geteilt, jedoch auf dialektaler Basis: Ober- und Niederdeutsche, letztere nur die Viertelmillion Zipser und Siebenbürger Sachsen. Die »Asiatischen Sprachstämme« sind demgegenüber eine Restkategorie, in der die Magyaren mit den Armeniern, Zigeunern und Juden zusammengefasst werden. War das unbedacht? Die vormals privilegierten Magyaren mussten sich dadurch jedenfalls provoziert fühlen. Im Übrigen stellt Czoernig in seiner Neigung zum Ausgefallenen und Pittoresken kleine Sondergruppen wie Huzulen, Morlaken, Zinzaren oder Ladiner und noch kleinere, die kaum der Spezialist kennt, gleichrangig neben die Großen. Auf dieser unteren Ebene entmischen sich die Klassifikationskriterien Abstammung, Sprache, Religion und Beschäftigung.

Ungarn hatte 1849 seine Nebenländer Siebenbürgen, Kroatien und Vojvodina verloren und war nun in Militärdistrikte unterteilt. Der Neoabsolutismus der Sieger suchte »das Problem des Völkerstaates durch möglichste Ausschaltung des nationalen, dafür aber planmäßige Hervorkehrung der sozialen und wirtschaftlichen Momente zu lösen«, was den Magyaren das Gefühl gab, man wolle sie »niederringen und den anderen Völkern als Beute hinwerfen« (Kiszling 1952, S. 167, 169). Das erwies sich als verhängnisvoll für das neoabsolutistische Regierungssystem.

Die 1855 vorab erschienenen Bände des Czoernig'schen Werkes tragen den Obertitel *Historische Skizze der Völkerstämme und Colonien in Ungern und dessen ehemaligen Nebenländern*. Man liest darin nicht allzu viel von den Magyaren. Band II (372 S.) rekonstruiert die Ethnohistorie des pannonischen Raumes bis zur Türkenzeit, Band III (286 + 104 S.) jene von der Vertreibung der Türken bis zur Gegenwart. Diese Epochenschwelle unterstreicht den Triumph Habsburgs. Demgemäß erhalten die Deutschen wegen ihrer Bedeutung für die »Neugestaltung Ungerns« (Czoernig 1855/57, Bd. III, S. 3) die Hauptrolle im dritten Band. Eingehendst wird das Kolonisationswerk Maria Theresias und Josephs II. in der Vojvodina und im Banat beschrieben. Da bleibt weniger Raum für die slawischen und romanischen Neuansiedlungen und noch weniger für die »asiatischen Völker-Stämme«; die Magyaren bekommen gerade fünf Seiten. Dieses zwar kriegerisch und politisch tüchtige Volk, das aber bei seiner Landnahme »noch auf der Stufe der Völker-Kindheit« stand, sei nur wegen seinem »Anschluß an die christliche europäische Civilisation« nicht spurlos verschwunden wie seine hunnischen und awarischen Vorgänger (ebd., S. 193f.). Neuerdings habe sogar die »ungrische Sprache«, die reich an Wurzeln und insofern bildungsfähig sei, einen Aufschwung genommen, der aber zu einem »Sprachenstreit« und schließlich zum »Nationalitäten-Kampf« geführt habe (ebd., S. 239–243). Czoernig lässt es also offen, ob die magyarischen Tugenden einen Vorteil für die Monarchie bedeuteten. Seine abweisende Haltung zeigt sich freilich auch unterschwellig. Er sagt ungern »Ungarn«, sondern nur »Ungern« und »ungrisch«. Auf seiner Karte haben die »asiatischen Sprachstämme« keine Farbe: Sie sind weiß belassen und machen den Eindruck eines Loches inmitten des Reiches. Deutet das auf die bevorstehende Assimilation hin, die diese Fremden einmal einfärben wird? – Zur Ethnographie Ungarns, dem voraussichtlich konfliktträchtigsten Teil des Werkes, ist es dann nicht mehr gekommen.

Stattdessen beginnt 1857 in Band I/1 die Darstellung der alpinen Kronländer mit Niederösterreich (Czoernig 1855/57, Bd. I/1, S. 81–675). Sie besteht wiederum aus einem historischen und einem die Gegenwart beschreibenden Teil. Da im durchwegs deutschen Niederösterreich ethnographisch wenig zu holen war, finden auch kleine slawische Einsprengsel liebevolle Aufmerksamkeit. Zwischen diesen beiden Teilen klafft dort, wo Wien hätte behandelt werden sollen, eine ungeheure Lücke, die nun den Essay »Oesterreich's Neugestaltung« aufnimmt (ebd., S. 224–616). Der Titel verweist auf die erwähnte »Neugestaltung Ungerns«. Hier geht es um die Umbildung des Völkerreiches zum einheitlichen Machtstaat, wie sie das Hinwegfegen von Feudalismen und Partikularismen 1849 möglich gemacht hatte. Gerald Stourzh nennt sie »die stolze *summa* des Neoabsolutismus« (Stourzh 1980, S. 1000). Czoernigs Betrachtungen über *Oesterreich's Neugestaltung* kamen dann auch noch als Buch heraus (Czoernig 1858). Diese eilfertig-vertrackte Publikationsgeschichte deutet auf ein die hochgemute Aufbruchsstimmung grundierendes Unbehagen hin, auf ein »Verweile doch, du bist so schön!«. Bereits 1859 (Solferino) und dann abermals 1866 (Königgrätz) kamen die Katastrophen, die das Kaisertum Österreich zwangen, Oberitalien zu opfern und den »Ausgleich« mit den Ungarn zu schließen, welcher es zur Doppelmonarchie aufspaltete. Die paternalistische und rationalistische Reformpolitik hatte die Nationalitätenfrage in einem Maße ignoriert, dass die daraus entstehenden Reibungsverluste zur ernsthaften Behinderung geworden waren.

Czoernig war in der Jugend vom »Völkerfrühling« (Ludwig Börne) angehaucht worden. Als junger Verwaltungsbeamter in Mailand hatte er zwei Bändchen »nationelle Schilderungen« und Theaterfeuilletons herausgebracht (Czoernig 1838). Seine nordböhmische Heimat, der Bezirk Friedland, hatte ihn in die Frankfurter Nationalversammlung entsandt, wo er das Habsburgerreich gegen den kleindeutschen Nationalismus verteidigte. Der ethnischen Vielfalt galt seine tiefe und echte Liebe; Czoernigs Ethnographie ist die Poesie der Bevölkerungszahlen. Dazu übernahm er aber im Neoabsolutismus weitere Leitungsaufgaben: Donau-Dampfschifffahrts-Gesellschaft, Central-Seebehörde in Triest, das Eisenbahnwesen, öffentliche Bauten, Centralkommission für Baudenkmäler, etc. Aber vor dem bitteren Ende zog er sich 1865 resigniert zurück. Das Tragische an dieser glänzenden, 1852 auch zur Erhebung in den Freiherrenstand führenden Laufbahn war die Illusion, dass man »das Princip der Nationalität innerhalb der Schranken seiner Berechtigung« festschreiben könne (Czoernig 1855/57, Bd. I/1, S. xv). Einmal entfesselt, bewirkte es in den Großgruppen notwendig das Hervortreten nationaler Eliten und den Drang nach Selbstregierung. Ein paternalistisches Wohlgefallen an ethnischer Buntheit und Folklore gewährten nur Kleingruppen. Czoernig verlegte seinen Alterssitz in das ethnisch durchmischte Görz. Dort eröffnete sich dem weiter rastlos Tätigen ein fruchtbares ethnologisch-ethnohistorisches Forschungsfeld (Czoernig 1873/74, 1885, 1891, vgl. dazu Istituto di storia sociale e religiosa [Hg.] 1992). In der Entstehung von Völkern sah er nicht bloß Macht und Zwang am Werk (vgl. Gumplowicz 1883), sondern ein Zusammenwachsen kleiner und kleinster Einheiten von unten her – ein ethnosoziologischer Ansatz, der eine eingehendere Würdigung verdiente.

Czoernig, Karl (1838): *Italienische Skizzen*, 2 Bde., Mailand: Pirotta.

– [Czoernig-Czernhausen, Karl Freiherr von] (1855/57): *Ethnographie der Oesterreichischen Monarchie. Mit einer ethnographischen Karte in vier Blättern*, 3 Bde. (Bd. I/Abt. 1: *Die österreichische Monarchie in historisch-ethnographischer Hinsicht als Ganzes*, 1857; Bde. II und III: *Historische Skizze der Völkerstämme und Colonien in Ungern und dessen ehemaligen Nebenländern*, 1855), Wien: k.k. Hof- und Staatsdruckerei.

– (1856): *Ethnographische Karte der Oesterreichisehen Monarchie*, Wien: k.k. Direction der administrativen Statistik (2. Aufl. Wien 1857: Braumüller).

– (1858): *Oesterreich's Neugestaltung. 1848–1858*, Stuttgart/Augsburg: Cotta.

– (1873/74): *Görz, Oesterreich's Nizza. Nebst einer Darstellung des Landes Görz und Gradisca*, Wien: Braumüller.

– (1885): *Die alten Völker Oberitaliens: Italiker (Umbrer), Raeto-Etrusker, Raeto-Ladiner, Veneter, Kelten und Romanen. Eine ethnographische Skizze*, Wien: A. Holder.

– (1891): *Die gefürstete Grafschaft Görz und Gradisca*, Görz: Paternolli.

Goebl, Hans (2016): Konflikte in pluriethnischen Staatswesen. Ausgewählte Fallstudien aus Österreich-Ungarn (1848–1918). In: Friedemann Vogel/Janine Luth/Stefaniya Ptashnyk (Hgg.), *Linguistische Zugänge zu Konflikten in europäischen Sprachräumen*, Heidelberg: Winter, S. 203–230.

Gumplowicz, Ludwig (1883): *Der Rassenkampf. Sociologische Untersuchungen*, Innsbruck: Wagner.

Hansen, Jason D. (2015): *Mapping the Germans. Statistical Science, Cartography and the Visualization of the German Nation*, Oxford: University Press.

Hassinger, Hugo (1941): Bemerkungen über Entwicklung und Methode von Sprachen- und Volkstumskarten. In: Kurt Oberdörfer et al. (Hgg.), *Wissenschaft im Volkstumskampf. Festschrift für Erich Gierach*, Reichenberg: Franz Kraus, S. 47–60.

Istituto di storia sociale e religiosa (Hg.) (1992): *Karl Czoernig fra Italia e Austria. Atti del convegno di studi su Karl Czoernig nel centenario della Morte, Gorizia 15 dicembre 1989*, Gorizia: Istituto di storia sociale e religiosa.

Kiszling, Rudolf (1952): *Fürst Felix zu Schwarzenberg. Der politische Lehrmeister Kaiser Franz Josephs*, Graz/Köln: Böhlau.

Labbé, Morgane (2007): Les usages diplomatiques des cartes ethnographiques de l'Europe centrale et orientale au XIXe siècle. In: *Genèses* 68, S. 25–47.

– (2009): Internationalisme statistique et recensement de la nationalité au XIXe siècle. In: *Courrier des statistiques* 127, S. 39–45.

Miskolczy, Ambrus (2006): »Was ist der Ungar?«. Alternativen zum ungarischen Nationalcharakter. In: Endre Kiss/Justin Stagl (Hgg.), *Nation und Nationenbildung in Österreich-Ungarn, 1848–1938: Prinzipien und Methoden*, Münster: LIT Verlag, S. 115–127.

Rupp-Eisenreich, Britta (1995): Trois ethnographies. In: Dies./Justin Stagl (Hgg.), *Kulturwissenschaften im Vielvölkerstaat. Zur Geschichte der Ethnologie und verwandter Gebiete in Österreich, ca. 1780 bis 1918*, Wien/Köln/Weimar: Böhlau, S. 81–99.
Šafárik, Pavel Jozef (1837): *Slovenské starožitnosti. Oddil déjepisny*, Prag: Matice česká.
– (1842): *Slovenský narodopis*, Prag: Eigenverlag.
– (1842): *Slovanský zemévid*, Prag: Mapova sbirka.
Stagl, Justin (2002): *Eine Geschichte der Neugier. Die Kunst des Reisens 1550–1800*, Wien/Köln/Weimar: Böhlau.
Stourzh, Gerald (1980): Die Gleichberechtigung der Volksstämme als Verfassungsprinzip 1848–1918. In: Adam Wandruszka/Peter Urbanitsch (Hgg.), *Die Habsburgermonarchie 1848–1918*, Bd. 3.2: *Die Völker des Reiches*, Wien: Verlag der Österreichischen Akademie der Wissenschaften, S. 975–1206.
Twellmann, Marcus (2015): »Ja, die Tabellen!«. Zur Heraufkunft der politischen Romantik im Gefolge numerisch informierter Bürokratie. In: Gunhild Berg/Borbála Zsuzsanna Török/Ders. (Hgg.), *Berechnen/Beschreiben. Praktiken statistischen (Nicht-) Wissens 1750–1850*, Berlin: Duncker & Humblot, S.141–170.
Vermeulen, Han F. (2015): *Before Boas. The Genesis of Ethnography and Ethnology in the German Enlightenment*, Lincoln/London: University of Nebraska Press.

Justin Stagl

Datensammlung und Volkstumsideologie – Zur Frühphase von Volkskunde und Ethnographie

Die Entstehung der modernen Staaten und deren Entwicklung zu verwaltungstechnischen und wirtschaftlichen Großräumen war mit umfangreichen Datensammlungen verbunden. Die Ergebnisse von Landvermessungen und Volkszählungen wurden für die alltägliche Benützung durch die Behörden (Besteuerung, militärische Einquartierung, später auch Militärpflicht, aber auch Maßnahmen im Bereich der Infrastruktur) in Statistiken – seltener auch »Schematismen« genannt – aufbereitet. Diese waren im 18. und 19. Jahrhundert ein unerlässliches Arbeitswerkzeug für die moderne zentralisierte Verwaltung. Auffällig ist aus heutiger Sicht, dass diese Statistiken nicht oder jedenfalls nicht primär aus Zahlenreihen und Tabellen bestanden, sondern noch bis weit in das 19. Jahrhundert in der Regel ausformulierte beschreibende Texte enthielten. Die damals zum Teil recht bekannten Autoren solcher Darstellungen, wie z.B. Ignaz de Luca, Joseph Marx von Liechtenstern, Franz Gräffer, Johann Springer, Ludwig Heufler von Hohenbühel oder Karl von Czoernig-Czernhausen sind heute weitestgehend vergessen.

Im Zeitalter der Aufklärung vollzog sich aber zum Teil ein gewisser Wandel, was das Forschungsinteresse betraf. Der Staat wurde nicht mehr bloß primär über das Territorium, den Regenten und die Stände definiert, ab dem ausgehenden 18. Jahrhundert rückte verstärkt das »Volk« als Träger der Nation in den Mittelpunkt eines nicht länger allein anwendungsorientierten, sondern nun auch zunehmend historisch und ästhetisch motivierten Interesses. Dementsprechend wuchs das wissenschaftliche Interesse an dem, was bald mit problematisch ungenauen Ausdrücken wie »Volksgeist« und »Volkskultur« bezeichnet wurde: an den alltäglichen Lebens- und Arbeitsformen, den Geräte- und Bauformen, den »Sitten«, Bräuchen, Trachten, Liedern und Erzählungen des sogenannten »gemeinen« Volkes. Eine vorerst von einzelnen Enthusiasten ausgehende, später zunehmend institutionalisierte Sammeltätigkeit setzte ein, die zwar vorgeblich wissenschaftlich orientiert, in Wahrheit aber häufig von romantischen und nationalistischen Vorstellungen angeleitet war. Im Deutschen Reich entwickelte sich aus diesen Ansätzen eine eigenständige wissenschaftliche Disziplin, die Volkskunde, die von Anfang an den Charakter einer nationalen Legitimationswissenschaft trug und deren Entstehung nicht ohne den politischen Hintergrund der Bemühungen um eine nationalstaatliche Vereinigung der deutschen Länder verstanden werden kann. Volkskunde wurde hier dominant als homogenisierend und kulturell einheitsstiftend im nationalen Sinn aufgefasst: »Die Volkskunde ist«, so hielt ihr vielleicht wichtigster früher Propagator, der süddeutsche Kulturhistoriker Wilhelm Heinrich Riehl, programmatisch fest, »gar nicht als Wissenschaft denkbar, solange sie nicht den Mittelpunkt ihrer zerstreuten Untersuchungen in der Idee der Nation gefunden hat« (Riehl 1859, S. 216). Zielsetzung der Volkskunde müsse die kulturelle Selbsterkenntnis der Nation als einer »organischen Gesamtpersönlichkeit« sein (ebd., S. 224). Riehl wünschte sich eine linguistisch und historisch orientierte Volkskunde als nationale Legitimationswissenschaft mit unmittelbarem Wirkungsanspruch im Sinne einer »Volkstumspflege«, die als Bewahrung von oder Rückkehr zu als ideal imaginierten »Urformen völkischer Substanz« aufgefasst und mit einer radikal antimodernen Kulturkritik verbunden wurde. Ähnlich definierte der von 1851 bis 1861 an der Universität Graz tätige deutsche Germanist Karl Weinhold, einer der bedeutendsten Pioniere einer linguistisch untermauerten »Volkstumsforschung«, die Volkskunde als »eine nationale und historische Wissenschaft, wenn man sie richtig fasst« (Weinhold 1890, S. 1f.), der »Heilmittel für faule heutige Zustände [zu] entnehmen« wären: »Ich bekenne offen, daß mir das blosse gelehrte herausarbeiten aus dem Stoffe [...] nicht der einzige Zweck war, sondern daß ich durch die Wiedererweckung einer starken und mannhaften Welt auf die matte und karacterlose Gegenwart so gut ich kann wirken wollte« (Weinhold 1856, Vorwort). Zu diesem Zweck gelte es, des Volkes »echtes Denken und Vorstellen [soweit es] noch nicht von falscher Kultur oder von Sozialdemokratie vernichtet ist« (Weinhold 1891, S. 4), zu schützen und zu bewahren. Damit ist die Motivation der Mehrheit der deutschnationalen Volkskundler im Deutschen Reich klar umrissen. Zu fragen ist jedoch, inwieweit die Vertreter der »Volkskunde« hier nicht als ein Sprachrohr der akademisch gebildeten Intelligenz insgesamt fungierten. Ein kulturpessimistischer Antimodernismus scheint an den deutschen Universitäten um die Wende vom 19. zum 20. Jahrhundert weit verbreitet gewesen zu sein (vgl. Ringer

1987). Dass gerade die frühen Soziologen sich teilweise nicht diesem Antimodernismus anschlossen und bemüht blieben, die modernen Gesellschaften nicht zu bewerten, sondern primär zu analysieren, machte sie zu Außenseitern im akademischen Feld. Vom angeblich technizistischen Zugang der jungen Disziplin Soziologie grenzte sich gerade die Volkskunde gleichsam als Gegenprojekt ab.

Dass eine derartig nationalistische Auffassung und die durch sie motivierte Sammlungstätigkeit in einem Vielvölkerstaat wie der Habsburgermonarchie nicht mit staatlicher Förderung rechnen konnten, versteht sich von selbst. Vor allem ab der Mitte des 19. Jahrhunderts, in Zeiten zunehmender ethnisch-nationaler Spannungen, tauchten daher entsprechende Bemühungen auf, die Völker der ganzen Monarchie in verklärender Weise als harmonische »Völkerfamilie« zu präsentieren. Die »Kenntnis« der jeweils anderen Völker der Monarchie wurde in staatstragender Weise als Erkenntnis der Einheit in der Vielfalt und damit als Weg zum »wahren« übernationalen Österreichertum aufgefasst. Michael Haberlandt, einer der Pioniere des Fachs Volkskunde in Österreich, ging in seinem Einleitungsartikel zur ersten Ausgabe der *Zeitschrift für österreichische Volkskunde* im Jahr 1895 so weit, die volkskundliche Forschung explizit als »Dienst am Vaterland« zu definieren (Haberlandt 1895, S. 3). Sekundiert wurde er dabei unter anderem von Joseph Alexander von Helfert, der im Einleitungsaufsatz zum zweiten Jahrgang derselben Zeitschrift die österreichische Volkskunde als Ausdruck der Erhebung der Erforschung »volksnachbarlicher Wechselseitigkeit zu einem Gegenstande speciellen Studiums« definierte (Helfert 1896, S. 5).

Die konkreten Umstände der Entstehung ethnographischer und im weitesten Sinn »volkskundlicher« Institutionen in der Donaumonarchie lassen dementsprechend deutliche Unterschiede zur Entwicklung in Deutschland erkennen – ein Umstand, auf den bereits der erste Historiker der österreichischen Volkskunde, Leopold Schmidt, mit Nachdruck hingewiesen hat (vgl. Schmidt 1951). Die staatlich geförderte Volkskunde wurde im Habsburgerreich natürlich gleichfalls in ideologischer Art als Medium der Erkenntnis der kulturellen Vielfalt des Staates aufgefasst. Dazu ist freilich anzumerken, dass sich neben diesen offiziell geförderten volkskundlichen Organen und Institutionen unter den verschiedenen Nationalitäten der Donaumonarchie auch nationalistisch argumentierende Gegenorganisationen entwickelten, die, vor allem analog zum deutschen Vorbild, den prinzipiell nationalen Charakter der Volkskultur als Kriterium der Abgrenzung von anderen Völkern betonten.

So lässt sich behaupten, dass in der Habsburgermonarchie in den letzten Jahrzehnten ihres Bestehens zwei unterschiedliche Traditionen der Beschäftigung mit »Volk« und »Volkskultur« nachzuweisen sind, die zwar einzelne personelle und kognitive Überschneidungen aufweisen, sich aber – nicht zuletzt hinsichtlich ihrer politischen Ausrichtung und institutionellen Verankerung – doch recht deutlich voneinander unterscheiden lassen. Dominant, weil in besonderem Maße politisch erwünscht und gefördert, war eine ethnographische bzw. im weiteren Sinn auch humangeographische Tradition, die ihre Wurzeln tendenziell immer noch in den obrigkeitlichen statistischen Erhebungen des Merkantilismus und den Traditionen der zentralistisch gesteuerten Josephinischen Aufklärung hatte. Diese immer noch untergründig wirksamen Ideen der effizienten Nutzbarmachung des Landes, verbunden mit dem Ideal der kulturellen »Emporhebung« rückständiger Bevölkerungsgruppen, zog tendenziell eine eher gegenwartsbezogene als eine rein historische Orientierung nach sich.

Allerdings wurde bei der Beschreibung der Nationalitäten der Monarchie – von »Nationen« durfte offiziell nicht die Rede sein – zu einem großen Teil krude und nicht nur nach kulturellen, sondern oftmals auch biologistisch nach nationalen (bzw., in heutiger Terminologie, nach ethnischen) Kriterien (stereo)typisiert. Doch gerade aufgrund des Umstands, dass die Darstellungen in einem allgemeinen, wenn auch zuweilen eher schematisch erfassten sozioökonomischen Kontext erfolgten, konnte folgerichtig argumentiert werden, dass kulturelle Unterschiede nicht ausschließlich anhand nationaler oder »rassischer« Kriterien zu erklären seien, sondern zumindest teilweise als Reaktion auf geographisch-klimatische Bedingungen. Damit verbunden rückten aber auch die wechselseitige Beeinflussung der unterschiedlichen Volksgruppen als kulturprägender sozialer Faktor und die vergleichende Perspektive ins Blickfeld. Die Betonung der übernational-gesamtstaatlichen Gemeinsamkeiten und der – ganz im Sinne der historischen Vorläufer – per definitionem stets »segensreichen« zivilisatorischen Wirkungen der Eingriffe der staatlichen Verwaltung zum Zweck einer Hebung des »kulturellen Niveaus« von – im Sinne eines Kulturevolutionismus –noch nicht hinreichend »entwickelten« Volksgruppen macht es erklärlich, warum gerade dieser Forschungsstrang mit besonderem staatlichen Wohlwollen rechnen konnte.

Zwischen dem harmonisierenden Ideal der volksnachbarlichen Wechselseitigkeit und der unhinterfragten Vorstellung vom Bestehen einer kulturellen Überlegenheit der deutschen und der ungarischen Bevölkerung gegenüber den slawischen Völkern der Monarchie (und noch mehr gegenüber Randgruppen wie Juden und »Zigeunern«, die beide nicht als Nationalitäten angesehen wurden) war freilich oft nur schwer die Balance zu halten; dies resultierte bisweilen in einer ins »Urige« übersteigerten Infantilisierung der Darstellung, bei der das »Volk« gleichsam als naturwüchsiger Bestandteil von Grund und Boden präsentiert wurde, oder in einer literarisch-künstlerischen Überhöhung ins Apotheotische. So urteilte der Historiker Georg Schmid über das magnum opus der staats- und kaisertreuen Ethnographie, das überladen-prunkvoll gestaltete 24-bändige sogenannte *Kronprinzenwerk*, dass man dieses wohl nur als Ausdruck einer virtuellen »zweiten Wirklichkeit« betrachten könne – als »eine Art Schöpfung zweiten Grades« und als eine »Überhöhung und Idealisierung« (Schmid, S. 108), die der gegebenen Wirklichkeit gleichsam begleitend beigeordnet worden sei. Eine politische Massenwirksamkeit in dem von den Organisatoren intendierten Sinn war dem von Kronprinz Rudolf initiierten Werk jedoch nicht beschieden.

Praktische Wirksamkeit entfaltete das zwischen 1883 und 1902 publizierte *Kronprinzenwerk* hingegen sehr wohl, und zwar in Form der durch das Projekt angeregten Gründung des Museums und der *Zeitschrift für Österreichische Volkskunde* im Jahr 1895 und des Trägervereins beider im Jahr davor. Angesichts einer fehlenden universitären Verankerung bildeten diese drei miteinander verbundenen Initiativen im Effekt den institutionellen Kern der wissenschaftlichen Bemühungen um die Erforschung der Volkskultur in der österreichischen Hälfte der Habsburgermonarchie. Die Gründerväter der Unternehmungen waren Michael Haberlandt und Wilhelm Hein, zwei Beamte der Prähistorisch-Ethnographischen Abteilung des Naturhistorischen Museums, die beide auch der 1870 gegründeten Anthropologischen Gesellschaft in Wien eng verbunden waren. Diese hatte sich ihrerseits stark für das *Kronprinzenwerk* engagiert, und so finden sich unter dessen Autoren und Illustratoren und denen der *Zeitschrift für Österreichische Volkskunde* (1895–1918) häufig dieselben Namen. Auch die anfangs starke Nähe all dieser Organisationen zu ethnologischen Einrichtungen und Zeitschriften in Berlin, nicht aber zu im engeren Sinn volkskundlichen Institutionen, deutet klar auf eine ethnographische Ausrichtung hin. Sehr zurecht stellte etwa Olaf Bockhorn – konkret unter Bezugnahme auf die Situation an der Wiener Universität – fest, »dass das, was da zwischen 1850 und 1890 an der Philosophischen Fakultät der Universität Wien allenfalls als ›volkskundlich‹ interpretiert werden konnte, fast immer in irgendeiner Weise ›ethnographisch‹ (wenn auch slawisch, germanisch, historisch-geographisch oder linguistisch) war, dass also das Primat der Ethnographie weder zu übersehen noch – wie anderswo – zu leugnen ist; die frühzeitig einsetzende Verklärung der Volkskundegenese als einer Pflanze auf germanistisch-philologischer Wurzel durch genau deren Vertreter blieb in Österreich und Wien aus« (Bockhorn 1994, S. 419). Allerdings nicht dauerhaft, wie man anfügen muss.

Die im Deutschen Reich dominante Disziplin Volkskunde »als Pflanze auf germanistisch-philologischer Wurzel« spielte in Österreich bis 1918 eindeutig nur eine untergeordnete Rolle, völlig gefehlt hat sie aber, insbesondere in Form von diversen Vereinen, nicht. Als wissenschaftliche Basis diente hier vor allem die Sprachgeschichte (Germanistik, »Indogermanistik«, Skandinavistik, auch Indologie und Sanskritforschung) sowie die Altertumskunde und auch die Kulturgeschichte in dem Sinn, wie sie von dem bereits erwähnten Wilhelm Heinrich Riehl betrieben wurde. Gerade die Herkunft aus der vergleichenden Sprachgeschichtsforschung – auf sie verweist das programmatische Diktum »Wörter und Sachen«, das namensgebend für eine Zeitschrift und eine ganze Forschungsrichtung wurde – erwies sich in methodischer Hinsicht als hochproblematisch. In der vergleichenden Sprachwissenschaft können aufgrund des Systemcharakters von Sprache tatsächlich auf methodisch saubere Weise weit zurückreichende historische Entwicklungen mit Hilfe von Extrapolationen erschlossen werden. Die lineare Übertragung dieser Methoden auf die Ebene der Sachkultur und der sozialen Phänomene (z.B. Brauchtum) öffnete jedoch der Beliebigkeit Tür und Tor.

Ein Gegenwartsbezug ergab sich bei diesem Ansatz nur auf einem Weg, und zwar dem der radikalen Ablehnung der zeitgenössischen soziokulturellen und sozioökonomischen Situation, der das uneingeschränkt idealisiert-harmonisierte Bild eines vermeintlich »urwüchsigen« bäuerlichen Lebens gegenübergestellt wurde. Die Hauptrolle des »Volkes« – des thematisch wie terminologisch konstitutiven Gegenstandes der Disziplin – kam einem als homogen und undifferenziert vorgestellten Bauerntum zu, »dessen Weg in den Agrarkapitalismus man eher als Abirrung denn als Realität betrachtete« (Jacobeit 1994, S. 24). Als normstiftend wurde der sich modernisierenden Gesellschaft ein imaginiertes mythisches Germanentum gegenübergestellt. Anstelle einer synchronen soziokulturellen Einbettung in zeitgenössische Kontexte galt das hauptsächliche Interesse volkskundlicher Forschung der diachronen Konstruktion möglichst weit zurückreichender Kontinuitätslinien der einzelnen Artefakte, vorzugsweise bis hinein in eine imaginierte »germanische Frühzeit«. Kontinuität wurde in gewisser Weise zu *dem* Zentralbegriff der Disziplin. Im Bestreben, möglichst weit zurückreichende Kontinuitäten aufzuweisen, wurden in der Regel historisch-quellenmäßig erfassbare Formen volkskundlicher Artefakte aus der Neuzeit in historische Vorzeiten projiziert, um von dort in einem zirkulären Argumentationsverfahren als nicht bloß genetische, sondern vor allem auch normative »Urformen« in die Gegenwart zurückprojiziert zu werden. Oft wurden wenige, sowohl geographisch wie auch zeitlich weit auseinanderliegende Quellenbelege bis über die Grenze des intellektuell Nachvollziehbaren hinaus interpretiert und mittels gewagter Analogieschlüsse zu einer vermeintlichen »Beweisführung« verwoben. Kontinuität wurde also nicht aus der Kulturgeschichte erschlossen, sondern dieser als basaler Grund- und Glaubenssatz unterlegt.

Nicht die Erarbeitung von Tatsachenbehauptungen, sondern die – in der Regel übrigens ganz offen und sogar programmatisch deklarierte – Statuierung von Werturteilen ethischer wie auch ästhetischer Art (und ein von diesen geleitetes kulturpolitisches Engagement) wurde zum eigentlichen Sinn und Zweck der Volkskunde erhoben. Mit dieser selbstverordneten Kulturmission war freilich der Bereich von Wissenschaftlichkeit eindeutig verlassen. Die linguistisch-altertumskundliche Tradition unterschied sich auch insofern von der ethnographischen Ausrichtung der volkskundlichen Forschung, als sie die Forschungsperspektive radikal einengte: Der Bezug zu politischen, sozialen und ökonomischen Rahmenbedingungen der »volkskundlichen Artefakte« (wie z. B. Brauchtum, Lied, Tanz, Tracht und so weiter) wurde methodisch ausgeblendet, desgleichen die Frage nach dem Sinngehalt, den diese Artefakte für die jeweiligen sozialen Akteure hatten.

Nach dem Zusammenbruch der Habsburgermonarchie im Jahr 1918 existierten die genannten österreichischen Institutionen zwar weiter, die politische Nachfrage nach der bis dahin dominanten ethnographischen Forschungstradition fiel aber mit einem Mal weg. Und spätestens mit dem nächsten Generationswechsel innerhalb der Disziplin kam es zu einer deutlichen Annäherung an die deutsche Fachtradition (allenfalls blieb die österreichische Forschung von der deutschen noch unterscheidbar durch ein gewisses spezielles Interesse an Themen der religiösen Volkskunde). Im Jahr 1927 appellierte der alternde Michael Haberlandt an seine jungen Fachkollegen, die genuin österreichische Forschungstradition nicht zu vergessen. »Bei allem innigen Zusammenhang mit der deutschen [...] Produktion« müsse man doch den »besonderen österreichischen Charakter«, namentlich der Volkskunst, berücksichtigen, der durch »wärmeres Gefühlstemperament, die Phantasiefülle, die Bildhaftigkeit und den Frohsinn der österreichischen Volksseele« ausgezeichnet sei (Haberlandt 1927, S. XIV). Diese Eigenschaften seien ein Resultat der »durch Jahrhunderte [...] engen Verbundenheit« des österreichischen Volkes »mit den nunmehr selbständig gewordenen Nachbarn« (ebd.). De facto war dies freilich ein Nachruf auf die alt-österreichische Forschungstradition.

In welchem Ausmaß die Volkskunde später von den Nationalsozialisten in Form einer völkisch-rassistischen »Weltanschauungslehre« genutzt werden konnte, ist mittlerweile gut erforscht. Als Resümee der ab Ende der 1960er Jahre einsetzenden innerfachlichen Auseinandersetzung mit dieser Problematik kann Hermann Bausingers Diktum stehen, dass die Dienstbarmachung der Volkskunde durch den Nationalsozialismus »nicht als Einbruch von außen, sondern als innere Konsequenz [des Faches selbst] verstanden werden« muss (Bausinger 1971, S. 63). In Österreich fand die Etablierung der Volkskunde als eigenständiges universitäres Fach bezeichnenderweise in der Zeit des Nationalsozialismus statt. Damit war natürlich einerseits eine vollständige wissenschaftliche Gleichschaltung mit der Fachtradition der deutschen Volkskunde hergestellt, zugleich aber der nachhaltigen Diskreditierung des ganzen Faches in den Jahren nach 1945 der Weg bereitet.

Die im Wesentlichen mit der Person des Grazer Ordinarius für Volkskunde (seit 1949) Viktor von Geramb verbundenen Weichenstellungen zu einer neuerlichen akademische Etablierung des Faches Volkskunde in Österreich hatten letztlich zur Folge, dass auch nach 1945 der Anschluss an die linguistische Tradition der deutschen Volkskunde zur Norm und die eigenständig österreichische ethnographische Tradition der Habsburgermonarchie negiert wurde.

Bausinger, Hermann (1971): *Volkskunde. Von der Altertumsforschung zur Kulturanalyse*, Tübingen: Tübinger Vereinigung für Volkskunde.

Bockhorn, Olaf (1994): Von Ritualen, Mythen und Lebenskreisen: Volkskunde im Umfeld der Universität Wien. In: Jacobeit/Lixfeldt/Bockhorn 1994, S. 477–527.

Czoernig, Karl Freiherr von (1855/57): *Ethnographie der Oesterreichischen Monarchie. Mit einer ethnographischen Karte in vier Blättern*, 3 Bde., Wien: k.k. Hof- und Staatsdruckerei.

De Luca, Ignaz (1792): *Oestreichische Spezialstatistik*, Wien: J.V. Degen.

Gräffer, Franz (1827): *Gedrängtes geographisch-statistisches Handwörterbuch des österreichischen Kaiserthumes; oder Alphabetische Übersicht seiner Provinzen, Kreise, Gespannschaften, Delegationen, Bezirke*, Wien: J.G. Heubner.

Haberlandt, Michael (1895): Zum Beginn! In: *Zeitschrift für österreichische Volkskunde. Organ des Vereins für österreichische Volkskunde in Wien* 1, Wien: F. Tempsky, S. 1–3.

– (1927): *Österreich. Sein Land und Volk und seine Kultur. Mit einem Geleitworte des Bundespräsidenten Dr. Michael Hainisch*, Wien/Weimar: Verlag für Volks- und Heimatkunde.
Helfert, Joseph Alexander von (1896): Volksnachbarliche Wechselseitigkeit. Eine Anregung. In: *Zeitschrift für österreichische Volkskunde. Organ des Vereins für österreichische Volkskunde in Wien* 2, Wien: F. Tempsky, S. 3–5.
Heufler, Ludwig, Ritter von (1854–1856): *Österreich und seine Kronländer. Ein geographischer Versuch*, 5 Bde., Wien: Leopold Grund.
Jacobeit, Wolfgang/Hannjost Lixfeldt/Olaf Bockhorn (Hgg.) (1994): *Völkische Wissenschaft. Gestalten und Tendenzen der deutschen und österreichischen Volkskunde in der ersten Hälfte des 20. Jahrhunderts*, Wien/Köln/Weimar: Böhlau.
Jacobeit, Wolfgang (1994): Vom »Berliner Plan« von 1816 bis zur nationalsozialistischen Volkskunde. Ein Abriß. In: Jacobeit/Lixfeldt/Bockhorn 1994, S. 17–32.
[»Kronprinzenwerk«] Kronprinz Erzherzog Rudolf/Josef Weil von Weilen (Hgg.) (1886–1902) *Die österreichisch-ungarische Monarchie in Wort und Bild*, 24 Bde. in 398 Lieferungen, Wien: Verlag der k.k. Hof- und Staatsdruckerei.
Liechtenstern, Joseph Marx von (1817/18): *Handbuch der neuesten Geographie des Österreichischen Kaiserstaates*, 3 Bde., Wien: Bauer.
– (1820) *Vollständiger Umriß der Statistik des Österreichischen Kaiserstaats*, Brünn: Joseph Georg Traßler.
Ranzmaier, Irene (2013): *Die Anthropologische Gesellschaft in Wien und die akademische Etablierung anthropologischer Disziplinen an der Universität Wien, 1870–1930*, Köln/Wien: Böhlau.
Riehl, Wilhelm Heinrich (1859): Die Volkskunde als Wissenschaft. In: Ders., *Culturstudien aus drei Jahrhunderten*, Stuttgart: J.G. Cotta, S. 205–229.
Ringer, Fritz K. (1987): *Die Gelehrten. Der Niedergang der deutschen Mandarine 1890–1933*, München: dtv.
Schmid, Georg (1995): Die Reise auf dem Papier. In: Britta Rupp-Eisenreich/Justin Stagl (Hgg.), *Kulturwissenschaften im Vielvölkerstaat. Zur Geschichte der Ethnologie und verwandter Gebiete in Österreich, ca. 1780 bis 1918*, Wien/Köln/Weimar: Böhlau, S. 100–112.
Schmidt, Leopold (1951): *Geschichte der österreichischen Volkskunde*, Wien: Österreichischer Bundesverlag für Unterricht, Wissenschaft und Kunst.
– (1960): *Das Österreichische Museum für Volkskunde. Werden und Wesen eines Wiener Museums*, Wien: Bergland Verlag.
Springer, Johann (1840): *Statistik des österreichischen Kaiserstaates*, 2 Bde., Wien: Fr. Beck's Universitätsbuchhandlung.
Stachel, Peter (2002): Die Harmonisierung national-politischer Gegensätze und die Anfänge der Ethnographie in Österreich. In: Karl Acham (Hg.), *Geschichte der österreichischen Humanwissenschaften*, Bd. 4: *Geschichte und fremde Kulturen*, Wien: Passagen, S. 323–367.
Weinhold, Karl (1856): *Altnordisches Leben*, Graz: Weidmann.
– (1890): Was soll die Volkskunde leisten. In: *Zeitschrift für Völkerpsychologie und Sprachwissenschaft* 20, S. 1–5.
– (1891): Zur Einleitung. In: *Zeitschrift für Volkskunde* 1, S. 1–10.

Weiterführende Literatur

Emmerich, Wolfgang (1971): *Zur Kritik der Volkstumsideologie*, Frankfurt a.M.: Suhrkamp.

Fatourechi, Sonja (2009): *Die Achse Berlin – Wien in den Anfängen der Ethnologie von 1869–1906*, Diplomarbeit, Universität Wien.

Fux, Bosiljka (1960): *Carl Freiherr Czoernig von Czernhausen. Ein Lebensbild*, Dissertation, Universität Wien.

Gerndt, Helge (1981): *Kultur als Forschungsfeld. Über volkskundliches Denken und Arbeiten*, München: Beck.

Petschar, Hans (Hg.) (2011): *Altösterreich. Menschen, Länder und Völker in der Habsburgermonarchie*, Wien: Brandstätter.

Tantner, Anton (2007): *Ordnung der Häuser, Beschreibung der Seelen: Hausnummerierung und Seelenkonskription in der Habsburgermonarchie*, Innsbruck/Wien/Bozen: Studienverlag.

Peter Stachel

Die ethnisch-kulturelle Vielfalt der Habsburgermonarchie im Spiegel ihrer frühen Soziologie

In den letzten Jahrzehnten des Bestehens der Österreichisch-Ungarischen Monarchie entwickelten sich erste Ansätze einer eigenständigen soziologischen Tradition, die vor allem durch die analytische Auseinandersetzung mit der Nationalitätenproblematik angeregt wurde, dabei aber zumeist die politische Disparität der verschiedenen nationalen Gruppen, letztlich das Spannungsverhältnis zwischen staatlicher Einheit und nationalkultureller Vielfalt in den Mittelpunkt des Interesses stellte. Wie es für die Anfänge der Soziologie generell charakteristisch ist, versuchten auch die österreichischen Pioniere des Faches eine als zunehmend komplexer wahrgenommene soziokulturelle Umwelt analytisch und klassifizierend zu deuten und diese Analysen in die Form einer möglichst umfassenden und einheitlichen soziologischen »Gesamttheorie« zu bringen, wobei die für den Modernisierungsprozess insgesamt kennzeichnende Zunahme an sozialer Komplexität in der Donaumonarchie durch die ethnische Vielfalt der Bevölkerung des Staates potenziert wurde – ein Umstand, der besonders in den größeren Städten sichtbar wurde. So entstanden die ersten Anfänge einer eigenständigen akademischen Soziologie in der Habsburgermonarchie nicht, wie etwa in Deutschland, aus der Sozialphilosophie oder der Nationalökonomie (vgl. z.B. Lichtblau 1996), sondern aus der Jurisprudenz, genauer gesagt aus der Staatsrechtslehre. Der Staat – und zwar sowohl der Staat als theoretische Konzeption der Rechtstheorie als auch der konkret existierende österreichische Nationalitätenstaat – bildete den Ausgangspunkt aller Analysen. Ausgehend von soziokulturellen Gruppen als kleinsten Handlungseinheiten soziologischer Analyse definierten die Pioniere der Soziologie in der Habsburgermonarchie den Staat jedoch nicht primär als ein historisch gewachsenes oder ethisch sinnhaftes Rechtsgebilde, sondern vornehmlich als ein Instrument der Herrschaft und der Machtausübung. Dass eine solche Auffassung vom Wesen staatlicher Organisation im prekären Mit- und Gegeneinander der Nationalitäten des österreichischen Kaiserstaates nicht mit der Förderung der »staatstragend« ausgerichteten Wissenschafts- und Bildungsbürokratie rechnen konnte, kann kaum überraschen. Dementsprechend blieben diese zwar geduldeten, jedoch in keiner Weise geförderten Forschungsansätze auf Nischen des Wissenschaftsbetriebes beschränkt und waren nicht in der Lage, sich als Forschungstraditionen oder »Schulen« zu etablieren. Zur institutionellen Verfestigung einer eigenen akademischen Disziplin »Soziologie« in Österreich kam es erst nach dem »Untergang« der Monarchie.

Im Folgenden sollen hier exemplarisch vier Autoren behandelt werden, die in den letzten Jahrzehnten des Bestehens der Donaumonarchie mit ihren soziologischen Analysen an die Öffentlichkeit traten. Entsprechend der erwähnten spezifisch österreichischen Entwicklung der Soziologie aus der Jurisprudenz handelt es sich bei jenen beiden Personen, die im universitären Bereich etabliert waren, jeweils um Juristen, die an sogenannten »Provinzuniversitäten« tätig waren: Der in Krakau geborene Ludwig Gumplowicz (1838–1909) lehrte als Professor für Staats- und Verwaltungsrecht an der Universität Graz, und Eugen Ehrlich (1862–1922) wirkte als Professor für Römisches Recht an der Universität Czernowitz. Der in Wien lebende Privatgelehrte Gustav Ratzenhofer (1842–1904), ein ehemaliger Stabsoffizier, betrachtete sich als Schüler von Ludwig Gumplowicz und folgte weitgehend dessen Ideen, war dabei aber deutlich optimistischer in Hinsicht auf die Anwendbarkeit soziologisch angeleiteter politischer Planung als sein Lehrmeister. Der aus Böhmen stammende Gustav Adolf Lindner (1828–1887) wiederum machte zwar im Alter noch eine universitäre Karriere als Professor für Philosophie und Pädagogik an der neu gegründeten tschechischen Prager Universität, hatte aber seine wichtigste soziologische Studie bereits eineinhalb Jahrzehnte davor während seiner Zeit als Gymnasiallehrer im untersteirischen Cilli (Celje) verfasst. Die randständige Position, die den genannten Autoren innerhalb des wissenschaftlichen Milieus des Habsburgerstaates sowohl kognitiv als auch institutionell zukam, hatte zur Folge, dass die spätere Etablierung eines eigenen akademischen Faches Soziologie weitestgehend ohne Bezugnahme auf die Pionierleistungen Gumplowiczs, Ehrlichs, Lindners und Ratzenhofers erfolgte.

Wie entscheidend das wissenschaftliche Schaffen der Pioniere der soziologischen Analyse in Altösterreich durch die ethnisch-kulturelle Vielfalt des Vielvölkerstaates geprägt war, lässt sich anhand autobiographischer bzw. biographischer Aussagen belegen. So meinte etwa Gumplowicz: »Die eigentümlichen nationalen Verhältnisse Österreichs [...] erzeugten auf dem Gebiete der Staatstheorie Probleme, von denen Westeuropa keine Ahnung hatte, und welche mit dem innersten Wesen des Staates [...] in unzertrennlichem Zusammenhange stehen. Hier wurde die theoretische Frage, für welche westeuropäische Politiker gar keinen Sinn hatten, die Frage: was ist Nationalität? zu einer [...] der Lebensfragen des Staates [...] Aus den inneren Kämpfen Österreichs, aus dem erbitterten Streit der Nationen [...] mußte allmählich die Erkenntnis aufdämmern, daß die Lösung nur gefunden werden könne auf dem Grunde der Soziologie [...] Das geistige Bedürfnis drängte mit Gewalt in dieser Richtung vorwärts und erzeugte gleichzeitig in Österreich in zwei Köpfen [Gumplowicz' eigenem und jenem Ratzenhofers] die soziologische Auffassung des Staates, die ›soziologische Staatsidee‹« (Gumplowicz 1926b, S. 433).

Analog urteilte auch der amerikanische Soziologe und verschiedentlich als »Geschichtsrevisionist« kritisierte Kulturhistoriker Harry Elmer Barnes, dass die »Bedeutung, die Gumplowicz und Ratzenhofer dem Kampf zwischen ethnischen und sozialen Gruppen« zumessen, den soziokulturellen Erfahrungen in ihrem Heimatland entspringe (Barnes 1927, S. 195). Überhaupt waren Gumplowicz und Ratzenhofer in der frühen US-amerikanischen Soziologie als Autoritäten anerkannt, ihre Ansichten firmierten unter dem Begriff »conflict school« und fanden Eingang in die ersten Lehrbücher des neuen Fachs (vgl. Gumplowicz 1921 bzw. Park/Burgess 1921, S. 346–348). In ähnlicher Weise kommt Eugen Ehrlichs Biograph Manfred Rehbinder zu der Schlussfolgerung, dass »Werk und Bedeutung Eugen Ehrlichs nur auf dem Hintergrund seines Lebens- und Wirkungskreises« im multikulturellen Milieu der Bukowina »voll verständlich« werden (Rehbinder 1986, S. 13).

Ausgangspunkt für Gumplowicz' Verständnis des Staates war seine Theorie des Polygenismus, der zufolge die Menschheit von Anbeginn in unterschiedliche Rassen geteilt gewesen sei. Zur Bildung von Staaten kam es demnach durch die Unterwerfung verschiedener Ethnien durch andere, als deren Resultat am Ende die Herrschaft einer Minorität über eine Majorität stehe. Durch das Zusammenleben innerhalb eines Staates komme es aber folgerichtig zur ethnischen Durchmischung, sodass von »reinen« Rassen im ursprünglichen Sinn in der Gegenwart keine Rede mehr sein könne. »Nie und nirgends«, so Gumplowicz, »sind Staaten anders entstanden, als durch Unterwerfung fremder Stämme seitens eines oder mehreren verbündeten [...] Stämmen [sic!]. Und dieser Umstand ist kein zufälliger, sondern [...] ein in dem Wesen der Sache tief begründeter. Und daher gibt es auf dem ganzen Erdenrund keine Staaten ohne ursprüngliche ethnische Heterogenität zwischen Herrschenden und Beherrschten, und erst die soziale Entwicklung des Staates bringt die soziale Annäherung und nationale Amalgamierung zuwege« (Gumplowicz 1926a, S. 99).

Die Pointe an Gumplowicz' Argumentation besteht darin, dass der Staat nach seiner Auffassung bis in die Gegenwart seiner Lebenszeit prinzipiell immer ein Instrument der sozialen Unterwerfung geblieben ist und auch in Zukunft bleiben wird. »Würden die Staatsrechtslehrer wirklich nur die immer und überall an allen Staaten vorkommenden wesentlichen Merkmale in die Begriffsbestimmung desselben aufnehmen, so wäre eine Übereinstimmung in diesem Punkte bald hergestellt [...] all und jeder Staat ist ein Inbegriff von Einrichtungen, welche die Herrschaft der einen über die anderen Gruppen zum

Zwecke haben, und zwar wird diese Herrschaft immer von einer Minorität über eine Majorität geübt. Der Staat ist daher eine Organisation der Herrschaft einer Minorität über eine Majorität« (ebd., S. 97).

Das Rechtssystem ist demnach niemals die Verwirklichung objektiv gegebener moralisch-ethischer Normen, sondern immer ein Werkzeug der Machtausübung. Jegliche Form der Berufung auf die Existenz allgemeingültiger moralischer Grundsätze oder Werte beruht auf dem Fehlschluss einer verallgemeinernden Abstraktion staatlicher Rechtsnormen: »Nur die Tatsache des Rechtes, wie es im Staate geworden, erzeugt bei uns die Idee der Gerechtigkeit [...] Unsere Idee der Gerechtigkeit ist eine einfache Abstraktion des staatlichen Rechtes und sie steht und fällt mit dieser Grundlage« (ebd., S. 208f.). Der Staat ist aber andererseits auch unabdingbare Voraussetzung jeder kulturellen Entwicklung – er ist, wie Gumplowicz meint, prinzipiell janusköpfig, da nur staatliche Organisation in der Lage sei, den anarchischen Kampf aller gegen alle zu zügeln. »Denn das größte Übel für die Menschen hienieden sind nur die Menschen, ihre Dummheit und Niedertracht. Dieses Übel aber kann der Staat kaum im Zaume halten, in der Anarchie tobt es zügellos und häuft Greuel auf Greuel. Ein drittes gibt es nicht, denn zur primitiven Horde können wir nicht zurückkehren. Zwischen diesen zwei sozialen Existenzmodalitäten aber: Staat und Anarchie ist die Wahl nicht schwer« (ebd., S. 208). Daraus folgt aber zwingend, dass für Gumplowicz jegliche Form der Kultur notwendig und unvermeidlich auf sozialer und politischer Ungleichheit beruht.

Die Nation ist für Gumplowicz, im Gegensatz zu der zu seiner Zeit dominanten Auffassung, nicht die Substanz des Staates, sie wird erst durch den gemeinsamen staatlichen Rahmen aus ethnisch-kulturell heterogenen Bestandteilen zusammengefügt. Da der Staat Träger jeglicher Kultur und die Nation Produkt der Homogenisierung durch die staatliche Einheit ist, versteht Gumplowicz die Nation nicht als ethnische, sondern als kulturelle Gemeinschaft (vgl. Gumplowicz 1879, S. 289–295) – was ihn in die Nähe moderner Theoretiker des Nationsbegriffs wie Benedict Anderson oder Eric J. Hobsbawm rückt.

Auffallend ähnlich argumentiert Gustav Adolf Lindner an einer zentralen Stelle seiner Studie *Ideen zur Psychologie der Gesellschaft als Grundlage der Socialwissenschaften* von 1871. Obwohl »das Volksthum oder die Nationalität [...] als der Ausdruck der intensivsten Verdichtung der geistigen Wechselbeziehungen in einer Mehrheit von Menschen« erscheint (Lindner 1871, S. 15), insistiert Lindner darauf, dass der für ihn zentrale soziologische Begriff der »Gesellschaft« nicht vom Volksbegriff, sondern vom Staat abzuleiten ist: »Allein [...] erscheint der Staat viel geeigneter für das Urbild der Gesellschaft als das Volk. Es hält [sic!; eig.: fällt] überhaupt schwer die Gesamtheit eines über verschiedene Staaten zersplitterten Volkes unter den Begriff der Gesellschaft zu bringen« (ebd, S. 16). Demgegenüber betont Lindner die zahlreichen physischen und geistigen Vereinigungskräfte, die innerhalb eines Staates wirken, sodass neben Nationalstaaten auch »politische Nationalitäten (Schweiz)« existieren (ebd., S. 17), um dann umstandslos auf die inneren Verhältnisse in einem Teil der Habsburgermonarchie überzuleiten: »In der That gibt es auch ein politisches Volksthum, worunter wir die Summe der Eigenthümlichkeiten verstehen, in denen die Genossen eines und desselben politischen Verbandes ohne Rücksicht auf die Nationalität übereinstimmen. So umfaßt das ungarische Volksthum nicht blos die Magyaren, sondern sämmtliche Angehörige der Stephanskrone« (ebd., S. 17). Der kurze Weg, auf dem Lindner von einer Bestimmung des Zentralbegriffs der »Gesellschaft« zu den Verhältnissen der Habsburgermonarchie kommt, macht deutlich, dass auch seine Theorien von der Multinationalität seines Heimatlandes mitgeprägt waren. In einer späteren Passage kommt Lindner noch einmal explizit auf die Situation in der Monarchie zurück: »Das geographische Volksthum ist einer bedeutenden Steigerung fähig, wenn die auf demselben Territorium zusammenlebenden Menschen auch noch durch gemeinsame geschichtliche Erinnerungen zusammengehalten und dadurch zu einem historischen Volksthum erhoben werden. Tritt noch die staatliche Zusammengehörigkeit hinzu, so tritt dieses Volksthum als historisch-politische Individualität auf. Böhmen und Ungarn bilden historisch-politische Individualitäten« (ebd., S. 177). Aus dieser Festlegung spricht auch die biographische Erfahrung Lindners, der als Sohn eines deutsch-böhmischen Vaters und einer tschechischen Mutter zweisprachig aufgewachsen war. Diesen Umstand der Zweisprachigkeit teilte er sowohl mit Gumplowicz als auch mit Eugen Ehrlich (die beide mit Polnisch und Deutsch aufgewachsen waren).

Der letztgenannte Ahnherr der Soziologie in Österreich, der Czernowitzer Universitätsprofessor Eugen Ehrlich vertrat – anders als Gumplowicz, Ratzenhofer und Lindner, die formal argumentierten – die Position einer empirisch ausgerichteten Soziologie und führte auch selbst umfassende empirische Studien durch. Die soziokulturelle Zusammensetzung der Bevölkerung der Bukowina – seit 1775 Bestandteil der Habsburgermonarchie, seit 1849 ein eigenes Kronland – war insofern bemerkenswert, als einerseits die Zahl der hier lebenden verschiedenen ethnischen Gruppierungen besonders groß war und andererseits die institutionell, wirtschaftlich und intellektuell führende deutschsprachige Bevölkerung in den Städten durchwegs jüdischer Herkunft war. So betrug der jüdische Bevölkerungsanteil in Czernowitz rund 40 %, was zu der einzigartigen Situation führte, dass die Juden praktisch die staatstragende Bevölkerungsschicht der Region bildeten und die Mehrzahl der höheren Beamten, der Vertreter freier Berufe und auch der Universitätsstudenten stellten. Es war eben jene Schicht des urbanen, deutsch- oder mehrsprachigen Judentums von Czernowitz, der Eugen Ehrlich entstammte.

1913 veröffentlichte Ehrlich sein Hauptwerk, die *Grundlegung der Soziologie des Rechtes*. Darin und in zahlreichen anderen Arbeiten setzte er sich vor allem für die sogenannte »Freirechtslehre« ein, die – im Gegensatz zur vorherrschenden Rechtsdogmatik oder der später in Österreich dominanten »reinen Rechtslehre« – nicht von den kodifizierten Rechtsnormen, sondern von empirisch erhobenen sozialen und kulturellen Gruppennormen ausging. Die formale Rechtsordnung und die Praxis der Rechtsprechung, so Ehrlich, sollten sich an den gesellschaftlich real vorhandenen normativen Strukturen orientieren, um nicht durch die Diskrepanz von geltender und gelebter Rechtsnorm zu

Instrumenten der reinen Machtausübung des Staates über die Gesellschaft zu verkommen. Den papierenen Gesetzeswerken könne man nicht jene Art von Recht entnehmen, »nach dem sich das Volk tatsächlich in Handel und Wandel richtet, und das von ihm oft viel unverbrüchlicher befolgt wird als die Paragraphen der Gesetzbücher« (Ehrlich 1967, S. 43). Empirisches Anschauungsmaterial findet sich bei Ehrlich vor allem in seinen soziologischen Analysen der soziokulturellen Normen der verschiedenen Volksgruppen in der Bukowina, zu deren Erforschung er an der Czernowitzer Universität ein »Seminar für lebendes Recht« begründet hatte: »Es leben im Herzogtum Bukowina gegenwärtig, zum Teile sogar noch immer ganz friedlich nebeneinander, neun Volksstämme: Armenier, Deutsche, Juden, Rumänen, Russen (Lipowaner), Ruthenen, Slowaken (die oft zu den Polen gezählt werden), Ungarn, Zigeuner. Ein Jurist der hergebrachten Richtung würde zweifellos behaupten, alle diese Völker hätten nur ein einziges, und zwar genau dasselbe, das in ganz Österreich geltende österreichische Recht. Und doch könnte ihn schon ein flüchtiger Blick davon überzeugen, daß jeder dieser Stämme in allen Rechtsverhältnissen des täglichen Lebens ganz andere Rechtsregeln beobachtet. Der uralte Grundsatz der Personalität im Rechte wirkt tatsächlich weiter fort, nur auf dem Papier längst durch den Grundsatz der Territorialität ersetzt« (ebd.).

Mittels einer umfangreichen empirischen Erhebung, die mit Hilfe von Fragebögen durchgeführt wurde, versuchte Ehrlich zu einer Darstellung der konkreten sittlichen Handlungsnormen der verschiedenen Völkerschaften der Bukowina zu gelangen, von denen er erhoffte, dass sie zum Maßstab und Regulativ der Rechtsprechung in diesem Kronland erhoben werden würden. Bedenkt man freilich die absehbaren politischen Konsequenzen einer derartigen, die sozialen und kulturellen Unterschiede der verschiedenen Nationalitäten berücksichtigenden Rechtspraxis für die Einheit des Staates, so kann es nicht verwundern, dass Ehrlichs rechtstheoretische Überzeugungen weder bei den Wissenschaftsbehörden noch bei seinen Fachkollegen innerhalb des habsburgischen Staates auf besondere Gegenliebe stießen. Durchaus folgerichtig setzte sich im Gegensatz dazu die Vorstellung einer auf objektiv gegebene Normen rekurrierenden theoretischen Rechtsbegründung in der Rechtsphilosophie der Habsburgermonarchie durch, die später in Gestalt von Hans Kelsens »reiner Rechtslehre« eine zugespitzte, aber bis heute erfolgreiche Ausformung erlebte.

Wiewohl Ehrlich einerseits den vereinheitlichenden Zwangscharakter der staatlichen Rechtsnormen gegenüber den sozialen Normen der einzelnen ethnischen Gruppierungen kritisierte, war er andererseits doch von der prinzipiellen Notwendigkeit der staatlichen Regulierung nationaler Konflikte zutiefst überzeugt, wobei er den Habsburgischen Staat – neben der Schweiz – als besonders gelungenes Beispiel eines staatlichen Ausgleichs differierender nationaler Interessen ansah. Seine Überlegungen dazu fasste er in einem (in eher ungelenkem Englisch geschriebenen) Text von bekenntnishaftem Charakter zusammen, den er während des Ersten Weltkrieges als Erwiderung auf eine englische Abhandlung über die Nationalitätenfrage publizierte, in der die angestrebte

Zerschlagung der Österreichisch-Ungarischen Monarchie als ein zur Befreiung der unterdrückten Nationalitäten Zentraleuropas notwendiges Werk eingefordert wurde. In dieser Broschüre erläutert Ehrlich unter anderem ausführlich das österreichische Nationalitätenrecht, dem er, im Vergleich mit der Situation der nationalen Minoritäten in Russland sowie in den britischen Kolonien und im damals britischen Irland (unmittelbar nach dem Osteraufstand von 1916), ein hohes Maß an Liberalität und Toleranz zuerkennt. Überdies, so Ehrlich, dürfe man sich durch die nationalistischen Zwistigkeiten nicht dazu verleiten lassen, den Prozess der Entstehung einer österreichischen Nation zu übersehen: »At the present moment there exists indeed no Austrian nationality in the sense for instance, that English nationality is spoken of, as comprising English, Scotch, Welsh and some colonials [...] Nevertheless the Austrian nation is growing steadily beneath our eyes [...] Poles, Bohemians, Serbs and German Austrians do not feel as strangers to one another. Their mutual relationship is quite different than that they have to the Russian Poles, to the Germans, Italians or Serbs coming from Germany, Italy and Serbia. When Austrians of different races meet in a foreign country, they great each other as countrymen [...]. There is no doubt about it, that there exists something like an Austrian nation« (Ehrlich 1917, S. 39f.).

Als rechtliche Vereinigung sei ein aus mehreren Nationalitäten bestehender Staat sogar als fortschrittlicher anzusehen als ein national homogener Staat: Die Habsburgermonarchie sei in diesem Sinne »a very composite structure, formed by many nations and therefore much more difficult to manage than any other state. But that is not an argument against her existence. Evolution mainly consists in the growing of complex beings out of simple ones, and they mark a higher degree of development, though they are in a more unstable equilibrium than the latter« (ebd., S. 27f.).

Offensichtlich verdanken die Theorien von Gumplowicz und Ratzenhofer ebenso wie jene von Lindner und von Ehrlich entscheidende Einflüsse dem multinationalen Umfeld, in dem sie entstanden sind. In gewisser Weise hat ihre weitgehende Folgenlosigkeit in der weiteren Geschichte des Faches Soziologie unter anderem gerade mit diesen Entstehungsbedingungen zu tun: Für die Habsburgermonarchie waren sie zu staatskritisch, und mit dem Ende der Monarchie 1918 ging schließlich das multinationale Umfeld verloren, in dem und für das sie entwickelt worden waren. Obschon in deutscher Sprache verfasst, wurden die Arbeiten der hier behandelten Autoren in der gänzlich anders gearteten Tradition der frühen Soziologie in Deutschland weitgehend ignoriert. Immerhin fand Ehrlich als einer der frühesten Rechtssoziologen in den USA und insbesondere in Japan gewisse Anerkennung; die Begeisterung amerikanischer Soziologen für die »conflict school« ebbte hingegen mit dem Zweiten Weltkrieg deutlich ab, als Ratzenhofer und Gumplowicz – zumindest letzterer eindeutig zu Unrecht – als Sozialdarwinisten etikettiert wurden.

Barnes, Harry Elmer (1927): *Soziologie und Staatstheorie. Eine Betrachtung über die soziologischen Grundlagen der Politik. Mit einer Einleitung von Gottfried Salomon*, Innsbruck: Wagner.
Ehrlich, Eugen (1913): *Grundlegung der Soziologie des Rechts*, München/Leipzig: Duncker & Humblot.
– (1917): *The National Problems in Austria*, The Hague: Central Organisation for a Durable Peace.
– (1967): Das lebende Recht der Völker in Bukowina [1912]. In: Ders., *Recht und Leben. Gesammelte Schriften zur Rechtstatsachenforschung und zur Freirechtslehre*, ausgewählt und eingeleitet von Manfred Rehbinder, Berlin: Duncker & Humblot. Erstmals in: *Recht und Wirtschaft* 1 (1912), S. 273–279, S. 322–324.
Gumplowicz, Ludwig (1879): *Das Recht der Nationalitäten und Sprachen in Österreich-Ungarn*, Innsbruck: Wagner.
– (1883): *Der Rassenkampf. Sociologische Untersuchungen*, Innsbruck: Wagner.
– (1921): The Mechanistic Interpretation of Society. In: Park/Burgess 1921, S. 346–348. (Der Text ist eine Übersetzung von Gumplowicz 1883, S. 158–161.)
– (1926a): *Grundriss der Soziologie* [1885]. *Mit einem Vorwort von Franz Oppenheimer*, Innsbruck: Wagner.
– (1926b): *Geschichte der Staatstheorien* [1905]. *Mit einem Vorwort von Gottfried Salomon*, Innsbruck: Wagner.
Lichtblau, Klaus (1996): *Kulturkrise und Soziologie um die Jahrhundertwende. Zur Genealogie der Kultursoziologie in Deutschland*, Frankfurt a.M.: Suhrkamp.
Lindner, Gustav Adolph (1871): *Ideen zur Psychologie der Gesellschaft als Grundlage der Socialwissenschaft*, Wien: Carl Gerold's Sohn.
Park, Robert E./Ernest W. Burgess (Hgg.) (1921): *Introduction to the Science of Sociology*, Chicago: University of Chicago Press (zahlreiche weitere Auflagen bis 1942).
Rehbinder, Manfred (1986): *Die Begründung der Rechtssoziologie durch Eugen Ehrlich*, 2. Aufl., Berlin: Duncker & Humblot.

Weiterführende Literatur

Acham, Karl (1995): Ludwig Gumplowicz und der Beginn der soziologischen Konflikttheorie im Österreich der Jahrhundertwende. In: Britta Rupp-Eisenreich/Justin Stagl (Hgg.), *Kulturwissenschaften im Vielvölkerstaat. Zur Geschichte der Ethnologie und verwandter Gebiete in Österreich, ca. 1780 bis 1918*, Wien/Köln/Weimar: Böhlau, S. 170–207.
Brix, Emil (Hg.) (1986): *Ludwig Gumplowicz oder Die Gesellschaft als Natur*, Wien/Köln/Graz: Böhlau.
Grimm, Gerald (2009): Gustav Adolf Lindner als Wegbereiter der Pädagogik des Herbartianismus in der Habsburgermonarchie. In: Ders./Erik Adam (Hgg.), *Die Pädagogik des Herbartianismus in der Österreichisch-Ungarischen Monarchie*, Wien: LIT, S. 21–25.
Moebius, Stephan/Andrea Ploder (Hgg.) (2018) *Handbuch Geschichte der deutschsprachigen Soziologie*, Bd. 1: *Geschichte der Soziologie im deutschsprachigen Raum*, Wiesbaden: Springer.
Oberhuber, Florian (2002): *Das Problem des Politischen in der Habsburgermonarchie. Ideengeschichtliche Studien zu Gustav Ratzenhofer, 1842–1904*, Dissertation, Universität Wien.
Stachel, Peter (1999): *Ethnischer Pluralismus und wissenschaftliche Theoriebildung im zentraleuropä-*

ischen Raum. Fallbeispiele wissenschaftlicher und philosophischer Reflexion der ethnisch-kulturellen Vielfalt der Donaumonarchie, Dissertation, Universität Graz.

Stagl, Justin (1997): Gustav Ratzenhofers »Soziologie« und das Nationalitätenproblem Österreich-Ungarns. In: Csaba Kiss/Endre Kiss/Justin Stagl (Hgg.), *Nation und Nationalismus in wissenschaftlichen Standardwerken Österreich-Ungarns ca. 1867–1918*, Wien/Köln/Weimar: Böhlau, S. 78–91.

Torrance, John (1981): Die Entstehung der Soziologie in Österreich 1885–1935. In: Wolf Lepenies (Hg.), *Geschichte der Soziologie. Studien zur kognitiven, sozialen und historischen Identität einer Disziplin*, Bd. 3, Frankfurt a.M.: Suhrkamp, S. 443–495.

Zipprian, Heinz (1997): Eugen Ehrlich und die Bukowina: Die Entstehung der Rechtssoziologie aus der kulturellen Vielfalt menschlicher Verbände. In: Csaba Kiss/Endre Kiss/Justin Stagl (Hg.), *Nation und Nationalismus in wissenschaftlichen Standardwerken Österreich-Ungarns ca. 1867–1918*, Wien/Köln/Weimar: Böhlau, S. 112–126.

Peter Stachel

III. Wurzeln der Soziologie in Physik und Biologie

1. SOZIALMECHANIK

Eduard Sacher und die Grundlagen einer energetischen Wirtschafts- und Gesellschaftsforschung

Das vielgestaltige »energetische« Œuvre Eduard Sachers (1834–1903, nicht zu verwechseln mit dem gleichnamigen Gründer des berühmten Wiener Hotels), das auf einem streng naturwissenschaftlich geprägten Weltbild beruht, sich dabei aber Fragen zuwendet, mit denen auch die sich ab der zweiten Hälfte des 19. Jahrhunderts allmählich ausbildenden und disziplinär organisierenden Sozialwissenschaften befasst sind, wurde nie im harten Kern des seinerzeitigen Wissenschaftssystems verankert oder integriert, sondern stellt die radikal andere Version einer Wirtschafts-, Kultur- und Gesellschaftsforschung dar, die mit dem Tod ihres Schöpfers alsbald nahezu spurlos verschwand. Als ein stets an der Peripherie der Wissenschaften wie auch der Wiens, nämlich in Salzburg und Krems, tätiger Amateurwissenschaftler, der im Brotberuf als Volksschullehrer und in der Lehrerausbildung wirkte, erfuhr Sacher selbst im sehr überschaubaren Kreis jener Naturforscher, die in der neuen Wärmelehre mehr sahen als nur eine temporäre Modeerscheinung und die diese zur energetischen Grundlage für die Erforschung physikalischer, organischer und auch humangeschichtlicher Phänomene und Prozesse machen wollten, eine nahezu vollständige Marginalisierung.

So erwähnt beispielweise Wilhelm Ostwald (1853–1932), der Nobelpreisträger für Chemie von 1909, der mit seinem Leipziger Kreis ab den 1890er Jahren zum Epizentrum einer energetischen Bewegung avancierte, die nicht nur neue Grundlagen für die Physik und die Chemie, sondern auch für die Biologie und die Kulturwissenschaften schaffen wollte, Sacher in seinen voluminösen drei Bänden seiner autobiographischen *Lebenslinien* (Ostwald 1926/27) mit keinem Wort – und daher auch nicht jene Publikationen Sachers, die Ostwalds eigenem wirtschafts- und gesellschaftstheoretischen Schrifttum gleich um Jahrzehnte vorausgingen. Bezeichnend ist auch die Nicht-Rezeption Sachers durch Ernst Mach und Otto Neurath: Sacher war einfach für die geistige Avantgarde der Hauptstadt in jeder Hinsicht zu entlegen; dabei wäre speziell Neurath für eine zeitgemäße Erweiterung und Detaillierung der Publikationen Sachers geradezu prädestiniert gewesen. Trotz dieser Marginalisierungen ist zu ersehen, dass Eduard Sacher als Pionier wie als Erstentdecker gleich an mehreren Fronten im Einsatz war. Sein energiebasiertes theatrum machinarum zu Wirtschafts- und Gesellschaftsdynamiken lässt sich in mehrere größere Werkgruppen einteilen, die sich nach den Kategorien eines energetischen Kernsegments und mehreren Anwendungsfeldern thematisch ordnen lassen.

Theorie und Heuristik

Jemandem, der wie Sacher seit den 1850er Jahren stark naturwissenschaftlich – und das heißt physikalisch wie chemisch und auch biologisch – interessiert ist und 1881 den ersten Band der *Grundzüge einer Mechanik der Gesellschaft* verfasst, dem stehen alle wichtigen Felder der damaligen Physik offen, namentlich die klassische Mechanik, die Optik, die Wärmelehre, die neue Elektrodynamik, die stark mit dem Namen von James Maxwell verbunden ist, sowie die Thermodynamik und Statistische Mechanik, die im Besonderen mit der Person von Ludwig Boltzmann zusammenhängt.

Für den Versuch einer Analogiebildung in Richtung einer gesellschaftlichen Mechanik bietet sich als Ausgangspunkt vor allem das einschlägige physikalische Schrifttum an (Mach 1883): Die seinerzeitige physikalisch-naturwissenschaftliche Gemengelage scheint zunächst überhaupt nur dieses eine Referenzfeld aufzuweisen, mit dem sich die notwendigen Analogiekonstrukte von physikalischer und gesellschaftlicher Mechanik unter Umständen hätten herstellen und aufbauen lassen. Aber Sacher beschreitet einen völlig ungewöhnlichen und unerprobten Weg. Am Beginn seiner Analogiebildungen steht eine ganz andere, gesamt- wie einheitswissenschaftlich zentrale Frage, nämlich die nach dem Geltungsbereich der damals neu entdeckten Naturgesetze für alle möglichen Arten von chemischen, biologischen und humangeschichtlichen Phänomenen. Er verleiht dieser Grundfrage die folgende unübliche Zuspitzung: »Gilt das neueste und wichtigste Gesetz, das Gesetz der Erhaltung der Energie, auch für das Gebiet der menschlichen Wirtschaft?« (Sacher 1897, S. 9)

Sacher streicht heraus, dass dieses Grundproblem auch im stärkest möglichen Wortsinn affirmativ beantwortet werden muss: »Das Gesetz der Erhaltung der Energie gilt für die gesamte Natur, folglich auch für die organische Welt. Alle belebten Wesen der Erde sind ihm unterworfen, in allem ihrem Thun und Wirken. Der Mensch als Organismus unterliegt ihm ebenfalls in seinem gesammten Thun und Lassen.« (Ebd.) Wer immer diesen integralen Sachverhalt negiert, befinde sich auf einem Irrweg. Nahezu süffisant erfolgt die Nachfrage: »Warum sollte das Gebiet der menschlichen Wirtschaft von dieser Geltung ausgenommen sein?« (Ebd.) Da es Sacher zufolge keine triftigen Gründe für eine Ausnahme der Geltung der Naturgesetzlichkeit für das menschliche Wirtschafts- und Gesellschaftsleben gibt, sollen, können und müssen sich auch die damals erst in ihren Frühstufen aufgebauten Wissenschaften von Wirtschaft und Gesellschaft an den Erkenntnissen der Naturwissenschaften über die Energie und die Gesetzmäßigkeiten ihrer Bewegung und ihrer Erhaltung orientieren.

Darüber hinaus benennt Sacher noch drei heuristische Gründe, weshalb die Sozialwissenschaften naturwissenschaftlich inspirierte Forschungswege entlang der Energieformen und Energieprinzipien einschlagen sollten:

- Erstens hilft eine solche naturwissenschaftliche Orientierung dabei, potenzielle Denkfehler zu vermeiden, »da die Naturwissenschaft in ihrer wunderbaren Einfachheit und Klarheit uns kaum zu einem Denkfehler verleiten kann.« (Ebd., S. 11)
- Zweitens stellt die sorgfältige Beobachtung der Natur eine dauerhafte Quelle für Innovationen in gesellschaftswissenschaftlichen Bereichen dar, speziell auf dem Gebiet der Technologie: »es hat [...] der Menschheit noch niemals geschadet, wenn sie das Wirken der Natur beobachtet und, soweit es eben möglich ist, nachgeahmt hat.« (Ebd., S. 37)
- Drittens resultiert aus der neuen Erkenntnis der Energieprinzipien eine spezifisch energetische Betrachtungsweise, die den Blick für die Dynamiken in der Natur wie in der Gesellschaft schärft und diesen auf die Prozesse der energetischen Umwandlungen lenkt, die bei der Erfindung neuer und der Effizienzsteigerung bereits bestehender Technologien sowie bei der Verbesserung der Organisation der Arbeitsteilung zunehmend auch an praktischer Bedeutung gewinnen: »Durch diese Fortschritte, besonders durch die Arbeitsteilung und neue Erfindungen, wird es möglich, mittels ein und derselben Energieausgabe nach und nach grössere Energieeinnahmen zu erzielen. So z.B. wurde der Ertrag der Bergarbeit durch die Gewinnung des Schiesspulvers ganz aussergewöhnlich erhöht.« (Sacher 1901, S. 7f.)

Zentralbegriffe

Am Anfang von Sachers energetischem Forschungsprogramm steht die markante Distanzierung von der Vorstellung unterschiedlichster, jeweils sinnlich wirksamer Kräfte in Natur und Gesellschaft. Der alten Gleichsetzung – »Einer unbekannten Ursache einer Erscheinung entspricht jeweils eine eigene Kraft« – wird, so Sacher, durch die neuere Physik ein jähes Ende bereitet: »Seit die neueren Physiker (Julius [Robert] Mayer, [James Prescott] Joule u.a.) gezeigt haben, dass man die Kräfte umwandeln, d.h. eine Kraft in eine andere überführen könne, ist man der Erkenntnis der Kraft etwas näher gerückt, und wir können heute von einer Anzahl von Kräften mit großer Wahrscheinlichkeit behaupten, dass dieselben in Bewegungen bestehen. Kraft ist in vielen Fällen ›Bewegung‹: allerdings zuweilen eine Bewegung, die wir nur ahnen, nicht aber wahrnehmen können und zu deren Erklärung wir Hypothesen aufstellen müssen.« (Sacher 1886, S. 21)

Zur weiteren theoretischen Fundierung des generellen Prinzips »Kraft als Bewegung« werden also »Zusatzhypothesen« benötigt, wie sie beispielsweise die Atomistik bereithält. Mit Hilfe der von Sacher als zukunftsweisend und heuristisch wertvoll betrachteten Atomistik können Bewegungen nunmehr nicht mehr allein auf der Makroebene in Form beobachtbarer Massenbewegungen erfasst werden, sondern auch in der nicht direkt wahrnehmbaren Mikrosphäre in Form unsichtbarer Atombewegungen – »diese

Bewegungen sind von verschiedener Art, entweder für unser Auge und unser Ohr wahrnehmbar, Massenbewegung, oder nicht wahrnehmbar, Atombewegung.« (Ebd., S. 22) Doch mit der Unterscheidung zwischen diesen beiden grundlegenden Klassen von Bewegungen ist es längst nicht getan: »Massenbewegungen wie Atombewegungen lassen sich ihrerseits in jeweils fünf verschiedene Kraftformen separieren, woraus ein *theatrum machinarum* mit insgesamt zehn Kräften und 90 Rollenverteilungen in Gestalt von Verwandlungen resultiert. [...] Diese 10 Kräfte gestatten, da jede einzelne in 9 andere verwandelt werden kann, im ganzen 90 Umwandlungen.« (Ebd., S. 25)

Als ein weiteres zentrales Element tritt zu dieser Sacher'schen energetischen Kern-Triade von Kraft, Bewegung und Energieumwandlung der Faktor Arbeit hinzu: »Arbeit ist die Ausgabe von Energie zum Zwecke ihrer Umwandlung oder zur Gewinnung neuer Energie. Oekonomisch werthvolle Arbeit besteht in der Ausgabe von Energie behufs ihrer Ausgabe in zweckentsprechendere Formen und behufs Gewinnung größerer Energie.« (Sacher 1881, S. 41) Sofern Sachers energetisches System mit all seinen Kräften und Umwandlungen auf die menschliche Gesellschaft bezogen ist, kreist es letztlich um das Element der Arbeit, dem eine besondere und einzigartige Rolle zukommt, denn »nur die Arbeit erzeugt wirtschaftliche Werte. Und als Umkehrung: Wirtschaftliche Werte entstehen nur durch Arbeit.« (Sacher 1897, S. 10) Durch diese singuläre Leistung fungiert die Arbeit zugleich als der wichtigste Kitt für den Zusammenhalt von Gesellschaften.

Anwendungsfelder des energetischen Programms

Aus diesem ausdifferenzierten und in sich konsistenten theoretischen Kern seines energetischen Forschungsprogramms entwickelt Sacher eine Reihe von Vorschlägen, wo und wie dieses praktisch relevant werden könnte. Die von ihm abgesteckten Anwendungsfelder erstrecken sich im Wesentlichen auf fünf mehr oder weniger konkrete Bereiche, die zum Teil recht heterogen erscheinen, aber innerhalb des Sacher'schen energetischen Systems doch schlüssig ineinandergreifenden: Staaten, Gesellschaften, Wirtschaftskreisläufe, Massenarmut und Naturschutz.

Staaten, Gesellschaften, Wirtschaftskreisläufe. Sacher schafft die Grundlagen dafür, die Energie- oder Kräftevorräte sowie die Arten des Energieverbrauchs in Regionen, Staaten oder Kontinenten systematisch zu kategorisieren, messtheoretisch zu erfassen und für den empirischen Gesellschaftsvergleich zu ordnen. Was die Energievorräte betrifft, so wird bei den technologischen Standards des Jahres 1881 die Sonneneinstrahlung als noch nicht verwendungsfähig ausgeschaltet, aber es werden sieben andere große gesellschaftliche Energievorräte spezifiziert, nämlich der anbaufähige Boden, die Haustiere, die Wasserkraft, die mineralischen Bodenschätze, die bewegende Kraft des Windes, der Ertrag der Jagd auf unbebautem Boden sowie der Ertrag der Fischerei (Sacher 1881, S. 25f.). Anhand dieser sieben Typen von energetischen Reservoirs nimmt Sacher für mehrere Länder umfangreichste Schätzungen und Indexbildungen – Umrechnungen auf Pro Kopf-Größen – vor.

Auf der so beschaffenen Grundlage von Sachers Theoriekomplex wird ein neuartiges, universelles energetisches Prinzip des Wirtschaftens etabliert, das über die üblichen Fragestellungen von Nutzen, Grenznutzen oder Nutzenmaximierungen hinausgreift: »Man nennt den aus dem Selbsterhaltungstriebe rührenden Grundsatz jedes Wirtschafters, mit möglichst wenig Energieausgabe eine möglichst grosse Energiemenge wiederzugewinnen, das wirtschaftliche Prinzip. Es bildet den Antrieb zu allen Fortschritten in den verschiedenen Arbeiten [...]. Das neue wirtschaftliche Prinzip wird also dahin gehen, mit möglichst wenig Ausgabe von Energie seitens der Gesamtheit aller Wirtschafter eine möglichst große Energiemenge als Gesamtprodukt zu erhalten.« (Sacher 1901, S. 7f.)

Dieses energiebasierte Wirtschafts- bzw. Wirtschaftlichkeitsprinzip wird bei Sacher für drei Gruppen von Wirtschaftsakteuren – für agrarische wie industrielle oder handwerkliche Warenproduzenten, für Händler und andere Dienstleister sowie für in Staatsdiensten Beschäftigte – systematisch entwickelt und zu durchaus anspruchsvollen elementaren Kreislaufmodellen verdichtet. Diese bilden zunächst reine Produktions- und Distributionsabläufe ab und werden in weiterer Folge zu komplexeren Kreisläufen unter Einschluss von Geld, Zinsen und Krediten weiterentwickelt und systematisiert.

Massenarmut und Naturschutz. Vor dem Hintergrund einer immer weiter grassierenden Massenarmut zeigt Sacher vier fundamentale Denkfehler der zeitgenössischen Zivilisation auf. Seine Analyse hebt sich deutlich von allem ab, was üblicherweise von seinen Zeitgenossen in den Sozialwissenschaften an organizistischen und sozialdarwinistisch biologisierenden Argumenten ins Treffen geführt wurde. Die ersten beiden Denkfehler hängen unmittelbar mit einer systematischen Verzerrung oder mit der Geringschätzung von Arbeit zusammen, die sich daraus ergibt, dass Faktoren wie Zeit und Raum und nicht die Arbeit als werterzeugend betrachtet werden. Der dritte Denkfehler besteht in einer fehlgeleiteten Übernahme des arbeitsrechtlichen Rahmens aus dem römischen Recht, da das römische Weltreich, wie Sacher ausführt, auf einer Sklavenwirtschaft basierte und menschliche Arbeit als Sache betrachtete. Und der vierte Denkfehler beruht darauf, dass sich im Zuge der Entfaltung einer wirtschaftlichen Arbeitsteilung das passende gesellschaftliche Ausgleichsorgan nicht hinreichend mitentwickelt hat, wobei dieses Ausgleichsorgan – evolutionär-funktional betrachtet – mit dem Blutkreislauf bei höheren Tieren gleichgesetzt wird.

In seiner »Denkschrift« über die *Vier Denkfehler der heutigen civilisirten Menschheit* von 1897 sieht Sacher die gegenwärtige Lage der modernen Gesellschaften durch eine doppelt paradoxe ökonomische Konfiguration geprägt, die in ihrer Kombination weltgeschichtlich als einzigartig zu qualifizieren sei: »Es herrscht Ueberfluß an Waren (Ueberproduktion) und zugleich Noth. Die Producenten wollen verkaufen und finden keine Käufer. Die Armen wollen kaufen und finden entweder keine Arbeit, oder für ihre Arbeit so wenig Lohn, daß sie ihren Bedarf nicht decken können.« (Sacher 1897, S. 5) Und so verschärft der einzige Ausweg aus diesen gesellschaftlichen Nöten, nämlich der Faktor Arbeit, das Phänomen der Massenarmut nur noch weiter: »Heute bewirkt aber die vermehrte Arbeit nur eine Vermehrung der unverkäuflichen Vorräthe, und dadurch eine Lohnverminderung für die Arbeit. Vermehrte Arbeit vermehrt die Noth. Das einzige Mittel, die Noth zu beseitigen, wäre die Arbeit, und diese versagt heute ihren Dienst. Sie hilft der Noth nicht ab, sie vermehrt dieselbe.« (Ebd.) Die Lösung dieser paradoxen Lage kann Sacher zufolge nur gelingen, wenn der vierte zivilisatorische Denkfehler behoben und das Fehlen eines geeigneten gesellschaftlichen Ausgleichsorgans erfolgreich kompensiert werden kann, wofür er in seinem Buch *Die Massenarmut: ihre Ursache und Beseitigung* aus dem Jahr 1901 die notwendigen gesellschaftlichen Reformschritte skizziert.

Eine Betrachtung der Vielzahl von Anwendungen der energetischen Theorien Sachers bliebe unvollständig, wenn nicht auch eine nachhaltige praktische mit ihnen in Verbindung stehende Arbeit an und in der Natur angeführt würde. Auf Anregung und Initiative Sachers wurde ein Plan zum dauerhaften Schutz der Alpen und ihres Blumen- und Pflanzenbestands entwickelt – die schon damals bedrohte Alpenflora sollte in einem »alpinen Pflanzenhort« mit mehreren Stationen bewahrt werden. Mit Unterstützung des Deutschen und Österreichischen Alpenvereins (DuÖAV) gelingt die Gründung der Alpengärten bei der 1897 errichteten Bremerhütte im Gschnitztal (Tirol), beim 1893 erbauten Ottohaus auf der Rax (Niederösterreich) und im Jahr 1900 auf dem Schachen am Nordhang des Wettersteingebirges (Bayern).

***

Erwägt man, welche Resonanz Eduard Sachers Werk hatte, so zeigt sich, dass mit dem Tod des Autors im Jahr 1903 der kühne Versuch einer sowohl gesellschafts- als auch wirtschaftstheoretischen Neuvermessung der Welt gleich wieder endete. Der Pionier dieser Explorationsarbeit gerät in den schnellen Sog eines dauerhaften gesamtwissenschaftlichen Vergessens, das die Wirtschaftsforschung im selben Maße betrifft wie die Sozial- oder die Umweltforschung. Zweifellos würde Sacher heute eine Neuentdeckung und eine späte Würdigung verdienen, stellvertretend für alle anderen Pioniere, deren für die damalige Umgebung noch unverständliche Begriffslandschaften und Gesellschaftsmodelle sich erst viele Jahrzehnte später als neuwertige und innovative Epochenphänomene sukzessive erschließen und durch die neuen Zeitläufe eindringlich bestätigt werden.

Mach, Ernst (1883): *Die Mechanik in ihrer Entwickelung. Historisch-kritisch dargestellt*, Leipzig: F. A. Brockhaus.

Ostwald, Wilhelm (1909): *Energetische Grundlagen der Kulturwissenschaften*, Leipzig: Klinkhardt.

– (1912): *Der energetische Imperativ*, Leipzig: Akademische Verlagsgesellschaft.

– (1926/27): *Lebenslinien. Eine Selbstbiographie*, 3 Bde., Berlin: Klasing & Co.

Sacher, Eduard (1881): *Grundzüge einer Mechanik der Gesellschaft. 1., Theoretischer Theil*, Jena: Gustav Fischer.
– (1886): Betrachtungen über die Umwandlung der Kräfte. In: *Erster Bericht der k. k. Lehrerbildungsanstalt in Krems*, Krems: Verlag der k.k. Lehrerbildungsanstalt, S. 21–29.
– (1897): *Vier Denkfehler der heutigen civilisirten Menschheit. Eine Denkschrift, als Anregung zum Studium der Gesellschaftskunde den Lehrern des Volkes gewidmet*, Krems: Commissions-Verlag von Ferdinand Oesterreicher.
– (1899): *Die Gesellschaftskunde als Naturwissenschaft*, Dresden: E. Pierson's Verlag.
– (1901): *Die Massenarmut, ihre Ursache und Beseitigung*, Berlin: Akademischer Verlag für soziale Wissenschaften.

Weiterführende Literatur

Boltzmann, Ludwig (1897/1904): *Vorlesungen über die Principe der Mechanik*, 2 Teile, Leipzig: Johann Ambrosius Barth. (Teil III wurde von Hugo Buchholz unter dem Titel: *Ludwig Boltzmanns Vorlesungen über die Prinzipe der Mechanik*, Leipzig: Johann Ambrosius Barth 1920, herausgegeben.)
Clausius, Rudolf (1865): Über verschiedene, für die Anwendung bequeme Formen der Hauptgleichungen der mechanischen Wärmetheorie. Vortrag vor der Zürcher Naturforschenden Gesellschaft. In: *Vierteljahresschrift der Naturforschenden Gesellschaft Zürich* 10/1, S. 1–59. [Einführung des Begriffs »Entropie«.]
Smil, Vaclav (2015): *Power Density. A Key to Understanding Energy Sources and Uses*, Cambridge, MA, USA: The MIT Press.
– (2017): *Energy and Civilization. A History*, Cambridge, MA, USA: The MIT Press.
Weber, Max (1909): »Energetische« Kulturtheorien. In: *Archiv für Sozialwissenschaft und Sozialpolitik* 29/2, S. 575–598. Wieder abgedruckt in: Ders., *Gesammelte Aufsätze zur Wissenschaftslehre*, hrsg. von Johannes Winckelmann (= UTB 1492), 7. Aufl., Tübingen: J.C.B. Mohr (Paul Siebeck) 1988, S. 400–426.

Karl H. Müller

2. SOZIOBIOLOGIE

Rudolf Goldscheid – Sozialbiologie und Menschenökonomie

Ausgehend vom Gedanken, dass der Mensch seine eigene kulturelle, intellektuelle, sozioökonomische, ethische und sogar organische »Höherentwicklung« planmäßig betreiben könnte – und unbedingt auch sollte –, entwarf der Sozialphilosoph, Ökonom, Wissenschaftsorganisator und Friedensaktivist Rudolf Goldscheid (1870–1931) Anfang des 20. Jahrhunderts die Utopie einer neuen Wirtschaftsordnung, die den Menschen sowohl als letzten Zweck und Nutznießer allen ökonomischen Handelns wie auch als das wichtigste Produktionsmittel im gesamten Wirtschaftsprozess in den Mittelpunkt stellte. Dieses seinen Wurzeln nach durch und durch ethisch-idealistische Modell der »Menschenökonomie« basierte dabei auf weltanschaulichen Werthaltungen und weit in die Sphäre des Sozialen ausgedehnten naturwissenschaftlichen Grundannahmen, die den durchschlagenden und nachhaltigen Erfolg von Goldscheids Reformvorschlägen letztlich verhinderten; die Praxis der sozialen Marktwirtschaft, die sich nach dem Ende des Zweiten Weltkriegs zumindest für den weiteren Verlauf des 20. Jahrhunderts in großen Teilen der westlichen Welt durchzusetzen vermochte, entspricht jedoch einigen seiner Denkansätze.

Für Goldscheid war es – wie für viele seiner Zeitgenossen – ganz selbstverständlich, die evolutionär entstandenen psychosozialen und physiologischen Grundbedingungen der menschlichen Existenz im Nachdenken über das gesellschaftliche Zusammenleben zu berücksichtigen (vgl. insb. Goldscheid 1908, 1909, 1911). Dass er im Diskurs unserer Tage in der Regel als wissenschaftlicher Außenseiter wahrgenommen wird, liegt aber nicht so sehr an diesem Interesse an bestimmten materiellen Voraussetzungen des Sozialgeschehens, sondern vielmehr am besagten inhärenten praktisch-politischen Anspruch seines Werkes, das in auffälligem Kontrast zu Max Webers heute allgemein anerkannter Forderung nach »Wertfreiheit« wissenschaftlichen Arbeitens von ethisch-moralischen Wertungen und davon abgeleiteten Forderungen durchzogen ist. Aus soziologiehistorischer Perspektive ist Goldscheids Name also untrennbar mit dem sich ab 1909 intensivierenden Werturteilsstreit verbunden (Mikl-Horke 2004; Nau 1996).

Die Rolle der Soziologie und die »sozialbiologischen« Wurzeln der Menschenökonomie

Unmöglich war eine Einigung zwischen den Kontrahenten in diesem Streit in der Frage der prinzipiellen Ausrichtung der Soziologie, denn Goldscheid verstand es als die »Aufgabe der Sozialwissenschaft […], unter Zugrundelegung der Bedingungen menschlichen Lebens überhaupt, die Zwecke menschlichen Gemeinschaftslebens objektiv zu bestimmen« (Goldscheid 1902, S. 1). Dadurch sollte es möglich sein, die oft unbefriedigenden Ergebnisse der quasi »natürlichen« historischen Ursachenverkettung zu durchbrechen und diese in eine bewusst gesteuerte menschlich-teleologische Entwicklung zu transformieren, die eine regelrechte Höherentwicklung der menschlichen Spezies ermöglichen sollte. Den Weg zu diesem (in dieser frühen Fassung völlig überspannten, im Verlauf des Ersten Weltkrieges jedoch angesichts dringenderer Probleme relativierten) Ziel sollte die Wissenschaft weisen. Die klarste Orientierung erwartete sich Goldscheid dabei von einer Soziologie, die durch Anregungen aus der Psychologie und den anderen Sozialwissenschaften, aber vor allem auch aus der Biologie und der Physik in die Lage versetzt werden sollte, über die im Prozess der disziplinären Spezialisierung errichteten Grenzen der Einzelwissenschaften hinauszuschauen und als eine Art Metawissenschaft zu fungieren. Die Offenheit für die Naturwissenschaften sei gerade deshalb so wichtig, weil jede gründlich betriebene Soziologie früher oder später an einen Punkt gelange, an dem »das Leistungsvermögen der statistischen wie der geisteswissenschaftlichen Methode zu Ende« sei und »allein die naturwissenschaftliche Methode fruchtbare Einsichten zu verschaffen vermag« (Goldscheid 1911, S. 387f.). Goldscheid sprach sich daher dafür aus, eine synthetische »Leitwissenschaft« unter dem »Zentralbegriff« des »Lebens« zu etablieren und diese »im Anschluss an Comte und Spencer [...] *biologisch* zu fundieren« (Goldscheid 1914, S. 43). Die Soziologie definierte er demgemäß als »[...] die Lehre von sämtlichen Triebkräften, die das gesellschaftliche Leben bestimmen, ja konstituieren und von ihrer wechselseitigen Determination. Das gesellschaftliche Leben ist aber, wie das Leben überhaupt, ein organischer Prozeß. Die biologische Erforschung der gesellschaftlichen Phänomene ist darum eine ganz selbstverständliche Forderung, und ihr gegenüber von einem Einbruch der Naturwissenschaft in die Geisteswissenschaft reden, heißt das primitivste Verständnis für die Probleme, um die es sich hier handelt, vermissen lassen.« (Goldscheid 1911, S. 390)

Nicht von ungefähr wurde Goldscheid angesichts dieser Argumentation und seiner zeitlichen und manchmal auch sprachlichen Nähe zur eugenischen Bewegung in der späteren Rezeption verschiedentlich als Vertreter oder Mitläufer des Sozialdarwinismus kritisiert (vgl. Lehner 1989, Sandmann 1990). Eine solche Interpretation übersieht freilich, dass er sich nicht zuletzt deshalb gewisse biologische Grundlagen zu eigen machte, um den intellektuell doch sehr einfach gestrickten (und häufig kulturpessimistischen) Sozialdarwinismus mit dessen eigenen Waffen zu schlagen – und weil die Beschäftigung mit derlei Problemen zu jener Zeit einfach »en vogue« war; er erhoffte sich wohl, dass etwas vom Glanz der aufstrebenden biologischen Forschung und ihrer berühmten Protagonisten auf sein eigenes Werk abfallen könnte. Wie sein Bekannter Paul Kammerer, der umstrittene, von Arthur Koestler als »Krötenküsser« (Koestler 1972) literarisch verewigte »Starbiologe« im Wien der Zwischenkriegszeit, setzte Goldscheid seine Hoffnung dabei auf die durch die Erkenntnisse Darwins und Mendels eigentlich bereits widerlegte Evolutionslehre Jean-Baptiste de Lamarcks, die mit ihrem Postulat der Vererblichkeit erworbener Eigenschaften eine solide Grundlage für eine progressive Gesellschaftstheorie zu verbürgen schien. – Gertraude Mikl-Horke merkt in Bezug auf diese »soziallamarckistische« Komponente in Goldscheids Denken, die wie jeder Lamarckismus lange Zeit hindurch der uneingeschränkten Kritik unterzogen wurde, zu Recht an, dass man heute trotz der weiter bestehenden Dominanz des Neodarwinismus wieder um einiges »vorsichtiger geworden [ist] in Bezug auf die totale Ablehnung mancher Elemente im Lamarckismus, was sich in der Bedeutung von Umweltfaktoren in der Epigenetik zeigt« (Fritz/Mikl-Horke 2007, S. 143).

Goldscheids Interesse am Evolutionismus entspringt somit keinesfalls dem gleichen Antrieb wie das der Sozialdarwinisten, die mit ihm ihre dünkelhaften und oft rassistischen Überzeugungen zu rechtfertigen versuchten. Auffassungen wie der, dass aus dem Kampf der Menschen und Nationen der jeweils »Stärkste« (oder vielmehr »Bestangepasste«) als Sieger hervorgehe und erst dadurch der Fortschritt in die Welt komme, hielt er entgegen, dass die Menschen als vernunftbegabte Kulturwesen nur durch bewusst gesetzte Willensakte ihre Höherentwicklung einleiten könnten. Daher schien ihm die Furcht der Sozialdarwinisten vor wohlfahrtsstaatlichen Einrichtungen (die ja nach deren Auffassung den »Kampf ums Dasein« gefährlich, weil »naturwidrig«, abmildern würden) nicht bloß übertrieben, sondern sogar kontraproduktiv zu sein. Gerade durch die bestmögliche Förderung aller Menschen – insbesondere der Frauen, deren ökonomische, politische und soziale Emanzipation er vehement befürwortete (Goldscheid 1913) – sei es ja nicht nur möglich, das »organische Kapital«, also die Ressource Mensch, volkswirtschaftlich besonders effizient und schonend zu nutzen, sondern auch eine fortwährende (aber nicht notwendigerweise linear verlaufende) Höherentwicklung einzuleiten.

Grundlegende Prinzipien der Menschenökonomie

Am umfassendsten skizziert Goldscheid die Prinzipien des Umbaus der Wirtschaftsordnung, gemäß denen die Menschheit ihre soziokulturelle, ökonomische, mentale und physiologische Höherentwicklung in Gang setzen könnte, in seinem 1911 erschienenen Hauptwerk *Höherentwicklung u. Menschenökonomie* (für eine konzisere Darstellung der biologischen Grundlagen vgl. Goldscheid 1909). Bemerkenswerterweise bleibt der so zentrale Begriff der Höherentwicklung über derlei allgemeine Bestimmungen hinaus weitgehend diffus und seltsam inhaltsleer: Er bezeichnet einen ergebnisoffenen Prozess, der sich zwar an konkreten sozial(politisch)en Kriterien beweisen muss, aber keine klar auszumachenden Ziele und kein definitives Ende hat, wie es etwa im klassischen Marxismus die »klassenlose Gesellschaft« ist; jedenfalls umschließt er aber auf der Ebene der Individuen die bestmögliche Entfaltung der jeweiligen Potentiale.

Das größte Problem der bestehenden kapitalistischen Güterökonomie schien Goldscheid der verschwenderische Umgang mit den (einzelnen) menschlichen Arbeitskräften zu sein. Er definiert die Menschenökonomie daher (in einem 1912 erschienenen schmalen Sonderband der *Friedens-Warte*) als »[...] das Bestreben, unsere Kultureigenschaften mit einem immer geringeren Verbrauch an Menschenmaterial, mit einer immer geringeren Vergeudung an Menschenleben zu erzielen, [sie] ist das Bestreben einer wirtschaftlicheren Ausnützung, einer ökonomischeren Abnützung der menschlichen Arbeitskräfte wie des Menschenlebens überhaupt.« (Goldscheid 1912, S. 22) Als das »Zentralproblem« einer auf die Höherentwicklung abzielenden Wirtschaftsordnung (ein Ziel, von dem, wie schon zuvor angedeutet, nach dem Ausbruch des Ersten Weltkriegs weitaus seltener die Rede ist) identifizierte er »die Frage nach dem entwicklungsökonomischen Wert des Menschen, namentlich des Menschen in seinen verschiedenen Qualitätstypen, das heißt die Frage« danach, welche »Züchtung und Erziehung welches Typus

Mensch sich entwicklungsökonomisch am besten rentiert« (Goldscheid 1911, S. 154). In seiner Anleitung zur »Erzeugung« eines solchen rentablen »Qualitätstypus« nehmen die Menschen beinahe den Charakter von Waren oder Nutzvieh an – eine stilistische Eigenart, die heutzutage Missverständnisse geradezu herausfordert; aber das war ein von den Arbeiten des preußischen Statistikers Ernst Engel (1821–1896) inspirierter rhetorischer Kunstgriff (vgl. Goldscheid 1931, S. 1115), mit dem er anprangern wollte, dass der Mensch im kapitalistischen Wirtschaftssystem seiner Meinung nach nicht einmal dieses Minimum an Aufmerksamkeit und Wertschätzung genießt.

Je sorgsamer nun die »Herstellung« eines Menschen betrieben werde, desto höher liege sein »Kostenwert« – die aufzuwendenden Mittel für Aufzucht, Ausbildung und Unterhalt. Gleichzeitig steige so aber auch sein »Ertragswert« – der »Grad der Produktivität und Rentabilität einer Arbeitskraft«. In Anlehnung an die marxistische Ausgestaltung der Arbeitswertlehre der klassischen Nationalökonomie definierte Goldscheid die Differenz zwischen der in die »Aufzucht« und Pflege eines Menschen investierten Arbeitszeit – seinem »Kostenwert« – und der von diesem während seines gesamten Lebens selbst geleisteten Arbeit – seinem »Ertragswert« – als »Mehrwert«. Das Ergebnis einer solchen Kostenrechnung schien ihm völlig klar: Je mehr in das »organische Kapital« investiert wird und je günstiger dessen Arbeits- und Lebensbedingungen sind, desto höher amortisiere es sich durch längeres und produktiveres Schaffen. Sozialpolitische Ausgaben dürften daher nicht auf das »Konto der Humanität« gebucht werden, sondern müssten als ökonomisch sinnvolle Ausgaben betrachtet werden (Goldscheid 1911, S. 495–497).

Die Menschenökonomie habe also nicht nur die Bedingungen, »unter denen jeweils die Menschenproduktion, Menschenverwertung, Menschenveredelung und Abnützung vor sich geht« zu untersuchen (Goldscheid 1915, S. 108). Sie ist damit auch eine Theorie des sich konstituierenden Sozialstaats, der auf Grund des Geburtenrückgangs und seiner Verpflichtungen im Bereich der Sozialversicherung gezwungen ist, sein »organisches Kapital« höher zu qualifizieren und allein schon aus volkswirtschaftlichen Gründen – und nicht etwa bloß aus ethischen Erwägungen – länger für den Produktionsprozess gesund zu erhalten (vgl. dazu bes. ebd. sowie Goldscheid 1931). Goldscheids sozialpolitischer und sozialhygienischer Forderungskatalog war bei weitem orthodoxer als dessen Begründung. Sein Programm deckte sich (auch was die problematischen, gewissen »rassenhygienischen« Forderungen ähnelnden Aspekte betrifft) mit dem vieler seiner Partei- und Zeitgenossen und wurde dementsprechend wohlwollend aufgenommen (vgl. Byer 1988). Im Einzelnen verlangte er (v.a. in Hinblick auf die generative Höherentwicklung): »Alkoholbekämpfung schon von der Schule an, Unterweisung über die Erfordernisse der Gesundhaltung des Körpers [...], intensiver Arbeiterschutz, peinlichster Frauen- und Kinderschutz [...], sozialväterliche Jugendfürsorge, Hebung des Kulturniveaus der Landbevölkerung, ausgebreitete städtische Wohnungsreform, Sorge für ausreichende Ernährung und genügenden Schlaf [...], Propagierung von präventiver Auslese bei hereditär schwer Belasteten, bakteriell Infizierten, alkoholisch oder durch andere

Gifte unheilbar Geschädigten, daneben energisch betriebene *erbliche Entlastung*, Verbesserung und Neuaufbau der gesamten Volksbildung und staatsbürgerlichen Erziehung [...], das wären – schlagwortartig angedeutet – einige wenige der vielen unentbehrlichen Vorbedingungen des Übergangs zur Qualitätsproduktion hinsichtlich des Erzeugnisses Mensch.« (Goldscheid 1911, S. 447f.)

Die Menschenökonomie in der weiteren Theorieentwicklung

Während in diesem Zitat aus dem Jahr 1911 der »sozialbiologische« Anstrich der Menschenökonomie deutlich zu Tage tritt, verschiebt sich der Akzent in Goldscheids späteren Schriften stärker hin zur ökonomischen Dimension der Gesellschaftstheorie. Mit den Verheerungen des Ersten Weltkriegs kam es nämlich zu einer deutlichen Zäsur in seinem Denken: Im Vordergrund stand nun die Bewältigung der wirtschaftlichen Folgen des Krieges. Die allgemeine Krise der Produktion und insbesondere die der Staatsfinanzen führte ihn zu der von Joseph Schumpeter im Jahr 1918 als »geistvoll« und »wissenschaftlich bedeutend« bezeichneten »Finanzsoziologie« (wieder abgedruckt in Hickel 1976, S. 371, Endnote 1). Zu nennen ist hier vor allem Goldscheids Buch *Staatssozialismus oder Staatskapitalismus. Ein finanzsoziologischer Beitrag zur Lösung des Staatsschulden-Problems* von 1917, in dem die Refinanzierung des Staates durch die Beteiligung an allen größeren Unternehmen vorgeschlagen wurde. Zugleich ging es Goldscheid aber auch darum, die Möglichkeiten herauszuarbeiten, die ein solide finanzierter Staat, der auch selbst als Wirtschaftsakteur auftritt, bei der Durchsetzung menschenökonomischer Prinzipien durch sein eigenes unternehmerisches Handeln, durch gesetzliche Regelungen und durch die entsprechende Verwendung budgetärer Mittel hätte. Von der Utopie einer umfassenden Höherentwicklung der Menschheit war unter den gegebenen Umständen nun keine Rede mehr, aber die Vision einer gerechteren Wirtschaftsordnung, die allen einen auskömmlichen Anteil am Sozialprodukt zusichert und gewährleistet, dass das Humankapital nicht vorzeitig verschlissen wird, blieb bestehen.

Sämtliche ihm von ungebrochener Gültigkeit erscheinenden menschenökonomischen Überlegungen bündelte Goldscheid am Ende seines Lebens noch einmal in einem großen Werk, das den Titel *Das organische Kapital. Zur soziologischen Kritik der kapitalistischen sowie der sozialistischen Wirtschaftstheorie auf Grundlage der Menschenökonomie* tragen sollte. Mit ihm suchte er jene Überlegungen »rein wirtschaftswissenschaftlich zu feinerem und erweitertem Ausbau zu bringen« (Goldscheid 1935, S. 7), statt sie wie ursprünglich vor allem ethisch, demographisch und sozialbiologisch zu begründen. Zur Veröffentlichung dieses Werks kam es durch den plötzlichen Tod des Autors in Folge einer Gehirnblutung im Oktober 1931 (vgl. Fritz/Mikl-Horke 2007, S. 81) freilich nicht mehr, obwohl es seiner Witwe Marie gelang, die rund 1.100 Schreibmaschinenseiten bis 1935 in einen druckreifen Zustand zu bringen. Das bislang unpublizierte Typoskript, das zum Teil aus älteren Arbeiten (wie z.B. jenem Aufsatz, mit dem Goldscheid 1921 die neu begründete Reihe der *Kölner Vierteljahreshefte für Sozialwissenschaften* eröffnen durfte) zusammengestellt wurde, enthält mit Ausnahme einiger weniger terminologischer Neuprägungen nichts substantiell Neues, was nicht bereits bis 1918 veröffentlicht worden wäre; es eignet sich daher hervorragend als Ausgangsmaterial für eine Darstellung jener Komponenten der Menschenökonomie, in denen das utopische Element etwas in den Hintergrund tritt und jene theoretischen Leistungen Goldscheids sichtbar werden, die ihn zu einem der geistigen Ahnherren des »Roten Wien« der Zwischenkriegszeit und in gewisser Hinsicht auch des Wohlfahrtsstaats der Nachkriegszeit machen.

Ökonomie, so fasst Goldscheid seine Überlegungen zu deren theoretischen Grundlagen im *Organischen Kapital* zusammen, auch jede wissenschaftlich betriebene Nationalökonomie, enthalte ein implizites »Wertmoment« (Goldscheid 1935, S. 39). Er schlägt daher (wie ausführlicher bereits 1908) vor, die beiden vorherrschenden »Werttheorien« der damaligen Nationalökonomie, die Arbeitswertlehre und die Grenznutzentheorie, um die Dimension der gesellschaftlichen Erfordernisse im Prozess der kulturellen und biologischen Entwicklung der Menschheit zu erweitern, um sie solchermaßen zu einer »Entwicklungswerttheorie« zu verdichten. Mit ihrer Hilfe sei es möglich, eine »Rangordnung der Werte« aufzustellen, als deren Maßstab einerseits die Vorstellung von der »gewollten Entwicklungsrichtung« dient, über die andererseits aber auch die Quantität der »verfügbaren Arbeitskraft« entscheidet, die überhaupt zur Befriedigung der »gesellschaftlich notwendigen Bedürfnisse« eingesetzt werden kann (Goldscheid 1935, S. 43–45). Wer aber soll darüber urteilen, welches die gewollten Zwecke bzw. die individuell und »gesellschaftlich notwendigen Bedürfnisse« sind? Diese Aufgabe fällt den Vertretern der »Entwicklungsökonomie« zu, die »die beste aller möglichen Entwicklungen« analytisch zu bestimmen hätten. Ihr Ziel müsse es sein, die menschliche »Höherentwicklung in der denkbar ökonomischsten Weise« anzustreben (ebd., S. 46). Solche Phantasien der wissenschaftlichen Gesellschaftssteuerung erzeugen beim heutigen Leser natürlich einiges Unbehagen, auch wenn Goldscheid einen entsprechenden demokratischen Konsens darüber im Rahmen der parlamentarischen Demokratie als herstellbar erachtete.

Während Goldscheid in früheren Abhandlungen bestrebt war, seinen Entwurf einer »Sozialökonomie« neuen Typs primär in der Entwicklungslehre zu verwurzeln, unternimmt er (wie schon in Goldscheid 1915) im nachgelassenen Werk den Versuch, die Menschenökonomie als »neuen Zweig der Wirtschaftswissenschaften« zu etablieren. Zufrieden konnte er in Bezug auf die Resonanz seiner diesbezüglichen Bemühungen in der Fachwelt schon Jahrzehnte früher zwar eine gewisse Popularität des Begriffs und ein Ausstrahlen der Menschenökonomie auf Arbeitsrecht und Arbeitswissenschaft sowie auf die Gewerkschaftstheorie und die Sozialpolitik konstatieren, musste aber bedauernd eingestehen, dass ihre Antipoden, der Taylorismus bzw. der Fordismus, nach wie vor viel wirkmächtiger sind. Besonders ärgerte ihn aber, »dass ein Gelehrter vom Range Max Webers« die Menschenökonomie als »grundkonfusen Begriff« abtat (Goldscheid 1935, S. 52f.; vgl. Weber 1917, S. 66 [bzw. 1988, S. 517]).

Goldscheid ließ es letztlich offen, ob seine menschenökonomischen Forderungen innerhalb einer kapitalistischen oder einer sozialistischen Wirtschaftsordnung umgesetzt werden sollten. Er räumte zwar dem Sozialismus die wesentlich besseren Chancen ein, die notwendigen Maßnahmen zu setzen und konsequent aufrechtzuerhalten, aber wenn die kapitalistische Privatwirtschaft nicht dabei stehen bleibe, die Menschenökonomie bloß als Lösungsansatz für moralische, karitative, straf-, verwaltungs- und sozialrechtliche Probleme zu verstehen, sondern erkenne, dass die »sorgsamste Menschenfürsorge ein Teil der Wirtschaft selber ist«, dann spräche angesichts ihrer Wandlungsfähigkeit prinzipiell nichts dagegen, die Menschenökonomie im Kapitalismus umzusetzen (Goldscheid 1935, S. 133). Regulatorische Eingriffe des Staates und die die Einbindung der Gewerkschaften in bestimmte wirtschaftliche Entscheidungsprozesse hätten schon in der Vergangenheit entsprechende Anpassungen bewirkt (ebd., S. 159). Goldscheid plädiert in diesem Zusammenhang für eine keynesianisch anmutende nachfrageorientierte Politik: Auf die Hebung des allgemeinen Lebensstandards würde eine Produktionssteigerung folgen, denn der Konsum gesunder Waren, die Schaffung adäquater Wohnverhältnisse oder der Ausbau der Bildungseinrichtungen eröffne nicht nur neue Absatzmärkte, sondern sei auch das grundlegendste Glied der »Menschenproduktion«, die also ihrerseits »ausschlaggebend« für die Güte der »technischen Produktion« sei (ebd., S. 134). Dieser Gedanke findet sich – unter noch stärker »entwicklungsökonomischen« Auspizien formuliert – bereits in den Hauptwerken der ersten menschenökonomischen Schaffensphase (vgl. bspw. Goldscheid 1908, Kap. 25, sowie 1911, Kap. 10).

Sozialpolitik und Menschenökonomie

Die Notwendigkeit, Sozialpolitik zu betreiben, sieht Goldscheid in den von den Gewerkschaften und der Sozialdemokratie mitgestalteten Demokratien prinzipiell außer Streit gestellt; um ihren Umfang und darüber, wer für sie verantwortlich sein solle, müsse jedoch nach wie vor gerungen werden. Wenig überraschend empfiehlt er, das wirtschaftlich erträgliche (und zuträgliche) Maß der Sozialpolitik nach den wissenschaftlichen Prinzipien der Menschenökonomie zu ermitteln. Eine solchermaßen fundierte Sozialpolitik wandle sich zu einer Güter- und Menschenökonomie umschließenden, voll ausgebauten »Sozialökonomie« (ebd., S. 181).

Goldscheids Überlegungen zur Rolle des Staates als Instrument der Menschenökonomie sind eng mit der Frage der Notwendigkeit einer Beschränkung bzw. (Teil-)Vergesellschaftung der freien Wirtschaft verbunden. Denn nach wie vor offenbare diese mit ihrem vehementen Abwehrkampf gegen vermeintlich wirtschafts- und betriebsschädigende Sozialleistungen, dass sie außerstande sei, ihre notwendigen gesellschaftlichen Aufgaben zu erfüllen, da sie letztlich nur den traditionell bevorrechteten Klassen zum Vorteil gereiche. Obwohl er einräumt, dass die unternehmerische Eigeninitiative einige Vorzüge aufzuweisen hat, hielt Goldscheid den »systematischen Ausbau der Menschenökonomie« also nur unter der Mitwirkung eines starken Staates für möglich, weil der einzelne Unternehmer »sich den jeweils gegebenen Konkurrenzbedingungen anpassen« müsse – und nur der Staat diese Konkurrenzbedingungen politisch umgestalten könne. Durch derartige Maßnahmen würde die »Freiheit der Wirtschaft« keineswegs »gänzlich aufgehoben«, aber das »freie Spiel der Kräfte« würde sich innerhalb anderer Schranken vollziehen. Goldscheid erkannte, und das muss man ihm als einem in den ersten Jahrzehnten des 20. Jahrhunderts tätigen Autor hoch anrechnen, dass die von ihm skizzierte »sozial organisierte« Wirtschaft der Zukunft »auf friedlicher internationaler Zusammenarbeit« aufgebaut und der Bevölkerung durch bewusstseinsbildende Maßnahmen schmackhaft gemacht werden müsste, um eine demokratische Mehrheit für sie zu gewinnen (ebd., S. 270f., 276).

Menschenökonomie ist für Goldscheid mehr als bloß der Gegenentwurf zu einer von ihm als mangelhaft und krisenanfällig wahrgenommenen kapitalistischen Güterökonomie – sie ist, über alle Phasen der Theorieentwicklung hinweg, vielmehr die Vorbedingung und einzige Garantin für eine (wie auch immer geartete) Höherentwicklung der Menschheit. Nur die Menschenökonomie verbürge »die ökonomische Befreiung aller Menschen und Völker«, erst durch sie könne die Wirtschaft »zur aufbauenden Triebkraft gesellschaftlicher Entwicklung« werden (ebd., S. 332). Trotz dieser überzogenen, insbesondere sein Frühwerk bestimmenden Erwartung liefert Goldscheid mit seinem Œuvre einen durchaus bedenkenswerten Beitrag zu einer Diskussion, die seit dem Ableben des Autors nichts an Aktualität eingebüßt hat. Denn wie naiv nicht wenige seiner Vorstellungen uns heute auch erscheinen mögen, und als wie impraktikabel sich beispielsweise die auch von ihm in seiner Menschenökonomie empfohlenen planwirtschaftlichen Elemente in der historischen Praxis herausgestellt haben mögen, so haben die sozialpolitischen Folgerungen und die sozialtechnischen Empfehlungen, die er im Blick auf die von ihm vertretenen grundlegenden Wertorientierungen formuliert, als Hypothesen nicht an Gewicht verloren: Ein nur unter den Bedingungen eines anhaltenden Wachstums und der stark disproportionalen Verteilung des erwirtschafteten Gewinns voll funktionsfähiges Wirtschaftssystem erfüllt den eigentlichen Zweck des Wirtschaftens, nämlich allen Menschen ein ausreichendes Einkommen bereitzustellen, nur unzureichend; und die hier nicht näher nachgezeichnete Vision einer friedvollen Welt erscheint nur unter der Voraussetzung realisierbar, dass den Menschen aller Staaten und Kontinente in einer weltumspannenden (Wirtschafts-)Gemeinschaft eine faire Teilhabe am ökonomischen Geschehen zugesichert wird.

Byer, Doris (1988): *Rassenhygiene und Wohlfahrtspflege. Zur Entstehung eines sozialdemokratischen Machtdispositivs in Österreich bis 1934*, Frankfurt a.M./New York: Campus.

Fritz, WolfgangTaggen/Gertraude Mikl-Horke (2007): *Rudolf Goldscheid. Finanzsoziologie und ethische Sozialwissenschaft*, Wien/Berlin/Münster: LIT Verlag.

Goldscheid, Rudolf (1902): *Zur Ethik des Gesamtwillens. Eine sozialphilosophische Untersuchung*, Bd. 1, Leipzig: O.R. Reisland. (Der geplante 2. Band ist nie erschienen.)

– (1908): *Entwicklungswerttheorie, Entwicklungsökonomie, Menschenökonomie. Eine Programmschrift*, Leipzig: Dr. Werner Klinkhardt.

– (1909): *Darwin als Lebenselement unserer modernen Kultur*, Wien/Leipzig: H. Heller & Cie.

– (1911): *Höherentwicklung u. Menschenökonomie. Grundlegung der Sozialbiologie*, Bd. 1 (= Philosophisch-soziologische Bücherei, Bd. 8), Leipzig: Dr. Werner Klinkhardt. (Der geplante 2. Band ist nie erschienen.)

– (1912): *Friedensbewegung und Menschenökonomie* (= Internationale Organisation, Heft 2/3), Berlin/Leipzig: Verlag der Friedens-Warte. (Neuaufl. Zürich: Orell Füssli 1916 sowie in der schwedischen Übersetzung von Ellen Key u.a. als: *Fredsrörelse och människoekonomi*, Stockholm: Svenska Andelsförlag 1916.)

– (1913): *Frauenfrage und Menschenökonomie*, Wien/Leipzig: Anzengruber-Verlag Brüder Suschitzky.

– (1914): Die Organismen als Ökonomismen. In: Goldscheid 1919, S. 43–59.

– (1915): Menschenökonomie als neuer Zweig der Wirtschaftswissenschaften. In: Goldscheid 1919, S. 108–131.

– (1917): *Staatssozialismus oder Staatskapitalismus. Ein finanzsoziologischer Beitrag zur Lösung des Staatsschulden-Problems*, Wien/Leipzig: Anzengruber-Verlag Brüder Suschitzky. Wieder abgedruckt in: Hickel 1976, S. 40–252.

– (1919): *Grundfragen des Menschenschicksals. Gesammelte Aufsätze*, Leipzig/Wien: E.P. Tal & Co.

– (1921): Die Stellung der Entwicklungsökonomie und Menschenökonomie im System der Wissenschaften. In: *Kölner Vierteljahreshefte für Sozialwissenschaften* 1, S. 5–15.

– (1931): Art. »Menschenökonomie«. In: Ludwig Heyde et al. (Hgg.), *Internationales Handwörterbuch des Gewerkschaftswesens*, Bd. 2/Lfg. 5, Berlin: Werk und Wirtschaft, S. 1114–1123.

– (1935): *Das organische Kapital. Zur soziologischen Kritik der kapitalistischen sowie der sozialistischen Wirtschaftstheorie auf Grundlage der Menschenökonomie*, Prag: Aus des Verfassers Nachlass hrsg. von Marie Goldscheid [unveröffentlichtes Typoskript].

Hickel, Rudolf (Hg.) (1976): *Rudolf Goldscheid, Joseph Schumpeter. Die Finanzkrise des Steuerstaats. Beiträge zur politischen Ökonomie der Staatsfinanzen* (= edition suhrkamp 698), Frankfurt a.M.: Suhrkamp.

Koestler, Arthur (1972): *Der Krötenküsser. Der Fall des Biologen Paul Kammerer* [engl. 1971], Hamburg: Rowohlt.

Lehner, Karin (1989): *Verpönte Eingriffe. Sozialdemokratische Reformbestrebungen zu den Abtreibungsbestimmungen in der Zwischenkriegszeit*, Wien: Picus Verlag.

Mikl-Horke, Gertraude (2004): Max Weber und Rudolf Goldscheid: Kontrahenten in der Wendezeit der Soziologie. In: *Sociologia Internationalis* 42/2, S. 265–286.

Nau, Heino Heinrich (Hg.) (1996): *Der Werturteilsstreit. Die Äußerungen zur Werturteilsdiskussion im Ausschuß des Vereins für Sozialpolitik (1913)* (= Beiträge zur Geschichte der deutschsprachigen Ökonomie, Bd. 8), Marburg: Metropolis-Verlag.

Sandmann, Jürgen (1990): *Der Bruch mit der humanitären Tradition. Die Biologisierung der Ethik bei Ernst Haeckel und anderen Darwinisten seiner Zeit* (= Forschungen zur neueren Medizin- und Biologiegeschichte, Bd. 2), Stuttgart/New York: G. Fischer.

Weber, Max (1917): Der Sinn der »Wertfreiheit« der soziologischen und ökonomischen Wissenschaften. In: *Logos* 7/1, S. 40–88. Wieder abgedruckt in: Ders., *Gesammelte Aufsätze zur Wissenschaftslehre* (= UTB 1492), 7. Aufl., Tübingen: J.C.B. Mohr (Paul Siebeck) 1988, S. 489–540.

Weiterführende Literatur

Ash, Mitchell G./Christian H. Stifter (Hgg.) (2002): *Wissenschaft, Politik und Öffentlichkeit. Von der Wiener Moderne bis zur Gegenwart* (= Wiener Vorlesungen. Konversatorien und Studien, Bd. 12), Wien: WUV Universitätsverlag.

Bröckling, Ulrich (2003): Menschenökonomie, Humankapital. Eine Kritik der biopolitischen Ökonomie. In: *Mittelweg 36. Zeitschrift des Hamburger Instituts für Sozialforschung* 12/1, S. 3–22.

Goldscheid, Rudolf Rudolf (2018): *Entwicklungstheorie, Finanzsoziologie, Menschenökonomie. Narrative einer anderen Soziologie*, hrsg. und eingel. von Arno Bammé, Marburg: Metropolis.

Neef, Katharina (2012): *Die Entstehung der Soziologie aus der Sozialreform*, Frankfurt/New York: Campus.

Peukert, Helge (2009): *Rudolf Goldscheid: Menschenökonom und Finanzsoziologe*, Frankfurt/Main u.a.: Peter Lang.

– /Manfred Prisching (2009): *Rudolf Goldscheid und die Finanzkrise des Steuerstaates*, Graz: Leykam.

Georg Witrisal

IV. Wurzeln der Soziologie in den Wirtschafts-, Rechts- und Staatswissenschaften

1. NATIONALÖKONOMIE, RECHTSPHILOSOPHIE UND STAATSLEHRE

Zur Beziehung von Soziologie und Nationalökonomie

Komplementäre Fächer

Die Nationalökonomie (oder Volkswirtschaftslehre, Ökonomik), die Ethik und die Soziologie stehen seit den schottischen Moralphilosophen des 18. Jahrhunderts – vor allem seit der *Theory of Moral Sentiments* von Adam Smith (Smith 1759), John Millars *Observations concerning the distinction of ranks in society* (Millar 1771) und Adam Fergusons *Principles of Moral and Political Science* (Ferguson 1792) – miteinander in einer engen symbiotischen Beziehung. Waren die genannten Philosophen und Sozialwissenschaftler des 18. Jahrhunderts Vertreter einer individualistischen Sozialphilosophie (vgl. Přibram 1912, Vanberg 1975), so stand die sich von der Nationalökonomie emanzipierende Soziologie des frühen 19. Jahrhunderts in Frankreich – namentlich jene von Henri de Saint-Simon und Auguste Comte – im Banne des kollektivistischen und holistischen Denkens, wie es durch die Französische Revolution auf den Weg gebracht worden war. Vor allem nach der weiteren akademischen Ausdifferenzierung und Spezialisierung der sozialwissenschaftlichen Fächer wurde die Nationalökonomie für die Vertreter der frühen Soziologie zu einer der bedeutendsten Nachbar- und Hilfsdisziplinen. Gustav Ratzenhofer (1842–1904) verstand sie beispielsweise explizit als »Grundlage« der Soziologie (vgl. Ratzenhofer 1907, S. 5, Fn.), und Rudolf Eisler (1873–1926) sprach im gleichen Sinn von der »Notwendigkeit einer *nationalökonomischen* Basis für die Soziologie« (Eisler 1903, S. 11).

Andererseits verschlossen sich auch die Ökonomen nicht von vornherein dem soziologischen Denken, bestimmten sie doch – und hier sei Eugen von Philippovich (1858–1917) nur als einer von vielen genannt – die »Wirtschaft« als »jene Vorgänge und Einrichtungen, welche auf die dauernde Versorgung der Menschen mit Sachgütern und Dienstleistungen und auf den Verbrauch bzw. die Nutzung dieser Güter gerichtet sind« (Philippovich 1923, S. 1), das »Wirtschaften« aber als eine »sich immer *innerhalb einer bestimmten sozialen Ordnung*« vollziehende Tätigkeit (ebd., S. 3). Die mit dieser Tätigkeit verbundenen gesellschaftlichen Beziehungen werden im neuzeitlichen Europa innerhalb bestimmter Volksgemeinschaften und sich mehr und mehr fixierender territorialer Grenzen durch den Staat zu einer Einheit zusammengefasst, sodass jede konkrete Volkswirtschaftslehre die politische Ökonomie zum Inhalt hat. Richtet man hingegen im Verlauf der ökonomischen Betrachtungen die Aufmerksamkeit auf die neuzeitliche

Gesellschaft mit ihrer Arbeitsteilung und ihrer großen Mannigfaltigkeit von Berufen, insbesondere aber auf die nach Rang und Ansehen, nach Einkommen und wirtschaftlicher Macht verschiedenen Stände und Klassen, so verlagert sich das Forschungsinteresse zunehmend in Richtung der Sozialökonomik (dazu z.B. Wieser 1914, ähnlich später Weber 1922). Die Erforschung der gesellschaftlichen Gliederung sowie der Struktur der sozialen Verbände, die zu den ursprünglichsten Aufgaben der Soziologie zählt, bildet so im selben Sinne eine bedeutende Nachbardisziplin der Volkswirtschaftslehre (namentlich der Volkswirtschaftspolitik) wie diese mit ihren Analysen von Produktion und Erwerb, Geld und Kredit, Einkommen und Güterverbrauch für die Soziologie eine unverzichtbare Hilfswissenschaft darstellt.

Die Aufgabe einer Wissenschaft von der Volkswirtschaft, also der (zunächst) nationalen Ökonomie, besteht in erster Linie darin, die wirtschaftlichen Tatsachen festzustellen; dabei handelt es sich durchwegs um Beziehungen der Menschen zu den Gütern oder, insbesondere wenn Dienstleistungen in Betracht stehen, um Beziehungen der Menschen untereinander. Falsch wäre es anzunehmen, dass diese ausschließlich von wirtschaftlichen Interessen beherrscht sind, da das wirtschaftliche Leben der Menschen untrennbar mit politischen und kulturellen – vor allem mit ethischen und religiösen – Bestrebungen verbunden ist. Da also in der empirischen Wirtschaftswissenschaft stets Beziehungen zu anderen Teilen des gesellschaftlichen Lebens in Betracht gezogen werden, sind die Grenzen der Nationalökonomie als selbstständiger Wissenschaft oft verwischt worden. Eugen von Philippovich, dessen *Grundriß der Politischen Ökonomie* (Philippovich 1893/1899/1907) das erfolgreichste einschlägige Lehrbuch in der Habsburgermonarchie war, führt in diesem Zusammenhang in der 18. Auflage von dessen Erstem Band aus, es müsse »immer ein bestimmter gesellschaftlicher Zustand, eine bestimmte Rechts- und Staatsordnung, eine bestimmte Stufe sittlicher Entwicklung und Bildung vorausgesetzt sein, wenn das Wirken des wirtschaftlichen Prinzipes theoretisch verfolgt wird. Aber dennoch darf die Nationalökonomie nicht anstreben, die Gesellschaftswissenschaft zu ersetzen.« (Philippovich 1923, S. 44) Denn die aus Sitte und Moral, Recht und Religion, Macht und Politik sowie der Technik der Naturbeherrschung entstehenden Organe, ihre Funktionen, ihre Wirkungen und gegenseitigen Beziehungen zu schildern, sei Aufgabe der Gesellschaftswissenschaft. »Die Wirtschaftswissenschaft wird nur als Wissenschaft von einem *Teil* des gesellschaftlichen Lebens angesehen werden dürfen, allerdings eines Teiles, der, weil er die Existenz des Menschen bedingt, von grundlegender Bedeutung für die allgemeine Gesellschaftswissenschaft ist.« (Ebd.) Um aber andererseits die Grenzen zwischen den Wirtschaftswissenschaften (und im Besonderen der Volkswirtschaftslehre) und den Gesellschaftswissenschaften (und im Besonderen der Soziologie) nicht in den Bereich der Beliebigkeit hin zu verschieben, sei es, wie Philippovich darlegt, unverzichtbar, neben die Wirtschaftsbeschreibung und Wirtschaftsgeschichte die Wirtschaftstheorie treten zu lassen. Aufgabe der Volkswirtschaftslehre sei es daher zunächst, die von ihr als »wirtschaftlich« ausgewiesenen Tatsachen des gesellschaftlichen Lebens und deren

Zustand in einem gegebenen Zeitpunkt zu beschreiben; doch an diese erste Aufgabe habe sich eine zweite zu schließen: »die *Regelmäßigkeit* des Auftretens wirtschaftlicher Tatsachen, ihre *Ursachen* und ihre *Wirkungen* zu beobachten, mithin *den kausalen Zusammenhang wirtschaftlicher Tatsachen*, sowohl unter sich, wie mit den außerwirtschaftlichen Tatsachen (Technik, staatlicher Organisation, sittlichen Anschauungen usw.) *zu erklären* […].« (Ebd., S. 42) Veränderungen in der Organisation der menschlichen Wirtschaft durch zweckbewusstes Eingreifen des Menschen in den Entwicklungsgang der Volkswirtschaft herbeizuführen, sei auf einer solchen theoretischen Grundlage möglich und Aufgabe der praktischen Volkswirtschaftspolitik (vgl. ebd., S. 42f.).

Die Situation der Soziologie ist derjenigen der Wirtschaftswissenschaften in bestimmter Hinsicht ähnlich. So treffen wir auch im Schrifttum einer ganzen Reihe von auf dem Boden der Habsburgermonarchie wirkenden Soziologen auf eine entsprechende Gliederung im Verhältnis von theoretischer und praktischer Wissenschaft: Gustav Ratzenhofer unterscheidet beispielsweise die theoretische Soziologie von der angewandten Soziologie (Ratzenhofer 1907) und sieht für die Letztere – ähnlich wie schon Ludwig Gumplowicz (1838–1909; vgl. Gumplowicz 1885 und 1910) – ein durch die Bezugnahme auf Gesetze des Sozialgeschehens bestimmtes Vorgehen als essenziell an. Wie Ratzenhofer die Komplementarität von Theorie und Praxis, so befürwortet Rudolf Eisler diejenige von Beschreibung und Erklärung in der Soziologie: Nach ihm lehrt uns die Soziologie einerseits »die Grundformen des menschlichen Zusammenlebens und Zusammenwirkens [zu] kennen« und zu beschreiben, aber danach gehe es andererseits darum, diese auch »durch das Zurückgehen auf die Ursachen, Kräfte, Motive und Gesetze des Gesellschaftlichen zu erklären« (Eisler 1903, S. 4). Eisler sieht jene Grundformen des menschlichen Zusammenwirkens in den »sozialen Verbänden« gegeben, so zum Beispiel in Familie und Ehe, in Horde, Gens und Stamm, sowie in Ständen und Parteien (ebd., S. 207–292). Und obwohl er diese Verbände vornehmlich in historisch vergleichender Absicht beschreibt, erkennt er die eigentliche soziologische Aufgabe darin, einerseits soziale Regel- und Gesetzmäßigkeiten in den Interaktionsbeziehungen aufzuweisen, andererseits diese in ihrer Genese und ihren Wirkungen im Sinne der »sozialen Kausalität« zu erklären (vgl. ebd., S. 12–16 und 61–74).

Anregungen, Gemeinsamkeiten und Unterschiede – methodologisch betrachtet

Im deutschsprachigen Teil der Habsburgermonarchie erfolgte ein breiterer Anschluss an die westeuropäischen Sozialwissenschaften erst ziemlich spät. Zum einen gilt dies für die Wirtschaftswissenschaften, deren Lehre an den österreichischen Universitäten bis zum Jahr 1846 auf der Grundlage des aus dem 18. Jahrhundert stammenden kameralistischen Textbuchs von Joseph von Sonnenfels erfolgte (vgl. Hayek 1978, S. 274). Was zum anderen die frühe Soziologie betrifft (vgl. dazu Torrance 1981), so wurde dem Schrifttum westeuropäischer, namentlich französischer Soziologen in Österreich erstmals durch Lorenz von Stein (1815–1890), den Analytiker der sozialen Ungleichheit und Befürworter einer pragmatischen staatlichen Reformpolitik, Aufmerksamkeit geschenkt, der ab 1855 als ordentlicher Professor für Politische Ökonomie an der Universität Wien tätig war; danach geschah dies vor allem durch den ab 1876 in Graz wirkenden Ahnherrn der soziologischen Konflikttheorie Ludwig Gumplowicz. In der Ökonomik war es insbesondere Carl Menger (1840–1921), der sich inmitten einer mehrheitlich mit wirtschaftshistorischen Belangen beschäftigenden Kollegenschaft mit theoretischer Volkswirtschaftslehre befasste; er tat dies vor allem im Ausgang von den *Grundsätzen der Volkswirthschaftslehre* (erstmals 1826) von Karl Heinrich Rau, der den Anstoß zur Rezeption des Smith-Ricardianischen Systems in Deutschland gab, und in Weiterentwicklung der von Hermann Heinrich Gossen 1854 formulierten *Gesetze des menschlichen Verkehrs* (vgl. Hayek 1978, S. 271f., 274–276).

Zum sogenannten Methodenstreit. Früh stellte sich die Frage, ob sich die Forschungen von Nationalökonomen und Soziologen, welche sich doch beide als Vertreter der Sozialwissenschaften im weiteren Sinne verstanden, auf unterschiedliche Objekte beziehen, so dass sich die Methoden jeweils nach diesen zu richten hätten, oder ob Ökonomik und Soziologie nicht, wie jede im eigentlichen Sinne wissenschaftliche Forschung, in methodischer Hinsicht den durch die Naturwissenschaften gewiesenen Weg einzuschlagen genötigt seien (vgl. dazu Mikl-Horke 2008, S. 43–57). Sieht man von einigen nach eigenem Bekunden naturwissenschaftlich vorgehenden Sozialwissenschaftlern wie Ludwig Gumplowicz und Gustav Ratzenhofer ab (vgl. z.B. Ratzenhofer 1907, S. 4, Fn.), die ihr Wirken in nicht unerheblichem Umfang in die Tradition der »Sozialphysik« des frühen 19. Jahrhunderts stellten, so handelt es sich in der Mehrzahl der Fachvertreter beider Disziplinen um Anhänger der Auffassung, dass sich die Methode nach dem Forschungsgegenstand, und nicht der Forschungsgegenstand nach der Methode – im erwähnten Fall: nach einer naturwissenschaftlichen – zu richten habe. In beiden Disziplinen, vor allem aber in der Ökonomik, entbrannte gleichwohl ein anderer Streit, der eben nicht den Gegensatz von »Natur« und »Geist« (oder »Natur« und »Kultur«) betraf, wohl aber denjenigen von »Geschichte« und »Theorie«. Die Frage war also, welcher Betrachtungsweise – einer historischen oder einer theoretischen – bei der Analyse ökonomischer Phänomene der Vorrang zukomme. Der dabei zutage tretende Antagonismus führte zum sogenannten Methodenstreit in der Nationalökonomie.

Der Methodenstreit zwischen Carl Menger (Menger 1883 und 1884) und Gustav von Schmoller (Schmoller 1883, 1888 und 1893) war entstanden, als Menger gegen die Vorherrschaft einer untheoretisch vorgehenden, die Ökonomik auf historische Beschreibung beschränkenden Wissenschaftsdisziplin Stellung bezog (vgl. Hansen 1968). Ähnlich wie Léon Walras im französischen Sprachraum und William Stanley Jevons im englischen, hat Menger die neoklassische Ökonomik im Habsburgerreich begründet. Unter Zugrundelegung des Unterschieds, der zwischen der Erforschung der geschichtlichen Entwicklung konkreter ökonomischer Zustände und Ereignisse, also der empirischen oder realistischen Theorie, und der reinen oder exakten Theorie des wirtschaftlichen Verkehrs besteht, verficht er den Anspruch der exakten Theorie. Diese isoliert *einen* Faktor des wirtschaftlichen Lebens, das wirtschaftliche Selbstinteresse, und sucht dessen Genese und Wirkungen unter bestimmten angenommenen Voraussetzungen in seiner Allgemeinheit zu erfassen. Menger geht es nicht um die Übertragung naturwissenschaftlicher Methoden auf die Sozialwissenschaften, sondern um die Hervorhebung der Besonderheit der sozialwissenschaftlichen Forschung, wobei er dem Verstehen von Handlungen fremder Personen große Bedeutung beimisst; wie er meint, vermögen wir den Sinn dieser Handlungen nie zu erfassen, wenn wir sie lediglich als physische Ereignisse begreifen (vgl. Hayek 1978, S. 277). Eine exakte Theorie könne nicht nur in den Formal- und Naturwissenschaften, sondern auch in den Sozialwissenschaften zur Anwendung gelangen. Diese Theorie, die Menger in Bezug auf die Regelmäßigkeit in den Beziehungen von subjektiven Einstellungen und bestimmten Komponenten des sozialen Milieus für möglich erachtet, gilt ihm neben der realistisch-pragmatischen Forschung als Kernbereich der Ökonomik. Während die realistisch-pragmatische Forschung, die ihrerseits theoretisch – wenn auch nicht exakt – begründet zu sein habe, den konkreten Erscheinungen folgt, wobei sie die besonderen Bedingungen zu erforschen sucht, welche beispielsweise über die bestehende Rechtsordnung, die öffentlichen Körperschaften, die Sitten und Gewohnheiten oder den Stand der Technik auf die Betätigung des Selbstinteresses einwirken, findet die exakte Theorie ihr Ziel in der logischen Relationierung von Zwecken und Mitteln. Da diese logische Relationierung eine von subjektiven Bedürfnissen und knappen Mitteln oder Ressourcen ist, erscheint Menger eine exakte theoretische Vorgehensweise möglich und die Ökonomik zudem als Kern der »Socialwissenschaft«.

Über Wert und subjektive Wertschätzung. Wie andere Ökonomen auch, obschon zunächst nur wenige, war Menger bemüht, den logischen Kern der Ökonomik herauszuarbeiten, um den Anspruch auf exakte Wissenschaftlichkeit zu rechtfertigen. Im Zentrum der einschlägigen Bemühungen steht einerseits das Rationalitätsmodell, demzufolge Individuen idealiter ohne jegliche Beeinflussung oder Beeinträchtigung durch ihre gesellschaftliche Umwelt sowie unter Bedingungen vollkommener Information und stabiler Präferenzen ihre Kosten-Nutzen-Erwägungen anstellen, andererseits – und damit im Zusammenhang – die Werttheorie (vgl. zur jüngeren Diskussion Mikl-Horke 2008, S. 99–127). Die Beiträge, die Menger zur Werttheorie leistete, bilden einen besonders wichtigen Ertrag seines Hauptwerks, der *Grundsätze der Volkswirtschaftslehre* aus dem Jahr 1871. In diesem vor allem durch Eugen von Böhm-Bawerk (1851–1914) und Friedrich von Wieser (1851–1926) rezipierten und der internationalen Fachdiskussion zugeführten Werk wird beständig darauf hingewiesen, dass die Eigenschaften von erstrebten Gütern und Dienstleistungen nicht diesen selbst innewohnen, und dass es daher nicht angehe, sie einfach durch das Studium dieser Dinge in ihrer Isoliertheit bestimmen zu wollen (vgl. dazu z.B. Milford 2008). Jene Eigenschaften hätten vielmehr in der Beziehung zwischen den Dingen und den Personen, welche ihr Handeln auf sie richten, ihren

Grund, und es seien diese Personen, die durch das Wissen um ihre subjektiven Wünsche und die objektiven Bedingungen dazu veranlasst werden, Gütern oder Eigenschaften eine bestimmte Bedeutung oder Wichtigkeit zuzuschreiben; gleichwohl sei es möglich, im Hinblick darauf gewisse Typen von stabilen Strukturen aufzuzeigen.

Das augenfälligste Ergebnis dieser Analyse bestand in der Lösung des alten Wertparadoxons durch Unterscheidung zwischen dem Gesamtnutzen und dem Grenznutzen eines Gutes, auch wenn Menger noch nicht den Begriff des Grenznutzens verwendete, der erst 13 Jahre später von Friedrich von Wieser eingeführt wurde. Menger legt, wie vor ihm Gossen, dar, dass der Nutzen konkreter Güter für uns abnimmt, wenn ihre Menge wächst, mit anderen Worten: Der Zuwachs an Wohlbehagen, der beispielsweise mit der Verfügung über weitere Quantitäten von Nahrungsmitteln verbunden ist, wird mit jeder neu hinzutretenden Menge geringer. Damit besteht aber die Aufgabe der Werttheorie nicht darin, die absolute Höhe von Wertgrößen zu erklären, sondern in der Feststellung der Ursachen für ihre Veränderungen. Aus Mengers Analysen ergibt sich, wie Eugen von Philippovich ausführt, »die Regel, daß bei gegebenem Gütervorrat und gegebenen Bedürfnissen das Maß des Wertes der Gutseinheit bestimmt wird durch den Nutzen, den die letzte verfügbare Teilquantität der Güter uns gewährt.« Unter Verwendung des von Friedrich von Wieser für diesen Nutzen eingeführten Begriffs des Grenznutzens könne man also sagen, *»daß das Maß des Güterwertes durch den Grenznutzen gegeben* ist« (Philippovich 1923, S. 248). Man kann aber für die Wertschätzung, die nicht eine bloße Empfindung bleiben, sondern in einer Handlung praktischen Ausdruck finden soll, nicht allein den Bedürfnisstand und den Gebrauchswert der Güter für maßgebend ansehen, vielmehr wird der Wertschätzung des Geldes die entscheidende Rolle zukommen. Diese ist jedoch in der gleichen Weise bedingt, wie dies für Genussgütervorräte gilt. Wenn die Preise hoch sind, hat die Geldeinheit (bei gleichen Bedürfnissen und gleichem Einkommen) eine geringere Kaufkraft, aber einen höheren Grenznutzen; mit anderen Worten: Das Geld repräsentiert weniger Güter, diese haben aber einen höheren Grenznutzen. Dabei spielen unsere subjektiven Gebrauchsschätzungen die Rolle eines Regulators, da sich die Tauschwerte letztlich innerhalb der Grenzen der Gebrauchswertschätzungen halten müssen. Doch diese Grenzen sind keine festen Grenzen, denn sie sind durch die Mengenverhältnisse der Güter beeinflusst, diese aber wiederum durch die Kosten- und Tauschwerte. Wie man zeigen kann, ist aber die Einwirkung auf die Preise, also auf den objektiven Tauschwert, nicht allein abhängig von den subjektiven Wertschätzungen einer einzelnen Gütereinheit, vielmehr sind die Preise gesellschaftlich bedingt. Dies wurde verschiedentlich, vor allem von marxistischen Ökonomen, als ein Einwand gegen die subjektive Wertlehre angesehen, doch recht eigentlich handelt es sich hier darum, dass Tatsachen und Voraussetzungen für unsere subjektiven Werturteile verschoben werden: »Sie sind in jedem konkreten Falle der Preisbildung *gegeben* und die auf diesen tatsächlichen Grundlagen sich bildenden subjektiven Wertschätzungen bewirken dann die *neuen*

Preise, die nunmehr selbst wieder die Kaufkraft der Einkommen, und damit die Skala der effektiven Nachfrage beeinflussen.« (Ebd., S. 254)

Was nach Meinung von Friedrich August von Hayek (1899–1992) Mengers Arbeit gegenüber derjenigen seiner Vorläufer auszeichnet, ist der Umstand, dass er die Gossen'sche Idee vom sinkenden Nutzen bei sukzessiver Befriedigung irgendwelcher Wünsche oder Bedürfnisse systematisch auf Situationen angewendet habe, in welchen diese Wunschbefriedigung nur indirekt (oder teilweise) von einem bestimmten Gut abhängt. Seine gründliche Beschreibung der kausalen Beziehungen zwischen den Gütern und den Wünschen, die sie befriedigen, hätten ihn unter anderem dazu gebracht, zu so grundlegenden Beziehungen wie denen der Komplementarität sowohl der Konsumentengüter als auch der Produktionsfaktoren zu gelangen, ferner zur Unterscheidung von Gütern niedriger und höherer Ordnung, sowie schließlich – und besonders bedeutsam – zum Konzept von Kosten, die durch den Nutzen bestimmt werden, welchen die einem bestimmten Zweck zugeführten Güter unter den Bedingungen eines alternativen Gebrauchs gehabt hätten. Menger sei darüber hinaus mit der von ihm selbst als »atomistisch«, mitunter auch als »kompositiv« bezeichneten Methode zum Wegbereiter des später von Joseph Alois Schumpeter (1883–1950) so bezeichneten »methodologischen Individualismus« (Schumpeter 1908) geworden und habe die Grundlagen dafür gelegt, was im 20. Jahrhundert als reine Entscheidungslogik oder als ökonomischer Kalkül bezeichnet wurde (Hayek 1978, S. 275f.).

Holismus und Individualismus, Geschichtsgesetze und Trends. Menger gibt der für ihn so bezeichnenden individualistischen Orientierung besonders emphatisch im Vorwort zu den *Grundsätzen* Ausdruck. Er habe sich, so erklärt er, bemüht, »die complicirten Erscheinungen der menschlichen Wirthschaft auf ihre einfachsten, der sicheren Beobachtung noch zugänglichen Elemente zurückzuführen [...] und [...] zu untersuchen, wie sich die complicirten wirthschaftlichen Erscheinungen aus ihren Elementen gesetzmässig entwickeln« (Menger 1871, S. VII). Diese Art der Betrachtung sozialwissenschaftlicher Sachverhalte kontrastiert deutlich mit der einiger namhafter Soziologen in der Zeit um 1900.

Vorbereitet durch eine bereits im 18. Jahrhundert auftretende organizistische Denkweise, wie sie damals in den verbreiteten Lebensalter-Analogien in der Betrachtung von Kulturen Anwendung fand, wurden im 19. Jahrhundert auch Gesellschaften und Nationen vielfach als organische Ganzheiten betrachtet, für die nicht nur bestimmte Strukturgesetze, sondern auch Entwicklungsgesetze gelten, die der Abfolge der einzelnen Gesellschaftsformationen zugrunde liegen. Bei aller Unterschiedlichkeit im Einzelnen sind in dieser Hinsicht Auguste Comte, Georg Wilhelm Friedrich Hegel und Karl Marx in ihren Auffassungen einander nahe, und ihnen wiederum beispielsweise Wilhelm Jerusalem (1854–1923) und Gustav Ratzenhofer. Diese beiden Soziologen neigen – und das unterscheidet sie unter anderem von ihrem Fachkollegen und Philosophen Rudolf Eisler (vgl. Eisler 1903, S. 54f.) – dem methodologischen Holismus zu, zumal man, wie

Jerusalem unter Bezugnahme auf Comte sagt, »niemals die Menschheit aus dem einzelnen Menschen, sondern immer nur den einzelnen Menschen aus der Menschheit [...] begreifen« könne (Jerusalem 1919, S. 254). Beide verstehen zwar die Menschengruppen als die für die Soziologie relevanten sozialen Grundeinheiten, bemühen sich jedoch klarzustellen, dass, wie Ratzenhofer ausführt, die Soziologie »zur Gewinnung eines einheitlichen Überblicks und zur Erkenntnis der einheitlichen Gesetzlichkeit aller sozialen Erscheinungen« berufen sei: »Die Soziologie kann daher gar nicht in den Mikrokosmos der Erscheinungen eindringen; sie muß sich mit dem Totale derselben beschäftigen, sonst erfüllt sie nie ihre Aufgabe.« (Ratzenhofer 1907, S. 2f.)

Nun ist auch in der Habsburgermonarchie keine Sozialwissenschaft in der Lage gewesen, die gesellschaftlich-geschichtliche Welt als Ganzes besser im Blick zu haben als zum einen die im Gefolge des Kolonialismus entwickelte und über den Rahmen der jeweiligen Nationalgeschichten hinausgehende Weltgeschichte, zum anderen aber die weltwirtschaftliche Betrachtungsweise der Ökonomen. Je mehr die außerwirtschaftlichen, namentlich die religiösen und nationalen rechtlichen Vorstellungen gegenüber dem wirtschaftlichen Interesse zurücktraten, desto freier und leichter erfuhren die nationalen Volkswirtschaften internationale Ausdehnung. Und während die Verschmelzung von Nationen in politischer, religiöser und kultureller Hinsicht langsam erfolgte, traten die verschiedenen Volkswirtschaften der Erde vergleichsweise rasch in enge Beziehung zueinander; folgerichtig hat man dieser Tatsache Rechnung getragen und den daraus erwachsenen Zusammenhang als »Weltwirtschaft« bezeichnet. Mit der Einsicht in die im Rahmen dieser Weltwirtschaft zum Durchbruch kommenden machtpolitischen Ambitionen der entwickelten kapitalistischen Nationen entwickelten John Atkinson Hobson 1902 und Wladimir Iljitsch Lenin in den Jahren 1916 und 1917 die sogenannte Imperialismustheorie. Lenin hat den Imperialismus im Sinne des historischen Materialismus als eine Phase in der gesetzmäßigen Abfolge der Weltgeschichte angesehen (Lenin 1957 und 1960). Im Unterschied zu den Vertretern der Österreichischen Schule der Nationalökonomie, deren nomologische Ambitionen sich auf die Formulierung von Strukturgesetzen bezogen, welche die Beziehungen der Menschen zu den ökonomisch relevanten Gütern und Dienstleistungen betreffen, hegten einige unter den österreichischen Soziologen den Glauben an die Gültigkeit eines solchen Sukzessionsgesetzes der historischen Entwicklung. Nicht nur Vertreter des Austromarxismus (z.B. Adler 1904) wähnten sich in Kenntnis des »Bewegungsgesetzes« von Geschichte und Gesellschaft, sondern auch der als Wissenssoziologe bekannt gewordene, der Philosophie des amerikanischen Pragmatismus nahestehende Wilhelm Jerusalem (vgl. Jerusalem 1919, S. 372). Irgendwie, so scheint es, sollte wohl der *einen*, holistisch verstandenen gesellschaftlich-geschichtlichen Welt auch *ein* ihre Entwicklung erklärendes Gesetz entsprechen. Derartige teleologische Geschichtsmodelle sollten insbesondere bei Max Weber (mit Blick auf einschlägige Ansichten Rudolf Stammlers) auf Kritik treffen, da ihnen zufolge, wie er 1907 ausführte, »alle Einzelbetrachtung, die unter dem Grundsatz des Kausalitätsgesetzes vollzogen wird, […] als grundlegende Bedingung die durchgängige Verbindung aller Sondererscheinungen nach einem (!) allgemeinen Gesetz annehmen muß, welches Gesetz dann im einzelnen aufzuweisen (?) ist« (Weber 1968b, S. 316).

Dass dieser vermeintlich durch ein »Geschichtsgesetz« bestimmte teleologische Prozess nach Auffassung seiner Proponenten ein »notwendiger«, also unausweichlich ist, sollte allerdings nicht ausschließen, dass sein Ziel durch menschliche Bemühungen entweder beschleunigt oder aber verzögert werden kann. Jenen Prozess zu fördern, dem »Fortschritt« in die verheißene bessere Zukunft den Weg zu bahnen und für ihn auch zu agitieren, erschien daher auch geradezu als eine Pflicht des zur Einsicht in den Geschichtsprozess gelangten Zeitgenossen. War Menger, wie alle Vertreter der Österreichischen Schule der Nationalökonomie in seiner Nachfolge und wie auch Max Weber, der Auffassung, dass Sozialwissenschaft nicht subjektiv wertend, sondern theoretisch begründet sein müsse, um die historische Wirklichkeit sowohl objektiv erklären als auch verstehend begreifen zu können, so vertraten eine Reihe von österreichischen Soziologen eine davon abweichende Ansicht. Folgerichtig bereitete der Methodenstreit den Boden für den sogenannten Werturteilsstreit, der im Jahr 1909 in Wien im »Verein für Socialpolitik« ausgetragen wurde (vgl. Mikl-Horke 2004). Hier war es Max Weber, der sich insbesondere gegen Werturteile wandte, die vom Katheder herunter verkündet werden. Seine Kontrahenten waren die marxistisch orientierten Mitglieder jenes Vereins, vornehmlich Max Adler (1873–1937), Carl Grünberg (1861–1940), Otto Neurath (1882–1945) und insbesondere Rudolf Goldscheid (1870–1931). Wissenschaft sollte deren Meinung nach unmittelbar nützlich sein für eine Veränderung der gesellschaftlichen Verhältnisse zum Besseren und in Richtung des in der Zukunft liegenden Besten. Weber ging es, wie er in seinem berühmten »Objektivitäts«-Aufsatz aus dem Jahr 1904 ausführte, nicht um die Abwehr sozialpolitischer Bestrebungen, wohl jedoch um den Ausschluss subjektiv wertender Stellungnahmen aus Aussagensystemen, die mit dem Anspruch auftreten, theoretische Erkenntnis zu sein (Weber 1968a). Auf seiner Seite standen in dieser Auseinandersetzung außer seinem Bruder Alfred noch Werner Sombart und der gebürtige Österreicher Friedrich von Gottl-Ottlilienfeld (1868–1958), aber auch Joseph Alois Schumpeter, auf Seiten seiner österreichischen Kritiker – außer den bereits genannten marxistischen Philosophen und Sozialwissenschaftlern – immerhin auch die berühmten Ökonomen Eugen von Philippovich und Friedrich von Wieser, ferner Othmar Spann (1878–1950) sowie der zu dieser Zeit als Professor für Volkswirtschaftslehre an der Technischen Hochschule Karlsruhe tätige Sozialpolitiker Otto von Zwiedineck-Südenhorst (1871–1957). Der Werturteilsstreit durchzog mit unterschiedlicher Intensität das ganze 20. Jahrhundert.

Zur Beziehung von Theorie und Geschichte, Ökonomik und Soziologie

In dem Maße wie die marxistischen Autoren der Überzeugung waren, im Gleichschritt mit der historischen »Notwendigkeit« dem Fortschrittspfad in eine hellere Zukunft zu folgen und durch eigene Kraft deren Verwirklichung zu beschleunigen, fühlten sie sich auch genötigt, dem Prinzip der Abstinenz von subjektiven Wertbekundungen in wissenschaftlichen Aussagen entgegenzuwirken. Wie jene Marxisten, so wähnten offensichtlich auch konservative sowie einige liberale Politiker und Ökonomen ihre wirtschafts- und sozialpolitischen Ambitionen durch das Wertfreiheitspostulat gefährdet. Ihnen gemeinsam war das praktische Anliegen einer Verbesserung der sozialen Lage der Armen, vornehmlich unter der Arbeiterschaft und den Bauern, aber nicht die Überzeugung von der Richtigkeit des revolutionären Weges zu diesem Ziel. Auch der theoretische Gehalt der marxistischen Lehre wurde, namentlich von den liberalen Ökonomen, nicht in toto abgelehnt. So verweist Eugen von Philippovich auf die Bedeutung, die der »materialistischen Geschichtsauffassung« zukommt, welche »den materiellen Charakter der Grundlagen aller, auch der ideologischen gesellschaftlichen Zusammenhänge« hervorhebe und »die Religion ebenso wie die Politik ›in letzter Linie‹ in Abhängigkeit von den wirtschaftlichen Verhältnissen, im besonderen von der Form der Produktion« stelle. Doch angesichts der »geschichtlich und täglich neu zu sammelnden Erfahrungen« sei nicht zu bezweifeln, dass auch Politik, Recht und Religion stark genug sein können, um der gesellschaftlichen Gliederung das Gepräge ihrer Eigenart aufzudrücken (Philippovich 1923, S. 123). Noch etwas kann in diesem Zusammenhang Philippovich ergänzend geltend gemacht werden: dass im Bewusstsein der meisten marxistischen Sozialwissenschaftler zwar das Ökonomische in Gestalt des neuzeitlichen Kapitalismus in seinen Wirkungen alle Bereiche der gesellschaftlich-geschichtlichen Welt durchdringt, dass jedoch umgekehrt die Möglichkeit einer genetischen Erklärung dieses Kapitalismus unter Bezugnahme auf eine Mehrzahl von Bedingungen in der Regel gar nicht näher erwogen, sondern gleichsam durch den »Urknall« der sogenannten »ursprünglichen Akkumulation« ersetzt wird. Rudolf Eisler ist in seiner *Soziologie* von 1903 derartigen Unzulänglichkeiten monistischer Erklärungen unter Hinweis auf die unterschiedliche Wirkkraft sozialer und ökonomischer Faktoren zu unterschiedlichen Zeiten entgegengetreten; flankiert wird seine Erkenntniskritik an der orthodox-marxistischen Wirtschafts- und Gesellschaftstheorie durch eine moralphilosophische Kritik an der orthodox-manchesterliberalen Wirtschafts- und Gesellschaftspolitik (Eisler 1903, S. 185–207).

In Anbetracht der Tatsache, dass auch monistische Theoretiker im Verlauf ihrer Erklärungen gesellschaftlicher Zustände und Ereignisse durchaus auf empirisches Material zu rekurrieren in der Lage sind, hat bereits Gustav von Schmoller die Mahnung ausgesprochen, nicht das hundertmal Destillierte zum hundertundersten Male zu destillieren, sondern neues historisch-deskriptives Material aus der Erfahrung zusammenzutragen (vgl. Schmoller 1888, S. 279). Wie man weiß, bestand die heilsame Funktion der Historischen Schule der Nationalökonomie, deren prominentester Exponent Schmoller war, in Aufweisungsanalysen von Zuständen und Ereignissen, die sich auf Erfahrungsinhalte bezogen, die von monistischen Gesellschaftstheoretikern übersehen oder ohne nähere Angabe von Gründen marginalisiert worden waren. Solche Aufweisungsanalysen konnten daher in der Tat eine bestimmte Theorien relativierende, also ihren Geltungsbereich einschränkende, wenn nicht überhaupt eine sie falsifizierende Wirkung haben. Zugleich trat damit aber auch der Mangel einer bloß beschreibenden Betrachtung wirtschaftsgeschichtlicher Sachverhalte zutage: das Versinken in der Deskription der ungeordneten Vielfalt all dessen, was der Fall war. »Was ich der historischen Schule deutscher Nationalökonomen zum Vorwurf mache«, bemerkte daher Carl Menger, »ist nicht, daß sie die Geschichte der Volkswirthschaft als Hilfswissenschaft der politischen Ökonomie betreibt, sondern, daß ein Theil ihrer Anhänger über historischen Studien die politische Ökonomie selbst aus den Augen verloren hat.« (Menger 1884, S. 25)

Wie Menger, so wandte sich auch Eugen von Böhm-Bawerk gegen die bei verschiedenen Vertretern der Historischen Schule der deutschen Nationalökonomie kultivierte Übersteigerung der vermeintlich unspekulativen Darstellung des ökonomischen Geschehens. Die von der Historischen Schule vorexerzierte und gegen die reine Theorie ins Treffen geführte »Praxis« hat, wie er ausführt, gewiss »gute, scharfe Augen, und von dem, ›was man sieht‹, läßt sie sich gewiß nichts entgehen«. Aber man sehe eben nicht alles. Und oft genug berge das, »›was man nicht sieht‹, die abgewendete Kehrseite, gerade das wahre und entscheidende Wesen der Dinge«. Dieses aber, »was man nicht sieht«, wird, da Unterschiedliches darunter zu verstehen ist, von unterschiedlichen, durchaus komplementären Gesichtspunkten aus zum Thema; der Gesichtspunkt des Theoretikers ist dabei einer unter mehreren. So soll, wie Böhm-Bawerk ausführt, »dem Praktiker, der das sieht, was um ihn her auf der Lebensbühne sich zuträgt, […] der Statistiker zeigen, was man *nicht hier* sieht; der Historiker, was man *nicht mehr* sieht, und der abstrakte Theoretiker – ich nehme das Wort abstrakt ungern in den Mund, weil man daran gerne die unliebsame Nebenvorstellung von etwas Unpraktischem oder in den Wolken Schwebendem knüpft –, also der sogenannte abstrakte Theoretiker, wenn er seine Sache richtig versteht, soll das, was man immer nur von der Theaterseite zu sehen pflegt, von der Kulissenseite zeigen, befreit von Blendwerk, Schminke und täuschendem Schein.« (Böhm-Bawerk 1924, S. 136) Durch ein solches Vorgehen wird die schon von John Stuart Mill erhobene Forderung eingelöst, Theorien zu formulieren, die uns durch den Nachweis der hinter den »empirischen Gesetzen« (also den nur oberflächlich zu konstatierenden Regelmäßigkeiten unserer Wahrnehmungswelt) liegenden »ursächlichen Gesetze« in die Lage versetzen, den komplexen Zusammenhang der durch die verschiedenen gesetzesartigen Aussagen repräsentierten Erscheinungen zu erfassen (vgl. Mill 1885, Kap. V, § 1).

Diese Art der Betrachtung ermöglicht eine zutreffende Sicht des Verhältnisses von theoretischen Gesetzen und empirischen Generalisierungen, aber auch von theoretischer Erklärung und empirischer Beschreibung. Bezüglich der erstgenannten Beziehung äußert sich Eugen von Böhm-Bawerk unter Hinweis auf einen der naturwissenschaftlichen Betrachtung entlehnten Vergleich: Hier stelle es keineswegs eine ausreichende wissenschaftliche Erklärung der Erscheinung des Regenbogens dar, »wenn man weiß und aussagt, daß die letzten Ursachen für die Entstehung des Regenbogens der Sonnenschein und eine regnende Wolke sind, auf die jener in einem bestimmten Winkel auffällt. Was der Wissenschaft zu schaffen macht, ist nicht die Feststellung, daß die interessante Erscheinung des siebenfarbigen Regenbogens mit dem Auffallen der Sonnenstrahlung auf eine regnende Wolke zu tun hat, sondern die spezielle Darlegung der Art, wie und durch welche Zwischenvorgänge hindurch jene auf der Hand liegenden empirischen Ursachen gerade zu dieser Art der Wirkung führen [...].« (Böhm-Bawerk 1921, S. XV) Erst dadurch, dass man nach einer theoretischen Erklärung sucht, gelangt man zu einem Verständnis bestimmter, schon zur Genüge beschriebener Regularitäten. Nicht unter allen atmosphärischen Bedingungen bildet sich, wie man weiß, ein Regenbogen, obschon die Gesetze der Optik konstant bleiben. Man kann aber die Sache auch umdrehen und sagen, dass unter den gleichen nomologischen Voraussetzungen, je nach Anfangs- oder Randbedingungen, dieses oder aber ein ganz andersartiges Phänomen eintritt. So wissen wir ja, dass ein Ballon nach oben steigt, Steine aber in der Regel nach unten fallen, und dies, obschon in beiden Fällen das Gravitationsgesetz unverändert in Geltung ist. Wenn man nun wissen will, wie sich in der Realität das eine Mal die Aufwärtsbewegung des Ballons, das andere Mal die Fallbewegung des Steins vollzieht, wo genau der ungesteuerte Ballon hintreiben und der aus großer Höhe herabfallende Stein auftreffen wird, bedarf es genauerer Angaben bezüglich der Beschaffenheit des Ballons, des Steins und der verschiedenen auf sie einwirkenden Kräfte, unter anderem auch bezüglich der aerodynamischen Verhältnisse.

Erörterungen dieser Art sind per analogiam auch für die Bestimmung der Beziehung zwischen Ökonomik und Soziologie hilfreich. Denn da man realwirtschaftliches Verhalten nicht einfach aus den für das Handlungsmodell der neoklassischen Ökonomik gültigen Gesetzen ableiten kann, kommt – um bei dem vorhin erwähnten Gleichnis zu bleiben – dem Soziologen in der (theoretisch fundierten) empirischen Wirtschaftsforschung z.B. die Rolle des mit dem ballistischen Theoretiker kooperierenden Aerodynamikers zu. Das heißt aber nicht, dass der Aerodynamiker wie der Soziologe nur vor der Aufgabe stünden, die in Betracht zu ziehenden Luftströmungen bzw. ökonomisch relevanten sozialen Vorgänge einfach zu beschreiben. Vielmehr werden sie beide: das eine Mal der Windforscher, das andere Mal der Analytiker sozialer Verbände und Institutionen, auf die jeweils in ihrem Forschungsbereich ermittelten probabilistischen Gesetze verweisen, um zu erklären, welcher Ergänzungen die Annahmen der sogenannten reinen Theorie – einmal jene der Physik, dann jene der Ökonomik – bedürfen, um möglichst realitätsadäquate Erklärungen des Verhaltens von Körpern bzw. Menschen liefern zu können. So nimmt bekanntlich die reine ökonomische Theorie das Selbstinteresse der Geschäftswelt, wie man es im Erwerbsleben kennt, als eine gegebene Größe an, während in der Wirklichkeit z.B. individualpsychische und sozialkulturelle Faktoren für die Art der Einsatzbereitschaft des Personals bestimmend sind und die Wirkungsweise jenes Interesses demgemäß sehr unterschiedlich ist. So mag es sein, dass etwa aufgrund der in und zwischen den sozialen Schichten bestehenden Konflikte, der Arbeitskämpfe und Massenaktionen sowie der wechselnden Orientierungen der staatlichen Sozialpolitik die ökonomische Entwicklung einen von den ursprünglichen Idealitätsannahmen völlig abweichenden Verlauf nimmt. Daher sind also die von der reinen Theorie aufgestellten Gesetze, die stets, wie schon erwähnt, *einen* Faktor des wirklichen wirtschaftlichen Lebens, das Selbstinteresse, isoliert und dessen Wirkungen in ihrer Allgemeinheit zu erfassen suchen, nur unter ganz bestimmten Voraussetzungen gültig. Wie Eugen von Philippovich sagt, »drücken [sie] *Tendenzen* aus, die in der Wirklichkeit zur Geltung kommen *können* und zur Geltung zu gelangen *streben*« (Philippovich 1923, S. 47). Diese Tatsache hat natürlich auch Auswirkungen auf die Art der möglichen Vorhersagen, welche sich eher auf gewisse Strukturmerkmale beziehen, als dass sie zu präzisen Aussagen über den Wandel innerhalb der Strukturen führen, die also beispielsweise eher mit der Angabe bestimmter Grenzen einhergehen, innerhalb derer sich die Preisbildung vollziehen wird, als mit einer punktgenauen Preisfestlegung (vgl. Hayek 1978, S. 278f. und 281).

Mit der Einsicht in die komplementäre Beziehung von Volkswirtschaftslehre und Soziologie war mitunter der Vorschlag verbunden, der Ökonomik das von Zeit und Ort unabhängige Allgemeine oder Generelle und der Soziologie das Besondere oder Individuelle zuzuordnen, worunter die gesellschaftlich-geschichtliche Wirklichkeit in ihrer Mannigfaltigkeit zu verstehen sei. Doch eine solche Art der Aufgabenteilung übersieht, dass es durchaus beiden Disziplinen um eine Erfassung des Allgemeinen geht, auch wenn dieses Allgemeine nicht auf die Geschichte als Ganzes bezogen werden und diese nicht als ein mit »Notwendigkeit« in eine vorbestimmte Richtung ablaufender Prozess verstanden werden kann. Wie die Ökonomik, so strebt auch die Soziologie nach der Erfassung des Allgemeinen, wobei in der Soziologie vor allem die typischen Konfigurationen der verschiedenen sozialen Verbände in Betracht gezogen werden, die mit den verschiedenen sozialen Gebilden oder Institutionen in Wechselbeziehung stehen (vgl. Eisler 1903, §§ 16–28) und die vor allem die Vertreter der »formalen Soziologie« in der Nachfolge Georg Simmels herauszuarbeiten suchten (vgl. Simmel 1908 und 1917). Gewiss ist es möglich, dass die beiden Disziplinen einander wechselseitig falsche Generalisierungen unter Hinweis auf besondere Zustände und Ereignisse zum Vorwurf machen können, welche mit ihnen in Widerspruch sind. Aber das bedeutet nicht abermals, dass dem Besonderen der Primat gegenüber dem Allgemeinen zukäme. Denn auch für das Verständnis der Triftigkeit jener besonderen Tatsachen ist die Kenntnis des zu ihnen in einem kontradiktorischen Verhältnis stehenden Allgemeinen unentbehrlich, ebenso wie für das Verständnis der Erklärungskraft der allgemeinen Theorie die Erkenntnis des Besonderen, aus dem das Allgemeine abstrahiert wird (vgl. Philippovich 1923, S.48–50). Die fruchtbare Verbindung dieser beiden Forschungsorientierungen soll Sozialökonomen wie Wirtschaftssoziologen nicht zuletzt dazu verhelfen, dem in der Ökonomik und in der Soziologie nicht selten anzutreffenden »Dilemma« zu entgehen, »daß [...] zwischen genauen, aber trivialen und wichtigen, aber unsicheren Resultaten zu wählen sei« (Ossowski 1973, S. 153).

Adler, Max (1904): *Kausalität und Teleologie im Streite um die Wissenschaft* (= Marx-Studien, Bd. 1), Wien: Verlag der Wiener Volksbuchhandlung Ignaz Brand.

Böhm-Bawerk, Eugen von (1921): *Kapital und Kapitalzins. Mit einem Geleitwort von Friedrich Wieser*, Bd. 1/Abt. 1: *Geschichte und Kritik der Kapitalzins-Theorien*, Jena: Gustav Fischer.

– (1924): *Gesammelte Schriften*, hrsg. von Franz Xaver Weiss, Bd. 1, Wien: Hölder-Pichler-Tempsky.

Eisler, Rudolf (1903): *Soziologie. Die Lehre von der Entstehung und Entwickelung der menschlichen Gesellschaft*, Leipzig: J.J. Weber.

Ferguson, Adam (1767): *An Essay on the History of Civil Society*, Dublin: Boulter Grierson. (Dt. [u.a.]: *Versuch über die Geschichte der bürgerlichen Gesellschaft*, Frankfurt a.M.: Suhrkamp 1986.)

(1792): *Principles of Moral and Political Science*, London/Edinburgh: Strahan & Cadell/Greech.

Gossen, Hermann Heinrich (1854): *Entwickelung der Gesetze des menschlichen Verkehrs, und der daraus fließenden Regeln für menschliches Handeln*, Braunschweig: F. Vieweg.

Gumplowicz, Ludwig (1885): *Grundriß der Soziologie*, Wien: Manz.

– (1910): *Sozialphilosophie im Umriss*, Innsbruck: Wagner.

Hansen, Reginald (1968): Der Methodenstreit in den Sozialwissenschaften zwischen Gustav Schmoller und Karl [eig.: Carl] Menger. Seine wissenschaftshistorische und wissenschaftstheoretische Bedeutung. In: Alwin Diemer (Hg.), *Beiträge zur Entwicklung der Wissenschaftstheorie im 19. Jahrhundert. Vorträge und Diskussionen im Dezember 1965 und 1966 in Düsseldorf*, Meisenheim am Glan: Anton Hain, S. 137–173.

Hayek, Friedrich August (1978): The Place of Menger's *Grundsätze* in the History of Economic Thought. In: Ders., *New Studies in Philosophy, Politics, Economics and the History of Ideas*, London: Routledge & Kegan Paul, S. 270–282.

Hobson, John Atkinson (1902): *Imperialism. A Study*, London: James Nisbet & Co. (Erschien im gleichen Jahr auch in New York im Verlag J. Pott & Co.)

Jerusalem, Wilhelm (1919): *Einleitung in die Philosophie* [1899], 7. und 8. Aufl., Wien/Leipzig: Wilhelm Braumüller.

Lenin, Wladimir Iljitsch (1957): Der Imperialismus und die Spaltung des Sozialismus [russ. Orig. 1916]. In: Ders., *Werke*, hrsg. vom Institut für Marxismus-Leninismus beim ZK der SED, Bd. 23, Berlin [DDR]: Dietz, S. 102–118.

– (1960): Der Imperialismus als höchstes Stadium des Kapitalismus [eigentlich: *Der Imperialismus als jüngste Etappe des Kapitalismus*, russ. Orig. 1917]. In: Ders., *Werke*, hrsg. vom Institut für Marxismus-Leninismus beim ZK der SED, Bd. 22, Berlin [DDR], S. 189–309.

Menger, Carl (1871): *Grundsätze der Volkswirtschaftslehre. Erster allgemeiner Theil*, Wien: Braumüller.

(1883): *Untersuchungen über die Methode der Socialwissenschaften, und der Politischen Oekonomie insbesondere*, Leipzig: Duncker & Humblot.

(1884): *Die Irrthümer des Historismus in der deutschen Nationalökonomie*, Wien: Alfred Hölder.

Mikl-Horke, Gertraude (2004): Max Weber und Rudolf Goldscheid: Kontrahenten in der Wendezeit der Soziologie. In: *Sociologia Internationalis* 42, S. 265–285.

(2008): *Sozialwissenschaftliche Perspektiven der Wirtschaft*, München/Wien: Oldenbourg.

Milford, Karl (2008): Carl Menger und die Ursprünge der Österreichischen Schule der Nationalökonomie. In: Reinhard Neck (Hg.), *Die Österreichische Schule der Nationalökonomie*, Frankfurt a.M.: Peter Lang, S. 25–64.

Mill, John Stuart (1843): *A System of Logic, Ratiocinative and Inductive: Being a Connected View of the Principles of Evidence and the Methods of Scientific Investigation*, Bd. 6: *On the Logic of the Moral Sciences*, London: J. W. Parker. (Dt. [u.a.]: *System der deductiven und inductiven Logik. Eine Darlegung der Principien wissenschaftlicher Forschung, insbesondere der Naturforschung*, 3. […] Aufl., Bd. 2/Buch 6: *Von der Logik der Geisteswissenschaften oder moralischen Wissenschaften*, Braunschweig: Vieweg 1868.)

Millar, John (1771): *Observations concerning the distinction of ranks in society*, Dublin: T. Ewing; spätere Auflagen unter dem Titel: *The Origin of the Distinction of Ranks: Or, An Inquiry into the Circumstances Which Give Rise to Influence and Authority, in the Different Members of Society* (so z.B. die 4. Aufl., Edinburgh: William Blackwood/London: Longman, Hurst & Orme Rees 1806).

Ossowski, Stanisław (1973): *Die Besonderheiten der Sozialwissenschaften* [poln. Orig. 1967], Frankfurt a.M.: Suhrkamp.

Philippovich, Eugen von (1893/1899/1907): *Grundriß der Politischen Ökonomie*, 2 Bde. in 3 Teilbdn., Freiburg i.Br./Leipzig/Tübingen: J.C.B. Mohr (Paul Siebeck); Bd. 1: *Allgemeine Volkswirtschaftslehre* [1893] (erschien bis 1926 in 19 Auflagen); Bd. 2: *Volkswirtschaftspolitik*, Teil 1 [1899] und Teil 2 [1907] (erschienen bis 1923 in 16 bzw. 11 Auflagen).

– (1923): *Grundriß der Politischen Ökonomie*, 2 Bde. in 3 Teilbdn., Bd. 1: *Allgemeine Volkswirtschaftslehre* [1893], 18., unveränd. Aufl., Freiburg i.Br./Leipzig/Tübingen: J.C.B. Mohr (Paul Siebeck). (Unveränderter Nachdruck der 11. Aufl. aus dem Jahr 1916.)

Příbram, Karl (1912): *Die Entstehung der individualistischen Sozialphilosophie*, Leipzig: C.L. Hirschfeld.

Ratzenhofer, Gustav (1907): *Soziologie. Positive Lehre von den menschlichen Wechselbeziehungen*, aus seinem Nachlasse hrsg. von seinem Sohne, Leipzig: F.A. Brockhaus.

Rau, Karl Heinrich (1837): *Grundsätze der Volkswirthschaftslehre* [1826], 3. verm. u. verb. Aufl., Heidelberg: C.F. Winter. (In Carl Mengers Bibliothek befand sich die 7. Aufl. von 1863.)

Schmoller, Gustav von (1883): Zur Methodologie der Staats- und Sozialwissenschaften. In: *Jahrbuch für Gesetzgebung, Verwaltung und Volkswirthschaft im Deutschen Reich* 7, S. 975–994.

– (1888): Die Schriften von K. [sic!] Menger und W. Dilthey zur Methodologie der Staats- und Sozialwissenschaften. In: Ders., *Zur Litteraturgeschichte der Staats- und Sozialwissenschaften*, Leipzig: Duncker & Humblot, S. 275–304. (Hierbei handelt es sich um den um einige Invektiven reduzierten Nachdruck von Schmoller 1883.)

(1893): *Die Volkswirtschaft, die Volkswirtschaftslehre und ihre Methode*, Frankfurt a.M.: Vittorio Klostermann.

Schumpeter, Joseph A. (1908): *Das Wesen und der Hauptinhalt der theoretischen Nationalökonomie*, Leipzig: Duncker & Humblot.

Georg Simmel (1908): *Soziologie. Untersuchungen über die Formen der Vergesellschaftung*, Berlin: Duncker & Humblot.

–(1917): *Grundfragen der Soziologie. Individuum und Gesellschaft*, Berlin/Leipzig: G.J. Göschen'sche Verlagshandlung.

Smith, Adam (1759): *The Theory of Moral Sentiments, or An essay towards an analysis of the principles, by which men naturally judge concerning the conduct and character, first of their neighbours and afterwards of themselves*, 2 Bde., London: Millar/Edinburgh: Kinnaird and Bell. (Dt. [u.a.]: *Theorie der ethischen Gefühle*, nach d. Aufl. letzter Hand übers. u. mit Einleitung, Anmerkungen u. Registern hrsg. von Walther Eckstein; mit einer Bibliographie von Günter Gawlick, Hamburg: Felix Meiner 2004.)
(1776): *An Inquiry into the Nature and Causes of the Wealth of Nations*, 2 Bde., London: Strahan and Cadell. (Dt. [u.a.]: *Der Wohlstand der Nationen. Eine Untersuchung seiner Natur und seiner Ursachen*, aus dem Engl. übers. und hrsg. von Horst Claus Recktenwald, 9. Aufl., München: dtv 2001.)
Torrance, John (1981): Die Entstehung der Soziologie in Österreich 1885–1935. In: Wolf Lepenies (Hg.), *Geschichte der Soziologie. Studien zur kognitiven, sozialen und historischen Identität einer Disziplin*, Bd. 3, Frankfurt a.M.: Suhrkamp, S. 443–495.
Vanberg, Viktor (1975): *Die zwei Soziologien. Individualismus und Kollektivismus in der Sozialtheorie*, Tübingen: J.C.B. Mohr.
Weber, Max (1968a): Die »Objektivität« sozialwissenschaftlicher und sozialpolitischer Erkenntnis [1904]. In: Ders., *Gesammelte Aufsätze zur Wissenschaftslehre*, 3., erw. und verb. Aufl., hrsg. von Johannes Winckelmann, Tübingen: J.C.B. Mohr (Paul Siebeck) 1968, S. 146–214.
– (1968b): R. Stammlers »Ueberwindung« der materialistischen Geschichtsauffassung [1907]. In: Ders., *Gesammelte Aufsätze zur Wissenschaftslehre*, 3., erw. und verb. Aufl., hrsg. von Johannes Winckelmann, Tübingen: J.C.B. Mohr (Paul Siebeck) 1968, S. 291–359.
– (1922): *Grundriss der Sozialökonomik*, Abt. 3: *Wirtschaft und Gesellschaft*, Tübingen: J.C.B. Mohr (Paul Siebeck). (Seit der 4. Aufl. aus dem Jahr 1956 trägt dieses Werk den Titel *Wirtschaft und Gesellschaft. Grundriß der verstehenden Soziologie.*)
Wieser, Friedrich von (1914): *Grundriss der Sozialökonomik*, Abt. 2: *Theorie der gesellschaftlichen Wirtschaft*, Tübingen: J.C.B. Mohr (Paul Siebeck). (Die 2. Aufl. erschien 1924.)

Weiterführende Literatur

Kurz, Heinz D. (1998): Die deutsche theoretische Nationalökonomie zu Beginn des 20. Jahrhunderts zwischen Klassik und Neoklassik. In: Ders., *Ökonomisches Denken in klassischer Tradition. Aufsätze zur Wirtschaftstheorie und Theoriegeschichte*, Marburg: Metropolis Verlag.
Mikl-Horke, Gertraude (1999): *Historische Soziologie der Wirtschaft. Wirtschaft und Wirtschaftsdenken in Geschichte und Gegenwart*, München/Wien: Oldenbourg Verlag.
Schefold, Bertram (2004): *Beiträge zur ökonomischen Dogmengeschichte*, ausgewählt und hrsg. von Volker Caspari, Düsseldorf: Verlag Wirtschaft und Finanzen.
Schumpeter, Joseph Alois (1914): *Epochen der Dogmen- und Methodengeschichte* (= Grundriss der Sozialökonomik, Abt. 1: Wirtschaft und Wirtschaftswissenschaft, bearbeitet von Karl Bücher, Joseph Schumpeter und Friedrich von Wieser), Tübingen: J.C.B. Mohr (Paul Siebeck).

Karl Acham

Rudolf von Jhering

Rudolf von Jhering (1818–1892) zählt zu den bedeutendsten deutschsprachigen Juristen des 19. Jahrhunderts. In seinen jungen Jahren war er einer der wichtigsten Vertreter der Begriffsjurisprudenz. Sein Hauptwerk dieser Epoche, die monumentale Studie über den *Geist des römischen Rechts auf den verschiedenen Stufen seiner Entwicklung* (4 Bde., 1852–1865), blieb unvollendet, weil Jhering in eine wissenschaftliche Krise geraten war, die heute als sein Damaskuserlebnis gilt (Dreier 1993, S. 112; zum konkreten Anlass Radbruch 1990, S. 136). In dessen Folge wurde Jhering als erster seiner Generation vom Begriffsjuristen zum Betrachter der sozialen Wirklichkeit des Rechts. Bereits in den in der ersten Hälfte der 1860er Jahre verfassten »Vertraulichen Briefen über die heutige Jurisprudenz« (Jhering 1884) hatte er mit beißendem Spott einen »wilden Gerichtstag« (Wolf 1963, S. 644) über die logisch-analytische Methode gehalten.

Für die Entwicklung der Rechtssoziologie ist vornehmlich Jherings späte, dogmenskeptische und realistische, auf die tatsächlich wirksamen ethischen, psychologischen, politischen und wirtschaftlichen Motive und gesellschaftlichen Zusammenhänge fokussierte Phase relevant. Zwei Hauptwerke dieser Zeit sind besonders aufschlussreich. In seinem – auf einen in Wien gehaltenen Vortrag – zurückgehenden Buch *Kampf um's Recht* (1872), das innerhalb weniger Jahre zum Welterfolg avancierte, entkleidet Jhering das Recht jeglicher metaphysischen Tarnung. Das Recht sei ein Mittel zur Verfolgung von Interessen, und zwar sowohl bei der allgemeinen Gesetzgebung als auch bei der individuellen Durchsetzung subjektiver Rechte. Das Recht ist ihm »ein Machtbegriff« (Jhering 1872, S. 11). In klarer Abgrenzung zur herrschenden Vorstellung, das Recht entwickele sich organisch aus den im Volksgeist lebendigen Rechtsüberzeugungen, stellt er die planvolle politische Gestaltung durch die Gesetzgebung heraus. Dabei sei »nicht das Gewicht der Gründe, sondern das Machtverhältnis der sich gegenüberstehenden Kräfte« entscheidend (ebd., S. 14). Für die Durchsetzung subjektiver Rechte wiederum sei der »moralische Schmerz über das erlittene Unrecht« ausschlaggebend (ebd., S. 26). Die Durchsetzung subjektiver Rechte ist eine doppelte moralische Pflicht des Betroffenen – einerseits gegen sich selbst, andererseits aber auch gegen das Gemeinwesen, weil der Einzelne mit dem Kampf um sein Recht auch die allgemeine Geltung des abstrakten Gesetzes verteidigt. Gerade in dem zuletzt genannten Sachverhalt zeigt sich die genuin rechtssoziologische, auf die praktische Wirksamkeit des Rechts fokussierte Perspektive Jherings (Helfer 1972, S. 43; Schelsky 1972, S. 67–74).

Mit dem ebenfalls unvollendet gebliebenen Werk *Der Zweck im Recht* (2 Bde., 1. Aufl. 1877/83) stützte Jhering dann das gesamte Recht auf die Verwirklichung von Zwecken, verstanden als praktische Motive. Zweck des Rechts sei die »Sicherung der Lebensbedingungen der Gesellschaft« durch die Zwangsgewalt des Staates (Jhering 1884/86, Bd. 1, S. 443). In seinem groß angelegten Versuch, rechtliche und außerrechtliche Normen aus ihren gesellschaftlichen Grundlagen zu erklären, verarbeitet Jhering eine Fülle von empirischen Beobachtungen. Er systematisiert gesellschaftliche Phänomene der Normentstehung nach dem Grad ihrer Verpflichtungskraft zu einer Theorie des Sittlichen. Dabei trägt Jhering reichhaltiges Material zusammen, das spätere Rechtssoziologen, u.a. Eugen Ehrlich und Max Weber, inspiriert hat.

Jherings Wirkung ist auch über den bahnbrechenden Einfluss auf die Entstehung der Rechtssoziologie hinaus denkbar breit. Sie erstreckt sich auf die Freirechtsschule und die Interessenjurisprudenz ebenso wie auf den amerikanischen (Pound 1908, S. 610; Fuller 1934, S. 449, Fn. 46; Summers 1996) und den skandinavischen (Jorgensen 1970; Modéer 1996) Rechtsrealismus. Jhering beeinflusste die analytische Rechtstheorie (Hart 1970, S. 78) und durch die Einführung praktischer Übungen sogar die Juristenausbildung (Hirsch 1970). Er hatte zudem beträchtlichen Einfluss auf die Entwicklung der Rechtsvergleichung (Radbruch 1990, S. 137; Zweigert 1970, S. 243). Ältere kritische Deutungen stellten Jhering in eine Reihe mit Nihilismus und Sozialdarwinismus und interpretierten ihn als Verfechter wertevergessener Machtpolitik (Stintzing/Landsberg 1910, S. 788–833; zur kritischen Revision dieses Jhering-Bildes Behrends 1987, S. 230–240). Jüngere Bewertungen kritisieren, dass Jhering den sozialen Kämpfen um das Recht der bürgerlichen Gesellschaft seiner Zeit kaum Beachtung geschenkt habe (Koller 2012; Klenner 1991, S. 13). Höchst bedenkenswert sind Hinweise auf den Abstand Jherings zur soziologischen Rechtswissenschaft, der durch Restbestände idealistischen Rechtsdenkens hervorgerufen werde (Landau 2003, S. 254; Dreier 1993, S. 126f.).

Behrends, Okko (1987): Rudolph von Jhering. Der Durchbruch zum Zweck des Rechts. In: Fritz Loos (Hg.), *Rechtswissenschaft in Göttingen. Göttinger Juristen aus 250 Jahren*, Göttingen: Vandenhoeck & Ruprecht, S. 229–269.

– (Hg.) (1996): *Jherings Rechtsdenken. Theorie und Pragmatik im Dienste evolutionärer Rechtsethik*, Göttingen: Vandenhoeck & Ruprecht.

Dreier, Ralf (1993): Jherings Rechtstheorie – eine Theorie evolutionärer Rechtsvernunft. In: Okko Behrends (Hg.), *Privatrecht heute und Jherings evolutionäres Rechtsdenken*, Köln: Schmidt, S. 111–130.

Fuller, Lon L. (1934): American Legal Realism. In: *University of Pennsylvania Law Review and American Law Register* 82/5, S. 429–462.

Hart, Herbert L. A. (1970): Jhering's Heaven of Concepts and Modern Analytical Jurisprudence. In: Wieacker/Wollschläger 1970, S. 68–78.

Helfer, Christian (1972): Rudolf von Jhering als Rechtssoziologe. In: *Gießener Universitätsblätter* 5/2, S. 40–56.

Hirsch, Ernst E. (1970): Jhering als Reformator des Rechtsunterrichts. In: Wieacker/Wollschläger 1970, S. 89–100.

Jhering, Rudolf von (1852, 1854, 1858, 1865): *Der Geist des römischen Rechts auf den verschiedenen Stufen seiner Entwicklung*, 4 Bde., Leipzig: Breitkopf & Härtel.

– (1872): *Der Kampf um's Recht*, Wien: Verlag der Manz'schen Buchhandlung.

– (1884): Vertrauliche Briefe über die heutige Jurisprudenz. In: Ders., *Scherz und Ernst in der Jurisprudenz. Eine Weihnachtsgabe für das juristische Publikum*, Leipzig: Breitkopf & Härtel.

– (1884/86): *Der Zweck im Recht*, 2 Bde. [1. Bd. 1877, 2. Bd. 1883], 2. umgearb. Aufl., Leipzig: Breitkopf & Härtel.

Jorgensen, Stig (1970): Die Bedeutung Jherings für die neuere skandinavische Rechtslehre. In: Wieacker/Wollschläger 1970, S. 116–126.

Klenner, Hermann (1991): Rechtsphilosophie im Deutschen Kaiserreich. In: *Archiv für Rechts- und Sozialphilosophie* 43 (Beiheft), S. 11–17.

Koller, Peter (2012): Der Kampf um Recht und Gerechtigkeit: Soziologische und ethische Perspektiven. In: Josef Estermann (Hg.), *Der Kampf ums Recht. Akteure und Interesse im Blick der interdisziplinären Rechtsforschung*, Wien: LIT, S. 13–32.

Kunze, Michael (1992): Rudolph von Jhering – ein Lebensbild. In: Okko Behrends (Hg.), *Rudolf von Jhering. Beiträge und Zeugnisse aus Anlaß der einhundertsten Wiederkehr seines Todestages*, Göttingen: Wallstein, S. 11–28

Landau, Peter (2003): Das substantielle Moment im Recht bei Rudolph von Jhering. In: Claus Dierksmeier (Hg.), *Die Ausnahme denken. Festschrift zum 60. Geburtstag von Klaus-Michael Kodalle*, Bd. 2, Würzburg: Königshausen & Neumann, S. 247–255.

Modéer, Kjell A. (1996): Jherings Rechtsdenken als Herausforderung für die skandinavische Jurisprudenz. In: Behrends 1996, S. 153–174.

Pound, Roscoe (1908): Mechanical Jurisprudence. In: *Columbia Law Review* 8, S. 605–623.

Radbruch, Gustav (1990): Vorschule der Rechtsphilosophie [1948]. In: Arthur Kaufmann (Hg.), *Gustav Radbruch Gesamtausgabe*, Bd. 3: *Rechtsphilosophie*, Heidelberg: C.F. Müller, S. 121–227.

Schelsky, Helmut (1972): Das Jhering-Modell des sozialen Wandels durch Recht. In: Manfred Rehbinder/Ders. (Hgg.), *Jahrbuch für Rechtssoziologie und Rechtstheorie*, Bd. 3: *Zur Effektivität des Rechts*, Düsseldorf: Bertelsmann Universitätsverlag, S. 47–86.

Stintzing, Roderich von/Ernst Landsberg (1910): *Geschichte der Deutschen Rechtswissenschaft*, 3. Abt./2. Halbbd., München/Berlin: R. Oldenbourg.

Summers, Robert S. (1996): Rudolf von Jhering's influence on American legal theory. In: Behrends 1996, S. 61–76.

Wieacker, Franz/Christian Wollschläger (Hgg.) (1970): *Jherings Erbe. Göttinger Symposion zur 150. Wiederkehr des Geburtstags von Rudolph von Jhering*, Göttingen: Vandenhoeck & Ruprecht.

Wolf, Erik (1963): *Große Rechtsdenker der deutschen Geistesgeschichte*, 4. Aufl., Tübingen: J.C.B. Mohr, bes. S. 622–668.

Zweigert, Konrad (1970): Jherings Bedeutung für die Entwicklung der rechtsvergleichenden Methode. In: Wieacker/Wollschläger 1970, S. 240–251.

Matthias Klatt

Georg Jellinek

Georg Jellinek (1851–1911) war einer der bedeutendsten Staatsrechtslehrer des ausgehenden 19. Jahrhunderts. Insbesondere aufgrund seiner Schriften zu Problemen des Verhältnisses von Recht und Staat hatte er Einfluss auf die Entstehung der Rechtssoziologie als wissenschaftlicher Disziplin. Jellineks bleibende Bedeutung liegt in dieser

Hinsicht vor allem darin, dass er die Faktizität von Recht und Staat betonte und damit der Anerkennung der aufkommenden empirischen Sozialwissenschaften den Weg ebnete, zugleich aber mit dem Verweis auf die Normativität von Recht und Staat deren Eigenständigkeit wahrte. Er formulierte damit tragfähige Lösungen zu erkenntnistheoretischen Kernfragen der Jurisprudenz, die das Selbstverständnis der Rechtswissenschaften und ihrer Methoden auch heute prägen (vgl. insbesondere Klatt 2015, S. 498–499).

In seinem Buch *Die sozialethische Bedeutung von Recht, Unrecht und Strafe* (1878) führt Jellinek die Ethik auf die Seinsbedingungen der Gesellschaft zurück. Er weist auf die hohe Bedeutung von Religion und Sitte für das gesellschaftliche Zusammenleben hin und relativiert damit die Relevanz des Rechts (Jellinek 1878, S. 82–85, 116–118). Das Recht wird als »ethisches Minimum« charakterisiert (ebd., S. 42), worin bereits eine Absage an einen wertblinden Positivismus zu sehen ist.

In seiner vielfach übersetzten, gleich nach ihrem Erscheinen kontrovers diskutierten (vgl. Pauly/Siebinger 2004, S. 137) und auch später wirkungsmächtigen Schrift zur Grundrechtsgeschichte, die erstmals 1895 unter dem Titel *Die Erklärung der Menschen- und Bürgerrechte* veröffentlicht wurde, bekräftigt Jellinek in einer Zeit, in der die Reichsverfassung keine Grundrechte enthielt und die Wissenschaft Grundrechten eher ablehnend gegenüberstand (vgl. Stolleis 1993, S. 110f.), den Wert der individuellen Freiheit der Menschen. Diese werde vom Staat nicht geschaffen, sondern »anerkannt und zwar durch Selbstbeschränkung des Staates und die durch sie erzeugte Abgrenzung von Zwischenräumen, die notwendig zwischen den Fäden seiner Normen existieren müssen, mit denen er das Individuum umgibt« (Jellinek 1904, S. 62). Für die Begründung der Grundrechte stellt sich Jellinek sowohl gegen einseitig natur- und vernunftrechtliche Auffassungen als auch gegen die rechtspositivistische Ansicht, Grundrechte seien aufgrund staatlicher Souveränität schlicht gewährt. Er fokussiert vielmehr auf die seiner Ansicht nach vernachlässigte Frage »nach den lebendigen geschichtlichen Kräften, welche die Ideen in geltendes Recht umsetzen« (ebd., IX). Die zentrale These der Schrift lautet, dass die Idee der gesetzlichen Feststellung unveräußerlicher Grundrechte nicht politischen, sondern religiösen Ursprungs sei. Die ersten Grundrechtskataloge seien bereits vor der französischen Erklärung von 1789 in den englischen Kolonien Nordamerikas entstanden; dabei habe die Religionsfreiheit eine entscheidende Rolle gespielt. Während der erste Teil dieser These heute allgemein akzeptiert ist (vgl. Stolleis 1993, S. 107), ist der prägende Einfluss der Religionsfreiheit nach wie vor umstritten (vgl. einerseits Heckel 1989, S. 1141; andererseits Bloch 1985, S. 66f.; kritisch bereits Gierke 1981, S. 346, Fn. 49).

Jellineks *System der subjektiven öffentlichen Rechte* (1892) enthält bereits wesentliche Grundgedanken seiner einige Jahre danach erschienenen *Allgemeinen Staatslehre*. Einerseits wird der Gegenstand der Jurisprudenz klar als ein vom Sein getrennter, normativer bestimmt. Andererseits wird darauf verwiesen, dass die abstrakten Begriffe und Regeln der Rechtswissenschaft nur dann verständlich seien, »wenn man das Treiben der Welt kennt, in welche der praktische Mensch hineingestellt ist, eine Welt menschlicher Interessen und Leidenschaften, die in Schranken gebannt und in Harmonie gesetzt werden sollen« (Jellinek 2011, S. 16f.). Jellinek folgert: »Für Art und Resultat der Arbeit des Juristen wird daher die Kenntnis und Beachtung anderer mit dem Rechte sich beschäftigender Disziplinen von Bedeutung sein« (ebd., S. 18).

Dieser Grundgedanke ist auch in Jellineks Hauptwerk *Allgemeine Staatslehre* (1900) zentral. Der Autor wendet sich hier gegen den streng formalen Positivismus der Staatsrechtslehre seiner Zeit. Insbesondere durch Carl Friedrich Gerber und Paul Laband war die Rechtswissenschaft der zweiten Hälfte des 19. Jahrhunderts auf die rein juristische Konstruktion konzentriert und aller philosophischen, historischen, politischen und sozialen Elemente entkleidet worden. Die Begründung juristischer Entscheidungen sollte ohne derartige Elemente, unter »Ausscheidung alles Fremdartigen« (Gerber 1848, S. VII), erfolgen. Im Kontrast zu dieser positivistischen Verengung tritt Jellinek für eine Erweiterung des Blickwinkels der Staatsrechtswissenschaft ein. Dabei vermeidet er den in der Rechtswissenschaftstheorie häufig anzutreffenden Fehler, nunmehr ins umgekehrte Extrem zu verfallen und die juristische Konstruktion zugunsten der anderen Perspektiven abzuwerten. Jellinek belässt der rechtsdogmatischen Konstruktion ihren Wert als Methode. Gerade in dieser Kombination liegt Jellineks besondere Leistung.

Jellinek folgt dem Neukantianismus und dessen kategorialer erkenntnistheoretischer Trennung von Sein und Sollen. Dementsprechend unterscheidet er zwischen dem Staat als Sozialphänomen und dem Staat als Rechtsordnung (instruktiv dazu Koch 2000, S. 373–376). Seine These von der »Doppelnatur des Staates« (Jellinek 1966, S. 50) prägt den Aufbau seiner Staatslehre: Die soziale Staatslehre untersucht den Staat als gesellschaftliches, historisch-konkretes Gebilde und betrachtet die soziale Funktion des Rechts, während die Staatsrechtslehre den dogmatischen Gehalt der Rechtsnormen ermittelt. In der sozialen Staatslehre behandelt Jellinek u. a. das Problem der Geltung von Normen, die er an deren Fähigkeit knüpft, auf den Willen der Normunterworfenen motivierend zu wirken (ebd., S. 333f.). Damit wird Rechtsgeltung zu einem psychischen Phänomen (vgl. Landau 2000, S. 300f.) – eine Ansicht, die heute überholt ist. Psychische Anerkennung ist zwar eine notwendige, keineswegs aber eine hinreichende Bedingung für Rechtsgeltung. Die sozialpsychologische Argumentation Jellineks setzt sich in seiner berühmten These von der »normativen Kraft des Faktischen« fort. Ihr zufolge prägt die faktische Übung aufgrund einer psychologischen Disposition des Menschen die Vorstellung des normativ Gebotenen (Jellinek 1966, S. 338–343). Interpretiert man diese These richtigerweise nicht als Aussage über die Geltung, sondern als Aussage über die Genese von Recht, so stellt sie letztlich nur eine Reformulierung der Theorie der Entstehung von Gewohnheitsrecht dar (vgl. Landau 2000, S. 302f.), die Jellinek denn auch als Beispiel verwendet.

Jellineks Theorie von der Doppelnatur des Staates ist als »barer Widerspruch« kritisiert worden (Nelson 1949, S. 8), seine These von der normativen Kraft des Faktischen als »juristischer Nihilismus« (ebd., S. 3f.). Insbesondere Hans Kelsen hat sich ausführlich bemüht, Jellinek methodische Inkonsistenz nachzuweisen, indem er ihm die Identität von Staat und Rechtsordnung entgegenhält (Kelsen 1962, S. 114–132). Alle drei Argumente, mit denen Kelsen die Unmöglichkeit einer Soziallehre des Staates darzulegen versucht, lassen sich jedoch entkräften (Koch 2000, S. 377–384). Auch in neuerer Zeit ist Jellineks Lehre Gegenstand ungerechtfertigter Kritik, so wenn sein Dualismus als »Chimäre« charakterisiert wird (Herwig 1972, S. 80) oder »strukturelle Aporien« diagnostiziert werden, die letztlich nur zu »Ratlosigkeit« führten (Möllers 2000, S. 156, 170). Oliver Lepsius wendet gegen die Doppelnaturthese ein, Jellinek hätte aufgrund der Vielfalt der zu berücksichtigenden Wissenschaften anstelle des Dualismus besser eine Multivalenz des Staates diagnostizieren sollen (Lepsius 2000, S. 330; 2004, S. 76). Dies ist freilich aus zwei Gründen nicht überzeugend: Erstens ist ein buntes Potpourri ungeordneter Topoi der kategorialen Kraft der zwei Grunddimensionen Sein und Sollen notwendig unterlegen. Zweitens leugnet Jellinek die Multivalenz keineswegs, sondern betont vielmehr selbst die Vielfalt der disziplinären Perspektiven: Er fordert »allseitige Erkenntnis« (Jellinek 1966, S. 15, 74) und hebt hervor, bei der Erforschung des Staates müssten »fast alle Wissenschaften mitwirken« (Jellinek 1882, S. 9). Erst wenn die verschiedenen Wissenschaftsdisziplinen – ihre jeweilige Integrität und Besonderheit wahrend – integrativ zusammenwirken, kann die Rechtswissenschaft ein vollständiges Bild vom Recht gewinnen (Klatt 2015, S. 498f.; Stolleis 1992, S. 451–454; Kersten 2000, S. 187).

In Bezug auf Jellineks Wirkung ist neben dem bereits Gesagten vor allem sein Einfluss auf Max Weber festzuhalten, mit dem er befreundet war und der Jellineks Leistungen für die Entstehung der Soziologie als Wissenschaft hervorgehoben hat (Breuer 2004; Groh 2016). Aufbauend auf seinen sozialtheoretischen Schriften ist versucht worden, Jellinek als Kommunitaristen zu rekonstruieren (Brugger 2017). Wenig überzeugend ist die Diagnose, Jellinek habe Grundaussagen der Systemtheorie Luhmanns antizipiert (so aber Schulte 2000, S. 369). Missverstanden wird Jellinek auch, wenn die Behauptung aufgestellt wird, er reduziere Recht auf bloße Macht (in diesem Sinne Herwig 1972, S. 85). Derartige sozialdarwinistische oder materialistische Interpretationen übersehen Jellineks Theorie der rechtserzeugenden Kraft des Naturrechts ebenso wie seine hochinteressante Vorwegnahme der Radbruch'schen Formel zur Geltung des Rechts bei Vorliegen eines Konfliktes zwischen Rechtssicherheit und Gerechtigkeit (Landau 2000, S. 303–307). Der Sache nach wirkt Jellineks Doppelnaturthese in nichtpositivistischen Positionen zum Rechtsbegriff (Alexy 2011) sowie zur Rechtswissenschaftstheorie und zur juristischen Methodenlehre (Klatt 2015) fort.

Alexy, Robert (2011): Die Doppelnatur des Rechts. In: *Der Staat* 50/3, S. 389–404.

Anter, Andreas (Hg.) (2004): *Die normative Kraft des Faktischen. Das Staatsverständnis Georg Jellineks*, Baden-Baden: Nomos.

Bloch, Ernst (1985): *Naturrecht und menschliche Würde* [1961] (= Ernst Bloch Werkausgabe, Bd. 6), 2. Aufl., Frankfurt a.M.: Suhrkamp.

Breuer, Stefan (2004): Von der sozialen Staatslehre zur Staatssoziologie. Georg Jellinek und Max Weber. In: Anter 2004, S. 89–112.

Brugger, Winfried (2017): Georg Jellinek als Sozialtheoretiker und Kommunitarist. In: Ders./ Rolf Gröschner/Oliver Lembcke (Hgg.), *Faktizität und Normativität. Georg Jellineks freiheitliche Verfassungslehre*, Tübingen: Mohr Siebeck, S. 5–37.

Gerber, Carl Friedrich von (1848): *System des deutschen Privatrechts*, 2 Bde., Jena: F. Mauke.

Gierke, Otto von (1981): *Johannes Althusius und die Entwicklung der naturrechtlichen Staatstheorien. Zugleich ein Beitrag zur Geschichte der Rechtssystematik* [1880], 7. Aufl., Aalen: Scientia.

Groh, Kathrin (2016): Human rights and subjective rights. Affinities in Max Weber and Georg Jellinek. In: Ian Bryan/Peter Langford/John McGarry (Hgg.), *The reconstruction of the juridico-political. Affinity and Divergence in Hans Kelsen and Max Weber*, London: Routledge, S. 140–159.

Heckel, Martin (1989): Die Menschenrechte im Spiegel der reformatorischen Theologie. In: Ders., *Gesammelte Schriften. Staat, Kirche, Recht, Geschichte*, Bd. 2, hrsg. von Klaus Schlaich, Tübingen: Mohr (Paul Siebeck), S. 1122–1193.

Herwig, Hedda J. (1972): Georg Jellinek. In: Martin J. Sattler (Hg.), *Staat und Recht. Die deutsche Staatslehre im 19. und 20. Jahrhundert*, München: List, S. 72–99.

Jellinek, Georg (1878): *Die socialethische Bedeutung von Recht, Unrecht und Strafe*, Wien: Alfred Hölder.

– (1882): *Die Lehre von den Staatenverbindungen*, Berlin: O. Haering.

– (1904): *Die Erklärung der Menschen- und Bürgerrechte. Ein Beitrag zur modernen Verfassungsgeschichte* [1895], 2. Aufl., Leipzig: Duncker & Humblot.

– (1966): *Allgemeine Staatslehre* [1900], unveränd. 6. Neudruck der 3. Aufl. v. 1921, Bad Homburg/ Berlin/Zürich: Gehlen.

– (2011): *System der subjektiven öffentlichen Rechte* [1892], Nachdruck der 2. Aufl. v. 1905, hrsg. von Jens Kersten, Tübingen: Mohr Siebeck.

Kelsen, Hans (1962): *Der soziologische und der juristische Staatsbegriff. Kritische Untersuchung des Verhältnisses von Staat und Recht* [1922], Nachdruck der 2. Aufl. v. 1928, Aalen: Scientia.

Kersten, Jens (2000): *Georg Jellinek und die klassische Staatslehre*, Tübingen: Mohr Siebeck.

Klatt, Matthias (2015): Integrative Rechtswissenschaft. Methodologische und wissenschaftstheoretische Implikationen der Doppelnatur des Rechts. In: *Der Staat* 54/4, S. 469–499.

Koch, Hans-Joachim (2000): Die staatsrechtliche Methode im Streit um die Zwei-Seiten-Theorie des Staates (Jellinek, Kelsen, Heller). In: Paulson/Schulte 2000, S. 371–389.

Landau, Peter (2000): Rechtsgeltung bei Georg Jellinek. In: Paulson/Schulte 2000, S. 299–307.

Lepsius, Oliver (2000): Georg Jellineks Methodenlehre im Spiegel der zeitgenössischen Erkenntnistheorie. In: Paulson/Schulte 2000, S. 309–343.

– (2004): Die Zwei-Seiten-Lehre des Staates. In: Anter 2004, S. 63–88.

Möllers, Christoph (2000): Skizzen zur Aktualität Georg Jellineks. Vier theoretische Probleme aus Jellineks Staatslehre in Verfassungsrecht und Staatstheorie der Gegenwart. In: Paulson/ Schulte 2000, S. 155–171.

Nelson, Leonard (1949): *Die Rechtswissenschaft ohne Recht* [1917], 2. Aufl., Göttingen: Verlag Öffentliches Leben.

Paulson, Stanley L./Martin Schulte (Hgg.) (2000): *Georg Jellinek. Beiträge zu Leben und Werk*, Tübingen: J.C.B. Mohr.

Pauly, Walter/Martin Siebinger (2004): Staat und Individuum. Georg Jellineks Statuslehre. In: Anter 2004, S. 135–151.

Schulte, Martin (2000): Georg Jellineks »Funktionenordnung« von Rechts- und Staatswissenschaft sowie ihrer Nachbarwissenschaften – ein mehrperspektivischer Zugang zum Recht? In: Paulson/Schulte 2000, S. 359–369.
Stolleis, Michael (1992): *Geschichte des öffentlichen Rechts in Deutschland*, Bd. 2: *Staatsrechtslehre und Verwaltungswissenschaft 1800–1914*, München: Beck.
– (1993): Georg Jellineks Beitrag zur Entwicklung der Menschen- und Bürgerrechte. In: Helmut Heinrichs et al. (Hgg.), *Deutsche Juristen jüdischer Herkunft*, München: Beck, S. 103–116.

Weiterführende Literatur

Hof, Hagen (2017): Georg Jellinek. In: Gerd Kleinheyer/Jan Schröder (Hgg.), *Deutsche und Europäische Juristen aus neun Jahrhunderten. Eine biographische Einführung in die Geschichte der Rechtswissenschaft*, 6. Aufl., Tübingen: Mohr Siebeck, S. 228–233.
Keller, Christian (2001): Georg Jellinek. In: Michael Stolleis (Hg.), *Juristen. Ein biographisches Lexikon von der Antike bis zum 20. Jahrhundert*, München: C.H. Beck, S. 333f.
Sattler, Martin J. (1993): Georg Jellinek (1851–1911). Ein Leben für das öffentliche Recht. In: Helmut Heinrichs et al. (Hgg.), *Deutsche Juristen jüdischer Herkunft*, München: Beck, S. 355–368.

Matthias Klatt

2. ANFÄNGE DER KRIMINALSOZIOLOGIE UND DER MODERNEN RESOZIALISIERUNGSTHEORIE

Julius Vargha als Vorläufer einer kritischen Kriminalsoziologie

Auf den ersten Blick scheinen kriminalsoziologische Themen im Werk Julius Varghas (1841–1909) von eher untergeordneter Bedeutung zu sein (Bock 2011), ist es doch durchdrungen von der Vorstellung, dass eine an naturwissenschaftlichen Methoden orientierte Gestaltung der menschlichen Lebenspraxis Entscheidendes zum Fortschritt der Kultur beitragen würde. Insoweit ist Vargha, angeleitet durch die Lektüre der italienischen, französischen und englischen Kriminologie und das ergänzende Studium psychologischer und psychiatrischer Fachbücher, ein Determinist oder Positivist, der versucht, die Motivation des Verbrechers in neurophysiologische Vorgänge aufzulösen (Vargha 1896). Selbst für den sogenannten Augenblicksverbrecher, bei dem es ja an sich per definitionem keine persistenten Ursachen der Kriminalität gibt, hypostasiert er einen sogenannten »Momentsirrsinn«, um die psychophysische Ableitung lückenlos darstellen zu können. Vieles erinnert hier weniger an die Kriminalsoziologie als an die moderne Hirnforschung.

Kriminalsoziologische Überlegungen fehlen gleichwohl nicht, denn das Verbrechen hat – unabhängig davon, dass es in seiner konkreten Ausführung lediglich ein Durchgangsstadium neuronaler Prozesse ist – nach Vargha auch vielfältige soziale Ursachen wie etwa Armut und Arbeitslosigkeit. Die allgegenwärtige »Soziale Frage« bedingt auch das Verbrechen. Vargha rezipiert hier die Vorstellungen seiner Zeit und die durch die Forschungen Adolphe Quetelets seit den 1830er Jahren in Aufschwung befindliche Kriminalstatistik. Insofern ist er durchaus ein früher Vertreter der Kriminalsoziologie – aber besonders originell oder weiterführend sind seine diesbezüglichen Überlegungen nicht.

Wegweisend war hingegen Varghas Zugang, deviantes Verhalten sowohl als individuelles wie auch als gesellschaftlich konstruiertes Phänomen zu analysieren. Dies wird vor allem mit Blick auf die spätere Gestalt der Kriminalsoziologie deutlich (vgl. Lamnek 2008 und 2013). Der institutionellen Stellung der modernen Kriminalsoziologie außerhalb der justiziellen Strafrechtspflege entspricht es, dass sie ihre Erkenntnisbemühungen nicht auf die Ergreifung und Überführung von Straftätern richtet, sondern auf die Beschreibung und Erklärung des Verbrechens als gesellschaftliche Erscheinung. Innerhalb dieser von den Belangen der Verbrechensbekämpfung unabhängigen wissenschaftlichen Disziplin unterschied sich das Erkenntnisinteresse mitunter auch noch fundamental danach, ob man eher (wie die ätiologische Kriminalsoziologie) nach Erklärungen für die unterschiedliche Verteilung des Verbrechens suchte, die sich z.B. aus der Zugehörigkeit zu bestimmten sozialen Klassen, ethnischen oder anderen subkulturellen Milieus oder dem Wohnumfeld ergibt, oder ob (wie in der kritischen Kriminalsoziologie) die gesamte Strafrechtspraxis einschließlich der Gesetzgebung, des Strafverfahrens und des Strafvollzugs selbst zum Gegenstand z.B. einer psychoanalytischen, marxistischen und/oder funktionalistischen sozialwissenschaftlichen Analyse wurde.

Während sich in Österreich und insbesondere in seinem Grazer Umfeld Hans Gross mit seiner enzyklopädischen Kriminologie durchsetzt und die Kriminologie und die Kriminalistik in den Dienst eines starken Staates und eines selbstbewussten Bürgertums stellt (Bachhiesl 2008), bemüht sich Vargha nachdrücklich um die Erklärung des kriminellen Verhaltens. Und während viele ebenfalls deterministisch denkende Strafrechtler, für die der Verbrecher zwar nicht schuldig, aber doch gefährlich ist, sich durchaus mit einer selbst vor schwerer körperlicher Misshandlung nicht zurückschreckenden Vollzugspraxis arrangieren (Überblick bei Galassi 2004), entwickelt Vargha aus der wissenschaftlichen Analyse des Verbrechens einen reflexiven Blick auf die Praxis der Strafrechtspflege. Seine kriminalsoziologische Perspektive weist somit über die sozialen Ursachen der *Kriminalität* hinaus zu den Mechanismen der *Kriminalisierung*, als deren Beginn und unabdingbare Voraussetzung er die Gesetzgebung selbst ansieht. Wie für Karl Marx, der die plötzliche Kriminalisierung des zuvor straflosen Sammelns von Raffholz durch das Gesetz über den Holzdiebstahl scharf kritisierte (Marx 1976), gibt es auch für Vargha ohne Norm keine Devianz und ohne Gesetz kein Verbrechen.

Vargha war also aus dem von moralischer Empörung getragenen Kampf gegen das Verbrechen ausgestiegen. Für ihn folgt aus dem Umstand, dass das Verbrechen in einer neurophysiologischen und/oder sozialen Ursachenkette steht, zum einen, dass der Verbrecher nicht aufgrund einer zu vergeltenden Schuld zu verurteilen ist, und zum anderen, dass die sichernden Maßnahmen, denen der Delinquent wegen seiner Gefährlichkeit allenfalls zuzuführen ist, über diesen Sicherungszweck hinaus in keiner Weise grausam oder erniedrigend sein dürfen. In den Strafrechtsreformen der 1960er und 1970er Jahre trug die Gesetzgebung dieser Einsicht zumindest teilweise Rechnung (Probst 2016).

Aufgrund der von ihm propagierten Erweiterung des kriminalsoziologischen Blicks wurde Vargha als Vorläufer des sogenannten Etikettierungsansatzes (*labeling approach*) für die österreichische Kriminologie reklamiert (Probst 1976 und 1977). Die konkrete soziologische (i.e. interaktionistische und konstruktivistische) Ausarbeitung der Ausdrucksformen der sogenannten Definitionsmacht, der Zeremonien der Degradierung und der subtilen Wechselwirkungen zwischen abweichender Identität und Kriminalisierung ist aber doch eher eine Leistung der Kriminalsoziologen der Chicagoer Schule gewesen, die im deutschen Sprachraum freilich nie angemessen rezipiert wurde (Bock 2000). Gleichwohl muss Vargha als ein früher Vertreter einer kritischen Kriminalsoziologie gewürdigt werden, deren Aktualität ungebrochen ist in einer Zeit, in der ein »Feindstrafrecht« wieder salonfähig werden konnte (Bock 2010) und in der die Strafrechtspflege unter politischem und medialem Druck erneut das alte Spiel der Guten gegen die Bösen inszeniert.

Bachhiesl, Christian (2008): Die Grazer Schule der Kriminologie. Eine wissenschaftsgeschichtliche Skizze. In: *Monatsschrift für Kriminologie und Strafrechtsreform* 91/2, S. 87–111.

Bock, Michael (2000): Kriminalsoziologie in Deutschland. Ein Resümee am Ende des Jahrhunderts. In: Horst Dreier (Hg.), *Rechtssoziologie am Ende des 20. Jahrhunderts. Gedächtnissymposium für Edgar Michael Wenz*, Tübingen: Mohr Siebeck, S. 115–136.

– (2010): Über die positive Spezialprävention in den Zeiten des Feindstrafrechts. Die Bedeutung der Angewandten Kriminologie für eine menschliche Kriminalpolitik. In: *Edicija Crimen* 16, hrsg. v. d. Juristischen Fakultät der Universität Belgrad, Belgrad, S. 9–29.

– (2011): Hans Gross und Julius Vargha. Die Anfänge wissenschaftlicher Kriminalistik und Kriminalpolitik. In: Karl Acham (Hrsg.): *Kunst und Wissenschaft aus Graz*, Bd. 3: *Rechts-, Sozial- und Wirtschaftswissenschaften aus Graz. Zwischen empirischer Analyse und normativer Handlungsanweisung: wissenschaftsgeschichtliche Befunde aus drei Jahrhunderten*, Wien u.a.: Böhlau, S. 329–342.

Galassi, Silviana (2004): *Kriminologie im Deutschen Kaiserreich. Geschichte einer gebrochenen Verwissenschaftlichung*, Stuttgart: Steiner.

Marx, Karl (1976): Debatten über das Holzdiebstahlsgesetz [1842]. In: *Karl Marx/Friedrich Engels – Werke* [MEW], Bd. 1, Berlin: Dietz, S. 109–147 [erstmals in: *Rheinische Zeitung* Nr. 298 vom 25. Oktober 1842].

Lamnek, Siegfried (2008) : *Theorien abweichenden Verhaltens*, Bd. 2: *»Moderne« Ansätze. Eine Einführung für Soziologen, Psychologen, Juristen, Journalisten und Sozialarbeiter*, 3. Aufl., Paderborn: Wilhelm Fink.

– (2013) *Theorien abweichenden Verhaltens*, Bd. 1: *»Klassische« Ansätze. Eine Einführung für Soziologen, Psychologen, Juristen, Journalisten und Sozialarbeiter*, 9. Aufl., Paderborn: Wilhelm Fink.

Probst, Karlheinz (1976): Die moderne Kriminologie und Julius Vargha. In: *Monatsschrift für Kriminologie und Strafrechtsreform* 59/6, S. 335–351.
– (1977): Der Labeling-approach, eine österreichische kriminologische Theorie. In: *Österreichische Richterzeitung* 1977, S. 45–51.
– (2016): Art. »Vargha (bis etwa 1863 v. Vargha), Julius, Strafrechtler, Kriminalpolitiker«. In: *Neue Deutsche Bibliographie*, Bd. 26, hrsg. von der Historischen Kommission bei der Bayerischen Akademie der Wissenschaften, Berlin: Duncker & Humblot, S. 713f.

Weiterführende Literatur

Bachhiesl, Christian (2012): *Zwischen Indizienparadigma und Pseudowissenschaft. Wissenschaftshistorische Überlegungen zum epistemischen Status kriminalwissenschaftlicher Forschung*, Wien u.a.: Lit Verlag 2012.
Probst, Karlheinz (1987): *Geschichte der rechtswissenschaftlichen Fakultät der Universität Graz. Teil 3: Strafrecht-Strafprozeßrecht-Kriminologie* (= Publikationen aus dem Archiv der Universität Graz Bd. 9/3), Graz: Akademische Druck- und Verlagsanstalt.
Wetzell, Richard F. (2000): *Inventing the Criminal. A History of German Criminology 1880–1945*, Chapel Hill/London: The University of North Carolina Press.

Michael Bock

Franz von Liszt – Kriminalsoziologische Grundlagen des modernen Strafrechts

Franz von Liszt (1851–1919) war einer der einflussreichsten österreichischen Gelehrten seiner Zeit (vgl. Moos 1969, Galassi 2004 sowie Baumann 2006). Er war formend und verstärkend an der Entstehung des modernen Strafrechts beteiligt und hat dabei ein wissenschaftliches Klima und organisatorische Plattformen geschaffen, in denen kriminalsoziologisches Gedankengut wachsen konnte. Spezifisch kriminalsoziologische Beiträge im Sinne der späteren Ausformung und Ausdifferenzierung dieser Disziplin findet man bei ihm aber nur in Ansätzen. Insofern war seine Bedeutung für das moderne kriminalsoziologische Denken zwar erheblich, inhaltlich ist sie aber doch eher diffus geblieben.

Seine Ausgangslage war ein Dornröschenschlaf, in den die Strafrechtswissenschaft in der ersten Hälfte des 19. Jahrhunderts durch die Straftheorie des deutschen Idealismus gefallen war (Bock 2001). Legitimer Strafzweck war nach dieser Auffassung allein die Vergeltung von Schuld. Wirkungen auf den Straftäter (Spezialprävention) oder die Allgemeinheit (Generalprävention) erzielen zu wollen, war als Anmaßung des absolutistischen Staates verpönt. Gefängniskunde und Kriminalistik kümmerten vor sich hin. Mit seiner Marburger Antrittsvorlesung »Der Zweckgedanke im Strafrecht« beendete von Liszt diesen Dornröschenschlaf (Liszt 1905a, erstmals 1882), indem er unüberhörbar die präventiven Strafzwecke als legitime und letztlich einzige Zwecke staatlichen Strafens herausstellte und rehabilitierte. Die bisherige Dogmatik des Strafrechts wurde dadurch zu einer *pädagogischen* Aufgabe degradiert, während Kriminologie und Pönologie, die allein den notwendigerweise empirischen Zugang zur Prävention versprachen, zu *wissenschaftlichen* Aufgaben avancierten, aus denen schließlich auch die maßgeblichen Gesichtspunkte einer *kriminalpolitischen* Weiterentwicklung des geltenden Strafrechts abzuleiten waren. Die bis dahin auf strafrechtsdogmatische Aspekte fokussierte Strafrechtswissenschaft musste zur Gesamten Strafrechtswissenschaft erweitert werden. Die 1888 erfolgte Gründung der Internationalen Kriminalistischen Vereinigung (IKV) und eines Kriminalistischen Seminars verstetigten von Liszts mit großem Engagement und Geschick verbreitete Ideen in einer einflussreichen kriminalpolitischen Bewegung. Er und seine Schüler waren die treibende Kraft in einem rund hundert Jahre andauernden Reformprozess, in dessen Verlauf die Strafrechtspflege in ganz Europa und weit darüber hinaus im Sinn des modernen Resozialisierungsgedankens umgebaut wurde. Die Kriminologie und – als einer ihrer wesentlichen Teile – die Kriminalsoziologie erhielten eine tragende Rolle in der straftheoretischen Begründungsstruktur und wurden an den juristischen Fakultäten etabliert.

Von Liszts Verwicklung in markante akademische Konflikte trug ihm den Ruf ein, ein »Positivist« und das Haupt einer »modernen« oder »soziologischen« Schule zu sein. Diese Etikettierungen sind zwar nicht falsch, verdecken aber, wie tiefgreifend von Liszt vor allem im methodischen Zugang zur sozialen Realität des Rechts durch die historische Rechtsschule und insbesondere Rudolf von Jhering geprägt war (Herrmann 2001, S. 17ff.). Gemeinsam mit seinem Freund Adolf Dochow beabsichtigte von Liszt für das Strafrecht eine der Zivilrechtsdogmatik des 19. Jahrhunderts vergleichbare Arbeit zu leisten, nämlich aus einer induktiven Analyse des Rechtsstoffs zu typischen Fallgestaltungen zu gelangen, durch die vor allem auf den (von der bisherigen Dogmatik vernachlässigten) Gebieten der Strafzumessung, der Strafvollstreckung und des Strafvollzugs der Gedanke der Prävention in der Praxis der Strafrechtspflege umgesetzt werden sollte (Breneselovic 2015). Dochow verstarb jedoch früh und von Liszt verfolgte das Projekt nicht weiter. In ihm war jedoch die Idee einer induktiven Kriminalsoziologie angelegt, denn die typischen Fallgestaltungen sollten natürlich auch und gerade den Straftäter in den Zwängen, Konflikten, Risiken und Lebenskrisen der modernen Industriegesellschaft widerspiegeln, die in der Literatur ausführlich als »sociale Fragen« thematisiert wurden. An einer solchen, für die Rechtspraxis unmittelbar relevanten Kriminalsoziologie fehlt es im Übrigen bis heute weitgehend, denn die später eindeutig als Kriminalsoziologie identifizierbaren Strömungen haben sich aus unterschiedlichen Gründen gerade damit nicht befasst (Bock 2013, S. 14–18).

Die Kriminalsoziologie blieb zwar bei von Liszt weiterhin präsent, aber eher in der Form programmatischer als erfahrungswissenschaftlicher Arbeiten (Liszt 1905b). Mit dem bekannten Satz, dass eine gute Sozialpolitik die beste Kriminalpolitik sei, stellte er sich hinter die Bismarck'schen Sozialreformen. Von Liszt sprang auch auf den Zug der italienischen Positivisten auf, die keineswegs nur biologische, sondern auch soziale Verbrechensursachen im Blick hatten. Er legte sich in dieser Frage nicht fest, sondern argumentierte multifaktoriell und interdisziplinär (Liszt 1905b); konservativen zeitgenössischen Strafrechtlern war er so als Haupt einer modernen, soziologischen Schule suspekt, für die späteren radikalen und strafrechtskritischen Kriminalsoziologen blieb er jedoch auf halbem Wege stecken.

Es liegt in der Natur der Sache, dass auch die Rechtsvergleichung und das Völkerrecht, die neben dem Strafrecht von Liszts zweites großes, zeitlebens bearbeitetes Themengebiet bilden, einen »soziologischen« Zug aufweisen (Herrmann 2001). Denn um aus dem Vergleich des positiven Rechts verschiedener Länder (und ggf. auch Zeiten) Erkenntnisse gewinnen zu können, bedarf es schließlich eines Maßstabes – und diesen Maßstab bilden nun einmal jene Gemeinsamkeiten und Unterschiede in den gesellschaftlichen Problemlagen und in den Produktions-, Lebens- und Siedlungsformen, die ihrerseits die Einflüsse von Klima, Landschaft und Kultur reflektieren.

Baumann, Imanuel (2006): *Dem Verbrechen auf der Spur. Eine Geschichte der Kriminologie und Kriminalpolitik in Deutschland 1880 bis 1980*, Göttingen: Wallstein.

Bock, Michael (2001): Kriminelles Verhalten, Kriminologie, Kriminalistik. In: Karl Acham (Hg.), *Geschichte der österreichischen Humanwissenschaften*, Bd. 3.1: *Menschliches Verhalten und gesellschaftliche Institutionen. Einstellung, Sozialverhalten, Verhaltensorientierung*, Wien: Passagen Verlag, S. 241–255.

– (2013): *Kriminologie. Für Studium und Praxis*, 4. Aufl., München: Vahlen.

Breneselovic, Luka (2015): Kann und soll die bevorstehende (Re-)Rationalisierung des Strafrechts auf den Gedanken Franz von Liszts aufbauen? In: Martin Asholt et al. (Hgg.), *Grundlagen und Grenzen des Strafens*, Baden-Baden: Nomos, S. 35–58.

Galassi, Silviana (2004): *Kriminologie im Deutschen Kaiserreich. Geschichte einer gebrochenen Verwissenschaftlichung*, Stuttgart: Steiner.

Herrmann, Florian (2001): *Das Standardwerk. Franz von Liszt und das Völkerrecht* (= Studien zur Geschichte des Völkerrechts, Bd. 1), Baden-Baden: Nomos.

Liszt, Franz von (1905): *Strafrechtliche Aufsätze und Vorträge*, 2 Bde., Berlin: Guttentag.

– (1905a): Der Zweckgedanke im Strafrecht [1882]. In: Liszt 1905, Bd. 1, S. 126–179.

– (1905b): Das Verbrechen als sozial-pathologische Erscheinung [1899]. In: Liszt 1905, Bd. 2, S. 230–250.

Moos, Reinhard (1969): Franz von Liszt als Österreicher. In: *Zeitschrift für die gesamte Strafrechtswissenschaft* 81, S. 660–682.

Weiterführende Literatur

Bachhiesl, Christian (2012): *Zwischen Indizienparadigma und Pseudowissenschaft. Wissenschaftshistorische Überlegungen zum epistemischen Status kriminalwissenschaftlicher Forschung*, Wien u.a.: Lit Verlag.

Schelsky, Helmut (1980): Das Jhering-Modell des sozialen Wandels durch Recht. In: Ders., *Die Soziologen und das Recht. Abhandlungen und Vorträge zur Soziologie von Recht, Institution und Planung*, Opladen: Westdeutscher Verlag, S. 147–186.

Wetzell, Richard F. (2000): *Inventing the Criminal. A History of German Criminology 1880–1945*, Chapel Hill/London: The University of North Carolina Press.

Michael Bock

V. Wurzeln der Soziologie in Geschichte, Historischer Anthropologie und Kunstgeschichte

1. SOZIAL- UND NATIONALITÄTENGESCHICHTE

Konflikte in der österreichischen Geschichte vom Wiener Kongress bis zum Fin de siècle in Darstellungen des 19. Jahrhunderts

Die wissenschaftliche Geschichtsschreibung hatte im 19. Jahrhundert eine gewisse Scheu vor dem, was wir heute »Zeitgeschichte« nennen. Franz von Krones (1835–1902) beendete die Darstellung der Vergangenheit in seinem 1881 erschienenen vierten Band seines *Handbuchs der Geschichte Österreichs* mit der Tätigkeit des Bürgerministeriums (1867–1869). Näher an die Gegenwart heran wollte er nicht gehen. Schon die Darstellung ab 1848 ist knapp und beschränkt sich auf wesentliche Ereignisse. Der Historiker habe, so Krones, die Aufgabe, »[…] mit ruhigem, unbefangenem Blicke den wechselvollen Erscheinungen der Vergangenheit nachzuspüren und deren tiefer liegende Gesetze zu ergründen. Aber der Historiker ist zugleich Genosse der Gegenwart und Anwärter der nächsten Zukunft; er soll das Wohl des Staates, dessen Bürger er ist, im regen Sinne und warmen Herzen tragen.« (Krones 1881, S. 658) Die Geschichtsschreibung möge daher als »unbestechlicher Anwalt Österreichs gegenüber leidenschaftlichen Vorwürfen oder hämischen Anklagen der wechselnden Tagespolitik […]« fungieren (ebd., S. 659). Die eigene Wertung habe dabei zurückzustehen.

Dennoch erschienen von Zeitgenossen gar nicht so wenige Darstellungen der österreichischen Geschichte des 19. Jahrhunderts. Dabei sehen wir ab von der fast unüberschaubaren Menge an Memoiren, Erinnerungsbüchern und edierten Tagebüchern. Im Folgenden soll nur eine Auswahl jener Publikationen zitiert werden, die wichtige Aussagen zum leitenden Thema bieten.

Die Revolution von 1848

Die Revolution des Jahres 1848 war zweifellos das gewaltigste Beben, welche das Gefüge des Kaisertums vor 1914 erschütterte. Es handelte sich jedoch nicht um eine einzige Revolution in mehreren Phasen, sondern um mehrere gleichzeitige und sich gegenseitig zumeist keineswegs unterstützende soziale und politische Bewegungen (Evans 2003, S. 32f.). Die Demonstrationen und Proteste von Bauern, Studenten, Bürgern oder Arbeitern als im engeren Sinne »soziale« bzw. »bürgerrechtliche« Proteste sind von den »nationalen« Bestrebungen in Oberitalien oder jenen der Polen, Tschechen und Ungarn systematisch zu unterscheiden. Weiter verkompliziert wurde die Sache dadurch, dass sich gegen den magyarischen Nationalismus der seit April 1848 selbstständigen ungarischen Regierung Aufstandsbewegungen der Kroaten, Serben, Rumänen und Slowaken regten. Kroatien wurde sogar zu einer der wichtigsten militärischen Bastionen der kaiserlichen Gegenrevolution (Jaworski 1996, S. 378f.). Karl Marx und Friedrich Engels haben die Komplexität dieser Vorgänge deutlich erfasst (vgl. Hanisch 1978). Karl Marx, der im August 1848 selbst in Wien war, kritisierte das noch unausgereifte Klassenbewusstsein der Wiener Arbeiterschaft (vgl. Steiner 1978; Haller 2017). Zwar widmeten Marx und Engels Österreich keine eigene Monographie, aber in »Revolution und Konterrevolution in Deutschland« wurde Österreich mehrfach thematisiert (vgl. Marx/Engels 1988, erstmals 1851/52). Die Urteile der beiden über die Habsburgermonarchie und die hier beheimateten kleinen slawischen Nationen (die als »Völkertrümmer« o.ä. bezeichnet wurden) sind bekanntlich überaus schroff, aber nicht immer unzutreffend (Hanisch 1978, S. 169–181).

Die ersten Darstellungen der Revolution waren Erinnerungen und Analysen von Zeitgenossen. Für die Themenstellung dieses Bandes wichtig ist die von Ernst Freiherr von Violand (1818–1875) verfasste *Sociale Geschichte der Revolution in Oesterreich* (erstmals 1850). Violand berief sich (vgl. Häusler 2017, S. 90–94) auf Lorenz von Stein, dessen große Studie *Der Sozialismus und Kommunismus des heutigen Frankreich* (1842) bzw. dessen *Geschichte der sozialen Bewegung in Frankreich von 1789 bis auf unsre Tage* (1850, 3 Bde.) ihm als Interpretationsrahmen diente. Violand, aktiver Revolutionär der ersten Stunde, der 1849 rechtzeitig aus Kremsier fliehen konnte und daher »nur« in absentia zum Tode verurteilt wurde, legte primär eine Analyse der Lage der verschiedenen Volksklassen vor. Er hielt fest, dass auch eine demokratische Verfassung die Ungleichheit der verschiedenen Klassen nicht beseitigen würde, das würde erst die Diktatur des Proletariats ermöglichen. Er war offensichtlich von Marx beeinflusst.

Auf der Gegenseite steht ein anderer Zeitgenosse: Franz de Paula Graf von Hartig (1789–1865). Seine *Genesis der Revolution in Österreich* erschien 1851 bereits in 3. Auflage. Hartig war ein fähiger Staatsbeamter, der einen gemäßigt zentralistischen Standpunkt vertrat; in seiner Interpretation war die ständische Bewegung der Landtage von Böhmen und Niederösterreich für den Ausbruch der Revolution verantwortlich. Ein sehr fleißiger Publizist war Joseph Alexander Freiherr von Helfert (1820–1910). Er stammte aus Prag, war Jurist und Abgeordneter zum Reichstag von 1848; gegenüber den liberalen deutschen (»linken«) Zentralisten formulierte der gesamtösterreichische Patriot einen föderalistischen, slawenfreundlichen Standpunkt. Im Herbst 1848 trat er als Unterstaatssekretär für das Unterrichtswesen in die Regierung ein. Seine Geschichte der Revolution begann allerdings erst mit dem Herbst 1848 und reicht trotz ihres Umfangs nur bis zum März 1849 (Helfert 1869–1876). Helfert hatte zwar auch die sozialen Spannungen im Zentrum der Monarchie im Auge, aber noch stärker die Vielfalt der Konfliktzonen in den verschiedenen Regionen. Im Bereich der Universitäts- und Gymnasialreform war er als Unterstaatssekretär bis 1860/61 ein wichtiger Mitarbeiter des Unterrichtsministers Graf Leo Thun-Hohenstein. Ab 1861 politisch kaltgestellt, widmete er sich intensiv Studien zur Geschichte, Publizistik und Literatur, auch und besonders denen des Revolutionsjahres 1848 (vgl. Art. »Helfert«, in: ÖBL 1958, ferner Helfert 1877 und 1882). Seit 1863 war Helfert Präsident der Zentralkommission für die Erforschung und Erhaltung der Baudenkmale, der Vorläuferorganisation des heutigen Bundesdenkmalamtes.

Ebenfalls ein Zeitgenosse war der Journalist Gerson Wolf (1823–1892). Seine Darstellung der *Revolutionszeit in Österreich-Ungarn* (1885) beruht z.T. auf Papieren des Generals Ludwig Freiherr von Welden, des Kommandanten von Wien in den Jahren 1849 bis 1851. Wolf selbst wurde vor dem Kriegsgericht verhört und für kürzere Zeit arretiert. Die genaueste Darstellung der Wiener Ereignisse stammt von Heinrich Reschauer (1838–1888), einem anderen Journalisten und Politiker, der die Revolution nur als Kind erlebt hatte. Reschauers umfängliche *Geschichte der Wiener Revolution* (1872) reicht allerdings nur bis in den März 1848. Fortgesetzt und abgeschlossen wurde sie noch im gleichen Jahr von Moritz Smetatzko (1828–1890), der seinen Namen zu »Smets« verkürzte. Smets war 1848 selbst akademischer Legionär und zeitweilig verfolgt gewesen. Beide Bände (Reschauer bzw. Smets 1872) sind äußerst detailreich und für die Kenntnis der Wiener Ereignisse von 1848 nach wie vor unentbehrlich. Smets schrieb außerdem noch eine »populäre«, aber nichtsdestoweniger recht umfangreiche *Geschichte der Oesterreichisch-Ungarischen Monarchie* (Smets 1878).

Ernst Victor Zenker (1865–1846) wählte für seine Arbeit über die Wiener Revolution von 1848 einen ausgesprochen soziologischen Zugang (vgl. Zenker 1897): Er analysierte die sozialen Verhältnisse in der Landwirtschaft und im Gewerbe und untersuchte die Lage der Arbeiterklasse. In seiner Darstellung der März- und der Mairevolution versuchte er, deren »sociale Bedeutung« herauszuarbeiten. Nach seiner Interpretation handelte es sich bei den Ereignissen von August und September 1848 um einen breiten Abfall der besitzenden Klassen von der Revolution (ebd., S. 184). Das Desinteresse der Bauern an der Wiener Oktoberrevolution sah er als eine Folge der Saturiertheit dieser gesellschaftlichen Schicht an. International bekannt wurde Zenker durch ein Buch über den Anarchismus. Von 1911 bis 1919 war er Abgeordneter im Reichsrat bzw. der Provisorischen Nationalversammlung Deutschösterreichs.

Das letzte Werk des 19. Jahrhunderts über das Revolutionsjahr 1848 stammt von Maximilian Bach (1871–1956). In seinem 1898 erschienenen Buch vertrat Bach, wie viele Autoren, den Standpunkt der Revolution und beschuldigte die Regierung bzw. das Haus Habsburg, nach der Niederschlagung der Revolution durch »Gewalt und Verrat« den Absolutismus des Vormärz als »militärisch-kirchliche Alleinherrschaft« erneuert zu haben (Bach 1898, S. 942). Damit sprach Bach zwei eng miteinander und mit dem Revolutionsjahr verbundene Konfliktfelder an: den Konflikt um die staatsrechtliche Gestaltung der habsburgischen Monarchie und den Konflikt um die Stellung der katholischen Kirche in diesem Staatswesen. Beide Problemkreise waren im 19. Jahrhundert immer wieder Gegenstand publizistischer Auseinandersetzungen, die vielfach aber auch als historische Darstellungen gelten müssen.

Der Konflikt um die Gestaltung der Habsburgermonarchie: Zentralismus versus Föderalismus angesichts des »Erwachens der Nationen«

Die treffendste Ikonographie der vor-mariatheresianischen Habsburgermonarchie bietet die Dreifaltigkeitssäule auf dem Wiener Graben. Der göttlichen Dreieinigkeit entsprechen die drei Wappengruppen, die die Ländergruppen Ungarn, Böhmen inkl. Mähren und Schlesien sowie Österreich repräsentieren (Czeike 1972, S. 105ff.). Diese traditionelle Verfassung (oder Verfassungsvielfalt) der habsburgischen Monarchie wurde seit Maria Theresia durch die Zurückdrängung der Rechte der Stände der einzelnen Königreiche und Länder faktisch in Richtung eines bürokratischen Zentralismus abgeändert, der freilich – abgesehen vom Inkrafttreten des Allgemeinen Bürgerlichen Gesetzbuches außerhalb Ungarns 1812 – zunächst keine rechtliche Einebnung bedeutete: Die Rechtssetzung der Zentrale (des Kaisers) erfolgte nach den jeweils regional geltenden Normen – nun jedoch eben vom Zentrum her. Das Kaisertum Österreich war also ein absolutistischer Föderalstaat mit einem äußerst komplizierten Aufbau, in dem die einzelnen Teile wenig miteinander zu tun hatten, aber alle Fäden in Wien zusammenliefen. Die kritische Literatur des Vormärz (vgl. z.B. Andrian-Werburg 1843) hat diesen bürokratischen Zentralismus heftig kritisiert.

Schon die österreichische Geschichtsschreibung des 19. Jahrhunderts ließ am System des »guten« Kaisers Franz (und seiner Nachfolger) kein gutes Haar. So beschrieb Anton Springer (1825–1891), einer der Begründer der Kunstgeschichte als Wissenschaft, in seiner zweibändigen *Geschichte Österreichs seit dem Wiener Frieden* (1863/65), die Jahre ab 1835 als »Zersetzung der Regierungsgewalten«. Springer hatte schon in seiner Einleitung das zentrale Problem angesprochen: »Die Geschichte Österreichs in den neueren Zeiten beginnt mit der Erkenntniß seiner äußerlichen Zusammensetzung aus verschiedenartigen, einander fremden oder entfremdeten Theilen und schildert in ihrem Fortgange die Bemühungen der Herrscher, diesem Übel abzuhelfen [...]. Diese Bemühungen wecken aber in den einzelnen Theilen des Staates das Bewußtsein ihrer möglichen Selbständigkeit, verwandeln ihre Gleichgiltigkeit zu einander in einen offenen Gegensatz und reizen zum Widerstande gegen die Einigungs- und Verschmelzungspläne.« (Springer 1863, S. 3) Und noch deutlicher: »Es fehlte den Bewohnern Oesterreichs der gemeinsame Lebensinhalt, es mangelte das Gefühl der Zusammengehörigkeit [...]« (ebd., S. 4). Die Verschiedenheit der Verfassungen und Traditionen wurde durch die Verschiedenheit der Sprachen und Sprachkulturen, regional auch durch konfessionelle Verschiedenheit, noch verschärft. Die Revolution eröffnete daher zugleich den Kampf um den Bestand der Habsburgermonarchie: Ungarn, schon bisher durch seinen eigenen Konstitutionalismus in einer besonderen Situation (ebd., S. 323–361), forderte und erreichte eine neue

Verfassung und eine eigene Regierung. Lombardo-Venetien strebte völlig weg von Österreich. Die tschechischen Forderungen nach einer weitgehenden Autonomie für Böhmen wurden in der »böhmischen Charte« teilweise erfüllt. Und die Wiener Revolution forderte nicht nur alle Freiheiten des politischen Lebens für ganz Österreich, sondern auch die staatliche Umsetzung der Einheit aller Deutschen. Dagegen sollte der im Juli 1848 zusammengetretene Reichstag eine Verfassung nur für Österreich beschließen. Im Jänner und Februar 1849 tagte der Verfassungsausschuss in Kremsier. Dessen Mehrheit war zentralistisch-deutsch, aber sie kam der Minderheit immerhin entgegen. Der Verfassungsentwurf stellte einen Kompromiss zwischen Zentralismus und Föderalismus dar. Die Kämpfe zwischen den nunmehr rascher sich konstituierenden Nationalitäten sollten durch die Unterteilung mehrsprachiger Kronländer in national einheitliche Kreise entschärft werden (Helfert 1886, S. 269–287). Der Kremsierer Entwurf hatte aber die Probe der Realisierung niemals zu bestehen.

Die von der siegreichen Reaktion oktroyierte Verfassung vom 4. (recte 7.) März 1849 sollte einen neuen Einheitsstaat schaffen, der die gesamte Monarchie umfasste. Das war in der Tat eine revolutionäre Neuerung! Während Viktor von Andrian-Werburg in seiner Schrift über *Centralisation und Decentralisation in Österreich* (1850) noch nach einem ausgewogenen Verhältnis zwischen einer Autonomie der einzelnen Teile und einer starken Zentralgewalt suchte, entschied sich die Regierung zu einer strikt zentralistischen Lösung. Nun sollte tatsächlich der gesamte weite Raum von Mailand bis Tarnopol und von Krakau bis Cattaro (Kotor) nach den gleichen Prinzipien durch eine einzige Zentrale beherrscht werden. Das bedeutete in Oberitalien und Ungarn weiterhin Militär- und Polizeipräsenz, in allen anderen Gebieten eine – freilich modernisierte – allmächtige Zentralgewalt. Immerhin schuf der Neoabsolutismus eine neue Verwaltungsstruktur (Einrichtung von politischen Bezirken) und reformierte die höhere Bildung (Thun'sche Gymnasial- und Hochschulreform) und das Sicherheitswesen (Einrichtung der Gendarmerie). Eine intensive wissenschaftliche Beschäftigung mit der vaterländischen Geschichte sollte zur Ausbildung eines die einzelnen Völker verbindenden österreichischen Nationalbewusstseins beitragen. Der geistige Vater des 1854 eben dafür gegründeten Instituts für österreichische Geschichtsforschung war Joseph Alexander Freiherr von Helfert (Helfert 1853). Wie der geistreiche Held des März 1848 und einzige Vertreter des politischen Liberalismus mit Verständnis für die Forderungen der nichtdeutschen Völker, Adolph Fischhof (1816–1893), feststellte, behinderte Österreich (ohne das ausdrücklich zu bezwecken) mit diesen Bestrebungen zur Schaffung eines übergreifenden Nationalbewusstseins zugleich »die Einigung Italiens, indem es ihr entgegen- und die Einigung Deutschlands, indem es ihr beitrat.« (Fischhof 1869, S. 9) Der schon genannte Franz von Krones sprach im Zusammenhang mit dieser angestrebten Tendenz der Zentralisierung eines in Teilbereichen auch weiterhin föderalistisch organisierten Staatswesens vom »kostspieligsten Verwaltungsmechanismus« des Neoabsolutismus (Krones 1881, S. 648).

Das große, unter Alexander von Bach von der Regierung betriebene Programm der Umwandlung »der Staaten Österreichs in einen österreichischen Staat« (Fischhof 1869, S. 172) brach an zwei Tagen zusammen: den Tagen von Magenta (4. Juni 1859) und Solferino (24. Juni 1859). Als Folge wich der Neoabsolutismus einer Art Konstitutionalismus. Anton von Schmerlings Wahlrechtsgeometrie vom Februar 1861 verhalf den Deutschen, die ein Drittel der Bevölkerung stellten, zur absoluten Mehrheit im neuen Reichsrat (ebd., S. 174). Der Ausgleich mit Ungarn nach der Niederlage im Preußisch-österreichischen Krieg von 1866 vereinfachte die Verfassungsfrage, weil das Parlament nunmehr eindeutig nur mehr für die cisleithanische Reichshälfte zuständig war. Dieses Parlament schuf die Dezemberverfassung 1867, der Fischhof »frischen, modernen Geist« konzedierte; sie habe aber die Kluft zwischen den Deutschen und den anderen Nationalitäten nur erweitert (ebd., S. 177). Denn sie gewähre den Deutschen, der »Volksminorität«, als zentralistische Verfassung eine »ausgesprochene Herrschaft« über die (slawische) Mehrheit, während andererseits den erbitterten Vertretern der »Volksmajorität« nun die neuen Möglichkeiten ebendieser Verfassung als Kampfmittel zur Verfügung stünden (ebd., S. 179). Zur Verschärfung der nationalen Kämpfe wird auch die Verbreitung einer sozial- bzw. rassendarwinistischen Haltung beigetragen haben, deren Topoi sich auch bei bedeutenden Gelehrten wie Ludwig Gumplowicz (1838–1909) finden: »Herrschaft [...] kann nie und nirgends anders als durch Übermacht begründet werden. Daher beginnt die Geschichte jeder Rechtsordnung mit der durch Übermacht in Völkerkämpfen hergestellten Herrschaft der Einen über die Andern.« (Gumplowicz, Ludwig 1889, S. 1; vgl. ferner Gumplowicz, Ludwig 1883). Der bedeutende Soziologe verfasste übrigens auch ein Buch über *Das Recht der Nationalitäten und Sprachen in Österreich-Ungarn* (Gumplowicz, Ludwig 1879).

Der Trialismus der Wiener Dreifaltigkeitssäule wurde letztlich zum Dualismus vereinfacht. Das verletzte das Selbstbewusstsein der (tschechischen) Repräsentanten des Königreichs Böhmen. Das böhmische Problem war aber ein zentrales: Böhmen war das wirtschaftlich wichtigste Land der Monarchie; seine beiden Sprachgruppen – die tschechische und die deutsche – zählten nach Sozialstruktur und Bildungsgrad zu den am höchsten entwickelten im ganzen Herrschaftsgebiet. Nach der Lösung des ungarischen Problems 1867 trachtete die Krone daher danach, auch mit den Tschechen zu einem Einvernehmen zu gelangen. Die zeitgenössische Publizistik, zumeist deutsch-liberal-zentralistisch eingestellt, ließ an diesen Versuchen kein gutes Haar. Als gutes Beispiel dafür mag Walter Rogge (1822–1892) dienen, dessen Werk *Oesterreich von Világos bis zur Gegenwart* (1872/73, 3 Bde.) ebenso engagiert wie ausführlich ist und offenbar auf guten Informationsquellen beruht. Das einschlägige Kapitel im dritten Band seiner Darstellung heißt folgerichtig: »Föderalistische Irrfahrten« (Rogge 1873, S. 294–491). Das Ministerium Hohenwart-Schäffle und dessen Ausgleichsversuch von 1871 wurde von Rogge wie von der deutschnationalen Propaganda jener Zeit als Programm zur Vernichtung der Verfassung und der Stellung des Deutschtums in Österreich interpretiert –

genau in dieser Zeit begann die Propaganda des deutschen Liberalismus immer stärker nationalistische Töne anzuschlagen. Wieder auf der Gegenseite finden wir den schon mehrfach zitierten Joseph Alexander von Helfert. Der Autor beschreibt in einer Abhandlung über die Verfassungskrise zu Beginn der 1870er Jahre die Bestrebungen der böhmischen Stände im Vormärz und die Proklamationen der tschechischen »Deklaranten« von 1868, die behaupteten, dass eine »Realunion« zwischen den böhmischen Ländern und den übrigen Erblanden nie bestanden hätte und die deshalb eine besondere Regierung für die böhmischen Länder forderten. Das geplante Ausgleichswerk auf der Basis der »Fundamentalartikel« (Oktober 1871) scheiterte jedoch am Widerstand der Ungarn und der Deutschen; auch ohne diesen wäre es aber wohl nur schwer realisierbar gewesen (Helfert 1873, S. 28). Infolge des Scheiterns einer trialistischen Lösung boykottierten die Tschechen den Reichsrat, traten aber 1879 doch wieder ein, was den zentralistischen Deutschliberalen eine herbe Enttäuschung bereitete: Schmerlings raffinierte Wahlgeometrie konnte auch gegen die Deutschen funktionieren! Ende der 1880er Jahre versuchte man sich abermals an einem »böhmischen Ausgleich«, doch fegte der Wahlsieg der gegen einen solchen opponierenden Jungtschechen das ganze Abkommen vom Tisch (Menger 1891). Der Radikalisierung der nationalen Konflikte durch die Badenischen Sprachenverordnungen (1897) trat die geistreiche moraltheologische Darstellung von Wenzel Frind (1843–1932), Professor der Theologie an der deutschen Universität Prag (ab 1901 Weihbischof in Prag), entgegen, die insbesondere der Gleichstellung zweier Landessprachen auf dem gesamten Landesgebiet die Berechtigung absprach und damit die Haltung der Deutschen Böhmens unterstützte (Frind 1899, S. 220).

Der Kampf um das Konkordat

Sogar der so loyale Franz Ritter von Krones bezeichnete das 1855 zwischen dem Kaiser von Österreich und dem Vatikan abgeschlossene Abkommen nur als das »verhängnisvolle Konkordat« (Krones 1881, S. 648). Tatsächlich hat kaum eine politische Handlung des jungen Kaisers Franz Joseph dessen Ansehen mehr belastet als dieser Vertragsabschluss. Dabei forderten konservative Katholiken vor 1848 eigentlich nur eine »freie Kirche« – denn nur eine solche könne sich frei entfalten und dem weltlichen Regime als gute Stütze dienen (Weinzierl-Fischer 1960, S. 19). Auf dem Reichstag hatte diese Freiheit der Kirche allerdings nur wenige Unterstützer, ihre – josephinischen – Gegner waren insbesondere die Wiener, Oberösterreicher, Salzburger und Italiener, aber auch die Tschechen. Unmittelbar nach dem Ende der Revolution erschien eine wichtige Programmschrift aus der Hand des antijosephinischen Beamten Ignaz Beidtel (Beidtel 1849). Bald nach seinem Herrschaftsantritt erließ der streng katholisch erzogene Kaiser Franz Joseph 1850 erste Gesetze zur Wiederherstellung der Freiheit der katholischen Kirche. Er erlaubte den direkten Kontakt mit Rom und stellte die kirchliche Gerichtsbarkeit wieder her, auch die Gestaltung der theologischen Studien wurde den Bischöfen überlassen. In der Folge spielte der frühere Erzieher des Kaisers, Joseph Othmar von Rauscher, seit 1853 Fürsterzbischof von Wien und seit 1855 Kardinal, in der Vorbereitung des Konkordates eine wichtige Rolle. Doch blieb Rauscher stets gleichzeitig ein dem österreichischen Staat verbundener Politiker, der sich durch seine zentralistische Haltung letztlich wieder dem deutschen Liberalismus annäherte (Rogge 1872, S. 397f.).

Der Kampf gegen das Konkordat, bis 1859 in Österreich nicht offen möglich, wurde das wichtigste Bindemittel zwischen den älteren – meist in der Bürokratie beheimateten – Josephinern und den jüngeren bürgerlichen, zentralistischen Liberalen. Franz Grillparzers zahlreiche böse Epigramme gegen das Konkordat (vgl. Vocelka 1978, S. 33f.) sind Ausdruck alt-josephinischer Geistigkeit. Deren Vertretern ging vor allem der Verzicht auf die staatliche Herrschaft über die Kirche gegen den Strich. Die jüngeren Liberalen kritisierten hingegen vor allem jene Bestimmungen, die gegen die persönliche Freiheit, den freien Unterricht und die Gleichberechtigung der Konfessionen verstießen. Ihre Gegner, die »Römlinge«, waren »Feudale«, Föderalisten und Slawenfreunde, allenfalls Tiroler, denen man in der Regel auch das epitheton ornans »jesuitisch« verlieh. Beispiele für derlei Invektiven bietet der schon genannte Walter Rogge in reicher Fülle (Rogge 1872, S. 356–458). Die liberale Kritik galt zunächst der Festlegung einer Vorzugsstellung der katholischen Kirche gegenüber anderen Religionsgemeinschaften, sodann sowohl der Befreiung der katholischen Kirche von den beengenden Vorschriften des Josephinismus (Fall des »placetum regium« schon 1850, zur gleichen Zeit Wiederherstellung der kirchlichen Gerichtsbarkeit für den Klerus) als auch der massiven Verstärkung des direkten Einflusses Roms auf das innerkirchliche Leben. Insbesondere die Orden sollten verstärkt von der Zentrale aus kontrolliert werden, was u.a. mit dem Auftrag zur Gründung von Kongregationen verbunden wurde. Die Anhänger des Konkordats wollten das deutsche Bürgertum, »diesen bitter gehassten Herd aller Freiheits- und Aufklärungsbestrebungen«, zerstören (ebd., S. 403). Überdies galten die Befürworter des Konkordats als Feinde der höheren Bildung. Ein besonderer Dorn im Auge der Konkordatskritiker waren die eherechtlichen Bestimmungen, durch die die Ehe unter Katholiken ausschließlich der geistlichen Gerichtsbarkeit unterstellt wurde. Der Staat verzichtete auf jeden Anteil an der rechtlichen Beurteilung von Ehehindernissen, Ungültigkeitserklärungen, Trennungen usw. (ebd., S. 448). Auch auf den Friedhöfen sollten Katholiken unter sich bleiben. Besonderen Widerwillen erregte die Unterstellung des Unterrichts der katholischen Jugend in allen Fächern unter die Kontrolle der Bischöfe (ebd., S. 440–442).

Ein Kampf um das Konkordat fand vorerst nicht statt: Der Staat des Neoabsolutismus verbot einfach jede Auseinandersetzung. Kritische Stimmen konnten sich zunächst nur aus dem Ausland zu Wort melden. Nicht wenige Schriften nahmen indes auch für das Konkordat Stellung (Vocelka 1978, S. 36f.). Erst die Niederlage in Italien von 1859 eröffnete der Kritik neue Möglichkeiten – rasch nahm die Auseinandersetzung nun Fahrt auf. Allerdings verfasste keiner der prominenten Liberalen selbst eine Kampfschrift gegen das Konkordat. Da sich die Auseinandersetzung ab 1861 aber ohnehin in das neue

Parlament, den Reichsrat, verlagerte, war das auch gar nicht nötig. Die erste große Bresche schlugen – nach den Staatsgrundgesetzen der Dezemberverfassung von 1867 – die drei Maigesetze von 1868 in die Mauern des Konkordats (ebd., S. 52–83). Abweichend von den Forderungen Eugen Megerles von Mühlfeld und anderer Liberaler wurde das Konkordat zwar nicht in toto aufgehoben, aber durch diese Gesetze im Bereich des Eherechtes (Einführung der Notzivilehe), der Schulaufsicht (Beschränkung der bischöflichen Kompetenz auf Fragen des Religionsunterrichts, Einführung der Landesschulräte usw.) und der interkonfessionellen Verhältnisse außer Kraft gesetzt. Etwas von der überaus gespannten Atmosphäre, in der über das erste der Maigesetze (Ehegesetz) im Herrenhaus abgestimmt wurde, vermittelt die Schilderung Rogges: »Donnernder Jubelzuruf erhob sich dann, wenn der Betreffende gegen das Concordat gestimmt […]«; und über die Euphorie nach der Abstimmung berichtet er: »Spontan, ohne Verabredung, mit Einem Schlage war bei Anbruch der Dunkelheit die Stadt illuminiert […]« (Rogge 1872, S. 106f.). Die offizielle Kündigung des Konkordats erfolgte 1871, nach der Verlautbarung des Konzilsbeschlusses des Ersten Vaticanums über die Unfehlbarkeit des Papstes. Damit war die Sache entschieden, aber die Opposition der katholischen Kirche und des sich langsam formierenden politischen Katholizismus gegen die liberale Kirchenpolitik blieb spürbar. Die österreichische Kirchengesetzgebung erhielt 1874 ihren Abschluss durch drei Gesetze: über die Regelung der äußeren Rechtsverhältnisse der katholischen Kirche, über die gesetzliche Anerkennung von Religionsgesellschaften und über die Beitragsleistung von Pfründenvermögen zum Religionsfonds. Der Konflikt zwischen Katholizismus und Liberalismus verlagerte sich in der Folge auf die Universitäten, wo er im ersten Dezennium des 20. Jahrhunderts eine erneute Verschärfung erlebte.

Andrian-Werburg, Victor von (1843): *Oesterreich und dessen Zukunft*, 3. Aufl., Hamburg: Hoffmann und Campe.

– (1850): *Zur Frage der Centralisation oder Decentralisation in Oesterreich*, Wien: Jasper, Hügel & Manz.

Bach, Maximilian (1898): *Geschichte der Wiener Revolution im Jahre 1848. Volksthümlich dargestellt*, Wien: Erste Wiener Volksbuchhandlung (Ignaz Brand).

Beidtel, Ignaz (1849): *Untersuchungen über die kirchlichen Zustände in den kaiserlich österreichischen Staaten, die Art ihrer Entstehung und die in Ansehung dieser Zustände wünschenswerthen Reformen*, Wien: Gerold.

Czeike, Felix (1972): *Der Graben* (= Wiener Geschichtsbücher, Bd. 10), Wien/Hamburg: Zsolnay.

Evans, Robert J.W. (2003): 1848 in Mitteleuropa: Ereignis und Erinnerung. In: Barbara Haider/Hans Peter Hye (Hgg.), *1848. Ereignis und Erinnerung in den politischen Kulturen Mitteleuropas*, Wien: Verlag der ÖAW, S. 31–57.

Fischhof, Adolph (1869): *Oesterreich und die Bürgschaften seines Bestandes. Politische Studie*, Wien: Wallishausser.

Frind, Wenzel (1899): *Das sprachliche und sprachlich-nationale Recht in polyglotten Staaten und Ländern mit besonderer Rücksichtnahme auf Oesterreich und Böhmen*, Wien: Manz.

Gumplowicz, Ludwig (1879): *Das Recht der Nationalitäten und Sprachen in Österreich-Ungarn*, Innsbruck: Wagner.
– (1883): *Der Rassenkampf. Sociologische Untersuchungen*, Innsbruck: Wagner.
– (1889): *Einleitung in das Staatsrecht*, Berlin: Carl Heymann.
Haller, Günther (2017): *Marx und Wien. Von den Barrikaden zum Gemeindebau*, Wien: Molden.
Hanisch, Ernst (1978): *Der kranke Mann an der Donau. Marx und Engels über Österreich*, Wien/München/Zürich: Europaverlag.
Hartig, Franz Graf (1850): *Genesis der Revolution in Österreich im Jahre 1848*, 3. Aufl., Leipzig: Friedrich Fleischer.
Häusler, Wolfgang (2017): *Ideen können nicht erschossen werden. Revolution und Demokratie in Österreich 1789 – 1848 – 1918*, Wien/Graz/Klagenfurt: Molden.
Helfert, Joseph Alexander von (1853): *Über Nationalgeschichte und den gegenwärtigen Stand ihrer Pflege in Oesterreich*, Prag: J.G. Calvesche Buchhandlung.
– (1869–1876): *Geschichte Österreichs vom Ausgang des Wiener October-Aufstandes 1848*, 4 Bde., Prag: Tempsky.
– (1873): *Ausgleich und »Verfassungstreue«. 1871–1873. Zur Lösung der gegenwärtigen Verfassungs-Krisis in Oesterreich*, Leipzig: Luckhardt'sche Verlagsbuchhandlung.
– (1877): *Die Wiener Journalistik im Jahr 1848*, Wien: Manz.
– (1882): *Der Wiener Parnaß im Jahre 1848*, Wien: Manz.
Art. »Helfert, Joseph Alexander Frh. von« (1958). In: *Österreichisches Biographisches Lexikon 1815–1950*, Wien: Verlag der Österreichischen Akademie der Wissenschaften 1945ff. – lfd. [ÖBL], Bd. 2/ Lfg. 8, S. 256f. (Die 2. überarb. Aufl. ist auch online zugänglich: http://www.biographien.ac.at/oebl?frames=yes)
Jaworski, Rudolf (1996): Revolution und Nationalitätenfrage in Ostmitteleuropa 1848/49. In: Ders./Robert Luft (Hgg.), *1848/49. Revolutionen in Ostmitteleuropa*, München: Oldenbourg, S. 371–382.
Krones, Franz Ritter von (1881): *Handbuch der Geschichte Österreichs von der ältesten bis zur neuesten Zeit*, Bd. 4, Berlin: Theodor Hofmann.
Marx, Karl/Friedrich Engels (1988): Revolution und Konterrevolution in Deutschland [erstmals in: *New York Daily Tribune*, 1851/52]. In: *Karl Marx/Friedrich Engels – Werke* [MEW], Bd. 8, Berlin: Dietz, S. 5–108.
Menger, Max (1891): *Der böhmische Ausgleich*, Stuttgart: Cotta
Reschauer, Heinrich (1872): *Das Jahr 1848. Geschichte der Wiener Revolution*, Bd. 1 [bis zum 15. März 1848; der 2. Bd. ist von Moritz Smets], Wien: Verlag von R. v. Waldheim,
Rogge, Walter (1872/73): *Oesterreich von Világos bis zur Gegenwart*, 3 Bde., Leipzig und Wien: F.A. Brockhaus; hier von Belang: Bd. 1: *Das Decennium des Absolutismus* (1872); Bd. 3: *Der Kampf mit dem Föderalismus* (1873).
Smets, Moritz (1872): *Das Jahr 1848. Geschichte der Wiener Revolution*, Bd. 2 [der 1. Bd. ist von Heinrich Reschauer], Wien: R. v. Waldheim.
– (1878): *Geschichte der Oesterreichisch-Ungarischen Monarchie, das ist der Entwicklung des österreichisches Staatsgebildes von seinen ersten Anfängen bis zu seinem gegenwärtigen Bestande. Ein Volksbuch*, Wien/Pest/Leipzig: Hartleben.
Springer, Anton (1863/65): *Geschichte Oesterreichs seit dem Wiener Frieden*, Bd. 1: *Der Verfall des alten Reiches* (1863); Bd. 2: *Die österreichische Revolution* (1865), Leipzig: Hirzel.

Steiner, Herbert (1978): *Karl Marx in Wien. Die Arbeiterbewegung zwischen Revolution und Restauration 1848*, Wien: Europaverlag.
Violand, Ernst von (1984): *Die sociale Geschichte der Revolution in Österreich* [1850], neu hrsg. von Wolfgang Häusler, Wien: Österreichischer Bundesverlag.
Vocelka, Karl (1978): *Verfassung oder Konkordat? Der publizistische und politische Kampf der österreichischen Liberalen um die Religionsgesetze des Jahres 1868*, Wien: Verlag der Österreichischen Akademie der Wissenschaften.
Weinzierl-Fischer, Erika (1960): *Die österreichischen Konkordate von 1855 und 1933* (= Österreich Archiv, Bd. 9/Schriftenreihe des Arbeitskreises für österreichische Geschichte), Wien: Verlag für Geschichte und Politik/München: Oldenbourg.
Wolf, Gerson (1885): *Aus der Revolutionszeit in Österreich-Ungarn (1848–49)*, Wien 1885: Alfred Hölder.
Zenker, Ernst Victor (1893): *Geschichte der Wiener Journalistik während des Jahres 1848*, Wien/Leipzig: Braumüller.
– (1897): *Die Wiener Revolution 1848 in ihren socialen Voraussetzungen und Beziehungen*, Wien/Pest/Leipzig: A. Hartleben's Verlag.

Ernst Bruckmüller

2. GESCHICHTE FREMDER KULTUREN

Joseph von Hammer-Purgstall als Vorläufer der Kultur- und Ethnosoziologie

Mit seinen Interessen und in vielen seiner Arbeiten ist Joseph von Hammer-Purgstall (1774–1856) als ein früher Vorläufer der Kultur- und Ethnosoziologie zu sehen. Er erfuhr eine eingehende, humanistisch geprägte Bildung in Vorbereitung auf die Orientalische Akademie in Wien, wo er dann eine in ihrer Vielseitigkeit und Anwendungsorientierung wertvolle Ausbildung genoss, die ihm ein hohes Maß an Selbstdisziplin abforderte und seine Wahrnehmung in einem sehr breiten Spektrum schärfte. Diese kulturelle Sensibilität wurde früh durch reiche Erfahrung in verhältnismäßig selbständigem diplomatischen Dienst in der Levante und im Zuge seiner (nicht geplanten) Teilnahme am französisch-britischen Krieg in Ägypten verstärkt, wo er eingehende Kenntnis der soziokulturellen Lebensbedingungen unterschiedlicher Völkerschaften im osmanischen Reich erwarb – vom zentralasiatischen Raum bis nach Abessinien und Nubien. Er las Homer, Herodot und andere Autoren, bis zu den byzantinischen Historiographen, die ihm zur kritischen Kontrolle osmanischer Autoren dienten und ihm auch topographische Kenntnisse vermittelten. Überall suchte er auf seinen Reisen (und fand vielfach) antike Überreste, schrieb unzählige Inschriften ab, die ihn mit verschiedensten kulturellen, sozialen und mythisch-religiösen Verhältnissen bekannt machten. Seine Funde bereichern bis heute das Kunsthistorische Museum in Wien. Schon als 22jähriger veröffentlichte er 1796 in Christoph Martin Wielands *Neuem Teutschen Merkur* einen »Aufruf an die Freunde der Literatur« zum Studium orientalischer Quellen und Poesie, der Wieland ebenso wie Johann Gottfried Herder begeisterte und ihm selbst zum Programm wurde.

1804 gab Hammer-Purgstall das riesige bibliographische Werk des Hadschi Chalfa heraus, dessen Lücken er mit Angaben sechs weiterer Autoren füllte und als *Enzyklopädische Uebersicht der Wissenschaften des Orients* neu strukturierte. Gleichzeitig erarbeitete er die epochemachende Übersetzung des *Diwan* des Hafis (1806 vollendet, 1813/14 erschienen), die als erste Gesamtausgabe eines der größten orientalischen Poeten überhaupt Johann Wolfang von Goethe zutiefst beeindruckte; Hammer-Purgstalls 1818 erschienene *Geschichte der schönen Redekünste Persiens* intensivierte diese Begeisterung noch weiter.

Stark vereinfachend kann man festhalten, dass Hammer-Purgstalls Aufmerksamkeit besonders zwei Gebieten galt: der politischen Geschichte und der Poesie. In politischer Hinsicht stand der osmanische Einflussbereich im Zentrum, im Poetischen aber die gesamte Trias des »morgenländischen Kleeblatts«: Arabien, Persien und die Türkei. Die Sprachen dieser drei Länder beherrschte er (neben anderen) in einem Maße, dass er nicht nur die jeweiligen Quellen – die er sich mühsam in bis dahin unbekanntem Umfang beschaffte – im Original zu lesen imstande war, sondern sie im Unterschied zu den philologisch orientierten französischen Orientalisten auch in ihrer alltagssprachlichen Form zu sprechen vermochte. Aufeinander aufbauend verfasste er *Des osmanischen Reichs Staatsverfassung und Staatsverwaltung* (2 Bde., Wien 1815) und seine zehnbändige *Geschichte des osmanischen Reiches* von den Anfängen bis 1774 (Pest 1827–1835); auf Letztere folgten, das Umfeld ergänzend, *Über die Länderverwaltung unter dem Chalifate* (Berlin 1835), die *Geschichte der Goldenen Horde von Kiptschak, d. h. der Mongolen in Südrussland* (Pest 1840) und die *Geschichte der Ilchane, das ist: der Mongolen in Persien* (2 Bde., Darmstadt 1842) – ein gewaltiges Programm. Hammer-Purgstall fasste diese Werke nicht als bloße Diplomatiegeschichte auf, sondern versuchte, in ihnen das jeweilige Staatsgefüge in seiner Gesamtheit zu analysieren, wobei er jeweils umfangreiches Dokumentationsmaterial aus den Quellen beifügte. Ohne »Chronologie und Geographie erblindet die Historie«, schrieb er in der Einleitung zum ersten Band seiner *Geschichte des osmanischen Reiches* (S. XXI); dass Geschichte für ihn engstens mit Topographie und Ethnologie verknüpft ist, erweist sich – auch jenseits seines Programms für die *Fundgruben des Orients*, der ab 1809 (bis 1818) von ihm herausgegebenen ersten wirkungsmächtigen internationalen Zeitschrift der Orientalistik – in einer Reihe von Spezialdarstellungen wie *Constantinopel und der Bosporos, örtlich und geschichtlich beschrieben* (2 Bde., Pest 1822): Bis in kleinste Details werden darin – zumeist aus eigener Anschauung – Einrichtungen jeglicher Art geschildert, wie etwa eines der sechs Irrenhäuser Konstantinopels, in dem die Insassen an den Wänden angeschmiedet, aber von eigens angestellten Sängern und Musikern »besänftigt«, also quasi therapiert wurden, wo aber neben Kranken auch Gesunde festgehalten wurden, die, wie Hammer-Purgstall schreibt, »die Menschlichkeit des Imams oder des Großwesirs« mit der Erklärung des Irreseins vor der Hinrichtung bewahrt hatte; es finden sich aber auch Beschreibungen der Märkte und der handwerklichen Zünfte bis hin zu den Zahnstochermachern. Verschiedentlich, wie etwa für den Bereich der europäischen Türkei in *Rumeli und Bosna, geographisch beschrieben* (Wien 1812), erfasste er bis dahin überhaupt nicht oder nur höchst dürftig dargestellte Gebiete. Als Früchte seiner vielfältigen Beobachtungen erschienen begleitend aber auch Beschreibungen von Festen, Gebräuchen, Musik, Tänzen und Speisen der verschiedensten Völkerschaften, die er in Skizzen alltäglichen Geschehens im Sinne einer Sittengeschichte schilderte – diesem wachen, forschenden Interesse verdanken sich Betrachtungen wie etwa »Morgenländische Morgentoilette«, »Morgenländischer Besuch«, »Morgenländische Sittenbilder« oder die Übersetzung eines freizügigen Gedichtes aus dem »türkischen Buch der Weiber«, deren Erscheinen Hammer-Purgstall zu büßen hatte und den Zensurbeamten seine Stelle kostete. Nicht vergessen werden darf, dass Hammer-Purgstall eine große, nicht exakt eruierbare Zahl von Artikeln zur Ersch-Gruber'schen *Allgemeinen Encyclopädie der Wissenschaften und Künste* (Leipzig 1818ff.) beigesteuert hat.

Auf dem Gebiet der Poesie – und das heißt nun der geistigen Kultur insgesamt, einschließlich der Musik –, dem er sich mit Unterstützung durch den Musikhistoriker Raphael von Kiesewetter widmete, schuf Hammer-Purgstall jeweils umfassende, mehrbändige Darstellungen der »Literatur« (dieser Begriff ist sehr weit zu verstehen) der Perser, der Osmanen und der Araber, die erstmals tiefe und umfassende Einblicke in die Gesamtheit dieser Wissensschätze eröffneten. Seine letzte große Arbeit, die *Literaturgeschichte der Araber* (Wien 1850–1856), mit der er an seine – ihm nunmehr ungenügend erscheinenden – Arbeit an der *Enzyklopädischen Uebersicht* nach Hadschi Chalfa anknüpfte, behandelte auch die ihm zugänglichen naturwissenschaftlichen Werke der Araber, was einerseits die angedeutete Vielgestaltigkeit des Literatur-Begriffes verdeutlicht und andererseits darauf verweist, dass viele dieser Werke in gereimter Sprache abgefasst waren. Wie Fuat Sezgin in seiner Würdigung Hammer-Purgstalls bemerkt (Sezgin 1975, S. 2), kam der österreichische Orientalist mit »seiner siebenbändigen grandiosen Literaturgeschichte der Araber« zu früh, und so ist sie auch bis in jüngere Zeit nicht richtig beurteilt worden. Den Sinn der eingehenden systematischen Befassung mit der Poesie formulierte Hammer-Purgstall, durchaus im Geiste Herders, in seiner *Geschichte des osmanischen Reiches*, wo er schreibt: »Die Poesie eines Volkes ist der treueste Spiegel seines Geistes, Gemüthes, Genius, Charakters, sie ist die Flamme des heiligen Feuers, der Bildung, Sittigung und Religion« (hier zitiert nach Berly 1837, S. 321).

Der deutsch-französische Orientalist Julius Mohl formulierte in seinem Nachruf auf Hammer-Purgstall sehr treffend, dass dieser hinsichtlich des Orients für Europa das getan habe, was William Jones (der Hammer-Purgstall ein leuchtendes Vorbild war und dem er in einer Ode ein Denkmal setzte) in Hinblick auf Indien für die Briten geleistet habe – womit er auch die Erfüllung eines Wunsches attestierte, den Wieland sechzig Jahre zuvor in Bezug auf Hammer geäußert hatte.

Hammer-Purgstall verstand seine vielfältigen Arbeiten stets als Elemente eines schrittweise erfolgenden Sich-Vertraut-Machens mit der Kultur des »Orients« in ihrer Gesamtheit. Er referiert eingangs seiner Darstellungen, was vor seiner Arbeit geleistet und geschrieben worden ist (im Falle der Topographie von Konstantinopel füllt er elf Druckseiten mit räsonierender Bibliographie in Bezug auf seine Vorläufer) und stuft damit seinen Beitrag als Teil eines größeren Erkenntnisprozesses ein. Seine bibliographischen Kenntnisse sind auch für moderne Verhältnisse verblüffend. In den Wiener *Jahrbüchern der Literatur* und anderen derartigen, meist in Österreich (»hinter der chinesischen Mauer«, wie sein Freund Karl August Böttiger in Dresden es formulierte) erscheinenden Journalen veröffentlicht er vor allem ab 1819 umfassende Literaturanzeigen und Besprechungen, geordnet nach in Serien erscheinenden Themenblöcken, etwa »Über die Geographie Persiens« oder über »Tatarische Literatur« u.v.a.m. (bis zu 90 Werke in einer Einheit innerhalb einer Serie). Dazu kommen noch laufende Berichte wie »Übersicht der im Jahre 1821[ff.] in der Druckerei zu Skutari [dem heutigen Istanbuler Stadtteil Üsküdar] erschienenen Werke«, deren Lektüre allein schon neue Welten eröffnete (es handelt sich allein in den Wiener *Jahrbüchern der Literatur* um 7200 eng bedruckte Seiten) – Fuad Sezgin hat einen spezifischen Teil dieser Materialsammlungen in vier Bänden als *Studies on Islamic Geography* im Reprint aufgelegt (Frankfurt a.M. 2009), ebenso Hammer-Purgstalls *Rumeli und Bosna* und andere Arbeiten (Frankfurt a.M. 2008), was bezeugt, dass sie bis heute als Zustandsschilderungen für die Analyse gesellschaftlicher, wirtschaftlicher u.a. Gegebenheiten von großem Interesse sind. Bei den geographischen Arbeiten handelt es sich oft um Vergleiche von Reisebeschreibungen (zumeist englischer und französischer Autoren), die eine ungeheure Vielfalt von Details enthalten und von Hammer-Purgstall durch Rückgriffe auf ältere Darstellungen noch weiter angereichert wurden, sodass auch historische Entwicklungslinien erkennbar werden.

Hammer-Purgstall stand mit der 1821 in Paris gegründeten – und damit weltweit ältesten – »Société de Géographie« in Kontakt, war mit dem Geographen Carl Ritter persönlich befreundet, korrespondierte mit dem wesentlich jüngeren Literaturhistoriker Johann Georg Theodor Grässe, dem Verfasser des berühmten *Orbis latinus* (der bekannte, dass er einen überwiegenden Teil seiner den vorderasiatischen Bereich betreffenden Angaben Hammer-Purgstall zu verdanken habe) und publizierte in der Zeitschrift *Hertha* des deutschen Geodäten und Kartographen Heinrich Berghaus. Er interessierte sich aber etwa auch für die Dialekte und Mundarten des Kurdischen oder für die Sprache der Tataren in der Dobrudscha und lieferte so weitere Puzzlesteine zu einem immer schärfer werdenden Bild, an dessen Entstehung Hammer-Purgstall als erster systematisch und auf der Grundlage solider Kenntnis autochthoner Quellen arbeitete (einen näheren Einblick gewährt das Werkverzeichnis in Höflechner/Wagner/Koitz-Arko 2018, Bd. 3.1, S. 1043–1166). Er war aber auch anderweitig in soziologischem Sinne tätig bzw. wurde diesbezüglich als kompetent erachtet, sodass ihn Kanzler Clemens Wenzel von Metternich 1821 nach Berlin sandte, um das dortige Statistische Büro zu studieren und in

Wien ein Analogon einzurichten. Da ihm pure Statistik allein zu wenig gewesen wäre, verstand er es, sich von dieser Aufgabe wieder zu entbinden; der Thematik blieb er aber weiterhin verbunden: Als 1846 eine zusammenfassende österreichische Statistik, die es schon seit einiger Zeit ad usum Delphini gegeben hatte, erstmals soweit vorangebracht wurde, dass man ihre Publikation ins Auge fassen konnte, erhielt Hammer-Purgstall als einer der ersten ein Exemplar dieses noch inoffiziellen Werkes.

Am interessantesten ist in diesem Zusammenhang wohl, dass Hammer-Purgstall als einer der Entdecker Ibn Khalduns zu betrachten ist: schon um 1805 bemühte er sich um ein brauchbares Manuskript von dessen Hauptwerk *Kitāb al-ʿibar*. Der bedeutende Gelehrte und Politiker des 14. Jahrhunderts, den Hammer-Purgstall als den »Montesquieu der Araber« bezeichnete, war im Okzident kaum bekannt, während sein Werk in Konstantinopel als das Handbuch türkischer Staatsmänner und gelehrter Griechen, die sich der Laufbahn der Politik widmen, galt. 1822 veröffentlichte Hammer-Purgstall, nach einigen kürzeren Mitteilungen in den *Fundgruben des Orients* (1816, 1818), im *Journal asiatique* (S. 267–279) erstmals eine Beschreibung der ersten fünf Kapitel der *Muqaddima*, jener »Einleitung«, die den bahnbrechendsten Teil von Ibn Khalduns Werk bildet; 1839, als Étienne-Marc Quatremère in Paris bereits an der Übersetzung der *Muqaddima* arbeitete, bemühte sich Hammer-Purgstall noch um eine bessere Handschrift des Buches, doch erst Robert Flint (1838–1910) gelang es, auf diesen Arbeiten aufbauend Ibn Khaldun in weiteren Kreisen und vor allem für die Soziologie bekannt zu machen. Bezeugt wird dies u.a. durch einen ihm gewidmeten Essay des in Graz tätig gewesenen Klassikers der österreichischen Soziologie Ludwig Gumplowicz (Gumplowicz 1928).

Hammer-Purgstall bemühte sich zeitlebens – als junger Mann persönlich vor Ort im Orient, und später durch Mittelsmänner – um einen direkten Zugang zu den literarischen Quellen, seien es poetische Werke oder Manuskripte osmanischer Reichshistoriographen. In seiner Vorrede zur osmanischen Geschichte schreibt er, selbst William Jones habe nur ein Dutzend der 200 von ihm verwendeten türkischen Quellen gekannt, und in ganz Konstantinopel seien in keiner Bibliothek mehr als »höchsten ein paar Dutzend« Bände vorhanden. Über diesen schon 1827 enormen Fundus gibt sein Verkauf von Manuskripten (rechnungsbelegt zum jeweiligen Erwerbspreis) an die Hofbibliothek genaue Auskunft; er trug damit nicht unwesentlich zum einschlägigen Bestand der Vorgängerin der heutigen Nationalbibliothek in Wien bei. Dazu kamen noch die unzähligen »Auszüge« (Exzerpte), die er in Cambridge, Oxford, Paris, Dresden, Berlin und auf seiner systematischen Bereisung aller wichtigen italienischen Sammlungen 1825 anfertigte. So gelangte Hammer-Purgstall zu einer solchen Fülle an Quellen und Informationen über den Orient, wie sie vor ihm wohl noch niemand besaß – im Unterschied zu Autoren von Überblickswerken zur Geschichte des klassischen Altertums musste er sich sein Material erst mühsam zusammentragen.

Hammer-Purgstall stand bildungsmäßig noch in der Tradition der Polyhistoriker des 17. und 18. Jahrhunderts, von der Praxis her war er aber ganz im 19. Jahrhundert verankert; er war letztlich ein »Dilettant« im guten, wörtlichen Sinne eines von seinem Gegenstand begeisterten Autodidakten, und zwar sowohl als Historiker wie auch in literaturwissenschaftlicher und philologischer Hinsicht – solide Ausbildung wurden auf diesen Gebieten in Österreich nicht geboten, weshalb es für ihn auch kein großer Verlust war, nie eine Universität besucht zu haben. Seine überragende Intelligenz, gepaart mit Disziplin und solidem Hausverstand, eine rasche Auffassungsgabe (»Hammer war rasch wie Pulver«, heißt es in einer der zahlreichen ungezeichneten Erinnerungsskizzen in der Presse nach seinem Tode), ein nie erlahmendes vielseitiges Interesse, ein ungeheures Gedächtnis, eine umfassende Korrespondenz und eine enorme Arbeitskraft ermöglichten es ihm, konsequent, kritisch und intensiv eine Welt zu erschließen und zu vermitteln – und gleichzeitig doch auch am gesellschaftlichen Leben teilzunehmen, was für seine Arbeit von einiger Bedeutung war. Die Wahrnehmung der Außenwelt jenseits seiner Quellen ließ in ihm eine konservativ-liberale Geisteshaltung reifen, die in der Einleitung zu seinen *Erinnerungen aus meinem Leben* (1841) zu Tage tritt: »Ahnen hat ein Mensch, wie der andere [...]. Allen ist der Adel gemein, wodurch die Vernunft den Menschen über das Tier erhebt [...]« (Höflechner/Wagner/Koitz-Arko 2018, Bd. 1, S. 241). 1844, nach dem Tode seiner Frau, veröffentlichte er die *Zeitwarte des Gebetes in sieben Tageszeiten. Ein Gebetbuch arabisch und deutsch*, dessen Gebete »geeignet [sind], von Bekennern aller Religionen gebetet zu werden« (ebd., Bd. 1, S. 343, zum 15. Mai 1844).

Hammer-Purgstall war Mitglied zahlreicher wissenschaftlicher Sozietäten aller Ränge zwischen Philadelphia und Kalkutta und Inhaber höchster Orden der verschiedensten Länder, vom preußischen Pour le Mérite bis zum Offizierskreuz der französischen Ehrenlegion. Durch seine zahllosen Arbeiten und die *Fundgruben des Orients*, die die Gemeinschaft der Orientalisten zusammenführten, aber leider mit dem sechsten Band von 1818 erloschen, war er eine internationale Zelebrität. Von 1810 an hat er mit Konsequenz auf die Errichtung einer Akademie der Wissenschaften hingearbeitet, 1847 wurde er deren erster Präsident; dass ihre Mitglieder die Beibehaltung der von ihm scharf bekämpften Zensur akzeptierten, war einer der Gründe für seinen Rücktritt. Wenn er auch in seinen späteren Jahren, also ab etwa 1830, langsam hinter die nächste, modern-philologisch geschulte und akademisch zunehmend spezialisierte, in ihrer Breite mit ihm somit aber nicht mehr vergleichbare Generation zurückzutreten begann, so änderte das nichts an seiner Bedeutung in einer Zeit des Überganges und an seinem Bemühen um die gesamthafte Erfassung des Orients, von der er sich eine gegenseitige kulturelle Bereicherung erwartete. Natürlich unterliefen ihm in der Hektik seines Schaffens Fehler, und natürlich ließ er sich mitunter zu eklatanten Fehlurteilen hinreißen, sodass er sehr bald – bis herauf in die Gegenwart – auch abschätzig beurteilt wurde. Seine Kritiker waren in der Regel Spezialisten, jüngere, strikt philologisch geschulte Orientalisten und vor allem – wie Ingeborg Solbrig (1973) feststellte – Germanisten, die die Poetologie etwa der persischen Literatur nicht verstanden und sich nicht mehr um den Blick auf das Gesamte der Gegenwart und der geistigen, gesellschaftlichen und kulturellen Entwicklung bemühten. Wenn im 19. Jahrhundert der Hellenophilie des Neuhumanismus die Begeisterung für den Orient zur Seite trat und diese nicht auf die gelehrte Welt sowie auf den Bereich der Poesie und der Märchenphantasien beschränkt blieb, sondern eine erhebliche Breitenwirkung entfaltete, dann war Hammer-Purgstall maßgeblich daran beteiligt. Dass diese Sympathie heute wieder verblasst und hinter gegenläufigen Erscheinungen zurücktritt, würde ihn – obgleich er auch die *Posaune des heiligen Krieges* ins Deutsche übertrug – entsetzen. In der Orientalistik aber ist sein Werk »bei allen Fehlern oder Nachlässigkeiten im Detail bis heute unentbehrlich«, wie Boris Librenz (2008, S. 63) festhält.

Berly, Carl Peter (Hg.) (1837): *Kern der Osmanischen Reichsgeschichte durch Hammer-Purgstall. Musterstücke historischer Darstellung*, Leipzig 1837.

Gumplowicz, Ludwig (1928): Ibn Chaldun, ein arabischer Soziolog des XIV. Jahrhunderts. In: Ders., *Soziologische Essays. Soziologie und Politik* (= Ausgewählte Werke, Bd. 4), Innsbruck: Wagner, S. 90–114.

Hammer, Joseph von (Hg.) (1809–1818): *Fundgruben des Orients. Bearbeitet durch eine Gesellschaft von Liebhabern. Auf Veranstaltung des Herrn Grafen Wenceslaus Rzewusky*, Wien: A. Schmid.

– (1812/13): *Der Diwan von Mohammed Schemsed-din Hafis. Aus dem Persischen zum erstenmal ganz übersetzt*, 2 Bde., Stuttgart/Tübingen: J.G. Cotta'sche Buchhandlung.

– (1815): *Des osmanischen Reiches Staatsverfassung und Staatsverwaltung dargestellt aus den Quellen seiner Grundgesetze*, 2 Bde., Wien: Camesinasche Buchhandlung.

– (1818): *Geschichte der schönen Redekünste Persiens mit einer Blüthenlese aus zweyhundert persischen Dichtern*, Wien: Heubner und Volke.

– (1827–1835): *Geschichte des osmanischen Reiches grossentheils aus bisher unbenützten Handschriften und Archiven*, 10 Bde., Pest: C.A. Hartleben's Verlage.

Höflechner, Walter/Alexandra Wagner/Gerit Koitz-Arko (Hgg.) (2018): *Joseph von Hammer-Purgstall. Briefe, Erinnerungen. Materialien. Version 2 2018*, hrsg. […] unter Heranziehung der Arbeiten von Herbert König, Alexandra Marics, Gustav Mittelbach†, Thomas Wallnig, Reinhart Bachofen von Echt† und Rudolf Payer von Thurn† (= Publikationen aus dem Archiv der Universität Graz, Bd. 46), 3 Bde. in 8 Teilbänden, Graz: Akademische Druck- u. Verlagsanstalt (ausschließlich online zugänglich: http://gams.uni-graz.at/context:hp).

Ibn Khaldun (2011): *Die Muqaddima. Betrachtungen zur Weltgeschichte.* Aus dem Arabischen übertragen und mit einer Einführung von Alma Giese, München: C.H. Beck.

Librenz, Boris (2008): *Arabische, persische und türkische Handschriften in Leipzig. Geschichte ihrer Sammlung und Erschließung von den Anfängen bis zu Karl Vollers*, Leipzig: Leipziger Universitätsverlag.

Sezgin, Fuat (1975): *Geschichte des arabischen Schrifttums*, Bd. 2: *Poesie bis ca. 430 H.*, Leiden: E.J. Brill.

Solbrig, Ingeborg Hildegard (1973): *Hammer-Purgstall und Goethe. »Dem Zaubermeister das Werkzeug«*, Bern: Herbert Lang.

Weiterführende Literatur

Fück, Johann (1955): *Die arabischen Studien in Europa. Bis in den Anfang des 20. Jahrhunderts*, Leipzig: Otto Harrassowitz.
Galter, Hannes D. (2009): Joseph von Hammer-Purgstall und die Anfänge der Orientalistik. In: Karl Acham (Hg.), *Kunst und Wissenschaft aus Graz*, Bd 2: *Kunst und Geisteswissenschaften aus Graz. Werk und Wirken überregional bedeutsamer Künstler und Gelehrter vom 15. Jahrhundert bis zur Jahrtausendwende*, Wien/Köln/Weimar: Böhlau, S. 457–470.
Mangold, Sabine (2004): *Eine »weltbürgerliche Wissenschaft«. Die deutsche Orientalistik im 19. Jahrhundert* (= Pallas Athene. Beiträge zur Universitäts- und Wissenschaftsgeschichte 11), Stuttgart: Steiner.

WALTER HÖFLECHNER

3. ANFÄNGE DER HISTORISCHEN SOZIOLOGIE

Friedrich Jodl, Theodor von Inama-Sternegg und die Anfänge der Historischen Soziologie

Die Entwicklungen in der Geschichtswissenschaft prägten das 19. Jahrhundert in besonderer Weise. Vor allem kam der Kulturgeschichtsschreibung große Bedeutung zu, denn, wie Friedrich Tenbruck meint, im Kulturbegriff manifestierte sich das zentrale Selbstverständnis der Gesellschaft in dieser Epoche (Tenbruck 1979, S. 411). Das galt zwar besonders für die deutschen Länder und ihren nationalen Vereinigungsprozess, aber auch für das Habsburgerreich mit seinen vielen Völkern, wenn auch in einem anderen Sinn (Mehr 2009, S. 232ff.). So hatte etwa Joseph Chmel (1798–1858) betont, dass die Geschichte im Habsburgerreich nicht eine politische Geschichte, sondern eine vergleichende Kulturgeschichte sein müsse, deren verschiedene spezielle Bereiche zu erforschen seien (Chmel 1857). Chmel, Archivar im Staatsarchiv und Leiter der historischen Kommission der Akademie der Wissenschaften, war eine wichtige Autorität mit großem persönlichem Einfluss und Autor zahlreicher Schriften zur Geschichtsforschung, in denen er für eine induktive Forschung anhand der Quellen eintrat und die aprioristisch-poetisierenden und philosophierenden Tendenzen in der Historie kritisierte.

Von der Bedeutung der Kulturgeschichte im deutschsprachigen Raum und darüber hinaus zeugt eine große Zahl von einschlägigen Veröffentlichungen. Diese aufzuarbeiten und zu kommentieren hatte Friedrich Jodl (1849–1914) in der Schrift *Die Culturgeschichtsschreibung, ihre Entwickelung und ihr Problem* von 1878 unternommen. Auch Jodl betonte, dass die Geschichte unter dem leitenden Gesichtspunkt einer Entwicklung der Kultur stehe; diese bilde die zeitgeistige Signatur jeglicher Geschichtsschreibung. Seine Auffassung von Kulturgeschichte beschränkte sich daher nicht auf einen besonderen

Bereich des Kulturlebens, sondern umfasste »jenes reiche und vielverschlungene Gewebe der mannigfaltigsten Wechselbeziehungen, wie es überall die Wirklichkeit des Lebens aufweist« (Jodl 1878, S. 3). Die Auswahl, die er in seiner Schrift traf, bezog sich daher nur auf jene Werke, die auf eine universale Kulturgeschichte abzielten; gerade diese erwies sich auch als eine der Grundlagen soziologischen bzw. gesellschaftstheoretischen Denkens.

Die Kulturgeschichtsschreibung in diesem Sinn begann nach Auffassung Jodls mit Voltaires *Essai sur l'histoire générale et sur les moeurs et l'esprit des nations* von 1756. Aber auch Johann Friedrich Herbart schrieb er einen besonderen Einfluss auf die Geschichtsschreibung zu, da dieser die Frage nach den psychologischen Grundlagen der historischen Prozesse aufgeworfen habe. Ganz allgemein sah Jodl die Geschichtsschreibung als Niederschlag der Entwicklung und des Wandels des Bewusstseins der Menschheit von sich selbst (ebd., S. 13). Ihrem Wesen nach sah er diesen Prozess daher als eine Geschichte der geistigen Kultur, die aber an die Aufgaben und Forderungen der Gegenwart anknüpfen sollte, denn historische Ereignisse und Zustände erhielten eine sich wandelnde Beurteilung durch die Werte und Problemstellungen der jeweiligen Gegenwart.

Im ersten Teil der Schrift wandte Jodl sich der Darstellung und Kommentierung der einzelnen ab 1840 erschienenen Werke zu und konstatierte eine Wende von einer philosophisch-spekulativen zu einer historisch-empirischen Vorgehensweise. Die Gründe für diesen Wandel lagen seiner Ansicht nach in der Desillusionierung seiner Zeitgenossen bezüglich der Fortschrittsgeschichte der Aufklärungsepoche, in der wachsenden Bedeutung der nationalen und regionalen Kulturen und in den wirtschaftlich-sozialen Veränderungen, die sich im Begriff der bürgerlichen Gesellschaft ausdrückten. All das hätte dazu beigetragen, Kultur und Kulturgeschichte auf die Beschreibung der Verhaltensweisen, Sitten und Lebensverhältnisse und deren Veränderungen zu beziehen. Allerdings blieben insbesondere in der französischen Kulturgeschichte auch noch Vorstellungen der Aufklärung und ihres wertenden Strebens nach Vollkommenheit lebendig. Demgegenüber sah Jodl in Johann Gottfried Herders Denken einen Aufbruch zur Überwindung des universalistischen Fortschrittsdenkens. Dennoch gebe es eine generelle Tendenz zur Bewertung von Kulturen, wobei die einen meinten, man solle die Zustände vergangener Zeiten nur nach den in der Vergangenheit geltenden normativen Begriffen beurteilen, während andere sie aus den Wertbezügen der Gegenwart betrachteten.

In methodischer Hinsicht beanstandete Jodl die häufige Vermischung von ethnographischen mit chronologischen und systematischen Gesichtspunkten. In Bezug auf die Auseinandersetzung zwischen Henry Thomas Buckle und Johann Gustav Droysen bekundete Jodl Skepsis hinsichtlich Buckles Auffassung der Geschichtsschreibung als einer Wissenschaft, die auf induktivem Wege zu allgemeinen Gesetzen kommen solle, wie sie aus den exakten Wissenschaften bekannt sind. Er hob zwar die Bedeutung der Statistik für die Feststellung der Gesetzmäßigkeiten des Handelns hervor, doch seien diese eben keine geschichtlichen Gesetzmäßigkeiten (ebd., S. 54), denn in der Geschichte sei immer der historisch bedeutungsvolle Einzelvorgang wichtig, der nicht auf allgemeine Gesetze reduziert werden könne (ebd., S. 99). Nichtsdestoweniger erkannte Jodl den Vergleich als unentbehrliches Mittel geschichtlicher Einsicht an. Auch Buckles Interpretation, dass die europäische Geschichte durch den Rückgang der religiösen Intoleranz und des kriegerischen Geistes sowie durch den Aufstieg des intellektuellen Prinzips gekennzeichnet sei, schloss sich Jodl an, doch meinte er, man könne Kultur nicht nur unter dem Gesichtspunkt betrachten, welche Funktion sie für die Entwicklung des menschlichen Wissens gehabt habe.

Jodl wandte sich gegen die Erklärung von historischem Wandel durch »Naturgesetze« der Geschichte, denn in dieser gäbe es keine kausale Notwendigkeit. Er lehnte zwar organizistische Analogien, wie er sie bei Albert Schäffle und Paul Lilienfeld fand, nicht rundweg ab, sah ihre Bedeutung aber noch nicht ganz geklärt und wollte sich in Zukunft näher damit befassen (ebd., S. 81). Den Materialismus der naturalistisch argumentierenden Historiker und die einseitige Betonung des Kampfes ums Dasein etwa bei Herbert Spencer, bei dem geistige Faktoren völlig ausgeklammert würden, kritisierte er hingegen scharf.

In der menschlichen Geschichte seien kausale Erklärungen stets durch teleologische Sichtweisen zu ergänzen, die sich aus den Urteilen und Zielen der unter (veränderlichen) historischen Verhältnissen lebenden Menschen ergeben. Die Beurteilung der Geschichte erfolge auf Grund der Erfahrungen der Menschen und der Deutungen ihrer jeweiligen Gegenwart – der Historiker solle sich daher nicht mit der Bewertung der Kulturerscheinungen befassen, sondern sich auf die systematische wissenschaftliche Aufarbeitung aller Bedingungen und Einflüsse mit Hilfe deskriptiv-empirischer Methoden beschränken. Die Wirklichkeit genau und richtig zu erkennen, ermögliche es den Menschen, auf zweckmäßige Mittel der Verbesserung der gesellschaftlichen Zustände zu schließen. Jodl erkannte daher in der Geschichte die auf die systematische Erforschung der empirischen Gegebenheiten gegründete Voraussetzung dafür, das Geschehen aktiv beeinflussen zu können; sofern dies »in der Hand des von der Intelligenz geleiteten und insofern freien Menschen« liege, könne Geschichte somit ein Werkzeug der sozialen Verbesserung werden (ebd., S. 33f.).

Im zweiten Abschnitt wandte sich Jodl dem Problem der wissenschaftlichen Berechtigung einer allgemeinen Kulturgeschichtsschreibung und ihrer Stellung gegenüber der Universalgeschichte und der Geschichtsphilosophie zu (ebd., S. 95). Im Unterschied zu dem »erzählenden« Charakter der Universalgeschichte und zur »reflektierenden Geschichtsphilosophie« sei die allgemeine Kulturgeschichtsschreibung durch ihr systematisches Prinzip und ihre deskriptive Methode als »schildernde Culturgeschichte« zu charakterisieren (ebd., S. 98). In der Bestimmung der Kultur »als einer mit dem Dasein der Menschheit unzertrennlich verknüpften Erscheinung, ihrer Formen und Typen, der Gesetze und Faktoren ihrer Entwickelung«, sah Jodl das eigentliche Erkenntnisziel der allgemeinen Kulturgeschichte (ebd, S. 196). Die Besonderheit der Kultur beruhe auf dem doppelten Aspekt von fortwährender Veränderung und Differenzierung einerseits und einer gewissen Stabilität der »Grundverhältnisse« andererseits. Letztere sah Jodl vor allem gegeben in der Organisation der menschlichen Arbeit und des Zusammenlebens, aber auch in Kämpfen zwischen Gruppen und Staaten sowie im Ringen um das »Ideal«, was sich alles in Sprache, Religion, Recht, Sitte, Wissenschaft und Kunst ausdrücke (ebd., S. 112). Jodls Kulturbegriff trägt somit zwar stark »geistige« Züge, ist aber dennoch umfassend und inkludiert auch Wirtschaftsformen, Technik, Verbandsbildungen, Krieg, etc.

Die Doppelseitigkeit der Kultur macht daher nicht nur eine Längsschnitt-, sondern auch eine Querschnittsbetrachtung notwendig: neben der Erkenntnis von Stufen sei vor allem die Ermittlung von Typen grundlegend. Jodl meinte sogar, dass das Geschehen gegenüber den Zuständen zurücktrete, und Ereignisse nur insoweit von Bedeutung seien, als sie Wirkungen auf die Zustände haben. Insbesondere die Wechselbeziehungen zwischen den im engeren Sinn kulturellen (»idealen«) Kulturtendenzen mit den politischen, sozialen und ökonomischen Komponenten des historischen Geschehens erachtete er als sehr bedeutsam, denn die Kulturgeschichte dürfe nicht getrennt von ihren räumlichen (physisch-geographischen) Grundlagen und von der gesellschaftlichen und staatlichen Organisation betrachtet werden. Gleichzeitig betonte er jedoch auch, dass das Streben nach der Erkenntnis gesetzmäßiger Zusammenhänge und typischer Mechanismen nicht dazu führen dürfe, dass sich die Kulturgeschichtsschreibung allzu weit von dem konkreten historischen Stoff entferne.

Jodls Schrift fand wenig Zustimmung unter Historikern – und das nicht nur, weil er die Geschichtsschreibung seiner Zeit kritisch betrachtete und ihr vorwarf, zu wenig planmäßig und methodisch zu arbeiten, sondern auch weil seine Sicht der Kulturgeschichte abgelehnt wurde (vgl. Schleier 1997). In seinem weiteren Wirken widmete sich Jodl als ordentlicher Professor in Wien der Philosophie und der Geschichte der Ethik, wobei er Einflüsse von David Hume, John Stuart Mill, Auguste Comte und vor allem auch von Ludwig Feuerbach, dessen Gesamtwerk er als Mitherausgeber betreute, verarbeitete. Methodisch vertrat er eine erfahrungsbezogene Wirklichkeitsphilosophie und eine evolutionistische Kulturphilosophie und Ethik, in der er die Annahme der Willensfreiheit verfocht, auf der seiner Auffassung nach die Ethik und das Handeln in der Welt beruhen. Empiristen, die von einem monistischen Naturalismus und der Leugnung der Willensfreiheit ausgingen, stand er kritisch gegenüber; deutlich kam dies in einer heftigen Auseinandersetzung zwischen Jodl und Ludwig Boltzmann bei einer Vortragsveranstaltung im Rahmen der Wiener Philosophischen Gesellschaft zum Ausdruck.

Wie Jodl und zahlreiche andere Zeitgenossen trat auch Karl Theodor von Inama-Sternegg (1843–1908) dafür ein, dass die Forschung der Politik dienen müsse. Er war Staatswissenschaftler, aber insbesondere Historiker und Statistiker, stand der historischen Volkswirtschaftslehre nahe, verband diese aber mit starken Elementen einer exakten Gesetzeswissenschaft. In Bezug darauf und auf die Stellung der Statistik unterschied sich Inama-Sternegg von Jodl, denn er sah die Geschichte als exakte Wissenschaft und verstand die Statistik als historische Sozialwissenschaft. Damit verband er auch ein soziales Engagement, das sich in eigenen empirischen Untersuchungen niederschlug (vgl. Inama-Sternegg 1892).

Inama-Sterneggs Hauptwerk als Historiker war der Wirtschaftsgeschichte bzw. der Sozial- und Wirtschaftsgeschichte gewidmet. In seiner *Deutschen Wirtschaftsgeschichte*, die in drei Bänden zwischen 1879 und 1901 erschien, sowie in einer Reihe von Aufsätzen und Vorträgen bekannte er sich zu einer historischen Sozialwissenschaft, die die konstante Massenwirkung sozialer Kräfte durch kausale Verknüpfung der einzelnen Phänomene erfassen und Gesetze der Entwicklung des Gesellschaftslebens formulieren solle. Daher würdigte er auch Karl Lamprecht als den »bedeutendsten Vertreter der deutschen Wirtschaftsgeschichte« (Inama-Sternegg 1891, S. XI), denn dieser war ebenfalls für exakte Forschung eingetreten, allerdings auf der Basis einer naturwissenschaftlich-psychologischen Zugangsweise. Im Allgemeinen wollte Inama-Sternegg die Wirtschaftsgeschichte aber nicht den Historikern überlassen, sondern sah sie als Arbeitsfeld von historisch geschulten Nationalökonomen.

Inamas Sicht der »exakten« Wissenschaft war jedoch nicht allein an naturwissenschaftlichen Methoden ausgerichtet und er sah auch die in seiner Zeit oft vertretene Trennung von kausalwissenschaftlicher und ethisch-teleologischer bzw. verstehender Erkenntnis des Sozialen als falsch an. Er meinte, dass sich die vermeintlich »natürlichen« Erscheinungen bei näherer Betrachtung als Niederschlag von Wissen und Wertvorstellungen, von Regeln und Normen erweisen; daher seien sie unterschiedlich und verändern sich immer wieder. Die gesellschaftlichen Institutionen der Familie, der Gemeinde, des Staates seien im Ursprung zwar »natürlich«, aber ihren konkreten Ausgestaltungen nach verschieden ausgeformt und organisiert. In diesen Bereichen seien daher jene Phänomene, die oftmals als natürlichen Gesetzmäßigkeiten unterliegend betrachtet werden, in Wirklichkeit gesellschaftlich bedingt, sodass sie »bei verschiedener Beschaffenheit der Gesellschaft, in der sie sich zutragen, sich verschieden gestalten, und zwar eben deshalb, weil der Mensch ein Produkt eben dieser Gesellschaft ist, mit all seinem Fühlen und Denken hervorgeht aus der Welt, die ihn umgibt; weil jeder in seiner Weise Träger der Traditionen, der Anschauungen und Strebungen ist, welche eben wieder als Massenerscheinung der Gesellschaft bestehen« (Inama-Sternegg 1903a, S. 8). Auch der Markt sei sowohl das zufällige Produkt des Zusammentreffens von Käufern und Verkäufern als auch Gegenstand eines Marktstatuts, das heißt von Regeln und Ordnungen. Inama-Sternegg nahm wie viele seiner Zeitgenossen in der Auseinandersetzung zwischen historischer Volkswirtschaftslehre und exakter Wirtschaftstheorie eine vermittelnde Position ein. Allerdings unterschied sich seine Auffassung insofern nicht von der Carl Mengers, als auch dieser sich der Tatsache des Einflusses von Regeln auf das Markthandeln durchaus bewusst war. Inama-Sternegg beschäftigte sich aber im Bereich der Ökonomie kaum mit Wirtschaftstheorie, sondern vor allem mit den praktischen Problemen der modernen

Wirtschaft, was etwa in der kurzen, aber sehr prägnant und geradezu modern wirkenden Analyse über *Das Zeitalter des Credits* (Inama-Sternegg 1881) zum Ausdruck kam.

Inama-Sternegg verstand – wie Menger auch – die Sozialwissenschaften als methodisch eigenständige Disziplinen. Soziale Phänomene weisen ihm zufolge eine innere Einheit und eine ausgeprägte Eigenart auf, denn sie stehen nicht für sich, sondern bilden – weil gesellschaftlich bedingt – einen komplexen Zusammenhang, ein »kompliziertes Ursachensystem menschlichen Wollens und Handelns« (Inama-Sternegg 1903a, S. 10). Gegenstand der Sozialwissenschaft sind daher multikausale gesellschaftliche Erscheinungen, die eine Methode erfordern, welche durch »die Anpassung des Beobachtungssystems, des ganzen geistigen Prozesses der Forschung, an das Objekt« bestimmt sein müsse. Da die gesellschaftlichen Zustände und Vorgänge komplexe Erscheinungen sind, erfordere ihre Erforschung eine besondere empirische Analyse, um die konstanten Grundformen der »Massenwirkung der sozialen Kräfte« auf Grund von Beobachtung, quantitativer Messung sowie der Feststellung der Beziehungen zwischen den Elementen auffinden zu können. Die – in seinem Verständnis vorwissenschaftliche – Typenbildung könne zwar Richtpunkte für die exakte Forschung bieten, aber sie sei selbst noch nicht wissenschaftliche Erkenntnis. Diese könne nur durch eine induktiv-empirische Vorgangsweise entstehen, wobei er sich bewusst war, dass auch die umfassendste Ermittlung von Einzelfakten nicht wirklich in Gesetzeserkenntnis resultieren kann, womit er bereits auf das Induktionsproblem hinwies. Entschieden wandte er sich vor allem gegen die vorschnelle Verallgemeinerung auf Basis von subjektiven Eindrücken, eigenem Erleben oder ideologisch-metaphysischen Vorstellungen sowie gegen die Vermengung theologischer, ethischer und metaphysischer Anschauungen mit statistischen Daten. Inama-Sternegg kritisierte insbesondere die Moralstatistik und deren Fokussierung auf das Normale und Typische und meinte, zuerst müsse das Spezielle und Mannigfaltige erkannt werden (Inama-Sternegg 1903b). Er betonte daher die Bedeutung der empirischen Datengewinnung und Analyse, da menschliches Handeln nicht notwendig und zwingend erfolge, sondern immer durch die »Macht der Verhältnisse« beeinflusst sei. Daher müsse systematisch und exakt geforscht werden, um möglichst alle Einflüsse, die auf eine soziale Erscheinung einwirken oder diese hervorrufen, erfassen zu können. Die Untersuchung jener Massenerscheinungen, bei denen sich das wissenschaftliche Interesse primär auf das numerische Verhältnis richtet, erfordert dabei den Einsatz der Statistik. Diese befasst sich aber nicht nur mit der Messung quantitativer Daten, sondern auch mit Beziehungen zwischen verschiedenen Reihen sozialer Erscheinungen und dem Grad ihrer Wechselwirkungen. Die Statistik beschränke sich nicht allein auf solche Erscheinungen, deren Charakter durch ihre Häufigkeit bestimmt ist, sondern könne auch kleine Gruppen von Fällen einer genauen Beobachtung unterziehen. Dieser Auffassung von Statistik zufolge muss alles, was in Zahlen erfassbar ist, quantitativ beobachtet und analysiert werden, aber auch jene Bereiche, die sich nicht so einfach zahlenmäßig erfassen lassen, scheiden nicht aus dem Objektkreis der Statistik aus – vielmehr müsse diese dann eben vergleichendsystematisch vorgehen (Inama-Sternegg 1903a, S. 15). Auch die Zustandserfassung müsse durch die Betrachtung der Entwicklung ergänzt werden, denn »[d]as Wesen der Dinge enthüllt sich nur in ihrem Werden«, meinte Inama-Sternegg, selbst wenn dies nur in Annäherung gelingen könne (ebd., S. 17). Sobald die Statistik ein gesellschaftliches Verhältnis über eine längere Zeit hinweg untersucht, berühre sie sich mit der Geschichte so eng, dass kein Übergang erkennbar sei. Die Geschichte bezeichnete er daher als die »Zwillingsschwester« der Statistik; die zu präferierende Methode der Geschichte sei die »historisch-statistische Forschung«, die auch die bevorzugte Methode der Sozialwissenschaft sei (Inama-Sternegg 1882).

Inama-Sternegg erkannte aber auch die Grenzen der exakten Sozialforschung; diese könne zwar die Tatsachen des Gesellschaftslebens, ihre Wechselbeziehungen und kausalen Verbindungen feststellen, aber eigentlich seien all diese Gegebenheiten nur Manifestationen jener Ideen, die die Menschen dazu bewogen hatten, die Tatsachen überhaupt erst zu schaffen. Die Ideen gehörten für ihn freilich in den Bereich der »Spekulation«, ohne die weder menschliches Handeln noch Politik möglich seien. Das Gebiet der exakten historisch-statistischen Forschung sei daher ein großes, aber doch begrenztes Gebiet, an dessen Anfang und Ende die Spekulation stehe. Die Forschung als Analyse der Gesellschaft solle der Politik dienen, die ihrerseits den Zeitgeist erkennen und wirksam als »praktische Sozialethik« handeln müsse.

Inama-Sternegg verfügte über eine gute Kenntnis der Entwicklungen in der Soziologie, stand dieser jedoch skeptisch gegenüber. 1881 wandte er sich in seiner Antrittsvorlesung an der Universität Wien gegen eine eigenständige Gesellschaftswissenschaft, da dieser bislang die innere Einheit und Eigenart des Gegenstands fehle, um eine selbständige Wissenschaft zu sein (Inama-Sternegg 1903a). Er kritisierte auch jene bloß dem Namen nach soziologischen Ansätze, die vorschnell und ohne über exakte Daten zu verfügen versuchten, die Grundformen des sozialen Lebens und deren Ursachen zu deuten und damit letztlich doch nur zu einer vagen Darstellung dessen gelangten, was man gerne wissen wollte. Im Besonderen bezog er seine Kritik auf Albert Schäffle (Inama-Sternegg 1908). Inama-Sternegg meinte, die besten Beiträge zur Erkenntnis des Gesellschaftslebens seien aus der Ethnologie, der Statistik, der Geschichte und der Nationalökonomie gekommen, und wies daher den Führungsanspruch der Soziologie zurück. Dennoch erhoffte er sich in Zukunft die Herausbildung einer wissenschaftlichen Soziologie, die sich auf die Forschungsergebnisse der anderen Wissenschaften besinnen und diese miteinander in Beziehung setzen würde.

Inama-Sternegg dachte bei aller Kritik an ihrem derzeitigen Zustand dennoch weitgehend in soziologischen Kategorien, und so attestierte ihm auch Ludwig Gumplowicz, dass seine Arbeiten sich an der Grenze zur Soziologie bewegten und seine Auffassung von der sozialen Entwicklung eine soziologische sei (Gumplowicz 1928, S. 171). Doch in der Soziologie der Folgezeit blieb Inama-Sternegg weitgehend unbekannt und unerwähnt, während er unter Historikern als Schöpfer des Begriffs der Wirtschaftsgeschichte bekannt ist. Seine wichtigsten Verdienste und internationales Ansehen erwarb er sich jedoch im Bereich der Statistik, dem auch der Schwerpunkt seines beruflichen Wirkens gewidmet war. Er reorganisierte die Durchführung der amtlichen statistischen Erhebungen, leitete die erste mit Hollerithmaschinen durchgeführte Volkszählung, entwickelte die statistischen Methoden weiter und gab der Entwicklung der Arbeits- und Sozialstatistik in Österreich wesentliche Impulse.

Chmel, Joseph (1857): *Die Aufgabe einer Geschichte des österreichischen Kaiserstaates. Vortrag gehalten in der Kaiserlichen Akademie der Wissenschaften*, Wien: k.k. Hof- und Staatsdruckerei.

Gumplowicz, Ludwig (1928): *Soziologische Essays. Soziologie und Politik*, Innsbruck: Wagner.

Inama-Sternegg, Karl Theodor von (1879, 1891, 1899/1901): *Deutsche Wirtschaftsgeschichte*, 3 Bde., Leipzig: Duncker & Humblot.

– (1881): *Das Zeitalter des Credits*, Prag: Dominicus.

– (1882): Geschichte und Statistik. In: *Statistische Monatschrift* 8, S. 3–15.

– (1891): *Deutsche Wirtschaftsgeschichte*, 2 Bde., Leipzig: Duncker & Humblot.

– (1892): *Die persönlichen Verhältnisse der Wiener Armen*, Wien: Selbstverlag.

– (1903): *Staatswissenschaftliche Abhandlungen* [Bd. 1], Leipzig: Duncker & Humblot.

– (1903a): Vom Wesen und den Wegen der Sozialwissenschaft. In: Ders. 1903, S. 1–19.

– (1903b): Zur Kritik der Moralstatistik. In: Ders. 1903, S. 303–333.

– (1908): *Staatswissenschaftliche Abhandlungen*, 2. Bd.: *Neue Probleme des modernen Kulturlebens*, Leipzig: Duncker & Humblot.

– (1908a): Schäffles Soziologie. In: Ders. 1903, S. 93–99.

Jodl, Friedrich (1878): *Die Culturgeschichtsschreibung, ihre Entwickelung und ihr Problem*, Halle: Pfeffer.

Mehr, Christian (2009): *Kultur als Naturgeschichte. Opposition oder Komplementarität zur politischen Geschichtsschreibung*, Berlin: Akademie-Verlag.

Schleier, Hans (1997): Deutsche Kulturhistoriker des 19. Jahrhunderts. Über Gegenstand und Aufgaben der Kulturgeschichte. In: *Geschichte und Gesellschaft* 23, S. 70–98.

Tenbruck, Friedrich H. (1979): Die Aufgaben der Kultursoziologie. In: *Kölner Zeitschrift für Soziologie und Sozialpsychologie* 31/3, S. 399–421.

Weiterführende Literatur

Acham, Karl (1995): *Geschichte und Sozialtheorie. Zur Komplementarität kulturwissenschaftlicher Erkenntnisorientierungen*, Freiburg/München: Alber.

Chaloupek, Günther (2015): The Impact of the German Historical School on the Evolution of Economic Thought in Austria. In: José Luis Cardoso/Michalis Psalidopoulos (Hgg.), *The German Historical School and European Economic Thought*, London/New York: Routledge, S. 1–21.

Gertraude Mikl-Horke

Jan (Johann) Peisker – ein früher Vertreter der Historischen Soziologie

Der Werdegang Jan Peiskers, der sich als Historiker früh sozial- und wirtschaftshistorischen Fragestellungen widmete, ist in gewisser Weise signifikant für die Forschungssituation um 1900. Die Motive seines wissenschaftlichen Engagements standen durchaus in der Tradition des klassischen Historismus, seine Untersuchungen und deren Ergebnisse führten jedoch auf das Gebiet der Historischen Anthropologie und der strukturellen Sozialgeschichte – und das zu einer Zeit, in der sich die historische Soziologie gerade erst zu etablieren begann.

Die primäre Motivation für die Beschäftigung mit Sozial- und Wirtschaftsgeschichte empfing Peisker in seiner Kindheit und Jugend, als er als wacher Knabe in ländlicher Umgebung zum einen auf Unterschiedlichkeiten der agrarischen Wirtschaftsformen aufmerksam und zum anderen mit den Diskussionen um die Nationalidentität in Bezug auf die bis dahin wissenschaftlich kaum bearbeitete tschechische und slawische Frühzeit konfrontiert wurde. So betrat er von Anfang an wissenschaftliches Neuland mit Fragestellungen, die mit den klassischen Methoden des Historismus nur unzureichend zu beantworten waren. In seinen lokal begrenzten Untersuchungen berührte er stets auch grundsätzliche Probleme der europäischen Frühzeit, wie Wirtschaftsweise, Herrschaftsverhältnisse, Sozialstruktur, Kultur und Lebensformen.

Auf der Grundlage topographischer Quellen und der daraus ersichtlichen Nomenklatur, die für ihn zu wesentlichen Ausgangspunkten der »Volksforschung« wurden, schloss er auf Wirtschaftsform und Lebensweise in der Zeit der Sesshaftwerdung und auf den Übergang von der Brandwirtschaft zum Einsatz des Pfluges. So schuf Peisker ein in sich stimmiges Bild des materiellen, kulturellen und religiösen Lebens seiner böhmischen Heimat. Seine weitreichenden Schlüsse bezüglich des Kulttheaters (Peisker 1883) wurden lange Zeit nur vereinzelt angenommen, und er empfand es als eine große Genugtuung, als er sie Jahrzehnte später durch Karl Schuchardts Ausgrabungen der slawischen Heidentempel von Arkona und von Feldberg bestätigt fand. Der Streit um die Echtheit der Grünberger und der Königinhofer Handschrift veranlasste ihn, sich als Historiker mit Fragen der mit religiösen Vorstellungen eng verknüpften Zadruga (i.e. der hausgenossenschaftlichen, familiär-patriarchalischen Wirtschafts- und Lebensgemeinschaften) auseinanderzusetzen (Peisker 1900). Diese Beschäftigung führte ihn zur Erörterung von Problemen des Einflusses germanischer und jüdischer Vorstellungen auf das Slawentum und des engen Zusammenhanges, der in der agrarischen Lebenswelt der Frühzeit bei verschiedenen Völkern zwischen religiösen Vorstellungen und Vorgaben und der jeweiligen Ausgestaltung des Familienrechts, der Rechtsverhältnisse im Allgemeinen und der Eigentumsverhältnisse besteht. Damit berührte er die im ausgehenden 19. Jahrhundert ideologisch aufgeladene und heftig diskutierte Frage von Gemeinschafts- und Individualeigentum bei den Völkern der Frühzeit (vgl. Cohn 1899). Von politischer Relevanz war auch die Untersuchung der Herrschafts- und Sozialstrukturen in seiner Studie *Die Knechtschaft in Böhmen* (Peisker 1890).

Im Jahre 1891 übersiedelte Peisker von Prag nach Graz, wo er hochwillkommen war, weil sich die Geschichtsforschung im Rahmen der neu gegründeten Historischen Landeskommission der Strukturgeschichte des Herzogtums zuwandte, das in seinen damaligen Grenzen zu zwei Dritteln von deutsch- und zu einem Drittel von slawischsprachiger Bevölkerung bewohnt war. Peisker war von Anfang an in die breit angelegten Quellenforschungen eingebunden. In seinen Schlussfolgerungen, beispielsweise hinsichtlich der Zupane (i.e. der Stammesführer oder niedrigen Amtsträger, wie z. B. der Dorfältesten oder der bäuerlichen Ortsvorsteher), deren Privilegien er als Reste einer von der Nomadenzeit kommenden Herrenstellung und zugleich als Ausgangspunkte der Sozialstruktur in der Zeit der Sesshaftigkeit interpretierte, berührte er die »ältere Sozial- und Wirtschaftsverfassung der Alpenslawen« (Dopsch 1909) und damit das Verhältnis von Slawen und Deutschen unter dem Blickwinkel des Verhältnisses von Viehwirtschaft und Ackerbau. Solche Fragestellungen wurden von den Zeitgenossen auch unter dem Aspekt des Nationalitätenhaders in der Habsburgermonarchie gesehen.

Peiskers Forschungen waren über die Geschichtswissenschaft hinaus auch für die Statistik, die Wirtschaftsgeschichte und die politische Ökonomie von größtem Interesse und führten über Fragen der Bedingtheit von Wirtschaftsformen und Sozialstrukturen zu Überlegungen, wie sie in der damals sich entwickelnden historischen Soziologie angestellt wurden. Der Vergleich mit den über die engeren Fachkreise hinaus in einer größeren Öffentlichkeit mit großem Interesse verfolgten Forschungsergebnissen der Ethnologie nährte im ausgehenden 19. Jahrhundert die Gewissheit, dass man nunmehr die Methode zur Erforschung der Gesetzmäßigkeiten der Kulturentwicklung und der Menschheitsgeschichte in einer mit den Naturwissenschaften vergleichbaren Exaktheit gefunden habe.

Die Akzeptanz Peiskers war groß. Der Direktor der Wiener Statistischen Zentralkommission, Karl Theodor Inama von Sternegg (1843–1908), begrüßte seine Forschungsergebnisse ebenso wie der Berliner Statistiker und Siedlungs- und Agrarhistoriker August Meitzen (1822–1910), dem Peisker die steirisch-kärntnerische Frühzeit betreffende Flurkarten und Urkundenexzerpte für dessen Untersuchungen sandte. Meitzen stellte den Konnex zwischen dem Hirtenleben und der Weidewirtschaft der Germanen und ihren älteren Verfassungseinrichtungen wie etwa der Hundertschaft her. Der Ackerbau sei – so seine These – in dieser Zeit nur zur Ergänzung der Weidewirtschaft betrieben worden, womit eine soziale Differenzierung einhergegangen sei: Ackerbau galt den Nomaden als inferiore Betätigung, die der Masse der ärmeren Freien vorbehalten war, während die Höhergestellten im Besitz der lebenswichtigen Herde blieben und ihren Lebensstil beibehielten. Die Lebensformen der Nomaden Zentralasiens, wie sie im 19. Jahrhundert noch bestanden, dienten Meitzen zur Illustration. Von der Hauskommunion der Südslawen schloss er auf die altslawische Sozialstruktur im Allgemeinen.

Die Gemeinwirtschaft mehrerer Familien unter einem Zupan sei bei der Landnahme entscheidend gewesen und habe auch dort bestanden, wo sie später starke Veränderungen durchlief. In den Urbaren Kärntens und der Steiermark aus dem 13. Jahrhundert finden sich Zupane, die nach Meinung Meitzens und Peiskers als bäuerliche Ortsvorsteher unter dem Einfluss der deutschen Grundherrschaften auf einer älteren, dem ursprünglichen Zustand näheren Sozialform erhalten geblieben seien, im Unterschied zu Böhmen oder Schlesien, wo sie sozial aufgestiegen seien.

Ein Jahr nach der Veröffentlichung von Meitzens fünfbändigem Werk *Siedlung und Agrarwesen* (Meitzen 1895) erschien Richard Hildebrands Buch über die Bedingtheit wirtschaftlicher Kulturstufen und Sozialstrukturen (Hildebrand 1896). Hildebrand weitete die Fragestellung auf die gesamte Menschheitsgeschichte aus und erhob das Thema zu einem allumfassenden Forschungsgegenstand.

Die einschlägigen Untersuchungen des 19. Jahrhunderts waren in der Betrachtungsweise des genetischen Historismus um Völker gekreist, die allesamt auf einer hohen Zivilisationsstufe standen bzw. in der »Geschichte eine Rolle gespielt« hatten. Nach Hildebrands Auffassung hatte man die Genesis einzelner Völker in Analogie zur Biographie eines Individuums beschrieben und dabei in der Nachfolge Herders die Wirkung maßgeblicher Ideen oder des jeweiligen Volksgeistes als Leitmotiv herausgearbeitet. Diese Historiker seien Gelehrte und Philosophen gewesen, aber nicht Naturforscher, die bezüglich ihrer Fragestellung, ihrer Methode und ihrer Resultate gesicherte Ergebnisse vorweisen könnten.

Je länger und intensiver man Forschungen zu den sozioökonomischen Gegebenheiten der europäischen Frühzeit verfolgte, desto stärker gewannen diese an Interdisziplinarität: Geschichte und Geographie, Sprach- und Religionswissenschaft, Altertumskunde, Archäologie, Statistik und Staatswissenschaft waren ebenso involviert wie naturwissenschaftliche Fächer wie etwa Botanik und Pflanzengeographie oder wie rechtshistorische und verfassungsrechtliche Disziplinen. Die Gefahr, bei weitreichenden Schlussfolgerungen von Fachvertretern des Dilettantismus gescholten zu werden, war folglich groß, was Peisker etwa hinsichtlich seiner Theorie über die Bedeutung des Pfluges in der dörflichen Gemeinschaft erleben musste (Peisker 1896). Auch seine Ansichten über die Zadruga, die er vom byzantinischen Steuersystem herleitete, stießen bei manchen Wissenschaftlern auf Ablehnung, was aber die dem Forscher Jan Peisker prinzipiell entgegengebrachte Hochachtung nicht minderte. Bis heute ist seine turkotatarisch-awarisch-germanische Knechtschaftstheorie der Slawen in mitteleuropäischen Historikerkreisen umstritten. Im Gegensatz dazu nahm jedoch die angelsächsische Forschung die Veröffentlichung Peiskers einhellig positiv auf. Der Oxforder Professor John Bagnell Bury machte sie in der *English Historical Review* bekannt (Bury 1907). Zu dieser Zeit plante die Universität Cambridge eine achtbändige *Cambridge Medieval History*, und Peisker wurde eingeladen, zwei Artikel – »The Asiatic Background« und »The Expansion of the Slavs« – zu schreiben, die 1911 im 1. bzw. 1913 im 2. Band erschienen (Peisker 1911, 1913).

Peiskers Thesen stießen vor allem bei manchen tschechischen und deutschen Historikern auf Ablehnung. Der aus Böhmen stammende Alfons Dopsch trat den Ansichten Peiskers in seiner Studie über *Die ältere Sozial- und Wirtschaftsverfassung der Alpenslaven* (Dopsch 1909) massiv entgegen und ortete schwerste Verstöße gegen die gängige historische Methodologie. Dopsch' Buch stellte den Versuch dar, die Ansichten Peiskers und damit das gesamte, vielfach rezipierte Theoriengebäude über die slawische Frühzeit als irrig hinzustellen und Peisker des wissenschaftlichen Dilettantismus zu überführen. Dopsch stützte seine Aussagen akribisch auf Quellen und ging im Ton seiner Ausführungen nicht selten über die damals übliche robuste Direktheit der gelehrten Diskussionskultur noch hinaus; es muss ihm ein großes Anliegen gewesen sein, die gängigen Ansichten über die slawische Frühzeit zu widerlegen. Er beschuldigte Peisker, bei der Quellenauswahl selektiv vorgegangen zu sein und manche Quellen, etwa das Urbar des Klosters Landstraß in Krain, ja ganze Quellengattungen wie Traditionsbücher und Weistümer außer Acht gelassen zu haben. Peisker bezog die Ergebnisse der Ortsnamenforschung nicht ein, der man damals allerdings aus methodischen Gründen generell mit Skepsis begegnete. Obwohl Peisker selbst Forschungen zu Flurkarten angestellt hatte, habe er deren Ergebnisse bei seinen Überlegungen nicht berücksichtigt, weil sie – wie Dopsch mutmaßte – nicht mit Peiskers Grundthese vereinbar waren.

Nicht nur mit Alfons Dopsch, auch mit anderen Fachleuten führte Peisker wissenschaftliche Fehden, sodass er sich ungeachtet der breiten Akzeptanz seiner Forschungen und des Respekts, der ihm auch von seinen wissenschaftlichen Kontrahenten gezollt wurde, nicht gebührend anerkannt und nachgerade als »Märtyrer« fühlte.

Bury, John B. (1907): Die älteren Beziehungen der Slawen zu Turkotataren und Germanen und ihre sozialgeschichtliche Bedeutung. Von J. Peisker [Rezension]. In: *The English Historical Review* 22/86 (April 1907), S. 333f.

Cohn, Georg (1899): Gemeinderschaft und Hausgenossenschaft. In: *Zeitschrift für vergleichende Rechtswissenschaft* 13, S. 1–128.

Dopsch, Alfons (1909): *Die ältere Sozial- und Wirtschaftsverfassung der Alpenslaven*, Weimar: Böhlaus Nachfolger.

Hildebrand, Richard (1896): *Recht und Sitte auf den verschiedenen wirtschaftlichen Kulturstufen*, Jena: Gustav Fischer.

Meitzen, August (1895): *Siedlung und Agrarwesen der Westgermanen und Ostgermanen, der Kelten, Römer, Finnen und Slawen*, 4 Bde., Berlin: Scientia.

Peisker, Jan (1883): Místopisná studie. I. Nejstarší hranice vyšnobrodského panství. II. Strašidelník a Svaroh. III. Lutovník a Hostiboh, IV. Černík a Bělboh, V. Třeštiboh [Ortsgeschichtliche Studie. I. Die älteste Grenze der Vynobrod-Herrschaft. II. Strašidelník und Svaroh. III. Lutovník und Hostiboh, IV. Černík und Bělboh, V. Třeštiboh]. In: Klub historický (Hg.), *Sborník historický, vydaný na oslavu desetiletého trvání »Klubu historického« v Praze* [Historische Berichte, hrsg. aus Anlass der Feier des zehnjährigen Bestehens des »Historiker-Klubs« in Prag], Praha: J. Otty, S. 28–37.

– (1890): *Die Knechtschaft in Böhmen. Eine Streitfrage der böhmischen Socialgeschichte. Gegen Herrn Julius Lippert*, Prag: In Commission von F. Řivnáč.
– (1896): Forschungen zur Social- und Wirtschaftsgeschichte der Slaven. Zur Geschichte des slavischen Pfluges. In: *Zeitschrift für Sozial- und Wirtschaftsgeschichte* 5, S. 1–92.
– (1900): Forschungen zur Social- und Wirtschaftsgeschichte der Slaven. Die serbische Zadruga. In: *Zeitschrift für Sozial- und Wirtschaftsgeschichte* 7, S. 211–236.
– (1911): Art. »The Asiatic Background«. In: *The Cambridge Medieval History*, Bd. 1, hrsg. von John B. Bury, Henry Melvill Gwatkin und James P. Whitney, Cambridge: Cambridge University Press, S. 323–359.
– (1913): Art. »The Expansion of the Slavs«. In: *The Cambridge Medieval History*, Bd. 2, hrsg. von John B. BuryT, Henry Melvill Gwatkin und James P. Whitney, Cambridge: Cambridge University Press, S. 428–457.

Weiterführende Literatur

Angermann-Mozetič, Gerald (2011): Ludwig Gumplowicz – ein Grazer Pionier der Soziologie. In: Karl Acham (Hg.), *Kunst und Wissenschaft aus Graz*, Bd. 3: *Rechts-, Sozial- und Wirtschaftswissenschaften aus Graz. Zwischen empirischer Analyse und normativer Handlungsanweisung: wissenschaftsgeschichtliche Befunde aus drei Jahrhunderten*, Wien/Köln/Weimar: Böhlau, S. 433–448.
Heimpel, Hermann (1959): Die Organisationsformen historischer Forschung in Deutschland. In: *Historische Zeitschrift* 189, S. 139–222.
Höflechner, Walter (2015): *Das Fach Geschichte an der Philosophischen resp. Geisteswissenschaftlichen Fakultät der Universität Graz. Vertretung und Institution von den Anfängen bis zur Gegenwart. Mit Bemerkungen zu Wien und Prag* (= Publikationen aus dem Archiv der Universität Graz, Bd. 44/1), Graz: ADEVA.
Kernbauer, Alois (2015): *Interdisziplinarität und Internationalität in der Frühzeit der Historischen Sozialforschung und der Historischen Anthropologie. Die Forschungsprobleme und Arbeitswelt Jan Peiskers* (= Publikationen aus dem Archiv der Universität Graz, Bd. 43) Graz: ADEVA.

Alois Kernbauer

4. KUNSTGESCHICHTE

Alois Riegl – Zum soziologischen Gehalt seiner Schriften vor 1900

Grundgedanken

1893, und damit in demselben Jahr, in dem auch Adolf von Hildebrands Buch *Das Problem der Form in der bildenden Kunst* erschien, veröffentlichte Alois Riegl (1858–1905) seine bahnbrechende Studie *Stilfragen. Grundlegungen zu einer Geschichte der Ornamentik*. Auf der Basis empirisch gewonnener Einsichten entwarf Riegl ein Modell der Stilentwicklung, die von der Mimesis der sichtbaren Welt zu einer fortschreitenden Abstraktion führt. Entscheidend für die Gestaltungsprinzipien sei immer das »Kunstwollen«, das aus der Intention des schaffenden Künstlers und aus seiner Freiheit und Autonomie erwachse. Der Begriff bezeichnet also nicht etwa ein vom geistig-kulturellen Umfeld quasi »vorherbestimmtes« Schaffen, sondern steht für einen Subjektivismus im übergreifenden Sinn, bei dem der Betrachter mit dem Objekt in einen Dialog tritt. Hinzu kommt noch die Dimension des Begehrens: »Der Mensch ist [...] nicht allein ein mit Sinnen aufnehmendes (passives) sondern auch ein begehrendes (aktives) Wesen, das daher die Welt so ausdeuten will, wie sie sich seinem (nach Volk, Ort und Zeit wechselnden) Begehren am offensten und willfährigsten erweist« (Riegl 1901, S. 401).

Die aus seiner Tätigkeit an der Textilabteilung des Österreichischen Museums für Kunst und Industrie, aber auch aus eigener praktischer Erfahrung erwachsende Vertrautheit Riegls mit dem Kunsthandwerk schlägt sich in dem 1894 erschienenen Buch *Volkskunst, Hausfleiß und Hausindustrie* nieder, der in erster Linie mit der Bewertung der künstlerischen Erzeugnisse in der Textilkunst befasst ist. Das Kunsthandwerk, erkannte Riegl, sei eng mit der Wirtschaft und den vorherrschenden gesellschaftlichen Strukturen verflochten; überkommene Techniken und Formen der Kunstproduktion fielen der fortschreitenden Industrialisierung zum Opfer (Rampley 2007, S. 153). Museen hätten daher die Aufgabe, die Reste der Volkskunst zu bewahren. Riegls Aufsatz zählt aus heutiger Sicht zu den Gründungsschriften der Ethnologie (Vasold 2010, S. 31).

Die Musealisierung des Kunsthandwerks hatte bereits ein halbes Jahrhundert zuvor mit den großen Weltausstellungen eingesetzt. Gottfried Semper wirkte tatkräftig an der Londoner Weltausstellung von 1851 mit und verfasste dazu eine Rezension, in der über Material, Technik und Zweck hinaus auch überindividuelle Momente wie Klima, Kultur, Religion und Politik in Betracht gezogen werden. Was den Stil, seine Entwicklung und das implizite »Kunstwollen« betrifft, konnte Semper auf Carl Friedrich von Rumohrs *Italienische Forschungen* von 1827/31 zurückgreifen, die unter der Rubrik »Haushalt der Kunst« den organischen Entstehungsprozess der Kunst und das damit verbundenen »Kunstwollen« erörtern. In seinem Hauptwerk *Der Stil in den technischen und tektonischen Künsten, oder praktische Ästhetik* (1860/63) geht Semper auf das Spätstadium der evolutionären Kunstentwicklung ein: Die Kunst habe sich aus dem ursprünglichen Zusammenhang von Material, Technik und Form gelöst, um durch die »Vernichtung der Realität oder des Stofflichen« als ein »bedeutungsvolles Symbol, als selbständige Schöpfung des Menschen« hervorzutreten (Hildebrand 2007, S. 68). Befremdlich mutet es daher an, dass Riegl Semper in den *Stilfragen* von 1893 und abermals in der *Spätrömischen Kunstindustrie* von 1901 als einen »radikalen Materialisten« herabwürdigte – was wohl darauf zurückzuführen ist, dass Riegl die Kontakte missbilligte, die Semper in seiner Londoner Zeit zu Beginn der 1850er Jahre zu sozialistischen Kreisen unterhalten hatte.

Wirkung und Wechselwirkung

Riegls Schrift über *Volkskunst, Hausfleiss und Hausindustrie* kann als Beispiel sowohl für den Einfluss der Kunstgeschichte auf die Soziologie als auch für die Bedeutung der aufstrebenden Nationalökonomie für die Kulturwissenschaften gelesen werden; Georg Vasold bezeichnet die Nationalökonomie als eine »Leitwissenschaft« des Fin de siècle und weist auf eine Reihe von Arbeiten hin, die ihre Relevanz für die Kulturwissenschaften besprechen (vgl. Vasold 2010, S. 29–36). Der Brückenschlag vom Stilbegriff der Kunst- und Kulturwissenschaften zu dem der Wirtschaftswissenschaften erfolgte in jüngerer Zeit durch Bertram Schefolds breit angelegte Studie über *Wirtschaftsstile* (1994/95) im Kontext sich wandelnder soziokultureller Verhältnisse.

In Österreich wurde die theoretische Nationalökonomie als sogenannte subjektive Wertlehre von Carl Menger initiiert. Von ihm dürfte der Kulturhistoriker Robert Eisler, ein Schüler von Franz Wickhoff, zu seinen *Studien zur Werttheorie* (Leipzig 1902), angeregt worden sein, und auch Riegl rezipiert die volkswirtschaftliche Literatur seiner Zeit. Eine mögliche Einwirkung auf Riegl könnte auch durch Karl Lamprecht erfolgt sein, dessen *Deutsches Wirtschaftsleben im Mittelalter* 1885/1886 erschienen war – nach Ernst Gombrichs Auffassung eine *echte* Sozialgeschichte der Kunst avant la lettre. Karl Büchers weitverbreitete Abhandlung über *Die Entstehung der Volkswirtschaft* von 1893 diente Riegl richtiggehend als Vademekum. In ihr werden die Entwicklungslinien der Ökonomie und der Kultur von den Anfängen bis in die industrialisierte Gegenwart verfolgt; in ähnlicher Weise schilderte Riegl die Entwicklung der Kunst. Mit Gustav Schmoller ist in Zusammenhang mit Riegl noch auf einen weiteren Vertreter der Nationalökonomie verwiesen worden. Um das Wesen vergangener Epochen zu ergründen, bediente sich Schmoller der vergleichenden Methode und des Studiums empirischer Fakten. Riegl tat es ihm gleich und wollte so vom Studium einzelner Werke zu einer übergreifenden Beurteilung der historischen Epochen gelangen (Vasold 2010, S. 33).

Ihre Entsprechung fand diese Betrachtungsweise, gleich wie die ihr entgegengesetzte, in den Auseinandersetzungen über den Stellenwert induktiver bzw. deduktiver volkswirtschaftlicher Forschungsverfahren. Jene kulminierten in den 1880er und 1890er Jahren im deutschsprachigen Raum im sogenannten (älteren) Methodenstreit der Nationalökonomie«: Auf der einen Seite standen die von Carl Menger angeführten österreichischen Anhänger der Grenznutzenschule, die glaubten, ausgehend von einer axiomatisch verstandenen Theorie die einzelnen Tatsachen und Geschehnisse erklären zu können, und auf der anderen standen die Vertreter der Historischen Schule, Gustav Schmoller in Berlin und sein Weggefährte Karl Bücher, die bei ihren Erklärungen empirisch-induktiv vorgingen. Angeregt wohl durch diese Diskussion wie auch durch jene über das »Ökonomieprinzip« von Ernst Mach als grundlegendes Regulativ der Wissenschaften, riet Hermann Bahr – im Gegensatz zu Riegls synkretistischem Induktivismus – in seiner *Kritik der Moderne* von 1890 den Kunsthistorikern, »aus der Enge der Einzelerscheinung herauszustreben« und die aus gegenseitiger »Mißgunst« zwischen den einzelnen Wissenschaften errichteten Schranken aufzuheben. So sollte das bisher Gesonderte verbunden und in den größeren »*Zusammenhang des Lebens*« gebracht werden. Dazu bedürfe es einer vermittelnden »Centralwissenschaft«, die insbesondere auch die ökonomischen Prozesse mit in Betracht ziehe (Bahr 1890, S. 27, zit. nach Vasold 2010, S. 34f.). Die Nationalökonomie galt im Wien der Zeit um 1890 als jene Wissenschaft, die den erwähnten Zusammenhang der Gesellschaft und des Lebens am ehesten bewerkstelligen könnte; dementsprechend habe auch Bahr selbst versucht, »das Bildschaffen von van Eyck bis Géricault unter einem ausschließlich ökonomischen Blickwinkel zu betrachten« (Vasold 2010, S. 35).

Im Begriff der »Volkskunst« sind bereits soziologische Implikationen enthalten: Es handelt sich um künstlerische Phänomene, in denen sich, wie später von Karl Mannheim formuliert, der »ganze Mensch« mit seinem Alltagswissen und seiner *Irrationalität* spiegelt (vgl. Rinofner-Kreidl 2000, S. 180f., mit Bezug auf Mannheim 1923, S. 189). Stilgeschichte und Kunstentwicklung werden von Riegl mit der Kulturgeschichte (Vasold 2004) sowie mit der »Weltanschauungslehre« Wilhelm Diltheys und der zeitgenössischen Lebensphilosophie verknüpft. Noch stärker tritt diese Verflechtung später in den Schriften Max Dvořáks zu Tage. Auf Riegls Beeinflussung durch Volkskunde, Wirtschaftsgeschichte und Soziologie wurde eindringlich hingewiesen (Vasold 2010, S. 32). Umgekehrt lässt sich aber auch speziell nach der Jahrhundertwende ein Einfluss Riegls vor allem auf Analysen von Kulturphänomenen in der Volkskunde, der Ethnologie und der Soziologie konstatieren.

Bahr, Hermann (1890): Zur Kritik der Moderne. In: Ders., *Gesammelte Aufsätze*, Bd. 1, Zürich: Schabelitz (Neudruck 2004, Weimar: VDG).

Bücher, Karl (1893): *Die Entstehung der Volkswirtschaft*, Tübingen: H. Laupp'sche Buchhandlung.

Hildebrand, Sonja (2007): Sempers Stillehre. In: Pfisterer 2007, S. 62–75.

Mannheim, Karl (1923): Beiträge zur Theorie der Weltanschauungs-Interpretation. In: *Jahrbuch für Kunstgeschichte* 1 (= 15), S. 236–274.

Pfisterer, Ulrich (Hg.) (2007): *Klassiker der Kunstgeschichte*, Bd. 1: *Von Winckelmann bis Warburg*, München: C. H. Beck.

Rampley, Matthew (2007): Alois Riegl (1858–1905). In: Pfisterer 2007, S.152–162.

Riegl, Alois (1893): *Stilfragen. Grundlegungen zu einer Geschichte der Ornamentik*, Berlin: G. Siemens.

– (1894): *Volkskunst, Hausfleiss und Hausindustrie*, Berlin: G. Siemens.

– (1901/23): *Die spätrömische Kunstindustrie nach den Funden in Österreich-Ungarn dargestellt*, 2 Bde., Wien: Hof- und Staatsdruckerei. (2. Aufl. 1927, ebd.; Nachdruck 1992, Darmstadt: Wissenschaftliche Buchgesellschaft.)

Rinofner-Kreidl, Sonja (2000): Freiheit und Rationalität. Implikationen der organischen Geschichtsphilosophie Karl Mannheims. In: Barbara Boisits (Hg.), *Einheit und Vielfalt. Organo-*

logische Denkmodelle in der Moderne (= Studien zur Moderne, Bd. 11), Wien: Passagen Verlag, S. 179–224.
Schefold, Bertram (1994/95): *Wirtschaftsstile*, 2 Bde., Frankfurt a./M.: Bernstein Verlag.
Semper, Gottfried (1860/63): *Der Stil in den technischen und tektonischen Künsten, oder praktische Ästhetik*, 2 Bde., Frankfurt/München: Bruckmann.
Vasold, Georg (2004): *Alois Riegl und die Kunstgeschichte als Kulturgeschichte. Überlegungen zum Frühwerk des Wiener Gelehrten*, Freiburg i.Br.: Rombach Verlag.
– (2010): Alois Riegl und die Nationalökonomie. In: Peter Noever/Artur Rosenauer/Ders. (Hgg.), *Alois Riegl Revisited. Beiträge zu Werk und Rezeption* (= Veröffentlichungen zur Kunstgeschichte, Bd. 9), Wien: Verlag der Österreichischen Akademie der Wissenschaften, S. 29–36.

Weiterführende Literatur

Noever, Peter/Artur Rosenauer/Georg Vasold (Hgg.) (2010): *Alois Riegl Revisited. Beiträge zu Werk und Rezeption – Contributions to the Opus and its Reception* (= Veröffentlichungen zur Kunstgeschichte, Bd. 9), Wien: Verlag der Österreichischen Akademie der Wissenschaften.
Pächt, Otto (1977): Alois Riegl. In: Ders./Jörg Oberhaidacher/Artur Rosenauer/Gertraut Schikola (Hgg.), *Methodisches zur kunsthistorischen Praxis. Ausgewählte Schriften*, München: Prestel, S. 141–152.
Riegl, Alois (1996): *Gesammelte Aufsätze*, hrsg. von Artur Rosenauer, Wien: WUV Universitätsverlag.

Götz Pochat

VI. Wurzeln der Soziologie in Psychologie und Philosophie

1. PSYCHOLOGIE

Franz Brentano – ein Wegbereiter moderner Kulturpsychologie?

Franz Brentano (1838–1917) hat zeit seines Lebens nur wenig Systematisches zu seiner Lehre veröffentlicht – und dieses Wenige trägt dann auch noch häufig die Züge von Gelegenheitsschriften. Es ist, als ob ihm zum Schreiben einfach die Zeit gefehlt hätte – Zeit, die der charismatische Lehrer ausschließlich der Vertiefung seines philosophischen Denkens gewidmet wissen wollte.

Brentanos Zugang zur Psychologie ist zunächst ganz dem Geist der Zeit entsprechend: Der Deutsche Idealismus hat abgewirtschaftet – Kant, Fichte, Schelling und Hegel repräsentieren für ihn eine Phase des Verfalls neuzeitlichen Philosophierens. Dieser Befund spiegelt letztlich die soziale Lage der Philosophie an den Universitäten wider: Im Zuge des Aufstiegs »prozedural definierter Forschungswissenschaften« (Schnädelbach 2012), die ihren Anspruch auf Wissenschaftlichkeit eben nicht mehr über die Integrierbarkeit von aus der Erfahrung stammenden »Kenntnissen« in ein übergeordnetes philosophisches System, sondern über die Hervorbringung von Wissen über rational zu begründende, von einer Gemeinschaft von Fachgelehrten geteilten Forschungsmethoden bestimmen, ist das Fach in eine grundlegende Identitätskrise geraten. Mit dem Antritt seiner Wiener Professur präsentiert Brentano nun seine Version einer wissenschaftlichen Neubegründung der Metaphysik, indem er die Philosophie auf eine völlig metaphysikfreie, d.h. rein erfahrungswissenschaftlich verfasste Psychologie zu gründen versucht (Brentano 1929; vgl. dazu v.a. Antonelli 2008). Nur nebenbei sei hier erwähnt, wie sehr sich diese im Grunde einheitswissenschaftliche Programmatik ursprünglich der intensiven Beschäftigung mit John Stuart Mill und dann auch der Auseinandersetzung mit dem Positivismus Auguste Comtes verdankt.

In seiner *Psychologie vom empirischen Standpunkte* (Brentano 1874) nimmt Brentano die Grundlegung der wissenschaftlichen Psychologie zunächst über die Klärung ihrer Erfahrungsgrundlagen in Angriff. Die Methode der Psychologie kann keine andere sein als die der Naturwissenschaften: Wahrnehmung und Beobachtung. Allerdings behält Brentano die Kant'sche Unterscheidung zwischen äußerer und innerer Wahrnehmung bei. Die Naturwissenschaft handelt von den in der äußeren Wahrnehmung gegebenen »physischen Phänomenen«, die Psychologie von den in der inneren Wahrnehmung gegebenen »psychischen Phänomenen«. Physische Phänomene sind sinnliche Qualitäten, die als »Zeichen von etwas Wirklichem« aufgefasst werden; die Phänomene der inneren Wahrnehmung existieren hingegen wirklich, »wie sie erscheinen, so sind sie auch in Wirklichkeit« (ebd., S. 24f.).

Wir wollen hier von den in der problematischen Unterscheidung von innerer und äußerer Wahrnehmung begründeten Unklarheiten (und damit auch von der Verwendung des Begriffs »Phänomen« in diesem Kontext) absehen (vgl. dazu Benetka 2018) und uns gleich den methodischen Folgerungen Brentanos zuwenden. Die innere Wahrnehmung kann nie innere Beobachtung werden, weil in dem Moment, in dem sich die Aufmerksamkeit auf den inneren Gegenstand richtet, dieser auch schon zum Verschwinden gebracht wird: »Denn wer den Zorn, der in ihm glüht, beobachten wollte, bei dem wäre er offenbar bereits gekühlt, und der Gegenstand der Beobachtung verschwunden.« (Brentano 1874, S. 35f.) Im Gegensatz zu Kant räumt Brentano allerdings ein, dass innerlich wahrgenommene Vorgänge oder Zustände aus dem Gedächtnis betrachtet und somit sehr wohl zum Gegenstand der wissenschaftlichen Untersuchung gemacht werden können (ebd., S. 43). Der mangelnden Zuverlässigkeit unseres Erinnerungsvermögens ist er sich dabei jedoch durchaus bewusst (ebd., S. 44).

Wenn ausschließlich das, was in der inneren Wahrnehmung gegeben ist, Gegenstand der Psychologie wäre, so bliebe ihre Erfahrungsgrundlage auf Erscheinungen, die nur in uns, nur in unserem eigenen Leben auftreten, beschränkt; beschränkt also auf immer nur ein einziges individuelles Leben, das – wie Brentano sagt – zudem von keinem von uns in seiner Totalität zu überblicken ist. »Wie der Gegenstand der Beobachtung ein einziger ist, – ein einziges und, wie wir sagten, nur theilweise zu überblickendes Leben – so ist auch der Beobachter ein einziger, und kein Anderer ist im Stande, seine Beobachtung zu controliren.« (Ebd., S. 46) Hier komme nun der Psychologie der Umstand zugute, dass »die Erscheinungen des inneren Lebens [...] sich zu äussern« pflegen, d.h. »äusserlich wahrnehmbare Veränderungen« zur Folge haben, die eine »indirecte Erkenntniss fremder psychischer Phänomene« möglich machen (ebd., S. 47): Fremdpsychisches äußert sich in Worten, in Handlungen und im willkürlichen Tun sowie in unwillkürlichen physischen Vorgängen, die – wie Brentano anmerkt – »gewisse psychische Zustände naturgemäss begleiten« (ebd., S. 49).

Weit ist das Feld (kultur-)psychologischer Beobachtung, das Brentano der zukünftigen Forschung von hier aus eröffnen kann: Die Beschäftigung mit dem »einfacheren Seelenleben« von Kindern und Erwachsenen bei »Völkerstämmen, welche in der Cultur zurückgeblieben sind« (ebd., S. 49), wird ebenso empfohlen wie das Studium des Vorstellungslebens von Blindgeborenen; Beobachtungen, »die man zu psychologischen Zwecken an Thieren macht« (ebd., S. 50), sollen Berücksichtigung finden, desgleichen »krankhafte Seelenzustände« aufmerksam registriert und analysiert werden (ebd., S. 51); dazu kommen das Studium der Biographien von »Männern, welche als Künstler, Forscher oder grosse Charaktere hervorleuchten, aber auch die von grossen Verbrechern und ebenso das Studium des einzelnen hervorragenden Kunstwerkes, der einzelnen merkwürdigen Entdeckung, der einzelnen grossen Handlung und des einzelnen Verbrechens, soweit ein Einblick in die Motive und vorbereitenden Umstände möglich ist« (ebd., S. 52); geboten ist zudem die Untersuchung der Eigenart psychischer Erscheinungen in der Ansammlung von Menschenmassen; und aus der Analyse von »Phänomenen der Kunst, Wissenschaft und Religion« lassen sich nach Brentanos Einschätzung schließlich Hinweise auf die »verschiedenen Grundanlagen des höheren psychischen Lebens« ableiten, wie überhaupt »die Betrachtung der Phänomene der menschlichen Gesellschaft auf die psychischen Phänomene des Einzelnen Licht wirft« (ebd., S. 53).

Die »Äußerungen des psychischen Lebens Anderer« ermöglichen der Psychologie objektive Beobachtungen; aber diese Beobachtungen würden, wie Brentano meint, »die Beobachtung im Gedächtnis, so wie diese die innere Wahrnehmung gegenwärtiger Erscheinungen«, voraussetzen: »Auf der inneren Wahrnehmung also [...] erhebt sich recht eigentlich der Bau dieser Wissenschaft wie auf seiner Grundlage.« (Ebd., S. 54) Auf die Explikation dieses Zusammenhangs zwischen objektiver Beobachtung und innerer Wahrnehmung ist Brentano allerdings nicht weiter eingegangen. Weder in seiner *Psychologie vom empirischen Standpunkte* noch knapp eineinhalb Jahrzehnte später in seinen Wiener Vorlesungen über *Deskriptive Psychologie* (in Buchform 1982 aus dem Nachlass herausgegeben) kam er noch einmal auf die hier angedeuteten Möglichkeiten objektiven Beobachtens in der Psychologie zu sprechen.

Von einem anderen Ausgangspunkt aus führt aber dann doch noch ein Weg zur Entwicklung einer letztlich auch dem Sozialen zugewandten und prinzipiell in empirische Untersuchungen zu übersetzenden Philosophie. Im zweiten Buch des ersten Bandes seiner *Psychologie vom empirischen Standpunkte* nimmt Brentano die Differenzierung zwischen Psychologie und Naturwissenschaft nun von der Seite ihrer Gegenstände her in Angriff. Das, was den psychischen Vorgängen und Zuständen gemeinsam und ihnen – nur ihnen – eigentümlich ist (und zwar unabhängig vom besonderen Modus ihrer Auffassung), mithin das, was das »Gattungsmerkmal« alles Psychischen ist (Stegmüller 1976, S. 3f.), ist das Prinzip der Intentionalität: Psychische Akte sind gerichtet, intentional auf einen Inhalt bezogen, der aber selbst erst durch den konkreten Akt realisiert wird. Bei Husserl (1901) wird die intentionale Gerichtetheit des Bewusstseins zum zentralen Moment seiner Phänomenologie. Sie soll auf einer sehr grundlegenden, d.h. auf einer vorsprachlichen Ebene – letztlich schon auf der Ebene der Wahrnehmung (vgl. dazu z.B. Merleau-Ponty 1966) – das konstituieren, was jede Art von moderner Kulturpsychologie heute umtreibt: Sinn und Bedeutung. Doch damit nicht genug: Indem, um mit Husserl zu sprechen, Bewusstsein immer Bewusstsein von *etwas* ist, ist es Bewusstsein von etwas anderem als sich selbst. Bewusstsein hat kein »Drinnen«; es ist nichts als ein Draußen-Sein, ein Draußen-in-der-Welt-Sein. Indem zu diesem »Draußen« nun aber immer auch unsere Mitmenschen zählen, muss – vermittelt durch den praktischen Verkehr mit ihnen – deren Draußen-in-der-Welt-Sein sich mit dem meinigen überschneiden. Die mit anderen geteilte »Lebenswelt« (verstanden als die im Zusammenleben mit anderen als wirklich angenommene Welt) ist ein unverzichtbarer Grundbegriff jeder am Sozialen, d.h. an der Gesellschaftlichkeit des Menschen interessierten Psychologie.

Antonelli, Mauro (2008): Eine Psychologie, die Epoche gemacht hat. In: Franz Brentano, *Sämtliche veröffentlichte Schriften*, Abt. 1: *Schriften zur Psychologie*, Bd. 1: *Psychologie vom empirischen Standpunkte. Von der Klassifikation der psychischen Phänomene*, hrsg. von Thomas Binder und Arkadiusz Chrudzimski, mit einem Vorwort der Hrsg. [...] und einer Einleitung von Mauro Antonelli, Heusenstamm/New Brunswick, NJ, USA: Ontos, S. IX-LXXXVI.
Benetka, Gerhard (2018): Franz Brentano – revisited: (Nach-)Wirkungen auf die Psychologie. In: Ders./Hans Werbik (Hgg.) (2018), *Die philosophischen und kulturellen Wurzeln der Psychologie. Traditionen in Europa, Indien und China*, Gießen: Psychosozial-Verlag.
Brentano, Franz (1874): *Psychologie vom empirischen Standpunkte*, 2 Bde., Leipzig: Duncker & Humblot.
– (1925). *Psychologie vom empirischen Standpunkt*, Bd. 2: *Von der Klassifikation der psychischen Phänomene* [1874], Neuauflage der Ausgabe von 1911, Leipzig: Meiner.
– (1929): Über die Gründe der Entmutigung auf philosophischem Gebiete [1874]. In: Ders., *Über die Zukunft der Psychologie*, Leipzig: Meiner, S. 83–100.
– (1982): *Deskriptive Psychologie*, aus dem Nachlass hrsg. und eingel. von Wilhelm Baumgartner und Roderick M. Chisholm, Hamburg: Meiner.
Husserl, Edmund (1901): *Logische Untersuchungen*, 2. Teil: *Untersuchungen zur Phänomenologie und Theorie der Erkenntnis*, Halle: Niemeyer.
Merleau-Ponty, Maurice (1966): *Phänomenologie der Wahrnehmung* [1945], Berlin: de Gruyter.
Schnädelbach, Herbert (2012): *Was Philosophen wissen und was man von ihnen lernen kann*, München: Beck.
Stegmüller, Wolfgang (1976): *Hauptströmungen der Gegenwartsphilosophie. Eine kritische Einführung* [1952], Bd. 1, 6. Auflage, Stuttgart: Kröner.

Weiterführende Literatur

Baumgartner, Wilhelm/Franz-Peter Burkard (1990): Franz Brentano. Eine Skizze seines Lebens und seiner Werke. In: Wolfgang L. Gombocz/Rudolf Haller/Norbert Henrichs (Hgg.), *International Bibliography of Austrian Philosophy 1982/83*, Bd. 4, Amsterdam/Atlanta: Rodopi, S. 17–53.
Benetka, Gerhard (1999): »Die Methode der Psychologie ist keine andere als die der Naturwissenschaft ...« Die »empirische Psychologie« Franz Brentanos. In: Thomas Slunecko et al. (Hgg.), *Psychologie des Bewusstseins – Bewusstsein der Psychologie. Giselher Guttmann zum 65. Geburtstag*, Wien: Wiener Universitätsverlag, S. 157–175.
Husserl, Edmund (1919): Erinnerungen an Franz Brentano. In: Oscar Kraus (Hg.), *Franz Brentano. Zur Kenntnis seines Lebens und seiner Lehre*, München: Beck, S. 151–167.
– (1976). *Die Krisis der europäischen Wissenschaften und die transzendentale Phänomenologie* (= Husserliana, Bd. 6), Den Haag: Nijhoff.

Gerhard Benetka

Anton Oelzelt-Newin über die Vererbung sittlicher Dispositionen

In seiner 1892 erschienenen Monographie *Über sittliche Dispositionen* beschäftigt sich Anton Oelzelt-Newin mit der Frage nach dem Angeborenen im Sittlichen. Er vertritt die Auffassung, dass es angeborene sittliche Dispositionen zu Gefühlen und Affekten gebe, aus denen sich schließlich, unter Einwirkung von pädagogischen Einflüssen, sittliche Eigenschaften entwickeln. In diesem Sinne spricht er von angeborenen und erziehenden Faktoren der Sittlichkeit (vgl. Oelzelt-Newin 1892, S. 1). Oelzelt-Newin bewegt sich also im Kontext der bis heute geführten Anlage-Umwelt-Kontroverse, in der im späten 19. Jahrhundert die Auffassung dominierte, dass der Einfluss des Erbguts überwiege. Er beschreibt zeitgenössische Versuche, die Erblichkeit von sittlichen Eigenschaften nachzuweisen. In diesem Zusammenhang thematisiert er unter anderem die Erblichkeitsstatistiken von Francis Galton, dem Begründer der Eugenik, und die Verbrecherstatistiken des Eugenikers Cesare Lombroso. Oelzelt-Newin geht es dabei vor allem um die von Galton und Lombroso verwendete statistische Methode. Diese betrachtet er zwar grundsätzlich als den richtigen Weg, um Angeborenes nachzuweisen, er kritisiert jedoch die bislang mangelhafte Anwendung der Methode. Um aussagekräftige Statistiken zu erhalten, müsse die absolute Anzahl der untersuchten Fälle höher sein und auch das Verhältnis zu den nicht erblichen Fällen festgestellt werden. Außerdem müsse man den erziehenden Einfluss nachweislich als Ursache ausschließen. Dazu sei es erforderlich, komplexe Eigenschaften – an denen viel anerzogen sei – auf einfache Gefühle und Affekte zurückzuführen. Ein solch einfaches Phänomen könne dann auf eine angeborene Disposition hin untersucht werden (vgl. ebd., S. 11–27). Auf diese Weise bestimmt Oelzelt-Newin die Dispositionen zu Furcht, Zorn, Liebe, Mitgefühl, Scham und Stolz als die angeborenen Elemente des Sittlichen (vgl. ebd., S. 46–89). Die Versuche seiner Vorgänger sieht er hingegen als gescheitert an, da deren Resultate keinen Rückschluss auf die Erblichkeit erlauben. Oelzelt-Newin empfiehlt der Wissenschaft und dem Staat die Anstellung besonders geschulter Fachleute, die – im Gegensatz zu Galton und Lombroso – auch tatsächlich für derartige Untersuchungen fachlich qualifiziert seien (vgl. ebd., S. 25f.). Bei seiner Abhandlung *Über sittliche Dispositionen* handelt es sich also um eine methodologische Arbeit, die als Beitrag zur Entwicklung der quantitativen Sozialforschung betrachtet werden kann.

Insbesondere stehen die Überlegungen von Oelzelt-Newin in einem Zusammenhang mit der empirischen Kriminologie. Im Schlusswort gibt dieser einen Ausblick auf die gesellschaftliche Relevanz seiner Theorie. Die Befürchtung, dass angeborene sittliche Dispositionen als Entschuldigung für Verbrechen dienen und somit eine Gefahr für die Moral im Staat darstellen könnten, weist Oelzelt-Newin zurück. Er geht davon aus, dass die Reaktion der Mitmenschen auf unsittliche Handlungen dadurch nicht beeinflusst werde, sodass die Bestrafung von Verbrechen auch weiterhin die Moral im Staat erhalte (vgl. ebd., S. 90–92).

Kurz nach dem Erscheinen von Oelzelt-Newins Buch *Über sittliche Dispositionen* wird in Frankreich eine Rezension veröffentlicht, in der Jean Lucien Arréat das Werk als eine bemerkenswerte Arbeit würdigt, die im wohltuenden Gegensatz zu den sonst üblichen dicken, dogmatischen und unzeitgemäßen deutschsprachigen Erörterungen des Themas stehe (vgl. Arréat 1892, S. 533). Kritisch äußert sich hingegen Georg Simmel, der in einer 1893 erschienenen Rezension das Fehlen einer Auseinandersetzung mit erkenntnistheoretischen Standpunkten moniert, welche in Fragen der Erblichkeit eine große Rolle spielen (vgl. Simmel 1893, S. 144).

Arréat, Jean Lucien (1892): A. Oelzelt-Newin. Ueber sittliche Dispositionen [Rezension]. In: *Revue Philosophique de la France et de l'Étranger* 34/7-12, S. 530–533.
Oelzelt-Newin, Anton (1892): *Über sittliche Dispositionen*, Graz: Leuschner & Lubensky.
Simmel, Georg (1893): Oelzelt-Newin. Über sittliche Dispositionen [Rezension]. In: *Zeitschrift für Psychologie und Physiologie der Sinnesorgane* 5, S. 144.

Weiterführende Literatur

Acham, Karl (Hg.) (2001): *Geschichte der österreichischen Humanwissenschaften*, Bd. 3.1: *Menschliches Verhalten und gesellschaftliche Institutionen: Einstellung, Sozialverhalten, Verhaltensorientierung*, Wien: Passagen Verlag.
Dölling, Evelyn (1999): *»Wahrheit suchen und Wahrheit bekennen.« Alexius Meinong. Skizze seines Lebens*, Amsterdam/Atlanta: Rodopi.
Goldhaber, Dale (2012): *The nature-nurture debates. Bridging the gap*, Cambridge: Cambridge University Press.

Christiane Schreiber

2. GESCHICHTSPHILOSOPHIE, WELTANSCHAUUNGSANALYSE UND PRAKTISCHE PHILOSOPHIE

Paul Weisengrün über Entwicklungsgesetze der »menschlichen Entfaltung«

Im Zentrum des Denkens von Paul Weisengrün (1868–1923) steht die Suche nach den Entwicklungsgesetzen der »menschlichen Entfaltung«, denn »[k]eine unter den Fundamentirungen der Geistes- und Social-Wissenschaften ist wichtiger, ja unentbehrlicher, als eine richtige Geschichtsauffassung« (Weisengrün 1890, S. 5). Den systematischen Ausgangspunkt bilden dabei die 1888 veröffentlichte Arbeit *Die Entwickelungsgesetze der Menschheit* sowie der 1890 publizierte Vortrag *Verschiedene Geschichtsauffassungen*. Beide Arbeiten verstehen sich als »socialwissenschaftlich[e] Untersuchungen« (Weisengrün 1888, S. III).

Obwohl Weisengrün eine Vielzahl der geschichtsphilosophischen Theorien des ausgehenden 18. und 19. Jahrhunderts intensiv und breit rezipiert – er reflektiert u.a. die Positionen von Johann Gottfried Herder, Georg Wilhelm Friedrich Hegel, Auguste Comte, Herbert Spencer, Ernest Renan, Henry Thomas Buckle und Hippolyte Taine –, ist sein Denken vor allem von Karl Marx und dem Marxismus des 19. Jahrhunderts geprägt. Über die wichtigsten Quellen seiner Geschichtsbetrachtung sagt Weisengrün: »Die hauptsächlichsten Schriften […] sind außer dem bekannten ›Kapital‹ von Karl Marx noch folgende: Das ›Elend der Philosophie‹ […], dann das ›communistische Manifest‹ […], hierauf Fr. Engels' ›Herrn Eugen Dührings Umwälzung der Wissenschaft‹, dann ›der Ursprung der Familie, des Privateigenthums und des Staates‹« (Weisengrün 1890, S. 27).

Geschichte versteht Weisengrün in einem sehr weiten Sinn als eine Disziplin, die sich »mit der Erklärung der politischen und juridischen Bewegungen, wie mit den philosophischen und religiösen« zu befassen und diese »aus dem ökonomischen, materiellen Fundament« zu erklären habe (ebd., S. 28). Sein Ziel liegt demnach nicht in der Entwicklung einer Ereignisgeschichte (eine solche habe ja bereits Leopold Ranke in vollendeter Form vorgelegt, vgl. ebd., S. 6), sondern in einer Philosophie der Geschichte. Allen bisherigen Theorien sei gemeinsam, so Weisengrüns Konklusion aus den Arbeiten früherer Geschichtsphilosophen, »daß in ihnen das Princip der Lebenserhaltung keine selbstständige Rolle« spiele (ebd., S. 20). Es werden demnach in all diesen Theorien sowohl die ökonomischen Verhältnisse als auch »die Geschlechterverhältnisse, wie sie sich […] in den spezifischen Familieneinrichtungen« zeigen (ebd.), vernachlässigt. Lediglich das intellektuelle Leben, die Sitten und religiösen Elemente werden untersucht: »sie alle müssen bei den verschiedenen Geschichtsphilosophen herhalten, um, wenn es nöthig, die materiellen Verhältnisse zu erklären« (ebd.). Eine neue Philosophie der Entwicklungsgesetze habe hingegen bei einer Analyse der Produktionsverhältnisse anzusetzen und aus diesen »die intellektuelle Bewegung, die Veränderungen der Sitten, die Phasen der Religion« zu erklären (ebd., S. 21). Weisengrün plädiert daher für einen ökonomischen Materialismus: Dieser wird als jene »Geschichtstheorie« definiert, »welche als Basis der Entfaltung in der Geschichte die Produktionsweise annimmt und alle anderen Umstände darauf zurückführen will, ohne die reelle Bedeutung dieser Umstände zu leugnen« (ebd., S. 28). Ins Zentrum der Überlegungen rückt dabei der von Marx eingeführte und von Taine in spezifischer Form weiterentwickelte Begriff des Milieus (vgl. Weisengrün 1888, S. 11). Dieser wird in Form einer Analyse der familiären Strukturen und Beziehungen, der Geschlechter und der Clans entwickelt: »Das also ist der ökonomische Materialismus, der vollendetste Ausdruck jener Anschauung in der Geschichtsphilosophie, welche sich bemüht, das Prinzip der Lebensfürsorge als für die ganze historische Bewegung von größter Wichtigkeit hinzustellen.« (Weisengrün 1890, S. 44f.)

Dass der ökonomische Materialismus das Fundament der Geschichtsphilosophie Weisengrüns bildet, hindert ihn nicht daran, eine totale Reduktion der menschlichen

Entfaltung auf Materielles zu kritisieren und auf die bedeutsame Tatsache der allmählichen »Herausschälung geistiger Momente aus materiellen« zu verweisen (Weisengrün 1888, S. 13). Ab einem gewissen Stadium der Entwicklung komme es nämlich zu einer Loslösung des Intellektuellen vom Materiellen: »Wir behaupten also, dass die allgemein intellectuelle Bewegung […] auf einer hohen Stufe der materiellen Entwicklung sich von derselben loslöst« (ebd.). Dabei handle es sich um einen zentralen Aspekt, der in der Geschichtstheorie von Marx keine ausreichende Berücksichtigung fand, weshalb sie in dieser Hinsicht zu ergänzen sei (vgl. Kopf 1986, S. 9).

Weisengrün kommt über diese Reflexionen zu einem Modell der Entwicklung der Menschheit in drei Phasen: In der ersten stehe die sogenannte Familienentfaltung, d.i. die Erzeugung des Menschen selbst, im Zentrum. Die zweite Phase ist die der materiellen Entfaltung, d.i. die Produktion von Lebensmitteln. Doch erst mit der dritten Phase setze die eigentliche Menschwerdung ein, wenn sich aus den ökonomischen Bedingungen allmählich das intellektuell-soziale Element herauszuschälen beginnt (vgl. Weisengrün 1888, S. 14). Es ist also diese dritte Phase, durch die sich nach Weisengrün die Menschen wirklich von den Tieren unterscheiden, denn auch Letztere schaffen künstliche Milieus, durchlaufen aber doch nur die ersten beiden Phasen (wenngleich »in primitiverer Weise«); allein »dieses dritte Hauptentfaltungselement« kann somit als ein »specifisch menschliches« angesehen werden (ebd., S. 15).

Der Mensch – so das allgemeine Urteil Weisengrüns über den Geschichtsprozess – hat sich durch die drei Phasen seiner Entwicklung zunehmend von einem »complikationslosen Zustande entfernt« (Weisengrün 1890, S. 59). Aus der Einsicht in diese Tendenz der menschlichen Entfaltung ergibt sich ein »ethisches Ziel«, nämlich »[z]urückzukehren in gewisser Weise zu diesem Zustande, aber auf ganz anderen Wegen« (ebd.). Weisengrün spricht hier deshalb explizit von einem ethischen Ziel, da dieses Zurückgehen noch nicht Geschichte *ist*, sondern erst zu Geschichte gemacht werden *soll*. Das mit diesem Telos verbundene Sollen lautet: »Abstreifen des Darwin'schen Kampfes um's Dasein« (ebd.).

Zusammenfassend lässt sich feststellen, dass Weisengrün seine Geschichtsphilosophie als »die sociale Verlängerung der Darwin'schen Theorie versteht, aber gänzlich befreit […] von jener biologischen Analogiewuth, die sonst alle anderen Versuche, die Darwin'sche Theorie auf das sociale Leben anzuwenden, bis jetzt begleitet haben [recte: hat]« (ebd., S. 45). Sein explizit ausgesprochenes »Hauptziel« ist es dabei, »Anderen den Weg zu ebenen [sic!], welcher zur Lösung gewisser socialphilosophischer Probleme führt« (Weisengrün 1888, S. IV). Seine ab 1888 in mehreren Arbeiten dargelegte Geschichtstheorie wie auch das umfangreiche Werk *Das Ende des Marxismus* von 1899 wurden allerdings von den Zeitgenossen überwiegend negativ rezensiert. Weisengrün diskutiere größtenteils schon Bekanntes, und die »mühsame Lektüre« mache das Auffinden des spezifischen Eigenwerts seiner Theorie sehr schwierig (vgl. Kleinwächter 1889, S. 367; Barth 1895, S. 775; Barth 1971, S. 163, 751; Diehl 1900, S. 844). Auch wenn

Weisengrüns Darstellungen tatsächlich überwiegend aus einem Rezipieren der Positionen seiner Vorgänger und Vorbilder besteht, so ist doch nicht zu übersehen, dass er mit seiner konsequent gestellten Frage nach den Entwicklungsgesetzen und den Voraussetzungen der menschlichen Entfaltung einen Beitrag zur Entstehung und Etablierung einer eigenen sozialwissenschaftlichen, dem radikalen Ökonomismus kritisch gegenüberstehenden Methode zu Ende des 19. Jahrhunderts geleistet hat.

Barth, Paul (1895): Weisengrün, Paul. Die sozialwissenschaftlichen Ideen Saint-Simon's. Ein Beitrag zur Geschichte des Sozialismus [Rezension]. In: *Jahrbücher für Nationalökonomie und Statistik* 10, S. 775.

– (1971): *Die Philosophie der Geschichte als Soziologie*, Bd. 1: *Grundlegung und kritische Übersicht* [1897], Hildesheim/New York: Olms (Nachdruck der 1897 in Leipzig bei O. S. Reisland erschienenen Originalausgabe).

Diehl, Karl (1900): Weisengrün, Paul. Der Marxismus und das Wesen der sozialen Frage [Rezension]. In: *Jahrbücher für Nationalökonomie und Statistik* 20/6, S. 843–845.

Kleinwächter, Friedrich (1889): Weisengrün, Paul. Die Entwickelungsgesetze der Menschheit [Rezension]. In: *Jahrbücher für Nationalökonomie und Statistik* 18, S. 367.

Kopf, Elke (1986): »Das Kapital« in der Wirkungsschichte des Marxismus. In: *Beiträge zur Marx-Engels-Forschung* 20, S. 5–19.

Weisengrün, Paul (1888): *Die Entwickelungsgesetze der Menschheit. Eine socialphilosophische Studie*, Leipzig: Otto Wigand.

– (1890): *Verschiedene Geschichtsauffassungen. Ein Vortrag*, Leipzig: Otto Wigand.

– (1899): *Das Ende des Marxismus*, Leipzig: Otto Wigand.

– (1914): *Die Erlösung vom Individualismus und Sozialismus. Skizze eines neuen, immanenten Systems der Soziologie und Wirtschaftspolitik*, München: E. Reinhardt.

Weiterführende Literatur

Stammler, Rudolf (1921): *Die materialistische Geschichtsauffassung. Darstellung, Kritik, Lösung*, Oberbarnim: Bertelsmann.

Rudolf Meer

Alexius Meinong und Christian von Ehrenfels – Zur Wertlehre und ihren Implikationen

Wertsubjektivismus

Die Wertlehren von Alexius Meinong (1853–1920) und Christian von Ehrenfels (1859–1932) weisen nicht nur gemeinsame Wurzeln auf – etwa die (theoretische) Volkswirtschaftslehre von Carl Menger und Franz Brentanos empirisch ausgerichtete Psychologie –, sondern sie sind auch durch gegenseitige Beeinflussung und Kritik geprägt worden. Meinong und Ehrenfels zählen, neben Franz Brentano, zu den Hauptvertretern der österreichischen Wertphilosophie; zuweilen spricht man hier auch von der sogenannten zweiten Österreichischen Schule der Werttheorie (vgl. Eaton 1930, S. 16; Fabian/Simons 1986). Der »ersten« Schule, bekannt als Österreichische Schule der Nationalökonomie, gehörten insbesondere der Mitbegründer der sogenannten Grenznutzenlehre Carl Menger an, sowie Friedrich von Wieser (auf den der Ausdruck »Grenznutzen« zurückgeht) und Eugen von Böhm-Bawerk. Dass man auch von einer »zweiten Schule« spricht, liegt daran, dass Meinong und Ehrenfels einerseits werttheoretisch relevante Thesen aus der Grenznutzenlehre entnommen haben und andererseits diese kritisch untersucht, weiter verallgemeinert, erweitert sowie auf andere axiologische Gebiete, insbesondere die Ethik, übertragen haben. Meinong hat »nicht ohne Gewinn«, wie er sagt (Meinong 1921, S. 3), um 1873 die ersten zwei Vorlesungen von Menger besucht, denn tatsächlich hat er sich zunächst (bis etwa 1911) von Mengers subjektivistischer Interpretation ökonomischer Werte leiten lassen: »Der Werth ist demnach nichts den Gütern Anhaftendes, keine Eigenschaft derselben, eben so wenig aber auch ein selbstständiges, für sich bestehendes Ding«, »sondern vielmehr lediglich jene Bedeutung, welche wir zunächst der Befriedigung unserer Bedürfnisse, beziehungsweise unserem Leben und unserer Wohlfahrt beilegen« (Menger 1871, S. 86 bzw. S. 81). Demgemäß hofft auch Ehrenfels u.a. »zu zeigen, dass die Menger- und Wieser'sche *Werththeorie* [...] in der Lehre vom Grenznutzen ihren wesentlichen Beitrag zur Förderung des Werthproblems geliefert hat« (Ehrenfels 1893/94, S. 77f. [bzw. 1982, S. 24]).

Sowohl für Meinong als auch für Ehrenfels findet die Ethik ihre Grundlegung in der allgemeinen Wertlehre – und diese die ihre in der Psychologie –, da die Natur der Wertphänomene im Wesentlichen psychisch ist, nämlich beruhend auf den Gemütstätigkeiten, das ist Fühlen und Begehren. Ganz im Sinne Brentanos deuten sie die Psychologie antispekulativ »vom empirischen Standpunkt« aus (s. Brentano 1874) und folgen, wenn auch nicht explizit, dessen späterer (etwa ab 1887 vorgenommener) Zweiteilung der Psychologie in einen genetischen und in einen deskriptiven Zweig (s. Brentano 1982). Die genetische Psychologie befasst sich rein empirisch mit Fragen nach dem ursächlichen Zusammenhang der Bewusstseinsphänomene untereinander sowie deren physiologischen Bedingungen, während die deskriptive Psychologie vorwiegend in apriorischer Weise analysiert, 1. aus welchen elementaren Teilerlebnissen sich das menschliche Bewusstsein zusammensetzt (bei Meinong etwa aus Vorstellen, Urteilen, Fühlen sowie Begehren), 2. welche Merkmale sie gemein haben (etwa Intentionalität, d.i. die Gerichtetheit auf einen Gegenstand) und 3. in welchem Zusammenhang sie zueinander stehen (etwas zu begehren setzt z.B. das entsprechende Vorstellen des begehrten Gegenstandes voraus). Einen nicht unbeträchtlichen Anteil an der Ethik machen für Meinong und Ehrenfels deskriptiv-psychologische Untersuchungen aus, die man gemäß unserer zeitgenössischen Interpretation als metaethische Analysen auffassen kann.

Zu beachten ist hierbei, dass die theoretische Volkswirtschaftslehre Mengers ähnlich deskriptiv-analysierend vorgeht, indem sie bemüht ist, »die complicirten Erscheinungen der menschlichen Wirtschaft auf ihre einfachsten, der sicheren Beobachtung noch zugänglichen Elemente zurückzuführen, an diese letztern das ihrer Natur entsprechende Mass zu legen und mit Festhaltung desselben wieder zu untersuchen, wie sich die complicirteren wirtschaftlichen Erscheinungen aus ihren Elementen gesetzmässig entwickeln« (Menger 1871, Vorrede; s. dazu Smith 1986 u. 1994, S. 281–334).

Meinong und Ehrenfels sehen traditionsgemäß die Ethik als Teil der praktischen Philosophie an, also als eine (philosophische) Kunstlehre, zu der Meinong auch die Logik und die Ästhetik zählt, da sie alle drei die Verfolgung bestimmter praktischer Interessen zum Ziele haben – die Logik, weil sie dem »Interesse der Leistungsfähigkeit unseres Intellektes« dient (Meinong 1904, S. 21 [bzw. 1971, S. 501]), und die Ästhetik, weil sie dem Wert des Schönen unterstellt ist (Meinong 1885, S. 96–98); das der Ethik zugrunde liegende praktische Interesse besteht nach Ehrenfels vor allem darin, »bei moralischer Unsicherheit und in moralischen Konflikten behilflich zu sein« (Ehrenfels, 1907a, S. 2 [bzw. 1988, S. 222]). Die Ethik ist Morallehre insofern, als es ihr um die »Herleitung und Begründung der Moral« geht, wobei Ehrenfels die Moral als Zusammenstellung dessen, was als moralisch und unmoralisch gilt und zu gelten hat, auffasst. Die Moral sei durch Billigung und Missbilligung charakterisiert; sie ist einerseits imperativisch, indem sie etwa Handlungen vorschreibt, und andererseits wertend, indem sie sagt, welche Charaktereigenschaften gut oder schlecht sind. Die Ethik vermag die Moral durchaus zu beeinflussen, denn: »Die Moral stellt […] einen Teil – und zwar den praktisch wichtigsten Teil, das Schlussergebnis, der Ethik dar« (ebd., S. 9 [bzw. S. 227]). Meinong wiederum sagt zum Gegenstand der Ethik: »die Ethik untersucht, was der Mensch, namentlich in seinem Verhalten zum Menschen, dem Menschen werth ist« (Meinong 1894, S. 219). Aufgabe der Ethik sind demnach insbesondere die apriorisch-begriffliche Analyse von Moral und ihre empirische Begründung. Obschon sie eine Kunstlehre ist, hört die Ethik also nicht auf, eine empirisch fundierte Theorie zu sein. Meinong und Ehrenfels betonen, dass die Ethik zwar über Werte und Ähnliches mehr befindet, aber dabei in ihren Beschreibungen und Erklärungen rein kognitiv (teils apriorisch, teils empirisch) bleibt. »Wertfragen« werden somit als »Tatsachenfragen« angesehen (ebd. S. 170, 225), da Werte letztlich als psychische bzw. soziale Tatsachen (»Werttatsachen«) zu verstehen sind, die ihrerseits durch das Fühlen und Begehren der Menschen, eben durch die »Art und Weise, wie sie dies Thun und Lassen werthhalten«, bestimmt sind (ebd., S. 225).

Demzufolge sind die Werteigenschaften eines Objektes keine seiner immanenten Eigenschaften, wie es etwa physikalische sind, sondern sie sind 1. an die Existenz bestimmter psychischer »Eigenschaften im Subjecte« gebunden, etwa von Kenntnissen über das Objekt und von emotionalen Einstellungen zum Objekt, des Weiteren 2. aber auch an die Beschaffenheit des Objektes selbst, d.i. die Existenz bestimmter Eigenschaften »im Objecte« (ebd. S. 72). Weil die Werteigenschaften abhängig sind von den dem Objekt immanenten Eigenschaften, sind sie gewissermaßen Eigenschaften zweiter Ordnung. Hinzu kommt 3. noch, dass – entsprechend der Grenznutzenlehre – die Werthaftigkeit eines Gegenstandes abhängig von seiner »Umgebung« ist: Gibt es für den Bedarf genug Ersatzgegenstände, sinkt der Wert, und etwas sehr Nützliches wie Wasser und Luft kann, wenn im Übermaß vorhanden, nahezu wertlos sein (ebd. S. 29, 75, 177). Insbesondere Ehrenfels wendet die Grenznutzenlehre auf seine Ethik an (vgl. Ehrenfels 1893/94, Artikel I, passim; 1897, Kap. VII, passim), und in den *Grundzügen einer Ethik*, dem 2. Band seines *Systems der Werttheorie*, meint er in Analogie zu dem Umstand, dass Luft und Wasser wirtschaftlich als wertlos bezeichnet werden, obwohl sie von allerhöchstem Nutzen sind: Der Selbsterhaltungs- und der Fortpflanzungstrieb, die für das gesellschaftliche Zusammenleben außerordentlich wichtig sind, werden ethisch deshalb nicht hochgehalten, weil sie »niemals in zu geringem Maße vorhanden sind, während dies beispielsweise von den ethisch gewerteten Arten der Menschenliebe gewiß nicht behauptet werden kann« (Ehrenfels 1898, S. 86; vgl. dazu auch Meinong 1894, S. 177).

Von einem normativen Charakter der Ethik könne man nach Meinongs Auffassung nur insofern sprechen, als ihr wie in jeder praktischen Disziplin (etwa der Medizin oder der Nautik) Zwecksetzungen als Normen vorgegeben werden. Diese Zwecksetzungen sind nicht kategorischer oder absoluter Natur, sondern hypothetisch und relativ, d.i. abhängig von den betreffenden Personen oder Gruppen von Personen. Mit dieser subjektiven und relativen Deutung wird der Ethik aberkannt, »aus sich selbst heraus, sozusagen aus eigener Machtvollkommenheit dem menschlichen Handeln und Wollen Vorschriften zu ertheilen« (Meinong 1894, S. 224). Meinong ist sich dabei bewusst, dass im Gegensatz zu den Anwendern anderer praktischer Disziplinen den Ethikern die Ziele selbst noch nicht so bekannt sind und ihnen vielmehr oft noch unklar erscheinen. Aber die Ethik vermag durch Bewusstmachung und Präzisierung einen Einfluss auf die Ausgestaltung der Ziele selbst zu nehmen und letztlich auch Einfluss auf die Entwicklung der Moral zu gewinnen.

Ehrenfels, der sich noch deutlicher auf dieses entwicklungsmäßige, dynamische Moment besinnt, drückt seine subjektivistische Auffassung folgendermaßen aus: »Nicht deswegen begehren wir die Dinge, weil wir jene mystische, unfassbare Essenz Wert in ihnen erkennen, sondern deswegen sprechen wir den Dingen ›Wert‹ zu, weil wir sie begehren« (Ehrenfels 1897, S. 2). Sich auf Mengers Subjektivismus berufend, widerspricht er »dem im Sprachgebrauche sich kundgebenden populären Bewusstsein, welches den Werth als etwas Selbständiges, den Dingen an sich Anhaftendes betrachtet« (Ehrenfels 1893/94, S. 87 [bzw. 1982, S. 30]). Es gilt demnach: »Dieses Ding ist mir werthvoll heisst soviel als: dieses Ding ist Object meines Begehrens. *Werth ist die von der Sprache irrthümlich objectivierte Beziehung eines Dinges zu einem auf dasselbe gerichteten menschlichen Begehren*« (ebd., S. 89 [bzw. S. 31]). Werte sind für Ehrenfels weder vorfindliche Gegenstände noch absolute Eigenschaften, sondern Relationen zwischen Wertsubjekt und Wertobjekt.

Mit der Ansicht, dass Wertphänomene auf psychische Phänomene, insbesondere auf Gemütstätigkeiten zurückzuführen sind, geht Meinong durchaus konform, allerdings lehnt er Ehrenfels' Voluntarismus ab, sieht also nicht das Begehren als grundlegend für die Bestimmung von Wert an, sondern das Fühlen, genauer das Wertgefühl. Wert lässt sich nach Meinong nicht definieren durch Nutzen, Bedürfnis, Lust, Kosten und dergleichen, sondern ist ein Grundphänomen, beruhend auf dem Wertgehaltenwerden. In der Regel wird aber das, was »Wert« genannt wird, nicht bloß durch ein momentanes, manifestes Wertgefühl konstituiert (das wäre der Grenzfall eines instantanen, persönlichen, subjektiven Wertes), vielmehr sei es nötig, den Wert dispositional zu deuten: »Allgemein kann man also sagen: nicht an die aktuelle Werthhaltung ist der Werth gebunden [...] Der Werth besteht sonach nicht im Werthgehalten-werden, sondern im Werthgehalten-werden-können unter Voraussetzung der erforderlichen günstigen Umstände. Ein Gegenstand hat Werth, sofern er die Fähigkeit hat, für den ausreichend Orientirten, falls dieser normal veranlagt ist, die thatsächliche Grundlage für ein Werthgefühl abzugeben« (Meinong 1894, S. 25). In der Causa »Begehren versus Wertgefühl« kam es zwischen Meinong und Ehrenfels immerhin zu Annäherungen: So konzediert Meinong, dass das »Begehrensmoment« für die Bestimmung von Wert nicht so unnatürlich wie von ihm ursprünglich angenommen erscheint (Meinong 1895, S. 341), und Ehrenfels verwendet in seiner Definition des Wertes als einer bestimmten Relation zwischen dem Wertobjekt und dem Wertsubjekt auch eine Oder-Bestimmung, da für das Subjekt u.a. ausschlaggebend ist, in einer bestimmten Weise das Objekt zu begehren *oder* darauf Gefühle zu richten (Ehrenfels 1897, S. 65).

Die den Wert eines Objektes (mit-)konstituierende *Werthaltung* eines Subjekts ist nach Meinong eine emotionale Stellungnahme zur *beurteilten* (und nicht zur tatsächlichen) Existenz oder Nichtexistenz des Objektes. Das manifeste Wertgefühl ist in der Regel bei positivem Wert die spezielle Freude über das Sein des betreffenden Gegenstandes bzw. das spezielle Leid bei dessen Nichtsein, und bei negativem Wert ist es die »Nichtseinsfreude« bzw. das »Seinsleid« gegenüber dem Gegenstand (Meinong 1912, S. 5; 1921, S. 37). Meinong unterscheidet überdies die Werthaltung vom *Werturteil*, das die Bewertung des Gegenstandes, d.i. ein intellektuelles Erfassen des ihm subjektiv beigemessenen Wertes, darstellt. Diese Unterscheidung ist schon deshalb geboten, weil einem Subjekt Wertgegebenheiten aufgrund ihres bereits erwähnten dispositionalen Charakters nicht immer allein durch ein Gefühl bewusst werden; und auch deshalb, weil Werthaltungen kognitive Voraussetzungen enthalten, die einem oft nicht bewusst sind, während Werte letztlich denkend und eben nicht fühlend erfasst werden.

In seiner Unterscheidung zwischen Sozial- und Individualmoral weist Ehrenfels darauf hin, dass die Menschen sich von dem Gedanken leiten lassen, ihr Handeln »über die Schranken des individuellen Daseins hinaus« auszurichten (Ehrenfels 1907a, S. 27 [bzw. 1988, S. 243]). Das trifft insbesondere dort zu, »wo das Individuum sich in seinem Fühlen, Wünschen und Wollen, mit dem Fühlen, Wünschen und Wollen einer grossen Gesamtheit in Einklang setzt«. Auch Meinong ist sich dessen bewusst, dass das relevante Wertsubjekt in vielen Fällen, insbesondere im Bereich der Ethik, nicht das konkrete individuelle Subjekt ist, das sein rein persönliches Werturteil fällt. Ist das Wertobjekt das, was Wert hat, so ist es das Wertsubjekt, für welches das betreffende Objekt Wert hat (Meinong 1894, S.163). Ethische Werte sind aufgrund des universellen Anspruchs der Moral nicht rein individuell-persönlich, sondern kollektiv-intersubjektiv – hier kommt Gesellschaftliches oder Soziologisches ins Spiel. Ethik, so universell gefasst, betrifft den Menschen als solchen, bleibt aber relativ, da sie von der Menschennatur abhängig ist und sich diese ändern kann. Das Kollektiv, das Meinong als das moralische Wertsubjekt ansieht, nennt er die »umgebende Gesamtheit« (ebd., S. 168ff., 205, 216f.), und er hypostasiert diese zu einer Art von Richter, der ein Urteil im Namen des Kollektivs fällt, wenn er von dem »Repräsentant[en] der socialen Interessen« oder von dem als unbeteiligt angenommenen Individuum X »als Repräsentanten des collectiven moralischen Werth-Subjectes« spricht (ebd., S. 187). Hinzuzufügen ist noch, dass das Werturteil eines konkreten Individuums in mehrfacher Weise fehlgehen kann: etwa wenn die kognitiven Voraussetzungen einer Werthaltung fehlerhaft sind (man setzt etwas als gegeben voraus, was aber nicht der Fall ist), wenn die manifeste Werthaltung weiteren vorausgesetzten Gefühlen, insbesondere dispositionalen Werteinstellungen, zuwiderläuft, oder wenn dem kollektiven Wertsubjekt widersprochen wird.

Meinong geht es in der psychologischen Grundlegung der Ethik auch um eine Klassifikation von Wertbegriffen. So unterscheidet er vier moralische Wertklassen: das Verdienstliche (d.i. nicht etwa das Angemessene, sondern das Übergebührliche, die Supererogation), das Korrekte, das Zulässige und das Verwerfliche, und er untersucht die Beziehungen dieser Wertklassen zueinander. So stellt er etwa fest, dass die Unterlassung eines Korrekten stets verwerflich ist und die Unterlassung des Verdienstlichen auf Zulässiges führe (Meinong 1894, S. 88–93; zur Relevanz einer derartigen Aufstellung für die analytische Ethik siehe den kritischen Artikel von Chisholm 1982; zu Meinongs früher Wertlehre siehe Schuhmann 1995).

Befasst sich Meinong mehr mit einer umfassenden Zusammenschau allgemeiner ethischer und werttheoretischer Begriffe und versucht er, ethische Gesetzmäßigkeiten aufzustellen, etwa für die Abwägung von Fremd- und Eigeninteressen, so geht Ehrenfels im Besonderen auf Fragen im Zusammenhang damit ein, wie sich moralische Werte weiterentwickeln können. Er betreibt angewandte Ethik, indem er neben Einsichten der Psychologie und der nationalökonomischen Grenznutzenlehre auch Argumente der biologischen Evolutionstheorie und des Sozialdarwinismus heranzieht und sich mit Fragen der Sexualmoral und der Eugenik befasst. Unter »Rasse« (er spricht auch von »Konstitution«) versteht er den »Inbegriff aller angeborenen und physiologisch vererbten seelischen und körperlichen Anlagen des Menschen«, und er stellt die Rasse der Kultur gegenüber, wobei die »Rassengüter« – als das biologisch »Wertvolle« – letztlich bedeutender sind als die »Kulturgüter«, weil das biologisch Wertvolle Voraussetzung für das

Gedeihen einer Kultur ist (Ehrenfels 1911, S. 1). Es geht ihm um die »Versöhnung des *Rassenprinzips* und des *Allmenschheitsdienstes*«, wobei er die Rede von der Gleichheit aller Menschen als liberal-humane Fiktion ablehnt, sich aber auch gegen die Ansicht wendet, dass alles Gute und Lebenstüchtige sich in einer einzigen Rasse vereint vorfinden lasse, wodurch »deren ausschliessliche Interessenpolitik dann allerdings zugleich höchstes Moralgebot wäre«. Die drei Hauptrassen (die weiße, die gelbe und die schwarze) besitzen ihre besonderen Vorzüge und Mängel, sind aber »im gesamten aufeinander angewiesen« (Ehrenfels 1907b, S. 95 [bzw. 1988, S. 351f.]). Ehrenfels meint nun, dass »die Rasse aller *abendländischen Kulturvölker* sich gegenwärtig im *Niedergang* befindet«, und dass das in ihren »sexualen Sitten«, insbesondere in ihrer monogamischen Gesellschaftsordnung, begründet sei. Um der generativen Unterlegenheit der weißen Rasse gegenüber der »gelben Gefahr« entgegenzuwirken, empfiehlt er, eine »polygyne« Sexualreform durchzuführen und institutionelle Strukturen – bis hin zur Einführung von »Zuchtanstalten« – zu schaffen, die sich die vermeintliche biologische Überlegenheit des Virilen zunutze machen, indem sie das polygame Leben der für die biologische Auslese am geeignetsten erscheinenden Männer befördert (Ehrenfels 1911, S. 1). Auch wenn Peter Emil Becker Ehrenfels wegen dieser Vorreiterschaft in Sachen radikaler Eugenik mit einem gewissen Recht als einen der Wegbereiter der nationalsozialistischen Rassenpolitik betrachtet (s. Becker 1988, insb. S. 279–288), so muss darauf hingewiesen werden, dass Ehrenfels selbst noch keinen dezidierten Rassismus vertreten hat und entschieden gegen den Antisemitismus eingetreten ist. Ehrenfels zählt die Juden zu den »höchstbegabten Unterrassen« der weißen Völkerfamilie und sieht keine haltbaren Gründe für einen Antisemitismus. Dieser ist für ihn vielmehr »ein Gespenst, ein Phantom oder ein Popanz, fähig allein, *politische Kindsköpfe* in Schrecken zu versetzen« (Ehrenfels 1911, S. 2).

Nach Meinong und Ehrenfels sind Werte als gültig erkennbar; bestimmend für diese kognitivistische Auffassung ist jedoch, dass der Geltungsgrund das subjektive Empfinden oder der intersubjektive Konsens des Empfindens ist. Daher sei keine absolute Geltung von Werten feststellbar, sondern bloß eine relative. Beide Werttheoretiker sind dem Utilitarismus gegenüber kritisch eingestellt, wenngleich Ehrenfels meint, bei aller Modifikation doch die Grundtendenz des Utilitarismus beizubehalten (vgl. Ehrenfels 1898, S. 34–40). Die Förderung des Gemeinnützlichen im Sinne eines größtmöglichen Lustüberschusses wird durch die größtmögliche Förderung des Gesamtwohles ersetzt und diese letztlich als Förderung des biologisch Wertvollen definiert (Ehrenfels 1907a, S. 13 [bzw. 1988, S. 231]). Den Einwänden, dass aus einem Sein kein Sollen folgt und dass einer solchen Annahme ein naturalistischer Fehlschluss zugrunde liege, können Meinong und Ehrenfels entgegenhalten, dass einige Seinskonstellationen, wie z.B. bestimmte institutionelle und kulturelle Tatsachen, durch bestimmte intentionale Einstellungen – insbesondere Absichten und Ansichten – der Mitglieder einer Gesellschaft konstituiert werden und eben dadurch einen werthaften Charakter bzw. eine normative Kraft haben. Das Werthaben ist eine sich natürlich entwickelnde und keine absolute, objektive, bewusstseinsunabhängige Eigenschaft; im Wesentlichen ist es mithin relativ, d.h. durch das Wertgefühl der Mitglieder einer Gesellschaft konstituiert, wodurch es ein Sollen für die Mitglieder der Wertegemeinschaft einschließt.

Wertobjektivismus

Auf dem Gebiet der Ästhetik geht Ehrenfels von seinem subjektivistischen Grundsatz ab und verteidigt die Objektivität von Werten wie Schönheit und von spezifischen Abarten dieser Werte, wie etwa dem Tragischen, dem Hübschen oder dem Humorvollen (Ehrenfels 1986, S. 286). Obgleich er die Ästhetik als eine werttheoretische Disziplin ansieht, ist er von der Idee geleitet, es gebe hier absolute Werthaftigkeit und nicht bloß eine relative wie in der Ethik. Er geht zwar von der Auffassung aus, dass die Ästhetik praktischer Natur sei, da sie von folgenden Zwecken bestimmt sei: »Hervorbringung des Schönen, Beurteilung des Schönen und Einführung in das volle Verständnis eines Kunstwerkes« (ebd., S. 266). Allerdings meint er dann, dass die Ästhetik kaum geeignet sei, diesen vorausgesetzten Zwecken Genüge zu leisten, und wählt daher einen anders gearteten Zugang: er geht nun davon aus, dass die Ästhetik primär von theoretischen Interessen bestimmt ist. Zu solchen theoretischen Fragen der Ästhetik zählt er u.a.: »Gibt es überhaupt ein absolutes Schönes? Gibt es irgendetwas allen denjenigen Werken Gemeinsames, welche wir als schön bezeichnen? [...] Wenn die Antwort bejahend ausfällt, werden wir weiter nach dem Wesen dieses Elementes fragen. Und das ist der wichtigste Teil unserer Untersuchung. [...] Eine weitere Frage ist die nach den charakteristischen Merkmalen, durch welche sich die Unterarten oder Abarten des Schönen unterscheiden« (ebd., S. 265f.).

Gegen den »ästhetischen Skeptizismus«, der sich des Urteils über Schönheit enthält (ebd., S. 233) oder sogar die Existenz einer absoluten Schönheit leugnet (ebd., S. 220) und Schönheit auf die angenehme Wirkung auf das Gefühl reduziert (ebd., 285), versucht Ehrenfels die Auffassung zu verteidigen, dass es ein absolut Schönes gebe. Die Qualität der absoluten Schönheit komme allerdings nicht primär den Dingen der Außenwelt zu, sondern den subjektiven Vorstellungsgegenständen bzw. Phantasiegebilden selbst. In »Über das ästhetische Urteil«, einer Schrift aus dem Nachlass, resümiert er: »Es gibt eine absolute Schönheit der Vorstellungen. Die Schönheit eines äußeren Objektes beruht auf seiner Eignung, demjenigen, welcher es auf sich einwirken läßt, absolut schöne Vorstellungen zu erwecken.« (ebd., S. 221, im Orig. alles kursiv; s. dazu Reicher 2017). Da Kunstwerke für Ehrenfels Beispiele für »Gestalten« – er spricht hier auch von Inhalten höherer Ordnung oder fundierten Inhalten – abgeben, kann die Schönheit als eine Gestalt noch höherer Ordnung aufgefasst werden, d.h. als eine Gestalt, die ihrerseits Gestaltqualitäten als fundierende Inhalte hat. Die Schönheit besteht nicht im Umstand, dass etwas Gefallen findet, sie ist auch nicht bloß die Fähigkeit, eine spezifische angenehme Wirkung auf das Gefühl auszuüben, vielmehr ist ihr zentrales, einigendes

Merkmal nach Ehrenfels die Fähigkeit, eine *»geahnte Einheit in der Mannigfaltigkeit«* zu erzeugen, »eine Einheit, welche sich durch tätiges Erfassen immer weiter klärt, ohne doch jemals vollkommen bestimmt analysiert gegeben zu sein« (ebd. S. 410; vgl. auch S. 164) – eine Bestimmung, die eigentlich zu vage erscheint, der für Ehrenfels' Reflexionen über Kunstwerke aber dennoch eine regulative Funktion zukommt.

Beginnend mit einem unter den programmatisch klingenden Titel »Für die Psychologie und gegen den Psychologismus in der allgemeinen Werttheorie« gestellten Aufsatz aus dem Jahr 1912 versichert Meinong, dass er die Rolle der Emotionen falsch gesehen habe, denn die Emotionen üben keine konstituierende, sondern nur eine präsentierende Funktion aus, und zwar bloß als Erfassungsmittel – analog zu der Rolle, die die sinnlichen Empfindungen bei der Wahrnehmung der Außenwelt übernehmen. Wie nämlich die sinnlichen Empfindungen nicht die außenweltliche Realität konstituieren können, sondern nur als Anzeichen für eine bewusstseinsunabhängige Wirklichkeit fungieren, so vermögen die Werterlebnisse bloß als Präsentationsmittel für objektive, unpersönliche Werte zu dienen. Wertgegebenheiten von subjektiven, persönlichen Werterlebnissen oder etwas davon Abgeleitetem abhängig zu machen, wäre eine »psychologische Behandlungsweise am unrechten Orte«, also ein unstatthafter Psychologismus (Meinong 1904, S. 23 [bzw. 1971, S. 504]). Damit sind Werteigenschaften (wie etwa Güte oder Schönheit) nur mehr insofern subjektiv, als sie wie die sekundären Erfahrungseigenschaften Farbe, Wärme usw. bloß für ihre dispositionale Definition einen Bezug auf erlebende Subjekte aufweisen, wobei diese Dispositionseigenschaften allerdings auch dann bestünden, wenn es keine Subjekte gäbe.

Der objektive Charakter von Werten erfährt aber noch eine Steigerung. Gemäß Meinongs Theorie der Dispositionen liegt einer dispositionalen Eigenschaft eines Dinges immer auch eine aktuale Eigenschaft dieses Dinges zu Grunde. Diese aktuale Beschaffenheit, die die Grundlage der Disposition insofern bildet, als durch sie im geeigneten Subjekt bestimmte Werterlebnisse überhaupt erst entstehen können, ist selbst nicht mehr in Bezug auf ein (werterlebendes) Subjekt bestimmt, es ist im strengen Sinn ein unpersönlicher, objektiver Wert (Meinong 1923, S. 150f.). Sich der »Windelband-Rickertschen Betrachtungsweise« anschließend, nennt Meinong dann das Sein von Werten »Gelten« (ebd., S. 158). Aber wie Empfindungen reine Phantasieempfindungen sein können, sich also als halluzinatorisch oder illusorisch erweisen mögen, so könne man auch mit seinen Werterlebnissen auf die Geltung absoluter, unpersönlicher Werte abzielen, damit aber fehlgehen. Die Möglichkeit, die Geltung ethischer und ästhetischer Werte apriorisch einzusehen, ist uns zwar verschlossen, aber wie es eine »Vermutungsevidenz« für die Annahme der Existenz der Außenwelt gibt, gebe es auch legitime Vermutungen hinsichtlich der Geltung ästhetischer und insbesondere ethischer Werte (Meinong 1917, S. 138–140).

Meinong ist ferner der Ansicht, dass Werteigenschaften keine immanenten, physischen oder psychischen Eigenschaften von Objekten sind, sondern – weil auf diesen aufbauend – darüber hinausgehende ideale Qualitäten. Werte sind, wie Meinong anschaulich sagt, als fundierte Gegenstände, als Gegenstände höherer Ordnung (ähnlich den oben erwähnten Ehrenfels'schen Gestalten) aufzufassen – sie sind mehr als jene Teile, durch die sie konstituiert werden. Deshalb befindet Meinong, dass der »Undefinierbarkeit des unpersönlichen Wertes« nicht »Farbe oder Ton, wohl aber [...] Melodie oder Gestalt« entsprechen (Meinong 1923, S. 161). Dinge, die qualitätsvoll, gut, schön, aber auch hässlich, schlecht, wertlos etc. sind, bilden so etwas wie Gestalten besonderer Art, sozusagen eine »Gut-Gestalt«, oder Entsprechendes: Wie ein Kreis mit zwei Punkten oben und einem Bogen unten ein lächelndes Bildgesicht, eine Smiley-Gestalt, ergibt, so »gestaltet sich« eine spontane Spende zu etwas moralisch Wertvollem. Der von Meinong vertretene Wertrealismus ist zugleich auch ein Wertkognitivismus. Das Erkennen von Werttatsachen drückt sich in Werturteilen aus und ist letztlich eine kognitive Leistung, wobei das Erfassen der Werteigenschaften selbst als ein gestalthaftes Erfassen zu deuten ist, nur dass anstatt sinnlicher Eindrücke emotionale Empfindungen maßgeblich beteiligt sind. Das emotionale Erfassen ist dabei nur ein Erkenntnismittel und stellt noch nicht die ganze Werterkenntnis dar. Im Gegensatz zu Franz Brentano, der bestimmten Emotionen selbst – er nennt diese die richtig charakterisierten – eine evidenz-analoge Erkenntnisleistung zuspricht, lehnt Meinong es ab, den Emotionen selbst so etwas wie Evidenz zuzusprechen, und stellt daher fest: »ein Evidenz-Analogon bei den Gefühlen oder Begehrungen wird dabei nicht verlangt« (vgl. Meinong 1917, S. 131).

Becker, Peter Emil (1988): *Zur Geschichte der Rassenhygiene. Wege ins Dritte Reich*, Stuttgart/New York: Georg Thieme.

Brentano, Franz (1874): *Psychologie vom empirischen Standpunkte*, Leipzig: Duncker & Humblot.

– (1982): *Deskriptive Psychologie. Aus d. Nachlaß hrsg. und eingel. von Roderick M. Chisholm u. Wilhelm Baumgartner* (= Philosophische Bibliothek, Bd. 349), Hamburg: Meiner.

Chisholm, Roderick M. (1982): Supererogation and Offence: A Conceptual Scheme for Ethics. In: Ders., *Brentano and Meinong Studies*, Amsterdam: Rodopi, S. 98–113. Erstmals in: *Ratio* 5 (1963), S. 1–14.

Eaton, Howard O. (1930): *The Austrian Philosophy of Values*, Norman: University of Oklahoma Press.

Ehrenfels, Christian von (1893/94): Werttheorie und Ethik [Artikel I–V]. In: *Vierteljahrsschrift für wissenschaftliche Philosophie* 17 (1893), S. 76–110, 200–266, 321–363, 413–475; 18 (1894), S. 77–97. Wieder abgedruckt in: Ehrenfels 1982, S. 23–166.

– (1896): The Ethical Theory of Value. In: *International Journal of Ethics* 6, S. 371–384. Wieder abgedruckt in: Ehrenfels 1982, S. 181–197.

– (1897): *System der Werttheorie*, Bd. 1: *Allgemeine Werttheorie. Psychologie des Begehrens*, Leipzig: Reisland. Wieder abgedruckt in: Ehrenfels 1982, S. 201–405.

– (1898): *System der Werttheorie*, Bd. 2: *Grundzüge einer Ethik*, Leipzig: Reisland. Wieder abgedruckt in: Ehrenfels 1982, S. 407–593.

– (1907a): *Grundbegriffe der Ethik* (= Sondernr. von *Grenzfragen des Nerven- und Seelenlebens* 8/55), Wiesbaden: Bergmann. Wieder abgedruckt in: Ehrenfels 1988, S. 220–246.

– (1907b): *Sexualethik* (= Sondernr. von *Grenzfragen des Nerven- und Seelenlebens* 9/56), Wiesbaden: Bergmann. Wieder abgedruckt in: Ehrenfels 1988, S. 265–356.
– (1911): Rassenprobleme und Judenfrage. In: *Prager Tagblatt* 36/332, 1. Dezember 1911, S. 1f. (Online zugänglich unter: http://anno.onb.ac.at.)
– (1982) *Philosophische Schriften in vier Bänden*, Bd. 1: *Werttheorie*, hrsg. von Reinhard Fabian, München: Philosophia.
– (1986): *Philosophische Schriften in vier Bänden*, Bd. 2: *Ästhetik*, hrsg. von Reinhard Fabian, München: Philosophia.
– (1988): *Philosophische Schriften in vier Bänden*, Bd. 3: *Psychologie, Ethik, Erkenntnistheorie*, hrsg. von Reinhard Fabian, München: Philosophia.
– (1990): *Philosophische Schriften in vier Bänden*, Bd. 4: *Metaphysik*, hrsg. von Reinhard Fabian, München: Philosophia.
Fabian, Reinhard/Peter Simons (1986): The Second Austrian School of Value Theory. In: Grassl/Smith 1986, S. 37–101.
Grassl, Wolfgang/Barry Smith (Hgg.) (1986): *Austrian Economics. Historical and Philosophical Background*, London/Sydney: Croom Helm.
Meinong, Alexius (1885): *Über philosophische Wissenschaft und ihre Propädeutik*, Wien: Alfred Hölder. Wieder abgedruckt in: Meinong 1968–78, Bd. 5, S. 1–196.
– (1894): *Psychologisch-ethische Untersuchungen zur Werth-Theorie*, Graz: Leuschner & Lubensky. Wieder abgedruckt in: Meinong 1968–78, Bd. 3, S. 1–244.
– (1895): Ueber Werthaltung und Wert. In: *Archiv für systematische Philosophie* 1, S. 327–346. Wieder abgedruckt in: Meinong 1968–78, Bd. 3, S. 245–266.
– (1904): Über Gegenstandstheorie. In: Ders. (Hg.), *Untersuchungen zur Gegenstandstheorie und Psychologie*, Leipzig: J. A. Barth, S. 1–51. Wieder abgedruckt in: Meinong 1968–78 [1971], Bd. 2, S. 481–535.
– (1912): Für die Psychologie und gegen den Psychologismus in der allgemeinen Werttheorie. In: *Logos. Internationale Zeitschrift für Philosophie der Kultur* 3, S. 1–14. Wieder abgedruckt in: Meinong 1968–78, Bd. 3, S. 267–282.
– (1917): *Über emotionale Präsentation* (= Sitzungsberichte der Kaiserlichen Akademie der Wissenschaften in Wien. Philosophisch-historische Klasse, Bd. 183/2. Abh.), Wien: A. Hölder. Wieder abgedruckt in: Meinong 1968–78, Bd. 3, S. 283–467.
– (1921): A. Meinong (Selbstdarstellung). In: Raymund Schmidt (Hg.), *Die deutsche Philosophie der Gegenwart in Selbstdarstellungen*, Bd. 1, Leipzig: Meiner, S. 91–150. Wieder abgedruckt in: Meinong 1968–78, Bd. 7, S. 1–62.
– (1923): *Zur Grundlegung der allgemeinen Werttheorie. Statt einer zweiten Auflage der »Psychologisch-ethischen Untersuchungen zur Werttheorie«*, hrsg. von Ernst Mally, Graz: Leuschner & Lubensky. Wieder abgedruckt in: Meinong 1968–78, Bd. 3, S. 469–656.
– (1968–1978): *Alexius Meinong Gesamtausgabe*, 8 Bde., hrsg. von Rudolf Haller und Rudolf Kindinger gemeinsam mit Roderick M. Chisholm, Graz: Akademische Druck- und Verlagsanstalt.
– (1971): *Alexius Meinong Gesamtausgabe*, Bd. 2: *Abhandlungen zur Erkenntnistheorie und Gegenstandstheorie*, hrsg. von Rudolf Haller und Rudolf Kindinger, Graz: Akademische Druck- und Verlagsanstalt.
Menger, Carl (1871): *Grundsätze der Volkswirthschaftslehre*, Wien: Braumüller.
Schuhmann, Karl (1995): Der Wertbegriff beim frühen Meinong. In: Rudolf Haller (Hg.), *Mei-*

nong und die Gegenstandstheorie (= Grazer Philosophische Studien, Bd. 50), Amsterdam/Atlanta: Rodopi, S. 521–535.
Reicher, Maria E. (2017): Bausteine einer Kunstontologie in Ehrenfels' Ästhetik und Gestalttheorie. In: Ulf Höfer/Jutta Valent (Hgg.), *Christian von Ehrenfels. Philosophie – Gestalttheorie – Kunst* (= Meinong-Studien, Bd. 8), Berlin/Boston: de Gruyter, S. 101–115.
Smith, Barry (1986): Austrian Economics and Austrian Philosophy. In: Grassl/Smith 1986, S. 1–36.
– (1994): *Austrian Philosophy. The Legacy of Franz Brentano*, Chicago/LaSalle, IL, USA: Open Court.

Weiterführende Bibliographie

Fabian, Reinhard (Hg.) (1986): *Christian von Ehrenfels. Leben und Werk*, Amsterdam: Rodopi.
Grassl, Wolfgang (1982): Einleitung. In: Ehrenfels 1982, S. 1–22.
– (1986): Markets and Morality: Austrian Perspectives on the Economic Approach to Human Behaviour. In: Grassl/Smith 1986, S. 139–181.
Stock, Mechthild/Wolfgang G. Stock (1990): *Psychologie und Philosophie der Grazer Schule. Eine Dokumentation und Wirkungsgeschichte*, Amsterdam: Rodopi.

Johann Christian Marek

Anton Oelzelt-Newin zum Problem der Willensfreiheit

Anton Oelzelt-Newin versteht seine 1900 erschienene Monographie *Weshalb das Problem der Willensfreiheit nicht zu lösen ist* als Nachtrag zu seiner 1897 veröffentlichten *Kosmodicee*. Es handele sich um eine Ergänzung seiner dort dargelegten Weltanschauung und um die Korrektur seiner nunmehr als irrig betrachteten Annahme, dass die Lösung der Freiheitsfrage für Pessimismus und Weltschmerz gleichgültig sei (vgl. Oelzelt-Newin 1900, S. 55). Unter diesem Gesichtspunkt behandelt Oelzelt-Newin in jenem Buch zum Problem der Willensfreiheit den Streit zwischen Deterministen und Indeterministen über die Freiheit des menschlichen Handelns. Bisher sei weder der Determinismus noch der Indeterminismus bewiesen und es sei unwahrscheinlich, dass dies jemals gelingen werde. Sehr wohl beantworten könne und müsse man jedoch die wichtige Frage, welche praktischen Konsequenzen die jeweilige Lehre für das menschliche Verhalten mit sich bringt (vgl. ebd., S. 44).

Oelzelt-Newin kommt zu dem Ergebnis, dass eine dogmatische Durchführung des Determinismus, ohne in der Praxis Aspekte des Indeterminismus zu übernehmen, eine entsittlichende Wirkung habe und eine große Gefahr für die Menschheit darstelle (vgl. ebd., S. 44–48). Die negativen Konsequenzen des Determinismus seien zwar keine Beweisgründe gegen diesen, doch es sei unverantwortlich, die Menschheit seinen Gefahren auszusetzen, solange er nicht bewiesen sei. Selbst wenn der Determinismus bewiesen wäre, sei es für die Sittlichkeit besser, wenn man dem Indeterminismus entsprechend handle (vgl. ebd., S. 51f.). Mit dieser Einsicht tritt Oelzelt-Newin dem Determinismus weitaus kritischer gegenüber als noch in seiner 1892 erschienenen Monographie *Über sittliche Dispositionen*.

Insbesondere die deterministische Jurisprudenz sei noch gefährlicher als die wissenschaftliche deterministische Theorie. So verliere die Strafe ihren sittlichen Wert, wenn sie nicht indeterministisch als Selbstzweck und Verstärkung der Reue, sondern deterministisch als ein dem Staat nützliches Mittel zur Verhinderung von Verbrechen bestimmt werde. Als Beispiel nennt Oelzelt-Newin die Lehre des Strafrechtslehrers Franz von Liszt, der, wie er fand, die Zurechnung von Verbrechen leugne (vgl. ebd., S. 47f.). Der in Wien geborene und in Graz habilitierte Liszt gilt als Begründer der sogenannten Marburger Schule und damit als ein Gründervater der wissenschaftlichen Kriminologie. Er vereinigte Elemente der italienischen kriminalbiologischen Positiven Schule mit Elementen der französischen kriminalsoziologischen Tradition durch seine Anlage-Umwelt-Formel, nach der Kriminalität sowohl durch angeborene Anlagen als auch durch gesellschaftliche Einflüsse bedingt wird.

Hans Gross, der 1912 das k.k. Kriminalistische Institut an der Universität Graz einrichtete, bezieht sich in den zwei Bänden seiner *Gesammelten kriminalistischen Aufsätze* auch auf Oelzelt-Newins Betrachtungen zum Problem der Willensfreiheit. Der erste Band von 1902 enthält eine Buchbesprechung, in der Gross schreibt, dass Oelzelt-Newin eine der wichtigsten Fragen für Kriminalisten untersuche. Er greift dessen Mahnung auf und plädiert dafür, dass Hochschullehrer ihre unreifen Studierenden keine unbewiesenen Theorien lehren sollen, die zu großem Unheil führen könnten. Er sieht in Oelzelt-Newin einen »Führer« und »Hüter«, welcher der Menschheit von einem fürsorgenden Geschick gesendet worden sei (vgl. Gross 1902, S. 360–362, Zitat S. 362). Auch im zweiten Band, der 1908 erschien, bezeichnet er Oelzelt-Newin als einen der »vornehmsten Denker«. Gross stimmt ihm zu, dass das Kausalgesetz nicht zu beweisen sei, sodass man bis zum Ende aller Tage warten müsse, wenn man dem Strafgesetz den Determinismus oder den Indeterminismus zugrunde legen wolle (vgl. Gross 1908, S. 81f.).

In seiner 1918 erschienenen Monographie *Teleologie als empirische Disziplin* beschäftigt sich Oelzelt-Newin mit dem Streit über das teleologische Problem. Um dieses zu lösen, solle man am besten von der Frage nach der Menschwerdung ausgehen (vgl. Oelzelt-Newin 1918, S. 1). Für eine Beantwortung dieser – als eine teleologische aufgefasste – Frage müsse man die beobachtbare Kette der komplexen Entwicklung des Menschen heranziehen. Nur wenn man den Menschen als ein Ziel verstehe, könne man zur Vorstellung von einer Entwicklung im Sinne einer Richtung gelangen. Entsprechend dieser Deutung müsse die Entstehung des Menschen auf eine mit Absichten verbundene Ursache zurückgeführt werden. Diese letzte Ursache sei eine psychische, die Oelzelt-Newin der Einfachheit halber als Weltgeist bezeichnet, aber nicht durch metaphysische

Eigenschaften bestimmt. Vor einer solchen Annahme schrecke eine Naturwissenschaft, die alles mit ihren Mitteln erklären möchte, zurück. Diese Furcht sei jedoch nur berechtigt, wenn mit der Annahme einer psychischen Weltursache beansprucht werde, jede Art von Wissenschaft und Gesetzmäßigkeit überflüssig zu machen. Oelzelt-Newin versteht das teleologische Problem als ein empirisches, da es bei der Untersuchung dieser Frage wie bei allen empirischen Wissenschaften darum gehe, für jede Wirkung eine Ursache zu finden (vgl. ebd., S. 2). Doch jede ernsthafter Erwägung entspringende Erklärung müsse auf die Annahme einer letzten psychischen Ursache zurückgehen, um die Entwicklung des Menschen verständlich zu machen – so auch die materialistischen Erklärungen durch materielle Ursachen, der Psychovitalismus sowie die Erklärungen durch metaphysische Ursachen (vgl. ebd., S. 2–21).

Oelzelt-Newins Buch *Teleologie als empirische Disziplin* lässt sich im historischen Kontext des Materialismus-Streits der 1850er Jahre, des Darwinismus-Streits im Anschluss an das epochale, 1859 erschienene Buch *Über die Entstehung der Arten* und des Ignorabimus-Streits verorten, bei dem es sich um eine Kontroverse über die (Un-)Möglichkeit einer naturwissenschaftlichen Weltanschauung handelt, welche 1872 durch Emil Heinrich du Bois-Reymonds Vortrag »Über die Grenzen des Naturerkennens« ausgelöst wurde. Auch Oelzelt-Newin weist den universalen Erklärungsanspruch der Naturwissenschaft zurück und lehnt insbesondere dessen Ausdehnung auf das gesamte Weltgeschehen ab.

Darwin, Charles (1859): *On the origin of species by means of natural selection*, London: John Murray.
Du Bois-Reymond, Emil Heinrich (1872): *Über die Grenzen des Naturerkennens*, Leipzig: Veit & Co.
Gross, Hans (1902): Weshalb das Problem der Willensfreiheit nicht zu lösen ist. In: Ders., *Gesammelte kriminalistische Aufsätze*, Bd. 1, Leipzig: F. C. W. Vogel, S. 360–362.
– (1908): Die Umwertung der Werte im Strafrecht. In: Ders., *Gesammelte Kriminalistische Aufsätze*, Bd. 2, S. 77–87.
Oelzelt-Newin, Anton (1892): *Über sittliche Dispositionen*, Graz: Leuschner & Lubensky.
– (1897): *Kosmodicee*, Leipzig/Wien: Franz Deuticke.
– (1900): *Weshalb das Problem der Willensfreiheit nicht zu lösen ist*, Leipzig/Wien: Franz Deuticke.
– (1918): *Teleologie als empirische Disziplin*, Wien/Leipzig: Carl Fromme.

Weiterführende Literatur

Bachhiesl, Christian/Sonja M. Bachhiesl (Hgg.) (2011): *Kriminologische Theorie und Praxis. Geistes- und Naturwissenschaftliche Annäherungen an die Kriminalwissenschaft*, Wien/Berlin: LIT Verlag.
Bayertz, Kurt/Myriam Gerhard/Walter Jaeschke (Hgg.) (2007): *Weltanschauung, Philosophie und Naturwissenschaft im 19. Jahrhundert*, Bd. 3: *Der Ignorabimus-Streit*, Hamburg: Felix Meiner Verlag.

Christiane Schreiber

TEIL E: »KLASSIKER« DER SOZIOLOGIE SCHON VOR DER UNIVERSITÄREN INSTITUTIONALISIERUNG DES VON IHNEN VERTRETENEN FACHES

Detaillierte Inhaltsübersicht von Teil E

Vorbemerkungen

Max Weber hat in seinem berühmten Aufsatz »Wissenschaft als Beruf«, dem eine Rede aus dem Jahre 1917 zugrunde liegt, die Ansicht vertreten, dass ein Kunstwerk, das wirklich »Erfüllung« ist, nie überboten werde, während dies für Werke der Wissenschaft nicht gelte, da jeder Wissenschaftler wisse, »daß das, was er gearbeitet hat, in 10, 20, 50 Jahren veraltet ist [...]: Jede wissenschaftliche ›Erfüllung‹ bedeutet neue ›Fragen‹ und *will* ›überboten‹ werden und veralten. Damit hat sich jeder abzufinden, der der Wissenschaft dienen will.« (Weber 1968 [1919], S. 592) Allerdings gibt es Werke der Wissenschaft, denen, ungeachtet der Tatsache, dass ihr Inhalt schon längst rezipiert und oft sogar wissenschaftliches Gemeingut geworden ist, auch ein außerwissenschaftlicher, nämlich ein ästhetischer oder rhetorischer Wert zugeschrieben wird, da ihnen ihre Form Dauer verleiht; Max Webers erwähnter Aufsatz ist dafür selbst ein treffliches Beispiel.

Doch dessen ungeachtet stellt sich die Frage, wodurch man sich in bestimmten Fällen veranlasst fühlt, von »Klassikern« einer wissenschaftlichen Disziplin zu sprechen. Zunächst wird man dazu vor allem deshalb veranlasst, weil es sich bei den so Apostrophierten um Personen handelt, die Neues gefunden oder erfunden haben, das sich wirkungsgeschichtlich als von hohem theoretischen oder praktischen Wert erwies. Aber es muss darüber hinaus auch eine bestimmte Art von Neuem, also ein besonderer Neuigkeitswert sein, der einem Werk zukommt, um als »klassisch« bezeichnet zu werden. Gerade in einer Zeit, die sich zugutehält, »Innovationen« durch deren soziale Prämierung verstetigt zu haben, hätte man es ja ansonsten mit ganzen Rudeln von Klassikern zu tun. Es muss sich also zunächst wohl um »Schlüsselinnovationen« oder auch um neue »Forschungsparadigmen« handeln, die in gewisser Weise als Urbilder einer wissenschaftlichen Disziplin oder einer innerhalb derselben entwickelten Forschungsrichtung anzusehen sind. Nikolaus Kopernikus, Isaac Newton oder Charles Darwin sind in diesem Sinne uneingeschränkt als Klassiker zu bezeichnen. Mit einigem Recht lässt sich ähnliches von Auguste Comte, Karl Marx oder Max Weber behaupten, die zum Kernbestand aller soziologiegeschichtlichen Darstellungen zählen (vgl. z.B. Acham 1995).

Wenn im folgenden Teil E von »Klassikern« der Soziologie die Rede ist, so gilt es die geographische und historische Relationierung nicht außer Acht zu lassen: Es handelt sich um die Erörterung von herausragenden soziologischen Denkern im Habsburgerreich, und dies zu einer Zeit, als sich ihre Disziplin, wie in anderen europäischen Ländern auch, in der Formierungsphase befand. Dies besagt aber nicht von vornherein, dass es sich dabei um Autoren und Werke von zweitrangiger Bedeutung, also durchwegs nur um opera classica minora handelte. Gewiss ist es so, dass mehrere der erwähnten Autoren auf die Klassiker erster Ordnung Bezug nehmen. Doch dieser zunächst einmal einfach dem Geburtsdatum geschuldete Umstand schließt nicht aus, dass bestimmte der hier in Betracht stehenden Autoren in Auseinandersetzung mit den frühen Wegbereitern der Soziologie durchaus Eigenständiges erarbeitet haben: so beispielsweise Ludwig (Ludwik) Gumplowicz eine über die Kapital-Proletariat-Dichotomie von Karl Marx hinausgehende soziologische Konflikttheorie, Albert Schäffle eine den Evolutionismus Herbert Spencers modifizierende und Lorenz von Stein eine das unterentwickelte marxistische Staatskonzept erweiternde soziologische Staatstheorie, und Wilhelm Jerusalem eine den soziologischen Evolutionismus mit der Erkenntnistheorie des kritischen Realismus verknüpfende Wissenssoziologie. Des Weiteren gelten der massenpsychologisch argumentierende Eugen Ehrlich sowie der von der Ethnologie ausgehende Valtazar (Baltazar/Baldo) Bogišić als Ahnherren der Rechtssoziologie und Tomáš (Thomas) Garrigue Masaryk als Begründer der soziologischen Suizidforschung.

Auch im Falle der anderen vier in Teil E zur Sprache kommenden Soziologen erscheint deren Platzierung unter der Rubrik »Klassiker« gerechtfertigt: Gustav Adolf Lindner verdient es, als Wegbereiter einer pädagogisch inspirierten »Socialpsychologie« gewürdigt zu werden, für die die Erforschung des aus psychischen Wechselwirkungen entspringenden »gesellschaftlichen Bewusstseins« grundlegend ist, Gustav Ratzenhofer als einer der Initiatoren der Soziologie der Politik, während Ágost Pulszky und Gyula Pikler einerseits Vorarbeiten für später anderen Fachvertretern zugeschriebene Lösungsansätze erbracht, andererseits anregende synkretistische Betrachtungen zu soziologischen Erörterungen von Recht und Staat vorgelegt haben. Die Genannten erfuhren zu ihrer Zeit mehrheitlich auch internationale Anerkennung, und ihr Werk war von zum Teil erheblicher Wirkung auf das Schaffen ihrer Zeitgenossen. So wurde dem heute so gut wie vergessenen Gustav Ratzenhofer von Seiten des ersten Professors für Soziologie an der Universität Chicago und Begründers des *American Journal of Sociology*, Albion Woodbury Small, so hohe Wertschätzung zuteil, dass sein Name in dessen einstmals sehr einflussreicher Darstellung der jüngeren Soziologiegeschichte im Titel aufscheint (vgl. Small 1905).

Es ist also nicht vorrangig die »unerfüllte Sehnsucht nach dem Untergegangenen«, von der Jacob Burckhardt in seinen *Weltgeschichtlichen Betrachtungen* spricht (Burckhardt 1949 [1905], S. 323), die uns veranlasst, zum Teil bereits vergessene Leistungen der Vergangenheit in Erinnerung zu bringen; auch geht es nicht darum, dem Bildungsinteresse antiquarisch ambitionierter Wissenschaftshistoriker Rechnung zu tragen. Es geht vielmehr um Respekt vor den Leistungen von Forschern, die uns heute noch etwas zu sagen haben, weil sie sich in ähnlichen sozialen, politischen und kulturellen Lagen befanden wie wir Heutigen. Dass diese Ähnlichkeit überhaupt feststellbar ist, hat mit den durch die Jahrhunderte hindurch invarianten und grundlegenden menschlichen Daseinsbedingungen von Lust und Leid, Freude und Schmerz, Liebe und Hass, Hoffnung und Verzweiflung und dergleichen mehr zu tun. Auch für den Soziologen – namentlich für den, der mit Problemen von Armut, Diskriminierung und nicht zu rechtfertigender Ungleichheit befasst ist – mag daher zutreffen, was der große Basler Historiker gleich im ersten Kapitel seines bereits genannten Werkes sagt: »Unser Ausgangspunkt ist der vom einzigen bleibenden und für uns möglichen Zentrum, vom duldenden, strebenden und handelnden Menschen, wie er ist und immer war und sein wird [...].« (Ebd., S. 26) Und wie für den Historiker, so gilt auch für den Soziologen, was Burckhardt etwas später im selben Kapitel zum Verhältnis von Erleben und Erkennen sagt: »Was einst Jubel und Jammer war, muß nun Erkenntnis werden, wie eigentlich auch im Leben des Einzelnen.« (Ebd., S. 31)

Wie nun diese Erkenntnisse geartet sind, macht – gleichgültig, ob in der Geschichtswissenschaft oder in der Soziologie – den Unterschied zwischen dem Routinier und demjenigen aus, dem der Status der Klassizität zugeschrieben wird. Der große Wissenschaftler ist derjenige, der die Gesamtwirklichkeit neu perspektiviert und es versteht, diese entsprechend darzustellen und zu erklären und sich vom hemmenden Automatismus der Gewohnheiten und der erstarrten Denkformen zu lösen.

Acham, Karl (1995): Art. »Soziologie«. In: *Historisches Wörterbuch der Philosophie*, Bd. 9, Basel: Schwabe & Co, Sp. 1270–1282.

Burckhardt, Jacob (1949): *Weltgeschichtliche Betrachtungen. Historisch-kritische Gesamtausgabe* [1905]. *Mit einer Einleitung und textkritischem Anhang von Rudolf Stadelmann*, [Pfullingen:] Neske o.J. [1949].

Small, Albion Woodbury (1905): *General Sociology: An Exposition of the Main Development in Sociological Theory from Spencer to Ratzenhofer*, Chicago: The University of Chicago Press.

Weber, Max (1968): Wissenschaft als Beruf [1919]. In: Ders., *Gesammelte Aufsätze zur Wissenschaftslehre*, 3. Aufl., Tübingen: J.C.B. Mohr (Paul Siebeck), S. 582–613.

Karl Acham

I. Lorenz von Stein

Die Staatssoziologie Lorenz von Steins

Rund um 1800 wurden gewisse Ideale des Aufklärungsdenkens in die Wirklichkeit umgesetzt. Der Staat, so hatte man argumentiert, beruhe auf dem Gesellschaftsvertrag. Manche Fürsten verstanden sich als Hüter der bürgerlichen Gesellschaft und setzten modernisierende Initiativen: Abschaffung der Leibeigenschaft, Rechtsschutz für religiöse Minderheiten, Abschaffung der Zünfte, Einführung neuer Steuersysteme, Förderung der wirtschaftlichen bzw. industriellen Entwicklung. Die ersten Jahrzehnte des 19. Jahrhunderts waren einerseits eine Zeit der liberalen und fortschrittlichen Reformen, doch andererseits setzten sich nach dem Zusammenbruch des französischen Kaiserreichs 1815 auch restaurative Tendenzen durch. Jedenfalls zeichneten sich neue Erfordernisse und veränderte Konturen des modernen bürokratischen Staates ab. Im Gefüge der Gesellschaft beobachtete man die mit der dramatischen Umgestaltung zur Industriegesellschaft einhergehende Entstehung eines vom Land in die Städte zugewanderten Proletariats wie auch die Verarmung wesentlicher Teile der städtischen Bevölkerung. Man war sich im Klaren, dass diese beiden Gruppen ein gefährliches Potenzial darstellten: eine schrittweise organisationsfähig werdende Industriearbeiterschaft ebenso wie ein verarmtes, als »Proletarier der Geistesarbeit« bezeichnetes Bürgertum (Riehl 1851).

Der dynamische Wandel der Gesellschaft ließ diese überhaupt erst als eigenes, eigenständiges, zu enträtselndes Gebilde in den Blick geraten. Erste Ansätze einer Gesellschaftswissenschaft, die diesen Wandel zu ergründen sucht, finden sich bei Lorenz von Stein (1815–1890). Diese sind zwar fest verbunden mit der staatswissenschaftlichen Tradition, aber doch angereichert durch die Wahrnehmung, dass sich die Entwicklung der Individuen (Bildung, Anspruchsverhalten, Individualisierung) in einer gewissen Spannung zu den kollektiven Gebilden vollziehe. Als Grundelemente des Lebens definiert Stein Eigentum, Arbeit und Familie. Die »Soziale Frage«, die in der Folge zu einem sozialwissenschaftlichen Dauerthema werden sollte, muss seines Erachtens gelöst, das Proletariat in die Gesellschaft integriert werden. Denn eine solche Integration ergibt sich nicht von selbst: Der Staat ist es, der für eine Gesamtordnung sorgen muss, um das Aufleben massiverer Konflikte zu verhindern. Schließlich war dies – rund um die Mitte des 19. Jahrhunderts – auch jene Zeit, in der sozialistische und kommunistische Ideen in sozialen Bewegungen wirksam zu werden begannen. Stein war sich im Klaren, dass die ständige Spannung zwischen Staat und Gesellschaft auch die allgemeine Entwicklung in Gang hielt (Pankoke 1970). Und er war dabei durchaus kein Pessimist; am Schluss des Vorwortes zu seiner *Geschichte der socialen Bewegung* formulierte er mit einigem Pathos: »Unser ist die Arbeit. Die Morgenstunde der Weltgeschichte mit ihrer kräftigen Belebung in den ersten Strahlen der nahen Sonne hat unsere Zeit geweckt, hat ihr die Kraft, die Lust, das Vertrauen der Jugend gegeben. Wir wollen diese Stunde nicht verlieren.« (Stein 1850, Bd. 1, S. 7)

Lorenz von Stein war einer der ersten deutschen Sozialwissenschaftler, die sich ernsthaft mit dem französischen Sozialismus und Kommunismus auseinandersetzten: in einem einbändigen Werk 1842, in einer erweiterten zweibändigen Edition 1848, und schließlich in der 1850 unter dem Titel *Geschichte der socialen Bewegung in Frankreich von 1789 bis auf unsere Tage* erschienenen dreibändigen Ausgabe. Stein hatte zwei Jahre in Paris verbracht (1841 bis 1843) und dabei nicht nur Gelegenheit gehabt, revolutionäre Prozesse aus nächster Nähe zu beobachten, sondern er war bei seinem Aufenthalt auch mit wesentlichen Denkern und Theoretikern der anarchistischen und sozialistischen Szene in Kontakt gekommen, so etwa mit Victor Considerant, Louis Rebaud, Louis Blanc und Étienne Cabet. Dabei offenbarte sich ihm eine Dynamik, die mit den Denkweisen herkömmlicher Staatstheorie nicht zu erfassen war. Die »Gesellschaft« wurde nunmehr zum eigentlichen Subjekt der Geschichte – und als solche wahrgenommen. Es begann der Kampf um die Staatsgewalt als Mittel der eigenen Interessendurchsetzung.

Die grundlegenden Interessengegensätze konnte man nicht länger übersehen: Das Prinzip der Gesellschaft ist nach Steins Meinung auf Erwerb, Besitz und Macht gerichtet, doch der Gegensatz von Kapital und Arbeit, die Ordnung der abhängigen Nichtbesitzenden von den Besitzenden, produziert Ungleichheit. Nun entdeckt aber die abhängige Klasse im Zuge der Bildungsausweitung die Ideen von Freiheit, Gleichheit und Gerechtigkeit, und sie wird nicht in ihrer Abhängigkeit und Unfreiheit verharren, sondern zu Reform und Revolution voranschreiten. Wenn die herrschende Klasse nicht in eine Abfolge von sich verschärfenden Konflikten, bis hin zur Gewaltherrschaft des Proletariats, hineingeraten will, muss der Staat selbst eine Sozialreform einleiten. Er muss einen Ausgleich zwischen den Klassen schaffen: auf der einen Seite eine Verbesserung der Lebenslage der abhängigen Klasse bewirken, auf der anderen Seite die erforderliche Einsicht bei der besitzenden Klasse schaffen. Lebenspraktisch entscheidend ist für die Verbesserung der Verhältnisse insbesondere der Bereich der staatlichen Verwaltung, die nach Stein das Instrument eines »sozialen Königtums« sein sollte. Stein versucht damit nicht nur, die sozialistische Perspektive konstruktiv zu interpretieren, sondern sie auch mit dem bürgerlich-liberalen Denken zu vereinbaren.

Wir haben es also mit einer großen zeitdiagnostischen Arbeit zu tun, deren Verfasser eine Antwort zu geben suchte auf die großen Umwälzungen der Epoche, mit scharfem Blick nicht nur für die ganz konkreten Problemstellungen, sondern auch im Bewusstsein, sich am Beginn einer neuen zivilisatorischen Entwicklungsstufe zu befinden. Es steigen Bildung und Wohlstand und es entstehen immer neue Bedürfnisse und Mittel zu ihrer Befriedigung. Es entwickelt sich eine Konstellation, in die alle Schichten des Volkes integriert werden müssten. Die unteren Klassen können nicht mehr einfach »niedergehalten« werden, denn man benötigt ihre Leistungsfähigkeit; aber sie erheben auch Ansprüche. Die staatliche Ordnung – mit ihrer rechtlichen Ausgestaltung – bietet den

Rahmen für diesen geschichtlichen Prozess, und sie muss ihn in kluger und angemessener Weise gestalten, wenn die Entwicklung nicht entgleisen soll.

Lorenz von Stein hat für die Analyse dieser modernen Dynamik die Erfahrungen aus seiner Zeit in Frankreich eingebracht, in der Folge beschäftigte er sich aber mit der Gestaltung des »Reformapparates«. Insbesondere widmete er sich dem Entwurf einer *Verwaltungslehre*, die ab 1865 in acht Bänden erschien. Der Versuch, die Idee einer humanen und stabilen Gesellschaft zu entwerfen, hat freilich (wie in anderen Fällen auch) dazu geführt, dass Stein von späteren Betrachtern weltanschaulich als zwischen sozialistischen Sympathien und konservativ-romantischen Auffassungen oszillierend eingeordnet wird. Zur *Verwaltungslehre* kamen auch noch Übersichtswerke über Staatswissenschaft, Finanzwissenschaft und Volkswirtschaft.

Die Besonderheit von Lorenz von Steins Stellung in der Entwicklung des sozialwissenschaftlichen Denkens ergibt sich gerade daraus, dass er »von der aktuellen Sache her« gedacht hat – dabei rechtswissenschaftliche Dimensionen im Sinne des Verfassungs-, Staats-, Verwaltungs- und Finanzrechts, ökonomische Dimensionen im Sinne der Finanzgeschichte, Finanzstatistik und Finanzwissenschaft ebenso berücksichtigend wie administrative Dimensionen im Sinne einer Verwaltungslehre (in letzterer Hinsicht auch durch Weiterentwicklung der Vorarbeiten von Johann Heinrich Gottlob von Justi, Joseph von Sonnenfels und anderen) – und sogar versuchte, die verschiedenen Problemfelder wenigstens ansatzweise im internationalen Vergleich darzustellen. Carl Menger, der Steins bahnbrechende Arbeiten würdigt, hält ihm dennoch vor, dass er die historischen und praktischen Dimensionen einerseits, die systematischen und theoretischen Dimensionen andererseits nicht sorgfältig geschieden habe – aber das hängt auch mit Mengers persönlichen Erfahrungen zusammen, der in den wissenschaftlichen Streit zwischen Historie und Theorie verstrickt war. Menger erklärt denn auch ganz lapidar: »›Historische‹ und ›geschichtsphilosophische Systeme‹ haben selten zum Fortschritte des Menschengeschlechtes ein wesentliches beigetragen.« (Menger 1891, S. 200) Menger ist auch der »holistische« Blick Lorenz von Steins, der Versuch, ein soziales Gebilde integrativ zu erfassen, nicht ganz geheuer, da er doch in seiner eigenen Arbeit, der ökonomischen Theorie, von einem prägnanten methodologischen Individualismus (also, wie er es ausdrückt, von der Notwendigkeit der Rückführung der gesellschaftlichen Erscheinungen auf ihre elementaren Faktoren) ausgegangen ist.

In seinen Wiener Jahren entwickelte Lorenz von Stein den verwaltungswissenschaftlichen Schwerpunkt seiner Arbeit weiter. Diese Studien wurden als eine Abkehr Steins von den sozialreformerischen Idealen seiner früheren Jahre und als eine Hinwendung zum Konservativismus ausgelegt, aber ein verwaltungswissenschaftlicher Ansatz ist natürlich zwingend anders geartet als eine staatswissenschaftlich-gesellschaftliche Perspektive. Die gewaltige Arbeit Steins, die sich, wenn man so will, auf »interdisziplinäre« Weise mit den »technokratischen« Aspekten einer modernen Staatsführung beschäftigte, wurde lange Zeit nur wenig beachtet; in den 1970er Jahren stieß allerdings der sozialreformerische Aspekt seiner Schriften auf reges Interesse. Für das 19. Jahrhundert war jedoch zunächst einmal wichtig, dass die »praktischen« Felder der »politischen Wissenschaften«, wie es damals hieß, eine systematische Aufgliederung erfahren, die von den Funktionen und Erfordernissen des Staates ausgeht und davon die Verwaltungsagenden ableitet. Die Verwaltung ist der »arbeitende Staat«. Der von Stein auf neue Grundlagen gestellte Staat ist aber zugleich ein Staat, der auch der modernen Selbstbestimmung des Einzelnen, insbesondere seiner Selbstorganisation im Vereinswesen, Rechnung trägt, der also bedenken muss, in welchem Maße er in das Leben der Herrschaftsunterworfenen eingreift. Die Rechtsgleichheit aller gehört ohnehin zu den essentiellen Anforderungen der Epoche – vollends seit dem späten 18. Jahrhundert.

Die spezifisch gesellschaftswissenschaftliche Betrachtungsweise eines eigendynamischen Gebildes, welches nicht identisch war mit Königtum, Regierung und Staat, war zwar durch die Turbulenzen der Zeit nahegelegt, doch die Erfassung des in seiner Eigenständigkeit und »Gesetzlichkeit« neu wahrgenommenen Gebildes war nicht einfach. Robert von Mohl legte beispielsweise den Akzent auf eigenständige Phänomene wie das rechtliche und das ökonomische System, er analysierte Mechanismen sozialer Ungleichheit und sozialer Gruppierung (Klassen und Rassen, herrschende Familien, räumliche Milieus, Religion). Heinrich von Treitschke hingegen hielt die Entwicklung einer eigenen Gesellschaftswissenschaft für schädlich, vielmehr sollte eine einheitliche Staatswissenschaft alle Bereiche umschließen, zur Förderung des Zusammenhalts, aber auch in Wahrung einer essentiellen organischen Einheitlichkeit. Ferdinand Tönnies wiederum wollte jenen Gegensatz, den Lorenz von Stein als den von Staat und Gesellschaft analysiert hat, lieber in der Logik von Tausch- und Pflichtverhältnissen sehen und kontrastierte den Begriff der Gemeinschaft mit jenem der Gesellschaft. Und Theoretiker wie Ludwig Gumplowicz hielten Konfliktfreiheit und dauerhaften Frieden überhaupt für eine Illusion.

Auch wenn Stein dreißig Jahre lang an der Wiener Universität lehrte, blieb die Wirksamkeit seiner staatswissenschaftlich-historischen Orientierung doch begrenzt. Die nationalökonomische Szene wurde beherrscht von Carl Menger und seinen Schülern; lediglich die Austromarxisten konnten daneben noch Akzente setzen. Die Rechtswissenschaft entledigte sich in diesen Jahren weitgehend ihrer geschichtlich-gesellschaftlichen Inhalte, hier wurde der Staat zur rechtlich-logischen Fiktion. Erst viel später hat man wieder begonnen, gewisse Inhalte von Steins Arbeiten als Anregungen zu sehen, etwa als Ausgangspunkt für die »neuen Verwaltungswissenschaften«. Unter Rückgriff auf das Stein'sche Werk befassen sich in den letzten Jahren verschiedene Autoren mit der Sozialpolitik und dem Sozialstaat, mit der Armut und dem Gesundheitswesen, mit der Steuerlehre und der Staatsverschuldung.

Lorenz von Stein ist, von seinen umfassenden Werken abgesehen, auch in sehr spezifische Felder der Rechts- und Wirtschaftswissenschaften vorgedrungen, so etwa mit seinem Buch über das Heerwesen, mit seinen Studien über rechtliche Fragen des Wuchers oder des Eisenbahnwesens, oder mit seiner Arbeit über die Frau auf dem Gebiet der

Nationalökonomie. Seine europäische Zukunftsvorstellung zielte auf einen Ausgleich zwischen Österreich und Preußen, im Sinne eines föderalistischen organisierten Staates und unter Einschluss Österreichs. Die preußisch-deutsche Reichsgründung von 1871 widersprach seinen Vorstellungen. Als Staats- und Verwaltungsexperte reichte sein Ruf weit über Österreich hinaus: In den 1880er Jahren hatte sich Stein in einer ganzen Reihe von Publikationen mit finanziellen, rechtlichen und militärischen Fragen Japans und Chinas befasst, und 1889 konnte er dem japanischen Ministerpräsidenten Graf Kuroda sein abschließendes Gutachten zur zukünftigen politischen Ordnung Japans übergeben.

Stein, Lorenz von (1850): *Geschichte der socialen Bewegung in Frankreich von 1789 bis auf unsere Tage*, Bd. 1: *Der Begriff der Gesellschaft und die sociale Geschichte der französischen Revolution bis zum Jahre 1830*; Bd. 2: *Die industrielle Gesellschaft, der Socialismus und Communismus Frankreichs von 1830–1848*; Bd. 3: *Das Königthum, die Republik und die Souveränetät der französischen Gesellschaft seit der Februarrevolution 1848*, Leipzig: Wigand. (Ursprünglich: *Der Socialismus und Communismus des heutigen Frankreichs. Ein Beitrag zur Zeitgeschichte*, Leipzig: Wigand 1842.)

– (1852): *Die Frau. Ihre Bildung und Lebensaufgabe*, Berlin: Diedmann.

– (1852/1856): *System der Staatswissenschaft*, Bd. 1: *System der Statistik, der Populationistik und der Volkswirthschaftslehre*; Bd. 2: *Die Gesellschaftslehre*, Stuttgart: Cotta.

– (1858): *Lehrbuch der Volkswirthschaft*, Wien: Braumüller.

– (1860): *Lehrbuch der Finanzwissenschaft*, 4 Bde., Leipzig: Brockhaus.

– (1865–1884): *Die Verwaltungslehre*, 8 Bde., Stuttgart: Cotta.

– (1870): *Handbuch der Verwaltungslehre und des Verwaltungsrechtes mit Vergleichung der Litteratur und Gesetzgebung von Frankreich, England und Deutschland. Als Grundlage für Vorlesungen*, 3 Bde., Stuttgart: Cotta.

Weiterführende Literatur

Blasius, Dirk (2007): *Lorenz von Stein. Deutsche Gelehrtenpolitik in der Habsburger Monarchie*, Kiel: Lorenz-von-Stein-Institut für Verwaltungswissenschaften an der Christian-Albrechts-Universität zu Kiel.

– /Eckart Pankoke (1977): *Lorenz von Stein. Geschichts- und gesellschaftswissenschaftliche Perspektiven*, Darmstadt: Wissenschaftliche Buchgesellschaft.

Böckenförde, Ernst-Wolfgang (1963): *Lorenz von Stein als Theoretiker der Bewegung von Staat und Gesellschaft zum Sozialstaat*, Göttingen: Vandenhoeck & Ruprecht. Wieder abgedruckt in: Ders., *Recht, Staat, Freiheit. Studien zur Rechtsphilosophie, Staatstheorie und Verfassungsgeschichte*, Frankfurt: Suhrkamp 1991, S. 170–208.

Menger, Carl (1891): Lorenz von Stein. †23. Sept. 1890. In: *Jahrbücher für Nationalökonomie und Statistik* 56/2 (= 3. Folge, Bd. 1, Heft 2), S. 193–209.

Pankoke, Eckart (1970): *Sociale Bewegung, sociale Frage, sociale Politik. Grundfragen der deutschen »Socialwissenschaft« im 19. Jahrhundert*, Stuttgart: Klett.

Manfred Prisching

II. Gustav Adolf Lindner

Gustav Adolf Lindner – Zur Grundlegung der Sozialwissenschaften in der Gesellschaftspsychologie

Wenn heute in historischen Zusammenhängen auf Gustav Adolf (auch: Adolph) Lindner (1828–1887) Bezug genommen wird, so geschieht dies häufig im Zusammenhang mit den von ihm verfassten, in der ganzen Habsburgermonarchie verbreiteten Lehrbüchern für den schulischen Philosophie- und Psychologieunterricht. Vor allem wird er aber wegen seiner Schriften zur Unterrichtslehre wahrgenommen, die ihn zu einem der Pioniere einer wissenschaftlichen Pädagogik machten und ihm gegen Ende seines Lebens noch einen Karrieresprung ermöglichten: Nachdem er den größten Teil seines Berufslebens als Gymnasiallehrer, Schuldirektor und in diversen Gremien der lokalen Schulpolitik verbracht hatte, wurde Lindner 1882 zum ersten Professor für Pädagogik, Psychologie und Ethik an der neu eingerichteten Tschechischen Karl-Ferdinands-Universität in Prag ernannt. Voraussetzung dafür war der Umstand, dass Lindner als Sohn eines deutsch-böhmischen Vaters und einer tschechischen Mutter zweisprachig aufgewachsen und damit in der Lage war, universitäre Lehrveranstaltungen in tschechischer Sprache zu halten.

Nach einem derartigen Karriereverlauf hatte es in früheren Jahren nicht ausgesehen. Wegen seiner religionskritischen und freidenkerischen Ansichten war Lindner bereits zu Anfang seiner Berufslaufbahn mit Vertretern der katholischen Kirche in Konflikt geraten. Seine Versetzung aus der böhmischen Heimat an das Gymnasium der untersteirischen Kleinstadt Cilli (heute: Celje, Slowenien) im Jahr 1854 trug eindeutig Züge einer disziplinären Maßregelung, sollte sich aber für Lindner in doppelter Hinsicht als glückliche Fügung erweisen. In Cilli lernte er seine Ehefrau kennen, mit der er sechs Kinder hatte, und dort fand er offenkundig auch Zeit und Muße, sich eingehend wissenschaftlichen Studien zu widmen. Frucht dieser Jahre waren unter anderem zwei monographische Abhandlungen, die Lindner selbst ausdrücklich als »sozialpsychologisch« definierte (Lindner 1868, 1871). Damit dürfte Lindner einer der ersten gewesen sein, der sich explizit um die Ausformulierung einer Theorie der Sozialpsychologie bemühte. Für spätere sozialpsychologische Ansätze erwiesen sich Lindners Beiträge jedoch als wenig anschlussfähig, was zum einen auf dem Beharren auf dem strikt »naturgesetzlichen« Charakter seiner Theorien beruhte, zum anderen aber darauf, dass seine Auffassungen nach späteren Maßstäben in weiten Teilen eher der Sozialanthropologie oder der philosophischen Anthropologie zuzuordnen wären. Lindner selbst verortet die Sozialpsychologie im »Grenzgebiete mehrerer Wissenschaften« (Lindner 1871, S. 24), wozu er insbesondere die »psychische« Anthropologie zählt, die nicht den individuellen Menschen, sondern den Menschen als Gattung in den Mittelpunkt stelle, weiters die Ethnologie, die er als Spezialgebiet der Anthropologie auffasste (vgl. ebd., S. 25), und die Völkerpsychologie, wobei er mehrfach zustimmend die, wie auch Lindner, von Johann Friedrich Herbart (1786–1841) beeinflussten Herausgeber der *Zeitschrift für Völkerpsychologie und Sprachwissenschaft*, Moritz Lazarus (1824–1903) und Heymann Steinthal (1823–1899), erwähnte und zitierte.

Bei aller Wertschätzung der fern vom akademischen Milieu erarbeiteten Pionierleistungen Lindners sind einige Schwächen seiner Arbeiten nicht zu übersehen: Die Ausführungen sind teilweise ausufernd und von Redundanzen und unnötigen Abschweifungen in alle möglichen Wissensgebiete geprägt. Der Autodidakt Lindner war offenkundig bestrebt, seine umfassende Belesenheit zu dokumentieren, was der durchgehenden Argumentation eher abträglich ist. An einigen Stellen – exemplarisch sei hier auf seine Ausführungen zu den Grundlagen der staatlichen Gesetzgebung verwiesen (vgl. ebd., S. 236–250) – bleibt die Argumentation eher schwammig und weicht stellenweise ins Appellative oder in nicht argumentativ begründete Postulate aus. Nicht zuletzt gibt es in der vergleichenden Gegenüberstellung beider Schriften auch Widersprüche, besonders augenfällig in der Bewertung des Sozialdarwinismus.

Die erste der beiden hier gegenständlichen Studien, 1868 erschienen, war dem *Problem des Glücks* gewidmet und im Untertitel als *Psychologische Untersuchung über die menschliche Glückseligkeit* definiert. Auf den ersten Blick mag die zentrale Fragestellung des Buchs ungewöhnlich anmuten, doch ist dazu anzumerken, dass es in der Habsburgermonarchie im 19. Jahrhundert eine (vor allem außeruniversitäre) Tradition derartiger philosophischer und medizinischer Glückseligkeitslehren gab. Diese reichte von Wilhelm Bronns (eigtl. Wilhelm Freiherr von Puteani, 1799–1872) Büchern zur »Kalobiotik« (sinngemäß: Schönlebe-Kunst) über die Kalobiotik-Beilage der in Prag erscheinenden Zeitschrift *Ost und West* und die Schriften des Melker Benediktinermönchs Michael Leopold Enk von der Burg (1788–1843) bis hin zu den medizinischen Glückseligkeitslehren von Philipp Karl Hartmann (1773–1830) und dessen Schüler Ernst Freiherr von Feuchtersleben (1806–1849), der seine Schriften zur ärztlichen Seelenkunde selbst gleichfalls als »kallobiotisch« [sic!] definierte und heute als einer der Begründer der Psychosomatik gilt. Lindner griff mithin ein in den Debatten seiner Zeit aktuelles Thema auf und steht den genannten Autoren auch insoweit nahe, als er »Tugend und Glückseligkeit nur für zwei verschiedene Ansichten ein und desselben Gegenstandes« (Lindner 1868, S. 3) erklärt und für emotionale Selbstkontrolle – die »Bewahrung eines gewissen Gleichmuthes« (ebd., S. 46) – als Grundlage des Glücksempfindens plädiert. Er unterscheidet sich jedoch dahingehend von den anderen Autoren, dass er seine Theorie der Glückseligkeit gegen Ende seiner Ausführungen von der individuellen Ebene auf die Ebene der Gesellschaft ausdehnt (vgl. ebd., S. 181–195).

An eben diesen Punkt schließt die umfangreichere zweite Studie an, der 1871 erschienene Band *Ideen zur Psychologie der Gesellschaft als Grundlage der Socialwissenschaft*:

»Dort [im Buch von 1868] suchte ich auf psychologischem Weg die Bedingungen zu entdecken, auf denen die menschliche Glückseligkeit ruht; hier suche ich auf demselben psychologischen Wege die Gesetze darzulegen, welche die menschliche Gesellschaft beherrschen.« (Lindner 1871, S. III) Aufgabe der »Socialpsychologie« soll dabei »die Beschreibung und Erklärung jener Erscheinungen [sein], welche von den psychischen Wechselwirkungen der Individuen abhängen und auf welchen das gesamte Geistesleben der Gesellschaft beruht. Die Gesellschaft ist nichts außer den Individuen; ihr Geistesleben kann somit kein anderes sein, als dasjenige, was sich im Einzelbewußtsein ihrer Mitglieder abwickelt. Daraus folgt zunächst, daß die Prinzipien der Socialpsychologie den Lehren der Individualpsychologie entlehnt sein werden.« (Ebd., S. 14)

Auch wenn Lindner im Anschluss an die hier zitierte Aussage konzediert, dass zwischen Individualpsychologie und Sozialpsychologie gewisse Unterschiede bestehen, da »die psychischen Wechselwirkungen, die ihren Gegenstand [jenen der Sozialpsychologie] bilden, nur in der Gesellschaft beobachtet werden können« (ebd.), so verweist er doch in erster Linie darauf, dass zwischen den beiden Teilgebieten ein inniger Zusammenhang besteht, da sich »die Verhältnisse der Gesellschaft im Bewußtsein jedes Individuums ab[spiegeln], indem dieses Bewußtsein [...] seinem beste Theile nach eben ein gesellschaftliches ist« (ebd.). Zwischen Individual- und Sozialpsychologie gebe es also keinen prinzipiellen Unterschied; ja, als reine und ausschließliche Individualpsychologie sei Psychologie gar nicht denkbar, wie Lindner in seiner Studie wiederholt mit Nachdruck betont, da das individuelle Bewusstsein nicht als losgelöst vom Bewusstsein der Gesellschaft gedacht werden könne.

Dem individuellen Ich-Bewusstsein entspricht nach Lindners Auffassung ein gesellschaftliches Wir-Bewusstsein, das auf intellektueller und sittlicher Einsicht beruhe und einen »psychologischen Fortschritt« (ebd., S. 206) darstelle; dieses Bewusstsein von »wir« und »unser« beruhe notwendig auch auf der Abgrenzung gegenüber einem »ihr« und »euer« (vgl. ebd., S. 212). Psychologisch dehne sich das Wir-Bewusstsein ausgehend von der Familie, dem »organischen Keim« der Gesellschaft (ebd., S. 40), über die Sippe und den Stamm bis hin zur Nation aus, wobei Blutsbande im weiteren Verlauf eine zunehmend geringere Rolle spielen; auf territoriale Einheiten bezogen entspreche dem die Ausdehnung der persönlichen Identifikation von der Kommune über die Provinz bis hinauf zum Staat, wozu sich als übergeordnete soziale Einheiten noch der Stand und verschiedene Korporationen gesellen. Das einzelne Individuum habe zumeist nur zu verhältnismäßig engen Kreisen der Gesellschaft intensivere und direkte Beziehungen (Familie, Umfeld, Gemeinde) (vgl. ebd., S. 90), da die einzelnen sozialen Formationen aber in vielfältiger Weise miteinander verbunden seien, könne das Individuum dennoch (nur) als Teil der Gesellschaft verstanden werden. Tatsächlich folge jeder Mensch seinem individuellen und – so Lindner – »untheilbaren« Bewusstsein (ebd., S. 214) und mache sich im Regelfall gar nicht bewusst, wie weitgehend seine vermeintlich ihm eigenen Vorstellungen und Ideen gesellschaftlich geprägt sind. In diesem Sinn sei »die Scheidung des öffentlichen Bewußtseins vom privaten eine wissenschaftliche Fiction« (ebd.). Auf diesen Punkt kommt Lindner mehrfach zu sprechen, wobei er sich zumindest terminologisch der später von Max Weber ausformulierten methodischen Lehre vom »Idealtypus« annähert: Die Psychologie habe es mit »idealen Individuen« und »idealen Gesellschaften« zu tun (vgl. S. 18).

Ein Kernpunkt von Lindners Konzeption ist die Auffassung vom Menschen als einem »Mängelwesen«, wie dies die philosophische Anthropologie des 20. Jahrhunderts (Arnold Gehlen) formulierte. Der Begriff »Mensch« ist, so Lindner, ohne seine Einbindung in die sozialen Zusammenhänge gar nicht denkbar, der Mensch bewegt sich ebenso notwendig in der Gesellschaft wie der Fisch sich notwendig im Wasser bewegt (ebd., S. 88): »Im Naturzustand ist er [der Mensch] das ohnmächtigste, unbehilflichste, bedauernswürdigste aller Geschöpfe, ohne die geringste Spur jener Eigenschaften, die ihn zum Herrn der Schöpfung machen. Alle diese Eigenschaften, Vernunft, Sprache, Intelligenz – sie kommen nur dem gesellschaftlichen, nicht auch dem Naturmenschen zu; sie sind das allmälig hervortretende Resultat eines Processes, welcher die Lebensdauer des Einzelnen überdauert, dessen Träger also nicht der kurzlebige einzelne Mensch, sondern nur die unsterbliche Gesellschaft sein kann. Bei dem Thiere wiederholt jedes Individuum in ewig monotoner Weise denselben Entwicklungsproceß; nur der Mensch hat eine *Geschichte*, die in gerader Linie fortläuft […]. Er ist im Naturzustande Nichts, er kann Alles *werden* in der Gesellschaft.« (Ebd., S. 31f.)

Die Entwicklung der menschlichen Gesellschaft ist eine geschichtliche Tatsache, zugleich aber auch ein »Naturwerk« (ebd., S. 342), denn: »Die Weltgeschichte ist zum großen Theil auch Naturgeschichte« (ebd., S. 240) und die Gesellschaft unterliegt »geistigen Naturgesetzen« (ebd., S. 17f.), die zu ermitteln Aufgabe der Sozialwissenschaft ist: Diese ist eine empirische Wissenschaft, deren Datenmaterial die »weltgeschichtlichen Thatsachen« sind (ebd., S. 19). Zugleich ist die Geschichte »das öffentliche und gesellschaftliche Gedächtnis« (ebd. S. 190).

Die wichtigsten natürlichen Grundlagen der menschlichen Gesellschaft bilden für Lindner »Boden und Klima«; als dementsprechend entscheidenden Entwicklungsfaktor erachtete er die Auseinandersetzung mit der – dem menschlichen Leben im Allgemeinen feindlich gegenüberstehenden – Natur (ebd., S. 45). Aus der Bewältigung dieser Herausforderung entsteht Kultur – wobei Lindner hier darauf hinweisen hätte können, dass sich der Begriff Kultur etymologisch in der Tat von *agricultura*, also von der Landwirtschaft als Domestizierung der Natur, ableitet. In seinem *Grundriß der Pädagogik* von 1889 definiert er »Cultur« als »[…] die jeweilige Gestaltung der gesellschaftlichen Bildung nach den gemeinsamen Anschauungen und Sitten, den Formen des politischen, religiösen und wirtschaftlichen Lebens, der Art der Arbeit und Unterhaltung. Dieser Zustand ist nicht das Werk einzelner Persönlichkeiten, noch auch einer einzigen Generation, derselbe ist vielmehr das gemeinschaftliche und stetig anwachsende Werk aller einzelnen aufeinanderfolgenden Generationen. […] Durch die culturellen Elemente wird jedes Mitglied der Gesellschaft erzogen, indem es sich ihnen unbewußt und unwillkürlich anzupassen sucht. In diesen Formen, die es bei seinem Eintritt in die Gesellschaft vorfindet, und die es sein ganzes Leben hindurch begleiten, bewegt sich dessen ganze persönliche Entwickelung wie auf ausgefahrenen Gleisen.« (Lindner 1889, S. 26)

Dieses durch viele Generationen zusammengetragene Wissen kann sich das Individuum durch Bildung und Erziehung vermittels der Sprache innerhalb weniger Lebensjahre aneignen (vgl. Lindner 1871, S. 89f.). Aber auch die (teils informellen) Normen und Strukturen der Gesellschaft, die Anpassung belohnen und Abweichung bestrafen, sind als eine Form von Erziehung zu verstehen. In diesem Sinn wird jeder Einzelne »ununterbrochen erzogen, nicht durch die Mittheilungen und Lehren, die man ihm beizubringen sich beeilt, sondern durch den öffentlichen Geist, der sich in der häuslichen Einrichtung der Familie, in der Anordnung der Schule, in den sinnfälligen Erscheinungen des Staates, der Kirche und des socialen Lebens ausspricht« (ebd., S. 100). Der Mensch ist aber nicht nur erziehungsfähig, sondern auch erziehungsbedürftig, da er als primär sozio-kulturell konditioniertes Wesen der Natur entfremdet ist; auf diesen Gedankengang wird Lindner Jahre später in seinen pädagogischen Schriften zurückkommen und mit ihm den gesellschaftlichen und kulturellen Nutzen einer wissenschaftlichen Pädagogik begründen (vgl. Lindner 1889, S. 24–31.).

In der Gesellschaft empfängt jedes Individuum unablässig Einwirkungen der Öffentlichkeit und wirkt seinerseits im Rahmen seiner Möglichkeiten (und damit mit unterschiedlicher Intensität) auf diese zurück (vgl. Lindner 1871, S. 109). Aus dem Bewusstsein der Individuen forme sich als Einheit höherer Ordnung das Bewusstsein der Gesellschaft, welche zugleich damit »eine höhere Potenz des individuellen Menschendaseins« darstelle (ebd., S. 6). Unter Berufung auf den »gemeinen Sprachgebrauch«, der auf Begriffe wie »öffentliche Meinung«, »Volksgeist« oder »sociale Ideen« rekurriere, leitet Lindner das Postulat ab, dass die Gesellschaft »in Bezug auf die *geistigen Functionen* des Vorstellens und des Wollens als einheitliche Persönlichkeit« und in diesem Sinne als »ein Gesammtmensch« aufzufassen sei (ebd., S. IVf.). Demzufolge handle die Sozialpsychologie von der »psychologischen Persönlichkeit der Gesellschaft selbst« (ebd., S. 22). Die Gesellschaft bildet nach Auffassung Lindners einen »natürlichen Organismus«, wobei diese Analogie »so auffallend [ist], daß sie sich fast allen Denkern, die sich mit dem Studium der Gesellschaft befaßt haben, aufgedrungen hat« (ebd., S. 72). Lindner geht so weit, diese Analogie zwischen Gesellschaft und natürlichem Organismus im Detail auszumalen: Die Volkswirtschaft entspreche dem vegetativen System (wobei betont wird, dass beide in ihrem gesetzmäßigen Funktionieren dem Einfluss des gestaltenden »Wollens« entzogen seien), die Kommunikationsmittel dem Nervensystem, die Städte und Märkte den Ganglien und Nervenknoten, auf deren Leitwegen als »Nervenprincip« die Sprache wirke, die Hauptstadt sei der Kopf, die Regierung das Kleinhirn und »die Centralanstalten der Bildung, der Wissenschaft, der Kunst und des Fortschritts« würden, gemeinsam mit dem Parlament, durch das Großhirn repräsentiert (vgl. ebd.,

S. 80f.). Zwar sei die Einheit des individuellen Organismus eine natürliche, und daher strengere, als jene der Gesellschaft und des Staates, die ihrerseits »eine Schöpfung der menschlichen Freiheit« sei (ebd., S. 82), dennoch ist die Analogie zwischen Gesellschaft und Organismus hinreichend triftig, um die Gesellschaft nach denselben methodischen Grundsätzen untersuchen zu können wie das Individuum, obschon sie als »natürlicher Organismus« spezifischen sozialpsychologischen Naturgesetzen (ebd., S. 28) folge, die zu ermitteln, wie erwähnt, die Aufgabe der Sozialpsychologie als neuer Wissenschaft sei.

Innerhalb der menschlichen Gesellschaften existiert nach Lindners Anschauung ein System von Wechselwirkungen, »welche theils physikalischer (physiologischer), teils psychologischer Natur« seien (ebd. S. 13). Mit den erstgenannten befasse sich die »gleichfalls noch ziemlich junge Wissenschaft der Nationalökonomie«, für letztere bedürfe es der neuen Disziplin der Sozialpsychologie: Dieser komme die Aufgabe zu, die psychologischen Wechselwirkungen innerhalb der Gesellschaft zu analysieren und die in ihnen »waltende Gesetzmässigkeit« darzulegen (ebd.). Gemeinsam bilden Nationalökonomie und Sozialpsychologie die neuen »Socialwissenschaften«; ja, Lindner behauptet, dass die Sozialpsychologie »die wahre Socialwissenschaft« sei (ebd. S. 27): »In dieser Beziehung hat sie die Function, die Nationalökonomie und Politik von psychologischer Seite zu ergänzen. Die Politik faßt die Gesellschaft auf vom Standpunkt der Gesetze, die derselben von den regierenden Classen gegeben werden; die Nationalökonomie betrachtet dieselbe vom Standpunkte derjenigen Gesetze, denen der volkswirthschaftliche Verkehr naturgemäß gehorcht, unabhängig davon, ob die Regierungen diese Naturgesetze anerkennen oder ob sie in selbstsüchtiger Verblendung denselben entgegenwirken. Allein beide, Politik und Nationalökonomie, beschränken ihre Untersuchungen nur auf die äußere Seite des Staatslebens, und untersuchen nicht die tieferliegenden Motive, welche allen Erscheinungen des Staatslebens zu Grunde liegen. Diese Motive sind geistiger Natur und fallen der Socialpsychologie anheim. Es wird niemanden geben, der läugnen wollte, daß die geistigen Bewegungen innerhalb der Gesellschaft ähnlichen Gesetzen unterliegen, wie sie für den materiellen Güterverkehr wirksam und seit Adam Smith wissenschaftlich anerkannt sind.« (Ebd.) Zwar seien die hier in Betracht stehenden sozialpsychologischen Gesetzmäßigkeiten komplexer als jene der Nationalökonomie, ihre Erkenntnis werde aber die Grundlage einer künftigen wissenschaftlich fundierten Reformpolitik bilden, die einen kontinuierlichen Entwicklungsprozess in Richtung Fortschritt gewährleistet.

Nach Lindner beruht das »gesellschaftliche Bewußtsein« auf der »Wechselwirkung« (die Bekräftigung oder Hemmung zur Folge haben kann) eben jener »psychischen Kräfte«, die auch dem individuellen Bewußtsein zugrunde liegt (vgl. ebd., S. 79, 93). Das »sociale Bewußtsein« äußere sich in »Worte[n], Thaten und physiognomische[n] Äußerungen« der Öffentlichkeit (ebd., S 98). Seine Grundelemente sind aber nicht Vorstellungen im individualpsychologischen Sinn, sondern sprachlich fixierte allgemeine Begriffe und Ideen; die Sprache ist aber nicht nur »das allgemeine Medium des Geistes«, sondern als Trägerin der Ideen, die das »öffentliche Bewußtsein« bilden, geradezu dessen Verkörperung (ebd., S. 111–113). Geschaffen werden neue Ideen, so Lindner, immer von schöpferischen Individuen, die Durchsetzung von Ideen in der »trägen Masse« sei jedoch niemals eine Frage der logischen Folgerichtigkeit der Argumentation, sondern der »socialen Autorität«, hinter der stets die Zustimmung der Mehrheit der Gesellschaft steht (vgl. ebd. S. 142).

Durch die gesellschaftlich vorherrschenden Ideen wird auch die »Apperception« der Gesellschaftsmitglieder, also ihre Wahrnehmung der sozialen Wirklichkeit, entscheidend präformiert. Die Auffassung der Außenwelt nach den Kategorien von Raum, Zeit und Kausalität erfolgt niemals nur passiv durch die Aufnahme von Sinneseindrücken, sondern durch deren spontane mentale Verarbeitung mit Hilfe dessen, was Lindner die »öffentliche Phantasie« nennt (ebd., S. 196f.) – die sprachlich fixierten Ideen entscheiden darüber, was wie wahrgenommen werden kann und was der Aufmerksamkeit entgeht. Im gesellschaftlichen Zusammenhang formen Ideen das »Einzel- und Gesamtwollen« (ebd., S. 337), das die gesellschaftliche Entwicklung bestimmt. Der Kampf um die herrschenden Ideen ist somit der Kampf um Macht innerhalb der Gesellschaft; dabei werden Ideen durch Rituale, Monumente und Institutionen gesellschaftlich vermittelt und, der Absicht nach, dauerhaft etabliert. Auch mit den Mitteln des Strafgesetzes werden neue Ideen bekämpft: »Nicht blos in Judäa steinigt man die Propheten; in der Neuzeit nehmen die Steine nicht selten die Form von Paragraphen an« (ebd., S. 130). Unter diesen Umständen setzen sich neue Ideen meist nur langsam, konkret infolge eines Generationswechsels, durch.

Lindner unterscheidet drei Arten von Ideen (ebd., S. 154–175): 1. religiöse Ideen, die sich auf die Vorstellungen des Menschen »über sein Verhältnis zum Weltganzen« beziehen (ebd., S. 154); 2. politische Ideen, die das Verhältnis des Einzelnen zur staatlichen Ordnung zum Gegenstand haben; 3. volkswirtschaftliche Ideen, die »die Bedingungen der materiellen Wohlfahrt« der menschlichen Gemeinschaft in den Mittelpunkt stellen. Prinzipiell spielten alle drei Typen von Ideen zu allen Zeiten in allen Gesellschaften eine Rolle, es lasse sich aber beobachten, dass zu bestimmten Zeiten einer dieser Ideenkomplexe dominiere. Im Altertum seien dies die politischen Ideen gewesen, im Mittelalter die religiösen, in der Neuzeit und Gegenwart die volkswirtschaftlichen. Zu jeder Zeit stünden die drei Arten von Ideen in Konkurrenz zueinander, wobei nach Lindners Dafürhalten insbesondere die religiösen Ideen den gesellschaftlichen und kulturellen Fortschritt nachhaltig hemmen würden, während die volkswirtschaftlichen Ideen für eine Rationalisierung des menschlichen Lebens und damit für Fortschritt stünden.

Den für das soziologische Denken zentralen Begriff der »Gesellschaft« definiert Lindner als »eine Gesammtheit von Menschen [...], welche durch die zwischen ihnen stattfindenden psychischen Wechselwirkungen zu einer gewissen Einheitlichkeit verknüpft ist« (ebd., S. 14f.). Völker und Nationen stellen zwar, vor allem durch eine gemeinsame Sprache, eine der Grundlagen der Gesellschaft dar, ihr eigentliches »Urbild«

sei aber der Staat (ebd., S. 16, 21). Der Naturzustand menschlicher Gemeinschaften ist für Lindner die Anarchie, der Kampf aller gegen alle (vgl. ebd., S. 333). Erst der Staat und die von ihm ausgehende Verrechtlichung des sozialen Zusammenlebens ermögliche die Entstehung von Zivilisation mittels Individuation und Kombination (vgl. ebd., S. 32–34) – und erst dadurch werde auch ein differenzierterer geistiger und volkswirtschaftlicher Austausch möglich. Lindner hebt in diesem Zusammenhang hervor, dass der Staat als »Organisation der Macht« dem Recht historisch vorausgeht (ebd., S. 70), wie auch die positiven Inhalte des Rechts der (sich überhaupt erst angesichts derselben herausbildenden) Idee des Rechts vorausgehen (vgl. ebd., S. 316). Die mit der Staatenbildung einhergehende Vergesellschaftung steigere durch Arbeitsteilung und sozialen Austausch die soziale und individuelle Intelligenz, und die staatliche Einführung des Geldes dynamisiere den materiellen und ökonomischen Austausch (vgl. ebd., S. 56).

Dass Lindner ausdrücklich betont, der Staat – und nicht das Volk oder die Nation – sei die eigentliche Grundlage von Vergesellschaftung, dürfte auch mit seinen Erfahrungen als Bürger des habsburgischen Vielvölkerstaates, konkret als zweisprachig aufgewachsener Böhme, zusammenhängen. In auffälliger Weise betont er den universalen Anspruch der höheren Kulturleistungen (vgl. ebd., S. 180) und den hohen Wert eines »politisches Volksthum[s], worunter wir die Summe der Eigenthümlichkeiten verstehen, in denen die Genossen eines und desselben politischen Verbandes ohne Rücksicht auf die Nationalität übereinstimmen« (ebd., S. 17). Der Begriff des »Volksthums« erfährt noch eine nähere Ausdeutung: »Das geographische Volksthum ist einer bedeutenden Steigerung fähig, wenn die auf demselben Territorium zusammenlebenden Menschen auch noch durch gemeinsame geschichtliche Erinnerungen zusammengehalten und dadurch zu einem historischen Volksthum erhoben werden. Tritt noch die staatliche Zusammengehörigkeit hinzu, so tritt dieses Volksthum als historisch-politische Individualität auf. Böhmen und Ungarn bilden historisch-politische Individualitäten.« (Ebd., S. 177) An mehreren Stellen seiner Studie zur *Psychologie der Gesellschaft* von 1871 bemüht Lindner Beispiele aus der Habsburgermonarchie (vgl. z.B. S. 208, 283), und wiederholt äußert er sich kritisch über die grassierende »Nationalitätenhetze«, die keineswegs Ausdruck des »Volksgeistes«, sondern das Werk von »Diplomaten und Demagogen« sei (ebd., S. 209, vgl. auch S. 279). Nicht zuletzt verweist auch das von ihm postulierte politische Ideal der »Einheit in der Mannigfaltigkeit« (ebd., S. 230) auf die offizielle Staatsdoktrin der Habsburgermonarchie.

Die kulturelle Entwicklung innerhalb eines Staates beruht nach Lindner (der hier an Herbart anschließt) auf fünf Prinzipen (vgl. ebd., S. 300–341): der Rechtlichkeit (der Rechtsstaatlichkeit und der Bereitwilligkeit der Staatsbürger, diese anzuerkennen und sich ihr zu unterwerfen), der Billigkeit (d.h. der Übereinstimmung sowohl der staatlichen Rechtsordnung als auch der individuellen Handlungen mit den geltenden Werten), der Vollkommenheit (der Harmonie der Gesellschaftsordnung), dem Wohlwollen (gemeint ist ein sozialpolitischer Lastenausgleich) und der Selbstbestimmung (von

Lindner selbst als »innere Freiheit« definiert, vgl. ebd., S. 300). Alle diese Prinzipien sind als Regulative des Zusammenlebens in einer staatlichen Ordnung notwendig, sie sind jedoch nicht gleichwertig. Wenn etwa Recht und Billigkeit zueinander in Widerspruch geraten, so müsse jedenfalls dem Recht der Vorrang eingeräumt werden (vgl. ebd., S. 326); Wohlwollen sei zwar eine berechtigte politische Forderung, von den anderen Ideen losgelöst und verselbständigt zerstöre sie jedoch die Gesellschaft (vgl. ebd., S. 333, 340). In diesem Zusammenhang übt Lindner scharfe Kritik an der Idee des Kommunismus: Absolute Gleichheit an Rechten sei nicht herstellbar, weil »die in einem gewissen Momente proclamierte Rechtsgleichheit durch die Beweglichkeit der Rechte schon im nächsten Augenblicke unwahr wird« (ebd., S. 329). Überdies sei ein politisches System, das von den Wünschen der Individuen absehe und jedem nach einem abstrakten Schema seine gesellschaftliche Funktion zuordne, nur als ein »häßlicher Polizeistaat« denkbar, »in welchem jeder Einzelne mittels der Polizei an jener Stelle festgehalten werden muss, an welcher er im System des Wohlwollens [...] festzustehen und auszuhalten berufen war« (ebd., S. 337).

Zudem ist Lindner generell davon überzeugt, dass das volkswirtschaftliche System nicht willentlich »gemacht«, sondern historisch »geworden« ist (ebd., S. 51) und durch »große, einfache volkswirtschaftliche Gesetze geregelt« werde (ebd., S. 53), die nicht außer Kraft gesetzt werden könnten. Jeder Versuch einer staatlichen Regelung der Wirtschaft in Richtung Planwirtschaft sei ein »socialistisches Phantasiegebilde« (ebd., S. 51) und zwangsläufig zum Scheitern verurteilt. »Je gesünder ein Gemeinwesen ist«, führt er weiter aus, »desto weniger öffentliche Anstellungen wird es in ihm geben, weil diejenigen Leistungen, welche durch Angestellte von Staats wegen besorgt werden, ungleich besser und wohlfeiler zu Stande kommen, wenn man sie der Privatindustrie überlassen kann. Daher hat man über die sogenannten Industrien des Staates, welcher bekanntlich ein sehr schlechter Landwirth, ein unglücklicher Bergverwalter und ein sehr schwerfälliger Geschäftsmann ist, längst den Stab gebrochen. Vielleicht würde es auch um das Schulwesen besser stehen wenn man es der Privatindustrie anheim geben würde.« (Ebd., S. 336)

Das nach heutigen Maßstäben wohl bemerkenswerteste der oben genannten fünf Prinzipien ist jenes der »Vollkommenheit«. Lindner ist der Überzeugung, dass dem historischen Prozess der Vergesellschaftung und Zivilisierung eine Gerichtetheit eingeschrieben ist (vgl. z.B. ebd., S. 304f.), die zu immer mehr Rationalität und Fortschritt führe. Zwar stünden die bestehenden Staaten und vor allem die Kirche diesem naturnotwendigen Vorgang durch Bevormundung und Einmischung bis hinein in die privatesten Bereiche derzeit noch im Wege, doch sei der durch volkswirtschaftliches Denken und den Fortschritt der Wissenschaft angetriebene Entwicklungsprozess auf lange Sicht nicht aufzuhalten; am Ende dieser Entwicklung werde eine »beseelte Gesellschaft« stehen, die, innerlich und äußerlich frei, »nicht ein Naturwerk, sondern ihr eigenstes Kunstwerk« und damit vollkommen sein werde (ebd. S. 347). Lindners Beurteilung der politischen und religiösen Zustände seiner Zeit fällt also kritisch aus, sein Blick in die Zukunft ist aber optimistisch. »Die ›Weltgeschichte‹ ist zum größten Teil auch eine Naturgeschichte; daher finden wir in ihr den permanenten Kriegszustand, wenn auch nicht zwischen den Einzelnen, so doch zwischen den Staaten. Bis [Wenn] die sittlichen Ideen zu Worte kommen werden im Rathe der Menschheit, wird es anders werden. Schade, daß wir es nicht mehr erleben werden.« (Ebd. S. 240, Fn.)

In seinem volkswirtschaftlichen Denken erweist sich Lindner als ein klassischer Wirtschaftsliberaler: »Es ist übrigens ein wahres Glück für den culturhistorischen Fortschritt der Menschheit, daß das selbstsüchtige Interesse des Einzelnen mit dem Culturinteresse des Ganzen vereinbar ist, und daß Jeder, der für seine eigene Privatwirthschaft und für sein eigenes Glück sorgt, zugleich auch die Zwecke des großen Ganzen fördert.« (Ebd., S. 260) Die Volkswirtschaft wird geradezu zur Heilslehre stilisiert: »Der volkswirthschaftliche Geist wird das große Problem lösen, welches weder Christenthum noch Philosophie zu lösen im Stande waren; er wird der Welt den ewigen Frieden geben, auf dessen ruhiger Grundlage alle Schöpfungen der Civilisation, alle Blüthen des allgemeinen Menschenglücks gedeihen.« (Ebd. S. 174f.) Und auch was die Leistungen der Naturwissenschaften anbelangt, äußert sich Lindner euphorisch: »In unseren Tagen können wir es deutlicher als je beobachten, wie die Phantasiegebilde des Aberglaubens vor dem Lichte der Naturwissenschaft in wilder Flucht begriffen sind« (ebd., S. 199) – diese würden sich »hinter die Berge« zurückziehen (ebd., S. 198), womit deutlich markiert wird, welcher Gegner hier gemeint ist: der Ultramontanismus. Und gegen diesen gerichtet sagt er: »Die Gesetze der Natur sind bis auf einen kleinen, incommensurablen Rest, derart durchschaut, daß für das Wunder nirgends ein Platz, für den Schrecken kein Raum bleibt.« (Ebd., S. 201)

Als wissenschaftliche Erklärung, und eigentlich als Garant für diese positive Zukunftsentwicklung, dient Lindner das »Naturgesetz, welches im Dienste des culturhistorischen Processes steht, […] das Gesetz der Erhaltung der Besseren im Kampfe um's Dasein« (ebd. S. 305). Gemeint ist die Evolutionstheorie Charles Darwins, die zwar »wenig trostreich für das Individuum« sei (ebd. S. 306), aber für die Gesellschaft einen »Reinigungsprocess […] in physischer und moralischer Hinsicht« darstelle (ebd., S. 306). »Indem sie an die Stelle des Morschen und Verfaulten das Gesunde, an die Stelle des Schwachen und Hinfälligen das Starke, an die Stelle des Corrupten und Verkehrten das Sittliche setzt«, tritt die natürliche Zuchtwahl »das Amt der Vorsehung an« (ebd., S. 307). Damit wird freilich weniger ein wissenschaftliches als ein religiöses Prinzip formuliert, durch das »die moralische Züchtung der Menschenrace und die Vervollkommnung des gesellschaftlichen Organismus« gleichsam garantiert wird (ebd.). Anzumerken ist dazu freilich, dass diese Form des Sozialdarwinismus mit dem, was Darwin tatsächlich behauptet hatte, wenig bis gar nichts zu tun hat. Noch bemerkenswerter ist jedoch der Umstand, dass Lindner sich drei Jahre davor in *Das Problem des Glücks* gänzlich anders positioniert hatte und das Prinzip der natürlichen Zuchtwahl zwar für die »unfreie

Natur« als gegeben annahm, dessen Anwendung auf die menschliche Gesellschaft aber nachdrücklich ausschloss: »Die Häßlichkeit des Anblicks, den uns dieser Kampf gerade in der Menschenwelt darbietet [...], liegt darin, daß in diesem Kampfe vielfach die Inferiorität gerade der besseren Natur des Menschen hervortritt. Was in diesem Kampfe maßgebend erscheint, ist nämlich das Recht des Stärkeren, diese Stärke ist jedoch keineswegs moralische Stärke« – vielmehr verlaufe der Kampf ums Dasein innerhalb der menschlichen Gesellschaft »auf Unkosten [...] der moralischen Ideen« (Lindner 1868, S. 184). Was bei Lindner innerhalb von nur drei Jahren zu diesem völligen Gesinnungswandel geführt hat, lässt sich anhand der vorliegenden Texte nicht erklären.

Mit der Veröffentlichung des Buches *Ideen zur Psychologie der Gesellschaft als Grundlage der Socialwissenschaft* schloss Lindner seine soziologischen Forschungen auch schon wieder ab. Gelegentlich verwies er in späteren pädagogischen Schriften auf seine frühen soziologischen Arbeiten (vgl. z.B. Lindner 1884, S. 851–854), publiziert hat er dazu jedoch nicht mehr. Während Lindners pädagogische Veröffentlichungen zu seinen Lebzeiten ziemlich breit rezipiert wurden und auch heute in der historischen Forschung Berücksichtigung finden, blieb seinen beiden soziologischen Studien eine vergleichbare Wirksamkeit versagt.

Lindner, Gustav Adolph (1868): *Das Problem des Glücks. Psychologische Untersuchungen über die menschliche Glückseligkeit*, Wien: Carl Gerold's Sohn.

– (1871): *Ideen zur Psychologie der Gesellschaft als Grundlage der Socialwissenschaft*, Wien: Carl Gerold's Sohn

– (1884): *Encyklopädisches Handbuch der Erziehungskunde mit besonderer Berücksichtigung des Volksschulwesens*, Wien/Leipzig: Pichler. (Mehrere unveränderte Nachdrucke.)

– (1889): *Grundriß der Pädagogik als Wissenschaft. Im Anschluss an die Entwicklungslehre und die Sociologie*, hrsg. von Professor Karel Domin, Wien/Leipzig: Pichler.

Niemeyer, Christian (1992): Sozialpädagogik – Sozialarbeit. In: Dieter Lenzen (Hg.), *Pädagogische Grundbegriffe*, Bd. 2: *Jugend bis Zeugnis*, 2. Aufl., Reinbek: Rowohlt, S. 1416–1432.

Weiterführende Literatur

Adam, Erik (2002): *Die Bedeutung des Herbartianismus für die Lehrer- und Lehrerinnenbildung in der österreichischen Reichshälfte der Habsburgermonarchie mit besonderer Berücksichtigung des Wirkens von Gustav Adolf Lindner*, Klagenfurt: Universität Klagenfurt, Abteilung für Historische und Vergleichende Pädagogik.

– /Gerald Grimm (Hgg.) (2009): *Die Pädagogik des Herbartianismus in der Österreichisch-Ungarischen Monarchie*, Wien/Münster: LIT.

Brezinka, Wolfgang (2001): Pädagogik, Erziehungswissenschaft. In: Karl Acham (Hg.), *Geschichte der österreichischen Humanwissenschaften*, Bd. 3.1: *Menschliches Verhalten und gesellschaftliche Institutionen: Einstellung, Sozialverhalten, Verhaltensorientierung*, Wien: Passagen, S. 469–508, hier: S. 485–488.

Kaiser, Franz (1972): *Gustav Adolf Lindner als Pädagoge. Ein Beitrag zur Bildungsgeschichte des böhmisch-österreichischen Raumes*, Dissertation, Universität Salzburg.

Peter Stachel

III. Albert Schäffle

Albert Schäffles Gesellschaftstheorie

Die zweite Hälfte des 19. Jahrhunderts war eine turbulente Zeit. Es breitete sich die Industrialisierung über ganz Europa aus; in einer ersten Periode der Globalisierung öffneten sich die Grenzen; Demokratisierungsforderungen prallten gegen die immer noch starke Herrschaft der alten Eliten; die europäischen Mächte verstrickten sich in ihre militärischen Machtspiele; neue soziale Bewegungen erhoben sich gegen die bestehende Ordnung. Es waren Sozialwissenschaftler aus unterschiedlichen Disziplinen, die versuchten, sich über diese verwirrenden Verhältnisse klar zu werden.

Ob im spekulativen, historischen oder positiven Zugang zur Wirklichkeit: Schon in der Auffassung von Auguste Comte sollten alle Wissenschaften zusammenfließen, denn die Gesellschaft wurde als eine Einheit verstanden, die sich denn auch als einheitlicher Zusammenhang entwickeln würde. Bei Herder und Wilhelm von Humboldt kommt die Unterschiedlichkeit der Völker stärker ins Spiel (Völkerpsychologie). Bei Hegel finden wir den Gedanken der vernunftgemäßen Entwicklung der Welt, ebenso wie bei Marx. Eine organische Staatslehre und Gesellschaftswissenschaft lässt sich bei Lorenz von Stein und Robert von Mohl erkennen, noch stärker wird diese Idee bei Paul von Lilienfeld. All diese Entwicklungen und Strömungen bilden den heterogenen Kontext, in dem sich Albert Schäffles (1831–1903) Auffassung von der Gesellschaft als einem Bewusstseinszusammenhang der Individuen entwickelte. Wie, fragte sich Schäffle, kann man die Grunderscheinungen des sozialen Lebens erfassen, ihren Zusammenhang und ihre Einheitlichkeit? Auf der einen Seite haben wir die psychischen Interaktionen der Menschen, auf der anderen Seite die Welt der Güter und Institutionen, die in ihren Funktionen erfasst werden müssen. Es handelt sich also um einen ideellen und einen praktischen Zusammenhang gleichermaßen, aus dem sich das Gewebe einer Gesellschaft ebenso wie deren kausal rekonstruierbare Entwicklungsdynamik ergibt.

Schäffle hat seine »Funktionssysteme« durchaus nicht als feste Wesenheiten (im ontologischen Sinn) verstanden, sondern als elementare Teile, die sich in unterschiedlichen Institutionen finden. So ist beispielsweise das Straßennetz ein Teil der allgemeinen Infrastruktur, hinsichtlich seiner militärischen Funktion aber gehört es in das soziale Schutzsystem, und es ist zugleich Bestandteil des sozialen Organsystems der Technik, ja in gewissem Sinne dient es (in seiner verbindenden Funktion) sogar dem kollektiven Informationssystem. Moderner könnte man sagen: Seine Systeme bestehen nicht aus Entitäten, sondern aus den jeweils systemzugehörigen Aspekten oder Handlungen. Schäffles Denken ist ein organisches, organismisches, organologisches – oder, wenn so man will – systemtheoretisches Denken. Schäffle setzte, wie das in der Zeit durchaus gebräuchlich war, bei der Metapher eines biologischen Körpers an, in dem alle Teile und Organe durch funktionelle, lebensfördernde Beziehungen miteinander verbunden sind: jedes Element an seinem Platz, in Abhängigkeit von anderen. So verhalte sich das auch mit den Gruppen des »sozialen Körpers«. Es handelt sich dabei freilich bloß um eine Analogie, ein Gleichnis, eine Metapher, die allerdings zuweilen (und mitunter böswillig) von Rezipienten als Bekenntnis zu Naturalismus und Biologismus, ja manchmal gar zu Darwinismus oder Rassismus hingestellt worden ist. Gesellschaft ist für Schäffle jedoch in erster Linie eine psychologische Wechsel- und Gesamtbeziehung.

Freilich wissen wir, dass der Begriff des organischen Ganzen, des Volkes, als romantische Kategorie angesehen werden kann, mit Akzentuierungen, die dem Gesellschaftsdenken der Aufklärung entgegengesetzt sind. Das »Volk« wurde (im 19. Jahrhundert, noch mehr jedoch in bestimmten Ideologien des 20. Jahrhunderts) verklärt als eine mystische Ganzheit, als ein alle seine Teile umfassender Lebenszusammenhang. In der Wahrnehmung floss die Metapher von der Gesellschaft als Organismus mit jener vom Volks- oder Staatskörper zusammen – was nun entweder negativ als eine Ganzheitlichkeit gesehen werden konnte, in die sich der Einzelne fügen und der er sich unterordnen muss, oder aber positiv als eine Gemeinschaftlichkeit, in der sich der Einzelne geborgen fühlen kann.

Schäffle war sowohl einem historischen, als auch einem ganzheitlich-gesellschaftlichen und systemtheoretischen Denken gegenüber aufgeschlossen. Eine solche systemische Perspektive muss nicht zwangsläufig zur Vernachlässigung des Individuums oder gar zur Gefährdung seiner Freiheiten führen. Schäffles Entwurf richtet sich primär gegen die Tendenz, gesellschaftliche Prozesse auf individuelle oder individualistische Entscheidungen zu reduzieren. Den Theoretikern des 19. Jahrhunderts war klar, dass Individualismus einerseits Freiheit, andererseits Vereinzelung bedeutet, und in der zweiten Hälfte des 20. Jahrhunderts wurde diese Einsicht auch durch die realen Erfahrungen moderner Gesellschaften bekräftigt. Reichliches historisches Anschauungsmaterial gibt es freilich auch dafür, dass die Ablehnung von Begriffen wie Individuum und Gesellschaft nicht selten im Kontext antidemokratischer Neigungen auftrat – so etwa bei der engen Verknüpfung von Volkstum, Gemeinschaft und Nation – und für einen zuweilen heftigen Nationalismus brauchbar gemacht werden konnte.

Prinzipielle funktionelle Differenzierungen, wie sie mit gesellschaftlichen Teilsystemen verbunden sind, finden sich bei Schäffle konzeptuell in dem erfasst, was er als »Gewebe« bezeichnet: so vor allem in dem Gewebe der Niederlassung, des Transports, des Wohnungs-, Wege- und Verkehrswesens. (Wenn in neueren Studien der Eindruck vermittelt wird, dass in der Soziologie niemals zuvor die Dimension des Raumes gebührend berücksichtigt wurde, in dem sich alle sozialen Ereignisse vollziehen, so hat man Schäffles Beiträge zur Raumordnungstheorie wohl übersehen.) Dazu kommen das Gewebe des Schutzes (vor allem vor schädlichen Einflüssen der Umwelt) und das Gewebe des Haushaltes, d.h. der Wirtschaftsführung oder – wie man in Analogie zu den physiologischen Prozessen eines Organismus sagen könnte – des Stoffwechsels. Weiters stoßen wir auf das Gewebe von Technik (Überwindung von äußeren Hindernissen, die den Ideen der Menschen entgegenstehen) und Machtübung (mit der organischen Analogie des Muskelsystems). Schließlich ist natürlich auch noch das Gewebe der geistigen Arbeit wichtig: Es umfasst Wahrnehmungen und Beobachtungen, Gedanken und Gefühle – und entspricht in der Analogie somit dem Nervensystem. Diese Gewebe beschreiben die hauptsächlichen Differenzierungen bzw. Teilsysteme einer Gesellschaft, aus deren Funktionen sich die »Organsysteme« des äußeren sozialen Lebens ableiten lassen. Dazu kommen die Organsysteme des geistigen sozialen Lebens: Geselligkeit; Bildungs- und Erziehungswesen; Wissenschaft; schöne Kunst; Religion und Kirche; und schließlich die Organsysteme des einheitlichen Wollens und Machens, das politische System.

Hinsichtlich der Entwicklung der menschlichen Gesellschaft hat Schäffle keine Illusionen –sie unterliegt revolutionären (also konflikthaften) Prozessen, in denen sich die der jeweiligen Situation am besten angepassten Individuen und Gruppen durchsetzen. Immerhin wandeln sich Prozesse der Vernichtung und Verdrängung tendenziell zu solchen der Anpassung, des Vertrages und des Wettkampfes. Das bedeutet »Zivilisation« – Konflikte vollziehen sich immer stärker innerhalb des Rahmens von Recht, Moral und Sitte.

Schäffle hat in seinen Lebenserinnerungen sein soziologisches Hauptwerk eher peripher behandelt, sein Hauptinteresse galt der Rekonstruktion der politischen Aktivitäten, an denen er beteiligt war. 1871 entwarf er ein Regierungsprogramm mit stark genossenschaftlich-föderalistischen Zügen, er hatte damit aber keinen Erfolg. Mit den Problemen, mit denen er sich vor allem beschäftigte, haben sich beispielsweise auch Adam Müller (in den *Elementen der Staatskunst*) oder Ferdinand Tönnies (in *Gemeinschaft und Gesellschaft*) auseinandergesetzt. Émile Durkheim las Schäffle, ebenso Georg Simmel. Charles Horton Cooley war von den in seinen Arbeiten vorgefundenen Ideen tief beeindruckt: Das Leben ist ein Ganzes, Gesellschaft und Individuum sind keine Gegensätze, seine Individualität erwirbt der Mensch in der Gesellschaft. Über den engeren Bereich der Soziologie hinaus finden sich Spuren dieses Denkens auch bei Gustav Schmoller und Carl Menger; letzterer übertitelte ein Kapitel seiner *Untersuchungen über die Methode der Socialwissenschaften* »Das organische Verständnis der Sozialerscheinungen« (Menger 1883, S. 139ff.). Und Othmar Spann urteilte über Schäffle: »Der deutschen Soziologie war er ein Unvergleichlicher, Gewaltiger.« (Spann 1904, S. 14)

Menger, Carl (1883): *Untersuchungen über die Methode der Socialwissenschaften und der politischen Oekonomie insbesondere*, Leipzig: Duncker & Humblot.

Schäffle, Albert Eberhard Friedrich (1873): *Das gesellschaftliche System der menschlichen Wirtschaft. Ein Lehr- und Handbuch der ganzen politischen Oekonomie einschließlich der Volkswirthschaftspolitik und Staatswirthschaft* [1867], 2 Bde., 3. Aufl., Tübingen: Laupp.

– (1875–78): *Bau und Leben des socialen Körpers. Encyclopädischer Entwurf einer realen Anatomie, Physiologie und Psychologie der menschlichen Gesellschaft mit besonderer Rücksicht auf die Volkswirthschaft als socialen Stoffwechsel*, 4 Bde., Tübingen: Laupp.

– (1905): *Aus meinem Leben. Mit sechs Bildnissen und einer Briefbeilage*, Berlin: Hofmann.

Spann, Othmar (1904): Albert Schäffle als Soziologe. In: *Zeitschrift für die gesamte Staatswissenschaft / Journal of Institutional and Theoretical Economics* 60 (2), S. 209–225.

Weiterführende Literatur

Backhaus, Jürgen (Hg.) (2010): *Albert Schäffle (1831–1903). The Legacy of an Underestimated Economist*, Frankfurt a. M.: Haag + Herchen.

Manfred Prisching

IV. Valtazar (Baltazar/Baldo) Bogišić

Valtazar Bogišić – ein Pionier der Rechtssoziologie

Valtazar Bogišić (1834–1908) gehörte zu jenen in Österreich geschulten Rechtswissenschaftlern, die – wie Ludwig Gumplowicz (1838–1909), Franz von Liszt (1851–1919) oder Eugen Ehrlich (1862–1922) – in dem durch die Universitätsreform des Grafen Leo Thun-Hohenstein gesetzten Rahmen (vgl. Simon 2007) einen Ausgleich zwischen den Rechts- und Staatswissenschaften, und damit mittelbar auch zwischen normativen und faktischen Diskursen gesucht haben (Zimmermann 1962; Meder 2011). Sein Hauptinteresse galt den Unterschieden der Familienformen (bei den Südslawen; in Stadt und Land; am Kaukasus; in Algerien), der Faktizität der rechtlichen und geschäftlichen Beziehungen sowie dem Verhältnis zwischen Gesetzgebung, Verwaltung und dem, was Bogišić selbst als »lebendes Volksrecht« bezeichnete. Die Anfänge seiner soziologischen Analyse und Datensammlung wurden durch nationale Motive mitbestimmt, jedoch brachten ihn seine empirischen Erkundungen und seine vergleichende Arbeit zu der Einsicht, dass auch die spezifisch nationalen Einrichtungen nur charakteristische Vergesellschaftungsformen darstellen, die prinzipiell überall auf der Welt angetroffen werden können. Er widersprach sohin mit einer soziologischen Analyse der Vorstellung, dass es sich hierbei um die Reste eines im Altertum entstandenen spezifischen »Ethnos« handeln könnte, wie das damals in der Ethnologie, der nationalen Ethnographie und im Fach »Slawische Rechtsgeschichte« allgemein angenommen wurde.

Bogišić gehörte vor der politischen Aufteilung der slawischen Bevölkerung in Dalmatien zur bürgerlich-adeligen, katholischen Elite von Ragusa (Dubrovnik), die ihre nationalen Bestrebungen als Verwirklichung und Vervollkommnung der sprachlichen, anthropologischen und nationalen Ansichten des aus Krain stammenden und in Wien wirkenden Slawisten Bartholomäus Kopitar (1780–1844) und des bedeutenden südslawischen Sprachreformers Vuk Karadžić (1787–1864) angestrebt haben (vgl. Lentze 1964; Tolja 2011). Diese im Vergleich mit den romantischen Inhalten des Historismus in anderen Teilen Europas exzentrische »serbische Romantik« der ersten Hälfte des 19. Jahrhunderts suchte – nicht zuletzt angeregt durch den zeitweiligen »Serbenkult« bei deutschen Autoren wie Jakob Grimm (vgl. Beyer 2011, S. 162ff.) – in den *gegenwärtigen* Zuständen des Volkes ein vorzügliches Stadium zu identifizieren, das der griechischen Klassik oder den Idealen des germanischen Altertums entsprechen würde. Dieser Wertungsrahmen schuf ein Bedürfnis nach der aktiven Aneignung dieser gegenwärtigen Zustände. So wird das Phänomen des »Gewohnheitsrechts« bei Jakob Grimm historisch-philologisch aus den »Rechtsaltertümern«, bei Bogišić empirisch mittels Fragebogen und Exploration erkundet (Breneselović 2016, S. 174–179).

In Bogišić' Antrittsvorlesung, die er 1870 an der Universität von Odessa hielt, ist die Tendenz erkennbar, die Forderung nach einer realistisch-soziologischen Herangehensweise mit Hinweisen auf Rudolf Jhering (1818–1892) und positivistische Autoren wie Henry Thomas Buckle (1821–1862) zu begründen (Bogišić 1870/1962). Jedoch konnte die Bogišić-Forschung mehrfach zeigen, dass Hinweise auf Jhering oder die »Gesetze« des sozialen Lebens offenbar nur als symbolische Belege für die Teilnahme an einem »modernen« Diskurs dienen sollten, wohingegen Bogišić eigenständig Strategien zur tatsächlichen Erfassung von rechtlichen und sozialen Phänomenen entwickelte. Seine Ansätze werden heute als geradezu im Gegensatz zu Jhering stehend interpretiert (besonders Petrak 2016). Bogišić' empirische Arbeiten zeigen sowohl in Bezug auf den Gegenstand (Gesetze des sozialen Lebens vs. tragende Konzepte des lebendigen sozialen Lebens) als auch in Bezug auf die Methode (quantitative Statistik vs. qualitative Exploration) einen deutlich nicht-positivistischen Charakter (vgl. Breneselović 2012, S. 49–58). Es besteht eine auffällige Nähe zu späteren Korrekturen des Positivismus, so u.a. zum Funktionalismus von Bronisław Malinowski (Zimmermann 1962, S. 253ff.), zur kritischen Rechtsvergleichung (Sacco 2014) oder zum symbolischen Interaktionismus (Breneselović 2016, S. 200f.).

Einen strukturierten Zugang zur Erfahrung erlangte Bogišić durch seinen weithin bekannt gewordenen, in Österreich-Ungarn mehrfach verlegten und übersetzten Fragebogen mit 347 (bzw. 352) Punkten, der auf die Erforschung von »Rechtsgewohnheiten« ausgerichtet war (Bogišić 1866; Ehrlich 1989, S. 315, 391f., 420). Die gesammelten Antworten aus dem ganzen Balkanraum führten Bogišić zu der Überzeugung, dass die rechtlichen Einrichtungen vor allem durch lokale Gegebenheiten und langwierige Institutionalisierungsprozesse bedingte Erscheinungen sind, welche den Bedürfnissen der Bevölkerung entsprechen und eher nur zufällig auch auf einer breiten Ebene (wie z.B. der einer Nation oder einer Sprachgruppe) übereinstimmen können (Bogišić 1874). Ehrlich beging freilich den Fehler, Bogišić' Ansatz und Interesse nur anhand des genannten kompakten Fragebogens zu bewerten. Bogišić hatte nämlich bereits in den 1870er Jahren auf dem Kaukasus und in Montenegro mit einem noch umfangreicheren Fragebogen gearbeitet, der über 2.000 Punkte enthielt (Bogišić 1984). Nicht ganz zutreffend ist es auch, wenn Bogišić' empirische Arbeit heute gelegentlich als »Enquete« oder »Umfrage« bezeichnet wird (vgl. Vujošević 1989). Bogišić verwendete seine Fragebögen nämlich als einen Leitfaden (bzw. als »Programm«) für die Durchführung der Exploration. Seine Befragungen waren nicht auf die Ermittlung von Durchschnittswerten aus großen Zahlenreihen ausgerichtet, sondern sie sollten der Erkundung des Stellenwerts und der Auffassung hinsichtlich der einzelnen Rechtseinrichtungen und Geschäfte, die rechtlich erledigt werden müssen, dienen. Dementsprechend bestand sein Hauptziel darin, »Kenner« zu finden, von denen nicht nur erwartet wurde, dass sie über Vorhandenes *berichten,* sondern gegebenenfalls auch das eigene ausgeprägte Rechtsbewusstsein auf die aus der modernen Dogmatik bekannten Fallkonstellationen hin *erproben* (vgl. Zimmermann 1962, S. 161ff.).

Das empirische Interesse und seine faktischen Erkundungen führten Bogišić zu einem ausdrücklich soziologischen Selbstverständnis, das er in seiner Autobiographie mit gängigen, bloß a priori gewonnen Behauptungen und »patriotischen Wunschvorstellungen« über soziale Einrichtungen kontrastierte (Bogišić 2004, S. 447). Während für die vorherrschende (idealisierende) Meinung sowohl slawischer als auch deutscher und englischer Gelehrter die »Zadruga«, der südslawische Mehrfamilienhaushalt, eine Urform slawischer und indogermanischer Familienverbände darstellte, die sich bei den Südslawen in Resten erhalten habe (aber aktuell durch das importierte Konzept der einfachen Kleinfamilie und durch eine schlechte Rechtspolitik verdrängt werde), fand Bogišić durch seine empirischen Untersuchungen heraus, dass Mehr- und Einfamilienhaushalte zufällige Ausprägungen ein und derselben Familienart darstellen. Deshalb könne es immer wieder dazu kommen, dass ein Einfamilienhaushalt zu einer Zadruga erwächst oder eine solche umgekehrt aus jeweils spezifischen inneren, jedoch bereits gewohnheitsrechtlich anerkannten Motiven geteilt wird (Vittorelli 2002, S. 30ff.). Diese »famille rurale« zeichne sich dadurch aus, dass das Familienoberhaupt nicht frei über das Familienvermögen verfügen kann, während für die »famille urbaine« auch bei den Südslawen ähnliche Prinzipien herrschen wie in den Städten Mitteleuropas (Bogišić 1884). Bogišić' Einsichten wurden im Wesentlichen um die Mitte des 20. Jahrhunderts durch die moderne amerikanische Feldforschung im südslawischen Raum bestätigt (Gruber 2011, S. 298f.). In Österreich wurden seine diversen Materialien über die Bevölkerungsstruktur mehrfach in Rahmen der Grazer Tradition der historischen Familienforschung verwertet (vgl. Kaser 1995; Gruber 2011).

Bogišić prägte wichtige, auch für die heutige Rechtssoziologie verwertbare Schlagworte. Bezüglich des internationalen Rechtstransfers kritisierte er bloße »Rechtstransplantate« (Bogišić 1867, S. 234f.). Er unterschied gesetzliche Vorschriften, die nur »auf dem Papier« erscheinen, von solchen, die auch »im Leben« selbst wirken (Bogišić 1877, S. 57), und er sprach von den »règles du droit existant actuellement dans la vie« (Bogišić 1886, S. 5). In seinem Werk finden sich Überlegungen zur Kadi-Justiz, einem Topos, der später einen wichtigen Punkt in Max Webers Rechtssoziologie bilden sollte (Bogišić 1874, S. X). Bogišić gehört aber vor allem auch zu jenen Autoren des 19. Jahrhunderts, die den Quellen mit äußerster Vorsicht begegneten. Das Vorkommen eines Rechtssatzes in einer alten Sammlung der Rechtsgewohnheiten hielt er für keinen hinreichenden Nachweis dafür, dass die entsprechende Gewohnheit auch tatsächlich bestanden habe (vgl. Bogišić 1880, S. 198f., zu seiner Kritik an einschlägigen, aus den »Consuetudines Regni Hungariae« gezogenen Schlüssen). Analog dazu fasst er die gegenwärtige Gesetzgebung auf doppelte Weise als ein normatives Phänomen und als einen sozialen Sachverhalt auf (Bogišić 1874, S. XXXVIIff.). Die normative Geltung (im Sinne eines formalrechtlichen »In-Kraft«-Seins) eines Gesetzes schließt nicht automatisch seine faktische Geltung in Rechtsbeziehungen mit ein. Eine Gesetzgebung, die keine Rücksicht auf die Auffassungen und Wertungen des »populus« nimmt, ist oft zum Scheitern verurteilt. Belegt wird dies mit einigen Beispielen aus der schwedischen, russischen und südslawischen Rechtsgeschichte (Bogišić 1877, S. 57).

Bogišić' *Allgemeines Vermögensgesetzbuch für Montenegro* (erlassen 1888; ins Dt. übers. u. eingel. v. Adalbert Shek 1893) fällt in die große Kodifikationswelle des 19. Jahrhunderts (Mertens 2011). Bogišić ging jedoch bewusst über diesen Rahmen hinaus und erarbeitete die Kodifikation nach seinen neuen rechtssoziologischen Grundsätzen über den Wert der Rechtsauffassungen der Bevölkerung (Sacco 2014; Breneselovic 2016, S. 196–204). Er verfolgte – was durchaus ungewöhnlich war für die damaligen Kodifikationen – offen die Absicht, den Rechtsquellenpluralismus auch nach der Kodifizierung aufrechtzuerhalten (Meder 2017). Einen der von Bogišić vertretenen Hauptgrundsätze bildet der Gedanke, dass »die Anwendung der neuen Materie im Gesetzbuch auf eine Weise erfolgen [muss], dass sie in einer ununterbrochen-lebendigen und unmittelbaren gegenseitigen Verbindung mit dem Leben des Volkes und mit den Regeln steht, die sich aus diesem [Leben] organisch ergeben haben, und die mit ihm in eine Einheit verschmolzen werden, damit man jeden möglichen Dualismus im Recht vermeidet« (Bogišić 1967, S. 44f.; vgl. für alle weiteren Grundsätze Shek 1893, S. XXIXff.). Stark von der Zuneigung für die Ergebnisse und Möglichkeiten der Selbstverwaltung des Volkes geleitet und gleichzeitig sowohl nach einer Modernisierung als auch nach der Bewahrung lokaler Erfahrungen strebend, entwickelte Bogišić ein soziologisch fundiertes Verständnis von Kodifikation und Rechtspolitik, das erst in den letzten 30 Jahren in der Transferforschung und in postkolonialen Diskursen erwogen wird (vgl. Erckenbrecht 2011).

Um 1910 brach in den Rechtswissenschaften der bekannte Streit zwischen Hans Kelsen (Wiener rechtspositivistische Schule) auf der einen, und Eugen Ehrlich, der sich in jener Zeit von der Bukowina aus für die Rechtssoziologie einsetzte, auf der anderen Seite aus. Der Kreis um Kelsen warf Ehrlich dabei vor, er habe auf dem Gebiet der Rechtssoziologie Bogišić als den wichtigsten Vorgänger verschwiegen. Ehrlich begegnete diesem Vorwurf mit dem Hinweis, dass er in frühen Texten Bogišić mehrfach berücksichtigt habe (Rehbinder 2011). Nichtsdestoweniger verdeutlicht dieser Aspekt der Kontroverse, dass Bogišić' Ansätze – obgleich sie allgemein bekannt waren – bereits um 1910 aufgrund sprachlicher Schranken (und vielleicht auch schon aufgrund aufkeimender politischer Vorbehalte) außerhalb des slawischen und serbo-kroatischen Raums weder von Sympathisanten noch von Kritikern der Rechtssoziologie angemessen gewürdigt werden konnten. Ehrlichs Deutung der Vorarbeiten von Bogišić ist teilweise widersprüchlich (vgl. ebd.), und seine Bemerkung, dass dieser – anders als er selbst – in der Forschung kein Interesse an modernen Einrichtungen gezeigt habe, kann als willkürlich bezeichnet werden (Breneselović 2016, S. 186–188).

Im Jahr 1902 wurde Bogišić Präsident des Pariser Institut International de Sociologie. Bereits im ausgehenden 19. Jahrhundert stießen seine Ideen auch außerhalb Europas auf Interesse, so bei der Kodifizierung des Privatrechts in Japan in der Meiji-Epoche (Matsumoto 2018). Im jugoslawischen sowie im heutigen serbischen und montenegrinischen juristischen Narrativ spielte und spielt Bogišić' rechtssoziologischer Zugang eine bedeutende Rolle (Benacchio 1995, S. 151ff.).

Benacchio, Giannantonio (1995): *La circolazione dei modelli giuridici tra gli slavi del Sud* [Die Verbreitung der Rechtsmodelle unter den Südslawen], Padova: Cedam.

Beyer, Barbara (2011): Marko über allen: Anmerkungen zum südslawischen Universalhelden und seinen Funktionalisierungen. In: Reinhard Lauer (Hg.), *Erinnerungskultur in Südosteuropa*, Berlin/Boston: De Gruyter, S. 149–187.

Bogišić, Valtazar (1866): Naputak za opisivanje pravnijeh običaja, koji živu u narodu [Anleitung zur Beschreibung von Rechtsbräuchen, die im Volk lebendig sind]. In: *Književnik* [Der Literat] 3, S. 600–613. (In 2. u. 3. Aufl. als Separatum wieder aufgelegt: Zagreb: Štamp. Dragutina Albrechta 1867.)

– (1867): Spomenik narodnoga običajnoga prava iz XVI vijeka [Ein Denkmal des volkstümlichen Gewohnheitsrechts aus dem 16. Jh.]. In: *Rad Jugoslavenske akademije znanosti i umjetnosti* [Arbeiten der Jugoslawischen Akademie der Wissenschaften und Künste] 1, S. 229–236.

– (1870): Über das wissenschaftliche Studium der Geschichte des slavischen Rechts [Antrittsvorlesung]. In: Zimmermann 1962, S. 386–413.

– (1874): *Zbornik sadašnjih pravnih običaja u južnih Slovena/Collectio consuetudinum juris apud Slavos meridionales etiamnum vigentium* [Sammlung der gegenwärtigen Rechtsgewohnheiten bei den Südslawen], Bd. 1: *Gragja u odgovorima iz različnih krajeva slovenskoga juga* [Material in Antworten aus verschiedenen Gegenden des slawischen Südens], Zagreb: Fr. Župan.

– (1877): [Erwiderung auf:] Jaromír Haněl: Kritički pogled na djela o slavenskom pravu [J.H.: Ein kritischer Blick auf die Werke über das slawische Recht]. In: *Právo* [Das Recht] 5 (Split), S. 33–65, 379–381.

– (1880): По поводу статьи г. Леонтовича [Anlässlich des Aufsatzes von Herrn Leontovyč]. In: *Журналъ министерства народнаго просвѣщенія* [Zeitschrift des Ministeriums für nationale Bildung] 209 (St. Petersburg), S. 179–219.

– (1884): *De la forme dite* inokosna *de la famille rurale chez les Serbes et les Croates* [Über die *inokosna* genannte Familienform bei den ländlichen Familien der Serben und Kroaten], Paris: E. Thorin.

– (1886): *A propos du Code civil du Monténégro* [Zum Bürgerlichen Gesetzbuch von Montenegro], Paris.

– (1888): *Opšti imovinski zakonik za knjaževinu Crnu Goru* [Allgemeines Gesetzbuch über Vermögen für das Fürstenthum Montenegro], Cetinje: u Državnoj Stampariji. (Für die deutsche Ausgabe s. Shek 1893.)

– (1967): *Metod i sistem kodifikacije imovinskog prava u Crnoj Gori* [Methode und System der Kodifizierung des Vermögensrechtes in Montenegro] [ca. 1895], hrsg. von Tomica Nikčević, Beograd: Srpska akademija nauka i umetnosti.

– (1984): *Pravni običaji u Crnoj Gori, Hercegovini i Albaniji. Anketa iz 1873.* [Rechtsgewohnheiten in Montenegro, Herzegowina und Albanien. Die Enquete von 1873], hrsg. von Tomica Nikčević et al., Titograd: Crnogorska akademija nauka i umjetnosti.

– (2004): Autobiographie. Teil VIII [1902]. In: *Valtazar Bogišić: Izabrana djela* [V.B.: Ausgewählte Werke], Bd. 4, Podgorica/Beograd, S. 415–470.

Breneselović, Luka (Hg.) (2011): *Spomenica Valtazara Bogišića. O stogodišnjici njegove smrti 24. apr. 2008. godine/ Gedächtnisschrift für Valtazar Bogišić zur 100. Wiederkehr seines Todestages*, 2 Bde., Beograd: Službeni glasnik.

– (2012): O korenima i razvoju sociološkog i posebno sociološkopravnog interesa kod Bogišića [Zu den Wurzeln und zur Entwicklung des soziologischen und rechtssoziologischen Interesses bei Bogišić]. In: *Sociološki pregled* [Soziologische Rundschau] 46/Sonderheft 1, S. 27–68.

– (2016): Fortführung und Facetten der Savigny-Schule bei ihrem Anhänger Valtazar Bogišić. In: Stephan Meder/Christoph-Eric Mecke (Hgg.), *Savigny global 1814–2014*, Göttingen: Vandenhoeck & Ruprecht, S. 173–205.

Ehrlich, Eugen (1989): *Grundlegung der Soziologie des Rechts* [1913], 4. Aufl., Berlin: Duncker & Humblot.

Erckenbrecht, Corinna (2011): Person – Land – Eigentum: südslawisches, britisches und australisches Recht gegenüber indigenem Aboriginesrecht in Australien. In: Breneselović 2011, Bd. 2, S. 233–280.

Gruber, Siegfried (2011): Der Mehrfamilienhaushalt in Serbien. In: Breneselović 2011, Bd. 2, 295–309.

Lentze, Hans (1964): Werner Zimmermann: Valtazar Bogišić 1834–1908 [Rezension]. In: *Zeitschrift der Savigny-Stiftung für Rechtsgeschichte GA* 81, S. 489–494.

Matsumoto, Emi (2018): Valtazar Bogišić (1834–1908) and Gustave Boissonade (1825–1910): Some Neglected Aspects of Modern Japanese Law. In: *The Aoyama Law Review* 59, S. 1–15.

Meder, Stephan (2011): Valtazar Bogišić und die Historische Rechtsschule. In: Breneselović 2011, Bd. 1, S. 517–537.

– (2017): Gewohnheitsrecht und Gesetzesrecht: Zur Rechtsquellenlehre von Valtazar Bogišić in den Motiven zum montenegrinischen Gesetzbuch. In: Thomas Simon (Hg.), *Konflikt und Koexistenz*, Bd. 2, Frankfurt a.M.: Klostermann, S. 583–599.

Mertens, Bernd (2011): Die Gesetzgebungstechnik im Allgemeinen Gesetzbuch über Vermögen von Montenegro im Verhältnis zu anderen europäischen Zivilrechtskodifikationen. In: Breneselović 2011, Bd. 1, S. 539–555.

Petrak, Marko (2016): Bogišić kao anti-Jhering? [Bogišić als Anti-Jhering?]. In: Budimir P. Košutić (Hg.), *Stvaranje prava. Pravni, ekonomski, sociološki i filosofski aspekti donošenja pravne norme u pravnom sistemu Crne Gore* [Rechtssetzung. Rechtliche, wirtschaftliche, soziologische und philosophische Aspekte beim Erlass einer Rechtsnorm im Rechtssystem Montenegros], Podgorica: Univerzitet Donja Gorica, S. 169–183.

Rehbinder, Manfred (2011). Valtazar Bogišić in der Sicht des Rechtssoziologen Eugen Ehrlich. In: Breneselović 2011, Bd. 1, S. 165–171. Wieder aufgelegt in: Heinz Barta/Michael Ganner/Caroline Voithofer (Hgg.), *Zu Eugen Ehrlichs 150. Geburtstag und 90. Todestag*, Innsbruck: Innsbruck University Press 2013, S. 37–43.

Sacco, Rodolfo (2014): Il codice di Valtazar Bogišić visto da un giurista italiano [Die Kodifikation von V.B. in der Sicht eines italienischen Juristen]. In: Nenad Hlača (Hg.), *Povijest i sadašnjost građanskih kodifikacija* [Geschichte und Gegenwart der Kodifikationen des bürgerlichen Rechts], Rijeka: Pravni fakultet, S. 97–105.

Shek, Adalbert (1893): *Allgemeines Gesetzbuch über Vermögen für das Fürstenthum Montenegro. In*

die deutsche Sprache übertragen und mit einer Einleitung versehen von Adalbert Shek, Obergerichtsrath bei dem Obergerichte für Bosnien und die Herzegovina in Sarajevo, Berlin: C. Heymann.
Simon, Thomas (2007): Die Thun-Hohensteinsche Universitätsreform und die Neuordnung der juristischen Studien- und Prüfungsordnung in Österreich. In: Zoran Pokrovac (Hg.), *Juristenausbildung in Osteuropa bis zum Ersten Weltkrieg*, Frankfurt a.M.: Klostermann, S. 1–36.
Tolja, Nikola (2011): *Dubrovački Srbi katolici* [Die katholischen Serben von Dubrovnik], Dubrovnik [im Eigenverlag].
Vittorelli, Natascha (2002): An »Other« of One's Own: Pre-WWI South Slavic Academic Discourses on the zadruga. In: *Spaces of Identity* 2/3-4, S. 27–43.
Vujošević, Novo (1989): Kritičko promišljanje Bogišićevog metoda anketiranja [Kritische Überlegungen zu Bogišić' Befragungsmethode]. In: *Glasnik Odjeljenja društvenih nauka Crnogorske akademije nauka i umjetnosti* [Mitteilungen der Kommission für Sozialwissenschaften der Montenegrinischen Akademie der Wissenschaften und Künste] 9, S. 97–115.
Zimmermann, Werner G. (1962): *Valtazar Bogišić 1834–1908. Ein Beitrag zur südslavischen Geistes- und Rechtsgeschichte im 19. Jahrhundert*, Wiesbaden: Franz Steiner.

Weiterführende Literatur

Bogišić, Valtazar (2004): *Izabrana djela* [Ausgewählte Werke], 4 Bde., Podgorica: CiD/Beograd: Službeni glasnik.
Hüttl-Hubert, Eva (2012). Das Projekt einer »Austroslawischen Nationalbibliothek« im Schatten der Palatina: Valtazar Bogišić und die »Slovanska Beseda«. In: *Mitteilungen der Gesellschaft für Buchforschung*, S. 25–53.
Kregar, Josip et al. (2011): *Bogišić i kultura sjećanja. Zbornik radova znanstvenog skupa s međunarodnim sudjelovanjem održanog u prigodi stote godišnjice smrti Balda Bogišića* [Bogišić und die Erinnerungskultur. Verhandlungen der wissenschaftlichen Konferenz mit internationaler Beteiligung anlässlich des 100. Todestages von Baldo Bogišić], Zagreb: Leksikografski zavod Miroslav Krleža.
Rašović, Zoran (2017): *Crnogorska služba Valtazara Bogišića* [Valtazar Bogišićs Amt in Montenegro], Podgorica: Crnogorska akademija nauka i umjetnosti.

Luka Breneselović

V. Ágost Pulszky und Gyula Pikler

Ágost Pulszky und Gyula Pikler – wegweisende Vertreter einer soziologischen Rechts- und Staatstheorie

Dieser Beitrag beschäftigt sich mit zwei Autoren, die als maßgebliche Wegbereiter der ungarischen Soziologie anzusehen sind und die sich darüber hinaus auch um die Entwicklung anderer Sozialwissenschaften, insbesondere aber der internationalen Rechts- und Staatswissenschaften verdient gemacht haben: mit Ágost Pulszky de Lubócz et Cselfalva (1846–1901) und seinem Schüler Gyula Pikler (1864–1937), die beide u.a. auch als Mitbegründer einer der wichtigsten sozialwissenschaftlichen Zeitschriften Ungarns in Erscheinung traten, der *Huszadik Század* (*Das Zwanzigste Jahrhundert*). Ihre theoretischen Bemühungen in der soziologischen Analyse der Gesellschaft zeigen des Öfteren überraschend reife Einsichten, mit denen einige der vom »Mainstream« der Soziologie teilweise erst wesentlich später thematisierten Hauptprobleme und theoretischen Annahmen vorweggenommen wurden. Die Wirkung von Pulszkys und Piklers soziologischen Erkenntnissen und Überlegungen blieb dabei keineswegs bloß auf Ungarn beschränkt und erlangte vor allem durch die Vermittlung Karl (Károly) Mannheims auch internationale Anerkennung.

Ágost Pulszky de Lubócz et Cselfalva (1846–1901)

Die an das positivistische Gedankengut Auguste Comtes und Émile Durkheims angelehnten soziologischen Analysen von Ágost Pulszky, die einige Motive von Ferdinand Tönnies' *Gemeinschaft und Gesellschaft* (1887) antizipierten und wie dieses Buch ihren Ausgangspunkt in den Schriften Herbert Spencers haben, lassen sich anhand seines im Jahre 1885 erschienenen Werks *A jog – és állambölcselet alaptanai* (*Grundlehren der Rechts- und Staatsphilosophie*) rekonstruieren.

Pulszkys Buch zerfällt in zwei große Teile. Im ersten Teil wird eine Wissenschafts- und Erkenntnistheorie sowie eine für die Rechtswissenschaft einzuschlagende Methode vorgestellt. Im zweiten Teil wird dann die Gegenüberstellung von Geselligkeit (als der anthropologischen Grundlage des menschlichen Zusammenlebens) und Gesellschaft sowie von Gesellschaft und Staat begrifflich begründet und in ihren historischen Formen und ihrer mutmaßlichen Entwicklung untersucht. Vor diesem Hintergrund werden schließlich auch die als wesentlich erachteten Züge des Rechts dargestellt.

Erkenntnis- und Wissenschaftslehre. Die Rechts- und Staatsphilosophie ist nach Pulszkys Anschauung darum bemüht, eine Theorie »der Gebilde und Regeln des geselligen Zusammenlebens von Menschen« zu liefern, sie ist also eine »Wissenschaft, die die Natur, die Bedeutung und das System der Institutionen menschlicher Gemeinschaften sowie die Gesetze von deren Genese, deren Zusammenhang und deren Ideen her beleuchtet« (Pulszky 1885, S. 3). Wissenschaft ist für Pulszky ein positivistisches Unterfangen, das die Zusammenhänge zwischen den Phänomenen und die ihnen zugrundeliegenden Gesetze zu ergründen versucht. Profunde Kenntnisse lassen sich nur durch eigene oder tradierte Erfahrungen gewinnen, die wiederum auf Zusammenschlüsse von Eindrücken zurückgehen, die vom menschlichen Verstand zu – fehlbaren – Begriffsgruppen zusammengefasst werden. Die Ordnung der Phänomene kann entweder nach subjektiven oder nach sachlich-allgemeinen Maßstäben erfolgen. Subjektive Kategorisierungen haben ihren Grund in individuellen Empfindungen sowie besonderen Umständen und Bewusstseinsleistungen und führen daher nie zu »wahrem« Wissen. Sachlich-allgemeine Ordnungen beruhen demgegenüber darauf, dass identische Phänomene zu gleichen Ergebnissen führen, die sich zu überindividuellen, objektiv-kausalen Zusammenhängen fügen, auf deren Grundlage sich ganze wissenschaftliche Theoriegebäude und Systeme errichten lassen.

Die über das Gebiet der Erfahrung hinausgehenden Bewusstseinsinhalte gehören in den Bereich der Religion und der Philosophie. Diese Grenzziehung Pulszkys zwischen wissenschaftlicher und religiös-metaphysisch-künstlerischer Erkenntnis erinnert an die Überlegungen Auguste Comtes und an die (viel später vorgelegten) Bedeutungstheorien Rudolf Carnaps, nach denen nur solche Aussagen eine wissenschaftlich verwertbare Bedeutung haben, die sich auf singuläre bzw. allgemeine Tatsachen (Comte 1994) oder letztlich auf sogenannte Protokollsätze (Carnap 2004) zurückführen lassen. Obwohl sich in jeder Erkenntnis Spuren von subjektiv gefärbten Vernunftbegriffen finden, sind menschliche Kategorien zugleich als ausdifferenzierte geistige Gestalten der tradierten Erfahrungen unserer Gattung anzusehen (Pulszky 1885, S. 5ff.). Diese Auffassung stellt eine Soziologisierung der Kantischen Kategorienlehre dar.

Alle Sozialwissenschaften zielen nach Pulszky auf die Verwirklichung einer je besonderen Idee, d.h. auf idealisierte und handlungsfördernde Zwecke ab: die Ökonomie verkörpert demnach die Idee der Nützlichkeit, die Ethik die des Guten, die Rechts- und Staatsphilosophie die der Ordnung, und schließlich die Politik die der Zweckmäßigkeit der Institutionen (ebd., S. 31ff.). Pulszky formuliert in diesem Zusammenhang wissenssoziologisch anmutende Bemerkungen. Zunächst behauptet er, dass handlungs- und erkenntnisleitende Ideen Systeme von Bedürfnissen und Interessen konkreter historischer Zeiten ausdrücken, aufgrund derer sie beschrieben werden können: »Aus der Reihenfolge der Ideen sind die Gesetze der Epochen abzulesen. [...] [D]ie Förderung des individuellen Wohlstands geht Hand in Hand mit der Vorbereitung der Ideen der Zukunft« (ebd., S. 27). Die Entstehung von Ideen innerhalb der einzelnen Völker – eine später für die Wissenssoziologie zentrale Frage – ist in Pulszkys Augen auch deshalb von entscheidender Bedeutung, weil sie in gewisser Hinsicht den Fortschritt garantiert, obwohl dessen Entwicklung immer wieder eine neue, unerwartete Richtung nehmen kann. Dieses Theorem kann als eine modifizierte Fassung der Hegel'schen Geschichtsphilosophie gelesen werden. Gut Hegelianisch nimmt Pulszky auch eine aus einzelnen Völkern »herausdestillierte«, auf eine »Logik der Geschichte« hinweisende Wertereihe an, die mit der griechischen Idee der Harmonie anhebt, zur römischen Idee der ordnungsgemäßen Machtausübung fortschreitet, sodann zur heilsgeschichtlichen Idee des Christentums übergeht, um schließlich bei der Idee der nationalen Selbstentfaltung anzukommen. Als eine weitere frühe »wissenssoziologische« Einsicht kann Pulszkys These verstanden werden, nach der die jeweilige Idee der Nation in ihrem Bedeutungsgehalt an der Vergangenheits- oder der Zukunftsorientierung der jeweils diese Idee formulierenden sozialen Schicht abgelesen werden kann. Diese Erkenntnisse weisen eine nicht zu übersehende Ähnlichkeit mit Max Schelers späteren Analysen der »ideologischen« und der »utopischen« Denkweisen niederer bzw. höherer sozialer Klassen auf (vgl. Scheler 1960, S. 171).

Die Erweiterung der Kenntnisse verändert Pulszky zufolge auch die vom forschenden Blick untersuchten Objekte selbst, und die Entwicklung des Bewusstseins bereichert die Handlungsmöglichkeiten der Menschheit. Vor dem Hintergrund dieser Entwicklung kommt es zu fortschreitenden Verdichtungs- und Vernetzungsprozessen zwischen den alltäglichen Verstandesleistungen, den wissenschaftlichen Bemühungen und den Arbeitsanstrengungen des praktischen Lebens. Es sei daher nicht möglich, soziale Phänomene unmittelbar aus der menschlichen Natur zu deduzieren. Vielmehr bedarf es nach Pulszkys Ansicht einer geeigneten Methode, um die sozialen Veränderungen und die Modifikation der individuellen Eigenschaften getrennt voneinander untersuchen zu können. Dabei spielt für ihn die Psychologie eine herausragende Rolle, da die menschliche Psyche als die Grundlage höherer Bewusstseinsinhalte zum einen unmittelbar an physiologische Vorgänge und an subjektive Eindrücke geknüpft ist, und zum anderen einen Doppelcharakter aufweist, indem ihr zugleich eine rezeptive (»widerspiegelnde«) und eine handlungsorientierende Funktion zukommt.

Gesellschaftstheorie. Wie eingangs erwähnt, trifft Pulszky eine Unterscheidung zwischen den Begriffen Geselligkeit und Gesellschaft. Für Menschen wie für die meisten Tierarten stelle das soziale Beisammensein und der »gesellige Instinkt« den Normalfall dar. Aus unbewusst-instinkthaften Interessen und Anlagen sowie aus emotional aufgeladenen Aktivitäten bauen sich *gesellige*, aus reflektierten, zielgerichteten und zweckmäßigen Handlungen hingegen *gesellschaftliche* Beziehungen auf: »Die Gesellschaft entsteht stets aus den unbestimmten Kreisen der Gemeinschaft [...]« (Pulszky 1885, S. 69). Dieses In-Beziehung-Setzen der verschiedenen Lebenskreise erachtet Pulszky als eine wesentliche Leistung der Gesellschaft. Diese Gegenüberstellung von Gemeinschafts- und Gesellschaftsleben kann als eine »Vorahnung« der späteren, begrifflich ähnlichen Unterscheidung bei Tönnies (»Gemeinschaft vs. »Gesellschaft«; »Wesenswille« vs. »Kürwille«) sowie z.B. bei Habermas (»Lebenswelt« vs. »System«) interpretiert werden, mit dem Unterschied, dass bei Pulszky die Höherbewertung der Gemeinschaft und die kritischen

Bedenken gegenüber der Sphäre bzw. der Epoche der »Gesellschaft« (als Neuformulierung des spannungsreichen Verhältnisses von »Kultur« vs. »Zivilisation« u.a. bei Kant, Simmel, Alfred Weber oder Spengler) noch gänzlich fehlen.

Wie später Émile Durkheim in seinem Buch *Über die Teilung der sozialen Arbeit* (Durkheim 1893), richtet auch Pulszky sein Augenmerk auf die Arbeitsteilung als eine der Stützen einer auf der gegenseitigen Abhängigkeit der Gesellschaftsmitglieder basierenden sozialen Ordnung. In den Urgesellschaften, behauptet der Autor, fehlen diese allseitigen Abhängigkeiten, aber es werden zugleich nur sehr wenige Bedürfnisse der Menschen befriedigt. Die Intensivierung der Arbeitsteilung führe zwar zur Vermehrung der Abhängigkeiten unter den Menschen, es könnten jedoch zugleich viel mehr Bedürfnisse von immer mehr Menschen befriedigt werden, was sich durch ein wachsendes Gemeinschaftsgefühl in Form zunehmender Solidarität niederschlage.

Menschliche Begehren unterliegen einem Wandel, von unterdrückten oder nicht eingestandenen Bedürfnissen, die später als triebhafte Neigungen in Erscheinung treten, hin zu bewussten Interessen. Die Gesellschaft könne nur dann als organisches Ganzes bestehen, wenn die sie verbindenden Interessen offen zu Tage treten und dem Anspruch einer Beherrschung der Natur genüge getan wird (vgl. Pulszky 1885, S. 71). Organizistische Vorstellungen haben bei Pulszky jedoch einen anderen Stellenwert als bei Herbert Spencer. Pulszky betont, dass die Begriffe und Theorien der Biologie nicht ohne Weiteres auf gesellschaftliche Phänomene und Prozesse angewendet werden können. Der Begriff des Organischen ähnelt bei ihm der Bedeutung nach dem des Systems. Gesellschaft ist als die Einheit ihrer Teile zu verstehen, wobei jeder Teil mit jedem anderen verwoben ist und jede Störung eines Teils die Funktionstüchtigkeit des Ganzen beeinträchtigt und dieses zur Veränderung zwingt. Die Gesellschaft besteht nicht aus Einzelpersonen, sondern aus zu Gruppen integrierten Individuen, die ein bewusstgewordenes »Lebensinteresse« verfolgen (ebd.).

Eine Analogie zwischen der Entwicklung von primitiven zu höheren Lebewesen und der der menschlichen Gesellschaft, wie sie in jener Zeit von Spencer und seinen Anhängern (Ratzenhofer, Schäffle, Gumplowicz u.a.) behauptet wurde, lässt Pulszky in dem Sinne gelten, dass seines Erachtens die Integration fremder oder neuer Elemente nur im Rahmen der einem Gesellschaftssystem jeweils inhärenten Logik möglich sei (vgl. ebd., S. 73). Anders als die Organe und Glieder von Einzelorganismen sind die verschiedenen Teile der Gesellschaft aber eigenständige Entitäten, und ein gesellschaftliches Bewusstsein kommt nur durch die Leistungen jedes ihrer Mitglieder zustande; daher kommt gerade der Eigeninitiative große Bedeutung zu. Gemeinsame Interessen, geschweige denn ein Allgemeinwille, könnten sich ohne soziale Beziehungen und individuelle Zielvorstellungen niemals herausbilden.

Pulszky verwirft das Konzept des Naturzustandes. Stattdessen geht er davon aus, dass sich in der Gesellschaft eine Reziprozität hinsichtlich jener Erwartungen und Leistungen ihrer Mitglieder einstelle, die die verschiedenen Formen der sozialen Entwicklung –

Wachstum, Verfall und Auflösung – mitbestimmen. Der Vergesellschaftungsprozess fängt mit der Erkenntnis an, dass die primitiven Geselligkeitsformen die neu entstandenen Lebensinteressen nicht mehr zu befriedigen vermögen. Diese Unzufriedenheit führt zunächst zu instinkthaften Handlungen und dann zu Ideenbildungen bei Einzelnen. Um diese gesellschaftlichen Erneuerer sammelt sich ein Kern von Anhängern, die wiederum auf weitere Schichten der Gemeinschaft ausstrahlen. Im Zuge dieses gesellschaftlichen Formierungsprozesses bildet sich letztendlich auch der Staat heraus, der seinen Bestand durch ein gemeinsames Bewusstsein, einen Gemeinwillen und ein zwingendes Recht zu sichern versucht. Elemente des Zwangs werden allmählich durch einen gesellschaftlichen Konsens abgelöst, der sich aus traditioneller Gewöhnung und einem sich verstärkenden inneren Zusammenhalt speist (vgl. ebd., S. 77–80). Die Grenzen zwischen Staat und Gesellschaft verschwimmen bei Pulszky mithin (vgl. Nagy 1993b, S. 22). Charakteristisch für seine Staatsauffassung ist aber auch seine Kritik an dem ungarischen Liberalismus, der, auf dem Boden einer »Laissez-faire«-Haltung stehend, die mittellosen Bauern- und Arbeitermassen ebenso wie die Angehörigen nationaler Minderheiten unbedacht als ohnehin mit gleichen Rechten ausgestattete Bürger betrachte und so ihre spezifischen Leiden schlicht nicht zur Kenntnis nehme (vgl. Pulszky 1885, S. 232, zit. bei Horváth 1974, S. 93).

Gesellschaftlicher Fortschritt lässt sich nach Pulszky an einer erhöhten Organisationsfähigkeit und einem Zuwachs an Wissen sowie an der steten Erweiterung der Interessen ablesen. Die Ordnung der Gesellschaft hängt jedoch nicht vom Grad ihrer Entwicklung und ihrem Organisationsgefüge, sondern von ihren Lebensinteressen ab. Primitive Gesellschaften verfolgen »feurige«, d.h. unmittelbar lebenspraktische Interessen, während sich Hochkulturen durch die Verfolgung komplexerer Interessen und ihre differenzierten Institutionen auszeichnen. Eine etablierte Gesellschaft umfasst zwei soziale Sphären: eine ihr untergeordnete und eine sich erst entwickelnde Teilgesellschaft. Die erstere kann zeitweilig gefördert oder unterdrückt werden und mag in Form von Gemeinden und anderen Gemeinschaften weiterexistieren, während die zweite durch Maßnahmen und Gesetze kontrolliert wird. Die Elite einer unterworfenen Teilgesellschaft kann sich mit der neuen Ordnung vereinigen und so ihre Vorrechte auch weiterhin sichern, wobei der Einfluss und die Möglichkeiten der Intelligenzschicht immer weiter zunehmen.

Jede Gesellschaft – ob monarchisch, aristokratisch oder demokratisch organisiert – wird Pulszky zufolge durch den Lebenskampf mit anderen Gesellschaften bestimmt. Zoltán Horváth, ein ausgewiesener Kenner der hier mit Pulszkys Werk in Betracht stehenden Epoche, verweist darauf, dass sich der Lebenskampf nach Auffassung dieses Autors stets auch auf der Ebene der verschiedenen Rechtssysteme abspielt, und »dass letztendlich denjenigen Rechtsvorschriften der Triumph beschieden ist, die den wesentlichen Voraussetzungen der sozialen Entwicklung entsprechen« (Pulszky 1885, S. 349, zit. bei Horváth 1974, S. 93). Wie Herbert Spencer trifft auch Pulszky (ebenso wie später Bódog Somló) eine Unterscheidung zwischen militärisch und industriell organisierten Gesellschaftstypen. Pulszky nimmt aber auch noch eine feinere Differenzierung der historischen Gesellschaftsformen vor und unterscheidet: 1. auf Blutsverwandtschaft beruhende Gesellschaften; 2. Sippengemeinschaften und Gemeinden; 3. erobernde Gesellschaften; 4. religiös-klerikal dominierte Gesellschaften; 5. nationale bzw. Staatsgesellschaften; 6. durch wirtschaftliche Großinteressen geleitete Formationen; 7. die Interessen der Menschheit und die Bedürfnisse eines universellen Warenverkehrs wahrnehmende Gesellschaften. Die Reihenfolge dieser Typen entspräche zwar grosso modo dem üblichen historischen Verlauf, aber nicht jede Gesellschaft mache alle diese Stadien in ihrer eigenen Entwicklung durch. Zu bedenken ist noch Pulszkys Hinweis, dass mit der Befriedigung aller ökonomischen Bedürfnisse der Menschen bei weitem noch nicht alle Ziele der Menschheit verwirklicht sind. Die Aufgabe bleibt auch weiterhin, alle Menschen an allen wirtschaftlichen und geistigen Reichtümern zu beteiligen. Dieses Ideal geht bei Pulszky jedoch nicht mit der Unterstützung egalitärer Bestrebungen einher: er bestreitet sowohl die Rousseau'sche Idee der Volkssouveränität als auch die Zeitgemäßheit eines allgemeinen Wahlrechts in Ungarn (vgl. Pulszky 1885, S. 220f., sowie Nagy 1993b, S. 26) und bemüht sich stattdessen um einen Lösungsvorschlag zwischen Liberalismus und Sozialismus.

Zu Pulszkys Studenten gehörten u.a. Gyula Pikler und Bódog Somló, aber auch der radikale Oszkár Jászi. Alle Genannten haben zur Gründung der sozialwissenschaftlichen Zeitschrift *Huszadik Század* (*Das zwanzigste Jahrhundert*, 1900–1919) und der Társadalomtudományi Társaság (Sozialwissenschaftliche Gesellschaft, 1901–1919) beigetragen (vgl. dazu die grundlegende Studie von György Litván und László Szűcs aus dem Jahr 1973).

Gyula Pikler (1864–1937)

1892, und damit bereits zwölf Jahre vor dem Erscheinen von Max Webers richtungsweisendem Aufsatz über »Die ›Objektivität‹ sozialwissenschaftlicher und sozialpolitischer Erkenntnis« (1904) veröffentlichte Gyula Pikler sein Buch *Bevezető a jogbölcseletbe* (*Einleitung in die Rechtsphilosophie*), in dem er zahlreiche Argumente für eine »wertfreie« Rechts- und Sozialwissenschaft vorbrachte, ohne jedoch diesen Ausdruck explizit zu verwenden. Wie im Falle Webers (Weber 1988; vgl. Kaesler 1979, S. 183–189) lassen sich auch bei Pikler die theoretischen Argumente von deren außertheoretischen, auf die sozialen, kulturellen und politischen Hintergründe und Motive abzielenden Erklärungen unterscheiden; diese Unterscheidung bildet den Ausgangspunkt der methodologischen Überlegungen des ungarischen Rechtsphilosophen (vgl. Nagy 1993c, S. 44–48).

Eine widersprüchliche Theorie der wertfreien Sozial- und Rechtstheorie. Bereits in seiner Frühschrift über David Ricardo trifft Pikler eine Unterscheidung zwischen deskriptiven und historischen Wissenschaften (vgl. Zsidai 2011). Beide nehmen ihren Ausgang von einzelnen Tatsachen, die sie dann verallgemeinern, was im ersten Fall zur Erkenntnis von Gesetzen und im zweiten zu Typenbildungen führt. Den Überlegungen John Elliot Cairnes' und John Stuart Mills folgend, erwähnt Pikler noch eine dritte Art von Aussagen, mit der versucht wird, Ziele und Pläne zu konzipieren und die zu deren Verwirklichung geeigneten Mittel zu bestimmen, um so den Boden für praktische Lehren abzustecken. Aussagen betreffend die angemessenen Mittel zur Verwirklichung gegebener Zwecke können noch als Teile der Wissenschaft angesehen werden, wohingegen solche, die die Ziele, Werte und Orientierungsrichtungen selbst anzugeben versuchen, im Sinne Piklers mit Sicherheit nicht dazugehören.

In der Vorrede zu seiner *Einleitung in die Rechtsphilosophie* vertritt Pikler die Auffassung, dass ein Wissenschaftler im Rahmen seiner Arbeit sowohl seine politisch-sozialen Interessen und Sympathien als auch seine moralischen und juristischen Überzeugungen zu verbergen hat (vgl. Pikler 1892, S. XVII). Die letzten Wahrheiten – unter ihnen das Rechtsgefühl – seien nämlich mit wissenschaftlichen Mitteln nicht beweisbar, obschon sie als für wahr und unabwendbar gehaltene sowie als gestaltende Faktoren im Geschichtsprozess wirken. Die Frage, die Pikler im Anschluss an diese Feststellung aufwirft, fand später eine ähnliche Formulierung bei Max Weber: Wenn die Wissenschaft die letzten Werte, Ziele und Überzeugungen nicht begründen kann – wozu ist sie dann überhaupt zu gebrauchen? Die von Pikler ausgearbeiteten Antworten zeigen in einigen Punkten wiederum eine gewisse Nähe zu den bekannten Ausführungen Webers. So kann ihm zufolge die Rechtsphilosophie

- gemeinsame Rechtsüberzeugungen aufweisen;
- die darin enthaltenen allgemeine Rechtsprinzipien aufzeigen;
- die Rechtmäßigkeit der für die Verwirklichung von allgemein anerkannten rechtmäßigen Zielen benötigten Mittel belegen; und
- die logische Notwendigkeit der aus den anerkannten Rechtsprinzipien folgenden richtigen Behauptungen feststellen.

Überdies kann die Rechtsphilosophie eine Entscheidung treffen, wenn es unklar ist,

- welche von zwei gegensätzlichen Rechtsmeinungen logisch richtig bzw. falsch ist;
- ob die Rechtsüberzeugungen auf wahren oder falschen Tatsachenkenntnissen beruhen;
- welche der widerstreitenden Rechtsüberzeugungen die besseren Chancen hat, das gesetzte Ziel zu erwirken und
- welches Rechtssystem das Glück und das Wohlergehen der meisten Menschen zu gewährleisten imstande ist. (Nach Zsidai 2011, S. 15)

Pikler zufolge kann die Wissenschaft außerdem darüber Aufschluss geben, welchen Zielen und Rechtsprinzipien welche Mittel und Institutionen am besten entsprechen, und sie vermag zu erhellen, welches Rechtssystem welche Gesellschaftsgruppen bevorzugt. Sie hat auch das Recht, sich bestimmten letzten Werten (eines Zeitalters, einer sozialen Klasse, einer bestimmten Kultur usw.) zu verpflichten und diese öffentlich zu vertreten, sofern sie bereit ist anzuerkennen, dass es auch andere Überzeugungen und Werte in der Welt gibt. Verwässert wird Piklers Entwurf einer wertfreien Wissenschaft jedoch ein wenig durch die Bereitschaft, das Glück der Menschen als einen letzten Wert zu akzeptieren (Pikler 1897, S. 198).

Einsichtstheoretische Erwägungen. Im Entwurf seiner sogenannten »Einsichtstheorie« – eine Variante der kognitivistischen Rechtstheorien, vorgelegt in der Studie *A jog keletkezéséről és fejlődéséről* (*Zur Entstehung und Entwicklung des Rechts*, 1897) – unterscheidet Pikler zwei Seiten an den menschlichen Wünschen, nämlich das voluntaristisch-emotionale Element, in dem sich die Grundbedürfnisse der Menschen kundtun, und das intellektuelle Element, das die Einsicht in die Verwirklichungsmöglichkeiten derselben beinhaltet (vgl. ebd., S. 22). Er bestreitet nicht, dass es auch Wünsche gibt, die allein die erste Dimension berühren, z.B. der Wunsch, dass Zahnschmerzen aufhören mögen, oder die Sehnsucht nach Glück und Geborgenheit oder nach Sinneserlebnissen, Vergnügungen und geselligem Leben. Gegenüber den Vertretern der Historischen Schule der Nationalökonomie (z.B. Karl Knies, Wilhelm Roscher) und den die gesellschaftlichen Prozesse mithilfe der im Grunde unwandelbaren menschlichen Instinkte erklärenden Theoretikern (z.B. Ernst Heinrich Weber, Charles Darwin) vertritt Pikler die Auffassung, dass erstens der Wandel in den Einsichten und Kenntnissen die Bedürfnisse selbst verändert, differenziert und mitgestaltet, und dass zweitens die Menschen oft weder die Gründe noch die Natur ihrer Sehnsüchte richtig erkennen können (ebd., S. 23). Als Rechtswissenschaftler verweist er zudem darauf, dass Veränderungen in den Rechtssystemen als natürliche Folge der Vermehrung des Wissens anzusehen sind (ebd., S. 141). Daher erscheint es nur konsequent, wenn Pikler seine Einsichtstheorie in eine historische Linie mit dem Prozess und der Praxis der Aufklärung stellt und in deren Nähe rückt (ebd., S. 141f.).

Die Hauptthese Piklers lautet, dass der Seelenzustand, aus dem heraus die verschiedenen Völker ihre Rechtssysteme ausbilden, überall derselbe ist, und dass diese überall die Aufgabe haben, die Lebensumstände und die Möglichkeiten zur Befriedigung der Bedürfnisse der Menschen zu verbessern. Aus diesem Grund haben alle Völker in der Geschichte im Wesentlichen ähnliche Institutionen hervorgebracht (ebd., S. 10f.). Doch neben den Möglichkeiten einer Einsicht in die Bedingungen, denen die Bedürfnisbefriedigung unterliegt, zieht Pikler auch Zweckmäßigkeitserwägungen in Betracht: es sei der größere zu erwartende Vorteil, der den Ausschlag gibt und so den sozialen Wandel auf den Weg bringt (ebd., S. 145). Mit diesem Gedankengang kritisiert Pikler zugleich auch die Idee eines absoluten Geistes oder einer logischen Reihe von Volksgeistern Hegel'scher Prägung.

Ein wesentliches Moment in Piklers Argumentation bildet der Hinweis auf den Zwangscharakter des Rechts, den er dahingehend differenziert, dass »[d]er Großteil des

Rechts mit der Zustimmung derer zustande kommt und sich aufrecht erhält, die unter seinem Zwang stehen […]« (ebd., S. 45). Das Recht enthält somit (wie bei Ludwig Gumplowicz) Elemente der Unterwerfung, es zielt aber zugleich auch auf die Zusammenarbeit der Mitglieder einer Gesellschaft ab. Zwang sei deshalb vonnöten, weil die Rechtsvorschriften oft nicht nur den seelischen Anlagen der Menschen widersprechen, sondern auch ihrem wohlverstandenen Eigeninteresse, wie sich dies am Beispiel eines Schuldners leicht demonstrieren lasse (ebd., S. 190). Dennoch ist Pikler der Meinung, dass das Recht die Zusammenarbeit zwischen den Bürgern fördert, was letztendlich auch denjenigen zu Gute kommt, die andernfalls vor ihren Pflichten davonlaufen würden (ebd., S. 193).

Als eine weitere Funktion des Rechts betrachtet Pikler die Lenkung, Milderung und gelegentliche Abwehr der sich aus der Kollision der gegensätzlichen Bedürfnisse, Anliegen, Begierden und Leidenschaften der Menschen ergebenden Spannungen und Situationen. Diese Fähigkeit des Rechtswesens leitet zu Fragen der Gerechtigkeit und der institutionalisierten Rechtsprechung über. Letztere versucht, Bedürfniskollisionen durch von den Bürgern anerkannte Entscheide aufgrund jenes utilitaristischen Prinzips zu schlichten, das darauf abzielt, »dass die größere Not der kleineren weichen und dass das kleinstmögliche Unglück bzw. das größtmögliche Glück erreicht werden soll« (ebd., S. 197f., 206). Nach Piklers Auffassung gehört es zu den Schwächen der modernen Rechtstheorie, dass sie der Gerechtigkeit keinen systematischen Platz zuweist. Erschwert werde diese Tatsache noch durch den Umstand, dass die gängige Rechtstheorie das Recht von irgendeinem unbestimmten »Rechtsgefühl« herleite und nicht aus den Zweckmäßigkeitseinsichten der Menschen erklären will (ebd., S. 207) – und dies obwohl »das Prinzip der Gerechtigkeit nichts anderes ist, als das Prinzip der Zweckmäßigkeit angewendet auf den Fall der Kollision der menschlichen Bedürfnisse« (ebd., S. 214).

Die Einsichtstheorie des Rechts schießt einen Pfeil auch in Richtung jener konservativen Auffassung, die in den bestehenden Institutionen einen von allen Zweckmäßigkeitserwägungen unabhängigen Selbstzweck erblickt und jede auf menschliche Bedürfnisse zurückführbare Veränderung verwirft (ebd., S. 14). Pikler ist der Ansicht, dass die Sakralisierung bestimmter Werte und Institutionen bloß die Last der unaufhaltsamen Veränderungen vermehrt, diese aber nicht aufhalten könne (ebd., S. 141). Dem liberal gesinnten Herbert Spencer wiederum schreibt Pikler die – von ihm entschieden zurückgewiesene – Behauptung zu, dass erst die allmähliche Höherentwicklung der Gefühle und der Sitten die Menschen dazu befähige, bessere Gesetze zu entwerfen und diesen zu gehorchen, und nicht, wie er meint, die Erweiterung ihrer Einsichten aufgrund der fortschreitenden Ausweitung ihrer Kenntnisse – schließlich sei der Mensch ja dasjenige Wesen, das seine Handlungen, Ziele und Bedürfnisse bewusst ausführe (ebd.). Pikler verwirft auch die Spencer'sche Freiheitsauffassung, indem er auf die ungelösten realen Probleme hinweist, die sich aus ihr ergeben. Die abstrakt formulierte, jeder genaueren Auslegung ermangelnde Forderung, dass jeder seine Ziele verfolgen können müsse, solange er damit nicht die gleichen (gleichwertigen) Freiheiten aller anderen beeinträchtigt, könne nie die Ermittlung realer empirischer Befindlichkeiten – und daran anschließend die positivrechtliche Bestimmung von Freiheit bzw. Unfreiheit – ersetzen. Die Spencer'sche Freiheitsauffassung gebe für sich genommen noch keine klare Auskunft darüber, ob z.B. in einem Speisewagen geraucht werden dürfe oder nicht, oder ob man Epidemien durch die Isolierung kranker Mitmenschen vorbeugen dürfe, wenn es unklar ist, ob ihre Duldung dem Gerechtigkeitsanspruch nicht eher gerecht würde, und ob Diebstahl und Raub für alle erlaubt sein sollten oder unter allen Umständen verwerflich sind. Nur aus dem utilitaristischen Prinzip des größtmöglichen Glücks der größtmöglichen Zahl lässt sich Pikler zufolge eine Antwort herleiten (ebd., S. 219f.).

Der klassischen liberalen Gesinnung geradezu entgegengesetzt ist Piklers Meinung, dass für das Recht nicht die Gedanken-, Meinungs-, Mitteilungs- und Religionsfreiheit die obersten Werte und Prinzipien darstellen, sondern die Förderung von »richtigen« und »wahren« Gedanken und Überzeugungen, bzw. die Verhinderung der Verbreitung von »schädlichen« und »falschen« Meinungen (ebd., S. 121). Dabei beruft sich Pikler auf an den Schulen unterrichtete, wissenschaftlich untermauerte Erkenntnisse und allgemein anerkannte Verhaltensnormen, deren Einhaltung im Interesse aller liege. Auf Ablehnung stößt auch die Idee zeitlos geltender Freiheitsrechte (ebd., S. 147), was eine gewisse Wirkung auf das politische Denken von Karl Mannheim und dessen Konzept einer »geplanten Freiheit« ausgeübt haben mag.

Piklers Lehre, der zufolge im Nationalgefühl und in der Orientierung an der Menschheitsidee die gleichen Grundbedürfnisse zum Ausdruck gelangen (nämlich der Wunsch nach einer gemeinsam geteilten Sprache und Kultur, nach Schutz und ökonomischer Prosperität sowie nach der Überwindung des Gefühls des Sinnverlustes angesichts eines als sinnlos erscheinenden Todes) (ebd., S. 37f.), bot in den Kreisen ungarischer Nationalisten einen Anlass zur Empörung. Diese fand darin Ausdruck, dass der Rechtsphilosoph im Jahr 1901 an der Budapester Universität, im Abgeordnetenhaus und in einigen Zeitschriftartikeln der Heimat- und Religionsfeindlichkeit bezichtigt wurde.

Carnap, Rudolf (2004): Überwindung der Metaphysik durch logische Analyse der Sprache [1932]. In: Ders., *Scheinprobleme in der Philosophie und andere metaphysikkritische Schriften*, Hamburg: Felix Meiner, S. 81–110.

Comte, Auguste (1994): *Rede über den Geist des Positivismus* [1844], Hamburg: Felix Meiner.

Durkheim, Émile (1977): *Über die Teilung der sozialen Arbeit* [1893], Frankfurt a.M.: Suhrkamp.

Habermas, Jürgen (1968): *Erkenntnis und Interesse*, Frankfurt a.M.: Suhrkamp.

Horváth, Zoltán (1974): *Magyar századforduló. A második reformnemzedék története 1896–1914*, 2. Aufl., Budapest: Gondolat. (Deutsche Ausgabe: *Die Jahrhundertwende in Ungarn. Geschichte der zweiten Reformgeneration*, Budapest: Corvina 1966.)

Kaesler, Dirk (1979): *Einführung in das Studium Max Webers*, München: C.H. Beck.

Litván, György/László Szűcs (Hgg.) (1973): *A szociológia első magyar műhelye. A Huszadik Század köre* (Die erste Ideenschmiede der ungarischen Soziologie. Der Kreis des um die Zeitschrift

Das zwanzigste Jahrhundert), 2 Bde., Budapest: Gondolat. Hier von Belang: Dies., Bevezetés [Einleitung], Bd. 1, S. 5–46.

Nagy, Endre J. (1993): *Eszme és valóság. Magyar szociológiatörténeti tanulmányok* [Idee und Realität. Studien zur Geschichte der ungarischen Soziologie], Budapest/Szombathely: Pesti Szalon/ Savaria University Press.

– (1993b): Pulszky Ágost társadalom- és államtana [Ágost Pulszky – Gesellschaft und Staat]. In: Nagy 1993, S. 19–31.

– (1993c): Pikler Gyula értékmentes szociológiája [Die wertfreie Soziologie Gyula Piklers]. In: Nagy 1993, S. 33–60.

Pikler, Gyula (1885): *Ricardo. Jelentősége a közgazdaság történetében, érték- és megoszlástana* [Ricardo. Seine Bedeutung für die Geschichte der Nationalökonomie, seine Wert- und Verteilungslehre], Budapest: Magyar Tudományos Akadémia.

– (1892): *Bevezető a jogbölcseletbe* [Einleitung in die Rechtsphilosophie], Budapest: Athenaeum.

– (1897): *A jog keletkezéséről és fejlődéséről* [Zur Entstehung und Entwicklung des Rechts], Budapest: Politzer Zsigmond Könyvkereskedő.

– (1900): *A jótékonyság központosítása* [Die Zentralisierung der Wohltätigkeit], Budapest: Szabadkőműves Páholy.

– (1905): *Az emberi egyesületek és különösen az állam keletkezése és fejlődése* [Die Entstehung und Entwicklung der menschlichen Gemeinschaften, insbesondere des Staates], Budapest: Politzer Zsigmond Könyvkereskedése.

– (1908): *A büntetőjog bölcselete* [Philosophie des Strafrechts], Budapest: Grill Károly Könyvkiadó.

– (1909): *A lélektan alapelvei* [Grundprinzipien der Psychologie], Budapest: Grill Károly Könyvkiadó.

– (1910): A materialista történelmi felfogás legnagyobb hiánya [Der größte Mangel der materialistischen Geschichtsauffassung]. In: *Huszadik Század* 1, S. 123–125. Wieder abgedruckt in: Litván/Szűcs 1973, Bd. 1, S. 283–285.

Pulszky, Ágost (1885): *A jog- és állambölcselet alaptanai* [Grundlehren der Rechts- und Staatsphilosophie], Budapest: Eggenberger-féle Könyvkereskedés. (Englische Ausgabe: *The Theory of Law and Civil Society*, London: T. Fisher Unwin 1888.)

– (1891): *A felekezetek szerepe az államéletben* [Die Rolle der Konfessionen im Staatsleben], Budapest: Hornyánszky Viktor Könyvnyomdája.

– (1901): *A nemzetiségről* [Über die Nationalität], Budapest: Politzer Zsigmond és Fia.

Scheler, Max (1960): *Die Wissensformen und die Gesellschaft. Probleme einer Soziologie des Wissens* [1926], Bern/München: Francke.

Weber, Max (1988): *Gesammelte Aufsätze zur Wissenschaftslehre*, Tübingen: J.C.B. Mohr.

Zsidai, Ágnes (2011): Paradoxonok Pikler értékmentes jogszociológiájában [Die Paradoxien in Piklers wertfreier Rechtssoziologie]. In: *Tolle Lege* 1, S. 1–18.

Gábor Felkai

VI. Ludwik (Ludwig) Gumplowicz

Ludwig Gumplowicz – ein soziologischer Außenseiter

In eine deutschsprachige jüdische Familie in Krakau geboren, ebendort bis zur Mitte seines Lebens als polnischsprachiger Publizist und Anwalt tätig, und dann – bereits zum Protestantismus konvertiert – als deutschsprachiger Soziologe in Graz, verkörpert Ludwig [Ludwik] Gumplowicz (1838–1908) wie kaum ein anderer Gelehrter seiner Zeit die Komplexität des intellektuellen Milieus in der Donaumonarchie. Sein persönlicher Werdegang im habsburgischen Vielvölkerstaat ist auf das Engste mit seiner konfliktzentrierten soziologischen Theorie verbunden, die ihm in den Annalen der Soziologie einen Platz als Begründer der Konfliktsoziologie und als Klassiker seiner Disziplin einbrachte. In dieser wird exemplarisch die wachsende Komplexität sichtbar, die in der k. u. k. Monarchie mit der Integration von neuen in das Geflecht der herkömmlichen Wissenschaften einherging; auch dieser soll in der folgenden Darstellung nachgegangen werden.

Wenngleich eine ausgearbeitete Soziologie bei Gumplowicz erst Mitte der 1880er Jahren mit dem *Grundriß der Soziologie* vorliegt, erlauben es schon Einblicke in sein frühes Schaffen – sei es als Jurist und Publizist in Krakau oder als Privatdozent für Allgemeines Staatsrecht und Verwaltungslehre in Graz –, seine soziologische Entwicklung nachzuvollziehen. Seine sich früh abzeichnenden Interessen beeinflussten mithin sowohl seine akademische Karriere als auch die Ausrichtung seiner Schriften, wie sich das beispielsweise an seinem 1875 erschienenen Buch *Raçe und Staat* zeigt. Gumplowicz kehrte in seinen soziologischen Schriften häufig zu Themen zurück, die ihn bereits in Krakau beschäftigt hatten. Es liegt daher nahe, von einer Kontinuität zu sprechen, obschon er ab 1875 anstelle publizistischer Streitschriften vor allem wissenschaftliche Traktate verfasste (die jedoch ihrerseits mitunter durchaus streitbar waren).

Als Sohn des deutschsprachigen polnischen Patrioten und reformierten Juden Abraham Gumplowicz erlebte Ludwik bereits als Student die ethnischen und konfessionellen Konflikte in Galizien. Diese prägten sein frühes publizistisches Werk, das im Umfeld der fortschrittlichen galizischen jüdischen Reformbewegung entstand. Aus mehreren Perspektiven beleuchtete Gumplowicz vor allem die Frage, wie die Juden ein Teil der polnischen Nation werden könnten, wobei er davon ausging, dass mit dem Liquidierung des polnischen Staates die kulturellen und ethnischen Merkmale für die Identitätsbestimmung wichtiger geworden seien als dies zuvor die für entscheidend angesehene staatsbürgerliche Zuordnung war. Somit behandelte er bereits in seinen frühen Schriften das, was er später als ethnische »Amalgamierung« bezeichnete (vgl. z. B. Gumplowicz 1905b). Die Vorbedingung zur sozialen Integration der Juden schien ihm auf deren Seite vor allem das Erlernen der polnischen Sprache und die Hebung der Bildung zu sein, während auf Seiten der katholischen Mehrheit die rechtliche und konfessionelle Anerkennung und Gleichberechtigung der Juden unerlässlich sei. Ungefähr zur gleichen Zeit – also in den 1860er Jahren – verfasste Gumplowicz als Praktikant im Niederösterreichischen Handelsgericht in Wien Berichte über die Hauptstadt der Habsburgermonarchie, die er durch das Prisma des Konflikts zwischen der deutschen und der slawischen Kultur betrachtete. Er verwies auf den Dualismus zwischen Staat und Nation und kritisierte die großdeutsche Wiener Bürokratie, die die kulturelle Diversität des Staates nicht anerkenne und angesichts der nicht-deutschen Bevölkerungsmehrheit zum Scheitern verurteilt sei, obwohl sie die richtige Methode zur Schaffung einer Habsburgischen Nation anwende, nämlich die Förderung der Bildung.

In seiner Grazer Zeit (die 1875 begann) äußerte sich Gumplowicz sehr negativ zu Krakau, das er als eine katholisch-konservative Stadt ansah und nie mehr wiederzusehen wünschte. Diese Sicht war das Ergebnis mehrerer persönlicher Misserfolge: es gelang ihm nicht, sich als liberaler Politiker zu etablieren, seine journalistischen Projekte schlugen fehl, vor allem aber wurde ihm eine wissenschaftliche Karriere an der Jagiellonen-Universität verwehrt. Hier hatte er 1868 um eine Habilitation in allgemeiner Rechtsgeschichte angesucht und dazu eine rechtshistorische Skizze zum Letzten Willen (Gumplowicz 1864) sowie eine Monographie zur polnischen Judengesetzgebung (Gumplowicz 1867) eingereicht. Beide Bücher waren nicht nur sachliche Darstellungen der jeweiligen historischen Entwicklungen, sondern sind auch als politische Texte zu lesen. In der Schrift von 1864 plädierte Gumplowicz dafür, Testamente abzuschaffen und einen bindenden rechtlichen Rahmen zu finden, der die Familie und vor allem die Nation begünstigen sollte. Obwohl er es nicht explizit ausspricht, klingt hier seine Ablehnung der damals gängigen Praxis der kirchlichen Einmischung durch. Fast schon offen antiklerikal fiel Gumplowicz' Analyse der polnischen Judengesetzgebung aus, in der er die polnische Geschichte als die eines Konflikts zwischen dem König, dem Sejm (der historisch aus Vertretern des Adels bestehenden Volksversammlung) und der Kirche betrachtete und den Beginn der Diskriminierung der Juden (wie auch den des allgemeinen gesellschaftlichen Zerfalls) in der Zeit verortete, in der die auf das Bürgertum gestützte Kirche de facto zur rechtsgebenden Macht aufstieg. Mit dieser Argumentation machte sich Gumplowicz angreifbar: Die Habilitationsgutachter monierten, dass er die Quellen im Lichte seines Antiklerikalismus lese und die Arbeit daher nicht den wissenschaftlichen Standards entspreche. Trotz wiederholter Rekurse beim Ministerium wurde das Habilitationsgesuch abgelehnt.

Eine universitäre Karriere blieb Gumplowicz also zunächst verwehrt. Stattdessen machte er sich einen Namen als progressiver Publizist und politisch aktiver Jurist. In letzterer Funktion engagierte er sich mehrmals in politisch brisanten Verfahren und verteidigte zum Beispiel den Herausgeber einer polnischsprachigen Zeitschrift, der wegen nationaler Agitation vor Gericht gestellt wurde. Neben seiner Tätigkeit als Anwalt (die ihn schon einmal als Vertreter der beklagten Seite in einem Verleumdungsverfahren in

Opposition zum Krakauer Bürgermeister, dem bedeutenden Mediziner Józef [Joseph] Dietl, brachte) wirkte Gumplowicz auch im Krakauer Stadtrat, wo er sich vor allem in Bildungsangelegenheiten hervortat.

Gumplowicz' publizistische Karriere ist eng mit der liberal-antiklerikalen Zeitschrift *Kraj* (*Das Land*) verbunden, die 1869 von Fürst Adam Stanisław Sapieha, dem »Roten Prinzen«, gegründet wurde, um der in Krakau tonangebenden konservativen Zeitung *Czas* (*Die Zeit*) Paroli zu bieten. Einige Monate nach der Gründung übernahm Gumplowicz zusammen mit Alfred Szczepański die Leitung der Zeitschrift, die er bis 1873 innehatte. Diese versammelte eine Reihe liberaler Autoren, von denen Gumplowicz viele aus seiner Jugend kannte. Zudem war *Kraj* das Hauptmedium der galizischen Positivisten und Darwinisten und unterhielt überdies einen Verlag, in dem die Schriften progressiver Denker veröffentlicht wurden; vornehmlich waren dies Übersetzungen von Autoren wie Charles Darwin, Ernst Haeckel, Wilhelm Wundt oder der Religions- und Sprachwissenschaftler Friedrich Max Müller (Lechicki 1974, S. 177f.). Neben Artikeln, die die für die liberale Presse so zentralen Themen wie die Bildung oder den Ruf nach der Abschaffung kirchlicher und adeliger Privilegien behandelten, erschienen in der Zeitschrift *Kraj* auch regelmäßig ungezeichnete – wohl vom leitenden Redakteur geschriebene –, darwinistisch angehauchte Analysen der zentraleuropäischen Nationalitätenkonflikte, die grosso modo darauf hinausliefen, dass die Einverleibung »kulturell unterentwickelter Völker« durch »zivilisatorisch entwickelte« durchaus legitim sei. Sowohl beim Deutsch-Polnischen als auch beim Polnisch-Ruthenischen Konflikt handle es sich freilich um den »Daseinskampf« bereits entwickelter Völker, in dem es für alle Konfliktparteien unerlässlich sei, die Bildung und den Fortschritt aller Schichten der Gesellschaft nach Kräften zu fördern (Surman/Mozetič 2010, S. 33–39). Ein weiteres Thema, das bereits in der Zeitschrift diskutiert und später von Gumplowicz wieder aufgegriffen wurde – und zwar in seinem Buch *Soziologie und Politik* (Leipzig 1902) –, war Russlands Platz in Europa und vor allem die Rolle der nichtrussischen Slawen als Beschützer der europäischen Werte vor der kulturell distinkten russischen Kultur.

Die genauen Gründe für Gumplowicz' Weggang nach Graz sind nicht bekannt, allerdings scheinen hier die Möglichkeit einer akademischen Karriere und die Unterstützung Gustav Demelius', seines früheren Lehrers in Krakau, den entscheidenden Anstoß gegeben zu haben. Als er im Februar 1876 seinen Habilitationsantrag an der Grazer Karl-Franzens-Universität einreichte, hatte er sein Habilitationsfach bereits von Staatsphilosophie und Rechtsgeschichte auf Allgemeines Staatsrecht geändert. Die Habilitationsschrift behandelte Robert von Mohl als Rechts- und Staatsphilosophen. Obgleich Gumplowicz bereits in diesen Jahren in seinen Schriften soziologische Gesichtspunkte aufgriff, widmete er sich diesem Fach eingehender erst nach seiner Berufung zum Extraordinarius für Allgemeines Staatsrecht und Verwaltungslehre 1882 sowohl in der Lehre wie auch in seinen Veröffentlichungen. 1893 erhielt er ein Ordinariat für das Fach Verwaltungslehre und österreichisches Verwaltungsrecht. Gumplowicz' akademischer Werdegang spiegelt somit das Los der Soziologie an den Universitäten des Habsburgerreiches wider: Auch wenn es Forscher gab, die sich dem Fach verschrieben, hatte das auf die akademische Struktur bis 1918 so gut wie keinen Einfluss. Gelehrte, die sich als Soziologen verstanden, mussten – ähnlich wie etwa auch im Deutschen Reich – in benachbarten Fächern eine Anstellung suchen.

Das 1873 verfasste und zwei Jahre später veröffentlichte Büchlein *Raçe und Staat* steht am Anfang von Gumplowicz' Tätigkeit als Soziologe. Die theoretischen Grundbausteine des Buches werden in seinem Œuvre immer wieder diskutiert, obwohl Gumplowicz sich mit einigem zeitlichen Abstand über diese Schrift selbst eher kritisch äußerte. Zu den auch später wieder aufgegriffenen Konzepten gehören u.a. die sogenannten »Rassengegensätze« und der »Rassenkampf« als Grundlage sozialer Prozesse, der Staat als zivilisatorische und nationsbildende Instanz, deren Wirkung auf der Beherrschung einer Rasse durch eine andere beruht, sowie die Rolle der Amalgamierung, d.h. die Vermittlung und Aussöhnung der Rassengegensätze zum Wohl der involvierten, ethnisch oder kulturell geschiedenen Gruppen (vgl. z.B. Gumplowicz 1875, S. 55f.). Im Buch von 1875 findet sich auch die Idee des Polygenismus (d.h. der Entstehung der Menschheit aus mehreren Ursprüngen), die einem biologischen Rassenverständnis entspringt – eine Vorstellung, die Gumplowicz allerdings in den darauffolgenden Publikationen wieder infrage stellte. Unschwer lassen sich auch hier Kontinuitäten zu seinen noch in Krakau publizierten positivistischen und assimilatorischen Schriften erkennen. Die Konzepte des Staates und der Nation unterlagen jedoch einer Veränderung und entsprachen dann nicht mehr dem damaligen polnisch-patriotischen Ethos.

Bevor Gumplowicz dezidiert soziologische Werke publizierte, erschien noch eine Reihe von Schriften, die den von ihm gewählten akademischen Weg repräsentieren: *Philosophisches Staatsrecht* (1877), *Das Recht der Nationalitäten und Sprachen in Österreich-Ungarn* (1879), *Rechtsstaat und Sozialismus* (1881) und schließlich *Verwaltungslehre mit besonderer Berücksichtigung des österreichischen Verwaltungsrechts* (1882). Auch wenn Soziologisches hier nur peripher vorkommt, erlauben es diese Monographien, gleich mehrere Schritte der Entwicklung von Gumplowicz' soziologischem Denken nachzuvollziehen. Bereits in der ersten der hier genannten Publikationen bezieht er sich auf Comtes Wissenschaftsverständnis und drückt seine Überzeugung aus, dass für ein adäquates Verständnis der Gesellschaft weder eine rein individualistische noch eine rein naturalistische Sicht (im Sinne Albert Schäffles und Paul Lilienfelds) ausreiche, sondern nur eine »realistische« Betrachtung dies zu leisten vermöge, die die Spezifika sozialer Erscheinungen mithilfe naturwissenschaftlicher Methoden beurteilt (Gumplowicz 1877, S. 194). Er kritisiert in diesem Zusammenhang auch den Idealismus, der als Methode die wahre Natur der Dinge verkenne und deshalb der realistischen Verfahrensweise der positivistischen Methoden weichen müsse, allen voran jener der Induktion. Gumplowicz beschreibt hier auch bereits den »sozialen Inhalt des Staates«, der aus »Gefüge[n] von Stämmen, Ständen und Classen« bestehe (ebd., S. 29). Die Begriffe »Stamm« und

»Rasse« verwendet Gumplowicz übrigens synonym. Auch die Ideen des Primats des Staates über die Nation und der Amalgamierung finden sich in diesem Werk wieder.

Der Frage des Verhältnisses von Nationalitäten und Stämmen gegenüber dem Staat ist das Buch über *Das Recht der Nationalitäten und Sprachen in Österreich-Ungarn* von 1879 gewidmet. Wie in früheren Schriften hebt Gumplowicz auch hier die zivilisatorische und kulturbildende Rolle des Staatswesens hervor. Er unterscheidet kulturell entwickelte Nationen von kulturlosen Stämmen, die es auch in der Habsburgermonarchie noch immer gebe, die jedoch im weiteren Verlauf des kulturellen Daseinskampfes unweigerlich unterliegen und infolgedessen mit anderen Nationen amalgamieren würden. Optimistisch beschreibt Gumplowicz eine polyglotte, multinationale Monarchie der Zukunft, in der jedoch nur die bedeutenderen Kultursprachen überdauern würden.

In der Schrift *Rechtsstaat und Sozialismus* von 1881 taucht mit Begriff des »Syngenismus« eine Idee auf, die zu einem wichtigen Element von Gumplowicz' Soziologie werden sollte. Der Terminus Syngenismus bezeichnet das Zusammengehörigkeits- oder Wir-Gefühl sozialer Gruppen und ist als das Ergebnis von historischen Eroberungs- und Amalgamierungsprozessen zu verstehen. Nach Gumplowicz' Auffassung käme es im sozialen Prozess der Staatenbildung somit nicht auf die »›Triebe‹ des Einzelnen, nicht auf des Einzelnen ›Drang nach Herrschaft‹ [...] an [...]. Aber immer und überall, in Geschichte und im Leben des Staates sind es die Triebe und die ihnen entsprechenden Bewegungen und Handlungen der *syngenetischen Gruppen* und *Vielheiten*, die thatsächlich die Schicksale der Staaten bestimmen, auf dieselben entscheidenden Einfluss nehmen. [...] Triebe dieser syngenetischen Gemeinschaften können als Ausgangspunkte von Staatsbildungen in Betracht kommen. [...] Diese *Herrschsucht* [der syngenetischen Gemeinschaften], die nach Besitz nur als einem Mittel der Herrschaft strebt, ist in der That die treibende Kraft, die Staaten gründet, erhält und zertrümmert.« (Gumplowicz 1881, S. 154)

Da Gumplowicz die Grundlagen des Staates auch weiterhin an der Dynamik von Gruppenkonflikten und unterschiedlichen kulturellen Entwicklungen festmachte, waren die Gleichheit und Freiheit der Menschen utopische Werte für ihn. Die Herrschaft der Eliten betrachtete er als den Sollzustand, denn ein allgemeines Wahlrecht öffne nur »das Feld für den Kampf der Minoritäten miteinander, die sich der Majorität [...] wie der Figuren am Schachbrett bedienen, um den Kampf um Herrschaft auszufechten und entscheiden zu lassen« (ebd., S. 249). Dieser Einwand verweist auch auf den Kern seiner Kritik an Karl Marx: Da das Naturgesetz des sozialen Konfliktes auch im Sozialismus und im Kommunismus unverändert in Geltung bleibe, sei die von Marx imaginierte ideale Gesellschaft zwangsläufig utopisch. Marx betrachtet den Konflikt zwar ebenfalls als die Grundlage der Sozialprozesse, aber eben nur der vergangenen wie der gegenwärtigen; insbesondere kritisiert Gumplowicz freilich, dass Marx die Rolle des Kapitals überbewerte. Er fordert daher, die marxistischen Revolutionsthesen durch eine Theorie zu ersetzen, »die die menschliche Entwicklung der Wahrheit gemäß ›von der Wiege der Gewalt‹ ausgehen lässt, sodann aber die stetige Abnahme der Gewalt als Factors der Entwicklung und die stetig wachsende Humanität in den Verhältnissen der Menschen wahrheitgemäss *constatirt* und daraus den vollständigen Sieg der letzteren und das Verschwinden der ersteren als Merkmal dieser Entwicklung hinstellt« (ebd., S. 428f.).

Dem Kompendium über die Verwaltungslehre aus dem Jahr 1882 folgten – just zum Zeitpunkt von Gumplowicz' Berufung zum Extraordinarius in Graz – zwei Monographien, die den Begriff »Soziologie« im Titel führten: *Der Rassenkampf. Sociologische Untersuchungen* (1883) sowie *Grundriß der Sociologie* (1885). Auszüge dieser Bücher veröffentlichte er in jenen Jahren auch in Warschau in polnischer Sprache, was ihm die Anerkennung der dortigen positivistischen Kreise eintrug. Diese noch in mehrere weitere Sprachen übersetzten Publikationen bildeten den Grundstein seiner Popularität als Soziologe, die von Tokio über Moskau bis nach Chicago reichte.

Ein Begriff, der die Gumplowicz-Rezeption nachhaltig prägte und ihm unter späteren Autoren gelegentlich den Ruf einbrachte, ein Sozialdarwinist oder gar ein »Rassenkundler« oder »Rassologe« (frz. *raciologue*) zu sein, war der des »Rassenkampfes«. Mit diesem Terminus bezeichnete Gumplowicz »die Kämpfe der verschiedensten und mannigfaltigsten heterogenen ethnischen und socialen Einheiten, Gruppen und Gemeinschaften *die das Wesen des Geschichtsprozesses ausmachen*« (Gumplowicz 1883, S. 194). Doch auch wenn es in der Vergangenheit »reine«, homogene Rassen im biologischen Sinne gegeben habe – ihre ursprüngliche Existenz ergibt sich für den Autor aus dem Grundsatz des Polygenismus –, so könne in der Gegenwart davon keine Rede mehr sein. Die moderne Rasse »ist ein *geschichtlicher Begriff*; [...] [sie ist eine] durch die sociale Entwicklung entstandene Einheit [...], die ihren Ausgangspunkt [...] in geistigen Momenten (Sprache, Religion, Sitte, Recht, Cultur etc.) findet und erst von da aus zu dem mächtigsten physischen Momente, zu dem wahrhaften Kitt[,] der sie zusammenhält, zu der Einheit des Blutes gelangt.« (Ebd., S. 193f.) Im Anfang ist es somit der Syngenismus, das Wir-Gefühl einer sozialen Gruppe, der diese zu einer Rasse zusammenschweißt (ebd., S. 240). Wenngleich Rassen also keine historisch konstanten biologischen Einheiten bilden, bedeutet dies nicht, dass die Biologie für Gumplowicz keine Rolle spielt: das zentrale Merkmal einer Rasse ist für ihn die Blutsverwandtschaft, die auch durch Unterwerfung und Amalgamierung entstehen konnte (ebd., S. 254–257). Es bestehen somit durchaus einige Berührungspunkte zur Rassentheorie, aber Gumplowicz' Ansichten sind von jenen der Ideologen der »reinen Rassen« wie etwa Georges Vacher de Lapouge oder Houston Stewart Chamberlain letztlich doch recht weit entfernt. Mit der Zeit distanzierte sich Gumplowicz daher auch zunehmend von dem immer stärker biologistisch gewendeten Rassenbegriff seiner Zeitgenossen und attestierte vor allem deutschen Sozialwissenschaftlern eine nationalistische Verzerrung der Rassenlehre. Wichtig ist es auch anzumerken, dass sich in der Erörterung der Frage des »Blutes« und des »Blutverkehrs« die galizische Erfahrung Gumplowicz' widerspiegelt – die ethnische Vermischung, vor allem durch interkonfessionelle Ehen, begriff er bereits in frühen Jahren als die unabdingbare Voraussetzung der jüdischen Assimilation und Akkulturation (vgl. z.B. Gumplowicz, Brief an Philipp Mansch 1859).

Die Soziologie ist für Gumplowicz allerdings nicht nur die Lehre von der Gegenwart und der Zukunft der Staaten, sondern sie nimmt – da die sozialen Vorgänge im Verlauf der Geschichte seines Erachtens nach wesensgleich bleiben (Gumplowicz 1883, S. 185) – auch die Gestalt einer realistischen Geschichtsphilosophie an, die sich jedoch von der Hegelianischen unterscheidet. Die von Gumplowicz formulierten »Naturgesetze« beanspruchen Gültigkeit von der vorgeschichtlichen Zeit bis in die Zukunft: lediglich die Formen ihrer Verwirklichung, wie z.B. die Mittel des Rassenkampfes, würden sich ändern. Im *Rassenkampf* argumentiert Gumplowicz aber noch nicht dezidiert deterministisch und bezeichnet die Frage der Willensfreiheit als ein noch offenes Problem. Dennoch spricht er schon damals von »festen« Elemente in der Geschichte, die den »ewigen, ehernen Gesetzen« folgen, nämlich den »ethnischen und socialen Gruppen«, da nur diese »berechenbar« seien; folglich sollten die Gruppen auch die Analyseeinheit der neuen Wissenschaft bilden (ebd., S. 37).

Der ewige Gruppenkonflikt oder Rassenkampf führe zu sich wiederholenden Prozessen der Eroberung, der Beherrschung, der Amalgamierung und der Ausbildung syngenischer Gruppen: Gumplowicz nennt diesen iterierenden Verlauf der Geschichte einen »Assimilierungsprozess des Heterogenen«. Dieser Prozess ist aber nicht mit einem konstanten oder gar linearen Fortschritt gleichzusetzen. Fortschrittliche – wie auch rückläufige – Entwicklungen gibt es für ihn nur im Einzelnen oder in einzelnen Perioden; in der Geschichte gebe es hingegen einen fortwährenden Kreislauf: »einen *Anfang* der Entwicklung, einen Höhepunct, und nothwendigerweise einst den *Verfall.*« Es sei also bloß der jeweilige »Ethnocentrismus« der Völker und Nationen, der »die Anschauung des Fortschritts« erzeuge, »weil sich jedes Volk und jede Zeit für besser hält, als alle andern Völker und alle frühern Zeiten« (ebd., S. 353). Die Soziologie sei in diesem Sinne die – mitunter fruchtlos erscheinende – Lehre »von einem *ewigen Kampf ohne Fortschritt*« (ebd.). Gleichwohl seien ihre Erkenntnisse überaus bedeutsam, denn soziologisches Wissen könne z.B. dazu beitragen, dass das Handeln der politischen Führer an die realen Gegebenheiten angepasst wird, wodurch »vieles Leid [...] den Völkern erlassen werden« könnte (ebd., S. 354).

Das zwei Jahre später – 1885 – erschienene Buch *Grundriß der Sociologie* baut diese realistische Lehre von der Gesellschaft weiter aus. Wie schon im Buch *Rassenkampf* wird auch hier das Gebiet der neuen Wissenschaft der Soziologie abgesteckt, das weder durch individualistische bzw. psychologische noch durch biologische Erklärungen erschlossen werden könne: »Der größte Irrtum der individualistischen Psychologie ist die Annahme: der Mensch denke. [...] was im Menschen denkt, das ist gar nicht er – sondern seine soziale Gemeinschaft, die Quelle seines Denkens liegt gar nicht in ihm, sondern in dem sozialen Medium, in dem er lebt, in der sozialen Atmosphäre, in der er atmet, und *er kann nicht anders denken als so*, wie es aus den in seinem Hirn sich konzentrierenden Einflüssen der ihn umgebenden sozialen Umwelt mit Notwendigkeit sich ergibt.« (Gumplowicz 1885, S. 167) Dieses berühmte Zitat, in dem in der zweiten Auflage von 1905 das Wort »Medium« durch den Begriff »Umwelt« ersetzt wurde, belegt die Intensität von Gumplowicz' Antiindividualismus, der in seinen früheren Schriften noch nicht so ausgeprägt war, ihn aber hier bis zur Annahme der sozialen Determiniertheit der Wahrnehmung bzw. des Geschmacks führt. Diese Ansicht brachte ihm gleichermaßen Kritik wie Anerkennung ein – so bezog sich etwa Wilhelm Jerusalem auf ihn, und auch Ludwik Fleck (der Gumplowicz durch die Rezeption Jerusalems kannte) rekurrierte bei der Begründung seiner Wissenssoziologie genau auf die hier zitierte Passage.

Ein zentrales Thema, das Gumplowicz im *Grundriß* ausführt, ist das der sozialen Dynamik. Diese stelle sich immer dann ein, wenn zwei heterogene Gruppen aufeinanderstoßen, denn nur infolge solcher Begegnungen schlage die den jeweiligen Gruppen innewohnende Statik in einen dynamischen sozialen Prozess um, der eigenen Regeln gehorche. In diesem Zusammenhang diskutiert Gumplowicz eine Reihe von Gesetzen, die zwar – wie das der Kausalität oder jenes der Wesensgleichheit der Kräfte – allgemeiner Natur sind, sich im »Erscheinungsgebiet« des Sozialen aber auf jeweils eigene Weise manifestieren. In der zweiten Auflage seines *Grundrisses* (1905) sollte er schließlich ergänzen, dass die Aufgabe der Soziologie darin bestehe, »nachzuweisen, daß jene allgemeinen Gesetze auf die sozialen Erscheinungen ihre Anwendung finden; ferner, welche speziell sozialen Verhältnisse und Formen jene allgemeinen Gesetze auf sozialem Gebiete erzeugen und welche besonderen *sozialen Gesetze* und Normen sich aus jenen allgemeinen Gesetzen für das soziale Gebiet ergeben.« (Gumplowicz 1905a, S. 124)

Wichtig für das Verständnis der Gumplowicz'schen Soziologie ist zudem die Frage der Forschungsmethoden. Die neue Disziplin versteht er als eine interpretative Wissenschaft, die auf die gesammelten Daten der deskriptiven Disziplinen zurückgreift; zu diesen zählte Gumplowicz etwa die Anthropologie, die Ethnologie oder die Prähistorie (Gumplowicz 1885, S. 231). Die z.B. von Paul Lilienfeld, Iakov Novikov oder René Worms unternommenen Versuche, eine »›organische‹ Methode« zur Grundlage der Soziologie zu machen, weist er (in der 2. Auflage des Werks) hingegen explizit zurück (Gumplowicz 1905a, S. 169–173). Die »soziologische Methode« müsse nämlich – wie in den Naturwissenschaften – »selbstverständlich eine induktive sein«, die »sich zur Erklärung sozialer Erscheinungen eben auf soziale Tatsachen stütz«. Im Rahmen dieser Methode könnten Forscher freilich »bald historisch, bald ethnologisch vorgehen« (ebd., S. 172).

Nach 1885 gab es kaum mehr Änderungen in Gumplowicz' soziologischen Grundauffassungen – die späteren Schriften wie auch die überarbeiteten Neuauflagen präzisierten lediglich seine Aussagen, diskutierten neuere Literatur oder weiteten seine Theorien auf neue Gebiete aus, wie das etwa bei seinem Buch über *Sociologie und Politik* der Fall war, das u.a. die gegenwärtige europäische Politik aus dem Blick der Soziologie analysierte (Gumplowicz 1892, S. 103–135).

Ein besonderes Anliegen war Gumplowicz die Verbreitung und Popularisierung der Soziologie, sowohl in wissenschaftlichen Kreisen wie auch in der interessierten Öffentlichkeit. Einschlägige Abhandlungen erschienen zunächst auf Deutsch und Polnisch; die polnischsprachigen Schriften wurden allerdings nicht in Galizien veröffentlicht, sondern in den Zeitschriften der Warschauer positivistischen Bewegung, in der vor allem die Rezeption Herbert Spencers eine wichtige Rolle spielte. Obwohl Gumplowicz in diesen Warschauer Kreisen durchaus Anerkennung genoss (wovon beispielsweise die Einbeziehung seiner Artikel in Festschriften zeugt, die Aleksander Świętochowski, dem »Papst des Warschauer Positivismus«, und Eliza Orzeszkowa, der wichtigsten positivistischen Schriftstellerin Polens, gewidmeten waren), setzte nach der Veröffentlichung seines Buches *System Socyologii* (1887), das Elemente aus dem *Rassenkampf* und dem *Grundriß* versammelte, in seinem polnischsprachigem Schaffen eine Pause ein.

In der Zeit bis zu seiner Berufung zum Ordinarius für Verwaltungslehre und Österreichisches Verwaltungsrecht in Graz im Jahr 1893 verfasste Gumplowicz kaum noch soziologische Artikel, sondern konzentrierte sich – wohl aus Karrieregründen – auf das Staatsrecht. Nachdem er die Professur angetreten hatte, kehrte er umgehend zur Soziologie zurück, und zwar sowohl mit an ein breites intellektuelles Publikum gerichteten deutschsprachigen Artikeln als auch mit Veröffentlichungen in französischer und italienischer Sprache, mit denen er die internationale soziologische Gemeinschaft bediente. Die inhaltliche Abwendung von seiner Kollegenschaft der deutschsprachigen Staatsrechtler dürfte ihm nicht allzu schwer gefallen sein, denn er sah sich in einer akademischen Außenseiterposition und focht zahlreiche Konflikte aus, von denen besonders die Kontroverse mit Edmund Bernatzik über die Beziehung von Recht und Staat in Erinnerung geblieben ist.

Im Hinblick auf Gumplowicz' internationale Vernetzung sind seine Kontakte mit René Worms hervorzuheben, einem heute weitgehend vergessenen Denker, der aber um die Jahrhundertwende von Paris aus einer der einflussreichsten Organisatoren soziologischer Netzwerke war. Worms setzte sich für die Übersetzungen von Gumplowicz' Schriften ins Französische ein und lud ihn zur Mitarbeit in seiner Zeitschrift *Revue Internationale de Sociologie* und in dem ebenfalls von ihm begründeten Institut International de Sociologie (IIS) ein. In der *Revue* veröffentlichte Gumplowicz sowohl soziologische Aufsätze als auch populär ausgerichtete Beschreibungen des gegenwärtigen Zustandes der Habsburgermonarchie. Obwohl Gumplowicz nicht persönlich an den Sitzungen des IIS teilnahm, wurden seine Referate dort vorgelesen und intensiv diskutiert. In Anerkennung seiner Verdienste nominierte ihn Worms 1909 zum Präsidenten, was er allerdings mit dem Verweis auf sein Alter und die von seinen Schriften hervorgerufenen Kontroversen ablehnte.

Auf eine mitunter geradezu väterlich-freundschaftliche Art setzte sich Gumplowicz für Forscher ein, die er als Anhänger seiner eigenen Theorien ansah. Dies waren vor allem der österreichische Offizier Gustav Ratzenhofer, der als soziologischer Autodidakt ein ausgewiesener Vertreter des Monismus war, der italienische Soziologe und Statistiker Franco Savorgnan sowie der Warschauer Historiker Jan Karol Kochanowski. Kochanowski (1869–1949) erreichte dank Gumplowicz, der für ihn eine deutsche Übersetzung seines Buches *Echa prawieku i błyskawice praw dziejowych na tle teraźniejszości* (1910, auf Dt. bereits 1906 publ. als *Urzeitklänge und Wetterleuchten geschichtlicher Gesetze in den Ereignissen der Gegenwart*) besorgte und sich auch im IIS für ihn verwendete, sowohl im polnischen als auch im deutschen Sprachraum eine gewisse Bekanntheit (dies gilt zumal für das nach 1918 wieder unabhängige Polen, fungierte Kochanowski doch auch als Parlamentsabgeordneter und Rektor der Universität Warschau). Obwohl Gumplowicz die genannten Autoren häufig und in mehreren Sprachen rezensierte und bei jeder Gelegenheit anerkennend erwähnte, ist es dennoch offensichtlich, dass er nicht alle ihre Ansichten teilte. Ähnliches gilt für das Verhältnis zu seinen Grazer Anhängern, die anlässlich seines 70. Geburtstags, also im Jahr 1908, die Soziologische Gesellschaft in Graz gründeten. Mit der Gründung dieser Gesellschaft, der – nach der 1907 gegründeten Soziologischen Gesellschaft in Wien – zweitältesten Gesellschaft dieser Art im deutschen Sprachraum (Müller 1989), tritt Gumplowicz' Rolle als Vermittler zwischen einer naturwissenschaftlich orientierten Soziologie und einer noch idealistisch geprägten älteren Gesellschafts- und Staatswissenschaft noch deutlicher hervor.

In seinem letzten Lebensabschnitt war Gumplowicz' Karriere auf das Engste mit seiner familiären Situation verbunden. Als sein Sohn Władysław, ein anarchistisch-sozialistischer Aktivist und Redakteur der Berliner Zeitschrift *Der Sozialist*, im Jahr 1894 wegen antistaatlicher Agitation zu zwei Jahren Gefängnis verurteilt wurde, wurde die Kriminologie zu einem wichtigen Thema seiner Schriften; auch der Kriminalanthropologie schrieb er erheblichen Wert zu (vgl. z.B. Gumplowicz 1895). Seiner soziologischen Theorie entsprechend unterstrich Gumplowicz den Einfluss des Milieus auf die Ausbildung einer Täterpersönlichkeit und deren Neigung, Straftaten zu begehen. Aus dieser Perspektive kritisierte er die von ihm oft als zu streng empfundenen Gesetze, die zu drakonischen Strafen führten und in allzu eklatantem Widerspruch zu dem allen Menschen innewohnenden Freiheitsdrang stünden, darüber hinaus aber auch die gesamte Last der gesellschaftlichen Mitverantwortung für die Straftat dem straffällig gewordenen Individuum aufbürden würden. Den gravierenderen Einschnitt für Gumplowicz bedeutete aber der Tod seines jüngeren Sohnes Maksymilian (der in Österreich und in seinen deutschsprachigen Veröffentlichungen als »Max Gumplowicz« firmierte), der 1897 aus unerwiderter Liebe zur Dichterin Maria Konopnicka Selbstmord beging. Postum bearbeitete Gumplowicz Maksymilians Schriften zur älteren polnischen Geschichte und gab sie in deutscher wie auch in polnischer Sprache heraus. Dieser Beschäftigung entsprangen wiederum einige eigene Publikationen zum Verhältnis zwischen Geschichtswissenschaft und Soziologie, in denen er die Historiographie wegen ihrer Konzentration auf die großen Individuen vehement kritisierte. In den neueren kultur- und wirtschaftsgeschichtlichen Zugängen, wie sie etwa Karl Lamprecht angeregt hatte, sah er hingegen wertvolle Fortschritte in der Richtung eines soziologischen Verständnisses der Geschichte. Weitere Schicksalsschläge zwangen Gumplowicz schließlich zum Rückzug ins Privatleben: Nachdem seine Frau Franziska 1907 an schwarzem Star (Amaurose) erblindet war, beendete er seine Lehrtätigkeit an der Universität Graz. Ihm selbst wird noch im gleichen Jahr ein Karzinom an der Zunge diagnostiziert. Infolge der Verschlechterung seines Zustands, der die Pflege seiner Frau unmöglich machte, begingen die Eheleute in beiderseitigem Einverständnis am 19. August 1909 Selbstmord durch die Einnahme von Zyankali.

Wenn in diesem Aufsatz vor allem Gumplowicz' Bedeutung als »Netzwerker« betont wurde, dann aus dem Grund, dass seiner Soziologie kein langfristiger Erfolg beschieden war. Vielleicht ahnte er dieses Schicksal schon selbst voraus, als er noch 1909 René Worms nicht ohne eine gewisse Ironie schrieb, dass die neuen Soziologen die Solidarität dem ewigen Kampf vorzögen (Worms 1909). Einer der Gründe, weshalb er keinen über seinen Tod hinaus bestehenden Einfluss erlangen konnte, liegt wohl in der Verwendung des Begriffs der Rasse,

dessen biologische Konnotation er zwar – wie andere einschlägige Konzepte auch – im Laufe seiner Karriere verwarf, an dem er aber – als terminus technicus – nichtsdestoweniger auch in der revidierten zweiten Auflage seines Buches über den *Rassenkampf* festhielt, das im Anhang auch die diesbezüglich besonders stark überarbeitete Version seiner älteren Schrift *Raçe und Staat* aufs Neue zugänglich machte. Bereits am Ende des 19. Jahrhunderts war »Rasse« ein nur mehr in der Anthropologie ohne Vorbehalte gebrauchter Begriff, dem die Soziologen eher skeptisch gegenüberstanden. Auch wenn Gumplowicz »Rasse« nicht in einem rein biologischen Sinn verstand, ließen sich seine Aussagen leicht missverstehen; vor allem aber wurde er aufgrund seiner Terminologie verstärkt von Anthropologen rezipiert: so beispielsweise vom Paul Broca-Schüler Paul Topinard, der zwar mehrere Ähnlichkeiten zwischen seinem und Gumplowicz' Ansatz feststellte, aber doch ein grundsätzlich unterschiedliches Rassenverständnis konstatierte (Topinard 1900, S. 570–572). Es ist schwer vorstellbar, dass Topinard Gumplowicz rezipiert hätte, wenn dieser nicht den Rassenbegriff so prominent in den Titel seines Buches gestellt hätte. In den Lexika unserer Zeit wird Gumplowicz oft als biologistisch argumentierender Autor oder gar als Sozialdarwinist geführt, wobei er dennoch in der Regel als Begründer der Konfliktsoziologie gewürdigt wird.

Von der im Allgemeinen durch den Rassenbegriff bestimmten Rezeption Gumplowicz' bildeten die oben genannten Kochanowski, Ratzenhofer oder Savorgnan, die die gesamte Bandbreite seines soziologischen Schaffens würdigten, eine Ausnahme. In Deutschland schätzte der Anthropologe und Zoologe Ludwig Woltmann den Grazer Autor sehr und bemühte sich um dessen Mitarbeit in der *Politisch-anthropologischem Revue*; diese Wertschätzung beruhte freilich nicht unbedingt auf Gegenseitigkeit, denn Gumplowicz kritisierte Woltmann für dessen Überbewertung des Einflusses biologischer Faktoren auf das soziale Leben. In Brasilien bezeichnete sich der prominente Schriftsteller und

Journalist Euclides da Cunha als Gumplowicz-Schüler und übernahm von diesem die auf ethnische Gruppen bezogene Sicht auf soziale Prozesse und den pessimistischen Grundton (Santos 2002). Vor allem war aber Franz Oppenheimer von Gumplowicz beeinflusst und bezeichnete dessen Buch *Die sociologische Staatsidee* als Vorbild für seine Staatstheorie, wobei Oppenheimer allerdings den Individuen mehr Macht zuschrieb und auch Gumplowicz' Pessimismus nicht teilte (Haselbach 1990). Einige Bedeutung hatte Gumplowicz auch für mittelost- und südosteuropäische (Proto-)Soziologen. Bogumil Vošnjak (Slowenien) und Jan Peisker (Böhmen), Gusztáv Beksics (Ungarn) oder Aurel C. Popovici (Banat/Rumänien) diskutierten Gumplowicz' Überlegungen zu Fragen des Nationalismus und der nationalen Identität eingehend und übernahmen Elemente seiner Theorien in ihr Werk. Es gibt zudem eine Reihe weiterer Autoren, die Gumplowicz' Werke positiv rezipierten und manche seiner Begriffe übernahmen – doch eine entscheidende Prägung lässt sich bei ihnen nicht wirklich konstatieren.

Gumplowicz' Verdienste um die Verbreitung der Soziologie sind jedenfalls nicht unbeträchtlich, waren seine Schriften – allen voran sein *Grundriß* – doch die ersten im deutschen Sprachraum, die explizit den Namen der neuen Fachrichtung im Titel führten und so zu ihrer Verbreitung beitrugen. Gumplowicz setzte sich auch vehement dafür ein, die Soziologie von anderen Disziplinen abzugrenzen und ihr einen eigenen Untersuchungsgegenstand zuzuweisen. Durch Übersetzungen erreichten seine Werke schon früh die USA, Russland und Japan und verhalfen der jungen Wissenschaft so zu einiger Aufmerksamkeit. In Frankreich genoss Gumplowicz als Teil der Worms'schen »soziologischen Internationale« große Anerkennung, seine Ansichten riefen dort jedoch mehr kritische als positive Stimmen hervor. Auf große Wertschätzung traf Gumplowicz auch bei den frühen Vertretern der Soziologie in den USA, so etwa bei Albion Woodbury Small und Lester Frank Ward. Geringer war der Zuspruch – sieht man von Robert Michels ab (vgl. Genett 2008, Kap. VI) – im deutschen Sprachraum. Dennoch bleibt hier Gumplowicz sowohl als »Netzwerker«, der die Soziologie maßgeblich mit initiierte und popularisierte, wie auch als Referenzfigur, die man oftmals besprach, um sich von ihr abzugrenzen, eine Persönlichkeit von großer wissenschaftshistorischer Bedeutung.

Genett, Tim (2008): *Der Fremde im Kriege. Zur politischen Theorie und Biografie von Robert Michels 1876–1936*, Berlin: Akademie Verlag.

Gumplowicz, Ludwig [Ludwik] (1859): Brief an Philipp Mansch, 28.Oktober 1859 (= Archivale der National Library of Israel, Department of Archives, Schwadron Autograph Collection).

– (1864): *Wola ostatnia w rozwoju dziejowym i umiejętnym. Rys prawiniczo-historyczny* [Der letzte Wille in seiner historischen und wissenschaftlichen Entwicklung. Juristisch-historische Skizze], Kraków: Drukarnia Uniwersytetu Jagiellońskiego.

– (1867): *Prawodawstwo polskie względem Żydów* [Polnische Judengesetzgebung], Kraków: J.M. Himmelblau.

– (1875): *Raçe und Staat. Eine Untersuchung über das Gesetz der Staatenbildung*, Wien: Manz.

– (1877): *Philosophisches Staatsrecht*, Wien: Manz.

– (1881): *Rechtsstaat und Socialismus*, Innsbruck: Wagner.
– (1883): *Der Rassenkampf. Sociologische Untersuchungen*, Innsbruck: Wagner.
– (1885): *Grundriß der Soziologie*, Wien: Manz.
– (1887): *System Socyologii* [System der Soziologie], Warszawa: Spółka nakładowa.
– (1892): *Sociologie und Politik*, Leipzig: Duncker & Humblot
– (1895): Kriminalanthropologie und Kriminalsoziologie. In: *Die Zukunft* 3/12, S. 407–411.
– (1905a): *Grundriß der Soziologie*, 2., durchgesehene und vermehrte Aufl. [1885], Wien: Manz.
– (1905b): *Geschichte der Staatstheorien*, Innsbruck: Wagner.
– (1910): *Sozialphilosophie im Umriss*, Innsbruck: Wagner.
Haselbach, Dieter (1990): Die Staatstheorie von Ludwig Gumplowicz und ihre Weiterentwicklung bei Franz Oppenheimer und Alexander Rüstow. In: *Österreichische Zeitschrift für Soziologie* 1, S. 84–99.
Lechicki, Czesław (1975): *Krakowski »Kraj«: 1869–1874* [Das Krakauer »Land«: 1869–1874], Wrocław: Zakład Narodowy im. Ossolińskich.
Müller, Reinhard (1989): Vergessene Geburtshelfer. Zur Geschichte der Soziologischen Gesellschaft in Graz (1908–1935). In: *Newsletter: Archiv für die Geschichte der Soziologie in Österreich* 3 (November 1989), S. 3–25.
Santos, Sales Augusto dos (2002): Historical Roots of the «Whitening" of Brazil. In: *Latin American Perspectives* 29/1, S. 61–82.
Surman, Jan/Gerald Mozetič (2010): Ludwik Gumplowicz i jego socjologia [Ludwik Gumplowicz und seine Soziologie]. In: Dies. (Hgg.), *Dwa życia Ludwika Gumplowicza: wybór* [Die zwei Leben des Ludwig Gumplowicz: Ausgewählte Schriften], Warszawa: Oficyna Naukowa, S. 9–84.
Topinard, Paul (1900): *L'anthropologie et la science sociale*, Paris: Masson.
Worms, René (1909): Louis Gumplowicz [Nachruf]. In: *Revue Internationale de Sociologie* 13/10, S. 689–693.

Weiterführende Literatur

Adamek, Wojciech/Janusz Radwan-Praglowski (2006): Ludwik Gumplowicz: A Forgotten Classic of European Sociology. In: *Journal of Classical Sociology* 6, S. 381–387.
Boßdorf, Peter (2003): *Ludwig Gumplowicz als materialistischer Staatssoziologe. Eine Untersuchung zur Ideengeschichte der Soziologie*, Dissertation, Universität Bonn.
Brix, Emil (Hg.) (1997): *Ludwig Gumplowicz oder die Gesellschaft als Natur*, Wien: Böhlau.
Kozińska-Witt, Hanna (1999): Ludwig Gumplowicz's Programme for the Improvement of the Jewish Situation. In: *Polin* 12, S. 73–78.

Jan Surman

VII. Gustav Ratzenhofer

Gustav Ratzenhofer – Eine politische Soziologie aus Österreich

Gustav Ratzenhofer (1842–1904) war wissenschaftlicher Autodidakt. Er wurde als erstes Kind des Uhrmachermeisters Johann Ratzenhofer geboren, seit 1838 Wiener Bürger und Inhaber eines Geschäfts in der Habsburgergasse. Nach dem frühen Tod des Vaters im Oktober 1859 rückte Gustav freiwillig als Kadett-Gemeiner zur Armee ein. Er diente sich in den folgenden Jahren zum Oberleutnant hoch und erreichte im Jahr 1868 die Aufnahme in die Wiener Kriegsschule. Nach deren Abschluss dem Generalstab zugeteilt, begann sich Ratzenhofer als Militärschriftsteller einen Namen zu machen. Er diente in den folgenden Jahren in Garnisonen in verschiedenen Teilen der Monarchie, bis er als Feldmarschallleutnant und Präsident des Militärobergerichts in Wien seine Karriere beschloss (1901 pensioniert).

Als bürgerlicher Aufsteiger war Ratzenhofer tief vom österreichischen Liberalismus geprägt. Die Ideale der Märztage waren seine politische Heimat, in den leistungs- und aufstiegsorientierten Bereichen Wirtschaft, Kunst und Wissenschaft fand er seine Leitwerte. Vor allem für letztere hatte er sich seit seinen Zwanzigern begeistert; im Selbststudium eignete er sich populäre Werke der Kulturgeschichtsschreibung und der aufstrebenden Naturwissenschaften an. An der Kriegsschule, die im Zuge der Reform der Heeresorganisation nach 1866 auch moderne Wissenschaften integrierte, wurde diese Neigung weiter genährt.

Zur Charakterisierung von Ratzenhofers Denken kann als erste Annäherung der von Endre Kiss (1986) vorgeschlagene Terminus »zweite Aufklärung« dienen. Diese – und mit ihr Ratzenhofer – teilte mit der »ersten« Aufklärung das wissenschaftliche Pathos und die Forderung nach einer »Rehabilitation der Sinnlichkeit« (Panajotis Kondylis). Man setzte die konkrete, erfahrbare Realität den »Lügen« des »Culturmenschen« und der Kirche entgegen. Geprägt von der österreichischen Version des Liberalismus vertrat man einen eudämonistischen Humanismus, primär vertrauend auf den Fortschritt und die Arbeit der Kultivierung. Gegen jeden Obskurantismus oder Utopismus hielt man sich an ein Ethos der Wissenschaftlichkeit und Objektivität, das in positiven Fakten seinen »unleugbaren« Halt behauptete.

Gemäß dieser positivistischen Orientierung entwickelte sich Ratzenhofers soziologisches Denken zum einen aus der Philosophie der französischen Aufklärung, zum anderen aus dem englischen Empirismus. Zu Ratzenhofers Gewährsleuten zählten in den 1870er Jahren John Stuart Mill, Adam Smith, Montesquieu, der Historiker Henry Thomas Buckle sowie die Vertreter der zur Jahrhundertmitte in Österreich äußerst populären »Kulturgeschichtsschreibung«. Im Kontext dieser Ideen hatte Ratzenhofer die wesentlichen Fragestellungen und Konturen einer naturalistischen Sozialtheorie entwickelt, die sich bis zuletzt, wenn auch in je verschiedenem Gewand, durch sein Werk ziehen sollten.

Eine zweite Prägung erfuhr Ratzenhofers Denken durch die politischen Probleme seiner Zeit, die insbesondere seine frühen, praktisch orientierten Schriften motivierten. Der entscheidende Moment seiner Politisierung dürfte der Krieg von 1866 gewesen sein, in dessen Folge er zu einer prononciert »österreichischen« Position fand, die er zehn Jahre später in seiner zweibändigen Denkschrift *Im Donaureich* (unter dem Pseudonym Gustav Renehr) vortragen sollte. Dieses Buch zeugt vom Ringen um eine Überwindung der Zerrissenheit zwischen staatsbürgerlicher und soldatischer Habsburgertreue und aufgrund des Nationalitätenkonflikts forcierter Loyalität zum »Deutschen«. Ratzenhofers Antwort, verdichtet in der Bezeichnung »Donaureich«, war ein Reich im Zeichen einer säkularen »Kulturmission« (Hugo Ball), die als universal und deutsch zugleich verstanden werden konnte. Das ausgedehnte und uneinheitliche Siedlungsgebiet der Deutschösterreicher ließ sich ins Positive wenden, wenn man diese als eigentliche Träger des Reichs und seiner weit in den Südosten reichenden Kultivierungsaufgabe deutete. – Deshalb auch die Verehrung für Joseph II. und seinen Versuch, im Zeichen der Aufklärung eine Einheit des »Reichs der Deutschen« und »Österreichs« herzustellen.

Im September des Jahres 1879 wurde Gustav Ratzenhofer vom kriegsgeschichtlichen Büro in die Generalstabsabteilung der 32. Infanterie-Truppen-Division nach Budapest versetzt. Hier vertiefte sich der junge Hauptmann zur Vorbereitung für seine Stabsoffiziersprüfung in das Studium der Strategie und Taktik. Für seine geschichtstheoretische und später soziologische Theoriebildung bedeutete diese engere kriegswissenschaftliche Forschung eine folgenreiche Perspektivenverschiebung. Im Mittelpunkt seines Denkens stehen seither die Begriffe »Kraft« und »Kampf«. So skizzierte er bereits auf den ersten Seiten seines Buches *Die Staatswehr*, das 1881 bei Cotta in Stuttgart erschienen war, jene »Lehre vom Kampfe«, die noch in seinem Hauptwerk *Wesen und Zweck der Politik* (1893) die Grundstruktur seiner politischen und historischen Theorie ausmachen würde.

In *Wesen und Zweck der Politik* wurde Ratzenhofer erstmals im engeren Sinn zum Soziologen. Anders als in *Im Donaureich* und auch in der Geschichtstheorie seiner *Staatswehr* waren es nicht mehr Völker, Nationen und Staaten, die als Ganzheiten Subjekte einer Kulturgeschichte waren, sondern der Staat erschien als Herrschaftsverhältnis, auf dessen »Rechtsboden« sich Politik als Kampf organisierter »Interessen« vollziehe. »Interessen« wurden zum Gegenstand einer soziologisierten »Lehre vom Kampf«, die jetzt als Lehre vom »Wesen« der Politik reformuliert ist. Politik definierte Ratzenhofer (1893, Bd. 2, S. 253) über die »Notwendigkeit zum Kampf« um Einfluss und Macht; Politik finde überall dort statt, wo Gruppen versuchen, ihre Interessen gegenüber anderen strategisch durchzusetzen.

Mit dem Begriff des Interesses hatte Ratzenhofer die Perspektive des Kampfes in seine Soziologie übertragen. Er definierte zwar Gesellschaft allgemein als soziale Wechselbeziehungen – geistige, kulturelle, politische, gesellige, ökonomische usw. –, doch konstituierte er die Gegenstände seiner Analyse ausgehend von einem vorausgesetzten Antagonismus als einzelne, gegenüber anderen abgegrenzte und in latentem Konflikt befindliche Einheiten. Zunächst seien es nomadisierende Horden gewesen, die einander umgingen oder bekämpften, später bildeten sich im Zuge von Unterwerfungen größere Einheiten mit immer differenzierterer Binnengliederung, es entstanden Staaten, Kulturkreise und potentiell eine weltumspannende Gesellschaft als Netz sozialer Beziehungen zwischen, über, neben und unter den Staaten (Ratzenhofer 1893, Bd. 2, S. 253ff.). In diesem komplexen Beziehungsgeflecht isoliert der Soziologe eine Reihe von »Gesellschaftsindividualitäten« als deren elementare Gegenstände, mit denen er fortan arbeitet. Der Begriff des »Interesses«, den er objektiv, gleichsam als Naturkraft versteht, meint die Substanz dieser Grundelemente. Die empirisch beobachtbaren sozialen Gruppen und Gliederungen sowie letztlich auch die politischen Parteien und ihre Aktionen verhalten sich zu ihr wie die Äußerungen zur Kraft.

Zwei Autoren waren prägend für die Entwicklung dieses Gesellschaftsbegriffs: Robert von Mohl (1799–1875) und Ludwig Gumplowicz (1838–1909). Gumplowicz war der erste gewesen, der im deutschen Sprachraum das Wort »Sociologie« für seine Lehre beansprucht hatte; an ihr konnte Ratzenhofer unmittelbar anschließen, fand er hier doch sowohl eine naturalistische Geschichtstheorie vor als auch eine soziologische Lehre vom Daseinskampf. Ausgehend von einer Kritik an zeitgenössischen Geschichtsphilosophien fasste Gumplowicz Geschichte als einen wie die Physik von allgemeinen und ewigen Gesetzen bestimmten Naturprozess sui generis auf. Seine Leistung war die Formulierung eines vereinfachten Modells gewesen, von dem aus sich der gesamte historische Prozess rekursiv aufbauen ließ: Gumplowicz nahm am Beginn der Menschheitsentwicklung eine Vielzahl kleiner Horden unabhängigen biologischen Ursprungs an (Polygenismus), die intern durch »Blutliebe« zusammengehalten würden und untereinander antagonistisch seien. Stoßen zwei derartige Gruppen zusammen, kommt es zur Vernichtung der einen durch die andere, oder aber zur Unterwerfung und in der Folge zu einem »Amalgamierungsprozeß«, das heißt zur Bildung einer neuen Gruppe höherer Ordnung, womit das Spiel von Neuem beginnen kann: Aus nomadisierenden Horden werden größere Stämme, Völker, schließlich Staaten und innerhalb von Staaten soziale Schichten, Stände, Klassen, Nationalitäten (Gumplowicz, 1928, S. 195ff.).

Ratzenhofer hatte diese Auffassung des sozialen Prozesses im Wesentlichen übernommen. Während für Gumplowicz »Rassen« aber gleichsam soziale Festkörper waren, wie Planeten, bediente sich Ratzenhofer mit dem »Interesse« einer flexibleren Kategorie. Er hatte diese bei Robert von Mohl gefunden, über den sich Gumplowicz habilitiert hatte. Mohl hatte vor dem Hintergrund der Revolution von 1848 versucht, den Liberalismus in Hinblick auf die Soziale Frage zu erneuern, indem er eine eigenständige Gesellschaftstheorie formulierte. »Bis dahin pflegte die Staatsphilosophie sich damit zu begnügen«, schrieb er, »den Menschen einerseits als abstractes Einzelwesen, andererseits als Theilnehmer an einem vollendeten Staatsorganismus zu betrachten« (Mohl 1872, S. 5). Dies entspreche der Realität kaum. In Wahrheit stehe der Mensch in einer Vielzahl von »Lebenskreisen«, nämlich der Sphäre des einzelnen Individuums, der Familie, des Stammes, der Gemeinde, der »Interessengenossenschaften« der Gesellschaft, des Staates und schließlich der Staatenverbindung. Diese Lebenskreise schließen einander nicht aus, sondern können sich wechselseitig durchdringen; der Mensch kann ihnen zu gleicher Zeit angehören, da er auch »zu gleicher Zeit verschiedene Lebenszwecke verfolgen kann« (ebd., S. 1).

Gesellschaft bestimmte Mohl als »gleichförmige Beziehungen und in der Folge dessen bleibende Gestaltungen«, deren Mittelpunkt »immer ein bedeutendes fortdauerndes Interesse« ist, »welches den sämmtlichen Betheiligten ein gemeinschaftliches Ziel des Wollens und Handelns gibt« (ebd., S. 27). Substantialisiert man nun das Interesse und fügt es in das Szenario eines geschichtlichen Naturprozesses ein, ist man bei Ratzenhofers Gesellschaftsbegriff angelangt. Dessen Eigenleistung bestand in der Entwicklung einer ungewöhnlich differenzierten Analyse sozialer Determination, in deren Zentrum eben der Begriff des Interesses stand, gleichsam als soziologische Abstraktion der empirisch vorfindbaren sozialen Gliederungen. – Es ist Harry E. Barnes (1927, S. 106) zuzustimmen, dass aufgrund dessen Ratzenhofer das Verdienst gebühre, die eingehendste und vollständigste Analyse der politischen Prozesse und Parteien als »sozial[e] Äußerungen der […] dynamischen Triebkräfte« geliefert zu haben. Namentlich gegenüber Gumplowicz hatte Ratzenhofers Arbeit den Vorzug, das Individuum deutlicher gegenüber einer vollständigen Determination durch seine Gruppe abgesetzt zu haben, denn da das Individuum als durch mehrere Interessenlagen bestimmt beziehungsweise als Schnittpunkt vielfältiger sozialer Kreise aufgefasst wurde, behielt es einen Eigenwert und Freiheitsgrade, die im Laufe der Geschichte zunehmen würden (Ratzenhofer 1893, Bd. 3, S. 440).

Im Kontext der Habsburgermonarchie hatte diese Lehre den Vorzug, eine große Vielfalt und Komplexität sozialer Zusammenhänge theoretisch handhabbar zu machen. Ein Blick auf Ratzenhofers Liste der politischen Interessen im Staat zeigt diese Herkunft aus der Realität des Vielvölkerstaats: Er nennt die Natur, die qua gleicher Abkunft das »Interesse der Stammesgleichheit« bedinge, die Kultur, die als Gemeinsamkeit von Sitte und Sprache zum Interesse von Nationalitäten und Nationen einige, die Konfession als »höher entwickeltes Stammesinteresse«, die in der Ökonomie gründenden »Erwerbsinteressen«, deren sechs Ratzenhofer (1893, Bd. 1, S. 167) unterscheidet (Urproduktion, Handwerk, Industrie, Lohnerwerb, Handel und Bettel), schließlich, im Kern moderner Schichtungstheorien angelangt, die sogenannten »Standesinteressen«, die eine Gesellschaft in Privilegierte, Mittelstand sowie Besitz- und Rechtlose scheiden, dann die aus Organisationen entstehenden »Körperschaftsinteressen« etwa des Heeres, der Priesterschaft und der Bürokratie, und nicht zuletzt das dynastische Interesse als »Schichtung im kleinsten Maßstabe« (Ratzenhofer 1893, Bd. 1, S. 163–183).

Anders als die frühe französische Soziologie fasste Ratzenhofer Gesellschaft also nicht als »grand être«, als Totalität, sondern als Vielheit konfligierender Individualitäten auf. Das (Hobbes'sche) Problem der »absoluten Feindseligkeit« zwischen diesen konnte nur der Staat als künstliche Machtorganisation lösen (und er habe als Evolutionsprodukt aufgrund eben dieser Leistung Bestand). Der Staat hob damit aber nicht den status naturalis auf – die Interessen blieben, was sie von Natur aus waren. Lediglich der aus ihnen resultierende politische Konflikt wandelte sich zum friedlichen »Kampf ums Recht« (Rudolf von Jhering) in der durch den Staat hergestellten, neuen Arena. Politik blieb für Ratzenhofer folglich jene profane Sphäre der Macht, die sie für die Modernen geworden war. Aufgrund seiner anti-idealistischen Prämissen ging er jedoch einen pluralistischen Weg in die politische Moderne. Es sei nicht – wie bei Lorenz von Stein, dessen Vorlesung er 1876 in Wien besucht hatte – der Staat, sondern die Gesamtheit der Interessen in ihrer irreduziblen Uneinheitlichkeit, der im soziologischen und geschichtstheoretischen Sinn das Primat zukäme. Der Staat war bei Ratzenhofer zwar als Garant inneren Friedens unerlässlich, doch in Bezug auf die Gesellschaft auf eine dienende Rolle verwiesen. Er füge weder die soziale Pluralität zur substantiellen Einheit noch repräsentiere er die Wirklichkeit der sittlichen Idee. Vielmehr erschien er als praktisch zu handhabende und zu beurteilende Instanz im realpolitischen Kräftespiel.

Die Rezeption von Gustav Ratzenhofers Schriften fiel sehr unterschiedlich aus. Während die *Encyclopaedia Britannica* und der *Grand Larousse* ihn in ihr enzyklopädisches Gedächtnis aufgenommen haben, fehlt ein entsprechender Eintrag in den deutschsprachigen Lexika. Der österreichische Soziologe blieb hier, zu Lebzeiten wie nach seinem Tod, ein Fremdkörper. Vielerlei Gründe könnten dafür angegeben werden: Ratzenhofer war als Berufsmilitär ein Außenseiter in der Wissenschaft; vor allem aber waren seine naturalistische Version der Soziologie, seine aufklärerische Geschichtstheorie, seine Rezeption von Auguste Comte, John Stuart Mill und Herbert Spencer mit der am Historismus, an Bildung und Kultur orientierten deutschen Soziologie kaum vereinbar. Noch entscheidender aber war vielleicht, dass Ratzenhofer, der an formaler Ausbildung nur zwei Jahre Realschule und die Kriegsschule absolviert hatte, in der akademischen Kultur nicht wirklich gesellschaftsfähig war. So mangelte es Ratzenhofers Werken zwar nicht an Popularität (Gustav Ratzenhofer jr. katalogisiert im Nachlass 60 Nekrologe in Zeitschriften und Zeitungen sowie 207 Besprechungen oder Erwähnungen von Ratzenhofers Schriften), doch an Aufnahme und Weiterentwicklung innerhalb des wissenschaftlichen Diskurses.

Auf fruchtbaren Boden fiel die Arbeit Ratzenhofers jedoch in den USA, wo die erwähnten Rezeptionshindernisse weniger ins Gewicht fielen. Darüber hinaus mag das evolutionistische und konfliktsoziologische, auf eine Analyse des habsburgischen Vielvölkerstaats ausgerichtete Design einer positiven Rezeption in den USA zuträglich gewesen sein, wie in Bezug auf Ludwig Gumplowicz mehrfach bemerkt wurde (Acham 1995, S. 199f.). Ausgangspunkt für die US-amerikanische Rezeption Ratzenhofers war der Doyen der Chicago School, Albion W. Small, der in seiner *General Sociology* (1905) ausführliche Exzerpte von *Wesen und Zweck der Politik* sowie der *Sociologischen Erkenntnis* präsentiert und Ratzenhofer so einem anglophonen Publikum zugänglich gemacht hatte. Nach eigenem Bekunden hatte Small seine Soziologie weitgehend auf Basis der Analysen Ratzenhofers entwickelt und seine Vorlesungen mehrere Jahre auf dessen Werk aufgebaut.

Neben Small waren namentlich Edward A. Ross, Robert Park, William G. Sumner, Floyd N. House und Franklin H. Giddings auf Ratzenhofer aufmerksam geworden (vgl. Ross 1991, S. 89ff., 224ff., 330ff.). Entscheidend war dann aber Arthur F. Bentleys Buch *The Process of Government* (1908), das Ratzenhofers Modell pluralistischer Interessenpolitik aufnahm. Zunächst wenig rezipiert, gewann Bentleys Ansatz seit den 1920er Jahren an Popularität und wurde schließlich zum Klassiker jener *group theory of politics*, die eine zentrale Strömung der US-amerikanischen *political science* bleiben sollte. Auf diesem Weg – als Nebenprodukt eines Imports von Small und Ward (vgl. Saád 1995; Szacki 1988) – fand die »österreichische Version« der politischen Soziologie schließlich auch den Weg zurück nach Europa.

Acham, Karl (1995): Ludwig Gumplowicz und der Beginn der soziologischen Konflikttheorie im Österreich der Jahrhundertwende. In: Britta Rupp-Eisenreich/Justin Stagl (Hgg.), *Kulturwissenschaften im Vielvölkerstaat. Zur Geschichte der Ethnologie und verwandter Gebiete in Österreich ca. 1780 bis 1918*, Wien u.a.: Böhlau, S. 199f.

Barnes, Harry E. (1927): *Soziologie und Staatstheorie* [*Sociology and political theory*, New York 1924], Innsbruck: Wagner.

Gumplowicz, Ludwig (1928): *Der Rassenkampf* [1883], *mit einem Vorwort von Gottfried Salomon* (= Ausgewählte Werke, Bd. 3), Innsbruck: Wagner.

Kiss, Endre (1986): *Der Tod der k. u. k. Weltordnung in Wien. Ideengeschichte Österreichs um die Jahrhundertwende*, Wien u.a.: Böhlau.

Kondylis, Panajotis (1981): *Die Aufklärung im Rahmen des neuzeitlichen Rationalismus*, Stuttgart: Klett-Cotta.

Mohl, Robert von (1872): *Encyklopädie der Staatswissenschaften*, 2., umgearbeitete Aufl., Tübingen: Laupp.

Ratzenhofer, Gustav [Pseud. Gustav Renehr] (1877/78): *Im Donaureich*, 2 Bde., Prag: Karl Bellmann.

– (1881): *Die Staatswehr. Wissenschaftliche Untersuchung der öffentlichen Wehrangelegenheiten*, Stuttgart: Cotta'sche Buchhandlung.

– (1893): *Wesen und Zweck der Politik. Als Teil der Soziologie und Grundlage der Staatswissenschaften*, 3 Bde., Leipzig: Brockhaus.

– (1898): *Die sociologische Erkenntnis. Positive Philosophie des sozialen Lebens*, Leipzig: Brockhaus.

– (1899): *Der positive Monismus und das einheitliche Prinzip aller Erscheinungen*, Leipzig: Brockhaus.

– (1901): *Positive Ethik. Die Verwirklichung des Sittlich-Seinsollenden*, Leipzig: Brockhaus.

– (1902): *Die Kritik des Intellects. Positive Erkenntnistheorie*, Leipzig: Brockhaus.

– (1907): *Soziologie. Positive Lehre von den menschlichen Wechselbeziehungen. Aus seinem Nachlasse herausgegeben von seinem Sohne*, Leipzig: Brockhaus.

Ross, Dorothy (1991): *The Origins of American Sozial Science*, Cambridge u.a.: Cambridge University Press.

Saád, József (1995): Die ungarische Gumplowicz-Rezeption der Jahrhundertwende. In: Kurt R. Leube/Andreas Pribersky (Hgg.): *Krise und Exodus. Österreichische Sozialwissenschaften in Mitteleuropa*, Wien: WUV-Universitätsverlag, S. 123–134.

Szacki, Jerzy (1988): Ludwig Gumplowicz. In: Josef Langer (Hg.): *Geschichte der österreichischen Soziologie. Konstituierung, Entwicklung und europäische Bezüge*, Wien: Verlag für Gesellschaftskritik, S. 87–100.

Small, Albion W. (1905): *General Sociology. An exposition of the main development in sociological theory from Spencer to Ratzenhofer*, Chicago: University of Chicago Press.

– (1908): Ratzenhofer's Sociology. In: *American Journal of Sociology* 13, S. 433–438.

Weiterführende Literatur

Oberhuber, Florian (2002): *Das Problem des Politischen in der Habsburgermonarchie. Ideengeschichtliche Studien zu Gustav Ratzenhofer, 1842–1904*, Dissertation, Universität Wien.

– (2002): Das »doppelursprüngliche Wesen der Staatsautorität«. Moderner Staat, soziologische Autorität und der politische Pluralismus Gustav Ratzenhofers (1842–1904). In: *Sociologia Internationalis* 40/1, S. 85–115.

– (2006): Von der allgemeinen Kulturgeschichte zur soziologisch fundierten Politologie: Gustav Ratzenhofer (1842–1904). In: Karl Acham (Hg.): *Geschichte der österreichischen Humanwissenschaften*, Bd. 6.2: *Philosophie und Religion. Gott, Sein und Sollen*, Wien: Passagen Verlag, S. 353–372.

Florian Oberhuber

VIII. Tomáš (Thomas) Garrigue Masaryk

Tomáš Garrigue Masaryk – ein Pionier der proto-soziologischen Suizidforschung

Unter den sozialen Problemen, die im 19. Jahrhundert die Aufmerksamkeit sowohl der Öffentlichkeit wie auch der Politik und der sich konstituierenden Sozialwissenschaften erregten, nahm der sogenannte »Selbstmord« keine geringe Rolle ein (Minois 1996). Als sporadisches Phänomen seit der Antike bekannt, schienen sich absichtliche Selbsttötungen in den Augen der Zeitgenossen nun zu einer regelrechten Epidemie zu entwickeln. Als mögliche Ursachen kamen bald auch gesellschaftliche Faktoren ins Blickfeld. Krankheitsformen wie Melancholie und Hypochondrie galten schon im frühen 18. Jahrhundert den englischen Medizinern Bernard Mandeville und George Cheyne nicht nur als zum Suizid disponierend, sondern auch als ätiologisch mit dem wirtschaftlichen Fortschritt verbunden (Dörner 1995, S. 27–40). Um 1800 entstanden dann bereits etliche Spezialuntersuchungen, meist durch Mediziner, wobei neben der Untersuchung individualpathologischer Aspekte auch die Frage nach kollektiven Bedingungsstrukturen an Bedeutung zunahm. Während hierfür etwa der prominente Irrenarzt Jean-Pierre Falret noch primär ökologische Faktoren in Betracht zog (vgl. Falret 1824), sah der preußische Staatsarzneikundler Johann Ludwig Casper schon 1825 die Ursachen der konstatierten massiven Zunahme von Selbsttötungen vorwiegend »in den Verhältnissen der Cultur« begründet (Casper 1825, S. 42). Mitte des 19. Jahrhunderts befasste sich dann insbesondere der französische Nervenarzt Alexandre Brière de Boismont in einer mehr als 600 Seiten umfassenden Monographie mit dem Thema, u. a. in statistischer Hinsicht (Brière de Boismont 1856), während der weitgehend unbekannt gebliebene galizische Arzt Elias Salomon kurz darauf eine erste, beachtenswerte Kritik der Datenerhebung und -auswertung bei Suizidstatistiken verfasste (Salomon 1861). Für die weitere (proto-)soziologische Suizidforschung fundamental wurde aber insbesondere die Studie »Vergleichende Selbstmordstatistik Europas« des deutschen Staatswissenschaftlers und Nationalökonomen Adolph Wagner (Wagner 1864). Hier finden sich zahlreiche Korrelationen – auf der Ebene von Aggregatdaten – präzise herausgearbeitet, so zur Ehefrequenz der Bevölkerung (aufrechte Ehen wirken protektiv), zur vorherrschender Konfession (Judentum, Katholizismus und Orthodoxie wirken protektiv), zum Bildungsniveau (höhere Bildung als Risikofaktor) oder zur Urbanisierung (Großstädte als Risikofaktor); weiters werden stark erhöhte Suizidraten bei bestimmten Erwerbs- bzw. Bevölkerungsgruppen (wie z. B. Militärangehörigen, Dienstboten, Akademikern, Vagabunden, Kriminellen) festgestellt. Weitere wichtige Beiträge zur sozialwissenschaftlich orientierten Suizidforschung lieferten der deutsch-baltische Theologe Alexander von Oettingen (Oettingen 1868) sowie insbesondere der italienische Psychiater Enrico Morselli, der hinsichtlich der schon von

Wagner bearbeiteten Einflussfaktoren im Wesentlichen zu denselben Ergebnissen kam (Morselli 1879).

Diese und weitere Werke der einschlägigen Forschungsliteratur wurden vom Philosophen Tomáš [Thomas] Garrigue Masaryk in den 1870er Jahren eingehend rezipiert, als er sich an der Universität Wien für seine Habilitationsschrift mit dem Thema der Selbsttötung intensiv auseinanderzusetzen begann (Funda 1978; Machovec 1969). Das in einer ersten Fassung bereits 1878 für das Habilitationsverfahren vorgelegte, aber erst Anfang 1881 publizierte Werk mit dem Titel *Der Selbstmord als sociale Massenerscheinung der modernen Civilisation* nennt im Register (eine eigentliche Bibliographie fehlt zeittypisch noch) 210 Autoren, darunter etliche philosophische und literarische Klassiker (Descartes, Hume, Mill, Kant, Schopenhauer, Lessing, Goethe u.a.m.); am häufigsten als Referenzwerke genannt werden aber vor allem medizinal- bzw. moralstatistisch orientierte Studien über den Suizid (wie die eben schon genannten), weiters die psychiatrischen Werke von Jean Étienne Esquirol und das philosophisch-soziologische Œuvre von Auguste Comte (Masaryk 1881, bes. S. 243–245).

Masaryk baut seine synthetisch-theoretisch orientierte Untersuchung also auf Studien auf, welche bereits umfangreiches empirisches Material zum Thema Suizid zusammengetragen und auch bereits etliche grundlegende Theoreme der sozialwissenschaftlichen Suizidforschung entwickelt hatten. Das spezifische Ziel seines Werkes sieht Masaryk nach eigenem Bekunden darin, »zu zeigen, wie sich die Massenerscheinung des Selbstmordes aus und in dem modernen Culturleben entwickelt hat« (ebd., S. VI.).

Das erste Kapitel von Masaryks Studie bietet eine prägnante, dem Kern nach noch heute anwendbare Begriffsbestimmung: »Im engeren und eigentlichen Sinne ist [...] nur derjenige ein Selbstmörder, der absichtlich und wissentlich seinem Leben ein Ende setzt, der das Todtsein als solches begehrt und die [subjektive] Gewissheit hat, dass sein Todtsein durch seine Handlung oder Unterlassung herbeigeführt wird.« (Ebd., S. 2) Danach werden, im Kapitel »Ursachen der Selbstmordneigung«, zunächst die »Wirkungen der Natur« erörtert (ebd., S. 6–19): Masaryk gesteht hier insbesondere einem mäßig warmen Klima sowie viel Sonnenlicht einen günstigen, Suizidneigungen mindernden Einfluss zu; andere zeitgenössisch diskutierte Faktoren, etwa die Mondzyklen, gelten ihm dagegen in ihrer angeblichen Wirkungsweise als unzureichend erforscht. Demgegenüber ist der Autor vom negativen Einfluss von körperlichen Erkrankungen und Schmerzen ebenso überzeugt wie von jenem psychischer Krankheitszustände; der erstgenannte Zusammenhang könne aber die ständige Zunahme der Suizidraten nicht erklären, und die Häufigkeit psychischer Erkrankungen sei ihrerseits eine von diversen Faktoren abhängige Variable (ebd., S. 19–28). In diesem Zusammenhang behandelt Masaryk auch die beiden basalen demographischen Parameter Geschlecht und Alter und fasst den damaligen – und zumindest für Europa grosso modo heute noch gültigen – suizidologischen Forschungsstand so zusammen: »Ueberall verüben verhältnissmässig die Männer mehr Selbstmorde als die Frauen [...] [;] etwa dreimal so viel[e]«, und zudem wächst »die Selbstmordneigung [...] mit dem Alter in geradem Verhältnisse« (ebd., S. 23–25).

Den folgenden Abschnitt über »Allgemeine gesellschaftliche Verhältnisse« (ebd., S. 28–42) leitet Masaryk gleich mit dem wichtigen Hinweis ein, dass die demographische Alters- und Geschlechtsstruktur ein gesellschaftliches, d.h. ein in verschiedenen Kollektiven (wie z.B. Alterskohorten, unter- oder überbevölkerten Regionen, etc.) variabel ausgeprägtes Phänomen ist (ebd., 28f.). Weitere Darlegungen betreffen die Bedeutung von Bevölkerungsdichte und Bevölkerungsentwicklung, Gefangenschaft, Ehe- und Familienleben sowie Beruf für das Suizidrisiko. Diesen Faktoren gesteht Masaryk gewissen »disponirenden« Einfluss zu, er betont aber, dass die »eigentlichen [individuellen] Ursachen und Motive der That« anderswo liegen müssten; zudem seien die bisherigen Statistiken gerade zu den beiden letztgenannten Aspekten in ihrer Qualität unbefriedigend.

Aus heutiger Sicht überraschend wirkt der nachfolgende Abschnitt mit dem Titel »Politische Verhältnisse« (ebd., S. 42–56). Nicht nur werden dort die Aspekte der Rasse und der Ethnizität behandelt; es wird auch die Frage nach Zusammenhängen zwischen der Regierungsform und -qualität einerseits und der Suizidhäufigkeit andererseits gestellt - ein Thema, das in der Suizidforschung des 20. Jahrhunderts sehr in den Hintergrund getreten ist. Als suizidfördernd betrachtet Masaryk hier vor allem politische Krisen und Revolutionen, aber auch die »entsittlichende Atmosphäre des Militarismus« (ebd., S. 55). Hieran schließen sich Ausführungen zu den »Wirthschaftlichen Verhältnissen« (ebd., S. 56–62): Materielle Not, »Elend« und »Pauperismus« werden ausdrücklich als häufige und direkte Ursachen von Selbsttötungen benannt. »Um leben zu wollen, muss der Mensch seine Bedürfnisse befriedigen können; vermag er das nicht, so verliert für ihn das Leben seinen Werth« (ebd., S. 56). Allerdings wirke auch »eine eingebildete Noth nicht anders als eine factisch bestehende«, und daher würden sich oftmals auch Personen, bei denen objektiv gesehen keine materielle Notlage vorliege, aufgrund von Vermögensverlusten, ökonomischen Sorgen u.ä. suizidieren (ebd., S. 57f.). Am wenigsten suizidgefährdet sei der Mittelstand, nicht die »Reichen«. Berufsspezifische Suizidrisiken im engeren Sinn sieht der Autor hingegen kaum gegeben, sehr wohl aber solche aufgrund ökonomisch-materieller Ungleichheit.

Die bisher genannten Faktoren hält Masaryk jedoch »zu einer genügenden Erklärung des fraglichen Phänomens« der steigenden Suizidraten nicht für ausreichend, eine solche sei vielmehr nur in den »Verhältnissen der geistigen Cultur« insgesamt zu finden (ebd., S. 63–92). Zwar sei die »nächste Ursache des Selbstmordes« stets »ein Unglück, welches der Betroffene für so gross hält, dass er das Leben nicht ertragen will«; das entsprechende Urteil sei aber zumeist irrational und Ausdruck einer psychischen Pathologie, denn es widerspreche dem »natürlichen Selbsterhaltungstriebe« (ebd., S. 63f.). Als spezifische Einflussfaktoren innerhalb der kulturellen Domäne bespricht der Autor zunächst die »intellectuelle Bildung«: Diese sei, wenn sie im Stadium einer »unharmonische[n]« und »unpraktische[n] Halbbildung« stecken bleibe (ebd., S. 66), ebenso gefährlich wie die häufig anzutreffende

Vernachlässigung der »moralischen Bildung« (ebd., S. 71). Die meisten Suizidmotive seien nämlich auf eine wenig entwickelte Sittlichkeit zurückzuführen, etwa auf »Laster« wie die Trunksucht oder die üblen gesundheitlichen Folgen sexueller Ausschweifungen. Die »specielle Unsittlichkeit« der Suizidenten liege aber in »eine[r] moralische[n] Haltlosigkeit«, einer »eigenthümlichen Hoffnungslosigkeit und Verzweiflung« (ebd., S. 76).

Auch die – zunehmend fehlende – »religiöse Bildung« betrachtet Masaryk als einen entscheidenden kulturellen Faktor: »Die Religion – ich denke vornehmlich an die monotheistischen Religionen – gibt dem Menschen durch den *Theismus* und den *Unsterblichkeitsglauben* in allen Lagen des Lebens Trost, in allen Widerwärtigkeiten Hoffnung, und kräftigt seine Liebe zur Menschheit; [...] *und so ergibt sich uns schliesslich, dass die moderne Selbstmordneigung in der Irreligiosität unserer Zeit ihre eigentliche Ursache hat.*« (Ebd., S. 84f.) Nun war Masaryk keineswegs der erste Autor, der eine entsprechende Anklage gegen die Säkularisierung erhob – als Gewährsleute nennt er selbst »die meisten Statistiker und Aerzte«, insbesondere Wagner (ebd., S. 87). Die Fokussierung auf die Säkularisierungs-Hypothese zur Erklärung der steigenden Suizidraten in seinem Werk trug aber zweifellos zur breiten zeitgenössischen Rezeption des Buches bei. Masaryk fasst in diesem Zusammenhang zur Erklärung der steigenden Suizidraten den damaligen Wissensstand bezüglich der Differenzen in den Suizidhäufigkeiten verschiedener Konfessionen folgendermaßen zusammen: »Unter den christlichen Confessionen wirkt am günstigsten die griechische [...] Kirche; weniger günstig die katholische und am ungünstigsten die protestantischen Kirchen« (ebd., S. 87f.). Entscheidend sei dabei aber nicht die »[Tauf-] Matrikel«, sondern die »Qualität des religiösen und kirchlichen Gefühls« (ebd., S. 91).

Im Abschnitt über »Die Selbstmordneigung vom psychologischen Standpunkte betrachtet« behandelt Masaryk dann nochmals eingehend den Einwand gegen die Erklärung des Suizids durch kollektive Faktoren, wonach dieser ja stets durch individuelle Psychopathologien verursacht werde (ebd., S. 92–122). Dieser Einwurf sei zwar für einen gewissen Teil der Fälle – Masaryk schätzt ihn auf ein Drittel – als eindeutig richtig zu betrachten, aber die Zunahme der Zahl psychischer Erkrankungen im Zivilisationsprozess habe ihrerseits tiefliegende soziokulturelle Ursachen. Sprechender Ausdruck derselben sei die kollektive wie die individuelle Unruhe, das ständige Streben nach »Veränderung« und Wachstum des moderne Europäers; dieser »betrachtet seine Mission als nie beendet«, befindet sich aber zugleich »fast in einem fortwährenden Zustande der Trunkenheit [...] der Empfindungen«. Dieser psycho-sozialen Pathologie stellt Masaryk – deutlich in Rousseau'scher Tradition stehend – als positiven Kontrast das Bild der »sich mehr dem Naturzustande nähernden Völker« gegenüber (ebd., S. 110f.).

Die beiden knappen anschließenden Kapitel widmen sich zunächst den »Arten und Formen des Selbstmordes« (ebd., S. 123–127) und dann – für die Gesamtargumentation zentral – in Form einer skizzenhaften »Geschichte der Selbstmordneigung« (ebd., S. 128–140) dem Nachweis, dass mindestens seit 1780 »der Selbstmord in allen Staaten Europas regelmässig zunimmt« (ebd., S. 131). Dieser Umstand sei Kennzeichen eines kulturellen »Verfalls«, wie er bereits in der Antike einmal zu beobachten gewesen – und durch die Entstehung des Christentums überwunden worden – sei.

Im Kapitel über »Die Selbstmordneigung und die Civilisation« (ebd., S. 141–229) geht Masaryk diesem Thema dann ausführlich nach, und zwar unter Fokussierung auf die Religionsgeschichte und deren Folgen für den Wandel der kollektiven »Selbstmordneigung«: Das ursprüngliche, vom Gottmenschen Jesus gelehrte Christentum sei »höchste Einfachheit«, »Reinheit«, Innerlichkeit, Wahrheit, Schönheit und Güte; es erhebe »die vollkommene Selbstlosigkeit zum ethischen Grundprincip«, sei aber gerade dadurch »die eigentliche Lehre für's Leben« (ebd., S. 157f.). Auch der im Verlaufe des Mittelalters entstandene, für den Katholizismus typische »Autoritätsglaube« sei »für die Menschheit von grossem Nutzen« gewesen, indem er Geduld, Gehorsam, Sanftheit, Milde und Zufriedenheit bewirkte habe (ebd., S. 160); ähnliches gelte für die Orthodoxie, nur habe dort eine exzessive Ausformung des Autoritätsprinzips zu »totale[r] Seelenruhe«, damit aber auch zum »geistigen Tod« geführt (ebd., S. 162). Nach verschiedenen ihm vorangegangenen kirchenkritischen Bewegungen habe spätestens der Protestantismus – von Masaryk hier auch als Grundhaltung eines intellektuellen und religiösen Liberalismus verstanden – mit der Reformation die traditionelle Weltanschauung destabilisiert und so einerseits zur Entwicklung der freien Wissenschaften geführt, andererseits aber auch zu kultureller »Anarchie«, »Indifferentismus [...], Skepticismus und [...] Cynismus« (ebd., S. 168f.). Die solchermaßen befeuerte Irreligiosität habe mit ihrer Verbreitung in den »Massen« der Bevölkerung auch die »Massenerscheinung des Selbstmordes« als »traurige Folge« mit sich gebracht, allen voran unter den am stärksten säkularisierten Mittel- und Unterschichten der Großstädte (ebd., S. 172).

Im Anschluss an diese thesenartig vorgebrachten Darlegungen wendet sich Masaryk einer Skizze des aktuellen Zustandes der Religiosität in den unterschiedlichen europäischen Staaten zu, was ihn zu sehr pauschalen, teils aber doch recht treffenden Charakterisierungen führt. So herrsche in Österreich in einem erheblichen Ausmaß ein »Indifferentismus« in religiösen Dingen, ja fast schon eine Art innerliche Irreligiosität, was aber eine unreflektiert-gewohnheitsmäßige Intoleranz gegenüber Nicht-Katholiken nicht verhindere (ebd., S. 187f.), während sich in Deutschland – mehr als in anderen Staaten – ein regelrechter »Widerwille gegen das Christenthum« offen äußere (ebd., S. 198). Was die nichtchristlichen Religionen angeht, so betont Masaryk die geringe Suizidneigung bei gläubigen Anhängern von Judentum und Islam; weitaus weniger günstig stellen sich hingegen seine Eindrücke von Buddhismus (den er als die »eigentliche Religion des Selbstmordes« bezeichnet) sowie »Brahmanismus« dar (ebd., S. 224; zur gegenwärtigen Suizid-Epidemie in Süd- und Ostasien, vgl. Baudelot/Establet 2008).

Wie sehr der Grad der kollektiven »Suizidneigung« nach Masaryks Ansicht von den religiösen Verhältnissen bestimmt wird, verdeutlicht das Schlusskapitel »Zur Therapeutik der modernen Selbstmordneigung« (ebd., S. 230–241): Wirkliche Besserung der Lage sei nur von einer erneuten »Verinnerlichung des religiösen Gefühls« zu erwarten:

»[...] wir brauchen eine Religion, wir brauchen Religiosität«, so Masaryk, denn »die Unzufriedenheit und der Wunsch nach einem Erlöser ist allgemein« (ebd., S. 233f.). Unklar sei aber noch, welche Form von Religion auch die erhoffte Wiederkehr seelischer Ruhe gestatte. Die kollektive Rückkehr zu einem überkommenen autoritativen Katholizismus sei jedenfalls unmöglich – es werde sich vielmehr um eine zugleich individualistische wie populäre Religiosität handeln müssen; ob für diese eine gewisse Form von kirchlicher Einheit nötig oder zielführend ist, sei noch nicht entscheidbar.

Die in *Der Selbstmord als sociale Massenerscheinung der modernen Civilisation* vertretenen Grundthesen beeinflussten zweifellos die folgende Auseinandersetzung mit der Thematik – im allgemeineren, öffentlichen Diskurs ebenso wie im geistes- und sozialwissenschaftlichen. In diesem Zusammenhang ist zuallererst an *den* Klassiker der soziologischen Suizidforschung schlechthin zu denken, an Émile Durkheims Monographie *Le suicide* von 1897. Zwar bezieht sich Durkheim darin bloß zweimal ausdrücklich auf Masaryk, doch immerhin nennt er dessen Studie in einer bloß 20 Referenzen umfassenden bibliographischen Anmerkung zur Einleitung (Durkheim 1983, S. 17). Inwieweit Durkheim inhaltlich tatsächlich durch Masaryks Werk angeregt wurde, ist schwer festzustellen, jedenfalls stimmen aber sowohl wesentliche »Zeitdiagnosen« als auch die Grundrichtung der Ansätze zur »Problemlösung« bei beiden Autoren überein. Auch Durkheim sah im zunehmenden Wegfall der traditionellen, religiös-ethischen Sicherheiten eine zentrale Ursache für die - von ihm wie von Masaryk - konstatierte gesellschaftliche Desintegration, für den individuellen »Egoismus« und die soziale »Anomie« (ebd., bes. S. 236–238). Auch sah er – wiederum ganz wie Masaryk – die Rast- und Ziellosigkeit des modernen Lebens als deutliche Symptome einer Krise des gesamten gesellschaftlich-kulturellen Systems an: »In der Tat hat die Religion den größten Teil ihres Machtbereiches eingebüßt [...] [und] die Industrie [wurde] das erhabenste Ziel des einzelnen und der Gesellschaften [...]. Daher die fieberhafte Betriebsamkeit in diesem Sektor [...]. Daher ist Krise und Anomie zum Dauerzustand und sozusagen normal geworden. [...] Es ist ein Hunger da nach neuen Dingen, nach unbekannten Genüssen [...], die aber sofort ihren Geschmack verlieren, sobald man sie kennenlernt.« (Ebd., S. 291–294)

Bei aller Ähnlichkeit bezüglich der Kernthese bestehen freilich auch erhebliche Unterschiede zwischen Durkheims und Masaryks einschlägigen Auffassungen; dies betrifft nicht nur den methodischen Bereich – Durkheim führte ja selbst umfassende quantitative Analysen durch und entwickelte das bis dahin vorhandene sozialstatistische Instrumentarium weiter, während Masaryk hier »lediglich« das Vorhandene sichtete und synthetisierte –, sondern insbesondere auch die Gewichtung des religiösen Aspekts im engeren Sinn: Für Masaryk ist das im Verlauf v.a. der westeuropäisch-rationalistischen Geistesgeschichte entstandene religiöse Vakuum letztlich *der* fundamentale Kausalfaktor für das Auftreten des Suizids als »Massenerscheinung« in der »modernen Civilisation«. Zwar ist auch für Durkheim der Faktor Religion ungemein bedeutend für die Erklärung des modernen »Hang[s] zum Selbstmord«, doch lassen sich für ihn funktionale Äquivalente – und somit potentielle Substitute – für die Religion denken und auch empirisch anfinden, wie z.B. emotional positiv empfundene Familienbeziehungen, politische »Ersatzreligionen«, allen voran aber die enge mentale und praktische Einbindung des Individuums in Berufsvereinigungen bzw. Wirtschaftsbetriebe (vgl. ebd., S. 449–467). An eine Rückkehr der Religiosität glaubt Durkheim hingegen ebenso wenig, wie er sie erhofft: »Die Religion verringert also den Hang zum Selbstmord nur soweit sie dem Menschen das Recht der Gedankenfreiheit entzieht. Aber es ist heute schwierig, dem Verstand des Individuums Fesseln anzulegen und es wird immer schwieriger werden. [...] Und diese Entwicklung datiert nicht von gestern; die Geschichte des menschlichen Geistes ist die Geschichte der Entwicklung der Gedankenfreiheit. Es wäre naiv, eine Strömung eindämmen zu wollen, die [...] unüberwindlich ist.« (Ebd., S. 444f.)

Was die Rezeption von Masaryks Studie in der frühen Soziologie betrifft, so war die relativ prominente Erwähnung bei Durkheim zweifellos ein Grund für eine gewisse – auch internationale – Bekanntheit des Werkes um 1900. Masaryk selbst wandte sich ja bald anderen Themen zu und intensivierte in den 1890er Jahren die schon in seiner Suizid-Studie begonnene Auseinandersetzung mit religionsphilosophischen und religionssoziologischen Fragen, bald aber auch jene mit der »socialen« sowie der »tschechischen Frage« (vgl. Masaryk 1895, 1899). Zur selben Zeit begann auch seine aktive politische Karriere, die ihn zu einer weltbekannten Persönlichkeit und 1918 zum ersten Präsidenten der Tschechoslowakischen Republik werden ließ. Seine frühe Sozialtheorie des Suizids geriet hingegen bald mehr und mehr in Vergessenheit: nach der Erstveröffentlichung gab es für hundert Jahre keine weitere deutschsprachige Auflage des Werkes (aber immerhin – aus naheliegenden Gründen – eine Übersetzung ins Tschechische 1904). Erst in Zusammenhang mit einem erneuten Anstieg der Suizidraten in weiten Teilen Europas ab den 1960er Jahren fand das Buch wieder einige Beachtung: 1970 erschien eine Übersetzung ins Englische, eingeleitet von Anthony Giddens, und 1982 folgte eine deutsche Neuauflage mit einer Einleitung des ungarischen Philosophen János Kristóf Nyíri. In Österreich selbst haben im Rahmen der soziologischen und historischen Suizidforschung in den letzten Jahren u.a. Hannes Leidinger und Carlos Watzka auf Masaryks Studie Bezug genommen (Leidinger 2012; Watzka 2008).

Baudelot, Christian/Roger Establet (2008): *Suicide. The Hidden Side of Modernity* [Selbstmord. Die verborgene Seite der Moderne] [frz. 2006], Cambridge u.a.: Polity Press.

Brière de Boismont, Alexandre (1856): *Du suicide et de la folie suicide, considérés dans leurs rapports avec la statistique, la médecine et la philosophie* [Über den Selbstmord und den Selbstmord-Wahn, betrachtet in ihren Beziehungen zur Statistik, Medizin und Philosophie], Paris: Gemer-Baillière.

Casper, Johann Ludwig (1825): Ueber den Selbstmord und seine Zunahme in unserer Zeit. In: Ders., *Beiträge zur medizinischen Statistik und Staatsarzneikunde*, Berlin: Dümmler, S. 3–98.

Dörner, Klaus (1995): *Bürger und Irre. Zur Sozialgeschichte und Wissenschaftssoziologie der Psychiatrie*, ergänzte Neuaufl., Hamburg: Europäische Verlagsanstalt.

Durkheim, Émile (1983): *Der Selbstmord*, Frankfurt a.M.: Suhrkamp. (Frz. erstmals: *Le Suicide. Étude de sociologie*, Paris: Alcan 1897; dt. erstmals 1960.)

Falret, Jean Paul (1824): *Der Selbstmord. Eine Abhandlung über die physischen und psychologischen Ursachen desselben, und über die Mittel, seine Fortschritte zu hemmen* [frz. 1822], Sulzbach: Seidel.

Funda, Otakar (1978): *Thomas Garrigue Masaryk. Sein philosophisches, religiöses und politisches Denken*, Bern u.a.: Peter Lang.

Leidinger, Hannes (2012): *Die BeDeutung der SelbstAuslöschung. Aspekte der Suizidproblematik in Österreich von der Mitte des 19. Jahrhunderts bis zur Zweiten Republik*, Innsbruck: StudienVerlag.

Machovec, Milan (1969): *Thomas G. Masaryk*, Graz u.a: Styria.

Masaryk, Tomáš [Thomas] Garrigue (1881): *Der Selbstmord als sociale Massenerscheinung der modernen Civilisation*, Wien: Konegen. (Nachdruck: München: Philosophia 1982; tschech. Übers.: Praha: Leichter 1904; engl. Übers.: Chicago: University of Chicago Press 1970.)

– (1895): *Česká otázka* [Die tschechische Frage], Praha: Čas.

– (1899): *Die philosophischen und sociologischen Grundlagen des Marxismus. Studien zur socialen Frage* [tschech. 1898], Wien: Konegen.

Minois, Georges (1996): *Geschichte des Selbstmords* [frz. 1995], Düsseldorf/Zürich: Artemis & Winkler.

Morselli, Enrico (1881): *Selbstmord. Ein Kapitel aus der Moralstatistik* [ital. 1879], Leipzig: Brockhaus.

Nyíri, János Kristóf (1982): Einleitung. In: Ders. (Hg.), *Thomas G. Masaryk. Der Selbstmord als sociale Massenerscheinung der modernen Civilisation*, München/Wien: Philosophia, S. 5–24 [unveränd. Nachdruck der 1. Aufl., Wien 1881].

Oettingen, Alexander von (1868): *Die Moralstatistik und die christliche Sittenlehre. Versuch einer Socialethik auf empirischer Grundlage*, Bd. 1: *Die Moralstatistik. Inductiver Nachweis der Gesetzmässigkeit sittlicher Lebensbewegung im Organismus der Menschheit*, Erlangen: Deichert.

Salomon, Elias (1861): *Welches sind die Ursachen der in neuester Zeit so sehr überhand nehmenden Selbstmorde und welche Mittel sind zur Verhütung anzuwenden? Eine von der süddeutschen psychiatrischen Gesellschaft aufgestellte Preisfrage, öffentlich für Aerzte und Laien beantwortet*, Bromberg: Levit.

Wagner, Adolph (1864): Vergleichende Selbstmordstatistik Europas. In: Ders., *Die Gesetzmässigkeit in den scheinbar willkührlichen menschlichen Handlungen vom Standpunkt der Statistik*, Hamburg: Boyes & Geisler, S. 81–296.

Watzka, Carlos (2008): Modernisierung und Selbsttötung in Österreich. Einige Daten zur Sozialgeschichte und Thesen zur Sozialtheorie des Suizids. In: *Virus. Beiträge zur Sozialgeschichte der Medizin* 7, S. 147–167.

Weiterführende Literatur

Art. »Thomas Garrigue Masaryk« (1959). In: Wilhelm Bernsdorf (Hg.), *Internationales Soziologen-Lexikon*, Stuttgart: Enke, S. 363f.

Goldinger, Walter (1974): Art. »Masaryk, Thomas (Garrigue)«. In: *Österreichisches Biographisches Lexikon 1815–1950* [ÖBL], Wien: Verlag der Österreichischen Akademie der Wissenschaften, Bd. 6/Lfg. 27, S. 123f.

Jakovenko, Boris (1935): *La bibliographie de T. G. Masaryk*, Prag: Bartl.

Carlos Watzka

IX. Wilhelm Jerusalem

Wilhelm Jerusalem und die Anfänge der Wissenssoziologie

Beschäftigt man sich mit den historischen Anfängen der Wissenssoziologie, so springt dabei ein Faktum ins Auge: Praktisch alle der frühen wichtigen Wissenssoziologen – Vorläufer wie Ludwig Gumplowicz (1838–1909) und Wilhelm Jerusalem (1854–1923), Wegbereiter wie Karl Mannheim (1893–1947), Alfred Schütz (1899–1959) und Michael Polányi (1891–1976) oder auch der Wissenschaftssoziologe Ludwik Fleck (1896–1961) – haben auffallend ähnliche Biographien. Sie alle sind jüdischer Abstammung und sie alle kommen aus der zentraleuropäischen Region. Der Befund kann wohl noch erweitert werden, insgesamt ist unter den frühen Soziologen der Anteil jüdischer Intellektueller auffallend hoch. Der Soziologiehistoriker Dirk Kaesler hat in dem 1989 von Erhard R. Wiehn herausgegebenen Band *Juden in der Soziologie* das »Judentum« als das zentrale Entstehungsmilieu der frühen Soziologie, insbesondere im deutschen Sprachraum, bezeichnet (Kaesler 1989, S. 97–126).

Einer dieser frühen deutschen Soziologen jüdischer Abstammung hat selbst eine Erklärung für diesen Umstand formuliert: Georg Simmel (1858–1918) in seinem Essay »Der Fremde« aus dem Jahr 1908. Simmels Fremder ist einer, der »heute kommt und morgen bleibt« und als Fremder dennoch ein Element der Gruppe ist, und zwar eines, das »zugleich ein Außerhalb und ein Gegenüber« darstellt (Simmel 1987, S. 63f.). Ein so definierter Fremder ist nach Simmel in der Lage, die unausgesprochenen Grundlagen der sozialen und kulturellen Ordnung mit besonderer Tiefenschärfe zu analysieren, da er kaum dafür anfällig ist, die soziokulturellen Gegebenheiten als naturgegeben und unwandelbar aufzufassen. Soziokulturelle »Fremdheit« im Sinne Simmels stellt also nicht auf die additive Zugehörigkeit zu mehreren Kollektiven ab, sondern vielmehr auf eine prinzipielle Verunsicherung in Bezug auf die eigene »Gruppenzugehörigkeit«, eine Art von soziokultureller »Entfremdung«. Daraus, so Simmel, resultiere ein starkes Bedürfnis nach sozialem Orientierungswissen und daher ein Interesse daran, wie gesellschaftliche Mechanismen und Normen funktionieren. Der amerikanische Soziologe Robert Ezra Park (der bei Simmel Vorlesungen gehört hat) hat daraus sein Konzept des »marginal man« abgeleitet und für die Erforschung US-amerikanischer Einwanderergesellschaften fruchtbar gemacht (Park 1928).

Offenkundig versuchte Simmel, mit seinem Bild des »Fremden« so etwas wie eine Selbstbeschreibung als jüdischer Intellektueller in der deutschen Kultur zu geben. Wesentlich ist dabei natürlich der Umstand, dass es nicht um die Konstruktion eines irgendwie »spezifisch jüdischen Denkens« geht, sondern um bestimmte soziale und kulturelle Erfahrungen der gleichzeitigen Inklusion und Exklusion, die eben vor allem, wenn auch nicht nur, jüdische Intellektuelle zu dieser Zeit machten – ganz besonders in Mitteleuropa.

Dies trifft auch auf Wilhelm Jerusalem (1854–1923) zu, der in eine jüdische Familie in Böhmen geboren wurde und dem Judentum Zeit seines Lebens intensiv verbunden blieb. So studierte er nicht nur Altphilologie an der Prager Universität, sondern erlangte auch von der Prager jüdischen Gemeinde die Lehrerlaubnis als Rabbiner; auch später in Wien unterrichtete er an der dortigen Israelitisch-Theologischen Lehranstalt. Hauptberuflich war Jerusalem Gymnasiallehrer für die alten Sprachen und für Philosophie, zuerst in Prag und Nikolsburg [Mikulov/Mähren], ab 1888 am k.k. Staatsgymnasium im 8. Wiener Gemeindebezirk. Über seine Lehrtätigkeit hinausgehend entfaltete Jerusalem eine rege Publikationstätigkeit, zuerst zu Fragen des Philosophieunterrichts an den höheren Schulen. In der Folge verfasste er zwei in mehreren Auflagen erschienene Lehrbücher für den Schulgebrauch: die *Einleitung in die Philosophie* (1919) und ein *Lehrbuch der Psychologie* (erstmals 1888).

Bis zur so genannten Thun'schen Schulreform 1849–1853 waren die Gymnasien in der Habsburgermonarchie sechsstufig organisiert gewesen, mit 15 oder 16 Jahren kam man an die Universität, wo man vor den eigentlichen berufsorientierten Studien – Jus, Medizin und Theologie – ein zweijähriges Philosophiestudium absolvieren musste; »Philosophie« meint hier nicht das Fach Philosophie, sondern ein Propädeutikum an der Philosophischen Fakultät im alten Sinn, d.h. noch mit teilweisem Einschluss der Naturwissenschaften. Mit der Thun'schen Reform entfiel dieses verpflichtende Vorstudium, dafür wurden die Gymnasien nun achtklassig geführt. Die Philosophie, nunmehr als Fach verstanden, wurde jetzt in den letzten beiden Gymnasialklassen gelehrt und setzte sich zusammen aus formaler Logik einerseits und empirischer Psychologie andererseits – so waren auch die Lehrbücher aufgebaut. Dominant war die Herbartianische Tradition, insbesondere durch die weit verbreiteten Lehrbücher von Gustav Adolf Lindner – auch er eine für die frühe Soziologie in Österreich wichtige Figur. Die Logik wurde dabei strikt anti-psychologistisch aufgefasst: als rein formale Lehre korrekter Ableitungen, nicht als abstrahierende Beschreibung realer Denkvorgänge. Jerusalem widersprach in seinen Publikationen dieser Auffassung, für ihn existiert keine klare Trennung zwischen Logik und Psychologie: »Der Psychologe könnte strenge genommen auf jede metaphysische Hypothese verzichten, allein der Philosoph ist heute mehr denn je auf eindringende psychologische Analyse angewiesen. Wenn die Philosophie zu ihrem Ziele, d.i. einer einheitlichen Weltanschauung gelangen will, so muss sie nicht nur die Gesetze des physischen Geschehens, wie sie die Naturwissenschaft bietet, berücksichtigen, sondern in noch höherem Grade die Gesetze des psychischen Geschehens, wie sie die Psychologie zu erforschen unternimmt. Nur auf psychologischer Grundlage kann heute der Philosoph die Grenzen des menschlichen Erkennens abstecken, nur mit Hilfe der Psychologie die Formen finden und verstehen lernen, in die sich unsere Erkenntnisse notwendig kleiden müssen. [...] Es bildet demgemäß die Psychologie die wichtigste Grundlage für eine wahrhaft wissenschaftliche Philosophie.« (Jerusalem 1919, S. 32f.)

Im Jahr 1907 gehörte Jerusalem neben Rudolf Goldscheid, Max Adler, Rosa Mayreder, Ludo Moritz Hartmann, Karl Renner, Rudolf Eisler, Josef Redlich, Michael Hainisch u.a. zu den Gründungsmitgliedern der Soziologischen Gesellschaft in Wien, die bis in die 1920er Jahre eine rege Vortrags- und Publikationstätigkeit entwickelte (Exner 2012). Bereits 1909 veröffentlichte Jerusalem in der Zeitschrift *Die Zukunft* einen kurzen Aufsatz unter dem Titel »Die Soziologie des Erkennens«, seine beiden wichtigsten Texte zur Soziologie wurden jedoch beide posthum publiziert. 1926 erschien als erster Band einer von der Wiener Soziologischen Gesellschaft unter dem Titel »Soziologie und Sozialphilosophie« herausgegebenen Schriftenreihe Jerusalems *Einführung in die Soziologie*. Das Buch ist insofern problematisch, als es vom Herausgeber Walther Eckstein aus verschiedenen von Jerusalem hinterlassenen Textfragmenten kompiliert wurde und daher offen bleiben muss, ob der Autor mit der vorliegenden Form des Textes einverstanden gewesen wäre. Allein auf Jerusalem geht hingegen ein umfangreicher Aufsatz zurück, der 1924, im Jahr nach seinem Tod, in dem von Max Scheler herausgegebenen Sammelband *Versuche zu einer Soziologie des Wissens* veröffentlicht wurde und den Titel »Die soziologische Bedingtheit des Denkens und der Denkformen« trägt. Vergleicht man die beiden Publikationen, so fällt ihr enger Zusammenhang auf: Die Einleitung der *Einführung in die Soziologie* entspricht in ihrer Ausrichtung dem Aufsatz von 1924, das 6. Kapitel, übertitelt »Soziologische Erkenntnislehre«, ist in Teilen textident mit dem Beitrag zu dem von Max Scheler herausgegebenen Sammelband. Dieser, und damit auch Jerusalems Aufsatz, gehört zur Vorgeschichte des sogenannten »Streits um die Wissenssoziologie«, der durch Karl Mannheims Referat über »Die Konkurrenz im Gebiete des Geistigen« auf dem 6. Deutschen Soziologentag in Zürich im Jahr 1928 ausgelöst und im Jahr darauf durch die Veröffentlichung von Mannheims Studie *Ideologie und Utopie* weiter angefacht wurde.

Wie auch in seiner *Einführung in die Soziologie* zitiert Jerusalem in seinem Beitrag zu Schelers Sammelband einleitend in zustimmender Weise Ludwig Gumplowicz – »dessen Arbeiten noch lange nicht genügend beachtet und gewürdigt werden« (Jerusalem 1982, S. 27) –, konkret dessen Auffassung des »Gruppismus«, wonach alle Überzeugungen eines Individuums vollständig durch seine Bezugsgruppe determiniert seien; allerdings merkt Jerusalem einschränkend an, dass Gumplowicz zu apodiktisch auf dieser Auffassung beharre. Er geht dann auf Kants Kategorienlehre ein, die er jedoch dahingehend modifiziert, dass er diese nicht transzendental, also als allgemein notwendige, a priori gegebene Bedingungen, sondern als historisch und kulturell entstanden, damit aber als soziologische Phänomene auffasst (dasselbe gilt auch für die Sprache, ohne die es keine Erkenntnis geben kann). Damit stelle sich die Aufgabe einer »künftigen soziologischen Kritik der menschlichen Vernunft« (ebd., S. 29). Unter Berufung auf Émile Durkheim und Lucien Lévy-Bruhl behauptet Jerusalem, dass Gumplowicz' Gruppismus für die sogenannten »Primitiven«, die »auf einer niedrigen Entwicklungsstufe zurückgeblieben« seien, tatsächlich zutreffe (ebd., S. 31), hier könne keine klare Unterscheidung zwischen kollektiven und individuellen Überzeugungen nachgewiesen werden. »Der primitive Mensch lebt im Zustande vollständiger sozialer Gebundenheit dahin. Seine Seele ist ganz ausgefüllt von dem, was die französischen Soziologen als Kollektivvorstellungen bezeichnet haben. [...] Auf dieser Entwicklungsstufe ist der Mensch noch ganz unfähig, rein theoretisch zu denken, und vermag noch keineswegs gegebene Tatsachen rein objektiv zu konstatieren.« (Ebd., S. 33)

Diese Fähigkeit erwirbt der Mensch erst durch den Prozess der sozialen Differenzierung, worunter Jerusalem vor allem die Arbeitsteilung und die damit verbundene Spezialisierung versteht. Wer sich auf ein bestimmtes Handwerk spezialisiert, erwirbt in diesem notwendig individuelle Erfahrungen und Kenntnisse. Dadurch erlangt der Einzelne einerseits die Fähigkeit, sich gegenüber der Tradition der Gemeinschaft in Teilen kritisch zu verhalten, zugleich wird er aber in seinem sozialen Verhalten stärker an die sich komplizierter gestaltende Gemeinschaft rückgebunden. Der Prozess der Individualisierung bedeutet also nicht Isolierung, sondern, wie Jerusalem dies nennt, »soziale Verdichtung«. Damit ist gemeint, dass sich die Einzelnen innerhalb einer Gruppe in ihren Überzeugungen gegenseitig bestärken, was – so Jerusalem – keineswegs nur für sogenannte primitive Gesellschaften, sondern für alle menschlichen Gesellschaften gilt: »Die Wechselbeziehung zwischen den zur Selbständigkeit und Eigenkraft gelangten Individuen und den immer größeren Umfang gewinnenden und immer fester organisierten Gemeinwesen gestalten sich immer reicher, immer inniger, zugleich aber auch immer verwickelter. Die genaue Durchforschung dieser Wechselbeziehungen und ihrer Auswirkungen im religiösen, im politischen, im wissenschaftlichen, im künstlerischen und ganz besonders im wirtschaftlichen Leben bildet meiner Auffassung nach die zentrale Aufgabe der Soziologie. Ein überaus wichtiger Teil dieser Aufgabe besteht nun in der Untersuchung des Einflusses, den diese Wechselbeziehung auf die Entwicklung des Denkens und der Denkformen ausgeübt hat.« (Ebd., S. 36)

Damit wendet sich Jerusalem ausdrücklich gegen alle Auffassungen, die von einer gleichbleibenden, gegebenen Form der menschlichen Vernunft ausgehen – konkret kritisiert er das, was er Apriorismus, Phänomenologismus und Phänomenologie nennt (wobei unklar bleibt, worin der Unterschied zwischen Phänomenologismus und Phänomenologie besteht). Namentlich kritisiert er Edmund Husserl (vgl. dazu auch Jerusalem 1905) und Bernard Bolzano und lehnt die Idee eines »dritten Reiches« logischer Gegenstände, also eine ontologisch begründete Auffassung der Geltung von Begriffen und Urteilen, ab; diese, so Jerusalem, gibt es nicht und kann es nicht geben (Jerusalem 1982, S. 53), es handle sich um ein »chimärisches Reich des Geltens« (ebd., S. 54). Er postuliert, dass »der Glaube an eine zeitlose, sich immer gleich bleibende logische Struktur der menschlichen Vernunft [...] als unbegründet erwiesen« sei (ebd., S. 35).

Der Prozess der Individualisierung durch Arbeitsteilung ist für Jerusalem also der entscheidende Schritt hin zur Objektivierung von Erkenntnis – davor habe eine implizite Konsenstheorie der Wahrheit geherrscht, als wahr galt das, was alle glaubten. »Der einzelne Handwerker, der an seinem Arbeitsmaterial Beobachtungen macht, lernt damit Eigenschaften kennen, die dem Objekt selbst anhaften« (ebd., S. 39). Dennoch kommt es selbst noch in den modernen Wissenschaften zu Vorgängen der sozialen Verdichtung, die sich dann als Widerstand der scientific community gegen neue Erkenntnisse geltend machen (ebd., S. 38). Jerusalem beruft sich hier ausdrücklich auf die wissenschaftshistorischen Arbeiten Ernst Machs; Ludwik Fleck sollte sich in ähnlichem Zusammenhang später seinerseits u.a. auf Jerusalem – und übrigens auch auf Gumplowicz – berufen.

An dieser Stelle führt Jerusalem nun einen zusätzlichen Gedanken ein, den er für besonders wichtig hält und von dem er ausdrücklich betont, dass dies *seine* Erkenntnis sei, die *er* in die soziologische Diskussion einführe. Er behauptet nämlich, dass der Prozess der Individualisierung und Objektivierung, mit – wie er sagt – »psychologischer Notwendigkeit aber auch mit historischer Tatsächlichkeit zum Universalismus und zum Kosmopolitismus führt« (ebd., S. 42). Es entstehe auf diese Weise die Vorstellung »einer Menschheit« und damit der Humanität. Diese bedeutungsschwere Behauptung wird von Jerusalem allerdings nur (eindringlich) postuliert, aber nicht weiter erklärt: Der einzige Ansatz zu einer Art von Erklärung besteht in der Behauptung, dass die wissenschaftliche Terminologie Gemeingut der ganzen Menschheit sei. Für Jerusalem war dieser Gedankengang ganz fundamental wichtig, überzeugend ist er nicht.

Schließlich fasst Jerusalem seine Auffassung in vier Punkten zusammen; diese Textpassage findet sich in identischer Form sowohl im Aufsatz von 1924 als auch im Buch von 1926:

»1. Der soziale Faktor ist von allem Anfang an da, kommt in den Kollektivvorstellungen der Primitiven und in den sozialen Verdichtungen zur Geltung. Er ist die unerlässliche Bedingung für die Verfestigung und die praktische Verwertung der Erkenntnisse.
2. Der individuelle Faktor gibt dem Denken die Richtung auf das Objektive und ist die Vorbedingung für die Entstehung der Wissenschaft.
3. Der allgemein menschliche Faktor schafft im Urteil die Urform der Erkenntnis und ermöglicht im Laufe der Entwicklung den Aufstieg zu immer umfassenderen Generalisationen.
4. Alle drei Faktoren sind soziologisch bedingt, weil sowohl das Hervortreten eigenkräftiger Individuen als auch die Idee der ganzen Menschheit als Erzeugnisse des menschlichen Zusammenlebens angesehen werden müssen.« (Ebd., S. 46f.)

Wie bereits erwähnt bezieht sich Jerusalem wiederholt auf Ernst Mach, so auch ebd. S. 49, wo er im Blick auf die wissenschaftliche Begriffsbildung von der »haushälterischen und kraftsparenden Funktion des Denkens« spricht. Mach war nicht nur ein wesentlicher intellektueller Anreger, sondern auch ein enger persönlicher Freund Jerusalems. Insbesondere seine konsequent antimetaphysische Ausrichtung und das damit zusammenhängende Konzept der Denkökonomie, wonach wissenschaftliche Theorien eine vereinfachende Zusammenfassung der Beschreibung von Sinnesdaten sind, wurden von Jerusalem übernommen. In einem umfangreichen Nachruf auf Mach, den Jerusalem am 2. März 1916 in der *Neuen Freien Presse* veröffentlicht hat, preist er den »fast unendlich großen Reichtum« von Machs Gedanken und bezeichnet ihn als »einen der bedeutendsten Männer, die Deutschösterreich hervorgebracht hat« (Jerusalem 1916, S. 1). Er benennt allerdings auch jenen Punkt, an dem seine und Machs Auffassungen nicht übereinstimmten, nämlich Machs Idee vom Ich als einem sich stetig verändernden Bündel von Empfindungen, Erinnerungen, Gefühlen und Sinneswahrnehmungen, dem keine wie auch immer geartete Substanz zukomme. Dazu schreibt Jerusalem: »Eine Ich-lose Psychologie! Das ist schwer verständlich und ich muß offen bekennen, daß ich hier mit meinem verstorbenen Freunde niemals mitgehen konnte« (ebd., S.3).

Bemerkenswert ist der Umstand, dass auch Mach an eher unerwarteter Stelle auf diesen Punkt des Dissenses mit Jerusalem eingeht, nämlich in einem kurzen autobiographischen Text, den er im Jahr 1913 auf Bitte von Wilhelm Ostwald verfasste. Dort schreibt er: »Zu[m] Monismus bin ich auch gelangt, indem ich mir die Einheitlichkeit des Lebens vor der Unterscheidung des eigenen und des fremden Ich vorgestellt habe. Prof. W. Jerusalem gibt auch zu, dass man auf diese Weise zu einem Monismus gelangt, meint aber doch wieder, daß dieser Standpunkt nicht haltbar sei, da ohne Unterscheidung von Ich und Welt die Erfahrung gar nicht möglich sei. Ich meine hingegen, wenn wie es scheint, ein solcher ich- und weltloser Standpunkt nicht ursprünglich gegeben ist, so müsste man zeigen können, wie er sich genetisch entwickelt, da ja Jerusalem selbst einen empirischen Anschluß der Philosophie wünscht, geradezu postuliert.« (Mach 1991, S. 438)

Dass Ernst Mach in einem verhältnismäßig kurzen autobiographischen Abriss so explizit auf Jerusalems Ideen eingeht, kann wohl als Beleg für den intensiven Gedankenaustausch zwischen den beiden gelten. Die enge persönliche Beziehung der beiden steht auch exemplarisch für den großen intellektuellen Einfluss, den Mach auf die frühe Soziologie in Österreich ausübte.

Exner, Gudrun (2012): *Die Soziologische Gesellschaft in Wien (1907–1934) und die Bedeutung Rudolf Goldscheids für ihre Vereinstätigkeit*, Wien: new academic press.

Jerusalem, Wilhelm (1888): *Lehrbuch der empirischen Psychologie für Gymnasien und höhere Lehranstalten sowie zur Selbstbelehrung* [weitere Auflagen ab 1902 nur mehr unter dem Titel *Lehrbuch der Psychologie*], Wien: Braumüller.

– (1905): *Der kritische Idealismus und die reine Logik. Ein Ruf im Streite*, Wien/Leipzig: Braumüller.

– (1909): Die Soziologie des Erkennens. In: *Die Zukunft* 67, S. 236–246.

– (1916): Erinnerungen an Ernst Mach. In: *Neue Freie Presse*, 2. März 1916, S. 1–4.

– (1919): *Einleitung in die Philosophie*, Wien: Braumüller.

– (1926): *Einführung in die Soziologie* (= Soziologie und Sozialphilosophie. Schriften der Soziologischen Gesellschaft in Wien, Bd. 1), hrsg. von Walther Eckstein, Wien/Leipzig: Braumüller.

– (1982): Die soziologische Bedingtheit des Denkens und der Denkformen [1924]. In: Volker

Meja/Nico Stehr (Hgg.), *Der Streit um die Wissenssoziologie*, Bd. 1, Frankfurt a.M.: Suhrkamp, S. 27–56. Erstmals in: Max Scheler (Hg.), *Versuche zu einer Soziologie des Wissens*, München/Leipzig: Duncker & Humblot 1924, S. 182–207.

Kaesler, Dirk (1989): Das »Judentum« als zentrales Entstehungsmilieu der frühen deutschen Soziologie. In: Erhard R. Wiehn (Hg.), *Juden in der Soziologie. Eine öffentliche Vortragsreihe an der Universität Konstanz 1989*, Konstanz: Hartung-Gorre, S. 97–126.

Mannheim, Karl (1929): *Ideologie und Utopie*, Bonn: Cohen.

Mach, Ernst (1991): Selbstbiographie [1913]. In: Dieter Hoffmann/Hubert Laitko (Hgg.), *Ernst Mach. Studien und Dokumente zu Leben und Werk*, Berlin: Deutscher Verlag der Wissenschaften, S. 428–439.

Park, Robert E. (1928): Human Migration and the Marginal Man. In: *American Journal of Sociology* 33/6, S. 881–893.

Simmel, Georg (1987): Der Fremde [1908]. In: Ders., *Das individuelle Gesetz. Philosophische Exkurse*, hrsg. von Michael Landmann, Frankfurt a.M.: Suhrkamp, S. 63–70.

PETER STACHEL

X. Eugen Ehrlich

Eugen Ehrlich – Pionier der Rechtssoziologie

In der Zeit um und nach 1900, in der Eugen Ehrlich (1862–1922) als Rechtsprofessor in Czernowitz in diversen Schriften – unter denen sein großes Werk *Grundlegung der Soziologie des Rechts* (1913) besonders heraussticht – das Projekt einer Rechtssoziologie als einer veritablen wissenschaftlichen Disziplin entwickelte, war der Nutzen, ja sogar die Möglichkeit einer solchen Disziplin noch höchst umstritten. So gab es im Feld der damals vorherrschenden rechtswissenschaftlichen Lehre nicht wenige Autoren, die eine sozialwissenschaftliche, d.h. eine empirisch beschreibende und kausal erklärende Rechtsbetrachtung unter anderem mit dem Argument ablehnten, eine solche Betrachtung sei aufgrund der Differenz zwischen Sein und Sollen außerstande, den Sinngehalt des Rechts als einer normativen Ordnung zu erfassen. Zur Abwehr der Rechtssoziologie trugen allerdings nicht unwesentlich auch gewisse unausgegorene oder überzogene Thesen mancher ihrer frühen Exponenten bei, wie etwa die Ansicht, der Inhalt des Rechts lasse sich unabhängig vom Sinn seiner Normen allein aus dem beobachtbaren Verhalten der Rechtsadressaten erschließen, oder die – gelegentlich auch von Ehrlich geäußerte – Behauptung, die Jurisprudenz lasse sich sinnvoll überhaupt nur als ein Zweig der Rechtssoziologie betreiben (vgl. dazu Ehrlich 1986b, 1986c, 1916; Kantorowicz 1911; Kelsen 1912, 1915).

Obwohl Ehrlich trotz des entlegenen Ortes seiner Lehrtätigkeit in der äußersten Peripherie der Habsburgermonarchie zu seinen Lebzeiten nicht nur als Pionier der Rechtssoziologie, sondern auch als führender Vertreter der so genannten »Freirechtsschule« des juristischen Denkens breite Anerkennung genoss, geriet er in den folgenden Jahrzehnten in der deutschsprachigen Fachwelt weitgehend in Vergessenheit; dies geschah vor allem deshalb, weil der Geschichtsverlauf die Rezeption seines Werks, wie ja auch die Entwicklung der deutschen Rechtssoziologie überhaupt, hemmte. Im Gefolge des Ersten Weltkriegs verlor er Professur und Staatsbürgerschaft; er hatte keine Schüler, die seine mit den in der Zwischenkriegszeit dominierenden rechtswissenschaftlichen Strömungen kaum kompatible Position vertraten und für die Zugänglichkeit seiner Schriften sorgten; und während des Nationalsozialismus war er in Deutschland schon wegen seiner jüdischen Herkunft tabu. In dieser Zeit fand sein Werk jedoch in den USA wachsendes Interesse, da bedeutende amerikanische Juristen – wie insbesondere Roscoe Pound – darin wesentliche Anregungen für ihr eigenes Denken fanden, das in den Lehren der »Sociological Jurisprudence« und des »Legal Realism« zum Ausdruck kam (vgl. Pound 1922, 1936; allgemein dazu Hull 1997). Erst geraume Zeit nach dem Zweiten Weltkrieg begann man sich auch in Deutschland im Zuge der Bemühungen um eine Erneuerung der Rechtssoziologie wieder an Ehrlich zu erinnern, wozu insbesondere Manfred Rehbinder maßgeblich beitrug, indem er nicht nur Ehrlichs Hauptwerk in neuen Auflagen und viele von dessen verstreuten kleineren Schriften in Sammelbänden edierte (Ehrlich 1989, 1967a, 1986a, 2007), sondern auch eine umfangreiche Monographie sowie eine Reihe von instruktiven Aufsätzen über dessen Leben und Werk publizierte (Rehbinder 1986, 1978, 2007). Dank dieses Umstands gilt Ehrlich heute auch im deutschen Sprachraum zu Recht wieder als einer der Gründerväter der Rechtssoziologie. Besondere Aktualität hat er gerade in den letzten Jahrzehnten dadurch gewonnen, dass seine Theorie des »lebenden Rechts« das Entstehen und Wirken diverser neuartiger transnationaler und globaler Regelungssysteme wie der Welthandelsordnung, der Klimaabkommen und der »lex mercatoria« (der schiedsgerichtlichen Beilegung von Streitigkeiten zwischen großen Unternehmen) nach Ansicht mancher Autoren besser zu erklären vermag als andere rechtssoziologische Ansätze (vgl. Teubner 1996; Ziegert 2009).

Ein hervorstechendes Kennzeichen aller Schriften Ehrlichs ist die Unterfütterung seiner Ausführungen mit einer überwältigenden Fülle von rechtshistorischen, ideengeschichtlichen, rechtsvergleichenden, völkerkundlichen und sozialtheoretischen Befunden und Beispielen, die nicht nur seine eminente Kenntnis der Rechtsgeschichte und des geltenden Rechts Europas, der USA und auch diverser entfernter Kulturen bezeugen, sondern auch von seiner leidenschaftlichen Suche nach den gesellschaftlichen Triebkräften des Rechtslebens, von seiner außergewöhnlicher Vielsprachigkeit und schließlich auch von seinem wachen Auge für das ihn umgebende soziale Geschehen künden. Seine Arbeiten, die sich allesamt durch stilistische Eleganz, wenn auch nicht immer durch begriffliche Klarheit auszeichnen, umfassen zwar auch mehrere politische Schriften kleineren Umfangs (Ehrlich 2007), sind jedoch zum allergrößten Teil Fragen der Rechtslehre gewidmet. Diese Arbeiten decken beide Rechtsdisziplinen ab, zwischen denen Ehrlich wegen ihrer verschiedenen Betrachtungsweisen methodisch strikt unterscheidet, auch wenn sie faktisch ineinander greifen. Diese Disziplinen, deren Wechselbeziehungen bei ihm jedoch unklar bleiben, weil er darüber voneinander abweichende, ja einander widersprechende Aussagen macht, sind: einerseits die »praktische Jurisprudenz« im Sinne einer praktischen, also handlungsleitenden Kunstlehre, die auf eine »rein juristische Betrachtung des Rechts« zielt, welche den Sinn rechtlicher Normen erkunden und im Dienst einer angemessenen Rechtspraxis Methoden der Auslegung und Anwendung rechtlicher Regelungen, aber auch der vernünftigen Entscheidung gesetzlich unzureichend geregelter Rechtsfälle aufzeigen soll; andererseits die »Rechtssoziologie« als eine wertneutrale »Beobachtungswissenschaft«, die das Recht in gesellschaftswissenschaftlicher Sicht daraufhin untersucht, wie es entsteht, wie es gilt und welche Wirkungen es hat (vgl. Ehrlich 1986b, S. 98ff.; 1989, S. 398ff.).

Ehrlich betrachtet nun nur die Rechtssoziologie als eine wahre, weil auf die Erkenntnis objektiver Tatsachen gerichtete Wissenschaft, während er die praktische Jurisprudenz für eine »unwissenschaftliche«, weil bloß angewandte, der Technik analoge Disziplin hält, die nur dann zu wohlbegründeten, aus unparteiischer Sicht allgemein akzeptablen Ergebnissen gelangen könne, wenn sie die Erkenntnisse der Rechtssoziologie bezüglich der jeweils relevanten realen Tatsachen gebührend beachte. Eben dies zu zeigen, ist das Anliegen seiner Beiträge zur praktischen Jurisprudenz, in denen er die damals weit verbreitete, am Buchstaben der Gesetze klebende und realitätsblinde »Begriffsjurisprudenz« bekämpft und für eine »freie Rechtsfindung« plädiert, die den Richtern und Beamten innerhalb der oft recht weiten Grenzen des Wortsinns der Gesetze hinreichenden Spielraum lässt für eine adäquate Entscheidung rechtlicher Streitfälle unter Berücksichtigung ihrer realen Hintergründe und der relevanten Interessen der beteiligten Parteien (vgl. Ehrlich 1902, 1966, 1967b). Wenn er allerdings meint, auf diesem Wege werde die praktische Jurisprudenz zu einer »Lehre vom Recht als gesellschaftlicher Erscheinung«, ja zu einem »Zweig der Soziologie« (Ehrlich 1986b, S. 100), dann schießt er nicht nur weit über das Ziel hinaus, weil ja auch die Soziologie die Kenntnis des von der Jurisprudenz auszulotenden Sinns rechtlicher Normen braucht, sondern er gerät auch in einen Selbstwiderspruch, da die behauptete Transformation der Jurisprudenz zur Rechtssoziologie der von ihm ganz zu Recht festgestellten methodischen Differenz beider Disziplinen widerspricht. Doch wie dem auch sei, im Folgenden wird Ehrlichs Sicht der praktischen Jurisprudenz außer Betracht bleiben und nur mehr von seiner Konzeption der Rechtssoziologie, der Theorie des »lebenden Rechts«, die Rede sein, die er vor allem in seinem Hauptwerk, der *Grundlegung der Soziologie des Rechts*, entwickelt hat.

Ehrlich hat sich nicht gescheut, den Kerngehalt seines ebenso umfangreichen wie komplexen Werks in einem Satz zusammenzufassen: »[...] der Schwerpunkt der Rechtsentwicklung liegt auch in unserer Zeit, wie zu allen Zeiten, weder in der Gesetzgebung noch in der Jurisprudenz oder in der Rechtsprechung, sondern in der Gesellschaft selbst« (Ehrlich 1989, S. 12). Mit diesem Satz will er natürlich nicht sagen, dass Gesetzgebung, Rechtsprechung und Jurisprudenz wenig Einfluss auf das Rechtsgeschehen haben, aber er will zum Ausdruck bringen, dass deren Bedeutung im Verhältnis zur Rolle der rechtsbildenden Kräfte der gesellschaftlichen Alltagswelt für gewöhnlich – jedenfalls von den Juristen – bei weitem überschätzt wird. Um diese These näher zu entfalten, unterscheidet er mit Blick auf die Genese von Recht drei Rechtsschichten mit verschiedenartigen Normen, die zeitlich nacheinander entstehen und in entwickelten Rechtsordnungen nur in ihrer Gesamtheit das »lebende Recht« ergeben, d.h. das in ständigem Fluss befindliche Recht, welches das Gesellschaftsleben tatsächlich regiert. Diese drei Rechtsschichten heißen (1) »gesellschaftliches Recht«, (2) »Juristenrecht« und (3) »staatliches Recht«. Da diese Namen leicht Missverständnisse hervorrufen, sei noch einmal betont, dass das Unterscheidungskriterium zwischen den Schichten einzig und allein die Entstehungsquelle ihrer Regelungen ist: Das staatliche Recht enthält demnach nur solche Regelungen, die die staatliche Gesetzgebung zur Ergänzung oder Änderung eines früheren Juristen- oder gesellschaftlichen Rechts geschaffen und nicht bloß von diesen übernommen hat, und zum Juristenrecht gehören nur jene Regeln der Rechtsprechung, die das gesellschaftliche Recht ergänzen oder ändern.

Das »gesellschaftliche Recht« bildet nach Ehrlich die grundlegende Rechtsschicht, weil es die in der Gesellschaft selbsttätig entstehenden und sich dauernd wandelnden (Organisations-)Regeln der Verbände des sozialen Lebens umfasst, etwa von Familien und Verwandtschaftsverbänden, von Gemeinden und wirtschaftlichen Genossenschaften. Die Normen des gesellschaftlichen Rechts, die sich im Wesentlichen auf das Handeln der Menschen unmittelbar beziehen, weshalb Ehrlich sie als »Handlungsnormen« bezeichnet, erfließen, wie er argumentiert, von selbst aus einer Reihe von Tatsachen, die für die Organisation menschlicher Verbände, also für deren friedliche und zweckmäßige Ordnung, von maßgeblicher Bedeutung seien. Solche »Tatsachen des Rechts« seien insbesondere die vier folgenden: Übung, Herrschaft, Besitz und Willenserklärung. Diese Tatsachen diktieren die soziale Ordnung menschlicher Verbände dadurch, dass sie zwischen deren Mitgliedern Erwartungen hervorrufen, die von diesen als Normen ihres wechselseitigen Verhaltens gedeutet werden. Die Handlungsnormen des gesellschaftlichen Rechts seien daher nicht das Produkt planmäßiger Setzung, sondern der Alltagspraxis des gesellschaftlichen Lebens der einzelnen Verbände; und sie werden auch nicht in erster Linie durch geregelten Rechtszwang durchgesetzt, sondern mit gesellschaftlichen Mitteln, vor allem durch außerrechtlichen sozialen Druck. Da zwischen diesen Rechtsnormen und diversen anderen außerrechtlichen Normen, wie jenen der Sozialmoral und der Sitte, große Ähnlichkeiten bestehen, schlägt Ehrlich vor, die Normen des gesellschaftlichen Rechts von solchen sozialethischen oder konventionalistisch vereinbarten außerrechtlichen Normen wie folgt zu unterscheiden: »Die Frage nach dem Gegensatz der Rechtsnorm und der außerrechtlichen Normen ist nicht eine Frage der Gesellschaftswissenschaft, sondern der gesellschaftlichen Psychologie. Die verschiedenen Arten von Normen lösen verschiedene Gefühlstöne aus, und wir antworten auf Übertretung verschiedener Normen nach ihrer Art mit verschiedenen Empfindungen. Man vergleiche das Gefühl der Empörung, das einem Rechtsbruch folgt, mit der Entrüstung gegenüber einer Verletzung des Sittengebotes, mit dem Ärgernis aus Anlaß einer Unanständigkeit, mit der Mißbilligung der Taktlosigkeit, mit der Lächerlichkeit beim Verfehlen des guten Tones, und schließlich mit der kritischen Ablehnung, die die Modehelden denen angedeihen lassen, die sich nicht auf ihrer Höhe befinden. Der Rechtsnorm ist eigentümlich das Gefühl, für das schon die gemeinrechtlichen Juristen den so bezeichnenden Namen *opinio necessitatis* gefunden haben.« (Ehrlich 1989, S. 146f.)

Doch so geht es sicher nicht. Ehrlichs Abgrenzungsvorschlag ist denn auch nicht nur auf die spöttische Kritik seiner Gegner gestoßen (z.B. Kelsen 1915, S. 861ff.), sondern auch von seinen Anhängern durchwegs verworfen worden (z.B. Rehbinder 1986, S. 122ff.). Das heißt aber nicht, dass seine Idee eines gesellschaftlichen Rechts zum Scheitern verurteilt ist. Ein Weg, sie zu retten, besteht darin, die Normen dieses Rechts an eine gewisse, obschon nur schwache Regelung der Verfahren und Formen ihrer Durchsetzung bzw. Sanktionierung zu knüpfen, wie etwa bei der Selbsthilfe und der Streitschlichtung in akephalen und vorstaatlichen Gesellschaften, wo zwar kein organisierter Rechtsstab existiert, aber bestimmten Personen die Durchführung von Vergeltungsmaßnahmen gegen fremdes Unrecht obliegt und auch die Möglichkeiten der Schlichtung von Streitigkeiten in bestimmten geregelten Formen verlaufen. Doch selbst dann, wenn es kein geeignetes Kriterium für die Unterscheidung zwischen den spontan entstehenden und wirkenden Normen, die Ehrlich als solche des gesellschaftlichen Rechts bespricht, und nicht-rechtlichen konventionellen Normen geben sollte, ist für seine Konzeption nicht viel verloren. Diese wäre dann nur terminologisch dahingehend zu reformulieren, dass es eine Schicht spontan entstehender und wirkender sozialer Normen gibt, die zumindest in überschaubaren sozialen Verbänden eine tragfähige soziale Ordnung ohne einen organisierten Rechtsapparat sicherzustellen vermögen und im Verlauf der Entwicklung des Rechts auch in dessen Normenbestand eingehen. Ähnliches gilt für eine andere Überlegung Ehrlichs, die viel Kritik provoziert hat: seine Unterscheidung von Rechtsnorm und Rechtssatz. Während »Rechtsnormen« eben jene rechtlichen Regeln seien, die die innere Ordnung gesellschaftlicher Verbände tatsächlich wirksam regulieren, unabhängig davon, ob sie wörtlich formuliert werden, versteht er unter einem »Rechtssatz« die »zufällige, allgemeinverbindliche Fassung einer Rechtsvorschrift in einem Gesetze oder einem Rechtsbuch« (Ehrlich 1989, S. 44; vgl. dazu Kelsen 1915, S. 845ff.; Ehrlich 1916, S. 845ff.). Daraus folgt die These, dass Rechtsnormen nicht nur viel früher existieren, sondern auch viel zahlreicher sind als Rechtssätze; schließlich treten letztere ja erst in Erscheinung, wenn erstere (in der Regel von Juristen) in Worte gefasst werden. Diese These ist zwar nicht unplausibel, doch kann dagegen eingewendet werden, dass die Rechtsnormen, damit sie befolgt und angewendet werden können, wenigstens verstanden werden und damit auch sprachlich formulierbar sein müssen, sodass Rechtsnormen und Rechtssätze schließlich zusammenfallen. Das sind aber terminologische Spitzfindigkeiten, welche die Theorie von Ehrlich nicht wirklich untergraben.

Im Zuge der Rechtsentwicklung tritt zum gesellschaftlichen Recht, dem selbsttätig entstandenen Organisationsrecht der Gesellschaft, als zweite Normschicht das »Juristenrecht« hinzu, das von Gerichten vermittels ihrer Entscheidungen, von Advokaten in Form der von ihnen entworfenen Urkunden und Verträge, und von Rechtsgelehrten durch ihre Rechtslehren und Rechtsbücher produziert wird. Das Juristenrecht ist Ehrlich zufolge ein bloßes »Schutzrecht«, das vor allem dann in Erscheinung tritt, wenn die Ordnung gesellschaftlicher Verbände gestört wird. Es bestehe im Wesentlichen aus »Entscheidungsnormen«, die er wie folgt charakterisiert: »Die Entscheidungsnorm ist wie alle gesellschaftlichen Normen eine Regel des Handelns, aber doch nur für die Gerichte, sie ist, wenigstens in erster Linie, nicht eine Regel für die Menschen, die im Leben wirken, sondern für die Menschen, die über diese Menschen zu Gericht sitzen. Insoweit die Entscheidungsnorm eine Rechtsnorm ist, erscheint sie daher als Rechtsnorm besonderer Art, verschieden von den Rechtsnormen, die allgemeine Regeln des Handelns enthalten.« (Ehrlich 1989, S. 112) Die Entscheidungsnormen beruhen zwar, so meint er, letztlich ebenfalls auf den Tatsachen der inneren Ordnung der einzelnen sozialen Verbände (Übung, Besitz, Herrschaft, Willenserklärung), doch resultieren sie, anders als Handlungsnormen, nicht unmittelbar aus diesen Tatsachen, sondern vielmehr aus deren Deutung durch die Juristen im Hinblick auf die Regelung rechtlicher Streitigkeiten. So entwickeln sich die speziellen Entscheidungsnormen, auf die sich die Gerichte in Einzelfällen stützen, im Wege ihrer Verallgemeinerung und Vereinheitlichung nach und nach zu allgemeinen Entscheidungsnormen in Gestalt von Rechtssätzen, die in ein gesetzliches Juristenrecht münden. Freilich, so Ehrlich, seien die Juristen dabei diversen gesellschaftlichen Einflüssen ausgesetzt, die in den Normen des von ihnen geschaffenen Rechts Niederschlag finden: dem Einfluss von Machtverhältnissen, Zweckmäßigkeitserwägungen und Gerechtigkeitsvorstellungen (ebd., S. 116ff., 173ff.).

Aus Ehrlichs sehr ausführlicher Erörterung dieser Einflüsse geht nicht nur sein ausgeprägter ethischer Relativismus, sondern auch sein Hang zu einer mehr oder minder konservativen Haltung zu den politischen Fragen seiner Zeit hervor. Was die Gerechtigkeit betrifft, so nimmt er zwar zunächst die folgende, durchaus gehaltvolle Charakterisierung ihrer Bedeutung für gerichtliche Entscheidungen vor: »Die Entscheidung nach Gerechtigkeit ist eine Entscheidung aus Gründen, die auch auf den Unbeteiligten wirken: sie ist eine Entscheidung des an dem Interessengegensatz Unbeteiligten oder, wenn sie durch einen Beteiligten selbst erfolgt, eine solche, die auch der Unbeteiligte fällen oder billigen würde.« Doch diese Feststellung wird weitgehend relativiert, wenn Ehrlich gleich danach feststellt: »Von den in der Gesellschaft wuchernden Interessen gehen Strömungen aus, die schließlich auch die Unbeteiligten ergreifen. Der Richter, der nach Gerechtigkeit entscheidet, folgt der Strömung, unter deren Herrschaft er selbst steht.« (Ebd., S. 176f.) Und auch seine nachfolgenden, durchaus interessanten Ausführungen über die Inhalte der Gerechtigkeit (ebd., Kap. X) laufen der Sache nach ins Leere.

In diesem Zusammenhang ist auch Ehrlichs erhellende, obgleich systematisch nicht immer transparente Erörterung der verschiedenen Zweige des Juristenrechts nach dessen Urhebern zu erwähnen: So behandelt er zunächst (ebd., Kap. VIII) in Kürze das Richterrecht, das Juristenrecht der juristischen Schriftsteller und Lehrer, das Amtsrecht von staatlichen Beamten und das gesetzliche Juristenrecht (d.s. Entscheidungsnormen, die in Gesetze Eingang gefunden haben). Erst nach einem ausufernden rechtshistorischen Traktat über die großen Traditionen der Jurisprudenz von der römischen über die englische bis zur gemeinrechtlichen der historischen Schule (ebd., Kap. XI-XIV), kommt er später noch mehrfach auf die Beiträge einzelner juristischer Berufszweige zur Jurisprudenz zu sprechen. Einer dieser Berufszweige ist die Anwaltschaft, die, wie Ehrlich ausführt, nicht nur in besonderem Maße zur Entwicklung des Prozessrechts beigetragen, sondern auch die Verfeinerung und Präzisierung vertraglicher Vereinbarungen maßgeblich vorangetrieben hat (ebd., Kap. XV).

Auf das gesellschaftliche Recht und das darauf aufbauende Juristenrecht folgt schließlich das »staatliche Recht« als dritte Rechtsschicht, deren Normen bzw. Rechtssätze die anderen Schichten überlagern, indem sie sie zum Teil ergänzen und zum Teil modifizieren. Es ist, so Ehrlich (ebd., S. 124), »ein Recht, das nur durch den Staat entstanden ist und ohne den Staat nicht bestehen könnte«, mithin erst auftritt, wenn es eine auf militärische und polizeiliche Macht gestützte staatliche Autorität mit zentralisierter Rechtspflege und Verwaltung gibt. In seiner Terminologie gehören demnach alle jene Normen, die die staatliche Rechtsetzung aus dem gesellschaftlichen und dem Juristenrecht übernimmt, nicht zum staatlichen Recht. Dessen Normen nennt Ehrlich in der *Grundlegung der Soziologie des Rechts* »Eingriffsnormen«, weil sie die Behörden anweisen, in das Sozialleben einzugreifen und Normen der anderen Arten mittels organisierten Zwangs durchzusetzen; in späteren Publikationen, in denen er der staatlichen Verwaltung eine bedeutendere Rolle zuschreibt, bezeichnet er sie hingegen als »Verwaltungsnormen« (vgl. Ehrlich 1986d).

Davon ausgehend möchte Ehrlich nun das Rechtsgeschehen einer entwickelten Gesellschaft insgesamt aus dem komplexen Zusammenwirken der drei Rechtsschichten erklären, wobei er der ersten Schicht, dem gesellschaftlichen Recht, einen gewissen zeitlichen Vorrang zuerkennt, weil in ihm der dynamische Wandel der gesellschaftlichen Verhältnisse zuallererst Niederschlag finde und erst in weiterer Folge auch die Juristen und schließlich den Staat beschäftige. Eben das ist die zentrale These der Konzeption des »lebenden Rechts«. Diese These ist durchaus interessant, und sie trifft auch in vielen Fällen zu, wie Beispiele der Rechtsentwicklung belegen, doch ist es zweifelhaft, ob es sich immer so verhält. Denn es gibt auch viele Befunde, die dafür sprechen, dass umgekehrt sowohl die gerichtliche Rechtsprechung als auch die staatliche Gesetzgebung einen erheblichen Wandel der sozialen Lebenswelten der Menschen einschließlich ihrer sozialen Normen bewirken können. Ein auffälliger Schwachpunkt von Ehrlichs Konzeption ist überhaupt seine merkliche Geringschätzung des staatlichen Rechts, sowohl was dessen quantitativen Umfang als auch was seine Funktion für die Gestaltung der gesellschaftlichen Ordnung betrifft. Diese Geringschätzung, in der sich wohl auch sein politischer Konservativismus liberaler Ausrichtung ausdrückt, ist einerseits aus seiner Meinung zu erklären, dass die meisten Regelungen des staatlichen Rechts ohnehin den in ständiger Entwicklung begriffenen Systemen des gesellschaftlichen und des Juristenrechts entstammen, andererseits aber auch aus seiner Ansicht, dass die Staatstätigkeit den Zenit ihres Wachstums bereits überschritten habe – offenbar verkannte Ehrlich die sich aus dem sozioökonomischen Wandel ergebende Zunahme des Bedarfs nach staatlicher Steuerung. Heute kann man dazu wohl nur sagen: Welch ein Irrtum! Aber auch derlei gelegentliche Fehleinschätzungen tun dem eminenten Wert von Ehrlichs Beitrag zur Rechtssoziologie keinen Abbruch.

Ehrlich, Eugen (1902): *Beiträge zur Theorie der Rechtsquellen. Erster Teil. Das ius civile, ius publicum, ius privatum*, Berlin: C. Heymann.

– (1916): Entgegnung [auf Kelsen 1915]. In: *Archiv für Sozialwissenschaft und Sozialpolitik* 41, 844–849.

– (1966): *Die juristische Logik* [1917], Aalen: Scientia.
– (1967a): *Recht und Leben. Gesammelte Schriften zur Rechtstatsachenforschung und zur Freirechtslehre*, hrsg. von Manfred Rehbinder, Berlin: Duncker & Humblot.
– (1967b): Freie Rechtsfindung und freie Rechtswissenschaft [1903]. In: Ehrlich 1967a, S. 170–202.
– (1986a): *Gesetz und lebendes Recht. Vermischte kleinere Schriften*, hrsg. von Manfred Rehbinder, Berlin: Duncker & Humblot.
– (1986b): Soziologie und Jurisprudenz [1906]. In: Ehrlich 1986a, S. 88–103.
– (1986c): Soziologie des Rechts [1913/14]. In: Ehrlich 1986a, S. 179–194.
– (1986d): Die Soziologie des Rechts [1922]. In: Ehrlich 1986a, S. 241–253.
– (1989): *Grundlegung der Soziologie des Rechts* [1913], 4. Aufl., hrsg. von Manfred Rehbinder, Berlin: Duncker & Humblot.
– (2002): *Fundamental Principles of the Sociology of Law* [1936], transl. by Walter L. Moll, introduction by Roscoe Pound, new introduction by Klaus A. Ziegert, New Brunswick/ London: Transaction Publishers.
– (2007): *Politische Schriften*, hrsg. u. eingel. von Manfred Rehbinder, Berlin: Duncker & Humblot.
Hertogh, Marc (Hg.) (2009): *Living Law. Reconsidering Eugen Ehrlich*, Oxford/Portland, OR, USA: Hart.
Hull, Natalie E.H. (1997): *Roscoe Pound and Karl Llewellyn. Searching for an American Jurisprudence*, Chicago: University of Chicago Press.
Kantorowicz, Hermann (1911): Rechtswissenschaft und Soziologie. In: *Verhandlungen des ersten deutschen Soziologentages vom 19.-22.10.1910 in Frankfurt am Main*, Tübingen: Mohr, S. 275–309.
Kelsen, Hans (1912): Zur Soziologie des Rechtes. Kritische Betrachtungen. In: *Archiv für Sozialwissenschaft und Sozialpolitik* 34, S. 601–614.
– (1915): Eine Grundlegung der Rechtssoziologie. In: *Archiv für Sozialwissenschaft und Sozialpolitik* 39, S. 839–876.
Pound, Roscoe (1922): An Appreciation of Eugen Ehrlich. In: *Harvard Law Review* 36, S. 129–130.
– (2002): Introduction. In: Ehrlich 2002, S. lxi-lxviii.
Rehbinder, Manfred (1978): Neues über Leben und Werk von Eugen Ehrlich. In: *Recht und Gesellschaft. Festschrift für Helmut Schelsky zum 65. Geburtstag*, hrsg. von Friedrich Kaulbach und Werner Krawietz, Berlin: Duncker & Humblot, S. 403–418.
– (1986): *Die Begründung der Rechtssoziologie durch Eugen Ehrlich* [1967], 2., völlig neu bearb. Aufl., Berlin: Duncker & Humblot.
– (2007): Die politischen Schriften des Rechtssoziologen Eugen Ehrlich auf dem Hintergrund seines bewegten Lebens. In: *Anuarul Institutului de Istoria »G. Baritiu« din Cluj-Napoca* 46, S. 269–281.
Teubner, Gunther (1996): Globale Bukowina. Zur Emergenz eines globalen Rechtspluralismus. In: *Rechtshistorisches Journal* 15, S. 255–290.
Ziegert, Klaus A. (2009): World Society, Nation State and Living Law. In: Hertogh 2009, S. 223–236.

Weiterführende Literatur

Barta, Heinz/Michael GannerTaggen/Caroline Voithofer (Hgg.) (2013): *Zu Eugen Ehrlichs 150. Geburtstag und 90. Todestag*, Innsbruck: Innsbruck University Press.

Rheinstein, Max (1938): Sociology of Law. Apropos Moll's Translation of Eugen Ehrlich's Grundlegung der Soziologie des Rechts. In: *International Journal of Ethics* 48, S. 232–239.

Rottleuthner, Hubert (1984): Rechtstheoretische Probleme der Soziologie des Rechts. Die Kontroverse zwischen Hans Kelsen und Eugen Ehrlich. In: *Rechtssystem und gesellschaftliche Basis bei Hans Kelsen*, hrsg. von Werner Krawietz und Helmut Schelsky, Berlin: Duncker & Humblot, S. 521–551.

– (2013): Das lebende Recht bei Eugen Ehrlich und Ernst Hirsch. In: *Zeitschrift für Rechtssoziologie* 33, S. 191–206.

Vogl, Stefan (2003): *Soziale Gesetzgebungspolitik, freie Rechtsfindung und soziologische Rechtswissenschaft bei Eugen Ehrlich*, Baden-Baden: Nomos.

Peter Koller

Appendix: Karl Renner

Auch ein Pionier der Rechtssoziologie: Karl Renner

Karl Renner (1870–1950) war nicht nur Politiker, Publizist und Jurist, sondern auch Staats- und Gesellschaftstheoretiker sowie Rechtssoziologe. Die ersten Veröffentlichungen unter den Pseudonymen »Synopticus« und »Rudolf Springer« waren der Nationalitätenfrage gewidmet. Im Folgenden liegt der Fokus aber auf dem vielbeachteten und auch ins Russische übersetzten rechtssoziologischen Hauptwerk *Die soziale Funktion der Rechtsinstitute, besonders des Eigentums*, welches Renner zuerst 1904 unter dem Pseudonym »Josef Karner« in der von Max Adler und Rudolf Hilferding herausgegebenen Reihe »Marx-Studien« veröffentlichte. (1929 erschien eine stark überarbeitete Fassung unter dem Titel *Die Rechtsinstitute des Privatrechts und ihre soziale Funktion. Ein Beitrag zur Kritik des bürgerlichen Rechts*, und davon wiederum 1949 – auf eine Anregung Karl Mannheims zurückgehend – bei Routledge & Kegan Paul die englische Übersetzung *The Institutions of Private Law and their Social Functions.*)

Renners Werk zählt heute zu den Klassikern der Rechtssoziologie, doch behandelt es nur eine von mindestens zwei Grundfragen der Rechtssoziologie: »Kann ein Rechtsinstitut bei gleichbleibendem rechtlichen Bestand, das ist ohne Aenderung des Gesetzes, dennoch in seiner wirtschaftlichen Natur, in seinen ökonomischen und sozialen Funktionen sich ändern? Kann also, obwohl das Recht die Oekonomie zu regeln und also zu binden sucht, die Wirtschaft sich umgestalten, ist wirtschaftliche Entwicklung ohne gleichzeitige, adäquate Gesetzesänderung, bei erstarrtem Rechte möglich?« (Karner 1904, S. 2) Renners Antwort lautet: Ja. Das Recht sei zwar »*Bedingung* der Wirtschaft, aber nicht *Ursache der Aenderung und Entwicklung* der wirtschaftlichen Verhältnisse« (ebd., S. 3). Eine andere Grundfrage, die Renner anführt, wie nämlich Gesetzesänderungen, also Änderungen des Normenbestands selbst, zu erklären seien, wird nicht erörtert. Renner geht es nicht um die Erforschung der Entstehung rechtlicher Normen und Institutionen. Er versteht sein Werk lediglich als »Vorarbeit für eine nächste Studie, die den Gesetzeswandel, insbesondere das ›Umschlagen‹ des bürgerlichen in das soziale Recht des Zukunftsgemeinwesens, zum Gegenstand haben soll« (ebd., S. 3).

Als Vertreter des (rechten Flügels des) Austromarxismus versucht der Rechtssoziologe Renner, Marx' Lehren für das Studium des Rechts fruchtbar zu machen, ohne damit in Konkurrenz zu einer Jurisprudenz treten zu wollen, die auf eine systematische Erfassung des Normenbestands abzielt, und – obwohl er durchaus an der Marx'schen Basis-Überbau-Lehre festhält – auch ohne die herkömmliche, eher formalistische Jurisprudenz, hierin ähnlich wie Max Weber, als bloßes Unternehmen der Produktion bürgerlicher Ideologie abzutun. Sein Rechtsbegriff ist, anders als etwa der von Eugen Ehrlich und der Freirechtsschule, ein staatszentrierter, gesetzespositivistischer. Mehr noch: Rechtsnormen sind für ihn essenziell Imperative, alles Recht sei »vor allem Unterwerfung des Eigenwillens unter den *Gesamtwillen*« (ebd., S. 4). Gleichwohl beginne die Rechts*wissenschaft* erst dort, wo die Jurisprudenz aufhöre: eben mit der Soziologie des Rechts und der politischen Ökonomie. Renner unterscheidet strikt – strikter noch als viele Juristen seiner Zeit, insbesondere als die amerikanischen Rechtsrealisten – zwischen dem juristischen und dem (sozial)wissenschaftlichen Blick auf das Recht. Wie später Hans Kelsen wendet er sich gegen eine Vermengung der Perspektiven und Methoden. Um die sozialen Funktionen von Rechtsinstituten (d.h. Normenkomplexen) angemessen erforschen zu können, müssten juristische und sozialwissenschaftliche Kategorien auseinandergehalten werden. So erschlössen sich die Funktion des Eigentums und ihr Wandel nur denen, die nicht so gut wie jedes veräußerliche Recht unter den Begriff subsumieren, sondern sich an die deutlich engere Definition der diversen Zivilrechtsordnungen halten. Nach dieser Definition ist Eigentum das Recht, mit einer Sache nach Belieben zu verfahren und jeden anderen davon auszuschließen. Kaufrecht, Miet- und Pachtrecht, Arbeitsrecht etc. betrachtet Renner als »Konnexinstitute«, die nicht das Wesen des Eigentumsrechts berühren, jedoch den Wandel der sozialen bzw. ökonomischen Funktion des Eigentums widerspiegeln würden. Für sich genommen sei das Rechtsinstitut des Eigentums in einem gewissen Sinne neutral, nämlich »indifferent gegen Subjekt und Objekt. Es vollzieht de jure nur die detentorische Funktion: wer immer welches Gut immer besitzt, das Recht schützt ihn im Besitze, in der Verfügungsgewalt über das Objekt. Die Privatrechtsordnung begnügt sich damit, den stofflichen Reichtum in festen Händen zu wissen, was die Hände damit verkehren, welcherlei Hände dies sind, ist ihr gleich. […] *De jure* also besitzt die bürgerliche Gesellschaft keine Güter- und Arbeitsordnung […]« (ebd., S. 28).

Renner beginnt seine Rekonstruktion des Funktionswandels (und eben nicht: des Normenwandels) beim »Erb und Eigen« im Zeitalter der einfachen Warenproduktion: Die meisten Produzenten sind unabhängige Bauern oder Handwerker; ihnen gehören die Produktionsmittel; sie beschäftigen kaum Arbeiter; und sie verkaufen, was sie nicht selbst benötigen, direkt an Verbraucher. Hier ist das Eigentum als Rechtsinstitut tatsächlich das Substrat der Wirtschaftsverfassung, der Rechtsbegriff das Spiegelbild der Gesellschaft. Mit der zunehmenden Beschäftigung familienfremder Arbeiter setzt ein Funktionswandel ein, ein Auseinanderdriften von juristischem und ökonomischem Eigentum: Immer mehr Menschen arbeiten mit Werkzeugen anderer in den Häusern und später Fabriken anderer. Der Arbeitsvertrag wird zum ersten bedeutsamen Konnexinstitut. Über ihn kann das Eigentum von der Herrschaft über Sachen zur *Herrschaft über Personen* werden. Zudem entstehen in der privaten Wirtschaft Organisationen mit durchaus staatsähnlichen internen Hierarchien. Und insoweit mit den Sachen der Eigentümer andere arbeiten, Eigentum sich mithin auf Sachen bezieht, die gerade zur Fremdnutzung (durch Arbeiter, Pächter, Mieter u.a.) bestimmt sind, besteht die Funktion des Rechtsinstituts nicht mehr darin, Innehabung zu gewährleisten, sondern Profit zu verschaffen.

Zu all dem musste sich am Normenbestand, der das Rechtsinstitut Eigentum begründet, so gut wie nichts ändern. Allerdings treten, wie Renner in der zweiten Auflage hervorhebt, zu den zivilrechtlichen Konnexinstituten wie Arbeits-, Kauf-, Pacht- und Darlehensvertrag ab der Mitte des 19. Jahrhunderts weitere, im Grunde öffentlichrechtliche Institutionen hinzu, wobei letztere die privaten Institute immer weiter verdrängen: »Der Normalarbeitstag, die Fabriksinspektion, Kinder- und Frauenschutz werden komplementäre Institutionen des öffentlichen Rechts [...], Kranken-, Unfalls-, Altersversicherung folgen nach [...]. Am Ende ist das Arbeitsverhältnis zu neun Zehnteln publici juris und nur der Rest ruht auf seiner privatrechtlichen Basis« (Renner 1929, S. 204).

Renners rechtssoziologische Analyse des Kapitalismus weist zahlreiche Parallelen auf zur aktuellen egalitär-liberalen und sozialistischen Kritik des Neoliberalismus, der – gegen die zu Beginn des 20. Jahrhunderts im Entstehen begriffenen öffentlich-rechtlichen Konnexinstitute gerichtet – seit den 1980er Jahren die Wirtschafts-, Sozial- und Finanzpolitik bestimmt. Womit Renner freilich nicht rechnen konnte, das sind Veränderungen der Form des Regierens, die seinem schon zu Anfang des 20. Jahrhunderts nicht unumstrittenen gesetzespositivistischen und imperativtheoretischen Rechtsbegriff den letzten Rest an Plausibilität zu rauben scheinen: Staatliche und internationale »Governance« bedient sich mittlerweile selbst zunehmend der Formen des Privatrechts. Eine Rechtssoziologie, die heute an Renners Werk anknüpfen möchte oder auch nur dessen Fragestellung übernimmt, hat diesem weiteren Funktionswandel des Eigentums und seiner vertragsrechtlichen »Konnexinstitute« wohl besondere Aufmerksamkeit zu widmen.

Karner, Josef [Pseud., eigtl. Karl Renner] (1904): *Die soziale Funktion der Rechtsinstitute, besonders des Eigentums*, Wien: Verlag der Wiener Volksbuchhandlung Ignaz Brand.

Renner, Karl (1929): *Die Rechtsinstitute des Privatrechts und ihre soziale Funktion*, Tübingen: J.C.B. Mohr.

Weiterführende Literatur

Kahn-Freund, Otto (1965): Einführung. In: Karl Renner/Ders., *Die Rechtsinstitute des Privatrechts und ihre soziale Funktion. Ein Beitrag zur Kritik des bürgerlichen Rechts. Mit einer Einleitung und Anmerkungen von Otto Kahn-Freund*, Stuttgart: Gustav Fischer Verlag, S. 1–44.

Reich, Norbert (1972): *Sozialismus und Zivilrecht. Eine rechtstheoretisch-rechtshistorische Studie zur Zivilrechtstheorie und Kodifikationspraxis im sowjetischen Gesellschafts- und Rechtssystem*, Frankfurt a.M.: Athenäum Verlag.

Trevino, A. Javier (2010): Introduction to the Transaction Edition. In: Karl Renner, *The Institu-*

tions of Private Law and Their Social Functions, New Brunswick/London: Transaction Publishers, S. ix-xxvi.

Christian Hiebaum

TEIL F: ZUR KONSOLIDIERUNG DER SOZIOLOGIE

Detaillierte Inhaltsübersicht von Teil F

Vorbemerkungen

Die Formierungsphase der Soziologie war um ca. 1900 in Österreich-Ungarn bereits im Großen und Ganzen abgeschlossen, und diese hatte bezüglich ihres logischen Status – was also ihren Gegenstand und die zur Anwendung kommenden Methoden der Forschung anlangt – ein den meisten anderen Geistes- und Sozialwissenschaften vergleichbares Profil erreicht. Dennoch unterblieb eine unter dem Namen »Soziologie« erfolgende Institutionalisierung dieser Disziplin im akademisch-universitären Bereich. Verstanden wurde sie im Habsburgerreich, wie auch anderswo, als ein in erster Linie gegenwartsbezogenes Fach, dessen Vertreter vor allem mit drei, voneinander nicht immer scharf trennbaren Gruppen von Problemen befasst sind: mit gesellschaftlichen Problemen – vornehmlich solchen der sozialökonomischen und sozialkulturellen Lage der Bauern und Arbeiter in der Zeit der beginnenden Hochindustrialisierung; mit Fragen und Problemen der nationalen Emanzipation einzelner Völker des Reiches; dann aber auch mit Problemen, die sich auf längerfristige Prozesse der geistigen, kulturellen und ökonomischen Entwicklung bezogen, die man genetisch und wirkungsgeschichtlich mit schichtspezifischen Denk-, Gefühls- und Handlungsweisen in einen Zusammenhang zu bringen und dadurch zu verstehen und zu erklären suchte (die Normengenese und die Normenrezeption können für diese Forschungsintention exemplarisch angeführt werden). Es waren vor allem Fragen nach der mittel- und langfristigen gesellschaftlichen Entwicklung, deren Beantwortung von der Soziologie in einer Zeit erwartet wurde, in der die Wissenschaft wie das Alltagsbewusstsein sowohl von der evolutionistischen als auch der sozialtechnologischen Denkweise weitgehend beherrscht wurden.

Bezüglich der Befassung mit Fragen und Problemen der erwähnten Art kam den universitären und außeruniversitären sozialwissenschaftlichen oder soziologischen Vereinen in der Habsburgermonarchie große Bedeutung zu. Auch nicht unmittelbar soziologische Vereine wie die Wiener »Ethische Gesellschaft« waren vornehmlich durch ein Interesse an aktuellen lebenspraktischen Problemen und deren Bewältigung bestimmt; allerdings kamen im Vortragsleben solcher Vereine auch historisch-soziologische Analysen als Aktualisierungen früherer geschichtsphilosophischer Deutungen nicht zu kurz. Dies stellen auf das Ende des 19. und den Beginn des 20. Jahrhunderts bezogene Studien zur Tätigkeit der sozialwissenschaftlichen Vereine im Allgemeinen und der soziologischen im Besonderen unter Beweis (vgl. dazu Müller 2004; Acham 2011). Reinhard Müllers im folgenden Teil F enthaltener Beitrag, der das universitäre und außeruniversitäre sozialwissenschaftliche Vereinsleben in der Habsburgermonarchie erörtert, reicht weit über den deutschen Sprachraum hinaus und und führt dem auf diesen Sprachraum fixierten Leser die Vielfalt und Intensität sozialwissenschaftlicher bzw. soziologischer Aktivitäten in den nicht-deutschsprachigen Teilen des Reiches vor Augen.

Ein untrüglicher Indikator dafür, dass eine Forschungsrichtung den Status einer »Normalwissenschaft« (Thomas S. Kuhn) erreicht hat, bildet das Vorhandensein von einschlägigen Lehr- und Handbüchern. Sie stellen gewissermaßen eine Inventarisierung und – in bestimmtem Umfang – auch eine Kanonisierung der gewonnenen Erkenntnisse und der zu ihnen führenden Methoden dar. Vier deutsch publizierende Autoren kommen im Folgenden zur Sprache: Rudolf Eisler, Wilhelm Jerusalem, Gustav Ratzenhofer (dieser mit seiner 1907 postum veröffentlichten *Soziologie*, nicht mit seinem bereits 1898 publizierten Buch *Die sociologische Erkenntnis. Positive Philosophie des socialen Lebens*, das hier auch hätte Platz finden können) sowie Ernst Viktor Zenker. Den Büchern dieser Autoren wären noch eine Reihe ähnlich konzipierter Werke nicht-deutschsprachiger Autoren zur Seite zu stellen, über die in gewissem Umfang die Literaturangaben in Teil C zu den Beiträgen über die frühe Soziologie in Tschechien (von Miloš Havelka), in Galizien (von Jan Surman und Jakob Mischke), in Ungarn (von Gábor Felkai), in Kroatien (von Goran Batina) und in Slowenien (von Maca Jogan) Aufschluss geben.

Acham, Karl (2011): Wien und Graz als Stätten einer frühen soziologischen Vereinstätigkeit. In: Ders., *Kunst und Wissenschaft aus Graz*, Bd. 3: *Rechts-, Sozial- und Wirtschaftswissenschaften aus Graz. Zwischen empirischer Analyse und normativer Handlungsanweisung: wissenschaftsgeschichtliche Befunde aus drei Jahrhunderten*, Wien/Köln/Weimar: Böhlau, S. 409–431.

Müller, Reinhard (2004): Die Stunde der Pioniere. Der Wiener »Socialwissenschaftliche Bildungsverein« 1895 bis 1908. In: Andreas Balog/Gerald Mozetič (Hgg.), *Soziologie in und aus Wien*, Frankfurt a.M.: Peter Lang, S. 17–48.

Karl Acham

I. Die ersten Übersichtsdarstellungen und Lehrbücher

Ernst Viktor Zenker

Ernst Viktor Zenker (1865–1946) gehört zu jenen Personen, die es in wissenschaftlichen Kreisen nur zum »Geheimtipp« gebracht haben. Wahrgenommen wird Zenker – wenn überhaupt – als Journalist, Zeitungsherausgeber, Freimaurer und Politiker, der sich vom Gegner des Antisemitismus zu dessen glühendem Verfechter, vom aufgeklärten Liberalen zum radikalen Deutschnationalen und schließlich zum Nationalsozialisten wandelte. Seine Bibliographie zur Geschichte des Zeitungswesens gilt dennoch als wissenschaftliche Pionierarbeit, ebenso seine Geschichte der Wiener Journalistik. Auch seine betont quellenorientierte Geschichte der chinesischen Philosophie wird bisweilen gewürdigt, desgleichen seine Studien zur chinesischen, japanischen und sumerischen Sprache. Zenker, der sich mit Sozialreform und Wirtschaftstheorie beschäftigte, mit Bevölkerungspolitik, Eherechtsreform, Nationalitätenfrage, mit der Rolle des Parlamentarismus in der Gesellschaft, mit der sozialen Funktion der Freimaurerei, mit dem Verhältnis von Kirche und Staat sowie mit dessen Auswirkungen auf Gesellschaft und Politik, ist somit ein vortreffliches Beispiel für die Bandbreite der frühen Sozialwissenschaften. Neben diesen bisweilen weniger originellen Arbeiten hinterließ er für die Soziologie noch heute Bemerkenswertes.

Mit dem 1897 erschienenen Buch über die *Wiener Revolution 1848* lieferte Zenker eine frühe sozialgeschichtliche Studie zu diesem Thema. Umfassend beschäftigte er sich mit den sozialen Verhältnissen in der Landwirtschaft, im Gewerbe und in der Arbeiterklasse vor sowie mit den sozialen Ereignissen während der Revolution. Aus nichtmarxistischer Sicht analysierte er die Beziehungen zwischen der Wirtschaft und den sozialen Zuständen, Ereignissen und Prozessen, wobei er auf umfangreichem, selbst zusammengetragenem statistischen Material aufbaute, was sein Werk auch zu einer wichtigen Quelle machen sollte.

Nicht minder bemerkenswert ist Zenkers Studie *Anarchismus* (1895), durch die er gemeinsam mit Rudolf Stammler zum Pionier der Anarchismus-Forschung im deutschen Sprachraum wurde. In einer Zeit unzähliger Attentate versuchte er, auf der Grundlage der von den anarchistischen Bewegungen selbst verbreiteten Literatur den Begriff »Anarchismus« zu definieren und dessen unterschiedliche Theorien zu analysieren. Einerseits setzte er damit einen Kontrapunkt zu der damals sehr verbreiteten antianarchistischen Literatur, die den Anarchismus – selbst bei wissenschaftlicher Betrachtungsweise – vor allem mit Terrorismus und Chaos gleichsetzte; andererseits schuf er durch die Differenzierung unterschiedlicher anarchistischer Vorstellungen von wirtschaftlicher und gesellschaftlicher Organisation eine Systematisierung des Anarchismus nach Kategorien (wie Mutualismus, Kollektivismus, individualistischer und kommunistischer Anarchismus), die lange Zeit – und teilweise bis heute – nicht nur für die deutschsprachige Anarchismus-Forschung prägend blieb. Zenkers Sichtweise führte allerdings auch dazu, dass die Wissenschaft den Anarchismus lange Zeit als rein abstrakte Sozialphilosophie betrachtete und die konkreten sozialen Bewegungen außer Acht ließ. Ungeachtet dessen trug er mit der betonten Separierung des Anarchismus von der Parteipolitik wesentlich dazu bei, anarchistische Bewegungen nicht mehr als parteipolitische, sondern als sozialphilosophische beziehungsweise sozialpolitische zu betrachten.

Auch wenn Zenker von sich sagte, dass »meine zweibändige Soziologie ›Die Gesellschaft‹ vollständig versagt« hätte (Zenker 1935, S. 113), muss man dieses 1899 und 1903 erschienene Werk heute zu den frühen und originellen Werken der Soziologiegeschichte zählen. Der erste Band über die *Natürliche Entwicklungsgeschichte der Gesellschaft* verharrte noch in einer rein deskriptiven Darstellung der Elemente der sozialen und politischen Entwicklung menschlicher Gesellschaften, wie sie damals vielfach zu finden war. Der Titel des zweiten Bandes, *Die sociologische Theorie*, ist irreführend. Zenker wollte nicht (wie etwa Rudolf Eisler in seinem ebenfalls im Jahr 1903 erschienenen Buch *Soziologie*) eine neue Theorie der Soziologie entwickeln. Da in der Soziologie »heute eine geradezu erschreckende Anarchie« herrsche, »wie sie keine zweite Wissenschaft kennt«, versuchte er, »eine allgemeine Orientierung über alles bis nun Geleistete zu liefern, und die Resultate der einzelnen Forscher soviel wie möglich zusammenzufassen« (Zenker 1903, S. VII). Bemerkenswert ist weniger seine auf induktivem Weg erarbeitete Synthese von Erkenntnissen einzelner Wissenschaftler und einzelner Wissenschaftsdisziplinen, als vielmehr seine Konzeption dieses Werks als Diskussionsplattform nach Art einer soziologischen Systematologie. Damit schuf er eine durchaus originelle, auf die Zusammenschau erfolgreicher Ideen ausgerichtete Soziologiegeschichte, die er anhand dreier Themenkomplexe (»Soziologie als Wissenschaft«; »Was ist eine Gesellschaft?«; »Soziale Kräfte und Gesetze«) abhandelte. Das von Zenker als gleichsam dritter Band gedachte Werk *Soziale Ethik* (1905) verfolgte dieses spezielle Rezeptionsprinzip zwar nur mehr ansatzweise, es wurde aber dennoch auch später noch nachgeahmt, etwa – mit dogmatisierender Zielrichtung – in Othmar Spanns *Gesellschaftslehre*.

Eisler, Rudolf (1903): *Soziologie. Die Lehre von der Entstehung und Entwickelung der menschlichen Gesellschaft*, Leipzig: Verlagsbuchhandlung von J. J. Weber.

Lösche, Peter (1977): *Anarchismus* (= Erträge der Forschung, Bd. 66), Darmstadt: Wissenschaftliche Buchgesellschaft.

Spann, Othmar (1914): *Kurzgefaßtes System der Gesellschaftslehre*, Berlin: J. Guttentag.

Stammler, Rudolf (1894): *Die Theorie des Anarchismus*, Berlin: G. Häring.

Zenker, Ernst Viktor (1895): *Der Anarchismus. Kritische Geschichte der anarchistischen Theorie*, Jena: Gustav Fischer.

– (1897): *Die Wiener Revolution 1848 in ihren socialen Voraussetzungen und Beziehungen*, Wien/Pest/Leipzig: A. Hartleben.

– (1899/1903): *Die Gesellschaft*, 1. Bd.: *Natürliche Entwicklungsgeschichte der Gesellschaft* [1899]; 2. Bd.: *Die sociologische Theorie* [1903], Berlin: Georg Reimer.
– (1905): *Soziale Ethik*, Leipzig: Georg H. Wigand.
– (1914): *Soziale Moral in China und Japan* (= Schriften des Sozialwissenschaftlichen Akademischen Vereins in Czernowitz, Heft 4), München-Leipzig: Duncker und Humblot.
– (1916): *Die nationale Organisation Oesterreichs*, Berlin: C. A. Schwetschke.
– (1937): *Persönlichkeit und Gemeinschaft*, Reichenberg: Sudetendeutscher Verlag Franz Kraus.

Weiterführende Literatur

Bernsdorf, Wilhelm (1980): Art. »Zenker, Ernst Viktor«. In: *Internationales Soziologenlexikon*, 2., neubearb. Aufl., hrsg. von Wilhelm Bernsdorf und Horst Knospe, Stuttgart: Ferdinand Enke, Bd. 1, S. 510.
Freundlich, Paul (1911): Sozialwissenschaftliche Ecke, redigiert vom »Sozialwissenschaftlichen akad. Verein«. E. V. Zenker: »Die Gesellschaft« [Rezension]. In: *Czernowitzer Allgemeine Zeitung* Nr. 2344 (12.11.1911), S. 6f., und Nr. 2350 (19.11.1911), S. 7f.
Gumplowicz, Ludwig (1906): Ernst Viktor Zenker: »Soziale Ethik« [Rezension]. In: *Österreichische Rundschau* 6, S. 308f.
Vierkandt, A[lfred] (1904): Ernst Victor Zenker, Die Gesellschaft. II. Band: Die soziologische Theorie [Rezension]. In: *Zeitschrift für Socialwissenschaft* 7, S. 355.

Reinhard Müller

Erste Lehrbücher und Übersichtswerke der Soziologie in Österreich

In seiner im Jahr 1915 veröffentlichten Anleitung *Wie studiert man Sozialwissenschaft?* verwies Joseph Schumpeter (1883–1950) in Bezug auf das Studium der Soziologie auf den damals für Studenten der Wirtschaftswissenschaften als Standardwerk angesehenen und überaus erfolgreichen *Grundriß der Politischen Ökonomie* (1893/1899/1907) von Eugen von Philippovich (1858–1917). Die »soziologischen Ausführungen« dieses Autors, auf die Schumpeter hinwies, beziehen sich im ersten Band dieses Werks wohl vor allem auf die in der Einleitung enthaltenen methodologischen Erörterungen zur Volkswirtschaftslehre in ihrer Beziehung zu anderen Wissenschaften, auf das Kapitel »Staat und Gesellschaft« im Ersten Buch, auf das Kapitel »Der Wert« im Dritten Buch, sowie auf die im Fünften Buch erörterten »wirtschaftspolitischen Ideenrichtungen« des Individualismus, des Sozialismus und der Sozialreform; im zweiten Band dürften sie insbesondere auf die Darstellung der sozialökonomischen Lage einzelner Stände, vornehmlich der Bauern und Arbeiter, bezogen sein. Es zeugt von Schumpeters Verständnis von Soziologie, aber insbesondere von seinem an die Adresse sozialwissenschaftlicher Autoren gerichteten Anspruch auf theoretischen und empirischen Gehalt, dass er keines der bereits in deutscher Sprache vorliegenden Lehrbücher und Übersichtswerke der damals akademisch noch nicht institutionalisierten Soziologie der Erwähnung für würdig befand. Es mag sein, dass ihm die wenigen Bücher, welche damals den Namen der Soziologie im Titel führten, eher als programmatische und um Anerkennung der Disziplin bemühte denn als wirklich erkenntnishaltige und für seine Zwecke nützliche Werke erschienen sind. Man wird ihm das nach Lage der Dinge nicht immer verargen können.

Als Übersichtswerke können insbesondere Ernst Viktor Zenkers (1865–1946) zweibändiges Werk *Die Gesellschaft* (1899/1903) – mit diesem Autor ist der zweite Beitrag in diesem Abschnitt des vorliegenden Sammelwerks befasst – und Gustav Ratzenhofers (1842–1904) postum erschienene *Soziologie* (1907), eine der Absicht nach verbesserte Version seines 1898 erschienenen Buches *Die soziologische Erkenntnis*, angesehen werden. (Die aufgrund ihres Titels als Übersichtswerke erscheinenden, in den Jahren 1885 und 1910 publizierten Bücher zur Soziologie bzw. zur Sozialphilosophie von Ludwig Gumplowicz bleiben in Anbetracht des ausführlichen diesem Autor gewidmeten Beitrags im vorliegenden Sammelband hier außer Betracht.) Von denjenigen Übersichtswerken wiederum, die zugleich auch als Lehrbücher verstanden wurden, ist vor allem Rudolf Eislers (1873–1926) ideengeschichtlich profunde und mehrere Nachbardisziplinen einbeziehende *Soziologie* aus dem Jahre 1903 zu nennen, wohl das erste einschlägige Lehrbuch in deutscher Sprache, aber auch – trotz des scheinbar andersartigen Inhalts – Wilhelm Jerusalems (1854–1923) erstmals 1899 veröffentlichte *Einleitung in die Philosophie*. Schon früh wurde in diesem verbreiteten philosophischen Lehrbuch die Soziologie thematisiert, doch in dessen 7. und 8. Auflage aus dem Jahre 1919 wurde der bereits in der vorangehenden Auflage aus dem Jahr 1913 recht umfangreiche letzte Abschnitt, welcher der Soziologie und der Geschichtsphilosophie gewidmet war, noch einmal, und zwar auf ein Drittel des Gesamtumfangs, erweitert.

Alle drei Soziologen, deren Werk heute nur selten Gegenstand wissenschaftsgeschichtlicher oder systematischer Betrachtungen ist (wie z. B. in Mikl-Horke 2011), sind mit der politischen Geschichte, vor allem aber mit der Kulturgeschichte und der Ideengeschichte der Philosophie und Sozialwissenschaften bestens vertraut. In ihrer allgemeinen intellektuellen Orientierung sind sie dem Historismus ihrer Zeit verpflichtet. So meint beispielsweise Jerusalem, »daß die Frage nach der *Geltung* der ethischen Normen von ihrer tatsächlichen Entstehung und Entwicklung keineswegs losgelöst werden kann« (Jerusalem 1919, S. 351), und ähnlich äußert sich Eisler über die Rechtsnormen (Eisler 1903, S. 166f.). Auf den wechselnden Charakter des als »Zeitgeist« Bezeichneten macht Ratzenhofer aufmerksam und erwähnt die unterschiedlichen Formen, die jener je nach Maßgabe der dominanten gesellschaftlichen Verbände und Institutionen annimmt: als Stammeszusammenhang, Familientradition, Konfession, Klasse, Nationalität etc. (Ratzenhofer 1907, S. 57). Damit im Zusammenhang steht die Ablehnung monokausaler Deutungen und Erklärungen der gesellschaftlich-geschichtlichen Welt. Denn je nach geschichtlicher

Situation sei die Wirksamkeit von Faktoren unterschiedlich, ihre Erklärungskraft sonach relativ. Daher könne man, wie Rudolf Eisler ausführt, »nur sagen, daß bestimmte Gebilde, wie etwa die Wirtschaft, zu bestimmten Zeiten und unter besonderen Bedingungen für die Beurteilung sozialer Prozesse ganz besonders in Rechnung gezogen werden müssen«, eine absolute Erklärungskraft komme jedoch keinem Faktor zu (Eisler 1903, S. 72; vgl. auch S. 73f.). Welcher Stand und welche soziale Schicht, fragt wiederum Ratzenhofer, hat welches Verhältnis und welche Einstellung zum Staat? (Vgl. Ratzenhofer 1907, S. 140f.) Durch Verbindung der erkenntnisgenetischen Fragestellung mit der Ethnosoziologie und der Schichtungssoziologie wurden diese Autoren – als Ergebnis der ungleichmäßig erfolgten Rezeption insbesondere Wilhelm Jerusalem (vgl. Jerusalem 1905 und 1924) – zu Wegbereitern der Wissenssoziologie, aber auch einer Ideologiekritik, die vor allem der ahistorischen Betrachtung von Geschichte und Gesellschaft galt.

Allerdings besagt der mit diesen Konzeptionen verbundene Relativismus nicht, dass jeder Mensch ausschließlich das »Kind seiner Zeit« sei. Gleich wenig ist er eine bloße Resultante seines biologischen Erbes. Selbst dieses biologische Erbe, so finden die Autoren, sei nichts Statisches, sondern etwas, das mit dem menschlichen Erleben, Handeln und Erkennen in Wechselbeziehung stehe und dabei verändert werde. Vor allem Eisler und Ratzenhofer verstehen sich in diesem Zusammenhang als Vertreter des Lamarckismus, der Lehre von der »Vererbung erworbener Eigenschaften« (Eisler 1903, S. 82; Ratzenhofer 1907, S. 63), der unter anderem auch einer ihrer prominenten Zeitgenossen, der Soziologe und Finanzökonom Rudolf Goldscheid, anhing (vgl. Witrisal 2004). Die Erfahrungen und Vorstellungen von heute könnten, so meinte man, zu Dispositionen zukünftiger Generationen werden: »Die Idee der Ahnen wird zur Anlage späterer Geschlechter«, schreibt Ratzenhofer (Ratzenhofer 1907, S. 86), was seinen Grund in der »morphologischen Festlegung der Erfahrungen« habe. Dadurch würden allerdings »nicht die Willensakte und Handlungen selbst morphologisch vorgebildet werden, sondern bloß die Fähigkeit zu solchen durch eine Verfeinerung des Bewusstseinsapparats« (ebd., S. 50). Die seit Auguste Comte für die Soziologie charakteristische Nähe zur Biologie verführte also die hier zur Sprache kommenden Vertreter jener Disziplin keineswegs zu einer nativistischen Erklärung menschlichen Handelns, aber es lag ihnen auch ein milieutheoretischer Enthusiasmus fern. Vielmehr suchten sie jenseits der mit beiden Positionen häufig verbundenen Formen eines – das eine Mal biologistischen, das andere Mal soziologistischen – monokausalen Determinismus ihren Weg zu gehen.

Zu Gegenstand, Aufgabe und Methode der Soziologie

Alle drei hier in Betracht gezogenen Autoren – Jerusalem, Eisler und Ratzenhofer – sind sich darin einig, dass der Gegenstand der von Comte im vierten Band seines im Jahr 1839 erschienenen *Cours de Philosophie positive* als »sociologie« bezeichneten Disziplin bereits seit der Antike in unterschiedlichem, vornehmlich jedoch philosophischem Schrifttum

Aufmerksamkeit fand. Nicht zuletzt wohl deshalb setzt Eisler sogar gleich am Anfang seines Lehrbuchs die Soziologie der erstmals von Thomas Hobbes so bezeichneten »Sozialphilosophie« gleich und erklärt kurz danach: »Die Soziologie ist *Philosophie* des sozialen Lebens.« (Eisler 1903, S. 3f.) Aufgrund ihres komplexen und zugleich integralen Charakters kommt der Soziologie auch bei Jerusalem und Ratzenhofer eine philosophische Wesensart zu. Als den Gegenstand der solchermaßen bestimmten Soziologie bezeichnet Jerusalem »die zur Einheit zusammengeschlossene Menschengruppe« und die durch diese »Gemeinschaft der Individuen« geformten »sozialen Phänomene«, von denen er ähnlich wie Émile Durkheim sagt, sie existierten »*außer uns* und treten uns da als Macht und Autorität gegenüber. Sie beeinflußen, sie beschränken, sie gebieten und sie zwingen.« (Jerusalem 1919, S. 252f.) Als »Wirkung der geltenden Gesetze, der herrschenden Sitten, der religiösen Glaubenssätze, der Kultgebräuche, der Mode und des herrschenden Geschmacks« seien die sozialen Phänomene aber »nicht bloß *außer* und *über* uns, sie sind auch *in* uns« (ebd., S. 253). Zwischen dem »sozialen Ganzen«, das »mehr und etwas anderes« sei als die Summe seiner Mitglieder (ebd., S. 287), und diesen »einzelnen Individuen« vollziehen sich, wie Jerusalem ausführt, »fortwährende Wechselwirkungen«, und »diese Beziehungen bilden den einheitlichen und doch überaus mannigfaltigen Gegenstand, der alle solchen Untersuchungen zu *einer* Wissenschaft zusammenschließt und ihr zugleich den philosophischen Charakter aufprägt«. Soziologie ist daher für ihn »*Philosophie der menschlichen Gesellschaft*« (ebd.).

Ratzenhofer teilt mit Jerusalem und Eisler die Auffassung, wonach die Soziologie »als Wissenschaft der menschlichen Wechselbeziehungen« anzusehen sei, weicht aber von ihnen insofern ab, als er eine fruchtbare Entwicklung der Soziologie nur im engsten Zusammenhang mit der Psychologie für möglich erachtet und darüber hinaus von »soziologischer Erkenntnis« nur unter der Voraussetzung zu sprechen willens ist, dass uns diese die Einsicht in die »Gesetzlichkeit« des Waltens der »sozialen Kräfte« ermöglicht (Ratzenhofer 1907, S. 1f.). Auch Jerusalem befürwortet eine nomothetische Betrachtung der gesellschaftlich-geschichtlichen Welt (vgl. ebd., S. 372). Doch im Unterschied zu ihm, der die Geschichtsphilosophie als »das Nachdenken über etwaige *Gesetze*, über den *Sinn* und über das *Ziel* der geschichtlichen Entwicklung der Menschheit« würdigt (Jerusalem 1919, S. 355), verbannt Ratzenhofer jene als eine überholte Denkweise in den Bereich der »gemeinschädlichen« Spekulation (Ratzenhofer 1907, S. 4, Fn.) – ohne ihr allerdings, wie noch zu zeigen ist, selbst zu entraten. Beide, Jerusalem wie Ratzenhofer, neigen dem methodologischen Holismus zu, da man doch, wie Jerusalem unter Bezugnahme auf Comte sagt, »niemals die Menschheit aus dem einzelnen Menschen, sondern immer nur den einzelnen Menschen aus der Menschheit [...] begreifen« könne (Jerusalem 1919, S. 254). Beide ersetzen zwar Comtes Menschheit durch Menschengruppen, bemühen sich dann jedoch klarzustellen, dass die Soziologie nicht berufen sei, die zahlreichen ins Individuelle gehenden Einzelheiten des sozialen Lebens zu erforschen, sondern, wie Ratzenhofer es ausdrückt, »die bezüglichen Forschungsresultate zur Gewinnung eines einheitlichen Überblicks und zur Erkenntnis der einheitlichen Gesetzlichkeit aller sozialen Erscheinungen zu verarbeiten. […] Die Soziologie kann daher gar nicht in den Mikrokosmos der Erscheinungen eindringen; sie muß sich mit dem Totale derselben beschäftigen, sonst erfüllt sie nie ihre Aufgabe.« (Ratzenhofer 1907, S. 2f.)

Rudolf Eislers Ansichten über den Gegenstand und die Aufgabe der Soziologie sind davon sehr verschieden, was zunächst einmal mit seinem methodologischen Individualismus zu tun hat (Eisler 1903, S. 54f.), einem Ansatz, wie ihn – unter Einführung dieses Terminus – Joseph Schumpeter im Anschluss an die Hauptvertreter der Österreichischen Schule der Nationalökonomie im Jahr 1908 (in seiner Studie *Das Wesen und der Hauptinhalt der theoretischen Nationalökonomie*) ausführlicher darlegen sollte; dieser Erkenntnishaltung entspricht es, jede Hypostasierung von Gruppen und Kollektiven als mit eigenem Bewusstsein ausgestatteten sozialen Entitäten abzulehnen und den Ursprung aller sozialen Gebilde oder Institutionen sowie aller sozialen Verbände und der sich in ihnen entwickelnden Mentalitäten in den einzelnen Menschen und deren Interaktionen zu suchen. Andererseits hegt Eisler auch Vorbehalte gegenüber der hurtigen Proklamation von – bei ihm gern in Anführungszeichen stehenden – »Gesetzen« des sozialen Lebens; denn bei ihnen, so meint er (wenn auch in anderen Worten), handle es sich in aller Regel nicht um theoretische Gesetze, sondern um induktive Generalisierungen und nur vorsichtig zu gebrauchende Hypothesen (vgl. ebd., S. 5f.). Gemäß seinem Vorschlag hat es die Soziologie mit zwei Bereichen als ihrem Forschungsgegenstand zu tun: als »Allgemeine Soziologie« mit dem »Wesen des Sozialen überhaupt« – unter anderem mit der Beziehung von Organismus und Gesellschaft, von Individuum und Gesellschaft, von sozialer Kausalität und sozialer Teleologie, sowie von Individual- und Gesamtbewusstsein –, als »Spezielle Soziologie« wiederum mit den »einzelnen Erzeugnissen des menschlichen Zusammenlebens«. Diese seien das eine Mal die »sozialen Gebilde« oder Institutionen, wie z.B. Sprache, Wissenschaft, Kunst, Sittlichkeit, Recht und Eigentum, das andere Mal die »sozialen Verbände« oder Formen der Vergemeinschaftung, wie z.B. Familie und Ehe, vorstaatliche Gemeinschaften, Stände und Parteien (ebd., S. 4). Bei Ratzenhofer kommt darüber hinaus noch unter der Bezeichnung »Prinzipien der sozialen Entwicklung« den Ideen, die stets auf grundlegenderen Interessen beruhen, und ihrer Analyse große Bedeutung zu. So erörtert er eine Reihe von Begriffspaaren, die für Ideen stehen, die – mitunter objektiviert als soziale Bewegungen – im Laufe der Geschichte unterschiedliche Bedeutungen und Funktionen angenommen haben: Individualismus und Sozialismus, Integration und Differenzierung, Fortschritt und Rückschritt, Freiheit und Zwang, Gleichheit und Autorität etc. (Ratzenhofer 1907, S. 153–168).

Nach Auffassung aller drei Soziologen habe der Sammlung und Klassifikation von sozialen Tatsachen und der Beurteilung der Mehrdeutigkeit einzelner von ihnen ihre Erklärung zu folgen. Diese Erklärung stelle sich, je nach Art der Gegenstände, das eine Mal als eine »äußere«, das andere Mal als eine »innere Aufgabe«, wie Jerusalem sagt (Jerusalem 1919, S. 254–262). Gegenstand seien so zum einen die soziale Struktur der tatsächlich bestehenden Verbände und Gruppen, aber auch die sozialen Gebilde oder Institutionen sowie die sozialen Ideen in ihrer Beziehung zu beispielsweise biologischen, geographischen oder klimatischen Sachverhalten; zum anderen seien es die psychischen Vermögen des Denkens, Fühlens und Wollens, sofern diese durch die soziale Differenzierung und die sozialen Institutionen mitgeformt sind und diese wiederum mitformen. Hierbei kommt bei der Bewältigung der »äußeren Aufgabe der Soziologie« die externe oder faktische Komponente der »sozialen Kausalität« (Eisler 1903, S. 61f.) – vornehmlich im Rahmen historischer und statistischer Arbeiten – zum Tragen, während es im Verlauf der Erledigung ihrer »inneren Aufgabe« um die interne oder mentale Komponente jener Kausalität (auch »psychologische Kausalität«) geht; dabei kommt vor allem die Methode der verstehenden Soziologie bzw. der motivationalen Erklärung zur Anwendung (vgl. ebd., S. 63–74). Die Statistik gilt der Soziologie zum Zwecke der Bewältigung der beiden erwähnten Aufgaben als »unentbehrliche Methodik«. Da jedoch, wie Eisler ausführt, »die *eigentlichen* Faktoren, die wahren Ursachen der sozialen Vorgänge, erst durch psychologische Interpretation festzustellen sind, da die statistisch ermittelten Abhängigkeiten und Zusammenhänge *vieldeutig* zu sein pflegen, so kommt man in der Soziologie mit der statistischen (mathematischen) Methode *allein* nicht aus« (ebd., S. 11).

Einig sind sich alle drei Soziologen gleichwohl darin, dass die Soziologie streng »empirisch« begründet sein müsse und, wie sich Eisler ausdrückt, »stets von Wirklichkeiten (nur ausnahmsweise, zur Ergänzung, von Möglichkeiten) ausgehen« müsse (ebd., S. 5) – offen bleibt dabei gleichwohl, was jeder von ihnen als verlässliche Erfahrungsgrundlage ansieht. Das Fehlen von forschungstechnischen Methoden und Überprüfungsverfahren, wie sie damals bereits von Psychologen und Ökonomen entwickelt worden waren und später, aber vor allem nach dem Zweiten Weltkrieg, auch von Soziologen entsprechend adaptiert und weiter ausgearbeitet wurden (vgl. als Beispiele für den derzeitigen Entwicklungsstand Diekmann 1995, Kelle 2007), macht sich aus heutiger Sicht in dem in Betracht stehenden Schrifttum deutlich bemerkbar. Im Besonderen zeigt sich dies an der unterschiedlichen Einschätzung der Wirksamkeit oder der kausalen Relevanz der von den Autoren untersuchten Faktoren der sozialen Entwicklung. Vor allem bleibt unklar, in welchem Ausmaß im Prozess der »Wechselwirkung« der Einzelne durch die Gruppe und diese durch die Gesellschaft in ihrem Verhalten und Denken bedingt ist, und in welchem Ausmaß diese umgekehrt – unmittelbar oder über die Gruppe – durch den Einzelnen modifiziert werden kann.

Zu den Faktoren des Sozialgeschehens, den Richtungen der Soziologie und ihren Nachbardisziplinen

Nach Ansicht aller drei in Betracht stehenden Autoren findet der gesellschaftsgeschichtliche Wandel in der Ausdifferenzierung von sozialen Verbänden seinen Ausdruck (vgl. v.a. Eisler 1903, S. 207–292). Diese Differenzierung, die immer auch Ungleichheit bedeutet, ist nach Ratzenhofer eine Folge der Bevölkerungsentwicklung und einer oft durch Knappheit charakterisierten Nahrungsmittelversorgung, also zentraler demographischer und ökonomischer Prozesse (Ratzenhofer 1907, S. 13). Der Autor leitet daraus ab, dass – als achtes und letztes der von ihm erwähnten Stadien der Menschheitsgeschichte – ein »Zeitalter der schwindenden Lebensbedingungen« eintreten werde, welches eine Wirtschaft erforderlich mache, »der gegenüber die heutige [...] als Raubbau erscheint« (ebd., S. 17). Als zentral wird dabei von Ratzenhofer weiterhin, wie in anderem Zusammenhang von Jerusalem und Eisler auch, die Koordinationsfunktion des Staates insbesondere in Bezug auf die Wirtschaft und die gesellschaftlichen Kräfte angesehen. Dem politischen Faktor komme damit eine unverändert große Bedeutung zu, wobei Ratzenhofer, im Unterschied zu Jerusalem und Eisler, für den Staat der Zukunft sozialtechnokratische Steuerungsagenturen zu favorisieren scheint, deren Funktionsumfang den der zeitgenössischen Bürokratie, wie sie etwa auch Eisler erörtert (Eisler 1903, S. 268), weit überragt.

Bedingt nicht zuletzt durch das bereits von Comte reklamierte Naheverhältnis zwischen Soziologie und Biologie, findet sich bei allen drei Autoren eine Bezugnahme auf das Rassenproblem, mit dem sich unter ihren Zeitgenossen auch zahlreiche Biologen befassten. Während von Jerusalem der Wert der einschlägigen Arbeiten für die Erlangung von Einsichten in die Kulturentwicklung der Menschheit und in das Wesen der Sozialstruktur einer Gesellschaft als »nicht erheblich« angesehen wird (Jerusalem 1919, S. 279), und während Eisler beispielsweise die Auffassungen von Arthur de Gobineau und Houston Stewart Chamberlain über die Degeneration als Folge von Rassenmischungen als »einseitig« betrachtet (Eisler 1903, S. 96), vertritt Ratzenhofer in dieser Angelegenheit eine andere Position. Er teilt nicht die eben erwähnte Ansicht Chamberlains, so sehr er diesen in anderer Hinsicht auch geschätzt haben soll (wie sein Sohn berichtet; vgl. Ratzenhofer 1907, S. XII), ja er stellt ihn gewissermaßen auf den Kopf, ohne dabei allerdings seine eigene, biologisch nicht näher geprüfte rassistische Auffassung preiszugeben: Die Wirksamkeit negativer Rassemerkmale bleibe solange erhalten, bis ein entsprechendes Mischungsverhältnis mit Angehörigen von Rassen mit positiven Eigenschaften eingetreten sei (vgl. ebd., S. 134f.); letztlich komme dabei nur »die Hebung der menschlichen Qualitäten der Nation als soziales Ganzes ohne Hinblick auf die Rassenherkunft [...] für die zivilisierten Gesellschaften heute in Betracht.« »Das«, so setzt Ratzenhofer fort, »ist die einzig mögliche ›Rassenzucht‹« (ebd., S. 74; vgl. auch S. 124f.). Diese vermeintlich gegen radikale Rassisten gerichtete Sentenz hindert ihn allerdings nicht, sich solchen auf anderem Wege hinzuzugesellen, wenn er beispielsweise »die Mischung ganz extremer Rassen, wie z.B. von Negern, Chinesen oder Indianern untereinander oder mit Weißen« als »Gefahr« ansieht (ebd., S. 200; bizarr auch S. 228).

Neben den erwähnten demographischen, ökonomischen, politischen und biologischen Faktoren sind es bei den drei genannten Soziologen durchgehend auch wissenschaftlich-technische und psychologische, denen sie in ihren vergleichenden Betrachtungen – insbesondere auch unter Heranziehung von ethnologischen oder sozialanthropologischen

Befunden – Aufmerksamkeit schenken. Die Erforschung der Art und Weise, wie einerseits diese Faktoren auf bestimmte soziale Gebilde und soziale Verbände einwirken, wie und mit welchen Folgen diese veränderten Institutionen und Gemeinschaften dann wieder auf andere Gebilde und Verbände Einfluss nehmen, wie aber andererseits diese auch wieder auf jene zurückwirken, – diese »Wechselwirkung« bildet nach Ansicht aller drei Autoren einen Hauptinhalt des soziologischen Denkens. Das Gewicht, das im Verlauf ihrer Analyse bestimmten Faktoren beigemessen wird, erscheint als maßgeblich dafür, welchen Ansätzen des soziologischen Denkens in besonderem Maße Rechnung getragen wird. So benennt beispielsweise Wilhelm Jerusalem sechs zentrale »Richtungen der Soziologie« und deren Hauptvertreter: eine induktive und naturwissenschaftliche, eine biologische und entwicklungsgeschichtliche, eine psychologische, eine anthropologische und völkerkundliche, eine nationalökonomische und eine sozialreformatorische Richtung (Jerusalem 1919, S. 262–286). Rudolf Eisler stellt aus ähnlichen Gründen eine Liste von Hilfsdisziplinen oder Nachbardisziplinen der Soziologie zusammen. Neben den als grundlegend angesehenen Fächern der Geschichte, der Ethnologie und der Statistik nennt er – ohne hiermit persönliche Präferenzen zum Ausdruck zu bringen – die Geschichtsphilosophie, die Sprachwissenschaft, die Anthropologie und Geographie, die Nationalökonomie sowie die Religionswissenschaft (Eisler 1903, S. 10f.). Ratzenhofer fügt zu den von Eisler genannten Disziplinen vor allem noch die Biologie sowie, in Spezifizierung der allgemeinen Geschichte, die Kulturgeschichte hinzu (Ratzenhofer 1907, S. 5).

Zu einigen wissenschaftsphilosophischen Voraussetzungen der angewandten Soziologie

Einigkeit besteht zwischen Jerusalem, Eisler und Ratzenhofer hinsichtlich der Anerkennung einer mit dem soziologischen Erkenntnisbemühen verbundenen pragmatischen Orientierung; in Ratzenhofers Darstellung bildet die »Angewandte Soziologie« den zweiten der beiden Teile seiner *Soziologie* (den ersten die »Theoretische Soziologie«). Im Sinne aller drei Autoren soll

die Soziologie nicht nur für verschiedene wissenschaftliche Disziplinen, sondern auch für die Gesellschaft von Nutzen sein. Darüber, worin dieser besteht, gehen die Meinungen der drei Autoren aber auseinander. Während die Soziologie im Sinne von Eisler als eine Reflexionswissenschaft zu verstehen ist, die den Menschen historisch und systematisch über soziale Verbände und Institutionen sowie über soziale Prozesse und deren Erklärung belehrt, und während sie nach Jerusalem vor allem dazu dient, dem Menschen den Weg in die sozialpsychologisch und wissenssoziologisch extrapolierbare Zukunft zu weisen, geht Ratzenhofer darüber in sozialtechnischer Absicht hinaus und an »die praktische Entwicklung der wesentlichsten sozialen Beziehungen«; so betitelt er den abschließenden siebenten Teil seines Buches. Darin widmet er sich unter anderem, wenn auch nur recht skizzenhaft, den Beziehungen der Geschlechter, der Volkshygiene, der Rechtspraxis, den Exekutivorganen des Staates und der Volkswirtschaft (Ratzenhofer 1907, S. 190–223).

Ratzenhofer betont die unverbrüchliche Geltung von Gesetzen unterschiedlichen ontologischen Ranges (Ratzenhofer 1907, S. 10f., Fn.; siehe auch 1898, 8. Abschnitt), deren Berücksichtigung für die umfassende Analyse des Sozialgeschehens unerlässlich sei: auf der stofflich-materiellen Ebene die Geltung der Gesetze der Physik, auf der Ebene des individuellen Bewusstseins die der Psychologie, und auf der Ebene des sozialen Lebens die der Soziologie. Unmöglich sei es, die »Willensrichtung eines Sozialgebildes«, den »Sozialwillen«, derart zu beeinflussen, »daß die Entwicklung ein anderes Ziel erhält; wohl aber kann durch individuelle Maßnahmen das Tempo der Entwicklung geändert und können willkürlich Zwischenzwecke eingeschoben werden« (Ratzenhofer 1907, S. 184). Nicht die soziologischen Gesetze würden also geändert, sondern nur die Bedingungen für deren Wirksamkeit, und dies im selben Sinne wie der Techniker durch sein Handeln nur die Bedingungen für die natürliche Wirksamkeit der physikalischen und chemischen Gesetze setze (ebd., S. 186). Gegen ein solches Konzept von soziologischen Gesetzen, das diese mit Naturgesetzen gleichsetzt, hat bekanntlich Eisler geltend gemacht, dass es sich bei ihnen nicht um theoretische Gesetze, sondern um induktive Verallgemeinerungen handle. In den verschiedenen Beziehungen zwischen dem Menschen und seiner natürlichen und sozialen Umwelt gehe es nicht an, von identischen Objekten auszugehen, an die sich die Menschen in stets gleicher Weise anpassen würden, da diese jene Objekte unterschiedlich deuten und gemäß den für sie charakteristischen Präferenzen unterschiedlich bewerten würden (Eisler 1903, S. 80). Darüber hinaus seien ja auch die der Wechselwirkung der Individualwillen entsprungenen und im Sinne der – von Wilhelm Wundt (z.B. Wundt 1892, S. 206) so bezeichneten – »Heterogonie der Zwecke« aggregierten sozialen Gebilde oder Institutionen nichts Konstantes: »Jede bedeutendere Änderung in einem dieser Gebilde zieht, langsamer oder schneller, in höherem oder geringerem Grade, eine Modifikation in allen anderen Gebilden nach sich. So beeinflußt z.B. der Wechsel der Wirtschaftstätigkeit die Rechtsinstitutionen, und umgekehrt müssen sich die wirtschaftlichen Verhältnisse nach den herrschenden Rechtssatzungen richten.« (Eisler 1903, S. 72) Doch dies weiß auch Ratzenhofer, wie seine Auffassung von der Veränderbarkeit staatlicher Strukturen beweist: »Wie [...] vom Staat auf die sozialen Gruppen gewirkt werden kann, so wird in der innern Politik durch den Kampf um die Macht im Staate von den Parteien auf diesen gewirkt.« (Ratzenhofer 1907, S. 185) Das ändere jedoch nichts an der von ihm behaupteten Möglichkeit einer nomothetisch gestützten Extrapolation langfristiger gesellschaftlich-geschichtlicher Entwicklungen.

Falsch wäre es, nun aus seiner diachronen Betrachtung des Sozialgeschehens und der Extrapolation zukünftiger Zustände den Schluss zu ziehen, Ratzenhofer könne es in seinem »monistischen Positivismus« letztlich doch nur darum gehen, die von ihm erwogene »Möglichkeit eines individuellen Einflusses auf die soziale Entwicklung« (ebd., S. 183–189) zu leugnen. Denn der von ihm formulierte ontologische Stufenbau impliziert ja gerade die Annahme, dass über der physikalisch-biologischen Ebene eine neue, mit der Natur verbundene, aber nicht von ihr beherrschte Reihe von psychischen Lebensvorgängen abläuft, welche ihren eigenen Gesetzen folgen (ebd., S. 142). Diese sind nicht deterministischer, sondern probabilistischer Natur, und zwar einfach deshalb, weil menschliches Handeln durch eine, wie Ratzenhofer sagt, »bedingte Willensfreiheit« charakterisiert sei (ebd., S. 23–26, 183f.). Verständnislos zeigt er sich deshalb auch gegenüber den Bestrebungen, unter Hinweis auf die »Anlagen« und die »Umwelt« von Delinquenten ständig so zu sprechen, als stünden diese unter »unwiderstehlichem Zwange« und als lebten sie unter »zwingenden Lebenslagen«, um sodann ihr kriminelles Verhalten deterministisch erklären zu können (ebd., S. 205f.). Trotz aller Hinweise auf die Bedingtheit intellektueller, emotionaler und politischer Zustände und Ereignisse im individuellen Bewusstsein halten alle drei Autoren daran fest, dass für »normales« menschliches Handeln im Unterschied zu zwanghaftem Verhalten gelte, dass es die Möglichkeit von Entscheidungen zwischen prinzipiell realisierbaren Alternativen impliziert. Dies macht auch verständlich, warum bei Ratzenhofer – wie er meint, im Unterschied zur »materialistischen Geschichtsauffassung« – eingehend auf »Ideen« (ebd., S. 86, 153–168), bei Eisler auf »Zwecke« und »Motive menschlichen Handelns« (Eisler 1903, S. 74–89), und bei Jerusalem auf Ziele und Mittel einer »soziologischen Ethik« (Jerusalem 1919, S. 317–355) Bezug genommen wird.

Alle drei Soziologen sind sich zudem bewusst, dass nun eine geschichtliche Situation eingetreten ist, in der, wie sich Rudolf Eisler ausdrückt, »die ›zivilisierten‹ Nationen [...] imstande sind, durch ihren Geist und ihre Technik das natürliche Milieu umzugestalten, es den eigenen Bedürfnissen und Zwecken anzupassen. Der Einfluss der Natur hört niemals auf, aber wo das Naturvolk Sklave ist, da ist das Kulturvolk Herr und Gebieter [...]«. (Eisler 1903, S. 62) Doch während Eisler, wie auch Jerusalem (vgl. Jerusalem 1919, S. 309), hierin eine Chance erblickt, weil die Befreiung von den Zwängen der Natur eine Zunahme menschlicher Freiheit bedeute, ist das von Ratzenhofer formulierte Szenario der kommenden Zeit düsterer.

Grundzüge der künftigen Gesellschaftsentwicklung und der »soziologischen Ethik«

Jerusalem, Eisler und Ratzenhofer sind Vertreter des mit den Namen von Herbert Spencer und Émile Durkheim verbundenen soziologischen Evolutionismus, dessen zentralen Inhalt die Entwicklung vom Einfachen zum Komplexen, vom Kollektivismus zum Individualitätsprinzip, oder in Jerusalems Worten: »von *unbestimmter Gleichartigkeit* zu *bestimmter Ungleichartigkeit*« bildet (ebd., S. 296); alle drei sind sich einig in ihrer Warnung vor der gemeinwohlschädigenden Wirkung eines ausschließlich das individuelle Erwerbsinteresse und die Maximierung des Profits fördernden, mit einer liberalistischen

Ideologie verbrämten Manchester-Kapitalismus (vgl. z.B. ebd., S. 312; Eisler 1903, S. 196f.; Ratzenhofer 1907, S. 139–141, 165, 189); einig sind sie sich schließlich auch darin, dass der ursprüngliche Staat aus der Gewalt entstand, und dass es aufgrund der politischen und sozialen Differenzierung innerhalb der zivilisatorisch führenden Staaten zu einer Restrukturierung der hierarchischen politischen sowie der damit häufig korrelierenden sozialökonomischen Ordnung im Namen von rechtlicher Gleichheit bzw. sozialer Gerechtigkeit gekommen sei. Zwar werde es, wie Eisler erklärt, »eine absolute physische, intellektuelle, moralische Gleichheit, eine Gleichheit an Besitz, Stellung, Ansehen, Macht [...] niemals geben«, doch damit werde das Ziel: »Ausdehnung des sozialen Wettbewerbes auf größere Kreise einerseits, Milderung der Heftigkeit und Schädlichkeit des Daseinskampfes anderseits durch [...] Reformen an der gesellschaftlichen Ordnung« (Eisler 1903, S. 85f.), nicht obsolet. Insgesamt bewegt sich bei Eisler wie bei Jerusalem die Gesellschaft vor allem in Ansehung der physisch und der sozial Schwachen zu größerer Kultur und Humanität durch immer zweckmäßigere Organisierung ihres Schutzes und ihrer Pflege: bei Eisler eher als eine Folge von Konflikt und Kooperation zwischen den sozialen Verbänden, aber auch innerhalb derselben, bei Jerusalem hingegen vornehmlich infolge einer von ihm statuierten »psychologischen Notwendigkeit«, welche »aus sich den *Universalismus* und den *Kosmopolitismus*« hervorbringe und »dadurch die Idee der ganzen Menschheit als einer großen Einheit« schaffe (Jerusalem 1919, S. 331f.). Auch »der Gedanke der Menschenwürde« sei, wie Jerusalem bemerkt, »nicht metaphysisch und nicht apriorisch, sondern soziologisch und empirisch fundiert« (ebd., S. 335).

Ratzenhofers Geschichtsvision ist davon sehr verschieden. Ähnlich wie Eisler (Eisler 1903, S. 60f.) und Jerusalem (Jerusalem 1919, S. 271–273, 326) sieht zwar auch er »die ewig fortschreitende Individualisierung« als das »große Gesetz des Universums« an (Ratzenhofer 1907, S. 223), doch während Jerusalem eine mit Notwendigkeit erfolgende Entwicklung zum »Universalismus« und »Kosmopolitismus« zum Thema macht (Jerusalem 1919, S. 304–317), extrapoliert er aus dem gegenwärtigen Geschichtsverlauf eine andere Zukunft der gesellschaftlich-geschichtlichen Welt. Einerseits würden, wie Ratzenhofer schreibt, die Staaten »mit den die Gesellschaft beherrschenden Gebilden des Kapitalismus und der Anarchie in stetem Kampfe liegen« (Ratzenhofer 1907, S. 164), andererseits sieht er – als Feldmarschallleutnant offensichtlich früher als seine soziologischen Fachkollegen – »in unserer Zeit wirtschaftlicher Umwälzungen und kultureller Verschiebungen während der langen Friedensepochen« in Europa »unerledigte Konfliktsanlässe und unbefriedigte Gewaltbedürfnisse« auf einen Krieg zusteuern (ebd., S. 218). Doch darüber hinaus meint er

»einen natürlichen Hauptzug der Entwicklung« konstatieren zu können, auf den dann »sozial notwendige« Entwicklungen als angemessene Reaktionen folgen würden (ebd., S. 155, 157). Dieser Trend der Geschichtsentwicklung kulminiert im Zukunftsszenarium einer demographisch-ökologischen Knappheitssituation: Dereinst, so führt Ratzenhofer aus, in einer Zeit »schwindender Lebensbedingungen« (ebd., S. 17), »wenn alle Wohnräume eng besetzt sind, wenn die Menschen überall an die letzten Grenzen der Lebensbedingungen gedrungen sind und der Daseinskampf der Rassen die schwach veranlagten ausgemerzt haben wird«, sei die Zeit gekommen, in der »die Befolgung der wissenschaftlich ermittelten Sittlichkeitsnormen und die Herrschaft einer wissenschaftlich konstituierten und geführten objektiven Gewalt geradezu Existenzbedingung der Völker« sein werde (ebd., S. 175f.). Für ihn, dessen Geschichtsteleologie in gewisser Weise an Rosa Luxemburgs Sicht der heraufziehenden nächsten Geschichtsepoche erinnert (vgl. Luxemburg 1913, S. 410f.), erscheint ein – allerdings von Luxemburgs Marxismus abweichender – reformistischer Sozialismus als Gebot der »Notwendigkeit«, um eine dem Gemeinwohl verpflichtete rationale Nutzung der globalen Ressourcen sicherzustellen.

Die von Ratzenhofer für »sozial notwendig« erachtete Reaktion auf die »schwindenden Lebensbedingungen« steht nicht im Widerspruch zu der von ihm behaupteten – keineswegs unbegrenzten – »Möglichkeit eines individuellen Einflusses auf die soziale Entwicklung«. Sie besteht zunächst in der Prüfung der Sachlage und sodann in der Formulierung von sozialtechnischen Maßnahmen angesichts der Prüfungsbefunde. Jeder politischen Aktion habe ein Kalkül voranzugehen: »Nach der allgemeinen Weltlage, nach den besonderen geographischen und ethnographischen Verhältnissen des Schauplatzes der Aktion und nach dem Verhältnis der angestrebten Änderung zum Zeitgeist, der in den herrschenden Ideen die zur Zeit vorwaltenden Entwicklungstendenzen ausspricht, hat dieses Kalkül die Durchführbarkeit oder Aussichtslosigkeit der Aktion zu beurteilen.« (Ratzenhofer 1907, S. 186) Um den von Ratzenhofer erwähnten Gefährdungen entgegenzuwirken und dem Erfordernis einer »sozialen Ordnung der zivilisierten Gesellschaft« Rechnung zu tragen, sei eine Revision der bisherigen beherrschenden Stellung des Kapitals, der ererbten Vorrechte der Aristokratie, gewisser der sozialen Ordnung schädlicher, weil irrealer religiöser Normen, sowie schließlich eine grundlegende Änderung der heutigen Scheidung der Berufe in angesehene und mindergeschätzte erforderlich (ebd., S. 174–181). Dies sei ein wesentlicher Beitrag dazu, »den Individualismus mit dem Sozialismus in Übereinstimmung« zu bringen; in dieser sieht Ratzenhofer »das Ganze aller soziologischen Weisheit« verwirklicht (ebd., S. 45). Da die freiwillige Unterwerfung unter den »Gemeinnutz«, also eine sittliche Ordnung, nie ausreichen werde, müsse stets eine politische Ordnung herrschen: »nimmt sich diese den Gemeinnutz zum Ziel, so daß Politik und Sittlichkeit zusammenwirken, dann heißt die soziale Ordnung Zivilisation.« (Ebd., S. 175) Die Zivilisation wiederum erscheint bei Ratzenhofer eng verknüpft mit dem Nationalstaat, zumal die »Nation« das »aus der Stammesverschiedenheit zu einer Einheit verschmolzene Volk eines Staates, […] also eine historisch gewordene Sprach- und Kultureinheit«, und als solche »das Sozialgebilde der Zivilisation« sei (ebd., S. 148f.). Zwar habe die Zivilisation die Tendenz, die ganze Menschheit zu vergesellschaften, doch die Verschiedenheit der Lebensbedingungen werde »stets Sozialgebilde mit besondern Interessen und besondern Kulturen, also autonome Nationen bestehen lassen« (ebd., S. 152). Ähnlich ist in diesem Zusammenhang Rudolf Eislers Sicht der Dinge (vgl. Eisler 1903, S. 290f.).

Im Unterschied dazu ist Wilhelm Jerusalem ein Feind des Nationalismus und ein Anwalt des »Internationalismus« (Jerusalem 1919, 316), welcher zu einer »Organisation der Menschheit« überleite (ebd., S. 349). Diese Auffassung ist mit der Überzeugung eines in der Zukunft liegenden ewigen Friedens eng verbunden und weicht deutlich von derjenigen Eislers und Ratzenhofers ab. Diese weisen der Gewalt und dem damit verbundenen »Kampf für Gleichheit der untern Klassen« (Ratzenhofer 1907, S. 145) in der Geschichte eine andere Rolle zu als der vom Pazifismus der künftigen Weltgesellschaft überzeugte Jerusalem (vgl. Jerusalem 1919, S. 344–347). »Die Gewalt ist und bleibt [...] eine *dauernde* Funktion der sozialen Entwicklung«, schreibt Ratzenhofer (Ratzenhofer 1907, S. 106; ähnlich Eisler 1903, S. 273–275), der in dieser Hinsicht an seinen Mentor Ludwig Gumplowicz erinnert, und bezieht sie (in Gestalt der vom Staat monopolisierten Gewalt) auf die prinzipiell auch in Zukunft erforderliche Intervention in das politische und sozialökonomische Geschehen: einerseits zum Zwecke der Reduzierung von Gewaltsamkeit in der Austragung von Konflikten, andererseits zur Sicherung des »Gemeinnutzes«, der als die »treibende Kraft der Staatsmaschine« anzusehen sei (ebd., S. 141; vgl. auch S. 162f.). Ratzenhofer erscheint dabei als ein sozialistischer Hobbesianer, nicht jedoch als ein Anhänger der revolutionären Marxisten, also jener Fraktion radikaler Sozialdemokraten, die er für illusionäre Utopisten hielt.

Als Vertreter der »soziologischen Ethik« erscheint im Blick auf die hier in Betracht stehenden Bücher der drei Autoren zunächst nur Wilhelm Jerusalem, da er diesem Thema als einziger explizite Betrachtungen widmet (Jerusalem 1919, S. 317–355). Auf oft appellative Weise sucht er dabei eine angeblich im realen Geschichtsverlauf und in der Sozio- und Psychogenese der menschlichen Spezies begründete notwendige Entwicklung zum »Weltstaat« und zu dessen Organisation aufzuzeigen. Doch durch empirische Untersuchungen bestimmter Wertungsstandpunkte auf ihre individualpsychische oder soziale Bedingtheit hin gelangt man im besten Fall dazu, jene Standpunkte durch die Analyse der mit ihnen verbundenen Motive zu verstehen und danach vielleicht auch zu erklären, nie jedoch zu einer »Ethik«, welche etwas über das Geltensollen von Werten und Wertstandpunkten aussagen könnte (vgl. Weber 1917, S. 502f.). Auch Ratzenhofer geht es – im Ton anders, aber oft nicht minder appellativ – um die angeblich »wissenschaftlich ermittelten Ideen auf dem Gebiete der Sozialpolitik« sowie um die »wissenschaftlich ermittelten Sittlichkeitsnormen und die Herrschaft einer wissenschaftlich konstituierten und geführten objektiven Gewalt« (Ratzenhofer 1907, S. 175f.), womit auch er sich, wie bereits an anderer Stelle (Ratzenhofer 1901), als Ethiker erweist. Bei Ratzenhofer erfolgt diese angebliche Normenermittlung und deren scheinbare Begründung unter Hinweis auf einen Geschichtstrend, den er als den »natürlichen Hauptzug der Entwicklung« bezeichnet, welche »sozial notwendig« sei; alles, was Annäherung an diesen Hauptzug bedeute, sei »Fortschritt«, alle Abweichung aber je nach Eigenart derselben »Radikalismus«, »Konservatismus« oder »Rückschritt« (Ratzenhofer 1907, S. 155f., 157). Auch hier kommen, wie bei Jerusalem, Moral und Sozialpolitik im Gewande von Geschichtstrends einher, zugleich damit aber gelangt die von Ratzenhofer an anderer Stelle so heftig kritisierte Geschichtsphilosophie (ebd., S. 4f., Fn.) wieder zu Ehren. Dagegen lässt sich ins Treffen führen, was Max Weber zehn Jahre nach Erscheinen von Ratzenhofers *Soziologie* im Zusammenhang mit der Kritik an einer zweifelhaften Form von vermeintlich realpolitischer »Anpassung« sagte: dass »aus noch so eindeutigen ›Entwicklungstendenzen‹ [...] eindeutige Imperative des Handelns doch nur bezüglich der voraussichtlich geeignetsten Mittel bei gegebener Stellungnahme, nicht aber bezüglich jener Stellungnahme selbst zu gewinnen« seien, weshalb auch nicht einzusehen sei, warum gerade die »Vertreter einer empirischen Wissenschaft« das Bedürfnis fühlen sollten, jene Bereitschaft zur Anpassung »noch zu unterstützen, indem sie sich als Beifallssalve der jeweiligen ›Entwicklungstendenzen‹ konstituieren [...]« (Weber 1917, S. 512f.).

Ihr Bestreben scheint zunächst sowohl Jerusalem als auch Ratzenhofer in die Nähe von Immanuel Kant zu rücken, der dem Geschichtsverlauf sein Bildungsgesetz abzulauschen suchte, als er sagte, er wolle, »da er bei Menschen und ihrem Spiele im Großen gar keine vernünftige *eigene Absicht* voraussetzen kann«, versuchen, »ob er nicht eine *Naturabsicht* in diesem widersinnigen Gange menschlicher Dinge entdecken könne; aus welcher von Geschöpfen, die ohne eigenen Plan verfahren, dennoch eine Geschichte nach einem bestimmten Plane der Natur möglich sei.« (Kant 1968, S. 18) *Doch Kant hat die von ihm erwähnte Naturabsicht als Hypothese betrachtet und nicht als etwas von ihm in seiner »Notwendigkeit« bereits Erkanntes.* Am ehesten kommt dessen Intention unter den drei Soziologen Rudolf Eisler nahe (vgl. Eisler 1903, S. 290–292), der sich sowohl von appellativ beschworenen Ereignissen als auch von der logisch unzulässigen Deduktion vermeintlich objektiver Werturteile aus Tatsachenbefunden fernhält; es ist ihm vornehmlich um ideengeschichtliche Rekonstruktionen zu tun, ansonsten belässt er es bei Mutmaßungen und der Bekundung von Hoffnungen. Bei den Zukunftsvisionen Jerusalems und Ratzenhofers bleibt hingegen weitgehend unklar, was noch empirische Analyse des zu erwartenden faktischen Geschichtsverlaufs, und was bereits Wunschbild oder fixe Idee ist.

Diekmann, Andreas (1995): *Empirische Sozialforschung. Grundlagen, Methoden, Anwendungen*, Reinbek bei Hamburg: Rowohlt (erweiterte Neuausgabe 2007).

Eisler, Rudolf (1903): *Soziologie. Die Lehre von der Entstehung und Entwickelung der menschlichen Gesellschaft*, Leipzig: J. J. Weber.

Gumplowicz, Ludwig (1885): *Grundriß der Soziologie*, Wien: Manz (2., durchgesehene und vermehrte Aufl. 1905).

– (1910): *Sozialphilosophie im Umriss*, Innsbruck: Wagner.

Jerusalem, Wilhelm (1905): *Der Kritische Idealismus und die reine Logik. Ein Ruf im Streite*, Wien/Leipzig: Wilhelm Braumüller.

– (1919): *Einleitung in die Philosophie* [1899], 7. und 8. Aufl., Wien/Leipzig: Wilhelm Braumüller. (Dieses Werk erschien bis 1923 in 10 Auflagen.)

– (1924): Die soziologische Bedingtheit des Denkens und der Denkformen. In: Max Scheler (Hg.), *Versuche zu einer Soziologie des Wissens*, München/Leipzig: Duncker & Humblot, S. 182–207. Wieder abgedruckt in: Volker Meja/Nico Stehr (Hgg.), *Der Streit um die Wissenssoziologie*, Bd. 1: *Die Entwicklung der deutschen Wissenssoziologie*, Frankfurt a. M.: Suhrkamp 1982, S. 27–56.

Kant, Immanuel (1968): Idee zu einer allgemeinen Geschichte in weltbürgerlicher Absicht [1784]. In: *Kants Werke. Akademie-Textausgabe* (Unveränderter photomechanischer Abdruck des Textes der von der Preußischen Akademie der Wissenschaften 1902 begonnenen Ausgabe [...]), Bd. 8, Berlin: Walter de Gruyter & Co., S. 15–32.

Kelle, Udo (2007): *Die Integration qualitativer und quantitativer Methoden in der empirischen Sozialforschung. Theoretische Grundlagen und methodologische Konzepte*, Wiesbaden: VS Verlag für Sozialwissenschaften.

Luxemburg, Rosa (1913): *Die Akkumulation des Kapitals. Ein Beitrag zur ökonomischen Erklärung des Imperialismus*, Berlin: Buchhandlung Vorwärts Paul Singer G.m.b.H.

Mikl-Horke, Gertraude (2011): *Soziologie. Historischer Kontext und soziologische Theorie-Entwürfe*, 6. Aufl., München/Wien: R. Oldenbourg Verlag.

Philippovich, Eugen von (1893/1899/1907): *Grundriß der Politischen Ökonomie*, 2 Bde. in 3 Teilbdn., Freiburg i. Br./Leipzig/Tübingen: J.C.B. Mohr (Paul Siebeck); Bd. 1: *Allgemeine Volkswirtschaftslehre* [1893] (erschien bis 1926 in 19 Auflagen); Bd. 2: *Volkswirtschaftspolitik*, Teil 1 [1899] und Teil 2 [1907] (erschienen bis 1923 in 16 bzw. 11 Auflagen).

Ratzenhofer, Gustav (1898): *Die soziologische Erkenntnis. Positive Philosophie des sozialen Lebens*, Leipzig: F.A. Brockhaus.

– (1901): *Positive Ethik. Die Verwirklichung des Sittlich-Seinsollenden*, Leipzig: F.A. Brockhaus.

– (1907): *Soziologie. Positive Lehre von den menschlichen Wechselbeziehungen*, aus seinem Nachlasse hrsg. von seinem Sohne, Leipzig: F. A. Brockhaus.

Schumpeter, Joseph A. (1908): *Das Wesen und der Hauptinhalt der theoretischen Nationalökonomie*, Leipzig: Duncker & Humblot.

– (1910): *Wie studiert man Sozialwissenschaft?* (= Schriften des Sozialwissenschaftlichen Akademischen Vereins in Czernowitz, Heft 2), 2. Aufl., München/Leipzig: Duncker & Humblot.

Weber, Max (1968a): Die »Objektivität« sozialwissenschaftlicher und sozialpolitischer Erkenntnis [1904]. In: Ders., *Gesammelte Aufsätze zur Wissenschaftslehre*, 3., erw. und verb. Aufl., hrsg. von Johannes Winckelmann, Tübingen: J.C.B. Mohr (Paul Siebeck), S. 146–214.

– (1968b): Der Sinn der »Wertfreiheit« der soziologischen und ökonomischen Wissenschaften [1917]. In: Ders., *Gesammelte Aufsätze zur Wissenschaftslehre*, ebd., S. 489–540.

Witrisal, Georg (2004): *Der »Soziallamarckismus« Rudolf Goldscheids. Ein milieutheoretischer Denker zwischen humanitärem Engagement und Sozialdarwinismus*, Diplomarbeit, Universität Graz. Online unter: http://www.witrisal.at/goldscheid/rudolf_goldscheids_soziallamarckismus.pdf

Wundt, Wilhelm (1892): *Ethik. Eine Untersuchung der Tatsachen und Gesetze des sittlichen Lebens* [1886], 2. umgearb. Aufl., Stuttgart: Enke.

Zenker, Ernst Viktor (1899/1903): *Die Gesellschaft*, Bd. 1: *Natürliche Entwicklungsgeschichte der Gesellschaft* [1899]; Bd. 2: *Die sociologische Theorie* [1903], Berlin: Georg Reimer.

Karl Acham

II. Die außeruniversitäre Institutionalisierung der Soziologie

Die »Ethische Gesellschaft« als Gelehrten-Netzwerk in der Zeit vor dem Ersten Weltkrieg

Das Aufkommen der ethischen Bewegung in Amerika, England und Deutschland

Die Gründung der »Deutschen Gesellschaft für ethische Kultur« (DGEK) im Jahre 1892 ging auf amerikanische und englische Vorbilder zurück. Der Berliner Ethikprofessor Georg von Gizycki (1851–1895), der Astronom und Leiter der Berliner Sternwarte, Wilhelm Foerster (1832–1921), und der in Prag wirkende Philosoph Friedrich Jodl (1849–1914) waren die treibenden Kräfte hinter dieser Initiative. Gizycki tat sich insbesondere durch die Übersetzung einschlägiger moralphilosophischer Schriften des deutschamerikanischen Sozialethikers Felix Adler (1851–1933) hervor, der 1876 in New York die erste Ethische Gesellschaft überhaupt, die »Society of Ethical Culture«, ins Leben gerufen hatte. Er stand, wie Jodl und Foerster auch, mit den Begründern der in Chicago und London ansässigen Zweigstellen von Adlers Ethischer Gesellschaft, William MacIntyre Salter und Stanton Coit, in Kontakt. Foerster wurde zum Vorsitzenden der DGEK gewählt, Jodl zu seinem Stellvertreter; zu den Mitgliedern zählten unter anderem auch der Soziologe Ferdinand Tönnies sowie die Pädagogen Paul Barth, Theobald Ziegler und Rudolf Penzig. Die Gründung der DGEK in Berlin fand in ganz Deutschland Nachahmung, und bereits zwei Jahre später zählte die Bewegung ca. 3.000 Mitglieder (Börner 1912, Groschopp 2014).

Die amerikanischen Ethischen Gesellschaften wurden als »pluralistische Gesinnungsgemeinschaften konzipiert« (Johnson 1996, S. 340) und erfüllten meist auch die Funktion einer Wohltätigkeitseinrichtung. Sie waren in »Gemeinden« organisiert, und es wurden sogenannte »Sonntagsfeiern« veranstaltet. Jodl, der alsbald als einer der »Chefideologen« (Gimpl 1990) der DGEK galt, blieb das amerikanische Vorbild fremd. Ihn störte der »quäkerhafte Ton« in den Entwürfen von Gizycki, den dieser von Adler übernommen hatte. Das deutsche Pendant zu den »Ethical societies« sollte nach Jodls Intention keine »weltliche Seelsorge« betreiben, sondern vielmehr als ein Verein geführt werden, der sich dadurch auszeichnet, dass »Bildungsinteressen und praktische Bestrebungen Hand in Hand gehen« (Jodl 1917a [1894], S. 181). Die DGEK sollte seiner Ansicht nach liberal-aufklärerische Interessen verbreiten und Ethik als Wissenschaft, so wie er sie an der Universität lehrte, in praktischer Absicht unter die Menschen bringen.

Dass sich Jodl mit der prinzipiellen Stoßrichtung der DGEK vollauf identifizieren konnte und diese schließlich sogar maßgeblich zu beeinflussen vermochte, zeigte sich bereits in seiner 1892 erschienenen Broschüre *Moral, Religion und Schule*, in welcher er öffentlich gegen den vom preußischen Kultusminister Robert Graf von Zedlitz-Trützschler vorgelegten Entwurf eines Schulgesetzes auf konfessioneller Basis protestierte. Im Rahmen der DGEK wurde aber nicht nur die konfessionelle Schule bekämpft und die Ersetzung des Religionsunterrichts durch einen unabhängigen Moralunterricht propagiert; ganz allgemein strebte man gemäß der grundsätzlich als möglich erachteten wissenschaftlichen Erkenntnis des sittlich Guten nach der Ethisierung des Lebens insgesamt. Jeder, so stellte Jodl mit Bezug auf die Prinzipien jener Ethischen Bewegung fest, sei willkommen und könne Mitglied werden, ungeachtet seines Berufs, seiner Religion, seines Standes (vgl. Jodl 1917c, erstmals 1894). Ausdrücklich wurden Frauen willkommen geheißen. Es handle sich bei der DGEK also keineswegs um einen Verein bestehend aus lauter Atheisten, wie von gegnerischer Seite polemisiert wurde. Der ethischen Bewegung gehe es schlicht darum, verschiedene Reformbewegungen zu bündeln und Widersprüche im offenen Diskurs aufzulösen; daher bemühe man sich um die »beständige Vermittlung zwischen der Ethik als Wissenschaft und der Ethik als Lebenskunst« sowie um die Förderung eines antiklerikalen Humanismus (Jodl 1917c [1894, Zitat aus der Vorrede zur 3. Aufl. von 1909], S. 220).

Richtungskämpfe in der DGEK, der Vorläuferorganisation der Wiener Ethischen Gesellschaft

Viele konfliktreiche Themen wurden im Rahmen der DGEK erörtert, darunter auch die »Soziale Frage«, welche Jodl zufolge »nicht bloß als ein wirtschaftliches oder politisches, sondern als ein ethisches Problem« aufzufassen sei (Jodl 1917a [1894], S. 182). Die Soziale Frage stand schon bei den amerikanischen »Ethical societies« in einem äußerst praxisorientierten Sinne im Vordergrund. Dies schlug sich u.a. darin nieder, dass bedürftigen Menschen auf vielfältige Art und Weise im Sinne einer Serviceinstitution geholfen wurde. Im deutschsprachigen Raum war das hingegen nicht in diesem Ausmaß notwendig – für derlei Aufgaben waren nicht nur andere Institutionen zuständig, sondern insbesondere Maßnahmen der modernen Sozialgesetzgebung. Gizycki wollte die DGEK aber weder nur vermehrt in eine sozial-karitative, noch in eine etatistisch-sozialreformerische Richtung entwickeln, sondern sie überhaupt zum Sprachrohr für den erstarkenden Sozialismus machen – eine Tendenz, die der um Überparteilichkeit bemühte Jodl nicht gutheißen konnte.

Als Gesinnungsliberaler sparte Jodl nicht mit Kritik am Sozialismus, den er als »verführerisches Traumbild« bezeichnete. »Es kann keine Reform der Institutionen geben, ohne eine Reform der Gesinnungen«, schrieb Jodl 1894 (hier zitiert nach Jodl 1917a, S. 187), also zu einem Zeitpunkt, als die Auseinandersetzungen innerhalb der DGEK bereits voll im Gange waren. Sowohl der egalitäre Sozialismus als auch die radikale Variante des Manchestertums seien laut Jodl nicht in der Lage, die gesellschaftlichen Probleme zu lösen, weil sie nicht am Recht, sondern an der Macht, nicht an humaner

Solidarität, sondern entweder an gar keiner oder an einer falsch verstandenen Solidarität orientiert seien. Eine parteipolitische Positionierung im Sinne von sozialistischer »Gleichmacherei« könne daher auch nicht das Ziel der ethischen Gesellschaft sein, vielmehr müsse diese unpolitisch und pluralistisch bleiben. Die allgemeine Aufgabe einer ethischen Gesellschaft sieht Jodl in der Förderung der ethischen Kultur als »Friedensinstrument« (Jodl 1917b [1893], S. 215), mit besonderem Bezug auf die »soziale Frage« konstatierte er wiederum: »Die sittlich ausgleichende Wirkung unserer Gesellschaft denke ich mir nach oben wie nach unten gerichtet. [...] Mit unabwendbarer Notwendigkeit naht der Augenblick, wo dasjenige, was die Arbeiter über die soziale Frage denken, viel wichtiger sein wird, als was Minister und Professoren darüber denken, und man kann nicht zeitig genug darauf Bedacht nehmen, die Kluft zwischen beiden Anschauungen nicht so groß werden zu lassen, daß schließlich keine Brücke mehr hinüberführt.« (Ebd., S. 216f.)

Mit einer solchen »sittlich ausgleichenden« Gesinnungspolitik war der Sozialist Gizycki nicht einverstanden. Die heftig geführte Debatte fand ihren Niederschlag in der von diesem seit 1893 herausgegebenen Halbmonatsschrift *Ethische Kultur*, deren Redaktion nach Gizyckis Tod im Jahre 1895 dessen Frau Lily (spätere Braun) übernahm. Diesen Wechsel der Herausgeberschaft nahm Jodl zum Anlass, sich aus dem Vorstand der DGEK zurückzuziehen. Dieser Rückzug war mit hoher Wahrscheinlichkeit ausschlaggebend dafür, dass er 1896 doch noch an die Wiener Universität berufen wurde, obwohl seine antiklerikale Haltung auch in Ministerialkreisen hinlänglich bekannt war. Möglicherweise sah man in Jodl einen willkommenen Kämpfer gegen den aufkeimenden Sozialismus an der Wiener Universität.

Die »Ethische Gesellschaft« in Wien

In Österreich gab es schon bald nach der Konstituierung der DGEK Bestrebungen, einen ähnlichen Verein ins Leben zu rufen. In Wien ging die Gründung der »Ethischen Gesellschaft« (EG) auf die Initiative von Isidor Himmelbaur (1858–1919) und Wilhelm Jerusalem (1854–1923), der in dieser Angelegenheit auch Jodl kontaktierte, zurück. Dieser hatte auch indirekt maßgeblichen Anteil, indem er mehrere Aufsätze über die Tätigkeit der DGEK veröffentlichte und so zur Verbreitung ihrer Ideen beitrug. 1894 erfolgte die konstituierende Sitzung, u.a. unter der Beteiligung von Marie von Ebner-Eschenbach, Bartholomäus von Carneri, Bertha von Suttner und Marianne Hainisch. Es wurde beschlossen, die EG nicht als Zweigstelle der DGEK, sondern als eigenständigen Verein zu gründen. Jodl hielt den Eröffnungsvortrag »Über das Wesen und die Aufgabe der ethischen Gesellschaft« (hier Jodl 1917c). Man trug ihm das Amt des Obmanns an, aber Jodl lehnte dankend ab, da er damals noch an der Prager Universität lehrte. Sehr wohl wurde er aber Vorstandsmitglied. Zehn Jahre später, 1904, – er lehrte damals bereits an der Wiener Universität – wurde Friedrich Jodl, wie auch sein Freund, der Monist Bartholomäus von Carneri, zum Ehrenmitglied der »Ethischen Gesellschaft« ernannt.

Politische Richtungskämpfe, wie sie ein allfälliges Hinneigen eines Teils der Mitglieder zum Sozialismus hätte auslösen können, lassen sich innerhalb der EG nicht ausmachen. Vielmehr erinnert sich der Jodl-Schüler und spätere Obmann der EG, Wilhelm Börner (1882–1951), daran, daß diese bis zum Ende des Ersten Weltkriegs als ein liberaler Verein galt, der als »bourgeois« abgestempelt war und daher auch kaum Zulauf aus der Arbeiterschaft verzeichnen konnte. Interessant ist in diesem Zusammenhang auch die Tatsache, dass der Verein erst 1938 aufgelöst wurde, und nicht bereits 1934 (Johnson 1996, S. 349f.).

Ab 1895 wurden pro Jahr zwischen vier und zehn Vortrags- und Diskussionsveranstaltungen organisiert. Zu den Vortragenden zählten u.a. Wilhelm Foerster, Bertha von Suttner, Wilhelm Jerusalem, Isidor Himmelbaur, Ludwig Büchner, Moritz von Egidy, Karl Federn, Auguste Fickert, Aristides Brezina, Gustav Ratzenhofer, Auguste-Henri Forel und Börner selbst, der die EG während seiner Obmannschaft (1919–1938) durch die Veranstaltung von »Sonntagsfeiern« und andere Aktivitäten wieder stärker den amerikanischen Vorbildern annäherte. Zusätzlich zu den Vortrags- und Diskussionsabenden wurden »gesellige Zusammenkünfte« organisiert, um ungezwungen über ethische Fragen zu diskutieren. Im Jahr 1908 hielt Wilhelm Jerusalem einen Vortragszyklus über systematische Ethik. Ferner wurden von der EG Resolutionen herausgegeben, beispielsweise anlässlich der Friedenskonferenz von 1899 in Den Haag, in welcher ausdrücklich sämtliche Friedensbestrebungen begrüßt wurden (Börner 1910).

In loser Folge erschienen bis 1906 die *Mitteilungen der Ethischen Gesellschaft in Wien*, ab 1907 unter dem Titel *Mitteilungen der Österreichischen Ethischen Gesellschaft*. 1896 trat die EG dem »Internationalen Ethischen Bund« bei. Man arbeitete eng mit dem »Verein der Freidenker«, der in Wien 1887 als »Verein der Konfessionslosen« gegründet worden war, zusammen, ferner mit dem Verein »Freie Schule« und dem »Eherechtsreformverein«. Besonders hinzuweisen ist auf die Nähe der EG zur Friedensbewegung, zur freien Volksbildung und zur (bürgerlich-liberalen) Frauenbewegung. Besonders in diesem letzteren Punkt unterschied sich die EG von den Freimaurern, denn im Gegensatz zu diesen reinen Männerbünden vertrat man in der EG die Meinung, dass ohne Frauen keine Entwicklung zu höheren sittlichen Formen der Menschheit möglich sei.

In ihrer Vortragstätigkeit war die EG dem deutschen Vorbild durchaus ähnlich, aber darüber hinaus wurden, wie Wilhelm Börner hervorhebt, »einige größere Aktionen von ausgesprochen sozialethischem Werte« initiiert, die es in der DGEK in dieser Form nicht gab (Börner 1910; 1912). Damit verweist Börner insbesondere auf die Tätigkeit innerhalb der sogenannten Sozialen Gruppe, welche sich neben einer Literarischen und einer Pädagogischen Gruppe konstituierte. Die Leitung der Sozialen Gruppe oblag dem liberalen Juristen und Sozialpolitiker Julius Ofner (1845–1924). Es wurden Kurse über Volkswirtschaftslehre angeboten, aber auch einige Enqueten durchgeführt, so beispielsweise 1896 eine über die Entlohnung der Frauenarbeit, an welcher u.a. auch der an der Wiener Universität lehrende Philosoph und Literaturwissenschaftler Emil Reich beteiligt war. Ein Jahr später folgte unter der Leitung des sozialliberalen Nationalökonomen Eugen von Philippovich (1858–1917) eine Enquete über die Zustände im Lehrlingswesen. Dabei wurden jeweils über 400 Experten befragt und verheerende Zustände aufgedeckt, worüber auch in der Presse ausführlich diskutiert wurde. Die von der EG durchgeführten Enqueten waren in methodischer Hinsicht als besonders innovativ einzustufen und sind als frühe Vorläufer der in den 1920er Jahren zur Blüte gelangenden empirischen sozialwissenschaftlichen Studien anzusehen. Die Lehrlinge wurden beispielsweise dazu aufgefordert, nicht nur über ihre Arbeitsverhältnisse Auskunft zu erteilen, sondern auch über ihre persönlichen Lebensumstände abseits ihrer Arbeitsstätten, um ein möglichst umfassendes Bild von ihrer Situation zu erhalten. Die Ergebnisse der Enqueten sollten dazu dienen, politische Entscheidungen herbeizuführen, um so die sozialen Probleme im Habsburgerreich effektiv an der Wurzel bekämpfen zu können. 1905 wurde die Soziale Gruppe neu konstituiert, 1907 ging sie im »Österreichischen Bund für Mutterschutz« auf.

Die Mitglieder der Literarischen Gruppe machten es sich zur Aufgabe, als eine Art »Preßkomitee« auf die Tagespresse einzuwirken. Daneben wurden blinde Literaten unterstützt und Gedenkfeiern veranstaltet. 1905 initiierte auch diese Gruppe eine Enquete, und zwar zur »Bekämpfung der Schmutzliteratur«, in deren Zuge immerhin 213 Personen befragt wurden. Die Pädagogische Gruppe wiederum veranstaltete ab 1896 einen wöchentlich stattfindenden Unterrichtskurs über Kindererziehung für Frauen und Mädchen. Im Jahr 1900 löste sich diese Gruppe allmählich von der EG und wurde eigenständig.

Börner, Wilhelm (1910): *Die »Ethische Gesellschaft« in Österreich*, 2. erw. Aufl., Wien: Verlag der österreichischen »Ethischen Gesellschaft«.

– (1912): *Die ethische Bewegung*, Gautzsch bei Leipzig: Felix Dietrich.

Gimpl, Georg (1990): Ethisch oder sozial? Zur missglückten Synthese der Ethischen Bewegung. In: Ders. (Hg.), *Vernetzungen. Friedrich Jodl und sein Kampf um die Aufklärung*, Oulu: Oulun Yliopisto, S. 58–100.

Groschopp, Horst (2014): Die drei berühmten Foersters und die ethische Kultur. Humanismus in Berlin um 1900. In: Ders. (Hg.), *Humanismus und Humanisierung*, Aschaffenburg: Alibri, S. 157–173.

Jodl, Friedrich (1892): *Moral, Religion und Schule. Zeitgemäße Betrachtungen zum Preußischen Schulgesetz*, Stuttgart: J.G. Cotta.

– (1917): *Vom Lebenswege. Gesammelte Vorträge und Aufsätze*, Bd. 2, hrsg. von Wilhelm Börner, Stuttgart/Berlin: Cotta.

– (1917a): Was heißt ethische Kultur? [1894]. In: Jodl 1917, S. 172–194.

– (1917b): Wesen und Ziele der ethischen Bewegung in Deutschland [1893]. In: Jodl 1917, S. 195–217.

– (1917c): Über das Wesen und die Aufgabe der Ethischen Gesellschaft [1894/Vorrede 1909]. In: Jodl 1917, S. 218–245.
Johnson, Lonnie R. (1996): Comeback der Aufklärung: Friedrich Jodl, Wilhelm Börner und die amerikanische »Ethical Culture« Bewegung. In: Georg Gimpl (Hg.), *Ego und Alterego. Wilhelm BolinT und Friedrich Jodl im Kampf um die Aufklärung. Festschrift für Juha Manninen*, Frankfurt a.M./New York: Peter Lang, S. 337–352.

Weiterführende Literatur

Frey, Robert (1962): *Geschichte des Vereins Gesellschaft für ethische Kultur, Wien* (= Archivale der Wienbibliothek im Rathaus/Handschriftensammlung, Teilarchiv der Gesellschaft für Ethische Kultur, Aufstellungsnummer 176, ZPH 620).
Groschopp, Horst (1997): *Dissidenten. Freidenkerei und Kultur in Deutschland*, Berlin: Dietz.
Kato-Mailáth-Pokorny, Sonja (2010): Die Ethische Gemeinde in Wien – Politik und Ethik während der Ersten Republik. In: Anne Siegetsleitner (Hg.), *Logischer Empirismus, Werte und Moral. Eine Neubewertung*, Wien/New York: Springer-Verlag, S. 61–80.

Edith Lanser

Sozialwissenschaftliche Vereine zu Ende des 19. und zu Beginn des 20. Jahrhunderts

Ab den 1890er-Jahren, und noch einmal verstärkt in den Jahren vor dem Ersten Weltkrieg, begannen sich die ersten an der sich gerade als Fachwissenschaft etablierenden Soziologie interessierten Gelehrten und Laien (unter ihnen damals noch wenige, dafür aber häufig umso engagiertere Frauen) vielerorts in Europa und den USA in einschlägigen Fachvereinigungen zu organisieren. Zwar hatte Émile Littré bereits am 8. Februar 1872 in Paris die – zumindest dem Namen nach – erste soziologische Gesellschaft der Welt, die »Société de Sociologie«, ins Leben gerufen, aber dieser eher politische als wissenschaftliche, eher republikanisch als positivistisch agierende Verein fand nach nur wenigen Versammlungen bereits 1874 wieder sein Ende. Ebenfalls in Paris entstand – vor allem auf Initiative von René Worms – die erste Organisation, die sich der Verankerung der Soziologie als eigenständiger Disziplin und deren internationaler Vernetzung widmete: das am 1. August 1893 gegründete »Institut International de Sociologie«. Worms' Aktivität war auch die am 28. Oktober 1895 konstituierte »Société de Sociologie de Paris« zu verdanken. In Belgien ging aus dem 1889 vom Industriellen Ernest Solvay in Brüssel gegründeten »Institut Solvay d'Electro-Physiologie« am 24. Mai 1894 das »Institut des Sciences Sociales« hervor, welches ab Juni 1901 den Namen »Institut de Sociologie Solvay« führte, und am 19. Dezember 1899 konstituierte sich in Brüssel die

»Société Belge de Sociologie«. In London wurde am 20. November 1903 die »Sociological Society« gegründet, die 1934 zum Institute of Sociology an der University of London mutierte. Ihr schlossen sich die im Rahmen des University Settlement 1904 entstandene »Manchester Sociological Society« und der »Social Science Club« an, in dem sich bereits seit November 1883 Studenten der University of Oxford trafen. Nachdem in den USA bereits am 1. Oktober 1903 die afro-amerikanisch ausgerichtete »National Sociological Society« in Washington, D.C. entstanden war, wurde am 27. Dezember 1905 in Baltimore die »American Sociological Society« errichtet, die 1959 in »American Sociological Association« umbenannt wurde. Schließlich konstituierte sich am 30. Jänner 1909 in Berlin die »Deutsche Gesellschaft für Soziologie«.

Eine bemerkenswerte Rolle in diesem Reigen soziologischer Fachvereinigungen spielte die Österreichisch-Ungarische Monarchie. Bereits 1892 wurde in Wien die »Section für Socialwissenschaften« der nach Papst Leo XIII. benannten »Österreichischen Leo-Gesellschaft« gegründet, die 1895 in der »Section für Social- und Rechtswissenschaften« aufging, bis diese schließlich 1903 als »Soziale Sektion« eine primär gesellschaftspolitische Ausrichtung erhielt. Ihre Wiederbelebung fand diese katholisch-konservative Vorläuferorganisation in der 1916 konstituierten »Gesellschaft für christliche Soziologie«. Gleichsam sozialdemokratischer Widerpart war der 1895 gegründete »Socialwissenschaftliche Bildungsverein«, welcher zwar 1910 aufgelöst wurde, aber als unmittelbare Vorläuferorganisation der 1907 gegründeten »Soziologischen Gesellschaft« in Wien anzusehen ist. Die ein Jahr später entstandene »Soziologische Gesellschaft« in Graz berief sich ausdrücklich auf das Wiener Vorbild, doch im Gegensatz zu diesem war sie eine beinah ausschließlich deutsch-nationale Vereinigung sozialwissenschaftlicher Amateure. Interesse an der Soziologie zeigte zumindest anfänglich auch der 1907 entstandene »Deutsche Verein für Sozialwissenschaft in Prag«. Diese zunächst primär akademische Organisation entwickelte sich rasch zu einer Plattform, die sich auch nicht (oder nicht einschlägig) akademisch Vorgebildeten öffnete und ihren – vielfach der Deutschen Fortschrittspartei angehörenden – Mitgliedern ein Diskussionsforum bot, in dem vorrangig Fragen der Nationalökonomie verhandelt wurden. Der 1908 in Czernowitz (Černivci) gegründete »Sozialwissenschaftliche akademische Verein« nannte wiederum den Wiener »Socialwissenschaftlichen Bildungsverein« als sein Vorbild, war aber primär ein durch auch soziologisch tätige Wissenschaftler geprägtes Sammelbecken sozialwissenschaftlich interessierter, vielfach zionistisch engagierter Studenten, die mehrheitlich aus der Bukowina, zum Teil aber auch aus Galizien stammten. Von besonderer Bedeutung wurde die 1901 in Budapest gegründete »Társadalomtudományi Társaság« (Sozialwissenschaftliche Gesellschaft). Anders als die Wiener, Grazer, Prager und Czernowitzer Vereinigungen war die Budapester Gesellschaft zunächst ein Sammelbecken von Fachwissenschaftlern und soziologisch Interessierten unterschiedlicher politischer Ausrichtungen. Allerdings organisierten sich ihre konservativ-monarchistisch orientierten Mitglieder in dem 1907 konstituierten »Magyar Társadalomtudományi Egyesület«

(Ungarischer Sozialwissenschaftlicher Verein), während die Demokraten, die sogenannten Bürgerlich-Radikalen und die Sozialisten in der die ungarische Moderne nachhaltig prägenden alten Gesellschaft verblieben. Das Besondere beider ungarischen Vereinigungen liegt aber nicht zuletzt darin, dass diese als die ersten soziologischen Fachvereine Österreich-Ungarns anzusehen sind.

1. Die Sektion für Sozialwissenschaften der Leo-Gesellschaft (Wien, 1892–1902)

Am 28. Jänner 1892 konstituierte sich in Wien die »Leo-Gesellschaft« als ein »Verband aller auf christlichem Boden stehenden Gelehrten Österreichs« (Schindler 1902, S. 5). Kurz darauf, am 13. März 1892, wurde am Sitz der Wiener »Katholischen Ressource« die »Section der Leo-Gesellschaft für Socialwissenschaften« gegründet. Vorstand wurde der außerordentliche Gesandte a.D., Oberhausmitglied Gustav Graf von Blome, als Stellvertreter fungierten der Hof- und Gerichtsadvokat Oberhausmitglied Wilhelm Freiherr von Berger sowie der Landtagsabgeordnete und o. Univ.-Prof. der Moraltheologie, Hofkaplan Franz Martin Schindler. Die Tätigkeit dieser Sektion beschränkte sich zunächst auf die Abhaltung von – bis Juni 1895 insgesamt zehn – Vorträgen und Diskussionsveranstaltungen, in deren Mittelpunkt jedoch vornehmlich wirtschafts- und finanzwissenschaftliche Themen standen. Erste explizit gesellschaftswissenschaftliche Aspekte brachte der im August 1894 abgehaltene »Social-wissenschaftliche Vortragscurs«, in dessen Rahmen der in der Schweiz emeritierte o. Univ.-Prof. der Gesellschaftslehre und Volkswirtschaft, Subprior P. Albert Maria Weiß O. P. über »Die Grundbegriffe der allgemeinen Gesellschaftslehre«, und der Landtags- und Reichsratsabgeordnete Aloys Prinz von und zu Liechtenstein über »Die geschichtliche Entwicklung der heutigen gesellschaftlichen und wirtschaftlichen Lage im Allgemeinen« referierten.

Die Sektion musste mangels Interesse fusioniert werden und konstituierte sich, wieder in der »Katholischen Ressource«, am 16. Oktober 1895 als »Section der Leo-Gesellschaft für Social- und Rechtswissenschaften«, nunmehr mit Franz Martin Schindler und seit 1902 mit dem unmittelbar zuvor pensionierten Sektionsrat Karl Scheimpflug als Vorständen sowie dem o. Univ.-Prof. des Straf- und Völkerrechts Heinrich Lammasch als Stellvertreter. Zwischen Dezember 1896 und März 1902 gab es weitere fünfundzwanzig Vorträge, überdies wurde im Juli 1899 ein »Practisch-socialer Curs« abgehalten. Zehn dieser Referate wurden zwischen 1895 und 1900 in der Schriftenreihe *Vorträge und Abhandlungen herausgegeben von der Leo-Gesellschaft* veröffentlicht. Die Hauptleistung bestand aber in der vom Generalsekretär der »Leo-Gesellschaft«, Franz Martin Schindler, initiierten und geleiteten Herausgabe des zehnbändigen Werks über *Das Sociale Wirken der katholischen Kirche* in den Diözesen der österreichischen Reichshälfte (1896 [recte 1895]–1909). Diese erste Bestandsaufnahme ist jedoch vornehmlich von sozialpolitischen Absichten geprägt, weshalb die »Section der Leo-Gesellschaft für Social- und Rechtswissenschaften« auch folgerichtig am 31. Dezember 1902 aufgelöst und mit Jahresbeginn 1903 als »Soziale Sektion« weitergeführt wurde. Soziologiehistorisch betrachtet ist das entscheidende Verdienst dieser Sektion wohl der vor allem von Schindler betriebene Versuch, die Sozialwissenschaften in der katholischen Gelehrtenwelt Österreichs auch organisatorisch zu verankern.

Die in der wissenschaftlichen Literatur bisweilen genannte, 1903 vom Kooperator und Religionslehrer August Schaurhofer gegründete »Katholische Vereinigung ›Sozialwissenschaft‹« war eine reine Agitationsplattform der christlichsozialen Arbeiterbewegung. Die seit 1904 vom Seelsorger und Sozialpolitiker Franz Hemala geleitete Organisation stellte schon ein Jahr nach der Gründung ihre Aktivitäten ein. Der von ihr initiierte »soziale Vortragszyklus« vom Februar und März 1904 beschränkte sich bezeichnenderweise auf »Die ersten Anfänge der christlichen Arbeiterbewegung« und die »Kommunale Sozialpolitik«.

2. Gesellschaft für christliche Soziologie (Wien, 1916–1919/1920)

Mitten im Ersten Weltkrieg startete Aloys Prinz von und zu Liechtenstein, nunmehr Landmarschall (Landtagspräsident) von Niederösterreich und Mitglied des Herrenhauses, einen neuerlichen Versuch, soziologisch interessierte Katholiken vereinsmäßig zu organisieren. Er wurde auch Obmann der am 25. September 1916 im Sitzungssaal des Niederösterreichischen Landtags konstituierten »Gesellschaft für christliche Soziologie«, die sich seit 1916 »Gesellschaft für christliche Soziologie, Sozialpolitik und Wirtschaftskunde« nannte. Seine fünf Vizepräsidenten waren der Minister a.D. und Sozialreformer Albert Geßmann, der Landtagsabgeordnete und Wiener Gemeinderat Leopold Kunschak, der Wiener Stadtrat und Reichsratsabgeordnete Heinrich Mataja, der pensionierte Professor an der Theologischen Lehranstalt Brixen und Landtagsabgeordnete Aemilian Schoepfer sowie der o. Univ.-Prof. der Pastoraltheologie Prälat Heinrich Swoboda. In den für die Zeit zwischen November 1916 und Juni 1919 nachgewiesenen fünfundzwanzig Vorträgen ging es um Finanz- und Wirtschaftspolitik, um National- und Wohnungspolitik, um Verfassungs- und Verwaltungsreform, um Arbeiterbewegung, Staatssozialismus und Sozialisierung, um Frauenwahlrecht und um die »Judenfrage«. Titelmäßig sticht lediglich der Vortrag »Wesen und Wertung der Produktion vom Standpunkte der Soziologie« (11.4.1917) des Eisenbahnabteilungsvorstands Oberstaatsbahnrat Alois Fellner hervor.

Für den 4. Juni 1919 ist die letzte Vereinstätigkeit nachweisbar, und mit dem Tod von Aloys Prinzen von und zu Liechtenstein am 25. März 1920 fand der Verein sein definitives Ende. Das Ziel, an der Soziologie interessierte Katholiken organisatorisch zu erfassen, wurde wohl nur teilweise erreicht. Allerdings gehörten das Gros der Vorstandsmitglieder und der im Verein Vortragenden zur politischen Elite. Inwieweit deren Politik tatsächlich durch den Verein beeinflusst wurde, lässt sich freilich nur schwer feststellen. Es ist aber als besondere Leistung für die österreichische Soziologiegeschichte zu werten, dass der bislang im katholischen Lager bevorzugte Begriff »Gesellschaftslehre« bzw. »Gesellschaftswissenschaft« durch den der »Soziologie« ersetzt wurde. Dadurch wurde diese in der katholischen Wissenschaft eher verpönte Disziplinbezeichnung erstmals in Österreich einer breiteren katholischen Öffentlichkeit in positiver Konnotation nahegebracht. Es sollte aber noch bis zum 9. November 1929 dauern, bis mit der damals konstituierten »Studienrunde katholischer Soziologen« eine neue, ausdrücklich katholische soziologische Vereinigung entstand.

3. Socialwissenschaftlicher Bildungsverein (Wien, 1895–1910)

Auch an den Universitäten begannen sich sozialwissenschaftlich Interessierte zu organisieren. Von nachhaltiger Bedeutung wurde der »Socialwissenschaftliche Bildungsverein«, später meist »Sozialwissenschaftlicher Bildungsverein« geschrieben (im Folgenden zitiert als SWB). Dieser konstituierte sich am 4. Mai 1895 im Lanner-Saal der »Ansbacher Bierhalle« (in Wien 6., Rahlgasse 8). »Zweck des Vereines ist Verbreitung wissenschaftlicher und insbesondere nationalökonomischer Kenntnisse unter der Studentenschaft. [...] Dieser Zweck wird erreicht: a) Durch Vorträge und Discussionen, b) durch Anlegung einer Bibliothek und einer Lesehalle, c) durch Verlag von Druckschriften.« (N.N./Statuten 1895, S. [1]) Als Obmänner fungierten 1895 bis 1897 der Privatdozent für römische Geschichte und Geschichte des Mittelalters Ludo Moritz Hartmann, 1897 bis 1898 der Hof- und Gerichtsadvokat Emil Ritter von Fürth, 1898 bis 1899 der Hof- und Gerichtsadvokat Friedrich Frey, 1899 bis 1901 der Gutsbesitzer und Publizist Michael Hainisch, 1901 bis 1904 der Unternehmer und Privatdozent für allgemeines Staatsrecht und Verwaltungslehre Josef Redlich und 1904 bis 1910 der Nervenarzt, Sanatoriumsdirektor und Privatdozent für Psychiatrie Alexander Holländer; Obmann-Stellvertreter waren 1895 bis 1896 Michael Hainisch, 1896 bis 1897 Emil Ritter von Fürth, 1897 bis 1898 der Arzt für Gewerbekrankheiten Ludwig Teleky, 1898 bis 1900 der Gymnasialprofessor-Supplent August Ritter von Wotawa, 1900 bis 1902 der Reichsratsbibliotheks-Amanuensis Karl Renner und 1902 bis 1904 der damals frisch aus Deutscher Philologie zum Dr. phil. promovierte Carl Furtmüller. Als Mitglieder des SWB konnten Hörer und Absolventen der Wiener Hochschulen Aufnahme finden. Der Vereinsvorstand rühmte sich aber auch, als erster österreichischer wissenschaftlicher Verein gemäß Beschluss vom 3. November 1898 Studentinnen als Mitglieder aufzunehmen. Entsprechend wurde vom SWB 1900 dem Abgeordnetenhaus »eine wissenschaftlich motivirte Petition um Zulassung der Frauen zum Universitätsstudium« überreicht (Hertz [Academicus] 1902, S. [1]). Zur Mitgliederzahl des ausschließlich über Mitgliedsbeiträge finanzierten SWB liegen nur wenige Angaben vor: sie wird mit rund 100 für das Jahr 1895 angegeben, mit 120 für das Jahr darauf, und mit etwa 150 für das Jahr 1902. Der ausdrücklich nicht politische Verein wurde von Beginn an eindeutig von Sozialdemokraten und der Sozialdemokratie nahestehenden Personen, insbesondere von Mitgliedern der 1893 gegründeten sozialdemokratischen »Freien Vereinigung«, dominiert. Überdies fällt auf, dass fast alle Vorstandsmitglieder zu den Pionieren der Volksbildung in Österreich zählen. Überdurchschnittlich viele Funktionäre des SWB wie auch der von ihm geladenen Vortragenden waren Juden, wobei jedoch etliche zu diesem Zeitpunkt ihr religiöses Bekenntnis bereits aufgegeben oder gewechselt hatten. Als Versammlungsorte dienten zunächst Räumlichkeiten in Kaffeehäusern und Gaststätten, erst seit November 1899 gab es ein eigenständiges Vereinslokal. Hier waren auch die 1896 angelegte Bibliothek, ein Lesezimmer und das im November 1902 eröffnete Vereinsarchiv untergebracht. 1897 umfasste die Bibliothek mehrere hundert durchwegs neue sozialwissenschaftliche Werke und zahlreiche Zeitschriften in deutscher und französischer Sprache. Bemerkenswert ist, dass sich unter den zahlreichen Sektionen des SWB keine explizit soziologische befand; über unterschiedlich lange Zeiträume aktiv waren eine Literarisch-philosophische Sektion (1897 bis 1898), eine Unterrichtssektion (1899 bis 1900 und 1907 bis 1908), eine Nationalökonomische Sektion (1900 bis 1909), eine Historische Sektion (1901 bis 1906), eine Naturwissenschaftliche Sektion (1902 bis 1903 und 1907 bis 1908), eine Juristische Sektion (1905 bis 1906), eine Pädagogische Sektion (1905) und eine Historisch-philosophische Sektion (1908 bis 1909).

Zwischen Mai 1895 und April 1910 wurden nachweisbar 243 öffentliche Vorträge, ein nicht öffentlicher Vortrag und 48 öffentliche Sektionsvorträge gehalten. Dazu kommen noch mindestens acht öffentliche Diskussionsabende und 31 Exkursionen. Es wurden also jährlich durchschnittlich zwanzig Veranstaltungen organisiert. Themen waren vorrangig Nationalökonomie, Rechts- und Finanzwissenschaften, Geschichte, Medizin, Volksbildung und die Frauenfrage. Vom Titel her sind zumindest einige soziologiehistorisch durchaus interessant, darunter beispielsweise die der folgenden Vorträge: »Wie soll man Sozialwissenschaft studieren? Wie kann ein Verein uns hierin unterstützen?« (31.10.1900) sowie »Die Sozialwissenschaft, ihr Wesen und ihre Bedeutung für den Studierenden« (30.10.1903) von dem Studenten der Rechtswissenschaft und Nationalökonomie bzw. dem nachmaligen Schriftsteller Friedrich Otto Hertz, »Kriminalsoziologie« (25.11.1903) vom Studenten der Rechtswissenschaft Rudolf Goldschmied, »Herbert Spencer und die Soziologie« (22.4.1904) vom Schriftsteller, Zeitungsmitinhaber und -herausgeber Ernst Viktor Zenker, »Drei Kapitel soziologischer Literaturbetrachtung« (13., 15. und 18.6.1906) vom Schriftsteller Ernst Lissauer sowie »Gibt es soziologische Gesetze?« (5.3.1908) vom o. Univ.-Prof. der Philosophie Ludwig Stein. Aus dieser exemplarischen Auflistung wird bereits ersichtlich, dass auch Gäste aus dem Ausland für Vorträge gewonnen wurden: insgesamt waren es dreizehn aus dem Deutschen Reich, drei aus der Schweiz, je zwei aus Frankreich und Schweden sowie einer aus Italien. Weitere Vortragende kamen aus anderen Teilen der Monarchie, nämlich aus Ungarn, Mähren und Galizien. Von besonderem Interesse sind dabei die Referenten aus Budapest, waren diese doch alle Mitglieder der »Társadalomtudományi Társaság« (Sozialwissenschaftliche Gesellschaft): der Sekretär des Nationalökonomisch-Statistischen Seminars der

Universität Budapest Lénárt Mahler (23.10.1907), der o. Univ.-Prof. der Rechtsphilosophie und des Völkerrechts Gyula Pikler (13.1.1909), der aus Wien gebürtige Rechtsanwaltspraktikant Karl Polanyi (22.1.1910) sowie der Handels- und Gewerbekammer-Bibliothekar Ervin Szabó (27.12.1900). Ein anderes wichtiges Angebot des SWB waren die seit 1899 abgehaltenen kostenlosen Studentenkurse aus deutscher und französischer Sprache, Mathematik, Physik und Stenografie. Aber man war auch forscherisch aktiv. Nachdem sich Mitglieder des SWB bereits an der im Dezember 1899 begonnenen, mittels Fragebogen durchgeführten »Wohnungs-Enquete« des »Verbands der Genossenschafts-Krankenkassen Wiens« beteiligt hatten, organisierte der SWB auf Initiative des Landtagsabgeordneten sowie Hof- und Gerichtsadvokaten Julius Ofner im Jänner 1902 die Fragebogenerhebung »Die Dienstverhältnisse der Hauslehrer und Hofmeister«, weil sich gerade die ärmeren Studenten in Wien vielfach als Hauslehrer verdingen mussten. Die Ergebnisse dieser sogenannten Hauslehrer-Enquete wurden vom Advokaturskandidaten Fritz Winter vorgestellt (11.6.1902). Hingewiesen sei noch auf die vereinseigene Schriftenreihe *Vorträge und Abhandlungen herausgegeben vom Sozialwissenschaftlichen Bildungsverein in Wien*, in der zwischen 1902 und 1905 drei Broschüren erschienen, darunter 1902 *Wie studirt man Sozialwissenschaft? Eine Anleitung* von Friedrich Otto Hertz.

Nachdem am 25. April 1910 der letzte Vortrag stattgefunden hatte, löste sich der SWB am 12. November 1910 freiwillig auf. Das besondere Verdienst dieses Vereins liegt einerseits darin, dass er die Sozialwissenschaften innerhalb der Wiener Studentenschaft popularisierte. Andererseits legt die Liste der bekannten Referenten und Diskussionsteilnehmer nahe, dass durch die außerordentlich umfangreiche Vortragstätigkeit des SWB sozialwissenschaftliches Bildungsgut nicht nur innerhalb universitärer Kreise verbreitet, sondern auch wichtigen Repräsentanten von Verwaltung, Wirtschaft, Bildungswesen und Kultur vermittelt werden konnte. Vor allem aber entwickelte sich der SWB zu einer Art »Basisorganisation« der »Soziologischen Gesellschaft« in Wien, der er in vielen Bereichen als unmittelbares Vorbild diente.

4. Soziologische Gesellschaft (Wien, 1907–1931/1934)

Die »Soziologische Gesellschaft« in Wien wird heute vor allem als erster soziologischer Fachverein im deutschen Sprachraum wahrgenommen. Die Idee dafür stammte vom Schriftsteller und Privatgelehrten Rudolf Goldscheid, der damals »in Wien im Mittelpunkt aller wissenschaftlichen Bestrebungen soziologischer Art« stand, wie der Wiener Psychiater Hugo Schwerdtner konstatierte (Schwerdtner 1908, S. 3). Am 24. April 1907 konstituierte sich im Hörsaal 33 im Hauptgebäude der Universität Wien (Franzensring 3, heute Universitätsring 1), die »Soziologische Gesellschaft« in Wien (im Folgenden zitiert als SGW), deren Aufgaben statuarisch wie folgt festgelegt waren: »§ 2. Der Verein verfolgt den Zweck, das Verständnis für das Wesen und die Bedeutung der Soziologie und die Kenntnis und Erkenntnis soziologischer Tatsachen in streng wissenschaftlicher Weise zu fördern und zu verbreiten. § 3 Dieser Zweck soll erreicht werden durch a) Abhaltung von Vorträgen und Cursen, sowie Diskussionen über soziologische Fragen und damit in Zusammenhange stehender Themen; b) Anknüpfung von Beziehungen zu bestehenden ähnlichen Körperschaften; c) Unterstützung der Bestrebungen zur Errichtung von Lehrstühlen für Soziologie an den Hochschulen; d) Bildung von Sektionen für das Spezialstudium einzelner soziologischer Richtungen oder Probleme; e) Veröffentlichungen; f) Anlage einer Fachbibliothek und Aehnliches.« (N.N./Statuten 1907b)

Präsident der SGW war ihr Initiator Rudolf Goldscheid, und nach dessen Tod 1931 für kurze Zeit der Landtagsabgeordnete und Gemeinderat a.D., tit. ao. Univ.-Prof. der Gesellschaftslehre Max Adler, der ab der Gründung bis zur Auflösung des Vereins – zunächst noch als Hof- und Gerichtsadvokat und seit 1919 als Privatdozent – Zweiter Präsident-Stellvertreter war. Als Erster Präsident-Stellvertreter fungierte von 1907 bis 1923 der Gymnasialprofessor i.R., Privatdozent und seit 1920 ao. Univ.-Prof. bzw. seit 1923 o. Univ.-Prof. der Philosophie und Pädagogik Wilhelm Jerusalem, von 1923 bis 1929 der o. Univ.-Prof. des Staatsrechts und der Rechtsphilosophie Hans Kelsen, und von 1929 bis 1934 vertretungsweise Max Adler.

Mitglieder der über Mitgliedsbeiträge und Spenden finanzierten SGW konnten »alle Gebildete[n] ohne Unterschied des Geschlechtes« werden. Leider gibt es keine Angaben zur Mitgliederzahl. Die SGW verfügte nie über ein eigenes Vereinslokal; als Sekretariat dienten die Wohnadressen von Rudolf Goldscheid und nach dessen Tod jene von Max Adler. Dies mag auch der Grund dafür gewesen sein, dass es nie eine vereinseigene Bibliothek gab. Zwar wurde schon bei der Vereinskonstituierung mitgeteilt, dass die reichhaltige Bibliothek des o. Univ.-Prof. der politischen Ökonomie Carl Menger Edler von Wolfensgrün den Mitgliedern der SGW zur Verfügung stehe. Die rund 25.000 Bände umfassende Sammlung wurde allerdings von dessen Witwe, Hermine Menger, geborene Andermann, 1922 nach Japan verkauft.

Sektionen wurden innerhalb der SGW lediglich zwei gebildet. Am 19. November 1913 konstituierte sich die »Arbeitssektion für Sozialbiologie und Eugenik« unter der Leitung des o. Univ.-Prof. der Anatomie Julius Tandler, die es aber nur auf zwei nachweisbare Veranstaltungen brachte. Ungleich wirkungsvoller war die am 26. Dezember 1916 als Sektion der SGW gegründete »Gesellschaft für soziales Recht«, die der Landtagsabgeordnete und Hof- und Gerichtsadvokat Julius Ofner leitete. Diese veranstaltete im Jänner 1917 in Wien die »Deutsch-österreichisch-ungarische Tagung für soziales Recht«. Außerdem organisierte sie bis Oktober 1918 acht Vortragsabende. Insgesamt hielten in dieser Sektion 24 Personen 33 Vorträge. Außerdem gab es eine sektionseigene Schriftenreihe *Flugschriften der Österreichischen Gesellschaft für soziales Recht*, in welcher 1918 drei Hefte erschienen. Die Aktivität dieser Sektion erlosch jedoch mit dem 31. Oktober 1918.

Angeregt durch die Wiener »Gesellschaft für soziales Recht« konstituierte sich in Ungarn eine Schwestergesellschaft, der »Társadalmi Jogalkotás Országos Szövetsége« (Landesverband für Soziales Recht) unter Leitung des Advokaten und Journalisten Aladár Edvi Illés. Dieser gab auch eine Schriftenreihe heraus, deren erster Band unter dem Reihentitel *A Társadalmi Jogalkotás Országos Szövetsége munkálatai* 1917 erschien und deren zweiter Band 1918 unter dem Reihentitel *A Társadalmi Jogalkotás Országos Szövetsége kiadványai* veröffentlicht wurde (*Arbeiten* bzw. *Publikationen des Landesverbands für Soziales Recht*). Dieser Verein löste sich am 31. Oktober 1918, also am letzten Tag der sogenannten Asternrevolution, mit der das Ende der Realunion Ungarns mit Österreich besiegelt wurde, als Organisation der k. k. Doppelmonarchie freiwillig auf. Parallel zu diesen beiden österreichisch-ungarischen Vereinigungen entstand auch die »Deutsche Gesellschaft für soziales Recht« unter Leitung des Amtsrichters Alfred Bozi. Diese bestand deutlich länger und gab zwischen 1917 und 1925 in Stuttgart neun Bände der vereinseigenen Schriftenreihe *Schriften der Deutschen Gesellschaft für soziales Recht* heraus.

Für den Zeitraum April 1907 bis Februar 1927 konnten für die SGW 141 Vortrags- und zehn Diskussionsabende sowie dreizehn Diskussionsveranstaltungen eruiert werden. Dabei hielten 130 Personen insgesamt 206 Vorträge. 61 Referenten kamen aus dem Ausland, darunter 52 aus dem Deutschen Reich und fünf aus Frankreich. Die Vorträge betrafen gelegentlich philosophische Probleme, vor allem aber die Sozialwissenschaften im Allgemeinen und die Soziologie im Besonderen, wobei Spezialthemen wie die Frauenfrage und die Eugenik besonders hervorgehoben seien.

Wie schon der »Socialwissenschaftliche Bildungsverein« versuchte auch die SGW eigenständige Forschungen durchzuführen. Im Oktober 1909 gestattete der Akademische Senat der Universität Wien dem Verein eine Untersuchung zu Herkunft und Lebenshaltung der 9.279 inskribierten Wiener Studierenden. Die während des Erhebungszeitraumes Oktober bis Dezember 1909 eingelangten 868 Fragebogen wurden allerdings erst 1915 durch den ao. Prof. der Volkswirtschaftslehre an der Technischen Hochschule in Brünn (Brno) Karel Engliš umfassend ausgewertet (Engliš 1915).

Was die Beziehungen und Vernetzungsbemühungen mit vergleichbaren Einrichtungen im In- und Ausland betrifft, fielen die Erfolge der SGW recht unterschiedlich aus. Immerhin gehörten dem Pariser »Institut International der Sociologie« vier ihrer Vorstandsmitglieder als assoziierte Mitglieder an: seit 1906 der ao. Univ.-Prof. der Ästhetik Emil Reich, seit 1907 Rudolf Goldscheid und seit 1909 der Schriftsteller und Privatgelehrte Rudolf Eisler sowie Wilhelm Jerusalem, wobei auf den internationalen Kongressen des Instituts nur die beiden Erstgenannten als Referenten auftraten. Als Erfolg kann auch gelten, dass am Ende des 8. Kongresses des »Institut International der Sociologie« der am 11. Oktober 1912 von Rudolf Goldscheid eingebrachte Vorschlag angenommen wurde, den nächsten Kongress zum Thema »L'autorité et la hiérarchie sociale« (Die Autorität und die soziale Hierarchie) 1915 in Wien abzuhalten, doch scheiterte dessen Realisierung am Ersten Weltkrieg. Stattdessen gelang es der SGW, dass der Secondo Congresso Sociologico Internazionale des in Turin beheimateten »Istituto Internazionale di Sociologia« vom 1. bis 8. Oktober 1922 in Wien abgehalten wurde, bei dem die SGW gleich mit sieben offiziellen Vertretern präsent war.

Die Kooperation mit dem 1909 in Paris gegründeten »Institut international pour la diffusion des expériences sociales« (das im deutschen Sprachraum unter dem Namen »Institut für internationalen Austausch fortschrittlicher Erfahrungen« bekannt war) beschränkte sich auf lediglich vier im Jahr 1910 in der SGW gehaltene Vorträge. Treibende Kraft war wohl der Initiator und Direktor jenes französischen Instituts, der in Niederösterreich geborene Pariser Collège-Professor Rudolf (auch: Rodolphe) Broda. Einen größeren Erfolg konnte der Staatskanzler a. D. und Nationalratsabgeordnete Karl Renner verbuchen, der sich nach dem Ersten Weltkrieg für den Anschluss Österreichs an das Deutsche Reich besonders starkmachte. Er initiierte einen »Vortragszyklus über die Anschlussfrage«, zu dem eine ganze Reihe von Politikern unterschiedlicher Parteirichtungen aus dem Deutschen Reich geladen wurde, von denen 1921 und 1922 immerhin acht referierten. Bemerkenswert ist auch, dass sich die Zusammenarbeit mit den österreichischen Fachorganisationen – der Grazer »Soziologischen Gesellschaft«, dem Czernowitzer »Sozialwissenschaftlichen akademischen Verein« und dem »Deutschen Verein für Sozialwissenschaft in Prag«– sowie mit der ungarischen »Társadalomtudományi Társaság« (Sozialwissenschaftliche Gesellschaft) auf einige wenige Vorträge beschränkte.

Ein nachhaltiger Erfolg war Rudolf Goldscheid nur bei der am 9. Jänner 1909 konstituierten »Deutschen Gesellschaft für Soziologie« (im Folgenden zitiert als DGS) beschieden, zu deren Initiatoren er gehörte. In seinem Nachruf auf Goldscheid wandte sich der langjährige Präsident der DGS, Ferdinand Tönnies, »zu allererst seinen Verdiensten um die neuere Entwicklung der Soziologie und vor allem um die Deutsche Gesellschaft für Soziologie zu. Der Gedanke einer solchen Gesellschaft hat zuerst in ihm Gestalt gewonnen; das Zustandekommen des ersten Soziologentages 1910 war sein Verdienst« (Tönnies 1932, S. 430). Am 22. April 1914 wurde über Initiative Goldscheids zwischen der DGS und dem »Institut de Sociologie Solvay« in Brüssel ein Vertrag über ein deutschsprachiges Bulletin geschlossen, von dem allerdings nur eine Nummer erschien. Und ebenfalls auf Initiative Goldscheids sollte im Herbst 1914 der 3. Deutsche Soziologentag zum Thema »Die Bevölkerungsfrage« in Wien stattfinden. Beide Projekte scheiterten am Ersten Weltkrieg. Allerdings gelang es Goldscheid, dass der 5. Deutsche Soziologentag zum Generalthema »Die Demokratie« vom 26. bis 29. September 1926 in Wien abgehalten wurde. Überdies gab es auch personelle Verflechtungen, gehörten doch von den Ausschussmitgliedern der SGW gleich mehrere Personen der DGS an: als Gründungsmitglied Rudolf Goldscheid (1909 Mitglied des Ausschusses, 1913 Mitglied des Vorstandes, 1922 Beisitzer des geschäftsführenden Ausschusses), weiters als Ratsmitglieder seit 1922 der ao. Univ.-Prof. (ab 1924 o. Univ.-Prof.) der Geschichte Ludo Moritz Hartmann, Hans Kelsen und der 1926 wieder ausgetretene o. Univ.-Prof. der Volkswirtschafts- und Gesellschaftslehre Othmar Spann, schließlich als ordentliche Mitglieder Max Adler und Wilhelm Jerusalem seit 1922, Rudolf Eisler seit 1923, die Schriftstellerin, Musikerin und Malerin Rosa Mayreder sowie Emil Reich seit 1926 und der Bundespräsident a. D. Michael Hainisch seit 1931.

Bereits auf dem 31. Deutschen Juristentag, der von 3. bis 7. September 1912 in Wien stattfand, wurde unter dem Tagesordnungspunkt 11 die Frage erörtert: »Was kann geschehen, um bei der Ausbildung (vor oder nach Abschluss des Universitäts-Studiums) das Verständnis der Juristen für psychologische, wirtschaftliche und soziologische Fragen in erhöhtem Maße zu fördern?« Unter den beauftragten Gutachtern befand sich auch das SGW-Ausschussmitglied Julius Ofner. Damals wurde in Österreich die Reform der rechts- und staatswissenschaftlichen Studien heftig diskutiert. Der damit befasste Ausschuss für Verwaltungsreform hielt in seinen nach zweijähriger Beratung im Mai 1913 vorgelegten »Anträgen« eine für jeden Juristen obligatorische Vorlesung über »Gesellschaftslehre (Tatsachen und Theorien des gesellschaftlichen und wirtschaftlichen Lebens, 3 St.)« für notwendig (Kommission 1913). Im Anschluss an diese Vorstöße seitens der Juristen wurde auch Rudolf Goldscheid als Präsident der SGW aktiv. Im Oktober 1913 forderte er in einer Eingabe an das Unterrichtsministerium die Einführung regelmäßiger Vorlesungen über Soziologie. Dieses befragte daraufhin die Fakultäten der österreichischen Universitäten, wobei das Professorenkollegium der Philosophischen Fakultät der Universität Wien, gleich wie jenes der Rechts- und staatswissenschaftlichen Fakultäten der Universitäten Graz und Czernowitz, beschlossen, an das Unterrichtsministerium den Antrag auf Erteilung eines Lehrauftrags für Soziologie beziehungsweise auf die Errichtung einer eigenen Lehrkanzel für dieses Fach zu stellen. Ein knappes Jahr später, im Juni 1914, erfolgte auf Vorschlag von Rudolf Goldscheid eine von Ferdinand Tönnies verfasste Eingabe zur Förderung der Soziologie an den deutschen Hochschulen, doch geschah dies im Rahmen der DGS. In Wien waren die diesbezüglichen Bemühungen der SGW insofern erfolgreich, als zweien ihrer Vorstandsmitglieder eine Pionierrolle zukam: Max Adler wurde 1919 an der Universität Wien für Gesellschaftslehre habilitiert, und 1922 konnte der o. Univ.-Prof. der politischen Ökonomie Othmar Spann das ehemalige Staatswissenschaftliche Institut zum »Seminar für Volkswirtschaftslehre und Gesellschaftslehre« umgestalten.

Auf dem Gebiet vereinseigener Publikationen war die SGW überraschend inaktiv. Bereits erwähnt wurden die drei 1918 erschienenen Hefte der sektionseigenen Schriftenreihe *Flugschriften der Österreichischen Gesellschaft für soziales Recht*. Erst 1926 war den von Wilhelm Jerusalem schon vor dem Ersten Weltkrieg eingeleiteten Bestrebungen Erfolg beschieden, und es kam in der vereinseigenen Schriftenreihe *Soziologie und Sozialphilosophie* zwischen 1926 und 1928 zur Publikation von sieben Heften.

Am 15. Februar 1927 fand der letzte Vortrag im Rahmen der SGW statt. Lediglich im Juni 1931 gab der Verein noch ein Lebenszeichen von sich. In Kooperation mit der Wiener »Philosophischen Gesellschaft« wurde ein philosophisches Preisausschreiben zum Thema »Die Entwicklung der Soziologie des Erkennens und Wissens seit Wilhelm Jerusalem« veranstaltet. Doch am 6. Oktober 1931 verstarb Rudolf Goldscheid, und mit ihm endete auch de facto die SGW. Noch während der Februarkämpfe 1934 beschloss Max Adler das formelle Ende der SGW, und am 21. März 1934 löste sich die SGW freiwillig auf. Die stark an die Person von Rudolf Goldscheid gebundene SGW war nicht nur der erste soziologische Fachverein im deutschen Sprachraum, sie legte auch den Grundstein für die – allerdings erst nach dem Zweiten Weltkrieg erfolgte – universitäre Verankerung der Soziologie. Und sie trug nicht zuletzt durch ihre volksbildnerische Orientierung wesentlich dazu bei, dass sich in der Reichshaupt- und Residenzstadt Wien in allen gesellschaftlichen Schichten eine grundlegende Kenntnis der neuen Disziplin entwickeln konnte.

5. Soziologische Gesellschaft (Graz, 1908–1922/1935)

Am 8. März 1908 fand an der Universität Graz unter dem Vorsitz von Friedrich Sueti, dem stellvertretenden Chefredakteur der Grazer *Tagespost*, eine große Feier anlässlich des 70. Geburtstages des o. Univ.-Prof. der Verwaltungslehre und des österreichischen Verwaltungsrechts Ludwig Gumplowicz statt. Es waren Sueti und der Grazer Stadtrat und Privatdozent für Elemente des österreichischen Verfassungs- und Verwaltungsrechts Rudolf Bischoff, die im Anschluss an diese Feier die Gründung einer Grazer soziologischen Gesellschaft anstrebten, wobei sie in ihrem Ansuchen an die Steiermärkische Statthalterei (Landesregierung) festhielten, »dass das Statut sich nur in ganz unwesentlichen Punkten von dem Statute der Soziologischen Gesellschaft in Wien unterscheidet« (Müller 2017, S. 780). Am 1. Juni 1908 wurde im Saal des Singvereins, Burggasse 9, die »Soziologische Gesellschaft« in Graz (im Folgenden zitiert als SGG) konstituiert. Abgesehen von ein paar minimalen orthographischen Unterschieden deckt sich die statuarische Beschreibung ihres Vereinszwecks vollkommen mit der des Wiener Vorbilds: »Der Verein verfolgt den Zweck, das Verständnis für das Wesen und die Bedeutung der Soziologie und die Kenntnis und Erkenntnis soziologischer Tatsachen in streng wissenschaftlicher Weise zu fördern und zu verbreiten. Dieser Zweck soll erreicht werden durch: a) Abhaltung von Vorträgen und Kursen sowie Diskussionen über soziologische Fragen und damit im Zusammenhange stehende Themen; b) Anknüpfung von Beziehungen zu bestehenden ähnlichen Körperschaften; c) Unterstützung der Bestrebungen zur Errichtung von Lehrstühlen für Soziologie an den Hochschulen; d) Bildung von Sektionen für das Spezialstudium einzelner soziologischer Richtungen oder Probleme; e) Veröffentlichungen; f) Anlage einer Fachbibliothek und dergleichen.« (N.N./Satzungen 1908a, S. 1)

Obmann war zunächst Friedrich Sueti, dem nach dessen Tod 1910 Rudolf Bischoff folgte. Obmann-Stellvertreter waren 1908 bis 1910 Rudolf Bischoff, 1910 bis 1913 der Chefredakteur der Grazer *Tagespost* Ernst Decsey, und 1913 bis 1935 der Professor an der Lehrerbildungsanstalt Wilhelm Krischner. Über die Zahl der Mitglieder der allen Interessierten offenstehenden SGG gibt es nur wenige Angaben: für 1911 wird sie mit 141 beziffert, für 1912 mit 152. Der ausschließlich über die Mitgliedsbeiträge finanzierte Verein besaß kein eigenes Vereinslokal. Als Kontaktadresse wurden zunächst die

Redaktionsadresse der Grazer *Tagespost* und dann die Privatadresse von Rudolf Bischoff angegeben. Dies mag auch erklären, warum es nie zu der laut den Statuten beabsichtigten Gründung einer vereinseigenen Bibliothek kam; eine Rolle spielte aber sicher auch, dass die von der SGG erhoffte umfangreiche Bibliothek von Ludwig Gumplowicz nach dessen Freitod wunschgemäß an Freunde und die Grazer Universitätsbibliothek ging.

Im Rahmen der SGG wurden im März 1916 zwei Sektionen gegründet, die sich beide als kurzlebig erwiesen und die einzigen derartigen Einrichtungen der SGG blieben: Die »Sektion für Kriegerheimstätten« wurde noch im Sommer 1916 von der »Sektion für Bodenreform« übernommen, die ihrerseits bald in dem auf Initiative ihres Leiters Rudolf Bischoff am 10. Jänner 1917 gegründeten eigenständigen »Verein steirischer Bodenreformer« aufging; nach Jahren auffallender Aktivität löste sich auch dieser Verein am 17. März 1924 freiwillig auf.

Die SGG organisierte mindestens 74 Vortrags- und acht Debattenabende, eine Sektionsveranstaltung sowie 1909 und 1912 bis 1914 vier im Zweiwochenrhythmus abgehaltene Kurse »Einführung in die Soziologie«, die auf dem Soziologie-Buch von Rudolf Eisler (Eisler 1903) basierten. Insgesamt lassen sich 81 Vorträge von 66 Personen nachweisen. Auffallend ist, dass der Nestor der Soziologie in Österreich, Ludwig Gumplowicz, nicht als Vortragender gewonnen werden konnte, im Gegenteil: noch im Gründungsjahr der SGG distanzierte er sich von dieser in einem Brief an einen Grazer Kollegen. Dies mag u.a. damit zusammenhängen, dass es im gesamten Vereinsvorstand lediglich zwei Repräsentanten der Universität gab: den o. Univ.-Prof. der Hygiene Wilhelm Prausnitz, der 1908 bis 1932 als Ausschussmitglied fungierte, und den Privatdozenten Rudolf Bischoff. Vorherrschend waren hingegen Vertreter der Presse und der Lehrerschaft; unter den Vorstandsmitgliedern hervorgehoben sei noch die Lehrerin an der Lehrerinnenbildungsanstalt Seraphine Puchleitner, die als erste Frau an der Universität Graz 1902 promoviert worden war. Gumplowicz' ablehnende Haltung dürfte aber auch wissenschaftliche und politische Gründe gehabt haben: Kein einziges Mitglied des SGG-Vorstands legte jemals eine soziologische Publikation vor, und politisch gehörten die maßgeblichen Personen – im Gegensatz zur Wiener »Soziologischen Gesellschaft« – dem liberal-deutschnationalen Lager an, wenn man vom Sozialdemokraten Rudolf Glesinger, dem Mitbegründer und Direktor des Jugendschutzamtes der Stadt Graz, absieht. Ein thematischer Schwerpunkt lässt sich aus den Vortragstiteln nicht ablesen, doch dominierte in den Jahren 1914 bis 1916 eindeutig die Frage der Bodenreform. Bemerkenswert ist, dass von den Vortragenden immerhin 23 aus dem Ausland kamen, darunter 16 aus dem Deutschen Reich, drei aus Frankreich und zwei aus der Schweiz.

Die angestrebten nationalen und internationalen Beziehungen beschränkten sich auf die »Soziologische Gesellschaft« in Wien und liefen vor allem über Rudolf Goldscheid. Auffällig ist, dass es auch zum »Sozialwissenschaftlichen akademischen Verein« in Czernowitz keine engeren Beziehungen gab, obwohl dessen wichtiger Repräsentant Joseph A. Schumpeter 1911 von der Universität Czernowitz als ao. Univ.-Prof. der politischen

Ökonomie nach Graz kam und im selben Jahr Otto Freiherr von Dungern in umgekehrter Richtung von Graz als ao. Univ.-Prof. des allgemeinen und österreichischen Staatsrechts und der Verwaltungslehre an die Universität Czernowitz wechselte, wo er dann im »Sozialwissenschaftlichen akademischen Verein« auch außerordentlich aktiv war. Auch was den Kontakt zum »Deutschen Verein für Sozialwissenschaft in Prag« betrifft, trugen biographische Bezüge nichts zur Beziehungspflege bei: Weder der o. Univ.-Prof. der Philosophie an der Deutschen Karl-Ferdinands-Universität zu Prag Christian Freiherr von Ehrenfels, der 1885 in Graz promoviert hatte, noch Karl Herrnried, der bis zu seiner Übersiedlung nach Prag im Jahr 1912 Direktor der Grazer Filiale der Anglo-Österreichischen Bank gewesen war, waren als aktive Mitglieder des Prager Vereins darum bemüht, einen Austausch mit der Grazer Schwesterorganisation anzuregen; aber auch der in Prag geborene und ebendort 1897 promovierte Finanzbeamte Julius Bunzel, der von 1899 bis 1924 in Graz lebte und sich sehr um die Publikationstätigkeit der SGG verdient machte (s.u.), scheint keine engere Verbindung zu den Pragern angestrebt zu haben. Die grenzüberschreitenden Beziehungen waren ebenfalls eher dürftig: Kein Ausschussmitglied der SGG gehörte dem Pariser »Institut International de Sociologie« oder der 1909 gegründeten »Deutschen Gesellschaft für Soziologie« an. Allerdings gab es mit dem im gleichen Jahr in Paris ins Leben gerufenen »Institut international pour la diffusion des expériences sociales« (Institut für internationalen Austausch fortschrittlicher Erfahrungen) eine kurzzeitige Kooperation. Treibende Kraft war wohl – wie schon im Fall der Wiener »Soziologischen Gesellschaft« – dessen Initiator und Direktor Rudolf Broda. Die Zusammenarbeit beschränkte sich letztlich allerdings auf vier im Jahr 1910 in der SGG gehaltene Vorträge.

Angesichts der geringen universitären Verankerung der Ausschussmitglieder der SGG kann es wenig verwundern, dass auch deren Bemühungen um die universitäre Etablierung der Soziologie wenig erfolgreich waren. Allerdings beteiligte sich 1913 die Rechts- und staatswissenschaftliche Fakultät der Universität Graz ausdrücklich auf Initiative der SGG gemeinsam mit den Universitäten Wien und Czernowitz an der Eingabe an das Unterrichtsministerium auf Erteilung eines Lehrauftrags für Soziologie bzw. auf Errichtung einer eigenen Lehrkanzel für Soziologie. Im Juli 1919 beantragte der o. Univ.-Prof. der Philosophie Hugo Spitzer die Einrichtung eines »Seminars für Naturphilosophie und Sociologie«, das im Dezember 1920 als »Seminar für Philosophische Soziologie« an der Universität Graz gegründet wurde; doch eine Einflussnahme der SGG lässt sich diesbezüglich nicht nachweisen.

Einen gewissen Erfolg konnte die SGG bei der Publikation einer vereinseigenen Schriftenreihe erzielen, was vor allem ein Verdienst des aus Prag stammenden Grazer Finanzrats Julius Bunzel war, der aber 1924 als Hofrat nach Wien übersiedelte. Zwischen 1918 und 1931 erschienen zwölf Hefte (eines davon in zwei Auflagen) der *Zeitfragen aus dem Gebiete der Soziologie*. Bei der ersten Reihe (1918 bis 1921, 6 Hefte) hieß es »Herausgegeben von der Soziologischen Gesellschaft in Graz«, wobei bei den Heften

4 (1918) und 5 (1919) zusätzlich vermerkt wurde: »In Verbindung mit Joseph Schumpeter, Hugo Spitzer und Ferdinand Tönnies geleitet von Julius Bunzel«. Bei den zwei Bänden der zweiten Reihe (1923) hieß es bereits *Zeitfragen aus dem Gebiete der Soziologie begründet von der Soziologischen Gesellschaft in Graz. In Verbindung mit Joseph Schumpeter, Hugo Spitzer und Ferdinand Tönnies geleitet von Julius Bunzel*, bei den drei Heften der dritten Reihe (1926 bis 1927) nur mehr *Zeitfragen aus dem Gebiete der Soziologie. In Verbindung mit Joseph Schumpeter/Hugo Spitzer/Ferdinand Tönnies herausgegeben von Julius Bunzel*, und beim einzigen Heft der letzten Reihe (1931) *Zeitfragen aus dem Gebiete der Soziologie. In Verbindung mit Joseph Schumpeter/Hugo Spitzer/Ferdinand Tönnies herausgegeben von Julius Bunzel. Vierte Reihe: Beiträge zur Soziologie der Kunst.*

Die SGG war, abgesehen von der Schriftenreihe, seit Juni 1922 nicht mehr aktiv. Die offizielle Auflösung erfolgte allerdings erst am 6. April 1935. Es wäre eindeutig zu kurz gegriffen, die SGG als bloße Vereinigung soziologischer Dilettanten abzutun. Immerhin war ihre Sektion für Bodenreform die organisatorische Basis für den in der Steiermark überaus aktiven »Verein steirischer Bodenreformer« (1917–1924), in dem Mitglieder der SGG in einflussreicher Position tätig waren. Mit ihrer Schriftenreihe *Zeitfragen aus dem Gebiete der Soziologie* hinterließ die SGG teils bemerkenswerte Beiträge zur soziologischen Literatur, darunter Joseph Schumpeters 1918 in Graz erschienenen Klassiker der sozialwissenschaftlichen Literatur *Die Krise des Steuerstaats*. Vor allem aber machten die Aktivitäten der SGG Graz neben Wien zu einem frühen Ort der Soziologie im heutigen Österreich, sodass es kein Zufall ist, dass gerade an der Universität Graz 1987 mit dem »Archiv für die Geschichte der Soziologie in Österreich« die bislang weltweit einzige derartige Institution geschaffen wurde.

6. Deutscher Verein für Sozialwissenschaft in Prag (Prag, 1907–1918)

Am 12. Mai 1907 fand im Hörsaal 1 des Karolinums der Deutschen Karl-Ferdinands-Universität in der Eisengasse 11 (heute Železná ulice 9) die konstituierende Versammlung des »Deutschen Vereins für Sozialwissenschaft in Prag« (im Folgenden zitiert als DVfSiP) statt. Der von Mitgliedern des staatswissenschaftlichen Instituts initiierte Verein hatte gemäß dem im *Prager Tagblatt* veröffentlichten Gründungsaufruf ein klares Ziel: »Durch Veranstaltung von Vortrags- und Diskussionsabenden, durch Exkursionen in industrielle Unternehmungen, durch Anlegung einer Fachbibliothek, eventuell durch Publikation von Druckschriften soll das in weiten Kreisen bereits für die Sozialwissenschaften vorhandene Interesse gesteigert, für dieses Interesse ein lokaler Mittelpunkt geschaffen werden.« (Dauscha/Kafka/Přibram 1907, S. 6)

Obmann war zunächst der kurz vor seiner Habilitierung an der Universität Wien stehende Karl (Eman) Přibram, der noch 1907 vom Prager Privatdozenten für bürgerliches Recht Bruno Kafka abgelöst wurde. Erster Obmann-Stellvertreter war der Ministerial-Konzipist Gustav Heinrich Laube, dem ebenfalls noch 1907 der Unternehmer und Präses des Prager Handelsgremiums Karl Forchheimer folgte. Zweiter Obmann-Stellvertreter war zunächst Karl Forchheimer, ihm folgte 1907 der Eisenbahn-Konzipist Anton Dauscha, der seinerseits 1910 vom Versicherungs-Sekretär Heinrich Post abgelöst wurde. Der Gründungsaufruf des DVfSiP richtete »sich zunächst an Anwälte und Beamte, dann an alle diejenigen, welche, schon durch die Universitätsstudien in den Staatswissenschaften vorgebildet, ihre erworbenen Kenntnisse erweitern und vertiefen wollen. Insbesondere aber bitten wir jene Männer, welche durch ihre Beschäftigung mit den Problemen der Theorie oder durch ihre öffentliche Tätigkeit über ein reiches Wissen und große Erfahrung in den Fragen der Sozialwissenschaft verfügen, uns ihre Mitwirkung nicht zu versagen.« (Ebd.) Angesichts der breiten Streuung der Mitglieder und der gleichzeitig doch sehr bestimmten Zielgruppenorientierung des Vereins wurde zwischen den akademisch gebildeten »ordentlichen Mitgliedern« und den nicht stimmberechtigten nichtakademischen »teilnehmenden Mitgliedern« unterschieden. Nach einem heftigen Konflikt wurde diese Differenzierung in einer am 26. Oktober 1908 beschlossenen Statutenänderung aufgehoben. Infolgedessen verloren die Mitglieder der Deutschen Karl-Ferdinands-Universität rasch an Einfluss, während Advokaten, Großindustrielle und Persönlichkeiten aus der Verwaltung und dem Bankwesen den Vereinsvorstand zunehmend dominierten.

Diese Entwicklung ist auch auf den frühen Abgang von drei Gründungsmitgliedern des DVfSiP zurückzuführen. Karl Přibram, der im Verein noch über »Entwicklung und Aufgaben der Sozialwissenschaften« (14.6.1907) referierte, habilitierte sich im September 1907 für politische Ökonomie an der Universität in Wien, wo er sich dann auch für die nächsten Jahre niederließ. Der Zweite Schriftführer des DVfSiP, Arthur Salz, der »Über die internationale agrarische Bewegung« (24.6.1907) und über »Bernard Bolzanos staatswissenschaftliches Werk« (19.12.1908) vortrug, ging an die Universität Heidelberg, wo er sich im Mai 1909 habilitierte. Nach Heidelberg war noch im Gründungsjahr des DVfSiP auch dessen Gründungs- und Ausschussmitglied Alfred Weber berufen worden. Gerade Weber setzte »in den neugegründeten Verein die Hoffnung, daß von ihm eine kräftige Förderung der Soziologie zu erwarten sei, deren Bedeutung man eben erst in neuerer Zeit richtig einzuschätzen begonnen habe.« (N.N. 1907f, S. 4) Unmittelbar vor seinem Weggang hielt er im DVfSiP noch den Vortrag »Anlage und Milieu im Bereich der Soziologie« (30.10.1907).

Im Mittelpunkt der Aktivitäten des DVfSiP stand die Abhaltung von Vorträgen und Diskussionsabenden. Bis 1914 fanden knapp vierzig derartige Veranstaltungen statt, von denen hier zunächst auf die beiden Vorträge »Jurisprudenz und Sozialwissenschaft« des ao. Univ.-Prof. des allgemeinen und österreichischen Staatsrechts sowie der Verwaltungslehre und des österreichischen Verwaltungsrechts Ludwig Spiegel (27.5.1908) und des Finanzprokuraturs-Adjunkten und Privatdozenten für Philosophie Oskar Kraus (9.11.1908) hingewiesen sei. Letzterer referierte auch noch über »Die soziale Funktion der Strafe« (29.3.1911). Lokales Aufsehen erregten die vom o. Univ.-Prof. der Philosophie Christian von Ehrenfels gehaltenen Vorträge über »Die sexuale Sitte der aufsteigenden Entwicklung« (14. und 20.1.1910), denen bis April 1910 gleich vier – nur teilweise öffentliche – Diskussionsabende folgten, die vor allem auf die massive Kritik des o. Univ.-Prof. der Moraltheologie Karl Hilgenreiner zurückzuführen waren. Ansonsten dominierten nationalökonomische und rechtliche Themen die Vortrags- und Diskussionsabende. Diese Schwerpunktlegung wird auch aus den vom DVfSiP veranstalteten Kursen ersichtlich: angeboten wurden ein »Kurs über Bank- und Börsenwesen« (7 Abende, November und Dezember 1909 und April 1910) und ein »Kurs über die Technik des Effektenverkehrs« (6 Abende, März 1911), beide vor allem für Juristen bestimmt und vom Bank-Prokuristen David Gold geleitet, sowie ein »Kurs über Buchhaltung und Bilanzkunde für Juristen« (6 Abende, November 1911), geleitet vom wirklichen Handelsakademie-Professor Maximilian Weiß. Bemerkenswert ist auch, dass fast alle Referenten – es ist keine einzige Referentin nachweisbar – in Prag tätig waren. Nur vier Vorträge wurden von Auswärtigen gehalten: Der Privatdozent für Staatswissenschaften Moritz Julius Bonn (München) referierte über »Die Rassen in den afrikanischen Kulturen« (18.3.1910), der Collège-Professor Abbé Paul Naudet (Paris) – als Delegierter des »Institut international pour la diffusion des expériences sociales« (Institut für internationalen Austausch fortschrittlicher Erfahrungen) – über »La séparation des Églises et de l'Etat en France« (Die Trennung von Kirche und Staat in Frankreich; 24.4.1910), der Reichstagsabgeordnete Friedrich Naumann (Berlin) über »Die politischen Parteien in Deutschland« (28.2.1912) und der Reichsratsabgeordnete und Vizepräsident des Abgeordnetenhauses Engelbert Pernerstorfer (Wien) »Über die Grundlagen der sozialistischen Politik« (27.4.1912); es blieb dies der einzige Vortrag des geplanten Vortragszyklus »Die politischen Parteien in Österreich«.

Mit Beginn des Ersten Weltkriegs erloschen die Vereinsaktivitäten weitgehend. Lediglich Ludwig Spiegel referierte über »Das neue Wappen und seine staatsrechtliche Bedeutung« (18.2.1916), und der Bank-Prokurist Viktor König sprach im Zuge der Werbungs- und Aufklärungsaktion für die österreichische Kriegsanleihe über »Geld, Kapital und Kriegsanleihe« (23.5.1917). Diese Drosselung der Vereinsaktivitäten war zweifelsohne kriegsbedingt, mag aber auch damit zusammenhängen, dass viele Vereinsmitglieder der »Deutschen Fortschrittspartei« angehörten und den Schwerpunkt ihrer außerberuflichen Tätigkeiten zunehmend in den Dienst dieser Partei stellten, deren Vorsitzender seit 1916 Bruno Kafka war. Diese schon im Vorfeld der 1897 erlassenen Badenischen Sprachenverordnungen für Böhmen und Mähren im Jahr 1896 zum Schutz der deutschen Sprache und Kultur in Böhmen gegründete Partei prägte spätestens ab 1908 maßgeblich die politische Haltung der Mehrheit der Mitglieder des DVfSiP. Konfessionell fällt auf, dass viele Vorstands- und Vereinsmitglieder Juden waren, von denen auch mehrere im Holocaust ermordet wurden.

Von den anderen, neben dem Vortrags-, Diskussions- und Kursprogramm laut Gründungsaufruf geplanten Vereinsaktivitäten konnten keine realisiert werden. Weder lassen sich Exkursionen nachweisen, noch wurde eine Fachbibliothek angelegt. Dies war auch deshalb nicht möglich, weil der DVfSiP nie über ein eigenes Vereinslokal verfügte. Als Vereinsadresse diente die Privatadresse des langjährigen Kassiers des DVfSiP, des Großindustriellen Felix Kahler, und die Vorträge fanden fast ausnahmslos im Karolinum oder im Deutschen Haus statt. Ebenso scheiterte die vereinseigene Publikation von Druckschriften.

Die letzte nachweisbare Aktivität des DVfSiP war der Vortrag des Landesadvokaten (Rechtsanwalt) Otto Gellner über »Die Vermögensabgabe« (5.2.1918). Der Verein, der zumindest in den Jahren 1907 und 1908 einen soziologiehistorisch bemerkenswerten Akzent in Prag setzen konnte, entwickelte sich nach diesen Anfangsjahren zu einer Organisation, die es sich vor allem zur Aufgabe machte, interessierte Juristen des öffentlichen Dienstes und der Privatwirtschaft in die Nationalökonomie einzuführen. Es liegt auch nahe, dass der DVfSiP angesichts seiner Betonung des Deutschtums keinerlei Einfluss auf die am 12. Jänner 1925 in Prag gegründete tschechische »Masarykovy sociologické společnosti« (Masaryk Gesellschaft für Soziologie) hatte.

7. Sozialwissenschaftlicher akademischer Verein (Czernowitz, 1908–1914/1918)

1875 wurde anlässlich der hundertjährigen Zugehörigkeit der Stadt zu Österreich die k. k. Franz-Josephs-Universität in Czernowitz (Černivci) gegründet. Im Gegensatz zur 1867 polonisierten k. k. Franzens-Universität Lemberg war in Czernowitz die Unterrichtssprache Deutsch. Im Wintersemester 1907/08 gab es an der Czernowitzer Universität 775 Hörer und 59 Hörerinnen, darunter 472 an der Rechts- und staatswissenschaftlichen Fakultät. Bemerkenswert ist deren Religionszugehörigkeit: 39,5 Prozent waren israelitisch, 32 Prozent griechisch-orientalisch und knapp 17 Prozent römisch-katholisch. (N.N. 1908c, S. 4)

Bereits 1907 wurde in Czernowitz ein soziologiehistorisch beachtenswerter Versuch unternommen: Studentinnen der Universität luden für den 29. Juni zu einem Treffen ein, bei dem ein »Sozial-wissenschaftlicher Damenverein« gegründet werden sollte. Tatsächlich fand die Versammlung, zu der nur fünf Studentinnen erschienen waren, aber erst am nächsten Tag statt. Damit kam dieser Versuch der jüdischen Philosophiestudentin Bas-Schewa Gingold und der griechisch-orientalischen Studentin der deutschen und englischen Philologie Eugenia Nichitovici nicht über das Anfangsstadium hinaus (N.N. 1907e, S. 4).

Ein halbes Jahr später, am 7. Jänner 1908, wurde im zukünftigen Vereinslokal in der Herrengasse 22 (heute Olga Kobylianska-Straße 22) der »Sozialwissenschaftliche akademische Verein«, später »Sozialwissenschaftlicher Akademischer Verein in Czernowitz« (im Folgenden zitiert als SAV), konstituiert. Der Verein wurde ausdrücklich »[n]ach dem Muster des an der Wiener Universität bestehenden ›Sozialwissenschaftlichen Bildungsvereines'« gegründet (N.N. 1908b, S. 4). Initiator war wohl der o. Univ.-Prof.

des römischen Rechts Eugen Ehrlich, damals Rektor der Czernowitzer Universität. Die Statuten definieren einen vom Wiener Vorbild leicht abweichenden Schwerpunkt (es ist nicht mehr speziell von »nationalökonomischen«, sondern allgemein von »sozialwissenschaftlichen Kenntnissen« die Rede) und verzichten – angesichts seiner Orientierung und der Zusammensetzung der Führungsriege etwas überraschend, s.u. – auf die ausdrückliche Erwähnung der Studentenschaft als wichtigste Adressatin der Bemühungen des SAV: »Zweck des Vereines ist Verbreitung wissenschaftlicher und insbesondere sozialwissenschaftlicher Kenntnisse. Dies wird angestrebt: a) durch Vorträge und Diskussionen, b) durch Errichtung einer Bibliothek und einer Lesehalle, c) durch Verlag von Druckschriften.« (Ebd.) Anders als beim Wiener »Sozialwissenschaftlichen Bildungsverein« waren ausschließlich Studenten Obmänner und Obmann-Stellvertreter des SAV; stellvertretend seien hier nur der im Studienjahr 1908/09 amtierende Gründungsobmann Salo Kimmelmann und der im Sommersemester 1910 als Stellvertreter, im Wintersemester 1910/11 dann als Obmann fungierende Herbert Blaukopf – der Vater des Musiksoziologen Kurt Blaukopf – genannt.

Grundsätzlich war der SAV ein Verein für ein akademisch gebildetes Publikum und die Studierenden der Universität Czernowitz. Er finanzierte sich durch Mitgliedsbeiträge und Subventionen des Stadtrats, was vor allem dem Gemeinderat und Universitätssekretär Anton Norst (eigentlich Oswald Isidor Nußbaum) zu verdanken war, dem Bruder der Reformpädagogin Eugenie Schwarzwald. Über die Entwicklung seiner Mitgliederzahl ist wenig bekannt, doch werden für den Mai 1914 rund 250 Mitglieder ausgewiesen. Hervorzuheben sind die drei Ehrenmitglieder des SAV, die alle als Professoren an der Czernowitzer Universität wirkten: Eugen Ehrlich (Ehrenmitglied per 24.10.1909), ao. Univ.-Prof. der politischen Ökonomie Joseph Schumpeter (8.10.1911) und o. Univ.-Prof. der Rechtswissenschaften Hans Ritter von Frisch (5.4.1914). Der SAV, der durchgängig über ein eigenes Vereinslokal und seit 1910 auch über ein Lesezimmer verfügte, eröffnete im November 1910 die vor allem von Joseph Schumpeter initiierte vereinseigene »Sozialwissenschaftliche Bibliothek«, die 1910 rund 200 und 1914 bereits über 600 Bände und 210 Periodika umfasste.

Bemerkenswert ist die von Eugen Ehrlich im April 1909 gegründete und geleitete »Sektion Juden und Bauernfrage in der Bukowina«, für die aber nur zwei Veranstaltungen belegt sind. Sie ist auch bezeichnend für die tonangebende Rolle von Juden im SAV. Viele Vortragende und vor allem Mitglieder des Vereinsausschusses waren zionistische Aktivisten und auch später im Exil – insbesondere in Israel, Argentinien und Brasilien – in diesem Sinne als wichtige Funktionäre tätig. Doch viele aus dem genannten Personenkreis wurden Opfer des Holocaust, aber auch der sowjetischen Besatzung während des Zweiten Weltkriegs.

Im Mittelpunkt der Vereinsaktivitäten standen die Vorträge. Zwischen März 1908 und Mai 1914 wurden 44 öffentliche Vorträge, fast immer mit anschließenden Diskussionen, abgehalten. Die meisten Vortragenden waren Angehörige der Czernowitzer

Universität, doch konnte man auch Gäste von auswärts für Vorträge gewinnen: zwei aus dem Deutschen Reich sowie je einen aus Argentinien, Belgien, Dänemark und Frankreich. Interessant sind die aus Wien eingeladenen Vortragenden: der Schriftsteller Hermann Bahr (28.12.1911), der Gymnasialprofessor und Privatdozent für österreichische Reichsgeschichte Eduard Traversa (9.5.1914) sowie der Reichsratsabgeordnete und Zeitungsherausgeber Ernst Viktor Zenker (28.2.1914), dazu zwei Mitglieder des Vorstands der Wiener »Soziologischen Gesellschaft«, nämlich der Privatdozent für Geschichte Ludo Moritz Hartmann (26.1.1911) und der Vizepräsident des österreichischen Abgeordnetenhauses Engelbert Pernerstorfer (27.9.1913). Seit Jänner 1910 gab es neben den öffentlich zugänglichen Vorträgen auch solche, deren Besuch allein den Mitgliedern des Vereins vorbehalten war; diese geschlossenen Veranstaltungen wurden im November 1910 durch die »internen Vereinsabende« ersetzt, zu denen auch von Mitgliedern eingeführte Gäste mitgebracht werden konnten. Diese Vorträge – bis Sommer 1914 sind 35 nachweisbar – wurden teilweise auch von Studenten gehalten. Thematisch dominierten wirtschafts- und rechtswissenschaftliche sowie kulturhistorische Fragestellungen, weiters Probleme der Frauenemanzipation und der Volksbildung. Hervorzuheben sind die Vorträge »E. V. Zenker's ›Die Gesellschaft‹« (20.9., 6. und 17.10.1911) vom Gerichtsauskultanten Paul Freundlich, »Die Vergangenheit und die Zukunft der Sozialwissenschaften« (21.11.1911) von Joseph Schumpeter, »Was ist Sozialwissenschaft?« (13.4.1912) vom Journalisten Max Rosenberg, »Soziologie der Kunst« (27.2.1914) vom Ingenieur Markus Reiner sowie »Probleme der Soziologie« (17. und 20.3.1914) vom Rechtsstudenten Árpád Ilosvay. Außerdem wurden von 1909 bis 1913 mindestens sechs Exkursionen in Czernowitz und Umgebung durchgeführt.

Obwohl die universitäre Verankerung der Soziologie nicht explizit als ein Ziel des Vereins festgelegt war, dürfte der SAV eine gewichtige Rolle dabei gespielt haben, dass sich 1913 die Rechts- und staatswissenschaftliche Fakultät der Universität Czernowitz an der gemeinsam mit den Universitäten Wien und Graz eingebrachten Eingabe an das Unterrichtsministerium auf Erteilung eines Lehrauftrags für Soziologie bzw. auf Errichtung einer eigenen Lehrkanzel für Soziologie beteiligte.

Beachtenswert erfolgreich war die Publikationstätigkeit des SAV. Zwischen 1909 und 1913 erschienen in jeweils mehreren Auflagen drei Bände der Schriftenreihe *Vorträge und Abhandlungen. Herausgegeben vom Sozialwissenschaftlichen akademischen Vereine in Czernowitz*. Im April 1914 wurde beschlossen, die Schriftenreihe unter dem Titel *Schriften des Sozialwissenschaftlichen Akademischen Vereins in Czernowitz* fortzusetzen, in der trotz der kriegsbedingten Stilllegung des SAV bis 1916 noch fünf weitere Bände erschienen. Mit seinen Veröffentlichungen in der vereinseigenen Schriftenreihe lieferte der SAV gleich mehrere bemerkenswerte Beiträge zur sozialwissenschaftlichen Literatur wie Eugen Ehrlichs Abhandlung *Die Aufgaben der Sozialpolitik im österreichischen Osten, insbesondere in der Bukowina. Mit besonderer Beleuchtung der Juden- und Bauernfrage* (1909), Ludo Moritz Hartmanns Buch *Christentum und Sozialismus* (1911) oder die beiden Schriften *Wie studiert man Sozialwissenschaft?* (1901) und *Vergangenheit und Zukunft der Sozialwissenschaften* (1915 [recte 1916]) von Joseph Schumpeter. Wohl einzigartig ist die mit 13. November 1910 begonnene Rubrik »Sozialwissenschaftliche Ecke« in der renommierten *Cernowitzer Allgemeinen Zeitung*. Hier wurden die von Eugen Ehrlich und Joseph Schumpeter ausgewählten besten im SAV gehaltenen Vorträge veröffentlicht, bis 14. November 1913 in insgesamt zwanzig Folgen.

Unter dem Blickwinkel der in den Vereinsstatuten festgelegten Zwecke war der SAV durchaus erfolgreich. In historischer Perspektive gescheitert ist jedoch die eigentliche Pionierleistung des Vereins, Czernowitz zu einem deutschsprachigen Zentrum der Sozialwissenschaften und auch der Soziologie im äußersten Osten der Österreichisch-Ungarischen Monarchie gemacht zu haben. Diese Blüte währte nämlich nur knapp fünf Jahre, bis ihr der Erste Weltkrieg ein Ende bereitete: Durch die mehrmalige russische Eroberung der Stadt zwischen 2. September 1914 und 3. August 1917, durch die kriegsbedingte dreieinhalbjährige Schließung der Universität und den fehlgeschlagenen Versuch ihrer Verlegung, und endgültig durch die Übergabe von Czernowitz an das Königreich Rumänien am 28. November 1918 war dieses Erfolg versprechende Experiment letztlich zum Scheitern verurteilt.

8. Társadalomtudományi Társaság [Sozialwissenschaftliche Gesellschaft] (Budapest, 1901–1918/1919)

Geht es um die österreichische Soziologiegeschichte, so fällt auf, dass diese in der Regel auf die Beiträge jener deutschsprachigen Autoren verengt wird, die innerhalb der Grenzen des heutigen Österreichs wirkten. Was die Entwicklung der Soziologie in den anderen Ländern der Österreichisch-Ungarischen Monarchie betrifft, wird allenfalls noch auf den – ebenfalls deutschsprachigen – »Sozialwissenschaftlichen akademischen Verein« in Czernowitz verwiesen. Dabei war es Ungarn, dem beim vereinsmäßig organisierten Zusammenschluss von soziologisch Interessierten die Vorreiterrolle in der Habsburgermonarchie zukam. Im innersten Kreis der ab Jänner 1900 erschienenen Monatsschrift *Huszadik Század* (*Das Zwanzigste Jahrhundert*), einem prägenden Organ der ungarischen Moderne, sammelte sich eine Gruppe von Soziologen und sozialwissenschaftlich Engagierten, die am 23. Jänner 1901 im Országos Magyar Tisztviselő-Egylet (dem Ungarischen Landes-Beamtenkasino) in Budapest, Esterházy utca 4, die »Társadalomtudományi Társaság« (Sozialwissenschaftliche Gesellschaft, im Folgenden zitiert als TT) gründeten. Zu beachten ist, dass das ungarische Substantiv »társadalomtudomány« (Sozialwissenschaft) wie im Deutschen landläufig synonym mit den Begriffen »Gesellschaftswissenschaft« und »Soziologie« verwendet wird. Paragraph 2 der Vereinsstatuten ergänzt daher (u.a.) in Klammer den auch im Ungarischen gebräuchlichen Neologismus »szocziológia« zur näheren Bestimmung der Schwerpunkte der TT: »Ihr Zweck ist die Förderung der Sozialwissenschaften (Soziologie) einschließlich der Sozialpsychologie und der Ethik; desgleichen die der wissenschaftlichen Kenntnisse der praktischen Sozialpolitik.« Gleich im Anschluss daran heißt es dort (in deutscher Übersetzung) weiter: »Dementsprechend gliedert sie sich in separate theoretische und praktische Sektionen und zielt darauf ab, ihre Ziele mit den folgenden Mitteln zu erreichen: a) Sie veranstaltet Vorträge und Debatten, oder sie könnte praktische Maßnahmen anstoßen; b) sie organisiert Expertentreffen (Enqueten); c) sie widmet sich der Herausgabe von Zeitschriften oder sogar von eigenständigen Werken.« (N.N. 1901a, S. 153)

Als erster Präsident fungierte der noch im Gründungsjahr der TT verstorbene o. Univ.-Prof. der Rechtsphilosophie und des Völkerrechts i.R., Staatssekretär a.D. und Reichstagsabgeordnete Ágost Pulszky de Lubócz et Cselfalva; ihm folgten 1901 bis 1906 der Minister a.D. und Reichstagsabgeordnete Graf Gyula Andrássy de Csík-Szent-Király et Krasznahorka, und 1906 bis 1919 der o. Univ.-Prof. der Rechtsphilosophie und des Völkerrechts Gyula Pikler. Erster Vizepräsident waren 1901 bis 1906 Gyula Pikler, 1906 bis 1907 der Journalist, Schriftsteller und Erfinder Ingenieur Károly Méray-Horváth, 1907 der Handels- und Gewerbekammersekretär Rezső Krejcsi und 1907 bis 1918 der Bibliothekar an der Hauptstädtischen Bibliothek Ervin Szabó, der seit 1911 deren Direktor war. Als Zweiter Vizepräsident amtierte unter anderem der o. Univ.-Prof. der Rechtsphilosophie und des Völkerrechts Bódog Somló von1906 bis 1919, als Dritter Vizepräsident der Chefredakteur der Zeitschrift *Huszadik Század*, Volkshochschuldirektor und (seit 1912) Privatdozent für Verfassungsrecht Oszkár Jászi von 1912 bis 1919.

Zur Entwicklung der Mitgliederzahlen der TT, die vor allem über Mitgliedsbeiträge, teils aber auch über großzügige Spenden finanziert wurde, gibt es weitgehend durchgängige Angaben; aus ihnen geht hervor, dass der TT 1902 rund 200 Mitglieder angehörten, ab 1911 aber stets mehr als 2.500 (mit einem Spitzenwert von 2.865 im Jahr 1913). Im Juni 1906 eskalierte der in der TT schon lange schwelende Konflikt zwischen dem demokratischen, teils bürgerlich-radikalen, teils sozialistischen Flügel, repräsentiert vor allem durch Oszkár Jászi, Bódog Somló und Gyula Pikler, und dem teils liberal-feudalen, teils konservativ-monarchistischen Flügel um die Reichstagsabgeordneten Gusztáv Gratz und Loránt Hegedűs sowie den Advokaten und späteren Reichstagsabgeordneten Pál Farkas-Wolfner. Allein zwischen den beiden von diesen Ereignissen ausgelösten außerordentlichen Generalversammlungen, die im August bzw. im Oktober 1906 stattfanden, verließen 37 Mitglieder die TT, während 207 neu hinzukamen. Diese Spaltung hatte nicht nur einen deutlichen Mitgliederzuwachs der TT zur Folge, sie führte auch zur Gründung einer Konkurrenzorganisation, des weiter unten behandelten »Magyar Társadalomtudományi Egyesület« (Ungarischer Sozialwissenschaftlicher Verein), im April 1907 in Budapest.

Die TT hatte nach mehreren Verlegungen ihres Vereinssitzes seit 1907 – gemeinsam mit dem bereits 1904 gegründeten »Társadalomtudományi Olvasókör« (Sozialwissenschaftlicher Lesekreis) – ein Vereinslokal mit einem großem Vortragssaal und einem Lesesaal am Károly-körut 14 und seit Mai 1910 am Anker köz 4. Die Kenntnis dieser

Adressen ist wichtig, um in den zahlreichen Presseberichten die TT vom »Magyar Társadalomtudományi Egyesület« unterscheiden zu können. Schon 1902 konnte die TT eine vereinseigene Bibliothek anlegen, deren Grundstock die rund 1.500 Bände umfassende Sammlung von Ágost Pulszky bildete, die dessen Witwe, die gebürtige Wienerin Hermine Pulszky, geborene Figdor, der TT vermachte. Diese nach ihrem Stifter »A Társadalomtudományi Társaság Pulszky Ágost könyvtárának« (Ágost Pulszky-Bibliothek der Sozialwissenschaftlichen Gesellschaft) benannte Sammlung wurde regelmäßig ergänzt und 1911 durch eine Schenkung der Witwe des jung verstorbenen soziologischen Publizisten Ede Harkányi wesentlich erweitert.

Die TT verfügte über mehrere, allerdings immer wieder wechselnde Sektionen, unter denen die am 2. Februar 1908 konstituierte Volkswirtschaftliche Sektion sowie die erst 1912 gegründete »Társadalomtudományi Társaság szociográfiai szakosztályának« (Ethnographische Sektion der Sozialwissenschaftlichen Gesellschaft) unter der Leitung des Vizedirektors der Hauptstädtischen Bibliothek Róbert Braun und die »Társaság irodalom- és művészetszociológiái szakosztályának« (Sektion für Literatur- und Kunstsoziologie) unter der Leitung des Chefredakteurs und Schriftstellers Hugó Veigelsberg alias »Ignotus« hervorgehoben seien. Vor allem aber war die TT auch die treibende Kraft bei der Errichtung der am 1. Juni 1901 konstituierten »Nemzetközi Törvényes Munkásvédelmi Egyesület, magyarországi osztálya« (Internationale Vereinigung für Arbeiterschutz, ungarische Sektion), deren Präsident Ágost Pulszky und nach dessen Tod Graf Gyula Andrássy war. Auf Beschluss des TT-Vorstands vom 15. Juni 1906 wurde diese Sektion als eigenständige Vereinigung außerhalb der TT weitergeführt.

Schon im Juni 1903 wurde der Vorschlag gemacht, in Gemeinden mit mehr als zwanzig Mitgliedern Lokalorganisationen zu gründen. Am 20. Dezember 1904 konstituierte sich die »Szegedi Társadalomtudományi Társaság« (Szegediner Sozialwissenschaftliche Gesellschaft), am 5. Jänner 1907 der »Győri Társadalomtudományi Kör« (Raaber Sozialwissenschaftlicher Kreis), am 2. Februar 1907 die »Nagyváradi Társadalomtudományi Társaság« (Großwardeiner Gesellschaft für Sozialwissenschaften; heute Oradea, Rumänien), am 7. März 1910 die »Társadalomtudományi Társaság aradi« (Gesellschaft für Sozialwissenschaften in Arad; heute Rumänien), am 18. Dezember 1910 die »Társadalomtudományi Társaság miskolci« (Gesellschaft für Sozialwissenschaften in Mischkolz) und am 15. Oktober 1911 der »Debreceni Társadalomtudományi Kör« (Debreziner Sozialwissenschaftliche Kreis), um nur die Wichtigsten zu nennen.

Schon im Frühjahr 1903 wurden drei sogenannte »Munkástanfolyamok« (Arbeiterkurse) veranstaltet, wobei ein geplanter vierter polizeilich verboten wurde. Daran anschließend konstituierte sich am 16. September 1903 innerhalb der TT das »Munkástanfolyam rendező-bizottság« (Arbeiterkurs-Organisationskomitee) mit Gyula Pikler als Vorsitzendem, Loránt Hegedűs als dessen Stellvertreter sowie Pál Farkas-Wolfner als Sekretär. Im Oktober 1903 wurde der erste Kurs im neuen vereinsrechtlichen Rahmen in Budapest abgehalten, und ab 1904 weitete man die Unterrichtstätigkeiten auch auf andere Städte Ungarns aus. Diese später auch in Universitätsräumlichkeiten abgehaltenen Kurse fanden seit 15. Oktober 1906 im Rahmen der sogenannten »Társadalomtudományok Szabad Iskolája« (Freie Schule der Sozialwissenschaften) statt, als deren Direktor Oszkár Jászi fungierte. Sie waren kostengünstig, allgemein zugänglich und zielten vor allem auf die Arbeiterschaft ab. Diese volksbildnerische Einrichtung wurde nicht nur eine der Kernorganisationen der TT, sie spielte auch eine Pionierrolle für die Volkshochschulbewegung in Ungarn. Derartige Freie Schulen der Sozialwissenschaften wurden desgleichen in der Provinz gegründet, etwa am 14. Oktober 1906 in Kolozsvár (Klausenburg; heute Cluj-Napoca, Rumänien), am 23. Oktober 1906 in Pécs (Fünfkirchen) oder am 8. Dezember 1910 in Lugos (Lugosch; heute Lugoj, Rumänien), aber auch der Anfang 1906 konstituierte »Debreceni Szabad Iskola-Egyesület« (Debreziner Verein Freie Schule) schloss sich diesen Aktivitäten der TT an.

Seit 1907 veranstaltete die TT regelmäßig Preisausschreiben zu sozialwissenschaftlichen Themen. Und 1911 überließ die 1870 in Budapest gegründete Freimaurerloge »Neuschloss, a régi hívek« (Neuschloss, die alten Getreuen) der TT ein Stiftungsvermögen in Höhe von 10.000 Korona/Kronen, dessen Zinsen – alle zwei Jahre 1.000 Korona – zur Prämierung soziologischer Arbeiten zu verwenden waren. Die Nähe der TT zu den Freimaurern zeigt sich auch darin, dass sie im Juni 1906 die Organisation des Internationalen Freidenkerkongresses in Budapest übernahm, der dann allerdings zum Monatsende in Pécs abgehalten wurde. Noch deutlicher wird diese Nähe dadurch bezeugt, dass viele Mitglieder der TT durchaus wichtige Funktionen in dem am 22. November 1908 konstituierten Freidenkerverein »Galilei Kör« (Galilei-Kreis) innehatten.

Einen Schwerpunkt der Vereinstätigkeiten der TT bildeten die Vortrags- und Diskussionsveranstaltungen. Zwischen Februar 1901 und November 1918 wurden über 160 Vorträge und über 70 Diskussionsveranstaltungen abgehalten. Akzente wurden durch Vortragszyklen und Debattenveranstaltungen bzw. Fachkonferenzen gesetzt: 1904 »A társadalmi fejlődés iránya« (Die Richtung der gesellschaftlichen Entwicklung; 15 Sitzungen), 1905 »Természet és társadalom« (Natur und Gesellschaft; 6 Sitzungen), 1905 bis 1906 »Középiskolai reform« (Mittelschulreform; 26 Sitzungen); 1906 gab es wegen des Konflikts in der TT keine Vortragstätigkeit, danach wurden wieder Veranstaltungszyklen zu den folgenden Schwerpunkten abgehalten: 1907 bis 1908 »Nagybirtok szociális hatásairól« (Die sozialen Wirkungen des Großgrundbesitzes; 8 Sitzungen), 1910 »Kommunizmus és individualizmus« (Kommunismus und Individualismus; 5 Sitzungen), 1911 »Eugenika« (Eugenik; 3 Sitzungen) und »A fajnemesítés (eugénika) problémái« (Probleme der Eugenik; 7 Sitzungen), 1912 »Irodalom és társadalom« (Literatur und Gesellschaft; 6 Sitzungen), 1913 »A kormány választójogi törvényjavaslatáról« (Über den Gesetzentwurf der Regierung zum Wahlgesetz; 5 Sitzungen), 1913 bis 1914 ein nicht näher benannter Zyklus über ungarische Vertreter der Sozialwissenschaften, die das moderne Ungarn vorbereiteten (2 Sitzungen), 1914 eine Fachkonferenz über die sozialpolitische Bedeutung des Entwurfs des Bürgerlichen Gesetzbuches, 1915 »A jövő nemzedék védelme és a háború« (Der Schutz zukünftiger Generationen und der Krieg; 3 Sitzungen), 1916 »Középeurópa« (Mitteleuropa; 10 Sitzungen), 1917 »Agrárvitája« (Agrardebatte; 7 Sitzungen), 1918 »Konzervatív és progresszív idealizmus« (Konservativer und progressiver Idealismus; 4 Sitzungen) und »A lakásügy mint közgazdasági és szociális probléma« (Wohnen als wirtschaftliches und soziales Problem; 4 Sitzungen).

Im Gegensatz zum weiter unten behandelten »Magyar Társadalomtudományi Egyesület« wurden von der TT auch Gastvortragende aus dem Ausland gewonnen: vier aus dem Deutschen Reich, je drei aus Frankreich und Italien, zwei aus Belgien und je einer aus der Schweiz und aus Großbritannien. Unter diesen Personen befinden sich auch der völkische Reformpädagoge und Propagator der Wandervogelbewegung, der gebürtige Wiener Ludwig Gurlitt (28.9.1908), der Ökonom und gebürtige Böhme Emil Lederer (30.3.1912, 9.4.1915 und 8.4.1918) sowie der Pazifist und gebürtige Niederösterreicher Rudolf Broda (29.4.1910), der schon 1909 die Idee des Völkerbundes vertrat. Bemerkenswert sind die Vorträge von vier aus Wien stammenden Referenten, die – vermutlich mit Ausnahme jener Kammerers – in deutscher Sprache gehalten wurden: der Festvortrag anlässlich des zehnjährigen Bestehens der TT, »Kulturperspektiven« (23.11.1912), von Rudolf Goldscheid als Vertreter der Wiener »Soziologischen Gesellschaft« und der »Deutschen Gesellschaft für Soziologie«; »A szerzett tulajdonságok átöröklése és annak szociológiai jelentősége« (Die Vererbung erworbener Eigenschaften und ihre soziologische Bedeutung; 17.12.1912) sowie der Lichtbildervortrag »Haeckel Ernst« (14.2.1914) vom Lyzeums-Lehrer und Privatdozenten für experimentelle Morphologie der Tiere Paul Kammerer; »Über soziale Besteuerung« (26.1.1918) vom Hof- und Gerichtsadvokaten Ernst Ruzicka; und schließlich »Probleme der Bevölkerungspolitik« (16.3.1918) vom o. Univ.-Prof. der Anatomie Julius Tandler. Erwähnt sei noch die Festveranstaltung der TT vom 29. November 1909 zu Ehren der rund 40 Mitglieder der befreundeten »Vereinigung für staatswissenschaftliche Fortbildung zu Berlin«. Nicht mitgezählt sind in der obigen Aufstellung die unzähligen Vorträge der TT, die in der Provinz oder von den Lokalorganisationen der TT veranstaltet wurden, ebenso wenig jene, die in der Freien Schule für Sozialwissenschaften oder dem ihr nahestehenden Galilei-Kreis stattfanden. Dass durchwegs auch für diese Veranstaltungen Gastvortragende aus dem Ausland und anderen Teilen der Österreichisch-Ungarischen Monarchie gewonnen werden konnten, weist ebenso auf ein ausgeprägtes Streben nach Internationalität hin wie der Umstand, dass immerhin fünf führende Mitglieder der TT dem Pariser »Institut International de Sociologie« angehörten: Ágost Pulszky (Mitglied seit 1894), der Rechtsakademie-Professor für Strafrecht Gyula Teghze (assoziiertes Mitglied seit 1901), Gyula Pikler (Mitglied seit 1906 und Vizepräsident 1914), Oszkár Jászi (assoziiertes Mitglied seit 1907) sowie der Privatdozent für Soziologie Graf Andor Máday de Maros, der aber, als er 1909 assoziiertes Mitglied wurde, bereits in der Schweiz tätig war.

Außerordentlich erfolgreich war die TT in ihrer Publikationstätigkeit. Schon bei ihrer Gründung wurde ein Vertrag mit der seit Jänner 1900 erscheinenden Zeitschrift *Husza-*

dik Század abgeschlossen, dem zufolge diese als Vereinsorgan der TT anzusehen war, was sie auch bis zur ihrer Einstellung im Mai 1919 blieb (die zeitlich freilich ohnehin mit der Auflösung der TT zusammenfiel). Diese enge Verflechtung zeigt sich auch an den Herausgebern der Zeitschrift: 1900 bis 1903 Gusztáv Gratz, 1903 bis 1906 der Advokat János Kégl und Bódog Somló, sowie ab 1906 Oszkár Jászi. In dieser für die ungarische Moderne bedeutenden Zeitschrift wurden nicht nur die Kämpfe gegen die Feudal-Konservativen ausgetragen, sondern auch die für die TT charakteristischen Diskussionen zwischen den Bürgerlich-Liberalen und den Sozialisten. Im Rahmen dieser Zeitschrift gab es aber auch eine wichtige Schriftenreihe, *A Huszadik Század könyvtára* (*Bibliothek der Zeitschrift Das Zwanzigste Jahrhundert*), in der von 1901 bis 1919 insgesamt 68 Bände erschienen. Dazu kam die direkt von der TT herausgegebene *Társadalomtudományi Könyvtár* (*Sozialwissenschaftliche Bibliothek*), in deren Rahmen zwischen 1903 und 1916 insgesamt 26 durchwegs wichtige sozialwissenschaftliche Publikationen, teils in mehrfacher Auflage, veröffentlicht wurden. Nicht minder bedeutend wurden die zehn 1908 und 1909 erschienenen Bände der Schriftenreihe *Természet és társadalom. Népszerű Tudományos Könyvtár. Kiadja a Huszadik Század szerkesztősége* (*Natur und Gesellschaft. Volkstümliche wissenschaftliche Bibliothek. Herausgegeben von der Redaktion der Zeitschrift Das Zwanzigste Jahrhundert*), von der unter gleichem Titel 1918 und 1919 mit neuer Bandzählung sechs weitere Bände herausgegeben wurden. Die 1906 eröffnete Schriftenreihe *A Társadalomtudományi Társaság munkástani folyamának könyvtára* (*Bibliothek der Arbeiterbewegung der Sozialwissenschaftlichen Gesellschaft*) fiel dem Konflikt zum Opfer, in dessen Folge es zur Abspaltung des »Magyar Társadalomtudományi Egyesület« von der TT kam, sodass nur ein Band veröffentlicht wurde. Als eine im Umfeld der TT entstandene Schriftenreihe ist *A Galilei kör könyvtára* (*Bibliothek des Galilei-Kreises*) mit ihren 1909 bis 1914 erschienenen zwölf Heften anzusehen, ergänzt durch die 1912 bis 1914 herausgegeben *Galilei füzetek* (*Galilei-Broschüren*) mit 18 Nummern in 12 Heften. Auch die Lokalorganisationen der TT bemühten sich um regelmäßige Publikationen. Schon 1905 erschien der allerdings einzige Band der *Szegedi Társadalomtudományi Társaság kiadványa* (*Bibliothek der Szegediner Sozialwissenschaftlichen Gesellschaft*). Ungleich erfolgreicher war diesbezüglich die Lokalorganisation in Nagyvárad (Großwardein; Oradea, Rumänien): 1908 bis 1913 erschienen fünf Bände der *Nagyváradi Társadalomtudományi Társaság kiadványa* (*Bibliothek der Großwardeiner Sozialwissenschaftlichen Gesellschaft*), gefolgt 1912 vom einzigen Heft der Reihe *A Társtudományi Társaság nagyváradi fiókjának kiadványai* (*Bibliothek der Großwardeiner Lokalorganisation der Sozialwissenschaftlichen Gesellschaft*) und von zwei 1916 und 1917 veröffentlichten Bänden der Reihe *A jövő kérdései* (*Die Probleme der Zukunft*). Dazu kommen zwischen 1901 und 1918 noch rund zwanzig weitere, im Rahmen der TT veröffentlichte Bücher und Broschüren.

Im Gegensatz zur praktisch-politischen Stoßrichtung des späteren »Magyar Társadalomtudományi Egyesület« stellte der Präsident der TT bereits bei deren Gründung unter großem Beifall der Anwesenden fest: »Wir können keine unmittelbaren politischen Ziele haben, und selbst ein solch direktes politisches Ziel, das mit dem Interesse irgendeiner Partei oder irgendeines Regierungssystems oder sogar irgendeiner sozialen Klasse identifiziert werden könnte, wird gerade von uns abgelehnt.« (Nach dem ungarischen Original in Pulszky 1901, S. 157) Natürlich beschäftigte sich die TT auch mit aktuellen politischen Problemen, wobei die im Dezember 1907 veröffentlichten internationalen Gutachten zur ungarischen Wahlrechtsdiskussion hervorgehoben seien. Und es gab auch direkte soziale Aktionen, wie beispielsweise den am 4. Jänner 1914 erlassenen Aufruf der TT zu einer Kollekte, mit der Lebensmittel für die rund 40.000 Familien von Arbeitslosen in Budapest gekauft werden sollten.

Die TT ist als die erste soziologische Vereinigung modernen Typs in der k. u. k. Doppelmonarchie zu betrachten. Am 12. November 1918 wurde die Republik Deutschösterreich und am 16. November 1918 die Republik Ungarn ausgerufen. Damit war die TT auch formal keine österreichische Organisation mehr. Doch nach dem Tod von Ervin Szabó am 29. September 1918 gab es, abgesehen von der am nächsten Tag abgehaltenen Trauersitzung, ohnedies keine weiteren nennenswerten Aktivitäten der TT mehr. Spätestens mit der Emigration von Oszkár Jászi am 30. April 1919 nach Wien fand die TT ihr Ende.

9. Magyar Társadalomtudományi Egyesület [Ungarischer Sozialwissenschaftlicher Verein] (Budapest, 1907–1918)

Am 28. April 1907 konstituierte sich im Gartensaal der Philosophischen Fakultät der Királyi József Műegyetem (Königliche Joseph-Universität für Technik und Wirtschaftswissenschaften) in Budapest, Múzeum körút 6-8, der »Magyar Társadalomtudományi Egyesület« (im Folgenden zitiert als MTE). Der Gründungsaufruf macht das zentrale Anliegen des Vereins, die Verbindung von Wissenschaft und nationaler Politik, deutlich: »Das Studium der staatlichen und sozialen Entwicklung ist heute kein wissenschaftlicher Luxus mehr von abstraktem Werthe, sondern ein Lebensbedürfniß, welchem jeder denkende Mensch Rechnung tragen muß. Mit der Parteien Interessen, mit der Parteien Kämpfen kann die Wissenschaft nicht vereinbart werden. [...] Die nationale Idee steht jedoch über den Parteien. Ohne nationales Gefühl gibt es keine soziale, keine wirthschaftliche, keine kulturelle Entwicklung. Diejenigen, die da um jeden Preis den nationalen Gedanken eliminiren wollen, besorgen eine nicht nur unpatriotische, sondern auch eine unwissenschaftliche Arbeit. Die menschliche Entwicklung führt nicht zum Verschwimmen der nationalen Eigenarten, sondern zur stets vollkommeneren Ausgestaltung der nationalen Individualitäten.« (N.N. 1907a)

Erster Präsident waren 1907 bis 1914 der o. Univ.-Prof. der Zoologie István Apáthy und 1914 bis 1918 der Ministerialrat Árpád Berczik, Zweiter Präsident 1907 bis 1913 der o. Univ.-Prof. der Volkswirtschaft Magnatenhausmitglied Jenő Gaál de Gáva, 1913 bis 1914 der o. Univ.-Prof. des Strafrechts und Strafprozessrechts Pál Angyal de Síkabony und 1914 bis 1918 der Gymnasialdirektor i.R. Ministerialbeamter Benedek Jancsó; bekleidet wurde auch das Amt eines Dritten Präsidenten. Mitgliederzahlen des vornehmlich über Mitgliedsbeiträge finanzierten MTE, dem jeder Interessierte beitreten konnte, sind nur für die ersten fünf Jahre seines Bestehens belegt: 1908, im Jahr nach seiner Gründung, hatte der MTE 634 Mitglieder, in den Folgejahren waren es stets ca. 1.000 Mitglieder. Das Büro des MTE befand sich zunächst beim »Országos Magyar Szövetség« (Ungarischer Landesverband), Múzeum körút 10, seit April 1909 im Társadalmi Múzeum (Gesellschafts-Museum), Mária Valéria utca 12.

Bereits im Juni 1907 wurde die Gründung folgender Sektionen des MTE beschlossen: Sektion für Rechtswissenschaften mit dem o. Univ.-Prof. der ungarischen Verfassungs- und Rechtsgeschichte Ministerialrat Ákos Timon de Schmerhoff als Obmann, Sektion für Volkswirtschaft mit Obmann Jenő Gaál de Gáva, Sektion für Gesellschaftswissenschaft mit Obmann Ministerialrat Gyula Vargha de Görzsöny, Direktor des königlichen Statistischen Zentralamts, Sektion für Sozialpolitik mit Obmann Sándor Giesswein, Reichstagsabgeordneter und Domherr, Sektion für Arbeiterangelegenheiten mit Obmann Ingenieur Béla Gerster sowie Sektion für kostenlosen Unterricht mit Obmann o. Univ.-Prof. der Geschichte Henrik Marczali. Seit 1909 gab es auch eine Sektion für Philosophie mit Obmann Oberhandelsschul-Professor Menyhért Palágyi, und am 24. Jänner 1914 konstituierte sich die vom MTE initiierte, vereinsübergreifende »Fajegészségügyi (eugenikai) szakosztály« (Sektion für Eugenik) mit Obmann Graf Pál Teleki de Szék, Reichstagsabgeordneter a. D. und Professor an der Lehrerbildungsanstalt für Handelsschulen.

Inhaltliche Schwerpunkte suchte der MTE vor allem durch öffentlich zugängliche Enqueten und Vortragszyklen zu setzen: 1907 Enquete »A szabadoktatás« (Die kostenlose Bildung; 2 Sitzungen), 1908 Enquete zur Denkschrift »Szabad oktatás« (Kostenlose Bildung; 2 Sitzungen), 1909 bis 1910 Enquete »Birtokpolitika« I (Grundbesitzpolitik; 6 Sitzungen), 1909 Enquete »A cselédügyi értekezlet« (Die Dienstbotenfrage; 2 Sitzungen), 1909 bis 1910 Enquete »A választójog reformja« (Die Reform des Wahlgesetzes; 4 Sitzungen), 1910 Vortragsreihe »A társadalmi elfajulásokról« (Die soziale Entartung; 4 Sitzungen), 1910 bis 1911 Enquete »Birtokpolitika« II (Grundbesitzpolitik; 9 Sitzungen), 1911 bis 1912 »Széchenyi Cyklus« I (Széchenyi-Zyklus; 6 Sitzungen), 1912 Enquete »A közegészség« (Das öffentliche Gesundheitswesen; 3 Sitzungen), 1912 bis 1913 »Széchenyi Cyklus« II (6 Sitzungen), 1913 Enquete »A nemzetiségi kérdés« (Die Nationalitätenfrage; 2 Sitzungen), 1914 Veranstaltung »Szakértekezletet a faj egészségügy« (Sondersitzung zur Rassengesundheit; 1 Sitzung) gemeinsam mit dem »Országos Közegészségi Egyesület« (Landesverein für öffentliche Gesundheitspflege) und der »Budapesti Kir. Orvosegyesület« (Budapester Königl. Ärztevereinigung), 1914 Enquete »Tanácskozás a polgári törvénykönyv tervezetéről« (Beratung über den Entwurf des Bürgerlichen Gesetzbuches; 2 Sitzungen) und 1918 »Széchenyi Cyklus« III (4 Sitzungen). Im Rahmen dieser Veranstaltungen wurden über 60 Vorträge gehalten, an die sich stets Stellungnahmen und Diskussionen anschlossen. Parallel dazu gab es öffentliche Vorträge und Diskussionsabende zu unterschiedlichen Themen, von denen zwischen April 1907 und April 1916 über 40 stattfanden. Dazu kamen Exkursionen, etwa im April 1912 zur Arbeiterkolonie »Wekerle-telep« (Wekerle-Siedlung) in Kispest (seit 1950 zu Budapest gehörig) und im Mai 1913 zu den neuen sozialen Einrichtungen in Budapest. Auffallend ist, dass nur ein Vortragender aus dem Ausland kam, nämlich am 28. März 1914 der Journalist Edward John Bing aus Oxford, der aber als Ede János Bing in Budapest geboren worden war. Diese Beschränkung auf Ungarn verwundert insofern, als immerhin vier führende Mitglieder des MTE auch Mitglieder des Pariser »Institut International de Sociologie« waren: der in Niederösterreich geborene damalige Privatdozent für Nationalökonomie und Statistik Gyula Mandelló (Mitglied seit 1893), der o. Univ.-Prof. der Statistik bzw. der Nationalökonomie und Finanzen Béla Földes (Mitglied seit 1902 und Vizepräsident 1909), weiters der o. Univ.-Prof. der Philosophie Bernát Alexander, und der Minister für Kultus und Unterricht Graf Albert Apponyi de Nagyappony (beide assoziierte Mitglieder seit 1909).

Nicht berücksichtigt sind in der obigen Auflistung die unzähligen Vorträge in den Sektionen des MTE und die vielen an verschiedenen Orten des Königreichs Ungarn abgehaltenen Veranstaltungen, die der Bildung lokaler Filialen dienen sollten. Tatsächlich konstituierten sich seit 1908 derartige Lokalorganisationen des MTE, etwa in Nagybecskerek (Großbetschkerek; heute Zrenjanin, Serbien) am 26. November 1908, in Temesvár (Temeschwar; heute Timişoara, Rumänien) am 27. November 1908, in Győr am 13. Dezember 1908, in Szeged am 17. Jänner 1909, in Kolozsvár (Klausenburg; heute Cluj-Napoca, Rumänien) am 7. März 1909, in Kassa (Kaschau; heute Košice, Slowakei) am 5. Dezember 1909, in Miskolc am 21. Jänner 1910 und in Kecskemét im Jänner 1913. Dazu gelang es, in vielen Orten lokale Ausschüsse des MTE zu gründen.

Bereits im September 1908 beauftragte das MTE-Ausschussmitglied Albert von Apponyi in seiner Funktion als Minister für Kultus und Unterricht den Ministerialbeamten Benedek Jancsó mit der Erstellung eines Gutachtens über Freie Schulen für Erwachsene. Als Konkurrenzunternehmen zu der im Herbst 1906 eröffneten Freien Schule der Sozialwissenschaften der TT gründete der MTE am 8. Oktober 1909 seine eigene »Szabad Iskola« (Freie Schule) in Budapest, deren erster Direktor Jancsó war; auf diesen folgten 1911 der o. Univ.-Prof. der klassischen Philologie Gyula Hornyánszky und 1913 bis 1914 der Vizedirektor der Landes-Arbeiterkrankenkasse und städtische Konzipist Kornél Szemenyei. Bereits im ersten Semester inskribierten 719 Personen. Die an der Universität Budapest und später teils auch an der Universität Kolozsvár abgehaltenen Kursvorträge der Freien Schule dienten vor allem der Volksbildung, waren allgemein zugänglich und kostengünstig. Hingewiesen sei noch darauf, dass der MTE seit Juni 1908 regelmäßig Preisausschreiben zu sozialwissenschaftlichen Themen veranstaltete.

Der MTE verfügte auch über eine vereinseigene Zeitschrift, die *Magyar Társadalomtudományi Szemle* (*Ungarische Sozialwissenschaftliche Rundschau*), die von Jänner 1908 bis Dezember 1914 und dann wieder von Dezember 1917 bis September 1918 erschien. Herausgeber war 1908 Menyhért Palágyi, dem die jeweiligen Präsidenten des MTE folgten: 1909 bis 1914 István Apáthy, 1909 bis 1911 Jenő Gaál de Gáva, 1909 bis 1911 und 1914 Benedek Janscó, 1911 bis 1914 Pál Angyal de Síkabony, 1913 bis 1914 Kornél Szemenyei, 1914 Árpád Berczik und Ákos Timon de Schmerhoff, schließlich 1914 und 1917 bis 1918 der (nicht zugleich als Präsident fungierende) ao. Univ.-Prof. der angewandten Nationalökonomie und Sozialpolitik Farkas Heller. Außerdem erschienen im nordungarischen Balassagyarmat (Jahrmarkt) zwischen Jänner und Juni 1914 sechs Nummern des lokalen Organs *Magyar Társadalom. Társadalomtani szemle. A Magyar Társadalomtudományi Egyesület balassagyarmati bizottságának s a Felvidék szabadoktatásának folyóirata* (*Ungarische Gesellschaft. Soziale Rundschau. Das Magazin des Balassagyarmater Ausschusses des Ungarischen Sozialwissenschaftlichen Vereins und der Freimaurer des Felvidék* [= Oberungarn]), herausgegeben vom Vormundschaftsrichter István Krúdy und vom Mittelschulprofessor Antal Both. Weiters verlegte der MTE in Budapest zwei Schriftenreihen, nämlich zum einen *A Magyar Társadalomtudományi Egyesület közleményei* (*Die Mitteilungen des Ungarischen Sozialwissenschaftlichen Vereins*), von denen 1907 bis 1908 drei Bände erschienen, und zum anderen *A Magyar Társadalomtudományi Egyesület Könyvtára* (*Die Bibliothek des Ungarischen Sozialwissenschaftlichen Vereins*), von der 1912 zwei Bände herausgebracht wurden. Daneben veröffentlichte der MTE zwischen 1907 und 1914 fast fünfzig Bücher und Broschüren, wobei es sich vielfach bloß um neu paginierte Separatabdrucke aus der *Magyar Társadalomtudományi Szemle* handelte.

Mit der ordentlichen Generalversammlung vom 25. Mai 1918 fanden die Aktivitäten des MTE ihr Ende, sieht man von der im September 1918 erschienenen Nummer der Zeitschrift *Magyar Társadalomtudományi Szemle* ab. Es liegt auf der Hand, dass der MTE dank seiner Vorstands- und Ausschussmitglieder, die wichtige Positionen in Politik, Verwaltung und Wissenschaft innehatten, deutliche Spuren in der Gesellschaft des Königreichs Ungarn hinterlassen konnte. So wurde sein Memorandum zum Thema Amerikanische Emigration und Rückkehrer »A Társadalomtudományi Egyesület emlékirata az amerikai kivándorlás és visszavándorlás tárgyában« vom März 1908 in beiden Häusern des ungarischen Parlaments diskutiert und fand auch Niederschlag im Entwurf eines neuen Gesetzes zur Auswanderung. Ebenfalls als wirksam erwiesen sich »A Magyar Társadalomtudományi Egyesület emlékirata közegészségügyi viszonyaink javítása tárgyában« (Das Memorandum des Ungarischen Sozialwissenschaftlichen Vereins über die Verbesserung der Gesundheit) vom Juni 1912 und das Positionspapier »A nemzetiségi kérdés. A Magyar Társadalomtudományi Egyesület nemzetiségi értekezlete eredményeinek összefoglalása« (Die Nationalitätenfrage. Zusammenfassung der Ergebnisse der Landeskonferenz des Ungarischen Sozialwissenschaftlichen Vereins) vom Februar 1914. In diesem dezidierten Willen zur Partizipation an politischen Prozessen zeigt sich auch ein wesentlicher Unterschied zur TT, der es vor allem um methodische wie um theoretische Fortschritte der Sozialwissenschaften ging, wohingegen der MTE vorrangig auf eine Vereinigung von Wissenschaft und Politik und folgerichtig auf eine praktische Sozial- und Nationalpolitik abzielte. Gerade in dieser Hinsicht war der MTE zweifelsohne erfolgreich, während die Breitenwirkung seiner Aktivitäten in der Volksbildung hinter jener der TT zurückblieb.

Die politischen Ereignisse im Gefolge des Ersten Weltkriegs führten dazu, dass es noch einige Jahre dauerte, bis in Ungarn wieder eine Gesellschaft für Soziologie gegründet wurde. Seit Jänner 1921 erschien in Budapest die Zeitschrift *Társadalomtudomány. A Magyar Néprajzi Társaság Társadalomtudományi Szakosztályának folyóirata* (*Sozialwissenschaft. Zeitschrift der Sozialwissenschaftlichen Sektion der Ungarischen Ethnographischen Gesellschaft*) als Periodikum der im Titel genannten Institution. Diese Sektion ging in der am 25. Jänner 1925 gegründeten »Magyar Társadalomtudományi Társaság« (Ungarische Sozialwissenschaftliche Gesellschaft) auf, zu deren Organ die Zeitschrift dann auch wurde. Wenngleich Zeitschrift wie Verein ganz in der Tradition des MTE standen, kann man diesen nicht als den Sieger im großen Konflikt der beiden soziologischen Vereinigungen Ungarns betrachten. Denn die Auseinandersetzung zwischen der TT und dem MTE hinterließ in Ungarn eine das sozialwissenschaftliche Denken bis tief ins 20. Jahrhundert hinein prägende Spaltung in ein politisch liberal-sozialistisches und ein national-konservatives Lager.

Was ist geblieben?

Bemerkenswert an den hier vorgestellten Vereinen ist zweifelsohne, dass sie sozialwissenschaftliches Bildungsgut im Allgemeinen und soziologisches im Besonderen nicht nur in den beiden Zentren der Österreichisch-Ungarischen Monarchie, in Wien und in Budapest, verbreiteten. Waren es in der österreichischen Reichshälfte vor allem Graz, Prag und Czernowitz, die sich außerhalb der Reichshauptstadt Wien als guter Boden für die Aktivitäten sozialwissenschaftlicher Gesellschaften erwiesen, so erstreckte sich deren Wirkung im Königreich Ungarn keineswegs nur auf Budapest, sondern beinahe auf das ganze Land, bis hinein in jene peripheren Gebiete, die heute in Rumänien, Serbien und in der Slowakei liegen. Die massive Vortrags- und teils umfangreiche Publikationstätigkeit in Wien, Budapest, Graz, Prag und Czernowitz sowie in den diversen Lokalorganisationen zeugt aber nicht nur in geographischer Hinsicht von einer beachtlichen Breitenwirkung. Sie ermöglichte es auch, über die Grenzen des Bildungsbürgertums hinaus weite Kreise der Bevölkerung anzusprechen und insbesondere Akteure aus Politik, Wirtschaft, Kultur und aus dem universitären wie dem außeruniversitären Bildungsbereich mit dem neuen Fach »Soziologie« bekanntzumachen. Eine besondere Bedeutung kam dabei den mit den soziologischen Fachvereinen meist in direktem Zusammenhang stehenden Volkshochschulen zu, die auch die breite Schicht der Arbeiterschaft gezielt für sozialwissenschaftliche Themen zu interessieren versuchten. In Vorträgen, in vereinseigenen Zeitschriften und Publikationen, aber auch in der Presse wurde in einem öffentlichen Diskurs um eine Definition dessen gerungen, was auf inhaltlicher, theoretischer und methodischer Ebene unter Soziologie zu verstehen sei. Auch Rolle und Verantwortung der sich herausbildenden neuen Disziplin gegenüber Staat und Gesellschaft wurden umfassend diskutiert. Die von den meisten Vereinen dringend angestrebte universitäre Verankerung der Soziologie in Österreich konnte in Graz 1920 und in Wien 1922 nur ansatzweise umgesetzt werden, denn die traditionsbildenden Institute entstanden in Wien erst 1950 und in Graz 1958. Als bleibende Verdienste dieser frühen Fachgesellschaften stehen aber jedenfalls ihre Pionierrolle bei der organisatorischen Verankerung der Soziologie wie auch ihre wichtigen Beiträge zur innerdisziplinären Diskussion und zu einer ersten breiten gesellschaftlichen Wahrnehmung dieser sowohl sozialtheoretischen als auch sozialpolitischen Orientierung zu Buche.

Dauscha, Anton/Bruno Kafka/Karl Přibram (1907): Deutscher Verein für Sozialwissenschaft in Prag. In: *Prager Tagblatt. Morgen-Ausgabe* 31/127 (8.5.1907), S. 6.

Eisler, Rudolf (1903): *Soziologie. Die Lehre von der Entstehung und Entwickelung der menschlichen Gesellschaft* (= Webers Illustrierte Katechismen, Bd. 31), Leipzig: Verlag von J. J. Weber.

Engliš, Karl (1915): Eine Erhebung über die Lebensverhältnisse der Wiener Studentenschaft. Ergebnisse einer durch die Wiener Soziologische Gesellschaft bei 868 Hörern und Hörerinnen der Wiener Universität im Jahre 1910 durchgeführten Enquete. In: *Statistische Monatsschrift. Neue Folge* 20/41, S. 273–354.

Hertz, Friedrich Otto [Pseud. Academicus] (1902): Der Student und die Sozialwissenschaften [Flugblatt], Wien: Verlag des Sozialwissenschaftlichen Bildungsvereines in Wien. (Ein Exemplar dieses Werbeflugblatts befindet sich im Nachlass Friedrich Otto Hertz im Archiv für die Geschichte der Soziologie in Österreich, Universität Graz.)

Kommission, Österreichische, zur Förderung der Verwaltungsreform (Hg.) (1913): *Anträge der Kommission zur Förderung der Verwaltungsreform, betreffend die Reform der rechts- und staatswissenschaftlichen Studien*, Wien: Verlag von F. Tempsky. [Zit. als »Kommission 1913«.]

N.N. (1895): *Statuten des Socialwissenschaftlichen Bildungsvereines in Wien*, Wien: Verlag des Vereines (Dr. Hartmann).

N.N. (1901a): Társadalomtudományi Társaság [Sozialwissenschaftliche Gesellschaft]. In: *Huszadik Század* [*Das Zwanzigste Jahrhundert*] 2/3, S. 151–159.

N.N. (1901b): *A Társadalomtudományi Társaság alapszabályai* [Statuten der Sozialwissenschaftlichen Gesellschaft], Budapest: Révai és Salamon könyvnyomdája.

N.N. (1907a): Eine neue sozialpolitische Gesellschaft. In: *Pester Lloyd* 54/32 (6.2.1907), S. 4.

N.N. (1907b): Statuten der soziologischen Gesellschaft. Wien, am 5. Februar 1907. [Mit dem Vermerk: »Mit den vorgenommenen Änderungen einverstanden. Wien, am 23. Februar 1907. Rudolf Goldscheid«.] (= Handschriftliches Archivale im Wiener Stadt- und Landesarchiv, Wien, M. Abt. 119, Gelöschte Vereine 1920–1974, GZ 3067/34).

N.N. (1907c): *Statuten der Soziologischen Gesellschaft*, Wien: Wilhelm Fischers Buchdruckerei.

N.N. (1907d): *A Magyar Társadalomtudományi Egyesület ügyrendje és ügykezelési szabálya*, [Geschäftsordnung und Statuten des Ungarischen Sozialwissenschaftlichen Vereins], Budapest: Magyar Társadalomtudományi Egyesület.

N.N. (1907e): Eine Studentinnen-Versammlung. In: *Czernowitzer Allgemeine Zeitung* 5/1039 (2.7.1907), S. 4.
N.N. (1907f) Konstituierende Versammlung des Deutschen Vereines für Sozialwissenschaft in Prag. In: *Prager Tagblatt. Mittag-Ausgabe* 31/131 (13.5.1907), S. 4f.
N.N. (1908a): *Satzungen der Soziologischen Gesellschaft*, Graz: im Selbstverlag.
N.N. (1908b): Sozialwissenschaftlicher akademischer Verein. In: *Czernowitzer Allgemeine Zeitung* 6/1196 (8.1.1908), S. 4.
N.N. (1908c): K. K. Franz-Josephs-Universität. In: *Czernowitzer Allgemeine Zeitung* 6/1235 (21.2.1908), S. 4.
N.N. (1913): *Statuten des sozialwissenschaftlichen akadem. Vereines in Czernowitz*, Czernowitz: im Selbstverlag.
Pulszky, Ágost (1901): Mélyen tisztelt közgyűlés! [Höchst verehrte Versammlung!]. In: *Huszadik Század* [*Das Zwanzigste Jahrhundert*] 2/3, S. 155–159.
Schindler, Franz Martin (1902): *Die Leo-Gesellschaft 1891–1901*, Wien: Verlag der Leo-Gesellschaft.
Schwerdtner, Hugo (1908): Entwicklungstheorie, Entwicklungs-Ökonomie, Menschenökonomie [Rezension]. In: *Wiener Abendpost. Beilage zur Wiener Zeitung* 205/181 (7.8.1908), S. 3.
Tönnies, Ferdinand (1932): Rudolf Goldscheid (1870–1931) [Nachruf]. In: *Kölner Vierteljahrshefte für Soziologie* 10, S. 430–433.

Die Vereine betreffende wichtige lokale und überregionale Periodika

Arbeiterwille (Graz), 1908–1922.
Arbeiter-Zeitung (Wien), 1900–1931.
Bukowinaer Post (Czernowitz), 1907–1914.
Bukowinaer Rundschau (Czernowitz), 1907.
Čech [*Der Böhme*] (V Praze [Prag]), 1907–1915.
Czernowitzer Allgemeine Zeitung (Czernowitz), 1907–1918.
Deutsches Volksblatt (Wien), 1907–1922.
Grazer Tagblatt (Graz), 1908–1922.
Huszadik Század [*Das Zwanzigste Jahrhundert*] (Budapest), 1900–1919.
Magyar Társadalomtudományi Szemle [*Ungarische Sozialwissenschaftliche Rundschau*] (Budapest), 1908–1918.
Montagsblatt aus Böhmen (Prag), 1907–1918.
Neue Freie Presse (Wien), 1900–1931.
Neues Wiener Journal (Wien), 1907–1931.
Neues Wiener Tagblatt (Wien), 1907–1931.
Pester Lloyd (Budapest), 1900–1919.
Pesti Hírlap [*Pester Journal*] (Budapest), 1900–1919.
Prager Abendblatt (Prag), 1907–1918.
Prager Tagblatt (Prag), 1907–1918.
Reichspost (Wien), 1907–1931.
Tagespost (Graz), 1908–1922.

Weiterführende Literatur

Acham, Karl (2011): Wien und Graz als Stätten einer frühen soziologischen Forschungs- und Vereinstätigkeit. In: Ders. (Hg.), *Kunst und Wissenschaft aus Graz*, Bd. 3: *Rechts-, Sozial- und Wirtschaftswissenschaften aus Graz. Zwischen empirischer Analyse und normativer Handlungsanweisung: wissenschaftsgeschichtliche Befunde aus drei Jahrzehnten*, Wien/Köln/Weimar: Böhlau, S. 409–431.

Balog, Andreas/Gerald Mozetič (Hgg.) (2004): *Soziologie in und aus Wien*, Frankfurt a.M./Berlin u.a.: Peter Lang.

Exner, Gudrun (2013a): *Die »Soziologische Gesellschaft in Wien« (1907–1934) und die Bedeutung Rudolf Goldscheids für ihre Vereinstätigkeit* (= Austriaca. Schriftenreihe des Instituts für Österreichkunde, Bd. 5), Wien: new academic press.

– (2013b): Die »Soziologische Gesellschaft in Wien« im Ersten Weltkrieg 1914–1918. In: *Zeitgeschichte* 40, S. 181–200.

Fleck, Christian (1990): *Rund um »Marienthal«. Von den Anfängen der Soziologie in Österreich bis zu ihrer Vertreibung* (= Österreichische Texte zur Gesellschaftskritik, Bd. 51), Wien: Verlag für Gesellschaftskritik.

Fritz, Wolfgang/Gertraude Mikl-Horke (2007): *Rudolf Goldscheid. Finanzsoziologie und ethische Sozialwissenschaft* (= Austria: Forschung und Wissenschaft – Soziologie, Bd. 3), Wien/Berlin: Lit Verlag.

Hedtke, Ulrich (2017): *Czernowitzer Angelegenheiten. Zu Schumpeters erster Professur an der Universität Czernowitz 1909–1911. Fassung vom 8. Oktober 2017* (= Schumpeter-Archiv [Berlin]/Schumpeteriana, Online-Ressource 1), online zugänglich über: www.schumpeter.info/schriften/schumpeteriana-I.pdf.

Kende, Zsigmond (1974): *A Galilei Kör megalakulása* [Die Gründung des Galilei-Kreises], Budapest: Akadémiai kiadó.

Moebius, Stephan/Andrea Ploder (Hgg.) (2018): *Handbuch Geschichte der deutschsprachigen Soziologie*, Bd. 1: *Geschichte der Soziologie im deutschsprachigen Raum*, Wiesbaden: Springer VS.

Müller, Reinhard (1989): Vergessene Geburtshelfer. Zur Geschichte der Soziologischen Gesellschaft in Graz (1908–1935). In: *Archiv für die Geschichte der Soziologie in Österreich. Newsletter* 3, S. 3–25.

– (1998): Universitäre Parias und engagierte Dilettanten – Die Anfänge der Soziologie in Graz. In: *Historisches Jahrbuch der Stadt Graz* 27/28, S. 281–302.

– (2001): Soziologie reihenweise. Eine Bibliografie der Schriftenreihen österreichischer Soziologen vor dem Zweiten Weltkrieg [Teil 1]. In: *Archiv für die Geschichte der Soziologie in Österreich. Newsletter* 21, S. 20–32.

– (2004): Die Stunde der Pioniere. Der Wiener »Socialwissenschaftliche Bildungsverein« 1895 bis 1908. In: Balog/Mozetič 2004, S. 17–48.

– (2018a): Geschichte der Soziologischen Gesellschaft in Wien. In: Moebius/Ploder 2018, S. 763–778.

– (2018b): Geschichte der Soziologischen Gesellschaft in Graz. In: Moebius/Ploder 2018, S. 779–790.

Stefán, Eszter (2005): A magyarországi tudományos ismeretterjesztés történetének vázlatos áttekintése [Ein Überblick über die Geschichte der Verbreitung wissenschaftlichen Wissens in

Ungarn]. In: Judit Mosoniné Fried/Márton Tolnai (Hgg.), *A tudományon kívül és belül. Kommunikáció és részvétel. Tanulmányok a társadalom és a tudomány kapcsolatáról* [Außerhalb und innerhalb der Wissenschaft. Kommunikation und Partizipation. Studien zur Beziehung zwischen Gesellschaft und Wissenschaft], Budapest: MTA-KSZI, S. 245–254.

Szabó, Ervin (1912): A Társadalomtudományi Társaság föladatai [Die Aufgaben der Sozialwissenschaftlichen Gesellschaft]. In: *Huszadik Század* [*Das Zwanzigste Jahrhundert*] 13/26, S. 459–470.

Vasvári, Ferenc (2007): A Magyar Társadalomtudományi Egyesület megalakulása [Die Gründung des Ungarischen Sozialwissenschaftlichen Vereins]. In: *Acta Sociologica* 2, S. 90–105.

Reinhard Müller

TEIL G: WELTANSCHAUUNG UND GESELLSCHAFTSTHEORIE: GESELLSCHAFTSKONZEPTE UND ARTEN DER GESELLSCHAFTSANALYSE – VOM ENDE DES 19. JAHRHUNDERTS BIS ZUM ENDE DES ERSTEN WELTKRIEGS

Detaillierte Inhaltsübersicht von Teil G

Vorbemerkungen

In dem nun folgenden Teil G geht es um die Auffassungen mehrerer Gruppen von Autoren, die in einem bestimmten weltanschaulich-politischen Naheverhältnis zueinander standen und um die Darstellung der verschiedenen Kreuzungen aus diesen weltanschaulich-politischen Überzeugungen mit sozialwissenschaftlichen Erkenntnissen.

Das Wort »Weltanschauung«, das zuerst 1790 bei Kant in seiner *Kritik der Urteilskraft* erscheint (Kant 1968 [1790]), bezeichnet einerseits den Vorgang des Anschauens, andererseits den des Erscheinens. Kant gebraucht damit ein Wort, das, wie beispielsweise das Wort »Übersetzung« auch, nicht nur als Bezeichnung eines Vorganges, sondern zugleich auch als Bezeichnung des Ergebnisses dieses Vorganges dient. Diese doppelte Funktion macht den Reiz und den Erfolg des Wortes in seiner bisherigen Begriffsgeschichte aus. Im weiteren Verlauf seiner Verwendung rückte dieses Wort mit dem Ausdruck »Theorie« zusammen; etymologisch ist dies nicht ganz zufällig, da sich dieser Ausdruck von dem altgriechischen Verbum »theoréein«, kontrahiert »theoreîn«, herleitet, was »beobachten, betrachten, (an)schauen« bedeutet. Bereits in der politischen und philosophischen Diskussion des 19. Jahrhunderts verlagerte sich die Diskussion der Weltanschauungen mehr und mehr von deren Gegenständen hin zur Theorie der Gegenstände, vom Angeschauten auf das Anschauen. Es galt, über die richtige »Theorie«, über die richtige »Schau« der Dinge, über die richtige »Perspektive« zu verfügen. Erst diese konstituiere die Erkenntnis des für ein Forschungsobjekt Wesentlichen. Eine eigentümliche Schärfe gewann diese Diskussion, als sich deren erkenntnistheoretische Inhalte mit moralisch-politischen vermengten: als die »richtige Anschauung« zu haben – ganz nach Art des für überwunden gehaltenen religiösen Dogmatismus – zur Pflicht erklärt, damit aber auch das Prinzip der Parteilichkeit zum moralisch-politischen Apriori erhoben wurde.

In Teil G kommen nun die auf sozialwissenschaftlich relevante Inhalte bezogenen Ansichten von Vertretern sehr unterschiedlicher, mitunter einander bekämpfender weltanschaulicher Orientierungen zur Sprache: solche des Individualistischen Liberalismus, des Marxismus, des philosophisch-ethischen Sozialismus, der Katholischen Soziallehre und des Universalismus. Im Allgemeinen hat man in Österreich-Ungarn, also vor Ende des Ersten Weltkriegs, in der einschlägigen Literatur aus dem Umstand, dass »Tatsachen« unterschiedliche Deutungen erfahren, da sie etwa in unterschiedliche geschichtsphilosophische Kontexte einbezogen oder etwa aus unterschiedlichen politischen, ökonomischen und kulturellen Perspektiven betrachtet werden können, noch nicht den Schluss gezogen, ihre »Wahrheit« oder »Richtigkeit« sei lediglich Sache der richtigen weltanschaulich-ideologischen Voranname. Erst in der Zwischenkriegszeit sollte der sich seit der Gründung der Deutschen Gesellschaft für Soziologie (DGS) im Jahr 1909 entwickelnde Werturteilsstreit, dessen erste Antipoden in den Diskussionen der DGS damals Max Weber und Rudolf Goldscheid waren (vgl. Mikl-Horke 2011), eine eigentümliche, oft geradezu gehässige Schärfe annehmen; seinen deutlichsten Ausdruck fand der zum unversöhnlichen Antagonismus hochgesteigerte Streit in der Proklamation des durch die politischen Weltanschauungen des Bolschewismus und des Nationalsozialismus jeweils vertretenen Parteilichkeitsprinzips. In der deutschen Soziologie schlug sich jener die normativen Voraussetzungen ihrer Erkenntnisse betreffende Konflikt vor 1933 in dem Streit um die Wissenssoziologie nieder (vgl. Meja/Stehr 1982).

Von der Auffassung der Positivisten deutlich abweichend, die jede subjektive und moralisch-wertende Stellungnahme in den Sozialwissenschaften als etwas kognitiv nicht Erfassbares, der Wissenschaft nicht Zugängliches, und daher als etwas methodologisch Irrelevantes ansehen, hat sich Joseph Schumpeter, der in den nun in Teil G folgenden Ausführungen unter den Vertretern des Individualistischen Liberalismus figuriert, in einem seiner späten Aufsätze zu dem mit dieser Thematik verbundenen Ideologieproblem geäußert. Er befand es für wichtig zu betonen, »daß wissenschaftliche Arbeit *als solche* von uns nicht verlangt, unsere Werturteile aufzugeben oder dem Geschäft eines Befürworters eines bestimmten Interesses zu entsagen.« So könne ja jemand Anwalt eines bestimmten Interesses sein, aber dennoch redliche analytische Arbeit leisten, denn »das Motiv für den Beweis eines Arguments zugunsten des Interesses, dem er Gefolgschaft schuldet, beweist an sich überhaupt nichts für oder gegen die Qualität der analytischen Arbeit: Um es offener zu sagen, Parteinahme impliziert nicht die Lüge.« (Schumpeter 1987 [1949], S. 118f.)

Andererseits impliziert auch die Verschiedenheit der Deutung von Fakten nicht schon von vornherein die Unrichtigkeit einer (oder einiger) dieser Deutungen. Dies zeigt sich überall dort, wo die Quellenlage mehrere Deutungen zulässt. »Für den Mediziner«, so bemerkt in diesem Zusammenhang der französische Soziologe und Wirtschaftswissenschaftler François Simiand, »wird eine Epidemie als Ursache die Verbreitung eines Virus haben und als Bedingung die durch den Pauperismus hervorgerufene mangelnde Sauberkeit und schlechte Gesundheit; für den Soziologen und Philanthropen werden die Ursache der Pauperismus und die Bedingung die biologischen Faktoren sein« (zitiert nach Bloch 1985, S. 147). Die Entscheidung darüber, welche Faktoren zählen und welche nicht, fällt zunächst auf der Ebene der Theorie; sobald aber die Entscheidung gefallen ist, beginnen die Quellen zu sprechen. So erzwingt der Primat der Theorie, wie Reinhart Koselleck sagt, die Hypothesenbildung, ohne die eine historische Forschung – aber auch eine soziologische – nicht auskommt: »Damit wird freilich der Forschung kein Freibrief erteilt. Denn die Quellenkritik behält ihre unverrückbare Funktion. […] Streng genommen kann uns eine Quelle nie sagen, was wir sagen sollen. Wohl aber hindert sie uns, Aussagen zu machen, die wir aufgrund der Quellen nicht machen dürfen. Die Quellen haben ein Vetorecht.« (Koselleck 1977, S. 45) Da insofern in den historisch vorgehenden Geistes- und Sozialwissenschaften – bei allem möglichen Dissens bezüglich der angemessenen methodischen Zugangsweise zum Gegenstand der Betrachtung – ein

Konsens darüber besteht, was im Verlauf der einschlägigen Deutungen und Erklärungen *nicht* erlaubt ist, weil es dem Informationsgehalt der vorhandenen Quellen nicht entspricht, sind der Beliebigkeit in historischen wie auch in soziologischen Deutungen und Interpretationen Grenzen gesetzt.

Bloch, Marc (1985): *Apologie der Geschichte oder Der Beruf des Historikers*, hrsg. von Lucien Febvre (übersetzt nach der 6. Aufl., Paris 1967, von Siegfried Furtenbach, revidiert durch Friedrich J. Lucas), München: Deutscher Taschenbuch Verlag.

Kant, Immanuel (1968): *Kritik der Urteilskraft* [1790]. In: *Kants Werke. Akademie-Textausgabe* (Unveränderter photomechanischer Abdruck des Textes der von der Preußischen Akademie der Wissenschaften 1902 begonnenen Ausgabe [...]), Bd. 5, Berlin: Walter de Gruyter & Co.

Koselleck, Reinhart (1977): Standortbindung und Zeitlichkeit. Ein Beitrag zur historiographischen Erschließung der geschichtlichen Welt. In: Ders./Wolfgang J. Mommsen/Jörn Rüsen (Hgg.), *Objektivität und Parteilichkeit*, München 1977, S. 17–46.

Meja, Volker/Nico Stehr (Hgg.) (1982): *Der Streit um die Wissenssoziologie*, 2 Bde., Frankfurt a.M.: Suhrkamp.

Mikl-Horke, Gertraude (2011): Max Weber und Rudolf Goldscheid: Kontrahenten in der Wendezeit der Soziologie. In: Dies., *Historische Soziologie – Sozioökonomie – Wirtschaftssoziologie*, VS Verlag für Sozialwissenschaften/Springer Fachmedien, S. 84–89. (Zuerst erschienen in: *Sociologia Internationalis* 42 [2004], S. 265–286.)

Schumpeter, Joseph A. (1987): Wissenschaft und Ideologie [1949]. In: Ders., *Beiträge zur Sozialökonomie*, hrsg., übers. u. eingel. von Stephan Böhm. Mit einem Vorwort von Gottfried Haberler, Wien/Köln/Graz: Böhlau, S. 117–133. (Erstmals erschienen unter dem Titel »Science and Ideology«, in: *The American Economic Review* 39 [1949], S. 345–359.)

Karl Acham

I. Individualistisch-liberale Sozialwissenschaft

Individualistische Sozialökonomik oder Wirtschaftstheorie als Soziologie

In der Habsburgermonarchie bot sich im letzten halben Jahrhundert ihres Bestehens ein sehr differenziertes Bild auf dem Gebiet der Nationalökonomie. Vielfach lehrten an den Universitäten Vertreter der historischen Volkswirtschaftslehre bzw. der staatswissenschaftlich orientierten Wirtschaftslehre, und in Wien entstand die Österreichische oder Wiener Schule der Nationalökonomie. Ihre Vertreter einte zwar die Überzeugung von der Notwendigkeit einer theoretischen Fundierung der Ökonomie, sie unterschieden sich jedoch in manch anderer Hinsicht deutlich voneinander. Das galt schon für ihre Begründer Carl Menger, Eugen von Böhm-Bawerk und Friedrich von Wieser sowie für alle jene, die Mittlerpositionen einnahmen und sowohl historische als auch theoretische, sozialethische wie individualistisch-rationale Positionen zu verbinden suchten; stellvertretend für diese Gruppe von Ökonomen werden hier Emil Sax und Eugen von Philippovich vorgestellt. Unter jüngeren Theoretikern wie etwa Joseph Schumpeter oder Alfred Amonn machte sich schließlich die Hinwendung zur logisch-formalen Analyse bemerkbar.

In der Ökonomiegeschichte gilt Carl Menger (1840–1921) neben William Stanley Jevons und Léon Walras als Begründer der marginalistischen Wirtschaftstheorie, doch zwischen den dreien bestanden auch große Unterschiede. Mengers Auffassung beruht auf einem subjektiven Handlungsbegriff und einer individualistischen Sozialtheorie, die die weitere Entwicklung der Handlungstheorie sowohl in der Ökonomie als auch in der Soziologie (zumal in jener, die sich auf Max Weber und Alfred Schütz beruft) beeinflusst hat.

Menger begann seine Ausführungen in den *Grundsätzen der Volkswirthschaftslehre* von 1871 mit einer Diskussion des Begriffs des Gutes und stellte fest, dass ein Ding nicht automatisch als ein »Gut« betrachtet werden kann, sondern dass ihm diese besondere Bewertung erst aufgrund der ihm vom Subjekt zugeschriebenen Eigenschaften und Qualitäten zukommt. Ein »Gut« ist demnach alles, dem ein Individuum Wert zuschreibt. Aus welchem Grund es dies tut, ist unerheblich; die Motive dafür können auf Werten oder Gefühlen, auf Illusion oder Irrtum beruhen – oder eben am Eigeninteresse orientiert sein. Nach Mengers Anschauung kann es in der volkswirtschaftlichen Theorie keine unter allen Umständen wirksamen ökonomischen Motive oder Determinanten geben, und zwar nicht nur deshalb, weil die Menschen auch in der Wirtschaft nie allein aus Eigennutzüberlegungen handeln, sondern auch, weil für die Theorie nur die – gemäß den jeweils gegebenen (oder als gegeben wahrgenommenen) Bedingungen von Knappheit oder Überfluss – variierende Relation von Zweck und Mittel von Belang ist. Die

Annahme subjektiver Rationalität bildet Mengers theoretischen Rahmen: nur auf ihrer Grundlage sei es möglich zu erkennen, was »wirtschaftlich« und was »unwirtschaftlich« sei; folglich betrachtete er die logische Beziehung von Zwecken und Mitteln als ein Grundmerkmal des Wirtschaftlichen, nicht aber etwa irgendeine vorgegebene Objektbestimmung von »Wirtschaft«.

Auch die Einschätzung der Knappheit und der Dringlichkeit des Bedarfes der Güter ist in Mengers Konzept primär subjektiv bestimmt, was bewirkt, dass die Menschen ihre verfügbaren (z.B. finanziellen) Mittel entsprechend der Intensität ihrer subjektiven Bedürfnisse auf die verschiedenen Güter aufteilen; dabei versuchen sie, mit dem geringsten Ressourceneinsatz den größten Erfolg zu erzielen, also zu »wirtschaften«. Auch die Differenzierung zwischen Gebrauchs- und Tauschwert beruht auf der subjektiven Bewertung. Bewertet das Individuum den durch den erzielbaren Preis repräsentierten Tauschwert des Gutes höher als dessen Gebrauchswert, kann es sich für den Tausch entscheiden, wodurch die Güter zu »Waren« werden. Der monetär ausgedrückte Marktpreis kennzeichnet für Menger somit zwar nicht den subjektiven Wert, aber aus pragmatischen und konventionellen Gründen könne er doch als Wertmaß herangezogen werden.

Der subjektive Wert eines Gutes hängt von der kulturellen Entwicklung der Bedürfnisse, des Wissens und der Verfügungsverhältnisse ab. Diese subjektive Einschätzung und die entsprechende Kaufentscheidung wird insbesondere durch die Einkommens- bzw. Vermögenslage mitbestimmt, die ihrerseits auf die Eigentumsordnung der Gesellschaft und die Verteilung der Einkommen verweist, die Menger zu den sozialen Voraussetzungen des subjektiven Handelns zählte. Diese verändern sich fortwährend und das Subjekt hat daher über viele Bedingungen, die sich auf zukünftige Zustände beziehen, keine Kontrolle, sodass seinem Handeln meist Entscheidungen unter Ungewissheit zugrunde liegen.

Schon in den *Grundsätzen* entwickelte Menger auch eine Institutionentheorie, die Geld und Markt – wie Sprache, Staat, Religion etc. – als soziale Institutionen auffasst, deren Genese sich als Folge individueller Handlungen und von deren Zusammenwirken erklären lasse (Menger 1871, S. 253ff.). Insbesondere seine Erklärung der Entstehung des Geldes wurde viel beachtet und als Beweis für seine »individualistische« Sicht verstanden, doch Menger hatte sehr wohl auch institutionelle Momente im Blick und wies sowohl auf die Wirkung von Gewohnheit und Nachahmung als auch auf die Rolle des Staates in Bezug auf die Regelung der Geldverwendung und des Geldverkehrs hin. Noch deutlicher wird diese Rolle in Hinblick auf die Märkte, die zwar zunächst auf den praktischen Handlungen der einzelnen Wirtschaftsakteure beruhen, durch diese aber zugleich gefährdet sind: denn wenn jeder für sich nach Monopolmacht strebe, sei die Regelung und Kontrolle des Markttausches notwendig, damit sich die freie Konkurrenz überhaupt entwickeln und behaupten könne. Für die dauerhafte Funktionsfähigkeit von Märkten als Institutionen des Wettbewerbs sah Menger daher deren Ordnung als Voraussetzung an, da andernfalls die Unsicherheit zu groß ist und das Vertrauen schwindet, wodurch auch die Möglichkeit zum Absatz von Waren abnimmt. Die mit dem neoklassischen Modell der modernen Ökonomie verbundenen Annahmen wie vollständige Information, vollkommene Konkurrenz und stabile Präferenzen waren kein Bestandteil von Mengers Wirtschaftstheorie, die – ganz im Gegenteil – von der Veränderbarkeit von Wertvorstellungen, dem Monopolstreben der Einzelnen und der Unwägbarkeit hinsichtlich der zukünftigen Rahmenbedingungen ausging.

Auch in den *Untersuchungen über die Methode der Socialwissenschaften und der Politischen Oekonomie insbesondere* (1883) knüpfte Menger an seine individualistische Sicht der Entstehung sozialer Institutionen an, die durch Gewohnheit und Nachahmung verbreitet werden und in Form von Bräuchen, Konventionen oder formellen Regelungen neue Ordnungen begründen. Vor allem wurde diese Schrift aber bekannt als Auslöser des sogenannten »Methodenstreits« mit Gustav Schmoller, dem führenden Vertreter der jüngeren Historischen Schule der Nationalökonomie, der der Theorie ablehnend gegenüberstand und sich stattdessen auf empirisch-historische Methoden sowie eine Sicht der Volkswirtschaft als einer organischen Gesamtheit stützte. Dieser setzte Menger eine individualistische Wirtschaftstheorie entgegen, die ein eigenes Verständnis des menschlichen Handelns entwickeln müsse, das auf der Annahme der Logik des rationalen Handelns aufgebaut ist. Die Rationalität des individuellen Handelns sei zwar eine theoretische Annahme, aber diese sei, wie Menger meinte, zugleich eine Maxime des Handelns, die ihrerseits gleichförmiges Handeln vieler bewirke. Dennoch könne die Theorie niemals das reale Handeln abbilden, noch erlaube sie es, auf die realen Verhältnisse in einer gegebenen konkreten Situation zu schließen. Sie könne lediglich Aussagen über die formale Natur der wirtschaftlichen Beziehung treffen.

Menger war, wie Gilles Campagnolo feststellt, in seiner frühen Phase »an Aristotelian realist« und Verfechter des Kausalitätsprinzips gewesen, differenzierte später jedoch zwischen den Naturwissenschaften und den Sozialwissenschaften auf der Grundlage der Einsicht in die Willensfreiheit menschlicher Akteure (Campagnolo 2008, S. 55). Menger selbst bezeichnete die Wirtschaftstheorie auch als »exakte Moralwissenschaft« (Menger 1883, S. 39). Was er unter einer »exakten« Theorie verstand, unterschied sich deutlich von den »exakten« Theorien jener sozialistischen Soziologen, die von einem naturwissenschaftlichen Monismus und der Ablehnung der Willensfreiheit ausgingen; es unterschied ihn auch von Ernst Mach, den er aber durchaus schätzte. Allerdings führte er gegen die induktive empirische Forschung ins Treffen, dass aus den Fakten allein keine allgemeinen wissenschaftlichen Aussagen abgeleitet werden können; induktive Schlüsse würden vielmehr in ethischen oder ideologischen Urteilen resultieren.

Mengers Argumentation zielte auf eine besondere Epistemologie der Sozialwissenschaften, die sich von der der historischen Wissenschaften und der Naturwissenschaften unterscheiden sollte. Damit war aber nicht etwa der Anspruch verbunden, dass sich der gesamte Bereich der politischen Ökonomie bzw. der Sozialwissenschaften auf nur *eine* bestimmte Methode beschränken sollte; vielmehr empfahl Menger eine Kombination von Methoden bzw. eine »analytisch-synthetische Methode« (vgl. Boos 1986, S. 47), die auf zwei Säulen ruht: zum einen auf der exakten Theorie, die aus den Denkgesetzen abgeleitet werde und nicht durch die Empirie widerlegt werden könne, denn sie beruhe auf Logik und nicht auf Mathematik, wie dies von Jevons, Walras und anderen gefordert wurde; zum anderen verwies er auf die Bedeutung, die einer auf theoretischen Grundlagen betriebenen empirisch-realistischen Forschung in den Sozialwissenschaften zukomme. Menger hielt eine solche im Hinblick auf die praktische Wirtschaftspolitik für unentbehrlich, da es gelte, die Gegebenheiten zu erforschen und die Notwendigkeit für und die Folgen von Eingriffen des Staates oder anderer Organisationen abzuschätzen. Neben der Theorie sah er daher auch die Wirtschaftspolitik als berechtigt und notwendig an. Sie war für ihn nicht auf wirtschaftliche Maßnahmen im engeren Sinn beschränkt, sondern sollte auch sozialreformerische Ziele berücksichtigen, die auf das Gemeinwohl bezogen waren, wie Menger mit Berufung auf Jean Baptiste Say und John Stuart Mill meinte (Menger 1891). Für Wirtschaftstheorie und Wirtschaftspolitik müssten jedoch jeweils unterschiedliche Methoden gelten.

Nach Mengers Auffassung sollte jede Wissenschaft ihren eigenen Gegenstand selbständig definieren; dies betrachtete er auch als die vorrangige Aufgabe der Erkenntnistheorie in seiner Zeit. Seine methodischen Vorstellungen hinsichtlich einer Sozialwissenschaft, die selbständig neben der Geschichte einerseits, den Naturwissenschaften andererseits stehen sollte, prägten auch sein Verständnis von Soziologie und von Nationalökonomie »im Sinne eines Zweiges der Sociologie« (Menger 1889, S. 14). Der Begriff »Soziologie« stand für Menger also vor allem für eine spezifische theoretische Zugangsweise in den Sozialwissenschaften. Daher meint Emil Kauder: »In allen diesen Erklärungen handelt es sich um eine *soziologische Verankerung* seines nationalökonomischen Systems und nicht um ein Bekenntnis zur individualistischen Wirtschaftspolitik« (Kauder 1962, S. 10). Mengers *Untersuchungen* erhielten in ihrer ersten amerikanischen Ausgabe daher zu Recht den Titel *Problems of Economics and Sociology* (Menger 1963). Das soziologische Interesse von Menger und anderen Vertretern der Österreichischen Schule zeigte sich auch in ihrer Mitgliedschaft im »Institut Internationale de Sociologie« von René Worms, dem Menger auch als Präsident diente. Obwohl die meisten Mitglieder dieser Vereinigung sozialistisch-kollektivistischen Auffassungen ablehnend gegenüberstanden, fanden sich auch sozialistische Soziologen in ihren Reihen. Menger selbst hatte kein prinzipielles Problem mit dem Sozialismus und stand demokratisch-sozialistischen Ideen, wie sie etwa sein Bruder Anton vertrat, durchaus nicht völlig ablehnend gegenüber. Anstoß hatte er in einer früheren Phase vielmehr an den Adelsprivilegien genommen, gegen die er in einer gemeinsam mit dem Kronprinzen Rudolf verfassten Schrift aufgetreten war. Obwohl selbst nie politisch aktiv, sah Menger die Besserung der sozialen Verhältnisse durchaus als Desiderat der Politik an.

Die gegenwärtigen Vertreter der in den USA »Austrian Economics« genannten Schule berufen sich nach wie vor auf Carl Menger als ihren Gründer, obwohl dessen Auffassungen vielschichtiger waren als es die mit den »Austrian Economics« meist identifizierten marktliberalen bis libertären Positionen in der Ökonomie suggerieren. Mengers Individualismus war theoretisch-methodisch begründet, und sein Liberalismus muss aus der Zeit heraus verstanden werden. Unter den Sympathisanten der Österreichischen Schule gab es freilich immer schon (und gibt es noch) durchaus unterschiedliche Auffassungen, die in vielen Fällen schon bei den Gründern ihren Ausgang nahmen.

Die bedeutendsten und ersten Mitstreiter Mengers waren Eugen von Böhm-Bawerk und Friedrich von Wieser. Im Werk dieser beiden befreundeten und verschwägerten Sozialwissenschaftler wurden schon früh unterschiedliche Tendenzen bemerkbar, die sich gleichwohl aus Ansätzen Mengers entwickelten. In einem frühen Werk widmete sich Böhm-Bawerk (1851–1914) der Diskussion des Güterbegriffs und engte diesen gegenüber der weiteren und allgemeineren Verwendung des Begriffs bei Menger auf Sachgüter und Nutzleistungen als spezifisch »wirtschaftliche« Güter ein (Böhm-Bawerk 1881). Er verwies auch in Bezug auf die Soziale Frage auf die Bedeutung der richtigen Auslegung von Begriffen wie Kapital und Zins (ebd., S. 152f.). Böhm-Bawerks wichtigster Beitrag zur modernen Ökonomie und ein zentraler Aspekt seines Werkes ist seine Kapitaltheorie (Böhm-Bawerk 1884, 1889), die ihm auch international viel Anerkennung einbrachte. Der Besitz von Kapital und die Erwirtschaftung von Kapitalgewinn eröffnen laut Böhm-Bawerk »Produktionsumwege«, die zu technischen Verbesserungen und zur Herstellung von Kapitalgütern führen können, was wiederum eine Produktionsausweitung und die Steigerung der Produktivität ermögliche. In seiner Zinstheorie deutete er die Kreditschuld als einen Tausch zwischen Gegenwartsgütern und dem Versprechen auf Zukunftsgüter und legte dar, dass der Zins als intertemporaler Preis verstanden werden muss.

Böhm-Bawerk setzte sich auch intensiv mit Marx auseinander (Böhm-Bawerk 1896) und kritisierte insbesondere dessen Arbeitswertlehre und die Mehrwerttheorie. In seiner Entgegnung auf diese Kritik meinte Rudolf Hilferding (1877–1941), die »bürgerliche Ökonomie« weiche allem aus, was sie als historische Wissenschaft und als Gesellschaftswissenschaft konstituieren könnte. Die »psychologische Schule der Nationalökonomie« ersetze den Blick auf die Produktionsverhältnisse durch jenen auf die individuellen Beziehungen zwischen den Menschen und den Dingen, wodurch sie eigentlich keine Erklärung der Ökonomie sei (Hilferding 1904, S. 55ff.). Tatsächlich wies Böhm-Bawerk die marxistische Auffassung, wonach jede ökonomische Theorie die Klassenverhältnisse widerspiegle, zurück und verwies auf die »isolierende Betrachtung« der Theorie, die sie von den gesellschaftlichen Bedingungen unabhängig mache (Böhm-Bawerk 1924, erstmals 1896). In dieser Argumentation zeigt sich eine noch deutlichere Orientierung an der »reinen« Theorie als bei Menger. Zwar sah Böhm-Bawerk auch die historische Zugangsweise als berechtigt an und bezog sich dabei insbesondere auf Eugen von Philippovich und Adolph Wagner, doch lehnte er Wertungen in der Wissenschaft, die sich bei historischen Vergleichen häufig aufdrängen, strikt ab und verwies sie in die politische

Praxis. Denn sozialpolitische Ziele könnten nicht aus ökonomischen Gesetzmäßigkeiten abgeleitet werden.

Die in seiner Zeit häufig geäußerte Ansicht, dass das Wirtschaftsergebnis und dessen Verteilung durch die sozialen und politischen Verhältnisse von Macht und Vermögen bestimmt würden und sich daher der ökonomisch-wissenschaftlichen Erklärung entzögen, wies er in dem berühmten Aufsatz »Macht oder ökonomisches Gesetz?« zurück (Böhm-Bawerk 1914). Böhm-Bawerk erkannte darin zwar an, dass auch soziale Aspekte in der Wirtschaft wirksam seien, aber dies sei ein »Kapitel der Sozialökonomie«, das »noch nicht befriedigend geschrieben worden« sei (ebd., S. 208). In jedem Fall sei es aber ein Fehler anzunehmen, dass Macht die ökonomischen Gesetze außer Kraft setze. Die Frage sei vielmehr, ob sich der Einfluss der Macht innerhalb der Preisgesetze oder gegen diese geltend mache. Während im Sozialismus die Marktgesetze außer Kraft gesetzt werden könnten, realisiert sich Macht Böhm-Bawerk zufolge im Marktgeschehen innerhalb bzw. durch die Erfüllung der ökonomischen Preisgesetze.

Böhm-Bawerk unterschied zwischen einer wissenschaftlich-theoretischen und einer politischen Betrachtung des Macht- und Verteilungsproblems und meinte mit Bezug auf John B. Clarks Unterscheidung zwischen funktioneller und personeller Verteilung, dass sich die wissenschaftliche Verteilungstheorie nur mit der funktionellen Verteilung des erwirtschafteten Ertrags gemäß dem produktiven Beitrag der maßgeblichen Produktionsfaktoren Kapital und Arbeit auf die Produktionsfaktoren beschäftigen könne (ebd., S. 269f.). Die personelle Verteilung könne hingegen nicht Gegenstand der wissenschaftlichen Theorie sein. Böhm-Bawerks Auffassung, die auf die theoretisch-wissenschaftliche Erklärung der Gesetze der Marktwirtschaft konzentriert war, übte einen starken Einfluss auf Ludwig von Mises, Max Weber und Joseph Schumpeter aus.

Friedrich von Wiesers (1851–1926) Auffassung war demgegenüber stärker historisch-realistisch orientiert und maß den gesellschaftlichen Verhältnissen große Bedeutung bei. Schon früh zeichnete ihn ein starkes Interesse an der »namenlosen Geschichte«, die er insbesondere durch das wirtschaftliche Geschehen bestimmt sah, aus. Von Anfang an beschäftigten ihn auch die gesellschaftlichen Machtverhältnisse, die er 1901 in der Prager Rektoratsrede »Über die gesellschaftlichen Gewalten« thematisierte und schließlich in seinem Buch *Gesetz der Macht* von 1926, das explizit als seine »Soziologie« bezeichnet wurde (Menzel 1929), eingehend behandelte. Die Auseinandersetzung mit dem Problem von Macht und Freiheit ist jedoch nicht auf sein Spätwerk beschränkt, sondern durchzieht sein gesamtes Werk.

In den sechs Vorträgen, die im Sammelband *Recht und Macht* (Wieser 1910) publiziert wurden, setzte sich Wieser mit dem utilitaristischen Liberalismus auseinander, dem er vorwarf, einen Gegensatz zwischen dem Individuum und der Gesellschaft konstruiert zu haben. Dieser müsse durch einen Begriff der Freiheit abgelöst werden, der Freiheit mit Macht und Recht verbindet. Auch in der Wirtschaft gebe es nicht die schrankenlose Freiheit von isolierten Individuen, sondern »Freiheitsmächte«, die individuelle Freiheit ermöglichen, diese aber zugleich beschränken durch eine »innere Macht«, die sich in gleichförmigen Denk- und Verhaltensweisen manifestiere und Gegenstand einer »Psychologie des Man« sei (welches einem vorgebe, was entsprechend den gesellschaftlichen Gepflogenheiten zu tun oder zu unterlassen sei, vgl. ebd., S. 25). Diese innere Macht sei aber nicht als eine reine Anpassung an gesellschaftliche Normen zu verstehen, sondern enthalte immer auch Elemente, die das Subjekt in seiner Freiheit fördern bzw. als subjektives Gefühl der Selbstbestimmtheit erfahren werden. Das sozial und kulturell geformte Gefühl der Freiheit und der Verantwortung für das eigene Tun bestimme auch die Einstellungen und das Verhalten in Bezug auf die »äußeren Mächte«. Das Individuum könne durch seine Freiheit Neues bewirken, für seinen Erfolg benötige es aber stets die Gefolgschaft anderer. Geschichte ist in Wiesers Sicht durch die wechselseitige Beziehung zwischen Führung und Masse bestimmt; dieser Gedanke sollte auch zum Generalthema seines Spätwerkes werden.

Der Nationalökonomie seiner Zeit warf Wieser vor, über die große Ungleichheit zwischen den Menschen hinwegzusehen. Die »gewaltige gesellschaftliche Macht des Kapitalismus« habe Interessensgegensätze und große Unterschiede zwischen den Schichten hervorgerufen (ebd., S. 136). Er sah daher den Zusammenschluss der Schwachen als gerechtfertigt an und stand Genossenschaften und Gewerkschaften positiv gegenüber, kritisierte aber den Sozialismus und die materialistische Geschichtsauffassung, weil sie die Unterschiede, die aufgrund des »Gesetzes der Schichtung« auch innerhalb der Arbeiterklasse bestünden, ignorierten (ebd., S. 128).

Die klassische Nationalökonomie habe, wie Wieser in seiner *Theorie der gesellschaftlichen Wirtschaft* von 1914 (Wieser 1924) bemerkte, das Bild einer »wirtschaftlichen Gesellschaft« geschaffen, also der Gesellschaft als eines Wirtschaftszusammenhanges auf der Grundlage von Tauschhandel und Arbeitsteilung. Diesem Konzept stellte er das einer »gesellschaftlichen Wirtschaft« gegenüber, das die Wirtschaft als von gesellschaftlichen Verhältnissen geprägt ansah. Diese Schrift gilt zwar als Wiesers ökonomisches Hauptwerk und enthält auch seine einschlägigen theoretischen Auffassungen, liest sich aber über weite Strecken wie eine soziologische Abhandlung. Er entwickelte darin zu Beginn das Modell einer »einfachen Wirtschaft«, das Züge einer gemeinschaftlichen Bedarfsdeckungswirtschaft trägt. Die »einfache Wirtschaft« Wiesers ist freilich keine primitive Subsistenzwirtschaft, sondern ein aus Einzelhaushalten zusammengesetzter Gesamthaushalt, der technisch entwickelt ist und rational-planerisch wirtschaftet, aber ohne Markt und ohne Geld auskommt. Zwar gibt es Privateigentum und die einzelnen Haushalte handeln rational, sie verfolgen aber auf Grundlage gemeinsamer Planung nicht nur ihre individuellen Nutzenziele, sondern sie kooperieren auch zum Zweck der Erfüllung von Gemein- bzw. Kollektivbedürfnissen. Der Wert der Güter und Leistungen bestimmt sich in dieser Wirtschaft als »natürlicher Wert« aufgrund der gesellschaftlichen Wertschätzung (vgl. Wieser 1924 sowie 1884, 1889). Obwohl Wieser darauf hinwies, dass in seinem Modell die gemeinsame Planung nicht zur Entstehung autoritärer oder bürokratischer Macht führe, wurde ihm in der Folge vorgeworfen, damit das Modell einer sozialistischen Wirtschaft entworfen zu haben.

Für Wieser waren der »natürliche Wert« und die »einfache Wirtschaft« Annahmen, die aus der allgemeinen historischen Erfahrung der Menschen mit kooperativen Formen des Wirtschaftens erwachsen. Weil es die Effekte von Macht und Geld ausklammert, die sich in der Realität in Ungleichheiten, Konflikten und ideologischen Differenzen bemerkbar machen, ist das Modell ein reines Gedankenexperiment, das aber nichtsdestoweniger auf eine zu allen Zeiten real gegebene gemeinschaftlich-kooperative Dimension des Wirtschaftens verweist, die in der modernen Wirtschaftstheorie häufig außer Betracht bleibe. Zwar meinte Wieser, dass aus dem Modell keine normativen Prinzipien für die Praxis abzuleiten seien, aber es könne der Kritik an den realen Zuständen in der Markt- und Geldwirtschaft dienen.

Ganz egal, ob man Wirtschaft nun im Sinne von Wiesers Konzept einer »gesellschaftlichen Wirtschaft« interpretiert, bei dem primär die gesellschaftlichen Verhältnisse auf die Wirtschaft zurückwirken, oder ob man umgekehrt im Sinne einer »wirtschaftlichen Gesellschaft« davon ausgeht, dass Gesellschaft überhaupt erst durch das Wirtschaften zustande kommt – in der Wirtschaft entstehen zwangsläufig Unterschiede hinsichtlich der Verteilung von Macht und Reichtum, doch daneben ist auch die historisch gewachsene »ungeschriebene private Wirtschaftsverfassung«, die das Handeln durch Recht, Sitte und Gewohnheit formt, wirksam. Wirtschaften in der Markt- und Geldwirtschaft ist in Wiesers Sicht individuelles Handeln, das aber durch die Wirkung von Normen zugleich gesellschaftliches Handeln ist. Dadurch wird auch der Egoismus der Einzelnen zu einem »gesellschaftlichen Egoismus«, der sich im Rahmen des Rechts und einer Ordnung entfaltet, die dafür sorgt, dass die eigenen Ansprüche durch das bestimmt sind, »was man verlangen kann und darf in einer Gesellschaft, als Mitglied einer Klasse und einer Umwelt« (Wieser 1924, S. 117). Auch die soziale Schichtung als mehr oder weniger dauerhafte Struktur begründet ihrerseits Normen der Ungleichheit und schafft »gesellschaftliche Bedürfnisse«, die sich im Streben nach Positionen, Anerkennung und Einfluss manifestieren. Ungleichheit kann daher nicht allein der Wirkung des Marktes und der Geldwirtschaft angelastet werden, die ihrerseits für Wieser ebenfalls »gesellschaftliche Bildungen« darstellen, selbst wenn sie nicht völlig »den gesellschaftlichen Sinn der Wirtschaft« erfüllen. Diesen Sinn zu erkennen, erfordere eine Gesellschaftstheorie, die er in ihrer gegebenen Form allerdings für noch nicht hinreichend entwickelt hielt, weshalb die Wirtschaftstheorie als »vorgeschobener Posten der Gesellschaftstheorie« (ebd., S. 111) fungieren und sich mit den Machtverhältnissen und dem Problem der sozialen Ungleichheit beschäftigen müsse.

Im »modernen kapitalistischen Typus der gesellschaftlichen Schichtung«, in dem die Macht aus dem Wirtschaftsprozess selbst entsteht, wird die aus technisch-organisatorischen Gründen notwendige Funktion der Führung durch das Kapital und die Großunternehmen ausgeübt (ebd., S. 225ff.). Wieser glaubte eine zunehmende Polarisierung zwischen der Macht der Kapitaleigner und der Unternehmen einerseits und der wachsenden Ohnmacht der vielen einzelnen Haushalte andererseits ausmachen zu können und warnte vor dem Verschwinden der Mittelschichten und dem Entstehen einer »Volkswirtschaft wider das Volk« (ebd., S. 284). Doch er setzte seine Hoffnungen nicht auf einen Umsturz der Gesellschaftsordnung, sondern auf das Gegengewicht der »ungeschriebenen privaten Wirtschaftsverfassung«, der historisch gewordenen Werte und Normen der Gemeinschaft, die zur Einsicht in die Notwendigkeit der Beschränkung der Übermacht des Kapitals führen müssen, und er forderte vom Staat den Schutz des »gemeinen Interesses« (ebd., S. 291ff.).

Die *Theorie der gesellschaftlichen Wirtschaft* kann als Versuch verstanden werden, wirtschaftstheoretische und gesellschaftstheoretische Konzepte zu verknüpfen (Morlok 2013, S. 31). Darin kann man eine Übereinstimmung zwischen Wieser und Max Weber erkennen, aber bei einem näheren Vergleich erweist sich ersterer als wesentlich »soziologischer« als der stärker von Böhm-Bawerk beeinflusste Weber. Aus seiner geschichtsbewusst-konservativen Haltung heraus betonte Wieser aber nicht nur die gesellschaftliche Dimension der Wirtschaft stärker als Weber, sondern sie nährte auch seine Skepsis gegenüber der kapitalistischen Entwicklung.

Die Geschichtswissenschaft und ihre Arbeitsweise war für Wieser auch in methodischer Hinsicht eine grundlegende Voraussetzung aller Erkenntnis in den Sozialwissenschaften. Er kritisierte daher die Übernahme naturwissenschaftlicher Erkenntnisweisen und verstand die Ökonomie als eine auf Erfahrung beruhende, aber theoretisch argumentierende Geisteswissenschaft. Im Sinne der Gesetzeserkenntnis muss sich die Theorie der Methode der Isolierung und der Idealisierung bedienen; die so gewonnenen allgemeinen Aussagen müssen dann jedoch schrittweise durch die Reduktion des Abstraktionsniveaus wieder konkreter und differenzierter gemacht werden; dennoch könne die Wirklichkeit niemals ganz erfasst werden, denn Begriffe stellen in Wiesers Sicht nur Abkürzungen für »soziologische Prozesse« dar. Methodologisch sprach er sich für den Standpunkt des Individualismus aus, ohne ihn jedoch als Weltanschauung zu empfehlen oder gar als Grundlage einer adäquaten Realitätsbeschreibung zu begreifen. Die Soziologie oder Gesellschaftslehre, als deren Teil er auch die Ökonomie betrachtete, solle also zwar von einer individualistischen Perspektive ausgehen und sich der »psychologischen Methode« bedienen, die auf den subjektiven Sinn des Handelns rekurriert, sie müsse aber ebenso die Wechselwirkung von Freiheits- und Zwangsmächten, die sich im Bewusstsein der Menschen selbst vollzieht, berücksichtigen.

Wieser lehnte normative oder wertende Aussagen ab, war sich aber dessen bewusst, dass auch in der Wissenschaft »voraussetzungsloses Denken« nicht möglich ist und dass es – so meinte er – ohne diese Voraussetzungen auch keine Gesellschaftslehre geben würde. Er verwies in diesem Zusammenhang vor allem auf die Macht und die Wirkung der Sprache in der Wissenschaft, denn diese erlaube es nicht nur, Beobachtungen und Erklärungen zu vermitteln, sondern könne auch benutzt werden, um zu überzeugen und zu beeinflussen. Zwar müsse die Sozialwissenschaft von der Volkssprache als Grundlage zur Vermittlung von Erfahrung ausgehen, doch müssten die alltagssprachlichen Begriffe von ihren Nebenbedeutungen gereinigt werden, um Erkenntnis zu ermöglichen. Eine Formelsprache als Wissenschaftssprache lehnte Wieser ab und war – wie die österreichischen Ökonomen allgemein – gegen die Mathematisierung der Wirtschaftstheorie, nicht jedoch gegen die Verwendung mathematischer Methoden als Hilfsmittel der Darstellung.

In der Historiographie der Soziologie ist Wieser entweder gar nicht oder nur mit seinem Spätwerk *Das Gesetz der Macht* von 1926 präsent. Die soziologische Relevanz seines wirtschaftstheoretischen Werkes blieb in der Regel überhaupt außer Betracht. Seine größte Leistung für die ökonomische Theorie bestand in der Schöpfung der in das Fachvokabular der Disziplin eingegangenen Begriffe des »Grenznutzens«, der »Grenzproduktivität« und der »Opportunitätskosten« (vgl. Kurz/Sturn 1999, S. 97ff.). Die weitere Entwicklung der Österreichischen Schule wurde von Ludwig von Mises dominiert, der Wieser kritisch gegenüberstand, da er dessen Modell der »einfachen Wirtschaft« als sozialistisch deutete. Gegenwärtig gilt Wieser nicht einmal mehr als Vertreter der »Austrian Economics« (Hoppe/Salerno 1999), sondern wird – wie auch sein Schüler Joseph Schumpeter – eher einer neoklassischen Auffassung in der Tradition von Léon Walras zugeordnet (vgl. Streissler 1999).

Mit Emil Sax und Eugen von Philippovich sollen zwei ältere Ökonomen vorgestellt werden, die zwar auch der Österreichischen Schule zugerechnet werden, aber wie Wieser der Geschichte und den sozialen Aspekten große Bedeutung zumaßen. Emil Sax (1845–1927) trat in seinem Buch *Das Wesen und die Aufgaben der Nationalökonomie* (Sax 1884) für eine stark theoriegeleitete Methode ein und meinte, die Erneuerung der Nationalökonomie könne nur im Sinne einer Sozialwissenschaft erfolgen. Sax bezog sich auf Mengers *Untersuchungen über die Methode der Socialwissenschaften* sowie auf Heinrich Dietzel, den er jedoch wegen dessen einseitig individualistischer Orientierung kritisierte. Er meinte nämlich, dass eine »Sozialökonomik«, die ja die Volkswirtschaft zum Inhalt habe, das gesamte soziale Leben umfassen und somit auch die kollektiven Formen des Wirtschaftens berücksichtigen müsse. Überdies müsse die Bedeutung von sozialen Beziehungen in der Wirtschaft erkannt werden. Neben »divergierenden«, aus dem Kampf ums Dasein resultierenden Beziehungen gäbe es »konvergierende Beziehungen«, die auf gleichartigen wirtschaftlichen Bestrebungen sowie auf der gegenseitigen Unterstützung und Ergänzung bei gemeinsamem Handeln beruhen. Wie die Wirtschaft selbst durch einige spezifische Sozialformen wie die Arbeitsteilung, den Tausch oder die Konkurrenz gekennzeichnet sei, so wirke sie ihrerseits auf nicht-wirtschaftliche Sozialgebilde zurück und bringe kooperative und gemeinwirtschaftliche Formen hervor.

Individualismus und Kollektivismus sind in Sax' Sicht die zwei grundlegenden Tendenzen der »Socialerscheinungen« in einer Volkswirtschaft. Der Individualismus gründet in der Tatsache, dass jeder Mensch sich selbst als Zentrum der Welt sehe. Dies könne – wenn die divergierenden Beziehungen dominieren – in Konkurrenz und Konflikt resultieren oder aber – wenn die konvergierenden Beziehungen im Vordergrund stehen – in friedlicher Koexistenz, Kompromiss und Kooperation. Der Individualismus könne nämlich auch die Einsicht befördern, dass dem eigenen Interesse am besten gedient sei, wenn auch andere ihren Nutzen haben. Sax nannte dies »Mutualismus« und charakterisierte diesen als eine Seite des Individualismus, die sich im praktischen Leben etwa in Gestalt von Genossenschaften oder im Versicherungswesen zeige. Der Individualismus könne aber auch die Form des »Altruismus« annehmen, bei dem der Nutzen der anderen als Voraussetzung für die eigene Erhaltung und Entwicklung angesehen wird. Das ist meist der Fall in der Familie, aber auch in der Armenpflege und anderen karitativen Werken. In dieser Weise gestalten, wie Sax meinte, die einzelnen Menschen selbsttätig ihre »socialen, resp. ökonomischen Beziehungen in zahllosen, kaleidoskopisch wechselnden, aber subjektiv und objektiv auf den Bereich gegenseitiger Berührung beschränkter Gruppen« (Sax 1884, 55f.).

Davon unterschied Sax jene größeren, beständigeren sozialen Gebilde, in denen die Individuen zu einer Gesamtheit zusammengefasst sind, die als solche handelt und sich dabei der Individuen als Mittel zur Erreichung ihrer Zwecke bedient. Diese Form von Gemeinschaft repräsentiert den zweiten Typ »socialökonomischer Grundverhältnisse«, den Kollektivismus. Sie könne nicht »individualistisch« interpretiert werden, wie dies die Sozialvertragstheorien tun, weil es sich bei dieser Art von Gesamtheit nicht um den freiwilligen und selbsttätigen Zusammenschluss der Individuen handle. In derartige »reale Collectiva« werden die Menschen »hineingeboren« und nehmen daher ihre Existenz als gegeben hin (ebd., S. 56). Diese Kollektive treten ihrerseits miteinander in Kontakt, und auch ihre Beziehungen nehmen gemäß der von der individuellen Ebene her bekannten Einteilung Formen des kollektiven Egoismus (Imperialismus), des kollektiven Mutualismus oder des Altruismus (Handelsverträge, karitative Vereinigungen etc.) an. Sax lehnte aber wie Menger die Behandlung der Kollektive als organische Ganzheiten im Sinne von Albert Schäffles Organizismus ab und sprach sich dafür aus, das konkrete Leben der Menschen in Gruppen einer genauen Untersuchung zu unterziehen. Er trat daher für empirische Forschung ein und forderte – damit quasi das Popper-Kriterium vorwegnehmend –, dass die Aussagen der Sozialwissenschaft falsifizierbar sein müssen (ebd., S. 38).

Individualismus und Kollektivismus bedingen einander in Sax' Verständnis. Die Nationalökonomie könne sich daher nicht auf die Betrachtung der Privatwirtschaft beschränken; sie müsse auch die Staatswirtschaft und die verschiedenen Formen der Gemeinwirtschaft berücksichtigen. Er kritisierte den Ausdruck »Staatseingriffe«, durch den fälschlicherweise der Eindruck entstehe, dass eine nicht-wirtschaftliche Macht von außen in die Wirtschaft eingreife. Der Staatswirtschaft widmete er auch sein Hauptwerk *Die Grundlagen der theoretischen Staatswirtschaft* (Sax 1887). Heute ist Sax in der Geschichte der Ökonomie allenfalls noch als Finanzwissenschaftler bekannt (vgl. Neck 2008). Obwohl er sich als Mitglied der Österreichischen Schule sah, war seine Position in dieser eine periphere. Anders als Wieser und Böhm-Bawerk sah er den Wert nicht als das Ergebnis einer subjektiv-rationalen Zuordnung, sondern als in einem »Wertgefühl« begründet an und erklärte den zukünftigen Wert auf der Basis einer »Vorempfindung«. Seine Konzeption der Ökonomie bzw. Sozialökonomik fand daher wenig Anerkennung in der Volkswirtschaftslehre.

Ein anderer Ökonom, der der Wirtschaftstheorie von Menger, Böhm-Bawerk und Wieser nahestand, aber ungleich mehr Einfluss als Sax hatte, war Eugen von Philippovich (1858–1917). Wie Theodor von Inama-Sternegg, mit dem er oft zusammenarbeitete, war Philippovich sozialreformerisch und empirisch orientiert und versuchte, Theorie und historische Auffassung zu verbinden. Er war zwar ein Liberaler und lehnte den Sozialismus ab, trat aber gleichwohl für sozialpolitische Maßnahmen des Staates zugunsten der Arbeiterschaft ein und forderte, dass dieser die Grundbedingungen der menschlichen Existenz zu sichern habe. Auch in der Ökonomie erkannte er die Notwendigkeit einer zunehmenden Berücksichtigung sozialpolitischer Anliegen (Philippovich 1908, 1910). Diese Überzeugungen fanden ihren Niederschlag in seiner Mitgliedschaft im Verein für Socialpolitik, in der Fabier-Gesellschaft und der Sozialpolitischen Partei und ließen ihn eine Nähe zur Soziologie entwickeln, der er u.a. als Mitglied des »Institut Internationale de Sociologie« verbunden war.

Philippovichs *Grundriß der politischen Ökonomie* von 1897 wurde zum Standardlehrbuch der Ökonomie im deutschen Sprachraum und war auch international sehr bekannt – es erlebte zahlreiche Auflagen und Übersetzungen. Philippovich bezog sich darin auch auf neuere Beiträge von Friedrich Gottl, Max Weber, Othmar Spann und Alfred Amonn, um seine Sicht, dass sowohl die naturwissenschaftlich-nomothetische als auch die historisch-idiographische Methode für die Ökonomie relevant seien, darzulegen. Wirtschaft sei einerseits auf einem »natürlichen und vernünftigen« Zweckstreben begründet, andererseits vollziehe sie sich im Rahmen einer sozialen Ordnung, was Philippovich schon im Begriff »Volkswirtschaft« als »gesellschaftliche Form der Wirtschaft«, in der es um die Herrschaft über die Welt der Sachen und damit indirekt auch über die Menschen gehe, ausgedrückt fand (Philippovich 1897, S. 50ff.). Wie Sax sah auch er die Wirtschaft seiner Gegenwart durch eine Mischung aus individualistischen und gemeinwirtschaftlichen Prinzipien bestimmt. Um der Gegensatzbildung zwischen »privatwirtschaftlich« und »volkswirtschaftlich« entgegenzuwirken, verwendete Philippovich den Begriff der Sozialökonomie bzw. Sozialwirtschaft.

Als Gesamtzusammenhang aller Wirtschaftssubjekte und ihrer Handlungen verstanden ist die Volkswirtschaft zugleich eine Äußerung des Kulturlebens und »eine der Formen, in welchen uns das auf Vergesellschaftung gerichtete Leben der Menschen als Einheit entgegentritt« (ebd., S. 4). Die Kulturentwicklung lasse sich aber nur an der Lebensführung der Einzelnen und ihrer Familien ablesen, und nicht etwa schon allein am ökonomisch-technischen Fortschritt: dieser trage zur Kultur nämlich nur dann bei, wenn durch ihn die Lebensbedingungen der Massen in Bezug auf deren Wohnverhältnisse, Gesundheit, Ernährung, Bildung etc. verbessert würden (Philippovich 1892). Zusätzlich zur staatlichen Sozialpolitik forderte Philippovich private sozialreformerische Initiativen und die Einsicht der Besitzenden in die Notwendigkeit einer gerechten Verteilung. Er plädierte für die Sozialpflichtigkeit des Eigentums, die Vereinigung und Organisation der Arbeitenden in beruflichen Interessensvertretungen und für Maßnahmen zur Ausweitung des Konsums der Massen.

Unter den jüngeren Ökonomen, die der Wirtschaftstheorie der Österreichischen Schule nahestanden, ragte schon früh Joseph A. Schumpeter (1883–1950) heraus. Er war wie Wieser an sozialen Aspekten und am »Soziologisieren«, also »jener Tendenz nach dem Begreifen von möglichst vielem an uns, von Recht, Religion, Moral, Kunst, Politik, Wirtschaft, ja selbst von Logik und psychischen Erscheinungen aus der Soziologie heraus« interessiert (Schumpeter 1915). Einige Aufsätze befassen sich explizit mit soziologischen Fragen (Schumpeter 1953), aber auch viele seiner ökonomischen Schriften zeugen von diesem Interesse, so etwa *Die Theorie der wirtschaftlichen Entwicklung* von 1911 (Schumpeter 1964).

Schumpeters Denken entwickelte sich aus seiner Auseinandersetzung mit Karl Marx einerseits und der Gleichgewichtstheorie von Léon Walras andererseits (vgl. Kurz 2005). Während er von Walras' Analyse allgemeiner Interdependenzen beeindruckt war, kritisierte er dessen statische Theorie des Gleichgewichts wie überhaupt alle Kreislaufkonzeptionen, gegen deren Bild einer stationären Wirtschaft, die sich nur durch exogene Einflüsse verändert, er massive Einwände erhob. Schumpeter selbst beabsichtigte eine auf die inneren Kräfte abzielende und in diesem Sinn »rein ökonomische« Erklärung wirtschaftlicher Entwicklung zu geben, was ja seit Adam Smith die spezifische Aufgabe des »Wirtschaftssoziologen oder Nationalökonomen« sei (Schumpeter 1964, S. 91). Den Begriff »Entwicklung« verstand Schumpeter daher im Sinne einer Eigendynamik der Wirtschaft, die vom »sozialen Rahmen des wirtschaftlichen Ablaufs« und äußeren Ereignissen unabhängig sei. Entwicklung sei nicht am Vergleich von Zuständen abzulesen, wie etwa an der Zunahme des Reichtums oder am Bedürfniswandel; sein Begriff der Entwicklung bezeichnet vielmehr eine spontane und diskontinuierliche Veränderung durch das Auftreten neuer Kombinationen von Produktionsmitteln, d.h. durch grundlegende technische Innovationen, neue Güter, die Eroberung neuer Märkte, neue Markt- und Organisationsformen etc. (ebd., S. 100f.). Diese vielfältige Innovationskraft identifizierte er als ein grundlegendes Merkmal des Kapitalismus, das auch gleich auf ein weiteres seiner Merkmale verweist, da die Finanzierung all der verschiedenen Neuerungen zu einem zentralen Problem werde: auf die Ausweitung des Kredit- und Investitionssektors. Unter allen Wirtschaftsformen, so meinte Schumpeter, weise nur der Kapitalismus »Entwicklung« in diesem dynamisch-diskontinuierlichen Sinn auf. Marx habe zwar gezeigt, dass der Kapitalismus sich aus sich selbst heraus verändere, aber anders als von Marx angenommen werde der kapitalistische Prozess eben dadurch immer unabhängiger von den Eigeninteressen bestimmter Individuen oder Gruppen und entfalte so erst seine eigengesetzliche Dynamik. Dennoch maß Schumpeter auch dem Typus des Unternehmers, dessen Verhalten durch nicht-institutionalisiertes Handeln charakterisiert sei, größte Bedeutung für den schöpferischen Prozess in der Wirtschaft bei. Unternehmer seien in der Lage, sich über Traditionen zu erheben und sich von sozialen Gruppen und Lebensformen zu lösen – dies sei ihre besondere Fähigkeit und Einstellung.

Schumpeters soziologische Interessen wurden auch durch seine Beschäftigung mit der materialistischen Geschichtsauffassung und mit Marx' Begriff der Klasse angeregt. Das zeigt sich etwa in der *Soziologie der Imperialismen* aus dem Jahr 1919 (hier in: Schumpeter 1953, S. 72ff.), in dem er der Erklärung des Imperialismus aus den Produktionsverhältnissen des entwickelten Kapitalismus andere historische Expansionsbewegungen gegenüberstellte, die nicht einfach nach dem materialistischen Schema zu erklären seien. Der später, 1927, erschienene Aufsatz »Die sozialen Klassen im ethnisch homogenen Milieu« (ebd., S. 147ff.), dessen Grundgedanken auf Vorträge und Vorlesungen aus der Zeit zwischen 1910 und 1914 zurückgehen, behandelt wiederum – mit einem naheliegenden Verweis auf Ludwig Gumplowicz – den Begriff der sozialen Klasse, der, wie Schumpeter meinte, von Marx nicht theoretisch explizit gemacht worden sei. Er kritisierte Marx' Klassenbegriff insbesondere deshalb, weil dieser der dynamischen Veränderung der sozialen Strukturen im Prozess der kapitalistischen Entwicklung nicht Rechnung trage. Klasse war für Schumpeter ein Sozialgebilde, das sich in seiner personalen Zusammensetzung ständig verändert und das nicht gegen andere Klassen abgeschottet ist, denn im Entwicklungsprozess komme es immer wieder zum Aufstieg der einen und zum Abstieg der anderen Individuen, Familien und Gruppen.

Wie für Marx waren auch für Schumpeter Krisen normale Erscheinungen der kapitalistischen Bewegung, weil es vor dem Auftreten neuer innovativer Kombinationen von Produktionsfaktoren regelmäßig zu Phasen des konjunkturellen Niedergangs komme. Er sah daher die Entwicklung der kapitalistischen Wirtschaft durch einen zyklischen Verlauf gekennzeichnet, der durch Wendepunkte bestimmt sei. Dem Verlauf der Konjunktur und seiner Erklärung galt später Schumpeters besonderes theoretisches Interesse. Er verstand jenen Verlauf ebenfalls als einen sozialen Prozess, denn jede Entwicklung bringe Aufstieg auf der einen Seite, Abstieg auf der anderen Seite mit sich und gehe mit der Vernichtung von Existenzen, dem Verlust von Lebensformen, Kulturwerten und Idealen einher (Schumpeter 1964, S. 369). Auch diese Sichtweise kehrte in späteren Werken wieder.

Trotz seiner ausgeprägten soziologischen Interessen trennte Schumpeter die Wirtschaftstheorie von der Soziologie und anderen Disziplinen; er verstand die sozial- und wirtschaftswissenschaftlichen Fächer als Einzelwissenschaften, die ihren jeweils eigenen Gegenstandsbereich erforschen, aber auch der Wirtschaftsanalyse Fakten und Daten liefern können. Von Beginn seiner Karriere an interessierte sich Schumpeter für mathematische Wirtschaftstheorie, da sie am besten die Forderung nach exakter Wissenschaftlichkeit erfüllen könne; diese Neigung trug maßgeblich zu seiner Entfernung von der Österreichischen Schule und seiner Hinwendung zur Neoklassik bei. Dennoch sah er weiter neben der formalen Theorie auch die historische Methode als berechtigt an und trat für die Pluralität der Methoden ein (vgl. Kurz 2005).

Ein anderer der jungen Ökonomen, die bereits vor dem Ersten Weltkrieg wichtige Arbeiten vorgelegt hatten, war Alfred Amonn (1883–1962), der mit seiner Habilitationsschrift *Objekt und Grundbegriffe der theoretischen Nationalökonomie* (Amonn 1911) die Ökonomie radikal als logisch exakte Sozialwissenschaft zu begründen suchte. Amonn war den Auffassungen von Menger, Böhm-Bawerk und Wieser verbunden, orientierte sich aber auch an Philippovich und Alfred Marshall. Um die Nationalökonomie theoretisch und logisch als Sozialwissenschaft zu konstituieren, dürfe man, wie Amonn meinte, nicht an der Objektdefinition ansetzen, weil diese einer ständigen Veränderung ihrer empirischen Geltung unterworfen sei; auch würde mit einer Vorabdefinition von Wirtschaft deren Bedeutung schon vorausgesetzt werden. Die Volkswirtschaftslehre begriff er als historische Wissenschaft, deren Gegenstand vom Problem her bestimmt werden müsse – und das sei im Fall der theoretischen Ökonomie die Preisbildung. Diese lasse sich logisch nicht aus der individuellen Rationalität ableiten und könne folglich nicht von einem praxeologischen Gesichtspunkt aus erklärt werden. Die Theorie muss daher aus logisch-methodologischer Notwendigkeit am Sozialen ansetzen. Die Nationalökonomie ist in Amonns Sicht nicht eine Lehre von den wirtschaftlichen Erscheinungen als solchen, sondern muss eine ganz bestimmte soziale Konstellation als Grundlage benennen (Amonn 1911, S. 91ff.). Die spezifisch nationalökonomischen Probleme entstehen unter der Voraussetzung einer individualistischen »sozialen Verkehrsordnung« und sind ohne diese nicht denkbar; das betrifft insbesondere das für die Nationalökonomie so grundlegende Preisproblem.

Die individualistische soziale Verkehrsordnung führte im historischen Verlauf zur Entstehung der kapitalistischen Gesellschaftsordnung, deren zentrale Bausteine die Unternehmung, die Ware, das Geld und der Preis, der zum Zins wird, sind (ebd., S. 353ff.). Dazu kommt als zusätzliches Merkmal die Ungleichheit der individuellen Verfügungsmacht, die im Wesentlichen auf der durch die Institution des Privateigentums gewährleisteten Möglichkeit der Akkumulation von Kapital beruht. Wie Marx sah aber auch Amonn das Kapital zugleich als auf der Verfügungsmacht selbst gegründet und daher als eine soziale Kategorie an, die jedoch nicht durch den Bezug auf die Produktion, sondern durch spezifische soziale Beziehungen charakterisiert ist. Nach außen hin trete das Kapital als objektive soziale Kategorie und als unpersönliche soziale Macht auf, nach innen hin jedoch als eine durch den Gegensatz von Unternehmer und Arbeiter bestimmte soziale Struktur.

Indem Amonn von den wahrscheinlichkeitslogischen Voraussetzungen der individualistischen sozialen Verkehrsordnung ausging, umschiffte er gewisse teleologisch anmutende Konsequenzen, wie sie mit einem kollektivistischen Verständnis menschlichen Handelns verbunden sind. Das Buch rief einige Kritik hervor, die Amonn zwar in der zweiten Auflage von 1927 in einem Kommentar berücksichtigte, den Text und die grundlegenden Aussagen des Werkes ließ er aber unverändert (Amonn 1996). Der Schrift von 1911 kam programmatische Bedeutung für sein weiteres Werk zu, obschon er sich in diesem im Sinne seiner Auffassung von der Nationalökonomie als praktischer Wissenschaft verstärkt der Marshall-Pigou'schen Wohlfahrtstheorie als Fundament der Wirtschafts- und Sozialpolitik zuwandte.

Die Auffassungen innerhalb der »individualistischen« Ökonomie waren mithin, wie dieser Überblick zeigt, sehr unterschiedlich. Trotz des allgemeinen Bekenntnisses zur theoretischen Ökonomie auf der Basis der Grenznutzenlehre differierten die Standpunkte hinsichtlich ihrer Behandlung des Verhältnisses von Individualismus und Kollektivismus sowie der Beziehung von Theorie und Geschichte. Wie sich bei den jüngeren Vertretern, insbesondere bei Amonn, aber auch bei Schumpeter, andeutet, kam es in der Folge zu einer stärkeren Betonung der logischen Grundlagen der Wirtschaftstheorie, was schließlich Ludwig von Mises zur Konzeption einer allgemeinen Handlungslogik veranlasste. Mises' wichtigste Werke in diesem Zusammenhang erschienen allerdings erst nach 1918 und stehen am Beginn einer Neukonstituierung der Österreichischen Schule der Nationalökonomie.

Amonn, Alfred (1996): *Objekt und Grundbegriffe der theoretischen Nationalökonomie* [1911], Neudruck der 2. Aufl. von 1927, mit einer Einleitung von Terence W. Hutchison, Wien/Köln/Weimar: Böhlau.

Böhm-Bawerk, Eugen von (1881): *Rechte und Verhältnisse vom Standpunkte der volkswirthschaftlichen Güterlehre*, Innsbruck: Wagner'sche Universitäts-Buchhandlung.

– (1884): *Kapital und Kapitalzins. Geschichte und Kritik der Kapitalzins-Theorien*, Innsbruck: Wagner'sche Universitäts-Buchhandlung.

– (1889): *Positive Theorie des Kapitales*, Innsbruck: Wagner'sche Universitäts-Buchhandlung.

– (1896): Zum Abschluß des Marxschen Systems. In: Otto von Boenigk (Hg.), *Staatswissenschaftliche Arbeiten. Festgabe für Karl Knies*, Berlin: Haering, S. 58–205.

– (1914): Macht oder ökonomisches Gesetz? In: *Zeitschrift für Volkswirtschaft, Sozialpolitik und Verwaltung* 23, S. 205–271.

– (1924): Historische und theoretische Nationalökonomie [1896]. In: Franz X. Weiss (Hg.), *Gesammelte Schriften von Eugen Böhm-Bawerk*, Bd. 1, Wien/Leipzig: Hölder-Pichler-Tempsky, S. 157–188.

Boos, Margarete (1986): *Die Wissenschaftstheorie Carl Mengers. Biographische und ideengeschichtliche Zusammenhänge*, Wien/Köln/Graz: Böhlau.

Campagnolo, Gilles (2008): Menger: from the works published in Vienna to his *Nachlass*. In: Ders. (Hg.), *Carl Menger. Neu erörtert unter Einbeziehung nachgelassener Texte*, Frankfurt a.M.: Peter Lang, S. 31–58.

Hax, Herbert (Hg.) (1999): *Vademecum zu einem Klassiker der österreichischen Schule*, Düsseldorf: Verlag Wirtschaft und Finanzen.

Hilferding, Rudolf (1904): Böhm-Bawerks Marx-Kritik. In: Max Adler/Ders. (Hg.), *Marx-Studien*, Bd. 1, Wien: Verlag der Wiener Volksbuchhandlung Ignaz Brand, S. 1–61.

Hoppe, Hans-Hermann/Joseph T. Salerno (1999): Friedrich von Wieser und die moderne Österreichische Schule der Nationalökonomie. In: Hax 1999, S. 105–134.

Kauder, Emil (1962): Aus Mengers nachgelassenen Papieren. In: *Weltwirtschaftliches Archiv* 89, S. 1–28.

Kurz, Heinz D. (2005): *Joseph A. Schumpeter. Ein Sozialökonom zwischen Marx und Walras*, Marburg: Metropolis.

– /Richard Sturn (1999): Wiesers »Ursprung« und die Entwicklung der Mikroökonomik. In: Hax 1999, S. 59–103.

Menger, Carl (1871): *Grundsätze der Volkswirthschaftslehre*, Wien: Braumüller.

– (1883): *Untersuchungen über die Methode der Socialwissenschaften und der politischen Oekonomie insbesondere*, Leipzig: Duncker & Humblot.

– (1889): *Grundzüge einer Klassifikation der Wirtschaftswissenschaften*, Jena: G. Fischer.

– (1891): Die Social-Theorie der classischen National-Oekonomie und die moderne Wirtschaftspolitik. In: *Neue Freie Presse*, 6. und 8.1.1891. Wieder abgedruckt in: Ders., *Gesammelte Werke*, Bd. 3, hrsg. von Friedrich A. Hayek, 2. Aufl., Tübingen: Mohr 1970, S. 219–245.

– (1963): *Problems of Economics and Sociology. Edited and with an introduction by Louis Schneider. Translated by Francis J. Nock* [= Menger 1883], Urbana, IL, USA: University of Illinois Press.

Menzel, Adolf (1927): *Friedrich Wieser als Soziologe*, Wien: Springer.

Morlok, Christoph (2013): *Rentabilität und Versorgung. Wirtschaftstheorie und Wirtschaftssoziologie bei Max Weber und Friedrich von Wieser*, Wiesbaden: Springer VS.

Neck, Reinhard (2008): Emil Saxs Beitrag zur Finanzwissenschaft. In: Ders. (Hg.), *Die Österreichische Schule der Nationalökonomie*, Frankfurt: Peter Lang, S. 65–98.

Philippovich, Eugen (1892): *Wirtschaftlicher Fortschritt und Kulturentwicklung*, Freiburg i.Br.: Mohr.

– (1893ff.): *Grundriß der politischen Ökonomie*, 3 Bde., Freiburg/Leipzig: Mohr.

– (1908): Das Eindringen der sozialpolitischen Ideen in die Literatur. In: Salomon Paul Altmann et al. (Hgg.), *Die Entwicklung der deutschen Volkswirtschaftslehre im 19. Jahrhundert. Gustav Schmoller zur 70. Wiederkehr seines Geburtstages* […], 2. Teil, Leipzig: Duncker & Humblot, S. 1–51.

– (1910): *Die Entwicklung der wirtschaftspolitischen Ideen im 19. Jahrhundert. Sechs Vorträge*, Tübingen: Mohr.

Sax, Emil (1884): *Das Wesen und die Aufgaben der Nationalökonomie. Ein Beitrag zu den Grundproblemen dieser Wissenschaft*, Wien: Hölder.

– (1887): *Grundlegung der theoretischen Staatswirthschaft*, Wien: Hölder.

Schumpeter, Joseph A. (1915): *Vergangenheit und Zukunft der Sozialwissenschaften*, München/Leipzig: Duncker & Humblot.

– (1953): *Aufsätze zur Soziologie*, Tübingen: Mohr.

– (1964): *Theorie der wirtschaftlichen Entwicklung* [1911], München/Leipzig: Duncker & Humblot.

Streissler, Erich W. (1999): Friedrich von Wiesers wissenschaftliche Grundperspektive »Über den Ursprung und die Hauptgesetze …« als wirtschaftstheoretischer Neuanfang. In: Hax 1999, S. 25–31.

Wieser, Friedrich von (1884): *Über den Ursprung und die Hauptgesetze des wirthschaftlichen Werthes*, Wien: Hölder.
– (1889): *Der natürliche Werth*, Wien: Hölder.
– (1910): *Recht und Macht. Sechs Vorträge*, Leipzig: Duncker & Humblot.
– (1924): *Theorie der gesellschaftlichen Wirtschaft* [1914], 2., unv. Aufl., Tübingen: Mohr.
– (1926): *Das Gesetz der Macht*, Wien: Springer.

Weiterführende Literatur

Allgoewer, Elisabeth (2009): Eugen von Böhm-Bawerk (1851–1914). In: Heinz D. Kurz (Hg.), *Klassiker des ökonomischen Denkens*, 2. Bd., München: C.H. Beck, S. 48–64.
Kurz, Heinz D. (2000): Wert, Verteilung, Entwicklung und Konjunktur: Der Beitrag der Österreicher. In: Karl Acham (Hg.), *Geschichte der österreichischen Humanwissenschaften*, Bd. 3.2: *Menschliches Verhalten und gesellschaftliche Institutionen: Wirtschaft, Politik und Recht*, Wien: Passagen Verlag, S. 125–175.
– /Richard Sturn (2012): *Schumpeter für jedermann. Von der Rastlosigkeit des Kapitalismus*, Frankfurt a.M.: Frankfurter Allgemeine Buch.
Mikl-Horke, Gertraude (2011): Die wirtschaftssoziologische Relevanz der Austrian Economics. In: Dies., *Historische Soziologie – Sozioökonomie – Wirtschaftssoziologie*, Wiesbaden: VS Verlag, S. 59–83.
Mises, Ludwig (1926): Eugen von Philippovich. In: *Neue Österreichische Biographie*, Bd. 3, Zürich/Wien/Leipzig: Amalthea, S. 53–62.
Leser, Norbert (Hg.) (1986): *Die Wiener Schule der Nationalökonomie*, Wien/Köln/Graz: Böhlau.
Schneider, Erich (1970): *Joseph A. Schumpeter. Leben und Werk eines großen Sozialökonomen*, Tübingen: J.C.B. Mohr.
Schneider, Hans K./Christian Watrin (Hg.) (1973): *Macht und ökonomisches Gesetz*, Berlin: Duncker & Humblot.
Swedberg, Richard (1991): *Joseph A. Schumpeter. His Life and Work*, Cambridge: Polity Press.

Gertraude Mikl-Horke

II. Marxistische Positionen

Austromarxismus

Dem amerikanischen Journalisten und Politiker Louis B. Boudin wird die Erfindung des Begriffes »Austromarxismus« zugeschrieben (vgl. Boudin 1909). Boudin verstand darunter das theoretische Werk einer Gruppe von jungen, akademisch gebildeten Sozialdemokraten – Max Adler, Otto Bauer, Gustav Eckstein und Karl Renner. Der 1906 entstandene Begriff wurde ausgedehnt und wird heute für die eng miteinander verflochtene Theorie und weit ausstrahlende politische und kulturelle Praxis der österreichischen Sozialdemokratie von deren Gründungsparteitag 1888/89 bis zum Untergang der Partei im Februar 1934 (bzw. bis zum Tod Otto Bauers 1938) verwendet. So gilt der 1861 geborene Wiener Universitätsprofessor und spätere Leiter des Frankfurter Instituts für Sozialforschung Carl Grünberg als akademischer »Vater des Austromarxismus« und das »Rote Wien« der Zeit von 1919 bis 1934 als Höhepunkt des praktischen Austromarxismus; auch Otto Bauers Schriften *Kapitalismus und Sozialismus nach dem Weltkrieg. Rationalisierung und Fehlrationalisierung* (1931) und *Zwischen zwei Weltkriegen* (1936) werden zum Kern des Theoriefundus des Austromarxismus gerechnet.

Beide Bestandteile des Begriffes täuschen ein wenig: Das Präfix »Austro« verweist eher auf den geographischen Wirkungsort mit dem Zentrum Wien – der Zusammenhang mit der österreichischen Tradition ist gering; wesentliche Quellen, wie eben der Marxismus, aber auch der die großen philosophischen Debatten der Zeit mitbestimmende Neu-Kantianismus, waren »importiert«. Die Vorsilbe »Austro« kann aber auch als Unabhängigkeitserklärung gegenüber der mächtigen deutschen Arbeiterbewegung gelesen werden, als eine Absage an den die deutsche Partei erschütternden Konflikt zwischen der Orthodoxie des Karl Kautsky und dem Revisionismus des Eduard Bernstein und der sich abzeichnenden Intervention der radikalen Opposition der Neo-Linken rund um Rosa Luxemburg. Was das Wort »Marxismus« betrifft, sei darauf hingewiesen, dass Marx sich selbst nicht als Marxist bezeichnete, dass Friedrich Engels als *Der Mann, der den Marxismus erfand* (Hunt 2012) gilt, und dass es schließlich eine Unzahl von äußerst heterogenen Varianten des Marxismus gab, die einander die Authentizität absprachen. Innerhalb der geschichtsträchtigsten Spaltung der internationalen Linken platzierte man den Austromarxismus *Zwischen Reformismus und Bolschewismus* (Leser 1968); dabei handelt es sich nicht nur um einen politischen Konflikt, sondern auch um eine theoretische Grundsatzdebatte, die im Kontext des marxistischen Postulats der »Einheit von Theorie und Praxis« auch auf den Feldern der Staatstheorie, der Parteisoziologie und der ästhetischen Theorie ausgetragen wurde.

Zwischen den heute als Austromarxisten firmierenden Persönlichkeiten bestanden freilich erhebliche Unterschiede. Die gemeinsame Schnittfläche ist ein Grundstock von Begriffen und Annahmen, die allerdings von den jeweiligen Theoretikern verschieden definiert wurden. Geteilt wurde beispielsweise die Auffassung, dass die »Geschichte aller bisherigen Gesellschaft [...] die Geschichte von Klassenkämpfen« sei, wie es im *Kommunistischen Manifest* heißt, und dass die ökonomische Basis eine (je nach persönlicher Interpretation mehr oder weniger stark) determinierende Kraft in den »Überbau« genannten Feldern von Politik und Kultur darstellt. Einig war man sich auch darin, dass das Bürgertum seine historische Funktion zur Emanzipation der Gesellschaft auf Grund seines Klasseninteresses spätestens 1848 verraten habe und dass diese Funktion auf die Arbeiterklasse übergegangen sei. Vom Marxismus übernommen wurde auch die Annahme, dass der Widerspruch zwischen Produktivkräften und Produktionsverhältnissen zwangsläufig eine Revolution auslösen würde – viele austromarxistische Analysen weisen daher einen aus historischer Perspektive unangebrachten Optimismus auf. Der Staat wurde als repressives Organ der jeweils herrschenden Klasse verstanden; über seine Rolle in einer sozialistischen Gesellschaft divergierten die Auffassungen allerdings zwischen den Polen eines von der proletarischen Mehrheit dominierten, ansonsten aber neutralen Regulators (Renner 1918, S. 23) bis zu einer abgeschwächten Version der Idee vom »Absterben des Staates« (Max Adler 1922). Im international geführten Streit über den besten Weg zur angestrebten großen Veränderung – Revolution oder Reform – dominierte in den Reihen der Austromarxisten zwar das Bekenntnis zur Revolution, allerdings versehen mit Distinktionen wie »politische« oder »soziale« Revolution und unter weiteren einschränkenden definitorischen Bedingungen, unter die weder die historische französische noch die spätere russische Revolution fielen: es ginge doch nicht, meinte etwa Karl Renner, um eine »Revolution im Heugabelsinn«; unter »Revolution« sei die Etablierung eines neuen »geistigen Prinzips« zu verstehen, erklärte Max Adler; das Revolutionäre an der Partei sei letztlich das Ziel, behauptete Robert Danneberg (Danneberg 1911, S. 154).

Die österreichische Arbeiterbewegung hat sich im europäischen Vergleich relativ spät etabliert; nach den zahlreichen lähmenden Fraktionskämpfen galt die Einheit der Bewegung als höchstes Gut – das prägte auch die theoretischen Artikulationen. Sieht man von seinen Verdiensten bei der Vereinheitlichung der verschiedenen »radikalen« und »gemäßigten« Strömungen ab, lag Victor Adlers wesentlicher Beitrag zum Habitus des Austromarxismus in der Schaffung einer diplomatisch-vieldeutigen politischen Sprache, die es den Anhängern der unterschiedlichen Positionen ermöglichte, ohne Selbstverrat zu kooperieren. Über diese Meriten dürfen Adlers sozialhygienische Schriften freilich ebenso wenig übersehen werden wie seine Pionierleistung auf dem Gebiet der Sozialreportage: Eine Art »Undercover«-Bericht aus dem Jahr 1888 über das Elend der Ziegeleiarbeiter (Victor Adler 1925, S. 11–35) wurde zum Vorläufer der legendären, von Max Winter, einem Redakteur der *Arbeiter-Zeitung* verfassten Sozialreportagen aus dem »unterirdischen Wien« (Winter 1904) und der von Otto Bauer angeregten Untersuchung über die *Arbeitslosen von Marienthal* (1933) von Paul Felix Lazarsfeld, Marie Jahoda und Hans Zeisel.

Während Victor Adler die institutionellen Grundlagen des Austromarxismus – Partei, Bildungswesen und Publikationsmöglichkeiten – schuf, unterrichtete der Sozialhistoriker und Politökonom Carl Grünberg dessen spätere theoretische Exponenten Friedrich Adler, Max Adler, Otto Bauer und Karl Renner. Grünberg verstand sich als Marxist, wenngleich der unmittelbare Rekurs auf die Schriften von Karl Marx und Friedrich Engels gering war und die für die späteren Austromarxisten charakteristischen Bemühungen um die Auslegung dieser Schriften völlig fehlen. Stattdessen versuchte Grünberg, gesellschaftliche Totalitäten auf Basis ökonomischer Konstellationen zu verstehen; in seiner Aufsatzsammlung *Sozialismus, Kommunismus, Anarchismus* (1897) war er im Hinblick darauf bestrebt, die Überlegenheit der marxistischen Richtung des Sozialismus herauszuarbeiten. Ähnliches, wenn auch auf ungleich niedrigerem theoretischen Niveau, gilt für den Journalisten und Volksbildner Gustav Eckstein: sein schmales Oeuvre besteht vorwiegend aus vereinfachenden, gut lesbaren Analysen des Kapitalismus und Interventionen in innerparteiliche Konflikte (Eckstein 1910, 1917, 1920).

Was internationale Resonanz und Nachwirkung – etwa in der Studentenbewegung oder im Eurokommunismus (Albers 1979) – betrifft, sind Max Adler, Karl Renner und Otto Bauer die wichtigsten Repräsentanten des Austromarxismus. Gemeinsam ist diesen Autoren ein offener und von mehreren Seiten her erfolgender Zugang zum marxistischen Denken, das in ihren Jugendjahren keineswegs das erste Bildungserlebnis war. So hat sich beispielsweise Max Adler in seiner Jugend intensiv und zustimmend mit dem Individualanarchisten Max Stirner befasst. Adlers leider vor etwa einem Jahrzehnt vernichteter Nachlass enthielt zwei Manuskripte des 21-Jährigen, die sich mit den von Eduard Bernstein edierten Fragmenten aus der (bereits 1845/46 von Marx und Engels verfassten, aber erst im Laufe des 20. Jahrhunderts unter dem bekannten Titel veröffentlichten) *Deutschen Ideologie* beschäftigten und Stirner gegen Bernsteins marxistisch fundierte Kritik verteidigten; auch der späte Adler sah in Stirner einen der »Wegweiser« zum Sozialismus (Pfabigan 1982, S. 14–27; Max Adler 1906, 1914). Vor allem aber war die Lektüre der Schriften Immanuel Kants sein primäres und prägendes Bildungserlebnis; was den damals aktuellen Neukantianismus betrifft, ließ Adler sich noch am ehesten von der Marburger Schule beeinflussen, ohne jedoch seine Eigenständigkeit aufzugeben.

Ein wesentlicher Teil von Adlers Lebenswerk besteht aus dem vielschichtigen Versuch einer Synthese des Marxismus mit dem Denken Kants. Er las Kant als »Philosophen des Sozialismus«, indem er die von diesem angestrebte »bürgerliche Gesellschaft« als die Zukunftsgesellschaft des Sozialismus interpretierte und den kategorischen Imperativ zum Grundprinzip der »solidarischen Gesellschaft« ausrief: So sei etwa der Begriff der »Sittlichkeit« nur ein anderer Ausdruck für die Einheit des sozialen Zusammenhanges der Menschen, eine unaufhebbare Form der sozialen Beziehung der Menschen untereinander (Max Adler 1925). Adler hat angeregt, Kant nicht als einen Tugendlehrer zu lesen, sondern als einen Vermittler soziologischer Erkenntnisse mit politischer Relevanz. So interpretierte er beispielsweise die »ungesellige Geselligkeit« Kants sozialpsychologisch als die Keimzelle des marxistischen Widerspruchs zwischen Produktivkräften und Produktionsverhältnissen, und Kants Kampf gegen Religion und Aberglauben lässt ihn den Kulturkampf gegen die katholische Kirche fordern (Max Adler 1907). Vor allem die Einmischungen von katholischer Seite in das politische Geschehen waren ihm unerträglich: »Jedes Mal, wenn Wahlen ins Land gehen, verwandeln sich die zahllosen Kanzeln in der Kirche in ebenso viele Rednertribünen für die klerikale christlich-soziale Partei [...]« (Max Adler 1921, S. 1).

Adlers Sympathie für Kant barg allerdings einiges Konfliktpotential: Zwar hatte sich auch der Begründer des Revisionismus in der deutschen Sozialdemokratie, Eduard Bernstein, für ein »Zurück zu Kant!« ausgesprochen und diese Losung mit einem Bekenntnis zum Reformismus verbunden (Bernstein 1899) – der Marxismus galt aber spätestens seit der nachdrücklichen Intervention von Friedrich Engels im »Anti-Dühring« als Materialismus (Engels 1894). Adler umging das Problem mit einer Neudeutung der Begriffe und erklärte, dass hier lediglich ein »Missverständnis« in der Rezeption vorliege, denn der Materialismus sei eine Philosophie, ja eine Metaphysik, wohingegen der Marxismus als eine der Absicht nach von Philosophie freie (Sozial-)Wissenschaft anzusehen sei; seine – nichtsdestoweniger vorhandenen – philosophischen Grundlagen herauszuarbeiten machte sich Adler zur Aufgabe (Max Adler 1972, S. 58). Damit verwarf er die in der marxistischen Orthodoxie des Karl Kautsky (Kautsky 1973, S. 22f.) dominierende Deutung von Kant als einem Agnostiker, der zwischen Materialismus und Idealismus steht. Wenn Marx und Engels das Wort Materialismus benützen, würden sie damit nur ihre Bevorzugung des empirischen Standpunkts gegenüber der Hegel'schen Spekulation zum Ausdruck bringen (Max Adler 1910). Die Hegel'sche Dialektik – die ja erst mit Lenin eine Renaissance erlebte – pries Adler als methodologisches Prinzip, die Annahme einer Realdialektik, wie sie im »Anti-Dühring« kritisiert wird, lehnte er allerdings als Metaphysik ab (Max Adler 1974, S. 36).

Max Adlers Opposition gegen den erkenntnistheoretischen Realismus und seine Parteinahme für die transzendentale Methode hinderten ihn keineswegs, auch so etwas wie eine ultimative Gültigkeit empirisch gehaltvoller Aussagen zu behaupten. Im Endergebnis hat Adler alle Schlüsselbegriffe des Marxismus »vergeistigt« und gelangte so sogar zu einem – erkenntnistheoretisch begründeten – grundsätzlichen Wohlwollen der Religion gegenüber (Max Adler 1915, S. 2). In seinem Versuch, »Mit Kant über Kant hinaus« zu gehen, zeichnete er das Ich-Bewusstsein als unauflöslich mit den Nebensubjekten verbunden: Der Mensch ist bereits mental vergesellschaftet, das Einzelbewusstsein ist nicht als individuelles Bewusstsein denkbar, sondern schon in seinem Kern, im »Ich«, auf eine unbestimmte Vielheit anderer wesensgleicher Ichs bezogen – Adler nannte das das »Sozialapriori«, und er meinte damit die Konstellation, dass schon vor jeder »ökonomisch-historischen Vergesellschaftung die Menschen mental vergesellschaftet« seien (Max Adler 1925, S. 161).

In philosophischer Hinsicht fühlte sich der acht Jahre jüngere Otto Bauer als Schüler Max Adlers – das verrät etwa die Formulierung von der Nation als »Erscheinung des vergesellschafteten Menschen«; dennoch wandte sich Bauer schließlich dem Empiriokritizismus Ernst Machs zu, dem auch Victor Adlers Sohn Friedrich (vgl. Friedrich Adler 1918) anhing und den Wladimir Iljitsch Lenin 1909 als Rückfall in einen vorwissenschaftlichen Idealismus bekämpfte (Lenin 1989). Bauers Beziehung zur Erkenntnistheorie und zur Philosophie blieb allerdings flüchtig. Konstanten in seinem publizistischen Leben waren das Interesse für die »nationale Frage« (Bauer 1907) und seine Opposition gegen die Habsburgermonarchie, später die österreichische Eigenständigkeit. Hier knüpft er an eine marxistische Tradition an: Friedrich Engels hatte schon 1882 der Donaumonarchie die historische Existenzberechtigung abgesprochen und mit ihrem Zerfall gerechnet: »Ebenso, daß ich Östreichs Zerfall mit Vergnügen entgegensehe« (Marx/Engels 1960–1968, Bd. 35 [1967], S. 280). Wie bei Victor Adler oder Engelbert Pernerstorfer spielte der traditionelle Deutschnationalismus des liberalen Bürgertums auch in Bauers Sozialisation eine wichtige Rolle. Nach seinen eigenen Worten wirke »die nationale Ideologie, die nationale Romantik [...] auf uns alle, sind doch nur wenige unter uns, die auch nur das Wort ›deutsch‹ auszusprechen vermöchten, ohne dass dabei ein merkwürdiger Gefühlston mitschwingen würde« (Bauer 1975–1979, Bd. 1 [1975], S. 69). Bauer argumentiert aber nicht nur ganz konventionell mit der angeblichen Höherwertigkeit der deutschen Kultur, sondern aktiviert auch seine Abneigung gegenüber italienischen Frauen und die Sehnsucht nach den »blonden Schönen der Heimat« (ebd., S. 200). Dieser zeittypische Deutschnationalismus hatte immerhin insofern eine marxistische Komponente, als Bauer in einer »großdeutschen Lösung« dem Klassenkampf bessere Chancen gab – das ist die Fortsetzung des »Traums vom Roten Deutschland« von 1848. In seiner Funktion als Außenminister sah er im Anschluss sein primäres Ziel; nach dem Scheitern dieses Vorhabens trat er zurück. Österreichs Anschluss an Deutschland blieb bis nach der Machtergreifung Hitlers 1933 im Parteiprogramm der Sozialdemokratie verankert, und nach der Annexion Österreichs forderte Bauer seine Anhänger auf, sich dem Ereignis gegenüber »nicht reaktionär (zu) verhalten, sondern nur revolutionär. [...] Die Zukunft der deutschen Arbeiterklasse ist die Zukunft der deutschen Revolution.« (Bauer [Pseud. Heinrich Weber] 1938, S. 842)

Bauers Buch über *Die Nationalitätenfrage und die Sozialdemokratie* (Wien 1907), das er als 26-Jähriger verfasst hatte, gilt – trotz gewisser zeitgebundener Teile – wegen der in ihm gebotenen Zusammenschau von politischer Macht, Ökonomie, Kultur und kollektiver Psychologie als eine Meisterleistung. Die Idee von der Nation als »Schicksalsgemeinschaft«, die sich allmählich in eine »Charaktergemeinschaft« verwandelt, inspirierte u.a. Karl W. Deutschs Konzept von der Nation als Kommunikationsgemeinschaft (Deutsch 1972). Mit der für die niedergehende Monarchie so zentralen »nationalen Frage« rückt freilich auch ein Spannungsfeld zwischen Otto Bauer und Karl Renner in den Blick. Max Adler beteiligte sich an dieser Debatte nicht – der »Gemeinschaftsbegriff« Nation konnte sich für ihn in einer Klassengesellschaft, in der es zudem unterschiedliche Zugänge zur Kultur gab, nicht realisieren; der Niedergang Österreichs und die Debatten um den Anschluss ließen ihn überhaupt seltsam unberührt. Ganz anders verhielt es sich mit Renner, der bis 1918 energisch für den Fortbestand der von manchen als »Völkerkerker« erlebten Donaumonarchie plädierte und gegen die »großdeutsche« Lösung auftrat (Renner 1910a). Er stellte die Frage, »da diese Nationen einmal beisammen sein *müssen, unter welcher Rechtsform können sie dies relativ am besten*?« (ebd., S. 11) und plädierte bereits 1899 in der Schrift *Staat und Nation* für die Konstituierung der Nationen als Rechtspersönlichkeiten. Das meinte den Verzicht auf das rückschrittliche Territorialprinzip zugunsten einer persönlichen Entscheidung für eine als Rechtsträger gedachte Nation, der beispielsweise das Recht zustand, den Gesamtstaat zu klagen. In der 1902 veröffentlichen Schrift *Der Kampf der österreichischen Nationen um den Staat* wurde dieses Prinzip mit der Forderung nach einer konsequenten Demokratisierung verknüpft. Das Bemühen um den Erhalt der Donaumonarchie machte Renner zum prominentesten Vertreter des »Kriegssozialismus« (Renner 1918). Die Aufsätze in den drei Bänden über *Österreichs Erneuerung* (Renner 1916/17) zeugen von seinem Bemühen um die Rettung einer reformierten Monarchie. Nach 1918 schloss er sich den Befürwortern des Anschlusses an (Renner 1929).

Der Hauptunterschied zwischen Renner und Bauer liegt wohl in deren jeweiliger Haltung zur Demokratie, die nur Renner bedingungslos bejahte. Er setzte freilich eine allmähliche Wandlung des politischen Systems durch den Industrialismus voraus, der den der Sozialdemokratie zuneigenden Schichten die Mehrheit verschaffen würde; damit einher gingen, wie er meinte, auch die Ablehnung des marxistischen »Revolutionarismus« und die Idee einer Verrechtlichung des Klassenkampfes. Zudem forcierte Renner in Theorie und Praxis wirtschaftliche Aktivitäten der Sozialdemokratie wie etwa landwirtschaftliche Genossenschaften, den Konsumverein und die Arbeiterbank (Renner 1910b, 1926). Die Arbeiterbewegung ruhte nach seinem Verständnis auf drei Säulen: der Partei, dem Gewerkschaftsbund und den Genossenschaften. Die dahinter stehende Emanzipationsidee ersetzte die Hoffnung auf den schicksalshaften Tag der erfolgreichen Revolution durch jene auf eine allmähliche Zunahme von Kompetenz, Verantwortung und Eigeninitiative der Arbeiter und ihre Verwandlung in selbstbewusste Manager der eigenen Angelegenheiten. Renner glaubte an die Möglichkeit einer Transformation des Staates zu einem Instrument der »versöhnenden Aussprache aller gegen alle, des fortwährenden Kompromiss[es] aller Interessen nach ihrer realen Macht in der Bevölkerung« (Renner 1901, S. 7). Als »aufsteigende Klasse« müsste die Arbeiterklasse ihre Reife durch größere Staatsnähe zeigen – ein Gedanke, gegen den Max Adler auf der Basis eines konventionellen Marxismus polemisierte, denn für ihn war der Staat »in allen seinen Poren durchdrungen vom Klassengegensatz« (Max Adler 1919, S. 68). Bemerkenswert ist, dass Adler trotz seines Insistierens auf dem Empiriebezug des von ihm gedeuteten Materialismus in der Konfrontation mit dem argumentativ zahlreiche Fakten ins Spiel bringenden Renner, aber auch in anderen Zusammenhängen, die Empirie einfach durch die Exegese der Schriften der Klassiker ersetzte.

Zu ihrer Zeit hatten die drei Theoretiker Adler, Bauer und Renner ein unterschiedliches Publikum. Am Parteitag 1917 wurde versucht, Max Adler mit dem Hinweis darauf, dass er ein Philosoph sei, politisch zu neutralisieren. Victor Adler warf ihm Dünkelhaftigkeit vor (Pfabigan 1982, S. 138) und nannte ihn später einen verabscheuungswürdigen »Hofprediger des Marxismus« (Victor Adler 1954, S. 654). Aber gerade sein gelegentlich weltfremdes Pathos verlieh Max Adler – vor allem in seiner späten linkssozialistischen Periode, während der er im Kriegszustand mit der Parteiführung war – offensichtlich eine gewisse Aura. Sein philosophisches Werk, vor allem das von ihm entdeckte »Sozialapriori«, fand dennoch keine Fortsetzung. Otto Bauer war als Theoretiker wie auch als informeller Parteiführer eine Zelebrität, auf die man auch in der Zweiten Sozialistischen Internationale hörte. Der politische Schwenk nicht nur der österreichischen Sozialdemokratie nach 1945 hat ihn über 20 Jahre in die Vergessenheit gedrängt; erst im Zuge der Renaissance linker Positionen und Analysen hat er in der Studentenbewegung und im Eurokommunismus wieder Aufmerksamkeit gefunden – so bleibt er eine historische Figur, doch kaum jemand »arbeitet« noch mit seinen Texten. Die meistkritisierte Figur des Trios, der »dicke Renner« (ebd.), von Friedrich Adler als »Opportunist« und »Lueger der Sozialdemokratie« gebrandmarkt (Nasko 2016, S. 86f.), hat nicht nur überlebt und zweimal eine Führungsposition in der Republik eingenommen, sondern es sind auch zahlreiche seiner Ideen so selbstverständlich geworden, dass sie ihrem Urheber heute gar nicht mehr zugerechnet werden.

Adler, Friedrich (1918): *Ernst Machs Überwindung des mechanischen Materialismus*, Wien: Brand.

Adler, Max (1906): Max Stirner und der moderne Sozialismus. In: *Arbeiter-Zeitung* (Wien), 25./26.10.1906.

– (1907): Katholizismus und Religion. In: *Arbeiter-Zeitung* (Wien), 1.12.1907.

– (1910): Marxismus und Materialismus. In: *Der Kampf* 3.

– (1914): *Wegweiser. Studien zur Geistesgeschichte des Sozialismus*, Stuttgart: Dietz.

– (1915): Über den kritischen Begriff der Religion. In: *Festschrift für Wilhelm Jerusalem zu seinem 60. Geburtstag. Von Freunden, Verehrern und Schülern*, Wien/Leipzig: Wilhelm Braumüller.

– (1919): *Klassenkampf gegen Völkerkampf. Marxistische Betrachtungen zum Weltkrieg*, München: Musarion.

– (1921): Religion und Kirche. In: *Arbeiter-Zeitung* (Wien), 21.4.1921.

– (1922): *Die Staatsauffassung des Marxismus. Ein Beitrag zur Unterscheidung von soziologischer und juristischer Methode* (= Marx-Studien, Bd. 4.2), Wien: Wiener Volksbuchhandlung.

– (1925): *Kant und der Marxismus*, Berlin: Laub-Verlag.

– (1972): *Marx und Engels als Denker*, Frankfurt: Makol-Verlag.

– (1974): *Marxistische Probleme*, 6. Aufl., Berlin/Bonn/Bad Godesberg: Verlag Neue Gesellschaft.

Adler, Victor (1922–1929): *Aufsätze, Reden und Briefe*, 11 Bde., Wien: Verlag der Wiener Volksbuchhandlung.
– (1925): Die Lage der Ziegelarbeiter [1888]. In: Ders., *Aufsätze, Reden und Briefe*, Bd. 4., Wien: Verlag der Wiener Volksbuchhandlung, S. 11–35.
– (1954): *Briefwechsel mit August Bebel und Karl Kautsky, sowie Briefe von und an Ignaz Auer, Eduard Bernstein, Adolf Braun, Heinrich Dietz, Friedrich Ebert, Wilhelm Liebknecht, Hermann Müller und Paul Singer. Gesammelt und erläutert von Friedrich Adler*, hrsg. vom Parteivorstand der Sozialistischen Partei Österreichs, Wien: Wiener Volksbuchhandlung.
Albers, Detlev et al. (Hgg.) (1979): *Otto Bauer und der »dritte« Weg. Die Wiederentdeckung des Austromarxismus durch Linkssozialisten und Eurokommunisten*, Frankfurt a.M.: Campus.
Bauer, Otto (1975–1979): *Werkausgabe*, 9 Bde., Wien: Europa-Verlag.
– (1907): *Die Nationalitätenfrage und die Sozialdemokratie*, Wien: Wiener Volksbuchhandlung Ignaz Brand. Neu aufgelegt als Bd. 1 der *Werkausgabe*, Wien: Europa-Verlag 1975.
– [Pseud. Heinrich Weber] (1938): Österreichs Ende. In: Ders., *Werkausgabe*, Bd. 9, Wien: Europa-Verlag 1979, S. 837–842.
Bernstein, Eduard (1899): *Die Voraussetzungen des Sozialismus und die Aufgaben der Sozialdemokratie*, Stuttgart: J. H. W. Dietz.
Boudin, Louis B. (1909): *Das theoretische System von Karl Marx. Aus dem Englischen übersetzt von Luise Kautsky*, Stuttgart: J. H. W. Dietz Nachfahren.
Danneberg, Robert (1911): *Das sozialdemokratische Programm. Eine gemeinverständliche Erläuterung seiner Grundsätze*, 6. Aufl., Wien: Verlag der Wiener Volksbuchhandlung.
Deutsch, Karl W. (1972): *Nationenbildung – Nationalstaat – Integration*, Düsseldorf: Bertelsmann Universitätsverlag.
Eckstein, Gustav (1910): *Leitfaden zum Studium der Geschichte des Sozialismus. Von Thomas Morus bis zur Auflösung der Internationale*, Berlin: Verlag Paul Singer.
– (1917): *Die deutsche Sozialdemokratie während des Weltkrieges*, Zürich: Buchdruckerei des Schweizerischen Grütlivereins.
– (1918): *Der Marxismus in der Praxis*, Wien: Verlag der Wiener Volksbuchhandlung.
– (1920): *Kapitalismus und Sozialismus*, Wien: Verlag der Wiener Volksbuchhandlung.
Engels, Friedrich (1894): *Herrn Eugen Dührings Umwälzung der Wissenschaft*, Stuttgart: Dietz.
Grünberg, Carl (1897): *Sozialismus, Kommunismus, Anarchismus. Sonderabdruck aus dem Wörterbuch der Volkswirtschaftslehre*, Jena: Gustav Fischer.
– (1920): *Die Bauernbefreiung und die Aufhebung der gutsherrlich-bäuerlichen Verhältnisse in Böhmen, Mähren und Schlesien*, 2 Bde., Leipzig: Duncker & Humblot.
Hunt, Tristram (2012): *Friedrich Engels. Der Mann, der den Marxismus erfand*, Berlin: Propyläen-Verlag.
Kautsky, Karl (1973): *Ethik und materialistische Geschichtsauffassung*, Bonn/Bad Godesberg: Dietz-Verlag.
Lenin, Wladimir I. (1989): *Materialismus und Empiriokritizismus. Kritische Bemerkungen über eine reaktionäre Philosophie* [1909], 19. Aufl., Berlin: Dietz-Verlag.
Leser, Norbert (1968): *Zwischen Reformismus und Bolschewismus. Der Austromarxismus als Theorie und Praxis*, Wien/Frankfurt/Zürich: Europa-Verlag.
Marx, Karl/Friedrich Engels (1960–1968): *Werke* (= MEW), hrsg. vom Institut für Marxismus-Leninismus beim ZK der SED, Berlin: Dietz.

Nasko, Siegfried (2016): *Karl Renner. Zu Unrecht umstritten? Eine Wahrheitssuche*, Salzburg/Wien: Residenz Verlag.
Pfabigan, Alfred (1982) *Max Adler. Eine politische Biographie*, Frankfurt: Campus.
Renner, Karl [Pseud. Synopticus] (1899): *Staat und Nation*, Wien: Dietl.
– [Pseud. Rudolf Springer] (1901): *Staat und Parlament. Kritische Studie über die österreichische Frage und das System der Interessenvertretung*, Wien: Brand.
– [Pseud. Rudolf Springer] (1902): *Der Kampf der österreichischen Nationen um den Staat*, Leipzig/Wien: Deuticke.
– (1910a): *Der deutsche Arbeiter und der Nationalismus. Untersuchungen über Größe und Macht der deutschen Nation in Österreich und das Nationale Programm der Sozialdemokratie*, Wien: Brand.
– (1910b): *Landwirtschaftliche Genossenschaften und Konsumvereine*, Wien: Brand.
– (1916/17): *Österreichs Erneuerung. Politisch-programmatische Aufsätze*, 3 Bde., Wien: Brand.
– (1918): *Marxismus, Krieg und Internationale* [1917], 2. Aufl., Stuttgart: Dietz-Verlag.
– (1926): *Die Wirtschaftsfragen der Gegenwart. Referat, gehalten auf der 7. Hauptversammlung des Bundes der Bank- u. Sparkassengehilfen in der Republik Österreich am 21. März 1926*, Wien: Bund der Bank- u. Sparkassengehilfen in der Republik Österreich.
– (1929): Für den Anschluss Deutsch-Österreichs. In: *Der Weg zum Einheitsstaat. Gutachten der Kommission zur Frage der der Vereinheitlichung des Reiches*, hrsg. vom Vorstand der Sozialdemokratischen Partei Deutschlands, Berlin: Vorwärts.
– (1933): *Die Dreieinheit der Arbeiterbewegung*, Wien: Genossenschaftlicher Beirat der Arbeiterräte.
Winter, Max (1904): *Im dunkelsten Wien*, Wien/Leipzig: Wiener Verlag.

Weiterführende Literatur

Glaser, Ernst (1981): *Im Umfeld des Austromarxismus*, Wien: Europa-Verlag.
Mozetič, Gerald (Hg.) (1983): *Austromarxistische Positionen*, Wien: Böhlau-Verlag.

Alfred Pfabigan

III. Ethischer Sozialismus

Sozialethik und Sozialismus

Die Soziologie in Österreich erhielt durch eine Reihe von sozialethisch und sozialistisch orientierten Sozialwissenschaftlern starke Impulse, die eine große Bandbreite des sozial engagierten Denkens repräsentierten. Auch der Sozialismus wies damals eine Vielzahl von Strömungen auf und war nicht auf den Marxismus bzw. eine einheitliche Parteiideologie beschränkt. So versuchte etwa Anton Menger (1841–1906), der Bruder des Nationalökonomen Carl Menger, einen Sozialismus auf rechtstheoretischer Basis zu begründen. Er trat für Sozialreformen zugunsten der »besitzlosen Volksklassen« ein und verfasste auch eine *Neue Sittenlehre* (Menger 1886, 1890, 1905). Menger dürfte den Kunstphilosophen und Volksbildner Emil Reich (1864–1940) beeinflusst haben, was auch der Titel von dessen Werk *Die bürgerliche Kunst und die besitzlosen Volksklassen* (Reich 1892) zum Ausdruck bringt. Reich kritisierte die Kunst, die sich in ihrer »bürgerlichen« Gestalt dem arbeitenden Volk vorgeblich unter dem Vorwand entzog, ein bildungsbedingtes Kunstverständnis vorauszusetzen. Tatsächlich seien es aber ökonomische Gründe und die Lebensumstände der arbeitenden Menschen, die diese von der Kunst fernhielten. Man dürfe, so meinte Reich, die Massen nicht länger als kulturlos sehen, sondern müsse ihnen die Möglichkeiten zum Kunstgenuss und zum Kunstschaffen bieten und ihre Entwicklung in kultureller und bildungsmäßiger Hinsicht fördern. Dies dürfe jedoch nicht in der Weise erfolgen, dass ihre Kraft zum Widerstand gegen soziale Missstände schwinde. Er hob in diesem Zusammenhang die »soziale Kunst« hervor, die sich neben der bürgerlichen Kunst als eine streitbare Kunst entwickelt hätte, und die auch Ausdruck des Kampfes um das Recht der Arbeiter auf Muße und Kunstgenuss sei. Emil Reich engagierte sich daher – meist zusammen mit Ludo Moritz Hartmann – besonders in der Volksbildung.

Reich meinte, die Loslösung der Ethik aus der Ökonomie finde ihre Entsprechung in der Trennung von Kunst und Moral. Für Reich war Kunst ein Instrument der Moral und damit auf die Gemeinschaft bezogen, in der sie das Gefühl für die Einheit der Menschheit und deren Vervollkommnung fördere, auf die Auguste Comte mit seiner positiven Philosophie hingewiesen habe (Reich 1901, S. 104f.). Er kritisierte, dass das Postulat der Freiheit der Kunst von der Moral im 19. Jahrhundert zu einer Einstellung geführt habe, wonach Kunst im Sinne von »l'art pour l'art« als Selbstzweck aufgefasst wurde. Kunst dürfe sich jedoch nicht aus dem Lebenszusammenhang der Menschen entfernen. Vielmehr sei sie für die Menschen da, weshalb Reich für eine Demokratisierung der Kunst analog zur Demokratisierung des öffentlichen Lebens plädierte. Die Kunst sei immer auch Ausdruck der Gesellschaftsordnung und wandle sich mit dieser; gleichzeitig aber müsse sie auch alle Auffassungen zulassen – darin erblickte er die Moral der Kunst.

Erst 1935 fühlte sich Reich veranlasst, seine Vorlesungen aus den 1890er Jahren zu veröffentlichen; er wandte sich mit dieser Publikation vor allem an ein nicht-akademisches Publikum. Dem Band gab er den Titel *Gemeinschaftsethik*, was seine anti-individualistische Auffassung zum Ausdruck bringen sollte (Reich 1935). Ursprünglich hatte er von dieser als »Universalismus« gesprochen, änderte diese Bezeichnung jedoch, nachdem der Begriff von Othmar Spann benutzt wurde. In Reichs Begriff einer Gemeinschaftsethik manifestierte sich auch seine Auffassung von Sozialismus, den er in einem weiten, nicht an Marx orientierten Sinn verstand.

Dem Sozialismus und der von ihm »verordneten Ethik« gegenüber war der Professor für Philosophie und Geschichte der Ethik in Wien, Friedrich Jodl (1849–1914), kritisch eingestellt. Gleichwohl trat Jodl für die Verbesserung der sozialen Verhältnisse durch Staat, Volksbildung und eine von der Religion unabhängige Ethik ein. Der Ethik maß er gerade im Wirtschaftsleben große Bedeutung zu; unter diesem Aspekt setzte er sich daher in Vorlesungen und in der Schrift *Volkswirtschaftslehre und Ethik* (Jodl 1885) mit der Ökonomie seiner Zeit auseinander. Er kritisierte die scharfe Abgrenzung der Ökonomie von der Ethik, die nach Adam Smith erfolgt sei. Gerade die Wirtschaft sei ein Bereich, der in besonderem Maße durch den Willen der Menschen bestimmt sei und daher nicht ohne Ethik auskommen könne. Auch und gerade in der Volkswirtschaftslehre sei mit dem Erklären der Zusammenhänge einer sozialen Erscheinung nicht schon deren Rechtfertigung gegeben. Volkwirtschaftslehre und Ethik müssen nach Jodls Meinung wieder zusammengeführt werden, damit die wirtschaftlichen Verhältnisse nicht mehr so eklatant jeder Moral widersprechen. Er bezog sich dabei auf die große Ungleichheit der Lebenslagen und meinte, dass die Sicherung des Existenzminimums nicht dem guten Willen von Kirchen oder der staatlichen Armenpflege überlassen werden dürfe, sondern als Recht einzufordern sei. Darin ähnelt seine Auffassung der vieler sozialistischer Sozialreformer. Aber Jodl lehnte den Sozialismus genauso ab wie den Manchester-Liberalismus, da er meinte, dass in jenem aufgrund zentraler Regelungen bzw. einer »verordneten Ethik« dem Individuum kein Raum für eigenes ethisches Handeln bliebe. Zugleich war er sich bewusst, dass weder die Ökonomie noch die Ethik imstande sind, Gerechtigkeit zu bestimmen; dies müsse vielmehr der sich stetig bemühenden Staats- und Lebenskunst überlassen bleiben (ebd., S. 35), deren oberstes ethisches Prinzip freilich immer Kants Postulat sein müsse, wonach die Menschen stets als Zweck, nie als bloßes Mittel zu behandeln seien.

Der Staat müsse, so meinte Jodl, die Mannigfaltigkeit der Lebenslagen und Vorstellungen der Menschen berücksichtigen und zu einer »immer vielseitigeren Ausgleichung« der Gegensätze von Individualismus und Kollektivismus gelangen (ebd., S. 24). Er trat für »soziale Technik« durch Sozialgesetzgebung und für die »sittenbildende und pädagogische Wirkung« des Staates ein. In diesem Sinne müsse auch auf die Reichen und

Mächtigen, die Einfluss auf die Gesetzgebung haben, pädagogisch eingewirkt werden, sodass Ungleichheit nicht als wünschenswert angesehen wird. Aber ebenso müsse die Einsicht der Massen in die wirtschaftlichen Zusammenhänge gefördert werden, damit sie ihre eigenen Interessen erkennen und ökonomische Abläufe gesteuert werden können. Der Volksbildung maß Jodl daher große Bedeutung zu, und er trat für eine Sozialwissenschaft ein, die Einsicht und theoretisches Wissen vermitteln, aber auch die praktischen Grundlagen für die Gestaltung und die Verbesserung der realen Lebensverhältnisse bereitstellen solle.

Viele der sich auf Soziologie, Sozialreform und Sozialismus berufenden Denker waren in besonderer Weise von jener oft als »spezifisch österreichisch« charakterisierten Philosophietradition beeinflusst, die sich von Leibniz und dessen Rezeption durch Bernard Bolzano herleitete und eine »exakte« Ethik auf wissenschaftlicher Basis anstrebte. Großen intellektuellen Einfluss auf eine ganze Reihe von Wissenschaften und auch auf die Öffentlichkeit hatte vor allem der Physiker und Philosoph Ernst Mach, dessen Wirken im Zeichen einer naturwissenschaftlich-monistischen Auffassung von Wissenschaft und einer Methode, die auf Logik und empirischer Forschung gründete, stand und auf die aktive Veränderung der Welt durch die Wissenschaft bzw. wissenschaftlich fundierte Sozialpolitik und Volksbildung abzielte. Dieser Auffassung standen auch viele Mitglieder der Soziologischen Gesellschaft in Wien nahe, unter ihnen Rudolf Goldscheid (1870–1931), der eigentliche Initiator und Gründer dieser Gesellschaft, aber auch der Deutschen Gesellschaft für Soziologie. In der Wiener Soziologischen Gesellschaft waren viele der sozialethisch und sozialistisch gesinnten Wissenschaftler, aber auch Vertreter des liberalen und sogar des konservativen Lagers versammelt: Neben Goldscheid vor allem der austromarxistische Philosoph Max Adler, der Philosoph Wilhelm Jerusalem, der Historiker Ludo Moritz Hartmann, die Rechtswissenschaftler Karl Renner, Josef Redlich und Hans Kelsen, der Sozialpolitiker Michael Hainisch, und viele andere, darunter zeitweise auch Othmar Spann. Die Mitglieder repräsentierten mithin eine breite Palette von Orientierungen vom Marxismus über den Gildensozialismus bis zu liberalen Standpunkten. Diese Offenheit für verschiedene Strömungen entsprach der Haltung Rudolf Goldscheids, den man vielleicht als ethischen Sozialisten bezeichnen kann, der aber jede Idee und jede Bewegung, die aus seiner Sicht die Menschheit weiterbringen könnte, begrüßte. Insbesondere die Soziologie erschien ihm dabei wichtig zu sein.

In wissenschaftlicher Hinsicht lehnte Goldscheid die Trennung in Geistes- und Naturwissenschaften ab und bekannte sich zu einem naturwissenschaftlich-monistischen Wissenschaftsverständnis und explizit zu einem »physikalischen Weltbild in seiner erkenntnistheoretischen Bedingtheit« (Goldscheid 1911, S. 7). Damit entsprach er der von Mach beeinflussten Wissenschaftstheorie, er bekannte sich aber auch zum Einfluss von Ernst Haeckel und Wilhelm Ostwald. Goldscheid wies darauf hin, dass Wissenschaft notwendig von einer anthropozentrischen Perspektive ausgehen müsse. Die naturwissenschaftlichen Erkenntnisse bilden nach seinem Verständnis die Grundlage für die Sozialwissenschaften, die aber das kausale Wirken der Natur in teleologisches Geschehen umdeuten müssen, was eine Bewertung gemäß den menschlichen Zwecksetzungen erfordert. Daher müssen Ethik und Sozialwissenschaft eine Synthese eingehen, was bedeute, dass eine »reine« Wissenschaft, die sich auf ihre Objektivität und Wissenschaftlichkeit als Selbstzweck zurückzieht, nicht möglich ist bzw. nur mit dem Effekt, wenn nicht sogar zum Zweck der Legitimation und Aufrechterhaltung der bestehenden Gesellschaftsverhältnisse betrieben werden kann. Theorie und Praxis gehörten für Goldscheid zusammen, denn Wissenschaft müsse auf Ziele hin gerichtet sein; folglich forderte er eine »scientia militans« in Analogie zur »ecclesia militans« (Goldscheid 1905). Wissenschaft müsse zu Handlungen führen und die Ethik zur Soziologie werden. Für Goldscheid verband sich mit dem Begriff »Soziologie« also eine aktionistische Perspektive, die er sonst in der Soziologie seiner Zeit vermisste. Da die Gestaltung der Wirklichkeit im Sinne der Ethik letztlich das allgemeine Ziel aller Wissenschaft sei, wird für ihn die ethisierte Soziologie zur Grundlage der Sozialwissenschaften (und in weiterer Folge der Politik). Von den Intellektuellen forderte er dementsprechend einen »Wissenswillen« ein, um ihre Aufgabe in der Welt wahrzunehmen, aber Wissenschaft dürfe keine rein akademische Angelegenheit sein. Ihre Aufgabe erfordere die Teilhabe aller Menschen am Wissen, damit es zu einer aktiven Veränderung der Gesellschaft kommen kann. Auch Goldscheid maß daher der Volksbildung große Bedeutung bei und engagierte sich in zahlreichen einschlägigen Initiativen.

In seinem ersten sozialphilosophisch orientierten Werk, der *Ethik des Gesamtwillens* (Goldscheid 1902), verfolgte Goldscheid das Anliegen einer positiven Kritik des Staates auf der Grundlage einer exakten Ethik. Er verwarf wie Mach metaphysische, theologisch-dogmatische Erklärungen und suchte die Wissenschaft auf einer Erkenntnis-, Willens- und Werttheorie aufzubauen. Deren Grundlage bildete die naturwissenschaftliche Psychologie von Johann Friedrich Herbart, Ernst Mach, Wilhelm Wundt und William James, wobei insbesondere der Willenspsychologie große Bedeutung zukam. Gegen utilitaristisch-hedonistische Auffassungen gerichtet betonte Goldscheid, dass die subjektive Luststeigerung nicht schon als Wert und Ziel an sich angesehen werden könne. Dennoch müsse eben auf Basis dieser hedonistischen Anlage des Menschen, entsprechend Wilhelm Jerusalems Auffassung von der im Zivilisationsprozess erkennbaren Intellektualisierung, eine intellektualistische Ethik aufgebaut werden, deren oberstes Prinzip die menschliche Gerechtigkeit sei. Dabei verwies Goldscheid auch auf die Existenz einer Mitleidsmoral, und er formulierte das Bentham'sche Prinzip des größten Glücks der größten Zahl um in das Prinzip des »geringsten Leids der geringsten [sic!] Zahl«. Darin manifestiert sich – sieht man von der irreführenden Negation des Bentham'schen Prinzips ab – seine persönliche Skepsis gegenüber der Durchsetzung von Gerechtigkeit als Selbstzweck ohne Berücksichtigung des Leides, das gerade dadurch verursacht werden kann. Die Moral sei, wie sich im Verlauf der Geschichte gezeigt habe, immer eine doppelte gewesen, eine Gewaltmoral und eine Mitleidsmoral.

Der Doppelseitigkeit aller Bewertung kommt für Goldscheids Denken eine grundlegende Bedeutung zu, da sie es ihm erlaubte, zugleich kritisch und positiv zu argumentieren. In dieser Weise ging er auch bei seiner Unterscheidung zwischen »Ich-Moral« und »Nicht-Ich-Moral« vor. Die Ich-Moral stößt durch Erziehung und Erfahrung an Grenzen, die durch die Mächte des Gegebenen bestimmt sind und dem Individuum eine Nicht-Ich-Moral aufzwingen, die ihm als »Gewissen« bewusst wird. Goldscheid nannte dies das heteronome Gewissen, dem er ein autonomes Gewissen entgegensetzte, das sich in einem Prozess der Selbstwerdung, wie ihn William James als Dialog von Ich und Nicht-Ich beschrieb, herausbildet.

Eine Ethik, die auf dem autonomen Gewissen beruht, muss nach Goldscheids Überzeugung aber auch naturwissenschaftliche Erkenntnisse berücksichtigen. Die biologische Evolutionstheorie erlaube es, so meinte er, das Handeln des Individuums mit dem der gesamten Gattung zu verknüpfen und die Bedingungen der Höherentwicklung der Individuen wie der Menschheit durch die wissenschaftliche Erforschung der evolutionären Entwicklung zu erkennen. Die Ethik könne sich daher nicht darauf beschränken, die Menschen zu subjektiv ethischem Handeln anzuleiten, vielmehr gehe es darum, ethisch im Dienste der Entwicklung der Gattung zu handeln. Gleichwohl war für Goldscheid das Individuum der Ausgangspunkt und das Ziel der Ethik, denn letztlich bedeute Höherentwicklung der Gesellschaft die Entfaltung der Potentiale aller einzelnen Menschen. Daher gebe es keinen Primat von Gesellschaft einerseits oder Individuum andererseits. Gesellschaftliche Institutionen entstehen und verändern sich im Zuge der Wechselwirkung zwischen Individuen und Gesellschaft durch die Internalisierung gesellschaftlicher Werte und die Individuation im Sinn des autonomen Gewissens. Sie sind historisch gewordene Gegebenheiten, die sich im Wandel der gesellschaftlichen Verhältnisse und der unterschiedlichen Zwecksetzungen verändern, aber auf der Grundlage der wissenschaftlichen Erkenntnisse und der ethischen Bewertung durch die Aktivierung des Willens im Sinne sozialer Gerechtigkeit verändert werden müssen.

Den Staat sah Goldscheid einerseits als Herrschafts- und Zwangsverband an, der durch die Interessen und Machtziele der Herrschenden bestimmt ist, andererseits als die höchste Ausformung menschlicher Vergesellschaftung. Er sei daher so zu gestalten, dass das Prinzip der Achtung der Menschenwürde und -rechte des Individuums zur Grundlage seiner institutionellen, auf Gerechtigkeit gegründeten Autorität wird. Goldscheid verwies auf einen seiner ethischen Auffassung entsprechenden zukünftigen Staat, aber eigentlich war für ihn die Menschheit Bezugspunkt aller Ethik, seine Haltung daher kosmopolitisch und pazifistisch auf die Entwicklung einer globalen Staatenordnung und einer »Weltkultur« auf der Basis der Menschenrechte gerichtet. Der Sozialismus konnte in Goldscheids Sicht nur als internationaler Solidarismus zur Verwirklichung gelangen; allerdings sah er geradezu prophetisch voraus, dass der stärker werdende Sozialismus zunächst keine Internationalisierung, sondern ein Emporschießen des Nationalismus bewirken würde.

Goldscheids Werk *Höherentwicklung und Menschenökonomie* aus dem Jahr 1911 war ursprünglich als erster Teil eines mehrbändigen Gesamtwerks geplant und sollte als Ziel die »Naturwissenschaftliche und werttheoretische Grundlegung der Soziologie« haben, doch wurde der Untertitel dann in *Grundlegung der Sozialbiologie* geändert. Die Sozialbiologie sollte die Grundlage für eine neue Ökonomie darstellen, die er »Menschenökonomie« nannte und die eigentlich erst in den nicht mehr realisierten Folgebänden näher ausgeführt hätte werden sollen. Sie sollte die herkömmliche Güterökonomie ergänzen bzw. diese auf die eigentlichen Ziele der Wirtschaft, nämlich die »Höherentwicklung« der Menschheit, verweisen, und sollte daher auch »Entwicklungsökonomie« sein (Goldscheid 1908).

Mit dem Begriff »Höherentwicklung« schloss Goldscheid an Darwin und die Evolutionstheorie an. Er betonte die Vererbung erworbener Eigenschaften, wie sie sein Freund Paul Kammerer vertrat, und damit die »aktive Anpassung« und Veränderung der Natur durch menschliches Handeln. Goldscheids Ziel war die Entwicklung einer anthropozentrischen Theorie der soziokulturellen Evolution auf werttheoretischen und willenstheoretischen Grundlagen und einer »Menschen- und Entwicklungsökonomie«, welche die existierende Wirtschaftsweise ersetzen und Grundlage für eine »soziale Biotechnik« sein sollte. Goldscheid trat jedoch vehement gegen die selektionistische Eugenik auf und hielt dieser eine politische Anthropologie, die sich der Verbesserung der Lebens- und Arbeitsbedingungen der Individuen, und insbesondere der Frauenfrage, widmen sollte, entgegen.

Die menschliche Evolution verläuft, wie Goldscheid meinte, in einem biologische und kulturelle Bedingungen verbindenden systemischen Prozess. Er berief sich auf das Erhaltungsgesetz der Thermodynamik und ergänzte dieses durch ein Regulationsprinzip. Die soziale Entwicklung zeige besonders deutlich, dass der Differenzierung der Funktionen immer ein gegenläufiger Prozess der »Zentralisierung« durch die Schaffung sozialer Regulationsmechanismen entsprechen muss. Allerdings hänge das gesellschaftliche Regulationsvermögen von der Kulturentwicklung und der Teilhabe aller Menschen am Wissen als Grundlage der Mitgestaltung der Zukunft ab. Bildung spielte daher in seinem Denken eine große Rolle, und er setzte sich im Rahmen der Volksbildung auch besonders für die Verbreitung wissenschaftlicher Erkenntnisse ein.

Neben den Erfordernissen der Systemerhaltung und -regulation war der Begriff der (Entwicklungs-)Richtung für Goldscheid besonders wichtig, denn dieser verweise auf die teleologische Transformation der kausalen Wirkmechanismen in menschliche Zwecksetzungen und diene der Sozialwissenschaft als ein heuristisches Prinzip. In seiner Zeit schien die Richtung durch die Entwicklung zum Sozialismus bestimmt. In Goldscheids Verständnis des Sozialismus dominieren revisionistische Vorstellungen, im Besonderen lehnte er die Marx'sche Sicht der Verelendung als Voraussetzung für die revolutionäre Veränderung der Gesellschaft ab und meinte, dass das Leid einer Generation nicht um der Zukunftsvision einer klassenlosen Gesellschaft willen hingenommen werden dürfe.

In der Schrift *Verelendungs- oder Meliorationstheorie* (Goldscheid 1906) kritisierte er daher die Annahmen von Marx hinsichtlich des Zusammenbruchs des Kapitalismus und ersetzte dessen Theorie der Verelendung durch die Perspektive der sozialen Verbesserung durch den aktiven Kampf der Arbeiterklasse – bei gleichzeitiger weiterer Entwicklung der Wirtschaftskraft des Kapitalismus. Der Kampf sei im Sinne der Abwägung, wieviel Leid durch den Kampf geschaffen und wieviel durch ihn verhindert oder reduziert werde, zu führen. Was Goldscheid unter Klassenkampf verstand, war ein ständiges und sich dynamisch weiter entwickelndes Spannungsverhältnis von Macht und Gegenmacht, das er als »Gesetz der soziologischen Welle« (ebd., S. 15) bezeichnete.

Von der Kritik am vorherrschenden Wirtschaftsverständnis ausgehend, das den Menschen nur als Kosten- oder als Nachfragefaktor sehe, meinte Goldscheid – darin Immanuel Kant und Friedrich Jodl folgend –, dass auch in der Wirtschaft der Mensch nicht nur als Mittel, sondern immer zugleich als eigentliches Ziel anzusehen sei. Als Mittel stelle er eine Ressource dar, mit der »wirtschaftlich«, also sparsam und schonend, aber auch fördernd umgegangen werden müsse. Goldscheid verwies auf die Einflüsse, die er von der Psychotechnik, von Wilhelm Wundts und Hugo Münsterbergs Forschungen, sowie von Frederick Taylors wissenschaftlicher Betriebsführung erhalten hatte. Er forderte eine Sozialökonomie, die ökonomische Bedingungen und soziale Ziele vereinen sollte, solcherart auch Ökonomie und Soziologie verbindend. Nicht kurzfristige Gewinnziele, sondern die Förderung der Menschen müsse als ihre Aufgabe betrachtet werden. Das bedinge auch eine Änderung der Politik auf der Grundlage naturwissenschaftlich, werttheoretisch und soziologisch begründeter Sozialpolitik, Sozialhygiene, und Sozialversicherung. Goldscheids Variante des Sozialismus zielte auf die »Sozialpolitisierung« des Staates, darüber hinaus auch auf den Aufbau einer »sozialisierten und internationalisierten Gesellschaft« (Goldscheid 1908, S. 37), denn die Soziale Frage, so meinte er, könne nicht auf nationalem Wege allein bewältigt werden.

In einem schlicht »Soziologie« betitelten Beitrag zu einem Sammelband aus dem Jahr 1913 wird deutlich, dass Goldscheid eine umfassende Kenntnis der soziologischen Werke seiner Zeit besaß. Die soziologische Bedingtheit des Wissens bezeichnete er als das Hauptproblem der Zeit und verwies in diesem Zusammenhang insbesondere auf Wilhelm Jerusalem, Max Adler, Max Scheler und Émile Durkheim. Die Soziologie sollte in seinem Verständnis aber auch die Erkenntnisse anderer Wissenschaften, insbesondere jene der Wirtschaftslehre, der Biologie und der Psychologie, der Psychoanalyse Freuds, der Ethnologie und der Rechtswissenschaft berücksichtigen. Rudolf Stammlers und Franz Oppenheimers Werke sowie Max Adlers Konzeption des Marxismus als Soziologie der modernen Gesellschaft erschienen ihm als die wichtigsten über Marx hinausgehenden Ansätze einer Verbindung von Soziologie und Wirtschaftslehre.

Die Verknüpfung naturwissenschaftlich-kausaler Erkenntnis mit teleologisch begründeten Werten und Zielen strebte auch Max Adler (1873–1937) an. In seiner Schrift »Kausalität und Teleologie im Streite um die Wissenschaft« (Adler 1904) beschäftigte er sich mit den damaligen Methodendiskussionen und der Spaltung in Geistes- und Naturwissenschaften. Er nahm in ihr aber auch schon vieles vorweg, was meist erst mit seinen späteren Werken verbunden wird (vgl. Pfabigan 1982).

Adler sah Marx durch die Einführung des Begriffs des »vergesellschafteten Menschen« als Bahnbrecher der Sozialtheorie, kritisierte jedoch die Selbstabschottung des Marxismus gegenüber der Wissenschafts- und Erkenntnistheorie und den anderen Wissenschaften, die nicht einfach als »bürgerliche Wissenschaften« abgelehnt werden dürften. Der Marxismus könne die erkenntnistheoretischen und methodologischen Strömungen in den Naturwissenschaften und in der Philosophie nicht ignorieren, wenn er tatsächlich »wissenschaftlich« sein bzw. zur echten Sozialwissenschaft werden soll. Auch müsse er über die materialistische Grundanschauung hinausgehen, denn er sei auch Geisteswissenschaft, meinte Adler, allerdings in einem anderen Sinn als die »sog. Geisteswissenschaften« (Adler 1904, 209ff.), die eine eigene wissenschaftliche Methode des Verstehens beanspruchen. Der Marxismus vermeide eine Zweiteilung der Wissenschaft nach den Prinzipien der Kausalität bzw. der Teleologie, da beide wichtige Dimensionen der menschlichen sozialen Wirklichkeit darstellen. Wie der Naturalismus wieder in die Geisteswissenschaften Eingang finden müsse, müsse umgekehrt erkannt werden, dass auch naturwissenschaftliches Erkennen abhängig ist vom Erkenntnisvermögen und Erkenntnisinteresse des menschlichen Subjekts und daher nicht auf »reine Kausalität« reduziert werden könne. Auch liege die Wahrheit nicht in den Dingen, die an sich unbegreifbar sind, wie Kant gezeigt hatte, sondern sie sei ein oberstes Postulat des Denkens, ein »kategorischer *theoretischer* Imperativ« (ebd., S. 270). Wissenschaft sei in diesem Sinn immer teleologisch, d.h. auf den Zweck der Wahrheit gerichtet, die in den Gesetzen und Regeln des Denkens begründet ist. Diese seien aber allen Menschen gemeinsam; daher werden die Menschen auch nicht primär durch Dinge und materielle Verhältnisse, sondern durch das Denken vergesellschaftet, was Adler die »transzendental-soziale Natur alles menschlichen Erkennens« nannte (ebd., S. 362). Der Marx'sche Begriff der Vergesellschaftung müsse daher von den ökonomischen Verhältnissen gelöst und auf das Denken bezogen werden. Denn unser Bewusstsein, so Max Adler, ist immer schon sozial; es ist keine Substanz, die man »besitzt«, sondern eine Relation, die das Ich-Denken auf andere bezieht, wie das schon William James und Wilhelm Jerusalem aufgezeigt hätten.

Das Objekt der Sozialwissenschaft wird für Adler daher durch die Erkenntnistheorie begründet, denn in Denken und Logik manifestiere sich ein »Bewusstsein überhaupt« (ebd., S. 401f.), dem axiomatische Bedeutung zukomme, und das er später als »Sozialapriori« bezeichnen sollte. Adler unterschied aber streng zwischen dem Denken der Erkenntnistheorie und dem Denken als zwecksetzendes Handeln: während ersteres logisch zu begründen ist, beziehe sich letzteres auf Werte und Erfahrungen und könne nicht wertfrei sein. In der wissenschaftlichen Erkenntnis wird die geistig-soziale Welt als Natur behandelt, aber für die Sozialwissenschaft kommt der Bezug auf das menschliche

Handeln hinzu. Ähnlich wie Kant zwischen reiner und praktischer Vernunft unterschied, müsse Wissenschaft immer Abstraktion unter Ausschluss von Wertungen und Zielsetzungen sein, während sich die Realität durch Wollen, Werten und Ziele bestimme. Adler meinte nun, dass daraus der Primat der Praxis bzw. der praktischen Vernunft als des für das Leben notwendigen Wissens folge, und würdigte in diesem Sinn den Sozialismus als eine Theorie und Praxis umgreifende soziale Technik. Der Sozialismus sei zugleich aber auch eine kulturelle Bewegung, denn er gehe von einem prinzipiell anderen Denken in Bezug auf Staat und Gesellschaft aus, von der Vision einer »werdenden« Gesellschaft, die auf eigenbestimmte Ziele hin gerichtet sei; im Gegensatz dazu konstatierte Adler eine resignative Note in der geistigen Verfassung der Intellektuellen seiner Zeit (Adler 1910).

In einem Beitrag über den »soziologischen Sinn der Lehre von Karl Marx« (Adler 1914) legte Adler noch einmal seine Auffassung dar, dass der Sozialismus aus seiner einseitigen materialistisch-ökonomischen Perspektive gelöst werden müsse, um als Wissenschaft und Soziologie betrachtet werden zu können. Marx hatte zwar bereits die gesellschaftlichen Bedingungen als historisch veränderbar und durch die Tätigkeit der Menschen selbst geschaffen verstanden; der Arbeitsprozess beruhe jedoch auf menschlichem Handeln und sei daher ein Prozess geistigen Schaffens, in dem ständig neues Denken hervorgebracht werde, sodass die wirtschaftlichen Verhältnisse selbst etwas Geistiges werden, das auch eine teleologische Richtung aufweise. Die Geschichte wird so nach Adler zwar fundamental durch die Produktionsverhältnisse und den Klassenkampf geformt, aber gleichzeitig ist sie eine Entwicklung hin zu kulturellem Fortschritt und bewusster Solidarität in der menschlichen Gemeinschaft. Da sich die Gesellschaft verändert und weiter entwickelt, müssen sich natürlich auch ihre Theorie und Analyse ändern. Folglich begriff Adler auch den Marxismus und die Soziologie als wandelbar nach Maßgabe der jeweiligen historischen Verhältnisse.

Adler lehnte den Materialismus ab und charakterisierte ihn als metaphysischen philosophischen Standpunkt (Adler 1904, S. 303f.). Der wahre Marxismus sei nicht materialistisch, sondern ein sozialer Idealismus. Er lehnte auch den einseitigen Kollektivismus in den sozialistischen Konzeptionen ab und forderte die Berücksichtigung der Freiheit des Individuums. Diese Hervorhebung des Individualismus mag ein Resultat von Adlers früher theoretischer Beschäftigung mit Max Stirner sein (vgl. Pfabigan 1982, S. 14ff.).

Karl Kautsky (1854–1938) nahm in seinem Buch *Ethik und materialistische Geschichtsauffassung* ebenfalls Bezug auf Kant, kritisierte jedoch, dass dessen Sittengesetz einen bestimmten erwünschten gesellschaftlichen Zustand, nämlich eine harmonische Gesellschaft, voraussetze (Kautsky 1906, S. 32). Auch erblickte er in der Versöhnung von Vernunft und Religion eine konservative Haltung, die die Klassengegensätze negiere. Er verwies demgegenüber auf die »natürliche« Begründung der Moral, wobei er sich auf den Darwinismus bezog. Vor allem aber hob Kautsky die Verdienste von Karl Marx und Friedrich Engels um die »natürliche« Begründung der Ethik hervor. Sie hätten damit das sittliche Ideal nicht auf eine übersinnliche Welt, sondern auf die sinnliche Welt der Zukunft bezogen (ebd., S. 63).

Kautsky setzte sich auch mit dem Christentum auseinander und bestritt – wie Friedrich Jodl – die anmaßende Behauptung des Christentums, wonach es außerhalb der Religion keine Ethik geben könne. Die Parallelen, die Friedrich Engels zwischen Christentum und Sozialismus im Hinblick auf den Kampf unterdrückter Gruppen zog, wies Kautsky zurück, da das Ziel des Sozialismus die totale Umbildung der gesamten Gesellschaft durch die soziale Revolution sei (Kautsky 1902). Gleichwohl stelle das Verständnis der Geschichte des Christentums die einzige Möglichkeit dar, die Gegenwart zu begreifen (Kautsky 1908a).

Anders als Max Adler betrachtete Kautsky die ökonomischen Verhältnisse als die eigentliche Grundlage des allgemeinen Entwicklungsgesetzes der Gesellschaft. Die klassische Ökonomie hätte Selbstinteresse und Moral als einander ergänzende Haltungen verstanden und solcherart zur Legitimation der bürgerlichen Klasse beigetragen, und diese hätte sogar den Evolutionsbegriff zur Untermauerung jener These herangezogen. Demgegenüber verwies Kautsky auf die Ethik des Darwinismus in Bezug auf die Erkenntnis der Einheit der gesamten organischen Natur, die auch die Menschheit umfasse. Er charakterisierte daher auch die Gesellschaft als Organismus und betonte ihre Einheit, wodurch auch ihre Erkenntnis durch die Gesellschaftswissenschaft ermöglicht werde.

In Kautskys Sicht der gesellschaftlichen Entwicklung kommt dem Zusammenhalt in der Gruppe für die Produktion und den technischen Fortschritt große Bedeutung zu. Dieser werde auch durch den Kampf ums Dasein, der sich in Konflikten und Kriegen niederschlägt, im Inneren der Gruppe verstärkt und nach außen hin durch die Abgrenzung in Form von Eigentumsrechten, die Klassenbildung und die Konkurrenz offenkundig. Diese Entwicklungen werden auch durch die moralischen Vorstellungen einer Gemeinschaft unterstützt, denn diese folgten stets den gesellschaftlichen Bedürfnissen und Verhältnissen, die sie erzeugen. Die Moral verändere sich fortwährend, denn sie sei kein Ziel an sich, sondern eine Kraft im praktischen gesellschaftlichen Kampf ums Dasein.

Für Kautsky gründet das Sittengesetz genauso in der Natur wie in Pflichtgefühl, Gewissen und Moral, die von den Menschen internalisiert werden. Jede Änderung der Gesellschaftsordnung, die ihrerseits auf dem Wandel der Produktionsverhältnisse beruhe, bedinge eine Änderung der Sitten und der Moralvorschriften, allerdings oft mit Verzögerungen. Kautsky stellte fest, dass in der kapitalistischen Gesellschaft Theorie und Praxis der Moral auseinander klaffen, denn in der Theorie würden Ideale präsentiert, während das praktische Handeln durch Klasseninteressen bestimmt sei. Das erzeuge Heuchelei und Zynismus in der herrschenden Klasse und wirke sich hemmend auf die gesellschaftliche Weiterentwicklung aus (Kautsky 1906, S. 127). Wenn die Moral nicht den tatsächlichen gesellschaftlichen Bedürfnissen entspreche, komme es zu Widersprüchen zwischen der alten Moral der herrschenden Klasse und einer aufkommenden neuen Moral, die auf Freiheit und Gleichheit pocht. Kautsky wies dieser neuen Moral, die auf einem ethischen Idealismus und dem Klassenkampf beruhe, eine wichtige Rolle als Instrument der Veränderung der gesellschaftlichen Verhältnisse zu. Für den wissenschaftlichen Sozialismus aber sei sie Objekt der Erkenntnis, nicht Direktive. Auch Kautsky unterschied daher zwischen dem wissenschaftlichen Sozialismus, den er im Sinn von Marx deutete, und dem praktischen Kampf der Arbeiterbewegung, die aber dennoch im Interesse der neu zu denkenden und zu schaffenden Gesellschaft zu einer Einheit von Theorie und Praxis zusammengeführt werden müssen. Die historische Leistung von Karl Marx, die über die Vereinigung sowohl der Natur- und Geisteswissenschaft als auch des englischen, des französischen und des deutschen Denkens hinausweise, sei es, eben jene Einheit von Theorie und Praxis hergestellt zu haben (Kautsky 1908b).

Adler, Max (1904): Kausalität und Teleologie im Streite um die Wissenschaft. In: Ders./Rudolf Hilferding (Hg.), *Marx-Studien*, Bd. 1, Wien: Verlag der Wiener Volksbuchhandlung Ignaz Brand, S. 195–433.
– (1910): *Der Sozialismus und die Intellektuellen*, Wien: Wiener Volksbuchhandlung Ignaz Brand &Co.
– (1914): *Der soziologische Sinn der Lehre von Karl Marx*, Leipzig: C.L. Hirschfeld (= Sonderabdruck aus dem *Archiv für die Geschichte des Sozialismus und der Arbeiterbewegung* 4/1, hrsg. von Carl Grünberg).
Goldscheid, Rudolf (1902): *Zur Ethik des Gesamtwillens. Eine sozialphilosophische Untersuchung*, Leipzig: O.R. Reisland.
– (1905): *Grundlinien zu einer Kritik der Willenskraft. Willenstheoretische Betrachtung des biologischen, ökonomischen und sozialen Evolutionismus*, Wien/Leipzig: Anzengruber-Verlag Brüder Suschitzky.
– (1906): *Verelendungs- oder Meliorationstheorie?*, Berlin: Verlag der sozialistischen Monatshefte.
– (1907): Soziologie und Geschichtswissenschaft. In: *Annalen der Naturphilosophie* 7, S. 229–250.
– (1908): *Entwicklungswerttheorie – Entwicklungsökonomie – Menschenökonomie*, Leipzig: Verlag Dr. Werner Klinkhardt.
– (1911): *Höherentwicklung u. Menschenökonomie. Grundlegung der Sozialbiologie* (= Philosophisch-soziologische Bücherei, Bd. 4), Leipzig: Verlag Dr. Werner Klinkhardt.
– (1913): Soziologie. In: David Sarason (Hg.), *Das Jahr 1913. Ein Gesamtbild der Kulturentwicklung*, Leipzig/Berlin: Teubner, S. 422–433.
Jodl, Friedrich (1885): *Volkswirtschaftslehre und Ethik*, Berlin: Carl Habel.
Kautsky, Karl (1902): *Die soziale Revolution*, Berlin: Verlag der Buchhandlung Vorwärts.
– (1906): *Ethik und materialistische Geschichtsauffassung*, Stuttgart: Dietz Nachf.
– (1908a): *Der Ursprung des Christentums*, Stuttgart: Dietz Nachf.
– (1908b): *Die historische Leistung von Karl Marx*, Berlin: Dietz Nachf.
Menger, Anton (1886): *Das Recht auf den vollen Arbeitsertrag in geschichtlicher Darstellung*, Stuttgart: Cotta.
– (1890): *Das Bürgerliche Recht und die besitzlosen Volksklassen*, Tübingen: H. Laupp.
– (1905): *Neue Sittenlehre*, Jena: G. Fischer.
Pfabigan, Alfred (1982): *Max Adler. Eine politische Biographie*, Frankfurt/New York: Campus.
Reich, Emil (1892): *Die bürgerliche Kunst und die besitzlosen Volksklassen*, Leipzig: W. Friedrich.

– (1901): *Kunst und Moral. Eine ästhetische Untersuchung*, Wien: Manz.
– (1935): *Gemeinschaftsethik. Nach Vorlesungen über praktische Philosophie gehalten an der Universität Wien*, Wien u.a.: Rudolf M. Rohrer.

Weiterführende Literatur

Felt, Ulrike (1996): »Öffentliche« Wissenschaft. Die Beziehung von Naturwissenschaften und Gesellschaft in Wien von der Jahrhundertwende bis zum Ende der Ersten Republik. In: *Österreichische Zeitschrift für Geschichtswissenschaften* 1, S. 45–66.
Neef, Katharina (2012): *Die Entstehung der Soziologie aus der Sozialreform*, Frankfurt/New York: Campus.
Ziche, Paul (Hg.) (2001): *Monismus um 1900. Wissenschaftskultur und Weltanschauung*, Berlin: VWB-Verlag.

Gertraude Mikl-Horke

IV. Katholische Soziallehre

Karl von Vogelsang und seine Nachfolger

Vogelsangs Entwurf einer Katholischen Soziallehre

Wie die »politischen Romantiker« Friedrich Schlegel und Adam Heinrich Müller kam auch Karl von Vogelsang (1818–1890) aus Norddeutschland nach Österreich und zur katholischen Kirche. Als der »Romantiker auf dem Königsthron«, Friedrich Wilhelm IV., im März 1848 im Angesicht der Revolution die Nerven verlor und mit der schwarz-rot-goldenen Armbinde durch Berlin ritt, nahm Vogelsang seinen Abschied aus dem preußischen Justizdienst und ging auf sein Gut in Mecklenburg. Dort beteiligte er sich am Kampf der Ritterschaft um die Wahrung der ständischen Verfassung und saß im Ausschuss für die hierzu herausgegebene Zeitung. Aber nach dem Sieg der Reaktion suchte er seine Mitstreiter vergeblich dazu zu bewegen, nun auch etwas für die Lage der hörigen Bauern zu tun. Historische Studien hatten ihn zu der Ansicht geführt, dass die europäischen Revolutionen auf die Kirchenspaltung Luthers zurückgingen. Daraus zog er die Konsequenz und trat zur katholischen Kirche über. Nun kam es zum endgültigen Bruch mit den Standesgenossen und einem sozialen Boykott, der ihn aus der Heimat vertrieb. Es folgte eine lange Reihe von Rückschlägen. Als Unternehmer agierte Vogelsang nicht gerade glücklich. Es fiel ihm zusehends schwer, seine wachsende Familie zu erhalten. 1873 geriet das Landgut mit angeschlossener Zementfabrik, das er am Bisamberg bei Wien erworben hatte, in Zahlungsunfähigkeit – im Übrigen nach Konflikten mit den Arbeitern. Was ihm jetzt nur noch blieb war, dass er etwas zu sagen hatte – und es in klarer deutscher Prosa auch zu sagen vermochte.

Nach ersten sozialpolitischen Veröffentlichungen wurde Vogelsang 1875 die »geistige Leitung« des konservativen, von einem Adelskonsortium unterhaltenen, bislang mäßig erfolgreichen Blattes *Das Vaterland* übertragen. Einst selbst Mitglied eines solchen Konsortiums und als Reisemarschall des jungen Fürsten von Liechtenstein 1859 in den Freiherrnstand erhoben, war Vogelsang – bei aller Wahrung der gesellschaftlichen Formen – nun doch nur ein kündbarer Angestellter. Der Sprecher des Konsortiums war der frühere Unterrichtsminister Graf Leo Thun-Hohenstein (1811–1888). Das Verhältnis der beiden gestaltete sich heikel: Thun trat für die historischen Rechte des Adels ein, Vogelsang für dessen historische Pflichten (Allmayer-Beck 1952, S. 42–49). Gerade diese Haltung war aber der Grund für den wachsenden Erfolg des *Vaterlands.* In nuce lässt sich das soziale Programm, das Vogelsang in der von ihm geleiteten Zeitung entwickelte, folgendermaßen auf den Punkt bringen: Alles bindungsfreie, »der Privatwillkür unterworfene, der Sozialordnung entrissene Eigentum« sei in der Tat »Diebstahl«, nicht von Seiten des Eigentümers, aber durch den modernen »Umsturz der christlichen

Sozialordnung«. Diese lasse keinen Besitz zu, an dem der Besitzer nicht auch selbst mitarbeite, also insbesondere kein Finanzkapital. Das Großeigentum in Landwirtschaft und Industrie sowie die sozial bindungslos gewordenen Arbeiter sollten wieder in Staat und Gesellschaft eingebunden werden, und zwar über Korporationen mit besonderen, wenn auch unterschiedlichen Rechten und Pflichten (zit. n. Klopp 1930, S. 78f.). Das bedeutete eine Kriegserklärung an den unbeschränkten Freiheitsbegriff des Wirtschaftsliberalismus, der den Existenzkampf aller im Interesse einiger weniger radikalisiere. Für dieses Programm berief sich Vogelsang auf Adam Heinrich Müller, »eine[n] von den Geistern, die Österreich besessen hat, ohne sie zu verstehen« (zit. n. Allmayer-Beck 1952, S. 40). Als Autorität für Einzelfragen zog er ihn freilich nicht mehr heran, weil sich die Verhältnisse seit dem frühen 19. Jahrhundert doch allzu sehr verändert hätten (Dirsch 2006, S. 124, 128).

Vogelsang kam gerade zur rechten Zeit. Die Monarchie hatte »in den Jahren 1866 bis 1873 einen großartigen wirtschaftlichen Aufschwung genommen, der die Argumente der Freihandelsgegner anscheinend widerlegte« (Matis/Bachinger 1975, S. 40). Doch der »Börsenkrach« von 1873 und die darauffolgende Depression zeigten die Schattenseiten dieser Entwicklung auf und verursachten den »Umschwung zu Protektionismus, Schutzzollsystem, Verstaatlichung der Eisenbahnen und Abgehen von der Gewerbefreiheit«, kurz »von der freien zur gebundenen Wirtschaft« (ebd., S. 38, 43–45). Diese Ereignisse wären über die historischen Rechte des Adels kühl hinweggegangen. Doch Vogelsang gelang es, die verschiedenen konservativen Tendenzen zu bündeln und deren soziale Basis zu den gleich dem Adel bedrohten bäuerlichen und kleinbürgerlichen Schichten hin zu erweitern. Vor allem fand er mit seiner Überzeugungskraft Anhänger im niederen Klerus, die sogenannten »Hetzkapläne«. Damit wurde er zum konzeptuellen und ideologischen Begründer der »christlichsozialen Bewegung« (Boyer 2010, S. 63–73). Sein wachsender Einfluss verlieh ihm auch größere persönliche Autorität und Handlungsfreiheit gegenüber den Geldgebern, sodass er den unvermeidlichen Konflikt mit Thun 1887/88 schließlich für sich entscheiden konnte. Ab 1879 gab Vogelsang auch die *Oesterreichische Monatsschrift für Gesellschafts-Wissenschaft* heraus, die er zu einem guten Teil mit eigenen Arbeiten bestritt. Hier war es ihm möglich, sich umfassender und freier von Tagesanlässen zu äußern und neue Themen aufzugreifen. Umweltschützern und Globalisierungskritikern seien von allem seine Einlassungen in Jg. 1 (1879), S. 496–507, Jg. 5 (1883), S. 40–46, Jg. 9 (1887), S. 292–302 sowie Jg. 12 (1890), S. 113–124, zur geflissentlichen Beachtung empfohlen.

Vogelsang war nicht dazu angetreten, als Laientheologe die Kirche zu belehren. Er suchte ihren Rückhalt insbesondere für seine auch unter Katholiken extreme Einstellung zur Frage des »kanonischen Zinsverbots«, auf welche die Kirche eine klare Antwort vermied. Er fand ihn bei jüngeren Theologen, zunächst bei Albert Maria Weiß (1844–1925) und Andreas Frühwirth (1845–1933), dem nachmaligen Kardinal. Beide waren Dominikaner und somit Thomisten; von ihnen übernahm er die scholastische Naturrechtslehre als Grundlage. Vogelsang lehnte jegliches arbeitslose Einkommen und damit auch Darlehenszinsen ab; er hat dies in der (unter Mitarbeit Frühwirths entstandenen) Schrift *Zins und Wucher* verteidigt (Vogelsang 1884). Mit seinem Antikapitalismus wurde er zum Mentor einer jungen Theologengeneration, die von der Krise des Wirtschaftsliberalismus geprägt worden war und die Notwendigkeit fühlte, die christliche Caritas durch eine gezielte Sozialpolitik zu ergänzen. Zu ihr gehörten u.a. Franz Martin Schindler (1847–1922), später der »große Bannerträger der christlichsozialen Bewegung« (Allmayer-Beck 1952, S. 78), und der volkstümliche Redner und Publizist Josef Scheicher (1842–1924), nachmaliger christlichsozialer Reichratsabgeordneter.

Auch zuvor schon hatte Vogelsang im Reichsrat Verbündete gefunden. Graf Egbert Belcredi (1816–1895), wie Thun noch sein Altersgenosse, war sein Unterstützer beim *Vaterland* und folgte Thun in dessen Oberleitung nach. Zur Folgegeneration zählten Prinz Aloys von Liechtenstein (1846–1920) und Ernst Schneider (1850–1915). Über den »roten Prinzen« Liechtenstein und über Belcredi konnte Vogelsang die soziale Gesetzgebung Cisleithaniens, vor allem die Entschuldung der Bauern und die Gewerbeordnung, beeinflussen. Um die Not der Arbeiter zu dokumentieren, veranstaltete er eine von Belcredi und Liechtenstein finanzierte Enquete »zur materiellen Lage des Arbeiterstandes in Österreich«, deren Befunde er in den Jahrgängen 5 (1883) und 6 (1884) der *Monatsschrift* veröffentlichte. Dabei war sein Hauptmitarbeiter vor Ort Ernst Schneider. Dieser Mechanikermeister und Autodidakt, ein »ungemein rühriger, kluger Kopf« (Klopp 1930, S. 157) war mit seinem Rückhalt bei den Wiener Handwerkerzünften ein wertvoller Verbindungsmann zu dieser für Vogelsang fremden Welt. Freilich hielt Schneider einen dezidierten Rassenantisemistismus mit seiner Christlichkeit für vereinbar. Später berauschte er sich an seiner immer skurriler werdenden judenfeindlichen Rhetorik, und nicht nur an dieser, sodass er auch für die Christlichsoziale Partei nicht mehr länger tragbar war (Boyer 2010, S. 252, 254f.).

Die Jahre der politischen Wirksamkeit Vogelsangs waren auch die des aufsteigenden Antisemitismus. Als Gegner des Finanzkapitals galt er auch als Gegner der Juden. Doch in seinem Bemühen um allseitige Gerechtigkeit war er kein Rassenantisemit. Angesichts der häufiger werdenden »Judenkrawalle« hat er immer die Opfer verteidigt. Doch wie seine Sozialpolitik war auch hier seine Einstellung theologisch grundiert: Das »providentielle Erstgeburtsrecht« sei von Israel auf das »auserwählte Volk des neuen Bundes«, die Christenheit, übergegangen, aber nur »bedingungsweise« und nur so lange, als die Christen sich seiner würdig erwiesen; anderenfalls würde das Erstgeburtsrecht Israels wieder aufleben (Vogelsang 1881, S. 308–317).

Vor diesem eschatologischen Horizont stand Vogelsangs Sozialpolitik. Sie sollte dem Niedergang der Christenheit in der Moderne entgegenwirken. Dabei knüpfte sie stets an das – noch – Vorhandene an; Österreich mit seinem lebendigen Katholizismus und seinen gewachsenen Strukturen schien ihm hierfür der bessere Boden zu sein als das Deutschland Bismarcks. Sein Feind war eher der Liberalismus, dessen Schwächen er gnadenlos aufdeckte, als der Sozialismus, dessen er oft selbst bezichtigt wurde. Gewänne der Liberalismus nun auch die Vorherrschaft in der Kirche, »dann hätte unser Herrgott auch nicht auf die Welt kommen sollen« (an Albert M. Weiß, zit. n. Allmayer-Beck 1952, S. 98). Entschieden verwahrte sich Vogelsang gegen den Vorwurf der Originalität: Er sei kein literarischer Marktschreier oder Universalheilmittel feilbietender Quacksalber, vielmehr suche er die »Grundideen« wiederzubeleben, die »den christlichen Sozialbau geschaffen« hätten (Vogelsang 1880, S. 529–547). Auch wehrte er sich gegen jede »Kodifikation« seiner Ideen in einem Lehrbuch. Er wollte sich die Flexibilität seiner Reaktionen bewahren, die neben der Klarheit, Ironie und polemischen Kraft seiner Sprache ein Geheimnis seines Erfolges war. So war er eben auch kein Soziologe, sondern vielmehr ein christlicher Sozialpolitiker.

Den bequemen, »alle Tatkraft und Geistesfrische lähmenden Pessimismus« in Österreich lehnte er ab (an Leo Thun, zit. n. Klopp 1930, S. 104). Im Rückblick schreibt Weiß, dass »ich mich stets beschämt fühlte, wenn ich die unermeßliche Arbeitsleistung des alten, gebrechlichen Mannes betrachtete« (zit. ebd., S. 183). Das Schriftliche war davon der kleinere Teil. Als Norddeutscher von der politischen Arena ausgeschlossen, musste Vogelsang mit seiner Persönlichkeit wirken, deren Integrität niemand zu bestreiten wagte. Er hatte die politische Romantik modernisiert und eine Bewegung aus ihr gemacht, deren »geistige[r] Generalstabschef« er nun war (Allmayer-Beck 1952, S. 127). Als er auf der Höhe seines Einflusses 1890 starb, hinterließ er keinen ebenbürtigen Nachfolger. So zerfiel diese Bewegung wieder in die herkömmlichen Konservativen und die »Christlichsozialen«, deren Führer Karl Lueger (1844–1910) wurde. Obwohl Luegers Christlichkeit eher aufgesetzt und taktisch war, berief er sich weiterhin auf Vogelsang. »Christ« war jetzt jeder, der nicht Jude und nicht Marxist war. Doch es gab eine ideelle und personelle Kontinuität: Franz Martin Schindler schrieb das Programm für die 1893 gegründete »Christlichsoziale Partei«, Aloys von Liechtenstein wurde nach Lueger ihr Vorsitzender.

»Was als Übung in konservativem Dogmatismus begann, endete als glaubwürdiger moralischer Kreuzzug für praktische, zweckorientierte soziale Hilfestellungen zugunsten des österreichischen Mittelstandes.« (Boyer 2010, S. 71) Mit dieser Einschätzung übersieht John W. Boyer in seiner Lueger-Zentriertheit jedoch die religiöse Dimension. Vogelsangs Einfluss auf den europäischen Sozialkatholizismus war bedeutend. Über die 1884 gegründete Union de Fribourg führte er zur ersten päpstlichen Sozialenzyklika, Leos XIII. *Rerum Novarum* (1891), die in puncto Kapitalismuskritik freilich eher zahm ausfällt, wenn man jene Vogelsangs zum Maßstab nimmt (Knoll 1996, S. 367–382); dieser scheint in vergleichbarer Schärfe erst Johannes' XXIII. *Mater et Magistra* (1961) zuzustimmen (ebd., S. 95f.). Ebenso wie an den Mittelstand wandte sich Vogelsang zudem auch an die Arbeiter, die er keineswegs den Sozialisten überlassen wollte. Dieser Kampf um die Seele des Proletariats trug bis weit ins 20. Jahrhundert hinein eschatologische Züge. Gerade darum war die moralische Integrität hier eine nicht zu unterschätzende

Ressource. Der Preis, den der Sozialkatholizismus dafür zu zahlen hatte, war sein dogmatischer »Antimodernismus«. Doch Anti-Haltungen sind abgeleitet und bleiben damit ephemer.

Zur Rezeption von Vogelsangs Lehren

Mit Vogelsangs Tod 1890 ging die katholische sozialpolitische Initiative auf die Christlichsozialen über, nicht jedoch die »reine Lehre«. Diese konnte nunmehr kodifiziert werden. Das besorgte – gegen christlichsoziale Obstruktion – Wiard von Klopp (1860–1948), der ausgewählte Texte zu einem System zusammenstellte, das 1894 unter dem Titel *Die socialen Lehren des Freiherrn Karl von Vogelsang. Grundzüge einer christlichen Gesellschafts- und Volkswirtschaftslehre* erschien. Sein theologischer Ratgeber war dabei Albert Maria Weiß, wegen seines düsteren Antimodernismus »Jeremias II.« genannt (Dirsch 1906, S. 154–167). Der in der Finanzverwaltung des Hauses Hannover tätige Klopp, ein Schwiegersohn Vogelsangs, sah sich auch weiterhin als Hüter der Flamme (zu ihm vgl. Onno Karl Klopp 2017, S. 404–433). Er schrieb auch dessen Standardbiographie (W. v. Klopp 1930) und gab im »Ständestaat« eine legitimatorische Neuauflage der *Socialen Lehren* heraus (W. v. Klopp 1938). Seine Haltung gegenüber der Christlichsozialen Partei ließe sich am besten als grollendes Abseitsstehen beschreiben.

Anders als Klopp berief sich Ignaz Seipel (1876–1932), Schüler und Lehrstuhlnachfolger Schindlers und der bedeutendste Staatsmann, der aus den Reihen der Christlichsozialen hervorging, kaum auf Vogelsang (Knoll 1996, S. 380). In seiner Habilitationsschrift *Die wirtschaftsethischen Lehren der Kirchenväter* (1907) arbeitete Seipel ohne viel Sekundärliteratur die antiken Quellen übersichtlich auf; auf die Scholastik ging er gleich gar nicht erst ein. Widersprüche suchte er möglichst zum Ausgleich zu bringen, so etwa jene zwischen dem asketischen Mönchstum und der triumphierenden Staatskirche des 4. Jahrhunderts. Die Wirtschaftsethik (ein angeblich erstmals von Seipel in der hier zitierten Schrift geprägter Begriff) des hl. Ambrosius und seines Schülers Augustinus stellte er als die im römischen Großreich »folgerichtige Entfaltung der urkirchlichen Grundsätze« dar (Seipel 1907, S. 303).

Soviel an pragmatischer Harmonisierung musste vor allem jenen Christlichsozialen missfallen, denen es um die moralische Glaubwürdigkeit ging. Man nannte sie »Linkskatholiken« (vgl. Diamant 1965). Manche von ihnen beriefen sich nicht nur legitimatorisch, sondern mit Leidenschaft auf Vogelsang. Als dem sechzehnjährigen Anton Orel (1881–1959) Klopps Fassung der *Socialen Lehren* in die Hände fiel, bestimmten diese sein weiteres Leben (vgl. Görlich et al. 1952). Sein Ziel wurde die »Entbürgerlichung« des Christentums. 1905 gründete er einen Bund der Arbeiterjugend Österreichs. Um auch nach dem Kriege dem Proletariat die Lehre Vogelsangs zu vermitteln, reduzierte Orel das Kompendium Klopps auf ein leicht fassliches Büchlein (Orel 1957, erstmals 1922), wofür er um den Segen Klopps nachsuchte und diesen auch erhielt. Damit gleichsam in eine apostolische Sukzession eingetreten, bezeichnete er sich nun als »Schüler und Fortsetzer« Vogelsangs (vgl. ebd., S. 12–14). Seine Nachfolge beschränkte sich im Wesentlichen auf die Radikalisierung der Kapitalismuskritik zu einem christlichen Sozialismus mit stark antisemitischen Zügen. Damit eckte Orel nach allen Seiten hin an, verfehlte letztlich sein Ziel und geriet somit in die Isolation. Das zeigt am besten die Wiederveröffentlichung des Kapitels zur »Judenfrage«, in welchem – nach allem, was geschehen war – selbst noch im Jahr 1957 völlig ungerührt die rhetorische Frage aufgeworfen wird, wann die Juden *uns* für das, was sie »an unseren materiellen und sittlichen Gütern« verbrochen haben, Sühne leisten würden (ebd., S. 157).

Aus Orels Jugendbewegung kamen die beiden Soziologen Ernst Karl Winter (1895–1959) und August Maria Knoll (1900–1963). Von Winter ist heute noch das Schlagwort »rechts stehen und links denken« erinnerlich. Es findet sich in einem Manifest, das er für die von ihm mit Knoll und anderen 1927 gegründete »Österreichische Aktion« verfasst hatte. Das erklärte Ziel dieser losen, katholisch-patriotischen Bewegung war es, die inneren Gegensätze der Ersten Republik durch die Stärkung eines neuen österreichischen Nationalbewusstseins zu überbrücken. Insbesondere strebte man die Versöhnung von Legitimismus, Christentum und Sozialismus an – ein Balanceakt, der bestenfalls zu einem labilen Gleichgewicht führen konnte. Als Geste der Versöhnung gegenüber der Sozialdemokratie 1934 von seinem Regimentskameraden Engelbert Dollfuß zum Vizebürgermeister Wiens gemacht, war Winter mit der im Juliabkommen von 1936 paktierten Annäherung an Nazideutschland für den »Ständestaat« nicht mehr tragbar. Mit dem sogenannten »Anschluss« musste er emigrieren und konnte auch in der Zweiten Republik nicht mehr Fuß fassen (vgl. Missong 1969).

Auch August Maria Knoll befand sich nach einer durchaus erfolgreichen Laufbahn an seinem Lebensende zwischen allen Stühlen. Er hatte eine Dissertation über Vogelsang als politischen Romantiker und eine Habilitationsschrift über das kanonische Zinsverbot verfasst und war kurz vor Seipels Tod dessen Sekretär gewesen. Von den Nazis kaltgestellt, machte er in der Zweiten Republik Karriere. Die Christlichsoziale Partei, von Dollfuß 1934 aufgelöst und mit seiner »Vaterländischen Front« fusioniert, nach dem Kriege unter dem neutralen Namen »Österreichische Volkspartei« wiederbegründet, hatte Bedarf an einem »geistigen Profil«, das Knoll ihr geben konnte (Pelinka 1977, S. 2). 1956 wurde er in Wien der erste österreichische Ordinarius für Soziologie. Er war es, der die geistigen Voraussetzungen der Vogelsang'schen Lehre aufgearbeitet hat. Mit diesem vertieften Kenntnisstand, wohl auch aus Unzufriedenheit mit der geistigen Selbstgenügsamkeit der Partei, entfernte er sich allmählich von derselben – wie auch, mit seinem Einsatz für die Mitbestimmung der Laien, von der Amtskirche. Schließlich gelangte Knoll, obwohl weiterhin frommer Katholik, zu der Ansicht, dass »von der Botschaft Christi kein direkter Schluß auf eine christliche Gesellschaftsordnung gezogen werden kann« (ebd.) – eine Ansicht, die in gleicher Weise Vogelsang wie der christlichsozialen Bewegung widerspricht. Vogelsang selbst nimmt Knoll freilich von seiner Kritik aus. Die

»Tragik der Vogelsang-Schule« (so der Titel eines seiner Aufsätze) besteht Knoll zufolge darin, dass Vogelsang der Kirche – freilich guten Gewissens – sein eigenes, radikales und sehr viel weiter gehendes Sozialprogramm unterschoben habe, dieses aber mithilfe der damals gängigen naturrechtlichen Scholastik legitimierte: Diese könne nämlich stets nur das jeweils Bestehende rechtfertigen, aber nichts Neues schaffen (Knoll 1996, 93–97).

Ein jüngerer Vogelsang-Anhänger, Erwin Bader (geboren 1943), mit dem diese Darstellung von Vertretern der katholischen Soziallehre beschlossen sei, proklamiert dessen Lehre nunmehr als »Vorstufe der modernen Theologie der Befreiung« (Bader 1990, S. 181). So ist denn der Mecklenburger Junker mit seinem ernsthaften Bemühen, dem Grundsatz »Adel verpflichtet« stets voll und ganz zu entsprechen, zum überparteilichen Propheten für die Entrechteten geworden.

Allmayer-Beck, Johann Christoph (1952): *Vogelsang. Vom Feudalismus zur Volksbewegung*, Wien: Herold.

Bader, Erwin (1990): *Karl v. Vogelsang. Die geistige Grundlegung der christlichen Sozialreform*, Wien: Herder.

Boyer, John W. (2010): *Karl Lueger (1844–1910). Christlichsoziale Politik als Beruf*, Wien/Köln/Weimar: Böhlau.

Diamant, Alfred (1965): *Die österreichischen Katholiken und die Erste Republik. Demokratie, Kapitalismus und soziale Ordnung*, Wien: Wiener Volksbuchhandlung.

Dirsch, Felix (2006): *Solidarismus und Sozialethik. Ansätze zur Neuinterpretation einer modernen Strömung der katholischen Sozialphilosophie*, München: LIT Verlag.

Görlich, Ernst Joseph/August M. Knoll/Alfred Stachelberger (Hgg.) (1952): *Anton Orel. Künder der christlichen Sozial- und Kulturreform. Eine Festgabe aus Anlaß der Vollendung seines 70. Lebensjahres*, Salzburg: Österreichischer Kulturverlag.

Klopp, Onno Karl (2017): *Der Historiker Onno Klopp 1822–1903 und seine direkten Nachfahren. Eine Familienchronik*, Aachen: Shaker Media.

Klopp, Wiard von (1894): *Die socialen Lehren des Freiherrn Karl von Vogelsang. Grundzüge einer christlichen Gesellschafts- u. Volkswirtschaftslehre aus dem literarischen Nachlass desselben zusammengestellt*, St. Pölten: Preßvereinsdruckerei. (Neuaufl. Wien/Leipzig: Reinhold Verlag 1938.)

– (1930): *Leben und Wirken des Sozialpolitikers Karl Freiherrn von Vogelsang. Nach den Quellen gearbeitet*, Wien: Typographische Anstalt.

Knoll, August Maria (1996): *Glaube zwischen Herrschaftsordnung und Heilserwartung. Studien zur politischen Theologie und Religionssoziologie* (= Klassische Studien zur sozialwissenschaftlichen Theorie, Weltanschauungslehre und Wissenschaftsforschung, Bd. 9), mit einer Einleitung von Ernst Topitsch und einem Nachwort von Reinhold Knoll, Wien: Böhlau.

Matis, Herbert/Karl Bachinger (1973): Leitlinien der österreichischen Wirtschaftspolitik. In: Alois Brusatti (Hg.), *Die Habsburgermonarchie 1848–1918*, Bd. 1: *Die wirtschaftliche Entwicklung*, Wien: Verlag der Österreichischen Akademie der Wissenschaften, S. 29–104.

Orel, Anton (1957): *Vogelsangs Leben und Lehren. Seine Gesellschafts- und Wirtschaftslehre* [erstmals 1922 als: *Des Meisters Gesellschafts- und Wirtschaftssystem im Auszug dargestellt*], 3. Aufl., Wien: Verlag Gesellschaft zur Förderung wissenschaftlicher Forschung.

Pelinka, Anton (1977): August Maria Knoll. In: Kurt Skalnik (Red.), *Neue Österreichische Biographie ab 1815. Große Österreicher*, Bd. 19, S. 1–7, Wien/München: Amalthea.
Seipel, Ignaz (1907): *Die wirtschaftsethischen Lehren der Kirchenväter*, Wien: Mayer & Co.
Vogelsang, Karl Freiherr von (Hg.) (1879–1890): *Oesterreichische Monatsschrift für Gesellschafts-Wissenschaft, für volkswirthschaftliche und verwandte Fragen*, 12. Jg., Wien: Heinrich Kirsch.
– (1880): Sozialpolitische Einblicke. In: *Oesterreichische Monatsschrift für Gesellschafts-Wissenschaft* 2, S. 529–547.
– (1881): Die Antisemiten in Rußland. In: *Oesterreichische Monatsschrift für Gesellschafts-Wissenschaft* 3, S. 308–317.
– (1884): *Zins und Wucher. Ein Separatvotum in dem vom deutschen Katholikentage eingesetzten sozialpolitischen Komitee*, Wien: Heinrich Kirsch.

Justin Stagl

V. Universalistische Gesellschaftslehre

Othmar Spanns Schrifttum bis 1918

Die bis 1918 von Othmar Spann (1878–1950) vorgelegten Schriften waren von zwei inhaltlichen Schwerpunkten geprägt, einem gesellschaftstheoretischen und einem empirisch-sozialpolitischen. Der eine Fokus lag auf umfassenden Gesamtdarstellungen und -entwürfen, in denen er ganze Forschungsfelder beschreibend und reflektierend bearbeitete. Seine 1903 an der staatswissenschaftlichen Fakultät der Universität Tübingen vorgelegte Dissertation *Untersuchungen über den Gesellschaftsbegriff zur Einleitung in die Soziologie* steht beispielhaft für diesen synthetisierenden Zugang. Diese Zuordnung gilt auch für seine 1907 an der Deutschen Technischen Hochschule in Brünn (Brno) angenommene Habilitationsschrift *Wirtschaft und Gesellschaft. Eine dogmenkritische Untersuchung*. In seinem *Kurzgefaßten System der Gesellschaftslehre* von 1914 (1923 und 1930 als *Gesellschaftslehre* in zwei weiteren neubearbeiteten Auflagen erschienen) setzte er die Beschäftigung mit dem Thema seiner Doktorarbeit fort. Doch besonders intensiv rezipiert wurden *Die Haupttheorien der Volkswirtschaftslehre auf dogmengeschichtlicher Grundlage* von 1911. Dieses Buch erschien bis 1949 in 26 Auflagen auf Deutsch sowie in Übersetzungen in verschiedenen Sprachen.

Der andere Fokus in Spanns frühen Schriften lag auf empirischen Studien über uneheliche Kinder in Frankfurt am Main. Aus diesem Forschungsfeld gingen bis 1912 zahlreiche Zeitschriftenbeiträge, Denkschriften und publizierte Vortragsmanuskripte hervor, in denen der Autor Befunde und sozialpolitische Handlungsanleitungen formulierte. Sein umfassendstes Werk aus diesem Bereich seiner Tätigkeit waren die *Untersuchungen über die uneheliche Bevölkerung in Frankfurt am Main*, die 1905 erschienen. Diese Thematik ging aus Spanns Anstellung an der Centrale für private Fürsorge hervor, wo er von 1903 bis 1907 als Statistiker tätig war. Dieser Teil seines Gesamtwerks fand später weitaus weniger Beachtung als die staats- und gesellschaftstheoretischen Schriften, die sich ab der Übernahme der Professur für Volkswirtschafts- und Gesellschaftslehre an der Universität Wien am 1. April 1919 in ihrem Inhalt und ihrer Orientierung immer enger mit seinem politischen Engagement verbanden und in der Gründung des »Spann-Kreises« ihre institutionelle Einbettung fanden.

Neben den umfassenden Werken zur Gesellschafts- und Volkswirtschaftslehre sowie den empirisch-statistischen Arbeiten über uneheliche Kinder in Frankfurt befasste sich Spann in seinen Publikationen auch mit sozialwissenschaftlichen und nationalökonomischen Methodenfragen und dem Verhältnis von Soziologie und Philosophie. Außerdem liegt die publizierte Fassung des Vortrags *Zur Soziologie und Philosophie des Krieges* vor, den er am 30. November 1912 in Brünn vor dem Verband Deutsch-Völkischer Akademiker gehalten hatte. Auffällig ist, dass sich Spann während des Weltkrieges publizistisch nicht an der Propagierung des »Kulturkrieges« bzw. der »Ideen von 1914« beteiligte, obwohl einige von deren Grundgedanken in diesem Text bereits Ausdruck fanden. In dem Vortrag von 1912 gilt dies insbesondere für die dort erfolgte Propagierung einer germanischen Herrenrasse (vgl. Spann 1913, S. 24) und die emphatische Erwartung einer reinigenden und regenerierenden Wirkung des Krieges für Kultur und Staat (vgl. ebd., S. 29). Spanns Verachtung der Tschechen, die er im selben Vortrag als verrucht und staatsverräterisch, als Pfahl im Fleische Österreichs bezeichnete (vgl. ebd., S. 23), trug wesentlich dazu bei, dass seine Stellung an der Universität Brünn mit Ende des Jahres 1918 unhaltbar wurde.

Die universalistische Weltanschauung Spanns lässt sich bereits in seiner Dissertation finden, die in den Jahren 1903 bis 1905 in vier Teilen in der Tübinger *Zeitschrift für die gesamte Staatswissenschaft* abgedruckt wurde: Die Frage nach »dem Ganzen« sollte im Mittelpunkt der Sozialwissenschaften stehen. In diesem Sinne meint Spann: »Die Frage nach dem Gesellschaftsbegriff ist […] nichts anderes, als die Frage nach der Eigenart und nach dem Sinne der Existenz eines gesellschaftlichen Ganzen.« (Spann 1903, S. 581) Die Auswirkungen dieser Feststellung auf den Methodenstreit der sozialwissenschaftlichen Disziplinen bezeichnet er folgerichtig als einen »Streit um die Herstellung eines inneren Zusammenhanges von Teilinhalt und Ganzem, um die Bestimmung der sozialen Einzelwissenschaften als Wissenschaften von den sozialen Teilinhalten und somit letztlich um die Gewinnung eines inneren Zusammenhanges des Ganzen der sozialen Wissenschaften« (ebd., S. 578). Auguste Comte, Herbert Spencer und Albert Schäffle folgend geht er daher den Möglichkeiten einer Soziologie als allgemeiner Sozialwissenschaft oder auch als »Theorie der Gesellschaft« nach (ebd., S. 587). Der Ganzheit der Sozialwissenschaft, die in der Soziologie verwirklicht werde, entspreche auch deren Untersuchungsgegenstand, die »Einheit und Ganzheit unserer persönlichen Erfahrung, d.h. […] die empirische Ungeteiltheit und Einheit, mit der uns die Erscheinungen menschlicher Gemeinschaft entgegentreten« (ebd., S. 589f.). Seiner konkreten Untersuchung schickt Spann eine Feststellung der Überlegenheit der deutschen Soziologie voraus. Das geistige Niveau der soziologischen Literatur sei generell noch nicht hoch, jedoch sei jenes in der ausländischen Literatur im allgemeinen niedriger als in der deutschen. Er erkennt die Leistungen namentlich Spencers, Gabriel Tardes oder Émile Durkheims zwar als vorzüglich an, für das zu erörternde Problem seien ihre Beiträge dennoch zu unausgereift (vgl. ebd., S. 594f.).

Spann konstatiert drei Formen des Gesellschaftsbegriffs: Zum erkenntnistheoretischen Gesellschaftsbegriff zählt er die Thesen Rudolf Stammlers und Rudolf von Jherings; zum realistischen, empiristischen oder psychologistischen Gesellschaftsbegriff unter anderem jene von Comte, Spencer, Ferdinand Tönnies, Gustav Ratzenhofer, Wilhelm Dilthey und vor allem Georg Simmel, mit dem er sich am ausführlichsten auseinandersetzt; zu den Vertretern eines materialen Gesellschaftsbegriffs schließlich zählt er Schäffle und, wiederum, Dilthey. Die ausführliche Erörterung und Kritik der Werke dieser Autoren resultiert in der Wiederholung von Spanns eigenen Grundgedanken: Der Begriff der Gesellschaft sei »der oberste Zentralbegriff aller Sozialwissenschaft« und damit auch deren höchstes Problem – und dieses Problem sei wiederum »das originelle Problem einer selbständigen Disziplin, der Soziologie« (Spann 1905b, S. 460).

Universalismus und Individualismus werden schon vor 1918 zu den Leitkategorien in Spanns Gesellschaftslehre. Das machen seine *Haupttheorien der Volkswirtschaftslehre* (1911) deutlich, ein Werk, das als Lehrbuch für Studierende konzipiert war. Es bietet chronologisch eine Einführung in die volkswirtschaftlichen Dogmen ab dem Merkantilismus bis zur Grenznutzenlehre als aktuellstem Ansatz der Volkswirtschaftslehre zur Zeit seiner Entstehung. Die Entwicklung der Auflagen dieses Buches macht deutlich, wie der Dualismus von Individualismus und Universalismus in Spanns Werk zunehmend zum Leitkonzept und alle Fragen durchdringenden Erklärungsschema wird. Während das 1910 verfasste Vorwort zur ersten Auflage noch allgemein ein tieferes theoretisches Verständnis der nationalökonomischen Grundprobleme als Ziel betrachtete, erklärt das fünfte Vorwort von 1919 die individualistische oder universalistische Grundanschauung zum Prinzip der Interpretation der volkswirtschaftlichen Dogmen. Noch deutlicher ist in dieser Hinsicht das 1920 geschriebene Vorwort zur neunten Auflage, das im Gegensatz zur Erstfassung von 1911 die gesamte neuzeitliche Volkswirtschaftslehre einschließlich des Marxismus zur »Frucht individualistischer, aufklärerischer Denkweise« und damit zu verarmendem Denken erklärt. Die seit der ersten Auflage formulierte Absicht, die Lernenden nicht auf einen Standpunkt einzuschwören und die Berechtigung der verschiedenen Lehren zu vermitteln, wird damit zunehmend konterkariert.

Schon in der ersten Auflage präsentiert Spann die »deutsche Volkswirtschaftslehre« auf der Grundlage von Überlegungen der Romantiker wie Adam Heinrich Müller als Modell einer universalistischen Konzeption, im Gegensatz zur individualistischen Nationalökonomie von Thomas Robert Malthus und David Ricardo. Als Individualismus bezeichnet er die Auffassung, dass Staat und Gesellschaft nicht mehr als die Summe der Individuen seien. Zu diesem Konzept setzt er als polaren Gegensatz den Grundgedanken des Universalismus: dass die der Lebenskraft des Organismus vergleichbare Kraft der Gemeinschaft die Existenzgrundlage der Individuen bildet. »Der Zusammenhang, das Ganze, die Gesellschaft steht über den Individuen, da sie als das schöpferische geistige Ineinander, als die Lebensform der Individuen erscheint.« (Spann 1911, S. 22)

Während die Dissertation Spanns durch »trockene«, detaillierte Kritik gekennzeichnet ist und in den *Haupttheorien der Volkswirtschaftslehre* der Charakter als Lehrbuch zunächst eher unterschwellig mit einem eigenständigen gesellschaftstheoretischen Gedankengebäude verschränkt wird, hebt das über 350 Seiten umfassende *Kurzgefaßte System der Gesellschaftslehre* in schwärmerischem Tonfall an. Spann beginnt mit einer Huldigung der menschlichen Gesellschaft, die »eine Welt von solch vielverzweigtem Gefüge und erstaunlichem Inhalt [sei], wie sie uns selbst die Gebirge und die Himmelskörper im Raume nicht darstellen« (Spann 1914, S. 1). Die Befassung mit Gesellschaftslehre sei eine ethische Pflicht, denn sie diene der Selbsterkenntnis: »Die Gesellschaft gleicht einem wunderbaren Spiegel, der unsere eigene Wesenheit widerstrahlt«. (Ebd., S. 3) Spann geht es in dieser Studie nicht um die Diskussion der historischen und der zeitgenössischen Beiträge zur allgemeinen Gesellschaftslehre, sondern um die Darlegung seines eigenen Systems, die betont strukturiert und systematisch erfolgt. Zur Erörterung des Aufbaus der Gesellschaft setzt er bei der Unterscheidung von Vergemeinschaftung als »Empfindungsgebilde« und Vergenossenschaftung als »Handlungsgebilde« an. Im damals aktuellen Diskurs zur Dichotomie von »Gemeinschaft und Gesellschaft« vertritt er die Ansicht, dass Gemeinschaften nicht im Gegensatz zur Gesellschaft stehen, sondern als deren »Teilgestaltungen oder Objektivationssysteme« aufzufassen seien. Auf dieser Grundlage untersucht er die Gesellschaftlichkeit von Wissenschaft, Kunst, Religion, Philosophie und Moral sowie, als deren Fortsetzung, das Recht als Regelsystem für das menschliche Handeln. Die Untersuchung des Aufbaus der Gesellschaft führt in einem weiteren Schritt zu den »Systemen des Handelns oder [den] Genossenschaften«. Wirtschaftliches Handeln ist dabei nur ein Aspekt einer umfassenden Darstellung gleichgerichteten Handelns, wie an einer Reihe von weiteren Beispielen – von Bündnissen, von »Hilfshandeln« in Form von Mitteilung und Organisation, aber auch in der Form »nicht vergenossenschafteten oder gegensätzlichen Handelns« als Wettbewerb, Politik und Krieg – deutlich wird. Spann betont deren Nutzen für die Vergenossenschaftung des Menschen, wie dies auch seine Erörterung des Krieges, den er »als stärkstes und letztes Mittel hinter dem politischen Handeln« auffasst, belegt (ebd., S. 136). Er verweist auf seine eigene Schrift *Zur Soziologie und Philosophie des Krieges*, aus der er ausführlich zitiert. Er huldigt dem Krieg als »feurige[r] Arznei für die kreisenden Säfte des staatlichen Organismus«, jener säe, was danach der Friede fruchtbar mache und ernte. Ein endlos langer Friede trage ebenso große Gefahren in sich wie der Krieg, namentlich die Gefahr der Vereinzelung und Erstarrung, wohingegen der Krieg für einen höheren Grad der gemeinschaftlichen Verbindung und eine Steigerung der Lebendigkeit sorge (vgl. ebd., S. 143). Die Hochschätzung des Krieges steht bei Spann allerdings nicht in einem darwinistischen Kontext. Im Gegenteil weist er den Darwinismus, insbesondere den Sozialdarwinismus, ebenso vehement zurück wie den historischen Materialismus. Beide betrachtet er als »Kulturschaden der modernen Epoche«, da sie die Welt entwerteten und die gesellschaftliche Entwicklung mechanisierten. Spann verteidigt die »metaphysische Wurzel« der Welt, ihm geht es um die Herausarbeitung eines Wesens der gesellschaftlichen Gemeinschaften und Institutionen wie Staat, Kirche, Religion oder Kunst (vgl. ebd., Vorwort Vf.). Dementsprechend widmet er den »Einheitserscheinungen der Gesellschaft« große Aufmerksamkeit: Staat und Recht repräsentieren Spann zufolge die »ideelle Einheit« alles Handelns, die Herrschergewalt des Staates daher die Einheit der Gewalten (ebd., S. 178). »Einheit«, »Gesamtheit« und Geistigkeit sind sonach bereits in der *Gesellschaftslehre* von 1914 Leitvorstellungen, die Spanns universalistische

Staatstheorie nach dem Weltkrieg anklingen lassen. Im Ausblick darauf ist feststellbar, wie er schon in der *Gesellschaftslehre* den Gedanken zu entwickeln beginnt, dass jeder Staat notwendig bis zu einem gewissen Grade ständisch gegliedert sei. Ein umfassendes Ständekonzept ist hier jedoch noch nicht ausgearbeitet. Ein wesentlicher Teil des Buches ist allerdings der ausführlichen Konzeption des Universalismus in seiner Beziehung zum Individualismus und seiner Abgrenzung von ihm gewidmet. Grundlage des Universalismus sei die Erkenntnis des geistigen Zusammenhangs der Einzelnen als des Quellpunkts und Wesens der Gesellschaft (vgl. ebd., S. 247). Besondere Betonung legt Spann in diesem Zusammenhang auch auf die Definition der Nation. Nationale Gemeinschaft ist für ihn geistige und im Kern Kulturgemeinschaft (vgl. ebd., S. 222). Dabei vertritt er eine essentialistische Auffassung vom Wesen unterschiedlicher Nationen, die er in eine Rangordnung stellt. Denn es gebe »höher- und minderwertige Nationen und Kulturen« – eine Feststellung, mit der er in der politischen Debatte jener Zeit Partei für das »Deutschtum« gegen das »Slawentum« ergreift (ebd., S. 225f.).

Sein Schrifttum bis 1918 zeigt deutlich Spanns Begeisterung für Vorstellungen, die um Konzepte wie »das Ganze« oder »die Einheit« sowie um den Staat und die Gesellschaft als deren institutionelle und gelebte Realisierungen kreisen. Er sah in der universalistischen Konzeption sowohl ein welthistorisches ideengeschichtliches Prinzip als auch eine Antwort auf Prozesse der Moderne, die von ihm im Sinne seiner Zeit als Atomisierung oder eben Individualisierung aufgefasst wurden. Hier lag der Schwerpunkt von Spanns Tätigkeit, aber auch das Hauptgewicht seiner zeitdiagnostischen Befunde, während er die erwähnten empirischen Studien weitgehend isoliert davon betrieb. Bis 1918 lässt sich aus seiner Gesellschaftslehre noch keine deklarierte politische Zielsetzung herauslesen. Eine Konkretisierung der Gesellschaftslehre im Sinne der Programmatik für den Aufbau eines autoritären, hierarchischen Staates, wie sie bereits kurz danach im *Wahren Staat* (1921) zu finden ist, steht noch gegenüber der theoretisch-philosophischen Arbeit zurück. Deutliche politische Stellungnahmen zeigen sich aber in einer Überhöhung des Deutschtums und in Äußerungen zu einer Hierarchie der Nationen, mit denen er beispielsweise als Universitätsprofessor in Brünn Partei in einem »Volkstumskampf« ergreifen will.

Spann, Othmar (1903): Untersuchungen über den Gesellschaftsbegriff zur Einleitung in die Soziologie. Erster Teil: Zur Kritik des Gesellschaftsbegriffes der modernen Soziologie. Erster Artikel: Einleitung. In: *Zeitschrift für die gesamte Staatswissenschaft* 59/4, S. 573–596.

– (1904): Untersuchungen über den Gesellschaftsbegriff [...]. Zweiter Artikel: Die erkenntnistheoretische Lösung. In: *Zeitschrift für die gesamte Staatswissenschaft* 60/3, S. 462–508.

– (1905a): Untersuchungen über den Gesellschaftsbegriff [...]. Dritter Artikel: Die realistische Lösung. In: *Zeitschrift für die gesamte Staatswissenschaft* 61/2, S. 302–344.

– (1905b): Untersuchungen über den Gesellschaftsbegriff [...]. Vierter Artikel: Der materiale Gesellschaftsbegriff [Schluss]. In: *Zeitschrift für die gesamte Staatswissenschaft* 61/3, S. 427–460.

– (1905c): *Untersuchungen über den Begriff der Gesellschaft zur Einleitung in die Soziologie*, Bd. 1:

Zur Kritik des Gesellschaftsbegriffes der modernen Soziologie, Tübingen: H. Laupp jr. (Gebundene Ausgabe der vorgenannten vier Abhandlungen.)

– (1905d): *Untersuchungen über die uneheliche Bevölkerung in Frankfurt am Main*, Dresden: O.V. Böhmert.

– (1907): *Wirtschaft und Gesellschaft. Eine dogmenkritische Untersuchung*, Dresden: O.V. Böhmert.

– (1911): *Die Haupttheorien der Volkswirtschaftslehre auf dogmengeschichtlicher Grundlage* (= Wissenschaft und Bildung. Einzeldarstellungen aus allen Gebieten des Wissens, Bd. 95), Leipzig: Quelle & Meyer.

– (1913): *Zur Soziologie und Philosophie des Krieges. Vortrag, gehalten am 30. November 1912 im »Verband Deutsch-Völkischer Akademiker« zu Brünn*, Berlin: J. Guttentag.

– (1914): *Kurzgefaßtes System der Gesellschaftslehre*, Berlin: J. Guttentag sowie Leipzig: Quelle & Meyer.

– (1921): *Der wahre Staat. Vorlesungen über Abbruch und Neubau der Gesellschaft, gehalten im Sommersemester 1920 an der Universität Wien*, Leipzig: Quelle & Meyer.

– (1923): *Gesellschaftslehre* [1914], 2., neubearb. Aufl., Leipzig: Quelle & Meyer.

– (1963–1979): *Gesamtausgabe*, hrsg. von Walter Heinrich et al., 21 Bde., Graz: Akademische Druck- und Verlagsanstalt (ADEVA).

Weiterführende Literatur

Knoll, Reinhold (2005): Die »verdrängte« Soziologie: Othmar Spann. In: Michael Benedikt/Ders./Cornelius Zehetner (Hgg.), *Verdrängter Humanismus – verzögerte Aufklärung*, Bd. 5: *Im Schatten der Totalitarismen. Vom philosophischen Empirismus zur kritischen Anthropologie. Philosophie in Österreich 1920–1951*, Wien: Wiener Universitätsverlag WUV, S. 460–466.

Müller, Reinhard: *Othmar Spann und der »Spann-Kreis«*. Online unter: http://agso.uni-graz.at/spannkreis/index.php?ref=biografien/s/spann_othmar.

Rieber, Arnulf (1971): *Vom Positivismus zum Universalismus. Untersuchungen zur Entwicklung und Kritik des Ganzheitsbegriffs von Othmar Spann*, Berlin: Duncker & Humblot.

Suppanz, Werner (2004): Othmar Spann. Soziologie, Zeitdiagnose, Politik. In: Andreas Balog/Gerald Mozetič (Hgg.), *Soziologie in und aus Wien*, Frankfurt a.M. u.a.: Peter Lang, S. 105–129.

Werner Suppanz

TEIL H: EXEMPLARISCHE ANREGUNGEN VON SEITEN EINIGER NACHBARDISZIPLINEN – VON DER JAHRHUNDERTWENDE BIS ZUM ENDE DES ERSTEN WELTKRIEGS

Detaillierte Inhaltsübersicht von Teil H

Vorbemerkungen

In den beiden letzten Jahrzehnten der Habsburgermonarchie stammten, wie in Teil H des vorliegenden Kompendiums zu zeigen versucht wird, die maßgeblichen innerwissenschaftlichen Anregungen für die Soziologie aus den folgenden Nachbardisziplinen: Geschichtswissenschaft, Ökonomik, Rechtswissenschaften, Sozialgeographie, Ethnographie und Sozialanthropologie, Psychologie, Philosophie (einschließlich der Weltanschauungsanalyse und Methodologie), Kunstgeschichte und Ästhetik sowie Sprachanalyse und Sprachkritik. Wohl könnten auch noch – im Sinne von Rudolf Eislers in seiner *Geschichte der Wissenschaften* vorgenommenen Auflistung der »Geisteswissenschaften« (vgl. Eisler 1906) – Archäologie, Pädagogik, Theologie, Mythologie und Religionswissenschaft als weitere Nachbarfächer der Soziologie bezüglich solcher Anregungen in Betracht gezogen werden. Immer wieder kam es auf Seiten der Soziologie zur Übernahme von Methoden des Verstehens und des Erklärens aus jenen Nachbardisziplinen, die dazu dienlich waren, die mit dem eigenen Forschungsdesign verbundenen Fragen und Probleme zu beantworten bzw. zu lösen. Die Beziehungen der Soziologie zu für sie bedeutsamen geistes- und sozialwissenschaftlichen Nachbardisziplinen waren bereits Gegenstand der Ausführungen in Teil D, nur dass die Soziologie in ihrer Formierungsperiode, um die es in diesem Teil geht, in weit höherem Maße rezeptiv war als in der Zeit nach 1900; denn nun wurde die Übernahme von Methoden und Problemlösungsverfahren aus anderen Disziplinen von bereits lebhaften Wechselbeziehungen begleitet, in denen die Soziologie zu diesen stand.

Diese Interaktionen hatten noch nicht den ihnen heute oft eigentümlichen Charakter, von der Wissenschaftspolitik und deren Bürokratie angeleitet zu werden. In der Frühzeit der Soziologie in Zentraleuropa ergab sich die Kooperation von Soziologen mit Vertretern anderer wissenschaftlicher Disziplinen gewissermaßen als eine durch die Sache erzwungene Nötigung, nicht jedoch als Folge von Empfehlungen der wissenschaftspolitischen Administration. Jene Kooperation schloss heftige Diskussionen zwischen den Vertretern der verschiedenen Wissenschaftsdisziplinen nicht aus. Heutzutage, unter den Vorzeichen einer zur Routine gewordenen Interdisziplinarisierung, neigen dagegen die zur Kooperation angehaltenen Fachvertreter nicht selten dazu, im Sinne einer vorlaufenden Konsensbereitschaft dem eigenen Argument jede vom Kooperationspartner aus dem Nachbarfach möglicherweise als unangenehm empfundene Schärfe zu nehmen. Der Effekt besteht dann nicht selten darin, dass, wie unter anderem bereits Joseph Schumpeter bemerkte, die Hoffnungen auf »wechselseitige Befruchtung« zwischen den Disziplinen in beiderseitiger Impotenz enden (vgl. Schumpeter 1965, Bd. 1, S. 59).

Mit diesen Vorbehalten ist natürlich nicht grundsätzlich etwas gegen die Sinnhaftigkeit interdisziplinärer Forschung gesagt (dazu z.B. Kocka 1987). Doch man lässt es nur allzu oft bei einem nicht inter- sondern multidisziplinären Nebeneinander einzelner wissenschaftlicher Ergebnisse und bei deren Austausch bewenden. Mitunter zeigt sich erst im Nachhinein, dass nicht nur die verschiedenen Teilaspekte einer Problemexposition unvermittelt nebeneinander liegengeblieben sind, sondern dass sogar die Problemexposition für die interagierenden Forschergruppen als Ganze nicht dem Sinne nach dieselbe ist. Deutlich zeigt sich dies an heterogenen Bestimmungen dessen, was »den Menschen« oder »die Gesellschaft« bedeutungsmäßig ausmacht. Diese Bestimmungen des »Wesens« des Menschen oder der Gesellschaft können insofern dogmatisiert werden, als man die – nach Maßgabe bestimmter theoretischer Annahmen und Methoden – zwar richtige, aber notgedrungen einseitige Sicht der Dinge generalisiert. Dies bewirkt wiederum, dass dazu alternative Merkmalsbestimmungen des Forschungsgegenstandes, die in den Phänomenbefund und in die entsprechende wissenschaftliche Problemexposition eingehen hätten können, übersehen oder als »wesensfremd« ausgeklammert werden.

Mit Theorien, welche »den Menschen« in seinem Verhalten (und seiner funktionalen Bedeutung) zu erklären suchten, arbeiteten bekanntlich unter anderem Charles Darwin, Sigmund Freud, Karl Marx und Émile Durkheim. Darwin bezieht den Sinn unseres Verhaltens, einschließlich unseres Denkens, auf seine Funktion für das biologische Überleben, Freud auf seine Funktion für die Befriedigung libidinöser Bedürfnisse, Marx erklärt unser Erleben und Denken aus der Klassenlage und dem jeweiligen Klassenbewusstsein und bezieht auch den Sinn unseres Handelns auf unsere Rolle im Klassenkampf, während Durkheim und die von ihm inspirierten französischen Wissenssoziologen die Ideenwelten, einschließlich ihrer Logiken, aus dem Kollektivbewusstsein der jeweiligen Gesellschaft ableiten. »Diese Relationierung«, so führt Niklas Luhmann dazu aus, »bringt an den Tag, *daß das Erlebte auch anders möglich ist*. Ein anderes Leben würde sich in anderen Symbolen ausdrücken, seine unbefriedigten Triebe in anderen Vorstellungen sublimieren. Andere biologische Umwelten würden zu anderen Lebensordnungen führen, andere Produktionsverhältnisse zu anderen Ideologien.« (Luhmann 1976, S. 38f.) Die häufig als miteinander inkompatibel oder inkommensurabel betrachteten Bilder des Menschen oder der Gesellschaft und die ihnen entsprechenden humanwissenschaftlichen »Paradigmen« erwiesen sich dann oft als das Derivat von divergenten, weil unterschiedliche menschliche Verhaltensfunktionen betreffenden Vorstellungen.

Damit verbunden war, wenn auch zumeist nur implizit, die Behauptung der Deutungshoheit bezüglich des »eigentlichen« Charakters des von mehreren Disziplinen thematisierten Forschungsgegenstandes, was auf die Behauptung einer privilegierten Stellung der eigenen Disziplin in Bezug auf dessen Erklärung hinauslief. Auch gewisse Soziologen, so sollte sich zeigen, waren vor einem solchen Anspruchsdenken nicht gefeit und reklamierten mitunter für ihre Disziplin, die Grundwissenschaft der Gesellschaftswissenschaften schlechthin zu sein. In den folgenden Ausführungen kommt es nicht zur Erörterung solcher und verwandter, für die Methodologie der Geistes- und Sozialwissenschaften vor allem seit den 1960er Jahren signifikanter Fragen und Probleme.

Es geht vielmehr um die Rekonstruktion der von unterschiedlichen wissenschaftlichen Disziplinen geprägten Topographie jener geistigen Landschaft, in der sich die soziologische Forschung in den beiden letzten Dezennien der Habsburgermonarchie entwickelte.

Eisler, Rudolf (1906): *Geschichte der Wissenschaften*, Leipzig: J.J. Weber.
Kocka, Jürgen (Hg.) (1987): *Interdisziplinarität – Praxis – Herausforderung – Ideologie*, Frankfurt a.M.: Suhrkamp.
Luhmann, Niklas (1976): Wahrheit und Ideologie. Vorschläge zur Wiederaufnahme der Diskussion. In: Hans-Joachim Lieber (Hg.), *Ideologie – Wissenschaft – Gesellschaft. Neuere Beiträge zur Diskussion*, Darmstadt: Wissenschaftliche Buchgesellschaft, S. 35–54. (Erstmals erschienen in: *Der Staat* 1 [1962], S. 431–448.)
Schumpeter, Joseph A. (1965): *Geschichte der ökonomischen Analyse*. Nach dem Manuskript hrsg. von Elizabeth B. Schumpeter. Mit einem Vorwort von Fritz Karl Mann, 2 Bde., Göttingen: Vandenhoeck & Ruprecht. (Dieser Ausgabe liegt der im Jahr 1955 in London bei Allen & Unwin erschienene Zweitdruck der *History of Economic Analysis* zugrunde; die Übersetzung erfolgte durch Gottfried Frenzel unter Mitarbeit von Johanna Frenzel.)

Karl Acham

I. Geschichtswissenschaft, Mediengeschichte

Wilhelm Bauer – Die öffentliche Meinung und deren Medien

Seit alters her ist bekannt, dass die Menschen ihr Handeln nicht immer danach richten, was der Fall ist, sondern danach, wovon sie meinen, dass es der Fall sei. Diese Meinungen entwickeln sie in Übereinstimmung mit der sogenannten öffentlichen Meinung, mitunter aber auch im Gegensatz zu ihr. Der Wiener Historiker Wilhelm Bauer (1877–1953) wandte sich in seinem Buch *Die öffentliche Meinung und ihre geschichtlichen Grundlagen* (Bauer 1914), das im Jahre 1930 in einer zweiten, das Thema stark erweiternden Auflage unter dem Titel *Die öffentliche Meinung in der Weltgeschichte* (Bauer 1930) erschienen ist, mit den verschiedensten Formen publizistischer Erzeugnisse und anderer öffentlich wirksamer Meinungsäußerungen einer für das Verständnis der Geschichte unentbehrlichen Quellengruppe zu; dabei suchte er Antworten zu geben auf die Fragen nach den für diese Quellen jeweils maßgeblichen Gründen und Motiven, nach ihren Rezeptionsbedingungen und ihren Wirkungen. Der Verfasser bezeichnet sein Buch im Vorwort nachdrücklich als einen »Versuch«, vor allem weil er in ihm zahlreiche Wissensgebiete durchquere, so dass »jeder, der auf irgend einem Gebiete Sonderkenntnisse besitzt, da und dort Irrtümer wird nachweisen können« (Bauer 1914, S. V). Dass in diesem Zusammenhang ausführlichere Einlassungen auf die Soziologie und die mit ihr verwandten Disziplinen der Sozialpsychologie und Ethnologie unterbleiben, besagt allerdings nicht, dass Bauer auf eine Bezugnahme auf namhafte ihrer Vertreter verzichtet hätte; so wird z.B. auf Karl Bücher, Hans Gudden, Willy Hellpach, Gustave Le Bon, Adolf Menzel, Hugo Münsterberg, Albert Schäffle, Richard von Schubert-Soldern, Scipio Sighele, Georg Simmel, Werner Sombart, Ferdinand Tönnies und Alfred Vierkandt zumeist gleich mehrfach hingewiesen.

Wilhelm Bauer ist mit diesem bahnbrechenden Werk, noch vor dem von ihm wiederholt zitierten Emil Löbl (1903), als der maßgebliche österreichische Wegbereiter der in Europa erst relativ spät institutionalisierten Zeitungs- und Kommunikationswissenschaft anzusehen: sein hier in Betracht stehendes Buch ist zu einer Geschichte der Publizistik in ihrer politisch-soziologischen Bedeutung geworden. Obwohl bereits mit der Antike beginnend, liegt das Schwergewicht der Darstellungen von Bauer in den neueren Jahrhunderten: im Zeitalter der Glaubenskämpfe, in der Epoche des Absolutismus, insbesondere aber in den Geschehnissen der französischen Revolution und im modernen Pressewesen der Zeit danach. Das ausdrücklich auf die öffentliche Meinung bezogene Schrifttum, wie z.B. die Bücher und Abhandlungen von Franz von Holtzendorff (1880), Livio Minguzzi (1883) und Pietro Chimienti (1909), sucht Bauer durch seine historisch-systematisch angelegte Studie zu ergänzen und methodologisch zu fundieren, wobei er die ersten vier seiner aus acht Kapiteln bestehenden Arbeit begriffsgeschichtlichen und begriffsanalytischen Fragen widmet, die anderen vier den grundlegenden Ausdrucksmitteln der öffentlichen Meinung: den handgeschriebenen Schriften, den Druckschriften, der Zeitung und der Tat; Bauten, Bildwerke und Denkmäler werden nicht in die Betrachtung einbezogen.

Bauers begriffsgeschichtliche Ausführungen betreffen eine Vielzahl von Bezeichnungen, die nicht immer für den Bedeutungsgehalt stehen, den wir heute mit dem Ausdruck »öffentliche Meinung« verbinden, die ihm aber doch stets nahekommen. Diese Bezeichnungen reichen von Hesiods »Gerede« und den »fama et rumores« des Quintilian über Niccolò Machiavellis »pubblica voce«, Blaise Pascals »opinions du peuple« und Sir William Temples »general opinion« bis zu Jean-Jacques Rousseaus »volonté générale« und der »opinion publique« zur Zeit der französischen Revolution (Bauer 1914, S. 1–24). Der in England zum ersten Mal bewusst ausgesprochene Begriff der öffentlichen Meinung, der im revolutionären Frankreich zu einem wirksamen Schlagwort der Politik gemacht wurde, hätte dort, wie Bauer bemerkt, wohl ebenso gut als »opinion générale« Karriere machen können, da er ja als dem »Gesamtwillen« parallel laufend gedacht worden ist (ebd., S. 17). Die damals, aber auch später ständig erfolgende Bezugnahme auf die öffentliche Meinung als Anschauung der überwältigenden Mehrheit eines Volkes veranlasst Bauer zu einer klareren Fassung des Begriffs der Masse, der jene Bewusstseinshaltung eigentümlich sei.

Nach ausführlichen Analysen des Verhältnisses von Individuum und Masse im Spiegel der europäischen Ideengeschichte, die von Herodot und Platon über Livius und Cicero bis zu Friedrich von Schiller und Johann Wolfgang von Goethe reichen, kritisiert Bauer die zu seiner Zeit mitunter noch immer vertretene Ansicht, der zufolge die »Volksseele« oder der »Gesamtgeist« als denkende, fühlende und wollende Individualitäten real existieren (vgl. z.B. ebd., S. 45). Bauer will zeigen, dass die Sprachgewohnheit, die uns veranlasst, von »Gesamtgeistern« u. dgl. zu sprechen, uns nicht dazu verführen darf, von dieser Sprachkonvention auf die Existenz eines historischen Handlungssubjekts zu schließen.

Daher wendet er sich ganz nach Art des von den österreichischen Nationalökonomen seiner Zeit praktizierten methodologischen Individualismus der Analyse jener Bewusstseinsinhalte zu. Der dabei in Betracht stehende einzelne Mensch sei jedoch weder immer derselbe, noch repräsentiere er immer nur einen ganz bestimmten Typus: »So wenig man sich verleiten lassen wird, in der Masse eine über die Individuen hinausgehende einheitliche Persönlichkeit mit eigener Handlungsfähigkeit zu betrachten, so wenig darf übersehen werden, daß zwischen der psychischen Tätigkeit des Individuums als einzelnen und der des Individuums als Mitglied der Masse ein qualitativer Unterschied zu erkennen ist. Nur in diesem Sinne soll es also [...] verstanden werden, wenn von spezifischen Massenvorstellungen, -gefühlen, -stimmungen die Rede ist.« (Ebd., S. 45f.) So lasse sich beispielsweise Ungereimtes und Gegensätzliches selbst an nicht wenigen berühmten Menschen nachweisen, die in bestimmten Zusammenhängen in ihrem Urteil unbestechlich, in anderen Zusammenhängen jedoch, wenn sie unter dem Einfluss der Massensuggestion stehen, leichtgläubig oder konformistisch seien. Im letzteren Falle wirke die von Scipio Sighele (1897) analysierte und von Wilhelm Brönner (1911) so bezeichnete »Subtraktionstheorie«: Die Masse wirkt auf die Qualität der psychischen Tätigkeit des Einzelnen, indem sie seine Sondereigenschaften auf das »Mittelmaß« der allen gemeinsamen Eigenschaften zurückdrängt, im allgemeinen also seine geistigen Fähigkeiten herabmindert (vgl. Bauer 1914, S. 43).

Das Ursprüngliche, das, was zunächst von den Massen ausgeht und auf das Individuum wirkt, sei nicht eine »bestimmte Meinung«, sondern eine bestimmte »Willens- beziehungsweise Meinungs*richtung*«, wie Bauer ausführt. Es sei dies keine streng determinierende soziale Tatsache, sondern als »Willensdisposition der Menge« selbst etwas in gewissem Maße Formbares. So sei es »keineswegs ausgeschlossen, daß [...] eine machtvolle Persönlichkeit oder eine Gruppe bedeutender oder doch rühriger Menschen auch die allgemeine Willensrichtung in bestimmte vorgedachte Wege weist« (ebd., S. 61); Bauer weiß sich hier etwa in Übereinstimmung mit Ernst Bernheim (1910). Da er die »Masse« nicht als Trägerin einer »Kollektivseele« ansieht, sondern als Summe der Beziehungen zwischen den in ihr vereinigten Menschen, versteht er auch die öffentliche Meinung, das Bewusstseinskorrelat der Masse, als eine solche Beziehung: »Die öffentliche Meinung verhält sich zur Meinung des einzelnen wie die Denktätigkeit des Individuums, das sich in der Masse befindet, zu dem Denken des verhältnismäßig isolierten Individuums. Sie ist ebenso wie die Masse nur scheinbar eine Einheit, zerfällt vielmehr in eine Menge mehr oder weniger miteinander übereinstimmender Einzelmeinungen, denen allen aber gemeinsam die Abhängigkeit ist von der in der Masse gerade herrschenden Meinungs- und Willensdisposition.« (Bauer 1914, S. 65) Deshalb sei aber auch der unter anderem von Rousseau erhobene Vorwurf gegenüber dem Parteiwesen in demokratischen Gesellschaften abwegig, dass es der Einheit des Volkswillens zuwiderlaufe. Denn der sogenannte »Gesamtwille«, der ja eben nur eine Willensrichtung darstelle – Max Weber würde sagen: eine bestimmte Wahrscheinlichkeit des Denkens, Fühlens, Wollens und des dadurch bedingten sozialen Handelns –, komme erst als Resultierende der verschiedenen im Volke einander widerstrebenden und bekämpfenden Sonderkräfte zustande (ebd., S. 131). Der öffentlichen Meinung kommt nach Bauer – je nach der Situation, in der die Masse sich befindet – der Charakter der Beharrung oder der Dynamik, der Orientierung an Sitten und Gebräuchen oder an Moden, der im Gefühl fundierten Überzeugung oder der rationalen Erwägung zu (ebd., S. 147–150). Mit Blick auf das zuletzt erwähnte Begriffspaar erscheint Bauer die Annahme irrig, dass sich als Charakteristikum der öffentlichen Meinung so etwas wie eine rationale Haltung ohne Bezugnahme auf Emotionales jemals durchsetzen werde (vgl. ebd., S. 155f., 303).

Vor der Sichtung der für die Erkenntnis der öffentlichen Meinung maßgeblichen Quellen erscheint es Bauer wichtig, zunächst idealtypisch zwei Arten von Quellen, dann aber auch zwei Funktionen von Quellen zu unterscheiden: zum einen sind dies Quellen, die in der Denkrichtung, welche über einen gewissen Gegenstand augenblicklich vorherrscht, vollständig aufgehen, sowie Quellen, die sich eine größere oder geringere individuelle Selbstständigkeit jener Denkrichtung gegenüber bewahrt haben; zum anderen sind dies agitatorische Quellen mit der unbezweifelbaren Absicht, für irgendeine Anschauung Anhänger zu werben, sowie Quellen, die ohne Kampf- oder Werbeabsichten eine vorwaltende Ideendisposition zum Ausdruck bringen (ebd., S. 152). (Dazu kommen, drittens, noch solche, die, da sie nie Gelegenheit gefunden haben, auf die Mitwelt zu wirken, dem Historiker einzig über »verwehte öffentliche Meinungen« Aufschluss geben.) Sodann unternimmt es der Verfasser, die beiden zuerst erwähnten Arten von Quellen als Ausdrucksmittel der öffentlichen Meinung in ihrer agitatorischen Funktion darzustellen. Diese werden dem Leser in der ungemein gehaltvollen Untersuchung der Reihe nach, wenn auch auf oft ziemlich mäandernde Weise, vor Augen geführt. Auch hier holt der Verfasser wieder weit aus: er beginnt mit Liedern, Lyrik und Bühnenwerken der griechischen Antike, nimmt Bezug auf mittelalterliche Predigten und Traktate, sodann auf die durch die Entwicklung des Buchdrucks in ihrer Wirkung enorm gesteigerten Flugblätter, Schmähschriften und Gebetsbücher zur Zeit der Reformation und Gegenreformation, auf die Staatsreden, Denkschriften und Manifeste in der Zeit des Absolutismus, auf die wissenschaftlichen Zeitschriften und die moralischen Wochenschriften in England, auf die Gesprächsgruppen und Salons im vorrevolutionären Frankreich, auf die Agitationsprosa und Pamphletistik der französischen Revolution, und schließlich auf das moderne Pressewesen, dessen frühe Anfänge bereits im Venedig des 16. Jahrhunderts nachweisbar sind (vgl. ebd., v.a. S. 157–264).

Das Ideal einer freien Bekundung der »öffentlichen Meinung« wurde, wie Bauer ausführt, zunächst seit 1695 in England schrittweise in die Wege geleitet, also in jenem Land, das von Montesquieu und Voltaire als moralisch-politisches Vorbild angesehen wurde. Zu Beginn der Französischen Revolution kam neben England vor allem noch den USA diese Rolle zu, und unter den damals proklamierten »Menschenrechten« sah man das der freien Gedanken- und Meinungsmitteilung als eines der allerwertvollsten an. Jeder kam zunächst zu Wort, bis sich definitiv klärte, wer mit welcher Meinung der im Laufe der Zeit neu an die Macht gelangten politischen Führung im Wege stand. Die Folge bestand bekanntlich in der Wiederherstellung einer von Blutgerichten begleiteten Gesinnungspolizei (vgl. ebd., S. 120–129). Da die Machthaber auf dem Kontinent nach der französischen Revolution – im Sinne einer präventiven Maßnahme gegen die Verbreitung revolutionsfreundlicher Ideen und Aktionen auf ihrem Territorium – die Presse mit allen möglichen Schikanen verfolgten, wurde die staatliche Pressefreiheit in Österreich und den deutschen Ländern erst als eine Folge der Ereignisse von 1848 verwirklicht (ebd., S. 288, 293). In diesem Jahr europaweit sich vollziehender Revolutionen oder doch kurze Zeit danach sollte dies in der Mehrzahl der Staaten des Kontinents Fall sein.

Was die Presse damit an Freiheit gegenüber dem Staat errungen hatte, sollte sie jedoch – sobald die Zeitung in größerem oder geringerem Maße ein Geschäft, ein Gewerbe geworden war – wieder an Selbstständigkeit gegenüber ihren Konsumenten, gegenüber ihren Agenturen und insbesondere gegenüber den in ihr und durch sie wirkenden wirtschaftlichen Kräften einbüßen. Wäre für die Zeitung wirklich nur die Meinungsdisposition der Abnehmer und Leser richtunggebend, könnte man sie, wie Bauer meint, vielleicht als das Hauptorgan der öffentlichen Meinung bezeichnen. Doch obschon die Zensur des Staates beinahe überall aufgehoben ist, sei jetzt vor allem die Aufsicht durch Unternehmer und Parteiführer an deren Stelle getreten: »Die Presse ist frei, aber die Journalisten sind es nicht.« (Ebd., S. 296; vgl. auch S. 284–301.) Trotz diesen Hindernissen und Hemmungen, bemerkt Bauer, erlebe man es alle Tage, dass sich charakterfeste Journalisten darüber, was ihnen augenblicklich nützt und schadet, zu erheben wagen. Ähnlich wie solch ein oft »einfacher Mann von der Feder« (ebd., S. 301), dessen Unbefangenheit darin besteht, dass er sich im Unterschied zu allerlei Prominenz, welcher die Presse ihre Spalten zur Verfügung stellt, nicht zum Agenten einer Partialansicht macht, ist nach Bauer auch der »große Staatsmann« am Werk. Er sei dies insofern und solange, als seine Einflussnahme auf die Urteile der Menschen seiner Fähigkeit zuzuschreiben sei, die öffentliche Meinung zum Vorteile der Allgemeinheit wirken zu lassen. Mit kurzen Hinweisen auf diesen Typus des Staatsmannes unter den Bedingungen des modernen Verfassungsstaates, die in mancher Hinsicht an die viel grundlegenderen Ausführungen Max Webers zum »politischen Führertum« erinnern (vgl. Weber 1918), beschließt Bauer das letzte, der Tat als Ausdrucksmittel der öffentlichen Meinung gewidmete Kapitel des Buches.

Wilhelm Bauer, dem es mit seinem Werk gelungen ist, die wichtige Quellengruppe der einer Massenbeeinflussung dienlichen publizistischen Ausdrucksmittel in ihrer gesellschaftlich-geschichtlichen Bedingtheit und Wirkung zu erfassen, beschäftigten die Probleme der »öffentlichen Meinung« noch mehrfach (v.a. Bauer 1915, 1920). Es lohnt sich, auch einflussreiche dieser Thematik gewidmete Arbeiten späterer Autoren, wie z.B. jene von Reinhard Koselleck (1959) oder Jürgen Habermas (1971), mit Bauers materialreichem Buch zu konfrontieren, sei es, dass sie durch dieses auf wertvolle Weise ergänzt, sei es, dass sie mitunter auch korrigiert werden.

Bauer, Wilhelm (1914): *Die öffentliche Meinung und ihre geschichtlichen Grundlagen. Ein Versuch*, Tübingen: J. C. B. Mohr (Paul Siebeck).

– (1915): *Der Krieg und die öffentliche Meinung*, Tübingen: J. C. B. Mohr (Paul Siebeck).

– (1920): Das Schlagwort als sozialpsychologische und geistesgeschichtliche Erscheinung. In: *Historische Zeitschrift* 122, S. 189–240.

– (1930): *Die öffentliche Meinung in der Weltgeschichte*, Potsdam: Akademische Verlagsgesellschaft Athenaion.

Bernheim, Ernst (1910): Persönlichkeit und Masse. In: *Internationale Wochenschrift für Wissenschaft, Kunst und Technik*, Nr. 31 vom 30. Juli 1910, Sp. 961–974.

Brönner, Wilhelm (1911): Zur Theorie der kollektiv-psychischen Erscheinungen. In: *Zeitschrift für Philosophie und philosophische Kritik* 141, S. 1–40.

Chimienti, Pietro (1909): La pubblica opinione nello stato moderno [Die öffentliche Meinung im modernen Staat]. In: *Annuario della R. Università gegli Studi di Cagliari per l'anno accademico 1908–09*, S. 25–50.

Habermas, Jürgen (1971): *Strukturwandel der Öffentlichkeit. Untersuchungen zu einer Kategorie der bürgerlichen Gesellschaft* [1962], 5. Aufl., Neuwied/Berlin: Luchterhand.

Holtzendorff, Franz von (1880): *Wesen und Wert der Oeffentlichen Meinung*, 2. Aufl., München: Rieger.

Koselleck, Reinhart (1959): *Kritik und Krise. Eine Studie zur Pathogenese der bürgerlichen Welt*, Freiburg/München: Verlag Karl Alber (11. Aufl., Frankfurt a. M.: Suhrkamp 2010.)

Löbl, Emil (1903): *Kultur und Presse*, Leipzig: Duncker & Humblot.

Minguzzi, Livio (1883): *La teoria della opinione pubblica nello stato costituzionale* [Die Theorie der öffentlichen Meinung im Verfassungsstaat], Torino-Roma: L. Roux.

Sighele, Scipio (1897): *Psychologie des Auflaufs und der Massenverbrechen* [ital. 1891], übersetzt von Hans Kurella, Dresden/Leipzig: Verlag von Carl Reissner. (Dt. Neuaufl.: Saarbrücken: VDM Verlag Dr. Müller 2007.)

Weber, Max (1918): *Parlament und Regierung im neugeordneten Deutschland. Zur politischen Kritik des Beamtentums und Parteiwesens*, München/Leipzig: Duncker & Humblot; wiederabgedruckt in: Ders., *Gesammelte politische Schriften*, 4. Aufl., Tübingen: J. C. B. Mohr (Paul Siebeck) 1980, S. 306–443.

Weiterführende Literatur

Brunhuber, Robert (1907): *Das moderne Zeitungswesen (System der Zeitungslehre)*, Leipzig: G. J. Göschen.

Geiger, Theodor (1926): *Die Masse und ihre Aktion. Ein Beitrag zur Soziologie der Revolution*, Stuttgart: Ferdinand Enke.

Kesting, Hanno (1995): *Öffentlichkeit und Propaganda. Zur Theorie der öffentlichen Meinung*, Bruchsal: San-Cassiano-Verlag.

Luhmann, Niklas (1996): *Die Realität der Massenmedien*, Opladen: Westdeutscher Verlag.

Riesman, David/Nathan Glazer/Reuel Denney (1950): *The lonely crowd. A study of the changing American character*, New Haven: Yale University Press. (In dt. Übers. erschienen unter dem Titel *Die einsame Masse. Eine Untersuchung der Wandlungen des amerikanischen Charakters. Mit einem Vorwort von Helmut Schelsky*, Reinbek bei Hamburg: Rowohlt 1958.)

Karl Acham

II. Psychologie

1. PSYCHOANALYSE

Theodor Gomperz' *Traumdeutung und Zauberei* (1866) – eine Vorform von Freuds Traumdeutung?

Im April 1866 hielt Theodor Gomperz auf Einladung der Schiller-Stiftung in Brünn einen Vortrag, der noch im gleichen Jahr unter dem Titel *Traumdeutung und Zauberei. Ein Blick auf das Wesen des Aberglaubens* in Buchform erschien (Gomperz 1866). Im ersten Teil seines Vortrags schildert Gomperz die Traumtheorie des Artemidor von Daldis, eines griechischen Traumdeuters aus dem 2. nachchristlichen Jahrhundert. Mit deutlich ironischem Unterton wird dabei das Selbstverständnis des Artemidor herausgearbeitet, der seine Deutungspraxis – in strengem Unterschied zu zeitgenössischen »Gauklern« und »Wahrsagern« – als eine erfahrungsbasierte, der Wahrheit verpflichtete Tätigkeit gesehen hat. Diesen Wahrheitsanspruch begründet er mit der individualisierenden Vorgangsweise seiner Deutungskunst: So befragt er jeden Ratsuchenden ausführlich hinsichtlich seiner Lebensumstände und geistigen Verfassung, um dann zu einer individuell angemessenen Sinndeutung und Zukunftsperspektive zu kommen. Das Traumbild eines Bewohners der Unterwelt bedeutet für einen Arbeitslustigen Untätigkeit, für einen Kummervollen aber Befreiung von Not und Mühe.

Im zweiten Teil des Vortrags beschäftigt sich Gomperz mit dem »unermeßlichen Gebiet der Volksirrtümer«, genauer gesagt mit den magischen Praktiken traditioneller Völker und dem Aberglauben moderner, westlicher Gesellschaften. Die Pointe dieser Aneinanderreihung von antiker Traumdeutung, magischem Denken und modernem Aberglauben liegt in der These, dass es sich dabei um drei verwandte Varianten von »Pseudo-Wissenschaftlichkeit« handelt, in welchen auf scheinbar rationale Weise irrationale Verknüpfungen zur Beeinflussung der Wirklichkeit eingesetzt werden. Der Irrtum des magischen Denkens liege in der Verwechslung von assoziativen Ideenverbindungen mit kausalen Wirkungsketten. Diese Auffassung von Magie als Pseudowissenschaft entspricht im Wesentlichen der Magietheorie von Edward B. Tylor, dessen Buch *Researches into the Early History of Mankind* (1865) Gomperz die meisten seiner Beispiele entnommen hat und dessen Lektüre ihn vermutlich zu seinem Vortrag angeregt hat (prägnanter und ausführlicher legte Tylor seinen Ansatz 1871 in *Primitive Culture*, seinem bedeutendsten Werk, dar). Gomperz' aufklärerischer Impetus enthüllt sich am Ende seiner Ausführungen: Nur die »zergliedernde« Psychologie (genauer: die Assoziationspsychologie) in Verbindung mit der vergleichenden Geschichtsforschung könne den »bis zur Vernunftähnlichkeit umgebildeten Irrtum«, den das magische Denken darstellt, auflösen.

Fragen der Traumdeutung hatten 1866 durchaus eine gewisse Aktualität, da im 19. Jahrhundert – und zwar schon Jahrzehnte vor Freud – eine intensive Beschäftigung mit der Psychologie der Träume eingesetzt hatte (vgl. Goldmann 2003, 2005).

Bei der Frage nach der ideengeschichtlichen Wirkung dieses Textes ist in erster Line an den sozialen Nahraum von Theodor Gomperz zu denken. Als Herausgeber der deutschsprachigen Ausgabe der gesammelten Werke von John Stuart Mill trat er – nach dem vorzeitigen Tod des Übersetzers der übrigen elf Bände – auf eine Empfehlung des Philosophen Franz Brentano Ende der 1870er Jahre an den jungen Studenten Sigmund Freud heran, der mehrere Semester hindurch aktiv an Brentanos Lehrveranstaltungen teilgenommen hatte. So kam es, dass Freud den 12. Band der Mill-Gesamtausgabe übersetzte, der mehrere Abhandlungen, u. a. über Plato, die Frauenemanzipation und den Sozialismus enthält.

Wilhelm W. Hemecker, der sich wie kein anderer mit den philosophiegeschichtlichen Voraussetzungen der Psychoanalyse beschäftigt hat (vgl. Hemecker 1991), vertritt die Auffassung, dass von Gomperz der erste Anstoß zu Freuds Beschäftigung mit der Psychologie des Traumlebens ausgegangen sein könnte. Freud, der sich hinsichtlich seiner geistigen Anreger und Vorläufer generell eher bedeckt hält, erwähnt den hier thematisierten Vortrag erst 1914 in der 4. Auflage der (erstmals 1900 erschienenen) *Traumdeutung* – zwei Jahre nach Gomperz' Tod – und sieht den Unterschied zwischen seiner eigenen Deutungstechnik und jener des Artemidor von Daldis im Wesentlichen darauf beschränkt, dass sich der Hauptanteil der Aktivität vom Traumdeuter zum Träumer verschiebt. Die Parallelen zur antiken Tradition der Traumdeutung sind somit mannigfaltig: Schon Artemidor betont, dass die Deutung des Traumes nicht aus diesem selbst heraus zu erfolgen hat, sondern sich erst durch Kontexterweiterungen ergibt, die außerhalb des Traumbildes liegende individuelle Umstände einbeziehen (vgl. Walde 2001; das Wissen über die Vorgangsweise bei der Traumdeutung im Altertum hat sich in den letzten Jahren erheblich erweitert, s. dazu den von Näf 2015 gegebenen Überblick). Das Verfahren der psychoanalytischen Traumdeutung wird von Freud im 2. Kapitel der *Traumdeutung* paradigmatisch anhand seines Traumes vom 23./24. Juli 1895 (»Irmas Injektion«) vorgeführt: Der latente, unbewusste Sinn des Traumes entschlüsselt sich aus dem Kontext aller Einfälle des Träumenden, die natürlich seine gesamte Lebenssituation und Lebenseinstellung wiedergeben.

Artemidor verhilft seinen Klienten zur Kenntnisnahme einer Zukunftsaussicht, von der sie noch nichts wissen, Freud zur Kenntnisannahme eines unbewussten Wunsches – der Unterschied der beiden Gesprächsergebnisse liegt somit vielleicht nur in einer kleinen kategorialen Verschiebung. Demnach könnte Freud dem Artemidor weit mehr verdanken, als die kleine Fußnote in der *Traumdeutung* verrät (Freud 1972, S. 119).

Auf die wichtige Frage, in welcher Weise Theodor Gomperz auf Freuds Neigung, Stoffe der antiken Mythologie zur Analyse und Darstellung der Psychodynamik heranzuziehen, gewirkt hat, kann hier aus Platzgründen nicht eingegangen werden.

Freud, Sigmund (1972): *Die Traumdeutung* [1900] (= Studienausgabe, Bd. 2, hrsg. von Alexander Mitscherlich, Angela Richards und James Strachey), S. Fischer: Frankfurt a.M.
Goldmann, Stefan (2003): *Via regia zum Unbewussten. Freud und die Traumforschung im 19. Jahrhundert*, Gießen: Psychosozial-Verlag.
Gomperz, Theodor (1866): *Traumdeutung und Zauberei. Ein Blick auf das Wesen des Aberglaubens. Ein Vortrag zum Besten der deutschen Schiller-Stiftung gehalten zu Brünn am 9. April 1866*, Wien: Carl Gerold's Sohn.
Hemecker, Wilhelm W. (1991): *Vor Freud. Philosophiegeschichtliche Voraussetzungen der Psychoanalyse*, München/Hamden/Wien: Philosophia.
Näf, Beat (2015): Artemidor – antike Formen der Traumdeutung und ihre Rezeption: Joseph Ennemoser (1844) und Sigmund Freud (1900). In: Gregor Weber (Hg.), *Artemidor von Daldis und die antike Traumdeutung. Texte – Kontexte – Lektüren*, Berlin/Boston: Walter de Gruyter, S. 327 – 348.
Tylor, Edward B. (1865): *Researches into the Early History of Mankind and the Development of Civilization*, London: John Murray.
– (1871): *Primitive Culture. Researches into the Development of Mythology, Philosophy, Religion, Language, Art, and Custom*, London: John Murray.
Walde, Christine (2001): *Antike Traumdeutung und moderne Traumforschung*, Düsseldorf: Artemis & Winkler.

Weiterführende Literatur

Goldmann, Stefan (Hg.) (2005): *Traumarbeit vor Freud. Quellentexte zur Traumpsychologie im späten 19. Jahrhundert*, Gießen: Psychosozial-Verlag.
Näf, Beat (2000): Freuds »Traumdeutung« – Vorläufer in der Antike? In: Brigitte Boothe (Hg.), *Der Traum. 100 Jahre nach Freuds Traumdeutung*, Zürich: Vdf Hochschulverlag an der ETH, S. 59–79.
Rossbacher, Karlheinz (2003): *Literatur und Bürgertum. Fünf Wiener jüdische Familien von der liberalen Ära zum Fin de Siècle*, Wien/Köln/Weimar: Böhlau.

Peter Gasser-Steiner

Psychoanalyse und Kulturkritik

Die Psychoanalyse – eine Kulturtheorie?

Das Soziale ist dem im Grunde biologistischen Denken Freuds eigentlich von Anfang an eingeschrieben. In »Triebe und Triebschicksale« wird der Trieb als Begriff an der Grenze zwischen Biologie und Psychologie bestimmt. »Trieb« ist ein kontinuierlich fließendes innersomatisches Geschehen, das sich als eine fortwährende Arbeitsanforderung an das Psychische darstellt (Freud 1915, S. 214). Auch das ist, wie vieles bei Freud, ein Nachhall der alten Herbart'schen Philosophie: Das Psychische verdankt sich einer Störung, es ist aus einem Mangel heraus entstanden. Wäre die Befriedigung des Triebbedürfnisses in jedem Fall hier und jetzt möglich, gäbe es keinen psychischen Apparat. Weil man zur Befriedigung der eigenen Bedürfnisse – für das Kind gilt das auf jeden Fall, für den Erwachsenen zumindest in Bezug auf die Sexualität – notwendig auf andere angewiesen ist, ist das Psychische als Reaktion auf diesen Mangel untrennbar mit dem Sozialen verknüpft und auf dieses, nämlich auf die Beziehung zu anderen hin, angelegt; das Psychische ist in diesem Sinne von allem Anfang an also Soziales.

Die psychosexuelle Entwicklung des Einzelnen ist einer fortlaufenden Frustration seiner natürlichen Bedürfnisse geschuldet. Die Disziplinierung des Trieblebens ist der Preis für die Teilhabe am sozialen Leben. Insofern resultiert das konkrete psychische Leben aus dem Wechselspiel zweier antagonistischer Kräfte: den Triebansprüchen des Individuums und den Forderungen der Kultur. Die Psychoanalyse thematisiert beides gleichzeitig: die Auswirkungen des Anpassungsdrucks der Kultur auf das individuelle psychische Leben *und* die Mechanismen der Disziplinierung durch die Kultur. So ist sie ihrem Wesen nach Individualpsychologie und Kulturtheorie in einem. Wie Freud diesen Zusammenhang aufgefasst hat, gilt es im Folgenden nachzuzeichnen.

Gemeinhin gilt Freuds 1908 erschienener Aufsatz »Die ›kulturelle‹ Sexualmoral und die moderne Nervosität« (Freud 1908) als erste seiner Schriften, in der soziologische Aspekte des Antagonismus von Trieb und Kultur expliziert werden: Der Forderung der herrschenden Sexualmoral nach sexueller Abstinenz bis zur Ehe ist die Mehrzahl der Menschen nicht gewachsen; der legitime Sexualverkehr in der Ehe vermag, weil er selbst wieder moralischen Beschränkungen und solchen der Verhütung unterliegt, für den vor der Ehe geübten Verzicht nicht auf lange Sicht zu entschädigen; die Folge davon sind nervöse Erkrankungen, und selbst da, wo die Krankheit ausbleibt, die Zunahme von Lebensängstlichkeit, welche die Genussfähigkeit des Einzelnen, seine Tatkraft und sein Lebensglück nachhaltig schädigt.

Schon in dieser frühen Schrift werden somit die Grundgedanken der Freud'schen Kulturkritik dargelegt: erstens, dass die Kultur auf der Unterdrückung von Trieben sich aufbaut; zweitens, dass bei dieser Kulturarbeit dem Sexualtrieb eine besondere Rolle zukommt; und drittens, dass die Mehrheit einer Gesellschaft für den von ihr geleisteten Triebverzicht nicht entsprechend entschädigt wird. Diese Gedanken hat Freud in der Folge weiter vertieft in Bezug auf die latente Kulturfeindlichkeit des Einzelnen (*Das Unbehagen in der Kultur*, 1930); dann in Bezug auf die Kritik der Religion (z.B. *Totem und Tabu*, 1912/13, sowie Freud 1927, 1939); und schließlich in Bezug auf eine Sozialpsychologie der Masse (*Massenpsychologie und Ich-Analyse*, 1921).

Angewandte Psychologie – nicht Soziologie

Man darf sich aber von der Kenntnis des Endes von Freuds Arbeit an der Entfaltung seiner Theorie nicht in die Irre führen lassen: davon nämlich, dass er nach seiner Krebserkrankung 1923 zu »jenen kulturellen Problemen zurückgekehrt« ist, die ihn, »den kaum zum Denken erwachten Jüngling«, in seiner Gymnasialzeit »gefesselt hatten« (Freud 1935, S. 32). Denn in den Jahrzehnten zuvor hat er die Psychoanalyse als *Individual-* und nicht als *Sozial*psychologie entwickelt. In der historischen Rekonstruktion wird sich zeigen, dass aus seiner Sicht weder die Kulturtheorie, noch die Sozialpsychologie oder gar die Soziologie einen legitimen Anspruch auf Selbständigkeit als wissenschaftliche Disziplinen stellen können. Bei der wissenschaftlichen Ergründung des Sozialen handelte es sich für Freud um angewandte Psychologie: um die Anwendung der Resultate der am Individuum gefundenen Gesetze der psychischen Entwicklung auf Gesellschaft und Kultur.

Im Folgenden sollen die Anfänge der psychoanalytischen Theorie in aller Kürze nachgezeichnet werden. Deren Pointe liegt letztlich darin, dass das Freud'sche Denken sich als zirkulär erweist: Die Entdeckung des Ödipus-Konflikts beflügelt die Religionskritik der Schrift *Totem und Tabu*, die Ergebnisse der Religionskritik wiederum werden zur (biologischen) Fundierung der Ubiquität des Ödipuskomplexes herangezogen.

Die Entwicklung der Psychoanalyse als Individualpsychologie: Verdrängung, Abwehr, Ödipus-Komplex

Zur Psychologie ist Freud von der Medizin bzw. der Biologie gekommen. Der Weg, den er dabei zurücklegt hat, war alles andere als geradlinig: Als 1895 sein erster Ansatz zu einer psychologischen Theorie der Neurosenentstehung in den gemeinsam mit seinem damaligen Freund und Förderer Josef Breuer verfassten *Studien über Hysterie* (Breuer/ Freud 1895) erschien, versuchte er sich auch noch an der Entwicklung einer völlig a-psychologischen Theorie, an seinem »Entwurf einer Psychologie [für Neurologen]« (Freud 1950 [1895]).

In den *Studien über Hysterie* ist Freuds Anschauung – im Gegensatz zur Breuer'schen – tatsächlich bereits eine rein psychologische: Die Neurose wird aus dem Zusammenspiel von Verdrängung und Abwehr erklärt. Und Freuds Anschauung enthält auch schon jenen Grundsatz, der späterhin für die Distinktion von Orthodoxie und Heterodoxie in der Geschichte der psychoanalytischen Bewegung so bestimmend sein wird: das Postulat nämlich, dass jede neurotische Entwicklung im Sexuellen gründet. Nach Freuds früher Theorie sind es verdrängte Erinnerungen an ein sexuelles Kindheitstrauma, die vom Erwachsenen aktualisiert werden; die gegen das Bewusstwerden gerichtete Abwehr bringt als Kompromissbildung die Neurose hervor. Es ist wichtig zu sehen, dass nicht das Trauma selbst die Symptome verursacht, sondern die »Abkömmlinge« unbewusster Erinnerungen daran. Freud hat diese »Verführungstheorie« bald wieder aufgegeben: Weil es im Unbewussten keine Unterscheidung zwischen Phantasie und Wirklichkeit geben kann, ist es unerheblich, ob die Verführungsszene tatsächlich frühkindlich stattgefunden hat oder bloß phantasiert wurde – und zwar vom Erwachsenen phantasiert; die infantile Sexualität hatte Freud damals noch nicht entdeckt.

Von seinem Freund und Alter Ego, dem Berliner HNO-Arzt Wilhelm Fließ angeregt, versuchte Freud den zweiseitigen Ansatz der Entwicklung der Neurose – »zweiseitig« meint hier ein In-Beziehung-Setzen von Vorgängen in der frühen Kindheit mit deren Aktualisierung im Erwachsenenalter – über das Konzept der Bisexualität zu »retten«: Kinder sind ihrer Anlage gemäß bisexuell, Pubertät und Adoleszenz erzwingen die Verdrängung der gegengeschlechtlichen Anteile. Letztlich führte Freud dieser rasch als solcher erkannte Irrweg zur Anerkennung der infantilen Sexualität. In den *Drei Abhandlungen zur Sexualtheorie* (Freud 1905) sind es die polymorph-perversen Anteile der kindlichen Sexualität, die auf dem Weg zur Entwicklung einer letztlich normativ gesetzten erwachsenen Heterosexualität verdrängt, d.h. unter dem Primat einer sich letztlich im Geschlechtsverkehr zwischen Mann und Frau realisierenden Genitalität integriert werden müssen; aus dem Ungenügen der Verdrängung resultieren die verschiedenen Formen psychoneurotischer Störungen, aus dem Versagen der Verdrängung die verschiedenen Formen der Perversion.

Den Ödipus-Mythos hat Freud bereits 1900 (von November 1899 vordatiert) in seiner *Traumdeutung* mit seinen bis dahin entwickelten psychologischen Auffassungen in Verbindung gebracht. Aber erst Jahre später, in der Beschäftigung mit infantilen Sexualtheorien – und mit der Einsicht, wie sehr die Wahl des Sexualpartners durch die frühen Beziehungen zu den Eltern prädisponiert ist –, begann Freud das Thema der Sophokles-Tragödie als »Kernkomplex« in sein Theoriegebäude über die infantile Sexualität einzubauen. Die Entwicklung des frühkindlichen Sexuallebens gipfelt nun im Ödipus-Komplex: »Jedem menschlichen Neuankömmling ist die Aufgabe gestellt, den Ödipuskomplex zu bewältigen; wer es nicht zustande bringt, ist der Neurose verfallen.« (Freud 1905, S. 127, Anm. 2 [Zusatz 1920])

Die Entfaltung der verschiedenen Formen der infantilen Sexualität – nach und nach hat Freud sie in einzelne Phasen unterteilt – ist biologisch determiniert, die ödipale Situation also eine dem Menschen von seiner Biologie aufgezwungene Bestimmung. Freilich ist der Ausgang der Entwicklung in jedem Fall offen. Was dem Einzelnen auf welche Weise auch immer mit seinen Verdrängungsleistungen gelingen oder misslingen mag, ist sowohl durch seine je spezifische Konstitution als auch durch seinen je spezifischen Bezug auf andere bestimmt. In dieser Hinsicht spiegelt die Freud'sche Theorie – trotz ihres biologischen Determinismus – ein zentrales Moment der Moderne wider: die Kontingenz der individuell-persönlichen Entwicklung.

Die Entstehung der Kultur und die biologische Fundierung des Ödipus-Komplexes

Die Psychoanalyse ist Individualpsychologie auch insofern, als sie die psychischen Bildungen – Traum, Witz, die Fehlleistungen des Alltags, schließlich auch künstlerische und literarische Erzeugnisse – gleich den Psychoneurosen als Resultat des Kampfes zwischen dem bedrängenden unbewussten Begehren und dem Versuch seiner Unterdrückung, also als Kompromissbildungen zwischen verdrängten Wünschen und ihrer Abwehr darstellt. Gegen Ende des ersten Jahrzehnts des 20. Jahrhunderts begannen die Schüler um Freud die Gültigkeit dieser Formel auf kollektiv-kulturelle Hervorbringungen, auf Mythen und Märchen anzuwenden (vgl. z.B. Riklin 1908, Abraham 1909, Rank 1922 [1909]). Von der Konkurrenz zu seinem »Kronprinzen«, der konfliktreichen Beziehung zu seinem Wahlsohn Carl Gustav Jung getrieben, ließ Freud sich schließlich auch selbst auf das Feld der Mythenanalyse, und das hieß in diesem Fall: auf das Feld der Religionskritik führen (Benetka 2017). Und doch war dieses Feld von ihm schon einige Jahr zuvor für alles Spätere aufbereitet worden: In der für seine Denkbewegung so charakteristischen Parallelisierung von individueller und kultureller Entwicklung hatte Freud auf die Ähnlichkeiten zwischen neurotischen Zwangshandlungen und religiösen Ritualen hingewiesen: »Nach diesen Übereinstimmungen und Analogien könnte man sich getrauen, die Zwangsneurose als pathologisches Gegenstück zur Religionsbildung aufzufassen, die Neurose als eine individuelle Religiosität, die Religion als eine universelle Zwangsneurose zu bezeichnen.« (Freud 1907, S. 138f.)

Den »letzte[n] Grund der Religionen« machte Freud schließlich, wie er Sándor Ferenczi am Neujahrstag des Jahres 1910 mitteilte, in der »infantile[n] Hilflosigkeit des Menschen« fest (Freud/Ferenczi 1993, S. 191). In seiner Schutzlosigkeit gegenüber den Unbilden des Lebens, gegenüber der eigenen Hinfälligkeit, gegenüber den Gefahren der Natur und all den Widernissen, die das Zusammenleben mit den Anderen mit sich bringt, wiederholt der Erwachsene Erfahrungen aus seiner Kindheit – und zwar deshalb, weil diese Situation eben »nichts Neues« für ihn ist, wie es später heißen sollte: »Sie hat ein infantiles Vorbild, […] denn in solcher Hilflosigkeit hatte man sich schon einmal befunden, als kleines Kind einem Ehepaar gegenüber, das man Grund hatte zu fürchten, zumal den Vater, dessen Schutzes man aber auch sicher war gegen die Gefahren, die man damals kannte.« (Freud 1927, S. 338) Aus dieser ambivalenten Einstellung zum Vater, der sowohl drohend als auch schützend allmächtig erscheint, nährt sich das religiöse Bedürfnis: Aus dem »Material der Erinnerungen an die Hilflosigkeit der eigenen und der Kindheit des Menschengeschlechts« geht der ganze Schatz an religiösen Vorstellungen hervor (ebd., S. 340).

Das Material aus der »Kindheit des Menschengeschlechts« versuchte Freud in *Totem und Tabu* (Freud 1912/13) bloßzulegen. Durch die Psychoanalyse klärt sich nun das rätselhafte System des Totemismus: warum sich die schützende Gottheit zunächst in Form eines Tieres offenbarte, warum »ein Verbot bestand, dieses Tier zu töten und zu verzehren und doch die feierliche Sitte, es einmal im Jahr gemeinsam zu töten und zu verzehren« (Freud 1927, S. 344–345), warum das strikte Gebot der Exogamie galt. Die Analyse der Tierphobie (wie sie uns in der berühmten Fallgeschichte des »kleinen Hans« begegnet, vgl. Freud 1909) legt es nämlich nahe, das Totemtier als Ersatzvorstellung für den Vater zu nehmen: »[...] dann fallen die beiden Hauptgebote des Totemismus, die beiden Tabuvorschriften, die seinen Kern ausmachen, den Totem nicht zu töten und kein Weib, das dem Totem angehört, sexuell zu gebrauchen, inhaltlich zusammen mit den beiden Verbrechen des Ödipus, der seinen Vater tötete und seine Mutter zum Weibe nahm, und mit den beiden Urwünschen des Kindes, deren ungenügende Verdrängung oder deren Wiedererweckung den Kern vielleicht aller Psychoneurosen bildet.« (Freud 1912/13, S. 417) Der Ödipuskomplex ist also, wie Freud schrieb, »die Wurzel aller religiösen Gefühle« (Freud an Jung, Brief vom 1.9.1911; Freud/Jung 1974, S. 487).

Sozialpsychologie der Organisation?

Der Vatermord schreibt sich – oft und oft ist auf diese lamarckistische Denkfigur verwiesen worden – irgendwie in das Erbgut der Menschen ein. Das hat zur Folge, dass jedes neue Menschenkind – in welche Kultur auch immer es geboren wird – sich im Laufe seiner psychischen Entwicklung einer Art Aktualisierung des frühen Ur-Dramas der Gefühlsambivalenz gegenüber dem Vater, und zwar am »Material« seiner eigenen Familie, zu stellen hat. Freud selbst hielt diese anthropologische Verankerung des Ödipus-Komplexes für einen seiner wichtigsten Beiträge zur Theoriebildung der Psychoanalyse; sein Leben lang blieb *Totem und Tabu*, das aus vier Abhandlungen besteht, sein Lieblingswerk (Grubrich-Simitis 1974, S. 289). Aus sozialpsychologischer Sicht ist vor allem das Datum seiner Entstehung interessant: Mag sein, dass der nicht mehr aufzuhaltende Abfall C.G. Jungs und die Reaktion der ihm treu gebliebenen »Söhne«, mit dem »Geheimen Komitee« eine Art Schutzgarde zu bilden, die den Meister vor dem drohenden »Vatermord« schützen sollte, Freuds Phantasie- und Schreibtätigkeit über die Maßen beflügelt hat. *Totem und Tabu* wäre dann – nicht nur, aber auch – als eine mythologisch verbrämte Organisations- und Sozialpsychologie der psychoanalytischen Bewegung zu lesen (Erdheim 1991).

Abraham, Karl (1909): *Traum und Mythus. Eine Studie zur Völkerpsychologie*, Leipzig: Deuticke.

Benetka, Gerhard (2017): *Die Psychoanalyse der Schüler um Freud. Entwicklungen und Richtungen*, Wiesbaden: Springer.

Erdheim, Mario (1991): Einleitung. Zur Lektüre von Freuds *Totem und Tabu*. In: Sigmund Freud, *Totem und Tabu. Einige Übereinstimmungen im Seelenleben der Wilden und der Neurotiker*, Frankfurt a.M.: Fischer, S. 7–42.

Breuer, Josef/Sigmund Freud (1895): *Studien über Hysterie*, Leipzig: Deuticke.

Freud, Sigmund (1905): Drei Abhandlungen zur Sexualtheorie. In: Ders., *Gesammelte Werke*, Bd. 5, Frankfurt a.M.: Fischer 1999, S. 27–145.
– (1907): Zwangshandlungen und Religionsübungen. In: Ders., *Gesammelte Werke*, Bd. 7, Frankfurt a.M.: Fischer 1999, S. 129–139.
– (1908): Die »kulturelle« Sexualmoral und die moderne Nervosität. In: Ders., *Gesammelte Werke*, Bd. 7, Frankfurt a.M.: Fischer 1999, S. 141–167.
– (1909): Analyse der Phobie eines fünfjährigen Knaben. In: Ders., *Gesammelte Werke*, Bd. 7, Frankfurt a.M.: Fischer 1999, S. 241–377.
– (1912/13): Totem und Tabu. Einige Übereinstimmungen im Seelenleben der Wilden und der Neurotiker. In: Ders., *Gesammelte Werke*, Bd. 9, Frankfurt a.M.: Fischer 1999.
– (1915): Triebe und Triebschicksale. In: Ders., *Gesammelte Werke*, Bd. 10, Frankfurt a.M.: Fischer 1999, S. 210–232.
– (1921): Massenpsychologie und Ich-Analyse. In: Ders., *Gesammelte Werke*, Bd. 13, Frankfurt a.M.: Fischer 1999, S. 71–161.
– (1927): Die Zukunft einer Illusion. In: Ders., *Gesammelte Werke*, Bd. 14, Frankfurt a.M.: Fischer 1999, S. 325–380.
– (1930): Das Unbehagen in der Kultur. In: Ders., *Gesammelte Werke*, Bd. 14, Frankfurt a.M.: Fischer 1999, S. 419–506.
– (1935): Nachschrift 1935 [Zur Selbstdarstellung 1925]. In: Ders., *Gesammelte Werke*, Bd. 16, Frankfurt a.M.: Fischer 1999, S. 31–34.
– (1939): Der Mann Moses und die monotheistische Religion: Drei Abhandlungen. In: Ders., *Gesammelte Werke*, Bd. 14, Frankfurt a.M.: Fischer 1999, S. 103–246.
– (1950 [1895]): Entwurf einer Psychologie. In: Ders., *Gesammelte Werke*, Nachtragsband, Frankfurt a.M.: Fischer 1999, S. 387–477.
– /Carl Gustav Jung (1974): *Briefwechsel*, Frankfurt a.M.: Fischer.
– /Sándor Ferenczi (1993): *Briefwechsel*, Bd. 1.1: *1908 bis 1911*, Wien: Böhlau.
Grubrich-Simitis, Ilse (1974): Editorische Vorbemerkung [zu Freuds *Totem und Tabu*]. In: Sigmund Freud, *Studienausgabe*, Bd. 9: *Fragen der Gesellschaft, Ursprünge der Religion*, Frankfurt a.M.: Fischer, S. 288–290.
Rank, Otto (1922): *Der Mythus von der Geburt des Helden. Versuch einer psychologischen Mythendeutung* [1909], 2. Aufl., Leipzig: Deuticke.
Riklin, Franz (1908): *Wunscherfüllung und Symbolik im Märchen*, Wien: Heller.

Weiterführende Literatur

Mayer, Andreas (2016): *Sigmund Freud zur Einführung*, Hamburg: Junius.
Nitzschke, Bernd (Hg.) (2011): *Die Psychoanalyse Sigmund Freuds. Konzepte und Begriffe*, Wiesbaden: VS Verlag für Sozialwissenschaften
Zaretsky, Eli (2004): *Freuds Jahrhundert. Die Geschichte der Psychoanalyse*, Wien: Zsolnay.

Gerhard Benetka

2. INDIVIDUALPSYCHOLOGIE

Alfred Adlers Individualpsychologie – Minderwertigkeit und ihre Kompensation

Über eine frühe – vielleicht überhaupt die erste – Zusammenkunft jener Anhänger, die Sigmund Freud vom Spätherbst 1902 an um sich zu scharen begann, wissen wir durch ein Feuilleton Bescheid, das Wilhelm Stekel für das *Prager Tagblatt* verfasst hat. Die fünf Herren, die bis spät in die Nacht Freuds Wartezimmer in der Berggasse mit ihren Zigarren verqualmten, sprachen – über die Psychologie des Rauchens. In Stekels Text werden die handelnden Personen nicht beim Namen genannt: Freud firmiert als »der Meister«, Stekel selbst als »der Unruhige«, Alfred Adler als »der Sozialist« (vgl. Handlbauer 1989).

Mit dem Sozialismus war der aus kleinbürgerlichen Verhältnissen stammende Alfred Adler gegen Ende seines Medizinstudiums an der Universität Wien in Berührung gekommen. Die beruflichen Erfahrungen, die er dann als junger Arzt an der Wiener Poliklinik mit der kostenlosen Behandlung mittelloser Patienten und in freier Praxis im zweiten Wiener Gemeindebezirk mit den Krankheiten und Alltagssorgen »kleiner Leute« machen konnte, bestärkten ihn nur in seinem politischen Engagement: In einer Reihe sozialmedizinischer Veröffentlichungen thematisierte Adler den Zusammenhang von Klassenlage und Krankheitsrisiken und trat für Verbesserungen in der öffentlichen Gesundheitspflege und der medizinischen Versorgung armer Bevölkerungsschichten ein, in Publikationsorganen der österreichischen Sozialdemokratie brandmarkte er die Folgen der zeitgenössischen Klassenmedizin.

1904 erschien Adlers Aufsatz »Der Arzt als Erzieher«, eine letzte vor-analytische, d.h. noch nicht unmittelbar der Propagierung der Freud'schen Lehre gewidmete Schrift. Ist es Zufall, dass sich gerade darin einige jener Ideen vorweggenommen finden, die später zum Kernbestand von Adlers eigener Psychologie zählen werden? Propagiert wird jedenfalls eine Pädagogik, die auf die Überwindung von Schwäche abzielt und auch schon auf die Pflicht des einzelnen, sich der Gemeinschaft unterzuordnen (Adler 1904).

Adler selbst war ein kränkliches Kind gewesen: rachitisch, unter Stimmritzenkrämpfen leidend, mit fünf beinahe an einer Lungenentzündung gestorben; gleich zwei Mal wurde er auf offener Straße von einem Pferdewagen angefahren. Der autobiographische Kontext ist also nicht zu übersehen: Es ist eben dieser Aspekt der körperlichen Schwäche, von dem aus Adler zunächst noch im Rahmen des Freud-Kreises das psychische Leben verstanden wissen will. Seine Lehre, dass jeder neurotischen Entwicklung die »Minderwertigkeit« eines oder mehrerer Körperorgane zugrunde liegt (Adler 1907), ist von Freud zunächst als biologische Vertiefung des psychoanalytischen Ansatzes ausdrücklich begrüßt worden. Konstitutionell eingeschränkte Körperfunktionen machen Anpassungsleistungen des Zentralnervensystems – also psychische Anpassungen: das Streben nach Kompensation – notwendig. Die Neurose zeugt davon, dass solche Anpassungsleistungen fehlgeleitet, d.h. misslungen sein können.

Adler sei der »stärkste Kopf der kleinen Vereinigung«, schrieb Freud im Jänner 1908 (Benetka 2017, S. 6–8). Kein Wunder, dass Adler – derart bestärkt durch des Meisters Lob – sich nun auch sehr grundsätzlichen Fragen der Psychoanalyse, z.B. Unklarheiten in der Freud'schen Triebtheorie, zuzuwenden begann. Die Pointe von Adlers Referat über den Aggressionstrieb (Adler 1908) ist in der Euphorie des Zustandekommens einer ersten überregionalen Zusammenkunft der Psychoanalytiker in Salzburg 1908 zunächst allerdings noch untergegangen: Entgegen Freuds damaliger Auffassung, nach der die Aggression unter die Selbsterhaltungstriebe subsummiert wird, wurde von Adler ein eigenständiger Aggressionstrieb als somatische Grundlage der von ihm postulierten Kompensation behauptet – als ein biologisches Konzept zunächst, mit dem sich aber, wie sich bald zeigen sollte, die Wendung der Adler'schen Theorie vom Biologischen ins rein Psychologische ihren Weg zu bahnen begann.

Bereits ein Jahr später war dieser Perspektivenwechsel vollzogen und die biologische Argumentation zugunsten einer erlebnispsychologischen in den Hintergrund gerückt (Adler 1909): aus der »Organminderwertigkeit« wurde das »Minderwertigkeitsgefühl«, aus der »Aggression« der »männliche Protest«, den Adler später durch das »Streben nach Macht und Überlegenheit« ersetzen sollte. Interessant ist, dass Adler dieses neue Konzept unter der Bezeichnung »psychischer Hermaphroditismus« (Adler 1910a) einführte. In kulturpsychologischer Terminologie könnte man sagen, dass die kulturelle Abwertung des Weiblichen die psychosexuelle Entwicklung der Heranwachsenden entscheidend prägt: Das Kind muss in dieser Welt seine Unterlegenheit gegenüber den Erwachsenen als »weiblich«, als »minderwertig« erfahren, der »Protest« greift dann zurück auf das ganze kulturelle Arsenal des Männlichkeitswahns. Ganz bewusst begann Adler gegen Freuds Festhalten am Primat der Sexualität in der Entwicklung der Neurose seine Formel vom »sexuellen Jargon der Neurose« zu setzen (Adler 1910b; zit. nach 2007, v.a. S. 142–144): beim neurotisch disponierten Kind beginnt der männliche Protest sich sexuell einzukleiden, d.h. sich die Form männlicher Sexualphantasien zu geben. Der Vorwurf an die Adresse von Freud ist damit klar: dass die orthodoxe Auffassung Inzestphantasien für bare Münze nimmt, obwohl diese doch tatsächlich nichts als Schein sind, nichts anderes als kulturell bedingte Kostümierung. Freud war schockiert.

Zu Beginn des Jahres 1911 wurde vereinbart, dass Adler einen Gesamtüberblick über seine neuen Theorien vor den Mitgliedern der Wiener Psychoanalytischen Vereinigung zur Diskussion stellen sollte (vgl. dazu Handlbauer 1990). Adler referierte in den Sitzungen vom 4. Jänner und 1. Februar, am Ende des zweiten Vortrags vernichtete Freud in einem offenbar von langer Hand vorbereiteten Ko-Referat die Adler'sche Position als »Oberflächen-Psychologie«. Die folgenden Sitzungen am 8. und am 22. Februar fanden in einer emotional sehr angespannten Atmosphäre statt; am Ende war die Stimmung gegen Adler und gegen die kleine Schar seiner Mitstreiter offen grob und feindselig geworden: Antimodernist und Reaktionär musste Adler sich schimpfen lassen. Im Anschluss an die letzte Sitzung legte Adler sein Mandat als Obmann der Vereinigung »wegen Inkompatibilität seiner wissenschaftlichen Stellung und seiner Stellung im Verein nieder« (Nunberg/Federn 1979, S. 172). An Jung schrieb Freud, dass er mit 1. März 1911 per Akklamation zum neuen Obmann der Wiener Gruppe gewählt wurde: »Ich betrachte mich nun als Vollstrecker der Rache der beleidigten Göttin Libido.« (Freud/Jung 1974, S. 442)

Im Juni 1911 trat Adler aus der Wiener Psychoanalytischen Vereinigung aus und gründete mit seinen Getreuen den Verein für freie Psychoanalyse. Für die Neuausgabe seiner Schriften tilgte er die positiven Bezugnahmen auf Freud und die Psychoanalyse (Adler/Furtmüller 1914), an den Grundzügen seiner im Rahmen der Freud'schen Theorie entwickelten Psychologie, die er nun als »Individualpsychologie« bezeichnete, hielt er aber weiter fest. Von 1920 an erweiterte er seine Konzeption um das Moment eines biologisch fundierten Gemeinschaftsstrebens, das er als Antagonisten dem von ihm nach der Aufgabe der Bezugnahme auf den psychischen Hermaphroditismus eingeführten »Willen zur Macht« entgegenstellte.

Adler, Alfred (1904): Der Arzt als Erzieher. In: Adler 2007, Bd. 1, S. 26–34.
– (1907): *Studie über Minderwertigkeit von Organen*, Wien: Urban & Schwarzenberg
– (1908): Der Aggressionstrieb im Leben und in der Neurose. In: Adler 2007, Bd. 1, S. 64–76.
– (1909): Über neurotische Disposition. Zugleich ein Beitrag zur Ätiologie und zur Frage der Neurosenwahl. In: Adler 2007, Bd. 1, S. 82–102.
– (1910a): Der psychische Hermaphroditismus im Leben und in der Neurose. Zur Dynamik und Therapie der Neurosen. In: Adler 2007, Bd. 1, S. 103–113.
– (1910b): Die psychische Behandlung der Trigeminusneuralgie. In: Adler 2007, Bd. 1, S. 133–153.
– /Carl Furtmüller (Hgg.) (1914): *Heilen und Bilden. Ärztlich-pädagogische Arbeiten des Vereins für Individualpsychologie*, München: Reinhardt.
– (2007–2010): *Studienausgabe*, 7 Bde., hrsg. von Karl Heinz Witte, Göttingen: Vandenhoeck & Ruprecht; hier von Belang: Bd. 1 (2007): *Persönlichkeit und neurotische Entwicklung. Frühe Schriften (1904–1912)*, hrsg. von Almuth Bruder-Bezzel.
Benetka, Gerhard (2017): *Die Psychoanalyse der Schüler um Freud. Entwicklungen und Richtungen*, Wiesbaden: Springer.
Freud, Sigmund/Carl Gustav Jung (1974): *Briefwechsel*, Frankfurt a.M.: S. Fischer.
Handlbauer, Bernhard (1989): Gespräch über das Rauchen. Das 1. Protokoll der Mittwoch-Gesellschaft. In: *Werkblatt 20/21*, S. 63–71.
– (1990): *Die Adler-Freud-Kontroverse*, Frankfurt: Fischer.
Nunberg, Herman/Ernst Federn (Hgg.) (1979): *Protokolle der Wiener Psychoanalytischen Vereinigung*, Bd. 3: *1910–1911*, Frankfurt a.M.: S. Fischer.

Weiterführende Literatur

Bruder-Bezzel, Almuth (1991): *Die Geschichte der Individualpsychologie*, Frankfurt: Fischer.
EllenbergerTaggen, Henry F. (1970): *Die Entdeckung des Unbewussten. Geschichte und Entwicklung*

der dynamischen Psychiatrie von den Anfängen bis zu Janet, Freud, Adler und Jung, Bern: Huber 1996.

Handlbauer, Bernhard (1990): *Die Entstehungsgeschichte der Individualpsychologie Alfred Adlers*, Wien: Geyer.

Rieken, Bernd (Hg.) (2011): *Alfred Adler heute. Zur Aktualität der Individualpsychologie*, Münster: Waxmann.

Gerhard Benetka

3. DIE ANFÄNGE DER BÜHLER-SCHULE

Karl Bühler vor 1918 – Prolegomena zur Wiener Schule der Psychologie

Die Veröffentlichung des ersten Teils seiner Habilitationsschrift *Tatsachen und Probleme einer Psychologie der Denkvorgänge* (Bühler 1907) hat Karl Bühler in der Fachwelt schlagartig bekannt gemacht. Seit 1905 arbeitete er an dem von Oswald Külpe geleiteten Psychologischen Institut in Würzburg, seit Herbst 1906 fix angestellt als Assistent. Die methodische Innovation, für die die Würzburger Schule stand, war in den Jahren zuvor von Narziss Ach (etwa in dem 1905 erschienenen Buch *Über die Willenstätigkeit und das Denken*) entwickelt worden: die rückschauende Selbstbeobachtung von unter experimentellen Bedingungen erzeugten Erlebnissen – im Falle Achs eben von Willensvorgängen. Ganz allgemein von einer »rückschauenden« Introspektion in Bezug auf diese Untersuchungen zu sprechen ist eigentlich nicht zutreffend. Für Ach handelt es sich nämlich um Selbstbeobachtung im strengen Sinn, weil er behaupten kann, dass die mentalen Akte, die die experimentell erzeugten Willenshandlungen begleiten, perseverieren und daher für längere Zeit stabil genug sind, um für eine Beobachtung durch die Versuchsperson zur Verfügung zu stehen. In Bühlers denkpsychologischen Arbeiten ist dieses Argument jedoch hinfällig. Bei ihm geht es eindeutig um eine »Rückschau«, in der die Versuchspersonen ihre Erlebnisse beim Lösen von Denkaufgaben zu Protokoll geben.

Mit Vorgriff auf jenes Arbeitsgebiet, das Karl Bühler dann in seiner Wiener Zeit von 1922 an beschäftigen sollte – die Sprachtheorie (Bühler 1934) –, hat Achim Eschbach (2015, S. 10), einer der ausgewiesenen Kenner des Bühler'schen Werkes, gemeint, dass Bühler schon mit seiner Denkpsychologie den seit jeher auf das Individualpsychische beschränkten Zugang der Psychologie aufgesprengt habe. In den frühen Würzburger Arbeiten scheint auf den ersten Blick jedoch eher das Gegenteil der Fall zu sein. Was Bühler zeigen wollte, ist, dass – im Gegensatz zu dem von Wilhelm Wundt vertretenen Methodendualismus (Benetka 2002) – eine Psychologie der höheren psychischen Funktionen, insbesondere eben auch eine Psychologie des Denkens, nicht des Umwegs über eine Völkerpsychologie, oder, wie wir heute sagen würden: nicht des Umwegs über eine Kulturpsychologie bedarf, sondern experimentell, in der Diktion Wundts: als individuelle Psychologie, betrieben werden kann. Wundt hat denn auch sofort Einwände erhoben gegen die Würzburger Denkpsychologie, die Bühler'sche Versuchsanordnungen geißelte er als »Scheinexperimente« (Wundt 1907).

Die Aufsprengung der individualistischen Einengung des Psychischen bereitete sich bei Bühler im Zuge seines fortgesetzten Bemühens um eine Grundlegung der Psychologie in der Biologie vor. Gedächtnis- und wahrnehmungspsychologische Untersuchungen über Raum- und Zeitwahrnehmung lieferten zunächst wichtige Beiträge zur theoretischen Erschließung des Gestaltbegriffs; zu Recht sah Bühler in der Rückschau seine Pionierleistung in der Herausbildung des Gestaltdenkens in der Psychologie (Bühler 1913) von Seiten der Berliner und Frankfurter Schule der Gestalttheorie nicht entsprechend gewürdigt (Bühler 1926). Das zentrale Werk für das Verständnis der späteren Bühler'schen Psychologie ist allerdings aus der Beschäftigung mit der Kinderpsychologie entstanden. Aus einem Handbuchartikel aus dem Jahr 1911 hervorgegangen, war ein großer Teil des Buches *Die geistige Entwicklung des Kindes* bereits vor Kriegsbeginn fertiggestellt und in Druck gegangen. Mit fast vierjähriger Verzögerung konnte es schließlich im Jänner 1918 erscheinen, allerdings findet sich die Pointe der darin enthaltenen Grundgedanken erst in den späteren Auflagen explizit auf den Begriff gebracht: Wenn man, so heißt es gleich zu Beginn der vierten Auflage von 1924, alle »sinnvollen, d.h. objektiv zweckmäßigen Betätigungsweisen der Tiere und Menschen überblickt, so zeigt sich von unten nach oben ein sehr einfacher und durchsichtiger Aufbau aus drei großen Stufen: diese drei Stufen heißen Instinkt, Dressur und Intellekt« (Bühler 1924, S. 2) – »Instinkt« im Sinne eines starr festgelegten Repertoires von Verhaltungsweisen verstanden, »Dressur« als Fähigkeit zu assoziativem Lernen, »Intellekt« als Befähigung zu planvollen Erfindungen durch »Einfälle« und auf der höchsten menschlichen Stufe dann durch »Einsicht«.

Nachdem Bühler die Abfolge dieser Entwicklungsstufen an der Entwicklung des Kindes im Allgemeinen und an der Entwicklung verschiedener Funktionen – der Wahrnehmung, der Sprache, des kindlichen Zeichens, der Vorstellungstätigkeit und schließlich der Entwicklung des Denkens – im Besonderen demonstriert hat, versucht er im Schlussstück des Buches das Schema zu einer allgemeinen Entwicklungstheorie des Psychischen zu wenden, genauer: zu einer allgemeinen Entwicklungstheorie von aufeinanderfolgenden Stufen von Lebensgewinnungsformen. Das genuin Soziale dieser menschlichen Lebensgewinnungsformen erscheint hier als Resultat der evolutionären Entwicklung, die Sprache als zentrales Mittel zwischenmenschlicher Kooperation. Freilich »verlängert« Bühler die Wirksamkeit der Mechanismen der Evolution in die historisch-gesellschaftliche Menschheitsgeschichte. Damit stößt er das Tor auf zu einer – im allgemeinen Sinn – genetischen Betrachtung, die menschliches Denken und Handeln jenseits des bloß Individuellen in seiner allgemein-historischen Gewordenheit verstehen will. Für eine über den Vorwurf des Biologismus kaum bekümmerte evolutionäre Erkenntnistheorie, wie sie z.B. Konrad Lorenz 1959 vorschlug, gilt – und Lorenz selbst hat das wenigstens nachträglich zugestanden (vgl. Hofer 2001, S. 152) – Karl Bühler als Wegbereiter.

Ach, Narziss (1905): *Über die Willenstätigkeit und das Denken. Eine experimentelle Untersuchung mit einem Anhange: Über das Hippsche Chronoskop*, Göttingen: Vandenhoeck & Ruprecht.

Benetka, Gerhard (2002): *Denkstile der Psychologie. Das 19. Jahrhundert*, Wien: WUV.

Bühler, Karl (1907): Tatsachen und Probleme einer Psychologie der Denkvorgänge. I. Über Gedanken. In: *Archiv für die gesamte Psychologie* 9, S. 297–365.

– (1913): *Die Gestaltwahrnehmungen. Experimentelle Untersuchungen zur psychologischen und ästhetischen Analyse der Raum- und Zeitanschauung*, Bd. 1, Stuttgart: Spemann.

– (1924): *Die geistige Entwicklung des Kindes* [1918], 4. Aufl., Jena: G. Fischer.

– (1926): Die »Neue Psychologie« Koffkas. In: *Zeitschrift für Psychologie* 99, S. 145–159.

– (1934): *Sprachtheorie. Die Darstellungsfunktion der Sprache*, Jena: G. Fischer.

Eschbach, Achimtaggen (Hg.) (2015): *Karl Bühler. Sprache und Denken*, Köln: Herbert von Halem Verlag; darin insb.: Über die Tieferlegung der Fundamente. Einleitung des Herausgebers, S. 9–15.

Hofer, Veronika (2001): Konrad Lorenz als Schüler von Karl Bühler. Diskussion der neu entdeckten Quellen zu den persönlichen und inhaltlichen Positionen zwischen Karl Bühler, Konrad Lorenz und Egon Brunswik. In: *Zeitgeschichte* 28/3, S. 135–159.

Lorenz, Konrad (1959): Gestaltwahrnehmung als Quelle wissenschaftlicher Erkenntnis. In: *Zeitschrift für experimentelle und angewandte Psychologie* 6/1, S. 118–165.

Wundt, Wilhelm (1907): Über Ausfrageexperimente und über die Methoden zur Psychologie des Denkens. In: *Psychologische Studien* 3, S. 301–360.

Weiterführende Literatur

Benetka, Gerhard (1995): *Psychologie in Wien. Sozial- und Theoriegeschichte des Wiener Psychologischen Instituts 1922–1938*, Wien: WUV.

Friedrich, Janette (Hg.) (2017): *Karl Bühlers Krise der Psychologie. Positionen, Bezüge und Kontroversen im Wien der 1920er/30er Jahre* (= Veröffentlichungen des Instituts Wiener Kreis, Bd. 26.), Cham: Springer

Ziche, Paul (Hg.) (1999): *Introspektion. Texte zur Selbstwahrnehmung des Ichs*, Wien: Springer.

Gerhard Benetka

III. Philosophie

1. GESCHICHTSPHILOSOPHIE, WELTANSCHAUUNGSANALYSE UND PRAKTISCHE PHILOSOPHIE

Paul Weisengrüns Versuch einer theoretischen Fundierung der Sozialphilosophie

Paul Weisengrün (1868–1923) wirkte um die Jahrhundertwende als sozialwissenschaftlicher Publizist und Privatgelehrter in Wien. Eines seiner vordringlichsten Ziele war es, dem Sozialismus eine neue theoretische Fundierung zu geben. Er gilt als ein früher Kritiker des Marxismus, der die materialistische Geschichtsauffassung ebenso wie die ökonomische Wertlehre zu widerlegen suchte, um so dem Proletariat eine neue Zukunftsperspektive zu geben, die nicht rein ökonomisch und materiell definiert ist. Als Weisengrün nach eigner, retrospektiver Aussage »zu zwei Drittel noch Marxist war« (Weisengrün 1900, S. 67), verfasste er sein Erstlingswerk *Die Entwicklungsgesetze der Menschheit* (1888). Es folgten (unterschiedlich gründliche) Auseinandersetzungen mit den Lehren Henri de Saint-Simons (1895) und der Psychologie Friedrich Nietzsches (1897), deren Überlegungen in Weisengrüns Kritik des Marxismus einflossen. Weil er die marxistische Doktrin als Hindernis für den gegenwärtigen wie für den zukünftigen Sozialismus betrachtete, stellte er den Marx'schen Entwicklungsgesetzen eine entsprechend kulturell und psychologisch erweiterte »Theorie der Komplikation« entgegen.

In seiner Abhandlung über *Das Ende des Marxismus* (1899) befasst sich Weisengrün mit der Politik der Arbeiterbewegung. Deren aktuelle Stärke sei zwar unbestritten, ein dauernder Erfolg sowie die Lösung der Sozialen Frage seien jedoch davon abhängig, ob die Arbeiterklasse ihre Politik auf den richtigen Einsichten in die wirtschaftlichen und sozialen Prozesse gründe (Weisengrün 1899, S. 6). Dies zu klären, erfordere eine Kritik des Marxismus, da dieser ja sowohl die theoretische als auch die praktische Grundlage der Arbeiterbewegung bilde. Weisengrün betrachtet die (vermeintlich) immanenten Entwicklungsgesetze des Kapitalismus, wie Karl Marx sie aufgestellt hat, als falsch (ebd., S. 8–38). Die auf ihrer Grundlage getroffenen Vorhersagen hätten sich bis dato nicht erfüllt, was Sozialdemokraten wie Eduard Bernstein zur Revision gewisser Auffassungen der Marx'schen Lehre veranlasst habe. Weisengrün sieht zwar einen gewissen Konzentrationsprozess in der Industrie, doch von zunehmender Verelendung der proletarischen Massen könne keine Rede sein. Marx habe die Fähigkeit des Kapitals zur Organisation und Anpassung unterschätzt. Insbesondere der Imperialismus wirke »verjüngend« auf den Kapitalismus, weshalb dessen baldiges Ende nicht zu erwarten sei. Weisengrün erachtet die Marx'schen Gesetze und Vorhersagen aber auch als theoretisch unhaltbar, weil Marx rein mechanisch verfahre und psychische Faktoren außer Acht lasse; diese können seiner Lehre jedoch auch nicht einfach ohne Weiteres hinzugefügt werden. Somit habe die Politik des Proletariats keine verlässliche Basis und könne keine »Weltpolitik«, sondern nur »Opportunitätspolitik« sein (ebd., S. 62). Im Unterschied zu Bernstein glaubt Weisengrün nicht, dass der Marxismus durch eine kritische Revision zu retten ist. Dem Marxismus komme nur noch historische Bedeutung zu: Er war der »große Erzieher« des Proletariats und für die Organisation der Arbeiterschaft wichtig. Nun sei er aber tot (ebd., S. 76): »Karl Marx, der größte soziale Denker des Jahrhunderts, ist nunmehr das schwerste Hindernis für die Lösung der sozialen Frage geworden!« (Ebd., S. 80)

In seinem Hauptwerk *Der Marxismus und das Wesen der sozialen Frage* (1900) führt Weisengrün die Gedanken zu den Unzulänglichkeiten und dem daher unabweisbaren Ende des Marxismus fort und entwickelt seine Theorie der Komplikation. Er unterteilt den Marxismus in einen soziologischen und in einen ökonomischen Strang. Ersterer umfasst vor allem die materialistische Geschichtsphilosophie, der zweite die ökonomischen Entwicklungsgesetze. Beide betrachtet der Autor als »metaphysisch«, weil sie nicht auf erkenntnistheoretisch haltbaren Fundamenten ruhen. Die materialistische Geschichtsauffassung weist er mit dem Hinweis darauf zurück, dass ihre Annahmen vom Blick auf den technischen Fortschritt dominiert seien und sie damit »das vortechnische Zeitalter« ausblende (Weisengrün 1900, S. 83). So erscheinen die wirtschaftlichen »Urphänomene« als primär gegeben und werden faktisch auf einen animalischen Überlebenstrieb reduziert. Tatsächlich seien aber bereits an der Schwelle zur Geschichte, als erste technische Geräte entstanden, spezifisch menschliche kulturelle Eigenarten und Errungenschaften – wie z.B. die Phantasie in Form der Dichtkunst – vorhanden gewesen (ebd., S. 93). Unter völliger Vernachlässigung dieser geistig-soziokulturellen Dimension befriedige der Marxismus lediglich das Bedürfnis nach der einfachen Erklärung der historischen Entwicklung durch deterministische Gesetze, doch eine derartige kausale Gesetzmäßigkeit kann es für Weisengrün in sozialen Dingen nicht oder erst in einer fernen Zukunft geben. Daher schlägt er stattdessen eine »provisorisch-heuristische Geschichtsauffassung« vor (ebd., S. 132), die auf dem anderen Disziplinen gegenüber autonomen Prinzip der »sozialen Komplikation« beruhe (vgl. ebd., S. 145).

Die Theorie der sozialen Komplikation ist eine spezielle Form von sozialer Evolutionstheorie, die die Bildung und Weiterentwicklung der menschlichen Kultur erklären soll. Weisengrün beschreibt damit den Differenzierungsprozess, dem die menschlichen Wertungen unterliegen. Von einem Zustand der (präreflexiven) »Unmittelbarkeit«, also der Augenblicksorientierung, haben sich die Werthaltungen als Folge einer (reflektierten) »Mittelbarkeit« in Richtung einer Zukunftsorientierung gewandelt, der eine deterministische Geschichtsteleologie – und nicht eine utopische, wie der Autor sie selbst vorschlagen wird – zugrunde liegt. Dieser Einstellungswandel ist es, was Weisengrün als »soziale Komplikation« bezeichnet. Den Maßstab dieser Entwicklung bilden gesellschaftliche »Durchschnittswerte«, also diejenigen psychisch bzw. psychosozial motivierten Werthaltungen, die vom Großteil der Gesellschaft, über soziale Klassengrenzen hinweg, geteilt werden.

Diese allgemeinen Werthaltungen binden Individuum und Kollektiv aneinander und können objektiv erforscht werden. Resultat und Ziel dieser Evolution der Werte sei Kultur, also die zunehmende Befreiung von der animalischen Natur. In diesem Sinne unterscheidet Weisengrün vier große psychische Entwicklungsstadien des Menschen (ebd., S. 150):

1. eine primitive Zeit der Unmittelbarkeit, die noch keine Kultur kennt;
2. eine Periode relativer Komplikationslosigkeit bzw. rudimentärer Mittelbarkeit, die er exemplarisch in der Homer'schen Epoche verwirklicht sieht;
3. die Renaissance, in der unmittelbare Werte noch vorhanden und mittelbare absolut »kulturnotwendig« (s.u.) sind; und
4. die »unbedingte soziale Komplikation« des 19. Jahrhunderts, in der unmittelbare Wertungen weitgehend von mittelbaren abgelöst worden sind, die ihrerseits jedoch keine »Kulturnotwendigkeit« haben.

Diese letzte und höchste Form sozialer Komplikation ist die Dekadenz. »Kulturnotwendig« ist eine soziale Komplikation, sofern sie instinktive Orientierung bietet und die notwendige und hinreichende Bedingung für die evolutive Entfaltung der nächsten Epoche darstellt. Dies bedeutet also, dass die Dekadenz der Jahrhundertwende, weil nicht kulturnotwendig, auch nicht zur Grundlage unausweichlicher Entwicklungen im 20. Jahrhundert werden muss.

Weisengrün meint, auf Basis dieser psychologisch grundierten, aber bloß provisorischen Geschichtsbetrachtung schließlich auch ein »Endziel« für die proletarische Weltpolitik formulieren zu sollen. Denn neben der »Gegenwartspolitik« brauche das Proletariat ein langfristiges, utopisches Ziel, das mithilfe einer »Übergangspolitik« erreicht werden könne. Die »soziale Frage« sei nämlich nicht eine rein ökonomische, sondern auch eine psychisch-kulturelle Frage, die einer dementsprechend umfassenden Lösung bedürfe. Das Endziel müsse also nicht nur materiell, sondern auch psychologisch befriedigend sein. Er kommt zu dem Schluss: »Die Verewigung der Renaissancewerte kann allein ein würdiges ›Endziel‹ sein.« (Ebd., S. 404) Damit fordert Weisengrün aber kein anachronistisches Zurück in die Renaissance, sondern eine Neuformierung der Renaissance-Werte, deren Kulturnotwendigkeit sich daraus ergibt, dass sie nicht nur die individuelle Persönlichkeit prägen, sondern auch die sozialen Triebe. Zudem müsse eine Kulturnivellierung erfolgen, sodass der durch jene Werte geformte Renaissance-Mensch nicht auf eine soziale Elite beschränkt bleibt.

In seinem 1905 veröffentlichten Buch *Der neue Kurs in der Philosophie* widmet sich Weisengrün der erkenntnistheoretischen Begründung seiner dem Anspruch nach metaphysikfreien Sozialphilosophie. Unter Erkenntnistheorie versteht er die »Analyse des Unmittelbargegebenen« (Weisengrün 1905, S. 14). In diesem Sinne ist Erkenntnistheorie keine Philosophie, sondern strenge Wissenschaft, was jedoch problematisch werden kann: Zum einen bleibt eine solche erkenntnistheoretische Ergründung der Welt mitunter deshalb unbefriedigend, weil sie den metaphysischen Grundtrieb des Menschen vernachlässigt (ebd., S. 28), und zum anderen gibt es Fragen, die zwar streng wissenschaftlich gestellt werden können, aber dennoch keine erkenntnistheoretisch fundierte Antwort erlauben (ebd., S. 29). Daher brauche das wissenschaftliche Denken einen neuen Kurs, den Weisengrün einzuschlagen vorgibt. Das erste übererkenntnistheoretische Problem ist ihm zufolge die scheinbare psychische Identität der verschiedenen durch allgemeine Werthaltungen miteinander verbundenen Iche, das zweite der scheinbar absolute Charakter der Kausalität (ebd., S. 34). Es gibt also nach Weisengrün Bereiche sozialer Existenz, die von Erkenntnistheorie und simplem Empirismus nicht erklärt werden können, die aber – so sein Anspruch – dennoch nicht metaphysisch gefasst werden müssen. So könne es eine »Weltanschauung« geben, die *wirkliche* Weltbilder aufweist: »Es wird uns möglich sein, eine anschauliche, mit der Erkenntnistheorie nicht im Widerspruch stehende Philosophie auf der Verlängerungslinie des realen Weltbildes zu finden.« (Ebd., S. 45) Die Fragen nach der sozialen Identität des Menschen und dem Glauben an die Geltung des Kausalitätsprinzips sind somit Gegenstand einer neuen Wissenschaft vom »psychologischen Überbau«, der auf einem erkenntnistheoretischen Fundament ruht. Im Sinne einer »Revision des Kritizismus«, die von Kants Arbeiten angeregt wurde, geht es Weisengrün schließlich darum, eine »Theorie des Weltbildes« als philosophische »Synthesenlehre« zu begründen (ebd., S. 91), die auf die Erzeugung eines unmetaphysischen, real-objektiven Weltbildes zielt.

In seinen späteren Werken greift Weisengrün zahlreiche Gedankengänge, die er bereits in *Der Marxismus und das Wesen der sozialen Frage* (1900) entwickelt hat, wieder auf und ergänzt und aktualisiert sie. In dem Buch *Die Erlösung vom Individualismus und Sozialismus* (1914) kritisiert er die Konzepte von Individuum und Gesellschaft als soziologische Paradigmen und erläutert, wie ein Fortschritt zum Sozialismus als Prozess der Synthese zwischen Augenblicksleben und Kulturwerten erfolgen kann. Dabei diagnostiziert er auch eine »Renaissance des Agrariertums«. Nach dem Weltkrieg sieht er seine »Anschauung von der Kulturbedingtheit auch der sozialen Phänomene« bestätigt (Weisengrün 1920, S. III), was nicht zuletzt die nationalistische Begeisterung des Proletariats für den Krieg erklären kann. Er fordert die sukzessive Übernahme der politischen Führung durch Intellektuelle und denkt über *Die neue Weltpolitik des Proletariats* (1921) nach.

Weisengrüns Werk ist heute vergessen. Zu seinen Lebzeiten wurde er weit rezipiert und sehr unterschiedlich aufgenommen. In der akademischen Zunft fand er kaum Sympathie: Ernst Bernheim nahm Weisengrüns *Entwicklungsgesetze der Menschheit* zwar in sein Lehrbuch auf (vgl. Bernheim 1894, S. 538) und bezeichnete dieses Buch als erste systematische Darstellung der materialistischen Geschichtstheorie, fügte aber hinzu, dass dem Verfasser sein Vorhaben einer philosophischen Vertiefung misslungen sei (ebd., S. 541). Paul Barth verfasste eine vernichtende Kritik zu *Der Marxismus und das Wesen der sozialen Frage*, in der er Weisengrün vorwirft, die in diesem Buch besprochenen Texte nicht verstanden zu haben und sich in Phrasen zu ergießen (vgl. Barth 1900). Es handle sich um »ein seichtes und dreistes [...] Machwerk« (Barth 1922, S. 751). An der »unklaren Ausdrucksweise« dieses Buches, durch die die – auch inhaltlich als äußerst dürftig kritisierten – »Ausführungen sehr schwer zu erfassen« sind, ließ auch Karl Diehl kein gutes Haar (Diehl 1900, S. 845). Linke Theoretiker und Aktivisten lehnten Weisengrüns Marxkritik – mit teils ähnlicher Begründung – ab: Heinrich Cunow wirft ihm beispielsweise vor, Marx und den Marxismus nicht verstanden zu haben (vgl. Cunow 1899) und insbesondere die Technik mit der Produktionsweise zu verwechseln (Cunow 1901, S. 428). Auch Georgij Plechanow nennt ihn einen äußerst oberflächlichen deutschen Autor (Plechanow 1975, S. 173). In der bürgerlichen Presse wurde Weisengrün hingegen interessiert und lobend besprochen. Max Foges z.B. verfasste eine überschwängliche Rezension von *Kulturpolitik, Weltkrieg und Sozialismus* (vgl. Foges 1920). In einem in der *Neuen Freien Presse* erschienenen Nachruf lobt der Autor Weisengrüns Kritik an der Wertlehre und der materialistischen Geschichtsauffassung gar als eine der »besten Publikationen dieser Art« (N.N./Neue Freie Presse 1924, S. 15). In einem anderen Nachruf wird er als »stiller Privatgelehrter« und »glänzender Polemiker« bezeichnet, bei dem »manchmal [...] auch seine kämpferische Natur hervor[trat]« (N.N./Neues Wiener Journal 1923, S. 19).

Barth, Paul (1900): Weisengrün, Paul. Der Marxismus und das Wesen der socialen Frage [Rezension]. In: *Literarisches Zentralblatt für Deutschland* 51, Sp. 1206–1209.

– (1922): *Die Philosophie der Geschichte als Soziologie*, Teil 1: *Grundlegung und kritische Übersicht*, 3. u. 4., wiederum durchges. u. erw. Aufl., Leipzig: O. R. Reisland.

Bernheim, Ernst (1894): *Lehrbuch der historischen Methode*, 2. Aufl., Leipzig: Duncker und Humblot.

Cunow, Heinrich (1899): Dr. Paul Weisengrün. Das Ende des Marxismus [Rezension]. In: *Die Neue Zeit* 17/53, S. 857f.

– (1901): Erkenntnistheoretische Marx-Kritik. In: *Die Neue Zeit* 19/40, S. 420–429.

Diehl, Karl (1900): Weisengrün, Paul. Der Marxismus und das Wesen der sozialen Frage [Rezension]. In: *Jahrbücher für Nationalökonomie und Statistik* 75, S. 843–846.

Foges, Max (1920): Das Werk eines Idealisten. Dr. Paul Weisengrün: »Kulturpolitik, Weltkrieg und Sozialismus.« [Rezension]. In: *Neues Wiener Journal*, 13.10.1920, S. 1f.

N.N./Neues Wiener Journal (1923): (Dr. Paul Weisengrün gestorben.) [Nachruf]. In: *Neues Wiener Journal*, 23.12.1923, S. 19.

N.N./Neue Freie Presse (1924): [Dr. Paul Weisengrün.] [Nachruf]. In: *Neue Freie Presse*, 8.1.1924, S. 15.

Plechanow, Georgij W. (1975): *Zur Frage der Entwicklung der monistischen Geschichtsauffassung* [russ. 1895], 2. Aufl., Berlin: Dietz.

Weisengrün, Paul (1888): *Die Entwicklungsgesetze der Menschheit: Eine socialphilosophische Studie*, Leipzig: Wigand.

– (1895): *Die socialwissenschaftlichen Ideen Saint-Simon's*, Basel: F. Gassmann.

– (1897a): Gegen die Emancipation des Weibes [I. und II.]. In: *Wiener Rundschau* 1/1897, S. 387–391 bzw. S. 431–437

– (1897b): Gegen die Emancipation des Weibes [III.]. In: *Wiener Rundschau* 2/1897, S. 503–510.

– (1897c): Zur Psychologie Nietzsche's. In: *Wiener Rundschau* 1/1897, S. 186–190.
– (1899): *Das Ende des Marxismus*, Leipzig: Otto Wigand.
– (1900): *Der Marxismus und das Wesen der sozialen Frage*, Leipzig: Veit & Comp.
– (1905): *Der neue Kurs in der Philosophie. Eine Revision des Kritizismus*, Wien/Leipzig: Wiener Verlag.
– (1914): *Die Erlösung vom Individualismus und Sozialismus. Skizze eines neuen, immanenten Systems der Soziologie und Wirtschaftspolitik*, München: Reinhardt.
– (1920): *Kulturpolitik, Weltkrieg und Sozialismus*, Wien: Braumüller.
– (1921): *Neue Weltpolitik des Proletariats*, Wien: Manz.
– (1923): Carl Marx, an Enemy of Jewry/Karl Marx als Judenfeind. In: *Menorah* 1, S. 8f.

Weiterführende Literatur

Art. »Weisengrün, Paul« (2002). In: *Handbuch österreichischer Autorinnen und Autoren jüdischer Herkunft. 18. bis 20. Jahrhundert*, Bd. 3, München: K. G. Saur, S. 1443f.

Art. »Weisengrün« (1932). In: *Große jüdische National-Biographie*, Bd. 6: *Steinheim – Zweig*, Cernăuţi: Orient, S. 239f.

Lappin-Eppel, Eleonore (2009): Nathan Birnbaum und der österreichische Zionismus 1882–1918. In: *Chilufim. Zeitschrift für Jüdische Kulturgeschichte* 7, S. 19–41.

N.N./Neues Wiener Tagblatt (1923): (Dr. Paul Weisengrün gestorben.) [Nachruf]. In: *Neues Wiener Tagblatt*, 23.12.1923, S. 9f.

Marion Löffler

Heinrich Gomperz' Weltanschauungslehre

Das Werk von Heinrich Gomperz (1873–1942) ist einerseits von einer positivistischen Grundorientierung geprägt, zugleich jedoch andererseits von einer kritischen Einstellung zu gewissen Varianten des Positivismus und Empirismus, die der Vielgestaltigkeit und Komplexität unserer Erfahrung nicht gerecht würden. Dieses Spannungsverhältnis erlaubt es Gomperz, in historischer wie auch systematischer Hinsicht verschiedenste Theorien und Denker – wie Immanuel Kant, Richard Avenarius, Johann Friedrich Herbart, Auguste Comte, Georg Wilhelm Friedrich Hegel und Ernst Mach – in sein eigenes philosophisches System zu integrieren (vgl. Rinofner-Kreidl 2004, S. 165; Seiler 1994, S. 31). Dieses findet sich insbesondere in der zweibändigen *Weltanschauungslehre* (1905/08) theoretisch entwickelt und erfährt darüber hinaus vor allem in seinem Buch *Sophistik und Rhetorik* (1912) eine weitere Spezifizierung.

Die *Weltanschauungslehre* bildet das unvollendete Hauptwerk des Autors: Unter Weltanschauungslehre versteht Gomperz dabei eine kritisch-dogmatische Disziplin (vgl. Gomperz 1905, S. 4) und keineswegs eine beschreibende und vergleichende Wissenschaft – Ziel ist es, eine eigenständige Weltanschauung zu begründen. Der explizite Gegenstand der Untersuchung ist dasjenige, was in den Einzelwissenschaften bloß das Mittel zur Erschließung eines Gegenstandes ist (vgl. ebd., S. 14), weshalb Gomperz die Weltanschauungslehre auch als eine »sekundäre Wissenschaft« auffasst (ebd., S. 14). Grundintention der Analysen ist es, ein philosophisches System zu entwickeln, in dem Erkenntnisfunktionen, die zumeist als spezifisch rational charakterisiert werden, als in Wirklichkeit emotionale Funktionen aufgefasst werden: Alle Begriffe sind dabei zunächst auf Erfahrung zurückzuführen. Der Erfahrungsbegriff des älteren Empirismus, der rein an der Vorstellung orientiert ist, ist für Gomperz allerdings wenig tragfähig (vgl. Seiler 1994, S. 33). Der Idee der *Weltanschauungslehre* folgend enthält Erfahrung – neben Vorstellungen – nicht-rezeptive bzw. reaktive Formbestandteile, die jedoch nicht wie bei Kant als Verstandestätigkeit, sondern als Gefühle zu charakterisieren sind (vgl. Rinofner-Kreidl 2004, S. 167). Bei diesen Gefühlen handelt es sich nicht um tatsächlich erlebte Gefühle (oder emotive Erlebnisse), sondern um kognitive Gefühle, wie im Falle von Gesamteindrucksgefühlen oder Totalimpressionen (vgl. Gomperz 1905, S. 274). Sämtliche Bewusstseinstatsachen bestehen demnach aus Vorstellungen, die deren Inhalt, und aus Gefühlen, die deren Form bilden (vgl. Seiler 1994, S. 34). Mit dem Fokus auf die Gefühle als den Ursprung aller Formbegriffe entwickelt Gomperz eine Subjektivierung des Objektiven. Ziel ist es, zu zeigen, wie die konsequente Subjektivierung zu einem Standpunkt jenseits des Subjektivismus führt: Der Gefühlsursprung rationaler Bildung hebe nicht deren Objektivitätsanspruch auf (vgl. Gomperz 1905, S. 309).

Von der ursprünglich auf vier Bände angelegten Arbeit zur *Weltanschauungslehre* (vgl. ebd., S. VIII) erschienen letztlich nur zwei Bände. Der erste, 1905 veröffentlichte Band mit dem Titel *Methodologie* entwickelt die sogenannte pathempirische Methode (vgl. ebd., S. 305–394). Gomperz analysiert darin die Begriffsfelder der Substanz, der Identität, der Relation und der Form historisch-systematisch in vier Entwicklungsstadien: dem animistischen, dem metaphysischen, dem ideologischen und dem kritizistischen. Diesen Stadien stellt er jeweils die pathempirische Methode gegenüber, mit deren Hilfe er diese Kategorien auf Gefühle zurückführt und mit der selbst ein fünftes Stadium erreicht wird. Der Pathempirismus (von gr. páthe, páthos: Leid, Leidenschaft) ist demnach Produkt einer dialektischen Methode, in der die Widersprüche der vorhergehenden Theorien aufgelöst werden sollen und ein widerspruchsloser Zusammenhang aller einzelwissenschaftlichen Gedanken angestrebt wird (vgl. ebd., S. 17). Der zweite Band mit dem Titel *Noologie* bildet eine Lehre von den Denkinhalten. Diese zerfällt in zwei Abteilungen: eine *Semasiologie*, in der die Denkinhalte als solche untersucht werden, und eine *Alethologie*, in der die Richtigkeit bzw. Unrichtigkeit von Denkinhalten thematisiert wird (vgl. Gomperz 1908, S. 43), bilden die erste dieser Abteilungen – die zweite Abteilung ist allerdings nicht mehr erschienen. Im Rahmen der *Semasiologie* entwickelt Gomperz eine Zeichentheorie, in der er insbesondere eine Semantik ausarbeitet. Diese

Begriffs- und Bedeutungsanalyse bildet im Denken von Heinrich Gomperz als die zentrale philosophische Methodik.

Gepaart mit einer streng quellenkritischen Praxis, in der auch bloß fragmentarisch überlieferte Schriften ausschließlich auf der Basis des Originals interpretiert werden, wendet Gomperz die Bedeutungslehre auch in seiner philologisch-philosophischen Studie zur *Sophistik und Rhetorik* an. Im Zentrum stehen darin die Rolle der Sophistik und ihre Stellung zur klassischen antiken Philosophie. Gomperz weist gegenüber der communis opinio den philosophischen Nihilismus des Gorgias (eine Interpretation, die Gomperz u.a. bei Friedrich Ueberwegs *Grundriß der Geschichte der Philosophie* [ursprgl. 3 Bde., 1863–1866] vorfindet) als eine Fehldeutung aus. Das Ziel des Gorgias sei es gewesen, zu zeigen, dass die Kunst der Rhetorik »auch auf philosophischem Gebiete Unglaubhaftes glaubhaft zu machen vermöge« (Gomperz 1912, S. 35). In vergleichenden Analysen mit der »Helena« und dem »Palamedes« (vgl. ebd., S. 2) erweist sich Gorgias' Schrift *Über das Nichtseiende oder Über die Natur* demnach als rhetorisches Kunststück, weshalb die Auslegung als philosophischer Nihilismus »aus der Geschichte der Philosophie zu streichen« sei: »Seine Scherzrede über die Natur hat ihren Platz in der Geschichte der Rhetorik.« (Ebd., S. 35)

Gomperz, Heinrich (1905/1908): *Weltanschauungslehre. Ein Versuch die Hauptprobleme der allgemeinen theoretischen Philosophie geschichtlich zu entwickeln und sachlich zu bearbeiten*, 2 Bde., Jena/Leipzig: Eugen Diederichs.

– (1912): *Sophistik und Rhetorik. Das Bildungsideal des ευ λεγειν* [eu legein] *in seinem Verhältnis zur Philosophie des V. Jahrhunderts*, Leipzig: Teubner. (Nachdruck: Darmstadt: Wissenschaftliche Buchgesellschaft 1965)

Rinofner-Kreidl, Sonja (2004): Von der Metaphilosophie zur Methodologie: Heinrich Gomperz, Franz Kröner, Felix Kaufmann. In: Karl Acham (Hg.), *Geschichte der österreichischen Humanwissenschaften*, Bd. 6.1: *Philosophie und Religion. Erleben, Wissen, Erkennen*, Wien: Passagen Verlag, S. 163–208.

Seiler, Martin (1994): Epistemologie, Sprachanalyse und Semiotik bei Heinrich Gomperz. In: Ders./Friedrich Stadler (Hgg.), *Heinrich Gomperz, Karl Popper und die »österreichische Philosophie«*, Amsterdam: Rodopi, S. 31–46.

Weiterführende Literatur

Fuchs, Albert (1978): *Geistige Strömungen in Österreich 1867–1918* [1949], Wien: Löcker Verlag.

Haller, Rudolf (1994): Heinrich Gomperz und die österreichische Philosophie. In: Martin Seiler/Friedrich Stadler (Hgg.), *Heinrich Gomperz, Karl Popper und die »österreichische Philosophie«*, Amsterdam: Rodopi, S. 47–68.

Rudolf Meer

Karl Pribram: *Die Entstehung der individualistischen Sozialphilosophie* (1912)

Die Beziehung zwischen Individualismus und Kollektivismus war ein beherrschendes Thema in den Sozialwissenschaften der zweiten Hälfte des 19. Jahrhunderts und in den ersten Jahrzehnten des 20. Jahrhunderts. Eine frühe Schrift von Karl Pribram (1877–1973), einem jungen Vertreter der Österreichischen Schule der Nationalökonomie, widmete sich der erkenntnisphilosophischen Dimension der Entwicklung der individualistischen Sozialtheorie als Grundlage der Ökonomie (Pribram 1912). Das Spannungsverhältnis von Individualismus und Kollektivismus sah Pribram auch als den Ursprung der Sozialphilosophie und der wissenschaftlichen Ethik an. Er verknüpfte Denktraditionen aus den philosophisch-scholastischen Debatten des Mittelalters wie den Universalismus und den Nominalismus mit den sich im Verlauf der europäischen Geistesgeschichte ändernden Vorstellungen über das Verhältnis von Individuum und Gesellschaft. Im Kollektivismus als der gedanklichen Unterordnung der Individuen unter die Gemeinschaft erkannte er eine Parallele zum Universalismus im Sinne des mittelalterlichen Universalien- bzw. Nominalismus-Streits, denn universalistisch und begriffsrealistisch argumentierende Scholastiker hätten die Begriffe als Korrelat von ganzheitlich verstandenen realen (und nicht begrifflich konstituierten) Dingen angesehen. Pribram verwendete den Begriff des Universalismus in diesem Sinn und nicht als Synonym für die ganzheitliche Organisation der Gesellschaft wie Othmar Spann (Chaloupek 1993). In derselben Weise stellte Pribram eine Verbindung zwischen dem Nominalismus als jener Auffassung, die in den Begriffen nur Namen für mögliche partikuläre Wirklichkeitselemente sieht, und dem Individualismus her.

Im Lauf der Geistesgeschichte kam es seit dem Mittelalter zu wechselnden Prioritäten zwischen den ontologischen Positionen des Kollektivismus und Individualismus, was sich auch in Veränderungen der kognitiven Erkenntnisweisen manifestierte. Pribram zufolge fand der universelle Kollektivismus des Mittelalters seinen typischen Ausdruck in der scholastischen Theologie von Thomas von Aquin, und da im Besonderen in dessen Glauben an Gott als geoffenbarte Weltidee und an das himmlische Gottesreich, das in der Welt durch die Kirche als Gemeinschaft der Gläubigen, als corpus mysticum, repräsentiert sei. Dieses Denken wirkte auf das Verständnis des wirtschaftlichen und gesellschaftlichen Lebens zurück und manifestierte sich etwa in der negativen Beurteilung des Handels und in der aus der Antike überkommenen Idealisierung der Hauswirtschaft sowie der Selbstgenügsamkeit. Der Preis musste nach dieser Auffassung den Wert der Güter ausdrücken, der als eine diesen innewohnende Eigenschaft verstanden wurde.

Im Gefolge der Auseinandersetzungen zwischen weltlicher und kirchlicher Macht im Mittelalter und der daraus resultierenden Schwächung der letzteren entstand aber auch eine Auffassung, die die Wahrheit in das Bewusstsein der Individuen verlegte und Begriffe als »flatus vocis« verstand. Die Ansicht, dass die Außenwelt und die Dinge in ihr nur in der Vorstellung und in den Begriffen der Menschen existieren, wie sie etwa bei

Wilhelm von Ockham bis hin zu Francis Bacon zum Ausdruck kam, wurde zur Grundlage der Trennung zwischen Glauben und Wissen im Nominalismus des Spätmittelalters. Der Mensch trat in diesem Denken nicht als Teil einer Gemeinschaft, sondern als Individuum hervor, und die sozialen Institutionen wurden nicht als a priori gegeben betrachtet, sondern als bewusste Erzeugnisse des Willens gesehen.

Universalistische und nominalistische Denkweisen bestanden in der beginnenden Neuzeit nebeneinander, repräsentiert durch den Rationalismus von René Descartes bzw. den Empirismus von Francis Bacon. Der Universalismus wurde im cartesianischen Verständnis der Vernunft als ein dem Individuum übergeordnetes kosmisches Wirk- und Erklärungsprinzip und als Ausdruck der Allmacht Gottes aufgefasst, von dem sich die Fähigkeit zur Erkenntnis der Gesetze der Natur herleitete. Das in diesem Sinn verstandene Naturrecht begründete auch die Normen der Sittlichkeit. Der Staat wurde als bewusste Schöpfung der in Gott gründenden Vernunft aufgefasst, was in der Stärkung der irdischen Gewalt resultierte und den Übergang zum absolutistischen Staat rechtfertigte. Pribram meinte aber, dass gerade der Absolutismus, der den Bürger direkt dem Staat zu unterstellen und alle Verbände, wie etwa die Zünfte, zu entmachten trachtete, selbst wieder den Keim für den Individualismus in sich trug (Pribram 1912, S. 42), denn er habe ein tiefes Bedürfnis nach der Befreiung von der Staatsallmacht entstehen lassen, das den Geist des Individualismus stärkte.

Der absolutistische Staat trat als Wirtschaftsakteur auf, was sich im Wirtschaftsdenken der Zeit in der Handelsbilanztheorie und im Merkantilismus niederschlug, die beide auf den Reichtum des Staates bzw. des Fürsten als dessen Repräsentanten zielten. Die außereuropäische Expansion der Staaten hatte unter dem Gesichtspunkt der zivilisatorischen Entwicklung eine scharfe Unterscheidung zwischen vorstaatlichen und staatlichen Zuständen zur Folge. Wie Pribram meinte, verhinderte dies »[j]ede selbständige Untersuchung der in und neben dem Staate bestehenden Gesellschaftsformen auf lange Zeit hinaus« (ebd., S. 57).

In der Auffassung des Rationalismus war die Erkenntnis zwar auf Naturgesetze verwiesen worden, allerdings unter der Annahme von »angeborenen« Ideen der Vernunft als Grundlage der Sittlichkeit; im philosophischen Nominalismus hatte die Vernunft hingegen in der Erfahrung und der subjektiven Empfindung der Individuen ihren Grund. Dieser Individualismus, der nicht von der Annahme angeborener sozialer Triebe oder von der Weltvernunft diktierter Normen ausging, musste, wie Pribram meinte, in den Utilitarismus münden, der Erwägungen bezüglich der individuellen Nützlichkeit von Handlungsfolgen anstellte. Die Beziehungen zwischen den Individuen traten ins Zentrum der Aufmerksamkeit, und Kollektive wurden als Zusammenschlüsse auf der Grundlage eines Gesellschaftsvertrags im Hinblick auf die individuellen Nützlichkeitserwägungen der Vertragspartner aufgefasst. John Locke sah den Staat als ein Instrument, das den Nutzen der einzelnen gewährleisten solle; er wurde demzufolge als im Willen der Individuen begründet angesehen und als juristische Konstruktion begriffen. Die Erkenntnis der Wirkungsmacht des Eigennutzens gab Anlass zu Thomas Hobbes' pessimistischer Auffassung vom Kampf aller gegen alle, welcher den Leviathan-Staat erforderlich mache. Optimistischere Einschätzungen, wie jene von Shaftesbury oder von Francis Hutcheson, betonten den »moral sense« im Sinne eines Lustgefühls bei Übereinstimmung des Gemeinwohls mit dem Eigeninteresse. Wieder andere erkannten die Notwendigkeit der Sicherung des Wohles der Gesamtheit, was zur Idee der Unterteilung des Gesellschaftsvertrags in einen Vereinigungs- und einen Unterwerfungsvertrag führte. Das Gemeinwohl wurde dabei nicht als ein vorausgesetztes Kollektivziel betrachtet, sondern als Bezugspunkt für die Beurteilung des individuellen Handelns als egoistisch, altruistisch, kooperativ etc. Die Grundfrage der Ethik stellte sich als die Frage nach der Vereinbarkeit der jeweiligen Eigeninteressen mit jenen der anderen Individuen dar, während die Frage der Verknüpfung zwischen Individual- und Kollektivinteresse ausgeklammert wurde. Locke bestimmte das Privateigentum als frei vom Bezug auf das Obereigentum des Herrschers und gründete es auf die persönliche Freiheit des Individuums und das Produkt der Arbeit. In der Arbeitswertlehre entstand dadurch ein universelles Kriterium, das auf eine objektive Wertbestimmung hindeutete.

Pribram identifizierte in der ersten Hälfte des 18. Jahrhunderts mithin drei Auffassungen, die miteinander um die Vorherrschaft stritten (vgl. Pribram 1912, S. 73 ff):

- die universalistisch-cartesianische Lehre der objektiven Vernunft als Grundlage von Staat, Moral und Wirtschaft;
- die nominalistische Vertragskonzeption, die Recht und Sittlichkeit allein aus Selbstinteresse und individueller Vernunft ableitete;
- eine vermittelnde Position, die den individualistischen Selbstinteressen kollektive Wirkungen zuschrieb: in diesem Sinn betonte Mandeville die positiven Folgen, die private Laster für das Gesamtwohl hätten.

Diese Strömungen waren in den einzelnen europäischen Staaten unterschiedlich ausgeprägt. Das empirisch-sensualistische Denken in England, von Bacon über Locke bis David Hume und Adam Smith mit seinen nominalistischen Ursprüngen brachte dort den Sieg des Individualprinzips. Hume lehnte die naturrechtliche Begründung des Privateigentums ab und betonte den relativen Charakter aller Rechtsinstitutionen, die wie alle sozialen Institutionen als Resultate bewusster menschlicher Schöpfungen verstanden wurden. Im Wirtschaftsbereich verband sich dies mit der Forderung nach Freihandel und der Betonung der Bedeutung der privaten Wirtschaftstätigkeit. Im Gegensatz dazu, so meinte Pribram, blieben die Physiokraten in Frankreich noch stark im kollektivistisch-universalistischen Denken verwurzelt und wendeten das rationalistische Naturrecht auf Produktion und Verteilung an. Zwar kam es zu einer Umdeutung des Reichtums, weg von dem Verständnis desselben als Vermögen des Staates, aber dieses wurde als »produit net« zu einem Begriff, der sich auf das Gesamtinteresse bezog. Pribram konstatierte aber auch, dass in Frankreich angesichts der schwindenden Bedeutung einer rationalistischen Begründung der Legitimität von Herrschaft der Individualismus stärker im politischen Bereich wirksam wurde. Pribram hob damit die Unterschiede in der Sozialphilosophie, aber auch in der Wirtschaftsphilosophie zwischen England und Frankreich hervor. Dennoch bewirkten im Resultat sowohl die individualistischen als auch die kollektivistischen Positionen dieser Epoche eine Trennung von Staat und Gesellschaft. In Mitteleuropa verlief dieser Prozess hingegen mit starker Verzögerung, denn der Staat war hier noch bis weit in das 19. Jahrhundert hinein die Grundlage für Gesellschaft und Wirtschaft; das Wirtschaftsdenken blieb im staatswissenschaftlichen Rahmen verhaftet und bildete in Gestalt der historischen Volkswirtschaftslehre einen Gegenentwurf zur klassischen Nationalökonomie.

Die auf den Theorien von Adam Smith beruhende klassische Nationalökonomie konnte sich erst allmählich als eine eigenständige Wissenschaft, die nicht auf den Staat und nicht auf die Moral bezogen war, etablieren. Smith hatte das Selbstinteresse als moralisch legitim verstanden und ihm auch eine selbstregelnde Funktion auf der Grundlage von Arbeitsteilung und Tauschwirtschaft zuerkannt. In seinem moralphilosophischen Schrifttum hatte er aber auch »moral sentiments« und soziale Institutionen sowie rechtliche Normen behandelt. Pribram neigte dazu, diese Werke im Sinn getrennter Zuständigkeitsbereiche auseinanderzuhalten, während man sie in der Gegenwart mehr in ihrer Gesamtheit betrachtet, was wahrscheinlich Smiths oberstem Ziel, das auf die Erkenntnis des Zivilisationsprozesses als solchen gerichtet war, eher entspricht. Aber selbst in Bezug auf das nationalökonomische Werk betonte Pribram das Individualprinzip zu stark, denn Smith wollte mit seiner bahnbrechenden Untersuchung über den *Wohlstand der Nationen* ein Umdenken der Wirtschaftspolitik des Staates erreichen und bezog auch die wichtige Rolle des Staates in Bezug auf Gemeinschaftsleistungen wie Bildung, Gesundheit etc. in seine Betrachtung mit ein. Richtig ist allerdings, dass Smith die Wirtschaftslehre nicht mehr aus dem Staatszweck herleitete. Doch wenn Pribram davon sprach, dass damit die Wirtschaft als »das eigentliche Gebiet der sittlich indifferenten Handlungen« (Pribram 1912, S. 99) erkannt wurde, so interpretierte er Smith eher aus der Perspektive späterer Entwicklungen der Nationalökonomie bzw. ihrer populären Interpreten. Diese blieb für lange Zeit die einzige Wissenschaft vom gesellschaftlichen Leben, die ihr eigenes Objekt hatte und nicht primär auf den Staat bezogen war (ebd., S. 102). Ihre einseitig individualistisch-utilitaristische Darstellung rief als Gegenbewegung kollektivistische und »organismische« Auffassungen bzw. die dialektisch-historische Gesellschaftstheorie hervor.

In einer späteren Schrift (Pribram 1949) verwies Pribram explizit auf die Zunahme kollektivistischer Orientierungen, wie er sie bereits zu Beginn des 20. Jahrhunderts in den autoritären Doktrinen des prärevolutionären Russland und im zunehmenden deutschen Nationalismus erkannt hatte (Pribram 1917). Den großen »conflicting patterns of thought«, die Pribram vom Mittelalter bis herauf in die Gegenwart in jener Schrift am

Werk sah, war dann auch sein weiteres historisch-theoretisches Werk gewidmet, für das die frühe Schrift von 1912 sozusagen die Vorarbeit darstellte. Er intendierte keine Dogmengeschichte, sondern suchte die kognitiven Grundlagen, die »principles of reasoning« hinter den ökonomischen Ansätzen aufzuzeigen. Dies resultierte schließlich in seiner posthum veröffentlichten *Geschichte des ökonomischen Denkens* (Pribram 1983), die keine Geschichte der Entwicklung der Wirtschaftsanalyse wie jene Joseph A. Schumpeters (Schumpeter 1965) ist, sondern vielmehr die Unterschiede der Denkweisen aufzeigt.

Pribrams Verständnis der Ökonomie war von Carl Menger und dessen Nachfolgern geprägt: sie beeinflussten seine individualistische Auffassung, von ihnen übernahm er aber auch die Unterscheidung von Theorie und Politik. Pribrams Berufsleben spielte sich in der Wirtschaftspolitik wie in der Wirtschaftspraxis ab, was zur Folge hatte, dass er sich der Notwendigkeit staatlichen Handelns auch im Bereich der Wirtschaft bewusst war, insbesondere in Bezug auf das Gemeinwohl und die Sozialpolitik (Pribram 1918). Man kann ihn daher auch als Vermittler zwischen individuell-liberaler und interventionistischer Wirtschaftspolitik sehen (Chaloupek 1993). Er lehnte es jedoch ab, Ideen und Denkweisen auf materielle oder gesellschaftliche Verhältnisse zurückzuführen. Vielmehr ging er davon aus, dass die Denkformen und Denkinhalte das Handeln bestimmen und sich daher auch in der Politik auswirken. Seine Auffassung war es, dass eine Theorie der Gesellschaft nicht allein auf dem Individualprinzip oder allein auf dem Sozialprinzip aufgebaut werden kann, sondern dass diese Prinzipien immer in einem ausgewogenen Verhältnis zueinander stehen und miteinander kombiniert werden müssen.

Chaloupek, Günther (1993): Dogmengeschichte als Geschichte der ökonomischen Vernunft. In: *Wirtschaft und Gesellschaft* 19/4, S. 598–602.

Pribram, Karl (1912): *Die Entstehung der individualistischen Sozialphilosophie*, Leipzig: Hirschfeld.

– (1917): Die Weltanschauungen der Völker und ihre Politik. In: *Archiv für Sozialwissenschaft und Sozialpolitik* 44, S. 161–197.

– (1918): *Die Grundgedanken der Wirtschaftspolitik der Zukunft*, Graz/Leipzig: Leuschner und Lubenski.

– (1949): *Conflicting Patterns of Thought*, Washington, D. C.: Public Affairs Press.

– (1983): *A History of Economic Reasoning*, Baltimore/London: Johns Hopkins University Press.

Schumpeter, Joseph A. (1965): *Geschichte der ökonomischen Analyse* [engl. 1954]. *Nach dem Manuskript hrsg. von Elizabeth B. Schumpeter. Mit einem Vorwort von Fritz Karl Mann*, Göttingen: Vandenhoeck & Ruprecht.

Weiterführende Literatur

Bürgin, Alfred (1993): *Zur Soziogenese der Politischen Ökonomie. Wirtschaftsgeschichtliche und dogmenhistorische Betrachtungen*, Marburg: Metropolis.

Kurz, Heinz D. (2017): *Geschichte des ökonomischen Denkens*, 2. Aufl., München: C.H. Beck.

Roncaglia, Alessandro (2005): *The Wealth of Ideas. A History of Economic Thought*, Cambridge: Cambridge University Press.
Screpanti, Ernesto/Stefano Zamagni (2005): *An Outline of the History of Economic Thought*, Oxford: Oxford University Press.

GERTRAUDE MIKL-HORKE

Heinrich Gomperz' Moralphilosophie

Die Moralphilosophie von Heinrich Gomperz (1873–1942) ist geprägt von einem Spannungsverhältnis zwischen skeptischem Antrieb und systematischem Anspruch. In seinem Denken vereinigen sich philosophische Grundprinzipien sowohl des 19. als auch des 20. Jahrhunderts (vgl. Rinofner-Kreidl 2004, S. 165; Seiler 1994, S. 31). Die Moralphilosophie erfährt dabei insbesondere in den beiden Büchern *Kritik des Hedonismus* (1898) und *Das Problem der Willensfreiheit* (1907) eine Ausarbeitung.

Die *Kritik des Hedonismus. Eine psychologisch-ethische Untersuchung* wird von Gomperz selbst als eine Zwischenstufe von der *Grundlegung der neusokratischen Philosophie* (1897) hin zu einer 1898 noch ausstehenden umfassenden Moralphilosophie aufgefasst (vgl. Gomperz 1898, S. IV), da darin in Form einer Kritik am Hedonismus Raum für die Ausarbeitung eines eigenen moralphilosophischen Systems geschaffen werden soll. Das Problem wird dabei in vier Abschnitten entwickelt: Im ersten setzt sich der Autor mit der Natur und Bedeutung von Lust und Leid in allgemeiner Form auseinander. Daran anschließend entwickelt er den psychologischen Hedonismus, worunter die Faktizität verstanden wird, dass der Wille jedes Menschen nur auf seine eigene Lust und Leidlosigkeit gerichtet ist. Dem psychologischen Hedonismus stellt er den individualistischen Hedonismus gegenüber, bei welchem es um die Rechtfertigung von Handlungen geht und demzufolge nur solche Handlungen gebilligt werden, die auf die eigene Lust oder Leidlosigkeit zielen. Im vierten Teil problematisiert Gomperz in Entsprechung zum individualistischen einen kollektiven Hedonismus bzw. Utilitarismus, in dem wiederum nur solche Handlungen gebilligt werden, die auf die Lust oder Leidlosigkeit der Gesamtheit gerichtet sind. Er zeigt dabei auf, dass Lust und Leid zwar »Urphänomene des Bewusstseins« bilden, allerdings eine »auf die Vermehrung der Lust und auf die Verminderung des Leides zielende (hedonische) Ethik [...] abzuweisen« ist (ebd., S. 120): Aufbauend auf der Forderung nach Vermehrung der Lust und Verminderung des Leides lasse sich aus keiner der obig skizzierten Spielarten ein valider ethischer Hedonismus begründen. Eine Sonderstellung nehmen dabei lediglich die ästhetischen Lust- und Leidzustände ein – ein »ethischer Hedonismus ist unmöglich; ein ästhetischer Hedonismus ist möglich« (ebd., S. 121).

In systematischer Weise entwickelt Gomperz das Problem einer theoretischen Begründung der Moralphilosophie in *Das Problem der Willensfreiheit* weiter. Neben einem historischen Überblick zum Thema des Willensfreiheitsproblems im Widerstreit von Determinismus und Indeterminismus prüft er diese Positionen auch systematisch in Bezug auf Moralität und Recht. Das vorrangige methodische Ziel sei es dabei, den »Schutt« wegzuräumen (Gomperz 1907, S. 6), der im Streit dieser Parteien aufgetürmt wurde, um aus dem »Gezänke der traditionellen Lehren hinaus zu einer neuen Problemstellung und vielleicht sogar zu neuen Problemlösungen« zu kommen (ebd., S. 8). Die Pattstellung zwischen Determinismus und Indeterminismus ist dabei nur zu überwinden, so Gomperz, indem die zentralen Streitbegriffe einer Analyse unterzogen werden und damit ein Blick auf die »treibende Kraft in dem Streit um die Willensfreiheit« geworfen wird (ebd., S. 5). Der Widerspruch verschwindet, wenn die Entgegensetzung von Determinismus und Indeterminismus in Bezug auf Motiv, Charakter und Willensentscheidung auf das beschränkt wird, was in der Erfahrung gegeben ist (vgl. Rinofner-Kreidl 2006, S. 385). Die Hauptfragen der Arbeit liegen davon ausgehend in der Klärung des Verhältnisses von Wille und Kausalität, denn in theoretischer Hinsicht bleibe das Problem der Willensfreiheit solange ungelöst, bis eine »gründliche Erörterung des metaphysischen Kausalbegriffes« vorgelegt werden könne (Gomperz 1907, S. 92). Dabei ist es für Gomperz von vornherein klar, dass eine psychologische Analyse des Kausalbegriffes die entscheidenden Aufschlüsse zur Lösung der Frage zu bringen habe (vgl. Rinofner-Kreidl 2006, S. 386). Eine eigene, systematisch ausgearbeitete Moralphilosophie auf der Basis des solchermaßen durchleuchteten metaphysischen Kausalbegriffes bleibt jedoch unausgeführt. Gleichwohl findet sich eine kontinuierliche Weiterentwicklung dieser Problemstellungen in Gomperz' Denken über die Jahre 1918/19 hinaus.

Gomperz, Heinrich (1898): *Kritik des Hedonismus. Eine psychologisch-ethische Untersuchung*, Stuttgart: J. G. Cotta'sche Buchhandlung.
– (1907): *Das Problem der Willensfreiheit*, Jena: Eugen Diederichs.
Rinofner-Kreidl, Sonja (2004): Von der Metaphilosophie zur Methodologie: Heinrich Gomperz, Franz Kröner, Felix Kaufmann. In: Karl Acham (Hg.), *Geschichte der österreichischen Humanwissenschaften*, Bd. 6.1: *Philosophie und Religion. Erleben, Wissen, Erkennen*, Wien: Passagen Verlag, S. 163–208.
– (2006): Metaphysik, Weltanschauung und Moral: Friedrich Jodl, Heinrich Gomperz, Robert Reininger. In: Karl Acham (Hg.), *Geschichte der österreichischen Humanwissenschaften*, Bd. 6.2: *Philosophie und Religion. Gott, Sein und Sollen*, Wien: Passagen Verlag, S. 373–418.
Seiler, Martin (1994): Epistemologie, Sprachanalyse und Semiotik bei Heinrich Gomperz. In: Ders./Friedrich Stadler (Hgg.), *Heinrich Gomperz, Karl Popper und die »österreichische Philosophie«*, Amsterdam: Rodopi, S. 31–46.

Weiterführende Literatur

Fuchs, Albert (1978): *Geistige Strömungen in Österreich 1867–1918* [1949], Wien: Löcker Verlag.

Haller, Rudolf (1994): Heinrich Gomperz und die österreichische Philosophie. In: Martin Seiler/Friedrich Stadler (Hgg.), *Heinrich Gomperz, Karl Popper und die »österreichische Philosophie«*, Amsterdam: Rodopi, S. 47–68.

Rudolf Meer

2. SPRACHANALYSE

Fritz Mauthner als Sprachphilosoph und Sprachkritiker

Der in Böhmen in eine deutschsprachige jüdische Familie geborene Fritz Mauthner (1849–1923) wurde nach ersten literarischen und feuilletonistischen Gehversuchen in Prag (und einem abgebrochenen Jus-Studium, während dessen Verlauf er auch Vorlesungen des an der Prager Universität Experimentalphysik lehrenden Ernst Mach besuchte) zu einem der führenden Kritiker und Publizisten im Berlin des ausgehenden 19. Jahrhunderts. Mit seinen literaturkritischen Parodien und Theaterkritiken sowie als Vorstandsmitglied literarischer Gesellschaften und Vereine wie etwa der Berliner Freien Bühne spielte Mauthner zwar auch in der literarischen Bewegung der Moderne eine zentrale Rolle, aber dennoch ist heute vor allem für seine sprachkritischen Werke bekannt, welche erst nach 1900 erschienen sind: die *Beiträge zu einer Kritik der Sprache* (3 Bde., 1901/02) und das *Wörterbuch der Philosophie* (2 Bde., 1910). Zwischen Publizistik und Wissenschaft oszillierend, entwickelte er einen spezifischen, sprachkritischen Schreibstil, der eine mimetische Entlarvung von Sprachstereotypen vollzieht. Immanente Kritik ist bei ihm nicht nur eine Methode, sondern exemplifiziert eine hypersemantische und sozio-pragmatische Sprachtheorie, nach welcher Identitäts- und nationale wie persönliche Eigentumsbegriffe aus einer historischen Reflexion über Sprache und Kultur ausgeschlossen werden sollen.

Mauthners umfassende Sprachkritik beginnt mit einer soziologisch geprägten Literatur- und Pressekritik, die ihn als ein Berliner Pendant zu Karl Kraus erscheinen lässt. Die Parodien *Nach berühmten Mustern* (1897; vgl. Vierhufe 1999) wie auch das ganze literarische Werk Mauthners sind eine illustrative Fortsetzung dieser Kritik im Sinne einer mimetischen Stilkritik. Damit arbeitet Mauthner bereits im Rahmen seiner feuilletonistischen Frühschriften eine philosophisch ambitionierte Auffassung der Kritik und zugleich einen eigenständigen Typ theoretischer Literatur aus. Die Pressekritik ist Kritik der Sprache, Kritik der standardisierten Verbreitung von Sprachbräuchen und modischen Schlagwörtern durch die Presse, wobei die Mode als Nachahmungstrieb in polemischen Zusammenhang mit der zeitgenössischen Selbstbestimmung der Moderne gebracht wird (vgl. Roure 2016). Die Presse, zugleich als Buchdruck und Zeitungswesen, sei »eine moderne Großmacht wie die Dampfmaschine« (Mauthner 1890b, S. 795), die durch ihre steigende »Überproduktion« und »stetig wachsende Makulaturmasse« (Mauthner 1886,

S. 96) zum Triumph der Kulturindustrie geführt habe. Die Literatur mit ihren »zu einmaligem Durchfliegen hergestellten Romane[n] und Novellen« (ebd., S. 70) wird »ganz im Stil der Großindustrie« behandelt (Mauthner 1890a, S. 479f.). Die Bildungspresse mit ihren Konversationslexika sei ein mythologisches Reservoir populärwissenschaftlicher Weltanschauungen, die nebeneinander bestehen können – wie die »Mode Darwin« oder die »Manier des zwanzigsten Jahrhunderts«, nämlich das Sammeln der »Ziffernreihen der Statistik« (Mauthner 1886, S. 91). Hinter der Begeisterung für eine Mode und die Nachahmung ihrer Phraseologie stecke die Aneignung einer Weltanschauung, welche als gemeinsamer Besitz empfunden wird, was nur Selbsttäuschung sein kann (Mauthner 1901a, S. 24f.) und dennoch politisch-soziale Folgen hat – wie z.B. die populärwissenschaftliche »Legende vom Volk der Arier und der arischen Ursprache« (Mauthner 1901b, S. 604). Die Presse erzeuge einen »Massengebrauch« der Sprache und damit einen gemeinsamen kulturellen Code, der durch die tägliche Zeitungslektüre ein ritualisiertes Zugehörigkeitsgefühl entstehen lässt (Mauthner 1901a, S. 140.). Die hieraus resultierende Internationalität oder weltanschauliche »Gemeinsamkeit der Seelensituation« des Abendlandes sei freilich nur eine der Großstädter (Mauthner 1906, S. 43). Mauthners Pressekritik – und zwar insbesondere die, die er in seinen eigenen Romanen übt – (vgl. Arens 2001), wendet sich somit gegen jene säkularen Mythen der Moderne, welche die Vorstellung von einer soziokulturellen Überlegenheit der industrialisierten Welt begleiten.

Wie die Pressekritik in und durch die Presse entsteht, so ist auch der Sprachkritiker gezwungen, auf die sprachlichen Konventionen zurückzugreifen, die er kritisiert. Bei der Entlarvung gesellschaftlich geprägter Schlagwörter der Zeit (»Wortfetische« und »Wortaberglauben«) lässt sich die extrem metaphorische Darstellungsweise Mauthners als immanente Kritik an unreflektierten Sprachgebräuchen interpretieren, genauso wie auch die mimetische Wiederholung von Klischees oder Gemeinplätzen auf deren Offenlegung zielt. So bleiben Mauthners Aussagen zum allgemeinen Sprachgebrauch absichtlich immanent, weil die Sprache zugleich Gegenstand und Medium der Kritik ist und der Sprachkritiker nicht außerhalb der Sprache seiner Zeit steht, was in den *Beiträgen* durch die Allegorie des Popen (Mauthner 1901a, S. 2f.) und die pyrrhonische Leiter-Metapher illustriert wird. Die vielfältigen Figuren der Abweichung und uneigentlichen Rede sind Teil seines Angriffes gegen gesellschaftliche Sprachnormen und Sprachbewertungen – dies schlägt sich selbst in der Wahl der literarischen Formen nieder, die seine Kritik annimmt: Mauthner hat stets Gattungen bevorzugt, die sich einer allegorischen Struktur bedienen können; gerne griff er auch die ironisch geprägte und unsystematische Form des Essays zurück.

Mauthners Schreibstil entspricht allerdings seiner metaphorischen, situativen und intersubjektiven Sprachauffassung, die sozio-pragmatische Argumente der historischen Semantik übernimmt (vgl. Roure 2013). Als Reaktion auf die rein morphologische Orientierung der Sprachwissenschaft zielen seine Überlegungen zum Bedeutungswandel darauf, die Sprache als soziale Tätigkeit, als menschliches Sprechen zu begreifen und im

Rahmen einer kulturellen Sprachgeschichte zu untersuchen. Die Grundlage von Mauthner Sprachauffassung und der rote Faden seiner ganzen Sprachkritik ist die Annahme, die Sprache sei »nichts, woran Eigentum behauptet werden kann« (Mauthner 1901a, S. 24). Die Ablehnung der linguistischen und kulturellen Eigentums- und Identitätsbegriffe beruht auf der Hypothese, dass die Sprache durch Nachahmung entsteht und sich entwickelt – Mauthner verweist dazu auf Gabriel Tardes Werk *Les Lois de l'imitation* (*Die Gesetze der Nachahmung*, frz. Orig. 1895; vgl. Mauthner 1910, Bd. 1, S. XXVf. und 1906, S. 118f.). Die individuellen Äußerungen der Sprechtätigkeit, die immer einzigartig und dennoch *uneigentlich* sind, werden erst in ihren sozialen Wechselwirkungen etwas Wirkliches (Mauthner 1901b, S. 82; vgl. Hartung 2012, S. 159). Die Sprache wird demzufolge als »konventionelle Nachahmung zwischen den Menschen« definiert (Mauthner 1901b, S. 543) und als Gesellschaftsspiel beschrieben, in welchem die Worte erst durch eine kollektive Sinngebung einen Tauschwert oder genauer einen Scheinwert erhalten (vgl. Spitzer 1919, S. 208): »Die Sprache ist nur ein Scheinwert wie eine Spielregel, die auch umso zwingender wird, je mehr Mitspieler sich ihr unterwerfen« (Mauthner 1901a, S. 25). Die Metapher des sozialen Sprachspiels und der Spielregel ersetzt die naturalistisch geprägte Auffassung von Sprache als Organismus (ebd., S. 27f.) sowie den Begriff von Sprachgesetzen, der aufgrund einer anarchistischen Geschichtsauffassung als »Zufallsgeschichte« abgelehnt wird (vgl. die Auseinandersetzung mit den Junggrammatikern, Mauthner 1901b, S. 83–118). Ursprung und Zweck der Sprachpraxis sei weniger die Mitteilung als die Suggestion, die Beeinflussung des anderen bzw. die Wirkung auf diesen, weshalb »Wertgefühle« bedeutender seien als Begriffsinhalte (vgl. Mauthner 1910, Bd. 2, S. 579–582, wo auf die Behandlung des Wertbegriffes in der Nationalökonomie und bei Georg Simmel hingewiesen wird). Voraussetzung des intersubjektiven Verstehens und der Sprachwirkung seien die problematische Gemeinsamkeit einer »Seelensituation« und das Gedächtnis. Der Sprachgebrauch wird metaphorisch beschrieben als »das Netzwerk, nur der Kanevas, in welchen unsere Erinnerungen ihre Bilder hineinstickt« (Mauthner 1902, S. 246). Die Sprache ist zwar »deiktisch, hinweisend«, sie kann aber die Wirklichkeitswelt nicht treu widerspiegeln und bietet nur eine »bildliche Darstellung« (Mauthner 1910, Bd. 1, S. XI), die auf Wahrnehmungen oder genauer »Erinnerungszeichen« beruht: Bedeuten heißt »auf etwas hindeuten, an etwas erinnern, ein Bild von etwas sein« (Mauthner 1901b, S. 272). Daher besagt die Metaphorizität der Sprache deren grundsätzliche Veränderlichkeit durch Vergleiche, Übertragungen, Übersetzungen und Gedankenassoziationen (Mauthner 1901a, S. 451); diese Metaphorizität der Sprache fällt mit ihrer Historizität zusammen und hat auch eine kognitive Funktion (vgl. die Metapher des »Strombettes der Sprache«, ebd., S. 7ff.). Die Sprache speichert mehr Wissen, als die Sprecher glauben oder erkennen.

Mauthner definiert die Sprachkritik als Erkenntniskritik und kritische Kulturgeschichte. In der Nachfolge der von Johann Georg Hamann initiierten Metakritik will Mauthner die *reine* Vernunft – »die große Metapher Kants« (Mauthner 1901b, S. 494) – als eine geschichtlich gewordene Vernunfttätigkeit anerkennen (vgl. Landauer 1903, S. 92f.) und stellt dadurch die Invarianz der Denkkategorien in Frage (Mauthner 1901a, S. 272; 1904, S. 43ff.), welche als »Aussage-Möglichkeiten« zu verstehen seien (Mauthner 1925, S. 3f.). An die Tradition des sprachkritischen Philosophierens anknüpfend (vgl. Cloeren/Schmidt 1971), geht es hier weiterhin um eine Kritik des sozialen Evolutionismus und des europäischen Ethnozentrismus (Mauthner 1902, S. 4), die alle Werturteile über Sprachen und Völker als willkürlich erklärt. Unter polemischer Bezugnahme auf die neokantische Erkenntniskritik schreibt Mauthner, dass die Sprache für uns »das relative Apriori« geworden ist (Mauthner 1901a, S. 305). Mauthners Wissenschaftskritik beruht gleichwohl auf funktionalistischen Argumenten aus der empirischen und antispekulativen Wissenschaftsauffassung seiner Zeit (vgl. Arens 1984, Leinfellner 1995): Die Sprachkritik zielt nicht darauf, die »Scheinbegriffe« zu eliminieren, sondern sie als vorläufige Hypothesen (Ernst Mach) oder Fiktionen (Otto F. Gruppe 1914; Hans Vaihinger 1911) zu erkennen; das Wort als »Symbol für einen Complex von Elementen, von deren Veränderung wir absehen« (Mach 1883, S. 454), sollte nur nicht verdinglicht werden. Anders verhält es sich mit dem »Wortaberglauben« bzw. den »Wortfetischen«. Es geht der Sprachkritik hauptsächlich um einen Angriff auf Weltanschauungen, die normativ den Fortgang der Geschichte als Fortschritt einer Zivilisation begreifen. Genauso wie *die* Vernunft und *die* Sprache als Abstrakta nicht existieren, sondern lediglich Vernunft- und Sprachtätigkeiten im Plural, so gibt es nach Mauthners dekonstruktivem Wahrheitsbegriff auch nur Geschichten, die aufgrund irgendeines gegenwärtigen Erkenntnisinteresses erzählt werden.

Mauthners Sprachkritik wird in der Fachliteratur immer noch kontrovers diskutiert, wenn nicht sogar für »gescheitert« erklärt (Kühn 1975). Grund dafür ist die als übertrieben angesehene Radikalität seiner Skepsis und seine Ablehnung des Erkenntniswertes der Sprache (Gabriel 1995, 2013; Le Rider 2012), welche als Ablehnung jedes Wahrheits- und Wissensanspruches interpretiert werden. Die sich durchziehenden Ziele von Mauthners Kritik zeigen jedoch vielmehr, dass die Sprachkritik keinesfalls in ein resigniertes Schweigen mündet, sondern unermüdlich Sprachkritiken anprangert, die zur rekreativen oder restaurativen Sprachverbesserung tendieren – sei es die logische Sprachreinigung (zur Kritik an künstlichen Sprachen, vgl. Mauthner 1914, S. 117–134) oder der Sprachpurismus (vgl. Spitzer 1918, S. 34f.; Leinfellner 1996). Durch seine Analyse der Wechselwirkungen von Fach- und alltäglicher Gemeinsprache leistet Mauthner einen bedeutsamen Beitrag zur semantisch-pragmatischen Reflexion über die Sinngebung gemeinsam geteilter Sprachsituationen und darüber hinaus über die Begründung von Wissens-, Kultur- und Sprachgemeinschaften.

Arens, Katherine (1984): *Functionalism and Fin de siècle. Fritz Mauthners Critique of Language*, New York/Bern/Frankfurt a. M.: Peter Lang.
– (2001): *Empire in Decline. Fritz Mauthner's Critique of Wilhelminian Germany*, New York: Peter Lang.

Cloeren, Hermann-Joseph/Siegfried J. Schmidt (Hgg.) (1971): *Philosophie als Sprachkritik im 19. Jahrhundert*, 2. Bde, Stuttgart/Bad Cannstatt: Frommann-Holzboog.

Gabriel, Gottfried (1995): Philosophie und Poesie: Kritische Bemerkungen zu Fritz Mauthners Dekonstruktion des Erkenntnisbegriffs. In: Leinfellner/Schleichert 1995, S. 27–41.

– (2013): Fritz Mauthner – oder vom *linguistic turn* zur Dekonstruktion. In: Hartung 2013, S. 115–130.

Gruppe, Otto Friedrich (1914): *Antäus, ein Briefwechsel über speculative Philosophie in ihrem Conflict mit Wissenschaft und Sprache* [1831], hrsg. von Fritz Mauthner (= Bibliothek der Philosophen, Bd. 12), München: Georg Müller.

Hartung, Gerald (2012): *Sprach-Kritik. Sprach- und kulturtheoretische Reflexionen im deutsch-jüdischen Kontext*, Weilerswist: Velbrück Wissenschaft, S. 139–178.

– (Hg.) (2013): *An den Grenzen der Sprachkritik. Fritz Mauthners Beiträge zur Sprach- und Kulturtheorie*, Würzburg: Königshausen & Neumann.

Kühn, Joachim (1975): *Gescheiterte Sprachkritik. Fritz Mauthners Lebens und Werk*, Berlin/New York: Walter de Gruyter.

Landauer, Gustav (1903): *Skepsis und Mystik. Versuche im Anschluß an Mauthners Sprachkritik*, Berlin: Egon Fleischel.

Leinfellner, Elisabeth (1995): Fritz Mauthner im historischen Kontext der empiristischen, analytischen und sprachkritischen Philosophie. In: Dies./Schleichert 1995, S.145–163.

– (1996): Die Republik der Sprachen bei Fritz Mauthner: Sprache und Nationalismus. In: Jürgen Nautz/Richard Vahrenkamp (Hgg.), *Die Wiener Jahrhundertwende*, Wien: Böhlau Verlag, S. 389–405.

– /Hubert Schleichert (Hgg.) (1995): *Fritz Mauthner. Das Werk eines kritischen Denkers*, Wien: Böhlau Verlag.

Le Rider, Jacques (2012): *Fritz Mauthner. Scepticisme linguistique et modernité. Une biographie intellectuelle*, Paris: Bartillat.

Mach, Ernst (1883): *Die Mechanik in ihrer Entwickelung historisch-kritisch dargestellt*, Leipzig: F.A. Brockhaus.

Mauthner, Fritz (1886): *Credo. Gesammelte Aufsätze*, Berlin: J. J. Heine.

– (1897): *Nach berühmten Mustern. Parodistische Studien. Gesamtausgabe*, Stuttgart/Berlin/Leipzig: Deutsche Verlagsanstalt.

– (1890a): Eine Fabrik für Fortsetzungs-Romane. In: *Deutschland. Wochenschrift für Kunst und Literatur* 1/28, hrsg. von Fritz Mauthner, Glogau: Flemming, S. 479f.

– (1890b): Paul Lindau und die Berliner Presse. In: *Deutschland. Wochenschrift für Kunst und Literatur* 1/49, hrsg. von Fritz Mauthner, Glogau: Flemming, S. 795.

– (1901a, 1901b, 1902): *Beiträge zu einer Kritik der Sprache*, Bd. 1: *Sprache und Psychologie* [1901a]; Bd. 2: *Zur Sprachwissenschaft* [1901b]; Bd. 3: *Zur Grammatik und Logik* [1902], Stuttgart/Berlin: Cotta.

– (1904): *Aristoteles. Ein unhistorischer Essay* (= Die Literatur, Bd. 2, hrsg. von Georg Brandes), Berlin: Bard Marquardt.

– (1906): *Die Sprache* (= Die Gesellschaft. Sammlung sozialpsychologischer Monographien, Bd. 9, hrsg. von Martin Buber), Frankfurt a. M.: Rütten und Löning.

– (1910): *Wörterbuch der Philosophie. Neue Beiträge zu einer Kritik der Sprache*, 2. Bde, München/Leipzig: Georg Müller.

– (1914): *Gespräche im Himmel und andere Ketzereien*, München/Leipzig: Georg Müller.
– (1925): *Die Drei Bilder der Welt. Ein sprachkritischer Versuch*, hrsg. von Monty Jacobs, Erlangen: Verlag der Philosophischen Akademie.
Roure, Pascale (2013): Begriffskritik und Wortgeschichte. Fritz Mauthners Rezeption der historischen Semantik. In: Hartung 2013, S. 123–188.
– (2016): Kyniker der Gegenwart. Fritz Mauthner zur literarischen Moderne in Frankreich und Deutschland. In: Olivier Agard/Barbara Beßlich (Hgg.), *Kulturkritik zwischen Deutschland und Frankreich (1890–1933)* (= Schriften zur politischen Kultur der Weimarer Republik, Bd. 18), Frankfurt a. M.: Peter Lang, S. 91–112.
Spitzer, Leo (1918): *Fremdwörterhatz und Fremdvölkerhass. Eine Streitschrift gegen die Sprachreinigung*, Wien: Manzsche Hof-, Verlags- und Universitäts-Buchhandlung.
– (1919): Fritz Mauthner, Beiträge zu einer Kritik der Sprache. 2. Aufl. [Rezension]. In: *Literaturblatt für germanische und romanische Philologie* 40/7-8, Sp. 201–212.
Vaihinger, Hans (1911): *Die Philosophie des Als Ob. System der theoretischen, praktischen und religiösen Fiktionen der Menschheit auf Grund eines idealistischen Positivismus*, Leipzig: Felix Meiner.
Vierhufe, Almut (1999): *Parodie und Sprachkritik. Untersuchungen zu Fritz Mauthners »Nach berühmten Mustern«*, Tübingen: Niemeyer.

Weiterführende Literatur

Danneberg, Lutz (1996): Sprachphilosophie in der Literatur. In: Marcelo Dascal/Dietfried Gerhardus/Kuno Lorenz/Georg Meggle (Hgg.), *Sprachphilosophie. Ein internationales Handbuch zeitgenössischer Forschung*, 2. Halbbd., Berlin/New York: Walter de Gruyter, S. 1538–1566.
Henne, Helmut/Christine Kaiser (Hgg.) (2000): *Fritz Mauthner. Sprache, Literatur, Kritik. Festakt und Symposium zu seinem 150. Geburtstag*, Tübingen: Niemeyer.
Kaiser, Christine (2006): *Fritz Mauthner (1849–1923). Journalist, Philosoph und Schriftsteller* (= Jüdische Miniaturen. Spektrum Jüdischen Lebens, Bd. 56), Berlin: Hentrich & Hentrich.
Leinfellner, Elisabeth/Jörg Thunecke (Hgg.) (2004): *Brückenschlag zwischen den Disziplinen. Fritz Mauthner als Schriftsteller, Kritiker und Kulturtheoretiker*, Wuppertal: Arco Wissenschaft.

Pascale Roure

Adolf Stöhr – Gegen das glossomorphe Denken

Von einer »zögernde[n] äußere[n] Anerkennung« hat Robert Reininger – einer der wenigen Schüler und später ein Kollege Adolf Stöhrs an der Wiener Universität – in seinem Vorwort zur zweiten Auflage von Stöhrs (erstmals 1917 publizierten) Buch *Psychologie. Tatsachen, Probleme und Hypothesen* gesprochen (Reininger 1922, S. VIII), dessen Erscheinen im Jahr 1922 sein Autor nicht mehr erleben konnte: Adolf Stöhr war schon zu Lebzeiten ein Außenseiter gewesen, nach seinem Tod geriet seine eigenwillige Art des Philosophierens rasch in Vergessenheit. Und doch hat ihm ein ganz Großer einen berührenden Nachruf geschrieben: Stöhr, so hieß es darin, sei »ein origineller Philosoph und im Leben so still und einfach« gewesen, »dass selbst nach seinem Tode die Zeitungen nicht laut wurden«. Der Verfasser dieser Zeilen, Joseph Roth, der, wie er sagte, vier Jahre lang Stöhrs Schüler gewesen ist, glaubte, dass für diese »große Stille« um seinen Professor auch Nebensächliches verantwortlich sei: etwa dass Stöhr – wenig auf »Repräsentation«, wir würden heute sagen: wenig auf ein für seinen Berufsstand passendes Outfit bedacht – z.B. »immer seinen graukarierten Salonrock« trug, »in dem er wahrscheinlich groß und alt geworden war und alle seine Bücher geschrieben hatte«; doch dann setzte er in ernsthafterem Ton fort: Stöhr sei »ein gründlicher Sprachenkenner« gewesen (Stöhrs Tochter erinnerte sich, dass ihr Vater in »Wort und Schrift« nicht weniger als elf Sprachen beherrscht hat; Reichl-Stöhr 1974, S. 24), das Wort habe er »fast naturwissenschaftlich wie ein gezüchtetes Experimentierobjekt« behandelt: »Er glaubte an die Gewalt der Sprache über die Sprechenden und dass die Dummheit der meisten Menschen von der Übermacht des Ausdrucks komme.« Zu den »vom Wort Verleiteten« habe Stöhr vor allem auch gezählt: »die Journalisten und – die ordentlichen Professoren der Philosophie« (Roth 1921).

Doch diese Darstellung Stöhrs als eines Polemikers tut ihm unrecht. Denn Stöhr war nicht polemisch, er war unerbittlich: unerbittlich darin aufzuzeigen, wie leicht es passiert, dass Reden mit Denken verwechselt, dass Reden für Denken gehalten wird. »Die Sprache verdrängt die schweigende Geistesarbeit«, schrieb Stöhr in seiner *Psychologie* (Stöhr 1922, S. 444), »die Sprechbewegung« sei einfach eine bequeme »Reizausleitung«, die in ihrem Ablauf Denken im eigentlichen Sinn verhindert (ebd., S. 447). Für Stöhr grenzt diese Tendenz ans Psychopathologische. »Verboman« nennt er einen besonderen psychologischen Typus, der sich von seiner eigenen Rede überwältigen lässt – ein Verhalten, das »als nicht normal genannt werden könnte, wenn es nicht so massenhaft verbreitet wäre« (ebd., S. 446).

Die Sprache zwingt dem Sprechenden Wörter und eine Syntax auf, die für die Zwecke der Wissenschaft, insbesondere aber für die Zwecke von Logik und Psychologie, nicht gemacht und daher für sie inadäquat sind: »Die indogermanischen Verba haben sich in Zeiten gebildet, wo man an alles andere eher als an Lehrbücher der Psychologie dachte und sich nur für den Ausdruck des Tuns und Erleidens interessierte. Infolgedessen ist die Sprache für uns ein Tätigkeits-Vortäuschungsorgan geworden.« (Ebd., S. 13) So zum Beispiel in der Beschreibung des Bewusstseins: Die Sprache drängt uns dazu, das Bewusstsein zu benennen, als ob es ein Subjekt wäre, das auf etwas in sich selbst Enthaltenes gerichtet ist: Die Gliederung nach psychischem Akt und »inexistentem« Bewusstseinsinhalt, auf den der Akt bezogen sein soll, ist nach Stöhr ein Paradebeispiel für eine aus den Gepflogenheiten der Rede entsprungene Fiktion.

Eine die Formen des Sprechens mit den Formen des Denkens konfundierende Philosophie nennt Stöhr »glossogon«, ihre gedankenlosen Denkformen »glossomorph«. Fiktionen werden mit Fakten, sprachliche Metaphern mit dem, was sie bildlich andeutend meinen, verwechselt, kurzum, die sprachlichen Schöpfungen werden gewissermaßen ontologisiert: »Einige Beispiele von dem, was verdinglicht wurde oder noch verdinglicht wird, mögen genügen: die sich selbst denkenden, allgemeinen Begriffe; die sich selbst vollziehenden Urteile oder die Geltungen; die abgeschnittenen Infinitivendungen des zweiwörtigen Verbums oder das reine Sein; [...] Einheitlichkeit der Benennung, die mit der Einheitlichkeit des Benannten gleichgeachtet wird; Gegliedertheit der Benennung, die als Beweis für die Gegliedertheit der Sache gilt [...].« (Ebd., S. 445)

Von der Sprach- und Wissenschaftskritik des Wiener Kreises unterscheidet Stöhr erstens, dass er die Logik als Denkpsychologie fasst, dass er also Psychologist ist, und zweitens, dass er – dabei an Wilhelm Wundts Kritik des Empiriokritizismus anschließend (vgl. Benetka 2002) – die radikale Anti-Metaphysik der Positivisten ablehnt. Ohne spekulative Momente vermag die Wissenschaft bloß Fakten zu sammeln und Fakten zu beschreiben, sie vermag die Fakten aber nicht in einen sinnvollen Zusammenhang zu bringen.

Aufgabe der Philosophie ist es für Stöhr, die Entwicklung einer kritisch-wissenschaftlichen Wirklichkeitstheorie (vgl. dazu ausführlich Austeda 1974, S. 4–6) und die Konstruktion eines die Erkenntnisse der Einzelwissenschaften integrierenden Weltbilds voranzutreiben – eine Aufgabe, die ohne spekulative Annahmen, Setzungen und Festlegungen nicht zu leisten ist. Der Philosoph setzt also Wissensfragmente zusammen, dies bedarf seiner »bauenden Phantasie«. Er ist ein »Denkkünstler«, der spekulative Gedankenkonstruktionen benutzt: zum einen Hypothesen, das sind wirklichkeitstheoretische Annahmen, die sich irgendwann vielleicht auch empirisch fundieren lassen; zum anderen aber auch Theoreme, die ohne anschaulichen Erfahrungsinhalt sind, »Logoide«, wie Stöhr sie nennt: z.B. die für die Psychologie zentrale Setzung, dass nicht nur ich, sondern auch meine Mitmenschen Bewusstsein haben. Alle Annahmen und Setzungen – Hypothesen und Logoide – müssen »durchdenkbar« sein – durchdenkbar ist für Stöhr alles, was eben nicht glossomorph ist.

Austeda, Franz (1974): Adolf Stöhr als Philosoph, sein Denkstil und seine Gedankenwelt. In: Stöhr 1974, S. 1–13.

Benetka, Gerhard (2002): *Denkstile der Psychologie. Das 19. Jahrhundert*, Wien: WUV.

Reichl-Stöhr, Raphaela (1974): Mein Vater. In: Stöhr 1974, S. 24–25.

Reininger, Robert (1922): Vorwort zur zweiten Auflage. In: Stöhr 1922, S. VII-IX.

Roth, Joseph (1921): Ein Professor [Berliner Tageblatt, 26.2.1921]. In: Ders., *Werke*, Bd. 1: *Das journalistische Werk. 1915–1923*, hrsg. von Klaus Westermann, Köln: Kiepenheuer & Witsch, S. 486f.

Stöhr, Adolf (1922): *Psychologie. Tatsachen, Probleme und Hypothesen* [1917], 2. Aufl., Wien/Leipzig: Braumüller.

– (1974): *Philosophische Konstruktionen und Reflexionen*, ausgewählt, hrsg. und eingel. von Franz Austeda, Wien: Deuticke.

Weiterführende Literatur

Benetka, Gerhard (1990): *Zur Geschichte der Institutionalisierung der Psychologie in Österreich. Die Errichtung des Wiener Psychologischen Instituts*, Wien: Geyer-Edition.
– /Giselher Guttmann (2001): Akademische Psychologie in Österreich. Ein historischer Überblick. In: Karl Acham (Hg.), *Geschichte der österreichischen Humanwissenschaften*. Bd. 3.1: *Menschliches Verhalten und gesellschaftliche Institutionen: Einstellung, Sozialverhalten, Verhaltensorientierung*, Wien: Passagen Verlag, S. 83–167.
Johnston, William M. (1974): *Österreichische Kultur und Geistesgeschichte. Gesellschaft und Ideen im Donauraum 1848 bis 1938*, Wien: Böhlau.
Stöhr, Adolf (1921): *Wege des Glaubens*, Wien/Leipzig: Braumüller.

Gerhard Benetka

3. ALLGEMEINE WISSENSCHAFTSPHILOSOPHIE

Ernst Mach als Wissenschaftstheoretiker

Ernst Mach (1838–1916) verstand sich Zeit seines Lebens als »Naturforscher« mit einer kritischen Distanz zur akademischen metaphysischen Philosophie. Trotzdem hat er durch seine gesamtwissenschaftliche Methodologie mit Beiträgen zur Erkenntnistheorie und Wissenschaftsphilosophie eine Bedeutung und Wirkung erzielt, die weit über den naturwissenschaftlichen Bereich hinausreicht. Dabei spielen die Elementenlehre des neutralen Monismus, eine Heuristik mit abduktiver Methode, das Ökonomieprinzip der Forschung, das Gedankenexperiment (mit der Methode der Variation), sowie die Begriffsgeschichte eine besondere Rolle, die insgesamt in einen »historical turn« eingebettet waren. Somit kann Mach als ein Pionier der heute als History and Philosophy of Science oder Historische Epistemologie bezeichneten Richtung betrachtet werden, was seine breite interdisziplinäre Rezeption in den Natur-, Sozial- und Kulturwissenschaften plausibel macht.

Das spiegelt sich auch in der Tatsache wider, dass Mach als international erfolgreicher Experimentalphysiker und Naturwissenschaftler am Höhepunkt seiner Karriere im Jahre 1895 den für ihn neu geschaffenen philosophischen Lehrstuhl für »Philosophie, insbesondere Geschichte und Theorie der induktiven Wissenschaften« an der Universität Wien übernahm, obwohl er sich als Laie, als »Sonntagsjäger« in der Philosophie betrachtete. Früh vollzog er eine Abkehr von der Kant'schen Philosophie; als empiristischer Forscher fühlte er sich dem amerikanischen Pragmatismus und französischen Konventionalismus verwandt. Im Folgenden sollen einige zentrale Merkmale von Machs »Wissenschaftsphilosophie« oder Theorie der Forschung beschrieben werden, die er teils auch schon selbst in seiner fragmentarischen Autobiographie (Mach 1913) skizziert hat.

Zur Überwindung des mechanistischen Weltbilds und der metaphysischen Systemphilosophie präsentierte Ernst Mach das monistische Programm einer empirischen Einheit von Physik, Physiologie und Psychologie. Bereits in seinem frühen wichtigen Buch *Die Geschichte und die Wurzel des Satzes von der Erhaltung der Arbeit* schreibt er programmatisch: »Die Aufgabe der Wissenschaft kann nur sein: 1. die Gesetze der Verbindung der Vorstellungen zu bestimmen (Psychologie); 2. die Gesetze der Verbindung der Empfindungen zu entdecken (Physik); 3. die Gesetze der Verbindung zwischen Empfindungen und Vorstellungen zu erklären (Psychophysik).« (Mach 1872, S. 57f.) Gleich am Anfang des Buches legte Mach auch ein grundlegendes Bekenntnis zur historisch-genetischen Betrachtungsweise von Wissenschaft ab: »Classische Bildung ist wesentlich historische Bildung [...]. Ja, es gibt dann für den Naturforscher eine besondere classische Bildung, die in der Kenntnis der Entwicklungsgeschichte seiner Wissenschaft besteht. Lassen wir die leitende Hand der Geschichte nicht los. Die Geschichte hat alles gemacht, die Geschichte kann alles ändern. Erwarten wir von der Geschichte alles [...]« (ebd., S. 3f.)

Ebenfalls schon in dieser frühen Schrift lehnte Mach – wie schon erwähnt – jede metaphysische und einseitig mechanische Auffassung der Physik genauso ab wie die apriorisch-synthetischen Kategorien der absoluten Bewegung, des absoluten Raumes und der absoluten Zeit, die er als überflüssige Substanzbegriffe ansah. Weiters wird bereits hier (in Anlehnung an die als »Ockhams Rasiermesser« bekannt gewordene Maxime der Bevorzugung möglichst einfacher Erklärungen) das Prinzip der Denkökonomie von Mach formuliert und die Grundlage für dessen nachfolgende Hauptwerke geschaffen. Die in aufklärender, antimetaphysischer Absicht verfasste, erstmals 1883 veröffentlichte *Mechanik* sollte die historische Analyse der Erkenntnis als *die* Methode zum Verständnis der physikalischen Mechanik herausstreichen. Durch die Einbeziehung der Arbeiten von Gustav R. Kirchhoff und Hermann Helmholtz konnte Mach seine Vorstellung der »Natur der Wissenschaft als einer Ökonomie des Denkens« (Mach 1933, S. VI) weiter ausarbeiten. Die anti-essentialistische Methodologie ist darin genauso angelegt wie die sprachkritische, und es wird – lange vor Karl Poppers Falsifikationismus – eine fallibilistische Erkenntnislehre vertreten, wie sie später in *Erkenntnis und Irrtum* (1905) als Programm ausformuliert wurde: »Alle Wissenschaft hat nach unserer Auffassung die Funktion, Erfahrung zu ersetzen. Sie muß daher zwar einerseits in dem Gebiet der Erfahrung bleiben, eilt aber doch andererseits der Erfahrung voraus, stets einer Bestätigung, aber auch Widerlegung gegenwärtig. Wo weder eine Bestätigung noch eine Widerlegung ist, dort hat die Wissenschaft nichts zu schaffen. Sie bewegt sich immer nur auf dem Gebiete der unvollständigen Erfahrung.« (Mach 1933, S. 465)

Zur Realisierung dieser Zielsetzung verbindet Mach die wissenschaftstheoretischen Kriterien der Einfachheit und Schönheit mit dem Prinzip der Forschungsökonomie. Die historisch-kritische, evolutionäre Methode sowie biologisch-psychologische Erklärungsmuster lassen ihn die Mechanik aus den »aufgesammelten Erfahrungen des Handwerks durch intellektuelle Läuterung« beschreiben und den ursächlichen Zusammenhang zwischen Geschichte, Alltag und Wissenschaft im Längsschnitt erkennen (ebd., S. 485). ⊠In seinem reifen Hauptwerk *Erkenntnis und Irrtum* bezeichnete er die Anpassung der Gedanken an die Tatsachen und die Anpassung der Gedanken aneinander ausdrücklich als eine Aufgabe der wissenschaftlichen Erkenntnis (Mach 1905, S. 164 ff.).

Durch seine Abwendung vom Kant'schen Apriorismus entwickelte sich Mach in seinem Denken nach eigenen Aussagen hin zu einem kritischen Empirismus, der ihn zur historisch-kritischen Arbeit in seinen der Psychologie, der Physiologie und der Physik gewidmeten Hauptwerken veranlasste. Die historisch-kritische Methode hat Mach auf alle Naturwissenschaften angewandt, und sie wurde in der Folge durch seine zahlreichen Anhänger auch in den aufkommenden Sozialwissenschaften wirksam. Es ist also kein Zufall, dass Machs Theorien und Methoden – wenn auch aus unterschiedlichen Gründen – sowohl im Austromarxismus (Friedrich Adler, Otto Neurath, Paul Lazarsfeld, Edgar Zilsel) als auch in der Wiener Soziologischen Gesellschaft (Rudolf Goldscheid, Wilhelm Jerusalem) und in der liberalen Österreichischen Schule der Nationalökonomie (Carl Menger, Joseph Schumpeter, Friedrich August von Hayek) Anklang fanden. Ebenso erfuhr Mach eine starke Rezeption im ungarischen »Galilei-Kreis« um Karl und Michael Polanyi und Karl Mannheim.

Als eine Folge seiner frühen Lehrtätigkeit erwies sich für Mach die »historische Darstellung als die einfachste und verständlichste, die allgemeine begriffliche Zusammenfassung enthüllte das ökonomische Motiv der Erkenntnislehre, und die Auffassung der Wissenschaft als Teil einer allgemeinen Lebens- und Entwicklungserscheinung vollendete schließlich den Charakter der biologisch-ökonomischen Erkenntnislehre« (Mach 1913, S. 415). An der Universität Graz lernte Mach den Nationalökonomen Emmanuel Hermann kennen, durch dessen Anregung er es sich zur Gewohnheit machte, »die geistige Tätigkeit des Forschers als eine wirtschaftliche oder ökonomische zu bezeichnen« (zit. nach Heller 1964, S. 15).

In seinem erkenntnistheoretischen Hauptwerk *Beiträge zur Analyse der Empfindungen* (1886) formulierte Mach die Kritik am Kant'schen »Ding an sich« und am »unveränderlichen Ich«. In diesem wie auch in dem späteren Buch *Erkenntnis und Irrtum* (1905) vertrat er die (u.a. gegen Max Planck) gerichtete These, » [...] dass sich das ganze Innenleben des Menschen in Elemente auflösen lässt, deren Abhängigkeit von zwei Gruppen dieser Elemente das gesammte Erleben des Menschen darstellt, und zwar das Aussenleben oder das physische oder Empfindungsleben und das Innenleben oder das psychische Leben als Vorstellungsleben. Dass ersteres Leben keine willkürliche Schöpfung unserer Phantasie ist, habe ich, wie ich glaube hinreichend deutlich gesagt. Es war also nicht nötig, dass manche Physiker dies missverstehen mussten, noch weniger, dass gewisse Philosophen erstere zu dieser Auffassung anleiten mussten. Ich habe auch von einem Monismus des physischen und psychischen Geschehens gesprochen. Es sind nicht zwei verschiedene Welten, um die es sich hier handelt, sondern nur die Beachtung der Art der

Abhängigkeit der einen und der anderen. Zu diesem Monismus bin ich auch gelangt, indem ich mir die Einheitlichkeit des Lebens vor der Unterscheidung des eigenen und des fremden Ich vorgestellt habe.« (Mach 1913, S. 416). So erläutert Mach selbst seine ökonomisch und biologisch ausgerichtete Erkenntnis- und Wissenschaftstheorie. Aufgrund der prinzipiellen Unabgeschlossenheit seiner Lehre betont er deren Eignung als Diskussionsgrundlage, was er in seinen *Populär-Wissenschaftlichen Vorlesungen* (Englisch 1895, Deutsch 1896) weiter ausführte – ein Sammelband, der die geistige Verwandtschaft mit dem amerikanischen Pragmatismus (Charles Sanders Peirce, William James, John Dewey) dokumentiert (vgl. Stadler 2017).

Machs antimetaphysische »Elementenlehre« wurde unter dem Einfluss von George Berkeley und David Hume sowie der Psychophysik von Gustav Theodor Fechner ausgearbeitet und konstituiert den (fächerübergreifenden) neutralen Monismus: »Die Ansicht, welche sich allmählich Bahn bricht, daß die Wissenschaft sich auf die übersichtliche Darstellung des Tatsächlichen zu beschränken habe, führt folgerichtig zur Ausscheidung aller müßigen, durch Erfahrung nicht kontrollierbaren Annahmen, vor allem der metaphysischen (im Kantschen Sinne). Hält man diesen Gesichtspunkt in dem weitesten, das Physische und Psychische umfassenden Gebiete fest, so ergibt sich als erster und nächster Schritt die Auffassung der ›Empfindungen‹ als gemeinsame ›Elemente‹ aller möglichen physischen und psychischen Erlebnisse, die lediglich in der verschiedenen Art der Verbindung dieser Elemente voneinander bestehen. Eine Reihe von störenden Scheinproblemen fällt hiermit weg. Kein System der Philosophie, keine umfassende Weltansicht soll hier geboten werden. Nur die Folgen dieses einen Schrittes, dem beliebige andere sich anschließen mögen, werden hier erwogen. Nicht eine Lösung aller Fragen, sondern eine erkenntnistheoretische Wendung wird hier versucht, welche das Zusammenwirken weit voneinander abliegender Spezialforschungen bei Lösung wichtiger Einzelprobleme vorbereiten soll.« (Mach 1918, S. VI) Hier zeigt sich einmal mehr Machs Kritik an der metaphysischen Systemphilosophie; indem er auf die Notwendigkeit einer interdisziplinären Ausrichtung verweist, unterstreicht er überdies seine Auffassung von der prinzipiellen Unvollständigkeit des wissenschaftlichen Weltbildes.

In seinem letzten großen Werk, *Erkenntnis und Irrtum. Skizzen zur Psychologie der Forschung* (1905), lieferte Mach einen Rückblick auf sein gesamtes Schaffen. Die Naturwissenschaft wird biologisch, psychologisch und sozial erklärt, und es wird der Vorrang praktischer Forschungsarbeit gegenüber theoretischer Abstraktion betont. Es ist diese ablehnende Haltung gegenüber der metaphysischen Systemphilosophie, die Mach gleich im Vorwort das selbstkritische Bekenntnis ablegen lässt, er sei »gar kein Philosoph, sondern nur Naturforscher«, mit dem Bestreben, »nicht etwa eine neue Philosophie einzuführen, sondern eine alte abgestandene [...] zu entfernen [...]« (Mach 1917, S. VIIf.). Hier hält Mach auch fest: »Es gibt vor allem keine Mach'sche Philosophie, sondern höchstens eine naturwissenschaftliche Methode und Erkenntnispsychologie, und beide sind, wie alle naturwissenschaftlichen Theorien unvollkommene Versuche.« (Ebd.)

Mach liefert in *Erkenntnis und Irrtum* auch eine Gesamtschau des aktuellen Forschungsstandes in der Psychophysik sowie in der Denk- und Wahrnehmungspsychologie. Zukunftsweisend für den späteren Wiener Kreis ist seine Sicht des Leib-Seele-Problems als ein Scheinproblem und seine Auffassung vom prinzipiell hypothetischen Charakter unseres Wissens, wenn er folgert, »daß es dieselben psychischen Funktionen, nach denselben Regeln ablaufend, sind, welche einmal zur Erkenntnis, das andere Mal zum Irrtum führen, und daß nur die wiederholte, sorgfältige, allseitige Prüfung uns vor letzterem schützen kann« (ebd., S. 125). Dies muss als Plädoyer gegen jeden naiven Induktivismus und für eine empiristische Bestätigungstheorie gelesen werden, das – zusammen mit dem erkenntnistheoretischen Empirismus, dem Begriffsnominalismus, der Denk- und Forschungsökonomie sowie einem sprachkritischen und wissenschaftsorientierten Philosophiebegriff – dazu beitrug, den geistigen Boden für die Herausbildung der Wissenschaftstheorie des Logischen Empirismus aufzubereiten.

In diesem Zusammenhang ist es bemerkenswert, dass Paul Feyerabend, einer der vehementesten Kritiker des »kritischen Rationalismus« und der analytischen Wissenschaftstheorie, sich Ernst Machs historisch-kritischer Forschungsmethode in der Absicht zuwandte, die pragmatisch-historische gegenüber einer abstrakt-theoretischen Tradition in der Wissenschaftsphilosophie in Erinnerung zu rufen. Dies erscheint als ein origineller Versuch, Machs Theorie der Forschung zu aktualisieren und klassisch gewordene Antagonismen wie Philosophie und Wissenschaft, Positivismus und Realismus oder Idealismus und Materialismus historisierend zu überwinden (vgl. z.B. Feyerabend 1988).

Für die heutige Bewertung von Machs Werk und Wirkung gilt wohl noch immer, was Albert Einstein in seinem Nachruf auf den 1916 verstorbenen Physiker-Philosophen geschrieben hat: »Tatsache ist, daß Mach durch seine historisch-kritischen Schriften, in denen er das Werden der Einzelwissenschaften mit so viel Liebe verfolgt und den einzelnen auf dem Gebiete bahnbrechenden Forschern bis ins Innere ihres Gehirnstübchens nachspürt, einen großen Einfluß auf unsere Generation von Naturforschern gehabt hat. Ich glaube sogar, daß diejenigen, welche sich für Gegner Machs halten, kaum wissen, wieviel von Mach'scher Betrachtungsweise sie sozusagen mit der Muttermilch eingesogen haben« (Einstein 1916, zit. nach Heller 1964, S. 152).

Zusammenfassend lässt sich sagen, dass sich Mach in philosophischer Hinsicht mit der Verknüpfung von Pragmatismus, Evolutionismus und Relativismus gegen jede Systemphilosophie (»Schulphilosophie« nach Philipp Frank) wandte. In methodologischer Hinsicht lieferte er als »Naturforscher« eine interdisziplinäre Theorie der Forschung, die das regulative Prinzip einer Einheitswissenschaft mit einer Methodologie verband, welche Induktion, Abduktion und Deduktion gleichermaßen berücksichtigte. Dementsprechend gilt Mach zu Recht als ein Pionier für eine integrierte, heuristisch vorgehende Wissenschaftsgeschichte und Wissenschaftsphilosophie, die den Dualismus von Entstehungs- und Begründungszusammenhang in Frage stellt (vgl. Stadler 2012, 2014).

Blackmore, John T. (1978): Three Autobiographical Manuscripts by Ernst Mach. In: *Annals of Science* 35, S. 401–418.
Einstein, Albert (1916): Ernst Mach. In: *Physikalische Zeitschrift* 4/1916, Leipzig: Hirzel. Wieder abgedruckt in: Heller 1964, S.151–157.
Feyerabend, Paul (1988): Mach's Theorie der Forschung und ihre Beziehung zu Einstein. In: Haller/Stadler 1988, S. 435–462.
Haller, Rudolf/Friedrich Stadler (Hgg.) (1988): *Ernst Mach. Werk und Wirkung*, Wien: Hölder-Pichler-Tempsky 1988.
Heller, Karl Daniel (1964): *Ernst Mach. Wegbereiter der modernen Physik. Mit ausgewählten Kapiteln aus seinem Werk*, Wien/New York: Springer.
Hoffmann, Dieter/Hubert Laitko (Hgg.) (1991): *Ernst Mach. Studien und Dokumente zu Leben und Werk*, Berlin: Deutscher Verlag der Wissenschaften.
Mach, Ernst (1872): *Die Geschichte und die Wurzel des Satzes von der Erhaltung der Arbeit.* Prag: J.G. Calve'sche k.k. Univ.-Buchhandl.
– (1913): Autobiographie. In: Blackmore 1978, S. 401–418, sowie Hoffmann/Laitko 1991, S.428–441.
– (1917): *Erkenntnis und Irrtum. Skizzen zur Psychologie der Forschung* [1905], 3. Aufl., Leipzig : J.A. Barth. Neu aufgelegt als Bd. 2 der *Ernst Mach Studienausgabe*, eingel. und bearb. von Elisabeth Nemeth und Friedrich Stadler, Berlin: xenomoi 2011.
– (1918): *Die Analyse der Empfindungen und das Verhältnis des Physischen zum Psychischen* [1886], 7. Aufl., Jena: Fischer. Neu aufgelegt als Bd. 1 der *Ernst Mach Studienausgabe*, eingel. und bearb. von Gereon Wolters, Berlin: xenomoi 2008.
– (1933): *Die Mechanik in ihrer Entwickelung. Historisch-kritisch dargestellt* [1883], 9. Aufl., Leipzig: Brockhaus. Neu aufgelegt als Bd. 3 der *Ernst Mach Studienausgabe*, eingel. und bearb. von Gereon Wolters und Giora Hon, Berlin: xenomoi 2012.
– (2014): *Ernst Mach Studienausgabe*, Bd. 4: *Populär-Wissenschaftliche Vorlesungen* [1896], eingel. und bearb. von Elisabeth Nemeth und Friedrich Stadler, Berlin: xenomoi.
– (2016): *Ernst Mach Studienausgabe*, Bd. 5: *Die Prinzipien der Wärmelehre* [1896], eingel. und bearb. von Michael Heidelberger und Wolfgang Reiter, Berlin: xenomoi.
– (2018): *Ernst Mach Studienausgabe*, Bd. 6: *Die Prinzipien der physikalischen Optik* [1921], eingel. und bearb. von Dieter Hoffmann, Berlin: xenomoi.
Stadler, Friedrich (2012): History and Philosophy of Science. Zwischen Deskription und Konstruktion. In: *Berichte zur Wissenschaftsgeschichte* 35, S. 217–238.
– (2014): History and Philosophy of Science: Between Description and Construction. In: Maria Carla Galavotti et.al. (Hgg.), *New Directions in the Philosophy of Science*, Cham/Heidelberg/New York/Dordrecht/London: Springer, S. 747–767.
– (2017): Ernst Mach and Pragmatism – The Case of Mach's *Popular Scientific Lectures* (1895). In: Sami Pihlström/Ders./Niels Weidtmann (Hgg.), *Logical Empiricism and Pragmatism*, Cham: Springer 2017, S. 3–14.

Weiterführende Literatur

Banks, Erik C. (2014): *The Realistic Empiricism of Mach, James, and Russell. Neutral Monism Reconceived*, Cambridge: Cambridge University Press.

Blackmore, John T. (1972): *Ernst Mach. His Life, Work, and Influence*, Berkeley/Los Angeles/London: University of California Press.
Stadler, Friedrich (1982): *Vom Positivismus zur »Wissenschaftlichen Weltauffassung«. Am Beispiel der Wirkungsgeschichte von Ernst Mach in Österreich von 1895 bis 1934*, Wien/München: Löcker.
– (Hg.) (2018): *Ernst Mach – Life, Work, and Influence / Ernst Mach – Leben, Werk und Wirkung. Akten/Proceedings der Ernst Mach Zentenariums-Konferenz 2016 in Wien*, 2 Bde., Cham: Springer.
Wolters, Gereon (1978): *Mach I, Mach II, Einstein und die Relativitätstheorie. Eine Fälschung und ihre Folgen*, Berlin/New York: de Gruyter.

Friedrich Stadler

Ernst Mach als langfristig wirksamer Anreger sozialwissenschaftlicher Forschungen

Dass mit dem Tod Ernst Machs (1838–1916) im Jahr 1916 einer der ganz Großen der Forscherwelt dahinschied, wird sofort einsichtig, wenn man die ersten Sätze des Nachrufs liest, den Albert Einstein auf Ernst Mach verfasst hat: »Bei Mach war die unmittelbare Freude am Sehen und Begreifen, Spinozas amor dei intellectualis, so stark vorherrschend, dass er bis ins hohe Alter hinein mit den neugierigen Augen eines Kindes in die Welt guckte, um sich wunschlos am Verstehen der Zusammenhänge zu erfreuen.« (Einstein 1916, S. 101)

Machs Neugierde war bekanntlich nicht auf das Gebiet der Naturforschung beschränkt. Zahlreiche Elemente seines von der Freude »am Verstehen der Zusammenhänge« getriebenen Denkens beeinflussten die Entwicklung der frühen sozialwissenschaftlichen Forschung im Habsburgerreich und darüber hinaus. Ernst Mach tritt als Erforscher von nahezu allen möglichen Zusammenhängen und Kontexten in Erscheinung, und er beschäftigte mit seinen weitgespanten Interessen auch noch die Nachwelt für lange Zeit. Er vermochte mit erstaunlicher Leichtigkeit die unterschiedlichsten Arenen, Disziplinen oder wissenschaftlichen Felder zu durchmessen. So wurden etwa die Gedanken Darwins, wie er ausführt, »[…] schon in meinen Grazer Vorlesungen 1864–1867 wirksam und äußern sich durch Auflassung [recte: Auffassung] des Wettstreits der wissenschaftlichen Gedanken als Lebenskampf, als Überleben des Passendsten. Diese Ansicht widerspricht nicht der ökonomischen Auffassung, sondern lässt sich, diese ergänzend, mit ihr zu einer biologisch-ökonomischen Darstellung der Erkenntnislehre vereinigen. In kürzester Art ausgedrückt erscheint dann als Aufgabe der wissenschaftlichen Erkenntnis: *Die Anpassung der Gedanken an die Tatsachen und die Anpassung der Gedanken aneinander*.« (Mach 1919, S. 5)

Es sprengte den Rahmen des vorliegenden Beitrags, wollte man sich auf Machs allgemeine Methodologie der Wissenschaften, seine negativen Heuristiken, seine konsequente Antimetaphysik, seine positiven Heuristiken wie die Eigen- und Selbstbeobachtung samt dem »unrettbaren Ich«, auf die Evolution der Wissenschaften oder die Ökonomie der Forschung wie die Denkökonomie auch nur kurz einlassen. Die Schriften von Ernst Mach stellen sich in ihrer Vielfalt hochgradig komplex dar, sodass ihr Urheber mit guten Gründen als »Vater« so unterschiedlicher philosophischer oder epistemologischer Richtungen wie des Logischen Empirismus, des Wiener Kreises, aber auch des Radikalen Konstruktivismus und der Neophänomenologie gelten kann.

Mach kann aber auch als Ahnherr ganzer Wissenschaftsfelder fernab der Physik angesehen werden, beispielsweise der Kybernetik oder der Systemtheorie. Vor allem aber gibt es zahlreiche Aussagen aus seinem Umfeld, die Machs Bedeutung für die Sozialwissenschaften belegen. So tritt Friedrich August von Hayek (1899–1992) mit gleich zwei Beiträgen als Gewährsmann für die Behauptung in Erscheinung, dass Ernst Mach als Baumeister einer auch sozialwissenschaftlichen Wiener Moderne gelten darf. Beim ersten dieser Beiträge handelt es sich um seine »Diskussionsbemerkungen über Ernst Mach und das sozialwissenschaftliche Denken in Wien«, in denen sich Hayek aus der Rückschau des Jahres 1966 an seine Studentenzeit erinnert: »Meine Leseliste beginnt leider erst im Frühjahr 1919 und enthält bald die Bemerkung: ›Jetzt nun auch »Erkenntnis und Irrtum«‹, was voraussetzt, dass ich andere Werke Machs in den 4 Monaten, die ich studiert hatte, bereits kennengelernt hatte. Ich weiß, dass ich mich in die »Populärwissenschaftlichen Vorlesungen«, »Die Mechanik in ihrer Entwickelung«, und insbesondere die »Analyse der Empfindungen« sehr vertieft hatte, was es mit sich brachte, dass ich die 3 Jahre offiziellen Jus-Studiums ziemlich gleicherweise zwischen Nationalökonomie und Psychologie teilte, und Jura nur nebenher betrieb.« (Hayek 1966, S. 41) Mit seinem Werk *The Sensory Order* (1952) präsentierte sich Hayek den Vereinigten Staaten und der Welt nicht als nobelpreisverdächtiger Nationalökonom, wohl jedoch als Kognitionswissenschaftler und Sozialpsychologe, der seine frühen Auseinandersetzungen mit den Schriften von Ernst Mach in Buchform bringt.

Im Besonderen sei hier auf Otto Neurath (1882–1945) und sein Schrifttum zu den empirischen Sozialwissenschaften hingewiesen. In dessen Person begegnet uns ein Mach in vielfältiger Weise eng verbundener Geist, der schon früh damit begann, eine umfassende Wissenschaft von der Gesellschaft nach Mach'schen Mustern aufzubauen (vgl. Neurath 1931, 1937, 1970). Neurath trat bereits vor dem Ersten Weltkrieg als Diskutant im sogenannten »Ersten Wiener Kreis« in Erscheinung; das von ihm vorgelegte Konzept der im Rahmen einer »Einheitswissenschaft« agierenden Sozialwissenschaften vermittelt den Eindruck, als stammte es direkt aus den Notizbüchern Ernst Machs.

Im Jahr 1944 erreichten diese gleichsam Mach'schen Sozialwissenschaften unter dem Leitbegriff von »kosmischen Aggregationen« eine Dichte und Komplexität, dass sie selbst von Neuraths engsten Freunden, allen voran Rudolf Carnap, nicht mehr nachvollzogen werden konnten. Noch im Jahr 1944 schreibt Neurath im britischen Exil die folgenden Worte, die jeder Absicht zuwiderlaufen, so etwas wie ein positivistisches Erkenntnis- und Wissenschaftssystem nach Art von Carnaps Hauptwerk *Der logische Aufbau der*

Welt (1928) zu errichten: »By the use of the term ›social sciences‹ I join together, rather tentatively, scientific disciplines of different kinds. I do not suggest an ›architecture of sociology,‹ nor do I suggest a pyramid of the sciences, with sociology forming a part of it.« (Neurath 1970, S. 1) Viel anders hätte wohl Ernst Mach die empirisch-deskriptive Intention seiner stets auf eine pluriperspektivische Betrachtung und daher interdisziplinär ausgerichteten Forschungsbemühungen auch nicht formuliert.

Carnap, Rudolf (1928): *Der logische Aufbau der Welt*, Berlin-Schlachtensee: Weltkreisverlag.
Einstein, Albert (1916): Ernst Mach. In: *Physikalische Zeitschrift* 17, S. 101–104.
Hayek, Friedrich August von (1952): *The Sensory Order. An Inquiry into the Foundations of Theoretical Psychology*, Chicago: University of Chicago Press.
– (1966): Diskussionsbemerkungen über Ernst Mach und das sozialwissenschaftliche Denken in Wien. In: Ernst Mach Institut (Hg.), *Symposium aus Anlaß des 50. Todestages von Ernst Mach. Veranstaltet am 11./12. März 1966 vom Ernst-Mach-Institut Freiburg i. Br.*, Freiburg im Breisgau: Ernst Mach Institut, S. 41–44.
Mach, Ernst (1919): *Die Leitgedanken meiner naturwissenschaftlichen Erkenntnislehre und ihre Aufnahme durch die Zeitgenossen. Sinnliche Elemente und naturwissenschaftliche Begriffe. Zwei Aufsätze*, Leipzig: J.A. Barth.
Neurath, Otto (1931): *Empirische Soziologie. Der wissenschaftliche Gehalt der Geschichte und Nationalökonomie*, Wien: J. Springer.
– (1937), Inventory of the Standard of Living. In: *Zeitschrift für Sozialforschung* 6, S. 140–151.
– (1970): Foundations of the Social Sciences [1944]. In: Ders., Rudolf Carnap, Charles W. Morris (Hgg.), *Foundations of the Unity of Science. Toward an International Encyclopedia of Unified Science*, Bd. 2, Chicago: The University of Chicago Press.

Weiterführende Literatur

Blackmore, John T./Ryoichi Itagaki/Setsuko Tanaka (Hgg.) (2001): *Ernst Mach's Vienna 1895–1930. Or Phenomenalism as Philosophy of Science*, Dordrecht/Boston/London: Springer.
Haller, Rudolf/Friedrich Stadler (Hgg.) (1988): *Ernst Mach. Werk und Wirkung*, Wien: Hölder-Pichler-Tempsky 1988.
Mach, Ernst (2008): *Ernst Mach Studienausgabe*, Bd. 1: *Die Analyse der Empfindungen und das Verhältnis des Physischen zum Psychischen* [1886], eingel. und bearb. von Gereon Wolters, Berlin: xenomoi.
– (2014): Das Paradoxe, das Wunderbare und das Gespenstische. In: *Ernst Mach Studienausgabe*, Bd. 4: *Populär-Wissenschaftliche Vorlesungen* [1896], eingel. und bearb. von Elisabeth Nemeth und Friedrich Stadler, Berlin: xenomoi, S. 427–434.
– (2016): *Kultur und Mechanik* [1915], 2. Aufl., Frankfurt: Westhafen Verlag.
Stadler, Friedrich (1982): *Vom Positivismus zur »Wissenschaftlichen Weltauffassung«. Am Beispiel der Wirkungsgeschichte von Ernst Mach in Österreich von 1895 bis 1934*, Wien/München: Löcker.

Karl H. Müller

Adolf Menzel über Natur- und Kulturwissenschaften

Das Interesse an soziologischen Fragen trat bei Adolf Menzel (1857–1938), ähnlich wie bei anderen Juristen, früh zutage (vgl. Menzel 1912) und führte bei ihm in der Zeit zwischen den beiden Weltkriegen zu einer ganzen Reihe von bedeutsamen einschlägigen Publikationen (Menzel 1926, 1927, 1932, 1936/37, 1938). Bereits im Jahre 1903 erschien Menzels Abhandlung »Natur- und Kulturwissenschaft« gemeinsam mit sechs anderen erkenntnis- und wissenschaftstheoretischen Beiträgen, die auf Vorträgen beruhen, die vor der Philosophischen Gesellschaft an der Universität zu Wien gehalten worden waren. Allesamt sind sie Ausdruck der Intensität und des hohen Niveaus, das die auf verschiedene Gebiete bezogene wissenschaftsphilosophische Reflexion um 1900 auszeichnete. Menzel ist es in seiner Betrachtung um die Klärung des logischen Status der Geistes-, Rechts-, Sozial- und Wirtschaftswissenschaften zu tun. Einleitend verweist er auf die elf Jahre zuvor von Wilhelm Windelband in dessen Rektoratsrede *Geschichte und Naturwissenschaft* dargelegte Auffassung bezüglich der Klassifikation der Wissenschaften (Windelband 1894) und entwickelt sodann seine eigene Wissenschaftssystematik anhand einer kritischen Auseinandersetzung mit Thesen, die Heinrich Rickert im 1902 erschienenen Buch *Die Grenzen der naturwissenschaftlichen Begriffsbildung* (Rickert 1902) formulierte. In verschiedener Hinsicht kommt Menzel dabei Auffassungen nahe, wie sie unmittelbar danach Max Weber in seinem berühmt gewordenen Objektivitäts-Aufsatz (Weber 1904) entwickelt hat.

Nach Rickert ist, wie Menzel zeigt, die herkömmliche Unterscheidung von Naturwissenschaften und Geisteswissenschaften unhaltbar, sofern sie lediglich die Verschiedenheit der Objekte der Forschung zur Grundlage nimmt. Denn vom Standpunkt der wissenschaftlichen Logik sei nicht einzusehen, warum die naturwissenschaftliche Methode nur auf die Körperwelt und nicht auch auf geistige Erscheinungen, wie zum Beispiel psychische Vorgänge, Anwendung finden sollte. Wenn es Schranken der Naturwissenschaft gibt, so liegen diese nach Rickert nicht darin, dass deren Methode nicht auf alle empirischen Phänomene zur Anwendung kommen könnte, sondern darin, dass es Bedürfnisse des menschlichen Erkenntnisvermögens gibt, welche mithilfe der naturwissenschaftlichen Methode niemals befriedigt werden können; diese beziehen sich, wie er meint, auf die Erforschung der einzelnen Dinge und Vorgänge. Daher gebe es zwei verschiedene Betrachtungsweisen gegenüber der empirischen Wirklichkeit: Entweder man erforscht sie mit Rücksicht auf das Allgemeine und treibt Naturwissenschaft, oder man erforscht sie mit Rücksicht auf das Besondere und treibt dann Geschichtsforschung. Das auch für den Historiker bedeutsame Allgemeine beziehe sich allein auf die Begriffe, da er Allgemeinbegriffe als Hilfsmittel zur anschaulichen Darstellung des Besonderen nutzt, nicht jedoch auf das Gesetzmäßige oder Nomologische. Geschichtswissenschaft und Gesetzeswissenschaft schließen einander nach Rickert aus (vgl. Menzel 1903, S. 117f.).

An dieser dichotomischen Bestimmung Rickerts setzt nun Menzels Kritik an. Denn es erscheint ihm fraglich, ob die Gegenüberstellung des Allgemeinen und des Besonderen, auf die sich die Unterscheidung von Natur- und Geschichtswissenschaft stützt, eine schlüssige Beantwortung der mit der Klassifikation der Wissenschaften verbundenen Fragen zulässt. Zunächst sind ja schon, wie Menzel ausführt, »allgemein« und »individuell« relative Begriffe: »Perikles war zweifellos eine Individualität; war es auch das athenische Volk, war es das alte Hellas?« (Ebd., S. 120) Erst durch Vergleichung mit anderen ähnlichen Erscheinungen könne man ein einzelnes Ereignis oder einen einzelnen Gegenstand erfassen. In dieser Hinsicht seien die Denkoperationen des Historikers von denen des Naturforschers nicht so verschieden, wie es zunächst scheinen könnte. Auch für den Naturforscher kann Singuläres, wie Menzel ausführt, von großer Bedeutung sein, und andererseits wird aus der Soziologie oder der Historie nicht schon eine Naturwissenschaft, wenn es sich in bestimmten Zusammenhängen als nötig erweist, nach gesetzmäßigen Zusammenhängen im gesellschaftlichen Leben zu fragen. Rickerts Gleichsetzung von Gesetzeswissenschaft mit Naturwissenschaft führe dazu, dass er jeden Versuch, nomothetische Zusammenhänge in den Wissenschaften vom Menschen aufzuzeigen, als naturalistische Weltauffassung bekämpft – und umgekehrt sehe er sich veranlasst, die Geschichte des Weltalls, der Erde, der Pflanzen- und Tierwelt nicht mehr unter den Begriff der Naturwissenschaft zu subsummieren (vgl. ebd., S. 118f., 122).

Ein zentraler Punkt für Menzels Kritik an Rickert betrifft die Ambivalenz, die für den Ausdruck »Geschichte« bei Rickert charakteristisch sei. Einerseits unterteile dieser sämtliche empirischen Wissenschaften im Sinne der Gegenüberstellung von Allgemeinem und Besonderem, von Theorie und Geschichte, und versuche in diesem Zusammenhang – obschon sich dieser Disjunktion Disziplinen wie die Rechts- und Staatswissenschaften, die theoretische Nationalökonomie, die Sprachwissenschaft, die Geographie usw. nicht fügen –, eine einheitliche historische Methode für alle »Ereigniswissenschaften« zu statuieren (exemplarisch belegt werde die Unhaltbarkeit dieses Versuchs einer strengen Trennung unter anderem dadurch, dass er ein Kapitel seines Werkes mit der Überschrift »Historische Bestandteile in der Naturwissenschaft« versieht). Andererseits verwende Rickert innerhalb des allgemeinen Begriffs der historischen Wissenschaften einen engeren Begriff der Geschichtswissenschaft: Dabei wird aus der unendlichen Fülle des wirklichen Geschehens durch Anwendung von Wertbegriffen eine Auswahl getroffen. Die kulturell bedeutungsvollen Ereignisse und Zustände – mithin das, was Max Weber später »Kulturbedeutung« nennen sollte (Weber 1904) – bilden den Gegenstand der Geschichtswissenschaft im engeren Sinne. Und so ist es nach Menzel auch evident, dass das Individuelle, Besondere zwar für die menschliche Betrachtung wichtig sein kann, dies aber nicht unter allen Bedingungen auch sein muss: »Bekanntlich sind nicht zwei Blätter eines Baumes absolut gleich; jeder Felsblock bildet eine Individualität; dennoch pflegen wir uns in solche Individualität nicht liebevoll zu versenken. Nicht das Einzigartige, das Singuläre als solches interessiert uns, sondern die Beziehung der Dinge zu unseren religiösen, ästhetischen, ökonomischen und wissenschaftlichen Interessen. Darin liegt die Erklärung dafür, warum man Münzen sammelt, aber nicht Grashalme; Individuen sind auch die letzteren Gegenstände.« (Menzel 1903, S. 121)

Der Aspekt der »kulturell bedeutungsvollen Ereignisse und Zustände« (ebd., S 118), der Kulturbedeutung, ist nun für Menzel konstitutiv für die Korrektur der herkömmlichen Wissenschaftssystematik. Zwar schließt er sich insofern der herrschenden Auffassung an, als auch er eine Einteilung der Wissenschaften nach ihrem Objekt für zutreffend hält; allerdings betrifft seine Unterscheidung nicht Physisches und Geistiges bzw. Natur und Geist, sondern Natur und Kultur. Drei Sachverhalte sind es, die Menzel als »das einigende Band« der sogenannten Kulturwissenschaften und zugleich als den »Mittelpunkt der Kulturerscheinungen« ansieht. Zunächst sei dies »der nach Motiven handelnde Mensch«. Während in den Naturwissenschaften die Verwendung des Zweckgedankens einen metaphysischen Charakter annehme, sei sie in den Kulturwissenschaften durchaus gerechtfertigt. Das besage nicht, dass in diesen die Erforschung von Kausalzusammenhängen zu unterbleiben habe – es tritt lediglich, wie Menzel ausführt, neben dem Begriff der Ursache der Zentralbegriff des Motivs und »das teleologische Moment« als für alle Kulturwissenschaften richtunggebend auf (ebd., S. 123). – Als zweites für die Kulturwissenschaften bestimmendes Element nennt Menzel die vorhin erwähnten Interessen und Wertbegriffe und die Möglichkeit einer Kritik der Objekte der Kulturwissenschaften: »Die kritische Beurteilung kosmologischer oder biologischer Erscheinungen ist wissenschaftlich unmöglich; wohl aber unterliegen die Kulturerscheinungen einer solchen Beurteilung: Religion, Kunst, Wirtschaft, Recht und selbst die Sprache [...].« (Ebd.) – Als drittes die Kulturwissenschaften verbindendes Element verweist Menzel auf deren, wie man heute sagen würde, praxeologische Bedeutung, also deren Vermögen, das Objekt ihrer Forschungen selbst umzugestalten. Während etwa die Natur der Kometen unabhängig davon sei, welche Auffassung der wissenschaftlichen Astronomie die herrschende ist, könne beispielsweise eine bestimmte Theorie über das Wesen des Staates, über das Grundverhältnis der Staatsgewalt zu den Untertanen, bewirken, dass sich der Staat, also das Objekt der Forschung, gemäß jener Theorie verändert. Entsprechendes gelte für die Theorien über das Schöne in der Kunst sowie für volkswirtschaftliche Theorien, die in der Geschichte immer wieder »praktisch umgestaltend« gewirkt haben. Dafür gebe es auf dem Gebiete der Naturforschung keine Analogie (ebd., S. 124f.).

So besteht also nach Menzel das gemeinsame Band der von den Naturwissenschaften unterschiedenen Kulturwissenschaften »in der wissenschaftlichen Möglichkeit der Anwendung des Zweck- und Wertgedankens, der Kritik und in der durch die Theorie selbst herbeigeführten Veränderlichkeit der Objekte wissenschaftlicher Forschung« (ebd., S. 125).

Menzel, Adolf (1903): Natur- und Kulturwissenschaft. In: Ders., *Vorträge und Besprechungen* (= Wissenschaftliche Beilage zum sechzehnten Jahresbericht [1903] der Philosophischen Gesell-

schaft an der Universität zu Wien), Wien: Verlag der philosophischen Gesellschaft an der Universität zu Wien/[in Kommission:] Leipzig: Johann Ambrosius Barth.
– (1912): *Naturrecht und Soziologie*, Wien/Leipzig: Carl Fromme
– (1926): *Umwelt und Persönlichkeit in der Staatslehre. Vortrag, gehalten in der statutenmäßigen Jahressitzung der Akademie der Wissenschaften in Wien am 29. Mai 1926*, Wien: Österr. Staatsdruckerei.
– (1927): *Friedrich Wieser als Soziologe*, Wien: Julius Springer.
– (1932): P.J. Proudhon als Soziologe. In: *Festschrift für Carl Grünberg zum 70. Geburtstag*, Leipzig: C.L. Hirschfeld, S. 312–342.
– (1936/37): *Griechische Soziologie* (= Sitzungsberichte der Akademie der Wissenschaften in Wien. Philosophisch-historische Klasse, Bd. 216), Wien/Leipzig: Hölder-Pichler-Tempsky.
– (1938): *Grundriß der Soziologie*, Baden/Leipzig: Rudolf M. Rohrer.
Rickert, Heinrich (1902): *Die Grenzen der naturwissenschaftlichen Begriffsbildung. Eine logische Einleitung in die historischen Wissenschaften*, Tübingen: J.C.B. Mohr (Paul Siebeck).
Weber, Max (1904): Die »Objektivität« sozialwissenschaftlicher und sozialpolitischer Erkenntnis. In: *Archiv für Sozialwissenschaft und Sozialpolitik* 19, S. 22–87; wiederabgedruckt in: Max Weber, *Gesammelte Aufsätze zur Wissenschaftslehre*, Tübingen: J.C.B. Mohr (Paul Siebeck) 1922 [und wiederholt später].
Windelband, Wilhelm (1894): *Geschichte und Naturwissenschaft. Rede zum Antritt des Rectorats der Kaiser-Wilhelms-Universität Straßburg, gehalten am 1. Mai 1894*, Straßburg: J.H.E. Heitz.

Weiterführende Literatur

Brauneder, Wilhelm (1994): Menzel, Adolf. In: *Neue Deutsche Biographie* [NDB], Bd. 17, Berlin: Duncker & Humblot, S. 104f.
Merkl, Adolf Julius (1937): Adolf Menzels Lebenswerk und die Jurisprudenz. Zu seinem 80. Geburtstag. In: *Juristische Blätter* 66, S. 289–291.
Rickert, Heinrich (1926): *Naturwissenschaft und Kulturwissenschaft*, 6. u. 7. Aufl., Tübingen: J.C.B. Mohr (Paul Siebeck).
Schlick, Moritz (1952): *Natur und Kultur*, hrsg. von Josef Rauscher, Wien: Humboldt-Verlag.
Weber, Max (1986): *Gesammelte Aufsätze zur Wissenschaftslehre*, 3., erw. u. verb. Aufl., hrsg. v. Johannes Winckelmann, Tübingen: J.C.B. Mohr (Paul Siebeck).

Karl Acham

Otto Neuraths Methodologie

Sozialwissenschaft ist nach der Auffassung Otto Neuraths lediglich eine Disziplin im Gesamtunternehmen Wissenschaft, eine prinzipielle Unterscheidung etwa zwischen Natur- und Geisteswissenschaften hält er weder methodologisch noch durch die Festlegung eines in sich geschlossenen Gegenstandsgebietes für gerechtfertigt. Gegeben sind vieldeutige Phänomene, von vornherein ist alles mit allem verbunden bzw. verbindbar. Eine spezielle Schwierigkeit in Bereichen wie Soziologie oder Geschichte besteht darin, in diesem Beziehungsgeflecht Gesetzmäßigkeiten zu isolieren, was z.B. in der Physik leichter ist; doch auch das ist nur ein gradueller Unterschied. Für den Aufbau einer Universal- bzw. Einheitswissenschaft ist die Verbindbarkeit nicht nur zwischen den einzelnen Disziplinen wesentlich, sondern auch die mit außerwissenschaftlichen Elementen: Wissenschaft ist stets eingebettet in eine ganze »Weltanschauung«, schon die vorliegenden Klassifikationen sowohl von Disziplinen als auch einzelnen Hypothesensystemen sind nur verständlich im großen, historisch bedingten Zusammenhang und im Zusammenspiel mit außerwissenschaftlichen Interessen (Neurath 1910).

Während Neuraths einheitswissenschaftliche und wissenschaftshistorische Ausrichtung in erster Linie von Ernst Mach angeregt ist, ist sein Holismus und Konventionalismus vorrangig von Pierre Duhem geprägt. Von besonderer Bedeutung ist dabei die Verschränkung von Theorie und Erfahrung, und zwar auf mehreren Ebenen: Nie werden einzelne Hypothesen an der Erfahrung geprüft, immer steht ein ganzes Hypothesenbündel gleichzeitig auf dem Prüfstand, ein experimentum crucis ist unmöglich. Dieselbe Erfahrungsbasis ist verträglich mit einer Vielzahl von miteinander unverträglichen Hypothesensystemen, deren Vielzahl nur durch Entschluss (bedingt durch das Handlungserfordernis) reduziert wird; wer dieses konventionelle Moment in der Theorienwahl nicht berücksichtigt, fällt einem »Pseudorationalismus« zum Opfer (Neurath 1914). Auch auf der Ebene der Begriffsbildung besteht eine enge Verbindung: Zwar sind die theoretischen Begriffe auch der Sozialwissenschaften nicht einfach auf Erfahrungsbegriffe reduzierbar, aber schon die Auswahl von Erfahrungstatsachen erfordert theoretische Einstellungen. Hypothesensysteme sind »nicht nur eine Anweisung für die Verknüpfung, sondern auch für die Auswahl von Tatsachen« (Neurath 1914/15, S. 96; im Original kursiv). Aufgrund dieser Interdependenz von Theorie und Erfahrung ist es unmöglich, jemals ganz von vorne anzufangen. Ausgangspunkt kann immer nur ein historisch bedingter Standpunkt sein. In diesem Zusammenhang bringt Neurath sein (später mehrfach wiederholtes) berühmtes Gleichnis von den Seefahrern, die ihr Schiff auf offenem Meer Stück für Stück umgestalten, ohne es jemals ganz neu bauen zu können (Neurath 1913, S. 215f.).

Die Prognostizierbarkeit auf sozialem Gebiet unterliegt allerdings Beschränkungen. Gegen langfristige Voraussagbarkeit spricht die Unmöglichkeit, zukünftige Entdeckungen und schöpferische Leistungen, die sozial wirksam werden, bereits gegenwärtig vorwegnehmen zu können, im Besonderen aber auch der selbstreflexive Charakter von Prognosen im sozialen Bereich: »Auf sozialem Gebiet ist eine bestimmte Prophezeiung häufig Mitbedingung ihrer eigenen Verwirklichung« (Neurath 1911, S. 517f.). Damit ist auch die besondere Bedeutung des Utopisten umrissen, der eine neue gesellschaftliche Ordnung entwirft; der Utopist muss aber auch den Weg angeben, wie dieses Ziel vom status quo ausgehend am leichtesten zu erreichen ist. Inhaltlich ist dieses Ziel von vornherein nur ganz allgemein durch die Vermehrung von Glück bestimmt. Worin genau

Glück für ein Individuum besteht – was Lust erweckt – und wie dieses Glück gesteigert werden kann, ist erst im Rahmen einer »Lebensstimmungslehre« (»Felicitologie«) zu eruieren, von der die ökonomische Betrachtungsweise nur ein Teil ist. Bei aller möglichen Inkommensurabilität individueller Wertungen und der Unvermeidbarkeit des (am besten kollektiv gefassten) Entschlusses, der der Wahl einer anzustrebenden Gesellschaftsordnung zugrunde liegt: Neuraths Werk ist von der Überzeugung getragen, dass rationale Planung von Gesellschaft und Wirtschaft (Planwirtschaft) nicht nur mit Pluralismus vereinbar ist, sondern die bestmögliche Grundlage für die Verwirklichung individuell verschiedener Lebensentwürfe darstellt.

Im weiteren Verlauf von Neuraths Entwicklung wird die These der Einheitswissenschaft mit dem Physikalismus (Behaviorismus) untermauert. Eine Folge des Physikalismus ist die Ausdehnung des Fallibilismus auch auf Erfahrungsaussagen. Kohärenztheoretische Auffassungen werden weiter ausgearbeitet, aber auch insofern eingeschränkt, als Neurath später von unausrottbaren semantischen Unbestimmtheiten (»Ballungen«) ausgeht, die die eindeutige Feststellung logischer Beziehungen nicht erlauben. Neuraths Methodologie fand bis 1918/19 eher geringe Resonanz; erst ab Ende der zwanziger Jahre wurden einzelne seiner Thesen intensiver diskutiert. Neuraths Naturalismus (Wissenschaftstheorie ist ein wissenschaftsinternes Unternehmen) findet seine Fortsetzung etwa bei Willard Van Orman Quine; eher unterschwellig ist der zweifellos vorhandene Einfluss auf die historischen und relativistischen Auffassungen von Thomas S. Kuhn und Paul Feyerabend, deren Kritik an einer (oft nur verzerrt und vereinfacht dargestellten) positivistischen Wissenschaftstheorie Neurath vielfach vorwegnimmt. Von besonderem Interesse ist heute auch die Einbeziehung von außerökonomischen Faktoren bei der Beurteilung gesellschaftlicher Entwicklungen und Zustände bzw. Neuraths Kritik an der Exklusivität von Profit- und Marktrechnung.

Otto Neurath (1910): Zur Theorie der Sozialwissenschaften. In: Neurath 1981, Bd. 1, S. 23–46.

– (1911): Nationalökonomie und Wertlehre, eine systematische Untersuchung. In: Neurath 1998, Bd. 1, S. 470–518.

– (1913): Probleme der Kriegswirtschaftslehre. In: Neurath 1998, Bd. 5, S. 201–249.

– (1914): Die Verirrten des Cartesius und das Auxiliarmotiv. In: Neurath 1981, Bd. 1, S. 57–67.

– (1914/15): Zur Klassifikation von Hypothesensystemen (Mit besonderer Berücksichtigung der Optik). In: Neurath 1981, Bd. 1, S. 85–101.

– (1919): *Durch die Kriegswirtschaft zur Naturalwirtschaft*, München: Callwey.

– (1981): *Otto Neurath*, Bd. 1 u. 2: *Gesammelte philosophische und methodologische Schriften*, hrsg. von Rudolf Haller und Heiner Rutte, Wien: Hölder-Pichler-Tempsky.

– (1998): *Otto Neurath*, Bd. 4 u. 5: *Gesammelte ökonomische, soziologische und sozialpolitische Schriften*, hrsg. von Rudolf Haller und Ulf Höfer, Wien: Hölder-Pichler-Tempsky.

Weiterführende Literatur

Cartwright, Nancy/Jordi Cat/Lola Fleck/Thomas E. Uebel (1996): *Otto Neurath. Philosophy between Science and Politics*, Cambridge: Cambridge University Press.
Nemeth, Elisabeth/Friedrich Stadler (Hgg.) (1996): *Encyclopedia and Utopia. The Life and Work of Otto Neurath* (= Vienna Circle Institute Yearbook 4), Dordrecht u. a.: Kluwer.
Rutte, Heiner (1982): Der Philosoph Otto Neurath. In: Friedrich Stadler (Hg.), *Arbeiterbildung in der Zwischenkriegszeit. Otto Neurath – Gerd Arntz*, München/Wien: Löcker, S. 70–78.
Symons, John/Olga Pombo/Juan Manuel Torres (Hgg.) (2011): *Otto Neurath and the Unity of Science*, Dordrecht et al.: Springer.

Johannes Friedl

4. ZUR METHODOLOGIE DER GEISTES- UND SOZIALWISSENSCHAFTEN

Friedrich Jodl zur Methode der Kulturgeschichtsschreibung

Im Jahre 1878 veröffentlichte Friedrich Jodl (1849–1914) sein Erstlingswerk *Die Culturgeschichtsschreibung, ihre Entwickelung und ihr Problem*, mit welchem er sich am Münchner Polytechnikum habilitieren wollte. Die Schrift wurde allerdings mit der Begründung abgelehnt, dass die Kulturgeschichte kein Lehrgegenstand der Anstalt sei. Jodl reagierte mit einer Mischung aus Unverständnis und Ironie auf diese Ablehnung und urteilte über die prekäre Stellung des sich damals erst etablierenden Wissenschaftszweigs der Kulturgeschichte folgendermaßen: »Im Kampf ums Dasein ist die kaum entstandene, aber entschieden lebensunfähige Form des Kulturhistorikers alsbald zu neuen Anpassungen genötigt worden, die sich als eine gewisse Rückverwandlung zu der ursprünglichen und älteren Form des Philosophen darstellen, und aus welcher nun ein noch vollkommener organisiertes, höchst kompliziertes Lebewesen: der kulturell-philosophische Pädagoge, oder der Pädagogiko-Philosophiko-Culturelle, also eine Art Inguanodon und Plesiosaurus der Neuzeit, hervorgeht« (zitiert nach Margarete Jodl 1920, S. 74). Jodl sah sich also gezwungen, sich mit einer weitaus unverfänglicheren Abhandlung über die ethischen Ansichten des Thomas Hobbes zu habilitieren; seine Ausführungen über Kulturgeschichte erschienen indes als eigenständige Monographie.

Primär geht es Jodl um die Fragen, wie eine Kulturgeschichte als Wissenschaft beschaffen sein muss und welche Mittel angebracht sind, um zu wissenschaftlich fundierten kulturhistorischen Erkenntnissen zu gelangen (vgl. Jodl 1878, S. 95). Bereits in dieser seiner ersten Monographie wird Jodls (späterhin geradezu typische) Vorgehensweise deutlich: Zunächst liefert er einen sorgfältig recherchierten Überblick über den Stand der kulturhistorischen Forschung anhand einer beeindruckenden Zusammenfassung und Analyse der diesbezüglich relevanten Werke aus dem In- und Ausland. Im Anschluss daran stellt er eine grundlegende Definition des Phänomens »Kultur« zur Diskussion, die von zwei Dimensionen der Kultur ausgeht: die statische repräsentiert das Wesen der Kultur, wohingegen sich die dynamische in den kulturellen Formen manifestiert. Im historischen Wandel weist das *Wesen der Kultur* vier grundlegende und unveränderliche formalstrukturelle Komponenten auf: erstens die Bewältigung der Naturkräfte durch den Menschen, zweitens das mehr oder weniger organisierte Zusammenleben in sozialen Einheiten bzw. politischen Einrichtungen, drittens die »Wechselbeziehungen« und »Kämpfe« der einzelnen Verbände untereinander (darunter fallen Jodl zufolge Krieg, Handel, Aspekte des Kolonialismus, des Auswanderns und Reisens oder das Völkerrecht) sowie viertens das »Ringen des Menschen nach dem Ideal« (wie etwa Religion, Sprache, Recht, Sittlichkeit, Wissenschaft und Kunst). Die *Formen der Kultur* hingegen, verstanden als spezifische »Ausprägungen« dieser jeweiligen »Grundverhältnisse«, sind veränderlich (wie beispielsweise die Beschaffenheit sozialer Einrichtungen zu einem bestimmten Zeitpunkt in einem bestimmten Volkskreis). Kurzgefasst bedeuten also die statischen Elemente »eine Reihe von Aufgaben für den Menschen, und die Vollkommenheit oder Unvollkommenheit einer Cultur pflegen wir nach dem Grade abzuschätzen, in welchem die Lösung dieser Aufgabe als gelungen erscheint« (ebd., S. 111). Insofern könne man nur mit Blick auf die kulturellen Formen von Fortschritt sprechen (vgl. ebd., S. 112).

Um beide Dimensionen der Kultur adäquat erfassen zu können, plädiert Jodl für die Anwendung einer Mehrzahl von Methoden. Es sei Aufgabe des Kulturhistorikers, Formen und Typen der Kultur (»Regelmäßigkeiten des Seins«) zu erforschen und die Gesetze und »Faktoren ihrer Entwicklung« (»Regelmäßigkeiten des Geschehens«) aufzuzeigen, ferner aber auch die mannigfaltigen und zahlreichen Wechselbeziehungen zu ergründen, die zwischen den einzelnen in Wechselwirkung zueinander stehenden Kulturbereichen (den »Gliedern der Kultur«) selbst bestehen, auch – und dieser Gedanke erscheint recht modern – wenn einzelne Glieder letztlich doch ihren eigenen Entwicklungslinien folgen (vgl. dazu Nipperdey 1968; zur Wechselwirkung zwischen den Kultursegmenten s. Ritter 1951). Das Wesen der Kultur umfasst also Konstanten, deren verschiedene konkrete Ausprägungen zu verschiedenen Zeiten anhand der Kombination von Längs- und Querschnittanalysen, die sich auf psychologische Gesetze des Zusammenlebens sowie auf chronologisch und ethnographisch zu erfassende und systematisch zu vergleichende Sachverhalte konzentrieren, wissenschaftlich untersucht werden können.

Die grundlegende Intention dieses frühen Werks, das lange vor den entsprechenden Schriften Karl Lamprechts (oder auch Max Webers) entstanden ist, liegt also vor allem in dem Versuch begründet, eine, wenn schon nicht theoretische, dann zumindest methodische Fundierung der kulturhistorischen Wissenschaft zu leisten. Zu diesem Zweck schlägt Jodl eine idealtypische (Arbeits-)Teilung der Geschichtswissenschaft in eine erzählende Universalgeschichte, eine schildernde Kulturgeschichte und eine reflektierende Geschichtsphilosophie vor. Die erzählende Universalgeschichte solle entsprechend der Tradition der herkömmlichen Geschichtsschreibung in deskriptiver Weise das historische Geschehen als eine Kette von singulären Ereignissen erörtern. Die schildernde Kulturgeschichtsschreibung hingegen solle hauptsächlich das »Zuständliche« erfassen, analysieren und erklären. Jodl weist auf den heuristischen Wert hin, den seine Unterscheidung einer der Ereignisgeschichte verpflichteten universalgeschichtlichen Betrachtung einerseits und einer der Zustandsgeschichte verpflichteten Kulturgeschichte andererseits mit sich bringt. Dennoch ist es keineswegs seine Absicht, »eine polizeiliche Schranke« zwischen beiden Bereichen zu errichten (Jodl 1878, S. 101). Der reflektierenden Geschichtsphilosophie obliege es schließlich, eine integrierende Syntheseleistung zu liefern. In ihrem Rahmen sollen die Resultate der Universalgeschichte und der Kulturgeschichte auf letzte Fragen bezogen werden, wobei ergänzend sowohl teleologische als auch kausale Gesichtspunkte in Betracht kommen müssten (ebd., S. 98).

Jodl unternimmt hiermit den Versuch einer systematischen Typenbildung, die er auf die Kulturgeschichtsschreibung angewandt wissen will. Es wäre gewiss lohnend gewesen, das von ihm in diesem Zusammenhang ganz nebenbei ins Spiel gebrachte Unterfangen in die Tat umzusetzen: eine Beschreibung der »Entwicklung unseres modernen historischen Bewusstseins« anhand der vorliegenden kulturhistorischen Versuche. Jodl entwickelt diese Idee, weil er das jeweilige Geschichtsbild einer Epoche seinerseits als historisch begreift – und dies bedeutet in seinem Verständnis, dass es kulturhistorisch, d.h. gesellschaftlich eingebettet ist.

Die Tatsache, dass Jodl den großen Bereich des gesellschaftlichen Lebens, der später als der eigentliche Gegenstand soziologischer Analysen fungieren sollte, als einen wesentlichen Teilkomplex der Kulturgeschichte ansieht und einer einschlägigen Konzeptualisierung unterzieht, rückt ihn in die Nähe früher Sozialwissenschaftler wie beispielsweise Lorenz von Stein. Diese »bemerkenswerten Versuche« einer »integralen Synthese«, diese »Kulturgeschichten im weitesten Sinn« (Kocka 1975, S. 11), waren auf die Erforschung der Kultur, des Sozialen, der Gesellschaft als Basis gerichtet und lösten den Staat als den Dreh- und Angelpunkt der Analyse ab. Jodl begreift die Kulturgeschichte als eine sehr komplexe Zusammenhänge umfassende Gesellschaftsgeschichte. Obwohl er dem psychologischen Moment große Bedeutung beimisst und nicht nur in dieser Hinsicht Karl Lamprecht beeinflusst (vgl. dazu Lanser 2018), lehnt er einen wie auch immer gearteten Psychologismus entschieden ab. Seine Orientierung an gesellschaftlichen Belangen in kulturhistorischer Perspektive würde es, je nach Definition der Disziplinen, vielmehr rechtfertigen, ihn folgenden Disziplinen zuzuordnen: der Kultursoziologie, der philosophischen Soziologie, der historischen Soziologie, mit ähnlich plausiblen Gründen aber auch der Sozialpsychologie sowie der Kultur- und Sozialanthropologie. Alle diese Disziplinen bilden Kern- oder Randbereiche der sich aus verschiedenen Geistes-, aber auch aus den Rechts- und Wirtschaftswissenschaften herausdifferenzierenden soziologischen Wissenschaft.

Die kulturgeschichtlichen Analysen Jodls weisen vor allem in methodologischer Hinsicht Ähnlichkeiten nicht nur mit jenen der Sozial- und der frühen Strukturgeschichte auf, sondern auch mit jenen der sich kurze Zeit später herausbildenden historischen Soziologie, zumal jene Analysen bereits in beträchtlichem Maße die in jüngeren methodologischen Studien angeführten Kriterien dieser soziologischen Teildisziplin erfüllen (vgl. Kruse 1990). Nicht nur verwendet Jodl systematische Begriffe, generelle Theorien und Gesetze – also zentrale Elemente der historischen Soziologie – in seiner *Culturgeschichtsschreibung* in erklärender Absicht, sondern sie kommen auch in ihrer heuristischen Funktion zur Anwendung. Zu seinen Hypothesen gelangt Jodl auf induktivem Weg. Dabei macht er in seinen Schriften ähnlich den prägenden Vertretern der historischen Soziologie von historischem Datenmaterial reichlich Gebrauch. Konkret dienen ihm die Posita der Kulturgeschichte, also die beobachteten und dokumentierten Sitten, Bräuche und Eigenheiten der einzelnen Völker bzw. Kulturen, als Grundlage für das Auffinden einer Entwicklungslinie von Ideen, aber auch für die Formulierung von Gesetzen und von typisierten Begriffen. Der spezifisch soziologische Charakter der kulturgeschichtlichen Betrachtungsweise Jodls wie der historischen Soziologie zeigt sich vor allem darin, dass beide den Prinzipien kausaler Erklärung gemäß verfahren, dies aber nicht in einem naturalistischen Sinn, welcher den in Betracht stehenden Phänomenen der Kultur unangemessen wäre. Immer wieder, insbesondere in seinen gegen die Brentano-Schule gerichteten kleinen Abhandlungen, greift Jodl Probleme des Kausalbegriffs, ferner solche des Zufalls sowie des Gesetzesbegriffs auf (vgl. Jodl 1896, 1904 und 1912). Zudem geht es ihm in seinen (stets auf eine kausale Betrachtungsweise zurückgreifenden) zeitdiagnostischen Analysen nicht nur um das Sichtbarmachen der Genese eines bestimmten Status quo, sondern insbesondere – wie den historischen Soziologen auch – um das Aufzeigen von aktuellen gesellschaftlich-kulturellen Problemen und um einen Beitrag zu deren Lösung.

Jodl ist gleichwohl nicht ein historischer Soziologe im vollen Sinn des Wortes. In seiner kulturphilosophischen und kulturwissenschaftlichen Studie dominiert eine ideengeschichtliche Forschungsabsicht, in der vor allem moralische Werthaltungen und Kulturideen zur Mentalität von Geschichtsepochen in eine Wirkungsbeziehung gesetzt werden, in der aber die gesellschaftlichen Tatbestände nur insofern in den Blick kommen, als sie moralphilosophisch perspektiviert und insofern auch sozialphilosophisch bedeutsam erscheinen. Kaum jemals finden sich jedoch bei ihm Begriffe wie Volk, Gruppe, Klasse, Schicht oder Stand. Dies vor allem ist es, was den Kulturphilosophen Jodl, trotz seines sozialphilosophischen Sensoriums, vom genuinen Soziologen trennt. Letztlich ging es Jodl darum, im Lichte der ideengeschichtlich und realgeschichtlich eruierten Zusammenhänge vergangener und gegenwärtiger Denk-, Gefühls- und Willensorientierungen ein bestimmtes Repertoire an praktischen Regeln zur sinnvollen Anwendung auf moralische Sachverhalte des menschlichen Soziallebens bereitzustellen. Dass er dabei nahezu ausschließlich kulturfördernde Handlungen im Blick hatte, verleitete ihn unter anderem auch dazu, gesellschaftliche Konflikte – im Gegensatz zu seinem ebenfalls in Österreich wirkenden Zeitgenossen Ludwig Gumplowicz (vgl. 1883, 1885) – nur in Betracht zu ziehen, sofern sie nicht kulturschädigende Wirkungen zeitigen.

Die genetische Betrachtungsweise, die bereits in der *Culturgeschichtsschreibung* von 1878 zur Anwendung kam, war auch Gegenstand und methodische Richtschnur von Jodls gut besuchten Vorlesungen über die »Geschichte der Philosophie«. Mit der kulturhistorischen Einbettung der Philosophen in ihr jeweiliges Umfeld und mit seinem problemorientierten, vornehmlich moral- und sozialphilosophischen Zugang zu Fragen der gesellschaftlich-geschichtlichen Welt erbrachte Jodl wohl auch in den Augen zumindest einiger seiner Schüler wertvolle Vorarbeiten zu der um 1900 aufkeimenden Wissenssoziologie.

Insbesondere als Ideenhistoriker, der die Ideen gewissermaßen auf ihre Epochen hin »relationierte«, und als problemorientierter Systematiker der Moralphilosophie erscheint Jodl auch heute noch als ein origineller Denker. Nicht zuletzt durch seine zahlreichen einschlägigen Aufsätze, aber wohl auch wegen der Attraktivität seines Unterrichts zog er viele Studenten an. Zu seinen Dissertanten zählten beispielsweise Hermann Swoboda, Otto Weininger, Oskar Friedländer (später Ewald), Viktor Kraft, Martin Buber, Stefan Zweig, Erwin Guido Kolbenheyer, Egon Friedmann (später Friedell), Walther Schmied-Kowarzik, Viktor [Victor] Stern und Hans Prager (zu Jodls Schülern vgl. Lanser 2017, S. 375–404). Vor allem Zweig und Friedell wählten explizit kulturhistorische bzw. ideengeschichtliche Themen und Ansätze: Zweig promovierte über *Die Philosophie des Hippolyte Taine* (1904), und Friedell, der gegen Ende der 1920er Jahre mit einer vielbeachteten dreibändigen *Kulturgeschichte der Neuzeit* in Erscheinung trat, arbeitete über *Novalis als Philosoph* (1904).

Gumplowicz, Ludwig (1883): *Der Rassenkampf. Sociologische Untersuchungen*, Innsbruck: Wagner.
– (1885): *Grundriß der Soziologie*, Wien: Manz.
Jodl, Friedrich (1878): *Die Culturgeschichtsschreibung, ihre Entwickelung und ihr Problem*, Halle: Pfeffer.
– (1896): Ursprung und Bedeutung des Kausalbegriffes. In: Jodl 1916/17, Bd. 1, S. 497–515.
– (1904): Der Begriff des Zufalls. Seine theoretische und praktische Bedeutung. In: Jodl 1916/17, Bd. 1, S. 515–533.
– (1912): Zufall, Gesetzmäßigkeit, Zweckmäßigkeit. In: Jodl 1916/17, Bd. 1, S. 533–548.
– (1916/17): *Vom Lebenswege. Gesammelte Vorträge und Aufsätze von Friedrich Jodl in zwei Bänden*, hrsg. von Wilhelm Börner, Stuttgart/Berlin: Cotta.
Jodl, Margarete (Hg.) (1920): *Friedrich Jodl. Sein Leben und Wirken, dargestellt nach Tagebüchern und Briefen*, Stuttgart/Berlin: Cotta.
Kocka, Jürgen (1975): Sozialgeschichte – Strukturgeschichte – Gesellschaftsgeschichte. In: *Archiv für Sozialgeschichte* 15, S. 1–42.
Kruse, Volker (1990): Von der historischen Nationalökonomie zur historischen Soziologie: Ein Paradigmenwechsel in den deutschen Sozialwissenschaften um 1900. In: *Zeitschrift für Soziologie* 19/3, S. 149–165.
Lanser, Edith (2017): *Religion, Moral und Kunst in der Weltanschauungsanalyse Friedrich Jodls*, Dissertation, Universität Graz.
– (2018): Von der Kulturgeschichtsschreibung zur historischen Soziologie. Betrachtungen zum Werk von Friedrich Jodl. In: *Archiv für Kulturgeschichte* 100/1, S. 159–190.

Nipperdey, Thomas (1968): Kulturgeschichte, Sozialgeschichte, historische Anthropologie. In: *Vierteljahrschrift für Sozial- und Wirtschaftsgeschichte* 55/2, S. 145–164.
Ritter, Gerhard (1951): Zum Begriff der »Kulturgeschichte«. Ein Diskussionsbeitrag. In: *Historische Zeitschrift* 171/2, S. 293–302.

EDITH LANSER

Ludwig Stein: *Wesen und Aufgabe der Sociologie* (1898)

Die von Ludwig Stein (1859–1930) entwickelte Konzeption der Soziologie richtet sich gegen die in der Zeit um 1900 fast allgemein anerkannte und äußerst erfolgreiche organizistische Richtung in der Sozialwissenschaft. Als spezifisches Untersuchungsobjekt der Soziologie erachtet Stein das »Zusammenleben und Zusammenwirken« der Menschen (Stein 1899, S. 169). Dieser Gegenstand kann unter ontologischen, unter historischen und schließlich unter normativen Gesichtspunkten untersucht werden. Im ersten Fall handelt es sich um die Erforschung der räumlichen Ordnung des menschlichen Zusammenlebens (Dorf, Stadt) in Zusammenarbeit mit den Hilfswissenschaften der Anthropologie und der Ethnographie; im zweiten um die von Statistik, Kriminalistik, Medizin und Geschichte unterstützte Analyse – oft regelmäßig – wiederkehrender Handlungen und der Institutionen wie Familie, Sippe, Berufsgruppe, ökonomische Verbände, in denen und unter deren Einfluss sie sich vollziehen; und im dritten um die auch von den Rechts-, Religions-, und Staatswissenschaften betriebenen Untersuchungen von Großinstitutionen wie Kirchen, Fabriken, Banken, Parteien oder Zwangsanstalten wie Gefängnissen, die auf gemeinsamen Zwecksetzungen und Normen basieren.

Die Soziologie begreift Stein in Abgrenzung von den Anhängern der »organischen Methode« als eine »empirisch-induktive«, vornehmlich »vergleichend-geschichtlich« operierende »deskriptive Ereigniswissenschaft«, deren Aufgabe es ist, bei wiederkehrenden Ereignissen oder einander ähnelnden Prozessen (Ähnlichkeiten des Rechtswesens, der Modeerscheinungen usw.) statistische Regelmäßigkeiten aufzuspüren und diese zu erklären (ebd., S. 187, 179). Obwohl sich im Gesellschaftsleben keine strengen Gesetzmäßigkeiten ausfindig machen lassen, könne man mithilfe der Moralstatistik, der Demographie und der Wahrscheinlichkeitsrechnung zu behutsamen Verallgemeinerungen gelangen. Die Soziologie muss sich dabei jedoch nach Stein mit einer Mittelstellung zwischen der Beschreibung von Gesetzmäßigkeiten und der von Einzelereignissen begnügen, zu welcher sie die rhythmisch wiederkehrenden sozialen Abläufe befähigen. Die organizistische (von Stein als »organische« bezeichnete) Richtung der Soziologie halte demgegenüber Ausschau nach angeblich auch in der Gesellschaft wirkenden Gesetzen, also streng nomothetischen Aussagen, und verwische dabei die Grenzen zwischen Natur- und Sozialwissenschaften. So sei beispielsweise Herbert Spencers These »des Überganges von einer unzusammenhängenden Gleichartigkeit zu einer zusammenhängenden Verschiedenartigkeit« keine sinnvolle empirische Verallgemeinerung mehr, sondern ein metaphysisches Konstrukt, das obendrein auf deduktivem Wege abgeleitet wird (ebd., S. 188).

Die von Spencer und seinen Anhängern forcierten biologischen Analogien erkennt Stein nur als heuristische Hilfsmittel an. Demgegenüber besteht er auf der Leistungsfähigkeit der sogenannten »vergleichend-historischen Methode«, die um eine »beschreibende Psychologie der Gesellschaft« ergänzt werden müsse, welche die dynamischen Aspekte in der Gesellschaft zu erfassen vermag (ebd., S. 192). Während die Naturgesetze mit »absoluter Notwendigkeit« einen mechanischen Zwang auf den Menschen ausüben, richten die »sozialen Gesetze« lediglich mit »teleologischer Notwendigkeit« rationale Imperative an ihn, die auf Grundlage von kausalen Zweck-Mittel-Beziehungen formuliert und aus pragmatischen Gründen für notwendig gehalten werden. Sie stellen zudem Sanktionen im Falle ihrer Nichtbefolgung in Aussicht, sodass sich jeder, der sich sozial richtig verhalten und seine Interessen auf vernünftige Weise verfolgen will, an sie gebunden fühlen muss (ebd., S. 193). Die von Stein an der organizistischen Richtung der Soziologie geübte Kritik darf jedoch nicht als Ausdruck einer vollkommenen Ablehnung aufgefasst werden. Vielmehr hat er eine produktiv-ergänzende Zusammenarbeit der »organischen« und der »vergleichend-historischen Methode« wie überhaupt der deduktiven und der induktiven Methode im Sinn (vgl. ebd., S. 194f.).

Als legitime Wissenschaftszweige innerhalb der Soziologie betrachtet Stein die Politik und die soziale Ethik sowie die Untersuchung von Sprachen, Mythen und Märchen, aber auch die Kunst- und die Wirtschaftsgeschichte; darüber hinaus verweist er auf die Notwendigkeit einer Kulturgeschichtsschreibung der menschlichen Gefühle wie Liebe Freundschaft oder Mitgefühl. Im Anschluss an Émile Durkheim betont er, dass sich die Soziologie nicht mit der bloßen Feststellung und Sammlung von Daten und Fakten begnügen dürfe, sondern sich auch der Formulierung von sozialen Normen und Handlungsimperativen widmen solle. Aus Naturprozessen, führt Stein aus, lassen sich keine Normen oder Imperative ableiten, weil in ihnen – anders als im Falle menschlicher Handlungen – keine Zwecke vorgegeben sind. Daher ist die Gesellschaft kein »Organismus«, sondern eine »Organisation«, in der keine Naturnotwendigkeiten, sondern nur Regeln, Konventionen und (statistische) Gesetzmäßigkeiten psychologisch-teleologischer Art bestehen (vgl. ebd., S. 198). Es ist überraschend, dass Stein in diesem Zusammenhang überhaupt keinen Bezug auf den sich in der Nationalökonomie seit den 1870er Jahren anbahnenden »Werturteilsstreit« nimmt, an dessen Anfang Carl Menger (vgl. Menger 1871, 1883) stand. Eine solche Bezugnahme unterblieb, obwohl Stein von einschlägigen Ansichten und einander widerstreitenden Positionen, wie sie bereits vor dem Erscheinen von Max Webers grundlegenden methodologischen Schriften vor allem von Gustav Schmoller (vgl. Schmoller 1875) und Heinrich von Treitschke (vgl. Treitschke 1875) vertreten wurden, durchaus Kenntnis hatte (vgl. Stein 1905, S. 76, 82).

Als die wesentliche Aufgabe der Soziologie bezeichnet es Stein, die geschichtlichen wie die gegenwärtigen »sozialen Tendenzen« anhand historisch-kultureller Querschnittanalysen aufzuspüren und zu beschreiben und aus diesen Tendenzen des menschlichen Zusammenlebens »Erfahrungsgesetze«, also empirische Verallgemeinerungen über die Entstehung und die Wirkungen sozialer Imperative und Erwartungen zum Zwecke einer besseren Gestaltung unseres künftigen gesellschaftlichen Zusammenwirkens abzuleiten (vgl. Stein 1899, S. 200).

Menger, Carl (1871): *Grundsätze der Volkswirtschaftslehre*, Wien: Wilhelm Braumüller

– (1883): *Untersuchungen über die Methode der Socialwissenschaften und der politischen Ökonomie insbesondere*, Leipzig: Duncker & Humblot.

Schmoller, Gustav (1875): *Über einige Grundfragen der Rechts- und der Volkswirtschaft. Ein offenes Sendschreiben an Herrn Prof. Dr. Heinrich von Treitschke*, Jena: Friedrich Mauke.

Stein, Ludwig (1898): *Wesen und Aufgabe der Sociologie. Eine Kritik der organischen Methode in der Sociologie*, Berlin: Georg Reimer.

– (1899): *An der Wende des Jahrhunderts. Versuch einer Kulturphilosophie*, Tübingen: J.C.B. Mohr.

– (1905): *Der soziale Optimismus*, Jena: Hermann Costenoble.

– (1906): *Die Anfänge der menschlichen Kultur. Einführung in die Soziologie* (= Aus Natur und Geisteswelt. Sammlung wissenschaftlich-gemeinverständlicher Darstellungen, Bd. 93), Leipzig: B.G. Teubner.

Treitschke, Heinrich von (1875): *Der Socialismus und seine Gönner. Nebst einem Sendschreiben an Gustav Schmoller*, Berlin: Georg Reimer.

Weiterführende Literatur

Koigen, David et al. (1929): *Festgabe für Ludwig Stein zum siebzigsten Geburtstag* (= Archiv für Systematische Philosophie und Soziologie. Neue Folge der Philosophischen Monatshefte, Bd. 33), Berlin: Carl Heymann.

Lepold, Gusztáv (1903): A szocziologia újabb irányai [Die neueren Richtungen der Soziologie]. In: *Huszadik Század* [*Das Zwanzigste Jahrhundert*] 4/2, S. 97–112.

Zürcher, Marcus (1995): *Unterbrochene Tradition. Die Anfänge der Soziologie in der Schweiz*, Zürich: Chronos.

Gábor Felkai

Max Adlers Theorie der Geistes- und Sozialwissenschaften

Die Kritik am teleologischen Denken, der in hohem Maße auch Max Adlers (1873–1937) als Separatdruck des ersten Bandes der *Marx-Studien* veröffentlichtes Buch *Kausalität und Teleologie im Streite um die Wissenschaft* (Adler 1904) gilt, hob bereits mit der

Kritik von Francis Bacon und René Descartes an den einschlägigen Auffassungen von Aristoteles an; eine besondere Ausprägung erhielt sie durch Charles Darwin und sie wirkte dann etwa in der deutschen Philosophie fort von Friedrich Nietzsche bis zu Nicolai Hartmann (1951), aber auch in dem in der Tradition der analytischen Philosophie stehenden Schrifttum der Wissenschaftstheoretiker Carl G. Hempel (1945), Ernest Nagel (1953, 1977) und Wolfgang Stegmüller (1969). Allerdings finden sich in der erkenntnistheoretischen und methodologischen Fachliteratur bis zum heutigen Tag auch Darstellungen, in denen teleologisches Denken nicht schlechthin als die Pflege einer nur mit Scheinproblemen befassten und längst vergangenen Metaphysik erscheint (vgl. z.B. Woodfield 1976, Poser 1981, Rapp 1981).

Max Adlers Bestreben geht dahin, mit seinem »prinzipiell an Kant«, aber naturgemäß durchgehend an Marx orientierten Werk »die Frage nach dem Wesen der Geisteswissenschaften [...] aus dem Wesen wissenschaftlichen Erkennens überhaupt« zu beantworten, wofür er eine Klärung des »erkenntniskritischen Gegensatze[s] zwischen kausaler und teleologischer Auffassung« als konstitutiv ansieht (Adler 1904, S. 93). Adler setzt sich in dieser Absicht vor allem mit den methodologischen Auffassungen von Wilhelm Dilthey (1883, 1895), Heinrich Rickert (1896, 1899) und Wilhelm Windelband (1900, 1903) auseinander. Bei aller Wertschätzung im Einzelnen stößt er sich daran, dass nach Ansicht dieser Philosophen nur das erklärt werden könne, was als ein Spezialfall eines allgemeinen Gesetzes erweisbar ist, während Individuelles nur verstanden werden könne. Damit werde unterstellt, dass das Erklären auf der Grundlage allgemeiner Gesetze den Naturwissenschaften zuzuordnen sei, das Verstehen hingegen den Geisteswissenschaften, wobei letzteres, wie Dilthey meinte, niemals darauf hinauslaufen könne, »aus Umständen aller Art den Helden oder den Genius begreiflich machen zu wollen« (vgl. Adler 1904, S. 49). Das Individuelle oder Singuläre in den Geisteswissenschaften wird nach Ansicht jener Autoren von demjenigen der Naturwissenschaften dadurch unterschieden, dass es in seiner Einzigartigkeit im Zusammenhang einer »Wertbeziehung« stehe, »unter welche es in logischer, ethischer oder ästhetischer Hinsicht für ein stellungsnehmendes Individuum fällt« (ebd., S. 49f.). Und wie verschieden nun die Namensgebung für diesen von Dilthey und Hugo Münsterberg (1900) als »Geisteswissenschaften« bezeichneten Wissenschaftsbereich auch ist – »Kulturwissenschaften« nennt ihn Rickert, »idiographische« oder »historische (Ereignis-) Wissenschaften« Windelband: Dieser sei generell so konzipiert, dass aus ihm die nach Adler für alle Arten von Wissenschaft unverzichtbaren Kausalerklärungen herausfallen.

Adler erscheint dieses Denken als ein Spätprodukt des cartesianischen Dualismus. Dieser habe ja »trotz seiner Naturauffassung und methodischen Einsicht in das Wesen der Wissenschaft« jene Richtung initiiert, »welche das Geistesleben und damit auch den geschichtlichen Prozess in besonderer Bedeutung prinzipiell aus dem Reiche der Kausalität ausschaltete« (Adler1904, S. 28). Die Gegentendenz habe vor allem im 18. Jahrhundert einerseits in der Überwindung des metaphysischen Dualismus von Körper und Seele durch den französischen Materialismus, andererseits in der Einbeziehung der gesellschaftlich-geschichtlichen Welt durch die Geschichtsphilosophie bestanden; die Deszendenztheorie, die Sozialstatistik, die Bevölkerungslehre, die Psychologie und die Nationalökonomie seien die weiteren Etappen auf dem Weg hin zum historischen Materialismus von Karl Marx gewesen (vgl. ebd., S. 30–37). Marx habe sowohl den mechanistischen Materialismus überwunden als auch den sozialen Atomismus der klassischen Nationalökonomie, welche er in seiner Analyse der kapitalistischen Wirtschaftsordnung der Kritik unterzieht. Damit habe er dazu verholfen, das soziale Wesen des Menschen in seiner geschichtlichen Entwicklung zu erfassen, und daher könne man auch sagen, dass dem »Marxschen Denken für die Begründung der Geisteswissenschaften eine ähnliche *methodologische* Bedeutung zukommt wie dem Newtons für die Naturwissenschaft« (ebd., S. 123). Durch Marx seien die »Grunddeterminanten« der gesellschaftlichen Entwicklung aufgewiesen und »in der immer noch zu wenig gewürdigten Dialektik die eigenartige Grundbeziehung« aufgezeigt worden, »welche den ewigen Wechsel des geschichtlichen Stoffes [...] begreift« (ebd., S. 37). Worin die Dialektik genauer besteht, die auch an verschiedenen anderen Stellen beschworen wird (z.B. ebd., S. 100, 122, 128, 132, 176), bleibt allerdings unklar.

Adler sieht die erkenntnistheoretischen Erörterungen im vorliegenden Buch, das verschiedentlich als methodologisches Hauptwerk des Austromarxismus angesehen wird, nicht als »Selbstzweck« an, sondern als einen Weg, »um das Wesen der Wissenschaft im allgemeinen und das der Geistes- sowie Sozialwissenschaften im besonderen festzustellen« (ebd. S. 133). Doch darüber hinaus versteht er es auch als »Verteidigung der Grundlagen des Marxismus auf erkenntniskritischem Gebiete« (ebd.; im Orig. gesperrt gedruckt). Teleologie verlangt immer die Auszeichnung einer Richtung der Veränderung auf einen bestimmten Wert oder Zweck hin. Nach Adler stellen die bei Dilthey, Rickert und Windelband in Betracht stehenden »Wertbeziehungen« ein der Sache der Wissenschaft unangemessenes und schädliches Eindringen bestimmter, der praktischen Vernunft entlehnter Zwecke in den Bereich der theoretischen Vernunft dar: des »Wahrheitszwecks«, der dem Denken, des »Schönheitszwecks«, der dem Gefühl, und des »Gutheitszwecks«, der dem Wollen entspreche (ebd., S. 136f., vgl. auch S. 72). Diese teleologische Auffassung wende »ihren Grundbegriff, den Zweck, ohne Legitimation über jenes Gebiet hinaus« an, »aus dem sie ihn allein holen konnte, dem ethischen, und dies nur vermöge einer ihr nicht in prinzipieller Unterschiedenheit klar gewordenen Trennung [...]« (ebd., S. 142). Da es sich, wie Adler ausführt, bei der von ihm vorgelegten Untersuchung »um die Herausarbeitung eines *strengen* Begriffes der Wissenschaft auch für die Sozialtheorie« handle, sei die durch ihn erfolgende »Anknüpfung an Kant das Mittel, jene [...] in diejenigen Schranken zurückzuweisen, welche allezeit Ethik und praktische Beurteilung überhaupt vom Erkennen und theoretischen Urteil scheiden werden« (ebd., S. 93, Fußnote). Mit dem Rückgriff auf Kant versucht Adler offenkundig, insbesondere der Möglichkeit vorzubeugen, dass die marxistische Sozialwissenschaft durch ethische Inhalte kontaminiert wird, welche nicht den Normen der marxistischen Weltanschauung entsprechen.

Nach Adler läuft die Orientierung der von ihm kritisierten Philosophen der bereits von David Hume und Immanuel Kant vorgenommenen Unterscheidung von Sein und Sollen zuwider, was im Rahmen einer theoretischen Grundlegung der Geistes- und Sozialwissenschaften zu ähnlichen erkenntnislogischen Verzerrungen führe wie die emphatische Betonung des Individuellen, die sich der Einsicht von dem »fundamentalen Eingesponnensein des Einzelmenschen in die Menschengemeinschaft« verschließe (ebd., S. 180; vgl. auch S. 237); daher auch Adlers Vorschlag, in Hinkunft statt von »Geistes-« besser von »Sozialwissenschaften« zu sprechen (ebd., S. 236). Das teleologische Denken der zeitgenössischen geisteswissenschaftlichen Methodologie weise sonach einige grundlegende Defizite auf: zunächst ermangle es der Einsicht in die »Sozialität« als eines grundlegenden Verhältnisses des »menschlichen Seins«; ferner fehle in ihm die sorgfältige Trennung von ethischen Normierungen und »wertfreien denknotwendigen Beziehungen« der theoretischen Erkenntnis (ebd., S. 223), also die Unterscheidung des »wollenden« und des »erkennenden Menschen« (ebd., S. 215; vgl. auch S. 219–223); schließlich aber unterbleibe, wie bereits erwähnt, die Einbeziehung kausaler Erklärungen in den Bereich geistes- und sozialwissenschaftlicher Analysen. Ein solches Denken entferne sich von der Wissenschaft, die »nicht anders als nach der Auffassungsart des Naturerkennens vor sich gehen« könne; es sei »Ethik oder Aesthetik oder endlich Philosophie, d.h. es mehrt nicht den Bestand eines Systems objektiv gültiger Urteile, sondern es liefert nur Gesichtspunkte der Beurteilung oder Züge zum Bilde einer Weltanschauung« (ebd., S. 226).

Verwunderlich erscheint in diesem Zusammenhang, dass Adler, der nicht müde wird, sich auf Kant zu berufen, von dem er sagt, dass das von ihm entzündete »Licht [...] die nie wankenden Grundlagen aller Wissenschaft« beleuchtet (ebd., S. 238), dessen Analysen des teleologischen Denkens keine Betrachtungen widmet, wie sie schon vor Erscheinen von Adlers Buch zum Beispiel von August Stadler (1874) angestellt wurden; auch danach ist eine Reihe einschlägiger Studien erschienen (vgl. z.B. Eisler 1914, Engfer 1981, Düsing 1986). Dennoch will Adler, wie er sagt, nicht »die durchgängige Eigenart und Existenzberechtigung der teleologischen Auffassung in ihrer Sphäre antasten« (Adler 1904, S. 228), die eben nicht jene der Wissenschaft, sondern die des Wollens sei (ebd., S. 239). »Die teleologische Beziehung, die im Gebiete des wissenschaftlichen Erkennens nicht konstitutive Bedeutung gewinnen konnte, wird praktische Tat im Bewusstsein des realen [...] Menschen, indem er die Wissenschaft für seine Zwecke in Bewegung setzt, um damit die Welt zu gestalten [...]«. (Ebd., S. 240) Damit kommt bei Adler in seinen – wenn auch allzu kurzen – Schlussbemerkungen die Handlungsteleologie zu ihrem Recht, der zufolge im gegenwärtigen Wollen eine Antizipation des Zukünftigen erfolgt, welche wiederum die Mittelwahl und das Tätigwerden des Handelnden bestimmt. Nicht dürfe also teleologisches Denken in der theoretischen Philosophie die Erkenntnis des Menschen determinieren, wohl jedoch in der praktischen Philosophie sein Handeln leiten: »Nur in der praktischen Tat, welche die erkannte Naturgesetzlichkeit selbst gesetzten

Zwecken bewusst unterstellt, vollzieht sich der Sprung aus dem Reiche der Naturnotwendigkeit in das der Freiheit.« (Ebd., S. 240f.). Über die Inhalte jener Ordnung der Freiheit und über deren Institutionalisierung erfährt der Leser aus der mitunter allzu wortreichen Studie nichts mehr.

Adler, Max (1904): *Kausalität und Teleologie im Streite um die Wissenschaft* (= Marx-Studien, Bd. 1), Wien: Verlag der Wiener Volksbuchhandlung Ignaz Brand.

Dilthey, Wilhelm (1883): *Einleitung in die Geisteswissenschaften. Versuch einer Grundlegung für das Studium der Gesellschaft und der Geschichte*, Bd. 1, Leipzig: Duncker & Humblot.

– (1895): Beiträge zum Studium der Individualität. In: *Sitzungsberichte der königlich preußischen Akademie der Wissenschaften*, Jg. 1895, S. 295–335 (ausgegeben am 12. März 1896).

Düsing, Klaus (1986): *Die Teleologie in Kants Weltbegriff* (= Kant-Studien, Ergänzungsheft 96), 2. erw. Aufl., Bonn: Bouvier.

Eisler, Rudolf (1914): *Der Zweck. Seine Bedeutung für Natur und Geist*, Berlin: E. S. Mittler und Sohn.

Engfer, Hans-Jürgen (1981): Über die Unabdingbarkeit teleologischen Denkens. Zum Stellenwert der reflektierenden Urteilskraft in Kants kritischer Philosophie. In: Poser 1981, S. 119–160.

Hartmann, Nicolai (1951): *Teleologisches Denken*, Berlin: de Gruyter.

Hempel, Carl G.Taggen? (1965): *Aspects of Scientific Explanation and Other Essays in the Philosophy of Science*, New York/London: The Free Press and Collier-Macmillan.

Münsterberg, Hugo (1900): *Grundzüge der Psychologie*, Bd. 1: *Allgemeiner Teil: Die Prinzipien der Psychologie*, Leipzig: Johann Ambrosius Barth.

Nagel, Ernest (1953): Teleological Explanation and Teleological Systems. In: Herbert Feigl/May Brodbeck (Hgg.), *Readings in the Philosophy of Science*, New York: Appleton-Century-Crofts, S. 537–558.

– (1977): Teleology Revisited. In: *The Journal of Philosophy* 74, S. 261–279.

Poser, Hans (Hg.) (1981): *Formen teleologischen Denkens. Philosophische und wissenschaftshistorische Analysen*, Berlin: Technische Universität Berlin.

Rapp, Friedrich (1981): Kausale und teleologische Erklärungen. In: Poser 1981, S. 1–15.

Rickert, Heinrich (1896): *Die Grenzen der naturwissenschaftlichen Begriffsbildung*, Tübingen/Leipzig: J. C. B. Mohr (Paul Siebeck).

– (1899): *Kulturwissenschaft und Naturwissenschaft. Ein Vortrag*, Freiburg i. Br./Tübingen/Leipzig: J. C. B. Mohr (Paul Siebeck).

Stadler, August (1874): *Kants Teleologie und ihre erkenntnistheoretische Bedeutung*, Berlin: Ferd. Dümmlers Verlagsbuchhandlung Harrwitz & Grossmann.

Stegmüller, Wolfgang (1969): *Probleme und Resultate der Wissenschaftstheorie und Analytischen Philosophie*, Bd. 1, Berlin/Heidelberg: Springer, darin: Kapitel 8: Teleologie, Funktionsanalyse und Selbstregulation.

Windelband, Wilhelm (1900): *Geschichte und Naturwissenschaft. Rede zum Antritt des Rectorats der Kaiser-Wilhelm-Universität Straßburg, gehalten am 1. Mai 1894*, 2. unveränd. Aufl., Straßburg: J. H. Ed. Heitz (Heitz & Mündel).

– (1903): *Präludien*, 2. Aufl., Tübingen/Leipzig: J. C. B. Mohr (Paul Siebeck).

Woodfield, Andrew (1976): *Teleology*, Cambridge: Cambridge University Press.

Weiterführende Literatur

Becker, Werner/Wilhelm K. Kessler (Hgg.) (1981): *Konzepte der Dialektik*, Frankfurt a. M.: Vittorio Klostermann.

König, Edmund (1888/90): *Die Entwickelung des Causalproblems in der neueren Philosophie*, Bd. 1: *Die Entwickelung des Causalproblems von Cartesius bis Kant* [1888]; Bd. 2: *Die Entwickelung des Causalproblems in der Philosophie seit Kant* [1890], Leipzig: Wigand.

Wallace, William A. (1972/74): *Causality and Scientific Explanation*, Bd. 1: *Medieval and Early Classical Science* [1972], Bd. 2: *Classical and Contemporary Science* [1974], Ann Arbor/MI, USA: University of Michigan Press.

Karl Acham

Zur Wissenschaftsphilosophie und Methodologie Joseph A. Schumpeters

Joseph Alois Schumpeter (1883–1950) ist vor allem Wirtschaftswissenschaftler und vertritt in *Das Wesen und der Hauptinhalt der theoretischen Nationalökonomie* (1908) den Standpunkt des »methodologischen Individualismus« – eine seiner erfolgreichen Wortschöpfungen. Demnach sind alle ökonomischen Phänomene auf die Entscheidungen der einzelnen Wirtschaftssubjekte sowie deren Zusammenspiel auf interdependenten Märkten zurückzuführen. Die »Wirtschaft« ist Ergebnis dieser Konstruktion und nicht deren Voraussetzung. Mit Hilfe der um die Figur des homo oeconomicus kreisenden Theorie des allgemeinen wirtschaftlichen Gleichgewichts von Léon Walras ließen sich allgemein gültige Einsichten, wirtschaftliche »Gesetze«, auf deduktive Art gewinnen. Nicht auf die Realitätsnähe der Annahmen komme es an, sondern darauf, »was wir erreichen wollen – das ist in diesem Falle die Preiserscheinung – und nur das anzuführen, was zur Erreichung unseres Ziels unbedingt nötig ist« (Schumpeter 1908, S. 93f.). Wir haben es hier mit einer frühen Fassung der *instrumentalistischen* Position zu tun, die später besonders radikal von Milton Friedman vertreten werden sollte und prägenden Einfluss auf die Wirtschaftstheorie genommen hat. Wie kühn und gekünstelt die Annahmen auch immer sind, nicht auf ihre Realitätsnähe komme es an, sondern auf die Güte der mit ihrer Hilfe erzielten wirtschaftlichen Vorhersagen. (Paul Samuelson, der bei Schumpeter in Harvard studierte, sollte gegen Friedman zu Recht einwenden, dass eine Theorie nolens volens auch die Richtigkeit der von ihr unterstellten Annahmen vorhersage und dass daher die Frage nach deren Realitätsnähe nicht so ohne weiteres als irrelevant abgetan werden könne.) Die Wirtschaftstheorie, betont Schumpeter, sei völlig eigenständig und unabhängig von allen anderen Wissenschaften. Selbst andere sozialwissenschaftliche Disziplinen »haben uns nur wenig zu geben – oder nichts. Im Interesse der Klarheit ist es geboten, ihre Nichtigkeit zu betonen und diesen Ballast über Bord zu werfen« (ebd., S. 553). Die »reine Ökonomie« erlaube die »Erweiterung des Gebietes des exakten Denkens« (ebd., S. 563), sei ein Art »Naturwissenschaft«, befasst mit dem Erkennen von »Naturgesetzen« (ebd., S. 536).

Diese radikale Sichtweise ist nicht neu und, wie Schumpeter weiß, ergänzungsbedürftig. Wer nur ein Ökonom ist, sollten u.a. John Maynard Keynes und Friedrich August von Hayek sinngemäß sagen, kann kein guter Ökonom sein. Schumpeter ist ganz dieser Ansicht. David Ricardo und erstaunlicherweise auch John Maynard Keynes zeiht er des »Ricardianischen Lasters«. Dieses bestehe u.a. in der Neigung, weitreichende wirtschaftspolitische Schlüsse aus einem kleinen Satz von ad hoc-Annahmen abzuleiten. Ricardo, beklagt er, habe nicht eine schlechte Soziologie gehabt, sondern – schlimmer noch – angeblich gar keine. Soziologische Überlegungen begegnen uns in Schumpeters Werk häufig als Ergänzung und Korrektiv wirtschaftstheoretischer. (Der führende Repräsentant der allgemeinen Gleichgewichtstheorie zu Beginn des 20. Jahrhunderts, Vilfredo Pareto, vertrat im fortgeschrittenen Alter ebenfalls die Ansicht, dass die Ökonomik alleine gesellschaftliche Phänomene nicht zufriedenstellend erklären könne, und verfasste den *Trattato di sociologia generale* [1916].) Wie er in *Vergangenheit und Zukunft der Sozialwissenschaften* (1915) schreibt, geht es Schumpeter um das Begreifen des »Kulturphänomens« als Ganzem, um »das Begreifen von möglichst Vielem an uns, von Recht, Religion, Kunst, Politik, Wirtschaft, ja selbst von Logik und psychischen Erscheinungen« (Schumpeter 1915, S. 133). Es geht ihm um die Ergründung der »sozialen Kulturentwicklung«, heißt es in der *Theorie der wirtschaftlichen Entwicklung* (Schumpeter 1912, S. 546), und somit um die Erarbeitung einer universellen Gesellschaftswissenschaft. Er steht damit in der Tradition eines Adam Smith oder Karl Marx sowie des von ihm sehr geschätzten Max Weber.

In seiner Schrift *Wie studiert man Sozialwissenschaft?* (1910) definiert er: »Die Sozialwissenschaft ist die Lehre von dem sozialen Geschehen: Die Wissenschaft davon, was Staat und Gesellschaft zusammenhält, was das Verhalten und die Schicksale der Klassen und der einzelnen Individuen bestimmt, kurz die Wissenschaft vom sozialen Sein und Werden des Menschen« (Schumpeter 1910, S. 7). Tatsächlich gebe es jedoch nur *einzelne* Sozialwissenschaften, die »keineswegs ein einheitliches Gebäude oder ein organisches Ganzes« bildeten (ebd., S. 8). Die Soziologie definiert er als »die Lehre von den Wechselbeziehungen zwischen den Individuen und Gruppen von Individuen im sozialen Ganzen« (ebd., S. 9). Er betont: »Die älteste und am besten ausgearbeitete Sozialwissenschaft ist die Nationalökonomie, die Lehre von der menschlichen Wirtschaft« (ebd., S. 9). Die Sozialwissenschaften sammelten Tatsachenmaterial (basierend auf persönlichen Erfahrungen und Beobachtungen, der Wirtschafts- und Sozialgeschichte, der Ethnologie und der Statistik) und versuchten, darin Regelmäßigkeiten zu entdecken. »Die unanalysierte Tatsache ist stumm« (ebd., S. 15), erst die Sozialwissenschaften bringen sie zum Sprechen. Unter einer »Theorie« versteht er die Auflösung der Erscheinungen in ihre Elemente, die dann ein jedes für sich untersucht werden. »Dann zeigt sich die sonst unsichtbare Gesetzmäßigkeit« (ebd., S. 18). Tatsachensammlung sei die Vorarbeit, die Bildung einer Theorie die »eigentliche sozialwissenschaftliche Arbeit« (ebd., S. 18).

Bei gut gesichertem Material wie in der Wirtschaftslehre und »in geringerem Maße« der Soziologie, liege das Hauptgewicht auf dessen gedanklicher Durcharbeitung.

Typischerweise gehe das Studium der Sozialwissenschaften mit der Aufgabe »sozialer Ideale« und unserer »Ansichten darüber, was gut und wünschenswert ist«, einher (ebd., S. 20). Schumpeter plädiert für eine rigorose Werturteilsfreiheit: »Halten wir stets Wissenschaft und Politik, Erkennen und Wünschen, auseinander« (ebd., S. 22). Und erwarten wir von einer Theorie nicht mehr als sie zu leisten vermag: Sie liefert kein genaues Bild der Wirklichkeit, sondern nur Tendenzen derselben, und hält keine sofortigen Antworten auf praktische Fragen bereit, wie sie Laie und Politiker erwarten. Und sie ist wegen des Erkenntnisfortschritts permanent im Umbruch, was fälschlich den Eindruck erweckt, es gebe in ihr keinerlei verlässliche Fundamente.

Schumpeter, Joseph A. (1910): *Wie studiert man Sozialwissenschaft?* (= Schriften des Sozialwissenschaftlichen Akademischen Vereins in Czernowitz, Heft 2), 2. Aufl., München/Leipzig: Duncker & Humblot.
– (1915): *Vergangenheit und Zukunft der Sozialwissenschaften* (= Schriften des Sozialwissenschaftlichen Akademischen Vereins in Czernowitz, Heft 7), München/Leipzig: Duncker & Humblot.
– (1953): *Aufsätze zur Soziologie*, hrsg. von Erich Schneider und Arthur Spiethoff, Tübingen: J.C.B. Mohr.
– (2016): *Schriften zur Ökonomie und Soziologie*, hrsg. von Lisa Herzog und Axel Honneth, mit einem Nachwort von Heinz D. Kurz, Berlin: Suhrkamp.

Weiterführende Literatur

Allen, Robert Loring (1994): *Opening doors. The Life & Work of Joseph Schumpeter*, 2 Bde., New Brunswick, NJ, USA u.a.: Transaction.
Andersen, Esben Sloth (2009): *Schumpeter's Evolutionary Economics. A Theoretical, Historical and Statistical Analysis of the Engine of Capitalism*, London: Anthem Press.
Kurz, Heinz D. (2012): *Innovation, Knowledge and Growth. Adam Smith, Schumpeter and the Moderns*, London: Routledge.
– /Richard Sturn (2012): *Schumpeter für jedermann. Von der Rastlosigkeit des Kapitalismus*, Frankfurt a.M.: Frankfurter Allgemeine Buch.
McCraw, Thomas K. (2007): *Prophet of Innovation. Joseph Schumpeter and Creative Destruction*, Cambridge, MA: Belknap Press.

Heinz D. Kurz

5. ZUR WISSENSCHAFTSTHEORIE DER STATISTIK

Karl Theodor von Inama-Sternegg

Der langjährige Leiter der zentralen amtlichen Statistikbehörde der österreichischen Reichshälfte, Karl Theodor von Inama-Sternegg (1843–1908), war Wirtschaftshistoriker, Staatswissenschaftler und Statistiker. In seinen konzeptionellen und methodologischen Studien zur Statistik brachte er zum Ausdruck, dass er die historisch-genetische Betrachtungsweise als einen entscheidenden Weg zur Erkenntnis wirtschaftlicher und sozialer Phänomene betrachte (Müller 1976, S. 59). Inama-Sternegg wollte die Statistik in eine künftig zu entwickelnde »Gesellschaftswissenschaft« integrieren. Der in den Wissenschaften damals verbreiteten Tendenz zur Biologisierung oder Naturalisierung sozialer Verhältnisse stand er ablehnend gegenüber und vertrat dagegen die Lehrmeinung, dass »auch die als natürlich bezeichneten [tatsächlich aber geschichtlich-kulturellen] Erscheinungen und Vorgänge im gesellschaftlichen Leben der Menschen […] Wandel und Verschiedenheit« zeigten, »wie sie die Natur des Menschen, als eine stetig wirkende Kraft«, nicht kennen würde (Inama-Sternegg 1903a, S. 6). So unterliegen etwa Bevölkerungsentwicklung und Bevölkerungsbewegung keinem Naturgesetz, wie vielfach angenommen werde, sondern seien allein gesellschaftlich bedingt. Soziale Phänomene verfügten daher über »eine innere Einheit, eine ausgeprägte Eigenart«. Diese grundlegende Feststellung ließ ihn die Einheit der Wissenschaft vom gesellschaftlichen Leben postulieren, der ein Objekt – die »Erscheinungen des Lebens, welche gesellschaftlich bedingt« seien – und »nur eine Methode der sozialen Forschung« – jene der historischen Statistik – entspreche. Letztere beobachte und analysiere zugleich die Wechselwirkungen, wie sie etwa »zwischen Getreidepreisen, Ehefrequenz und Kriminalität, zwischen Geldwert und Export« bestünden. Die Statistik bildete demnach das »Mittel exakter Erkenntnis«, welches »historisch individualisiert(e)« gesellschaftliche Phänomene zu erforschen suche (ebd., S. 9f., 14f.).

Ausgehend von diesen theoretischen Prämissen entwickelte Inama-Sternegg seine Auffassung, dass die Statistik »mit Notwendigkeit aus einer Beobachtung des Bestehenden« zu einer »Erforschung des Vergangenen« gelange. Die Geschichte betrachtete er dabei als »die eigentliche Zwillingsschwester der Statistik«, die mit dieser »gleich unentbehrlich für die Erkenntnis der tatsächlichen Zustände und Vorgänge« der Gesellschaft sei (ebd., S. 16f.). Der Statistik sollte daran gelegen sein, soziale Phänomene nicht bloß in ihrem gegenwärtigen Zustand erfassen, sondern »zu den Ursachen der Erscheinungen vorzudringen, die kausalen Verknüpfungen der einzelnen Phänomene zu ergründen, um endlich die konstante Massenwirkung sozialer Kräfte zum Ausdrucke zu bringen« (Inama-Sternegg 1903b, S. 254f.). Inama-Sternegg ging es somit um die Kausalität der beobachtbaren sozialen Erscheinungen, die mittels der »regressiven Methode« ergründet werden sollte: »Aus den unendlich zahlreichen Vorgängen, die einer Wirkung vorausgingen«, sollten die Statistiker jene herausfinden, »für die infolge von Analogieschlüssen […] es wahrscheinlich ist, daß diese die Ursachen der beobachteten Erscheinung enthalten.« Die Statistik sollte daher »ausgewählte Anfangszustände eines Verhältnisses mit ihren Finalzuständen in Beziehung« setzen und »aus der Verhältnismäßigkeit der letzteren zu den ersteren die Wahrscheinlichkeit ihrer kausalen Beziehung« ermitteln (Inama-Sternegg 1903c, S. 346). Mit diesem methodologischen Zugang hoffte Inama-Sternegg die Ursache-Wirkungs-Beziehungen wirtschaftlicher und sozialer Phänomene statistisch erfassen und beschreiben zu können.

Als Geschichtswissenschaftler betrieb Inama-Sternegg eine breit angelegte historische Quellenforschung. Indem er etwa *Die Tirolischen Weistümer* edierte (mit Ignaz Vinzenz Zingerle, 3 Bde., 1875–1880) und grundlegende Abhandlungen wie jene »Über die Quellen der deutschen Wirtschaftsgeschichte« (1877) veröffentlichte, leistete er quellenkundliche Pionierarbeit im Bereich der Wirtschaftsgeschichte. Der Forschung im Bereich der Statistik wie auch der Nationalökonomie wollte er damit empirische Grundlagen vermitteln. Erst wenn diese vorlägen, könnten »die den Massenerscheinungen zu Grunde liegenden Gesetze« ergründet werden (Inama-Sternegg 1903c, S. 335). Wie der deutsche Wirtschaftshistoriker Georg von Below in seinem Nachruf auf Inama-Sternegg festhielt, grenzte sich dieser mit derartigen Aussagen und Feststellungen so energisch von Soziologen wie namentlich von Albert Schäffle ab, wie man es »bei seiner milden Art nicht erwartet« hätte (Below 1909, S. 171).

Tatsächlich hatte sich Inama-Sternegg in einem Artikel über »Schäffles Soziologie« eingehend mit dessen *Abriß der Soziologie* auseinandergesetzt, der 1906, drei Jahre nach dem Tod des Verfassers, posthum erschienen war. Er kritisierte darin Schäffles Tendenz, das soziale Leben mittels biologisch-psychologischer Analogien zu beschreiben. Wer Lehrsätze wie Schäffle aufstelle und vorschnell nach Generalisierungen strebe, komme »auf diesem Wege doch nur dazu, ein System dessen aufzustellen, was man gern wissen möchte«. Inama-Sternegg wollte damit aber nicht etwa ausdrücken, dass er ein Gegner der wissenschaftlichen Soziologie sei; vielmehr wollte er festhalten, dass die empirische Spezialforschung in den Einzeldisziplinen zuerst weiter ausgebaut werden sollte, ehe daran gegangen wird, die »Erkenntnis von Gesetzen, welche die Welt der menschlichen Gemeinschaft regieren«, in einer synthetischen Darstellung zusammenzufassen (Inama-Sternegg 1908, S. 94, 99).

Below, Georg von (1909): K. Th. v. Inama-Sternegg † (28.11.1908). In: *Vierteljahrschrift für Wirtschafts- und Sozialgeschichte* 7, S. 167–171.

Inama-Sternegg, Karl Theodor von (1877): *Ueber die Quellen der deutschen Wirtschaftsgeschichte. Sitzungsberichte der kaiserl. Akademie der Wissenschaften, phil.-hist. Kl.*, Bd. 84, Wien: Gerold, S. 135–210.

– (1903): *Staatswissenschaftliche Abhandlungen* [Bd. 1], Leipzig: Duncker & Humblot.

– (1903a): Vom Wesen und den Wegen der Sozialwissenschaft. In: Inama-Sternegg 1903, S. 1–19.

– (1903b): Geschichte und Statistik. In: Inama-Sternegg 1903, S. 250–278.

– (1903c): Neue Beiträge zur allgemeinen Methodenlehre der Statistik. In: Inama-Sternegg 1903, S. 334–356.

– (1908): Schäffles Soziologie. In: Ders., *Staatswissenschaftliche Abhandlungen*, Bd. 2:

Neue Probleme des modernen Kulturlebens, Leipzig: Duncker & Humblot, S. 93–99.
Müller, Valerie (1976): *Karl Theodor von Inama-Sternegg. Ein Leben für Staat und Wissenschaft*, Innsbruck: Universitätsverlag Wagner.

Alexander Pinwinkler

Franz Žižek: *Die statistischen Mittelwerte. Eine methodologische Untersuchung* (1908)

Karl Theodor von Inama-Sternegg wies am Schluss eines Vortrags, den er 1886 im Niederösterreichischen Gewerbeverein gehalten hat, auf die Gefahr des Missbrauchs der Statistik hin, verteidigte aber umso vehementer ihre Objektivität. Diese sei »schon damit angezeigt, daß so viele Organe an ihrem Zustandekommen mitwirken. Wenn die Statistik so funktioniert, wie ich sie mir ideal vorstelle, dann ist ja niemand objektiver als eben die Lieferanten der statistischen Daten, nämlich die Gesellschaft selbst; […].« (Inama-Sternegg 1903, S. 247) Der wirkliche Missbrauch der Statistik bestehe freilich nicht darin, durch Weglassen des Heterogenen (und der für den konkreten Untersuchungszusammenhang irrelevanten Störgrößen) die »Reihen zur Beweisführung so zu verändern, daß sie doch alle untereinander in Übereinstimmung blieben« (ebd., S. 248), sondern darin, sie einseitig zu gestalten: »Sobald sie einseitig wird, kann sie nicht objektiv sein, weil ihr eben all dasjenige fehlt, was sie zur Vergleichung, zur Feststellung des Verhältnisses aller einzelnen Größen braucht, und darum sage ich, je unvollkommener die Statistik ausgebildet ist in ihrem gesamten Verfahren, desto leichter kann sie missbraucht werden« (ebd., S. 248f.). Die Statistik müsse eine »gesellschaftliche Funktion aller« werden, an der sich jeder »in seiner Weise, jeder mit seinem Interesse« beteiligen kann (ebd., S. 249), sofern ein einheitliches Verfahren angewandt wird.

Die Idee zu Franz Žižeks Buch *Die statistischen Mittelwerte* (im Original erschienen 1908, in englischer Übersetzung 1913, und in japanischer 1926) geht auf ein statistisches Seminar an der Universität Wien zurück, das Inama-Sternegg gemeinsam mit dem Statistiker Franz von Juraschek im Wintersemester 1903/04 gehalten hatte. Vielleicht hatte Žižek an den von Inama-Sternegg angesprochenen, weit über die Fachgrenzen reichenden Rezipientenkreis gedacht, als er sein Buch verfasste, das, wie ein amerikanischer Rezensent meinte, der Gefahr »of falling between two stools« ausgesetzt sei (Mitchell 1909, S. 115). Weder könne es mit breiter angelegten statistischen Abhandlungen wie Arthur Bowleys *Elements of Statistics* (1901) konkurrieren, noch sei es für Spezialisten interessant, die mit der neueren mathematischen Statistik vertraut sind. Es richte sich an Leser, die mit mathematischen Formeln nicht (oder nicht mehr hinreichend) vertraut sind, die aber Interesse an den abstrakten Problemen der statistischen Methode haben (Mitchell 1909, 115f.). Žižek geht es darum, die Voraussetzungen und Grenzen zu klären, innerhalb derer unabhängig vom konkreten empirischen Gegenstand Schlüsse aus Mittelwerten gezogen werden können. Dieser Frage müsse sich der »mathematische [d.h. der wahrscheinlichkeitstheoretisch operierende] Statistiker« genauso stellen wie der »wissenschaftlich denkende und nicht mit roher Empirie sich begnügende elementar-mathematische [also »staatswissenschaftlich und nicht primär mathematisch« gebildete] Statistiker« (Žižek 1908, S. 7). Diese heute nur sehr schwer nachvollziehbare Unterscheidung zwischen einer begrifflich-beschreibenden, an den Gegenständen der Staats- und Verwaltungswissenschaften entwickelten Statistik und einer formal-mathematischen, auf wahrscheinlichkeitstheoretischen Annahmen begründeten Statistik ist grundlegend für die Frankfurter Schule der Statistik, deren bedeutender Vertreter Franz Žižek war. Sie ist der Ausgangspunkt für seine Interpretation der Mittelwerte.

Das Buch gliedert sich in drei Teile. Der erste Teil diskutiert Mittelwerte im Allgemeinen. Žižek bestimmt die gesellschaftswissenschaftlich relevanten Mittelwerte als »subjektive« Mittel, die auf der Basis individueller Einzelbeobachtungen erhoben werden, und grenzt sie von den objektiven Mitteln ab, die durch wiederholte Messungen an einem Objekt berechnet werden. Drei Gruppen subjektiver Mittelwerte lassen sich unterscheiden: Mittelwerte aus verschiedenen, doch gleichartigen Beobachtungen (z.B. solche der Löhne oder der Lebensdauer), Reihen, die die Größen bestimmter und begrenzter Massen angeben (z.B. die Bevölkerungszahl verschiedener Länder), sowie Reihen aus Massen, die jeweils Teilmassen einer übergeordneten Gesamtmasse darstellen und die durch Verhältniszahlen dargestellt werden. Nachdem er gezeigt hat, wie man die Mittelwerte schätzen oder berechnen kann, diskutiert Žižek die Voraussetzungen der Mittelwertbildung (begriffliche Übereinstimmung, Homogenität der Reihen) für jeden der drei Typen von Reihenbildung. Der zweite Teil beschäftigt sich mit den verschiedenen Arten von Mittelwerten (arithmetisches und geometrisches Mittel, Median, Modus), und der dritte Teil mit den korrespondierenden Streumaßen (Dispersion). In diesem Teil zeigt Žižek auch, wie man die Dispersion mit Hilfe der modernen Wahrscheinlichkeitstheorie (nach Karl Pearson) interpretieren kann.

Žižek bringt am Beispiel der Mittelwerte die methodologischen Probleme der empirischen Sozialforschung in den Blick, die sich aus dem Zusammenhang von Begriffsbildung, Messung und (mathematischer) Interpretation ergeben. Zugleich wird aber auch die Grenze seiner Analyse der Anwendung der statistischen Mittelwerte auf soziale Phänomene deutlich. Im Kapitel über die Anwendung der »Methoden der Wahrscheinlichkeitstheorie zur Beurteilung der Dispersion von Reihen von statistischen Wahrscheinlichkeitsgrößen« (ebd., S. 376ff.) argumentiert Žižek, dass die Statistik das Problem zu lösen hat, »ob bestimmte Beobachtungswerte (das ist formal als Wahrscheinlichkeitswerte oder bekannte Funktionen solcher auftretenden Verhältniszahlen) mit Rücksicht auf ihre Dispersion um ihren Mittelwert als empirische Werte einer einzigen theoretischen Wahrscheinlichkeit, die aus den Beobachtungswerten selbst erst abstrahiert werden muß, angesehen werden können oder nicht« (ebd., S. 379). Dass es hierbei unausweichlich ist, zu abstrahieren, rührt aber nicht etwa von der erst später von anderen Statistikern angestellten Überlegung her, dass die Ziehung von Kugeln aus einer Urne und die empirische Erhebung von Fällen für eine statistische Reihe einen gleich gearteten Vorgang darstellen. Vielmehr verhält es sich so, dass bei Žižek die Operation des Vergleichs von theoretischer und empirischer Verteilung immer noch auf Basis amtlicher oder in anderen Zusammenhängen erstellter Statistiken erfolgt, und nicht auf der Basis eigener, repräsentativ erhobener Stichproben.

Für Inama-Sternegg bestand die Objektivität sozialwissenschaftlicher Erkenntnis darin, dass die Statistik »eine gesellschaftliche Funktion aller« ist. Die Gesellschaft macht die Statistik objektiv, wenn nur alle Beteiligten sich an ein einheitliches Verfahren halten. Diese Art der Objektivität setzt auch Žižek voraus. Den Gedanken, dass der Gegenstand der sozialwissenschaftlichen Statistik selbst eine Urne ist, dass also mit anderen Worten alle dieselbe Chance haben, in eine Stichprobe zu kommen, gibt es bei Žižek nicht. Stattdessen schlägt er ein von Wilhelm Lexis (1876) entwickeltes Verfahren vor und versucht, über den Vergleich theoretisch berechneter und empirisch ermittelter Wahrscheinlichkeitsfehler auf die Geltung einer theoretischen Verteilung zu schließen.

Žižeks Buch ist ein Zwischenglied auf dem Weg zur modernen Sozialwissenschaft, bei dem aber noch fachlich verbunden ist, was später in der universitären Lehre getrennt wurde und nur mehr selten in einem größeren Zusammenhang gesehen wird, wie das etwa bei Paul Lazarsfeld (2007) oder Hubert M. Blalock (1960) der Fall ist. Seine Intention ist es, die – wie man später sagen wird – operationale Begriffsbildung und die Voraussetzungen für die Mittelwertbildung in »einem einheitlichen Verfahren« darzustellen, was deren Objektivität gewährleistet. Seinem Postulat, dass »die Probleme der mathematischen Statistik im Wesen keine anderen sind als die Probleme der bloß mit elementarer Rechenkunst arbeitenden wissenschaftlichen Statistik« (Žižek 1908, S. 7), kommt umso höhere Geltung zu, je mehr die Unterscheidung zwischen mathematischer und nicht-mathematischer Statistik aufgegeben wird.

Blalock, Hubert M. (1960): *Social Statistics*, New York u.a.: McGraw-Hill.

Bowley, Arthur L. (1901): *Elements of Statistics*, London: P.S. King & Sons.

Inama-Sternegg, Karl Theodor von (1903): Über Statistik. In: Ders., *Staatswissenschaftliche Abhandlungen [Bd. 1]*, Leipzig: Duncker & Humblot, S. 229–249.

Lazarsfeld, Paul F. (2007): *Empirische Analyse des Handelns. Ausgewählte Schriften*, hrsg. von Christian Fleck und Nico Stehr, Frankfurt a.M.: Suhrkamp.

Lexis, Wilhelm (1876): Das Geschlechtsverhältnis der Geborenen und die Wahrscheinlichkeitsrechnung. In: *Jahrbücher für Nationalökonomie und Statistik* 27, S. 209–245.

Mitchell, Wesley C. (1909): Die statistischen Mittelwerte. Eine methodologische Untersuchung. Von Dr. Franz Zizek. In: *American Journal of Sociology* 15/1, S. 114–116.

Žižek, Franz (1908): *Die statistischen Mittelwerte. Eine methodologische Untersuchung*, Leipzig: Duncker & Humblot.

Christopher Schlembach

IV. Ökonomik

1. ANSÄTZE DER LIBERALEN ÖKONOMIK: WIRTSCHAFT, RECHT UND MACHT

Friedrich von Wieser

Friedrich von Wieser (1851–1926) zählt mit seinem Schwager Eugen von Böhm-Bawerk zur zweiten Generation der sogenannten »Österreichischen Schule der Nationalökonomie«. Sein frühes Denken gilt einer kausalgenetischen Philosophie des Werts und der Entwicklung der Theorie des »Grenznutzens«, eine seiner Wortschöpfungen, sowie deren Verbindung mit einer Theorie der Grenzproduktivität. In *Über den Ursprung und die Hauptgesetze des wirthschaftlichen Werthes* (1884) und *Der natürliche Werth* (1889; englische Übersetzung 1893) entwickelt er die marginalistische Theorie ausgehend von Carl Mengers *Grundsätzen der Volkswirthschaftslehre* (1871). Schnell erkennt er jedoch, dass Menger am sogenannten »Zurechnungsproblem« gescheitert ist. Gemeint ist damit die Aufspaltung des rein grenznutzentheoretisch bestimmten Werts der reinen Konsumgüter – Mengers Güter erster Ordnung – in die Werte der an ihrer Produktion beteiligten Kostengüter (Arbeits- und Bodenleistungen sowie Kapitalgüter) – Mengers Güter höherer Ordnungen. Ist die Zahl der Konsumgüter größer als die der Kostengüter, so ist das Problem überbestimmt (die Zahl der als bekannt unterstellten Preise übersteigt die Zahl der zu bestimmenden Preise), ist sie kleiner, ist es unterbestimmt (die erste Zahl ist kleiner als die zweite), ist sie gleich, ist nicht gewiss, dass die Lösung ökonomisch sinnvoll ist.

Wieser weist auch den Begriff der Produktion als Einbahnstraße von endlicher Länge von Kosten- zu Konsumgütern zurück und betont die »wechselseitige Verschlingung aller einzelnen Produktionszweige« (Wieser 1884, S. 50). Ein und dasselbe Gut kann sowohl Konsum- als auch Kostengut sein, was die Menger'sche Güterhierarchie zu Fall bringt und verdeutlicht, dass die Werte der Güter nicht rekursiv, ausgehend von den Wertschätzungen der Konsumenten bestimmt werden können, sondern die Lösung eines Systems von simultanen Gleichungen verlangen. Wieser erörtert den Fall, in dem n Güter mittels ihrer selbst produziert und reproduziert werden und kein knapper Produktionsfaktor existiert. Zieht man von den Bruttoproduktionsmengen alle im Zuge der Produktion verbrauchten oder als Unterhaltsmittel an die Arbeiter gehenden Gütermengen ab, so verbleibt ein Überschussprodukt, das in Form von Zins (Profit) an die Kapitaleigner geht (Wieser 1889, S. 130). Im speziellen Fall, in dem die stofflichen Überschuss- oder Surplusraten in Bezug auf jedes einzelne Gut gleich groß sind, ergibt sich die allgemeine Kapitalverzinsung auf einen Blick durch einen reinen Vergleich von Gütermengen. Wieser gelangt so ausgehend von einer Kritik der Menger'schen Behandlung des Zurechnungsproblems zu einer Sichtweise der Wert- und Verteilungsfrage, die der surplustheoretischen der ökonomischen Klassik von Adam Smith bis David Ricardo ähnelt und objektivistische statt der zunächst von ihm betonten subjektivistischen Momente in den Vordergrund rückt. Warum ist der Zinssatz hoch (niedrig) und korrespondierend hierzu der Lohnsatz niedrig (hoch)? Wieser verwirft die Argumentation seines Schwagers Eugen von Böhm-Bawerk, der den Zins u.a. unter Rückgriff auf eine dem Menschen eignende »Höherschätzung der Gegenwarts- gegenüber den Zukunftsbedürfnissen« – eine positive Zeitpräferenzrate – zu erklären versucht hatte. Diese, wendet Wieser ein, sei die Folge und nicht die Ursache eines positiven Zinssatzes. Existiert ein positiver Zinssatz, so ist es rational auf- und abzuzinsen.

Die von ihm mitentwickelte marginalistische Theorie ist Wieser zufolge nicht imstande, befriedigende Antworten auf bedeutende Fragen zu geben. Als Ausdruck hiervon sowie seiner weitgespannten Interessen dehnt er sein Forschungsfeld aus und wendet sich soziologischen und geschichtsphilosophischen Fragen zu. Es geht ihm insbesondere um das sich im Lauf der Entwicklung einer Gesellschaft ändernde Spannungsverhältnis zwischen Macht und Freiheit. Im 1910 erscheinenden Werk *Recht und Macht* vertritt er die Auffassung, dass alles gesellschaftliche Geschehen machtbestimmt sei. Während jedoch Freiheiten ehedem gegen die Macht feudaler Herrschaft erkämpft wurden und Freiheit und Macht einen scharfen Gegensatz bezeichneten, bedürfe es jetzt einer Neubestimmung von deren Verhältnis. Der individualistischen Lehre zufolge steht das Individuum in tiefem Gegensatz zur Gesellschaft. Wieser zufolge handelt es sich hierbei um einen Irrglauben, der sich nur in einem »gereinigten Begriffe der Freiheit« auflösen lasse (Wieser 1910, S. VII). Die angeblich beglückende »schrankenlose Freiheit« gebe es nicht. Vielmehr sei zur Verwirklichung der möglichen Freiheit »die Stütze geschichtlich bewährter Freiheitsmächte notwendig«. Diese schützen die Freiheit nicht nur, sie beschneiden sie auch.

Was aber ist Macht? Wieser wendet sich gegen die Auffassung Ferdinand Lassalles, der nur auf tatsächlich bestehende Machtverhältnisse abstellte – die Macht der Industrie, des Geldes, des Militärs usw. Neben diesen »äußeren Mächten« gebe es jedoch die weit wichtigeren »inneren« – das allgemeine Bewusstsein, die allgemeine Bildung usw. (ebd., S. 6). Auf die inneren Mächte gründe sich die Beziehung zwischen Eliten und Massen. Wieser formuliert sein »Gesetz der kleinen Zahl«: Die Macht liege nicht bei der großen Masse von Menschen, sondern bei einer Elite. Diese stütze sich auf die innere, die Macht über die menschlichen Gemüter, was der kleinen Zahl ihre Überlegenheit gibt (ebd., S. 12). Immer und überall würden Menschen von »Führern« geleitet: »Führung und Nachfolge ist die Grundlage alles gesellschaftlichen Handelns« (ebd., S. 31). Wieser weist die Lehre vom Gesellschaftsvertrag als reine Fiktion zurück. Entscheidend sei die Übereinstimmung zwischen »dem, was die Menge begreift und was die auserlesenen Geister erfüllt«. Der Wunsch der Letzteren, »von der Menge anerkannt zu werden, [...] ist der lauterste Drang gesündesten menschlichen Empfindens« (ebd., S. 33). Im von

Führern geschaffenen »Gesamtvorteil« sei ein erhöhtes persönliches Führerrecht begründet (ebd., S. 85). Führer aktivierten und prägten die Wertvorstellungen eines Volkes und setzten sie gegebenenfalls gegen andere Völker im Kriege durch. »Aber doch welcher Irrtum ist es, im Kampfe nur Gewalt, im Heldentume nur Räubertum zu sehen, wie es berühmte Soziologen sehen! Die Kampfwerte sind Werte, die in der Geschichte durch nichts anderes hätten ersetzt werden können« (ebd., S. 46). Wieser nennt zwar weder Ludwig Gumplowicz noch Franz Oppenheimer, die den Staat als die Schöpfung von Eroberung und Unterwerfung begreifen, aber ihnen gilt wohl implizit seine Kritik. Die Werte selbst änderten sich dabei »im Anschluß an die Wandlungen der technischen und sonstigen gesellschaftlichen Dispositionen« (ebd., S. 75). Wieser vertritt eine evolutive Sicht des gesellschaftlichen Reifeprozesses, in dem massenpsychologische Momente eine entscheidende Rolle spielen. Sein Buch *Recht und Macht* ist eine Vorstudie zu dem weit umfänglicheren Werk *Das Gesetz der Macht* (1926), in dem er seine Hauptthese, die innere Macht sei der »Kern der Machterscheinung«, weiterentwickelt und nach verschiedenen Richtungen hin ausbaut.

Wieser, Friedrich von (1884): *Über den Ursprung und die Hauptgesetze des wirthschaftlichen Werthes*, Wien: Alfred Hölder.
– (1889): *Der natürliche Werth*, Wien: Alfred Hölder.
– (1910): *Recht und Macht*, Leipzig: Duncker & Humblot.
– (1914): *Theorie der gesellschaftlichen Wirtschaft*, Wien: Mohr.
– (1926): *Das Gesetz der Macht*, Wien: Julius Springer.

Weiterführende Literatur

Hax, Herbert (Hg.) (1999): *Friedrich von Wiesers »Über den Ursprung und die Hauptgesetze des wirthschaftlichen Werthes«. Vademecum zu einem Klassiker der Österreichischen Schule, mit Beiträgen von H. Hax, E. Streissler, H.D. Kurz und R. Sturn sowie H.-H. Hoppe und T. Salerno*, Düsseldorf: Verlag Wirtschaft und Finanzen.
Menzel, Adolf (1927): *Friedrich Wieser als Soziologe*, Wien: Julius Springer.
Schumpeter, Joseph A. (1952): *Friedrich Wieser (1851–1926)*. In: Ders., *Ten Great Economists*, London: George Allen & Unwin, S. 298–301.
Sturn, Richard (2016): Friedrich von Wieser (1851–1926). In: Gilbert Faccarello/Heinz D. Kurz (Hgg.), *Handbook on the History of Economic Analysis*, Bd. 1: *Great Economists since Petty and Boisguilbert*, Cheltenham, UK/Northampton, MA, USA: Edward Elgar, S. 363–366.

Heinz D. Kurz

Eugen von Böhm-Bawerk

Um die Wende vom 19. zum 20. Jahrhundert war Eugen Böhm von Bawerk (1851–1914) einer der berühmtesten Nationalökonomen weltweit. Der zweite Band seines zweibändigen Werkes *Kapital und Kapitalzins* (1884/89), seine *Positive Theorie des Kapitales*, erschien bereits 1891 in englischer Übersetzung und wurde weithin diskutiert. Das zentrale Anliegen Böhm-Bawerks war es, den Zins – gemeint ist der Profit – als überhistorisches und -gesellschaftliches Phänomen, mithin als eine Art Naturphänomen, auszuweisen. Damit sollte der sozialistischen Kritik am Zins als »Ausbeutung« der Arbeiter der Boden entzogen und der Angriff auf die herrschenden Verhältnisse zurückgeschlagen werden. Dem »wissenschaftlichen Sozialismus« eines Karl Marx sollte gewissermaßen ein »wissenschaftlicher Kapitalismus« entgegengesetzt werden. Als letzte Ursachen des Zinsphänomens ortet Böhm-Bawerk einerseits eine angeblich allen Menschen eignende grundsätzliche »Höherschätzung der Gegenwarts- gegenüber den Zukunftsbedürfnissen« – eine positive Zeitpräferenz – und andererseits die »Mehrergiebigkeit längerer Produktionsumwege«. Erstere sei Teil der conditio humana, ein positiver Zinssatz die Folge. Gegen ihn anzukämpfen sei vergleichbar Don Quijotes Kampf gegen Windmühlen. Darüber hinaus spricht Böhm-Bawerk von »kapitalistischer« Produktion immer dann, wenn Zwischenprodukte – produzierte Produktionsmittel –, egal wie primitiv diese auch sind, zum Einsatz kommen. Je mehr derartige Produkte zum Einsatz kommen und je länger daher die beschrittenen Produktionsumwege, desto produktiver die menschliche Arbeit. Böhm-Bawerk knüpft hierin an Carl Menger an, der Adam Smiths Konzept einer sich vertiefenden gesellschaftlichen Arbeitsteilung als Kennzeichen des Zivilisationsprozesses auf diese Weise zu fassen sucht. Demnach hat es den Österreichern zufolge Kapital, Kapitalismus und Zins schon immer gegeben und wird es immer geben. Nach Erscheinen des von Friedrich Engels herausgegebenen dritten Bandes des *Kapitals* (1894) fasst Böhm-Bawerk seine Kritik an Marx in seinem Essay »Zum Abschluß des Marx'schen Systems« (1896) zusammen. Der Aufsatz löst eine umfängliche Debatte aus; Rudolf Hilferding antwortet Böhm-Bawerk 1904.

Interessanterweise wird Böhm-Bawerks Zinserklärung im Kreis seiner Kollegen und Schüler nicht allgemein geteilt. Sein Schwager Friedrich von Wieser wirft ihm vor, er verwechsele Ursache und Wirkung: Gebe es einen positiven Zinssatz, dann verlange rationales Handeln die Abdiskontierung von erst in der Zukunft erwarteten Nutzen oder Zahlungen. Joseph Alois Schumpeter schließt sich dieser Sicht an und hält die Böhm-Bawerk'sche Marx-Kritik in wesentlichen Teilen für verfehlt. Mit seiner von Böhm-Bawerk als »dynamisch« bezeichneten, Innovationen ins Zentrum der Betrachtung stellenden Theorie versucht er zu leisten, was seinem Lehrer versagt geblieben sei (Schumpeter 1912). Böhm-Bawerk wiederum lehnt Schumpeters Entwurf als »völlig misslungen« ab und bezeichnet dessen Lehre gar als »Irrlehre« (Böhm-Bawerk 1913, S. 2 und S. 61).

Im Jahr 1914 veröffentlicht Böhm-Bawerk seinen Aufsatz »Macht oder ökonomisches Gesetz?«. Darin setzt er sich mit der Frage auseinander, ob die Verteilung des Produktionsergebnisses einer Gesellschaft in Form von Löhnen, Grundrenten und Profiten »Naturgesetzen« folgt – »unabhängig von Menschenwillen und Menschensatzung«, oder ob »künstliche Eingriffe gesellschaftlicher Gewalten« (Böhm-Bawerk 1914, S. 205) die Verteilung bestimmen oder wenigsten beeinflussen können. Anhänger einer »sozialen Theorie der Verteilung«, insbesondere Rudolf Stolzmann, Karl Rodbertus und Michail Tugan-Baranowski hatten die Auffassung vertreten, dass die Einkommensverteilung nicht ausschließlich ökonomischen Gesetzen gehorche, sondern auch oder gar vor allem die in der Gesellschaft existierenden Machtverhältnisse zum Ausdruck bringe. Neben der »rein ökonomischen« gebe es »historisch rechtliche« und »soziale Kategorien«, die Einfluss auf die Verteilung nähmen.

Böhm-Bawerk konzediert, dass soziale Kategorien eine Rolle spielen – niemand könne ernstlich bestreiten, dass in einer »kommunistischen Rechtsordnung« die Verteilung eine andere sei, als in einer »individualistischen, auf dem Prinzip des Privateigentums basierenden Rechtsordnung« (ebd., S. 207). Aber er wendet zweierlei ein: Erstens, der Einfluss der Macht entfalte sich nicht außerhalb ökonomischer Gesetzmäßigkeiten oder Wirkungszusammenhänge, sondern innerhalb derselben. Der vom Titel seines Essays insinuierte Gegensatz existiert demnach in Wahrheit nicht. Eine Ablehnung der Grenznutzen- und Grenzproduktivitätstheorie, wie sie Böhm-Bawerk vertritt, basiere auf dem Missverständnis, dass die fragliche Theorie das Machtphänomen nicht adäquat erfassen könne. Zweitens, die Betonung von Machteinflüssen sei typischerweise einer relativ kurzfristigen Sichtweise geschuldet, die den von diesen Einflüssen ausgelösten Reaktionen der eigeninteressierten Akteure und den in der Folge sich ergebenden Entwicklungen keine Beachtung schenke. Berücksichtigt man diese, dann zeige sich, dass alle Machteinflüsse vorübergehender Natur sind und in einer langfristig ausgerichteten Analyse vernachlässigt werden können. Wenn sich die ökonomische Theorie daher auf den Fall des vollkommenen Wettbewerbs konzentriert, dann tue sie dies mit gutem Grund. (Im vor allem zwischen Carl Menger und Gustav von Schmoller ausgefochtenen sogenannten »Methodenstreit« über die richtige Herangehensweise in den Sozialwissenschaften – theoretisch-deduktiv oder historisch-induktiv – schließt sich Böhm-Bawerk dezidiert Menger an.)

Den Rest seines Essays verwendet Böhm-Bawerk darauf, seine beiden Thesen zu untermauern. In Bezug auf die erstgenannte führt er zahlreiche Fälle an, in denen entweder auf der Angebots- oder der Nachfrageseite monopolartige Verhältnisse herrschen. Der Monopolist erzielt einen Vorteil, der sich in einer Verletzung der sogenannten »Marginalbedingungen« ausdrückt: Im Fall eines Monopols auf einem Gütermarkt, zum Beispiel, ist der Preis größer als die Grenzkosten, und im Fall eines gewerkschaftliche Macht reflektierenden Monopsons auf dem Arbeitsmarkt ist der Lohnsatz größer als der Wert des Grenzprodukts der Arbeit (die Beschäftigung aber kleiner). Nutznießer ist im ersten Fall die monopolistische Firma und im zweiten sind es die in Beschäftigung befindlichen Arbeiter, Nachteile erleiden im ersten Fall die Konsumenten in Gestalt eines höheren Preises für das fragliche Gut, im zweiten jene Arbeitskräfte, die keine Beschäftigung finden. Herrschte vollkommene Konkurrenz, dann wäre der Preis gleich den Grenzkosten und der Lohnsatz gleich dem Wertgrenzprodukt – so Böhm-Bawerk getreu der marginalistischen Lehre. Der britische Ökonom Arthur Cecil Pigou sollte später bei jeder Verletzung der Marginalbedingungen von »Ausbeutung« der einen Marktseite durch die andere sprechen.

Mit seinem zweiten Einwand streicht Böhm-Bawerk die grundsätzliche Vergänglichkeit jeder Machtstellung heraus. Die vom Monopolisten eingestrichenen hohen Gewinne locken Konkurrenten an, die sie ihm streitig machen wollen, sei es über nachahmendes Verhalten, die Entwicklung substitutiver Techniken oder Güter usw. Die Durchsetzung hoher Löhne durch die Gewerkschaften führe zu Arbeitslosigkeit und fache den Wettbewerb der Arbeitslosen mit den Beschäftigten an. Dies untergrabe schließlich die gewerkschaftliche Macht. Kurzum, nach Böhm-Bawerks Auffassung ruft jede Machtposition Kräfte ins Leben, die sie in Frage stellen und letztlich aushöhlen. Den Einfluss der Macht auf die Einkommensverteilung auf lediglich kurzfristige Effekte reduzieren zu wollen und von ihr deshalb der Einfachheit halber gleich ganz abzusehen, wäre indes selbst dann kaum zu rechtfertigen, wenn gegen die Grenzproduktivitätstheorie keine ernsthaften Einwände geltend gemacht werden könnten – was aber nicht der Fall ist (vgl. Hayek 1941, Garegnani 1960 und Sraffa 1960). Böhm-Bawerks Argument zugunsten einer auf der Annahme vollkommener Konkurrenz beruhenden ökonomischen Analyse hat jedoch eine große Anhängerschaft gefunden – wohl auch, weil die Behandlung der Akteure als *price takers* und nicht als *price makers* die Analyse stark vereinfacht: einfache Theorien verdrängen kompliziertere. Die Annahme verleiht der fraglichen Theorie den Charakter eines nicht nur abstrakten, sondern äußerst realitätsfernen Konstrukts. Ihre Resultate werden der Wirtschaftspolitik gleichwohl bemerkenswerterweise immer wieder als Richtschnur des Handelns angedient.

Böhm-Bawerk, Eugen von (1881): *Rechte und Verhältnisse vom Standpunkte der volkswirtschaftlichen Güterlehre*, Innsbruck: Wagner.

– (1884): *Kapital und Kapitalzins. Erste Abtheilung: Geschichte und Kritik der Kapitalzins-Theorien*, Innsbruck: Wagner (2. Aufl. 1900, 3. Aufl. 1914).

– (1886/87): »Grundzüge der Theorie des wirtschaftlichen Güterwerts«. In: *Jahrbücher für Nationalökonomie und Statistik* 47 (1886), S. 1–82 und Bd. 48 (1887), S. 477–541.

– (1889): *Kapital und Kapitalzins. Zweite Abtheilung: Positive Theorie des Kapitales*, Innsbruck: Wagner (2. Aufl. 1902, 3. Aufl. in 2 Bde. 1909 und 1912).

– (1892): »Wert, Kosten und Grenznutzen«. In: *Jahrbücher für Nationalökonomie und Statistik* 58, S. 321–67.

– (1896): »Zum Abschluß des Marx'schen Systems«. In: Otto von Boenigk (Hg.), *Staatswissenschaftliche Arbeiten. Festgaben für Karl Knies*, Berlin: Haering.

– (1913): »Eine ›dynamische‹ Theorie des Kapitalzinses«. In: *Zeitschrift für Volkswirtschaft, Socialpolitik und Verwaltung* 22, S. 520–585 und S. 640–657.

– (1914): »Macht oder ökonomisches Gesetz«. In: *Zeitschrift für Volkswirtschaft, Socialpolitik und Verwaltung* 23, S. 205–271.
Garegnani, Pierangelo (1960): *Il capitale nelle teorie della distribuzione*, Mailand: Giuffrè.
Hayek, Friedrich August von (1941): *The Pure Theory of Capital*, London: Routledge.
Hilferding, Rudolf (1904): »Böhm-Bawerks Marx-Kritik«. In: *Marx-Studien*, Bd. 1, hrsg. von Max Adler und Rudolf Hilferding.
Sraffa, Piero (1960): *Production of Commodities by Means of Commodities*, Cambridge: Cambridge University Press.

Weiterführende Literatur

Eucken, Walter (1954): *Kapitaltheoretische Untersuchungen* [1934], 2. erw. Aufl., Tübingen: Mohr.
Hennings, Klaus H. (1997): *The Austrian Theory of Value and Capital. Studies in the Life and Work of Eugen von Böhm-Bawerk*, Cheltenham, UK/Lyme, NH, USA: Edward Elgar Publishing.
Kurz, Heinz D. (1994): Auf der Suche nach dem »erlösenden« Wort. Eugen von Böhm-Bawerk und der Kapitalzins. In: Bertram Schefold et al. (Hgg.), *Vademecum zu einem Klassiker der Theoriegeschichte. Eugen von Böhm-Bawerks »Geschichte und Kritik der Kapitalzins-Theorien«*, Düsseldorf: Verlag Wirtschaft und Finanzen, S. 45–110.
– (1995): Marginalism, classicism and socialism in German-speaking countries, 1871–1932. In: Ian Steedman (Hg.), *Socialism and Marginalism in Economics, 1870–1930*, London/New York: Routledge, S. 7–86.

Heinz D. Kurz

2. MARXISTISCHE ANSÄTZE: ÖKONOMISCHE THEORIE UND FINANZKAPITAL

Rudolf Hilferding

Nicht für alle Gelehrten ist die Frage nach *dem* opus magnum derart eindeutig zu beantworten wie für Rudolf Hilferding, den Austromarxisten, studierten Mediziner und zweimaligen Finanzminister des Deutschen Reiches: *Das Finanzkapital* (1910) ist ein Jahrhundertwerk, dessen Bedeutung heute wohl nur von Spezialisten ermessen wird. Hilferdings *Finanzkapital* bietet (abgesehen von zeit- und kontextbedingter Terminologie, die heute sperrig wirkt) höchst anregende Analysen zur Politischen Ökonomie von Machtphänomenen in verschiedenen Stadien des Kapitalismus. Dazu gehört die Politische Ökonomie von Kartellierung, Monopolisierung, bankenzentrierter Finanzialisierung (also die durch die enger werdende Verzahnung zwischen der Industrie und den Banken zunehmende Bedeutung der Finanzwirtschaft gegenüber der Realwirtschaft), Kapitalexport, Freihandel und unterschiedlicher Schutzzoll-Regimes, von denen die einen zwar im Sinn von Friedrich List als Entwicklungszölle funktionieren können, die anderen jedoch

Teil monopolistischer und/oder imperialistischer Machtstrategien sind. Dies sind durchwegs Themen, denen derzeit wieder Aktualität zuwächst; eine Aktualität, die (zumal beim Thema Schutzzölle) noch vor wenigen Jahren im Zeichen der Globalisierung und der angeblichen Obsoleszenz nationalstaatlicher Politik für undenkbar gehalten wurde.

Sowohl Lenins Schrift *Der Imperialismus als höchstes Stadium des Kapitalismus* (1917) als auch zahlreiche andere marxistische Abhandlungen zum organisierten staatsmonopolistischen Kapitalismus bzw. zu dessen imperialistischer Expansion haben ihren Ausgangspunkt in Hilferdings *Finanzkapital*. Dessen Rezeption in nichtmarxistischen Kreisen fiel hingegen weniger wohlwollend aus, weil die Hilferding'schen Analysen im theoretischen Rahmen der für die marxistische Theorie und Politik typischen Kategorien und Probleme ausgebreitet werden. Dazu gehören beispielsweise die im zweiten Band des Marx'schen *Kapitals* diskutierten Reproduktionsschemata (die die Kreislaufbeziehungen des kapitalistischen Wirtschaftssystems, insbesondere im Hinblick auf das Verhältnis der Produktion von Produktionsmitteln und Konsumgütern, zum Gegenstand haben), das im dritten Band des *Kapitals* aufgestellte »Gesetz vom tendenziellen Fall der Profitrate«, oder die Auseinandersetzungen um den von Eduard Bernstein entwickelten Revisionismus, dem Hilferding mit neuer Theoriebildung in dezidiert Marx'scher Tradition begegnete. Zu den wenigen nichtmarxistischen Theoretikern, die Hilferdings Überlegungen trotz ihrer Schlagseite aufgriffen, gehört Joseph Schumpeter. Mit der ihm eigenen Doppelbödigkeit formuliert Schumpeter zunächst in seinem Aufsatz »Zur Soziologie der Imperialismen« (1918/19) eine Art Anti-These zu Hilferding, der Finanzialisierung, Imperialismus und Kartellierung (bis hin zur Vision eines Generalkartells) als Ausdruck eines fortgeschrittenen Stadiums des Kapitalismus sieht. Die mit diesen Phänomenen verbundene Stärkung von Elementen politikförmiger Koordination mache den Kapitalismus effektiver, stabiler und besser steuerbar. Hilferding relativiert damit die marxistische These eines Zusammenbruchs des Kapitalismus aus wirtschaftlichen Gründen: Das Gesetz vom tendenziellen Fall der Profitrate werde durch die Entwicklung eines politischen Institutionengefüges zwar nicht außer Kraft gesetzt, aber in seinen Effekten wirksam gedämpft. Überdies verbesserten die neu geschaffenen Steuerungsinstrumente die Vorbedingungen für die planvolle sozialistische Organisation der Wirtschaft, indem der Kapitalismus solchermaßen nicht nur materielle, sondern gleichsam auch immaterielle Produktivkräfte zur planvollen Organisation des Wirtschaftslebens hervorbringe (»organisierter Kapitalismus«).

Nach Schumpeters Auffassung sind hingegen atavistische, für den Kapitalismus durchaus dysfunktionale Antriebe und Kräfte für die zunehmende Politisierung der ökonomischen Beziehungen (bis hin zur imperialistischen Vermachtung des Weltmarkts) verantwortlich (Schumpeter 1918/19). Später, etwa in seinem Buch über die *Business Cycles* (1939; hier dt. Schumpeter 2010), relativierte Schumpeter diese von ihm selbst so bezeichnete Atavismus-These: Inwiefern die mit dieser These ins Auge gefassten Ursachen und Gründe – oder aber die nach Hilferdings Einschätzungen näherliegenden

»modernen« Triebkräfte – für solche machtpolitischen Transformationen verantwortlich sind, sei die wichtigste offene Frage der heutigen Wirtschaftssoziologie. In der Diagnose dessen, was er als den Dritten Kondratieff-Zyklus der kapitalistischen Entwicklung (ca. 1890–1940) bezeichnete, näherte sich Schumpeter also Sichtweisen, wie sie auch im Umfeld des Austromarxismus vertreten wurden. Weniger abgewinnen konnte der gegenüber der Idee rationaler Politik zutiefst skeptische Schumpeter indes Hilferdings in den 1920er Jahren weiterentwickelten Vorstellungen von einem organisierten Kapitalismus (vgl. Hilferding 1927), der in friedlicher Transformation im Sinne sozialistischer Ziele politisch überformt würde, obschon Schumpeter selbst ebenfalls mit diesem Gedanken spielte (vgl. Schumpeter 1942).

Hilferding, Rudolf (1904): Böhm-Bawerks Marx-Kritik. In: Max Adler/Ders. (Hgg.), *Marx-Studien. Blätter zur Theorie und Politik des wissenschaftlichen Sozialismus*, Bd. 1, Wien: Wiener Volksbuchhandlung Brand 1904, S. 1–61.
– (1910): *Das Finanzkapital. Eine Studie über die jüngste Entwicklung des Kapitalismus* (= Marx-Studien. Blätter zur Theorie und Politik des wissenschaftlichen Sozialismus, hrsg. von Max Adler und Rudolf Hilferding, Bd. 3), Wien: Wiener Volksbuchhandlung Brand.
– (1927): *Die Aufgaben der Sozialdemokratie in der Republik. Hilferding auf dem Parteitag zu Kiel Mai 1927*, Berlin: Vorstand der SPD.
Schumpeter, Joseph A. (1918/19): Zur Soziologie der Imperialismen. In: *Archiv für Sozialwissenschaft und Sozialpolitik* 46, S. 1–39 und S. 275–310.
– (2010): *Konjunkturzyklen. Eine theoretische, historische und statistische Analyse des kapitalistischen Prozesses* [engl. Orig. 1939]. *Aus dem Amerikanischen von Klaus Dockhorn. Mit einer Einleitung von Cord Diemon*, Göttingen: Vandenhoeck & Ruprecht.
– (1942): *Capitalism, Socialism and Democracy*, 1. Aufl., New York: Harper & Brothers.

Weiterführende Literatur

Chaloupek, Günther/Heinz D. Kurz/William Smaldone (2011): *Rudolf Hilferding. Finanzkapital und organisierter Kapitalismus*, Graz: Leykam.
Greitens, Jan (2012): *Finanzkapital und Finanzsysteme. »Das Finanzkapital« von Rudolf Hilferding*, Marburg: Metropolis.
Howard, Michael C./John E. King (2003): Rudolf Hilferding. In: Warren J. Samuels (Hg.), *European Economists of the Early 20th Century*, Bd. 2: *Studies on Neglected Continental Thinkers of Germany and Italy*, Cheltenham: Edward Elgar, S. 119–135.
Winkler, Heinrich A. (Hg.) (1974): *Organisierter Kapitalismus. Voraussetzungen und Anfänge*, Göttingen: Vandenhoeck & Ruprecht.

Rudolf Dujmovits, Richard Sturn

Otto Neurath

Eine bedeutende Langzeitwirkung entfaltete Otto Neurath mit der einige Zeit nach dem Ersten Weltkrieg entwickelten Isotypen-Methode zur bildlichen Veranschaulichung wirtschafts- und sozialstatistischer Sachverhalte und Relationen (vgl. Neurath 1930, 1933a/b, 1936, 1937, 1939). Weiterhin propagierte er zu dieser Zeit als Mitglied des Wiener Kreises die Einheitswissenschaft und eine metaphysikfreie wissenschaftliche Weltauffassung (vgl. Neurath 1929, 1938). Theoriegeschichtlich interessierten Ökonomen ist er jedoch vor allem als Ziel vernichtender Kritik in Ludwig von Mises' Schrift zur Wirtschaftsrechnung im Sozialismus bekannt, in welcher dieser die Unmöglichkeit rationaler Wirtschaftsrechnung bei Verzicht auf geld- und preisförmige Kalkulation nachzuweisen suchte (vgl. Mises 1920). Tatsächlich schwebte Neurath die Weiterentwicklung der kriegswirtschaftlich bedingten Naturalwirtschaft zu einer naturalwirtschaftlich organisierten Vollsozialisierung vor (vgl. Neurath 1919, 1925). Dabei sollten weder Geld oder Preisgrößen noch Arbeitswerte verwendet werden.

Schon vor seiner Habilitation im Jahr 1917 hatte der auch theoriegeschichtlich versierte Neurath (das zusammen mit seiner Frau 1910 herausgegebene *Lesebuch der Volkswirtschaftslehre* enthält eine Auswahl von Texten wichtiger Ökonomen) einige Ingredienzien dieser Sicht entwickelt. Dazu gehörten eine Kritik des Utilitarismus ebenso wie die Beschäftigung mit wirtschaftshistorischen und kriegswirtschaftlichen Fragen, auf die sein Interesse nicht zuletzt im Zuge von Studienreisen auf den Balkan gelenkt wurde, der schon in den Jahren unmittelbar vor 1914 Schauplatz mehrerer Kriege war. In Verbindung mit einer unorthodoxen, weil positiven Diagnose der Lage Serbiens bemühte er sich um eine wissenschaftliche Einschätzung des Phänomens Kriegswirtschaft. Neurath meinte, dass die meisten Ökonomen diesem Phänomen nicht gerecht würden, und zwar aus zwei Gründen: Zum einen übersähen sie, dass die kriegsbedingte Anspannung und systematische Koordination zur Nutzung ansonsten brachliegender Effizienzpotentiale beitrage. Zum andern aber seien sie von einer sachlich nicht nachvollziehbaren Abwehrhaltung gegenüber der naturalwirtschaftlichen Organisation bestimmt, welche doch in verschiedenen wirtschaftshistorischen Kontexten seit dem alten Ägypten gut funktioniert habe. Thomas Uebel hat auf den irreduziblen Pluralismus unterschiedlicher Wert-Dimensionen und dessen in Neuraths naturalwirtschaftlichen Ideen jenseits der Kriegswirtschaft erfolgter Auszeichnung hingewiesen, der in der Kritik der utilitaristischen Wohlfahrtstheorie durch Amartya Sen und viele andere seit einiger Zeit wieder auflebt (vgl. Uebel 2004, S. 73ff.). Ein solch pluralistisches Bewertungsmodell ist bei Kollektiventscheidungen über alternative Entwicklungspfade keineswegs abstrus. Hinzu kommt, dass auch die Steuerung über Mengen statt über Preise seit Martin Weitzmanns Aufsatz »Prices vs. Quantities« (1974) rehabilitiert ist, wenn auch nur unter bestimmten empirischen Bedingungen. Damit ist diese Frage ideologischer Mystifikationen entkleidet. Empirische Bedingungen, die für eine naturalwirtschaftliche Vollsozialisierung à la Neurath sprächen, zeichnen sich jedoch in absehbarer Zukunft nicht ab.

Mises, Ludwig von (1920): Die Wirtschaftsrechnung im sozialistischen Gemeinwesen. In: *Archiv für Sozialwissenschaft und Sozialpolitik* 47, S. 86–121.
Neurath, Otto (1909): *Antike Wirtschaftsgeschichte*, Leipzig: Teubner.
– /Anna Schapire-Neurath (1910): *Lesebuch der Volkswirtschaftslehre*, 2 Bde., Leipzig: Klinkhardt.
– (1919): *Durch die Kriegswirtschaft zur Naturalwirtschaft*, München: Georg D. W. Callwey.
– (1925): *Wirtschaftsplan und Naturalrechnung. Von der sozialistischen Lebensordnung und vom kommenden Menschen*, Berlin: Laub'sche Verlagsbuchhandlung.
– /Rudolf Carnap/Hans Hahn (1929): *Wissenschaftliche Weltauffassung. Der Wiener Kreis*, Wien: Wolf.
– (1930): *Gesellschaft und Wirtschaft. Bildstatistisches Elementarwerk. Das Gesellschafts- und Wirtschaftsmuseum in Wien zeigt in 100 farbigen Bildtafeln Produktionsformen, Gesellschaftsordnungen, Kulturstufen, Lebenshaltungen*, Leipzig: Bibliographisches Institut.
– (1933a): *Bildstatistik nach der Wiener Methode in der Schule*, Wien/Leipzig: Deutscher Verlag für Jugend und Volk.
– (1933b): Museums of the Future. In: *Survey Graphic* 22, S. 458–463.
– (1936): *International Picture Language. The First Rules of Isotype* (= Psyche miniatures, General Series, Bd. 83), London: Kegan Paul Trench Trubner.
– (1937): *Basic by Isotype*, London: Kegan Paul Trench Trubner.
– (1938): Unified Science as Encyclopedic Integration, abgedruckt in: Otto Neurath/Rudolf Carnap/Charles Morris (Hgg.) (1970), *International Encyclopedia of Unified Science*, Bd. 1, Chicago: Chicago University Press, S. 1–27.
– (1939): *Modern man in the making*, New York: Alfred A. Knopf.
Uebel, Thomas E. (2004): Introduction: Neurath's Economics in Critical Context. In: Ders./Robert S. Cohen (Hgg.), *Otto Neurath. Economic Writings. Selections 1904–1945*, Dordrecht u.a.: Kluwer, S. 1–108.
Weitzmann, Martin L. (1974): Prices vs. Quantities. In: *Review of Economic Studies* 41, S. 477–491.

Weiterführende Literatur

Cartwright, Nancy/Jordi Cat/Lola Fleck/Thomas E. Uebel (1996): *Otto Neurath. Philosophy between Science and Politics*, Cambridge: Cambridge University Press.
Haller, Rudolf/Heiner Rutte (Hgg.) (1981): *Otto Neurath*, Bd. 1 u. 2: *Gesammelte philosophische und methodologische Schriften*, Wien: Hölder-Pichler-Tempsky.
Haller, Rudolf/Ulf Höfer (Hgg.) (1998): *Otto Neurath*, Bd. 4 u. 5: *Gesammelte ökonomische, soziologische und sozialpolitische Schriften*, Wien: Hölder-Pichler-Tempsky.
Hegselmann, Rainer (Hg.) (1979): *Wissenschaftliche Weltauffassung, Sozialismus und Logischer Empirismus*, Frankfurt a.M.: Suhrkamp.
Nemeth, Elisabeth/Richard Heinrich (Hgg.) (1999): *Otto Neurath. Rationalität, Planung, Vielfalt*, Wien: Oldenbourg Verlag/Berlin: Akademie-Verlag.
Sandner, Günther (2014): *Otto Neurath. Eine politische Biographie*, Wien: Paul Zsolnay.

Rudolf Dujmovits, Richard Sturn

V. Rechtswissenschaften

1. RECHTSPHILOSOPHIE UND RECHTSTHEORIE

Adolf Menzel

Adolf Menzels (1857–1938) Werk lässt sich grob in drei einander partiell überlappende Schaffensperioden einteilen, von denen hier nur der Beginn der dritten interessiert: In die erste Periode fallen Arbeiten zur Zivilrechtsdogmatik, in die zweite Schriften zum öffentlichen Recht und in die dritte Abhandlungen zur Staats- und Gesellschaftstheorie bzw. Soziologie.

Ideengeschichtlich und zugleich an der zu seiner Zeit noch sehr jungen Disziplin der Soziologie interessiert, war Menzel nicht nur daran gelegen, ältere Staats-, Politik- und Gesellschaftslehren zu verstehen und verständlich zu machen (vgl. Menzel 1902, 1904). Es ging ihm auch und nicht zuletzt um die Kontinuitäten zwischen diesen Lehren und den Theorien der neueren Sozialwissenschaften. Einer ganz allgemeinen Kontinuität widmet er mit *Naturrecht und Soziologie* (1912) eine damals wie heute leider wenig rezipierte Studie, die mittels einer Vielzahl knapper Einzelanalysen die antipositivistische These einer inhärenten normativen Imprägnierung soziologischer Theorien zu plausibilisieren versucht. Diese These lautet: Entgegen dem oftmals erhobenen Anspruch auf bloße Abbildung und Erklärung der empirischen Wirklichkeit wohnt jeder Soziologie ein »idealistisches« bzw. »subjektives« Moment inne. Damit meint Menzel nicht bloß die politischen Hoffnungen, die sich mit den einzelnen Theorien und dem wissenschaftlichen Objektivismus insgesamt verbinden, sondern auch die Wertungen, die in den Theorien als typischerweise implizite Prämissen fungieren. Menzel möchte diese These aber nicht als Kritik an der Soziologie als solcher verstanden wissen, sondern lediglich als Zweifel an einem den Naturwissenschaften entlehnten Wissenschaftlichkeitsideal.

Den Ausgangspunkt bildet die Naturrechtslehre, deren Fokus auf der Rechtfertigung von sozialen Ordnungen liegt und der spätestens seit dem Beginn des 19. Jahrhunderts regelmäßig vorgehalten wurde, mit »unhaltbaren Fiktionen« zu arbeiten und »keine objektive Erkenntnis der Wirklichkeit« zu bieten (Menzel 1912, S. 6). Dieser Einwand richtete sich insbesondere gegen diverse Lehren vom *Gesellschaftsvertrag*. Für Menzel hingegen hat sich der Sozialkontrakt als Methode (»Konstruktionsmittel«) »vom rein technischen Standpunkte aus betrachtet […] ausgezeichnet bewährt« (ebd., S. 8). Doch könne der Kontraktualismus nicht sämtliche Erkenntnisinteressen befriedigen, und so bereiteten die realistischen Kritiken den modernen Gesellschaftswissenschaften den Weg – zunächst in Gestalt verschiedener *Entwicklungstheorien*, in denen die Haupterklärungslast auf anderen Faktoren liege: auf Kämpfen (»ums Dasein« und um Ressourcen, zwischen Völkern, Klassen und Religionen), Bevölkerungsdichte, Wirtschaft, Technologie, Wissenschaft und Moral bzw. Weltanschauung. Gleichwohl würden viele Soziologen noch in irgendeiner Form an der Idee des Gesellschaftsvertrags festhalten, entweder zur Erklärung der Struktur der Gesellschaft oder als Ende der geschichtlichen Entwicklung.

Jedenfalls lasse die Analyse der diversen soziologischen »Systeme«, wie Menzel, einiges aus der späteren Positivismus- und Szientismus-Kritik vorwegnehmend, meint, nur den Schluss zu, »daß in ihnen politische und moralische Ideen in kaum geringerem Maße hervortreten, als dies in der naturrechtlichen Doktrin der Fall war« (ebd., S. 56). Das wiederum sei keine Kinderkrankheit der Soziologie, sondern spiegle einen prinzipiellen Unterschied zu den Naturwissenschaften wider: In den Sozial- und Kulturwissenschaften habe das »teleologische Moment« (neben dem kausalen) nicht lediglich »metaphysischen Charakter« (ebd., S. 58), zumal das gesellschaftliche Leben durch die Zwecke bestimmt werde, die Menschen individuell und kollektiv verfolgen. Dementsprechend seien »die Sozialwissenschaften«, so Menzels Formulierung der Reflexivitätsthese, »im Gegensatze zu den Naturwissenschaften reale Mächte [...], welche das Objekt ihrer Forschung selbst umzugestalten vermögen« (ebd., S. 59).

Menzel, Adolf (1902): Machiavelli Studien. In: *Zeitschrift für das Privat- und öffentliche Recht der Gegenwart* 29, S. 561–586.
– (1904): Homo sui iuris. Eine Studie zur Staatslehre Spinozas. In: *Zeitschrift für das Privat- und öffentliche Recht der Gegenwart* 32, S. 77–98.
– (1912): *Naturrecht und Soziologie*, Wien/Leipzig: C. Fromme.

Christian Hiebaum

Hans Kelsen

Hans Kelsen (1881–1973) zählt zu den bedeutendsten Rechtstheoretikern der deutschen Sprache. Die von ihm begründete »Reine Rechtslehre« entfaltet für die Rechtswissenschaft ein äußerst wirkungsmächtiges, ideologiekritisches und methodenreflektiertes Wissenschaftsprogramm, das in der Frühphase insbesondere antipsychologische und antisoziologische Züge trägt. Kelsen will auf der einen Seite an der Positivität des Rechts festhalten, also an der Abhängigkeit der Normgeltung von autoritativer Setzung – jedoch ohne dabei Tatsachen wie Macht, Wirksamkeit oder Anerkennung heranzuziehen. Auf der anderen Seite will Kelsen die Normativität des Rechts bewahren, also die Geltungsgrundlage von Normen jeweils nur in einer anderen Norm nachweisen – jedoch ohne dabei außerrechtliche Gründe wie Gerechtigkeit, Moral oder Religion zu verwenden. Im Bemühen, die Rechtswissenschaft auf eine klare, am Exaktheitsideal der Naturwissenschaften orientierte erkenntnistheoretische Grundlage zu stellen, befindet sich

Kelsen dabei in einer »doppelten Frontstellung« (vgl. Dreier 1993, S. 718): Er wendet sich einerseits gegen den Einbezug ethischer und politischer Erwägungen in die Rechtswissenschaft und schließt andererseits jegliche empirische und soziologische Betrachtung des Rechts aus der Rechtswissenschaft aus. Nur die zuletzt genannte Frontlinie ist Gegenstand des vorliegenden Beitrags. Das Verhältnis von Kelsens Rechtstheorie zur Soziologie ist durchaus kompliziert, und seine Deutung hat sich im Laufe der Jahre verändert (vgl. Balog 1983, S. 515).

Aus dem außerordentlich umfangreichen Œuvre, das neben verfassungs- und völkerrechtlichen Arbeiten etwa auch ideologiekritische Werke (zu Marxismus, Ständestaat, Demokratie- und Gerechtigkeitstheorien) umfasst, ist hier nur das frühe Werk Kelsens Gegenstand (zu den vier Phasen in Kelsens Schaffen siehe Heidemann 1997; Paulson 1998). In dieser Phase ist die Ablehnung der Rechtssoziologie durch Kelsen besonders deutlich. Kelsen folgt hier einem konstruktivistischen Ansatz (Heidemann 1997, S. 23–41; Paulson 1999).

Kelsens Habilitationsschrift *Hauptprobleme der Staatsrechtslehre* (1911, hier nach der 2. Aufl. von 1923) ist das Hauptwerk seiner konstruktivistischen Phase. Kelsen untersucht hier grundlegende Rechtsbegriffe (Staat, Person, Wille), indem er sie aus Rechtsnormen ableitet. Er steht damit in dieser frühen Phase seines Schaffens noch ganz in der bis weit ins 19. Jahrhundert zurückreichenden Tradition, welche die strenge rechtsdogmatische Konstruktion in den Mittelpunkt stellte (vgl. Paulson 1998, S. 157). Ungeachtet dieser der allgemeinen Staatslehre zugehörigen sowie weiterer, normtheoretischer Analysen hat die Schrift vor allem methodologische Vorfragen der juristischen Erkenntnis zum Gegenstand. Die methodologische Grundposition des Konstruktivismus wird durch einen Methodendualismus ergänzt, d.h. durch eine strenge Unterscheidung von Sein und Sollen, die Kelsen vom südwestdeutschen Neukantianismus übernimmt (vgl. Paulson 1999, S. 633). Daraus ergibt sich für Kelsen insbesondere die Unmöglichkeit, irgendein Verhältnis zwischen Faktizität und Normativität theoretisch sinnvoll zu explizieren. Beide Welten stünden »durch eine unüberbrückbare Kluft getrennt einander gegenüber« (Kelsen 1923, S. 8). Diese These führt Kelsen zu einer fundamentalen Kritik an der Zwei-Seiten-Lehre Georg Jellineks (Kelsen 1962, §§ 18–20).

Wesentliche Teile seiner Habilitationsschrift verwendet Kelsen auch in seinem aus demselben Jahr stammenden, vor der Soziologischen Gesellschaft in Wien gehaltenen Vortrag *Über Grenzen zwischen juristischer und soziologischer Methode* (1911). Abermals betont Kelsen, ihm gehe es darum, »die juristische Begriffsbildung von […] Elementen zu befreien, die soziologischen Charakters sind« (Kelsen 1911, S. 5). Die Grenze zwischen juristischer und soziologischer Methode würde insbesondere von Juristen überschritten, »indem sie über eine Erkenntnis des Sollens, der Rechtsnormen hinaus, einer Erklärung des von dieser Rechtsnorm zu regelnden tatsächlichen Geschehens zustreben« (ebd., S. 14).

Zu diesem klaren Wissenschaftsprogramm steht eine frühere Schrift, *Die Staatslehre des Dante Alighieri* (1905), in einem durchaus zwiespältigen Verhältnis. Zwar betont Kelsen, er wolle im Unterschied zu Literaturhistorikern und Philologen Dantes allgemeine Staatsdoktrin »von juristischer Seite« untersuchen (Kelsen 1905, S. 1). Zugleich möchte er aber Dantes Staatslehre »aus dem ganzen Zusammenhang« erklären und verbindet in seiner Analyse zwanglos begriffliche, historische, rechtsphilosophische und soziologische Überlegungen (ebd., S. 1, 3–18, 38–50). Ähnlich versöhnlich klingt auch die Auseinandersetzung mit Hermann Kantorowicz und Ignatz Kornfeld: In *Zur Soziologie des Rechts* (1912) beharrt Kelsen zwar einerseits auf einer »strengen Isolierung« der Rechtstheorie von der Soziologie, entwirft jedoch zugleich in der ihm eigenen Prägnanz eine Art Wissenschaftsprogramm für eine »wahrhaft soziologische Forschung« über das Recht, welche »für die Rechtspolitik von größter Bedeutung wäre« (Kelsen 1912, S. 601, 613f.).

Von herausragender Bedeutung für das Verhältnis der Reinen Rechtslehre zur Rechtssoziologie ist schließlich die berühmte Kontroverse, die Kelsen und Eugen Ehrlich in den Jahren 1915 bis 1917 in insgesamt fünf Veröffentlichungen ausgetragen haben (zum zeitgeschichtlichen Hintergrund vgl. Rottleuthner 1984, S. 523). Sie nimmt ihren Ausgang in einem ausführlichen und empfindlich kritischen Aufsatz Kelsens über Ehrlichs Buch *Grundlegung der Soziologie des Rechts* von 1913 (alle Beiträge der Kontroverse wieder abgedruckt in Paulson 1992). Kelsen bestreitet in seiner vernichtenden Kritik, dass die Rechtssoziologie Teil der Rechtswissenschaft sein könne. Er lehnt sie sogar als autonome wissenschaftliche Disziplin ab, weil sie keinen eigenständigen Gegenstandsbereich konstruieren könne.

Zur Wirkungsgeschichte Kelsens ist zunächst zu konstatieren, dass sich der Kern der kritischen Auseinandersetzung (vgl. die Übersicht bei Dreier 1993, S. 720–723) auf Werke bezieht, die Kelsen nach 1918/19 veröffentlicht hat und die daher hier außer Betracht bleiben. Dennoch lassen sich einige Grundlinien zur Wirkung festhalten. Nach der Bewertung von Matthias Jestaedt ist die Rezeption Kelsens »dissonant« (Jestaedt 2017, S. 249). Gerade Kelsens Einfluss auf die Soziologie ist hierfür beispielhaft. Georg Henrik von Wright sieht in Kelsen neben Max Weber jenen Denker, der die Sozialwissenschaften des 20. Jahrhunderts am tiefsten beeinflusst hat (Wright 1985, S. 263; s. auch Bobbio 1987). Andere Autoren vertreten hingegen die Auffassung, dass die Soziologie Kelsens Kritik im weiteren Verlauf ihrer Geschichte »kaum zur Kenntnis genommen« habe (Balog 1983, S. 521). Auch in der Rechtstheorie wird die Kritik des frühen Kelsen bisweilen schlicht übersehen (so z.B. von Raz 1986, S. 80: »Kelsen did not deny the possibility of sociological jurisprudence.«).

Speziell Kelsens Kontroverse mit Ehrlich wird teilweise als verheerend für die weitere Entwicklung der Rechtssoziologie eingestuft (Rottleuthner 1984, S. 547). Von hohem Interesse ist, dass Kelsen selbst später reumütig seine scharfe Polemik gegen Ehrlich bedauert hat, mit der er der Rechtssoziologie den Weg zu allgemeiner Anerkennung versperrt habe (vgl. Rehbinder 1986, S. 120 u.ö.). Allgemein und global betrachtet ist Kelsen neben H.L.A. Hart der einflussreichste und meistdiskutierte Rechtspositivist des

20. Jahrhunderts, der mit der Klarheit und Präzision seiner Argumentation Maßstäbe gesetzt hat. Lediglich in den skandinavischen Ländern wird Kelsens Lehre aufgrund der einflussreichen Ablehnung durch Alf Ross vernachlässigt (Bjarup 2008, S. 442).

Die heutige Theorie der Rechtswissenschaft geht entgegen Kelsen und mit Jellinek überwiegend davon aus, dass trotz der analytischen Trennbarkeit von Rechtstheorie und Rechtssoziologie beide Disziplinen zusammenwirken müssen, um ein vollständiges Bild des Rechts zu erhalten (Klatt 2015, S. 498f.; Rottleuthner 1984, S. 548–551; s. bereits Kaufmann 1967, S. 16). In einer solchen integrativen Rechtswissenschaft liegt, anders als Kelsen meinte, kein unzulässiger Methodensynkretismus.

Balog, Andreas (1983): Kelsens Kritik an der Soziologie. In: *Archiv für Rechts- und Sozialphilosophie* 69/4, S. 515–528.

Bjarup, Jes (2008): Alf Ross. In: Robert Walter/Alfred Schramm (Hgg.), *Der Kreis um Hans Kelsen. Die Anfangsjahre der Reinen Rechtslehre* (= Schriftenreihe des Hans-Kelsen-Instituts, Bd. 30), Wien: Manz, S. 409–443.

Bobbio, Norberto (1987): Max Weber und Hans Kelsen. In: Manfred Rehbinder/Klaus-Peter Tieck (Hgg.), *Max Weber als Rechtssoziologe* (= Schriftenreihe zur Rechtssoziologie und Rechtstatsachenforschung, Bd. 63), Berlin: Duncker & Humblot, S. 125ff.

Dreier, Horst (1993): Hans Kelsen (1881–1973). »Jurist des Jahrhunderts«? In: Helmut Heinrichs et al. (Hgg.), *Deutsche Juristen jüdischer Herkunft*, München: Beck, S. 705–732.

Heidemann, Carsten (1997): *Die Norm als Tatsache. Zur Normentheorie Hans Kelsens* (= Studien zur Rechtsphilosophie und Rechtstheorie, Bd. 13), Baden-Baden: Nomos.

Jestaedt, Matthias (2017): Hans Kelsen. In: Gerd Kleinheyer/Jan Schröder (Hgg.), *Deutsche und Europäische Juristen aus neun Jahrhunderten. Eine biographische Einführung in die Geschichte der Rechtswissenschaft* (= UTB Rechtswissenschaft, Bd. 578), 6., neu bearb. u. erw. Aufl., Tübingen: Mohr Siebeck, S. 244–252.

Kaufmann, Felix (1967): Juristischer und soziologischer Rechtsbegriff. In: Alfred Verdroß (Hg.), *Gesellschaft, Staat und Recht. Untersuchungen zur reinen Rechtslehre. Festschrift Hans Kelsen zum 50. Geburtstag* [1931], Nachdruck, Frankfurt a.M.: Sauer & Auvermann, S. 14–41.

Kelsen, Hans (1905): *Die Staatslehre des Dante Alighieri*, Wien/Leipzig: Franz Deuticke.

– (1911): *Über Grenzen zwischen juristischer und soziologischer Methode. Vortrag gehalten in der Soziologischen Gesellschaft zu Wien*, Tübingen: Mohr.

– (1912): Zur Soziologie des Rechtes. Kritische Betrachtungen. In: *Archiv für Sozialwissenschaft und Sozialpolitik* 34, S. 601–614.

– (1915): Eine Grundlegung der Rechtssoziologie. In: *Archiv für Sozialwissenschaft und Sozialpolitik* 39, S. 839–876.

– (1916): Die Rechtswissenschaft als Norm- oder als Kulturwissenschaft, in: *Schmollers Jahrbuch für Gesetzgebung, Verwaltung und Volkswirtschaft im Deutschen Reiche* 40, S. 1181–1239.

– (1923): *Hauptprobleme der Staatsrechtslehre. Entwickelt aus der Lehre vom Rechtssatze* [1911], 2. Aufl., Tübingen: Mohr.

– (1962): *Der soziologische und der juristische Staatsbegriff. Kritische Untersuchung des Verhältnisses von Staat und Recht* [1922], Repr. d. 2. Aufl. von 1928, Aalen: Scientia.

Klatt, Matthias (2015): Integrative Rechtswissenschaft. Methodologische und wissenschaftsthe-

oretische Implikationen der Doppelnatur des Rechts. In: *Der Staat* 54/4, S. 469–499. (Online zugänglich unter: http://ejournals.duncker-humblot.de/doi/abs/10.3790/staa.54.4.469)
Paulson, Stanley L. (Hg.) (1992): *Hans Kelsen und die Rechtssoziologie. Auseinandersetzungen mit Hermann U. Kantorowicz, Eugen Ehrlich und Max Weber*, Aalen: Scientia.
– (1998): Four Phases in Hans Kelsen's Legal Theory. Reflections on a Periodization. In: *Oxford Journal of Legal Studies* 18, S. 153–166.
– (1999): Konstruktivismus, Methodendualismus und Zurechnung im Frühwerk Hans Kelsens. In: *Archiv des öffentlichen Rechts* 124, S. 631–657.
Raz, Joseph (1986): The Purity of the Pure Theory. In: Richard Tur/ William Twining (Hgg.), *Essays on Kelsen*, Oxford: Clarendon Press, S. 79–97.
Rehbinder, Manfred (1986): *Die Begründung der Rechtssoziologie durch Eugen Ehrlich*, 2., völlig neubearb. Aufl., Berlin: Duncker & Humblot.
Rottleuthner, Hubert (1984): Rechtstheoretische Probleme der Soziologie des Rechts: Die Kontroverse zwischen Hans Kelsen und Eugen Ehrlich (1915/1917). In: *Rechtstheorie* 5, S. 521–551.
Wright, Georg Henrik von (1985): Is and Ought. In: Eugenio Bulygin/Jean Louis Gardies/Ilkka Nilniluoto (Hgg.), *Man, law and modern forms of life* (= Law and philosophy library, Bd. 1), Dordrecht: Reidel, S. 263–281.

Weiterführende Literatur

Métall, Rudolf Aladár (1969): *Hans Kelsen. Leben und Werk*, Wien: Deuticke.
Paulson, Stanley L. (Hg.) (2005): *Hans Kelsen. Staatsrechtslehrer und Rechtstheoretiker des 20. Jahrhunderts*, Tübingen: Mohr Siebeck.
Thienel, Rudolf (2001): Hans Kelsen. In: Michael Stolleis (Hg.), *Juristen. Ein biographisches Lexikon von der Antike bis zum 20. Jahrhundert* (= Beck'sche Reihe, Bd. 1417), München: Beck, S. 354–356.
Walter, Robert/Clemens Jabloner/Klaus Zeleny (Hgg.) (2008): *Der Kreis um Hans Kelsen. Die Anfangsjahre der Reinen Rechtslehre*, Wien: Manz.

Matthias Klatt

Adolf Julius Merkl – Zum Recht im Lichte seiner Anwendung

Adolf Julius Merkl (1890–1970) hat sich schon in seinem Frühwerk, nämlich in seinen Schriften »Zum Interpretationsproblem« (1916), »Das Recht im Lichte seiner Anwendung« (1917) und »Das doppelte Rechtsantlitz« (1918), sowohl der Frage nach dem Verhältnis von Gesetz und Anwendungsorgan als auch jener nach der Rolle der Rechtswissenschaft gewidmet. Die Frage nach dem Verhältnis von Gesetz und Richter (bzw. den zur Vollziehung von Gesetzen Berufenen) beschäftigt seit dem Erscheinen von Montesquieus *De l'esprit des lois* im Jahre 1748 Juristen in aller Welt. Montesquieu hatte ja im 6.

Kapitel des 11. Buches seines Werkes die Richter als »Mund des Gesetzes«, als »seelenlose Wesen, die weder die Kraft noch die Strenge des Gesetzes verändern können«, bezeichnet. Dahinter stand zum einen die Vorstellung, dass zwischen den Staatsgewalten eine Rangordnung bestehe und dass dem Gesetzgeber der höchste Rang zukomme, der keinesfalls in Frage gestellt werden dürfe, und zum anderen jene, dass zwischen dem Gesetz und Akten, die aufgrund des Gesetzes erlassen werden, ein Wesensunterschied bestehe.

Die Sicht Montesquieus vom Richter als einem seelenlosen, gleichsam mechanisch agierenden Vollstrecker des Willens des Gesetzgebers hat sich als realitätsfern erwiesen. Die Vorstellung vom Vorrang des Gesetzgebers und vom Wesensunterschied zwischen einem Gesetz und den Akten, die zur Vollziehung eines Gesetzes erlassen werden, hat sich jedoch durchgesetzt. Merkl hat die Vorstellung vom Wesensunterschied zwischen Gesetz und Vollzugsakt überzeugend in Frage gestellt und jene vom Vorrang des Gesetzgebers modifiziert, aber auch relativiert. Er hat dargelegt, dass der Vorgang der Rechtserzeugung keineswegs mit der Erlassung des Gesetzes, sondern erst mit der Erlassung jener Akte, die das Gesetz anwenden, abgeschlossen ist, dass also sowohl der Gesetzgeber als auch jedes zur Vollziehung von Gesetzen berufene Organ Recht erzeugt.

Im Zusammenhang mit der Frage nach dem Verhältnis von Gesetz und Anwendungsorgan ist auch jene nach der Rolle der Rechtswissenschaft aktuell geworden, und auch dazu hat Merkl wesentliche Beiträge geleistet, auf die zunächst eingegangen sei: Als Vertreter der Wiener Schule des Rechtspositivismus betont er den Unterschied zwischen Erkenntnis und Wertung bzw. Entscheidung. Daher distanziert Merkl sich von dem nicht nur im deutschen Sprachraum weithin vertretenen Verständnis der Rechtswissenschaft als Rechtsprechungswissenschaft. Er lehnt es ab, als Aufgabe der Rechtswissenschaft die Anleitung der Rechtspraxis zur Findung von Entscheidungen in Einzelfällen anzusehen. Die Rechtswissenschaft soll Rechtserkenntnis um der Erkenntnis willen anstreben; sie soll aber nicht Anleitungen für Einzelfallentscheidungen geben. Die rechtswissenschaftliche Arbeit könne nur die Verdeutlichung, d.h. die Verständlichmachung, von Rechtssätzen bewirken. Rechtswissenschaft könne daher nichts anderes tun, als den Inhalt des interpretierten Textes mit anderen Worten wiederzugeben. Sie dürfe aber keinesfalls vom Inhalt der interpretierten Rechtsvorschrift abweichen. Dies bedeutet zwar keineswegs, dass der Rechtswissenschaftler nicht auch jene Probleme sehen sollte, die sich dem zur Anwendung eines Gesetzes berufenen Organ bei der Entscheidungsfindung stellen können, aber es ist nicht seine Aufgabe zu versuchen, diese zu lösen, denn Rechtserkenntnis und Rechtsanwendung sind jeweils etwas anderes. Die Aufgaben des Rechtswissenschaftlers und des zur Anwendung einer Rechtsvorschrift Berufenen sind daher völlig verschieden. Merkl betont ausdrücklich, dass es nicht Aufgabe der Wissenschaft sein kann, Rechtsvorschriften an Geboten der Ethik zu messen, und er hält fest, dass sie nicht darauf verzichten kann, auch ethisch bedenkliche Inhalte von Gesetzen darzustellen; für den Rechtsanwender verweist er hingegen explizit auf die moralische Pflicht, Gebote der Ethik zu beachten.

Im Folgenden seien Merkls Überlegungen zum Verhältnis von Gesetz und Anwendungsorgan skizziert: Er betont, dass zwischen dem Gesetz und den zu seiner Anwendung oder Ausführung erlassenen Akten insofern kein Wesensunterschied bestehen kann, als sowohl der Gesetzgeber als auch der aufgrund des Gesetzes tätige Rechtsanwender Akte der Rechtserzeugung setzen. Der Gesetzgeber wird als Rechtserzeuger auf der Grundlage einer durch die Verfassung erteilten Ermächtigung tätig, der Anwender des Gesetzes auf der Grundlage der durch das Gesetz erteilten Ermächtigung. Das Gesetz ist eine der Formen im Gestaltungsprozess des Rechtes, nämlich eine relativ generelle Form. Das Gesetz sei nicht »Endglied« der Rechtsschöpfung, sondern – da aufgrund einer Ermächtigung in der Verfassung erlassen – eine Zwischenstufe. Es bedarf zu seiner Wirksamkeit noch der Konkretisierung durch Akte der in Betracht kommenden Anwendungsorgane, und zwar in Form des richterlichen Urteils, der Entscheidung oder Verfügung des Verwaltungsorgans, oder der Verordnung. In der »Rechtsanwendung« dürfe nicht bloß eine Dienerin des Gesetzes gesehen werden – vielmehr sei sie genauso »Rechtserzeugung« wie die Gesetzgebung. Der Richter werde, wenn er ein Urteil spricht, genauso als Rechtserzeuger tätig wie der Gesetzgeber. Er schließe die Rechtserzeugung erst ab, indem er den Prozess der Rechtsgestaltung gleichsam kröne. Das Gesetz ermächtigt den Rechtsanwender, die im Gesetz getroffenen Regelungen zu individualisieren und zu konkretisieren. Dabei eröffnet es dem zu seiner Konkretisierung berufenen Organ Gestaltungsmöglichkeiten. (Merkl nennt als Beispiel die Festlegung einer konkreten Strafe innerhalb des im Gesetz normierten Strafrahmens.)

Damit hat Merkl schon in seinem Frühwerk (wenn auch noch nicht ausdrücklich so bezeichnet) die Rechtsordnung als ein stufenförmig gegliedertes Phänomen – als *Stufenbau* –charakterisiert, in welchem die höhere Stufe zur Erzeugung der Akte der niedrigeren Stufe ermächtigt und jeweils die Bedingungen für die Ausübung dieser Ermächtigung festlegt.

Mit der Feststellung, dass Rechtsakte zueinander im Verhältnis von Bedingung und Bedingtem stehen, ist auch gesagt, dass die Voraussetzung für die Erzeugung eines Rechtsaktes niedrigerer Stufe die Erfüllung ausnahmslos aller Bedingungen ist, die in der in Betracht kommenden Regelung höherer Stufe normiert sind. Das heißt, ein Akt der Vollziehung kann nur dann zu Stande kommen, wenn bei seiner Erzeugung ausnahmslos allen Bestimmungen, in denen irgendeine Regelung über Inhalt und Form dieses Aktes enthalten ist, ebenso entsprochen worden ist, wie auch allen Regeln bezüglich der bei der Erlassung einzuhaltenden Verfahren. Merkl weist darauf hin, dass Rechtsordnungen (in Gestalt der Vorschriften über die Rechtskraft) typischerweise Regeln darüber enthalten, wie Akte, die mit der Intention erlassen worden sind, eine höherrangige Regelung zu vollziehen, Bestand haben können, selbst wenn bei ihrer Erlassung nicht alle Erzeugungsbedingungen eingehalten worden sind. Durch solche Regeln wird den an sich zur Vollziehung von Gesetzen berufenen Organen die Ermächtigung erteilt, sich über Gesetze hinwegzusetzen. Damit kann diesen Organen in bestimmten Fällen derselbe Rang zukommen wie den Organen der Gesetzgebung. Dies gilt insbesondere für die sogenannten »Grenzorgane«, also jene Organe – wie z.B. die Höchstgerichte –, deren Akte keiner rechtlichen Kontrolle unterliegen und die daher auch dann, wenn sie dem Gesetz, das sie zu vollziehen vorgeben, nicht entsprechen, jedenfalls rechtswirksam werden.

Merkl hat die eben skizzierten Gedanken in späteren Schriften näher ausgeführt und präzisiert. Damit ist er zu dem nach Hans Kelsen wichtigsten Exponenten der Wiener Schule der Rechtstheorie geworden. Seine Lehre vom »Stufenbau der Rechtsordnung« ist in Österreich von den meisten Lehrern des öffentlichen Rechts vorbehaltlos akzeptiert und hat auch die Judikatur der Gerichtshöfe des öffentlichen Rechts geprägt. Unter den Vertretern anderer juristischer Disziplinen finden sich allerdings nur wenige Kenner von Merkls Werk, und in Deutschland und in der Schweiz haben seine Ideen nur wenige Anhänger.

Klecatsky, Hans/René Marcic/Herbert Schambeck (Hgg.) (1968): *Die Wiener Rechtstheoretische Schule*, Wien u.a.: Europa-Verlag.

Mayer-Maly, Dorothea/Herbert Schambeck/Wolf-Dietrich Grussmann (Hgg.) (1993–2009): *Adolf Julius Merkl. Gesammelte Schriften*, 3 Bde., Berlin: Duncker & Humblot.

Merkl, Adolf Julius (1916): Zum Interpretationsproblem. In: *Grünhuts Zeitschrift* 42 (Wien), S. 535ff. Wieder abgedruckt in: Klecatsky u.a. 1968, S. 1059ff., sowie in: Mayer-Maly u.a. 1993, Bd. 1, S. 63ff.

– (1917): *Das Recht im Lichte seiner Anwendung* (= Sonderabdruck aus der *Deutschen Richterzeitung*), Hannover: Helwingsche Verlagsbuchhandlung, 42 S. Wieder abgedruckt in: Klecatsky u.a. 1968, S. 1167ff., sowie in: Mayer-Maly u.a. 1993, Bd. 1, S. 86ff.

– (1918): Das doppelte Rechtsantlitz. In: *Juristische Blätter* 1918, S. 425ff., S. 444ff., S. 463ff. Wieder abgedruckt in: Klecatsky u.a. 1968, S. 1091ff., sowie in: Mayer-Maly u.a. 1993, Bd. 1, S. 227ff.

Weiterführende Literatur

Grussmann, Wolf-Dietrich (1989): *Adolf Julius Merkl. Leben und Werk* (= Schriftenreihe des Hans Kelsen-Instituts, Bd. 13), Wien: Manz.

Koller, Peter (2005): Zur Theorie des rechtlichen Stufenbaus. In: Stanley L. Paulson/Michael Stolleis (Hgg.), *Hans Kelsen. Staatsrechtslehrer und Rechtstheoretiker des 20. Jahrhunderts*, Tübingen: Mohr Siebeck, S. 106ff.

Walter, Robert (Hg.) (1990): *Adolf J. Merkl. Werk und Wirksamkeit* (= Schriftenreihe des Hans Kelsen-Instituts, Bd. 14), Wien: Manz.

Gerhart Wielinger

2. VERFASSUNGS- UND VERWALTUNGSRECHT

Josef Redlich

Josef Redlich (1869–1936) war ein Staatsrechtler, dessen Interesse nicht bloß der Rekonstruktion des Bestandes geltender Normen und anderen im engeren Sinne juristischen Fragestellungen galt, sondern auch und vor allem der Entwicklung des Rechts sowie den Organisationsproblemen, die mit Mitteln des Rechts zu lösen sind. Hauptsächlich befasste er sich dabei mit der Ordnung der staatlichen Verwaltung und der Regelung von Prozessen kollektiven Entscheidens. Dementsprechend fächerübergreifend sind seine wissenschaftlichen Arbeiten angelegt, nämlich als Beiträge zur Rechts- und Verfassungsgeschichte, zur Rechtsvergleichung, zur Geschichte politischer Ideen und nicht zuletzt zur politischen Soziologie.

Redlich gehörte im deutschsprachigen Raum zu den ersten Staatswissenschaftlern unter den Juristen, die weder der Begriffsjurisprudenz noch einer Analyse politischer und rechtlicher Systeme etwas abgewinnen konnten, die bei abstrakten Theorien ihren Ausgang nehmen, anstatt empirisch-historisch zu beginnen und von dort zur Abstraktion fortzuschreiten. 1910 konnte er bereits den Anfang eines Trends hin zu einer gewissen Soziologisierung der Staatsrechtswissenschaft konstatieren: »Man beginnt [...] nunmehr auch in der akademischen Staatslehre Deutschlands ähnlich wie schon seit jeher in der Staatswissenschaft Englands und Amerikas die Erkenntnis der tatsächlichen Funktion staatlicher Einrichtungen [...] als eine der Staatsrechtslehre nicht unwürdige Aufgabe anzusehen im Vereine und neben der Anwendung der Methoden juristischer Zergliederung der Institutionen, wie sie bislang fast ausschließlich als zulässig erachtet wurde« (Redlich 1910, S. 10). Redlich selbst war immer schon ein »Haeretiker schlimmster Art«, der »Staats- und Kommunalverfassungen [...] nicht bloß als Normenkomplexe, sondern als politische Kraftorganisationen« betrachtete (ebd., S. 10f.).

Beleg dafür sind seine einige Jahre zuvor erschienenen umfangreichen Studien zur lokalen Verwaltung Englands (Redlich 1901) und zur Geschäftsordnung des House of Commons (Redlich 1905). Mit diesen umgehend ins Englische übersetzten und bald als Standardwerke geltenden Schriften erwarb sich Redlich höchste Anerkennung im angelsächsischen Raum. Im ersten der beiden Werke wendet er sich gegen die die deutsche Staatswissenschaft seiner Zeit beherrschende Theorie des englischen Staatsrechts von Rudolf von Gneist: »Die theoretischen Ergebnisse der Gneistschen Forschung [...] stellen sich als eine Konsequenz der philosophischen und rechtstheoretischen Grundanschauungen dar, von denen der Schüler Hegels und L. [Lorenz] von Steins seinen Ausgang genommen hat, sowie als Folge des eigentümlich starren Doktrinarismus, der Gneist gleich anderen Vertretern der historischen Schule der deutschen Rechtswissenschaft in hohem Maß zu eigen gewesen ist. Im Zusammengange hiermit sei es gestattet darauf hinzuweisen, daß die vorliegende Darstellung vor allem dahin strebt, eine realistische, von jeder aprioristischen Staats- und Rechtsphilosophie unbeeinflußte Entwicklungsgeschichte und ein objektives Bild des gegenwärtigen Zustandes der inneren Verwaltung Englands zu geben« (Redlich 1901, S. VIII). Insbesondere sieht Redlich in den demokratisierungsbedingten Veränderungen der Verfassung und Verwaltung Englands keinen Verfall, sondern eine »natürliche *Evolution* der alten und einfachen Grundgedanken der englischen Verfassung, entsprechend den wirtschaftlichen und socialen Bedürfnissen der neuen Zeit« (ebd., S. XIX).

Die zweite, mehr als 800 Seiten umfassende Abhandlung hat die parlamentarische Arbeit zum Gegenstand, namentlich das Problem der Geschäftsordnung, das mit den demokratischen Reformen des 19. Jahrhunderts und der durch sie bewirkten politischen wie sozialen Heterogenität des Unterhauses als Problem der Obstruktion in den Vordergrund rückte. Bis dahin war »die Geschäftsordnung Gewohnheitsrecht und nichts anderes« (Redlich 1905, S. 4), nunmehr wird sie zum Problem, das es durch (von der Öffentlichkeit freilich kaum bemerkte) Rechtsetzung zu lösen gilt. Der Illusion, »schwere constitutionelle Gebrechen der Verfassung einzig und alleine durch klug ausgedachte Änderungen der parlamentarischen Technik heilen zu können« (ebd., S. VIII), gibt sich Redlich nicht hin. Gleichwohl beschreibt er akribisch die parlamentarischen Abläufe und deren Entwicklung. Erst am Ende widmet er sich kurz der Theorie, zumal dieser gerade »für die staatliche Entwicklung Englands und die Gestaltung seines öffentlichen Rechtes« eine »außerordentlich geringe Bedeutung« zukomme (ebd., S. 777). Letztlich liege mit Jeremy Benthams »Essay on Political Tactics« (1791, aber erst später publiziert) die seit langem einzige nennenswerte theoretische Abhandlung zu Fragen der Geschäftsordnung und des parlamentarischen Entscheidens vor. Vordergründig folge er einer rationalistisch-deduktiven Methode. Doch »[i]n Wahrheit [...] geht Bentham in seiner Begriffsbildung [...] vollständig von der genauen Kenntnis und Kritik des historischen englischen Parlamentsverfahrens aus« (ebd., S. 785). Allerdings bedürfe Benthams Theorie – auch wenn die von ihr postulierten Hauptprinzipien (volle Öffentlichkeit, völlige Unparteilichkeit des Vorsitzenden, strikte Trennung der Verfahrensstadien, völlige Redefreiheit und majoritäres Entscheiden) nach wie vor den Kern der parlamentarischen Idee bildeten – einiger Ergänzungen betreffend die Stellung der Regierung und der Parteien (Benthams Zeit sei eben eine andere gewesen und Benthams eigentlicher Feind noch der König). Insbesondere bedürfe es eines stärkeren Minoritätenschutzes. Und während die Grundprinzipien gewissermaßen als »die um ihrer selbst willen existierenden verfassungsrechtlichen Elemente der Geschäftsordnung« (ebd., S. 803) anzusehen seien, müssten die technischen Regeln leicht abänderbar bleiben, um die Arbeitsfähigkeit des Parlaments gewährleisten zu können. Eine abstrakte Theorie, die uns gleich einem Algorithmus sagt, wann und wie die Geschäftsordnung geändert werden soll, könne es nicht geben. Letztere sei eine essenziell »praktisch-politische Frage« (ebd., S. 802).

Redlichs Themen sind nach wie vor aktuell: Konstitutionalismus, Föderalismus und Demokratisierung, insbesondere nach dem Zusammenbruch der Sowjetunion und im

Kontext der europäischen Integration. Sein Werk selbst hingegen wird heute kaum noch rezipiert. Zwar haben die Sozialwissenschaften seither große analytische Fortschritte in der Modellbildung, Formalisierung und Quantifizierung gemacht, aber bisweilen um den Preis einer gewissen Ahistorizität. Eine Wiederentdeckung der Schriften Redlichs könnte dazu beitragen, die Kluft zwischen historisch-empirischer Analyse und theoretischer Reflexion zu verringern.

Redlich, Josef (1901): *Englische Lokalverwaltung. Darstellung der inneren Verwaltung Englands in ihrer geschichtlichen Entwicklung und in ihrer gegenwärtigen Gestalt*, Leipzig: Duncker & Humblot (engl. *Local Government in England*, edited with additions by Francis W. Hirst, 2 Bde., London/New York: MacMillan & Co 1903; franz. *Le gouvernment local en Angleterre.* Avec des additions par Francis W. Hirst, traduction française par William Oualid, Paris: V. Giard et E. Brière 1911).

– (1905): *Recht und Technik des englischen Parlamentarismus. Die Geschäftsordnung des House of Commons in ihrer geschichtlichen Entwicklung und gegenwärtigen Gestalt*, Leipzig: Duncker & Humblot (engl. *The Procedure of the House of Commons. A study of its History and Present Form*, translated by A. Ernest Steinthal, introduction and supplementary chapter by Sir Courtenay P. Ilbert, London: Archibald Constable & Co 1908).

– (1910): *Das Wesen der österreichischen Kommunalverfassung*, Leipzig: Duncker & Humblot.

Weiterführende Literatur

Ng, Amy (2004): *Nationalism and Political Liberty. Redlich, Namier, and the Crisis of Empire*, Oxford: Oxford University Press.

Christian Hiebaum

VI. Sozialgeographie

Geographie ab ca. 1900

Geographie ist Länderkunde! Darauf hatten sich die Geographen des deutschsprachigen Raumes um 1900 mehrheitlich verständigt. Ihre Aufgabe sei es, die Länder und Landschaften der Erde aufzufinden und in ihrer Individualität zu erfassen. Alle Teilgeographien wurden dazu herangezogen, um über den Begriff des *Raumes* zur Einheitsgeographie beizutragen. Als *Raumwissenschaft* (Chorologie) unterlief die Geographie die gängig gewordene Dichotomie von Natur- und Geisteswissenschaften, sah sich aber weiter als Brücke zwischen beiden. Fraglich blieb, ob die Länderkunde auch selbständige Erklärungskraft besaß oder ob sie, analog zur historischen Erzählung, nur eine bestimmte Art von Darstellung war. Natürlich durfte sie nicht unwissenschaftlich sein, aber durch einen gefälligen Schreibstil sollte sie über den engeren Kreis der Fachgelehrten hinaus auch die gebildeten Schichten erreichen (vgl. Wardenga 2005). Das legte es nahe, nicht-geographische Sachverhalte aufzunehmen, sodass der Wissenschaftscharakter der Länderkunde unterschwellig prekär blieb, während er bei den Teilgeographien, die Gesetzmäßigkeiten erkennen sollten, unstrittig war.

Eine dieser Teilgeographien war die Wirtschaftsgeographie, der sich in Österreich besonders Franz Heiderich widmete. Sie sollte die *materielle* Produktion eines Erdstriches unter dem Aspekt »der sie bedingenden und fördernden und der ihr abträglichen, sie hemmenden Natureinflüsse« betrachten (Heiderich 1910, S. 20), wobei jedoch nicht mit unabänderlichen Naturgesetzen zu rechnen sei, weil der Mensch auf gleiche Naturreize verschieden reagieren könne. Heiderich hielt es zwar für möglich, »dass gleiche Ursachen in kulturell und landschaftlich ähnlichen Erdlokalitäten auch gleiche Wirkungen hervorrufen oder doch hervorzurufen streben« (ebd.), doch seien »die *soziologischen* Momente, die sich aus der körperlichen und geistigen Verschiedenheit einzelner wie ganzer Rassen und Völker, aus den differenzierten höheren oder niedrigeren Formen des gesellschaftlichen Zusammenlebens und überhaupt aus der erreichten Kulturstufe« ergäben, weit wichtiger (ebd., S. 62). Die Schäden von »*Sozialereignissen*« (Kriegen, Börsenmanipulationen etc.) überträfen bei weitem die Folgen verheerender Naturgewalten und würden die Produktionsbedingungen ständig verändern. Für die Gegenwart registrierte Heiderich, dass »das ursprünglich dem heimischen Boden entwachsene und in Geld umgewandelte Kapital sich […] ganz« von diesem »los[ge]löst« habe, »wenn es in fremden Gebieten« als »Kulturdünger« arbeite (ebd., S. 91).

Obwohl damit auf den ersten Blick der Zuständigkeitsbereich der Geographie zugunsten der soziologischen Disziplinen ständig schrumpfte, blieb aus Heiderichs Sicht für die Geographie noch genügend zu tun, denn auch ein »imponderabiles *geistiges*

Kapital« sei »durch den Geruch des heimischen Bodens« erworben worden und werde »von Generation zu Generation vermehrt und vererbt«; ferner dürfe »nicht vergessen werden, dass der rückströmende Gewinn aus diesen Kapitalanlagen der Heimat zugute« komme und »die heimische Produktionsfläche gleichsam durch Einschaltung fremder Gebiete« vergrößert werde (ebd.). So sah er keinen Grund dafür, dass die Wirtschaftsgeographie sich nicht auch mit der »*Gesamtheit der wirtschaftlichen Erscheinungen*« beschäftigen und »etwa bloß die naturbedingten« heranziehen sollte, denn irgendeinen, sei es auch noch so entfernten Naturbezug gebe es ja bekanntlich immer (Heiderich 1913, S. 475). Mit großer Bestimmtheit verkündete Heiderich: »Durch den Vergleich physischer und kultureller Erscheinungskreise läßt sie mit überzeugender Wucht erkennen, wie gerade die geographischen Grundlagen der Wirtschaft die ewigen, unverrückbaren und vernünftigen sind«, während die »Länderkunde die geisteswissenschaftliche Aufgabe« habe, die geographischen Einzelheiten in ihrer Vergesellschaftung als Eigenschaften der Räume zu erfassen, zu durchdringen und zu verknüpfen« (Heiderich 1917, S. 225).

Wie Heiderich, so warnte auch Robert Sieger, Eduard Richters Nachfolger in Graz, in seinen methodischen Reflexionen zur Wirtschaftsgeographie vor einer Überschätzung der Wirkungen der Naturverhältnisse. Aus dem Vergleich von Räumen sollte der Geograph den Grad der Naturbedingtheit ihrer Wirtschaft ermitteln. Er werde dabei erkennen, dass es keinen »absoluten *Zwang* der Natur« gebe, »sondern nur Begünstigungen und Hemmungen« des menschlichen Handelns (Sieger 1903, S. 95). Auch durch einen Abgleich faktischer Effekte mit theoretisch möglichen könne man »die Einflüsse *nicht*geographischer Art« von den geographischen trennen (ebd., S. 97), deren nähere Untersuchung sei jedoch Sache der Wirtschaftswissenschaft. Der Geograph habe aber auch die Veränderungen der Naturbedingungen durch den Menschen zu berücksichtigen, die dann ihrerseits wieder auf ihn zurückwirkten.

Später wandte sich Sieger verstärkt der politischen Geographie zu, die durch Friedrich Ratzel wieder verstärkten Zuspruch gefunden hatte (vgl. Ratzel 1897). Entschieden wehrte Sieger sich gegen einen etatistischen Nationsbegriff, der nur die Staatsbürger des Deutschen Reiches zur deutschen Nation zählte und so die Deutsch-Österreicher ausschloss. Er billigte zwar Alfred Kirchhoffs Unterscheidung von »*willkürlich begrenzten*« und »*geographisch begründeten*« Staaten, welch letztere »eine natürliche Interessengemeinschaft darstellen und ihre Bewohner aneinander assimilieren« (zit. n. Sieger 1904/05, S. 668), nur wirkten die Naturverhältnisse höchst unterschiedlich auf Staat und Nation, weil diese ganz verschiedenen Lebensbedürfnissen folgten. Staaten bedürften eines »Machtgebietes« mit »*Machtgrenzen*«, Nationen besäßen ein »Wohngebiet« mit »*Verbreitungsgrenzen*« (ebd., S. 669f.) – Staatsvolk und Nation seien mithin nicht das Gleiche. Diese Unterscheidung ermöglichte es Sieger, den Vielvölkerstaat Österreich-Ungarn als geographisch begründeten Staat zu verteidigen. Alle natürlichen Teilräume der Monarchie seien füreinander aufgeschlossen und würden, umringt von Gebirgen, zum Wiener Becken hin gravitieren. Gebiete jenseits ihrer natürlichen Grenzen (so Galizien) bezeugten nur ihre Stärke.

Den Weltkrieg interpretierte Sieger zunächst optimistisch als Wiederbelebung des geographischen »Staatsgedankens« Österreich-Ungarns, der in der »Erfüllung des weiten Raums mit der deutsch gearteten Kultur Mittel-Europas und in der Abwehr der vom Orient hereinflutenden Bewegungen« gründe (Sieger 1915, S. 128). In der patriotischen Anfangsstimmung erkannte Sieger »nichts anderes als eine *Besinnung auf die geographischen Tatsachen*« (ebd., S. 129). Für Österreich-Ungarns Zukunft prognostizierte er, dass es »solange notwendig und lebensfähig« sein werde, »als es die *bestmögliche politische Organisation des ihm von der Natur gegebenen Raumes*« darstelle, »solange also […] seine Organisation und Politik den Forderungen seiner geographischen Verhältnisse Rechnung« trage (ebd., S. 131). Zum Kriegsende musste sich Sieger jedoch eingestehen, dass die geographischen Grundlagen leider keinen »unwiderstehlichen natürlichen Zwang« ausübten (Sieger 1918, S. 5f.). Für die Zukunft setzte er nichtsdestoweniger auf »politisch lockere, aber wirtschaftlich enge Zusammenschlüsse« im Rahmen eines Mitteleuropas in weitestem Umfang (ebd., S. 8). Die natürlichen Grundlagen dafür sah er gegeben.

Eine Sonderrolle unter den österreichischen Geographen spielte Erwin Hanslik, der »Naturgesetze der Kultur« suchte, »denen in Raum und in Zeit alles kulturelle Leben« unterliege, um zu allgemeingültigen »biologischen Resultaten« zu gelangen (Hanslik 1907, S. VI). Dazu bediente er sich eines Schemas, das der Amerikaner William Morris Davis für die physiographische Behandlung von Talbildungen kreiert hatte. Wie bei Davis die Formen der Täler eine Zeit der Jugend, der Reife und des Alters durchliefen, so bei Hanslik die kulturellen Erscheinungen und mit ihnen die dazugehörigen Völker. So sei die Sprachgrenze zwischen Deutschen und Slawen keine rein auf historische Prozesse zurückgehende zufällige Linie, sondern »als ein Naturvorgang« anzusehen, »als ein *Herausarbeiten der Naturgrenzen Europas in der Geschichte*, als ein Erheben der natürlichen Grenzen zu Kulturgrenzen«, kurzum als ein »*Reifevorgang* […], ein Ausreifen der Grenzen« (Hanslik 1910, S. 117).

Später, im Weltkrieg, formulierte Hanslik seine Überzeugung noch extremer. »Wo ein Land ist, wird ein Mensch, lautet das Naturgesetz. […] Menschen wachsen auf der Erde, ebenso wie Trauben, Korn oder Baumfrüchte« (Hanslik 1917, S. 28). »Raumeinheiten, […] die in gleicher Richtung einseitig auf die Seele des Menschen wirken, setzen sich in Geisteseinheiten um, Raumgrenzen in Geistesgrenzen. […] Starke Naturgrenzen bedingen ebenso starke Geistesgrenzen, starke Raumunterschiede haben ebenso starke Geistesunterschiede zur Folge. Allgemein läßt sich aussprechen, daß die Individuation der Menschheit in erster Linie kausaler Natur ist, indem sie auf die Gliederung der Erde zurückgeht« (ebd., S. 85). So wüchsen die »Menschheitsglieder aus den Gliedern der Erde« hervor (ebd., S. 95). Auf dieser Basis träumte Hanslik von einem Menschheitsfrieden.

Wie dieser knappe Überblick zeigt, legten die oben zitierten österreichischen Geographen, die alle aus der Schule Albrecht Pencks hervorgegangen waren, die Geographie auch nach 1900 weiterhin darauf fest, das Soziale (speziell das Wirtschaftliche und das Politische) letzten Endes auf die naturräumlichen Potenziale eines Landes zu beziehen. Zugleich lehnten sie einen deterministischen Naturalismus ab und betonten (Hanslik ausgenommen) die überragende Bedeutung der soziologischen Faktoren und die aktive, voluntaristische Rolle des Menschen bei seiner Aneignung der konkreten Natur. Eine direkte Berufung auf Vertreter der mitunter radikal-darwinistischen österreichischen Soziologie ist nicht zu erkennen, obwohl deren Arbeiten viele geographienahe Stellen enthalten und auch Ludwig Gumplowicz Friedrich Ratzels *Politische Geographie* (1897) als Inspirationsquelle schätzte und dessen Leistungen auf eine Stufe mit denen Gustav Ratzenhofers stellte. Ratzel habe erkannt, dass weit mehr als der Mensch der »Boden« den Staat belebe und die Geschichte bewege (Gumplowicz 1902, S. 157). Ratzel selbst wollte mit seiner *Politischen Geographie* eine breite »Annäherung« von Staats- und Geschichtswissenschaft an die Geographie bewirken, da »der ganze Komplex der soziologischen Wissenschaften nur auf geographischem Grunde recht gedeihen« könne (Ratzel 1897, S. V). Die bisherige Entwicklung der Soziologie befriedigte ihn nicht.

Immerhin konnte Heiderich zumindest für die »Sozialökonomie« vermelden, dass einige ihrer Vertreter »bereits in ziemlich großem Umfange die geographischen Momente« in ihrer Bedeutung für die Weltwirtschaft erfasst hätten (Heiderich 1918, S. 357). Hansliks naturalistisches Konzept kam sogar auf dem Zweiten Deutschen Soziologentag von 1912 zur Sprache, stieß aber bei Max Weber auf Ablehnung. Er meinte, dass das beobachtete Zusammenfallen von ethnischer und botanischer Grenze vielmehr auf eine überlegene deutsche Siedlungstechnik gegenüber der slawischen zurückgehe, »welche den schwierigen Aufgaben der Rodung der Berghänge nicht gewachsen war« (Weber 1913, S. 190). Schon auf dem Ersten Deutschen Soziologentag von 1910 hatte Weber die Geographie jenen Wissenschaften zugerechnet, die ihren Zweck verfehlten, weil sie nicht leisteten, was von ihnen erwartet werde, nämlich an konkreten Kulturerscheinungen aufzuzeigen, was »durch klimatische oder ähnliche rein geographische Momente bedingt« sei (Weber 1911, S 156). Die damalige deutschsprachige Geographie einschließlich der österreichischen hatte noch einen langen Weg vor sich, ehe sich die Erkenntnis durchsetzte, dass das Verhältnis des Menschen zur Natur *im Kontext der Gesellschaft* ein innergesellschaftliches Problem darstellt und der Mensch als soziales Wesen auch ohne Bezug auf die Natur Gegenstand einer Geographie sein kann.

Es gab jedoch auch erste Schritte zur Ablösung naturalistischer Begründungen von Politik. So hielt Hans von Mžik, der ab 1917 an der Wiener Universität Historische Geographie des Orients lehrte, jenen Wissenschaftlern, die in Gliederungen der Erdoberfläche nach einer Begründung politischer Verhältnisse suchten, vor, dass es sich hierbei lediglich um eine *»pseudowissenschaftliche ›Rechtfertigung‹ des programmatischen Momentes* [politischer Willensentscheidungen] *vor dem Forum der Öffentlichkeit«* handele (Mžik 1918, S. 207). Jeder »Historiker, Geograph, Staatswissenschaftler oder Soziologe« müsse sich »bewußt sein, daß derartige Standpunkte kein Mehr an Erkenntnis eintragen, sondern nur eine gefährliche Belastung seiner Methode bedeuten« (ebd., S. 208). Penck und seine Schule entnahmen hingegen weiterhin den natürlichen Gliederungen Europas, die sie erkannt zu haben glaubten, Fingerzeige für die einzuschlagende Richtung der deutschen und der österreichischen Politik. So beschwor Penck, der seit 1906 in Berlin lehrte, im Ersten Weltkrieg Wiens »einzigartige geographische Lage«, durch welche die Monarchie zusammengewachsen sei: »Dies ist geschehen *unter dem Zwange der geographischen Verhältnisse*« (Penck 1915, S. 18).

Gumplowicz, Ludwig (1902): *Die soziologische Staatsidee* [1892], Innsbruck: Wagner'sche Universitätsbuchhandlung.

Hanslik, Erwin (1907): *Kulturgrenze und Kulturzyklus in den polnischen Westbeskiden* (= Petermanns Mitteilungen, Ergänzungsheft 158), Gotha: Perthes.

– (1910): Kulturgeographie der deutsch-slawischen Sprachgrenze. In: *Vierteljahrschrift für Social- und Wirtschaftsgeschichte* 8, S. 103–127 und S. 445–475.

– (1917): *Österreich. Erde und Geist* (= Schriften des Instituts für Kulturforschung, Bd. 5), Wien: Institut für Kulturforschung.

Heiderich, Franz (1910): Die Wirtschaftsgeographie und ihre Grundlagen. In: *Karl Andree's Geographie des Welthandels*, Bd. 1., Frankfurt a.M.: Keller, S. 15–103.

– (1913): Die Sozialwirtschaftsgeographie (Grundsätzliches und Literatur). In: *Weltwirtschaftliches Archiv* 2, S. 455–475.

– (1917): Wirtschaftsgeographie. In: *Mitteilungen der k.k. Geographischen Gesellschaft in Wien*, Bd. 60, S. 223–228.

Mžik, Hans von (1918): Was ist Orient? In: *Mitteilungen der geographischen Gesellschaft in Wien*, Bd. 61, S. 191–208.

Penck, Albrecht (1915): *Politisch-geographische Lehren des Krieges* (= Meereskunde, Heft 106), Berlin: Reimer.

Ratzel, Friedrich (1897): *Politische Geographie oder die Geographie der Staaten, des Verkehres und des Krieges*, München/Leipzig: Oldenbourg.

Sieger, Robert (1903): Forschungs-Methoden in der Wirtschafts-Geographie. In: Georg Kollm (Hg.), *Verhandlungen des vierzehnten Geographentages zu Cöln am 2., 3. und 4. Juni 1903*, Berlin: Reimer, S. 91–108.

– (1904/05): Nation und Nationalität. In: *Österreichische Rundschau* 1, S. 659–670.

– (1915): Die geographischen Grundlagen der österreichisch-ungarischen Monarchie und ihrer Außenpolitik. In: *Geographische Zeitschrift* 21, S. 1–22 und S. 83–131.

– (1918): *Der österreichische Staatsgedanke und seine geographischen Grundlagen* (= Österreichische Bücherei 9), Wien/Leipzig: Fromme.

Weber, Max (1911): [Diskussionsbemerkungen zum Vortrag Ploetz]. In: *Verhandlungen des Ersten Deutschen Soziologentages vom 19.–22. Oktober 1910 in Frankfurt a. M. Reden und Vorträge von Georg Simmel [et al.] und Debatten*, Tübingen: Mohr, S. 151–157.

– (1913): [Diskussionsbemerkungen zum Vortrag Hartmann]. In: *Verhandlungen des zweiten Deutschen Soziologentages vom 20.–22. Oktober 1912 in Berlin. Reden und Vorträge von A. Weber [et al.] und Debatten*, Tübingen: Mohr, S. 188–191.

Weiterführende Literatur

Fassmann, Heinz (2011): Universitäre Geographie in Graz. In: Karl Acham (Hg.), *Kunst und Wissenschaft aus Graz*, Bd. 3: *Rechts-, Sozial- und Wirtschaftswissenschaften aus Graz*, Wien/Köln/Weimar: Böhlau, S. 117–132.

Henniges, Norman (2015): »Naturgesetze der Kultur«: Die Wiener Geographen und die Ursprünge der »Volks- und Kulturbodentheorie«. In: *ACME: An International e-Journal for Critical Geographies* 14/4, S. 1309–1351 (= Online-Ressource).

Lichtenberger, Elisabeth (2001): Geographie. In: Karl Acham (Hg.), *Geschichte der österreichischen Humanwissenschaften*, Bd. 2: *Lebensraum und Organismus des Menschen*, Wien: Passagen Verlag.

Schultz, Hans-Dietrich (1980): *Die deutschsprachige Geographie von 1800 bis 1970. Ein Beitrag zur Geschichte der Methodologie* (= Abhandlungen des Geographischen Instituts – Anthropogeographie, Bd. 29), Berlin: Geographisches Institut.

– (2011): »Ein wachsendes Volk braucht Raum.« Albrecht Penck als politischer Geograph. In: Bernhard Nitz/Marlies Schulz/Ders. (Hgg.), *1810–2010: 200 Jahre Geographie in Berlin*, 2. Aufl., Berlin: Geographisches Institut der Humboldt Universität zu Berlin, S. 99–153.

Wardenga, Ute (2005): Die Erde im Buch. Geographische Länderkunde um 1900. In: Iris Schröder/Sabine Höhler (Hgg.): *Welt-Räume. Geschichte, Geographie und Globalisierung seit 1900*, Frankfurt a.M.: Campus, S. 175–203.

Hans-Dietrich Schultz

VII. Ethnologie

1. ETHNOGRAPHIE

Rudolf Pöchs technisch-methodische Pionierleistungen im Dienste der Ethnographie

Die Erfindung des Phonographen beeinflusste methodisch nicht nur verschiedene Forschungsrichtungen, sondern führte auch zur Gründung von Schallarchiven. Als erstes wissenschaftliches Schallarchiv wurde in Wien 1899 das Phonogrammarchiv der Kaiserlichen Akademie der Wissenschaften mit dem Bestreben gegründet, »die Kluft zwischen Geistes- und Naturwissenschaften zu überbrücken« (Blaukopf 1995, S. 170). Um den Sammlungszuwachs zu garantieren, sollten »die von der kaiserl. Akademie der Wissenschaften, den cartellierten Akademien oder anderen Corporationen veranstalteten Reisen und Expeditionen ausgenützt werden [...]« (Exner 1900, S. 2). Rudolf Pöch (1870–1921) war ein wesentlicher »Zuträger« und zudem ein Vertreter beider Wissenschaften. Auch wenn sein Hauptinteresse der Anthropologie galt, hatte er doch auch ein umfassendes, dem Zeitgeist entsprechendes Interesse an der Kultur von »Naturvölkern«. Für seine Expeditionen nach Papua-Neuguinea und Süd-Afrika war Pöch mit dem Archiv-Phonographen ausgerüstet, hatte aber auch Foto- und Filmkamera im Gepäck. All seine Erfahrungen im Feld bündelt er später in seinem Aufsatz über »Technik und Wert des Sammelns [...]« (Pöch 1917). Pöchs Anweisungen gingen von den idealen Verhältnissen einer Aufnahme im Archiv aus, und er adaptierte diese auf die Feldsituation: »Es liegt in der Natur der Sache, dass bei der Arbeit auf Reisen [...] vieles entbehrt werden muss. Man hat sich nun die Frage zu stellen, bis zu welcher Grenze der Vollkommenheit man bei diesem Verzicht gehen kann, ohne dass die Aufnahme ihren wissenschaftlichen Wert verliert« (ebd., S. 3). Rudolf Brandl stellt die Frage »nach den Bedingungen und Voraussetzungen unter denen eine spezifische Feldforschungstechnik richtige Resultate liefern kann« (Brandl 1973, S. 74), und darauf zielt auch Pöch ab, wenn er schreibt: »Die Brauchbarkeit einer phonographischen Aufnahme überhaupt hängt erstens von der rein technischen Vollkommenheit [...] der Platte und zweitens von der möglichst genauen Feststellung des aufgenommenen Textes ab« (Pöch 1917, S. 3).

Auf Pöchs Arbeitsweise im Feld (»Ein-Mann-Expedition« mit Unterstützung der Einheimischen, Anpassung an Land und Leute bei gleichzeitigem Wissen um die eigene Überlegenheit und Macht) lässt sich aus seinen Berichten und Aufnahmeanleitungen schließen: Beispielsweise nahm er einerseits quasi dokumentarisch die Gesänge der Motu-Leute aus Papua-Neuguinea bei der Rückkehr mit ihren Booten auf, andererseits arbeitete er explorativ, wenn er sie in sein Haus einlud und ihnen Aufnahmen vorspielte, um ihnen die Scheu zu nehmen, oder Probeaufnahmen mit den weniger wertvollen Zylindern machte, um die Motu sich selbst hören und lernen zu lassen, »was eine gute und eine schlechte Aufnahme ist und [wie …] in der Folge die Fehler zu vermeiden [wären]« (Exner/Pöch 1905, S. 900–901). Bei seinen Filmaufnahmen verfuhr er ähnlich – einmal stellte er die Kamera am Dorfplatz auf und ließ sie laufen, um das Geschehen »unbeeinflusst« zu dokumentieren, dann filmte er bestimmte Szenen, wie z.B. eine töpfernde Frau (vgl. Spindler 1974, S. 104). Wo das akustische Dokument nur einen Ausschnitt der »Wirklichkeit« darstellt, geben die kurzen, mit erheblichem Rauschen behafteten Aufnahmen und die detaillierte Beschreibung des Kontexts (wie Tanzen, Rufen, oder Schreien während der Aufnahme, vgl. Pöch 1907, S. 806f.) nähere Einblicke in die festgehaltene Situation. Pöchs Anleitungen sind methodisch v.a. auf Faktisches ausgerichtet, ganz wie das dem damals üblichen Messen und Vergleichen entsprach. Hier spiegelt sich der Einfluss der biometrischen wie auch der analysierenden und vergleichenden Methoden (z.B. der vergleichenden Musik- und Sprachwissenschaft) wider, mit denen man erst nach und nach »den Hintergründen und […] Zusammenhängen mit dem Kulturganzen« nachzugehen begann (Brandl 1973, S. 73).

Pöch war in seinem Denken und Handeln in seiner Zeit verhaftet – die akribische Beschreibung seiner Sammlungen spiegelt die positivistische Methode wider, seine Suche nach Kleinwüchsigen und die Forschung an diesen die evolutionistische. Pöch unterhielt regen Austausch mit dem »armchair ethnologist« Erich Moritz von Hornbostel und gehörte wie sein Freund, der namhafte Ethnosoziologe Richard Thurnwald, zum Schülerkreis Felix von Luschans. Pöch stellt sich heute als umtriebiger Sammler dar, dessen Ton-, Bild- und Filmdokumente, Artefakte sowie Schriften (Feldnotizen, Berichte) für spätere Forschungen (z.B. Graf 1950, Pronay 1993) herangezogen wurden. Neben Pöchs innovativen Feldforschungsmethoden darf seine moralisch untragbare anthropologische Arbeit nicht unerwähnt bleiben (Legassick/Rassool 2000).

Blaukopf, Kurt (1995): *Pioniere empiristischer Musikforschung. Österreich und Böhmen als Wiege der modernen Kunstsoziologie*, Wien: Hölder-Pichler-Tempsky.

Brandl, Rudolf M. (1973): Der Einfluss der Feldforschungstechniken auf die Auswertbarkeit musikethnologischer Quellen. In: *Bulletin of the International Committee on Urgent Anthropological and Ethnological Research* 15, S. 73–88.

Exner, Sigmund (1900): Bericht über die Arbeiten der von der kaiserl. Akademie der Wissenschaften eingesetzten Commission zur Gründung eines Phonogramm-Archives. In: *Anzeiger der mathematisch-naturwissenschaftlichen Klasse* 37 (Beilage), S. 1–6.

Exner, Felix/Rudolf Pöch (1905): Phonographische Aufnahmen in Indien und Neuguinea. In: *Sitzungsbericht der mathematisch-naturwissenschaftlichen Klasse* 114, S. 897–904.

Graf, Walter (1950): *Die musikwissenschaftlichen Phonogramme Rudolf Pöchs von der Nordküste Neuguineas. Eine materialkritische Studie unter besonderer Berücksichtigung der völkerkundlichen Grundlagen*. Wien: Österreichische Akademie der Wissenschaften (Rudolf Pöchs Nachlaß, Serie B. Völkerkunde).

Legassick, Martin/Ciraj Rassool (2000): *Skeletons in the cupboard. South African museums and the trade in human remains 1907–1917*, Cape Town: South African Museum.
Pöch, Rudolf (1907): Zweiter Bericht über meine phonographischen Aufnahmen in Neu-Guinea (Britisch-Neu-Guinea vom 7. Oktober 1905 bis zum 1. Februar 1906). In: *Sitzungsbericht der mathematisch-naturwissenschaftlichen Klasse* 116, S. 801–817.
– (1917): Technik und Wert des Sammelns phonographischer Sprachproben auf Expeditionen. In: *Sitzungsbericht der mathematisch-naturwissenschaftlichen Klasse* 126, S. 3–15.
Pronay, Georgine (1993): *Kai und Manam. Vergleich zweier Stämme aus Neuguinea in den Jahren 1904–1906 an Hand der Sammlung und Photographien Rudolf Pöchs, seiner Schriften sowie der schriftlichen Berichte der Missionare*, Dissertation, Universität Wien.
Spindler, Paul (1974): Die Filmaufnahmen von Rudolf Pöch. In: *Annalen des Naturhistorischen Museums Wien* 78, S. 103–108.

Weiterführende Literatur

Lange, Britta (2013): *Die Wiener Forschungen an Kriegsgefangenen 1915–1918. Anthropologische und ethnografische Verfahren im Lager* (= Sitzungsberichte der philosophisch-historischen Klasse 838, Veröffentlichungen zur Sozialanthropologie 17), Wien: Österreichische Akademie der Wissenschaften.
Schüller, Dietrich (Hg.) (2000): *Papua New Guinea (1904–1909). The collections of Rudolf Pöch, Wilhelm Schmidt, and Josef Winthuis* (= Sound Documents from the Phonogrammarchiv of the Austrian Academy of Sciences: The Complete Historical Collections 1899–1950, Series 3, OEAW PHA CD 9), Wien: Verlag der ÖAW.
– (Hg.) (2003): *Rudolf Pöch's Kalahari Recordings (1908)* (= Sound Documents from the Phonogrammarchiv of the Austrian Academy of Sciences: The Complete Historical Collections 1899–1950, Series 7, OEAW PHA CD 19), Wien: Verlag der ÖAW.
Stangl, Burkhard (2000): *Ethnologie im Ohr. Die Wirkungsgeschichte des Phonographen*, Wien: Wiener Universitätsverlag.
Teschler-Nicola, Maria (2009): Felix von Luschan und die Wiener Anthropologische Gesellschaft. In: Peter Ruggendorfer/Hubert D. Szemethy (Hg.), *Felix von Luschan (1854–1924). Leben und Wirken eines Universalgelehrten*, Wien: Böhlau, S. 55–79.

Gerda Lechleitner

2. SOZIALANTHROPOLOGIE

Zur Sozialanthropologie Richard Thurnwalds, Bronisław Malinowskis und Wilhelm Schmidts

Richard Thurnwald nannte sein Forschungsgebiet »Ethnosoziologie«, Bronisław Malinowski »Social Anthropology«, Wilhelm Schmidt »Völkerkunde«. Das ist nicht unerheblich. »Völkerkunde« war alternierend mit »Ethnologie« der Name des Faches im deutschen Sprachraum. Hiervon wollte sich Thurnwald abheben, zugleich aber auch von der »Sozialanthropologie«, worunter man um 1900 eine »rassenhygienische«, mehr weltanschauliche als akademische Forschungsrichtung verstand. »Social Anthropology« war damals keineswegs das anglophone Äquivalent derselben, vielmehr der seit 1909 offizielle Fachname in England, den auch der polnisch-österreichische Immigrant Malinowski übernahm. Hinter solchen Begriffsschattierungen steht noch eine grundsätzliche Differenz: »Anthropologie« meint den Menschen als solchen bzw. die Menschheit, unterteilbar nach Entwicklungsgraden, »Ethnologie« die räumlich-zeitlich konkretisierten, durch Sprache, Kultur und Wir-Gefühl bestimmbaren Völker der Erde. Dieser steht Thurnwalds »Ethnosoziologie« als die »soziologische Theorie der interethnischen Systeme« (Mühlmann 1965) näher als die britische »Social Anthropology«, die das damalige Schulhaupt als »das vergleichende Studium der Institutionen in primitiven Gesellschaften« definierte (Radcliffe-Brown 1952, S. 275; zur Terminologie vgl. Stagl 2002, S. 253–282).

Eine verbindende Klammer dieser drei in ihren Interessen so ähnlichen, ihrer fachlichen Ausrichtung aber teils so unterschiedlichen Autoren ist es auch, dass sie – jeder auf seine Art – Österreicher waren. Der Wiener Bürgersohn Thurnwald (1869–1954), Dr. jur. in Graz, Verwaltungsbeamter in Bosnien, zudem Altorientalist, war 1901 an das Völkerkundemuseum in Berlin gegangen, wo er verblieb. Bronisław Malinowski (1884–1942), aus besitzlosem Adel, welcher bevorzugt die polnische Intelligenz stellte, Sohn des Linguisten Lucian Malinowski, war in seiner Heimatstadt Krakau sub auspiciis Imperatoris in Physik promoviert worden und mit dem für solche Leistungen üblichen Stipendium nach Leipzig zum Experimental- und Völkerpsychologen Wilhelm Wundt und schließlich an die London School of Economics gegangen, wo er zur Social Anthropology fand. Beim ersten Feldaufenthalt in Neuguinea vom Krieg überrascht, konnte er – damals noch Untertan Kaiser Franz Josephs und somit nominell auf der falschen Seite – die von den Australiern großzügig gehandhabte Internierung in eine stationäre Feldforschung verwandeln. Auch bei Wilhelm Schmidt (1868–1954) hatte eine historische Zufälligkeit hereingespielt: Der Arbeitersohn aus Hörde bei Dortmund war in den Orden der Steyler Missionare, die »Gesellschaft des Göttlichen Wortes« (Societas Verbi Divini, S.V.D.), eingetreten, die wegen des »Kulturkampfes« außerhalb der Reichsgrenzen residierte. Schmidt kam an das Missionshaus St. Gabriel bei Mödling, wo er ab 1895

Linguistik und Völkerkunde unterrichtete: »He fell in love with Austria and Vienna« (Brandewie 1990, S. 43).

Richard Thurnwald wurde vom Berliner Museum nach Deutsch-Neuguinea geschickt, wo ihn gleichfalls der Krieg ereilte. Er konnte jedoch in die USA (Berkeley) ausreisen und musste erst mit deren Kriegseintritt 1917 nach Berlin zurückkehren. In seiner Jugend war er der Lebensreformbewegung nahegestanden, in der ja auch die Rassenhygiene stets eine gewisse Rolle spielte. Die Feldforschungsjahre hatten ihn zwar entideologisiert, doch die Begriffe »Auslese« und »Ausmerze«, zusammengefasst als »Siebung«, übernahm er gleichwohl in seine Ethnosoziologie. Diese meist unwillkürlichen Prozesse fand er freilich von der gegenläufigen »Reziprozität« ausbalanciert, auf der die Identitätsbildung bei den »Naturvölkern« vor allem beruht und die er gesondert erforschte (Thurnwald 1920). Auch bemühte sich Thurnwald um eine empirische Völkerpsychologie. Dabei gelangte er zur Ansicht, dass die These Lucien Lévy-Bruhls von der »primitiven Mentalität« bzw. einem »prälogischen Denken« auf eine Grundschicht jeder – auch der »zivilisierten« – Persönlichkeit eingeengt werden muss, über der sich dann, überall prekär und intermittierend, das logisch-rationale Denken erhebt.

Überhaupt verstand Thurnwald die Erforschten nicht als lebende Fossile, sondern als individualisierte, entscheidungsfähige Menschen, die flexible und sich ständig wandelnde Gruppen bilden. Dieser Wandel ist das Thema der Ethnosoziologie. Er vollzieht sich unter bestimmten Vorgaben: der jeweiligen technologisch-kulturellen Ausrüstung, der Außenbeziehungen der Gruppen, gewisser sozialer Mechanismen wie Siebung und Reziprozität, sowie historischer Imponderabilien. Damit überwand Thurnwald die starren »Entwicklungs«-Schemata, die das späte 19. Jahrhundert der Ethnologie übergestülpt hatte. Ein solches war das von Johann Jakob Bachofen in so glühenden Farben geschilderte, vielen der Vorkämpferinnen für die Frauenemanzipation so wohlgefällige »Mutterrecht«. Diese heilige Kuh gab Thurnwald zur Schlachtung frei. Die Gesellschaften Nordost-Neuguineas und Inselmelanesiens waren vorwiegend matrilineal. Mit seiner eher ambulanten als stationären Feldforschungsmethode hatte er viele derselben kennengelernt, bei denen sich matrilineale und patrilineale Anteile in unterschiedlicher Manier durchdrangen – was sich als durchaus vereinbar erwies mit einer auffälligen Schlechterstellung der Frauen –, wo sich aber nirgends ein Bachofen'sches »Mutterrecht« fand, geschweige denn eine Dominanz der weiblichen Seite.

Thurnwalds Hauptwerk *Die menschliche Gesellschaft in ihren ethno-soziologischen Grundlagen* (5 Bde., 1931–1935) behandelt Familie, Verwandtschaft, Bünde, Staat, Kultur und Recht in globaler, vergleichender Perspektive. Religion und Magie, die für die Ethnologie des 19. Jahrhunderts so wichtig gewesen waren, kommen nur am Rande zur Sprache. Band 1, *Repräsentative Lebensbilder von Naturvölkern*, erweist *auch* diese als wert, wissenschaftlich dokumentiert zu werden. 1925 hatte Thurnwald die *Zeitschrift für Völkerpsychologie und Soziologie* – die auch heute noch unter ihrem Haupttitel *Sociologus* bekannt ist – gegründet. Trotzdem verlief seine akademische Laufbahn schleppend. Er zeigte sich schwer einordenbar. Erfolgreiche Feldforscher beweisen oft eine Anpassungsfähigkeit vor Ort, die ihnen zuhause mangelt. Auch hatte die Thurnwald'sche Ethnosoziologie mehr Sinn für Komplexität und Differenziertheit als für spektakuläre Thesen. Über Akkulturationsforschungen in Ostafrika und Ozeanien suchte Thurnwald nach 1933 vergebens, den Absprung aus Deutschland zu finden (vgl. Melk-Koch 1989).

Bronisław Malinowski hatte in seiner Dissertation *Über das Prinzip der Ökonomie des Denkens* den Empiriokritizismus Ernst Machs mathematisch zu fassen versucht: Erkenntnisgewinne seien Funktionen zweier Variabler, der aufgewendeten Energie und der Leistung des Gewonnenen für die Bedürfnisbefriedigung (vgl. Flis 1988; Thornton/Skalník 1993, S. 26–38). Diese natur- und formalwissenschaftliche Orientierung verband Malinowski mit künstlerischer Sensibilität, der Fähigkeit, in drei Sprachen lesbar zu schreiben, und einem Gespür für die Themenwahl. Die Feldforschungsjahre auf Trobriand, einem kleinen Archipel von Korallenatollen nördlich der Ostspitze Neuguineas, nutzte er überaus intensiv. Seine erste einschlägige Monographie, *Argonauts of the Western Pacific* (1922), spielt im Titel auf den Kula-Ring an, einen Zyklus ritueller Bootsreisen, wobei hochgeschätzte, ansonsten aber nutzlose Objekte – rote Muschelketten bzw. weiße Armbänder aus Meeresschneckenhäusern – zwischen den Inseln zirkulieren, jene im Uhrzeigersinn, diese gegenläufig. Ihr Austausch in der Form von Gaben hält den Archipel politisch zusammen, ratifiziert die Positionen der Beteiligten und erlaubt am Rande weitere, mehr utilitäre Tauschhandlungen. Es folgte das Buch *Das Geschlechtsleben der Wilden in Nordwest-Melanesien* (1929), mit Schilderungen des relativ freizügigen vorehelichen, des ehelichen, familiären und verwandtschaftlichen Lebens in einer matrilinealen Gesellschaft, wobei die ansonsten oft latinisierten »pikanten« Stellen ohne falsches Schamgefühl in den Text integriert sind. *Coral Gardens and Their Magic* (1935) schließlich beschreibt und analysiert die Wechselbeziehung von Bodenbestellung und Magie im Zyklus der Jahreszeiten.

Diese Trobriand-Trilogie legte das Fundament für den Malinowski'schen »Funktionalismus«. Der schon in seiner Dissertation zentrale Funktionsbegriff blieb der Basso continuo seiner ideenreichen, wenngleich nicht konsistenten Theorienbildung (vgl. Panoff 1971; Kohl 1990). Es ging Malinowski um zweierlei: exotische Gesellschaften aus ihren eigenen Bedingungen heraus zu *verstehen* und ihr Funktionieren aus allgemeineren, quasi-naturgesetzlichen Vorgaben zu *erklären*. All das war gewollt ahistorisch. Das Gewordensein wurde ausgeblendet. Dies nennt Ernest Gellner »a kind of ethnocentrism-in-time« (Gellner 1987, S. 54). Dieser Ansatz entsprach dem zu Beginn des 20. Jahrhunderts von der Biologie auf die Psychologie sowie die Sozial- und Kulturwissenschaften ausstrahlenden »Holismus«: Organismen seien wie Personen oder Völker in allen ihren Teilen interdependente »Ganzheiten« (vgl. etwa Carlsson 1971). Er harmonierte auch mit einem Umschwenken der Kolonialreiche von der direkten zur indirekten Verwaltung. Gellner hat gezeigt, dass dies auch für das Habsburgerreich in der Jugendzeit Malinowskis galt: Die »Austroslawisten«, mit denen sein Vater wie dann auch Malinowski selbst sympathisierte, gönnten der slawischen Mehrheit des Reiches die Pflege ihrer Sprachen und Nationalitäten bei weiterbestehendem Reichspatriotismus (Gellner 1987). Diese Sparversion des Nationalismus suchte vor allem eines einzuschränken: die Interpretationshoheit über die eigene Geschichte. Analog hat Malinowski festgestellt, dass Mythen zwar behaupten, Vergangenes zu erklären, doch eigentlich nur gegenwärtige Ambitionen legitimieren. Wenn das Wissen von der Vergangenheit somit nur ein Produkt der Gegenwart und überdies ein Konfliktgenerator sei, habe es vor der Analyse der Funktionen der Imperien (und zwar sowohl der Kolonialreiche als auch anderer multiethnischer Reiche), in denen mehrere Geschichtskörper eingebettet sind, zwischen welchen die imperialen Strukturen vermitteln, zurückzutreten: mit der funktionalen Analyse wird also ein »Verweile doch, du bist so schön!« heraufbeschworen, weil die Reiche ihre Aufgaben aus Malinowskis Sicht im Großen und Ganzen nach wie vor zufriedenstellend erfüllten und ihm daher erhaltenswert erschienen (Malinowski 1926). Solche funktionalistische Geschichtsskepsis findet sich häufiger in der österreichischen Moderne, so etwa im architektonischen »Funktionalismus« – von dem sich im Übrigen auch der Begriff herleitet –, dem das Historisierende wie alles bloß Dekorative als »Lüge und Maskerade« galt, oder im »Formalismus« in den Künsten, der außerkünstlerische Zwecke, moralische wie politische, gegenüber deren Eigengesetzlichkeit für unwesentlich erklärte (Sedlmayr 1955, S. 16–20, 68–70; Střítecký 1992; Stagl 1995).

Der Malinowski'sche Funktionalismus war dem Thurnwald'schen nicht unähnlich. Thurnwald aber war vorsichtiger und umsichtiger. Malinowski, der leicht und gerne schrieb, ließ sich gelegentlich von der eigenen Brillanz und Gestaltungsgabe mitreißen. Das trug zu seinem Welterfolg bei, erklärt aber auch die post festum laut gewordene Kritik. So nutzte er etwa seine Vertrautheit mit einer matrilinealen Gesellschaft weniger für die Kritik an Bachofen als für die an Sigmund Freud: Wo bliebe angesichts der kontrollierenden Mutterbrüder und marginalen Väter der Ödipuskomplex? Gelte die Psychoanalyse allgemein oder doch eher für das Wiener Bürgertum um 1900? (Malinowski 1962) Berühmt wird man als Extremist, nicht durch Ausgewogenheit. Doch gerade der Antihistorismus Malinowskis wurde noch zu seinen Lebzeiten von der Nemesis der Geschichte ereilt: Die »Primitivgesellschaften« begannen unter dem Andrang der westlichen Zivilisation und der dadurch losgetretenen örtlichen Nationalismen immer schlechter zu funktionieren, ja sich aufzulösen, sodass der späte Malinowski, und zwar mit erheblich schlechterem Gewissen als Thurnwald, Akkulturationsforschung zu treiben hatte (vgl. Malinowski 1945).

Pater Wilhelm Schmidt S.V.D. hatte nach der Ordenshochschule drei Semester in Berlin orientalische Sprachen studiert und war ansonsten Autodidakt. Er hatte jedoch die Gabe, enorme Datenmassen rasch erfassen und organisieren zu können. So übergab ihm der Orden das ethnographisch-linguistische Material der Mission in Deutsch-Neuguinea. Schmidt erweiterte sein Forschungsfeld sukzessive über Ozeanien, Australien und Südostasien. Für den Nachweis der Verwandtschaft der Munda-Sprachen Indiens, der Mon-Khmer-Sprachen Hinterindiens und der »austronesischen« (Schmidts Terminus) Sprachen in Melanesien und Neuguinea erhielt er 1906 die höchste Anerkennung der Linguistik, den »Prix Volney«. Es folgte die Klassifizierung der Sprachen Australiens (1912–1918). Seine Arbeiten erschienen in der von ihm 1906 gegründeten Zeitschrift *Anthropos*, die die bislang eher bagatellisierten Leistungen der Missionare der wissenschaftlichen Welt vorstellte. Schmidt war vor allem Theoretiker und Organisator am Schreibtisch, der die Feldarbeiten anderer auswertete.

Sein Haupt- und Lebenswerk *Der Ursprung der Gottesidee* (12 Bde., 1912–1956) suchte die Religionsethnologie vom Kopf auf die Füße zu stellen. Der herrschende »Evolutionismus« (wiederum Schmidts Terminus) habe die primitivsten Äußerungen des Religiösen wie Fetischismus und Animismus zu den ursprünglichen erklärt. Doch man müsse bei den allereinfachsten Kulturen beginnen, jenen der noch übrigen Jäger und Sammler, und hier vor allem bei der der bislang kaum erforschten Pygmäen (Schmidt 1910). Bei diesen finde man kaum Geister und Fetische, dafür aber den Glauben an einen »Hochgott«, der Welt und Menschen erschaffen habe und beherrsche – einen Glauben, der obendrein mit der Einehe und der Gleichbewertung der Geschlechter einhergehe. Damit verband Schmidt das Theologumenon einer allen Völkern zuteil gewordenen »Uroffenbarung«. Auch bei einfachster Technologie besäßen alle Menschengruppen eine vollständige Sprache und alle Verstandesfähigkeiten – eine »anima naturaliter Christiana«.

Schmidts Religionsethnologie war in eine universalhistorische, weltumspannende Völkerkunde eingebettet. Er rubrizierte die Menschheit unter fünf großen ethnolinguistischen Einheiten oder »Kulturkreisen«, die er als feste, dauerhafte Kombinationen zahlreicher Elemente aus Kultur, Gesellschaft und Religion verstand. Damit war die historisch-diffusionistische Ethnologie, die Schmidt dem schematischen Denken der Evolutionisten entgegenhielt, bei einem (freilich uneingestandenen) Holismus angelangt. Die Kulturkreise der Menschheit seien: 1. der »exogam-monogamistische«, 2. der »geschlechtstotemistische«, 3. der »exogam-gleichrechtliche«, 4. der »exogam vater- bzw. mutterrechtliche« und 5. der »freimutter- bzw. vaterrechtliche«. Diese Einteilung folgt also soziologisch-juristischen Begriffen. Schon die Bachofen'schen Termini »Mutterrecht« und »Vaterrecht« weisen auf ein Entwicklungsschema hin. Doch das Schmidt'sche Schema führt nicht geradewegs von unten nach oben. Es beschreibt eine U-Kurve, deren linker Arm den Abstieg der Menschheit durch Verleugnung der Uroffenbarung anzeigt, der rechte ihren Wiederaufstieg durch das Christentum und die Weltmission. Das Degenerationsgefühl des Fin de siècle ist hier mit dem robusten Überlegenheitsgestus des 19. Jahrhunderts verbunden, allerdings bei vertauschten Vorzeichen. Die nie unangefochtene Kulturkreislehre erwies sich freilich bald als zu schematisch für die Fülle des ethnographischen Materials und wurde von Schmidts Schülern aufgegeben (vgl. Pusmann 2008, S. 266–276).

Wie Schmidts Kritik an Rudolf Ottos Buch *Das Heilige* (1917) zeigt, konnte sein thomistisches und im Grunde rationalistisches Religionsverständnis der Vielfalt religiöser Erfahrungen nicht gerecht werden (Schmidt 1923). Seine monumentale Studie zum *Ursprung der Gottesidee* war bei aller Materialfülle eher seine persönliche *Summa contra gentiles* als eine objektive Bestandsaufnahme. Zunächst hatte die religionswissenschaftliche Empirie Schmidt über die erstarrten Ideologeme des Evolutionismus hinweggetragen und ihm eine Polemik gestattet: Eine »vorurteilsfreie Religionswissenschaft« sei keineswegs »das Privileg der Glaubenslosen« (Schmidt 1912–1956, Bd. 3 [1931], S. 5). Nun wurde er selber starr und schlug weiterhin die Schlachten seiner Jugend. Man spürt, dass er Begriffe hinsichtlich ihres Bedeutungsumfangs willentlich streckte und gedankliche Ableitungen für historische Realität nahm. So hielt er unter Vermeidung des Wortes »matrilineal« bis zuletzt am Mutterrechtsbegriff fest. Die erwähnten Verhältnisse in Neuguinea, immerhin seinem ersten Forschungsgebiet, nannte er »vermännlichtes Mutterrecht« und verstand sie als den »tragische[n] Ausgang des Mutterrechts« (Schmidt 1952, S. 262).

Am Zenit seines Erfolges gründete Schmidt Institute und Zeitschriften, besetzte Lehrstühle, organisierte die päpstliche Missionsausstellung (1925), leitete das Museo Missionarico-Etnologico im Lateran (1926–1938), nahm Einfluss auf die Missionsenzykliken Pius' XI. Vor allem aber koordinierte er die weltweite Erforschung der Pygmäengruppen und anderer Repräsentanten des »exogam-monogamistischen Kulturkreises«. Als Feldkaplan Kaiser Karls hat er an die tausend Erholungsheime für Frontsoldaten organisiert. Sehr zum Unbehagen seiner Ordensoberen schrieb Schmidt um diese Zeit auch drei Werke zu aktuellen politischen Themen: *Germanentum, Slaventum, Orientvölker und die Balkanereignisse* (1917), *Zur Wiederverjüngung Österreichs. Versuch eines Entwurfes der Verfassungsreform* (1917) sowie *Der Deutschen Seele Not und Heil. Eine Zeitbetrachtung* (1920). Er war nun zum Autokraten geworden, der ohne viel Rücksichtname auf Vorgesetzte und Untergebene immer genau das tat, was er für gut und richtig hielt. Auch in der Republik mischte er sich ein: Er zählte zu den Mitbegründern der katholisch geprägten, aber rechts-links-integrativen »Österreichischen Aktion«, bemühte sich um eine christlichsoziale Familienpolitik und um die Gründung einer katholischen Universität in Salzburg. So musste er mit dem »Anschluss« in die Schweiz fliehen und kam nach dem Kriege nicht mehr wieder zurück (vgl. Bornemann 1982, Brandewie 1982).

Bornemann, Fritz (1982): *P. Wilhelm Schmidt S.V.D.*, Rom: Apud Collegium Verbi Divini.

Brandewie, Ernest (1982): Wilhelm Schmidt: A Closer Look. In: *Anthropos* 77, S. 151–162.

– (1990): *When Giants Walked the Earth. The Life and Times of Wilhelm Schmidt SVD*, Fribourg: University Press.

Carlsson, Gösta (1971): Betrachtungen zum Funktionalismus. In: Ernst Topitsch (Hg.), *Logik der Sozialwissenschaften*, 7. Aufl., Köln/Berlin: Kiepenheuer & Witsch, S. 236–261.

Ellen, Roy et al. (Hgg.) (1988): *Malinowski Between Two Worlds. The Polish roots of an anthropological tradition*, Cambridge: Cambridge University Press.

Flis, Andrzej (1988): Cracow philosophy of the beginning of the twentieth century and the rise of Malinowski's scientific ideas. In: Ellen et al. 1988, S. 105–127.

Gellner, Ernest (1988): Zeno of Cracow or Revolution at Nemi or The Polish Revenge. A Drama in Three Acts. In: Ders., *Culture, Identity and Politics*, Cambridge: University Press, S. 47–74.
Kohl, Karl-Heinz (1990): Bronisław Kasper Malinowski (1884–1942). In: Wolfgang Marschall (Hg.), *Klassiker der Kulturanthropologie. Von Montaigne bis Margaret Mead*, München: C.H. Beck, S. 227–247.
Malinowski, Bronisław (1922): *Argonauts of the Western Pacific. An Account of Native Enterprise and Adventure in the Archipelagoes of Melanesian New Guinea* [dt. 1979: Argonauten des westlichen Pazifik. Ein Bericht über Unternehmungen und Abenteuer der Eingeborenen in den Inselwelten von Melanesisch-Neuguinea], London: Routledge.
– (1926): *Myth in Primitive Psychology*, London: Kegan Paul.
– (1929): *Das Geschlechtsleben der Wilden in Nordwest-Melanesien. Liebe, Ehe und Familienleben bei den Eingeborenen der Trobriand-Inseln, Britisch-Neu-Guinea. Eine ethnographische Darstellung* [engl. 1929], Leipzig/Zürich: Grethlein.
– (1935): *Corel Gardens and Their Magic. A Study of the Methods of Tilling the Soil and of Agricultural Rites in the Trobriand Islands* [dt. 1981: Korallengärten und ihre Magie. Bodenbestellung und bäuerliche Riten auf den Trobriand-Inseln], 2 Bde., London: Allen & Unwin.
– (1945): *The Dynamics of Culture Change. An Inquiry into Race Relations in Afrika*, hrsg. von Phyllis M. Kaberry, New Haven: Yale University Press.
– (1962): *Geschlecht und Verdrängung in primitiven Gesellschaften*, Reinbek bei Hamburg: Rowohlt.
Melk-Koch, Marion (1989): *Auf der Suche nach der menschlichen Gesellschaft. Richard Thurnwald*, Berlin: Reimer.
Mühlmann, Wilhelm Emil (1956): Ethnologie als soziologische Theorie der interethnischen Systeme. In: *Kölner Zeitschrift für Soziologie und Sozialpsychologie* 8/2, S. 186–205.
Otto, Rudolf (1917): *Das Heilige. Über das Irrationale in der Idee des Göttlichen und sein Verhältnis zum Rationalen*, Breslau: Trewendt & Granier.
Panoff, Michel (1971): *Bronisław Malinowski*, Paris: Payot.
Pusmann, Karl (2008): *Die »Wissenschaften vom Menschen« auf Wiener Boden (1870–1959)*, Münster: LIT Verlag.
Radcliffe-Brown, Alfred R. (1952): Historical Note on British Social Anthropology. In: *American Anthropologist* 54, S. 275–277.
Schmidt, Wilhelm (1910): *Die Stellung der Pygmäenvölker in der Entwicklungsgeschichte des Menschen*, Stuttgart: Strecker & Schroeder.
– (1912–1956): *Der Ursprung der Gottesidee. Eine historisch-kritische und positive Studie*, 12 Bde., Münster: W. Aschendorffsche Verlagsbuchhandlung.
– [Pseud. Austriacus Observator] (1917a): *Germanentum, Slaventum, Orientvölker und die Balkanereignisse. Kulturpolitische Erwägungen*, Kempten/München: J. Kösel.
– [Pseud. Austriacus Observator] (1917b): *Zur Wiederverjüngung Österreichs. Versuch eines Entwurfes der Verfassungsreform*, Wien/Leipzig: Braumüller.
– (1920): *Der Deutschen Seele Not und Heil. Eine Zeitbetrachtung*, Paderborn: Ferdinand Schöningh.
– (1923): *Menschenwege zum Gotteserkennen: rationale, irrationale, superrationale. Eine religionsgeschichtliche und religionspsychologische Untersuchung*, München: Josef Kösel und Friedrich Pustet.
– (1952): Ehe und Familie im vermännlichten Mutterrecht. In: Wilhelm Koppers/Robert Heine-Geldern/Josef Haekel (Hgg.), *Kultur und Sprache*, Wien: Herold, S. 259–279.
Sedlmayr, Hans (1955): *Die Revolution in der modernen Kunst*, Reinbek bei Hamburg: Rowohlt.

Stagl, Justin (1995): War Malinowski Österreicher? In: Britta Rupp-Eisenreich/Ders. (Hgg.), *Kulturwissenschaft im Vielvölkerstaat. Zur Geschichte der Ethnologie und verwandter Gebiete in Österreich, ca. 1780–1918 / L'anthropologie et l'état pluriculturel. Le cas de l'Autriche, de 1780 à 1918 environ*, Wien/Köln/Weimar: Böhlau, S. 284–299.
– (2002): *Eine Geschichte der Neugier. Die Kunst des Reisens 1550–1800*, Wien/Köln/Weimar: Böhlau.
Střítecký, Jaroslav (1992): Form und Sinn: Zur Vorgeschichte des Prager Formalismus und Strukturalismus. In: *Bohemia* 33, S. 88–100.
Thornton, Robert J./Peter Skalník (Hgg.) (1993): *The early writings of Bronisław Malinowski*, Cambridge: Cambridge University Press.
Thurnwald, Richard (1920): Bánaro society. In: *Memoirs of the American Anthropological Association* 3, S. 251–391.
– (1931–1935): *Die menschliche Gesellschaft in ihren ethno-soziologischen Grundlagen*, 5 Bde., Berlin/Leipzig: de Gruyter.

Weiterführende Literatur

Mühlmann, Wilhelm Emil (1965): *Homo Creator. Abhandlungen zur Soziologie, Anthropologie und Ethnologie*, Wiesbaden: O. Harrassowitz.
– (1965): *Rassen, Ethnien, Kulturen. Moderne Ethnologie*, Berlin: Luchterhand.

JUSTIN STAGL

VIII. Kunstgeschichte

Alois Riegl – Zum soziologischen Gehalt seiner Schriften aus der Zeit kurz nach 1900

Mit seinem Buch über die *Spätrömische Kunstindustrie* (1901) schlägt Alois Riegl (1858–1905) ein neues Kapitel in der Beurteilung der spätantiken Kunst auf, indem er der These vom »Verfall« der Kunst in der Spätantike und in der Völkerwanderungszeit widerspricht. Methodisch ist die Studie vom Ansatz bestimmt, die formale Analyse der Kunstwerke zur Aufdeckung allgemeiner Stilprinzipien heranzuziehen. Dies ähnelt der Vorgehensweise eines Soziologen, der »objektivierten Sinngebilden« im gesellschaftlichen Kontext nachgeht (vgl. Mannheim 1980; Rinofner-Kreidl 2000, S. 216). Sich auf Riegl berufend vertrat Karl Mannheim die Ansicht, dass man von der Kunstbetrachtung zur allgemeinen Kategorie der »Kulturgebilde« gelangen könne, da die Deutung der sozialen Wirklichkeit als Zerlegung von »Ganzheiten« mit der Analyse von Kunstwerken vergleichbar sei (Aulinger 1999, S. 165).

Riegl führt die Stilveränderung in der spätantiken Plastik auf zwei maßgebliche Faktoren zurück: Zum einen habe sich ein tiefgreifender Paradigmenwechsel bezüglich der ästhetischen Normen vollzogen, und zum anderen – so die gewagte, mit den empirischen Erkenntnissen der Zeit keineswegs kompatible These – ändere sich über die Epochen hinweg überhaupt die menschliche Wahrnehmung bzw. Sehgewohnheit. Der Schwerpunkt der sinnlichen Wahrnehmung habe sich im Laufe der Zeit vom Haptischen zum Optischen, vom »Tasten zum Sehen«, verschoben. Ein solcher *synthetischer* Gesichtssinns sei erforderlich, weil er die »Operation der Vervielfältigung der Einzelwahrnehmungen rascher als der Tastsinn« bewerkstelligen könne (Rampley 2007, S. 155).

Ein direkter Bezug zu der von Konrad Fiedler, Adolf von Hildebrand und Riegl selbst angestoßenen Diskussion über anthropologische Konstanten der Wahrnehmung, die in der Kunstgeschichte zu erklärenden Variablen hinsichtlich der Kunstauffassung einzelner Epochen mutierten, lässt sich auch bei Georg Simmel feststellen: Von der Kunstgeschichte angeregt, veröffentlichte er 1903 eine *Soziologie des Raumes*, die in 1907 in überarbeiteter Form unter dem Titel *Der Raum und die räumlichen Ordnungen der Gesellschaft* erschien (Aulinger 1999, S. 123). Auch in seinem Aufsatz »Über die dritte Dimension in der Kunst« von 1906 analysiert Simmel die in der Kunstrezeption feststellbare zunehmende Verlagerung der sinnlichen Wahrnehmung von der zweidimensionalen auf die dreidimensionale Ebene. Die Verarbeitung tiefenräumlicher und dreidimensionaler Sinneseindrücke des Gesichtssinns stelle eine *intellektuelle* Leistung des Betrachters dar. Auch bei Riegl haben die dominanten »Sehgewohnheiten« zuweilen den Charakter unabänderlicher Gesetzmäßigkeiten, die kulturhistorisch erklärt und begründet werden:

Die in der *Spätrömischen Kunstindustrie* beschriebenen Wahrnehmungsformen erwachsen aus den Stilanalysen von Kunstwerken und werden hypothetisch aus der jeweils gegebenen geistigen Lage abgeleitet; ihnen liege der *Wesenssinn* der vorherrschenden Welt- und Kunstanschauung zugrunde. Wie im Falle der *Kunstgeschichtlichen Grundbegriffe* (1915) von Heinrich Wölfflin stellt sich auch hier die Frage, wie Rückschritte in der Stilentwicklung zu erklären sind. Ganze Epochen, die übrigens keineswegs als homogen bezeichnet werden können, werden mit dem »Kunstwollen« nur *eines* Subjekts in Verbindung gebracht: Wenn die künstlerische Entwicklung jedoch als ausnahmslos auf *ein* teleologisches Ziel zustrebend verstanden wird, läuft der Interpret Gefahr, einer deterministischen Argumentation anheimzufallen. Riegl wies selbst auf den metaphysischen Charakter dieses Problems hin und tat alle Versuche, die zugrundeliegenden Gestaltungsprinzipien (den »ästhetischen Drang« des kunstschaffenden Subjekts) rational zu erklären, als metaphysische Vermutungen ab (Riegl 1929, S. 63; zit. bei Höhle 2010, S. 66).

Riegl war ein Gründungsvater der sogenannten »Wiener Schule« der Kunstgeschichte und als Gelehrter in unterschiedlichen Bereichen tätig. Er widmete sich grundlegenden Fragen der Kunstgeschichte, die ihre Aktualität behalten haben, auch wenn manche Annahmen wie die Theorie der zeitgebundenen Sehgewohnheiten ganzer historischer Epochen aus heutiger Sicht nicht haltbar sind. Eine Schrift Riegls hat ihre Aktualität und Vorbildwirkung in besonderem Maße bis in die Gegenwart bewahrt: *Der moderne Denkmalkultus, sein Wesen, seine Entstehung* (1903). Die darin erörterten Gedanken und Wertfragen geben einer problemorientierten Denkmalpflege auch heute noch die Richtung vor. Zunächst ist zwischen »gewollten« (d.h. intentional errichteten) Denkmälern, die bis in die Antike zurückreichen, und solchen, die erst im Laufe der Zeit den Status eines Denkmals erhalten haben, zu unterscheiden. Der künstlerische Wert werde gemäß den Kriterien der Klassizität beurteilt, die im Falle des »modernen Denkmals« vernachlässigbar seien. Vom überzeitlichen »künstlerischen Wert« sei der »historische Wert« des Denkmals oder Bauwerks zu unterscheiden. Während der künstlerische Wert sich auf die gegenwärtige Rezeption beziehe, besitze das historische Denkmal naturgemäß einen »Erinnerungswert«; das diesem zugrundeliegende historisch-ästhetische Bewusstsein habe bereits in der Renaissance eingesetzt. Die Mehrzahl der auf uns gekommenen Monumente sind als »ungewollte« Denkmäler anzusehen: ursprünglich nicht als solche intendiert, wurde ihnen später der Rang eines Denkmals zugesprochen.

Mit dem Begriff der »Stimmung« zieht Riegl einen weiteren sozialpsychologischen und soziologischen Sachverhalt in Betracht. Die subjektbezogene Wirkung jener Tatsache des Kollektivbewusstseins speist sich aus dem »Gegenwarts-« bzw. dem »Alterswert« eines Denkmals, der sich aus dem Bewusstsein von Werden und Vergehen, einstiger Größe und gegenwärtiger Bedeutungslosigkeit ergibt. Entsprechend der allgemeinen Tendenz des Historismus des 19. Jahrhunderts wird vor allem die »optische« Wirkung als bestimmend für die individuelle »Stimmung« angesehen. Der »Gegenwartswert«, auch der historische, werde durch die subjektbezogene Wirkung jener »Stimmung«, gefördert, hingegen rühre der Alterswert auch von Spuren der Zerstörung und des allmählichen Verfalls her. Willkürliche Eingriffe in den Alterungsprozess seien grundsätzlich zu vermeiden. Allerdings erfordere der historische Wert (etwa eines Gebäudes) dessen Erhaltung, sodass dem natürlichen Verfallsprozess bei entsprechendem Interesse doch entgegengewirkt werde. Im Falle »gewollter Erinnerungswerte«, die etwa bei der Errichtung von Monumenten und Denkmälern geschaffen werden, sei es das Ziel, vergangene *historische Momente* in eine »ewige Gegenwart« zu überführen. Was wiederum den »Gegenwartswert« betreffe, so sei zwischen »sinnlichen« und »geistigen« Bedürfnissen zu unterscheiden. Im Falle der Kunst gehe es zum einen um »elementare Werte« wie etwa den der *Neuheit*, und zum anderen um die Übereinstimmung mit dem vorherrschenden *Kunstwollen*. Der »Neuheitswert« spiele in der Moderne eine dominante Rolle, auch auf Kosten eines herkömmlichen »Kunstwerts«. Der »Alterswert« beruhe hingegen auf Tradition und Normen; dementsprechend habe das Decorum, also das der Zeit Gemäße, in der Denkmalpflege des 19. Jahrhunderts zu rigorosen Rekonstruktionen und Säuberungen organisch gewachsener Bauformen geführt – galt es doch, eine vermeintlich ursprüngliche *Stileinheit* wiederherzustellen. Angesichts der permanenten Veränderlichkeit von Baudenkmälern habe die Moderne zur Relativierung traditioneller Kunstwerte beigetragen. Auch sei der vor allem von katholischer Seite gepflegte »Erinnerungswert« zu Gunsten eines *neuen Stils*, der dem »modernen« Kunstwollen besser entspreche, in Misskredit geraten.

Eine nahtlose Fortsetzung fanden Riegls Grundsätze der Denkmalpflege in der Arbeit Max Dvořáks, der in den Jahren 1905 bis 1921 die Tätigkeit seines Vorgängers als Generalkonservator weiterführte. Der moderne Denkmalkultus ist ein Paradebeispiel für eine gelebte Rezeptionsästhetik, die vornehmlich mit Fragen der Einschätzung von Kulturgütern und des praktischen Umgangs mit ihnen in einer in Veränderung begriffenen Welt befasst ist. Die Einstellungen von Individuen oder gesellschaftlichen Gruppen sind stets subjektiver Natur, selbst wenn sie sich auf Normen und Traditionen berufen. Bei keinem anderen auch die Gegenwart berührenden Phänomen der Kunstgeschichte ist die soziologische Komponente so stark ausgeprägt wie in der Denkmalpflege. Fortwährend geht es um Wertfragen und Güterabwägungen im Spannungsfeld von wissenschaftlicher Urteilsfindung und der »Seinsverbundenheit« gesellschaftlicher Gruppen. Diese Funktionen und Relationen näher zu bestimmen, bleibt Aufgabe der Soziologie. Das Verdienst Alois Riegls ist es, diese Art von Wertfragen ins Zentrum der Denkmalpflege gerückt und die Probleme ihrer Umsetzung auf den Prüfstand gestellt zu haben.

Aulinger, Barbara (1999): *Die Gesellschaft als Kunstwerk. Fiktion und Methode bei Georg Simmel* (= Studien zur Moderne, Bd. 7), Wien: Passagen Verlag.

Höhle, Eva Maria (2010): Zur Genese des »Denkmalkultus«. In: Peter Noever/Artur Rosenauer/Georg Vasold (Hgg.), *Alois Riegl Revisited. Beiträge zu Werk und Rezeption* (= Veröffentlichungen zur Kunstgeschichte, Bd. 9), Wien: Verlag der Österreichischen Akademie der Wissenschaften, S. 63–68.

Mannheim, Karl (1980): Eine soziale Theorie der Kultur in ihrer Erkennbarkeit. Konjunktives und kommunikatives Denken. In: David Kettler/Volker Meja/Nico Stehr (Hgg.), *Karl Mannheim. Strukturen des Denkens*, Frankfurt a.M.: Suhrkamp.

Rampley, Matthew (2007): Alois Riegl (1858–1905). In: Ulrich Pfisterer (Hg.), *Klassiker der Kunstgeschichte*, Bd. 1: *Von Winckelmann bis Warburg*, München: C. H. Beck, S.152–162.

Riegl, Alois (1901/23): *Die spätrömische Kunstindustrie nach den Funden in Österreich-Ungarn dargestellt*, 2 Bde., Wien: Hof- und Staatsdruckerei. (2. Aufl. 1927.)

– (1903): *Der moderne Denkmalkultus, sein Wesen, seine Entstehung (Einleitung zum Denkmalschutzgesetz)*, Wien: Braumüller.

Rinofner-Kreidl, Sonja (2000): Freiheit und Rationalität. Implikationen der organischen Geschichtsphilosophie Karl Mannheims. In: Barbara Boisits (Hg.), *Einheit und Vielfalt. Organologische Denkmodelle in der Moderne* (= Studien zur Moderne, Bd. 11), Wien: Passagen Verlag, S. 179–224.

Simmel, Georg (1906): Über die dritte Dimension in der Kunst. In: *Zeitschrift für Ästhetik und Kunstwissenschaft* 1/1, S. 65–69.

– (1992): Soziologie des Raumes [1903], überarbeitet als: Der Raum und die räumlichen Ordnungen der Gesellschaft [1907]. In: Ders., *Soziologie. Untersuchungen über die Formen der Vergesellschaftung* (= Georg Simmel Gesamtausgabe, Bd. 11, hrsg. von Otthein Rammstedt), Frankfurt a.M.: Suhrkamp.

Wölfflin, Heinrich (1915): *Kunstgeschichtliche Grundbegriffe. Das Problem der Stilentwicklung in der neueren Kunst*, München: Bruckmann.

Weiterführende Literatur

Noever, Peter/Artur Rosenauer/Georg Vasold (Hgg.) (2010): *Alois Riegl Revisited. Beiträge zu Werk und Rezeption – Contributions to the Opus and its Reception* (= Veröffentlichungen zur Kunstgeschichte, Bd. 9), Wien: Verlag der Österreichischen Akademie der Wissenschaften.

Pächt, Otto (1977): Alois Riegl. In: Ders./Jörg Oberhaidacher/Artur Rosenauer/Gertraut Schikola (Hgg.), *Methodisches zur kunsthistorischen Praxis. Ausgewählte Schriften*, München: Prestel, S. 141–152.

Götz Pochat

Josef Strzygowski

Grundgedanken

Josef Strzygowski (1862–1941) studierte klassische Archäologie und Kunstgeschichte in Berlin und Wien, wo er 1887 auch habilitiert wurde. Es folgten Jahre der Erforschung der spätantiken und byzantinischen Kunst und 1892 die Berufung auf die neu eingerichtete Lehrkanzel für »Kunstgeschichte und Kunstarchäologie« an der Karl-Franzens Universität Graz. Ausgedehnte Forschungsreisen in Griechenland, Kleinasien, Armenien, Syrien, Mesopotamien und Ägypten begründeten seinen Ruf als ausgewiesener Experte für die frühchristliche Kunst und Architektur. 1909 trat Strzygowski die Nachfolge von Moritz Thausing und Franz Wickhoff am Institut für Österreichische Geschichtsforschung in Wien an (Höflechner 1992, S. 49, S. 103).

Seine wissenschaftliche Ausrichtung skizziert Strzygowski selbst in einigen Publikationen wie *Orient oder Rom* (1901) oder *Hellas in des Orients Umarmung* (1903): Er gibt sich als Widersacher der klassischen Kunstgeschichte der »Wiener Schule« zu erkennen und kritisiert, dass die einseitige Fokussierung auf Italien und den Mittelmeerraum auf Kosten der Erkundung der frühen Hochkulturen, des hellenistischen Erbes im vorderasiatischen Raum sowie des frühen Mittelalters und des Nordens erfolgt sei. Die Rolle Roms und Italiens im Entwicklungsprozess der antiken und frühchristlichen Kunst werde überschätzt. Der Eurozentrismus und die einseitige Ausrichtung auf den »Humanismus« (für den Autor gleichbedeutend mit der Trias Philosophie, Philologie und Geschichtswissenschaft) hätten den Blick für die Wechselbeziehungen der Kulturkreise verstellt. Die Ursprünge der Kunstentwicklung seien in Mesopotamien und im Iran zu verorten und das Augenmerk auf die spätere Entwicklung der armenischen, ägyptischen und koptischen Kunst zu richten.

Für jene österreichischen Kunsthistoriker, die sich der abendländisch-christlichen Tradition verbunden fühlten, waren Ton und Inhalt solcher Vorwürfe eine Zumutung. Der Streit eskalierte, als Strzygowski 1909 in Wien seine Professur antrat und Max Dvořák die Lehrkanzel Rudolf Eitelbergers in Alois Riegls Nachfolge erhielt. Beide blieben unversöhnlich, und eine Trennung der Institute war die Folge. Strzygowskis Institut fokussierte sich auf eine internationale vergleichende Kunstwissenschaft. Der Blick richtete sich über Europa hinaus auf den Vorderen Orient, den Mittleren und den Fernen Osten. Die Kunstgeschichte hatte gleichermaßen auf historisches Material wie auf die Ergebnisse der zeitgenössischen Kulturforschung zurückzugreifen. Der grenzüberschreitende Charakter des Instituts und der hervorragende Ruf seines Gründers ließen es bald zu einem Anziehungspunkt für zahlreiche internationale Forscher und Studierende werden.

Weniger bekannt ist die Tatsache, dass Strzygowski 1921, in der schwierigen Nachkriegszeit, auch im finnischen Turku an der Åbo Akademi ein Kunsthistorisches Seminar mit internationaler Ausrichtung gegründet hat, dem er bis 1925 vorstand. Es war hinsichtlich seiner Größe und Ausstattung mit dem Institut in Wien vergleichbar. Finanzielle Probleme und Widerstände innerhalb der Fakultät führten zu Strzygowski Rückzug (Berggren 2014).

Grundlegend für Strzygowskis Wirken ist sein Kampf gegen den Eurozentrismus. Ernst Troeltsch machte sich in einem Artikel über »Die Krisis des Historismus« (erschienen 1922 in der *Neuen Rundschau*) und dem im gleichen Jahr publizierten Buch *Der His-*

torismus und seine Probleme zum Fürsprecher einer *europäischen* Perspektive, denn »nur der Europäer sei zum Geschichtsphilosophen geworden, weil nur er aus einer bewusst festgehaltenen Vergangenheit eine bewusst geleitete Zukunft zu gewinnen strebt« (Troeltsch 1922, S. 710). Strzygowskis Antwort auf Troeltsch ließ nicht lange auf sich warten und schon 1923 legte er mit einer Publikation über die *Die Krisis der Geisteswissenschaften* eine vernichtende Abrechnung mit den historischen Wissenschaften vor. Alte Vorwürfe gegen den Eurozentrismus oder die Überbewertung der griechisch-römischen Vorbilder werden vorgebracht; desgleichen wettert Strzygowski gegen die fehlenden Kenntnisse seiner Kollegen oder die Versuche (etwa eines Oswald Spengler), fremde Lebenswelten so in die Betrachtung miteinzubeziehen, dass diese in einer Rassengeschichte mündet. Eine vergleichende Werteforschung müsse das *Ganze* in den Blick nehmen und die Zukunft der gesamten Menschheit miteinbegreifen (Strzygowski 1923, S. 14ff.).

Wirkung

Diese Forderung, das *Ganze* der Kunst und der Menschheit unter besonderer Berücksichtigung der örtlichen und der historischen Gegebenheiten ins Auge zu fassen, hat Josef Strzygowski schon sehr früh zu einem Vorreiter des globalen Denkens werden lassen. Er verstand es als Aufgabe der Kunstgeschichte, Wege in die Zukunft zu weisen. Zudem zählte er zu Beginn des 20. Jahrhunderts zu den einflussreichsten Kunsthistorikern des Westens. Dennoch geriet er nach dem Zweiten Weltkrieg praktisch in Vergessenheit. Ein Grund dafür dürfte seine Ablehnung der eurozentrischen Kunstgeschichtsschreibung sein, die er wegen ihrer Vernachlässigung der anderen Kunst- und Kulturkreise und deren Wechselbeziehungen kritisierte. Doch auch weitere Gründe können für das Schwinden von Strzygowskis Bekanntheitsgrad geltend gemacht werden: erstens die damnatio memoriae, mit der er in Wien infolge des erbitterten Kampfes zwischen den so unterschiedlich ausgerichteten kunsthistorischen Instituten belegt wurde; und zweitens die antisemitischen Ausfälle, die sich seit den 1920er Jahren in seinen Schriften finden.

Strzygowskis Verdienste um die Erforschung der Kunst des Frühchristentums (insbesondere der Kopten), des Nahen und Mittleren Ostens sowie des hellenistischen Erbes und der Vermittlerrolle von Byzanz stehen außer Streit – viele, wenn nicht alle einschlägigen Erkenntnisse fanden nachträglich ihre Bestätigung. Die *Akten der internationalen wissenschaftlichen Konferenzen zum 150. Geburtstag von Josef Strzygowski* im Jahr 2012 geben Aufschluss über sein Wirken und den Einfluss seiner Forschungen (Scholz/Długosz 2015). Wiewohl er der heutigen Generation praktisch unbekannt ist, zählt er zu den Gründervätern einer global ausgerichteten vergleichenden Kunst- und Kulturwissenschaft.

Berggren, Lars (2014): *Josef Strzygowski – en främmande fågel i Finland* [schwedisches Manuskript,

22 S., ill., dt. Übersetzung von Götz Pochat (2015): *Josef Strzygowski – ein fremder Vogel in Finnland*], Manuskript im Kunsthistorischen Institut der Karl-Franzens-Universität Graz.
Höflechner, Walter/Götz Pochat (Hgg.) (1992): *100 Jahre Kunstgeschichte an der Universität Graz. Mit einem Ausblick auf die Geschichte des Faches an den deutschsprachigen Universitäten bis in das Jahr 1938*, Graz: Akademische Druck u. Verlagsanstalt Graz.
– /Christian Brugger (1992): Zur Etablierung der Kunstgeschichte an den Universitäten in Wien, Prag und Innsbruck samt einem Ausblick auf ihre Geschichte bis 1938. In: Höflechner/Pochat 1992, S. 6–55.
Scholz, Pjotr Otto (1992): Wanderer zwischen den Welten. Josef Strzygowski und seine immer noch aktuelle Frage: Orient oder Rom. In: Höflechner/Pochat 1992, S. 243–265.
– /Magdalena Anna Długosz (Hgg.) (2015): *Von Biala nach Wien. Josef Strzygowski und die Kunstwissenschaften. Akten der internationalen wissenschaftlichen Konferenzen zum 150. Geburtstag von Josef Strzygowski in Bielsko-Biała, 29.–31. März 2012/Wien, 30. Oktober 2012*, Wien: European University Press Verlagsgesellschaft Wien.
Strzygowski, Josef (1901): *Orient oder Rom. Beiträge zur Geschichte der Spätantiken und Frühchristlichen Kunst*, Leipzig: J. C. Hinrichs'sche Buchhandlung.
– (1923): *Die Krisis der Geisteswissenschaften, vorgeführt am Beispiele der Forschung über bildende Kunst*, Wien: Kunstverlag Anton Schroll & Co.
Troeltsch, Ernst (1922): Die Krisis des Historismus. In: *Die neue Rundschau* 33/1 (1922), S. 572–590.

Weiterführende Literatur

Höflechner, Walter/Christian Brugger (1992): Die Kunstgeschichte an der Universität Graz. Die Errichtung der Lehrkanzel für (neuere) Kunstgeschichte 1891/92. In: Höflechner/Pochat 1992, S. 72–103.
Woisetschläger, Kurt (1992): Josef Strzygowski 1892–1909. In: Höflechner/Pochat 1992, S. 238–242.

Götz Pochat

Max Dvořák

Grundgedanken

Max Dvořáks (1874–1921) Buch *Das Rätsel der Kunst der Brüder van Eyck* erschien 1904. Zu jener Zeit stand der Verfasser in der Tradition der frühen »Wiener Schule«. Diese von Franz Wickhoff und Alois Riegl geprägte Richtung der Kunstgeschichte versuchte, die Stilentwicklung aus den Sehgewohnheiten einer Epoche und dem individuellen künstlerischen Schaffensdrang (der z.B. tendenziell stärker *haptisch* oder *optisch* ausgerichtet sein kann) abzuleiten. Dvořáks Bruch mit diesem Erbe erfolgte um 1910: Er wandte sich von der reinen Stilanalyse ab und suchte den Grund für die Vielfalt der Stile in den sozialen und kulturellen Bedingungen, in der übergreifenden *geistigen* Situation der jeweiligen Epoche. Bestärkt wurde er hierbei durch die von Wilhelm Dilthey entwickelten *Weltanschauungstypen* (Madersbacher 2010, S. 91) und die Umwälzungen in der zeitgenössischen Moderne (Impressionismus, Fauvismus, Expressionismus sowie die von Wassily Kandinsky eingeleitete sogenannte »Große Abstraktion«). Eine psychologisch oder gar biologisch fundierte Weltanschauungslehre, wie sie von Wilhelm Worringer in Bezug auf die zeitgenössische Kunstentwicklung erörtert wurde (*Abstraktion und Einfühlung. Ein Beitrag zur Stilpsychologie*, 1907/08) erschien Dvořák willkürlich und völkerpsychologisch fragwürdig. Es gelte vielmehr, die dominanten Geisteshaltungen und Weltanschauungen einer historischen Zeit zu erfassen und daraus Schlüsse über das Verhältnis des Menschen zur Welt und zur Natur zu ziehen.

Die Weltanschauungslehre, die Dvořák im Anschluss an Dilthey entwickelte, fand ihren Niederschlag in der Abhandlung *Idealismus und Naturalismus in der gotischen Skulptur und Malerei* (1918). Die Romanik sei noch von einem Dualismus von Materie und Geistigem beherrscht gewesen, der in der Erdenschwere und der Blockhaftigkeit der Architektur seinen Niederschlag gefunden habe. In der Gotik sei ein radikaler Umbruch erfolgt: Die Welt erschien nunmehr von einem *Spiritualismus* durchdrungen, in dem die geistigen Prinzipien und das subjektive Ethos des Individuums zur idealen Ausprägung gelangten. Die Kathedralen entsprachen der idealistischen Weltsicht der Zeit, wie sie etwa in den religiösen Wahrheiten und ästhetischen Theorien eines Thomas von Aquin zum Ausdruck kam. Die gotischen Skulpturen sollten als repräsentative »Typen« den Betrachter in Ehrfurcht versetzen und fügten sich als schwebende Gewändefiguren in die höhere Ordnung der Welt ein. Dvořák schildert den Prozess der zunehmenden Vergeistigung in der gotischen Kunst: Autonome Gestaltungsprinzipien und Stiltraditionen waren für die Entwicklung der Kunst nicht mehr ausschlaggebend; stattdessen wurden weltanschauliche Strömungen stilbildend, die vom religiösen Leben und dessen Sicht der Natur dominiert waren. Die von Ernst Troeltsch in seinem Buch *Die Soziallehre der christlichen Kirchen und Gruppen* (1912) entwickelte Idee, dass auch ein Überbau territorialer und nationaler Bildungselemente prägenden Einfluss auf das gesellschaftliche Geschehen hätte, fiel bei Dvořák auf fruchtbaren Boden (vgl. Dvořák 1924, S. 55).

Wirkung

So problematisch es erscheint, *alle* gesellschaftlichen und kulturellen Phänomene aus dem geistigen Grund einer Zeit abzuleiten, so konsequent greift Dvořák dennoch in seinen Aufsätzen vielem vor, was in den folgenden Jahrzehnten durchleuchtet werden sollte: dem Nachleben der antiken Philosophie im Mittelalter; der mittelalterlichen Ästhetik; dem Einfluss der arabischen Naturwissenschaften und Optik auf das Abendland; der Scholastik; der sogenannten »Individuation« und der »imitatio pietatis« im 14. und

15. Jahrhundert; und schließlich der ikonologischen Methode der Kunstwissenschaft. Aus der zunehmenden Spiritualisierung in der Gotik ergeben sich weitere Fragestellungen, die sich etwa auf folgende Themen beziehen: die mimetische Hinwendung zur Natur in ihrer unerschöpflichen Fülle; das Gefühlsleben des Individuums; die Verinnerlichung der religiösen Inhalte und die mystische Partizipation seitens des Betrachters; den autonomen Status der Kunst; das Erzählerische und die illusionistische Wirkung der Kunst (Giotto); die idealistische Erhöhung und den Realismus in der Plastik.

Mit der geistigen Versenkung in das Einzelding (dem Terminus der *haecceitas* oder der »Diesheit« bei Johannes Duns Scotus entsprechend) und dem Anspruch, die Empirie zum Ausgangspunkt der Erkenntnistheorie zu machen, wurde durch den Nominalismus des 19. Jahrhunderts die Grundlage für die Erkundung aller sichtbaren Phänomene geschaffen. Die Formel der »doppelten Wahrheit« habe, wie Dvořák ausführt, zur Trennung von Wissenschaft und Glauben geführt; so stünde uns beispielsweise in der altniederländischen Malerei nicht mehr die jenseitige, sondern die diesseitige Welt durch »porträthaft gemalte Naturausschnitte« als Teil der unendlichen Vielfalt der Natur vor Augen. Dvořák greift mit seiner Charakteristik der »additiven« Zusammenfügung aller Einzelheiten Erwin Panofskys Begriff des »Aggregatraums« vor; das »Verharren« der Porträtfiguren der van Eycks entspricht wiederum Otto Pächts »Stilllegung des Blicks« (Pächt 1989).

In den Aufsätzen seiner 1924 postum erschienenen *Kunstgeschichte als Geistesgeschichte* greift Dvořák noch weiter in die Sphäre des »Weltbewusstseins« hinaus: auf das Spätwerk Michelangelos; auf die Vergeistigung des religiösen Lebens im Zeitalter der Reformation und der Gegenreformation; auf die raffinierten Schöpfungen des Manierismus und die Bodenständigkeit der Werke Pieter Bruegels des Älteren. Der Gegenwartsbezug wird insbesondere im Aufsatz »Über Greco und den Manierismus« deutlich, da dieser als Repräsentant einer historischen Krisenzeit zu gelten habe.

Auch wenn Dvořák die Ikonographie nur als eine Art von Hilfswissenschaft ansah, wenig geeignet, um zum »Wesen« der Kunst vorzudringen, so hat er doch mit seiner *Kunstgeschichte als Geistesgeschichte* der späteren Ikonologie den Weg gewiesen. Auf ihn berief sich u.a. Karl Mannheim mit seinen »Beiträgen zur Theorie der Weltanschauungs-Interpretation« (1923); daran schließen u.a. Erwin Panofsky, Mannheims Schüler Frederick Antal und – in einer marxistisch gewendeten Kunstsoziologie – Arnold Hauser an.

Dilthey, Wilhelm (1931): *Gesammelte Schriften*, Bd. 8: *Weltanschauungslehre. Abhandlungen zur Philosophie der Philosophie*, Leipzig/Berlin: Teubner und Göttingen/Zürich: Vandenhoeck & Ruprecht. (Darin: Das geschichtliche Bewußtsein und die Weltanschauungen, S. 3–71; Die Typen der Weltanschauung und ihre Ausbildung in den metaphysischen Systemen, S. 75–118; Zur Weltanschauungslehre, S. 173–233.)

Dvořák, Max (1904): Das Rätsel der Kunst der Brüder Van Eyck. In: *Jahrbuch der kunsthistorischen Sammlungen des allerhöchsten Kaiserhauses* 24/5, Wien: G. Freytag, Leipzig: F. Tempsky.

– (1918): Idealismus und Naturalismus in der gotischen Skulptur und Malerei. In: Dvořák 1924, S. 41–147.
– (1920): Greco und der Manierismus. In: Dvořák 1924, S. 261–276.
– (1924): *Kunstgeschichte als Geistesgeschichte. Studien zur abendländischen Kunstentwicklung*, München: Piper & Co. (Nachdruck: Mittenwald: Mäander Kunstverlag 1979.
Madersbacher, Lukas (2010): Max Dvořák. In: Paul von Naredi-Rainer/Johann Konrad Eberlein/Götz Pochat (Hgg.), *Hauptwerke der Kunstgeschichtsschreibung*, Stuttgart: Alfred Kröner, S. 91–94.
Mannheim, Karl (1923): Beiträge zur Theorie der Weltanschauungs-Interpretation. In: *Jahrbuch für Kunstgeschichte* 1 (= 15), S. 236–274.
Pächt, Otto (1989): *Van Eyck. Die Begründer der altniederländischen Malerei*, hrsg. von Maria Schmidt-Dengler, München: Prestel.
Panofsky, Erwin (1932): Zum Problem der Beschreibung und Inhaltsdeutung von Werken der bildenden Kunst. In: *Logos* 21, S. 103–119.
– (1939): *Studies in Iconology. Humanistic Themes In the Art of the Renaissance*, New York: Oxford University Press.

Weiterführende Literatur

Aurenhammer, Hans (2007): Max Dvořák (1874–1921). In: Ulrich Pfisterer (Hg.), *Klassiker der Kunstgeschichte*, Bd. 1: *Von Winckelmann bis Warburg*, München: C.H. Beck, S. 214–226.
Lachnit, Edwin (2005): *Die Wiener Schule der Kunstgeschichte und die Kunst ihrer Zeit. Zum Verhältnis von Methode und Forschungsgegenstand am Beginn der Moderne*, Wien/Köln/Weimar: Böhlau.
Hauser, Arnold (1951): *The Social History of Art and Literature*, 4 Bde., New York/London: Routledge.
Rampley, Mark (2003): Max Dvořák. Art history and the crisis of modernity. In: *Art History* 26, S. 214–237.

Götz Pochat

IX. Sprach- und Kulturkritik

Die Sprache in Fritz Mauthners Auffassungen über Kunst und Kultur

Fritz Mauthners (1849–1923) Werk wird gern auf seine Sprachkritik reduziert, eine Sichtweise, die dem Schaffen des Journalisten, Philosophen, Kunst- und Kulturkritikers und nicht zuletzt Schriftstellers nicht gerecht werden kann: Fritz Mauthner war ein Vor-, Mit- und Nachdenker über seine und in seiner Zeit. Seine sprachkritischen Werke sind ebenso Ausdruck der Reflexionen dieses »kritischen Denkers« (Leinfellner/Schleichert 1995) wie seine journalistischen und schriftstellerischen Arbeiten (Kühn 1975, S. 142ff.; Ullmann 2000, S. 185ff.), die den »Beiträgen zu einer Kritik der Sprache« (Mauthner 1982) vorausgingen und in sie hineinwirkten. Fritz Mauthner selbst konstatierte in seinen Erinnerungen, die unter dem Titel *Prager Jugendjahre* erschienen sind, eine Beschäftigung mit sprachkritischem Gedankengut allerdings schon für das Jahr 1873 (Mauthner 1969, S. 195f.), also eine Zeit, die lange vor seinen Erfolgen als Berliner Theaterkritiker und seiner endgültigen »Wende« zum Sprachkritiker liegt.

Was aber zeichnete den Kunst- und Kulturkritiker Mauthner, der als einer der bedeutendsten und gefragtesten Kulturjournalisten im Berlin des ausgehenden 19. Jahrhunderts galt, aus, sodass Eduard Engel, der Herausgeber des *Magazins für Literatur*, konstatieren konnte, dessen Ansichten seien für Tausende von Lesern die Grundlage ihrer ästhetischen Bildung? Es sind seine klaren, oftmals plakativen und daher sehr eingängigen Stellungnahmen zum Kulturleben seiner Zeit, die mit Sarkasmus und Humor nicht geizten. Sein Durchbruch als Journalist gelang Mauthner mit seinen 1878 erstmals auch in Buchform erschienenen Parodien *Nach berühmten Mustern*, in denen er durch satirische Überzeichnung die Schwächen der damals beliebtesten Dichter hervorhob. Seine Opfer waren u.a. Berthold Auerbach, Gustaf Freytag und Richard Wagner. Ludwig Anzengruber und Gottfried Keller parodierte er nicht, denn, so Mauthner, entweder »sei das Opfer ein ganzer Dichter, dann sei es ungehörig, sich über ihn lustig zu machen, oder sein Dichten sei Manier, dann müsse die Parodie zu Kritik werden und die Manier ins Herz treffen« (Mauthner 1919, Bd. 1, S. 360).

Wie aber konnten Wortkünstler überhaupt Mauthners Anerkennung erlangen, wo er doch die Sprache als Erkenntniswerkzeug verdammte? Diese Frage führt direkt ins Zentrum von Mauthners Kunst- und Kulturvorstellungen und in den ersten Band seiner *Beiträge zu einer Kritik der Sprache* (1901), in dem er in dem Kapitel »Wortkunst« seine Vorstellungen einer »idealen Dichtkunst« darlegte: »Es ist unmöglich, den Begriffsinhalt der Worte auf die Dauer festzuhalten; darum ist Welterkenntnis durch Sprache unmöglich. Es ist möglich, den Stimmungsgehalt der Worte festzuhalten; darum ist eine Kunst durch Sprache möglich, eine Wortkunst, die Poesie.« (Mauthner

1982, Bd. 1, S. 97); an anderer Stelle bezeichnete er die Sprache sogar als »herrliches Kunstmittel« (ebd., S. 93).

Allerdings fanden nicht viele Dichter Gnade vor Mauthners Augen: Es sind neben den schon genannten Anzengruber und Keller insbesondere Goethe, den er als »Genie« rückhaltlos verehrte. Ein Dichter wolle immer nur Stimmung mitteilen, seine Seelensituation (ebd.), er müsse in der Lage sein, neue Worte für neue Stimmungen zu finden (ebd., S. 122) und diese in der Gemeinsprache seiner Zeit auszudrücken. Aus diesem Postulat wird deutlich, dass nach Mauthner jede Zeit ihre eigenen klassischen Dichter brauche (ebd., Bd. 2, S. 162), sodass er durchaus neuen Strömungen wie dem Naturalismus oder der Décadence der Zeit um 1900 ihre Daseinsberechtigung zuerkannte. Allerdings konnten weder Hugo von Hofmannsthal und Maurice Maeterlinck, noch Gerhart Hauptmann Mauthners Ansprüchen genügen: »Gerhart Hauptmann ist in seinen prächtigen Webern ein Abschreiber; sein kleines ›Hannele‹ ist vielleicht ein Zeichen von Genie.« (Ebd., Bd. 1, S. 586.)

Mit seinem Geniebegriff stand Mauthner in der Tradition der Weimarer Klassik. In seinem zweibändigen *Wörterbuch der Philosophie*, das erstmals 1910/11 mit dem Untertitel *Neue Beiträge zu einer Kritik der Sprache* erschien, schrieb er, »der Künstler kann seiner Natur nach gar nicht anders sein als egoistisch, antisozial, aristokratisch, ein Adelsmensch [...]« (Mauthner 1914, Bd. 1., S. 45); und in den *Beiträgen* bemerkte er zu Goethe: »Ein Genie ist Goethe durch und durch«. (Mauthner 1982, Bd. 1. S. 586.) Anzengruber und Keller zählte Mauthner zu den Genies seiner eigenen Zeit: Anzengruber, weil er der Literatur in einer poetischen Sprache mit viel Humor »eine wirkliche, wenn auch noch so närrische Welt« gegeben habe (Mauthner 1879, S. 95), und Keller, weil es ihm in seinem *Grünen Heinrich* gelungen sei, die Weltanschauung seiner Zeit in Worte zu fassen (Mauthner 1887, S. 95).

Diesen »Genies« steht als großer Antipode Friedrich Schiller gegenüber, dessen poetische Sünden Mauthner anprangerte. »Anstatt, dass jedes Wort eine Vorstellung erwecken sollte, arbeitet sich der ehrgeizige und geistreiche Dichter mit den abstraktesten Gedankengespenstern ab und schlägt sich mit ihren Worten herum [...].« (Mauthner 1982, Bd. 1, S. 586.) Schiller habe, so Mauthner, die Grenzen zwischen der Fähigkeit der Poesie, Stimmungen zu erwecken, und der Unmöglichkeit der Sprache, Erkenntnisse zu vermitteln, verkannt. Von diesen »Sünden« Schillers habe die Jugend seiner Generation durch Otto Ludwigs *Shakespeare-Studien* erfahren (Mauthner 1969, S. 202f.).

Mauthner, der sich selbst als Romancier und Novellist hervorgetan hatte und in seiner Jugend eine Berufung zum Schriftstellerberuf gespürt zu haben glaubte, unterwarf sich dem eigenen strengen Kunsturteil und konstatierte enttäuscht, als Schriftsteller versagt zu haben (Mauthner 1982, Bd. 1. S. 586). Weite Teile seiner Autobiographie sind eine Selbstergründung, warum ihm als Dichter »wahres Genie« verwehrt geblieben sei, und zeigen die Tragik eines Scheiterns an den eigenen Ansprüchen, die er nicht zuletzt auf seine jüdische Herkunft zurückführte: »Jawohl, mein Sprachgewissen, meine Sprachkritik wurde geschärft dadurch, daß ich nicht nur Deutsch, sondern auch Tschechisch und Hebräisch als die Sprachen meiner ›Vorfahren‹ zu betrachten, daß ich also die Leichen dreier Sprachen in meinen eigenen Worten mit mir herumzutragen hatte. [...] Und für die Wortkunst fehlte mir das lebendige Wort einer eigenen Mundart.« (Mauthner 1969, S. 195.)

Resümierend lässt sich feststellen, dass Mauthners Literaturgeschmack dem 19. Jahrhundert verhaftet blieb. Dennoch wusste er – trotz aller gelegentlichen Einwände ihnen gegenüber – Schriftsteller des beginnenden 20. Jahrhunderts, wie etwa Gerhart Hauptmann oder Hugo von Hofmannsthal, auf Grundlage seiner sprachphilosophischen Reflexionen zu würdigen, die auf den »linguistic turn« des zwanzigsten Jahrhunderts vorauswiesen. Nach Lektüre des im Oktober 1902 in zwei Teilen in der Berliner Zeitung *Der Tag* erschienenen »Chandos-Briefs« schrieb er begeistert an Hugo von Hofmannsthal: »Ich habe soeben Ihren ›Brief‹ gelesen. Ich habe ihn so gelesen, als wäre er das erste dichterische Echo nach meiner ›Kritik der Sprache‹.« (Scheffel 2013, S. 237.)

Kühn, Joachim (1975): *Gescheiterte Sprachkritik. Fritz Mauthners Leben und Werk*, Berlin/New York: de Gruyter.

Leinfellner, Elisabeth/Hubert Schleichert (Hgg.) (1995): *Fritz Mauthner. Das Werk eines kritischen Denkers*, Wien/Köln/Weimar: Böhlau.

Mauthner, Fritz (1879): Ein österreichischer Volksdichter. In: Ders., *Kleiner Krieg. Kritische Aufsätze*, Leipzig: E. Schloemp, S. 65–106.

– (1887): Gottfried Keller. In: Ders., *Von Keller zu Zola. Kritische Aufsätze*, Berlin: J. J. Heines, S. 1–40.

– (1914): *Wörterbuch der Philosophie. Neue Beiträge zu einer Kritik der Sprache* [1910/11], 2 Bde., München/Leipzig: G. Müller.

– (1919): *Fritz Mauthners ausgewählte Schriften*, Bd. 1: *Nach berühmten Mustern, Totengespräche, Verse, Narr und König*, Stuttgart: Deutsche Verlags-Anstalt.

– (1969): *Prager Jugendjahre*, Frankfurt a.M.: S. Fischer.

– (1982): *Beiträge zu einer Kritik der Sprache* [1. Aufl. 1901/02, überarb. 2. Aufl. 1906–1913, 3. Aufl. 1923], 3 Bde., Frankfurt a.M./Berlin/Wien: Ullstein.

Scheffel, Michael (2013): Fritz Mauthners »Sprachkritik« im Spiegel der Wiener Moderne. Ein Blick auf Hugo von Hofmannsthal und Arthur Schnitzler. In: Gerald Hartung (Hg.), *An den Grenzen der Sprachkritik. Fritz Mauthners Beiträge zur Sprach- und Kulturtheorie*, Würzburg: Königshausen & Neumann, S. 231–250.

Ullmann, Bettina (2000): *Fritz Mauthners Kunst- und Kulturvorstellungen. Zwischen Traditionalität und Modernität*, Frankfurt a.M.: Peter Lang.

Weiterführende Literatur

Leinfellner, Elisabeth/Jörg Thunecke (Hgg.) (2004): *Brückenschlag zwischen den Disziplinen. Fritz Mauthner als Schriftsteller, Kritiker und Kulturtheoretiker*, Wuppertal: Arco.

Bettina Ullmann

Karl Kraus

»Ich bin größenwahnsinnig. Ich weiß, daß meine Zeit nicht kommen wird.« (*Die Fackel* 10/261 [1908], S. 8; Kraus 1989a, S. 15) – Dieser absurd anmutende Aphorismus ist, wie meist bei Karl Kraus, ironisch gemeint und zu verstehen. Seine Zeit war von Anfang an gekommen. Kein anderer Schriftsteller der Wiener Moderne erzielte eine derart wirkungsmächtige – gleichviel ob zustimmende oder ablehnende – öffentliche Resonanz wie er. Dass er, wie er selbst gern behauptete, »totgeschwiegen« wurde, ist reine, vielfach nachgebetete Legende. Seine im April 1899 nach dem Vorbild von Maximilian Hardens *Zukunft* gegründete *Fackel* war die im gesamten deutschen Sprachraum meistgelesene und meistgefürchtete Zeitschrift jener Zeit. »Das politische Programm dieser Zeitung scheint […] dürftig«, hatte Kraus mit gespielter Bescheidenheit in der Eröffnungsnummer verkündet: »kein tönendes ›Was wir bringen‹, aber ein ehrliches ›*Was wir umbringen*‹ hat sie sich als Leitwort gewählt«. Dieser durchaus wörtlich zu nehmenden Programmatik ist Kraus als Herausgeber und größtenteils Alleinautor seines monströsen, in 37 Jahrgängen insgesamt 922 Nummern mit rund 22.500 Druckseiten umfassenden Unternehmens treu geblieben. In dieser lebenslänglichen, unbändigen und unverhüllt aggressiven Kraftanstrengung manifestiert sich der »Dämon« Kraus, als den ihn Walter Benjamin 1931 mustergültig beschrieben hat. Er avancierte zu einer allmächtigen, teils sakrosankten, teils verhassten »Instanz«, die gleichsam Unsterblichkeit zu erlangen schien. Als er dann doch 62jährig am 12. Juni 1936 einer Herzembolie erlegen war, musste Egon Friedell ungläubig konstatieren: »Ein Mensch, der davon gelebt hat, die anderen umzubringen, kann doch nicht tot sein!« (Friedell 1959, S. 120)

Kraus' dominante Schreibweise ist die der Satire. Elias Canetti hielt ihn »für den größten deutschen Satiriker« und »unbeirrbarsten Verächter«, den die »Weltliteratur« aufzuweisen habe, »eine Art Gottesgeißel der schuldigen Menschheit« (Canetti 2017, S. 341). Sprache und Recht sind gleichsam die Eckpfeiler von Kraus' Betätigungsfeld, das auch von seinen – wenn auch jeweils nur kurzfristigen – juristischen, philosophischen und germanistischen Studien an der Wiener Universität genährt wurde. »Die Spur des Juridischen reicht tief bis in die Kraus'sche Sprachtheorie und -praxis hinein«, erklärt Theodor W. Adorno: »er führt Prozesse in Sachen der Sprache gegen die Sprechenden, mit dem Pathos der Wahrheit wider die subjektive Vernunft« (Adorno 2017a, S. 328). Schon Walter Benjamin hatte erkannt, »dass mit Notwendigkeit alles, ausnahmslos alles, Sprache und Sache, für ihn sich in der Sphäre des Rechts abspielt. […] Man begreift seine ›Sprachlehre‹ nicht, erkennt man sie nicht als Beitrag zur Sprachprozeßordnung«, bei der »über der Rechtsprechung die Rechtschreibung steht« (Benjamin 2015, S. 459). Seine »Autonomie der Sprache« zeichne sich – so Max Horkheimer – durch eine objektive, strenge »Reinheit und Stimmigkeit« aus, sie diene als Instrument und Maßstab zur Kritik an einer Gesellschaft, deren »Unwesen« sich in ihrem entstellenden Sprachgebrauch, der »Verschandelung der Wörter und Sätze«, niederschlage (Horkheimer 2017,

S. 200). Mit ähnlichen Formulierungen empfahl 15 Jahre später Adorno in seiner Einleitung zum *Positivismusstreit in der deutschen Soziologie* die Kraus'sche Zeit- und Sprachkritik als lehrreiches »Modell« für »soziologische Verfahrensweisen«. Die »ästhetische Kritik« an den von Kraus vielfach angeprangerten »Verstößen der Journalistik gegen die Grammatik« hatte »von Anbeginn ihre soziale Dimension« mit – so wäre hinzuzufügen – stets auch moralischem Anspruch: »Sprachliche Verwüstung war für Kraus der Sendbote der realen; schon im Ersten Krieg sah er die Mißbildungen und Phrasen zu sich selbst kommen, deren lautlosen Schrei er längst vorher vernommen hatte.« Eine Affinität sieht Adorno ferner zwischen Kraus' »sprachanalytischen Thesen über die Mentalität des Commis« und »bildungssoziologischen Aspekten der Weberschen Lehre vom Heraufdämmern bürokratischer Herrschaft und dem daraus erklärten Niedergang von Bildung« (Adorno 2017b, S. 367f.).

Kraus' Sprachartistik, die er vorzugsweise in Wort- und Lautspielen, Neologismen und Verballhornungen zur Entfaltung bringt, dient ihm nie als Selbstzweck, sondern ist immer das adäquate Medium sozialer und politischer, kultureller und moralischer Kritik. Dank des obligatorischen, belachbaren Witzes der Satire wird das kritische Potential seiner virtuosen Sprachbeherrschung noch erheblich verstärkt. Ein frühes, in der Kraus-Forschung weitgehend unbeachtetes Beispiel solch komplexer, effektvoller Sprachkunst hat Sigmund Freud, ein eifriger und genauer Leser der *Fackel*, aufgespürt und es in seiner Abhandlung *Der Witz und seine Beziehung zum Unbewußten* (1905) brillant analysiert (vgl. Freud 1982, S. 30). Es findet sich in einem der ersten *Fackel*-Hefte von 1899 (*Die Fackel* 1/26, S. 3f.). Dort ist die Rede von einer Delegation korrupter »Revolverjournalisten«, die neuerdings »auf großem Fuß« lebten und »für theures Geld« auf Kosten der »bosnisch-herzegowinischen Verwaltung« im »Orient*erpress*zug« durch den Balkan befördert wurden. Aus einer vorgetäuschten »Fehlleistung«, die zu diesem vermeintlichen Druckfehler geführt hat, resultiere nach Freud die frappierende Wortkreuzung von »Expresszug« und »Erpressung«. Mit dem vorangestellten Substantiv »Orient« wird das Objekt der habsburgischen Erpressung bzw. Ausbeutung, nämlich die 1878 handstreichartig okkupierten (und später, im Jahr 1908) annektierten Balkanprovinzen, ins Blickfeld gerückt, während die Erpresser dingfest gemacht und inkriminiert werden – ein Kabinettstück dichtester, auch etymologischer Kom*press*ion weitläufiger historischer, politischer und sozialer Zusammenhänge.

Das persönliche Verhältnis zwischen Kraus und Freud war anfänglich von gegenseitigem Respekt und Solidarität geprägt, vor allem in den Jahren 1902 bis 1907, als Kraus in der *Fackel* seine (1908 auch gesammelt erschienenen) Beiträge zu *Sittlichkeit und Kriminalität* veröffentlichte, in denen er sich mehrfach zustimmend auf »Professor« Freud berief, während dieser 1906 Kraus' Unterstützung in einer heiklen Plagiatsaffäre erbat, als der Berliner HNO-Arzt Wilhelm Fließ den Wiener Philosophen Otto Weininger und den Wiener Psychologen Hermann Swoboda beschuldigte, seine Thesen von der grundlegenden »Doppelgeschlechtlichkeit« des Menschen und der davon abgeleiteten doppelten oder bisexuellen Periodizität aller Lebensvorgänge als ihre eigenen ausgegeben zu haben. Allerdings begegnete Kraus der Psychoanalyse, die er schließlich als »jene Geisteskrankheit« bezeichnete, »für deren Therapie sie sich hält« (*Die Fackel* 15/376 [1913], S. 21; Kraus 1986, S. 351), zusehends mit Misstrauen und Spott, den er dann auch auf Freud persönlich übertrug, der seinerseits gegenüber Arnold Zweig erklärte, dass Kraus »auf der Skala seiner Hochachtung eine unterste Stelle« einnehme (Freud 1968, S. 11).

Sigmund Freud hatte seine Witztheorie vor allem an Textbeispielen Heinrich Heines, eines seiner Lieblingsdichter, entwickelt, den Kraus deshalb nur umso mehr verachtete. Er verhöhnte dessen Witz als einen schwächlichen, »asthmatische[n] Köter« (*Die Fackel* 13/329 [1911], S. 23; Kraus 1989a, S. 201), dem er den urkräftigen, bodenständigen Witz Nestroys als »konzentrierteste[n] Spiritus« (*Die Fackel* 23/577 [1921], S. 52; Kraus 1987, S. 211) entgegenhielt. Nicht zufällig hat Kraus die beiden fast analog betitelten Essays *Heine und die Folgen* (1910) und *Nestroy und die Nachwelt* (1912) in seine vielleicht wichtigste Sammlung *Untergang der Welt durch schwarze Magie* (1922) aufgenommen, in der sie das kontrapunktische literarhistorische Zentrum bilden.

In seinem Essay *Heine und die Folgen*, den Kraus am 3. Mai 1910 in seiner allerersten öffentlichen Wiener Vorlesung vortrug, hatte er das vitale, authentische, moralisch unanfechtbare und gedankentiefe deutsche »Sprach- und Lebensgefühl« gegen das vermeintlich kranke, dekadente, frivole und seichte französische ausgespielt. Diese tendenziöse Antithese hat er allerdings im Verlauf des Ersten Weltkriegs einer Revision unterzogen. Sein am 9. Oktober 1917 in der *Fackel* (*Die Fackel* 19/462, S. 76–78; Kraus 1989a, S. 217–219) unter dem Titel »Zwischen den Lebensrichtungen« veröffentlichtes »Schlußwort« zu *Heine und die Folgen* markiert eine politische »Neuorientierung«, d.h. eine Annäherung an die pazifistische Sozialdemokratie als »die Partei der Menschenwürde«. Freimütig bezeichnete Kraus seine polarisierende »deutsch-romanische Wertverteilung« als »Unrecht«, weil diese mit Fortdauer des Weltkriegs Gefahr liefe, von den militanten Deutschen und Österreichern chauvinistisch missbraucht zu werden. Folgerichtig plädierte er nunmehr für eine »deutsch-weltliche«, d.h. kosmopolitische, die eurozentrische durch eine transatlantische Perspektive ersetzende Antithese (»Amerika, das es besser, nein am besten hat«), mit der er sich explizit auf Goethes spätes Widmungsgedicht »Den Vereinigten Staaten« (1827) berief: »Amerika, du hast es besser / Als unser Kontinent, der alte, / Hast keine verfallenen Schlösser / Und keine Basalte.«

Die öffentliche Annäherung an die Sozialdemokratie vollzog Kraus als selbstdeklarierter »Antipolitiker« indes erst nach dem Zusammenbruch des Habsburgerreichs im Mai 1919 mit einer in der *Fackel* (*Die Fackel* 21/508, S. 30–32) publizierten Wahlempfehlung. In den folgenden Jahren wandte er sich jedoch enttäuscht wieder von der Sozialdemokratie ab, bis er schließlich für die Dollfuß-Diktatur als vermeintlich einzig widerstandsfähiges Bollwerk gegen Hitlerdeutschland Partei ergriff. Dies versuchte er Ende Juli 1934 im umfangreichsten aller *Fackel*-Hefte (»Warum die Fackel nicht erscheint«, *Die Fackel* 36/890–905) zu begründen – zum Entsetzen der meisten Wiener

Schriftsteller und Intellektuellen, darunter namentlich auch Elias Canetti, dem »dieser rasche unabänderliche Todessturz« seines »letzten Halbgottes« (Canetti 2015, S. 512) eine so heillose »Wunde« schlug, dass er sie »bis zum Tod mit sich« herumtragen zu müssen glaubte (Canetti 1994, S. 268).

Verstöße gegen die Grammatik oder die richtige Aussprache waren für Kraus gleichbedeutend mit ästhetischen, moralischen und sozialen Defekten. Wenn der junge, von ihm zeitlebens verachtete Heinrich Heine, von »Krankheit«, »Mißmuth« und »Unwohlseyn« gepeinigt, gestehen muss, »keine Zeile« mehr schreiben und sich »nur vor kleine [!] Lieder [!] dann und wann […] nicht hüthen« zu können (Heine 1976, S. 101), dann attestiert ihm Kraus allein im Blick auf diesen simplen Kasusfehler unaufrichtige Wehleidigkeit sowie sprachliches und daher auch literarisches Unvermögen (*Die Fackel* 17/406 [1915], S. 59). Und wenn – so Kraus im Jahr 1898 – ein »ungeduldiger Herr aus Tarnopol« in einer Versammlung von Zionisten »wehklagend betheuert«: »Sie [die Antisemiten] br*o*chen uns nicht« (Kraus 1979, S. 310), dann indiziert der Autor angesichts dieser Unfähigkeit zur korrekten Diphthongierung höhnisch das Dilemma der assimilationsunwilligen ostjüdischen Zionisten und hängt daran »die ganze Judenfrage« auf (Gilman 2017, S. 488).

Eine herausragende Rolle spielt in Kraus' Sprachkunst die souverän gehandhabte Technik des »strafenden Zitats« (Benjamin 2015, S. 468), d.h. die Verurteilung der von ihm Zitierten »sozusagen aus ihrem eigenen Mund heraus« (Canetti 2017, S. 341). Oft erübrigt sich jeglicher Kommentar von Seiten des Zitierenden. Auf eine Umfrage aus Moskau, in der europaweit »die hervorragendsten Vertreter auf dem Gebiete der Kunst und Literatur« aufgefordert wurden, »ihre Auffassung« von den »Auswirkungen und Folgen der russischen Revolution 1917 für die Weltkultur« in »zehn bis zwanzig Druckzeilen – wenn möglich mit ihrem Bild und Autogramm« – mitzuteilen, antwortet Kraus lapidar: »Die Auswirkungen und Folgen der russischen Revolution für die Weltkultur bestehen meiner Auffassung nach darin, daß die hervorragendsten Vertreter auf dem Gebiete der Kunst und Literatur von den Vertretern der russischen Revolution aufgefordert werden, in zehn bis zwanzig Druckzeilen, wenn möglich mit ihrem Bild und Autogramm […] ihre Auffassung von den Auswirkungen und Folgen der russischen Revolution für die Weltkultur bekanntzugeben, was sich manchmal tatsächlich in vorgeschriebenen zehn bis zwanzig Druckzeilen durchführen läßt.« (*Die Fackel* 26/668 [1924], S. 807; Kraus 1991, S. 300f.) Kraus' mit der Anfrage nahezu identische Antwort, die genau 13 Druckzeilen umfasst, erweist sich als groteske Tautologie, die er an anderer Stelle wiederum mit einer unübertrefflichen neologistischen Wortkreuzung zum Ausdruck brachte: »Moskauderwelsch« (*Die Fackel* 36/890 [1934], S. 49).

Als gigantisches Totalzitat in Form einer Collage hunderter tatsächlich gesprochener Phrasen präsentiert sich auch Kraus' Opus magnum, die für ein »Marstheater« gedachte Weltkriegstragödie *Die letzten Tage der Menschheit*, eine in der Weltliteratur einzigartige satirische Verdammung des Kriegs und dergestalt ein leidenschaftliches, verzweifeltes

Plädoyer für den Weltfrieden. Es gibt kaum einen Schriftsteller oder Kritiker – ob des Verfassers Freund oder Feind –, der diesem riesigen Werk nicht seine ungeteilte Bewunderung gespendet hätte. Selbst Arthur Schnitzler, der den zwölf Jahre jüngeren »kleinen Kraus«, den »Lausbuben«, mit tiefster Verachtung strafte und eingestandenermaßen wie kein anderer literarischer Zeitgenosse unter dessen harschen Verdikten litt, der ihm »Eitelkeit, Rachsucht und Galle« vorwarf und dessen Methoden mit jenen einer »Erpresser- und Schreckensherrschaft« verglich (Schnitzler 2015, S. 242f.), las die 1922 erschienene Buchausgabe der *Letzen Tage* mit wachsender Faszination fast in einem Zug, bis er schließlich unumwunden bekennen musste: »Im ganzen eine ungewöhnliche Leistung, – aus seinem Temperament heraus sich manchmal zum dichterischen steigernd. Die Satire glänzend, bis zum großartigen; – man gesteht ihm unwillkürlich, bezwungen durch seine Kraft, das Recht auf Übertreibungen und Ungerechtigkeiten (durch Verschweigen von mancherlei) zu – ohne die ja Satire nie auszukommen vermag.« (Brief vom 30. Juli 1922, zitiert in Schnitzler 1993, S. 333f.) Dieses Lob ist umso bemerkenswerter, als Kraus schon 1897 in der *Demolirten Literatur* jenem »Dichter«, nämlich Schnitzler, »der das Vorstadtmädel burgtheaterfähig machte«, »tiefste Seichtigkeit«, »Leere« und »eine ruhige Bescheidenheit des Größenwahns« attestiert hatte (Kraus 1979, S. 285f.). Andererseits rang sich Kraus 1917, also mitten im Weltkrieg, zu einer – wenn auch nur halbherzigen – Anerkennung von Schnitzlers diskretem Pazifismus durch: »Sein Wort vom Sterben wog nicht schwer. / Doch wo viel Feinde, ist viel Ehr: / Er hat in Schlachten und Siegen / geschwiegen.« (Kraus 1989b, S. 154)

Summa summarum herrscht bis heute – wie auch die jüngste wirkungsgeschichtliche Dokumentation belegt – über Karl Kraus »die schönste Uneinigkeit«; sein Bild ist »verzerrt von Hass und Lob«, es ist wie eh und je geprägt von meist moralisierenden Extremen: Er gilt als karitativer Philanthrop und »König der Misanthropen«; als singulärer Pazifist, aber nicht als ein friedfertiger, vielmehr als ein hassender, zürnender »Krieger gegen den Krieg« (vgl. Goltschnigg 2017, S. 5); als ein ritterlicher, galanter Frauenverehrer und zynischer Verächter aller Frauenrechtlerinnen; als Erzjude, der gegen Juden wetterte; als ein genialer, prophetischer und selbsthassender Renegat; als ein melancholischer und monomanischer, homosexueller und sadomasochistischer Charakter; als selbst der größte Journalist, der alle Journalisten pauschal als »Journaille« verdammte; als ein reaktionärer Revolutionär, ein von politischer Blindheit geschlagener Seher, der indes vorauswusste, dass die moderne, massenmedial vermittelte und konstituierte Welt des Faktischen ihre authentische Erfahrbarkeit unwiderruflich eingebüßt hat. Alle diese extrem widersprüchlichen Pauschalurteile sind so richtig wie falsch. Man lese sie nach der Richtschnur, die Kraus selbst in seinen Aphorismen gespannt hat: »Ungerechtigkeit muß sein; sonst kommt man zu keinem Ende« (*Die Fackel* 12/309 [1910], S. 40; Kraus 1986, S. 287) – wobei jedoch stets zu beachten bleibt: »In zweifelhaften Fällen entscheide man sich für das Richtige«! (*Die Fackel* 10/259 [1908], S. 38; Kraus 1986, S. 152)

Adorno, Theodor W. (2017a): Sittlichkeit und Kriminalität [1965]. In: Goltschnigg 2015/17, Bd. 2 (2017), S. 326–334.
– (2017b): »Immanente Sprachkritik« als »Modell soziologischer Verfahrensweisen« [1969]. In: Goltschnigg 2015/17, Bd. 2 (2017), S. 367–369.
Benjamin, Walter (2015): Karl Kraus [1931]. In: Goltschnigg 2015/17, Bd. 1 (2015), S. 449–471.
Canetti, Elias (1994): *Das Augenspiel. Lebensgeschichte 1931–1937* [1985], München/Wien: Hanser.
– (2015): An Georges Canetti [Brief, 1934]. In: Goltschnigg 2015/17, Bd. 1 (2015), S. 512f.
– (2017): Karl Kraus, Schule des Widerstands [1966]. In: Goltschnigg 2015/17, Bd. 2 (2017), S. 339–345.
Freud, Sigmund (1968): An Arnold Zweig [Brief, 2. Dezember 1927]. In: Ders., *Briefwechsel*, hrsg. von Ernst L. Freud, Frankfurt a.M.: S. Fischer.
– (1982): Der Witz und seine Beziehung zum Unbewußten [1905]. In: Ders., *Studienausgabe*, Bd. 4: *Psychologische Schriften*, hrsg. von Alexander Mitscherlich, Frankfurt a.M.: S. Fischer.
Friedell, Egon (1959): *Briefe*, Wien/Stuttgart: Prachner.
Gilman, Sander L. (2017): Jüdischer Selbsthaß. Antisemitismus und die verborgene Sprache der Juden [1993]. In: Goltschnigg 2015/17, Bd. 2 (2017), S. 485–489.
Goltschnigg, Dietmar (Hg.) (2015/17): *Karl Kraus im Urteil literarischer und publizistischer Kritik. Texte und Kontexte, Analysen und Kommentare*, 2 Bde. [Bd. 1 (2015): 1892–1945, Bd. 2 (2017): 1946–2016], Berlin: Erich Schmidt.
Heine, Heinrich (1976): *Werke, Briefwechsel, Lebenszeugnisse*, Bd. 20: *Briefe 1815–1831*, hrsg. von der Stiftung Weimarer Klassik und dem Centre National de la Recherche Scientifique in Paris, 2. Aufl., Berlin: Akademie-Verlag.
Horkheimer, Max (2017): Karl Kraus und die Sprachsoziologie [1954]. In: Goltschnigg 2015/17, Bd. 2 (2017), S. 199–201.
Kraus, Karl (Hg.) (1899–1936): *Die Fackel* [Zeitschrift], Wien: Verlag »Die Fackel«. (Online zugänglich über: http://corpus1.aac.ac.at/fackel/.)
– (1979): *Frühe Schriften*, Bd. 2: *1897–1900. Die demolirte Literatur. Eine Krone für Zion*, hrsg. von Johannes J. Braakenburg, München: Kösel.
– (1987–1994): *Schriften*, 20 Bde., hrsg. von Christian Wagenknecht (= Suhrkamp Taschenbuch, Bde. 1311–1330), Frankfurt a.M.: Suhrkamp; hier von Belang:
– (1986): *Schriften*, op. cit., Bd. 8: *Aphorismen. Sprüche und Widersprüche. Pro domo et mundo. Nachts* (= stb 1318).
– (1987): *Schriften*, op. cit., Bd. 7: *Die Sprache* (= stb 1317).
– (1989a): *Schriften*, op. cit., Bd. 4: *Untergang der Welt durch schwarze Magie* (= stb 1314).
– (1989b): *Schriften*, op. cit., Bd. 9: *Gedichte* (= stb 1319).
– (1989c): *Schriften*, op. cit., Bd. 10: *Die letzten Tage der Menschheit. Tragödie in fünf Akten mit Vorspiel und Epilog* (= stb 1320).
– (1991): *Schriften*, op. cit., Bd. 16: *Brot und Lüge. Aufsätze 1919–1924* (= stb 1326).
Schnitzler, Arthur (1993): *Tagebuch*, Bd. 7: *1920–1922*, hrsg. von Werner Welzig et al., Wien: Verlag der Österreichischen Akademie der Wissenschaften.
– (2015): Der »kleine Kraus«, »ein niedriger Kerl« »und sehr begabt« [1912]. In: Goltschnigg 2015/17, Bd. 1 (2015), S. 242f.

Weiterführende Literatur

Arnold, Heinz Ludwig (Hg.) (1975): *Karl Kraus. Text + Kritik. Sonderband*, München: edition text + kritik.

Arntzen, Helmut (2011): *Karl Kraus. Beiträge 1980–2010*, Frankfurt a.M./Bern: Peter Lang.

Krolop, Kurt (1994): *Reflexionen der Fackel. Neue Studien über Karl Kraus*, Wien: Verlag der Österreichischen Akademie der Wissenschaften.

Merkel, Reinhard (1998): *Strafrecht und Satire im Werk von Karl Kraus*, Frankfurt a.M.: Suhrkamp.

Pfabigan, Alfred (1976): *Karl Kraus und der Sozialismus. Eine politische Biographie*, Wien: Europaverlag.

Schneider, Manfred (1977): *Die Angst und das Paradies des Nörglers. Versuch über Karl Kraus*, Frankfurt a.M.: Syndikat.

Strelka, Joseph P. (Hg.) (1990): *Karl Kraus. Diener der Sprache. Meister des Ethos*, Tübingen: Francke.

Timms, Edward (1989, 2005): *Karl Kraus. Apocalyptic Satirist*, 2 Bde., New Haven, CT, USA/London: Yale University Press.

Dietmar Goltschnigg

TEIL I: WIRKUNGSGESCHICHTLICH BEDEUTSAME BEITRÄGE ZU SOGENANNTEN SPEZIELLEN SOZIOLOGIEN – VON DER JAHRHUNDERTWENDE BIS ZUM ENDE DES ERSTEN WELTKRIEGS

Detaillierte Inhaltsübersicht von Teil I

Vorbemerkungen

Auf dem Gebiete der Habsburgermonarchie wurde bereits in der ersten Phase der Hochindustrialisierung, die kurz nach 1848 begann, vor allem im Umkreis der Staatsrechts- und Verwaltungslehre über soziologisch relevante Themen geforscht und publiziert, denen große öffentliche Aufmerksamkeit galt: so zum Beispiel über die Weiterentwicklung der ursprünglich als Staaten- und Bevölkerungskunde behandelten Statistik, die mit dem Erfordernis zu tun hatte, ein vielgestaltiges Reich in seinen verschiedenen Dimensionen überschaubar und kontrollierbar zu machen; über das Nationalitätenproblem, zumal das Vielvölkerreich vor allem seit den Napoleonischen Kriegen durch die Emanzipationsbestrebungen der ihm einverleibten Völker in seinem Bestand gefährdet erschien; schließlich über die vielfältigen Formen der Befassung mit der sogenannten Sozialen Frage als einer Folge der grundlegenden gesellschaftlichen Veränderungen, die mit der Industrialisierung einhergingen. Diese drei Zentralbereiche der Erörterung von gesellschaftlichen Fragen trieben eine Reihe von später so bezeichneten »Speziellen Soziologien« aus sich hervor: so bildete die Statistik die Grundlage einer sich vielfältig ausdifferenzierenden empirischen Sozialforschung; das Nationalitätenproblem wurde in den beiden letzten Dekaden der Habsburgermonarchie ein Zentralbereich der Soziologie der Politik und der Rechtssoziologie, wobei man insbesondere den Fragen von Macht, Legitimität, Föderalismus und Autonomie Aufmerksamkeit schenkte; schließlich provozierte die Soziale Frage vor allem seit den 1870er Jahren sorgfältige sozialstatistische und sozialstrukturelle Analysen, aber auch eine stärkere Befassung mit Fragen der Sozial- und Wirtschaftspolitik im Rahmen der Volkswirtschaftslehre. Stets gaben die insbesondere auf die soziale Lage der Bauern und Arbeiter bezogenen Erhebungen auch Anlass zu moralisch oder utopisch orientierter Gesellschaftskritik. Von besonderer Bedeutung war in diesem Zusammenhang die in vielen wissenschaftlichen Untersuchungen erfolgte Übernahme evolutionstheoretischen Gedankenguts, zumal sich dieses auch mit der Idee des sozialen Wandels verbunden hatte, die das eine Mal mit der Hoffnung auf Veränderung, das andere Mal hingegen mit der Furcht vor einer solchen einherging.

Die in diesen verschiedenen Bereichen neu erschlossenen Fragen und Probleme wirkten zum Teil sehr inspirierend auf die im Entstehen begriffenen soziologischen Subdisziplinen, so zum Beispiel auf die Historische Soziologie, die die herkömmlichen geschichtswissenschaftlichen Darstellungen der politischen Geschichte durch sozialstrukturelle Befunde und deren Erklärung anreicherte. Ähnliches gilt für die um 1900 entstandene Wissenssoziologie, durch welche die Entwicklung der Vorurteilsforschung und der Ideologiekritik maßgeblich gefördert wurde. Neben diesen sich nach und nach neu entwickelnden Teilbereichen der Soziologie kommen in dem abschließenden Teil I dieses Sammelbandes noch die folgenden speziellen Soziologien zur Sprache: Sozialbiologie, Moralsoziologie, Medizinsoziologie, Ethnosoziologie, Kunstsoziologie, ferner die Sozialpolitik, die Frauenfrage, die Soziologie des Krieges und des Friedens, die Kultursoziologie sowie die Wirtschaftssoziologie. (Im letzten Jahr des Ersten Weltkriegs war es die Finanzsoziologie, die durch Joseph A. Schumpeters Bezugnahme auf einschlägige Überlegungen Rudolf Goldscheids initiiert (Goldscheid/Schumpeter 1976) und zu einem Teilbereich der Wirtschaftssoziologie wurde; vgl. Fritz/Mikl-Horke 2007; Peukert/Prisching 2009.) Das Substrat all dieser speziellen Soziologien bildeten dabei einerseits die »sozialen Verbände«, also die verschiedenen sozialen Gruppen, andererseits die »sozialen Gebilde«, also die verschiedenen Institutionen (vgl. Eisler 1903, §§ 16–28).

Naturgemäß ändern sich im Laufe der Zeit Art und Umfang der speziellen Soziologien, da diese auf gesellschaftliche Veränderungen mit der Formulierung neuer Frage- und Problemstellungen reagieren (vgl. Korte/Schäfers 1997; Kneer/Schroer 2010). Auffallend ist in diesem Zusammenhang beispielsweise im Rückblick auf die Zeit bis zum Ende des Ersten Weltkriegs, als die Weltbevölkerung noch nicht einmal zwei Milliarden Erdenbürger umfasste, der Umstand, dass Fragen der Demographie zwar für die Verwaltung von Interesse waren, aber unter dem Gesichtspunkt der erst später wirkungsvoll zur Sprache gebrachten Themen der Umweltsoziologie noch keine Rolle spielten. Diese ist nur eine der heute sehr zahlreich gewordenen sogenannten Bindestrich-Soziologien.

Doch mit der Ausweitung des Umfangs spezieller Soziologien ging verschiedentlich auch die Gefahr einher, dass sich bestimmte Interessenvertreter der Soziologie für alle Arten von sozialen Problemen eine spezielle Soziologie ersannen. Vermeintlich für all das zuständig, was mit »Gesellschaft« zu tun hat, reklamierten dann mitunter Soziologen für sich geradezu einen Alleinvertretungsanspruch für »Soziales«. Innerhalb der Gemeinschaft von Wissenschaftlern stieß ein solcher Anspruch mit Recht auf Unverständnis. Auch für die Disziplin selbst waren dann die Folgen nicht zu übersehen: ihr wissenschaftlicher Status sank im selben Maße wie ihr amorpher Charakter zunahm. In der Zeit von ca. 1900 bis zum Ende der Habsburgermonarchie im Jahr 1918 stellte dies für die damals noch im geradezu jugendlichen Aufschwung befindliche Soziologie jedoch noch keine ernsthafte Gefahr dar.

Eisler, Rudolf (1903): *Soziologie. Die Lehre von der Entstehung und Entwickelung der menschlichen Gesellschaft*, Leipzig: J.J. Weber.

Fritz, Wolfgang/Gertraude Mikl-Horke (2007): *Rudolf Goldscheid – Finanzsoziologie und ethische Sozialwissenschaft*, Wien/Berlin/Münster: LIT.

Goldscheid, Rudolf/Joseph Schumpeter (1976): *Die Finanzkrise des Steuerstaats. Beiträge zur politischen Ökonomie der Staatsfinanzen*, hrsg. von Rudolf Hickel, Frankfurt a.M.: Suhrkamp. (Enthalten sind hierin drei Aufsätze Goldscheids, darunter »Finanzwissenschaft und Soziologie« aus dem Jahr 1917, sowie Schumpeters 1918 veröffentlichte Abhandlung »Die Krise des Steuerstaats«.)

Kneer, Georg/Markus Schroer (Hgg.) (2010): *Handbuch Spezielle Soziologien*, Wiesbaden: VS Verlag für Sozialwissenschaften/Springer Fachmedien.

Korte, Hermann/Bernhard Schäfers (Hgg.) (1997): *Einführung in Spezielle Soziologien*, 2., erw. Aufl., Opladen: Leske + Budrich.
Peukert, Helge/Manfred Prisching (2009): *Rudolf Goldscheid und die Finanzkrise des Steuerstaates*, Graz: Leykam.

Karl Acham

I. Sozialstatistik

Michael Hainisch zur Statistik Deutschösterreichs

Die Beck'sche Reichratswahlreform führte mit Wirkung ab 1907 das allgemeine, gleiche und geheime Wahlrecht für die männliche Bevölkerung Zisleithaniens ein (Kann 1964, S. 225). Zugleich hatte das Nationalitätenprinzip der politischen Repräsentation eine spannungsvolle Situation geschaffen. Das Wahlrecht »war vom mathematischen Standpunkt aus völlig einwandfrei, vom politischen Standpunkt aus undurchführbar [...]« (ebd., S. 226). Die individuellen Rechte der Wähler entsprachen nicht der Repräsentation der Länder gemäß ihrer geschichtlichen, wirtschaftlichen und steuerlichen Bedeutung. Doch trotz aller Schwierigkeiten entwickelte sich eine moderne Zivilgesellschaft (Cohen 2007), und Karl Renner sah den Weg zu einem »Nationalitätenbundesstaat« (Springer 1906, S. 137) auf demokratischer Grundlage bereitet, für den er aber auch eine demokratische Reform der Lokalverwaltungen für notwendig erachtete.

Die Feststellung der Natiotanalität erfolgte über die Sprache. Da die Donaumonarchie weder als Nationalstaat nach französischem Modell noch als Nationalitätenstaat begriffen werden konnte, war die Erhebung der Nationalität im Rahmen der Volkszählung – sie wurde 1880 erstmals durchgeführt – im gleichen Maß ein statistisches wie ein politisches Problem. Während in Ungarn die Nationalität über die *Muttersprache* erhoben wurde, zog die österreichische Regierung die »Umgangssprache« heran, wie der Begriff der »langue parlée« – also der Sprache des alltäglichen Gebrauchs – übersetzt wurde, der auf dem Internationalen Statistischen Kongress 1872 in St. Petersburg festgelegt worden war (Brix 1979, S. 373f.).

Dieser politische Kontext, in dem sich das statistische Denken entwickelte, muss berücksichtigt werden, um Michael Hainischs kleine Arbeit über die Demographie der multinationalen Monarchie, deren empirische Basis die Ergebnisse der Volkszählungen von 1880 bis 1900 bilden, vom methodologischen Standpunkt aus einschätzen zu können. Ziel seiner Untersuchung ist nicht die Bestimmung des zahlenmäßigen Verhältnisses der Volksgruppen, sondern er wollte ihre zahlenmäßige Entwicklung infolge unterschiedlicher Geburten- und Sterberaten einschätzen. Hainisch ergründet von einem mathematischen Standpunkt aus die politische Bedeutung der Bevölkerungszahlen und fragt sich, wie sich diese Zahlen und damit die politische »Stärke« der Bevölkerungsgruppen entwickeln (Hainisch 1909, S. 1).

Die Untersuchung gliedert sich grob gesprochen in drei Teile. Im ersten, theoretisch-methodologischen Teil bestimmt Hainisch den Begriff der Nationalität und klärt die Voraussetzungen, unter denen sie über Sprache erfasst werden kann. Nationalität meint keinen biologischen Sachverhalt, sondern verweist auf willentliche kulturelle Zugehörigkeit (Hainisch 1909, S. 8f.). Vor diesem Hintergrund scheint die Bestimmung der Nationalität über die Umgangssprache möglich. Zum einen habe die Erfahrung gezeigt, dass diese nicht bloß als die Sprache der umgebenden Bevölkerung betrachtet, sondern tatsächlich als ein wesentliches Merkmal von Nationalität verstanden wird, und zum anderen wird die nationale Zuordnung gemäß der Umgangssprache der Tatsache willentlicher kultureller Zugehörigkeit gerecht, was nicht der Fall wäre, würde einfach die von den Eltern übernommene Muttersprache als Kriterium herangezogen.

Hainisch ist sich darüber im Klaren, dass Angaben zur Umgangssprache »nicht selten unter einem gewissen Drucke« erfolgen (ebd., S. 9). Zu groß ist die Bedeutung der Volkszählungsergebnisse für nationale Forderungen. Die Erhebung der Nationalität über die Umgangssprache sei daher nur in engen Grenzen möglich. Während Ergebnisse aus sprachlichen Mischgebieten mit Vorsicht zu gebrauchen sind und daher in seiner Untersuchung nicht berücksichtigt werden, bestimmt Hainisch geschlossene Sprachgebiete, in denen aufgrund der sprachlichen Gegebenheiten eine eindeutige Zuordnung von Umgangssprache und Nationalität möglich ist. Im Allgemeinen sei jedoch darauf Rücksicht zu nehmen, dass sich der geographische und der sprachliche Raum der Gesellschaft in Österreich nicht zur Deckung bringen ließen – ein methodisches Prinzip, das auch heute als ein Erfordernis der Statistik angesehen wird (z.B. Weichlein 2015).

Im zweiten Teil fasst Hainisch Ergebnisse einer älteren Arbeit (Hainisch 1892) zur Bevölkerungsstatistik zusammen, die auf Basis der ersten Volkszählung von 1880 entstanden ist. Zu diesem Zeitpunkt stellte er niedrige Zuwachsraten der deutschen Volksgruppe im Vergleich zu der anderer Nationalitäten fest. Dieser Sachverhalt lasse sich nicht biologisch, sondern »allein mit sozialen Verhältnissen« (ebd., S. 19) erklären. Hainisch ermittelt drei Faktoren: 1. die niedrigere Ehefrequenz unter den deutschen Frauen, 2. eine hohe Zahl an Totgeburten und die hohe Sterblichkeit ehelicher Kinder infolge der Arbeitsbelastung der Frauen und der hygienischen Verhältnisse in den Industriegebieten, und 3. eine »patriarchalische Arbeitsverfassung« in den Alpenländern (ebd., S. 24), durch die die an Besitz gebundenen Heiratsmöglichkeiten erheblich eingeschränkt würden.

Im dritten Teil zieht Hainisch die Volkszählung von 1900 heran, um seine früheren Einsichten zu überprüfen und eine Entwicklungsprognose zu wagen. Er gelangt zur These, dass sich die nationalen Unterschiede in der Ehefrequenz auszugleichen beginnen und entwickelt drei Verlaufstypen der Ehe- und Geburtenfrequenz (sowie einen Mischtyp): Im ersten Typus (wie er z.B. in Mähren auftritt) bleiben Ehefrequenz und Fruchtbarkeit hoch. Diese Entwicklung lasse sich aus den Verhältnissen einer überkommenen, landwirtschaftlich geprägten Kultur erklären, die durch die neu entstandenen Strukturen der Industriegesellschaft noch nicht verändert worden sind. Der zweite Typus findet sich in Ländern wie Tirol, »in denen die Eheschließung durch Erwägungen wirtschaftlicher Natur verzögert wird« (ebd., S. 38). Der dritte Typus kennzeichnet die Verhältnisse in Großstädten, in denen Eheschließung und Kinderzeugung rationalen Erwägungen folgt.

Hainischs Untersuchung nimmt auf einen gesellschaftlichen und politischen Modernisierungsprozess Bezug, der sich in jenen Jahren in der Habsburgermonarchie abzeichnete. Ob die neuen Formen der politischen Repräsentation über die Nationalität nun zu unabhängigen Nationalstaaten oder zu einem Nationalitätenstaat autonomer Regionen führen würden, war offen. Der Wandel der politischen Repräsentation wird in der Gegenüberstellung von erworbener Umgangssprache und zugeschriebener Muttersprache reflektiert. Der kulturelle und institutionelle Wandel, der die Bevölkerungsentwicklung bedingt, schlägt sich auch im Rückgang der traditionellen Arbeitsverfassung und in der Ausbreitung industrieller Lebensverhältnisse auf Kosten überkommener kultureller Formen nieder. Mit solchen Erklärungen stellt sich Hainisch auch gegen den verbreiteten Sozialdarwinismus seiner Zeit. Eine politische Repräsentation von Individuen jenseits der nationalen Identität kann es für ihn nicht geben. Dieser kollektivistischen Orientierung entspricht auf der wissenschaftlichen Ebene die (wohl eher »romantisch« als methodisch begründete) »Operationalisierung« der nationalen Zugehörigkeit über die Umgangssprache. Diese ihrerseits politisch bedingte Grenze seiner wissenschaftlichen Vorstellungskraft darf aber nicht über die seinem Versuch zugrundeliegende ernsthafte Absicht hinwegtäuschen, statistisches Wissen gegenüber der Politik und der Rassenideologie sachlich zu fundieren.

Brix, Emil (1979): Die Erhebungen der Umgangssprache im zisleithanischen Österreich (1880–1910): Nationale und sozio-ökonomische Ursachen der Sprachenkonflikte. In: *Mitteilungen des Instituts für Österreichische Geschichtsforschung* 87, S. 363–439.

Cohen, Gary B. (2007): Nationalist Politics and the Dynamics of State and Civil Society in the Habsburg Monarchy, 1867–1914. In: *Central European History* 40, S. 241–278.

Hainisch, Michael (1892): *Die Zukunft der Deutschösterreicher. Eine statistisch-volkswirtschaftliche Studie*, Wien: Deuticke.

– (1909): *Einige neue Zahlen zur Statistik der Deutschösterreicher*, Leipzig/Wien: Deuticke.

Kann, Robert A. (1964): *Das Nationalitätenproblem der Habsburgermonarchie. Geschichte und Ideengehalt der nationalen Bestrebungen vom Vormärz bis zur Auflösung des Reiches im Jahre 1918*, Wien: Böhlau.

Springer, Rudolf [Pseud., Karl Renner] (1906): *Grundlagen und Entwicklungsziele der Österreichisch-Ungarischen Monarchie*, Wien/Leipzig: Deuticke.

Weichlein, Siegfried (2015): Zählen und Ordnen: Der Blick der Statistik auf die Ränder der Nationen im späten 19. Jahrhundert. In: Christof Dejung/Martin Lengwiler (Hgg.), *Ränder der Moderne. Neue Perspektiven auf die Europäische Geschichte (1800–1930)*, Wien/Köln: Böhlau, S. 115–146.

Christopher Schlembach

Franz Žižek über das Verhältnis von *Soziologie und Statistik* (1912)

Franz Žižek (oft auch: Zizek) wird als bedeutender Vertreter der Frankfurter Schule der Statistik erinnert, die heute eine untergeordnete Rolle spielt. Der Versuch, gegenüber der mathematisch-probabilistisch begründeten eine logische, vergleichende, von sinnhaften und historischen Zusammenhängen ausgehende Statistik zu entwerfen, gilt heute als obsolet. Und dies, obwohl die Probleme der Interpretation der gesellschaftlich-geschichtlichen als einer sinnhaften Wirklichkeit durch adäquate mathematische Modelle – deren Lösung in jener Tradition der Frankfurter Statistik mit dem Parallelismus von Sachlogik und Zahlenlogik versucht wurde – sich nach wie vor auch der modernen, methodologisch begründeten Sozialforschung stellen (Von der Lippe 2013).

Als Žižek Anfang des 20. Jahrhunderts über das Verhältnis von Soziologie und Statistik nachdenkt, lehrt er noch als Privatdozent an der Universität Wien, der wichtigsten Universität des Habsburgischen Reiches. Mit Verweis auf die Gründung der Deutschen Statistischen Gesellschaft als Abteilung der Deutschen Gesellschaft für Soziologie im Jahr 1911 stellt er ein institutionelles Naheverhältnis zwischen den beiden Disziplinen an den Ausgangspunkt seines schmalen Buches über *Soziologie und Statistik* (Žižek 1912, S. 1). Žižek identifiziert drei Ansätze in der Bestimmung des Begriffs der Statistik, aus denen sich ein mögliches Verhältnis zur Soziologie ergibt: 1. Statistik ist eine selbständige, allgemeine Gesellschaftslehre, die sich mit der Soziologie koordinieren lässt; 2. sie wird als Methode bzw. Methodenlehre verstanden, die von der Soziologie verwendet werden kann; 3. Statistik ist zwar keine eigenständige Wissenschaft, sie ist aber auch keine reine Methode ohne materiale Gegenstände, sondern sie lässt sich als ein universitäres Studien- und Lehrfach auffassen. Žižek lässt offen, welcher Interpretation er selbst zuneigt. Genauso offen bleibt, was die Soziologie als eine empirische Einzelwissenschaft begründet. Georg Simmels und Max Webers Ansätze zur Bestimmung des Gegenstandes der Soziologie als der Formen der sozialen Differenzierung und Wechselwirkung – durch diese Abstraktionsleistung lässt sich für Simmel überhaupt erst bestimmen »was an der Gesellschaft ›Gesellschaft‹ ist« (Simmel 1992 [1894], S. 57) – oder als des (idealtypischen) sozialen Handelns gehen in den vielstimmigen Debatten unter. Um Žižeks Diskussion des Verhältnisses von Soziologie und Statistik einzuschätzen, muss man seine Definitionen dieser beiden Disziplinen im Auge behalten: »Unter Statistik soll daher im folgenden einfach das auf statistischem Wege erlangte Wissen verstanden sein, mag man ihm im System der Wissenschaften diese oder jene Stellung zuweisen, unter Soziologie die *allgemeine* Lehre von der Gesellschaft im Gegensatz zu den sozialen Einzelwissenschaften, wie Volkswirtschaftslehre, Religionswissenschaft, Moralwissenschaft, vergleichende Rechtswissenschaft etc.« (Žižek 1912, S. 3).

Aus diesen weiten Begriffsbestimmungen ergeben sich für Žižek eine Reihe von Berührungspunkten zwischen den beiden Disziplinen Soziologie und Statistik: ihr Gegenstand sind die menschliche Gesellschaft und ihre Gesetze. »Beide Disziplinen haben

[…] die menschliche Gesellschaft im allgemeinen und die Gesamtheit der gesellschaftlichen Erscheinungen zum Gegenstande, nicht etwa bloß Tatsachen einer bestimmten Art oder nur einen bestimmten Aspekt des Gesellschaftslebens (ebd., S. 4). Žižek meint darüber hinaus, dass nur die Statistik der Soziologie Erkenntnisse über den »Hauptfaktor der Gesellschaft« liefert, nämlich »über die Bevölkerung, die Zahl und Zusammensetzung« (ebd.).

Obwohl es also beiden Wissenschaften um die sozialen Massenerscheinungen im Allgemeinen geht, sieht Žižek zwischen ihnen noch keine tiefergehende Zusammenarbeit –doch zumindest in Ansätzen existierte eine solche sehr wohl auch schon damals, wenngleich diese ersten einschlägigen Bestrebungen nicht unter dem Begriff der Soziologie liefen (vgl. Rosenmayr 1966, S. 276). Zwei große Probleme prägen das Verhältnis von Soziologie und Statistik: Das erste Problem betrifft das methodische Vorgehen der Soziologie in ihrem Bemühen, soziale Gesetze zu entdecken. Die Soziologie, wie sie insbesondere von Auguste Comte entwickelt wurde und wie sie für Žižek zeitgenössisch durch Autoren wie Herbert Spencer, Paul von Lilienfeld, Ludwig Gumplowicz oder Albert Schäffle vertreten wird, findet die Gesetze der Gesellschaft nicht durch statistische Methoden, sondern mittels Analogien zwischen gesellschaftlichen und natürlichen Erscheinungen (Organismus). Methodische Schwierigkeiten ergeben sich auch aus der begrenzten Verfügbarkeit statistischer Daten: Soziale Phänomene, die sich nicht als zähl- und messbare Tatsachen darstellen lassen, können von der Statistik nicht erfasst werden; weiters komme erschwerend hinzu, dass es statistische Daten erst in der neuesten Zeit gibt. Sie fehlen für große Zeiträume, die durch die Soziologie nur über historische Quellen erschlossen werden können. Wie an vielen anderen Stellen legt sich Žižek nicht fest, sondern zeigt das Spektrum möglicher Positionen: So gibt es Autoren wie Schäffle, die der Rolle der Statistik für die Ermittlung sozialer Gesetze skeptisch gegenüberstehen, ihr aber eine große Bedeutung bei der Beschreibung sozialer Tatsachen und der Ermittlung von Entwicklungstendenzen einräumen. Andere Autoren – Žižek bezieht sich auf Naúm Reichesberg (1893) – sehen die Statistik hingegen als Methode, die den gesellschaftlichen Tatsachen und dem Aufweis der zwischen ihnen bestehenden nomologischen Beziehungen vollends gerecht wird und räumen ihr eine zentrale Stellung ein: »erst durch Anwendung dieser Methode gewinne die Gesellschaftswissenschaft einen festen Boden« (Žižek 1912, S. 14), von wo aus es möglich sei, soziologische Gesetze zu formulieren und die Soziologie zu einer exakten Wissenschaft auszubauen.

Das zweite von Žižek systematisch diskutierte Problem bezieht sich auf das eigenständige Erkenntnisinteresse der statistischen Forschung, das nicht immer mit jenem der Soziologie zusammenfällt. Zudem gebe es noch nicht einmal ein spezifisch soziologisches Teilgebiet der Statistik, weil es aufgrund der Allgemeinheit des Gegenstandes der Soziologie »keine ausschließlich oder auch nur überwiegend ›soziologischen‹ realen Tatsachen gibt« (ebd., S. 18). Erst in sekundärer Interpretation, unter einem bestimmten Gesichtspunkt, erhalten die statistischen Daten soziologischen Charakter. Was eine Sozialstatistik ausmacht, ist unklar, weil der Gegenstand nicht in derselben Weise definiert ist wie etwa in der Wirtschaftsstatistik.

Abschließend stellt Žižek vier Forschungsgebiete vor, in denen die Statistik für die Soziologie relevantes Wissen liefert: Den ersten Bereich würde man heute Sozialstrukturanalyse nennen. Durch die quantitative Erfassung von Berufsgruppen, Betriebsorganisationen, sozialer Schichtung und der verschiedenen Vergesellschaftungsformen (Haushalte, Vereine, wirtschaftliche Assoziationen) kann die »Struktur der Gesellschaft« (ebd., S. 25) statistisch beschrieben werden. Der zweite Bereich bezieht sich auf die Ermittlung stabiler und variabler gesellschaftlicher Erscheinungen über die Zeit. Auf diese Weise können Richtung, Umfang und Tempo der sozialen Evolution ermittelt werden. Das wichtigste Instrument zur Messung von Stabilität und Veränderung sieht Žižek in den statistischen Mittelwerten, über die er ein eigenes Buch geschrieben hat (Žižek 1908). Der dritte Forschungsbereich beschäftigt sich mit den kausalen Faktoren, die statistisch quantifizierbare gesellschaftliche Erscheinungen beeinflussen, sowie mit der Messung der Stärke dieser Zusammenhänge. Das vierte Gebiet ist die Rassenbiologie und Rassenhygiene. Unter Rasse versteht Žižek mit Alfred Ploetz die »Vitalrasse«, was die überindividuelle Erhaltungs- und Entwicklungseinheit des Lebens meint. Sowohl die biologischen Mechanismen der Evolution (Auslese, Vererbung), als auch die kulturellen Lebensbedingungen, die sich günstig oder ungünstig auf die Entwicklung der Rasse auswirken können, lassen sich empirisch als statistische Phänomene darstellen.

Der Allgemeinmediziner Alfred Ploetz hielt 1910 auf dem Ersten Deutschen Soziologentag einen Vortrag über die Begriffe Rasse und Gesellschaft. In seiner Entgegnung macht Max Weber deutlich (vgl. Weber 1969 [1911], S. 151–157), dass Ploetz' Ansatz dilettantisch ist und auf unbeweisbaren metaphysischen (und rassistischen) Annahmen beruht, von denen unbeweisbare Hypothesen abgeleitet werden. Weber verdeutlicht, dass Ploetz empirisch-historischen Entwicklungen von Gesellschaften nicht Rechnung trägt und gut dokumentierte historische Fakten missachtet (s. Gerhardt 2009, S. 48–55). Wie bei vielen seiner Zeitgenossen bleiben diese Einwände gegen den Sozialdarwinismus – der entgegen den Widerlegungen Simmels und Webers als Soziologie aufgefasst wurde – auch bei Žižek ungehört. Dies ist auch einer der Gründe, weshalb er die Gegenstandsbestimmung spezifisch soziologischer Tatsachen nicht nachvollziehen kann. Dennoch ist *Soziologie und Statistik* ein wichtiges Zeitdokument der Entwicklung der modernen Soziologie. Zwar fehlt der methodologische Gedanke, der Soziologie als Geisteswissenschaft begründet, die historisch gebundene Verallgemeinerungen empirischer Zusammenhänge leistet, doch ist sich Žižek – der erst in späteren Arbeiten auf die historische Gebundenheit statistischer Verallgemeinerung hinweist (Žižek 1933) – sehr wohl des methodologischen Problems bewusst, dass theoretische Aussagen nicht über biologische Analogien, sondern über empirische Forschung begründet werden müssen.

Gerhardt, Uta (2009): *Soziologie im zwanzigsten Jahrhundert. Studien zu ihrer Geschichte in Deutschland*, Stuttgart: Franz Steiner.

Ploetz, Alfred (1969): *Die Begriffe Rasse und Gesellschaft und einige damit zusammenhängende Probleme*. In: *Verhandlungen des Ersten Deutschen Soziologentages vom 19.–22. Oktober 1910 in Frankfurt a. M. Reden und Vorträge von Georg Simmel* [et al.] *und Debatten [1911]*, Frankfurt a.M.: Sauer und Auvermann, S. 111–137.

Reichesberg, Naúm (1893): *Die Statistik und die Gesellschaftswissenschaft*, Stuttgart: Enke.

Rosenmayr, Leopold (1966): Vorgeschichte und Entwicklung der Soziologie in Österreich bis 1933. In: *Zeitschrift für Nationalökonomie* 26, S. 268–282.

Simmel, Georg (1992): Das Problem der Sociologie [1894]. In: Ders., *Aufsätze und Abhandlungen 1894 bis 1900* (= *Georg Simmel Gesamtausgabe*, Bd. 5., hrsg. von Heinz-Jürgen Dahme und David P. Frisby), Frankfurt a.M.: Suhrkamp, S. 52–61.

Von der Lippe, Peter (2013): Die »Frankfurter Schule« in der Statistik und ihre Folgen: Darstellung einer deutschen Fehlentwicklung am Beispiel der Indextheorie von Paul Flaskämper. In: *AStA Wirtschafts- und Sozialstatistisches Archiv* 7, S. 71–89.

Weber, Max (1911): [Diskussionsbemerkungen zum Vortrag Ploetz (= Ploetz 1969)]. In: *Verhandlungen des Ersten Deutschen Soziologentages vom 19.–22. Oktober 1910 in Frankfurt a. M. Reden und Vorträge von Georg Simmel* [et al.] *und Debatten*, Tübingen: Mohr, S. 151–157.

Žižek, Franz (1908): *Die statistischen Mittelwerte. Eine methodologische Untersuchung*, Leipzig: Duncker & Humblot.

– (1912): *Soziologie und Statistik*, München/Leipzig: Duncker & Humblot.

– (1933): Der logische Grundcharakter der statistischen Zahlen. In: *Revue de l'Institut International de Statistique* 1, S. 7–19.

Weiterführende Literatur

Fleck, Christian (1990): *Rund um »Marienthal«. Von den Anfängen der Soziologie in Österreich bis zu ihrer Vertreibung*, Wien: Verlag für Gesellschaftskritik.

Christopher Schlembach

II. Soziologie der Politik

Karl Renner, Otto Bauer, Karl Kautsky und die Nationalitätenfrage

Karl Renner, Otto Bauer und Karl Kautsky waren Intellektuelle, Wissenschaftler und – Politiker. Ihre fachwissenschaftliche Profilierung im politischen Kontext verlief jeweils unterschiedlich: Renner wurde ein bis heute anerkannter Rechtssoziologe und Bauer etablierte sich als einflussreicher marxistischer Historiker und Theoretiker; Kautsky wiederum, der volkswirtschaftlich und geschichtsphilosophisch geschulte Herausgeber und Publizist, war nach dem Tod von Friedrich Engels (1895) der wahrscheinlich wichtigste Interpret der Lehre von Karl Marx und »die dominierende Gestalt des Marxismus der Zweiten Internationale«; doch er blieb ein »Intellektueller ohne Mandat« (Gilcher-Holtey 1986, S. 252). Karl Renner hingegen nahm in seinem Leben eine ganze Reihe wichtiger politischer Funktionen wahr: so war er unter anderem Staatskanzler in beiden österreichischen Republiken, Nationalratspräsident in der Ersten und Bundespräsident in der Zweiten Republik. Otto Bauer wiederum war zwar in der Zwischenkriegszeit »nur« stellvertretender Parteivorsitzender der Sozialdemokratischen Arbeiterpartei (SDAP), aber tatsächlich war er *der* theoretische Kopf des Austromarxismus, der wichtigste Autor des berühmten Linzer Programms (1926) und wohl auch der wichtigste sozialdemokratische Redner im Nationalrat. Obwohl alle drei in der österreichisch-ungarischen Doppelmonarchie geboren wurden, wirkten Renner und Bauer in erster Linie in Österreich, Kautsky hingegen vorranging in Deutschland.

Otto Bauer unternahm in einem nicht namentlich gezeichneten Artikel in der sozialdemokratischen *Arbeiter-Zeitung* den Versuch zu definieren, was der Austromarxismus sei (Bauer 1927). Die ersten Austromarxisten (Victor Adler, Karl Renner, Rudolf Hilferding, Gustav Eckstein, Otto Bauer, Friedrich Adler) hätten »im alten, von den Nationalitätenkämpfen erschütterten Österreich es lernen müssen, die marxistische Geschichtsauffassung auf komplizierte, aller oberflächlichen, schematischen Anwendung der Marxschen Methode spottende Erscheinungen anzuwenden« (ebd., S. 1). Der Austromarxismus war nach dem Verständnis seiner Vertreter somit kein parteipolitisches Phänomen, sondern ein wissenschaftlicher Ansatz, und die Nationalitätenproblematik selbst eine jener »Erscheinungen«, die mit Hilfe des Marxismus erklärt werden sollten.

Für die Sozialdemokratische Arbeiterpartei im Habsburgerreich war die Nationalitätenfrage gleichermaßen theoretisch wie praktisch relevant. Sie war auf föderalistischen Strukturen basierend organisiert und gliederte sich in verschiedene nationale Gruppen (Deutsche, Italiener, Polen, Ruthenen, Südslawen, Tschechen). Das unterschied sie von den anderen im Reichstag vertretenen Parteien. Doch spätestens zur Jahrhundertwende bröckelte der Zusammenhalt dieser nationalen Gruppen immer stärker. Schon mehrfach hatten sich deshalb sozialdemokratische Parteitage mit der Nationalitätenfrage befasst. Am Parteitag in Brünn im Jahr 1899 kam es schließlich zur Verabschiedung eines Nationalitätenprogramms: Es forderte die Umbildung der Monarchie in einen demokratischen Nationalitätenbundesstaat, die Bildung von nationalen Selbstverwaltungskörpern sowie Gesetzgebung und Verwaltung durch Nationalitätenkammern. Das Programm interpretierte die Nationalitätenfrage dabei in erster Linie als Sprachenproblem. Ob eine einheitliche Amtssprache im multinationalen Staat notwendig wäre, wurde offen gelassen (Berchtold 1967, S. 145).

Letztlich war der Zerfall jedoch auch innerhalb der Sozialdemokratie nicht mehr aufzuhalten. 1911 gründeten die Tschechen eine eigene Partei, die südslawischen und italienischen Sozialdemokraten folgten.

Karl Renner (1870–1955)

Karl Renner beschäftigte sich unter dem Pseudonym »Synopticus« erstmals in seiner 1899 erschienenen Schrift *Staat und Nation* mit der Nationalitätenfrage. Dabei nahm er wichtige Differenzierungen und begriffliche Klärungen der beiden im Titel angeführten Kategorien vor. Während das *Territorial*prinzip entscheidend für den Staat sei, so argumentierte er, durfte dieses für die Zugehörigkeit zur Nation nicht gelten. Hier galt das *Personalität*sprinzip. Denn die Nation sei in erster Linie eine Kulturgemeinschaft und keine Gebietskörperschaft. Sie sei daher, so Renner weiter, zuständig für Sprache, Schule, Theater, Universität und ähnliches. Der Staat hingegen nehme jene Kompetenzen wahr, die alle Nationen des Staates betreffen, also etwa Militär, Justiz, Polizei und Finanzen. Er könne darüber hinaus nationalen Selbstverwaltungskörperschaften Aufgaben übertragen wie z.B. die Einhebung direkter Steuern, die Rekrutierung von Soldaten oder die Publikation der Staatsgesetze in der eigenen Sprache. Die Trennung der Interessensphären von Staat und Nation war für Renner klar: »Ersterer fördert die materielle, letztere die geistige Cultur« (Renner [Synopticus] 1899, S. 30).

In einer etwas später erschienenen Schrift nahm Renner diese Gedanken noch einmal auf. Unter dem Namen Rudolf Springer publizierte er im Jahr 1902 die Schrift *Der Kampf der österreichischen Nationen um den Staat*. Die Nation definierte er auch hier als einen Personalverband, der, ähnlich wie die Religion, auf dem Bekenntnisprinzip basiere. Über die Zugehörigkeit zu einer Nation könne folglich »nichts anderes entscheiden als die freie Nationalitätserklärung des Individuums vor der dazu kompetenten Behörde« (Renner [Springer] 1902, S. 65). Renner betrachtete das Selbstbestimmungsrecht der Individuen gleichsam als Korrelat des Selbstbestimmungsrechts der Nationen. Diesen Text legte er 1918 unter seinem tatsächlichen Namen und dem neuen Titel *Das Selbstbestimmungsrecht der Nationen in besonderer Anwendung auf Österreich* in überarbeiteter Form noch einmal vor. Obwohl sich die politischen Verhältnisse gravierend verändert hatten, hielt er an den grundlegenden Positionen seiner früheren Schriften fest: »Der

Sozialdemokrat hält die Nation für unzerstörbar und für nicht zerstörenswert« (Renner 1918, S. 23).

Renners Geschichtsbild ging gewissermaßen von einem Dreischritt aus. Dem Nationalstaat folgte der multinationale Staat, der wiederum von einer überstaatlichen Gemeinschaft abgelöst wurde, in der nationale Sonderkulturen weiterhin ihren Platz haben sollten. Dass es gleichzeitig aber auch Tendenzen einer kulturellen Vereinheitlichung gab – die Instrumente dieser Entwicklung waren die »neuen« Medien Radio und Kino – bedauerte er. Insbesondere in der Zeit nach dem Ersten Weltkrieg wäre »eine Überflutung aller Nationsgrenzen durch gemeinsame Werte der Kultur und Unkultur dieser Welt« zu beobachten gewesen, »eine Überflutung, die zum erstenmal bis hinab in die Dörfer dringt« (Renner 1964, S. 55). – Karl Renner hielt bis zu ihrem Zusammenbruch an der Monarchie fest. Das markiert einen Unterschied zu Otto Bauer, der bereits früher einen Schlussstrich zur imperialen Vergangenheit seiner Heimat zog.

Otto Bauer (1881–1938)

Für Otto Bauers Zugang zur Nationalitätenproblematik sind vor allem zwei Publikationen aus dem Jahr 1907 relevant: der Aufsatz »Deutschtum und Sozialdemokratie« und die umfangreiche Studie *Die Sozialdemokratie und die Nationalitätenfrage*. Dabei handelte es sich um zwei unterschiedliche Textsorten. Der Aufsatz war eine politikstrategische Positionierung, das Buch ein umfassendes Grundlagenwerk.

Ähnlich wie Renner vertrat auch Bauer ein Konzept der nationalen kulturellen Autonomie. In *Deutschtum und Sozialdemokratie* versuchte er der »deutschen« Arbeiterklasse in Österreich klarzumachen, dass die SDAP nicht nur ihre sozialen und kulturellen Interessen am besten vertrat, sondern diese gleichzeitig auch der einzige »Träger einer wirklich nationalen Politik« war (Bauer 1975a, S. 27). Denn die deutsche Kultur, so Bauer, könne nur wachsen, indem der Lebensstandard der deutschen Arbeiter gehoben werde, und dazu trüge alleine die Sozialdemokratie bei. Nicht nur in diesem Zusammenhang ist Bauers kulturelles Bekenntnis zum Deutschtum als vermeintlich am höchsten entwickelter Nationalkultur aufschlussreich. »Wer will leugnen, daß deutsche Wissenschaft und deutsche Philosophie, deutsche Bildung und deutsche Kunst sich mit dem Besten, was die anderen Nationen geschaffen haben, messen dürfen?«, so seine rhetorische Frage (ebd., S. 44). Die Deutschen, schrieb Bauer, wären »die zahlreichste, kulturell höchstentwickelte und reichste Nation in Österreich« (ebd.). Dennoch hielt er fest: »Die neun Millionen Deutschen in Österreich können sich kein Recht erkämpfen, das sie den sechzehn Millionen der anderen Nationen versagen« (ebd., S. 43).

In seinem im Vergleich zum Aufsatz »Deutschtum und Sozialdemokratie« wesentlich grundsätzlicher und umfangreicher argumentierenden Buch betonte Bauer, dass die Nation einzig aus ihrer Geschichte heraus, nicht aber durch Sprache oder Territorium bestimmt werden könne. Das Nationale am Individuum sei daher in diesem Sinne gleichzeitig das Historische an ihm. Dieser Ansatz war eindeutig gegen eine nationalistische Geschichtsschreibung gerichtet, deren »trügerischen Schein« er mit Hilfe der marxistischen Methode auflösen wollte. »Der Nationalcharakter ist keine Erklärung«, schrieb Bauer, »er ist zu erklären« (Bauer 1975b, S. 74). Der von den Nationalisten geförderte Nationalitätenhass sei lediglich ein »transformierter Klassenhass« (ebd., S. 315).

Nationen, so lautete schließlich Bauers einflussreiche Definition, müssten als »aus Schicksalsgemeinschaften erwachsene Charaktergemeinschaften« begriffen werden (Bauer ebd., S. 53). Im Einklang mit Renner, auf den er sich an mehreren Stellen bezog, bezweifelte auch Bauer das Verschwinden der Nationen im Sozialismus. Er insistierte darauf, dass diese sich in einer sozialistischen Gesellschaft besser entfalten könnten. Selbstbestimmt agierende Nationen würden im Sozialismus erfolgreich an ihre nationale Kulturentwicklung anknüpfen. »Darum bedeutet die Autonomie der nationalen Kulturgemeinschaft im Sozialismus notwendig, trotz der Ausgleichung der materiellen Kulturinhalte, doch steigende Differenzierung der geistigen Kultur der Nationen«, argumentierte er (ebd., S. 169).

Interessant ist dabei der von Bauer verwendete Kulturbegriff. Seiner Ansicht nach konnte Kultur nur von den herrschenden und besitzenden Klassen ausgebildet werden, die unterdrückten, besitzlosen und beherrschten Klassen waren hingegen gleichsam kulturlos. Geistige Kultur basierte auf materieller Kultur. Erst der Kapitalismus hatte die Voraussetzungen für eine nationale Kultur geschaffen, doch gleichzeitig wurde er zu ihrem Hemmnis, weil er die Massen von der Kultur fernhalte. Kulturfördernd seien etwa der Achtstundentag, höhere Löhne und bessere Schulbildung. So betrachtet war klar, dass es alleine die Sozialdemokratie war, die für Kulturfortschritt stand.

Bauers Nationalitäten- und Kulturtheorie war einflussreich, aber nicht unumstritten. Seine These von den »geschichtslosen Nationen«, die keine kulturelle Weiterentwicklung kannten, weil in ihnen ausschließlich die herrschende Klasse als Kulturträger fungierte und diese nur mehr den status quo verwaltete, stieß genauso auf Widerspruch wie seine Ablehnung einer jüdischen Nation. Tatsächlich hatten die Juden für Bauer keine Zukunft als Nation. Er hielt sie entweder für zu stark assimiliert (vor allem in West- und Mitteleuropa) oder, wie in Osteuropa, für eine beherrschte Gruppe, die keine Möglichkeit habe, eine eigene Kultur auszubilden.

Karl Renners und Otto Bauers Schriften zur Nationalitätenfrage hatten offensichtlich eine Reihe von Gemeinsamkeiten. Besonders ist dabei ihre Perspektive eines demokratischen Nationalitätenbundesstaates hervorzuheben, der auf einem System der Kulturautonomie basierte. Doch es gab auch Unterschiede. Während Renner eine auf subjektiver Entscheidung basierende Bekenntnisnation favorisierte, schloss Bauers Modell auch »objektive« Merkmale ein. Vor allem nach Bauers Rückkehr aus der russischen Kriegsgefangenschaft traten die perspektivischen Differenzen deutlich hervor. Im Frühjahr 1918 formulierte Bauer »Ein Nationalitätenprogramm der Linken« (veröffentlicht in *Der Kampf* 11/4, April 1918, S. 269–274), in dem das Selbstbestimmungsrecht der

Nationen eingefordert wurde. Österreich sollte in sieben Sprachgebiete unterteilt werden, wobei jede Gemeinde selbst in demokratischer Abstimmung über ihre jeweilige Zugehörigkeit entscheiden konnte. Ziel war auch »die Vereinigung aller Deutschen in einem demokratischen Gemeinwesen« (Berchtoldt 1967, S. 162).

Anders als Renner sah Bauer die Zukunft Österreichs also nicht mehr im multinationalen Staat, sondern in der Vereinigung mit Deutschland. Renner hingegen glaubte an eine demokratische Weltgesellschaft, für die der Vielvölkerstaat Österreich-Ungarn das Modell sein konnte.

Karl Kautsky (1854–1938)

Sowohl Renner als auch Bauer waren durch die von Karl Kautsky herausgegebene Zeitschrift *Die Neue Zeit* geprägt. Kautsky war als Leiter dieses zentralen Theorieorgans der deutschen Sozialdemokratie, in dem auch immer wieder österreichische Genossen publizierten, eine politisch einflussreiche Persönlichkeit. Durch sein Buch *Karl Marx' ökonomische Lehren* (erstmals erschienen 1887), das auch dem jungen Renner den Marxismus erschloss (Saage 2016, S. 45), war er überdies der wahrscheinlich wichtigste Marx-Interpret seiner Zeit.

Bedingt durch seine Biographie – er wurde in Prag geboren und hatte in Wien studiert – war Kautsky mit der Nationalitätenproblematik in Österreich-Ungarn bestens vertraut und befasste sich schon relativ früh mit diesem Thema. Im Jahr 1887 verfasste er einen zweiteiligen Artikel in der *Neuen Zeit*, in dem er sich mit der historischen Entstehung und Entwicklung der modernen Nation auseinandersetzte. Für ihn war klar, dass »die Abgeschlossenheit der urwüchsigen Gemeinwesen [...] für die heutigen Nationen nicht mehr möglich« sei. »Immer enger und enger«, so Kautsky, »müssen sie sich zusammenschließen, bis sie schließlich eine einzige, große Gesellschaft bilden« (Kautsky 1887b, S. 451). Während er also die Entstehung und Entwicklung der modernen Nation historisch nachzeichnete, sah er prospektiv keine Zukunft für sie.

Für Kautsky war die Nation keine »Schicksalsgemeinschaft«, sondern er fasste sie vor allem als Sprachgemeinschaft auf. Die moderne Nationalität war für ihn die durch den modernen Verkehr erzeugte Gemeinschaft einer Schriftsprache. Darüber hinaus waren für ihn Klassen- und andere soziale Fragen wesentlich entscheidender als Gemeinsamkeiten, die sich durch nationale Zugehörigkeiten ergaben. Sowohl in einem ausführlichen Beitrag, den er 1908 unter dem Titel »Die Befreiung der Nationen« in einem Ergänzungsheft der *Neuen Zeit* publizierte, als auch in seinem 1917 erschienen Buch *Die Befreiung der Nationen* nahm er immer wieder kritisch auf Bauers Werk *Die Nationalitätenfrage und die Sozialdemokratie* Bezug. »Es ist nicht recht verständlich, warum Bauer es ablehnt, als dieses Band oder vielmehr als das kräftigste der verschiedenen Bande, die die Nation vereinigen, jenes anzuerkennen, das offen zutage liegt: die Sprache«, schrieb er etwa und benannte damit einen gravierenden Unterschied (Kautsky 1908, S. 6).

Die Differenzen zwischen Bauer und Kautsky waren grundsätzlicher Natur. Denn für Kautsky ging es nicht darum, dass die Arbeiterklasse sich eine nationale Kultur aneigne, zur Kulturträgerin werde und die Kultur weiterentwickle, wie es bei Bauer zu lesen war. Es ging ihm vielmehr um eine durch das Proletariat geprägte, internationale Kultur. Denn Kautsky sah den Nationalismus als ein nur vorübergehendes Phänomen der Geschichte an. Zuerst, so meinte er, würden die Sprachen der kleinen Nationen verschwinden, dann würde die Kulturmenschheit zusammengefasst in einer Sprache und einer Nationalität (ebd., S. 17). Eine Zukunft des österreichischen Nationalitätenstaates sah er folglich nicht, wenngleich er meinte, dass Bauers und Renners Vorschläge hinsichtlich einer Doppelorganisation nach Nationen und Wirtschaftsgebieten zum Vorbild für ein künftiges Europa werden könnten – zumindest solange nationale Differenzen existierten. Denn: »Nicht die Differenzierung, sondern die Assimilierung der Nationalitäten, nicht der Zugang der Massen zur nationalen Kultur, sondern der zur europäischen Kultur, die immer mehr gleichbedeutend wird mit Weltkultur, ist das Ziel der sozialistischen Entwicklung« (Kautsky 1917, S. 47).

Bauer, Otto (1975a): Deutschtum und Sozialdemokratie [1907]. In: Ders., *Werkausgabe*, Bd. 1, Wien: Europaverlag, S. 23–48.

– (1975b): Die Nationalitätenfrage und die Sozialdemokratie [nach der 2. Aufl. v. 1924, erstmals 1907]. In: Ders., *Werkausgabe*, Bd. 1, Wien: Europaverlag, S. 49–622.

– (1927): Austromarxismus [ungezeichneter Artikel]. In: *Arbeiter-Zeitung* (Wien), 3. November 1927, S. 1f.

Berchtold, Klaus (1967): *Österreichische Parteiprogramme 1868 bis 1966*, Wien: Verlag für Geschichte und Politik.

Kautsky, Karl (1887a): *Karl Marx' ökonomische Lehren. Gemeinverständlich dargestellt und erläutert*, Stuttgart: Dietz.

– (1887b): Die moderne Nationalität. In: *Die Neue Zeit* 5, S. 392–405 und S. 442–451.

– (1908): Nationalität und Internationalität. In: *Ergänzungshefte zur Neuen Zeit* 1/1908, S. 1–36.

– (1917): *Die Befreiung der Nationen*, Stuttgart: Dietz.

Renner, Karl [Pseud. Synopticus] (1899): *Staat und Nation. Staatsrechtliche Untersuchung über die möglichen Principien einer Lösung und die juristischen Voraussetzungen eines Nationalitätengesetzes*, Wien: Dietl.

– [Pseud. Rudolf Springer] (1902): *Der Kampf der österreichischen Nationen um den Staat*, 1. Teil: *Das nationale Problem als Verfassungs- und Verwaltungsfrage*, Leipzig/Wien: Deuticke.

– (1918): *Das Selbstbestimmungsrecht der Nationen in besonderer Anwendung auf Österreich*, 1. Teil: *Staat und Nation*, Wien: Deuticke.

– (1964): *Die Nation. Mythos und Wirklichkeit. Manuskript aus dem Nachlaß*, hrsg. von Jacques Hannak, Wien u.a.: Europaverlag.

Weiterführende Literatur

Hanisch, Ernst (2011): *Der große Illusionist. Otto Bauer (1881–1938)*, Wien/Köln/Weimar: Böhlau.
Gilcher-Holtey, Ingrid (1986): *Das Mandat des Intellektuellen. Karl Kautsky und die Sozialdemokratie*, Berlin: Siedler.
Mommsen, Hans (1963): *Die Sozialdemokratie und die Nationalitätenfrage im habsburgischen Vielvölkerstaat*, Bd. 1: *Das Ringen um die supranationale Integration der zisleithanischen Arbeiterbewegung (1867–1907)*, Wien: Europaverlag.
Saage, Richard (2016): *Der erste Präsident. Karl Renner – eine politische Biographie*, Wien: Zsolnay.

Günther Sandner

Tomáš Garrigue Masaryk – zwischen Wissenschaft und Politik

Tomáš Garrigue Masaryk (1850–1937), der erste Präsident der selbständigen Tschechoslowakei, wird als Wegbereiter der tschechischen Soziologie angesehen. Allerdings kann der Zeitgenosse Émile Durkheims und Max Webers nicht im engeren Sinne als Gründer der tschechischen soziologischen Wissenschaft bezeichnet werden, denn seine Tätigkeit als Soziologe litt doch erheblich unter dem Zeitaufwand, den sein politisches Engagement erforderte. Ungeachtet dieser Einschränkung erwiesen sich sein Interesse an den Strukturveränderungen und Entwicklungstendenzen moderner Gesellschaften und seine Fähigkeit, neue Erkenntniswege zu finden und zu beschreiten, als bedeutende inhaltliche und methodische Inspirationsquellen, die auch von der späteren Fachsoziologie noch hoch geschätzt wurden. Obwohl er selbst keine direkten Schüler hatte, begegnete ihm die nachfolgende Generation von Soziologen mit viel Respekt (Král 1937; Chalupný 1937).

Seit den 1880er Jahren griff Masaryk in seinen Universitätsvorlesungen soziologische Themen auf und bereitete die Geschichte der praktischen Philosophie soziologisch auf. Er brachte die Arbeiten Herbert Spencers, John Stuart Mills und Henry Thomas Buckles ebenso ins allgemeine Bewusstsein wie den Positivismus Auguste Comtes, über dessen formative Auffassung des Fortschritts er publizierte. Masaryk bemühte sich, Comtes Visionen von einer einheitlichen positivistischen Weltanschauung und einer wissenschaftlichen Lenkung der Gesellschaft zu verbreiten. Masaryk warb für eine stärkere Verflechtung der progressiven Wissenschaften und für deren verstärktes politisches Engagement. Dieses Konzept sah eine Umstrukturierung der Wissenschaften an den Universitäten vor und wollte die Beziehung zwischen der Wissenschaft und dem Alltagsleben neu ordnen. Er bezeichnete diesen Zugang sowohl in theoretischer wie auch vor allem in praktischer Hinsicht als »realistisch«.

Seine Begeisterung für die soziologische Erkenntnis entsprang dem Bestreben, seinem Fach maßgeblichen Einfluss auf das öffentliche Geschehen zu sichern. Seine der Frage des Selbstmords gewidmete Habilitationsarbeit (Masaryk 1881) und sein *Versuch einer concreten Logik* (erstmals 1885, deutsch 1887), mit dem er eine (Neu-)Strukturierung der Wissenschaft und der wissenschaftlichen Methoden einleiten wollte, stecken jenen Zeitabschnitt konzentrierter wissenschaftlicher Arbeit der 1880er Jahre ab, in dem Masaryk lediglich dann an die Öffentlichkeit trat, wenn er wissenschaftliche Ergebnisse und Anliegen verbreiten wollte. Später kam er auf das Problem der Klassifizierung der Wissenschaften zurück und versuchte, eine theoretische und methodische Begrenzung der Soziologie vorzunehmen, aber dieser Versuch blieb unvollendet (Masaryk 1890/91). In Ansätzen stellen diese Arbeiten den Entwurf einer synthetischen Soziologie dar, doch letztlich schlug Masaryk einen anderen Weg ein und wandte sich Ende der 1880er Jahre sukzessive vom akademischen Leben ab und der Politik zu. In seiner Studie *Člověk a příroda* (*Der Mensch und die Natur*) von 1890 analysiert er noch einmal abstrakt-theoretisch den Einfluss der Natur auf den Menschen und die Gesellschaft; sein weiteres soziologisches Wirken spiegelt dann aber bereits seine Politisierung und befasst sich beispielsweise mit der praktischen Lösung von Problemen, die sich aus der sozialen Schichtung und der daraus abgeleiteten Stellung des Einzelnen ergeben.

Das Scheitern seiner Auswanderungsbemühungen, vor allem aber sein politisches Engagement banden ihn an Böhmen und die tschechische Frage. Vier Arbeiten rund um die Schrift *Česká otázka* (*Die tschechische Frage*, 1895/96) belegen sein Streben, die Schlüsselprinzipien der historischen Entwicklung der tschechischen Gesellschaft zu erfassen und verständlich zu machen. Seine geschichtsphilosophischen Ausführungen erachtete er als ein allgemein taugliches Modell für die Lösung gesellschaftlicher und moralischer Krisen in Europa, da sich in ihnen die Grundlagen für einen neuen Humanismus finden ließen, der mit jenen demokratischen und sozialen Prinzipien vereinbar sei, die die Freiheit und die Wertschätzung des Einzelnen in der Gesellschaft zu mehren vermögen.

Andere größere theoretische Arbeiten Masaryks verfolgten ähnliche Ansätze wie er sie in *Česká otázka* angeregt hat. In *Otázka sociální* (*Die soziale Frage*, erstmals 1898) stellte er in Form einer Polemik gegen den revolutionären Marxismus die politisch brisante Frage nach den Schwächen des Sozialismus. Seine (damalige) Ablehnung der Revolution begründete er mit der Haltung Comtes und Spencers: »Aus der Lehre des Fortschrittes ergibt sich blos die Veränderung und Umwandlung; nicht aber, dass sie gewaltsam sein müsste. Der Evolutionismus Comte's und der neueren Zeit ist nicht revolutionär – Comte war ein entschiedener Feind der Revolution und desgleichen Spencer u. A.« (Masaryk 1899, S. 555). Masaryk lehnte den revolutionären Klassenkampf nicht nur aus Prinzip ab, ihm war überhaupt das Handeln und die Entwicklung des einzelnen Akteurs wichtiger als jene der Gesamtgesellschaft. Er kritisierte die Marx'sche und Engels'sche Kategorie des Klassenbewusstseins der Masse, obwohl er den Konzepten eines kollektiven Bewusstseins, wie sie von Durkheim und Gustave Le Bon vorgeschlagen wurden, einiges abgewinnen konnte. Diese intellektuelle Sympathie reichte jedoch nicht so weit, als dass sie zu Lasten der auch von Masaryk geteilten traditionellen Auffassung des liberalen tschechischen politischen Nationalismus gegangen wäre, der das Individuum vor allem als »nationale Individualität« begreift. Das Ideologem eines »nationalen Bewusstseins« bzw. eines »nationalen Geistes« griff Masaryk in seiner Soziologie auf, um moderne Gesellschaften adäquat beschreiben zu können.

Um die Jahrhundertwende und danach konzentrierte sich Masaryk immer mehr auf die Politik und lenkte seine schriftstellerischen Aktivitäten im Sinne einer »angewandten Soziologie« der gelebten Praxis zunehmend auf Fragen von allgemeinem öffentlichen Interesse. So befasste er sich beispielsweise im Jahre 1899 mit einem Mordprozess, der in der tschechischen Gesellschaft antisemitische Vorurteile entfesselte (Masaryk 1900). In seinen Vorlesungen erörterte er verschiedene Probleme pluralistischer Gemeinschaften und deren Lösung und kam wiederholt auf die Rolle der Studentenschaft zurück; desgleichen thematisierte er immer wieder die Arbeiter- und die Frauenfrage. Die von ihm geforderte Gleichberechtigung der Frauen hielt er auf der Grundlage einer an sozialethischen Prinzipien ausgerichteten Erziehung für realisierbar (Masaryk 1899b). Masaryk widmete sich auch pathologischen Erscheinungen innerhalb devianter Gruppen, wie sich etwa an seinem Kampf gegen den Alkoholismus ablesen lässt. Selbst entschloss er sich erst in seinem 50. Lebensjahr zur völligen Abstinenz, die er dann allerdings mit einigem Nachdruck auch öffentlich durchzusetzen versuchte (Masaryk 1901, 1906).

Zu Beginn des 20. Jahrhunderts änderte sich auch Masaryks Haltung zu Glaubens- und Kultusfragen. Dieser Einstellungswandel ging mit der Suche nach dem »Nationalglauben« der »Nationalgemeinde« einher; Masaryks Vorstellung von einer Geisteskrise des modernen Menschen korrespondierte aber ihrerseits mit einer persönlicher Glaubenskrise (Nešpor 2008, S. 58). Anfangs bemühte er sich nach dem Vorbild Blaise Pascals noch um die Versöhnung des Rationalismus mit einem Glauben neuer Art, aber mit der Zeit reduzierte er den Glauben immer stärker auf seine individualpsychologische Funktion und lehnte ihn schließlich in der traditionellen Form des Kirchenwesens immer entschiedener ab. Er polemisierte gegen das antihumane und antidemokratische System der unter dem schädlichen Einfluss der katholischen bzw. der orthodoxen Kirche entstandenen Herrschaftsstrukturen, das er als »Theokratie« bezeichnete. Diese äußerst abfällige Position hatte Masaryk in jahrelangen Auseinandersetzungen mit dem Klerus entwickelt und in mehreren Schriften zu Papier gebracht, in denen seine »angewandte Soziologie« gegenüber einem nüchtern-analytischen soziologischen Zugang klar dominierte.

In Masaryks Werk lässt sich eine deutliche Verlegung des Schwerpunkts seiner Interessen auf Osteuropa und Russland erkennen, und zwar sowohl in thematischer Hinsicht als auch bezüglich seiner akademischen Rezeption. Während der intensiven wissenschaftlichen Arbeitsphase der 1880er Jahre pflegte er Beziehungen zu dem Psychologen Nikolai J. Grot und warb auch im deutschen Sprachraum konsequent für die russische Wissenschaft. Nicht zuletzt aufgrund dieser Verdienste wurde er zum Mitglied der Moskauer Psychologischen Gesellschaft bestellt. Zwar kapselte sich Masaryk trotz seiner Nähe zu russischen Theoretikern wie Grot oder dem Soziologen Maxim M. Kowalewski nicht von der westlichen Wissenschaft ab, aber im Zentrum seiner Aufmerksamkeit standen fraglos die geistigen Strömungen und gesellschaftlichen Strukturen Russlands, wie auch seine umfangreichste Arbeit, die zweibändige Studie *Russland und Europa* (1913), belegt. In ihr kam Masaryk auf die Methode der Kultursoziologie zurück. Dass die Belletristik für ihn eine wichtige Quelle der soziologischen Erkenntnis darstellt, hatte er bereits 1884 deutlich gemacht; einen daran angelehnten methodischen Zugang verfolgte er auch in den Arbeiten im Zusammenhang mit *Česká otázka* und in *Russland und Europa*, dessen Achse die Analyse der Werke von Fjodor M. Dostojewski und einigen seiner Vorgänger und Nachfolger im Vergleich mit der westlichen Literatur bildete. In seinen *Polemiken und Essays zur russischen und europäischen Literatur- und Geistesgeschichte* knüpfte Masaryk an älteren Arbeiten über den »Titanismus« in der europäischen Literatur (und Gesellschaft) an, die dem Werk Johann Wolfgang von Goethes und Alfred de Mussets gewidmet waren. Dieser als zentral konzipierte Teil seiner vergleichenden Russland-Studie wurde allerdings erst viel später postum herausgegeben (Masaryk 1995); zu seinen Lebzeiten erschienen lediglich die zwei Einleitungsbände *Zur russischen Geschichts- und Religionsphilosophie. Sociologische Skizzen* (Masaryk 1913). Vor dem Hintergrund der in diesen beiden Bänden entfalteten Analyse des politischen und philosophischen Denkens in Russland kam Masaryk auf seine These eines kontinuierlichen demokratischen Fortschritts zurück. Im Prozess der Fortentwicklung seiner Gedanken gelangte er zu einer Neubewertung revolutionärer Bewegungen und zum Begriff der »berechtigten Revolution«: »Und ob die Revolutionen günstige Wirkungen gehabt haben, ist eine quaestio facti der Geschichte, und die Geschichte beweist, dass die Revolutionen von Nutzen waren« (Masaryk 1995, S. 314f.). Dieser Meinungswechsel erwies sich als bedeutsam für Masaryks revolutionäres Auftreten während des Krieges, das von ihm selbst im Titel seiner Memoiren in den Kontext der »Weltrevolution« gerückt wurde (Masaryk 1925).

Chalupný, Emanuel (1937): *Masaryk jako sociolog* [Masaryk als Soziologe], Praha: Melantrich.

Král, Josef (1937): *Masaryk als Philosoph und Soziologe* (= Sonderdruck aus *Internationale Bibliothek für Philosophie* 3/3-5), Prag: Boris Jakovenko.

Masaryk, Tomáš G. (1881): *Der Selbstmord als sociale Massenerscheinung der modernen Civilisation*, Wien: Carl Konegen.

– (1884): *O studiu děl básnických* [Über das Studium poetischer Werke], Praha: J. Otto.

– (1887): *Versuch einer concreten Logik. Classification und Organisation der Wissenschaften* [Tschechisch 1885], Wien: Carl Konegen.

– (1890): Člověk a příroda. Příspěvky k sociologické mesologii [Der Mensch und die Natur. Beiträge zur soziologischen Mesologie]. In: *Květy* 12/1-12.

– (1890/91): Rukověť sociologie. Podstata a methoda sociologie [Abriss der Soziologie. Grundlage und Methode der Soziologie]. In: *Naše doba* 8/1-3 u. 9–12.
– (1895): *Česká otázka. Snahy a tužby národního obrození* [Die tschechische Frage. Bestrebungen und Sehnsüchte der nationalen Wiedergeburt], Praha: Čas.
– (1895b): *Naše nynější krize. Pád strany staročeské a počátkové směrů nových* [Unsere heutige Krise. Der Sturz der alttschechischen Partei und die Anfänge neuer Richtungen], Praha: Čas.
– (1896): *Jan Hus. Naše národní obrození a naše reformace* [Jan Hus. Unsere nationale Wiedergeburt und unsere Reformation], Praha: Čas.
– (1896b): *Karel Havlíček. Snahy a tužby politického probuzení* [Karel Havlíček. Bestrebungen und Sehnsüchte der politischen Wiedergeburt], Praha: Jan Laichter.
– (1898): *Otázka sociální. Základy marxismu sociologické a filosofické* [für die deutsche Übersetzung vgl. Masaryk 1899], Praha: Jan Laichter.
– (1899): *Die philosophischen und sociologischen Grundlagen des Marxismus. Studien zur socialen Frage*, Wien: Carl Konegen.
– (1899b): *Mnohoženství a jednoženství* [Die Vielweiberei und die Einweiberei] (= Vorlesung, veranstaltet vom Verein »Domovina« am 7. März 1899), Prag: Selbstverlag.
– (1900): *Die Bedeutung des Polnauer Verbrechens für den Ritualglauben*, Berlin: H. S. Herman.
– (1901): Die sociologische Bedeutung des Alkoholismus. In: *Psychiatrische Wochenschrift* 3/9, S. 93–96.
– (1906): *Ethik und Alkoholismus* (= Vortrag, gehalten auf der Jahresversammlung von Deutschlands Großloge II des Guttempler-Ordens I.O.G.T. in Danzig am 22. Juli 1905), Flensburg: Deutschlands Großloge II des I.O.G.T.
– (1913): *Russland und Europa. Studien über die geistigen Strömungen in Russland*, I. Folge: *Zur russischen Geschichts- und Religionsphilosophie. Sociologische Skizzen*, 2 Bde., Jena: Eugen Diederichs. (Der 3. Teil erschien erstmals 1995, vgl. Masaryk 1995.)
– (1918): *The New Europe. The Slav Standpoint*, London: Eyre and Spottiswoode.
– (1925): *Die Weltrevolution. Erinnerungen und Betrachtungen. 1914–1918*, Berlin: Erich Reiss.
– (1995): *Polemiken und Essays zur russischen und europäischen Literatur- und Geistesgeschichte*, Wien/Köln/Weimar: Böhlau Verlag.
Nešpor, Zdeněk J. (2008): *Náboženské naděje intelektuálů. Vývoj české sociologie náboženství v mezinárodním a interdisciplinárním kontextu* [Die religiösen Hoffnungen der Intellektuellen. Die Entwicklung der tschechischen Religionssoziologie im internationalen und interdisziplinären Kontext], Praha: Scriptorium.

Weiterführende Literatur

Havelka, Miloš (2003): Kontexty Masarykovy sociologie náboženství [Kontexte der Masaryk'schen Religionssoziologie]. In: Zdeněk Hojda (Hg.), *Bůh a bohové. Církve, náboženství a spiritualita v českém 19. století* [Gott und Götter. Kirchen, Religion und Spiritualität im tschechischen 19. Jahrhundert], Praha: KLP, S. 33–45.
– (2010): *Ideje – Dějiny – Společnost. Studie k historické sociologii vědění* [Ideen – Geschichte – Gesellschaft. Studien zur historischen Wissenssoziologie], Brno: CDK.

Hoffmann, Roland J. (1988): *T. G. Masaryk und die tschechische Frage*, München: R. Oldenbourg Verlag.
Tulechov, Valentina von (2011): *Thomas Garrigue Masaryk. Sein kritischer Realismus in Auswirkung auf sein Demokratie- und Europaverständnis*, Göttingen: V&R unipress.

Vratislav Doubek

Edmund Bernatzik zum Nationalitätenproblem

Zentrale Thesen

Im ersten der beiden Vorträge, die 1912 zu einem Büchlein zusammengefasst wurden: »Die Ausgestaltung des Nationalgefühls im 19. Jahrhundert«, behandelt Edmund Bernatzik (1854–1919) jenes »Gefühl der Zusammengehörigkeit«, das Menschen generell empfinden können, wenn sie Sprache und »Abstammung« teilen – also das, was Norbert Elias als »Wir-Gefühl« bezeichnen sollte. Von einem »Nationalgefühl« will Bernatzik erst sprechen, wenn aus dem Wir-Gefühl ein politisches Bedürfnis wird. Getrieben sind seine Überlegungen vor allem von dem Problem, wie multiethnische Kompositstaaten mit dem neuen nationalen Begehren nach Autonomie oder gar Souveränität umgehen sollen. In scharfsinniger Kasuistik und historisch informiert entwickelt Bernatzik einen komplexen Kriterienkatalog, der »nationale Autonomie« entlang der Dimensionen »Zugehörigkeit«, »Kompetenz« und »Organisation« gestaltbar macht. Die Zugehörigkeit ist nun für Bernatzik, entgegen seinen eigenen Vorüberlegungen, durchaus nicht mit Sprache und Abstammungsgemeinschaft automatisch festgelegt; es gibt Vermischungen, veränderliche Umgangssprachen, und letzten Endes den freien Willen, der zur Assimilation ebenso führen kann wie zur nationalen Empörung. Was die »Organisation« anlangt, so diskutiert Bernatzik die Optionen »Wahl« oder »Ernennung« des politischen Repräsentanten, »personale« oder »territoriale« Teilhabe an der politischen Macht, sowie die Frage des wünschenswerten Standorts von Behörden: Sollen diese zentral gebündelt oder dezentral aufgeteilt werden? Gerade weil die ethnisch-sprachliche Durchmischung bis auf die Gemeindeebene durchschlage und feinsäuberliche territoriale Grenzen ein Ding der Unmöglichkeit seien, könne die Lösung nur in abgestufter Autonomie innerhalb polyglotter Staaten bestehen – andernfalls drohe ein »Rassen- und Nationalitätenkrieg«, den niemand wünschen könne. Allerdings votiert Bernatzik für die Beibehaltung einer dominanten Staatssprache – im Falle der österreichischen Hälfte des habsburgischen Doppelstaates des Deutschen.

Zur Rezeption der Gedanken Bernatziks bei Mit- und Nachwelt

Man kann Bernatziks Denken über Nation, Staat und Nationalität in einem gewissen Sinn als »protosoziologisch« kennzeichnen (wie das auch für die Reflexionen manch anderer Autoren vor 1918 oder 1938 gilt, vgl. Amann 2004); es vereinte in seiner staatsrechtlichen normativen Analyse Verwaltungs- und Verfassungsrecht mit einer historisch-institutionalistischen Sichtweise (vgl. Chaloupek 2015) und einer Form des ökonomischen Denkens, das als Besonderheit des deutschen Sprachraums seine kameralistischen Wurzeln nicht verleugnen konnte. Seine (zumindest im Ansatz) soziologischen Konzepte vermittelte Bernatzik durch sein Wirken in der Volksbildung, aber auch an der Universität, an der er seit 1896 seine Vorlesung zur »Geschichte der Rechtsphilosophie mit besonderer Berücksichtigung der politischen Theorien« durch den Zusatz »soziale Theorien« ergänzte (vgl. Norden/Reinprecht/Froschauer 2015, S. 167); zu Bernatziks Hörern zählte unter anderem auch Hans Kelsen. Trotz etlicher Überschneidungen mit den einschlägigen Werken von Otto Bauer und Karl Renner, die sehr wohl die Aufmerksamkeit jüngerer Nationalismusforscher gefunden haben, ist sein soziologischer Beitrag heute vergessen. Dagegen wurde unlängst Bernatziks Analyse zur nicht-territorialen nationalen Autonomie in einer historischen Publikation gewürdigt (Kuzmany 2016).

Der Stellenwert der Analyse Bernatziks für die Soziologie von Nation und Staat heute

Bernatziks Analyse ist gerade heute, nach dem Ende des Kalten Kriegs und dem Zusammenbruch der Sowjetunion sowie dem Zerfall anderer multinationaler Staaten (Tschechoslowakei, Jugoslawien) einerseits, und im Zuge des krisenanfälligen europäischen Integrationsprozesses und der global gewordenen Massenmigration andererseits, von überraschender Aktualität. Das auch von etlichen Soziologen angekündigte Hinscheiden des Nationalismus als Phänomen praktischer Politik hat sich zumindest für die letzten 25 Jahre in Europa nicht erfüllt. Wie verhält sich Bernatziks Beitrag zur aktuellen soziologischen Diskussion? Wir können diese bis heute kontrovers geführte Debatte an vier Dichotomien festmachen:

- Nationen sind entweder ursprüngliche, »primordiale« Gebilde, oder sie sind eine Begleiterscheinung der Moderne, die sie erst konstruiert. Man findet bei Bernatzik ebenso Elemente einer primordialistischen Einstellung wie auch solche der konstruktivistisch-modernistischen. Gehen Nationen als ältere, sprachlich homogene Gebilde den Nationalstaaten voraus, oder entstehen sie erst in der Auseinandersetzung mit einem nicht-nationalen Staat in bewusster Abgrenzung? Bernatzik kennt eine historische Vielfalt von sprachlich-ethnischen Gebilden unterhalb voller Staatlichkeit und eine Vielzahl von Lösungsmöglichkeiten der Konflikte zwischen

»Nationalität« und »Gesamtstaat« in Form gradueller Autonomie auch jenseits des Territorialprinzips.

– Nationale Wir-Gefühle sind etwas Selbstverständliches, das von den meisten geteilt und ähnlich empfunden wird, oder sie sind das trügerische Werkzeug, mit dem egoistische Eliten unwissende Volksmassen an ihre frevelhaften Ziele binden. Für Bernatzik sind Wir-Gefühle bei Nation oder Nationalität etwas Selbstverständliches, aber es gibt kein »Telos«, aufgrund dessen auch jede Nation ihren Staat bekommt. Wir-Gefühle sind aber auch nicht einfach das Produkt eines »Priestertrugs« der herrschenden Eliten.
– »Nation« und »Religion« stützen und definieren einander, oder sie sind alternative, gar gegensätzliche Pole der kollektiven Identitätsbildung und der Bildung entsprechender Wir-Gefühle. Bernatzik ist pragmatisch genug, diesen Aspekt zu berücksichtigen (etwa für den Fall der Beziehung zwischen Kroaten und Serben). Inwieweit etwa der moderne Islamismus, ähnlich wie der Gedanke der Nation, eine »imaginierte Gemeinschaft« schafft, die durch global verbreitete Medien einen Rivalen zum Nationalgefühl erzeugt, wäre Stoff für weitere Forschung.
– Sind Nationalstaaten die Norm oder eher die Abweichung in der Konkurrenzdynamik politischer Gebilde (d.h. von »Überlebenseinheiten« im Sinne von Norbert Elias) vom Stamm, dem Fürstenstaat, dem industrialisierten Nationalstaat bis zum überstaatlichen Zusammenschluss (EU, UNO, Weltstaat)? Da Bernatzik die Nationalitätenproblematik aus der Warte eines Vielvölkerstaates sieht, ist seine Perspektive gerade heute, im Zeitalter supranationalstaatlicher Verbände und globaler Migration, wieder sehr aktuell geworden. Für die Problematik von ethno-linguistischen Gemeinschaften auf der Suche nach politischer Artikulation kann man in der Tat auch heute noch von Bernatzik lernen.

Amann, Anton (2004): Soziologie in Wien. Entstehung und Emigration bis 1938. In: Friedrich Stadler (Hg.), *Vertriebene Vernunft. Emigration und Exil österreichischer Wissenschaft 1930–1940*, Bd. 1, Berlin u.a.: LIT Verlag, S. 214–237.

Bernatzik, Edmund (1912): *Die Ausgestaltung des Nationalgefühls im 19. Jahrhundert. Rechtsstaat und Kulturstaat. Zwei Vorträge gehalten in der Vereinigung für staatswissenschaftliche Fortbildung in Cöln im April 1912*, Hannover: Helwingsche Verlagsbuchhandlung.

Chaloupek, Günther (2015): The Impact of the German Historical School on the Evolution of Economic Thought in Austria. In: José Luís Cardoso/Michalis Paslidopoulos (Hgg.), *The German Historical School and European Economic Thought*, London/New York: Routledge, S. 1–21.

Kuzmany, Börries (2016): Habsburg Austria: Experiments in Non-Territorial Autonomy. In: *Ethnopolitics* 15/1, S. 43–65. (Auch online zugänglich: http://www.tandfonline.com/doi/full/10.1080/17449057.2015.1101838)

Norden, Gilbert/Christoph Reinprecht/Ulrike Froschauer (2015): Frühe Reife, späte Etablierung. Zur diskontinuierlichen Institutionalisierung der Soziologie an der Alma Mater Rudolphina Vindobonensis. In: Karl Anton Fröschl et al. (Hgg.), *Reflexive Innensichten aus der Universität.*

Disziplinengeschichten zwischen Wissenschaft, Gesellschaft und Politik, Göttingen: V&R unipress/ Vienna University Press, S. 165–177.

Helmut Kuzmics

Oszkár Jászi und das Nationalitätenproblem Ungarns bis 1918

Oszkár Jászi war nicht nur theoretisch an der Soziologie und der Politologie interessiert – sei es zu Beginn des 20. Jahrhunderts als Mitarbeiter und Redakteur der ersten soziologischen Zeitschrift in Budapest, sei es Anfang der 1920er Jahre in Wien als Redakteur der wichtigsten Tageszeitung der ungarischen Emigration, oder sei es als Autor von zahlreichen theoretischen Untersuchungen und Büchern –, sondern von 1905 bis 1919 auch als aktiver Politiker. Diese etwa 15 Jahre dauernde parallele Tätigkeit erlaubt es, Jászis theoretische Einsichten in einem wesentlich schärferen Licht zu betrachten, als das bei einem Autor der Fall wäre, der den Bereich der Wissenschaft nie verlassen hat – schließlich bildeten die konkreten politischen Fragen und Probleme der Zeit den unmittelbaren Hintergrund seines theoretischen Werkes. Oszkár Jászis Werk und Wirken bis Anfang 1919 stellt somit einen hervorragenden Ausgangspunkt dafür dar, die Realität und die Chancen der soziologischen Theorie und Praxis in Ungarn im frühen 20. Jahrhundert zu beleuchten.

1905 bedeutete die Gründung der Általános és Titkos Választójog Ligája (Liga für allgemeines und geheimes Wahlrecht) den Beginn von Jászis politischer Karriere; 1906 fungierte er als Gründungsmitglied der nach französischem Vorbild eingerichteten Freien Schule der Gesellschaftswissenschaften (Társadalomtudományok Szabadiskolája). Im Sommer desselben Jahres übernahm er die Redaktion der Zeitschrift *Huszadik Század* (*Das zwanzigste Jahrhundert*), und 1908 war er an der Gründung des Bildungsvereins Galilei-Kreis (Galilei Kör) beteiligt. So half Jászi auf vielfältige Weise, zu Jahrhundertbeginn jene wissenschaftlichen Institutionen einzurichten, in der sich die progressiven Kräfte des Landes versammeln konnten.

Die Frage der nationalen Minderheiten in Ungarn schien Jászi ein demokratiepolitisch zu lösendes Problem zu sein. In seinem Aufsatz »Magyarország, nemzetiségeink és a külföld« (»Ungarn, unsere Nationalitäten und das Ausland«) schlug er eine Änderung des Wahlrechts vor. Angesichts des bestehenden Zensuswahlrechts, das lediglich etwa sechs Prozent der Bevölkerung überhaupt zur Wahl zuließ und mit seinen Bestimmungen über die erforderlichen Besitzverhältnisse bzw. die gesellschaftliche Stellung so gestaltet war, dass die Angehörigen der immerhin mehr als 50 Prozent der Gesamtbevölkerung bildenden nationalen Minoritäten von der Wahl so gut wie ausgeschlossen blieben, wäre dies gleich in zweierlei Hinsicht einer kompletten Umgestaltung des politischen Systems gleichgekommen: erstens durch die Etablierung von Massenparteien wie der Sozialdemokratie und zweitens durch die so erzwungene Rücksichtnahme auf die Bedürfnisse der Angehörigen ethnischer Minderheiten.

Im April 1912 erschien *A nemzeti államok kialakulása és a nemzetiségi kérdés* (*Die Herausbildung der Nationalstaaten und die Nationalitätenfrage*), ein Buch, an dem Jászi fünf Jahre gearbeitet hatte. Gerade im Lichte der von Jászi 1918 entwickelten Idee einer Donau-Konföderation formuliert das Buch retrospektiv betrachtet zwar einen frommen Wunsch, aber keine politisch vertretbare oder gar angesichts der Problemlage effektiv erscheinende Lösung. In dem über 500 Seiten starken Werk wendet sich der Autor im Anschluss an einen historischen Überblick über die internationale und die ungarische Entwicklung des Nationalitätenproblems dem gegenwärtigen Zustand und insbesondere den Fragen der erzwungenen wie der freiwilligen Assimilation zu. Unter den diskutierten Lösungsansätzen finden sich neben dem Projekt Groß-Österreich solche von Karl Renner und Otto Bauer. Jászi schließt seine Ausführungen mit der These, dass »die nationale Frage nicht in Richtung Zerreißung, sondern in Richtung Einheit gravitiert« (Jászi 1912, S. 529). Was so entstehe, seien die Vereinigten Staaten von Europa.

Für die Lösung des ungarischen Nationalitätenproblems stellt Jászi ein Minimalprogramm auf: »Der soziale Friede hat zwei Voraussetzungen. Die eine ist: gute Schulen, gute Verwaltung, gute Rechtsprechung in der Sprache des Volkes. Die andere: die Anerkennung des Rechtes jeder Nationalität zur freien Entfaltung ihrer Sprache und Kultur.« (Ebd., S. 497) Die Gefahr sieht er nicht in der Entwicklung oder im Erstarken von Nationalstaaten wie Rumänien, Serbien etc., sondern im Projekt eines Groß-Österreich, das die Demokratisierung der Monarchie durch die Aufwiegelung der Nationalitäten gegeneinander zu verhindern versuche. In historischen Dimensionen denkend, erwartet Jászi jedoch die Auflösung der Nationalitätenfrage im fortschreitenden Modernisierungsprozess. Mit dem sukzessiven Übergang vom feudalen zum modernen bürgerlichen Staat, mit der zunehmenden Urbanisierung und der Industrialisierung, gehe auch eine nationale Vereinheitlichung einher.

Die Themen des Buches diskutierte Jászi vor und nach dessen Erscheinen 1912 auch in zahlreichen Aufsätzen in den Zeitschriften *Huszadik Század* und *Világ* (*Die Welt* bzw. *Das Licht* [der Aufklärung]), sowie nach seiner Emigration nach Wien in der Tageszeitung *Bécsi Magyar Ujság* (*Wiener Ungarische Zeitung*). Zudem hielt er in Ungarn selbst wie auch im Ausland zahlreiche Vorträge. Die bei Nijhoff in Den Haag erschienene Publikation *Das Nationalitätenproblem* berichtet auf gerade einmal sechs Seiten über einen Vortrag, den er bei einem durch die Zentralorganisation für einen dauernden Frieden veranstalteten Internationalen Studien-Kongress 1916 in Bern hielt. Auch dieser Text enthält ein Argument seines Buches über die Nationalitätenfrage von 1912: Die von Karl Renner in Bezug auf die Situation in Böhmen entwickelte Lösung des Nationalitätenproblems tauge für andere Länder, wie beispielsweise für Ungarn, nicht. Als Gegenentwurf, wiederholt Jászi, könne man nur drei Forderungen aufstellen: erstens die »Demokratisierung des Parlaments und die Ausweitung der Selbstverwaltung«, zweitens die Verwendung der Muttersprache auf Volksschulebene und bei »Behörden und Gerichten, welche mit dem Volke unmittelbar verkehren«, sowie drittens die Garantie des Rechts für jede Nationalität, »ihre Sprache und Kultur frei zu entwickeln« (Jászi 1915, S. 2ff.). Dass dies lediglich das Minimalprogramm sei, auf dem man weiter aufbauen könne, müsse man den Chauvinisten klarmachen.

Jászi befasste sich in seinen Texten nicht nur mit jenen Nationalitäten, die 1918 zu autonomen Staaten wurden. In der Juli/August-Ausgabe von *Huszadik Század* wurden 1917 die Ergebnisse einer Umfrage bezüglich der »jüdischen Frage« veröffentlicht. Um die 60 Antworten von Politikern und Intellektuellen gab es auf die Frage, ob es in Ungarn eine »jüdische Frage« gebe, und wenn ja, worin genau sie bestehe und wie sie gelöst werden könnte. Die Antwort von Jászi selbst war wieder, dass eine solche Frage nicht im rassistischen, sondern im sozialen Sinn existiere, und dass sie sich im kulturellen, ökonomischen und demokratischen Fortschrittsprozess auflöse – eine Antwort, die er wohl auch für sich persönlich als gültig angesehen haben dürfte.

Anfang Oktober 1918 erschien Jászis Buch *A Monarchia jövője a dualizmus bukása és a dunai egyesült államok* (*Die Zukunft der Monarchie, der Fall des Dualismus und die Vereinigten Donau-Staaten*). Noch im Verlauf des gleichen Monats erschien das Buch in einer zweiten Ausgabe unter dem Titel *Magyaroryszág jövője és a dunai egyesült államok*, und bereits im November wurde die deutsche Übersetzung als *Der Zusammenbruch des Dualismus und die Zukunft der Donaustaaten* bei Manz in Wien veröffentlicht. In der Neuauflage ging es also nicht mehr um die Habsburgermonarchie und den Dualismus, sondern um Ungarn, das am 20. Oktober seine Selbständigkeit deklariert hatte. Jászi entwickelte in den turbulenten Monaten Ende 1918 und Anfang 1919 für Ungarn die Idee einer »Östlichen Schweiz«, also eines Landes mit autonomen Nationalitäten, die auch Mihály Károlyi, den von November 1918 bis März 1919 amtierenden Ministerpräsidenten der ersten demokratischen ungarischen Republik, überzeugte. Károlyi und vor allem Jászi, der für Minderheitenfragen zuständige Minister ohne Portefeuille der Republik, versuchten die Lösungsvorschläge mit Vertretern der Nationalitäten zu diskutieren. Angesichts der historischen Situation war das jedoch nicht zielführend, da, wie die führenden Politiker Rumäniens und der neu entstehenden Staaten Jugoslawien und Tschechoslowakei das nur zu gut wussten, alle relevanten Entscheidung entsprechend der realen internationalen Lage während der bevorstehenden Friedensverhandlungen zu treffen waren – in einer Diskussion also, in der Ungarn als Kriegsverlierer, und nicht als gleichberechtigte Stimme gehört wurde. Jászis Vision eines großen historischen Prozesses zur Überwindung ethnischer Konflikte konnte also weder 1912 noch 1918/1919 in die Realität umgesetzt werden. Mit seinem politikwissenschaftlichen, zugleich aber auch politisch-praktischen Zugang zum komplexen Nationalitätenproblem ist Oszkár Jászi ein Beispiel für die in der ungarischen Geistesgeschichte des 19. und 20. Jahrhunderts dominierende Figur des engagierten Intellektuellen.

Huszadik Század [ZS] (1917): A zsidókérdés Magyarországon. A Huszadik Század körkérdése [Die jüdische Frage in Ungarn. Die Umfrage der Zeitschrift *Das zwanzigste Jahrhundert*]. In: *Huszadik Század* 18/1-2.

Jászi, Oszkár (1910): Magyarország, nemzetiségeink és a külföld [Ungarn, unsere Nationalitäten und das Ausland]. In: *Huszadik Század* 1910/1-2, S. 215–218.

– (1912): *A nemzeti államok kialakulása és a nemzetiségi kérdés* [Die Herausbildung der Nationalstaaten und die Nationalitätenfrage], Budapest: Grill.

– (1916): *Das Nationalitätenproblem*, Den Haag: Nijhoff.

– (1918): *A Monarchia jövője a dualizmus bukása és a dunai egyesült államok* [1. Aufl.], überarbeitet als: *Magyaroryszág jövője és a dunai egyesült államok* [2. Aufl.], Budapest: Uj Magyarorszag Részvénytársaság. In deutscher Übersetzung als: *Der Zusammenbruch des Dualismus und die Zukunft der Donaustaaten. Nach der 2. Aufl. des ungarischen Originals übersetzt von Stefan von Hartenstein*, Wien: Manz 1918.

Weiterführende Literatur

Bauer, Otto (1907): *Die Nationalitätenfrage und die Sozialdemokratie* (= Marx-Studien. Blätter zur Theorie und Politik des wissenschaftlichen Sozialismus, Bd. 2), Wien: Brand.

Litván, György (2006): *A Twentieth Century Prophet. Oscar Jászi 1875–1957*, Budapest/New York: Central European University Press.

Renner, Karl [Pseud. Synopticus] (1899): *Staat und Nation. Staatsrechtliche Untersuchung über die möglichen Principien einer Lösung und die juristischen Voraussetzungen eines Nationalitätengesetzes*, Wien: Dietl.

– [Pseud. Rudolf Springer] (1902): *Der Kampf der österreichischen Nationen um den Staat*, 1. Teil: *Das nationale Problem als Verfassungs- und Verwaltungsfrage*, Leipzig/Wien: Deuticke.

Károly Kókai

III. Wirtschaftssoziologie

Wirtschaftssoziologie und Sozialökonomik

Die Einheit von Wirtschaft und Gesellschaft in theoretischen Ansätzen

Die wirtschaftlichen Veränderungen durch die einsetzende Industrialisierung, die Entstehung einer Schicht von Wirtschaftsunternehmern als Exponenten der »bürgerlichen Gesellschaft« und die »Soziale Frage« prägten in den letzten Jahrzehnten des 19. Jahrhunderts und im beginnenden 20. Jahrhundert das Verständnis von »Gesellschaft«. Die Beziehung von Gesellschaft und Wirtschaft drängte sich daher geradezu als wissenschaftlicher Untersuchungsgegenstand auf, da sie nicht nur die realen sozialen Strukturen prägte, sondern auch die Ideologien und Denkweisen. Beides fand seinen Niederschlag in der Soziologie, deren Erkenntnisobjekt anfänglich als Einheit von Wirtschaft und Gesellschaft bestimmt war, waren es doch zunächst vor allem Ökonomen, in deren Werken sich eine gesellschaftliche Perspektive manifestierte. Darin drückte sich der Wandel von einer staatswirtschaftlich orientierten Ökonomie hin zu einer Betrachtungsweise aus, die sich auf die Handlungen von »Erwerbsbürgern« bzw. auf die Nachfrage der Haushalte bezog. Was als Soziologie auftrat, war in vielen Fällen daher eigentlich »Wirtschaftssoziologie«, und so verstanden sich manche Ökonomen auch als Soziologen. Mitunter wurde auch die Bezeichnung »Sozialökonomik« verwendet, wobei man im deutschen Sprachraum meist der Begriffsbildung Heinrich Dietzels folgte, der wie Carl Menger darunter die individualistische Ökonomie auf logischer Basis verstand (Dietzel 1895). Der Begriff wurde insbesondere durch die von Max Weber mitherausgegebene Schriftenreihe *Grundriß der Sozialökonomik* bekannt, an der zahlreiche österreichische Autoren mitwirkten. Weber selbst begriff Ökonomie weitgehend im Sinne der Wirtschaftstheorie von Menger und Eugen von Böhm-Bawerk; auch verwendete er den Begriff Sozialökonomik dazu, um die Beziehung zwischen Ökonomie und anderen Kulturbereichen hervorzuheben (vgl. Mikl-Horke 2011, S. 37ff.). Prinzipiell zielte das Konzept einer Sozialökonomik jedoch darauf ab, die moderne Wirtschaftsweise wissenschaftlich zu erfassen. Daneben gab es freilich auch ein anderes Verständnis von »Sozialökonomie«, das sich praktisch-ethisch an Wirtschaftsformen orientierte, die sich von der in der individualistischen Preis- und Nutzentheorie implizierten modernen Wirtschaftsweise unterschieden. In diesem Sinn hatte etwa Léon Walras die »économie sociale« als eine dem Prinzip der Gerechtigkeit unterworfene Wirtschaft verstanden und sie der »reinen« Theorie zur Seite gestellt. Obwohl der Begriff »Sozialökonomie« im deutschsprachigen Raum wenig verwendet wurde, gab es auch hier zahlreiche Studien, die sich mit kooperativen Wirtschaftsformen befassten und dabei über bloß praktisch-empirische Erörterungen etwa des Genossenschaftswesens hinausgingen. Den auch heute noch weitgehend unüblichen Versuch einer theoretischen Einordnung kooperativer Wirtschaftsformen in die Ökonomie unternahm Emil Sax, der in diesem Zusammenhang auf mutualistische und altruistische Formen in individualistischen wie kollektivistischen Ansätzen hinwies. Sie alle verstand er gleichermaßen als Objekte der theoretischen Ökonomie. Eine andere theoretische Einbeziehung gesellschaftlicher Aspekte stellte Friedrich von Wiesers (1851–1926) *Theorie der gesellschaftlichen Wirtschaft* dar, in der besonders die Wirkung der Macht hervorgehoben wurde. Das wirtschaftliche Handeln erscheint hier durch die gesellschaftlichen Voraussetzungen und Verhältnisse, durch Normen, Machtverhältnisse und ökonomisch-soziale Ungleichheit bestimmt. Wieser verstand die Wirtschaft als Teil der Gesellschaft und die Ökonomie als Vorstufe der Gesellschaftstheorie, sein Werk erhielt in der amerikanischen Übersetzung daher auch den Titel »*Social Economics*« (Wieser 1927). Gesellschaftliche Verhältnisse, Institutionen und soziale Beziehungen, aber auch kooperative Formen des Wirtschaftens wurden von den Vertretern einer theoretischen und »individualistischen« Ökonomie jedenfalls nicht unberücksichtigt gelassen.

Von grundlegender Bedeutung war die Beziehung von Wirtschaft und Gesellschaft auch und insbesondere in den sozialistischen Ansätzen zu einer Sozialwissenschaft, und das nicht nur in jenen, die sich auf Marx' Sicht des Zusammenhangs der gesellschaftlichen Entwicklung und der Produktionsverhältnisse beriefen. Auch im Denken der liberalen und ethischen Sozialisten und in den sich nicht als sozialistisch verstehenden sozialreformerischen Ansätzen war die Auffassung vom Bestehen einer Einheit von Wirtschaft und Gesellschaft grundlegend, wobei die Perspektive auf soziale Ziele und Lösungen der Sozialen Frage bestimmend war. Dabei kam es auch mitunter zu theoretisch-inklusiven Konzeptionen, wie etwa in Rudolf Goldscheids »Menschen- und Entwicklungsökonomie« als einer alternativen Sicht der Ökonomie, deren Ziel eine humane und soziale Höherentwicklung der Individuen und der Menschheit sein sollte; auch er verwendete dafür manchmal den Begriff der »Sozialökonomie«.

Während sich die individualistische Wirtschaftstheorie und die sozialistischen Ansätze auf die moderne Wirtschaft und deren soziale Voraussetzungen und Folgen bezogen, gingen andere Ansätze von einer historisch umfassenden Sicht aus, wobei die Einheit von Wirtschaft und Gesellschaft Teil einer umfassenderen Vorstellung von Ganzheit als vorausgesetzter Ordnung war. Othmar Spann (1878–1950) hatte sich schon in seiner Doktorarbeit in diesem Sinn mit dem Begriff der Gesellschaft befasst und erweiterte diesen Ansatz später zu seiner ganzheitlichen Gesellschaftslehre (Spann 1905; 1914). Seine Habilitationsschrift trägt dem Verhältnis von *Wirtschaft und Gesellschaft* bereits im Titel Rechnung (Spann 1907). Als oberstes Problem betrachtete er darin die Bestimmung des Zusammenhangs des Objektes der Nationalökonomie mit dem sozialen Ganzen. Die Wirtschaft bezeichnete er als eines der »Objektivationssysteme« der Gesellschaft (ebd., S. 6). Spann meinte, dass Wirtschaft in ihrer Eigenart und Struktur und in ihrem Verhältnis zu den anderen Objektivationssystemen nur durch die Voraussetzung eines formalen Gesellschaftsbegriffs auf der Grundlage einer allgemeinen Theorie des Sozialen bestimmt werden könne (ebd., S. 139). In diesem Werk diskutiert der Verfasser im Sinne einer Dogmenkritik eine Vielzahl von Ansätzen aus Ökonomie und Soziologie, in denen er jedoch keine Lösungen für das Grundproblem erblickte. Er lehnte die Zurückführung sozialwissenschaftlicher Sachprobleme auf psychologische, biologische und physikalische Bedingungen ab und forderte, dass die Sozialwissenschaften ihr Objekt und ihre Probleme selbständig definieren und ausgehend davon den Zusammenhang zwischen den Objektivationssystemen bestimmen müssen. Dabei stelle die Gesellschaft den grundlegenden Sachverhalt und der Begriff der Gesellschaft den obersten Zentralbegriff aller Sozialwissenschaft dar. Gesellschaft konstituiere sich auf der Grundlage der »Einheit der prinzipiellen Ziele des menschlichen Handelns« und bilde ein hierarchisch aufgebautes Ganzes von Teilen, die gemäß dem Prinzip von Mittel-Ziel-Beziehungen funktional differenziert seien (ebd., S. 223). Damit hat Spann in diesem Werk schon das Grundgerüst seines universalistischen Gedankengebäudes von einer hierarchischen Gesellschaft vorgezeichnet, in das die Wirtschaft eingegliedert ist.

Spann hatte sich in dieser frühen Phase auch mit empirisch-statistischen Arbeiten befasst und sah die individualistische Wirtschaftstheorie durchaus positiv. So stellte er noch 1914 eine Übereinstimmung mit Menger fest und betonte, dass die theoretische Nationalökonomie die wirtschaftlichen Zusammenhänge ohne Wertungen, rein als objektiven Sachverhalt denken müsse. Auch war er Mitglied der von sozialistisch bis sozialreformerisch orientierten Denkern geprägten Soziologischen Gesellschaft in Wien. Seine *Haupttheorien der Volkswirtschaftslehre* (Spann 1911), die in der Folge zahlreiche Auflagen erlebten, zeigen ebenso wie sein Buch über *Das Fundament der Volkswirtschaftslehre* (Spann 1918) die Entwicklung seiner ganzheitlichen Auffassung, in der sich insbesondere der Einfluss der romantischen Volkswirtschaftslehre von Adam Müller niederschlug. Erst später geriet seine ganzheitliche Weltanschauung in deutlichen Gegensatz zum Individualismus, zum Liberalismus und zum Materialismus, was sich auch in einer erbitterten Auseinandersetzung mit Hans Mayer, einem Vertreter der Grenznutzenschule, niederschlug.

Auch Friedrich Gottl-Ottlilienfeld (1868–1958) gelangte zu einer umfassenden Sicht des gesellschaftlich-geschichtlichen Geschehens, in der sich einerseits der Einfluss von Karl Knies, andererseits jener von Wilhelm Dilthey niederschlug. Trotz gewisser Ähnlichkeiten zu Spann in Bezug auf die ganzheitliche Sicht von Wirtschaft und Gesellschaft unterschieden sich ihre Auffassungen doch deutlich, und beide betonten dies auch immer wieder. Gottl, der sich auch mit Max Weber auseinandersetzte, hielt anders als dieser Werturteile für wissenschaftlich begründbar. Er kritisierte die Ökonomie mit ihrer Fixierung auf Grundbegriffe, was er als *Herrschaft des Wortes* bezeichnete (vgl. Gottl-Ottlilienfeld 1901), und bemühte sich um eine breite theoretische Fundierung der Sozialwissenschaften. Die Nationalökonomie sah er als »Erfahrungswissenschaft vom Alltagsleben aller Zeiten«, und als »schildernde« Sozialwissenschaft an (ebd., S. 129).

Das Alltagshandeln erfolge aus den Grundverhältnissen von »Not« und »Macht«. Unter »Not« verstand er das Vorhandensein von Grenzen, vermied aber den Begriff »Knappheit«, und charakterisierte die relevanten Handlungen als Werten und Werben, während sich Macht mit Aktionen des Helfens und Herrschens verbinde (ebd., S. 88f.). An die Stelle der Grundbegriffe der Nationalökonomie setzte er seine »Formeln zur Erkenntnis des Alltäglichen«: »Haushalten« und »Unternehmen« (ebd., S. 65ff.). Später fügte er noch das »Gesellen« hinzu und merkte kritisch in Bezug auf die Soziologie an, dass sie sich nicht mit der Macht als ihrem eigentlichen Gegenstand befasse, sondern dies der Jurisprudenz überlasse. Die Soziologie reduziere Gesellschaft auf eine Psychologie komplexer Lebensvorgänge. Aber Erleben meine nicht sinnliche und seelische Erscheinungen, sondern beruhe auf der Einsicht, dass das, was für mich gilt, auch für andere gilt; es beruhe also auf der sozialen Bedingtheit des begrifflichen Denkens und dessen Anerkennung (ebd., S. 175). Als »Aktionswissenschaft« des Alltäglichen müsse die Ökonomie vom Geschehen ausgehen, wie es aufgrund unseres eigenen Erlebens »verstanden« wird; sie könne daher nicht vom forschenden Subjekt und seinen Interessen und Werten absehen. Gottls Ziel war auf eine »Allwirtschaftslehre« von der nacherlebenden Erkenntnis wirtschaftlichen Handelns gerichtet, die er in späteren Schriften näher ausführte.

Gottl und Spann werden (neben Franz Oppenheimer) von Roman Köster als »soziologische Nationalökonomen« bezeichnet (Köster 2011, S. 169ff.), doch wie hier zu zeigen versucht wurde, trifft diese Bezeichnung für weit mehr Ökonomen der damaligen Zeit zu. Neben den allgemeinen Konzepten einer theoretischen Integration von Wirtschaft und Gesellschaft kann man in dieser Epoche auch einige Ansätze zu speziellen Wirtschaftssoziologien aufspüren, d.h. zu Studien, die sich mit speziellen Problembereichen der modernen Wirtschaft beschäftigten. Im Folgenden werden Ansätze zu einer Preissoziologie bei Friedrich Wieser, einer Techniksoziologie bei Friedrich Gottl sowie der Finanzsoziologie bei Rudolf Hilferding und Rudolf Goldscheid vorgestellt.

Ansätze spezieller Wirtschaftssoziologien

Friedrich A. Hayek hob Friedrich Wiesers Preistheorie als »wichtigsten und ganz neuen Beitrag« besonders hervor (Hayek 1929, S. XX), und auch Wieser selbst maß der Preistheorie große Bedeutung bei. Allerdings ergänzte er sie durch die Bezugnahme auf die aus den Einkommen erwachsende Kaufkraft und wies auf das Verhältnis zwischen den Preisen für Arbeit, also den Arbeitseinkommen, und den Warenpreisen hin. Die Preise geben nicht einfach die Tauschwerte auf Grund der Marktlage und der Konkurrenzverhältnisse wieder, sondern reflektieren auch die Einkommensverteilung, die ihrerseits auf den gesellschaftlich-politischen Verhältnissen beruhe.

Wieser betrachtete die Preise aus der Sicht der Konsumentenhaushalte und stellte fest, dass die Preise verschiedener Güter untereinander in Beziehung stehen, weil jedes Preisangebot eines Gutes durch die Ausgaben für die sonstige Bedarfsdeckung des

Haushalts beeinflusst werde. Die Nachfrage nach einem Gut werde daher durch die Höhe des Geldeinkommens, dessen alternative Verwendungen und durch den Grenznutzen der einzelnen Güter je nach Bedürfnisintensität und Sättigung bestimmt und bilde »Nachfragereihen« bzw. eine Struktur der Preise entsprechend ihrem Anteil an der gesamten Bedarfsdeckung der Haushalte (Wieser 1924, S. 130). Die Nachfrage ist darüber hinaus je nach Einkommen und mithin Kaufkraft der Haushalte »geschichtet«, was auch eine »Schichtung der Preise« erzeugt. Auf Grund der unterschiedlichen Einkommensverhältnisse gebe es keine einheitliche Bewertung der Güter, Preise seien daher Ausdruck der Einschätzung einer bestimmten Kaufkraft-Schicht. Wieser sprach folglich vom »geschichteten Grenznutzen«, der bewirke, dass die Preise nicht nur durch die unterschiedliche Bewertung von Gütern gesellschaftlich bestimmt seien, sondern auch einen sozialen Konflikt ausdrücken: »Der Preis ist eine gesellschaftliche Bildung, aber er ist es [...] als Ergebnis eines gesellschaftlichen Kampfes, der um den Besitz der angebotenen Vorräte zwischen Personen verschiedener Wertschätzung und verschiedener Nachfragekraft geführt wird, und in welchem das Höchstgebot der Grenzschicht den Ausschlag gibt« (ebd., S. 136). Das aber führe zu einem Zustand, der, wie Wieser meinte, von einer vernünftigen Versorgung der Bevölkerung oft weit entfernt sei. Für Massengüter zahlen die reichen Käufer nach dem Maß der Armen und lukrieren damit einen Vorteil, den Wieser als »Konsumentenrente« bezeichnete, ein Begriff, der in der modernen Ökonomie dann eine nur mehr marktbezogene Bedeutung annahm. Wieser aber verstand ihn als Rente der reichen Haushalte auf Grund der sozialen Schichtung der Preise. Luxusgüter kommen mit hohen Preisen auf den Markt, um Käufer niederer Kaufkraftschichten auszuschließen. Dazwischen sah Wieser die »Mittelgüter« angesiedelt, für welche die Mittelschichten die Grenzreihen darstellen, d.h. die Preise richten sich nach ihrer Kaufkraft (vgl. Mikl-Horke 2014).

Marktprozesse ermöglichen es, die Preisentwicklung abschätzen zu können, wobei rationale Marktteilnehmer dies auf der Basis ihrer Informationen über Nutzen- und Kaufkraftentwicklungen tun. Diese Informationen sind in den Preisen selbst enthalten, da ihnen längerfristige Strukturen zugrunde liegen. Diese entstehen, weil die Menschen sich an Preise erinnern; daher knüpfen aktuelle Preise zunächst immer an die überkommenen Preise an. Die Preise der Güter und Dienstleistungen weisen daher in einem »geordneten« Markt eine Struktur auf, die über längere Zeit erhalten bleibt; erst wenn sich die Marktverhältnisse entscheidend verändern, kommt es zu Verschiebungen in der Preisstruktur. Um diese vorauszusehen ist es erforderlich, Nutzenschätzungen und Kaufkraftentwicklungen sowie deren Veränderungen zu berücksichtigen, was nicht nur Aufschluss über Preisentwicklungen, sondern auch über vergangene und zukünftige gesellschaftliche Zustände gibt. Erklärungen von Preisänderungen können daher nicht allein auf ein in Ungleichgewicht geratenes Verhältnis von Angebot und Nachfrage bezogen werden, sondern müssen auch Veränderungen der Einkommensschichtung durch Auf- bzw. Abstieg von Schichten oder die Entstehung neuer Schichten berücksichtigen.

Preise sind, wie Wieser einräumt, nicht nur das Ergebnis rationalen Markthandelns, sondern der Marktordnung. In einem »ungeordneten Markt« ist der Spielraum für die Preisbildung stark erweitert, es entstehen Zufallspreise, die nicht mehr mit dem Grenzgesetz übereinstimmen; der Markt »zerfällt« in zeitlicher oder räumlicher Hinsicht und ermöglicht hohe Gewinne oder Verluste einzelner. In solchen »ungeordneten« Märkten wird vielfach auch der »gesellschaftliche Egoismus«, also das an sozialen Normen orientierte Eigeninteresse, geschwächt und es kommt zunehmend zur Manifestation von persönlichem Egoismus, womit Wieser das, was im Neo-Institutionalismus der Gegenwart als opportunistisches Verhalten bezeichnet wird, vorwegnahm. Allerdings bedinge die »geschichtliche Erziehung« der Menschen, dass sich die meisten Individuen gemäß den sozialen Normen verhalten (Wieser 1924, S. 133). Solange die gesellschaftlichen Verhältnisse von den wirtschaftenden Menschen positiv bewertet werden, kann auch die Ordnung der Wirtschaft aufrechterhalten werden, und die Marktpreise werden als »gerechte Preise« empfunden. Ungleiche Kaufkraft und damit die ungleichen Möglichkeiten der Nutzung von Gütern werden in Marktwirtschaften daher solange als gerecht verstanden, als »die öffentliche Meinung das Privateigentum selbst und seine bestehende Verteilung als gerecht empfindet« (ebd., S. 136). Wieser zeigte damit die Bedeutung von Einstellungen und Wertvorstellungen für die Akzeptanz wirtschaftlicher und damit gesellschaftlicher Verhältnisse auf.

Am Kapitalismus kritisierte Wieser, dass das Wachstum der Märkte die Entwicklung der Moral überholt habe und das Streben nach Macht zwecks Ausnützung eigener Vorteile dominiere, sodass der Preiskampf zu einem Kampf zwischen Gruppen und Klassen geworden sei. Wieser scheint auch ein Ideal beschworen zu haben: »[…] auf der Höhe gesellschaftlicher Ordnung wird [der Preiskampf] überhaupt aufhören […] und wird zu einer gemeinschaftlichen Bemühung von Angebot und Nachfrage, um Vorrat und Bedarf gesellschaftlich abzumessen […]« (ebd., S. 133). Das klingt nach der Vision einer zukünftigen egalitären Gesellschaft, die aber in seiner Sicht keine sozialistische ist, sondern eine Bedarfsdeckungswirtschaft, wie sie auch seinem Modell der einfachen Wirtschaft zugrunde liegt.

Ansätze zu einer Techniksoziologie oder einer technischen Sozialökonomie sind in dem 1914 innerhalb der Reihe *Grundriss der Sozialökonomik* erschienenen Buch *Wirtschaft und Technik* (2. Aufl. 1923) von Friedrich Gottl-Ottlilienfeld enthalten. Während seine wirtschaftsphilosophischen Werke auf viel Widerstand stießen, der durch seinen Sprachstil noch verstärkt wurde, war dieses Buch weithin anerkannt und stellt das bekannteste Werk des Autors dar. Technik habe eine Doppelnatur, meinte Gottl, sie sei ein subjektives Handeln, das auf der Suche nach dem richtigen Weg zur Erreichung eines Zwecks beruhe, aber sie stelle auch einen objektiven Tatbestand dar, der sich auf einen Bereich menschlicher Tätigkeit beziehe. Seine Auffassung von Technik war daher eher weit und er unterschied vier Arten von Technik: die Individualtechnik, die sich auf das Handeln der einzelnen Menschen bezieht; die Sozialtechnik der Eingriffe in gesellschaftliche Beziehungen; die Intellektualtechnik der Methodologien und Methodiken; und schließlich die Realtechnik der Eingriffe in die Natur, die er auch als Technik im Besonderen bezeichnete.

Auch Wirtschaften kann *subjektiv* als Handeln, um Bedürfnisse und Mittel in Einklang zu bringen, oder *objektiv* als Zusammenhang aller Handlungen der Bedarfsdeckung verstanden werden. In beiden Fällen gehe es um die Herstellung einer Ordnung zur Überwindung des Zufalls. Die Beziehung zwischen Wirtschaft und Technik charakterisierte Gottl so: »Technik ist um der Wirtschaft willen da, aber Wirtschaft nur durch Technik vollziehbar« (Gottl 1923 [1914], S.10). Die Wirtschaft gibt der Technik die Probleme vor, entweder jene der Anpassung des Bedarfs an die Mittel, oder jene der Anpassung der Mittel an den Bedarf durch Erwerb und Produktion. Die Technik informiert ihrerseits die Wirtschaft über die Möglichkeiten der Erreichbarkeit wirtschaftlicher Ziele. Gottl erkannte auch, dass die Wirtschaft durch die Allokation von Ressourcen und die Bildung der Preise für die Mittel auch den »Geist« der Lösung der technischen Probleme beherrscht. Aber »Wirtschaftlichkeit« sei nicht durch die Wirtschaft bedingt, sondern jeder Technik inhärent; das Wirtschaftlichkeitsprinzip müsste daher eigentlich »technisches Prinzip« heißen, denn es stelle den obersten Grundsatz technischer Vernunft dar (ebd., S. 12). Von diesem ist der oberste Grundsatz wirtschaftlicher Rationalität zu unterscheiden, der in der Bedarfsdeckung oder aber in der Rentabilität im Sinne der Unternehmenswirtschaft bestehe.

In historischer Entwicklung lassen sich vorwirtschaftliche Urtechnik, frühwirtschaftliche Stammestechnik, vorkapitalistische Handwerkertechnik und kapitalistische Berufstechnik unterscheiden (ebd., S. 29ff.). Während sich die frühwirtschaftlichen Techniken in die sozialen Lebenskreise einfügen und deren Ausdruck darstellen, begann sich die Technik später allmählich gegenüber der Produktion zu verselbständigen; es kam zu Erfindungen in unterschiedlichen spezialisierten Technikbereichen, und die Sozialform der Berufstechnik entstand. Diese geriet durch die Tendenz zur rationellen Gestaltung der Produktion unter Druck. Als Eigenart moderner Technik nannte Gottl ihre Verwissenschaftlichung und systematische Rationalisierung (ebd., S. 61ff.). Diese erfasste auch die Betriebsführung und ließ das Taylorsystem entstehen, nach dessen Prinzipien die organisatorische Bestgestaltung der ausführenden Arbeit im Betrieb angestrebt wird und das nicht mit einem Lohnsystem verwechselt werden dürfe. Es stelle die letzte Konsequenz moderner Technik dar, aber nicht notwendig auch jene der technischen Vernunft. Gottl unterschied zwischen Taylorsystem und Taylorismus (ebd., S. 134ff.). Den Taylorismus verstand er als ein sehr altes und sich in vielen Bereichen manifestierendes Streben nach Höchstleistung, während das Taylorsystem für ihn die Übersteigerung dieses Strebens darstellte. Der Taylorismus verweise auf die fortlaufende Kritik an der betrieblichen Organisation und Arbeit, um diese auf den letzten Stand der Technik zu bringen und weitere rationelle Arbeitsverfahren zu ersinnen. Dazu, so meinte er, habe wohl auch Frederick Taylor beigetragen, aber das Taylorsystem als solches stehe dazu in

Widerspruch. Gegen das Prinzip der Trennung von Planung und Ausführung, das das Taylorsystem auszeichnet, führte Gottl ins Treffen, dass Initiative, Wissen und Bildung der Arbeitenden notwendig seien, um Bestleistungen zu erzielen, und verwies auf die in diesem Sinn bessere Organisation der Arbeit in Deutschland.

Grundlage des technischen Fortschritts ist für Gottl neben den naturwissenschaftlichen Erkenntnissen das technische Wissen, das durch jede neue Erfindung gefördert werde. Jeder technische Fortschritt geht daher mit einem technologischen Fortschritt einher und kann seinerseits weitere Neuerungen bewirken, allerdings auch wieder Probleme schaffen, die ihrerseits wieder technische Lösungen erfordern. Gottl erkannte daher auch Grenzen des Fortschritts, die nicht nur durch beschränkte Geldmittel zur Finanzierung bedingt seien (ebd., S. 206ff.). Jede weitreichende neue Technik, so meinte er, hemme Neuerungen, da der Anwendungsspielraum der Innovation erst allmählich ausgeschöpft wird und die weitere Suche nach neuen Verfahren für einige Zeit unrentabel erscheint. Gottl sah daher Regeln und Maßnahmen wirtschaftlicher, rechtlicher und sozialer Art, die den Willen und das Streben nach Neuem lebendig erhalten, als notwendig an, um einen kontinuierlichen Fortschritt zu ermöglichen.

Gottl gründete 1909 in München ein »Technisch-Wirtschaftliches Institut« und fungierte auch als Berater des Bayerischen Staatsministers in Industriefragen. Er trug maßgeblich zu einem modernen Verständnis von technischer Rationalisierung bei, und seine technische Sozialökonomie war international anerkannt. Großen Einfluss hatte sein Buch besonders auf akademische Kreise in Japan, was auch eine gewisse Wirkung auf das sich in diesem Land herausbildende Produktionssystem und seine betriebliche Innovationskultur zur Folge hatte. Gottl war ein Bewunderer Henry Fords und prägte den Begriff »Fordismus«, den er als System des Privateigentums verstand, das es ermöglichen könnte, durch Reinvestition von Gewinnteilen zum allgemeinen Wohlstand beizutragen. Solcherart, so hoffte er, könnte man den Kapitalismus überwinden und den Bolschewismus verhindern.

Die Finanzsoziologie wird noch heute mit dem Namen von Rudolf Goldscheid (1870–1931) verbunden. Sein Werk *Staatssozialismus oder Staatskapitalismus. Ein finanzsoziologischer Beitrag zur Lösung des Staatsschulden-Problems* (Goldscheid 1917) erzielte bereits im Jahr seines ersten Erscheinens mehrere Auflagen. Darin untersuchte er die Beziehung zwischen öffentlichen Finanzen und Staat auf der Grundlage der gesellschaftlichen Bedürfnisse historisch und systematisch, strebte aber auch nach Lösungen für das Problem der hohen Staatsverschuldung. Obwohl die Schrift daher einen konkreten Zeitbezug hat, ist sie auch von überhistorischer Geltung, denn sie sollte die Finanzorganisation geradezu als typisches Merkmal menschlicher Vergesellschaftung und als die Wurzel aller staatlichen Entwicklung darstellen. Aus dem wechselseitigen Funktionszusammenhang zwischen Staatsfinanzen und gesellschaftlicher Entwicklung meinte Goldscheid den Charakter des Staates in jeder historischen Phase erkennen zu können. Er vertrat die Ansicht, dass die soziologische Orientierung ein Grunderfordernis der gesamten Finanzwissenschaft sei. Von deren Teilen, der Finanzgeschichte, der Finanzstatistik und der Finanzsoziologie, sei der letzte daher der wichtigste (Goldscheid 1919b).

Goldscheid trat für eine objektive Betrachtung des Verhältnisses von Staat und Wirtschaft ein, die sich seiner Meinung nach daher auf den Staatshaushalt zu beschränken habe. Dieser sei »das aller verbrämenden Ideologie entkleidete Gerippe des Staates« und lasse die Funktion des Staates bei wechselnden gesellschaftlichen Verhältnissen erkennen (Goldscheid 1917, S. 130). Er forderte vergleichende Staatshaushaltsstudien, die die typischen Konstellationen in der Beziehung von wirtschaftlichen und politischen Strukturen aufzeigen können und sah die wahre Aufgabe der Nationalökonomie in Wirtschaftssystemvergleichen, auf denen dann die allgemeine Sozialökonomie und die Weltwirtschaftslehre aufbauen sollen.

In Bezug auf seine Zeit erkannte Goldscheid die Konzentration an Wirtschaftsmacht bei den großen Unternehmen und deren enge Beziehungen zum Bankensektor und bezog sich auf Rudolf Hilferding (1877–1941) und dessen Analyse des *Finanzkapitals* von 1910 (Hilferding 1968). Hilferding hatte die Entstehung der kapitalistischen Monopole und des Finanzkapitals, das aus der Verbindung von Bank- und Industriekapital hervorgegangen war, untersucht und damit der Marx'schen Analyse der Akkumulations- und Konzentrationsbewegungen im Kapitalismus eine zeitgenössische Fortsetzung hinzugefügt. Seine Bezüge zur Österreichischen Nationalökonomie schlugen sich aber auch in der Feststellung nieder, dass die Konkurrenzwirtschaft der Einzelunternehmer durch die Entwicklung von Trusts und Kartellen und die Kontrolle der Banken über die Unternehmen beseitigt werde – eine Kritik, die sich ganz ähnlich auch bei Wieser oder Joseph A. Schumpeter findet. Als problematisch erachtete Hilferding auch die Unternehmensform der Aktiengesellschaften, die nicht nur das Wachstum großer Konzerne erlaube, sondern auch die Anonymisierung des Kapitalbesitzes. Der Einfluss des Finanzkapitals steigere sich allmählich bis zur Dominanz im Staat, es entstehe ein staatsmonopolistischer Kapitalismus, der den Freihandel beschränke bzw. die Handelspolitik den Interessen der imperialistischen Machterweiterung der großen Staaten unterwerfe. Hilferding hatte auch gezeigt, wie die Entwicklung des Finanzkapitals die wirtschaftliche und damit die politische Struktur der Gesellschaft verändert und die Klassen geformt und miteinander im »organisierten Kapitalismus« konfrontiert hatte (ebd., S. 460ff.). Die Vergesellschaftung der Produktion durch die Konzentration des Kapitals in Form des Finanzkapitals führe zur Entstehung einer Oligarchie, aber darin sah Hilferding auch die Möglichkeit zur Überwindung des Kapitalismus, weil sich der einmal vom Proletariat eroberte Staat einfach die Kontrolle über das akkumulierte Finanzkapital verschaffen könne.

Auch Goldscheid stellte fest, dass das Finanzkapital den Staat beherrsche und seine Macht zu stärken suche. Der Staat sollte aber nicht das Finanzkapital, sondern das »organische Kapital« repräsentieren, denn die Menschen seien letztlich die eigentliche Grundlage des Staates. Das Problem sah Goldscheid nicht wie Hilferding in der Konzentration des Kapitals in der Periode der Herausbildung der kapitalistischen Strukturen, sondern in der Tatsache der Besitzlosigkeit des reinen Steuerstaats, die zur Staatsverschuldung und zur Abhängigkeit vom Finanzkapital geführt habe. Dadurch sei ein »negativer Kapitalismus« entstanden, der auf der ungleichen Vermögensverteilung zwischen Staat und Privatwirtschaft beruhe. Da der Staat besitzlos sei, werde die politische Macht des Staates durch seine wirtschaftliche Ohnmacht begrenzt. Die Verwirklichung des Sozialismus erachtete Goldscheid als davon abhängig, ob die Arbeiterklasse auch wirtschaftlich die Macht übernehmen könne, denn den »besitzlosen« Staat könne sie zwar vorübergehend politisch erobern, ihn aber nicht dauernd behaupten. Der Staat müsse daher stellvertretend für das Volk die Kapitalfunktion im Sinne eines strategischen Anteileigners am Unternehmenskapital wahrnehmen. Diese »Rekapitalisierung« des Staates sei die Voraussetzung, dass dieser auch der Verbesserung und Entwicklung des organischen Kapitals, also der Menschen, dienen könne. Die Veränderung der Eigentumsverhältnisse sah er nicht als Selbstzweck, und auch die wirtschaftliche Leistung sollte nicht an einer Steigerung des Wirtschaftswachstums gemessen werden, sondern an der Sozialpolitisierung des Staates (vgl. Fritz/Mikl-Horke 2007; Peukert 2009). Angesichts der internationalen wirtschaftlichen Verflechtungen zwischen den Staaten kann dies nicht durch Maßnahmen in einem Staat allein erreicht werden, und auch den Übergang zum Sozialismus erwartete Goldscheid nicht durch eine einfache Übernahme der Kontrolle im Zuges eines Umsturzes oder einer Revolution, sondern forderte die Schaffung einer effektiven internationalen Wirtschafts- und Finanzordnung, die der wirtschaftlichen Anarchie der einzelnen Staaten und den imperialistischen Auswüchsen gegensteuern könne.

Goldscheids Ziel war nicht auf eine Zentralverwaltungswirtschaft gerichtet, sondern auf einen »sozial orientierten Staatskapitalismus«, den er den Ideen eines Staatssozialismus, wie ihn etwa Ferdinand Lassalle gefordert hatte, entgegensetzte. Dabei berief er sich auch auf Adolph Wagner, Karl Renner und Eduard Bernstein (Goldscheid 1919a, S. 22). Durch die Verflechtung der Privatwirtschaft mit einem wirtschaftlich gestärkten Staat sollte ein »Kompagnieverhältnis« zwischen beiden elementaren Wirtschaftsakteuren begründet werden. Der Staat sollte auch eine Unternehmerfunktion übernehmen und zum Unternehmerstaat werden, der als Auftraggeber die Privatwirtschaft von sich abhängig machen könne, womit Goldscheid in gewissem Sinn eine Empfehlung John Maynard Keynes' vorwegnahm. Wie Schumpeter meinte er, dass der Unternehmergeist nicht mit privatem Eigennutzdenken ident und nicht auf spekulative Ziele der Gewinnmaximierung reduzierbar sei, sondern sich auf organisatorische Begabung und Erfindertalent stütze. Daher sah er auch keinen Grund zur Annahme, dass diese Eigenschaften nicht auch für soziale Zwecke nutzbar gemacht werden könnten.

Die Auffassungen Goldscheids waren pragmatisch, seine Ziele deckten sich weder mit jenen des marxistischen Mainstreams seiner Zeit noch zur Gänze mit jenen der Austromarxisten. Sozialismus bedeutete für ihn alles, was die Verbesserung und »Höherentwicklung« der Menschheit bewirken konnte. Das Buch Hilferdings hingegen wird bis heute als Klassiker der austromarxistischen Analyse betrachtet und erlebte zahlreiche

Neuausgaben, beeinflusste zahlreiche Denker, wie etwa Schumpeter, blieb aber in seiner praktischen Wirkung beschränkt. Goldscheids Finanzsoziologie enthält einen praktischen Lösungsvorschlag für die Probleme der Zeit, aber auch überhistorische und überideologische Aspekte. Joseph A. Schumpeter würdigte denn auch Goldscheids Verdienst um eine objektive, von allen Ideologien befreite soziologische Analyse, auch wenn er den Vorschlag einer Abkehr vom Steuerstaat ablehnte (Schumpeter 1918). Goldscheids Verbindung von Staatshaushalt und gesellschaftlicher Entwicklung erfuhr auch in der (nicht-soziologischen) Finanzwissenschaft durchaus Beachtung, in der er immer wieder als Schöpfer der Finanzsoziologie genannt wird (vgl. Mann 1934, 1959; Musgrave/Peacock 1967). In praktischer Hinsicht trafen Goldscheids Vorschläge zur Rekapitalisierung durch eine naturale Vermögensabgabe zwar auf Widerstand sowohl von liberaler als auch von sozialistischer Seite, aber die realen Strukturveränderungen der Folgezeit zeitigten doch ähnliche Entwicklungen, was allerdings weniger auf Goldscheids persönliche Wirkung zurückzuführen ist, sondern vielmehr seine realistische Einschätzung der zukünftigen Möglichkeiten belegt.

Dietzel, Heinrich (1895): *Theoretische Sozialökonomik*, Leipzig: C.F. Winter.

Fritz, Wolfgang/Gertraude Mikl-Horke (2007): *Rudolf Goldscheid. Finanzsoziologie und ethische Sozialwissenschaft*, Wien/Berlin: LIT Verlag.

Goldscheid, Rudolf (1917): *Staatssozialismus oder Staatskapitalismus. Ein finanzsoziologischer Beitrag zur Lösung des Staatsschulden-Problems*, Wien: Anzengruber-Verlag Brüder Suschitzky.

– (1919a): *Sozialisierung der Wirtschaft oder Staatsbankerott. Ein Sanierungsprogramm*, Leipzig/Wien: Anzengruber-Verlag Brüder Suschitzky.

– (1919b): Finanzwissenschaft und Soziologie [1917]. In: Ders., *Grundfragen des Menschenschicksals*, Leipzig/Wien: Anzengruber-Verlag Brüder Suschitzky, S. 132–143.

Gottl-Ottlilienfeld, Friedrich (1901): *Die Herrschaft des Wortes. Untersuchungen zur Kritik des nationalökonomischen Denkens*, Jena: Gustav Fischer.

– (1925): Zur sozialwissenschaftlichen Begriffsbildung [1906, 1907, 1909]. In: *Wirtschaft als Leben*, Jena: Gustav Fischer, S. 447–599.

– (1923): *Wirtschaft und Technik* [1914], 2. Aufl., Tübingen: Mohr.

Hilferding, Rudolf (1968): *Das Finanzkapital* [1910], Wien/Frankfurt a.M.: Europäische Verlagsanstalt.

Köster, Roman (2011): *Die Wissenschaft der Außenseiter*, Göttingen: Vandenhoeck & Ruprecht.

Mann, Fritz Karl (1934): Finanzsoziologie. Grundsätzliche Bemerkungen. In: *Kölner Vierteljahreszeitschrift für Soziologie* 12, S. 1–20.

– (1959): *Finanztheorie und Finanzsoziologie*, Göttingen: Vandenhoeck & Ruprecht.

Mikl-Horke, Gertraude (2011): Was ist Sozioökonomie? Von der Sozialökonomie der Klassiker zur Sozioökonomie der Gegenwart. In: Dies. (Hg.), *Die Rückkehr der Wirtschaft in die Gesellschaft*, Marburg: Metropolis, S. 19–58.

– (2014): Macht, Ungleichheit und Preise: Friedrich Wieser und die Wirtschaftssoziologie. In: Dieter Bögenhold (Hg.), *Soziologie des Wirtschaftlichen. Alte und neue Fragen*, Wiesbaden: Springer VS, S. 117–144.

Musgrave, Richard A./Alan T. Peacock (1967): *Classics in the Theory of Public Finance*, New York: Macmillan.
Peukert, Helge (2009): *Rudolf Goldscheid. Menschenökonom und Finanzsoziologe*, Frankfurt: Peter Lang.
Schumpeter, Joseph A. (1918): *Die Krise des Steuerstaats*, Graz/Leipzig: Leuschner & Lubensky.
Spann, Othmar (1905): *Untersuchungen über den Begriff der Gesellschaft zur Einleitung in eine Gesellschaftslehre*, Tübingen: Laupp.
– (1907): *Wirtschaft und Gesellschaft. Eine dogmenkritische Untersuchung*, Dresden: Verlag Böhmert.
– (1911): *Die Haupttheorien der Volkswirtschaftslehre auf dogmengeschichtlicher Grundlage*, Leipzig: Quelle & Meyer.
– (1914): *Kurzgefasstes System der Gesellschaftslehre*, Berlin: J. Guttentag.
– (1918): *Das Fundament der Volkswirtschaftslehre*, Jena: Gustav Fischer.
Wieser, Friedrich von (1914): *Theorie der gesellschaftlichen Wirtschaft*, Tübingen: Mohr Siebeck.
– (1927): *Social Economics*, New York: Adelphi.

Weiterführende Literatur

Acham, Karl (Hg.) (2001): *Geschichte der österreichischen Humanwissenschaften*, Bd. 3.1: *Menschliches Verhalten und gesellschaftliche Institutionen: Einstellung, Sozialverhalten, Verhaltensorientierung*, Wien: Passagen.
Bögenhold, Dieter (Hg.) (2014): *Soziologie des Wirtschaftlichen. Alte und neue Fragen*, Wiesbaden: Springer VS.
Fürstenberg, Friedrich (1961): *Wirtschaftssoziologie*, Berlin: Walter de Gruyter.

Gertraude Mikl-Horke

IV. Sozialpolitik

Michael Hainisch als Sozialpolitiker

Michael Hainisch (1858–1940), der nachmalige erste Bundespräsident der Republik Österreich, widmete sich in seinen frühen Veröffentlichungen demographischen und sozialstatistischen Forschungen über die Lage der Deutschösterreicher in der Habsburger Monarchie (Hainisch 1892, 1909). Er stellte darin auf der Grundlage vergleichender Daten über die verschiedenen Nationalitäten den Rückgang des Anteils der deutschsprachigen Bevölkerung fest und untersuchte die Gründe dafür. Besondere Beachtung schenkte er der Situation des Bauernstandes aus rechtlicher und ökonomischer Sicht. In einer Wiederholung der Studie legte er 1909 neue demographisch-statistische Daten dazu vor, die für die deutschsprachige Bevölkerung im Vergleich zu 1892 eine noch stärkere Abnahme erkennen ließen. Er kritisierte in diesem Zusammenhang auch die Geschichtsauffassung der Marxisten, die zugunsten eines Internationalismus und einer Überbetonung des Materialismus bzw. in ihrem Hang, alle Entwicklung auf die Produktionsverhältnisse zurückzuführen, die Interessengegensätze zwischen den Nationen unberücksichtigt gelassen hätten. Zwar sei es verständlich, dass in Zeiten großer ökonomischer Ungleichheit die materiellen Aspekte stärker betont würden, aber darüber dürfe man auch die biologischen, ethnischen und kulturellen Differenzen nicht übersehen. Hainisch behandelte in seinem Schrifttum wiederholt Nationalitätenkonflikte, bezeichnete diese aber auch als »Rassenkämpfe«, wobei er zwar nicht direkt Bezug auf Ludwig Gumplowicz nahm, den Begriff aber doch offensichtlich in dessen Sinn verstand. Er betonte die Notwendigkeit, dass sich die Gesellschaftswissenschaft mit den Unterschieden zwischen Ethnien, Rassen und Nationen beschäftigen müsse, denn auch in einer sozialistischen Gesellschaft würden diese und die daraus erwachsenden Rassenkämpfe nicht notwendigerweise aufhören.

Hainischs auf einem Vortrag beruhende Schrift *Der Kampf ums Dasein und die Sozialpolitik* von 1899 beschäftigte sich mit dem in den Diskussionen seiner Zeit so häufig betonten Gegensatz zwischen kausaler und teleologischer Betrachtung der Geschichte. Er hob dabei den großen Einfluss hervor, den Darwin auf die Idee der »Entwickelung« nahm, verwies aber auch auf dessen vorsichtige Zurückhaltung in Bezug auf die Schlussfolgerungen aus seiner Theorie für die Menschheit und die Kultur, wodurch er sich von den Auffassungen Herbert Spencers, Ernst Haeckels u.a. unterschied, die die Prinzipien des Kampfes ums Dasein und der Auslese ohne weiteres auf die menschliche Gesellschaft übertrugen. Im Besonderen kritisierte er die Ansicht, dass die Unterschiede zwischen den Ständen und Klassen das Resultat der naturgesetzlichen Auslese seien und dass daher auch von Eingriffen zu ihrer Überwindung oder Milderung abzusehen sei. Eingehend widmete sich Hainisch auch der Darlegung der Gründe, warum aus seiner Sicht eine Übertragung biologischer Annahmen auf die menschliche Gesellschaft und Kultur abzulehnen sei. Insbesondere kritisierte er August Weismanns Ablehnung der Vererbung erworbener Eigenschaften und damit des nachhaltigen Einflusses des Milieus auf den Organismus. Darüber hinaus verwies Hainisch auf die Geschichte, die zeige, dass es neben dem Kampf ums Dasein, der sich auf die Natur bezieht, auch immer wieder »Beherrschungskämpfe« gegeben habe, die Abhängigkeitsverhältnisse zwischen Menschen und Menschengruppen begründet hätten (Hainisch 1899, S. 23f.). Kritisch äußerte er sich auch über die allzu scharfe Konturierung des Individuums im Laufe der Geschichte, die in Philosophie und Nationalökonomie die Fiktion rein individueller Interessen erzeugt habe. Der Mensch nehme nämlich an Kämpfen in aller Regel als Mitglied von Gruppen teil, und auch der Kampf ums Dasein sei ein kollektiver Kampf.

Der Mensch habe, so Hainisch, die »Fähigkeit zum Bewusstsein seines Selbst« sowie zu logischer Erkenntnis und zur Erkenntnis seiner Ziele, wodurch er auf seine eigene Entwicklung und die seiner Gruppe Einfluss nehmen könne. Dadurch komme ein teleologisches Element in die kausale, naturgesetzliche Entwicklung hinein, das sowohl in Hinblick auf die Zielsetzung und die Reflexion über die Mittel zur Zielerreichung als auch auf die ethischen Interessen wirksam werde (ebd., S. 37). In diesem Zusammenhang wies Hainisch auf die große Bedeutung der Bildung hin, die in möglichst breitem Umfang allen Bevölkerungsschichten zugänglich gemacht werden müsse. Es komme dabei gar nicht so sehr auf die Entwicklung der als überindividuelles Geschehen aufgefassten »Kultur« an als vielmehr auf die der Persönlichkeit und des Wissens der einzelnen Menschen. In der Gesellschaft trete dadurch der Kampf ums Dasein hinter jenen um die persönliche gesellschaftliche Stellung zurück, und es komme zu einer Veränderung der Klassenschichtung infolge des Auf- und Abstiegs von Individuen und Gruppen. Die Klassenschichtung sah Hainisch nicht nur als ein Resultat der Arbeitsteilung oder der Produktionsverhältnisse, sondern auch als eines der Bildungschancen und der rechtlichen Bedingungen wie z.B. des Erbrechts (ebd., S. 41). Er trat dafür ein, die Aufstiegsmöglichkeiten durch politische Maßnahmen zu fördern und die Klassenunterschiede zu entschärfen, denn große innergesellschaftliche Disparitäten hätten sich in historischer Sicht stets als negativ erwiesen.

Die Schrift stellt ein Plädoyer gegen biologisch-selektionistische Argumente in den Sozialwissenschaften und für sozialpolitische Maßnahmen dar. Bezogen auf die Sozialpolitik meinte Hainisch, dass der Kollektivwille weder allein im Sinne einer organizistisch verstandenen Ganzheit noch als Summe von Einzelindividuen verstanden werden könne. Sozialpolitik müsse vielmehr auf einer Gemeinsamkeit der Weltauffassung, der Solidarisierung in Krisen und auf dem Prinzip gesellschaftlicher Zweckmäßigkeit jenseits einseitiger Klasseninteressen aufbauen. Wichtig erschien Hainisch angesichts der damaligen Situation aber auch die weitgehende wirtschaftliche Autarkie und die Beschränkung des Bevölkerungswachstums in den einzelnen Staaten.

Hainisch trat immer wieder mit volkswirtschaftlichen, agrarwirtschaftlichen und sozial- und bevölkerungspolitischen Beiträgen in verschiedenen Zeitschriften an die Öffentlichkeit und war in zahlreichen Vereinigungen tätig. So war er ein bedeutendes Mitglied in der Wiener Fabier-Gesellschaft, die 1893 nach englischem Vorbild gegründet worden war und der u.a. auch Eugen von Philippovich, Wilhelm Jerusalem, Josef Popper-Lynkeus, Victor Adler und Engelbert Pernerstorfer angehörten. Ziel der Fabier war der allmähliche Übergang vom Kapitalismus in einen sozialliberal verstandenen Sozialismus auf dem Wege sozialreformerischer Maßnahmen, und sie engagierten sich insbesondere auch im Bereich der Volksbildung und der Frauenrechte. Die Wiener Fabier waren ein Zirkel sozialreformerischer Intellektueller, die, um auch politisch Einfluss nehmen zu können, 1896 die Sozialpolitische Partei gründeten, die in Wien und Niederösterreich agierte und bis 1919 bestand, aber im Vergleich zur Christlichsozialen Partei Karl Luegers und den Sozialdemokraten wenig Erfolg hatte. Diese Wiener Fabier-Gesellschaft wurde 1901 nach dem Tod ihres Gründers, des Nationalökonomen Otto Wittelshöfer, aufgelöst. Michael Hainisch aber war 1907 auch Gründungsmitglied der Soziologischen Gesellschaft in Wien, die ein breites Spektrum des sozialwissenschaftlichen und sozialpolitischen Denkens umfasste und neben Vertretern sozialliberaler Strömungen auch solche des Marxismus versammelte.

Hainisch, Michael (1892): *Die Zukunft der Deutschösterreicher. Eine statistisch-volkswirtschaftliche Studie*, Wien: Deuticke.
– (1899): *Der Kampf ums Dasein und die Socialpolitik*, Leipzig/Wien: Deuticke.
– (1909): *Einige neue Zahlen zur Statistik der Deutschösterreicher*, Leipzig/Wien: Deuticke.

Weiterführende Literatur

Holleis, Eva (1978): *Die Sozialpolitische Partei. Sozialliberale Bestrebungen in Wien um 1900*, Wien: Verlag für Geschichte und Politik.

Gertraude Mikl-Horke

Otto von Zwiedineck-Südenhorsts Beiträge zur Sozialpolitik

Im Zentrum des sozialpolitischen Werks des Nationalökonomen Otto von Zwiedineck-Südenhorst (1871–1957) steht seine Schrift *Sozialpolitik* von 1911. Sie zieht eine frühe Summe der Arbeiten des damals gerade 40-Jährigen auf diesem Gebiet, zu dem er sich zwar auch nach dem Ersten Weltkrieg über vier Jahrzehnte hinweg immer wieder mit Aufsätzen zu Wort meldete, jedoch nicht mehr monographisch tätig wurde; auch blieb seine *Sozialpolitik* ohne Folgeauflagen. Im ersten Teil dieses Hauptwerks unternahm er eine »Allgemeine Grundlegung«, die das Sachgebiet der Sozialpolitik in einem allgemeinen Teil neu ordnete, ehe im zweiten Teil »Die einzelnen Probleme« in Betracht gezogen wurden. Diese Abstraktion, die das Arbeitsfeld der Sozialpolitik von der Artikulation einzelner Interessen und der wissenschaftlichen Durchdringung lediglich spezieller Institutionen löste, bildet den bleibenden Wert des vielbeachteten und vieldiskutierten Werks. Die Formulierung eines solchen allgemeinen Teils war zwar keine besondere Neuerung des ausgebildeten Juristen Zwiedineck-Südenhorst, sehr wohl neu war aber seine spezifische Methodik.

Kennzeichnend für diese Methode sind breite historische, aber auch sozialstatistische Rekurse, von denen Zwiedineck-Südenhorst auch anhand eigener Beobachtungen einen immer höheren Abstraktionsgrad zu gewinnen suchte. Methodengeschichtlich lässt sich der Autor daher nicht ohne weiteres einer bestimmten Schule zuordnen. Eine wesentliche methodische Prägung empfing er sicherlich durch seine frühe intensive Beteiligung an den empirischen Vorhaben des »Vereins für Socialpolitik«. Gemeinhin wird er zwar der jüngeren Generation der Historischen Schule der Nationalökonomie zugerechnet, diese Einordnung blieb allerdings mit Verweis auf seine theoretischen Arbeiten nicht unbestritten und wurde etwa von Otto Neuloh, dem Herausgeber seiner sozialpolitischen Schriften, zurückgewiesen, der seine Methode als eine »Integration der Vielfalt« beschreibt (Neuloh 1961, S. 49ff.). Der Grenznutzenschule stand Zwiedineck-Südenhorst hingegen sehr kritisch gegenüber, obwohl er sich in Wien habilitiert hatte. Er wahrte bewusst Distanz gegenüber methodischen Vereinnahmungen und entwickelte ein eigenes, sehr induktives Herangehen, ohne selbst schulbildend zu werden.

Bestes Beispiel für den theoretischen Ertrag dieser Herangehensweise ist Zwiedineck-Südenhorsts grundlegender Definitionsversuch von Sozialpolitik im gleichnamigen Werk: er verstand sie als eine »auf Sicherung fortdauernder Erreichung der Gesellschaftszwecke gerichtete Politik« (Zwiedineck-Südenhorst 1911, S. 38). Diese Definition steht am Beginn des 2. Abschnitts der »Allgemeinen Grundlegung«, der von der Sozialpolitik und ihren Erscheinungsformen handelt und in dem in einem breitangelegten Überblick ideologische Grundlagen, Richtungen und wissenschaftliche Behandlung der Sozialpolitik sowie historische Probleme und Lösungsversuche, vor allem solche der Antike, erörtert werden. Diese Weite des Blicks und des Zugriffs auf die erörterten Probleme ist zugleich wirkungsgeschichtlich Zwiedineck-Südenhorsts bedeutendste Leistung. In einer Zeit, in der andere nur einzelne Aspekte von Sozialpolitik ins Zentrum ihrer Überlegungen stellten (wie etwa den Arbeiterschutz, Fragen von Klassenbildung und Klassenkampf oder den Ausgleich der sozialen Gegensätze) oder wirtschaftswissenschaftliche Fragen der Güterverteilung klären wollten (bspw. betrachtete Leopold von Wiese die Sozialpolitik als »erwachsene Tochter der Nationalökonomie«; zu den konkurrierenden Ansätzen s. näher Neuloh 1961, S. 68ff.), gelang Zwiedineck-Südenhorst mit dieser aus der Abstraktion gewonnenen Definition ein integrativer Ansatz, der im Bewusstsein für die historische Wandelbarkeit der Problemlagen inhaltlich offen blieb und verschiedene andere Ansätze vereinte.

Diese Verbreiterung des Untersuchungsgegenstands fand einen weiteren Niederschlag in der starken Betonung der sozialen Dynamik des menschlichen Lebenslaufs. Die Sozialversicherung war damit ebenso Gegenstand der Sozialpolitik wie die realen Problemlagen spezieller Gruppen wie Landarbeiter und Gesinde, Arbeiter im öffentlichen Dienst oder Heimarbeiter; besondere Beachtung fand – wenn auch mit sogar nach zeitgenössischen Maßstäben konservativen Ergebnissen – das »Frauenproblem in der Sozialpolitik« als abschließendes Kapitel des Werks. Derartige Überlegungen sind auch in neuerer Zeit durch den Wandel der Erwerbsbiographien wieder besonders wichtig geworden. Nicht zufällig befasste Zwiedineck-Südenhorst sich bereits in seiner Habilitationsschrift von 1900 intensiv mit »Minimallöhnen«, d.h. Mindestlöhnen, und dem Tarifvertragswesen.

Zwiedineck-Südenhorsts Gegenstandsdefinition hatte gleichzeitig ihren Ursprung in und Konsequenzen für seine spezielle Auffassung von Sozialpolitik. Obwohl er sich ausgehend von der praktischen Anschauung der Lebensverhältnisse der Londoner Dockarbeiter in den Slums von Whitechapel mit den Problemen der Arbeiterfrage zu befassen begann, blieb er nicht bei Fragen nach sozialer Hilfe, Förderung der Arbeiterklasse oder dem auch von ihm geteilten Wunsch nach einem Ausgleich der sozialen Gegensätze stehen, sondern entwickelte einen integrativen Ansatz für die wissenschaftliche Behandlung aller sozialen Problemlagen. Er beschrieb Sozialpolitik als »eine Willensrichtung für die Gestaltung der gesellschaftlichen Zusammenhänge und Daseinsbedingungen, insbesondere des wirtschaftlichen Geschehens, nach der Vorstellung eines gewissen Seinsollens«, also als eine übergreifende Gesellschaftspolitik (Zwiedineck-Südenhorst 1911, S. 62). Die Definition des normativen Maßstabs war in seiner Vorstellung jedoch nicht Sache der Wissenschaft. Wissenschaft sollte die Rationalität sozialpolitischer Maßnahmen fundieren, indem sie die Tauglichkeit der Mittel zur Erreichung des gewollten Zwecks und die Kosten der Maßnahme (die angesichts budgetärer Limitationen ja stets zulasten der Interessen anderer gesellschaftlicher Gruppen gehen muss) bestimmt; darüber hinaus sollte sie sich aber in der Kritik der sozialpolitischen Ideale auf die Prüfung der inneren Widerspruchslosigkeit des Gewollten beschränken (ebd., S. 64ff.).

Das Verständnis für die Relativität des eigenen Standpunkts ermöglichte dem – nach seinem (späteren) Selbstverständnis – »letzten Kathedersozialisten« Zwiedineck-Südenhorst die Anerkennung entgegengesetzter Interessenlagen. Gegensätze wie Kollektivismus und Individualismus wollte er in einer Synthese vereinen. Allerdings blieb die Integration unvollendet. Auf der Ebene der »einzelnen Probleme« fiel die *Sozialpolitik* bisweilen auf das klassenkämpferische Element zurück, was sich sogar auf eine wechselnde Gegenstandsbeschreibung der Sozialpolitik auswirkte – so wird diese beispielsweise im problemzentrierten zweiten Abschnitt als ein »immer auf ein Paralysieren der Macht des Kapitals gerichtetes« Mittel dargestellt (ebd., S. 153).

Manchen zeitgenössischen Lesern erschien die *Sozialpolitik* im Vergleich zu anderen Werken, etwa zu Leopold von Wieses *Einführung in die Sozialpolitik* (1910), übermäßig »akademisch« und »schwerflüssig«; insbesondere stieß die weite Begriffsbestimmung von Sozialpolitik auf Ablehnung (Troeltsch 1912, S. 555f.). Diese setzte sich dennoch gegen damals bereits mindestens 40 konkurrierende Definitionsversuche insoweit durch, als an der Beschäftigung mit ihr auch nach dem Zweiten Weltkrieg niemand vorbeikam. Zwiedineck-Südenhorst selbst äußerte sich noch 1955 in seiner autobiographischen Skizze »Gefühltes – Erstrebtes – Erkanntes« zur Wirksamkeit seiner *Sozialpolitik*. Er sah darin »den Anstoß« gegeben für eine veränderte Auffassung vom Inhalt dessen, was Sozialpolitik überhaupt beinhaltet und bezweckt (Zwiedineck-Südenhorst 1955, S. 28f.). Der nach wie vor unbestrittene Wert der *Sozialpolitik* ergibt sich daher nicht aus einzelnen methodischen oder theoretischen Einsichten, welche noch die heutige Arbeitsweise prägen könnten. Indem Zwiedineck-Südenhorst aber wesentlich dazu beitrug, das Arbeitsfeld Sozialpolitik neu zu vermessen und auf eine sehr viel breitere inhaltliche Grundlage zu stellen, veränderte er auch die Vorstellung des wissenschaftlichen und praktischen Gegenstands. Auf diese Weise wirkt seine *Sozialpolitik* unbewusst auf das weitere sozialpolitische Arbeiten fort.

Das Werk Zwiedineck-Südenhorsts fand auch im Ausland einige Beachtung. Seine *Sozialpolitik* wurde in einer freundlichen Besprechung in der Zeitschrift *Political Science Quarterly* besonders den amerikanischen Sozialreformern anempfohlen (Hoxie 1913, S. 341f.), aber auch bereits seine Habilitation zur *Lohnpolitik und Lohntheorie* und die nach seinem Tode veröffentlichte sozialpolitische Schriftensammlung *Mensch und Gesellschaft* wurden in englischsprachigen Zeitschriften rezensiert. Ein Nachruf findet sich auch in der französischen *Revue de l'Institut International de Statistique*. Der entscheidende theoretische Abschnitt mit der Neudefinition von Sozialpolitik wurde jedoch erst (man könnte freilich auch sagen: noch) 1979 ins Englische übersetzt und bei seiner Veröffentlichung als »turning point« in der Entwicklung der Sozialpolitik bezeichnet (Cahnman/Schmitt 1979, S. 50).

Nach 1918 publizierte Zwiedineck-Südenhorst verstärkt auf dem Gebiet der Wirtschaftswissenschaften, auf dem er 1932 mit seiner *Allgemeinen Volkswirtschaftslehre* ein ebenfalls wirkungsmächtiges Werk vorlegte. Als ein besonders wichtiger Beitrag zur Theoriebildung erwies sich das darin aufgestellte Gesetz der zeitlichen Einkommensfolge, mit dem der Autor krisenbedingte Arbeitslosigkeit und Konjunkturschwankungen auch auf eine gewisse zeitliche Verzögerung im Wirtschaftskreislauf zurückführte, weil Konsumgüter nicht direkt mit dem bei ihrer Produktion erworbenen Arbeitslohn gekauft würden, sondern mit dem in einer anderen Wirtschaftsperiode erworbenen. Zudem formulierte Zwiedineck-Südenhorst bereits 1909 (und damit wohl als erster) eine klare Einkommenstheorie des Geldwerts – ein Ansatz, mit dem sich später Schumpeter, Keynes und viele andere beschäftigten (zum wirtschaftswissenschaftlichen Lebenswerk vgl. Albrecht 1958).

Albrecht, Gerhard (1958): Otto v. Zwiedineck-Südenhorst zum Gedächtnis. In: *Jahrbücher für Nationalökonomie und Statistik* 170, S. 5–42.
Cahnman, Werner J./Carl M. Schmitt (1979): The Concept of Social Policy. In: *Journal of Social Policy* 8, S. 47–59.
Hoxie, Robert Franklin (1913): Sozialpolitik, Otto von Zwiedineck-Südenhorst [Rezension]. In: *Political Science Quarterly* 28/2, S. 340–342.
Neuloh, Otto (1961): Mensch und Gesellschaft im Leben und Denken von Zwiedineck-Südenhorst. In: Zwiedineck-Südenhorst 1961, S. 23–87.
Troeltsch, Ernst (1912): Zwiedineck-Südenhorst, Otto von: Sozialpolitik [Rezension]. In: *Zeitschrift für die gesamte Staatswissenschaft* 68, S. 555–558.
Zwiedineck-Südenhorst, Otto von (1900): *Lohnpolitik und Lohntheorie* [Habil.], Wien/Leipzig: Duncker & Humblot.
– (1911): *Sozialpolitik*, Leipzig/Berlin: Teubner.
– (1932): *Allgemeine Volkswirtschaftslehre* (= Enzyklopädie der Rechts- und Staatswissenschaft/Abteilung Staatswissenschaft, Bd. 33), Berlin: Springer.
– (1955): *Mensch und Wirtschaft. Aufsätze und Abhandlungen zur Wirtschaftstheorie und Wirtschaftspolitik*, hrsg. von Werner Mahr und Franz Paul Schneider, Berlin: Duncker & Humblot.
– (1961): *Mensch und Gesellschaft. Beiträge zur Sozialpolitik und zu sozialen Fragen*, bearb. von Otto Neuloh, Berlin: Duncker & Humblot.

THOMAS PIERSON

Felix von Oppenheimer

Felix Freiherr von Oppenheimer (1874–1938) ist heute vor allem als langjähriger Herausgeber der einflussreichen Wirtschafts- und Kulturzeitung *Österreichische Rundschau* sowie als großzügiger Förderer der bildenden Künste bekannt. Er war führend beteiligt an der Einrichtung und Reorganisation der Museen im Wiener Belvedere und gilt als typischer Repräsentant des Wiener jüdischen Salonlebens in den Jahrzehnten vor und nach dem Ersten Weltkrieg. Oppenheimer ist aber auch ein Beispiel für jene am Rande der Wissenschaftsgeschichte Stehenden, die einen wichtigen oder zumindest bemerkenswerten Beitrag zu einem Teilbereich der Soziologie geleistet haben. Neben seiner kritischen Auseinandersetzung mit dem Verhältnis von Politik, Demokratie und Beamtentum beschäftigte sich Oppenheimer zunächst mit den sozialen Verhältnissen in Österreich, insbesondere in Wien. Nach einer Studienreise durch England wurde die Wohnungsnot der Wiener Arbeiterschaft zentraler Gegenstand seiner publizistischen wie organisatorischen Tätigkeiten. Er selbst war seit 1883 im Haus seiner Tante, im Palais Todesco in der Kärntner Straße 51, aufgewachsen, und wurde später auch Besitzer dieses prächtigen, wegen der kunsthistorisch teils bedeutenden Ausstattung seiner rund fünfhundert Zimmer berühmten Ringstraßenbaus.

Oppenheimer versuchte in seiner Schrift *Die Wiener Gemeindeverwaltung und der Fall des liberalen Regimes in Staat und Kommune*, vor allem aber durch sein praktisches Wirken, einen »Beitrag zum besseren Verständnis des Zusammenhanges der politischen, wirtschaftlichen und gesellschaftlichen Wandlungen innerhalb der Bevölkerung und Gemeindevertretung Wiens in der jüngsten Vergangenheit zu geben« (Oppenheimer 1905, S. 1). Das moderne Massenproletariat habe sich »nach hundertjährigem Kämpfen und Ringen den in physischer, intellektueller und sittlicher Beziehung vielfach verheerenden Folgen des technischen Fortschrittes erst teilweise und allmählich« entwunden (ebd., S. 48). Das für die kulturelle Entwicklung der Arbeiterschaft so wichtige Wohnungsproblem sei aber nach wie vor vollkommen ungelöst. Zu dessen Lösung propagierte er, ausgehend von persönlichen Beobachtungen und empirischen Erhebungen, die gleichzeitige Anwendung verschiedener Maßnahmen: das Zusammenwirken von Sanitätsgesetzgebung und effektiver Sanitätspflege sowie die Verbilligung des städtischen Verkehrswesens bei gleichzeitig verstärkter Bautätigkeit durch die öffentliche Hand und privates Kapital. Zudem machte sich Oppenheimer stark dafür, das Verständnis für das Wohnungsproblem in breitesten Bevölkerungsschichten zu wecken und die öffentliche Meinung für die kulturhemmende Wirkung von Wohnungsnot zu sensibilisieren. Er selbst engagierte sich besonders für die Errichtung von Baugenossenschaften, die er aber – anders als etwa sein sozialdemokratischer Zeitgenosse Karl Renner mit der von ihm 1910 gegründeten »Gemeinnützigen Arbeiter-, Bau- und Wohnungsgenossenschaft für Gloggnitz und Umgebung« – von aller staatlichen und parteipolitisch motivierten Einflussnahme freihalten wollte.

Felix Oppenheimer repräsentiert auch jene Sozialwissenschaftler, die ihre Erkenntnisse in der Praxis selbst erproben wollten. Nachdem mit dem Gesetz vom 8. Juli 1902 betreffend die Steuerbefreiung von Gebäuden mit billigen Arbeiterwohnungen gleichsam der Grundstein für den sozialen Wohnbau in Österreich gelegt worden war, konstituierte sich kurz danach auf Oppenheimers Initiative ein »Komitee für die Gründung der ersten gemeinnützigen Baugesellschaft für Arbeiterwohnhäuser«, das in den Jahren 1904/05 im 20. Wiener Gemeindebezirk – damals ein klassisches Industriegebiet – nach den Plänen des Architekten Leopold Simony zwei Arbeiterwohnhäuser in der Engerthstraße 41–43 errichten ließ. Im Umfeld dieses Komitees wurde im Februar 1907 die »Zentralstelle für Wohnungsreform in Österreich« gegründet, die statistische Untersuchungen zur Wiener Wohnungsnot durchführte. Oppenheimer gehörte bis 1910 deren Ausschuss als Generalsekretär-Stellvertreter an, war aber auch Initiator und bis 1917 Geschäftsführer der im Mai 1907 zum Zwecke der »Erbauung, Erhaltung und Verwaltung von Gebäuden mit gesunden und billigen Arbeiterwohnungen« konstituierten »Ersten gemeinnützigen Baugesellschaft für Arbeiterwohnhäuser Gruppe Brigittenau, Gesellschaft mit beschränkter Haftung« (N.N./Amtsblatt 1907, S. 669), der kurz darauf die »Erste gemeinnützige Baugesellschaft für Arbeiterwohnhäuser Gruppe Wiener-Neustadt« und die »Gemeinnützige Baugesellschaft für Arbeiterwohnhäuser Stadlau«

folgten, alle mit Sitz in Wien. Oppenheimer, Mitinitiator des IX. Internationalen Wohnungskongresses in Wien im Mai 1910 und Mitorganisator der Ersten österreichischen Wohnungskonferenz in Wien im Dezember 1911, gelang ein erfolgreiches Zusammenspiel von Theorie und Praxis. Er war nicht bloß ein Pionier des genossenschaftlichen Arbeiterwohnbauwesens in Österreich und wohl dessen bedeutendster liberaler Theoretiker, er trug mit seinen Aktivitäten auch wesentlich zu dessen politischer Umsetzung im Rahmen des sozialen Wohnbaus bei.

N.N. (1907): Firmen-Protokollierungen. In: *Amtsblatt zur Wiener Zeitung und Zentral-Anzeiger für Handel und Gewerbe* Nr. 122 (19.5.1907), S. 669.

Oppenheimer, Felix Freiherr von (1900): *Die Wohnungsnot und Wohnungsreform in England mit besonderer Berücksichtigung der neueren Wohnungsgesetzgebung*, Leipzig: Duncker & Humblot.

– (1905): *Die Wiener Gemeindeverwaltung und der Fall des liberalen Regimes in Staat und Kommune*, Wien: Manz'sche k. u. k. Hof-Verlags- und Universitäts-Buchhandlung. Zuerst in: *Österreichische Rundschau* 4 (1905), S. 281–293, 373–385, 421–435, 513–521.

– (1908a): *Die Beschaffung der Geldmittel für die gemeinnützige Bautätigkeit* (= Schriften der Zentralstelle für Wohnungsreform in Österreich, Nr. 4), Wien: Selbstverlag der Zentralstelle für Wohnungsreform in Österreich.

– (1908b): Die staatliche Altersversorgung in England. In: *Österreichische Rundschau* 17, S. 97–102.

– (1910): Altersversorgung und Armenrecht im Lichte englischer Reformprojecte. In: *Zeitschrift für Volkswirtschaft, Socialpolitik und Verwaltung* 9, S. 549–573.

– /Leopold Simony (1910): *Die Tätigkeit der gemeinnützigen Baugesellschaften für Arbeiterwohnhäuser (Gesellschaften mit beschränkter Haftung) in Brigittenau (Wien XX.), Stadlau (Wien XXI.) und Wiener-Neustadt*, Wien: Verlag der Gemeinnützigen Baugesellschaft für Arbeiterwohnhäuser.

– (1911a): Zur Wohnungsfrage. In: *Österreichische Rundschau* 29, S. 439–447.

– (1911b): Die Wohnungspolitik der Gemeindeverwaltungen in Österreich. In: *Bericht über den IX. Internationalen Wohnungskongreß, Wien 30. Mai bis 3. Juni 1910. Hrsg. vom Bureau des Kongresses. 1. Teil: Referate*, Wien: Verlag der Zentralstelle für Wohnungsreform in Österreich, S. 133–157, 241–244.

Weiterführende Literatur

Oppenheimer, Felix Freiherr von (1928): *Montaigne. Edmund Burke und die französische Revolution. Francis Bacon. Drei Essays*, Wien: Manz'sche Verlags- und Universitäts-Buchhandlung. Zuerst in: *Österreichische Rundschau* 61 (1919), S. 116–124 [= Edmund Burke und die französische Revolution] bzw. *Österreichische Rundschau* 19 (1923), S. 294–314 [= Montaigne. Ein kurzer Wegweiser durch sein Werk].

Redlich, Josef (1901): Dr. Felix Freiherr v. Oppenheimer. Die Wohnungsnot und Wohnungsreform in England mit besonderer Berücksichtigung der neueren Wohnungsgesetzgebung [Rezension]. In: *Zeitschrift für Volkswirtschaft, Socialpolitik und Verwaltung* 10, S. 319f.

Simony, Leopold (1906): Arbeiterwohnhäuser in Wien, II. [sic!], Engerthstrasse 41–43. In: *Der Bautechniker* 26/1 (5.1.1906), S. 1–3.

– (1910): Die Tätigkeit des Komitees zur Begründung gemeinnütziger Baugesellschaften für Arbeiterwohnhäuser in Wien. Vortrag, gehalten in der Fachgruppe für Gesundheitstechnik am 9. März 1910. In: *Zeitschrift des Österreichischen Ingenieur- und Architektenvereins* 62, S. 405–410.

Reinhard Müller

V. Medizinsoziologie und Sozialhygiene

Max Gruber, Wilhelm Prausnitz, Ludwig Teleky – Sozialhygiene und Soziale Medizin

Für die Weiterentwicklung sozialwissenschaftlicher Ansätze innerhalb der medizinischen Wissenschaften sowie für deren Einflüsse auf die im Entstehen befindliche Soziologie war in den Jahrzehnten um 1900 vor allem die selbst noch recht junge – in den 1860er Jahren in München von Max (von) Pettenkofer (1818–1901) als eigenständiges Fachgebiet begründete – Disziplin der »Hygiene« als Lehre von der Krankheitsvermeidung und Gesundheitserhaltung von Bedeutung (Flamm 2012, Heinzelmann 2009). Deren Vertreter befassten sich eingehend mit neuen, damals große Fortschritte erzielenden naturwissenschaftlichen Forschungsgebieten wie der Mikrobiologie (Vasold 2008), integrierten aber von Beginn an mehr oder weniger intensiv und systematisch auch gesellschaftliche Gesichtspunkte. Neben dem Körper des Individuums mussten die Hygieniker notwendig an ökologischen und soziologischen Verhältnissen interessiert sein, da ihre Disziplin ja die Erklärung von umgebungsbedingten Krankheitshäufungen als essentielle Voraussetzung für effizienteres Präventionsverhalten auf kollektiver Ebene erkannt hatte (Prausnitz 1901, S. 1).

Aus solchen Erwägungen heraus forderte der Internist Maximilian Sternberg bereits 1908, ein Fach »Soziale Medizin als besondere[n] Unterrichtsgegenstand« an der Universität Wien zu verankern (Sternberg 1908) - ein Postulat, das schon im Jahr darauf mit der Verleihung einer Dozentur für »Soziale Medizin« an Ludwig Teleky einer Realisierung näher rückte. Ein nachhaltiger Erfolg stellte sich aber nicht ein; Teleky, enttäuscht von den v.a. nach dem Ersten Weltkrieg nur mehr mäßigen Umsetzungsmöglichkeiten seiner vielfältigen Reformvorhaben, ging 1921 zum Aufbau einer staatlichen gewerbehygienischen Aufsicht nach Düsseldorf, wo er auch die Leitung einer sozialhygienischen Akademie übernahm (Teleky 1977).

Auch Max (von) Gruber (1853–1927), von 1884 bis 1887 der erste Inhaber eines Lehrstuhls für »Hygiene« an der Universität Graz und danach Leiter des Hygiene-Instituts in Wien, befasste sich mit sozialen Fragen - weit weniger systematisch als Teleky, aber doch stärker als etwa Arthur Schattenfroh, sein Nachfolger in Wien, als er selbst 1902 als Nachfolger Pettenkofers nach München wechselte. Der 1908 als »Ritter von Gruber« in den bayerischen Personaladel erhobene Österreicher fungierte ab 1910 auch als Vorsitzender der Deutschen Gesellschaft für Rassenhygiene und widmete sich u.a. eugenischen Fragen. Grubers Werk wurde nach 1900 weithin rezipiert. Große Popularität erlangte insbesondere sein erstmalig 1903 veröffentlichtes Büchlein *Hygiene des*

Geschlechtslebens, von dem in der ersten Hälfte des 20. Jahrhunderts mehr als 300.000 Exemplare verkauft wurden (Flamm 2012, S. 62).

Das Konzept von »Hygiene«, das Gruber in dieser Schrift vertrat, steht im Kontext des um 1900 so virulenten biologistischen Paradigmas in den Wissenschaften vom Menschen. Das Voranschreiten »menschlichen« Glücks war nach dieser Denktradition am besten durch bewusste Auslese sicherzustellen – also durch die systematische Förderung der Fortpflanzung vermeintlich »höherwertiger« Individuen sowie umgekehrt die Beschränkung oder Verhinderung der Zeugung von Nachkommen durch vermeintlich »Minderwertige«. Gruber bringt den Wunsch, über eine Optimierung der Individuen auch eine »ideale« Gesellschaft zu schaffen, prägnant zum Ausdruck: »Es kann keinem Zweifel unterliegen, daß, wenn wir unter uns in ähnlich sorgfältiger Weise Zuchtwahl treiben würden [wie in der Tierhaltung], binnen weniger Generationen Menschenstämme erzeugt werden könnten, die alles, was es bisher von Menschen gegeben hat, an Schönheit, Kraft und Tüchtigkeit weit hinter sich lassen würden. An nichts kranken die menschlichen Zustände so sehr, als daß zu viele Minderwertige, Dumme, Schwache, Faule, Gesellschaftsfeindliche erzeugt werden und viel zu wenige Vollwertige, Gescheute [sic!], Starke, Strebsame, Gemeinsinnige, Gewissenhafte!« (Gruber 1903, S. 21)

Als ein tragischer Treppenwitz der so unheilvollen Geschichte der Rassenlehren sei erwähnt, dass der damalige »Jungpolitiker« Hitler 1923 bei dem arrivierten Mediziner Gruber, der selbst im Sinne eines rabiaten Deutschnationalismus politisch hoch aktiv war, auf massive Ablehnung stieß – und zwar auf Basis u.a. einer »rassentypologischen« Beurteilung. Gruber betrachtete Hitler als »wahnwitzig Erregten« und Demagogen, der nötigenfalls »rasch mit Waffengewalt unschädlich« zu machen sei (Kudlien 1982, S. 379–383). Dabei war es gerade der Nationalsozialismus, der sich bald darauf anschickte, Grubers resigniert klingendes Resümee zum Thema der staatlich gelenkten Zuchtwahl – »Zwangsweise läßt sich auf absehbare Zeit die Züchtung einer edlen Menschenrasse nicht durchführen« (Gruber 1903, S. 21) – obsolet machen zu wollen.

Sozio-kulturelle Komponenten des Themas tauchen in Grubers *Hygiene des Geschlechtslebens* eher nur am Rande auf, werden aber teils pointiert angesprochen. Der Autor, dessen Frauenbild denkbar patriarchalisch war – die »sog. Frauenemanzipation« galt ihm schon deswegen als verderblich, weil sie einen Rückgang der Fruchtbarkeit nach sich ziehen werde (ebd., S. 104) –, dachte nicht immer androzentrisch. So sah er etwa die sexuelle Komponente der Ehe, zumal was die »geschlechtliche Erregung der Frau« betraf, als von seinen Zeitgenossen zu Unrecht vernachlässigt an. Ebenso wie die Erregung des Mannes solle jene der Frau »durch den Eintritt des Orgasmus beim Geschlechtsakt voll befriedigt und gelöst« werden – aus gesundheitlichen Gründen ebenso wie als Beitrag zu einer glücklichen sozialen Beziehung der Ehepartner zueinander (ebd., S. 60f.).

Gruber erkannte durchaus auch jene psychophysischen Probleme, welche sich aus den um 1900 immer noch stark eingeschränkten Heiratsmöglichkeiten für jüngere Erwachsene aus den unteren und mittleren Schichten ergaben: Für Erwachsene, zumal

»gesunde«, sei der Koitus »naturgemäß«, während dessen dauerhaftes Ausbleiben, wie Gruber zu bedenken gibt, zu »Beunruhigungen« führen könne. Jedoch sei ein solcher Triebverzicht – im Gegensatz etwa zu sexueller Unmäßigkeit – auch langfristig nicht gesundheitsgefährdend, betont Gruber in offenkundig kalmierender Absicht (ebd., S. 48–59). Er vertritt somit einen gesellschaftspolitisch konservativen Standpunkt. Dies wird auch daran deutlich, dass er noch unverheirateten Lesern seines Buches (an Leserinnen dachte der Autor nicht), die nicht willens sind, noch viel länger auf Geschlechtsverkehr zu verzichten, Folgendes rät: Sie sollten rascher eine Ehe eingehen und »mit einem bescheidenen Haushalte zufrieden sein«, statt einem Hang nach »trägem Wohlleben« nachzugeben oder aber in »überspannte[m] Ehrgeiz« ihre ökonomische Lage noch vor einer Eheschließung verbessern zu wollen. Denn dadurch würden sie diese hinauszögern und sich in der Zwischenzeit womöglich außerehelich sexuell betätigen, was der Autor definitiv als unverantwortlich ablehnte (ebd., S. 107f.). Grubers Entwurf einer medizinisch und moralisch »einwandfreien« Sexualität war in manchen anderen Punkten durchaus fortschrittlicher als die von den christlichen Kirchen oder vielen Medizinern vertretene Sexualmoral. Dies gilt etwa für die eher unaufgeregte Behandlung der Onanie-Frage – »[m]äßig getriebenes Masturbieren ist für den Geschlechtsreifen wohl ganz unschädlich« (ebd., S. 78) – ebenso wie für die Beurteilung der Empfängnisverhütung bei Ehepaaren mit vielen Kindern und beschränkten ökonomischen Mitteln: sie befand der Autor nämlich als »sittlich« akzeptabel (ebd., S. 75). Die voluntaristische und populäre Ausrichtung der *Hygiene des Geschlechtslebens* ließ zwar kaum Raum für eingehendere, genuin sozialwissenschaftliche Argumentationen, aber das Buch zeigt eine enge Verquickung somatologischer Argumentationen mit solchen psychologischer, kultureller, sozialstruktureller und ethischer Art.

Der Hygieniker Wilhelm Prausnitz (1861–1933) stellt hinsichtlich der Migrationsrichtung gleichsam das Gegenbeispiel zu Gruber dar, handelt es sich bei ihm doch um einen in Deutschland geborenen – und u.a. in München bei Pettenkofer ausgebildeten – Arzt, der 1893 in Graz die Nachfolge Grubers antrat. Prausnitz leitete das Grazer Hygiene-Institut fast 40 Jahre lang – bis 1932 – und war 1906 der erste Mediziner in der Habsburgermonarchie, dem es gelang, an einer Universität eine »bakteriologische Untersuchungsstelle« zu etablieren (Kernbauer 2007, S. 442). In seiner erstmalig 1892 erschienenen, in den Folgeauflagen bis 1916 schon auf einen Umfang von über 700 Seiten erweiterten Monographie *Gründzüge der Hygiene* – sie avancierte bald zu einem Standardwerk –, setzte sich der Autor mit einem denkbar breiten Spektrum an Themen auseinander, die für das Ziel der Krankheitsprävention und Gesundheitsförderung bedeutsam erschienen.

Die Auflage von 1901 enthält Kapitel zu Mikroorganismen, Luft, Kleidung, Bädern, Boden, Wasser, Wohnung, Heizung, Ventilation, Beleuchtung, Abfallstoffen, Leichenbestattung, Krankenhäusern, Schulen, Ernährung (einschließlich Genussmittel), Infektionskrankheiten sowie Gewerbehygiene (Prausnitz 1901). In ihren epidemiologischen

Auswirkungen haben all diese Themen eminente gesellschaftliche Relevanz, wie der Autor selbst deutlich macht; auch manche sozialwissenschaftliche Erklärungsansätze sind in seiner Darstellung anzufinden. So beleuchtet Prausnitz beispielsweise die gesundheitlich meist ungünstigen – weil beengten, unzureichende Belüftung und Lichteinfall bietenden – Wohnverhältnisse in den städtischen Arbeiterquartieren nicht nur im Hinblick auf etwaige technische Verbesserungsmöglichkeiten, sondern problematisiert auch ihr Entstehen im Kontext eines damals gesetzlich noch wenig eingeschränkten Profitmaximierungsstrebens »von Bauspekulanten […], denen nur daran liegt, den Bauplatz so viel wie möglich auszunützen, Häuser mit möglichst viel bewohnbaren Räumen aufzuführen, damit diese später […] zu hohem Preise verkauft werden können.« (Ebd., S. 204)

Den Hauptteil des Handbuchs bilden zwar auf praktische Verbesserungsmöglichkeiten ausgerichtete Darlegungen technischer und biologisch-medizinischer Natur; diese werden aber stets hinsichtlich ihrer politischen, ökonomischen und soziokulturellen Vorbedingungen kontextualisiert. So setzt sich Prausnitz etwa mit den aufgrund ihrer begrenzten finanziellen Ressourcen beschränkten Möglichkeiten der Industriearbeiter zur »Körperhygiene« auseinander, die aber gerade für deren Gesunderhaltung besonders wichtig war. Öffentliche Schwimmbäder oder gar häusliche Wannenbäder konnten aufgrund der hohen Kosten nicht im ausreichenden Maß genutzt werden. Als effizientes Surrogat empfiehlt Prausnitz kostengünstige »Brause- oder Duschbäder« mit Warm- und Kaltwasser, am besten direkt bei den Fabriken - was um 1900 eine technische ebenso wie eine organisatorische Innovation bedeutete (ebd., S. 148). Immer dann, wenn »es nicht in dem Belieben des Einzelnen steht, seine Nahrung zu wählen«, bestehe auch die »Pflicht« für die Behörden bzw. die Arbeitgeber, für bestmögliche Ernährung zu sorgen und die Lebensmittelversorgung dementsprechend rational zu planen (ebd., S. 426f.). Die Nahrungsmittelhygiene stellte neben der Wohnungshygiene überhaupt einen von Prausnitz' Arbeitsschwerpunkten dar. Das um 1900 viel diskutierte Thema des Alkoholmissbrauchs analysiert er im Kontext des ökonomischen Drucks: »Der Alkohol soll […] [nach populärer Auffassung] zur Arbeit anregen, wenn die Kräfte erschöpft sind. Die Fähigkeit kommt ihm sicherlich zu, es ist nur die Frage, ob diese Wirkung, wenn sie regelmässig hervorgerufen wird, für den Körper günstig ist. […] [Da] es für den erschöpften Organismus jedenfalls besser ist, wenn er ausruht, so wird man es keinesfalls für richtig erklären, durch chronische Zuführung von Reizmitteln ihn über Gebühr anzustrengen.« (Ebd., S. 444) Diesen Punkt betreffend verweist das Handbuch – offenbar um einem bestehenden Begründungsbedarf Rechnung zu tragen – auch eingehender als sonst auf statistische Untersuchungen, welche die niedrigere Mortalität von abstinent lebenden Personen belegen. Besprochen wird weiters auch die ökologische »Gefährdung der Umgebung durch Gewerbebetriebe« (ebd., S. 530–533).

Die im Handbuch über die *Grundzüge der Hygiene* präsentierten Lösungsansätze zur Beseitigung oder Verringerung von kollektiven Krankheitsrisiken sind vorwiegend biologisch-technischer Art. Dass »Hygiene« aber insgesamt auf gesellschaftlichen Grundlagen beruht, namentlich auf der sozialen Formung ihrer allgemeinen Ziele wie ihrer praktischen Anwendungen, macht Prausnitz in der Einleitung zu seinem Werk deutlich. Dort positioniert er sich auch gegen sozialdarwinistisch motivierte Einwände (er nennt namentlich Herbert Spencer), wonach »durch die Hygiene gerade den schwächlicheren Individuen genützt werde«. Dies sei schon allein deshalb »nicht stichhaltig«, weil »die durch die heutige Hygiene mehr und mehr zurückgedrängten Epidemien« »kräftige Individuen« ebenso dahinrafften »wie die zarteren Personen«. Außerdem könne eine gut entwickelte Hygiene auch konstitutionell schwächeren Personen helfen, volle Leistungsfähigkeit zu entwickeln (ebd., S. 7f.).

Finden sich bei Gruber und Prausnitz gesellschaftliche – d. h. politische, ökonomische, rechtliche und kulturelle – Aspekte neben solchen naturwissenschaftlich-technischer Art je nach der behandelten Thematik mitberücksichtigt, so stellen soziale Fragestellungen in den Werken Ludwig Telekys (1872–1957) einen integralen Bestandteil, ja ein zentrales Thema dar, sodass bei ihm eine genuin medizinsoziologische Perspektive erkennbar wird. Wie eingangs erwähnt, war Teleky, der auch umfassende somatologische Forschungsarbeiten durchführte, der erste Mediziner überhaupt, der eine Dozentur für »Soziale Medizin« erhielt, und zwar 1909 an der Universität Wien (in Berlin erlangte Alfred Grotjahn 1912 die Dozentur für »Soziale Hygiene«). Eine universitäre Anstellung bzw. ein festes Einkommen waren damit freilich nicht verbunden. Dennoch entfaltete Teleky eine geradezu atemberaubende Aktivität als Sozialmediziner, sowohl in praktischer wie auch in publizistischer Hinsicht: Für den Zeitraum zwischen 1900 und 1918 verzeichnet eine rezente (und sehr umfassende, jedoch ausdrücklich unvollständige und leider auch nicht immer exakte) Bibliographie acht Monographien, sechs Herausgeberschaften, neun Beiträge zu Sammelbänden, 68 (!) Zeitschriftenaufsätze sowie etliche Zeitungsartikel (Höcker 2013).

Ein zentrales Arbeitsgebiet Telekys (der damals übrigens auch Hausarzt von Viktor Adler war) lag, seiner sozialdemokratischen Weltanschauung entsprechend, in der Gewerbe- und Industriehygiene, wobei er sich u. a. umfassend mit den damals vorhandenen – und von ihm mit Recht als unzureichend und dringend verbesserungsbedürftig betrachteten - gesetzlichen Arbeiterschutzbestimmungen auseinandersetzte. Teleky machte in diesem Zusammenhang auch konkret auf das Ungleichgewicht der Machtverhältnisse und die divergierenden Interessen von Unternehmern und Arbeitnehmern gerade auf lokaler Ebene aufmerksam, die dazu führten, dass einschlägige Gesetze und Verordnungen von Gerichten und Behörden meist zu Gunsten der Fabrikanten ausgelegt wurden. Sofern die staatlichen Regulierungen in der praktischen Umsetzung einen gewissen Anwendungsspielraum ließen, war man immer wieder bestrebt, die Unternehmer vor zusätzlichen finanziellen Aufwänden für einen als nachrangig betrachteten Gesundheitsschutz der Arbeiter zu bewahren (Teleky 1906; vgl. Milles 2013a).

Die oftmals entsetzlichen gesundheitlichen Folgen dieser Missachtung der an sich schon garantierten elementaren Rechte von Arbeiterinnen und Arbeitern im damaligen Österreich untersuchte Teleky für zahlreiche Berufssparten im Hinblick auf die in ihnen jeweils spezifisch auftretenden Belastungen mit Toxinen (Milles/Hien 2013, bes. S. 113–192). Besonders intensiv setzte sich der Sozialmediziner mit dem – später völlig verschwundenen – Phänomen der Phosphornekrose des Kiefers und des Schädels auseinander. Deren Verursachung durch die Verwendung einer speziellen, kostengünstig produzierbaren Phosphorvariante in der Zündholzproduktion war Medizinern schon seit den 1840er Jahren (!) bekannt. Dennoch waren auf dem Gebiet der Habsburgermonarchie bis nach 1900 staatlicherseits keine wirksamen Maßnahmen gegen diese Vergiftungen ergriffen worden.

Auf Basis eigener Erhebungen in den Arbeitervierteln Wiens widerlegte Teleky 1907 in einer monographischen Studie die in der damals bereits öffentlich geführten Debatte um Gesundheitsschäden durch den »weißen Phosphor« besonders von Unternehmerseite vorgebrachte Behauptung, mit einer Verordnung von 1885 habe sich das Problem bereits erledigt: Teleky konnte über 200 schwere derartige Krankheitsfälle alleine im Wiener Raum nachweisen (Teleky 1907a). Hierbei griff er nicht nur auf medizinische und chemische Erkenntnisse zurück, sondern setzte auch Methoden ein, die für die entstehenden Sozialwissenschaften grundlegend waren: von der Statistik, die in der Medizin um 1900 als epidemiologischer Ansatz auch sonst schon Verbreitung gefunden hatte, bis hin zur - damals sehr innovativen – Fragebogenerhebung unter Einsatz von »peers« zur Eruierung und Rekrutierung von Betroffenen. Teleky wies in einem Zeitschriftenbeitrag bereits 1906 ausdrücklich darauf hin, dass nur so eine Chance bestand, das volle Ausmaß des Problems sichtbar zu machen, da man sich aufgrund der entgegengesetzten Interessenlage weder von den zuständigen Behörden, noch von der Ärzteschaft, und erst recht natürlich nicht von den Zündholzfabrikanten verlässliche Auskünfte erwarten konnte (Teleky 1906, S. 1063).

Zur Rolle der Betriebs-, aber auch der Spitals- und Hausärzte bei der Frage der Konstatierung von berufsbedingten Erkrankungen von Arbeitern stellt Teleky eine sehr präzise, im engeren Sinn medizinsoziologische Beobachtung an, welche die oft unterschwellig wirkenden, ökonomisch geprägten Machtverhältnisse in den lokalen Lebenswelten ins Kalkül zieht:

»Jeder praktische Arzt […] ist von seiner Umgebung abhängig. Auch wenn er vom Staate für diese Überwachung der Fabriken […] angestellt würde«, würde er es doch aus Eigeninteresse »vermeiden müssen, durch Anzeige an die Gewerbebehörden es sich mit dem Fabrikanten (und seinem Anhang in dem betreffenden Orte) sowie auch mit den Arbeitern – die ja in manchen Gegenden die Notwendigkeit des ärztlichen Vorgehens nicht immer einsehen würden – zu verderben. Je größer die Fabrik, je angesehener und einflussreicher die Stellung des Fabrikanten in seiner Gegend ist, desto mehr wird sich der praktizierende Arzt – mag er auch nicht vom Fabrikanten als Fabriksarzt […] bezahlt werden – hüten, durch wirkliche Kontrolle und Anzeigen dem Fabrikanten unangenehm zu werden.« (Teleky 1907a, S. 125)

Telekys unermüdlicher Einsatz für die selbst noch kaum über eine öffentlich wahrnehmbare Stimme verfügenden städtischen Unterschichten trug zu einer intensiveren Befassung der Behörden und des Parlaments mit den eklatanten Missständen in der österreichischen Zündholzproduktion bei. Obwohl mit dem »roten Phosphor« eine – allerdings etwas teurere und aus Unternehmersicht daher nachteilige – Alternative verfügbar war, und obwohl die »Internationale Vereinigung für Gesetzlichen Arbeitsschutz« (ein zwischenstaatliches Gremium, zu welchem auch die Habsburgermonarchie Vertreter entsandte) bereits 1906 ein »Übereinkommen zur Unterdrückung der Verwendung von Weißphosphor bei der Streichholzproduktion« beschlossen hatte, führte hinhaltender Widerstand der ökonomisch Interessierten dazu, dass das entsprechende nationale Gesetz hierzulande erst 1909 erlassen und 1912 (!) umgesetzt wurde (Milles/Hien 2013, S. 119, Püringer 2014, S. 26f.)

Im Zusammenhang mit solchen Problemen setzte sich Teleky u.a. auch mit den Potentialen der gewerkschaftlichen Arbeiterorganisationen bei der Durchsetzung der gesundheitspolitischen Interessen ihrer Mitglieder auseinander (Teleky 1907b; Milles 2013a, S. 34–38). Ein weiterer Arbeitsschwerpunkt dieses frühen Sozialmediziners, gerade in den Jahren vor 1918, war die Epidemiologie, Prävention und Therapie der »Volkskrankheit« Tuberkulose. Hinsichtlich der städtischen »Assanierung« setzte Teleky in besonderem Maße auf Informationskampagnen, um letztlich die von den städtischen Gesundheitsgefährdungen vorrangig betroffenen Personen aus den unteren sozialen Schichten, zunächst aber die mit ihnen täglich in Erziehungs-, Beratungs- und Gesundheitsberufen (Krankenschwestern, Fürsorgerinnen u.a.) befassten Personen zu eigenständigem, kompetentem Gesundheitshandeln auf Basis des modernen hygienischen Wissens sowie zu dessen Weitergabe in regelmäßig auftretenden sozialen Interaktionssituationen zu ermächtigen (Teleky 1917; Milles 2013a, S. 55–74).

Auch für die Praxis der Hygiene strebte Teleky also danach, sozialwissenschaftliche Einsichten nutzbar zu machen - in diesem Fall somit v.a. die grundlegende Erkenntnis, dass ein starkes soziokulturelles Gefälle zwischen den an einer Kommunikationssituation beteiligten Akteuren die Effektivität der Vermittlung sachlicher Informationen erheblich beeinträchtigen kann, da mikrosozial häufig ein stratozentrischer Mechanismus der Selbst-Segregation nach Kriterien der Schichtzugehörigkeit in besonderem Maße wirksam ist (weil man eben lieber »unter sich« bleibt).

Im Jahr 1912 veröffentlichte Teleky eine umfassende Studie zur »gewerblichen Quecksilbervergiftung«, was allein schon deshalb erwähnenswert ist, weil das damals österreichische Idria (heute slowenisch Idrija), wo er 1910 seine Untersuchungen anstellte, zu den »größten Quecksilber-Gewinnungsstätten der Welt« zählte (Teleky 1912; Milles/Hien 2013, S. 135). Obwohl die Produktion dementsprechend mit enormen ökonomischen Interessen verbunden war, publizierte Teleky die niederschmetternden Ergebnisse seiner u.a. mit statistisch-epidemiologischen Methoden durchgeführten Analysen ohne jede Beschönigung: »Wir sehen also […] eine ganz exorbitante Häufigkeit der Erkrankungen an Tuberkulose bei den Arbeitern Idrias. Ebenso verhält es sich mit der Zahl der Tuberkulosetodesfälle (auf 1000 Arbeiter) in Idria 5,21‰ [versus] im Gesamtdurchschnitt aller Berg- und Hüttenarbeiter (nach Rosenfeld) 2,34‰ […]« (Teleky 1912, S. 66). Auch bei diesen Untersuchungen führte Teleky Befragungen durch und stellte persönlich Beobachtungen vor Ort an, und zwar sowohl im Bergwerk in Idria als auch in verschiedenen Industriebetrieben, in denen Quecksilber im Produktionsprozess zum Einsatz kam. Ebenfalls noch in die Phase von Telekys Wirken in Österreich fallen schließlich seine Bemühungen, auf die Sozialversicherungs-Gesetzgebung im Sinne des Arbeitnehmerschutzes Einfluss zu nehmen (Teleky 1909a; Milles 2013b, S. 204–221).

Wie eingangs erwähnt, sah sich Teleky nach dem Ende des Ersten Weltkrieges veranlasst, ein Angebot der preußischen Landesregierung anzunehmen, im Rheinland als »Landesgewerbearzt« tätig zu werden (Wulf 2001, S. 380; Milles 2013b, S. 224f.). In dieser Position setzte er seine hygienischen und sozialmedizinischen Forschungen fort, wobei er seine bisherigen Arbeitsschwerpunkte beibehielt, diese aber auch auf neue Betätigungsfelder erweiterte; als medizinsoziologisch bedeutsam erscheint hier v.a. die Etablierung einer verlässlichen und aussagekräftigen Krankenkassenstatistik (Milles 2013b, S. 232–239).

Wie konsequent Teleky – der schon in seinem Studium neben medizinischen auch nationalökonomische und statistische Vorlesungen besucht hatte – danach strebte, die somatologische Perspektive in der Medizin zum Nutzen von Forschung und Praxis durch eine soziologische zu ergänzen, sei abschließend noch mit einem programmatischen Zitat aus seiner 1909 an der Universität Wien gehaltenen Antrittsvorlesung veranschaulicht: »Die soziale Medizin ist das Grenzgebiet zwischen den medizinischen Wissenschaften und den Sozialwissenschaften. Sie hat die Einwirkung gegebener sozialer und beruflicher Verhältnisse auf die Gesundheitsverhältnisse festzustellen, und anzugeben, wie durch Maßnahmen sanitärer und sozialer Natur derartige schädigende Einwirkungen nach Möglichkeit behoben oder gemildert werden können. Ihre Aufgabe ist es auch, anzugeben, wie die Errungenschaften der individuellen Hygiene und der klinischen Medizin jenen zugänglich gemacht werden können, die einzeln und aus eigenen Mitteln nicht imstande sind, sich diese Errungenschaften zunutze zu machen. […] Auch die Wandlungen in der Stellung des Ärztestandes […] hat sie zu studieren.« (Teleky 1909a)

Flamm, Heinz (2012): *Die Geschichte der Staatsarzneikunde, Hygiene, Medizinischen Mikrobiologie, Sozialmedizin und Tierseuchenlehre in Österreich und ihre Vertreter*, Wien: Verlag der Österreichischen Akademie der Wissenschaften.

Gruber, Max (1903): *Hygiene des Geschlechtslebens* (= Bücherei der Gesundheitspflege 13), Stuttgart: Moritz.

– (1905): *Die Prostitution vom Standpunkte der Sozialhygiene aus betrachtet*, Wien: Deuticke.

– (1909): *Wohnungsnot und Wohnungsreform in München*, München: Reinhardt.

– /Max Rubner/Martin P. Ficker (Hgg.) (1911–27): *Handbuch der Hygiene*, 9 Bde., Leipzig: Hirzel.
– (1914): *Ursachen und Bekämpfung des Geburtenrückgangs im Deutschen Reich*, München: Lehmann.
Heinzelmann, Wilfried (2009): *Sozialhygiene als Gesundheitswissenschaft. Die deutsch/deutsch-jüdische Avantgarde 1897–1933*, Bielefeld: transcript.
Höcker, Herrad (2013): Ludwig Teleky – ausgewählte Bibliographie. In: ÖGA 2013, S. 385–410.
Kernbauer, Alois (2007): Große Grazer Mediziner und Biochemiker. In: Karl Acham (Hg.), *Kunst und Wissenschaft aus Graz*, Bd. 1: *Naturwissenschaft, Medizin und Technik aus Graz. Entdeckungen und Erfindungen aus fünf Jahrhunderten: vom »Mysterium cosmographicum« bis zur direkten Hirn-Computer-Kommunikation*, Wien u.a.: Böhlau, S. 425–450.
Kudlien, Fridolf (1982): Max v. Gruber und die frühe Hitlerbewegung. In: *Medizinhistorisches Journal* 17, S. 373–389.
Milles, Dietrich (2013a): Gesundheitliche Gefährdungen und Aufgaben in der Industriegesellschaft. In: ÖGA 2013, S. 17–112.
– (2013b): Professionelle, kompetente und institutionelle Aufgaben. In: ÖGA 2013, S. 193–280.
– (2013c): Das Konzept einer Sozialen Medizin. In: ÖGA 2013, S. 331–364.
– /Wolfgang Hien (2013): Arbeitsbedingte Risiken und Erkrankungen. In: ÖGA 2013, S. 113–192.
ÖGA [Österreichische Gesellschaft für Arbeitsmedizin] (Hg.) (2013): *Industriegesellschaft, Gesundheit und medizinischer Fortschritt. Einsichten und Erfahrungen des Arbeits- und Sozialmediziners Ludwig Teleky*, Wien: Verlag Österreich.
Prausnitz, Wilhelm (1893): *Über die Kost in Krankenhäusern mit besonderer Berücksichtigung der Münchener Verhältnisse*, München: Lehmann.
– (1901): *Grundzüge der Hygiene. Unter Berücksichtigung der Gesetzgebung des Deutschen Reichs und Österreichs* [1892], 5. Aufl., München: Lehmann.
– /Hans Hammerl et al. (1906): *Sozialhygienische und bakteriologische Studien über die Sterblichkeit der Säuglinge an Magendarmerkrankungen und ihre Bekämpfung*, München: Lehmann.
– (1911): Wohnungshygiene. In: Max von Gruber/Max Rubner/Martin P. Ficker (Hgg.), *Handbuch der Hygiene*, Bd. 2/1. Abt., Leipzig: Hirzel, S. 105–140.
Püringer, Joe (2014): Die Entwicklung des Arbeitsrechtes in Österreich. In: AUVA [Allgemeine Unfallversicherungsanstalt] (Hg.), *Ausbildung zur Sicherheitsfachkraft*, Bd. 1, Wien: AUVA, S. 27–104.
Sternberg, Max (1908): Die sociale Medizin als besonderer Unterrichtsgegenstand. In: *Wiener klinische Wochenschrift* 21/42, S. 1454–1455.
Teleky, Ludwig (1906): Gesetzliche Bestimmungen über den Gesundheitsschutz der Arbeiter in Gewerbebetrieben. In: *Österreichisches Jahrbuch der Arbeiterversicherung* 1, S. 78–86.
– (1907a): *Die Phosphornekrose. Ihre Verbreitung in Österreich und deren Ursachen*, Wien: Deuticke.
– (1907b): Gewerkschaften und Gewerbehygiene. In: *Der Kampf. Sozialdemokratische Monatsschrift* 1/2, S. 80–83.
– (1909a): Der Gesetzesentwurf über die Sozialversicherung vom Standpunkte sozialer Medizin. In: *Wiener Klinische Wochenschrift* 22/11-14, S. 382–384, 419–423, 461–463, 497–499.
– (1909b): Die Aufgaben und Ziele der sozialen Medizin. In *Wiener Klinische Wochenschrift* 22/37, S. 1257–1263.
– (1912): *Die gewerbliche Quecksilbervergiftung. Dargestellt auf Grund von Untersuchungen in Österreich*, Berlin: Seydel.

– (1917): *Grundzüge der sozialen Fürsorge in der öffentlichen Gesundheitspflege. Ein Lehr- und Nachschlagebuch für österreichische Krankenpflegerinnen*, Leipzig/Wien: Hölder.

– (1948): *History of Factory and Mine Hygiene*, New York: Columbia University Press.

– (1950): *Die Entwicklung der Gesundheitsfürsorge. Deutschland – England – USA*, Berlin u.a.: Springer.

– (1977): Geschichtliches, Biographisches und Autobiographisches. In: Erna Lesky (Hg.), *Sozialmedizin. Entwicklung und Selbstverständnis*, Darmstadt: WBG. Erstmals in: *Ärztliche Wochenschrift* 10/5 (1955), S. 112–116.

Vasold, Manfred (2008): *Grippe, Pest und Cholera. Eine Geschichte der Seuchen in Europa*, Stuttgart: Franz Steiner.

Wulf, Andreas (2001): *Der Sozialmediziner Ludwig Teleky (1872–1957) und die Entwicklung der Gewerbehygiene zur Arbeitsmedizin*, Frankfurt a.M.: Mabuse.

Weiterführende Literatur

Dietrich-Daum, Elisabeth (2007): *Die »Wiener Krankheit«. Eine Sozialgeschichte der Tuberkulose in Österreich*, Wien/München: Verlag für Geschichte und Politik/Oldenbourg.

Fischer, Isidor (1962): *Biographisches Lexikon der hervorragenden Ärzte der letzten fünfzig Jahre* [1932/33], München/Wien: Urban & Schwarzenberg.

Frank, Otto (1928): *Max von Gruber. Festrede gehalten in der öffentlichen Sitzung der Bayerischen Akademie der Wissenschaften am 4.7.1928*, München: Bayerische Akademie der Wissenschaften.

Möse, Josef (1977): 70 Jahre öffentliche bakteriologisch-serologische Untersuchungsstelle am Hygiene-Institut der Universität Graz. In: Ders./Hermann Wiesflecker/Walter Höflechner (Hgg.), *Die Universität Graz. Jubiläumsband 1827–1977*, Graz: Akademische Druck- und Verlagsanstalt, S. 99–104.

Weindling, Paul (1993): *Health, Race and German Politics between National Unification and Nazism, 1870–1945*, New York: Cambridge University Press.

Weingart, Peter/Jürgen Kroll/Kurt Bayertz (2001): *Rasse, Blut und Gene. Geschichte der Eugenik und Rassenhygiene in Deutschland*, Frankfurt a.M.: Suhrkamp.

Carlos Watzka

VI. Historische Soziologie und Kultursoziologie

Ludwig Stein – Sozialphilosophie und Kultursoziologie

Die von Ludwig Stein (1859–1930) in seinem Œuvre angeschnittenen Themenbereiche umfassen ein weites Feld von der Philosophie- und Religionsgeschichte über die Sozialphilosophie und Sozialpolitik bis zur Kulturphilosophie und Kultursoziologie. In diesem Beitrag sollen Steins Betrachtungen zu den vier letztgenannten Problemkreisen nachgezeichnet werden.

Steins Sozialphilosophie verfolgt das Ziel, eine historisch-politische Alternative zu dem als überholt angesehenen feudalistischen System und dem als funktionsuntüchtig und ungerecht empfundenen liberalistischen Kapitalismus aufzuzeigen. Die Kernfrage, die sich Stein bei der Entwicklung seines Gesellschaftsmodells stellt, ist die, wie sich der nötige soziale Zusammenhalt erzeugen ließe: Wie können die Motivationen und Interessen politisch eigenständiger Bürger in der Moderne miteinander so in Einklang gebracht werden, dass ein friedliches Zusammenwirken der Menschen möglich wird? (Vgl. Stein 1903, S. 349) Um die Konfliktpotentiale und zugleich auch die Lösungsmöglichkeiten aufzuzeigen, bedient sich Stein der Begriffspaare Gesellschaft und Staat – beide versteht er als »regelnde Formen menschlichen Zusammenlebens« (ebd., S. 414) – bzw. Individuum und Gattung. Diese Unterscheidung weist eine gewisse Ähnlichkeit zu der von Ferdinand Tönnies vorgenommenen Gegenüberstellung der Begriffe bzw. der historischen Epochen der Gemeinschaft und der Gesellschaft auf (vgl. Tönnies 1887). Der »Gesellschaft« schreibt Stein die Prävalenz individueller Interessen zu, dem Staat hingegen die Fähigkeit, eine »Versöhnung« der individuellen wie der gattungsmäßigen Interessen herbeiführen zu können. Sozialen Ungleichheiten und dadurch bedingten Konflikten wirkt der Staat dabei durch das Prinzip der »ausgleichenden Gerechtigkeit« entgegen (Stein 1903, S. 426). Dieses Ideal entlehnt Stein dem im fünften Buch der *Nikomachischen Ethik* umrissenen Aristotelischen Konzept der »austeilenden und ausgleichenden Gerechtigkeit« (Stein 1905, S. 76) bzw. jenem der »Proportionalität« (Aristoteles 1979, S. 101; 1131a-b), welches zum Imperativ einer »ökonomischen Proportionalität« umgedeutet wird (vgl. Stein 1905, S. 44). Während nach Steins Dafürhalten die Gesellschaft als »eine lockere Struktur menschlichen Zusammenlebens« sich in ständiger Veränderung befindet und als »ein System von Wechselwirkungen« für Dynamik sorgt (Stein 1902, S. 413), schafft der Staat Stabilität und Gleichgewicht. In der Gesellschaft dominieren die Tradition und das Sittenrecht, im Staat das Gesetz und das öffentliche Recht. Indem der Staat aber seinerseits in einem ständigen Rückkoppelungsprozess mit dem Gesellschaftssystem stehe, sei für die Wahrung des Allgemeininteresses gesorgt.

Diese sozialphilosophischen Grundannahmen verbindet Stein mit zeitdiagnostischen Erwägungen. Die wichtigsten dieser Einsichten lassen sich wie folgt zusammenfassen:

1. Gesellschaftliche Imperative verlieren in der Moderne zunehmend an Verbindlichkeit, zugleich werden sie aber zahlreicher und ihr Wirkungskreis vergrößert sich, weil mit der steigenden Kritikbereitschaft der Gesellschaft das Bewusstsein für die Notwendigkeit sozialer Problembewältigungsstrategien wächst. Dies wird von Stein als der Hintergrund des Vordringens der Sozialphilosophie bzw. der politischen Wissenschaft angesehen (vgl. Stein 1903, S. 143, 150).
2. Die gesellschaftliche Entwicklung bringt eine Einschränkung der souveränen Herrschaftsrechte, d.h. eine Abnahme der Herrschaftsausübung von Menschen über Menschen, mit sich (vgl. ebd., S. 431).
3. Ebenso sind die Formen des Autoritätsglaubens im Schwinden begriffen (man erinnere sich demgegenüber an das Hobbes'sche Wort im Leviathan: »Auctoritas, non veritas facit legem«) und es breiten sich sogar Anzeichen einer »Undankbarkeit gegen das Errungene« in immer weiteren Kreisen der Bevölkerung aus (ebd.).
4. Auch der Eigentumsbegriff verändert sich im Sinne einer »formalen Ausweitung und einer psychologischen Verflüchtigung«; am augenfälligsten zeigt sich diese Entwicklung im »unpersönliche[n] Eigentum der Syndikate und Aktiengesellschaften«, in der »Fiktion der juristischen Person« als Eigentümer (Stein 1903, S. 434f.).
5. Die gesellschaftlichen Krisen und Verwerfungen, die Stein zu Beginn des 20. Jahrhunderts wahrnimmt, sind auf die tiefe Kluft zwischen den Einsichten der neuen Zeit und den überlieferten Ideen und Idealen zurückzuführen. Um tauglichen neuen Ideen und Idealen zum Durchbruch zu verhelfen, wird es in einer von der Sozialen Frage beherrschten Zeit vor allem notwendig sein, in den Jugendlichen ein Bewusstsein für die bestehenden gesellschaftlichen Probleme zu wecken (Stein 1905, S. 40).
6. Die gesellschaftliche Entwicklung geht mit einer Demokratisierung der Bildung und der Kultivierung des Intellekts Hand in Hand, was zur Eliminierung der auf Bildung beruhenden Vorrechte führt (vgl. Stein 1899a, S. 25). An anderer Stelle lesen wir jedoch die Voraussage, dass die Moderne die Weltherrschaft der Intellektuellen heraufbeschwört (vgl. ebd., S. 390f.).
7. Für eines der wichtigsten Probleme hält Stein demgemäß die Frage, wie modernen, kritisch denkenden Menschen, die keine Untertanen mehr sein wollen, zur Zusammenarbeit und zur Unterordnung ihrer Interessen unter das Gemeinwohl bewegt werden können (vgl. Stein 1905, S. 66f.).

Ihren Ausgang nimmt Steins Gesellschaftskritik von den unpersönlichen, unübersichtlichen und unkontrollierbaren Eigentumsverhältnissen in einer von Kapitalgesellschaften beherrschten Wirtschaft und den von diesen verursachten Ungleichheitssymptomen. Es gelte, diesem »kapitalistische[n] Kollektivismus« (Stein 1903, S. 440) der Monopole und

Trusts, der angeblich die Kleinunternehmer zu Grunde richten und einen skrupellosen Individualismus herbeiführen würde, Einhalt zu gebieten und einer starken Mittelschicht als »Schutzwall [...] gegen das Lumpenproletariat« auf die Beine zu helfen (vgl. Stein 1903, S. 456).

Zur Ermittlung der moralisch richtigen Werte auf dem Gebiet der Politik, d.h. zur Bestimmung dessen, was als »gerecht« gelten darf, nimmt Stein Anleihe bei Aristoteles und greift auf dessen Begriff der Mesotes (μεσότης) zurück, der vernünftigen, maßvollen Mitte zwischen den Extremen. Demnach kann als gerecht gelten, was sich in der Mitte zwischen Unrecht tun und Unrecht erleiden befindet (vgl. Aristoteles 1979, S. 100 ff; 1131a). Dieses Verfahren wird von Stein durch das von Bentham vertretene utilitaristische Prinzip ergänzt – »Die grösste Glückseligkeit für die grösste Anzahl« (zitiert bei Stein 1903, S. 454; vgl. dazu auch ebd., S. 460f.) –, welches seinerseits in leichter Umwandlung zum Leitfaden der Programmatik des Stein'schen »Rechtssozialismus« erhoben wurde: gegen den Manchesterliberalismus gewandt, verlangt dieser danach zu trachten, mit der geringsten Kraftanwendung die größte Menge an Waren und Leistungen herzustellen (vgl. Stein 1905, S. 103).

Die vom Staat vorzunehmenden Eingriffe in das Wirtschafts- und Gesellschaftsleben fasst Stein unter dem auf den Code Napoléon zurückgehenden Begriff der »Sozialisierung des Rechts« zusammen, worunter er »den rechtlichen Schutz der wirtschaftlich Schwachen, die bewusste Unterordnung der Interessen der einzelnen unter die eines grösseren, gemeinsamen Ganzen« (Stein 1903, S. 466), sowie eine »Zwangserziehung zum Altruismus« versteht, wobei »ein Maximum möglicher Freiheit der Individualität« mit einem »Minimum von Ungleichheit« einhergehen soll (ebd.). Diese Vorstellung richtet sich nicht zuletzt gegen die Sozialdemokratie seiner Zeit, der Stein sowohl die Vernachlässigung der Sorgen der »Landarbeiter« als auch die der »Kopfarbeiter« vorwirft (vgl. ebd., S. 476). Die Kritik an allzu radikalen und einseitigen politischen Konzepten wird zusätzlich noch durch ein Plädoyer für die Berücksichtigung berechtigter konservativer Einwände und die Forderung nach der Institutionalisierung von geeigneten »Hemmungsvorrichtungen« untermauert, welche den Staat vor übereilten und unbedachten Schritten schützen sollen, ohne jedoch die soziale Entwicklung in reaktionärer Weise abzubremsen (vgl. Stein 1905, S. 65).

Stein verwirft die Forderung des Marxismus, in letzter Konsequenz jegliche Lohnarbeit abzuschaffen, teilt aber jene nach dem Normalarbeitstag und der Arbeitspflicht für alle. Darüber hinaus schlägt er eine Verstaatlichung der wichtigsten Rohstoff- und Energiequellen sowie der technischen Erfindungen bei gleichzeitiger Beibehaltung des Privateigentums in anderen (Wirtschafts-)Bereichen, mithin eine »Mischform von Staats- und Planwirtschaft«, vor (ebd., S. 106; vgl. auch S. 91). All diese Maßnahmen sollten schließlich zur Etablierung eines »sozialen« und »solidarisierten Kulturstaat[es]« führen, der in der Zukunft den »Not- und Zwangsstaat« des frühen 20. Jahrhunderts ersetzen müsse (ebd., S. 89).

In seinem zeitgerecht noch im Oktober 1899 erschienenen Buch *An der Wende des Jahrhunderts* erörtert Stein in einer Reihe kleinerer Abhandlungen genuin sozial- und kulturphilosophische Fragen aus einem betont optimistischen und mitunter auch praxisorientierten Blickwinkel. Ein eigener Beitrag ist dabei dem Thema »Wesen und Aufgabe der Soziologie« gewidmet. Die in den zuvor besprochenen Werken auffallend abstrakte Darlegung der Grundsätze der Stein'schen Sozialpolitik fällt hier zumindest ein wenig konkreter aus.

Technik, Wissenschaft und Kunst imaginiert Stein in seinem *Versuch einer Kulturphilosophie* (so der Untertitel der Essaysammlung von 1899) als »Waffen« des westeuropäisch-amerikanischen »Kultursystems« im Kampf um die Erlangung der »Weltherrschaft« (vgl. Stein 1899a, S. 27, 394). Diese martialische Formulierung ist nicht zufällig gewählt, wie die folgende Textstelle belegt: »[W]ir lassen begabte Rassen, wie die Japaner etwa, an unserem Reichtum partizipieren, aber die *Herrschaft*, die *natürliche Suprematie des angesammelten Intellekts*, das uns zukommende Uebergewicht, welches sich in unserer Thatkraft, Unternehmungslust und Gestaltungsfülle äußert, verlangen, ja fordern wir für unser Kultursystem!« (Ebd., S. 28f.) Diese Machtposition erfordere neue planmäßige organisatorische Methoden zur Unterwerfung anderer Kulturkreise, die auf institutioneller Ebene durch die Schaffung eines »Kulturstaatenbundes« umgesetzt werden sollten. Die Bedeutung von Wissen und technischem Know-how in der Moderne begründe eine Weltherrschaft der Intelligenz (vgl. ebd., S. 390f.). Zur Absicherung dieser Suprematie ist nach Steins Ansicht eine politische Pazifizierung der äußeren und der inneren – d.h. vor allem der sozialen – Verhältnisse unerlässlich; eine tragende Rolle komme dabei einer wissenschaftlich angeleiteten Sozialpolitik zu.

Im vorletzten, der »Philosophie des Friedens« gewidmeten Kapitel seines Jahrhundertwende-Buches arbeitet Stein heraus, wie notwendig die Welt einen unter der Patronanz der Kulturstaaten stehenden Frieden brauche. Seiner Meinung nach würde es bei weitem weniger Kriege geben, wenn die Erde zugunsten der führenden Kulturvölker aufgeteilt würde. Nicht der Krieg an sich, sondern lediglich der Kampf und das Konkurrenzstreben lägen in der menschlichen Natur (vgl. ebd., S. 359). In gewissem Widerspruch zu diesem Gedankengang behauptet Stein, dass jede Nation ihr gutes Recht auf eigene Rechts- und Glücksvorstellungen habe und gleichberechtigt am Weltkonzert der Nationen mit ihrem jeweils besonderen Instrument teilnehmen solle (vgl. ebd., S. 385); allerdings gebühre dieses Vorrecht nur den entwickelten Kulturnationen. Als Dirigenten dieses Orchesters wirkten gegenwärtig die germanischen Völker. Ihnen legt er allerdings nahe, den »romantischen Mystizismus« und den »nationalen Größenwahn« in sich zu bekämpfen (ebd., S. 386).

Aristoteles (1979): *Nikomachische Ethik*, übersetzt und kommentiert von Franz Dirlmeiert, 7. Aufl., Berlin: Akademie Verlag.

Stein, Ludwig (1898): *Wesen und Aufgabe der Sociologie. Eine Kritik der organischen Methode in der Sociologie*, Berlin: Georg Reimer.

– (1899a): *An der Wende des Jahrhunderts. Versuch einer Kulturphilosophie*, Tübingen: J.C.B. Mohr.
– (1899b): *Die Philosophie des Friedens*, Berlin: Gebrüder Paetel.
– (1903): *Die soziale Frage im Lichte der Philosophie* [1897], 2., verbesserte Aufl., Stuttgart: Ferdinand Enke.
– (1905): *Der soziale Optimismus*, Jena: Hermann Costenoble.
– (1906): *Die Anfänge der menschlichen Kultur. Einführung in die Soziologie* (= Aus Natur und Geisteswelt. Sammlung wissenschaftlich-gemeinverständlicher Darstellungen, Bd. 93), Leipzig: B.G. Teubner.
Tönnies, Ferdinand (1887): *Gemeinschaft und Gesellschaft. Abhandlung des Communismus und des Socialismus als empirischer Culturformen*, Leipzig: Fues's Verlag (R. Reisland).

Weiterführende Literatur

Kiss, Endre (1988): Zum Porträt Ludwig Steins. In: *Archiv für Geschichte der Philosophie* 70/3, S. 237–244.
Koigen, David et al. (1929): *Festgabe für Ludwig Stein zum siebzigsten Geburtstag* (= Archiv für Systematische Philosophie und Soziologie. Neue Folge der Philosophischen Monatshefte, Bd. 33), Berlin: Carl Heymann.
Lepold, Gusztáv (1903): A szocziologia újabb irányai [Die neueren Richtungen der Soziologie]. In: *Huszadik Század [Das Zwanzigste Jahrhundert]* 4/2, S. 97–112.
Zürcher, Marcus (1995): *Unterbrochene Tradition. Die Anfänge der Soziologie in der Schweiz*, Zürich: Chronos.

Gábor Felkai

Ludo Moritz Hartmann – Historische Soziologie auf naturalistischer Grundlage

Der Althistoriker Ludo (Ludwig) Moritz Hartmann (1865–1924), dessen Forschungsbereich die spätantike und frühmittelalterliche Geschichte im Allgemeinen und jene Italiens im Besonderen war (vgl. Hartmann 1913, 1897–1915), hielt an der Universität Wien auch Vorlesungen über historische Soziologie bzw. über die soziologischen Grundlagen der Historik wie »Einleitung in eine historische Soziologie« (SS 1895 und WS 1903/04), »Einführung in die soziologische Geschichtsbetrachtung« (WS 1906/07), »Soziologische Grundlagen der Politik« (WS 1913/14) und »Historisch-soziologische Zeitfragen« (WS 1914/15). Auch in der auf sechs Vorträgen beruhenden Schrift *Über historische Entwickelung* (Hartmann 1905) widmete sich Hartmann der Verbindung von Geschichte und Soziologie. Die Soziologie verstand er zwar im Sinne von Auguste Comte als auf naturwissenschaftlich-logischen Grundlagen beruhend, aber sie interessierte ihn nicht als Einzelwissenschaft, sondern als eine Methode der historischen Erklärung. Hartmann meinte, dass die Methode der Geschichte nicht einfach auf die quellenkritische Feststellung von Einzeltatsachen reduziert werden dürfe, sondern sich der viel breiteren »soziologischen Methode« bedienen müsse.

In seiner *Einleitung in eine historische Soziologie* – so der Untertitel der Vortragssammlung – berief sich Hartmann auf Einflüsse von Charles Darwin, Ernst Mach, Karl Marx und Karl Bücher und erwähnte auch Pjotr Kropotkin, orientierte sich aber in Bezug auf die Methode der Geschichtswissenschaft vor allem an seinem Lehrer Theodor Mommsen (Hartmann 1905, S. V; vgl. dazu auch ders. 1908). Hartmann teilte auch weitgehend die methodologischen Auffassungen Machs und bekannte sich zu einem naturalistischen Monismus; er lehnte – wie viele andere Sozialwissenschaftler bzw. »Soziologen« der Zeit (vor allem solche, die wie er dem Sozialismus bzw. einer seiner Spielarten nahestanden) – metaphysische Aussagen und die Annahme der Willensfreiheit ab. Geschichte als Einzelwissenschaft dürfe nicht mit metaphysischen »Erklärungen« auf der Grundlage »ewiger Gesetze« arbeiten oder ihre Aussagen auf psychologischen Annahmen über die »menschliche Natur« begründen. Er lehnte auch Erklärungen, die auf die historische Rolle von Genie und Talent hinweisen, ab. Der Verweis auf »psychologische« Faktoren konstituierte für ihn keine Erklärung, weil eine solche menschliches Handeln von der übrigen Natur abgrenze und auf der Annahme eines stets bewussten Willens der Menschen beruhe (Hartmann 1905, S. 8).

In Hartmanns Sicht hängen jene Aspekte, die als »historische« aus der Fülle der Elemente herausgegriffen werden, notwendig mit jenen der organischen oder der anorganischen Natur zusammen. Geschichte als Wissenschaft beschäftigt sich nach seinem Verständnis daher mit einem Ausschnitt aus dem Naturgeschehen. Entsprechend dieser naturalistisch-monistischen Auffassung wies er die Differenzierung in Natur- und Geisteswissenschaften zurück. Die »Ökonomie des Denkens« gebiete die Einheit aller Wissenschaften in Bezug auf die Methode, meinte Hartmann in Anlehnung an Ernst Mach. Er verstand die Geschichte ähnlich wie Henry Thomas Buckle und Karl Lamprecht als gesetzmäßig verlaufenden Prozess. Zwar habe es die Geschichtswissenschaft nicht mit der gleichen strengen Kausalität zu tun wie die Physik, aber für sie seien es die funktionalen Zusammenhänge, die, wie in der Entwicklungslehre grundgelegt, in ihr von Bedeutung sind. Für Hartmann kam daher den materiellen und sozioökonomischen Faktoren eine grundlegende Rolle in der Geschichte zu, denn in ihnen drücken sich Erfolg oder Misserfolg der mit ihnen in einer funktionalen Beziehung stehenden Handlungen aus. Die oft als Erklärung des politischen Geschehens bemühten Ideen, Ideale, Machttriebe etc., sind in seiner Sicht nur »Spiegelungen im Bewusstsein« von objektiven Gegebenheiten und Bedingungen (ebd., S. 30). Der Verweis auf psychische Vorgänge könne nur der Beschreibung dienen, denn die psychologisch darstellbaren Aspekte des Verhaltens seien lediglich Symptome der äußeren Verhältnisse, des Milieus oder der erfahrenen Erziehung und Bildung. Der Vererbung sprach Hartmann zwar eine gewisse Bedeutung nicht ab, er verwarf aber die allgemein verbreitete Annahme angeborener Merkmale, denn wie und was vererbt wird, sei abhängig vom Milieu. Daher wandte er sich auch gegen die Rassentheorie, die er als »irrelevant« und als Konstruktion von »Rassenphantasten« betrachtete (ebd., S. 42).

Historische Erklärungen können nicht auf Ideen oder Doktrinen aufbauen, sondern müssen auf Tatsachen gründen, wie Theodor Mommsen gelehrt habe. Daher dürfen sie sich nicht auf erzählende Quellen, in denen sich die Motive und Denkweisen der Handelnden niederschlagen, beschränken, sondern müssen auch physische Relikte und objektive Fakten berücksichtigen. Die Erzählungen spiegeln zwar die Entwicklung der Denkgewohnheiten wider, aber sie sind nicht so sehr Grundlage als selbst Forschungsobjekt der Geschichtswissenschaft, der »Ideengeschichte«, die aber lediglich eine Abfolge von Anpassungserscheinungen an die äußeren Umstände zur Darstellung bringe.

Die Titel der Kapitel, in welche der Text der Schrift von 1905 unterteilt ist, verweisen auf die naturalistisch-soziologische Betrachtung der Geschichte: »Gesetz und Zufall«, »Entwickelung« und »Fortschritt«. Die meisten Kulturerrungenschaften des Menschen seien zufällig, durch Versuch und Übung, entstanden, meinte Hartmann, und wies auf die Rolle des Zufalls hin, der in der Geschichte ähnlich wirke wie die Variabilität in der Biologie. Daher sei auch das menschliche Verhalten nicht streng vom Verhalten der Tiere zu trennen. Insbesondere jene Handlungen, die als »wirtschaftlich« begriffen werden, entstehen als allmählich durch Zufall, Versuch und Irrtum sich ausbildende Anpassungserscheinungen an die Bedingungen der Umwelt. Das gelte auch für »Bedürfnisse«, die sich ihrerseits den solchermaßen herausentwickelten Möglichkeiten und Notwendigkeiten folgend verändern, genauso wie ja die wirtschaftlichen Institutionen wie Geld, Markt etc. auch. Hartmann kritisierte, dass Institutionen oftmals als »Dinge an sich« behandelt würden, obwohl sie doch bloß von uns gewählte zusammenfassende Begriffe für gewisse regelmäßig auftretende Handlungen und die sich aus ihnen ergebenden Strukturen seien. Er bezog sich dabei auch auf die historische Volkswirtschaftslehre, der er die Annahme des Zufalls zugutehielt, kritisierte jedoch, dass die historischen Ökonomen psychologische Argumente für ihre Darstellung der Wirtschaftsstufen verwendeten. Die Argumentation Hartmanns in Bezug auf wirtschaftliche Institutionen ähnelt der Erklärung der Genese von Geld und Markt als Resultanten von individuellen Handlungen und Beziehungen bei Carl Menger. Während Hartmann jedoch von Anpassungsreaktionen sprach, betonte Menger die subjektive Rationalität des individuellen Handelns. Aber beiden, Hartmann und Menger, ist gemeinsam, dass sie nicht von der Annahme einer »wirtschaftlichen Natur« bzw. von speziellen »wirtschaftlichen« Motiven der Menschen ausgingen.

In Bezug auf den Begriff der Entwicklung folgte Hartmann Darwins Sicht der Funktion des Kampfes ums Dasein. Man könne zwischen dem Kampf mit der Natur (»Arbeit«) und dem Kampf der Menschen untereinander (»Politik«) unterscheiden, was auch zur Differenzierung zwischen Wirtschaftsgeschichte und politischer Geschichte geführt habe. Allerdings sei auch die Politik eigentlich auf den Kampf mit der Natur um Lebensbedingungen zurückzuführen, weshalb er die politische Geschichte als eine

Funktion der Wirtschaftsgeschichte betrachtete. Hartmann widersprach allerdings dem Hobbes'schen Kampf aller gegen alle, denn der Kampf ums Dasein sei durch die Gruppenbildung und den Ausschluss des Kampfes unter den Gruppenmitgliedern charakterisiert. Als die wichtigsten Gruppierungen unterschied er Stämme, Staaten und Klassen. Die Geschichte sei daher nicht nur eine Geschichte der Klassenkämpfe, sondern auch eine Geschichte der Kämpfe zwischen Stämmen und Staaten. In der modernen Wirtschaftsgesellschaft werde der Klassenkampf auch durch die Konkurrenz als den »indirekten Kampf ums Dasein« ergänzt und überlagert. Zwischen den unterschiedlichen menschlichen Gruppierungen komme es immer wieder zu wechselnden Vermengungen und Überlagerungen, sodass die Individuen gleichzeitig mehreren Gruppen angehören.

Hartmann nannte die Gruppenbildung, die er aus der zum Zweck des gemeinsamen Handelns erfolgenden Annäherung zwischen den Menschen erklärte und die er als das Grundprinzip der Geschichte betrachtete, »Assoziation«. In Anlehnung an Johann Karl Rodbertus unterschied er verschiedene Stufen der Assoziation nach dem Grad ihrer Extensität oder Intensität. Der Staat kann als Beispiel für extensive Assoziation, bei der ein Merkmal – die Staatsbürgerschaft – viele Menschen vereint, gelten, und die Familie als eines für intensive Assoziation, die durch vielfältige und starke Beziehungen verbunden ist. Die Erforschung der Gruppenbildungen, der inneren Organisation der Gruppen und ihrer Abhängigkeiten von den äußeren Bedingungen sah Hartmann als Aufgabe der Sozialgeschichte. Besondere Bedeutung für das gemeinsame Handeln wies er dabei der Arbeit zu, wobei sich unterschiedliche Typen erkennen lassen. Während die Arbeitsgemeinschaft die gegenseitige Anpassung der Arbeitenden aneinander und damit den Gruppenzusammenhalt fördere, führe die Arbeitsteilung zur Berufsgliederung, die ihrerseits wieder durch die Notwendigkeit der Organisation die gegenseitige Anpassung extensiver Gruppen nach sich ziehe.

Hartmann sah in der Geschichte eine Tendenz zu »fortschreitender Vergesellschaftung« am Werke (ebd., S. 57ff.), die mit einer Stärkung der Organisation, mit erhöhter Produktivität der Arbeit und stärkerer Differenzierung der Individuen einhergehe. Die Vergesellschaftung ermögliche Fortschritt im Sinn einer immer reicheren und vielfältigeren Bedürfnisbefriedigung. Allerdings führe sie auch zu immer größerer Unselbständigkeit der Individuen und wachsender Komplexität der Zusammenhänge zwischen extensiv und intensiv organisierten Gemeinschaften.

Die Tendenz zur Vergesellschaftung bezeichnete Hartmann als »historisches Assoziationsgesetz« bzw. »soziologisches Grundgesetz«, das aber kein mit strikter Kausalität geltendes Gesetz sei, sondern nur eine »Entwicklungsrichtung« anzeige. Zur Illustration bezog er sich – als Althistoriker – auf Beispiele der Entwicklung der Staaten im klassischen Altertum und verglich das Perserreich mit den griechischen Stadtstaaten und deren verschiedenen Zusammenschlüssen (ebd., S. 62ff.). Der relativ niedrige Grad der Assoziation habe dann auch das Aufgehen der griechischen Kleinstaaten im Römischen Reich ermöglicht. Roms Assoziationserfolg sah Hartmann begründet durch die

Anerkennung der politischen Gleichberechtigung der Plebejer und die Integration der Bundesstädte im römischen Staat. Auch seien die grundlegenden sozialen Strukturen für die Grundherrschaft und den Feudalismus des Mittelalters schon in der römischen Kaiserzeit begründet worden (Hartmann 1913).

Die Entstehung des Kapitalismus setzte in Hartmanns Sicht schon mit der Akkumulation von Vermögen durch den Fernhandel ein. Dies förderte im Inland die Entstehung von Märkten, die Ordnung und Schutz benötigten, was wiederum die Entstehung der Städte begünstigte, die durch ihre Berufsgliederung und eine handwerklich-kommerzielle Produktionsweise geprägt waren (Hartmann 1905, S. 78ff.). Hartmann charakterisierte den Kapitalismus aber als Sonderfall des Assoziationsgesetzes, bei dem sowohl die Vergesellschaftung als auch die Produktivität durch die Ausbildung von Klassen und die ungleiche Verteilung der Erträge im Sinne der Besitzenden behindert wurden. Er sah daher in der gegenseitigen Annäherung zwischen den Klassen eine Vorbedingung für eine Verbesserung der gesellschaftlichen Organisation und der wirtschaftlichen Produktivität. Die Erklärungen der Entstehung des Kapitalismus aus einem besonderen »Geist«, wie sie Max Weber oder Werner Sombart vornahmen, lehnte Hartmann ab; er sah diesen als eine Anpassungserscheinung des menschlichen Bewusstseins an die äußeren Verhältnisse.

In Bezug auf die Begriffe von »Entwickelung« und »Fortschritt« meinte Hartmann, diese seien in der Wissenschaft objektiv zu begründen. Insbesondere dürfe der Begriff des Fortschritts nicht auf einen idealen Zustand, sondern nur auf ein Fortschreiten, auf eine Abfolge von Zuständen bezogen werden. Wenn sich in der Abfolge eine kontinuierliche Tendenz in eine bestimmte Richtung abzeichnet, könne diese als »Entwickelung« gelten, was jedoch keine Wertung beinhalten dürfe. Aber Hartmann war sich bewusst, dass der Historiker einerseits der Zeit und den Menschen der von ihm untersuchten Epoche und Kultur gerecht werden muss und andererseits auch Bezüge zur Gegenwart herstellen soll, indem er die Frage nach der Wirksamkeit der vergangenen Gegebenheiten für die Entwicklung bis in die Gegenwart stellt. Dies impliziert nach Hartmanns Auffassung aber keine Bewertung von einem moralischen Standpunkt aus, obwohl er ausdrücklich von einer »evolutionistischen Sozialethik« sprach (ebd., S. 88).

Die Synthese von Historie und Soziologie charakterisiert Günter Fellner als »Hartmanns Paradigma« der historischen Soziologie (Fellner 1985, S. 162). In diesem Sinn ist Geschichte immer Gesellschaftsgeschichte, die von in Gruppen organisierten Menschen handelt und daher ein soziologisches Fundament benötigt. Nach Hartmann liefert die Soziologie Erkenntnisse über das Gruppenleben unter variierenden äußeren Einflüssen – daher könne auch nicht umgekehrt das historische Faktenwissen die Grundlage für die Soziologie darstellen. Man kann Hartmanns historische Soziologie als eine Theorie der sozialen Evolution auf der Grundlage von Assoziation und Differenzierung verstehen. Der Soziologie kommt in seinem Paradigma die Funktion zu, die Grundlagen für die Geschichtserklärung, die das eigentliche Erkenntnisziel darstellt, zu liefern, aber sie selbst bleibt als Wissenschaft konturlos. Hartmanns Sicht der soziologischen Tendenzen und Gesetzmäßigkeiten fand zwar auch einen gewissen Niederschlag in seinem eigentlichen akademischem Fachgebiet, der alten Geschichte; deren Darstellung erbrachte aber doch weit darüber hinausgehende historische Erkenntnisse. Folglich ist Hartmann heute primär als Althistoriker, aber mehr noch als Volksbildner und durch seine politische Tätigkeit, mit der er vor allem bei den Vertretern des Austromarxismus häufig auf wenig Verständnis traf, bekannt. Seine Auffassungen fanden freilich ein kongeniales Wirkungsfeld in der Wiener »Soziologischen Gesellschaft« und in der *Zeitschrift für Social- und Wirthschaftsgeschichte*, deren Mitbegründer er war. Hartmanns naturalistisch-materialistische Konzeption einer historischen Soziologie stieß hingegen auf Ablehnung bei vielen Sozialwissenschaftlern der Zeit. Was schließlich als »historische Soziologie« im deutschen Sprachraum verstanden wurde, bezog sich auf die aus der historischen Volkswirtschaftslehre und verschiedenen geisteswissenschaftlichen Ansätzen hervorgegangenen Studien (s. dazu Kruse 1990).

Fellner, Günter (1985): *Ludo Hartmann und die Österreichische Geschichtswissenschaft*, Wien/Salzburg: Geyer Edition.

Hartmann, Ludo Moritz (1905): *Über historische Entwickelung. Sechs Vorträge zur Einleitung in eine historische Soziologie*, Gotha: Perthes.

– (1908): *Theodor Mommsen, eine biographische Skizze*, Gotha: Perthes.

– (1913): *Ein Kapitel vom spätantiken und frühmittelalterlichen Staate*, Berlin/Stuttgart/Leipzig: Kohlhammer.

– (1897–1915): *Geschichte Italiens im Mittelalter*, 4 Bde., Gotha: Perthes.

Kruse, Volker (1990): Von der historischen Nationalökonomie zur historischen Soziologie: Ein Paradigmenwechsel in den deutschen Sozialwissenschaften um 1900. In: *Zeitschrift für Soziologie* 19/3, S. 149–165.

Weiterführende Literatur

Acham, Karl (Hg.) (1983): *Gesellschaftliche Prozesse. Beiträge zur historischen Soziologie und Gesellschaftsanalyse*, Graz: Akademische Druck- und Verlagsanstalt.

Burke, Peter (1989): *Soziologie und Geschichte*, Hamburg: Junius.

Dray, William (1957): *Laws and Explanation in History*, Oxford: Oxford University Press.

Gertraude Mikl-Horke

Lajos Leopold: *Prestige. Ein gesellschaftspsychologischer Versuch* (1916)

Lajos Leopolds (1879–1948) Monographie über das *Prestige* (ungar. *A presztízs*, 1912; engl. 1913; dt. 1916) entstand im intensiven Austausch mit dem Soziologenkreis um Oszkár Jászi und dessen Zeitschrift *Huszadik század* (*Das zwanzigste Jahrhundert*), überragt das übliche Niveau der Publikationen dieses Kreises in puncto Nuanciertheit und Tiefe der Analyse aber noch einmal deutlich (und das, obwohl es in dieser Zeit in Ungarn keinen Mangel an qualitätsvollen soziologischen Beiträgen gab).

Leopolds Buch steht an einem wissenschaftshistorischen Wendepunkt und darf vor allem thematisch als Musterbeispiel für eine Sozialwissenschaft neuen Typs gelten. Mit der größten Selbstverständlichkeit greift es aber auch all jene methodischen und konzeptionellen Errungenschaften auf, die die europäische Sozialwissenschaft angesichts der permanenten Herausforderung durch den Marxismus entwickelt hat und die sie nun in Gestalt eines hochkomplexen Forschungsinstrumentariums auf die drängendsten Fragen der modernen Gesellschaft anzuwenden versteht. Leopold hat erkennbar Freude daran, sich dieser neuen wissenschaftlichen Ansätze zu bedienen und seine Thesen mit von ihm selbst oder von anderen Autoren gewonnenen empirischen Einsichten zu belegen.

Als Leopolds wichtigste Gewährsleute fungieren heute als »Klassiker« angesehene Vertreter der modernen Sozialwissenschaft wie Max Weber, Gabriel Tarde oder Georg Simmel, aber auch zahlreiche Ethnologen, Völkerkundler und Philosophen; unter Letzteren werden vor allem die Werke Spinozas, Ernst Machs und Friedrich Nietzsches zu einzelnen Fragen konsultiert. Aber auch zu den Gedanken vieler anderer Autoren lassen sich Parallelen erkennen, wie beispielsweise zu Max Nordau und dessen erstmals 1883 erschienenem Buch über *Die conventionellen Lügen der Kulturmenschheit*.

Leopolds Studie über das *Prestige* erreicht einen außergewöhnlich hohen Grad an Komplexität und Differenziertheit. Das macht zwar in vielerlei Hinsicht die eigentliche Stärke des Buches aus, stellt aber zugleich auch seine größte Schwäche dar, da einzelne, ohnehin schon sehr komplexe Fragestellungen immer noch weiter vertieft werden. Bei der Beurteilung des Werks überwiegt freilich der Aspekt, dass sich in ihm das Ideal einer gewissermaßen »postnietzscheanischen«, d.h. einer multiperspektivischen, ja pluralistischen Soziologie verwirklicht, die neue Themen aufgreift und neue Paradigmen entstehen lässt.

Die Definition dessen, was unter »Prestige« zu verstehen ist, bleibt bei Leopold relativ vage. Der Begriff verweist auf das Ansehen einer Person, das sich aus deren Charisma, also aus deren Fähigkeit, andere für sich einzunehmen oder regelrecht zu »verzaubern«, speist. Sozialpsychologisch betrachtet handelt es sich beim Prestige demnach um eine Form der Anerkennung, die nicht auf konkreten Leistungen oder Verdiensten beruht, sondern vielmehr auf der Anziehungskraft, über die jemand verfügt – oder die ihm zugeschrieben wird. Denn Prestige als spezifisch moderne Art der »Verzauberung« oder Anerkennung manifestiert sich meistens nur dann, wenn sich sein Träger jenseits der

Sphäre seiner Bewunderer bewegt, diesen also gar nicht persönlich bekannt ist oder sich ihnen zumindest weitgehend entzieht. Leopold spricht vom Prestige daher auch als von einem »logischen Gefühl«, das mit einer das Selbstbewusstsein überkommenden Lust verbunden ist, die sich mit einer geradezu »gedankenmechanischen« Zwangsläufigkeit einstellt und somit eine gleichsam »hedonistische Autorität« darstellt (Leopold 1912, S. 28). Es ist insbesondere der »Zauber des Fremden und Entfernten«, der diese mit dem Prestige verbundene Emotion evoziert (ebd., S. 34). Leopold verweist jedoch auch wiederholt darauf, dass das Prestige keineswegs ein nur positiv besetzter Wert ist.

An dieser Stelle wechselt Leopold – ohne sich das selbst voll bewusst zu machen – von der zwar noch nicht in allen Facetten hinreichend genau erfolgten, jedoch meisterlichen Beschreibung der sozialpsychologischen Grunddimension des Prestiges zu der seiner spezifischen Ausprägungen und vielfältigen sozialen Wirkungen, denen er in zahlreichen Handlungsweisen und Tatsachen des menschlichen Zusammenlebens (Ritterlichkeit, Duelle, Ehe, Partnerwahl, etc.) nachspürt. Zugunsten der näheren Erforschung von Phänomenen der Prestigebildung und des Prestigestrebens nimmt der Autor also zwar die analytische Tiefe etwas zurück, seine grundlegenden Erörterungen stellen aber – obschon in mancherlei Hinsicht unvollständig – dennoch eine bedeutende Erweiterung des sozialwissenschaftlichen Spektrums dar. Als eine Leistung darf auch gelten, dass Leopold das Prestige säuberlich von verwandten Begriffen und Phänomenen (wie etwa dem der Autorität) scheidet und in seiner Arbeit mitunter durchaus ein Niveau erreicht, das dem von Spinozas Affektenlehre und Nietzsches psychologischem Genie nahe kommt. Tatsächlich finden sich Elemente beider Philosophen in Leopolds Buch: Indem er das Prestige mit dem »pretium affectionis« vergleicht (ebd., S. 20.), vereint er Spinozas Affektenlehre mit Nietzsches Perspektivismus. Damit vollzieht er – sei es bewusst oder unbewusst – Nietzsches eigene geistige Entwicklung nach, der Spinoza in seiner dritten Schaffensphase für sich entdeckte und dessen Ideen in ähnlicher Weise weiterdachte, wie das später auch bei Leopold der Fall war (vgl. Kiss 2001).

In Bezug auf sein Untersuchungsobjekt lässt Leopold erkennen, dass er dem aufkommenden Prestigedenken tendenziell negativ gegenübersteht, weil er die zunehmende Bedeutung des Prestiges als das Symptom einer Entwicklung betrachtet, in der der Schein wichtiger wird als die Wirklichkeit. Denn über Prestige kann ja wie erwähnt nur jemand verfügen, der als »Entfernter« der unmittelbaren Wahrnehmung seiner realen Person entzogen ist, dem also vor allem aufgrund dessen Respekt entgegengebracht wird, was er oder sie zu verkörpern scheint, und nicht aufgrund dessen, was er oder sie tatsächlich ist. Vor diesem Hintergrund untersucht Leopold eine ganze Reihe von sozialen Phänomenen und antizipiert schon damals den enormen Stellenwert, den das Prestigestreben in der modernen Gesellschaft erlangen sollte. In seinem Ansatz, das Erleben bzw. die Zuschreibung von Prestige als spontane sozialpsychologische Reaktionen zu deuten, erweist er sich als früher Vertreter einer kritischen Anthropologie. Er war sich auch bewusst, dass unter den geänderten gesellschaftlichen und medialen Rahmenbedingungen der

Moderne das geschickte Spielen mit dem Prestige als Einfallstor für die Beeinflussung und Manipulation der Massen missbraucht werden könnte. Ohne den Begriff »Manipulation« in den Mund zu nehmen, legte er die Rolle, die die Massenmedien in ebendiesem Sinn spielen könnten, schon zu Beginn des 20. Jahrhunderts ausführlich dar.

Leopolds Studie über das Prestige leidet nichtsdestoweniger unter einer gewissen Ambivalenz: Zwar nähert er sich dem Phänomen auf vielfältige und kreative Weise, zugleich kann er sich aber nicht der suggestiven Kraft, die von dem von ihm beschriebenen Gegenstand ausgeht, entziehen.

Babits, Mihály (1912): A presztízs [Rezension]. In: *Nyugat* [Der Westen] 1912/9, S. 831f.

Jászi, Oszkár (1912): A presztízs [Rezension]. In: *Huszadik* Század 1912/1, S. 645–649.

Kiss, Endre (2001): Von Spinoza als Vorbild des Zarathustra bis zur Materialisierung der formalen Ethik (Über die relevantesten Inhalte der Nietzsche-Spinoza-Relation). In: *Pro Philosophia Füzetek* [Pro Philosophia – Philosophische Hefte] 26/27 (= Heft 3/2001), S. 145–179. (Online zugänglich: http://www.c3.hu/~prophil/profi013/kisendre_4_4.html.)

Leopold, Lajos (1903): Az olasz szocializmus [Der italienische Sozialismus]. In: *Huszadik Század* [Das zwanzigste Jahrhundert] 1903/1, S. 298–317, 431–453, 505–531.

– (1904): *A társadalmi fejlődés iránya* [Die Richtung der Gesellschaftsentwicklung], Budapest: Politzer Zsigmond és Fia Könyvkereskedése.

– (1905): *La situation du paysan en Hongrie* [Die Situation des ungarischen Bauern] [Sonderdruck eines Tagungsbeitrags vom 24. Februar 1905], Bruxelles: Université Nouvelle.

– (1906a): Marx, Engels és Magyarország [Marx, Engels und Ungarn]. In: *Huszadik Század* 1906/1, S. 151–156.

– (1906b): Az aratógép szociológiája [Die Soziologie der Erntemaschine]. In: *Közgazdasági Szemle* [Wirtschaftsberichte] 1906/2, S. 73–109.

– (1912): *A presztízs* [Das Prestige] (= Szociológiai Könyvtár [Soziologische Bibliothek]), Budapest: Athenaeum. (2. Aufl. Budapest: Magvető Könyvkiadó 1987.)

– [Lewis Leopold] (1913a): *Prestige. A psychological study of social estimates*, London: T. Fischer Unwin bzw. New York: Dutton & Comp.

– [Ludwig Leopold] (1916): *Prestige. Ein gesellschaftspsychologischer Versuch*, Berlin: Puttkammer & Mühlbrecht.

– (1917): *Elmélet nélkül. Gazdaságpolitikai tanulmányok* [Ohne Theorie. Wirtschaftspolitische Studien], Budapest: Benkő Gyula Könyvkereskedése.

Palágyi, Menyhért (1912): Leopold Lajos: A presztízs [Rezension]. In: *Magyar Figyelő* [Ungarischer Beobachter] 1912/2, S. 501–503.

Weiterführende Literatur

Bártfai, László (1987): Utószó [Nachwort]. In: Ders. (Hg.), *Leopold Lajos. A presztízs*, Budapest: Magvető, S. 407–443.

Bertalan, László (1977): A presztízs fogalmáról [Über das Prestigekonzept]. In: *Szociológia* 1977/1, S. 108–130.

Csekő, Ernő (2009): Megemlékezés ifj. Leopold Lajos sírjánál [Gedenken am Grab von Lajos Leopold d.J.]. In: *Szociológiai Szemle* [Soziologische Berichte] 2009/1, S. 73–82. In englischer Übersetzung unter dem Titel »At the grave of Lajos Leopold jr.« auch online zugänglich unter: http://www.academia.edu/31296827.

Sós, Aladár (1948): Ifj. Leopold Lajos 1879–1948 [Nachruf]. In: *Huszadik Század* 1948/1, S. 44–46.

Endre Kiss

Emil Lederer – Exemplarische Arbeiten zur historischen Soziologie

Hauptthesen

Emil Lederers (1882–1939) Aufsatz »Zur Soziologie des Weltkriegs« (hier Lederer 1979a, auch als Separatabdruck erschienen) entstand bereits Anfang 1915, seine Abhandlung »Die Veränderungen im Klassenaufbau während des Krieges« zu Kriegsende. In einer Zeit weitverbreiteten Kriegstaumels beschäftigte ihn in Ersterem der eigentümliche Kontrast zwischen der Perfektionierung der Kriegstechnik, der rationalen Organisation von Massen und dem atavistisch anmutenden Wandel von komplexer, differenziert-arbeitsteiliger »Gesellschaft« hin zu einer regressiv-homogenen »Gemeinschaft« (Tönnies). Lederer argumentiert historisch-soziologisch, um die spezifische Natur des industriellen Kriegs herauszuarbeiten, der sich in seiner neuen Form als Krieg von Arbeiterheeren deutlich von der Antike oder dem Mittelalter unterscheidet. Dass der Krieg wieder wie in der Völkerwanderungszeit als »Vernichtungs- bzw. Ausrottungskrieg« geführt wird, weil die nach außen souverän auftretenden bürokratisierten Machtstaaten sich mit ihrem »Heerwesen« als »Instrument und Substanz des Staats als Träger von Macht« (Lederer 1979a, S. 129) gerieren, ist ihm ein schwer auflösbares Paradoxon. Wie kann man die für ihn »gespenstische, abstrakte Natur des Staates« (ebd., S. 136) im Krieg erklären?

Den zweiten der hier besprochenen Texte gibt es in zwei Fassungen: einer längeren, die im *Archiv für Sozialwissenschaft und Sozialpolitik* 1918/19 (verteilt auf zwei Hefte) erschienen ist, und einer kürzeren, die die wesentlichsten Ergebnisse und Überlegungen 1920 zusammenfasst (und den neuen Titel »Die ökonomische Umschichtung im Kriege« trägt; hier Lederer 1979b). Die darin aufgeworfene Frage lautete wie folgt: Wie hat sich die Einkommensverteilung der sozialen Klassen gemäß den Produktionsfaktoren Boden – Arbeit – Kapital in der deutschen Gesellschaft durch den Weltkrieg verändert, insbesondere unter dem Gesichtspunkt der kriegswirtschaftlich bedingten Einschränkung der zivilen Produktion und der Aufstauung der nicht zum Konsum gelangenden Massenkaufkraft? Pro Kopf betrachtet sind Bauern (als landwirtschaftliche Unternehmer) die großen Sieger, Unternehmer in Industrie, Handel und Gewerbe relative Verlierer, und Arbeiter, Angestellte und Beamte insofern weder das eine noch das andere, als deren Einkommen stagniert. Allerdings können die Bauern für ihre wachsenden Einkommen wenig an Industriewaren kaufen, was zur massiven Aufspeicherung von Barmitteln führt (Lederer 1979b, S.148).

Zur Rezeption durch Zeitgenossen und Nachwelt

Lederers »Soziologie des Weltkriegs« wurde wohl von den Zeitgenossen wenig rezipiert, aber immerhin schaffte sie es viel später in den von Jürgen Kocka herausgegebenen Band von 1979, der auch generell das verstärkte Interesse am historischen Soziologen Lederer belegt. Hans Joas (1995) hat herausgestellt, dass Lederer einer der wenigen deutschsprachigen Intellektuellen war, die sich gegenüber der von den meisten geteilten Kriegsbegeisterung immun verhielten. Peter Gostmann und Alexandra Ivanova (2014, S. 16ff.) haben den hier diskutierten Text Lederers zum Krieg kultursoziologisch eingeordnet.

Lederers Beitrag zur »ökonomischen Umschichtung im Krieg« mag nun auch dazu beigetragen haben, seine Haltung zur Aufgabenstellung der »Sozialisierungskommissionen« in Österreich und Deutschland zu klären, denen er 1919 kooptiert wurde – er befürwortete die Verstaatlichung von Schlüsselindustrien. Aber es war vor allem der durch spezifisch neue Zeithorizonte, Risken und Prestigebedürfnisse gekennzeichnete sozialpsychische »Habitus« der Angestellten jene pionierhafte Entdeckung, die auch andere Forscher stark beeinflusst hat (vgl. Blomert 1999, S. 93–101, der Lederers Schüler Svend Riemer, Fritz Croner und Hans Speier anführt). Als Beitrag zur sozialen Lage der Angestellten bzw. des »neuen Mittelstands« ist sein Denken u. a. auch von Charles Wright Mills oder Anthony Giddens (vgl. hierzu etwa den Sammelband von Vidich 1995) aufgenommen worden.

Lederers historische Soziologie im Diskurs von heute

Beide hier herausgegriffenen Analysen Lederers können als Versuche verstanden werden, das orthodox-marxistische, vorwiegend ökonomische Verständnis von Herrschaft in einer polarisierten Klassengesellschaft mit einer widerständigen Empirie zu konfrontieren, in der Bauern und Angestellte berücksichtigt werden müssen und der Staat nicht einfach nur als Agentur der herrschenden Klassen angesehen werden kann. Seine Analyse zur Veränderung der Einkommensverteilung nach dem Beitrag der jeweiligen Produktionsfaktoren ist auch heute insofern von Interesse, als er das Gewicht sich durch ökonomische Abschließung und Kriegsnotwendigkeiten verändernder wechselseitiger Abhängigkeitsverhältnisse dem der Herrschaft des Kapitals gegenüberstellte – man fühlt sich an die langandauernde Kontroverse um die funktionalistische im Gegensatz zur marxistisch inspirierten Theorie sozialer Schichtung erinnert.

Bis heute hält die Diskussion darüber an, ob und inwiefern die kollektive Gewalt des Krieges als »Zusammenbruch der Zivilisation« oder als ihre aus der Modernität der bürokratischen Staats- und Militärapparate zwangsläufig erwachsende, auf verquere Weise also »zivilisierte« Begleiterscheinung zu sehen ist. Hier votierte Lederer für die Auffassung, gerade die Modernität des Weltkrieges, seinen Charakter als Auseinandersetzung zwischen den Volksheeren bürokratischer und teils sogar demokratischer Staaten, als verantwortlich für deren schlimmsten Ausdruck anzusehen. Hinsichtlich der Beziehung zwischen Staat und Nation hat Lederer wohl eher einer konstruktivistisch-modernistischen Deutung vor einer primordialistischen den Vorzug gegeben. Bezüglich der von ihm als atavistisch betrachteten Wir-Gefühle im Krieg bzw. dessen »Unwesenhaftigkeit« kann man dieser auch heute weitverbreiteten Auffassung etwa mit Norbert Elias die irreduzible soziale Dimension physischer Gewalt, das staatliche Gewaltmonopol, sowie auch die Gefühle prägende zwischenstaatliche kriegerische Konkurrenz im Übergang vom dynastischen zum nationalen Territorialstaat in ihrer eigenständigen und nichtökonomischen Bedeutung entgegenhalten.

Blomert, Reinhard (1999): *Intellektuelle im Aufbruch. Karl Mannheim, Alfred Weber und die Heidelberger Sozialwissenschaften der Zwischenkriegszeit*, München/Wien: Carl Hanser.

Gostmann, Peter/Alexandra Ivanova (2014): Emil Lederer: Wissenschaftslehre und Kultursoziologie. In: Dies. (Hgg.), *Schriften zur Wissenschaftslehre und Kultursoziologie. Texte von Emil Lederer*, Wiesbaden: Springer Fachmedien, S. 7–37.

Joas, Hans (1995): Kriegsideologien. Der Erste Weltkrieg im Spiegel der zeitgenössischen Sozialwissenschaften. In: *Leviathan* 23/3, S. 336–350.

Lederer, Emil (1918/19): Die Veränderungen im Klassenaufbau während des Krieges. In: *Archiv für Sozialwissenschaft und Sozialpolitik* 45, S. 1–39 und S. 430–463.

– (1979): *Kapitalismus, Klassenstruktur und Probleme der Demokratie in Deutschland 1910–1940. Ausgewählte Aufsätze*, hrsg. von Jürgen Kocka, Göttingen: Vandenhoeck & Ruprecht.

– (1979a): Zur Soziologie des Weltkriegs [1915]. In: Lederer 1979, S. 119–144. (Erstmals in: *Archiv für Sozialwissenschaft und Sozialpolitik* 39, S. 347–384).

– (1979b): Die ökonomische Umschichtung im Kriege [1920]. In: Lederer 1979, S. 145–154.

Vidich, Arthur J. (Hg.) (1995): *The New Middle Classes. Social, Psychological, and Political Issues*, New York: New York University Press.

Weiterführende Literatur

Speier, Hans (1979): Emil Lederer. Leben und Werk. In: Lederer 1979, S. 253–272.

Helmut Kuzmics

VII. Die Frauenfrage

Rosa Mayreder

Rosa Mayreder (1858–1938), die vor 1938 auch als Literatin und vielseitig begabte Künstlerin bekannt gewesen ist, war zu Beginn des 20. Jahrhunderts als Autodidaktin eine der bedeutendsten Theoretikerinnen eines essayistischen sozialwissenschaftlich-feministischen Diskurses vorwiegend weiblicher Provenienz, der auch als Gegenpol zu dem damals noch beinahe ausschließlich Männern vorbehaltenen universitären Wissenschaftsbetrieb gesehen werden kann. Ihre Versuche, kulturelle Entwicklungen analog zu den von den Evolutionslehren des 19. Jahrhunderts beschriebenen Prozessen zu sehen, stellen sie in die Nähe zu kulturphilosophischen bzw. soziologischen Ausführungen, wie sie etwa von Franz Müller-Lyer, dem Begründer der empirischen »Phaseologie«, verfasst wurden. Mit seiner Forderung nach einem »Sozialindividualismus« (vgl. Müller-Lyer 1910) war der deutsche Psychiater und Soziologe gegen jene Art von individuellen Anpassungsleistungen an eingefahrene gesellschaftliche Organisationen und Verhaltensmuster aufgetreten, die auf Kosten der individuellen Entwicklungsmöglichkeiten gehen. Diesen Gedanken greift Mayreder auf und tritt dem Objektivitätsanspruch universitärer Organisationen, die damals in Österreich dem Frauenstudium noch ablehnend gegenüberstanden, mit dem Anspruch auf die Geltung ihrer subjektiven essayistischen Reflexionen entgegen; gleichzeitig diagnostiziert sie die Widersprüchlichkeit sich objektiv gerierender Philosopheme.

Mayreders Studien konzentrieren sich dabei auf die Auseinandersetzung mit tradierten Frauenbildern und Hypothesen zur weiblichen Natur, die in den damaligen wissenschaftlichen, literarischen und gesellschaftspolitischen Diskursen dominieren. Sie analysiert deren historischen Kontext und stellt die Veränderbarkeit sowohl weiblicher als auch männlicher Rollenbilder und Verhaltensmuster zur Diskussion. Die Gegenüberstellung der Zuschreibung verschiedener Eigenschaften aus männlicher und weiblicher Perspektive, anhand derer sie ihre Hypothesen zur Geschlechtertypologie entwickelt, nimmt sie in ihrem ersten, 1905 erschienenen Essayband *Zur Kritik der Weiblichkeit* vor, dem 1923 ein zweiter Band unter dem Titel *Geschlecht und Kultur* – der auch als Gegenprogramm zu Otto Weiningers Abhandlung *Geschlecht und Charakter* (1903) gesehen werden kann – folgen wird, in dem sie vor allem die kulturellen Hintergründe der Konzeptionen von Weiblichkeit und Männlichkeit und deren Relationen untersucht.

Der Emanzipationsbegriff Mayreders, der über die feministische Komponente hinaus verschiedene Aspekte gesellschaftlicher und individueller Entwicklungen beleuchtet, wurzelt einerseits – wie u.a. auch bei Bertha von Suttner – im evolutionistischen Denken des 19. Jahrhunderts, andererseits aber auch in ihrer Auseinandersetzung mit

Friedrich Nietzsche. Mayreder setzt ihre Hoffnung auf die Macht der Vernunft, deren Realisierung ihr durch einen kulturellen Evolutionsprozess und eine planvoll betriebene Technisierung möglich erscheint.

Die politische Situation der in Auflösung begriffenen Monarchie mag mit dazu beigetragen haben, das Versagen des Patriarchats sowohl im öffentlichen als auch im familialen Bereich zu thematisieren, wie Mayreder dies in ihrem Beitrag zu einer Wilhelm Jerusalem gewidmeten Festschrift unter dem Titel »Das Problem der Väterlichkeit« (Mayreder 1915a) unternimmt. Sie plädiert dafür, angesichts der im Wandel begriffenen familialen und gesellschaftlichen Strukturen den autoritären Charakter des Vaters zu hinterfragen; desgleichen durchleuchtet sie die Relationen zwischen Autoritäts- und Herrschaftsbegriff und die damit verbundene Komponente der Eigentumsidee.

Mayreder tritt für einen Umgang mit Kindern ein, der Erziehung nicht als Dressurakt begreift, sondern als Begleitung bei der selbständigen Entwicklung unterschiedlicher Individualitäten. In ihrer Stellungnahme zur Emanzipation des Kindes verbindet sie individualpsychologische und gesellschaftspolitische Argumente, ähnlich wie der mit ihr befreundete Begründer der Anthroposophie und der Waldorfschulen, Rudolf Steiner. Mit ihrer auf die freie Entfaltung der Jugend gerichteten Haltung befindet sie sich in Gesellschaft jener, die Erziehung als »Kunst« und nicht bloß als ein erlernbares Ensemble diverser pädagogischer und psychologischer Praktiken verstanden und Kritik an der Aufrechterhaltung bestimmter geschlechtsspezifischer Differenzen in der Erziehungs- und Bildungssituation von Kindern übten (vgl. Schnedl-Bubeniček 1981, S. 190).

Mayreder übt in ihren Reflexionen über stereotypisierende kulturelle Zu- und Festschreibungen auch Kritik am traditionellen Mutterbild, das es Frauen nicht gestatte, neben ihrer Rolle als Mutter einer selbstbestimmten Tätigkeit nachzugehen. Dies habe negative Auswirkungen nicht nur auf die Frauen selbst, sondern auch auf die Kinder, die deshalb viel wahrscheinlicher Opfer possessiver Tendenzen und Projektionen ihrer Mütter würden. »Lebet doch euer eigenes Leben, liebe Mütter, und erspart dafür euren Kindern die Belastung mit all den Hoffnungen und Wünschen, die sie als eine Verpflichtung, es im Leben euch statt sich selbst recht zu machen, mit sich schleppen müssen.« (Mayreder 1905, S.78)

Mayreders Einstellung gegenüber der Psychoanalyse ist zunächst durch die persönliche Begegnung mit Sigmund Freud, bei dem sich ihr Ehemann vorübergehend in Behandlung befand, geprägt und lässt eine gewisse Reserviertheit erkennen (vgl. Tichy/Zwettler-Otte 1999, 247f.). In ihrer späteren Auseinandersetzung sowohl mit den Theorien Freuds als auch mit jenen C.G. Jungs anerkennt sie durchaus die Vision einer differenzierten Persönlichkeitsentwicklung, wie sie durch die Psychoanalyse nahegelegt wird. Gleichzeitig benennt Mayreder aber auch die Widersprüche, die sich aus der Festschreibung männlicher und weiblicher Eigenschaften und Rollen ergeben und begreift die komplexe und komplizierte Dialektik von Individuation und gesellschaftlichen Prozessen im Wandel individueller und kollektiver Identitäten (vgl. Bubeniček

2006, S. 69); dieser hat sie in ihrer Rezension zu C.G. Jungs Abhandlung »Die Frau in Europa« von 1927 Ausdruck verliehen, die zwei Jahre später in erweiterter Fassung selbstständig erschienen ist (Mayreder 1929). Sie wendet sich damit gegen den Uniformierungsdruck einer Normalisierungsgesellschaft und das für sie charakteristische »utilitaristische hygienische Lebensideal« einer »konstitutiven Sexualmoral«, wie es u.a. von Michel Foucault (Foucault 1977, S. 165) und Julia Kristeva (vgl. Kristeva 1982, S. 236) zu Ende des 20. Jahrhunderts erörtert werden sollte. Mayreder begreift schon damals die Zusammenhänge zwischen den globalen Machtverhältnissen der Makrostrukturen und Mikrostrukturen menschlicher Beziehungen auch in Relation zum eigenen Selbst (vgl. Bubeniček 2003, S. 44).

Mayreders kulturgeschichtliche Überlegungen zur weiblichen Sexualität und Erotik, die sie 1923 im erwähnten zweiten Essayband präzisieren sollte, können als erste Schritte in Richtung einer Enttabuisierung der Sexualität und der Durchsetzung eines Rechts auf die freie Entwicklung der sexuellen Identitäten realer Frauen und Männer gesehen werden; von nicht minder großer Bedeutung erwiesen sie sich auch für den Kampf gegen die Degradierung von Frauen zu Sexualobjekten. Die Kritik an jeglicher Funktionalisierung und Verdinglichung menschlicher Existenz manifestiert sich bei Mayreder wie auch bei anderen Schriftstellerinnen jener Zeit – man denke etwa an Bertha von Suttners (unter dem Pseudonym »Von Jemand« erschienenen) Großessay *Das Maschinenalter* von 1889 oder an Irma von Troll-Borostyánis Buch *Die Gleichstellung der Geschlechter und die Reform der Jugenderziehung* von 1888 – in vielfältiger Weise, wie z.B. in der moralischen Verurteilung der Prostitution oder der Infragestellung einer allgemeinen Wehrpflicht für Männer.

Mayreders pazifistisches Engagement ist im Unterschied zu jenem von Bertha von Suttner zunehmend von einem illusionslosen Blick auf die Rolle der Frauen in kriegerischen Auseinandersetzungen im Allgemeinen und in Bezug auf den Ersten Weltkrieg im Besonderen geprägt. Sie distanziert sich von einer einseitigen geschlechtsspezifischen Sicht der Frau als Lebensspenderin und Lebenserhalterin bzw. als Friedensengel (vgl. Mayreder 1921, S. 7). Schon im April 1915 scheiterte auf dem internationale Frauenfriedenskongress in Den Haag der Traum einer Verständigung der Frauen über die Grenzen der kriegsführenden Länder hinweg (vgl. Mayreder 1915b), nachdem bereits im Vorfeld versucht worden war, ihre informellen wie ihre institutionalisierten Kontakte zu zerstören und einen internationalen Austausch zu blockieren (vgl. Schnedl-Bubeniček 1984, S. 106).

Den entscheidenden Beitrag zu einer Klärung des Begriffs der Emanzipation, der für Mayreder nicht per se mit Gleichberechtigung gleichzusetzen ist, leistet sie durch die Betonung der Historizität und der kulturspezifisch bedingten Differenzierung des Weiblichen und des Männlichen. Das unterscheidet Mayreder sowohl von damaligen als auch von gegenwärtigen ideologischen Fixierungen und ist bis heute in der aktuellen Gender-Diskussion in der Forderung nach der Aufhebung bzw. Revidierung einer einseitig männlich dominierten Kultur von gesellschaftlicher Relevanz. »Denn alle wirtschaftlichen Errungenschaften würden sehr wenig an dem innerlichen Verhältnis der Geschlechter ändern, und der selbständige Erwerb wäre nur eine neue Form der Abhängigkeit für die Frau, wenn nicht ganz andere Entwicklungseinflüsse zu ihren Gunsten wirksam werden.« (Mayreder 1905, S.2f.)

Bubeniček, Hanna (2003): Kosmopolitismus als Umweg zum Selbst. Über das Unbehagen in der eigenen und in der fremden Kultur. In: Patricia Broser/Dana Pfeiferová (Hgg.), *Der Dichter als Kosmopolit. Zum Kosmopolitismus in der neuesten österreichischen Literatur. Beiträge der tschechisch-österr. Konferenz*, České Budějovice, März 2002, Wien: Edition Praesens, S. 33–50.

– (2006): Rosa Mayreders Essays und die Erkundung eines komplementären Erfahrungsraumes als Ort des Denkens. In: Waltraud Heindl/Edith Király/Alexandra Millner (Hgg.), *Frauenbilder, feministische Praxis und nationales Bewusstsein in Österreich-Ungarn 1867–1918*, Tübingen/Basel: Francke, S. 61–70.

Foucault, Michel (1977): *Sexualität und Wahrheit*, Bd.1: *Der Wille zum Wissen*, Frankfurt a.M.: Suhrkamp.

Kristeva, Julia (1982): *Die Chinesin. Die Rolle der Frau in China*, Frankfurt a.M.: Ullstein.

Mayreder, Rosa (1905): *Zur Kritik der Weiblichkeit. Essays*, Jena: Diederichs. (In verschiedenen Neuausgaben erschienen, u.a. in Auszügen hrsg. von Hanna Schnedl, München: Frauenoffensive 1981, oder vollst. hrsg. von Eva GerberTaggen?, Wien: Mandelbaum 1998.)

– (1915a): Das Problem der Väterlichkeit. In: Max Adler et al., *Festschrift für Wilhelm Jerusalem zu seinem 60. Geburtstag von Freunden, Verehrern und Schülern*, Wien/Leipzig: Braumüller.

– (1915b): Die Frau und der Krieg. In: *Internationale Rundschau* 1/10-11, S. 516–527.

– (1921): *Die Frau und der Internationalismus* (= Bücher für Frieden und Freiheit, Bd.3), Wien/Leipzig/Bern: Frisch.

– (1923): *Geschlecht und Kultur. Essays*, Jena: Diederichs.

– (1929): Die Frau in Europa. Von C.G. Jung [Rezension]. In: *Neue Freie Presse*, 7. Juli 1929, S. 24.

Müller-Lyer, Franz (1910): *Die Entwicklungsstufen der Menschheit. Eine systematische Soziologie in Überblicken und Einzeldarstellungen*, München: Langen.

Schnedl-Bubeniček, Hanna (1981): Grenzgängerin der Moderne. Studien zur Emanzipation in Texten von Rosa Mayreder. In: Autorinnengruppe Uni Wien (Hg.), *Das ewige Klischee. Zum Rollenbild und Selbstverständnis von Männern und Frauen*, Wien/Köln/Graz: Böhlau, S. 179–205.

– (1984): Pazifistinnen. Ein Resümee zu theoretischen Ausführungen und literarischen Darstellungen Bertha von Suttners und Rosa Mayreders. In: Gernot Heiss/Heinrich Lutz (Hgg.), *Friedensbewegungen. Bedingungen und Wirkungen* (= Wiener Beiträge zur Geschichte der Neuzeit, Bd.11), München: Oldenbourg/Wien: Verlag für Geschichte und Politik, S. 96–113.

Suttner, Bertha von [Pseud. Jemand] (1889): *Das Maschinenalter. Zukunftsvorlesungen über unsere Zeit*, Zürich: Verlags-Magazin.

Troll-Borostyáni, Irma von (1888): *Die Gleichstellung der Geschlechter und die Reform der Jugenderziehung. Mit einer Einführung von Ludwig Büchner*, Zürich: Verlags-Magazin.

Tichy, Marina/Sylvia Zwettler-Otte (1999): *Freud in der Presse. Rezeption Sigmund Freuds und der Psychoanalyse in Österreich 1895–1938*, Wien: Sonderzahl.

Weininger, Otto (1903): *Geschlecht und Charakter. Eine prinzipielle Untersuchung*, Wien/Leipzig: W. Braumüller.

Weiterführende Literatur

Anderson, Harriet (1986): *Beyond a critique of femininity. The thought of Rosa Mayreder (1858–1938)*, Dissertation, University of London.
– (1988): *Rosa Mayreder. Tagebücher 1873–1937*, Frankfurt a.M.: Insel Verlag.
Bubeníček, Hanna (Hg.) (1986): *Rosa Mayreder oder Wider die Tyrannei der Norm*, Wien/Köln/Graz: Böhlau.
Dworschak, Herta (1949): *Rosa Obermayer-Mayreder. Leben und Werk*, Dissertation, Universität Wien.
Prost, Edith (1983): *Weiblichkeit und bürgerliche Kultur am Beispiel Rosa Mayreder-Obermayer*, Dissertation, Universität Wien.

Hanna Bubeníček

Therese Schlesinger: *Was wollen die Frauen in der Politik?* (1909)

Die Wiener Frauenrechtlerin Therese Schlesinger wendet sich in ihrem Text *Was wollen die Frauen in der Politik?* (Schlesinger 1910, erstmals 1909) zunächst vor allem an jene Frauen, die – wie sie mehrfach konstatiert – davon überzeugt werden müssten, dass Politik nicht nur eine Sache der Männer sei. Erst im weiteren Verlauf der Argumentation wird deutlich, dass die Schrift, in der allgemeine Anliegen der Sozialdemokratie geschickt mit Anliegen der Frauen verknüpft werden, zugleich auch als Appell an die männlichen Vertreter der Sozialdemokratie gelesen werden kann, die Forderung nach dem Wahlrecht für Frauen zu unterstützen. Der Stellenwert der Frauenanliegen war ein umstrittenes Thema innerhalb der Sozialdemokratie und Schlesinger, zunächst Mitglied im »Allgemeinen Österreichischen Frauenverein«, bevor sie 1897 der Sozialdemokratischen Arbeiterpartei beitrat, war nicht bereit, Frauenanliegen als reinen »Nebenwiderspruch« zu betrachten – was ihr sogleich parteiinterne Kritik einbrachte (vgl. Hauch 2008, S. 103f.; Geber 2013, S. 143f.). Der Text aus dem Jahr 1909 versucht für das Wahlrecht der Frauen zu werben, indem dieses als Mittel auf dem Weg zum Ziel beschrieben wird, der »Lohnsklaverei der ganzen Arbeiterklasse und der speziellen Unterdrückung der Arbeiterfrau ein Ende zu bereiten« (Schlesinger 1910, S. 27). Wenn auch Frauen wählen dürften, so die Autorin, würde die Zahl sozialdemokratischer Anhänger steigen und eine Umwälzung der gesellschaftlichen Verhältnisse schneller erreichbar sein. Die Lösung des vermeintlichen »Nebenwiderspruchs« ist somit keineswegs nebensächlich, sondern essentiell, um auch den »Hauptwiderspruch« zu bewältigen.

Der Text liefert viele sozialpsychologisch und soziologisch interessante Einblicke in die Lebenssituation der (weiblichen) Arbeiterschaft. Schlesinger nimmt eine quasi intersektionale Perspektive auf die Lebensumstände der Arbeiterinnen ein, indem sie von den »vielen Plagen und Schmerzen, unter denen die Arbeiterfrauen noch mehr als die Männer ihrer Klasse zu leiden haben« (Schlesinger 1910, S. 4) berichtet und damit Klasse und Geschlecht als einander verstärkende Ungleichheitsfaktoren skizziert. Der Alltag der Arbeiterinnen ist von Arbeitsunfällen, langen Arbeitszeiten, geringen Löhnen und mangelnder Altersvorsorge gekennzeichnet. Die Politik müsse durch entsprechende Gesetze zur Alters- und Invalidenversicherung sowie zur Witwen- und Waisenversorgung die Arbeitenden (Männer wie Frauen) besser schützen. Zugleich müssten die aus der spezifisch weiblichen Lebenssituation erwachsende Anliegen aufgegriffen und einer institutionellen Lösung zugeführt werden, etwa durch die unentgeltliche Aufnahme in Gebäranstalten, den Schutz vor und nach der Entbindung, sowie durch Unterstützung bei der Ernährung und Beaufsichtigung der Kinder. Frauenrechte werden als eng verknüpft mit der Sorge um das Kindeswohl dargestellt, etwa wenn die hohe Kindersterblichkeit auf die Überforderung der Arbeiterfrauen und letztlich auf deren Missachtung durch die Herrschenden zurückgeführt wird (Schlesinger 1910, S. 9). Die traditionelle Rollenteilung der Geschlechter wird von Schlesinger allerdings im gesamten Text vorausgesetzt und nicht generell hinterfragt. Es geht ihr nicht um die Emanzipation in den privaten Lebensverhältnissen, sondern um die Beteiligung der Frau am politischen Leben. In den Fokus rückt dabei u.a. auch die Steuergesetzgebung, die durch indirekte Steuern einen Preisanstieg für Lebensmittel bewirke. Während die Arbeiterschaft davon allgemein betroffen sei, weil sie den größten Anteil des Lohns für Lebensmittel ausgeben müsse, würden die Frauen besonders unter derartigen gesetzlichen Vorgaben leiden, weil sie es seien, die mit dem Haushaltsgeld ein Auslangen finden müssten.

Manche der von Schlesinger aufgeworfenen Themen sind auch 100 Jahre später noch Gegenstand von Erörterungen in der Geschlechterforschung und Gleichstellungspolitik, so etwa die geringeren Frauenlöhne bei gleicher Arbeit oder die besonders geringen Löhne in von Frauen dominierten Branchen (vgl. Schlesinger 1910, S. 13; Kreimer 2009, S. 46–50). Soziologisch interessant ist auch Schlesingers mit Robert K. Merton vergleichbare Argumentation im Hinblick auf das aus der Not entstehende abweichende Verhalten von Frauen, die genötigt seien, zu anderen Mitteln zu greifen, wenn sie ihre Familie nicht auf ehrliche Weise ernähren könnten (vgl. Schlesinger 1910, S. 14; Merton 1938). Schlesinger geht es jedoch nicht um die Erklärung abweichender Verhaltensweisen, sondern sie verwendet diese als Argumente für die notwendige Einführung von Mindestlöhnen und Arbeitslosenversicherung.

Schlesinger, Therese (1906/07): Die österreichische Wahlrechtsbewegung und das Frauenwahlrecht. In: *Die Neue Zeit* (Stuttgart) 1/5.

– (1910): *Was wollen die Frauen in der Politik?* (= Lichtstrahlen 19), 2. Aufl., Wien: Verlag der Wiener Volksbuchhandlung Ignaz Brand & Co.
Geber, Eva (2013): Therese Schlesinger – »Nichts ist kulturfeindlicher als die Demut des Weibes«. In: Dies. (Hg.), *»Der Typus der kämpfenden Frau«. Frauen schreiben über Frauen in der Arbeiterzeitung von 1900–1933*, Wien: Mandelbaum, S. 142–147.
Kreimer, Margareta (2009): *Ökonomie der Geschlechterdifferenz. Zur Persistenz von Gender Gaps*, Wiesbaden: VS-Verlag.
Merton, Robert K. (1938): Social Structure and Anomie. In: *American Sociological Review* 3/5, S. 672–682.

Weiterführende Literatur

Hauch, Gabriella (2008): Schreiben über eine Fremde. Therese Schlesinger (1863 Wien – 1940 Blois bei Paris). In: *Österreichische Zeitschrift für Geschichtswissenschaften* 19/2, S. 98–117.
– (2002): Schlesinger Therese geb. Eckstein. In: Britta Keinzel/Ilse Korotin (Hgg.), *Wissenschafterinnen in und aus Österreich. Leben – Werk – Wirken*, Wien/Köln/Weimar: Böhlau, S. 650–655.
Schlesinger, Therese (1919): *Die geistige Arbeiterin und der Sozialismus*, Wien: Heller.

Katharina Scherke

Ilse von Arlt – eine Wegbereiterin der Fürsorgeforschung und Wohlfahrtspflege

Das Lebenswerk Ilse von Arlts (1876–1960) galt der Aufklärung diverser Bedingungen und Wirkungen von Armutsprozessen sowie von Prozessen einer gedeihlichen Lebensführung, wodurch die Grundlage für eine effektive und effiziente Wohlfahrtspflege und Fürsorge geschaffen werden sollte. Diese Forschungen betrieb sie zu einer Zeit, in der beide Anliegen und noch mehr deren Verknüpfung erst ihren Anfang nahmen. An den maßgeblichen nationalökonomischen Lehrmeinungen ihrer Zeit kritisierte Arlt das dürftige empirische Ausgangsmaterial sowie die Vernachlässigung von Armuts-, Landwirtschafts- und Haushaltsproblemen. Auch ihre Analyse der im ausgehenden 19. Jahrhundert von Vertretern der deskriptiven Nationalökonomie angestellten Armutserkundungen fiel ernüchternd aus: Die erhobenen Arbeits- und Lebensumstände waren »nicht bis zu den letzten, nicht mehr teilbaren Tatsachen erfasst, also nicht eindeutig und, wenigstens für den naturwissenschaftlich Denkenden nicht wissenschaftlich verwertbar« (Arlt 2011, S. 88).

Diese Forschungslücke zu schließen, erklärte Arlt zu ihrer Aufgabe, die es erforderte, »allen Lebenseinzelheiten nachzugehen und die Gesetzmässigkeiten der Güter-Assimilation, also des Konsums, vom Menschenleben ausgehend, zu erforschen und den Wirtschaftsbegriffen der Produktion die aus einem unendlichen Material gewonnenen Konsumbegriffe gegenüberzustellen.« (Ebd.) Es ging Arlt um die Wechselwirkungen zwischen den gelebten Gepflogenheiten des Konsums und der davon beeinflussten Lebensqualität innerhalb des Spektrums von Gedeihen und Armut. In diesem Zusammenhang erachtete sie – über die Untersuchung der Erwerbsarbeitsbedingungen hinaus – auch die Erforschung der traditionell den Frauen überantworteten Aufgaben der Familienpflege und Haushaltsarbeit als notwendige Bedingung für faktenbezogene »öffentlich[e] Konsum- und Lebensregelungen« (ebd.) und sozialreformerische Bemühungen betreffend ArbeitnehmerInnenschutz, Kinder-/Jugendschutz, Erziehung, Bildung, Ernährung, Gesundheit, Hygiene, Wohnen und Erholung.

Eigene empirische sozial- und fürsorgewissenschaftliche Erkundungen begann Arlt zwischen 1902 und 1904 mit einer »Sammlung« zum Thema Kinderunfälle, welcher bis 1938 und von 1946 bis 1950 unter Mitarbeit ihrer Schülerinnen zahlreiche weitere Erhebungen zu diversen Aspekten der Armuts- und Gedeihensforschung folgten. Diese empirische Arbeit bildete ein zentrales Fundament ihres theoretischen und methodischen Ansatzes einer wissenschaftlich begründeten sozialen Hilfe, welchem in den von ihr initiierten »Vereinigten Fachkursen für Volkspflege« entsprechend Rechnung getragen wurde. Diese generalistische Ausbildung für in unterschiedlichen Hilfszweigen auch vorbeugend und sozialreformerisch wirkende Wohlfahrtspflegerinnen und Fürsorgerinnen sollte Frauen ein vielgestaltiges und an ihre traditionellen Betätigungen anschlussfähiges Berufsfeld eröffnen (vgl. Arlt 1910, 1911a, 1913b).

Arlts Ausbildungskonzept integrierte Grundlagenwissen unterschiedlicher, für die Fürsorge und Wohlfahrtspflege relevanter Fachgebiete, deren Überlappungsbereich den Kern des von ihr entwickelten bedürfnisorientierten Wohlfahrtspflegekonzepts bildet. In diesem werden die Grundlagen menschlichen Gedeihens in zentrale Bedürfnisse oder »Gedeihenserfordernisse« aufgefächert: Ernährung; Wohnung; Körperpflege; Kleidung; Erholung; Luft, Licht, Wärme, Wasser; Erziehung; Geistespflege; Rechtsschutz; Familienleben; ärztliche Hilfe und Krankenpflege; Unfallverhütung und Erste Hilfe; Ausbildung zu wirtschaftlicher Tüchtigkeit (vgl. Arlt 1921, S. 40f.). Jedes dieser Bedürfnisse weise hinsichtlich Art und Ausmaß seiner Befriedigung eine »Notgrenze« auf, bei deren längerfristiger Unterschreitung durch die Folgen der Deprivation auch die Chancen zur hinreichenden Befriedigung anderer Bedürfnisse beeinträchtigt werden, sodass der Gedeihensprozess geschwächt und der Armutsprozess verdichtet wird; dies wiederum mache ein Eingreifen der Fürsorge oder der Wohlfahrtspflege erforderlich. Um die richtigen Hilfsmaßnahmen in die Wege leiten zu können, sei Wissen über Armutsursachen und -wirkungen ebenso bedeutsam wie »die Kenntnis der besten, die der herrschenden, oft fehlerhaften, und endlich die der eben noch zulässigen Art der Befriedigung« der existentiellen Gedeihenserfordernisse (Arlt 1916, S. 4f.).

Zahlreiche der bis 1919 erschienenen Publikationen Arlts lassen sich retrospektiv als Suchbewegungen und Annäherungsschritte einerseits an die von ihr erstrebte Methode zum präzisen Ergründen und Verstehen der unterschiedlichen Aspekte der Armut, andererseits an eine gleichermaßen effektive wie effiziente Behebung der verschiedensten Gedeihensmängel lesen; verknüpft sind diese Schriften stets mit – teils immer noch aktuellen – konkreten lebensreformerischen und Armut vorbeugenden Ideen und Vorschlägen. In ihrer kritischen Untersuchung über »Die gewerbliche Nachtarbeit der Frauen in Österreich« (1902) begründet Arlt auf Basis empirischer Fakten, warum sie ein ausnahmsloses Nachtarbeitsverbot für Frauen und Jugendliche für unerlässlich hält. Großteils in Zusammenhang mit der sozialen Lage von Arbeiterinnen und arbeitenden Müttern widmet sie sich auch schwerpunktmäßig Fragen des Kindeswohls und des Kinderschutzes, wobei sie dafür plädiert, das Wohl des Säuglings und Kleinkindes durch die Unterstützung der Mutter zu fördern, und zwar im Besonderen durch Wöchnerinnenheime, Stillprämien, Mutterschaftsversicherungen und die Ausgestaltung des Arbeiterinnenschutzes (vgl. insb. Arlt 1904, 1912).

In mehreren Publikationen spricht sich Arlt auch für die Einrichtung neuer Fürsorgezweige und Volkspflegeaufgaben aus. Ihre Vorschläge reichen von der Einsetzung weiblicher Vormünder für mütterlose Kinder (Arlt 1911b) über die Schaffung ansprechender Möglichkeiten der »Geistespflege« für ArbeiterInnen (Arlt 1907), die Begrünung von Großstädten zur Linderung des »sommerlichen Großstadtelends« (Arlt 1909), die Einrichtung eines Systems spezialisierter Horte, um auch der armen Jugend die Förderung ihrer Talente und damit einhergehend die Entwicklung ihrer Persönlichkeit und ihres Charakters zu ermöglichen (Arlt 1913a), bis hin zur Forderung nach einer allgemeinen schulischen Unterweisung in »praktischer Lebenskunde« zum Zweck der Armutsprävention und der Unfallverhütung (Arlt 1914).

Die von Arlt in der Kriegszeit verfassten Publikationen thematisieren v.a. kriegsbedingt vorgenommene Änderungen im Rahmen ihrer Fachkurse, wie zusätzlich angebotene Intensivschulungen in Kriegsfürsorge, Horterziehung und Säuglingspflege (Arlt 1916). Von besonderem Belang sind in diesem Zusammenhang auch die im Rahmen der »Sammlungen Ilse Arlt« erzielten Erkenntnisse über die Vielfalt an Möglichkeiten zur Gewinnung gesunder und abwechslungsreicher Nahrung bei eingeschränkter Vorratslage (Arlt 1917). Bis 1919 arbeitete Arlt auch an der Fertigstellung ihres ersten Haupt- und Lehrwerks *Die Grundlagen der Fürsorge*, welches kriegsbedingt erst 1921 gedruckt werden konnte.

Arlt, Ilse (1902): Die gewerbliche Nachtarbeit der Frauen in Österreich. Bericht erstattet der internationalen Vereinigung für gesetzlichen Arbeiterschutz. In: *Schriften der österreichischen Gesellschaft für Arbeiterschutz* 1, S. 3–37.

– (1904): Die Fabriksarbeit verheirateter Frauen. In: *Die Zeit. Wiener Wochenschrift* 39/500 (30. April 1904), S. 49f.

– (1907): Die Wertheimsteinstiftung. In: *Österreichische Rundschau* 10, S. 309f.

– (1909): Sommerpflege. In: *Österreichische Rundschau* 20, S. 103–107.

– (1910): Thesen zur sozialen Hilfstätigkeit der Frauen in Österreich. Schlusssätze zu: Arthur Glaser, *Die Frau in der österreichischen Wohlfahrtspflege. Referat erstattet in der Frage »Le role de la femme dans l'assistance« auf dem internationalen Kongresse für öffentliche Armenpflege und pri-*

vate Wohltätigkeit in Kopenhagen 1910, hrsg. vom Österreichischen Komitee, Kopenhagen: J.H. Schultz Aktiengesellschaft, S. 61–67.
– (1911a): Ein künftiger Frauenberuf. In: *Neue Freie Presse* [Morgenblatt], 8. April 1911, S. 24–26.
– (1911b): Die Not der mutterlosen Kinder. In: *Der Bund. Zentralblatt des Bundes österreichischer Frauenvereine* 3/6, S. 5–7.
– (1912): Kann Kindermißhandlungen vorgebeugt werden? In: *Neue Freie Presse* [Morgenblatt], 3. August 1912, S. 20f.
– (1913a): Spezialisierte Horte. In: *Hefte für Volkswirtschaft, Sozialpolitik, Frauenfrage, Rechtspflege und Kulturinteressen* 491: *Kultur und Fortschritt. Neue Folge der Sammlung »Sozialer Fortschritt«*, Leipzig: Felix Dietrich, S. 3–10.
– (1913b): Der persönliche Faktor in der Fürsorge. In: *Zeitschrift für Kinderschutz und Jugendfürsorge* 8-9/5, S. 219–224.
– (1914): Verwalterinnen des Lebens. In: *Neue Freie Presse* [Morgenblatt], 11. Juli 1914, S. 22–24.
– (1916): *Erster Tätigkeitsbericht der Vereinigten Fachkurse für Volkspflege*, Wien: Verlag der Gesellschaft für Volkspflege.
– (1917): Die Bestandaufnahme der Kochvorschriften. In: *Neueste Erfindungen und Erfahrungen auf den Gebieten der praktischen Technik, Elektrotechnik, der Gewerbe, Industrie, Chemie, der Land- und Hauswirtschaft* 34, S. 431–436.
– (1921): *Die Grundlagen der Fürsorge*, Wien: Österreichischer Schulbücherverlag.
– (2011): Mein Lebensweg [o. J.]. In: Maria Maiss/Silvia Ursula Ertl (Hgg.), *Ilse Arlt – (Auto-)biographische und werkbezogene Einblicke*, Berlin: LIT Verlag, S. 81–130.

Weiterführende Literatur

Maiss, Maria (2013): Über Leben und Werk von Ilse Amalia Maria Arlt. In: Dies. (Hg.), *Ilse Arlt – Pionierin der wissenschaftlich begründeten Sozialarbeit*, Wien: Löcker, S. 7–75.

Maria Maiss

Olga Misař

Die politische Aktivistin, Journalistin und Schriftstellerin Olga Misař (1876–1950) hat eine Vielzahl von Publikationen hinterlassen. Sie beschäftigte sich analytisch mit vielfältigen sozialpolitischen Themen und formulierte praktische Reformvorschläge vor allem in Bezug auf die Gleichberechtigung der Geschlechter und die Gewaltfreiheit. Besonders diesen Überlegungen lagen anarchistische Positionen zugrunde.

In ihrer Tätigkeit für den Österreichischen Bund für Mutterschutz setzte sich Misař für das Ende der Diskriminierung unehelicher Mütter ein, forderte eine Legalisierung von Abtreibungen und die Einführung von staatlichen Unterstützungen bei Geburten. Ein weiteres ihrer Betätigungsfelder war der Kampf um das Frauenwahlrecht.

In ihrem Hauptwerk, der 1919 erschienen sexualethischen Schrift *Neuen Liebesidealen entgegen*, die bereits 1921 in zweiter unveränderter Auflage erschien und heterosexuelle Beziehungen in den Fokus nahm, bekräftigte Misař ihre Kritik am traditionellen Frauenbild und dem Umgang mit der Mutterschaft. Mit diesem Text schrieb sie sich gewissermaßen in den transnationalen Diskurs um freie Liebe ein, der Liebe von der Ehe entkoppelt sehen wollte und der besonders von kirchlicher und bürgerlicher Seite vehement angegriffen wurde. Misař nahm eine kritische Haltung zu Positionen der Kirche ein und prangerte ihrerseits vehement deren Einfluss auf die Gesetzgebung an, die die Ehe als einzig legitime Verbindung für das Ausleben der Sexualität definierte. Rigide Moralvorstellungen innerhalb der bürgerlichen Frauenbewegung beanstandete sie ebenso, und sie scheute sich nicht, das Tabuthema der Bedeutung erfüllter Sexualität in Liebesbeziehungen für beide Geschlechter zu erörtern.

Auch wenn Misař differenztheoretische Ansätze vertrat, betonte sie die Gleichheit der Geschlechter in Bezug auf Liebes- und Gefühlsbeziehungen und sprach mit der Verantwortung der Väter für die Erziehung einen Fragenkomplex an, der bis heute Brisanz hat. Sie formulierte auch praktische Vorschläge bezüglich der Versorgung der Kinder. Finanzielle Unabhängigkeit von Frauen durch Berufstätigkeit erklärte sie zur Grundlage für »freie Verhältnisse«. Materielle Unterstützung der Kinder sollten beide Elternteile leisten, unterstützt durch eine staatliche Elternschaftsversicherung und eine Mutterrente für Erziehungsarbeit. Wesentlich erschien ihr das Aufbrechen moralischer oder dogmatischer Einstellungen auf sexuellem Gebiet, und sie verlangte, dass man »Menschen wegen ihres Verhaltens in der Liebe nicht richten, nicht verurteilen, und vor allem nicht verfolgen« solle (Misař 1919, S. 59).

Mit ihrem friedenspolitischen Engagement während des Ersten Weltkrieges überschritt Misař die Grenzen traditioneller Frauenpolitik. Diesem Bestreben lagen geschlechtsspezifische Zuschreibungen und Differenzierungen, z.B. Vorstellungen einer stärkeren Friedensliebe von Frauen, zugrunde. Ihr kompromissloses Eintreten für Gewaltfreiheit bestimmte ihr weiteres politisches Handeln in der Ersten Republik und in ihren internationalen Aktivitäten. In der zweiten Hälfte der 1920er Jahre versuchte sie eine stärkere Zusammenarbeit von Friedensorganisationen unterschiedlicher Weltanschauungen zu befördern.

Ein Anliegen war der im Bund der Kriegsdienstgegner aktiven Misař auch die historische Aufarbeitung der Kriegsdienstverweigerung. Gemeinsam mit der Friedensaktivistin Martha Steinitz und der deutschen Feministin und Pazifistin Helene Stöcker gab sie 1923 die Broschüre *Kriegsdienstverweigerer in Deutschland und Österreich* heraus und übersetzte John William Grahams Studie *Friedenshelden im Weltkrieg* (1926), eine Geschichte der englischen Kriegsdienstverweigerer. Zum einen aufgrund ihrer Vertreibung aus Österreich, zum anderen aufgrund der Marginalisierung, die ihr durch ihr Naheverhältnis zum Anarchismus widerfuhr, fanden ihre Ideen im akademischen Umfeld kaum Rezeption.

Graham, John W. (1926): *Friedenshelden im Weltkrieg. Die Geschichte des Kampfes gegen die allgemeine Wehrpflicht in England von 1916–1919* [1922], übersetzt von Olga Misař, Berlin: Quäker-Verlag.

Misař, Olga (1919): *Neuen Liebesidealen entgegen*, Leipzig/Wien: Anzengruber Verlag.

Rath, Brigitte (2017): »Das ist a mal a Red!« Liebesdiskurse zu Beginn des 20. Jahrhunderts. In: Olga Misař, *Neuen Liebesidealen entgegen. Eingeleitet von Brigitte Rath* (= Institut für Anarchismusforschung/Schriften, Bd. 5), Wien: edition grundrisse, S. 13–58.

Steinitz Martha/Olga Misař/Helene Stöcker (Hg.) (1923): *Kriegsdienstverweigerer in Deutschland und Österreich*, Berlin: Die Neue Generation.

Weiterführende Literatur

Müller-Kampel, Beatrix (Hg.) (2005): *»Krieg ist Mord auf Kommando«. Bürgerliche und anarchistische Friedenskonzepte. Bertha von Suttner und Pierre Ramus*, Nettersheim: Graswurzelrevolution, S. 56, 243–254.

Rath, Brigitte (2010): Olga Misar oder: Die Vielfalt der Grenzüberschreitungen. In: *Ariadne* 57, S. 44–48.

– (2015): »… ehe Sie Europa für immer verlassen.« Biographie und Exil. In: Julia Maria Möring/Anna Orlikowski (Hgg.), *Exil Interdisziplinär*, Würzburg: Königshausen & Neumann, S. 35–49.

– /Barbara Heller-Schuh (2016): »In Fühlung treten«. Netzwerke in der Frauen- und Friedenspolitik. In: Christine Fertig/Margareth Lanzinger (Hgg.), *Beziehungen – Vernetzungen – Konflikte. Perspektiven Historischer Verwandtschaftsforschung*, Köln/Weimar/Wien: Böhlau, S. 233–255.

Brigitte Rath

Siegfried Bernfeld: »Die neue Jugend und die Frauen« (1914)

Bei Siegfried Bernfelds Text über »Die neue Jugend und die Frauen« von 1914 handelt es sich um ein frühes Werk des Autors, das noch ganz im Zeichen seines Engagements für die Jugendkulturbewegung steht. Während Bernfelds Dissertation *Über den Begriff der Jugend* (1915) und auch seine späteren Arbeiten (etwa *Sisyphos oder die Grenzen der Erziehung* von 1925 oder *Trieb und Tradition im Jugendalter. Kulturpsychologische Studien an Tagebüchern* von 1931) als bedeutend für die Soziologie erachtet werden können, weil sie als Beiträge zur Jugendforschung und auch als Vorläufer der Biographieforschung gelten können (vgl. Müller 1995, S. 42), handelt es sich bei der eingangs genannten Schrift um ein programmatisches Werk, in dem für die gesellschaftsverändernde Funktion der neuen Jugend geworben wird; Relevanz kommt diesem vor allem als Zeitzeugnis für die politischen Auseinandersetzungen um die Stellung der Frauen und der Jugend seit der Jahrhundertwende zu.

Im Hinblick auf die sogenannte »Frauenfrage« ist die Schrift insofern interessant, als Bernfeld sehr klar die Doppelbelastung der Frau skizziert und damit hier sehr früh Einblick in eine sich wandelnde Gesellschaftsstruktur gibt. Bernfeld ist bestrebt, für die Inhalte der Jugendkulturbewegung zu werben und argumentiert, dass insbesondere die Frauen als Mitstreiter der Jugendkulturbewegung angesprochen werden könnten. Frauen erscheinen in seiner Argumentation nicht als Teil der Jugend, sondern als eine Gruppe sui generis, deren Sympathien es zu gewinnen gilt. Nicht die Erziehung der weiblichen Jugend oder die Koedukation, die etwa in den ersten Freideutschen Schulversuchen gelebt wurde, sondern lediglich die Mitstreiterfunktion der Frauen ist es, die Bernfeld im Titel des Textes, bei dem es sich um das Manuskript einer Rede handelt, zum Ausdruck bringt.

Jugend wird hier, wie in den späteren Schriften Bernfelds, klar als eigener Lebensabschnitt beschrieben, der von dem Ideal der Selbsterziehung geprägt sein sollte, welche außerhalb des traditionellen Familienverbandes in gemeinschaftlichen, selbstorganisierten Zusammenschlüssen von Jugendlichen – den »Freien Schulgemeinden«, wie etwa der von Gustav Wyneken 1906 gegründeten – erfolgen sollte. (Bernfeld konnte 1921 einige seiner Ideen kurzzeitig in einem Schulversuch, dem Kinderheim Baumgarten, erproben, in welchem auch die von ihm mitentwickelte psychoanalytische Pädagogik eine erste praktische Umsetzung fand.) Auf diese Weise könne dem besonderen Charakter der Jugend, ihrer Eigenart und ihrem – im Unterschied zur Kindheit und zum Alter – besonderen Gefühlsleben Rechnung getragen werden (vgl. Bernfeld 1914, S. 13–15). Ausgehend von der Jugendkulturbewegung sollte eine Erneuerung der gesamten Kultur möglich sein. »Die Erwachsenen haben die Aufgabe, produktiv an der Kultur zu arbeiten, neue Werke zu schaffen, alte zu vermehren. Die Jugend hat die Aufgabe, Kultur fortzupflanzen. Sie ist das unbeschriebene Blatt, auf das die Summe der Kultur geschrieben werden soll, damit sie ewig werde« (ebd., S. 16). Bernfeld argumentiert hier im Hinblick auf das zu überzeugende Publikum, dass nicht die Ablehnung alter Kulturwerte Ziel der Jugendbewegung sei, sondern das Bestreben, deren Aneignung und Vermehrung im Einklang mit den besonderen Bedürfnissen der Jugend voranzutreiben: »[...] unser Dasein ist ja gar nicht anders verständlich als aus unserer Aufgabe, Kulturgüter in uns aufzunehmen, Werte zu erfassen, aber wir wollen es auf unsere eigene Art tun« (ebd.). Der Einfluss der Familie auf die Erziehung der Jugendlichen müsse eingeschränkt werden, und genau in diesem Bestreben verortet Bernfeld gemeinsame Interessen zwischen der Jugendbewegung und der Frauenbewegung. Er plädiert dafür, das Erziehen als eine Berufstätigkeit zu verstehen und hinterfragt damit die der Frau traditionell zugedachte Rolle der »geborenen Erzieherin« (ebd, S. 23). Sowohl die Doppelbelastung mancher Frauen durch die von ihnen erwartete Erziehungsarbeit in der Familie bei gleichzeitiger Ausübung eines anderen außerhäuslichen Berufs wird von Bernfeld thematisiert, als auch allgemein die Überforderung der Frauen durch die Erziehungsaufgaben, für die »die Frau so wenig als Erzieherin geboren wird, wie der Mann als Advokat« (ebd, S. 24).

Der Kampf der Frauen um eine eigene Berufstätigkeit und der Kampf der Jugend um die Möglichkeit, sich in autonomen Schulgemeinden zu organisieren, werden als einander wechselseitig unterstützend dargelegt; zugleich wird auf diese Weise Kritik am bürgerlichen Familienbild und den Idealen bürgerlicher Pädagogik geübt.

Bernfeld, Siegfried (1991): Die neue Jugend und die Frauen [1914]. In: Ders., *Sämtliche Werke in 16 Bänden*, Bd. 1: *Theorie des Jugendalters. Schriften 1914–1938*, hrsg. von Ulrich Hermann, Weinheim/Basel: Beltz, S. 10–42.

Dudek, Peter (2002): *Fetisch Jugend. Walter Benjamin und Siegfried Bernfeld. Jugendprotest am Vorabend des Ersten Weltkriegs*, Bad Heilbrunn: Verlag Julius Klinkhardt.

Müller, Burkhard (1995): Siegfried Bernfeld (1892–1953). In: Reinhard Fatke/Horst Scarbath (Hgg.), *Pioniere Psychoanalytischer Pädagogik*, Frankfurt a.M. u.a.: Peter Lang, S. 37–52.

Weiterführende Literatur

Fallend, Karl/Johannes Reichmayr (Hgg.) (1992): *Siegfried Bernfeld oder Die Grenzen der Psychoanalyse. Materialien zu Leben und Werk*, Basel/Frankfurt a.M.: Stroemfeld.

Kaufhold, Roland (Hg.) (1993): Pioniere der Psychoanalytischen Pädagogik: Bruno Bettelheim, Rudolf Ekstein, Ernst Federn und Siegfried Bernfeld. In: *psychosozial* 53/1.

Paul, Rainer (2010): Siegfried Bernfeld – ein Wegbereiter der Psychoanalytischen Pädagogik. In: Evelyn Heinemann/Hans Hopf (Hgg.), *Psychoanalytische Pädagogik. Theorien – Methoden – Fallbeispiele*, Stuttgart: Kohlhammer, S. 14–29.

KATHARINA SCHERKE

VIII. Soziologie des Krieges und des Friedens

1. KRIEGSANALYSEN

Friedrich Hertz: *Recht und Unrecht im Boerenkriege. Eine historisch-politische Studie* (1902)

Zentrale Aussagen

Als im Jahre 1902 der gerade einmal 24-jährige Friedrich Hertz (1878–1964) seine »historisch-politische Studie« über *Recht und Unrecht im Boerenkriege* der Öffentlichkeit überantwortete, war der Erste Weltkrieg als Zivilisationskatastrophe des 20. Jahrhunderts noch nicht geschehen. Wohl aber gab es das hektische Ringen der europäischen Großmächte, der USA und Japans in der global gewordenen Staatenkonkurrenz, die immer wieder zu Kriegen an der Peripherie führte. Zugleich entwickelte sich in den beteiligten Staaten eine emotionalisierte öffentliche Meinung, in der nationale Wir-Gefühle auf die Perzeption des Verhaltens der jeweiligen Konkurrenzstaaten einwirkten. Friedrich Hertz gelang es in dieser 150 Seiten starken Studie durch eine empirisch fundierte Analyse der öffentlichen Meinung in Deutschland und im deutschsprachigen Teil der Habsburger Monarchie zu zeigen, dass diese in ihrer Einschätzung des britischen Vorgehens gegen die südafrikanischen Buren infolge des Konkurrenzverhältnisses zum britischen Empire stark von britenfeindlichen Emotionen geprägt war. Anders als es in der deutschsprachigen Presse dargestellt wurde, waren die holländisch-stämmigen bzw. hugenottisch-französischen Siedler keine unschuldigen Opfer, sondern selbst seit der in der Mitte des 17. Jahrhunderts beginnenden Vorgeschichte des Konflikts oft auch engstirnige, die Eingeborenen recht ungehemmt traktierende Konkurrenten der gleichzeitig erfolgenden britischen Kolonisation. Diese hatte mit der Kontrolle des Seewegs nach Indien zu tun. Erst die Wanderungsbewegung der Buren in das später so genannte Oranje- und Transvaalgebiet schuf in ständigen Kriegen eine militante Bauern- und Grenzergesellschaft und damit einen Staat, der 1852 von den Briten anerkannt wurde. Nach einer Niederlage der Buren gegen Schwarzafrikaner vom Stamm der Pedi wurde 1877 Transvaal von den Briten annektiert, erhielt aber 1884 unter der Bedingung der Anerkennung der britischen »Suzeränität« (Oberhoheit) weitgehende Autonomie. Der aktuelle Konflikt, der zu den »Burenkriegen« der Briten gegen die weißen Siedler führte, begann erst mit dem Goldrausch ab 1886 und dem immer stärker werdenden »Expansionsdrang fast aller Großstaaten« aus wirtschaftlichen Gründen (Hertz 1902, S. 28). In dem dann sich entfaltenden Konflikt stellt Hertz die Logik eines sozialen Prozesses heraus, in dem beide Parteien – Briten wie Buren – Zug um Zug auf den Krieg zusteuerten, ohne dass man nur einer Seite die Schuld geben konnte; während der Goldrausch zu massiver Einwanderung führte, verweigerten die Buren mit ihrem halsstarrigen Habitus den (oft englischsprachigen) Neusiedlern Wahlrecht und politische Teilhabe und spielten so den Briten in die Hände, die sich – dabei durchaus ihren geopolitischen Ambitionen und Zwängen folgend – zu Anwälten der politischen Rechte jener Neusiedler aufschwingen konnten. Was die Darstellung des Krieges von 1899 bis 1902 anlangt, so bemüht sich Hertz um äußerste Objektivität und versucht, mittels unverdächtiger Zeugen die Anklage gegen die Briten hinsichtlich ihrer Methoden der Kriegsführung von Übertreibungen zu reinigen. Das Buch schließt mit einer Würdigung der humanistischen Kreise Englands, die sich bemühten, »Eigendünkel und Hochmut aus der Seele des englischen Volkes zu vertreiben« (Hertz 1902, S. 143). Hertz' wohl wichtigste Absicht war es, das immer schlechtere Bild Englands in der deutschen öffentlichen Meinung zu korrigieren; tatsächlich sollte diese, gespiegelt in der kaum weniger deutschfeindlichen Presse Englands, einen nicht geringen Anteil am Abdriften in den Großen Krieg 1914 bis 1918 haben.

Die Soziologie von Hertz in der Wahrnehmung von Mit- und Nachwelt

Hertz' Werk hat drei Hauptgebiete berührt, nämlich die Volkswirtschaftspolitik (vornehmlich des Donauraums), die politische Soziologie und die Sozialgeschichte. Die hier besprochene Studie ist den beiden letzteren Feldern zuzuordnen, wurde aber als Frühwerk von deren Vertretern nicht rezipiert. Die von Hertz eingangs angestellten Überlegungen, dass es wohl kaum rassentheoretisch fassbare Differenzen zwischen Buren und Engländern gebe, die den blutigen Konflikt erklären könnten, leiten schon über zu seiner Kritik biologistischer Rassentheorien (vorgebracht in »kritischen Essays« über *Moderne Rassentheorien*, Wien 1904), die von Alfred Ploetz, einem ihrer lautstärksten Vertreter, als Herausgeber des *Archivs für Rassen- und Gesellschaftsbiologie* 1905 immerhin rezensiert wurde (vgl. Weindling 2006, S. 265). In den folgenden Jahren vor und auch nach dem Krieg wurde Hertz zu einem ständigen Teilnehmer an den kritischen Diskursen zur Eugenik und zur Rassenhygiene. Seine späteren Arbeiten zur Bedeutung der Nation als soziologischer Kategorie blieben zwar nicht unbemerkt (vgl. etwa Hayes 1945; Rupp-Eisenreich 1997), fanden aber trotzdem nicht in den sozialhistorischen und analytischen Diskurs der 1980er Jahre, wie er etwa von Ernest Gellner, Eric Hobsbawm, Anthony D. Smith oder Benedict Anderson geprägt wurde.

Der Wert der Studie zum Burenkrieg für den Diskurs von heute

Obwohl Hertz' frühe Arbeit über den Burenkrieg in erster Linie als ein zwar wissenschaftlich argumentierender, aber im Ringen um die deutschsprachige öffentliche Meinung doch nicht unpolemischer Beitrag verstanden werden sollte, deren Einseitigkeit und Verengung er in aller analytischen Klarheit sichtbar machte, kann man sie auch heute noch soziologisch gewinnbringend lesen. Es handelt sich um eine empirische Arbeit, was die Rekonstruktion der öffentlichen Meinung aus zahlreichen Zeitungskommentaren anlangt; man könnte eine solche heute vielleicht mit mehr statistischer und datenanalytischer Reflexion bewerkstelligen, aber an der Grundaussage würde sich vermutlich nicht viel ändern. Als Studie zur Genese eines »Feindbilds« vermeidet sie die begriffliche Naivität so mancher zeitgenössischen Denkpraxis, für die es genügt, etwas als »Feindbild« (oder als Bild vom »Anderen«) zu charakterisieren, ohne die Konflikte selbst zu thematisieren, aus denen heraus feindselige Sichtweisen wahrscheinlicher werden. Hertz hat seine Analyse der öffentlichen Meinung um den weit in die Vergangenheit reichenden Prozess erweitert, der als Vorgeschichte und danach als politische Geschichte des Konflikts selbst prägend wirksam geworden ist. Er verbindet somit historische Soziologie mit aktueller »Medienanalyse« – in einer Weise, die auch heute noch nicht oft erreicht wird. Und zuletzt bietet das Werk für jeden heute über internationale Beziehungen Forschenden ein Lehrstück, wie sich die Bilder der Nationen und Staaten voneinander in einer Weise verändern, die die Matrix künftiger Handlungsmöglichkeiten entscheidend beeinflussen kann.

Hayes, Carlton J. H. (1945): Nationality in History and Politics. A Study of the Psychology and Sociology of National Sentiment and Character. By Frederick Hertz [Rezension]. In: *Political Science Quarterly* 60/2, 279–282.

Hertz, Friedrich (1902): *Recht und Unrecht im Boerenkriege. Eine historisch-politische Studie*, Berlin: Dr. John Edelheim Verlag.

Rupp-Eisenreich, Britta (1997): Nation, Nationalität und verwandte Begriffe bei Friedrich Hertz und seinen Vorgängern. In: Csaba Kiss/Endre Kiss/Justin Stagl (Hgg.), *Nation und Nationalismus in wissenschaftlichen Standardwerken Österreich-Ungarns ca. 1867–1918*, Wien/Köln/Weimar: Böhlau, S. 92–111.

Weindling, Paul J. (2006): Central Europe Confronts German Racial Hygiene. In: Marius Turda/Ders. (Hgg.), *Blood and Homeland. Eugenics and Racial Nationalism in Central and Southeast Europe*, Budapest/New York: Central European University Press, S. 263–278.

Weiterführende Literatur

Bearman, Marietta et al. (Hgg.) (2007): *Out of Austria. The Austrian Centre in London in World War II*, London/New York: Tauris Academic Studies.

Helmut Kuzmics

Heinrich Gomperz' *Philosophie des Krieges* (1915)

Anfang 1915, im ersten, noch durchaus hoffnungsfrohen Kriegswinter, hielt Heinrich Gomperz (1873–1942) »acht volkstümliche Universitätsvorträge« zur *Philosophie des Krieges*. Wie er angesichts der Dichte seiner – in der schriftlichen Fassung auf immerhin gut 250 Seiten ausgeführten – Vorlesungen in etwas übertriebener Bescheidenheit meinte, handelt es sich bei seiner Erörterung des philosophischen Denkens über Krieg und Frieden lediglich um eine unvollständige Darstellung »in Umrissen«, da aufgrund der knappen Vorbereitungszeit (er war erst Anfang Dezember 1914 damit betraut worden, schon ab Mitte Jänner 1915 in wöchentlicher Folge zu sprechen) und des eingeschränkten Quellenzugangs eine wirklich eingehende Behandlung des Themas nicht möglich gewesen sei (vgl. Gomperz 1915, S. VIIf.). Als ein gravierenderer Mangel des kriegsbedingt erst im August 1915 veröffentlichten Buches erweist sich aus heutiger Sicht jedoch vielmehr der Wunsch des Autors, mit seinen Ausführungen eine »etwaige praktische Wirkung« zu erzielen (ebd., S. VIII). So differenziert und systematisch seine Darlegung auch ist, und so sehr sie vom Bemühen um eine gerechte und ausgewogene Beurteilung der aktuellen Geschehnisse und der Kriegsgegner Österreich-Ungarns getragen ist – von der Kriegsbegeisterung jener Tage blieb doch auch der in der Regel betont sachlich argumentierende Philosoph nicht unberührt.

Der thematische Bogen von Gomperz' Vorlesungsreihe spannt sich von einer allgemeinen Einführung in den Gegenstand (1) über Untersuchungen der positiven Folgen des Krieges (2) sowie der speziellen Fragen von Krieg und Frieden (3) bzw. Moralität (4), Recht (5) und »Staatsinteresse« (6) bis hin zur Kritik einer weltbürgerlichen Perspektive und idealistischer Friedenskonzeptionen (7, 8). Schon Gomperz' einleitende – und keineswegs als bloß rhetorische Floskeln aufzufassende – Worte zeugen von der patriotischen Aufwallung, die auch ihn erfasst hatte und die Hoffnung in ihm nährte, hinter der Front das Seine dazu beitragen zu können, jenen »Geist« in der »öffentlichen Meinung« heraufzubeschwören, der für den Ausgang eines Krieges noch viel entscheidender sei als die Stärke, Bewaffnung oder Organisation der Truppe (ebd., S. 3f.). Der Ernsthaftigkeit und Aufrichtigkeit seiner Befassung mit den grundsätzlichen, also im eigentlichen Sinne philosophischen Fragen rund um Krieg und Frieden tut diese kriegsbejahende Haltung (wie auch seine nuancierte, niemals feindselige Parteilichkeit) freilich keinen Abbruch. Explizit *nicht* als philosophische Frage gelten lassen will Gomperz dabei aber beispielsweise die nach der »Rechtmäßigkeit des Krieges« in seinen verschiedenen Formen (ebd., S. 11) oder die noch viel grundlegendere, ob der Krieg per se »etwas Schlechtes oder etwas Gutes« sei (ebd., S. 9) – aber er hält diese selbstauferlegte Einschränkung nicht lange durch und kreist alsbald genau um diese und andere prinzipielle Probleme, die er jedoch meist anhand historischer Beispiele oder aktueller politischer Betrachtungen gekonnt operationalisiert. Gerade in solchen Fällen zeigt sich oft auch eine gewisse politologische oder soziologische Qualität seiner Ausführungen, so z.B. wenn er bei der Erörterung der Frage, ob nicht wenigstens ein »aussichtsreicher« Krieg »rechtens« geführt werden dürfte, von jenen »Kraftquellen« spricht, die durch die entfesselte soziale Dynamik »erst im Kriege selbst zutage treten« und einer Partei als ungeahnte »Machtmittel« wider alle zu Beginn der Auseinandersetzung bestehende Wahrscheinlichkeit doch noch zum Sieg verhelfen können (vgl. ebd. S. 12f. sowie 48ff.).

Gomperz hält zunächst auch die Klärung der Frage, ob sich eine »gute Sache« finden ließe, für die ein Krieg nach sachlich berechtigten und objektiv nachvollziehbaren Kriterien begonnen werden dürfte (ebd., S. 25), a priori für unmöglich (ein solches Urteil könne erst die Nachwelt aufgrund des Ausgangs eines Krieges – und somit aus der Perspektive des Siegers – fällen; vgl. ebd., S. 251), weshalb sie ebenfalls als Untersuchungsgegenstand ausscheidet. Dennoch hält er den Krieg an sich für eine der »unvermeidlichen Erscheinungen« des sozialen Lebens der Menschen – und für eine in vielerlei Hinsicht »segensreiche« Sache (die aber deshalb noch lange nicht als uneingeschränkt »gut« gelten oder gar verherrlicht werden dürfe; ebd., S. 28f., 32). Mit dieser Einschätzung knüpft er natürlich an Heraklits berühmtes Diktum vom Krieg als Vater aller Dinge an, der eine Einigung zuvor nur lose verbundener Gruppen unter einer einheitlichen Führung und damit in weiterer Folge die Entstehung sozial gegliederter Gemeinschaften bewirkt. Gomperz verweist in diesem Zusammenhang ausdrücklich auf Auguste Comtes These vom »militärischen Geist« als unentbehrlicher Triebkraft »für die Bildung und Ausgestaltung menschlicher Gemeinschaften« – der Krieg fungiert demnach als »das eigentlich stammes- und später staatenbildende Prinzip« (ebd., S. 33). Krieg bedeute aber schlechthin »Bewegung, Erneuerung, Leben« – erst durch ihn kommt somit das Moment der Entwicklung in die Geschichte (ebd., S. 38). Menschliche »Gemeinschaften« als organische, »lebendig[e] Einheiten« machen also vor allem durch Konflikte jenen fortwährenden, dynamischen Wandel durch, der sie zu einem höheren Grad der Differenzierung befähigt und sie beispielsweise eine »weitgehende Arbeitsteilung« hervorbringen lässt (S. 41f.; eine explizite Referenz auf Émile Durkheim sucht man hier vergebens).

Auch hinsichtlich der Wechselbeziehung von Krieg und Frieden knüpft Gomperz bei einem Denker der klassischen Antike an und erinnert an Platons Rat, den Krieg schon im Frieden und den Frieden im Krieg vorzubereiten. An dieser zum Gemeinplatz gewordenen Einsicht macht Gomperz seine Gegnerschaft zum Pazifismus fest, denn er hält es für geradezu fahrlässig, ihr nicht Rechnung zu tragen (vgl. ebd., S. 60). Die Idealisierung des Friedens betrachtet er überhaupt als das Symptom der »geschwächte[n] [...] Lebenskraft« einer im Niedergang begriffenen Gemeinschaft (ebd., S. 76f.); umgekehrt bewundert er den »Mut« und die »Bereitwilligkeit des Einzelnen, für die Erhaltung des Ganzen [...] sich selbst und seine Nächsten aufs Spiel zu setzen« (ebd., S. 81). Trotz aller mit dem Krieg verbundenen Opfer hält er den Frieden also nicht wie Platon per se für wünschenswerter als den Krieg – schließlich können »beide als Mittel zu dem höheren Zweck des *Lebens*« dienen (ebd., S. 66, 80). Welches der beiden Mittel sich nun als geeigneter erweisen wird, hänge von der bevorzugten »Wirtschaftsform« eines Volkes ab. Dass sich, wie Comte und

Herbert Spencer meinten, an der »allmähliche[n] Verdrängung des kriegerischen durch den industriellen Zustand« ein »Fortschritt der Menschheit« ablesen lasse, sieht prinzipiell auch Gomperz so; allerdings wird damit nur eine spezifische (und eher primitive) Form des Krieges – nämlich der »Aneignungskrieg« – durch eine andere ersetzt, denn aus der geänderten Interessenlage industrieller Gesellschaften ergeben sich rasch neue Kriegsgründe wie der Kampf »um Rohstoffe und Absatzgebiete« (ebd., S. 68ff.). Anstelle des von Comte erwarteten friedlichen Zeitalters brach somit vielmehr, wie Gomperz ausführt, die Ära eines neuen Typs von Kriegen an, der sehr bald als der »eigentliche Krieg« wahrgenommen wurde (ebd., S. 71), nämlich der (seit dem Krimkrieg 1853–56 zunehmend industriell geführte) »Volkskrieg«, in dem nicht mehr wie in früheren Zeiten Söldner oder Berufssoldaten aufeinandertreffen, sondern wehrpflichtige Staatsbürger.

Diese veränderte Zusammensetzung der Heere korrespondiere auch mit einer Veränderung der Gründe, aus denen Kriege geführt werden: Nicht mehr dynastische oder andere vergleichsweise nichtig erscheinende Motive stehen im Vordergrund, sondern die wirklichen, rational begründeten »Volksinteressen« wie z.B. »staatliche Einheit des Volksganzen, Entfaltung der volksmäßig-eigenartigen Bildung [Sprache, Kultur], Möglichkeit und Erweiterung der Wirtschaftstätigkeit« (ebd., S. 167). Es sind vitale »Lebensinteressen« dieser Art, die die Existenz eines Volkes zu sichern imstande sind, die für Gomperz sehr wohl legitime Kriegsgründe (also eine »gute Sache« im zuvor bestrittenen Sinn) konstituieren.

Gomperz, Heinrich (1915): *Philosophie des Krieges in Umrissen. Acht volkstümliche Universitätsvorträge gehalten zu Wien im Januar und Februar 1915*, Gotha: Perthes.

Weiterführende Literatur

Rauchensteiner, Manfried (1993): *Der Tod des Doppeladlers. Österreich-Ungarn und der Erste Weltkrieg*, Graz/Wien/Köln: Styria, sowie in überarb. und erw. Neuausgabe aufgelegt als: Ders., *Der Erste Weltkrieg und das Ende der Habsburgermonarchie 1914–1918*, Wien/Köln/Weimar: Böhlau 2013.

Rumpler, Helmut (Hg.) (2016): *Die Habsburgermonarchie 1848–1918*, Bd. 11.1: *Die Habsburgermonarchie und der Erste Weltkrieg*, 1. Teilbd.: *Der Kampf um die Neuordnung Mitteleuropas*, Teil 1: *Vom Balkankonflikt zum Weltkrieg*; Teil 2: *Vom Vielvölkerstaat Österreich-Ungarn zum neuen Europa der Nationalstaaten*, Wien: Verlag der Österreichischen Akademie der Wissenschaften.

– /Anatol Schmied-Kowarzik (Hgg.) (2013): *Die Habsburgermonarchie 1848–1918*, Bd. 11.2: *Die Habsburgermonarchie und der Erste Weltkrieg*, 2. Teilbd.: *Weltkriegsstatistik Österreich-Ungarn 1914–1918. Bevölkerungsbewegung, Kriegstote, Kriegswirtschaft*, Wien: Verlag der Österreichischen Akademie der Wissenschaften.

Georg Witrisal

Wilhelm Jerusalem und die Soziologie des Krieges

Hauptthesen

In der von Wilhelm Jerusalem (1854–1923) im Oktober 1918 veröffentlichten kurzen Abhandlung über »Moralische Richtlinien nach dem Kriege« steht der Satz: »Der Krieg hätte vielleicht eine Gesellschaftslehre selbst geschaffen, wenn sie nicht schon vorher bestanden hätte« (Jerusalem 1918, S. 8). Er zeigt den überragenden Einfluss, den das Jahrhundertphänomen des großen Krieges auf das Fühlen und Denken dieses heute weitgehend vergessenen Soziologen hatte; es zwang ihn, »den« Krieg auch soziologisch ernst zu nehmen. In seinem Buch *Der Krieg im Lichte der Soziologie*, das schon 1915 erschienen war, hatte sich Jerusalem dieser Aufgabe in weit ausholender, aber auch zugleich zeitdiagnostischer Manier gestellt.

Wilhelm Jerusalem sieht in der Entwicklung der Menschheit zwei konträre Kräfte am Werk. Da ist einerseits der Prozess der Individualisierung, zu dem komplexere Arbeitsteilung, Wissenschaft und internationaler Handel hinführen. Zu ihm gehört die Herausbildung freier Persönlichkeiten mit sittlicher Autonomie und innerer Souveränität; menschliche Bedürfnisse werden immer komplexer und vielschichtiger, bis sie sogar – in Religion, Ästhetik, Pädagogik am Vorabend des Krieges – zu einem extremen, ja »antisozialen« Individualismus führen. Da ist aber andererseits auch ein Prozess, den man als entgegengesetzt einstufen kann: Es entstehen Staaten als »Machtorganisationen«, die sich permanent auf Angriffe anderer und die Bereitschaft zum Völkermord einstellen müssen. Das mag nicht besonders erfreulich sein; aber diese Staaten erzeugen auch Loyalität, Gefühle absoluter, rauschhafter Hingabe, was für Jerusalem besonders bei Ausbruch des Krieges im August 1914 (dargestellt in Jerusalem 1915) infolge der Mobilisierung von Volksheeren in Deutschland und Österreich eine auch von ihm empathisch geteilte Erfahrung geworden war. Ein zweiter Gegenspieler des Trends zum Individualismus ist der zum Sozialismus; dieser hängt mit der Industrialisierung und der Entstehung der Arbeiterschaft zusammen. Wir haben also im Weltkrieg eine widersprüchliche soziale Konstellation vor uns – einerseits eine staatliche Machtorganisation, die wie kaum eine andere zuvor in das Leben der Einzelnen eingreift, indem sie alle eingliedert, integriert, aber auch diszipliniert, andererseits einen Individualismus, der als Produkt der Arbeitsteilung die engen Grenzen des je eigenen Staates überschreitet und zum Weltbürgertum, zum Kosmopolitismus, hindrängt. Welche dieser Tendenzen wird siegen? Zentral sind seine Überlegungen zu »Krieg und Staat«: Letzterer lasse sich fast nur aus ersterem erklären, biete aber die Chance, den individuellen Bedürfnissen seiner Bürger im Wohlfahrts- und Kulturstaat nachkommen zu können. Damit bahnt sich ein Weg an, auf dem Staaten, analog zur individuellen Menschenwürde, eine »Staatenwürde« erwerben könnten; auf diesem Weg sieht er, ganz abweichend von der Meinung der späteren Siegermächte bei den Pariser Friedensverhandlungen, vor allem Deutschland.

Aber sieht man von diesen Parteilichkeiten ab, ist das Bild, das Jerusalem entwirft, soziologisch recht konsequent: Die Regression im Krieg und durch den Krieg ist korrigierbar. Dem Zwang zur Abschließung im Krieg kann wieder die Empathie mit der Menschheit folgen; dem Zwang zur Lüge und Gewalt steht schon im Krieg das Menschheitsgesetz der Gerechtigkeit, Duldsamkeit und Menschenliebe gegenüber, das im Frieden das menschliche Handeln leiten kann und soll. Ähnlich wie Norbert Elias empfindet er die Notwendigkeit, das Kantische Apriori – hier aber: des Sittengesetzes – durch eine wissenssoziologische Genese zu ersetzen, mithin als Entwicklungsprodukt menschlichen Zusammenlebens jenseits aller Metaphysik zu erweisen. Und doch hat Jerusalem selbst seine eigene moralisch-pädagogische Haltung, seinen »Meliorismus« (*Lexikon deutsch-jüdischer Autoren* 2005, S. 83) auch auf seine tiefe Verankerung im religiösen Judentum zurückgeführt. Besonders interessant ist Jerusalems Behandlung der »Nation«: Diese ist für ihn eindeutig ein Produkt, ein »Konstrukt« der Moderne (und auch des Krieges), das sich aber in ihrer Bewusstwerdung auf eine viel ältere (primordiale?) Existenz gemeinschaftlicher Beziehungen in Sprache und Sitte bezieht.

Wirkung auf Mitwelt und Nachwelt

In der Wirkung von Jerusalems Soziologie von Krieg und Frieden auf die Mitwelt lassen sich zwei verschiedene Ebenen unterscheiden: eine direkte und lokale, die die Rezeption seiner Ideen bzw. den Einfluss seiner Persönlichkeit im gesellschaftlich-politischem Umfeld seiner Schüler, Mitstreiter und Leser umfasst, und eine indirektere, die die rein akademische, im deutschen wie im nicht-deutschen Ausland erfolgende Wahrnehmung seiner Arbeit betrifft. Während auf der ersteren, praktischen Ebene das moralisch-pädagogische Engagement Jerusalems, etwa auch in der Volksbildung, durchaus stark beachtet wurde – so war etwa Karl Renner sein Schüler und die Mitgründer der »Soziologischen Gesellschaft« in Wien (Max Adler, Rudolf Goldscheid, Michael Hainisch, Ludo Moritz Hartmann u.a.) seine Ansprechpartner –, blieb sein genuin soziologischer Beitrag generell und speziell der zum Krieg, anders als seine mehrere Auflagen erlebenden Einführungen in die Philosophie bzw. Psychologie, schon bei den wissenschaftlichen Zeitgenossen und erst recht bei der Nachwelt unbemerkt. Heute wird unter Soziologen immerhin Jerusalems Rolle als Wegbereiter der Wissenssoziologie und als früher Vermittler der Ideen des amerikanischen Pragmatismus gewürdigt.

Jerusalems Soziologie von Krieg, Staat und Nation im Diskurs von heute

Die Diskurse um das Verhältnis von Staat, Nation und Krieg in der heutigen Soziologie sind durch mehrere Eigenschaften gekennzeichnet. Erstens ist in ihnen »der« Krieg ziemlich unterbelichtet. Zweitens wird insbesondere das Verhältnis zwischen Staat und Nation selten so zentral unter dem Vorzeichen des Krieges gesehen. Drittens hat sich die globale

Konstellation von Krieg, Staatenkonkurrenz, Nationalbewusstsein und Demokratie gegenüber der Zeit von vor 100 Jahren gewaltig gewandelt, auch wenn einige ihrer Merkmale bestehen geblieben sind. Konventionelle Staatenkriege sind selten geworden, asymmetrische Kriege und Bürgerkriege in vielen Teilen der Welt die Regel. Die von Jerusalem konstatierte starke Bindung zwischen Demokratie und Volksbewaffnung ist schwächer geworden. Supranationale Zusammenschlüsse und wirtschaftliche Globalisierung haben die Auffassung gefördert, dass – wie manche glauben – »der Nationalstaat« von früher abgedankt habe und somit nicht nur ein postnationalistisches, sondern sogar postnationales Wir-Gefühl und Staatsbewusstsein Wirklichkeit geworden sei. Und als vierter Gesichtspunkt kommt die Dimension gesellschaftlicher Ungleichheit im Frieden dazu, die von Jerusalem – folgerichtig – als mit der im Krieg geforderten Gleichheit unverträglich dargestellt worden ist.

Praktisch alle seiner bedenkenswerten Erklärungen und Postulate sind auch im heutigen Diskurs kontroversiell geblieben. Zur Frage nach der Zukunft von Nationalstaaten und dem oft als »Nationalismus« oder »Patriotismus« bezeichneten Wir-Gefühl gibt es die kontroversen Einschätzungen von »Primordialisten« und »Konstruktivisten«. Auch Demokratien gelten heute als potentiell kollektiv-gewalthältig. Dass Krieg generell – anders als der Staatenkrieg – heute kaum weniger verbreitet ist als zu Beginn des 20. Jahrhunderts, haben Theoretiker des »asymmetrischen Krieges« herausgestellt; für die Abnahme der Zahl der Staatenkriege stehen einander immer noch Erklärungen gegenüber, die diese entweder auf die Demokratie oder aber auf die Angst vor der Atombombe als globales Quasi-Monopol der physischen Gewalt zurückführen. In den Massenumfragen der empirischen Sozialforschung stellt man einen akzeptablen »Patriotismus« einem verwerflichen »Nationalismus« gegenüber, ohne sich (wie etwa Jerusalem sehr wohl!) Gedanken über die zerstörerische Staatenkonkurrenz an sich zu machen, die erst entsprechende Wir-Gefühle erzeugt. Auch in diesem Punkt kann man von Jerusalem lernen. Die von Jerusalem 1917/18 eingemahnte Orientierung an Menschen- und Staatenwürde, Menschen- und Staatenpflicht war in den 1930er Jahren mehr als gefährdet; nach 1945 ist sie wieder aufgetaucht und bildet nun das Regelkorsett der in den Vereinten Nationen versammelten internationalen Staatengemeinschaft. Dennoch bleibt die Möglichkeit jener Desintegration und Re-Autarkisierung bestehen, die von Jerusalem klar als mögliche Tendenz skizziert worden war.

Jerusalem, Wilhelm (1915): *Der Krieg im Lichte der Gesellschaftslehre*, Stuttgart: Enke.
– (1917): Zu dem Menschen redet eben die Geschichte. In: *Friedenspflichten des Einzelnen. Gerechtigkeit, Duldsamkeit und Menschenliebe als Richtlinien im internationalen Verkehr. Sechs Preisarbeiten von Georg J. Plotke, Wilhelm Jerusalem, Immanuel Lewy, Ismar Elbogen, Max Seber und Max Golde*, hrsg. von der Moritz-Mannheimer-Stiftung der Großloge für Deutschland, Gotha: Verlag Friedrich Andreas Perthes, S. 25–72.
– (1918): *Moralische Richtlinien nach dem Kriege. Ein Beitrag zur soziologischen Ethik*, Wien/Leipzig: Braumüller

Lexikon deutsch-jüdischer Autoren, hrsg. vom Archiv Bibliographia Judaica e. V., Bd. 13: *Jaco–Kerr*, darin: Art. »Jerusalem, Wilhelm«, München: K. G. Saur 2005, S. 81–93.

Weiterführende Literatur

Eckstein, Walther (1935): *Wilhelm Jerusalem. Sein Leben und Wirken*, Wien: Verlag von Carl Gerold's Sohn.

Huebner, Daniel R. (2013): Wilhelm Jerusalem's sociology of knowledge in the dialogue of ideas. In: *Journal of Classical Sociology* 13/4, S. 430–459.

Kuzmics, Helmut/Sabine A. Haring (2013): *Emotionen, Habitus und Erster Weltkrieg. Soziologische Studien zum militärischen Untergang der Habsburger Monarchie*, Göttingen: V & R unipress.

Schlick, Moritz (2008): Wilhelm Jerusalem zum Gedächtnis [1928]. In: Ders., *Die Wiener Zeit. Aufsätze, Beiträge, Rezensionen 1926–1936*, hrsg. und eingel. von Johannes Friedl und Heiner Rutte, Wien/New York: Springer, S. 133–141.

Helmut Kuzmics

Anton Oelzelt-Newin – Kriegsschuldfrage und geopolitische Nachkriegsordnung

Hauptthesen

1915, im ersten Jahr nach Beginn des Krieges, verfasste der Philosoph Anton Oelzelt von Newin (1854–1925) eine flammende Anklage gegen drei der wichtigsten Feinde der Mittelmächte – Russland, Frankreich und England (Italien und die USA waren – im Falle Italiens muss man sagen: gerade – noch nicht in den Krieg eingetreten); und 1918, angesichts des nun bereits absehbaren Endes des Gemetzels, legte er eine Schrift zur erwünschten politischen Neuordnung nach dem Krieg vor, in der er einem künftigen Weltstaat den Vorzug vor dem geplanten Völkerbund gab. Beide Schriften sind kurz (16 bzw. 19 Seiten) und ethisch motiviert.

Der erste Aufsatz soll das Bestrafungsausmaß für Deutschlands Gegner festlegen. Es soll sich nach dem Grad von deren Schuld am entsetzlichen Morden bemessen. Eine eigene Kriegsschuld der Mittelmächte besteht nicht. Die Strafe soll rechtens sein und nicht willkürlich; es muss auch überlegt werden, wie man sie erfolgreich verhängen kann; und es muss sichergestellt sein, dass die Strafe auch eine präventive Wirkung entfaltet, damit sich ähnliche Verbrechen nicht mehr wiederholen können. Oelzelt-Newin geht jeden Feind einzeln durch; grundsätzlich nimmt er die Völker und breiten Massen aus und stattdessen die jeweils führenden Politiker, Diplomaten, Militärs und Journalisten ins Visier. Im Falle Russlands ist das vor allem der Zar selbst, der als ein Völkermörder und Despot dargestellt wird, der am besten von den eigenen Leuten gestürzt und in den Kerker geworfen werden sollte. Auch das Volk der Franzosen zeichnet er als gut und arm; überdies verdanke man

Frankreichs Kunst, Philosophie, Wissenschaft und der von deren herausragenden Vertretern erkämpften Freiheit ungeheuer viel, aber zahlreicher als in Russland sind die anderen am Krieg Schuldigen: ehrsüchtige, rachsüchtige, hasserfüllte Imperialisten, die den dritten Krieg gegen Deutschland anzettelten, im Bunde mit Afrikas Wilden.

Tragisch ist die Konstellation Englands: Sie sind den Deutschen besonders nahe, als Stammesbrüder, Dichter, treue Kämpfer, erstrangige Naturforscher und Techniker, als vorbildliche Händler und freie Parlamentarier. Aber es gibt auch ein neues, schmutzigeres England – bereit zu Geldkrieg, Schacher, Verrat und Treubruch, das die ganze Welt (Slawen, Inder und Mongolen) gegen die Deutschen aufhetzt, weil es die Weltherrschaft nicht mit diesen teilen will (vgl. Oelzelt-Newin 1915, S. 9). Schuld ist der König, wie schon sein Vater, schuld sind aber vor allem auch die hasserfüllte öffentliche lügenhafte Meinung, die Minister und die Parlamentarier. Ein neuer Cromwell möge auferstehen, der den König in den Tower wirft. 1915 stellt Oelzelt-Newin nun Forderungen für einen nachhaltigen Frieden auf, der die Feindstaaten ihrer Macht gründlich beraubt – Russland muss zerschlagen, Frankreich amputiert, seine Festungen und Flotten zerstört, Serbien und Montenegro abgeschafft werden; nur England kann geschont werden, da der Fisch dem Vogel ohne Verbündete nicht viel tun könne. Nötig ist dafür allerdings vor allem eines – nämlich der vollständige Sieg.

1918 ist der Traum vom Siegfrieden passé, den Weltfrieden nach dem furchtbaren Schlachten soll nunmehr der Völkerbund – oder noch besser: der Weltstaat – sicherstellen. Dann wäre auch der Krieg nicht umsonst gewesen: Das höchste Ziel aller zivilisierten Völker müsse der Weltfrieden für alle Ewigkeit sein. Dieser aber erfordere einen Weltstaat, der der Staatenkonkurrenz ein Ende setzt und Abrüstung erzwingt – mit den Mitteln der Polizei, und nicht mit denen des Krieges. Der als bloßer Schiedsrichter fungierende Völkerbund ist dem Autor zu unverbindlich: eine derart lose Plattform wolle und könne nach außen zu wenig durchsetzen; das schaffe nur der Weltstaat. Wer soll ihm angehören? Die USA, England, Frankreich, Italien, Deutschland, Japan, China und der europäische Teil des zerschlagenen Russlands. Diese acht sollten Vertreter nominieren und in eine Art Leitungsgremium entsenden; unzivilisierte Staaten gehören gebändigt, Kolonien wenn möglich aufgelassen. Separatbünde und Vielvölkerstaaten sollten vermieden werden (vom Balkanbund bis zu Österreich-Ungarn); den Deutschen Österreichs wird der Anschluss an Deutschland gestattet. Entschieden wird gemeinsam; dazu gesellt sich noch ein Parlament, das das letzte Wort erhält. Die Verkehrssprache soll Englisch sein: ein Opfer für die Deutschen, aber ein notwendiges. Herrschen soll die Liebe.

Der Stellenwert der Analysen von Oelzelt-Newin für die Soziologie von heute

Bekannt geworden sind Oelzelt-Newins unter dem Einfluss von Alexius Meinong entstandene Arbeiten zur Philosophie, in denen er sich mit der Frage der Vereinbarkeit von Willensfreiheit und kausaler Determiniertheit auseinandersetzte, insbesondere sein evolutionsoptimistisches Hauptwerk *Die Kosmodicee* (1897). Dagegen sind seine Auslassungen zu Kriegsschuld und Weltstaat wissenschaftlich nicht rezipiert worden.

Die beiden politischen Pamphlete Oelzelt-Newins sind jedoch aus zweierlei Gründen noch heute interessant: erstens vor allem als Zeitdokumente der Haltung intellektuell führender Vertreter der kriegsverlierenden Mittelmächte, und zweitens auch als normative politische Analysen, die auf einem deskriptiven Fundus von politik-soziologischen Einschätzungen aufbauen. Zum ersten Punkt: Die völlige Leugnung einer Kriegs(mit)-schuld der Mittelmächte werden wir eher als zeitgeschichtlichen Befund werten, der ähnlich wie die ebenso einseitigen Propagandabemühungen intellektueller Vertreter der Ententestaaten einzuschätzen ist (vgl. Smith 2012). Zum zweiten Punkt: Für mit Fragen der internationalen Beziehungen befasste Soziologen und Politikwissenschaftler interessanter ist der Text aus dem Jahr 1918 zum Aufbau eines Weltstaats, dem – ähnlich wie in der Theorie der Internationalen Beziehungen dem Konzept des »Offensiven Realismus« – die Annahme zugrunde liegt, dass Staatenkonkurrenz ohne globales Gewaltmonopol immer zu Kriegen drängen wird. Anders allerdings als in der modernen Variante dieser Denkrichtung ist für Oelzelt-Newin die Herstellung eines globalen Gewaltmonopols aus einem Akt der Einsicht möglich. Dass Machtverschiebungen zwischen den Völkern und Staaten bzw. deren Unterordnung unter eine höhere Herrschaftseinheit meist nicht ohne Kampf geschehen, dass nationale und einzelstaatliche Wir-Gefühle und Ausprägungen eines nationalstaatlich geprägten Habitus dem Übergang zu einer höheren Integrationsstufe auch unüberwindbare Hindernisse in den Weg legen, wird von Oelzelt-Newin jedoch tendenziell ignoriert.

Oelzelt-Newin, Anton (1915): *Welche Strafe soll die treffen, die Schuld am Weltkrieg tragen?*, Leipzig/Frankfurt a.M.: Kesselringsche Hofbuchhandlung.

– (1918): *Völkerbund oder Weltstaat? Einige Fragen zum Weltfriedensschluß*, Wien/Leipzig: Orion-Verlag.

Smith, Zachary Charles (2012): *That Liberty Shall not Perish. American Propaganda and the Politics of Fear, 1914–1919*, Dissertation, University of Georgia, Athens. (Online zugänglich: https://getd.libs.uga.edu/pdfs/smith_zachary_c_201205_phd.pdf)

Weiterführende Literatur

Dölling, Evelyn (1999): *»Wahrheit suchen und Wahrheit bekennen.« Alexius Meinong. Skizze seines Lebens*, Amsterdam/Atlanta: Rodopi.

Oelzelt-Newin, Anton (1897): *Die Kosmodicee*, Leipzig/Wien: Deuticke.

Helmut Kuzmics

2. FRIEDENSINITIATIVEN

Bertha von Suttner

»[E]s gab noch keine Soziologie; erst die Einsicht war vorhanden, daß es eine geben solle« (Suttner 1983, S. 168), schreibt Bertha von Suttner über den Stand dieser Wissenschaft in den 1880er Jahren und macht damit darauf aufmerksam, dass die Gesellschaftswissenschaft gerade im Entstehen begriffen war. Den Namen Bertha von Suttners, der Pazifistin, Schriftstellerin, Friedensnobelpreisträgerin und Autorin des weltweit vielgelesenen Romans *Die Waffen nieder! Eine Lebensgeschichte* (1889), im Zusammenhang mit der sich erst etablierenden Gesellschaftswissenschaft zu sehen, mag auf den ersten Blick verwundern – doch zu Unrecht, denn Bertha von Suttner beschäftigte sich intensiv mit Soziologie. In ihren Schriften lassen sich folgende, im weitesten Sinne als »soziologisch«, »soziopolitisch« beziehungsweise »sozialanalytisch« zu wertende Grundannahmen ermitteln: Suttner ist von der Gewordenheit und Veränderlichkeit aller Dinge überzeugt und fasst Gesellschaft und Geschichte, den Staat und seine Institutionen, die Konfessionen wie auch die Ökonomie als soziale Konstrukte (im Gegensatz zur göttlichen Ordnung) auf. Auch Meinungen und Ideologien wie Antisemitismus oder Misogynie sind für sie sozialpsychologisch bedingt und stark durch Medien und Erziehung beeinflusst.

Suttner dürfte bereits zwischen dem Deutsch-Französischen Krieg 1870/71 und ihrer Heirat im Jahre 1876 neben natur- und geisteswissenschaftlichen mit soziologischen Werken in Berührung gekommen sein. Während ihres Aufenthalts im Kaukasus (1876–1885) vertiefte sie sich gemeinsam mit ihrem Ehemann Arthur Gundaccar von Suttner in William Whewells *History of the Inductive Sciences* (1837) und in die Schriften von Charles Darwin, Ernst Haeckel, Herbert Spencer und Carus Sterne (eig. Ernst Krause), vor allem jedoch in Henry Thomas Buckles *History of Civilization in England* (2 Bde., 1857/61; vgl. Suttner 2013, S. 114). Seitdem war Suttner von sozialphilosophischen Ideen durchdrungen: In den Romanen *Inventarium einer Seele* (erstmals 1883), *High-life* (1886; beide unter dem Pseudonym »B. Oulot« erschienen), *Eva Siebeck* (1892), *Die Tiefinnersten* (1893), *Martha's Kinder. Eine Fortsetzung zu »Die Waffen nieder«* (1903) und *Der Menschheit Hochgedanken* (1911) wird die Wichtigkeit der Soziologie betont. Die Figuren lesen Bücher, die der Soziologie zuzuordnen sind, tragen zu ihrer Verbreitung bei oder erforschen selbst gesellschaftliche Strukturen. Und der 1888 unter dem Pseudonym »Jemand« erschienene Roman *Maschinenalter* (in den späteren Auflagen *Maschinenzeitalter*) ist überhaupt als gesellschaftspolitische Utopie und sozialgeschichtliche Zeitdiagnose in einem anzusprechen.

Bertha von Suttners Soziologieverständnis war stark von Auguste Comtes positivistischer Sichtweise geprägt. Mit den Positivisten teilte Suttner ein monistisches Weltbild, sah das menschliche Zusammenleben als naturgesetzliches Ganzes an und vertrat eine holistische Wissenschaftsauffassung. Für sie hatte die Soziologie – wie die Wissenschaft überhaupt – die Aufgabe, das menschliche Zusammenleben sowohl zu beschreiben als auch zu verbessern.

Suttner pflegte enge Kontakte zu Soziologen und Sozialtheoretikern (vgl. dazu Thalmann 2017): Der Propagandist der Soziologie als angewandte, wertende Wissenschaft, der Sozialbiologe, »Menschenökonom«, Finanzsoziologe und Menschenrechtler Rudolf Goldscheid war einer der engsten Vertrauten Bertha von Suttners. Beide waren von der Verbindung von Soziologie und Pazifismus überzeugt. Goldscheid war zwischen 1907 und 1914 auf sozialwissenschaftlichem Gebiet auch der wichtigste Ansprechpartner für den mit der Soziologie heute allenfalls noch als Herausgeber, Übersetzer und Biographen von Auguste Comte in Verbindung gebrachten Chemienobelpreisträger Wilhelm Ostwald. Suttner und der (freilich nur bis zum Kriegsausbruch 1914 der gemeinsamen Sache treue) Friedensaktivist Ostwald lernten sich persönlich nach 1909 kennen. Sie hatte in der *Neuen Freien Presse* Ostwalds Aufsatz zur Eroberung der Luft gelesen und ihn eingeladen, in der Österreichischen Friedensgesellschaft zu sprechen – woraus eine Reihe von sechs Vorträgen in fünf Tagen wurde. Mit dem deutschen Psychiater, Soziologen und Schriftsteller Franz Carl Müller-Lyer stand Suttner in Briefkontakt; den ersten Teil seines achtbändigen Monumentalwerks *Die Entwicklungsstufen der Menschheit* mit dem Titel *Der Sinn des Lebens und die Wissenschaft* schätzte sie ganz besonders. Mit dem von Georg Simmels Schrift *Über sociale Differenzierung* (1890) beeinflussten Historiker Karl Lamprecht, Professor für Geschichte an der Universität Leipzig und bekannt vor allem durch seine Rolle im Methodenstreit der Geschichtswissenschaft, stand die Baronin ebenfalls in Briefkontakt. Eine gemeinsame Verbindung zwischen Suttner, Lamprecht, Ostwald und Müller-Lyer bestand durch die von Karl Wilhelm Bührer und Adolf Saager gegründete Institution »Die Brücke – Internationales Institut zur Organisierung der geistigen Arbeit«. Dem russisch-französischen Soziologen Jakov Aleksandrovič Novikov, der Ende des 19. Jahrhunderts in eine Reihe mit Herbert Spencer gestellt wurde, hatte Suttner 1892 das erste Heft der gemeinsam mit Alfred H. Fried herausgegebenen Zeitschrift *Die Waffen nieder!* (ab 1899: *Die Friedens-Warte)* zugesandt. Bis zu seinem Tod im Jahre 1912 lassen sich verschiedene Verbindungen zwischen Suttner und Novikov nachweisen: persönliche Begegnungen, die gemeinsame Teilnahme an Konferenzen und Kongressen, schließlich der Briefwechsel. Auch mit dem Soziologen Ludwig Gumplowicz gab es einen kurzen, durch die Gedichte von dessen Sohn Ladislaus motivierten brieflichen Austausch. Allerdings hielt Suttner rückblickend nichts von »eine[m] der einflußreichsten Vertreter jener unseligen Rassentheorie, auf welche sich der Arierhochmut, Germanen- und Lateinerdünkel aufbauten« (Suttner 2013, S. 299) – sie hatte Gumplowicz gründlich missverstanden. Und auch dieser hatte Suttner falsch verstanden, wie in seiner süffisanten Antwort auf einen ihm zugesandten Artikel zum Ausdruck kommt: »Der Gegensatz zwischen uns bösen Professoren und Ihnen, Frau Baronin, ist der, daß wir die Tatsachen konstatieren […], Sie aber die Welt predigen, wie sie *sein soll.*« (Zit. n. ebd., S. 301.)

Generell wurden in der von Suttner 1891 initiierten Österreichischen Gesellschaft der Friedensfreunde, als deren Präsidentin sie bis zu ihrem Tod 1914 fungierte, und in der vom späteren Friedensnobelpreisträger Alfred Hermann Fried gegründeten Zeitschrift *Die Friedens-Warte* die »kausalistischen Entwürfe Ostwalds, Goldscheids und Müller-Lyers rege rezipiert« (Neef 2012, S. 260). Man pflegte »ein mechanisches Verständnis von menschlicher Gesellschaft« und sah den Soziologen als »Sozialingenieur« (ebd., S. 259). Dieses Verständnis von Gesellschaft kommt schon im graphischen Banner der Zeitschrift zum Ausdruck, das ein Zahnräderwerk mit der Aufschrift »Organisiert die Welt!« darstellt. Wie die technisch und naturwissenschaftlich gebildeten, dem Positivismus und Monismus nahestehenden Sozialwissenschaftler der Jahrhundertwende nahm auch Suttner eine »Analogie der moralischen und physikalischen Gesetze« an (Suttner 1892a, S. 183). In den Romanen *Inventarium einer Seele* und *Maschinenzeitalter* werden der Staat als Organismus und der Politiker als Chemiker in einem Labor verstanden (vgl. ebd., S. 193, sowie Suttner 1983, S. 172).

Den Menschen begreift Suttner als ganz und gar soziales Wesen, dessen Verhalten, aber auch dessen Geschmack und Anschauungen vom Herkunftsmilieu geprägt sind. Die Eigenschaften von Personen, ihre Werte und Meinungen werden als statusbedingt beschrieben und erklärt: beispielsweise würde sich eine Person, welche eine hohe Position in der Gesellschaft innehat, *instinktiv* vor bestimmten Ideen fürchten und den konservativen Geist schützen (vgl. Suttner 1911, S. 324). Die Entwicklung und Ausbreitung von Ideen werden wiederum als dem Geist der Zeit unterliegend angesehen. Im *Maschinenzeitalter* wird dies an den schönen Künsten exemplifiziert. Ausgehend von den Einsichten Hippolyte Taines, der die Erscheinungen der Kunst auf die Kategorien »race« (nicht Rasse, sondern der Körper und dessen besondere Stellung innerhalb der biologischen Evolution), »milieu« (Geographie, Klima) und »moment historique« (das Historische) zurückführt, wendet sich Suttner gegen den Geniebegriff.

Suttners Pazifismus gründet auf der Überzeugung, dass der Staat bzw. seine Organe und Behörden bei entsprechender Änderung der ideellen und moralischen Grundlagen den weltweiten und ewigen Frieden in Gleichberechtigung und Glück garantieren können (vgl. Müller-Kampel 2006, S. 12). Die Geschichte, bisher »nichts anderes als eine Kette von Greueln und Mordtaten. Vergewaltigung der Vielen durch ein paar Mächtige« (Suttner 1905, S. 22), ließe sich durch die Pazifizierung von Staatsmännern, durch Erziehung und Bildung, durch bilaterale und multilaterale Staatsverträge, Schiedsgerichte und Tribunale ändern. »An Stelle der Gewalt« solle »das Recht« treten – »das heißt: an Stelle der nationalen Selbstjustiz das internationale Schiedsgericht« (Suttner 1983, S. 314). Als zukunftsfrohe, wenn auch gescheiterte Verfechterin eines auch völkerrechtlich begründeten Pazifismus ist Suttner in die Geschichte eingegangen, als Soziologin – des Militarismus, Antisemitismus, Sexismus, Klerikalismus, aber ansatzweise auch der Kunst – bleibt sie wiederzuentdecken.

Müller-Kampel, Beatrix (2006): Bürgerliche und anarchistische Friedenskonzepte um 1900. Bertha von Suttner und Pierre Ramus. In: Dies. (Hg.), *»Krieg ist der Mord auf Kommando«. Bürgerliche und anarchistische Friedenskonzepte*, 2. Aufl., Netersheim: Verlag Graswurzelrevolution, S. 7–95.
Neef, Katharina (2012): *Die Entstehung der Soziologie aus der Sozialreform. Eine Fachgeschichte*, Frankfurt a.M./New York: Campus.
Suttner, Bertha von (1889): *Die Waffen nieder! Eine Lebensgeschichte*, Dresden/Leipzig: Pierson.
– [Pseud. B. Oulet] (1892a): *Inventarium einer Seele* [1883], 3., verb. Aufl., Dresden/Leipzig: Pierson.
– (1892b): *Eva Siebeck*, Dresden/Leipzig: Pierson.
– (1893): *Die Tiefinnersten*, Dresden/Leipzig: Pierson.
– [Pseud. B. Oulet] (1902): *High-life* [1886], 3. Aufl., Dresden/Leipzig: Pierson.
– (1903): *Martha's Kinder. Eine Fortsetzung zu »Die Waffen nieder!«*, Dresden: Pierson.
– (1905): *Briefe an einen Toten*, Dresden: Pierson.
– (1911): *Der Menschheit Hochgedanken. Roman aus der nächsten Zukunft*, Wien/Leipzig: Verlag der Friedens-Warte.
– (1983): *Das Maschinenzeitalter. Zukunftsvorlesungen über unsere Zeit* [erstmals 1889, hier als Nachdruck der 3. Aufl. von 1899], Düsseldorf: Zwiebelzwerg.
– (2013): *Memoiren* [1909], Hamburg: Severus.
Thalmann, Eveline (Hg.) (2017a): *Bertha von Suttner als Soziologin* (= *LiTheS. Zeitschrift für Literatur- und Theatersoziologie*, Sonderband 4; mit einer Internationalen Bibliographie der Sekundärliteratur von Beatrix Müller-Kampel), Graz: Institut für Germanistik der Universität Graz (online unter http://lithes.uni-graz.at/lithes/17_sonderbd_4.html).
(2017b): Bertha von Suttner – eine Soziologin?. In: Thalmann 2017a, S. 5–42.

Eveline Thalmann

Rudolf Eisler: *Der Weg zum Frieden* (1898)

Im Jahr 1898 legte der ab der Jahrhundertwende in Wien als äußerst produktiver Philosophiehistoriker, Lexikograph und Privatgelehrter wirkende, damals aber noch in Leipzig lebende Rudolf Eisler (1873–1926) ein schmales, lediglich 107 Seiten umfassendes Buch vor, das *Der Weg zum Frieden* betitelt war (und zusätzlich den Übertitel *Zur ethischen Bewegung* trug). In dieser Schrift brachte Eisler seine Sittlichkeitslehre oder Ethik zur Darstellung, die er als »Lehre vom Wohlwollen und Wohlhandeln und der dadurch erreichten allgemeinen Wohlfahrt« (Eisler 1898, S. 5) definierte und im Kanon der Wissenschaften als die wichtigste Disziplin überhaupt ansah. Für den vor allem als Verfasser des in mehreren Auflagen erschienenen *Wörterbuchs der philosophischen Begriffe* (erstmals 1899) bekannt gewordenen Eisler, der auch als Soziologe und Mitbegründer der Wiener »Soziologischen Gesellschaft« in Erscheinung trat, ist Ethik eine »menschliche, wissenschaftliche Erkenntnislehre, nicht aber eine Glaubenslehre« (ebd., S. 64). Sie umfasst zwei »Hauptstücke«: die Untersuchung der Natur und der Absichten des sittlichen Willens einerseits und die der Normen des sittlichen Handelns andererseits. Für die wissenschaftliche Analyse des sittlichen Willens – Eisler bezeichnet ihn als »Sittlichkeit im subjektiven Sinne« – ist insbesondere die Kenntnis seiner Ursachen sowie der von ihm bezweckten Ziele zentral.

Der sittliche Wille

Im Hinblick auf die *Ursachen* des sittlichen Willens unterscheidet Eisler vier Klassen von Motiven: erstens die altruistischen Motive, zu welchen er das Mitleid (Sympathie), die Begeisterung (als Liebe zum Schönen und Guten) und die Dankbarkeit (als Liebe zum Wohltäter) zählt, zweitens die mutualistischen Motive, zu denen das »wohlverstandene Interesse«, die »edle Eitelkeit« und der Glaube an eine göttliche Vergeltung gehören, drittens den Egoismus sowie viertens das »sozialistische Motiv«. Die dauerhafte Einhaltung sittlicher Normen könne erst durch vollkommene »Gewöhnung« sichergestellt werden – und nur wenn sittliches Verhalten durch fortwährende »Übung« zur »guten Gewohnheit«, zur »zweiten Natur« werde, sodass es ein regelrechtes »Lustgefühl« hervorrufe, entwickle sich der psychosoziale Prozess der Internalisierung oder »Übung« selbst zu jenem vierten »selbständigen Motiv«, das hier als das »sozialistische« bezeichnet wird. Ganz in der Tradition der Aufklärung stehend, begreift Eisler die Erziehung als den Schlüssel zur »allgemeine[n] Sittlichkeit und damit zur Wohlfahrt aller und eines jeden« (ebd., S. 30). Erziehung vermittle nicht nur Normen, Werte und Verantwortungsbewusstsein, sondern führe zur Internalisierung sittlicher Vorstellungen und der Regeln sittlichen Handelns: »Das Gewissen ist in seiner Artung und Stärke (nicht etwa in der Existenz) im Wesentlichen ein Werk der Erziehung.« (Ebd., S. 36) Ethische Erziehung, die dem stark von Kant beeinflussten und bei Wilhelm Wundt promovierten Eisler zufolge auf den Prinzipien von Gerechtigkeit, Pflicht- und Ehrgefühl fußen muss, könne sich aber nur dann voll entfalten, wenn die verschiedenen politischen und gesellschaftlichen Institutionen und Organisationen – und hier insbesondere der Staat – einheitliche ethische Grundsätze vertreten und diese auch nach außen repräsentieren.

Zum obersten *Ziel* des sittlichen Willens erklärte Eisler, der sich – wie Max Adler in seinem Nachruf in der *Arbeiter-Zeitung* festhält – im »persönlichen Verkehr [...] mit [...] Leidenschaftlichkeit [...] für die Verteidigung der großen Wahrheiten des kritischen Idealismus einsetzte« und eine »fast kindliche Gläubigkeit an die Macht der Idee« an den Tag legte (Adler 1926, S. 7), gleich am Beginn seiner Abhandlung die »allgemeine Wohlfahrt« (Eisler 1898, S. 6), wobei diese stets auf der Befriedigung der (notwendigen wie eingebildeten) Bedürfnisse der Individuen beruhe. Werden diese Bedürfnisse befriedigt, stelle sich das »angenehme Gefühl des Wohlbefindens (Glückes)« ein (ebd., S. 9) – und zwar auch bei denjenigen, die anderen behilflich sind: »Wer also sittlich handelt, wird zunächst anderen, aber im Erfolge auch sich selbst wohl thun; letztes ist bei einer That aus Mitleid oder Dankbarkeit nicht beabsichtigt; es ist aber eine Folge, die sich als Befriedigung von selbst einstellt.« (Ebd., S. 10) Dabei stellt Eisler das

Wohl der Gesamtheit – d.h. des Staates als Solidargemeinschaft – noch über die Solidarität mit den engsten Familienangehörigen. Gehorsam gegenüber den gesetzlichen Autoritäten, öffentlichen Organen, Lehrern und Eltern versteht er als eine Bedingung für die Erreichung der Wohlfahrt. Der Staat dürfe jedoch den Einzelnen in seiner Freiheit nur insofern beschränken, als dies das »Wohlfahrtsziel« unumgänglich erfordere: »Die Individualität muss sich voll entwickeln können; wirtschaftlich entwickelt sie sich heute allerdings etwas zu voll.« (Ebd., S. 22)

Die Normen des sittlichen Handelns

Unter den Normen des sittlichen Handelns versteht Eisler die »zum sittlichen Ziele der leiblichen und geistigen Wohlfahrt führenden Wege« (ebd., S. 41). Die »objektive Sittenlehre«, wie sie Eisler auch selbst vertritt, appelliere dabei ausschließlich an den Verstand. Die Grundlage der Ethik bilden demnach Erkenntnisse und Wissen: »Die Ethik muss als Lehre die Nützlichkeit einer jeden ihrer Normen für die Gesamtheit klar und einleuchtend begründen.« (Ebd., S. 42) Eisler unterscheidet zwei Arten sittlicher Grundsätze, nämlich solche absoluter und solche relativer Geltung: Zum einen konstatiert er die Existenz von unwandelbaren Grundbedingungen bzw. beständigen Grundformen der Wohlfahrt, die man in »allen Menschengruppen, in welchen nur ein Ansatz zur Kultur bemerkbar ist«, finde (ebd., S. 43); hierzu zählt er ein Mindestmaß an Bereitschaft zur Arbeit, eine gewisse Milde den Stammesgenossen gegenüber, die Befolgung bestimmter Normen des Zusammenlebens usw. Zum anderen verweist er jedoch darauf, dass sittliche Normen – Gebote und Verbote – stark vom jeweiligen »Entwicklungsstand der Menschengruppe« abhängen; die Verschiedenheit der ethischen Anschauungen führt er dabei auf die wirtschaftlichen, klimatischen und sozialen Verhältnisse zurück.

In dieser Einschätzung klingt schon an, dass Eisler mit den Fortschrittsoptimisten und frühen Positivisten die Vorstellung eines umfassenden »Vervollkommnungsprozesses« teilte, der die zunehmende »Erkenntnis des Nützlichen und Notwendigen« inkludiert und dem auch die sittlichen Normen unterlägen: »Je höher die soziale Kultur ist, desto tiefer wird die Erkenntnis des Nützlichen und Notwendigen reichen, desto verbreiteter und größer wird die Sittlichkeit sein; es ist daher schon deshalb das Wissen die Voraussetzung einer hohen Sittlichkeit und damit des menschlichen Glückes.« (Ebd.) Wahrheit – sittliches Denken – und Arbeit – sittliches Handeln – sind für Eisler die Bedingungen der intellektuellen und materiellen Wohlfahrt. Die »gute Gesinnung«, das sittliche »Wohlwollen«, müsse durch das »Wohlhandeln«, die konkrete sittliche Tat, ergänzt werden; umgekehrt gelte es, sämtliche die Individuen und den Staat direkt schädigenden Handlungen ebenso zu zügeln wie jene indirekt wirksamen, die etwa durch Maßlosigkeit negative Folgen zeitigen könnten.

Eisler erweist sich als harscher Kritiker der ökonomischen und sozialen Verhältnisse seiner Zeit, in denen menschliche Kraft verschwendet werde und »Produktionsanarchie« herrsche, Menschen im Elend lebten und der oft karge, erwirtschaftete Lohn nicht einmal zum Überleben reiche: »Eine solche Gesellschaftsordnung entspricht nicht den Wohlfahrtsbedingungen; sie ist nicht sittlich.« (Ebd., S. 56) Wie viele seiner Zeitgenossen, so forderte auch er eine Reduktion der Arbeitszeit, damit für gesundheits- und sittlichkeitsfördernde »Muße« hinreichend Zeit zur Verfügung stehe, desgleichen ein Verbot der gewerblichen Kinderarbeit, eine Reduktion der Unterrichtsstunden an den Gymnasien sowie die Berücksichtigung von Kulturgeschichte und Ethik im Lehrplan. In familienpolitischer Hinsicht trat er für einen staatlichen und gesellschaftlichen Schutz der Ehe zwischen Mann und Frau ein, da diese ein »Wohlfahrtsinstitut von grundlegender Bedeutung, ein sittliches Institut« (ebd., S. 64) sei. Dem Postulat der Gleichheit verpflichtet, sprach er sich für die »Beseitigung der Klassengegensätze« aus (ebd., S. 78), die in der weit verbreiteten Ausbeutung und im sozialen Elend ihren sichtbaren Ausdruck fänden. Neben sozialer Gleichheit, die vor allem auf einem »hinreichenden Bildungsmindestmaß« für alle Staatsangehörigen beruhe, setzte sich Eisler auch für politische Gleichheit und die Gleichberechtigung der Geschlechter ein, ohne die ein »friedliches Zusammenwirken der Menschen nicht denkbar« sei (ebd., S. 82). Eisler, der von seinem Sohn, dem Komponisten Hanns Eisler, als »linksliberaler Neukantianer« beschrieben wurde (vgl. *Lexikon deutsch-jüdischer Autoren* 1998, S. 202) und in seiner Philosophie eine Synthese von Realismus und Idealismus – den sogenannten »Idealrealismus« – anstrebte (vgl. u.a. Huyer 2006, S. 499), verstand den Staat nicht als Selbstzweck, sondern vielmehr als ein Instrument, das in den Dienst der Sittlichkeit zu stellen sei. Da in diesem Sinne Politik zur angewandten Ethik werden müsse, forderte er auch im Hinblick auf die Beziehungen zwischen Staaten und Völkern die Anerkennung moralischer Grundsätze. Dementsprechend zuversichtlich zeigte sich Eisler, dass die Schrecken des Krieges bald der Vergangenheit angehören und die Nationen ihre Zwistigkeiten künftig auf dem Verhandlungsweg vor einem »Völkertribunal« regeln würden (Eisler 1898, S. 87). Der Kultur werde es schließlich gelingen, den kriegerischen Sinn ebenso zu überwinden wie einst die Inquisition oder die Sklaverei.

Adler, Max (1926): Dem Andenken Rudolf Eislers. In: *Arbeiter-Zeitung*, 21. Dezember 1926, S. 7.
Eisler, Rudolf (1895): *Geschichte der Philosophie im Grundriß*, Berlin: Calvary.
– (1898): *Zur ethischen Bewegung. Der Weg zum Frieden*, Leipzig: Verlag von Otto Wigand.
– (1899): *Wörterbuch der philosophischen Begriffe und Ausdrücke*, 1. Aufl., Berlin: E.S. Mittler. (2., völlig neu bearb. Aufl. in 2 Bdn. 1904; 3., völlig neu bearb. Aufl. in 3 Bdn. 1910.)
– (1903): *Soziologie. Die Lehre von der Entstehung und Entwickelung der menschlichen Gesellschaft*, Leipzig: J.J. Weber.
– (1912): *Philosophen-Lexikon. Leben, Werke und Lehren der Denker*, Berlin: E.S. Mittler und Sohn.
– (1930): *Kant-Lexikon. Nachschlagewerk zu Kants sämtlichen Schriften, Briefen und handschriftlichem Nachlass*, hrsg. unter der Mitwirkung der Kantgesellschaft, Berlin: E.S. Mittler und Sohn.
Huyer, Reinhold (2006): Österreichs Beitrag zur wissenschaftlichen Wertlehre des 20. Jahrhunderts: die Hauptwerke in Einzeldarstellungen. In: Karl Acham (Hg.), *Geschichte der österrei-*

chischen Humanwissenschaften, Bd. 6.2: *Philosophie und Religion: Gott, Sein und Sollen*, Wien: Passagen, S. 499–546.
Lexikon deutsch-jüdischer Autoren (= *Archiv Bibliographia Judaica*; Red.: Renate Heuer) (1998): Art. »Eisler, Rudolf«, in: Bd. 6, München: K. G. Saur, S. 201–208.

Weiterführende Literatur

Eisler, Rudolf (1914): *Der Zweck. Seine Bedeutung für Natur und Geist*. Berlin: E. S. Mittler und Sohn.
– (1922): *Psychologie im Umriß* [1894], 4., verb. Aufl., Marktredwitz: Oskar Ziegler und Co.
Goldscheid, Rudolf (1928): Dem Andenken an Rudolf Eisler. In: *Kölner Vierteljahreshefte für Soziologie* 7/1, S. 131–134.
Johnston, William M. (1971): Syncretist Historians of Philosophy at Vienna 1860–1930. In: *Journal of the History of Ideas* 32/1, S. 299–305.

Sabine A. Haring

Ludwig Stein: »Die Philosophie des Friedens« (1899)

Jahre vor dem Ausbruch des Ersten Weltkriegs, im Herbst 1898, erschien in der *Deutschen Rundschau* unter dem Titel »Der Abrüstungsvorschlag des Zaren« ein »wild-militaristischer Aufsatz« (Stein 1930, S. 65) des deutschen Generals und Militärschriftstellers Albrecht von Boguslawski. Julius Rodenberg, der Herausgeber der Monatsschrift, forderte seinen verdienten Autor Ludwig Stein (1859–1930, damals Ordinarius für Philosophie in Bern) auf, gegen Boguslawskis Ausführungen mit »wissenschaftlichen Waffen« Stellung zu beziehen (ebd.). Steins Replik, die zur allgemeinen sozialphilosophischen und soziologischen Betrachtung von Krieg und Frieden geriet und sich aus Anlass der von Mitte Mai bis Ende Juli 1899 in Den Haag tagenden internationalen Friedenskonferenz ganz explizit als eine Art Geleitwort an deren Teilnehmer richtete, erschien unter dem Titel »Die Philosophie des Friedens« folglich ihrerseits zunächst in der *Deutschen Rundschau* (Stein 1899a). Schon kurz darauf wurde sie aber auch als selbstständige Broschüre im Gebrüder Paetel Verlag in Berlin gedruckt (Stein 1899b) und in dieser Fassung von Alfred Hermann Fried in der *Friedens-Warte* »als glänzende Rechtfertigung der modernen Friedensidee vom philosophischen Standpunkte aus« gewürdigt (Fried 1899, S. 47). Und noch im gleichen Jahr nahm Stein »Die Philosophie des Friedens« auch in sein Buch *An der Wende des Jahrhunderts. Versuch einer Kulturphilosophie* (Stein 1899c) auf, das zwanzig – größtenteils bereits zuvor veröffentlichte – Essays versammelte. Dieses Werk verstand der Autor als »Ergänzung« (vgl. ebd., S. III) seiner 1897 publizierten Schrift *Die soziale Frage im Lichte der Philosophie*, die ihrerseits bereits von Steins zunehmendem Interesse an Fragen der praktischen Philosophie kündet (vgl. Stein 1930, S. 39; Leuenberger 2014, S. 262).

Im August 1898 hatte Zar Nikolaus II. in einem Manifest alle selbständigen Staaten Europas sowie die USA und Japan zu einer internationalen Konferenz aufgerufen, in deren Rahmen eine Umkehr der Staatenpolitik und des Rüstungswettlaufes diskutiert werden sollte. Als Gegenentwurf zu der von Boguslawski und anderen Befürwortern einer »Philosophie des Krieges« vertretenen Position, die den Krieg »zum *unabtrennbaren* Wesen der menschlichen Natur« erkläre (Stein 1899a, S. 91), versuchte Stein eine »Philosophie des Friedens« zu begründen. Für die Gewährleistung des Friedens sei die vorgängige Beantwortung eines fünf Elemente umfassenden Fragenkomplexes erforderlich: dieser betraf erstens die Frage, inwieweit der Krieg tatsächlich als unabänderlicher Teil der menschlichen Natur angesehen werden muss; zweitens die Frage nach dem sittlich-erzieherischen Wert des militärischen Gesellschaftstypus; drittens die Frage nach den Konsequenzen von Staatsverträgen, Staatenbündnissen und Schiedsgerichten für die staatliche Souveränität; sodann viertens die Frage der gesellschaftlichen Bedeutung von kriegstechnologischen Innovationen; sowie schließlich fünftens die Frage nach dem Verhältnis von moderner Ökonomie und Krieg.

In diskursiver Auseinandersetzung mit zahlreichen Philosophen, Soziologen und Staatsrechtstheoretikern versuchte Stein »logisch« und »historisch-vergleichend« nachzuweisen, dass nicht der Krieg, sondern der Friede am Ende eines Vervollkommnungsprozesses der »Culturvölker« stehen müsse. Mit den Fortschrittsoptimisten der Aufklärung teilte er die Vorstellung eines gesellschaftlichen Fortschritts, der sich in der Regel in unterschiedlichen Etappen oder Stadien vollzieht; mit den (ihrerseits in dieser Tradition stehenden) Positivisten des 19. Jahrhunderts teilte er das Wissenschaftsverständnis, wonach Erkenntnisse nur durch »logische Disziplin« und die »klassifizierende Methode« gewonnen werden können (ebd., S. 88). Wie viele seiner Zeitgenossen war auch Stein davon überzeugt, dass die Geschichte der Menschheit sich nach ganz bestimmten Gesetzmäßigkeiten vollzieht. Aufgabe der Wissenschaft sei es, diese aufzuzeigen und damit der Politik Handlungsanleitungen zu geben.

Hinsichtlich der Frage, ob die Neigung zur kriegerischen Gewaltausübung in der Natur des Menschen liegt, kritisiert Stein die Vertreter der »Gewaltrechtstheorie«, die davon ausgehen, dass der Mensch im Naturzustand »böse« und »egoistisch« sei, primär seinem Selbsterhaltungstrieb folge und erst sekundär altruistische Gefühle entwickle, da sie ihm Vorteile verschafften. Er wendet sich aber auch gegen die »Gefühlstheoretiker«, die den Menschen als »edel« und »gut« begreifen und Emotionen wie Sympathie, Mitleid und Mitfreude als ebenso primär verstehen wie die »Gewaltrechtstheoretiker« den Egoismus. Während beide von der Invariabilität der menschlichen Natur ausgehen, betont Stein – im Sinne seiner »evolutionistisch-optimistischen Sozialphilosophie« – gerade die Veränderbarkeit der menschlichen Natur im Zuge des Zivilisationsprozesses. Doch unabhängig davon, welche dieser Positionen man vertrete: Aus allen dreien folgt für Stein letztlich »logisch«, dass nicht der Krieg, sondern der Friede das Ziel menschlichen Zusammenlebens sein müsse. Betrachtet man unterschiedliche Völker und Kulturen in ihrem geschichtlichen Werden und vergleicht sie miteinander, so entwickelt sich nach Stein wechselseitiges Verstehen und »gegenseitiges Sich-dulden«: »Die Menschheitsgeschichte wird offensichtlich von der Tendenz beherrscht, den dauernden Frieden an die Stelle des bisherigen dauernden Kriegszustandes zu setzen. Conflicte sollen, das ist der Sinn der Geschichte, künftig mehr durch Geister als durch Leiber ausgetragen werden.« (ebd., S. 92f.) Dabei differenziert Stein zwischen Kampf und Krieg. Während der Kampf ums Dasein – hier folgt er dem evolutionistischen Denken von Darwin und Spencer (gemeinsam mit seiner Frau Helene übersetzte Stein Spencers *Autobiographie* 1905 ins Deutsche) – in der Natur des Menschen liege und sozialer Kampf als Wettbewerb zwischen den Individuen durchaus wünschenswert sei, werden Kriege nicht mehr notwendig sein, wenn die »Culturstaaten« die Erde aufgeteilt haben und ihr Expansionsdrang gesättigt ist: »Kriege unter Culturstaaten können vielleicht einmal verschwinden, Kämpfe unter Individuen aber niemals.« (Stein 1899a, S. 95)

Während für frühere Stadien der gesellschaftlichen Entwicklung und insbesondere für die Entstehung der modernen Staaten Kriege tatsächlich »notwendig« waren, weil sie in vielerlei Hinsicht den Fortschritt begünstigten (ähnlich argumentierten schon Auguste Comte und Herbert Spencer, die Stein in seiner Autobiographie explizit als seine soziologischen Referenzpunkte nennt, vgl. Stein 1930, S. 52), verliert der Typus des Kriegers nach Steins Auffassung in einer zunehmend arbeitsteilig und industriell organisierten Gesellschaft mehr und mehr an Bedeutung. Desgleichen rücken die sittlichen bzw. pädagogischen Aspekte des Krieges allmählich in den Hintergrund, und zwar nicht zuletzt deshalb, weil Kriegstugenden wie Tapferkeit, Mut, Disziplin, Kameradschaft, Opferbereitschaft u.v.m. durch »Selektion« und »Vererbung« ohnehin geradezu zur »Natur« der »zivilisierten Völker« geworden seien (Stein 1899a, S. 96). Stein warnt die »weiße Rasse« jedoch davor, den »kriegerischen Typus zu Gunsten des industriellen *ganz* und unvermittelt preis[zu]geben«, sei dieser doch zur etwaigen Verteidigung gegen die »an Zahl ihr unendlich überlegenen gelben und schwarzen Rassen« nach wie vor unentbehrlich (ebd., S. 103; Steins Konzept von »Rasse« ist notabene kein biologisches, sondern ein durch den kulturellen Entwicklungsstand bestimmtes, vgl. Hoeres 2004). Überdies gewährleiste der Fortbestand der stehenden Heere nicht nur den Frieden nach außen, er sei vielmehr auch der Garant für Ruhe und Frieden im Inneren. Stein plädiert also nicht etwa für Abrüstung, sondern für die Beibehaltung des Status quo, der auch in Friedenszeiten die ökonomischen Erträge der Rüstungsindustrie verbürgt.

Anderthalb Jahrzehnte vor dem Ausbruch des Ersten Weltkriegs zeigt sich Stein davon überzeugt, dass sich aufgrund des Fortschritts der Waffentechnik und der damit verbundenen Zerstörungskraft sowie der logistischen, organisatorischen und hygienischen Probleme beim Einsatz von Massenheeren kein Kulturstaat einen »künftigen Weltkrieg« leisten können wird, denn »heute steht [...] nicht mehr Mann gegen Mann, sondern Höllenmaschine gegen Höllenmaschine« (Stein 1899c, S. 372f.). Gerade das Argument des drohenden »wirtschaftliche[n] Ruin[s] im Fall eines Weltkrieges« – der durch das Bündnissystem der Kulturstaaten unvermeidlich aus jedem Staatenkrieg erwachsen müsste – spricht nach Stein »überzeugender und schlagender« als alle anderen Argumente zusammengenommen für eine »Philosophie des Friedens« (ebd., S. 376f.).

Im Zuge der von ihm vertretenen Annahme eines menschheitlichen Vervollkommnungsprozesses zeigt sich nach Steins Dafürhalten eine Entwicklung von der absoluten zur relativen Souveränität. Bündnisse, Verträge, die stetige Entwicklung des Völkerrechts sowie die neu eingerichteten Völkertribunale gelten ihm als Indikatoren dieses Wandels. Als *die* politische Aufgabe des 20. Jahrhunderts schlechthin bezeichnet es Stein, einen »Culturstaatenbund« nach dem Vorbild der Schweiz zu schaffen (Stein 1899a, S. 105) – ein solcher »müsse« kommen, *mit* oder *ohne* Weltkrieg, denn »die Logik der socialen Entwicklung drängt mit immanenter Gesetzmäßigkeit, beharrlich und unbeirrt, wenn auch nur langsam und auf scheinbaren Umwegen, einer friedlichen Verständigung unter den Culturvölkern entgegen« (ebd., S. 100). An die Idee des »ewigen Friedens« glaubt Stein nicht; im Sinne einer »Philosophie des Friedens« hält er jedoch fest, dass der Krieg zwischen souveränen Staaten stets nur das letzte Mittel zur Konfliktlösung sein dürfe. Große Hoffnungen setzt Stein daher auf einen – nicht zuletzt unter dem Druck der Weltöffentlichkeit als moralischer Instanz zu begründenden – »Staatengrundvertrag«, der als ein »zeitlich begrenztes Friedensbündnis« zunächst auf fünf bis zehn Jahre zu befristen sei, sich aber automatisch verlängern würde, sofern die Vertragspartner ihn nicht (unter Missachtung der Vorteile, die ihnen aus der friedlichen internationalen Zusammenarbeit erwachsen) aufkündigen (ebd., S. 108).

Während nicht wenige deutschsprachige Philosophen vor dem Ersten Weltkrieg insofern »in einer gewissen Beziehungslosigkeit zur Politik« standen, als sie in ihrem Wirken vollkommen in ihrer akademischen Sphäre verblieben (vgl. Hoeres 2004, S. 566), bildet Stein in dieser Hinsicht eine der Ausnahmen. Er, der Bertha von Suttner gut kannte – die Friedensnobelpreisträgerin von 1905 war anlässlich der Tagungen des in Bern ansässigen Bureau International de la Paix mehrmals Gast in seinem Hause (vgl. Stein 1930, S. 15) – und mit den Reichkanzlern Bernhard von Bülow und Theobald von Bethmann Hollweg befreundet war, gilt als »gemäßigter Pazifist«. Er war ständiges Mitglied des Internationalen Friedensbüros, dessen Tätigkeit jene »von den Staaten selbst inaugurierten Formen des Pazifismus« (Stein 1930, S. 47) überhaupt erst auf den Weg gebracht habe. Diese mündeten letztlich, wie Stein in seiner Autobiographie bemerkte, in den beiden Haager Friedenskonferenzen (1899 und 1907), der Einrichtung des Ständigen Schiedshofs in Den Haag (1899), der Gründung des Völkerbundes in Genf (1920), der Paneuropa-Union (1922), den Verträgen von Locarno (1925) und dem Briand-Kellogg-Pakt (1928): »Die Träume und Visionen unserer Jugend beginnen wir jetzt als Wirklichkeit zu erleben.« (Stein 1930, S. 215) Man musste tatsächlich, wie Ludwig Stein von sich selbst bekennt, »Optimist« sein, um noch im Jahr 1930 glauben zu können, das Zeitalter der Verständigung und Entspannung zwischen den europäischen Mächten sei bereits angebrochen.

Boguslawski, Albrecht von (1898): Der Abrüstungsvorschlag des Zaren. In: *Deutsche Rundschau* 97, S. 261–269.

Fried, Alfred Hermann [im Original signiert mit: F.] (1899): Die Philosophie des Friedens [Rezension]. In: *Die Friedens-Warte* 1/6–9, S. 47–49.

Hoeres, Peter (2004): *Der Krieg der Philosophen. Die deutsche und britische Philosophie im Ersten Weltkrieg*, Paderborn/München/Wien/Zürich: Ferdinand Schöningh.

Leuenberger, Stefanie (2014): »Eine Stadt wie ein ewiger Schrein«. Else Lasker-Schüler, Ludwig Stein, Jonas Fränkel. In: René Bloch/Jacques Picard (Hgg.), *Wie über Wolken. Jüdische Lebens- und Denkwelten in Stadt und Region Bern, 1200–2000*, Zürich: Chronos, S. 257–268.

Spencer, Herbert (1905): *Eine Autobiographie. Autorisierte deutsche Ausgabe von Dr. Ludwig und Helene Stein*, 2 Bde., Stuttgart: Robert Lutz. (Bd. 1 mit einer Einführung in die Philosophie und Soziologie Herbert Spencers von Ludwig Stein, S. V-XXXIX.)

Stein, Ludwig (1897): *Die soziale Frage im Lichte der Philosophie*, Stuttgart: Ferdinand Enke.

– (1899a): Die Philosophie des Friedens. Ein Wort an die Friedensconferenz im Haag. In: *Deutsche Rundschau* 100, S. 86–108.

– (1899b): *Die Philosophie des Friedens*, Berlin: Gebrüder Paetel.

– (1899c): *An der Wende des Jahrhunderts. Versuch einer Kulturphilosophie*, Freiburg i.B./Leipzig/Tübingen: Verlag von J.C.B. Mohr (Paul Siebeck); darin: Kapitel 19, Die Philosophie des Friedens, S. 348–379.

– (1930): *Aus dem Leben eines Optimisten*, Berlin: Brückenverlag.

Weiterführende Literatur

Kiss, Endre (1988): Zum Porträt Ludwig Steins. In: *Archiv für Geschichte der Philosophie* 70/3, S. 237–244.

Koigen, David et al. (1929): *Festgabe für Ludwig Stein zum siebzigsten Geburtstag* (= Archiv für Systematische Philosophie und Soziologie, Bd. 33), Berlin: Carl Heymann.

Stein, Ludwig (1896): *Das Ideal des »ewigen Friedens« und die soziale Frage. Zwei Vorträge*, Berlin: G. Reimer.

– (1898): Kant und der Zar. In: *Die Zukunft* 24, S. 106–112.

Sabine A. Haring

Alfred Hermann Fried

Als Wilhelm Jerusalem, Ludo M. Hartmann und Rudolf Goldscheid im November 1906 die Idee für eine Soziologische Gesellschaft an der Universität Wien konkretisierten, wurde auch der bekannte Friedenaktivist Alfred Hermann Fried zu den Vorbesprechungen geladen und im Frühjahr 1907 zu einem der Gründungsmitglieder der Gesellschaft. Zu diesem Zeitpunkt war der Journalist, Verleger und Friedenstheoretiker gerade mit der Übersetzung eines Buches des franko-russischen Soziologen Jacques Novicow beschäftigt, dessen Werke zu Krieg und Frieden ihn bei der Entwicklung seiner eigenen Friedenstheorie stark beeinflussten.

Frieds Konzept, das er ab 1905 in seiner 1899 begründeten Zeitschrift *Die Friedens-Warte* entwickelte und 1908 in dem Werk *Die Grundlagen des revolutionären Pazifismus* zusammenfasste, basierte vor allem auf der Idee, die zeitgenössische internationale »Staatenanarchie« durch eine feste Ordnung des internationalen Zusammenlebens zu ersetzen. Damit wandte er sich explizit gegen den zu seiner Zeit vorherrschenden Reformpazifismus, der seine Hoffnungen fast ausschließlich auf die Entwicklung der Schiedsgerichtsbarkeit setzte. Für Fried stellte diese nur einen Zwischenschritt auf dem Weg zum angestrebten Ziel dar, einen Indikator des jeweils erreichten internationalen Rechtsstandes, der solange unvollkommen bleiben musste, solange noch keine stabile internationale Ordnung erreicht war. »Organisiert die Welt!« wurde daher auch zum übergreifenden Motto des Pazifismus Fried'scher Prägung, das auch zur Umbenennung der in der o.a. ersten Auflage von 1908 noch *revolutionär*, in der zweiten Auflage von 1916 dann *ursächlich* genannten Theorie des organisatorischen Pazifismus führte und sich deutlich von dem fast zwei Jahrzehnte zuvor von Bertha von Suttner geprägten Motto: »Die Waffen nieder!« unterschied. Auch in Symbolik und Ausdrucksweise ging Fried neue Wege: Statt Ölzweig, Friedensengel oder zerbrochenen Schwertern wählte er eine Reihe ineinandergreifender Zahnräder als Symbol, statt der vorherrschenden christlichen Metaphorik nüchterne, präzise Bezeichnungen, die die wissenschaftliche Orientierung der neuen Richtung verdeutlichen sollten.

Schon in seinem *Handbuch der Friedensbewegung* von 1905, mit dessen umfangreicher Überarbeitung 1911/13 er zu einem Ahnherrn der historischen Friedensforschung wurde, hatte Fried sich um die Definition zentraler Begriffe wie Kampf, Krieg und Frieden bemüht. Kampf erklärte er dabei zum übergeordneten Begriff, der sowohl physische Gewalt (wie Kriege) als auch psychische Formen (wie den Wettbewerb) umfasse. Die Bedeutungsebenen von Frieden könnten Ruhe, Stillstand und Tod ebenso umfassen wie im militärischen Sinne eine längere oder kürzere Waffenruhe, oder im pazifistischen Sinne das durch feste Rechtsnormen geregelte friedliche Zusammenleben der Kulturvölker, in dem Streitigkeiten durch die Entscheidungen eines Völkertribunals gelöst würden. Für Fried ergab sich aus dieser Definition, dass der militärische Friede, den er auch als Nicht-Krieg bezeichnete, durch die Rüstungsanstrengungen und die ständige Kriegsbereitschaft der Staaten letztlich mit dem Krieg »wesensgleich« sei. »Unter der Herrschaft des Systems der internationalen Anarchie zeitigen Krieg und Frieden die gleichen, die Entwicklung und den Lebenswert der Menschheit hemmenden und schädigenden Folgen« (Fried 1908, S.33). Nur die umfassende internationale Organisation biete einen Ausweg.

Für Fried war die erhoffte Entwicklung zur höheren Organisation längst im Gange, ja, sie war ein unumkehrbarer, quasi evolutionärer Prozess und musste den Zeitgenossen nur bewusst gemacht und durch gezielte pazifistische Aktionen unterstützt werden. Als die Hauptaufgaben der Agitation betrachtete Fried es, den natürlichen Organisationsprozess – insbesondere durch die Ausweitung der Volksbildung – vor hemmenden Einflüssen zu schützen und ihn auf vielfältige Weise positiv zu fördern. Internationale Austauschprogramme, Fachkongresse und Studienreisen sollten nationalen Vorurteilen entgegenwirken und die Völker gegen kriegerische Beeinflussung immunisieren. Internationale Untersuchungskommissionen (obligatorisch, permanent und mobil) und zwingend vorgeschriebene Vermittlungen sollten im konkreten Konfliktfall zu einer Beruhigung der Gemüter führen. Des Weiteren sollten die Entwicklung des Verkehrs- und Nachrichtenwesens, internationale Handelskooperationen und die umfassende Entwicklung des internationalen Rechts, einschließlich des Ausbaus der Schiedsgerichtsbarkeit, den Organisationsprozess fördern; vor allem verlangte er aber auch eine Anpassung der Politik an das Recht, eine Förderung der Solidarpolitik und den Ausbau einer internationalen Verwaltung, häufige Staatenkongresse, eine transparente Außenpolitik und eine Modernisierung der Diplomatie.

Fried tritt somit eher als Verfechter des Internationalismus als des Pazifismus in Erscheinung; das Vertrauen auf eine zwangsläufige, geradlinige Höherentwicklung von Mensch, Gesellschaft und Staatenorganisation bildete in mehrfacher Hinsicht den Schwachpunkt seines Programms. Dennoch gelang es Fried mit seinem Buch über den revolutionären Pazifismus, eine eigenständige Ideologie mit weltanschaulicher Basis, wissenschaftlichem Charakter und politischem Programm zu gestalten (vgl. Scheer 1983, S.134f.) und damit ein in sich geschlossenes System zu formen. Das machte ihn zum führenden pazifistischen Theoretiker der Kaiserzeit und einem wichtigen Impulsgeber der modernen Völkerrechtswissenschaft. 1911 mit dem Friedensnobelpreis geehrt und 1913 von der Universität Leiden mit einem Ehrendoktor ausgezeichnet, blieb Fried, der bereits 1921 starb, dennoch über Jahrzehnte vergessen und erlangte erst in den 1990er Jahren, nach dem Ende des Kalten Krieges, wieder einige Popularität insbesondere in der Friedens- und Konfliktforschung.

Fried, Alfred Hermann (1905): *Handbuch der Friedensbewegung*, 1. Aufl., Wien/Leipzig: Verlag der österr. Friedensgesellschaft. (Die 2., gänzlich umgearbeitete und erweiterte Auflage erschien in 2 Bänden im Verlag der Friedens-Warte, Berlin/Leipzig 1911/13.)

– (1908): *Die Grundlagen des revolutionären Pacifismus*, 1. Aufl., Tübingen: J.C.B. Mohr.

– (1916): *Die Grundlagen des ursächlichen Pazifismus*, Zürich: Orell Füssli (= 2., durch Zusätze vermehrte Auflage von Fried 1908).

– (1918): *Probleme der Friedenstechnik* (= Nach dem Weltkrieg. Schriften zur Neuorientierung der auswärtigen Politik, Heft 6), Leipzig: Naturwissenschaften GmbH.

Scheer, Friedrich-Karl (1983): *Die deutsche Friedensgesellschaft (1892–1933). Organisation. Ideologie, politische Ziele. Ein Beitrag zur Geschichte des Pazifismus in Deutschland*, 2. korr. Aufl., Frankfurt a. M.: Haag & Herchen.

Weiterführende Literatur

Grünewald, Guido (Hg.) (2016): *Alfred Hermann Fried: »Organisiert die Welt!«*, Bremen: Donat Verlag.
Novicow, Jacques (1907): *Die Gerechtigkeit und die Entfaltung des Lebens*, Berlin: Dr. Wedekind.
Senghaas, Dieter (2004): *Friedensprojekt Europa*, Frankfurt a. M.: edition suhrkamp.

Petra Schönemann-Behrens

Rudolf Goldscheid als Friedensaktivist und Friedensforscher

Als Anhänger kooperationstheoretischer Anschauungen sowohl in der soziologischen als auch in der evolutionsbiologischen Forschung verschrieb sich Rudolf Goldscheid (1870–1931) früh den Anliegen der Friedensbewegung. Schon vor dem Ausbruch des Ersten Weltkriegs stieg er zu einem ihrer angesehensten Protagonisten und gefragten Redner auf Friedenskongressen auf. Anders als so manche seiner Mitstreiter auf weltanschaulich-philosophischem Gebiet – die alsbald von der allgemeinen Kriegsbegeisterung infizierten Ernst Haeckel und Wilhelm Ostwald seien hier als die prominentesten Beispiele aus dem Umfeld des Monistenbundes genannt – blieb Goldscheid auch nach Kriegsbeginn seiner Linie treu und ein engagierter Pazifist in Wort und Tat.

Dieses konsequente Eintreten für den Frieden und eine für die Nachkriegsordnung unentbehrliche Verständigungspolitik wurde auch von Zeitgenossen wie Georg Graf von Arco (1869–1940) gewürdigt, für den sich Goldscheids »pazifistische Tätigkeit« geradezu zwingend aus dem von diesem erdachten »Prinzip der Menschen-Oekonomie« ergab (Arco 1930, S. 193). U.a. mit dem Physiker und leitenden Telefunken-Elektroingenieur Arco, aber auch mit Wissenschaftlern, Schriftstellern oder Politikern wie Lujo Brentano, Franz von Liszt, Heinrich Lammasch, Walther Schücking, Hans Wehberg, Ferdinand Tönnies, Herbert Eulenberg, Karl Lamprecht, Max Dessoir, Albert Einstein, Romain Rolland oder Ludwig Quidde arbeitete Goldscheid in führender Position im Bund »Neues Vaterland« zusammen, der im November 1914 gegründeten und damals bedeutendsten pazifistischen Organisation im deutschen Sprachraum.

An diese Rolle, aber auch an andere Facetten von Goldscheids Wirken als Friedensaktivist erinnern auf mehreren Seiten der Juli/August-Ausgabe des Jahrgangs 1930 der *Friedens-Warte* anlässlich von Goldscheids 60. Geburtstag noch zahlreiche weitere Wegbegleiter und Freunde. So würdigt etwa der Nationalökonom und Soziologe Friedrich Hertz (1878–1964) Goldscheids »rastlose und erfolgreiche Tätigkeit als Organisator der Friedensbewegung« und verweist auf dessen Bestreben, »die öffentliche Meinung über die tieferen Ursachen der Katastrophe [des Ersten Weltkriegs] aufzuklären« (Hertz 1930, S. 194); auch rühmt er ihn für die – nicht unproblematische – Überzeugung, »daß die

Aufklärung der Menschen, die Verbreitung richtigen wissenschaftlichen Denkens auch zum sozialen und sittlichen Fortschritt führen muß« (ebd., S. 195). Der Völkerrechtler Walther Schücking (1875–1935) wiederum, der während des Weltkriegs zusammen mit Goldscheid einige Friedenskonferenzen besuchte, weist unter anderem darauf hin, wie Goldscheid angesichts der erwartbaren »Vernichtung des wirtschaftlichen Mittelstandes« noch während des Krieges die Grundlagen der – als Disziplin von ihm mit inaugurierten – »Finanzsoziologie« geschaffen habe: durch die Beteiligung des Staates an allen größeren Unternehmen sämtlicher Branchen (Banken, Industrie, Großgrundbesitz) gelte es den allgemeinen ökonomischen Zusammenbruch zu verhindern (Schücking 1930, S. 198). Der Völkerrechtler Hans Wehberg (1885–1962) schildert den Einfluss, den Goldscheid als Nachfolger von Alfred H. Fried nach dessen Tod in der deutschen Friedensbewegung der Nachkriegszeit auf diese ausübte (Wehberg 1930). Und schließlich verweist die Schriftstellerin und Doyenne des frühen österreichischen Feminismus Rosa Mayreder (1858–1938) in dem besagten Heft der *Friedens-Warte* auf das ebenso »heroische« wie »sensitive« Eintreten Goldscheids für die »Unterdrückten und Entrechteten« – und hier insbesondere für die Anliegen der Frauen- und der Arbeiterbewegung – sowie auf den Zusammenhang zwischen diesem sozialpolitischen Engagement Goldscheids, seinem Programm der Menschenökonomie und seinem Pazifismus (Mayreder 1930, S. 195f.).

In unmittelbarer zeitlicher und thematischer Nähe zum Weltkrieg verfasste Goldscheid zwei umfangreichere pazifistische Schriften. Der größere publizistische Erfolg war der chronologisch zweiten beschert, dem »Mahnruf« *Deutschlands größte Gefahr*, der 1915/16 in insgesamt acht Auflagen erschien, eine davon in schwedischer Sprache. Allerdings ist diese rund 60-seitige Abhandlung nicht so originell wie der bereits im Frühjahr 1914 (also schon vor dem Attentat von Sarajevo) entstandene, aufgrund der sich überschlagenden Ereignisse aber erst im September des gleichen Jahres veröffentlichte *Beitrag zur Soziologie des Weltkrieges und Weltfriedens*, der – so der Haupttitel – *Das Verhältnis der äußern Politik zur innern* erörtert und als schriftliche Langfassung einer Art »Keynote«-Rede den internationalen Teilnehmern des für den Herbst in Wien geplanten, wegen des Kriegsausbruches aber schließlich abgesagten großen Weltfriedenskongresses schon vorab in drei Sprachen hätte zugänglich gemacht werden sollen (vgl. Goldscheid 1914, S. 5, 7). Bemerkenswert an dieser Schrift ist allein schon die vorausschauende Verwendung des Begriffs »Weltkrieg« für den sich im Sommer 1914 unausweichlich anbahnenden großen Konflikt, wurde dieser Terminus im deutschen Sprachraum bis dahin doch gemeinhin allenfalls gelegentlich zur Bezeichnung des Dreißigjährigen Krieges oder der Koalitionskriege gebraucht; Goldscheid dürfte ihn von Karl Marx entlehnt haben, der ihn ab 1850 wiederholt benutzt hat, aber er war gewiss auch mit Ludwig Steins *Philosophie des Friedens* vertraut, in der schon 1899 wiederholt hellsichtig von einem sich anbahnenden großen »Weltkrieg« die Rede ist.

Den »Funktionalzusammenhang« zwischen Innen- und Außenpolitik skizziert Goldscheid als ein Interdependenzverhältnis: Solange keine vollständige Demokratisierung im Inneren erfolgt, die auch und insbesondere die Mitbestimmung der Außenpolitik durch das Volk und dessen wirkliche Interessen garantiert – nämlich den Frieden zu wahren und so für wirtschaftliche Prosperität zu sorgen –, solange wird es auch unmöglich sein, in den Außenbeziehungen jenen stabilen »organisatorischen Zusammenschluß der Kulturnationen in einer *Interdemokratie*« zu erwirken, der für die dauerhafte Aufrechterhaltung des Friedens unabdingbar ist (ebd., S. 8); eine echte Demokratisierung der Herrschaftsverhältnisse ist aber nicht zu erlangen, solange es den traditionell bevorrechteten Schichten gelingt, die Kulisse der nahe bevorstehenden Bedrohung durch einen äußeren Feind erfolgreich aufrechtzuerhalten. Erst wenn die Menschen diesen Zusammenhang zwischen der sozialen und der nationalen Frage durchschauen und erkennen, wie außenpolitische Rivalitäten zum Zwecke des Machterhalts im Inneren geschürt werden, besteht die Aussicht, »in allen Ländern im Volk selber« den Wunsch nach einem dauerhaften »Völkerfrieden« zu verankern (ebd., S. 10).

Indem er auf die »eigenartige Verknüpfung« von Außen- und Innenpolitik, von Rüstungs-, Kolonial-, Steuer- und Finanzpolitik hinweist und die historisch-soziologische Untersuchung dieses »Kausalnexus« anregt, hofft Goldscheid, »ein neues heuristisches Prinzip« aufzuzeigen (ebd., S. 9f.), mit dem die unselige Dominanz einer militarisierten Außenpolitik durchbrochen werden könnte. Interessanterweise deutet er diese Tendenz zur innenpolitisch wirksamen Verflechtung von Politik, Militär und Rüstungsindustrie – die in ihrer Beschreibung an die Entfaltung dessen erinnert, was später der Soziologe C. Wright Mills als »militärisch-industriellen Komplex« bezeichnen sollte (vgl. dazu bes. ebd., S. 29) – als »Ausdruck der enormen Abhängigkeit jedes Einzelstaates vom gesamten Ausland« (ebd., S. 14) und zugleich als fehlgeleitete Reaktion v.a. auf ökonomisch motivierte Ängste unter den Bedingungen einer bereits hoch integrierten Weltwirtschaft. Es handle sich dabei um Ängste davor, von ausländischen Mächten in gleicher Weise übervorteilt oder ausgebeutet zu werden, wie das die jeweils eigenen nationalen Regierungen zu Goldscheids Bedauern derzeit (noch) selbst im Umgang mit dem Ausland zu tun pflegen. Diese Tatsache der engen globalen »Verflochtenheit der Völkerbeziehungen« lege die Einsicht nahe, dass die Soziale Frage, an der letztlich auch die ganze Frage des Friedens hänge, »nur als internationales Problem zur vollkommenen Lösung gelangen« könne. Über das eigentliche Primat der Sozialen Frage (und somit der Innenpolitik) in Bezug auf die Gestaltung der internationalen Beziehungen lässt der Autor jedoch keinen Zweifel aufkommen; daher soll auch die Weltpolitik »letzten Endes [...] der innern Wohlfahrt« dienen. Friedens- und Außenpolitik im Zeichen der Völkerverständigung ist also »nicht Endzweck, sondern Mittel zur Hebung der nationalen Kultur« (ebd.), wobei jede nationale Kultur innerhalb des Kreises der aufgeklärten Kulturnationen nur eine von mehreren, mehr oder weniger gleichwertigen Trägerinnen der Höherentwicklung der gesamten Menschheit ist.

Obwohl er mit dieser Ansicht ein Kernanliegen der sozialistischen Bewegung teilt, kritisiert Goldscheid deren theoretische Fundierung als unzulänglich. Die marxistische

Analyse der internationalen Beziehungen beschränke sich nämlich im Wesentlichen auf die Feststellung, dass »mit dem Schwinden der Klassengegensätze im Innern der Länder« auch die »Interessengegensätze der Völker fortfallen« würden (ebd., S. 16). Demgegenüber betont er, dass sich die (internen) Klassengegensätze nicht abmildern können, solange die (externen) Staatengegensätze fortbestehen, die zwar in jenen Klassengegensätzen wurzeln, sich aber verselbständigt haben. Goldscheids Akzent liegt also darauf, das »Völkerverhältnis« als »Ursache und Wirkung des Klassenverhältnisses zugleich« zu betrachten (ebd., S. 17f.) – womit einmal mehr verdeutlicht wäre, als wie eng er die soziale mit der nationalen Frage verzahnt sieht und für wie bedeutsam er die »soziologische Korrelation« zwischen Außen- und Innenpolitik hält (ebd., S. 20).

Goldscheids *Beitrag zur Soziologie des Weltkrieges und Weltfriedens*, dessen weitere Argumentation hier nicht mehr näher nachgezeichnet werden kann (kluge und im engeren Sinn soziologische Beobachtungen finden sich insb. zu den Folgen der Rüstungs- und Abschreckungspolitik, vgl. ebd., S. 31–37), erschöpft sich somit weder in einem bloßen pazifistischen Plädoyer noch im Versuch, Schuldzuweisungen angesichts des damals gerade schwelenden Konflikts zwischen den Mächten vorzunehmen. Vielmehr handelt es sich um den (am Vorabend des Krieges erstaunlich nüchtern formulierten) Ansatz zu einer Analyse der tieferliegenden Ursachen und Folgen des damaligen Rüstungswettlaufs und des (seitens der Politik gezielt herbeigeführten) Aufwallens nationaler Begeisterungsstürme, elementarer Ängste und chauvinistischer Ressentiments. In letzter Konsequenz geht es Goldscheid freilich um die Suche nach den Voraussetzungen eines dauerhaften Friedens, welche er in einer demokratischen und gerechteren neuen Weltordnung erblickt, die wahlweise kurz als »Völkerkonstitutionalismus«, »internationale Kulturorganisation« oder (wie eingangs zitiert) »Interdemokratie« bezeichnet wird. In diesem Rahmen könnten, so die Hoffnung, die natürlich auch weiterhin jederzeit möglichen Verteilungs-, Territorial- und sonstigen Konflikte sachlichen und einvernehmlichen Lösungen zugeführt werden (vgl. ebd., S. 25, 38, 58–61).

Nach nicht einmal einem vollen Kriegsjahr, im Mai 1915, äußert sich Goldscheid um einiges pessimistischer, ja, passagenweise fast schon resigniert, zum Weltkriegsgeschehen, das sich zu diesem Zeitpunkt für die Mittelmächte notabene noch durchaus aussichtsreich gestaltete. Als *Deutschlands größte Gefahr* macht er dessen Annährung an das reaktionäre Russische Kaiserreich aus; sein »Mahnruf« ist also über weite Strecken ein (in dieser Hinsicht schon mit der Februarrevolution 1917 überholtes) antirussisches Pamphlet, das sich, bedingt durch die probritische bzw. prowestliche Haltung des Autors, schließlich noch zu einem leidenschaftlichen Plädoyer für einen »Bund der Westmächte« aufschwingt, der den Keim zu der schon zuvor beschworenen »Interdemokratie« in sich trägt.

Getragen von der Überzeugung, dass der deutsche (und österreichische) Hass auf England den Blick auf die viel größere, vom reaktionären panslawistischen Zarenreich ausgehende Bedrohung für die europäische Kultur verstellt (vgl. Goldscheid 1915, insb. S. 11–16), entwickelt Goldscheid zunächst in Ansätzen das Programm einer institutionalisierten

Zusammenarbeit der demokratischen westeuropäischen Staaten, an deren Beginn die Aussöhnung Deutschlands mit Großbritannien und Frankreich stehen müsste (ebd., S. 20, 29). Im Gegensatz zu dem von den herrschenden Eliten zum Zwecke ihres Machterhalts bevorzugten Dreikaiserbündnis mit Russland läge eine solche Allianz im ureigenen Interesse der beteiligten Völker, weil von ihr die größtmögliche Förderung der wirtschaftlichen und kulturellen Entwicklung zu erwarten wäre (ebd., S. 20, 25f.). Ein aus diesem Nukleus hervorgehendes Bündnis demokratischer Staaten stünde sodann natürlich auch allen anderen kulturell gleichrangigen Ländern offen, seien es kleine wie Belgien oder die nordischen Staaten (ebd., S. 22, 45), die ungeachtet ihrer Größe nicht länger Manövrier- und Verhandlungsmasse, sondern gleichberechtigte Partner der Großmächte wären, oder seien es die großen, im Aufstieg befindlichen Vereinigten Staaten von Amerika (ebd., S. 30, 59).

Es ist vermutlich der Erregung des Weltkriegs, aber auch den Pogromen im Zarenreich geschuldet, warum Goldscheid vorgibt, ein solches Bündnis der Westmächte nicht so sehr um seiner selbst und seiner friedensstiftenden Wirkung willen anzustreben, sondern um die »eigentliche Kulturaufgabe unserer Zeit« bewerkstelligen zu können, nämlich die Abwehr »des Ansturms der Reaktion des Ostens«. In dieser kommenden großen »Auseinandersetzung zwischen dem Osten und dem Westen«, die »zugleich ein Befreiungskampf für den Osten wäre, entscheidet sich mit dem Schicksal der europäischen Kultur auch der Bestand Deutschlands« (ebd.). Die nicht nur von Russland, sondern auch von China ausgehende »asiatische Gefahr« (ebd., S. 32) kann und soll aber nicht allein militärisch abgewehrt werden, sondern auch mit dem, was heute manchmal etwas abfällig als »Scheckbuchdiplomatie« bezeichnet wird: Wenn der »einige Westen« seine Finanzspritzen an den Osten nur gegen »demokratische Konzessionen« und die Bereitschaft »zu pazifistischen Kompromissen« gewährt, dann könne der »Osten auf eine höhere Stufe der Kultur« gehoben werden, sodass von ihm keine Gefahr mehr ausginge und das »Wettrüsten und Wettgebären« endlich aufhören könnte (ebd., S. 33).

Im Zentrum von Goldscheids Ausführungen steht aber letztlich doch die positive Vision, stehen die Vorteile, die ein vom Respekt für die Diversität der Kulturen erfüllter Bund der Westmächte mit sich brächte: Der von diesem ausgehende Demokratisierungsschub würde eine Verringerung der »Ausbeutungstendenzen« zunächst im Inneren der beteiligten Länder und in der Folge auch in den von ihnen abhängigen Weltgegenden nach sich ziehen. Das bisherige koloniale (oder auch nur hegemoniale) »Unterdrückungssystem« müsste aufgegeben werden, und zugleich entstünde die Möglichkeit, die »tieferstehenden Völker« an das Niveau der »führenden Kulturvölker« heranzuführen. So wäre eine »Reform von oben eingeleitet« und die Gefahr einer andernfalls unausweichlichen »Revolution von unten« gebannt (ebd., S. 34f.). Da bei »ausgedehnte[n] Völkerkämpfe[n]« letztlich immer die demographische bzw. die »territoriale Grösse« ausschlaggebend sei und Europa in solchen Auseinandersetzungen à la longue auf verlorenem Posten stünde, müsse es einfach auf eine solche »organisatorisch[e] friedlich[e] Lösung« der globalen Konflikte setzen (ebd., S. 36).

Die Organisationsform der Wahl, um ein »Völkerverhältnis« herzustellen, das »alle wechselseitig fördert« und dem alle auf Dauer aus freien Stücken angehören wollen, ist die »interdemokratische Union« oder kurz »Interdemokratie« (ebd., S. 37f.). Sollte es nicht zu einem solchen »demokratischen Kulturbund« kommen, »dann wird der jetzige Krieg nur das bescheidene Vorspiel weit furchtbarerer Kriege in der nächsten Zukunft sein«; sollte aber ein solcher Zusammenschluss gelingen, dann »kann eine neue vollkommenere Welt aus diesem Kriege hervorgehen« (ebd., S. 38). Und so ruft Goldscheid – der sich in seinen beiden Weltkriegsschriften auch als einer der Väter der später v.a. unter US-Politologen dominant gewordenen Ansicht erweist, dass Demokratien nie Angriffs-, sondern nur Verteidigungskriege führen – dazu auf, sich »von der Leidenschaft des Augenblicks« zu befreien, um den Krieg so schnell wie möglich zu beenden und eine »Verständigung zwischen den Mächten herbeizuführen«, auf deren Grundlage im Idealfall sogar die »kulturelle Organisation der vereinigten Staaten der Erde« glücken könnte (ebd., S. 61). So hatte dieser Visionär bereits Institutionen im Blick, die im Völkerbund und später in den Vereinten Nationen und der Europäischen Union reale Gestalt annehmen sollten.

Arco, Georg Graf (1930): Zu Rudolf Goldscheids 60. Geburtstag (12. August 1930)! Rudolf Goldscheid als Denker und Kämpfer. In: *Die Friedens-Warte* 30/7-8, S. 193f.

Goldscheid, Rudolf (1914): *Das Verhältnis der äußern Politik zur innern. Ein Beitrag zur Soziologie des Weltkrieges und Weltfriedens*, Wien/Leipzig: Anzengruber-Verlag Brüder Suschitzky. (Bis 1915 in drei Aufl. erschienen, sowie als Nachdruck in: *Seeds of Conflicts*, Series 5.2: *Germany and World Conflict*, Part 3.4, Nendeln: Kraus Reprint 1976.)

– (1915): *Deutschlands größte Gefahr. Ein Mahnruf*, Berlin: Verlag Neues Vaterland. (Bis 1916 in fünf Aufl. in Deutschland, zwei in der Schweiz und einer in Schweden erschienen, sowie als Nachdruck in: *Seeds of Conflicts*, Series 5.2: *Germany and World Conflict*, Part 3.3, Nendeln: Kraus Reprint 1976.)

Hertz, Friedrich (1930): Rudolf Goldscheid als Organisator der Friedensbewegung. In: *Die Friedens-Warte* 30/7-8, S. 194f.

Mayreder, Rosa (1930): Rudolf Goldscheids Persönlichkeit und Stellung zur Frauenfrage. In: *Die Friedens-Warte* 30/7-8, S. 195f.

Schücking, Walther (1930): Rudolf Goldscheids Haltung im Weltkriege. In: *Die Friedens-Warte* 30/7-8, S. 196–199.

Stein, Ludwig (1899): *Die Philosophie des Friedens*, Berlin: Gebrüder Paetel.

Wehberg, Hans (1930): Rudolf Goldscheid und die deutsche Friedensbewegung. In: *Die Friedens-Warte* 30/7-8, S. 199–201.

Weiterführende Literatur

Goldscheid, Rudolf (1912a): *Friedensbewegung und Menschenökonomie* (= Internationale Organisation, Heft 2/3), Berlin/Leipzig: Verlag der Friedens-Warte. (Neuaufl. Zürich: Orell Füssli 1916, sowie in der schwedischen Übersetzung der Reformpädagogin und Schriftstellerin Ellen Key als: *Fredsrörelse och människoekonomi*, Stockholm: Svenska Andelsförlag 1916.)

– (1912b): Krieg und Kultur. Die Lehren der Krise. In: *Die Friedens-Warte* 14/12, S. 441–446. Wieder abgedruckt in: Ders., *Grundfragen des Menschenschicksals. Gesammelte Aufsätze*, Leipzig/ Wien: E.P. Tal & Co., S. 190–200.
Riehle, Bert (2009): *Eine neue Ordnung der Welt. Föderative Friedenstheorien im deutschsprachigen Raum zwischen 1892 und 1932*, Göttingen: V&R unipress.

Georg Witrisal

Heinrich Lammasch

Die Gedenkjahre und Erinnerungen an die Weltkriege haben zu mancherlei Korrekturen im kollektiven Gedächtnis Österreichs beigetragen: Die österreichische Beteiligung an Verbrechen und politischen Fehlentscheidungen wird nicht mehr geleugnet und die Wertschätzung des »Ewigen Kaisers« Franz Joseph I. ist relativiert. Das Verdienst Bertha von Suttners um die europäische Friedensbewegung ist unbestritten und Karl Kraus einer der meistzitierten Autoren. Für Friedrich Heer gehört diese Beteiligung an der »Internationale des Friedens« zum Besten, was das alte Österreich hinterließ. Eine Leitfigur des Pazifismus war auch der international hochangesehene Völkerrechtsgelehrte Heinrich Lammasch (1853–1920).

Lammasch war um die Jahrhundertwende der führende Strafrechtswissenschaftler Österreichs und zugleich die treibende Kraft bei der Ausarbeitung eines neuen Strafrechts. In diese Phase fällt auch der Beginn seiner lebenslangen und intensiven Beziehung zu Karl Kraus, der einen literarischen Kampf gegen die Missstände jener Zeit führte. Doch als Lammasch 1889 in Wien die Professur für Strafrecht, Rechtsphilosophie und Völkerrecht erhielt, sorgte das bei der liberalen Presse noch für Misstöne, denn er wurde als Exponent der antisemitischen Klerikalen angesehen – was freilich ein unsinniges Vorurteil war. Anders als die meisten seiner Kollegen sah er in der zu engen Anlehnung Österreichs an das Deutsche Reich die größte Gefahr und lehnte den übersteigerten Deutschnationalismus ab, der das akademische Leben seit 1870 prägte.

Mit seiner Entsendung als Sachverständiger zur ersten Friedenskonferenz in Den Haag 1899 trat eine Wende in Lammaschs Leben ein. Auf der Konferenz wurde nicht nur die Haager Landkriegsordnung beschlossen, sondern auch ein Ständiger Gerichtshof zur friedlichen Erledigung Internationaler Streitfälle eingerichtet, dem Lammasch dreimal – und damit öfter als jedes andere Mitglied – präsidierte. Nach seiner Rückkehr nach Wien fand im Dezember 1910 eine glanzvolle Feier statt, auf der Lammasch seine Hoffnung äußerte, »dass die Diplomatie nicht mehr ihren wesentlichen Beruf darin sähe, Kriege vorzubereiten, sondern sie in Ehren zu vermeiden« (N.N./Wiener Zeitung 1910).

Lammasch fürchtete zu Recht, dass die Außenpolitik der Monarchie in ihrem Vertrauen auf die Stärke des aggressiven deutschen Bündnispartners in den Untergang führen könnte. Die Bemühungen um einen weiteren Ausbau der Schiedsgerichtsbarkeit erlitten bei der Zweiten Friedenskonferenz (1907) einen Rückschlag, da die Repräsentanten des Deutschen Reiches mit Unterstützung ihrer willfährigen österreichischen Verbündeten eine Schiedsgerichtspflicht bei Konflikten verhinderten. Lammasch bedauerte dies ebenso wie Bertha von Suttner, mit der er seit 1899 in Kontakt stand und die er mehrmals für den Nobelpreis vorschlug, obwohl er ihrem eher »emotional« denn rational begründeten Pazifismus misstraute. Suttner musste in ihren letzten Jahren die Wirkungslosigkeit ihrer Tätigkeit erkennen, aber immerhin blieb es ihr erspart, den Ausbruch des Weltkriegs erleben zu müssen. Für Lammasch hingegen brachten die nächsten Jahre eine ganz Reihe von Enttäuschungen.

Mit Kriegsbeginn im Sommer 1914 begann eine neue Phase seiner Bemühungen. Um Kriegsgräuel aller Seiten – wie sie etwa auch die k.u.k. Militärjustiz gegenüber der eigenen Bevölkerung im Osten zu verantworten hatte – möglichst rasch zu beenden, schlug er die »unparteiische Untersuchung« sämtlicher Völkerrechtsverletzungen vor (Lammasch 1914). Die meisten Intellektuellen in Österreich und Deutschland aber erlagen dem Kriegstaumel. Lammasch gehörte »zu den wenigen […], die nicht der Kriegspsychose verfallen sind, sondern sich ihren klaren Blick bewahrt haben« (Nippold 1922, S. 135). In einer Atmosphäre des Hasses warb er für die gegenseitige Achtung der Nationen und einen tiefgreifenden Frieden, der nicht bloß zwischen den Regierungen, sondern auch zwischen den Völkern herrschen sollte.

1916 ergriff Lammasch mit Kollegen die Initiative zur Wiedereinberufung des Reichsrates und nutzte selbst das Herrenhaus für Friedensappelle, zuletzt im Februar 1918: »Hören Sie darum meine Herren auf die Stimme der Menschlichkeit, auf die Stimme der Vernunft, auf die Stimme der Christenheit […]. Lassen Sie das nicht übertönen durch die Stimmen derjenigen, die in Behaglichkeit und Bequemlichkeit Ihnen das Durchhalten predigen, weil sie selbst nicht allzu sehr darunter leiden. […] Der sogenannte Siegfriede […] wäre nur […] ein fauler Friede, wäre nur ein Waffenstillstand vor einem noch gewaltigeren und entsetzlicheren Waffengang. Für eine solche Frucht haben die Nationen nicht ihr Herzblut hergegeben. Der Lohn, den sie erwarten, ist […] ein gesicherter Friede.« (Stenographische Protokolle 1918)

Diese Rede, in der sich Lammasch seiner eigenen, der herrschenden Klasse entgegenstellte, wurde heftig kritisiert, machte aber – selbst bei Militärs – großen Eindruck, als auch Karl Kraus sie aufgriff (vgl. Kraus 1918), der Lammasch als Patrioten im tieferen Sinn bezeichnete und die politische Führung als die eigentlichen Hochverräter brandmarkte. In der Presse erntete Lammasch nur Spott und Verwünschungen, obwohl die Kriegsbegeisterung unter der Bevölkerung schon weitgehend abgeklungen war. Lammasch hielt wie Kraus den Einfluss der Presse für besonders unheilvoll und hatte bereits 1907 Strafgesetze gegen zum Krieg anstachelnde Zeitungsartikel vorgeschlagen, jedoch ohne Erfolg damit zu haben.

Obwohl der Zusammenbruch der Habsburgermonarchie absehbar war, wurde jeder Versuch eines Verständigungsfriedens verhindert und der von Lammasch geforderte »Abfall« vom Bündnispartner Deutschland als Verrat angesehen. Kaiser Karl hatte nicht den Mut, auch nach ihrem Auffliegen und Scheitern zu seinen dieser Linie folgenden Friedensbemühungen zu stehen; der Untergang der Monarchie war somit nicht aufzuhalten (vgl. Zweig 1983, S. 348). Im Oktober 1918 wurde Lammasch trotz seiner mangelnden politischen Erfahrung zum Ministerpräsidenten ernannt. Er war der letzte in diesem Amt, zugleich der erste Nicht-Adelige und der einzige, dessen unparteiisches Bemühen um Versöhnung allgemein anerkannt war. Den Vielvölkerstaat konnte zwar auch er nicht retten, aber immerhin gelang die gewaltfreie Liquidation und Übergabe der Amtsgeschäfte.

Seinem klein gewordenen Vaterland empfahl Lammasch einen neutralen Status nach dem Vorbild der Schweiz, um den Reststaat vor dem Anschluss an Deutschland zu bewahren. Als Befürworter der Eingliederung Deutschösterreichs in das Deutsche Reich lehnte Staatskanzler Karl Renner »die Aufrichtung einer neutralisierten norischen Republik« (Lammasch 1919) jedoch ab und verhinderte als Leiter der österreichischen Delegation bei den Friedensverhandlungen von St. Germain, dass Lammasch, der dieser Gesandtschaft als ein auch von den Alliierten hochgeachteter Pazifist und Völkerrechtsgelehrter ebenfalls angehörte, seine Idee in österreichischen Zeitungen propagieren konnte (Müller 1995, S. 137). Vielleicht erinnerte sich Renner seiner unrühmlichen Rolle, als er im Februar 1920 bei der Österreichischen Liga für den Völkerbund eine Gedenkrede auf Lammasch hielt: »Die spätere Forschung [...] wird erweisen, welch großes Verdienst Lammasch sich an allen Völkern der Monarchie erwarb, indem er für die unblutige Lösung einer unhaltbar gewordenen Gemeinschaft sich einsetzte. [...] Mir ist, als hätten nicht nur wir Österreicher allein [...] diesem edlen Manne und großem Geist [...] Abbitte zu leisten.« (Österreichische Völkerbundliga 1920, S. 11)

Nach dem Ersten Weltkrieg gab es Ansätze zur Aufarbeitung der jüngsten Vergangenheit, doch eine zur Untersuchung von Pflichtverletzungen militärischer Organe eingesetzte Kommission lieferte kaum greifbare Ergebnisse und stellte nach wenigen Jahren ihre Arbeit ein. Völkerrechtswidrige Massenexekutionen und Deportationen wurden nicht geahndet und Kriegsverbrechen mit dem »Kriegsnotwehrrecht« entschuldigt. Das – entlang politischer Lagergrenzen divergierende – Weltkriegsgedenken war zunehmend von Verdrängung, Verharmlosung und der »Dolchstoßlegende« bestimmt und auf militärische »Heldenverehrung« ausgerichtet. Ein Friedenspolitiker wie Heinrich Lammasch, der sich jahrzehntelang um die Reform des Strafrechts bemüht hatte, und später für die friedliche Auflösung der Monarchie, die Errichtung einer unabhängigen, neutralen Republik und die Etablierung einer weltweiten, durch den Völkerbund garantierten Friedensordnung eingetreten war (vgl. Cavallar 2012), geriet unter dem Eindruck dieser nationalistisch und militaristisch geprägten Erinnerungskultur beinahe zwangsläufig alsbald in Vergessenheit.

Cavallar, Georg (2012): Eye-deep in Hell. Heinrich Lammasch, the Confederation of Neutral States, and Austrian Neutrality, 1899–1920. In: Rebecka Lettevall/Geert Somsen/Sven Widmalm (Hgg.), *Neutrality in Twentieth-Century Europe. Intersections of Science, Culture, and Politics after the First World War*, London/New York: Routledge, S. 273–94.

Kraus, Karl (1918): Für Lammasch. In: *Die Fackel* 474–483, S. 46.

Lammasch, Heinrich (1914): Beweiserhebungen über Verletzungen des Völkerrechts. In: *Das Recht. Rundschau für den Deutschen Juristenstand* 18/21-22, 10. November 1914.

– (1919): Die norische Republik. In: *National-Zeitung* (Basel), 15. Mai 1919, S. 1.

Lammasch, Marga/Hans Sperl (Hgg.) (1922): *Heinrich Lammasch. Seine Aufzeichnungen, sein Wirken und seine Politik*, Wien/Leipzig: Franz Deuticke.

Müller, Hans-Harald/Brita Eckert (Hgg.) (1995): *Richard A. Bermann alias Arnold Höllrigl. Österreicher – Demokrat – Weltbürger. Begleitbuch zu einer Ausstellung des Deutschen Exilarchivs 1933–1945*, München/New Providence/London/Paris: K.G.Saur.

Nippold, Otfried (1921): Heinrich Lammasch als Völkerrechtsgelehrter und Friedenspolitiker. In: Lammasch/Sperl 1922.

N.N. (1910): Feier zu Ehren des Hofrates Professors Dr. Lammasch [ungez. Artikel]. In: *Wiener Zeitung*, 6. Dezember 1910, S. 7–9.

Österreichische Völkerbundliga (1920): *Heinrich Lammasch und der Völkerbund. Die Gedenkfeier der österreichischen Völkerbundliga für ihren Ehrenpräsidenten*, Wien: Verlag der Österreichischen Liga für Völkerbund und Völkerverständigung.

Stenographische Protokolle über die Sitzungen des Herrenhauses des Reichsrates, 28. Sitzung der XXII. Session am 28. Februar 1918.

Zweig, Stefan (1983): *Die Welt von Gestern. Erinnerungen eines Europäers* [1944], Köln: Anaconde. (Erstveröffentlichung 1944 im Bermann-Fischer Verlag in Stockholm.)

Weiterführende Literatur

Lammasch, Heinrich (1917): *Das Völkerrecht nach dem Kriege*, Kristiania: Aschehoug.

Oberkofler, Gerhard/Eduard Rabovsky (1993): *Heinrich Lammasch (1853–1920). Notizen zur akademischen Laufbahn des großen österreichischen Völker- und Strafrechtsgelehrten*, Innsbruck: Archiv der Leopold-Franzens-Universität.

Verosta, Stephan (1971): *Theorie und Realität von Bündnissen. Heinrich Lammasch, Karl Renner und der Zweibund (1897–1914)*, Wien: Europa Verlag.

Dieter Köberl

IX. Wissenssoziologie

Max Adlers Wissenssoziologie

Der Terminus »Intellektuelle« war zum Zeitpunkt des Erscheinens von Max Adlers (1873–1937) Schrift *Der Sozialismus und die Intellektuellen* (Wien 1910) ein Neologismus – er war im Zuge der Dreyfus-Affäre entstanden und diente ursprünglich der Abwertung der Unterstützer des Alfred Dreyfus. Er fand schnell Akzeptanz (so erschien beispielsweise 1911 ein *Die Intellektuellen* betitelter Roman der österreichischen Autorin Grete Meisel-Heß), aber innerhalb des linken Lagers behielt er seine pejorative Bedeutung: In der »Intellektuellendebatte« innerhalb der deutschen Sozialdemokratie wurde den Intellektuellen Unzuverlässigkeit und Dominanzstreben vorgeworfen; eine starke Strömung der öffentlichen Meinung identifizierte die Intellektuellen als Träger des nationalen Gedankens und damit als »rechts«.

Hier setzt Adlers Intellektuellenschrift von 1910 ein: Der Text beginnt mit einer Hommage auf Johann Gottlieb Fichtes *Reden an die deutsche Nation* (erstmals 1808). Adler konzentriert sich auf Fichtes Forderungen nach der »Umgestaltung der Bildung und deshalb vor allem der Erziehung des Volkes« und einer »Bildung des Volkes in allen seinen Teilen«. Bildung verlöre so den Charakter des Trennenden und würde zum »eigentlich Vereinigende(n), alle Stände des deutschen Volkes erst zu einer geistigen Gemeinschaft, zu einer Nation Verbindende(n)« (Adler 1981 [1910], S. 38). Fichtes primäre Intention – die Mobilisierung der Kräfte zum Widerstand gegen die französische Besetzung – spielt Adler herunter: der »soziale Sinn« von Fichtes *Reden* war »mehr noch als die Abschüttelung der Herrschaft eines fremden Volkes [...,] *die Fremdherrschaft der Unkultur im eigenen Volke* zu beseitigen« (ebd., S. 39). Fichte, den Adler ob dessen »philosophischen Entwurfs« eines *Geschlossenen Handelsstaates* (erstmals 1800) zum »ersten deutschen Sozialisten« ernannte, sei auch insofern als ein Vorläufer von Marx und Engels zu betrachten, als er mit der Konstatierung eines »kulturellen und gesellschaftlichen Gegensatzes« nicht nur den »sich entwickelnden Klassengegensatz zwischen Bourgeoisie und Proletariat erkannt«, sondern auch die Entwicklung eines »gegensätzlichen Klassenbewusstseins« vorausgeahnt hätte. Zudem hätte Fichte den Gebildeten aufgetragen, die Kluft zwischen ihnen und dem einfachen Volk zu beseitigen und so eine Nation zu schaffen.

100 Jahre nach Fichte seien die Verhältnisse grundlegend anders geworden. Der Sozialismus habe sich etabliert, indem er die Volksmassen zu einem bewussten Leben erweckt und ein Zeitalter der Volksbildung eingeleitet habe, das wichtiger sei als weiland jenes der Aufklärung (Adler 1981, S. 42). Die Arbeiterschaft habe sich aus eigener Kraft auch intellektuell emanzipiert, doch die Adressaten von Fichtes Rede, die Gebildeten, stünden seit geraumer Zeit im Lager der Bourgeoisie – und zwar nicht aus wirtschaft-

lichen Interessen, sondern aufgrund von »Affekten für die Erhaltung der Kultur, wie *sie* diese verstanden« (ebd., S. 45) und verstehen. Das materielle Interesse als Verbindungsglied zwischen Arbeiterschaft und Intellektuellen, das er in seinen früheren Beschäftigungen mit dieser Frage ins Zentrum gerückt hatte (Adler 1971 [1894/95]), ignoriert Adler jetzt und greift es erst 1919, in zwei die zweite Auflage seiner Schrift ergänzenden Aufsätzen – namentlich in seinen Überlegungen zur Subalternisierung und zur Resignation der geistigen Arbeit im Kapitalismus – wieder auf. Zunächst definiert er das Klasseninteresse der Intellektuellen als ein »kulturelles«. Sie säßen einem fundamentalen Missverständnis auf, wenn sie den Sozialismus auf die Sphäre der Politik und auf den Klassenkampf reduzierten – dieser sei »*vor allem* [...] *eine kulturelle Bewegung* [...] wie es etwa auch das Christentum war; [...] *eine Bewegung, die nur sekundär politisch ist*« (Adler 1981, S. 51). Den Intellektuellen fehle mithin der Blick auf das gesellschaftliche Ganze – im Gegensatz zu den Arbeitern müssten sie sich erst den »Weltblick« für die »Kulturbedeutung des Sozialismus« erobern (Adler 1924). Aus dem kulturellen Klasseninteresse der Intellektuellen leitet Adler also ein gemeinsames Ziel, die »Verwirklichung der Gemeininteressen einer Menschheitskultur« ab (Adler 1981, S. 58).

Der Sozialismus und die Intellektuellen, zwischen 1910 und 1923 in vier Auflagen erschienen, war neben der *Wegweiser. Studien zur Geistesgeschichte des Sozialismus* betitelten Sammlung von Kurzporträts (proto-)sozialistischer Denker, die zwischen 1914 und 1931 in fünf Auflagen erschien, Adlers erfolgreichste Schrift. Der Text hat offensichtlich sein Publikum gefunden, ungeachtet der negativen Rezension durch Franz Mehring (Mehring 1910) und Otto Bauers Warnung vor »gefühlswarmem Idealismus« der Schrift: »[...] in der warmherzigen Propaganda hören wir gern, was im nüchternen Vortrag gesagt, zum Widerspruch reizen würde« (Bauer 1910, 479f.).

Adler, Max (1971): Zur Frage der Organisation des Proletariats der Intelligenz [1894/95]. Neudruck in: Karl-Heinz Neumann (Hg.), *Marxismus und Politik. Dokumente zur theoretischen Begründung revolutionärer Politik. Aufsätze aus der Marxismus-Diskussion der zwanziger und dreißiger Jahre* (= Marxismus-Archiv, Bd. 1), Frankfurt a.M.: Makol.

– (1981): Der Sozialismus und die Intellektuellen [1910]. In: Norbert Leser/Alfred Pfabigan (Hgg.), *Max Adler. Ausgewählte Schriften*, Wien: Österreichischer Bundesverlag, S. 36–72.

– (1924): *Die Kulturbedeutung des Sozialismus*, Wien: Verlag der Wiener Volksbuchhandlung.

Bauer, Otto (1910): Deutsche Parteiliteratur [Sammelrezension]. In: *Der Kampf* 3 (Wien), S. 479f.

Mehring, Franz (1910): »Der Sozialismus und die Intellektuellen« [Rezension] In: *Die Neue Zeit* 28/2, S. 852.

Meisel-Heß, Grete (1911): *Die Intellektuellen* [Roman], Berlin: Oesterheld.

Weiterführende Literatur

Bering, Dietz (1978): *Die Intellektuellen. Geschichte eines Schimpfwortes*, Stuttgart: Klett-Cotta.

Michels, Robert (1987): *Masse, Führer, Intellektuelle. Politisch-soziologische Aufsätze 1906–1933*, Frankfurt a.M.: Campus.
Pfabigan, Alfred (1982): *Max Adler. Eine politische Biographie*, Frankfurt: Campus.

Alfred Pfabigan

Karl Mannheims erste Schaffensperiode bis 1919

Karl Mannheim (ursprünglich auch Károly Manheim, 1893–1947), ist einer der maßgeblichen Mitbegründer der bis heute ungebrochen intensiv diskutierten und im Rahmen verschiedener Paradigmen weiterentwickelten Wissenssoziologie (vgl. Schütz/Luckmann 1979/84; Berger/Luckmann 1969; Foucault 1981; Longhurst 1989; Luhmann 1980–1995; Keller 2011). Mannheim, der später auch für sein zur Abwehr totalitärer Tendenzen erdachtes Konzept einer »geplanten Demokratie« bekannt wurde, lernte 1911 eine Gruppe junger Intellektueller um den Philosophen und Ästheten György Lukács kennen, die sich ab 1915 regelmäßig im sogenannten »Sonntagskreis« traf, um gemeinsam zu debattieren (s. Kettler 1967, Novák 1979, Karádi/Vezér 1985); diesem informellen Zirkel gehörten u.a. Arnold Hauser und Mannheims spätere Frau, die Psychologin Júlia »Juliska« Láng an. Durch die Vermittlung Oszkár Jászis pflegte er Verbindungen zu den Freimauern, und 1912 wurde er Mitglied des Galilei-Kreises, einer weiteren Gruppe junger linksradikaler Budapester Intellektueller.

Diese lebhaften Beziehungen zu intellektuellen Kreisen begleiteten Mannheim auf seinem gesamten Lebensweg. Anfang der 1930er Jahre gehörte er der religiös-sozialistischen Gruppe um Paul Tillich in Frankfurt am Main an (vgl. Bauschulte/Krech 2007, Schreiber/Schulz 2015, S. 60–68), und in seinen letzten fünf Lebensjahren fand er Anschluss an den Moot-Kreis, einer von Joseph H. Oldham gegründeten Gruppierung bedeutender, der anglikanischen Kirche nahestehender Persönlichkeiten (unter ihnen der Literaturnobelpreisträger von 1948, T. S. Eliot), die von einem betont christlichen Standpunkt aus Antworten auf die Herausforderungen ihrer von Totalitarismen und Krieg geplagten Zeit zu geben versuchten (vgl. Ziffus 1988).

Mannheims ungarische Anreger: Bódog Somló, Oszkár Jászi, Georg Lukács

Mit dem Hinweis auf diese wechselnden intellektuellen Bezugsgruppen sind auch die auf drei Länder verteilten Schaffensphasen Mannheims angedeutet: bis 1919 wirkte er v.a. in Ungarn, bis 1933 in Deutschland, und von da an bis zu seinem Tod 1947 in Großbritannien. In seiner Zeit in Ungarn waren es vor allem zwei Persönlichkeiten (vgl. Kettler/Meja/Stehr 1990, S. 117, Kettler/Meja 1995, Felkai 2007, S. 154–158), die eine nachhaltige Wirkung auf Mannheims geistige Orientierung ausgeübt haben: Oszkár

Jászi (1875–1957) und György (Georg) Lukács (1885–1971). Aber auch der Einfluss, den Bódog Somló (1873–1920) auf das Denken Mannheims hatte, darf nicht unterschätzt werden. Dieser zeigt sich vor allem in der Auffassung, dass moderne Gesellschaften einer gewissen Steuerung und Planung bedürfen. Der Planungsgedanke, der in den beiden letzten Jahren von Mannheims Wirken in Deutschland zum Hauptthema seiner Arbeit wurde, war also schon sehr viel früher angelegt (und mag auch unter dem Eindruck von Gusztáv Gratz' Vorstoß in Richtung eines »sozialen Liberalismus« gestanden sein [Gratz 1904, S. 14]).

Somló vertritt in seinem Buch *Állami beavatkozás és individualismus* (*Staatsinterventionismus und Individualismus*) von 1907 die gegen Herbert Spencer gerichtete Ansicht, dass moderne Gesellschaften nicht ohne staatliche Regelungen auskommen, und dass derlei Eingriffe in die sozialen Verhältnisse die natürliche Zuchtwahl nur in die gewünschten Bahnen lenken, und diesen Prozess nicht von vornherein verhindern. Somló erklärt es zu einem Merkmal der Moderne, dass nicht mehr durch nachträgliche soziale Reparaturmaßnahmen, sondern mithilfe vorausschauender gesellschaftlicher Planung versucht wird, die von Spencer geforderten Rahmenbedingungen des freien Wettbewerbs aufrechtzuerhalten. So müsse z.B. die Pauperisierung der breiten Masse verhindert werden, um nicht die Grundlagen der freien Konkurrenz zu gefährden. Die erforderlichen sozialtechnischen Eingriffe in die Prozesse der Gesellschaft basieren dabei auf gesichertem Wissen, das die Kenntnis der angestrebten Ziele, die zu ihrer Verwirklichung nötigen Mittel, sowie die aus ihrer Befolgung sich ergebenden normativen Konsequenzen umfasst. Radikale sozialistische Ansätze verwirft Somló jedoch, weil er das Privateigentum und dessen ungehinderte Zirkulation als unerlässlich für das Funktionieren der freien Konkurrenz erachtet.

Auch Oszkár Jászi, der sich als Vertreter eines – nach eigenem Verständnis sozialliberalen – »bürgerlichen Radikalismus« verstand, den er als ein Derivat des klassischen Liberalismus betrachtete (und der in einem Konkurrenzverhältnis zu Konservatismus, Kathedersozialismus und Kommunismus steht), sprach sich dafür aus, sozialistische Ideen nicht ohne Modifikationen aufzugreifen. In seinen Augen sollte der Sozialismus nicht um seiner Ziele selbst (wie etwa um der Errichtung einer klassenlosen Gesellschaft oder um der Vergesellschaftung des Privateigentums) willen angestrebt werden, sondern bloß als ein Mittel zur Erreichung des eigentlichen Ziels angesehen werden, nämlich die Menschheit auf eine höhere Entwicklungsstufe des Verstandes, der Moral und der Ästhetik zu heben. Zu diesem Zweck müsse der Sozialismus, dessen leitendes Prinzip die »geplante Kooperation« sei, um wichtige Elemente ergänzt werden, sodass beispielsweise die individuellen Rechte, der freie Wettbewerb und die Freiheit zur Eigeninitiative garantiert und die Willkür der Machthabenden ausgeschlossen werden können (vgl. Jászi 1908, S. 8ff., 107f., 116; Horváth 1974, S. 313).

Klar auf der Hand liegt, dass auch György Lukács über Jahre hinweg in vielfältiger Weise einen Einfluss auf Mannheim ausgeübt hat. Mannheim betrachtete Lukács als eine Art Mentor, der sein Interesse u.a. an Meister Eckhart und Georg Wilhelm Friedrich Hegel geweckt und ihm Zugang zum Budapester Sonntagskreis eröffnet hat. Seine Beurteilung des Moralisten und Politikers Lukács fiel jedoch ebenso distanziert aus wie die der maßgebenden anderen Persönlichkeiten des Sonntagskreises, die eine Diktatur, ja sogar den Terror des Proletariats als unvermeidlich und ethisch vertretbar ansahen. Diesen letzten Schritt hin zur vorbehaltlosen Hingabe an die kommunistische Idee und Praxis hat Mannheim stets abgelehnt, und zwar – wenn man dem Dichter und Filmtheoretiker Béla Balázs, in dessen Wohnung sich die Mitglieder des Sonntagskreises (neben den erwähnten Lukács, Mannheim, Hauser und Láng waren dies 1918 u.a. die Kunsthistoriker Lajos Fülep, Frigyes Antal und Károly Tolnay, der Philosoph Béla Fogarasi, die Schriftsteller Anna Lesznai und Ervin Sinkó, die Psychoanalytikerin Edit Rényi, geb. Gyömrői, sowie Balázs' damalige Frau Edit Hajós und seine spätere zweite Ehefrau Anna Schlamadinger, geb. Hamvassy) zusammenfanden, Glauben schenken will – nicht nur aus theoretisch-moralischen, sondern auch aus habituell-psychologischen Gründen. Dies lässt sich aus Balázs' Bemerkung ableiten, wonach Mannheim »eine elementare Leidenschaft, die Fähigkeit zur lebhaften Exaltation«, zur – so im deutschen Original – »›restlosen‹ Selbsthingabe an eine Idee« gefehlt habe (Balázs 1982, S. 322f., Eintrag vom 27.9.1918). In seinem Wiener Exil notierte Balázs später, dass Hauser und Mannheim sich von den revolutionären Ereignissen abgewandt und so den Zug der Weltgeschichte ein für alle Mal verpasst hätten (ebd., S. 483f.).

Dass diese »restlose« Selbsthingabe auch Lukács nicht leicht fiel, bestätigen zwei Dokumente seines geistigen Werdegangs, die seine Entwicklung von der moralischen Verwerfung jedes Gewalt- bzw. Terroraktes hin zu dessen leidenschaftlicher Bejahung bezeugen. In seiner Schrift »Der Bolschewismus als moralisches Problem« (1918, hier Lukács 1971a) legte er dar, dass aus moralisch Verwerflichem (der Tötung der Feinde der Revolution) kein Weg zur Beseitigung von sozialer Ungleichheit und wirtschaftlicher Ausbeutung als dem eigentlichen Ziel der Revolution führe. Den Ersten Weltkrieg und seine verheerenden Folgen fasste Lukács als durch den Kapitalismus verursachtes sündhaftes Geschehen auf; den bewaffneten Kampf gegen ihn sah er als unvermeidbar und moralisch geboten an. Diesen plötzlichen Sinneswandel musste er aber vor sich und den anderen theoretisch rechtfertigen. Er berief sich dabei auf Christian Friedrich Hebbels Drama *Judith*, das die biblische Geschichte aufgreift. Lukács vermeinte hier den Schlüssel zur Lösung seines moralischen Problems zu finden. Gott befiehlt der träumenden Judith durch seine Engel, den assyrischen Heerführer Holofernes zu töten, um das jüdische Volk vor dem sicheren Untergang zu erretten. Diese Tat verstößt jedoch gegen das Tötungsverbot. Aus ihrem Traum erwacht, zeigt sie sich in ihrem Gebet davon überzeugt, dass sich der Mensch nicht vor der Ausführung der Schreckenstat drücken dürfe, sofern die Aufforderung zum Töten von Gott selbst stammt (vgl. Lukács 1968, S. 53). Diese mystisch-messianische Billigung des »revolutionären« – sprich: »von Gott gewollten« – Terrors fand ihren Niederschlag in den letzten Worten von Lukács' berüchtigtem Aufsatz »Taktik und Ethik«: »Nur die mörderische Tat des Menschen, der unerschütterlich und alle Zweifel ausschließend weiß, dass der Mord unter keinen Umständen zu billigen ist, kann – tragisch – moralischer Natur sein« (ebd., S. 52).

Ein Element im Denken Lukács', das sicherlich als bestimmend für Mannheims geistige Entwicklung anzusehen ist, war das der Erziehung. In seinem nur auf Ungarisch vorliegenden Aufsatz »Die moralische Grundlage des Kommunismus« (1919, hier 1971b) schrieb Lukács der proletarischen Erziehung die Aufgabe zu, eine »auf Liebe und gegenseitigem Verständnis aufgebaute Gesellschaft« zu errichten und »die Menschen einander näherzubringen«, indem sie die aus Bildungsdefiziten herrührenden Milieuunterschiede ausgleicht und aufhebt. Um allfällige romantische Illusionen gleich im Keim zu ersticken, betont Lukács, dass die Aufhebung der sozialen Vorrechte eine »zerstörerische« Arbeit sein werde, »der Umstrukturierung des gesellschaftlichen Lebens sehr ähnlich« (Lukács 1971b, S. 20f.). Dieser (in Lukács' Fassung durchaus bedrohlich wirkende) Planungsgedanke veranlasste Mannheim dazu, in den 1930er Jahren das Programm der bewussten Erziehung zur Demokratie von Grund auf zu überdenken und neu zu entwerfen. Den Ausdruck »streitbare« oder »militante Demokratie« verwendete freilich auch er noch 1935 für die Verteidigung westlicher Werte gegenüber totalitären (d.h. rechts- wie linksextremen) Mächten; diese rhetorische Schärfe dämpfte er erst nach längerer Zeit im Londoner Exil (Mannheim 1935, 1950).

Mannheim machte die von Lukács vollzogene Konversion zum Kommunismus nie mit und stand zeitlebens einer um liberale und konservative Einsichten bereicherten sozialdemokratischen Position nahe. Lukács' Wende, die er in Ungarn als Zeuge miterleben konnte, wurde eine lehrreiche Erfahrung für ihn, die auch in seine Schriften einging. In einem seiner wichtigsten Werke, dem 1929 erschienenen Buch *Ideologie und Utopie*, wirft Mannheim in einem zentralen Kapitel die Frage auf: »Ist Politik als Wissenschaft möglich?« In der Beantwortung dieser Schlüsselfrage unterscheidet er zwei Typen der modernen Intelligenz. Der eine Typus ist mit den Problemen, Erfahrungen und Weltanschauungen der wichtigsten sozialen Schichten und Gruppen einer Gesellschaft vertraut, hält aber bewusst eine gewisse Distanz zu deren Ideologien, um eine Synthese zwischen diesen herstellen und so durch die Zusammenschau aller wichtigen »Seinslagen« zu einer mehrdimensionalen, vielstimmigen »Wahrheit« vorstoßen zu können; der zweite Typus wird hingegen zum Sprachrohr nur *einer* bestimmten Klasse, deren Interessen er zu seinen eigenen macht und in Wort und Werk vertritt. Unschwer lässt sich der erste Typ mit der »relationistischen« Methode und Mannheims persönlicher Lebensanschauung, und der zweite mit Lukács' Habitus und Charakter identifizieren.

Simmels Beitrag zu Mannheims früher Kulturtheorie

Bedeutende Impulse empfing Mannheims Denken in seiner formativen Phase auch von den kultursoziologischen Arbeiten Georg Simmels (1858–1918). Eine der Thesen Simmels, die von Mannheim verarbeitet wurde, betrifft die wachsende Diskrepanz zwischen der objektiven und der subjektiven Kultur. Simmel behauptet, dass der moderne Mensch seine Aufmerksamkeit immer mehr auf Nebensächliches richte und Anstrengungen und Opfer immer mehr scheue, sodass seine Ziele von innen her entwertet würden (Simmel 1989, S. 64f.). Hinter der spektakulären Anreicherung der materiell-sachlichen Seite der Kultur, also ihres schieren Umfangs in den letzten einhundert Jahren, bleiben nämlich die Möglichkeiten einer geistigen Durchdringung der kulturellen Inhalte zurück, was tendenziell ein Absinken des allgemeinen Kulturniveaus bewirke (ebd., S. 618); dazu komme, dass das Verständnis für die neuen Probleme der Moderne bei weitem auch nicht mit der schwindelerregenden Entwicklung des technisch-zivilisatorischen Wissens Schritt halten kann. Die mangelnde Aneignung der objektiv zur Verfügung stehenden Kulturreichtümer bedeute dabei nicht einfach einen Bildungsmangel, sondern ein Hindernis des Selbst- und Fremdverstehens zugleich (vgl. Simmel 1919, S. 238f.). Die Produktion der geistig-kulturellen, aber auch der wirtschaftlich-technologischen Güter, Leistungen und Erkenntnisse – d.h. die objektive Kultur – und die Entwicklung der individuellen Einsichten, Kenntnisse und Fähigkeiten – d.h. die subjektive Kultur – klaffen immer weiter auseinander. Hierin sieht Simmel die »Tragödie der [modernen] Kultur« begründet, einer Situation, in der der Mensch zwar immer kultivierter wird, aber nicht mehr zu sich selbst finden kann, weil er kaum noch Möglichkeiten vorfindet, sich die Erzeugnisse der modernen Kultur kreativ anzueignen und diese seinerseits zu bereichern (ebd., S. 225).

Der rasende Fortschritt der Technik überlastet und hinterfragt nach Simmels Ansicht sowohl die individuellen Fähigkeiten zur persönlichen Entwicklung als auch die traditionellen Berufe und sozialen Beziehungsgeflechte. Der moderne Mensch zahlt einen hohen Preis für den Genuss der Vorteile, die ihm die Technik bietet: er muss sich ihr unterordnen und einer geisterfüllten Lebensweise entsagen. Der Mensch gerät somit nicht nur unter die Herrschaft der Produktion, sondern auch unter die der Produkte. Daran schließt sich die Befürchtung, dass die Arbeitsteilung »die schaffende Persönlichkeit von dem geschaffenen Werk abtrennt und dies letztere eine objektive Selbständigkeit gewinnen lässt« (Simmel 1989, S. 679). Diese Überlegungen Simmels finden ihren Nachhall bei Mannheim, wenn dieser über das »Werk« in einem idealisierten Sinn nachdenkt.

»Seele und Kultur«: Mannheims Gedanken zum Werkbegriff

Im Februar 1918 eröffnete Mannheim mit einer erkenntnistheoretischen Vorlesung das Semester an der erst im Jahr zuvor von ihm, Lukács, Hauser und Ervin Szabó gegründeten privaten »Freien Schule der Geisteswissenschaften« in Budapest. Der junge Wissenschaftler sprach als ein Vertreter der gleichen, d.h. einer »in ihrer Entwicklung und ihrem Lebensgefühl verwandten Generation« zu seinem studentischen Publikum (Mannheim 1964, S. 66). Der Vortragende und seine Hörer trafen sich nicht zuletzt in ihrer ablehnenden Haltung gegenüber dem philosophischen Monismus (ebd., S. 68), d.h. man teilte die Anerkennung des methodologischen Pluralismus und die Annahme einer normativen Sphäre der Moral und der Ästhetik. Als Grundlage seiner Zeitdiagnose diente Mannheim eine Neuformulierung der Simmel'schen These von der »Tragödie der Kultur«, welche sich in einem tendenziellen Auseinanderklaffen der objektiven (materiellen wie geistigen) und der subjektiven (seelischen) Kulturelemente zeige. Als möglichen Ausweg aus dieser Situation brachte er die Wiederaneignung der Kultur durch die aktive Hervorbringung von »Werken« (Handlungen und deren Objektivationen) ins Spiel.

Den Werkbegriff entfaltete Mannheim ausgehend von Meister Eckharts Predigt über Maria und Martha, die Schwestern des Lazarus, die sinnbildlich für die vita contemplativa bzw. die vita activa stehen. Er verwies insbesondere auf die von den Mystikern des Mittelalters vorgenommene Ausweitung des ursprünglich allein auf religiöse Handlungen zur Anwendung gekommenen Begriffs auf sämtliche Objektivationen der Seele, d.h. also auf Taten, Gedanken, Worte und künstlerische Darstellungen. Das Werk verstand er als vermittelnde Instanz zwischen dem Ich und dem Anderen. Wir sind aber nicht nur von unseren Mitmenschen getrennt, sondern auch von uns selbst entfremdet; und weil dem so ist, stehen letztlich auch Werk und Seele einander fremd gegenüber. Das Werk verweist somit zwar immer auf den seelischen Ursprung in seinem Schöpfer und dessen Lebensumstände, aber es unterliegt zugleich eigenen – jenseits von Seele und Materie angesiedelten – Gesetzmäßigkeiten und verfügt als etwas Geistiges über eine spezifische Eigenart und systematische Geschlossenheit. Das einmal vollendete Werk bedeutet immer eine Verselbständigung gegenüber den vielfältigen Möglichkeiten und Dynamiken der Seele. Als solches macht es eine nachholende Aneignung und somit eine den Werkprozess in gewissem Maße wiederholende Haltung der Gesellschaftsmitglieder möglich.

Werke im dargelegten Sinn können also – bei allen inhaltlichen und gestalterischen Unterschieden – als Kulturobjekte prinzipiell von allen Mitgliedern einer Gesellschaft rezipiert und aufgegriffen werden. Diese gewissermaßen »demokratische« Aneignung geht jedoch mit einer Nivellierung nach unten einher, zieht die beschleunigte technologische Entwicklung doch eine Verarmung hinsichtlich der Qualität und der Tiefe der in den Werken codierten Mitteilungen nach sich, was im Ergebnis zu falschen Situations-, Selbst- und Fremdeinschätzungen führen kann. Deshalb müsse auf dem Gebiet der Kultur, wie Mannheim betont, dem Epigonentum (wie es C.F. Paul Ernst als das Fehlen von menschlicher Größe und wahrhaft »artistischer« Fähigkeit charakterisierte) sowie dem Dilettantismus der Kampf angesagt werden. Als bedeutsam erachtet er auch die Frage, ob und inwieweit in kreativer und innovativer Weise an bestehende Werke angeknüpft werden kann, wodurch à la longue der Riss zwischen objektiver und subjektiver Kultur geschlossen werden könnte.

In Mannheims Denken ist auch eine an Comtes Dreistadiengesetz erinnernde Klassifizierung der Kulturepochen und der für den Schaffensprozess relevanten Intentionen angelegt: So unterscheidet er zwischen religiösen, kunstzentrierten und den sich mit

Problemen der Logik, der Ästhetik und der Geschichtsphilosophie abmühenden Kulturzeitaltern. Seiner eigenen Zeit und Generation weist er unter diesen einen festen Platz zu.

Schlussbemerkungen

Mannheim wurde gerade in Deutschland oft als Skeptiker und Relativist gescholten. Dies ist vor allem auf jenen aufsehenerregenden Auftritt zurückzuführen, den er 1928 in Zürich vor der Deutschen Gesellschaft für Soziologie mit seinem Vortrag über »Die Bedeutung der Konkurrenz im Gebiete des Geistigen« hatte. Mit seinen Ausführungen über den »relationistischen« Charakter der wissenssoziologischen Methode und seinem in Anschluss an Alfred Weber formulierten Plädoyer, den verschiedenen Weltanschauungen gegenüber die Haltung eines normativ weitgehend unabhängigen »freischwebenden« Intellektuellen einzunehmen, stieß er fast das gesamte Auditorium vor den Kopf. Dass Mannheim in seiner persönlichen Lebensführung aber einen geradezu unbeugsamen und alles andere als indifferenten moralischen Charakter gehabt haben muss, verdeutlicht folgende Episode: Nach dem Sturz der 133 Tage währenden kommunistischen Rätediktatur in Ungarn wurde er, der selbst nie zum Kommunisten wurde, von den Sowjets beauftragt, führenden kommunistischen Persönlichkeiten wie Georg Lukács zur Flucht zu verhelfen. Erst nachdem er seinen Auftrag erfüllt hatte, floh er selbst vor Miklós Horthys »weißem Terror« nach Wien. Diese moralische Zuverlässigkeit und seine praktisch-organisatorische Begabung muss auch der Grund dafür gewesen sein, dass Mannheim gleich zu Beginn seiner Zeit im Londoner Exil darum gebeten wurde, eine Liste der in Deutschland von Hitlers Regime verfolgten Wissenschaftler zu erstellen und ihnen Unterstützung im Namen Großbritanniens zukommen zu lassen. Auch diesen Auftrag hat Mannheim gewissenhaft erfüllt.

Balázs, Béla (1982): *Napló* [Tagebuch], Bd. 2: *1914–1922*, hrsg. von Anna Vári, Budapest: Magvető.

Bauschulte, Manfred/Volkhard Krech (2007): Saulus-Situationen: Zum Verhältnis von Kritischer Theorie und Religiösem Sozialismus. In: Richard Faber/Eva-Maria Ziege (Hgg.), *Das Feld der Frankfurter Kultur- und Sozialwissenschaften vor 1945*, Würzburg: Königshausen & Neumann, S. 49–57.

Berger, Peter L./Thomas Luckmann (1969): *Die gesellschaftliche Konstruktion der Wirklichkeit. Eine Theorie der Wissenssoziologie*, Frankfurt a.M.: S. Fischer.

Felkai, Gábor (2007): *A német szociológia története a századfordulótól 1933-ig* [Geschichte der deutschen Soziologie von der Jahrhundertwende bis 1933], Bd. 2, Budapest: Századvég.

Foucault, Michel (1981): *Archäologie des Wissens*, Frankfurt a.M.: Suhrkamp.

Gratz, Gusztáv (1904): A liberalizmus [Der Liberalismus]. In: *A társadalmi fejlődés iránya. A Társadalomtudományi Társaság által rendezett vita* [Die Richtung der gesellschaftlichen Entwicklung. Die Debatte in der Sozialwissenschaftlichen Gesellschaft], hrsg. von der Társadalomtudományi Társaság, Budapest: Politzer, S. 1–20.

Jászi, Oszkár (1908): *A történelmi materializmus állambölcselete* [Sozialphilosophie des Historischen Materialismus], 2. Aufl., Budapest: Grill Károly Könyvkiadóvállalata.
– (1918): *Mi a radikalizmus?* [Was ist Radikalismus?], Budapest: Országos Polgári Radikális Párt.
Karádi, Éva/Erzsébet Vezér (1985): *Georg Lukács, Karl Mannheim und der Sonntagskreis*, Frankfurt a.M.: Sendler Verlag.
Keller, Reiner (2011): *Wissenssoziologische Diskursanalyse. Grundlegung eines Forschungsprogramms*, 3. Aufl., Wiesbaden: Springer.
Kettler, David (1967): *Marxismus und Kultur. Mannheim und Lukács in den ungarischen Revolutionen 1918/19*, Neuwied: Luchterhand Verlag.
– /Volker Meja/Nico Stehr (1990): Karl Mannheim und die Entmutigung der Intelligenz. In: *Zeitschrift für Soziologie* 19/2, S. 117–130.
– /Volker Meja (1995): *Karl Mannheim and the Crisis of Liberalism*, New Brunswick, NJ: Transaction.
Longhurst, Brian (1989): *Karl Mannheim and the Contemporary Sociology of Knowledge*, New York: Macmillan.
Luhmann, Niklas (1980, 1981, 1989, 1995): *Gesellschaftsstruktur und Semantik. Studien zur Wissenssoziologie der modernen Gesellschaft*, 4 Bde., Frankfurt a.M.: Suhrkamp.
Lukács, György (1971): *Történelem és osztálytudat* [Geschichte und Klassenbewusstsein], Budapest: Magvető.
– (1971a): A bolsevizmus mint erkölcsi probléma [Der Bolschewismus als moralisches Problem] [1918]. In: Lukács 1971, S. 11–17. (Die deutschsprachigen Textausgaben dieses Werkes enthalten diesen Aufsatz nicht.)
– (1971b): A kommunizmus erkölcsi alapja [Die moralische Grundlage des Kommunismus] [1919]. In: Lukács 1971, S. 18–21. (Die deutschsprachigen Textausgaben dieses Werkes enthalten diesen Aufsatz nicht.)
– [Georg Lukács] (1968): *Georg Lukács Werke. Frühschriften*, Bd. 2, Darmstadt/Neuwied: Luchterhand.
Mannheim, Karl (1964): Seele und Kultur [1918]. In: Ders., *Wissenssoziologie. Auswahl aus dem Werk*, eingel. und hrsg. von Kurt H. Wolff, Berlin/Neuwied: Hermann Luchterhand Verlag, S. 66–84.
– (2015): *Ideologie und Utopie* [1929], 9. Aufl., Frankfurt a.M.: Vittorio Klostermann.
– (1935): *Mensch und Gesellschaft im Zeitalter des Umbaus*, Leiden: Sijthoff.
– (1950): *Freedom, Power and Democratic Planning*, London: Routledge & Kegan Paul.
– (1996): *Mannheim Károly levelezése 1911–1946* [Karl Mannheims Briefwechsel 1911–1946], hrsg. von Éva Gábor, Budapest: Argumentum Kiadó/Lukács Archívum.
Novák, Zoltán (1979): *A Vasárnap Társaság* [Die Sonntagsgesellschaft], Budapest: Kossuth.
Schreiber, Gerhard/Heiko Schulz (Hgg.) (2015): *Kritische Theologie. Paul Tillich in Frankfurt (1919–1933)*, Berlin: Walter de Gruyter.
Schütz, Alfred/Thomas Luckmann (1979/84): *Strukturen der Lebenswelt*, 2 Bde., Frankfurt a.M.: Suhrkamp.
Simmel, Georg (1919): Der Begriff und die Tragödie der Kultur [1911]. In: Ders., *Philosophische Kultur*, 2. Aufl., Leipzig: Kröner, S. 223–253.
– (1989): *Philosophie des Geldes* [1900] (= Gesamtausgabe Georg Simmel, Bd. 6), Frankfurt a.M.: Suhrkamp.

Somló, Bódog (1907): *Állami beavatkozás és individualismus* [Staatsinterventionismus und Individualismus], Budapest: Grill Károly Könyvkiadó.

Ziffus, Sigrid (1988): Karl Mannheim und der Moot-Kreis. In: Ilja Srubar (Hg.), *Exil, Wissenschaft, Identität. Die Emigration deutscher Sozialwissenschaftler 1933–1945*, Frankfurt a.M.: Suhrkamp, S. 206–223.

Weiterführende Literatur

Laube, Reinhard (2004): *Karl Mannheim und die Krise des Historismus. Historismus als wissenssoziologischer Perspektivismus*, Göttingen: Vandenhoeck & Ruprecht.

Löwy, Michael (o.J.): Karl Mannheim and Georg Lukács. The Lost Heritage of Heretical Historism. Online zugänglich unter: http://www.inco.hu/inco13/filo/cikk13h.htm.

Gábor Felkai

X. Moralkritik und Vorurteilsforschung

Max Adlers Moralsoziologie

In vielfacher Weise bedeutete der Erste Weltkrieg für Max Adler (1873–1937) eine politische und intellektuelle Herausforderung. Die radikalen Resolutionen der Zweiten Sozialistischen Internationale waren durch die unleugbare Akzeptanz des Krieges durch die maßgeblichen Teile der österreichischen und der deutschen Sozialdemokratie faktisch aufgehoben; Entsprechendes lässt sich auch für den Vorkriegs-Pazifismus von Adler konstatieren – denn mit dem Kriegsausbruch galt diesem zufolge auch für das Proletariat die »Pflicht der Landesverteidigung« (Adler 1915, S. 46). Von Außenseitern abgesehen, war der Weltkrieg im Diskurs nicht nur als notwendiges Übel akzeptiert, sondern geradezu willkommen: Zahlreiche prominente Autoren betätigten sich im Gefolge der »Ideen von 1914« als Lobredner des Krieges (Flasch 2000). Auch für Adler war der »moralische Gewinn« des Krieges offenkundig (Adler 1916, S. 14), doch bekämpfte er den »Kriegssozialismus« und die »Ideen von 1914« in zahlreichen Publikationen.

Ludwig Quidde, der Pazifist und Friedensnobelpreisträger von 1927, betreute im Leipziger Verlag »Naturwissenschaften« eine heute verschollene Schriftenreihe, die den Reihentitel *Nach dem Weltkrieg. Schriften zur Neuorientierung der auswärtigen Politik* trug. Max Adler nützte diese Publikationsmöglichkeit, um 1918 einige seiner bereits zuvor im theoretischen Organ der österreichischen Sozialdemokratie, in der Zeitschrift *Der Kampf*, veröffentlichten Aufsätze in überarbeiteter und um drei neue Kapitel erweiterter Form unter dem Titel *Politik und Moral* neu aufzulegen.

Jede Partei, so Adlers Ausgangspunkt, berufe sich auf die »Moral« und zehre von den Möglichkeiten der narzisstischen Selbstinszenierung, die sie bietet, verfolge aber tatsächlich nur ihre eigenen Interessen. In der Außenpolitik verstärke sich dieser Zustand. Zwischen den Staaten herrsche Anarchie, und Politik stelle sich als »nackte und eingestandene Gewaltausübung« dar, deren »ganz logisches und unentbehrliches Mittel […] der Krieg« sei (Adler 1918, S. 10). Zur Illustration seiner These zieht er die Werke bekannter Verteidiger dieser moralfreien, machtorientierten Haltung heran: Machiavellis *Fürst*, der *Leviathan* des Thomas Hobbes und Spinozas *Tractatus theologico-politicus* liefern ebenso flagrante wie populäre Zitate. Da in den zwischenstaatlichen Beziehungen immer Menschen mit all ihren Schwächen und Vorzügen agieren und dabei ganz ungeniert auf Verhaltensweisen zurückgreifen, die im zivilen Leben verpönt wären, hätte der Weltkrieg den Widerspruch zwischen Politik und Moral manifest gemacht. Das damals populäre Argument, dass die politische Sphäre eine andere Moral kenne, weist Adler mit dem Hinweis auf den »sozialen Artcharakter des Menschen und die Möglichkeit der Gesellschaft selbst« zurück – die Wurzel des Problems liege in der »*Verankerung im Klassencharakter der bürgerlichen Welt*« (ebd., S. 18).

In knappen Polemiken werden Otto Baumgarten, Heinrich Scholz, Ernst Troeltsch und andere als Leugner des von Adler dargelegten Problems eines Widerspruchs zwischen Politik und Moral, als Anhänger einer dem Bestehenden gegenüber apologetischen Haltung oder als moralische Nihilisten vorgeführt. Auch Alfred Vierkandts »Machtidealismus«, der ja mit der Konstatierung des Umstandes, dass »die stärkere Teilgruppe den Sinn der Moral« bestimme (ebd., S. 66), Adlers Marxismus durchaus nahestand, wird als Selbstwiderspruch zurückgewiesen. Ein Einklang zwischen Politik und Moral könnte für Adler nur unter der Bedingung einer grundsätzlichen Änderung der Verhältnisse herbeigeführt werden, die »zum Programm der größten sozialen Bewegung unserer Zeit, des internationalen proletarischen Sozialismus« gehöre (ebd., S. 73) – also unter der Bedingung der Ablösung der Klassengesellschaft durch eine sozialistische, welche auch zwischen den Völkern ein auf solidarischen Verträgen basierendes Verhältnis etablieren würde.

Die Resonanz auf Adlers Schrift über *Politik und Moral* war gering; das liegt nicht nur an den Zeitumständen, sondern auch an ihrer genrehaften Unbestimmtheit. Einerseits setzt der Autor seine schriftstellerische Politik der Kriegsjahre fort und kämpft mit philosophischen Argumenten gegen alle den Krieg rechtfertigenden Ideologeme auf einer auch sprachlich einfachen, verständlichen Ebene; andererseits verspricht die Gelegenheitspublikation etwas für die politische Praxis Grundsätzliches zu leisten, bleibt letztlich aber doch auf der Ebene der Auseinandersetzung mit heute vergessenen Schriften stecken.

Adler, Max (1915): *Prinzip oder Romantik! Sozialistische Betrachtungen zum Weltkrieg*, Nürnberg: Fränkische Verlagsanstalt.

– (1916): *Zwei Jahre ...! Weltkriegsbetrachtungen eines Sozialisten*, Nürnberg: Fränkische Verlagsanstalt.

– (1918): *Politik und Moral* (= Nach dem Weltkrieg. Schriften zur Neuorientierung der auswärtigen Politik, Heft 5), Leipzig: Verlag Naturwissenschaften.

Baumgarten, Otto (1916): *Politik und Moral*, Tübingen: J.C.B. Mohr

Flasch, Kurt (2000): *Die geistige Mobilmachung. Die deutschen Intellektuellen und der Erste Weltkrieg. Ein Versuch*, Berlin: Alexander Fest.

Scholz, Heinrich (1915): *Politik und Moral*, Gotha: Perthes.

Troeltsch, Ernst (1916): *Deutsche Zukunft*, Berlin: Fischer.

Vierkandt, Alfred (1916): *Machtverhältnis und Machtmoral*, Berlin: Reuther und Reichardt.

Weiterführende Literatur

Beyer, Wolfram (2012): *Pazifismus und Antimilitarismus. Eine Einführung in die Ideengeschichte*, Stuttgart: Schmetterling.

Walzer, Michael (1982): *Gibt es den gerechten Krieg?*, Stuttgart: Klett-Cotta.

Alfred Pfabigan

Isidor Singer: *Der Juden Kampf ums Recht* (1902)

Isidor (später: Isidore) Singer (1859–1939, nicht zu verwechseln mit dem gleichnamigen Statistiker und Journalisten) hielt am 2. Juli 1902 in New York den Vortrag *Der Juden Kampf ums Recht*, in dessen Mittelpunkt Thesen zur jüdischen Emanzipation standen, die er als Befreiung aus »politischer, sozialer und ökonomischer Knechtschaft« definierte. Er sprach von einem »jüdischen Freiheitskrieg«, der dafür erforderlich sei. Singer stellte das Ideal jüdischer Freiheit in den USA der Situation im »barbarischen Osten« gegenüber, zu dem er Russland, Rumänien und die »übrigen Teile des Orients« zählte. Die Befreiung der »armen, verfolgten Brüde[r] in Wilna, Moskau, Bukarest und Jassy« (Singer 1902, S. 1) verglich er mit dem Auszug aus Ägypten als dem ersten »Zionistischen Befreiungsplan« (ebd., S. 4).

Singers Einleitung macht zwei zentrale Themen, die den Vortrag prägen, deutlich: Er verleiht seinen Thesen zur Befreiung der Judenheit Nachdruck durch den Verweis auf die jüdische Geschichte und Tradition, in deren Kontinuität die zeitgenössische Emanzipationsbewegung stehe. Zugleich zeigt er auf, dass er »die zehn Millionen Juden« (ebd., S. 8), die er wiederholt anführt, als Nation versteht, die insbesondere in Osteuropa einen Befreiungskampf führe, der beispielsweise dem des bulgarischen oder des serbischen Volkes im 19. Jahrhundert analog sei. Freiheit für Jüdinnen und Juden sei in manchen Ländern daher nur durch bewaffneten Kampf möglich, der durch das Recht einer Nation auf die Bildung einer Armee gerechtfertigt sei. Auch zu diesem Thema verweist Singer auf den Exodus, denn nur durch militärische Organisation sei die Eroberung Kanaans gelungen (ebd., S. 5).

Einigkeit ist daher ein Leitmotiv, das Singer in seinem Vortrag vermittelt. Dazu zähle, wie er unter Verweis auf Ferdinand Lassalle ausführt, auch die Einigkeit, die die Arbeiterschaft in Streiks in Gestalt organisierter Arbeiterbataillone unter Beweis stelle. Aber es ist vor allem militärische Organisation, die eine Befreiung in Osteuropa verspreche. Singer zeichnet hier Bilder von Macht und Stärke, wie die Vorstellung von 900.000 russischen Juden, die vor dem Winterpalast in St. Petersburg stehen, oder von 50.000 wehrfähigen jüdischen Familienvätern vor dem Königspalast in Bukarest. Militärische Organisation sei aber auch für die Besiedlung Palästinas nützlich, wie er am Beispiel eines Berichts über den Widerstand der »Agriculturkolonie« Motza bei Jerusalem gegen arabische Überfälle beschreibt. Einigkeit und Organisation stellt Singer der gegenwärtigen Schwäche und Bedrohtheit der Juden als »bedeutungs- und daher einflusslose Fragmente« gegenüber (ebd., S. 8). Die Wahrnehmung zweier zentraler Entwicklungen des

19. Jahrhunderts bildet den Grund für diese Feststellungen und Bestrebungen: In einem Zeitalter des nation-building, das in nationalen Befreiungsbewegungen und -kämpfen zum Ausdruck kommt, formuliert Singer seine Forderungen nach einem nationalen jüdischen Modell, das weitgehend dem romantischen Nationalismus entspricht. Trotz seiner Bezugnahme auf den Zionismus und die jüdische Besiedlung Palästinas spielen territoriale Konzepte eines Judenstaates dabei jedoch keine Rolle. Vielmehr setzt Singer seine Hoffnung auf die globale Migration von Jüdinnen und Juden in die USA als das Land auch ihrer Freiheit: »Die Zeit ist reif für grosse Thaten, und der amerikanische Boden scheint dazu berufen zu sein, den Schauplatz für die Beendigung der schier 2000jährigen jüdischen Tragödie zu bilden.« (Ebd., S. 11) Jüdische Emanzipation bettet er in eine Vorstellung von Geschichte als universeller Durchsetzung von (auch religiöser) Freiheit ein. Den – wie es Singer beschreibt – Opfern des barbarischen Ostens unter der Herrschaft russischer und rumänischer Pharaonen werde in Amerika ein Ausweg geboten, der gleichzeitig eine Führungsrolle bedeute: »Wir Juden in Amerika, in einer Atmosphäre vollständiger religiöser und politischer Freiheit lebend, umgeben von den verschiedenen Elementen, welche den jüdischen Nationalkörper und die jüdische Volksseele bilden, können uns auf eine höhere Warte stellen.« (Ebd., S. 12) Von den USA aus sollte daher eine globale Organisation des Judentums stattfinden.

Der organisatorische Rahmen, das Publikum und auch die Verbreitung des Vortrags *Der Juden Kampf ums Recht* durch den Druck des Manuskripts machen das Gewicht deutlich, das Singer seinen Thesen verleihen konnte. Er war selbst im Jahr 1895 im Alter von 36 Jahren in die USA eingewandert, um in New York die *Jewish Encyclopedia* (12 Bände, 1901–1906) zu publizieren (Vizetelly 1905). Entsprechend wird er auf der Titelseite der Druckfassung des Vortragsmanuskripts als »Projector and Managing-Editor of the ›Jewish Encyclopedia‹« bezeichnet. Bei seinem Vortrag trat er vor allem als Propagator des B'nai B'rith-Ordens auf, der ihm den organisatorischen Rahmen zur Verfügung stellte. Die 1843 in New York gegründete Vereinigung sollte als Dachverband der jüdischen Nation auf globaler Ebene fungieren: »Das Executive-Comité des B'B' Ordens kann, wenn alle seine Logen thätig und harmonisch zusammenwirken, sich allmählich zu einer Art idealer Centralregierung der internationalen Judenheit, soweit es sich um speciell jüdische Interessen handelt, ausbilden.« (Singer 1902, S.13)

Singers Vorstellungen korrespondierten mit der Ausrichtung des seit 1899 amtierenden Präsidenten Leo N. Levi, der B'nai B'rith neue Aufgaben in einer Epoche massenhafter (auch) jüdischer Einwanderung in die USA zuwies und zur führenden Organisation der jüdischen Diaspora auch in karitativ-sozialer Hinsicht machte (vgl. Dash Moore 1981, S. 63f.). Auch Levi war persönlich anwesend in der »Massenversammlung« »unter den Auspicien der Schwestern-Logen Justice No. 532 und Romania [sic!] No. 536« (Singer 1902, Titelseite). Beide Logen waren erst kurz zuvor – die »Justice« am 9. März, die »Roumania« am 2. Juni 1902 – aufgrund des großen Zulaufs zur B'nai B'rith gegründet worden. Sie waren deren erste Logen an der Lower East Side und erfassten damit jenen Stadtteil New Yorks, der jüdische Immigrantinnen und Immigranten in besonders großer Zahl aufnahm (Wilhelm 2011, S. 226).

Singers Auftritt in New York zu einer Zeit, als er die Publikation seines großen Projekts, der *Jewish Encyclopedia*, nach jahrelanger finanzieller und redaktioneller Vorbereitung endlich verwirklichen konnte, stellt sich als die geradezu logische Folge der von ihm bereits jahrelang als »public intellectual« vertretenen Thesen dar. Schon die Schrift *Berlin, Wien und der Antisemitismus* aus dem Jahr 1882 nahm ihren Ausgang bei den Pogromen in Russland, »die die scheußlichsten Gräuelthaten der Hunnen und der Mongolen weit hinter sich lassen« (Singer 1882a, S. 3). Der im Titel anklingende Gegensatz aber, den er in ihr zentral bearbeitet, ist jener zwischen Berlin und Wien. In Berlin habe die antisemitische Hetze, die den Juden die Schuld an den gegen sie gerichteten Gräueln zuschreibe, ein Ausmaß erreicht, dass die Stadt im Ansehen der zivilisierten Nationen den Rang als Hauptstadt des Deutschtums und des deutschen Volkes verwirkt habe (ebd., S. 7). Kaiser Franz Joseph, Ministerpräsident Eduard von Taaffe, aber z.B. auch die Arbeiterschaft wiesen in Wien hingegen Antisemiten wie Georg von Schönerer entschieden in die Schranken. Singer bekannte sich daher als österreichischer Patriot, und dies zugleich mit der Feststellung: »Wien ist immer noch die erste Stadt des deutschen Volkes.« (Ebd., S. 8, wiederholt auf S. 34) Er nimmt in seinen Schriften durchwegs die Rolle eines Sprechers für »die Juden« ein, denen er einen dankbaren und wohltätigen Volkscharakter zuschreibt. Anders als dies gängige antisemitische Stereotype unterstellen, seien Wucherer daher nur ihrer Selbstbezeichnung nach Juden (ebd., S. 26).

Im Vergleich zur ebenfalls 1882 erschienenen Schrift *Presse und Judenthum* argumentiert Singer aus der Defensive heraus, wenn er für die Juden den Schutz durch die österreichische Mehrheitsgesellschaft reklamiert. In *Presse und Judenthum* spiegelt sich dagegen bereits ein selbstbewusstes Auftreten der emanzipierten Judenheit – ein Leitgedanke, an den auch *Der Juden Kampf ums Recht* anknüpft. Eine jüdische Presse könne gegen antisemitische Angriffe öffentlich auftreten, vor allem aber die Einheit des Judentums herstellen, auch das Wissen darüber verbreiten, was das Jüdische ausmache, und so jüdisches Bewusstsein herstellen. Singer nimmt hier eine paternalistische Haltung ein und geht von einem polaren Gegensatz zwischen der Freiheit in den USA und den freien europäischen Ländern einerseits und der Unterdrückung in Osteuropa andererseits aus. Die jüdische Presse könne daher »Cultur und Fortschritt« zu den »in Unbildung, Obscurantismus und Zelotismus« befangenen Brüdern in Galizien, Russland, Rumänien und den Ländern des Orients« tragen. (Singer 1882b, S. 141) Vorbild für Singer ist die deutschliberale und deutschnationale Presse, die erfolgreich deutsches Nationalbewusstsein vermittle. *Presse und Judenthum* bildet somit die Grundlage für Singers Vorstellung von einem selbstbewusst neben die anderen Nationen tretenden jüdischen Volk. Dessen Einheit beruhe auf der Gemeinsamkeit von Glaubensprinzipien und religiösen Satzungen sowie der geschichtlichen Tradition, aber auch auf einem gemeinsamen Niveau von Wissen und aufgeklärter Bildung. Der »Hauptinhalt der Nationalität«, so formulierte er 1884 noch prägnanter, sei die gemeinsame Geschichte. Die Sprache bezeichnete er als äußeres Element. Er näherte sich hier der Vorstellung von der Nation als Schicksalsgemeinschaft, indem er die nichtreligiöse und auch nicht auf einer gemeinsamen hebräischen Sprache beruhende nationale Solidarität der Judenheit hervorhob. (Singer 1884, S. 37)

Dennoch trat Singer in den 1880er Jahren noch als emphatischer Vertreter der jüdischen Religion auf. Die Option einer Konversion verwarf er in *Sollen die Juden Christen werden?* vehement mit dem Argument, dass »die beiden Namen ›Christ‹ und ›Jude‹ [...], im Grunde genommen, identisch« seien (ebd., S. 24). Die Lehre Christi sei »nichts anderes als die Lehre des liberalen Judentums: Glaube an Gott und Uebung der Menschenliebe« (ebd., S. 25). Noch in seinem Vortrag vor den B'nai B'rith-Logen im Jahr 1902 sprach er vom »Ideal« seiner Jugend, demzufolge »es die edle Mission der Juden wäre, die moralischen Schullehrer der Völker zu sein« (Singer 1902, S. 9). Als Ziel der Gegenwart aber verkündete er nun den Erwerb des Bürgerrechts in allen Ländern der Erde – angestrebt wurde also »das volle uneingeschränkte Bürgerrecht in politischer und sozialer Beziehung, mit einem Worte absolute Gleichberechtigung ohne die geringste *reservatio mentalis*« (ebd., S. 10).

In seinen Thesen und seinem öffentlichen Auftreten wurde der Anspruch Isidor (Isidore) Singers, für »die Juden« in ihrer Gesamtheit zu sprechen und Definitionsmacht darüber zu haben, was als »das Jüdische« angesehen werden muss, deutlich. Der Vortrag in New York im Jahr 1902 stellte damit, neben der Publikation der *Jewish Encyclopedia*, einen Höhepunkt seines Wirkens dar. Singer positionierte sich von den 1880er Jahren an als – immer wieder auch paternalistischer – Vertreter des liberalen Judentums und aufgeklärter Bildungsideale. Im Kontext der zeitgenössischen innerjüdischen Debatten trat er als ein Vertreter des Konzepts einer über Geschichte und Tradition begründeten jüdischen Nation auf, deren Emanzipation er aber im Gegensatz zur zionistischen Bewegung vorrangig durch den Kampf um die globale Anerkennung der Judenheit erlangen wollte, die »Israel's Freiheit [...] zu einem Triumphe der Humanität und Gerechtigkeit« machen würde (Singer 1902, S. 11).

Dash Moore, Deborah (1981): *B'nai B'rith and the Challenge of Ethnic Leadership*, Albany: State University of New York Press.

Singer, Isidor (1882a): *Berlin, Wien und der Antisemitismus*, Wien: Verlag von D. Löwy.

– (1882b): *Presse und Judenthum*, Wien: Verlag der Buchhandlung D. Löwy.

– (1884): *Sollen die Juden Christen werden? Ein offenes Wort an Freund und Feind*, Wien: Verlag Oskar Frank.

– [Isidore Singer] et al. (Hgg.) (1901–1906): *The Jewish Encyclopedia. A descriptive record of the history, religion, literature, and customs of the Jewish people from the earliest times to the present day*, 12 Bde., New York: Funk and Wagnalls.

– (1902): *Der Juden Kampf ums Recht. Vortrag gehalten in der am 2. Juli, 1902, unter den Auspicien der Schwestern-Logen Justice No. 532 und Romania No. 536 I. O. B. B. in der New Yorker Educational Alliance veranstalteten Massenversammlung*, New York: E. Zunser.

Vizetelly, Frank H. [= F.H.V.] (1905): Singer, Isidore, in: *The Jewish Encyclopedia*, Bd. 11, New York: Funk & Wagnalls, S. 384.
Wilhelm, Cornelia (2011): *The Independent Orders of B'nai B'rith and True Sisters. Pioneers of a New Jewish Identity, 1843–1914. Translated by Alan Nothnagle and Sarah Wobick*, Detroit: Wayne State University Press.

Weiterführende Literatur

Engelhardt, Arndt (2014): *Arsenale jüdischen Wissens. Zur Entstehungsgeschichte der »Encyclopaedia Judaica«* (= Schriften des Simon-Dubnow-Instituts, Bd. 17), Göttingen: Vandenhoeck & Ruprecht.
Hödl, Klaus (2004): Art. »Singer, Isidor (Isidore)«. In: *Österreichisches Biographisches Lexikon 1815–1950* [ÖBL], Wien: Verlag der Österreichischen Akademie der Wissenschaften, Bd. 12/Lfg. 57, S. 296f.

Werner Suppanz

Friedrich Hertz: *Moderne Rassentheorien. Kritische Essays* (1904)

Schon in den Vorbemerkungen zu seiner mehr als 350 Seiten umfassenden Essaysammlung über *Moderne Rassentheorien* macht Friedrich Hertz (1878–1964) unmissverständlich klar, was er von diesen hält: Sie seien »gegenwärtig Modesache«, vertreten von exzentrischen Amateuren oder den Dogmatikern eines »Rassenglaubens« (Hertz 1904, Vorrede o. S.), den Hertz in seiner Schrift einer grundlegenden Kritik unterzieht. In der in London verfassten Vorrede erklärt er, dass »sowohl die Grösse, als auch die Konstanz der Rassenmomente unglaublich übertrieben wurde[n] und dass ihre Rolle in der Geschichtserklärung eine sekundäre sein muss« (ebd.).

Prägend für seine Abhandlung ist Hertz' Forderung nach Wissenschaftlichkeit und Systematik. Seine Thesen fußen auf einer umfassenden Kenntnis rassentheoretischer Literatur und über dieses Gebiet hinausgehender wissenschaftlicher und publizistischer Werke. Es ist diese Vertrautheit mit der einschlägigen Literatur, die ihn zu einer ablehnenden Haltung gegen die Rassentheorien führt: Zwar würdigt er deren »bisher erschienene Leistungen« (ebd.), doch es wird deutlich, dass er das Konzept der »Rasse« ungeachtet seiner – ohnehin nur geringen – Eignung zur Erklärung historischer Abläufe ganz grundsätzlich anzweifelt. Auch kommt immer wieder seine Skepsis gegenüber dem Gedanken einer wesenhaften, essentiellen Nationszugehörigkeit zum Ausdruck. Hertz, der österreichischer Sozialdemokrat und vom Marxismus geprägt war, widmete sein Buch dem pazifistischen Sozialisten Jean Jaurès. Im Kontext der Bewunderung von dessen Internationalismus ist wohl auch Hertz' Kritik an der Vorstellung von grundlegend distinkten Gruppen der Menschheit zu sehen.

Bei aller Breite der Rezeption der relevanten Literatur gilt die Stoßrichtung von Hertz' Ausführung doch in erster Linie zwei »Hauptgegnern«, nämlich Arthur de Gobineau und vor allem Houston Stewart Chamberlain. In seinem Bemühen, die »modernen Rassentheorien« wissenschaftlich in Frage zu stellen, definiert Hertz zunächst seinen Untersuchungsgegenstand. Rassentheorien seien jene Theorien, die »die Rasse als Hauptfaktor der geschichtlichen Entwicklung« auffassen (ebd., S. 2). Er unterscheidet systematisch zwischen vier Schulen, der linguistischen, der anthropologischen, der biologischen und der soziologischen Richtung. Die erstgenannte setze Sprachverwandtschaft und anthropologische Verwandtschaft gleich; die zweite versuche die vermeintlich ursprünglichen Rassentypen anhand somatischer Merkmale wie der Schädelform zu identifizieren; die dritte, biologische Richtung untersuche die Ergebnisse der natürlichen Auslese und deren Hemmung und Förderung durch soziale Umstände; und als vierte untersuche die soziologische Schule schließlich die Rasse als soziales Gebilde und die soziologische Bedeutung des von ihr als geradezu unausweichlich unterstellten »Rassenkampfes« (ebd., S. 3).

Hertz' kritische und pointierte Analyse lässt sich exemplarisch anhand seines Umgangs mit Gobineaus *Versuch über die Ungleichheit der Menschenrassen* (4 Bde., 1853–1855) darlegen, den er der linguistischen Rassentheorie zuordnet. Der Verfasser betont zwar, dass Gobineaus Werk aus dem Wissen seiner Zeit heraus zu verstehen sei, aber das entschuldige nicht das völlige Fehlen einer Quellenkritik, das sich »bei vornehmen Dilettanten« oft finde. Hertz bemängelt, dass Gobineau seine Quellen »mit übermässiger Phantasie« verarbeite und »in den Dienst seiner aristokratisch-feudalen Weltanschauung« stelle (ebd.). Die Annahme und Konfirmierung des interessengeleiteten Charakters der Rassentheorie ist ein grundlegender Zugang, der im Buch durchgehend aufgegriffen wird. Wo Hertz auf Unvereinbarkeiten mit wissenschaftlich-methodischen Ansätzen stößt, spart er auch nicht mit beißendem Spott. So bemerkt er etwa zu Gobineaus These, dass der vernunft- und nutzenorientierte »Arier« durch »leichte Mischung« mit der »schwarzen Rasse« in Form einer »Wendung zur Phantasie« gewinnen könne: »Nach all diesen Kriterien muss Gobineau eine gehörige Dosis Negerblut in den Adern gehabt haben, denn die Gobineausche Geschichtsphantasie ist nicht nur ein Produkt der Vernunftentwaffnung, sondern entwaffnet durch ihre Naivetät [sic!] auch die Vernunft seiner Kritiker.« (Ebd., S. 5)

Kritisiert werden auch Vorstellungen von der »Konstanz des Rassencharakters« und moralische Beurteilungen, wie sie sich beispielsweise aus der Unterscheidung »edler« und »unedler Rassen« ergeben. Derlei Thesen stellt Hertz Beobachtungen des historischen Wandels und Erklärungen desselben durch soziale Ursachen gegenüber, die das Konzept einer rassischen Grundlage gesellschaftlicher Prozesse nicht benötigen. Er geht in seiner Kritik von einer Konvergenz der Kulturen aus – wie sie z. B. in der Angleichung der Lebensverhältnisse durch die Urbanisierung zu Tage tritt – und postuliert »eine tief begründete geistige Weseneinheit der Menschheit, die dem Rassenfaktor keinen grossen Spielraum mehr gestattet« (ebd., S. 24). Als ein Beispiel für die als Ursache historischer

Vorgänge eines Niedergangs von Staaten und Kulturen angesehene »Rassenverschlechterung« behandelt er den unter seinen Zeitgenossen oft thematisierten »Untergang« des Römischen Reiches. Seiner Meinung nach könne keine Rede sein von einem Versinken in Barbarei und Sittenverderbnis als Folge »rassischer Mischung«, und es gebe keinen Grund, von weniger ehrenhaften, kräftigen und begabten Männern in der späten Kaiserzeit zu sprechen als in anderen Phasen der römischen Geschichte. Letztlich habe das »angeblich entartete und rassenlose oströmische Reich« trotz zahlloser Angriffe immerhin bis 1453 bestanden. Sein Ende sei erst durch die Verlagerung der Handelswege in Folge des Aufstiegs von Genua und Venedig gekommen (ebd., S. 28f.). Hertz erachtet durchwegs ökonomische bzw. materielle Faktoren für ausreichend zur Erklärung historischer Prozesse und sieht diese weitaus besser durch historische Quellen belegt als vermeintliche Einflüsse der Rasse. Das ist auch sein Haupteinwand gegen Ludwig Gumplowicz als einen Hauptvertreter der soziologischen Rassentheorie. In Bezug auf dessen *Rassenkampf* (1883) bestreitet Hertz das Motiv eines angeborenen Rassenhasses. Der Kampf sozialer Gruppen werde von materieller Not und materiellen Bedürfnissen erzeugt; dieser »ökonomische Untergrund der Triebe« werde von Gumplowicz jedoch vernachlässigt. Auch erweist sich Hertz im Unterschied zu Gumplowicz als ein Fortschrittsoptimist, der die historische Entwicklung als einen Prozess in Richtung zunehmender Freiheit und Globalität deutet. Die Bewegung des Proletariats und das Fortschreiten der Demokratie verbürgen ihm zufolge das wachsende menschliche Streben nach Frieden, Gerechtigkeit und Glück sowie deren Verwirklichung (ebd., S. 34).

Hertz befasst sich in umfangreichen Teilen seines Werkes mit den anthropologischen Grundlagen der Rassentheorie und argumentiert gegen die Tendenz, vermeintliche Rassenmerkmale wie Pigmentierung oder Schädelform als soziokulturell und moralisch bedeutsame Charakteristika zu interpretieren, indem er deren Veränderlichkeit und Bedeutungslosigkeit als Erklärungsfaktoren im Detail untersucht. Vorstellungen von Reinheit, sei es der Rasse, der Sprache oder der Nation, werden von ihm anhand zahlreicher Beispiele in Frage gestellt. Die Ausführungen über die Religionen, über »Arier« und »Semiten« oder über den »Rassencharakter der Germanen« beruhen auf Einsichten des Historikers, der als ein Anti-Essentialist avant la lettre eindeutige Wesensbestimmungen in der Geschichtswissenschaft grundsätzlich in Frage stellt. Vor allem in Auseinandersetzung mit den Schriften Chamberlains wendet sich Hertz schließlich der Analyse des Antisemitismus zu. Auch diesen Propagator pseudowissenschaftlicher rassistischer Vorurteile trifft der Vorwurf des willkürlichen Umgangs mit historischen Quellen; dementsprechend seien beispielsweise dessen Darlegungen zur Definition eines »jüdischen Wesens« »lächerliche[r] Kram« (ebd., S. 326). In diesem Kontext macht Hertz sein zentrales wissenschaftstheoretisches Argument gegen die vorgeblich umfassende Erklärungskompetenz der Rassentheorien deutlich: Gerade der scheinbare Vorzug, alles erklären zu können, sei bedenklich. Rassenbiologische Prinzipien wie jenes der Selektion oder das der Vermischung seien so unbestimmt, dass sie sich auf alle Fälle anwenden lassen. Ein Prinzip jedoch, »das alles erklärt, erklärt gar nichts« (ebd., S. 337). Hertz argumentiert aber auch politisch, als Sozialdemokrat, gegen die Rassentheorien. Der »sozial Gebildete« verstehe menschliches Handeln aus der Klassenlage heraus und konzentriere sich auf die Veränderung der äußeren Bedingungen durch soziale Reformen. Für die »Rassengläubigen« dagegen gebe es nur ein Ideal, das »Rassenideal«, das anderen Rassen »natürlich[e] Schlechtigkeit oder Dummheit« unterstelle. »Rassengläubige« ließen sich daher auf keine sachliche Auseinandersetzung mit ihren Gegnern ein. In letzter Konsequenz fordere ihr Denken die Austilgung der anderen Rassen (ebd., S. 343).

Eine Neuauflage von Hertz' Buch erschien im Jahr 1915 unter dem Titel *Rasse und Kultur. Eine kritische Untersuchung der Rassentheorien.* Unter dem Eindruck des Ersten Weltkrieges widmet Hertz das Werk erneut dem 1914 ermordeten Jean Jaurès (vgl. Hertz 1915, S. VI). Gleich zu Beginn hebt er nun sein Grundanliegen hervor, im Zeichen des »Weltverkehrs«, der »Weltwirtschaft« und der »Weltkultur« gegen »völkertrennende Instinkte« eintreten zu wollen (ebd., S. 1). Im Hinblick auf Hertz' Gesamtwerk erweist sich die Auseinandersetzung mit Rassentheorien als eine Phase, von der seine explizite Beschäftigung mit dem Nationskonzept und dem Nationalismus ab den 1920er Jahren ihren Ausgang nimmt. Vom NS-Regime als Jude, Freimaurer und Pazifist angefeindet, legte Hertz 1933 seine Professur der wirtschaftlichen Staatswissenschaften und Soziologie an der Universität Halle-Wittenberg nieder, übersiedelte nach Österreich, und floh von dort 1938 nach London.

Chamberlain, Houston Stewart (1899): *Die Grundlagen des neunzehnten Jahrhunderts*, 2 Bde., München: Bruckmann.

Gobineau, Arthur de (1898–1900): *Versuch über die Ungleichheit der Menschenrassen* [frz. 1853–1855], 4 Bde., Stuttgart: Frommann.

Gumplowicz, Ludwig (1883): *Der Rassenkampf. Sociologische Untersuchungen*, Innsbruck: Wagner.

Hertz, Friedrich (1904): *Moderne Rassentheorien. Kritische Essays*, Wien: C. W. Stern (Buchhandlung L. Rosner, Verlag).

– (1915): *Rasse und Kultur. Eine kritische Untersuchung der Rassentheorien. Zweite, neubearbeitete und vermehrte Auflage von »Moderne Rassentheorien«* (= Philologisch-soziologische Bücherei, Bd. 34), Leipzig: Alfred Kröner Verlag.

– (1927): Wesen und Werden der Nation. In: Gottfried Salomon (Hg.), *Nation und Nationalität* (= Jahrbuch für Soziologie, Bd. 3, 1. Ergänzungsbd.), Karlsruhe: G. Braun, S. 1–88.

Weiterführende Literatur

Bermbach, Udo (2015). *Houston Stewart Chamberlain. Wagners Schwiegersohn – Hitlers Vordenker*, Stuttgart/Weimar: Verlag J. B. Metzler.

Müller, Reinhard (1997): Art. »Biografie Friedrich O. Hertz«. Online unter: http://agso.uni-graz.at/webarchiv/agsoe02/bestand/28_agsoe/28bio.htm.

Rupp-Eisenreich, Britta (1997): Nation, Nationalität und verwandte Begriffe bei Friedrich Hertz und seinen Vorgängern. In: Endre Kiss/Csaba Kiss/Justin Stagl (Hgg.), *Nation und Nationalismus in wissenschaftlichen Standardwerken Österreich-Ungarns, ca. 1867–1918* (= Ethnologica Austriaca, Bd. 2), Wien/Köln/Weimar: Böhlau Verlag, S. 92–111.

Werner Suppanz

Karl Kautsky: *Rasse und Judentum* (1914)

Karls Kautskys (1854–1938) Schrift *Rasse und Judentum* erschien am 30. Oktober 1914 als Nummer 20 der *Ergänzungshefte zur Neuen Zeit*. Im Vorwort aktualisiert Kautsky die Bedeutung seiner im Juni 1914 fertiggestellten Abhandlung im Zeichen des (Ersten) Weltkrieges. Angesichts der Proklamierung des »Rassenkampfes der Germanen und Slawen«, die er vor allem am Beispiel Karl Lamprechts angreift, rechtfertigte er die Veröffentlichung einer theoretischen Schrift zu diesem Zeitpunkt (Kautsky 1914, S. 1f.). Denn seine scharfe Ablehnung einer »rassischen« Definition des Judentums steht im Kontext des zentralen Anliegens einer kritischen Erörterung des Konzepts menschlicher »Rassen«. Insbesondere die Vorstellung von »Rassenreinheit« ist Gegenstand einer vehementen Widerlegung durch den Autor. Die Schrift, die 1921 unter Berücksichtigung der Russischen Revolution und jüdisch-arabischer Auseinandersetzungen in Palästina in einer zweiten, erweiterten Auflage erschien, ist neben den ebenfalls in der *Neuen Zeit* erschienenen Essays »Das Judenthum« (1890) und »Das Massaker von Kischeneff und die Judenfrage« (1903) Kautskys dritte umfassende Untersuchung zum Antisemitismus und seine ausführlichste Besprechung der zeitgenössischen Rassenanthropologie.

Sogenannte »Rassenmerkmale« sind für Kautsky Ausdruck veränderlicher Milieubedingungen und geographischer Voraussetzungen und damit nicht von Dauer. Technischer, ökonomischer und sozialer Fortschritt, insbesondere zunehmende Mobilität, heben die Kontinuität von Rassenmerkmalen und die geographische Trennung von Rassen auf. Kautsky betont hier avant la lettre Prozesse der Deterritorialisierung im Zuge der Globalisierung: »Wir finden zum Beispiel Europäer, Chinesen, Neger in den verschiedensten Weltgegenden und Klimaten.« (Kautsky 1914, S. 24) Weder die Sprache, die im wachsenden internationalen Austausch ihre exklusive Zuordnung zu Menschengruppen verliere, noch körperliche Merkmale könnten die Einheit von Völkern und Rassen begründen.

Kautsky widerlegt in einem nächsten Schritt systematisch, auch unter Verwendung demographischer Statistiken und rassenanthropologischer Erhebungen, die Vorstellung von spezifisch jüdischen körperlichen Merkmalen wie etwa der »Judennase«. Das geographisch verstreute Leben in der Diaspora sei dabei ein wesentlicher Faktor, der die Vorstellung von Juden als einer durch gemeinsame körperliche Merkmale definierten Gruppe ad absurdum führe. Ebenso seien zugeschriebene geistige Merkmale, wie Orientierung am Handel oder wissenschaftliches Denken, milieubedingt: Denn Kautsky sieht »den Juden« seit zwei Jahrtausenden als »Stadtbewohner *par excellence*« (ebd., S. 56). Mit der zunehmenden Normalität urbaner und kapitalistischer Lebensverhältnisse nehme aber die Kluft zwischen der jüdischen und der nichtjüdischen Bevölkerung ab, wodurch die gesellschaftliche Entwicklung zur Assimilation führe (vgl. ebd., S. 65f.). Den Antisemitismus erklärt er als Ausdruck des kapitalistischen Konkurrenzkampfes der nicht-jüdischen Bevölkerung gegen die Juden als Gruppe, welche schon lange als Träger städtischen und kommerziellen Lebens auftrete. Kautsky sieht die Assimilation als Ausdruck und Ziel des gesellschaftlichen Fortschritts und lehnt daher auch den Zionismus als »undurchführbare Utopie« ab (ebd., S. 91). Ein Judenstaat wäre ein »zionistisches Weltgetto« (ebd., S. 84), das ebenfalls auf einer Vorstellung von »Rassenreinheit« basiere. Volle Emanzipation könne »die Judenschaft« hingegen nur durch Aufgehen im Klassenkampf des Proletariats erreichen. Auf dieser Grundlage unterscheidet Kautsky abschließend zwischen »den Juden« als revolutionärem und dem »Judentum« als reaktionärem Faktor. »Judentum« bedeute Mittelalter, ein »Bleigewicht am Fuße der vorwärtsdrängenden Juden«. Das neuere Judentum habe »Geistesriesen« durch das Sprengen der Orthodoxie des Ghettos hervorgebracht, sein endgültiges Verschwinden werde nicht Aussterben, sondern »die Schaffung neuer, höherer Menschen« bedeuten (ebd., S. 93f.).

Kautsky erweist sich in *Rasse und Judentum* somit als vehementer Kritiker der zeitgenössischen biologistischen und essentialisierten Vorstellungen von »Rasse« und insbesondere der Vorstellung von einer »jüdischen Rasse«. Die Auseinandersetzung führt er dabei vor allem mit dem Gedankengut Houston Stewart Chamberlains und Werner Sombarts, für deren rassentheoretische Ausführungen er letztlich nur Spott übrighat. In diesem Kontext ist auch seine Ablehnung des Zionisten Ignaz Zollschan zu sehen, dessen rassisches Verständnis von Judentum er ebenso heftig ablehnt. Gleichzeitig proklamiert Kautsky im Kontext marxistischer Vorstellungen von soziokultureller Evolution das Aufgehen des Judentums im Sozialismus. Seine Verteidigungsschrift gegen antijüdische Ressentiments mündet letztlich in der Behauptung der Unvereinbarkeit einer jüdischen Identität und Gemeinschaft mit dem gesellschaftlichen Fortschritt.

Kautsky, Karl (1890): Das Judenthum. In: *Die Neue Zeit. Revue des geistigen und öffentlichen Lebens* 8/1, S. 23–30.

– (1903): Das Massaker von Kischeneff und die Judenfrage. In: *Die Neue Zeit. Wochenschrift der deutschen Sozialdemokratie* 21/36, S. 303–309.

– (1914): *Rasse und Judentum* (= Ergänzungshefte zur Neuen Zeit, Nr. 20 [30. Oktober 1914]), Stuttgart: J.H.W. Dietz (als Reprint: Glashütten im Taunus: Verlag Detlev Auvermann 1976).

Weiterführende Literatur

Benz, Wolfgang (Hg.) (2008–2015): *Handbuch des Antisemitismus. Judenfeindschaft in Geschichte und Gegenwart*, 8 Bde., Berlin u.a.: De Gruyter.

Heid, Ludger/Arnold Paucker (Hgg.) (1992): *Juden und deutsche Arbeiterbewegung bis 1933. Soziale Utopien und religiös-kulturelle Traditionen* (= Schriftenreihe wissenschaftlicher Abhandlungen des Leo Baeck Instituts, Bd. 49), Tübingen: Mohr.
Keßler, Mario (1992): Sozialismus und Zionismus in Deutschland 1897–1933. In: Heid/Paucker 1992, S. 91–102.
– (2013): Rasse und Judentum (Karl Kautsky, 1914). In: Benz 2008–2015, Bd. 6: *Publikationen*, S. 564–566.
Na'aman, Shlomo (1992): Die Judenfrage als Frage des Antisemitismus und des jüdischen Nationalismus in der klassischen Sozialdemokratie. In: Heid/Paucker 1992, S. 43–58.
Vetter, Karl (2009): Karl Kautsky. In: Benz 2008–2015, Bd. 2/1: *Personen A-K*, S. 425f.

Werner Suppanz

XI. Kunstsoziologie

1. MUSIK

Guido Adler

Die von Guido Adler (1855–1941) entwickelte Methode der Stilkritik ist durch eine Konzentration auf das Werk sowie den Anspruch gekennzeichnet, naturwissenschaftlichen Gesetzen vergleichbare Stilnormen zu eruieren, die in entwicklungsgeschichtlicher Perspektive eine Abfolge von Epochen-, National-, Gattungs- und Personalstilen ergeben. Eine solche musikzentrierte Sicht ist schwer mit soziologischen Ansätzen zu verbinden, und doch war Adler von Beginn an darum bemüht, auch außermusikalische Faktoren in seinen Stilanalysen zu berücksichtigen, da er davon überzeugt war, dass auch sie für die Stilbildung entscheidend sein können. Die Erkenntnisse der Stilforschung sah er zugleich als ein Mittel, auf das kompositorische Schaffen seiner Zeit reglementierend einzuwirken.

Der Stilbegriff findet sich noch nicht in Adlers wegweisendem Entwurf einer Musikwissenschaft (Adler 1885), der die bis heute gültige (und später nur noch um die Ethnomusikologie erweiterte) Teilung der Disziplin in einen historischen und in einen systematischen Zweig vornimmt, ganz nach dem Vorbild der Philosophie, das ihm sein Freund Alexius von Meinong auseinandersetzte. Höchstes Ziel sind nach naturwissenschaftlichem Vorbild mittels Induktion gewonnene Gesetze – später heißen sie Stilgesetze oder Stilnormen –, mit deren Hilfe Kunstwerke erklärt bzw. unbekannte Werke zweifelsfrei bestimmt werden können. Ein Komplex von Hilfswissenschaften (darunter auch »Statistik[en] der musikalischen Associationen, Institute und Aufführungen«, ebd., S. 10) unterstützt diese Hauptaufgabe, ist aber von nachgeordneter Bedeutung.

Voraussetzung ist eine umfassende Quellenkenntnis, die durch die zu Adlers Zeit blühenden Gesamt- und »Denkmäler«-Ausgaben befördert wurde. Er selbst trug mit der Gründung der seit 1894 bis heute erscheinenden *Denkmäler der Tonkunst in Österreich* wesentlich zu einer verbreiterten Quellenbasis bei. In seiner Antrittsrede an der Wiener Universität fasste er das positivistische Ideal einer auf Quellen beruhenden und in Gesetzen kulminierenden Entwicklungsgeschichte zusammen: »Erst durch die Gegenüberstellung der Kunstwerke, durch die in ihrer zeitlichen Folge übersehbare und in ihrem organischen Entwicklungsgange erfassbare Reihe der Denkmäler erschliesst sich uns die Logik der Thatsachen. Wir lernen die Bedingungen des Fortschrittes in der Kunst kennen, die Ursachen ihres zeitlichen oder zeitweisen Verfalles, die Möglichkeiten ihrer Erhebung zu neuem Gedeihen, die Stilgesetze der verschiedenen Epochen, die Arten ihrer Kunstausübung.« (Adler 1898, S. 34)

Die grundsätzlichen »Prinzipien« und »Arten« (Adler 1911, S. III) der Stilbildung, noch nicht ihre historische Aufeinanderfolge, beschäftigen Adler in seinem Stilbuch von 1911. Die Stilbestimmung wird zur »Achse kunstwissenschaftlicher Erkenntnis« erklärt (ebd., S. 1). Er setzt sich mit dem Stilbegriff von Vertretern unterschiedlicher Disziplinen auseinander (Gottfried Semper, Hippolyte Taine, Theodor Lipps, Heinrich Wölfflin u.a.); seine Bestimmungen musikalischer Stilbegriffe entwickelt er vor allem in Abgrenzung gegen den deutschen Musikwissenschaftler Hugo Riemann.

Wenn Adler Stilentwicklungen nach dem Vorbild organischer Entfaltung in der Natur sieht, so meint er vor allem, dass jeder Stil »seinen Aufstieg, seine Hochblüte und seinen Niedergang« habe (ebd., S. 27). Diese Auffassung zeitigt eine Reihe von Implikationen: Das forscherische Interesse verlagert sich von den ›großen Meistern‹ zu den ›kleinen‹, die die Stilneubildung vorantreiben, die dann von den »Heroen« (ebd., S. 2) vollendet wird, während die Manieristen am Ende einer Stilentwicklung keine Beachtung finden, da sie weder für innovative Impulse noch für ästhetische Vollendung sorgen.

Da Adler überdies von der Vorstellung einer gleichmäßigen Stilentwicklung ausgeht, werden »Experimente«, als »außerhalb des organischen Versuchsfeldes« stehend (ebd., S. 6), abgelehnt. Dies erschwert insbesondere sein Verständnis moderner Musik. Versucht er noch, Richard Wagner als »Glied« in eine Entwicklungskette einzuordnen (ebd., umfassend in Adler 1904), weicht er bei Gustav Mahler in ethische Kategorien aus (Adler 1916, S. 6f. u.ö.), um bei Arnold Schönberg und der Zweiten Wiener Schule letztlich zu kapitulieren. Die als deskriptiv gedachten Stilkategorien werden hier zu normativen Bezugsgrößen, und der Musikwissenschaftler mutiert zum »Wächter der Ordnung« (Adler 1885, S. 18), dem es – nobler formuliert – gelingt, »durch die Erkenntnis der Kunst für die Kunst zu wirken« (Adler 1898, S. 39).

Auch wenn sich die »Stiluntersuchung [...] einzig an die Kunst selbst zu halten« habe (Adler 1911, S. 115), so bedeutet das keineswegs den Ausschluss außermusikalischer Momente. Adler war tief davon überzeugt, dass auch soziologische Befunde letztlich im Kunstwerk sedimentiert seien. So wie Ort und Zweck ein Musikstück prägen und somit stilbildend sein können (ebd., S. 156), so seien nationale Charakteristika vor allem über die Volksmusik greifbar (ebd., S. 61f.). Neben dieser »gehören auch die Charakteranlagen, die Gemütsarten der einzelnen Völker zu den einleitenden Vorbedingungen für die Ausarbeitung und die Eigenart der in den einzelnen Stilperioden hervortretenden Kunstschulen. Diese sind auch abhängig von den nationalökonomischen, wirtschaftlichen Verhältnissen eines Territoriums, eines Landes, einer Stadt, einer Maîtrise, einer Gilde.« (Ebd., S. 62) Umgekehrt ließen sich aber auch Rückschlüsse von der Musik auf nationale Unterschiede ziehen. Adler zeigt dies am Vergleich zwischen »strengerer« norddeutscher und »freierer« süddeutscher Instrumentalmusik im 18. Jahrhundert und sieht hier geradezu »ein eigenes Untersuchungsgebiet für die Völkerpsychologie« (ebd., S. 216).

Während der Arbeit am zweiten Band seines Stilbuches, das die historischen Stilperioden behandeln sollte (letztlich als Autorenkollektiv realisiert in Adler 1924), empfand Adler noch immer methodische Unsicherheiten, die er in einem weiteren Buch zu beseitigen hoffte (Adler 1919). Der Begriff des Stils bleibt der feste Anker musikwissenschaftlicher Arbeit. Er wird hier definiert als »ideelle Zusammenfassung all der Momente, die ein Kunstwerk, eine Kunstschule, eine Künstlerindividualität, einen Kunsttypus und eine Kunstoriginalität ausmachen. Es liegt in ihm die höchste Synthese in Einzel- und Gesamterscheinungen. Im Stil wird die gesetzmäßige Entwicklung und die Zufallserscheinung innerhalb des organischen Verlaufes der Kunstgeschichte [...] einheitlich erfaßt.« (Adler 1919, S. 113) Zugleich bleibt Stil nicht nur ein Mittel der Erkenntnis, sondern er wird in hypostasierter Form zum Akteur der Geschichte: »Ein Stil gelangt [...] zur Herrschaft, [...] weil die Macht und Vorherrschaft in den natürlichen Bedingungen der Entwicklung gelegen ist, wobei der Fortgang der Geschichte wie durch die organische Stilentfaltung so durch die persönliche Eigenentfaltung der ihn ausübenden Künstler bestimmt wird.« (Ebd., S. 117) Für diesen Vorgang verwendet Adler mitunter auch den von Alois Riegl in die Kunstgeschichte eingeführten Begriff des »Kunstwollens« (ebd., S. 10 u.ö.).

Die schwierige Frage einer plausiblen Verbindung innermusikalischer Charakteristika und außermusikalischer Voraussetzungen delegiert Adler an die zukünftige Forschung, die »nebst den rein musikalischen Kriterien, die im Vordertreffen musikhistorischer Behandlung stehen, auch die mit den musikalischen Stilbewegungen zusammenhängenden geistigen, kulturellen Strömungen [...] mit den ersteren in Vergleich und Verbindung zu bringen und die Abhängigkeit der Musikstile von der Gesamtanschauung der betreffenden Zeit zu erörtern« habe (Adler 1919, S. 117f.).

Adlers Pionierrolle einer auf Stilanalyse basierenden Musikwissenschaft wurde generell anerkannt. Sein Schüler Knud Jeppesen nannte die diesbezüglichen Schriften seines Lehrers gar »Gesetzbücher der modernen musikalischen Stilforschung« (Jeppesen 1941, S. 1). Diese stand auch im Zentrum der von Adler begründeten »Wiener Schule der Musikwissenschaft«. Vereinzelt wurde auch die grundsätzliche – wenngleich kaum eingelöste – Berücksichtigung der »Dimension des Sozialen« in seinem Stilbegriff gewürdigt (Reinold 1957, S. 5). Kritik an Adlers Stilmethode wurde in verschiedener Hinsicht geübt. So wurden seinem Stilbegriff definitorische Schwächen nachgesagt, insbesondere ein Schwanken zwischen historischer und ästhetischer Begriffsverwendung (Cahn-Speyer 1911/12). Der wohl substanziellste Einwand betrifft das eingeschränkte Erkenntnisvermögen dieser Methode: Die Konzentration auf Stilgemeinsamkeiten – idealerweise als »lexicon formularum« verfügbar (Adler 1919, S. 34) – verstelle nämlich den Blick auf die Besonderheiten und Qualitäten einzelner Kunstwerke (Dömling 1973). Diese würden zu Beispielen bestimmter Stile degradiert, zu bloßen Stildokumenten; die Stilforschung könne nichts dazu beitragen, ihre künstlerische Bedeutung zu erhellen. Damit verfehle sie aber gerade den von ihr selbst bestimmten Gegenstand.

Trotz dieser gewichtigen Einwände stellt es ein bleibendes Verdienst Adlers dar, eine Methodik vorgelegt zu haben, die der Musikwissenschaft ein einheitliches und nur von ihr zu handhabendes Instrumentarium zur Verfügung stellte, mit dessen Hilfe Musik in erster Linie klassifiziert und in einen Entwicklungsstrang eingeordnet werden kann. Seinen Wunsch nach Entfaltung eines weit umfassenderen Stilbegriffs konnte er allerdings selbst nur in Ansätzen Rechnung tragen.

Adler, Guido (1885): Umfang, Methode und Ziel der Musikwissenschaft. In: *Vierteljahrsschrift für Musikwissenschaft* 1, S. 5–20.

– (1898): Musik und Musikwissenschaft. Akademische Antrittsrede, gehalten am 26. Oktober 1898 an der Universität Wien. In: *Jahrbuch der Musikbibliothek Peters* 5, S. 28–39.

– (1904): *Richard Wagner. Vorlesungen gehalten an der Universität zu Wien*, Leipzig: Breitkopf & Härtel.

– (1911): *Der Stil in der Musik*, 1. Buch: *Prinzipien und Arten des musikalischen Stils*, Leipzig: Breitkopf & Härtel. (2. Auflage 1929.)

– (1916): *Gustav Mahler* [1911], Wien/Leipzig: Universal-Edition. (Erstmals 1911 als Art. »Mahler, Gustav«. In: *Biographisches Jahrbuch und deutscher Nekrolog* 16, S. 3–41.)

– (1919): *Methode der Musikgeschichte*, Leipzig: Breitkopf & Härtel.

– (Hg.) (1924): *Handbuch der Musikgeschichte*, Frankfurt a.M.: Frankfurter Verlags-Anstalt. (2. Auflage Berlin-Wilmersdorf: Heinrich Keller 1930.)

Cahn-Speyer, Rudolf (1911/12): Guido Adler: Der Stil in der Musik […] [Rezension]. In: *Die Musik* 44/11, S. 244–245.

Dömling, Wolfgang (1973): Musikgeschichte als Stilgeschichte. Bemerkungen zum musikhistorischen Konzept Guido Adlers. In: *International Review of the Aesthetics and Sociology of Music* 4/1, S. 35–50.

Jeppesen, Knud (1941): Guido Adler in Memoriam. In: *Acta Musicologica* 13/1, S. 1f.

Reinold, Helmut (1957): Gedankengänge zu den Möglichkeiten musikwissenschaftlichen Denkens. In: *Die Musikforschung* 10, S. 1–15.

Weiterführende Literatur

Boisits, Barbara (2000): Historismus und Musikwissenschaft um 1900. In: *Archiv für Kulturgeschichte* 82, S. 377–389.

– (2013): Historisch/systematisch/ethnologisch: die (Un-)Ordnung der musikalischen Wissenschaft gestern und heute. In: Michele Calella/Nikolaus Urbanek (Hgg.), *Historische Musikwissenschaft. Grundlagen und Perspektiven*, Stuttgart/Weimar: Metzler 2013, S. 35–55.

Gruber, Gernot/Theophil Antonicek (Hgg.) (2005): *Musikwissenschaft als Kulturwissenschaft. Damals und heute. Internationales Symposium (1998) zum Jubiläum der Institutsgründung an der Universität vor 100 Jahren* (= Wiener Veröffentlichungen zur Musikwissenschaft, Bd. 40), Tutzing: Hans Schneider.

Heinz, Rudolf (1969): Guido Adlers Musikhistorik als historisches Dokument. In: Walter Wiora (Hg.), *Die Ausbreitung des Historismus über die Musik* (= Studien zur Musikgeschichte des 19. Jahrhunderts, Bd. 14), Regensburg: Gustav Bosse, S. 209–218.

Kalisch, Volker (1988): *Entwurf einer Wissenschaft von der Musik. Guido Adler* (= Collection d'études musicologiques/Sammlung musikwissenschaftlicher Abhandlungen, Bd. 77), Baden-Baden: Valentin Koerner.

Barbara Boisits

2. LITERATUR

Georg Lukács und sein Schrifttum vor 1918

Es erscheint stets naheliegend, das Werk Georg Lukács' im Kontext der Literatursoziologie zu thematisieren – schließlich kann er als einer der paradigmatischen Autoren auf diesem Gebiet gelten: 1961 erschien als Band 9 der Reihe »Soziologische Texte« des Hermann Luchterhand Verlages das Buch *Georg Lukács. Schriften zur Literatursoziologie*, ausgewählt und eingeleitet von Peter Ludz; sein Erscheinen markiert zugleich den Beginn einer langjährigen und produktiven Zusammenarbeit zwischen dem Verlag und Lukács. In den 1960er und 1970er Jahren galt die Literatursoziologie als eines der bevorzugten Gebiete des westlichen Marxismus – und Lukács als einer ihrer meistdiskutierten Bezugspunkte. Die Literatursoziologie ist aber auch eines der wenigen Themen, die dazu geeignet erscheinen, die Kontinuitäten aufzuzeigen, die sich in Lukács' Denken nach seiner kommunistischen Wende von Ende 1918 finden lassen. Doch obwohl die Literatursoziologie bei flüchtiger Betrachtung als der eine, sein gesamtes Werk durchziehende rote Faden erscheint, macht ein zweiter Blick auf Lukács' Schrifttum bis 1918 klar: es kreist eben gerade nicht um die typischen Fragen der Literatursoziologie, sondern um eine geradezu gegensätzliche Sache. Es ging ihm um die Metaphysik, die er ergründen wollte, indem er die Bedeutung der Ästhetik und des Genies – also besonderer Individuen, wie z.B. die Schriftsteller Fjodor Michailowitsch Dostojewski oder Friedrich Hebbel, respektive deren Helden und Heldinnen – erörterte oder zukunftsweisende Autoren wie zum Beispiel C.F. Paul Ernst behandelte. Genuin soziologische Aspekte erschienen ihm eher als unnötiger Ballast, was sich erst rückblickend deuten lässt: Zwar wurde er durch Kontakte zu führenden Soziologen der Zeit früh mit der soziologischen Betrachtungsweise vertraut (1906/1907 besuchte Lukács Lehrveranstaltungen bei Georg Simmel in Berlin, und 1912 fand er Eingang in den Kreis von Max Weber in Heidelberg, wo er auch Alfred Weber kennenlernte), und die Soziologie übte als eine sich formende »neue« Wissenschaft auf ihn bis 1918 eine gewisse Anziehungskraft aus – aber er widerstand ihr trotzdem erfolgreich.

Bis 1918 beschäftigte sich Lukács intensiv mit verschiedenen literarischen Formen wie dem Drama, dem Essay, dem Roman und – versuchsweise – der systematischen Philosophie. Entsprechend seiner Orientierung am deutschen Geistesleben, dem jeweiligen Stand der Wissenschaft und der modernen Kultur war sein Zugang ein offener, bei dem auch die Soziologie als aktuelle wissenschaftliche Strömung Berücksichtigung fand, wie sich das an seinen einschlägigen Schriften deutlich ablesen lässt. Mit der Soziologie des Dramas befasste sich Lukács von 1906 bis 1911. Das im Vorwort zu seiner in dieser Zeit entstandenen *Entwicklungsgeschichte des modernen Dramas* umrissene Problem, nämlich die Frage nach dem Zusammenhang von Gesellschaft und Kultur, ist aus literatursoziologischer Sicht vollkommen richtig gestellt, die Beispiele – Shakespeare, Calderón, Racine schaffen große Dramen, während es im frühneuzeitlichen Deutschland und Italien keine vergleichbaren Literaten gibt (Lukács 1981, S. 50) – sind ebenfalls glücklich gewählt. Auch ist die Suche nach dem großen zeitgenössischen Drama und die Problematisierung des Status der dominierenden Gesellschaftsschicht, des Bürgertums, ein vielversprechender Ansatz zur Lösung des von Lukács formulierten Problems. Doch eine befriedigende Problemlösung findet Lukács zu dieser Zeit nicht, weil er eben nicht wirklich literatursoziologisch vorgeht.

Was ist das Thema einer Soziologie des Dramas? Auf diese Frage finden sich in der erwähnten Periode mehrere Antworten: »Die größten Fehler der soziologischen Kunstbetrachtung sind, dass sie in den künstlerischen Schöpfungen die Inhalte sucht und untersucht und zwischen ihnen und bestimmten wirtschaftlichen Verhältnissen eine gerade Linie ziehen will. Das wirklich Soziale aber in der Literatur ist: die Form.« (Ebd., S. 10) Die gleiche Aussage finden wir im Aufsatz »Zur Theorie der Literaturgeschichte« von 1910: »Die Form ist das wahre Soziale in der Literatur.« (Lukács 1973, S. 29) Lukács entwickelt den Gedanken aber noch weiter: »Der Grundbegriff der Literaturgeschichte ist der Stil; so wie der Grundbegriff der Ästhetik die Form und der der Literatursoziologie die Wirkung ist. Der Stil ist eine soziologische Kategorie, weil er von Zuständen und Wechselwirkungen unter den Menschen ausgeht. [...] Der Stil ist eine in einer Zeit siegreiche, allgemein verbreitete und allgemein wirkende Form.« (Ebd., S. 34f.) Was in den erwähnten Texten von Lukács erarbeitet wurde, mündet im 1911 erschienenen Essay »Die Metaphysik der Tragödie«, bei dem bereits der Titel anzeigt, welcher Art von Drama Lukács' Aufmerksamkeit gilt, und was er als dessen zentralen Gesichtspunkt ansieht.

Der Text über »Die Metaphysik der Tragödie« gehört zu den bekanntesten Stücken aus Lukács' essayistischer Phase. Seine Essays wurden gesammelt in den Bänden *Die Seele und die Formen* (1911, erstmals ungar. 1910) sowie *Esztétikai kultúra* (*Ästhetische Kultur*, ungar. 1912) abgedruckt. Entsprechend seinen bis dahin gewonnenen Einsichten wandte sich Lukács in seinen Essays vornehmlich Fragen der »Form« zu, die ja auch zu seiner Zeit und zu seinem gesellschaftlichen Status passten und die er einerseits als Fragen der »Seele« – also nach dem individuellen, zu metaphysischen Erfahrungen befähigten inneren Wesen – und andererseits als solche der jeweils möglichen »ästhetischen Kultur« interpretierte. Ihm ging es also vorrangig um die Seele des Ästheten, und in weiterer Folge um den Blick auf dessen geschichtsphilosophische und schließlich auch kultursoziologische Stellung.

Aus dem Gesagten sollte nicht gefolgert werden, dass Lukács die Kultursoziologie abwerten wollte – vielmehr wies er ihr einen ganz bestimmten Platz zu. In der sogenannten *Heidelberger Philosophie der Kunst* gesteht ihr Lukács, wenn schon nicht faktische Realität, so zumindest die Möglichkeit ihrer Existenz und sogar eine gewisse – wenn auch bloß theoretische – Notwendigkeit zu: »Eine Soziologie der Kunst, d.h. eine Lehre von den Verwirklichungsmöglichkeiten der Kunstformen, das Auffinden von Gesetzmäßigkeiten in der historischen Realisation des ästhetischen Wertes, ist also, wenigstens als Denkmöglichkeit, nicht abzuweisen, ja sie ist als Bedingung einer wirklichen und konkreten Erkenntnis des Komplexes: Kunst ein unabweisliches Postulat geworden. Allerdings setzt diese Soziologie ein vollendetes System der Künste und die darin erkannte Struktur jeder einzelnen Kunstform voraus.« (Lukács 1974, S. 183)

Lukács verspürte also offenbar den Wunsch nach einer Literatursoziologie, ging aber in seinen eigenen Untersuchungen nicht näher auf sie ein. Sein Bestreben, sich mit der Literatursoziologie auseinanderzusetzen, ist auch in jenen Texten erkennbar, die er in der u. a. von Max Weber herausgegebenen Zeitschrift *Archiv für Sozialwissenschaft und Sozialpolitik* publizierte, wie beispielsweise in seiner Abhandlung »Zur Soziologie des modernen Dramas« von 1914 oder in der Rezension »Zum Wesen und zur Methode der Kultursoziologie« über Arbeiten von Alfred Weber, Ferdinand Tönnies und Georg Simmel aus dem Jahr 1915. In dieser Rezension diskutiert Lukács vor allem das Konzept einer Kultursoziologie, wie es Alfred Weber 1912 in einem Vortrag vorstellte; dabei stellt er – ganz seiner oben zitierten These und seinen bis 1915 publizierten Texten entsprechend – fest, dass dieses Konzept erst konkretisiert werden müsste: »Wenn es eine Soziologie der Kultur als eigene Wissenschaft geben soll, so kann ihre Grundfrage nur die sein: welche neuen Gesichtspunkte entstehen, wenn wir Kulturobjektivationen als gesellschaftliche Erscheinungen betrachten? Transzendentallogisch ausgedrückt: was ändert sich an Sinn, Gehalt und Struktur der Kulturobjektivationen, wenn sie von der methodisch-soziologischen Form, die sie als Gesellschaftsprodukte und so als Gegenstände der Soziologie erscheinen läßt, umkleidet werden?« (Lukács 1915, S. 218)

Auf der Suche nach der seiner Zeit adäquaten literarischen Form kommt Lukács schließlich auf den Roman. In seinem als Einleitung zu einem Buch über Dostojewski konzipierten Aufsatz über die »Theorie des Romans« schreibt er die bekannten Sätze über die bürgerliche Gesellschaft am Ende des 19. und zu Beginn des 20. Jahrhunderts, der auch Dostojewski wie er selbst angehörte: »Der Roman ist die Epopöe der gottverlassenen Welt; die Psychologie des Romanhelden ist das Dämonische; die Objektivität des Romans die männlich reife Einsicht, daß der Sinn die Wirklichkeit niemals ganz zu durchdringen vermag, daß aber diese ohne ihn ins Nichts der Wesenlosigkeit zerfallen würde: alles dies besagt ein und dasselbe. Es bezeichnet die produktiven, von innen gezogenen Grenzen der Gestaltungsmöglichkeiten des Romans und weist zugleich eindeutig auf den geschichtsphilosophischen Augenblick hin, in dem große Romane möglich sind, in dem sie zum Sinnbild des Wesentlichen, was zu sagen ist, erwachsen.« (Lukács 1916, S. 267)

Im Zuge der Diskussion von Lukács' literatursoziologischen Arbeiten bis 1918 sollte nicht unerwähnt bleiben, dass er sich auch einem neuen kulturellen Bereich, nämlich dem Kino, zuwandte. In dem 1911 erschienenen Text »Gedanken zu einer Ästhetik des Kinos« analysierte Lukács den Film als Krisenerscheinung. Er stellt ihn dem Drama gegenüber und schreibt ihm eine Reihe von negativen Eigenschaften zu – und verstellt sich so die Sicht darauf, welch immense (und auch kultursoziologisch relevante) Bedeutung der Film noch entwickeln sollte.

Obwohl zahlreiche Überblicksdarstellungen und die von Peter Ludz 1961 herausgegebene Sammlung von Georg Lukács' *Schriften zur Literatursoziologie* anderes verheißen, zeigt sich doch: Bis 1918 hat Lukács nur bedingt Texte verfasst, die als »soziologisch« gelten können. In der Regel handelt es sich bei diesen Texten eher um den Versuch, die von »wirklichen« Soziologen empfangenen Impulse in seinen eigenen literaturkritischen, essayistischen oder philosophischen Arbeiten aufzugreifen und zu verarbeiten. Folglich ging es dabei niemals um die Soziologie selbst, sondern um die metaphysischen Inhalte oder die literaturgeschichtliche Stellung einzelner literarischer Texte. Vielerlei literatursoziologische Bezüge im eigentlichen Sinn finden sich hingegen in Lukács' nach 1918 entstandenen Schriften, die hier freilich ebenso wenig in Betracht gezogen werden wie die – für die Geistesgeschichte des 20. Jahrhunderts äußerst aufschlussreichen – Rückbezüge des Autors auf seine hier besprochenen frühen Arbeiten.

Lukács, Georg (1911a): Metaphysik der Tragödie. In: *Logos. Internationale Zeitschrift für Philosophie in der Kultur* 2/12, S. 79–91.

– (1911b): *Die Seele und die Formen. Essays* [ungar. 1910], Berlin: Fleischel.

– (1911/1913): Gedanken zu einer Ästhetik des Kinos. In: *Pester Lloyd*, 16.4.1911, sowie ergänzt in: *Frankfurter Zeitung* 58/25, 10.9.1913. Wieder abgedruckt in: Lukács 1961, S. 75–80.

– (1912): *Esztétikai kultura. Tanulmányok* [Ästhetische Kultur], Budapest: Athenaeum.

– (1914): Zur Soziologie des modernen Dramas. In: *Archiv für Sozialwissenschaft und Sozialpolitik* 38/2–3, S. 303–345 (Heft 2) und S. 662–706 (Heft 3).

– (1915): Zum Wesen und zur Methode der Kultursoziologie. In: *Archiv für Sozialwissenschaft und Sozialpolitik* 39, S. 216–222.

– (1916): Die Theorie des Romans. Ein geschichtsphilosophischer Versuch über die Formen der großen Epik. In: *Zeitschrift für Ästhetik und allgemeine Kunstwissenschaft* 11, S. 225–271 und 390–431. (Als Monographie erstmals Berlin: Cassirer 1920.)

– (1961): *Schriften zur Literatursoziologie*, hrsg. von Peter Ludz, Neuwied: Luchterhand.

– (1973): Zur Theorie der Literaturgeschichte. In: *Text und Kritik* 39/40, S. 24–51. Erstmals als: Lukács, György: Megjegyzések az irodalomtörténet elméletéhez. In: Lajos Dénes (Hg.), *Dolgozatok a modern filozófia köréből. Emlékkönyv Alexander Bernát hatvanadik születésnapjára*, Budapest: Franklin Társulat 1910, S. 388–421.

– (1974): *Heidelberger Philosophie der Kunst (1912–1914)*, Darmstadt: Luchterhand.

– (1981): *Entwicklungsgeschichte des modernen Dramas*, Darmstadt: Luchterhand. Erstmals als: Lukács, György: *A modern dráma fejlődésének története*, Budapest: Franklin-Társulat 1911.

Weiterführende Literatur

Goldmann, Lucien (1964): *Pour une sociologie du roman*, Paris: Gallimard.
Veres, András (2000): *Lukács György irodalomszociológiája*, Budapest: Balassi.

Károly Kókai

Josef Nadler

Den Germanisten Josef Nadler (1884–1963) in einem Grundlagenwerk zur Geschichte der Soziologie behandelt zu sehen, verdankt sich wesentlich dessen literarhistorischer Applikation der zwei ethnosoziologischen Konzepte »Stamm (Volksstamm)« und »Landschaft« auf den Gesamtbereich der deutschen Literatur im Sinne alles Geschriebenen; weiters dem trans- und interdisziplinären Selbstverständnis des Literatur- und Kulturhistorikers, der, auf der Suche nach »Anschluß der Geschichte des Schrifttums an die großen Ergebnisse verwandter, fördernder, vorausgesetzter Disziplinen« (Nadler 1912, S. VIII), Sprachwissenschaft, Familiengeschichte, Ethnographie, Geographie und Volkskunde programmatisch miteinander verband und einem solch vielschichtigen Ansatz gerade bei theoretischen Fragen höchste Priorität beimaß (vgl. Nadler 1914, S. 51). Nadler schrieb sich aber auch selbst bis in die 1930er Jahre und dann wieder Anfang der 1950er Jahre das Soziologische auf seine Fahnen und wurde von vielen derer, die ihn nach 1945 zu exkulpieren versuchten (s.u.), tatsächlich weiterhin als Soziologe wahrgenommen (vgl. Suchy 1963, S. 23f., mit Bezug auf Werner Sombart, Max Weber und Ernst Troeltsch). Wie zum Beweis für seine disziplinäre Zugehörigkeit zur Soziologie hielt Nadler, seit 1929 Mitglied der Deutschen Gesellschaft für Soziologie, am 7. Deutschen Soziologentag 1930 in Berlin eine Rede über »Die literarhistorischen Erkenntnismittel des Stammesproblems« (vgl. Nadler 1931), die vom Vorsitzenden Franz Eulenburg mit Lob quittiert wurde (vgl. ebd., S. 257.)

Josef Nadlers mehrbändige und in mehreren unterschiedlichen Auflagen erschienene *Literaturgeschichte der deutschen Stämme und Landschaften* dürfte im deutschen Sprachraum bis in die 1960er Jahre die meistdiskutierte und theorie- wie methodengeschichtlich folgenreichste Literaturgeschichte gewesen sein. In der Retrospektive tritt in der Geschichte dieser Publikation von den ersten drei Auflagen, betitelt *Literaturgeschichte der deutschen Stämme und Landschaften* (1. Aufl. 3 Bände, 1912–1918; 2. Aufl. 4 Bände, 1923–1928; 3. Aufl. 1929–1932), über die vierte, »völlig neubearbeitete Auflage«, überschrieben mit *Literaturgeschichte des Deutschen Volkes. Dichtung und Schrifttum der deutschen Stämme und Landschaften* (4 Bände, 1938–1941), bis zu der auf rund 1.000 Seiten geschrumpften einbändigen *Geschichte der deutschen Literatur* (1951) auch der weltanschaulich-ideologische Weg ihres Verfassers augenscheinlich zutage. Dieser verlief über einige teils widersprüchliche Stationen: So mutierte Nadler von einem weit über die

Fachgrenzen hinaus geschätzten positivistischen Literatur- und Kulturhistoriker als tief gläubiger Katholik erst zum kulturellen Repräsentanten des autoritären Ständestaats (1934 Vorsitzender des neu geschaffenen Staatspreises für Literatur; vgl. Meissl 1981, S. 488), dann zum »typischen Kulturnationalsozialisten« (Berger 1995, S. 192), und schließlich, nach 1945, zurück zum Positivisten, der sich auf Induktion, Kausalität und Quellen, mithin auf »soziologische« und »naturwissenschaftliche« Erkenntnisfindung berief (vgl. Nadler 1951, S. XIIIff., sowie Nadler 1954, passim). Analog dazu verlief auch Nadlers Universitätskarriere: Obwohl nur als »minderbelastetes« NSDAP-Mitglied eingestuft, wurde der ab 1931 an der Wiener Universität als Ordinarius der Deutschen Sprache und Literatur wirkende Nadler mit Kriegsende 1945 seiner Lehrtätigkeit enthoben, Anfang 1946 vom Dienst suspendiert und im Juni 1947 nach dem Beamtenüberleitungsgesetz in dauerhaften Ruhestand versetzt. Mit Eingaben, Leserbriefen und Stellungnahmen kämpfte er um seine Rehabilitierung. Im Rekursverfahren wurde Nadler im Februar 1950 zwar finanzielle Entschädigung und eine Neubemessung seiner Pension gewährt, eine Rücknahme der Versetzung in den Ruhestand jedoch abgelehnt (vgl. Meissl 1986, bes. S. 294).

Nadler war ein höchst produktiver Autor, der bis 1954 rund 60 selbstständige Publikationen und 240 Beiträge vorlegte (vgl. Nadler 1954, S. 149–171), von denen manche in der geisteswissenschaftlichen Fachwelt breit rezipiert wurden – so vor allem die *Literaturgeschichte* und *Die Berliner Romantik* 1800–1814 (1921), ferner die Werkeditionen u. a. von Adalbert Stifter (1911), Johann Georg Hamann (2 Bände, 1940; 6 Bände, 1949–1957), Josef Weinheber (5 Bände, 1953–1956; zu Weinheber auch eine Monographie, 1952), aber auch seine Rede über »Die literarhistorischen Erkenntnismittel des Stammesproblems« am 7. Deutschen Soziologentag 1930 in Berlin. Je mehr man sich jedoch mit Nadlers literaturgeschichtlicher Praxis im Einzelnen vertraut macht – etwa mit den in die tausende gehenden Überblicken und Einblicken, Interpretationen und Wertungen von Werken, Dichtungen, Autoren in der *Literaturgeschichte* (die 4. Aufl. umfasst rund 2800 Seiten) –, desto mehr wird ersichtlich, dass diese im Widerspruch zu seinem über die Jahrzehnte mit Nachdruck vorgebrachten theoretisch-methodologischen Konzept der Stammes- und Landschaftsgeschichtsschreibung steht. Überhaupt erweist sich dieses Konzept weit weniger als das der Theorie oder der Wissenschaft im Sinne eines induktiven und logischen Erkenntnisvorgangs, als Nadler das seit den 1910er Jahren bis zu seinem Tod 1963 immer wieder behauptete, und es ist auch weit weniger kohärent oder stringent, als es das nach der Auffassung von Fachkollegen und Dichtern (vgl. Kob 1977), von Lesern, Hörern und Bewunderern wie auch von Kritikern und Feinden war.

Nadler formte seine Hypothesen zu Stamm und Landschaft eklektizistisch aus Einsichten der zeitgenössischen Geographie und Ethnologie, der Volks- und Stammeskunde, der Kulturgeschichte sowie der Genealogie und Familiengeschichte (vgl. Ranzmaier 2008, S. 62–92). Je nach politischem Regime changierte Nadler in seinen theoretischen Selbstaussagen zwischen einem Materialismus, der auf der von seinem Lehrer August

Sauer entworfenen, 1907 in dessen Prager Rektoratsrede *Literaturgeschichte und Volkskunde* programmatisch dargelegten Literaturethnographie der deutschen Stämme und ihrer landschaftlichen Unterteilungen fußte (vgl. ebd.; Sauer 1907; Meissl 1981, S. 475), und einer Sozial- und Kulturhistoriographie, wie sie der Historiker Karl Lamprecht vertreten hatte. Lamprecht hatte im Methodenstreit der Geschichtswissenschaft ab den 1890er Jahren dem zeitgenössischen Paradigma einer Historiographie, die am Beispiel geschichtsbedeutsamer und geschichtslenkender Individuen (Heinrich von Treitschke) zu erweisen sucht, »wie es eigentlich gewesen« (Leopold von Ranke), entgegengehalten, dass es darauf ankäme zu wissen, wie es geworden sei. Dabei hatte Lamprecht vor allem materielle Faktoren wie Ökonomie und Staat betont und wollte die übliche deskriptive Darstellungsweise der Geschichtswissenschaft durch eine genetische ersetzt wissen (vgl. Ranzmaier 2008, S. 84–88). An all dies knüpfte Nadler an, wählte aber bis zuletzt die Strategie, sich als originären Schöpfer des von ihm formulierten Stammes- und Landschaftskonzepts zu präsentieren (vgl. ebd., S. 63).

Nadler betrieb, um es mit einem späteren Schlagwort zu fassen, »Literaturgeschichte von unten« bzw. Stammesgeschichte mittels Literatur, hatte also weder Interesse am Kanonischen noch an der schöpferischen Dichterpersönlichkeit. »Eine Auswahl der literarischen Denkmäler unter dem Gesichtspunkte des Sittlichen wie des Schönen ist unwissenschaftlich, unlogisch und würde mich zu alldem zwingen, auf Denkmäler zu verzichten, die mir erkenntnistheoretisch von höchster Bedeutung werden.« (Nadler 1914, S. 29) Aus dieser ablehnenden Haltung gegenüber der konventionellen, normativ argumentierenden Literaturgeschichte heraus hielt er den Stammesbegriff für ein wesentliches Erkenntnisinstrument und sieht Folgendes als »wissenschaftlich und erkenntniskritisch« gesichert an: »1. Die Beobachtung der literarischen Denkmäler zwingt uns zu den persönlichen auch noch überpersönliche Bildungskräfte anzunehmen. 2. Das Phänomen Stamm ist eine Hypothese, die uns lang anhaltende und räumlich begrenzte Dichter- und Dichtungstypen am besten erklärt. 3. […] Wir schließen nicht von den Stämmen auf die Dichtung sondern von der Dichtung auf die Stämme.« (Nadler 1936, S. 88) Nadlers Stammesbegriff ist universalistisch – und zwar, weil im Stamm Natur und Kultur zusammenfielen –, aber er ist auch paradox, da Nadler in der Durchführung ständig »zwischen historischem Naturalismus und idealistischer Geistesgeschichte« schwankte und seiner Darstellung das eine Mal das Konzept einer biologistischen Kausalmechanik zugrunde legte, dann aber wieder auf supranaturale Geist-Mythen und Reichsideen zurückgriff (Meissl 1985, S. 131f.; vgl. Meissl 1981, S. 488). Als deutsche Stämme sind nach Nadler drei Großgruppen zu unterscheiden: die mit der romanischen Kultur verbundenen Altstämme des Rheinlandes (Alemannen, Schwaben, Franken), die durch »Blutmischung« mit slawischen Völkerschaften entstandenen Neustämme zwischen Elbe und Weichsel (Sachsen, Brandenburger, Schlesier und Preußen), und schließlich die Baiern, zu denen Nadler – mit nicht wenigen anderen – auch die Österreicher zählt. Diese alten Stammesgrenzen spiegeln sich auch in der Geschichte der deutschen Schriftsprache, denn die

Akteure der Literaturgeschichte verleihen als Repräsentanten ihres Herkunftsraums der Seele ihres Stammes Ausdruck: Der Franke sei ein Formgenie, der Alemanne durchdrungen von Sprachgeist, der Baier/Österreicher wiederum sei beseelt von einem Spieltrieb, und der Sachse verkörpere den urgermanischen epischen Trieb (vgl. die Vorreden und Gliederungsprinzipien in allen Auflagen von Nadlers *Literaturgeschichte*; vgl. konzis Meissl/Nemec 1997).

Nadlers interpretatorische Praxis ist durch das Bestreben gekennzeichnet, sich so eng wie möglich an jene stammesgeschichtliche Theorie anzulehnen, von welcher der Autor über Jahrzehnte hinweg behauptete, sie sei – logisch und kausal gefugt – das Ergebnis strenger Induktion, mithin eine naturwissenschaftliche Theorie. Unbekümmert um die Adäquatheit seiner Theorie und der sprachlich-stilistischen Durchführung werden in einer auf das zeitgenössische Lesepublikum – und selbst auf intellektuelle oder ideologische Gegner – suggestiv, staunenswert, ja atemberaubend wirkenden Rhetorik und in einer regelrechten »Bilderwut« (Rohrwasser 2002, S. 271) holistische Bilder der Ganzheit, der organischen Einheit, der natürlichen Wesenheit über biomorph-genealogische Sachverhalte gelegt, deren logische und kausale Zusammenhänge wiederum das eine Mal in großen Gesten ekstatisch-kathartischer Metaphorik, das andere Mal vermittels soziomorph-bellizistischer Allegorik behauptet werden (zur näheren Bestimmung der Metaphorik vgl. die für Grundformen der Weltauffassung entwickelten Begriffe von Topitsch 1979). Einmal »rollt« das »ererbte Blut« wie »eine Fülle erblicher Güter von Geschlecht zu Geschlecht« (Nadler 1913, S. 5), dann wieder wird es genealogisch von einem stärkeren Stamm »aufgesogen«, dann wieder kommt es, z. B. bei der Landnahme der Sachsen und Alemannen, zu »Ergießung, Ausfluß und Zusammenfluß« von Blut, und zwar in einer wahren »Flut« desselben, oder zum »Versinken« oder »Einsickern« des Bluts durch »Aufheiraten und Vermischen« (ebd., S. 3; vgl. Nadler 1912, S. 4f.; Müller-Funk 2003, S. 98; Rohrwasser 2002, S. 265). Das Fließende in Bezug auf das Kollektiv, den »Stamm«, ist in Nadlers Blut- und Stammesgeschichte teils sexuell, teils existenziell, teils technomorph konnotiert und steht für das, was das Eigene gefährdet und dem man Wälle und Dämme entgegensetzen muss (vgl. Rohrwasser 2002, S. 271). Bilder gehen über in Sentenzen, Dogmen, apodiktische kulturphilosophische Spekulationen, an deren Ende metaphorisch Begriffe wie »Stammesblut«, »Volksseele«, »Lebensgesetz«, »Kulturwille«, »völkisches Bewußtsein«, »Blut und Boden« stehen (vgl. ebd., S. 272). Der Schweizer Literaturhistoriker, Essayist und Politiker Walter Muschg warf Nadlers Literaturgeschichte bereits 1937 eine »Vorliebe für massive Effekte, eine Neigung zu feuilletonistischem Gebaren, das auch triviale Mittel nicht verschmäht«, vor (Muschg 1961, S. 186). Derlei Einwänden begegnete Nadler stets mit Varianten jenes Immunisierungsarguments, das er bereits in der ersten Auflage seiner *Literaturgeschichte* verwendet hatte: »weil die Anschauung alles ist, verschmähte ich kein Bild, wenn es die Sache besser nannte als das nackte Gerüst von Worten« (Nadler 1912, S. VIII).

Zu einem von Nadler herrührenden und nach dem Ende der NS-Diktatur sich als nachhaltig wirksam erweisenden kollektiven »Trauma« unter den Vertretern der österreichischen, insbesondere der Wiener Germanistik (Wendelin Schmidt-Dengler, mündlich; zit. nach Wyss 2015, S. 200), aber selbst unter den auch nach 1945 nicht wenigen Verfechtern einer positivistisch-soziologischen Literaturwissenschaft konnte es aus folgendem Grund kommen: Nadler hat es mit Ehrgeiz und rhetorischer Brillanz geschafft, sich über drei politische Regime hinweg als jener über eine bis dahin nie erreichte Quellenkenntnis verfügende Wissenschaftler zu stilisieren, mit dessen Stammestheorie die philologischen und historischen Wissenschaften einschließlich der Soziologie zur Königswissenschaft aufgestiegen seien – mit ihm, dem Ordinarius der Deutschen Literatur, als absolutem Souverän. Nadlers Wirkung beruhte nicht zuletzt darauf, dass man angesichts der Dichte seiner literaturhistorischen Ausführungen sprichwörtlich den Wald vor lauter Bäumen nicht mehr sehen konnte, zumal die präsentierte Fülle an Daten und Fakten, Stoffen und Personen, Dichtungen und Schriften bei Weitem das überstieg, was selbst die kundigsten Kollegen überprüfen konnten. Nach seinem Fall 1945, der zum Entzug der Lehrbefugnis und zur Zwangspensionierung führte, strebte Nadler mit der unpolitisch anmutenden, aber doch nur einer Leerformel gleichkommenden These nach intellektueller Rehabilitierung: »Literatur« sei nichts weniger als »der Inbegriff des Lebens aus Natur, Seele und Geist«, und die höchste »Erkenntnisstufe« immer – sic! – »soziologisch« (Nadler 1951, S. XVIII).

Berger, Albert (1995): Der tote Dichter und sein Professor. Weinheber und Nadler in der Diskussion nach 1945. In: Wendelin Schmidt-Dengler/Johann Sonnleitner/Klaus Zeyringer (Hgg.), *Konflikte – Skandale – Dichterfehden in der österreichischen Literatur*, Berlin: Erich Schmidt, S. 191–201.

Kob, Martha (1977): *Josef Nadler im Urteil der Dichter*, Dissertation, Universität Innsbruck.

Meissl, Sebastian (1981): Germanistik in Österreich. Zu ihrer Geschichte und Politik 1918–1938. In: Franz Kadrnoska (Hg.), *Aufbruch und Untergang. Österreichische Kultur zwischen 1918 und 1938*, Wien/München/Zürich: Europaverlag, S. 475–496.

– (1985): Zur Wiener Neugermanistik der dreißiger Jahre: »Stamm«, »Volk«, »Rasse«, »Reich«. Über Josef Nadlers literaturwissenschaftliche Position. In: Klaus Amann/Albert Berger (Hgg.), *Österreichische Literatur der dreißiger Jahre. Ideologische Verhältnisse. Institutionelle Voraussetzungen. Fallstudien*, Wien/Köln/Graz: Böhlau, S. 130–146.

– (1986): Der »Fall Nadler« 1945–50. In: Ders./Klaus-Dieter Mulley/Oliver Rathkolb (Hgg.), *Verdrängte Schuld, verfehlte Sühne. Entnazifizierung in Österreich 1945–1955*, Wien: Verlag für Geschichte und Politik, S. 281–301.

– /Friedrich Nemec (1997): Nadler, Josef. In: *Neue Deutsche Biographie* [NDB], Bd. 18, Berlin: Duncker & Humblot, S. 690–692.

Müller-Funk, Wolfgang (2003): Josef Nadler. Kulturwissenschaft in nationalsozialistischen Zeiten? In: Ilija Dürhammer/Pia Janke (Hgg.), *Die »österreichische« nationalsozialistische Ästhetik*, Wien/Köln/Weimar: Böhlau, S. 93–110.

Muschg, Walter (1961): Josef Nadlers Literaturgeschichte [1937]. In: Ders., *Die Zerstörung der deutschen Literatur*, München: List, S. 185–200.

Nadler, Josef (1912/1913/1918): *Literaturgeschichte der deutschen Stämme und Landschaften*, 3 Bde., Regensburg: Habbel. (Die 4 Bde. der 2. Aufl. erschienen ebd. 1923– 1928, die der 3. Aufl. 1929–1932 und jene der völlig neubearbeiteten 4. Aufl. unter neuem Titel bei Propyläen in Berlin; s. Nadler 1938–1941.)

– (1914): Die Wissenschaftslehre der Literaturgeschichte. Versuche und Anfänge. In: *Euphorion. Zeitschrift für Literaturgeschichte* 21, S. 1–63.

– (1921): *Die Berliner Romantik 1800–1814. Ein Beitrag zur gemeinvölkischen Frage. Renaissance, Romantik, Restauration*, Berlin: Reiss.

– (1931): Die literarhistorischen Erkenntnismittel des Stammesproblems. In: *Verhandlungen des 7. Deutschen Soziologentages vom 28. September bis 1. Oktober 1930 in Berlin. Vorträge und Diskussionen in der Hauptversammlung und in den Sitzungen der Untergruppen*, hrsg. von der Deutsche Gesellschaft für Soziologie (DGS), Tübingen: Mohr Siebeck, S. 242–257.

– (1936): Stamm und Landschaft in der Deutschen Dichtung. In: *Neophilologus* 21, S. 81–92.

– (1938–1941): *Literaturgeschichte des deutschen Volkes. Dichtung und Schrifttum der deutschen Stämme und Landschaften*, 4 Bde., Berlin: Propyläen.

– (1951): *Geschichte der deutschen Literatur*, Wien: Günther.

– (1952): *Josef Weinheber. Geschichte seines Lebens und seiner Dichtung*, Salzburg: Müller.

– (1954): *Kleines Nachspiel*, Wien: Österreichischer Bundesverlag für Unterricht, Wissenschaft und Kunst.

Ranzmaier, Irene (2008): *Stamm und Landschaft. Josef Nadlers Konzeption der deutschen Literaturgeschichte*, Berlin: de Gruyter.

Rohrwasser, Michael (2002): Josef Nadler als Pionier moderner Regionalismuskonzepte? In: Instytut Filologii Germańskiej Uniwersytetu Opolskiego (Hg.), *Regionalität als Kategorie der Sprach- und Literaturwissenschaft*, Frankfurt am Main u.a.: Lang, S. 257–280.

Sauer, August (1907): *Literaturgeschichte und Volkskunde* [Rektoratsrede vom 18.11.1907], Prag: im Selbstverlag der k.k. Deutschen Karl-Ferdinands-Universität.

Suchy, Viktor (1963): Josef Nadler und die österreichische Literaturwissenschaft (Zum Tode des Gelehrten am 14. Januar 1963). In: *Wort in der Zeit. Österreichische Literaturzeitschrift* 9/3, S. 19–30.

Topitsch, Ernst (1979): *Erkenntnis und Illusion. Grundstrukturen unserer Weltauffassung*, Hamburg: Hoffmann und Campe.

Wyss, Ulrich (2015): Literaturlandschaft und Literaturgeschichte. Am Beispiel Rudolf Borchardts und Josef Nadlers. In: Ders./Christian Buhr et al. (Hgg.), *Geschichte der Germanistik. Gesammelte Aufsätze*, Heidelberg: Winter, S. 191–205.

Beatrix Müller-Kampel

3. BILDENDE KUNST

Friedrich Jodl über die Ästhetik der bildenden Künste

Als Nachfolger des Ästhetikers Robert Zimmermann wurde der Ethiker und Philosoph Friedrich Jodl (1849–1914) im Jahre 1896, ein Jahr nach Ernst Mach, an die Wiener Universität berufen. Obwohl der gebürtige Münchner Jodl sowohl als Kritiker des klerikalen Einflusses auf das akademische Leben als auch in seiner Rolle als Volksbildner als »fortschrittlich« galt, war ein direkter Einfluss auf die Künstlerszene, ähnlich dem seines verehrten Kollegen Mach, nahezu nicht vorhanden. In der öffentlichen Kunstszene Wiens trat Jodl erst ab dem Streit um die sogenannten »Fakultätsbilder« in Erscheinung. Gustav Klimt, damals bereits zu großer Berühmtheit als Dekorationsmaler gelangt, wurde vom Fakultätsausschuss und dem Kultusministerium beauftragt, für die Decke der Aula der Universität Bilder zu entwerfen, welche die Fakultäten darstellen sollten (mit Ausnahme der »Medizin« – für diese beauftragte man den Maler Franz Matsch). Im Jahr 1900 stellte Klimt, der sich bereits zwei Jahre zuvor von dem den Grundlagen des Historismus verpflichteten Wiener Künstlerhaus getrennt und sich der neugegründeten Wiener Secession angeschlossen hatte, als erstes Bild die »Philosophie« vor und stieß auf heftigen Widerstand, insbesondere von Seiten der Professorenschaft. Jodl verfasste eine Petition, in welcher das Kultusministerium aufgefordert wurde, Klimts »Philosophie« abzulehnen. 87 Mitglieder der Fakultät unterzeichneten diese Petition; bald ging es nicht mehr nur um das Gemälde, sondern um ästhetische Grundsatzfragen und um die Rolle und die Freiheit des Künstlers (vgl. Schorske 1994). Jodl wurde in diesem öffentlich ausgetragenen Streit wohl ungewollt auf derselben Seite wie die von ihm in anderer Hinsicht bekämpften konservativen Kräfte aktiv.

Warum war es gerade Jodl, der als Sprecher der Professorenschaft gegen Klimt ins Feld zog? Einem Berichterstatter der *Neuen Freien Presse* gegenüber äußerte er, seine Kritik richte sich nicht gegen die Darstellung von Nacktheit oder gegen freie Kunst, sondern gegen »hässliche Kunst« (*Neue Freie Presse*, 26.3.1900, S. 3). Mit diesem Argument hoffte er, die Diskussion von einer polemischen Basis auf eine ästhetische verlagern zu können. Die Reaktion in Form einer Gegenpetition, in welcher den Professoren die Kompetenz in ästhetischen Angelegenheiten abgesprochen wurde, ließ nicht lange auf sich warten. Der Verfasser dieser Gegenpetition, Franz Wickhoff, seit 1885 Inhaber des Lehrstuhles für Kunstgeschichte an der Universität Wien, vertrat wie der seit 1897 ebendort wirkende Ordinarius Alois Riegl die Ansicht, dass mit Blick auf die Kunst und Kunstgeschichte weder Fortschritt noch Verfall konstatiert werden kann, sondern lediglich ständiger Wandel. Der Streit zwischen den beiden Fronten beschäftigte im Frühjahr und Sommer 1900 sowohl die Kunstszene als auch die Öffentlichkeit. Klimt versuchte, mit dem Rückkauf seiner eigenen Bilder im Jahre 1905 die Angelegenheit endgültig aus der Welt zu schaffen.

Als bezeichnendes Nachspiel dieser Ereignisse ist anzusehen, dass Jodl 1901 zum Honorardozenten an der Technischen Hochschule in Wien ernannt wurde, wo er als Nachfolger Joseph Bayers Vorlesungen über Ästhetik der bildenden Kunst hielt. Auch wenn Jodl lediglich als Privatdozent, und nicht, wie vom Kollegium vorgeschlagen, als Professor angestellt wurde, galt diese »Berufung« doch als Triumph einer gewissermaßen traditionsverhafteten Kunstanschauung, zumal im selben Jahr Klimts Bemühungen um eine Professur an der Akademie der bildenden Künste am Widerstand des Ministeriums scheiterten. Jodls an der Technischen Hochschule gehaltenen ästhetischen Vorlesungen wurden posthum von seinem Schüler Wilhelm Börner herausgegeben (vgl. Jodl 1917).

Jodl vertrat einen realistischen, d.h. objektbezogenen Standpunkt, weil sich ihm zufolge Kriterien des Wohlgefälligen bereits am Kunstwerk ausmachen lassen und nicht erst in der Psyche: »Die Schönheit ist nicht ein Zustand des Genießenden, sondern eine Qualität des Genossenen« (Jodl 1902, S. 50). In seiner Antrittsvorlesung an der Technischen Hochschule in Wien definierte er Ästhetik als eine normative bzw. technische Disziplin, welche, gestützt auf das empirische Material der Kunstgeschichte, diejenigen Gesetze erforschen soll, die der »ästhetischen Wirkung« zugrunde liegen. Diese auf die gesellschaftlichen Rezeptionsbedingungen bezogenen Gesetze beanspruchen im Sinne einer »Norm« bzw. eines »Kriteriums« Geltung sowohl für den standortgebundenen, schaffenden Künstler als auch für den »verständnisvoll Genießenden«. Die vergleichende Kunstgeschichte, so wie sie Jodl über Jahre hinweg als eine über die deskriptive und erklärende Stilgeschichte hinausgehende Wissenschaft den Studierenden vermittelte, relativiere die Annahme einer absoluten Schönheit, sei aber ohne die von ihm ebenfalls postulierte ergänzende ästhetisch-psychologische Betrachtung unfähig, der konkreten Ästhetik eines Kunstwerkes gerecht zu werden, da dessen Bewertung als »schön« nichts anderes sei als das jeweilige Maß der Epoche und ihrer führenden Künstler. Damit stellte sich Jodl abermals in Gegnerschaft zur Auffassung Wickhoffs und zu Riegls »Kunstwollen« (vgl. Jodl 1902, insb. S. 607).

Ausdrücklich ist bei Jodl die Form für die Affizierung der Sinne und der Inhalt für die der Einbildungskraft ausschlaggebend. Wo ein Gleichgewicht zwischen den beiden Faktoren des »ästhetischen Genusses« herrscht, spreche man von klassischer Kunst. Ein unausgewogenes Verhältnis zwischen Form und Inhalt tritt nach Jodl dann auf, wenn einerseits zu wenig Inhalt für überdimensionale Formen gegeben ist – er nennt hier sowohl die überfrachtete Barockkunst als auch die archaische Kunst als Beispiele –, oder wenn andererseits keine adäquaten Formen für die jeweiligen Inhalte gewählt werden, wie das Jodls Meinung nach beispielsweise bei dem von ihm nicht sehr geschätzten Naturalismus, den er als »unvollkommene Ausführung« bezeichnet, oder dem von ihm völlig abgelehnten Impressionismus der Fall sei. »Inhalt« kann so bei Jodl kaum – im Sinne einer Ausdrucksästhetik – als Gegenpol zu einer wie auch immer gearteten Formalästhetik aufgefasst werden, vielmehr wird er von ihm meist, wenn auch nicht konsequent, im Sinne eines »kulturellen Inhaltes« gedeutet (vgl. Jodl 1917, S. 271). Ästhetischer Genuss stelle sich nach Jodl nicht nur im Bereich des von ästhetischen Elementargefühlen beeinflussten »elementaren Geschmackes« (als gewissermaßen wohlgefällige Reizanordnung) ein, sondern auch auf höherer Ebene als eine wohldosierte Gruppierung des »Vorstellungsmaterials«. »Alle Kunst ist bedeutsamer Gehalt in sinnlich wohlgefälliger Darstellung und Erscheinung«, heißt es, und in der Einheit von Form und Inhalt sei das adäquate Mittel zu sehen, einen künstlerischen Gedanken auszudrücken (Jodl 1903, Bd. 2, S. 373f.).

Die Form-Inhalt-Thematik betreffe sowohl psychologische Aspekte (im Rahmen der von ihm vertretenen Wahrnehmungstheorie) als auch normative, wie sie sich in der Kunstgeschichte darlegen lassen. Jodl, der eine gelungene Einheit von Form und Inhalt als Voraussetzung für Kunstwerke im klassischen Sinne ansieht, ist über weite Strecken als Formalästhetiker einzustufen, wie das insbesondere seine musikbezogenen Kritiken unter Beweis stellen. Im Blick auf sein neuhumanistisch geprägtes Bildungsideal ist allerdings für Jodl die sich seiner Ansicht nach parallel vollziehende und sich wechselseitig beeinflussende, von Ethik und Ästhetik zu leistende Charakter- und Geschmacksbildung von größtem Interesse. Eine Autonomisierung der Formalästhetik verbiete sich daher. Jodl orientierte sich in dieser Frage maßgeblich an dem von Friedrich von Schiller geprägten Begriff der »schönen Seele« im Sinne einer harmonisch geordneten Verbindung von Neigung und Pflicht, von sinnlichen und geistigen Kräften in der ästhetisch durchgebildeten Persönlichkeit. Des Menschen Charakter werde durch das Schöne »veredelt«, aber nicht nur der Charakter. Die »Veredelung der Menschheit« im Sinne einer »Höherbildung der Kultur«, von der Jodl sprach, ist nach seiner dezidiert zum Ausdruck gebrachten Ansicht als das Resultat des Vervollkommnungsstrebens der einzelnen Menschen aufzufassen (vgl. Jodl 1905). Sowohl diese ihr zukommende humanistisch-ideale Funktion wie ihr Status einer durch psychologisch- und gesellschaftlich-reale Rezeptionsbedingungen bestimmten empirischen Disziplin charakterisieren so Jodls Ästhetik.

Jodl, Friedrich (1902): Über Bedeutung und Aufgabe der Ästhetik in der Gegenwart. In: Jodl 1916/17, Bd. 2, S. 601–617.
– (1903): *Lehrbuch der Psychologie* [1896], 2. Aufl., 2 Bde., Stuttgart/Berlin: J. G. Cotta.
– (1905): Friedrich Schiller. In: Jodl 1916/17, Bd. 1, S. 131–148.
– (1916/17): *Vom Lebenswege. Gesammelte Vorträge und Aufsätze von Friedrich Jodl in zwei Bänden*, hrsg. von Wilhelm Börner, Stuttgart/Berlin: Cotta.
– (1917): *Ästhetik der bildenden Künste*, hrsg. v. Wilhelm Börner, Stuttgart/Berlin: Cotta.
Schorske, Carl E. (1994): *Wien. Geist und Gesellschaft im Fin de Siècle*, München: Piper.

Weiterführende Literatur

Gimpl, Georg (2003): Realismus im Erkennen – Idealismus im Handeln: Friedrich Jodl. In: Thomas Binder et al. (Hgg.), *Internationale Bibliographie zur Österreichischen Philosophie*, Amsterdam/New York: Rodopi, S. 7–99.

Pochat, Götz/Gerhard Schmidt/Georg Vasold (2003): Der Beitrag der Kunstgeschichte zur Ausformung der Humanwissenschaften. In: Karl Acham (Hg.), *Geschichte der österreichischen Humanwissenschaften*, Bd. 5: *Sprache, Literatur und Kunst*, Wien: Passagen Verlag, S. 403–444.

Edith Lanser

Hugo Spitzer – Apollinische und dionysische Kunst

1906 gründete Max Dessoir die *Zeitschrift für Ästhetik und allgemeine Kunstwissenschaft*. Dem Grazer Philosophen Hugo Spitzer räumte man in den vier Folgen des ersten Jahrgangs umfangreichen Platz für eine Abhandlung über »Apollinische und dionysische Kunst« ein. Spitzer bezeichnete diese auf Friedrich Nietzsche zurückgehenden Begriffe als eine »fundamentale Tatsache des Kunstlebens«, wollte sich jedoch nicht auf ihre diversen Deutungen einlassen. Vielmehr sei zu untersuchen, »wie die Menschen sich zu dem Werk verhalten« (Spitzer 1906, S. 70f.). Dass dies die legitime Betrachtungsweise der Ästhetik ist – und nicht etwa die der Kunstgeschichte –, war für ihn zu dieser Zeit bereits ausgemachte Sache. In bewundernden Worten verwies er in diesem Zusammenhang auf Johannes Volkelt (vgl. ebd., u.a. S. 32). Aus ästhetischer – und d.h. in seinem Fall aus psychologischer – Perspektive löse ein Kunstwerk immer Affekte in uns aus, also Wirkungen objektiver Sinneseindrücke, wie sie Wilhelm Wundt in seiner physiologischen Psychologie beschrieben habe (ebd., u.a. S. 80ff., S. 222f., S. 431f.). Spitzer rekurriert dabei auch auf sein »Hettner-Buch« von 1903 (vgl. Spitzer 1913), in welchem er bereits dargelegt habe, dass ästhetische Affekte »in der Steigerung unserer psychischen Aktivität […] die Seele mit eigenartiger Lust« erfüllen (Spitzer 1906, S. 225).

Schon in früheren Schriften hatte Spitzer gefordert, Ästhetik und Kunstgeschichte nicht zu vermengen. In dieser Forderung lässt sich ein Prinzip seines Lehrers Alois Riehl erkennen, demzufolge Wissenschaft und Kunst ihre jeweils spezifischen Methoden und Wirklichkeitsbilder haben und haben sollen, um zu ihrer jeweiligen Weltanschauung zu gelangen (Röd 2009, S. 640f.). Hegels teleologische Metaphysik lehnte Spitzer ab – seinen gedanklichen Anker bildete Kant. Allerdings hätte diesem noch die Kenntnis jener Resultate der modernen Naturwissenschaften und der Psychologie gefehlt, die den manifesten Charakter der Kantischen Apriori in Frage stellen und den Zusammenhang von Geist und Materie einer Neubewertung unterziehen, wie das etwa bei monistischen Konzepten der Fall sei. In seiner Studie über den Hylozoismus – seiner Habilitationsschrift – nannte er holistische Konzepte »eine Vorschubleistung mystischer und spiritistischer Hirngespinste« (Spitzer 1881, S. 69). Sich selbst bezeichnete er als »kritischen Materialisten« (ebd., S. 70f.). Auch rassistische Holismen lehnte er ab – und kritisierte nicht zuletzt aus diesem Grund Eugen Dühring (vgl. ebd., S. 3f., oder auch Spitzer 1908, S. 177f.). Der Deszendenzgedanke in Ernst Haeckels Morphologie der Organismen sprach ihn hingegen an (Spitzer 1881, S. 68). Haeckel, Mediziner und Zoologe wie auch Spitzer, wollte im Sinne Darwins die Naturformen bis zu ihren idealen, den Prinzipien der Symmetrie unterworfenen Grundformen (i.e. den Einzellern) zurückverfolgen und konstatierte das Bestehen vieler formaler Ähnlichkeiten zwischen der biologischen Welt und jener der Kunst. Jahrzehnte später bezeichnete Spitzer Haeckels *Kunstformen der Natur* als »eine der größten wissenschaftlichen Leistungen« (Spitzer 1908, S. 425) und bezeichnete sich selbst schließlich sogar als einen »Haeckel-Schüler«, dessen Denken »ausschließlich durch Haeckel geschult war« (Spitzer 1914, S. 225) – eine bemerkenswerte Aussage, die man gerade auch mit Blick auf die später noch näher beleuchtete Abhandlung über »Apollinische und dionysische Kunst« im Auge behalten muss.

Im ersten Drittel des 19. Jahrhunderts hatte sich mit der Theorie kollektiver Stilepochen die Kunstgeschichte als Wissenschaft konstituiert. Gelegentlich war diese an Hegel angelehnt – wie erwähnt zum Missfallen Spitzers. 1897 erschien unter dem Titel *Kritische Studien zur Ästhetik der Gegenwart* eine Sammlung von fünf Rezensionen, in denen Spitzer sein Augenmerk auf den Individualstil eines Künstlers legte, also auf das »Prinzip des Charakteristischen«, das frühere Philosophen, Aristoteles ebenso wie Kant und Hegel, aber auch zeitgenössische Kunsthistoriker, missverstanden oder nicht erkannt hätten (Spitzer 1897, Vorwort bzw. S. 9f., 16ff.). Zum ersten Band von Max Dessoirs *Geschichte der neueren deutschen Psychologie* (1894), der die einschlägigen Theorien *von Leibniz bis Kant* behandelte, schrieb er eine vernichtende Kritik. Dessoir kette die Kunstlehre an die Ästhetik. Damit werde »von Neuem der Wahn bekräftigt, dass das Schöne intellektualistisch zu deuten wäre« (Spitzer 1897, S. 50). Die Ästhetik sei aber »rein psychologisch«, und damit ahistorisch (ebd., S. 18f. bzw. Spitzer 1913, u.a. S. 113). Spitzer tadelt die »Unzulänglichkeit« und »gänzliche Sorglosigkeit« Dessoirs und beklagt dessen »schlechte Wahl der Belege« und »ein wirres, chaotisches Durcheinanderwerfen der verschiedenartigsten Beurteilungsweisen« (Spitzer 1897, S. 35). Zur gleichen Zeit wie Spitzer wirkte in Graz auch der umstrittene Kunsthistoriker Josef Strzygowski, der die Wurzeln der Kunst (bzw. des Ornaments) nicht in der griechischen Antike, sondern in noch weiter zurückliegenden Urformen des Orients suchte. Haeckels und Strzygowskis »unhegelianische« Deszendenzforschungen lassen sich durchaus miteinander vergleichen.

1903 forderte Spitzer in seinem Buch *Hermann Hettners kunstphilosophische Anfänge und Literaturästhetik* mit dem Untertitel *Untersuchungen zur Theorie und Geschichte der Ästhetik* vehement die Separierung von Kunstgeschichte und Ästhetik. Hermann Hettner hatte 1845 – also über ein halbes Jahrhundert vor Spitzers Kritik! – die (ganz im Sinne Feuerbachs argumentierende) Abhandlung *Gegen die spekulative Ästhetik* [Hegels] publiziert und sich darin auch den Gedankeninhalten der Kunstwerke gewidmet; Hettner war somit ein Vorläufer der späteren Ikonologie. Spitzer zog den Ansatz der in Hettners Spuren wandelnden »Bedeutungsästhetiker« in Zweifel (Spitzer 1913 [erstmals 1903], S. 125–129, 138). Im ersten Teil des Buches, der »Hettners ästhetische und kunsttheoretische Arbeiten« behandelt, formulierte er eine erbarmungslose Kritik: Hettner habe die

Ästhetik »einfach in der Kunstgeschichte auflösen wollen« (ebd., S. 12). Hettners Schrift sei »total verfehlt«, »willkürlich«, »unklar«, »jeder Exaktheit entbehrend«, und überhaupt weise sie zahlreiche »Mängel und Verkehrtheiten« auf – so und ähnlich lautete Spitzers Urteil (ebd., S. 20ff., und an vielen anderen Stellen). Im zweiten Teil, der den Gegensatz von »Ästhetik und Kunstwissenschaft« einer Betrachtung unterzieht, legte er seine eigenen Thesen wider die spekulative Philosophie Hegels dar, die nur »heillose Verwirrung« hervorbringe (ebd., S. 144f. u.ö.). Kunstgeschichte und Ästhetik hätten unterschiedliche Aufgaben: Die Kunstgeschichte untersuche die Entstehung der Kunstwerke, die Ästhetik hingegen die psychologischen Eindrücke, die diese bei uns hinterlassen (ebd., S. 310ff.). Am Ende seiner Ausführungen bemerkt Spitzer (ohne dies argumentativ näher zu begründen), dass die Kunstgeschichte nun jedoch auf dem richtigen Wege sei.

1907 erschien eine sehr reservierte Rezension seines Berliner Kollegen Walter Franz: Neben einem »nutzlosen Inhaltsverzeichnis« monierte dieser eine krause Darstellungsweise, seitenlange Zwischensätze, »eine Fülle von Einzelbemerkungen in bunter Mannigfaltigkeit« über das Verhältnis von Wissenschaft und Kunst, »und vieles andere« (Franz 1907, S. 559–561) – sicher nicht jene wohlwollende Reaktion, die Spitzer erwartet hatte. 1913 erschien eine zweite Auflage von Spitzers Buch, wobei der Verfasser den vormaligen Untertitel als Haupttitel setzte; damit figurierte Hettner nicht mehr gleichsam titelgebend als Verderber der Ästhetik. Der angekündigte zweite Band erschien nicht mehr.

1906 folgte dann die bereits erwähnte Abhandlung über »Apollinische und dionysische Kunst«: Spitzer war nun bestrebt, die Tiefenstruktur der ästhetischen Affekte freizulegen, welche »die Seele mit eigenartiger Lust erfüllen«, jedoch nicht ohne zuvor über viele Seiten hinweg darzulegen, wie andere Autoren den Begriff »Affekt« verstanden hätten, um dann zu dem Schluss zu gelangen, dass nun endlich Konsens darüber bestehe, dass ein Affekt kein Dauergefühl, sondern eine Erregung sei (Spitzer 1906, S. 73–84). Nicht aber seien auch alle »ästhetischen Erregungen« Affekte, sondern aus der Wirklichkeit herausgelöste Gefühle besonderer Art und Abstufung (Spitzer 1906, S. 223). Zorn, Furcht, Mitleid, Fröhlichkeit, die während der Rezeption hervorgerufen werden und sinnlichen, dionysischen Charakter haben, seien nur Elementargefühle oder »ästhetische Teilgefühle«, die den Gemütsbewegungen des täglichen Lebens ähneln (ebd., S. 8f., 217f., 595f.) und sich »auf keine Weise in kontemplative Lust umdeuten« lassen (ebd., S. 227f.). Spitzer betonte, dass diese Art von Empfinden nicht grundsätzlich Kants »interesselosem Wohlgefallen« widerspreche (ebd., S. 85, 223), und rückte somit die »apollinische Kunst« in die Nähe von Kants »schöner Kunst«. Bei Kant urteile jeder Rezipient selbst darüber, ob ein Werk »schöne« oder (nur) »angenehme« Kunst sei. Spitzer bestreitet hingegen, dass Ungebildete diese Urteilsfähigkeit haben. Erst durch ein Erkennen des Prinzips des Charakteristischen, also durch die Reflexion über das Werk und die Steigerung unserer psychischen Aktivität, werde jene kontemplative »apollinische« ästhetische Lust geschaffen, die andauert und frei von persönlichen Elementargefühlen ist (ebd., S. 230f.). »Stillleben, Blumenstücke, Landschaftsbilder [sind] nur dann als Meisterwerke anzuerkennen, wenn sie eine gewisse Stimmung atmen«, die Ungeschulte eben nicht erkennen könnten (ebd., S. 550). (Allerdings hatte Spitzer 1897 angedeutet, dass auch Kunsthistoriker nicht immer das Charakteristische eines Kunstwerks erkennen würden.) Einfache Menschen, die etwas nur »schön« finden, würden auf der Ebene von »Elementargefühlen« bzw. »ästhetischen Koeffizienten« verbleiben (ebd., S. 217, 230f., 237f.). Spitzer verwies auf Friedrich Jodls »lichtbringendes Schema«, demzufolge die jeweilige Bewusstseinsstufe »von sozialen Momenten« abhängig sei (ebd., S. 248); dies gelte auch für die Fähigkeit, »apollinisch« zu empfinden. Daher werde der apollinische Reiz umso mehr gefordert, »je weiter die künstlerische Bildung des Einzelnen fortschreitet« (ebd., S. 594f.). Damit definierte Spitzer den apollinischen Reiz einerseits als Überwindung des dionysischen Reizes (denn niemand wird gebildet geboren), andererseits aber auch als einen Reiz sui generis. Im Grunde beschreibt er eine Einbahn: Der Genießende kann zum apollinischen Genuss aufsteigen, aber nicht mehr zum dionysischen zurückfallen. Assoziationen zum Entwicklungsgedanken Haeckels drängen sich hier auf. Doch auf welcher Bildungsstufe und auf welche Weise die rein ästhetische, apollinische Lust auftritt, und ob sie sich langsam oder in plötzlicher Erkenntnis entwickelt, und auf welchen Voraussetzungen diese beruht, blieb offen.

Spitzers Schriften sind schwer zu lesen. Er hielt es für unabdingbar, die Geschichte der Philosophie genauestens zu kennen und die Autoren bis in die Antike zurück auf das Für und Wider jedes relevant erscheinenden Details in ihrem Werk zu prüfen (diese Vorgehensweise erläuterte er schon in seiner Hylozoismus-Abhandlung, vgl. Spitzer 1881, S. 10). Dies veranlasste ihn oft zu weitschweifigen Exkursen, die nicht selten mit abfälligen Kommentaren durchsetzt waren. Anlässlich von Spitzers 70. Geburtstag drückte Emil Binder 1926 sein Bedauern darüber aus, dass Spitzers Leistungen »nicht gebührend gewürdigt« worden seien und brachte dies mit der »tiefen Erniedrigung« des deutschen Volkes in Verbindung (Binder 1926, S. 190). Man darf jedoch annehmen, dass auch Spitzers abundante Ausdrucksweise das Ihre dazu beitrug, dass seine theoretischen, kaum mit konkreten Beispielen unterlegten Schriften zur Ästhetik heute wenig bekannt sind.

Binder, Emil (1926): Hugo Spitzer zu seinem 70. Geburtstage. In: *Archiv für Geschichte der Philosophie* 37/3-4, S. 181–190.

Franz, Walter (1907): Hugo Spitzer: Hermann Hettners kunstphilosophische Anfänge und Literaturästhetik. I. [Rezension]. In: *Zeitschrift für Ästhetik und allgemeine Kunstwissenschaft* 2, hrsg. von Max Dessoir, Stuttgart: Verlag von Ferdinand Enke, S. 259–268.

Röd, Wolfgang (2009): Alois Riehl – ein Vertreter kritischer Rationalität. In: Karl Acham (Hg.), *Kunst und Wissenschaft aus Graz*, Bd. 2: *Kunst- und Geisteswissenschaften aus Graz. Werk und Wirken überregional bedeutsamer Künstler und Gelehrter: vom 15. Jahrhundert bis zur Jahrtausendwende,* Wien: Böhlau, S. 627–644.

Spitzer, Hugo (1881): *Über Ursprung und Bedeutung des Hylozoismus. Eine philosophische Studie*, Graz: Leuschner & Lubensky.

– (1886): *Beiträge zur Descendenztheorie und zur Methodologie der Naturwissenschaft,* Leipzig: F.A. Brockhaus.
– (1897): *Kritische Studien zur Ästhetik der Gegenwart. Fünf Aufsätze,* Wien: k.u.k. Hofdruckerei und Verlagshandlung Carl Fromme. (Ursprünglich erschienen in der Literaturzeitschrift *Euphorion.*)
– (1906): Apollinische und dionysische Kunst. In: *Zeitschrift für Ästhetik und allgemeine Kunstwissenschaft* 1/1-4, hrsg. von Max Dessoir, Stuttgart: Verlag von Ferdinand Enke, S. 70–87, 216–248, 411–434, 542–598.
– (1908): Der Satz des Epicharmos und seine Erklärungen. Betrachtungen zur biologischen Ästhetik 1. In: *Zeitschrift für Ästhetik und allgemeine Kunstwissenschaft* 3, 1908, S. 177–206.
– (1913): *Untersuchungen zur Theorie und Geschichte der Ästhetik von Dr. phil. et med. Hugo Spitzer,* Bd. 1: *Hermann Hettners kunstphilosophische Anfänge und Literaturästhetik* [1903], 2. Aufl., Graz: Leuschner & Lubenskys Universitätsbuchhandlung.
– (1914): Darf ich mich einen Haeckelschüler nennen? In: Heinrich Schmidt (Hg.), *Was wir Ernst Haeckel verdanken. Ein Buch der Verehrung und Dankbarkeit,* Bd. 2, Leipzig: Unesma, S. 224–232.

Weiterführende Literatur

Acham, Karl (Hg.) (2004): *Geschichte der österreichischen Humanwissenschaften,* Bd. 6.1: *Philosophie und Religion: Erleben, Wissen, Erkennen,* Wien: Böhlau.
– (Hg.) (2009): *Kunst und Wissenschaft aus Graz,* Bd. 2: *Kunst- und Geisteswissenschaften aus Graz. Werk und Wirken überregional bedeutsamer Künstler und Gelehrter: vom 15. Jahrhundert bis zur Jahrtausendwende,* Wien: Böhlau.
Haeckel, Ernst (1998): *Kunstformen der Natur. Die Einhundert Farbtafeln im Faksimile mit beschreibendem Text, allgemeiner Erläuterung und systematischer Übersicht* [1862ff.]. *Mit einem Geleitwort von Richard P. Hartmann und Beiträgen von Olaf Breidbach und Irenäus Eibl-Eibesfeldt,* München/New York: Prestel.
Lichtblau, Klaus (1996): *Kulturkrise und Soziologie um die Jahrhundertwende. Zur Genealogie der Kultursoziologie in Deutschland,* Frankfurt a.M.: Suhrkamp.
Pochat, Götz (1983): *Der Symbolbegriff in der Ästhetik und Kunstwissenschaft,* Köln: DuMont.

Barbara Aulinger

Wilhelm Jerusalem: *Wege und Ziele der Ästhetik* (1906)

Wilhelm Jerusalems Broschüre *Wege und Ziele der Ästhetik* von 1906 war ein Sonderdruck des 5. Abschnitts der 3. Auflage seiner erstmals 1899 erschienenen *Einleitung in die Philosophie,* einer in Paragraphen gegliederten Darstellung der Geschichte und der Denkrichtungen der Philosophie, die in besonderem Maße auch die der Philosophie nahestehenden Strömungen der Psychologie berücksichtigte. (In den Ausgaben 1919ff. widmete

Jerusalem auch der Soziologie ein eigenes Kapitel und mehrfache Zusätze.) Trotz seiner Affinität zu Kant zweifelte Jerusalem an dessen rigorosem Apriorismus und betonte dagegen die Weiterentwicklung des menschlichen Verstandes. Die Empirie erachtete er als unverzichtbar für den Nachweis einer Wechselwirkung zwischen praktischem und geistigem Leben. Eine »Philosophie der reinen Theorie« unterlaufe sich selbst, weshalb er die Philosophie auch nicht als geschlossenes System, sondern als eine Ansammlung von Arbeitshypothesen verstand (Jerusalem 1923 [erstmals 1899], S. 359ff.). Im Vorwort zum Sonderdruck von 1906 verwies Jerusalem auf die ihm besonders wichtig erscheinende Erweiterung über »biologische und genetische Ästhetik«, doch »zur allgemeinen Orientierung« fügte er auch Texte über das künstlerische Genießen und das künstlerische Schaffen ein (Jerusalem 1906, S. 3).

Im ersten Abschnitt zu »Begriff und Aufgabe der Ästhetik« betonte Jerusalem den Zusammenhang von künstlerischem Schaffen und ästhetischem Genießen. Kant habe »in voller Schärfe ausgesprochen«, dass das Schöne »ohne Interesse« gefalle, und er habe damit bewiesen, dass »das Fühlen [...] als besondere Grundklasse psychischer Phänomene betrachtet werden muß, die ebenso vom Vorstellen wie auch vom Begehren und Wollen sich deutlich unterscheidet.« Das ästhetische Genießen sei »demnach derjenige Zustand, welcher das Phänomen des Fühlens am reinsten in sich enthält und zum Bewußtsein bringt«, führt Jerusalem, sich auf Heinrich von Stein berufend, weiter aus (ebd., S. 6). Er unterschied zwischen der objektiven und der subjektiven Seite der unsere bewussten Gefühle stets begleitenden *Vorstellungen*; »Aufgabe der Ästhetik« sei es, allein die »subjektive Seite«, d.h. »die Art, wie unser ganzes Bewußtsein auf die Vorstellung [...] reagiert«, zu untersuchen.

Vor allem in diese subjektive Dimension habe man durch die Psychologie besseren Einblick erhalten, und zwar sowohl in das ästhetische Genießen wie auch in das künstlerische Schaffen. Die »objektive Natur« unserer Vorstellungen hingegen hätte man historisch und soziologisch zu untersuchen, betonte er mit Verweis auf Theodor Lipps, Konrad Lange, Johannes Volkelt und Hugo Spitzer (ebd., S. 6ff.). Als erste und wichtigste Aufgabe hätte die Forschung aber zu klären, was wir bei der Betrachtung von Kunst und Natur im ästhetischen Genießen tatsächlich erleben (ebd., S. 7).

Die Frage geht nicht zuletzt auf Jerusalems erstmals 1889 publizierte, von Wilhelm Wundt angeregte »psychologische Studie« *Laura Bridgman. Erziehung einer Taubblinden* zurück, die die wichtigsten Fakten aus deren Autobiographie aufgreift (Jerusalem 1891, S. 5f.). Jerusalems psychologische Überlegungen hatten durch das Schicksal der taubblinden Amerikanerin, die allein vermittels ihres Tastsinns die Fähigkeit zur Kommunikation mit ihrer Umwelt erlangt hatte, einen besonderen Impetus erhalten. »Es ist kaum vorstellbar, wie mächtig der Trieb nach Betätigung der psychischen Kräfte im Menschen ist«, war sein Resümee (ebd., S. 70ff.).

Der Entstehung und den Arten unseres Urteilsvermögens widmete sich Jerusalem dann 1895 in seinem Werk *Die Urteilsfunktion. Eine psychologische und erkenntniskriti-*

sche Untersuchung. Urteile würden primär durch die sinnliche Wahrnehmung der physischen Welt initiiert, sie könnten aber erst dann zu solchen werden, wenn der darauffolgende psychische Akt »zu einem wenigstens vorläufigen Abschlusse gelangt ist« (Jerusalem 1895, Vorwort bzw. S. 1ff.). Diese Wechselwirkungen zwischen physischen und psychischen Vorgängen seien »die erste und einzige Kausalität, die wir wirklich erleben«, schloss er seine Untersuchung (ebd., S. 261). Das Urteilen und die »Formung eines Weltbildes« könne jedoch nicht ohne Sprache vor sich gehen, betonte er, gestützt auf seine Studie über Laura Bridgman und auf sein (in zahlreichen Auflagen verbreitetes) *Lehrbuch der Psychologie* von 1888 (ebd., S. 16–20, 76f., 99). Die philosophische Psychologie von Franz Brentano, Alexius Meinong, Anton Marty, Alois Höfler, Franz Hillebrand lehnte er ab. Sie würden durch »leere und nichtssagende Tautologien« Urteil und Zustimmung verwechseln (ebd., S. 67f.). Wilhelm Wundt, Alois Riehl und Christoph von Sigwart hingegen hätten richtig erkannt, dass dem bewussten Urteilen immer unbewusste mentale Prozesse vorausgehen (ebd., S. 72ff.). Jerusalem identifizierte verschiedene Arten von Urteilen, so z.B. Erinnerungsurteile oder Erwartungsurteile. An die Stelle der Kantischen Kategorien habe man Funktionen zu setzen, die zwar nicht angeboren seien, sich aber »mit Naturnotwendigkeit nach psychologischen Gesetzen« entwickelten (ebd., S. 292).

Der zweite Abschnitt von Jerusalems Büchlein über die *Wege und Ziele der Ästhetik* behandelt die »Entwicklung und Richtungen der Ästhetik«. In geraffter Form durcheilt der Autor die wesentlichen Positionen von Horaz, Shaftesbury, Alexander Gottlieb Baumgarten, Johann Friedrich Herbart und Friedrich Wilhelm Schelling bis zu Kant, Schiller, Hegel, Schopenhauer und Gustav Theodor Fechner und erörtert, wie sich die analytische Ästhetik durch die Psychologie »in Psychologie und Geschichte auflöst« (Jerusalem 1906, S. 11). Jerusalem berief sich insbesondere auf Fechners *Vorschule der Ästhetik* (2 Bände, Leipzig 1876) und auf Theodor Lipps' Begriff der »Einfühlung« (ebd., S. 11f.). In wenigen Sätzen skizzierte er die kunsthistorischen Stilrichtungen des Idealismus, des Naturalismus, des Symbolismus und des Impressionismus, allerdings ohne sie mit den sozialen Dispositionen der jeweiligen Epochen in Verbindung zu bringen. Wissenschaftlich könne die Seele des Künstlers nur beurteilt werden, »wenn man die Ästhetik und die Kunst auf eine genetische und biologische Grundlage stellt und das Schöne und die Kunst in ihren Ursprüngen und in ihrer Bedeutung für die Lebenserhaltung zu erkennen sucht« (ebd., S. 17).

Dieser Aufgabe war der (eigentlich neue) dritte Teil über »Genetische und biologische Ästhetik« gewidmet. Wieder ging Jerusalem von Kant aus, der »das Wesen des ästhetischen Genießens« als »das zentrale Problem der Ästhetik« erkannt habe. Schiller wiederum habe dargelegt, dass sowohl das ästhetische Genießen als auch das Spiel als eine »Betätigung der überschüssigen Kräfte« angesehen werden könne (ebd., S. 14f.). Tatsächlich habe man bisher übersehen, dass auch das ästhetische Genießen aus einer »Funktionslust« entspringe, wie alle »Organe«, die Betätigung suchen, sei es sensuell, emotional, imaginativ oder auch intellektuell, wie das etwa der Fall sei, wenn man in der modernen Kunst erst den Plan einer Komposition entdecken müsse (ebd., S. 16f.). Doch anders als im Spiel sei das ästhetische Objekt Wirklichkeit und werbe um Liebe; seine (subjektive) Schönheit sei dabei häufig nicht die Ursache, sondern eine Wirkung der Liebe – wie sich das beispielsweise im Naturerleben zeige, denn der Mensch habe erst damit begonnen, die Natur schön zu finden, als er sie zu lieben gelernt hatte (ebd., S. 26ff.). Aus der Sicht des Künstlers sei sein Schaffen daher »ernste soziale Arbeit« und zugleich eine Art von Liebeswerben (ebd., S. 31). Damit löse sich die wissenschaftliche Ästhetik einerseits in Psychologie und andererseits in Geschichte auf. Die historische Ästhetik versuche, den Künstler aus seiner Zeit heraus zu verstehen und das Typische, die dahinterliegende »Idee«, zu erkennen. Die Vorstellung von »absoluter Schönheit« sei »bei dem durchaus relativen Charakter des Schönheitsbegriffes vollkommen sinnlos« (ebd., S. 25). Dennoch dürfe man von so etwas wie »objektiver Schönheit« sprechen – und zwar dann, wenn ein Objekt, wie beispielweise eine antike griechische Skulptur oder ein Tempel, bei vielen Menschen ästhetische »Funktionslust« auszulösen vermag und diese für lange Zeit anhält (ebd.). Einen pädagogischen Zusammenhang zwischen Kunst und Sittlichkeit sah Jerusalem gegeben, weil die Kunst »begehrungslose Freude« zu bereiten vermag und daher besonders wertvoll für die Erziehung der Jugend sei (ebd., S. 35).

Zwischen der mit einem starken sozialpädagogischen Anspruch versehenen kunstpsychologischen und kunstsoziologischen Broschüre *Wege und Ziele der Ästhetik* aus dem Jahre 1906 und der als ein Gründungsdokument der Wissenssoziologie angesehenen Abhandlung »Die Soziologie des Erkennens« von 1909 kommt das von Jerusalem mitgetragenen Projekt der Gründung einer »Soziologischen Gesellschaft« in Wien zu liegen, das 1907 verwirklicht werden konnte. Eine Rezension jenes Büchleins zur Ästhetik von Edith Landmann-Kalischer war in kritischem Ton gehalten: Jerusalems Interpretation des künstlerischen Schaffens als Liebeswerben wird nicht nur als spekulative »Begriffsverwirrung« bezeichnet, sondern überhaupt als ein »warnendes Beispiel« für die Unhaltbarkeit des in der Ästhetik herrschenden Psychologismus (Landmann-Kalischer 1907). Die Passagen über »genetische und biologische Ästhetik« aus der als Separatdruck erschienenen Broschüre waren, wie eingangs erwähnt, ab der 3. Auflage von 1906 Bestandteil der *Einleitung in die Philosophie*. In späteren Auflagen ergänzte Jerusalem sie noch durch (teils fragwürdige) Kommentare zu den Folgen des Weltkrieges. So beklagte er zum Beispiel, dass das Kino, das so große Anziehungskraft ausstrahle, »vielleicht eine der traurigen Wirkungen des Weltkrieges« sei, weil es »zu einer Verrohung des Geschmacks« geführt habe (Jerusalem 1923, S. 150).

Jerusalem, Wilhelm (1888): *Lehrbuch der empirischen Psychologie für Gymnasien und höhere Lehranstalten sowie zur Selbstbelehrung*, Wien: A. Pichler's Witwe & Sohn.
– (1891): *Laura Bridgman. Erziehung einer Taubstumm-Blinden. Eine psychologische Studie* [1889], 2. Aufl., Wien: Verlag von A. Pichler's Witwe & Sohn.

– (1895): *Die Urteilsfunktion. Eine psychologische und erkenntniskritische Untersuchung*, Wien/Leipzig: Verlag Wilhelm Braumüller.
– (1906): *Wege und Ziele der Ästhetik* (= Sonderabdruck aus der 3. Aufl. der *Einleitung in die Philosophie*, 1906 [1899]), Wien/Leipzig: Verlag Wilhelm Braumüller.
– (1909): Die Soziologie des Erkennens. In: *Die Zukunft* 67 (Mai 1909), S. 236–246. Wieder abgedruckt in: Jerusalem 1925, S. 140–153.
– (1923): *Einleitung in die Philosophie* [1899]. *Neunte und zehnte Auflage mit einem Bilde des Verfassers. Enthalten das Vorwort zur 7. und 8. Auflage 1919*, Wien/Leipzig: Verlag Wilhelm Braumüller.
– (1925): *Gedanken und Denker. Gesammelte Aufsätze. Neue Folge*, Wien: Braumüller.
Landmann-Kalischer, Edith (1907): Wilhelm Jerusalem: Wege und Ziele der Ästhetik [Rezension]. In: *Zeitschrift für Ästhetik und allgemeine Kunstwissenschaft* 2, hrsg. von Max Dessoir, Stuttgart: Verlag von Ferdinand Enke, S. 276–278.

Weiterführende Literatur

Adler, Max (Hg.) (1915): *Festschrift für Wilhelm Jerusalem zu seinem 60. Geburtstag. Von Freunden, Verehrern und Schülern* [...], Wien/Leipzig: Verlag Wilhelm Braumüller.
Habermas, Jürgen (2002): Über Wilhelm Jerusalem. In: Mitchell Aboulafia/Myra Bookman/Katharine Kemp (Hgg.), *Habermas and Pragmatism*, London/New-York: Routledge.
Huebner, Daniel R. (2013): Wilhelm Jerusalem's Sociology of Knowledge in the Dialogue of Ideas. In: *Journal of Classical Sociology* 13/4, S. 430–459.
Jerusalem, Wilhelm (1926): *Einführung in die Soziologie*, Wien: Wilhelm Braumüller.

Barbara Aulinger

Appendix: Emil Reich

Emil Reich – ein früher Vertreter sozial engagierter Kunstkritik

1892 erschien die umfangreiche (und 1894 noch erweiterte) Abhandlung *Die bürgerliche Kunst und die besitzlosen Volksklassen* des Wiener Literaturwissenschaftlers und Philosophen Emil Reich. Reich hielt die Kunst des 19. Jahrhunderts allerdings keineswegs für »bürgerlich«, sondern für eine hochmütige Kunst der Bourgeoisie, die ignorant gegenüber der sozialen Realität sei (Reich 1894, S. 11). Seine erklärte Absicht war es, die »mächtig angeschwollenen Forderungen der Enterbten« gegenüber der reichen, »entarteten Klasse« zu verteidigen, welche die niederen Klassen für ein »kunstfeindliches Proletariat« halte (ebd., S. 4ff.). »Die Welt zerfällt mehr und mehr in zwei Schichten von Bourgeoisie und Proletariat« (ebd., S. 13ff.). Was die Kunst betrifft, so wandte er sich v.a. gegen die Einstellung des L'art pour l'art und verlangte, auf die Herbart-Zimmermann'sche Ästhetik verweisend, eine »unparteiische« Kunstbetrachtung (ebd., S. 38f.), die realistisch und weder verniedlichend noch beschönigend sein soll. Auf Seiten der Kunstproduktion entspreche dem exemplarisch die »mutige Subjektivität« von Josef Danhausers Gemälde »Der Prasser« (ebd., S. 1).

Die zwei Hauptkapitel seines Werkes betitelte er »Die Kunst für das Volk« und »Das Volk für die Kunst«. Die Kunstgeschichte weise schon seit mehreren Jahrzehnten nach, dass immer die Herrschenden die Kunst bestimmt hätten. Man müsse aber nachforschen, was die Kunst für das Volk getan habe und wie man die Kunst dem Volk nahebringen könne. Dies gelinge keinesfalls, indem man es belehre und ihm die bürgerliche Kunst aufdränge, die sich immer noch vor allem zwei Themen widme, nämlich »wechselseitige[m] Völkermord und behagliche[m] Wohlleben. Wo Blut und Wein in Strömen fließt« (ebd., S. 34ff). Delacroix, Courbet, Millet, Roll, Ford Madox Brown, Piloty, Menzel u.a. seien nur Ausnahmen. Ähnliches konstatierte er für die Literatur von Thomas Carlyle, Ebenezer Elliot und Émile Zola, ebenso wie für jene von Lessing und Schiller (die er als »die Edelsten unserer Nation damals« bezeichnete) und Grillparzer, dessen »Ahnfrau« er ein soziales Trauerspiel nannte. Derlei Ansätze genügten ihm jedoch nicht: »Wann kommt der dichterische Messias des Proletariats?«, fragte er (ebd., S. 63), verwies dann aber doch auf Beispiele, vor allem russischer Autoren, die soziale Probleme thematisieren, sodann auf Heine, Hauptmann, Hebbel, von Saar, Ebner-Eschenbach oder Rosegger, dem er einen »urwüchsig deutschen, kerngesunden, wurzelhaft triebkräftigen Realismus« bescheinigte (ebd., S. 131); vor allem aber verwies er auch auf Ibsen, mit dessen Werk er sich mehrmals befasste. Schon 1891, in *Ibsen und das Recht der Frau*, lobte er, dass Henrik Ibsen mit dem Bürgertum »Abrechnung gehalten« und »der vormals herrschenden Weltanschauung den Krieg erklärt« habe (Reich 1891, S. 398ff).

Reichs Ablehnung des Bürgertums ging so weit, dass er eher einen gegebenenfalls kunst- und poesiefeindlichen Kommunismus in Kauf nehmen wollte, als den jetzigen Zustand des Privateigentums mit seinen Ungerechtigkeiten, in dem die einen alles haben, ohne etwas zu tun, und die anderen hungern, obwohl sie hart arbeiten. Dabei berief er sich auf John Stuart Mill, einen »Denker von Rang« (Reich 1894, S. 69). Das anzustrebende Ideal wären sechs Stunden tägliche Arbeit, wozu vielleicht in ferner Zukunft Maschinen verhelfen würden. »Das Begehren zur Teilnahme am Kulturleben« müsse gefördert werden, anstatt die »Phrasen vom kulturfeindlichen Mob« zu wiederholen, denn »der Trieb, sich zu beschäftigen, [ist] ein angeborener« (ebd., S. 160ff.) – doch er könne verkümmern. Die bürgerliche Kunst sei bisher nicht bereit gewesen, sich der Besitzlosen anzunehmen. Bourgeoisie und Sozialdemokratie würden beide die »Tendenzwerke ihrer eigenen Ideologie« fordern (ebd., S. 40f.). Allein die Architektur stehe dem Anblick aller offen, allerdings müsse man das Verständnis für sie durch öffentliche Vorträge fördern. Das Theater sei, mit wenigen Ausnahmen, eine »Stätte für die Vornehmsten« geworden, denn es sei in der Regel viel zu teuer und der Stehplatz einem schwer Arbeitenden unzumutbar (ebd., S. 170f.). Die Öffnungszeiten des 1891 eröffneten Kunsthistorischen Museums nannte er »eine Beleidigung« (ebd., S. 184 bzw. S. 188f.). Privatsammlungen sollten zugänglich gemacht werden, denn, so Reich mit einem Hinweis auf Pierre-Joseph Proudhon, man dürfe Besitzansprüche nicht übertreiben. Eine ernsthafte Sozialreform müsse den Schlachtruf »Panem et circenses« führen (ebd., S. 262f) – so auch das Motto, das Reich auf das Titelblatt seiner Abhandlung setzte.

Dem flammenden Appell zugunsten der »besitzlosen Volksklassen« folgte 1901 die Abhandlung *Kunst und Moral*. Auch in ihr wiederholte Reich seine Forderung nach einer stärker ethisch orientierten Kunst und wies die Einstellung des L'art pour l'art abermals scharf zurück. Ethik und Ästhetik seien auseinandergedriftet, da man ihre Wechselwirkungen nicht erkannt habe (Reich 1901, S. 210ff.). Nicht das Wesen der Kunst sei zu erforschen, sondern die Beziehung der Kunst zum Menschen. Im Bestreben, die Fesseln des Glaubens abzuschütteln, habe man auch die philosophische Moral auszuschließen getrachtet und der Kunst jedwede Freiheit zugestanden. Reichs besondere Wertschätzung galt dem in dieser Hinsicht besonders verdienstvollen Kunsthistoriker Johannes Volkelt. Mit Verweis auf Volkelt beklagt er, dass in der Ökonomie wie in der Kunst die Frage, was das menschliche Leben erhöhe oder erniedrige, oder was in der Kunst das »menschlich Bedeutungsvolle« sei, nicht mehr gestellt werde. Den beiden ersten Bänden von Volkelts *System der Ästhetik* (3 Bde., 1905, 1910, 1914) widmete Reich hymnische Rezensionen. Volkelt verfalle nicht dem Fehler, wie andere Philosophen die Ästhetik reinlich abgrenzen zu wollen; vielmehr ziele er auf den »menschheitlichen Gesamtwert« (Reich 1904/1910, S. 298ff.). Volkelts Schriften hätten die richtige Perspektive auf die Kunst, sie seien fachlich fundiert und darauf fokussiert, dass jeder Ästhetik eine wirtschaftliche und politische Weltanschauung zugrunde liege. Mit Blick auf Shaftesbury, Rousseau, Henry Home Kames, Theodor Lipps u.a. kritisierte Reich unverblümt all jene

Künstler, die nur Kunstsachverständige über ihr Werk urteilen lassen wollen (Reich 1901, S. 237ff.), denn schließlich seien auch die Ungebildeten empfänglich für die Kunst. Die Kunst solle sich daher dem einfachen Volk anbequemen, und nicht umgekehrt, und sie solle zeigen, »was unsere Seelen bewegt« (ebd., S. 245f. bzw. S. 263).

Reichs Anliegen der Volksbildung ließ sich nur bedingt mit den um die Jahrhundertwende rege diskutierten evolutionstheoretischen Positionen vereinen. Der Kampf zwischen der »Atomtheorie« und der »Energetiktheorie«, die in der Biologie jener Zeit für die Prinzipien der (darwinistischen) »Naturzüchtung« bzw. der (lamarckistischen) »progressiven Vererbung erworbener Eigenschaften« stehen, habe die »Krise des Darwinismus« offenbart (ebd., S. 208). Reich stellte sich auf die Seite der Anhänger der »Atomtheorie«, für die Entwicklung stets aus gegebenen Dispositionen erfolgen musste. Von dieser Voraussetzung ausgehend sah er überall Triebe walten, wie beispielsweise den zur Fortpflanzung oder den zur volkswirtschaftlichen Produktivität (Reich 1907, S. 81f.), oder auch den ganz unspezifischen Trieb, sich zu beschäftigen und zu betätigen (Reich 1894, S. 160). Reich reklamiert für sich, dass er schon vor Freud darauf hingewiesen habe, dass man alles auch auf sexuelle Motive zurückführen könne, wenn man den Fortpflanzungstrieb mit dem Trieb zur Förderung der volkswirtschaftlichen Produktivität in Beziehung setze (Reich 1907, S. 81f.).

Was Reich für die niederen Volksschichten ausschloss – nämlich eine wesenhafte Minderwertigkeit –, glaubte er doch in Bezug auf das Kunstschaffen ganzer Völker in einer »völkischen Wesensart« des Kunstgewerbes auszumachen. Die jeweiligen künstlerischen Erzeugnisse würden das Wesen einer Epoche und eines Volkes offenbaren. Deutsche und englische kunstgewerbliche Produkte könnten so beispielsweise als Ausdruck der »Empörung des Germanen gegen importierte romanische Kunstideale« aufgefasst werden: hier »ernst in sich gefasste Arbeitsvölker und [dort] behaglich mit dem Luxus spielende Genussvölker« (Reich 1901, S. 271f.). 1907 verfasste Reich den Aufsatz »Über Minderwertigkeit von Organen«, in dem er sich mit Alfred Adlers gleich betitelter Studie auseinandersetzte. Adlers Theorie, der zufolge die durch Vererbung entstandene Minderwertigkeit eines Organs durch die Höherentwicklung eines anderen kompensiert werden könne (aber, evolutionär gesehen, ausdrücklich nicht durch das Überleben eines zufällig Stärkeren), enthalte »wertvolle Gedanken«, die die Deszendenztheorie stützten. Adlers Überlegungen seien daher nicht nur Naturwissenschaftlern, sondern auch Pädagogen, Soziologen, Ästhetikern und Kunstwissenschaftlern nachdrücklich zur Lektüre zu empfehlen (Reich 1907, S. 85).

Reich, Emil (1891): Ibsen und das Recht der Frau. In: Reich 1911, S. 394–422.
– (1894): *Die bürgerliche Kunst und die besitzlosen Volksklassen* [1892], 2. erw. Aufl., Leipzig: Verlag von Wilhelm Friedrich. (Nachgedruckt in: *Spurensuche* 15, Wien 2004.)
– (1897): Volkstümliche Universitätsbewegung. In: Reich 1911, S. 112–138.
– (1901): Kunst und Moral. In: Reich 1911, S. 185–197.

– (1904/1910): Volkelts System der Ästhetik [Rezensionen zu Volkelt 1905–1914, Bd. 1 u. 2]. In: Reich 1911, S. 297–316.
– (1907): Über Minderwertigkeit von Organen. In: Reich 1911, S. 78–85.
– (1911): *Aus Leben und Dichtung. Aufsätze und Vorträge von Emil Reich*, Leipzig: Verlag von Dr. Werner Klinkhardt.
Volkelt, Johannes (1905, 1910, 1914): *Systems der Ästhetik*, 3 Bde., München: Beck.

Weiterführende Literatur

Bermann, Ernst (Hg.) (1918): *Festschrift Johannes Volkelt zum 70. Geburtstag*, München: C.H. Beck'sche Verlagsbuchhandlung Oskar Beck.
Lexikon deutsch-jüdischer Autoren, hrsg. vom Archiv Bibliographia Judaica, Bd. 18: *Phil – Samu*, darin: Art. »Reich, Emil«, Berlin/New York: De Gruyter 2010, S. 197–202.
Stifter, Christian (1992): Soziale Kunst und wissenschaftliche Volksbildung. Emil Reich (1864–1940). In: *Mitteilungsblatt* [des Österreichischen Volkshochschularchivs] 3/3 (= Biographische Notizen), S. 16–19.

Barbara Aulinger

Schluss: Die Epochenschwelle von 1918 und ein Blick auf die österreichische Geschichte und Soziologie der Zwischenkriegszeit

Das Ende des Ersten Weltkriegs ging einher mit der Demontage dreier Kaiser und eines Sultans, mit der Gründung der Sowjetunion, mit schweren Gebietsverlusten für die im Krieg unterlegenen Reiche, mit der Abtrennung einiger mehrheitlich von Ungarn und Österreichern bewohnter Gebiete an verschiedene Nachbarstaaten, mit enormen Reparationsforderungen und einer Zuweisung der Alleinschuld am Kriegsausbruch an die Mittelmächte, was mächtige nationalistische Aufwallungen in den von diesem Verdikt betroffenen Ländern zur Folge haben sollte, schließlich aber mit der radikalen Verschiebung des Kräfteverhältnisse zwischen Europa und den USA, welche zu dessen Gläubigern geworden waren. Die Landkarte Mittelosteuropas wurde mit der Auflösung der habsburgischen Doppelmonarchie völlig neu geordnet (vgl. Kann 1993, Kap. IX): Polen entstand wieder, der SHS-Staat des späteren Jugoslawien, dem Teile des österreich-ungarischen Gebiets zugeschlagen wurden, entstand völlig neu, Italien erhielt Südtirol, Rumänien große Teile Ostungarns; desgleichen erhielt die Tschechoslowakei, die es als selbstständigen Staat zuvor nicht gegeben hatte und die aufgrund der Teilnahme der später so genannten Tschechoslowakischen Legion an den Kämpfen der Entente gegen Österreich-Ungarn auf der Seite der Sieger zu liegen kam, beträchtliche Teile des nördlichen Ungarn. Auch die demographische Landkarte Zentral- und Mittelosteuropas änderte sich als Folge von erzwungenen Gebietsabtretungen sowie von Wanderungen und Verschiebungen ganzer Bevölkerungsgruppen; so lebten außerhalb des neuen ungarischen Staates, der nur mehr ein Drittel des Staatsgebietes des ungarischen Reichsteils der k.u.k. Doppelmonarchie umfasste, ca. 3 Millionen Magyaren, und über 3,5 Millionen Deutsch-Österreicher gerieten unter fremde Oberhoheit. Die neue deutsch-österreichische Republik verzeichnete wegen des Zuzugs aus verschiedenen ehemaligen Kronländern und der Abwanderung dorthin ebenfalls eine Änderung der Bevölkerungsstruktur (vgl. Fassmann 1995).

Auf den Krieg wurde vereinzelt bereits zu Ende des 19. Jahrhunderts von Autoren historischer und sozialwissenschaftlicher Provenienz als eine Möglichkeit in dem von politischen und wirtschaftlichen Konflikten durchzogenen Europa hingewiesen, danach aber auch von politischer Seite im engeren Sinne, so zum Beispiel von Sprechern auf dem Stuttgarter Kongress der sozialdemokratischen Parteien Europas 1907 und auf jenem in Basel im Jahr 1912. Der Krieg wurde, wie im letzten Teil des vorliegenden Sammelbandes zu sehen ist, nach seinem am 4. August 1914 erfolgten Ausbruch zum Gegenstand zahlreicher, auch soziologischer Analysen. Das ihn auslösende Moment war die Ermordung des österreichisch-ungarischen Thronfolgers am 28. Juni in Sarajevo.

Erstmals seit einem Jahrhundert waren wieder sämtliche europäischen Mächte an einem Krieg beteiligt – einem Krieg, der von Anfang an ein (nahezu globaler) Weltkrieg war, weil das Britische Empire als Ganzes in ihn involviert war. Ihn in einem auf die Soziologie und ihre Nachbarfächer bezogenen Kompendium auch nur in seinen wichtigsten Abschnitten zu rekonstruieren, kann nicht die Aufgabe sein. Da zudem zwischen den Einwohnern der Nachfolgestaaten der Habsburgermonarchie – also zwischen Tschechen, Slowaken, Polen, Ruthenen, Ungarn, Serben, Bosniaken, Kroaten, Slowenen und Italienern – die Sicht der Dinge zum Teil eminent differiert, bedürfte es einer mehrseitigen Betrachtung des Kriegsgeschehens aus Sicht dieser Völkerschaften: des Geschehens an den Fronten und in den Schaltzentren der Macht sowie seiner Vorgeschichte und seiner Folgen, wollte man diesem in seinen wichtigsten gesellschaftlich-geschichtlichen Facetten gerecht werden. Hier soll daher lediglich aus Sicht eines Österreichers und sehr skizzenhaft auf den Krieg und seine Folgen insofern Bezug genommen werden, als davon die Bewusstseinsstellung der meisten Menschen, und so auch die zahlreicher Soziologen und anderer Geistes- und Sozialwissenschaftler oft nachhaltig geprägt wurde. Dann wurden die von diesen gewählten Themen und die in deren Arbeiten vorherrschenden Relevanzgesichtspunkte durch jene Geschehnisse bedingt. Unter den spezifischen Bedingungen der Nachkriegszeit in Österreich – den Gefühlen von Verlust und zerstörten Hoffnungen auf der einen, von Aufbruch und erhofften neuen Chancen auf der anderen Seite – trafen nicht wenige jener Arbeiten in der politisch polarisierten Öffentlichkeit hier auf Zustimmung, dort auf Ablehnung.

Kaiser Karl unterzeichnete am 11. November 1918 in Schönbrunn eine Verzichtserklärung, doch schon davor hatten sich die Tschechen und Slowaken, die Polen und Ukrainer sowie die Südslawen, aber auch die Ungarn (bzw. Transleithanien) aus der vormaligen Doppelmonarchie verabschiedet. Bereits am 12. November 1918, einen Tag nach Kaiser Karls Verzichtserklärung, erfolgte die Ausrufung der Republik Deutschösterreich. Aus dem dann am 10. September 1919 von der österreichischen Delegation unterzeichneten Vertrag von Saint-Germain-en-Laye, der die Auflösung der österreichischen Reichshälfte, also der ehemals im Reichsrat vertretenen Königreiche und Länder, regelte, resultierten für den neuen Staat völlig veränderte territoriale und demographische Realitäten. Er umfasste nun nur mehr etwas über 6,4 Millionen der im Jahr 1910 knapp über 28,5 Millionen zählenden Bevölkerung Cisleithaniens (bzw. der damals knapp 51,3 Millionen Einwohner beider Reichsteile von Österreich-Ungarn) sowie rund ein Viertel der 300.000 Quadratkilometer dieses Teils der Gesamtmonarchie an Grundfläche. Er hatte damit so viele Einwohner, wie 1910 in den Ländern der böhmischen Krone – Böhmen, Mähren und Österreichisch-Schlesien – Tschechen wohnten. Dies waren 6,3 Millionen, während damals auf demselben Territorium 3,5 Millionen Deutschböhmen, Deutschmährer sowie Deutschschlesier lebten, die man später unter der Bezeichnung »Sudetendeutsche« zusammenfasste; im Jahr 1921 waren dies noch knapp unter 3 Millionen, im Jahr 1930 knapp über 3 Millionen. Wie für die Deutsch-

Südtiroler auch, die laut Volkszählung von 1910 89 % der Bevölkerung der heutigen Autonomen Provinz Bozen-Südtirol bildeten, kam auf die sudetendeutschen Österreicher im Sinne des Vertrags von Saint-Germain nicht das Prinzip der nationalen Selbstbestimmung zur Anwendung, das der US-amerikanische Präsident Woodrow Wilson im Jänner 1918 in seinem Vierzehn-Punkte-Programm als alliiertes Kriegsziel verkündet hatte; Entsprechendes galt auch für die an Zahl deutlich geringeren Deutsch-Untersteirer. Gegen den Vertrag von Saint-Germain protestierte am 6. September 1919 die Konstituierende Nationalversammlung öffentlich, da er den Bürgern, die sich in diesem nach der Loslösung der übrigen Nationen übrig gebliebenen neuen Staatsgebilde in ihrer überwiegenden Mehrheit als Deutsche empfanden, nicht nur das Selbstbestimmungsrecht verweigerte, sondern auch die Vereinigung mit dem Deutschen Reich untersagte. – Die ungarische Delegation sollte im Juni 1920 den Friedensvertrag von Trianon überhaupt nur unter Widerspruch unterzeichnen. Es handelte sich bei ihm und beim Vertrag von Saint Germain, wie Arnold Suppan sagt, um eine »imperialistische Friedensordnung Mitteleuropas« (vgl. Rumpler 2016, Teil V/D).

Ausschlaggebend für die strenge Behandlung Österreich-Ungarns war unter anderem wohl die Einstellungsänderung auf Seiten der Alliierten, die sich mit dem Kriegseintritt Italiens im Mai 1915 sowie der Bindung Frankreichs und Englands an die von Italien definierten Kriegsziele gegenüber Österreich-Ungarn ergab. Bis dahin wurde die Habsburgermonarchie von den westlichen Alliierten lediglich als Verbündeter des Hauptgegners Deutschland wahrgenommen. Nun aber kamen die politischen Aktivitäten der Italiener, die, gleich wie jene des von England aus agierenden Tomáš Masaryk, gegen den österreichisch-ungarischen »Völkerkerker« gerichtet waren und 1917 ihren Höhepunkt erreichten (vgl. Bihl 1994, S. 43f.; Cattaruzza 2018), den Alliierten für deren Legitimierung ihres Kampfes gegen die Mittelmächte als eines Kampfes für die demokratische Neuordnung Europas sehr gelegen (vgl. Hénard 1992; Pelinka 2001). Im Hinblick auf die Ergebnisse der Friedensverträge kann man keineswegs behaupten, dass der vormalige Hauptkriegsgegner Deutschland durch die Entente schlechter behandelt worden wäre als die Habsburgermonarchie – mit einer Ausnahme: der aggressiv-emotionalen, gegen die deutsche Delegation bei den Friedensverhandlungen in Versailles gerichteten Inszenierung. Als die deutschen Delegierten auf dem Weg zur Vertragsunterzeichnung waren, lenkte man ihre Schritte aufgrund der Regieanweisung des französischen Ministerpräsidenten Georges Clemençeau so, dass sie sich fünf entsprechend platzierten französischen Soldaten mit schwersten und grässlich entstellenden Gesichtsverletzungen gegenübersahen. Die Delegierten sollten auf diese Weise Anschauungsmaterial für das vorgeführt bekommen, was Inhalt von Art. 231 des Vertrags war: die Kriegsschuld Deutschlands und dessen Verantwortung für den Ausbruch des Krieges. Die Behandlung der österreichischen Delegierten in Saint-Germain war verglichen damit harmloser, weil nur auf beleidigende Weise herablassend; hingegen waren die territorialen und demographischen Konsequenzen des von ihnen unterzeichneten Vertrags dramatischer als die entsprechenden Folgen des Vertrags von Versailles.

Der Weg zur »Redimensionierung« Österreichs und zur Formierung souveräner Nachfolgestaaten war schon vorgezeichnet durch Entwicklungen, die bis ins 18. Jahrhundert zurückreichen und im 19. Jahrhundert zur Entfaltung kamen: durch die als »Nationalitätenproblem« bezeichneten Prozesse. Auf virulente Weise machten sich diese auch im Krieg, vor allem in dessen von Hunger und Unordnung geprägter Schlussphase bemerkbar. Schon das erste Kriegsjahr hatte materiell und psychologisch fatale Wirkungen: Ende des Jahres 1914 hatten die österreichisch-ungarischen Verbände Verluste von insgesamt mehr als 1,2 Millionen Mann an Gefallenen, Verwundeten und Vermissten zu beklagen, wobei nur ca. zwei Drittel der ursprünglichen Mannschaftsstärke ersetzt wurden; einzelne Truppenteile erreichten überhaupt nur ein Drittel ihrer vormaligen Stärke. Die Verluste, insbesondere an Offizieren sowie an gut ausgebildeten Soldaten – so etwa bei den Kaiserjägern und Landesschützen –, waren kaum noch zu ersetzen, wie sich vor allem mit Beginn des Alpenkriegs gegen Italien zeigen sollte. Für die mentale Verfassung der Einzelnen wie ganzer Truppenkörper war dies von großer Bedeutung (vgl. Haring/Kuzmics 2013). Bereits 1915 ist auch von Massendesertion aus zwei Infanterie-Regimentern die Rede. Definitiv begann sich 1917 die schwindende Loyalität mit dem Kaiserreich abzuzeichnen, als sich zwei böhmische Infanterie-Regimenter nicht recht bereitfinden wollten, bei Zborow eine von russischer Seite aus Kriegsgefangenen und Fahnenflüchtigen gebildete tschechische Infanterie-Brigade anzugreifen. Doch auch von der nicht regierungsfeindlichen Bevölkerung ergriffen Hunger und politische Unsicherheit Besitz und führten zu Unruhen, namentlich im Osten Cisleithaniens (vgl. Bihl 1994, S. 44–46; Borodziej 2018). Allenthalben machte sich die wirtschaftliche Erschöpfung bemerkbar (vgl. Rumpler 2016, Teil III/C). Auch zeigten sich Probleme bezüglich der Verwendung bestimmter Truppenkörper: Die kaiserlichen Truppen, deren Gesamtstand sich im Jänner 1918 immerhin noch auf über 4,4 Millionen Mann belief, konnten nur zum Teil an die italienische Front abkommandiert werden. »Denn plötzlich war«, wie Manfried Rauchensteiner bemerkt, »ein zusätzlicher und eminenter Bedarf an Soldaten im Inneren der beiden Reichshälften aufgetaucht«; es »drohte eine Revolution den Zerfall der Donaumonarchie zu beschleunigen« (vgl. Rauchensteiner 1993, S. 545). An den Fronten aber häufte sich im Verlauf des Jahres 1918 das Ausmaß an Desertionen gravierend (vgl. Bihl 1994, S. 47).

Der Zerfall folgte denn auch auf die militärischen Niederlage. Begleitet war diese von dramatischen Verlusten an Menschenleben: Österreich, Ungarn und Bosnien-Herzegowina verloren zwischen August 1914 und September 1918 an Kriegstoten 1,2 Millionen Soldaten (bei einem Gesamtmobilstand von etwa 8 Millionen), wobei in dieser Zahl die in der Kriegsgefangenschaft Verstorbenen nicht eingeschlossen sind, ferner 465.000 Zivilisten; Österreich, d.h. Cisleithanien, verlor 650.000 Soldaten und die enorme Zahl von 351.000 Zivilisten (vgl. Schmied-Kowarzik 2016). Dazu kommen noch – bezogen auf den Gesamtstaat – fast 2 Millionen Verwundete und 480.000 zumeist an Seuchen und Unterernährung gestorbene Kriegsgefangene, deren Gesamtzahl sich auf knapp 1,7 Millionen belief.

* * *

Mittelosteuropa, aber auch die Türkei und Griechenland waren nach dem Ende des Weltkriegs befangen in Konflikten zwischen den Erben der vier als Folge des Krieges gestürzten Imperien: des russischen Zarenreichs, des deutschen Kaiserreichs, der Habsburgermonarchie und des Osmanischen Reichs. Grenzkonflikte, Bürgerkriege, Revolutionen und Vertreibungen verwandelten diesen Teil des Kontinents in eine Zone des »erweiterten europäischen Bürgerkriegs«, der bis 1923 mehrere Millionen Menschenleben forderte (vgl. Gerwarth 2017). Es geht dabei nicht allein um den seit 1917 in Russland geführten mörderischen Bürgerkrieg, sondern auch um Auseinandersetzungen insbesondere zwischen Polen und Tschechen, zwischen diesen und den Deutschen, zwischen Polen und Ukrainern, Ukrainern und Rumänen, Rumänen und Tschechen, Rumänen und Ungarn, Jugoslawen und Italienern, sowie zwischen Jugoslawen und Österreichern. Nicht alle Angehörigen dieser Völkerschaften waren auch schon Angehörige einer Nation, denn nicht alle Nationen waren unmittelbar zu Ende des Jahres 1918 auf einen Schlag vorhanden, sondern mussten erst in oft gewaltsamen Konflikten geformt werden. Verschiedentlich sahen sich Bewohner Mittelost- und Südosteuropas durch die neuartigen Gegebenheiten genötigt, sich zunächst einmal über ihre Nationalität klar zu werden und sich für eine zu entscheiden. Die Verhältnisse in der jungen Republik Deutschösterreich wiederum waren in der unmittelbaren Nachkriegszeit geprägt von zwischenstaatlichen Konflikten, aber auch von eminenten wirtschaftlichen Krisen und innenpolitischen Unruhen, welch letztere die gesamte Zwischenkriegszeit hindurch anhalten sollten (vgl. Tálos/Dachs/Hanisch/Staudinger 1995; Bruckmüller 2001).

Grundlegend für das Nationalitätenproblem im Habsburgerreich war die Verschränkung des ethnischen Kulturkonflikts mit dem sozialökonomischen Klassenkonflikt und dem politisch-emanzipatorischen Interessenkonflikt (vgl. dazu Judson 2017, S. 347–353). Teile der nicht-deutschen Bevölkerung im Habsburgerreich fühlten sich daher gegenüber der in ihren Regionen präsenten deutschen Oberschicht kulturell, ökonomisch und politisch depriviert – selbst dann, wenn eine mehr gefühlte als reale Ungleichbehandlung vorlag. Der aus dem vormals ungarischen Komitat Arwa, der heutigen nördlichen Mittelslowakei stammende Literaturhistoriker und Diplomat Eduard Goldstücker sprach einmal davon, »daß nationale Unterdrückung (die immer auch soziale Unterdrückung mit sich trägt) eine fast pathologische Sensitivität hinterläßt, die manchmal Jahrzehnte, wenn nicht mehr, braucht, um ihre störende Wirkung allmählich zu verlieren« (Goldstücker 1992, S. 8). Ob man es in diesem Sinne »pathologisch« nennen möchte oder aber jener Form des Hasses zurechnet, die zu einer ihn nachträglich rechtfertigenden Verzerrung des Feindbildes geneigt macht – das Verhalten der neuen Prager Regierung und ihres Präsidenten Masaryk zu Kriegsende und noch kurz danach blieben im Bewusstsein nicht weniger Österreicher noch länger präsent: Wien und ein großer Teil Niederösterreichs sollten in die Tschechoslowakische Republik eingegliedert werden, und die Nordgrenze des SHS-Staates – so sah es die Allianz mit den Südslawen vor – sollte mit der Nordgrenze der Steiermark gezogen werden. »Die Begründungen waren vielfältig: Wien sei zu 80 Prozent von Tschechen bewohnt und kultiviert worden, in seinen Hochschulen, Museen und Theatern stecke vornehmlich Geld der böhmischen Länder […], und im übrigen würde lediglich eine Entwicklung rückgängig gemacht, die zum Schaden der Nord- und Südslawen gewesen sei.« (Rauchensteiner 1999)

Dass sich nach allen Ereignissen des Krieges und der unmittelbaren Nachkriegszeit sowie im Wissen um allerlei militärische, aber auch ideologische Allianzen auf österreichischer Seite der Verdacht einstellte, einer geplanten und konzertierten Aktion zum Opfer gefallen zu sein, erscheint aus heutiger Sicht nicht unverständlich. Schon die beiden ersten Sätze von Friedrich Wiesers Rückschau auf den Zusammenbruch des Habsburgerreiches in seinem 1919 erschienenen Buch *Österreichs Ende* zeigen dies deutlich: »Die äußeren und die inneren Gegner unserer Monarchie haben ihren Zusammenbruch schon lange vor dem Kriege vorausgesagt. Für sie alle ist es daher nicht verwunderlich, daß der Zusammenbruch endlich erfolgt ist, und dieses weltgeschichtliche Ereignis gibt ihnen weiter zu keinen Bemerkungen Anlaß als zu den heftigsten Anklagen, Verwünschungen und Beschimpfungen gegen das gestürzte Reich und seine Regierungen.« (Wieser 1919, S. 9) Wieser, dem soziologische Fragen auch schon früher nicht fremd waren, der aber primär mit wirtschaftstheoretischen Problemen befasst geblieben war, wurde im Verlauf seiner Studien zum Untergang des Vielvölkerreiches definitiv zum Soziologen (vgl. Wieser 1926). Den exzessiven Forderungen der Tschechoslowakei und des SHS-Staates gegenüber Österreich ist von Seiten der Signatarstaaten der Pariser Friedensverträge nicht entsprochen worden. Was auf Seiten der Besiegten dennoch bestehen blieb, war der Eindruck einer drastischen Inkonsistenz insbesondere auf Seiten der Staaten der Entente cordiale: dass die Kolonialmächte Frankreich und das Vereinigte Königreich zwar bereit waren, das Prinzip der nationalen Selbstbestimmung auf die einzelnen aus dem österreich-ungarischen Vielvölkerreich neu entstandenen Staaten anzuwenden, nicht jedoch auf die großen deutschen und ungarischen Minderheiten in jenen Staaten – und auch nicht auf die Bewohner ihrer eigenen Kolonien auf den verschiedenen Kontinenten.

Doch bedrängend waren nicht nur die auf die jüngere Vergangenheit, sondern zunehmend auch die auf die aktuellen ökonomischen und innenpolitischen Krisen des Landes bezogenen Erfahrungen. Nachdem die unmittelbar nach Kriegsende sprunghaft angewachsene Arbeitslosigkeit – im Jahr 1919 erreichte sie bis zu 18,4 % – deutlich gesunken war und bis 1922 die 5 %-Marke nicht mehr überschritt, schien sich die wirtschaftliche Entwicklung einigermaßen stabilisiert zu haben. Doch um die Kriegsschulden abzutragen, warf der bankrotte Staat in Österreich wie in Deutschland die Notenpresse an.

Trotz des weltweiten Konjunktureinbruchs brachte die Geldentwertung zunächst sogar einen leichten Aufschwung, nur konnte die Nationalbank nach einiger Zeit gar nicht mehr genug Geld nachdrucken, um dessen Wertverlust zu kompensieren. Bankzusammenbrüche waren an der Tagesordnung, so auch der des Bankhauses M.L. Biedermann & Co. Der Erste Präsident des Verwaltungsrates dieses als Aktiengesellschaft geführten Institutes war Joseph A. Schumpeter, der zunächst wirtschaftlich ruiniert war, ehe er den ihn aus seiner ökonomischen Tristesse erlösenden Ruf an die Universität Bonn annahm. Deutschland hatte 1922 eine Inflationsrate von 22 Milliarden Prozent, Österreich im Vergleich dazu geradezu bescheidene 1733 Prozent. Die Lebenshaltungskosten erreichten aber bis 1922/23 auch hier ein Vielfaches der Vorkriegszeit. Das Geld wurde in Waschkörben transportiert, Menschen mussten sich mit Säcken voller Notenbündel auf den Weg machen, wenn sie Brot kauften.

Der österreichische Staatshaushalt erholte sich nur langsam, erst Jahre später erreichten die Reallöhne wieder das Niveau der Vorkriegszeit. Erschwerend trat hinzu, dass von 1923 bis 1929 die Arbeitslosenquote wieder auf 8,3 bis 11,0 % anwuchs, ehe sie nach dem New Yorker Börsencrash vom »Black Thursday« des 24. Oktober 1929 (dem sogenannten »Schwarzen Freitag«) im Jahr 1930 auf 11,2 % und 1931 auf 15,4 % stieg und in der Zeit zwischen 1932 und 1937 nie mehr unter 21,7 % sank. Ihr Maximum erreichte sie im Jahr 1933 mit 26,0 % (vgl. Stiefel 1979, S. 29). Das eigentlich Dramatische an diesen Ereignissen war der ständig sinkende Anteil der Unterstützten an der Gesamtzahl der Arbeitslosen; dieser betrug in den Jahren 1934 bis 1937 nur mehr rund 50 %. Gordon A. Craigs Befund ist in dieser Hinsicht sehr deutlich: »Nachdem die österreichische Republik die gesamten 20er Jahre hindurch mit Völkerbundkrediten lebensfähig erhalten worden war, versagte ihr das Veto des Internationalen Gerichtshofes gegen den Plan einer Zollunion vom Jahre 1931 [...] die Chance zur Verbesserung ihrer wirtschaftlichen Lage. Aufgrund dieses Rückschlags machten sich die Auswirkungen der Weltwirtschaftskrise in Österreich schlimmer bemerkbar als irgendwo anders auf dem problembeladenen Kontinent.« (Craig 1983, S. 477) Inflation, Arbeitslosigkeit und der Wegfall der Arbeitslosenunterstützung für hunderttausende Arbeitnehmer bildeten traumatische Erfahrungen, die die Nationalsozialisten zu nutzen wussten und die bis heute im kollektiven Bewusstsein der Österreicher nachwirken.

Prägend waren auch die Erfahrungen mit der innenpolitischen Krise als Folge der ständigen Auseinandersetzungen zwischen den Parteien in der Ersten Republik. Als ein, wenn nicht das Schlüsselereignis für die im Laufe der Jahre an Dramatik zunehmenden Konfrontationen der beiden großen politischen Lager gilt der auch als »Julirevolte in Wien« bezeichnete Brand des Wiener Justizpalastes im Jahr 1927. Dieses Ereignis begann am 15. Juli als Unmutsäußerung gegen ein als skandalös empfundenes Urteil eines Geschworenengerichts, das drei Mitglieder der Frontkämpfervereinigung Deutschösterreichs freisprach, die im burgenländischen Schattendorf bei einem Zusammenstoß mit Sozialdemokraten einen 40-jährigen kroatischen Hilfsarbeiter und ein 6-jähriges

Kind erschossen hatten. Die Auseinandersetzung, die in der Brandlegung des Justizpalastes und der Vernichtung von Aktenbeständen durch einzelne Aktivisten kulminierte, endete mit Polizeischüssen in die demonstrierende Menge, als diese im Begriff war, das Justizgebäude zu stürmen. Es gab 84 Todesopfer unter den Demonstranten und fünf auf Seiten der Polizei, dazu hunderte Verletzte auf beiden Seiten. Von da an war das politische Klima der Ersten Republik vergiftet, und die zunächst auf der ideologischen Ebene geführten Auseinandersetzungen zwischen den Christlichsozialen und den Sozialdemokraten nahmen zu, die Einstellungen der Protagonisten gegenüber dem politischen Gegner verhärteten sich – ein Grundzug der politischen Verhältnisse im zweiten (und letzten) Jahrzehnt der Ersten Republik (vgl. Tálos/Dachs/Hanisch/Staudinger 1995). In seinen *Erinnerungen aus fünf Jahrzehnten* übt in diesem Zusammenhang Bruno Kreisky, der von 1970 bis 1983 das Amt des Bundeskanzlers bekleidete, Kritik an der damaligen Führung seiner eigenen Partei. Denn Ignaz Seipel, sein christlichsozialer Vorgänger im Amt (1922–1924 und 1926–1929), habe, wie Kreisky 1986 berichtet, auf dem Höhepunkt der Weltwirtschaftskrise Otto Bauer, dem Führer der Sozialdemokraten, ein Koalitionsangebot gemacht, das der Parteivorstand jedoch ausgeschlagen habe. »[I]m Rückblick scheint es mir eindeutig falsch, daß man nicht stärker für einen Kompromiß eintrat, um in einem so kritischen Augenblick in der Regierung zu sein. […] Meiner Meinung nach war das die letzte Chance zur Rettung der österreichischen Demokratie.« (Kreisky 1986, S. 195f.)

Wie unversöhnlich die Positionen der politischen Parteien geworden waren, zeigte sich insbesondere im Zusammenhang mit der sogenannten »Selbstausschaltung des Parlaments«. Diese Bezeichnung wurde vom damaligen christlichsozialen Bundeskanzler Engelbert Dollfuß geprägt, als die am 4. März 1933 eingetretene Vorsitzlosigkeit des österreichischen Nationalrates von der christlichsozialen, ab Mai 1933 von der Vaterländischen Front getragenen Bundesregierung dazu benutzt wurde, sukzessive die anderen Parteien auszuschalten und ein Einparteiensystem nach ständestaatlichem Muster einzurichten – die einen nennen dies heute »austro-« oder »klerikofaschistische Diktatur«, die anderen, mehrheitlich in der Nachfolge der Christlichsozialen stehend, in milderer Diktion einen »autoritären Ständestaat«. Nach der unter Verfassungsjuristen überwiegend vertretenen Ansicht handelte es sich bei jener »Selbstausschaltung des Parlaments« um eine Geschäftsordnungskrise, die bei einigem guten Willen einvernehmlich hätte beigelegt werden können. Im Jahr darauf, 1934, folgten zwei innenpolitische Ereignisse mit hunderten Toten: zunächst der Februaraufstand des sozialdemokratischen Republikanischen Schutzbundes, der blutig niedergeschlagen wurde und die Vollstreckung mehrerer Todesurteile zur Folge hatte (vgl. Bauer 2019a und 2019b); dann, im Juli – und zwar unter nicht geringer Beteiligung von im Februar Unterlegenen – der Putsch der Nationalsozialisten (vgl. Bauer 2011). In dessen Verlauf erlitt Bundeskanzler Dollfuß eine Schussverletzung und starb, da die Attentäter jede ärztliche Hilfeleistung unterließen. Auch dieser Putsch wurde nach wenigen Tagen niedergeschlagen, und Kurt Schuschnigg übernahm die Regierung des Ständestaats.

Der von nun an wachsende Druck von Seiten Hitler-Deutschlands veranlasste Schuschnigg im Februar 1938 zum Versuch einer Integration nationalsozialistischer Minister in die Regierung. Da der Druck aufrecht blieb, entschloss sich der Bundeskanzler am 9. März zur Ankündigung einer Volksbefragung unter der Losung: »Für ein freies und deutsches, unabhängiges und soziales, für ein christliches und einiges Österreich!« Unterstützt wurde er von Vertrauensleuten der ehemaligen, seit 1934 verbotenen sozialdemokratischen Gewerkschaften, revolutionären Sozialisten und Kommunisten. Angesetzt wurde die Befragung für den 13. März 1938. Bereits am 10. März erteilte Adolf Hitler den Befehl zum Einmarsch in Österreich, und am 11. März trat Kurt Schuschnigg zurück. In den Morgenstunden des 12. März überschritten Einheiten der Deutschen Wehrmacht die österreichische Grenze.

Beträchtliche Teile der österreichischen Bevölkerung begrüßten den »Anschluss« mit Jubel, für andere, insbesondere die Juden Österreichs, aber auch politische und weltanschauliche Gegner des NS-Systems, bedeutete er Entrechtung, Enteignung, Terrorisierung und mitunter sogar Ermordung. Die Idee einer österreichischen Nation spielte damals noch keine bedeutende Rolle, sie wurde eigentlich nur von Kommunisten – vor allem aus geopolitischen, gegen eine Vereinigung Österreichs mit Hitler-Deutschland gerichteten Gründen – vertreten sowie von Angehörigen der sogenannten Österreichischen Aktion, auf die noch kurz die Sprache kommen wird (vgl. Bruckmüller 1996, S. 309f.). Für die österreichische Wissenschaft bedeutete der »Anschluss« ganz allgemein einen ungeheuren Aderlass. Zwar sahen sich auch schon nach den Februarereignissen des Jahres 1934 Kommunisten, revolutionäre Sozialisten und linke Sozialdemokraten, wie beispielsweise Marie Jahoda oder Otto Neurath (vgl. Fleck 2018, S. 196–198), aber auch solche, die – wie etwa der Philosoph und Weltanschauungsanalytiker Heinrich Gomperz – einfach nicht willens waren, der »Vaterländischen Front« beizutreten, zur Emigration genötigt. Doch nicht nur die Zahl der Emigranten war damals geringer als 1938, sondern insbesondere die Repression, die der Emigration vorausging. Jene des NS-Systems setzte gleich im März schlagartig und oft mit großer Brutalität ein. Die Folgen sind bekannt.

* * *

Es gab unterschiedliche Versuche, der ökonomischen Krise, die sich auch in politischen Konflikten äußerte, durch sozialpolitische Maßnahmen zu begegnen (vgl. Tálos 1995). Und in diesem Zusammenhang kommen nun nicht nur Gesichtspunkte der Sozialpolitik, sondern insbesondere auch – gewissermaßen als weltanschauliche Vorarbeit oder als nachträgliche ideologische Rechtfertigung – solche der Sozialphilosophie sowie der Wirtschafts- und Gesellschaftstheorie zum Tragen. Weit vor den Ansichten der politisch nicht unmittelbar wirksam werdenden Vertreter des radikalen Wirtschaftsliberalismus, wie ihn beispielsweise Ludwig von Mises vertrat, rangierten in der ökonomischen und soziologischen Diskussion Intellektuelle aus dem christlichsozialen und dem sozialdemokratischen Lager sowie die diesen Lagern jeweils Nahestehenden. Selbst die Stimmen von gemäßigten Liberalen verhallten zumeist im Meinungsstreit der politischen Öffentlichkeit.

Die dem christlichsozialen Lager Angehörenden oder ihm Nahestehenden bestanden im Wesentlichen aus drei Gruppierungen: der Vogelsang-Schule, der Österreichischen Aktion und dem Spann-Kreis. Die bedeutendsten Mitglieder der katholisch-konservativen, sehr auf soziale Reformen bedachten Vogelsang-Schule waren August Maria Knoll, Leopold Kunschak, Karl Lugmayer und Anton Orel. Anders war die Orientierung der mit der Vogelsang-Schule in mancher Hinsicht verwandten Österreichischen Aktion, zu deren namhaftesten Mitgliedern neben Ernst Karl Winter vor allem August Maria Knoll, Hans-Karl Zeßner-Spitzenberg und Alfred Missong zählten; die Mitglieder dieser lose organisierten katholisch-konservativen Gruppierung befassten sich vor allem mit paneuropäischen Theorien, waren aber zugleich auch nationalpolitisch ambitioniert, wobei sie im Gegensatz zu alldeutschen Vorstellungen die Idee der Eigenständigkeit Österreichs vertraten. Zu den Mitgliedern des sogenannten Spann-Kreises, bei dem es sich mehrheitlich um akademische Schüler von Othmar Spann und um Verfechter seiner den Ständestaat betreffenden politischen Ideen handelte, zählten vor allem Wilhelm Andreae, Jakob Baxa, Walter Heinrich, August Maria Knoll, Hans Riehl, Hermann Roeder, Johannes Sauter und Erich Voegelin. Von den soeben genannten Personen nimmt Ernst Karl Winter eine besondere Stellung ein: Er suchte zwischen der sozialdemokratischen Linken und der christlichsozialen Rechten in Österreich zu vermitteln und hat zwischen 1927 und 1938 in Beiträgen für verschiedene Journale und Zeitungen, aber auch in offenen Briefen an den Bundespräsidenten Wilhelm Miklas geradezu verzweifelt um eine Versöhnung zwischen den beiden politischen Lagern gerungen; allein dies, wenn überhaupt etwas, ermögliche die Abwehr der Angriffe des Nationalsozialismus von innen und außen. Winter ist in gewisser Weise dem christlichsozialen Nationalratsabgeordneten Leopold Kunschak ähnlich, der während der Februarkämpfe 1934 als Vermittler zwischen den Parteien auftrat.

Was nun das andere, das linke Lager der im Austromarxismus wurzelnden sozialdemokratischen und revolutionär-sozialistischen Theoretiker anlangt, so waren hier eine ganze Reihe von Autoren versammelt, deren Beiträge für die Soziologie von Bedeutung waren: einerseits hatten diese Fragen der Sozialstruktur- und Klassenanalyse sowie der Sozialisierung zum Thema, andererseits – und zwar mehrheitlich schon als Traditionsbestand aus der Zeit vor dem Ersten Weltkrieg – solche der Sozialpolitik und Sozialgesetzgebung. In verschiedenen Fällen zeigt sich hier auch eine personelle Kontinuität zwischen der Vor- und der Nachkriegszeit. Unter geänderten Vorzeichen – und zwar vor allem in Anbetracht nationaler Minoritäten, die früher unter anderer Oberherrschaft gestanden sind, nun jedoch selbst zur Mehrheit wurden – erlangten die Arbeiten zum Nationalitätenproblem von Otto Bauer und Karl Renner aus der Zeit vor 1914 wieder Aktualität. Vereinzelt sind sie auch für die heutige Europäische Union noch von Relevanz, desgleichen Arbeiten über Fragen der Wirtschafts- und Finanzsoziologie unter dem Gesichtspunkt eines entfesselten wie auch eines gebändigten Kapitalismus. In diesem Zusammenhang ist exemplarisch der in der Zwischenkriegszeit zweimal als deutscher Finanzminister tätige Rudolf Hilferding, Verfasser einer wegweisenden, bereits 1910 erschienenen Studie über das Finanzkapital (Hilferding 1910), zu nennen. Zwar war seine Wirkungsstätte, wie die einiger anderer austromarxistischer Sozialwissenschaftler auch – erwähnt seien hier nur Carl Grünberg und Emil Lederer –, nicht mehr Österreich, sondern Deutschland, dennoch blieb die Anzahl bedeutender in Österreich verbliebener Sozialwissenschaftler aus dem Umfeld der Sozialdemokratie hoch. Zu nennen sind vor allem Karl Renner, Otto Bauer, Max Adler, Edgar Zilsel, Paul Lazarsfeld, Marie Jahoda, Hans Zeis(e)l und – mit Abstrichen – Friedrich Adler (vgl. Leser 1968; Mozetič 1983 und 2018, S. 51–53).

Die Zeit der 1920er und 1930er Jahre war nicht nur die Zeit der politischen Lagerbildung, sondern auch eine Zeit der Kampfbegriffe sowie bestimmter, nicht immer ausdrücklich gemachter Leitbegriffe, wie etwa des soziologisch bedeutsamen Begriffspaars »Gemeinschaft« und »Gesellschaft«. So bildete der Begriff einer traditionell, nämlich ständisch geordneten »Gemeinschaft« auf der einen Seite des politischen Spektrums, und der einer egalitären und als offen definierten »Gesellschaft« auf der anderen den Hintergrund verschiedener Kontroversen in Österreich wie auch in Deutschland (vgl. Lichtblau 2018, S. 21–26). Seit dem Erscheinen von Ferdinand Tönnies' klassischem Text, dessen Titel aus diesen beiden Schlüsselbegriffen besteht (Tönnies 1887), verbanden sich mit diesen – entgegen der Intention dieses Autors – bezüglich ihres Begriffsumfangs immer wieder einander ausschließende Bedeutungen. So auch im politischen Meinungsstreit in Österreich: Die Anhänger der sogenannten Linken, also die reformistischen Austromarxisten und die revolutionären Marxisten, traten für die Verwirklichung einer echten Gesellschaft von gleichberechtigten und mit gleichen Chancen versehenen Staatsbürgern ein und gegen die Idee einer ständisch gegliederten, aus Mitgliedern mit ungleichen Lebenschancen bestehenden Gemeinschaft; damit aber auch gegen einen Staat, dessen Organe vornehmlich der Sicherung jener inegalitären politisch-sozialen Ordnung dienen. Die Parteigänger der sogenannten Rechten wiederum – also die vorhin erwähnten katholisch-konservativen Vertreter der Vogelsang-Schule, der Österreichischen Aktion und des Spann-Kreises – traten für die Schaffung einer nach beruflich-funktionellen und zugleich geistig-moralischen Wertgesichtspunkten geordneten, ständisch gegliederten Gemeinschaft ein und gegen die Idee einer Gesellschaft von Individuen, welche durch eine sozialistische Staatsbürokratie gleichgemacht werden.

Der Spann-Kreis – die einzige im universitären Bereich institutionell erfolgreiche Gesellschaftslehre im Österreich der Zwischenkriegszeit – war die politisch wirkungsvollste intellektuelle Gruppierung unter den Konservativen (vgl. Mozetič 2018,

S. 53–55). Spann war bestrebt, durch Schaffung eines eigenen »Staatsstandes« die Gemeinschaftsidee in der Weise zu generalisieren, dass die Unterscheidung von Staat und Gesellschaft überflüssig wird, sich aber zugleich auch die Idee eines autoritären Staates angesichts der für unfähig und ineffizient gehaltenen parlamentarischen Demokratie legitimieren lässt. Konsequenterweise waren deshalb im Besonderen Teile der Heimwehr von dieser universalistischen Staatslehre Spanns beeinflusst. Bei der Heimwehr handelte es sich um eine nach dem Zerfall der Monarchie 1918 zunächst zum Schutz der südlichen Staatsgrenzen Österreichs gebildete politische Bewegung, die vor allem auch eine kommunistische Räterepublik nach Art der kurzfristig in Ungarn und Bayern bestehenden verhindern sollte. Ihre Aktivitäten zur Abwehr einer »Diktatur des Proletariats« richteten sich zunehmend auch gegen die oft pauschal mit der radikalen Linken identifizierte Sozialdemokratie. Der von Teilen der Heimwehr im Mai 1930 formulierte »Korneuburger Eid«, für den einen Entwurf zu verfassen der Spann-Schüler Walter Heinrich beauftragt worden war, der zu diesem Zeitpunkt die Funktion des Generalsekretärs bei der Bundesführung der Heimwehren innehatte, war offen antidemokratisch: »Wir verwerfen den westlichen demokratischen Parlamentarismus und den Parteienstaat! Wir wollen an seine Stelle die Selbstverwaltung der Stände setzen und eine starke Staatsführung, die nicht aus Parteienvertretern, sondern aus den führenden Personen der großen Stände und aus den fähigsten und den bewährtesten Männern unserer Volksbewegung gebildet wird. Wir kämpfen gegen die Zersetzung unseres Volkes durch den marxistischen Klassenkampf und liberal-kapitalistische Wirtschaftsgestaltung.« (Zit. nach Berchtold 1967, S. 304.)

Natürlich liefen der Gemeinschafts-Konservativismus und der Gesellschafts-Sozialismus Gefahr, zur Phrase ohne jede analytische Grundlage zu verkommen. Die Rechte tat sich schwer, für den von ihr proklamierten »wahren Staat« (vgl. Spann 1921) die Erfahrungen des sozialen Wandels, der beruflichen Diversifizierung und der politisch-weltanschaulichen Pluralität mit ihrem zumeist religiös unterlegten Sozialplatonismus in Übereinstimmung zu bringen. (Von Staats wegen galt seit 1933 die Religion als dessen ideelle Stütze und zugleich als sozialer Kitt schlechthin, und dementsprechend wurden auch die Bundesbeamten als Diener dieses Staates bezüglich der Wahrnehmung ihrer religiösen Pflichten häufig sogar an der Kirchentür kontrolliert.) Die philosophierende Linke wiederum befand sich – im Gegensatz etwa zu Auffassungen von Hans Kelsen und Otto Bauer – verschiedentlich (noch immer) im Zustand der Illusion des Kosmopolitismus der Arbeiterbewegung sowie der durch die Demokratisierung aller Lebensbereiche ermöglichten Abschaffung des Staates (vgl. Knoll 1994, S. 247–251). Man konnte sich vor allem mit Blick auf die Phraseologie der radikalen Linken fragen, ob mit jener Demokratisierung etwa auch Volksgerichte oder Geschworenenjustiz gemeint sind, Abstimmungen über die Zulässigkeit bestimmter Bräuche und Gewohnheiten, über die Programme von Kinos und Theatern usw. Auch die Frage nach der Beziehung von Demokratie und Bürokratie drängte sich auf. Und selbst wenn man mit der stets beschworenen demokratischen Kontrolle lediglich den für den Grundkonflikt von Lohnarbeit und Kapital konstitutiven Bereich der Wirtschaft, und da wiederum nur die Verteilung der Profite im Blick gehabt haben sollte, so müsste dies noch nicht auf eine antikapitalistische Wirtschaftsordnung, sondern könnte einfach auf eine andere Steuerpolitik hinauslaufen. Um eine solche durchzusetzen, brauchte es eine parlamentarische Mehrheit, nicht notwendig den Umsturz der »Verhältnisse«. Abwegig erschienen solche Fragen und Einwände nicht; man denke nur an den bei Aufmärschen skandierten Ruf »Demokratie, das ist nicht viel. Sozialismus ist das Ziel« oder an die dazu passende frivole Erklärung Friedrich Adlers, der zufolge die Respektierung des Mehrheitsprinzips nur Ausdruck des Fetischdienstes am »Zufall der Arithmetik« sei (vgl. dazu Schumpeter 1950, S. 380).

Doch wie man weiß, ist es üblich geworden, derartige Bedenken unter Hinweis auf die Tatsache zu entschärfen, dass man doch seit 1933 in Österreich alle Sozialdemokraten, und nicht nur die radikalen Linken unter ihnen, aus dem Parlament eliminiert hatte, damit aber auch jede Möglichkeit einer Überprüfung der Erfolgschancen von politischen Konzepten der Sozialdemokratie. Die Anhänger der Sozialdemokratie standen im Übrigen Positionen nach Art derjenigen von Friedrich Adler mehrheitlich ablehnend gegenüber und unter ihren Führungspersonen gab es mehr als nur gewohnheitsmäßig der sozialphilosophischen und sozialutopischen Spekulation verbundene Parteiintellektuelle. Es gab in der Linken – insbesondere im Bereich der Kommunalpolitik – auch sehr erfolgreiche Anwälte eines pragmatischen Idealismus, als dessen exemplarische Vertreter Hugo Breitner, Robert Danneberg und Julius Tandler angesehen werden können. Julius Tandler, ein international hochangesehener Fachvertreter der Anatomie, hat als Stadtrat für das Wohlfahrts- und Gesundheitswesen in Wien beim Ausbau der Fürsorge und der Sozialhygiene, und da vor allem in der Tuberkulosebekämpfung, vorzügliche Leistungen erbracht. Robert Danneberg konzipierte mit Finanzstadtrat Breitner das Steuersystem in Wien, was es ermöglichte, den sozialen Wohnbau in einem bis dahin nicht gekannten Umfang und in einer neuen Qualität zu verwirklichen; bei der Planung der Wiener Wohnbauprogramme von 1923 und 1927 war Danneberg federführend tätig. – Tandler, der bereits 1934 im Zusammenhang mit den Februarereignissen seine Professur verloren hatte, starb als Emigrant 1936 in Moskau, Danneberg 1942 im KZ Auschwitz, und Breitner kurz vor seiner bereits geplanten Heimkehr nach Österreich ebenfalls als Emigrant 1946 in Kalifornien.

* * *

Es wäre falsch anzunehmen, dass sich das soziologische Schaffen in der Zwischenkriegszeit völlig auf die Konfrontation der beiden großen politischen Lager und die ihnen korrespondierenden Gesellschaftstheorien beschränken ließe. Die Leistungen aller bedeutenden, damals tätigen österreichischen Soziologinnen und Soziologen auch nur in groben Zügen zu schildern, wird hier nicht versucht; es soll allein ein kurzer Überblick über die Hauptströmungen sowie die wichtigsten Vertreter der soziologischen Forschung und über die Vielfalt der erörterten Themen vermittelt werden. Nur in wenigen Fällen wird eingehender auf Werk und Wirken von Individuen und Forschergruppen hingewiesen werden. Ein solcher Fall ist bereits mit Karl und Charlotte Bühlers Beiträgen zur empirischen Sozialforschung gegeben. Ausgehend von Arbeiten zur Sprachphilosophie und Sprachpsychologie sowie zur Entwicklungspsychologie des Kindes, die allesamt auf einer besonders geschulten Beobachtung und der experimentellen Methode beruhen, entfaltete dieses Forscherehepaar eine sich auf verschiedene Bereiche erstreckende Wirkung. Die Bühler-Schule bestand aus Mitgliedern sehr unterschiedlicher Forschungsrichtungen, was zweifellos eine Folge der interdisziplinären Orientierung der beiden Schulhäupter war, und diese war wiederum eine Folge des von Karl Bühler vertretenen Psychologie-Konzepts. Diesem gemäß bezieht die Psychologie ihr Wissen aus verschiedenen Fachbereichen, sowohl geisteswissenschaftlichen als auch naturwissenschaftlichen, und so beispielsweise das eine Mal aus Sprach- und Literaturwissenschaft, das andere Mal aus Biologie und Medizin, wobei dort, wo sie am Platz ist, eine wohldosierte Interdisziplinarität angestrebt wurde.

Seit Ende der 1920er Jahre war am Bühler-Institut der Mathematiker Paul Felix Lazarsfeld als ein aus Mitteln der Rockefeller Foundation unterstützter Assistent tätig und organisierte an der hier von ihm initiierten »Österreichischen Wirtschaftspsychologischen Forschungsstelle« die berühmte Studie *Die Arbeitslosen von Marienthal* (vgl. Fleck 1990; Müller 2008). Man kann diese Studie als eine Phänomenologie der Lebensführung von Arbeitslosen und als eine Analyse der unter den Bedingungen der Arbeitslosigkeit zustande kommenden Regelhaftigkeit einer zunehmend apathischen und monotonen Lebensführung ansehen. Sie widerlegt unter anderem anschaulich die in ihrer Allgemeinheit unzutreffende Verheißung der Väter des Marxismus, dass Not und Deprivation eine revolutionäre Situation schaffen, sodass innerhalb der »industriellen Reservearmee« der Wille zum aktiven Widerstand die geradezu natürliche Folge ihrer Lebenslage sei. Marie Jahoda und Hans Zeis(e)l, neben Lazarsfeld Autoren dieser Studie, waren an jener Forschungsstelle führend tätig und entwickelten hier neben einer empirisch fundierten Sozialforschung auch erste Ansätze zur modernen Markt- und Meinungsforschung. Für die Qualität des Ausbildungsprogramms an dem Bühler-Institut spricht, wie Gerhard Benetka und Giselher Guttmann in einem historischen Rückblick auf die akademische Psychologie in Österreich bemerken, »die große Zahl von prominenten Namen, die wir unter den Dissertantinnen und Dissertanten sowie den Mitarbeiterinnen und Mitarbeitern des Ehepaars Bühler finden: Egon Brunswik […], dessen spätere Frau Else Frenkel, Hildegard Hetzer, Peter R. Hofstätter, Käthe Wolf […], Kurt Eissler und Rudolf Eckstein, dann der Motivforscher Ernest Dichter, die Schriftstellerin Hilde Spiel, der Philosoph Karl Popper und viele andere mehr« (Benetka/Guttmann 2001, S. 127).

Von langanhaltender Wirkung waren auch die Leistungen österreichischer Sozial- und Wirtschaftsstatistiker. Zu nennen sind hier insbesondere: Franz Žižek, der bereits im Jahr 1912 mit seinem Buch *Soziologie und Statistik* – ganz im Sinne Theodor von Inama-Sterneggs, wenn auch nicht in so kritischem Ton gegenüber der damaligen Soziologie wie dieser – für eine Kooperation zwischen den beiden im Buchtitel genannten Forschungsbereichen eingetreten ist und nach dem Ersten Weltkrieg in Frankfurt am Main tätig war; ferner Wilhelm Winkler, der sich vor allem auch mit Demographie befasste, Felix Klezl-Norberg und Oskar Morgenstern. Morgenstern verfasste in Zusammenarbeit mit John von Neumann die 1944 veröffentlichte bahnbrechende Arbeit *Theory of Games and Economic Behavior*, mit welcher der interdisziplinäre Forschungsbereich der Spieltheorie begründet wurde. Schließlich ist noch auf Abraham Wald hinzuweisen, der als Mitglied des von Morgenstern geleiteten Österreichischen Instituts für Konjunkturforschung tätig war und als Begründer der statistischen Entscheidungstheorie gilt, die er schon 1939 zur Grundlegung der Statistik entwickelte (vgl. Wald 1939).

Auch auf den Gebieten der Soziologischen Theorie, der Methodologie der Sozialwissenschaften und der Speziellen Soziologie haben österreichische Forscher in der Zwischenkriegszeit respektable Leistungen erbracht. Naturgemäß gibt es zahlreiche Interferenzen der Soziologie mit Nachbarwissenschaften (oder umgekehrt), namentlich mit jenen, in denen sie selbst ihren Ursprung hat. Häufig handelt es sich in solchen Fällen einer Interferenz um unterschiedliche Wissenschaftsdisziplinen, denen der Gegenstand und eine darauf bezogene Problemstellung gemeinsam sind, nicht aber die bei der Problemlösung zur Anwendung kommenden Methoden. Es mag in diesem Zusammenhang genügen, auf die Sozialstatistik und Demographie, die Sozialgeographie und Sozialökologie, die Ethnosoziologie, die Sozialökonomik sowie die Sozialpsychologie hinzuweisen. Besonders markante Beispiele für mit der Soziologie verwandte sozialpsychologische Arbeiten bilden einerseits Alfred Adlers Buch *Die andere Seite. Eine massenpsychologische Studie über die Schuld des Volkes* aus dem Jahr 1919, andererseits Sigmund Freuds Abhandlung *Massenpsychologie und Ich-Analyse* aus dem Jahr 1921. Beide Studien sind – ungeachtet der zwischen ihren Verfassern bestehenden Gegnerschaft – bezüglich des gewählten Forschungsgegenstandes und gewisser in ihnen thematisierter Aspekte der Bedingtheit individueller Akteure durch ihr soziales Umfeld als Beiträge zur Soziologie der Massen anzusehen.

Für die Soziologie ist seit ihren Anfängen das Bemühen charakteristisch, Verallgemeinerungen, Gesetze und Theorien zu entwickeln, die sich auf Zustände, Ereignisse und Prozesse in der gesellschaftlich-geschichtlichen Welt beziehen. In der Zwischenkriegszeit waren es – neben den bereits besprochenen, die politische Szenerie im Österreich der 1920er und 1930er Jahre zum Teil mitbestimmenden, zum Teil aber nur reflektierenden Strömungen des Austromarxismus und des Spann'schen Universalismus – vor allem die folgenden Gesellschaftstheorien, die die Fachdiskussionen bestimmt haben: der Neopositivismus, der in Otto Neuraths im Jahr 1931 erschienenen Buch *Empirische Soziologie. Der wissenschaftliche Gehalt der Geschichte und Nationalökonomie* seinen markantesten Ausdruck gefunden hat; die von dieser nomothetischen Orientierung deutlich abweichende Sozialphänomenologie von Alfred Schütz; der von Prinzipien eines ethischen Sozialismus geleitete Sozial-Lamarckismus Rudolf Goldscheids; sodann die Psychoanalytische Soziologie (oder soziologische Psychoanalyse) nach Art der entwicklungspsychologischen Studien von René Spitz in seinem Werk *Frühkindliches Erleben und Erwachsenenkultur bei den Primitiven* aus dem Jahr 1935, das sich auf Margaret Meads kulturanthropologische Untersuchungen in Neuguinea bezieht, oder auch von Anna Freud in dem im Jahr 1936 veröffentlichten Buch *Das Ich und die Abwehrmechanismen*.

Nicht übermäßig umfangreich, aber in seiner internationalen Wirkung nachhaltig waren einige der Arbeiten zur Methodologie der Sozialwissenschaften. Zu nennen ist hier zunächst abermals Otto Neurath mit seinem physikalistischen Konzept von *Einheitswissenschaft und Psychologie*, das er 1933 und später noch einmal 1939 im ersten Heft des ersten Bandes der *International Encyclopedia of Unified Science* unter dem Titel »Unified Science as Encyclopedic Integration« entwickelt hat. Eine davon grundlegend verschiedene Auffassung vertrat Felix Kaufmann, der sowohl Anregungen Max Webers als auch solche der Phänomenologie in einem Buch aus dem Jahr 1936 mit dem Titel *Methodenlehre der Sozialwissenschaften* verarbeitete; es wurde von vielen Sozialwissenschaftlern und Philosophen, namentlich solchen des englischen Sprachraums, für einige Zeit als geradezu paradigmatisch erachtet.

Besonders umfangreich ist – allein schon wegen der Bandbreite der auf dieses Gebiet entfallenden Arbeiten – der Beitrag österreichischer Soziologen zur Speziellen Soziologie. Der Ausdruck »Spezielle Soziologie« bezieht sich auf sehr verschiedenartige Themen und Gegenstände der empirischen Sozialforschung und ist als Gegenbegriff zur »Allgemeinen Soziologie« zu verstehen, in welcher es vor allem um die soziologische Begriffsbildung und Methodenlehre sowie um soziologische Verallgemeinerungen und Theorien und deren erkenntnismäßige Rechtfertigung geht. Die Vielzahl an Arbeiten, die dem Bereich der Speziellen Soziologie zuzuordnen sind, nötigt im Folgenden häufig zu einer bloß enumerativen Auflistung der Themen bei gleichzeitiger Nennung der entsprechenden Namen von Autorinnen und Autoren, welche jene Themen auf oft eindrucksvolle Weise bearbeitet haben. Bezüglich der Soziologie der Politik – sie wird unfreiwillig selbstentlarvend, aber eben oft zutreffend, auch als »politische Soziologie« bezeichnet – ist abermals die schon erwähnte Riege von Autoren in Erinnerung zu bringen, die einerseits dem Austromarxismus, andererseits dem Spann-Kreis, der Vogelsang-Schule sowie der Österreichischen Aktion angehörten und deren Schrifttum aus dem politischen Leben im Österreich der Zwischenkriegszeit kaum wegzudenken ist. Erwähnt seien in diesem Zusammenhang auf Seiten der Linken vor allem Karl Renner, Otto Bauer und Emil Lederer, welch letzterer mit guten Gründen auch der Soziologie der Technik, der Soziologie der Masse, der Sozialökonomik und der Theorie der Schichten- und Klassenbildung zugeordnet werden kann; auf Seiten der Rechten verdienen als Soziologen der Politik August Maria Knoll, Ernst Karl Winter und Erich (Eric) Voegelin, welcher in seinem Schrifttum auch als Religionssoziologe hervorgetreten ist, besonders erwähnt zu werden. Obwohl der zuletzt genannten Gruppierung nicht unmittelbar zugehörig, ist hier auch der Sozialökonom, Sozialethiker und Naturrechtstheoretiker Johannes Messner zu nennen, der sowohl Bundeskanzler Dollfuß als auch dessen Nachfolger Schuschnigg nahestand. Vor allem ist aber auch noch auf Friedrich O. (seit 1946 Frederick) Hertz hinzuweisen, der sich unter dem Eindruck der Ereignisse nach dem Ersten Weltkrieg und insbesondere des heraufziehenden Nationalsozialismus von einem namhaften Industrie- und Wirtschaftsforscher immer mehr in einen Soziologen der Politik verwandelte. Ähnliches gilt bekanntlich für Friedrich Wieser, der, wie bereits erwähnt, nach dem Zusammenbruch der Habsburgermonarchie von einem der berühmtesten Volkswirtschaftstheoretiker seiner Zeit zu einem profilierten Vertreter einer machtsoziologischen Interpretation des historischen Geschehens wurde (vgl. Wieser 1926).

Mit der Soziologie der Politik nahe verwandt sind die Rechts- und die Wirtschaftssoziologie. Die Rechtssoziologie hat, wie auch die Rechtstheorie, in Österreich seit langem und so auch in der Zwischenkriegszeit besondere Aufmerksamkeit erfahren. Dies geschah vor allem deshalb, weil Hans Kelsen seine mit Eugen Ehrlich begonnene Auseinandersetzung über den zweifelhaften Nutzen der Rechtssoziologie für die reine Rechtstheorie nach dem Ableben von Ehrlich mit anderen Vertretern einer empirischen Rechtswissenschaft weiterführte. Der Streit über die Faktizität und Normativität des Rechts erstreckte sich über mehrere Jahrzehnte bis in die Zeit nach dem Zweiten Weltkrieg. Kelsen ist auch in ideologiekritischer Absicht den mächtig herandrängenden antidemokratischen Strömungen von »rechts« und »links« mutig und mit glänzenden Argumenten entgegengetreten (vgl. Topitsch 1964). Als namhafter Vertreter einer soziologischen Betrachtung des Rechts ist Adolf Menzel anzusehen, der 1926 eine Schrift mit dem Titel *Umwelt und Persönlichkeit in der Staatslehre* veröffentlichte (Menzel 1926), der ferner den soziologischen Gehalt in dem Werk von Pierre-Joseph Proudhon und von Friedrich Wieser untersuchte, und der im Jahr 1938 eines der seltenen soziologischen Lehrbücher der Zwischenkriegszeit mit dem Titel *Grundriss der Soziologie* (Menzel 1938) publizierte. Von früh an war dieser Gelehrte, wie z.B. später auch Hans Kelsen, bestrebt, philosophische Rechtfertigungen von Rechtsordnungen, und dabei insbesondere deren naturrechtliche Begründungen, einer weltanschauungsanalytischen Betrachtung zu unterziehen. Eine andere Art von Weltanschauungsanalyse stellen zwei Schriften des Staats- und Völkerrechtlers Heinrich Lammasch dar, die dieser letzte Ministerpräsident des kaiserlich-königlichen Österreich kurz vor Ende seines Lebens verfasste: *Woodrow Wilsons Friedensplan* (1919) und *Völkerbund oder Völkermord* (1920). Die Inkonsistenz in der Durchführung von Wilsons im Jänner 1918 proklamiertem Selbstbestimmungsrecht der Völker verstörte nicht nur diesen nach allgemeinem Bekunden überaus redlichen Politiker und Gelehrten.

Über Wirtschaftssoziologie wiederum hat Rudolf Hilferding, der – wie erwähnt – bereits mit seiner im Jahr 1910 unter dem Titel *Das Finanzkapital* veröffentlichten umfangreichen »Studie über die jüngste Entwicklung des Kapitalismus« (so der Untertitel) an die Öffentlichkeit getreten war, noch in der Zeit zwischen den beiden Weltkriegen publiziert. Zu Themen der Wirtschaftssoziologie und der Sozialökonomik verfassten auch Joseph Schumpeter, Alfred Amonn, Ludwig von Mises, Friedrich August von Hayek und die bereits erwähnten Friedrich O. Hertz und Emil Lederer bedeutende Arbeiten; unter besonderer Bezugnahme auf die ökonomisch fundierte Sozialpolitik hat Otto von Zwiedineck-Südenhorst seine schon vor dem Ersten Weltkrieg mit großem Erfolg begonnenen einschlägigen Arbeiten ab 1921 als Nachfolger auf Max Webers Lehrstuhl für Nationalökonomie in München fortgesetzt. In Bezug auf Schumpeter erscheint die Tatsache erwähnenswert, dass dieser im Jahre 1925 einem Ruf an die Rheinische Friedrich-Wilhelms-Universität Bonn folgte, wo er als Nachfolger des Sozialökonomen Heinrich Dietzel tätig war. Während der Dauer seiner Bonner Tätigkeit hielt er regelmäßig Kollegs über »Gesellschaftslehre« – eine seit Lorenz von Stein, auch im Österreich der Zwischenkriegszeit, für die Soziologie übliche Bezeichnung. Schumpeter hat zweifellos einen Beitrag dazu geleistet, dieser damals noch umstrittenen Disziplin zu einiger Anerkennung als Wissenschaft zu verhelfen; einen Lehrstuhl für Soziologie gab es zu dieser Zeit in Bonn nicht. Dieser bedeutende Sozialökonom war bekanntlich auch Verfasser genuin soziologischer Untersuchungen: so einer Arbeit über Theorien der Klassenbildung (Schumpeter 1927), wie schon zuvor einer anderen, der durch die Geschehnisse des Krieges veranlassten Studie *Zur Soziologie der Imperialismen* (Schumpeter 1919).

Einigen österreichischen Soziologen der Zwischenkriegszeit kommt eine herausragende Stellung deshalb zu, weil sie Gründer spezieller soziologischer Forschungsrichtungen geworden sind. Dies gilt etwa für Wilhelm Jerusalem, der als Begründer der Wissenssoziologie angesehen wird und von dem auch noch nach Ende des Ersten Weltkriegs Einschlägiges erschien, sowie für Rudolf Goldscheid und Joseph Schumpeter; diese haben kurz vor Ende des Ersten Weltkriegs den entscheidenden Anstoß zur Finanzsoziologie als neuer soziologischer Subdisziplin gegeben (Goldscheid/Schumpeter 1976). Ein ähnlicher Status kommt Ludwig Teleky im Hinblick auf die Medizinsoziologie zu. Teleky, der als einer der Mitbegründer der modernen Sozialmedizin – und mit Einschränkungen auch der Medizinsoziologie – gilt und der in Österreich entscheidend zur Bekämpfung der Lungentuberkulose beigetragen hatte, wirkte ab 1921 in Deutschland, ehe er, der ab 1933 – wie viele andere auch – mit Berufsverbot belegt war, in die USA emigrierte. Guido Adler wiederum, der von 1894 bis 1938 Herausgeber des 83-bändigen Werkes *Denkmäler der Tonkunst in Österreich* war, gilt vielen als wahrer Pionier der Musiksoziologie; seine Forschungen wurden, bereits in den 1930er Jahren beginnend, später von Kurt Blaukopf weitergeführt.

Wie in seinen sprachphilosophischen Schriften, so steckt auch in Fritz Mauthners vierbändigem, zwischen 1920 und 1923 erschienenen Werk *Der Atheismus und seine Geschichte im Abendlande* eine Vielzahl an soziologisch relevanten Inhalten. In der Kritik an bestimmten religiösen Vorstellungen geht es hier, ähnlich wie in bestimmten Werken zur Soziologie der Masse, wie man sie etwa von Alfred Adler, Friedrich Wieser und Emil Lederer (sowie später von dem Literaten Elias Canetti) kennt, um das Verhältnis von Führung und Gefolgschaft, von Rezeptionsgewohnheiten und ideologiekritisch zu dekonstruierender Botschaft. Dass mit bestimmten Varianten von Ideologiekritik selbst reichlich ideologische volkspädagogische Absichten verbunden sein können, besagt nichts gegen die prinzipiell bestehende Möglichkeit einer empirisch fundierten Erziehungswissenschaft und einer sinnvoll praktizierten, auch soziologisch relevanten Pädagogik. Dies belegen exemplarisch die Arbeiten von Alfred Adler und Anna Freud, aber auch die der Armutsforschung und Armutsbekämpfung gewidmeten Schriften von Hildegard Hetzer (Hetzer 1929) und die der Entwicklungspsychologin Lotte Schenk-Danzinger, welche sich mit Fragen der Fürsorge beschäftigte. Schenk-Danzinger leistete im Übrigen zwischen November 1931 und Jänner 1932 den Großteil der Feldforschung im Rahmen der Marienthal-Studie. Die Arbeiten von Hetzer und Schenk-Danzinger galten der Analyse und Lösung ähnlicher Probleme, wie jene es waren, auf die sich die Studien Ilse (von) Arlts bezogen. Diese widmete ihr ganzes wissenschaftliches Wirken der Armutsforschung und der Grundlegung einer Fürsorgewissenschaft (vgl. z.B. Arlt 1921). Aus ähnlichen Motiven gespeist wie diese Arbeiten zum Fürsorgewesen waren aufgrund der noch in der Zwischenkriegszeit (und lange darüber hinaus) bestehenden ungleichen rechtlichen, ökonomischen und sozialen Stellung der Frau die Veröffentlichungen zur sogenannten Frauenfrage; in diesem Zusammenhang verdienen die grundlegenden Untersuchungen von Rosa Mayreder, Olga Misař und Käthe Leichter besonders erwähnt zu werden.

Geradezu klassische Fälle von fachlicher Interferenz, nämlich von partieller Überlappung sowie interdisziplinärer Kooperation, bilden einerseits die Siedlungs- und Agrarsoziologie, andererseits die Sozialgeographie und Sozialökologie. Andreas Walther und Gunther Ipsen bzw. Hugo Hassinger sind dabei als Vertreter von Forschungen anzusehen, welche bei aller Sachhaltigkeit im Einzelnen insgesamt der NS-Lebensraumpolitik und -Volkstumsforschung zuzurechnen sind. Auch die Vertreter der Ethnosoziologie, welche sich ausgehend von der Völkerkunde sowie der Sozial- und Kulturanthropologie entwickelte, sind stets in Gefahr, politisch oder auch religiös instrumentalisiert zu werden oder ihre Forschungen selbst in den Dienst einschlägiger Orientierungen zu stellen. Mitunter nimmt dieser Eindruck im Schrifttum einzelner Mitglieder der Steyler Mission in Mödling konkrete Gestalt an, etwa wenn es bei Pater Wilhelm Schmidt SVD – ohne Zweifel einem der bedeutendsten weltweit vergleichenden Sprachwissenschaftler der ersten Hälfte des 20. Jahrhunderts – um die empirische Erhärtung eines »ursprünglichen Monotheismus« durch ethnologische Befunde geht. Doch in anderen, wegen der Zugehörigkeit zur gleichen Societas Verbi Divini (SVD) vermeintlich gleich gearteten Fällen erweisen sich wiederum – so etwa im Hinblick auf Pater Martin Gusindes beeindruckende Feuerland-Trilogie (Gusinde 1931–1939) – im Namen der Ideologiekritik kultivierte Verdächtigungen als ihrerseits ideologisch (vgl. Weiler 2015, Teil III. B). Als Ethnosoziologe ist in diesem Zusammenhang insbesondere auch der Gumplowicz-Schüler Richard Thurnwald zu nennen, dessen fünfbändigem, zwischen 1931 und 1935 veröffentlichtem Werk *Die menschliche Gesellschaft in ihren ethno-soziologischen Grundlagen* die internationale Fachwelt hohe Anerkennung zollte. Ein weiterer österreichischer Ethnologe, Felix (von) Luschan, soll hier noch erwähnt werden. Er war Professor für physische Anthropologie an der Berliner Charité (einem Teil der Friedrich-Wilhelms-Universität) und gilt bis heute in der Anthropologie als erstrangiger Anatom. In seinem 1922 in Berlin erschienenen Buch *Völker, Rassen, Sprachen* übte er auf der Grundlage vergleichender ethnologischer und anatomischer Analysen heftige Kritik an dem von Antisemiten und Zionisten gleichermaßen auf die eigene Rasse bezogenen Exklusivitätsanspruch. Ähnlich kritisch, wenn auch von anderen Standpunkten aus, haben sich beispielsweise Franz Kobler, Friedrich O. Hertz und Isidor (Isidore) Singer mit dem Antisemitismus auseinandergesetzt.

***

Der Ertrag an erschlossenen Inhalten, aber insbesondere an gewonnenen Erkenntnissen der soziologischen Forschung ist im Österreich der Zwischenkriegszeit ungemein groß und vielfältig zugleich; er reicht von der Theorie und den Forschungstechniken der Soziologie über die Wissenschaftsphilosophie der Sozialwissenschaften bis zu den ganz verschiedenartigen Segmenten des als »Spezielle Soziologie« Bezeichneten. Die bereits seit ca. 1900 intensivierten Wechselbeziehungen zwischen der sich im 19. Jahrhundert zunehmend kräftiger entwickelnden Soziologie als einer vornehmlich aktuellen sozialen Problemen zugewandten Forschungsrichtung und ihren Nachbarwissenschaften zeitigte in den Jahren zwischen 1918 und 1939 reiche Früchte. Als Nachbardisziplinen der »Gesellschaftswissenschaft« sind in der Zwischenkriegszeit insbesondere die Fächer Statistik, Geographie, Soziographie, Ethnographie, Geschichtswissenschaft, historische Anthropologie, Humanbiologie, Psychologie, Volkswirtschaftslehre, Rechts- und Staatswissenschaft sowie Philosophie und Kunstgeschichte anzusehen. Vereinzelt hatte die Nahestellung von Wissenschaftlern aus unterschiedlichen Fächern so etwas wie eine temporäre Konversion bezüglich des Erkenntnisinteresses zur Folge, und oft fischte man nicht ohne Erfolg in den Nachbargewässern.

Aus Gründen der sowohl wirtschaftlichen als auch politischen Restriktionen innerhalb des damaligen österreichischen Universitätssystems war es in der Zwischenkriegszeit nicht möglich, selbst sozialwissenschaftlich höchst talentierten Personen begründete Hoffnungen bezüglich einer wissenschaftlichen Karriere in Österreich zu machen. Während die deutschen und österreichischen Universitäten in der zweiten Hälfte des 19. Jahrhunderts auf verschiedenen Gebieten zu Zentren der Weltwissenschaft wurden – den Glanz dieser Epoche spiegelten noch einige akademische Lehrer in der Zwischenkriegszeit wider –, hatten die US-amerikanischen Universitäten seit dem Ende des Ersten Weltkriegs eminent leistungsfähige Strukturen und Mechanismen in den wissenschaftlichen Institutionen entwickelt. Sie verstanden es, das ihnen durch die erzwungene Emigration von Vertretern der europäischen Sozialwissenschaften nach 1933 bzw. 1938 zufließende Humankapital bestens zu nutzen. Teamarbeit, Projektförmigkeit der sozialwissenschaftlichen Forschungsarbeiten, ein formalisiertes und auch externe Gutachter einschließendes Evaluationssystem und ein meritokratisches Tenure-Track-System bestimmte die US-amerikanischen Universitätsstrukturen. Zudem standen diese im Verbund mit einem Stiftungswesen, das Forschungsprojekte, Fellowships und eine verschiedene Disziplinen übergreifende Kooperation unterstützte. Bereits vor der massenhaften Immigration von Wissenschaftlern sicherten diese Maßnahmen den USA hohe Reputation in der Scientific community und machten sie für aufstrebende junge Forscher attraktiv. Und so war auch für nicht wenige österreichische Soziologinnen und Soziologen die Emigration zwar ein Fluch, bedeutete aber oft zugleich auch so etwas wie einen »Karrierelift«, wie einschlägige Studien belegen (vgl. Fleck 2007).

Diese Attraktivität der US-amerikanischen Forschung beruhte nicht zuletzt auf einer pragmatischen Erkenntnishaltung, die das Kontinentaleuropäisch-Idealistische häufig – wenn auch in dieser Allgemeinheit zu Unrecht – mit dem Nimbus des Verschrobenen und höchst Unzeitgemäßen versah. Gerne wurde dieses Stereotyp nach dem Zweiten Weltkrieg in Deutschland, seltener auch in Österreich, übernommen – und zwar gerade auch von einigen in dieser Zeit wirkenden Leitfiguren der deutschsprachigen Soziologie. Im Verlauf der Beantwortung der Frage nach der Eigenart und dem Nutzen der Soziologie gelangten sie mitunter zu einer Sicht der Dinge, durch die sie Gefahr liefen, in einer – wenn auch modischen – Engführung des soziologischen Denkens zu landen. So war im Rückblick auf die eigene Vergangenheit im deutschen Sprachraum für längere Zeit die Ansicht vorherrschend und durch die Person von René König in gewisser Hinsicht beglaubigt, dass die deutsche Soziologie der Zwischenkriegszeit der verhängnisvollen Tradition des deutschen »Sonderwegs« zuzuschlagen sei (vgl. König 1971, 1984 und 1987). Diese Ansicht bestimmte auch die Lesart der deutschen Soziologiegeschichte unter nicht wenigen Angehörigen der jüngeren Generation deutschsprachiger Soziologen (vgl. z.B. Lepenies 1985). Einen ersten deutlichen Ausdruck fand der Befund Königs in dessen unter methodologischen Gesichtspunkten erfolgter Abrechnung mit der älteren deutschen Soziologie im ersten Band des von ihm herausgegebenen *Handbuchs der empirischen Sozialforschung* (König 1962). Helmut Schelsky bekräftigte diese Auffassung durch seine nicht minder wirkungsvoll vertretene These, dass die deutsche Soziologie der 1920er Jahre schon vor 1933 aus innerer Ermüdung und dem damit verbundenen Desinteresse an avancierten Formen sozialwissenschaftlicher Methoden an ihr Ende gekommen sei (vgl. Schelsky 1959). Das Selbstverständnis der deutschen Nachkriegssoziologie, so scheint es, bedurfte offenkundig einer passenden Fachgeschichte als Quelle der von ihren Vertretern nun beanspruchten öffentlichen Wirksamkeit: Die Soziologie werde erst dann erstgenommen, wenn sie nicht auf andere Auxiliarwissenschaften angewiesen sein und nicht davon abgehen wolle, eine – wie René König immer wieder sagte – »Soziologie, die nichts als Soziologie ist«, zu werden. Doch bei genauerer Betrachtung erweist sich die These von der Sterilität der deutschen Soziologie der 1920er und frühen 1930er Jahre, welche in der Tradition der historischen Soziologie gestanden sei, in Bezug auf eine ganze Reihe von Publikationen aus jener Zeit als unhaltbar und als Artefakt der von den Kritikern mit einem Ausschließlichkeitsanspruch vertretenen Methode (vgl. Bock 1994, S. 160; vgl. auch Kruse 1990, 1994 und 1999).

Man darf vermuten, dass die deutschen soziologischen Großkritiker der deutschen Soziologie, wenn man sie mit der österreichischen soziologischen Literatur der Zwischenkriegszeit konfrontiert hätte, auch hier einiges als allzu wenig nomothetisch, als allzu geisteswissenschaftlich und allzu sehr der Historischen Soziologie verwandt kritisiert hätten. Und so wäre beispielsweise wohl Joseph Schumpeters *Soziologie der Imperialismen* (Schumpeter 1919) unter dieses Verdikt gefallen, ferner Friedrich Wiesers Buch *Das Gesetz der Macht* (Wieser 1926), und wohl auch Franz Borkenaus Studie *Der Übergang vom feudalen zum bürgerlichen Weltbild*, die erstmals 1934 in Paris erschienen ist und heute – ob mit Recht oder nicht – als ein Schlüsseltext der Kritischen Theorie gilt. Zwar standen auch einige Vertreter des nach dem Zweiten Weltkrieg erstmals an österreichischen Universitäten etablierten Faches »Soziologie« einer vielleicht zwar historisch, rechtlich, ökonomisch und kulturell informierten und entsprechend empirisch fundierten, aber nicht zahlenzentrierten Soziologie fremd bis ablehnend gegenüber, allerdings formulierte niemand ein Verdikt über das Gewesene in René Königs Manier. Vielleicht war dafür bestimmend, dass man sich immerhin noch so viel historischen Sinn bewahrt hatte, um zu wissen, dass die Geschichte – trotz aller Fortschritte im Einzelnen – auch in Zukunft jene unendlichen Variationen für uns bereithält, von denen sie seit alters her bestimmt ist: von dem in seinen Antrieben immer gleichen Menschen, seinen immer ähnlichen Hoffnungen, Freuden, Leiden und Konflikten in immer neuen politischen, sozialen, ökonomischen und kulturellen Konfigurationen. Zwar galten auch den sich in Österreich für »hard core«-Empiriker haltenden Soziologen die einschlägigen US-amerikanischen Forschungen mit ihrer damals oft zur Manier gewordenen Ziffernhaftigkeit als für jene Art von soziologischen Dienstleistungen vorzüglich geeignet, welche – auf Zwecke der Politik oder der Wirtschaft gerichtet – mit entsprechenden Fördermitteln und Vergütungen bedacht und für wahrhaft wissenschaftlich gehalten wurden. Doch war daneben auch noch, obwohl nicht gerade immer wohlgelitten, für historisch-soziologische und weltanschauungsanalytische Forschungen Platz, wie sie etwa von August Maria Knoll (1967a, 1967b) oder Ernst Topitsch (1958 und 1969) betrieben wurden.

Ernst Topitsch, der als habilitierter Philosoph im Jahr 1962 von Wien auf den Max Weber-Lehrstuhl der Universität Heidelberg berufen wurde, ehe er sieben Jahre später einem Ruf auf einen philosophischen Lehrstuhl an der Universität Graz folgte, hat sich immer wieder im Rückblick auf Politik, Gesellschaft, Philosophie und Soziologie in Österreich auch mit der Situation der Zwischenkriegszeit befasst (vgl. z.B. Topitsch

1986 und 2005). Er, dessen eigentliches Lebensthema die Sozio- und Psychogenese des Erkennens im Kontext einer umfassenden Phylogenese des menschlichen Denkens, Fühlens und Wollens war, wies auf die enorme Spannweite im Geistesleben der 1920er und 1930er Jahre hin, dessen Extreme Rationalismus und Okkultismus waren, dessen Vielgestaltigkeit aber zugleich auch Ursprung und Zeugnis der Fruchtbarkeit war. Diese aber sollte jener sterilen Uniformität weichen, die für totalitäre Systeme des 20. Jahrhunderts charakteristisch ist. Den Absturz nach der trotz aller sozialen und ökonomischen Krisen in intellektueller Hinsicht – auch für die Soziologie – recht ergiebigen, sich vom Ende der Monarchie im November 1918 bis zum März 1938 erstreckenden Periode beschreibt Ernst Topitsch mit folgenden Worten: »Wohl bedeutete schon das Ende des Ersten Weltkrieges mit dem Zerfall der Monarchie einen tiefen Einschnitt, und die geographische Enge und wirtschaftliche Dürftigkeit der Ersten Republik haben das kulturelle Leben fühlbar beeinträchtigt. Doch gab es nun in mancher Hinsicht auch mehr Freiheit als in dem alten, trotz aller kulturellen Liberalität im letzten dynastisch-autoritär geführten Kaiserreich. Indessen ließen die Rückschläge nicht lange auf sich warten. Schon der ›klerikofaschistische‹ Ständestaat der Jahre 1934–1938 brachte manche Einschränkungen, und schließlich kam mit dem Nationalsozialismus der große Kahlschlag. Den braunen Machthabern war jene ganze Gedankenwelt verdächtig bis verhaßt, deren Träger wurden in die innere und oft auch die tatsächliche Emigration gezwungen, und sofern sie Juden waren, drohte ihnen der Tod, wenn sie sich den Häschern nicht mehr entziehen konnten. Diese Welle der Exilierung hat zwar wesentlich zur weltweiten Verbreitung und Anerkennung jener wissenschaftlichen und künstlerischen Leistungen beigetragen, für Österreich aber bedeutete sie einen nicht mehr gut zu machenden Verlust. [...] Wenn wir aber heute wieder mit Interesse, ja nicht ohne Stolz auf jene glänzende Vergangenheit zurückblicken, so müssen wir leider auch erkennen, daß sie eben: Vergangenheit ist.« (Topitsch 1986, S. 27f.)

Arlt, Ilse (1921): *Die Grundlagen der Fürsorge*, Wien: Österreichischer Schulbuchverlag.

Audoin-Rouzeau, Stéphane (2001): Die Delegation der »gueules cassées« in Versailles am 28. Juni 1919. In: Krumeich 2001, S. 280–287.

Balog, Andreas/Gerald Mozetič (Hgg.) (2004): *Soziologie in und aus Wien*, Frankfurt a.M.: Peter Lang.

Bauer, Kurt (2011): Hitler und der Juliputsch 1934 in Österreich. Eine Fallstudie zur nationalsozialistischen Außenpolitik in der Frühphase des Regimes. In: *Vierteljahrshefte für Zeitgeschichte* 2011/2, S. 193–227.

– (2019a): *Die Todesopfer des Februaraufstandes 1934* (Aktualisierte Version Nr. 1; Stand 18.4.2019), online zugänglich unter: http://www.kurt-bauer-geschichte.at/PDF_Forschung_Unterseiten/Todesopfer_Februaraufstand_1934_aktual-1.pdf.

– (2019b): *Die Opfer des Februar 1934*, online zugänglich unter: http://www.kurt-bauer-geschichte.at/forschung_februaropfer.htm. (Hier findet sich auch eine kurze Zusammenfassung der Ergebnisse von Bauer 2019a.)

Benetka, Gerhard/Giselher Guttmann (2001): Akademische Psychologie in Österreich. Ein historischer Überblick. In: Karl Acham (Hg.), *Geschichte der österreichischen Humanwissenschaften*, Bd. 3.1: *Menschliches Verhalten und gesellschaftliche Institutionen: Einstellung, Sozialverhalten, Verhaltensorientierung*, Wien: Passagen Verlag, S. 83–167.

Berchtold, Klaus (Hg.) (1967): *Österreichische Parteiprogramme 1868–1966*, München: Oldenbourg.

Bihl, Wolfdieter (1994): Der Zusammenbruch der österreichisch-ungarischen Monarchie 1917/18. In: Karl Gutkas (Hg.), *Die Achter-Jahre in der österreichischen Geschichte des 20. Jahrhunderts* (= Schriften des Institutes für Österreichkunde, Bd. 58), Wien: ÖBV Pädagogischer Verlag, S. 28–53.

Bock, Michael (1994): Die Entwicklung der Soziologie und die Krise der Geisteswissenschaften in den 20er Jahren. In: Nörr/Schefold/Tenbruck 1994, S. 159–185.

Borkenau, Franz (1971): *Der Übergang vom feudalen zum bürgerlichen Weltbild. Studien zur Geschichte der Philosophie der Manufakturperiode*, Darmstadt: Wissenschaftliche Buchgesellschaft. (Unveränderter reprographischer Nachdruck der 1934 bei Alcan in Paris erschienenen Ausgabe.)

Borodziej, Włodzimierz (2018): Die polnische Scheidung von und mit der Monarchie 1918. In: Österreichische Akademie der Wissenschaften 2018, S. 17–23.

Bruckmüller, Ernst (1996): *Nation Österreich. Kulturelles Bewußtsein und gesellschaftlich-politische Prozesse*, 2., erg. u. erw. Aufl., Wien/Köln/Graz: Böhlau.

– (2001): *Sozialgeschichte Österreichs*, 2. Aufl., Wien: Verlag für Geschichte und Politik/München: Oldenbourg.

Cattaruzza, Marina (2018): Das Ende der Habsburger Monarchie im Ersten Weltkrieg: Die Rolle Italiens. In: Österreichische Akademie der Wissenschaften 2018, S. 7–15.

Craig, Gordon A. (1983): *Geschichte Europas 1815–1980. Vom Wiener Kongreß bis zur Gegenwart*, München: C.H. Beck. (Aus dem Englischen übers. v. Marianne Hopmann. Erstmals 1974 unter dem Titel *Europe since 1815* erschienen bei Alternate Edition in New York.)

Dahms, Hans-Joachim (2018): Kontroversen in der deutschsprachigen Soziologie vor 1933. In: Moebius/Ploder 2018, S. 89–116.

Fassmann, Heinz (1995): Der Wandel der Bevölkerungs- und Sozialstruktur in der Ersten Republik. In: Tálos/Dachs/Hanisch/Staudinger 1995, S. 11–22.

Fleck, Christian (1990): *Rund um »Marienthal«. Von den Anfängen der Soziologie in Österreich bis zu ihrer Vertreibung*, Wien: Verlag für Gesellschaftskritik.

– (2007): *Transatlantische Bereicherungen. Die Erfindung der empirischen Sozialforschung*, Frankfurt a.M.: Suhrkamp.

– (2018): Intellektuelle Exilanten in Österreich – österreichische Sozialwissenschaftler im Exil. In: Moebius/Ploder 2018, S. 189–206.

Gerwarth, Robert (2017): *Die Besiegten. Das blutige Erbe des Ersten Weltkriegs*, München: Siedler Verlag.

Goldscheid, Rudolf/Joseph Schumpeter (1976): *Die Finanzkrise des Steuerstaats. Beiträge zur politischen Ökonomie der Staatsfinanzen*. Hrsg. von Rudolf Hickel, Frankfurt a.M.: Suhrkamp. (Enthalten sind hierin drei Aufsätze Goldscheids, darunter »Finanzwissenschaft und Soziologie« aus dem Jahr 1917, sowie Schumpeters 1918 veröffentlichte Abhandlung »Die Krise des Steuerstaats«.)

Goldstücker, Eduard (1992): Das große Paradoxon. Nationen und Nationalismen in Mitteleuropa. In: *Was – Zeitschrift für Kultur und Politik* 67, S. 5–9.

Gusinde, Martin (1931–1939): *Die Feuerland-Indianer. Ergebnisse meiner vier Forschungsreisen in den Jahren 1918 bis 1924, unternommen im Auftrage des Ministerio de Instrucción Pública de Chile*, 3 Bde., Mödling bei Wien: Verlag der Internationalen Zeitschrift »Anthropos«.

Haring, Sabine A./Helmut Kuzmics (2013): *Emotion, Habitus und Erster Weltkrieg. Soziologische Studien zum militärischen Untergang der Habsburger Monarchie*, Göttingen: Vandenhoeck & Ruprecht.

Hénard, Jacqueline (1992): Noch ein Zerfall? Warum die Tschechoslowakei nach Europa strebt. In: *Was – Zeitschrift für Kultur und Politik* 67, S. 43–48.

Hetzer, Hildegard (1929): *Kindheit und Armut. Psychologische Methoden in Armutsforschung und Armutsbekämpfung*, Leipzig: Hirzel.

Hilferding, Rudolf (1910): *Das Finanzkapital. Eine Studie über die jüngste Entwicklung des Kapitalismus* (= Marx-Studien, Bd. 3), Wien: Wiener Volksbuchhandlung Brand.

Judson, Pieter M. (2017): *Habsburg. Geschichte eines Imperiums. 1740–1918*. Aus dem Englischen von Michael Müller, München: C.H. Beck 2017. (Die Originalausgabe erschien 2016 bei Belknap Press in Cambridge, MA, unter dem Titel *The Habsburg Empire. A New History*.)

Kann, Robert A. (1993): *Geschichte des Habsburgerreiches 1526–1918*, 3. Aufl., Wien/Köln/Weimar: Böhlau. (Aus dem Amerikanischen übertragen von Dorothea Winkler. Die Originalausgabe erschien 1980 bei University of California Press in Berkeley/Los Angeles unter dem Titel *A History of the Habsburg Empire*.)

Knoll, August Maria (1967a): *Katholische Kirche und scholastisches Naturrecht. Zur Frage der Freiheit*, Neuwied am Rhein/Berlin: Luchterhand.

– (1967b): *Zins und Gnade. Studien zur Soziologie der christlichen Existenz*, Neuwied am Rhein/Berlin: Luchterhand.

Knoll, Reinhold (1994): Die Sozialwissenschaften in den 20er Jahren – Österreichs Größe im Untergang. In: Nörr/Schefold/Tenbruck 1994, S. 243–265.

König, René (Hg., unter Mitwirkung von Heinz Maus) (1962): *Handbuch der empirischen Sozialforschung*, Bd. 1: *Geschichte und Grundprobleme der empirischen Sozialforschung*, Stuttgart: Ferdinand Enke Verlag. (Neuauflagen erschienen zunächst im Ferdinand Enke Verlag, später im Deutschen Taschenbuch Verlag.)

– (1971): *Studien zur Soziologie. Thema mit Variationen*, Frankfurt a.M./Hamburg: Fischer.

– (1984): Über das vermeintliche Ende der deutschen Soziologie vor der Machtergreifung des Nationalsozialismus. In: *Kölner Zeitschrift für Soziologie und Sozialpsychologie* 36, S. 1–41.

Kreisky, Bruno (1986): *Zwischen den Zeiten. Erinnerungen aus fünf Jahrzehnten*, Berlin: Siedler.

Krumeich, Gerd (Hg., in Zusammenarbeit mit Silke FehlemannTaggen) (2001): *Versailles 1919. Ziele – Wirkung – Wahrnehmung* (= Schriften der Bibliothek für Zeitgeschichte. Neue Folge, Bd. 14), Essen: Klartext Verlag.

Kruse, Volker (1990): *Soziologie und »Gegenwartskrise«. Die Zeitdiagnosen Franz Oppenheimers und Alfred Webers*, Wiesbaden: Deutscher Universitätsverlag.

– (1994): Historisch-soziologische Zeitdiagnostik der zwanziger Jahre. In: Nörr/Schefold/Tenbruck 1994, S. 375–401.

– (1999): *»Geschichts- und Sozialphilosophie« oder »Wirklichkeitswissenschaft«? Die deutsche Histori-*

sche Soziologie im Kontext der logischen Kategorien René Königs und Max Webers, Frankfurt a.M.: Suhrkamp.

Lichtblau, Klaus (2018): Anfänge der Soziologie in Deutschland (1871–1918). In: Moebius/Ploder 2018, S. 11–35.

Leonard, Jörn (2014): *Die Büchse der Pandora. Geschichte des Ersten Weltkriegs*, München: C.H. Beck.

Lepenies, Wolf (1985): *Die drei Kulturen. Soziologie zwischen Literatur und Wissenschaft*, München/Wien: Carl Hanser.

Leser, Norbert (1968): *Zwischen Reformismus und Bolschewismus. Der Austromarxismus als Theorie und Praxis*, Wien/Frankfurt/Zürich: Europa-Verlag.

Menzel, Adolf (1926): *Umwelt und Persönlichkeit in der Staatslehre. Vortrag, gehalten in der statutenmäßigen Jahressitzung der Akademie der Wissenschaften in Wien, am 29. Mai 1926*, Wien: Österreichische Staatsdruckerei.

– (1938): *Grundriss der Soziologie*, Baden bei Wien: Verlag Rudolf M. Rohrer.

Mikl-Horke, Gertraude (2011): *Soziologie. Historischer Kontext und soziologische Theorie-Entwürfe*, 6., überarb. u. erw. Aufl., München: Oldenbourg.

Moebius, Stephan/Andrea Ploder (Hgg.) (2018): *Handbuch Geschichte der deutschsprachigen Soziologie*, Bd. 1: *Geschichte der Soziologie im deutschsprachigen Raum*, Wiesbaden: Springer.

Mozetič, Gerald (Hg.) (1983): *Austromarxistische Positionen*, Wien: Böhlau Verlag.

– (2018): Anfänge der Soziologie in Österreich. In: Moebius/Ploder 2018, S. 37–64.

Müller, Reinhard (2008): *Marienthal. Das Dorf – Die Arbeitslosen – Die Studie*, Innsbruck/Wien/Bozen: StudienVerlag.

Nörr, Knut Wolfgang/Bertram Schefold/Friedrich Tenbruck (Hgg.) (1994): *Geisteswissenschaften zwischen Kaiserreich und Republik. Zur Entwicklung von Nationalökonomie, Rechtswissenschaft und Sozialwissenschaft im 20. Jahrhundert*, Stuttgart: Franz Steiner Verlag.

Österreichische Akademie der Wissenschaften (Hg.) (2018): *Das Ende der österreichisch-ungarischen Monarchie. Diskussionsforum an der ÖAW am 22. Juni 2018*, Wien: Verlag der Österreichischen Akademie der Wissenschaften.

Pelinka, Anton (2001): Intentionen und Konsequenzen der Zerschlagung Österreich-Ungarns. In: Krumeich 2001, S. 202–210.

Rauchensteiner, Manfried (1993): *Der Tod des Doppeladlers. Österreich-Ungarn und der Erste Weltkrieg*, Graz/Wien/Köln: Verlag Styria.

– (1999): Mehr gab es nicht zu sagen. Spätsommer 1919: […] Die Republik Österreich nimmt ihren Anfang. In: *Die Presse* (Wien), 4. September 1999, Beilage »Spectrum«, S. III.

Rehberg, Karl-Siegbert (1986): Deutungswissen der Moderne oder »administrative Hilfswissenschaft«? Konservative Schwierigkeiten mit der Soziologie. In: Sven Papcke (Hg.), *Ordnung und Theorie. Beiträge zur Geschichte der Soziologie in Deutschland*, Darmstadt: Wissenschaftliche Buchgesellschaft.

Rumpler, Helmut (Hg.) (2016): *Die Habsburgermonarchie 1848–1918*, Bd. 11/1: *Die Habsburgermonarchie und der Erste Weltkrieg. Der Kampf um die Neuordnung Mitteleuropas*, Wien: Österreichischen Akademie der Wissenschaften.

Schelsky, Helmut (1959): *Ortsbestimmung der deutschen Soziologie*, Düsseldorf: Eugen Diederichs.

Schmied-Kowarzik, Anatol (2016): War Losses (Austria-Hungary). In: *1914–1918-online. Inter-*

national Encyclopedia of the First World War, online zugänglich unter: https://encyclopedia.1914-1918-online.net/article/war_losses_austria-hungary.
Schumpeter, Joseph [A.] (1919): *Zur Soziologie der Imperialismen*, Tübingen: J.C.B. Mohr. (Erstmals erschienen in: *Archiv für Sozialwissenschaft und Sozialpolitik* 46 [1918/19], S. 1–39 und S. 275–310.)
– (1927): Die sozialen Klassen im ethnisch homogenen Milieu. In: *Archiv für Sozialwissenschaft und Sozialpolitik* 57, S. 1–67.
– (1950): *Kapitalismus, Sozialismus und Demokratie.* Einleitung von Edgar Salin, 3. Aufl., München: Francke Verlag. (Übersetzung aus dem Englischen von Dr. Susanne Preiswerk. Die Originalausgabe erschien 1942 bei Harper & Brothers in New York unter dem Titel *Capitalism, Socialism and Democracy.*)
Spann, Othmar (1921): *Der wahre Staat. Vorlesungen über Abbruch und Neubau der Gesellschaft, gehalten im Sommersemester 1920 an der Universität Wien*, Leipzig: Quelle & Meyer.
Stiefel, Dieter (1979): *Soziale, politische und wirtschaftliche Auswirkungen am Beispiel Österreichs 1918–1938*, Berlin: Duncker & Humblot.
Strachan, Hew (2001): *The First War*, Bd. 1: *To Arms*, Oxford: Oxford University Press.
Tálos, Emmerich (1995): Sozialpolitik in der Ersten Republik. In: Tálos/Dachs/Hanisch/Staudinger 1995, S. 570–586.
– /Herbert Dachs/Ernst Hanisch/Anton Staudinger (Hgg.) (1995): *Handbuch des politischen Systems Österreichs. Erste Republik 1918–1933*, Wien: Manz.
Tönnies, Ferdinand (1887): *Gemeinschaft und Gesellschaft. Abhandlung des Communismus und des Socialismus als empirischer Culturformen*, Leipzig: Fues's Verlag (R. Reisland). (Ab der 2. Auflage 1912 mit dem Untertitel *Grundbegriffe der reinen Soziologie.* Zu Lebzeiten 8 Auflagen; die letzte 1935, danach mehrfach neu aufgelegt.)
Topitsch, Ernst (1958): *Vom Ursprung und Ende der Metaphysik. Eine Studie zur Weltanschauungskritik*, Wien: Springer-Verlag.
– (1969): *Mythos – Philosophie – Politik. Zur Naturgeschichte der Illusion*, Freiburg i.B.: Rombach.
– (1986): Wien um 1900 – und heute. In: Berner, Peter/Emil Brix/Wolfgang Mantl (Hgg.), *Wien um 1900. Aufbruch in die Moderne*, München: R. Oldenbourg Verlag, S. 17–31.
– (2005): Ein Blick zurück auf die geistige »Welt von gestern«. In: Ders., *Überprüfbarkeit und Beliebigkeit. Die beiden letzten Abhandlungen des Autors.* Mit einer wissenschaftlichen Würdigung und einem Nachruf hrsg. von Karl Acham, Wien/Köln/Weimar: Böhlau, S. 105–122.
– (Hg.) (1964): *Hans Kelsen. Aufsätze zur Ideologiekritik*, Neuwied am Rhein/Berlin: Luchterhand.
Wald, Abraham (1939): Contributions to the theory of statistical estimation and testing hypotheses. In: *Annals of Mathematical Statistics* 10, S. 299–326.
Weiler, Bernd (2015): *Die Ordnung des Fortschritts. Zum Aufstieg und Fall der Fortschrittsidee in der »jungen« Anthropologie*, Bielefeld: transcript Verlag.
Wieser, Friedrich [von] (1919): *Österreichs Ende*, Berlin: Verlag Ullstein & Co.
– (1926): *Das Gesetz der Macht*, Wien: Verlag von Julius Springer.

Karl Acham

Kurzbiographien der erörterten Autorinnen und Autoren

Adler, Alfred (*Rudolfsheim bei Wien 1870 – †Aberdeen 1937): Studium der Medizin an der Universität Wien (Dr. med. 1895). Praktizierte an der Wiener Poliklinik, an der mittellose Patienten kostenlos behandelt wurden, 1899 Niederlassung in freier Praxis, zu dieser Zeit auch erster Kontakt zu Sigmund Freud. 1902 von Freud eingeladenes Gründungmitglied der Psychologischen Mittwochs-Gesellschaft, 1910 Vorsitzender der Wiener Gruppe der neuen Internationalen Psychoanalytischen Vereinigung. 1911 Bruch mit Freud und Gründung des Vereins für freie Psychoanalyse, der 1913 in Verein für Individualpsychologie umbenannt wurde. Der Versuch, sich an der Universität Wien zu habilitieren, scheiterte 1915. Nach dem Ende des Ersten Weltkriegs richtete Adler in Wien an Volkshochschulen und Pflichtschulen Erziehungsberatungsstellen ein und übte als Dozent am Pädagogischen Institut der Stadt Wien entscheidenden Einfluss auf die sozialdemokratischen Schulreformen aus. Ab 1926 vermehrte internationale Vortragstätigkeit, insbesondere auch in den USA. 1932 Lehrtätigkeit am Long Island College in New York, 1934 endgültige Übersiedelung in die USA. Adler verstarb auf einer seiner Vortragsreisen in Europa. – Literatur: Gerhard Benetka: *Die Psychoanalyse der Schüler um Freud. Entwicklungen und Richtungen*, Wiesbaden: Springer 2017.

Adler, Guido (*Eibenschütz/Mähren [Ivančice] 1855 – †Wien 1941): Nach der Übersiedlung nach Wien 1864 studierte Adler ab 1869 am Konservatorium der Gesellschaft der Musikfreunde Klavier. 1878 schloss er ein Jusstudium ab, beschäftigte sich aber auch intensiv mit Musikgeschichte. 1880 promovierte er im Fach Musikgeschichte bei Eduard Hanslick an der Wiener Universität, bereits ein Jahr später folgte die Habilitation. 1884 wurde er zum Mitbegründer der *Vierteljahrsschrift für Musikwissenschaft*, 1885 ao. Professor an der Deutschen Universität in Prag, 1898 Nachfolger Hanslicks als o. Professor in Wien. Hier erfolgte durch Adler der Aufbau eines musikwissenschaftlichen Instituts. Kennzeichnend für die »Wiener Schule der Musikwissenschaft« wurde die Edition musikalischer Quellen auf stilkritischer Basis, vor allem in den von Adler 1893 begründeten *Denkmälern der Tonkunst in Österreich*. Die Methode der Stilkritik diente auch als Grundlage für das von Adler 1924 in internationaler Kooperation herausgegebene *Handbuch der Musikgeschichte* (2. Aufl. 1930). 1927 emeritiert, lebte er – als Jude von den Nationalsozialisten geduldet – zunehmend zurückgezogen bis zu seinem Tod weiter in Wien. – Literatur: Volker Kalisch: *Entwurf einer Wissenschaft von der Musik: Guido Adler*, Baden-Baden: Valentin Koerner 1988.

Adler, Max (*Wien 1873 – †ebd. 1937): Studium der Rechtswissenschaften (Promotion 1896), Rechtsanwalt in Floridsdorf. Während des Studiums Beitritt zur Sozialdemokratischen Partei. Ab 1895 intensive politische, akademische und volksbildnerische Publikationstätigkeit. 1903 gemeinsam mit Otto Bauer, Rudolf Hilferding und Karl Renner Gründung des Vereins »Die Zukunft«, 1904 bis 1923 Mitherausgeber der »Marx-Studien«, in deren erstem Band »Kausalität und Teleologie im Streite um die Wissenschaft« erschien. 1907 Mitbegründer der Wiener »Soziologischen Gesellschaft«, während des Krieges Teil der innerparteilichen Linksopposition. 1919 Mitglied des Wiener Arbeiterrates und Abgeordneter zum Niederösterreichischen Landtag, 1920 Habilitation für Gesellschaftslehre an der Universität Wien. 1920 bis 1923 Abgeordneter zum Wiener Gemeinderat, 1921 ao. Professor, nach dem Justizpalastbrand vom Juli 1927 intensive Kritik am Kurs der Parteiführung. – Literatur: Peter Heintel: *System und Ideologie. Der Austromarxismus im Spiegel der Philosophie Max Adlers*, Wien: Oldenbourg 1967; Christian Möckel: *Sozial-Apriori. Der Schlüssel zum Rätsel der Gesellschaft. Leben, Werk und Wirkung Max Adlers*, Frankfurt: Peter Lang 1993; Alfred Pfabigan: *Max Adler. Eine politische Biographie*, Frankfurt: Campus 1982.

Adler, Victor (*Prag 1852 – †Wien 1918): Adlers wohlhabende Familie übersiedelte 1855 nach Wien, wo der Verehrer Nietzsches und Wagners als Student Mitglied einer deutschnationalen Burschenschaft war. 1882 Mitautor des »Linzer Programms«. 1881 Promotion zum Dr. med., Assistent bei Theodor Meynert, Studienaufenthalt in Paris, Armenarzt und Psychiater, Abkehr von der antisemitischen deutschnationalen Bewegung, Anschluss an einen Arbeiterbildungsverein. 1886 Gründung der Zeitschrift *Gleichheit*, in der er eine aufsehenerregende Serie über das Elend der Ziegelarbeiter publizierte, Begegnungen mit August Bebel, Eduard Bernstein und Friedrich Engels. 1888/89 Organisator des Einigungsparteitages von Hainfeld und Gründer der Sozialdemokratischen Partei Österreichs. 1889 Gründung der *Arbeiter-Zeitung*, ab 1905 Abgeordneter zum Reichsrat, 1914 bis 1916 innerparteilicher Vertreter der »Burgfriedenspolitik«, vom 30. Oktober 1918 bis zu seinem Tod am 11. November 1918 Staatssekretär des Äußeren der Republik Deutschösterreich. – Literatur: Julius Braunthal: *Victor und Friedrich Adler. Zwei Generationen Arbeiterbewegung*, Wien: Verlag der Wiener Volksbuchhandlung 1965; Ders.: *Victor Adler im Spiegel seiner Zeitgenossen*, Wien: Verlag der Wiener Volksbuchhandlung 1968.

Amonn, Alfred (*Bruneck/Südtirol 1883 – †Bern 1962): Studium der Rechtswissenschaft und der Nationalökonomie in Innsbruck und Wien. Habilitation 1910 und ao. Professor in Freiburg i.Üe./Fribourg. Ab 1912 Professor in Czernowitz, ab 1920 an der Deutschen Universität in Prag. Von 1926 bis 1929 war Amonn Gastprofessor in Tokio, anschließend wirkte er bis 1953 als Professor für theoretische Nationalökonomie und Finanzwissenschaften in Bern. Als sein Hauptwerk bis 1918 gilt: *Objekt und Grundbegriffe der theoretischen Nationalökonomie* (1911). – Literatur: Valentin F. Wagner/Fritz Marbach (Hgg.): *Wirtschaftstheorie und Wirtschaftspolitik. Festschrift für Alfred Amonn zum*

70. *Geburtstag*, Bern: Francke 1953; Gerhard Winterberger: Alfred Amonn und Joseph A. Schumpeter: Zum 100.Geburtstag, in: *Schweizer Monatshefte* 5 (1983), S. 387–396.

ANDRIAN-WERBURG, Viktor Freiherr von (*Görz/Küstenland [Gorizia] 1813 – †Wien 1858): Trat nach juridisch-politischen Studien in Wien 1833 (oder 1834) in den österreichischen Staatsdienst ein, in dem er in Venedig, Mailand und (ab 1844) in Wien wirkte. 1846 aus dem Staatsdienst entlassen, als bekannt wurde, dass er der anonyme Verfasser der kritisch-aufgeklärten Schrift *Oesterreich und dessen Zukunft* (2 Bde., 1842/47) ist. Er trat für die Umgestaltung Österreichs nach englischem Vorbild (self-government) mit einer stärkeren Rolle des Adels ein. Im April 1848 in das Frankfurter Vorparlament entsandt, anschließend in die Deutsche Nationalversammlung gewählt und deren Vizepräsident. Von August 1848 bis Jänner 1849 Reichsgesandter in London. Er lehnte das Aufgehen Österreichs im neuen Deutschen Reich ab, dennoch geriet nach der Wende zum Neoabsolutismus seine Karriere ins Stocken – auch seine Schrift *Centralisation und Decentralisation in Österreich* (1850) wurde am Hof nicht goutiert – und er trat in den Verwaltungsrat der Kaiserin-Elisabeth-Westbahn ein. – Literatur: Franz Adlgasser (Hg.): *Viktor Franz Freiherr von Andrian-Werburg.* [...] *Tagebücher 1839–1858*, 3 Bde., Wien/Köln/Weimar: Böhlau 2011; s. darin insb. die biographische Skizze in Bd. 1: *Einleitung. Tagebücher 1839–1847*, S. 11–36.

ARLT, Ilse Amalia Maria von (*Pötzleinsdorf bei Wien 1876 – †Wien 1960): Seit früher Jugend autodidaktisch an Armutsfragen arbeitend, trat sie 1896 nach Absolvierung der Lehramtsprüfung für Englisch dem Sozialwissenschaftlichen Bildungsverein bei. Ab 1901 wissenschaftliche Hilfskraft im Statistischen Landesamt des Herzogtums Steiermark. Von 1901 bis 1905 studierte sie auf Einladung von Ernst Mischler und Eugen von Philippovich – als Frau vom regulären Studium ausgeschlossen – als außerordentliche Hörerin Nationalökonomie in Graz und Wien. 1907 Gründungsmitglied der Soziologischen Gesellschaft in Wien. 1912 errichtete sie die erste Fürsorgerinnenschule Österreich-Ungarns mit integrierter Forschungsstätte. 1923 Verleihung des Titels Bundesfürsorgerat; 1955 Ehrung mit dem Dr. Karl Renner-Preis für wissenschaftliche Leistungen. Als ihre Hauptwerke bis 1918/19 gelten: »Die gewerbliche Nachtarbeit der Frauen in Österreich« (1902, in: *Schriften der österreichischen Gesellschaft für Arbeiterschutz* 1); »Der persönliche Faktor in der Fürsorge« (1913, in: *Zeitschrift für Kinderschutz und Jugendfürsorge* 8-9/5). – Literatur: Maria Maiss (Hg.): *Ilse Arlt – Pionierin der wissenschaftlich begründeten Sozialarbeit*, Wien: Löcker 2013.

BACH, Maximilian (*wahrsch. Lemberg [L'viv] 1871 – †London 1956): Über das Leben und Wirken des älteren Bruders des sozialdemokratischen Kulturpolitikers David Josef Bach gibt es nur sehr spärliche Quellen. Gemäß den Prof. Ernst Bruckmüller gegebenen wertvollen Hinweisen der Herren Theodor Venus und Georg Gaugusch (beide Wien) war Maximilian Bach zur Zeit der Abfassung seiner 1898 erschienenen *Geschichte der Wiener Revolution im Jahre 1848* Redakteur bei der Wiener *Arbeiter-Zeitung*, die er um 1898/99 verließ. Später schrieb er für die liberale *Zeit* und für Karl Kautskys *Neue Zeit*. 1901 heiratete er Ada Goulden, die Schwester der britischen Frauenrechtlerin Emmeline Pankhurst. Vermutlich übersiedelte er wegen der Heirat nach London, wo er vor (und auch wieder nach) dem Ersten Weltkrieg als Mitarbeiter der *Neuen Freien Presse* wirkte. Bach erhielt im Mai 1938 die britische Staatsbürgerschaft und soll seinem Bruder bei der Emigration nach England behilflich gewesen sein.

Bauer, Otto (*Wien 1881 – †Paris 1938): Sohn eines jüdischen Textilfabrikanten, verheiratet mit der bekannten austromarxistischen Nationalökonomin Helene Bauer, geb. Gumplowicz, der Nichte des Soziologen. Er studierte Nationalökonomie, Soziologie, Philosophie, Sprachen und Jurisprudenz in Wien (Promotion zum Dr. iur. 1906). Mit 26 Jahren veröffentlichte er das Schlüsselwerk *Die Nationalitätenfrage und die Sozialdemokratie*. Im gleichen Jahr – 1907 – Mitgründer und bis 1914 Redaktionsleiter des theoretischen Organs des Austromarxismus *Der Kampf*, Redaktionsmitglied der *Arbeiter-Zeitung*. 1914 bis 1917 Leutnant bzw. Kriegsgefangener in Russland. Ende 1918 Nachfolger Victor Adlers als Staatssekretär des Äußeren, zusätzlich Vorsitzender der Sozialisierungskommission, Rücktritt wegen des Scheiterns seiner Bemühungen um den Anschluss an Deutschland im Juli 1919. Abgeordneter zum Nationalrat bis 1933, Autor des Linzer Programms von 1926 und führender austromarxistischer Theoretiker. Nach dem Scheitern des Februaraufstands von 1934 Exil in Brünn, wo er gemeinsam mit Julius Deutsch das Auslandsbüro der österreichischen Sozialdemokraten leitete, danach in Paris. – Literatur: Ernst Hanisch: *Der große Illusionist. Otto Bauer (1881–1938)*, Wien: Böhlau 2011; Otto Leichter: *Otto Bauer. Tragödie oder Triumph?*, Wien: Europa-Verlag 1970.

Bauer, Wilhelm (*Wien 1877 – †Linz 1953), Sohn eines Direktors der Donaudampfschifffahrtsgesellschaft. 1901 Staatsprüfung am Institut für Österreichische Geschichtsforschung, 1902 Promotion an der Universität Wien, hier 1907 Habilitation mit einer Arbeit über die Anfänge Ferdinands I., 1917 ao. Prof. für Österr. Geschichte und 1930 o. Prof. für Allgemeine Geschichte der Neuzeit. 1931 korr. und 1939 wirkl. Mitglied der Österr. Akademie der Wissenschaften, 1920–1945 Redakteur der *Mitteilungen des Instituts für Österr. Geschichtsforschung* (*MIÖG*). Bis zum Parteienverbot 1934 Mitglied der Großdeutschen Volkspartei, seit 1941 der NSDAP; 1945 der Lehrtätigkeit an der Universität enthoben, 1946 in den Ruhestand versetzt. Als seine Hauptwerke gelten: *Die öffentliche Meinung und ihre geschichtlichen Grundlagen. Ein Versuch* (1914); *Einführung in das Studium der Geschichte* (1921; 2., verb. Aufl. 1928); *Die öffentliche Meinung in der Weltgeschichte* (1930). – Literatur: Hugo Hantsch: Wilhelm Bauer †, in: *MIÖG* 61 (1953), S. 510f.; Fritz Fellner: Geschichte als Wissenschaft. Der Beitrag Österreichs zu Theorie, Methodik und Themen der Geschichte der Neuzeit, in: Karl Acham (Hg.), *Geschichte der österreichischen Humanwissenschaften*, Bd. 4, Wien: Passagen Verlag 2002, S. 161–213.

Beöthy, Leó (*1839 Großwardein/Nagyvárad [Oradea, Rumänien] – †1886 Budapest): Studierte in seiner Heimatstadt und beschäftigte sich mit Statistik, Ökonomie und Volkskunde. Trat kurz nach dem Ausgleich von 1867 in das ungarische Handelsministerium ein, wo er 1877 zum Ministerialrat aufstieg. Ab 1883 stellvertretender Direktor des ungarischen Amtes für Statistik, daneben Leiter der volkswirtschaftlichen Redaktion der volkswirtschaftlichen Zeitschrift *Hon* [Heimat]. Als seine Hauptwerke gelten: *Magyarország áruforgalma Ausztriával és a külfölddel* [Der Warenverkehr Ungarns mit Österreich und dem Ausland], 1868 sowie 1871; *Magyarország statisztikája* [Die Statistik Ungarns], 1876; *A társadalom keletkezéséről* [Über den Ursprung der Gesellschaft], 1878; *A társadalmi fejlődés kezdetei* [Anfänge der gesellschaftlichen Entwicklung], 1882. – Literatur: Oscar von Krücken/Imre Parlagi (Hgg.): *Das geistige Ungarn. Biographisches Lexikon*, Wien/Leipzig, W. Braumüller 1918.

Bernatzik, Edmund (*Mistelbach 1854 – †Wien 1919): Der Sohn eines Notars studierte Jus in Wien und Graz (Promotion 1876). Nach Freistellung vom richterlichen Dienst verfasste er das Buch *Rechtsprechung und materielle Rechtskraft* (1885), mit dem er sich 1886 in Wien habilitierte. 1890 erschien sein Werk *Kritische Studien über den Begriff der juristischen Person*, 1892 das Büchlein *Republik und Monarchie*. 1891 wurde er an die Universität Basel berufen, 1893/94 wechselte er nach Graz und ab 1894 wirkte er als Ordinarius für Allgemeines und österreichisches Staats- und Verwaltungsrecht an der Universität Wien. Zu seinen Hörern gehörte u. a. Hans Kelsen. Bernatzik wurde zum führenden österreichischen Staatsrechtslehrer und gilt als einer der Begründer der »juristischen Methode« in der deutschen Verwaltungswissenschaft. Ab 1900 war er im k.k. Reichsgericht tätig, ab 1911 als Mitglied einer Kommission zur Verwaltungsreform. Bernatzik trat auch für die Rechte der nichtdeutschen Nationalitäten ein und engagierte sich in der Volksbildung sowie für Frauenrechte. – Literatur: Gernot D. Hasiba: Edmund Bernatzik (1854–1919). Begründer der Theorie des österreichischen Verwaltungsrechts, in: Helfried Valentinitsch/Markus Steppan (Hgg.), *Festschrift für Gernot Kocher zum 60. Geburtstag*, Graz: Leykam 2002, S. 93–109.

Bernfeld, Siegfried (*Lemberg [L'viv] 1892 – †San Francisco 1953): 1911–1915 Studium an der Philosophischen Fakultät der Universität Wien, u.a. bei Alois Höfler und Wilhelm Jerusalem; 1915 Dissertation *Über den Begriff der Jugend*; ab 1914 aktiv in der zionistischen Bewegung; Engagement in der jüdischen Kinder- und Jugendfürsorge; Mitherausgeber von *Der Anfang. Zeitschrift für die Jugend* (1913/1914); 1917–1921 Mitherausgeber der *Blätter aus der jüdischen Jugendbewegung* sowie der Zeitschrift *Jerubbaal.*

Eine Zeitschrift der jüdischen Jugend; 1921 kurzzeitig Privatsekretär von Martin Buber in Heidelberg; 1922–1925 Tätigkeit am Lehrinstitut der Wiener Psychoanalytischen Vereinigung; 1925 erscheint seine Schrift *Sisyphos oder die Grenzen der Erziehung*, in der er seine Konzeption der Pädagogik mit psychoanalytischer Grundorientierung darlegt (2. Aufl. 1928); 1925–1932 in der Psychoanalytischen Vereinigung in Berlin tätig; 1934–1937 Emigration über Südfrankreich und London in die USA. In den USA am Aufbau der Psychoanalytischen Vereinigung beteiligt; Arbeit an biographischen Studien über Sigmund Freud. – Literatur: Peter Dudek: *Fetisch Jugend. Walter Benjamin und Siegfried Bernfeld. Jugendprotest am Vorabend des Ersten Weltkriegs*, Bad Heilbrunn: Verlag Julius Klinkhardt 2002, S. 52–67.

Bláha, Inocenc Arnošt (*Krasnau/Böhmen [Krasoňov] 1879 – †Brünn [Brno] 1960): Besuchte zunächst das theologische Seminar in Königgrätz, aus dem er aufgrund seiner freidenkerischen Ansichten ausgeschlossen wurde, und studierte dann Philosophie in Prag (dort Dr. phil. 1908) und Wien, später auch Soziologie bei Émile Durkheim (1902/03) und Lucien Lévy-Bruhl (1908 bis 1910) in Paris. Politisch stand er der gemäßigt tschechisch-nationalen Linie Tomáš Garrigue Masaryks nahe. In der Zwischenkriegszeit Mitbegründer der besonders in Theoriefragen profilierten »Brünner Soziologischen Schule«, deren 1930 bis 1949 erschienene (und von Bláha gemeinsam mit Emanuel Chalupný und Josef Ludvík Fischer herausgegebene) Zeitschrift *Sociologická revue* große Bedeutung erlangte. Die Rezeption seines Werks trug wesentlich zur Restitution der tschechoslowakischen Soziologie in der Zeit des Reformsozialismus bei. Als seine Hauptwerke bis 1918 gelten: Národnost ze stanoviska sociologického [Eine soziologische Stellungnahme zur Frage der Nationalität], in: *Česká mysl* 10/1909; *Město. Sociologická studie* [Die Stadt. Eine soziologische Studie], 1914. – Literatur: Pavla Vošahlíková et al. (Hgg.): *Biografický slovník českých zemí* [Biographisches Lexikon der tschechischen Länder], Bd. 5, Praha: Libri 2006, S. 529f.

Bogišić, Baldo (Baltazar, Valtazar) (*Ragusa Vecchia/Dalmatien [Cavtat bei Dubrovnik] 1834 – †Fiume [Rijeka] 1908): Der Sohn eines Kaufmanns entschied sich nach dessen Tod dafür, die Matura am Kollegium Sta. Caterina in Venedig nachzuholen (1859); dort an den italienischen Befreiungsbestrebungen beteiligt. Studierte Rechtswissenschaften in Wien, Berlin, München und Paris, Dr. phil. Univ. Gießen 1862, Dr. iur. Univ. Wien 1865, hier Bibliothekar an der Hofbibliothek (1863–1868). Danach Schulaufsichtsrat in der Banater Militärgrenze (1868/69), Professor der Rechte in Odessa (ab 1869/1870), Beirat der provisorischen Regierung in Bulgarien (1877), Justizminister in Montenegro (1893–1899). Mitglied der Société d'économie sociale, des Internationalen Instituts für Soziologie (zuerst Vizepräsident, 1902 Präsident) und zahlreicher weiterer Vereine in Wien, Odessa und Paris. Als seine Hauptwerke gelten: *Zbornik sadašnjih pravnih običaja u južnih Slovena* [Sammlung der gegenwärtigen Rechtsgewohnheiten bei den Südslawen], 1874; *Allgemeines Gesetzbuch über Vermögen für das Fürstenthum Montenegro* (1888, dt. 1893). – Literatur: Werner Zimmermann: *Valtazar Bogišić 1834–1908. Ein Beitrag zur südslavischen Geistes- und Rechtsgeschichte im 19. Jahrhundert*, Wiesbaden: Verlag Franz Steiner 1962.

Böhm von Bawerk, Eugen (*Brünn [Brno] 1851 – †Kramsach 1914): Eugen Böhm, ab 1854 mit der Adelserhebung seines Vaters Ritter von Bawerk, studierte Rechts- und Staatswissenschaften an der Universität Wien und trat zunächst in den österreichischen Finanzdienst ein. Nach der Promotion 1875 an der Universität Wien Studien in Heidelberg, Leipzig und Jena bei Karl Knies, Wilhelm Roscher und Bruno Hildebrand. 1880 Heirat mit Paula von Wieser, der Schwester seines Schul- und Studienfreundes Friedrich von Wieser. Im selben Jahr Habilitation in Wien und Lehrstuhlvertretung in Innsbruck, 1884 Ordinariat daselbst. 1889 bis 1904 Tätigkeit im Finanzministerium, auch als Finanzminister. Reform der direkten Besteuerung in Österreich. Nach seinem Rücktritt wegen der Erhöhung der Militärausgaben Wechsel auf den eigens für ihn geschaffenen Lehrstuhl an der Universität Wien. 1911 Präsident der Österreichischen Akademie der Wissenschaften. Als seine Hauptwerke bis 1918 gelten: *Kapital und Kapitalzins* (1884); *Positive Theorie des Kapitales* (1889); »Macht oder ökonomisches Gesetz?« (1914). – Literatur: Joseph A. Schumpeter: Das wissenschaftliche Lebenswerk Eugen von Böhm-Bawerks, in: *Zeitschrift für Volkswirtschaft, Socialpolitik und Verwaltung* 23 (1914), S. 454–528.

Bolzano, Bernard (*Prag 1781 – †ebd. 1848): Studierte Philosophie, Mathematik und Physik an der Prager Karls-Universität; ebd. 1805 Professur für Religionslehre (ab 1806 o. Prof.), im selben Jahr Weihe zum katholischen Priester; 1819 Entzug der Lehrerlaubnis (Bolzano-Prozeß) und Publikationsverbot, danach Privatgelehrter. Die großzügige Förderung durch adelige und bürgerliche Gönner erlaubte es ihm, sich ganz der Forschung zu widmen. Seine Schriften erschienen im deutschsprachigen Ausland (zumeist in Bayern) und behandeln Themen der Religionsphilosophie, der Erkenntnistheorie, der Logik, der Ästhetik, der Sozialphilosophie und der Mathematik (Satz von Bolzano-Weierstraß, Bolzanofunktion). Ein großer Teil seiner Arbeiten erschien erst posthum im Druck. Als seine Hauptwerke gelten: *Athanasia oder Gründe für die Unsterblichkeit der Seele* (1827); *Lehrbuch der Religionswissenschaft* (4 Bde., 1834); *Wissenschaftslehre* (4 Bde., 1837); *Erbauungsreden* (4 Bde., 1849–1852); *Paradoxien des Unendlichen* (1851); *Von dem besten Staate* (1932). – Literatur: Eduard Winter: *Bernard Bolzano. Ein Lebensbild* [erstmals 1933 als *Bernard Bolzano und sein Kreis*, Leipzig: Hegner] (= *Bernard Bolzano-Gesamtausgabe*, Einleitungsbd. E1), Stuttgart/Bad Cannstatt: Frommann-Holzboog 1969.

Brentano, Franz (*im aufgelassenen Nonnenkloster Marienberg bei Boppard am Rhein 1838 – †Zürich 1917): Aufgewachsen in Aschaffenburg, ab 1856 Studium der Philosophie in München, Würzburg, Berlin und Münster, Dr. phil. in Tübingen 1862.

Theologische Studien in München und Würzburg, Priesterweihe 1864. Habilitation für Philosophie in Würzburg 1866, 1872 ao. Prof. für Philosophie ebd. Infolge der Verlautbarung des Dogmas der päpstlichen Unfehlbarkeit 1870 allmähliche Entfremdung von der Katholischen Kirche; 1873 Verzicht auf das Würzburger Extraordinariat und Niederlegung des Priesteramts. 1874 o. Prof. für Philosophie an der Universität Wien. 1880 legte er die mit der Professur in Wien verknüpfte österr. Staatsbürgerschaft nieder, um sich zu verheiraten, konnte aber weiterhin als Privatdozent an der Universität Wien wirken. 1895 Übersiedelung nach Florenz, 1896 italienischer Staatsbürger. 1915 Übersiedelung nach Zürich. Als seine psychologischen Hauptwerke gelten: *Psychologie vom empirischen Standpunkte* (2 Bde., 1874); *Deskriptive Psychologie* (posthum 1982). – Literatur: Gerhard Benetka: Franz Brentano – revisited: (Nach-)Wirkungen auf die Psychologie, in: Ders./Hans Werbik (Hgg.), *Die philosophischen und kulturellen Wurzeln der Psychologie* […], Gießen: Psychosozial-Verlag 2018.

Brentano, Lujo, eigtl. Ludwig Joseph (*Aschaffenburg 1844 – †München 1931): Entstammt einer katholischen Intellektuellenfamilie mit oberitalienischen Wurzeln. Bruder des Philosophen Franz Brentano und Neffe der Schriftsteller Clemens Brentano und Bettina von Arnim. Studierte in Dublin, Heidelberg (Dr. iur., 1866) und Göttingen (Dr. phil., 1867) und habilitierte sich 1871 in Berlin. 1872 bis 1882 Professor an der Universität Breslau, 1882 bis 1888 in Straßburg, 1888/89 in Wien, 1889 bis 1891 in Leipzig und 1891 bis 1916 in München. Kam während seines Studienaufenthalts in Dublin mit dem katholisch-liberalen Milieu um Lord Acton in Berührung. Bedeutend für sein Profil als Ökonom war auch seine maßgebende Mitwirkung bei der Gründung des Vereins für Socialpolitik 1873, welcher in seinen ersten Jahrzehnten eine klar politische Agenda verfolgte. Als seine Hauptwerke vor 1918 gelten vor allem: *Arbeitseinstellungen und Fortbildung des Arbeitsvertrags* (1890), *Meine Polemik mit Karl Marx* (1890), *Ethik und Volkswirtschaft in der Geschichte* (1901). – Literatur: Detlef Lehnert: Lujo Brentano als politisch-ökonomischer Klassiker des modernen Sozialliberalismus, in: Ders. (Hg.), *Sozialliberalismus in Europa. Herkunft und Entwicklung im 19. und frühen 20. Jahrhundert*, Wien u.a.: Böhlau 2012, S. 111–134.

Bühler, Karl (*Meckesheim 1879 – †Los Angeles 1963): Studierte Medizin in Freiburg i.Br. (Dr. med. 1903) und Philosophie in Straßburg (Dr. phil. 1904), danach Assistent in dem von Oswald Külpe (1862–1915) geleiteten Institut für Psychologie an der Universität Würzburg. 1909 folgte er Külpe an die Univ. Bonn, 1913 nach München, wo er nach dessen plötzlichem Tod 1915 vertretungsweise dessen Lehrstuhl übernahm und die Külpe-Studentin Charlotte Malachowski (1893–1974) kennenlernte, die er 1916 heiratete. 1918 o. Prof. für Philosophie und Pädagogik an der TH Dresden, ab 1922 in Wien, wo er mit dem Wiener Psychologischen Institut ein international renommiertes Lehr- und Forschungszentrum begründete. Nach dem »Anschluss« Österreichs 1938 wurde Bühler, dessen Ehefrau als »nicht-arisch« galt, für sechs Wochen in »Schutzhaft« genommen und schließlich ohne Pensionsansprüche aus dem Universitätsdienst entlassen. Gemeinsam mit seiner Frau emigrierte er in die USA. Als seine Hauptwerke gelten: *Die geistige Entwicklung des Kindes* (1918); *Sprachtheorie. Die Darstellungsfunktion der Sprache* (1934). – Literatur: Gerhard Benetka/Janette Friedrich: Art. »Bühler, Karl«, in: Uwe Wolfradt u.a. (Hgg.), *Deutschsprachige Psychologinnen und Psychologen 1933–1945*, 2. Aufl., Wiesbaden: Springer 2017, S. 60f.

Bujak, Franciszek (*1875 Maszkienice/Westgalizien – †Krakau [Kraków] 1853): Der Sohn einer westgalizischen Bauernfamilie besuchte das Gymnasium in Bochnia (Salzberg/Kleinpolen) und studierte an der Jagiellonen-Universität in Krakau Geschichte, historische Geographie und Recht (Promotion 1900), wo er nach einjähriger Forschungsreise durch Deutschland und Italien auch als Archivar, Bibliothekar und Universitätsassistent arbeitete. 1905 Habilitation für polnische und allgemeine Wirtschaftsgeschichte mit einer Arbeit über die Sozialgeschichte Kleinpolens, 1909 ao. Professor für Sozialgeschichte. In dieser Zeit widmete er sich vor allem der Geschichte des Dorfes in sozialer und wirtschaftlicher Hinsicht und scharte junge Historiker um sich, die später als Bujak-Schule bekannt wurden und regen Kontakt zur Annales-Schule unterhielten. Nach dem Ersten Weltkrieg lehrte er kurzzeitig in Warschau und später – auch unter sowjetischer Herrschaft – in Lemberg als Ordinarius für Sozial- und Wirtschaftsgeschichte. Ab 1946 wirkte er wieder in Krakau. – Literatur: Bogna Szafraniec: *Franciszek Bujak (1875–1953): życie, działalność naukowo-dydaktyczna i społeczna* [Franiszek Bujak (1875–1953): Sein Leben, seine wissenschaftlich-didaktische und seine soziale Tätigkeit], Toruń: Marszałek 2009.

Chalupný, Emanuel (*Tabor/Böhmen [Tábor] 1879 – †ebd. 1960): Studierte Philosophie und Rechtswissenschaften in Prag. Zunächst erfolgreich als Rechtsanwalt tätig, widmete er sich der Soziologie lange Zeit nur als Privatgelehrter. Nach der Gründung der Ersten Tschechoslowakischen Republik 1918 Privatdozent für Soziologie an der Masaryk-Universität in Brünn, von 1936 bis 1948 ebd. Professor. Ab 1923 lehrte er zudem in Prag an der Technischen Hochschule und von 1928 bis 1939 an der Freien Hochschule der Politischen Wissenschaften. Führender Repräsentant der »Brünner Soziologischen Schule«. Gemeinsam mit Inocenc Arnošt Bláha u.a. Begründer der einflussreichen Zeitschrift *Sociologická revue* und der Masaryk-Gesellschaft für Soziologie, in deren Vorstand er von 1925 bis 1939 tätig war. Als seine Hauptwerke bis 1918 gelten: *Úvod do sociologie s ohledem na české poměry* [Einführung in die Soziologie im Hinblick auf tschechische Verhältnisse], 2 Bde., 1905; *Národní povaha česká* [Der tschechische Nationalcharakter], 1907; *Sociologie*, 5 Bde., 1916–21 (2., erw. Aufl. 1927–35). – Literatur: Emanuel Pecka: *Sociolog Emanuel Chalupný* [Der Soziologe E.C.], České Budějovice: Všers 2007.

Costa, Ethbin Heinrich (*Neustädtl/Unterkrain [Novo mesto] 1832 – †Laibach [Ljubljana] 1875): Sohn des angesehenen Laibacher Finanzwissenschaftlers, Industriepolitikers und Heimatkundlers Heinrich Costa, der Ehrendoktor der Universität Würzburg war. Ethbin Heinrich Costa studierte Rechtswissenschaften und Philosophie an der Karl-Franzens-Universität in Graz, wo er 1853 (Dr. phil.) und 1855 (Dr. iur.) promovierte und sich auf eine akademische Karriere vorbereitete. Dazu kam es allerdings nicht, denn auf Grund persönlicher Umstände kehrte er nach Laibach zurück, wo er sich als Advokat betätigte und als Redakteur die *Mitteilungen des historischen Vereins für Krain* betreute. Darüber hinaus verfasste er eine Reihe unterschiedlicher historischer Abhandlungen, darunter insbesondere eine *Bibliographie der deutschen Rechtsgeschichte* (Braunschweig 1858) sowie einen *Beitrag zur Geschichte des Ständewesens in Krain* (Laibach 1859). – Literatur: R. Lampreht: Art. »Costa, Etbin (Ethbin) Henrik (Joseph Anton) (1832–1875), Jurist, Politiker und Historiker«, in: *Österreichisches Biographisches Lexikon 1815–1950* [ÖBL], Online-Edition, Lfg. 4 (30.11.2015), online zugänglich unter http://www.biographien.ac.at/oebl?frames=yes.

Czoernig, Karl, ab 1852 Karl Freiherr von Czoernig-Czernhausen (*Tschernhausen/Böhmen [Černousy] 1804 – †Görz [Gorizia] 1889): Studierte in Prag und Wien Rechtswissenschaften. 1828 in Triest Eintritt in den Staatsdienst, 1834 Präsidialsekretär in Mailand. 1841 Leiter der Direction der administrativen Statistik in Wien, 1846 Hofrat, 1850 Sektionschef im Handelsministerium. 1848/49 Mitglied der Frankfurter Nationalversammlung. Reorganisierte die österreichische Handelsmarine als Leiter der Central-Seebehörde in Triest, nachdem er zuvor bereits den Aufschwung der Donau-Dampfschifffahrt maßgeblich vorangetrieben hatte. 1853 bis 1859 Leiter der Sektion für Eisenbahnbauten und Eisenbahnbetrieb, 1863 bis 1865 erster Präsident der k.k. Statistischen Zentralkommission. Czoernig erkannte als einer der ersten die Bedeutung der Statistik und veröffentlichte eine dreibändige *Ethnographie der Oesterreichischen Monarchie* (1855–57); daneben Übernahme weiterer Leitungsaufgaben, etwa in der k.k. Zentralkommission zur Erforschung und Erhaltung der Kunst- und historischen Denkmale (1852–1863). – Literatur: Constant von Wurzbach: Art. »Czoernig Freiherr von Czernhausen, Karl«, in: Ders., *Biographisches Lexikon des Kaiserthums Oesterreich*, Bd. 3, Wien: Typografisch-literarisch-artistische Anstalt 1858, S. 117–120.

Daszyńska-Golińska, Zofia, geb. Poznańska (*Warschau [Warszawa] 1866 – †ebd. 1934): Die Tochter armer Bauern besuchte Schulen in Warschau und Lublin und wurde Lehrerin. 1885 emigrierte sie in die Schweiz, studierte in Zürich Philosophie und wurde zur Sozialistin. Ab 1889 lebte sie in Lemberg, wo sie u.a. mit Ivan Franko befreundet war. 1891 promovierte sie in Zürich mit einer sozialgeschichtlichen Arbeit über die Bevölkerung Zürichs im 17. Jh. Ab 1892 lehrte sie in Warschau an der illegalen »Fliegenden Universität« und ab 1896 in Krakau, wo sie auch als Journalistin und Vortragende wirkte.

Eine Habilitation an der Jagiellonen-Universität wurde ihr aber verwehrt. Sie schrieb u.a. zu Themen der Philosophie, der Sozialpolitik und Sozialgeschichte, aber auch zur Soziologie und Methodologie der Wirtschaftswissenschaften. Sie erachtete v.a. Einzelbeobachtungen und Experimente als wichtige Methoden und verfolgte diesen Ansatz auch in ihrer 1918 beginnenden Tätigkeit als Ministerialbeamtin in Warschau und ab 1919 als Professorin für politische Ökonomie an einer Privathochschule. Von 1928 bis 1930 Senatorin. – Literatur: Renata Owadowska: *Zofia Daszyńska-Golińska. O nurt reformistyczny w polityce społecznej* [Z. D.-G. Die Reformbewegung in der Sozialpolitik], Warszawa: Zakład Badań Narodowościowych PAN 2004.

Dnistrjans'kyj, Stanislav (*Tarnopol/Ostgalizien [Ternopil] 1870 – †Ungwar/Komitat Ung [Užhorod/Transkarpatien, Ukraine] 1935): Studierte Jura in Wien, Berlin und Leipzig. 1899 Privatdozent, später Professor für Zivilrecht in ukrainischer Sprache an der Universität Lemberg. Im Auftrag der Wissenschaftlichen Gesellschaft Schewtschenko Herausgeber einer rechts- und wirtschaftswissenschaftlichen Zeitschrift. Beschäftigung v.a. mit einem rechtssoziologischen Ansatz zur Erforschung der Stellung des Gewohnheitsrechts im Rechtssystem. 1907 und 1911 wurde er für die ukrainische Nationaldemokratische Partei als Abgeordneter in den Österreichischen Reichsrat gewählt. Als es nach dem Ersten Weltkrieg nicht mehr möglich war, an der Universität Lemberg in ukrainischer Sprache zu lehren, gründete er 1921 mit einigen Kollegen in Wien die Ukrainische Freie Universität, die einige Monate später nach Prag übersiedelte. Wie Mychajlo Hruševskyj spielte auch er mit dem Gedanken, nach Kiew an die Sowjetukrainische Akademie der Wissenschaften zu wechseln, nahm davon letztlich aber doch Abstand und zog stattdessen in die damals zur Tschechoslowakei gehörende Karpatenukraine, um das dortige Gewohnheitsrecht zu erforschen. – Literatur: Mykola Mušynka: *Akademik Stanislav Dnistrjanskyj*, Kyïv: Akademija Nauk Ukrajiny 1992.

Durdík, Josef (*Horschitz/Böhmen [Hořice v Podkrkonoší] 1837 – †Prag [Praha] 1902): Studierte Naturwissenschaften, Mathematik und Philosophie an der Karls-Universität in Prag, wo er sich 1870 für Philosophie habilitierte und 1874 zum ao. Prof. bzw. 1880 zum o. Prof. berufen wurde. 1882 Wechsel an die neu eingerichtete Tschechische Universität, wo er als akademischer Gegenspieler von Tomáš G. Masaryk galt. Mitbegründer sowohl der tschechischen Philosophischen wie auch der Mathematischen Gesellschaft. Führender Vertreter des böhmischen Herbartianismus, den er gemeinsam mit Gustav Adolf Lindner, Jan Nepomuk Kapras und František Krejčí in eine unter dem Begriff »Herbart'sche Soziologie« bekannt gewordene Tradition überführte und den er durch den vom Darwinismus entlehnten Zweckgedanken als ein das gesamte Geschehen durchwaltendes Prinzip zu komplettieren versuchte. Als seine Hauptwerke gelten: *Leibniz und Newton. Ein Versuch über die Ursachen der Welt* (Habil., 1870); *Architektonika věd* [Architektonik der Wissenschaften], 1874; *Über die Verbreitung der Herbart'schen*

Philosophie in Böhmen (1883); *Soustava filosofie* [Das System der Philosophie], 1886. – Literatur: Ivo Tretera: *F. J. Herbart a jeho stoupenci na pražské univerzitě* [Herbart und seine Anhänger], Praha: Univ. Karlova 1989.

Dvořák, Max (*Raudnitz/Böhmen [Roudnice nad Labem] 1874 – †Grusbach/Tschechoslowakei [Hrušovany nad Jevišovkou] 1921): Dvořák vertrat als Dozent am Wiener Institut für Geschichtsforschung die von Franz Wickhoff und Alois Riegl vorgegebene Sicht einer eigengesetzlichen Stilgeschichte. Ab etwa 1910 stellte er unter dem Eindruck der unterschiedlichen Stile der zeitgenössischen Kunst – Impressionismus, Expressionismus und Große Abstraktion – fest, dass Stile und inhaltliche Ausdrucksformen auf tieferliegende kulturell bedingte Faktoren zurückgeführt und gemäß der Diktion Wilhelm Diltheys als »Weltanschauungstypen« interpretiert werden müssten. Als beispielhaft für die neue Methodik und Interpretationsweise ist die Abhandlung »Idealismus und Naturalismus in der gotischen Skulptur und Malerei« von 1918 zu sehen (abgedruckt postum in der Aufsatzsammlung *Kunstgeschichte als Geistesgeschichte*, 1924), in der die Ausdrucksformen der gotischen Architektur und Plastik als Repräsentation der dominierenden religiösen und spirituellen Kräfte der Zeit interpretiert werden. Einen frühen Anhänger fand Dvořák in Karl Mannheim. – Literatur: Hans Aurenhammer: Max Dvořák (1874–1921), in: Ulrich Pfisterer (Hg.), *Klassiker der Kunstgeschichte*, Bd. 1, München: C. H. Beck 2007, S. 214–226.

Eckstein, Gustav (*Wien 1875 – †Zürich 1916): Der Journalist und austromarxistische Theoretiker entstammte einer bemerkenswerten großbürgerlich-jüdischen Familie: Emma Eckstein, eine frühe Patientin Freuds und Pionierin des österreichischen Feminismus, und Therese Schlesinger, sozialdemokratische Nationalratsabgeordnete von 1919 bis 1923 und Mitglied des Bundesrates 1930 bis 1933, waren zwei seiner sechs Schwestern; Friedrich Eckstein, Universalgelehrter und Gatte der Schriftstellerin Bertha Diener (Pseud. Sir Galahad), einer seiner Brüder. 1897 schloss er sich der Sozialdemokratie an und publizierte regelmäßig in ihren Organen. Der vielseitig Gebildete beschäftigte sich neben der Politik auch mit Fragen der Ethnographie und der Naturwissenschaften. – Literatur: Art. »Eckstein, Gustav (1875–1916)«, in: *Österreichisches Biographisches Lexikon 1815–1950* [ÖBL], Bd. 1/Lfg. 3, Wien: Verlag der Österreichischen Akademie der Wissenschaften 1956, S. 214f.

Ehrenfels, Christian Freiherr von (*Rodaun [Wien-Liesing] 1859 – †Lichtenau im Waldviertel 1932): Studierte ab 1879 in Wien v.a. Philosophie, insb. bei Franz Brentano und Alexius Meinong; Promotion 1885 in Graz mit einer psychologischen Dissertation zum Thema *Größenrelationen und Zahlen* bei Meinong; Habilitation mit einer Schrift *Über Fühlen und Wollen* 1888 in Wien. 1896 ao. Prof. an der deutschen Karl-Ferdinands-Universität in Prag, von 1899 bis 1929 ebd. o. Prof. Zu seinen Studenten zählten u.a.

Max Brod und Franz Kafka. Neben zahlreichen wissenschaftlichen Werken – unter denen insb. der Aufsatz »Über ›Gestaltqualitäten‹« (1890, erschienen in der *Vierteljahrsschrift für wissenschaftliche Philosophie* 14) richtungsweisend war – verfasste er einige Dramen, Beiträge zu Richard Wagner und Schriften zur Sexualmoral und Eugenik. Als seine Hauptwerke gelten: *System der Werttheorie* (2 Bde., 1897/98); *Kosmogonie* (1916). – Literatur: Ferdinand Weinhandl (Hg.): *Gestalthaftes Sehen. Ergebnisse und Aufgaben der Morphologie. Zum 100jährigen Geburtstag von Christian von Ehrenfels*, Darmstadt: Wissenschaftliche Buchgesellschaft 1960; Reinhard Fabian (Hg.): *Christian von Ehrenfels. Leben und Werk*, Amsterdam: Rodopi 1986.

Ehrlich, Eugen (*Czernowitz/Bukowina 1862 – †Wien 1922): Der einer assimilierten jüdischen Familie entstammende Ehrlich studierte Rechtswissenschaften in Lemberg und ab 1881 in Wien, wo er 1886 promovierte. 1894 wurde er für Römisches Recht habilitiert, 1896 ao. Professor an der – erst 1875 gegründeten – Universität Czernowitz, ab 1899 war er Ordinarius, 1906/07 auch Rektor. Bis zum Ersten Weltkrieg führte Ehrlich, der Junggeselle blieb, ein überaus fruchtbares Gelehrtenleben, das in vielen Publikationen Niederschlag fand (Hauptwerk *Grundlegung der Soziologie des Rechts*, 1913) und ihm mehrere bedeutende Ehrungen einbrachte, etwa 1914 ein Ehrendoktorat der Universität Groningen. Der Ausgang des Weltkriegs beraubte ihn nicht nur seiner Verwurzelung in der Habsburgermonarchie, sondern auch seiner beruflichen Existenzgrundlage, da die Bukowina zu Rumänien kam. Nach erfolglosen Versuchen, in Wien und in der Schweiz Fuß zu fassen, erneuerte er seine Czernowitzer Professur, sah sich aber fortlaufend Schikanen der Universitätsleitung ausgesetzt und wechselte 1921 für ein Jahr nach Bukarest. Ehrlich verstarb während eines Aufenthalts in Wien. – Literatur: Manfred Rehbinder: *Die Begründung der Rechtssoziologie durch Eugen Ehrlich* [1967], 2., völlig neu bearb. Aufl., Berlin: Duncker & Humblot 1986.

Eisler, Rudolf [Rudolphe] (*Wien 1873 – †Wien 1926): Der Sohn eines wohlhabenden jüdischen Tuchhändlers wuchs in Paris und Wien auf, besuchte das Gymnasium in Prag, studierte zunächst Naturwissenschaften, dann Philosophie in Leipzig, Prag und Wien. Er dissertierte 1894 bei Wilhelm Wundt in Leipzig über das Thema *Die Weiterbildung der Kant'schen Aprioritätslehre bis zur Gegenwart. Ein Beitrag zur Geschichte der Erkenntnistheorie* und war ab 1899 Privatdozent in Wien. Eine große Zahl von Monographien zur Geschichte der Philosophie sowie zur Logik, Erkenntnislehre und Psychologie machten Eisler bekannt, insbesondere aber die Werke *Der Weg zum Frieden* (1898), *Soziologie* (1903), *Geschichte der Wissenschaften* (1906), *Grundlagen der Philosophie des Geisteslebens* (1908), *Wörterbuch der philosophischen Begriffe* (1910 in 3. Aufl. in 3 Bdn.), *Der Zweck* (1914) und *Kant-Lexikon* (postum, 1930). Kaum einer unter seinen Zeitgenossen war von so enzyklopädischer Natur und so produktiv, zugleich aber in der institutionalisierten akademischen Szene so erfolglos wie er. – Literatur: Art. »Eisler,

Rudolf«, in: *Lexikon deutsch-jüdischer Autoren* (= *Archiv Bibliographia Judaica*; Red.: Renate Heuer), Bd. 6, München: K. G. Saur 1998, S. 201–208.

Eötvös von Vásárosnamény, József (*Ofen [Buda] 1813 – †Pest 1871): József Eötvös wurde in die katholisch-konservative, deutschsprachige Familie des Freiherrn Ignác von Eötvös geboren, als sein Vater als königlicher Schatzmeister und Obergespan des Komitats Sáros am Zenit seiner Laufbahn stand. 1829 erhielt er sein Juristendiplom an der Universität von Ofen (Buda). Nach dem finanziellen Ruin seiner hoch verschuldeten Eltern im Jahr 1840 engagierte er sich als politischer Publizist auf Seiten der liberalen Opposition. Mit seiner Schrift über *Die Reform in Ungarn* (ung. u. dt.1846) und den Romanen *Der Karthäuser* (ung. 1838/41, dt. 1842) und *Der Dorfnotar* (ung. u. dt. 1845) trug er maßgeblich zur Verbreitung westeuropäischer Werte und Ideen bei. 1848 wurde er Minister für Unterricht und Kultur. Weil er die radikale Politik Lajos Kossuths ablehnte, ging Eötvös von September 1848 bis Dezember 1850 ins freiwillige Exil nach Bayern. 1866 wurde er zum Präsidenten der Ungarischen Akademie der Wissenschaften und 1867 erneut zum Kultusminister ernannt. – Literatur: Paul Bödy: *Joseph Eötvös and the Modernization of Hungary, 1840–1870*, New York: Columbia University Press 1985.

Erzherzog Johann Baptist von Österreich (*Florenz 1782 – †Graz 1859): Erzherzog Johann, Sohn des Großherzogs und späteren Kaisers Leopold II. und Maria Ludovicas, Tochter Karls III. von Spanien, sprach zunächst Italienisch und Französisch, ehe er mit fünf Jahren das Deutsche erlernte. Johann wurde auf eine militärische Laufbahn vorbereitet, erhielt aber auch eine solide Grundausbildung im naturwissenschaftlichen und technischen Bereich. Er wurde von Armand Graf Mottet, einem Schweizer Offizier, in die Ideenwelt Jean Jacques Rousseaus eingeführt und mit dem Werk des Historikers Johannes von Müller vertraut gemacht, der Johanns Interesse an den Alpen weckte. Seine militärische Karriere verlief bis 1809 wenig zufriedenstellend, wiewohl er sich als Organisator der Landwehr in den Donau- und Alpenländern profilierte. Nach dem Scheitern seines Versuchs, 1813 Österreich in die antinapoleonische Front einzubinden, wurde er politisch kaltgestellt. Zum Privatmann geworden, richtete er seine anregende und fördernde Tätigkeit auf das Herzogtum Steiermark. – Literatur: Grete Klingenstein: *Erzherzog Johann von Österreich*, Graz: Styria 1982; Viktor Theiss: *Leben und Wirken Erzherzog Johanns*, 3 (Teil-) Bde., Graz: Historische Landeskommission 1960–1969.

Fischhof, Adolf (*Ofen [Budapest] 1816 – †Emmersdorf [Klagenfurt] 1893): Nach Besuch des Gymnasiums in Pest Studium der Medizin in Wien, Promotion 1846. Als Sekundararzt am Allgemeinen Krankenhaus hielt er am 13. März 1848 im Hof des Niederösterreichischen Landhauses in Wien jene Rede, die als Anstoß der Wiener Märzrevolution gilt. Kommandant des Medizinerkorps der Akademischen Legion und Präsident des Sicherheitsausschusses. Von Juli bis Dezember 1848 Leiter des Sanitätsreferats im Ministerium des Inneren. Mitglied des Verfassungsausschuss im konstituierenden Reichstag; nach dessen Auflösung im März 1849 verhaftet, Ende des Jahres freigesprochen, 1867 völlig amnestiert. Lebte als Arzt und Schriftsteller in Wien und ab 1875 in Kärnten, wo es 1878 in seinem Haus bei den sog. »Emmersdorfer Konferenzen« zur Erörterung der böhmischen Frage kam. Eine föderalistische Lösung im Sinne F.s wurde jedoch durch die deutsch-zentralistische Haltung der liberalen Parteiführer verhindert. Als seine Hauptwerke gelten: *Österreich und die Bürgschaften seines Bestandes* (1869); *Die Sprachenrechte in den Staaten gemischter Nationalität* (1885); *Der österreichische Sprachenzwist* (1888). – Literatur: Richard Charmatz: *Adolf Fischhof. Das Lebensbild eines österreichischen Politikers*, Stuttgart/Berlin: J.G. Cotta 1910.

Foustka, Břetislav (*Trepin/Böhmen [Trpín] 1862 – †Podiebrad [Poděbrady] 1947): Nach dem Studium der Philosophie in Prag, Berlin und Paris wirkte er als Gymnasialprofessor, die Habilitation erfolgte 1905. 1919 wurde er zum ersten Professor für Soziologie an der Prager Karls-Universität ernannt und richtete deren erstes Soziologisches Seminar ein. Seine im Stil sehr akademisch gehaltenen Schriften waren an den Problemen der Soziologie seines Lehrers Tomáš G. Masaryk orientiert. Nachhaltige Wirkung entfalteten auch seine Übersetzungen französischer, deutscher und englischer Soziologen. Neben seiner wissenschaftlichen Tätigkeit engagierte er sich unter anderem als Gründer der Tschechischen Abstinenz-Gesellschaft gegen von ihm als soziale Degeneration Angesehenes. Als seine Hauptwerke bis 1918 gelten: *Slabí v lidské společnosti, ideály humanitní a degenerace národů* [Die Schwachen in der menschlichen Gesellschaft, die humanistischen Ideale und die Degeneration der Völker], Habil., 1905; Otázka sociální, socialismus a sociální hnutí [Soziale Frage, Sozialismus und soziale Bewegungen], 1911, in: Zdeněk Tobolka (Hg.), *Česká politika*, Bd. 4. – Literatur: Art. »Foustka, Břetislav«, in: *Ottův slovník naučný nové doby* [Ottos Konversationslexikon der neuen Zeit], Bd. 2.1, Praha: Jan Otto 1932, S. 657.

Franko, Ivan (*Nahujewytschi/Galizien 1856 – †Lemberg [L'viv] 1934): Als Sohn eines Dorfschmieds in den Karpaten geboren, studierte Franko an der (seit 1940 nach ihm benannten) Universität Lemberg ukrainische Philologie und Literatur. Er verfasste zahlreiche Gedichte, Romane, Zeitungsartikel, Aufsätze und Studien zu sozialpolitischen Themen und gab verschiedene Zeitschriften heraus; seine soziologischen Arbeiten bilden dennoch nur den weniger bekannten Teil seines Schaffens. Aufgrund seiner sozialistischen Gesinnung geriet er wiederholt in Konflikt mit den Behörden. 1893 dissertierte er an der Universität Wien über den byzantinischen Roman *Barlaam und Josaphat*. Eine ihm angebotene Dozentenstelle für ukrainische Literatur an der Universität Lemberg konnte er aufgrund politischer Widerstände nicht annehmen. Mychajlo Hruševskyj holte Franko 1899 in die Wissenschaftliche Gesellschaft Schewtschenko, wo er in der ethnographischen Kommission arbeitete. In verschiedenen Aufsätzen (1963 als *Beiträge* *zur Geschichte und Kultur der Ukraine* tw. auf dt. erschienen) führte er soziologische Studien, etwa zur Lage der galizischen Arbeiter, durch. – Literatur: Jaroslav Hrycak: *Prorok u svoïj vitčyzni. Franko ta joho spil'nota* [Der Prophet im eigenen Land. Franko und seine Gemeinschaft], Kyïv: Krytyka 2006.

Freud, Sigmund (*Freiberg/Mähren [Příbor] 1856 – †London 1939): Studierte von 1873 bis 1881 Medizin an der Universität Wien; während dieser Zeit hörte er auch Vorlesungen Franz Brentanos und übersetzte einen Band der John Stuart Mill-Gesamtausgabe ins Deutsche; 1876 Eintritt in das Physiologische Labor von Ernst von Brücke, auf dessen Anraten er 1882 aus dem Institut ausschied und als Sekundararzt an das Allgemeine Krankenhaus wechselte, wo er vorwiegend zur Neuroanatomie arbeitete. 1885 Privatdozentur für Neuropathologie und Studienaufenthalt in Paris bei Jean Martin Charcot, 1886 Eröffnung einer Privatpraxis. 1902 tit. ao. Univ.-Prof. und Beginn der Sitzungen der »Psychologischen Mittwoch-Gesellschaft«. 1908 erster Psychoanalytischer Kongress in Salzburg, 1910 Gründung der Internationalen Psychoanalytischen Vereinigung; 1911 Bruch mit Alfred Adler, 1913 Bruch mit C.G. Jung; 1919 tit. o. Univ.-Prof. 1923 Erkrankung an Gaumenkrebs, im Juni 1938 Emigration mit seiner Familie nach London. Als seine Hauptwerke vor 1918 gelten: *Studien über Hysterie* (mit Josef Breuer, 1895); *Die Traumdeutung* (1899); *Zur Psychopathologie des Alltagslebens* (1901); *Drei Abhandlungen zur Sexualtheorie* (1905); *Totem und Tabu* (1913). – Literatur: Ernest Jones: *Sigmund Freud. Leben und Werk*, 3 Bde., Bern: Huber 1962.

Fried, Alfred Hermann (*Wien 1864 – †ebd. 1921): Der Sohn eines ungarischen Juden machte nach dem Abbruch des Gymnasiums von 1879 bis 1882 eine Buchhändlerlehre, nach deren Abschluss er nach Berlin zog. 1887 gründete er seinen ersten Verlag, durch den er 1891 auch mit Bertha von Suttner in Kontakt kam. 1892 rief er die Deutsche Friedensgesellschaft ins Leben, 1894 Aufgabe des Verlags und Arbeit als Übersetzer und Friedensjournalist. Ab 1899 Herausgeber der Zeitschrift *Die Friedens-Warte*, die als Plattform des internationalen Pazifismus diente. 1903 erstes deutsches *Lehrbuch der internationalen Hilfssprache »Esperanto«* und Rückkehr nach Wien, wo er eng mit Suttner zusammenarbeitete und seine Hauptwerke entstanden (z.B. *Handbuch der Friedensbewegung*, 1905/1911). Ratsmitglied verschiedener pazifistischer Organisationen, Friedensnobelpreis 1911, Dr. h.c. der Universität Leiden 1913. Während des Krieges war er als Mitarbeiter der *Neuen Zürcher Zeitung* und Herausgeber der *Friedenswarte* in Bern tätig. Völlig verarmt starb Fried nach längerer Krankheit in Wien. Seine Bibliothek befindet sich heute in Stanford, sein umfangreicher Nachlass im Völkerbundarchiv in Genf. – Literatur: Petra Schönemann-Behrens: *Alfred H. Fried. Friedensaktivist – Nobelpreisträger*, Zürich: Römerhof Verlag 2011.

Giesswein, Sándor (*1856 Komorn [Komárom] – †1923 Budapest): Studierte Theologie in Wien und Budapest. 1878 Priesterweihe, 1897 Chorherr der Stadt Győr, 1902 Abt, 1909 päpstlicher Prälat. Ab 1904 Präsident des Bundes Christsozialistischer Vereine. Ab 1905 für 20 Jahre Abgeordneter der Christsozialistischen Partei im ungarischen Parlament. Unterstützer pazifistischer, sozialer und feministischer Bewegungen, der im Namen eines christlichen Humanismus für demokratische Freiheitsrechte, eine Reform des Wahlrechts und die Selbstorganisation der Fabrik- und besitzlosen Landarbeiter eintrat. Ab 1910 Präsident des Ungarischen Friedensvereins, u.a. auch Präsident der Internationalen Friedensliga der Esperantisten. Als seine Hauptwerke gelten: *Társadalmi problémák és keresztény világnézet* [Soziale Probleme und christliche Weltanschauung], 1907; *Keresztény szociális törekvések a társadalmi és gazdasági életben* [Christlichsoziale Bestrebungen im gesellschaftlichen und ökonomischen Leben], 1913; *A szociális kérdés és a keresztény szociálizmus* [Die soziale Frage und der christliche Sozialismus], 1914. – Literatur: Attila Sáfrány: Giesswein Sándor emlékezete [Zum Gedenken an Sándor Giesswein], in: *Vigilia* 6 (2004), S. 431–438.

Goehlert, Johann Vincenz (*Brandau/Böhmen [Brandov] 1824 – †Wien 1899): Studierte nach dem Besuch des Gymnasiums in Komotau [Chomutov] an der Universität Wien. 1845 beeideter Praktikant bei der Cameralhauptbuchhaltung, 1850 Revident III. Classe beim Rechnungsdepartement im Handelsministerium, 1858 Ministerial-Concipient im Ministerium für Inneres. Ab dieser Zeit betraut mit der Herstellung des sogenannten »Hauptoperates« über die Ergebnisse der Allgemeinen Volkszählung von 1857. Im Verlauf von zwei Jahren leistet er den größten Anteil an der Zusammenstellung, Bearbeitung und Publikation der ersten allgemeinen Volkszählung in Österreich-Ungarn. 1855 erscheint *Die Ergebnisse der in Österreich im vorigen Jahrhundert ausgeführten Volkszählungen im Vergleich mit jenen der neuren Zeit*. 1870 wird er zum Leiter der Bibliothek des Reichsrates (der heutigen Parlamentsbibliothek) bestellt. Goehlert publiziert – meist kurze – Aufsätze zu vielen unterschiedlichen Themen. Diese Vielfalt entspricht auch seinem Hintergrund als Autodidakt mit je nach Tätigkeit und Dienststellenaufgaben variierenden Interessen. – Literatur: Franz Ritter von Juraschek: Dr. Vincenz Göhlert. Ein Nekrolog, in: *Statistische Monatschrift* 25 (NF 4), Wien 1899, S. 593–597.

Goldscheid, Rudolf (*Wien 1870 – †ebd. 1931): Entstammte einer reichen jüdischen Familie. Frühe literarische Veröffentlichungen. Nach vorzeitigem Schulabbruch philosophische und ökonomische Studien in Wien und Berlin bei Friedrich Paulsen, Wilhelm Dilthey, Georg Simmel, Adolph Wagner, Gustav Schmoller, jedoch ohne einen Abschluss zu erwerben. Engagement in zahlreichen Bewegungen wie der Ethischen Gesellschaft, der Paneuropa-Bewegung, der Menschenrechtsbewegung, der Frauenbewegung u.a.m. 1907 Gründung der Soziologischen Gesellschaft in Wien zusammen mit Max Adler, Rudolf Eisler, Michael Hainisch, Wilhelm Jerusalem, Karl Renner u.a.

Mitglied im Verein für Socialpolitik und aktive Mitwirkung an der Gründung der Deutschen Gesellschaft für Soziologie 1909. 1914 in den Vorstand der DGS gewählt. Beteiligung am Werturteilsstreit. 1918 Mitglied der Sozialisierungskommission. Als seine Hauptwerke gelten: *Zur Ethik des Gesamtwillens* (1902); *Entwicklungswerttheorie – Entwicklungsökonomie – Menschenökonomie* (1908); *Höherentwicklung u. Menschenökonomie* (1911); *Staatssozialismus oder Staatskapitalismus* (1917). – Literatur: Wolfgang Fritz/Gertraude Mikl-Horke: *Rudolf Goldscheid. Finanzsoziologie und ethische Sozialwissenschaft*, Wien/Berlin: LIT Verlag 2007.

Gomperz, Heinrich (*Wien 1873 – †Los Angeles 1942): Der Sohn des Altphilologen Theodor Gomperz studierte ab 1891 Jurisprudenz, klassische Philologie und Philosophie in Wien und Berlin, promovierte 1896 bei Ernst Mach und habilitierte sich 1900 in Bern. Ab 1905 als Privatdozent, ab 1920 als ao. Professor und von 1924–1934 als o. Professor für Philosophie, Schwerpunkt Antike Philosophie, in Wien tätig. 1934 erfolgte für den Bewunderer Bismarcks die Zwangsemeritierung durch die Schuschnigg-Regierung, woraufhin er 1935 in die USA emigrierte und ab 1936 als Visiting-Professor an der UCLA tätig war. Das Denken Gomperz' lässt sich neben seinen Studien zur antiken Philosophie in zwei Phasen einteilen: In der ersten steht die Philosophie Kants und Machs im Zentrum, vgl. dazu seine zweibändige *Weltanschauungslehre* (1905/08). In der zweiten Phase kommt es zu einer intensiveren Auseinandersetzung mit dem sich transformierenden Neopositivismus, vgl. dazu die Studien zur Verstehenslehre *Über Sinn und Sinngebilde, Verstehen und Erklären* (1929) und zur Geschichtstheorie *Interpretation: Logical Analysis of a Method of Historical Research* (1939). – Literatur: Martin Seiler/Friedrich Stadler (Hgg.): *Heinrich Gomperz, Karl Popper und die »österreichische Philosophie«*, Amsterdam: Rodopi 1994, bes. S. 31–68.

Gomperz, Theodor (*Brünn 1832 – †Baden bei Wien 1912): Besuchte 1847 bis 1849 die Philosophische Lehranstalt in Brünn und studierte anschließend in Wien zunächst Jus, ehe er zur Klassischen Philologie wechselte; 1853 bis 1855 Studienaufenthalt in Leipzig. Beeindruckt von der Lektüre des Werks von John Stuart Mill fasste er den Entschluss, dieses ins Deutsche zu übersetzen. 1867 wurde er ohne ein Doktorat erworben zu haben an der Universität Wien für klassische Philologie habilitiert und wirkte ebd. als Privatdozent; 1868 Dr. h.c. in Königsberg; 1869 ao. Prof. an der Universität Wien. 1873 bis 1901 o. Prof. an der Wiener Philosophischen Fakultät, 1882 wirkl. Mitglied der Akademie der Wissenschaften. Seiner 1869 mit Elise von Sichrovsky geschlossenen Ehe entstammen drei Kinder, darunter der Philosoph Heinrich Gomperz. Als seine Hauptwerke gelten: *Herculanische Studien* (2 Bde., 1865/66); *Griechische Denker. Eine Geschichte der antiken Philosophie* (3 Bde., 1896–1909). – Literatur: Robert A. Kann (Hg.): *Theodor Gomperz. Ein Gelehrtenleben im Bürgertum der Franz-Josefs-Zeit. Auswahl seiner Briefe und Aufzeichnungen, 1869–1912, erläutert und zu einer Darstellung seines Lebens verknüpft* *von Heinrich Gomperz*, Wien: Verlag der Österreichischen Akademie der Wissenschaften 1974.

Gottl-Ottlilienfeld, Friedrich von (ursprgl. Friedrich Gottl, ab 1909 von Ottlilienfeld, *Wien 1868 – †Frankfurt a.M. 1958): Studium der Nationalökonomie in Wien, Berlin und Heidelberg, 1919 Professor für Theoretische Nationalökonomie an der Universität Hamburg, 1924 Universität Kiel und 1926 Universität Berlin, wo er bis zu seiner Emeritierung 1936 verblieb. Er wirkte in der Völkerbundkommission für geistige Zusammenarbeit und war Mitbegründer und Leiter der internationalen Davoser Hochschulkurse, die der Verständigung zwischen Akademikern verfeindeter Staaten dienen sollten. Ab 1937 Mitglied der NSDAP. Von 1940 bis 1945 Direkter des Forschungsinstituts für Deutsche Volkswirtschaftslehre in Graz, das sich insbesondere mit der Sozialökonomie des Südosteuropäischen Raumes beschäftigte. Als seine Hauptwerke bis 1918/19 gelten: *Die Herrschaft des Wortes. Untersuchungen zur Kritik des nationalökonomischen Denkens* (1901); *Wirtschaft und Technik* (1914). – Literatur: Roman Köster: *Die Wissenschaft der Außenseiter*, Göttingen: Vandenhoeck & Ruprecht 2011, S. 192ff.; Takemitsu Morikawa: *Handeln, Welt und Wissenschaft. Zur Logik, Erkenntniskritik und Wissenschaftstheorie für Kulturwissenschaften bei Friedrich Gottl und Max Weber*, Wiesbaden: Dt. Univ. Verlag 2001.

Gross, Hans (*Graz 1847 – †ebd. 1915): Nach dem Studium der Rechtswissenschaften an der Universität Graz Eintritt in den Justizdienst, zunächst als Untersuchungsrichter und Staatsanwalt in Leoben, später als Senatsvorsitzender in Graz tätig. 1893 hielt er im Auftrag des Justizministeriums zur Vorbereitung der von ihm geforderten Einrichtung einer Lehrkanzel für Kriminalistik in Wien einen Kurs für Untersuchungsrichter. 1895 Eröffnung des von ihm geleiteten Kriminalmuseums in Graz. 1899 ohne Habilitation zum o. Prof. für Straf- und Strafprozessrecht an die Universität Czernowitz berufen, 1903 ging er in gleicher Funktion nach Prag und 1905 nach Graz, wo er 1913 zum Leiter des neuen Kriminalistischen Instituts zur Pflege der Hilfswissenschaften an der Rechts- und Staatswissenschaftlichen Fakultät bestellt wurde. 1914 ließ er seinen Sohn, den Psychoanalytiker Otto Gross, in eine Irrenanstalt einweisen. Als seine Hauptwerke gelten: *Handbuch für Untersuchungsrichter als System der Kriminalistik* (1893); *Criminalpsychologie* (1898); *Encyklopädie der Kriminalistik* (1901); *Die Erforschung des Sachverhalts strafbarer Handlungen* (1902). – Literatur: Christian Bachhiesl/Gernot Kocher/Thomas Mühlbacher (Hgg.): *Hans Gross. Ein »Vater« der Kriminalwissenschaft. Zur 100. Wiederkehr seines Todestages*, Wien u. a.: LIT 2015.

Gruber, Max, ab 1908 Ritter von (*Wien 1853 – †Berchtesgaden 1927): Studierte Medizin in Wien (Promotion 1876). Habilitation für Hygiene 1882. Berufung auf die ao. Professur für Hygiene in Graz 1884, 1887 in Wien. 1891 Ernennung zum Mitglied des

Obersten Sanitätsrates sowie zum Ordinarius. 1896 gemeinsam mit Edward Durham Entdeckung der Agglutination im Blutserum als Nachweis mikrobiologischer Infektionen; die davon abgeleitete Gruber-Widal-Reaktion zum Nachweis von spezifischen Antikörpern begründete die Serologie). 1902 Berufung auf den Lehrstuhl für Hygiene in München als Nachfolger von Max Pettenkofer. Von 1910 bis 1922 Vorsitzender der Deutschen Gesellschaft für Rassenhygiene. 1919 Mitbegründer der Deutschnationalen Volkspartei. Mitglied und 1924–1927 Präsident der Bayerischen Akademie der Wissenschaften. Als seine Hauptwerke gelten: [mit Edward Durham]: »Eine neue Methode zur raschen Erkennung des Choleravibrio und des Typhusbacillus«, in: Münchener Medizinische Wochenschrift 43/13 (1896); [als Mithg.] *Handbuch der Hygiene* (9 Bde., 1911–27). – Literatur: Heinz Flamm: *Die Geschichte der Staatsarzneikunde, Hygiene, Medizinischen Mikrobiologie, Sozialmedizin und Tierseuchenlehre in Österreich und ihre Vertreter*, Wien: VÖAW 2012, S. 57–63, 225.

GRÜN, Dionys, ab 1875 Ritter von (*Prerau/Mähren [Přerov] 1819 – †Prag 1896): Studium der Philosophie, Geschichte und Geographie in Prag, später auch kurzzeitig bei Carl Ritter in Berlin. Ab 1853 Gymnasiallehrer (die längste Zeit davon in Wien), von 1872 bis 1875 Privatlehrer des Kronprinzen Rudolf. 1875 Aufnahme der Lehrtätigkeit der Geographie an der Universität Prag (zunächst als ao., später auch als o. Professor), die 1885 endete. Als sein Hauptwerk gilt: *Geographie. Länder und Völkerkunde* (1871). – Literatur: Karl Adalbert Sedlmeyer: Wilhelm Dionys Ritter von Grün, Geograph an der Prager Universität. Sein Leben und Werk, in: *Bohemia* 11 (1970), S. 388–417.

GRÜNBERG, Carl (*Fokschan/Rumänien [Focşani] 1861 – †Frankfurt a.M. 1940): Nach Studien in Straßburg bei Gustav Schmoller und in Wien bei Carl Menger und Lorenz von Stein Promotion zum Dr. iur. 1890, danach als Rechtsanwalt und Bezirksrichter tätig. 1893 Mitgründer der *Zeitschrift für Social- und Wirthschaftsgeschichte*, Verfasser der Aufsatzsammlung *Sozialismus, Kommunismus, Anarchismus* (1897) und Herausgeber der *Studien zur Sozial- Wirtschafts- und Verwaltungsgeschichte* (1905) und des *Archiv für die Geschichte des Sozialismus und der Arbeiterbewegung* (1911). 1894 Habilitation für Politische Ökonomie an der Universität Wien, 1912 Ordinarius für Wirtschaftsgeschichte, 1919 Ordinarius für Nationalökonomie, 1923 Berufung nach Frankfurt, 1924 bis 1929 Direktor des Frankfurter Instituts für Sozialforschung. – Literatur: Günther Nenning: Biographie Carl Grünberg, in: *Archiv für die Geschichte des Sozialismus und der Arbeiterbewegung* [Reprint]. *Indexband zu Archiv für die Geschichte des Sozialismus und der Arbeiterbewegung (C. Grünberg)*, Graz: Akademische Druck- und Verlagsanstalt 1973, S. 3–214 (als neuerlicher Reprint Bodenheim: Syndikat Buch-Ges. für Wiss. und Literatur 1979).

Gumplowicz, Ludwig [Ludwik] (*Krakau [Kraków] 1838 – †Graz 1909]: Der in eine Familie von deutschsprachigen polnisch-patriotischen Juden geborene Gumplowicz setzte sich schon in frühen Jahren mit Fragen des Judentums auseinander und studierte Rechtswissenschaften. 1862 promoviert, betätigte er sich als Anwalt, aber auch weiter als Autor und Fürsprecher der Gleichberechtigung der Juden. Nach einem erfolglosen Habilitationsversuch in Krakau 1868 widmete er sich der Stadtpolitik und dem Journalismus. Nach dem Scheitern der von ihm geleiteten Zeitschrift *Kraj* verließ er Galizien und übersiedelte nach Graz, wo er sich 1876 für Allgemeines Staatsrecht habilitierte (1878 erweitert auf Österreichisches Staatsrecht, 1879 auf Allgemeine und Österreichische Statistik); 1882 ao. Professor des Allgemeinen Staatsrechtes und der Verwaltungslehre, 1893 o. Professor der Verwaltungslehre und des Österreichischen Verwaltungsrechtes. Seit 1893 Mitglied des Institut International de Sociologie in Paris. Als seine Hauptwerke gelten: *Der Rassenkampf. Sociologische Untersuchungen* (1883) sowie *Grundriß der Sociologie* (1885). – Literatur: Wojciech Adamek/Janusz Radwan-Praglowski: Ludwik Gumplowicz: A Forgotten Classic of European Sociology, in: *Journal of Classical Sociology* 6 (2006), S. 381–387; Emil Brix (Hg.), *Ludwig Gumplowicz oder die Gesellschaft als Natur*, Wien: Böhlau 1997.

Hainisch, Michael (*Aue bei Schottwien 1858 – †Wien 1940): Der Sohn der Frauenrechtlerin Marianne Hainisch studierte Rechtswissenschaften in Leipzig und Wien (Promotion 1882 in Wien) und anschließend Nationalökonomie in Berlin bei Adolph Wagner und Gustav von Schmoller. 1886 bis 1890 Tätigkeit im k.u.k. Staatsdienst. Engagiert in agrarpolitischen Initiativen (Errichtung eines Musterguts), der Volksbildung (u.a. zusammen mit Ludo Moritz Hartmann) und der Sozialpolitik. Mitglied der Wiener Fabier-Gesellschaft und der Sozialpolitischen Partei. 1907 Mitbegründer der Soziologischen Gesellschaft in Wien. 1918 Generalrat der Österreichisch-Ungarischen Bank. 1920 bis 1928 erster Bundespräsident der Republik Österreich, danach bis 1930 parteiloser Handelsminister. 1938 sprach er sich als Großdeutscher wie Karl Renner für den Anschluss an Deutschland aus. Als seine Hauptwerke bis 1918 gelten: *Die Zukunft der Deutschösterreicher. Eine statistisch-volkswirtschaftliche Studie*, (1892); *Der Kampf ums Dasein und die Socialpolitik* (1899); *Einige neue Zahlen zur Statistik der Deutschösterreicher* (1909). – Literatur: Michael Hainisch: *75 Jahre aus bewegter Zeit. Lebenserinnerungen eines österreichischen Staatsmannes*, bearb. von Friedrich Weissensteiner, Wien: Böhlau 1978.

Hammer-Purgstall, Joseph von (*Graz 1774 – †Wien 1856): Joseph (ab 1791 von) Hammer, ab 1836 Freiherr von Hammer-Purgstall, war einer der Begründer der neueren Orientalistik. Ab 1787 Ausbildung in Wien an der Orientalischen Akademie, ab 1799 als »Sprachknabe« nach Konstantinopel, 1800 in die Levante entsandt; Dolmetscher beim britischen Flottenverband vor Ägypten, dann Aufenthalt in Ägypten und 1801 in England. 1802 erst Rückkehr nach Wien, dann Legationssekretär in Konstantinopel, 1806 k.k. Agent (Konsul) in Jassy (Iași/Rumänien), ab 1807 vorwiegend in Wien. 1809/10 Rückholung der von Napoleon in Wien geraubten Handschriften aus Paris, 1811–1839 Hofdolmetsch der orientalischen Sprachen in der Staatskanzlei, 1818 Hofrat, 1835 Erbe der letzten Gräfin von Purgstall (seither Hammer-Purgstall), 1847–1849 erster Präsident der Akademie der Wissenschaften in Wien. Sein Werkverzeichnis umfasst über 1000 Titel; von seiner Korrespondenz sind bislang mehr als 7500 Stücke bekannt, obgleich er zu Jahreswechsel jeweils die ihm weniger bedeutend erscheinenden Briefe verbrannte. – Literatur: Ottokar Freiherr Schlechta von Wssehrd: Art. »Hammer-Purgstall, Joseph Freiherr von«, in: *Allgemeine Deutsche Biographie* 10 (1879), S. 482–487.

HANSLIK, Erwin (*Biala/Schlesien [Bielsko-Biała] 1880 – †Schloss Hartheim/Oberösterreich [NS-Tötungsanstalt; damals im Reichsgau Oberdonau] 1940): Ab 1898 Studium der Geschichte und Geographie; 1906 Promotion, 1911 Habilitation. 1915 Mitbegründer des privat finanzierten Wiener »Instituts für Kulturforschung«. Schwere psychische Erkrankung als Spätfolge eines Unfalls; 1940 Ermordung durch die Nationalsozialisten. Hansliks esoterische Raumkonstruktionen sollten einen ewigen Völkerfrieden begründen, wobei er einem vergrößerten Österreich eine Vermittlungsfunktion zwischen Orient und Okzident zuschrieb. Als seine Hauptwerke gelten: *Kulturgrenze und Kulturzyklus in den polnischen Westbeskiden* (1907); *Biala, eine deutsche Stadt in Galizien. Geographische Untersuchung des Stadtproblems* (1909); *Österreich. Erde und Geist* (1917). – Literatur: Franz Smola: Vom »Menschenbewusstsein« zum neuen Menschenbild. Egon Schiele und der Anthropogeograph Erwin Hanslik, in: Leander Kaiser/Michael Ley (Hgg.), *Die ästhetische Gnosis der Moderne*, Wien: Passagen 2008, S. 123–146.

HARTMANN, Ludo [Ludwig] Moritz (*Stuttgart 1865 – †Wien 1924): Der Sohn des nach der Revolution von 1848 von Wien nach Deutschland geflohenen Schriftstellers Moritz Hartmann promovierte 1887 bei Theodor Mommsen in Berlin im Fach Alte Geschichte. 1889 Habilitation an der Universität Wien, danach Dozent, 1919 ao. und 1924 o. Professor. 1893 Gründung der *Zeitschrift für Social- und Wirthschaftsgeschichte* zusammen mit Carl Grünberg, Stephan Bauer und Emil Szanto. Herausgabe der (unvollendeten) siebenteiligen *Weltgeschichte in gemeinverständlicher Darstellung* (1919–1925). Leitung des historischen Quellenwerks *Monumenta Historica Germaniae.* Hartmann war Leiter der universitären Volksbildungskommission und Gründer verschiedener Volkshochschulen. 1907 war er Gründungsmitglied der Soziologischen Gesellschaft in Wien, 1918 erster Botschafter der Republik Österreich in Deutschland sowie Abgeordneter der Konstituierenden Nationalversammlung. Als sein Hauptwerk gilt: *Geschichte Italiens im Mittelalter* (4 Bde., 1897–1915). – Literatur: Günter Fellner: *Ludo Hartmann und die Österreichische Geschichtswissenschaft*, Wien/Salzburg: Geyer Edition 1985; Volker Herholt: *Ludo Moritz Hartmann. Alte Geschichte zwischen Darwin, Marx und Mommsen*, Berlin: Weissensee 1999.

Heiderich, Franz (*Wien 1863 – †Bad Gastein 1926): 1889 Promotion über ein physisch-geographisches Thema; Verlagstätigkeit beim geographisch-kartographischen Verlag Eduard Hölzel in Wien; Lehrer an verschiedenen Schulen, darunter einer Höheren Lehranstalt für Wein- und Obstbau; 1905 Berufung an die Wiener Export-Akademie (die spätere Hochschule für Welthandel bzw. die heutige Wirtschaftsuniversität Wien), an der er ab 1909 bis zu seinem Tode als o. Professor wirkte. Als seine Hauptwerke gelten: *Länderkunde von Europa* (erstmals 1897); *Die weltpolitische und weltwirtschaftliche Zukunft von Österreich-Ungarn* (1916); *Die Erde. Eine allgemeine Erd- und Länderkunde* (erstmals 1896). – Literatur: Egon Lendl: Art. »Heiderich, Franz«, in: *Neue Deutsche Biographie*, Bd. 8, Berlin: Duncker & Humblot 1969, S. 253–254.

Helfert, Joseph Alexander, ab 1854 Freiherr von (*Prag 1820 – †Wien 1910): Studium der Rechtswissenschaften in Prag (Dr. iur. 1842), anschließend bei Gericht und im Staatsdienst tätig, 1847/48 Supplent an der Universität Krakau. 1848 für das konservative Zentrum in den Reichstag gewählt. Ab November 1848 Unterstaatssekretär für Unterricht unter Franz Graf Stadion und Leo Graf Thun (bis 1861). Auf seine Initiative geht die Gründung des Instituts für österreichische Geschichtsforschung zurück. Als Präsident der Zentralkommission zur Erforschung und Erhaltung der Baudenkmale (ab 1863) hatte er wesentlichen Anteil an der gesetzlichen Regelung des Denkmalschutzes. 1881 Berufung in das Herrenhaus, 1894 in den Archivrat beim Ministerium des Inneren. 1892 Mitbegründer der Leo-Gesellschaft. Als Auswahl seiner breiten Publikationstätigkeit seien genannt: *Über Nationalgeschichte und den gegenwärtigen Stand ihrer Pflege in Österreich* (1853); *Österreichische Geschichte für das Volk* (1863); *Die Wiener Journalistik im Jahre 1848* (1877). – Literatur: Franz Pisecky: *Josef Alexander Freiherr von Helfert als Politiker und Historiker*, Dissertation, Universität Wien 1949; Erika Weinzierl: Art. »Helfert, Joseph Freiherr von«, in: *Neue Deutsche Biographie*, Bd. 8, Berlin: Duncker & Humblot 1969, S. 469f.

Hertz, Friedrich Otto, ab 1946 Frederick Hertz (*Wien 1878 – †London 1964): Der Sohn einer gemischt-konfessionellen Familie studierte Rechts- und Wirtschaftswissenschaften in Wien, München (ebd. Promotion 1903) und London. Seit dem Studium publizistisch tätig (*Moderne Rassentheorien*, 1904, 2. Aufl. als *Rasse und Kultur*, 1915; 1905/06 Herausgeber der Zeitschrift *Der Weg. Wochenschrift für Politik und Kultur*) und in der österreichischen Sozialdemokratie und der Friedensbewegung engagiert; in den 1920er Jahren u.a. in der Paneuropäischen Union und bei der Zeitschrift *Die Friedens-Warte* aktiv. Hauptberuflich 1906 bis 1913 Sekretär des Hauptverbands der Industrie Österreichs, 1913/14 Manager einer Schweizer Versicherung. Von 1919 bis 1929 als Ministerialrat außenpolitischer Berater in der österreichischen Staatskanzlei bzw. im Bundeskanzleramt. Ab 1930 Ordinarius für wirtschaftliche Staatswissenschaften und Soziologie an der Universität Halle-Wittenberg. 1933 als Jude entlassen und Rückkehr nach Wien, wo er als Privatgelehrter tätig war. 1938 Flucht nach London, dort am Austrian Centre und (ab 1946 als britischer Staatsbürger) als freier Autor tätig. – Literatur: Robert A. Kann: Art. »Hertz, Friedrich«, in: *Neue Deutsche Biographie* 8 (1969), S. 709f.

Hilferding, Rudolf (*Wien 1877 – †Paris 1941): Der Sohn eines jüdischen Kaufmanns studierte Medizin an der Universität Wien, beschäftigte sich aber auch mit Nationalökonomie. Er praktizierte nach der Promotion 1901 als Arzt und besuchte daneben Eugen von Böhm-Bawerks berühmtes Privatseminar, wo er u.a. auf Joseph A. Schumpeter traf. 1906 Dozent für Nationalökonomie an der Parteischule der SPD in Berlin. 1907 bis 1915 politischer Redakteur und Schriftleiter des SPD-Organs *Vorwärts*. 1915 bis 1918 Feldarzt in der Österreichisch-Ungarischen Armee. Mit Max Adler Edition der *Marx-Studien* (1904 bis 1925). 1918 bis 1923 Chefredakteur des USPD-Organs *Freiheit*. 1923 und 1928 Reichsfinanzminister, 1924 bis 1933 Abgeordneter der SPD im Reichstag. 1923 bis 1933 Senator der Kaiser-Wilhelm-Gesellschaft. 1933 Emigration nach Zürich, danach Paris. 1934 Prager Manifest des Exilvorstands der SPD. 1941 Tod im Pariser Gestapo-Gefängnis. Als sein Hauptwerk gilt: *Das Finanzkapital. Eine Studie über die jüngste Entwicklung des Kapitalismus* (1910). – Literatur: Michael C. Howard/John E. King: Rudolf Hilferding, in: Warren J. Samuels (Hg.), *European Economists of the Early 20th Century*, Bd. 2: *Studies on Neglected Continental Thinkers of Germany and Italy*, Cheltenham: Edward Elgar 2003, S. 119–135.

Hruševskyj, Mychajlo (*Cholm/Russ. Kaiserreich [Chełm, Polen] 1866 – †Kislowodsk/SU 1934): Der als Historiker und Staatsmann in die ukrainische Geschichte eingegangene Hruševskyj war zugleich einer der bedeutendsten Vertreter der galizischen Soziologie. Studierte in Kiew Geschichte und wurde 1894 an den neu geschaffenen Lehrstuhl für Osteuropäische Geschichte an der Universität Lemberg berufen. Dort leitete er auch von 1897 an die 1873 gegründete Wissenschaftliche Gesellschaft Schewtschenko, die 1892 zu einer echten multidisziplinären Akademie der Wissenschaften wurde. 1917 zum Parlamentspräsidenten der bis 1920 bestehenden Ukrainischen Volksrepublik gewählt. Nach dem Einmarsch der Roten Armee Gründung eines Ukrainischen Soziologischen Instituts im Exil in Genf. 1924 ließ er sich wieder in Kiew nieder und arbeitete dort weiter an seiner zehnbändigen *Istorija Ukraïny-Rusy* [Geschichte der Kiewer Rus], 1904–1936, mit der er das ukrainische Geschichtsnarrativ begründete. Mit Beginn der stalinistischen Repressionen wurde er 1931 wegen nationalistischer Aktivitäten inhaftiert und gezwungen, sich in Moskau niederzulassen. – Literatur: Serhii Plokhy: *Unmaking Imperial Russia. Mykhailo Hrushevsky and the Writing of Ukrainian History*, Toronto: University of Toronto Press 2005.

Inama von Sternegg, Karl Theodor (*Augsburg 1843 – †Innsbruck 1908): Studierte in München Geschichte, Jus und politische Ökonomie im Rahmen der Staatswissenschaften (Promotion 1865, Habilitation 1867). 1871 Professor für politische Wissenschaften an der Universität Innsbruck, 1876/77 Rektor. 1880 Professur in Prag, ab 1881 Direktor der administrativen Statistik und Honorarprofessor für Statistik und Verwaltungslehre in Wien. Ab 1884 Sektionschef und Präsident der k.k. Statistischen Zentralkommission. Redakteur und Herausgeber mehrerer (teils auch amtlicher) statistischer Zeitschriften und Handbücher. 1890 Durchführung der Volkszählung mit Hollerith-Maschinen. Präsident des Vereines gegen Verarmung und Bettelei. Mitglied der Österreichischen, Bayerischen und Preußischen Akademien der Wissenschaft sowie der Accademia dei Lincei. Ehrendoktor der Universitäten Wien, Cambridge, Krakau und Czernowitz. 1899 Präsident des Internationalen Statistischen Instituts. Ab 1891 lebenslanges Mitglied im österreichischen Herrenhaus. Als seine Hauptwerke gelten: *Deutsche Wirtschaftsgeschichte* (3 Bde., 1879–1901); *Staatswissenschaftliche Abhandlungen* (2 Bde., 1903/08). – Literatur: Valerie Müller: *Karl Theodor von Inama-Sternegg. Ein Leben für Staat und Wissenschaft*, Innsbruck: Wagner 1976.

Jászi, Oszkár (*Nagykároly/Kgr. Ungarn [Groß-Karol, heute Carei/Rumänien] 1875 –†Oberlin/OH, USA 1957): Der Vater war Arzt, konvertierte 1881 zum Calvinismus und änderte den Familiennamen von Jakubovits zu Jászi. Jászi studierte Rechtswissenschaften in Budapest. Zu seinen Lehrern gehörten Ágost Pulszky und Gyula Pikler, Professoren für Rechtsphilosophie, die als Anhänger der »positivistischen Sozialwissenschaften« galten. Jászi war Mitarbeiter der ab 1900 erscheinenden Zeitschrift *Huszadik Század* (*Das zwanzigste Jahrhundert*) und 1901 Mitbegründer der Budapester Gesellschaft für Soziologie (Társadalomtudományi Társaság). Von 1896 bis 1906 war er Beamter im Landwirtschaftsministerium, ab 1906 Redakteur von *Huszadik Század*. Der 1912 für Verfassungslehre habilitierte Jászi gründete 1914 die Bürgerliche Radikale Partei (Polgári Radikális Párt), die im Oktober 1918 Teil der Regierungskoalition wurde. Zwischen November 1918 und Jänner 1919 war Jászi als Minister ohne Geschäftsbereich für Minderheitenfragen zuständig. Ende April 1919 verließ er Ungarn und lebte bis 1925 in Österreich, danach in den USA. – Literatur: György Litván: *A Twentieth Century Prophet. Oscar Jászi 1875–1957*, Budapest/New York: Central European University Press 2006.

Jellinek, Georg (*Leipzig 1851 – †Heidelberg 1911): Wuchs in Wien auf und studierte dort sowie in Heidelberg und Leipzig Rechtswissenschaft, Philosophie, Geographie und Kunstgeschichte. 1872 philosophische, 1874 juristische Promotion in Leipzig. Habilitation 1879 in Wien, anschließend ebd. als Privatdozent und ao. Professor tätig. Weil ihm aus antisemitischen Gründen der Aufstieg zum Ordinarius verwehrt wurde, wechselte er nach Berlin und 1889 nach Basel, wo er seine erste ordentliche Professur erhielt. 1890 erfolgte der ersehnte Ruf nach Heidelberg, wo er bis zu seinem Lebensende den Lehrstuhl für Staatsrecht, Völkerrecht und Politik innehatte (Prorektor 1907). Hier veröffentlichte er auch seine Hauptwerke *System der subjektiven öffentlichen Rechte* (1892), *Die Erklärung der Menschen- und Bürgerrechte* (1895) und *Allgemeine Staatslehre* (1900) und erfreute sich weltweiter Anerkennung. – Literatur: Hagen Hof: Georg Jellinek, in: Gerd Kleinheyer/Jan Schröder (Hgg.), *Deutsche und Europäische Juristen aus neun Jahrhunderten*, Tübingen: Mohr Siebeck 2017, S. 228–233; Martin J. Sattler: Georg Jellinek (1851–1911). Ein Leben für das öffentliche Recht, in: Helmut Heinrichs et al. (Hgg.), *Deutsche Juristen jüdischer Herkunft*, München: Beck 1993, S. 355–368.

JERUSALEM, Wilhelm (*Dřenitz/Böhmen [Dřenice (Cheb)] 1854 – †Wien 1923): Der einer religiösen jüdischen Familie entstammende Jerusalem beschäftigte sich in seiner Jugend mit dem Studium der hebräischen Sprache und der jüdischen Schrifttradition. Bis 1876 Studium der klassischen Philologie in Prag, 1878 Lehrerlaubnis als Rabbiner. Gymnasialprofessor ab 1876 in Prag, ab 1878 in Nikolsburg und von 1885 bis 1907 in Wien; er lehrte philosophische Propädeutik, was ihn zur Psychologie und zur Philosophie führte. 1888 erschien erstmals sein *Lehrbuch der [empirischen] Psychologie.* Nach der Habilitation 1891 für Philosophie auch Privatdozent an der Universität Wien. 1907 wurde er zum Mitbegründer der »Soziologischen Gesellschaft« in Wien. Jerusalems eigene philosophische Anschauung war der von William James verwandt, dessen Hauptwerk *Der Pragmatismus* er 1907 ins Deutsche übertrug; in der Folge wurde er zu einem der ersten Vertreter der Wissenssoziologie. 1920 wurde er an der Universität Wien zum außerordentlichen, 1923 – kurz vor seinem Tod – zum ordentlichen Professor für Philosophie und Pädagogik ernannt. 1926 erschien posthum seine *Einführung in die Soziologie.* – Literatur: Walther Eckstein: *Wilhelm Jerusalem. Sein Leben und Wirken*, Wien: Verlag von Carl Gerold's Sohn 1935.

JHERING, Rudolf von, auch Rudolph Ihering (*Aurich 1818 – †Göttingen 1892): Der Sohn einer Juristenfamilie mit langer Tradition im Staatsdienst studierte Rechtswissenschaften in Heidelberg, München, Göttingen und Berlin. Da ihm die Laufbahn als Verwaltungsjurist verwehrt wurde, habilitierte er sich 1843, nur ein Jahr nach seiner Promotion. Jherings erste Professuren führten ihn von Basel über Rostock nach Kiel, bevor er 1852 einem Ruf nach Gießen folgte. Jhering hatte sich zu dieser Zeit bereits immer mehr von der Historischen Schule distanziert. In den Gießener Jahren befasste er sich zunehmend mit der gesellschaftlichen Bedeutung des Rechts, was von seinen Kollegen mit Skepsis betrachtet wurde. 1868 nahm Jhering einen Ruf nach Wien an, wo er sich einer wachsenden Hörerschaft und großer Anerkennung erfreute. Als er Wien vier Jahre später hochdekoriert und gefeiert wieder verließ, hatte er insbesondere durch seinen Vortrag *Der Kampf um's Recht* (1872) auch internationale Bekanntheit erlangt. An seiner letzten Wirkungsstätte in Göttingen veröffentlichte die beiden Bände *Zweck im Recht.* Weitere Berufungen, u.a. nach Heidelberg, lehnte er ab. – Literatur: Erik Wolf: *Große Rechtsdenker der deutschen Geistesgeschichte*, Tübingen: J.C.B. Mohr 1963, S. 622–668.

Jodl, Friedrich (*München 1849 – †Wien 1914): Studierte Geschichte, Kunstgeschichte und Philosophie in München (Promotion 1872), ebd. 1880 Habilitation in Philosophie, 1885 o. Prof. für Philosophie an der Deutschen Universität Prag, seit 1896 an der Universität Wien. Neben seinen Vorlesungen über Philosophie, Psychologie, Ethik und Ästhetik betreute er zusammen mit Wilhelm Bolin die Herausgabe sämtlicher Werke von Ludwig Feuerbach. Er engagierte sich in der Volks- und Frauenbildung, war Leiter des Wiener Volksbildungsvereins und trat als Mitbegründer der freireligiösen Deutschen Gesellschaft für Ethische Kultur für einen Ethik- statt dem Religionsunterricht ein. Als seine Hauptwerke gelten: *Die Culturgeschichtsschreibung, ihre Entwickelung und ihr Problem* (1878); *Geschichte der Ethik als philosophischer Wissenschaft* (2 Bde., 1882/89); *Lehrbuch der Psychologie* (1896); *Vom Lebenswege* (postum, 2 Bde., 1916/17). – Literatur: Helmut Fink (Hg.): *Friedrich Jodl und das Erbe der Aufklärung* (= Sonderheft *Aufklärung und Kritik* 21/3), Nürnberg: Gesellschaft für Kritische Philosophie 2014; Margarete Jodl: *Friedrich Jodl. Sein Leben und Wirken dargestellt nach Tagebüchern und Briefen*, Stuttgart: Cotta 1920; Walther Schmied-Kowarzik: Friedrich Jodl, in: *Archiv für Geschichte der Philosophie* 27/4 (1914), S. 474–489.

Kautsky, Karl (*Prag 1854 – †Amsterdam 1938): Studierte Philosophie, Geschichte und Volkswirtschaftslehre in Wien. 1883 Gründung der Zeitschrift *Die Neue Zeit*, die er bis 1917 leitete und zum inoffiziellen Organ der Zweiten Sozialistischen Internationale machte, in dem er selbst mehrere hundert Artikel veröffentlichte. 1881 Bekanntschaft mit Karl Marx und Friedrich Engels in London. Kautskys Schriften wurden viel gelesen, er wirkte gleichermaßen als Popularisator und Interpret des Werkes von Karl Marx. 1891 verfasste er den Entwurf des Erfurter Programms der deutschen Sozialdemokratie. Politisch war er Gegner sowohl der Parteilinken (Rosa Luxemburg, Karl Liebknecht) als auch der Revisionisten (Eduard Bernstein). 1917 schloss er sich als Kriegsgegner der USPD an. 1918/19 war er Staatssekretär im Auswärtigen Amt. 1922 kehrte er zur SPD zurück und wurde 1925 Mitautor ihres Heidelberger Programms. Ab 1924 lebte er wieder in Wien. Nach dem »Anschluss« Österreichs an NS-Deutschland floh er nach Amsterdam. Als seine Hauptwerke bis 1918 gelten: *Karl Marx' ökonomische Lehren* (1887); *Die Agrarfrage* (1889); *Ethik und materialistische Geschichtsauffassung* (1906). – Literatur: Ingrid Gilcher-Holtey: *Das Mandat des Intellektuellen. Karl Kautsky und die Sozialdemokratie*, Berlin: Siedler 1986.

Kelsen, Hans (*Prag 1881 – †Berkeley 1973): Wuchs in Wien auf und promovierte ebd. 1906. Habilitation 1911 mit *Hauptprobleme der Staatsrechtslehre*. 1917 ao., 1919 o. Professor für Staats- und Verwaltungsrecht an der Universität Wien. 1919/20 maßgeblich an der Gestaltung des österreichischen Bundes-Verfassungsgesetzes und an der Schaffung des Verfassungsgerichtshofs beteiligt, dessen Richterschaft er in weiterer Folge angehörte. In den 1920er Jahren Kopf der »Wiener rechtstheoretischen Schule«. Nahm 1930 angesichts des steigenden politischen Drucks und der geringen Wertschätzung seiner Arbeit in Österreich eine Professur für Völkerrecht in Köln an. Wechselte 1933 aufgrund seiner jüdischen Abstammung nach Genf, wo er sein bedeutendstes Werk, die *Reine Rechtslehre*, verfasste. 1940 Emigration in die USA, zunächst Forschungsassistent an der Harvard Law School, 1945 Professor in Berkeley. Ausgezeichnet mit elf Ehrendoktoraten. – Literatur: Horst Dreier: Hans Kelsen (1881–1973). »Jurist des Jahrhunderts«?, in: Helmut Heinrichs et al. (Hgg.), *Deutsche Juristen jüdischer Herkunft*, München: Beck 1993, S. 705–732; Matthias Jestaedt: Hans Kelsen, in: Gerd Kleinheyer/Jan Schröder (Hgg.), *Deutsche und Europäische Juristen aus neun Jahrhunderten*, 6. Aufl., Tübingen: Mohr Siebeck 2017, S. 244–252.

Klopp, Wiard, seit 1910 von Klopp (*Hannover 1860 – †Wien 1948): Sohn des Historikers Onno Klopp, seit 1866 Schwiegersohn des Sozialpolitikers Karl Freiherr von Vogelsang, deren Biographien er schrieb; zudem Herausgeber der Schriften Vogelsangs. Nach der Niederlage des an Österreichs Seite stehenden Königreiches Hannover im Deutschen Krieg von 1866 und dessen Annexion durch Preußen zog seine Familie 1867 nach Wien, wo er auf Wunsch seines Vaters ab 1877 Rechtswissenschaften studierte (Promotion zum Dr. iur. 1884). Anschließend im Verwaltungsdienst des exilierten Hauses Hannover tätig, Aufstieg zu dessen Oberfinanzrat, 1910 nobilitiert. Als seine Hauptwerke gelten: *Die socialen Lehren des Freiherrn Karl von Vogelsang* (1894); *Leben und Wirken des Sozialpolitikers Karl Freiherrn von Vogelsang* (1930); *Onno Klopp. Leben und Wirken* (1950, erstmals 1907). – Literatur: Onno Karl Klopp: Der Historiker Onno Klopp 1822–1903 und seine direkten Nachfahren, Aachen: Shaker Media 2017, S. 404–433.

Knaflič, Vladimir (*St. Marein bei Erlachstein/Untersteiermark [Šmarje pri Jelšah] 1888 – †Lissa/Dalmatien [Vis] 1944): Studierte Rechtswissenschaften in Graz (1906–1908) und Prag (1908–1912), wo er auch promovierte (1915). Während seines Studiums wirkte er aktiv in der nationalradikalen Studentenschaft mit und war ab 1908 Mitglied der Nationalen Fortschrittspartei in Görz (Gorica). Er lehnte die dualistische Staatsordnung Österreich-Ungarns ebenso ab wie die Forderung nach deren trialistischer Neuausrichtung und setzte sich stattdessen für eine weitgehende nationale Autonomie ein. Seine Ideen schöpfte er aus dem »Realismus« Tomáš G. Masaryks. Vor dem Ersten Weltkrieg veröffentlichte er verschiedene Artikel in den Zeitungen *Ljubljanski zvon*, *Edinost* und *Jutro* und gab mehrere sozialwissenschaftliche Publikationen heraus, u.a. das auch soziologisch relevante Buch *Socializem* [Sozialismus], 1911. – Literatur: Ludvik Čarni: Prispevek k zgodovini sociološke misli na Slovenskem: Vladimir Knaflič (1888–1944) [Ein Beitrag zur Geschichte des soziologischen Denkens in Slowenien: V. K.], in: Anthropos 23/4-5 (1991), S. 23–33.

Knoll, August Maria (*Wien 1900 – †ebd. 1963): Promotion zum Dr. rer. pol. an der Universität Wien 1924, Habilitation für Soziologie und Sozialphilosophie ebd. 1934 bei Othmar Spann mit der Arbeit *Der Zins in der Scholastik* (als Buch 1933). Gründete mit Ernst Karl Winter u.a. 1927 die katholisch-integrative »Österreichische Aktion«. Unter dem Nationalsozialismus mit einem Lehrverbot belegt wurde er 1946 ao. Prof. und 1950 o. Prof. für Soziologie an der Universität Wien. Als seine Hauptwerke gelten: *Die österreichische Aktion. Programmatische Studien* (1927); *Der soziale Gedanke im modernen Katholizismus* (1932); *Katholische Kirche und scholastisches Naturecht* (1961); *Katholische Gesellschaftslehre. Zwischen Glaube und Wissenschaft* (1966); *Zins und Gnade. Studien zur Soziologie der christlichen Existenz*, Neuwied: *Luchterhand* 1967. – Literatur: Anton Pelinka: Art. »Knoll, August Maria«, in: *Neue Deutsche Biographie* [NDB], Bd. 12, Berlin: Duncker & Humblot 1980, S. 208 f.

Kraus, Karl (*Jitschin/Böhmen [Jičín] 1874 – †Wien 1936): Sohn einer wohlhabenden jüdischen Fabrikantenfamilie; Schulbesuch in Wien, kurzfristige Studien der Rechtswissenschaften, der Germanistik und der Philosophie (ohne Abschluss). Im April 1899 erschien die erste Ausgabe der (bis knapp vor seinem Tod 1936 durchgehend von ihm herausgegebenen) Zeitschrift *Die Fackel*, mit der er seinen Ruhm als Kritiker, Satiriker und Aphoristiker begründete; im selben Jahr Austritt aus der jüdischen Kultusgemeinde. Seit 1910 gefeierter Rezitator mit rund 700 Vorlesungen in vielen Städten Europas. 1911 Eintritt in die katholische Kirche, Austritt 1923. Mit den Zeitumständen wechselnde politische Sympathien: für Erzhzg. Franz Ferdinand, die Republik, die Sozialdemokratie und den Ständestaat. 1915 Beginn der Arbeit an den *Letzten Tagen der Menschheit* (Buchausgabe 1922). Viel Beachtung fanden auch seine Übersetzungen von Werken Shakespeares. – Literatur: Sigurd Paul Scheichl: Art. »Karl Kraus«, in: Hartmut Steinecke (Hg.), *Deutsche Dichter des 20. Jahrhunderts*, Berlin: Erich Schmidt 1994, S. 123–134; Edward Timms: *Karl Kraus. Apocalyptic Satirist*, 2 Bde., New Haven, CT, USA/ London: Yale University Press 1989, 2005.

Krek, Janez Evangelist (*St. Gregor bei Soderschitz/Unterkrain [Sveti Gregor nad Sodražico] 1865 – †St. Johann bei Lichtenwald/Unterkrain [Šentjanž pri Sevnici] 1917): Maturierte 1884 am Ersten Staatsgymnasium in Laibach (Ljubljana) und studierte anschließend an der Theologischen Lehranstalt Laibach (Priesterweihe 1888); es folgten höhere theologische Studien am Wiener Augustineum (Promotion 1892). Von 1895 bis zu seiner Pensionierung im Jahr 1916 war er Professor für Fundamentaltheologie und thomistische Philosophie an der Theologischen Lehranstalt in Laibach. Er wirkte intensiv in der Öffentlichkeit als Theologe, Publizist, Schriftsteller und Politiker (von 1897 bis 1900 war er Mitglied des Reichsrats in Wien, und von 1902 bis zu seinem Tod war er Abgeordneter zum Krainer Landtag), vor allem aber trat er als ein soziologisch geschulter und sensibilisierter Vorkämpfer gegen das Unrecht auf, das die Arbeiterschaft und der Bauernstand erdulden mussten. Er war überzeugt davon, dass es durch das Vertrauen in die göttliche Güte möglich wäre, die Welt zu verbessern. – Literatur: Ludvik Čarni: Dr. Janez Evangelist Krek (1865–1917), in: *Anthropos* 20/5-6 (1989), S. 389–406.

Kristan, Etbin (*Laibach [Ljubljana] 1867 – †ebd. 1953): Trat nach dem Besuch der Gymnasien in Laibach und Agram (Zagreb) in die Kadettenschule in Carlstadt (Karlovac) ein, beendete seine militärische Laufbahn aber schon 1887 im Rang eines Oberleutnants und beschäftigte sich fortan v. a. mit Journalismus, Politik und Sport. Vor dem Ersten Weltkrieg wirkte er als Schriftsteller, Politiker und Publizist in Slowenien und Wien sowie – im Jahr 1912 – in den USA und war bis 1914 Vorsitzender der 1896 von ihm mitbegründeten Jugoslawischen Sozialdemokratischen Partei. Er schrieb für Periodika wie die *Arbeiter-Zeitung*, *Der Eisenbahner*, *Delavec* [Der Arbeiter] und *Rdeči prapor* [Das rote Banner]. Mit einer Unterbrechung 1920/21, während der er der Verfassungsgebenden Versammlung des Königreichs Jugoslawien angehörte, lebte er von 1914 bis 1951 in den USA. Dort war er 1917 an der Ausarbeitung der Chicago-Erklärung beteiligt, in der eine föderative Jugoslawische Republik gefordert wurde. Nach seiner Rückkehr in die USA 1921 war er weiter für diese Idee als Aktivist tätig. – Literatur: Ludvik Čarni: Prispevek k zgodovini sociološke misli na Slovenskem: Etbin Kristan (1867–1953) [Ein Beitrag zur Geschichte des soziologischen Denkens in Slowenien: E. K.], in: *Anthropos* 25/3-4 (1993), S. 208–217.

Krones, Franz von (Ungarisch-Ostrau/Mähren [Uherský Ostroh] 1835 – †Graz 1902): Ab 1852 Studium der Geschichte an der Universität Wien (Promotion 1858), wobei er 1854 bis 1856 den ersten Kurs des neugegründeten Instituts für österreichische Geschichtsforschung absolvierte. 1857 bis 1861 Supplent bzw. Professor an der Rechtsakademie in Kaschau (Kassa, Ungarn/Košice, Slowakei), ab 1861 Gymnasiallehrer in Graz, wo er sich 1862 habilitierte. Ab 1865 o. Prof. für österreichische Geschichte an der Universität Graz, mehrmals Dekan, 1876/77 Rektor. 1874 korrespondierendes Mitglied der kaiserlichen Akademie der Wissenschaften, 1879 nobilitiert. Mit seinem *Handbuch der Geschichte Österreichs* [...] *mit besonderer Rücksicht auf Länderkunde, Völkerkunde und Kulturgeschichte* (5 Bde., 1876–1879) gelang ihm eine entscheidende Ausweitung der historischen Betrachtungsweise über die traditionelle dynastisch orientierte Staatsgeschichtsschreibung hinaus. Zahlreiche weitere grundlegende Werke zur Geschichte der Napoleonischen Kriege und zur Geschichte der Steiermark. – Literatur: Erich Zöllner: Art. »Krones von Marchland, Franz« (1968), in: *Österr. Biographisches Lexikon 1815–1950* [ÖBL], Wien: Verlag der Österr. Akademie der Wissenschaften, Bd. 4/Lfg. 19, S. 294.

Lammasch, Heinrich (*Seitenstetten 1853 – †Salzburg 1920): Jusstudium in Wien, Promotion 1876; 1885 Professor für Straf- und Völkerrecht in Innsbruck, 1887 Mitglied am Institut de Droit International in Gent, 1889 Professur für Strafrecht, Rechtsphilosophie und Völkerrecht in Wien. 1897 Mitglied der Ministerialkommission für ein neues Strafgesetzbuch, 1899 Berufung ins Herrenhaus, 1899 und 1907 Mitglied der österreichischen Delegation bei den Haager Friedenskonferenzen; von 1900 bis 1910 am Ständigen Internationalen Schiedsgerichtshof in Den Haag tätig. 1914 Ehrendoktor der Universität Oxford und gesundheitsbedingtes Ausscheiden aus dem Universitätsdienst. Hält im Herrenhaus 1917/18 einige öffentlich heftig diskutierte Friedensreden. Im Oktober 1918 zum letzten k.k. Ministerpräsidenten Österreichs ernannt. 1919 bei den Friedensverhandlungen in St. Germain konzipierte er als Sachverständiger Vorschläge für eine europäische Friedensordnung im Rahmen des Völkerbunds. Als Hauptwerke gelten: *Grundriss des österreichischen Strafrechts* (1899); *Das Völkerrecht nach dem Kriege* (1917); *Der Völkerverbund zur Bewahrung des Friedens* (1919). – Literatur: Dieter Köberl: Heinrich Lammasch. Rechtsgelehrter, Pazifist und letzter k.k. Ministerpräsident, in: *Salzburg Archiv* 35 (2014), S. 346–374.

Lederer, Emil (*Pilsen [Plzeň] 1882 – †New York 1939): Der Sohn eines böhmischen Juden studierte Rechtswissenschaften und Volkswirtschaftslehre in Wien, u. a. bei Eugen Philippovich, Eugen von Böhm-Bawerk und Friedrich von Wieser, hörte 1903 in Berlin bei Gustav Schmoller; Promotion 1905 in Wien. Stand der Arbeiterbewegung nahe und war mit Rudolf Hilferding und Otto Bauer befreundet. Von 1907 bis 1910 Arbeit für den Niederösterreichischen Gewerbe-Verein in Wien. Ab 1910 in Heidelberg, wo er sich 1912 mit *Die Privatangestellten in der modernen Wirtschaftsentwicklung* habilitierte. Ab 1911 Redakteur des *Archivs für Sozialwissenschaft und Sozialpolitik.* 1918 ao. Professor in Heidelberg, 1922 o. Professor, 1923 bis 1925 Gastprofessor in Japan. 1931 Nachfolger Werner Sombarts in Berlin. 1933 Emigration nach London, bald darauf Tätigkeit an der »New School for Social Research« in New York. Lederers Manuskript über den Nationalsozialismus wurde 1940 von Hans Speier unter dem Titel: *State of the masses* herausgegeben. – Literatur: Hans Speier: Emil Lederer. Leben und Werk, in: Emil Lederer, *Kapitalismus, Klassenstruktur und Probleme der Demokratie in Deutschland 1910–1940. Ausgewählte Aufsätze*, hrsg. von Jürgen Kocka, Göttingen: Vandenhoeck & Ruprecht 1979, S. 253–272.

Leopold, Lajos (*Szekszárd [Sechshard] 1879 – †Tótvázsony [Totwaschon] 1948): Studierte an der Fakultät für Rechts- und Staatswissenschaften der Katholischen Péter-Pázmány-Universität in Budapest. Beteiligte sich intensiv an der ungarischen soziologischen Bewegung, die sich im Umfeld der im Jahr 1900 von Oszkár Jászi angeregten Zeitschrift *Huszadik Század* (*Das zwanzigste Jahrhundert*) bildete. Seine thematisch breit gestreuten sozialwissenschaftlichen Forschungen betrieb er jedoch ohne engere akademische Affiliation, und um 1910 trennte er sich aus politischen Gründen von der Gruppe um Jászi. Der Politik blieb er auch 1918/19 fern, aber während des Ersten Weltkriegs engagierte er sich u.a beim Roten Kreuz, dessen stellvertretender Hauptbeauftragter er ab 1916 an der Ostfront war. Ab 1928 lehrte er Ökonomie an der Pázmány-Universität sowie an der József Nádor-Technischen und Wirtschaftswissenschaftlichen Universität. Im Alter war er antisemitischen Anfeindungen ausgesetzt. Als sein Hauptwerk gilt: *A presztízs* (1912; engl. 1913: *Prestige. A psychological study of social estimate.*; dt. 1916: *Prestige. Ein gesellschaftspsychologischer Versuch*). – Literatur: Ernő Csekő: At the grave of Lajos Leopold jr., in: *Szociológiai Szemle / Review of Sociology* 15 (2009), S. 84–92, online zugänglich: http://www.academia.edu/31296827.

Liechtenstern, Joseph Marx von, eigtl. Josephus Marcus Freiherr von Liechtenstern, Pseudonyme »R. von H……g« und »Dr. Klein« (*Josefstadt [Wien] 1765 – †Französisch-Buchholz [Berlin] 1828): Sohn eines Trompeters der kgl. ungar. Leibgarde im Offiziersrang, private Erziehung, 1786 bis 1789 Schreiber bei den fürstlich Schwarzenberg'schen Herrschaften Murau und Frauenburg, 1790 Rat bei der fürsterzbischöflichen Hofkammer von Salzburg, 1790 bis 1800 Oberverwalter der gräflich Thun'schen Güter in Böhmen und Tirol sowie 1791 bis 1812 dirigierender Geheimer Rat und Plenipotentarius der gräflich Batthyány'schen Güter in Niederösterreich, Steiermark, Kärnten, Ungarn und Kroatien. 1790 Gründer und bis 1797 Leiter der Cosmographischen Gesellschaft, 1797 Gründer und bis 1815 Leiter des Cosmographischen Instituts mit angeschlossenem Verlag seit 1806. 1819 unter Hinterlassung von Schulden Übersiedlung nach Dresden und 1823 nach Französisch-Buchholz, freischaffender Schriftsteller, vom preußischen König finanziell unterstützt. – Literatur: Art. »Joseph Marx Freiherr v. Lichtenstern«, in: *Neuer Nekrolog der Deutschen*, 6. Jg. (1828), 2. T., Ilmenau: Bernh. Fr. Voigt 1830, S. 727–732.

Limanowski, Bolesław (*1835 Podgórze/Russ. Kaiserreich [Lettgallen/Lettland] – †Warschau [Warszawa] 1935): Der aus einer verarmten Adelsfamilie stammende Limanowski absolvierte das Gymnasium in Moskau und studierte in Dorpat [Tartu/Estland] Medizin und (für kurze Zeit) Philosophie. Danach Hinwendung zum Sozialismus und politische Tätigkeit, u.a. als Übersetzer bspw. von Ferdinand Lassalle. Erste eigene Publikationen beschäftigten sich etwa mit dem *Sozialismus als Notwendigkeit sozialer Entwicklung* (*Socjalizm jako konieczny objaw dziejowego rozwoju*, 1879). Ab Ende der 1870er Jahre im Exil in Genf und ab 1899 in Paris, durfte er erst 1907 wieder nach Krakau zurückkehren. In den 1880er und 1890er Jahren erschienen seine wichtigsten Arbeiten, u.a. zur Geschichte der Sozialbewegungen oder zu Lassalle. Den Ruf eines brillanten Soziologen brachte ihm die Studie *Naród i państwo. Studium socjologiczne* [Nation und Staat. Eine Soziologische Studie], 1906, ein. Obschon nach 1918 vor allem politisch tätig, verfasste er doch seine vielbeachtete zweibändige *Socjologja* (1919). Ehrendoktorate der Universitäten Warschau und Lemberg. – Literatur: Michał Śliwa: *Bolesław Limanowski. Człowiek i historia* [Bolesław Limanowski. Mensch und Geschichte], Kraków: Wyższa Szkoła Pedagogiczna im. Komisji Edukacji Narodowej w Krakowie 1994.

LINDNER, Gustav Adolf (*Roždalowitz/Böhmen [Rožďalovice] 1828 – †Prag 1887): Der Sohn eines Bierbrauers wuchs zweisprachig auf. Zeitweiliger Besuch eines katholischen Priesterseminars, ab 1848 Studien der Philosophie, der Rechts- und Naturwissenschaften sowie der Mathematik an der Universität Prag, um sich für das höhere Lehramt vorzubereiten (Promotion 1850). Durch Franz Exner mit den Lehren Johann Friedrich Herbarts vertraut gemacht. Ab 1854 Gymnasiallehrer im untersteirischen Cilli (Celje), 1872 Ernennung zum Direktor der Lehrerbildungsanstalt im böhmischen Kuttenberg (Kutná Hora), ab 1882 o. Prof. für Philosophie und Pädagogik an der neu errichteten Tschechischen Karl-Ferdinands-Universität in Prag. Verfasser philosophischer Schullehrbücher und pädagogischer Werke. Als soziologisch relevante Werke des Schöpfers des Begriffs der »sozialen Psychologie« gelten: *Lehrbuch der empirischen Psychologie als inductiver Wissenschaft* (erstmals 1858); *Das Problem des Glücks* (1868); *Ideen zur Psychologie der Gesellschaft als Grundlage der Sozialwissenschaft* (1871). – Literatur: Gerald Grimm: Gustav Adolf Lindner als Wegbereiter der Pädagogik des Herbartianismus […], in: Ders./Erik Adam (Hgg.), *Die Pädagogik des Herbartianismus in der Österreichisch-Ungarischen Monarchie*, Wien: LIT 2009, S. 21–25.

LIPPERT, Julius (*Braunau/Böhmen [Broumov] 1839 – †Prag [Praha] 1909): Studierte Rechtswissenschaften, Philosophie, deutsche und tschechische Geschichte, Philosophie und Germanistik in Prag. Ab 1863 als Gymnasialprofessor tätig, zunächst in Leitmeritz, dann in Budweis. Engagiert in zahlreichen deutsch-böhmischen Vereinigungen. Wegen seiner antiklerikalen und freisinnigen Anschauungen geriet er in Konflikte mit der Kirche und der Staatsverwaltung (»Affaire Lippert«, 1874) und ging nach Berlin, wo er in der Gesellschaft für Verbreitung von Volksbildung tätig wurde. Zu seinen Hörern zählte u.a. William Graham Sumner. Nach seiner Rückkehr nach Böhmen wurde der auf nationalen Ausgleich bedachte Lippert 1888 für die Vereinigte Deutsche Linke in den Reichsrat gewählt. Beeinflusste die tschechische Geschichtsschreibung (Josef Pekař) und Soziologie (František Krejčí). Als seine Hauptwerke gelten: *Christenthum, Volksglaube und Volksbrauch* (1882); *Allgemeine Geschichte des Priestertums* (2 Bde., 1883/84); *Die Geschichte der Familie* (1884); *Die Kulturgeschichte in einzelnen Hauptstücken* (1886); *Deutsche Sittengeschichte* (1889); *Sozialgeschichte Böhmens in vorhussitischer Zeit* (3 Bde., 1896–98). – Literatur: Astrid Tönnies: *Julius Lippert. Leben und Wirken* […], Marburg: N.G. Elwert 1988.

LISZT, Franz von (*Wien 1851 – †Seeheim 1919): Franz von Liszt absolvierte eine rechtswissenschaftliche Ausbildung an der Universität Wien und wurde dort 1874 zum Doktor iuris promoviert. Nach einer Studienreise an verschiedene deutsche Universitäten habilitierte er sich schon 1875 in Graz für materielles Strafrecht und 1876 für Strafprozessrecht. Es schloss sich eine glänzende Karriere an deutschen Universitäten an, die ihn über Gießen und Marburg nach Berlin führte. 1888 gründete er gemeinsam mit dem Belgier Adolphe Prins und dem Niederländer Gerardus Antonius van Hamel die Internationale Kriminalistische Vereinigung und sein Kriminalistisches Seminar. Als seine Hauptwerke gelten: *Das Strafrecht der Staaten Europas* (1884); *Das Völkerrecht. Systematisch dargestellt* (1898); *Strafrechtliche Aufsätze und Vorträge* (2 Bde., 1905). – Literatur: Hans Heinrich Jescheck (Hg.): *Franz von Liszt zum Gedächtnis. Zur Wiederkehr seines Todestages am 21. Juni 1919*, Berlin: de Gruyter 1969.

LUKÁCS, Georg [György] (*Budapest 1885 – †ebd. 1971): Der einer wohlhabenden jüdischen Familie entstammende Lukács studierte in Budapest Rechtswissenschaften und Literatur (1906 Dr. rer. oec., 1909 Dr. phil.) und hörte in den Jahren 1906/07 in Berlin, u.a. bei Georg Simmel. Zwischen 1912 und 1917 lebte er längere Zeit in Heidelberg und schloss sich u.a. dem Kreis um Max Weber an. 1917 gemeinsam mit Karl Mannheim, Arnold Hauser u.a. Gründung der Freien Schule der Geisteswissenschaften in Budapest. Ende 1918 Eintritt in die wenige Wochen zuvor gegründete Ungarische Kommunistische Partei. Lukács lebte zwischen 1919 und 1929 in Wien, anschließend in Deutschland, ab 1933 in der Sowjetunion und kehrte 1945 nach Ungarn zurück, wo er an der Etablierung der stalinistischen Kulturpolitik beteiligt war. Geriet um 1950 als Kulturpolitiker in den Hintergrund und widmete sich der marxistischen Philosophie. Lukács gilt seit den 1960er Jahren als einer der wichtigsten neomarxistischen Denker. Als seine Hauptwerke vor 1918 gelten: *Entwicklungsgeschichte des modernen Dramas* (ungar. 1911); *Die Theorie des Romans* (als Aufsatz 1916, eigenständig 1920). – Literatur: Ernst Keller: *Der junge Lukács. Antibürger und wesentliches Leben. Literatur- und Kulturkritik 1902–1915*, Frankfurt a.M.: Sendler 1984.

MACH, Ernst (*Chirlitz bei Brünn [Brno-Chrlice] 1838 – †Vaterstetten bei München 1916): Studium der Mathematik und Physik an der Universität Wien (Promotion 1860, Habilitation 1861), anschließend ebd. Privatdozent für Physik. 1864 o. Prof. für Mathematik und Physik an der Universität Graz, 1867 o. Prof. für Experimentalphysik und Direktor des Instituts für Physik an der Prager Universität, deren Rektor er 1879/80 war (nach der 1882 vollzogenen Teilung in eine Tschechische und eine Deutsche Universität war er 1883/84 auch Rektor der letzteren). 1895 o. Prof. für »Philosophie, insbesondere Geschichte und Theorie der induktiven Wissenschaften« an der Universität Wien (3. Philosophische Lehrkanzel). 1901 auf eigenen Wunsch Pensionierung aus gesundheitlichen Gründen, Ernennung zum Mitglied des Herrenhauses. Als seine Hauptwerke gelten: *Die Mechanik in ihrer Entwickelung historisch-kritisch dargestellt* (1883); *Beiträge zur Analyse der Empfindungen* (1886); *Populär-wissenschaftliche Vorlesungen* (1895/96); *Die Principien der Wärmelehre* (1896); *Erkenntnis und Irrtum. Skizzen zur Psychologie der Forschung* (1905); *Kultur und Mechanik* (1915); *Die Principien der physikalischen Optik* (posthum 1921). – Literatur: Rudolf Haller/Friedrich Stadler (Hgg.): *Ernst Mach – Werk und Wirkung*, Wien: Hölder-Pichler-Tempsky 1988.

Makarewicz, Juliusz (*Sombor/Galizien [Sambir, Ukraine] 1872 – †Lemberg [L'viv] 1955): Der Sohn einer Ingenieursfamilie besuchte Schulen in Tarnau [Tarnów] und Krakau und studierte ebd. ab 1889 an der Jagiellonen-Universität, ab 1894 als Stipendiat in Deutschland und Frankreich. Habilitierte sich 1897 in Krakau und wurde Richter am Landesgericht; 1904 außerordentlicher Professor. 1906 veröffentlichte er (in deutscher Sprache) seine *Einführung in die Philosophie des Strafrechts auf entwicklungsgeschichtlicher Grundlage*, die sein internationales Renommee begründete und ihm einen Lehrstuhl für Strafrecht in Lemberg einbrachte. Nach dem Ersten Weltkrieg brachte er sich in Fragen der Rechtsreform und der Politik ein. Er blieb auch im und nach dem Zweiten Weltkrieg in Lemberg und unterrichtete bis 1954 an der 1940 unter sowjetischer Verwaltung in Ivan Franko-Universität umbenannten Lemberger Universität. Der stark von Franz von Liszt beeinflusste Makarewicz arbeitete v.a. zur Rechtssoziologie und zum Straf- und Presserecht. – Literatur: Andrzej Zoll: Juliusz Makarewicz (1872–1955), in: *Uniwersytet Jagielloński. Złota Księga Wydziału Prawa i Administracji* [Jagiellonen-Universität. Das Goldene Buch der Fakultät für Recht und Verwaltung], hrsg. von Jerzy Stelmach und Wacław Uruszczak, Kraków: Uniwersytet Jagielloński 2000, S. 276–279.

Malinowski, Bronisław Kasper (*Krakau [Kraków] 1884 –†New Haven/CT, USA 1942): Der Sohn einer hochgebildeten Adelsfamilie studierte Mathematik, Physik und Philosophie in Krakau; hier Promotion zum Dr. phil. 1908 sub auspiciis Imperatoris. Graduiertenstudien in Leipzig (1908–1910) und an der London School of Economics (LSE, 1910–1914). Obschon gleich zu Beginn des Ersten Weltkriegs als Österreicher in Britisch-Neuguinea interniert, konnte er danach seine Feldforschungen mit Unterstützung der australischen Regierung auf den Trobriand-Inseln in Melanesien fortsetzen. Nach Kriegsende Rückkehr an die LSE, wo er sein Hauptwerk *Argonauts of the Western Pacific* (1922) veröffentlichte. Auch Werke aus den Jahren 1929 und 1935 verweisen auf seine Tätigkeit in Melanesien. Ab 1921 als Lecturer und ab 1927 als Professor an der LSE tätig sowie ab 1938 als Professor in Yale, zählte Malinowski eine ganze Generation bedeutendster britischer und US-amerikanischer Sozialanthropologen zu seinen Schülern. Posthum erschienen zwei seiner theoretischen Hauptwerke: *A Scientific Theory of Culture* (1944); *The Dynamics of Cultural Change* (1945). – Literatur: Karl-Heinz Kohl: Bronisław Kasper Malinowski (1884–1942), in: Wolfgang Marschall (Hg.), *Klassiker der Kulturanthropologie*, München: C.H. Beck 1990, S. 227–247.

Mannheim, Karl, urspr. auch Károly Manheim (*1893 Budapest – †1947 London): Wuchs als Sohn einer deutschen Mutter und eines ungarischen Vaters in einer wohlhabenden jüdischen Familie in Budapest auf. Studierte Philosophie, Literaturwissenschaften und Soziologie in Budapest, Berlin und Paris. Promotion 1918 an der Pázmány Péter Universität in Budapest mit einer Arbeit über *Die Strukturanalyse der Erkenntnistheorie*. Mitglied des Budapester Galilei- und des Sonntagskreises. Verließ Ungarn 1919 nach dem Sturz der kommunistischen Rätediktatur. Mitbegründung der Wissenssoziologie im Exil in Deutschland (1920 bis 1933). 1926 Habilitation bei Alfred Weber. 1930 o. Prof. der Soziologie in Frankfurt a.M., wo er ein interdisziplinäres Seminar leitete und dem religiös-sozialistischen Kreis um Paul Tillich angehörte. 1933 Flucht aus Deutschland, Dozent an der London School of Economics, 1945 o. Prof. an der Universität London. Als seine Hauptwerke gelten: *Ideologie und Utopie* (1929); *Mensch und Gesellschaft im Zeitalter des Umbaus* (1935); *Freedom, Power and Democratic Planning* (1950). – Literatur: Bálint Balla: *Karl Mannheim*, Hamburg: Reinhold Krämer 2007; Thomas Jung: *Die Seinsgebundenheit des Denkens. Karl Mannheim und die Grundlegung einer Denksoziologie*, Bielefeld: transcript 2007.

Masaryk, Tomáš Garrigue (*Göding/Mähren [Hodonín] 1850 – †Lana [Lány] 1937): Studierte in Wien Sprachen und Philosophie (Promotion 1876, Habilitation für Philosophie ebd. 1878). 1882 Ernennung zum ao. Prof. für Philosophie und Soziologie an der Česká univerzita Karlo-Ferdinandova im Zuge der Teilung der Karls-Universität in eine deutsche und eine tschechische Hochschulorganisation, 1896 o. Prof. ebd. Seit 1887 intensiv politisch tätig, 1891 bis 1893 als Abg. zum Österr. Reichsrat für die tschechische nationalliberale Freisinnige Nationalpartei (die sogenannten »Jungtschechen«). Zeitweilige Rückkehr zur theoretischen Arbeit (*Die tschechische Frage*, 1895; *Die soziale Frage*, 1898). 1900 Gründer und Vorsitzender der tschechischnationalen Realistischen Volkspartei, neuerlich Abg. zum Reichsrat 1907 bis 1914. Verfasste daneben weitere Arbeiten wie *Russland und Europa* (1913). Ende 1914 begab er sich ins politische Exil, von wo aus er das Widerstandszentrum des Tschechoslowakischen Nationalausschusses führte. Nach Kriegsende wurde er zum ersten Präsidenten der neu errichteten Tschechoslowakischen Republik gewählt und 1920, 1927 und 1934 in diesem Amt bestätigt. – Literatur: Otakar A. Funda: *Thomas Garrigue Masaryk. Sein philosophisches, religiöses und politisches Denken*, Bern u.a.: Lang 1978.

Mauthner, Fritz (*Horschitz/Böhmen [Hořice v Podkrkonoší] 1849 – †Meersburg 1923): Mauthners jüdische Familie zog 1855 nach Prag, wo er von 1869 bis 1873 Jus studierte, aber auch Vorlesungen des Physikers Ernst Mach besuchte. Ebenfalls noch in Prag trat er ab 1875 als Theaterkritiker in Erscheinung und versuchte sich als Dramatiker. 1876 zog er nach Berlin, wo ihm mit einer Reihe von Parodien, die unter dem Titel *Nach berühmten Mustern* 1878 erstmals als Buch erschienen, der Durchbruch gelang. Mauthner war einer der angesehensten Theaterkritiker des ausgehenden 19. Jahrhunderts und verfasste außerdem zahlreiche zeitkritische Feuilletons im *Berliner Tageblatt* sowie historische und patriotische Romane und Erzählungen. Daneben zahlreiche Tätigkeiten im Kulturbereich und als Publizist, u.a. ab 1889 als Vorstandsmitglied der Berliner Freien Bühne und als Herausgeber der Reihe *Bibliothek der Philosophen* (1912 bis 1920). Seine Arbeit als »Sprachkritiker« begann er ab etwa 1891. Als seine Hauptwerke bis 1918 gelten: *Beiträge zu einer Kritik der Sprache* (3 Bde., 1901/02); *Wörterbuch der Philosophie. Neue Beiträge zu einer Kritik der Sprache* (2 Bde., 1910). – Literatur: Joachim Kühn: *Gescheiterte Sprachkritik. Fritz Mauthners Leben und Werk*, Berlin/New York: de Gruyter 1975.

Mayreder, Rosa, geb. Obermayer (*Wien 1858 – †ebd. 1938): Genießt für damalige Verhältnisse eine für Mädchen privilegierte Erziehung. 1881 Heirat mit dem Architekten Karl Mayreder. Sie widmet sich zunächst der Malerei und beginnt ihre schriftstellerische Laufbahn 1896 mit Prosatexten und Lyrik. Bald überwiegen theoretische Reflexionen in Form von Essays, in denen sie sich als Autodidaktin mit den aktuellen Geistesströmungen des 19. und beginnenden 20. Jahrhunderts auseinandersetzt. Ihr gesellschaftspolitisches Engagement ist freilich auch praktischer Natur: 1893 ist sie Mitbegründerin des Allgemeinen österreichischen Frauenvereins, dessen Komitee sie bis 1903 angehört, und 1897 des Vereins Kunstschule für Frauen und Mädchen. Gemeinsam mit Marie Lang und Auguste Fickert gibt sie ab 1899 die Zeitschrift *Dokumente der Frauen* heraus. In der 1907 gegründeten Soziologischen Gesellschaft wird sie als einzige Frau in den Vorstand gewählt, sie ist Mitbegründerin des Vereins zur Bekämpfung der Prostitution, ab 1915 setzt sie sich für die Internationale Frauenbewegung ein und ist Vizepräsidentin des 1921 gegründeten österreichischen Zweigs der Internationalen Frauenliga für Frieden und Freiheit. – Literatur: Hilde Schmölzer: *Rosa Mayreder. Ein Leben zwischen Utopie und Wirklichkeit*, Wien: Promedia 2002.

Meinong, Alexius, Ritter von Handschuchsheim (*Lemberg [L'viv] 1853 – †Graz 1920): Studierte Geschichte und Deutsche Philologie an der Universität Wien (Promotion 1874), anschließend Philosophie bei Franz Brentano, der ihn nachhaltig beeinflusste und 1878 habilitierte. Besuchte um 1873 Carl Mengers nationalökonomische Vorlesungen. 1882 ao. Prof. für Philosophie in Graz, von 1889 bis 1920 ebd. o. Prof. Gründete 1894 das erste experimentalpsychologische Laboratorium in der österreichischen Monarchie, 1897 das Philosophische Seminar der Universität Graz. Seit 1914 wirkliches Mitglied der Kaiserlichen Akademie der Wissenschaften in Wien. Als seine Hauptwerke gelten: *Über Annahmen* (erstmals 1902); *Untersuchungen zur Gegenstandstheorie und Psychologie* (Hg., 1904); *Über Möglichkeit und Wahrscheinlichkeit. Beiträge zur Gegenstandstheorie und Erkenntnistheorie* (1915); *Über emotionale Präsentation* (1917). – Literatur: John N. Findlay: *Meinong's Theory of Objects and Values* [1933], Oxford: Clarendon Press 1963; Evelyn Dölling: *»Wahrheit suchen und Wahrheit bekennen.« Alexius Meinong. Skizze seines Lebens*, Amsterdam/Atlanta: Rodopi 1999; Johann C. Marek: Art. »Meinong, Alexius«, in: *The Stanford Encyclopedia of Philosophy*, hrsg. von Edward N. Zalta (Online-Ressource, 2008).

Menger von Wolfensgrün, Anton (*Mohnau/Galizien [Maniów] 1841 – †Rom 1906): Mengers Familie, der auch sein Bruder Carl, der bedeutende Ökonom, entstammte, gehörte väterlicherseits dem Adel an, lebte aber in bescheidenen Verhältnissen, die sich nach dem Tod des Vaters 1848 noch verschlechterten. Während Mengers schulische Laufbahn – nicht zuletzt wegen seines Aufbegehrens gegen das tradierte Weltbild seines Milieus – windungsreich verlief, absolvierte er das Studium der Rechtswissenschaften nach einem Semester in Krakau ab Herbst 1860 ohne weitere Schwierigkeiten in Wien (Promotion 1865). Anschließend Konzipient bei einem Wiener Rechtsanwalt bis zur Zulassung als Anwalt (1869). Unbefriedigt vom Anwaltsberuf, strebte er eine akademische Laufbahn an: 1872 Habilitation für Zivilprozessrecht; 1875 Ernennung zum ao. Professor und 1877 zum Ordinarius dieses Fachs; vorzeitige Pensionierung 1899. Auch danach war er weiter bemüht, die Realisierung einer sozialistischen Gesellschaft durch seine Schriften zu unterstützen; daneben Beschäftigung mit Fragen der Mathematik und intensive Reisetätigkeit zum Zweck des Aufbaus einer umfangreichen Bibliothek sozialistischer Literatur. – Literatur: Karl-Hermann Kästner: *Anton Menger (1841–1906). Leben und Werk*, Tübingen: Mohr 1974.

Menger von Wolfensgrün, Carl (*Neu-Sandez/Galizien [Nowy Sącz] 1840 – †Wien 1921): Der Bruder von Anton und Max Menger studierte Rechts- und Staatswissenschaften in Wien und Prag. Arbeit als Redakteur, u.a. bei der *Wiener Zeitung*. Promotion 1867 in Krakau, Habilitation 1872 bei Lorenz von Stein in Wien, anschließend Privatdozent. 1873 ao. Professor und Ministerialsekretär im k.k. Ministerialpräsidium (bis 1875). Von 1876 bis 1878 Privatlehrer von Kronprinz Rudolf. 1879 o. Professor für Politische Ökonomie an der Universität Wien. 1900 Berufung in das Herrenhaus auf Lebenszeit. 1901 Präsident des Institut de Sociologie in Paris. 1902 Geburt seines Sohnes, des späteren Mathematiker Karl Menger. Als seine Hauptwerke gelten: *Grundsätze der Volkswirtschaftslehre* (1871); *Untersuchungen über die Methode der Socialwissenschaften und der politischen Oekonomie insbesondere* (1883); *Die Irrthümer des Historismus* (1884). – Literatur: Margarete Boos: *Die Wissenschaftstheorie Carl Mengers. Biographische und ideengeschichtliche Zusammenhänge*, Wien/Köln/Graz: Böhlau 1986; Gilles Campagnolo: Menger: from the works published in Vienna to his *Nachlass*, in: Ders. (Hg.), *Carl Menger. Neu erörtert unter Einbeziehung nachgelassener Texte*, Frankfurt a.M.: Peter Lang 2008, S. 31–58.

Menzel, Adolf (*Reichenberg/Böhmen [Liberec] 1857 – †Wien 1938): Der zum Katholizismus konvertierte Sohn eines jüdischen Arztes studierte Rechtswissenschaften an der Universität Prag (Promotion 1879); 1882 Habilitation aus Privatrecht an der Universität Wien; von 1894–1928 ebendort o. Prof. für Verwaltungsrecht, Verwaltungslehre und Allgemeine Staatslehre; 1915/16 Rektor der Universität Wien; neben der akademischen Lehre Tätigkeit als Verfassungsrichter am Reichsgericht bzw. ab 1918 am

Verfassungsgerichtshof, bis 1930 dessen erster Vizepräsident; ab 1925 wirkl. Mitglied der Österr. Akademie der Wissenschaften, 1932 Bürger der Stadt Wien, 1937 Dr. h.c. der Staatswissenschaft an der Universität Wien. Als seine Hauptwerke gelten: *Das Anfechtungsrecht der Gläubiger nach österreichischem Rechte* (1886); *Die Arbeiterversicherung nach österreichischem Rechte. Mit Berücksichtigung des deutschen Reichsrechtes systematisch bearbeitet* (1893); Naturrecht und Soziologie (1912). – Literatur: Adolf Julius Merkl: Adolf Menzels Lebenswerk und die Jurisprudenz. Zu seinem 80. Geburtstag, in: *Juristische Blätter* 66 (1937), S. 289–291; Ludwig Adamovich [sen.]: Adolf Menzel zum Gedenken, in: *Österreichische Zeitschrift für öffentliches Recht* 1 (1948), S. 1–10.

Merkl, Adolf Julius (*Wien 1890 – †ebd. 1970): Der Sohn eines Forstakademikers studierte nach dem Besuch des Gymnasiums in Wiener Neustadt Rechtswissenschaften an der Universität Wien, u.a. bei Hans Kelsen. Promotion 1913, anschließend Gerichtspraxis. Zunächst Bediensteter des Magistrats Wien, dann in verschiedenen Ministerien sowie im Bundeskanzleramt. 1919 Habilitation für Verfassungs- und Verwaltungsrecht, 1920 außerordentlicher, 1932 ordentlicher Professor an der Universität Wien. 1938 von den Nationalsozialisten seines Lehrstuhls enthoben, war Merkl zunächst als Helfer in Steuersachen tätig. 1943 bis 1950 Professor in Tübingen, ab 1950 wieder Professor in Wien. Neben seiner Tätigkeit als Rechtswissenschaftler engagierte sich Merkl intensiv für Belange des Naturschutzes. – Literatur: Herbert Schambeck: *Leben und Wirken von Adolf Julius Merkl*, Wien: Orac 1990; Wolf-Dietrich Grussmann: *Adolf Julius Merkl. Leben und Werk*, Wien: Manz 1989.

Miler, Ernest (*Pakratz/Slawonien [Pakrac] 1866 – †Agram [Zagreb] 1928): Studierte Rechtswissenschaften in Wien und Agram, wo er 1890 promovierte und anschließend bei Gericht und bei der Staatsanwaltschaft arbeitete. In Berlin und Paris befasste er sich mit der Erforschung von Verbrechensursachen und kam so mit der Soziologie in Kontakt. 1906 zum o. Prof. für Kriminalwissenschaften und Soziologie an der Universität Agram ernannt und damit erster Inhaber eines Lehrstuhls für Soziologie auf dem Gebiet der Österreichisch-Ungarischen Monarchie. Amtierte mehrmals als Rektor und Dekan der Juridischen Fakultät. Über hundert Veröffentlichungen über Strafprozessrecht, Kriminologie, Kriminal- und Stadtsoziologie in verschiedenen Zeitschriften. Bekanntheit erlangten insbesondere sein Vortrag über Kriminelle in Kunst und Literatur [*Zločinci u umjetnosti i književnosti*, 1902] und die Übersetzung von Franklin H. Giddings' *Principles of Sociology* [*Načela sociologije*, 1924], auf die er auch seine Vorlesungen stützte. – Literatur: Edo Lovrić: Dr. Ernest Miler [Nekrolog] [1928], wieder abgedruckt in: Željko Pavić (Hg.), *Pravni fakultet u Zagrebu* [Die Rechtswissenschaftliche Fakultät in Zagreb], Bd. 3: *Nastavnici Fakulteta* [Die Lehrer der Fakultät 1874–1926], Teilbd. 2: *1874–1926*, Zagreb: Pravni fakultet 1997, S. 395–403.

Misař, Olga, geborene Popper (*Wien 1876 – †Enfield [heute zu London] 1950): Verbrachte die Jahre 1884 bis 1897 mit ihrer jüdischen Familie im englischen Bradford und konvertierte zum evangelischen Glauben. Nach ihrer Rückkehr nach Wien heiratete sie Wladimir Misař (1899) und bekam die Zwillinge Olga und Vera (1900). Ab 1910 leitende Tätigkeiten in verschiedenen Frauenvereinen (u.a. im Verein für Frauenstimmrecht oder im Allgemeinen Österreichischen Frauenverein), von 1911 bis 1913 verantwortliche Redakteurin der *Mitteilungen des Österreichischen Bundes für Mutterschutz*. Im April 1915 Teilnehmerin am Internationalen Frauen-Kongress in Den Haag; ihre pazifistischen Aktivitäten setzte sie auch nach dem Ersten Weltkrieg fort. 1919 erfolglose Kandidatur bei der Nationalratswahl für die Demokratische Mittelstandspartei von Ernst Viktor Zenker. Danach im Bund herrschaftsloser Sozialisten aktiv, ab 1923 im Bund der Kriegsdienstgegner (1936 im Austrofaschismus aufgelöst). Auch in der »Internationalen Frauenliga für Frieden und Freiheit« übte sie eine zentrale Funktion aus. 1939 floh sie mit ihrem Mann nach England. Als ihr Hauptwerk gilt: *Neuen Liebesidealen entgegen* (1919). – Literatur: Brigitte Rath: Olga Misar oder: Die Vielfalt der Grenzüberschreitungen, in: *Ariadne* 57 (2010), S. 44–48.

Müller, Adam Heinrich, seit 1826 Edler von Nitterdorf (*Berlin 1779 – †Wien 1829): Studium der Theologie in Berlin, dann der Rechts- und Staatswissenschaften in Göttingen. Reisen führten ihn nach Skandinavien und nach Südpreußen (heute Polen), wo er Hofmeister und Erzieher der Kinder seiner späteren Frau wurde. Übertritt zum Katholizismus 1805 während eines längeren Aufenthalts in Wien, im selben Jahr Umzug nach Dresden. 1809 Heirat mit Sophie von Haza-Radlitz, geborene von Taylor. 1811 Übersiedlung nach Wien, 1813/14 »Landeskommissär« in Tirol, 1815 »Armeekorrespondent« in Heidelberg und Paris, 1815–1827 Generalkonsul in Leipzig. 1826 Nobilitierung, 1827 Ernennung zum Hofrat im außerordentlichen Dienst der Staatskanzlei. Als seine Hauptwerke gelten: *Die Lehre vom Gegensatze* (1804), *Die Elemente der Staatskunst* (1809), *Zwölf Reden über die Beredsamkeit* [...] (1816). – Literatur: Jakob Baxa: *Adam Müller. Ein Lebensbild aus den Befreiungskriegen und aus der deutschen Restauration*, Jena: G. Fischer 1930; Reinhard Müller: Art. »Adam Heinrich Müller«, in: *Archiv für die Geschichte der Soziologie in Österreich*, online unter: http://agso.uni-graz.at/spannkreis/biografien/m/mueller_adam_heinrich.html.

Mžik, Hans von (*Rzeszów/Galizien 1876 – †Wien 1961): Orientalist und Geograph; seit 1921 Leiter der Kartensammlung der österreichischen Nationalbibliothek; von 1917 bis 1929 Privatdozent für Historische Geographie des Orients an der Universität Wien. Als seine Hauptwerke gelten: *Die Reise des Arabers Ibn-Baṭūṭa durch Indien und China (14. Jahrhundert)* (1911); »Was ist Orient?« (1918, in: *Mitteilungen der Geographischen Gesellschaft in Wien*, Bd. 61). – Literatur: *Bibliographie der Schriften des Universitätspro-*

fessors Dr. Hans von Mžik. Zu seinem 60. Geburtstage dargebracht von Freunden, Kollegen und vom Verlag, Wien: Gerold & Co. 1936.

Nadler, Josef (*1884 in Neudörfel bei Schluckenau/Böhmen [Nová Víska, nahe Šluknov] – †Wien 1963): Studium der deutschen Sprache und Literatur sowie der klassischen Philologie an der Deutschen Universität Prag, Dr. phil. 1908. 1904 Mitbegründer der katholisch-deutschen Studentenverbindung »Ferdinandea«. 1909–1912 Tätigkeit beim Münchener Verlag Josef Habbel. 1912 ao. und ab 1914 o. Prof. der Deutschen Literaturgeschichte an der Universität Freiburg i.Üe. Kriegsfreiwilliger 1914–1917. Von 1925 bis 1931 o. Prof. der Deutschen Sprache und Literatur in Königsberg, von 1931 bis 1947 in Wien. Ab 1929 Mitglied der Deutschen Gesellschaft für Soziologie, ab 1933 wirkl. Mitglied der Akademie der Wissenschaften in Wien. Nadler war NSDAP-Mitglied, hatte aber ein zwiespältiges Verhältnis zum Nationalsozialismus. 1949 erfolgte der Beschluss der Zentralkommission der Österreichischen Nationalbibliothek, den vierten Band von Nadlers *Literaturgeschichte des Deutschen Volkes* (i.e. *Literaturgeschichte der deutschen Stämme und Landschaften* in der Fassung von 1941) und das Buch *Das stammhafte Gefüge des Deutschen Volkes* (1934–1941) einstampfen zu lassen. – Literatur: Sebastian Meissl/Friedrich Nemec: Nadler, Josef, in: *Neue Deutsche Biographie* [NDB], Bd. 18, Berlin: Duncker & Humblot 1997, S. 690–692.

Neumann-Spallart, Franz Xaver von (*Wien 1837 – †ebd. 1888): Studierte in Wien Rechts- und Staatswissenschaften, 1862 Dr. iur. sub auspiciis imperatoris. Nach Studienreisen, die ihn nach England, Frankreich und Belgien führten, übernahm er 1864 eine Professur für Nationalökonomie an der Wiener Handelsakademie und 1868 eine solche an der k.k. Kriegsschule. 1871 ao. Prof. für politische Ökonomie an der Universität Wien, 1872 ao. Prof. und 1873 o. Prof. der Volkswirtschaftslehre und Statistik an der neugegründeten Hochschule für Bodenkultur, deren Rektor er 1875/76 war. Seit 1884 auch Honorarprofessor für Statistik an der Universität Wien. In seinen Schriften propagierte er die Idee des Freihandels und war u.a. an den Vorarbeiten zu den 1865 mit dem Deutschen Zollverein und Großbritannien abgeschlossenen Handelsverträgen beteiligt. Vielfältige öffentliche Tätigkeiten, u.a. 1873 als Mitorganisator der Wiener Weltausstellung, 1886 als Vizepräsident des Internationalen Statistischen Instituts. Als seine Hauptwerke gelten: *Die österreichische Handelspolitik in der Vergangenheit, Gegenwart und Zukunft* (1864); *Bericht über die Weltausstellung in Paris* (Hg., 6 Bde., 1 Atlas, 1867–69). – Literatur: Gustav Otruba: Art. »Neumann von Spallart, Franz Xaver«, in: *Neue Deutsche Biographie*, Bd. 19 (1999), S. 144f.

Neurath, Otto (*Wien 1882 – †Oxford 1945): Studium der Philosophie, Mathematik, Physik, Geschichte und Nationalökonomie in Wien und Berlin, Promotion bei Gustav Schmoller in Berlin 1906. Danach Lehrer an einer Wiener Handelsschule. Veröffentlichungen zu Themen der Methodologie, Nationalökonomie, Logik, Wertlehre, Wirtschafts- und Wissenschaftsgeschichte. In der Folge Konzentration auf Fragen der Kriegs- und Naturalwirtschaft. 1917 kumulative Habilitation für Nationalökonomie in Heidelberg. 1919 Beauftragter für Sozialisierung in der Münchner Räterepublik, nach deren Ende kurzfristige Inhaftierung und Entzug der venia legendi. Zurück in Wien vielfältige Aktivitäten u. a. in einem neu gegründeten Institut für gemeinwirtschaftliche Forschung, im Siedlungswesen sowie in der Arbeiter- und Volksbildung. 1925 Gründung des Gesellschafts- und Wirtschaftsmuseums, dort Entwicklung der sog. Wiener Methode der Bildstatistik (»ISOTYPE«). Ab Ende der zwanziger Jahre organisatorischer Motor des Wiener Kreises und methodologisch-philosophische Veröffentlichungen wie bspw. *Einheitswissenschaft und Psychologie* (1933). 1934 Emigration nach Holland, 1940 Flucht nach England. – Literatur: Günther Sandner: *Otto Neurath. Eine politische Biographie*, Wien: Zsolnay 2014.

Oelzelt-Newin, Anton, eigtl. Anton Oelzelt Ritter von Newin (*Wien 1854 – †ebd. 1925): Der Sohn des gleichnamigen Hofbaumeisters studierte erst Philologie, dann Philosophie an den Universitäten Heidelberg, Leipzig und Wien; Promotion 1887 in Freiburg. Ab 1878 Schüler des Philosophen Alexius Meinong, bei dem er sich 1888 an der Universität Graz habilitierte. Seine wichtigsten Arbeiten sind: *Die Unlösbarkeit der ethischen Probleme*, 1883; *Die Grenzen des Glaubens*, 1885; *Über Phantasie-Vorstellungen*, 1889; *Über sittliche Dispositionen*, 1892; *Die Kosmodicee*, 1897; *Weshalb das Problem der Willensfreiheit nicht zu lösen ist*, 1900. Von 1890 bis 1895 wirkte er als Privatdozent an der Universität Bern, anschließend als Privatgelehrter in Wien. 1895 schenkte er seine Sammlung psychologischer Instrumente dem von Meinong aufgebauten Psychologischen Laboratorium der Universität Graz. Zu den von ihm geförderten Freunden zählte u.a. der Komponist Anton Bruckner, dem er ein Wohnrecht in seinem Haus an der Ringstraße einräumte und der ihm dafür seine 6. Symphonie zueignete. – Literatur: C. Christian: Art. »Oelzelt von Newin, Anton (1854–1925), Philosoph«, in: *Österreichisches Biographisches Lexikon 1815–1950* [ÖBL], Bd. 7/Lfg. 33, Wien: Verlag der Österreichischen Akademie der Wissenschaften 1977, S. 209f.

Ofner, Julius (*Horschenz [Hořenice] 1845 – †Wien 1924): Der Sohn eines in Böhmen ansässigen jüdischen Landwirts und Kaufmanns studierte ab 1863 Rechtswissenschaft an der Universität Prag, ab 1865 an der Universität Wien (Promotion 1869) und praktizierte ab 1877 als Hof- und Gerichtsadvokat in Wien. Gemeinsam mit Eugen von Philippovich und Ferdinand Kronawetter bildete Ofner ab 1896 eine kleine demokratische Fraktion im Niederösterreichischen Landtag. 1901 wurde er als Vertreter der Sozialpolitischen Partei in den Reichsrat gewählt, dem er bis 1918 angehörte. 1918/19 war Ofner Mitglied der Provisorischen Nationalversammlung und 1919 Mitbegründer der Demokratischen Partei. Als Sozialpolitiker, Sozialphilosoph und Jurist tätig, verfasste er den *Ur-Entwurf und die Berathungs-Protokolle des Österreichischen Allgemeinen Bürgerlichen Gesetzbuches* (2 Bde., 1887/88) und reformierte das Strafgesetz (»Lex Ofner«). – Literatur: Andreas Thier: Art. »Ofner, Julius«, in: *Neue Deutsche Biographie*, Bd. 19, Berlin: Duncker & Humblot 1999, S. 485.

Oppenheimer, Hermann Felix John Freiherr von (*Wien 1874 – †ebd. 1938 [Freitod]): Der Sohn eines jüdischen Großgrundbesitzers, Unternehmers und Politikers verbrachte seine Kindheit auf Gut Kleinskal in Böhmen und lebte ab 1883 in Wien, wo er 1892 am Schottengymnasium maturierte. 1897 Konversion zum Katholizismus, 1898 Promotion zum Dr. jur. an der Universität Wien, 1898 bis 1900 Studienreisen nach Deutschland, England und Frankreich. 1900 bis 1901 Konzeptspraktikant in der Statistischen Zentralkommission, 1901 Post- und 1902 bis 1904 Ministerialkonzipist im Arbeitsstatistischen Amt im Handelsministerium. 1908 bis 1919 Redakteur (Volkswirtschaft und soziale Fragen) und Mitherausgeber, 1920 bis 1923 Herausgeber der *Österreichischen Rundschau*. 1902 bzw. 1907 Gründungsmitglied der »Ersten gemeinnützigen Baugesellschaft für Arbeiterwohnhäuser«. 1911 Gründer des »Österreichischen Staatsgalerievereins«, der 1921 als »Verein der Museumsfreunde in Wien« neugegründet wurde und dem er 1925 bis 1938 als Präsident vorstand. Organisator mehrerer Ausstellungen in Wiener Museen. – Literatur: Nicoletta Giacon (Hg.): Hugo von Hofmannsthal – Yella, Felix und Mysa Oppenheimer: Briefwechsel. Teil I: 1891–1905, in: *Hofmannsthal-Jahrbuch* 7 (1999), S. 7–99.

Orel, Anton (*Wien 1881 – †ebd. 1959): Studierte Rechtswissenschaften in Wien und gründete 1905 den »Bund der Arbeiterjugend Österreichs«, der 1907 mit dem »Verband der christlichen Jugend Österreichs« fusioniert wurde. Dies führte zu ersten Konflikten mit der Christlichsozialen Partei, die er von 1923 bis 1925 im Wiener Gemeinderat vertrat, obschon sein Verhältnis zu ihr wegen seiner oft devianten Ansichten schwierig war. Sein scharfer Antikapitalismus brachte ihm 1931 eine öffentliche Rüge der österreichischen Bischofskonferenz ein. Unter der Herrschaft der Nationalsozialisten war er 1943/44 aus politischen Gründen inhaftiert. Als seine Hauptwerke gelten: *Kapitalismus, Bodenreform und christlicher Sozialismus* (1909); *Judaismus, Kapitalismus, Sozialdemokratie* (1912); *Vogelsangs Leben und Lehren* (1922); *Oeconomia perennis* (2 Bde., 1930). – Literatur: Ludwig Reichhold: *Anton Orel. Der Kampf um die österreichische Jugend*, Wien: Karl-von-Vogelsang-Institut 1990.

Peisker, Jan/Johann (*Woporschan/Böhmen [Opařany] 1851 – †Graz 1933): Wuchs als Sohn eines Försters in seinem kleinen Geburtsort auf. Besuch der dortigen Volks- und Hauptschule, anschließend Gymnasium in Pisek und Reifeprüfung am Realgymnasium in Tabor. An der Universität Prag studierte er Geschichte und Slawistik. 1874 Anstellung an der Prager Universitätsbibliothek, 1891 Wechsel an die Universitätsbibliothek in Graz., wo er 1892 promoviert. Zwischen 1896 und 1900 erscheinen seine *Forschungen zur Social- und Wirtschaftsgeschichte der Slawen*. 1901 Habilitation für »Wirtschafts- und Sozialgeschichte mit besonderer Rücksicht auf Ansiedelungs- und Agrarwesen«. 1910 Ernennung zum Direktor der Universitätsbibliothek Graz, 1919 in den Ruhestand versetzt. Danach folgt Peisker – bereits im 68. Lebensjahr – dem Ruf an die Tschechische Universität Prag und wirkt dort als Professor für Wirtschafts- und Sozialgeschichte. Nach seiner Emeritierung im Jahre 1921 kehrt er nach Graz zurück. – Literatur: Stanislaus Hafner: Art. »Peisker, Johannes (1851–1933), Sozialhistoriker und Wirtschaftshistoriker«, in: *Österreichisches Biographisches Lexikon 1815–1950* [ÖBL], Bd. 7/Lfg. 35, Wien: Verlag der Österreichischen Akademie der Wissenschaften 1978, S. 392.

Penck, Albrecht (*Reudnitz bei Leipzig 1858 – †Prag 1945): Ab 1875 Studium der Geologie, Mineralogie, Chemie und Botanik in Leipzig; dort 1878 Promotion mit einer Arbeit über vulkanisches Lockermaterial. 1882 Habilitation in München mit einer Arbeit zur Vergletscherung der Alpen. 1885 Übernahme des Lehrstuhls für Physische Geographie von Friedrich Simony in Wien. Von 1901 bis 1909 Publikation seiner Alpenraumforschung zusammen mit seinem Schüler Eduard Brückner. 1906 Wechsel von Wien an die Berliner Universität, wo er bis zu seiner Emeritierung 1926 lehrte. Seit dem Ersten Weltkrieg stark politisch-geographisch orientiert und Vertreter der umstrittenen »Volks- und-Kulturbodentheorie«. Als seine Hauptwerke gelten: *Die Vergletscherung der Deutschen Alpen, ihre Ursachen, periodische Wiederkehr und ihr Einfluß auf die Bodengestaltung* (1882); *Morphologie der Erdoberfläche* (2 Bde., 1894); mit Eduard Brückner: *Die Alpen im Eiszeitalter* (3 Bde., 1901–09). – Literatur: Hans-Dietrich Schultz: Was »ist« Geographie? Was »ist« sie nicht? Zur Konfiguration des Faches als politisch relevante »reine« (Natur-) Wissenschaft, in: Elmar Tenorth (Hg.), *Geschichte der Universität Unter den Linden 1810–2010*, Bd. 5: *Transformation der Wissensordnung*, Berlin: Akademie-Verlag 2010, S. 651–674.

Philippovich, Eugen, Freiherr von Philippsberg (*Wien 1858 – †ebd. 1917): Studium der Rechtswissenschaften in Graz, Abschluss 1880 in Wien, danach Studienaufenthalte in Berlin und London. 1885 Habilitation für Politische Ökonomie in Wien mit einer Arbeit über *Die Bank von England im Dienste der Finanzverwaltung des Staates* (1885), von 1885 bis 1893 Professor in Freiburg i. Br.; seinen Lehrstuhl übernahm 1894 Max Weber. 1893 Berufung an die Universität Wien, wo er auch als Dekan und Rektor (1907) wirkte und sein Hauptwerk *Grundriß der politischen Ökonomie* (3 Bde., 1893ff.) verfasste. Mitherausgeber u.a. der *Zeitschrift für Volkswirtschaft, Sozialpolitik und Verwaltung* (ab 1892) und der *Wiener Staatswissenschaftlichen Studien* (1898 bis 1917), Mitglied u.a. in der Wiener Fabian Society und geistiger Führer der 1896 konstituierten liberal-sozialreformerischen Sozialpolitischen Partei, Abgeordneter zum Niederösterreichischen Landtag, ab 1907 Mitglied des Herrenhauses auf Lebenszeit. 1900 Mitbegründer der

Internationalen Vereinigung für gesetzlichen Arbeiterschutz in Paris und Mitglied des Arbeitsbeirates des Arbeitsstatistischen Amtes im Handelsministerium. – Literatur: Eva Holleis: *Die Sozialpolitische Partei. Sozialliberale Bestrebungen in Wien um 1900*, Wien: Verlag für Geschichte und Politik 1978.

Pikler, Gyula (*1864 Temesvár [Timişoara, Rumänien] – †1937 Ecséd): Studierte Rechtswissenschaften an der Universität Budapest, Habilitation in Rechtsphilosophie ebd. 1886. Arbeitete von 1884 bis 1891 als Bibliothekar. Lehrte zunächst als Privatdozent an der Universität Budapest, 1891 tit. ao., 1896 ao., 1903 o. Prof. Der angesehene Vertreter des Rechtspositivismus war Mitglied im Galilei-Kreis linksorientierter Intellektueller. 1900 gemeinsam mit seinem Lehrer Ágost Pulszky, Gusztáv Gratz, Oszkár Jászi, Bódog Somló und Rusztem Vámbéry Mitbegründer der sozialwissenschaftlichen Zeitschrift *Huszadik Század* [Das zwanzigste Jahrhundert], 1901 auch der Budapester Sozialwissenschaftlichen Gesellschaft. Als seine Hauptwerke gelten: *Bevezető a jogbölcseletbe* [Einleitung in die Rechtsphilosophie], 1892; *A jog keletkezéséről és fejlődéséről* [Zur Entstehung und Entwicklung des Rechts], 1897; *Az emberi egyesületek és különösen az állam keletkezése és fejlődése* [Die Entstehung und Entwicklung der menschlichen Gemeinschaften, insbesondere des Staates], 1905; *A büntetőjog bölcselete* [Philosophie des Strafrechts], 1908. – Literatur: Ágnes Zsidai: »Paradoxonok Pikler értékmentes jogszociológiájában« [Paradoxien in Piklers wertfreier Rechtssoziologie], in: *Tolle Lege* 1/2011, S. 1–18.

Pilar, Ivo (*Agram [Zagreb] 1874 – †ebd. 1933): Studium der Rechtswissenschaften in Wien und an der École de Droit in Paris (Promotion 1899 in Wien), bald danach in Sarajevo als Sekretär der Nationalbank tätig. Daneben erste Publikationen in bosnischen und kroatischen Zeitschriften. Von 1905 bis 1920 Anwalt in Tuzla, wo er sich auch politisch im Sinne der kroatischen Selbstbehauptung in Bosnien und der Herzegowina engagierte. Da er die Österreichisch-Ungarische Monarchie als Garantin der kulturellen Identität der bosnischen Kroaten verstand, sprach er sich – unter der Bedingung grundlegender Reformen – für deren Erhalt aus. In seinem 1918 in Wien unter dem Pseudonym Leo von Südland publizierten Hauptwerk *Die südslawische Frage und der Weltkrieg. Übersichtliche Darstellung des Gesamt-Problems* warnte Pilar vor einem staatlichen Zusammenschluss der südslawischen Nationen. Kurz nach dem Erscheinen seines wiederum auf Deutsch unter einem Pseudonym veröffentlichten Buches *Immer wieder Serbien. Jugoslawiens Schicksalsstunde* (1933) wurde Pilar erschossen in seiner Zagreber Wohnung aufgefunden. – Literatur: Srećko Lipovčan (Hg.): *Prinosi za proučavanje života i djela dra Ive Pilara* [Studienergebnisse zum Leben und Werk von Ivo Pilar], 2 Bde., Zagreb: Institut Društvenih Znanosti Ivo Pilar 2001/02.

Pöch, Rudolf (*Tarnopol/Galizien [Ternopil] 1870 – †Innsbruck 1921): Nach dem Medizinstudium in Wien (Promotion 1895) und der Teilnahme an einer Kommission zur Erforschung der Pest in Indien (1896/97) studierte er bei Felix von Luschan in Berlin Anthropologie (1900/01). Einsatz als Malariaarzt in Afrika (1902), Expeditionen nach Papua-Neuguinea, Indonesien und Australien (1904–1906) und in die Kalahari (1907–1909), anschließend Assistent am Phonogrammarchiv der Österreichischen Akademie der Wissenschaften (1910–1913). 1910 habilitierte sich Pöch mit einem Bericht über seine Forschungen in Neuguinea und wurde 1913 zum außerordentlichen und 1919 zum ordentlichen Professor am neu geschaffenen Institut für Anthropologie und Ethnographie der Universität Wien ernannt. Während des Ersten Weltkriegs anthropologische Studien und phonographische Aufnahmen in Kriegsgefangenenlagern. – Literatur: Margarete Weninger: Art. »Pöch, Rudolf (1870–1921), Anthropologe und Mediziner«, in: *Österreichisches Biographisches Lexikon 1815–1950* [ÖBL], Bd. 8/Lfg. 37, Wien: Verlag der Österreichischen Akademie der Wissenschaften 1980, S. 138f.

Popper-Lynkeus, Josef, eigtl. Josef Popper, Pseudonym »Lynkeus« (*Kolin/Böhmen 1838 – †Wien 1921): Als Sohn jüdischer Eltern wuchs er im Ghetto auf, studierte Mathematik, Physik und Technik am deutschen Polytechnikum in Prag und am Wiener Polytechnikum, konnte aber, wohl aufgrund des Ausschlusses jüdischer Wissenschaftler, keine akademische Laufbahn einschlagen. Popper erfand 1867 Einlagen für Dampfkessel, 1889 einen Oberflächenkondensator und 1891 einen Luftkühlapparat. Aufgrund der damit verbundenen Einnahmen konnte er sich wissenschaftlich im Bereich der Sozialphilosophie betätigen, wofür ihm erst in hohem Alter Anerkennung zuteilwurde. Anlässlich seines 80. Geburtstages entstand 1918 der Verein »Allgemeine Nährpflicht« zur Verbreitung von Poppers sozialreformerischen Anliegen. – Literatur: Ingrid Belke: *Die sozialreformerischen Ideen von Josef Popper-Lynkeus (1838–1921) im Zusammenhang mit allgemeinen Reformbestrebungen des Wiener Bürgertums um die Jahrhundertwende*, Tübingen: Mohr Siebeck 1978.

Prausnitz, Wilhelm (*Glogau/Schlesien [Głogów] 1861 – †München 1933): Studierte Medizin in Heidelberg, Leipzig, Freiburg i. Br. und Breslau (Promotion 1885). Habilitation für Hygiene in München 1890. 1893 Ernennung zum ao. Professor für Hygiene in Graz, 1897 Leiter der neu gegründeten Staatlichen Lebensmittel-Untersuchungsanstalt ebenda, 1899 Ernennung zum o. Professor. 1906 Errichtung einer bakteriologischen Untersuchungsstelle. 1919 Ernennung zum Hofrat. Forschte v.a. zu städtischer Hygiene, besonders im Hinblick auf Krankheitsprävention bei Wohnraumgestaltung, Ernährung und Abfallbeseitigung. Konstruierte gemeinsam mit Ingenieuren zahlreiche Laborapparaturen. Verantwortlich für die Planung der Hygieneorganisation am 1912 eröffneten Landeskrankenhaus Graz, dem damals größten Krankenhaus Europas. Als seine Hauptwerke gelten: *Grundzüge der Hygiene* (1892, zahlreiche Folgeaufl.); *Physiologische und sozial-hygienische Studien über Säuglings-Ernährung und Säuglings-Sterblichkeit* (1902). – Literatur: Heinz Flamm: *Die Geschichte der Staatsarzneikunde, Hygiene, Medizinischen*

Mikrobiologie, Sozialmedizin und Tierseuchenlehre in Österreich und ihre Vertreter, Wien: VÖAW 2012, S. 225–229.

Pribram, Karl Eman (*Prag 1877 – †Washington, D.C. 1973): Studium der Rechtswissenschaften (Promotion 1900 in Prag) und der Ökonomie, seit 1904 in Wien bei Friedrich von Wieser und Eugen von Böhm-Bawerk, Besuch philosophischer Vorlesungen bei Friedrich Jodl. 1907 Habilitation bei Carl Grünberg, danach Tätigkeit in der Statistischen Zentralkommission, 1914 ao. Professor an der Universität Wien. 1918 Leiter der für die Sozialgesetzgebung zuständigen Abteilung des Sozialministeriums (Institutionalisierung des Achtstundentags, der Arbeitslosenversicherung, der Betriebsräte und der Arbeiterkammer). 1921 bis 1928 Abteilungsleiter für Statistik und Forschung des Internationalen Arbeitsamtes in Genf. 1928 Professor an der Universität Frankfurt. Ende 1933 Emigration in die USA. Tätigkeiten für die Brookings-Institution, den Social Security Board und die U.S. Tariff Commission. Lehraufträge an der American University in Washington, D.C. 1953 Ernennung zum Professor emeritus in Frankfurt. Als seine Hauptwerke bis 1918 gelten: *Geschichte der österreichischen Gewerbepolitik von 1740–1860* (1907); *Die Entstehung der individualistischen Sozialphilosophie* (1912). – Literatur: Mark Perlman: An Essay on Karl Pribram's a History of Economic Reasoning, in: *Revue économique* 38/1 (1987), S. 171–176.

Pulszky, Ágost, eigtl. Ágost Pulszky de Lubócz et Cselfalva (*1846 Wien – †1901 Budapest): Nach der Niederschlagung der ungarischen Revolution von 1848/49 musste Pulszkys Vater Ferenc mit seiner Familie emigrieren. Seine Gymnasialbildung genoss Ágost in London und Turin, das Studium der Rechtswissenschaften konnte er aber bereits wieder in Pest absolvieren. Lehrte ab 1872 als ao., ab 1875 als o. Prof. an der Universität Budapest. Pulszky verknüpfte rechtsphilosophische Einsichten mit rechts- und institutionssoziologischen Konzepten. Als seine Hauptwerke gelten: *A börtönügy múltja, elmélete, jelen állása* [Vergangenheit, Theorie und gegenwärtiger Stand des Gefängniswesens], 1867; *A római jog s az újabb jogfejlődés* [Das Römische Recht und die neuere Rechtsentwicklung], 1869; *A jog – és állambölcselet alaptanai* [Grundlehren der Rechts- und Staatsphilosophie], 1885 [in engl. Übersetzung 1888 als *The Theory of Law and Civil Society*]; *A felekezetek szerepe az államéletben* [Die Rolle der Konfessionen im Staatsleben], 1891; *A nemzetiségről* [Über die Nationalität], 1901. – Literatur: Endre J. Nagy: Pulszky Ágost társadalom- és államtana [Ágost Pulszky – Gesellschaft und Staat], in: Ders., *Eszme és valóság* [Idee und Realität], Budapest/Szombathely: Pesti Szalon/Savaria University Press 1993, S. 19–31.

Radić, Antun (*Desno Trebarjevo bei Sisak/Kroatien 1868 – †Zagreb 1919): Der aus kleinbäuerlichen Verhältnissen stammende Radić besuchte das Gymnasium in Agram (Zagreb) und studierte ab 1888 in Agram und Wien Slawistik und klassische Philologie.

Nach der Promotion in Agram 1892 unterrichtete er bis 1897 als Gymnasiallehrer in verschiedenen kroatischen Städten. Von 1897 bis 1901 fungierte er als Herausgeber der ersten ethnologischen Zeitschrift Kroatiens (*Zbornik za narodni život i običaje Južnih Slavena* [Berichte über das Volksleben und die Bräuche der Südslawen]). Seine publizistische Tätigkeit setzte er von 1901 bis 1909 als Sekretär der Matica hrvatska (Kulturverband »Kroatische Mutterzelle«) fort, deren Organ *Glasa Matice hrvatske* [Stimme der M. h.] er mitbegründete. Auch politisch relevant wurde sein »Heimatblatt« zur Unterhaltung und Belehrung der kroatischen Bauernschaft (*Dom. List hrvatskomu seljaku za razgovor i nauk*, 1899–1904), das zum Ausgangspunkt der gemeinsam mit seinem Bruder Stjepan (1871–1928) betriebenen Gründung der Kroatischen Volks- und Bauernpartei im Jahr 1904 wurde, für die er dreimal in den kroatischen Sabor (Landtag) gewählt wurde (1910, 1911, 1913). – Literatur: Ivo Perić: *Antun Radić (1868–1919). Etnograf, književnik, političar*, Zagreb: Dom i svijet 2002.

Ratzenhofer, Gustav (*Wien 1842 – †auf dem Atlantik 1904): Trat im Alter von 17 Jahren in die Armee ein, absolvierte die Bataillons-Kadettenschule und danach die Wiener Kriegsschule. Tätigkeiten als Militärschriftsteller und Vortragender, 1872 Eintritt in den Generalstab, militärische Dienste in unterschiedlichen Teilen der Monarchie, 1898 Ernennung zum Präsidenten des Militärobergerichts in Wien, Beförderung zum Feldmarschallleutnant; 1901 Pensionierung. In der Wissenschaft machte sich der Autodidakt mit seinen Werken *Die Staatswehr* (1881) und *Wesen und Zweck der Politik* (1893, 3 Bände) einen Namen. Seit 1895 Briefwechsel mit Ludwig Gumplowicz und Mitglied des *Institut International de Sociologie*. Zwischen 1898 und 1902 veröffentlichte Ratzenhofer in vier weiteren Büchern eine einheitswissenschaftliche Fundierung seiner Gesellschaftstheorie. Zuletzt arbeitete er an einer *Soziologie*, die jedoch aufgrund seines frühen Todes, der ihn auf der Heimreise von einem Studienaufenthalt in den USA ereilte, unvollendet blieb; eine von seinem Sohn Gustav Ratzenhofer jr. bearbeitete Fassung erschien postum im Jahr 1907. – Literatur: Florian Oberhuber: Gustav Ratzenhofer (1842–1904). Eine monographische Skizze, in: *Newsletter: Archiv für die Geschichte der Soziologie in Österreich* 22 (Juli 2001), S. 11–25.

Redlich, Josef (*Göding/Mähren [Hodonín] 1869 – †Wien 1936): Der Sohn einer assimilierten jüdischen Familie studierte an der Universität Wien Geschichte und Rechtswissenschaften (Promotion zum Dr. iur. 1891); 1901 Habilitation aus Staatrecht und Verwaltungslehre; 1907 ao. Professor an der Universität Wien; 1907 bis 1918 Reichsratsabgeordneter (in den letzten Wochen der Monarchie Finanzminister, ebenso einige Monate 1931); 1909 bis 1918 o. Professor für Verfassungs- und Verwaltungsrecht an der Technischen Hochschule Wien; 1926 bis 1935 Professor für Vergleichendes Staats- und Verwaltungsrecht an der Harvard University (Cambridge, Mass.); 1927 Mitglied der American Academy of Arts and Sciences; 1931 bis 1936 Deputy Judge am Ständigen

Internationalen Gerichtshof in Den Haag. Als Hauptwerke gelten: *Englische Lokalverwaltung. Darstellung der inneren Verwaltung Englands [...]* (1901); *Recht und Technik des englischen Parlamentarismus* (1905); *The Common Law and the Case Method in American University Law Schools. A Report to the Carnegie Foundation for the Advancement of Teaching* (1914). – Literatur: Fritz Fellner/Doris A. Corradini: *Schicksalsjahre Österreichs. Die Erinnerungen und Tagebücher Josef Redlichs 1869–1936*, Wien u.a.: Böhlau 2011.

Reich, Emil (*Koritschan/Mähren [Koryčany] 1864 – †Wien 1940): Der Sohn einer jüdischen Fabrikantenfamilie studierte in Wien Sozialökonomie, Geschichte und Ästhetik (Promotion 1886). 1890 habilitierte er sich für Ethik und Ästhetik (a.o. Professor für Ästhetik von 1904 bis 1933) und gründete zusammen mit Robert von Zimmermann die Grillparzer-Gesellschaft und das Volkstheater. Die (Aus-)Bildung der niederen Volksklassen war ihm ein lebenslanges Anliegen: 1895 wirkte er an der Einführung der »Volkstümlichen Universitätsvorträge« mit, 1901 gründete er gemeinsam mit Ludo Moritz Hartmann die Volkshochschule Ottakring. Sein Plädoyer für eine Demokratisierung von Kunst und Kultur stützte er auf umfangreiches empirisches Material zum Kunst-, Theater- und Literaturbetrieb, das er auch seinem Werk *Die bürgerliche Kunst und die besitzlosen Volksklassen* zugrunde legte, sowie auf seine biologisch wie ethisch begründete Überzeugung, dass gewisse Eigenschaften im Menschen »triebhaft« angelegt seien, aber zu ihrer Entfaltung sozialer Unterstützung bedürften. – Literatur: Art. »Reich, Emil«, in: *Lexikon deutsch-jüdischer Autoren*, hrsg. vom Archiv Bibliographia Judaica, Bd. 18: *Phil – Samu*, Berlin/New York: De Gruyter 2010, S. 197–202.

Renner, Karl (*Unter-Tannowitz/Mähren [Dolní Dunajovice] 1870 – †Wien 1950): Studierte Rechtswissenschaft an der Universität Wien (Promotion 1896); schloss sich in seiner Jugend der sozialdemokratischen Bewegung an (Parteimitgliedschaft ab 1893); ab 1895 Bibliothekar in der Bibliothek des Reichsrats; ab 1899 zunehmende publizistische Tätigkeit (zunächst unter den Pseudonymen »Synopticus«, »Josef Karner«, »O. W. Payer«, »Rudolf Springer« und »Karl von Tannow«), mit der er für eine föderalistische Neuordnung der Monarchie eintrat; ab 1907 Reichsratsabgeordneter; 1907 Mitbegründer und Vorstandsmitglied der »Soziologischen Gesellschaft« in Wien; 1918 bis 1920 Leiter der Staatskanzlei; 1919 Präsident der österreichischen Delegation bei den Verhandlungen zum Friedensvertrag von Saint-Germain-en-Laye; 1920 bis 1934 Abgeordneter zum Österreichischen Nationalrat für die Sozialdemokratische Arbeiterpartei (SDAP); 1930 bis 1933 Präsident des Nationalrates, 1934 vorübergehend inhaftiert; 1945 bis 1950 erster Bundespräsident der Zweiten Republik. Als Hauptwerke gelten: *Staat und Nation* (1899); *Der Kampf der österreichischen Nationen um den Staat* (1902). – Literatur: Anton Pelinka: *Karl Renner zur Einführung*, Hamburg: Junius 1989; Richard Saage: *Der erste Präsident. Karl Renner – eine politische Biographie*, Wien: Zsolnay 2016.

Reschauer, Heinrich (*Wien 1838 – †Neulengbach/Niederösterreich 1888): Nach dem vorzeitigen Abbruch einer Buchhändlerlehre wandte er sich früh dem Journalismus zu. 1861 veröffentlichte er eine Broschüre über *Die Aufgaben Deutschösterreichs nach dem 26. Februar 1861*, die ihm Beachtung im liberalen Lager sowie eine gewisse Bedeutung in dessen Presse sicherte. 1867 gründete er (u.a.) mit Mori[t]z Szeps das *Neue Wiener Tagblatt*, das in der Folge eine der wichtigsten liberalen Tageszeitungen wurde. 1875 bis 1886 Herausgeber und Chefredakteur der *Deutschen Zeitung*. 1873 bis 1878 Mitglied des Wiener Gemeinderates und 1879 bis 1884 Abgeordneter zum Reichsrat. Als Vorkämpfer der Anliegen der Kleingewerbebetreibenden blieb er auch als Mitbegründer der Deutschen Fortschrittspartei (1896) den liberalen Prinzipien treu. Mehrere größere Publikationen, u.a. die *Geschichte des Kampfes der Handwerkerzünfte und Kaufmannsgremien mit der österreichischen Bürokratie* (1882), widmeten sich dieser Thematik. Als sein Hauptwerk gilt: *Das Jahr 1848. Geschichte der Wiener Revolution* (Bd. 1, 1872). – Literatur: Peter G. Fischer (1984): Art. »Reschauer, Heinrich«, in: *Österreichisches Biographisches Lexikon 1815–1950* [ÖBL], Bd. 9/Lfg. 41, Wien: Verlag der Österreichischen Akademie der Wissenschaften, S. 85.

Richter, Eduard (*Mannersdorf am Leithagebirge 1847 – †Graz 1905): Ab 1866 Studium der Germanistik in Wien und nach dessen Abschluss Studium der Geologie (bei Friedrich Simony) und der Geschichte. 1870 Lehramtsprüfung in Geographie und Geschichte. Von 1871 bis 1886 als Gymnasialprofessor am Staats-Gymnasium in Salzburg tätig, ab 1886 o. Professor der Geographie in Graz. Zeitweise Vorsitzender der Alpenvereinssektion Salzburg. 1898 bis 1900 Präsident der internationalen Gletscherkommission. Verfasste zahlreiche Aufsätze für die *Zeitschrift des deutschen und österreichischen Alpenvereins* und andere Periodika, darunter: »Beobachtungen an den Gletschern der Ostalpen« (4 Teile, 1883–88). – Literatur: Georg A. Lukas: Eduard Richter. Sein Leben und seine Arbeit, in: *33. Programm der k.k. Staatsoberrealschule in Graz für das Schuljahr 1904/05*, Graz: Verlag der k.k. Staatsoberrealschule 1905.

Riegl, Alois (*Linz 1858 – †Wien 1905): Riegl wuchs in Galizien auf, studierte zunächst Jus, dann Geschichte und Kunstgeschichte an der Universität Wien, wo er 1883 promovierte. Von 1884 bis 1897 war er in der Textilabteilung des Österreichischen Museums für Kunst und Industrie tätig, ab 1889 auch als Privatdozent für Kunstgeschichte des Mittelalters und der Neuzeit. 1894 ao., 1897 o. Professor der Kunstgeschichte. Durch seine berufliche Beschäftigung mit dem textilen Kunsthandwerk galt sein Augenmerk über das Künstlerische hinaus auch den technischen, wirtschaftlichen und sozialen Rahmenbedingungen der Textilherstellung. In seiner Studie zu den *Stilfragen* von 1893 verwarf er allerdings die Idee, die Kunstproduktion hauptsächlich als soziales Phänomen zu begreifen und verschob den Fokus auf die Erkundung autonomer künstlerischer Stilprinzipien, die im »Kunstwollen« des freien schöpferischen Subjekts zum Ausdruck kommen. Als besonders gehaltvoll und nachhaltig erwiesen sich Riegls Überlegungen zum Denkmalschutz, die er 1903 in seiner (in viele europäische Sprachen übersetzten) Abhandlung *Der moderne Denkmalkultus* veröffentlichte. – Literatur: Otto Pächt: Alois Riegl, in: Ders. u.a. (Hgg.), *Methodisches zur kunsthistorischen Praxis. Ausgewählte Schriften*, München: Prestel 1977, S. 141–152.

Rogge, Walter (*Elbing/Preußen [Elbląg] 1822 – †Halle a. d. Saale 1892): Der Angehörige einer angesehenen norddeutschen Patrizierfamilie studierte an den Universitäten Königsberg und Bonn (1843–45) Geschichte und Philosophie und war danach drei Jahre als Oberlehrer in Elbing tätig. 1848 ging er nach Berlin und wurde Journalist. 1849 war er Korrespondent der *Konstitutionellen Zeitung* in der Pfalz und in Baden, 1851/52 in Paris, wo der Versuch der Gründung einer eigenen Zeitung scheiterte. 1854 bis 1861 war er Redakteur des angesehenen *Pester Lloyd*, schrieb auch für die *Ostdeutsche Post* und die *Presse*. Lebte bis 1886 in Wien und wirkte hier als freier Autor zeithistorischer Schriften. Sein polemisches Talent stellte er in den Dienst des deutschliberalen Zentralismus Österreichs; föderalistische, slawenfreundliche Überlegungen und Experimente lehnte er entschieden ab. Als seine Hauptwerke gelten: *Geschichte der neueren Zeit seit dem Sturz Napoleons bis auf unsere Tage* (17 Lieferungen, 1851–1856); *Oesterreich von Világos bis zur Gegenwart* (3 Bde., 1872/73); *Oesterreich seit der Katastrophe Hohenwart – Beust* (2 Bde., 1879). – Literatur: Jutta Pemsel (1986): Art. »Rogge, Walter«, in: *Österreichisches Biographisches Lexikon 1815–1950* [ÖBL], Bd. 9/Lfg. 43, Wien: Verlag der Österreichischen Akademie der Wissenschaften, S. 211f.

Sacher, Eduard (*Krausebauden bei Spindlermühle/Böhmen [Špindlerův Mlýn]) 1834 – †Krems 1903): Der Sohn eines Lehrers war zunächst selbst Volksschullehrer. Nach Studien an den Polytechnischen Instituten in Prag (1853/54) und Wien (1854/55) wirkte er an verschiedenen Oberrealschulen. Ab 1869 Professor für Mathematik, Physik und Chemie an der Lehrerbildungsanstalt in Salzburg, von 1884 bis 1895 Direktor der Lehrerbildungsanstalt in Krems. Als Schriftsteller versuchte er mit einem energetischen Forschungsprogramm die *Grundzüge einer Mechanik der Gesellschaft* zu skizzieren (so auch der Titel seines Buches von 1881). Neben der Armutsbekämpfung (vgl. *Die Massenarmut, ihre Ursache und Beseitigung*, 1901) war ihm der Schutz der schon damals bedrohten Alpenflora ein besonderes Anliegen; seine Initiative führte zur Gründung der ersten Alpengärten des Alpenvereins. Als weitere Hauptwerke gelten: *Vier Denkfehler der heutigen civilisirten Menschheit* (1897); *Die Gesellschaftskunde als Naturwissenschaft* (1899). – Literatur: Art. »Sacher, Eduard« (1987), in: *Österreichisches Biographisches Lexikon 1815–1950* [ÖBL], Bd. 9/ Lfg. 44, Wien: Verlag der Österreichischen Akademie der Wissenschaften, S. 366 (online zugänglich unter: www.biographien.ac.at/oebl/oebl_S/Sacher_Eduard_1834_1903.xml).

Savorgnan, Franco Rodolfo (*Triest [Trieste] 1879 – †Rom 1963): Studierte von 1897 bis 1903 Rechtswissenschaften in Graz und wurde dort durch Ludwig Gumplowicz mit der Soziologie vertraut gemacht. 1908 o. Professor für Wirtschaftswissenschaften an der Handelshochschule Triest, ab 1912 auch deren Leiter. Nach Ausbruch des Ersten Weltkriegs optierte Savorgnan für Italien und bekam 1915 eine Stelle als Privatdozent für Statistik in Padua. Intensive Tätigkeit für die *Rivista Italiana di Sociologia* (*RIS*) und breite Anerkennung als Statistiker, Ökonom und Demograph. In den 1920er Jahren wechselte er zwischen einer Reihe von Universitäten (Cagliari, Messina, Modena und Pisa), ehe er 1929 eine Professur für Demographie an der Universität von Rom erhielt, die er bis er zu seiner Emeritierung 1954 innehatte. Von 1932 bis 1943 leitete er auch das italienische Zentralinstitut für Statistik und wurde zum stellvertretenden Vorsitzenden des International Statistical Institute bestellt. Als Hauptwerk gilt der Sammelband *Studi critici di sociologia* (1925). – Literatur: Bernd Weiler: Ludwig Gumplowicz (1838–1909) und sein begabtester Schüler. Der Triestiner Franco Savorgnan (1879–1963), in: *Newsletter: Archiv für die Geschichte der Soziologie in Österreich* 22 (Juli 2001), S. 26–50.

Sax, Emil (*Jauernig/Österreichisch-Schlesien [Javorník] 1845 – †Volosca/Istrien [Volosko] 1927): 1862 bis 1866 Studium der Rechts- und Staatswissenschaften in Wien. 1867 Tätigkeit für die Österreichische Kommission bei der Pariser Weltausstellung. 1870 bis 1873 Konzipist bei der Wiener Handels- und Gewerbekammer, 1874 bis 1879 Sekretär bei der Direktion der Kaiser Ferdinands-Nordbahn. 1870 Habilitation und Privatdozent am k.k. Polytechnischen Institut (ab 1872 Technische Hochschule Wien), 1874 Privatdozent für Nationalökonomie und Finanzwissenschaft an der Universität Wien, 1879 ao. Professor. 1880 als o. Professor für Wirtschaftslehre an die Deutsche Universität Prag berufen (Dekan 1888/89, Rektor 1892/93) und ins Österreichische Abgeordnetenhaus gewählt (bis 1885). Emeritierung 1893 aus gesundheitlichen Gründen. Als seine Hauptwerke gelten: *Das Wesen und die Aufgaben der Nationalökonomie. Ein Beitrag zu den Grundproblemen dieser Wissenschaft* (1884); *Grundlegung der theoretischen Staatswirthschaft* (1887). – Literatur: Erwin von Beckerath: Ein Nachruf auf Emil Sax, in: *Zeitschrift für Nationalökonomie* 1 (1929), S. 345–355; Reinhard Neck: Emil Saxs Beitrag zur Finanzwissenschaft, in: Ders. (Hg.), *Die Österreichische Schule der Nationalökonomie*, Frankfurt: Peter Lang 2008, S. 65–98.

Schäffle, Albert Eberhard Friedrich (*Nürtingen 1831 – †1903 Stuttgart): Widmete sich nach dem Besuch der Lateinschule in Nürtingen und des evangelisch-theologischen Seminars in Schöntal ab 1848 im Tübinger Stift dem Theologiestudium, wurde jedoch 1849 wegen seiner Unterstützung der Badischen Revolution zwangsexmatrikuliert. Er war zunächst kurze Zeit Privatlehrer, wurde dann auf etwa ein Jahrzehnt Redakteur des *Schwäbischen Merkur*. 1855 legte er die höhere Verwaltungsdienstprüfung ab und 1856 promovierte er an der Staatswissenschaftlichen Fakultät der Universität Tübingen.

1860 wurde er Professor der Volkswirtschaft in Tübingen. Von 1862 bis 1865 gehörte er dem württembergischen Landtag an und wurde 1868 ins Zollparlament gewählt. Im selben Jahr übernahm er eine Professur für Politikwissenschaft an der Universität Wien; in Wien amtierte er 1871 auch für einige Monate als österreichischer Handels- und Ackerbauminister. 1881/82 war er an der Bismarck'schen Sozialgesetzgebung beteiligt. Als seine Hauptwerke gelten: *Das gesellschaftliche System der menschlichen Wirtschaft* (2 Bde., 1873); *Bau und Leben des sozialen Körpers* (4 Bde., 1875–78); *Abriss der Soziologie* (1906). – Literatur: Jürgen Backhaus (Hg.): *Albert Schäffle (1831–1903). The Legacy of an Underestimated Economist*, Frankfurt a. M.: Haag + Herchen 2010.

Schauenstein, Adolf (*Wien 1827 – †Graz 1891): Studierte Medizin in Wien (Promotion 1851, Habilitation für forensische Toxikologie 1858). 1863 ao. Professor für gerichtliche Chemie in Wien, noch im selben Jahr o. Professor für gerichtliche Medizin, medizinische Polizei und medizinisch-polizeiliche Gesetzeskunde in Graz. Viermal Dekan und zweimal Rektor der Universität Graz. Ab 1870 Vorsitzender des Landessanitätsrates für Steiermark. Forschte vor allem zu forensischen, toxikologischen und hygienischen Fragen sowie zur Organisation des öffentlichen Sanitätswesens. Als seine Hauptwerke gelten: *Lehrbuch der gerichtlichen Medizin* (1862); *Handbuch der öffentlichen Gesundheitspflege* (1863). – Literatur: Heinz Flamm: *Die Geschichte der Staatsarzneikunde, Hygiene, Medizinischen Mikrobiologie, Sozialmedizin und Tierseuchenlehre in Österreich und ihre Vertreter*, Wien: VÖAW 2012, S. 223f.; Alois Kernbauer: Art. »Schauenstein, Adolf«, in: *Österreichisches Biographisches Lexikon 1815–1950* [ÖBL], Bd. 10/Lfg. 46, Wien: Verlag der Österreichischen Akademie der Wissenschaften 1990, S. 47.

Schlegel, Karl Wilhelm Friedrich von (*Hannover 1772 – †Dresden 1829): Der Sohn des lutherischen Pastors und Dichters Johann Adolf Schlegel studierte zunächst in Göttingen und Leipzig Rechtswissenschaften, 1794–97 folgten Altertumsstudien in Jena und erste Publikationen. Er pflegte Freundschaften u.a. mit F. v. Hardenberg (Novalis) und F.D.E. Schleiermacher und unterhielt Kontakte u.a. zu J.G. Fichte und F. Schiller. Höhepunkt dieser Jahre ist die mit seinem Bruder August Wilhelm von Jena aus redigierte Zeitschrift *Athenaeum* (1798–1800), in der die frühe Romantik programmatisch Gestalt annimmt. 1802 prägende Reise nach Paris, 1808 Heirat und Übertritt zum Katholizismus, wodurch er als k.k. Hofsekretär bei der Armee-Hofkommission in österreichische Dienste eintreten kann (1808–1818). Daneben hält er Vorlesungen *Über die neuere Geschichte* (1810) und die *Geschichte der alten und neuen Literatur* (1812). 1814 Teilnahme am Wiener Kongress, 1815–1818 österreichischer Legationsrat am Frankfurter Bundestag. Nach seinem Ausscheiden aus dem politischen Dienst gibt er die explizit restaurative Zeitschrift *Concordia* heraus und hält Ende der 1820er Jahre noch einmal drei große Vorlesungen. – Literatur: Johannes Endres (Hg.): *Friedrich Schlegel-Handbuch. Leben – Werk – Wirkung*, Stuttgart/Weimar: Metzler 2017.

Schlesinger, Therese, geb. Eckstein (*Wien 1863 – †Blois/Frankreich 1940): Als Tochter der liberalen jüdischen Industriellenfamilie Eckstein im Privatunterricht und durch Selbststudium ausgebildet; 1894 Eintritt in den Allgemeinen Österreichischen Frauenverein (AÖFV); publizistische Tätigkeit u.a. für *Die Unzufriedene*, *Der Kampf*, *Arbeiter-Zeitung*, *Die Neue Zeit*; 1897 Eintritt in die Sozialdemokratische Arbeiterpartei (SDAP); 1902 Mitbegründerin des Vereins sozialdemokratischer Frauen und Mädchen; 1918/1919 Mitherausgeberin von *Die Wählerin*; 1919–1923 Mitglied des Nationalrates; 1923–1930 Mitglied des Bundesrates; 1926 Arbeit an den frauenpolitischen Teilen des Linzer Programms der SDAP; 1933 Rückzug aus der Parteiführung der SDAP; 1939 Emigration nach Frankreich. – Literatur: Gabriella Hauch: Schreiben über eine Fremde. Therese Schlesinger (1863 Wien – 1940 Blois bei Paris), in: *Österreichische Zeitschrift für Geschichtswissenschaften* 19/2 (2008), S. 98–117.

Schmidt, Wilhelm, S.V.D. (*Hörde [Dortmund] 1868 – †Freiburg i.Üe./Fribourg): Mitglied des Missionsordens Gesellschaft vom Göttlichen Wort (Societas Verbi Divini, auch bekannt als »Steyler Missionare«), Priesterweihe 1892. Professor der Ethnologie und Linguistik am Missionsseminar St. Gabriel in Maria Enzersdorf bei Wien 1895–1938, Habilitation für Völkerkunde an der Universität Wien 1921. Gründung der Zeitschrift *Anthropos* 1906 und des Anthropos-Instituts der S.V.D. 1931. Direktor des Pontifico Museo Missionario-Etnologico del Laterano 1929–1939. 1938 Flucht vor den Nationalsozialisten in den Vatikan, 1941–1954 Professor in Freiburg i.Üe. Als seine Hauptwerke gelten: *Die Stellung der Pygmäenvölker in der Entwicklungsgeschichte des Menschen* (1910); *Der Ursprung der Gottesidee* (12 Bde., 1912–56); *Die Sprachfamilien und Sprachkreise der Erde* (1926); *Das Eigentum auf der ältesten Stufe der Menschheit* (3 Bde., 1937–42); *Das Mutterrecht* (1955). – Literatur: Fritz Bornemann: *P. Wilhelm Schmidt S.V.D.*, Rom: Apud Collegium Verbi Divini 1982; Ernest Brandewie: *When Giants Walked the Earth. The Life and Times of Wilhelm Schmidt SVD*, Fribourg: University Press 1990.

Schumpeter, Joseph Alois (*Triesch/Mähren [Třešť] 1883 – †Taconic/CT, USA 1950): Der in Mähren, in der österreichisch-ungarischen Monarchie, geborene Schumpeter war Jurist und Nationalökonom und führte ein bewegtes Leben. Er studierte in Wien (u.a. bei Friedrich von Wieser, Eugen von Philippovich und Eugen von Böhm-Bawerk) und in England und praktizierte am Internationalen Gerichtshof in Kairo, wo er auch seine Habilitationsarbeit *Das Wesen und der Hauptinhalt der theoretischen Nationalökonomie* (1908) verfasste. Er lehrte in Czernowitz und ab 1912 in Graz, diente 1919 der zweiten Regierung unter Kanzler Karl Renner als Staatssekretär für Finanzen, wurde dann Bankier, verspekulierte sich und wurde 1925 wieder Professor, diesmal in Bonn. 1932 ging er nach Harvard und war ab 1948 Präsident der American Economic Association. Als weitere Hauptwerke bis 1918 gelten: *Theorie der wirtschaftlichen Entwicklung* (1912);

Epochen der Dogmen- und Methodengeschichte (1914); *Vergangenheit und Zukunft der Sozialwissenschaften* (1915). – Literatur: Karl Acham: Schumpeter – the Sociologist, in: Christian Seidl (Hg.), *Lectures on Schumpeterian Economics*, Berlin u.a.: Springer 1984, S. 155–172; Heinz D. Kurz: *Joseph A. Schumpeter. Ein Sozialökonom zwischen Marx und Walras*, Marburg: Metropolis 2005.

Seipel, Ignaz (*Wien 1879 – †Pernitz/Niederösterreich 1932): Der aus kleinbürgerlichen Verhältnissen stammende Sohn eines Fiakers und späteren Hausmeisters in einem Wiener Vorstadttheater besuchte das k.k. Staatsgymnasium in Wien-Meidling und trat 1895 nach der Matura ins Priesterseminar ein. Studium der Theologie an der Universität Wien, Priesterweihe 1899, Promotion zum Dr. theol. 1903. Habilitation für Moraltheologie 1907, anschließend Privatdozent an der Universität Wien. 1909 o. Prof. für Moraltheologie in Salzburg, ab 1917 in Wien. Im Herbst 1918 für wenige Wochen Arbeits- und Sozialminister in der letzten kaiserlichen Regierung unter Heinrich Lammasch, im Februar 1919 Wahl in die Konstituierende Nationalversammlung. Obmann der Christlichsozialen Partei 1922–1930, Bundeskanzler 1922–1924 und 1926–1929, sanierte zur Vorbereitung der Schillingwährung die Staatsfinanzen, bekämpfte den Austromarxismus und ging dafür umstrittene Allianzen mit der Rechten ein. Als seine Hauptwerke gelten: Die *Wirtschaftsethik der Kirchenväter* (1907); *Nationalitätenprinzip und Staatsgedanke* (1915). – Literatur: Klemens von Klemperer: *Ignaz Seipel. Christian Statesman in a Time of Crisis*, Princeton: Princeton University Press 1972; Friedrich Rennhofer: *Ignaz Seipel. Mensch und Staatsmann*, Wien: Böhlau 1978.

Sieger, Robert (*Wien 1864 – †Graz 1926): Studierte Geschichte, Vergleichende Sprachwissenschaften und Geographie; Promotion 1886 in Alter Geschichte; Habilitation 1894 mit einer physisch-geographischen Arbeit. Arbeitete seit 1892 als Mittelschullehrer, ab 1894 als Privatdozent und ab 1898 als ao. Professor in Wien. 1905 als Nachfolger von Eduard Richter o. Professor für Geographie an der Universität Graz. Siegers Interessenspektrum reichte von der physischen Geographie über die Wirtschaftsgeographie bis zur politischen Geographie und Geopolitik. Beirat der österr. Friedensdelegation in Saint-Germain. Als seine Hauptwerke gelten: *Die Alpen* (1900); »Nation und Nationalität« (1904/05, in: *Österreichische Rundschau* 1); *Der österreichische Staatsgedanke und seine geographischen Grundlagen* (1918); »Die wirtschaftsgeographische Einteilung der Erde« (1921, in: *Karl Andree's Geographie des Welthandels*, Bd. 4); *Die Geographie und der Staat* (1926). – Literatur: Sieghard Morawetz: Robert Sieger 8.4.1864 – 1.11.1926, in: *Berichte zur deutschen Landeskunde* 1966, S. 125–132.

Sighele, Scipio (*Brescia 1868 – †Florenz [Firenze] 1913): Studierte gemeinsam mit dem späteren Literaten, Publizisten und Soziologen Guglielmo Ferrero, einem Schwiegersohn Cesare Lombrosos, Rechtswissenschaften bei dem Kriminologen Enrico Ferri.

1891 veröffentlichte Sighele in der Zeitschrift *Archivio di Psichiatria* zwei Aufsätze über die delinquente Masse, aus denen noch im selben Jahr sein Hauptwerk *La folla delinquente* hervorging; dieses Buch erlangte auch international Aufmerksamkeit (frz. 1892, dt. 1897 als *Psychologie des Auflaufs und der Massenverbrechen*). Das Thema der kriminellen Neigung sozialer Gruppen beeinflusste Gustave Le Bon in seinen Arbeiten. Sigheles Ideen wurden auf dem Gebiet der Literatur (Émile Zola), der Soziologie (Émile Durkheim) und der Politik (Max Nordau) aufgegriffen. An der Wende vom 19. zum 20. Jahrhundert wurde er zum journalistischen und politischen Vorkämpfer der Loslösung seiner Trentiner Heimat aus dem Herrschaftsgebiet der Habsburger; infolge dieser Aktivitäten wurde er 1911 aus dem Trentino ausgewiesen. Auch seine letzten soziologischen Arbeiten beschäftigten sich mit der nationalen Frage und dem Irredentismus. – Literatur: Enrico Landolfi: *Scipio Sighele. Un giobertiano fra democrazia nazionale e socialismo tricolore*, Roma: Volpe 1981.

Simony, Friedrich (*Hrochowteinitz/Böhmen [Hrochův Týnec] 1813 – †St. Gallen/Steiermark 1896): Gelernter Apotheker und Pharmazeut, Pionier der österreichischen Alpenforschung, insb. des Dachsteingebirges, in dem die Simonyhütte und die Simony-Scharte nach ihm benannt sind. Simony war ein Meister der landschaftlichen Zeichenkunst und ab 1848 Kustos des Naturhistorischen Landesmuseums in Klagenfurt. 1849 übernahm er die Position eines Leitenden Geologe an der Geologischen Reichsanstalt, 1851 wurde er an die Wiener Universität berufen, an der er bis 1885 physi(kali)sche Geographie lehrte. Als sein seine wichtigste Publikation gilt der mehrteilige Aufsatz: »Das naturwissenschaftliche Element in der Landschaft« (1877, erschienen in den *Schriften des Vereins zur Verbreitung naturwissenschaftlicher Kenntnisse in Wien*, Bde. 16–18). – Literatur: Hans Fischer (Hg.): *Friedrich Simony-Gedenkband* (= Geographischer Jahresbericht aus Österreich, Bd. 53 für 1994), Wien: Geographisches Institut der Universität Wien 1996.

Singer, Isidor (*Budapest 1857 – †Wien 1927): Der Sohn eines jüdischen Textilgroßhändlers studierte 1876/77 an der Philosophischen Fakultät der Universität Wien und danach bis 1880 Rechtswissenschaften in Wien (1878 in Graz). 1881 Promotion zum Dr. jur., 1885 Privatdozent für Statistik an der Universität Wien, ab 1892 ao. Professor. 1893 verbrachte er gemeinsam mit dem Journalisten Heinrich Kanner ein Jahr in den USA und gründet mit diesem und Hermann Bahr 1894 die linksliberale Wochenschrift *Die Zeit*, die ab 1902 als Tageszeitung erschien. Nach dem Verkauf der verschuldeten Zeitung im Jahr 1917 ging Singer in die Schweiz, von wo er 1920 nach Wien zurückkehrte und als Übersetzter amerikanischer Literatur (Upton Sinclair, James Bryce) arbeitete. Als seine Hauptwerke gelten: *Untersuchungen über die socialen Zustände in den Fabrikbezirken des nordöstlichen Böhmen. Ein Beitrag zur Methodik socialstatistischer Beobachtung* (1885); *Die amerikanischen Bahnen und ihre Bedeutung für die Weltwirtschaft*

(1909). – Literatur: Edith Walter: *Österreichische Tageszeitungen der Jahrhundertwende. Ideologischer Anspruch und ökonomische Erfordernisse*, Wien/Köln/Weimar: Böhlau 1994.

Singer, Isidor[e] (*Mährisch Weißkirchen/Mähren [Hranice na Moravě] 1859 – †New York City 1939): Studierte ab 1878 in Wien (lt. *Jewish Encyclopedia* und *American Jewish Archives* 1884 Doktorat der Philosophie, lt. ÖBL Promotion nicht nachweisbar) und Berlin. 1885–1887 Gründer und Herausgeber der *Allgemeinen Österreichischen Literaturzeitung* (Wien). Mitarbeiter des französischen Botschafters in Wien. 1887 Übersiedlung nach Paris, Beschäftigung im Pressebüro des französischen Außenministeriums. Gründer und Chefredakteur der Zeitschrift *La Vraie Parole* (1893–1894). 1895 Emigration nach New York. 1901–1906 Herausgabe der *Jewish Encyclopedia*. Publizistische Tätigkeit zu religionsphilosophischen Fragen. 1922 Gründer der International Amos Society zur Förderung einer monotheistischen Universalreligion für den allgemeinen Frieden. Als seine Hauptwerke bis 1918 gelten: *Presse und Judenthum* (1882); *Sollen die Juden Christen werden?* (1884); *La Question Juive* (1893); *The Jewish Encyclopedia* (als Hg.; 12 Bde., 1901–1906); *Der Juden Kampf ums Recht* (1902). – Literatur: Klaus Hödl: Art. »Singer, Isidor (Isidore)«, in: *Österreichisches Biographisches Lexikon 1815–1950* [ÖBL], Bd. 12/ Lfg. 57, Wien: Verlag der Österreichischen Akademie der Wissenschaften 2004, S. 296f.

Smets, Moritz, eigtl. Moritz Smetatzko (*Wien 1828 – †Währing [Wien] 1890): Besuchte das Gymnasium in Kremsmünster und studierte in Wien, wo er sich 1848 als Mitglied der Akademischen Legion an der Revolution beteiligte und danach fliehen musste. Rückkehr nach Wien bereits 1849, fortan Beschäftigung mit Handelswissenschaften und neueren Sprachen. Arbeitete als Buchhalter und Korrespondent für mehrere Wiener Handelshäuser. 1864 übernahm er eine Leihbibliothek, die er aber schon 1866 wegen seiner angeschlagenen Gesundheit wieder aufgab. Seine Sprachkenntnisse ermöglichten ihm Übersetzungen aus dem Englischen, Französischen und Italienischen. Daneben verfasste er volkstümliche historische Werke. Bis heute unentbehrlich ist sein zweiter Band von Heinrich Reschauers *Das Jahr 1848* (1872). Als weitere Hauptwerke gelten: *Geschichte des Deutschen Reiches* (1873); *Wien im Zeitalter der Reformation* (1875); *Geschichte der Oesterreichisch-Ungarischen Monarchie: das ist die Entwicklung des österreichischen Staatsgebildes von seinen ersten Anfängen bis zu seinem gegenwärtigen Bestande. Ein Volksbuch* (1878). – Literatur: Elisabeth Lebensaft (2005): Art. »Smetazko, Moritz; Ps. Moritz Smets«, in: *Österr. Biographisches Lexikon 1815–1950* [ÖBL], Wien: Verlag der Österr. Akademie der Wiss. 2005, Bd. 12/Lfg. 58, S. 369f.

Somló, Bódog (auch: Félix), bis 1891 B. Fleischer (*1873 Pressburg/Pozsony [Bratislava] – †1920 Klausenburg/Kolozsvár [Cluj, Rumänien]): Studierte Rechtswissenschaften in Klausenburg, Leipzig und Heidelberg. Ab 1899 Privatdozenturen für Rechtsphilosophie in Großwardein und Klausenburg, ab 1903 Privatdozent für Rechtswissenschaft in Klausenburg, wo er 1905 auch seine erste Professur antrat. 1918 Professor für Rechtswissenschaft und Internationales Recht in Budapest. Sein wissenschaftliches Interesse galt neben politologischen Fragen auch immer der Völkerkunde und der Soziologie. Beging 1920 Selbstmord, weil er die Folgen des Friedensvertrags von Trianon nicht ertragen konnte. Als seine Hauptwerke gelten: *Törvényszerűség a szociológiában* [Gesetzmäßigkeit in der Soziologie], 1898; *A nemzetközi jog bölcseletének alapelvei* [Grundprinzipien des internationalen Rechts], 1898; *Állami beavatkozás és individualismus* [Staatsinterventionismus und Individualismus], 1907; *Zur Gründung einer beschreibenden Soziologie* (1909); *Der Güterverkehr in der Urgesellschaft* (1909). – Literatur: Katalin Szegvári: Somló Bódog jogelméleti munkássága [Das rechtstheoretische Werk von Bódog Somló], online unter: http://jesz.ajk.elte.hu/szegvari20.html (2004).

Sonnenfels, Joseph von (*Nikolsburg [Mikulov], Mähren 1732, 1733 oder 1734 – †Wien 1817): Sohn eines 1735 zum Katholizismus konvertierten Hebraisten, der 1746 zum Freiherrn von Sonnenfels geadelt wurde. Schulausbildung in Nikolsburg und Wien. Studierte an der Universität Wien Philosophie und Sprachen (1745–49) sowie Rechtswissenschaften (1754–56). Rascher Aufstieg zum vorzüglich vernetzten Theaterzensor und Ideenbankier. Ab 1763 bekleidete er die erste Lehrkanzel für Polizey- und Cameralwissenschaft in der Monarchie (1767 k.k. Rat; Rektor der Universität Wien 1794–96). Wirkte federführend an der Kodifikation des Strafrechts und des Privatrechts mit. Seine *Grundsätze aus der Polizey, Handlung und Finanz* (3 Bde., erstmals 1765–1776) blieben bis 1848 das vorgeschriebene Lehrbuch an den habsburgischen Universitäten und prägten Generationen von Beamten. Bis zu seinem Tod mit der Kodifikation des Verwaltungsrechts (»Politischer Kodex«) befasst, die als Verfassungsersatz fungieren sollte. – Literatur: Simon Karstens: *Lehrer – Schriftsteller – Staatsreformer. Die Karriere des Joseph von Sonnenfels (1733–1817)*, Wien/Köln/Weimar: Böhlau 2011; Robert A. Kann: *Kanzel und Katheder. Studien zur österreichischen Geistesgeschichte vom Spätbarock zur Frühromantik*, Wien/Freiburg/Basel: Herder 1962.

Spann, Othmar (*Altmannsdorf bei Wien 1878 – †Neustift bei Schlaining 1950): Ab 1896 Studium der Philosophie in Wien, danach der Staats- und Kameralwissenschaften in Zürich, Bern und Tübingen. 1903 Promotion in Tübingen. 1903–1907 Mitarbeiter der Centrale für private Fürsorge in Frankfurt am Main. 1907 Habilitation an der TH Brünn für Volkswirtschaftslehre. 1908 Tätigkeit in der Statistischen Zentralkommission in Wien, beauftragt mit der wissenschaftlichen Organisation der österreichischen Volkszählung von 1910. Ab 1909 ao., ab 1911 o. Prof. an der TH Brünn. 1919 o. Prof. für Nationalökonomie und Gesellschaftslehre an der Universität Wien. Aufbau des »Spann-Kreises«, Propagierung des »Ständestaates«. Obschon seit Ende der 1920er Jahre NSDAP-Mitglied, 1938 vom NS-Regime zwangspensioniert, kurzzeitige Internierung in Dachau. Als seine Hauptwerke bis 1918/19 gelten: *Die Haupttheorien der Volkswirt-*

schaftslehre auf dogmengeschichtlicher Grundlage (1911); *Kurzgefasstes System der Gesellschaftslehre* (1914); *Das Fundament der Volkswirtschaftslehre* (1918). – Literatur: Walter Heinrich et al. (Hg.): *Othmar Spann. Leben und Werk*, Graz: ADEVA 1979; J. Hanns Pichler (Hg.): *Othmar Spann oder Die Welt als Ganzes*, Köln: Böhlau 1988.

Spitzer, Hugo (*Einöd/Steiermark 1854 – †Graz 1936): Der Sohn eines Gymnasiallehrers absolvierte das Gymnasium in Klagenfurt und studierte in Graz Philosophie bei Alois Riehl (Promotion 1875). Anschließend Medizinstudium bei Alexander Rollett, Victor von Ebner und Richard Freiherr von Krafft-Ebing, danach Rückkehr zur Philosophie, um aus einer erweiterten Perspektive über den Zusammenhang von Physis und Psyche zu forschen. Ausgehend von Immanuel Kant war er auch inspiriert von den englischen Sensualisten, in kritischer Distanz von Ludwig Feuerbach und Eugen Dühring, von Friedrich Theodor Vischers psychologischer Ästhetik und von Wilhelm Wundts empirischer Psychologie. Er war ein Anhänger Charles Darwins und, in besonderem Maße, Ernst Haeckels. Hegel und die metaphysische Philosophie lehnte er ab, ebenso wie rassistische Positionen. 1882 Habilitation *Über Ursprung und Bedeutung des Hylozoismus*. 1886 erschien sein Hauptwerk *Beiträge zur Deszendenztheorie und zur Methodologie der Naturwissenschaft*. 1905 wurde er o. Professor für Philosophie in Graz. 1920 gründete er in Graz das »Seminar für philosophische Soziologie«. – Literatur: Emil Binder: Hugo Spitzer zu seinem 70. Geburtstage, in: *Archiv für Geschichte der Philosophie* 37/3-4 (1926), S. 181–190.

Springer, Anton Heinrich (*Prag 1825 – †Leipzig 1891): Der früh verwaiste Sohn eines Bierbrauers besuchte das Gymnasium auf der Prager Kleinseite und studierte 1841–1846 Geschichte und Philosophie an der Prager Universität (Promotion 1848 in Tübingen mit einer Arbeit über Hegels Geschichtsphilosophie). Im Revolutionsjahr 1848 publizierte er im liberalen *Constitutionellen Blatt aus Böhmen*, sprach sich aber für eine föderalistische Umgestaltung der Monarchie mit Berücksichtigung slawischer Forderungen aus. 1851 Umzug nach Deutschland und Habilitation für Kunstgeschichte in Bonn (1859 ao., 1860 o. Prof.). Ab 1873 lehrte er in Leipzig. Etablierte die Kunstgeschichte als eigenständige Disziplin zwischen Ästhetik und Geschichte. Daneben wirkte er als bedeutender politischer Historiker, dessen Anschauung von katholisch-föderalistisch-slawenfreundlich zu protestantisch-deutschnational wechselte. Als seine Hauptwerke gelten: *Baukunst des christlichen Mittelalters* (1854); *Handbuch der Kunstgeschichte* (1855); *Geschichte Österreichs seit dem Wiener Frieden 1809* (2 Bde., 1863/65). – Literatur: Eva Chrambach (2007): Art. »Springer, Anton Heinrich«, in: *Österreichisches Biographisches Lexikon 1815–1950* [ÖBL], Bd. 13/Lfg. 59, Wien: Verlag der Österreichischen Akademie der Wissenschaften, S. 50f.

STEIN, Lorenz von (*Borby/Schleswig 1815 – †Weidlingau [Wien-Penzing] 1890): Der als Jakob Lorentz Wasmer geborene Staatsrechtslehrer, Soziologe und Ökonom studierte nach dem Besuch einer Soldatenwaisenschule ab 1835 an den Universitäten Kiel und Jena Philosophie und Rechtswissenschaft, es folgten Aufenthalte in Berlin (Promotion ebd.) und Paris (zu Forschungszwecken). Nach seiner Rückkehr habilitierte er sich in Kiel, wo er 1846 auch zum ao. Professor der Staatswissenschaften berufen wurde. Er engagierte sich in der Politik und wurde 1850 in die Landesversammlung gewählt, wegen seiner aktiven Beteiligung an der anti-dänischen Schleswig-Holsteinischen Erhebung jedoch 1852 von seiner universitären Position in Kiel entbunden. Ab 1855 wirkte er auf Betreiben des damaligen Finanzministers Karl Ludwig von Bruck an der Universität Wien. 1874 korrespondierendes Mitglied der Russischen Akademie der Wissenschaften, 1878 wirkliches Mitglied der k.k. Akademie. Als seine Hauptwerke gelten: *Geschichte der sozialen Bewegung in Frankreich* (3 Bde., 1850); *System der Staatswissenschaft* (2 Bde., 1852/1856); *Die Verwaltungslehre* (8 Bde., 1865–1884). – Literatur: Dirk Blasius: *Lorenz von Stein. Deutsche Gelehrtenpolitik in der Habsburger Monarchie*, Kiel: Lorenz-von-Stein-Institut 2007.

STEIN, Ludwig (*Erdőbénye 1859 – †Salzburg 1930): Studierte in Berlin, dann in Halle Philosophie (Promotion 1880) und Semitische Sprachen; daneben Ausbildung zum Rabbiner. Von 1881 bis 1883 als Rabbiner, von 1883 bis 1886 als Journalist in Berlin tätig. Habilitation 1886 in Zürich, danach ebd. Privatdozent für Philosophie und von 1890 bis 1909 Ordinarius an der Universität Bern, wo er auch Soziologie lehrte; zu seinen Hörern gehörten u.a. Walter Rathenau, Leo Trotzki und Rosa Luxemburg. 1893 Schweizer Staatsbürger geworden, legte er 1910, vermutlich als Reaktion auf antisemitische Anfeindungen, seine Professur nieder und kehrte nach Berlin zurück, wo er als Universitätsdozent, Journalist und politischer Ratgeber (u.a. des ehemaligen Reichskanzlers Bernhard v. Bülow) für pazifistische Ideen warb. Stein war u.a. 1888 Mitbegründer der zeitlebens von ihm geleiteten Zeitschrift *Archiv für Geschichte der Philosophie* [ab 1925 Zusatz: *und Soziologie*] und Redakteur mehrerer deutscher Zeitungen und Zeitschriften. Als Präsident des Institut International de Sociologie organisierte er 1909 den 7. Internationalen Kongress für Soziologie in Bern. – Literatur: Art. »Stein, Ludwig«, in: *Lexikon deutsch-jüdischer Autoren* (= *Archiv Bibliographia Judaica*; Red.: Renate Heuer), Bd. 19, Berlin u.a.: De Gruyter 2012, S. 433–442.

STÖHR, Adolf (*St. Pölten 1855 – †Wien 1921): Studierte zunächst Rechtswissenschaften, dann Botanik und Philosophie, Dr. phil. 1880. Habilitation für theoretische Philosophie 1885, Ernennung zum ao. Professor 1900 mit dem speziellen Lehrauftrag, Übungen aus dem Gebiet der experimentellen Psychologie abzuhalten. Sein Versuch, für diesen Zweck an der Universität Wien ein experimentalpsychologisches Laboratorium einzurichten, scheiterte zwar, aber als führendem Exponenten der Wiener Volkshochschulbewegung gelang es ihm, ein solches 1902 im eben gegründeten »Volksheim« in Ottakring aufzubauen. Trotz seiner Verdienste um die Etablierung der experimentellen Psychologie an der Universität Wien widmete Stöhr den Hauptteil seiner Lehrtätigkeit der Naturphilosophie und der Entwicklung seiner sprachkritischen Philosophie. 1910 wurde er gegen den Widerstand konservativer Kollegen als o. Prof. für Philosophie auf jenen Lehrstuhl berufen, der 1896 für Ernst Mach eingerichtet worden war; ein weiterer Vorgänger war (von 1903 bis 1905) Ludwig Boltzmann, sein Nachfolger Karl Bühler. Als sein Hauptwerk gilt: *Psychologie. Tatsachen, Probleme und Hypothesen* (1917). – Literatur: Franz Austeda (Hg.): *Adolf Stöhr. Philosophische Konstruktionen und Reflexionen*, Wien: Deuticke 1974.

Strzygowski, Josef (*Biala/Schlesien [Bielsko-Biała] 1862 – †Wien 1941): Studium der klassischen Archäologie und der Kunstgeschichte in Wien und Berlin; 1887 Habilitation in Wien, danach Studien der spätantiken und byzantinischen Kunst in Rom; 1892 Berufung auf den Lehrstuhl für Kunstgeschichte und Kunstarchäologie an der Universität Graz; 1909 Wechsel auf den Lehrstuhl am Institut für Österreichische Geschichtsforschung, Wien; 1921 Gründung eines Kunsthistorischen Seminars mit internationaler Ausrichtung in Turku (Finnland), das er bis1925 leitet. Ausgedehnte Forschungsreisen begründen seinen Ruf als Erforscher der persischen und der armenischen sowie der koptischen und der frühchristlichen Kunst und Architektur. Als erklärter Gegner des Eurozentrismus zählt er zu den Gründervätern einer global ausgerichteten Kunst- und Kulturwissenschaft. Rassistische Ausfälle verdunkeln seine Veröffentlichungen der letzten Jahrzehnte, aber seine Verdienste sind unbestritten. Als seine Hauptwerke gelten: *Orient oder Rom* (1901); *Die Baukunst der Armenier und Europa* (2 Bde., 1918). – Literatur: Art. »Josef Strzygowski«, in: *Metzler Kunsthistoriker Lexikon. Zweihundert Porträts deutschsprachiger Autoren aus vier Jahrhunderten*, Stuttgart/Weimar: Metzler 1999, S. 400–403.

Šufflay, Milan von (*Schönhaupt/Kroatien [Lepoglava] 1879 – †Zagreb 1931): Studium der Geschichte und der Klassischen Philologie an der Universität Agram (Promotion 1901) und am Institut für Österreichische Geschichtsforschung in Wien (1902/03). Ab 1908 ao. Prof., von 1912 bis 1921 o. Prof. für Mittelalterliche Geschichte in Agram. Obschon er die Auffassung vertrat, dass die kroatische Geschichte nur aus der Perspektive der historischen Entwicklung des Balkans erforscht und die Kroaten demnach nicht als Teil der westlichen Kultur betrachtet werden können, stand er dem Königreich der Serben, Kroaten und Slowenen ablehnend gegenüber und verlor seine Professur 1921 nach einer Verurteilung wegen Hochverrats. Nach seiner vorzeitigen Entlassung im Oktober 1922 setzte er seine wissenschaftliche Arbeit fort, betätigte sich aber auch als politischer Publizist und Ratgeber. Der im Februar 1931 von Mitgliedern der unter dem Schutz der Zentralregierung stehenden Organisation Junges Jugoslawien auf offener Straße erschlagene Šufflay gilt als einer der Begründer der Albanologie (Hauptwerk:

Acta et diplomata res Albaniae mediae aetatis illustrantia, 2 Bde., 1913/18). – Literatur: Darko Sagrak: *Dr. Milan pl. Šufflay. Hrvatski aristokrat duha* [Ein kroatischer Aristokrat des Geistes], Zagreb: Hrvatska uzdanica 1998.

Supan, Alexander (*Innichen 1847 – †Breslau 1920): Studium der Naturwissenschaften und der Geschichte in Graz und Wien, anschließend Realschullehrer in Laibach. Ab 1875 Weiterstudium in Graz, Halle und Leipzig; ab 1877 Dozent (zuletzt als ao. Professor) für Geographie in Czernowitz; ab 1884 daneben Verlagstätigkeit in Gotha als Herausgeber der Zeitschrift *Dr. A. Petermanns Mitteilungen aus Justus Perthes geographischer Anstalt* (später – und bis 2004 – fortgesetzt unter dem Namen *Petermanns Geographische Mitteilungen*), von 1909 bis 1918 Professor der Geographie in Breslau. Als seine Hauptwerke gelten: *Grundzüge der physischen Geographie* (erstmals 1884); *Leitlinien der allgemeinen politischen Geographie* (1918). – Literatur: Hermann Wagner: Alexander Supan †, in: *Petermanns Mitteilungen* 66 (1920), S. 139–146.

Supiński, Józef (*Romanów bei Lemberg [Romaniv] 1804 – †Lemberg [L'viv] 1893): Studierte Rechtswissenschaften an der Universität Warschau (Promotion 1826), musste die Stadt aber 1831 nach der Teilnahme am November-Aufstand verlassen. Er emigriert nach Paris, wo er bis 1844 blieb und zum Direktor einer Spinnerei aufstieg. Fürst Leon Sapieha berief ihn 1844 nach Lemberg, wo er in der Landwirtschaftlichen Kreditgesellschaft arbeitete. Mit seinen Arbeiten *Myśl ogólna fizjologii powszechnej* [Grundlegende Gedanken zu einer allgemeinen Physiologie], 1860, und *Szkoła polska gospodarstwa społecznego* [Die polnische Schule der Sozialökonomie], 2 Bde., 1862/65, popularisierte er den Saint-Simonismus und den Positivismus in Galizien und plädierte für eine neue Wissenschaft von der Gesellschaft. Obwohl er keine direkten Schüler hatte, erwiesen sich seine Ideen als wichtig für die spätere positivistische Bewegung. Ab 1873 Mitglied der Akademie der Wissenschaften und Künste. Ehrendoktor der Lemberger Universität und Ehrenbürger Lembergs. – Literatur: Józef Supiński: *Szkoła polska gospodarki społecznej. Wybór pism* [Die polnische Schule der Sozialökonomie. Ausgewählte Schriften], hrsg. und eingel. von Włodzimierz Bernacki, Kraków: Ośrodek Myśli Politycznej 2010.

Suttner, Bertha Sophia Felicita Freifrau von, geb. Gräfin Kinsky von Wchinitz und Tettau (*Prag 1843 – †Wien 1914): Kindheit und Jugend in verarmten Verhältnissen, keine geregelte Schulbildung. 1873 Stellung als Erzieherin im Haus des Freiherrn Karl von Suttner in Wien, die sie wieder verliert als sie und der Sohn des Hauses, Artur Gundaccar von Suttner, sich ineinander verlieben. 1876 für mehrere Wochen Sekretärin von Alfred Nobel in Paris. Im Juni 1876 heimliche Heirat mit Artur Gundaccar in Wien, gemeinsame Flucht nach Georgien. Wechselnde Lohntätigkeiten (Musik-, Französisch- und Deutschunterricht) an unterschiedlichen Orten. Schon vor ihrer Rückkehr aus dem

Kaukasus 1885 extensives und begeistertes Selbststudium der rezenten philosophischen und wissenschaftlichen Literatur; flammende Pazifistin. Nach journalistisch-essayistischen Arbeiten für deutschsprachige Familienzeitschriften seit den 1880ern zusätzlich fast jährliche Publikation eines Romans. Von den rund 30 Romanen erlangt einer Weltruhm: *Die Waffen nieder!* (1889). Rastlose Arbeit an der Popularisierung der Friedensidee in Europa und den USA. Zuerkennung des von ihr angeregten Friedensnobelpreises am 10. Dezember 1905. – Literatur: Brigitte Hamann: *Bertha von Suttner. Ein Leben für den Frieden*, Zürich: Piper 2015 (erstmals 1986).

Szabó, Ervin, geb. als Samuel Armin Schlesinger (*1877 Szlanica [Slanica, Slowakei; seit 1953 überflutet durch den Arwa-Stausee] – †1918 Budapest): Studierte Jus in Wien, Promotion 1899. Ab 1901 Mitarbeiter an der Budapester Stadtbibliothek, ab 1911 deren Direktor. Ab 1906 Vorsitzender der ungarischen Sozialwissenschaftlichen Gesellschaft. Für die Zeitschrift *Huszadik Század* [Das zwanzigste Jahrhundert] verfasste er Beiträge über die Lage der internationalen Arbeiterbewegung und die Debatten im Institut International de Sociologie. Er unterhielt Beziehungen zu vielen bekannten Sozialisten, Syndikalisten und Anarchisten, u.a. zu Georges Sorel, Karl Kautsky, Franz Mehring und Georgi W. Plechanow. Im Ersten Weltkrieg Anführer der ungarischen Pazifisten. Seine politischen Ansichten sind bis heute heftig umstritten. Als seine Hauptwerke gelten: »A szocializmus« [Der Sozialismus], 1904; »Szindikalizmus és szociáldemokrácia« [Syndikalismus und Sozialdemokratie], 1908; *A tőke és a munka harca* [Der Kampf zwischen Kapital und Arbeit], 1911; *Társadalmi és pártharcok a 48–49-es magyar forradalomban* [Soziale und Parteikämpfe in der ungarischen Revolution von 1848/49], 1921. – Literatur: György Litván: *Szabó Ervin, a szocializmus moralistája* [Ervin Szabó, der Moralist des Sozialismus], Budapest: Századvég 1993.

Széchenyi, Gróf István [Stephan Graf] (*Wien 1791 – †Döbling [Wien] 1860): Der sechste Sohn des Kulturmäzens und konservativen Politikers Graf Ferenc Széchenyi und der Gräfin Julianna Festetics diente von 1814 bis 1822 als Offizier in der kaiserlichen Armee und bereiste Europa und Kleinasien. 1825 ermöglichte er mit einer großzügigen Spende die Errichtung der Ungarischen Akademie der Wissenschaften. Seine Programmschriften zur Europäisierung Ungarns (*Über Pferde*, 1828; *Kreditwesen*, 1830) machten ihn zur Speerspitze der Reformbewegung. Während Széchenyi im Vormärz mit vielen praktischen Unterfangen (Donauregulierung, Donauschifffahrt, Kettenbrücke in Budapest) zur Modernisierung Ungarns beitrug, vertiefte sich sein politischer Konflikt mit dem nationalliberalen Lajos Kossuth immer mehr. Infolge der Märzrevolution von 1848 übernahm er das Amt des Verkehrsministers in der Regierung des Grafen Lajos Batthyány. Nach der Eskalation des Konfliktes mit der Herrscherdynastie wählte er die innere Emigration in der Nervenheilanstalt in Döbling, von wo aus er bis zu seinem Selbstmord weiter als leidenschaftlicher publizistischer Gegner der neoabsolutistischen

Zentralregierung wirkte. – Literatur: András Oplatka: *Graf Stephan Széchenyi. Der Mann, der Ungarn schuf*, Wien: Zsolnay 2004.

Teleky, Ludwig (*Wien 1872 – †New York 1957): Studierte Medizin in Wien und Straßburg (Promotion 1896). Ab 1905 Arzt für Gewerbekrankheiten beim Krankenkassenverband Wien. 1909 Habilitation für Soziale Medizin. 1921 Landesgewerbearzt für das Rheinland und Leiter der Sozialhygienischen Akademie in Düsseldorf. 1933 wegen seiner jüdischen Abstammung mit einem Berufsverbot belegt, kehrte er nach Österreich zurück. 1939 Emigration in die USA. Herausgeber u.a. der *Wiener Arbeiten aus dem Gebiet der sozialen Medizin* (1910–16), des *Handbuchs der sozialen Hygiene und Gesundheitsfürsorge* (1925–27) und des *Archivs für Gewerbepathologie und Gewerbehygiene* (1930–33). Beschäftigte sich v.a. mit Tuberkulose, Berufskrankheiten in Industrie und Bergbau, Hygiene- und Arbeiterschutz-Gesetzgebung, Organisation des Gesundheitswesens und der Gesundheitsaufklärung. Als seine Hauptwerke gelten: *Die Phosphornekrose* (1907); *Die gewerbliche Quecksilbervergiftung* (1912). – Literatur: Österreichische Gesellschaft für Arbeitsmedizin (Hg.): *Industriegesellschaft, Gesundheit und medizinischer Fortschritt. Einsichten und Erfahrungen des Arbeits- und Sozialmediziners Ludwig Teleky*, Wien: Verlag Österreich 2013; Andreas Wulf: *Der Sozialmediziner Ludwig Teleky* [...], Frankfurt a.M.: Mabuse 2001.

Thurnwald, Richard (*Wien 1869 – †Berlin 1954): Jurist und Orientalist, zunächst ab 1896 als Verwaltungsbeamter in Bosnien und anschließend in Graz an der Handelskammer tätig. Ging 1900 nach Berlin, um Ägyptologie und Assyriologie zu studieren, ab 1901 Assistent am Museum für Völkerkunde, in dessen Auftrag er zwei Forschungsreisen nach Deutsch-Neuguinea unternahm. Dort vom Ausbruch des Ersten Weltkriegs überrascht, erlangte er von der neuen Kolonialmacht Australien die Erlaubnis, noch 1914 in die USA auszureisen. Rückkehr nach Deutschland 1917. 1921 Privatdozent in Halle, 1924 in Berlin, 1937 Extraordinarius ebd. Während dieser Zeit unternahm er gemeinsam mit seiner Frau Hilde weitere Forschungsreisen in Ostafrika und Ozeanien und lehrte als Gastprofessor in Harvard. Nach dem Krieg Mitbegründer der Freien Universität Berlin und dort Ordinarius. Als seine Hauptwerke gelten: *Bánaro Society* (1920); *Die menschliche Gesellschaft in ihren ethno-soziologischen Grundlagen* (5 Bde., 1931–35); *Des Menschengeistes Erwachen, Wachsen und Irren* (1951). – Literatur: Marion Melk-Koch: *Auf der Suche nach der menschlichen Gesellschaft. Richard Thurnwald*, Berlin: Reimer 1989.

Ušeničnik, Aleš (*Pölland bei Bischoflack/Oberkrain [Poljane nad Škofjo Loko] 1868 – †Laibach [Ljubljana] 1952): Studium der Theologie an der Päpstlichen Universität Gregoriana in Rom, wo er 1894 zum Doktor der Philosophie und Theologie promovierte. Von 1897 bis zu seiner Pensionierung im Jahr 1938 war er Professor an der Theologischen Lehranstalt in Laibach bzw. nach der Gründung der Slowenischen

Staatlichen Universität ab 1919 Universitätsprofessor an deren Theologischer Fakultät. Er hatte großen Einfluss auf die slowenische Intelligenz als Herausgeber der beiden katholischen wissenschaftlichen Zeitschriften *Katoliški obzornik* [Katholische Rundschau], 1896–1906, und *Čas* [Die Zeit], 1907–1919. Im Jahr 1938 war er einer der Mitbegründer der Slowenischen Akademie der Wissenschaften und Künste, aus der er 1948 aus politischen Gründen ausgeschlossen wurde. Der vielfach Geehrte veröffentlichte 34 Sachbücher (teils als Herausgeber) – darunter sein sozialwissenschaftliches Hauptwerk *Sociologija* (1910) –, rund 800 Zeitschriftenartikel und Konferenzbeiträge, 122 Gedichte, 25 Prosatexten und Dramen sowie 13 Übersetzungen, u.a. der Werke von Dante und Petrarca. – Literatur: Jožko Pirc: *Aleš Ušeničnik in znamenja časov* [A.U. und die Zeichen der Zeit], Ljubljana: Družina 1986.

Vargha, Julius (*Ofen [Buda] 1841– †Graz 1909): Absolvierte das Gymnasium in Neuhaus in Böhmen und studierte Rechtswissenschaften in Prag (1859–1861) und in Graz (ab 1861), wo er sein Studium im Sommersemester 1863 beendete. Zwischen seiner Promotion 1866 und der Habilitation 1875 (beide in Graz) unternahm er Studienreisen nach Italien, Frankreich, Deutschland und in die Schweiz, um sich mit der Strafrechtspflege und dem Gefängniswesen dieser Länder, insbesondere Italiens, vertraut zu machen. 1880 unbesoldeter und 1882 besoldeter Extraordinarius in Graz, ebd. 1898 tit. o. Prof., 1902 o. Prof. der Rechtsphilosophie und des Völkerrechts und 1905 o. Prof. des Strafrechts und Strafprozessrechts. Als Varghas Hauptwerke gelten: *Die Verteidigung in Strafsachen. Historisch und dogmatisch dargestellt* (1879); *Die Abschaffung der Strafknechtschaft. Studien zur Strafrechtsreform* (2 Bde., 1896). – Literatur: Karlheinz Probst: Art. »Vargha, Julius«, in: *Neue Deutsche Bibliographie*, Bd. 26, hrsg. von der Historischen Kommission bei der Bayerischen Akademie der Wissenschaften, Berlin: Duncker & Humblot 2016, S. 713f.

Violand, Ernst Franz Salvator Ritter von (*Wolkersdorf/Niederösterreich 1818 – †Peoria, IL, USA 1875): Studierte Rechtswissenschaften in Wien (Dr. iur. 1844), danach Anwärter auf das Richteramt am Nö. Landrecht. Wirkte aktiv an der Märzrevolution mit (u.a. Akademische Legion, Sicherheitsausschuss) und war gemeinsam mit Hans Kudlich, Anton Füster und Josef Goldmark einer der Wortführer der Linken des Österreichischen Reichstages. Nach dessen Auflösung im März 1849 mit Hans Kudlich gemeinsame Flucht nach Hamburg und Kiel. 1849 erschien sein Buch *Enthüllungen aus Österreichs jüngster Vergangenheit*, 1850 seine bemerkenswerte *Sociale Geschichte der Revolution in Österreich*, in der er – ganz im Sinne von Karl Marx – die »sociale Demokratie« als allein durch den Sieg des Proletariats verwirklichbar erklärt. 1850/51 Emigration in die USA, wo er u.a. als Zigarrenfabrikant und Versicherungsagent tätig war, aber stets der deutschen sozialistischen Bewegung verbunden blieb. In Österreich 1856 in absentia zum Tode verurteilt, samt Aberkennung von Adelsprädikat und Doktorwürde, 1867 amnestiert. – Literatur: Wolfgang Häusler (2017): Art. »Violand, Ernst Franz Salvator Ritter von«, in: *Österr. Biographisches Lexikon 1815–1950* [ÖBL], Bd. 15/Lfg. 68, Wien: Verlag der Österr. Akademie der Wissenschaften, S. 289f.

Vogelsang, Karl von, eigtl. Hermann Ludolph Carl Emil Freiherr von Vogelsang (*Liegnitz/Schlesien [Legnica] 1818 – †Wien 1890): Aus protestantischem deutschen Adelsgeschlecht stammend, konnte Vogelsang aufgrund eines körperlichen Gebrechens nicht den standesüblichen Militärberuf ergreifen und studierte stattdessen Rechts- und Staatswissenschaften in Bonn, Berlin und Rostock. Bis 1848 im preußischen Justizdienst. 1850 Konversion zum Katholizismus. 1859 Reisebegleiter Fürst Johanns II. von Liechtenstein, 1864 Übersiedlung nach Österreich und Übernahme des Magdalenenhofs am Bisamberg bei Wien. Von 1875 bis zu seinem Tod Leiter der 1860 gegründeten katholisch-konservativen Zeitung *Das Vaterland.* 1879 gründete er die *Österreichische Monatsschrift für Gesellschaftswissenschaft und Volkswirtschaft*, die spätere *Monatsschrift für christliche Sozialreform.* Vogelsang vertrat eine christlich-soziale, konservative, antiliberale und ständische Gesellschaftsordnung und gilt als einer der Vordenker der katholischen Soziallehre. – Literatur: Johann Christoph Allmayer-Beck: *Vogelsang. Vom Feudalismus zur Volksbewegung*, Wien: Herold 1952; Wiard Klopp: *Leben und Wirken des Sozialpolitikers Karl Freiherr von Vogelsang*, Wien: Typographische Anstalt 1930.

Weisengrün, Paul (*Jassy [Iași/Rumänien] 1868 – †Wien 1923): Der im heutigen Rumänien aufgewachsene Sohn eines Großgrundbesitzers und Industriellen studierte Philosophie in Leipzig und Basel, wo er 1895 mit einer Dissertation über *Die socialwissenschaftlichen Ideen Saint-Simon's* promovierte. Nach seinem Studium lebte der in jüdischen Bewegungen politisch aktive Denker (1902 Gründungsmitglied der Jüdischen Volkspartei, 1916 Funktionär der Jüdischnationalen Partei) als Privatgelehrter in Wien. 1903 wurde er Mitarbeiter der Monatsschrift *Der Weg*, ab 1907 war er im Redaktionskomitee der *Jüdischen Zeitung* tätig. Zu dieser Zeit hielt er auch zahlreiche Vorträge, um auf die Pogrome in Russland bzw. Polen aufmerksam zu machen und propagierte eine zionistische Lösung. Im Anschluss an den historischen Materialismus von Karl Marx, der ihm zugleich als Ausgangs- wie auch als Kritikpunkt seiner Untersuchungen zu den Entwicklungsgesetzen der menschlichen Entfaltung diente, verfasste er seine zentralen Werke *Das Ende des Marxismus* (1899) sowie *Der Marxismus und das Wesen der sozialen Frage* (1900). – Literatur: Art. »Weisengrün, Paul«, in: Österreichische Nationalbibliothek (Hg.), *Handbuch österreichischer Autorinnen und Autoren jüdischer Herkunft* [...], Bd. 3, München: K. G. Saur 2002, S. 1443f.

Wieser, Friedrich [von] (*Wien 1851 – †St. Gilgen 1926): Studierte Rechtswissenschaften und Volkswirtschaftslehre und war eng mit Eugen von Böhm-Bawerk befreundet. Nach kurzer Tätigkeit in der österreichischen Finanzverwaltung Studium in Heidelberg, Jena und Leipzig bei Karl Knies, Wilhelm Roscher und Bruno Hildebrand. 1884 Habilitation in Wien bei Carl Menger und ao. Prof. in Prag, 1889 o. Prof. daselbst. 1903 Nachfolger Carl Mengers auf dessen Lehrstuhl in Wien. Vermehrtes Interesse an soziologischen Fragestellungen und insbesondere an der Rolle von Macht in Wirtschaft, Gesellschaft und Politik. 1917/18 österreichischer Handelsminister. 1919 Wiederaufnahme der Lehrtätigkeit als Professor an der Universität Wien. Als seine Hauptwerke bis 1918 gelten: *Über den Ursprung und die Hauptgesetze des wirthschaftlichen Werthes* (1884); *Der natürliche Werth* (1889); *Theorie der gesellschaftlichen Wirtschaft* (1914). – Literatur: Herbert Hax (Hg.): *Vademecum zu einem Klassiker der österreichischen Schule*, Düsseldorf: Verlag Wirtschaft und Finanzen 1999; Friedrich A. Hayek: Friedrich Freiherr von Wieser, in: *Friedrich Wieser. Gesammelte Abhandlungen*, hrsg. von Friedrich A. Hayek, Tübingen: Mohr 1929, S. III-XXIII.; Adolf Menzel: *Friedrich Wieser als Soziologe*, Wien: Julius Springer 1927.

Winter, Ernst Karl (*Wien 1895 – †ebd. 1959): Studierte Geschichte und Soziologie bei Hans Kelsen, Othmar Spann und Max Adler, Promotion 1922. 1927 Mitbegründer der katholisch-integrativen »Österreichischen Aktion«, 1930 Leiter des Gsur-Verlags. Arbeitete an der Versöhnung zwischen Christlichsozialen und Sozialdemokraten in Abwehr des Nationalsozialismus. Zwischen 1934 und 1936 Vizebürgermeister von Wien. 1938 Flucht vor den Nazis und Emigration die USA. In New York, wo er später auch einen Lehrauftrag erhielt, gründete er Anfang 1939 mit dem »Austrian American Center« eine erste überparteiliche Anlaufstelle für geflohene Österreicher. Nach dem Krieg bewarb er sich vergeblich um eine Professur in Graz und kehrte erst 1955 nach Österreich zurück, als er als Dozent an der Universität Wien unterkam. Als seine Hauptwerke gelten: *Die Sozialmetaphysik der Scholastik* (1929); *Rudolph IV. von Österreich* (2 Bde., 1956); *Ignaz Seipel als dialektisches Problem. Ein Beitrag zur Scholastikforschung* (1966); Hg. der Reihe *Wiener soziologische Studien* (1955ff.). – Literatur: Karl Hans Heinz: *Ernst Karl Winter. Ein Katholik zwischen Österreichs Fronten 1933–1938*, Wien: Böhlau 1984; Alfred Missong (Hg): *Ernst Karl Winter. Bahnbrecher des Dialogs*, Wien/Frankfurt a.M.: Europa-Verlag 1969.

Zenker, Ernst Viktor (*Postelberg /Böhmen [Postoloprty] 1865 – †Friedrichswald/ Böhmen [Bedřichov] 1946): Ab 1886 Studium der Deutschen Philologie und des Sanskrit, des Gotischen und Englischen in Wien, daneben Lehrer in einem Militärvorbereitungs-Institut. Nach dem Studienabbruch 1889 freier Schriftsteller, in den 1890er Jahren Redakteur bei verschiedenen liberalen Blättern, ab 1900 auch in leitenden Funktionen, u.a. als Herausgeber und Chefredakteur der Zeitschrift *Die Wage. Eine Wiener Wochenschrift*. 1911 bis 1918 als Parteiloser Mitglied des österreichischen Reichsrats und 1918 bis 1919 für die Deutschnationale Partei der Provisorischen Nationalversammlung. 1919 noch in der Wiener anarchistischen Bewegung aktiv, übersiedelte Zenker

1920 nach Gablonz an der Neiße, wo er ins radikal deutschnationale und schließlich ins nationalsozialistische Lager abdriftete und seine Publikationstätigkeit einschlägig fortsetzte. – Literatur: Alois Achenrainer: *Ernst Viktor Zenker und die österreichische Politik von 1907–1919. Ein Beitrag zum Verständnis der politischen Stellung des spätliberalen Freisinns in der Habsburgermonarchie*, Dissertation, Universität Wien 1975; Ernst Viktor Zenker: *Ein Mann im sterbenden Österreich. Erinnerungen aus meinem Leben*, Reichenberg: Sudetendeutscher Verlag Franz Kraus 1935.

Žižek, Franz, oft auch Zizek (*Graz 1876 – †Frankfurt am Main 1938): Studierte Rechts- und Staatswissenschaften in Graz, Dr. jur. 1898. Arbeitete anschließend als Rechtsanwalt in Wien, danach bei der Statistischen Zentralkommission und seit 1903 im Handelsministerium, vorwiegend im Arbeitsstatistischen Amt. 1909 Habilitation für Statistik an der Universität Wien, wo er als Privatdozent lehrte, bis er 1916 als Professor für Statistik an die Universität Frankfurt am Main berufen wurde. Hier verfasste er unter anderem: *Grundriss der Statistik* (1921); *Fünf Hauptprobleme der statistischen Methodenlehre* (1922); *Wie statistische Zahlen entstehen. Die entscheidenden methodischen Vorgänge* (1937). Vor 1918 erschienene wichtige Werke des Autors: *Die Statistischen Mittelwerte. Eine methodologische Untersuchung* (1908); *Soziologie und Statistik (1912)*. – Literatur: Paul Flaskämper/Adolf Blind (Hgg.): *Beiträge zur deutschen Statistik. Festgabe für Franz Žižek zur 60. Wiederkehr seines Geburtstages*, Leipzig: Buske 1936; Gudrun Exner/Josef Kytir/Alexander Pinwinkler: *Bevölkerungswissenschaft in Österreich in der Zwischenkriegszeit (1918–1938). Personen, Institutionen, Diskurse*, Wien/Köln/Weimar: Böhlau 2004.

Zwiedineck-Südenhorst, Otto (*Graz 1871 – †ebd. 1957): Otto Wilhelm Helmut Zwiedineck Edler von Südenhorst entstammte einer österreichischen Offiziersfamilie. Er studierte Rechts- und Staatswissenschaften in Graz (Promotion 1895). Seine akademischen Lehrer und Vorbilder waren Richard Hildebrand, Ernst Mischler und Karl Bücher. Nach dem Studium arbeitete er in den Handelskammern von Graz und Wien sowie im Versicherungs-Aufsichtsamt und vertiefte dabei seine Kenntnisse in Statistik. Nach einem gescheiterten Versuch in Graz habilitierte er sich schließlich 1901 an der Universität Wien bei Eugen von Philippovich. 1901 wurde er an die TH Karlsruhe berufen, deren Rektor er 1912/13 war. 1921 wechselte er als Nachfolger Lujo Brentanos und Max Webers an die Universität München. 1936 wurde er emeritiert, 1942 gab er im Streit um die Werturteilsfreiheit die Mitherausgeberschaft der *Jahrbücher für Nationalökonomie und Statistik* ab. 1945 nahm er die Lehrtätigkeit in München wieder auf und setzte sie bis zu seinem Lebensende fort. – Literatur: Otto Neuloh: Mensch und Gesellschaft im Leben und Denken von Zwiedineck-Südenhorst, in: Otto von Zwiedineck-Südenhorst, *Mensch und Gesellschaft. Beiträge zur Sozialpolitik und sozialen Fragen*, Berlin: Duncker & Humblot 1961, S. 23–87.

Die Beiträgerinnen und Beiträger

ACHAM, Karl, geb. 1939 in Leoben, Dr. h.c. (Doctor of Letters) der University of Waterloo (Ontario, Kanada); Studium der Philosophie, Geschichte und Germanistik in Graz, hier Promotion (1964) und Habilitation (1971) im Fach Philosophie; von 1974 bis 2008 o. Prof. für Soziologische Theorie, Ideengeschichte und Wissenschaftslehre in Graz. Zwei Auslandsrufe; Gastprofessuren in Brasilien, China, Japan, Indien, Kanada, Schweiz und Deutschland. Forschungsschwerpunkte: Geschichte und Theorie der Kulturwissenschaften, Geschichtsphilosophie und Weltanschauungsanalyse.

AMANN, Anton, geb. 1943 in Immenstadt (Bayern); Studium der Soziologie, Ökonomie und Sozialpolitik in Wien, Promotion 1975, Habilitation 1981; lehrte ab 1982 als Professor für Soziologie und Sozialgerontologie an der Universität Wien, seit 2001 ebd. Direktor des Paul F. Lazarsfeld-Archivs. Forschungsschwerpunkte: Sozialgerontologie, Altenpolitik, Pflegevorsorge, Genossenschaftswesen, Siedlungs- und Stadtsoziologie, Wissenschaftssoziologie, Globalisierungsforschung.

AULINGER, Barbara, geb. 1942 in Graz; Dr. phil., 1999 habilitiert für Kunstgeschichte und Kunstsoziologie; 1988 bis 2007 Dozentin am Institut für Kunstgeschichte der Karl-Franzens-Universität Graz, daneben Lehrtätigkeit u.a. an der Universität Salzburg, an der Technischen Universität Graz und an der Fachhochschule für Industrial Design in Graz. Forschungsschwerpunkte: Kunstsoziologie, Kunsttheorie, Designtheorien, Architekturgeschichte, klassische Moderne, englische Malerei.

BATINA, Goran, geb. 1966 in Zagreb; Studium der Soziologie an der Universität Zagreb, Dissertation über die Geschichte der kroatischen Soziologie in Arbeit, einschlägige Lehrveranstaltungen seit Jahren im Rahmen des Lehrgangs für Kroatische Studien der Universität Zagreb, hier auch Lehrbeauftragter am Institut für Soziologie der Philosophischen Fakultät. Als leitender Redakteur der im Verlag Jesenski i Turk in Zagreb erscheinenden Schriftenreihe *Soziologische Bibliothek* der Kroatischen Soziologischen Gesellschaft tätig.

BENETKA, Gerhard, geb. 1962 in Wien; Studium der Psychologie, Geschichte und Soziologie in Wien, Mag. phil. 1989, Dr. phil. 1994; Habilitation für Psychologie 1998; lehrte an den Universitäten Wien, Innsbruck, Graz, Klagenfurt und in Liechtenstein an der Universität für Humanwissenschaften; seit 2007 Professor für Psychologie an der Sigmund Freud-Privatuniversität in Wien, ebd. Dekan der Fakultät für Psychologie.

Forschungsschwerpunkte: Geschichte und Wissenschaftstheorie der Psychologie und Psychoanalyse.

Binder, Dieter A., geb. 1953 in Graz; studierte in Graz, Wien und Bonn, Promotion 1976 in Graz 1976, Habilitation ebd. 1983 für Neuere Österreichische Geschichte und Österreichische Zeitgeschichte. Lehrt am Institut für Geschichte der Universität Graz und seit 2003 als Leiter des Lehrstuhls für Kulturwissenschaften an der Andrássy-Universität Budapest. Forschungsschwerpunkte: Geschlossene (Geheim-)Gesellschaften, Kulturgeschichte des 19. und 20. Jahrhunderts im zentraleuropäischen Raum, österreichische Zeitgeschichte.

Bock, Michael, geb. 1950 in Altburg (Calw/Baden-Württemberg); Studium der Evangelischen Theologie und Soziologie (Promotion 1978, Habilitation 1985 bei Friedrich Tenbruck) sowie Rechtswissenschaft (Promotion 1983 bei Hans Göppinger). Von 1985 bis 2015 Professor für Kriminologie, Jugendstrafrecht, Strafvollzug und Strafrecht an der Johannes Gutenberg-Universität in Mainz. Forschungsschwerpunkte: Angewandte Kriminologie, Geschichte und Methodologie der Sozialwissenschaften.

Boisits, Barbara, geb. 1961 in Kapfenberg; studierte Musikwissenschaft und Kunstgeschichte in Graz, Promotion 1996, Habilitation an der Universität für Musik und darstellende Kunst Wien 2010; seit 1999 am Institut für kunst- und musikhistorische Forschungen der Österr. Akademie der Wiss., seit 2013 dessen stellvertr., seit 2018 dessen interimistische Direktorin; daneben 2014–2018 Vizerektorin an der Kunstuniversität Graz. Forschungsschwerpunkte: Geschichte der Musikwissenschaft, österr. Musikgeschichte im 19. und 20. Jahrhundert.

Breneselović, Luka, geb. 1985 in Belgrad; Studium der Rechtswissenschaften in Belgrad, Mainz und Frankfurt a.M., ebd. Mag. leg. 2011. 2014 bis 2018 wissenschaftlicher Mitarbeiter am Lehrstuhl für Strafrecht und Kriminologie Prof. Dr. Ralf Kölbel an der Ludwig-Maximilians-Universität München, derzeit befasst mit einer Dissertation über den Strafrechtler Franz von Liszt. Forschungsschwerpunkte: Strafrecht und Kriminologie, Rechtstheorie, Rechtssoziologie, Ideengeschichte der Rechts- und Sozialwissenschaften.

Bruckmüller, Ernst, geb. 1945 in St. Leonhard am Forst/Niederösterreich; Studium der Geschichte und Germanistik in Wien, 1969 Dr. phil., 1976 Habilitation für Wirtschafts- und Sozialgeschichte; 1977 ao. Univ.-Prof., 2000 Univ.-Prof. an der Universität Wien. Seit 1991 Vorsitzender des Instituts für Österreichkunde, seit 2003 k.M., seit 2006 w.M. der ÖAW, 2009–2013 Leiter des Österr. Biogr. Lexikons (ÖBL). Forschungsschwerpunkte: Sozial- und Agrargeschichte, Geschichte des Bürgertums und der Nationsbildung, historische Biographik.

Bubeníček, Hanna, geb. 1943 in Graz; Studium der Musik, Literaturwissenschaft und Philosophie am Mozarteum und an der Universität Salzburg; arbeitete als Universitätslektorin in Salzburg, Klagenfurt, Graz, Wien und Budweis/České Budějovice und war an zahlreichen Forschungsprojekten beteiligt; zur Zeit Analytikerin und Gerontopsychotherapeutin in freier Praxis in Wien und Oberschützen. Ihre Publikationen behandeln v.a. kulturwissenschaftliche, literaturwissenschaftliche und wissenschaftsgeschichtliche Themen.

Doubek, Vratislav, geb. 1965 in Prag; Studium der Tschechoslowakischen und Allgemeinen Geschichte sowie der Russischen Sprache und Literatur in Prag, Promotion 1998, Habilitation 2005; seit 2014 Professor an der Schlesischen Universität in Opava (Troppau); daneben tätig an der Universität Prag sowie an der Akademie der Wissenschaften der Tschechischen Republik. Forschungsschwerpunkte: politische Ideengeschichte Mitteleuropas im 19. und 20. Jh., Geschichte der tschechisch-russischen Beziehungen, tschechische politische Geschichte.

Dujmovits, Rudolf, geb. 1957 in Güssing (Burgenland); nach Absolvierung einer Höheren Technischen Bundeslehranstalt mehrjährige Tätigkeit als Mess- und Regelungstechniker, ab 1983 Studium der Volkswirtschaftslehre an der Karl-Franzens-Universität Graz (Sponsion 1990, Promotion 1994); Assistenzprofessor am Institut für Finanzwissenschaft und Öffentliche Wirtschaft der Universität Graz. Forschungsschwerpunkte: Sozialpolitik, Steuerlehre, Umwelt- und Regionalökonomik.

Felkai, Gábor, geb. 1954 in Budapest; berufsbegleitendes Lehramtsstudium für Deutsch und Ungarisch 1975 bis 1979, Studium der Philosophie und Soziologie an der ELTE-Universität in Budapest 1980 bis 1985. Danach Tätigkeiten an der Ungarischen Akademie der Wissenschaften und an verschiedenen Instituten der ELTE-Universität. Soziologische Dissertation 1994, Habilitation 2008. Forschungsschwerpunkte: Philosophiegeschichte, Geschichte der Soziologie, Sozialtheorien, zeitdiagnostische Theorien der Moderne.

Fillafer, Franz L., geb. in Villach 1981; studierte Geschichte, Politikwissenschaft und Philosophie in Wien, Berlin und Oxford. Nach Forschungsstipendien und Mitarbeiterstellen in Göttingen, Cambridge und London Promotion in Konstanz. 2014/2015 Max Weber-Fellow am Europäischen Hochschulinstitut in Florenz, seither wissenschaftlicher Mitarbeiter am Fachbereich Geschichte und Soziologie der Universität Konstanz. Forschungsschwerpunkte: Geschichte Zentraleuropas seit dem 18. Jahrhundert, Wissenschaftsgeschichte.

Friedl, Johannes, geb. 1972 in Schärding (Oberösterreich); Studium der Philosophie (in Fächerkombination) in Wien und Graz, Promotion 2012. Seit 2011 Assistent am Institut für Philosophie an der Karl-Franzens-Universität Graz. Forschungsschwerpunkte: Moderner Empirismus (insbesondere Wiener Kreis), Erkenntnistheorie, österreichische Philosophie.

Gángó, Gábor, geb. 1966 in Székesfehérvár (Ungarn); Studium der Geschichte, der Literaturwissenschaft und der Philosophie an der Eötvös-Loránd-Universität Budapest, Dr. habil.; seit 2016 Fellow am Max-Weber-Kolleg für kultur- und sozialwissenschaftliche Studien der Universität Erfurt. Forschungsschwerpunkte: politische Ideengeschichte Ostmitteleuropas, frühneuzeitliche Philosophiegeschichte.

Gasser-Steiner, Peter, geb. 1948 in Graz; Studium der Psychologie und der Soziologie in Graz, Promotion 1987; anschließend als Klinischer Psychologe tätig; Habilitation für Soziologie in Graz 1998, ao. Prof. ebd.; Psychotherapeut (Individualpsychologie), Lehr- und Kontrollanalytiker am Individualpsychologischen Fachspezifikum der Sigmund Freud-Privatuniversität in Wien. Forschungsschwerpunkte: Medizinsoziologie, Methoden der empirischen Sozialforschung.

Goltschnigg, Dietmar, geb. 1944 in Würzburg; Studium der Germanistik, Geschichte und Pädagogik in Graz, anschließend Humboldt-Stipendiat in Mainz und Gastprofessor in Salzburg und Ljubljana. 1981 bis 2013 o. Prof. für Neuere deutsche Sprache und Literatur in Graz, ebd. 1994 bis 2005 im Spezialforschungsbereich »Moderne« literaturwissenschaftlicher Projektleiter. Forschungsschwerpunkte: Wiener Moderne, Wirkungsgeschichten G. Büchners, H. Heines und K. Kraus', interdisziplinäre Themen (Zeit, Angst, Plagiat u.a.).

Haring, Sabine A., geb. 1970 in Voitsberg; Studium der Soziologie und Geschichte an der Universität Graz, ebd. Promotion in Soziologie 2005, Habilitation 2014; seit 1997 am Institut für Soziologie in Graz, seit 2015 als Assoz. Prof.; daneben Lektorin an der Medizinischen Universität Graz (2005–2015) und seit 2012 am Institut für Soziologie der Universität Innsbruck. Forschungsschwerpunkte: Geschichte der Soziologie und Soziologische Theorie, Emotionssoziologie, Geschichte Zentraleuropas im 19. und 20. Jahrhundert.

Havelka, Miloš, geb. 1944 in Brünn (Brno); Studium der Philosophie, der Bohemistik und der Geschichte, danach wissenschaftlicher Mitarbeiter am Institut für Philosophie und Soziologie in Prag, Promotion 1980, Habilitation 1995. Herausgeber der *Sociologický časopis* (Soziologische Zeitschrift) und der *Czech Sociological Review* (1994 bis 2000), seit 2000 Professor an der Karls-Universität in Prag. Forschungsschwerpunkte: Historische Soziologie, Philosophie der Geschichte, Sozialgeschichte des tschechischen politischen Denkens.

Hiebaum, Christian, geb. 1969 in Graz; Studium der Rechtswissenschaften an der Universität Graz, Promotion 1997, Habilitation aus Rechts- und Sozialphilosophie sowie Rechtssoziologie 2003; seit 2003 Universitätsdozent am Institut für Rechtsphilosophie (nunmehr: Institut für Rechtswissenschaftliche Grundlagen) der Universität Graz. Forschungsschwerpunkte: Rechtstheorie, Theorie der sozialen Gleichheit, der globalen Gerechtigkeit und der Demokratie.

Höflechner, Walter, geb. 1943 in Cilli (Celje/Slowenien); Studium der Geschichte in Graz und Wien, danach Archivar der Karl-Franzens-Universität Graz, ebd. 1974 Habilitation für Österreichische Geschichte; 1977 ao. Prof., 1999 bis 2004 Dekan der Geisteswissenschaftlichen Fakultät. Forschungsschwerpunkte: Universitäts-, Wissenschafts- und Diplomatiegeschichte, Herausgeber mehrerer Briefeditionen (Ernst Wilhelm von Brücke, Alexander Rollett, Ludwig Boltzmann, Joseph von Hammer-Purgstall).

Jogan, Maca, geb. 1943 im Zwangsarbeitslager Lößnitz (Sachsen); Studium der Soziologie in Ljubljana (Laibach), Diplom 1965, Promotion 1976, Habilitation 1977; ab 1987 o. Prof. an der Universität Ljubljana, wo sie seit 2000 als Emerita wirkt. Forschungsschwerpunkte: Entwicklung der soziologischen Theorie, Geschichte der slowenischen Soziologie, Familien-, Frauen- und Geschlechtersoziologie, Sexismusforschung.

Kernbauer, Alois, geb. 1955 in Vorau (Steiermark); studierte Geschichte, Germanistik und Rechtsgeschichte an der Universität Graz, Promotion 1982, Habilitation für Österreichische Geschichte und Wissenschaftsgeschichte 1991; seit 1993 Leiter des Universitätsarchivs Graz, seit 1998 ao. Prof.; Gastprofessuren in den USA und Kanada. Forschungsschwerpunkte: Wissenschaftsgeschichte, Sozialgeschichte der Wissenschaft, Universitätsgeschichte vom 18. bis zum 20. Jh., Stadtrechtsgeschichte und Staatsbildungsprozesse der frühen Neuzeit.

Kiss, Endre, geb. 1947 in Debrecen (Ungarn); Professor für Philosophiegeschichte an der Eötvös-Loránd-Universität und der Universität für Jüdische Studien OR-ZSE in Budapest. Stipendiat der Humboldt-Stiftung und Széchenyi-Professur, zahlreiche Gastprofessuren. Mitglied der Futurologischen Kommission der Ungarischen Akademie der Wissenschaften, Vizepräsident des Internationalen Hermann Broch-Arbeitskreises.

Forschungsschwerpunkte: Ideengeschichte Österreich-Ungarns, F. Nietzsche, K. Marx, H. Broch, Globalisierung.

Klatt, Matthias, geb. 1973 in Hannover; Studium der Rechtswissenschaften in Göttingen und München, Promotion 2003 in Kiel, Habilitation 2013 in Hamburg; 2005 bis 2008 Junior Research Fellow am New College, Oxford; 2008 bis 2015 Juniorprofessor für Öffentliches Recht, Europarecht, Völkerrecht und Rechtsphilosophie in Hamburg; seit 2015 Professor für Rechtsphilosophie, Rechtssoziologie und Rechtspolitik an der Karl-Franzens-Universität Graz. Forschungsschwerpunkte: Rechtsphilosophie, Internationales Verfassungsrecht.

Köberl, Dieter, geb. 1944 in St. Pölten; Studium der Chemie und Physik, Dissertation am Institut für Theoretische Chemie in Wien. Bis 2009 Tätigkeit an der Universität Wien, zuletzt im Zentralen Informatikdienst. Hauptforschungsbereich: Österreichische Regional- und Zeitgeschichte.

Kókai, Károly, geb. 1959 in Budapest; Studium der Philosophie und Kunstgeschichte, Promotion 1991, Habilitation für das Fach Hungarologie 2014 an der Universität Wien; unterrichtet am Institut für Europäische und Vergleichende Sprach- und Literaturwissenschaft der Universität Wien. Forschungsschwerpunkte: Kulturgeschichte der Migration sowie Avantgarden in Mitteleuropa.

Koller, Peter, geb. 1947 in Graz; Studium der Rechtswissenschaften sowie der Philosophie (mit Nebenfach Soziologie) in Graz; 1985 Habilitation aus den Fächern Rechts- und Sozialphilosophie sowie Rechtssoziologie; von 1991 bis 2015 o. Prof. für Rechtsphilosophie, Rechtstheorie und Rechtssoziologie an der Rechtswissenschaftlichen Fakultät der Universität Graz. Forschungsschwerpunkte: Rechtstheorie, Ethik, Sozialphilosophie und Rechtssoziologie.

Kurz, Heinz D., geb. 1946 in Pfaffenhofen a. d. Ilm (Bayern); Studium der Volkswirtschaftslehre an der Universität München, Promotion 1975 an der Universität Kiel. 1977/78 Gastprofessur in Cambridge, 1979 Professur in Bremen, ab 1988 o. Prof. an der Universität Graz; zahlreiche Gastprofessuren im Ausland. Forschungsschwerpunkte: Geschichte des ökonomischen Denkens, Theorie der Produktion, der Einkommensverteilung sowie des Zusammenhangs von technischem Fortschritt und Wachstum.

Kuzmics, Helmut, geb. 1949 in Graz; Studium der Volkswirtschaftslehre in Graz und der Soziologie in Wien (Institut für Höhere Studien), Promotion 1978, Habilitation für Soziologie in Graz 1987, lehrte ebd. als Univ.-Prof. am Institut für Soziologie. Forschungsschwerpunkte: Historische Soziologie, nationale Mentalitäten, Verhältnis von Literatur und Soziologie, Soziologie des Krieges.

Lanser, Edith, geb. 1973 in Lienz/Osttirol; Studium der Soziologie und der Musikwissenschaft an der Universität Graz, Promotion in Philosophie 2018 mit einer Dissertation über *Religion, Moral und Kunst in der Weltanschauungsanalyse Friedrich Jodls*. 2000/01 Mitarbeiterin im Spezialforschungsbereich »Moderne – Wien und Zentraleuropa um 1900« an der Universität Graz, seit 2015 am Institut für Soziologie der Universität Graz tätig.

Lechleitner, Gerda, geb. 1955 in Wien; Studium der Musikwissenschaft und der Psychologie an der Universität Wien, Promotion 1980. Seit 1996 im Phonogrammarchiv der Österreichischen Akademie der Wissenschaften tätig; Herausgeberin der CD-Edition *Gesamtausgabe der historischen Bestände des Phonogrammarchivs 1899–1950*. Forschungsschwerpunkte: Geschichte, Entwicklung und Bedeutung audiovisueller Archive, Fachgeschichte Ethnomusikologie, Musik und Minderheiten.

Löffler, Marion, geb. 1968 in Kirchberg an der Raab (Steiermark); Studium der Politikwissenschaft und der Geschichte an der Universität Wien (Dr. phil.). Ab 2002 Lektorin und Projektmitarbeiterin am Institut für Politikwissenschaft an der Universität Wien. Forschungsschwerpunkte: Moderne politische Theorien (insb. des Staates und der Demokratie), politische Rhetorik und Parlamentsforschung, political masculinities, fiktionale Literatur in der politischen Ideengeschichte.

Maiss, Maria, geb. 1966 in Haag (Niederösterreich); Studium der Philosophie, Pädagogik sowie Sonder- und Heilpädagogik in Wien. Dozentin für Theorien, Geschichte und Ethik der Sozialen Arbeit im Rahmen der Studiengänge Soziale Arbeit und Sozialpädagogik der Fachhochschule St. Pölten; externe Lehrbeauftragte an den Universitäten Graz und Wien. Aktueller Forschungsschwerpunkt: Wissenschaftliche Bearbeitung des Nachlasses der Arlt-Schule sowie der Neuauflage des Gesamtwerks Ilse Arlts.

Marek, Johann C., geb. 1948 in Graz; Studium der Philosophie und Psychologie in Graz, Promotion 1975, Habilitation am Institut für Philosophie der Universität Graz 1989; ebd. ab 1971 Assistent, von 1997 bis 2013 ao. Univ.-Prof.; Gastprofessuren in Minneapolis, Tucson, Ljubljana und Aachen. Forschungsschwerpunkte: Philosophische Psychologie, Ontologie und Metaphysik, Wertlehre, Metaphilosophie sowie Philosophie des 19. und 20. Jahrhunderts, insb. der österreichischen Philosophie und der zeitgenössischen Analytischen Philosophie.

Meer, Rudolf, geb. 1984 in Rottenmann (Steiermark); studierte Philosophie, Geschichte und Psychologie in Graz und Wien. Von 2012 bis 2017 Assistent am Institut für Philosophie der Universität Graz. Forschungsschwerpunkte: Geschichte der Philosophie, mit Arbeiten insb. zu System- und Begründungsfragen der Transzendentalphilosophie Immanuel Kants und ihrer Geschichte im 19. und 20. Jahrhundert.

Mikl-Horke, Gertraude, geb. 1944 in Wien; Studium der Handelswissenschaften an der Hochschule für Welthandel in Wien, Promotion 1968. Von 1968 bis 1972 Lektorin an verschiedenen Universitäten in Tokio, ab 1972 Assistentin an der Hochschule für Welthandel in Wien. 1978 Habilitation für Allgemeine Soziologie und Wirtschaftssoziologie. 1981 ao. Prof., 1998 Univ.-Prof. an der Wirtschaftsuniversität Wien. Forschungsschwerpunkte: Industrie- und Arbeitssoziologie, Wirtschaftssoziologie, Geschichte der Sozialwissenschaften.

Mischke, Jakob, geb. 1982 in Berlin; Studium der Osteuropastudien und der Volkswirtschaftslehre an der Freien Universität Berlin. 2011 bis 2013 Koordinator des zweisprachigen Masterprogramms »Deutschland- und Europastudien« der Universität Jena und der Kiewer Mohyla-Akademie, 2014/15 Projektmitarbeiter am Slavisch-Baltischen Seminar der Universität Münster, seit 2016 Dissertant am Doktoratskolleg »Das österreichische Galizien und sein multikulturelles Erbe« der Universität Wien.

Müller, Karl H., geb. 1953 in Leoben; Studien der Philosophie, Geschichte und Ökonomie in Graz, Bologna und Pittsburgh, habilitiert für das Fach Soziologie; Lehrbeauftragter an Universitäten und wissenschaftlichen Institutionen des In- und Auslandes; Mitglied der International Academy for Systems and Cybernetic Sciences, bis 2015 Präsident der Heinz von Foerster-Gesellschaft. Forschungsschwerpunkte: Wissenschaftliche Kreativität und Innovation, inter- und transdisziplinäre Forschung, österreichische Wissenschaftsgeschichte.

Müller, Reinhard, geb. 1954 in Burgau (Steiermark); Geschäftsführer des Archivs für die Geschichte der Soziologie in Österreich an der Karl-Franzens-Universität Graz. Initiator und Redakteur der Online-Datenbank »50 Klassiker der Soziologie«. Forschungsschwerpunkte: Soziologiegeschichte, Exilforschung, Anarchismusgeschichte.

Müller-Kampel, Beatrix, geb. 1958 in Feldbach (Steiermark); studierte Germanistik und Romanistik (Spanisch) in Graz, Promotion 1985, Habilitation 1993. Lehrt am Institut für Germanistik der Universität Graz im Arbeitsbereich Neuere deutschsprachige Literatur; 2008 Begründerin und Co-Hrsg. von *LiTheS. Zeitschrift für Literatur- und Theatersoziologie*. Forschungsschwerpunkte: Literatur- und Theatersoziologie, Geschichte des Theaters (insb. des Puppentheaters), des Komischen und der Komödie, des Anarchismus und des Pazifismus.

Oberhuber, Florian, geb. 1975 in Salzburg; studierte Soziologie, Politikwissenschaft, Geschichte und Philosophie in Salzburg, Bowling Green (Ohio) und Wien, ebd. Promotion zum Dr. phil.; nach Lehrtätigkeiten an den Universitäten Salzburg und Wien seit 2009 als Sozialwissenschaftler am SORA Institute for Social Research and Consulting in Wien. Forschungsschwerpunkte: Europäische Integration, politische Theorie und Ideengeschichte, qualitative Methoden, Diskursanalyse.

Pfabigan, Alfred, geb. 1947 in Wien; Dr. iur. 1971, 1973 Assistent am Institut für Politikwissenschaft der Universität Salzburg, Habilitation ebd. 1981; von 1993 bis 2013 ao. Prof. für Sozialphilosophie an der Universität Wien, daneben Lehrtätigkeiten in Frankreich und den USA; Leiter der »Philosophischen Praxis Märzstraße«. Forschungsschwerpunkte: Politische Ideengeschichte, österreichische Literatur und Populärkultur.

Pierson, Thomas, geb. 1980 in Frankfurt a.M.; studierte Jura, Mittlere und Neuere Geschichte, Politik und Alte Geschichte in Frankfurt a.M., 2006 Erstes, 2014 Zweites Juristisches Staatsexamen, 2012 Magister artium, 2013 Promotion zum Dr. iur., 2017 Habilitation; derzeit wissenschaftlicher Mitarbeiter am Lehrstuhl für Bürgerliches Recht und Rechtsgeschichte der Universität Gießen. Forschungsschwerpunkte: Europäische Rechtsgeschichte mit Schwerpunkt Rechtsgeschichte der Arbeit und des Sozialen.

Pinwinkler, Alexander, geb. 1975 in Salzburg; absolvierte 1994 bis 1998 das Diplomstudium der Geschichte und Germanistik an der Universität Salzburg, Promotion zum Dr. phil. ebd. 2001, Habilitation an der Universität Wien 2012. Lehrt als Dozent für Zeitgeschichte an der Universität Wien und als Senior Scientist am Fachbereich Geschichte der Universität Salzburg. Forschungsschwerpunkte: Wissenschafts-, Universitäts- und Zeitgeschichte.

Pochat, Götz, geb. 1940 in Gotha (Thüringen); Studium der Kunstgeschichte, Komparatistik und Psychologie in Bonn und Stockholm, Promotion 1968 in Stockholm, Habilitation ebd. 1973; daneben Studien in Rom, Florenz, London, Paris. Ab 1974 Dozent für Kunstgeschichte in Stockholm, 1980 ebd. Professor; ab 1981 Prof. an der RWTH Aachen, von 1987 bis 2007 o. Prof. in Graz. Forschungsschwerpunkte: Geschichte der Ästhetik und Kunsttheorie, Theater und bildende Kunst, Zeitstruktur und Erlebniszeit in der bildenden Kunst, steirische Moderne.

Prisching, Manfred, geb. 1950 in Bruck a.d. Mur (Steiermark); Studium der Rechtswissenschaften und der Volkswirtschaftslehre in Graz, Habilitation in Soziologie 1985.

Ab 1994 Professor am Institut für Soziologie der Universität Graz; korr. Mitglied der Österreichischen Akademie der Wissenschaften, Mitglied des Österreichischen Wissenschaftsrates. Forschungsschwerpunkte: Wirtschaftssoziologie, Politiksoziologie, Kultursoziologie, Gegenwartsanalyse, sozialwissenschaftliche Ideengeschichte.

Rath, Brigitte, geb. 1962 in Linz; studierte Geschichte und Soziologie in Graz und Wien, Promotion 2002 mit einer Dissertation über *Aspekte geschlechtsspezifischer Kriminalität in Bozen um 1500*. Lehrtätigkeit an den Universitäten Wien, Graz und Innsbruck. Hauptforschungsbereich: Frauen- und Geschlechtergeschichte.

Roure, Pascale, geb. 1981 in Marseille; Studium der Philosophie und Germanistik in Paris und Berlin, Dr. phil. 2015 mit einer Dissertation zur Sprachkritik bei Fritz Mauthner an der Sorbonne; danach Lehrerin für Philosophie und Soziologie am Lyzeum Galatasaray (Istanbul) und derzeit DFG-Stipendiatin mit einem Projekt zur Rezeption der deutschen Philosophie und Philologie in der Türkei. Forschungsschwerpunkte: Sprach- und Kulturphilosophie, Wissens- und Ideengeschichte, Wissenstransfer zwischen Deutschland, Frankreich und der Türkei.

Rumpler, Helmut, geb. 1935 in Wien, gest. 2018 in Klagenfurt; Studium der Geschichte und der Germanistik an der Universität Wien, Promotion 1963, Habilitation 1973; 1975 bis 2003 o. Professor für Neuere und Österreichische Geschichte an der Alpen Adria-Universität Klagenfurt. 1993 korr. Mitglied der Slowenischen Akademie der Wissenschaften und Künste Ljubljana, 1995 wirkl. Mitglied der Österreichischen Akademie der Wissenschaften, 1996 bis 2013 Obmann der Kommission für die Geschichte der Habsburgermonarchie der ÖAW.

Sandner, Günther, geb. 1967 in Salzburg; Studium der Politikwissenschaft, Geschichte und Germanistik in Salzburg und Berlin. Research Fellow am Institut Wiener Kreis und Lehrbeauftragter an den Instituten für Politikwissenschaft und für Wirtschafts- und Sozialgeschichte der Universität Wien. Forschungsschwerpunkte: Logischer Empirismus und Politik, Geschichte und Theorie der Sozialdemokratie, Otto Neurath und das International System of Typographic Picture Education (Isotype), politische Bildung, Demokratietheorien.

Scaglia, Antonio, geb. 1939 in Storo (Prov. Trento/Trient); studierte Sozial- und Politikwissenschaften in Padua, Rom und New York; lehrte als o. Professor am Institut für Soziologie der Universität Trient und als Gastprofessor an den Universitäten Innsbruck, Eichstätt-Ingolstadt, Reims, Villarrica und Talca (Chile), Padua und Catanzaro. Forschungsschwerpunkte: Geschichte der italienischen Soziologie, Soziologische Theorie, Regional-, Stadt- und Herrschaftssoziologie.

SCHERKE, Katharina, geb. 1969 in Offenbach a.M.; Studium der Soziologie und der Kunstgeschichte in Graz, Promotion 1997, Habilitation 2007; ao. Professorin am Institut für Soziologie der Universität Graz. Forschungsschwerpunkte: Geschichte der Soziologie, Soziologische Theorie, Kunst- und Kultursoziologie, Soziologie der Emotionen, Wissenschaftssoziologie.

SCHLEMBACH, Christopher, geb. 1973 in St. Pölten; Studium der Germanistik, Philosophie und Soziologie in Wien, Promotion zum Dr. phil. (Soziologie) ebenda. Unabhängiger Sozialforscher, Projektmitarbeiter am Institut für Soziologie der Universität Wien, Lektor an der Universität Wien und anderen tertiären Bildungseinrichtungen. Forschungsschwerpunkte: Geschichte der Soziologie, Sozialtheorie, Verkehrssicherheitsforschung.

SCHÖNEMANN-BEHRENS, Petra, geb. 1962 in Oldenburg; Studium der Geschichte und der Deutschen Sprache und Literatur in Braunschweig, Promotion an der Universität Bremen im Bereich Neuere Geschichte; Verlagslektorin, seit 2011 Gymnasiallehrerin für Deutsch und Geschichte in Wildeshausen. Hauptforschungsbereich: Historische Friedensforschung, insb. zu Werk und Wirken Alfred Hermann Frieds.

SCHÖNING, Matthias, geb. 1969 in Hagen; Studium der Fächer Philosophie und Deutsch an der Ruhr-Universität Bochum, germanistische Promotion 2001 in Konstanz mit einer Arbeit zu Friedrich Schlegel, Habilitation ebd. 2007 mit einer Studie zum Kriegsroman der Weimarer Republik; seit 2011 Akademischer Oberrat für Literaturwissenschaft an der Universität Konstanz. Forschungsschwerpunkte: Romantik, Literatur und Krieg, Literatur in realgeschichtlichen Handlungszusammenhängen.

SCHREIBER, Christiane, geb. 1988 in Bochum; studierte Germanistik und Philosophie an der TU Darmstadt, Masterstudium der Philosophie an der Universität Graz (Abschlussarbeit über Franz Brentanos Bewusstseinsphilosophie). Ausbildung zur Psychotherapeutin und Doktoratsstudium der Psychotherapiewissenschaft an der Sigmund Freud-Privatuniversität Wien. Forschungsschwerpunkte: Philosophie des Geistes, Wissenschaftstheorie, hermeneutische Therapieschulenforschung, Ethnopsychoanalyse.

SCHULTZ, Hans-Dietrich, geb. 1947 in Gronau/Leine (Niedersachsen); Studium der Geschichte, Geographie, Politik, Philosophie und Pädagogik an der FU Berlin, Promotion ebd. 1978, Habilitation 1989 in Osnabrück; 1978 bis 1993 Gymnasiallehrer für Geschichte, Geographie und Polit. Weltkunde in Berlin, ab 1982 auch Fachseminarleiter; ab 1993 Prof. für Didaktik der Geographie an der Humboldt-Universität zu Berlin. Forschungsschwerpunkte: Geschichte der Geographie und Schulgeographie des 19. und 20. Jh.s und ihrer Raumkonstruktionen.

Stachel, Peter, geb. 1965 in Leoben; Studium der Geschichte, Europäischen Ethnologie und Philosophie in Graz, Promotion 1999, Habilitation für Neuere Geschichte 2005. 1995–2005 Mitarbeiter des SFB »Moderne – Wien und Zentraleuropa um 1900« an der Universität Graz, seit 1999 am Institut für Kulturwissenschaften und Theatergeschichte der ÖAW. Forschungsschwerpunkte: Kultur-, Wissenschafts- und Bildungsgeschichte der Habsburgermonarchie, kollektives Gedächtnis, politische und nationale Symbole und Rituale.

Stadler, Friedrich, geb. 1951 in Zeltweg (Steiermark); studierte u.a. Geschichte und Philosophie in Graz und Salzburg, ebd. Mag. phil. (1977) und Dr. phil. (1982); bis 2016 Professor für History and Philosophy of Science an der Universität Wien; ebd. Begründer und Vorstand des Instituts Wiener Kreis; zahlreiche in- und ausländische Ehrenwürden. Forschungsschwerpunkte: Geschichte, Philosophie und Theorie der Wissenschaften, Kultur- und Geistesgeschichte, insb. des Wiener Kreises und des Logischen Empirismus.

Stagl, Justin, geb. 1941 in Klagenfurt; Studien der Ethnologie, der Sozialanthropologie, der Psychologie und der Sprachwissenschaft in Wien, Leiden und Münster, Promotion 1965 in Wien, Habilitation 1973 in Salzburg; 1974 Professor für Soziologie in Bonn und von 1991 bis 2009 o. Prof. in Salzburg; verschiedene Gastprofessuren und Fellowships in Deutschland, England, den USA und Frankreich. Forschungsschwerpunkte: Ethno- und Kultursoziologie, Geschichte der Sozial- und Kulturwissenschaften.

Strassoldo, Raimondo, geb. 1942 in Rom; Studium der Politikwissenschaft an der Universität Triest, Promotion 1967 mit einer Arbeit über die Wissenssoziologie Karl Mannheims; ab 1968 Tätigkeit am Sozialwissenschaftlichen Institut der Universität Trient, 1972 bis 1978 Direktor des Instituts für Internationale Soziologie in Görz; lehrte außerdem in Triest, Mailand, Palermo und Udine. Forschungsschwerpunkte: Internationale und interethnische Beziehungen, Raum- und Umweltsoziologie.

Sturn, Richard, geb. 1956 in Bregenz; Studium der Volkswirtschaftslehre an der Universität Wien, Promotion ebd. 1988, Habilitation an der Universität Graz 1996. Leiter des Instituts für Finanzwissenschaft und des Schumpeter Centres der Universität Graz, Vorsitzender des Ausschusses Wirtschaftswissenschaften und Ethik des Vereins für Socialpolitik, Hrsg. des *European Journal of the History of Economic Thought*. Forschungsschwerpunkte: Ökonomie der Normen und Rechte, Ökonomie und Philosophie, Ideengeschichte, Familienökonomie.

Suppanz, Werner, geb. 1961 in Graz; Studium der Rechtswissenschaften (Promotion 1983) und der Geschichte (Promotion 1993) an der Karl-Franzens Universität Graz,

1996 bis 2004 Mitarbeiter des SFB »Moderne – Wien und Zentraleuropa um 1900«, Forschungsprojekte zu Identitäts- und Geschichtspolitik, seit 2009 Ass.-Prof. am Institut für Geschichte/Fachbereich Zeitgeschichte der Universität Graz, 2017 Habilitation im Fach Zeitgeschichte. Forschungsschwerpunkte: Gedächtnisgeschichte, Politische Kulturgeschichte.

Surman, Jan, geb. 1983 in Krakau; Studium der Soziologie und der Geschichte an der Universität Wien und an der Sorbonne in Paris, Promotion 2012 in Wien; wissenschaftlicher Assistent an der Universität Wien ab 2009, von 2014 bis 2017 am Herder-Institut in Marburg a.d. Lahn; 2016/17 Fellow am Max-Weber-Kolleg in Erfurt, derzeit am Poletayev Institute for Theoretical and Historical Studies in the Humanities, Moskau. Forschungsschwerpunkte: Ost- und mitteleuropäische Intellektuellen- und Wissenschaftsgeschichte des 19. und 20. Jhs.

Thalmann, Eveline, geb. 1982 in Tamsweg (Salzburg); Studium der Germanistik und der Interdisziplinären Geschlechterstudien an der Universität Graz (M.A. 2013). Forschungsschwerpunkte: Literatur- und Theatersoziologie, Geschlechtersoziologie, Bertha von Suttner.

Ullmann, Bettina, geb. 1962 in Bad Godesberg (zu Bonn); Studium der Germanistik und der Geschichte an der Universität Hamburg, Promotion ebd. 1999 mit einer Arbeit zu Fritz Mauthners Kunst- und Kulturvorstellungen. Seit 2014 Lehrerin für Deutsch als Zweitsprache an Schulen in Hamburg. Forschungsschwerpunkte: Joseph Roth, Fritz Mauthner, Georg Simmel, Friedrich Nietzsche und Thomas Mann.

Watzka, Carlos, geb. 1975 in Leoben; Studium der Soziologie und der Geschichte in Graz, ebenda Promotion (2004) und Habilitation für das Fach Soziologie (2008). 2009 bis 2013 Vertretungsprofessor an der Universität Eichstätt-Ingolstadt; derzeit Dozent an der Universität Graz und der Sigmund-Freud-Universität Wien. Forschungsschwerpunkte: Soziologie sowie Sozial- und Kulturgeschichte von Gesundheit, Krankheit, Medizin; Norm, Devianz soziale Kontrolle; Suizidologie.

Wielinger, Gerhart, geb. 1941 in Graz; Studium der Rechtswissenschaften und des Französischen an den Universitäten Graz und Caen, Promotion 1966, Habilitation für Österreichisches Verfassungs- und Verwaltungsrecht 1974; Lehrtätigkeit an den Universitäten Graz und Salzburg, hauptberuflich vor seiner Pensionierung Beamter des Landes Steiermark in Graz, u.a. als Landesamtsdirektor. Forschungsschwerpunkte: Österreichisches Verfassungsrecht, Verwaltungsverfahrensrecht, Rechtstheorie, Verwaltungsgeschichte.

WITRISAL, Georg, geb. 1977 in Graz; Studium der Soziologie und der Geschichte an der Karl-Franzens-Universität Graz, verfasste hier seine Diplomarbeit über den »Soziallamarckismus« Rudolf Goldscheid und dissertiert ebd. über dessen Sozialphilosophie.

ZELINKA-ROITNER, Inge, geb. 1973 in Graz; Studium der Soziologie mit Spezialisierung in Medizin- und Stadtsoziologie sowie Gesundheitsförderung an der Karl-Franzens-Universität Graz; seit 1999 Lehraufträge an der Universität Graz, der Medizinischen Universität Graz sowie an der Pädagogischen Hochschule Steiermark; hauptberufliche Tätigkeit im Gesundheits- und Bildungsmanagement. Hauptforschungsbereich: Geschichte und Entwicklung des Sozialstaats.

Personenregister

C

L

Bildnachweis Einband

Vordere Umschlagseite

Österreichisch-ungarische Monarchie und die Schweiz, Staatenkarte. Aus: H. Lange, *Volksschul-Atlas.* Bearbeitet und hrsg. von C. Diercke, 300. Aufl., Braunschweig: Westermann 1899.
Österreichisches Wappen 1815–1866 und Kleines gemeinsames Österreichisch-Ungarisches Wappen 1867–1915. Aus: Hugo Gerard Ströhl: *Oesterreichisch-Ungarische Wappenrolle.* Die Wappen ihrer k.u.k. Majestäten, die Wappen der durchlauchtigsten Herren Erzherzoge, die Staatswappen von Oesterreich und Ungarn, die Wappen der Kronländer und der ungarischen Comitate, die Flaggen, Fahnen und Cocarden beider Reichshälften, sowie das Wappen des souverainen Fürstenthumes Liechtenstein. Wien: Anton Schroll 1890 und 1895 (2. Aufl. 1900).

Hintere Umschlagseite

Kleines gemeinsames Österreichisch-Ungarisches Wappen 1915–1918. Aus: Hugo Gerard Ströhl: *Die neuen österreichischen, ungarischen und gemeinsamen Wappen. Hrsg. auf Grund der mit d. allerhöchsten Handschreiben vom 10. u. 11. Okt. 1915, bezw. 2. u. 5. März 1916 erfolgten Einführung. Wien: Kais.-Kön. Hof- u. Staatsdr.* 1917.